DICTIONNAIRE ŒCONOMIQUE.

TOME SECOND.

F = PE

Cadet de Gassicourt

[Troyes]

[illegible] van
Cadet de Gassicourt
een familie van chirurgijns
en apothekers uit de
omgeving van Troyes]

DICTIONNAIRE ŒCONOMIQUE:

CONTENANT

L'ART DE FAIRE VALOIR LES TERRES, ET DE METTRE A PROFIT LES ENDROITS LES PLUS STÉRILES;

L'ÉTABLISSEMENT, L'ENTRETIEN ET LE PRODUIT DES PRÉS, tant Naturels, qu'Artificiels; le Jardinage; la Culture des Vignes, des Arbres (forestiers & fruitiers), & des Arbustes;

LE SOIN QU'EXIGENT LES BÊTES A CORNES ET CELLES A LAINE, LES CHEVAUX, LES CHIENS, &c;

LA FAÇON D'ÉLEVER ET GOUVERNER LES ABEILLES, LES VERS-A-SOIE, LES OISEAUX.

ON Y TROUVE

UN AMPLE DÉTAIL DES PROFITS ET AGRÉMENS que procurent les Biens de Campagne : Objet qui comprend la Chasse; la Pêche; la Fabrication des Filets, Pieges, &c; l'apprêt des Alimens; la composition des Liqueurs, Confitures & autres choses d'Office:

UNE EXACTE DESCRIPTION DES VÉGÉTAUX les plus propres à nous servir d'Alimens, à favoriser l'exploitation des Biens de campagne, à décorer les Jardins:

DES INSTRUCTIONS POUR PRÉVENIR LES MALADIES, ET POUR LES GUÉRIR:

LA CONNOISSANCE DES PLANTES UTILES A LA MEDECINE, A LA TEINTURE, & à d'autres Arts; le détail de leurs diverses Propriétés, leur Culture, & les moyens de les Employer:

AVEC

UNE IDÉE SOMMAIRE DE CE QUI CONCERNE LES DROITS SEIGNEURIAUX, & ceux des Communautés & des Ecclésiastiques, par rapport aux biens de campagne: &c. &c. &c. &c.

Ouvrage composé originairement par M. NOEL CHOMEL, Curé de S. Vincent à Lyon.

NOUVELLE ÉDITION,

ENTIÉREMENT CORRIGÉE, ET TRÈS-CONSIDÉRABLEMENT AUGMENTÉE,

Par M. DE LA MARRE.

TOME SECOND.

A PARIS,

Chez
GANEAU, rue Saint-Severin, aux Armes de Dombes, & à Saint-Louis.
BAUCHE, quai des Augustins, à Sainte-Genevieve.
les Freres ESTIENNE, rue Saint-Jacques, à la Vertu.
D'HOURY, rue de la Vieille-Bouclerie, au Saint-Esprit & au Soleil-d'or.

M. DCC. LXVII. = 1767

Avec Approbation & Privilége du Roi.

DICTIONNAIRE ŒCONOMIQUE.

F

FABA. *Voyez* FEVE.

FABA *Suilla*. Voyez JUSQUIAME.

FAC

FACE : *terme de Forêt*. La face d'un baliveau ou d'un pied cornier, est le côté où l'on a appliqué la marque du marteau. Quelques-uns appellent *Miroir* la plaie qu'on fait à l'écorce pour qu'elle reçoive l'empreinte.

FACES *du Bois*. On nomme ainsi les quatre côtés d'une piece de bois équarrie.

FAÇON : *terme d'Agriculture*, est synonyme de *Labour*. C'est dans ce sens que l'on dit qu'une terre a eu toutes ses façons, & qu'ainsi elle est en état d'être ensemencée.

FAÇONNER *une Terre*. C'est la labourer. On dit : » Cette terre doit produire de bon fro» ment ; elle a été façonnée quatre fois.

FAÇONNER : *terme de Jardinage*. Voyez FORMER. Consultez aussi l'article AMENAGER.

FACTEUR *de Marchand*. Voyez COMMIS, CONDUISEUR.

FÆCES. *Voyez* FECES.

FAG

FAGOPYRUM. *Voyez* SARRASIN.

FAGOT. Botte de menues branches ou rames de bois neuf ; qui renferment entr'elles des brindilles qu'on nomme l'*ame du fagot*. Le pourtour est le *parement*. Les gros brins s'appellent des *triques*. Voyez BOURRÉE.

Les fagots sont assujettis par une hart ou lien de bois, qui les entoure & serre dans le milieu de leur longueur.

A Paris ils doivent avoir dix-huit pouces de grosseur vers la hart ; & trois pieds & demi de long.

FAGOTAGE. Travail de faire les fagots.

FAGOTEUR. Celui qui fait les fagots.

FAGOTINS. On nomme ainsi quelquefois de petits fagots, des especes de Bourrées.

FAGOTRITICUM. *Voyez* SARRASIN.

FAGUS. *Voyez* HÊTRE.

FAI

FAIANCE, ou FAIENCE. Voyez FAYANCE.

FAILLITE. *Voyez* BANQUEROUTE.

FAIM. Voyez APPÉTIT *insatiable*. SOIF.

FAIRE *Affaire*. Terme usité, pour signifier la même chose que conclure un marché.

FAISAN : ou *Phaisan* ; que l'on nomme aussi *Coq de bois* ; & que Columelle appelle *Poule de Numidie*. Le mâle de cet oiseau est à-peu-près de la grosseur d'un coq domestique. Il a le bec de couleur de corne, un peu gros, long d'environ un pouce, fait en cone & courbé à l'extrêmité. Son plumage est mêlé de couleur de feu, de bleu, de verd, &c. Le dessus de sa tête est tantôt d'un cendré luisant, tantôt d'un verd doré obscur. Les côtés de la tête ou les joues sont sans plumes, & ont de petits mammelons charnus, d'un rouge très-vif. Dans le tems que cet oiseau est en amour, chaque côté de sa tête porte un petit bouquet de plumes d'un verd-doré, placées au-dessus des oreilles, & représentant des especes de cornes. Ses oreilles sont larges & profondes. De leur angle inférieur partent quelques plumes noirâtres, plus longues que les autres. Le synciput, la gorge, & la partie du cou la plus proche de la tête, sont d'un verd doré changeant en bleu foncé & en violet éclatant. Le reste du cou, la poitrine, le haut du ventre, & les côtés, sont couverts de plumes d'un marron-pourpré très-brillant, & bordées par le bout d'un noir velouté changeant en violet très-vif. Celles du cou sont échancrées en cœur par le bout ; & en cet endroit la bordure noire remonte vers l'origine de la plume suivant la direction de l'échancrure. La queue a plus de vingt pouces de long ; & est composée de dix-huit plumes variées de gris-olivâtre, de noir, de marron pourpré, de brun, & de roussâtre. L'iris des yeux est jaune. Les pieds & les ongles sont gris bruns. Des quatre doigts, il n'y en a que trois devant ; l'autre est derriere. A la partie postérieure du pied est encore un ergot court, mais très-pointu.

La *femelle* est un peu plus petite. Tout son plumage n'est varié que de brun, de gris, de roussâtre, & de noirâtre. Autour des yeux elle a un petit espace dénué de plumes & couvert de mammelons charnus, d'un assez beau rouge.

Ses petits se nomment *Faisandeaux*.

Consultez, par rapport aux variétés ou aux différentes especes de faisan, le premier Volume de l'*Ornithologie* de M. Brisson, p. 262 & suivantes.

Les faisans aiment les lieux éloignés du bruit. Ils vivent de grains & de baies. Quelques Naturalistes disent qu'ils aiment l'aveine plus que toute autre nourriture. Selon d'autres, ils sont très-friands de laitues & de panais.

Ils sont peu rusés. En effet ils semblent se croire bien cachés & à couvert de tout danger, lorsqu'ils ont baissé la tête pour ne pas voir les objets qu'ils craignent.

En tems de pluie, ils se réfugient dans le fort des bois, & dans des endroits pleins de broussailles.

Maniere de gouverner les Faisans.

Il faut une personne qui ne soit presque occupée que de ce soin. Peut-être a-t-on grossi les difficultés. On a dit qu'il faut à cet oiseau un toît à part : qui soit élevé, long, adossé contre un mur où le soleil donne, & où les augeres soient en l'air. On a prétendu que chaque faisan veut avoir son toît; qu'on doit y pratiquer une porte, pour leur donner à manger & les nettoyer, mais que le reste de la face doit être à jour, garni d'un latis bien dru, entremêlé d'ais de fente, & la couverture tenue en bon état. On a ajoûté à cela, que le faisan coûtoit beaucoup à nourrir.

Il est vrai que ce sont des soins gênans & dispendieux, que ceux de tenir ainsi le faisan toujours enfermé ; ou même dans un petit parc entouré de planches & de filets. D'ailleurs, cet oiseau, privé de la liberté, profite peu, & cherche sans cesse à s'échaper.

D'autres ont cru qu'il valoit mieux le laisser aller dans les champs; après l'avoir accoutumé à revenir à eux au premier coup de sifflet. Au reste, cela ne dispense pas de renfermer ces oiseaux le soir, pour les garantir de la fouine, de la belette, des rats, des chats, & autres animaux qui peuvent leur nuire.

Le *Journal Œconomique*, Septembre 1753, pag. 61 & suivantes, propose un moyen d'avoir à peu de frais une faisanderie. Il consiste à enclore d'un mur d'une palissade, de roseaux, ou de haie, un terrein sec dont le fond soit de sable, de craie, ou de gravier, qui contienne environ trois quarts d'arpent. Cet espace suffit pour un mâle avec sept femelles. Un terrein humide, & l'exposition du Nord, leur seroient préjudiciables. Une partie de ce terrein pourra être mise en potager : on y élevera des feves, carottes, topinambours, laitues, panais, choux, *&c* : ce qui contribuera autant à leur plaisir, qu'à leur sûreté, & à leur entretien. Il sera à propos de ne point faire de couches dans cet enclos : les faisans détruiroient le jeune plant. A quelque endroit de l'enclos seront deux loges; l'une pour couver, & l'autre pour gîter. L'Auteur du mémoire ne veut pas que l'on y mette de juchoir, parce que ces oiseaux peuvent tomber la nuit & se tuer; il préfere de mettre à terre quelques bottes (liées) de pailles de froment.

Les *Faisannes* (dit-il) font leur ponte dans les mois de Mars, Avril, Mai, & Juin; & donnent chacune plus de quarante à cinquante œufs. On les leur ôtera tous les jours, pour les donner à couver à une bonne poule. Outre que cela multiplie les œufs des faisannes, la poule sait garantir les faisandeaux contre les oiseaux de proie. Ces œufs éclosent au bout de trois semaines. Pour ce qui est du choix de la couveuse ; il y a des gens qui préferent la petite poule de Bantam, à cause de sa légéreté qui fait qu'elle est moins sujette à casser des œufs : d'autres veulent que la poule commune, ou la poule de Turquie, vaille mieux pour cela; étant plus grosse que celles de Bantam, à-peu-près de la taille des faisannes, & pouvant ainsi couver un plus grand nombre d'œufs.

Voyez, dans les pages 63-4-5, ce qui concerne les faisans métifs, & le moyen de s'en procurer.

Les petits étant éclos, on les met avec la couveuse dans une espece de huche longue de quatre pieds, & d'environ treize pouces de haut & de largè, dont le dessus soit couvert d'un filet ; à l'exception d'un endroit que l'on couvre de planches, où la poule est enfermée avec des vivres, & où elle a un espace suffisant pour étendre ses ailes sur les faisandeaux, qui ont seuls la liberté de sortir de cette caisse, & d'y rentrer. On leur pratique une espece d'échelle, de petits bâtons unis, espacés de trois à quatre pouces. Tous les matins on porte cette boîte dans les champs ; afin que les petits aillent dans du bled, de l'orge, un pré, ou du gazon : observant que pendant les cinq ou six premieres semaines leur course soit bornée par une enceinte de planches, de filets, de fil d'archal, ou d'ozier, d'environ cinq pieds de large de chaque côté de la boîte, qui est au centre. On ne leur donne pas d'eau ; parce qu'ils trouvent assez d'humidité dans le suc des plantes. Il faut même avoir soin que la boisson de la poule ne soit pas à leur portée : l'eau leur causeroit une diarrhée.

Quand on n'a pas cette commodité, on peut leur mettre du lait dans un pot, & le renouveller à propos pour qu'il n'ait pas le tems de s'aigrir : au bout d'une semaine, on leur donnera moitié eau moitié lait. Après quoi on les mettra à l'eau seule ; & leur nourriture sera des œufs de fourmis : on aura soin qu'il ne s'y trouve pas de fourmis, les faisandeaux s'en lasseroient bientôt. Consultez la p. 66 du *Journal*.

On peut encore, dès les premiers jours, les nourrir d'œufs de fourmis rouges, sans tuer les petits de ces insectes qui peuvent y être déja vivans.

Il y a des gens qui mêlent de la fleur de farine d'orge & des œufs de poule dont ils n'ôtent pas les coquilles, & en forment une pâte qu'ils réduisent en petits morceaux gros comme des œufs de fourmis ; & en donnent aux faisandeaux, dans la premiere semaine, avec des œufs de fourmis, pour les engraisser & fortifier. La semaine suivante, ils substituent à cette pâte un mêlange de la même farine & de lait, avec des coquilles d'œufs pulvérisées : & après ce tems, ils mettent les faisandeaux dans une espece de mue faite de maniere qu'ils peuvent en sortir pour aller pâturer comme nous l'avons dit ci-dessus.

Outre les fourmis, qui sont la principale nourriture de cette jeune volaille ; les mille-pieds & les perce-oreilles, lui conviennent bien. Il faut surtout lui en donner quand elle est malade : les fourmis seules ne suffiroient pas toujours pour la guérir, quelque quantité qu'on lui en donnât. Il est à propos de mêlanger alors ces insectes, & lui en donner du moins deux ou trois fois par jour.

Les maladies des faisandeaux ne viennent pour l'ordinaire que de ce qu'on n'a pas soin de les tenir proprement, de renouveller leur boisson, ou de ne leur donner à manger rien de gâté. Il faut changer leur eau deux fois par jour. Ce peut aussi être une bonne précaution que de les tenir renfermés jusqu'à ce qu'il n'y ait plus de rosée sur terre ni dans l'air; & les faire rentrer avant que le soleil se couche.

Quand ils ont cinq à six semaines, on peut les nourrir de bled ou de mays, pilés dans un mortier de fer ou de marbre, & mêlés avec quelques œufs de fourmis. Trois semaines ou un mois après, on ne risque rien de les sevrer entiérement de fourmis; & leur donner du grain entier.

Alors ils se nourrissent d'aveine, d'orge, de froment, de pois; & en hyver, de panais cruds, de feuilles & racines de laitues, de choux, & de feuilles de raves sauvages. Le gland, & les senelles sont encore dans cette saison une excellente nourriture pour eux. En automne, ils vivent bien de chaume, soit d'orge soit d'autre grain: & au printems ils mangent du bled verd. Ainsi il paroît qu'on peut les nourrir sans qu'il en coûte plus que pour les volailles communes. Le froment leur donne de la vivacité, & un embonpoint qui les met à l'épreuve du plus rigoureux froid. D'ailleurs, comme les femelles nourries de ce grain pondent plus que les autres; & qu'en général cette nourriture attire le faisan au gîte & le fait grossir promptement; il peut être vrai que ce soit une des moins dispendieuses, & une de celles qui lui conviennent le mieux. On prétend même qu'elle est supérieure aux pâtes composées de farine, de lait, & d'œufs.

Pour empêcher les faisans de s'envoler, on se contente ordinairement de leur casser une aîle; parce que ces oiseaux s'attachent à l'endroit où ils sont nés. Mais il est encore plus sûr de couper les aîles mêmes: Consultez le *Journal* cité, p. 70.

Chasse du Faisan.

Il est aisé de connoître par le cri des faisans, les endroits des bois où il y en a beaucoup. C'est surtout le matin qu'on les entend. On peut encore remarquer ces endroits par leur fiente; que l'on y voit, particuliérement après que la rosée a disparu, le long des petits sentiers par où ils courent.

1. On peut prendre les faisans avec un chien couchant, instruit à cette chasse, de la même maniere que les cailles. Il faut deux personnes, pour porter le filet; & une troisieme pour parler au chien qui chasse: & avoir toujours l'œil sur lui pour voir quand il fera arrêt. On doit bien se garder de le faire tirer avant: car les faisans se leveroient. Au contraire, on le tient toujours en arrêt tandis que ceux qui portent le filet s'approchent du gibier & du chien, & qu'étant à portée ils enveloppent l'un & l'autre.

2. L'on peut les prendre au leurre, comme les perdrix; avec un halier. On en dresse plusieurs dans les chemins, aux endroits où l'on a reconnu qu'il y a des faisans.

Maniere de prendre les Faisans dans un bois, sans les blesser: pour en peupler quelque autre lieu.

3. Plusieurs personnes ont des bois dans lesquels il y a abondance de faisans, & qui seroient bien aises d'en pouvoir prendre de vifs, pour en peupler quelque autre terre où il n'y en a point. Si vous avez ce dessein-là, servez-vous de la maniere qui vous est proposée dans les figures suivantes.

Lorsque vous aurez reconnu le lieu où ils sont, examinez s'il y a quelque arbre où il soit aisé de monter, & d'où vous puissiez avoir la vûe sur les

FIGURE I.

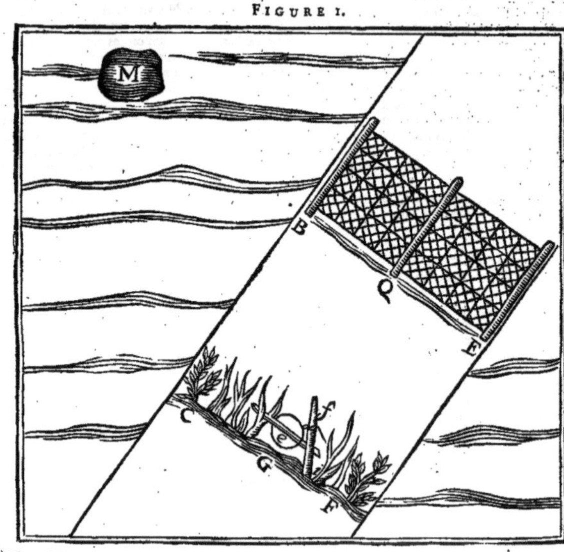

petits chemins & sentiers par où doivent courir les faisans. Quand vous aurez trouvé l'arbre commode, & le lieu propre pour les prendre, appâtez au long de ces petits chemins; c'est-à-dire jettez du grain pour les y attirer, & en mettez cinq ou six bonnes poignées en un monceau dans un endroit, où tous ces petits chemins aillent se rendre : & lorsque vous connoîtrez que beaucoup de faisans y auront mangé, allez à la pointe du jour tendre en cette sorte:

Supposé que les deux lignes B C, & E F (*fig.* 1.) soient les deux bords du sentier ou chemin; ayez plusieurs haliers, longs de quatre ou cinq pieds, comme celui qui paroît dans la figure; leur longueur sera proportionnée à la largeur du chemin. Quoique celui qui est dans la figure soit à mailles en lozanges, d'autres font ce filet en mailles quarrées, larges de cinq à six pouces; & lui donnent trois grandes mailles de hauteur. Les piquets qui y tiennent, doivent être espacés à deux pieds & demi. Le fil qui compose le tissu, doit être retors & bien fort; parce que les faisans s'agitent beaucoup lorsqu'ils sont pris, & qu'ainsi ils pourroient le briser. Consultez l'article HALIER. Tendez le filet en travers du chemin B Q E. Faites de même à tous les sentiers qui vont se rendre au principal lieu appâté. Cela fait, montez sur l'arbre que je suppose être l'endroit marqué de la lettre M : où vous écouterez sans remuer ni faire de bruit; & prenez garde, lorsqu'il y aura un faisan pris, de l'ôter promptement. Car aussi-tôt que les faisans se sentent arrêtés, ils se débattent & font un bruit qui épouvante les autres.

Le premier faisan qui trouvera le commencement du grain que vous avez jetté le long du chemin, appellera les autres pour manger; & courant par dedans les sentiers, il se prendra dans les filets.

Si vous ne trouvez pas d'arbre commode comme on a dit ci-devant; vous pourrez tendre les filets, & vous retirer à l'écart; & quand il fera tout-à-fait nuit, y aller voir. Mais la réussite n'est pas si assurée que quand on est présent; parce que les premiers pris, comme on a déja dit, épouvantent les autres. De plus, il peut se rencontrer quelque animal qui les tue : ou bien ils se blesseront dans les filets, à force de se débattre.

4. Si vous trouvez ces filets trop difficiles à faire, ou incommodes à tendre; vous pourrez avoir des *poches* ou *pochettes à lapin*; & autant de verges que de filets. Ces verges seront de cinq ou six pieds, & moins grosses que le petit doigt. Vous tendrez le tout, comme il paroît dans la *fig.* 2. Coupez les deux bouts de chaque verge en pointe, & piquez-

FIGURE 2.

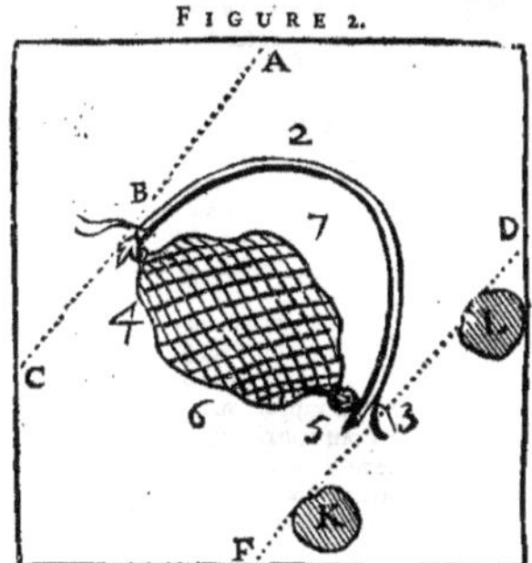

les aux deux bords du chemin 4, 3, ensorte que la verge soit comme une porte ronde : tendez le filet au travers du chemin; puis prenez la ficelle qui passe dans la boucle 4 du filet, & l'attachez au bas de la verge, tout au rez de terre : liez aussi à l'autre côté du chemin au bas de la verge, la ficelle 3 qui passe dans la boucle nombre 5; & prenez le bord du filet 6 ou 7, que vous leverez & poserez sur le haut, nombre 2 de l'arçon, de façon qu'il tienne fort peu. Si-tôt qu'un faisan donnera dedans, il se prendra plus facilement qu'au halier; mais il pourra aussi s'échapper, si on ne l'en retire promptement.

5 Si vous n'avez ni haliers, ni poches, & que vous n'en veuilliez pas faire, servez-vous d'une ruse de paysans, avec laquelle ils savent bien prendre les faisans dans les bois avec des collets. La *figure* 1 vous montrera la maniere de les tendre.

Ayez plusieurs collets, ou lacets de crin de cheval : attachez-en un, comme vous le voyez au piquet *f i*. Vous attacherez tous les autres de la même maniere. Faites plusieurs petites haies C G F, au travers des petits chemins qui vont rendre au principal lieu appâté; & laissez un collet au milieu de chaque espace G, qui soit justement la passée d'un faisan : piquez sur le bord de cette passée le piquet *f*, ensorte que le collet qui y est attaché, soit tout à plat sur terre, & ouvert en rond; mettant par dessous un petit bâton *e* pour le tenir un peu élevé, en sorte qu'un oiseau ne puisse passer sans emporter ce lacet avec le pied. Il ne faut pas que ces haies soient plus hautes que six pieds, ou neuf tout au plus.

Il est certain que le premier faisan, qui en cherchant le grain passera par quelqu'une de ces haies, sera pris de lui-même par les pieds : mais il faut être prompt à l'en retirer; parce que s'il ne se prend que d'un pied, il pourra se rompre la jambe à force de se débattre. Le paysan qui ne se soucie pas de les avoir vivans, tend avec un lacet un collet élevé; afin que le faisan se prenne par le cou, ou par le pied.

Les Colleteurs font la guerre aux faisans, quand ces oiseaux vont manger pendant le jour dans les bleds mûrs; ou bien lorsqu'ils cherchent leur pâture dans les bois où ils se retirent. Leurs heures ordinaires pour sortir dans la campagne sont, le matin au soleil levant, à onze heures ou à midi, & le soir une heure ou deux avant que le soleil se couche.

Celui qui veut les prendre, s'en va dès la pointe du jour écouter de quel côté il les entendra chanter: & il s'y rend, afin de les voir sortir du bois. S'il en voit sortir quelqu'un, il va secrettement chercher l'endroit où ils vont manger : l'ayant connu il y met deux ou trois collets, l'un à platte terre, & les autres à la hauteur du jabot de l'oiseau; de sorte qu'il ne puisse passer sans mettre la tête dans quelqu'un, ou se prendre par les pieds : & s'il y a plusieurs endroits où un faisan puisse passer, il met à tous de quoi l'arrêter. Puis le colleteur fait le tour, bien loin dans le champ; & se trouvant à-peu-près vis-à-vis du lieu où il croit que le faisan est arrêté pour manger, il fait un peu de bruit avec les mains, ou avec deux pierres qu'il frappe l'une contre l'autre, approchant toujours vers l'endroit où sont tendus les collets. Aussi-tôt que l'oiseau l'entend, il fuit pour se sauver dans le bois : & passant la tête dans un des collets, il se prend par le cou, & s'étrangle; ou bien il met les pieds dans le lacet, & l'emportant avec soi, il demeure arrêté par le pied.

Il est à remarquer que les faisans ne volent jamais, s'ils n'y sont forcés : car lorsqu'ils veulent changer de lieu, c'est par la course, & non par le vol.

Pour ce qui est des autres heures du jour : lorsque le paysan veut tendre ses collets, il se met aux aguets pour voir sortir les faisans ; & fait la même chose qu'au matin. Mais avant de s'y amuser, il regarde tout au long du bois du côté du bled, s'il n'y aura point de muces ou sentiers qui soient battus des faisans ; afin d'y mettre ses collets & lacets.

L'on peut aussi tendre les lacets à quelque avenue où il y ait de l'eau : les faisans, allant à l'abreuvoir, & attirés par l'appas qu'on y aura mis, ne manqueront pas de s'y prendre. C'est ordinairement sur le soir, qu'il fait bon à cette chasse ; ou dès que le jour commence à paroître.

Propriétés du Faisan.

Le faisan est un fort bon mets ; qui fait honneur sur la table. La chair en est délicate, de bon suc, solide, & fortifiante. Elle se digere aisément ; elle rétablit les éthiques, & les convalescens : on prétend qu'elle convient particuliérement aux personnes sujettes aux convulsions ou à l'épilepsie. Elle est meilleure en automne, qu'en tout autre tems. La graisse de faisan est adoucissante, résolutive ; propre à fortifier les nerfs, & à dissiper les douleurs du rhumatisme & de la goute.

MANIERES D'APPRÊTER LES FAISANS.

Faisan rôti.

Ayant plumé à sec & vuidé le faisan, il faut le ficeler, le faire revenir sur la braise, l'éplucher proprement, & le piquer de menu lard ; le mettre à la broche, enveloppé dans du papier, & le laisser cuire à petit feu ; lorsqu'il est presque cuit, ôter le papier, faire prendre au faisan une belle couleur, le tirer de la broche ; faire une sausse avec du verjus, du sel & du poivre, ou avec de l'orange ; & le servir sans autre facon.

Faisan à la sausse de carpe.

Après avoir troussé le faisan, & l'avoir bardé d'une bonne barde de lard ; vous le ferez rôtir : & prendrez garde de ne le laisser pas trop sécher. Pendant qu'il rôtira, mettez dans une casserole, des tranches de veau & de jambon, de l'oignon coupé par rouelles, un peu de persil, & des herbes fines. Prenez ensuite une carpe vuidée & écaillée : l'ayant coupée par morceaux, vous l'arrangerez dans la même casserole ; que vous mettrez sur le feu, jusqu'à ce que le tout ait pris couleur. Jettez-y alors du jus de veau, deux verres de vin, une pointe de rocambole, des champignons, des truffes hachées, & quelques croûtes de pain. Quand tout cela sera cuit, vous le passerez à l'étamine ; & vous ferez ensorte que la sausse soit un peu liée. Puis débardez le faisan, & le mettez dans la sausse, où vous le laisserez bouillir cinq ou six bouillons : & le servirez bien chaud.

Faisan à l'Achia.

Après qu'il est plumé & vuidé, on trousse les cuisses en dedans le corps ; & on le met à la broche, enveloppé de bardes de lard & de papier. On coupe ensuite de l'achia par tranches, que l'on fait blanchir à l'eau bouillante. Après quoi on les met dans une casserole avec un peu d'essence de jambon, un peu de coulis ordinaire, un peu de jus. Faites cuire le tout un moment. Le faisan étant cuit, vous le tirez, débardez, & mettez dans un plat. On verse par dessus, le ragoût d'achia, qui doit être de bon goût : & on sert chaudement pour entrée.

FAISANDEAU. C'est un jeune faisan. *Consultez* l'article FAISAN.

On l'apprête comme le faisan même.

FAISANDERIE. Lieu où l'on tient des faisans. *Voyez* l'article FAISAN.

FAITE : *terme de Charpenterie & d'Architecture.* On nomme ainsi la plus haute piece de charpente, qui forme le toît, laquelle s'étend depuis une forme jusqu'à une autre, & est assemblée dans le poinçon, où les chevrons s'arrêtent par en haut. On le fortifie par une autre piece de bois qui est posée du même sens, mais au-dessous, & qu'on appelle *sous-faite.* Les faites doivent être, selon Savot, de six ou sept pouces en quarré.

F A L

FALCARIA. *Voyez* AMMI.

FALOPE. *Voyez* ALOUETTE, *n.* III.

FALOURDE, on nomme ainsi à Paris, du bois flotté pour brûler ; que l'on vend par bottes retenues par les deux bouts avec de l'ozier ou des harts. A Orléans on l'appelle *Cotret.*

FALSIFIER. Altérer la nature de quelque chose. On appelle *Drogues falsifiées*, celles qu'on fait passer pour autres qu'elles ne sont, ou qui sont mêlées de quelque autre chose de moindre prix. Le sang de dragon, la terre sigillée, le musc, le bézoard, les baumes, & presque toutes les drogues d'Orient, sont déja falsifiées sur les lieux.

Les Cabaretiers falsifient le vin d'Espagne ; en le mêlant avec d'autre vin & du miel, ou avec d'autres drogues & liqueurs.

FALTRAN. *Consultez* l'article VULNÉRAIRES.

FALUM. *Voyez* AMENDER, *n.* 31.

F A N

FAN *ou* FAON. C'est le nom qu'on donne durant la premiere année aux petits des biches, des daines & des chevrettes.

FANAGE ; ou *Fenaison.* C'est l'action de remuer des herbes coupées, afin que le soleil les desséche.

FANE. C'est la même chose que *Feuille :* & on s'en sert indifféremment à l'égard des plantes. On dit : *La fane, ou feuille, de cette plante est différente de celle de cette autre.* Voyez CHANVRE, p. 515. AFFILER. EFFANER.

Se FANER : *terme d'Agriculture :* qui se dit quand les feuilles des plantes & des arbres, au lieu d'être droites & étendues, comme sont celles des plantes qui se portent bien ; sont renversées, ou en quelque façon pliées & flétries. C'est une marque que la plante souffre, & a besoin d'arrosement, ou d'autre secours ; ou qu'elle n'a pas encore de bonnes racines. Ainsi les premiers jours que les melons, citrouilles, & concombres, sont plantés, ils se fanent, si le soleil leur donne sur la tête : les choux, les chicorées, les laitues, *&c.* paroissent fanées jusqu'à ce qu'elles aient commencé à faire de nouvelles racines, à l'endroit où on vient de les planter.

2. On est dans l'usage de dire simplement FANER ; non, *Se Faner ;* par rapport au foin coupé. On dit : » Les prés hauts ont fourni beaucoup d'herbe ; qui » a *fané* difficilement, à cause des petites pluies qui » tomboient presque tous les jours. «

3. FANER signifie encore faire le travail du fanage.

FANEUR. Ouvrier qui fane.

FANON. C'eſt la peau qui pend ſous la mâchoire inférieure *du bœuf*, & le long du goſier; puis deſcend au-deſſous du poitrail entre les jambes de devant juſqu'aux genoux.

FAO

FAON. *Voyez* FAN.

FAR

FAR. *Voyez* ÉPAUTE.

FARCE : *terme de Cuiſine.* Mêlange de pluſieurs ſortes de viandes hachées menu, & aſſaiſonnées; pour en farcir ou remplir d'autres; comme cochons de lait, cannetons, dindons, éclanches, *&c.* Voyez FARCIR. CROQUET.

Farce de poiſſon. Après avoir habillé & déſoſſé des brochets, carpes, anguilles, brêmes, barbeaux, & autres poiſſons ſemblables; hachez-les tous enſemble bien menu; faites une omelette qui ne ſoit pas trop cuite; ajoûtez-y des champignons, trufes, perſil, & ciboule. Hachez cette omelette avec le poiſſon; & après avoir bien aſſaiſonné le tout, joignez-y une mie de pain trempée dans du lait; du beurre, & quelques jaunes d'œufs: & quand vous aurez bien lié votre farce, vous vous en ſervirez de la maniere que vous jugerez à propos.

Il y a des *farces d'ozeille*, & d'autres herbages; qui ſe ſervent en entremêts, avec des œufs par-deſſus.

FARCIN. Maladie des chevaux : qui ſe fait connoître par une tumeur accompagnée d'un ulcere cauſé par un virus très-dangereux. Il y a pluſieurs ſortes de farcin : ſavoir, le *farcin cordé*, le *farcin volant*, le *farcin en cul de poule*; le *farcin intérieur.* Voyez *Farcin*, entre les maladies du CHEVAL.

FARCIR : *terme de Cuiſine.* Voyez FARCE. CARPE *farcie.* DINDON *farci.* ALOYAU. CHAMPIGNON, p. 503. CHAPON. CHOU, p. 617. COCHON, p. 649. CAILLE *à la braiſe.* CANARD *aux huitres.* CONCOMBRES *farcis.* ANCHOIS *en allumettes. Roulade d'*ANGUILLES, *à l'Angloiſe.* FRICANDEAUX *farcis.* ŒUFS *farcis.* MACREUSE. MAIN. *Poitrine de* VEAU. CRÊTES *de volailles.*

FARCTUM : *terme Latin de Botanique.* Se dit, en quelque ſorte, par oppoſition à *Tubuloſum* : & ſignifie une feuille tubulée remplie de tiſſu cellulaire ou de moëlle.

FARD. Préparation que l'on met ſur le viſage ou ſur d'autres parties, pour donner à la peau un éclat qu'elle n'a pas naturellement.

M. Gendron le neveu a publié une petite *Lettre ſur pluſieurs maladies des yeux, occaſionnées par l'uſage du Rouge & du Blanc.* Il rapporte divers faits tendans à montrer que l'uſage du fard peut faire de très-fâcheuſes impreſſions ſur les yeux. » Certaines » perſonnes (dit-il p. 7) peuvent en être plus affec» tées que d'autres; particuliérement celles qui ont » la peau très-fine, qui tranſpirent peu, & qui ont » eu mal aux yeux dans leur jeuneſſe. «

Il ajoûte, en pluſieurs endroits de cette Lettre, que quand les yeux ne ſont pas affectés, il ſurvient d'autres accidens occaſionnés par la même cauſe : telles ſont les démangeaiſons, boutons, dartres au viſage, maux de gorge, douleurs de dents, *&c.*

Comme les fards ordinaires, le Rouge & le Blanc, deſſéchent la peau, interceptent l'inſenſible tranſpiration, & produiſent ainſi les effets que M. Gendron vient d'indiquer; ce Médecin voudroit que l'on fît uſage de liqueurs ou de pommades qui puſſent émouſſer l'âcreté de ces fards, & nourrir la peau ſans fermer les pores. *Conſultez* les pag. 19 & 20 de ſa Lettre.

Fard que l'on dit être excellent. Il faut diſſoudre du baume de Levant dans de l'eſprit de vin, & y mêler un jaune d'œuf.

Voyez BLANC *d'Eſpagne.* COSMÉTIQUE.

FARINA *fœcundans.* Cette expreſſion Latine ſert à déſigner la pouſſiere des Etamines, qui opere la fécondation des organes femelles dans les fleurs.

FARINE. Pulpe végétale, de grains ou de racines, qui en ſéchant ſe déſunit & forme une poudre très-fine.

Le plus grand uſage de la farine eſt pour ſervir d'aliment. *Voyez* PAIN. SON.

La farine de ſeigle, ſeule ou mêlée avec celle de froment, fait un pain rafraîchiſſant & quelquefois laxatif. Les Pâtiſſiers en font des pâtes biſes.

La farine d'aveine eſt très-bonne pour faire des boiſſons & des bouillies rafraîchiſſantes : on l'appelle *gruau.*

La farine de froment, de feves, d'haricots, de racines d'arum, *&c.* eſt propre à faire de la poudre à poudrer. *Voyez* AMIDON.

La farine de froment qui paſſe par un bluteau fin, s'appelle *pure farine* ou *fleur de farine.* La ſeconde, qui a paſſé par un bluteau moins fin, eſt nommée farine *blanche*, ou *farine d'après la fleur.* Enſuite viennent les fins gruaux; puis les gros gruaux; & enfin les recoupes, & recoupettes. *Voyez* BLUTEAU.

En meſurant la farine, on la rade comme le bled, avec le radoir ou le rouleau.

On connoît à ces marques la bonne farine propre à faire du pain. Elle eſt bien ſéche; ſe conſerve long-tems; boit bien l'eau; fait beaucoup de pain; & demande le four bien chaud.

Moyens de garder la farine ſans qu'elle ſe gâte.

1. Il faut ne mettre au moulin que du bled bien ſain & très-ſec : puis ſerrer la farine dans une huche, ou dans d'autres vaiſſeaux; que l'on tiendra dans un endroit ſec. Surtout il faut avoir ſoin que cette huche ou ces vaiſſeaux ſoient bien fermés, de crainte que la farine ne s'évente, & qu'il n'y tombe quelque choſe de mal propre. En été, on la mettra dans un endroit frais, mais exempt d'humidité. La boulangerie ſuffira pour la garder en hiver. Il eſt à propos de la remuer quelquefois; afin que l'air paſſant au travers, empêche qu'elle ne s'attache & qu'elle ne prenne un mauvais goût. *Conſultez* l'article PAIN.

2. Il y a des Auteurs qui conſeillent de jetter parmi la farine, de la réſine de vieux pins miſe en poudre.

3. D'autres broyent du cumin & du ſel, en égales portions; & en font des maſſes ſéches, qu'ils mettent dans la farine.

4. La farine ſaſſée, & ſéparée du ſon, ſe conſerve mieux que quand ils ſont mêlés; parce que le ſon eſt ſujet à s'aigrir. Voyez le *Journal Œconomique*, Décembre 1753, p. 97.

5. Il faut toujours ne pas perdre de vue que la bonne qualité du grain influe eſſentiellement ſur la perfection de la farine. Conſultez le *Corps d'Obſervations de la Société de Bretagne*, année 1757, Art. XV.

6. Le mêlange des farines de différens grains; ou le dépôt de la meilleure farine dans des barrils dont le bois n'eſt pas ſec; contribue beaucoup à faire que la farine ſe trouve enſuite être de mauvaiſe qualité.

7. De la farine bien blutée, puis miſe & très-foulée dans un barril bien ſec que l'on ferme enſuite

exactement ; se conserve plusieurs années, même sur mer, sans que l'on ait besoin de la remuer. Consultez le *Journal Œconomique*, Décembre 1753, p. 55 & suivantes ; 64-5.

Potage à la farine. Consultez ce mot dans l'article REGIME.

Farines usitées en Médecine.

On emploie, à titre de résolutives, ce qu'on nomme *les quatre farines :* qui sont celles d'orge, feve, orobe, & lupin ; auxquelles on joint souvent les farines de froment, lin, fenugrec, & lentilles.

Consultez les articles de chacune de ces plantes : & AVEINE ; FROMENT D'INDE ; SARRASIN.

Colle de Farine. Voyez sous le mot COLLE.

FARINEUX. On appelle ainsi les semences & racines que nous avons dit fournir de la farine.

2. L'on dit qu'un *fruit* est FARINEUX, ou pâteux, lorsque sa chair n'est pas fondante & qu'elle est insipide. Ce défaut se rencontre surtout dans certaines poires qui ayant passé leur maturité, ou étant venues en mauvais fonds, n'ont pas la quantité d'eau & la finesse de chair qu'elles devroient avoir. Ainsi on dit d'un lansac, d'un doyenné, d'un petit oint, d'une épine, *&c. Cette poire est farineuse ; cette poire a la chair farineuse.*

Voyez CHAIR *grumeleuse & farineuse.*

3. FARINEUX se dit aussi de certaines Dartres. *Consultez* le mot DARTRE.

FARLOUSE. *Voyez* ALOUETTE.

FAS

FASCE, en Latin *Fascia.* Voyez BANDE, *en Architecture.*

FASCIATA *Planta.* Ce terme signifie que les branches d'une plante sont rapprochées les unes des autres en forme de faisceau.

FASCICULATUS. *Voyez* BOTTE, *terme de Botanique.*

FASCINAGE. *Consultez* l'article ÉGOUTTER *les terres.*

FASTIGIATI *flores.* Les Botanistes Latins nomment ainsi les fleurs qui, étant rassemblées près-à-près, font toutes ensemble un plan horizontal comme si on les eût tondu avec des ciseaux. Telles sont les fleurs de la Millefeuille, & de plusieurs autres corymbiferes.

FAT

FATIGUE. *Voyez* LASSITUDE. APPETIT *perdu par la dissipation des esprits. Soins que doit avoir celui qui conduit les* BŒUFS. CHOCOLAT. *Dégoût*, entre les maladies du CHEVAL.

FAU

FAU. *Voyez* HÊTRE.

FAVAGELLO. *Voyez* PETITE ÉCLAIRE.

FAVAGO. *Consultez* l'article ÉCUME DE MER.

FAUCHER. Couper l'herbe des prés, ou les tiges des grains, avec un instrument que l'on nomme *Faulx.* L'ouvrier est appellé *Faucheur.* L'opération même est dite FAUCHAISON. Elle s'exécute mal lorsqu'il fait du vent. *Voyez* ANDAIN. FAUCHET. FAULX.

Quoique l'usage commun soit de scier avec une faucille les fromens que l'on moissonne ; cependant lorsqu'ils sont bas & clairs, il y a plus d'avantage à en faucher tout ce qui peut l'être : je veux dire qu'on ne scie alors que ceux où il se rencontre beaucoup d'herbes, ou qui sont fort versés. *Voyez* ce que nous avons dit de l'AVEINE ; p. 227.

Si on veut faucher les fromens quoique très-mêlangés d'herbes, il faut avoir l'attention de trier exactement les brins de froment d'avec l'herbe des bottes.

M. Duhamel a fait observer que l'usage de faucher les fromens & les seigles, ordinaire dans la Flandre, en Suisse, & ailleurs ; est très-expéditif, beaucoup moins coûteux & moins contraire à la santé des ouvriers, que celui de couper avec la faucille : *Elém. d'Agr.* T. I. p. 370-1. Voyez aussi le *Tr. de la Cult. des Ter.* T. VI. p. 441. & suivantes ; ou les *Elém. d'Agr.* T. I. p. 371 jusqu'à 393. La pratique du fauchage, ses inconvéniens réels ou apparens comparés avec le bénéfice qui en résulte ; enfin la description de la faulx particuliere propre à cette opération ; y sont détaillés d'une maniere fort instructive.

FAUCHET. Espece de rateau, dont les deux côtés sont garnis de dents de bois ; & qui sert à ramasser l'herbe ou les grains fauchés.

FAUCHEUR. *Consultez* l'article FAUCHER.

FAUCHILLON (*Bois*). Voyez T. I. p. 355.

FAUCHON. *Consultez* l'article RAFFLE.

FAUCILLE. Instrument qui sert à couper d'une main l'herbe, les bleds, *&c ;* que l'on tient à poignée, de l'autre main. La lame de la faucille est faite en demi-cercle ; & a un court manche de bois. Le bord intérieur de ce demi-cercle est ordinairement garni de petites dents, qui lui donnent une forme mitoyenne entre la scie & la lime. C'est d'où viennent les expressions *scier du bled, de l'herbe*, &c ; que l'on coupe ainsi. En Provence, la faucille n'a point de dents ; mais un tranchant bien affilé.

FAUCILLON, *ou* *Bois à* FAUCILLON. } Voyez BOIS, p. 355.

FAUCON. Oiseau de proie ; que l'on rapporte au genre de l'Epervier. Il est à-peu-près de la grosseur d'une poule. Consultez l'*Ornithologie* de M. Brisson, T. I. p. 321 & suivantes. Cet Académicien y décrit environ quarante especes ou variétés de cet oiseau : où sont compris le *Gerfaut*, le *Sacre*, le *Lanier*, l'*Emerillon*, & le *Hobereau.*

Ceux d'Islande passent pour être les meilleurs Chasseurs qu'il y ait en Europe.

Un bon Faucon doit avoir la tête à-peu-près ronde, le bec gros & long, les épaules larges, les pennes menues, les cuisses longues, les jambes courtes, & les mains longues & larges.

On nomme *Faucon Pelerin* celui qui passe de Barbarie ou de Tartarie, en Europe ; *Faucon Gentil*, celui qui, quoique de passage, ne vient que de divers cantons de cette partie du globe. On ne trouve pas l'aire du premier. Le second est assez facile à dresser. Le faucon *niais*, ou faucon royal, est celui qui a été pris dans le nid ; le faucon *sor*, celui qui a encore son premier plumage, les pennes du premier an. Les noms de faucon *hagard*, faucon *de repaire*, faucon *branchier*, désignent un faucon bizarre & fier, que l'on a pris quand il avoit changé de plumage.

FAUCONNERIE. Art d'instruire les oiseaux de proie, & de les employer à la volerie du gibier. Cette chasse est noble.

Consultez les articles ABANDONNER. ABAISSER. ABATTRE. ABBÉCHER. ABORDER *la remise.* ACHARNER. ADOUÉE. AFFAITAGE. AFFAIRE. AIGLURES. AILE. AIR : *terme de cet Art.* AFFRIANDER. AIGLE. AIGUILLE. AIRER. ALBRENÉ. ALLONGÉ. AIRE. ALETHE. ALLONGÉ.

Apoltronir. Armer. Assurance. Attombisseur. Branloire. Brider. Oiseau *de proie*. Mahutis. Quinteux.

FAUDE. *Voyez* Faulde.

FAVI. Les Latins nommoient ainsi les carreaux à six pans, qui servent à paver les chambres, *&c.* *Voyez* Carreau.

FAULDE, ou *Faude*. Dans les Bois on nomme ainsi une fosse à charbon. *Voyez* p. 523. du 1e vol.

2. Ce terme se trouve aussi employé à signifier un parc, un lieu fermé, où l'on tient du bétail à la campagne.

FAULX, ou *Faux*. Instrument qui sert à faucher l'herbe, & quelquefois le grain.

L'acier de la faulx a une trempe bien plus douce que celle des coignées, des couteaux, des rasoirs, *&c*: par ce qu'ayant à abbattre une grande quantité d'herbe il est impossible que son taillant ne s'émousse fréquemment dans un jour, de quelque maniere qu'il soit trempé. Si sa trempe étoit dure, on ne finiroit pas de la reporter au Taillandier. Mais en laissant à l'acier assez de corps & de souplesse pour qu'il puisse être applati par le marteau sans se casser; on met le Faucheur en état de faire l'office de Taillandier. Ainsi, dès que le tranchant est trop gros & trop mousse, il pose sa faulx sur une petite enclume qu'il porte toujours avec lui; & le rabat à petits coups de marteau. Après quoi, il suffit de repasser le tranchant avec une pierre qui est à-peu-près de la grandeur d'une pierre à rasoir, mais dont le grain est plus gros.

Au moyen de la trempe douce, la lime peut mordre sur le tranchant de la faulx; & ce tranchant n'est pas des plus vifs. Mais la grandeur de la masse dont il fait partie, la longueur du manche auquel il tient, & la vitesse avec laquelle la faulx est poussée; suppléent au défaut de l'extrême dureté.

Quelques Taillandiers composent la trempe de cet instrument avec la plupart des minéraux, & même des préparations de minéraux, outre grand nombre de plantes d'especes différentes & surtout de celles qui ont l'odeur forte. M. De Réaumur regarde comme inutiles beaucoup de ces ingrédiens; quelques-uns même comme nuisibles. Il observe que le fond se réduit à tremper la faulx dans du suif, ou dans des matieres équivalentes: & il pense qu'en la trempant dans l'eau bouillante ou chauffée à un certain point, l'on pourroit donner au taillant le degré de dureté & de souplesse qui lui convient.

FAUSSE-COUCHE. *Consultez* l'article Avorter, p. 234.

FAUSSE-COULEUR: *terme de Peinture*. Le verd de gris, le tournesol, le faux vermillon, l'inde, & quelques autres, sont nommés Fausse-Couleurs: & il est défendu de les employer en huile; mais seulement en détrempe.

FAUSSE-COUPE: *terme de Charpenterie & de Menuiserie*. C'est une sorte d'assemblage, qui n'est ni à équerre, ni à onglet; & qui se trace avec la sauterelle.

FAUSSE-FENÊTRE. C'est une fenêtre bouchée; dont il ne reste que la figure par dehors, pour garder la symmetrie.

FAUSSE-FLEUR. *Voyez* l'article Fleur.

FAUSSE-MADAME. *Voyez* Narcisse *vineux clair*.

FAUSSE-MESURE. C'est celle qui n'est pas exactement de la capacité & continence requises.

FAUSSE-PORTE: *terme d'Architecture*. C'est 1°. une porte feinte; comme nous avons dit ci-dessus, de la fausse fenêtre.

2°. Ce mot signifie une issue secrette d'une maison.

3°. On appelle fausse-porte, une double porte, faite d'étoffe pour empêcher le vent.

FAUVE. *Bête Fauve*. Ce nom générique comprend le Cerf, le Daim, & le Chevreuil; mâles & femelles.

Voyez Venerie. Arbre, *Art.* VIII.

FAUVETTE. Oiseau que l'on met dans le genre du Becfigue. M. Brisson en décrit douze especes ou variétés, dans le troisieme volume de l'*Ornithologie*, p. 372 & suivantes.

On n'éleve communément que la *Fauvette à tête noire*, parce qu'elle chante bien. Un peu moins grosse, que le Moineau franc, elle a huit pouces & demi de vol. Le dessus de sa tête est noir; & le bec brun. Elle a le haut du cou, le dos & le croupion, d'un gris-brun tirant sur l'olivâtre. Le reste du cou, les joues, la gorge, la poitrine, les jambes, & les côtés, sont gris. Le ventre est gris-blanc. L'aile est variée de gris-brun, de brun-olivâtre, & de blanchâtre. La queue est un peu fourchue; composée de douze plumes, variées de cendré brun & de brun olivâtre. Les pieds sont couleur de plomb; & les ongles, noirâtres. La femelle de cette espece differe du mâle en ce qu'elle a le dessus de la tête, d'un marron clair. (On a eu tort de dire dans le *Traité du Serein de Canarie & autres petits oiseaux de voliere*, que cette femelle est toute grise).

Cet oiseau fait son nid dans les buissons. On en ôte les petits, cinq ou six jours après qu'ils sont éclos. Leur nourriture, depuis ce moment & tant qu'ils vivent, est une pâte composée de chenevi pilé, mie de pain, persil haché bien menu, & d'eau. Toute herbe hachée, & un peu de viande aussi hachée, leur conviennent encore. La cage où on les tient doit être close, ensorte qu'elle ne reçoive de jour que par la porte. Comme ils sont sujets à la goute, on a soin qu'ils n'aient ni humidité ni froid. Quand le plumage distingue les mâles & les femelles, on congédie celles-ci comme ne chantant point.

La fauvette qui a été à elle-même, & que l'on chasse, ne vaut pas moins que l'ortolan, quand elle s'est nourrie de figues, de raisins, & autres choses meilleures que les grains de sureau. On l'apprête comme le becfigue. *Voyez* Vergerons.

FAWN-*Killing Eagle*. Consultez le mot Aigle.

FAUX: instrument. *Voyez* Faulx.

Porter à Faux. *Voyez* sous le mot Porter.

FAUX ACACIA. *Voyez* l'article Acacia.

FAUX-ATTIQUE. *Voyez* Attique, pag. 220 du 1e vol.

FAUX-AVEU. La Jurisprudence féodale nomme ainsi l'aveu fait par un vassal, à un autre Seigneur que le sien.

FAUX-BOIS: *terme de Jardinage*. On nomme ainsi des branches menues, chifonnes, & mal conditionnées, qui sont incapables de devenir belles.

On peut aussi dire que les branches gourmandes sont de faux bois.

FAUX *Corollæ*: terme Latin de Botanique. C'est l'endroit où un pétale en tuyau forme un évasement.

FAUX-FUIANT. C'est ce que l'on appelle une *fente à pied*, dans un bois.

FAUX-JOUR. Clarté sombre, lumiere obscure, qui vient obliquement en quelque lieu; qui déguise & altere les couleurs; enrichissant les communes; avilissant les plus riches; & faisant paroître les choses autrement qu'elles ne sont.

FAUX-JOUR: se dit *en Peinture* à l'égard des tableaux, quand ils ne sont pas placés de sorte que le jour ou la lumiere naturelle éclaire le tableau en la la maniere convénable. Au contraire, un tableau passe pour *être en son jour*, quand la lumiere (qui vient par exemple de la fenêtre) donne sur le tableau, du même côté que celle qui étant peinte éclaire le reste du tableau. Le faux jour est la contradiction qui se trouve entre la lumiere peinte, & la lumiere réelle ou naturelle.

FAUX-NARCISSE. *Consultez* l'article NARCISSE.

FAUX-POIDS. C'est celui qui est moindre que le modele ou étalon public.

FAUX-REMBUCHEMENT: *terme de Venerie*. C'est lorsqu'une bête entre dix ou douze pas dans un fort; & revient tout court sur elle, pour se rembucher dans un autre lieu. *Voyez* REMBUCHEMENT. REMBUCHER.

FAUX-SEL. C'est du sel qui n'est point gabellé; qui n'a pas entré dans les greniers du Roi, & dont on veut frauder les impôts. On appelle FAUX-SAUNIER, celui qui vend en cachette ce faux sel; & FAUX-SAUNAGE, le commerce qui s'en fait contre les ordres du Prince.

FAUX-TEINT; ou fausses teintures. Ce sont les teintures qui se font avec des drogues qui ne produisent pas un bon effet; & sont défendues parce qu'elles durcissent & dégradent les étoffes, & principalement parce que ces teintures ont le défaut de passer promptement. Les Réglemens pour les Teinturiers, tant du grand que du petit teint, marquent quelles sont les bonnes & mauvaises drogues.

FAY

FAYANCE *ou* FAYENCE. Sorte de poterie fine, couverte d'émaux de différentes couleurs qui ordinairement forment des desseins agréables. Elle nous est venue originairement de Faenza, ville d'Italie.

Outre le mérite du travail, elle doit avoir l'avantage de la légéreté.

Consultez le *Spectacle de la Nature*, Entr. 24. Le *Journal Œconomique*, Octobre 1753, p. 72.

Pour empêcher que la Fayance ne se casse étant mise sur le feu.

Avant de s'en servir, il faut la mettre dans de l'eau seule, que l'on fera bouillir assez longtems avec elle.

Pour raccommoder les Fayances, Porcelaines, & autres vaisseaux de terre, cassés.

1. Tenez de la pâte de Boulanger dans votre main sous un filet d'eau qui coule très-doucement; & la maniez toujours. Quand il ne sort plus de liqueur laiteuse, il reste une pâte visqueuse & qui s'étend comme de la peau mouillée. Mettez-la entre les morceaux, & les rejoignez bien exactement; puis ficelez: & ne vous servez du vaisseau que longtems après.

2. D'autres laissent à un morceau de pâte de Boulanger le tems de se couvrir d'une pellicule; que levant ensuite, ils trouvent au-dessous une huile, dont ils se servent comme nous venons de dire.

3. Le Blanc de plomb, ainsi que la chaux fusée à l'air, étant broyés avec de l'huile soit de noix soit de lin, font un excellent mastic pour recoller la fayance & la porcelaine: mais, l'ayant ficelée pour bien assujettir les morceaux, il faut ne s'en servir qu'un ou deux ans après.

4. Prenez du blanc d'œuf crud: mettez-y gros comme une petite noix, de chaux fusée à l'air; battez le tout ensemble & frottez-en les morceaux dans l'endroit où ils sont cassés; joignez-les ensemble, &, s'il est possible, serrez-les avec une ficelle ou un fil, qui embrasse le vaisseau; laissez-les sécher pendant un jour: vous pourrez ensuite vous en servir, comme s'il n'avoit point été cassé.

Si on a quelque gros vaisseau de fayance ou de terre, *&c*, à raccommoder; il faut rendre cette colle moins liquide, en y ajoûtant une plus grande quantité de chaux-vive; & si un blanc d'œuf ne suffit pas, on en prendra ce que l'on jugera à propos. [Ce mastic a l'avantage de sécher promptement. Mais celui où entre l'huile, tient mieux.]

Consultez l'article CIMENT.

Dorer la Fayance. Voyez DORER.

FEA

FEAL: *terme de Jurisprudence*, & de Chancellerie; dont se sert le Roi en adressant ses Lettres à ses Officiers. Voici la formule: *à nos amés & féaux les gens tenans notre Cour de Parlement.* On nommoit féal & féaux, les Vassaux qui avoient prêté la foi à un Seigneur; on les appelloit aussi *loyaux*, comme qui diroit gens vivans selon les Loix. Le mot *féal*, vient de *fidelis*, fidele à son Seigneur; de *fides*, qui signifie deux choses: la confiance du *Vassal* en son Seigneur, & la confiance & appui du Seigneur en son Vassal; fondée sur son serment de fidélité, ou sur les assurances réitérées de tems à autres, faites par le Vassal à son Seigneur; à qui il a protesté foi & obéissance. Du vieux mot *féal*, sont venus *Féaulté, Féaument*; pour dire fidélité, fidélement.

FEB

FEBRIFUGA. Voyez *Petite* CENTAURÉE.

FEBRIFUGA *Peruviana*. C'est le Quinquina.

FEBRIFUGES. On nomme ainsi les remedes employés avec succès à la guérison des diverses especes de fiévre. La petite centaurée est en possession du titre de febrifuge, par excellence. Le Quinquina est de même appellé Bois des fievres. *Consultez* l'article FIEVRE; & ses renvois. Voyez aussi PLANTES *febrifuges*. QUINQUINA. CHARDON, p. 528.

Febrifuges externes, pour les gens de la campagne.

1. Prenez une once d'ail bien épluché, demi-once de suie de cheminée, un blanc d'œuf, une cuillerée de vinaigre. Broyez le tout dans un mortier; étendez-le sur un linge fort clair; & l'appliquez sur les poignets. [On prétend que cet amulete fixe assez souvent la fievre. Mais il ne paroît pas devoir en ôter la cause. Ceux qui suivent sont dans le même cas.]

2. Broyez une gousse d'ail; étendez-la ensuite sur un peu de linge; & entourez-en le doigt annulaire. *Quelques-uns* y ajoûtent un peu de safran en poudre.

3. Prenez de la petite sauge, du sel, & de la suie de cheminée, autant pesant de l'un que de l'autre; battez-les bien ensemble avec quatre germes d'œufs: & appliquez le tout sur le pli du coude gauche.

4. Prenez du persil, & des feuilles de coudrier, une poignée de chaque. Pilez-les dans un mortier, avec un peu de vinaigre & de l'eau de noix s'il se peut: faites-en un cataplasme sur le pli du coude, & sur les poignets.

5. Prenez de l'encens mâle, de la cire jaune, du vinaigre, & de la salive, autant de l'un que de l'autre: après avoir fondu & mêlé le tout ensemble, enveloppez-le dans un linge, & mettez-le sur les poignets.

6. Faites dissoudre deux onces de poix noire dans un peu de vin rouge; ajoûtez-y une demi-once de muscade, deux dragmes de cannelle, & autant de cresson alenois : & appliquez le tout sur l'estomac.

7. Mêlez une demi-once de vif argent avec une once de thériaque; & l'appliquez sur les poignets au commencement du frisson de la fievre quarte.

Nota. En pratiquant ces remedes, il ne faudra pas négliger les remedes généraux : qui sont les saignées & les purgations.

Febrifuges internes; pour les pauvres, & pour les gens de la campagne.

1. Dans le tems des vendanges, ramassez des baies d'hieble bien mûres. Une dragme & demie ou deux dragmes, pilées, & incorporées avec du miel, suffisent pour les plus robustes. On fait prendre ce remede, le jour qu'il n'y a pas d'accès; ou encore mieux, trois heures avant l'accès. Pour l'ordinaire il purge très-bien par les selles. Il fait aussi vomir lorsqu'il y a disposition : & à la premiere ou seconde prise, il emporte les fievres intermittentes.

2. Une demi-cuillerée d'*huile de baies d'hiebles* produit le même effet. On met une bonne quantité de ces baies dans l'eau; & on ôte celles qui surnagent. On pile bien les autres; on les fait bouillir dans beaucoup d'eau : & lorsqu'on a ôté la bassine de dessus le feu, & qu'elle est bien reposée, on enleve l'écume qui s'y est formée; puis avec une cuiller on ramasse l'huile qui surnage, & que l'on garde pour le besoin.

3. *Voyez* SIROP *émétique febrifuge*. FIEVRE.

4. Le Docteur Hancock a donné à l'eau commune le titre de *Grand Febrifuge*. En la faisant boire froide, il prétendoit guérir toutes sortes de fievres par les sueurs. Sa méthode est exposée avec beaucoup de netteté dans le *Journal Œconomique*, Septembre 1753, p. 112-3-4-5-6.

Febrifuge de M. Marteau, longtems usité à Bicêtre.

Après avoir fait vomir; donnez, en trois fois, un purgatif composé dans sa totalité de six gros de quinquina, une once de miel de Narbonne, & une once de sirop de capillaire : dont vous ferez des bols.

F E C

FECES; en Latin *Fæces*. Parties grossieres, impures & pesantes, d'une liqueur; lesquelles se séparent, par la dépuration, en se précipitant comme de la lie.

FÉCULES. Feces tirées des sucs de quelques racines, par résidence; & desséchées au soleil, à l'ombre, ou d'autre maniere. On prépare ainsi les fécules de Bryone, d'Iris, d'Arum, de Pivoine.

F E I

FEILLETTE. *Voyez* FEUILLETTE.

F E L

FEL-TERRÆ. Voyez *Petite* CENTAURÉE. FUMETERRE.

FÊLÉ (*Verre*). Consultez l'article VERRE.

FELONIE : *terme de Jurisprudence*. C'est lorsque le Vassal ne veut pas reconnoître son Seigneur; ou qu'il viole le serment de fidélité qu'il lui a juré. Le crime de félonie emporte la confiscation du fief servant, au profit du Seigneur dominant. Il faut pourtant que l'injure soit atroce pour emporter la commise ou confiscation. La confiscation pour félonie, appartient au Seigneur féodal; & non au Seigneur Justicier. *Voyez* COMMISE.

La félonie n'est pas seulement la rébellion du Vassal contre le Seigneur; mais aussi le forfait & l'injure du Seigneur envers son vassal. Auquel cas le Seigneur perd son hommage : & le droit retourne au Seigneur suzerain.

FELOUGNE. Voyez *Grande* ÉCLAIRE.

F E M

FEMELLE. Dans les Animaux, c'est l'individu qui porte les petits de son espece; & qui, pour cela, est doué d'un organe différent de celui qui est propre aux individus mâles.

Les Botanistes nomment de même *fleurs femelles*, les fleurs qui contiennent des pistils & qui portent du fruit, mais où l'on n'apperçoit pas d'étamines. *Voyez* ÉTAMINE. PISTIL.

FEMME *du Pere de famille*. Ses devoirs à la campagne. *Consultez* les articles ŒCONOME; & ŒCONOMIE.

Maladies des Femmes & Filles.

Il se fait dans ce sexe une abondante sécrétion de sang, dont le superflu s'évacue par intervalles à travers quelques-uns des conduits qui servent à la génération. Si cette évacuation ne se fait pas à propos, dans les femmes qui ne sont ni enceintes ni nourrices, sa suppression occasionne des maladies considérables, & presque toujours dangereuses lorsqu'elle continue. D'ailleurs le sang qui s'écoule de cette maniere peut contribuer à donner de la souplesse & de l'élasticité au conduit de la matrice; & ainsi le disposer à servir à la génération. Quand les regles ne peuvent sortir par leur issue naturelle, il y a des femmes qui éprouvent tous les mois quelque dégorgement d'humeurs, ou de grandes douleurs de ventre : d'autres sont sujettes à des défaillances, des vertiges, des épilepsies d'especes extraordinaires : le sang sort même quelquefois périodiquement par les oreilles, les yeux, le nez, &c.

L'évacuation du sang par les voies ordinaires arrivant presque régulierement tous les mois, on lui a donné les noms de *Mois*, *Menstrues*, *Flux Menstruel*, *Regles*, *Ordinaires*. D'autres les appellent encore *Purgations*, *Fleurs*, ou *Flueurs*, &c. Consultez l'article MOIS.

Quoique les *Pâles Couleurs* puissent avoir différentes causes, la suppression des regles en est très-souvent le principe. Nous traitons de cette maladie, de ses symptômes, & de sa curation, dans l'article PÂLES-COULEURS.

Au contraire, cette évacuation est quelquefois trop abondante, & dure plus longtems qu'à l'ordinaire : ce qui produit un épuisement, une foiblesse d'estomac, des nausées, des palpitations. Ce flux excessif est appellé *Perte*. Sa cause est souvent une acrimonie survenue dans le sang; ou une plénitude. Ce dernier cas est bien plus aisé à traiter que l'autre. On réussit néanmoins à arrêter les pertes qui viennent de l'altération du sang, pourvû que la malade se prête au régime qu'on lui indique. *Consultez* l'article *Perte de* SANG.

LA Femme, destinée à porter les enfans qui reproduisent l'espece humaine, ne devient mere qu'à la suite d'une sorte de maladie; dont on peut regarder comme autant de symptômes les divers accidens affectés à l'état de la *Grossesse* : & l'accouchement en est comme la crise & le terme.

Lorsqu'une femme est enceinte, ses regles s'arrêtent; elle éprouve pour l'ordinaire, de tems à autre, de légers tremblemens par tout le corps. Dès les commencemens son ventre cesse d'être rond, & s'applatit. Elle devient sujette à des éblouissemens, des maux de tête; à une paresse de ventre, qui lui cause des tranchées : ses yeux deviennent languiſſans, & comme meurtris à l'entour. Il lui vient des taches au viſage ou ailleurs : elle eſt aſſoupie. En marchant, elle ſent des douleurs aux reins, aux cuiſſes, & aux jambes. Elle a des dégoûts, la bouche amere, des rapports âpres ou aigres, & des vomiſſemens habituels. Souvent elle a un appétit déréglé pour manger des choſes abſurdes, telles que du charbon, du plâtre, *&c.* Au bout de trois ou quatre mois toutes ces indiſpoſitions ont coutume de diſparoître : & il ne reſte plus qu'une eſpece de fourmillement dans les inteſtins.

Vers ce même tems le ſang ſe porte aux mammelles ; & y cauſe des douleurs & des duretés lorſque le lait commence à s'y former : le mammelon & ſon cercle deviennent rouges à celles qui ont la peau blanche, & noirs aux brunes. La voix groſſit : & la ſalive devient abondante ; enſorte que preſque toutes celles qui ont de l'embonpoint, crachent beaucoup. Il vient des varices aux cuiſſes & aux jambes des plus ſanguines ; & les veines ainſi enflées paroiſſent bleues ſous une peau blanche, & noires lorſque la peau eſt brune. Lorſque l'enfant ſe fortifie, les douleurs de la mere ſe renouvellent ; & ſon pouls eſt agité comme ſi elle avoit la fievre. Si l'on tient quelque tems la main ſur ſon ventre, on ſent un mouvement plus ou moins doux ſelon que la groſſeſſe eſt avancée. Sur la fin de la groſſeſſe ce mouvement eſt plus fort, & vient de haut en bas, & vers la partie antérieure du ventre lorſque la femme eſt couchée. Le terme étant proche, l'enfant heurte les flancs de la mere ; elle ſent couler de la matrice une liqueur deſtinée à humecter & dilater le paſſage : & ſi l'accouchement eſt heureux, elle eſt délivrée en moins d'une heure.

Au reſte, tous les indices que l'on peut avoir de la groſſeſſe d'une femme, ne ſont que des conjectures incertaines. L'on n'eſt réellement aſſuré de la vérité de la groſſeſſe, que quand on touche de la main la tête d'un enfant qui eſt vers le bas de la matrice. Une longue ſuppreſſion des regles occaſionne ſouvent des ſymptômes analogues à ceux de la groſſeſſe.

On voit auſſi des femmes groſſes, qui ont des pertes, rouges ou blanches, dans les premiers mois. Il y en a même qui ſont reglées pendant preſque tout le tems qu'elles ſont enceintes.

La ſuppreſſion des regles occaſionne preſque tous les accidens qui arrivent dans les commencemens de la groſſeſſe. Le vrai moyen de remédier à la plénitude qu'elle produit, eſt de prendre une nourriture légere pendant le premier mois, faire de l'exercice, dormir peu ; & faire uſage de quelques infuſions légeres, pour faire couler les urines, ou pour exciter la tranſpiration. Une poignée de graine de lin, bouillie dans une pinte d'eau juſqu'à ce qu'elle ſoit réduite à un bon demi-ſeptier, fait une bonne *Tiſane* pour cette circonſtance : on met quinze grains de nitre dans la colature ; & on en prend un verre le matin à jeûn, & un autre environ quatre heures après avoir fini de dîner. La ſaignée, que l'on a coutume d'indiquer dans toute autre circonſtance de plénitude, pourroit dans celle-ci produire un relâchement conſidérable & faire périr le germe. Il vaut mieux obſerver une diéte exacte, que nous croyons devoir borner à l'uſage d'alimens faciles à digérer. Les nauſées, vomiſſemens, & maux d'eſtomac, & autres, dont ſe plaignent les femmes enceintes, viennent preſque toujours de l'indiſcrétion ſur le manger. Celles qui mangent peu à la fois, & qui ſçavent ſe priver de choſes indigeſtes ou de fantaiſie, en ſont généralement exemptes. Les femmes enceintes qui mangent peu dans tout autre tems, doivent diminuer encore leur nourriture dans les commencemens de leur état ; à cauſe de la plénitude qu'il occaſionne. Si néanmoins la ſobriété & le régime ne ſuffiſent pas pour arrêter les accidens, on prendra avant le repas une cuillerée d'élixir de propriété, ou de quelque autre élixir amer, dans de l'eau. Dans le cas où le vomiſſement ſubſiſteroit toujours, le lait de vache pour toute nourriture, ſeroit capable d'y remédier.

Quand la dépravation de l'appétit, les vomiſſemens, le dégoût, la peſanteur, la difficulté de reſpirer, la laſſitude, le mal de reins, & les douleurs partout le corps, ſe ſoutiennent juſqu'au troiſieme mois, malgré le bon régime ; on peut avoir recours à la ſaignée du bras, ſurtout ſi le pouls eſt plein, & fort & qu'il y ait des ſignes de plénitude. On doit cependant ne tenter ce remede qu'avec prudence : car les femmes délicates s'en trouvent rarement bien ; & celles qui ſont robuſtes peuvent facilement s'en paſſer. Après la ſaignée on preſcrira pour une huitaine des boiſſons acidules, comme la limonade, le ſirop de limons dans de l'eau, la tiſane nitreuſe décrite ci-deſſus.

Deux onces de manne, un gros de ſel de Glauber, & une once de catholicon double, diſſouts dans un verre de petit lait, puis paſſés pour être pris en une ſeule fois ; ont ſouvent remédié à des vomiſſemens & nauſées très-rebelles.

Il faut être autant réſervé ſur les potions purgatives, que pour les ſaignées, à l'égard des femmes enceintes. Ces potions peuvent irriter les inteſtins, & occaſionner une fauſſe couche. L'agaric, & preſque toutes les purgations antimoniales, portent éminemment ce caractere dangereux. Il ne faut uſer que de précipitans, & d'anodyns ; mais non de narcotiques.

Lorſque l'on croira la purgation abſolument néceſſaire pendant la groſſeſſe, on aura recours aux purgatifs tempérés ; ſur-tout quand les ſujets ſeront délicats : on ſe contentera donc du jalap avec la crême de tartre ; ou d'une infuſion de ſenné corrigée avec la grande ſcrophulaire. Mais il faut éviter avec ſoin les purgatifs doucereux ; la ſcammonée, & la caſſe.

Voyez encore *Préparation d'*ANTIMOINE, *qui ne purge que par bas*, p. 128. ÉMÉTIQUE *commode.*

Purgatif pour les femmes groſſes conſtipées.

Prenez un ſcrupule de crême de tartre, & huit grains de ſel de tartre ; que vous mettrez dans un bouillon bien chaud.

Nous avons indiqué dans le T. I. p. 134 pluſieurs *Préſervatifs contre les Fauſſes Couches.* Il y eſt auſſi parlé de l'*Appétit dépravé* ; dans la page 146.

Chutes des femmes enceintes.

Voyez *Perte de* SANG des femmes, *n.* VII.

Les articles ACCOUCHEMENT, & MAL D'ENFANT, contiennent des avis utiles pour les perſonnes qui ſont dans le cas d'aider une femme en travail. Mais, nous le répétons, l'accouchement eſt rarement laborieux quand la femme a ſçu ſe retenir ſur la quantité & le genre des alimens, lorſqu'outre cela elle a fait de l'exercice durant ſa groſſeſſe. Quand il y a quelque défaut de conformation, une femme peut accoucher encore avec difficulté, après avoir obſervé les plus ſages conſeils. Nous renvoyons aux articles ARRIERE-FAIX, & MAL D'ENFANT, les ſoins & ſecours qu'il convient d'employer auprès des femmes *accouchées* : tant pour prévenir les *Tranchées* & autres *Suites de couches*, que pour y remédier.

Nous parlons, ſous le mot LAIT, des accidens plus ou moins conſidérables qui accompagnent la formation de cette substance, destinée à nourrir l'enfant.

Autres maladies du sexe.

Voyez CANCER. VAPEURS. DESCENTE. MAMMELLES. VISAGE. ESQUINANCIE. ÉRÉSIPELE. FLEURS *Blanches*. GONORRHÉE.

FEN

FENAISON. Voyez FANAGE.

FENDEUR. Ouvrier qui fend le bois.

Se FENDRE, *ou* S'OUVRIR. C'est un terme qui se dit des pêches, des prunes, *&c.* quand elles quittent bien leurs noyaux. La pêche se fend; le pavie ne se fend point; la prune de perdrigon violet ne se fend pas bien net; la diaprée rouge, ou roche-corbon, ne se fend point du tout; les damas, l'abricotée, & la diaprée blanche, se fendent très-net.

FENESTRE. *Voyez* FENÊTRE.

FENÊTRAGE: *terme de Coutumes.* Droit d'avoir des fenêtres; de faire des jours & des fenêtres: ce qui s'entend en deux manieres: ou des ouvertures qu'on fait dans les bois, afin d'y tendre des filets pour prendre des beccasses, qui passent le matin & le soir dans ces fenêtres (*Voyez* PANTIERE); ou bien on entend par fenêtre des ouvertures ou boutiques qu'on fait sur la rue pour y exposer des marchandises en vente.

FENÊTRE, *ou* FENESTRE. Ouverture faite dans une muraille, pour donner du jour: on y comprend aussi le bois & le vitrage dont elle est garnie. La Coutume de Paris & celle de Normandie défendent de faire des fenêtres ou trous pour vûe dans un mur mitoïen. On ne peut en avoir que dans les autres murs: & alors celui qui est seul propriétaire n'y peut avoir des vûes qu'à la hauteur de neuf pieds; le tout à fer maillé, & à verre dormant. Consultez l'article VUE ou *Jour.*

On nomme Fenêtre *Embrasée*, ou *En Embrasure*, celle qui est plus étroite par dehors que par dedans, afin d'éclairer un escalier à vis ou un autre endroit sans interrompre la décoration extérieure. On en fait aussi quelquefois pour rendre un lieu plus sûr; une prison, par exemple.

Une Fenêtre *à Balcon*, est celle dont l'appui est fermé de balustres comme on en voit au Château de Versailles du côté du Jardin; ou une fenêtre hors de laquelle est un balcon de fer.

FENIL. Il y a des endroits où on appelle ainsi le lieu où l'on serre les foins.

FENISON. Quelques Coutumes donnent ce nom au tems où les prés sont défensables; c'est-à-dire où il est défendu d'y mener paître le bétail.

FENNEL. *Voyez* FENOUIL.

FENNEL *Giant.* Voyez FERULE.

FENOU (*Gros*). Voyez FERULE, *n.* 1.

FENOUIL: en Latin *Fœniculum*, & *Marathrum;* en Italien *Finocchio;* & en Anglois *Fennel.* Plante Ombellifere: dont chaque fleur est composée de cinq pétales courbes; cinq étamines terminées par des sommets arrondis; un embryon surmonté de deux styles. Cet embryon devient un fruit allongé, cannelé profondément, & qui se divise en deux parties; dont chacune contient une semence étroite, applatie d'un côté, & convexe & cannelée de l'autre.

M. Linnæus a réuni le fenouil & l'aneth sous un même genre. Cependant comme leurs semences différent sensiblement (*Voyez* ANETH), nous avons cru devoir conserver la distinction qui est d'usage.

Especes.

1. *Fœniculum vulgare Germanicum* C. B.: l'espece commune de nos jardins. Cette plante est vivace. Sa racine est charnue, pivotante, blanche. Elle porte des feuilles formées d'un filet commun auquel ne tiennent pas les folioles, mais d'où sortent des filets latéraux chargés de ces folioles; qui sont cylindriques, menues, très-nombreuses, douces au toucher, & laciniées à leur extrêmité. Toute la plante a une odeur aromatique agréable. Les tiges sont très-branchues, droites, cylindriques, cannelées, noueuses, lisses, & s'élevent à six ou sept pieds de hauteur: leur couleur, ainsi que celle des branches, est cendrée. Les folioles sont d'un verd plus ou moins foncé ou gai. Le bas des feuilles embrasse en forme de gaîne la tige ou la branche d'où elles sortent. La fleur est jaune; & paroît en Juillet & Août. La graine est grisâtre, longuette, & a une saveur vive & âcre.

Cette espece croît naturellement sur les rochers & parmi les cailloux en Afrique & dans la Zone torride. On la trouve aussi autour de plusieurs villages de France, & ailleurs en Europe.

2. *Fœniculum dulce, majore & albo semine* J. B. Le *Fenouil doux*, ou *Fenouil de Florence*, differe du précédent en ce que sa tige est constamment plus basse; ses folioles plus menues, moins ramassées, & moins laciniées à leur extrêmité; & sa graine, beaucoup plus grosse, plus blanche, cannelée plus régulierement, & moins âcre.

3. *Fœniculum dulce Azoricum* Pluk. On croît que c'est le *Finocchio di Zucchero* des Italiens; c'est-à-dire *Fenouil de sucre:* ainsi nommé parce que la graine a une saveur plus douce & plus fine que les autres, & encore parce que la plante même blanchie est fort tendre & sucrée. Elle est, dit-on, originaire des Isles Açores. Il y a longtems que les Italiens la cultivent dans leurs potagers. Ses folioles sont d'une grande finesse. Presque au sortir de terre, les côtes deviennent charnues, épaisses d'environ deux pouces sur quatre à cinq pouces de largeur. Quand on laisse monter cette plante, sa tige ne s'éleve qu'à un pied & demi; & sa tête fait un écart considérable. Ses semences sont étroites, courbées, d'un jaune vif, d'une saveur très-douce, & d'une forte odeur anisée.

4. Olivier de Serres (*Theâtre d'Agric.* Lieu 6e. Chap. 11) dit » Il nous est venu une espece de fenouil de Barbarie, qui.... s'allonge jusques à quatorze & quinze pieds: & ce qui en augmente la merveille, est la grosseur & la légereté de sa tige; l'ayant grosse comme le bras d'un homme robuste, ne pesant que très-peu: dont est rendu propre à faire des bâtons pour l'appui des boiteux. «

5. *Voyez* CUMIN. AMMI, *n.* 5. SESELI.

Culture.

Le *n.* 1 se multiplie abondamment de lui-même par ses semences.

Quand on veut en semer, le mieux est de le faire en Automne dès que la graine est mûre. Elle leve au printems suivant. Toute terre & toute exposition lui conviennent. La culture de cette plante se réduit à sarcler les herbes qui peuvent lui nuire, & à ne laisser qu'un nombre de pieds suffisant pour que les uns n'étouffent pas les autres.

Le *n.* 2 soutient bien le froid de nos climats. On peut l'élever & cultiver comme le précédent.

La 3e espece est plus délicate. L'article essentiel de sa culture est d'avoir de bonne graine. Si elle n'est pas parfaitement conditionnée, c'est-à-dire récente & bien mûre, les plantes montent sans former d'épanouissement. Il lui faut une terre légere, bien substantieuse, médiocrement séche & humide. On peut en semer vers la mi-Mars, pour consommer en Juillet: puis toutes les trois semaines successivement, afin d'en avoir jusqu'aux gelées. La terre étant bien labourée & unie, on y fait des rayons écartés au moins de dix-huit pouces les uns des autres, pour avoir l'aisance d'éclaircir, sarcler, & buter : on y seme la graine assez clair ; on la couvre d'un demi-pouce de terre ; & on unit avec le rateau ou la main. Les plantes paroissent trois semaines ou un mois après. Pour lors il faut sarcler soigneusement ; & éclaircir ensorte qu'il y ait quatre pouces de distance entre les plantes. Dans la suite, on doit être exact à sarcler. Lorsqu'on voit qu'elles sont trop gênées pour leur étendue, on les éclaircit encore, pour les espacer à environ un pied. Quinze jours avant d'en user, on les butte comme le céleri; pour les faire blanchir, les attendrir, & les rendre frisées.

Au reste, il est à propos d'en semer la graine dans un terrein plus humide en Avril, Mai, & Juin, que l'on n'a fait en Mars; &, au contraire, de choisir pour la semence de la fin de Juillet, un terrein sec & une bonne exposition.

Comme la terre est généralement séche durant les mois de Juin & Juillet, on doit l'arroser & couvrir jusqu'à ce que les graines soient levées. Il faut aussi arroser à propos les plantes, pour empêcher qu'elles ne montent trop promptement.

Si on a l'attention de mettre du pesat ou autre légere couverture sur les plantes qui subsistent vers le tems des gelées, on pourra les conserver jusques environ à la moitié de l'hiver.

Usages.

Les feuilles & les semences du fenouil commun sont bonnes pour éclaircir la vûe, & pour la fortifier; elles fortifient l'estomac, & adoucissent les âcretés de la poitrine. La semence prise après le repas chasse les vents, aide la digestion, & rend l'haleine bonne lorsqu'on la mâche : elle est aussi hystérique.

Le suc de la racine, pris au commencement de l'accès des fievres intermittentes, est un bon remede pour les guérir, en facilitant la transpiration : La dose en est depuis trois onces jusqu'à six. Cette racine est une des cinq apéritives.

L'eau simple distillée des feuilles est en usage dans les collyres, & pour bassiner les yeux.

L'huile essentielle de la graine est très-propre pour l'asthme, & la toux opiniâtre : la dose en est depuis douze jusqu'à quinze gouttes; dans un verre de lait coupé, ou de tisane pectorale. Elle soulage aussi la colique; en en prenant six ou huit gouttes.

La décoction des racines & des graines est très-bonne dans la fiévre maligne, la petite vérole, & la rougeole. La graine concassée s'emploie dans les fomentations, avec les semences résolutives. Les feuilles & les racines bouillies dans l'eau d'orge ou de ris, font venir le lait aux nourrices. Ces feuilles entrent dans la composition de l'eau vulnéraire. Elles sont bonnes pour déterger les plaies, & pour la sanie des yeux. On fait une conserve des feuilles de fenouil verd, comme celle de fleurs de violette. L'École de Salerne dit que le fenouil est diurétique. Voyez VIN *de fenouil.*

La semence est une des quatre grandes semences chaudes.

Voyez Tome I, p. 814 & 856. FENOUILLETTE.

On met les jeunes pousses de fenouil, dans les salades.

En Italie, on mange cruds, en salade comme le céleri, les cotons du *n.* 3. M. De Combes (*Ecole du Jard. Pot.* T. II.) dit que les Italiens n'y mettent même quelquefois pour assaisonnement, que du sel; qu'ils en mettent cuire dans la soupe; & que les sommités de la plante, mises dans les fournitures de salade, y répandent une odeur & un goût agréables.

Olivier de Serres (*Th. d'Agr.* Lieu 8. Chap. 2) avertit de confire au vinaigre les tiges & branches des différentes especes de fenouil; cueillies avancées, mais encore tendres.

On confit au sucre la graine de fenouil. C'est l'espece de dragée que l'on nomme *Anis Couvert.*

M. Margraf a tiré un vrai salpêtre du *Fenouil Romain* (qui paroît être le *n.* 3, que M. De Combes dit être spécialement cultivé du côté de Rome, où il est excellent; p. 46, Édit. de 1752). Le célebre Académicien de Berlin a encore trouvé un sel marin très-pur dans les feuilles du fenouil commun. * *Journal Œconomique*, Février 1752, p. 59.

Essence, ou huile composée, de Fenouil.

Prenez cinq pintes de la meilleure eau-de-vie, & autant de bon vin blanc; une livre & demie de bonne semence de fenouil; & deux onces de réglisse, coupée, & bien écrasée. Le tout étant mis dans l'alembic, bouchez-le avec du parchemin; & le mettez dans une étuve, ou sur la cendre chaude, en infusion pendant deux jours. Ensuite distillez la liqueur à un feu médiocre, ensorte qu'elle bouille toujours également. Ce qui reste après la distillation de l'essence, & qui s'appelle *goutte blanche*, n'est propre que pour laver les mains.

FENOUIL *marin.* Voyez PERCE-PIERRE.

FENOUILLETTE. Liqueur, composée d'eau-de-vie & de l'huile que contient la semence de fenouil. La fenouillette la plus agréable & la plus estimée, se fait avec une pinte d'essence ou huile distillée de fenouil, & une pinte de bon esprit de vin; que l'on met dans une terrine, où l'on y ajoûte six pintes de la meilleure eau-de-vie, une pinte d'eau bouillie, & une pinte de sucre clarifié. Si après avoir goûté la liqueur, on la trouve trop violente, il faut y ajoûter de l'eau bouillie, & du sucre à proportion. Lorsqu'elle sera à votre goût, vous la clarifierez avec un quarteron d'amandes douces un peu pilées, & un poisson de lait; & passerez le tout deux ou trois fois par la chausse, jusqu'à ce que la fenouillette soit claire comme la plus belle eau.

FENTE (*Bois de*). Voyez sous le mot BOIS, p. 348.

FENTE (*Greffer en*). Consultez l'article GREFFER.

FENTES. C'est la même chose que crevasses. *Voyez* CREVASSES.

FENUGREC : en Latin *Fœnum-Græcum*; & *Trigonella* suivant M. Linnæus. Ce genre de plantes est improprement nommé quelquefois en François *Sénegré*, & même *Senné Grec.* Son calice est d'une seule piece, évasé en cloche, découpé par les bords en cinq dentelures aigues. La fleur est distinguée des autres légumineuses, en ce que l'étendart & les aîles semblent former ensemble une fleur à trois pétales réguliere : cet étendart est à-peu-près oval, obtus, ouvert, & renversé : les aîles ont une pareille direction, & sont ovales & longuettes. La nacelle est obtuse, fort courte, étroitement serrée par les autres parties de la fleur. Les étamines sont courtes; séparées en deux corps, dont un est formé d'une seule étamine, & les neuf autres en faisceau. L'embryon est une ovale allongée terminée par un style. Le fruit est une silique, de même forme, plus ou moins étroite, un peu courbée, applatie, & terminée par une longue pointe; ce qui lui donne l'apparence d'une corne, & l'a fait nommer *Aigoceras*, ou *Buceras.* Les semences sont ou faites en rein, ou de figure rhomboïde.

Les feuilles de fenugrec sont toujours trois ensemble, comme celles du trefle, sur un même pédicule.

Especes.

1. *Fœnum Græcum sylvestre, Meliloti facie.* Cor. Inst. Cette plante, commune au Levant, a presque l'odeur & le port du Mélilot ordinaire.

2. Pluknet appelle *Fœnum Græcum sylvestre minus, polyceration, siliquis plurimis ad singula genicula caulem ambientibus*; une espece qui vient aux environs de Paris, notamment sur la butte de Seve : & qui est remarquable par la multitude de siliques qui sont dans les aisselles des feuilles autour de la tige.

3. *Fœnum Græcum sativum* C. B. Sa tige est menue, cylindrique, creuse, d'un blanc obscur, & branchue. Les feuilles sont communément petites, à-demi-rondes, dentelées. La fleur est blanche, & assez petite. La graine est moins grosse que le chénevi, dure, solide, sillonée & anguleuse, d'une odeur forte un peu désagréable, d'une saveur mucilagineuse, d'un jaune presque doré quand elle est nouvelle, mais rougeâtre ou même brune lorsqu'on l'a gardée. Cette plante est annuelle.

Usages.

Les Orientaux substituent le *n.* 1 au Mélilot, pour la Médecine.

On cultive dans nos campagnes la 3e espece. On la seme tous les ans au mois de Mars dans une terre substantieuse. Sa graine sert, selon quelques-uns, à dégraisser les laines. M. Hellot la met au nombre des drogues qui sont de bon teint pour le jaune. On donne aussi cette graine aux chevaux & au bétail, pour rétablir leur appétit, & pour leur donner de l'embonpoint.

Elle est d'usage en Médecine, comme émolliente & résolutive. On doit néanmoins l'employer avec précaution dans les cas inflammatoires. Prise dans de l'eau miellée, ou avec un peu de miel, elle fond les tumeurs des visceres, & appaise les douleurs intestinales. On la pile pour la faire bouillir dans un peu d'eau; & on applique la décoction & le marc sur les parties de la génération, des deux sexes, pour en ôter les douleurs. Cette graine récente, pilée avec du vinaigre, fait un bon cataplasme pour les débilités de la matrice. Sa farine, mêlée avec du soufre & du salpêtre, efface les lentilles du visage. Elle est utile pour les apostumes qui viennent derriere les oreilles, & pour la sciatique, & la goute des mains & des pieds; paitrie avec du vin, elle mondifie les cancers. Sa décoction est bonne à faire boire avec un peu de sucre, pour la toux invétérée, les abscès de la poitrine, &c. Sa graine bouillie dans le miel & le vinaigre, en la malaxant de tems à autre, jusqu'à ce qu'elle soit réduite en mucilage; passée ensuite par un linge, & cuite encore avec du miel seulement, puis mise en cataplasme sur des parties souffrantes, appaise la douleur. La décoction de cette graine ne se prend pour l'ordinaire qu'en lavement, pour la goute, la sciatique, & autres maladies semblables; ainsi que pour adoucir les hémorrhoïdes. Voyez VIN *de Fenugrec.*

FÉO

FÉODAL. Consultez l'article FIEF.

FER

FER. Métal médiocrement lourd, bien sonnant, & d'un gris plus ou moins clair ou brun. Les Chymistes le nomment *Mars.* Étant distribué en petites parties dans les entrailles de la terre, il s'y trouve mêlé avec diverses autres substances qui empêchent qu'on ne l'apperçoive sous la forme métallique. Il est si multiplié, & si universellement répandu, que l'on ne connoît point de canton de notre globe qui n'en soit enrichi. On regarde presque comme un problême d'assigner une substance qui ne soit pas susceptible de retenir une portion de l'élément du fer : Consultez cependant M. Margraf, *Opusc. Chymiques*, T. II. p. 62 & suivantes.

Cet élément est une matiere très-subtile; que l'eau, l'air, & le feu transportent, rassemblent, dissipent, combinent, volatilisent, décomposent, &c. Il est susceptible de toutes les figures que peuvent prendre les bases auxquelles ces trois agents l'unissent. On trouve des mines de fer tantôt cubiques, feuilletées, rondes, oblongues, en lames, en grappes, en gâteaux; tantôt assujetties aux formes des pétrifications, aux jeux des stalactites, &c. Il y a constamment du fer dans la terre en poussiere, dans le limon, l'argille, la marne, & surtout dans les *Terres Bolaires*; c'est-à-dire dans les terres visqueuses & grasses qui sont plus ou moins brunes, rouges, ou noires. On rencontre aussi de ce métal dans les pierres qui ont l'une de ces trois couleurs; dans la pierre à chaux, les marbres, les spaths, la pierre à fusil, presque toutes les pierres précieuses. Il est rare de trouver des vitriols qui n'en contiennent pas : le verd sur-tout en est pénétré : & dans quelque terre ou substance vitriolique qu'existe le fer, il s'y décéle par une saveur styptique comme celle de l'encre : *Voyez* VITRIOL. L'arsenic, le zinc, le cuivre, l'étaim, l'argent, l'or même, sont souvent mêlangés de fer dans leurs mines : & les Mineurs ont coutume de dire qu'il n'y en a point, quelque riches qu'elles soient, qui n'aient *un chapeau de fer.* On remarque aussi dans toutes les mines de ce métal un léger vestige d'or; ensorte que généralement on peut parvenir à tirer, du fer, un atome d'or. * *Art des Forges & Fourneaux à fer*, dans la Collection des Arts, publiée par l'Acad. R. des Sciences, Ie. Sect. p. 25. Voyez aussi p. 1, 2, 7, 8, 13, 21, 22-4, & la IVe. Sect. p. 141. Enfin la terre est partout abondamment pourvue d'eaux qui charrient des particules de fer extrêmement divisées. Nombre de rivieres charrient un sable dont on tire beaucoup de fer : Sect. I. p. 35.

Ce métal étant répandu dans tout le regne minéral & dans les eaux, & ayant de plus une tendance naturelle à être dissout & décomposé par les acides; ce sont autant de véhicules qui l'introduisent dans les végétaux pour servir à leur accroissement, & entrer dans leur composition. Aussi y en a-t-il dont l'analyse fournit une portion considérable de parties attractibles par l'aimant; ou qui se convertissent en une sorte de fer : Voyez la IVe. Sect. de l'*Art des Forg.* p. 140-2-3; & Sect. I. p. 19. Quelques Naturalistes ont même conjecturé que les différentes modifications du fer étoient le principe des diverses couleurs qu'on remarque dans les plantes. MM. Lémery & Geoffroy ont longtems fourni à l'Acad. R. des Sç. des Mémoires contradictoires sur l'origine du fer tiré des cendres des végétaux.

Cette portion métallique trouve encore beaucoup de facilité à passer dans les animaux; à qui le regne végétal fournit une grande partie de leur nourriture. La chair, les os, les graisses, & surtout la partie rouge du sang, contiennent du fer. Consultez l'*Art des Forges*, Sect. I. p. 26-7. Sect. IV. p. 140-3.

Une substance si commune, & à laquelle conviennent tant de bases, ne peut manquer de principes qui la reproduisent. Les observations que nous venons d'indiquer disposent à croire ce qu'on nous dit du renouvellement de certaines mines de fer, surtout dans des prés & autres endroits bas où l'eau stagnante en amene & dépose les particules, qui se joignent ensuite à une base terreuse, & forment une bonne mine. Consultez l'*Art des Forges*, Sect. IV. p. 72-3, & 143 : Sect. I. p. 34-5.

Bien plus il est certain que du limon ou certaines terres argilleuses se convertissent en fer qui a toutes les propriétés du fer minéral ; si on les combine avec de l'huile de lin : Voyez les *Mem. de l'Acad. R. des Sc.* an. 1704 ; Juncker, *Chym.* & l'*Art des Forg.* Sect. IV. p. 142. M. Swedemborg y fait observer que réciproquement ce métal se convertit très-aisément en terre ; que l'humidité suffit pour le réduire en safran ou en ochre. (Voyez encore *Sect.* I. p. 13 : & le *Journal Œcon.* Juin 1751, p. 36-7.) M. Swedemborg rapporte aussi (*Sect.* IV. p. 143) mais sans l'assurer, qu'en mêlant avec des scories de fer la terre inutile qu'on a séparée d'une mine ferrugineuse, & les laissant en gros monceaux exposées pendant une quinzaine d'années au soleil & à la pluie ; on peut ensuite remettre ces scories au feu, & en obtenir un fer si lié qu'on l'emploie tout entier à être battu en feuilles : Voyez la *Sect.* I. p. 49.

Au reste ce métal est beaucoup moins ordinairement que les autres, dans l'état minéral proprement dit. Nombre de mines de fer ne sont presque qu'une terre ferrugineuse, mêlée en différentes proportions dans des terres ou pierres non métalliques.

Les terres grasses & argilleuses décelent le fer qu'elles contiennent, par la couleur rouge qu'elles prennent alors au feu ; & que l'on est disposé à regarder comme une des plus naturelles à la terre de ce métal. En effet, on observe 1°. que la chaux qui reste après la calcination du fer est très-rouge, d'où vient qu'on la nomme *Safran de Mars* ; 2°. que les terres & pierres naturellement rouges, ou celles qui le deviennent par la calcination, sont ferrugineuses ; 3°. qu'à mesure que le vitriol verd perd de son acide par l'action du feu, il prend une couleur plus ou moins orangée, & ce qui reste après sa parfaite calcination est d'un rouge très-foncé, & paroît être de vrai fer privé de phlogistique & réduit à l'état d'une terre à-peu-près semblable au safran de Mars. D'ailleurs, quand le vitriol verd est dissout dans l'eau, il dépose de lui-même une substance jaune & terreuse, qui se précipite encore après la filtration jusqu'à ce que le vitriol soit entiérement décomposé : cette substance est la terre même du fer ; qui prend alors le nom d'*ochre*, à cause de sa ressemblance avec l'ochre minérale dont nous parlerons ailleurs. Le fer dissout par l'acide nitreux, est d'un jaune d'autant plus rouge ou brun, que la dissolution est plus chargée de fer. La rouille, qui est une décomposition du fer par l'humidité, est d'un jaune rougeâtre. Consultez encore le *Journal Œcon.* Juin 1751, p. 37-8 : & Schlutter, T. I. p. 184-5

Les différentes nuances du jaune au rouge, que l'on remarque dans les terres & les pierres, soit avant soit après leur calcination, servent donc à indiquer qu'elles contiennent de ce métal.

La propriété qu'il a d'être attirable par l'*aimant*, & de l'être seul & à l'exclusion de tout autre corps, fournit un moyen assez commode de reconnoître la présence du fer dans des substances où souvent il est en si petite quantité qu'on ne pourroit pas le trouver sans ce secours. Il faut pour cela pulvériser, & calciner avec quelque matiere inflammable, le corps dans lequel on veut chercher le fer ; & ensuite toucher avec une pierre d'aimant ou un morceau de fer ou d'acier aimanté, cette poudre calcinée : si elle contient des particules de fer, elles s'y attacheront indubitablement. Voyez l'*Art des Forg.* Sect. I. pag. 51 & 27. Sect. IV. p. 131.

Cette torréfaction, en réduisant sous la forme métallique l'élément ferrugineux, le rend attirable à l'aimant ; qui n'auroit point d'action sur lui, tant que les particules ferrugineuses seroient dans l'état de terre ou de chaux. De-là vient qu'il y a très-peu de mines de fer attirables par l'aimant avant que le feu les y ait disposées : n'étant presque toujours que des especes de terres, qui ont besoin de l'addition d'un phlogistique pour prendre la forme de véritable fer. L'Académie R. des Sciences dans son *Art des Forges* nous fournit des exemples (Sect. I. p. 6, 9, 12, 13, 16, 19, 27 ; & Sect. IV. p. 131-2-8-9, 72) de mines soit sulphureuses, soit très-calcaires, antimoniales, arsénicales, ou sous une forme terrestre ou limoneuse, ou sous celles de rouille ou de scories ; que l'aimant n'attire pas avant qu'elles aient subi l'action du feu, de quelque couleur qu'elles soient dans leur état naturel : & (Sect. I. p. 6, 10, 13, 15, 16, 19 ; Sect. IV. p. 131-2, 141) d'autres sur lesquelles l'aimant agit avec plus ou moins de force suivant le degré de leur régulisation naturelle, ou de leur séparation d'avec les matieres étrangeres.

Mais on se tromperoit en jugeant que tout ce que l'aimant enleve est du fer pur, ou qu'il enleve toutes les parties de ce minéral ; & fondant là dessus les espérances d'une mine plus ou moins avantageuse. Voyez Schlutter T. I. p. 228-9 : & l'*Art des Forges*, Sect. IV. p. 131-2.

Le fer étant si commun, on doit ne s'arrêter qu'aux substances qui paroissent devoir en rendre beaucoup.

Nous avons parlé dans le I. Volume (*p.* 241), de l'usage que l'on dit avoir fait de la *Baguette Divinatoire* pour découvrir les mines métalliques. Les Naturalistes ne sont pas d'accord sur ce phénomene. Mais tous conviennent que l'examen des minéraux & des eaux d'un canton ne manque jamais d'indiquer ce que l'on peut attendre d'obtenir de fer en fouillant. Car les probabilités qui servent à diriger dans la recherche des autres métaux, n'ont point lieu par rapport à celui-ci : ses minieres n'affectent pas un endroit plutôt qu'un autre, ou le voisinage de certaines substances : on ne remarque point qu'il y ait certaines plantes à l'accroissement desquelles il soit nuisible ; on observe, au contraire, en général, que presque tous les végétaux profitent bien dans un sol qui récele une mine de fer abondante.

La recherche de ces mines, quand elles sont près de la superficie, ne demande que des Sondes ; (Voy. l'*Art des Forges*, Sect. I. pag. 36, & *Pl.* I. *Fig.* 3 ; & Sect. IV, p. 67. Le *Journal Œcon.* Février 1753, pag. 72. La *Collection* de M. de Keralio, T. I. p. 366 & suivantes.) ; quelque connoissance des minéraux, & quelques réflexions sur le cours de l'eau. Par-tout où l'eau, dérangée dans son cours, a été forcée de séjourner, on peut présumer qu'elle aura fait un dépôt ferrugineux ; surtout si les minéraux voisins indiquent la présence de ce métal. Une mine blanche que l'on prendroit pour du spath, s'en distingue par la couleur noire qu'elle prend dès qu'elle est un peu rougie au feu. On examinera donc les pierres qui sont éparses dans la plaine ; les carrieres de pierres qui sont ouvertes dans le voisinage ; les glaisieres : & on fera attention aux chemins creux & profonds. Ces examens peuvent tenir lieu de fouille ; & conduisent souvent à des découvertes avantageuses : ainsi que les vestiges des anciens travaux pour la recherche des mines, les ouvertures faites à la terre, les débris des mines du canton. Outre les propriétés internes des eaux, on considérera leurs sources, leurs bords, leurs lits : on s'appliquera à connoître si les pierres, les terres, le sable qui s'y trouvent, contiennent assez de fer pour engager à des travaux. Si ces voies conduisent à quelque découverte, on en suivra les traces aussi loin que l'on pourra.

Les eaux dont la surface est rouge ; ou couverte d'une pellicule onctueuse, tenace, & un peu rouge ; dénotent certainement une mine de fer voisine. En remontant à leur source, on est sûr d'y trouver la miniere qui fournit cette teinture ou cette pellicule. Plus l'eau charrie loin cette teinture martiale, plus on juge que la miniere est abondante. Mais il est inutile de chercher dans les endroits où l'eau est claire & sans altération de sa couleur naturelle : ainsi que dans un marais dont la surface est également plane & unie par-tout.

Les mêmes especes de mines que l'on trouve dans des marais & autres lieux humides, se rencontrent aussi quelquefois dans des prés, dans des landes fort arides, dans les bois, particuliérement sur le penchant des collines, & dans des vallons desséchés. Dans ces cas, la mine est tout-à-fait privée d'humidité. Telle est nommément cette Mine dont parle M. Swedemborg ; laquelle en sortant du marais, est d'un rouge obscur, tané, ou châtain ; puis s'éclaircit & prend quelques nuances de blanc, lorsqu'ayant été exposée à l'air elle a perdu son humidité. Mais celle qu'on trouve ailleurs, où elle est naturellement séche, est d'un rouge roux tirant sur le blanc. L'une & l'autre sont plus pesantes qu'aucune espece de terre ou de limon. * *Art des Forg.* Sect. IV. p. 66. Voyez aussi la Sect. I. p. 17.

D'autres mines de marais sont noirâtres comme du charbon ; ou un peu verdâtres comme la racine de buis ; ou d'un rouge toujours obscur ; tantôt encore d'une couleur châtaigne presque brune ; d'un brun presque noir ; mitoyennes entre le rouge & le brun.

La couleur des mines quelconques de fer varie beaucoup depuis le blanc jusqu'au noir comme on le verra ci-après : & son inspection ne peut servir de guide pour apprécier leur richesse. On ne peut pas davantage la présumer de leur forme. Il y en a de très-abondantes en fer : tantôt brunes, de couleur de rouille, isabelles, blondes, jaunâtres, grises, bleuâtres, blanches, vertes, plus ou moins transparentes & luisantes ou opaques, noires, spongieuses, compactes, lisses, raboteuses, convexes, plates, anguleuses, friables, fermes : tantôt composées de crystaux soit octahedres soit cubiques, & qui ont assez l'air de marcassites ; ou à-peu-près en forme de spath ; en sable ; limoneuses ; comme en masse de grains ; écailleuses ; feuilletées ; entrelacées d'especes de fils & de petites lames ; mêlées de pierre calcaire ; &c. Voyez *Art des Forg.* Sect. I. p. 6, 7, 9, 10, 11, 12, 13, 14, 15, 17, 18, 21-4. D'autres, avec les mêmes apparences, ne contiennent que peu ou point de parties ferrugineuses : Voyez *Sect.* I. *p.* 8, 12, 13, 15, 16, 19, 20-1-4. 32-3. *Sect.* IV. *p.* 1, 2, 3, 65-6, 72-3, 102, 136-8-9, 140.

Il paroît néanmoins que la différence des couleurs vient souvent du degré de chaleur que les mines ont eu dans la terre ; & qui les a plus ou moins approchées de l'état du fer : dont le plus parfait est celui qu'on appelle *Fer Natif* ou *Fer Vierge.* * *Art des Forg.* Sect. I. p. 27.

On a beaucoup disputé sur l'existence du *fer natif :* c'est-à-dire, de celui dont la mine est composée de morceaux attirables par l'aimant, flexibles, ductiles à froid sous le marteau, & dont la superficie puisse être entamée par la lime, tout cela sans aucune préparation préliminaire : & cette mine étant fondue avec une matiere inflammable doit se réguliser sans scories. Mais des faits attestent que l'on trouve réellement de tel fer naturel. Consultez l'*Art des Forg.* Sect. I. p. 5, 6, 7, 9, 10, 16, 51 ; Sect. IV. p. 141, 139, 140.

Les autres mines de fer ont divers noms, suivant la base à laquelle est uni l'élément de ce métal. Nous avons déja parlé de quelques-unes : nous les rappellerons ici pour faire une énumération plus complette. On distingue 1°. la *Mine Crystallisée ;* c'est-à-dire, qui est composée de crystaux soit octahedres soit cubiques ; tantôt brune, tantôt de couleur de rouille, &c. Voyez l'*Art des Forg.* Sect. I. p. 7, 9, 10 ; Sect. IV. p. 138, col. 2.

2°. La *Mine Blanche*, quelquefois un peu transparente ; communément tirant sur le jaune, le gris, ou le blanc, & d'un tissu feuilleté à-peu-près comme celui du spath. Elle fournit une bonne pierre de fer. En la brisant on trouve assez souvent qu'elle renferme une grande quantité de liqueur blanche & laiteuse, douce sur la langue, mais avec un goût de vitriol & de fer. Voyez l'*Art des Forg.* Sect. I. p. 7, 8, 9, 10.

3°. Les *Fleurs de Fer ;* sortes de stalactites talqueuses & spathiques ; qui forment des végétations de corail, d'arbrisseaux, d'arbres même, à la superficie des pierres métalliques. Voyez l'*Art des Forg.* Sect. I. p. 8, 9, 32. Sect. IV. p. 138, col. 2 tant en haut qu'en bas ; & 139, 141.

4°. La *Mine Noire ;* espece de sable ou de terre dont la couleur est noire, ou brune, ou d'un gris plus foncé que celui du fer même. Il y en a de solide, dont le grain est très-fin & serré : d'autre, intérieurement remplie de taches & veines luisantes : une troisieme est dite *grainelée*, parce qu'elle semble composée de grains inégaux en grosseur, unis ensemble, & qui se séparent quand on la rompt : on en trouve encore qui paroissent être des assemblages de cubes, d'écailles, de feuillets. La mine de Dannemore en Roslagie, donne un fer qui se convertit en acier très-estimé ; cette mine est fort pesante, couleur de fer ou de plomb, composée de grains fins, mais mêlé de fils très-déliés, de pierre calcaire, & de quartz, qui la traversent en tous sens. La superficie des morceaux de cette mine est noire & polie. Voyez l'*Art des Forg.* Sect. I. p. 10 & 11. Schlutter, T. I. p. 184-5-6-7. Cramer T. II. page 141.

5°. La Mine *Cendrée*, ou d'*un gris clair*, par comparaison avec la mine noirâtre. On la trouve en grains, en roche, ou en forme de spath ; quelquefois jaune, blanche, un peu transparente, solide, en cubes, remplie de points brillans, feuilletée, striée. Voyez l'*Art des Forg.* p. 11 & 12.

6°. La Mine *Bleuâtre, ou rougeâtre.* Elle est fort pesante, plus ou moins dure, ordinairement sphérique, & d'un tissu strié ; d'autres fois cubique, écailleuse, en grains, feuilletée. Voyez l'*Art des Forg.* Sect. I. p. 12 & 13.

7°. La *Tête Vitrée*, ou *Pierre Hématite, Sanguine, Craie Rouge.* Elle est souvent hémisphérique, hémiconique, ou en mammelons, ou par grappes, ou comme en pyramide ; assez polie quand on a ôté la rouille qui la couvre ; brune, jaunâtre, d'un rouge brun, noirâtre, ou pourpre ; assez molle pour pouvoir être ratissée & figurée avec un couteau, grasse au toucher comme du savon : & devient brune, resplendissante & dure, par le feu. Il y en a de naturellement brune, qui jaunit quand on l'écrase. Une mine dite *Mine en Feves* est une sorte de sanguine. Voyez Cramer, *Docim.* T. II. pag. 141. L'*Art des Forges*, Sect. I. p. 12 (5e. Esp.), 13, 14, 15 : & Sect. IV. p. 143-4-5-6.

8°. La

8°. La *Mine Spéculaire* ; ainsi nommée, parce qu'elle a toujours au moins un côté uni & luisant comme un miroir. On la trouve souvent mêlée avec l'hématite. Voyez l'*Art des Forg.* Sect. I. p. 15. Sect. IV. p. 139, 140.

9°. L'*Aimant.* Voyez l'*Art des Forges*, Sect. I. p. 15, 16 : Sect. IV. p. 138.

10°. On nomme *Fer minéralisé dans le sable* un assemblage de très-menus grains de fer ; que l'on distingue aisément des autres sables par sa couleur noire, foncée, ou rougeâtre, & parce que l'aimant l'attire avec force. Voyez l'*Art des Forges*, Sect. I. p. 16 : Sect. IV. p. 138.

11°. Le *Fer dans du Limon*, ou *Mine de Marais & de Lacs.* Il y en a de brune, qui étant durcie à l'air, ressemble à du fer rouillé ; laquelle existe sous l'eau, en forme terreuse, & d'une consistance limoneuse & peu compacte. D'autre, qui est d'un brun tirant sur le rouge, se trouve quelquefois en grains comme du sable, ou en plus grosses masses, rude d'abord au toucher, & devient compacte en séchant à l'air. On en voit aussi de verte ; d'un noir bleuâtre ; d'autres dont la figure est indéterminée, &c. La *Mine à tuyau*, & la *Mine de pois*, sont regardées comme du fer de marais. Consultez l'*Art des Forg.* Sect. I. p. 16 & 17. Sect. IV. p. 72, 137-8-9, 140.

12°. L'*Emeri.* Il est fort dur, gris, brun, rougeâtre, ou noirâtre. Voyez l'*Art des Forg.* Sect. I. page 19, 20.

13°. Une Mine *blonde*, qui au dehors ressemble beaucoup à la mine de plomb ; & dont l'intérieur est composé de zinc, de soufre, d'arsénic, de terre martiale, &c. Voyez l'*Art des Forg.* Sect. I. p. 21.

14°. Le *Wolfram*, ou *Wolfranc* : minéral qui est d'un gris brun foncé, ou roussâtre, strié, quelquefois composé de fibres qui forment un tissu irrégulier ; d'autres fois il est formé par un assemblage de feuilles minces placées les unes sur les autres. Ce qu'on détache de ce minéral, en le raclant avec un couteau, est d'un rouge obscur. Il se trouve dans les minieres d'étaim. On le met au nombre des mines de fer arsénicales. Voyez *Sect.* I. *p.* 21 : & la *Docimastique* de Cramer, T. II. p. 137.

15°. Le *Schrit*, à l'extérieur peu différent du Wolfram, mais pour l'ordinaire fait en prisme (dit Gellert) ; & qui ne rougit pas quand on en détache quelques parties avec le couteau. Henckel parle d'un Wolfram qui est en petits prismes minces & oblongs ; quelquefois blanc ; & assez léger pour flotter sur l'eau. Consultez, sur les différentes *Mines de fer arsénicales*, l'*Art des Forg.* Sect. I. p. 21-2-3.

16°. Le *Mica ferrugineux* : mine d'un brillant obscur ; noire, rouge, couleur d'or ou d'argent, ou gris-de-fer ; & que l'on peut réduire entre les doigts en petites parties qui rendent la main luisante ou rougeâtre. Voyez la *Sect.* I. p. 22-3.

17°. La *Pierre Calaminaire* ; qui accompagne les mines de zinc.

18°. Ce qu'on nomme *Pierre de Corne* ou *Jaspe rouge*, ne fournit pas de fer ; quoiqu'on le trouve quelquefois parmi les mines de ce métal. * *Sect.* I. *p.* 11 & 12.

19°. Nous parlons ailleurs du VITRIOL ; du CHARBON DE TERRE ; de l'OCHRE ; de la MAGNÉSIE, *Manganese*, ou *Pierre Brune.*

20°. Voyez Schlutter, *Fonte des Mines*, Tom. I. p. 227-8.

21°. On nomme *Pierres de Fer*, des especes de *Pyrites*, en petits minerais polyhedres soit solitaires soit grouppés en différentes manieres ; où l'on apperçoit quelquefois des fibres comme celles du bois. Ces pierres sont communément jaunes, couleur de rouille, brunes, ou rousses ; très-riches en fer ; cependant incapables d'être attirées par l'aimant ; fort dures ; & dépourvues des caracteres essentiels du fer métallisé. Quelques-uns leur donnent donc improprement le nom de *Fer Natif.* Voyez Cramer T. II. p. 130-3.

Outre les mines qui se trouvent près de la superficie, il y en a qui sont ensevelies à des profondeurs auxquelles l'industrie & le travail des hommes ne peuvent pénétrer. On dit même qu'il y a telle montagne qui, de sa base connue jusqu'au sommet, n'est que du fer. * *Art des Forg.* Sect. I. p. 1, 31-2 : Sect. IV. p. 136-7.

On prétend que les plus considérables mines de ce métal se trouvent dans les endroits les plus exposés à la neige & aux fortes gelées ; & non dans des lieux exposés au midi. * *Art des Forg.* Sect. IV. p. 65, 138. M. Swedemborg disant dans cette derniere page, que l'exposition du Nord semble être particuliérement favorable à la formation du fer, & à sa maturité & bonne qualité, je ne comprends pas pourquoi il a mis ailleurs, p. 66 & 137, que les minieres du meilleur fer de marais sont celles qui sont exposées au midi dans un côteau foiblement incliné ; au lieu que celles qui sont exposées au Nord ne donnent qu'une mauvaise mine sans soufre.

LA *Fouille ou Extraction des Mines de Fer*, & les préparations que l'on donne à la mine pour l'obliger à rendre le métal, varient suivant les circonstances des lieux & la qualité des terres ou autres parties non ferrugineuses auxquelles il est joint. Communément on pulvérise, grille, & lave, les mines : après quoi on les fond avec un flux composé de matieres fusibles & inflammables : suite de travaux que nous ne pourrions pas donner ici par extrait. M. Le Marquis de Courtivron & M. Bouchu, Auteurs de l'*Art des Forges* que nous nous faisons honneur de citer souvent, ont traité cet article avec soin, dans la *Section* I, p. 13, 36 & suivantes : & *Sect.* III. depuis la p. 3, jusqu'à 75. [Nous croyons devoir avertir qu'il y a, dans la *p.* 45 de la *Sect.* I. un endroit dont la correction est insérée à la p. 151 de la *Sect.* III.] Il sera encore utile de consulter la *Sect.* IV. qui contient l'ouvrage de M. Swedemborg ; pages 1, 2, 3, jusqu'à 40. 65, 80-7-8, 90, *&c.* 132-3. Voyez aussi notre I. Vol. p. 526. Cramer, *Docim.* T. I. p. 176. T. IV. p. 17, 20, &c. La *Chymie Pratique* de M. Macquer, T. I. p. 258 & suivantes : Sa *Chymie Théor.* p. 256-7-8-9.

On ne parvient, dans la plupart des fourneaux, à rendre fluides les parties ferrugineuses contenues dans la mine, que par le secours d'un *Fondant* terreux, qui lui-même se liquefie aisément. Mais il faut que la mine en soit déja remplie à certain degré. L'argille, les cailloux ou graviers de riviere, la castine, & autres substances propres à se convertir en chaux, sont les fondants que l'on a trouvés convenables pour les mines trop mélangées de soufre. Quand l'arsenic ou des parties élémentaires d'autres métaux y dominent, on emploie des substances qui aient de l'affinité avec celle dont on veut se débarrasser ; ou bien, pour le travail en grand, on y réussit en calcinant la mine au grand air. * *Art des Forges*, Sect. I. p. 51-2-3-4-8-9, 60. Voyez Cramer *Docimastique*, T. II. §. 391. T. III. pag. 72. *Chym. Theor.* de M. Macquer, p. 115, 120. *Traité sur l'Acier d'Alsace*, p. 38, 90, 107, 110.

On nomme *Mines seches* celles qui ont besoin de fondants. * *Art des Forg.* Sect. I. p. 10.

Il y a des mines qui fondent aisément, sans qu'il soit besoin d'y ajoûter aucune substance étrangere, ou que très-peu. On les nomme *Mines vives*, ou *pliantes.* Telles sont celles qui sont intérieurement mêlangées de pierre calcaire dans une certaine proportion qui leur donne une couleur de plomb, & rend le métal excellent. Le charbon avec lequel on les grille suffit souvent seul pour les disposer à la fusion. La trop grande quantité de ces parties calcaires préjudicie plus ou moins à la bonté du métal. Voyez *Sect.* I. p. 11, 13 : *Sect.* III. p. 32-3.

COMME l'objet de ces travaux est d'obtenir un fer qui ensuite se prête aux divers usages auxquels on voudra l'employer, il importe de connoître la qualité de celui que chaque mine contient. On ne regarde & traite ordinairement comme mines de fer que celles qui se fondent facilement ou qui contiennent une grande quantité de ce métal. La pierre hématite, l'émeri, le wolfram, la pyrite jaune, le mica, la pierre calaminaire; quelquefois assez riches; sont cependant rejettées parce qu'on éprouve trop de difficulté à les mettre en fusion. Toute mine très-combinée avec du spath, de la pierre de corne, ou de l'arsenic, fond mal-aisément.

On observe que les mines de fer sont particulierement réfractaires quand on les tire d'une terre grasse. Cette espece de mine, presque toujours riche, cause souvent des embarras considérables dans le fourneau; & dérange même un fondage dans ses commencemens, si l'intérieur du fourneau n'est pas disposé de maniere à parer à ces inconvéniens. * *Art des Forg.* Sect. III. p. 39.

Entre les mines bleuâtres ou rougeâtres, il y en a qui ne fondent que difficilement; quoique cette couleur annonce en général une disposition contraire, en même tems qu'une abondance de parties ferrugineuses. * Sect. I. p. 13.

De toutes les mines de fer, les plus faciles à fondre sont celles qu'on trouve dans une terre sablonneuse & caillouteuse : peut-être parce que les sables & les cailloux vitrifiables occupent moins de degré de chaleur, que les terres grasses. * Sect. III. p. 39. La mine noire de Dannemore, si précieuse, est un sable noir : la substance calcaire qui y répand une teinte blanche, contribue à la grande facilité avec laquelle cette mine se fond (Sect. I. p. 11; & Sect. IV. p. 3.)

Il y a telle mine que l'on peut régulifer au foyer ordinaire d'une cheminée; ou même dans un creuset, à une forge de maréchal, sans le contact immédiat du charbon de bois. * Sect. III. p. 48-9.

Les mines dont le produit récompense ordinairement les frais d'exploitation, sont le fer natif, la mine crystallisée, la mine blanche, celle qui est noire, ou d'un gris de cendre, ou bleuâtre, ou rougeâtre, les sanguines tendres, la mine spéculaire, le fer minéralisé dans le sable, les mines de marais, l'ochre.

Mais notre attention & nos soins doivent se porter principalement sur les mines qui, d'une part, contiennent une assez grande quantité de l'élément du fer pour être traitées à profit dans les travaux en grand; & qui en même tems peuvent être amenées au point de donner un métal utile. L'union de la richesse avec la qualité intrinseque est ce que l'on peut posséder de plus avantageux dans ce genre. Une veine dont un quintal rend quatre-vingt dix livres de fer, mais qui est cassant à froid ou à chaud; donne un produit inférieur à celle dont le quintal fournit autant de *bon fer*, ou *fer doux*, c'est-à-dire d'un fer qui pouvant être travaillé à chaud & à froid devient propre à toutes sortes d'ouvrages. On suppose que celui qui casse quand on le traite à froid est trop privé de soufre; & qu'au contraire il y en a par excès dans le fer cassant à chaud. Ce qu'on nomme fer natif est ordinairement d'une qualité intermédiaire; comme nous l'avons dit. Voyez la *Chym. Théor.* de M. Macquer, p. 114, 120. *Chym.* de Boerhaave, Ed. Fr. *in*-12. T. II. p. 101-2. Cramer, T. I. p. 30-1. La mine crystallisée est fort riche : mais son fer n'est pas malléable. Le fer de la plupart des mines noires & de celles qui sont grises, est abondant, & de bonne qualité : Voyez ce qui est dit en particulier, de la mine de Dannemore, dans l'*Art des Forges*, Sect. I. p. 11. La mine bleuâtre ou rougeâtre fournit beaucoup; mais le fer en est cassant, à moins qu'en le travaillant à la forge on n'ait la précaution d'y joindre du fer de qualité différente. Plusieurs hématites ne sont presque que du fer dans leur totalité : si on les rôtit à un feu médiocre, elles se séparent en écailles, qui étant ensuite fondues donnent un régule blanc, aigre, & qui devient très-difficilement malléable : Voyez l'*Art des Forg.* Sect. I. p. 13 & 14. La mine spéculaire est riche; & quand on a de la peine à discerner la figure de ses parties, le fer qu'elle donne est communément meilleur que celui de l'espece feuilletée. Il y a du sable noirâtre ou brun, dont on tire de très-bon fer. Celui de la mine de marais est souvent cassant, soit à froid soit à chaud. L'ochre fournit un fer qui est cassant à chaud, & plus ou moins abondant selon qu'elle est alliée de terre qui s'oppose à la réduction du métal.

On met au nombre des substances qui, contenant seulement une portion de fer, ne sont pas regardées comme mines par rapport au travail en grand; les fleurs de fer, diverses hématites, les bols, l'aimant, les vitriols, les pyrites, les marcassites. D'ailleurs dans les cas rares où l'aimant fournit assez pour que son fer puisse être traité à la forge, ce fer est de mauvaise qualité. Consultez la Sect. IV. de l'*Art des Forges*, p. 65-6, 73.

L'Art d'éprouver chymiquement une mine pour en connoître la richesse & la qualité, se nomme *Docimasie*, *Docimastique*, ou *Art des Essais*.

Lorsqu'en goûtant une mine de fer, elle se fond aisément dans la bouche, & qu'en la mettant entre les dents on lui trouve la tenacité & la souplesse de la résine; les ouvriers présument que son métal sera excellent. Souvent aussi l'abondance y est jointe. Mais ils n'augurent pas bien du fer que donnera une mine qui résiste à la pression des dents comme feroit du sable. On veut aussi qu'une mine soit pesante. Voyez l'*Art des Forg.* Sect. IV. p. 66-7, 73.

Nous avons parlé des épreuves que l'on fait avec l'aimant, ci-dessus p. 15.

Mais le plus sûr est de faire subir aux mines les épreuves chymiques : qui consistent à les allier en petit, soit à chaud soit à froid, avec les dissolvants ou fondants que l'on croit les plus propres à développer ce qu'elles contiennent. C'est le moyen de s'épargner beaucoup de travaux & de frais. Consultez l'*Art des Forges*, Sect. I. p. 58-9. 60 : Sect. IV. pag. 132-3-4. Schlutter T. I. p. 229 & suivantes. La *Docimastique* de Cramer. Le *Traité sur l'Acier d'Alsace*, p. 37-8.

APRÈS les essais en petit, on procede à la *Fusion* en grand. Une partie de la mine se convertit en *scories* vitrifiées, d'un bleu brun; qui nageant à la superficie donnent la facilité de les enlever. Le reste se précipite, en forme de métal liquide, dans le fond du fourneau. Plus on le laisse de tems en cet état, plus il se perfectionne. Pour l'en tirer, on débouche un trou qui est au bas de la partie antérieure du fourneau : & le métal s'écoule dans des moules disposés pour le recevoir. Il prend alors le nom de *fer fondu*, ou *fer crud*. Telle est la maniere dont se font les boulets, les bombes, les conduites d'eaux, les canons, les poids à peser, les contre-cœurs de cheminée, les marmites, & divers ustenciles.

Ce fer fondu est aussi quelquefois appellé *fonte de fer*, ou simplement *Fonte*. Mais dans les atteliers, cette dénomination est plus ordinairement attachée au fer qui n'a reçu par la premiere fusion qu'une forme destinée à changer. La principale de ces formes est celle de lingots en prisme à base triangulaire, nommés *Gueuses*, longs de dix à quinze pieds sur environ un pied de côté, & pesant au moins seize à dix-huit cens livres. C'est de quoi se font ensuite les barres & les divers échantillons usités dans le commerce du fer.

Pour fabriquer ces échantillons on commence par *Affiner la fonte*. Il y a des endroits où ce travail consiste à casser en plusieurs morceaux la gueuse ou autre fonte que l'on y destine; les mettre dans une espece de forge, où ils se fondent & tombent ensuite dans un creuset. On y remue fortement le métal avec un ringard, pour que toutes les parties métalliques se rapprochent entr'elles & se séparent de leurs scories. Après quoi, dans le Nivernois & en quelques autres de nos Provinces où l'on convertit le fer en acier, on fait écouler le métal ensorte qu'il se moule grossiérement sur la terre même en une plaque de forme irréguliere, épaisse d'un pouce & demi ou deux pouces. En refroidissant, il envoie à sa surface une couche de matiere étrangere, qui s'en détache aisément: au dessous de laquelle est une matiere vitrifiée, mince, noirâtre; espece de *laitier* formé de terre & de quelques parties ferrugineuses. Ces deux substances étant ôtées, on trouve le fer considérablement blanchi: ce qui est une preuve de quelque degré de pureté.

Ailleurs, on se contente de paitrir avec le ringard la fonte, à mesure qu'elle se liquefie & qu'elle tombe dans le creuset pêle-mêle avec les matieres étrangeres; puis cette masse étant molle, la porter sous un gros marteau appellé *martinet*, que l'eau fait mouvoir; & qui en détachant quantité de scories, brise la masse en beaucoup de morceaux plus petits que les premiers.

Ailleurs on suit encore d'autres procédés.

Consultez le *Traité sur l'Acier d'Alsace*, p. 53 & suivantes; 39, 46, &c. L'*Art des Forges*, Sect. II. depuis la p. 12. Sect. IV. p. 43-9, jusqu'à 59. 74-6, 80-1-2-7-8, 90-1-2, 102-3-4-6-8, 111-6. ACIER. M. Duhamel, *Fabrique des Ancres*, p. 12.

Cette seconde fusion ne suffit pas pour donner au fer la ductilité ou malléabilité dont dépend une grande partie de ses usages. Dépouillé de beaucoup de parties hétérogenes, il n'a pas apparemment encore ses parties propres assez rapprochées & assez unies les unes aux autres, pour pouvoir être travaillé sous le marteau soit à chaud soit à froid. Afin de lui donner ce caractere propre aux métaux, on le porte à une forge appellée *Chaufferie*: on l'y chauffe, & bat successivement en tous sens à différentes fois sur une enclume, pour parvenir à l'étendre sous le marteau sans qu'il casse: & alors on lui donne la forme de barre, ou telle autre que l'on veut. C'est ce qu'on nomme du *Fer Forgé*. Voyez Cramer, *Docimastique*, T. IV. p. 37-8. *Chym. Prat.* de M. Macquer, T. I. p. 265-6-7-8. L'*Art des Forges*, Sect. IV. p. 60-4-5, 89, 91, 104.

Selon M. Duhamel, au lieu de se contenter de paîtrir le fer en le frappant de tous les sens, à-peu-près comme les Boulangers font leur pâte, il est à propos de le battre toujours dans un même sens, pour que les molécules s'applatissent & qu'elles s'appliquent plus exactement les unes sur les autres. C'est le moyen de faire prendre au fer, de la *chair*, ou du *fil*, comme disent les ouvriers; c'est-à-dire, qu'il devienne doux & pliant. Consultez la *Fabrique des Ancres*, p. 12.

Le fer forgé soutient ensuite le marteau & la lime. Mais on ne peut plus le fondre; si ce n'est à un feu très-violent, & au moyen de matieres sulphureuses: auquel cas il reprend toutes les qualités de la fonte. La plupart des fondans dont on se sert pour lui donner ce nouvel état, le rendent même spongieux. Voyez *Art des Forges*, Sect. IV. p. 127. *Nouvel Art d'Adoucir le fer fondu*, p. 1.

LA FONTE est très-dure, se casse aisément; & ne peut soutenir le marteau, soit à chaud, soit à froid. Elle auroit tous les caracteres de l'acier, si elle s'endurcissoit à la trempe. Les fontes blanches ont un degré de dureté qui égale & souvent même surpasse celui des aciers trempés; ensorte qu'il n'est pas facile d'essayer avec la lime si cette dureté augmente par la trempe. De telle fonte ne peut se polir qu'avec le grès & l'émeri. Mais il y a des fontes grises qui sont limables: & quand elles sont trempées rouge, la lime ne mord plus, ou que très-difficilement, sur les endroits qu'auparavant elle usoit sans peine.

La distinction de *fonte Blanche* & *fonte Grise* est relative à la couleur que présente l'endroit où on les casse. La qualité des mines contribue quelquefois à cette différence: mais elle vient presque toujours de la maniere dont le fourneau a été chauffé & chargé. On met au nombre des fontes grises celles qui sont presque noires dans la cassure. Entre les blanches & les grises, il y en a dont les nuances sont très-variées. Et les blanches ne sont pas toutes du même blanc. Celle que les Champenois appellent *fonte Truitée* (à cause que le blanc est parsemé de taches grises ou noirâtres qui imitent à-peu-près celles de la truite), pourroit faire une classe à part.

Le Berry ne donne gueres d'autre fonte que de blanche. Celle de Nivernois est communément grise.

La cassure des fontes blanches paroît compacte & sans grains. Elle présente comme des lames fort serrées les unes contre les autres; & entre lesquelles il n'y a pas d'intervalles comme entre celles du fer forgé. Leur blanc, comparé au blanc brillant de certains fers, est comme celui de l'argent mat par rapport à l'argent bruni.

Dans les fontes grises, la cassure est plus spongieuse; & approche davantage de celle de l'acier trempé. Elle est souvent grainée: mais à gros grains, mal arrondis, & mal détachés les uns des autres.

Celles qui ne sont ni des plus grises ni des plus blanches ont assez ordinairement un cordon; formé par la croute qui les enveloppe, & composé de grains dont la couleur & la figure sont presque semblables à celle d'un acier trempé. On estime ces fontes pour les convertir en acier.

Ce qui rend une fonte grise sont des parties terreuses interposées entre les grains métalliques; dont elles diminuent par conséquent l'adhérence. De là vient que le foret & la lime mordent dessus, & en emportent de petits grains que l'on peut comparer à du grès ou à des parcelles d'un pot de terre cuite: mais on ne peut pas en détacher de copeaux ou de lamines. On peut affiner cette fonte, en la refondant, ou par le marteau. En général, il est facile d'avoir de la fonte aussi blanche que l'on veut. Il y en a même dont la cassure l'est presque autant que celle de l'argent: & les fontes les plus grises peuvent se changer en cette belle fonte, sans un grand art. Les fusions réitérées suffisent pour affiner la fonte, la purifier, & conséquemment la blanchir. On peut y réussir encore en tenant cette fonte plus longtems en bain, plus longtems absolument liquide; & en retirant de fois à autre, toute la crasse qui furnage. Mais rien ne contribue davantage à affiner la fonte, que de la couler après qu'elle a été refondue : & furtout de la couler très-mince. La fonte grife, affinée dans des creufets, ne perd pas beaucoup de fon poids en blanchiffant.

Toute fonte ainfi affinée & bien blanchie, au lieu de paroître compofée de grains comme la fonte grife, femble être un affemblage de feuillets talqueux : elle contient plus de parties métalliques, que la fonte grife. Mais elle eft fi dure, que le foret ni le burin ne peuvent l'entamer : elle donne encore moins de marques de ductilité, que la fonte grife : elle caffe comme du verre, furtout lorfqu'elle a acquis une forte de trempe par un refroidiffement fubit : en un mot, furchargée de phlogiftique, elle eft en quelque façon trop acier.

L'AUTEUR des *Remarques fur les avantages & les défavantages de la France & de la Grande-Bretagne, par rapport au Commerce*, &c ; propofe (p. 135 de la troifieme édition) de chercher à réduire le fer en barres, avec le feu de *Charbon* de terre, enforte que ces barres ne reviennent pas plus cher que celles qu'on tire de l'Etranger. Il croit que l'on pourroit y réuffir, foit en combinant enfemble plufieurs efpeces de charbon, foit en y mêlant certaine quantité de charbon de bois. On a tenté en France d'employer à la fufion des mines le charbon de terre ; & ce qui paroît avoir empêché le fuccès des expériences, eft, ou que fon feu eft trop lent ; ou que ce charbon n'avoit pas été préparé par un grillage qui en diffipe une partie du foufre, ainfi que l'on fait en Angleterre. M. Swedemborg dit que ce charbon, trop chargé de foufres, rend la mine réfractaire ; & le fer, caffant à chaud, & gerfeux (*Art. des Forg.* Sect. IV. p. 93-4-5-6-7). Cet habile Auteur décrit bien (Ibid. p. 97) la maniere dont les Anglois torréfient le charbon foffile pour le priver de fes foufres fuperflus : mais il a foin d'avertir que le fer que l'on a liquéfié avec ce charbon corrigé, *n'eft propre à aucun ufage*. Dans les p. 113-4-5 il rapporte les effais que l'on a faits de mélanger du bois avec du charbon de bois ; & un état circonftancié de la dépenfe & du produit : d'où il réfulte qu'il y a plus d'œconomie à traiter les mines de fer avec du charbon feul : *Voyez* la I^e. Sect. de l'*Art. des Forges*, pag. 149. Enfin M. Swedemborg, p. 115, parle des tentatives faites pour fondre la mine de fer avec de la terre combuftible dont on mettoit deux parties, en même tems qu'une de charbon de bois : & après une brieve difcuffion il renvoie à fon Traité des Mines d'argent, où il a examiné l'utilité dont peut être cette terre combuftible par rapport aux foyers des fourneaux.

Quant à l'emploi du charbon de bois, foit à la fufion des mines foit à celle de la fonte : Confultez l'*Art des Forges* Sect. I. p. 49, 50-2 : Sect. III. p. 11-2-3-4. Dans les pp. 15 & 16 de cette IIIe. Sect. on examine l'effet du charbon fur la qualité du fer. *Voyez* auffi la Sect. IV. p. 25-8. 54, *&c.* La confection du charbon même eft traitée dans la Sect. II. p. 6. & fuivantes : où l'on ajoûte peu aux notions & principes de l'*Art du Charbonnier*, publié par M. Duhamel, que l'on y dit ne rien laiffer à defirer, & d'après lequel nous avons fait l'article CHARBON.

ON ne parvient pas toujours à rendre le fer malléable, au moyen du travail de la Chaufferie : il y en a qui fe caffe plutôt que de s'étendre fous le marteau. Cela peut venir de mines étrangeres, que la fufion n'en a pas féparées. Quoi qu'il en foit, on ne doit pas attribuer ce défaut à un alliage de cuivre avec le fer ; puifque (felon les obfervations de M. De Reaumur, contraires à la fauffe prévention des ouvriers : I. Mem. fur l'*Art de Convertir le fer forgé en acier*, p. 29) le verd de gris, & en général ce qui tient du cuivre, ne rend point le fer intraitable.

Les Marchands envoient de ces mauvais fers, mêlés avec de bons. C'eft pourquoi on a tâché d'avoir des moyens de les reconnoître ; afin de s'éviter la peine & la dépenfe de les travailler inutilement. On s'en rapporte ordinairement à leur effai dans la forge ; ou à l'infpection de l'endroit où on les caffe à froid.

On connoit qu'un fer eft bien traitable, & propre à toutes fortes d'ouvrages, s'il s'allonge fous le marteau avec une forte de réfiftance, à mefure qu'on le bat après l'avoir fait rougir ; & fi enfuite il ne fe caffe point quand on le bat à froid fur l'enclume.

Un fer fe raffemble-t-il difficilement pendant qu'on le forge chaud ; ou fe caffe-t-il fous le marteau ; ou bien y fouffre-t-il un déchet confidérable par la quantité de parcelles (ou *pailles*) qui fe détachent : on le nomme *Rouvelin*, ou *Rouverain*. Il s'en trouve de cette nature, parmi des fers dont les caracteres font très-oppofés. On rencontre du fenton de Berry extrêmement rouverain : le quarillon de Nivernois eft fujet à ce défaut : *&c.*

Quand un fer fe brûle trop vîte au feu, on dit qu'il eft *Tendre*.

Nombre de gens ne confultent que la *Caffure* ; quoiqu'elle indique moins sûrement que la forge. Si, après avoir caffé du fer, on y voit de *gros grains*, des efpeces de ftries, ou de grandes lames : on en conclud que ce fer eft groffier, & aigre. Il y a entre fes grains, ou fes lames, des diftances qui paroiffent devoir s'oppofer à ce qu'il s'affemble fous le marteau, & qu'il fe prête à nos ufages, furtout quand on le traitera à froid. Ces gros grains fe rencontrent néanmoins quelquefois dans du fer de Berry très-doux. *Voyez* Cramer, T. IV. p. 22.

Le grain fort gros & brillant rend quelquefois la caffure du fer femblable à celle de l'étaim de glace. C'eft l'indice d'un fer également difficile à forger & à limer. Si on veut le convertir en acier, cet acier ne foutient pas le marteau ; tombe en morceaux dès qu'on le frappe, quoique foiblement chauffé ; & ce que l'on peut en conferver, eft plein de crevaffes & de gerfures.

Ce que l'on nomme à Paris *Fer de Roche*, a le grain petit & ferré ; la caffure blanche & brillante. Il s'en confomme beaucoup dans cette ville : où il eft recherché pour les ouvrages que l'on veut rendre nets & bien polis. Mais autant qu'il fe travaille bien en fer, autant le fait-il mal étant acier ; à moins qu'avant de procéder à fa tranfmutation, l'on n'en ait étiré les barres pour les réduire à la moitié de leurs épaiffeur & largeur. Voyez l'*Art des Forges*, Sect. III. p. 73.

On vend dans cette Capitale, fous le nom de *Bon fer Commun*, un fer dont une partie de la caffure eft blanche & brillante ; & ces endroits ont le grain plus fin que celui du fer de Roche : le refte de la caffure eft grisâtre, & d'un grain moins fin ; lequel, à la rondeur près (qu'il n'a pas), eft affez femblable à celui d'un acier médiocre que l'on a caffé au-deffus de l'endroit où difparoiffent les grains brillans que prend l'acier trempé fort chaud. Le nom de ce fer témoigne l'eftime que l'on en fait. Il devient communément acier blanc, très-dur, & de bonne qualité.

Il y a des fers, & nommément ceux qui nous viennent de Suede, dont la caffure eft très-fine, & à-peu-près également mêlée de blanc peu brillant & de gris. Ces fers deviennent des aciers gris : qui se forgent à merveille, ne sont pas des plus durs, & conviennent aux ouvragés qui demandent à être finis avec le plus de propreté.

Beaucoup de fers doux sont de couleur obscure à leur cassure : & quoique leur grain soit assez gros, on en voit qui deviennent des aciers gris très-fins; lesquels se travaillent bien, & résistent parfaitement en ciseau à couper le fer à froid.

On dit qu'un fer a de la *chair*, quand sa cassure ne présente ni lames ni corps globuleux; mais des fibres comme l'on en voit en cassant du bois, les unes saillantes, les autres formant des creux. Tel est le fer connu sous le nom de *Fer Doux :* & qui est des plus estimés. Plus les fibres sont fines; plus cette qualité de fer est propre à devenir bon acier, & qui aura sur-tout beaucoup de corps. Consultez l'*Art des Forges*, Sect. I. p. 11.

Le meilleur fer forgé est celui où l'on ne remarque ni fentes ni gersures. Certaines fentes ou petites crevasses, ressemblantes aux gersures de la terre, & que par cette raison l'on appelle aussi gersures, donnent le nom de *gerseux* au fer où elles se rencontrent. Elles sont ordinairement accompagnées de taches, & d'autres défauts qui pénetrent dans la substance du métal. Voyez l'*Art des Forges*, Sect. IV. p. 65, 80-1.

Le *fer aigre* est celui qui casse aisément à froid.

Quand un fer ne s'éclaircit pas bien à la lime, ensorte qu'il conserve toujours des taches grises; on le nomme *Cendreux*.

Comme les indices les plus apparens que présente la cassure sont souvent trompeurs, on ne peut bien statuer sur la qualité du fer qu'en le travaillant, & le recuisant au foyer de la forge, pour l'étirer en barres, ou lui faire prendre différentes formes. Car il y a du fer, soit crud soit forgé, très-cassant, qui peut être réduit en un fer mieux lié, par l'affinage de la forge. Il y en a aussi qui paroît bien ferme & cohérent, lequel cependant tombe en morceaux sous les coups de marteau & ne peut être converti en barres. Plus un fer est de bonne qualité, plus il se prête à être battu mince & réduit en feuilles égales. Consultez encore la Sect. IV. de l'*Art des Forges*, p. 135, col. 2. & p. 136; où M. Swedemborg indique d'autres moyens usités pour éprouver le fer.

C'EST après que ce métal a été traité sous le marteau, qu'on le coupe dans les fenderies, & qu'on le coupe dans les tréfileries. Il prend alors de nouvelles dénominations, relatives à sa forme & aux services auxquels il devient propre.

On trouve dans la Sect. IV. de l'*Art des Forges*, p. 129 & 130, la *maniere de Fendre & couper le fer en Verges* ou *baguettes ;* & celle de l'*étendre ou applatir sous les Cylindres :* manieres qui ne sont pas les mêmes par-tout, & dont M. Swedemborg y décrit celles d'Angleterre, de Suede, & du pays de Liege.

CERTAINS Arts ayant besoin de fer qui soit capable d'une grande résistance, on a imaginé de convertir ce métal en acier; ou de le tremper. *Voyez* ACIER. TREMPE.

Le fer doux est aussi nécessaire pour certains ouvrages, que l'acier ou le fer trempé le sont pour d'autres. Si l'acier a des qualités essentielles pour faire des rasoirs, cizeaux, couteaux, haches, & pour tous les instrumens à taillant; nous avons besoin de fer doux pour les essieux de voitures, les bandes de roues, les leviers, diverses pieces des bâtimens, les canons de fusil, & en général tous les ouvrages qui doivent n'être pas cassans.

Il y a aussi des ouvrages où le fer aigre est préférable au doux. Tels sont ceux à qui il importe peu d'avoir de la souplesse; mais que l'on veut qui soient capables de résistance, & d'être bien polis.

La découverte qu'a faite M. De Reaumur de l'*Art d'Adoucir le fer fondu*, nous procure l'avantage d'employer ce métal à beaucoup d'ouvrages dont les ornemens soient recherchés & finis; & que l'on ne pouvoit exécuter qu'avec beaucoup de dépense, en fer forgé. Ce célebre Académicien publia ses premieres vûes sur cet Art en 1722, en même tems que son Traité sur l'Art de convertir en acier le fer forgé. Les beaux ouvrages de ce genre, faits sous les yeux de M. De Reaumur, constaterent la vérité de ses principes. Si les pieces de fer fondu que l'on fit ensuite à son imitation eurent une qualité inférieure, on doit en rejetter le défaut sur des circonstances absolument étrangeres aux procédés de ce grand homme. Ayant regardé son Mémoire de 1722 comme l'ébauche d'un Art dont la perfection ne pouvoit que tourner à l'utilité publique; il continua de s'en occuper, parvint à découvrir des manieres d'opérer infaillibles & en même tems plus applicables à la pratique, & en conséquence rédigea de nouveau son travail. L'Académie l'a publié en 1762 à la suite de son Art des Forges, sous le titre de *Nouvel Art d'adoucir le fer fondu, & de faire des ouvrages de fer fondu aussi finis que ceux de fer forgé ;* avec une Introduction où M. Duhamel en donne un précis, & fait sentir l'importance de la publication de cet ouvrage.

La fonte de fer étant très-aigre, on ne peut redresser au marteau les ouvrages de fer fondu; & le foret ni la lime ne peuvent mordre dessus, comme nous l'avons déja dit. M. De Reaumur s'est proposé de corriger ces défauts, & d'adoucir assez la fonte pour qu'elle devienne traitable au foret, à la lime, & même un peu au marteau. Pour y parvenir, il a enfermé les ouvrages dans des especes de creusets remplis d'une composition de poudre d'os calcinés & de poussiere de charbon. Voyez le *Nouvel Art*, p. 22. & suivantes. II°. Les ouvrages sortis du moule, ont été couverts d'un enduit fait avec des substances capables d'adoucir la fonte. Voyez p. 44, &c. 52-7. Un troisieme moyen, dont le succès a été meilleur & plus certain, consiste à faire passer le métal en fusion dans des creusets capables de produire cet adoucissement par leur composition : ou à fondre le métal avec des substances propres à l'adoucir. Voyez p. 63. Enfin M. De Reaumur a fait ses moules avec les mêmes substances qu'il avoit reconnues propres à adoucir la fonte de fer; & pour lui donner ensuite un degré de dureté qu'il régloit à volonté, il a recuit les pieces fondues, dans les moules mêmes où elles avoient été coulées : ce qui a simplifié l'opération, beaucoup assuré la réussite, & favorisé le poli des pieces. Voyez p. 36 & suivantes : 44, 57, 60, 98-9, 100, &c. 105.

M. De Reaumur rend sensible dans les pp. 60, 61, &c. que les ouvrages qui se tourmentent, se plient ou courbent, dans le recuit, peuvent être parfaitement redressés par le même degré de chaleur qui a produit leur courbure, si on y joint une pression lente. Cette pression, opérée par la maniere de former la masse adoucissante qui entoure l'ouvrage que l'on recuit, prévient même ces accidens.

Le succès de l'adoucissement dépend beaucoup du choix de la fonte. M. De Reaumur, souvent inquiété par la variété de réussite que la qualité de cette matiere occasionnoit, a enfin reconnu que le plus sûr est de n'employer que des fontes grises; comme naturellement propres à être coulées douces. L'art peut donner cette propriété à quelques autres. Mais une fonte blanche par elle-même, & celle qui l'est devenue par des fusions réitérées, ne sont presque pas susceptibles d'adoucissement. * p. 71, &c. 76, 81 & suivantes.

Les fontes coulées douces suivant la méthode de M. De Reaumur ont quelquefois le défaut d'être trop grises. On y remédiera en les liquefiant au milieu d'une composition d'os & de charbon où l'on aura bien mêlé de l'alun en poudre. * p. 79. Consultez aussi les pages précédentes de ce Mémoire du *Nouvel Art.*

Nous parlerons, à l'article MOULER, de la maniere de jetter le fer en Moules.

Le sable de Fontenai aux Roses (si estimé des Fondeurs de Paris) étant propre à adoucir le fer, ainsi que l'a reconnu M. De Reaumur; il s'ensuit qu'on peut jetter ce sable ou quelque autre de qualité pareille, sur le *fer que l'on craint qui ne brûle à la forge.*

L'art d'adoucir le fer fondu peut aussi être employé pour le fer forgé. Une infinité d'ouvrages demanderoient de ce fer beaucoup plus doux qu'on ne peut en avoir. Quand il s'agit de faire à des serrures des garnitures très-contournées, jamais l'ouvrier ne trouve le fer assez flexible: il se casse, avec quelque soin qu'on l'ait choisi, & avec quelque précaution qu'on le ploye. De la tole extrêmement douce seroit nécessaire à une infinité d'ouvrages. Les recuits du fer fondu peuvent adoucir considérablement le fer forgé, pourvû qu'il n'ait pas beaucoup d'épaisseur. Du fer adouci de la sorte auroit un débit certain, & fourniroit de l'occupation à ceux qui travailleroient au recuit du fer fondu. Mais le recuit du fer forgé doit être beaucoup moins long: sans quoi la tole & ce fer en sortiroient très-cassans.

Les recherches de M. De Reaumur à cet égard auroient pu tourner médiocrement à l'avantage du public, si elles ne nous eussent conduit qu'à faire des ouvrages de grand prix, tels que les palastres de serrures, les bras de cheminée, & les lustres qu'on a vûs sortir de la Manufacture de Cône. Dans ces ouvrages, le brillant que prend l'acier poli, le beau bleu qu'il acquiert par le recuit, la couleur d'eau qu'on lui donne avec la pierre de sanguine, étant relevés par des filets d'or, faisoient un effet admirable. Mais le cuivre doré d'or moulu, moins brillant à la vérité, a l'avantage d'être plus aisé à travailler, & de ne pas craindre la rouille. De plus, quand ces pieces ont perdu leur mérite par un long service, on peut en retirer l'or & mettre le reste à la fonte, pour en faire de nouveaux ouvrages: au lieu que ceux de fer fondu ou d'acier deviennent de la féraille sans valeur. D'ailleurs, ces beaux ouvrages de fer fondu, en coûtant beaucoup moins que s'ils eussent été de fer forgé, ne laissoient pas d'être plus chers que ceux de bronze. Laissant à part ces ouvrages très-finis, qui ont beaucoup contribué à faire tomber la Manufacture de Cône; l'on apperçoit qu'il est possible de tirer un grand avantage du travail de M. De Reaumur, en l'appliquant à des ouvrages moins recherchés. * *Nouvel Art*, p. v. Consultez aussi les pp. 111 & suivantes, où M. De Reaumur parcourant les diverses pieces que l'on peut faire de la sorte, indique les ouvrages qui n'en sont pas susceptibles.

EN 1740 & 1754 on obtint des Arrêts du Conseil pour établir à Paris dans le Fauxbourg saint Antoine, une Manufacture de *Fer forgé Battu à froid*, dont on a fait toutes sortes d'*ustenciles de cuisine: que l'on blanchit & étame dehors & dedans;* sans y employer de plomb, de régule, ni de bismuth, ainsi que le portent les Arrêts, conformément à l'avis de l'Académie des Sciences.

Dans le même tems que la France assuroit de sa protection la nouvelle Manufacture, M. Wex obtint en 1754 un privilege de la Cour de Saxe-Gotha pour l'étamage des ustenciles de fer propres à la cuisine: au moyen d'un sel alkali, qui applique l'étaim le plus fin sur le fer, sans poix, colophone, ni sel ammoniac; sans même qu'on ait besoin de racler le fer.

Il y a longtems que l'on sçait que les alkalis fixes pénetrent sans peine dans l'intérieur du fer, ensorte qu'ils sont capables de le dissoudre. C'est pourquoi ils ont l'avantage de l'incorporer en quelque maniere avec l'étaim auquel ils servent de véhicule.

On prétend *donner au fer la blancheur de l'argent*, en le trempant bien rouge dans l'eau froide où seront exactement mêlées parties égales de chaux vive & de sel ammoniac en poudre. [*Consultez* la page suivante.]

Le FER BLANC provient de barres qui ont environ un pouce d'équarrissage. Après les avoir un peu applati, on les coupe en morceaux, qu'on nomme des *Semelles*, & qu'on plie en deux. Puis on en fait des paquets appellés *Trousses*, composés de quarante feuilles: & on les bat toutes à la fois sous un marteau qui pese six à sept cent livres. Les feuilles étant suffisamment applaties, puis coupées quarrément, prennent le nom de *Fer Noir:* elles sont effectivement de cette couleur. Elles ont environ un pied en quarré; cependant plus longues que larges.

Il n'y a que certains fers qui puissent être réduits en feuilles. Les plus propres à cet art sont ceux qui forgés à chaud se laissent le mieux étendre, & qui peuvent aussi être forgés à froid. Les fers les plus doux, ceux qui sont extrêmement flexibles à froid, ne seroient pas les plus convenables: ces feuilles, quoique minces, devant être fortes & avoir du ressort jusqu'à certain degré.

Pour *blanchir* ou *étamer* les feuilles de fer noir, on commence par les *décaper;* c'est-à-dire les bien nettoyer de tout ce qu'elles peuvent avoir de crasse. Comme c'est l'Allemagne qui étame la plus grande partie de ces feuilles qui se consomment dans les autres pays; c'est d'elle que nous allons emprunter la méthode de ce travail.

On met du seigle grossierement moulu, fermenter dans de l'eau; qu'il rend acide. Quand elle est suffisamment aigre, on en emplit des baquets ou tonneaux; où l'on met ensuite des piles de feuilles de fer. Pour que cette eau aigrisse davantage, & qu'elle ait plus d'activité, on tient les tonneaux ou bacquets dans des caveaux voutés, qui ordinairement n'ont pas d'air, & où l'on entretient du charbon allumé. Les ouvriers vont une ou deux fois le jour dans ces étuves; soit pour retourner les feuilles, afin que tour à tour elles soient également exposées à l'action de la liqueur; soit pour retirer des bacquets celles qui sont décapées; soit pour y en mettre d'autres. Plus la liqueur est aigre, & la chaleur considérable dans l'étuve, plus tôt le fer se décape. Cependant il y faut au moins deux jours: & souvent cela va à beaucoup davantage.

On met quelquefois du vinaigre dans de l'eau que le seigle avoit déja rendue acide en bouillant sur le feu: on y met le fer, pendant qu'elle est encore presque bouillante; & on couvre bien la chaudiere; où le grain, l'eau, le vinaigre, & le fer, demeurent ensemble environ trois jours entiers.

Quand on retire les feuilles hors de l'eau, on les écure fortement avec le marc du seigle, puis avec du grais. D'autres ne les écurent qu'avec du sable.

Lorsqu'il ne paroît plus de taches à la surface du fer noir, on le jette dans des bacquets pleins d'eau commune : & on le laisse jusqu'au moment de l'étamer ; ce qui le préserve de la rouille. Quelques-uns ont cru qu'il seroit avantageux de mettre du sel ammoniac dans cette eau, pour disposer le fer à mieux prendre l'étaim. Il est vrai que c'est une des propriétés de ce sel. Mais aussi il altere souvent la blancheur de l'étaim qui s'est attaché au fer ; & il y fait des taches soit bleuâtres, soit jaunâtres, soit d'un blanc terne ; quelquefois même des iris. Un autre inconvénient plus digne d'attention, est que le fer étamé avec le sel ammoniac se rouille plus aisément que si on n'y a pas employé ce sel.

Les ouvriers qui couvrent d'étaim les feuilles de fer, sont nommés *Blanchisseurs*. Ils fondent l'étaim dans un grand creuset de fer, qui a la figure d'une pyramide tronquée à quatre faces, dont deux des opposées sont plus petites que les deux autres. On ne le chauffe que par dessous. Tout le bord supérieur est scellé dans un fourneau. Ce creuset a toujours plus de profondeur, que les feuilles qu'on veut y étamer n'ont de longueur, ou au moins qu'elles n'ont de largeur. On les y fait entrer toutes droites ; c'est-à-dire, jamais à plat : & l'étaim doit les y surnager. Lorsque ce métal est bien fondu dans le creuset, on le couvre d'une couche de suif épaisse d'un ou deux pouces : ce suif est noir ; cette couleur est essentielle. Après quoi on retire de l'eau les feuilles noires, & on les plonge toutes mouillées dans l'étaim, à travers le suif.

Il y a un degré de chaleur qui convient à l'étaim dans lequel on veut tremper les feuilles. Trop peu chaud, il ne s'attache pas au fer ; ou il s'y attache par gouttes, il s'étend mal. Trop chaud, il ne le couvre que d'une couche trop mince : les feuilles qu'on retire du creuset ne sont même aucunement blanches ; elles ont des couleurs mêlangées de rouge, de jaune, de bleuâtre ; & le tout ensemble forme une nuance de jaune désagréable. En général, on doit tremper les feuilles dans un étaim plus ou moins chaud, selon l'épaisseur de la couche qu'on veut qu'elles ayent. Celles à qui on ne donne qu'une seule couche, se plongent dans l'étaim moins chaud que celui où l'on plonge pour la premiere fois les feuilles à qui on veut faire prendre deux couches : & pour la seconde couche de celle-ci, l'étaim a un degré de chaleur plus foible. Si l'on n'a pas ces attentions, la seconde couche n'ajoûte rien à la premiere ; elle peut même la diminuer dans le cas où l'on n'observeroit pas l'inégalité des degrés de chaleur. C'est du suif blanc que l'on met sur l'étaim fondu pour donner la seconde couche.

Les feuilles étant étamées, on les laisse égoutter. Puis on les reporte à l'étuve, pour qu'elles refroidissent doucement & que l'étaim s'y unisse mieux. Après quoi on les frotte de nouveau avec du son de seigle.

L'étaim qu'on y emploie ne peut pas être trop pur. Lorsque le creuset n'a plus que la moitié de ce qu'on y en avoit mis, on convertit ce reste en lingots ; comme n'étant plus propre à blanchir le fer. Ces lingots se vendent pour être employés à d'autres usages.

Toute feuille de fer noir a un côté qui est très-sensiblement plus difficile à décrasser, que l'autre : il prend rarement le brillant du premier, & reste presque toujours marqué de quelques taches. Celui qui se décrasse le mieux est comme grainé, & l'autre toujours plus poli. Cela vient de la maniere dont on a coutume de les battre en trousse, ou paquet. M. De Reaumur a proposé des moyens de parer à cet inconvénient : nous renvoyons à cet égard nos Lecteurs à la 116e page des Mémoires de l'Académie des Sciences, année 1725 ; où cet illustre Sçavant a développé les *principes de l'art de faire le Fer Blanc*. Ce que nous en disons ici est presque tout tiré de son Mémoire.

On y trouve encore différens moyens qu'il a tentés avec succès pour en rendre le travail moins long & moins pénible : sur-tout celui de décaper les feuilles. Ainsi 1°. Il y a parfaitement réussi avec l'eau si aigre & si désagréable, que les Amidoniers séparent du son de froment qui y a fermenté pendant plusieurs semaines. 2°. M. De Reaumur a reconnu par ses expériences que le vinaigre est une des meilleures liqueurs qu'on puisse employer pour décrasser le fer : son effet est plus prompt que celui des eaux aigres faites avec du grain. Et comme son acide est analogue au leur, il ne donne aucune mauvaise qualité au métal. Nous ne décrirons pas ici les manieres dont il conseille d'en faire usage ; ni les observations qu'il fait sur l'avantage œconomique de ces procédés : décrits dans les pages 114 & 116 de son Mémoire. Il sera à propos de consulter en même tems la 112e page. 3°. En quelques endroits on se sert d'eau forte pour décaper les feuilles. Nous trouvons dans M. De Reaumur une eau aigre minérale bien moins coûteuse. » Dans les pays où les Pyrites sont communes, & ces pays ne sont pas rares, on peut » (dit-il) avoir des eaux vitrioliques dont le prix » ne sera gueres au-dessus de celui de l'eau commune. Il ne s'agit que de ramasser de ces pyrites, les » laisser fleurir à l'air, & les lessiver ensuite avec de » l'eau commune. Cette lessive décapera bien, & » assez vîte, le fer qu'on y plongera. « On trouve encore à la page 115 d'autres moyens simples & peu dispendieux.

Au reste, M. De Reaumur prétend que le fer blanc sera plus durable, si on ne se sert que d'eau commune toute seule pour le décaper. Voyez la page 120.

Le suif noir est un secret absolument mystérieux parmi les Blanchisseurs. M. De Reaumur a obtenu de ses expériences variées & combinées avec l'art d'un bon Naturaliste, ce que ces ouvriers n'eussent jamais découvert. Et nous sçavons à présent que ce suif n'est point une composition ; mais du suif commun, que l'on roussit dans une poële avant de le mettre sur l'étaim fondu. *Consultez* les pages 121, 123, 124.

Comme ce Sçavant ne perdoit point de vûe la sage œconomie qui est le soutien des manufactures, sur-tout dans leurs commencemens ; il conseille de ne pas faire la dépense de grands creusets : mais d'en avoir de fer forgé, qui étant assez larges & assez profonds pour que la feuille puisse y entrer, n'ayent intérieurement qu'un vuide d'un pouce ou deux. Les parois peuvent même n'être écartés l'un de l'autre, que de sept à huit lignes. » Quelques livres d'étaim suffisent pour remplir un pareil » creuset : & les feuilles peuvent y être aussi bien » étamées, que dans un creuset qui auroit plus de » capacité. «

Pour ôter la vieille crasse, le moisi, & la rouille du fer fondu.

Mettez-le sur un feu clair : & lorsqu'il sera bien chaud, grattez-le avec un instrument un peu tranchant ; la rouille & la moisissure s'en détacheront bien.

Le même procédé fera lever par écailles une crasse épaisse & très-dure qui se sera amassée par négligence au dedans d'une marmite. On a ôté ainsi des croutes qui avoient plus d'un pouce d'épaisseur.

L'article ROUILLE indique plusieurs moyens d'empêcher qu'elle ne s'attache au fer.

On trouvera sous le mot TACHE, de quoi ôter les taches de rouille de dessus la toile.

Usages & Propriétés du Fer.

Voyez ACIER.

La grande dureté de la plupart des Pierres Hématites, fait que divers Artisans les emploient à polir le verre & l'acier. On dit que, répandue sur les plaies, ou même prise intérieurement, cette pierre arrête les épanchemens du sang. Ecrasée, elle donne une couleur rouge à l'eau dans laquelle on la mêle. Celle qui se trouve tendre est propre à servir de crayon pour dessiner. Son rouge foncé, & son tact gras, suffisent pour la faire distinguer d'une ochre rouge, dont on ne peut faire des crayons : celle-ci est d'un rouge pâle, & se réduit aisément en poussiere.

L'Emeri, à raison de sa dureté, est d'usage pour polir le verre & les pierres les plus dures.

Les Potiers de terre emploient la Magnésie (tant noire que rougeâtre) à donner de l'éclat & un verni noir aux poteries. Les Verriers & Emailleurs s'en servent aussi pour purifier le verre. Cette mine, étant fondue, produit un verre jaune ou tirant sur le violet.

Tant que le plomb est sous la forme de métal, il n'attaque pas le fer ; à quelque violence de feu que celui-ci soit poussé. Mais lorsque l'un & l'autre sont convertis en scories, ils s'unissent promptement & forment un verre roux obscur. * Cramer *Docim.* T. I. p. 128. Voyez aussi son troisieme Vol. p. 69.

Les peuples de l'Amérique Méridionale ont si bien senti la grande utilité, la nécessité même, du fer pour les travaux ; qu'ils mettent ce métal beaucoup au-dessus de l'or & de l'argent, dont leur climat est abondamment pourvû par la Nature.

En effet, il n'y a point d'Art qui ne fasse usage de différens outils de fer, ou qui n'emprunte le secours de machines auxquelles le fer donne la principale solidité. La Taillanderie, la Coutellerie, la Clouterie, la Serrurerie, les Maréchaux, les Arquebusiers, & tous ceux qui ont rapport aux fourneaux, aux forges, & aux fonderies de ce métal ; la Trefilerie, l'Aiguillerie, & autres, sont uniquement occupées à travailler le fer. *Consultez* aussi l'article EPINGLE. L'Agriculture, le Jardinage, la Chirurgie, la Sculpture, ne peuvent se passer de fer.

La Sect. III. de l'*Art des Forges*, indique plusieurs manieres de faire les *Tuyaux de fer* coulé ou fondu : p. 124 & suivantes.

On trouve, dans la IVe, différentes méthodes de couler des *Canons de fer* ; p. 89 & 95. Consultez aussi le *Nouvel Art d'adoucir le fer fondu*, p. 113-4-5 : & le *Journal Œconomique*, Juillet 1752, p. 122.

L'Académie a fait imprimer dans sa Collection des Arts la *Fabrique des Ancres*, ouvrage de M. De Reaumur ; avec les Notes & Additions de M. Duhamel : qui a aussi donné l'*Art de forger les Enclumes* ; à la suite de celui des forges. Voyez notre article ENCLUME. On trouve encore des instructions sur les Enclumes, dans la Sect. IV. de l'*Art des Forges*, p. 63.

Nous avons ci-devant parlé du fer battu à froid & étamé, dont on fait des ustenciles de cuisine. Chacun sçait que le fer blanc est d'un grand usage à cet égard & à nombre d'autres.

Diverses expériences de M. Du Fay constatent que la *Rosée* ne s'attache pas au fer, à moins qu'elle n'y rencontre de la rouille. Voyez les *Mémoires de l'Académie Royale des Sciences*, *an.* 1736.

La *Limaille*, & la *Fonte* de fer pilée, entrent dans la composition de plusieurs fusées. Voyez aussi CIMENT *froid* : & plus bas, p. 28.

On trouve d'autres Propriétés du fer dans la Sect. IV. de l'*Art des Forges*, p. 168-9, 179, 180. Consultez aussi la Sect. III. p. 45-6-7 : & notre premier volume, p. 166, col. 2.

Observations Œconomiques sur l'usage du fer blanc.

Les vaisseaux de ce fer doivent être conservés absolument exempts d'humidité : sans quoi la rouille les ronge très-vîte, & y fait des routes à l'eau.

On doit donc les tenir renversés depuis l'instant où on les vuide.

Si on les essuie avec un linge chaud, on les entretient toujours propres & brillans.

Il faut avoir l'attention de ne pas les mettre devant le feu, sans être entiérement pleins. La partie vuide se brûle fort aisément.

COMME le sel marin contient un acide qui agit puissamment sur le fer, & que ce métal est toujours prêt à se décomposer dans les acides ; on doit éviter d'en plonger dans des vaisseaux où il y a des *légumes confits au sel ou au vinaigre.*

M. HELLOT a mis à la tête de l'ouvrage de Schlutter (qu'il a publié à Paris en 1750 intitulé, *De la fonte des Mines*, *des Fonderies*, &c.) un *Etat des Mines du Royaume* : où l'on trouve presque à chaque page, des mines de fer exploitées ou exploitables. Nous ne copierons pas ce détail historique. Seulement, pour le completter, nous insérerons ici quelques observations, qui ne sont pas absolument étrangeres à notre objet.

1. M. De Reaumur a fait de très-bon acier avec du fer des environs de Maubeuge.

2. En Champagne, à une demi-lieue de Saint Dizier, est une forge dite du *Clos-Mortier* ; où l'on fait depuis la gueuse jusqu'aux derniers échantillons de fer.

Les forges des environs de Saint Dizier approvisionnent toutes les Manufactures de Charleville & de Mézieres ; où se fait de petite Clouterie.

En remontant de Saint Dizier à Joinville, on ne rencontre le long de la Marne que de menues mines, dont le fer est aigre, & qui occupent quatre grosses forges.

On amene à Joinville le *fer de Roche* : dont il y a quatre forges sur le Rognon, & trois sur la Tenanse.

La Blaise rassemble sur son cours le fer de plusieurs forges, pour le conduire à Moellens, où elle joint la Marne.

Il y a dans le Bassigny environ trente forges de fer *Demi-Roche*.

3. A Ligny, en Barrois, est une forge complette ; comme nous avons dit que l'est celle du Clos-Mortier.

4. Les Trois Evêchés fournissent beaucoup de fer à la Hollande ; soit en droiture, soit par Liége.

5. On compte une cinquantaine de forges en Lorraine. Le fer de la Lorraine Allemande est pliant.

Il y a à Bains en Lorraine une Manufacture de fer blanc, qui se soutient avec beaucoup de succès depuis 1735 ; malgré les défauts de son fer.

6. Si on ne négligeoit pas, comme on a fait depuis longtems, la mine de Biriatou (dans le Pays de Labourt), on pourroit en tirer un bon parti : puisqu'en 1716, que l'on fit un essai de son fer par ordre de M^r. le Duc d'Orleans, ce Prince en fit remettre un échantillon à M. De Reaumur ; qui l'ayant éprouvé, assura que l'on pouvoit le convertir en excellent acier. On sçait que cet Académicien n'en disoit pas autant de tous les fers du Royaume.

7. Le

7. Le fer de la forge de Rochebeaucourt, en Périgord, est très-doux. M. De Reaumur regardoit celui de la forge du Roc, dans la même Province, comme propre à devenir de bon acier.

8. On a fabriqué du fer noir, & de blanc, à Pont Saint Ourse, sur la Nievre, à deux lieues de Nevers, depuis 1754. Le fer blanc de cette Manufacture est assez bon pour que les entrepreneurs continuent à travailler avec profit. Mais ils ont l'expérience que leur mésintelligence a fait cesser tout le travail. On l'a repris au commencement de 1760.

Il s'étoit formé sous la protection de M. Colbert une semblable Manufacture, dont le fer se couloit à Bizy; & l'on y fit de beau & bon fer blanc depuis 1679 jusques vers 1710.

La Manufacture de La Charité-sur-Loire, d'où sortent beaucoup de *Cheminées* dites *de Nancy*, qui sont du fer noir; fabrique aussi une grande quantité de batterie de cuisine, en fer blanc.

9. Le fer de Bourgogne est médiocre, passablement doux; & peut être comparé au fer Demi-Roche.

10. Dans le Maine; le fer de Vibray est ferme; & d'ailleurs, de bonne qualité.

11. En Normandie; Senonches & Dampierre, voisins de Crécy, fournissent beaucoup de fer pareil à celui de Saint Dizier.

Caen fait une grande consommation du fer de Conches: qui est doux, presque aussi bon que celui de Berry, & supérieur aux fers de Roche de Nivernois. Nous ne croyons pas qu'il en vienne à Paris.

12. Le Sénégal possede des mines de fer, & beaucoup de bois. Mais on n'a pas encore pu s'assurer que ces mines fussent suffisantes pour dédommager des frais de leur exploitation.

13. En Asie, l'Isle de Sumatra est riche en fer. C'est sur la Côte, dans la ville de Sillebart, que se font quantité de poignards nommés *Cris*, très-estimés, & dont on se sert beaucoup à Sava & dans les Indes.

14. Notre Province d'Elour, dans l'Inde, possede des mines très-abondantes d'excellent fer: & l'exploitation en est d'autant plus commode, qu'elles se rencontrent à la portée des bois. * *Mémoire de M. Dupleix*, impr. en 1759, p. 223, *in*-4°.

15. Les Colonies Angloises de l'Amérique Septentrionale ont de bonnes mines de fer; dont le Gouvernement encourage l'exploitation.

Nous en avions aussi dans le Canada. Mais on a cru qu'il seroit moins avantageux de les exploiter, que de tirer du fer de France: vû que ses barres étoient presque le seul lest fructueux dont nos vaisseaux pussent se charger en y allant.

On fait du fer forgé de toutes sortes d'*Echantillons* & Mesures, selon le desir du Marchand ou de l'Ouvrier. Autrefois on étoit borné à certaines proportions qui ne sont plus d'usage.

Il y a du fer de Suede, de toutes sortes d'Echantillons. On l'emploie plus sur les côtes de Picardie & du pays de Caux, que l'on ne fait en d'autres endroits du Royaume.

On se servoit autrefois du terme de *Quarré Bâtard*, pour désigner un fer qui avoit neuf pieds de long sur seize à dix-huit lignes en quarré. Mais l'expérience a appris que l'on pouvoit souder plusieurs pieces ensemble pour les allonger; ce qui est commode pour l'ouvrier. A présent, toute barre qui pese plus de soixante livres est soudée.

Comme la plupart du fer de Normandie est tendre, & ne peut pas souffrir le marteau, on n'y fait ordinairement que de gros échantillons, tels que de gros bandages de roue; ou bien du *fer quarré*, depuis un pouce jusqu'à telle autre grosseur que l'acheteur demande. En Champagne, où le fer est plus dur quoique aigre, & où il résiste davantage; le Marteleur est maître de satisfaire aux proportions qu'on lui marque: en *fer plat*, depuis seize lignes de large sur quatre à cinq lignes d'épais, jusqu'à telles largeur & épaisseur que l'on souhaite: & en *fer quarré*, depuis neuf lignes jusqu'à toute autre proportion au-dessus. Il y a aussi de petites forges où sont de petits martinets pesant seulement cent cinquante ou deux cent livres, destinés à fabriquer le fer en petits ouvrages; comme lames, bandelettes, & du *Quarrillon*, depuis cinq lignes jusqu'à huit ou neuf au plus en quarré.

On nomme *fer applati* ou *fer à la mode*, celui qui n'a que trois à quatre lignes d'épaisseur, sur vingt à vingt-quatre de largeur; il sert pour les appuis des rampes & des balcons, les battemens de portes, *&c.* Le *fer en lame* a deux ou trois lignes d'épaisseur, sur différentes largeurs: son usage est pour des enroulemens.

Les fenderies font du fer en *Verge*, de toutes grosseurs, depuis trois lignes jusqu'à un pouce en quarré. Le terme de *fenton*, employé par les Serruriers, & synonyme de verge, n'est pas d'usage dans les forges. Cette sorte de fer sert aux ouvriers à qui il faut un fer mince. On en met aussi dans les bâtimens, tant le long des tuyaux de cheminées qu'ailleurs. Le fenton de Berry a de la réputation. Les tringles de Vitriers sont appellées *Menue Manigotte*: cette petite verge se vend aussi sous le nom de *Petit fer*, ou *fer en botte*. La menue Verge, qui porte trois, quatre, ou cinq lignes, sert à la Clouterie. Les Taillandiers, surtout ceux de Paris, employent le gros fer en verge pour faire des pelles & des pincettes. Liége tire beaucoup de verge des Trois Evêchés, pour faire du clou de cheval: ce fer est doux. Outre la Verge, qui se fait au taillant, les fenderies fournissent le *fer applati*, qui est passé au Cylindre. Voyez ci-dessus p. 21.

Le *Fer Rond* se fait au martinet; ou plus souvent au marteau. On l'emploie en tringle de rideaux, en boulons, *&c.* Dans les grosses forges on lui donne au moins dix à onze lignes de diametre.

Le plus petit *Quarillon* a cinq lignes en quarré. La Champagne & le Nivernois en fabriquent beaucoup.

La *Tole* est du fer battu mince. Il y en a de différentes épaisseurs, longueurs, & largeurs. On y cisele & emboutit des ornemens. Celle qui est par bandes sert aux Coffretiers, & à ferrer des seaux. Il vient en France beaucoup de tole de Suede. On en fait d'aussi belle & aussi bonne en Franche-Comté. La Champagne fabrique une partie de celle qui se consomme à Paris en tuyaux de Poële. C'est surtout de Sedan que l'on tire celle dont sont faites les enseignes des marchands & les portes de fours.

La tole est toujours dentelée sur ses bords: ce qui la distingue bien du fer en feuilles; dont les bords sont coupés avec des cizeaux.

En traitant du *Fer-blanc*, nous avons parlé du *Fer en Feuilles*. Il y a de ce fer, *noir*, qui est nommé fort; d'autre, moyen; & de foible. On le distingue encore en simple, & double. Celui dont on consomme davantage à Paris, porte douze pouces sur neuf: c'est le *petit modele*. Il y en a d'autre, de seize pouces sur douze. Le grand usage du fer noir à Paris, est pour des grilles de rapes.

Le *fer blanc* n'étant que ce fer blanchi, comme nous l'avons dit; il conserve les mêmes proportions & noms. Le double est aussi appellé *Fer à la Croix*; parce que les barrils où on l'envoie portent communément une croix, qui a été empreinte avec un fer rouge. C'est ce fer que l'on doit employer en lanternes, rapes, vaisselle, & autres ustenciles de ménage.

Le fer blanc d'Angleterre, que l'on déguise sous le nom de *Fer de Hongrie*, est passé au cylindre : ce qui le rend très-égal. Il est presque aussi beau que de l'argent. On le reconnoît encore à sa lisiere, qui est fort étroite.

Celui d'Allemagne est étamé jusques dans le cœur. Il est aigre : & a le défaut de porter une lisiere large, qui occasionne trop de déchet.

Elle est plus petite dans le fer de Bains en Lorraine. Ce fer est plus doux que celui d'Allemagne; mais moins blanc, moins couvert d'étaim, & chargé de bouillons.

Hambourg nous fournit quantité de fer blanc, qu'il tire de Saxe. Les feuilles sont très-minces. Elles servent principalement à ferrer les lacets.

Les navires Suédois en apportent à Rouen; qui est pâle, du reste aussi bon que celui d'Allemagne, peut-être même plus doux.

Le détail historique des mines du Royaume fait voir que nous avons du fer aussi convenable à être blanchi que ceux des pays étrangers. La grande consommation habituelle de ces feuilles assure un débit constant à des manufactures où l'on suivroit exactement la méthode solide & œconomique, dont nous avons donné l'esquisse d'après M. De Reaumur.

Cet Académicien, qui cherchoit toujours à rendre la Science vraiment utile, souhaitoit que les Ferblantiers de Paris se chargeassent de blanchir les feuilles de fer. » Leur profession seroit moins bor» née : & ils auroient toujours des feuilles étamées » à leur gré; ce qu'ils ne rencontrent pas bien com» munément dans celles d'Allemagne. Afin de les » engager à s'instruire dans ce travail qui est fort » simple, on pourroit demander pour chef-d'œuvre » à ceux qui aspirent à la maîtrise, d'étamer quel» ques feuilles. En peu d'années, tous les maîtres » sçauroient en faire : & quelques-uns se charge» roient d'y travailler pour les autres. «

Il est même à propos d'observer ce que dit M. De Reaumur (*Mém. de l'Acad.* 1725, pag. 108) que comme c'est avec du grain que les Allemands préparent les feuilles de fer, la Politique interrompt le travail de ces manufactures quand il arrive des disettes : & alors le fer blanc hausse nécessairement de prix.

Pour ce qui est des fabriques qui n'ont pas réussi en France : les unes ont manqué de gens suffisamment instruits; les autres ont succombé par la grande dépense. M. De Reaumur souhaitoit que le Gouvernement encourageât celles qui seroient régies avec œconomie & avec l'intelligence convenable; comme M. Colbert procura des secours réels à celles de Chenesey en Franche-Comté, & de Beaumont la Ferriere en Nivernois, dans la vûe de rendre le Royaume indépendant de toute Manufacture Etrangere. Il sortit, de l'une & de l'autre, de beau & bon fer blanc. Vers 1724, quelques Particuliers, & plusieurs Compagnies obtinrent des privilèges pour établir des manufactures de fer blanc : mais M. De Reaumur n'en trouva qu'une seule où il y eût des gens au fait du travail.

Le *Fil de fer*, ou *Fil d'Archal*, est du fer que l'on a étiré de diverses grosseurs en le faisant passer par les trous d'une filiere. Le plus gros a environ six lignes de diametre. Un des plus fins est appellé *Manicordium*, ainsi que celui de léton : l'un & l'autre, aux mêmes degrés de finesse, servent à faire des cordes d'instrumens de Musique. La Champagne, le Limosin, & la Bourgogne, font de gros fil de fer, à l'usage des Chauderoniers : celui de Bourgogne est depuis la grosseur d'une plume à écrire jusqu'au diametre du petit doigt; & n'est propre qu'à border des chauderons, & autres ustenciles de cuisine.

On fabrique encore du fil de fer en Normandie; auprès de Besançon; en Suisse; en Savoie; dans les environs de Liége & de Cologne; à Hambourg, & en divers autres endroits d'Allemagne. Celui de Liége est bon. On estime beaucoup à Paris le fil de fer d'Allemagne. Ceux de Suisse & de Savoie sont assez bons; mais toujours chers. Celui de France, quoique souvent aigre & pailleux, ne laisse pas d'être plus propre que celui d'Allemagne pour les stors, les souches à ressort, & autres ouvrages de cette nature : & en général, le fil de Normandie est meilleur que celui d'Allemagne; soit pour les épingles de fer, soit pour les clous, les agraffes, les aiguilles à tricotter, *&c* : mais nos Epingliers consomment davantage de celui d'Allemagne, parce qu'il leur coûte un peu moins.

Tous les fils de fer venant d'Allemagne, de Suisse, & de Savoie, sont distingués par numéros suivant leur grosseur. Le plus fin est appellé *Fil à carde* : & cette dénomination comprend plusieurs gradations. Au-dessus de ce fil sont les *N*os. 000; 00; 0; $\frac{1}{4}$, $\frac{1}{2}$, 1, 2, 3, 4, 5, 6 : ce dernier est à-peu-près de la grosseur d'une plume d'oie. Les ouvriers appellent le N°. $\frac{1}{2}$, *fil à deux tours*; & le N°. $\frac{1}{4}$, *fil à un tour* : parce que les cerceaux de ces deux sortes sont environnés & soutenus dans toute leur longueur par un autre fil de fer, simple ou double. Le N°. 0 sert principalement aux treillages. La plus grande consommation que l'on fasse à Paris des Nos. $\frac{1}{2}$ & $\frac{1}{4}$, est en clous d'épingles, pour les talons des souliers tant d'hommes que de femmes.

Le fil de Normandie est en échantillons à-peu-près semblables à ceux d'Allemagne. Au-dessus du fil à carde, on n'y compte point par numeros, mais par poids : le fil de sept livres, répond au N°. 000 d'Allemagne; celui de six livres au N°. 00; celui de cinq au N°. 0 : on dit fil de $\frac{1}{4}$, pour N°. $\frac{1}{2}$; *fil à grêly*, pour N°. 1; fil de huit onces, pour N°. 2; de dix onces, pour N°. 3; de douze onces, pour N°. 4; de quatorze onces pour N°. 5; de seize onces, pour N°. 6. Chacun de ces poids est celui du cerceau dont les échantillons ont la forme.

On distingue le fil de Champagne par les noms de *premiere*, *deuxieme*, *troisieme*, *quatrieme sortes*, &c.

Il y a du *Fil d'acier*. Mais la plupart de ceux qui l'emploient, le font eux-mêmes avec la filiere. Il sert en ressorts.

L'Académie Royale des Sciences a parlé de l'emploi du fil de fer en épingles, dans l'*Art de l'Epinglier*; p. 21, 48-9. Voyez EPINGLE.

On appelle *Fer Corroyé* celui qui, après avoir été forgé, a ensuite été battu à froid : ce qui le rend plus difficile à casser. On l'emploie dans des frottemens; comme aux balanciers, manivelles, pistons de pompes, *&c*.

Le *Fer Coudé* est, ou plié en étrier sur son épaisseur; pour retenir une poutre éclatée, ou accoler une encoignure de Menuiserie : ou bien il est plié en angle droit; telles sont les équerres de portes.

On nomme *Fer Enroulé*, du fer plat ou quarré, contourné en spirale; dont sont faits les enroulemens des arc-boutans, panneaux, couronnemens, & d'autres ouvrages de serrurerie.

Le *Fer Embouti* est de la tole relevée en bosse

avec le marteau, pour former des feuillages, des roses, & autres ornemens.

Fer de Pieu. Morceau de fer, pointu, à quatre branches ; dont on arme le bas d'un pieu affilé.

Fer Maillé. Treillis dormant, de barres de fer : dont les mailles sont en quarré ou à lozange ; & doivent être de quatre pouces en quarré, suivant la Coutume de Paris, *Art.* 201. Consultez la p. 243 des *Loix des Bâtimens*, par M. Desgodets, Ed. de 1748, *in*-8°.

Fer de Cuvette. Morceau de fer plat, forgé en rond : qui, scellé dans le mur, sert à soutenir ou accoler la cuvette d'un tuyau de descente. Les Latins l'appellent *Ferrum arcuatum.*

Fer d'Amortissement se dit de toute aiguille de fer entée sur un poinçon pour soutenir une pyramide, un vase, une girouette, ou d'autres ornemens de plomb ou de poterie qui terminent un comble : en Latin *Ferrum acuminatum.*

Fer de Pique. Ornement de serrurerie, en forme de pique ou de dard ; que l'on met, au lieu de chardons, sur des grilles de fer.

On nomme en général *Fer de menus ouvrages* les serrures, targettes, fiches, & autres pieces qui servent de garnitures aux portes & aux croisées.

Consultez encore les articles TIRANT. TRAVÉE. TRAVERSE.

Blanchir le Fer : terme de Serrurier. C'est limer le fer avec la lime appellée Gros Carreau.

Graver sur le Fer. Consultez l'article GRAVURE.

Pour dorer le fer ou l'acier en or moulu, qui durera autant que sur l'argent.

Il faut préparer la piece comme celles qu'on veut argenter : & pour faire l'or moulu, au lieu de le mettre en poudre comme l'argent, vous le réduirez en feuilles bien minces. Avant de dorer, grateboissez bien la piece ; & frottez-la avec l'*eau* suivante : prenez demi-once de vitriol Romain calciné, autant d'alun, & autant de tartre bien broyé ; une once de sel, une dragme de verd de gris. Mettez le tout bien broyé & mêlé ensemble, dans un pot vernissé, tenant environ une livre & demie de liqueur : faites-le bouillir avec environ une livre d'eau, jusqu'à diminution de la moitié : puis coulez ; & gardez l'eau dans une bouteille.

Après avoir bien frotté votre piece avec cette eau, frottez-la de vif argent : puis étendez-y l'or avec un linge blanc, ou avec une patte de lievre ; & laissez-le un peu sécher : il paroîtra jaunâtre, comme du buis poli. Grateboissez-le bien avec tant soit peu de vin : & brunissez-le avec le bruni ou la sanguine. Pour lui donner couleur, mettez-le sur les charbons vifs ; & retirez-le de tems en tems, jusqu'à ce qu'il soit à votre gré : prenez bien garde de lui donner trop de feu ; car la piece se brûleroit & deviendroit noirâtre. A mesure que vous lui donnerez plus de feu, elle deviendra plus haute en couleur, & plus couverte. Il ne la faut ni huiler, ni flamber, ni bouillir ; comme on le fait pour l'argent.

Le fer paroît doué d'une *Propriété Médicinale* & sûre, dans diverses maladies, où l'effet des autres métaux est pernicieux par sa violence. Aussi presque tous les Adeptes disent-ils que l'or vif ou l'or des Philosophes est caché dans le fer : & par conséquent c'est de ce métal, non de l'or même, que doivent être tirés les remedes métalliques (Boerhaave *Chym.* Ed. Fr. *in*-12. T. I. p. 61). Voyez Schlutter, T. I. p. 227, 183-4 & suivantes, de l'édition Françoise de M. Hellot : qui est toujours celle que nous citons. Au reste, M. Baron observe (*Chymie de Lémery*, p. 157) que toutes les préparations de mars qui ont quelque vertu, ne la tiennent que de la qualité plus ou moins astringente que le fer a contractée par son union avec des parties salines ; ou de ce qu'on a mis ce métal en état d'être pénétré par les liqueurs salines des premieres voies. Le fer (dit cet habile Académicien) n'a par lui-même aucune vertu médicinale : mais presque tous les dissolvans ont tant de facilité à agir sur lui, qu'ils en forment un sel métallique plus ou moins astringent, suivant la différente proportion du sel avec le métal, suivant aussi la nature de ce sel. Voyez encore ce qu'il dit, p. 136-7.

En général, les remedes martiaux sont fort utiles dans les cas d'obstruction, & pour la plupart des maladies dont le siége est dans les premieres voies.

Nous avons ci-devant observé que le fer abonde dans les animaux. Menghini, sçavant Italien, a cherché à calculer la quantité de fer contenue dans chaque animal : & il a trouvé que deux onces de la partie rouge du sang humain donnoient vingt grains d'une cendre attirable par l'aimant. D'où il conclud qu'en supposant qu'il y ait dans le corps d'un adulte vingt-cinq livres de sang, dont la moitié est rouge dans la plupart des animaux, on doit y trouver soixante-dix scrupules de parties de fer attirables par l'aimant. Gesner rapporte ces expériences : & il y joint ses conjectures ; qui sont que les parties de fer qui se trouvent dans le sang, doivent contribuer à sa chaleur, en s'échauffant par le frottement que le mouvement cause entr'elles ; & il insinue que ces phénomenes examinés avec soin pourroient éclairer la Médecine & répandre du jour sur les maladies inflammatoires. D'ailleurs, on sait que l'usage des remedes martiaux occasionne d'abord quelque mouvement de fievre. *Art des Forges*, Sect. I. p. 26-7. *Consultez* la p. 140 des Notes de M. Baron sur la *Chymie de Lémery.*

On a vû, au commencement de cet article, que quantité de rivieres & d'autres *Eaux* sont fort chargées de particules ferrugineuses élémentaires. Il y a de ces eaux qui sont chaudes. Nous trouvons de l'ochre dans les eaux de certaines sources, qu'elle rend troubles & jaunâtres, & au fond desquelles elle forme un dépôt. On se sert des astringens, pour éprouver si les eaux contiennent du vitriol de Mars : ce qui rend la solution noire ou de couleur pourpre, suivant que l'acide vitriolique diminue ou étend la couleur des particules alkalines. Si on mêle de la noix de galles dans de l'eau avec du vitriol purement martial, l'eau prend une couleur rouge tirant sur le noir : mais la solution est très-noire, quand le vitriol est mêlangé de fer & de cuivre. La plupart des eaux médicinales & acidules sont imprégnées de vitriol de Mars, & ont un goût d'encre. Mais dans les unes le vitriol est plus pur, plus mûr (pour ainsi dire), mieux formé : dans d'autres il est mêlé avec des particules sulphureuses, salines, calcaires ; ou bien il n'est pas mûr, & on n'y reconnoît que les parties élémentaires, qui avec le tems forment le fer ou son vitriol.

L'eau acide vitriolique spiritueuse contient une vapeur vitriolique si subtile, qu'on la reconnoit aisément soit à l'odeur sur-tout après avoir fortement secoué l'eau dans une bouteille bien bouchée, soit à l'infusion de noix de galles avec laquelle elle noircit peu-à-peu si elle contient un vitriol propre à former des crystaux. L'eau vitriolique martiale contient un vrai vitriol de Mars. Aussi noircit-elle toujours quand on y verse de l'infusion de Noix de galle. Cette épreuve est si sûre, que toute eau qui ne devient pas noire au moyen de cette infusion, ne contient pas de vitriol martial, quand même elle en auroit l'odeur & le goût. Les eaux acidules martiales, ou vitrioliques, ne contiennent aucunes particules ferrugineuses grossieres; elles sont simplement chargées de vitriol martial. Elles déposent toujours une ochre ou matiere jaune, après avoir séjourné quelque tems dans un verre: on voit aussi cette matiere s'attacher communément aux tuyaux de la source.

La Sect. IV. de l'*Art des Forges* (traduite de M. Swedemborg) rapporte des essais faits sur les Eaux de Passy, de Forges, de Vichi, de Carensac, de Pougues, de Provins, & autres; depuis la p. 183. On a mis aussi un bon *Traité des Eaux Minérales de France*, avec des principes généraux pour faire les analyses; dans la Pharmacopée de Charas, édit. de Lyon 1753.

Nous avons parlé des effets & usages des Eaux Minérales, dans notre premier volume p. 859 & 860. Consultez aussi l'article BÉTAIL, p. 291, *n.* 13.

On emploie en Médecine des Eaux Minérales Artificielles. Outre ce que nous en avons dit dans le premier volume, p. 860-1-2; consultez l'*Art des Forges*, Sect. IV. p. 161-2.

On a encore imaginé de *ferrer la tisane*, *l'eau de riz*, le vin, *&c*; pour remédier au dévoyement, au flux de sang, à l'épanchement de bile, & à d'autres maladies dont l'atonie est la cause. La tisane & l'eau de riz doivent être faites avec de l'eau déja ferrée. Si l'on attendoit à les ferrer après leur coction, le métal rouge que l'on y plongeroit ne feroit que les décomposer.

On peut *ferrer le lait*, en y éteignant un fer rouge. Par ce moyen, on réussit quelquefois à faire passer le lait dans des personnes qui n'auroient pu le supporter autrement. * Malouin, *Chym. Medicin.* T. II. p. 72.

Le *petit lait* peut être ferré de même; pour servir à rafraîchir ou humecter, dans des cas où l'on n'a point intention de rendre le corps plus libre.

On ferre le *vin*: soit en y mettant infuser de la limaille; soit en y plongeant à froid un morceau de fer ou d'acier, que l'on y laisse durant quatre ou cinq heures, ou même davantage si on veut qu'il ait plus d'activité. Ce vin est employé avec succès dans les suppressions de regles, & autres obstructions. Il convient particulierement pour lever l'embarras qui souvent est la seule cause de la diarrhée. On en prend pour l'ordinaire quatre onces à jeûn, dans un apozeme apéritif; & de même, trois ou quatre heures après le dîner. Pour les foiblesses d'estomac, l'on met une cuillerée de ce vin dans chaque verre de la boisson ordinaire.

Toutes les fois qu'on emploie de la *limaille* de fer ou d'acier, on doit avoir soin qu'elle soit nette, lavée; & sans aucun mélange de limaille de cuivre, ni de soudure. Consultez l'*Art des Forges*, Sect. IV. p. 146-7.

Elle ne sert pas seulement à ferrer le vin: on la prend encore en substance. Après l'avoir broyée sur le porphyre, on en donne depuis trois jusqu'à dix-huit grains, pour les pâles couleurs, & pour les regles ou supprimées ou diminuées. On en prend une dose à midi entre deux tranches de pain, dans la premiere cuillerée de soupe: ou, si l'on aime mieux que ce soit le matin à jeûn, & quatre heures après avoir dîné, on la met dans une cuillerée d'eau ou de vin blanc, dans laquelle on délaye à-peu-près autant de sucre candi, ou d'anis, ou de senné en poudre; & immédiatement après on boit un verre d'eau de chicorée ou de vin blanc; puis un bouillon, au bout d'une heure.

Quand on use de ces remedes, il faut éviter l'application, & se donner du mouvement, marcher même, s'il est possible, pendant une heure après chaque prise.

La limaille entre encore dans des pilules avec l'aloës, les extraits d'absinthe, de safran oriental, *&c*: que l'on prépare en différentes manieres, selon les tempéramens; & qui produisent beaucoup d'effet dans les maux d'estomac, & les défauts de digestion & d'appétit.

On peut aussi mettre la limaille en tablettes; en la mêlant avec un peu de cannelle & beaucoup de sucre, que l'on tempere avec du mucilage de gomme adraganth fait par l'eau de fleurs d'orange. * *Chym. Medicin.* de M. Malouin, T. II. p. 71.

Pour atténuer & dissiper les phlegmes, combattre la mélancolie, & désobstruer le foie; les Chinois mêlent deux gros de limaille de fer avec un gros de cinabre: & font prendre jusqu'à un gros de ce mêlange dans une décoction de basilic, de menthe, ou de pouliot. Ils employent la limaille d'aiguilles, pour guérir le gouetre, & pour les ulceres écrouelleux.

Les *Boules Martiales* ou *Pierres Vulnéraires* ou *d'acier*, ont la limaille de fer pour base. Voyez PIERRE *Vulnéraire.*

Cette limaille est encore employée à faire diverses *Teintures martiales* apéritives: dont les préparations & usages se trouvent dans les dispensaires, & dans des ouvrages de Chymie Médicinale. *Voyez* aussi la Sect. IV. de l'*Art des Forges*, p. 157-9. 166.

Pour ce qui est de la *Teinture Antiphthisique* des Anglois; si utile dans les crachemens de sang, & les ulceres des poumons & de la vessie: elle se fait avec la terre foliée de tartre, & le vitriol de Mars, broyés ensemble, & digérés dans l'esprit de vin; qui devient d'un beau rouge.

Il y a des *Teintures de vitriol de Mars* extraites par le sel ammoniac: dont on donne quelques gouttes dans l'asthme, les vapeurs hystériques, les palpitations de cœur.

Ce Vitriol n'est pas le vitriol proprement dit, aussi nommé Couperose: lequel est composé de fer & d'esprit de soufre; & qu'il faut bien distinguer de celui qui est tout-à-fait bleu: celui-ci appartenant au cuivre. Nous en traitons en particulier sous le mot VITRIOL. Mais on nomme *Vitriol de Mars*, une crystallisation qui a toutes les marques & les qualités de la couperose; & qui résulte d'une distillation de limaille d'acier imbibée d'esprit de vitriol. Nous renvoyons pour ce procédé, à la *Pharmacopée Chymique* de Charas.

Entre les Baumes dont nous avons décrit la composition, est un BAUME *de Mars*; destiné à la guérison des ulceres chancreux & phagédéniques.

La *rouille* du fer arrête les pertes de sang. On dit qu'elle rend les femmes stériles. Mêlée avec du vinaigre, elle fait disparoître les boutons, guérit les ulceres des paupieres; & consume les excroissances de chair. La rouille que l'on obtient par le suc des pommes de reinette, entre dans des compositions apéritives.

Ce qu'on nomme *Safran de Mars*, en Latin *Crocus Martis*, est une espece de rouille de fer; qui a une couleur à-peu-près semblable à celle du safran oriental: d'où lui est venu le nom de safran. On a coutume de distinguer les safrans de Mars, en apéritif, & astringent. M. Malouin (*Chym. Med.* T. II. p. 76) pense que l'on devroit plutôt les caractériser par les noms d'*Absorbant* & *Apéritif*: l'un & l'autre toujours astringens; mais capables de divers effets, suivant les complications occasionnées par les humeurs dominantes.

Préparations du Safran de Mars Apéritif.

1. On prend de l'acier ardent, & enflammé au feu de reverbere ou de fusion jusqu'à être blanc: auquel on frotte une bille de soufre au dessus d'un vaisseau plein d'eau. On voit l'acier se fondre aussitôt, & tomber avec le soufre dans l'eau, en forme de petites boules; lesquelles sont si friables qu'elles peuvent se pulvériser entre les doigts. On réduit ces boules en poudre très-déliée; on y ajoûte égale portion de soufre pulvérisé, & passé par le tamis; on mêle le tout exactement: & on l'étend sur une lame de fer, ou dans un pot de terre, pour le mettre au feu de reverbere où on le laisse environ vingt-quatre heures. A la fin, on voit l'acier réduit en poudre rougeâtre: qu'il faut de rechef pulvériser subtilement; verser de l'eau de fontaine par dessus, à la hauteur de cinq ou six travers de doigt; agiter le tout; verser l'eau trouble dans quelque vaisseau net; la laisser rasseoir pendant quelques heures; puis séparer par une languette l'eau claire & nette, & la reverser sur les premieres feces: remuer encore & opérer comme ci-dessus, réitérant cela jusqu'à ce que l'eau trouble, versée à plusieurs fois, & de rechef séparée, ait laissé une suffisante quantité de safran très-subtil & impalpable. Enfin, on fait évaporer l'eau trouble: & il reste le safran de mars apéritif.

Ce safran est propre aux grandes & rebelles obstructions du mésentere, du foie, & de la rate; aux pâles couleurs; & à la suppression des mois.

Sa dose est d'un demi-scrupule dans une liqueur convenable; ou mêlé avec quelque opiate, conserve ou tablette: faisant précéder l'usage des remedes généraux, & continant suivant la grandeur du mal, qui peut obliger quelquefois à s'en servir pendant deux ou trois semaines. Il faut se promener après l'avoir pris, l'espace d'une heure ou deux; & boire par dessus quelques cuillerées d'une liqueur apéritive, en cas qu'on le prenne en forme solide.

2. Mêlez ensemble égales parties de limaille de fer, & de poudre de soufre. Après en avoir fait une espece de pâte avec de l'eau commune, laissez-la fermenter dans une terrine l'espace de quatre ou cinq heures: ensuite ayant placé la terrine sur un grand feu, & agité la matiere avec une spatule de fer, afin qu'elle s'enflamme, que le soufre se brûle, & qu'elle devienne toute noire; vous continuerez pendant deux heures un grand feu, agitant toujours la matiere; qui deviendra d'un rouge foncé. Alors l'opération sera finie. Ayant laissé refroidir votre safran de mars, vous le garderez pour les mêmes usages que ci-dessus. La dose en est depuis quinze grains jusqu'à une dragme.

Si l'on employe une livre de limaille de fer, on aura après l'opération, au moins une livre quatre onces de safran: soit que les acides du soufre causent cette augmentation, en s'incorporant avec le fer; soit qu'elles proviennent de quelques parties du feu qui s'y attachent. * Lemery, *Chym.* p. 156.

M. Baron avertit, p. 149, d'être fort circonspect dans l'usage de ce safran de mars: qui paroissant tenir beaucoup du colcothar, doit avoir une vertu émétique.

3. Ramassez de tems en tems la rouille qui se formera sur des lames ou plaques de fer que vous aurez bien lavées, puis exposées à la rosée & au serein: jusqu'à ce que vous ayez suffisamment de cette rouille: qui sera rougeâtre, d'une odeur & d'un goût ferrugineux. Vous la conserverez pour vous en servir comme ci-dessus. La dose en est depuis dix grains jusqu'à deux scrupules, dans des tablettes, ou dans des pilules purgatives. [Cette préparation (que les Apothicaires nomment *Safran de Mars préparé à la rosée*) n'est, à parler de bonne foi, qu'une chaux métallique qui ne contient que très-peu de sel, & qui n'a pas grande vertu: dit M. Baron (*Chym.* de Lemery, p. 141); quoique Lemery en fasse un cas singulier.]

4. Voyez encore d'autres préparations, dans la Sect. IV. de l'*Art des Forges*, p. 147-8.

Ce que M. Malouin qualifie *Safran de Mars Absorbant*, est celui que nous avons décrit dans l'article CORRECTIF.

Le nom de *Safran de Mars Astringent*, est conservé par ce Médecin Chymiste à l'espece de rouille qui se forme naturellement sur les grilles des foyers de fourneaux: ainsi qu'à la limaille calcinée dans un vaisseau de terre évasé & non vernissé, où on la remue souvent & fait rougir au feu de reverbere, jusqu'à ce qu'elle soit entiérement réduite en poudre rouge, que l'on broie & tamise ensuite. Cette seconde préparation est celle *de Kunckel*: M. Margraf l'a fait servir de base à divers procédés Chymiques, raportés dans ses *Opuscules*, T. II. p. 162-3-4. Ed. de Paris 1762. La premiere, qui se forme d'elle-même sur les grilles des fourneaux, n'est nullement astringente, selon M. Baron; & n'est qu'une chaux insipide & sans vertu: consultez sa note sur la p. 158 de la *Chymie* de Lemery.

Autres Préparations de Safran de Mars Astringent.

1. Les Apoticaires se contentent quelquefois de préparer le *Safran de Mars à la maniere des Arabes*: en lavant de la limaille d'acier dans du vinaigre, puis la faisant sécher sur une tuile chaude ou au soleil ardent. Après quoi ils la broyent, la lavent encore dans le vinaigre; & recommencent le procédé jusqu'à sept fois.

Ce safran fortifie dans les maladies occasionnées par une atonie dans les visceres, telles que la lienterie, la diarrhée, la dysenterie, le flux hépatique; les évacuations immodérées des mois, des fleurs blanches, & des hémorrhoïdes; & les pâles couleurs. Mais on n'en doit jamais user qu'après les remedes généraux.

Sa dose est depuis un demi-scrupule jusqu'à un scrupule: dans quelque liqueur appropriée au mal & à la partie; ou bien avec de la conserve de roses.

Mais il est aujourd'hui d'un usage plus général, de préparer *spagyriquement* le safran de Mars, en quelqu'une des manieres suivantes.

2. Lavez cinq ou six fois dans du vinaigre, telle quantité qu'il vous plaira de safran apéritif; préparé comme ci-dessus *n.* 3; & le laissez tremper une heure à chaque fois. Ensuite l'ayant mis dans une terrine, ou sur une tuile, calcinez-le à grand feu, pendant cinq ou six heures: l'ayant laissé refroidir, conservez-le pour les usages suivans.

Il arrête le crachement de sang, le flux de ventre, le cours immoderé des regles & des hémorrhoïdes, & en général toutes les évacuations excessives du sang & des humeurs. On le donne en tablettes, ou en pilules non purgatives: la dose en est depuis quinze grains jusqu'à une dragme.

3. Mettez des lames ou de petites barres d'acier, au feu de reverbere. La flamme atténue la surface de l'acier, & y produit un safran très-vermeil pour l'ordinaire; quelquefois d'un rouge tirant sur le violet. On l'en secoue avec une patte de lievre, lorsque l'acier est refroidi. C'est ce qu'on nomme *Safran de Mars fait sans aucune addition.* Consultez l'*Art des Forges*, Sect. IV. p. 148.

4. Prenez une demi-livre de limaille d'acier. Etendez-la bien mince sur une tuile ou sur une lame de

fer : & la mettez au feu de reverbere. Retirez-l'en, au bout de quarante-huit heures. Puis versez-y environ dix ou douze pintes d'eau de fontaine ; & laissez le tout en digestion un jour entier. Après quoi il le faut bien remuer. Ayant séparé par inclination l'eau encore trouble, vous la laisserez rasseoir durant six ou sept heures. Vous filtrerez ce qu'il y a de clair : & trouverez au fond du vaisseau, le safran en poudre très-déliée, & dépouillé de toute qualité apéritive.

5. Voyez la Sect. IV. de l'*Art des Forges*, p. 148-9.

Cette même Section donne encore (p. 149) la *Maniere de préparer le Safran de Mars pour l'usage de la Verrerie* : (p. 152) le *Safran de Mars vitriolé & sucré* : (& p. 153) le *Safran de Mars fait avec l'antimoine*.

Sel, ou *Vitriol*, *de Mars*.

1. Prenez parties égales d'esprit de vin, & d'huile de vitriol d'Angleterre. (M. Monro, Professeur d'Anatomie à Edimbourg, prend quatre onces d'esprit de vin & deux onces d'huile de vitriol.) Mettez-les dans une poële de fer ; & les laissez exposées au soleil pendant quelque tems, & ensuite à l'ombre, sans les agiter : la liqueur s'incorporera avec le mars, & vous aurez un sel que vous laisserez sécher, ou durcir. Ensuite vous le séparerez de la poële ; & vous le conserverez dans une phiole bien bouchée. Lemery vante beaucoup ce remede pour toutes les obstructions. La dose est depuis six grains jusqu'à un scrupule, dans un bouillon, ou autre liqueur appropriée à la maladie.

M. Baron regarde cette préparation comme n'étant rien moins qu'un remede dont on puisse faire usage. *Consultez* ses Notes sur la Chymie de Lemery, p. 158-9, 160.

Si vous ne pouvez pas exposer votre liqueur au soleil, vous n'aurez qu'à la mettre à une étuve ; l'opération en sera plus prompte. Il faut l'y laisser jusqu'à ce que la portion du fer, qui n'est gueres plus du tiers, soit crystallisée.

Au reste, on doit se servir d'une poële de fer toute neuve : où si elle ne l'est pas, il faut la bien écurer & nettoyer auparavant.

Deux onces d'esprit de vin, & autant d'huile de vitriol, donnent cinq onces de vitriol de Mars. Il est achevé ordinairement au bout d'un jour & demi, ou de deux jours pendant l'été ; & pendant l'hiver il lui faut six ou sept jours. *Consultez* la *Chymie* de Lemery, p. 160.

Cent quarante-deux gouttes de ce sel (produit par M. Monro, qui met moins d'huile & se sert de l'étuve), étant dissoutes dans l'eau commune, pesent deux dragmes.

La vertu du sel vitriolé de mars l'emporte sur celle de ses safrans. C'est pourquoi la dose en est plus petite.

2. Voyez la Sect. IV. de l'*Art des Forg.* p. 163-4-5.

Nous omettons ici beaucoup d'autres préparations martiales que cette section & d'autres ouvrages rapportent : mais qui auroient pu surcharger cet article.

La confiance que l'on a dans le fer, s'étend jusques sur ses scories mêlées par le feu avec du charbon fossile auxquelles on donne le nom de *Mâche-fer*. Après avoir bien pulvérisé cette substance, on la lave plusieurs fois pour en séparer le charbon ; & on la fait sécher. On en donne, depuis un demi-scrupule jusqu'à deux scrupules, pour les obstructions & les pâles couleurs.

FER *à Repasser* le linge, *&c.* Morceau de fer plat ; plus ou moins large, épais, & long : garni d'une poignée qui en embrasse à-peu-près toute la longueur. Il y en a que l'on chauffe pour s'en servir : & d'autres qui, formant une espece de boîte, s'entretiennent habituellement chauds par le feu que l'on y renferme.

FER-DE-BÊCHE : *terme d'Agriculture & de Jardinage*. Creuser, labourer, *&c*, à la profondeur d'un fer de bêche ; est enfoncer la bêche jusqu'à la douille, & enlever la terre qui se trouve dans toute cette épaisseur. Ce labour est toujours utile.

FER-CHAUD. Maladie où l'estomac est tourmenté d'une chaleur brûlante, qui s'étend communément jusqu'au haut de l'œsophage. Elle est produite par des sucs corrosifs qui croupissent dans l'estomac, & se manifestent par des rapports auxquels les mélancoliques sont assez sujets.

Cette affection de l'estomac doit se traiter à-peu-près comme la Cardialgie.

On la guérit quelquefois avec la poudre d'yeux d'écrevisses non préparés.

FERME : ou *Métairie*. Consultez les articles ABREUVOIR. ŒCONOME ; & les renvois. FERMIER. BÂTIMENT.

FERME (*Bail à*). Voyez BAIL. AFFERMER. AMODIATION. C'est un bail à loyer, contenant une simple convention de jouir de quelque chose, moyennant certain prix accordé par le preneur au bailleur. Les principales conditions de ce bail, sont que le bailleur est obligé de faire jouir le preneur pendant le tems de la ferme ; & que le fermier doit l'exploiter en bon-pere de famille, non comme un ennemi caché & étranger qui prendroit plaisir à détériorer le fonds. Si le maître vend sa terre, il est tenu des dommages & intérêts envers son fermier ; attendu qu'il n'a dû vendre qu'à la charge du bail. Sans cette clause l'acheteur n'est point obligé de tenir le bail, c'est-à-dire conserver le fermier : à moins que le bailleur n'eût spécialement affecté & hypothéqué le bail pour la sûreté du contrat de vente ; auquel cas l'acheteur seroit obligé de souffrir la charge qui auroit été ainsi imposée sur les héritages avant qu'il en fût possesseur.

Voici ce qui regarde le devoir du fermier. S'il ne paye le prix convenu, ou s'il endommage les terres ; le maître peut demander la résolution du bail, le faire condamner aux dommages & intérêts, & à payer ce qui est échû : mais ce n'est que lorsque la malversation est évidente & qu'elle procéde de la fraude ou d'une extrême négligence. C'est pour cela qu'on ne peut expulser un fermier, qu'en connoissance de cause & en conséquence d'un jugement qui l'ordonne : encore faut-il que la détérioration regarde le fonds de l'héritage. Car, comme il est vrai possesseur & maître des fruits, il en peut disposer comme bon lui semble, même après l'expiration du bail. Une simple sommation ne suffit pas pour être en droit d'user contre lui des voies de fait, en le faisant sortir de la ferme : car quoique le maître soit toujours demeuré possesseur, il n'est plus possesseur de fait. Il suffit qu'il ne soit plus en possession actuelle, pour être obligé de se pourvoir en justice, afin de l'obtenir : on présume dans le Droit que celui qui posséde, posséde par quelque raison, vraie ou disputable : & c'est de quoi la partie adverse n'a pas droit de décider, encore moins d'exécuter sa propre décision & son propre & privé jugement ; les contestations entre deux citoyens soumis aux mêmes Loix & Magistrats ne devant point se décider par un jugement & une force majeure particuliere, mais par le jugement, la force & l'autorité publique. En vain diroit-on que le contrat de ferme est fini notoirement & manifestement, & que chacun en peut être convaincu : il faut que ceux à qui il appartient de juger & faire exécuter leurs jugemens, soient informés de cette notoriété. Autrement (selon le sentiment de Hobbes), on passe du Droit civil au Droit naturel, où tout se décide par la force majeure : ce qui seroit commencer à faire des actions capables de ruiner la paix & la tranquillité privée & publique, & ramener les choses à la premiere grossiereté & confusion des pays sauvages & non policés.

Si, depuis le bail expiré, le fermier est demeuré dans la terre sans aucune nouvelle convention ; le bail est censé continué pour un an, aux mêmes clauses & conditions : c'est ce qu'on appelle *tacite reconduction ;* avec cette différence que la contrainte par corps, à laquelle le fermier se seroit soumis par écrit, ne pourroit être sousentendue par son silence, à cause qu'on ne présume pas qu'un homme ait voulu une seconde fois engager sa liberté.

Le propriétaire a incontestablement hypothéque sur les biens du fermier, & privilége sur les fruits depuis le jour du bail.

Si un particulier exploite deux fermes appartenantes à différens propriétaires, & qu'il ait fait serrer les fruits confusément dans une même grange ; celui à qui appartient cette grange ne doit pas être préféré à l'autre : ils doivent être chacun payés sur les choses vendues, à proportion du prix de leurs baux ; & il ne doit y avoir de préférence que pour les loyers de la grange.

Supposé que le fermier satisfasse à toutes les clauses du bail, le propriétaire n'est pas recevable à demander avant l'expiration, qu'il lui soit permis d'occuper en personne les maisons dépendantes de la ferme, non plus que de faire valoir la terre par ses mains ; encore que ce privilége soit accordé à ceux qui ont des maisons dans les Villes. La raison de la différence, est que le revenu des terres n'est pas certain, comme les loyers des maisons ; & que les bâtimens donnés au fermier sont destinés pour conserver les fruits. Ainsi la disposition de la Loi *ade* au Code *de locat.* ne s'entend que des édifices de Villes ; & non pas de ceux de la Campagne.

Le fermier n'est recevable à demander diminution du prix de la ferme, que lorsque la perte arrivée par le cas fortuit est très-considérable. *Si plusquàm tolerabile est læsi fuerant fructus ; alioquin modicum damnum æquo animo ferre debet Colonus, cui immodicum lucrum non aufertur. L. si merces, ff. locati & conducti.* La raison proposée au Code est très-juste : car comme on ne demande pas au fermier, qu'il rende une partie des grands profits qu'il peut faire quelquefois, le fermier n'a pas non plus de droit de demander au bailleur, qu'il fournisse en partie de quoi dédommager le fermier dans les pertes qu'il a souffertes.

Un propriétaire qui se propose d'améliorer considérablement ses terres, doit se rendre maître d'exécuter le plan qu'il a formé pour cela ; & se réserver par le bail le droit de faire tels changemens dans la disposition des terres, & telles augmentations dans les bâtimens, qu'il jugera convenables : & cela sans que le fermier puisse prétendre aucune diminution, soit pour le changement de sole, soit pour la privation de quelques arpens, au cas que la totalité des terres devienne réellement meilleure par le systême du propriétaire.

Le sage Auteur des *Remarques sur les avantages & les désavantages de la France & de la Gr. Bret.* &c. observe qu'il est naturel que, suivant la différence de productions ou de fertilité, les fermes soient plus ou moins prochaines les unes des autres. D'après cette connoissance, on pourroit (dit-il) favoriser le changement de communes & pâturages, en terres encloses & labourables. Il remarque que, dans les pays riches, on voit journellement diminuer le nombre des fermes, en proportion de ce qui est affermé ; par les réunions que font les propriétaires : ensorte que vingt mille livres de fermages dans des terres mauvaises ou médiocres font subsister trente à quarante ménages de laboureurs ; tandis que dans un pays riche elles en employent à peine six.

Consultez les *Elemens d'Agriculture*, Liv. XII. Art. II. où M. Duhamel parle des obstacles qu'apporte aux progrès de l'Agriculture dans certaines Provinces, la grande subdivision des pieces de terre : & l'*Art.* IV. dont l'objet est de montrer qu'en certains cas il seroit utile aux progrès de l'Agriculture, d'autoriser les *Baux à longues années.* Nous avons indiqué, dans l'article EMPHYTEOSE, un Arrêt du Conseil, qui favorise ces sortes de Baux.

FERME : *terme d'Architecture.* Assemblage de charpente ; fait au moins de deux forces, d'un entrait, & d'un poinçon ; pour aider à porter un comble. Cet assemblage des pieces de bois qui sont au-dessus de chaque travée, se fait ordinairement en triangle : & c'est sur lui que posent les autres pieces qui portent la couverture. Lorsque la ferme est posée sur les plates formes, on en fait autant qu'il y a de chevrons : on le pratique ainsi pour les domes & les galleries. La *demi-ferme* sert pour en porter les croupes. On appelle *maîtresses fermes*, celles qui portent sur les poutres : & qui sont ordinairement composées de deux jambes de force, & d'un entrait ou tirant, chacun de dix à douze pouces de grosseur ; deux liens ; deux chevrons de ferme, de cinq à sept pouces ; deux contrefiches, & deux forces de dessus, de même grosseur ; deux jambettes, de huit à neuf pouces ; deux tasseaux ; & deux chantignoles. Les *fermes de remplage* sont celles qui sont espacées entre les maîtresses fermes, & qui portent quelquefois sur des vuides. *Voyez* REMPLAGE. La *Ferme d'assemblage*, est celle dont les pieces sont faites de bois de même grosseur.

Ferme ronde : assemblage de pieces de bois cintrées, pour couvrir par une avance le pignon du mur de face ou un pan de bois. On nomme aussi *Fermes rondes*, celles d'un dôme & d'un comble cintré. *Voyez* FERMETTE.

FERMENT. On nomme ainsi la substance qui, mêlée avec une autre, met celle-ci en fermentation. *Voyez* FERMENTATION. Et le *Journal Œconomique*, Avril 1754, p. 15 & suivantes : on y indique, p. 16, une Dissertation sur la nature des fermens, présentée à l'Académie de Bordeaux en 1719, par M. Bouilhet, Correspondant de l'Académie Royale des Sciences. Consultez encore le *Traité* du Docteur Pringle *sur les substances Septiques & Anti-septiques*, nommément la note qui est à la page 204 : ce Traité est à la suite des *Observations* du même Docteur Anglois *sur les Maladies des Armées :* dont la traduction, faite par M. Larcher, a été imprimée à Paris en 1755. On dit dans ces *Observations*, T. I. p. 284-5, que le retour périodique des fievres bilieuses putrides peut être occasionné par les particules les plus corrompues du sang ; qui, pendant l'accès, ne passant point à travers les pores avec la sueur, se déchargent en plus ou moins grande quantité dans les intestins ; d'où étant portées dans le sang par les vaisseaux lactés, elles agissent comme un nouveau *ferment*, & occasionnent le retour de l'accès : *Voyez* la note p. 206.

FERMENTATION. Mouvement produit dans l'intérieur d'un corps liquide ou du moins humide & mou, par une substance qui l'a pénétré. Leurs principes se combinent tellement ensemble, qu'il en résulte des odeurs & saveurs singulieres, & des produits tous différens de la matiere dont ils tirent leur origine, lesquels n'existoient pas auparavant dans la nature. Il y a trois sortes de fermentations soit végétales soit animales; qui différent entr'elles par leurs produits. La premiere donne le vin & les liqueurs spiritueuses : on la nomme par cette raison, fermentation vineuse ou spiritueuse. Le résultat de la seconde est une liqueur acide : ce qui la fait appeller fermentation acide. La troisieme fait naître un sel alkali très-volatil : cette derniere espece est qualifiée de fermentation putride, ou putréfaction. Ces trois especes peuvent se succéder dans un même sujet; il paroît que ce sont plutôt trois différens degrés de la même fermentation, que trois fermentations distinctes. Les degrés de la fermentation suivent toujours l'ordre ci-dessus. Consultez la *Chym. Theor.* de M. Macquer, depuis la p. 196 jusqu'à 238. Si on est longtems sans remuer du froment amoncelé dans un grenier ou dans une futaille, on sent ensuite en y fourrant la main une chaleur plus ou moins considérable, & une légere humidité : quelque tems après, il contracte une odeur vineuse, qui devient ensuite aigre; & enfin il sent le moisi, n'est plus propre à faire du pain, & est quelquefois même rebuté par les volailles.

C'est pour éviter cette fermentation, & entretenir la sécheresse du grain, qu'on ne donne que dix-huit pouces d'épaisseur au froment dans les greniers ordinaires; qu'on l'y remue souvent; & qu'on l'évente avec exactitude dans les greniers de conservation, ainsi que nous l'avons dit dans l'article BLED. Tel est encore l'effet des vapeurs du soufre : voyez ce que nous avons dit, au sujet de la *Conservation du* BLED. Il y a des Anglois qui font passer la drêche par cette fumigation, vraisemblablement à dessein d'empêcher que la biere qui en sera faite ne travaille trop tôt : car l'éloignement de la fermentation est l'effet connu que produisent les vapeurs du soufre sur le vin & sur le cidre. Les Etuves, dont nous avons parlé dans l'article BLED, operent de même sur le grain; sans avoir les inconvéniens du soufre.

L'air & l'eau sont les principes essentiels de la fermentation. Voyez la *Chymie* de Boerhaave, Ed. Fr. *in*-12. T. IV, Traité de l'Eau, p. 146, *&c.* La *Chym. Theor.* de M. Macquer, p. 5, 7, 14, 194, *&c.* Le *Journal Œconomi.* Avril 1754, p. 14 & suivantes. La *Chymie* de Lémery, p. 734, (notes). Le *Traité sur les subst. Sept. & Anti-sept.* p. 224-5. M. De la Garaye, *Chym. Hydr.* p. 32-3 & suiv.; 41, *&c.* Le feu n'est essentiel que pour les fermentations chaudes.

Au reste, nous ne prétendons pas dire que ce que nous appellons ici air, soit séparé de ce que l'on nomme Matiere Subtile. Nous n'entrons point aussi dans l'examen du rôle que peuvent jouer l'acide & l'alkali dans la fermentation. Voyez les *Entretiens Physiques* du P. Regnault. T. II. p. 154 & suivantes : la *Chymie* de Lemery, Ed. de 1756, p. 19 & suivantes, 731, *&c* : la *Chym. Theor.* de M. Macquer, p. 23-6, 30-3, *&c* : l'*Abrégé du Mécanisme univ.*, de M. Morin, depuis la p. 394.

Il y a des substances qui fermentent & bouillonnent même, sans qu'on y ajoûte rien : telles sont le vin, la biere, le cidre. Si l'on serre du foin qui n'est pas bien sec, il fermente, se pourrit, & s'échauffe considérablement. Cette chaleur se fait remarquer encore fort sensiblement dans le fumier.

On voit grand nombre d'Auteurs qui confondent la fermentation avec la pourriture, l'effervescence, l'ébullition : termes qui ne sont pas réellement synonymes.

Toute pourriture est une fermentation : mais toute fermentation n'est pas pourriture. L'effervescence & l'ébullition different aussi de la fermentation; puisqu'elles n'appartiennent pas à son caractere essentiel. Voyez M. Pringle, *Traité sur les subst. Sept. & Anti-sept.* Paris 1755, T. II. p. 204-5-6. (note), & p. 266. EFFERVESCENCE. La fermentation proprement dite n'est accompagnée que de gonflement, qui même quelquefois est peu sensible. C'est pourquoi les termes de *Ferment* & *Levain* sont regardés comme presque synonymes. Voyez le *Traité des subst. Sept. & Anti-sept.* p. 223, *&c.* 230 : *Chymie* de Lemery, p. 735.

On a voulu autrefois expliquer tout par la fermentation. On en a depuis connu l'abus. Aujourd'hui l'on hésite à expliquer des phénomenes par cette opération naturelle : & chacun restreignant à son gré la signification du terme, il est difficile de lui en trouver réellement une : dit M. Malouin, dans sa *Chymie Med.* T. I. p. 30-1. Consultez les *Elém. de Chym.* de Boerhaave, Ed. Fr. de Paris 1754, *in*-12, T. II. p. lxxviij. & suivantes. Le *Traité* de M. Pringle *sur les subst. Sept. & Anti-sept.* p. 223, 246, *&c.* : & son sixieme Mémoire.

[Nous avons cru pouvoir conserver le mot *Fermentation*, dans la suite de cet article; où nous indiquons simplement des faits qui ont plus ou moins de liaison avec l'idée exacte de ce terme : sauf les restrictions & interprétations de la plus scrupuleuse Physique.]

Les fermens, ou agens de la fermentation, n'agissent qu'à raison de leur analogie avec la substance où ils s'insinuent. L'esprit de nitre produit une sorte de fermentation dans le sel de tartre, les huiles distillées, les charbons, les résines, le buis, le gayac, l'esprit de vin, le chyle, le sel ammoniac, l'étaim, le cuivre, le fer, l'acier, l'argent, le mercure. L'eau régale est le ferment propre de l'or. Le corail & le plomb fermentent avec le vinaigre. Consultez les *Leçons de Physiq.* de M. Nollet, T. IV. p. 510, *&c.* La *Chymie Hydraul.* p. 50.

On nomme *fermentation chaude* celle qui est accompagnée de chaleur sensible; & c'est l'effervescence : telle est la fermentation du fer ou de l'acier avec l'esprit de nitre. Lorsqu'il n'y a pas de chaleur sensible, la fermentation est dite *froide* : c'est ce qui arrive dans le mélange du vinaigre avec le plomb ou le corail.

Parties égales de sel ammoniac & d'eau commune fermentent avec bruit : mais le thermometre étant plongé dans ce mélange, sa liqueur descend; & prouve que la fermentation est froide. Si on y ajoûte égales parties d'huile de vitriol, la fermentation devient chaude, & la liqueur du thermometre monte sensiblement. Ainsi deux liqueurs, qui séparément donnent du froid avec le sel ammoniac, étant ensuite réunies & avec lui produisent une chaleur sensible; parce que l'huile de vitriol & l'eau commune ne peuvent se trouver ensemble sans produire une fermentation chaude.

Le mélange de l'eau forte avec l'huile de tartre, faite par défaillance, excite une forte fermentation, accompagnée d'une multitude de petits jets qui s'élevent vers le milieu de la surface de la liqueur. Il se forme en même tems un sel qui se précipite au fond du verre.

Pour produire des flammes par une fermentation : il faut mettre dans un verre, de l'huile de girofle & de la poudre à canon; & dans un autre verre autant d'esprit de nitre rouge, que d'huile; puis le verser sur l'huile de girofle. Il se fait alors une fermentation accompagnée de flammes; & la poudre à canon prend feu. Il se forme aussi des charbons ausquels des allumettes s'enflamment.

FERMER *un lieu.* C'est en défendre l'entrée, par des clôtures.

Quand on dit que les *Forêts sont fermées* la nuit; & les jours de Fête, de Dimanche, d'Assise, & d'Adjudication : on entend qu'il est défendu d'y travailler, ou d'en tirer le bois, ces jours-là.

FERMER;

FERMER : *terme de l'Art de bâtir.* Il a plusieurs significations. *Fermer une voûte ;* c'est y mettre la clef pour achever de la bander. *Consultez* le mot CLEF. *Fermer une Assise ;* c'est achever de la remplir par un clausoir. *Fermer une Porte* ou *une Fenêtre, en plein cintre, en plate-bande,* &c : c'est faire sur ses pieds droits une arcade ou un linteau droit. *Fermer une Baie ;* c'est la murer pleine, ou à demi-épaisseur.

FERMETTE. Petite ferme d'un faux comble ou d'une lucarne.

FERMETURE. C'est la maniere dont la baie d'une porte ou d'une croisée est formée sur ses pieds droits ; ou quarrément par des linteaux droits, ou cintrée, ou bombée.

On appelle *Fermeture de Cheminée,* une dale de pierre, percée d'un trou quarré ; qui sert pour fermer & couronner le haut d'une souche de cheminée de pierre ou de brique.

FERMETURE, *en Menuiserie.* C'est l'assemblage du dormant, du chassis, des guichets ou ventaux, d'une porte ou d'une croisée de menuiserie. C'est *aussi* l'assemblage des feuillets arasés ou avec moulures, de la fermeture d'une boutique.

FERMIER. *Voyez* AMODIATEUR, RECEVEUR, ŒCONOME, ARRIERER, BAIL *à ferme.*

FERNAMBOUC (*Bois de*). Consultez le mot BOIS *de Bresil.*

FEROCE (*Aloës*). Voyez ALOES, *n.* 20.

FERRAILLE. Vieux fer inutile. Certaines gens parcourent les villages pour acheter ces vieux fragmens de fer, qu'ils vendent ensuite aux Fondeurs en cuivre. Dans la campagne, ces sortes de marchés ne se font gueres avec la monnoie courante. Aux environs de Paris, le Marchand de ferraille, la balance en main, conduit ordinairement un cheval, chargé d'assez mauvaises pommes ; dont il donne autant pesant, qu'il reçoit pesant de fer.

FERRUGINEUS *Color.* Cette expression, employée par les Botanistes Latins, semble devoir s'entendre d'une couleur semblable à celle de la rouille du fer. Elle est cependant d'usage pour désigner un jaune sale, tantôt assez pâle, & tantôt plus ou moins teint de rouge.

FERTILE. FERTILITÉ ; *termes d'Agriculture.* Les terres deviennent fertiles, *se* FERTILISENT, acquierent la fertilité (c'est-à-dire deviennent fécondes) ; par les labours & les amendemens.

FERULE : en Latin FERULA : & en Anglois, *Fennel Giant.* Genre de Plantes Ombelliferes dont chaque fleur est composée de cinq pétales longuets à-peu-près égaux ; & d'un embryon en forme de poire, surmonté de deux styles courbes, dont les stigmats sont obtus. Le fruit est plus ou moins oval ; applati, marqué de trois côtes sur chaque face : les deux semences dont il est composé ont cette forme.

Especes.

1. *Ferula fœmina Plinii* C. B. Cette plante, nommée en Provence *Gros Fenou,* s'éleve à la hauteur de huit à dix pieds, même davantage, dans un bon terrein. Sa tige est grosse, noueuse, ferme, & branchue. Les feuilles d'en bas forment près de terre un écart d'environ deux pieds en tout sens : & sont luisantes ; surcomposées ; garnies de folioles divisées en lobes simples, longs & fort étroits, ce qui donne à ces feuilles une ressemblance avec celles du fenouil. La base des feuilles enveloppe la tige ; autour de laquelle elles naissent, opposées deux à deux. La tige étant coupée, il en sort un suc jaunâtre & de mauvaise odeur, qui s'épaissit aux bords de la plaie. Les fleurs sont jaunes ; & paroissent à la fin de Juin, ou au commencement de Juillet. Les feuilles commencent à tomber presque aussitôt que les fruits sont formés. Ces fruits mûrissent en Septembre : après quoi la tige se séche, se durcit ; & se remplit d'une substance légere, séche, fongueuse, & qui prend aisément feu. Cette plante vient naturellement dans nos Provinces Méridionales.

2. *Ferula Galbanifera* Lob. Cette espece est moins considérable dans toutes ses parties, que la précédente. Sa tige ne laisse pas de s'élever à sept ou huit pieds de haut. Les lobes sont plats, & d'un verd brillant. Du reste elle fleurit & perfectionne sa semence dans les mêmes tems que le *n.* 1.

3. La plante nommée par M. Tournefort *Ferula minor, ad singulos nodos umbellifera,* n'a gueres que trois pieds de hauteur. A chaque articulation de la tige, sont de petites ombelles odoriférantes, dont les péduncules naissent de l'aisselle des feuilles. Cette espece vient naturellement en Istrie, dans la Carniole, & ailleurs dans le climat d'Italie. Les Anciens l'ont nommée *Panacès Asclepien.*

Culture.

Toutes ces especes subsistent longtems dans un même endroit ; leurs racines ne périssant pas chaque année comme les tiges. Ces racines sont composées de grosses & fortes fibres, qui s'enfoncent profondément en terre, & dont les fibrilles tracent beaucoup en tout sens. Il faut donc les espacer au moins à quatre ou cinq pieds ; & ne pas mettre dans leur voisinage, d'autres plantes dont elles puissent dérober la subsistance.

On les multiplie de graine, que l'on seme en automne pour être plus sûr qu'elle levera au printems. On la répand en rayons écartés d'un bon pied. Quand le plant est un peu fort, on l'éclaircit en laissant deux ou trois pouces d'une plante à l'autre. Au bout de deux ans, on les leve avec tout le pivot, en automne aussitôt après que les feuilles sont tombées, & on les place à demeure.

Les férules en général se plaisent dans une terre substantieuse, douce, & médiocrement humide. Elles résistent assez bien à nos plus grands froids. Le *n.* 1 se soutient pendant bien des années dans un terrein assez sec : & il ne manque pas d'y fleurir & donner de la graine tous les ans. Le *n.* 3 vient même naturellement sur des côteaux.

Usages.

Selon M. Ray, la moëlle fongueuse du *n.* 1, sert d'amadou en Sicile. Ce peut être à quoi l'on a fait allusion, en disant que Prométhée enleva du feu du ciel dans la tige d'une férule.

Cette tige fournit des cannes ou bâtons d'appui, qui sont très-légers malgré leur grosseur. Pline, L. XIII. Ch. XXII. fait mention de cet usage. Martial appelle la férule, *Sceptre des Maîtres d'Ecole ;* nom que l'on donne aussi au Bouleau : consultez encore la premiere Satyre de Juvénal. La légéreté de cette tige pouvoit empêcher que ses coups ne fussent dangereux.

Les anciens Médecins, qui étoient aussi Chirurgiens, s'en servoient pour contenir les fractures.

Dioscoride & Galien attribuent une vertu astringente à la moëlle de *ferula ;* comme très-propre à arrêter le crachement de sang, les autres hémorrhagies, & à fixer le cours de ventre. Mais J. Bauhin croit que cette propriété ne convient à aucune des especes que nous connoissons ; & que nous ignorons quel étoit le *ferula* des Anciens.

On applique avec du miel les fleurs & semences du *n.* 3 sur les ulceres, même corrosifs. Ces parties de la plante, bues avec du vin, & appliquées avec de l'huile sur des morsures dangereuses, sont regardées comme capables de produire de salutaires effets. On s'en sert encore pour les maladies chroniques.

Le *n*. 2 donne une sorte de Galbanum.

FEU

FEU. *Tache* rousse, que l'on remarque au poil de certains animaux, & qui les fait estimer. Voyez *Bai brun*, entre les *Poils du* CHEVAL.

FEU; *principe de la lumiere & de la chaleur*. Il est pour nous un objet d'admiration, de crainte, & de spéculation. Emblême de la Divinité; admirable dans la lumiere; bienfaisant dans le développement des substances; terrible dans les embrasemens, le tonnerre, les volcans, les exhalaisons souterraines, & dans l'électricité; sensible & impénétrable dans mille effets; pere & destructeur: il semble justifier les autels que lui éleva autrefois la terreur plus que la reconnoissance; & l'opinion de certains Physiciens, qui l'ont regardé comme un esprit. D'autres, frappés de ce que le feu n'a pas comme les corps une tendance de haut en bas, en ont fait une classe mitoyenne entre l'esprit & le corps. La source de ces erreurs est que l'on a confondu l'élément du feu mis en action, & ce même élément tranquille & enchaîné dans les matieres combustibles. L'expérience démontre que le feu est une substance matérielle. Quoique nous ne puissions former que des conjectures sur la nature de cette substance; & qu'elle produise une prodigieuse multitude d'effets que nous ne pouvons expliquer; nous ne sommes pas moins convaincus que cette substance a toutes les propriétés de la matiere, l'étendue, la solidité, la mobilité, la pesanteur: ainsi que l'ont fait voir Boyle, Musschenbroek, & Boerhaave. Son étendue est démontrée par l'augmentation des corps dans lesquels le feu entre sensiblement, & dont le volume diminue quand il est sorti. Sa solidité se manifeste par celle même de certains corps qu'il pénetre, & qui en deviennent plus durs. Sa mobilité est sensible par l'état de division & de tendance à l'écoulement où il tient les parties de quelques corps; qui ne reprennent leur état que par son absence. On prouve enfin sa pesanteur, par l'augmentation de poids dans les corps où on peut parvenir à le fixer.

On s'accorde assez à le distinguer en *Feu Elémentaire* & en *Phlogistique*. Par le premier, on peut entendre cet élément simple, pur; composé de particules séches, subtiles, impénétrables, & répandues partout. Le nom de l'autre indique, dans son étymologie Grecque, que c'est l'aliment du feu. D'où l'on peut inférer que le phlogistique n'est que des parties élémentaires du feu, contenues & enveloppées dans des substances qui les recélent par un méchanisme au dessus de nos lumieres. Consultez la *Chym. Theor.* de M. Macquer, p. 15 & suivantes.

Une des propriétés qui caractérisent le feu, est de produire la chaleur. Comme il n'y a point de chaleur sans mouvement, les Philosophes se sont partagés sur la question qui mettoit en doute que le feu fût une matiere particuliere, ou que ce ne fût que la matiere même des corps mise en mouvement. Consult. l'*Art des Forges & Fourneaux à fer*, Sect. II. p. 2. La *Chymie* de Lemery, Ed. de 1756, p. 6.

Le *Journal Œconomique* a donné plusieurs Mémoires sur le Feu; en Novembre & Décembre 1753, Janvier, &c. 1754.

S'il étoit possible de retenir les particules élémentaires du feu dans une égale quantité & dans un mouvement égal, on auroit toujours le même degré de chaleur. Ce moyen de nous procurer de la chaleur n'étant en quelque sorte que momentané; lorsque nous voulons soutenir un degré de feu, nous sommes obligés de recourir à des substances qui, dilatées & entamées par le feu, nous rendent par le déchirement de leurs enveloppes & le dépérissement de leur substance, les particules ignées qu'elles receloient. On perpétue le degré du feu, pourvu que l'on continue d'employer un aliment convenable, qu'on entretienne le même mouvement, & que la dissipation ne soit pas plus considérable en un tems qu'en un autre; ou bien que l'on emploie à propos soit plus d'aliment ou un aliment plus fort, quand la dissipation est trop considérable; soit des corps environnans plus compacts, & dans une forme convenable pour mieux rassembler & retenir la chaleur.

Quoique l'élément du feu soit universellement répandu, & qu'il n'y ait pas de substance qui n'en contienne plus ou moins, toutes les matieres ne sont pas également propres à servir d'aliment au feu. La classe des inflammables se restraint à celles qui sont connues sous le nom de combustibles: dont il y a bien des especes dans les trois regnes de la nature, & que l'on peut employer suivant les opérations qu'on se propose. Outre cette nourriture, pour ainsi dire terrestre, dont le feu a besoin; il exige aussi le contact libre de l'air; que l'aliment perde son humidité, & que ses parties grossieres s'en éloignent en fumées; enfin il est nécessaire de tenir cet aliment dans un foyer qui regle l'évaporation, & qui ait la forme la plus capable d'appliquer le feu & de le faire agir sur les matieres qu'on lui expose. *Voyez* CHARBON. BOIS. FER. ACIER. FOURNEAU. COUCHES. FERMENTATION. CLOCHE. SERRE. ARTICHAUT. ASPERGE. CHOU. CONCOMBRE.

Quelques-uns ont donné le nom de FEU ARTIFICIEL à un mélange végétal qui forme une espece de *Couche* tiede très-simple; dont voici la préparation:

Faites dix ou douze trous au fond d'un bacquet; puis jettez-y trois ou quatre boisseaux de paille d'aveine coupée menu: ayez ensuite un demi-boisseau d'orge mesure de Paris, c'est-à-dire dix ou douze livres; faites-le tremper pendant trois jours dans de l'eau chaude; puis coulez-le par un linge, laissez-le égoutter, mettez-le sur cette paille en un tas, que vous laisserez jusqu'à ce que vous sentiez avec la main qu'elle soit échauffée. Vous entretiendrez cette chaleur, en jettant de l'eau chaude sur ce mélange, avec la pomme d'un arrosoir, environ un demi-septier de trois en trois jours.

La *Chymie* emploie à ses opérations les feux (ou bains) de sable, de limaille de fer, de cendre, de vapeurs; celui qui est connu sous le nom de bain-marie; le feu de reverbere, celui de roue, de fusion, de lampe, de suppression. Elle se sert encore d'autres especes de chaleurs, qu'on peut mettre au rang des feux: tels sont l'insolation, le bain de fumier, le bain du marc de raisin, la chaleur de la chaux vive. *Voyez* BAIN.

Le *Feu de Reverbere clos* se fait dans un fourneau, où non seulement la flamme frappe le vaisseau en dessous, mais se réfléchit & le refrappe encore pardessus & tout autour. Le *Feu de Reverbere ouvert* se fait dans un fourneau qui n'a point de dôme. Consultez la *Chymie Th.* de M. Macquer, p. 326-7-8-9, &c.

Le *Feu de Roue* est allumé en rond autour d'un creuset, ou autre vaisseau; dont on l'approche peu-à-peu tout autour pour l'échauffer également.

Le *Feu de Flamme* ou *de Fusion* se fait pour la fusion ou calcination des métaux & minéraux: on l'appelle aussi *Feu d'Atteinte*.

On nomme *Feu de Forge* celui dont on excite l'activité par le vent d'un ou plusieurs soufflets qui vont continuellement.

Le *Feu de Lampe* est la chaleur toujours égale d'une lampe allumée ; que lance le vent d'un soufflet ou d'un chalumeau. Ce feu, très-allumé, sert à amollir du verre, ensorte qu'on lui donne ensuite telle forme que l'on veut. *Voyez* le mot HERMÉTIQUEMENT. On peut augmenter la force de ce feu, par le nombre & la grosseur des meches, & la violence du souffle.

On appelle encore Feu de Lampe, la chaleur qui est produite par une, deux, trois, ou un plus grand nombre de mêches, pour échauffer doucement un bain-marie ou un bain de sable. Ce feu est très-commode pour nombre d'opérations : parce qu'on n'est pas obligé à l'entretenir & renouveller fréquemment. On a coutume de ne l'employer pour échauffer des bains, que lorsqu'il s'agit d'opérations qui demandent une chaleur douce & continue. Il a néanmoins l'inconvénient d'augmenter alors de chaleur ; parce qu'il y a une réaction du vaisseau à la lampe.

Le Feu *de Suppression* se fait lorsque non seulement on environne le vaisseau, mais aussi lorsqu'on le couvre tout-à-fait de charbons allumés ; dont on augmente la force suivant le besoin. Dans les distillations *per descensum*, on ne met de feu qu'au dessus de la matiere.

Ce qu'on nomme Poser un vaisseau à nud dans un fourneau, ou distiller à *Feu Nud* ; est ne mettre aucun intermede sous le vaisseau distillatoire, ensorte qu'il touche le feu, & en reçoit *immédiatement* la chaleur.

On dit *Feu Gradué*, quand on le donne par degrés ; c'est-à-dire, lorsqu'on ouvre ou ferme les regitres ou trous faits exprès dans le fourneau, pour augmenter ou diminuer la violence du feu.

Le *Feu des grandes Verreries* sert à vitrifier les cendres des plantes, les sables & les cailloux : il est plus violent que tous les autres.

On nomme *Feu Olympique*, l'effet des rayons du soleil qu'on ramasse avec des miroirs ardens.

L'*Insolation* est lorsqu'on expose aux rayons du soleil une matiere qu'on veut mettre en fermentation, ou que l'on veut dessécher.

On appelle le fumier *Feu de Digestion*, ou *Ventre de Cheval*. Sa chaleur est telle, qu'on ne sauroit tenir la main dans le milieu d'un tas considérable de fumier échauffé, ni souffrir dans la main une verge de fer qu'on y aura introduite & tenue quelques momens.

Le Bain du *Marc de Raisin* que l'on amasse en monceau après la vendange, peut servir comme celui du fumier, pour les digestions & pour les distillations. Son principal usage, dans les pays chauds où il s'échauffe plus que sous les climats tempérés, est de pénétrer & rouiller le cuivre pour faire le verd-de-gris.

La chaleur de la *Chaux-vive* humectée peut servir à faire quelques distillations : comme lorsque son mélange avec du sel ammoniac en fait distiller, sans aucun autre feu, un esprit très-subtil. Mais cette chaleur n'est que momentanée.

Le *Tan* qui sort des fosses des Taneurs, produit une chaleur considérable & de durée.

Tant les feux, que les bains, sont susceptibles de quatre degrés : dont le premier est produit par une poignée de charbons menus ; ou par trois ou quatre charbons de bois, gros comme le doigt, & bien allumés. Le deuxieme est de six ou sept de ces mêmes charbons. Le troisieme est capable d'échauffer le fourneau, à l'endroit où est le feu. Le quatrieme blanchit cet endroit : & c'est le plus grand feu que l'on puisse faire.

FEU *Potentiel*. On nomme ainsi les eaux fortes, & les esprits corrosifs.

Pour Manier (à ce que l'on dit) *du feu sans se brûler.*

1. Prenez de la graine de *psyllium* en poudre, & du suc de guimauve ; mêlez bien le tout ensemble avec du suc de raifort, & des blancs d'œufs : frottez-vous en bien les mains, ou telle autre partie du corps qu'il vous plaira ; & après l'avoir laissée sécher, frottez-vous-en une seconde fois : vous pourrez manier le feu, sans qu'il vous nuise, à moins que vous n'y mettiez de la poudre de soufre.

2. Frottez vos mains avec un mélange de suc de *Palma Christi* (deux onces), demi-once d'alun de plume, & un blanc d'œuf.

3. On prétend que si on se lave tous les jours les mains avec de l'esprit de vitriol, en s'y accoutumant par degrés ; on pourra enfin impunément tenir des charbons allumés. [Cela peut être ; parce que les mains deviendront calleuses.]

4. Mettez du vitriol dans de fort vinaigre, avec égale quantité de jus de plantain : & vous en frottez les mains.

5. Les sucs de mauve, guimauve, pourpier, & mercuriale, empêchent en général la grande impression du feu.

6. Frottez vos mains avec du suc d'*althea*, du blanc d'œuf, du vinaigre, & de l'alun.

7. Frottez vos mains avec la composition suivante : mêlez bien ensemble de la chaux vive dissoute dans de l'eau de feves ; du suc de mauve ; & de la terre rouge sigillée.

8. Incorporez ensemble de la poudre d'alun & de vitriol rouge, avec du fiel de bœuf, & du suc de joubarbe ; & frottez-vous-en les mains.

[Nous n'avons pas grande confiance en tous ces prétendus secrets. On pourra les éprouver ; en agissant avec assez de précaution pour n'être pas incommodé par la brûlure.]

FEU GRÉGEOIS. Voyez, dans l'article ARTIFICE, la *Poudre qui est tantôt sous l'eau & tantôt dessus*. Prenez de cette poudre : & l'enveloppez de filasse & de bitume. Puis jettez dans un canon ou autre arme, alternativement de la poudre à canon, du poil, & de ce mélange. Le feu fera voler des balles & boulets tout enflammés.

2. Pour que le feu produise un effet plus violent : mettez-y de la graisse de porc, ou d'oie ; du soufre vif, de l'huile de soufre, de l'huile de pétrole, du nitre purifié, de l'eau ardente, de la térébenthine, de la résine, du goudron, de l'huile de blanc d'oeuf : & pour faire une masse, & donner de la consistance à ce qui est liquide ; mêlez-y de la rapure de laurier. Enfermez le tout dans un vase de verre, & le mettez dans du fumier ; où vous le laisserez pendant deux ou trois mois, renouvellant & remuant le fumier tous les dix jours. Si, après ce tems, on met le feu à cette composition, elle ne cesse de brûler qu'après que tout est consumé. L'eau ne fait que l'enflammer : mais la terre, la poussiere, & tout ce qui empêche la communication de l'air, l'étouffe.

3. *Feu Grégeois encore plus ardent.* Prenez parties égales de térebenthine, résine, goudron, verni, poix, encens, & camphre ; un sixieme de soufre vif ; deux parties de nitre purifié ; un tiers d'eau ardente ; un tiers d'huile de pétrole ; un peu de charbon de saule, en poudre. Mêlez le tout ; & en faites des boulets, ou emplissez-en des pots. Ce feu est inextinguible.

Moyen de faire du Feu, sans pierre à fusil.

Prenez une branche morte & séchée sur l'arbre, grosse comme le doigt : tournez-la avec violence en l'appuyant d'un bout sur un bois mort mais non pourri, jusqu'à ce qu'il sorte un peu de fumée. Alors ramassez dans le trou la poussiere que ce frottement a produit ; & soufflez doucement, le feu y prendra.

Présentez-y de la mousse bien séche, puis des matieres inflammables.

FEU *d'Artifice.* Voyez ARTIFICE.

FEU *Sacré.*
FEU *de S. Antoine.* } Voyez ERÉSIPELE.
FEU *Volage.*

FEVE. Ce nom est commun à plusieurs plantes différentes les unes des autres.

La FEVE proprement dite, est la FEVE *de Marais*; la *Grosse* FEVE : en Latin *Faba*; & en Anglois *Bean*. Elle porte une fleur papilionacée. Son calice est un tuyau découpé en cinq à sa partie supérieure. L'*étendart* est oval, bordé à son extrêmité qui se termine en pointe, relevé par les côtés, & marqué d'une ligne sur sa longueur : les deux *ailes* sont à-peu-près en cœur, & plus courtes que l'étendart : la *nacelle*, encore plus courte, est applatie, un peu en rond, & séparée en deux vers sa base. Neuf *étamines* forment un corps à part de la dixieme : leurs sommets sont droits, arrondis, & sillonés. Entre le faisceau d'étamines & l'embryon, est une courte glande pointue, qui sert de *nectarium*. L'*embryon* est fort menu, long, applati ; son *style* est un fil court, qui s'éleve en angle droit ; le stigmat qui le termine, est obtus, & environné de poils à sa base. Le *fruit* est une gousse longue, à-peu-près cylindrique, charnue, formée de deux panneaux, terminée en pointe, & dont l'intérieur est une seule loge ; où sont des *graines* larges, plates, dont la figure varie mais tient généralement de l'ovale & de la forme d'un rein, & qui sont environnées d'une substance pulpeuse. Ces graines ont extérieurement une membrane épaisse, coriacée, & d'un blanc verdâtre ; qu'on nomme la *robbe* ; & qui roussit en se séchant.

Especes.

1. *Faba major recentiorum* Lob. Sa racine pivote, & s'étend horizontalement par ses rameaux. Sa tige, haute de deux à cinq pieds suivant la bonté du sol, est quarrée, cannelée, ferme, creuse, garnie confusément de feuilles dans presque toute sa longueur. Ces feuilles sont composées d'une côte, sur laquelle sont rangées presque deux à deux, plusieurs rangs de folioles, larges, charnues, succulentes, longuettes, arrondies, terminées en pointe, lisses, & dont la couleur est d'un verd bleuâtre, mêlé d'un velu blanc. La côte commune des folioles se termine par une espece de stipule. D'entre les aisselles des feuilles, naissent des bouquets de fleurs blanches, panachées de noir & de pourpre. A mesure que la graine séche, les gousses & la plante entiere se fanent & brunissent. Chaque pied produit souvent plusieurs tiges.

On en distingue à Paris trois variétés : la *Grosse Espece* ; la *Julienne* ; & la *Picarde*. Les deux dernieres ont la semence beaucoup plus petite, plus dure, & d'un goût plus sauvage, que celle de la premiere. Celle-ci est la *Feve de Windsor*, que les Anglois préferent à toute autre.

2. *Faba rotunda, oblonga, seu cylindracea, minor, seu Equina* Mor. Cette espece, nommée *Feverolle*, FEVE *de Cheval*, ou *Gourgane*, porte une petite graine longuette, un peu cylindrique, tantôt d'un blanc sale, tantôt noire. M. Miller assure qu'une culture de plus de trente ans lui a démontré que ce n'est pas une dégénération du *n.* 1.

Il dit que les Anglois font un cas particulier de la variété nommée en leur langue *Tick Bean*, qui est plus basse que les autres, mais donne bien davantage, & réussit mieux qu'elles dans une terre maigre, séche & chaude.

3. Les Jardiniers Anglois nomment *Mazagan Bean* une fort petite feve, originaire de Portugal, propre à servir sur les tables de notre climat au commencement de Mai.

4. Une autre espece hâtive, nommée des Anglois *Portugal Bean*, a une saveur moins délicate.

5. La petite feve d'*Espagne* vient peu-après le *n.* 4 ; & a meilleur goût.

6. Vient ensuite la *Grosse feve d'Espagne*, encore avant le *n.* 1. Cette espece donne beaucoup.

7. L'espece nommée en Anglois *Sandwich Bean* est grosse, & presque aussi hâtive que la précédente.

8. Leur *Toker Bean* est une feve à-peu-près contemporaine de celle de Sandwich.

9. Les Anglois ont des feves à *fleur blanche*, d'autres, à *fleur noire* ; assez estimées.

Culture.

La premiere espece est très-facile à élever, dans les champs comme dans les jardins : & réussit dans presque toute sorte de climats, pourvû qu'elle soit dans un sol un peu humide, surtout quand on la seme tard.

Nous ne commençons à en semer que vers la mi-Décembre, parce qu'elle est plus tendre à la gelée, que ne le sont d'autres especes. On en seme encore en Février. Lorsque les premieres peuvent soutenir l'hiver, elles sont de quinze jours plus hâtives que celles de Février. Les mulots, pies, & corneilles, leur font souvent encore plus de tort que la gelée. Elles résistent mieux à celle-ci, quand elles sont à un bon abri, & que l'on est attentif à les couvrir dans les tems de neige & de fortes gelées.

On les seme, soit en planches soit en pleine terre, par rayons ou par touffes de trois. Ces touffes sont à douze ou quinze pouces les unes des autres. Les rangées doivent être espacées à environ trois pieds. Cette proportion fournit une plus avantageuse récolte, que si les plantes étoient plus serrées.

Suivant la force des jeunes plantes, on les serfouit en Mars ou en Avril ; & on les rechausse en même tems.

La fleur de celles qui ont été semées en Décembre ou en Février, paroît communément au mois de Mai. Alors on les *arrête* en pinçant l'extrêmité des tiges : ce qui rend les fleurs plus certaines, & les gousses plus belles. Comme c'est l'endroit le plus tendre de la plante, & celui que les pucerons attaquent par préférence ; en le supprimant, on laisse moins d'appas pour ces insectes, qui font beaucoup de tort aux feves. S'ils s'en sont déja emparé, il faut ramasser dans des paniers les bouts de tiges qui en sont infectés, & les brûler : ce qui vaut mieux que de les porter au loin ou les enterrer.

Nombre de gens conseillent de ne semer les feves qu'après les avoir laissé tremper soit dans de l'eau commune soit dans du jus de fumier. J'en ai aussi fait tremper dans une solution de sel ammoniac, tantôt chaude tantôt froide. Ces divers procédés ne m'ont point paru rendre la germination plus prompte ni plus abondante que celle des feves que j'avois semées toutes séches & sans préparation. L'humidité dont elles se sont pénétrées peut même les disposer davantage à se pourrir.

Elles réussissent constamment mieux dans une bonne terre, que dans une médiocre.

Les premieres semées commencent à être assez formées à la fin de Mai, pour être mangées sur les tables où on ne les veut que petites. Les gousses se succedent pendant environ trois semaines.

On continue d'en semer depuis Février jusqu'à la fin d'Avril, ou à la mi-Mai. Celles que l'on seme plus tard, venant à fleurir dans le tems des grandes chaleurs, coulent presque toujours, & sont fort sujettes à être absolument détruites par les pucerons noirs. Il n'y a gueres qu'une terre bien forte & humide, qui les garantisse de l'un & l'autre accidens.

Cependant, afin de prolonger la jouissance de ce légume, on peut couper à fleur de terre, en Mai ou en Juin, les premiers pieds qui ont rapporté. Ils forment de nouvelles tiges, & des gousses que l'on cueille en Août & Septembre : pourvû que les pucerons n'aient pas ruiné les tiges plus tôt.

On réserve (de chaque espece séparément) pour graine la quantité de pieds dont on a besoin ; sans en rien cueillir : car la graine de la seconde pousse n'est jamais aussi belle que la premiere.

Il y a des Cultivateurs qui arrachent les pieds dès que la graine est mûre, & les mettent sécher debout le long d'un mur ou d'une haie, où ils les retournent tous les deux ou trois jours ; puis les battent, ou les serrent simplement pour les battre à leur commodité ; & trient ensuite les plus belles graines pour semer ou pour vendre. D'autres les laissent parfaitement sécher sur pied jusqu'à ce que les plantes mêmes noircissent ; arrachent ensuite les plantes, durant la grande chaleur du jour ; puis les battent à petits coups de fléau ; & vannent la graine à leur commodité. Quelque pratique que l'on adopte, on doit toujours serrer la graine de maniere qu'elle soit au sec & hors d'atteinte des rats & des souris. Elle est encore bonne à semer, deux ans après.

Comme la graine de cette espece & des autres est sujette à dégénérer quand on continue de la semer dans une même exploitation, il convient d'en changer au moins tous les deux ans : ou même de semer dans une terre légere celle qu'on aura recueillie dans une terre forte, & ainsi alternativement.

M. Miller avertit que si on veut tirer de Portugal la graine du *n.* 3, on doit en demander une assez grande quantité pour en trouver assez de bonnes parmi le grand nombre de mauvaises dont ces envois sont ordinairement farcis. Semée de bonne heure au mois d'Octobre, à un bon abri exposé au midi, elle leve au commencement de Novembre. Dès que les plantes ont deux pouces de hauteur, on les bute : & on les rechausse ensuite à mesure qu'elles grandissent. On les couvre de pesat, fougere, ou autre semblable légere garantie pendant les fortes gelées : ayant grand soin de les découvrir dès qu'il fait doux. Du tan répandu sur la terre, leur fait encore beaucoup de bien. Comme les tiges de cette espece sont foibles, on les palisse au printems, de maniere que les plantes étant fort près les unes des autres, elles deviennent moins exposées aux gelées de cette saison. Plus on y apporte de soins, plus tôt les plantes donnent. Il faut ne laisser aucuns rejets se former à leur pied. Dès qu'on voit quelque fleur s'épanouir vers le bas des tiges, il faut pincer l'extrêmité de ces tiges, pour que ces premieres fleurs tiennent, & qu'elles donnent du fruit. Avec ces attentions on peut user de ces feves au mois de Mai. L'espece fournit abondamment. Mais elle a l'inconvénient de mûrir tout à la fois ; ensorte qu'on ne peut guéres cueillir plus de deux fois sur une même plante. M. Miller observe que la graine recueillie en Angleterre pendant deux ans de suite, devient beaucoup plus grosse, & est plus tardive.

La graine du *n.* 4 ressemble beaucoup à celle que l'on recueille en Angleterre & qui y avoit été semée après une récolte de graine du *n.* 3 venue de Portugal. La dégénération est sensible au goût des connoisseurs. C'est pourquoi on lui préfere le vrai Mazagan.

Les Anglois cultivent beaucoup les *nn.* 6, 7 & 8 ; attendu la grande quantité de gousses que ces plantes fournissent. Le *n.* 7, soutenant mieux l'hiver que la feve *n.* 1, l'on a coutume de le semer un mois avant celle-ci. Les feves du *n.* 9 sont sujettes à dégénérer ; à moins que la récolte de leur semence ne soit faite avec bien de la précaution.

Toutes les especes hâtives demandent une bonne exposition. Plus elles doivent venir de bonne heure, plus on les met proche de l'abri & sur une seule rangée. On les palisse à mesure qu'elles profitent.

Il est bon d'en semer, de trois en trois semaines jusqu'au mois de Février, pour suppléer à celles qui viennent à manquer, & en avoir qui se succedent sans interruption. On en éleve même en mannequin sur des couches faites exprès ; que l'on réchausse à propos. On peut mettre sur des ados les feves que l'on seme à la fin de Novembre & au commencement de Décembre, à quelque distance de l'abri : attendu que le tems le plus doux ne les fera lever que vers Noël, & qu'ainsi elles périclitéront moins, surtout si la terre est couverte de tan.

Le plus ou moins de danger regle la distance que l'on doit mettre d'un pied ou d'une touffe à l'autre. Nous avons vû ci-dessus qu'étant serrées & palissées, elles se défendent mutuellement. Si on espace les plus hâtives à deux pouces, celles qui le sont moins doivent être à trois : & quand on fait plusieurs rangées sur un ados, il convient qu'elles soient réciproquement éloignées de deux pieds & demi.

Pour semer des feves on peut faire des tranchées, dont la terre rejettée de part & d'autre en ados formera des crêtes où les feves auront à leur pied une bonne profondeur de terre meuble. Plus ces ados seront tracés droits, plus on aura d'avantage pour biner, sarcler, & arrêter, sans rompre les tiges en passant entre les plantes.

[M. Duhamel a élevé des feves dans de la mousse qu'on tenoit humide ; & dans de l'eau commune ; avec la seule précaution de veiller à ce qu'elle fût toujours très-nette. Les plantes & graines qui en provinrent, avoient la couleur, le port extérieur, & la saveur, qui leur sont naturels.]

Il peut être préjudiciable pour les arbres en espalier, de cultiver les feves à leur pied. Ceux qui désapprouvent cette méthode disent que l'ombre des feves entretient trop d'humidité sur la tige ; en même tems que leurs racines privent celles de l'arbre d'une portion considérable de nourriture. Quand Théophraste a conseillé de cultiver des feves auprès des arbres, c'étoit vraisemblablement pour donner lieu de faire des labours dont les arbres profiteroient : ce qui est un avantage très-réel. Nous ne voyons pas pourquoi Evelyn (*Dis. of Forest Trees* page 182) restreint cette pratique aux arbres fruitiers. Voyez ARBRE, p. 161-2. Au reste, selon la *Maison Rustique*, les feves » fatiguent si peu la terre, qu'on peut » y mettre du blé après y avoir dépouillé des feves. «

La pratique de semer des feves pour les mêler ensuite entieres (quand elles commencent à fleurir) avec la terre que l'on veut amander ; produit un bon effet. Mais il faut calculer si elle est plus œconomique, que si l'on mettoit du fumier dans cette terre. Car on perd la récolte d'une année, la semence ; & les frais des labours. Il sera toujours fort utile de ne point jetter ou brûler les plantes qui auront porté des feves ; mais de les mêler avec les autres fumiers.

Les feverolles (*n.* 2) se sement dans les champs, pour nourrir les chevaux. Excepté la petite, nommée en Anglois *Tick Bean*, elles ne réussissent bien que dans une terre forte & humide, & en plein champ : un sol sec, & de petits enclos, rendent ces plantes étiolées & fort sujettes aux pucerons qui les ruinent absolument. Elles conviennent bien dans un terrein nouvellement défriché : parce qu'elles affinent la terre, & font périr une partie des herbes. L'un & l'autre avantage sont particuliérement sensibles & certains quand on cultive les feves suivant la *Nouvelle Méthode*.

On les seme depuis la mi-Février jusqu'à la fin de Mars, relativement aux qualités du sol. Plus il est fort & humide, plus on doit semer tard. L'usage ordinaire est de semer les feverolles sur raies, les sillons n'ayant que cinq ou six pouces de profondeur; ou de semer, puis couvrir avec la charrue. Si c'est dans un défrichement, on doit avoir donné le premier labour, de bonne heure en automne; & la terre ayant demeuré dans cet état pendant deux ou trois mois, on a coutume de faire un second labour fin & à l'uni, après Noël: ce que l'on regarde comme une préparation suffisante, avec le profond labour à demeure.

Tant l'une que l'autre méthodes de semer emploient certainement beaucoup trop de graine. Quand les plantes sont serrées dans un terrein humide, elles s'élevent beaucoup & donnent peu de graine. On a reconnu qu'elles restent plus basses, deviennent branchues, & donnent davantage, si on les met dans des sillons éloignés de deux bons pieds. On épargne ainsi la moitié de la semence; & les gousses frappées librement par l'air & le soleil, mûrissent plus tôt & plus également.

[La Nouvelle Culture exige, pour les feveroles quatre labours plus ou moins, suivant que la terre a besoin d'être ameublie. Un semoir trace des rangées à trois pieds les unes des autres; & y distribue la graine, de trois en trois pouces. Les plantes étant levées, on laboure entre les rangées pour détruire les herbes qui ont poussé depuis la semaille: on donne un nouveau labour en rechaussant les feves, lorsqu'elles ont trois à quatre pouces de hauteur. Une troisieme façon, cinq ou six semaines après, suffit ensuite pour nettoyer absolument le terrein: ces labours procurent aussi une récolte plus abondante.]

Quand les gousses sont mûres; on arrache les plantes à la main; on les étend, & retourne avec un fauchet jusqu'à ce qu'elles soient assez séches pour pouvoir être mises en meulons: ou bien, on en fait de petites bottes que l'on place de bout. Cette seconde pratique fait que les plantes ont moins à souffrir de l'humidité, & sont plus commodes à manier & à mettre en tas.

Il est à propos qu'elles demeurent quelque tems amoncelées avant de les battre: mais on doit ne les rassembler ainsi que lorsqu'elles ont déja un bon degré de sécheresse. Quand elles ont sué en tas, on éprouve bien moins de difficulté en les battant encore souples, que si on leur donnoit le tems de se ressécher après avoir sué.

On cultive peu de feves *Juliennes* & *Picardes* aux environs de Paris. On y en consomme néanmoins beaucoup: mais on les apporte de loin, par préférence à la grosse espece; qui étant plus tendre, ne résisteroit pas aussi bien à la voiture.

Trois boisseaux de feverolles en rendent communément de vingt à vingt-cinq.

Les feves courent risque de moisir sur pied, au lieu de mûrir, dans les années fort pluvieuses accompagnées d'un air toujours froid.

Quoique l'année soit fort séche; si cependant il vient de la pluie à propos, elles ne laissent pas de réussir.

Usages.

Nous avons déja indiqué le choix que l'on fait de certaines especes pour les servir sur les tables.

L'espece à fleurs blanches, du *n.* 9, devient presque du même verd que les pois, quand elle a bouilli. Cette propriété & sa saveur douce la font estimer des Anglois.

On mange les feves au beurre, au lard, ou à la crême. Dans la nouveauté, elles sont un plat d'entremêts recherché: on les prend petites, & on les accommode avec leur robe, en ôtant simplement avec l'ongle le bout de cette robe.

Le peuple s'accommode mieux des feves plus grosses. Il mange encore volontiers les feves que nous avons nommées Juliennes & Picardes, quoiqu'inférieures à la grosse espece.

Ce légume est naturellement un peu fade; souvent pesant, venteux, indigeste, astringent: tandis que des estomacs chargés d'acides ou de viscosités en usent comme d'un aliment fort sain pour eux. Ainsi on ne doit pas regarder comme une regle générale ce que nombre de bons Auteurs disent que les feves engendrent la goute.

MANIERES D'APPRÊTER LES FEVES.

1. Les ayant écossées, passez-les au beurre ou au lard avec un peu de persil & de ciboule. Puis mettez-y un peu de crême; & assaisonnez. Faites cuire le tout à petit feu: & le servez aussitôt.

2. Prenez de grosses feves prêtes à jaunir. Otez leur robe. Faites-les un peu roussir dans le beurre. Ajoûtez-y un peu d'eau, du poivre, du sel, & un ou deux brins de sarriete. Laissez-les cuire ainsi, jusqu'à ce qu'en les maniant vous les sentiez molles comme de la pâte.

Conserver les Feves.

Il faut les cueillir quand elles sont parfaitement mûres; c'est-à-dire, lorsque la gousse commence à noircir. Les ayant tiré de la gousse, ôtez-leur aussi la robe: & faites sécher les feves en cet état, enfilées en chapelet, d'abord à l'ombre pendant quelques jours; puis, soit au soleil, soit en l'air dans une chambre, soit sur une claie dans un four après qu'on en aura tiré le pain: & prenez bien garde qu'il ne leur reste aucune humidité. Après quoi vous les enfermerez dans un lieu sec. Lorsque vous voudrez les apprêter; si c'est au printems, vous pourrez y ajoûter un peu de fleur & de feuille de feves nouvelles, pour mieux leur en donner le goût: vous pourrez aussi mettre sur le bord du plat quelques-unes de ces fleurs. Avant de fricasser les feves, il faudra leur donner un bouillon dans l'eau.

Après tout, elles se réduisent en bouillie; & n'ont jamais l'agrément des feves vertes.

Propriétés Médicinales des Feves.

Leur farine est une des quatre résolutives, qu'on emploie fréquemment dans les cataplasmes pour amollir, résoudre, & disposer les tumeurs à suppurer. La bouillie que l'on en fait avec du lait est très-utile dans les cours de ventre, lorsqu'on peut les arrêter sans danger. La cendre des tiges & des gousses est apéritive: on en fait bouillir une once dans une pinte d'eau, que l'on filtre ensuite, pour la donner à boire aux hydropiques.

L'usage de ce légume répand dans toute l'habitude du corps une humidité qui se communique sensiblement à la peau même. Ce peut être pourquoi la farine de feverolles entre dans divers cosmétiques. L'eau distillée des fleurs de feves est un assez bon cosmétique; propre à nettoyer les taches & rousseurs du visage, & à adoucir la peau.

L'eau dans laquelle ont bouilli les feves est indiquée par quelques Auteurs pour prévenir la formation de la pierre, & pour empêcher le dépôt des fluxions de poitrine. L'écorce & la gousse, infusées, à la dose de trois gros, du soir au matin dans un verre de vin blanc, sont bonnes pour la rétention d'urine.

Usages Œconomiques.

En Provence, on donne les feverolles entieres, séches, aux chevaux; qui en sont très-friands. Ce légume leur tient lieu d'aveine. Dans les endroits où les chevaux ne sont pas accoutumés à cette nourriture, on risqueroit de les rendre malades si on leur en donnoit plus d'une dixieme partie dans leur ration d'aveine. * *Elem. d'Agric.* T. II. p. 158. 406.

Les plantes séches ne sont bonnes qu'à brûler, ou à être jettées sur le fumier: elles ne peuvent servir de fourrage.

FEVE, dite *Haricot*. Voyez HARICOT.

Nous faisons mention d'une FEVE GRECQUE, ou FEVE D'ÉGYPTE, dans l'article PIED DE VEAU: mais les Auteurs modernes n'ont pu désigner cette plante qu'imparfaitement.

FEVE: *Maladie*. Voyez entre celles du CHEVAL.

FEVE *de Ver*, ou *de Chenille*. Voyez CHRYSALIDE.

FEVEROLLE. Voyez FEVE, n. 2. HARICOT.

FEVIER; ou *Acacia d'Occident*. Quelque rapport que ce genre de plantes ait avec l'Acacia par son port, nous nous rangeons avec M. Duhamel & d'autres Savans, du côté de M. Linnæus qui en fait un genre particulier; sous le nom de *Gleditsia*.

Les Anglois l'appellent *Honey Locust*; & *Three-thorned Acacia*.

Il y a des Féviers mâles; & de femelles. On trouve néanmoins fréquemment quelques fleurs mâles sur les individus femelles; & quelques fleurs hermaphrodites sur les individus mâles. Les fleurs mâles ont un calice propre, divisé en quatre parties qui sont creusées en cuilleron; cinq pétales étroits, disposés en rose; six, ou plus souvent huit, étamines. Ces fleurs sont attachées à un filet, & forment des chatons en épi. Les fleurs femelles ont les pétales plus grands; les chatons plus gros: & un pistil assez long, contourné, recourbé à son sommet, & dont la base est large. Cette base produit une grande silique un peu charnue, dans laquelle sont les semences.

Les feuilles de feviers sont conjugées: formées d'un filet principal, d'où il en part de latéraux qui sont rangés à-peu-près deux à deux; lesquels sont chargés d'environ seize ou vingt folioles un peu dentelées par les bords, presque ovales, terminées en pointe, & rangées alternativement sans pétiole sur ces filets qui ont à leur extrêmité une seule foliole. Etant ainsi doublement composées, elles ressemblent assez à celles du bonduc. Mais souvent les feuilles sont simplement composées, comme celles de l'acacia; & n'ont qu'un seul filet, chargé de folioles. Les feuilles sont toujours placées alternativement sur les branches. On remarque encore, aux feuilles doublement composées, qu'il part immédiatement de la grosse nervure une ou deux paires de grandes folioles.

Especes.

1. *Gleditsia spinosa* Linn. *Mas & femina*: ou *Acacia Americana Abrua foliis, triacanthos, sive ad axillas foliorum spinâ triplici donata*. Pluk. Les François du Canada & de la Louisiane l'ont nommé *Acacia de la Passion*. Cet arbre est fort commun dans l'Amérique Septentrionale. Sa tige s'éleve droite, à la hauteur de trente ou quarante pieds, armée de longues épines à côté desquelles en sont deux ou trois plus petites: elles naissent souvent comme par paquets aux nœuds de la tige; & ont quelquefois trois à quatre pouces de longueur. Sur ces branches sont pareillement, un peu au dessus de l'aisselle des feuilles, trois fortes épines jointes ensemble, quelquefois longues de trois à quatre pouces, & qui en produisent presque toujours de moins grandes sur leurs côtés. Toutes ces épines sont dures, très-affilées, & bien fermement attachées soit aux branches soit au tronc. Les folioles de cet arbre sont d'un verd brillant. Les fleurs naissent le long des jeunes branches, en chatons de couleur herbacée. Les gousses ont à-peu-près un pied & demi de longueur, sur deux pouces de diametre. Chaque loge contient une semence unie, dure, longuette, environnée d'une substance pulpeuse.

2. *Acacia Abrua folio triacanthos, capsulâ ovali unum semen claudente*. Catesb. Car. 1. Cette espece ressemble beaucoup à la précédente. Elle en différe en ce qu'elle a de plus longues épines, & en moindre quantité; que ses feuilles sont plus petites; ses gousses ovales & garnies d'une seule semence. M. Catesby la trouva à la Caroline; & l'envoya en Angleterre sous le nom d'ACACIA *d'eau*, que lui ont conservé les Cultivateurs.

3. *Acacia Javanica non spinosa, foliis maximis splendentibus* Pluk. M. Duhamel le nomme FEVIER *sans épines*: en Latin *Gleditsia inermis, mas & femina*. Consultez son *Traité des Arbres & Arbustes*, T. I. p. 267.

4. M. Duhamel a eu un fevier dont les folioles sont petites & serrées sur les branches; & dont les épines sont semblables à celles du n. 1, mais plus rouges & plus petites. Cette espece craint plus le froid que les autres.

Culture.

Quoique les feviers ne se montrent pas délicats en France, où ils réussissent bien dans des massifs de bois; leurs feuilles ne paroissent guéres en Angleterre avant le mois de Juin: ils y fleurissent à la fin de Juillet, ne commencent néanmoins à donner des fleurs que quand ils sont très-vigoureux; & ne perfectionnent pas leur graine.

Les nôtres fleurissent souvent dès le mois de Mai.

On les éleve de semences; que nous faisons bien de tirer de l'Amérique, & qu'il faut demander en gousses.

On peut les semer au printems en pleine terre, à un demi-pouce de profondeur, dans un terrein léger. Au cas que la saison soit séche, on les arrosera fréquemment; sinon elles ne leveroient peut-être que l'année suivante. Il est fort à propos de les mettre en terre dans des pots, aussitôt qu'on les reçoit, & d'enfoncer ces pots dans une couche douce, où on sera exact à les arroser. On accoutumera peu à peu au grand air le jeune plant qui aura levé sur la couche. Les pieds qui seront en pleine terre auront moins besoin d'eau. La premiere année, les extrêmités des pousses sont très-sensibles au froid: c'est pourquoi il faut s'y prendre de bonne heure en automne pour les mettre à l'abri des moindres gelées.

Si on juge à propos de les mettre, au printems suivant, en pépiniere; il faudra avoir l'attention de garnir les pieds en été avec de la mousse pour que la terre conserve l'humidité des arrosemens; & de répandre de vieux tan sur tout le terrein aux approches de l'hiver. Deux ans après, ils seront communément assez forts pour pouvoir être mis en place. Au reste il n'y a aucun danger à les transplanter grands.

On observe qu'un sol léger & qui a du fond convient très-bien au fevier; & qu'il languit & se couvre de mousse, dans une terre forte.

M. Miller donne ces avis généraux sur la culture de ces arbres : sans rien spécifier à l'égard du *n.* 2; qui semble néanmoins être susceptible de quelques différences dans la culture, puisque M. Catesby l'a annoncé comme arbre aquatique.

Usages.

Le feuillage du *n.* 1 est des plus agréables; & a une petite odeur gracieuse, que l'on retrouve dans ses fleurs. C'est pourquoi cet arbre convient bien dans les bosquets de printems & dans ceux d'été.

Il faut tâcher de le placer de maniere que les vents ne puissent pas le maltraiter beaucoup. Car il est sujet à s'éclater par le vent, & lorsqu'il est en pleine seve; surtout quand deux branches également vigoureuses forment un fourchet.

Si les especes qui ont de longues épines devenoient communes, on pourroit, en les étêtant, en former de bonnes haies : leurs épines sont très-fortes; & ces arbres produisent beaucoup de branches. Il y en a déja quelques haies dans les environs de Bordeaux.

Le bois du fevier paroît être dur & fendant.

FEUILLAGE : en Latin *Frondes*. Terme collectif; qui signifie les feuilles considérées en gros & dans leur ensemble avec les branches ou rameaux; & même avec les fleurs & les fruits.

FEUILLANTINE, ou *Feuillentine*. Pâtisserie.

Mettez dans une écuelle la grosseur de deux œufs de crême de Pâtissier, un quarteron de sucre en poudre, un jaune d'œuf crud, une pincée de raisins de Corinthe; autant de pignons, & d'écorce de citron confite coupée bien menu; un ou deux macarons écrasés bien menu, un peu de cannelle en poudre; & de bonne eau rose. Il faut délayer ensemble toutes ces choses avec une spatule, ou une cuiller d'argent; & ajoûter quelques gouttes d'eau de fleurs d'orange ou de jus de citron; il faut peu de l'un & de l'autre.

Vous pouvez composer l'appareil, seulement avec de la crême de Pâtissier, de la mie de pain blanc, ou du biscuit écrasé, un peu de raisins de Corinthe, du sucre, un peu de cannelle; & quelques gouttes de jus de citron.

L'appareil étant fait, prenez deux abaisses de pâte feuilletée, de la grandeur & de l'épaisseur d'une petite assiette. Mettez sur un morceau de papier une des abaisses; sur laquelle vous verserez l'appareil, que vous étendrez un peu avec la spatule; puis vous mouillerez un peu le bord de l'abaisse, & ensuite la couvrirez de l'autre abaisse ou feuille de pâte. Il faut assembler soigneusement les bords des deux abaisses comme pour une tarte. Mettez ensuite la feuillantine au four : elle sera cuite en une demi-heure, ou environ.

Lorsqu'elle sera presque cuite, poudrez-la de sucre, & l'arrosez de quelques gouttes d'eau-rose, ou plutôt d'eau de fleur d'orange; puis remettez-la au four un peu de tems pour faire glacer le sucre : & l'ayant retirée du four cette derniere fois, il faudra encore la poudrer de sucre.

On peut dresser & faire cuire une feuillantine dans une tourtiere. On en peut aussi faire de petites, & de telle grandeur qu'on veut.

FEUILLE : en Latin *Folium*. Production végétale, presque toujours mince relativement au corps de la plante, mais dont le tissu est plus ou moins épais selon l'espece de plante à qui elle appartient.

Dans les arbres, ce sont principalement les jeunes branches qui se garnissent de feuilles : dont la couleur, la variété des formes, & la multiplicité, font la plus durable décoration de ces végétaux. Cet ornement devient encore utile à divers égards : par rapport à nous, ce sont les feuilles qui nous garantissent de l'ardeur du soleil durant l'été, & nous mettent à portée de jouir en plein jour des dehors de la campagne, & de la promenade dans les jardins & autres endroits plantés d'arbres. Quelques arbres même, dont les feuilles subsistent toute l'année, peuvent nous fournir d'assez bons abris pendant l'hiver. Les feuilles servent encore à nourrir quantité d'animaux : combien d'insectes ne tirent que d'elles leur subsistance! On le reconnoît bien sensiblement dans les vers à soie, les hannetons, les cantharides, les chenilles. Dans nombre d'endroits, on effeuille la vigne, l'orme, & quelques autres arbres pour affourer le bétail en hiver; on ramasse les feuilles tombées, pour en faire de la litiere ou du chauffage. Les feuilles pourries produisent un excellent terreau. Enfin, les Médecins emploient plus souvent les feuilles, que les autres parties des arbres : les feuilles d'Ameda, de Sapin, de Tilleul, fournissent nommément des décoctions ou infusions salutaires.

Mais les feuilles ont aussi des usages immédiatement relatifs à la végétation.

Il est bien prouvé qu'elles sont infiniment utiles aux plantes; & que, si on les retranche entiérement & tout d'un coup, la plante périt ordinairement. Comme les insectes ne suppriment les feuilles que peu-à-peu, on a lieu de croire que c'est pour cela que l'on voit des arbres qui ne meurent pas, quoique entiérement dépouillés par les insectes : au lieu que ceux que l'on dépouille subitement ne peuvent plus subsister. Peut-être aussi que dans quelques circonstances, ou dans certain état de la plante, cette suppression lui est absolument pernicieuse. *Voyez* BROUIR. BROUISSURE. Que l'on ôte la moitié ou les deux tiers des feuilles d'un jeune arbre qui est en pleine séve; au bout de deux ou trois jours on apperçoit que cet arbre a perdu sa séve : 1°. L'écorce, qui auparavant se détachoit aisément du bois, y est adhérente : 2°. avant ce retranchement de feuilles, on auroit pu écussonner cet arbre; un jour après qu'on les a retranchées, il n'est plus possible de placer l'écusson. De plus, les arbres dont les chenilles ont rongé les feuilles, ne portent point de fruit cette année-là, quoiqu'ils ayent eu des fleurs; ou du moins s'ils donnent quelques fruits, ce ne sont que des avortons.

Les raves & les navets cessent de grossir, dès que leurs feuilles perdent leur verdeur. Lors même que la rouille n'attaque que les feuilles du froment, elle affoiblit presque toujours le pied de la plante. Enfin, il n'y a, peut-être, que le petit chiendent à feuilles fines & déliées, cette herbe propre à former de beaux gazons semblables à ceux d'Angleterre, qui puisse résister à être tondu fréquemment & de très-près, soit par la faulx soit par le bétail.

Ces observations conduisent naturellement à reconnoître que c'est faire un tort considérable aux sainfoins, aux luzernes, aux treffles, *&c*; que de les faire paître de trop près par les bestiaux, surtout quand ces plantes sont jeunes : & qu'il peut n'être pas à propos d'envoyer le bétail dans les bleds qui paroissent trop forts.

Consultez la *Phys. des Arbres*, T. I. p. 131-2-3.

Les feuilles sont les organes destinés à la transpiration des plantes; & la plus grande partie de la séve s'échappe par cette voie : deux faits de Physique, prouvés par les expériences de MM. Hales, Mariotte, & Woodward.

Outre

Outre un réseau de fibres longitudinales, qui forment pour ainsi dire la trame de la feuille, on y observe quantité de vésicules remplies d'air. Cette remarque a donné occasion de regarder les feuilles comme étant les poumons des plantes. Dans cette opinion l'on prétend que les feuilles se remplissent d'un air élastique; qui de-là se distribue dans toutes les parties d'une plante, & jusqu'à ses racines; & que cet air produit sur la seve, un effet semblable à celui que l'air respiré par les animaux, opere dans la masse du sang. Un autre systême conduit la seve dans les feuilles, pour y recevoir une préparation qui la rend propre à servir de nourriture à toute la plante. Mais ceci suppose dans la seve une circulation; qui n'est pas encore prouvée. Plusieurs bons Physiciens pensent que les plantes n'ont point les deux especes de vaisseaux qu'on remarque dans les animaux, pour servir à la circulation; c'est-à-dire des arteres qui portent la seve des racines aux feuilles & de toutes les parties de la plante, jusqu'aux plus petites racines: mais ils imaginent que la seve éprouve un mouvement d'oscillation, qui dépend des différens états de l'air. Ceux qui tiennent pour la circulation, disent que dans le sentiment contraire, il faut supposer que la seve se prépare à mesure qu'elle monte dans la plante; & qu'il n'y a aucune expérience qui prouve que la seve soit plus parfaite au haut de la plante, qu'auprès des racines. Néanmoins il ne paroît gueres croyable que la seve qui entre par les racines, soit d'abord tellement préparée, qu'elle puisse nourrir les diverses substances qu'on observe dans les plantes. Au reste, M. Duhamel ayant enté un jeune citron tout formé, sur une branche d'oranger; il y grossit, & parvint à une parfaite maturité, sans rien tenir de la nature de l'oranger: sur quoi ce sçavant Académicien fait la réflexion suivante: » Il faut donc que la seve » qui auroit dû former une orange, soit devenue » pareille à celle qui a formé le citron, indépen» damment de toute circulation; car toute la méta» morphose s'est faite nécessairement dans le corps » du citron. « (*Cult. des Terr.* T. I. Ch. II.)

Des expériences bien exactes ont assuré que les feuilles aspirent l'humidité des pluies & des rosées. Comme elles transpirent durant la chaleur, elles attirent aussi pendant la nuit l'humidité: & il est démontré que cette aspiration contribue beaucoup à la nourriture des plantes. Aussi M. Hales a-t-il prouvé qu'un arbre garni de feuilles boit quinze, vingt, & même trente fois plus d'eau, qu'un arbre dégarni.

Voyez la *Physique des Arbres*, T. I. p. 133-4-5 & suivantes; 169.

En conséquence de ces observations, on reconnoît aisément l'utilité des arrosoirs, d'où l'eau sortant par quantité de trous, lave la surface des feuilles chargées de poussiere; & produit sur les plantes l'avantage du bain qui nettoye une peau dont la crasse obstruoit les pores. Ces mêmes arrosemens détruisent aussi les chenilles ou autres insectes, qui s'étoient attachés aux feuilles. Voyez la *Physique des Arbres*, T. I. p. 163.

Les feuilles sont dans l'état d'une transpiration habituelle, quand la chaleur de l'athmosphere est assez considérable pour raréfier à ce point le suc des plantes. Mais elles ne font qu'aspirer, & s'imbiber, tant que la chaleur n'est pas assez forte pour occasionner leur transpiration. On peut se régler là-dessus pour les serres & pour les arrosemens. Voyez la *Physique des Arb.* T. I. p. 145, &c. 177.

Le *Journal Œconomique*, Janvier 1751, dit que pour prévenir la mort des arbres qui, transplantés des pays chauds en climat froid, ne sont pas en état de soutenir un hiver rigoureux; il est bon de leur ôter les feuilles avant le tems où elles tomberoient d'elles-mêmes. Le suc ne pouvant plus s'évaporer par les feuilles, il se condense nécessairement; & dès-là occupant moins de place, il n'est plus exposé à briser le tissu des fibres du bois, comme il arriveroit si la gelée la surprenoit dans l'état de fluidité. On doit cependant, à l'exemple de la nature, ne faire ce retranchement que par succession; ensorte seulement que l'arbre soit presque entiérement dépouillé aux approches de l'hiver. Il faut aussi prendre garde de ne pas arracher en même tems les boutons. C'est par des expériences réitérées qu'on apprendra le tems convenable pour cette opération à l'égard des différens arbres. En général, on peut adopter pour maxime, que les arbres les plus abondans en seve aqueuse doivent être plutôt dépouillés que d'autres. On pourroit croire aussi qu'il seroit à propos d'ôter les feuilles des arbres exotiques & de ceux qui sont nouvellement plantés, avant d'en retrancher à ceux qui sont depuis longtems dans le pays, ou qui ont eu le tems de s'enraciner.

Les arbres dont la seve est plus aqueuse, sont ceux qui poussent leurs feuilles au commencement du printems, & se dégarnissent les premiers en automne.

Les feuilles qui doivent paroître au printems sur les arbres, sont formées dès l'automne dans l'intérieur des boutons. Consultez le détail sçavant & curieux que M. Duhamel a donné là-dessus dans le Tome I. de la *Physique des Arb.* p. 100 & suivantes, 117, *&c.* Outre ces feuilles, qu'on peut nommer automnales; il s'en développe d'autres pendant l'été: on voit en effet les arbres qui ont été dépouillés à dessein (comme les mûriers) ou ceux que les insectes ont dévorés, se regarnir de feuilles, & être plus verds que les autres en automne. Voy. la *Physiq. des Arbr.* T. I. p. 127, *&c.* M. De Leeuwenhoek a remarqué très-distinctement les feuilles dans plusieurs especes de graines, où le microscope fait appercevoir les plantes toutes entieres.

Quelques plantes, telles que le Cyprès, semblent n'avoir pas de feuilles. Mais presque toutes en sont sensiblement pourvues sur leurs tiges & rameaux. Comme elles ontdes situations & formes très variées; on a employé des termes particuliers pour les décrire briévement. Nous allons en donner une explication succincte.

On distingue en général les Feuilles en feuilles simples, & feuilles composées. Une feuille *Simple* (*Folium Simplex*) est celle dont la queue est terminée par un seul épanouissement, de sorte qu'il n'y a qu'une feuille au bout de chaque queue. La feuille *Composée* (*Folium Compositum*) est formée de plusieurs feuilles attachées à une queue commune: ces feuilles qui, par leur aggrégation, constituent la feuille composée, se nomment *Folioles*; & ne sont que des parties d'une même feuille; puisque le filet commun qui les soutient tombe avec elles, ou peu après, durant l'automne. Voyez la *Physiq. des Arbr.* T. I. p. 114.

Les unes & les autres feuilles ont des dénominations particulieres, selon les différentes manieres de les considérer.

1. Relativement à la circonférence (*Circumscriptio*), on regarde une feuille ou une foliole comme entiere, en faisant abstraction des sinus & des angles: & elle tient plus ou moins de la figure circulaire. Il y en a de *Rondes* (*orbiculata*, ou *circinata*); aussi larges que longues, dont les bords sont par conséquent à une égale distance du centre: telles sont les feuilles de la Nummulaire. Les *Sous-orbiculaires* ou *Arrondies* (*Subrotunda*) ont plus de largeur que de longueur: ou, dans une signification plus étendue,

ce sont toutes celles qui sont à-peu-près rondes.

On peut nommer feuilles *Ovoïdes* (*Ovata*) celles qui ont la forme d'un œuf. Lorsque le grand segment de cercle est du côté de la queue, on dit qu'elles sont *en feuille de Myrthe*. On appelle *Ovoïdes renversées* (*obversè Ovata*), ou *en spatule*, *en palette* (*Spatulata*), celles dont le grand segment ou l'évasement est du côté de leur extrêmité. La queue tient-elle au disque même, & non à la base ou au bord de la feuille, cette feuille est *Ombiliquée*: & on dit qu'elle est *en Rondache* (*Peltatum*); celles du Menispermum & de la Capucine sont de cette maniere. Les *Ovales* ou *Elliptiques* (*Ovalia: Elliptica*) sont celles qui, plus longues que larges, ont leurs segmens de cercle égaux, du côté de la queue & vers l'autre extrêmité; on peut citer celles du Pommier pour exemple. Si les feuilles ovoïdes se terminent par une longue pointe, on les nomme en Latin *Ovata in acumen desinentia*.

2. Il y a des feuilles *Allongées; Oblongues* (*Oblonga*): ce sont celles dont la longueur contient plus d'une fois leur largeur. Celles de l'Amandier, par exemple, sont trois fois & demie ou quatre fois plus longues que larges. Si les deux extrêmites se terminent en pointe, on dit que la feuille est faite en *Navette*: ce qu'on exprime en Latin par *Utrimque-Acutum*. Telle est la feuille du Laurier-Rose. On nomme *Linéaires*, *Filiformes*, ou *Filamenteuses*, (en Latin *Longa & Angusta*) les feuilles de Pin, & autres feuilles étroites qui sont également larges dans toute leur étendue. Celles qui se rétrécissant depuis le milieu jusqu'au sommet, se terminent en pointe comme une alêne, sont dites en Latin *Subulata*. On qualifie de *Acerosa* celles qui sont longues, étroites, figurées en alêne, & attachées à la branche presque sans pédicule: telles sont les feuilles du Sapin & de l'If. Les feuilles *Graminées* sont fort longues, assez étroites, terminées en pointe; prennent leur origine de nœuds, & forment à leur naissance une sorte de gaîne qui enveloppe la tige: on remarque tout cela dans le roseau, le froment, l'orge, & la plupart des *Gramen*.

3. Si on considere les feuilles par leurs angles, l'expression générique de *Folium Angulatum* ne désigne que des angles saillans.

Celles qui sont plus ou moins étroites, terminées en pointe, avec une base assez écartée; comme celles de l'Origan; sont dites *en fer de Lance* (*Lanceolata*): d'où l'on a fait les mots composés *Lanceolato-cordatum*, *Lanceolato-lineare*, &c. Voyez CUSPIDATUM. Trois côtés rectilignes font donner à une feuille le nom de *Triangulaire*. Quoique le Delta des Grecs ait cette forme, on a assez souvent appellé *Deltoïdes* les feuilles faites en losange.

Toutes ces feuilles sont désignées en Latin par la qualification de *Aurita*, lorsqu'elles ont des Appendices ou Oreilles auprès de la queue. Il y en a aux feuilles de quelques Ozeilles, de certaines Sauges, de plusieurs Dulcamara.

4. Les Angles Rentrans, *Echancrures*, ou *Sinus*, partagent le disque d'une feuille en plusieurs parties. *Voyez* ÉCHANCRÉ. Il s'en trouve à la base, à l'extrêmité opposée, aux côtés & autour des feuilles: ce qui leur donne différentes formes.

On dit que des feuilles sont *faites en Rein*, lorsque étant arrondies, elles ont une grande échancrure ou un sinus, & que la queue s'attache au milieu de cette partie concave. Si elles sont ovoïdes, & qu'elles aient une échancrure curviligne où la queue s'implante sur la nervure du milieu des feuilles, on leur donne le titre de *Cordiformes*: mais celui de *Cœur renversé* (*Obversè Cordata*) quand le sinus est opposé à la queue. Ces explications peuvent suffire pour donner à entendre ce que signifient les termes composés *Cordato-Ovatum*, *Cordato-Ovale*, *Cordato-Oblongum*, *Cordato-Lanceolatum*.

On appelle en Latin *Sagittata*; en François, faites *en fer de fleche*; les feuilles dont la base porte un sinus triangulaire, au milieu duquel est attachée la queue. Quand les bords de cette feuille sont convexes, on la nomme *Cordato-Sagittatum*. Si les pointes du sinus font un crochet du côté de la base, ou si elles s'écartent beaucoup & forment comme deux oreilles, on dit que la feuille est *en fer de Pique* (*Hastatum*).

Certaines feuilles, telles que celles d'une espece de Lapathum, sont qualifiées de *faites en Violon* (*Panduræformia*) parce que leur forme approche de celle du corps de cet instrument. D'autres ont paru représenter en quelque sorte une Lyre; & on les a désignées par le terme Latin de *Lyrata*: telle est la feuille d'une espece d'Helleborine.

Les termes de *Bifidum*, *Trifidum*, *Quadrifidum*, *Multifidum*, indiquent assez le nombre de découpures qui se trouvent dans une feuille. Mais il faut que l'intérieur de la découpure soit coupé droit. Si au contraire il est arrondi, & que chaque découpure semble être la partie d'une feuille, ces parties se nomment *Lobes*: &, suivant leur nombre, on dit *folium Bilobum*, *Trilobum*, &c. On se sert de *Bipartitum*, *Tripartitum*, *Quinquepartitum*, *Multipartitum*; pour désigner une feuille dont les découpures s'étendent jusqu'à sa base, & sont conséquemment plus considérables que les précédentes. Lorsque les découpures sont semblables aux doigts d'une *Main ouverte*, M. Linnæus applique à la feuille le nom Latin de *Palmatum*; que d'autres Botanistes croyent devoir réserver pour les feuilles composées, en y substituant celui de *Digitatum*: qui, au reste, convient à toutes les découpures profondes entre lesquelles sont de longs appendices, qu'on peut comparer à des doigts, & nommer des Digitations. Cette forme de feuilles n'est pas bien différente de celle qui est désignée par les termes de *Laciniatum* ou *Dissectum*; servant à indiquer des sinus qui s'étendent jusqu'au milieu de la feuille. Mais ce qui caractérise les feuilles *Laciniées*, est que les lobes sont encore découpés: car, si les découpures des lobes sont peu considérables; on se sert du mot *Sinuatum*; d'où dérive celui de *Sinuato-dentatum*, employé pour exprimer que les lobes d'un côté sont étroits, & que leur pointe est tournée vers le bout de la feuille opposé à la queue. Si au contraire cette pointe étoit dirigée vers la queue, on nommeroit la feuille *Retrorso-sinuatum*. M. Linnæus désigne par le terme de *Pinnatifidum* les feuilles qui sont découpées comme les plumes d'un oiseau.

5. Quoiqu'une feuille ait des sinus sur ses bords, cela n'empêche pas de la nommer *Entiere* (*Integrum*, & *Indivisum*). Mais si on la qualifie d'*Integerrimum*, il faut qu'il n'y ait absolument aucun sinus. Les feuilles sinueuses, dont nous venons de parler, peuvent être dites *Découpées profondément*. Une feuille entiere doit n'être incisée, ni découpée, ni laciniée: mais elle peut être *Dentée* ou *Dentelée*; ce qui revient à l'expression de *Découpée peu profondément*, attendu que ces sortes de découpures n'intéressent pas le disque, mais seulement la bordure.

Si les bords sont garnis de pointes horizontales séparées les unes des autres, & qui aient la même consistance que la feuille, on dit que la feuille est Dentelée, ou Dentée (*Dentatum*). On emploie aussi le diminutif *Denticulatum*. Voyez DENTÉ, & DENTELÉ. Lorsque ces dents ressemblent à celles d'une *Scie*, que leurs pointes regardent l'extrêmité opposée à la queue, & que les découpures se recouvrent mutuellement, on dit en Latin que la feuille eſt *Serratum :* mais *Obſoletè-ſerratum*, ſi les pointes ſont émouſſées ; & encore *Duplicato-ſerratum* quand ces dents, au lieu d'être d'une même longueur, ſont entre-mêlées longues & courtes. Ou pourroit beaucoup multiplier cette nomenclature, ſi on vouloit ſpécifier toutes les variations minutieuſes que préſente la dentelure des feuilles. Conſultez la *Phyſique des Arbres*, T. I. p. 110-1.

Il y a des Botaniſtes qui déſignent par le mot Latin de *Crenatum* (auquel répond le François *Crenelé*), la dentelure compoſée de portions de cercle. D'autres appliquent ce terme à la dentelure aiguë, dont les pointes ſortent droit à côté de la feuille, ſans tendre vers la queue ou vers l'extrêmité oppoſée. Dans cette derniere acception, l'on a compoſé les mots d'*Obtusè-Crenatum* & *Duplicato-crenatum*, qui emportent le même ſens que les compoſés de *Serratum*.

On donne le titre de *Repandum* (en François *Godronnée*), à la feuille dont les bords ſont garnis d'éminences formées par des ſegmens de cercle, dont alternativement la convexité & la concavité ſont dehors : ce qui differe peu d'*Ondé*. On peut y rapporter la feuille de Chêne. Voyez la *Phyſiq. des Arbr.* T. I. p. 111.

Si les différentes inflexions des dents font que les bords dentés, laciniés, ou découpés, paroiſſent friſés ou pliſſés, on exprime cette forme par le mot de *Friſé ;* en Latin *Criſpum*. Telles ſont les feuilles de quelques Choux, Chicorées, Creſſons. On ſe ſert du Latin *Eroſum* lorſque, avec des ſinus au diſque, les bords de la feuille ont de petites échancrures obtuſes qui les font paroître rongés. Si une feuille a ſes bords légérement déchirés, on la qualifie en Latin *Lacerum*. On dit qu'elle eſt *Ciliatum*, quand elle eſt bordée de poils : que le bord eſt *Cartilagineux*, lorſqu'il ſemble être d'une autre ſubſtance que le reſte de la feuille, moins ſucculent, & un peu tranſparent.

6. Le terme Surface ou *Superficie*, eſt relatif audeſſus & au-deſſous de la feuille. Il y a des ſurfaces garnies d'un duvet court & ſerré : on les qualifie de *Cottoneuſes*, en Latin *Superficies tormentoſa*. Celles qui outre cela ſont d'un tiſſu épais & flexible, ont le titre de *Drapées :* les Phlomis & beaucoup de Verbaſcum ont les feuilles de cette ſorte. Les poils apparens donnent lieu d'appeller une feuille *Velue ;* en Latin *Piloſum*, *Hirſutum*, *Villoſum*, *Lanuginoſum*, *Lanigerum :* tous noms preſque ſynonymes, qui s'emploient ſuivant que la forme des poils ſemble mieux convenir à la ſignification de chacun de ces termes. Mais on dit qu'une feuille eſt *Hériſſée* (*Hiſpidum*), quand les poils ſont rudes au toucher ; *Aculeatum* en Latin, quand ils ſont piquans ; *Epineuſe*, lorſqu'il y a des épines au lieu de poils : & on nomme en Latin *Strigoſum* celle qui eſt, par ſon tiſſu même, rude au toucher.

La ſuperficie, au lieu d'être velue ou épineuſe, eſt quelquefois raboteuſe : on la qualifie alors, en Latin, de *Scabrum*, ou de *Papilloſum :* c'eſt-à-dire garnie de mammelons, qui ſont de petites veſſies.

Les feuilles dont la ſuperficie n'a ni poils ni épines, ni mammelons, ſont dites *Liſſes ;* en Latin *Glabra*. On les nomme en Latin *Nitida*, quand elles ſont *Luiſantes : Lucida*, lorſqu'elles ſont *Brillantes ;* & *Viſcida*, pour *Gluantes*.

Une feuille dont l'épanouiſſement eſt *pliſſé* comme un éventail, s'appelle en Latin *Plicatum :* telle eſt la feuille d'Alchimilla. Si les bords ſe levent & baiſſent par des courbures aſſez régulieres ; comme dans certaines Langues de Cerf ; on dit feuille *Ondée* (*Undulatum*).

On déſigne par le terme de *Ridée* (*Rugoſum*) la ſuperficie creuſée de ſillons aſſez profonds.

Quand le deſſous de la feuille eſt relevé d'arrêtes faillantes ; elles ſont branchues, ou ſimples & ſans ramifications. Dans le premier cas, on dit que ce ſont des *Veines :* ce ſont des *Nervures*, dans le ſecond. On appelle *Nüe* (*Nudum*) la feuille qui n'a ni ces nervures ni les ſillons dont nous venons de parler. *Voyez* ENERVIA. Conſultez encore la *Phyſiq. des Arb.* T. I. p. 115, 141.

7. Le bout de la feuille, l'extrêmité oppoſée à la queue, eſt nommé *Apex* par M. Linnæus ; ce qui répond au François *Sommet*. S'il eſt terminé par une ligne tranſverſale, on dit que la feuille eſt *Tronquée* (*Truncatum*) : *Emouſſée* (*Retuſum*) quand ce ſommet eſt terminé par un ſinus obtus : *Rongée* (*Præmorſum*) lorſqu'il eſt tronqué & partagé par un ſinus d'abord aigu, & enſuite ouvert. La feuille dont le ſommet a une petite entaille, eſt dite *Echancrée* (*Emarginatum*) : ſi les bords de l'entaille ſont obtus, on dit qu'elle eſt *Obtusè-emarginatum ;* dont le contraire eſt *Acutè-emarginatum*.

On nomme *Obtuse* (*Obtuſum*) la feuille terminée par un ſegment de cercle : *Acutum* en Latin, celle dont le ſommet fait un angle aigu ; & on dit *Acuminatum*, quand cet angle eſt ſurmonté d'une pointe. On appelle auſſi en Latin *Mucronatum* la feuille qui eſt terminée par une pointe.

8. Relativement au port des feuilles, on les diſtingue 1°. en *Creuſes* ou *Fiſtuleuſes* (*Cava*, *Tubuloſa*) : & il y a de celles-ci qui ſont remplies de tiſſu cellulaire ou de moëlle ; on les a nommé en Latin *Farcta*. Celles qui ne ſont pas creuſes ſont dites *Solides ;* & ſont ou *Graſſes*, *Succulentes*, *Charnues* (en Latin *Craſſa*, ou *Carnoſa*) ; ou *Minces* (*Tenuia* ſeu *Membranacea*). 2°. Parmi les unes & les autres, il y en a de fort grandes, *ampliſſima*, telles que celles de la Bardane & du Bananier ; de médiocre grandeur ; de petites ; & de fort petites (*Minima*). 3°. Tantôt elles ſont *Cylindriques* dans leur longueur (*Cylindracea* ſeu *Teretia*) ; on en voit de la ſorte au Kali, & à divers Sedum : pliées *en Gouttiere* (*Canaliculata*) ; *Déprimées*, (*Depreſſa*) c'eſt-à-dire avec une empreinte comme ſi elles avoient été preſſées par la tige ; *Comprimées* (*Compreſſa*), comme ayant été preſſées de deux côtés oppoſés étrangers à la tige : tantôt elles ſont *Planes* (*Plana*), & ſe préſentent ſur un plan : *Convexes* (*Convexa*), relevées dans leur milieu ; *Concaves* (*Concava*), creuſées en cet endroit : tantôt encore *en forme d'Épée* (*Enſiformia*), c'eſt-à-dire plates, relevées par le milieu de leur longueur, & comme tranchantes par les côtés ; *en forme de Sabre* (*Acinaciformia*), plates, avec un côté tranchant un peu convexe, & le côté oppoſé preſque droit n'eſt pas tranchant. On dit qu'une feuille eſt *en Doloire* (*Dolabriforme*), lorſqu'elle eſt plus évaſée d'un côté que de l'autre : Voyez DOLOIRE. Il y en a auſſi *en forme de Langue* (*Linguiformia*) : elles ſont étroites, obtuſes, charnues, déprimées, la plupart convexes en deſſous, & ordinairement cartilagineuſes par les bords. On trouve encore des feuilles à trois faces planes, *Triquetra ;* à quatre, *Quadriquetra*, &c. Si les faces ſont creuſées, & relevées d'arrêtes tranchantes, on les nomme en Latin *Trigona*, *Tetragona*, *Polygona*, &c : ou Anguleuſes irrégulieres, *Angulata*. D'autres feuilles ſont à-peu-près Sphériques, *Globoſa ;* d'autres creuſées dans leur milieu & relevées par le bout, ce qui leur donne à-peu-près la forme de Nacelle, *Carinata ;* ou ſimplement ſillonées, *Sulcata ;* ou Cannelées, Striées, *Striata*.

9. Il y a des feuilles dont la pointe ſe retourne vers la plante : on les nomme en Latin *Inflexa* ou

Incurva. D'autres, qui approchent beaucoup de la direction perpendiculaire, ſont appellées en Latin *Erecta :* ſi, outre cela, elles ſont fermes, on ſe ſert du terme de *Arrecta.* Celles qui s'écartent de cette perpendiculaire, qui font avec la tige un angle preſque droit, ſont dites en Latin *Patentia :* on dit *Patentiſſima*, ou *Horizontalia*, en décrivant celles qui prennent une direction horizontale. Quand une feuille eſt pendante, de ſorte que le bout eſt plus bas que l'attache, on ſe ſert des termes Latins de *Reclinatum* ou *Reflexum.* On dit de celle qui ſe roule en deſſous, qu'elle eſt *Revolutum :* quand les bords ſe roulent en ſens contraires, enſorte que les bords oppoſés forment deux volutes, on emploie le terme de *Involutum :* & celui de *Convolutum*, déſigne une feuille dont les bords des côtés s'envelopant mutuellement forment une eſpece de cornet. *Voyez* DECLINATUM.

L'extrêmité de quelques feuilles produit des racines : c'eſt ce qu'on appelle *Folia Radicantia.* Il y en a qui portent des fibres en deſſus : on les qualifie de *Radicata.*

10. A l'égard de l'endroit où les feuilles ſont attachées : on diſtingue 1°. les *Cotyledones*, ou *feuilles Seminales ;* 2°. les feuilles qui partent immédiatement des racines, en Latin *Radicalia ;* 3°. celles qui ſont le long de la tige, *Caulina ;* 4°. celles qui tiennent aux branches, *Ramoſa ;* 5°. celles qui ſortent de l'aiſſelle d'autres feuilles, *Subalaria* (Voy. AISSELLE); 6°. celles qui accompagnent certaines fleurs, & ne paroiſſent qu'avec elles (*Folia Floralia* & *Bracteæ*) : on voit de ces feuilles *florales* ſur le Tilleul. Voyez la *Phyſique des Arbr.* T. I. p. 123.

11. Dans le *n.* 1 nous avons parlé de feuilles, dites *Ombiliquées*, dont la queue eſt implantée à leur diſque même. Quand la queue, ou le *Pédicule*, s'inſere dans le bord de la baſe, on dit en Latin qu'elles ſont *Petiolata.* S'il n'y a pas de pédicule, & que la feuille ſorte immédiatement de la tige, on ſe ſert du terme de *folium Seſſile.* On qualifie de *Amplexicaule* celle dont la baſe entoure la tige ; & *Semi-amplexicaule*, celle qui n'embraſſe la tige qu'à demi.

Quand le diſque d'une feuille eſt enfilé & traverſé par une branche, par un péduncule, ou par la tige même, on la dit *Perfoliée.* C'eſt ce qui a donné lieu de nommer la Percefeuille.

On ſe ſert du terme Latin de *Vaginans*, quand la baſe de la feuille forme un tuyau qui eſt enfilé par la tige.

Folium Decurſivum eſt une feuille dont les découpures profondes s'entretouchent par une membrane qui regne le long du nerf : cette forme eſt très-ſenſible dans le Piſſenlit. Lorſque le pédicule eſt garni de feuillets membraneux qui l'accompagnent en forme d'ailes, on dit en Latin *Petiolum Membranaceum :* enfin *Petiolum Stipulatum*, quand il y a une ou pluſieurs ſtipules près de la queue d'une feuille.

Voyez la *Phyſiq. des Arbr.* T. I. p. 124.

12. Lorſqu'une feuille naît de l'extrêmité d'une autre, comme dans le Ficoïdes, on dit que ces feuilles ſont *Articulées.* Pluſieurs feuilles étant raſſemblées autour d'une tige ou d'une branche, on les nomme *Verticillées :* &, ſuivant leur nombre, on dit *Terna*, *Quaterna*, *Quina*, *Sena ;* & *Stellata* quand il y en a plus de ſix.

On nomme *Oppoſées* les feuilles dont les pédicules ſe trouvent à la même hauteur ſur les branches & vis-à-vis les unes des autres. Quand elles s'uniſſent mutuellement par leur baſe, on ſe ſert du terme Latin de *Connata.* Les feuilles *Alternes* ſont celles dont une eſt placée ſur la tige ou ſur la branche, différemment de la ſupérieure & de l'inférieure : (*Alterna ; Alternatim ſita*). On qualifie de *Eparſes* (*Sparſa*) les feuilles diſperſées ſans ordre ſur la plante : *Entaſſées* (*Conferta*), celles qui ſont raſſemblées par bouquets. Il y en a qui entament mutuellement les unes ſur les autres, comme des écailles de poiſſon : on leur donne en Latin le titre de *Imbricata.* On dit qu'elles ſont *en Houpe* (*Faſciculata*), quand pluſieurs ſortent d'un même point.

13. Nous avons déja dit que les FEUILLES COMPOSÉES ſont formées d'un nombre de folioles attachées à une queue commune, & que l'on peut regarder comme les découpures d'une même feuille. *Voyez* CÔTE.

Si chaque foliole n'a pas de queue particuliere, on dit en Latin *Foliola Seſſilia ;* de même que nous l'avons obſervé pour les feuilles privées de pédicule. On ſe ſert auſſi de l'expreſſion oppoſée (*Foliola Petiolata*), quand il y a autant de queues que de folioles, attachées à la queue commune.

Conſultez la *Phyſ. des Arbr.* T. I. p. 112 & ſuivantes.

On diſtingue en trois claſſes générales les Feuilles Compoſées.

1°. Celles dont toutes les folioles ſont attachées à l'extrêmité d'une queue commune, portent le nom de *Palmées*, ou celui de *Digitées :* voyez ci-deſſus, *n.* 4. Entre les feuilles de cette claſſe il y en a dont la queue n'eſt terminée que par deux folioles : on les qualifie en Latin de *Binata.* On appelle *Trinata* ou *Ternata*, dans la même langue, celles qui étant compoſées de trois folioles forment un *Trefle.* On ſe ſert de dénominations analogues aux précédentes, pour les feuilles qui ont un plus grand nombre de folioles. Les termes de *Diphyllum*, *Triphyllum*, &c. ſont encore d'uſage pour ſignifier qu'il y a deux, trois, ou un plus grand nombre de folioles. Le Fabago n'en a que deux : la Quintefeuille, la Tormentille, en ont cinq ou même davantage.

Quelques feuilles palmées produiſent, le long de la queue commune, pluſieurs petites queues branchues ; qui portent les folioles : on nomme ces feuilles *Rameuſes.*

2°. Lorſque les folioles ſont rangées aux deux côtés d'un filet qui les ſupporte toutes, comme ſont celles de l'Acacia, on les compare aux plumes des oiſeaux : & on dit qu'elles ſont *Empennées* ou *Empannées* (*Pinnata.*) Voyez *Pinnatifidum*, ci-deſſus, *n.* 4.

Entre ces feuilles, les unes ont leurs folioles oppoſées deux à deux ſur le filet commun ; telles ſont celles du Phylliræa. D'autres, comme dans l'Alaterne, les ont placées alternativement : voyez ci-deſſus, *n.* 12.

Il y en a qui ſont terminées par une foliole unique, comme dans l'Aſtragale ; & alors, en les décrivant, on ajoûte l'expreſſion de *cum Impari.* Si cette *impaire* manque à une feuille compoſée ; & qu'il n'y ait ni vrille ni filet qui la remplace ; on dit en Latin que cette feuille eſt *Obtuſum.* Mais on la déſigne par *Cirrhoſum*, quand il y a des vrilles ou des filets au lieu de l'impaire. Dans la Barbe-de-Renard, c'eſt une pointe piquante qui termine la feuille.

Les folioles ſont-elles d'inégales grandeurs, comme dans l'Aigremoine, on ſe ſert du terme de *folium Interruptum.*

On dit *foliolis Decurrentibus*, quand les folioles ſont jointes par une membrane ou par de plus petites folioles, enſorte qu'elles s'entretouchent.

Le nom de feuilles *Conjuguées* (*Conjugata*) a ſouvent été regardé comme ſynonyme d'*Empennées.* M. Linnæus a réſervé ce mot pour les feuilles composées d'une seule paire de folioles attachées à un pétiole commun. *Voyez* CONJUGATUS.

3°. Ce célèbre Botaniste appelle *Doublement Composées*, ou *Surcomposées* (*Decomposita*), les feuilles dont le nerf principal ne porte pas ordinairement de folioles (*Voyez* l'article FEVIER), mais donne naissance à des filets latéraux chargés de folioles. Il nomme encore *Duplicato-ternatum* la feuille dont chacun de ces filets latéraux porte trois folioles. Mais si les rameaux latéraux sont chargés de folioles, comme les feuilles simplement empennées; la feuille prend les noms de *Bigeminatum*, *Duplicato-pinnatum*, ou *Pinnato-pinnatum*.

Il y a des feuilles encore plus composées; dont les rameaux latéraux ne portant point de folioles fournissent des filets où les folioles sont attachées. M. Linnæus appelle ces sortes de feuilles *Trois fois Composées*, (en Latin *Suprà-Decomposita*): &, suivant que les folioles sont ou en trefle ou empennées; *Ternato-ternata*, *Triplicatopinnata*, *Tripinnata suprà-decomposita*.

Les feuilles composées se replient vers le soir les unes sur les autres, & s'ouvrent lorsque le jour paroît. Elles se replient aussi pour tomber. Voyez la *Physique des Arbres*, T. II. p. 157 & suivantes.

Consultez encore en général par rapport aux feuilles; nos articles CONDUPLICATUM. CUNEIFORMIS. DECUMBENS. DECUSSATA. DEMERSUM. DIFFORMIA. EQUITANTIA. BOSSELURE. COULEUR. DÉPOUILLE. FEUILLAGE. FANE. La *Physique des Arb.* T. I. p. 100 & suivantes.

Ne pouvant qu'effleurer ce qui concerne l'Œconomie Physique des feuilles, nous avons du moins indiqué une excellente source où l'on pourra puiser une infinité de connoissances sur cette partie de l'Histoire Naturelle. Les détails où M. Duhamel est entré par rapport à l'Anatomie des feuilles, font appercevoir que leur différente forme dépend beaucoup des vaisseaux qui y sont distribués. En discutant les divers sentimens sur l'intention que paroît avoir eue l'Auteur de la Nature en formant avec tant de soin ces parties végétales; conjectures dont nous avons tracé une esquisse; M. Duhamel fait remarquer qu'il y a des circonstances particulieres où les feuilles sont destinées à fournir une partie de leur substance aux productions que font les plantes: à-peu-près de même que la graisse des animaux sert pendant quelque tems à les nourrir. * *Phys. des Arb.* T. I. p. 163-4. T. II. p. 247.

FEUILLE *d'une Fleur.* Nombre de Botanistes ont ainsi appellé ce qu'on nomme aujourd'hui Pétale. *Voyez* PÉTALE.

FEUILLE: en parlant de *Poisson.* C'est la même chose que *Alevin.*

FEUILLE DE SAUGE. Instrument de jardinage. *Voyez* DÉPLANTOIR.

FEUILLÉE. Espece de Berceau en maniere de sallon; fait d'un bâti de charpente, couvert & orné par compartimens de branches d'arbres, garnies de leurs feuilles.

FEUILLÉE (*Côte.*) Voyez CÔTE.

FEUILLENTINE. *Voyez* FEUILLANTINE.

FEUILLER *un Fourneau.* Voyez CHARBON, p. 524.

FEUILLER *le Bétail malade.* C'est lui tirer la fiente du ventre, & lui jetter avec la main dans le fondement une décoction de feuilles de mauves & de guimauves, & de son de froment: ou bien on la donne en lavement si on le peut. Cela est d'usage dans le flux de sang.

Herbe à deux FEUILLES. *Voyez* sous le mot HERBE.

FEUILLETTE; ou FEILLETTE. Petit Tonneau qui contient environ la moitié du muid de Paris.

FEUILLEURE. C'est, *en Maçonnerie*, l'entaille en angle droit, qui est entre le tableau & l'embrasure d'une porte ou d'une croisée; pour y loger la menuiserie.

En Menuiserie; c'est une entaille de demi-épaisseur, sur les bords d'un dormant ou d'un guichet: laquelle se fait en chamfrain, ou à languette, pour garantir de vent coulis.

FÉVRIER. C'est le second mois de l'année, qui commence par Janvier. Il a ordinairement vingt-huit jours: on en compte vingt-neuf dans les années bissextiles; ce qui arrive tous les quatre ans. *Voyez* BISSEXTE.

Le soleil entre dans le signe des poissons vers le vingt de ce mois.

Du premier de Février au quatorze, le jour dure neuf heures quarante-trois minutes: puis jusqu'au vingt-huit, dix heures vingt-neuf minutes. A la fin du mois, les jours sont crûs d'une heure trente-huit minutes, moitié le matin, moitié le soir.

Les *Occupations* de ce mois sont à-peu-près les mêmes que celles de Janvier.

Supposé que la terre ne soit ni gelée ni couverte de neige, on seme de l'oignon, des porreaux, de la ciboule, de l'ozeille, des pois hâtifs, des feves de marais, de la chicorée sauvage, de la pimprenelle.

Dans un climat chaud on seme aussi les lentilles, le chanvre, le lin, le pastel.

On replante à demeure, sur couche, les laitues à coquille semées dès l'automne à quelque bon abri, & les laitues à crêpe blonde semées en Janvier; pour qu'elles pomment sous cloche. On en repique d'autres.

On seme sur couches des melons, des melongenes; des raves & radis, separés. On peut mettre quelques carottes sur la même couche; parce qu'elles veulent la même dose de terreau. Comme les raves levent beaucoup plus tôt, on en seme une seconde fois dans la même place; & celles-ci viennent encore aussi vîte que les carottes: ou bien on mêle ensemble les graines de raves & de carottes. Les raves sont consommées avant de pouvoir incommoder les autres plantes.

On seme des asperges. On rechauffe, pour la derniere fois, celles de l'année précédente, & on leur donne un petit labour vers la fin du mois, dans un climat chaud.

On plante du houblon.

On rechauffe pour la derniere fois les fraiziers qui sont en pots dans des couches, afin d'avoir des fraises hâtives.

On commence aussi à rechauffer des figuiers, des pois & des feves, en mannequin; lorsque l'on a des couches dressées exprès, suivant la grandeur des caisses ou des mannequins.

On seme sur couches, aussitôt qu'on le peut, du pourpier verd, & des choux de Milan; auxquels on associe encore de la graine de laitue; & même quelques fleurs annuelles, comme amaranthes, giroflées, quarantaines, œillets, &c. ainsi que des melons & concombres. Tout cela doit être semé alors amplement: on est plus sûr d'en recueillir de bonne graine. D'ailleurs ces différentes plantes sont bonnes à couper ou à repiquer à-peu-près ensemble.

C'est le tems de semer des pois-michaux: il faut qu'ils soient semés très-épais; pour les replanter en pleine terre au mois de Mars, le long de quelque mur bien exposé. Ils suppléent à ceux qu'on a semés en Novembre & Décembre, si la rigueur de l'hiver les a fait périr : ou bien ils leur succedent.

On seme des choux-fleurs sur la même couche où on repique des laitues ; on repique aussi les choux-fleurs, melons & concombres, semés en Janvier.

On commence, vers la fin du mois, à replanter les choux que l'on avoit semés au mois d'Août ; & replanter en place les melons & concombres de la premiere semence de Décembre. On peut mettre autour de chacun de ces melons & concombres, quatre de ceux qui ont été semés en Février ; que l'on retire quand ils sont assez forts pour être mis en place.

Vers ce même tems, on seme la plupart des arbres, les pois verds, feves, haricots, lupins, & autres plantes légumineuses, du cerfeuil & du persil, pour être consommés de bonne heure, sans qu'ils aient le tems de monter.

On seme l'absinthe. On replante l'ail ; les anémones dans les terres qui ne sont pas séches.

Si on a des chassis, on garnit de toutes sortes de plantes & de semences, les intervalles de melons. Mais lorsqu'on se sert de cloches, tout ce que l'on mettroit entre deux risqueroit trop d'être gâté.

On fait des couches pour les raves, radis, petites salades ; & pour tout ce que l'on replantera en pleine terre.

Pour toutes les couches de ce mois on reprend les fumiers de celles qui ont fini le service des asperges, des raves, des laitues pommées ou à couper ; & on les mêle avec du fumier neuf. Les rechauds s'emploient de même.

On laboure si la saison le permet. Car il y a des années où les travaux des champs sont encore fort peu avancés à la fin de Février.

On met à l'uni la terre où l'on veut semer du chenevi, & que l'on avoit labourée en grosses mottes avant l'hiver.

On laboure les plate-bandes du froment semé en automne suivant la Nouvelle Culture.

On façonne les terres pour les mars, principalement sur les côteaux.

Si l'on en croit certain proverbe, c'est un tems favorable pour semer l'aveine.

On prépare les terres pour le sainfoin.

On nettoie le colombier, le poulaillier, *&c.* & l'on fume les champs, les prés, & les jardins.

Autant que l'on peut, vers la fin de ce mois, on acheve de tailler les arbres & arbustes. On peut, dans un climat doux, planter la vigne ; échalasser celle qui est en place ; & même s'il fait chaud, la lier à l'échalas.

Il faut piocher les arbres au pied, & mettre auparavant par-dessus l'épaisseur d'un demi-doigt, soit de colombine, soit de fumier de cochon.

Sous un climat chaud, on rechauffe les pieds d'arbres que l'on a laissés découverts en hiver.

On plante des arbres. On élague ceux qui sont en place. On en ôte avec soin les feuilles mortes, la mousse, les chenilles, *&c.*

On plante les bois, les taillis.

On visite le vin ; qui doit être attendri.

C'est le tems de repeupler les garennes. Il faut aussi raccommoder les terriers.

On continue d'abattre les bois.

On achete des ruches & des mouches.

On donne le verrat aux truies, en climat chaud.

La fin de ce mois commence à être favorable pour élever les agneaux nouvellement nés : vu que les brebis trouvent alors quelques pointes d'herbes dans les lieux où elles paissent.

Les perdrix qui se sont appareillées en Janvier, forment alors de petites compagnies.

Recolte du mois de Février.

On n'a dans ce mois-ci, que ce que l'on a conservé dans la serre ; & ce qu'on a pu obtenir par le secours d'excellens ados & abris, ou des couches & des rechauds : c'est-à-dire, les petites laitues, les raves, les asperges, & autres choses indiquées ci-dessus.

FEUR-MARIAGE. *Voyez* FORMARIAGE.

FEUTRE (*Distillation par le*). *Voyez* DISTILLATION, p. 799.

F I B

FIBRES du corps. *Voyez* RELACHEMENT. TENSION.

Densité, ou tissu compact, *des fibres.* Vice qui en diminue le mouvement. Lorsque ce n'est pas un vice naturel, il est occasionné soit par la bonne chere, soit par la vie oisive & peu agitée, soit par les passions, le sommeil trop prolongé, *&c.* De quelque cause que le mal provienne, on peut y remédier par un régime délayant & adoucissant, un exercice modéré, qui aille néanmoins quelquefois jusqu'à la fatigue. L'augmentation de transpiration, les alimens peu succulens, la veille, l'attention à tout ce qui nous environne, augmentant le mouvement des fibres, leur donneront plus de finesse, & augmenteront la *sensibilité.*

F I C

FIC. Petite tumeur, ou excroissance charnue ; ainsi nommée de ce qu'elle pend en maniere de figue. Il en vient aux yeux, aux paupieres, au menton, à l'anus, au bout des doigts, & dans le vagin. Le fic est souvent rougeâtre & mou : quelquefois dur & skirrheux. Il est difficile à guérir par des topiques. On le guérit plus sûrement en le coupant tout-à-coup ; ou en le serrant peu-à-peu, quand cela est possible, avec un petit cordon ou un fil.

Consultez ce mot, entre les maladies du CHIEN ; & sous celui d'*Ulcere*, maladie du CHEVAL.

FICARIA. *Voyez* PETITE ÉCLAIRE.

FICELLE. *Voyez* CORDE.

FICHE (*Planter à la*). Voyez BARRE.

FICHER : *en Maçonnerie.* C'est faire entrer du mortier avec une latte dans les joints de lit de pierres, lorsqu'ils sont calés ; & remplir les joints montans, d'un coulis de mortier clair, après avoir bouché les bords des uns & des autres avec de l'étoupe. On fiche aussi quelquefois les pierres avec moitié mortier & moitié plâtre clair. On appelle *Ficheur*, l'ouvrier qui coule le mortier entre les pierres, & qui les jointoye & refait les joints.

FICHER *des Echalas.* Terme de Vigneron : qui signifie faire entrer un échalas au pied d'un cep de vigne, pour y attacher les branches nouvelles que la pesanteur du raisin & des feuilles feroient tomber à bas, & peut-être éclater & rompre. Comme les Jardiniers ont de la vigne dans leurs jardins ; par exemple, quelques pieds sur le bord du labour ; ils ont aussi besoin d'y ficher des échalas. [On dit plus communement *Piquer.*]

FICOIDEA. Genre de plantes, que l'on cultive par curiosité. M. Linnæus les met sous la dénomination d'*Aizoon*. Leurs feuilles sont charnues. Leurs fleurs n'ont point de pétales : mais sont composées d'un calice qui est d'une seule piece, divisée à son bord en cinq pointes. Un Embryon pentagone soutient cinq styles ; accompagnés de beaucoup d'étamines articulées plusieurs ensemble dans chaque sinus du calice. Cet embryon devient une grosse coque pentagone, séparée intérieurement en cinq loges qui renferment des semences à-peu-près rondes.

Il y a une espece de ficoïdea, qui est toujours couchée; & dont les feuilles, faites comme celles du pourpier, brillent au soleil & ont des nervures très-sensibles.

Le Perou & nos Isles de l'Amérique en fournissent une autre espece aussi couchée; dont la tige est rouge; les feuilles lisses, longues, étroites, & d'un verd de mer; & le calice, d'un pourpre éclatant.

Ces plantes ne veulent qu'un sable maigre. En bonne terre, elles s'étendent beaucoup : mais fleurissent tard; ensorte que le fruit ne mûrit pas.

FICUS. *Voyez* FIGUIER.

FIE

FIEF: *terme de Jurisprudence* : qu'il importe de bien connoître; pour savoir les obligations ou personnelles ou réelles que l'on a à l'égard des Seigneurs dont un fonds releve, ou ses droits sur les fonds de ceux qui relevent de celui qu'on possede.

Charondas (sur la Coutume de Paris) dit que le Fief est un droit donné & octroyé en héritage, ou en autre chose, par le Seigneur; en bienfait : car il n'est pas vendu à prix d'argent. Et ce, à condition de le reconnoître perpétuellement, (par soi & ses successeurs,) l'Auteur d'icelui; & de l'avouer pour Seigneur & lui rendre fidélité, secours en guerre, ou autre service ou devoir.

La principale distinction des fiefs, est en *Fief de Dignité* ; & *Fief simple*. Le premier s'appelle *Fief Dominant* : le second, *Fief Servant*. Avant d'entrer dans l'explication de cette matiere assez compliquée, il est bon de rechercher l'origine de cette nature des biens. On la fait remonter jusques aux premiers commencemens de la société humaine; dans lesquels ceux qui se trouvoient les plus puissans & les plus forts distribuoient aux plus foibles des portions d'un vaste terrein, dont ils étoient les premiers & uniques possesseurs, & les premiers occupans; & demandoient pour prix de leur bienfait, la fidélité, l'honneur & le service en guerre, si elle arrivoit contre d'autres puissans, qui occupoient un autre terrein : voilà, dit-on, l'origine du Fief & de la fidélité des vassaux; & l'origine de l'*hommage*, c'est-à-dire, de ce service personnel qui consiste à exposer sa personne en guerre pour la conservation de son bienfaiteur.

Les Citoyens Romains se faisoient ainsi honneur d'avoir sous leur protection des gens qu'ils appelloient *Clientes* : & les Empereurs Romains avoient coutume de donner des terres aux Soldats, à la charge d'être toujours prêts à défendre les frontieres.

Les Lombards passent pour être les premiers qui aient établi distinctement la *Jurisprudence Féodale*. Mais on ne peut douter que les Fiefs ne fussent introduits parmi les Francs, avant que les Lombards entrassent en Italie, & que César eût passé dans les Gaules. On veut que les Rois ayant confié le gouvernement des Provinces aux Ducs & aux Comtes, certain tems après, ces Seigneurs qui n'étoient que Sujets, s'érigerent en Souverains : & comme ils avoient besoin de partisans pour soutenir leurs rébellions, ils distribuoient aux Généraux d'Armée & aux plus braves Capitaines, les terres qu'ils avoient usurpées; afin de les attacher indispensablement à leur service par des raisons de gloire, d'ambition & d'intérêt. Ces mêmes chefs, afin de se rendre agréables à leur Duc ou à leur Comte, rangeoient sous leurs bannieres autant d'hommes qu'ils pouvoient, pour fortifier le parti; & leur faisoient part des bienfaits qu'ils avoient reçus. C'est de-là qu'est venue la distinction des fiefs, des arriere-fiefs; & celle des fiefs nobles, d'avec les roturiers. Ces Ducs & Comtes, en s'emparant du commandement, avoient usurpé le droit le plus éminent de la Couronne; qui est celui d'annoblir. Mais depuis que les Rois conquérans ont réuni leur domaine que les révoltés avoient divisé, le Roi seul a eu le pouvoir d'annoblir un vassal par l'investiture. Par ce changement, ces anciens Ducs & Comtes, ou leurs descendans, devinrent de rechef vassaux; comme ils l'étoient dans la premiere vigueur de la Monarchie : ils releverent immédiatement de la Couronne : & leurs vassaux baisserent d'un dégré, & devinrent arriere-vassaux. Alors pour indemniser ces Seigneurs, on obligea leurs Sujets qui étoient autrefois engagés à leur rendre service en guerre, à certains droits & devoirs tous différens de ceux qu'ils rendoient à ces Seigneurs, quand ils étoient encore Souverains.

Maintenant que les fiefs sont héréditaires & patrimoniaux; voici comment ils se réglent selon le droit commun. Les Coutumes ne sont pas les mêmes partout sur la maniere de rendre les foi & hommage, & pour la prestation des droits & devoirs féodaux. La plupart sont conformes à la Coutume de Paris. Nous avons observé que, dans l'ancienne institution, le vassal étoit tellement dévoué à son Seigneur, qu'il lui promettoit de le servir envers & contre tous; & que ce service étoit de l'accompagner à la guerre. Il est aisé de juger qu'il n'y a plus que le Roi qui puisse exiger ce serment de ses Sujets : mais la Coutume, pour ne pas blesser les Droits de la Souveraineté, & ne pas priver aussi les propriétaires des fiefs de ce qui leur est dû; accorde à ces derniers, dans les mutations ou changemens des vassaux, la réception de foi (qui n'est plus que l'ombre de celle qui se rendoit autrefois); & certains profits, à proportion de ce que les héritages sont vendus. Cela s'observe si étroitement en faveur du Seigneur Féodal, quand il ne seroit qu'usufruitier; que si le vassal ne s'acquitte pas de son devoir quarante jours après la mort de celui auquel il succede, il est privé en pure perte de la jouissance des fruits pendant tout le tems de la saisie. Encore que la foi & hommage soit dûe par toute sorte de personnes indistinctement, il n'en est pas de même des droits & devoirs. Car il n'est dû aucune chose pour raison des héritages qui échéent en ligne directe ascendante; ni par la femme, pour le fief acquis par le mari durant la Communauté qu'elle accepte. Entre les avantages que reçoivent les Seigneurs, celui de prendre la cinquieme partie du prix de la vente de l'héritage qui est de leur mouvance, est le plus considérable. Ce n'est que dans les ventes ou dans les autres contrats qui équipolent à la vente, que le *quint* & *requint* peut être prétendu. Il arrive aussi que le fief est confisqué au profit du Seigneur, en tout ou en partie, pour la propriété ou pour l'usufruit seulement, suivant que le Juge l'ordonne : ce qui s'observe principalement, lorsque le vassal soutient qu'il ne releve point de son Seigneur. Car, bien que pendant la contestation il jouisse par provision, sans qu'on puisse user de *Saisie Féodale* ; toutefois s'il succombe, la confiscation est la peine de sa révolte. La seconde raison pour laquelle un fief tombe en commise, est la félonie; par exemple, si le vassal a conspiré contre son Seigneur, ou s'est porté à quelque excès qui mérite une telle punition. *Voyez* ABONNEMENT.

La conduite du nouveau Seigneur à l'égard de ses Vassaux peut être presque conjecturée de ce qui a été dit ci-dessus. Il suffit donc de rappeller ici ce qui est porté par l'Art. LXV. de la Coutume de Paris. *Quand un Fief vient de nouvel à aucune personne par succession, acquisition, ou autrement*, le nouveau Seigneur ne peut empêcher ni mettre en sa main les fiefs qui sont tenus de lui, jusqu'à ce qu'il ait fait faire les proclamations & significations que ses Vassaux lui viennent faire la foi & hommage dans quarante jours : & ce fait, lesdits quarante jours passés, si lesdits Vassaux ne se présentent, il peut saisir & exploiter les fiefs tenus & mouvans de lui, & faire les fruits siens ; pourvû toutefois que ladite proclamation & signification ait été faite. Si la mouvance est contestée entre plusieurs Seigneurs, le Vassal doit être reçu par main Souveraine, pour jouir pendant le procès, en consignant en justice les droits par lui dûs ; à la charge, lorsque le différend est terminé, de porter la foi à celui qui obtient gain de cause, quarante jours après la signification du jugement. Tous les différends qui surviennent entre les Seigneurs & leurs Vassaux doivent être terminés en justice : à cause qu'en France les voies de fait ne sont jamais permises ; & tous les Seigneurs, autres que le Roi, sont obligés pour tous leurs différends d'emprunter le secours de la justice. Mais la difficulté est de savoir si c'est le Juge du fief dominant qui en doit connoître ; ou celui du fief servant : ce qu'on ne peut mieux expliquer que par la distinction qu'en font les Arrêts. S'il s'agit de la foi & hommage, la connoissance en appartient à la justice du fief dominant. Et s'il est question de regler les profits du fief ; comme sont la commise, la jouissance des fruits pendant la saisie féodale, les reliefs ou rachats, quints & requints ; il faut suivre la Jurisdiction du lieu où les héritages sont situés. Comme ces droits ne sont que des accidens, ils ne sont pas sujets à toute la rigueur des fiefs. Ainsi, si le Vassal soutient qu'à la vérité il releve d'un Seigneur, mais qu'il n'est tenu d'aucunes *Charges Féodales* : quoique par l'événement du procès sa contestation soit jugée téméraire ; il ne sera pas pour cela privé en pure perte de la propriété des choses féodales, comme il arriveroit dans le cas de félonie ; on ne peut tout au plus que le condamner aux dépens. Aussi, lorsque les titres des Seigneurs ne s'expliquent pas assez clairement sur la maniere de rendre hommage, on entend le plus favorablement qu'on peut les dispositions. Au lieu que s'il s'agit du plus ou du moins pour régler les profits, on incline toujours pour le Vassal. Cette conduite est fondée sur deux vérités. 1. Le fief, dans son origine, est une libéralité & une espece de donation, à condition que le donataire ne s'en rende point indigne par ingratitude, par félonie ou désaveu. 2. Le Seigneur n'a prétendu en cela que l'honneur & la reconnoissance de la part de celui qui fut bénéficié le premier ; & cette libéralité a été d'abord désintéressée. Ainsi le quint, le requint, les reliefs, ne sont que des accidens survenus & des inventions pour le gain ; qui ne sont pas d'un droit si rigoureux & si rigide que l'obligation de foi & hommage, qui est la principale intention & tout l'essentiel du fief. Puis donc que la commise ou confiscation, est réduite par Coutume au seul cas de la félonie, il s'ensuit que si le mari est condamné pour un autre crime à une mort civile ou naturelle qui emporte confiscation des biens, la femme n'est pas pour cela privée de la part qu'elle a dans le fief acquis par le mari pendant leur mariage, ni de ses prétentions pour la restitution de sa dot & de ses conventions matrimoniales ; non plus que les autres créanciers. Dans le cas proposé, le délit commis par le mari n'intéresse point le Seigneur, (la condition sous laquelle la concession a été faite ayant été accomplie) : ainsi la foi & hommage ayant été rendus, les fiefs restent dans la nature commune des autres biens ; lesquels ne tournent jamais au profit d'un confiscataire, au préjudice de la femme ni des créanciers.

Le FIEF *dominant* : ou *Seigneur de Fief dominant* : est celui à qui on doit foi & hommage. Le FIEF *Servant*, est celui qui releve d'un autre Fief, & qui n'a sous soi que des rotures. Le FIEF *de Hautbert*, est le plus noble après les fiefs de dignité. La plupart des fiefs de *Hautbert* relevent immédiatement du Roi. *Voyez* HAUTBERT.

FIEF *Noble*. C'est celui qui est tenu en plein hommage, ou en pairie, ou en plein lige ; où il y a Justice, Maison ou Château notable, fossés, tours ou tourelles, & autres signes de noblesse & d'ancienneté. On appelle les autres *fiefs*, *Ruraux* & *non Nobles* ; & quelquefois *Fiefs restraints* ou *abregés*.

Les FIEFS *Roturiers* sont ceux qui ne sont point nobles. Ce sont des héritages originairement concédés à des roturiers ; sur lesquels le Seigneur concédant ne s'est réservé que des prestations utiles, qui se payent chaque année ; & les lods & ventes en cas d'achat. Le Roi n'y perçoit que la taille & les autres impositions ordinaires & extraordinaires. Les Gentilshommes peuvent les posséder comme les Roturiers : mais les Roturiers ne peuvent posséder les fiefs nobles : ce qui s'observe encore, à la rigueur, dans les Coutumes où les *fiefs* sont en *Danger* ; c'est-à-dire, qu'ils sont sujets à confiscation, si étant tombés entre les mains d'un roturier, il n'a pas soin de s'en défaire dans l'année. Cependant les Rois ont coutume d'imposer, de tems à autre, une certaine somme sur ceux qui en jouissent ; pour les dispenser de cette regle, qui étoit autrefois générale dans toute la France.

Dans l'achat & vente d'un fief, il est dû au Seigneur le droit du *quint* & *requint* ; qui revient à six pour vingt-cinq. S'il s'agit d'une roture, ce droit est appellé *lods* & *ventes*. Il est plus ou moins fort, selon la différence des Coutumes, & selon les différentes qualités des biens. *Voyez* VENTES.

Quelques-unes de nos Coutumes admettent encore des *Franc-Aleus* ; c'est-à-dire, des fonds & héritages qui ne relevent de personne. Il y en a qui ne laissent pas de composer une Seigneurie : laquelle, quoiqu'elle ne reconnoisse pas de Seigneur dominant, a pourtant des sujets & des droits semblables à ceux des Seigneurs : c'est ce qu'on appelle *Francaleu Noble* ; pour le distinguer du franc-aleu roturier, qui n'a non plus de sujets qu'il ne reconnoît de supérieur. *Voyez* ALEU.

FIEF-FRANC, *ou* FRANC-FIEF. C'est un fief qui ne doit être tenu que par personnes franches & nobles de race, ou annoblies ; qui sont franches, libres, & exemptes de tailles, aides & subsides. Après l'accroissement & le parfait établissement des fiefs, ceux qui en étoient les possesseurs, se qualifierent Gentilshommes, & furent réputés seuls nobles ; ils obtinrent même que les fiefs ne seroient possédés que par des personnes nobles, à l'exclusion des roturiers : ensorte que la possession d'un fief étoit une preuve de noblesse. Mais la nécessité où furent réduits les Gentilshommes, de vendre leurs fiefs pour les voyages de la Terre Sainte, fut une occasion aux roturiers de pouvoir posséder des fiefs. Les Papes, qui sollicitoient les Croisades, obtinrent le consentement des Rois en faveur des roturiers. Philippe le Hardi, en 1275, donna permission aux roturiers de posséder des fiefs ; en payant une certaine finance, qu'on appelle encore aujourd'hui *Droit de Franc-fief*.

Depuis

Depuis qu'il fut permis à toute sorte de personnes d'acquérir des fiefs pour de l'argent; les roturiers, que l'industrie éleve souvent à la plus haute fortune, trouvant par là un moyen fort sûr de s'emparer de tous les domaines, on jugea à propos de leur imposer des charges qui pussent modérer leur ambition, & les faire ressouvenir de leur état: c'est pourquoi il ne leur fut plus permis de posséder des biens nobles, soit en fief soit en franc-aleu, qu'en payant au Roi cette espece de finance appellée *Droit de francs-fiefs*.

Les plus anciens vestiges que nous ayons de l'établissement de ce droit, sont les Ordonnances de Philippe III & de Philippe le Bel: lesquelles ont été suivies des Edits & Déclarations de Charles V & VII, de Louis XI, de Louis XII; qui font voir que de tems en tems on a pris certaines sommes sur les roturiers qui ont possédé des fiefs; à proportion de leur jouissance passée, pour assurer celle qu'ils avoient intérêt de continuer. Une Déclaration du 29 Décembre 1652, ordonna la perception de ce droit. Un Edit du mois de Novembre 1656, vérifié en 1657, accorda aux roturiers la faculté de jouir des fiefs nobles, & les affranchit pour l'avenir des recherches des droits de francs-fiefs situés dans les Parlemens de Paris & de Rouen; en payant la juste valeur de deux années du revenu des fiefs & autres biens qui y étoient sujets. Par une Déclaration du 7 Avril 1672, l'affranchissement de ce droit fut confirmé en payant même une année de la juste valeur du revenu des biens nobles.

Il y a un Arrêt du Conseil d'Etat du Roi, du 16 Août 1692, qui ordonne que tous les possédans fiefs & biens nobles, ensemble tous les possesseurs des terres & héritages en franc-aleu, ou roturier franc-bourgage & franche-bourgeoisie, sujets aux taxes ordonnées par les Edits du même mois, concernant le recouvrement des francs-fiefs & les taxes pour le recouvrement du franc-aleu, mettroient dans un mois lors prochain entre les mains du Commis préposé, des Déclarations & les copies duement collationnées des titres de leurs acquisitions & possessions; & que faute par les redevables d'y satisfaire, les biens par eux possédés seront saisis. Sa Majesté a même ordonné que les redevables seroient tenus de payer les sommes pour lesquelles ils se trouveroient compris dans les rôles qui seroient arrêtés au Conseil.

Un roturier, qui acquiert un fief & ensuite paye les francs-fiefs, ne peut répéter ce qu'il a payé, si le fief vient à être retiré par un noble au moyen du *Retrait lignager*. Les proches parens d'un noble qui a vendu son fief à un étranger (c'est-à-dire à un homme qui n'est pas de sa famille) ont droit de retirer ce bien & fief aliéné, en remboursant à l'acheteur le prix qu'il a donné au vendeur du fief. Si celui qui a acheté étoit noble, il ne souffriroit aucun dommage, puisqu'on lui rend tout l'argent qu'il avoit déboursé dans cet achat. Quant au roturier; pour pouvoir jouir de ce fief, il a été obligé de payer au Roi le droit de francs-fiefs, sans laquelle somme (outre la valeur & somme payée au noble vendeur) il n'auroit pu tenir sûrement ce fief de nouvelle acquisition. Et comme le parent qui retire le fief, n'est point obligé de rendre à l'acheteur roturier autre chose que la valeur de l'achat, ce roturier souffre un dommage: mais ce dommage est réputé volontaire. Puisqu'il connoissoit sa roture, il devoit se regarder comme sujet au retrait lignager lorsqu'il acquit ce fief, au péril de souffrir la perte de cette somme donnée au Roi pour purger son incapacité personnelle. Non seulement les roturiers sont exposés aux inconvéniens du retrait lignager; mais aussi à une autre sorte de retrait qu'on appelle *Retrait féodal*.

Voyez RETRAIT. RELIEF.

En 1579, Henri III ordonna qu'à l'avenir les fiefs n'annobliroient plus, de quelque valeur & dignité qu'ils fussent.

On trouve souvent réunis les termes, *Droit de Francs-fiefs & nouveaux acquêts*. Cependant le droit de nouveaux acquêts, se leve sur les gens de main-morte, pour les nouvelles acquisitions qu'ils ont faites & non amorties: au lieu que, comme nous l'avons dit, le droit de franc-fief se leve sur les roturiers, afin de purger l'incapacité qui se trouve en leurs personnes pour la possession des francs-fiefs. Ce qu'on appelle donc vaguement *Droit de francs-fiefs & nouveaux acquêts*, est la taxe qu'on fait tous les vingt, trente, ou quarante ans, sur les Roturiers, les Eglises, les Communautés & gens de main-morte; pour les fiefs qu'ils tiennent, ou qu'ils ont acquis de nouveau, qui ne sont point amortis: afin qu'ils ne soient pas obligés d'en vuider leurs mains.

Erection d'une Roture en Fief.

» Fut présent très-haut & puissant Prince Monseigneur Henri, *&c.* Duc de.... Marquis de.... » Baron de.... & autres lieux; étant maintenant en » cette Ville de Paris, en son Hôtel, rue & Paroisse...: Lequel désirant gratifier Alexandre, *&c.* » Ecuyer, sieur de.... demeurant à.... des bons » & fideles services qu'il lui a rendus près sa personne depuis dix ans, & l'honorer des preuves » de son amitié & bienveillance; a volontiers agréé » la priere que ledit Sieur, à ce présent, lui a faite, » d'ériger en un seul fief & noble tenement, sa métairie de.... & héritages en dépendans, ci-après » déclarés, situés dans la Jurisdiction dudit Marquisat de...; afin de lui donner plus de sujet de remettre en valeur lesdits héritages, notablement » dépéris, & de faire la dépense nécessaire pour y » édifier bâtimens, le tout à la décoration desdits » héritages & dudit Marquisat. C'est pourquoi Son » Altesse a, par ces présentes, créé & érigé en un » seul fief de..., tous les susdits héritages; lesquels » consistent en ladite métairie de..., deux cens arpens de bois taillis & haute futaie; cinq cens arpens » de terre labourable, vingt arpens de prés, & » douze arpens de vigne, (*il faut mettre en cet endroit tous les tenans & aboutissans desdits héritages*); le tout appartenant audit Sieur de..., *par tel & tel moyen*, &c. En outre, Sadite Altesse a » par ces présentes permis audit Sieur..., ses hoirs » & ayans cause, de faire; quand bon leur semblera, bâtir maison sur lesdits héritages, à l'endroit qu'ils jugeront le plus commode & utile au » choix dudit Sieur...; même de faire clore & » fermer de fossés ladite maison, & pourpris d'icelle; y faire ponts levis, tours, tourrelles, & » toutes autres choses nécessaires pour la garde & » défense de ladite maison; une garenne fermée de » murailles. De plus, Sadite Altesse a par ces présentes attribué & concédé audit Sieur de....., » moyenne & basse Justice sur tous lesdits héritages; » & tous droits & prérogatives en tout le terroir » dudit fief, etangs, prés, qui en dépendent, sans » que qui que ce soit y puisse faire paître ni prendre aucun usage, sans l'exprès consentement dudit » Sieur de..., & de ses successeurs & ayans cause: » pour ledit fief, avec sesdites appartenances & » dépendances, tenir & posséder dorénavant par » ledit Sieur de..., & en jouir noblement ausdits » droits de prérogative de noble & de Gentilhomme. » Et à cette fin Sadite Altesse a du tout affranchi,

» quitté & déchargé à toujours ladite métairie, » terre & héritages ci-dessus déclarés, de toutes char» ges & redevances censuelles & roturieres, dont ils » étoient ci-devant tenus & chargés envers Sadite » Altesse, à cause de son Marquisat de.... ou au» trement; à la charge & réserve toutefois de la » haute Justice audit Marquisat, & des foi & hom» mage que ledit Sieur de..., sesdits hoirs, succes» seurs & ayans cause, seront tenus faire & porter » à Sadite Altesse & à ses successeurs Marquis de..., » quand le cas y écherra, selon la Coutume du lieu. » Et dès-à-présent pour cette fois seulement, après » que ledit Sieur de... s'est mis en devoir de vassal, » & qu'il a fait & porté les foi & hommage & ser» ment de fidélité à Sadite Altesse, pour raison du» dit fief de..., & payé les droits à Elle dus à ce » sujet; Sadite Altesse l'a reçu & reçoit à ladite foi » & hommage, & l'a quitté & déchargé desdits » droits. A la charge aussi qu'à chaque mutation les » successeurs dudit Sieur de..., faisant ladite foi & » hommage, seront tenus de faire présent à Sadite » Altesse & à ses successeurs au Château dudit Mar» quisat, d'une épée à garde d'argent doré, de la » valeur de..., outre le droit de relief & profits » féodaux, suivant ladite Coutume. Car, ainsi Sadite » Altesse l'a voulu & accordé; mandant Sadite Al» tesse par cesdites présentes, aux Baillifs & autres » Officiers dudit Marquisat, présens & avenir, de » laisser jouir & user pleinement & paisiblement » ledit Sieur de..., ses successeurs & ayans cause, » du contenu en cesdites présentes, ainsi qu'il est » accoutumé à l'endroit des autres vassaux dudit » Marquisat, sans permettre ni souffrir qu'il y soit » fait aucun empêchement; nonobstant l'ancienne » qualité censuelle & roturiere desdits héritages: » laquelle Sadite Altesse a abolie & amortie, & sur » ce imposé silence perpétuel à son Procureur Fiscal » & Receveur audit lieu, & à tous ses autres Of» ficiers & sujets. Dont, & de tout ce que dessus, » ledit Sieur de.... a très-humblement remercié » Sadite Altesse, promis & promet, tant pour lui » que pour ses successeurs & ayans cause, d'en» tretenir & accomplir tout le contenu en icelles » présentes, selon leur forme & teneur, obligeant » & renonçant: fait & passé, *&c.* «

Nota. Un tel fief ne peut appartenir par préciput à l'aîné; comme feroit un ancien fief par la Coutume. Mais si l'aîné le veut avoir, il lui demeurera, en payant pour cette fois à ses puînés, leur part également de la valeur d'icelui, suivant la prisée qui en sera faite du total; parce que telle érection nouvelle, n'étant qu'un desir du pere, ne peut faire tort aux puînés; qui sans cela auroient partagé l'héritage également. Mais ensuite ce fief passant de la main de l'aîné en d'autres mains, l'aîné venu de lui ou d'autres ses successeurs aura & lui appartiendra ledit fief entiérement, suivant ladite Coutume; à raison de ce que par tel changement de main, un tel fief est devenu ancien.

Quand la foi & hommage est faite, il faut bailler aveu & dénombrement. *Voyez* FOI & HOMMAGE. VASSAL. SEIGNEUR.

FIEL. C'est la bile contenue dans une vésicule qui tient au foie des animaux.

En Médecine, on se sert du fiel de quantité d'animaux; entr'autres, selon Dioscoride, du fiel de scorpion de mer; de ceux de la barbue de mer, de la tortue de mer; de l'hyene, de la perdrix, de l'aigle, d'une jeune poule blanche, de chevre sauvage, de taureau, de brebis, d'ours, de bouc, & de porc.

En général, suivant le même Dioscoride, tout fiel est chaud & âcre; cependant les uns plus que les autres. Le fiel lâche le ventre, & particuliérement celui des petits enfans; on leur fait un suppositoire de laine qu'on trempe dans le fiel. Galien dit que c'est la plus chaude humeur qui soit dans les animaux. Mathiole, après avoir raisonné sur les différences de tempérament des fiels, conclud que plus ils sont clairs & subtils, moins ils sont chauds: (*Sur Diosc.* L. II. Ch. LXXI.)

Le fiel sert aussi à quelques maladies des yeux, à embellir la peau, ôter les taches des étoffes, & peindre en Mignature. Délayé dans de l'eau dont on mouille bien les plantes attaquées de pucerons, il fait mourir ces insectes.

Pour Conserver le fiel: il faut lier bien serré l'orifice de la vessie qui le contient, & la mettre dans de l'eau bouillante, l'y laissant un petit demi-quart d'heure: après quoi, on la fait sécher en un lieu qui ne sente point le renfermé, mais où le soleil ne donne pas.

Pour ce qui est du fiel qu'on veut préparer pour les yeux: l'ayant lié comme ci-dessus, dit encore Dioscoride, on le met dans un vase de terre, où il y a du miel; on attache à l'orifice de ce vase le fil avec lequel est liée la vésicule; & ayant bien bouché ce vase, on serre le tout jusqu'à ce qu'on en fasse usage.

Préparation de Fiel de bœuf, pour en faire un Cosmétique.

Mettez dans une bouteille de verre, du sel de verre & du borax, de chacun trois dragmes; sucre candi, une once; alun de roche, une demi-once: versez par dessus, environ une pinte de fiel de bœuf, distillée dans une cucurbite de verre ou de grais au feu de sable. Ensuite bouchez bien la bouteille, & la tenez pendant quinze jours au soleil ou dans du fumier, ayant soin de l'agiter de tems en tems: après quoi filtrez la liqueur; & la conservez dans une bouteille bien bouchée.

Le fiel de bœuf, ainsi préparé, est déterfif, & propre à nettoyer la peau.

Autre préparation.

Prenez telle quantité que vous voudrez de fiel de bœuf, que vous vuiderez dans une bouteille de verre. Puis, pour une livre pesant, vous y ajoûterez une dragme d'alun de roche, une demi-once de sel gemme ou de sel de verre, une once de sucre candi, deux dragmes de borax, & une dragme de camphre. Il faut piler chacun de ces ingrédiens séparément; puis les ayant mêlés, les verser sur le fiel, & agiter le vaisseau pendant environ un quart d'heure. On continuera ainsi pendant une quinzaine, à le remuer deux ou trois fois par jour, jusqu'à ce que le fiel devienne clair comme de l'eau. Alors on le filtrera par le papier gris; pour le garder.

Il préserve d'être hâlé du soleil, si l'on en met sur le visage avant d'aller aux champs. Puis, au retour se lavant avec de l'eau commune, on détache tout ce que le grand air a répandu de grossier sur le teint.

Préparation du Fiel de bœuf, pour la Mignature.

Faites au cou de la vessie du fiel une ouverture large de deux doigts. Versez-y un demi-verre de vinaigre ou même de vinaigre distillé, une pincée de sel, & une pincée de poivre blanc. Puis attachez la vessie contre un mur; & mettez quelque chose dessous, pour recevoir ce qui en découlera. Lorsque les gouttes deviendront troubles, vous ôterez la liqueur, & la garderez.

Son usage est d'en mettre avec le jaune, le bistre

la terre d'ombre, la pierre de fiel, l'inde, le stil de grain, lorsqu'on broye ces couleurs; & de broyer bien fort. Cela empêche les couleurs de s'écailler. Par ce moyen aussi elles s'attachent parfaitement au vélin; & acquierent de l'éclat.

Consultez le mot *Fiel*, dans l'article BŒUF. Voyez aussi, dans le même article, ce qui concerne la *Pierre* qu'on trouve dans le fiel de bœuf. ECRIRE *sur un papier gras*.

FIEL DE TERRE. Voyez *Petite* CENTAURÉE, *n.* I. FUMETERRE.

FIENT, ou FIENTE; en Latin *Fimus*. Excrémens des animaux; qui forment le fumier, & fournissent de bons engrais. *Voyez* FIMETÆ *Plantæ*.

FIENTE *de Bœuf*, & *de Vache*. Consultez ce mot dans l'article BŒUF.

FIENTE *moussée*. Voyez ce mot entre les maladies du CHEVAL.

FIENTES *de divers animaux*. Leurs propriétés sont indiquées, dans les articles ATTRACTIF. CHEVRE. ANE. *Fiente des poules mauvaise au* CHEVAL. ABSCÈS. AMENDER, *n.* 25.

Maniere de distinguer ces Fientes, les unes des autres.

Voyez BOUZARDS. AIGUILLONS. BECCASSE, p. 277. FUMÉES. LAISSÉES.

La fiente du lievre & du lapin se nomme *Crotte*; celle du cheval, du mulet, de l'âne, & du mouton, *Crottin*. Pour le renard & le blereau, on dit FIENTE; *Epreinte*, pour la loutre.

FIEVRE. Mouvement déréglé de la masse du sang; avec lésion des fonctions. Consultez M. Hoffmann, *Tr. des Fievr.* Sect. I. Prolegom.

Les vrais symptômes de la fievre sont 1°. l'accélération & la vitesse du pouls; ou sa force & son resserrement: 2°. un surcroit de chaleur par tout le corps: 3°. la respiration devient plus animée: 4°. un sentiment pénible de lassitude s'oppose aux mouvemens du corps.

La fievre se déclare presque toujours par un froid & un frémissement: dont l'impression est plus ou moins forte & durable, & se communique plus ou moins du dedans au dehors, selon la différence de la fievre. Dans ce premier état le pouls est petit & fréquent; les extrémités deviennent pâles, roides, tremblantes, froides, quelquefois même insensibles. A ces symptômes il en succede de tout opposés, qui forment le second état de la maladie.

Les symptômes ordinaires des fievres, sont les veilles, le sommeil, la frénésie, la douleur de tête, les maux de cœur, la soif, le cours de ventre, la constipation, les sueurs, le vomissement, le saignement de nez; la langue & les lévres noires ou blanches, ou jaunes, séches, écorchées, ou galeuses.

Le tempérament, & la conduite de la personne, contribuent à disposer à la fievre: dont les causes prochaines peuvent être, 1°. des alimens ou boissons âcres (*Voyez* ANCHOIS); 2°. l'application extérieure de topiques dont l'effet est de piquer, déchirer, brûler, & produire l'inflammation; 3°. un air corrompu; 4°. le vice du régime; 5°. le défaut des sécrétions, ou des évacuations accoutumées; 6°. l'irritation occasionnée dans les nerfs par quelque cause que ce soit; & par conséquent une plaie, un abscès.

Il y a longtems que l'on a comparé la fievre au Caméleon; à cause des différentes formes sous lesquelles elle se présente, & qui lui font souvent éluder tout l'Art de la Médecine. Elle est aussi variée, qu'il peut se faire de combinaisons dans le désordre de nos humeurs. Une grande étude & une longue expérience peuvent seules parvenir à saisir le caractere du mal, & espérer d'en détruire la cause.

Galien compte vingt-sept especes de fievres non réglées; lesquelles dégénerent ordinairement en fievre quarte. Sennert fait monter à soixante-treize, le nombre des fievres.

Il est constant que la fievre est une suite de l'engorgement des petits vaisseaux sanguins: ainsi qu'il est aisé de le reconnoître par les frissons, l'anxiété ou difficulté de respirer, les douleurs sourdes, les tumeurs inflammatoires, les dépôts, les hémorrhagies, & autres symptômes qui précédent ou accompagnent la fievre. Ce qui peut donner lieu à cet engorgement, ce sont des matieres grossieres, visqueuses, ou aigres; qui diminuant la fluidité du sang, le font séjourner dans les petits vaisseaux.

Les premieres voies transmettent à la masse du sang, des matieres de ce caractere, lorsque les digestions sont dérangées; que le chyle n'est pas assez travaillé & qu'il est peu coulant; & qu'au lieu d'une qualité douce & balsamique, il a contracté de l'aigreur, de la viscosité, & s'est chargé de parties grossieres & indigestes.

C'est pourquoi si, par les secousses des solides & les efforts des vaisseaux, les matieres qui causoient l'embarras & l'engorgement, sont divisées & altérées au point de circuler avec facilité & d'être séparées des fluides par les différens couloirs sécrétoires & excrétoires: le calme succede, la fievre cesse, l'accès est terminé, & les fonctions se rétablissent. Mais s'il passe toujours, des premieres voies, ou qu'il reste dans la masse du sang, de quoi en altérer la qualité; dès qu'il y en aura une quantité capable de produire l'engorgement nécessaire pour exciter l'accès de fievre; alors elle se manifestera de nouveau: & la différence de ses accès dépendra de la qualité & quantité de matieres qui auront pénétré les voies de la circulation, & du tems qu'il leur aura fallu pour y parvenir & s'y accumuler.

En suivant ces principes, & observant le cours de la maladie & l'effet des remedes; on peut se promettre un grand succès dans la cure des fievres.

La fievre est regardée comme maladie lorsqu'elle dérange le systême des fonctions de tout le corps. Elle n'est que symptomatique si elle survient à la suite d'un autre mal; comme après la pleurésie, l'inflammation du poumon, la squinancie.

On peut distinguer en général trois sortes de fievres: qui sont l'éphemere, la putride, & l'hétique; desquelles seront supposées dériver la synoque, la continue, la tierce, la quarte, &c.

Observations sur les Fievres.

I. La premiere chose que l'on doit observer dans les fievres continues, c'est le mouvement du pouls.

S'il est grand & vigoureux, il donne à connoître les forces sur lesquelles l'espérance de la vie est fondée. Un pouls inégal est toujours de mauvais augure: celui qui est intermittent, est fort dangereux; sur-tout dans les personnes qui sont à la fleur de leur âge. Le pouls languissant ou petit, présage la mort quand le malade est foible. *Voyez* POULS.

II. Si la respiration est libre, c'est un bon signe; au contraire celle qui est grande & violente, est l'avant-coureur de transport au cerveau. Celle qui est difficile & petite, est ordinairement funeste; ainsi que lorsqu'il arrive des frayeurs, des convulsions, ou de grandes douleurs d'entrailles.

III. Si les excrémens ressemblent à ceux qui sont naturels, il y a espérance que la maladie sera courte: au contraire s'ils sont d'autre couleur, & si au-dessus des urines il paroît comme des toiles d'araignées, ou comme une graisse fondue; il y a du danger.

IV. Les sueurs qui arrivent dans les fievres aux

jours de crise sont bonnes : dans d'autres tems elles font craindre, soit la longueur de la maladie, soit la mort.

V. Dans toute fievre qui n'est pas intermittente : si l'on a froid au dehors, & un grand feu au dedans, avec soif ; selon Hippocrate, c'est signe de mort.

VI. Selon lui, la mort doit s'ensuivre encore ; si les levres, les sourcils, les yeux, ou le nez, se renversent ; que le malade n'entende plus, ni ne voie, & qu'il soit foible : ou s'il survient difficulté de respirer, avec délire, ou grande chaleur autour de l'estomac, & douleur d'estomac, ou des songes effrayans ou convulsifs.

VII. Ce Médecin dit aussi que, lorsqu'il arrive de fréquens changemens par tout le corps, comme du froid au chaud, ou un changement de couleur ; la maladie sera longue.

VIII. Il tire la même induction, des douleurs ou des tumeurs qui surviennent aux jointures ; surtout si les abscès ne viennent point à suppuration, quand la fievre paroît cesser.

IX. Lorsque pendant la fievre il s'amasse autour des dents une humeur gluante, l'accès sera très-fort.

X. La fievre revient ordinairement, quand elle ne quitte pas en jour impair.

XI. S'il reste quelque douleur après que la fievre est passée ; on est menacé d'un abscès dans la partie douloureuse. Si l'on sent de la lassitude durant la fievre, il se forme particuliérement des abscès aux jointures, & près des machoires.

XII. Toute fievre tierce qui a des redoublemens sans devenir intermittente, est dangereuse. Mais le danger cesse dès qu'elle devient intermittente.

XIII. Selon Hippocrate, toute partie qui étoit affligée avant la fievre, en devient la retraite : & celle qui est attaquée de chaud ou de froid, doit en être regardée comme le siége.

XIV. Toute fievre qui provient d'une inflammation interne, ou de bubons, est dangereuse : à moins qu'elle ne soit éphémere.

XV. C'est un bon signe lorsque le visage se maintient dans son état naturel : mais s'il change de couleur, ou que le malade ait tantôt froid, tantôt chaud, c'est un mauvais symptôme.

XVI. Si les flancs & le ventre ne sont point tendus, ni durs, ni douloureux ; on résiste mieux à la fievre.

XVII. Si la crise doit arriver le sept, le quatrieme jour de la maladie en donnera des signes par des urines rouges ou blanches : pour le quatorze, l'onzieme en sera l'avant-coureur : & le dix-sept marquera pour le vingt.

XVIII. Les accès de fievre aiguë, qui arrivent en des jours pairs, sont toujours dangereux. Les jours impairs sont les seuls où cette fievre doive se faire sentir.

XIX. S'il y a flux de ventre ou flux de sang, qui accompagne la fievre ; il ne faut pas purger.

Remedes généraux.

L'eau appaise promptement l'ardeur de la fievre, & tempere les douleurs que la fievre causoit dans les entrailles. Donnez un verre d'eau tiede à un fébricitant, au commencement de l'accès : vous empêcherez l'altération ; & en continuant deux ou trois fois, vous guérirez souvent la fievre.

2. Il faut corriger le vice des humeurs qui croupissent dans les premieres voies, & de celles qui y abordent ; restituer aux fibres de l'estomac & des intestins leur tension nécessaire ; détruire, dans la masse du sang, la matiere qui entretient les accès de fievre ; & rétablir la liberté de la circulation dans tous les canaux & vaisseaux capillaires. Les émétiques emportent promptement les matieres qui séjournent dans les premieres voies : & l'on voit assez souvent qu'en interrompant tout à coup le transport qui s'en faisoit dans la masse du sang, la fievre cesse sans qu'il soit besoin de recourir à d'autre expédient. Mais lorsque le sang & les humeurs sont infectés par le mélange des mauvais sucs des premieres voies ; que les glandes des intestins ne fournissent qu'une humeur gluante & visqueuse qui tapisse leurs parois & émousse le sentiment de leur velouté ; lorsque quelque viscere a perdu son ressort, & est disposé à l'engorgement : ces secours ne suffisent pas ; il faut recourir aux fébrifuges.

3. Les plantes céphaliques & aromatiques (comme le romarin, la sauge, la rue, *&c.*) sont des fébrifuges assurés, dit Vanhelmont : *Sunt diaphoretica insignia, non nihil temperata, quæ medentem fidelem nunquàm ludibrio exponent.* Mais comme il est toujours utile de tempérer leur action, afin qu'un fébricitant n'en soit pas trop échauffé ; l'Abbé Rousseau conseille d'y mêler de son laudanum : qui est par lui-même diaphorétique. Au reste ce fameux Chymiste veut que l'on ne donne ce remede que sur le déclin de la fievre, après que la grande violence de la chaleur & de l'accès est déja modérée. Pour lors, dit-il, on voit une sueur douce ; presque toujours accompagnée d'un sommeil tranquille, qui rafraîchit beaucoup le malade : & il y a très-peu de fievres, même quartes, qui ne cessent au troisieme ou quatrieme accès. Quand elles paroissent trop opiniâtres, il faut ajoûter comme un véhicule, un demi-verre de décoction de quinquina, à chaque prise : au moyen de quoi l'on n'en manque (dit-il) aucune ; à moins qu'il n'y ait complication. Le véhicule ordinaire est le vin, pourvû que le malade puisse le prendre : & l'on ne doit pas craindre d'occasionner une plus grande chaleur dans la fievre ; car le laudanum y pourvoit.

4. Selon Hippocrate, un régime humectant est très-convenable dans la fievre ; surtout pour les jeunes gens, & pour ceux qui ont coutume de suivre ce régime lorsqu'ils sont en santé. Il ajoûte que l'on doit accorder ou retrancher les alimens selon la saison, le climat, l'âge, & le tempérament. Voyez *Fievre des* AGNEAUX, T. I. p. 39.

5. La tisane d'orge convient à presque toutes les fievres. La décoction de gruau d'aveine, peut avoir un effet plus sûr.

6. Eugalenus dit avoir guéri nombre de fievres, même dans des cas dangereux, par le moyen d'une légere infusion de *Cochlearia* dans du petit lait de chevre : que le principal remede avec lequel il guérit une fievre maligne, étoit deux dragmes & demie de *Cochlearia*, ajoûtées à une potion apéritive ; la fievre & tous ses mauvais symptômes diminuerent dès que le malade en eut pris quatre ou cinq fois ; & reparurent lorsqu'il eut cessé de prendre ce remede pendant deux jours.

7. Mettez bouillir cinq plantes de petite centaurée, dans un demi-septier de lait : & donnez-le à prendre, environ une heure avant l'accès. Mais un peu auparavant il faut avoir purgé le malade à jeûn, avec du verre d'antimoine, infusé vingt-quatre heures dans un verre de vin blanc. Le malade ne prendra que du bouillon aux herbes.

8. Les fébrifuges composés de choses astringentes, ont ordinairement un effet plus prompt & plus sûr, que les autres. Pour rendre le remede plus efficace ; il doit être un peu sudorifique & diurétique.

9. Mêlez ensemble un verre de bon vin rouge, trois onces de miel blanc, trois onces de sirop de capillaires, trois dragmes de quinquina ; & en pre-

nez le tiers à jeûn, trois jours de suite. Demi-heure après, prenez un bouillon avec deux ou trois tranches de pain.

10. *Remede que l'on croit être le véritable fébrifuge de Riviere.* Prenez de la cendre bleue, & du mercure doux sublimé douze fois, de chacun dix à douze grains; incorporés avec un peu de conserve de roses.

11. Faites bouillir du lait; versez-y de vieille bierre pour le faire tourner; passez-le ensuite par un tamis; mettez la liqueur sur le feu pour la faire bouillir avec une bonne poignée d'alleluya. Donnez ce remede au malade chaudement, dès qu'il sentira que l'accès approche. Il faut qu'il se couche; & le bien couvrir pour exciter la sueur. S'il ne guérit point la premiere fois, il ne manquera point (dit-on) de l'être à la seconde.

12. Quand l'accès approche, il faut prendre de la thériaque de Venise gros comme une feve, dans un bouillon.

13. Prenez un gros oignon blanc: & après l'avoir cerné par le haut, vous mettrez au fond, de bon orvietan ou de bonne thériaque, la grosseur d'une petite noix: puis ayant remis le cerne, & enveloppé l'oignon dans de fort papier gris, vous le ferez cuire sous les cendres chaudes. L'oignon étant cuit, vous l'ouvrirez; & y coulerez deux ou trois dragmes de jus de limon, & un petit verre de vin blanc; vous l'écraserez ensuite, & passerez la liqueur par un linge bien net, avec forte expression. Lorsque le malade prend ce remede, il doit se tenir au lit, bien couvert, afin de faciliter la sueur; & après avoir changé de linge, il prendra un bouillon avec un peu d'herbes & de muscade. Il pourroit même prendre un semblable bouillon, une heure après le remede.

14. Faites tremper, le soir, environ la grosseur d'une noisette, d'alun de glace crud, dans de l'eau froide, laquelle doit surnager de trois doigts; & faites prendre l'infusion au malade, dans le tems que la fievre a coutume de le prendre.

15. Faites infuser un gros & demi de couperose verte dans quatre pintes d'eau: puis ayant bien bouché la cruche, gardez cette eau pour le besoin. On peut s'en servir quatre heures après; & la conserver pendant dix ans sans qu'elle se corrompe. La dose est de huit gros, qu'on doit prendre à jeûn, ou deux heures après avoir mangé; & ne rien prendre qu'au bout de deux heures. On en prend de deux jours l'un, par trois fois. Si la fievre ne quitte pas, il faut recommencer.

16. Voyez *Fievre*, entre les maladies du BÉTAIL, du BŒUF, du CHEVAL, de la BREBIS, de la CHEVRE, du DINDE. BAUME *du Perou.* BAUME *du Commandeur de Perne.* FROMENT *d'Inde.* ABSORBANS. EAUX *Minérales.* FÉBRIFUGE. ANTIMOINE. COLIQUE *bilieuse.* CATAPLASME *pour les fievres où le cerveau est attaqué d'un assoupissement & d'une langueur extraordinaire.* ARCANUM DUPLICATUM. *Esprit d'*ALUN.

FIEVRE ÉPHEMERE.

La fievre éphemere est ainsi appellée, parce que son commencement, son état, & son déclin se font ordinairement dans l'espace de douze, vingt-quatre, ou tout au plus trente-six heures. On la distingue en Vraie, & Bâtarde.

L'*Éphemere Vraie* se connoit en ce qu'elle surprend tout à coup le tempérament le plus sain; qu'elle a pour symptomes un pouls égal & bien reglé dans sa vitesse, une chaleur douce, peu d'altération, l'urine peu chargée, point de frisson, ni de tremblement; la respiration est libre; & la sueur ne sent pas mauvais. Elle arrive d'ordinaire à ceux qui se tiennent ou marchent au plus fort du soleil; ou qui font des exercices violens; qui s'emportent de colere ou qui se laissent abbattre de tristesse, de soins, de veilles, d'abstinence, de crainte, *&c.*

Remedes pour la Fievre éphemere vraie.

Aussitôt que l'on aura reconnu ces signes, on pourra faire tirer du sang, à quelque heure que ce soit. Il sera fort utile de donner quelques lavemens simplement rafraîchissans; faire boire dans l'accès, de l'eau pure ou de l'eau d'orge, ou de la petite bierre, ou un peu de vin blanc mêlé de beaucoup d'eau; & des bouillons simples assaisonnés d'ozeille, pourpier, laitue, ou de verjus, ou de jus d'orange: & appliquer sur le front un linge trempé dans de l'oxycrat. Un jour ou deux après, on purgera avec de la casse délayée dans du petit lait: ou on dissoudra dans une décoction de deux onces de tamarins, une once & demie de sirop de fleurs de pêcher.

L'on pourra réitérer cette purgation encore une ou deux fois.

Voyez BAIN, p. 248.

En général cette fievre cede souvent à la simple diéte, & à la privation de nourriture solide, pendant un ou deux jours.

La Fievre Éphemere Bâtarde arrive par la crudité des mauvaises viandes; l'excès de la boisson; l'usage immodéré des fruits cruds; une sueur rentrée mal à propos; une constipation de ventre; une longue rétention d'urine. Ce qu'il y a de plus à considérer, c'est qu'elle arrive peu-à-peu, avec un pouls inégal & déréglé, beaucoup d'altération, une sueur puante, des urines fort crûes, & des douleurs dans toutes les jointures.

Remedes.

Si on le juge à propos, on saignera; sans prendre garde à l'âge, ni à la saison. On donnera, soir & matin, des lavemens composés de toutes sortes d'herbes potageres; dans lesquels on ajoûtera du miel violat, ou du miel mercuriel, ou du miel commun. On purgera le quatrieme ou le cinquieme jour avec deux dragmes de senné, & une dragme de rhubarbe, infusées dans une décoction de polypode, ou d'hysope, ou de chicorée, ou d'aigremoine: après l'avoir coulée, on y délayera six gros de catholicon double; ou une once & demie de sirop de fleurs de pêcher, pour les personnes délicates. Cette médecine se doit réitérer autant qu'il en sera besoin. Entre les bouillons, le jour de la purgation, l'on usera d'une tisane faite avec les racines d'asperge, de fenouil & d'aigremoine: si l'on veut, on y ajoûtera de la réglisse, de la cannelle, ou de la coriandre.

D'autant que cette fievre est causée par beaucoup de crudités, on ne donnera à manger rien de solide: on assaisonnera seulement les bouillons & les potages, de thim, ou de cloux de girofle, ou de muscade.

Pour la boisson, on la retranchera le plus que l'on pourra durant l'accès.

FIEVRE PUTRIDE.

On distingue cette fievre, généralement accompagnée de putréfaction des humeurs, en Continue & en Intermittente. Nous ne parlons actuellement que de la *Continue.* On la reconnoît à une chaleur âcre & mordicante; au pouls, qui est grand, fréquent, & souvent inégal; à la crudité des urines;

aux nausées, vomissemens, pesanteurs de la tête & du corps. Il y a une grande altération : la langue est jaunâtre & chargée ; les déjections & les sueurs sont fétides : & le malade éprouve des défaillances fréquentes.

Traitement.

Commencez par une ou deux saignées, selon la force de la fievre & la vigueur du malade. Immédiatement après, donnez l'émétique en lavage. Laissez ensuite reposer le malade, pendant un jour. Le lendemain purgez-le avec deux onces de tamarins, un gros d'agaric, & deux gros de sel de Glauber, le tout infusé sur les cendres chaudes, durant quatre heures, dans une chopine d'eau bouillante ; puis mêlé avec deux onces de manne, & le suc d'un citron : le tout étant passé, on le prend en deux verres à une heure & demie de distance l'un de l'autre.

Dans le cas où la fievre feroit trop considérable pour que l'on risquât de purger, on pourroit employer une décoction de pruneaux ; à laquelle on ajouteroit deux onces & demie de tamarins & une pinte d'eau ; pour en prendre un verre, de deux en deux heures.

La boisson ordinaire peut être l'eau de poulet ; ou 2°. une décoction d'orge, sur une pinte de laquelle on mettra un peu de réglisse, & vingt gouttes d'esprit de soufre s'il y a beaucoup de fievre & d'altération : 3°. l'eau panée, où l'on ajoutera un peu de sirop soit de limon soit de grenade soit d'épinevinette.

On ne négligera pas en même tems les lavemens : où on mettra bouillir une laitue coupée en quatre, & on y ajoûtera un gros de sel de prunelle.

Depuis que l'on aura commencé à purger, on réitérera les mêmes purgatifs tous les deux jours ; pour tâcher de détourner par les selles la matiere putride.

Si l'humeur se porte à la tête ; & qu'elle occasionne de l'engorgement au cerveau, du délire, de l'assoupissement ; il faut appliquer des véficatoires à la nuque du cou. Les bains tiedes des pieds peuvent encore être utiles. Quand ces secours n'empêchent pas que la tête ne s'embarrasse, on peut y appliquer en dessus, des compresses trempées dans de l'eau froide.

Les jours de purgation, il ne seroit pas mal de donner un grain d'opium ou demi-gros de thériaque, pour tranquilliser un peu le malade. Mais comme ces calmans suppriment les évacuations, on ne s'en servira qu'avec beaucoup de ménagement, & lorsque le malade aura été suffisamment purgé.

FIEVRE HÉTIQUE.

On nomme ainsi une fievre Chronique, qui mine & desséche peu-à-peu tout le corps.

Elle se manifeste par un pouls foible, dur, & fréquent ; une rougeur vive & habituelle, aux levres & aux joues, & qui augmente lorsque les digestions envoient de nouveau chyle dans le sang. On éprouve une chaleur inquiétante. Il y a dans la peau une aridité brûlante ; sensible surtout après le repas, aux mains, à la plante des pieds, & auprès des arteres. L'urine est nidoreuse, écumeuse ; dépose un sédiment ; & porte à sa surface un nuage léger, gras, de couleur foncée. On voit souvent ces malades préférer les alimens froids, à tous les autres. Ils se sentent la bouche féche, une soif continuelle, une langueur par tout le corps. Le sommeil de la nuit ne les soulage point. Ils ont des sueurs qui les abattent.

A ce degré de la maladie succedent des crachats glutineux & écumeux, une pesanteur & douleur dans les hypocondres, des étourdissemens, des évacuations d'humeurs fétides. On devient fort sensible à tous les changemens de tems. Les symptomes du premier état sont beaucoup plus marqués dans ce second état. On tombe dans le marasme.

Le mal, en s'augmentant de jour en jour, produit des tremblemens, une maigreur affreuse, des taches & des pustules sur la peau, une couleur plombée & livide. Les yeux ne s'ouvrent plus qu'avec peine ; ensorte que l'on croiroit souvent que le malade sommeille, quoiqu'il ne puisse reposer. Les accès de vertige & de délire, l'enflure, la suffocation, les diarrhées colliquatives, conduisent enfin à la mort.

Cette fievre, presque toujours funeste dans la jeunesse & dans les tempéramens chauds, est l'effet d'une corruption générale dans les humeurs. Elle succede souvent à la fievre ardente, ou à la fievre continue ; à l'ulcere des poumons ; ou à l'éréfipelle : quelquefois à une gonorrhée trop tôt arrêtée, ou à tout autre mauvais traitement des divers cas de maladies vénériennes. Il y a aussi presque toujours quelque abscès dans les viscères.

Remedes.

1. Si une fois cette fievre parvient au troisieme degré, il n'y a presque plus de ressource. C'est pourquoi, pour l'empêcher d'aller jusqu'au second, l'on fera prendre le bain pendant un mois, ou six semaines ; d'abord un peu chaud ; & sur la fin on accoutumera les malades à le souffrir un peu froid. *Sinon* on fera des fomentations sur le ventre & sur les reins, deux ou trois fois le jour, avec des linges trempés dans de l'eau tiede.

2. L'on fera user pendant le jour, de quelques bouillons de veau & de poulet, assaisonnés de pourpier, laitue, buglose, & bourrache. Si l'on se rencontre dans la saison des melons, on en fera manger ; ainsi que de la citrouille & du concombre, soit apprêtés, soit en potage. On permettra aussi les fruits cruds.

3. La boisson sera de petite bierre ; ou de l'eau de son ; du cidre ; de l'eau de fontaine avec un peu de vin ; une tisane d'orge, avec des racines de nenufar, ou un peu de réglisse & de raisins secs.

4. On mangera modérément aux repas. Les malades en feront plutôt quatre à cinq petits, par jour, qu'un seul fort ; qui pourroit incommoder leur estomac, à cause de leur peu de chaleur naturelle. Ils mangeront tantôt du riz, tantôt de la bouillie, tantôt du gruau ; quelquefois de l'orge mondée, ou des panades ; souvent des grenouilles, des limaçons, des tortues, ou de bon poisson. Le lait d'ânesse ; ensuite celui de vache, ou de chevre, serviront encore d'aliment & de remede.

FIEVRE SYNOQUE ; aussi appellée *Aiguë Sanguine*, & *Continente*.

La Synoque dure plusieurs jours ; sans donner d'intermission, ni de relâche, que lorsqu'elle veut quitter. Consultez Hoffmann, *Tr. des Fiev.* Sect. II. Ch. I.

On distingue deux sortes de fievre Synoque : l'une qu'on appelle *simple*, est causée par un sang moins impur ; l'*autre* est produite par un sang plus corrompu.

La simple saisit ordinairement les jeunes gens débauchés, quoiqu'ils soient de bon tempérament. L'accès commence par une rougeur de visage, la plénitude & le gonflement des veines, une pesanteur de tête, l'envie de dormir, le battement des tempes, la difficulté de respirer; la force, la vîtesse & l'étendue du pouls, qui toutefois est mollet, égal & reglé : les urines sont épaisses & un peu rouges.

Cette fievre dure ordinairement quatre, sept, ou onze jours. Et si dans cet intervalle elle ne se termine par sueur ou hémorrhagie, elle dégénere en synoque putride.

Remedes pour la synoque simple.

Comme il est à craindre, que cette fievre ne se jette sur les poumons; pour y causer une inflammation, ou une pleurésie; ou qu'elle ne se change en l'autre synoque, ainsi qu'il est arrivé souvent pour avoir voulu différer trop longtems à se précautionner : on tirera du sang du bras droit, à quelque heure du jour que ce soit. Il faudra cependant avoir égard au sexe, à l'âge & au tempérament, en cas qu'il fallût plusieurs fois réitérer la saignée.

Dans l'intervalle des saignées, on donnera des lavemens composés avec un peu de miel, & une décoction de toutes sortes d'herbes potageres. On fera prendre peu de bouillons; on retranchera absolument tout ce qui sera solide ; comme œufs & viande : ne donnant à boire que de la tisane commune; ou de l'eau fraîche; pourvû qu'il n'y ait point d'obstruction, ni de foiblesse, ni rien d'alteré dans les entrailles.

Lorsque la coction commencera à se faire (ce qui se remarquera aux urines, qui changeront de couleur) l'on ne laissera pas de continuer le même régimé.

Si-tôt que la fievre sera un peu relâchée, on purgera avec une once & demie de casse, dissoute dans deux verres de petit lait; ou avec une once & demie de sirop de fleurs de pêcher, dans une décoction de deux onces de tamarins.

LA SYNOQUE *Putride* ou *Maligne*, qui est l'effet d'une humeur plus corrompue, se remarque à une chaleur plus considérable; à un pouls plus vîte, plus inégal & plus déreglé : outre que les urines sont plus rouges, elles sont épaisses, troubles, sans résidence, & de mauvaise odeur. Cette fievre attaque pour l'ordinaire, au commencement du printems, les jeunes gens remplis de beaucoup d'humeurs & de sang corrompu. Elle ne donne aucune intermission; quoique le matin il semble que l'on soit un peu plus tranquille.

Remede pour cette Synoque.

Dès le premier accès, il faudra donner un lavement composé de mauves, de violettes, de poirée & de laitues; dans lequel on aura mis quatre onces de miel commun, & deux à trois cuillerées d'huile d'olives, ou bien une once de casse mondée avec deux onces d'huile violat. Quand le malade l'aura rendu, on tirera deux à trois palettes de sang. Dans le fort de l'accès, on donnera à boire une tisane faite avec des racines d'oseille, des feuilles & des racines de chicorée sauvage; ou avec des feuilles d'aigremoine, & de chiendent.

On aura soin de ne donner au commencement rien de trop rafraîchissant, comme de l'eau pure, de la limonadé, ou de l'oxycrat : cette boisson n'aura lieu que quand on remarquera que les humeurs commenceront à se cuire. Néanmoins si la fievre étoit fort violente, l'on pourroit donner quelques émulsions avec des semences froides & du sirop de nenufar, ou du sirop violat ; & appliquer sur la région du cœur un peu de thériaque, ou d'orvietan, étendu sur un morceau de drap.

De trois en trois heures, on fera prendre des bouillons avec du veau, de la volaille & du mouton, assaisonnés de deux à trois cuillerées de suc de buglose ou de bourrache. Lorsque l'on s'appercevra que la fievre diminue, & que les selles seront changées ; on purgera avec une décoction de racines d'oseille, de chicorée & de chiendent, dans laquelle on aura fait infuser une demi-once de senné avec un gros & demi de rhubarbe & un gros de cannelle. Après avoir coulé cette infusion, on y fera dissoudre une once & demie de sirop de fumeterre & de chicorée. Cette liqueur étant partagée en deux doses, la premiere se prendra de grand matin à jeûn; & la seconde le lendemain à pareille heure; faisant prendre deux heures après un bouillon assaisonné de suc de buglose ou de bourrache. On réitérera cette purgation autant de fois que l'on jugera en avoir besoin.

FIEVRE CONTINUE.

C'est en général une fievre qui n'a point d'interruption depuis le commencement jusqu'à ce qu'elle soit tout à fait terminée.

Si, sans discontinuer, elle donne de tems à autre quelque relâche, & ensuite quelques redoublemens; on la nomme *Continue Rémittente*.

Ou les *Redoublemens* de la fievre continue sont périodiques, & reviennent à des heures réglées; ou ils sont erratiques, & ne gardent aucun ordre. Ceux qui sont périodiques caractérisent des fievres continues, quotidiennes, tierces, & quartes.

La *Quotidienne continue* redouble également une fois tous les jours. Elle est *double*, ou *triple*, quand il y a chaque jour deux, ou trois, redoublemens; dans l'espace de dix-huit heures : & bien loin que les six heures d'intervalle apportent quelque soulagement, au contraire l'on se trouve aussi fatigué & abbattu que si l'on étoit encore dans le fort de l'accès.

Cette fievre ne vient pas toujours de l'indisposition de l'estomac. Elle est quelquefois engendrée par une pituite pourrie ; qui d'abord se fait sentir aux extrêmités par un froid, qui peu à peu se répand dans tout le corps & le glace, sans toutefois occasionner beaucoup de frisson, ni de tremblement : la chaleur vient ensuite ; qui n'est pas violente. On se sent une foiblesse à l'estomac, la bouche pâteuse, & de la douleur au côté gauche. Le pouls est foible & fréquent ; mais inégal & déréglé lorsque l'accès commence. Les urines sont d'abord claires ; puis troubles, colorées, épaisses, & abondantes ; le froid diminue alors, & la chaleur augmente. Souvent l'on ne sue que vers la fin de la maladie.

Cette fievre dure quelquefois dix-huit jours dans un même degré; & ne s'en va qu'en diminuant peu à peu pendant dix-huit jours. Elle est ordinaire aux enfans, aux vieillards, aux femmes, aux paresseux, aux gourmands, à ceux qui boivent beaucoup de bierre ou d'autres liqueurs visqueuses, ou qui mangent trop de fruit crud. Aussi arrive-t-elle plutôt sur la fin de l'automne & dans l'hiver, qu'en été & au printems.

La *Tierce continue* a ses redoublemens de deux jours l'un, laissant un jour de rémission entre deux. Elle est double, ou triple, selon le nombre des redoublemens qui se manifestent dans l'espace de deux jours.

La *Quarte continue* redouble tous les quatre jours inclusivement. On la nomme double, soit quand le redoublement subsiste deux jours consécutifs & ne laisse qu'un jour de rémission, soit lorsqu'elle a deux redoublemens chaque quatrieme jour. S'il en arrive trois, elle est triple.

Toute espece de fievre continue attaque ordinairement au plus fort de l'été, les personnes maigres qui vivent de viandes séches; qui sont velues; qui ont de grosses veines; qui ont toujours les mains brûlantes, avec quelques picotemens; qui sont fort actives; & dont les selles sont remplies de bile.

Si-tôt que l'on est attaqué de cette fievre, la couleur du visage change; le sommeil est interrompu; on sent des douleurs par tout le corps, particuliérement à la région du ventre; les flancs sont durs, tendus, & douloureux; on a des inquiétudes, défaillances, difficultés de respirer, du dégoût, avec grande altération; les urines sont crûes.

On diroit qu'aujourd'hui les différentes especes de fievres se sont rapprochées, & se sont en quelque sorte confondues dans les fievres continues: qui s'annoncent presque toujours par une oppression accablante, l'assoupissement, un délire sourd accompagné de légers tressaillemens soit de nerfs soit de tendons; les convulsions précédent souvent d'une heure ou deux la crise qui se prépare, & elles n'abandonnent plus le malade jusqu'à ce qu'elle soit terminée.

Remedes pour la fievre Quotidienne.

Dès les premiers jours, on ne prendra qu'une nourriture fort légere. Après quoi on augmentera, le quatre ou le cinq, d'un œuf; & ensuite d'un peu de potage, prudemment assaisonné de muscade ou de capres. On prendra quelquefois des olives, ou des raisins cuits au soleil; ou une rôtie au vin & au sucre; ou un biscuit trempé dans du vin d'Espagne ou dans quelque autre liqueur échauffante sans âcreté.

La boisson ordinaire sera d'une partie de vin blanc avec deux d'eau.

Il faudra; quatre heures avant que la fievre revienne, veiller & se divertir plutôt que de dormir ou d'être à ne rien faire. Dans le commencement des accès, l'on empêchera le sommeil autant que l'on pourra: on peut même essayer de mettre le malade en colere; d'autant que les humeurs étant un peu agitées pourront servir à cuire davantage le phlegme. Sur la fin de l'accès, on donnera des lavemens composés avec les fleurs de camomille, mélilot, violettes, les graines de fenouil & d'anis, le sucre rouge, le miel violat, le senné. Après le sept ou le huit, on ajoûtera dans les lavemens une demi-once d'aloès.

Quoique les saignées ne soient pas nécessaires dans cette maladie; néanmoins pour évacuer une partie de la pourriture contenue dans les vaisseaux, il sera bon de tirer du sang vers le quatrieme ou le cinquieme accès: & s'il y avoit suppression d'hémorrhoïdes ou de regles, ou une douleur à la partie postérieure de la tête; on ne fera pas difficulté de saigner du pied, surtout si l'on voit que les urines soient rouges.

Après que le malade aura rendu les lavemens, on lui fera prendre un gros de thériaque dans un peu de vin, ou d'eau cordiale.

On se gardera de donner aucun vomitif avant le sept ou le huit de la maladie; si l'on ne voit pas quelque signe de coction, ou de disposition à cela.

Après le huit ou le neuf, l'on purgera sans difficulté avec une demi-once de tablettes de diacarthami, & une demi-once de diaphénic; délayés dans un verre d'infusion de deux gros de senné, & d'une pincée de petite centaurée, ou d'absinthe, ou de rue.

On réitérera souvent cette médecine, suivant les forces du malade; & l'on en diminuera la dose, ou on l'augmentera, suivant les âges.

2. Plusieurs, en prenant dans le milieu de leur accès la *potion* suivante, ont été guéris en peu de tems.

Délayez un gros de thériaque, autant de mithridate, & demi-once de sucre dans un demi-verre d'eau de chardon bénit, ou de vin blanc.

3. D'autres se sont bien trouvés de prendre un verre de vin d'absinthe, une heure avant la fin de l'accès.

4. Il est bon de boire, quelque tems avant l'accès, du suc de bétoine & de plantain, ou deux dragmes de bétoine, & une dragme de plantain, en poudre, dans un grand verre d'eau chaude.

5. On conseille de boire, tous les matins, trois ou quatre doigts d'une décoction faite de racines d'ache, persil, raves, asperges; feuilles de bétoine & de scolopendre; pois chiches rouges; & écorce moyenne de sureau.

6. On peut faire infuser dans du vin blanc des racines d'hieble; & en boire environ deux doigts une heure avant l'accès. Mais après, il se faut donner garde de dormir.

7. Sydenham dit qu'il est dangereux d'exciter la sueur, dans cette fievre; que la saignée & les purgatifs n'y sont pas plus utiles: & que le quinquina lui a toujours réussi.

Il y a une *Fievre* QUOTIDIENNE, durant l'accès de laquelle on sent également & en même-tems le chaud & le froid. Comme en celle-ci, il y a beaucoup plus de pourriture & de chaleur, il faudra retrancher entiérement le vin; ne faire user que d'une tisane de chiendent avec la racine de fraisier, & la réglisse. Au surplus, il faut pratiquer les mêmes remedes, & le même régime, qu'à la précédente.

Remedes généraux pour les Fievres continues.

1. Faites avaler au malade dans le frisson deux jaunes d'œufs cruds, frais pondus du jour, délayés dans trois cuillerées de lait de beurre. Un quart d'heure après, donnez-lui une chopine de lait doux & frais qui n'ait point bouilli: & réitérez ce remede, de la même maniere, trois jours de suite.

2. Voyez *Potion Cordiale*, dans l'article CARDIAQUE. ARCANUM DUPLICATUM. VOMISSEMENT.

3. Prenez du sel volatil de vipere, dissout dans des liqueurs cordiales, ou mêlé avec de l'opium.

4. Traitez le malade avec les *Remedes Pastoraux*, en la maniere indiquée pour la PESTE: observant de ne donner la *Drogue* que dans le tems où la fievre diminue, & jamais dans le redoublement; & de faire précéder la saignée; comme aussi de tenir le ventre libre par des bouillons aux herbes, des lavemens, des suppositoires.

☞ 5. Coupez au dessus de l'oreille un paquet de cheveux de la personne malade, ensorte que leur quantité égale environ la pesanteur d'un liard. Mettez-les sur une pelle, & la présentez au feu, pour que les cheveux brulent doucement. Ensuite pulvérisez-les autant que vous pourrez: & les faites avaler dans un bouillon.

Ce remede occasionne des symptomes violens, qui peuvent être dangereux. Mais si le malade peut soutenir cette crise, il est parfaitement guéri en peu d'heures. On en a vû plusieurs fois la réussite dans des fievres très-violentes & accompagnées de redoublemens.

6. Il y a de bons Médecins qui assurent que ces sortes de fievres (tant les bénignes que les malignes) se doivent guérir sans la saignée. Car la saignée, souvent dangereuse dans les fievres malignes, est

est rarement utile aux fievres ardentes continues bénignes ; à moins que la plethore ne soit grande, & le malade jeune ; ou que la fievre ne soit venue pour avoir usé de boissons fortes & chaudes ; ou qu'une femme qui en est attaquée, n'ait beaucoup d'embonpoint, ou que le flux menstrual ne soit supprimé. Dans tous ces cas la saignée est nécessaire : au lieu qu'elle augmente presque toujours les FIEVRES MALIGNES, & particuliérement celles qui viennent de contagion, ou qui sont accompagnées de pustules ou taches semblables à des morsures de puce ; qui les font nommer FIEVRES PETECHIALES, espece de Pourpre. (Consultez Hoffmann, *Traité des Fiev.* Sect. I. Ch. XI.) Plus la fievre est maligne, plus la saignée empêche soit la transpiration soit la précipitation des mauvais levains : à moins que le sang n'abonde extrêmement. Les clysteres & les laxatifs n'y font pas un meilleur effet.

Au contraire, un vomitif donné au commencement de ces maladies, tant bénignes que malignes, même avec contagion, est souvent sûr & nécessaire : & il est dangereux de le négliger ; principalement à l'égard des jeunes personnes, ou quand la maladie a été prise par contagion externe ; qui attaque la région de l'estomac & les premieres voies, où elle cause des inquiétudes. Le vomitif qu'on fait prendre en ces circonstances, affoiblit à la vérité le malade ; mais il le soulage tellement qu'il le délivre de ces inquiétudes pendant le reste de la maladie, & épargne beaucoup de peine au Médecin.

Voyez BEZOAR *animal.* BEZOAR. ALEXIPHARMAQUES. ANTIMOINE *diaphorétique.* ANGÉLIQUE. PESTE. ESSENCE *ou Soufre Solaire.* ASSA-FŒTIDA. DIARRHÉE, *n.* 3. *Grande* BARDANE.

FIEVRE POURPRÉE OU POURPREUSE.

Eruption cutanée, de plusieurs taches malignes (ou Exanthemes), semblables à des morsures de puces ou à des grains de millet ; qui sont de couleur pourpre, violette, ou azurée ; d'autres fois même ces pustules ne sont pas colorées ; & alors on les appelle improprement *Pourpre blanc.* L'éruption est d'ailleurs accompagnée des symptômes que nous avons indiqués pour les fievres continues.

Consultez l'article précédent. Voy. aussi POURPRE.

FIEVRE CHAUDE *ou* ARDENTE : *que l'on nomme aussi* CHAUD-MAL.

C'est une fievre continue, aiguë, & très-dangereuse. Ses principaux symptômes sont, une chaleur presque brûlante au toucher, inégale en divers endroits ; fort ardente à la tête, à la poitrine, & au ventre, tandis qu'elle est souvent modérée aux extrêmités. Il y a une aridité dans toute la peau, aux narines, à la bouche, à la langue, au gozier, aux poumons, quelquefois aussi autour des yeux. Le malade a une respiration serrée, laborieuse, & fréquente ; la langue séche, gersée, rude, & noire ; une soif qu'on ne peut éteindre, & qui souvent cesse tout à coup ; un dégoût pour les alimens ; des nausées ; le vomissement ; un accablement extrême ; la voix claire & aiguë ; l'urine en petite quantité, âcre, fort rouge ; le ventre constipé ; *&c.*

Cette fievre peut être occasionnée par un travail excessif, l'ardeur du soleil, la respiration d'un air sec & brûlant, l'abus des liqueurs spiritueuses & des alimens trop échauffans, la corruption de la bile, une constitution épidémique de l'air dans les pays & les tems chauds.

Dans cette maladie, les fonctions sont extrêmement blessées : c'est pourquoi on la juge mortelle, lorsqu'avec la rêverie, il y a difficulté de respirer. Mais s'il survient au jour de crise (qui est le septieme de la maladie) un frisson ; il ne manquera pas d'arriver, ou une sueur, ou un flux de ventre, ou un vomissement. Si ces symptômes arrivoient en d'autres jours ; ils seroient d'un prognostic très-difficile : il y auroit même à douter de la vie, si le frisson arrivoit dans la foiblesse, & que la fievre ne diminuât point. Le frisson fait ordinairement cesser le délire. Quand, au lieu d'être critique, le frisson du septieme jour n'est que symptomatique ; il lui succéde une inflammation du ventricule, du duodenum, & des parties où aboutissent les conduits biliaires : inflammation qui cause la mort.

Remedes.

1. Si le malade n'est pas bilieux & maigre, on peut d'abord faire de fréquentes petites saignées du bras, & une ou deux du pied. Mais il convient en général de donner souvent des lavemens qui ne soient que rafraîchissans, & où l'on pourra employer l'oxycrat, ou le petit lait. La boisson sera de la tisane avec des pommes, pruneaux, & de l'orge ; ou de la limonade ; ou du cidre ; ou du sirop violat battu avec de l'eau, rendue un peu acide par quatre ou cinq gouttes d'esprit de soufre, ou d'esprit de vitriol, ou un peu de crystal minéral, ou de crême de tartre.

L'on donnera un vomitif le deuxieme ou troisieme jour : soit vin émétique, soit poudre émétique, soit tartre émétique ; ou cinq à six grains de vitriol calciné, dans une cuillerée ou deux de bouillon. Et l'on continuera soir & matin les lavemens ; y ajoûtant quelquefois trois onces de miel de nenufar avec deux dragmes de crystal minéral. Vers le septieme, on fera prendre un *sudorifique* : qui sera composé avec deux onces d'eau de chardon bénit, une demi-dragme de thériaque, une dragme de confection d'hiacynthe : corail, bol, & yeux d'écrevisses en poudre, quinze grains de chaque.

On appliquera sur le ventre, & sur les reins, des *fomentations* faites de mauves, pariétaire, son, laitues, pourpier, ou autres herbes semblables. On fera encore bien d'humecter toutes les parties qui semblent trop échauffées, avec une éponge imbibée d'eau mêlée d'eau-de-vie. La vapeur d'eau chaude, que l'on fera respirer au malade ; & le soin de tremper ses pieds dans l'eau tiede, de lui faire souvent gargariser la bouche & le gosier, de renouveller souvent l'air de la chambre, & de ne mettre au lit que des couvertures légeres, contribueront beaucoup à rallentir la fievre.

On appliquera sur le cœur, de fois à autre, un linge trempé dans l'eau-rose, ou dans celle de fleurs d'orange ; ou dans du vin blanc, où l'on aura délayé deux gros de thériaque. Après le huitieme jour, la fievre étant calmée, on purgera avec une once & demie de casse mondée, délayée dans deux verres de petit lait ou tisane.

Si l'on juge à propos de faire prendre quelque aliment, ce seront des bouillons faits avec du veau, & un poulet : dans chacun desquels on mettra deux cuillerées de verjus, ou le jus d'une orange, ou une cuillerée de jus d'ozeille. Entre les bouillons, on pourra rafraîchir la bouche avec de la gelée soit de groseilles, soit de pommes, soit de verjus. Quelquefois on fera user des quatre semences froides avec des graines de pavot blanc battues dans une eau de citron avec tant soit peu de sucre, ou du sirop de nenufar.

Lorsque la fievre sera entiérement passée, l'on réitérera une fois ou deux la purgation ; y ajoûtant une once de sirop de chicorée, ou de sirop de pommes composé.

2. Voyez *Potion Cordiale*, dans l'article CAR-

DIAQUE. *Esprit d'*ALUN. ANODYN *du Roi d'Angleterre.* BAUME *de vie très-précieux. Fievre*, entre les maladies du BŒUF.

3. Galien dit n'avoir jamais manqué à guérir la fievre chaude, en faisant boire abondamment de l'eau froide. Consultez Hoffmann, *Traité des Fiev.* Sect. II. Ch. II.

Hippocrate permettoit le vin, dans les fievres chaudes & aiguës; pour aider la digestion, & fortifier le malade. Le *Journal Œconomique*, Mars 1763, p. 140-1, fait mention de diverses affections fébriles auxquelles le vin a servi de remede.

4. Prenez deux parties de miel pour douze parties d'eau; que vous ferez bouillir doucement jusqu'à ce que vous ayez ôté toute l'écume qui montera. Ayant retiré du feu la liqueur, vous y jetterez un peu de vinaigre, & vous la passerez à travers un morceau de drap. Donnez-en à boire trois ou quatre cuillerées à la fois le matin, le soir, la nuit, & quand vous le jugerez à propos. Ce remede est destiné à modérer la fermentation des humeurs, & empêcher qu'elles ne s'élevent au cerveau.

5. Prenez quatre pintes d'eau de fontaine, cinq cuillerées d'orge, une demi-livre de raisins de corinthe. Faites bouillir le tout ensemble jusqu'à ce qu'il ne reste que la valeur de trois pintes d'eau; mettez-y alors deux poignées d'ozeille sauvage, & autant d'ozeille commune, que vous aurez bien pilées. Faites infuser le tout l'espace d'une heure; ôtez-le du feu, & passez-le par un tamis. Donnez à boire au malade de cette décoction avec du jus d'orange & un peu de sucre.

Lavemens pour la Fievre chaude.

6. Prenez des feuilles de chevrefeuil; pilez-les dans un mortier avec une quantité d'eau suffisante pour faire un lavement; passez le tout par un linge; & donnez la colature en lavement. Ce remede guérit la fievre chaude, lâche le ventre, & rafraîchit les reins.

7. Observez ce qui est marqué sous le mot *Maladies chaudes & violentes*, dans l'article des REMEDES PASTORAUX.

Cataplasme pour appaiser la Fievre Chaude & Phrénétique.

7. Pilez dans un mortier de marbre ou de pierre deux poignées de sauge fraîche, & trois poignées de feuilles de ces violiers jaunes qui croissent sur les murailles : d'une autre part, faites rôtir environ une demi-livre de pain de seigle, coupée par tranches; mettez-les dans un plat, & faites-les tremper dans de bon vinaigre, où vous aurez jetté une poignée de gros sel. Une heure après, battez le tout ensemble dans le mortier, jusqu'à ce que le mélange soit bien fait. Vous en formerez cinq cataplasmes: dont vous appliquerez un sur le front & tout autour de la tête; deux sur le bras, tout près de la main; & les deux autres à la plante des pieds. Vous les renouvellerez de six en six heures, en cas que la fievre ne s'appaise pas d'abord. *Voyez* PHRÉNÉSIE.

M. Delorme guérissoit de semblables accidens avec trente grains de foie d'antimoine, en une seule prise. Consultez Hoffmann, *Traité des Fievr.* T. II. p. 430, 389, 390.

8. On a vû des gens attaqués de fievre chaude, être touchés d'un air de violon, se lever, sauter, suer de fatigue, & être guéris. * *Leç. de Physiq.* de M. Nollet, T. III. p. 487.

FIEVRE AIGUË.

C'est une fievre continue, violente, & dangereuse; qui fait beaucoup de progrès en peu de tems; & se termine plus ou moins vite.

D'abord le pouls est vif, on a froid, on tremble; la chaleur, la soif, la sécheresse, *&c*, souvent les nausées & les vomissemens, succedent au froid. Quelque tems après, le délire, l'abattement, l'insomnie, les convulsions, les sueurs, la diarrhée, caractérisent cette fievre.

S'il n'y a point de redoublemens, on peut présumer que cette fievre vient d'un excès de rigidité dans les fibres, ainsi que d'âcreté & d'irritation dans les liqueurs. L'exercice violent, les veilles forcées, les alimens & boissons échauffantes, l'air chaud & sec, la maigreur du corps, les passions vives, sont capables de produire ces effets.

La fievre aiguë, accompagnée de redoublemens, dépend presque toujours du vice de l'estomac.

Les saignées, les délayans, les clysteres, les purgatifs doux, les boissons nitreuses, ont assez souvent de bons effets dans les fievres aiguës. Mais comme il est rare que ces maladies ne soient pas compliquées, le traitement en est presque toujours difficile. Consultez les articles précédens.

FIEVRE INTERMITTENTE.

On nomme ainsi une fievre qui quitte par intervalles, & reparoît ensuite par accès.

Elle a coutume de commencer par des baillemens, des allongemens, des lassitudes, du froid, des tremblemens, mal-aise, gêne dans la respiration, nausées, vomissement, le mal de tête; une douleur de reins, qui de la premiere vertebre remonte le long du dos; la tension douloureuse des hypocondres; la paresse du ventre; le pouls foible & serré.

A ce premier état succedent la chaleur, la rougeur, l'intensité de la respiration; un pouls plus élevé, plus fort; une grande soif; grande douleur aux articulations & à la tête; souvent une urine rouge & enflammée.

La maladie finit d'ordinaire par des sueurs plus ou moins abondantes : tous les symptômes cessent; les urines deviennent plus cuites, & déposent un sédiment qui ressemble à de la brique pilée; *&c.*

L'inaction des nerfs & la viscosité du sang, paroissent être la cause prochaine des fievres intermittentes. Mais il est difficile de remonter aux causes éloignées. On présume néanmoins que ces fievres viennent originairement du vice de l'estomac; ou d'un excrément salin & sulphureux très-actif, qui séjourne dans le foie & dans le duodenum : voyez Hoffmann *Tr. des Fiev.* Sect. I. Ch. I.

Comme les périodes sont différens, on distingue plusieurs fievres intermittentes.

La *Quotidienne* prend & quitte tous les jours à la même heure. Elle est double, ou triple; quand il y a deux, ou trois accès en vingt-quatre heures.

La *Tierce* revient de deux jours l'un. On la nomme *Double Tierce* quand elle revient tous les jours comme la Quotidienne, avec cette différence qu'alternativement un accès est plus fort que l'autre; le troisieme répondant au premier; le quatrieme au second. Il y a aussi des Double Tierces qui prennent deux fois par jour, laissant un jour entier libre.

La fievre *Quarte* Intermittente ne prend que tous les quatre jours inclusivement, & laisse une intermission de deux jours de suite. Elle est *Double Quarte*, lorsque prenant deux jours consécutifs elle cesse au troisieme, & reparoît dans le quatrieme. Lorsqu'il y a un accès tous les jours comme à la quotidienne & à la double tierce, on l'appelle *Triple Quarte* : alors le quatrieme accès répond au premier, le cinquieme au second, & le sixieme au troisieme.

On a encore observé des fievres intermittentes

qui ne reviennent que tous les cinq, six, ou sept jours. Elles sont fort rares.

Remedes pour les fievres intermittentes.

1. Mettez de la petite centaurée & du cresson, ou des feuilles de chardon étoilé; dans la tisane & dans les bouillons.

2. Cassez trois œufs pondus le jour même, dans une chopine de vin blanc; battez-bien le tout pendant un quart d'heure; puis, y ajoûtant pour un sou ou deux de safran pilé, battez le tout ensemble pendant un autre quart d'heure. Conservez ce mêlange dans une phiole bien bouchée: la dose est d'un verre. On prend ce remede le jour d'intervalle, & non pas le jour de la fievre. [Ce remede est un peu violent.]

3. Faites prendre un petit verre de suc crud de chicorée sauvage, ou de cerfeuil, aux approches de l'accès; & réitérez deux ou trois fois.

Remede qui doit être précédé des remedes généraux, & qui convient aux personnes grasses.

4. Mettez infuser dans un pot de vin blanc, pendant vingt-quatre heures, fenouil, absinthe, armoise, romarin, chelidoine, & sauge; de chacun une poignée. Distillez ensuite dans un alembic de verre. Prenez trois ou quatre onces de cette eau; puis promenez-vous le plus que vous pourrez. Ce remede vous fera vomir sans douleur; & emportera la fievre, peut-être dès la premiere fois. Si cela n'arrive pas, il faudra réitérer.

5. Deux dragmes de quinquina, prises à la fin de l'accès, sont utiles dans les fievres intermittentes qui arrivent *au printems.*

On peut faire infuser le quinquina dans du vin blanc, & le mêler avec de l'opium.

Délayez une once de bon quinquina avec de bon miel & du sirop de capillaire. Mettez le tout dans une bouteille de bon vin, & le prenez en trois fois: 1. au commencement de l'accès; 2. le lendemain matin; 3. le soir. Quelque invétérée que soit la fievre, il faut (dit-on) qu'elle céde.

Consultez l'article QUINQUINA.

6. *Voyez* ALGAROTH. AMULETTE. *Potion cordiale*, dans l'article CARDIAQUE. ARAIGNÉE, p. 151. BEZOAR *animal.* APERITIFS. FEBRIFUGE, p. 10. CHICORÉE *sauvage.* ASARUM. ARCANUM DUPLICATUM. DÉCOCTION *sudorifique.* ACHE. VOMISSEMENT.

7. Un Médecin de la Faculté de Paris m'a assuré qu'une simple ligature au poignet, suffit souvent pour détourner ces fievres, quand elles viennent d'irritation.

Remedes pour les Fievres Tierces; Doubles Tierces; & Quotidiennes.

1. Prenez trois cuillerées d'eau rose, autant d'eau-de-vie & d'eau de riviere. Mêlez le tout; & le faites boire immédiatement avant l'accès. Il est rare (dit-on) que l'on soit obligé de réitérer ce remede.

2. On guérit ordinairement en neuf jours; & souvent plus tôt, les fievres *tierces, doubles tierces, quartes, quotidiennes, & autres précédées de frisson*; en les traitant avec les *Remedes Pastoraux*, en la maniere indiquée pour la peste; mais on observera le jour de la premiere médecine, de donner pour la seconde prise, seulement la moitié de la premiere. On prendra un bouillon une heure après chacune. Pendant l'accès, on mettra dans la boisson deux cuillerées de la *Drogue* pour chaque chopine; & hors de l'accès, une cuillerée seulement. Deux heures avant l'accès on avale huit cuillerées de la drogue; quand l'accès commence, on en prend quatre autres; & après l'accès, un bouillon, puis deux œufs frais avec un peu de pain, & deux coups de vin, soit pur, soit trempé. Les jours d'intervalle, on doit bien se nourrir, & ne manger ni laitage ni salade. Si l'accès ne vient point à l'heure où il doit venir ordinairement, on ne laissera pas de commencer à prendre les doses à l'heure à laquelle le dernier accès avoit commencé. La veille de chaque jour où l'on doit avoir la fievre, on se purgera comme la premiere fois; & le lendemain on prendra quatre cuillerées de la drogue; à l'heure que l'accès doit ou devroit venir. On continuera ainsi, jusqu'à ce qu'il n'y ait plus de fievre.

On ne donne aux enfans que le quart des doses de la *Drogue*. Mais il faut tâcher de donner à tous (tant forts, que foibles, ou enfans) la veille de la médecine le lavement avec la dose entiere.

Ces remedes peuvent encore être utilement donnés, dans le déclin des redoublemens.

Cure de la Fievre Tierce.

Si dès le premier ou le second jour, il paroît au fond des urines un sédiment blanc, la fievre finira au troisieme accès: sinon elle ira jusqu'au sept. Si elle passe outre, elle sera fort longue. La véritable tierce se termine au septieme accès. Si le second est plus violent que le troisieme, elle finit au quatrieme. Et si le cinquieme est plus doux que le quatrieme, elle ne passe pas le sept. Si l'accès revient à la même heure que le précédent a fini, la maladie est ordinairement d'un prognostic très-difficile.

1°. Sans regarder à l'âge, ni aux forces, on donnera à la fin du second accès un lavement très-rafraîchissant. Quand il aura été rendu, on pourra tirer jusqu'à trois palettes de sang.

Si la fievre n'est point terminée au troisieme accès; le jour du quatrieme on donnera cette *Tisane.* Prenez une demi-once de senné; une demi-once de crystal minéral, deux gros de réglisse concassée & découpée; mettez le tout ensemble infuser à froid dans une pinte d'eau pendant vingt-quatre heures: après quoi coulez l'infusion; faites-en prendre après le frisson un grand verre; & continuez à donner le surplus, d'heure en heure, sans que le malade boive autre chose. Cette tisane guérit promptement.

Dans le fort de la sueur des accès précédens, on pourra donner à boire du vin blanc avec deux fois autant de tisane de chien-dent; ou de racines d'asperges, ache, persil, ou fenouil: & si la fievre continue plus longtems, on aura recours au quinquina.

2°. *Consultez* les articles AGE, *n.* IV. CHICORÉE *Sauvage.* SOIF.

3°. M. Cleghorn (*Observat. on the Epidem. Diseases in Minorca*), parle d'une espece de fievre tierce, très-dangereuse, & qui étoit fort commune dans l'Isle de Minorque. Il dit que de modérées évacuations dans les commencemens, & le quinquina, après le cinquieme accès, guérissoient presque à coup sûr les plus formidables de ces fievres.

4°. Délayez dans un demi-verre d'eau-de-vie un jaune d'œuf frais, & le tiers d'une muscade rapé; & prenez-le un moment avant le frisson. Réitérez ce remede jusqu'à trois fois, si vous n'êtes pas guéri plus tôt. Il est bon d'avoir été purgé avec la *Médecine* suivante: Rhubarbe, scammonée, turbith, hermodactes, gingembre gris, osmonde, anis sucré, de chacun une dragme. Pulvérisez & tamisez-les séparément. Puis les mêlez & tamisez de nouveau ensemble. La dose pour un enfant de dix ans, est d'une demi-dragme: pour un adulte, une dragme dans un bouillon; & un potage une heure après. Il n'est besoin de garder ni le lit ni la chambre.

5°. Prenez trois ou quatre doigts de suc de verveine avec un peu de vin blanc, avant le frisson. Il faut se promener ensuite; & ne point souper la veille du jour qu'on voudra prendre ce remede.

6°. Prenez de l'ache, de la petite sauge, de la rue, des orties grieches, de chacun une demi-poignée: pilez bien le tout avec la grosseur d'une noix de suie & de sel; puis ajoûtez-y un jaune d'œuf délayé avec une cuillerée de vinaigre. Une heure avant l'accès, appliquez le tout sur le poignet, après l'avoir bien frotté. (Une autre copie de ce remede, indique *une poignée* de chacune des plantes susdites).

7°. Faites tremper durant trois ou quatre heures dans du vin blanc, de la racine de patience concassée, puis passez le tout par un linge: donnez-en à boire environ deux ou trois doigts, une ou deux heures avant l'accès.

8°. Faites la même chose avec des racines de plantain, macérées dans égales quantités de vin & d'eau.

☞ 9. Dans un demi-septier de vin blanc, mettez infuser une poignée de piloselle (racines, feuilles, tiges, & fleurs si c'est la saison, le tout ensemble) pendant la nuit sur les cendres chaudes. Le lendemain matin, pressez bien le tout à travers un linge; donnez cette potion au malade une heure avant le frisson, & qu'il se tienne chaudement au lit. La fievre ne reviendra plus. Ce remede est amer: mais son succès est presque infaillible. J'en ai plus de trois cent expériences; & les fievres ainsi arrêtées n'ont été suivies d'aucun accident.

10°. Prenez environ trois ou quatre doigts de suc de plantain, *ou* de pourpier, *ou* de pimprenelle: & buvez-les très-peu de tems après l'accès.

11°. Buvez dans du vin, tous les jours six feuilles de quinte-feuille; savoir, trois au matin, & trois au soir.

12°. Prenez des sucs d'ache & de sauge, & du vinaigre fort, de chacun une once; trois heures avant l'accès.

13°. Buvez à jeûn, cinq heures avant l'accès, deux onces de jus de grenade: & incontinent après appliquez sur les poignets, tempes, & plantes des pieds, de petites pilules grosses comme un pois, faites d'une once d'onguent *populeum*, & deux dragmes de toile d'araignées; & laissez ces topiques jusqu'à ce que l'heure & la crainte de l'accès soient passées.

Fievre Tierce bâtarde. On la distingue de la premiere, en ce que le frisson n'est pas si violent, quoiqu'il soit plus long; la chaleur n'est pas si grande, & ne s'étend point par tout le corps; enfin il s'en faut beaucoup qu'elle soit si fâcheuse que l'autre: mais aussi elle dure des mois entiers; & pendant le jour d'intermission, il reste une foiblesse accompagnée de dégoût & lassitude.

Cette fievre vient du mélange de la bile, & de la pituite. Elle attaque les hommes robustes à la fleur de leur âge, d'un naturel aussi bilieux que paresseux, qui veillent beaucoup, qui boivent leur vin pur, & qui ne mangent que des viandes de haut goût. Elle est plus ordinaire en automne & dans des tems humides, qu'en d'autres saisons: & attaque surtout alors les femmes & les personnes qui sont d'un tempérament phlegmatique, & d'une complexion spongieuse.

Pour commencer à traiter cette fievre, il ne faudra pas tirer du sang avant que le quatrieme accès soit passé: (si c'est en été, on saignera, selon quelques-uns, au bras droit; en automne au bras gauche). L'on donnera des lavemens avec une décoction de feuilles de mercuriale; de fleurs de camomille & de mélilot, & de graine de fenouil, ou d'anis; on y fera dissoudre un quarteron de miel commun avec une once de diaphœnic.

Le lendemain de l'accès, on purgera avec une demi-once de casse mondée, deux gros de diaphœnic, une demi-dragme de rhubarbe, autant d'agaric: l'un & l'autre étant réduits en poudre, il faut mêler le tout ensemble pour en former un bol, que l'on fera avaler dans du pain à chanter; sinon l'on délayera le tout dans un verre de tisane. Cette purgation ayant été quatre ou cinq fois réitérée, l'on donnera ensuite un gros de quinquina en poudre dans un verre de vin blanc, avec une once de sucre. Il faudra que le malade ait été quatre heures sans rien prendre, & que de quatre heures après il ne mange rien. Il continuera d'en prendre quatre à cinq jours de suite au commencement du frisson. Si ce remede n'est pas pratiquable, on fera vomir aussitôt que l'on remarquera un peu de coction dans les selles, ou dans les urines. Plusieurs ont été guéris par le seul vomissement.

On observera pour *régle générale* que *dans les fievres tierces*, si la bile sort par en bas, il faut l'aider par cette voie avec des lavemens & des purgations. Si elle sort par les urines, il faudra l'aider de même avec des tisanes composées de pariétaire, bardane, jus de citron, ou crême de tartre, ou crystal minéral; ou avec des émulsions de semences de citrouilles, de melons, concombres, courges, pourpier & laitues. Enfin, si c'est par le vomissement qu'elle sorte, on l'aidera en donnant du vin émétique: ou deux onces d'eau d'orge, trois onces de décoction de raifort, une demi-once d'huile, & une once de miel; ayant mêlé le tout ensemble, on le fait avaler un peu tiede: c'est un vomitif doux. *Sinon* l'on mêlera avec un peu de confiture six grains de vitriol calciné, ou de tartre émétique. Le premier de ces vomitifs convient mieux aux personnes robustes.

Pour chasser les Fievres Tierces, Doubles-Tierces, & Quartes.

1. Prenez une once de quinquina en poudre, avec une suffisante quantité de sirop d'absinthe pour faire une opiate; dont la prise sera d'un gros, dans une cuillerée d'eau. Quand on commence à user de ce remede; la veille de l'accès, il faut en prendre de trois en trois heures, & un bouillon ou une soupe une heure après. On cesse de prendre du quinquina, dès que l'accès commence. Il faut consommer toute cette quantité d'opiate: ce qui peut durer environ huit jours.

2. Après avoir beaucoup humecté par les lavemens, l'eau de veau ou de poulet, & la tisane de chiendent aromatisée d'un peu d'écorce de citron récente; puis préparé la fonte des humeurs par l'usage des apozemes apéritifs, & le kermès non émétique: on achevera d'emporter la cause morbifique, par la *potion* suivante. Deux gros de follicules de senné, autant de sel de Glauber, un gros & demi de quinquina: que l'on fait bouillir durant une demi-heure dans six onces d'eau de riviere. Puis on passe le tout: & on fait fondre dans la colature deux onces de manne.

☞ 3. Mettez dans deux pintes de bon vin deux onces de quinquina, un gros d'yeux d'écrevisses, un gros de petite centaurée, une pincée de poudre de corail. Tout le reste doit aussi être en poudre. Laissez-le infuser dans le vin, pendant cinq ou six heures. Puis passez-le: & le conservez pour l'usage. On en prend le matin à jeûn; & trois heures après le dîner. La dose est d'un verre ordinaire. Il est bon de diminuer un peu la trop grande plénitude avant de faire usage de ce remede.

Cure de la Fievre quarte.

Cette fievre ſemble s'effacer aujourd'hui, diſparoitre peu-à-peu dans les villes.

La fievre quarte d'été eſt rarement longue. Celle d'automne dure longtems : & encore plus ſi elle prend aux approches de l'hiver.

Lorſqu'elle eſt occaſionnée par la mélancolie ou affections de la rate, ſes accès approchent de ceux de la fievre tierce; la ſoif, la douleur de tête, & les veilles, ſont plus fâcheuſes. Il y a auſſi à craindre que dans la ſuite elle ne cauſe l'hydropiſie : ce qui arrive ſouvent aux vieillards.

Le plus sûr remede eſt de ſe preſcrire un regime qui conſiſte à uſer d'alimens ſains, aſſaiſonnés d'un peu de ſel, poivre, muſcade, cloux de girofle, thim, hyſope, ou moutarde; boire de bon vin blanc un peu tiede ; ne manger aucun fruit crud, ni ſalade, laitage, ou poiſſon ; & le jour de la fievre on obſervera une diete rigoureuſe.

1. On ſe fera ſaigner au quatrieme ou cinquieme accès : & ſi l'on voit que le ſang ſoit noir, l'on y reviendra une ſeconde fois ; s'il eſt rouge, on en demeurera là.

Pour ceux qui auront eu des hémorrhoïdes invétérées, entiérement guéries ; ils ſe les feront rouvrir avec les ſangſues.

On ſe purgera un jour après la ſaignée, avec la *médecine* ſuivante ; qu'on prendra le matin à jeûn : Polypode deux gros ; houblon, méliſſe, & fenouil, de chacun deux pincées ; on fera bouillir le tout enſemble dans une chopine d'eau juſqu'à diminution de la moitié ; on coulera la décoction ; & on y ajoûtera ſix gros de catholicon double, avec une once de ſirop de pommes compoſé. On réitérera cette purgation juſques à quatre fois entre les accès : ajoûtant à la troiſieme & quatrieme, deux dragmes de ſenné dans la décoction ; & outre le ſirop de pommes, une demi-once de confection hamech, & deux dragmes de catholicon double.

Après cela on donnera le quinquina avec aſſurance.

2. Prenez pendant huit jours, immédiatement avant de manger, un demi-gros de quinquina en poudre, délayé dans un demi-gobelet d'eau.

3. Délayez dans deux onces d'eau-de-vie une dragme de thériaque. Faites prendre cette boiſſon, lorſque l'on commencera à friſſonner. (Cette recette convient mieux aux perſonnes replettes qu'aux maigres.)

4. Euth dit avoir guéri la fievre quarte, en faiſant prendre d'abord un doux vomitif la veille de l'accès ; puis l'électuaire de quinquina.

5. Voyez ANTIMOINE, p. 129, col. 1. AGE, n. IV. ACHE. *Petite* CENTAURÉE.

6. Galien dit que le *Diatrion Pipereum ;* ou l'eau dans laquelle on a fait infuſer du poivre, de la thériaque, de la moutarde ; ſont très-utiles aux perſonnes attaquées de la fievre quarte.

7. Prenez capillaires, bourrache, bugloſe, hépatique, germandrée, fleur de ſouci, bétoine, pimprenelle, fleur de genêt ; une poignée de chaque. Lavez bien le tout ; & le laiſſez bien égoutter. Puis mettez-le dans un pot avec une demi-once de bon ſenné, deux gros de cryſtal minéral, un gros d'anis : & verſez ſur le tout, trois chopines d'eau bouillante. Laiſſez infuſer pendant vingt-quatre heures. Paſſez enſuite par un linge, & preſſez bien. Prenez un verre de la colature, une heure avant l'accès ; un autre verre, une heure après que l'accès ſera fini : & les jours d'intervalle un verre le matin à jeûn ; & une heure après, un bouillon.

8. Broyez une tête d'ail dans un verre de verjus, & l'avalez quelque tems avant que l'accès vienne.

9. Prenez giroflée jaune, feuilles & fleurs ; pilez-les bien avec un peu de ſel : & quand le friſſon viendra, mettez le tout ſur la ſuture de la tête, entre deux linges ; & l'y laiſſez vingt-quatre heures.

10. On conſeille encore le ſuc de bouillon blanc femelle, exprimé avant qu'il ait fait de tige ; on le mêle avec du vin blanc, de l'hypocras, ou de la malvoiſie ; pour en boire, peu de tems avant l'accès, la quantité d'une demi-once.

11. On peut prendre le ſuc de pas-d'âne ; *la* décoction des feuilles & racines de verveine bouillies dans du vin blanc ; *la* décoction de calament, pouliot, origan, bugloſe, bourrache ou écorce de la racine de tamariſc, bétoine, thim, aigremoine, racine d'aſperges, le tout cuit dans du vin blanc ; *les* ſucs d'abſinthe & de rue dépurés ; *le* ſuc de plantain, avec de l'hydromel. Tous ces ſucs ſe prennent avant l'accès.

12. On fait grand cas de la poudre de racine *d'aſarum ;* priſe au poids d'un gros dans du vin blanc, un demi-quart d'heure avant l'accès.

13. *Liniment* fait avec le mithridat, & l'huile de ſcorpion ſur l'épine du dos, la plante des pieds, les paumes des mains, le front, les tempes, aînes, jointures, jarrets ; peu de tems avant l'accès.

On mêle enſemble dans un mortier deux onces de mithridate, & autant d'huile de ſcorpion, juſqu'à ce qu'elles ſoient parfaitement incorporées : & on les garde dans un pot de terre verniſſé. Avant de s'en ſervir, on lave toutes les fois avec de l'eau roſe, les endroits que l'on veut oindre. Ce remede, qui eſt pénétrant, peut faire beaucoup de bien.

On attribue la même vertu à l'huile de laurier, mêlée avec l'eau-de-vie.

14. L'eau diſtillée, ou la décoction, de chardon bénit, priſe avant l'accès, eſt ſouvent un bon remede pour cette fievre.

15. Faites cuire une pomme dans les cendres, après y avoir lardé quelques morceaux de racines d'ellébore noir, & quelques cloux de girofle ; que vous ôterez après que la pomme ſera cuite ; & vous la mangerez le jour que l'accès doit venir.

16. Faites prendre au malade, dans un demi-verre de décoction d'oſeille, un peu avant l'accès de la fievre ; vingt-quatre grains de crême de tartre pulvériſée, autant de graine d'ortie auſſi pulvériſée, & autant de ſel d'abſinthe.

17. *Pour les perſonnes robuſtes*, on peut leur appliquer ſur l'épine du dos un hareng ſalé ; & l'y aſſujettir par le moyen d'une ſerviette. Ce remede augmente extrêmement la fievre pour cette fois-là. Mais la ſueur abondante qu'elle excite, diſſipe infailliblement l'humeur qui la cauſe ; & la fievre ne revient plus.

18. Il faut piler de la racine de Cynogloſe ; l'appliquer en *cataplaſme* immédiatement au-deſſous de la mammelle gauche, aux premieres approches de la fievre ; & mettre le malade au lit. La ſueur abondante purifiera le ſang, & emportera la fievre.

Pour la Fievre ſoit tierce ſoit quarte.

19. Prenez trois dragmes de thériaque de Veniſe, délayées dans un verre de vin blanc ; que vous mettrez dans un petit pot ſur la braiſe pendant une demi-heure, de ſorte qu'il ſoit bouillant. Auſſitôt que l'accès ſe fera ſentir, remuez bien la liqueur, & donnez-la à boire au malade, couvrez-le bien pour

le faire suer. S'il ne guérit pas à la premiere ou à la seconde prise, il ne manquera pas (dit-on) de l'être à la troisieme.

20. Traitez la fievre quarte avec les *Remedes Pastoraux ;* ainsi qu'il est marqué sous le *n.* 2 pour les fievres *Tierces*, *doubles Tierces*, &c.

La *fievre quarte qui vient du foie*, a ses accès beaucoup plus forts que l'autre : mais ils ne sont pas si longs. C'est pourquoi il ne faudra pas épargner la saignée. Car comme cette fievre n'attaque pour l'ordinaire que les personnes qui sont dans la force de leur âge, la saignée ne peut que leur être utile ; aussi bien qu'un médiocre vomissement qu'on pourra leur procurer ensuite. Quelques jours après il faudra les purger avec une infusion de deux gros de senné, dans laquelle on aura fait dissoudre une once de catholicon double, & autant de casse mondée ; leur faire prendre ensuite une demi-dragme de quinquina en poudre, dans un verre de décoction de polypode, ou de bétoine, ou d'orties ; & continuer l'un & l'autre pendant quelque tems, laissant un jour ou deux d'intervalle.

Sinon, prenez une poignée de scolopendre, autant de chicorée sauvage, d'aigremoine, & de polypode. Faites bouillir le tout ensemble dans deux pintes d'eau jusqu'à réduction de moitié. Coulez cette décoction ; & mettez-y infuser à froid une once de senné, six pincées de petite centaurée, une demi-once de crystal minéral, & deux dragmes de réglisse. Passez encore : & donnez-en dans les accès, deux grands verres à une heure l'un de l'autre.

Les AUTRES FIEVRES, plus *irrégulieres* que la fievre quarte ; sont traitées de même façon : par exemple, celle qui arrive le cinq, & donne quatre jours de relâche ; & ainsi des autres qui retardent plus ou moins. C'est pourquoi dans toutes ces fievres bizarres, on aura recours aux remedes de la fievre quarte qui tire son origine du propre vice de la rate.

Fievre Cardiaque.

Voyez CARDIACA *Passio.*

Fievre avec obstruction dans le bas ventre.

Voyez ACHE.

Enflure après les fievres.

Voyez sous le mot ENFLURE.

Bois des FIEVRES. *Voyez* QUINQUINA.

FIEVRE DES ANIMAUX. Consultez les articles de chacun d'eux.

F I G

FIG-*Tree :* & FIGUE. } *Voyez* FIGUIER.

FIGUERIE ou *Figuierie.* Jardin particulier, dans lequel on a mis une assez grande quantité de figuiers, soit en place, soit en caisse. On dit : *J'ai une belle figuerie : Il faut aller dans la figuerie ;* c'est-à-dire, Jardin des figues. * La Quintinye, Tom. I. pag. 58.

FIGUIER; en Latin *Ficus :* en Anglois *Fig-Tree.*

On a cru que le figuier ne portoit pas de fleurs. Mais aujourd'hui les Botanistes conviennent assez que ce qui fait la chair de son fruit, que l'on nomme *Figue*, est un *Calice* commun & charnu, qui forme une espece de bourse, où il ne reste qu'une petite ouverture nommée l'*Œil* ou l'*Ombilic :* encore cette ouverture est-elle presque entiérement formée par les écailles qui forment les bords du calice. Ce calice, qui est pour ainsi dire caverneux, contient intérieurement une multitude de *fleurs.* Celles qui sont assez proche de l'ombilic, sont *mâles ;* & contiennent trois, quatre, ou cinq *Etamines* supportées par un assez long pédicule, & un calice à trois pointes. Les fleurs *femelles*, aussi placées à l'extrêmité d'un long pédicule, & que l'on trouve près de la queue de la figue, renferment un *calice* à cinq pointes ; un *Pistil* formé d'un embryon oval & d'un long style, terminé par deux stigmats aigus, renversés, & inégaux. L'embryon devient une *semence* lenticulaire. Enfin proche l'ombilic de la figue on découvre des écailles qui ne renferment ni étamines ni pistil. M. Duhamel a représenté ces différens organes, dans son *Traité des Arbres & Arbustes*, T. I. p. 235.

Les figues sont plus ou moins grosses, & plus ou moins rondes, suivant les especes. Mais elles approchent communément de la forme d'une poire. Dans l'état de parfaite maturité ; elles sont molles & succulentes.

Les feuilles du figuier sont inégalement grandes, les unes entieres, les autres découpées plus ou moins profondément, selon les especes : la plupart de celles d'Europe sont rudes au toucher, d'un verd assez foncé par-dessus, blanchâtres en dessous & relevées de nervures assez saillantes. Elles sont placées alternativement sur les branches. Leurs bords ne sont pas dentelés ; mais ondés, & quelquefois échancrés. Il n'est pas rare de voir des feuilles entieres sur les mêmes branches qui en ont de découpées.

Cet arbre répand une liqueur blanche, quand on entame son écorce ou ses feuilles. Lors même que l'on ôte les boutons à feuilles qui terminent les branches, soit en Décembre, soit au fort de l'hiver, on voit toujours couler & tomber quelque gouttes de suc laiteux. Le figuier a rarement le tronc droit. Ses boutons sont longs, terminés en pointe, & placés à l'extrêmité des branches.

Especes.

1. *Ficus communis* C. B. Ses feuilles sont découpées en main ouverte.

2. *Ficus folio Mori, fructum in caudice ferens* C. B. On lui donne encore les noms de *Sicomore*, ou *Sycamore ;* FIGUIER *d'Egypte ;* FIGUIER *de Pharaon.* C'est un arbre considérable & fort branchu ; qui croît de lui-même à Rhodes, en Egypte, en Syrie, & en quelques autres endroits du Levant. Ses feuilles sont entieres, sans dentelures, échancrées en cœur, & d'une forme arrondie. Il donne du fruit, trois ou quatre fois l'année. Ces fruits naissent sur le tronc même ou sur les grosses branches, & n'ont pas une saveur gracieuse. Lorsqu'il y en a beaucoup, on égratigne l'arbre avec des griffes de fer : au moyen de quoi ils mûrissent en quatre jours. Dioscoride & Théophraste disent que l'on ne trouve pas de graine dans ces figues. *Voyez* Matthiole, Liv. I.

3. *Ficus Malabariensis, folio cuspidato ; fructu rotundo, parvo, gemino* Pluk. Les Européens l'ont nommé FIGUIER *du Diable*, ou *Arbre Dieu des Indes ;* parce que les Indiens de Malabar rendent un culte à cet arbre. Sa tige s'éleve fort haut. Ses branches sont souples. Ses feuilles, faites en cœur, ont environ six à sept pouces de longueur, sur trois & demi de largeur vers leur base ; s'étrécissent ensuite par degrés, & se terminent par une pointe longue

d'un pouce & demi : elles sont douces au toucher, entieres, d'un verd gai ; & portées par d'assez longs pédicules. Les fruits sont petits : & on n'en fait aucun cas.

4. *Ficus Bengalensis, folio subrotundo, fructu orbiculato* H. Amst. C'est le *Pipal* des Indiens. Cet arbre s'éleve à trente ou quarante pieds de hauteur ; & est très-touffu. Du dessous des branches sortent des fibres, dont un assez bon nombre atteignent la terre & y forment des racines : de maniere que cet enlacement qui regne sous l'étendue des branches, rend impraticables les endroits où le Pipal vient de lui-même. Les feuilles sont épaisses, douces, entieres, ovales, longues d'environ six pouces sur quatre de largeur, & obtuses à leur extrémité. Le fruit est sec ; & ne peut être mangé.

5. *Ficus Indica Theophrasti* Tabern. Ce figuier vient naturellement dans les Indes, & en Amérique. Sa tige monte à trente pieds de haut. Ses branches jettent des fibres, comme celles de l'espece précédente, qui s'enracinent aussi. Les feuilles sont longuettes, portées par d'assez longs pédicules ; lisses, & d'un verd obscur, à leur face supérieure ; veinées, & d'un verd gai, en dessous ; longues d'environ six pouces, sur deux de large ; terminées en pointe mousse. Le fruit est petit, & de nul usage : il vient par bouquets.

6. Le Chevalier Hans Sloane (*Cat. Jamaïc.*) indique un arbre du même port, qui croît en Amérique ; dont le fruit, également petit & rebuté, devient très-rouge en mûrissant.

7. M. Linnæus indique plusieurs especes semblables, dans le premier volume de ses *Amœnit. Academ.* p. 217-8-9 (Lugd. Bat. 1749 *in*-8°.)

8. *Ficus sylvestris procumbens, folio simplici* Kœmpf. Cette espece croît dans l'Inde : elle forme un sous-arbrisseau, qui s'enracine par les nœuds de ses branches en traçant ; & se multiplie ainsi beaucoup. Ses feuilles, entieres, d'un verd gai, longues de deux pouces & demi, sur environ deux pouces de largeur, & terminées en pointe, sont placées confusément le long des branches. Le fruit est petit, & ne peut être mangé.

9. On cultive en Hollande un figuier des Indes, connu sous le nom de *Ficus Nymphææ folio*. C'est un arbre fort droit, haut d'environ vingt pieds : dont les feuilles sont d'un verd gai en-dessus, d'un verd de mer en-dessous, très-lisses, épaisses, fermes, ovales, longues d'environ quatorze pouces, sur à-peu-près un pied de largeur, arrondies par les deux extrêmités ; garnies de beaucoup de nervures qui sortant du nerf principal, se dirigent vers les bords. Les pédicules sont longs, & assez souvent repliés tout contre les branches.

10. Nous omettons diverses especes, dont le fruit n'est pas mangeable ; & qui par-là nous deviennent indifférentes.

11. Il y a un grand nombre de *Variétés du N.* 1. Les différens noms que les Jardiniers François ou Etrangers leur ont donnés, font que leur détail seroit difficilement exempt de confusion. C'est pourquoi nous n'en indiquerons ici qu'un petit nombre.

La *Grosse Longue, violette* en dehors, & rouge en dedans.

La *Ronde, Violette*. Celle-ci est plus petite. L'une & l'autre ont souvent une saveur moins exquise que les figues blanches. Elles chargent moins, dans le printems : & mûrissent difficilement en automne dans le climat de Paris.

La *Petite figue Blanche*, ou *précoce*.

La *Grosse Blanche ronde*. Celle-ci est grosse, charge beaucoup au printems & en automne ; a le grain petit, & la chair très-sucrée sans être douçâtre.

La *Blanche Longue* l'égale en bonté. Mais elle donne moins dans la premiere saison. Elle mûrit parfaitement quand l'automne est chaude. Toutes deux sont blanches en dedans & au dehors.

La figue *Angelique* est longue, rouge en dedans. C'est un bon fruit quand il est bien mûr. Le tems de sa maturité est en automne.

La *Melette*, ou *Coucourelle* ; petite figue jaune, dont le dedans est rouge.

La *Figue Noire*, ou *Figue Poire*, est longue, assez grosse, noire au dehors, & purpurine dans l'intérieur.

M. Miller (*Catal.*) nomme *Ficus sativa, fructu globoso, intùs rubente*, une variété connue sous les noms de FIGUE *de Brunswick* ; FIGUE *d'Hanovre* ; & qu'il dit, dans son *Gard. Dict.* être encore appellée FIGUE *Madonne*. C'est un gros & long fruit conique, noirâtre au dehors, & dont le dedans est d'un brun assez clair ; mais la saveur & l'odeur ne sont point flatteuses. Cette figue mûrit à la fin d'Août, & au commencement de Septembre. Ses feuilles sont beaucoup plus découpées que celles de la plupart des autres variétés.

12. Pour un plus ample détail, consultez le *Gardener's Dictionary* ; M. Tournefort *Instit. R. Herb.* ; M. Linnæus *Aman. Acad.* T. I. p. 214 & suivantes, l'*Instruction pour les Jardins*, par M. De la Quintinye, T. I. p. 340-1. M. Garidel, *Hist. des Plantes d'Aix*. L'*Abrégé des Bons fruits*, par Merlet, ch. VIII. *Voyage du Levant*, par M. Tournefort, Tomé I. pag. 338, *&c.* 410.

Culture.

Le figuier s'accommode de toutes sortes de terres. On en voit de fort gros dans des terres substantieuses : mais il subsiste dans les plus mauvaises ; & son fruit est généralement plus sucré & d'un goût plus fin, quand l'arbre est planté dans un terrein sec, & même entre des rochers. Comme on est rarement dans le cas d'avoir du roc dans son terrein, à un endroit bien exposé & à l'abri de la bise ; on peut y suppléer en suivant l'exemple de M. Duhamel, qui a fait paver le dessous de ses figuiers : précaution qui empêchant l'eau des pluies de pénétrer jusqu'aux racines, & augmentant la réverbération du soleil, contribue beaucoup à la perfection des figues.

On éleve facilement les figuiers dans des *Caisses* ou *Pots*. La terre ordinaire de chaque jardin, mêlée avec environ la moitié de terreau, est suffisante pour cela : ou tout au plus il ne faut qu'avoir une provision raisonnable de terreau pur, pour les premiers encaissemens.

La nature des racines du figuier favorise cette maniere de l'élever : comme elles sont souples & flexibles, & pour l'ordinaire menues (au lieu que celles des autres arbres fruitiers, tant à noyau qu'à pepin, sont dures & grosses) il est aisé de les arranger dans les caisses ou pots ; & beaucoup mieux que celles des orangers, qui communément ne s'élevent pas d'une autre maniere & y réussissent si bien. D'ailleurs on peut ainsi être sûr de les conserver pendant l'hiver, en les mettant dans une serre qui puisse seulement les garantir des fortes gelées ; au lieu qu'il y a beaucoup plus de précautions à prendre pour les figuiers en place.

M. Chomel, premier Auteur de ce Dictionnaire, prétend que les figues mûrissent plus tôt en caisse, & qu'elles y prennent plus de couleur & une saveur plus exquise : attendu que la terre des caisses est plus aisément échauffée & pénétrée de la chaleur du soleil. L'air sec & le plein vent qu'ils ont de tous côtés y contribuent aussi.

Pour établir & entretenir beaucoup de figuiers en caisses ou en pots : il faut commencer par préparer vers la mi-Mars une couche ordinaire de bon fumier ; haute au moins de trois pieds sur quatre à cinq de large, & aussi longue qu'on a dessein d'élever de figuiers. On en laisse passer la grande chaleur, c'est-à-dire, cinq ou six jours ; pendant lesquels on fait provision de pots de terre, de cinq à six pouces de diametre, ou de petites caisses qui en aient sept ou huit. On emplit ces pots ou caisses de la terre que nous avons dit ; & on la presse ou foule au fond des pots ou caisses : d'autres préférent de les remplir de meilleure heure, afin que la terre puisse s'affaisser d'elle-même. Il suffit au premier cas qu'il y ait deux ou trois pouces de terre meuble en haut. On prend ensuite de petits figuiers enracinés, dont on racourcit les racines & la tige, ne laissant que quatre ou cinq pouces de celle-ci. On les met à la profondeur de trois ou quatre pouces dans les vases qu'on leur a destinés ; & l'on enfonce ces vases à moitié dans la couche ; laquelle on prend soin de réchauffer trois ou quatre fois sur les côtés pour la maintenir raisonnablement chaude. Moyennant ces soins, & les fréquens arrosemens durant l'été, ces figuiers reprennent presque tous ; & produisent dès l'année même d'assez beaux jets, & en assez grand nombre.

Les figuiers qui ont le mieux réussi doivent être tirés des pots, ou dès l'été même, ou au printems pour le plus tard : on les mettra alors avec la motte de terre qui s'y sera formée, dans de petites caisses dont le fond soit garni de terre affaissée, ou pressée, de la maniere qu'on l'a dit. On peut encore les tenir plus élevés que la superficie, en les plantant de sorte que la motte du figuier excéde de quelques pouces les bords de la caisse : & alors pour soutenir la terre & l'eau des arrosemens, on y mettra des hausses de douves, ou des bardeaux de paille. Mais cette pratique convient mieux pour les encaissemens suivans. Car, pour ces premiers, comme il les faut renouveller au bout de deux ans à cause de la petitesse des caisses qu'on aura employées, la motte du figuier ne peut être descendue guéres plus tôt ; de quelque maniere qu'on l'ait plantée.

Les secondes caisses dont on se servira, devant être de treize à quatorze pouces en dedans, les figuiers y peuvent subsister pendant un plus grand nombre d'années. Ils ont par conséquent plus besoin qu'on les plante alors ensorte que leur propre pesanteur, les fréquens arrosemens, & le remuement ou transport des caisses, ne les exposent point à manquer de nourriture, en les faisant descendre au fond dans un moindre espace de tems qu'ils ne feront si on pose la mote plus haut que les bords, & si on presse la terre au fond.

C'est donc une observation à ne pas négliger dans les encaissemens postérieurs : non plus que de retrancher chaque fois avec la bêche environ les deux tiers de la vieille motte.

On connoît que les figuiers ont besoin de ces changemens, lorsqu'ils ne font plus guères de gros bois.

Les mêmes caisses, où on les a mis pour la seconde fois, peuvent servir à la troisieme ; quand elles ne sont pas usées, ni pourries par l'eau des arrosemens. Si elles sont gâtées, comme il arrive ordinairement, on n'en prendra pas pour cela de plus grandes ; ce ne sera que trois ou quatre ans après, qu'on les mettra dans des caisses de dix-sept à dix-huit pouces : & celles-ci seront encore suffisamment grandes au premier changement qu'on fera ensuite ; en observant toujours de même, soit la maniere de planter, soit le retranchement des racines & de la motte.

On pourroit enfin mettre ces figuiers dans des caisses de vingt-deux à vingt-quatre pouces : mais la difficulté de les transporter, & la grande quantité d'eau qu'il faudroit pour les arroser suffisamment, ne le permettent guéres. Ceux qui peuvent avoir là-dessus toutes les facilités nécessaires, & de plus la commodité d'une serre pour les mettre à couvert, s'en prévaudront, s'ils le veulent ; & s'en tiendront là, comme aux dernieres caisses qu'on puisse donner aux figuiers. Quand on n'a point ces commodités, & que les caisses de dix-huit pouces ne peuvent plus servir, on doit dès lors se déterminer à mettre les arbres en place dans un jardin, ou à en faire présent à quelque ami : qui n'aura pas lieu de les regarder pour cela comme du rebut ; pusque ces figuiers, quoique vieux de dix-huit à vingt ans, sont encore fort bons, & peuvent durer longtems en bon raport ; pourvû qu'on ait retranché une partie considérable de leur bois, & surtout de leurs racines.

Pour remplacer ces figuiers dont on est obligé de se défaire, on doit ne pas manquer d'en élever tous les ans de nouveaux ; non seulement par boutures, mais aussi par marcottes : que l'on élévera dans des manequins, ou en pleine terre.

On peut y faire servir un vieux figuier levé avec sa motte : en l'enfonçant profondément en terre, de maniere qu'il n'en sorte que les bouts des branches ; qui prendront racine pendant tout l'été, & dans l'automne. Vers le commencement d'Octobre, après avoir levé la terre avec précaution, l'on sevrera & coupera toutes les branches au-dessus des racines : elles formeront autant d'arbres, quand on les aura mis dans des pots qui aient sept à huit pouces de diametre ; & l'année suivante, s'ils sont arrosés souvent, on pourra en avoir du fruit. Afin qu'ils grossissent, on aura soin de les mettre dans de plus grands pots au commencement de Mars de l'année suivante. Pour ce qui est des branches qui n'auront pas fait de racines ; après avoir été coupées au-dessous d'un nœud & mises en terre, elles prennent racine, comme les boutures ordinaires.

En convenant de l'avantage qu'il y a d'élever des figuiers en caisse dans un climat comme le nôtre, dont ils ne peuvent supporter les grands hivers, on doit observer que dans cet état les arbres produisent beaucoup moins de fruit qu'en pleine terre. Il vaut mieux les planter sur un côteau bien exposé au Midi, & abrité du Nord & du Couchant par le côteau même ou par des murs assez hauts.

Quand on éleve des figuiers en *Espalier*, il faut ne pas prétendre les assujettir comme les autres arbres, à plat contre le mur, pendant l'été & l'automne. En leur laissant plus de jeu & de liberté, leurs fruits viennent mieux, & sont meilleurs. On peut attacher au mur le corps des branches ; mais non les jets qui donnent des figues : ceux-ci doivent être éloignés de la muraille, & avoir de l'air, afin que le soleil les frappe plus vivement, & rende les figues plus sucrées & plus hâtives. Il suffit même de soutenir les unes & les autres branches par devant, avec des perches ; posées sur des crochets d'environ un pied de long, afin qu'entrant à quatre pouces dans le mur, il en reste huit au dehors pour faire une distance raisonnable : & leur extrêmité sera coudée & tournée en rond pour embrasser la perche. Il faut sceller ces crochets dans le mur à trois pieds les uns des autres, en échiquier ; & commençant le premier rang à un pied de terre, continuer

tinuer jusqu'au haut du mur. Les perches, mises sur ces crochets, empêcheront non seulement les branches de tomber, mais aussi d'être brisées & rompues par les vents. Ainsi il ne sera pas nécessaire d'employer d'autre treillage.

Mais aux approches de l'hiver, ce seroit trop risquer que de laisser les arbres exposés de la sorte à ses rigueurs. Il faut, dès que les feuilles des figuiers sont tombées, en contraindre les branches près de la muraille, soit avec des lanieres & des clous, soit avec de l'osier & des échalas : & s'ils sont trop élevés, il faut tâcher de réunir les plus hautes branches, de maniere qu'elles ne soient ni rompues ni éclatées. On y mettra ensuite des paillassons épais de trois bons pouces ; ou de grand fumier sec, soutenu par des perches mises en largeur, & quelques-unes en montant ; ayant soin qu'il n'y ait point d'endroit à l'espalier, qui reste découvert & exposé.

On fera encore provision d'une assez grande quantité de fumier pour augmenter ces couvertures, au cas que le froid soit extraordinaire. Après qu'il sera passé, c'est-à-dire, vers le mois d'Avril, on découvrira simplement à-demi ; c'est-à-dire que l'on ôtera ce qui se trouvera gâté & pourri par les pluies & les mauvais tems de la saison : & quand on verra le tems suffisamment assuré, pour n'avoir plus lieu de craindre la gelée, on les découvrira tout-à-fait ; ce qui n'arrive guéres dans une bonne partie de la France que vers le commencement de Mai, auquel tems les figues sont déja de la grosseur d'un pois. On remet alors en liberté les branches qu'on avoit approchées du mur & tenues contraintes : & on les laisse à la distance qu'elles avoient avant l'hiver ; se contentant de les soutenir avec des perches en travers.

Pour garantir les espaliers, contre les gelées du printems, on peut se servir de grands draps attachés à des perches, à-peu-près comme des voiles de navire, & soutenus par d'autres perches qui empêchent que le frottement de ces draps agités par le vent, ne gâte le fruit. Il faut aussi par la même raison attacher les draps tout contre la terre, avec quelques crochets qui les tiennent fermes, à-peu-près comme on fait à des tentes.

Ce qui n'est pas moins important pour la conservation des figuiers, est que les murailles contre lesquelles ils sont plantés, se trouvent assez fortes & épaisses pour que la gelée ne puisse y pénétrer. Autrement, on a le déplaisir de voir ces arbres périr du côté que l'on ne s'y attendoit pas ; ce qui est d'autant plus fâcheux, que l'on y donne d'ailleurs tous les soins possibles. Il est donc nécessaire que les murs soient épais d'environ deux pieds, & en même tems bien exposés.

On préfere de planter les figuiers en *Buisson* plutôt qu'en espalier, quand on veut avoir plus de figues ; & qu'elles mûrissent mieux.

Si l'on se contente de les tenir ainsi à une bonne exposition, les branches géleront de tems à autre : & quoique la souche repousse, les nouveaux jets ne donneront des figues que la troisieme année.

Le moyen de prévenir ces accidens, est de tenir les buissons très-nains. On peut y réussir en rompant, en Eté, l'extrêmité des jeunes pousses. Mais il vaut mieux abattre, tous les ans, jusques sur la souche quelques-unes des plus grosses branches. Pendant que les branches de médiocre grosseur donneront du fruit, la souche produira de nouveaux jets, qui seront en état de fructifier quand les autres branches, ayant pris trop de force, seront dans le cas d'être retranchées. Il est vrai que par cette méthode, on n'aura pas autant de fruit que si les arbres étoient grands : mais aussi on ne courra point le risque d'en être absolument privé à la suite des grands hivers ; pourvû toutefois qu'on ait l'attention de couvrir les arbres nains avec de la paille, des roseaux, ou des genêts.

A la fin de l'automne on rassemble & rapproche les branches avec des oziers & des échalas fichés en terre, ensorte qu'elles fassent une espece de boule ou de pyramide ; & on les envéloppe avec de grand fumier sec, de même que les figuiers en espalier. On ne les découvre pas si tôt que les autres qui sont à l'abri des murailles : & lorsqu'au printems on prévoit que les nuits peuvent être dangereuses, on met les couvertures.

En tenant ces buissons éloignés les uns des autres, on se procurera l'aisance de coucher tous les ans beaucoup de branches ; donner de l'air à tout le corps du buisson, & le laisser croître en largeur autant qu'il pourra. Sans cela le fruit de ces buissons ne mûriroit que très-difficilement ; puisque de leur naturel ils le donnent déja plus tard que les figuiers en espaliers, ou en caisse.

Les Boutures, les Marcotes, & les Drageons sont des moyens expéditifs pour multiplier les figuiers. Pour ce qui est des drageons qu'ils repoussent du pied : on les ôte tous les ans, à la fin de l'hiver, ou même à la fin de l'automne : pour les planter dans une rigole près de quelque bonne muraille ; ou en quelque autre bon endroit : & on les couvre soigneusement, pour empêcher que le froid ne les endommage. C'est de ces rejettons qu'on peut faire des *pépinieres de figuiers*.

Les branches que l'on est quelquefois obligé de couper, peuvent servir à la même fin : mais il est nécessaire qu'elles aient un peu de bois de deux ans ; car les branches coupées qui n'ont qu'un an sont beaucoup plus sujettes à se pourrir qu'à reprendre. On plante ces drageons ou boutures un peu courbées, dans la terre humectée, & à l'ombre : puis on les arrose, de tems à autre. Il y en a qui font une petite entaille vers l'extrêmité des boutures dans l'endroit le plus courbé : mais elles réussissent assez sans cela.

La maniere de Marcotter le figuier, est d'entailler une branche en coupant en talus le tiers ou le quart de sa grosseur ; & tout de suite la passer dans un panier ou dans une caisse remplis de terre ; ou coucher la branche pour couvrir de cinq ou six pouces de terre l'endroit entamé : laissant sortir le reste de la branche. On est sûr d'avoir au bout d'un an un figuier bien enraciné : & pour peu qu'il ait de racines, la reprise est certaine.

Si on se sert d'un pot ou d'un mannequin, on les attache bien ferme à l'arbre, afin que l'agitation du vent n'empêche point la branche qui passe dedans, de prendre racine : & on a soin de l'arroser au besoin, quand les pluies manquent.

Ces opérations se font un peu avant que le figuier commence à bourgeonner ; c'est-à-dire, au mois de Mars. Le tems de sévrer les marcottes, & de les séparer de la mere-branche, est le mois d'Octobre ; auquel elles ont indubitablement acquis toute la force nécessaire pour être mises en place.

Les mannequins sont plus commodes que les pots ; en ce que venant à planter ces jeunes figuiers, on n'a pas besoin de les en retirer ; les mannequins pourriront assez en terre : par-là on ne perd point de tems, & l'on ne risque rien.

Pour avoir des figuiers nains, de marcottes, on plante en Mars un jeune figuier enraciné, dans un grand pot, ou même en pleine terre ; quand il est bien en seve, au mois de Mai, ou de Juin suivant, on le plie en arc pour enterrer le bout des branches, à quatre ou cinq doigts de profondeur : & on assure l'arc avec des crochets de bois, afin que la branche ne se releve point : le bout fiché en terre prend racine, lorsqu'il est beaucoup arrosé. En automne, quand on s'apperçoit qu'il a pris racine, on coupe l'arc par en haut ; & l'on arrache la marcotte. [Ce procédé ne réussit pas toujours.]

Une autre méthode consiste à prendre une marcotte ordinaire, bien enracinée, en automne ; & la planter les boutons en bas. La seve n'ayant plus son cours direct, est obligée de rétrograder : ce qui contraint le figuier à demeurer nain.

Les marcottes de figuiers, faites de branches simplement couchées en terre, demeurent ainsi couchées jusqu'au mois de Novembre suivant : & alors comme elles ont repris, on les sévre de l'arbre, pour les replanter aux endroits où on en a besoin.

Pour ce qui est des boutures, certains Cultivateurs pensent qu'il vaut mieux éclater la branche, que de la couper : & que c'est pour cette raison que l'on fait une entaille à l'extrêmité qu'on met en terre. Outre que le bois doit être de deux ou trois ans, » il faut (dit-on) le choisir plein de nœuds, ou » court noué. La cime qui a trois fourchons est pré» férable à toute autre. On fait aussi beaucoup de » cas de celle qui est au haut de l'arbre, & du côté » de l'Orient, ou du Midi. «

Consultez ce que M. Duhamel enseigne concernant les Boutures & les Marcottes, dans son *Traité des Semis & Plantations*, L. II. Ch. II & III.

Les racines même peuvent seules, après être séparées de l'arbre, servir à multiplier l'espece. De la partie qui tenoit à cet arbre, il peut naître un figuier qui réussira aussi bien que les autres.

Les bonnes especes se multiplient encore en les greffant sur des especes moins estimables ou plus communes. La greffe en sifflet y réussit mieux que toute autre.

Il y a des cas où on est forcé d'avoir recours aux semences. Par exemple, si on desire d'avoir des especes d'Italie, d'Espagne, du Levant, on peut se les procurer en semant les graines qui se trouvent dans les figues séches qu'on tire de ces pays : les semences se conservant très-saines dans les fruits qui n'ont été desséchés que par l'ardeur du soleil. M. l'Abbé Nollin, connu par son goût & ses talens pour perfectionner la culture des arbres, avoit des figuiers d'un an hauts de sept à huit pouces, provenus de différentes especes de figues séches tirées de l'Etranger. Au reste, on ne peut pas compter d'obtenir sûrement la même espece de figue que l'on aura semée. Mais c'est l'unique moyen de se procurer de nouvelles especes : & il peut s'en trouver de fort bonnes.

Si dans cette vûe on se propose de semer la graine des figues de son jardin, il faut les laisser mûrir sur l'arbre jusqu'à ce qu'elles soient entiérement flétries. Les ayant cueillies en cet état, on les écrase dans un bassin rempli d'eau fraîche. La bonne graine tombe au fond. Après l'avoir un peu desséchée sur un linge, on la seme dans des terrines, en la répandant sur la terre, & ne la recouvrant que d'un peu de terre que l'on sasse. Ces terrines étant tenues sur une couche chaude, & défendues de la grande ardeur du soleil par des paillassons, les jeunes figuiers levent en peu de jours.

A l'égard du *tems auquel on doit replanter les jeunes figuiers* qu'on aura élevés par l'une ou l'autre de ces voies, il faut que ce soit avant l'hiver, & sur la fin de l'été ; selon M. Chomel, à qui cette saison y paroît plus propre que le printems, pour des arbres qui sont aussi pleins de moëlle que ceux dont il s'agit. D'autres Cultivateurs habiles se fondent sur la même raison, pour ne planter qu'en Mars ou Avril : & il paroît que c'est ce que l'on doit suivre dans un climat tel que celui de Paris ; vû qu'un arbre nouvellement planté est toujours plus tendre à la gelée, que les autres.

A la fin de l'hiver ou au commencement du printems, il faut éplucher & ôter tout le bois mort des figuiers. Quelque soin qu'on en ait pris, il y a toujours plus de branches endommagées qu'on ne voudroit. Elles sont si délicates, que l'hiver, quelque modéré qu'il soit, en détruit & gâte toujours un certain nombre.

On se sert de la *Taille*, pour donner aux figuiers une forme avantageuse, & les disposer à donner plus de fruit.

La beauté d'un figuier en caisse n'est jamais aussi réguliere que celle des orangers, ou autres arbres qu'on éleve de même : & celle des figuiers en buisson ou en espalier, n'est pas aussi parfaite que dans le poirier ou autres fruitiers que l'on réduit à ces formes. On doit se contenter qu'un figuier en caisse forme bien le buisson ; qu'il n'ait que le moins de tige qu'il se pourra ; qu'il ne soit ni élancé, c'est-à-dire trop haut monté, ni trop étendu & évasé, avec de grandes branches dégarnies.

A l'égard des figuiers en espalier & en buisson, on a pu remarquer ci-devant, comment ils doivent être traités pour la beauté qui leur peut convenir : ainsi nous n'en répéterons rien ici. Nous ajoûterons seulement qu'on doit les tailler d'une maniere différente des autres arbres. Au lieu qu'en ceux-ci les petites branches donnent des fruits, soit à noyau, soit à pepin ; ce sont les grosses qui ont cet avantage dans le figuier. C'est pour cette raison qu'il faut les ménager plus que l'on n'a coutume de faire dans les autres arbres quand elles ne sont que branches à bois.

Il faut avoir soin d'ôter tous les ans, à la fin de l'hiver, ou même dès la fin de l'automne, la plupart des drageons que les figuiers repoussent du pied, & n'y conserver que celles qui pourroient servir à garnir également les côtés, ou à être substituées à des branches mortes ou languissantes. On a vû ci-dessus le bon usage que l'on peut faire de ces rejets pour multiplier les figuiers, en les plantant à l'ombre.

En général, un figuier doit ne pas être trop haut monté. S'il alloit, par exemple en peu de tems, à une hauteur de deux ou trois toises, ce seroit un excès blâmable. On les tient plus pleins & mieux garnis, quand on les conserve dans une médiocre élévation : & ils sont alors plus faciles à couvrir en hiver. Il faut donc, d'année en année, n'y laisser guéres de grosses branches nouvelles plus longues qu'un pied ou un pied & demi, ou tout au plus deux pieds. C'est là la véritable *Taille* qu'il faut faire aux figuiers, après avoir retranché tout ce qu'il y a de bois mort.

Vers la fin de Mars, ou au mois d'Avril, il faut aussi couper ou rompre à l'extrêmité de chaque branche, environ un pied de longueur. On est assez averti de le faire, quand le froid a gâté cette partie, comme il arrive ordinairement aux branches qui n'ont pas achevé de prendre leur croissance, & qui ne se sont aoûtées qu'un peu tard dans l'automne. On coupe donc le plus promptement que l'on peut ce qui paroît noir & ridé, qui sont des signes de mort ; & même plus bas. Cela sert à faire sortir plusieurs nouvelles branches, au lieu d'une seule, qui seroit montée droite par la disposition qu'y avoit ce bout que l'on taille. Par le même moyen on peut se promettre une plus grande abondance de figues, non pas des premieres de cette même année, mais des secondes ; & des *figues-fleurs* (ou très-hâtives) l'année suivante, puisque de l'aiſſelle de chaque feuille il ſortira immanquablement une figue, & quelquefois deux en même tems, dans l'une de ces deux ſaiſons.

Cette pratique de pincer ou tailler le bouton qui paroît à l'extrêmité des branches, contribue encore beaucoup à faire ſortir & mûrir plus tôt les figues, & à les rendre plus groſſes.

Nous ne devons pas oublier d'obſerver que ce ſont des jets de l'année précédente, qui ſont gros & médiocrement longs, que l'on doit rompre ou couper de la ſorte : pour ceux qui ſont fort gros & fort longs, on a vû juſqu'à quel point il faut les raccourcir : à l'égard des menus, il eſt plus à propos de les ôter entiérement.

On connoît, dans les figuiers, les branches de faux bois, par des yeux plats & fort éloignés les uns des autres, de même qu'aux fruits à pepin & à noyau. Ces branches doivent être taillées plus courtes que celles qui étant venues aux extrêmités des autres branches, ſont bonnes & médiocrement longues, & ont leurs yeux gros & fort proche les uns des autres.

Il y a un embarras conſidérable pour bien tailler les groſſes branches qui ſont bonnes. Car elles doivent ſervir tout à la fois à porter le fruit, & à donner la figure qui convient à ces arbres : au lieu que dans les autres, les groſſes branches ne ſervent que pour la figure. Il ſemble à cauſe de cela, qu'il ſoit impoſſible d'avoir des figuiers en caiſſe, bien formés & bien chargés de fruits. Comme ils doivent demeurer fort bas ; ſi l'on veut racourcir leurs branches, pour ſe conformer à cette idée qui fait une de leurs principales beautés, on diminue l'abondance du fruit en proportion de la quantité du bois ; puiſque tout figuier qui n'a guéres de bois, ne donne guéres de figues.

Pour choiſir un milieu là-deſſus, on racourcira tous les ans quelques-unes des plus groſſes branches, ſoit vieilles, ſoit nouvelles : ce qui contribuera à la belle forme de l'arbre. Et, pour avoir du fruit, on hazardera de laiſſer les autres dans leur longueur ; afin que s'y trouvant plus d'yeux, elles chargent davantage. Chaque œil reſté au printems ſur les groſſes branches de l'année précédente, donne une figue, & quelquefois deux : mais il ſuffit d'y en laiſſer une qui puiſſe parfaitement réuſſir. Il arrive même quelquefois que chaque œil donne une branche, ſuivant que la mere branche eſt groſſe & a été taillée courte ; & comme chaque branche s'allonge ordinairement de ſix à ſept yeux, tant depuis le mois de Mars juſqu'à la mi-Juin, que depuis la mi-Juin juſqu'à la fin de l'automne, on peut compter ſur ſix ou ſept figues, & non davantage, puiſqu'il n'en vient jamais deux fois à un même œil ; & que celui qui en a donné en automne, ſoit qu'elles ſoient venues à maturité ou non, n'en fournit plus au printems.

Au cas que les branches qu'on aura laiſſées longues pour le fruit, vinſſent à fruſtrer l'attente, on les raccourcira à la mi-Avril, ou au commencement de Mai. Quoique l'on ſe prive ainſi des ſecondes figues, les nouvelles branches, qui doivent ſortir de celles qu'on a taillées, ne pouvant paroître aſſez tôt pour porter des figues d'automne : le nombre des figues-fleurs de l'année d'après en ſera plus abondant, parce que les nouvelles branches auront eu aſſez de tems pour profiter autant qu'il faut pour cela.

Si l'on conſerve quelques branches un peu foibles, il faut les tenir très-courtes, afin que le reſte devienne plus gros & plus vigoureux, & que les figues qui y pourront venir ſoient plus belles. Dans le cas où cette même branche ne pouſſeroit que d'autres branches foibles, il n'y aura pas à balancer pour les ôter toutes, ou ne conſerver que la plus baſſe ; qui par-là pourra devenir paſſablement groſſe.

Comme on a rompu ou coupé au mois de Mars & d'Avril les bouts des jets de l'année précédente, il en faut faire de même au commencement de Juin, à l'égard des groſſes branches qui auront pouſſé depuis le printems ; afin d'en multiplier les jets durant l'été, & d'avoir par le même moyen un plus grand nombre des premieres figues l'année d'après. Sans ce ſoin l'on ſe promettroit en vain beaucoup de fruit dans l'une & l'autre ſaiſons. Il faut néceſſairement y préparer les bonnes branches nouvelles, en les pinçant avec prudence & adreſſe. Les figues d'automne en ſont plus hâtives.

Lorſque les groſſes branches qu'on a laiſſées longues les années précédentes, pour en tirer plus de profit, ſemblent épuiſées, il faut aux mois d'Avril & Mai les raccourcir juſques ſur le vieux bois, principalement quand il n'y a pas de fruit qui mérite d'être ménagé. Ce ravallement pourra produire de nouvelles branches, dont on recevra plus de ſatiſfaction. Mais quand cela ne ſeroit pas (comme la choſe n'eſt pas plus infaillible qu'à l'égard d'autres fruitiers qu'on traite de même) on évitera toujours un grand inconvénient, en retranchant de la ſorte ce qui ſeroit capable de rendre un endroit déſagréable & dégarni. D'ailleurs, comme il ſe fera un ſurcroît de ſeve ſur les branches voiſines, & même ſur la vieille branche qui a été ravallée, il n'en pourra réſulter qu'un bon effet pour la perfection des unes & des autres.

Arroſement dont les Figuiers ont beſoin quand on les a ſortis de la ſerre.

Cet arroſement doit être tel que toutes les racines s'en reſſentent. Sur la fin de Mars, ou au commencement d'Avril, on pourra, afin de hâter les fruits, mettre un boiſſeau de fumier de pigeon ou de poule (plus ou moins ſelon qu'on en a beſoin) dans les vaiſſeaux où on laiſſe repoſer l'eau qui ſert à arroſer les figuiers ; les en arroſer deux ou trois fois ; & enſuite, à chaque fois qu'on leur donnera de l'eau, on aura ſoin de la brouiller avec le fumier par le moyen d'un rateau. On peut faire la même opération ſur la fin du mois d'Août, ou au commencement de Septembre, pour faire mûrir plus promptement les figues d'automne.

Après le premier arroſement, on peut s'abſtenir d'en faire juſqu'à ce que vers le milieu d'Avril, le fruit paroiſſe tout à fait avec quelques feuilles, & même qu'il ſoit un peu gros ; parce que les pluies qui tombent ordinairement au printems feront ſuffiſantes pour les humecter autant qu'il faut.

Quand il pleut abondamment en été, on peut ſe paſſer des grands arroſemens qui ſeroient néceſſaires dans cette ſaiſon. Quoique ces pluies n'aillent pas peut-être juſqu'à pénétrer le corps de la motte, on peut ceſſer d'arroſer les figuiers : qui ſans cette circonſtance de pluie, le veulent être amplement chaque jour, ou tout au moins, de deux jours l'un, en été.

On ne doit point diſcontinuer ce ſoin, quand il ne tombe que de petites pluies ; elles ſont inutiles aux figuiers, dont les feuilles larges empêchent que la terre, qui eſt fort ſerrée & fort dure dans les caiſſes à cauſe de la multitude des racines, ne puiſſe être humectée par une ſi petite quantité d'eau ; ne pouvant pas même l'être par des pluies abondantes. Ce ſeroit donc expoſer beaucoup les figuiers, que de compter que ces pluies puſſent tenir lieu des arrofemens néceſſaires : leurs fruits courent riſque de tomber, dès que les racines commencent à manquer d'humidité.

La néceſſité d'arroſer ſouvent & amplement eſt, à la vérité, un peu embarraſſante : & c'eſt pour ainſi-dire, la principale & preſque l'unique ſujétion que demandent les caiſſes & les pots. Les figuiers en pleine terre donnent ordinairement de fort belles figues, toutes à-peu-près également groſſes & bonnes, quoique plantés dans des lieux ſecs & arides ; leurs racines s'étendant avec liberté trouvent toujours aſſez de fraîcheur : parce qu'il ne s'en fait point une auſſi grande déperdition que dans les caiſſes, qui ſont frappées de toutes parts de la chaleur du ſoleil ; au lieu que la pleine terre ne l'eſt qu'à la ſurface.

Pour jouir à-peu-près d'un pareil avantage, on peut placer les caiſſes de telle ſorte que le fond poſe à terre. Il en ſortira des racines, qui pénétrant en terre, s'y multiplieront de maniere que l'arbre ſe portant mieux, on pourra ſe paſſer de grands arroſemens. Mais outre que les caiſſes pourriſſent plus tôt de cette maniere, on ne peut les changer de place à l'entrée de l'automne pour les mettre à une expoſition où elles puiſſent profiter de toute la chaleur du ſoleil, pour la maturité des figues de cette ſaiſon.

On peut néanmoins mettre d'abord ces figuiers en un lieu où ils aient tous les ſecours néceſſaires dans l'arriere-ſaiſon ; & en élever ainſi quelques-uns dans des caiſſes déja uſées, principalement quand ils ſont vieux encaiſſés. Lorſqu'on vient à ſerrer ces caiſſes, ou du moins en les ſortant de la ſerre, on coupe ſoigneuſement toutes les racines qui en ſont dehors, à cauſe que tout ce qui eſt éventé ſe gâte abſolument : & on les remet enſuite en place, de maniere que le fond touche encore à terre.

On doit être exact à donner de l'eau au *figuier Bergamotte* ; car ſi une fois on manque à lui en donner, ſes feuilles s'abbattent, & tout le fruit tombe immanquablement. On prévient cet inconvénient, en mettant de la fiente de vache ſur les caiſſes. Il n'eſt pas de même des autres figuiers : ils ſe ſoutiennent mieux.

La *Serre* pour conſerver ces arbres eſt ſuffiſante, ſi elle eſt médiocrement cloſe, tant du côté de la couverture, qu'aux portes & aux fenêtres : quand même il y pourroit geler, & que la terre viendroit à s'en reſſentir, on ne doit pas s'en inquiéter. Cela peut arriver, ſans que le figuier en reçoive un grand préjudice. Une ſalle ordinaire, une écurie, une cave même, ou autre ſemblable lieu, ſont aſſez bons pour cet uſage ; pourvû que ces endroits ne ſoient point extraordinairement humides, & quoiqu'ils puiſſent être pernicieux pour les orangers & les jaſmins délicats. On ne peut pas ſe diſpenſer de mettre les figuiers en caiſſe à l'abri, quelque part que ce ſoit, où la forte gelée ne donne pas ſur leurs branches. Leurs racines courroient même riſque de geler, paſſant l'hiver hors d'une ſerre ; ce qu'on a moins à craindre pour les figuiers en pleine terre.

Les paillaſſons, le fumier ſec, la paille & les autres couvertures que nous avons indiquées, en conſerveront ſuffiſamment les branches ; pourvû que les murailles contre leſquelles ils ſont expoſés, ayent l'épaiſſeur indiquée ci-devant : & que l'hiver ne ſoit pas extrêmement rigoureux.

Si ce ſont les petites branches ſeules qui viennent à geler, on a vû dans ce qui a été dit de la taille, comment en les épluchant & coupant juſqu'au vif, on peut en eſpérer de nouveaux jets : & ſi ce ſont les groſſes branches, en récépant ces arbres aſſez bas, on les rajeûnira entiérement.

On ne doit pourtant pas en venir à cette derniere opération, dès que des figuiers paroiſſent comme morts au printems. Il faut attendre à les récéper après la ſaint Jean ; parce qu'il arrive ſouvent que dans la ſeconde pouſſe qui commence alors, la ſeve très-forte monte aiſément des racines & du pied aux parties ſupérieures, & y rétablit la vigueur avec la vie.

On eſt heureux quand on peut toujours placer ces arbres à de bonnes expoſitions, principalement contre des cheminées ou à quelque autre bon abri de mur, où à l'aide des autres précautions, ils n'ont rien à craindre du côté du froid.

La neige leur eſt préjudiciable.

On ſerre les figuiers au commencement des gelées du mois de Novembre.

On les retire de la ſerre vers la mi-Mars ; par un beau jour, & lorſque les gelées paroiſſent entiérement paſſées. On place les pots ou les caiſſes contre quelque muraille expoſée au midi & au levant, où on leur donne une mouillure aſſez forte pour que toutes les racines s'en reſſentent, comme nous avons dit ci-deſſus.

Pour être mieux aſſuré contre le retour des gelées, on ne doit pas s'en tenir à cet abri ſeul, quelque favorable qu'il ſoit pour les figuiers, ſoit en caiſſe ſoit en place. Il faut de plus les couvrir de draps, paillaſſons, grand fumier ſec, pezat, ou autres choſes ſemblables, quand on prévoit des nuits dangereuſes. Ordinairement on eſt averti là-deſſus par des vents de Galerne & de Nord, ou par des giboulées, de la grele, ou des neiges fondues.

Quand la ſaiſon eſt avancée, on les porte dans des places où ils puiſſent demeurer tout l'été : on leur donne alors encore une mouillure comme la premiere, enſorte que l'eau penetre toute la caiſſe.

Si l'on a quelque lieu particulier, bien entouré de bonnes murailles, on pourra les y diſpoſer en allées, bordées de deux côtés, ou en petit bois. Depuis la mi-Mai, on les arroſera tous les huit jours ; & vers la mi-Juin, preſque tous les jours.

Ce que l'on fait à l'égard des figuiers en caiſſes au ſortir des ſerres, c'eſt-à-dire, la méthode de les ranger le long de bonnes expoſitions, ſe peut pratiquer en automne pour procurer une maturité parfaite aux figues de cette ſaiſon. Comme la chaleur du ſoleil devient alors plus foible, & ne frappe plus directement, il eſt bon de les rapprocher des murs, pour que la reverberation en augmente l'effet & l'ardeur. Mais il ne faut pas, ainſi qu'il a été dit, qu'il ſoit ſorti de racines par deſſous la caiſſe : ces racines venant à être arrachées pour le tranſport, l'arbre & le fruit en ſouffriroient conſidérablement.

Plus tôt ils pouſſent au printems, plus tôt auſſi on a les ſecondes figues d'automne. Il arrive quelquefois qu'on a les premieres figues mûres dès la fin de Juin & vers le commencement de Juillet, & les ſecondes dès le commencement de Septembre. Au contraire dans les terreins froids les figues ne ſont bien ſorties qu'environ à la fin d'Avril, ou vers la mi-Mai ; & les premiers jets ne commencent guéres de pouſſer que dans ce tems : ce qui fait que les premiers fruits n'y mûriſſent qu'à la mi-Juillet, ou à la fin, & les ſeconds vers la fin de Septembre ſeulement.

Comme les figues de la premiere ſeve ſont pour l'ordinaire aſſurées de mûrir toutes à la fin de Juillet & pendant le mois d'Août, s'il ne ſurvient quelques fraîcheurs qui les faſſent tomber, & ſi pendant ces mois de chaleur elles ne ſont point gâtées par trop de pluies, ou par des ardeurs trop brûlantes ; il eſt plus important de travailler à avoir beaucoup de ces premieres figues, que de celles de la ſeconde ſeve ; deſquelles on ne doit eſpérer de voir mûrir que celles qui étant nées dès la mi-Juin, se trouvent presque avoir atteint toute leur grosseur avant la fin de Juillet : encore faut-il que ce soit dans un terroir assez chaud & sec ; & que l'automne soit chaude, & sans gelées & pluies froides, comme il n'est que trop commun d'en avoir.

D'ailleurs, il n'y a toujours que trop de ces secondes figues. Les figuiers qui se portent bien, font ordinairement pendant le printems beaucoup de jets assez beaux ; & chaque feuille faite avant la S. Jean porte réguliérement une figue, soit pour l'automne de l'année même qui court ; soit pour l'été de l'année suivante, quand la figue n'a pas paru dans l'automne. C'est ce qu'elles font presque toujours ; & qu'il seroit à souhaiter qu'elles ne fissent point : car de toute cette grande quantité de figues qu'on voit paroître pour l'automne, la plupart viennent inutilement par la difficulté qu'il y a qu'elles mûrissent, à moins qu'une très-bonne exposition n'y supplée. Souvent même les pluies froides & les gelées blanches les font crever, ouvrir, & tomber ensuite. Si elles se conservent vertes, attachées à l'arbre, on ne doit pas pour cela s'attendre qu'un renouvellement de seve au printems les puisse porter à maturité ; elles tomberont immanquablement.

Les figuiers chargent moins au printems, par une raison opposée à la précédente. Comme on n'a des figues-fleurs qu'à proportion des jets & des feuilles poussées depuis la S. Jean de l'année précédente, jusqu'à la fin de l'automne ; & que souvent les figuiers, particuliérement ceux qui sont en caisses, ne font que peu de branches & assez courtes, parce qu'ils n'ont guéres de vigueur pendant l'été, & que cependant ils ont leurs fruits à nourir : il arrive de-là qu'ils n'en sauroient donner beaucoup au printems ; les branches foibles n'étant propres ni à en produire dans ce tems-là, ni à conserver contre l'intemperie de la saison celles qui peuvent naître en été. Il faut donc y suppléer autant qu'on peut ; & puisque le tout dépend de l'état des figuiers, on doit prendre soin que les pieds soient toujours bien vigoureux.

Il importe de savoir connoître la maturité des figues ; afin de pouvoir les cueillir dans le point de bonté parfaite qui leur est particulier : sans quoi l'on se donneroit en vain beaucoup de peine & de fatigues. On doit être en cela d'autant plus exact, que les figues sont du nombre des fruits qui durent le moins dans l'état de bonté. Il y a des fruits, par exemple les poires de bon chrétien, qu'on peut manger pendant un mois & plus : d'autres ne sont bons que pendant une semaine ; comme les rousselets, le beurré, la bergamotte, la verte longue, *&c.* Quelques autres durent davantage ; comme les raisins, les pommes, & presque tous les fruits d'hiver. Mais les figues n'ont qu'un jour ou deux ; ainsi que la plupart des pêches.

On juge de la parfaite maturité d'une figue, à la vue & au toucher. Si, avec une bonne couleur, jaunâtre ou autre qui appartient à son espece, la peau ridée & un peu déchirée, la queue panchée, & le corps tout rapetissé, on la trouve moëlleuse sous les doigts, & qu'elle quitte l'arbre pour peu qu'on la souleve ou qu'on l'abbaisse ; on peut être certain qu'elle est tout-à-fait mûre & parfaitement bonne. Mais si malgré toutes ces premieres apparences, elle ne quitte pas facilement la branche, il faut encore l'y laisser quelques jours ; n'étant jamais assez mûre quand elle résiste.

Quand une figue, ayant toutes les bonnes marques de maturité, a été cueillie par une main habile, il est inutile de la tâtonner rudement, comme font plusieurs gens grossiers. On doit juger qu'elle est bonne à prendre & à manger, à la voir seulement : ou si l'on y porte la main, ce ne doit être que pour la toucher doucement & du bout du doigt, non pas vers la queue ; car ce n'est pas la partie la plus mûre, comme en beaucoup d'autres fruits ; mais à l'extrêmité plus éloignée, qui est toujours la meilleure, & qui parvient la premiere à maturité.

Il ne faut pas laisser tellement mûrir les figues, que la queue s'en détache ; ce seroit un défaut si elle n'y étoit pas, puisqu'elle y fait un agréable ornement. En les cueillant, il faut les mettre dans une corbeille garnie de quelques feuilles mollettes ; comme sont celles de la vigne ; & les placer chacune séparément, sans qu'elles se pressent les unes les autres par le côté, ou qu'elles soient les unes sur les autres : la pesanteur de celles de dessus seroit capable de meurtrir celles de dessous. Rien aussi ne leur seroit si contraire que d'être placées sur l'œil, parce qu'elles se vuident par là de ce qu'elles ont de meilleur suc.

Pour avoir des Figues précoces délicieuses.

1. Piquez légérement avec un canif, à un demi-pied au dessous du fruit, les branches qui en seront les plus chargées, & dont les fruits seront les plus avancés & les plus sains. Attachez au bas de l'endroit piqué un cornet de parchemin, d'environ quatre doigts : & l'ayant rempli de fiente de pigeon, détrempée avec de l'huile d'olives, couvrez-le d'un linge, que vous attacherez avec de l'ozier ou de la ficelle. * *Maison Rust.* T. II. p. 262.

☞ 2. Mettez, avec un pinceau, un peu d'huile d'olives à l'*œil* de chaque figue (c'est-à-dire à l'ouverture qu'on apperçoit à l'extrêmité du fruit); & continuez ainsi tous les quatre ou cinq jours. Cette pratique les fait grossir, & mûrir plus tôt, sans altérer leur bonté. J'ai seulement observé que la peau en devenant très-fine dans sa plus grande étendue, le fruit est plus en danger s'il survient des pluies un peu considérables, ainsi que dans les brouillards d'automne. Il faut aussi ne mettre l'huile que quand les figues sont à-peu-près à leur grosseur ordinaire.

3. Quelques-uns se contentent de piquer l'œil de la figue avec une plume ou une paille humectée d'huile. Ce procédé m'a paru hâter la maturité : mais je ne l'ai pas assez réitéré, ni assez examiné pour pouvoir en parler affirmativement.

4. Dans l'Archipel & à Malthe il y a des figuiers sauvages qui donnent naissance à des insectes dont on se sert pour procurer aux figues domestiques une maturité dont elles seroient privées sans ce secours. C'est ce que l'on nomme CAPRIFICATION. Voyez, sur ce procédé curieux, Pline *Hist. Nat.* Liv. XV. Ch. XIX ; & Liv. XVI. Ch. XXVII. Theophraste, *De Causis Plantar.* Livre II. Chap. II. M. Tournefort, *Voyage au Levant* T. I. p. 338-9, 340 : le *Traité des Arbr. & Arb.* T. I. p. 241-2-3 où M. Duhamel confirme ce que disent M. Tournefort & les Anciens, par les observations que M. Le Godeheu a faites à Malthe. Linnæus *Amœnit. Acad.* T. I. p. 227, *&c.* [M. Tournefort dit (p. 339) que l'on enfile ensemble les insectes dans des fétus, pour les porter sur les figuiers domestiques. Le texte de Pline porte *inter se colligatæ.* M. Gesner (*Chrestomath. Plin.* pag. 536) dit *lino velut serta pertusi.*]

Propriétés & Usages.

Le lait qui découle des feuilles & de l'écorce du figuier, est caustique : on s'en sert pour détruire les verrues ; & pour les vers qui se forment dans les oreilles. On prétend qu'il fait cailler le lait de vache ; & qu'il dissout celui qui est caillé.

L'écorce de cet arbre est amere, & d'une saveur styptique : en séjournant sur la peau, elle y éleve des vessies.

On dit que le figuier a, comme le laurier, la prérogative de n'être jamais frappé de la foudre. Mais nous regardons aujourd'hui cela comme des fables.

Le bois de cet arbre est tendre & spongieux. Nous ne savons si l'on en fait quelque autre usage que de l'employer à polir les ouvrages de Serrurerie & d'Arquebuserie. Sa qualité spongieuse fait qu'il se charge aisément de beaucoup d'huile & en même tems de la poudre d'émeri, dont on se sert pour polir.

Quelques Auteurs conseillent de frotter avec les feuilles de figuier les hémorrhoïdes qui ne fluent pas. La rudesse de ces feuilles peut produire un déchirement nuisible.

Une figue de bonne espece, qui est venue dans un terrein convenable, à une exposition avantageuse, & qui a atteint le degré de parfaite maturité, est un excellent fruit. Quelques Auteurs ont prétendu qu'il étoit mal-sain. D'autres l'absolvent de cette imputation ; & disent que la figue ne cause des indigestions, que quand on en mange avec excès.

Il y a des Médecins qui veulent qu'on mange les figues à jeûn, ou avant le repas, comme tous les autres fruits qui se corrompent aisément. Mangées ainsi avec du pain, elle temperent la chaleur des visceres. [C'est une maxime dans la Médecine, que de commencer toujours par les choses les plus humides & les plus aisées à digérer, quand on dîne ou que l'on soupe : c'en est encore une autre, qu'après les fruits doux & sucrés, qui avec cela passent bien-tôt, on doit plutôt boire de l'eau pure, ou de l'eau mêlée avec un peu de vin, que du vin pur. Le vin pur emporte, dit-on, trop promptement dans les veines lactées la matiere des figues, & avant qu'elle soit digérée ; ainsi elle cause des vents & des indigestions à ceux qui en boivent de la sorte : au lieu que l'eau procurant une fermentation plus lente, les figues se digérent mieux, & font ensuite un sang plus louable.]

En général, elles étanchent la soif, adoucissent la poitrine, facilitent la respiration, désobstruent le foie & la rate, font sortir les glaires & le sable des reins & de la vessie, lâchent le ventre, nourrissent bien & engraissent. Les Athletes luttoient avec plus de vigueur, quand ils ne vivoient que de figues & de pain. Les gardiens des figuiers, au rapport de Galien, étoient fort gras, parce qu'ils ne mangeoient presque que des figues séches. On ajoûte que ces fruits, qui contribuent à la vigueur des jeunes gens, influent aussi sur celle des vieillards; ensorte que ceux qui en usent souvent, n'ont pas de rides sur le visage.

Ce fruit est encore utile aux malades. Ceux qui ont la fievre, & le ventre resserré, se soulagent en mangeant des figues à demi-sechées sur l'arbre par l'ardeur du soleil. Les figues séches conviennent dans les maux de gorge, ou de reins, la difficulté d'uriner, l'hydropisie, & aux personnes à qui les longues maladies ont fait contracter une mauvaise couleur. On boit, le matin, un verre de décoction faite de figues & d'hysope ; pour nettoyer la poitrine, & guérir les maladies invétérées du poumon. La décoction de figues seules fait un lavement utile pour la dysenterie & la colique. On met les figues en cataplasme sur les abscès, tumeurs, excroissances glanduleuses, & même sur les écrouelles. On dit avoir attiré des éclats d'os rompus qui avoient pénétré dans les chairs ; en ajoûtant du pavot à ce cataplasme.

Les opinions sont partagées au sujet des figues séches prises en aliment. Selon les uns, elles engendrent des poux. D'autres disent que l'on peut en manger même après le repas sans qu'elles incommodent ; étant plus pénétrantes, plus chaudes & moins humides, que les autres. Toujours est-il vrai qu'en Languedoc, en Provence, en Espagne, en Italie, & dans le Levant, on desséche quantité de figues au soleil ; pour les envoyer dans les pays tempérés & dans les climats froids : les uns & les autres en consommant beaucoup pour les alimens. Quant aux figues caprifiées ; ce degré de chaleur ne suffit pas pour les dessécher : il faut les passer au four ; peut-être afin de détruire la semence vermineuse. Mais le four leur donne un goût désagréable.

La figue seche est regardée en Médecine comme un bon émollient. On les applique en forme de cataplasme avec du pain & du vinaigre, pour ouvrir les abscès, faire mûrir le charbon, & s'opposer au progrès du cancer occulte. Elles sont surtout d'usage pour avancer la maturité des abscès de la bouche & de la gorge.

On emploie ces figues dans les tisanes pectorales ; avec les jujubes, sebestes, &c. On en met cinq ou six sur chaque pinte d'eau. On s'en sert aussi dans les fluxions sur la gorge & sur la luette, en gargarisme ; bouillies dans du lait. Elles sont propres à calmer la toux violente & les rhumes opiniâtres. On en fait un sirop pour les maladies du poumon. La décoction des figues & raisins secs soulage, dans la petite verole & la rougeole, ceux qui ont mal à la gorge. On fait un onguent excellent pour les engelures, avec la poudre de figues rôties, incorporée dans du miel. On applique les figues sur les hémorrhoïdes, pour en appaiser la douleur & l'inflammation. Comme la décoction de figues séches est adoucissante, relâchante, & incrassante, on l'ordonne pour les maladies des reins & de la vessie.

FIGUIER *d'Adam*. Voyez PALMIER *Musa*.

FIGUIER *d'Enfer*. Voyez PAVOT *Epineux*.

FIGUIERIE. Voyez FIGUERIE.

FIGURE. Image, représentation de quelque chose. *Voyez* RELIEF.

Les figures, ainsi que les vases, contribuent beaucoup à l'embellissement & la magnificence des jardins. Les plus riches sont de bronze, de fonte, de plomb doré, de marbre. On en fait d'autres en pierre, en stuc, en fer, en terre cuite que l'on peint assez souvent en blanc à l'huile ; &c. *Voyez* CORAIL, p. 696.

Celles qu'on place dans les niches ne sont pas finies par derriere.

Les groupes sont composés, au moins, de deux figures ensemble dans un même bloc. On nomme figures isolées celles autour desquelles l'on peut tourner. Il y a des bustes ; des termes ; des figures à demi-corps ; d'autres plus grandes que nature, appellées Colossales. Les unes & les autres sont posées sur des piédestaux, scabellons, gaînes, piédouches, socles.

Il vaut mieux pour un particulier, de n'avoir aucunes figures dans son jardin, que de n'en avoir que de médiocres.

Pour faire des Figures, ou des Vases, avec des coquilles d'œufs.

Il faut faire calciner les coquilles, en les mettant pendant deux jours au four où l'on cuit les pots ou la brique ; puis les ayant réduites en poudre, en faire une espece de pâte avec de la gomme Arabique & du blanc d'œuf ; former de cette pâte, les figures, &c ; & les faire sécher au soleil.

FIL. Ce mot s'entend ordinairement du fil qui est fait avec de la filasse de lin, ou de chanvre; & qui sert à coudre, & à fabriquer divers ouvrages de toilerie. On fait aussi du fil d'autres matieres; telles que la soie, la laine, le cotton, les orties; l'écorce de certains arbres comme le tilleul; le poil de quelques animaux, entr'autres des chameaux, chevres, moutons de Moscovie; & certains bœufs de la Louisiane, dont le poil est si beau, si fin & si long, que la soie même n'est gueres plus belle.

Voyez ALOES, *n.* 23. ALOÏDES, *nn.* 1 & 2.

Kœmpfer parle d'une plante qui, selon la force du mot Japonois, s'appelle *Chanvre blanc*; & qu'il nomme *Grande Ortie commune, qui porte de vraies fleurs, & qui donne des fils forts & propres à faire des toiles & autres ouvrages.* (Il dit qu'elle porte de vraies fleurs, parce que l'ortie est rangée sous une classe que l'on a appellée Incomplete, à cause qu'elle comprend des plantes à la fleur desquelles il manque ou le calice ou les pétales, ou ces deux parties.)

Le Chevalier Hans Sloane fait mention d'un » Arbre » à feuilles larges, longues, tronquées, lisses, luisantes, ressemblantes à celles du laurier; dont » l'écorce intérieure peut s'étendre en toile fine, » comme de la mousseline à manchettes. « Cet arbre se nomme communément *Lagetto.* Les peuples chez qui il se trouve, en font des habillemens.

Tous les *Mahot*, qui sont des plantes malvacées, donnent une filasse propre aux cordages.

Les Sauvages de la Louisiane cousent les peaux de bœufs, de castors, & autres, avec des nerfs battus & filés: & ils les percent avec un os de la jambe du héron, aiguisé par le bout.

Les femmes de ce même pays vont dans les bois chercher des jets ou pousses de mûrier, qui sortent de la souche de ces arbres après qu'on les a abattus. Elles les choisissent de quatre à cinq pieds de haut; les coupent en seve; en ôtent l'écorce; la font sécher au soleil; & quand elle est seche, la battent pour faire tomber celle qui est grosse. Celle du dedans reste toute entiere: elles la battent de nouveau pour la rendre plus fine; & la mettent ensuite blanchir à la rosée. Elle y devient très-blanche. Après quoi les femmes la filent, en composent divers ouvrages, tels que des réseaux, des franges, & souvent la tressent, & en font un tissu croisé qui fait des mantes très-propres.

Rumphius parle de deux arbres à chatons; qu'il appelle, l'un *Gnemon domestique*, l'autre *Gnemon champêtre:* dont les habitans d'Amboine tirent un fil, en battant un peu l'écorce (peut-être la seconde) des rameaux. Ce fil est propre à faire des rêts. Ils les font bouillir dans certaine infusion, pour les rendre meilleurs & moins sujets à se pourrir dans l'eau. Cela mériteroit d'autant plus d'être examiné, qu'on pourroit en tirer des connoissances pour perfectionner les cordages des navires, & pour la conservation des rêts.

Teindre le FIL. Voyez l'article TEINTURE.

Blanchir le FIL. Voyez BLANCHIR.

FIL DE FER, *ou* FIL *d'Archal.* Voyez dans l'article FER, p. 26.

FIL: *terme de Menuiserie.* C'est le sens dans lequel le bois est considéré par rapport à la direction longitudinale de sa tige: c'est pourquoi on appelle *Bois de fil*, celui qui est employé plus long que large. Voyez BOIS DE REFEND.

FILAMENTEUX. On nomme ainsi ce qui est comme en fil. *Voyez* FIBREUX, FILANDREUX. FEUILLE.

FILAMENTUM. Terme Latin de Botanique: qui désigne une partie des étamines. Voyez FILET, *terme de Botanique.*

FILANDRES: *terme de Venerie.* Ce sont des especes de réseaux qui tombent de l'air, & s'attachent sur les voies d'une bête; ce qui fait connoître qu'elles sont vieilles.

FILANDRES: *Maladie.* Voyez entre les maladies des OISEAUX *de proye.*

FILANDREUX: *terme de Botanique.* On le confond souvent avec *Filamenteux.* Les feuilles filamenteuses ou filiformes, sont celles qu'on nomme en Latin *Linearia folia*, & dont nous avons parlé dans l'article FEUILLE. Les feuilles *filandreuses*; sont composées de filamens, de filets, ou de filandres. Telles sont, par exemple, celles de l'Aloïdes Pite.

FILARDEUX: *terme de Maçonnerie.* Se dit du marbre & de la pierre, qui ayant des fils, sont sujets à se déliter. Le Sanguedo, le Sainte Baume, sont des marbres filardeux: la Lambourde & le Souchet, sont des pierres filardeuses.

FILASSE. Consultez le mot CHANVRE.

FILE *de Pieux.* C'est un rang de pieux équarris; plantés au bord d'une riviere ou d'un étang, pour retenir les berges, & conserver les chaussées & turcies d'un grand chemin; ou pour la fondation d'un pont. Cette file des pieux, est ordinairement couronnée d'un chapeau arrêté à tenons & mortaises, ou attaché avec des chevilles de fer.

FILÉ (*Beurre*). Consultez l'article BEURRE.

FILER: *terme de Fauconnerie.* Voyez DESCENTE, autre terme du même Art.

FILET. Réseau fait de fil plus ou moins fin ou grossier. Ces filets servent à la pêche, à la chasse, à garantir certains fruits & grains contre le pillage des oiseaux. Ceux que l'on emploie à prendre du poisson se nomment Truble, Epervier, Tramail, Ableret, Bricole, Carrelet, Aplet, &c; selon les différentes formes. Pour la chasse des oiseaux, il y a les Pantieres, Halliers, Araignées, Tirasses, Traîneaux, Nappes, &c: les Poches & Panneaux, pour le lapin & le lievre. *Consultez* les articles des différens poissons & oiseaux; & ceux des especes de filets dont nous venons de rappeller les noms. *Voyez* aussi LAPIN.

ART DE FAIRE LES FILETS.

I.

La connoissance & la pratique de cet art font partie de l'Œconomie Rurale; & deviennent un amusement utile. On peut s'en occuper durant l'hiver auprès du feu, ou lorsque le mauvais tems empêche de vaquer aux travaux du dehors. La multiplicité des frais qu'exige une exploitation un peu considérable, fait que l'on doit tâcher d'exécuter soi-même la plupart des instrumens; & se mettre, autant qu'il est possible, en état d'acheter peu & de se passer d'autres ouvriers que ses domestiques. Tel filet, où il n'entre que deux livres de fil, qui valent au plus quarante sous, est payé une pistole à l'ouvrier de qui on l'achete tout fabriqué: en le travaillant dans la maison, on gagne le prix de la main d'œuvre. D'ailleurs, un filet qui sert souvent, est sujet à se rompre, à se pourrir même: quand on saura le raccommoder à chaque fois qu'il en aura besoin, il servira longtems comme s'il étoit neuf; & on épargnera la dépense de le remettre, à chaque accident, entre les mains d'un ouvrier.

II.

Instrumens.

On se sert de *Ciseaux*, de telles forme & grandeur que l'on trouve commodes. On en a affaire

PLANCHE I.

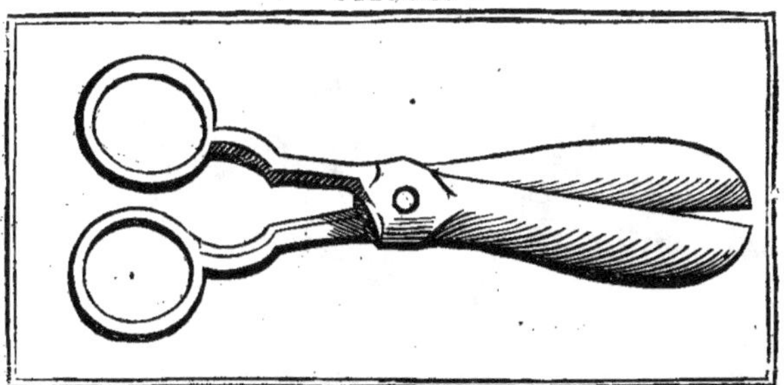

pour couper le fil, soit en rabillant un filet, soit quand on a renoué un fil cassé. Les ciseaux *camus*, c'est-à-dire dont l'extrêmité des deux branches est arrondie & large, sont aussi faciles à gouverner que d'autres; & ont l'avantage de pouvoir être portés dans la poche, sans danger de blesser. Voyez la *Planche* I.

Le fil qu'on emploie peut se retordre sur un Rouet à filer. La plupart de ceux qui travaillent aux filets, le retordent avec un *Moulinet* de bois, représenté dans la *Planche* 2. Il est fait de deux morceaux de bois, I G, & H F, longs de six pouces, percés en trois endroits: 2°. deux bâtons, F G, & H I, qui entrent par les deux bouts dans des trous, ensorte

PLANCHE 2.

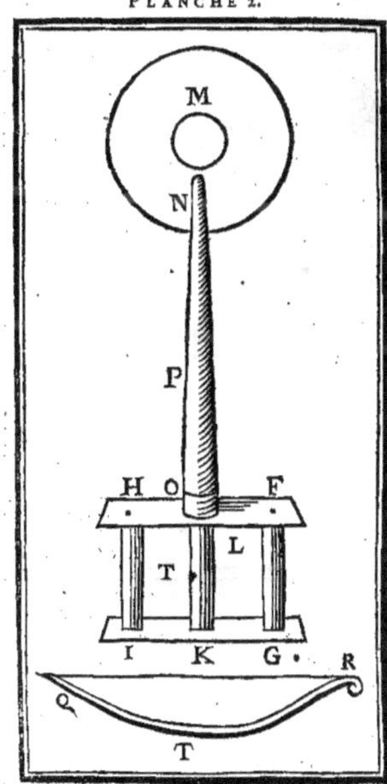

qu'étant bien arrêtés, ils forment ensemble un quarré. Un troisieme bâton, K P N, long d'un pied & demi, plus gros de la moitié que les deux autres, est taillé par le bout K de façon qu'il ait la liberté de se mouvoir bien à l'aise dans le trou; & l'endroit marqué O doit pouvoir traverser la piece H F: sa partie supérieure va en diminuant vers N, à-peu-près comme la pointe d'un fuseau à filer.

Prenez un morceau d'un fond de tonneau, ou autre bois plat; épais d'un demi-pouce, & large de neuf pouces: coupez-le en rond, comme vous le voyez dans la figure, en M; percez-le au milieu, pour y faire entrer le bout N du bâton, jusques à l'endroit O, qui est environ à deux pouces de H F.

Pour se servir de ce moulinet, on met les pelottons de fil dans quelque vaisseau: & liant les bouts à la pointe N du bâton, on y passe une courroye attachée des deux bouts à un arçon de bois, Q T R. Cette courroye fait un demi-tour sur le bâton, au lieu marqué T. En faisant tourner la pirouette ou rondeau M, on se recule en arriere: à mesure que le fil se retord, cette pirouette tourne en faisant aller l'arçon, comme si on jouoit du violon, ou comme un Serrurier qui perce une clef.

[*Nota*. Il y a un moyen d'arrêter le fil, ensorte que le second mouvement de l'archet ne détorde pas ce qui a été tord par le premier. Mais je n'ai pu le sçavoir.]

Lorsqu'il y a une grande longueur de ce fil retord, on le détache du bout N, pour le devider sur le bas de la broche ou bâton, à l'endroit marqué P, auprès du rondeau de bois. Quand il est tout devidé, on le rattache au bout de la broche, pour retordre comme auparavant.

Ceux qui veulent depêcher un filet, dont ils ont promptement besoin, ne s'amusent pas à retordre leur fil, ils font faire cet ouvrage par une femme avec un rouet à filer, qui en retord trois fois plus que le moulinet: mais il n'en est pas si bien, ni si facile à employer.

Il vaut encore mieux quand on le fait retordre à la main avec un fuseau; parce qu'il est plus rond & plus uni. On conseille de le faire faire ainsi, principalement lorsqu'on voudra l'employer à des rets saillans, ou autres filets délicats & légers.

L'*Aiguille* est un morceau de frêne, fusain, coudrier, ou autre bois des plus liants; taillé comme on le voit dans la *Planche* 3, *fig* I. La pointe, E, doit être mousse: sans quoi elle pourroit diviser le fil. G est une entaille à jour, nommée *Chapelle*. D C I: *Aiguillon*, que l'on ménage en évuidant la chapelle; ou que l'on ajoûte d'acier. B, échancrure appellée

Planche 4.

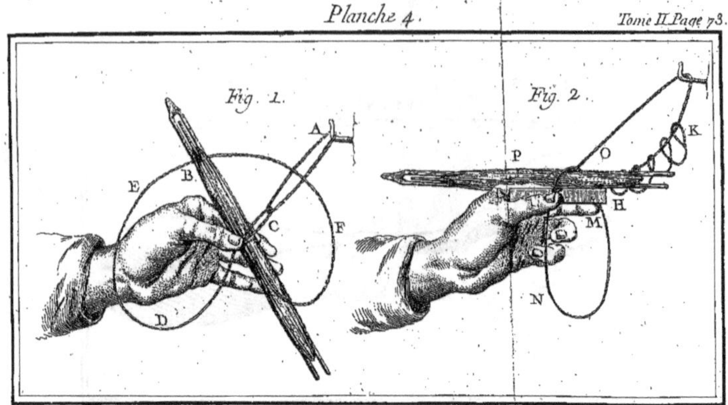

Planche 5.

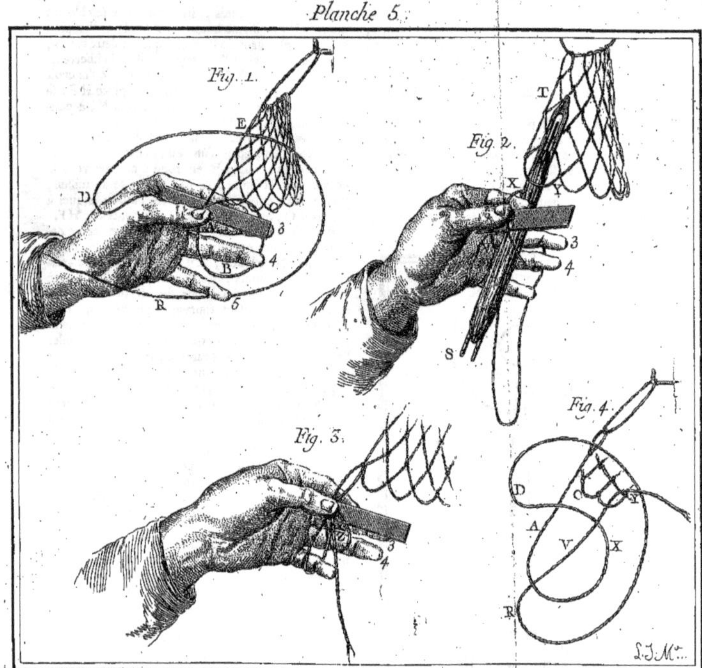

PLANCHE 3.

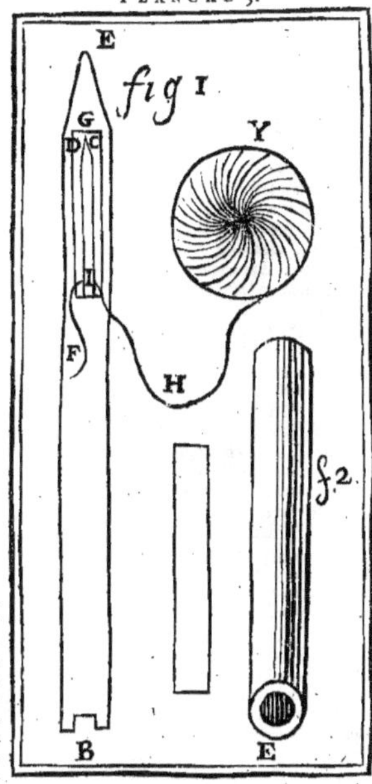

appellée *Jambage*. Toute l'aiguille est longue de neuf à douze pouces; épaisse d'environ une ligne; & plus ou moins large, selon la qualité de la maille, & la commodité de celui qui travaille. Il est à propos d'en avoir toujours au moins une demi-douzaine, de différentes longueurs & largeurs.

Charger, *Couvrir*, ou *Emplir*, l'*Aiguille*: est la garnir de fil. Pour cela prenez un peloton de fil, marqué Y dans la *Planche* 3; passez-en un bout F, dans l'aiguillon. Posez le pouce de la main gauche dessus; & tenant le reste du fil avec la main droite, faites-le passer par l'ouverture D C, pour en faire deux tours sur l'aiguillon. Ce qui étant fait, menez le fil H dans le jambage B, & montant par derriere, faites-le passer dans l'aiguillon une seule fois, ramenez-le en devant; & continuez ainsi alternativement jusqu'à ce que l'aiguille soit chargée.

Toutes les fois qu'on veut faire passer le fil dans l'aiguillon, il ne faut que pousser du pouce l'endroit D C: la pointe sort, & donne la facilité de passer le fil par dessus.

Le *Moule* est un morceau de bois, représenté par la *fig.* 2 de la *Planche* 3. Cylindrique (E), il vaut mieux pour les grandes mailles, que plat comme une regle. Cette derniere forme gêne toujours plus ou moins le passage du fil, quand il est un peu gros. Cependant lorsqu'on veut faire des mailles qui aient plus de trois pouces de largeur, le moule plat (que l'on voit à côté du cylindrique, dans la même planche) est préférable; attendu qu'on le tient plus commodément, quelque large qu'il soit, entre le pouce & le second doigt, que si c'étoit un bâton dont le diametre excédât trois pouces.

Les moules se font de bois léger. Les grands moules au dessus de trois pouces peuvent être tirés de douelles de tonneau.

Comme le moule regle la grandeur de la maille, il faut en avoir autant que l'on croît être dans le cas de faire de différentes sortes de mailles.

I I I.

Explication de quelques Termes de l'Art.

La *Maille* est une circonférence anguleuse formée avec le fil sur le moule, & arrêtée par un nœud à chaque angle.

On nomme *Maille à Lozange* celle qui a deux angles obtus & deux angles aigus opposés quand le filet est tendu. Voyez la *Planche* 6. *fig.* 2.

La *Maille Quarrée* est celle dont les quatre angles sont droits. Voyez les *Planches* 18 & 19.

Quand on dit qu'une maille a telle ou telle *Largeur*, on veut parler de l'étendue des fils qui bordent ses côtés. Voyez la *Pl.* 17, *fig.* 2: A C D B sont autant de brides, qui fixant les côtés de la maille ouverte, donnent lieu de la mesurer.

Pour faire des *Mailles Doubles*, on charge l'aiguille avec un fil double. Voyez la *Planche* 11, & le discours qui y a rapport.

Aumé. Grande maille des filets très-saillans: telles que l'on en fait aux côtés d'un halier ou d'un tramail.

Accrue ou *Ecrue.* Boucle de fil, que l'on fait servir de maille pour accroître un filet. Voyez la *Planche* 12.

On nomme *Monture*, ou *Levûre*, d'un filet; les premieres mailles, qui reglent les suivantes, & qui déterminent la portée du filet.

I V.

MAILLER est faire la maille: ce que l'on exécute de deux manieres. L'une, dite *à Brisecoup* ou *sur le pouce*, sert au rabillage des filets, & à faire de grandes mailles; c'est aussi de cette maniere que se font les caparaçons de chevaux. L'autre maniere est dite *Mailler sous le petit doigt*, ou *Lacer*. Elle est d'usage pour la plupart des filets; soit qu'on emploie le moule plat ou le cylindrique. Outre qu'elle est plus expéditive, la maille sort plus nette, & le nœud est plus assuré. Il est cependant à propos de s'accoutumer également à l'une & l'autre pratiques. Nous allons les décrire toutes deux.

V.

Commencer un Filet.

Il faut d'abord en déterminer l'étendue; & la grandeur de la maille qui lui convient.

L'aiguille étant chargée, attachez à un clou un bout de corde ou ficelle, plié en forme d'anneau (A, *Planche* 4.). Passez-y l'extrêmité du fil, pour faire une anse plus courte, C; à-peu-près de la même grandeur que celle qu'auront vos mailles. Arrêtez cette anse par un nœud simple, fait à sa base. Pour l'assurer (ou *fermer*), prenez le nœud entre le pouce & le doigt suivant, que nous nommons *Index*: le reste du fil pendant alors dans la main, rejettez-le par dessus le pouce & la main, en décrivant la ligne D E F qui couvre la corde A. Ramenez-le ensuite vers C: passez par derriere les deux branches du fil; & entrez dans la portion de cercle, B. Tenez toujours bien ferme le nœud & le plus court bout du fil entre vos doigts; & de maniere que la corde & la maille soient tendues. Tirez alors l'aiguille vers vous, observant que le fil qu'elle amene s'arrête précisément au dessus du premier nœud : s'il venoit au dessous, le nœud ne seroit pas fermé.

Quand on veut que cette premiere maille soit de la même grandeur que les autres, on passe deux tours de fil sur le moule, & on noue l'extrêmité avec la partie qui tient au reste de ce qui est sur l'aiguille : en retirant le moule, l'anse se trouve faite. Il faut l'avoir d'abord passée dans la corde.

On forme dans l'anneau de corde plusieurs mailles paralleles à celles-ci : H K (*fig.* 2) Leur nombre répond à l'étendue que doit avoir un des côtés du filet. Ces premieres mailles sont appellées *Pigeons*, par plusieurs gens de l'Art. Pour les faire, je mets le moule (L M) *fig.* 2, immédiatement sous le nœud de la maille qui vient d'être faite. Le moule doit être à-peu-près droit, appuyé d'un bout contre le dedans de la main, pressé entre l'extrêmité du pouce & celle de l'index. Le fil étant passé devant le moule, & décrivant la ligne N; je mets le pouce dessus, pour l'assujettir. Je conduis le reste du fil par derriere le doigt index; & je le fais d'abord entrer dans l'anse de corde, O qui se présente naturellement sur la route. Passant ainsi, de O en P, il revient au bord supérieur du pouce; qui l'arrête. Je couche le reste dans l'espece de *rainure* que forme la jonction du pouce couché, & du moule : ainsi le fil se trouve assujetti le long de cette étendue. Avançant sur la gauche, je déploie du fil en portion de cercle; & je procede comme j'ai fait à la suite d'un semblable développement, pour fermer le nœud de la premiere maille : voyez le *n.* précédent. Quand cette rangée en contient un nombre suffisant, on les retourne toutes ensemble de gauche à droite. Elles font alors le même effet qu'un éventail ouvert, que l'on change de côté : la branche qui étoit à l'endroit H se trouve à l'endroit K. Consultez la *Pl.* 5. L'objet de ce changement est de mettre ces mailles à portée de se présenter successivement pour s'assembler avec celle d'au dessous. On le verra par le détail des opérations suivantes.

[On peut commencer un filet, une nappe, par exemple, *sans Pigeons*. Pour cela, on fait d'abord une seule maille sous le petit doigt ou sur le pouce, avec le moule; puis plusieurs autres pareilles, toujours au dessous, en grand nombre jusqu'à ce qu'on ait la largeur du filet : ainsi que les articles des divers filets, & la suite de celui-ci, désignent que doit être la levure (ou monture.) Pour lors on observe que chaque maille inférieure soit, non sous le nœud, mais sous la partie la plus pendante de la maille supérieure; le nœud se trouvant au niveau du milieu de cette maille. Telle est la levure représentée par la *figure* 1. de la *Planche* 6.

Quand toute la levure est faite, on la borde en y laçant une corde. Pour lors on maille au dessous par rangées horizontales & paralleles : comme nous avons dit que l'on fait quand on a commencé avec des pigeons.]

V I.

Mailler sur le pouce.

Supposant toujours que le fil qui décrit la ligne N dans la *fig.* 2. de la *Pl.* 6, tient au bas de la premiere maille, j'applique le moule L M sous ce fil : l'ayant conduit, comme j'ai dit, par derriere l'index; je le fais entrer, non dans l'anneau de corde, mais dans la maille de fil qui est au dessous : & je continue de la maniere déja expliquée.

Cette maille étant faite, je présente le moule sous la seconde du premier rang (H); & je repete tout ce que je viens de faire.

V I I.

Mailler sous le petit doigt.

Le premier rang étant disposé de même que quand j'ai commencé à mailler sur le pouce; je place pareillement le fil, le moule, & les deux doigts qui les tiennent : consultez le *n.* V, & la *Pl.* 4. J'étends les doigts 3 & 4 (*Pl.* 5. *fig.* 1.) à-peu-près au niveau de l'index : s'ils étoient absolument étendus, l'attitude seroit fatiguante : (nous avons cru devoir les représenter ici étendus, pour mieux faire sentir leur position générale) il suffit de les étendre négligemment; toute l'opération se fait alors avec aisance. L'index doit excéder un peu le moule, pour servir à présenter les mailles supérieures. Le fil A, étant conduit à B entre le doigt 4, & l'auriculaire ou petit doigt (5), je le méne un peu lâche le long du dos des autres doigts : puis, rabattant à C sur le bord de l'index, sans entrer encore dans la maille, je couche mon fil dans la rainure dont j'ai parlé, *n.* V; qui est formée par le pouce & le moule posés horizontalement : de D, je développe une portion de cercle, D E, comme dans la maniere précédente : (Voyez la *Pl.* 4); & descendant par derriere les doigts, j'embrasse avec le fil le dessous du petit doigt, en R.

(*Fig.* 2.) Je tiens toujours ferme le fil & le moule avec les deux premiers doigts; & les deux suivans demeurent étendus, & entourés de fil. En quittant le petit doigt je couche obliquement l'aiguille (S T), pour qu'elle passe sous le fil V qui occupe les doigts 3 & 4. Ecartant ensuite l'index, d'avec le doigt 3, elle coule dessus l'autre branche (X) du même fil, & traverse la maille Y. Dès qu'elle en est sortie, je dégage adroitement les doigts 3 & 4 (non le petit doigt) du fil qui les entouroit; je dégage aussi l'index, & le remets sur le champ en sa fonction de tenir ferme le moule & le nœud conjointement avec le pouce. En même tems je tire l'aiguille à moi. A mesure qu'elle vient de mon côté, le fil confié au petit doigt monte vers le nœud par le dedans de la main : consultez la *fig.* 3. Le reste, qui n'est plus gouverné par les autres doigts, a souvent besoin d'être aidé à suivre cette direction : le petit doigt en s'abaissant avec secousses peut l'y amener : sinon, on tire avec l'autre main la branche placée au dos de ce doigt; au moyen de quoi tout l'anneau (Z), moins considérable que celui qui tient au petit doigt, se range sous le moule & le serre. Alors le petit doigt devenant seul guide, on continue de tirer l'aiguille; & on ne débarrasse ce doigt, que lorsqu'il a conduit le fil tout près du moule. Achevant de tirer l'aiguille, on forme le nœud : & pour qu'il tienne bien, on tire encore un peu ferme.

Il est essentiel de tenir la corde toujours bien tendue; & le moule droit & très-ferme. Sans quoi tout s'embrouille à la fin de l'opération : & la maille se fait très-mal, quelquefois même devient impossible. Plus on tire sur la corde, plus on a d'avantage & de commodité pour tout le reste.

La bonne maniere de tirer l'aiguille à soi, est de la porter sur le côté, hors du corps.

Nous avons représenté toutes les révolutions du fil, par la *fig.* 4.

[Les mailles de coiffes de perruques, & des mitaines à jour, se font de cette maniere : & les aiguilles different peu de celle ci-dessus.]

V I I I.

Continuation du filet.

La premiere maille du second rang étant faite (soit sur le pouce soit sur le petit doigt), on en, fait d'autres sur la même ligne, qui prennent successivement toutes les mailles de l'étage d'au-dessus.

Il n'est pas besoin d'ôter du moule la maille qui vient d'être faite. On peut y en mettre plusieurs de suite jusqu'à ce que leur nombre devienne gênant: auquel cas, on les en fait sortir en les tenant entre deux doigts tandis que l'on tire le moule avec l'autre main.

[*Nota.* Tout ce que nous venons de dire est commun à toutes les mailles faites en lozange.]

I X.

S'il arrive que le *fil casse* en tirant, on y remédie par un *Nœud.* Lorsque la rupture est près du nœud de la maille, on fait un double nœud ordinaire. Mais dans le cas où on a plus de longueur, on forme avec le fil qui tient à la maille une espece d'anse ou anneau, dont on assujettit les deux extrêmités entre le pouce & l'index. Prenant ensuite le bout du fil qui tient à l'aiguille, on le couche entre le pouce & le devant des branches de cette anse, de maniere que l'extrêmité excede le bout du doigt index. L'autre partie, plus longue, tourne par derriere l'anse, pour venir croiser en forme d'écharpe cette même extrêmité. Le pouce saisit alors le fil, & le joint aux deux branches qu'il tenoit. Ensuite on prend l'extrêmité qui regne le long de l'index, pour la faire passer à travers l'anse. Puis, prenant d'une main les deux branches du fil, qui tient à l'aiguille, & retenant dans l'autre ceux qui répondent aux mailles, on éloigne les mains en sens contraires : & le nœud devient très solide.

Après quoi on rogne avec des ciseaux le superflu.

D'autres font le *nœud à la maniere des Tisserants.* Ils croisent les deux bouts cassés, & les tiennent entre le pouce & l'index : puis prenant l'autre partie du fil de dessous, & la conduisant en forme de cercle par dessus l'ongle & derriere le bout du même fil; ils rabattent sur l'endroit où les deux fils se croisent. Tenant le tout assujetti entre le pouce & l'index, ils font entrer le bout du fil de dessous dans le cercle : & réunissant les deux bouts avec la branche qui pend dans la main dont les doigts assujettissoient les fils, ils tirent l'autre branche en sens contraire. Ce nœud est moins solide que le précédent : mais il a l'avantage de faire une saillie moins considérable, & ainsi de ne rien gêner dans la suite du travail.

Nota : Si, au lieu de tenir les deux bouts avec la branche sous le pouce de la main gauche, tandis que la main droite tire une branche seule pour former le nœud, cette seconde main tire trois fils en haut, & la gauche un seul; l'un des deux bouts n'étant pas dans une position courbe à l'instant où le nœud se ferme, il coule ensuite sans peine & défait le nœud. En un mot la main qui, dans le commencement, a été en possession des bouts croisés, est celle qui doit tenir ensemble trois brins, en finissant.

X.

Quand on a fait les mailles, ainsi que j'ai dit dans les articles précédens, elles sont telles que les montre la premiere des deux figures de la sixieme planche.

Pour avoir un filet, qui étant étendu, soit de la grandeur qu'on la desire, il faut que la *monture* ou *levure* soit à-peu-près deux fois aussi longue.

Par exemple, si vous voulez que le filet d'une nappe soit long comme depuis A jusqu'au chiffre 8. (*fig.* I.) poursuivez cette façon de mailler jusqu'à la lettre B, qui est le double de sa longueur; parce que ces mailles étant ensuite ouvertes, comme on les voit dans la deuxieme figure, le filet se racourcira de moitié.

Ayant maillé la longueur nécessaire, ouvrez les mailles des deux côtés; passez une ficelle de A en B; & nouez les deux bouts ensemble : la levure sera faite, & en état de suivre, pourvû que ce soit en mailles à lozanges.

X I.

Pour faire un Filet fermé, comme seroit un sac, une carnaciere, &c.

Si vous desirez faire un grand sac pour mettre des pelotons de fil, ou bien un sac médiocre pour transporter des oiseaux vivans, sans qu'ils se blessent, & du gibier mort qui ne se corrompe point : vous pouvez le faire en observant ce qui suit. Ce sac est quelquefois nommé *Panetiere :* & est représenté dans la premiere des deux figures de la *septieme planche.* On le pend au clou avec la corde T; & il se ferme comme une bourse, avec les deux cordons N C.

Il faut faire le filet, représenté dans la *fig.* 2. de la même planche, en petites mailles d'un quart de pouce de large : la levure sera de quatre pieds de long, afin que le sac étant fait il ait un pied de largeur. Quand la levure sera faite, poursuivez le filet jusqu'à un pied de long : pour lors quittez le moule G, & prenez-en un autre M, plus petit de deux tiers; que vous poserez sous la premiere maille, comme si vous vouliez travailler. Vous passerez le bout E de l'aiguille dans la premiere maille A, & dans la

PLANCHE 6.

PLANCHE 7.

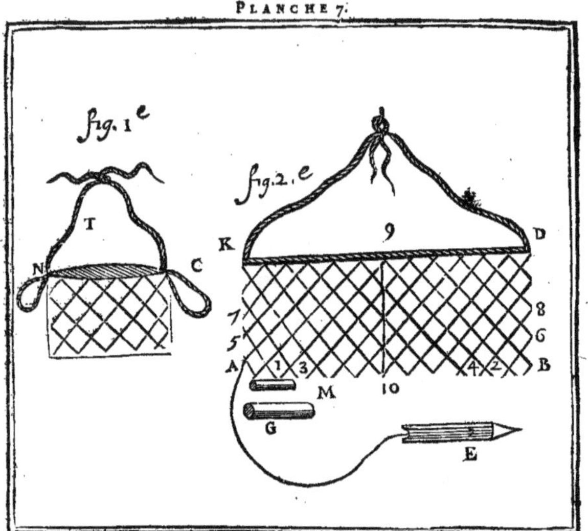

derniere B ; que vous rapporterez dessus l'autre, pour n'en faire qu'une avec les deux. Puis vous ferez une petite maille ; laquelle étant faite, vous la laisserez sur le moule, & passerez la pointe de l'aiguille dans la seconde maille marquée du chiffre 1, & dans celle marquée 2 ; puis ferez une autre petite maille comme auparavant, & de rechef passerez l'aiguille dans les mailles 3 & 4 ensemble, pour une troisieme maille ; & poursuivrez ainsi jusqu'au bout 10. Le filet étant tiré par les deux côtés A B ; ce rang de petites mailles se trouvera tout droit comme une ficelle ; & tiendra le filet d'un pied de large.

Quand le bas sera fait, passez une ficelle dans la maille 10, & dans toutes les autres du même rang, en montant jusqu'au chiffre 9 : il faudra en nouer les deux bouts ensemble, & les mettre au clou, pour faire pendre en bas les deux côtés A K, & B D, afin d'y former une rangée de petites mailles, comme celles du côté A B, prenant les mailles 5 & 6 à la fois, 7 & 8 ensemble ; & ainsi de toutes les autres.

Après quoi vous passerez par ce rang de petites mailles une ficelle, que vous attacherez au clou, pour laisser pendre le côté 9, 10 ; afin d'y faire pareillement une rangée de petites mailles, qui tiendra le filet à la hauteur de neuf pouces, depuis D jusqu'à la lettre B.

OBSERVATIONS.

En faisant ce sac, je prends un moule plus petit pour le contraindre mieux, & afin qu'étant chargé il ne s'allonge point : ce qui presseroit trop les oiseaux, ou le gibier.

Il sera nécessaire d'attacher une corde au deux côtés, pour le suspendre ; & de passer deux ficelles par toutes les mailles du dernier rang de l'ouverture D K, pour le fermer comme une bourse.

PLANCHE 8.

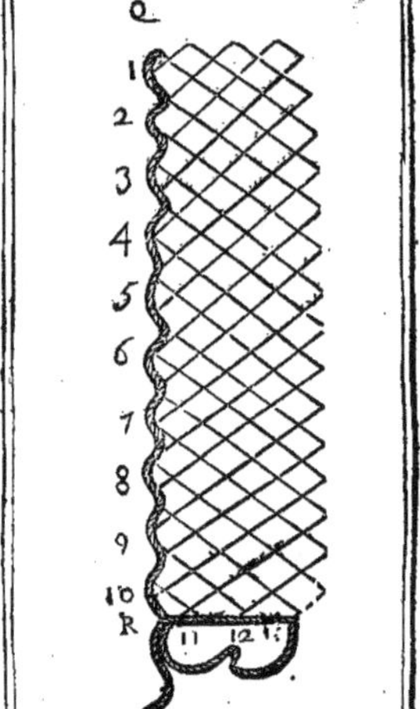

XII.

Maniere dont il faut Enlarmer un Filet.

On enlarme tous les filets qui se doivent mouvoir ; comme sont les *Rets saillans*, ausquels il est à propos de faire comme une maniere de grandes mailles à côté avec de la ficelle, afin d'y passer la corde qui doit les faire jouer & fermer. Car si on la passoit dans les vraies mailles du filet ; outre que ce filet n'ayant pas de liberté pour couler sur la corde, seroit trop longtems à faire son effet ; les petites mailles seroient incontinent rompues, étant froissées par la corde.

Il faut donc pour enlarmer un filet, avoir de la ficelle de grosseur proportionnée au fil dont le filet est fait ; & passer cette corde, ou ficelle, dans toutes les mailles d'un des bouts du filet.

Par exemple, si vous voulez enlarmer celui qui est marqué des chiffres 11, 12, 13. (*Planche* 8) ; nouez les deux bouts de la corde ensemble ; mettez-la à un clou ; puis prenez le bord du filet, & attachez une ficelle à la premiere maille R : à un demi-pied plus loin, passez la même ficelle dans une autre maille 10, où vous ferez un nœud pour l'arrêter. De-là à un demi-pied plus loin, 9, faites-en encore autant : & continuez toujours de même jusqu'au bout. Cette ficelle étant ainsi nouée de demi-pied en demi-pied, fera comme de grandes mailles 1, 2, 3, 4, 5, 6, 7, *&c.* au collet du filet ; par lesquelles passera la corde qui doit le faire jouer. Ce n'est pas une regle nécessaire que ces grandes mailles soient de la grandeur d'un demi-pied : vous les ferez plus longues, ou plus courtes, selon la longueur & largeur du filet. Au reste, il faut enlarmer les filets par les côtés de la longueur qu'ils auront été travaillés, & non en large ; principalement les rets saillans, qui ne vaudroient rien autrement.

Exemple.

Le filet a été levé, ou commencé, par les mailles R, 11, 12, 13, & fini par Q. Les chiffres 1, 2, 3, 4, 5, 6, jusqu'à R, représentent la longueur. Aussi paroît-il enlarmé par le côté de la longueur : car si je l'avois enlarmé par la largeur marquée des chiffres 11, 12, 13 ; lorsqu'il feroit question de le tendre & de le cacher en terre comme doivent être les rets saillans, il ne se pourroit pas loger en un petit lieu ; parce qu'il s'enfleroit. C'est pourquoi vous devez observer de commencer ces sortes de filets par la longueur, & non par la largeur ; c'est-à-dire qu'il faut faire la levûre, de la largeur que doit avoir le filet ; & continuer le travail sur la longueur.

XIII.

Comment on fait les Filets Ronds.

J'appelle filets ronds, tous filets qui sont faits à-peu-près comme un boisseau, ou autre forme semblable ; tel que seroit le *Verveux* représenté dans la *Planche* 10.

On les commence par le bout qu'on veut ; larges, ou étroits, selon la forme qu'ils doivent avoir. La figure de la *Planche* 9 vous servira de modele pour y travailler.

Faites premierement la levûre ainsi que je l'ai dit dans l'article X. Mettez-la au clou T. Et pour mailler en rond, au lieu de prendre la premiere maille L pour faire la rangée, comme on feroit à tout autre filet, il faudra prendre la derniere maille du même bout R ; la faire approcher de L, en faisant une nouvelle maille entre L & R : laquelle par ce moyen fermera le filet, & le tiendra en rond. Vous continuerez la rangée de mailles tout à l'entour ; prenant la nouvelle que vous aurez faite entre les deux autres L R ; & vous poursuivrez ainsi le filet, maillant toujours en tournant, jusqu'à la longueur que vous desirez.

Planche 9.

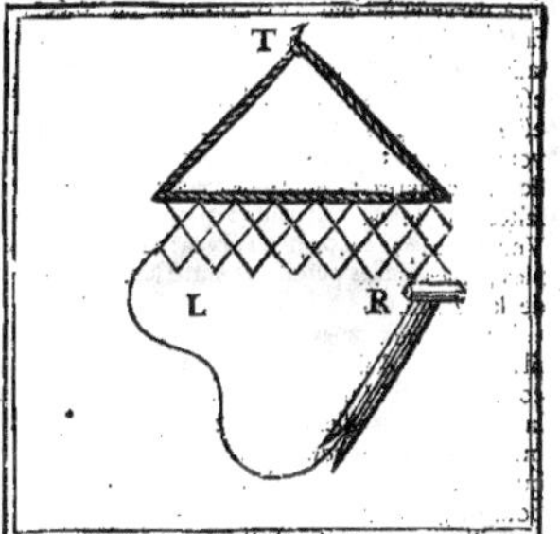

Planche 10.

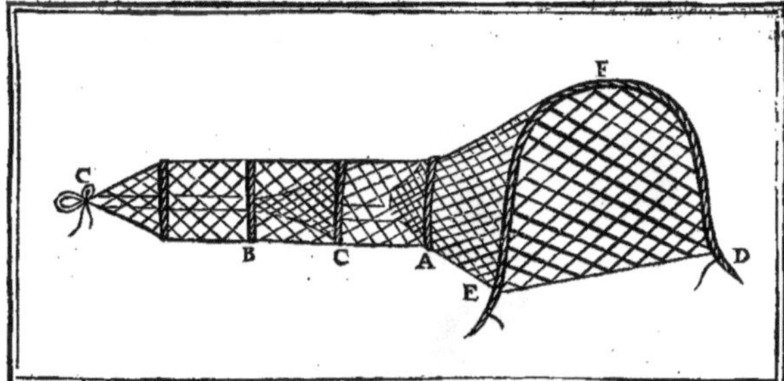

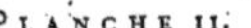

PLANCHE 11.

X I V.

De quelle façon se doit faire un Filet rond, avec des Goulets.

Le *Goulet* est désigné dans la *Planche* 10 par deux lignes horizontales & paralleles qu'on y voit de C en A.

Quand on veut faire un filet rond avec des goulets ou diverses entrées, il faut commencer comme il a été dit dans l'article précédent; & lorsqu'on sera parvenu à l'endroit où on veut un goulet, il y faudra faire un rang de mailles doubles. Le filet de la *Planche* 10, a deux entrées: l'une à la lettre A, qui est le premier goulet; & l'autre à la lettre C, qui est le second. Travaillez donc en rond: & quand vous aurez atteint l'endroit A, prenez deux pelotons de fil; couvrez l'aiguille des deux ensemble; puis faites-en un rang de mailles tout autour du filet. Vous aurez par ce moyen une rangée de mailles doubles, telles qu'elles paroissent entre les lettres V, S, de la *Planche* 11.

Lorsque cette rangée sera faite, coupez les deux fils; changez d'aiguille pour prendre la premiere, couverte de fil simple; & poursuivez de mailler sur la moitié des mailles de cette rangée: c'est-à-dire, qu'il faudra à chaque maille double n'en prendre qu'une simple, qui sera la moitié; & laisser l'autre pour le goulet, & ainsi à toutes les autres de suite; travaillant après jusqu'à l'endroit C, auquel vous changerez pareillement d'aiguille, prenant celle qui est couverte de fil double, pour faire encore un rang de mailles doubles; puis rechanger de moule comme auparavant.

X V.

Comment on jette des Accrues, ou Ecrues; pour faire qu'un filet soit plus large en un sens, qu'en l'autre.

Il se fait une sorte de fausses mailles, que les faiseurs de filets appellent *Ecrues*, ou *Accrues*. On s'en sert à plusieurs sortes de filets, principalement à ceux qui sont ronds, plus étroits d'un bout que d'autre. Vous pouvez voir la forme de ces accrues dans la *Planche* 12. elles sont marquées des lettres KOSQ.

Supposé que vous veuilliez faire un filet qui ait deux pieds de large par un bout, & par l'autre dix pieds, & que sa longueur entre ces deux largeurs soit de quatre pieds: ce filet aura les mailles d'un pouce de large. Faites la levure, de vingt-quatre mailles: & lorsque vous travaillerez au premier rang d'après la levure, faites cinq ou six mailles; quand vous serez à la sixieme ou septieme, supposée être celle qui est ici marquée O, faites le tour du moule avec le fil, repassez l'aiguille dans la même septieme maille, & faites le nœud sur le pouce, comme nous l'avons enseigné: ce sera l'accrue; qui paroîtra, lorsque le moule en sera dehors, comme une boucle ou un anneau.

Poursuivez après cela le filet, comme à l'ordinaire; & quand vous en aurez fait dix ou douze (n'importe pas combien, pourvû que vous fassiez deux accrues en chaque rangée de maille) jettez encore une autre accrue K en la même maniere que la premiere; puis achevez le rang, qui se trouvera avoir vingt-six mailles à cause des deux accrues, & recommencez-en un autre, auquel il faudra faire deux autres accrues. Ce qu'ayant fait, il aura vingt-huit mailles: & ainsi des autres rangs, qui s'augmenteront toujours de deux mailles davantage que celui qui précédera.

Par ce moyen le filet s'élargira de deux pouces à tous les rangs. Si au contraire on vouloit faire un filet qui allât en étrécissant, il faudroit au lieu de jetter des accrues aux endroits où j'ai dit, prendre deux mailles à la fois, & de ces deux n'en faire qu'une: de cette façon le filet iroit en étrécissant de deux pouces à chaque rang, au lieu que de l'autre maniere il s'élargiroit de deux pouces à toutes les rangées.

PLANCHE 12.

PLANCHE 13.

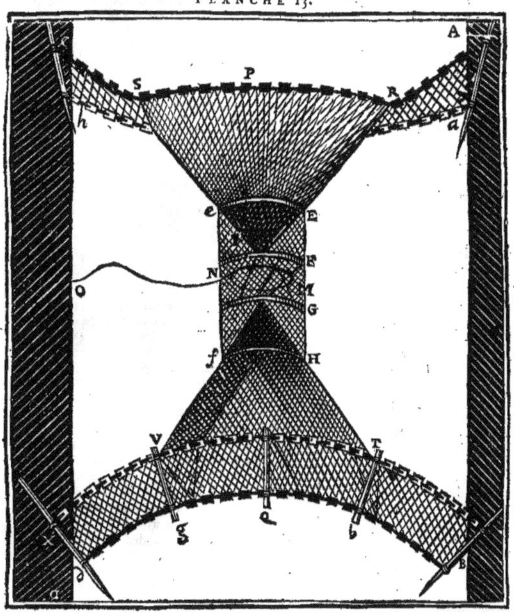

XVI.

Inſtruction pour faire des Filets à Goulets, ou à diverſes entrées.

On ne fait guéres de filets à goulets, que pour pêcher du poiſſon. Celui qui eſt figuré ici dans la *Planche* 13, ſervira de modele pour s'inſtruire à en faire d'autres. C'eſt une *Raffle.*

Il eſt aiſé de voir dans cette figure qu'après la grande ouverture ou principale entrée S, P, R, il y a par dedans le filet une autre entrée que nous appellons *Goulet*, à cauſe qu'elle eſt plus petite que la gueule S, P, R; & auſſi parce que ce goulet va en étréciſſant depuis e E, juſqu'à la lettre I.

Quand vous deſirerez faire un filet où il y ait un ou pluſieurs de ces goulets, il faudra faire une rangée de mailles tout autour de l'endroit où doit être le goulet; diviſer ces mailles en quatre parties; & au commencement de chaque partie, prendre deux mailles à la fois, c'eſt-à-dire, paſſer l'aiguille dans deux mailles de ſuite.

Par exemple, la figure de la *Planche* 14, a trente-deux mailles. Diviſez trente-deux en quatre, ce ſeront huit mailles pour chaque partie. Vous prendrez donc enſemble deux mailles au point A; & continuerez de mailler juſqu'à B, où vous prendrez pareillement deux mailles enſemble. Travaillez encore juſqu'à C, où vous prendrez auſſi de même deux mailles; & enfin deux autres en D: qui ſeront les quatre endroits choiſis pour prendre deux mailles à la fois à tous les rangs, afin de réduire par ce moyen l'entrée du goulet à telle longueur que vous voudrez lui donner.

Si vous vouliez que ce goulet fût plus long avec les mêmes ouvertures d'entrée & de ſortie, d'un côté ou d'autre, il ne faudroit prendre deux mailles enſemble qu'en deux ou trois endroits de chaque rang. Si au contraire vous le vouliez plus court, vous prendriez deux mailles à la fois en cinq, ſix, ou ſept endroits du rang. Si le filet où vous voulez un goulet, eſt rond, faites un rang de mailles doubles, ainſi qu'il eſt dit dans l'article XIV.

PLANCHE 14.

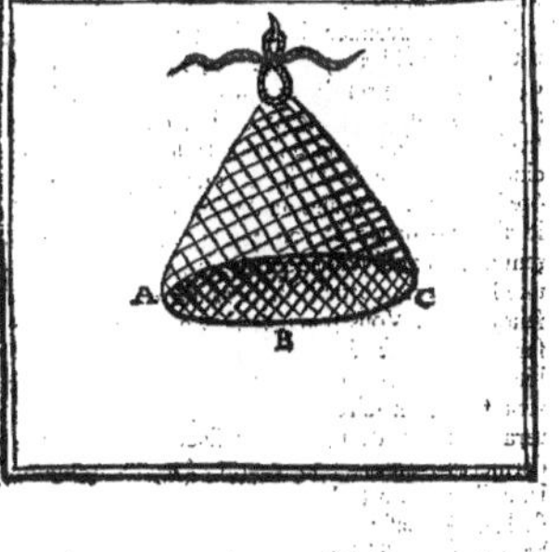

PLANCHE 15.

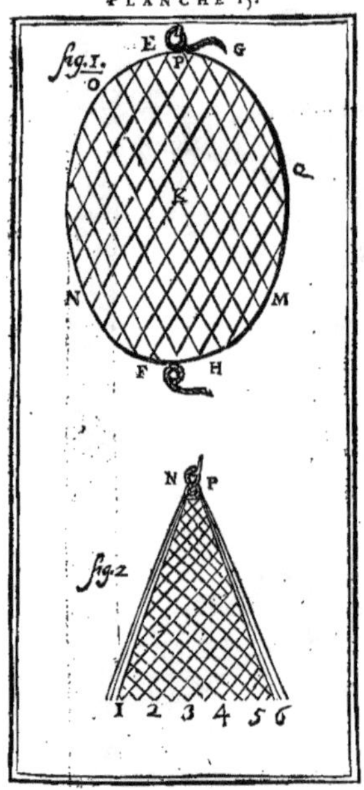

XVII.

De quelle maniere on fait des Filets qui se ferment comme une bourse.

Les *Pochettes*, ou *Poches*, avec lesquelles on prend des lapins au furet, sont de ce genre.

Quand tout le filet est maillé, on assemble toutes les dernieres mailles de chaque bout, pour en faire une boucle, ainsi qu'il se voit dans la planche 15, par les lettres E F de la premiere figure qui représente une poche à lapins toute prête à tendre; la *seconde figure*, qui en montre une faite à demi, servira de modele.

Passez le premier doigt de la main gauche dans toutes les mailles 1, 2, 3, 4, 5, 6, du bout du filet; & les faisant presser les unes proche & dessus les autres, comme elles le paroissent en N, liez-les ensemble par dessous le doigt à la lettre P. Tournez cinq ou six fois le fil à l'entour en serrant; puis ôtez toutes ces mailles de dessus votre doigt, passez le fil par dedans; & tournez-le tout à l'entour autant de fois qu'il sera nécessaire pour en faire comme une boucle de corde, qui sera l'une des deux qu'il faut au filet. Vous pouvez encore pour le mieux, faire ces boucles de même façon qu'un tailleur d'habits fait une boutonniere: & quand cette boucle sera faite, en faire autant à l'autre bout. Il ne restera plus que de passer une ficelle par dedans les dernieres mailles du bord, M Q (figure premiere); laquelle vous attacherez d'un bout à la boucle P: & l'autre, passant dans la boucle F, demeurera libre pour être lié à quelque branche, lorsqu'on s'en servira. Il faudra passer encore une ficelle dans les mailles de l'autre bord N, qui sera attachée à la boucle F & passera dans la boucle P: si bien que mettant quelque chose au milieu K, & prenant les deux ficelles G H pour lever le filet, la charge fera approcher les deux boucles ensemble: ce qui rendra le filet semblable à une bourse.

XVIII.

Pour empêcher qu'un Filet fait à mailles à lozange ne puisse s'allonger.

Quand vous aurez fait un filet de mailles à lozanges dont vous voudrez vous servir sans qu'il s'allonge ni s'accourcisse plus que la longueur & la largeur auxquelles vous l'avez destiné; de sorte qu'il se tienne toujours en état, & que ses mailles soient ouvertes de toute leur grandeur ainsi qu'on les voit dans la *Planche* 16: dont la *fig.* 1. représente un Traîneau à perdrix. (Tel seroit encore l'Aumé d'un Tramail, ou les grandes mailles d'un Halier à cailles.) Il faut que la levure soit de la largeur que vous desirez donner au filet: & vous la continuerez jusqu'à la longueur qu'il doit avoir. Quand vous serez à la derniere rangée de mailles, changez de moule; prenez-en un moins gros de la moitié, ou des deux tiers, que celui dont vous avez fait le filet; & faites sur ce petit moule un rang de mailles: lequel étant fait, il faudra passer par dedans toutes ces petites mailles une ficelle, que vous mettrez à un clou pour faire à l'autre bout du filet une rangée de mailles sur le même petit moule. Après quoi retirez la ficelle; repassez-la dans toutes les mailles du côté du filet; & remettez-la au clou, afin de faire par les deux côtés du filet un rang de petites mailles, ainsi que vous avez fait aux deux bouts: puis ôtez la ficelle, & étendez le filet, comme il se voit dans la seconde figure. Vous remarquerez dans la *fig.* 2. comment ces petites mailles se tiennent en bride de A en B, qui est sa longueur; & de B en C, qui est sa largeur.

Mais afin de ne vous pas tromper dans cette sorte de mailles, qui étant faites sur un moule trop petit feroient pocher ou bourser le filet par le milieu, il faut éprouver sur deux ou trois des premieres mailles, & rechanger de moule, jusqu'à ce qu'il se rencontre de grosseur convenable; afin que toutes les mailles se tiennent ouvertes quarrément. Si le moule étoit trop gros, le filet étendu seroit trop long, trop étroit, & de mauvaise grace.

XIX.

Méthode pour faire les Filets à Bouclettes.

Quoique ces sortes de filets ne soient guéres en usage, j'ai cru en devoir dire quelque chose pour que l'on puisse s'en servir dans les rencontres.

On fait ces filets en mailles à lozanges, de hauteur & largeur convenables pour le lieu où ils doivent servir. Voyez la *fig.* 1. de la *Planche* 17, où il y a des bouclettes à toutes les mailles du haut F K. Ces bouclettes sont de fer, ou pour le mieux, de cuivre; & assez grandes pour y passer le bout du petit doit, ou une corde de moyenne grosseur.

Pour attacher ces bouclettes au filet, on doit se régler sur la deuxieme figure; qui montre que, passant le bout de la maille A dans la bouclette B (*fig.* 3.), on fait repasser la même bouclette B dans A: qui coulant par dessus E F jusqu'aux points C D, vient faire son nœud au bas de la boucle, au point H. Toutes les autres bouclettes se mettent de la même maniere. On passe ensuite une grosse ficelle ou une corde de moyenne grosseur, dans toutes ces boucles pour s'en servir comme une tringle de rideau; lorsqu'on voudra tendre le filet.

PLANCHE

PLANCHE 16.

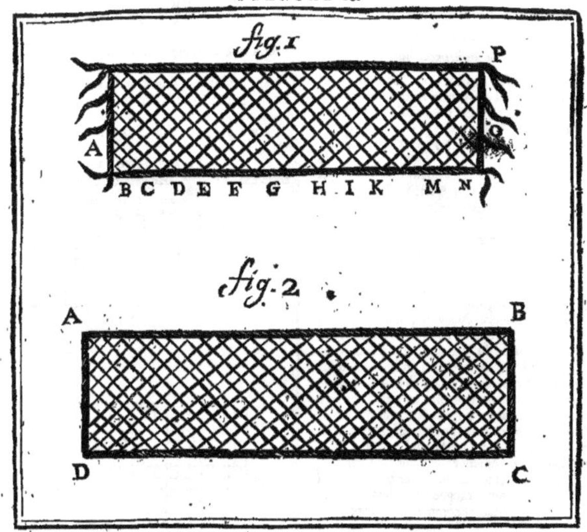

PLANCHE 17.

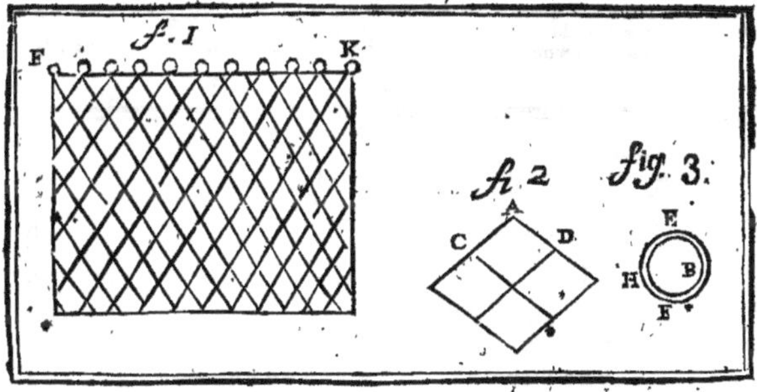

XX.

Instruction pour faire les Filets en mailles quarrées.

ET PREMIEREMENT

Pour un Filet entierement quarré.

Les filets à mailles quarrées ont bien meilleure grace, & ne sont ni si couteux ni si malaisés à faire, que ceux à lozanges. C'est pourquoi on en usera autant qu'il sera possible.

Pour y travailler, jettez les yeux sur la *Planche* 18.

Il faut d'abord prendre la longueur que vous voulez donner au filet 1, 2, 3, (*fig.* 1.); & l'attacher au clou par un bout. Puis prenant l'aiguille chargée de fil, & un moule de la grosseur dont vous vous proposez de faire la maille, vous tournerez le fil deux fois autour du moule; nouerez les deux brins ensemble; & les retirerez du moule. Ce fil, ainsi noué, sera comme une boucle; qui pourra servir de premiere maille, que vous mettrez au clou B avec le bout de la mesure. Puis vous poserez le moule dessous cette maille, pour en faire une seconde, qui sera la premiere maille du second rang. Et sans l'ôter du moule, vous ferez de nouveau un tour de fil sur le moule, & passerez encore l'aiguille dans la maille du premier rang; faisant de même un nœud: ce sera une accrue; qui formera la seconde maille du second rang. Otez ensuite ces deux mailles du moule; pour le poser sur l'accrue, ou maille qui a été faite la derniere: afin de commencer le troisieme rang de la même maniere. Observez de jetter toujours une accrue à la fin de chaque rangée de mailles. Ainsi le filet se fera en élargissant, comme le montre la figure 1. Et lorsqu'il sera aussi long que la mesure ou ficelle 1, 2, 3; il ne faudra plus faire d'accrue au bout des rangs; mais au contraire diminuer: prenant à la fin de chaque rangée deux mailles à la fois. Par exemple, ayant fini le rang du côté C, travaillez tout de suite pour aller de l'autre côté: & quand vous prendrez la pénultieme maille D, prenez aussi E, pour ne faire qu'une des deux. Puis travaillez en allant vers C; & prenez pareillement les deux dernieres mailles à la fois: ce qu'il faut exactement observer à tous les rangs, jusqu'à la perfection du filet. Il finira par une maille, ainsi qu'il a commencé. Et si vous l'étendez, il se trouvera quarré, comme dans la figure 2; qui le fait voir commencé par G, & fini par H.

Il n'y a pas une maille superflue à ces sortes de filets.

PLANCHE 18.

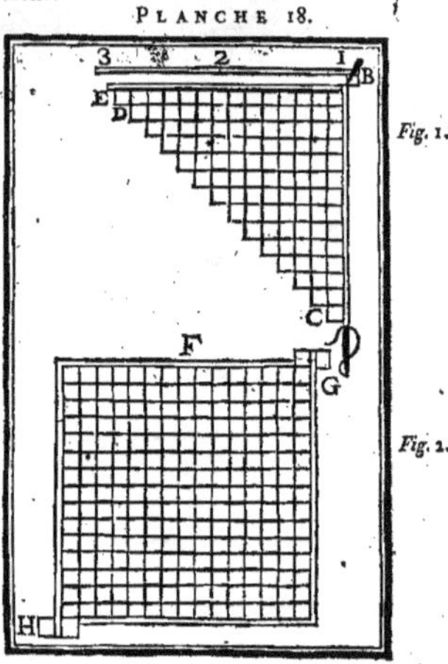

Fig. 1.

Fig. 2.

PLANCHE 19.

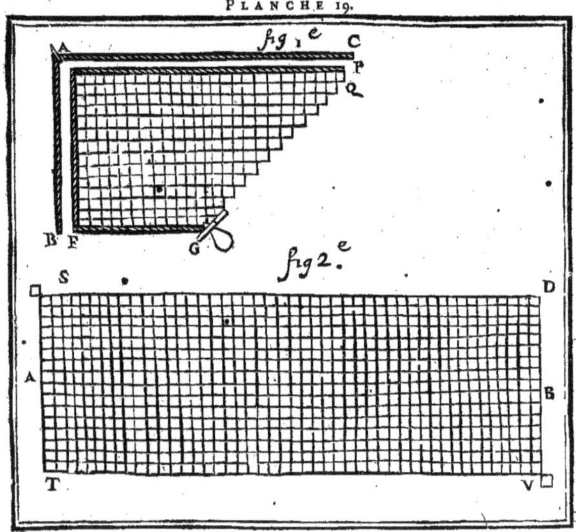

XXI.

Pour faire un Filet en mailles quarrées, qui sera plus long que large.

Les filets qui sont plus longs que larges, & faits en mailles quarrées, sont ordinairement les traineaux, pantieres, & les aumés ou grandes mailles d'un halier.

Pour faire un de ces filets, il faut prendre avec une ficelle la mesure de la longueur & largeur qu'on lui veut donner, ainsi qu'il paroît dans la premiere figure de la *Planche* 19.

La longueur est représentée par la ligne AC, & la largeur par la ligne AB. On attachera l'une & l'autre mesures au clou A. Puis il faudra commencer la premiere maille, & la mettre au même clou pour continuer le filet, en jettant des accrues à la fin de chaque rang : & lorsqu'il sera aussi long, que la ficelle AB, au lieu de faire des accrues à la fin de chaque rangée de mailles, on en prendra toujours deux à la fois d'un côté. Par exemple, au côté marqué de la lettre F & de l'autre côté PQ, il faudra jetter une accrue; c'est-à-dire, qu'au bout de tous les rangs de mailles qui finiront du côté de FG, on prendra deux mailles ensemble pour n'en faire qu'une de ces deux; & au contraire, à toutes les rangées qu'on finira au bord marqué des lettres PQ, on fera une accrue. Ainsi le filet se fera en long toujours sur la même largeur, qui paroît depuis F jusqu'à la lettre G. On continuera cette façon de mailler, jusqu'à ce qu'on soit parvenu au bout de la longueur de la mesure AC: & alors, au lieu de faire des accrues du côté PQ, il faudra prendre les deux dernieres mailles à la fois, aussi bien que du côté FG, puis achever le filet toujours en diminuant. Ce qui étant observé, le filet étendu paroîtra plus long que large, & tel que la seconde figure le montre; il se commence par S, & finit par V.

XXII.

Pour faire des Filets particuliers qui ont divers noms. Et premierement de la TONNELLE *pour prendre les Perdrix.*

La tonnelle ne doit pas avoir plus de quinze pieds de queue, ou de longueur; ni gueres plus de dix-huit pouces de largeur, ou d'ouverture par l'entrée. Jettez les yeux sur la *Planche* 20 : qui représente la tonnelle tendue. Sa longueur se prend depuis la lettre A jusqu'à *g*; elle doit être faite en diminuant vers la queue A, de sorte que dans le fond il n'y ait que cinq ou six pouces de hauteur.

Ce filet sera de fil retors en trois brins, qui ne doivent pas être trop gros. On le teint en couleur verte, jaune, ou minime, comme on le verra ci-après. Les mailles seront d'un pouce & demi ou deux pouces de largeur : on peut lui en donner trente de levure plus ou moins selon la largeur des mailles. Cette levure paroît dans la *Planche* 21.

Pour y travailler : au lieu de prendre la maille G pour mailler de suite, prenez celle de l'autre côté, H; & continuez de mailler en rond, comme j'ai montré dans l'article XIII : jusqu'au sixieme ou septieme rang : auquel vous prendrez deux mailles à la fois à un endroit seulement, afin de diminuer le filet. Vous ferez la même chose, de quatre en quatre rangs; pour que le filet s'étrécisse par degrés, & se trouve en finissant n'avoir plus que huit ou dix mailles de tour.

Après que le filet est achevé, il faut passer dans les dernieres mailles du bout le plus large, une baguette bien unie, grosse comme une baguette de fusil; que vous ployerez en rond, comme seroit un cercle de tonneau: puis attacher ces deux bouts ensemble l'un sur l'autre pour tenir le cercle en état. Vous en mettrez d'autres plus petites par degrés aux endroits marqués des lettres FEDCB (*Pl.* 20.) éloignées les unes des autres, à proportion de la longueur de la tonnelle. On met ces cercles plutôt ronds que d'autre forme, afin qu'elle se puisse aisément placer dans le fond d'une raize, entre deux sillons de bled ou de guéret.

PLANCHE 21.

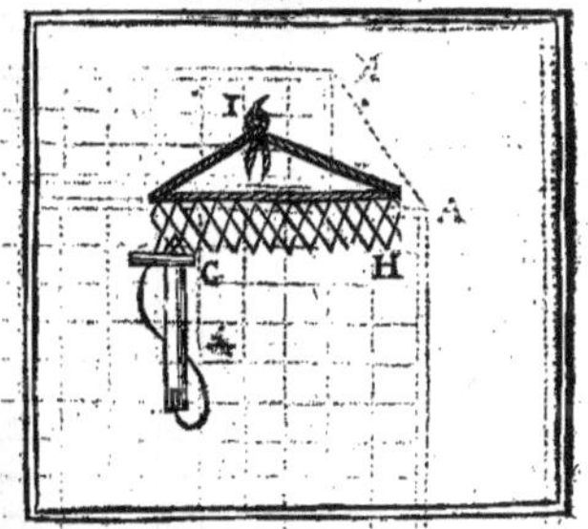

PLANCHE 20.

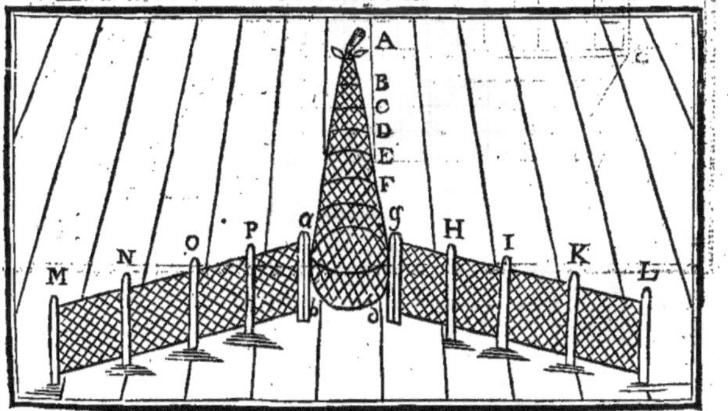

Pour joindre ou attacher ces cercles au filet, il est à propos de les faire passer dans le rang des mailles du tour, puis lier avec du fil les deux bouts de la baguette ensemble, afin qu'ils ne s'ouvrent pas plus qu'il ne faut, & qu'ils soient toujours au même état. Il faudra attacher aux deux côtés du cercle de l'entrée, deux piquets *a b*, *d g*, longs d'environ un pied & demi, qui serviront pour tenir la tonnelle tendue bien droite. Vous en mettrez un autre, A, long d'un pied, à la queue du filet, pour le tenir droit & roide.

Il faut faire deux haliers simples pour accompagner la tonnelle : qui seront de mailles soit à lozanges soit quarrées, d'un pied de haut. Chaque halier sera de sept ou huit toises de longueur. Quand ils seront faits, vous attacherez de deux en deux pieds, des piquets MNOPHIKL, gros comme le petit doigt, & longs d'un pied & demi, afin de les pouvoir tendre aux deux côtés de la tonnelle, quand vous voudrez vous en servir.

XXIII.

Maniere dont il faut faire un Filet pour prendre des Perdrix apâtées.

Il doit être de trois pieces : la plus grande, ABFG, *Pl.* 22. sera longue de six pieds, & large de quatre; les deux autres morceaux, PQIH, & KLXY, seront longs de quatre pieds, & larges d'un seul. Il faudra les attacher avec le grand; commençant par le grand angle Q, & laissant depuis QR, jusqu'au bout G, un pied de longueur. Du point R, vous recommencerez à coudre les deux pieces QR ensemble, continuant jusqu'aux lettres PS; & laissant aussi long du grand filet, depuis S jusqu'à B, que de Q au bout G. Cela étant fait, cousez l'autre morceau XY, vis-à-vis de VT, de même & vis-à-vis de l'autre.

Ces filets étant assemblés, vous aurez quatre piquets, comme celui qui paroît marqué des lettres CEN; longs de dix-huit pouces, & gros comme le doigt; avec une coche au bout N, pour les attacher à chaque coin RSTV, où sont joints les filets. Tous ces piquets auront un petit trou à un demi-pied du bout C, pour y faire tenir une boucle E, qui sera de fer ou de cuivre, semblable à celles qu'on met aux rideaux des lits.

Vous passerez une ficelle assez forte dans la boucle du piquet, attaché au coin du filet, qui est marqué des lettres QR, & de là à l'angle du petit filet H; la faisant passer dans toutes les mailles du bord, & sortir par la maille I; puis la ferez entrer dans la bouche d'un autre piquet, qui sera au coin PS; ainsi tout à l'entour jusqu'au dernier coin G; enfin dans la boucle avec l'autre bout. Laissant pendre ces deux bouts, de quatre ou cinq pieds de long chacun : vous les nouerez ensemble, comme ils se voient à la lettre M.

On peut voir la figure de ce filet tendu, dans l'article PERDRIX : où il est parlé d'autres filets.

PLANCHE 22.

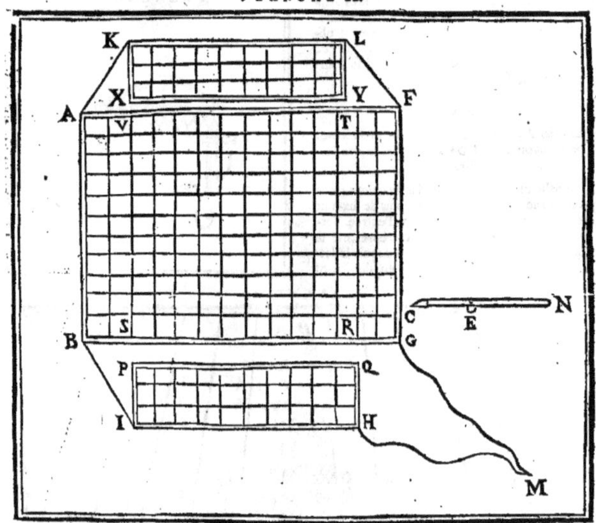

PLANCHE 23.

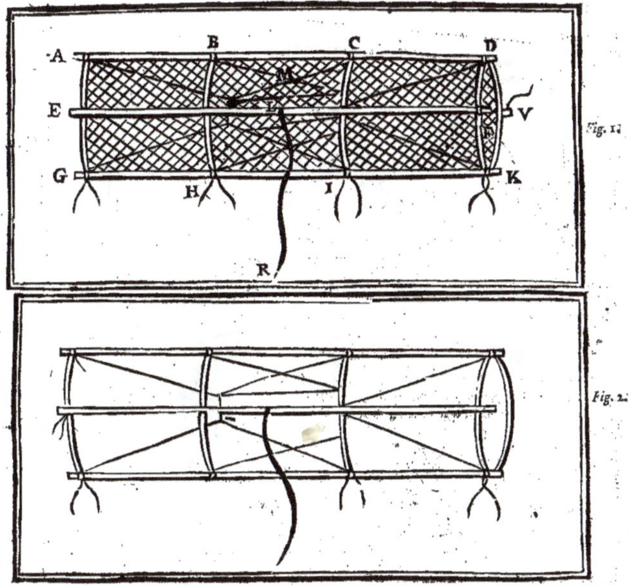

XXIV.

Maniere dont il faut faire le Filet appellé Louve.

Ce filet est un diminutif de la Rafle ; & n'en est que le coffre. Sa figure est ici représentée dans la 23e *Planche.*

La 2e *Fig.* le représente seulement avec des traits pour en faire comprendre la façon & les proportions.

Il faut le commencer sur seize mailles de levure : jetter des accrues, de quatre en quatre mailles, au premier rang qu'on fera après la levure : & continuer les autres rangs de même façon, faisant des accrues vis-à-vis de celles qui seront aux rangées des mailles précédentes, jusqu'à ce que le filet ait un pied & demi de longueur ; qui fera un des goulets. Lorsqu'on sera parvenu à cette longueur, il faudra cesser de faire des accrues ; & travailler sans accroître ni diminuer : & quand on aura fait encore trois pieds de long ; laisser une ouverture ou *Regard*, de cette sorte.

Au lieu que l'on a travaillé en rond tout ce qu'il y a déja de filet fait, on retourne sur son ouvrage, comme si l'on vouloit faire un filet non fermé ; & quand on est parvenu à la maille où l'on a changé l'ordre de travailler, on retourne sur les mailles que l'on vient de faire. Etant à l'autre bout, on fait encore de même ; & on continue cette façon de mailler jusqu'à un pied de longueur. Puis on travaille en rond, comme l'on a fait au commencement, jusqu'à trois autres pieds de longueur. Ce sera sept pieds qu'aura ce coffre, sans les deux goulets. Après quoi l'on fait le second goulet, en prenant deux mailles à la fois à chaque quart du tour du filet ; pour diminuer jusqu'à seize mailles, ainsi que l'on a commencé à l'autre bout.

On l'attache aux cercles en mettant le premier, A G, exactement sur le rang de mailles proche du premier où l'on a jetté des accrues ; un autre, D K, sur l'autre bout du coffre ; enfin les deux autres cerceaux à des distances moyennes & respectivement égales, dans les endroits marqués des lettres BHCI. On ajuste ensuite les goulets comme ceux du coffre de la rafle ; & on ferme le regard M. Les quatre cercles que l'on met à la louve, peuvent avoir servi à des tonneaux.

Quand on voudra tendre ce filet, il faudra avoir quatre bâtons D F K V, gros comme le bras, & longs de cinq pieds & demi, percés ou cochés près des bouts : les attacher avec des cordes autour des cercles pour tenir la louve en état, comme seroit un tonneau, ainsi qu'il paroît par les lettres A B C D. Il faudra laisser pendre des bouts de corde en quatre endroits au bâton G H I K pour y lier des pierres, afin de faire aller le filet au fond de l'eau. On mettra aussi une corde L R longue de trois toises, attachée au bâton L ; pour retirer la louve, quand on n'en pourra pas approcher sans se mouiller.

Tout ce que l'on a omis dans cet article, se trouvera sous le mot RAFLE : car c'est la même chose ; à la réserve qu'il y a des bâtons à la louve, qu'il n'y en a point à la rafle ; & qu'il y a aussi à cette derniere une ficelle de secret, & non à la louve. *Voyez* LOUVE.

PLANCHE 24.

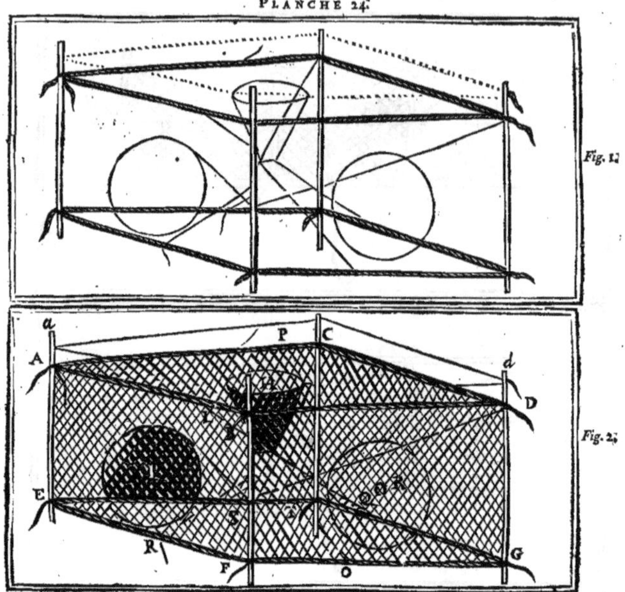

XXV.

Filet excellent pour tendre en toutes sortes d'eaux.

Ce filet, que l'on appelle *Quinque-porte*, est quarré, & ressemble à une cage. Sa forme se voit dans la premiere figure de la *Planche* 24; qui le représente tout monté & tendu comme il doit être tendu dans l'eau: la seconde figure le montre avec de simples traits. L'une & l'autre figures ont été mises pour en faire mieux comprendre la façon & les proportions.

Il est composé de six pieces, avec un goulet au milieu de chacune; excepté celle du dessus, qui est toute unie.

Nous le supposons de huit pieds de côté, & de quatre pieds en hauteur. Faites la levure de quarante-huit mailles d'un pouce de large; & travaillez à l'ordinaire, sans accroître ni diminuer, jusqu'à quarante pieds de long: ce qui fera quatre cens quatre-vingt rangées de mailles. Passez une ficelle dans toutes les mailles du bord d'un des côtés de ce filet; nouez les deux bouts ensemble; & les attachez à un clou pour travailler l'autre côté, commençant à la premiere maille; à laquelle vous lierez le bout du fil de l'aiguille. Vous maillerez jusqu'à la cent vingtieme: quand vous serez parvenu à cet endroit, au lieu de continuer le rang, retournez sur votre ouvrage, comme si vous faisiez un autre filet à part; & poursuivez jusqu'à ce qu'il soit de six vingt mailles de longueur, aussi bien que de largeur. Cette piece fera le dessus de tout le filet. Lorsqu'il sera achevé, enfilez d'une ficelle la derniere rangée de mailles que vous venez de faire; nouez ensemble les deux bouts de cette ficelle; mettez-la au clou, en ayant ôté l'autre côté du filet, dont vous retirerez la ficelle; & faites encore une piece de six-vingt mailles en quarré vis-à-vis de l'autre: laquelle servira pour le dessous.

Après quoi, piquez en terre quatre bâtons bien droits A C D B, de sorte qu'ils soient bien en quarré, & à huit pieds les uns des autres. Attachez au bas des quatre bâtons une corde E F G T, & une autre à quatre pieds plus haut aux endroits marqués A C D B. Puis étendez la longueur du filet par dedans; & cousez-la du haut & du bas tout autour de cette corde: ensuite étendez la piece du dessus & celle du dessous, pour les coudre pareillement au long de la corde avec le filet du tour; ainsi le filet sera quarré comme un dez. Pour y mettre des goulets: commencez sur douze mailles de levure; jettez des accrues de trois en trois mailles pour le premier rang d'après la levure, & continuez de même à chaque rangée de mailles, jusqu'à ce qu'il ait deux pieds de longueur. Vous ferez cinq goulets de la même façon que celui-là: l'un sera pour le dessus H; & les autres pour les quatre côtés. Quand ils seront faits, ouvrez-les & les étendez en rond sur chaque pan du filet; puis coupez ce qui sera nécessaire pour faire l'entrée, selon l'étendue du goulet que vous y coudrez. Ajustez après cela les ficelles; ainsi qu'il est montré dans l'article RAFLE, ensorte que les goulets soient tendus ouverts comme ceux de la rafle; (l'expérience vous apprendra le reste). Le filet sera ainsi en état d'être tendu.

PLANCHE 25.

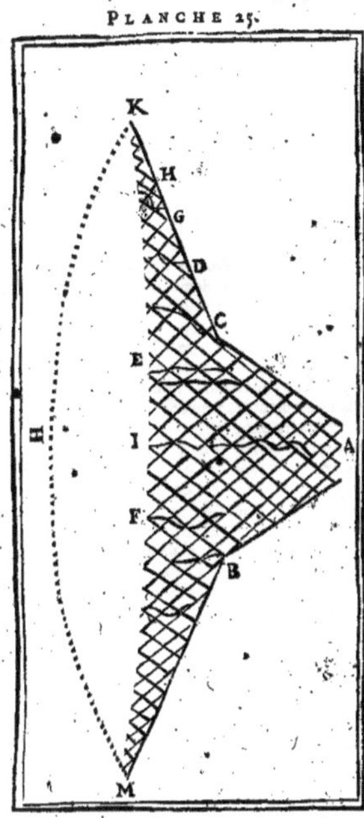

Autre maniere de faire ce Filet.

On travaille chaque piece séparément. Voyez la *Planche* 25.

Il faut commencer par la petite ouverture A du goulet, & faire la levure sur douze mailles d'un pouce de large. Au premier rang que l'on fait après la levure, on jette une accrue dès la premiere maille; une seconde à la quatrieme maille; une autre à la septieme; & la derniere à la dixieme: ce seront quatre accrues par rang. Il faut observer la même chose à toutes les rangées de mailles: & pour ne pas s'y tromper, on fait ces accrues toujours vis-à-vis de celles du rang précédent. Si vous prenez bien garde aux endroits marqués des lettres HGDEIF, vous verrez que les accrues ainsi jettées se suivent.

Quand il y aura environ deux pieds de faits depuis A jusqu'à C ou B, vous ferez une accrue; à la huitieme maille, une autre; à la sixieme, une autre; & vous poursuivrez d'en jetter continuellement de huit en huit mailles, jusqu'à ce que tout le filet ait huit pieds de longueur. Lorsqu'il sera fait, & étendu en double sur la terre comme vous le voyez, il sera de forme ronde par le côté le plus large, ainsi que le figure l'arc ou ligne courbe ponctuée KHM.

Mais pour le mettre en ordre sans difformité, il vaut mieux perdre un peu de fil, & couper quarrément chaque piece en cette sorte. Supposé que le filet soit étendu à plate terre & ouvert en ovale, & que le bord qui est autour soit l'ovale ponctuée ROSQTPVN de la *Planche* 26.

PLANCHE 26.

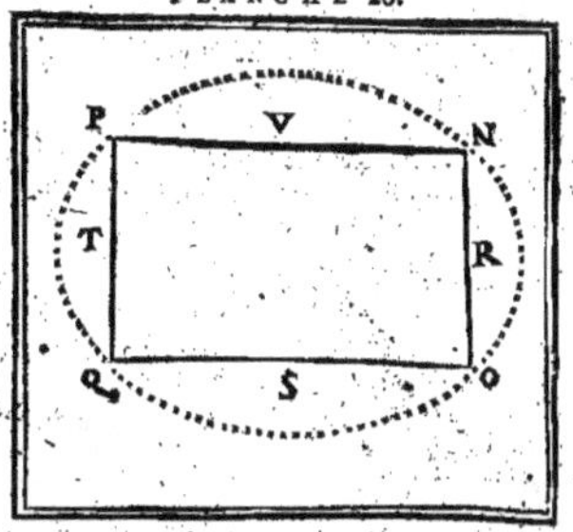

Mettez une ficelle avec un clou sur le bord du filet, à l'endroit marqué de la lettre P, & tirant cette ficelle en droite ligne, coignez un autre clou N, à huit pieds plus loin: ensuite la détournant tout d'un coup à angle droit, vous la menerez à l'endroit O, distant de N de quatre pieds & l'y fixerez par un clou. Vous conduirez de rechef la même ficelle à huit pieds de-là, au bord Q; puis enfin à la lettre P, où vous la joindrez au premier bout. Cette ficelle attachée à quatre cloux, formera un quarré long de huit pieds en un sens, & de quatre sur l'autre. Après cela coupez avec des ciseaux le filet tout au long de la ficelle; & ôtez-en ce qui déborde les quatre lignes. Par exemple, si vous coupez depuis P jusqu'à Q; le morceau T sera superflu; il le faut ôter. Il en sera de même des trois autres morceaux VRS. Les quatre pieces du tour du filet seront faites toutes de même façon. Pour le dessus, vous le ferez plus long de neuf pouces; afin qu'étant étendu à terre, vous puissiez le couper de huit pieds en quarré. Le dessous sera de huit pieds en tout sens, tout uni, & sans l'accroître ni diminuer. Quand toutes les pieces seront faites, il faudra coudre les unes aux autres avec des cordes, ajuster les ficelles, & faire comme pour l'autre maniere. Vous laisserez pendre à tous les coins du filet, tant du bas que du haut, deux bouts de corde longs chacun d'un ou deux pieds, pour l'attacher aux perches lorsqu'on le tendra.

XXVI.

Pour faire l'Epervier: & Maniere de le Jetter.

Consultez l'article ÉPERVIER.

Filet nommé Nasse.

Voyez NASSE.

Rafle.

Voyez RAFLE.

XXVII.

Pour faire des Filets, ou Rets saillans, à pluviers & canards.

Ces sortes de rets ne se font jamais d'autres mailles que de celles à lozanges; parce qu'ils paroissent moins de la moitié quand ils sont pliés, que les autres qu'on feroit en mailles quarrées. Il faut que la maille en soit large de deux pouces, & le fil retors bien uniment en deux brins faits du meilleur chanvre qu'on pourra trouver. Vous ferez la levure sur quatre-vingt mailles: elle sera la largeur du filet. La longueur contiendra douze toises. Il faudra l'enlarmer d'un côté avec une ficelle bien forte & de la grosseur du petit doigt, pour passer une corde cablée dans les grandes mailles qui seront faites de cette ficelle. Vous ferez aux deux bouts du filet le dernier rang de mailles sur un moule plus petit de la moitié que celui sur lequel vous aurez fait tout le ret; afin de tenir le filet en état. Ces petites mailles se feront de la maniere montrée dans l'article XVIII. Il faut teindre ces filets en brun.

XXVIII.

Filet Contremaillé, pour prendre les moineaux dans des chambres & greniers.

Ce filet est un diminutif de la rafle aux petits oiseaux, dont il est parlé sous le mot RAFLE. On le doit faire de la même façon : à la réserve que les mailles des aumés, qui sont en mailles quarrées, n'ont que deux pouces ou deux pouces & demi de largeur. La toile doit être de fil menu, retors en deux brins; & les mailles, larges chacune d'un pouce. La longueur & largeur de tout le filet monté prêt à tendre, se fera selon la grandeur des fenêtres, ou autre lieu auquel on le voudra tendre. On observera seulement de lui donner de la poche, comme à la rafle aux petits oiseaux. Il ne sera pas nécessaire d'y mettre des morceaux de corde par les côtés pour l'attacher, parce qu'il se pose avec des cloux.

XXIX.

Composition pour Teindre les Filets & les Conserver.

Il n'est pas bien constant que les filets teints durent davantage que les autres. Mais du moins ils n'épouvantent pas les oiseaux; comme s'ils étoient blancs. Il n'y a que trois sortes de teintures qui soient d'usage pour les filets; savoir la feuille morte, le jaune, & le verd.

La premiere, qui est la teinture la plus commune, & qui conserve mieux les filets, est faite de tan, qu'on prend chez les Tanneurs : on le met dans de l'eau, qu'on fait chauffer; & on y plonge le filet quand elle est bouillante. Mais comme on ne rencontre pas du tan par-tout, (principalement de celui d'écorce de frêne, que quelques-uns estiment beaucoup pour cela) on peut faire une presque aussi bonne teinture avec de l'écorce de racine de noyer.

Bêchez en terre pour avoir de ces racines. Prenez-en l'écorce; coupez-la par morceaux grands comme deux doigts : & sur deux boisseaux de cette écorce, mettez deux seaux d'eau. Faites bouillir le tout ensemble l'espace d'une heure; puis posez les filets au fond du vaisseau, l'écorce par-dessus; & laissez-les tremper vingt-quatre heures dans cette teinture. Tirez-les après cela; tordez-les; & ayez soin de les étendre pour les faire sécher. Ils seront teints de couleur brune, comme minime.

[*Nota.* Beaucoup de Pêcheurs ne teignent pas leurs filets, & les laissent en blanc. Ils prétendent même que l'eau bouillante ne peut que brûler le fil, & ainsi en diminuer le service.]

La seconde teinture qui est jaune, se fait avec l'herbe nommée Eclaire ou Chelidoine : qu'il faut prendre à grandes poignées, & frotter le filet partout, comme si on le savonnoit. Quand on l'aura fait sécher, il sera d'un jaune sale.

La derniere couleur, qui est le verd, est la plus propre pour prendre les oiseaux, parce qu'ils ont accoutumé de voir l'herbe, qui est de la même couleur, & de marcher dessus; si bien qu'ils ne s'épouvantent pas des filets teints de cette couleur. Elle se fait avec du bled verd, haché, & pilé en bouillie; dont on frotte le filet par-tout : puis on laisse l'un & l'autre ensemble tremper vingt-quatre heures.

XXX.

Autres moyens pour Conserver longtems les Filets.

Il faut, lorsque vos filets seront mouillés, n'être point paresseux de les étendre à l'air, pour les faire sécher promptement. Il ne faut pas non plus les laisser dans l'eau l'été, pendant les grandes chaleurs plus d'une nuit sans les faire sécher; parce qu'ils s'y attendrissent, & se rompent facilement après qu'ils y ont été durant un jour. Mais dans les saisons fraîches, on peut les laisser coucher dans l'eau deux nuits & un jour sans qu'ils se gâtent.

Il ne faut jamais manquer de laver tous les filets à pêcher, aussitôt qu'on les tire de l'eau; principalement ceux qui y ont demeuré la nuit : parce qu'il s'y amasse une lie ou crasse qui étant séchée avec le filet, le ronge peu-à-peu.

On doit toujours tenir les filets en un lieu exemt de rats & de souris; & les suspendre en l'air, & non proche d'une muraille : parce que les rats & les souris pourroient les ronger.

Il ne faudra pas négliger de r'habiller la moindre maille qu'on verra rompue. Car dès qu'un filet commence à se rompre à un endroit, le reste ne dure plus gueres en son entier : au lieu que si l'on a soin de le r'habiller souvent, il durera bien davantage.

FILET, ou *Frein :* maladie qui affecte l'extrêmité du ligament membraneux qui est sous la langue. Ce ligament est alors plus long qu'il ne doit être : & en conséquence le mouvement de la langue est gêné; les enfans ont de la difficulté à tetter; & les adultes ne parlent pas librement.

Remedes.

1. Il faut, d'abord que l'on s'en apperçoit, faire couper le filet avec des ciseaux; & y appliquer un peu de poudre de mastic, *ou* d'encens; *ou* du poil de lievre, brûlé; *ou* des coquilles d'œufs calcinées. En le négligeant, il s'endurciroit tellement qu'il deviendroit incurable; particulierement s'il tenoit d'une humeur aduste.

2. Il y en a qui coupent le filet avec l'ongle, & brisent ainsi ce qui tient la langue assujettie. Mais il est rare que ces déchiremens ne causent de l'inflammation, qui met ensuite la vie en danger.

3. *Voyez* BÉGAIEMENT.

FILET : *terme de Cuisine.* C'est 1°. la chair qu'on leve de dessus les reins du cerf. On en distingue deux sortes : les grands filets; & les petits filets. Les grands se levent au-dessus des reins : les petits en dedans des reins.

2°. On nomme FILET la chair la plus délicate qui se trouve en dedans d'un aloyau; le long du rable des levrauts, &c. *Voyez* ALOYAU. COCHON, p. 649, col. 2. ANDOUILLETTES.

3°. On leve aussi des FILETS dans la chair des Poissons. *Voyez* TRUITE. ANCHOIS. ANGUILLE.

FILET : *terme de Chandelier.* Consultez l'article CHANDELLE.

FILET : *terme de Botanique :* en Latin *Capillamentum.* Se dit en général de tout corps menu & assez long. On dit un *Filet Ligneux ;* un *Filet Cortical.* Les folioles des feuilles conjuguées sont portés par un *Filet Commun.*

Le nom de filet est encore spécialement attribué au pédicule qui supporte les sommets des étamines : & alors ce filet est appellé en Latin *Filamentum.* *Voyez* ÉTAMINE. On trouve aussi, dans les fleurs, des filets qui ne sont point terminés par des sommets.

Les

Les ſtyles ſont des eſpeces de filet.

Conſultez la *Phyſiq. des Arbres*, de M. Duhamel, T. I. p. 217—229.

FILET: *terme d'Architecture*. On nomme ainſi toute petite *Moulure* quarrée, qui en accompagne ou couronne une plus grande. *Voyez* REGLET. ARCHITRAVE.

FILET *de couverture*. Petit ſolin de plâtre, mis au haut d'un appentis, pour en retenir les dernieres tuiles ou ardoiſes : il eſt compté pour un pied courant ſur ſa hauteur.

FILET *d'or* : c'eſt, en Peinture & Dorure, un petit reglet fait d'or en feuilles ſur certaines moulures ; ou aux bords des panneaux de menuiſerie, quand ils ſont peints de blanc, pour les enrichir.

FILETS *de mur* : terme d'Architecture. Ce ſont des rebords qui ſe font au haut d'un mur mitoyen, de pierre ou de plâtre des deux côtés ; pour marquer que le mur appartient à l'un & à l'autre des voiſins, chacun par moitié. Si les filets ne ſont que d'un côté, ils déſignent que le mur appartient pour le tout à celui du côté duquel ils ſont faits.

FILIERE: *terme de Fauconnerie*. C'eſt une ficelle, longue de dix toiſes ou environ ; qu'on tient attachée au pied de l'oiſeau, pendant qu'on le réclame, juſqu'à ce qu'il ſoit aſſuré. *Voyez* ASSURANCE.

FILIPENDULE : en Latin *Filipendula* : & en Anglois *Dropwort*. Le calice des filipendules eſt entier, & joliment frangé. La fleur eſt à cinq ou ſix pétales diſpoſés en roſe. Des étamines ſans nombre accompagnent le piſtil : qui eſt formé de cinq embryons, ou même davantage, ſurmontés de ſtyles ordinairement aſſez courts, dont les ſtigmates ſont en tête. Les ſemences, au nombre d'environ douze, ſont applaties, oblongues, terminées en pointe, & raſſemblées dans une eſpece de barril.

Nous ne parlerons ici que de la *Filipendula vulgaris, an Molon Plinii* C. B. Sa racine eſt compoſée de longues fibres, au bas deſquelles ſont des tubercules charnus ; c'eſt d'où eſt venu le nom de *Filipendula* : elle a l'odeur & le goût d'amande amere. Les feuilles ſont compoſées d'un nombre très-conſidérable de folioles attachées ſur un filet commun ; leſquelles ſont joliment découpées en pluſieurs rangs de lobes aigus & inégaux. Entre ces folioles ſont d'autres folioles beaucoup plus petites. D'entre la touffe des premieres feuilles, ſort une tige menue, cylindrique, haute de deux à trois pieds : au ſommet de laquelle ſont de petites fleurs blanches, raſſemblées en aſſez gros bouquet. Ces fleurs ſont en état dans les mois de Juin & Juillet.

On trouve cette plante dans les bois, à l'ombre. Le grand ſoleil la fait périr.

Uſages.

La filipendule eſt diurétique, atténuante, déterſive. On s'en ſert pour la colique venteuſe, les hémorrhoïdes, les fleurs blanches des femmes. Sa racine eſt bonne pour les écrouelles, & les dyſenteries opiniâtres.

FILIX. *Voyez* FOUGERE.

FILLES. *Leurs maladies*. Voyez ſous le mot FEMME.

FILTRER : *terme de Chymie*. C'eſt faire couler une liqueur à travers un corps rare & ſpongieux ; qui laiſſe paſſer le plus liquide, & retient ce qui eſt groſſier. On y emploie communément du papier d'une eſpece particuliere, que l'on poſe ſur un entonnoir : ou bien on ſe ſert d'un morceau de drap ou de cannevas, attaché à un chaſſis. Quand on ſe ſert de l'entonnoir, il eſt bon de mettre des brins de paille ou de bois entre le papier & ſes côtés ; pour empêcher que le poids de la liqueur ne le preſſe trop contre l'entonnoir, & ne s'oppoſe à ce qu'elle tranſude facilement.

Il y a certains cas où les Chymiſtes ſe ſervent d'entonnoirs faits de fil de métal.

Quant au papier que l'on emploie pour filtrer : quelques-uns en prennent de coloré ; mais il y a bien des cas où cette pratique eſt mauvaiſe, parce que ce papier peut teindre la liqueur. La meilleure ſorte eſt d'un tiſſu rare & ſpongieux, & qui ne ſe briſe pas aiſément lorſqu'il eſt mouillé : tel eſt le papier gris ; qu'on nomme le *Carré*, ou le *Joſeph fluant*.

Voyez DISTILLATION *par le feutre* : T. I. p. 799.

Le *Journal Œcon.*, Août & Septembre 1753, a donné divers FILTROIRS propoſés par M. Amy.

FIM

FIMBLE *Hemp*. Voyez CHANVRE *mâle*.

FIMBRIA. *Voyez* FRANGE.

FIMETÆ *Plantæ*. Les Botaniſtes Latins nomment ainſi en général les plantes qui viennent naturellement parmi le fumier.

FIMUS. *Voyez* FIENT.

FIN

FIN : ancien *terme de Coutume*. Petit Territoire qui avoit ſon chef-lieu. *Le fin* ou Territoire *d'Iſſy*. Il falloit un certain nombre de Fins pour former un ancien Comté ou Pays ; & un certain nombre de Comtés pour former un Duché. Les fins avoient plus ou moins d'étendue, auſſi bien que les pays ou provinces.

On dit aujourd'hui FINAGE, au lieu de fin. Les Chartres ou vieux inſtrumens par écrit ſont pleines de cette expreſſion ; & prouvent que les finages étoient les territoires ſubordonnés aux Comtés & Pays. Le finage eſt l'étendue d'une Juridiction ; l'étendue d'une Paroiſſe ou Territoire juſqu'aux confins d'une autre. » Cette maiſon (dit » on) cette Seigneurie, eſt dans le finage de cette » Election, de ce Préſidial, de cette Paroiſſe. «

FINAGE ſignifie auſſi un *Droit* qui ſe leve ſur les bornes, ſur les limites.

FINE (*Chair*). Conſultez ce mot, ſous celui de CHAIR.

FINES ÉPICES. *Voyez* ÉPICE.

FINES HERBES. *Voyez* ſous le mot HERBES.

FINOCCHIO. *Voyez* FENOUIL.

FIR

FIR-TREE. *Voyez* SAPIN *proprement dit*.

FIS

FISC : *terme de Droit*. C'eſt le Tréſor du Prince ou de l'Etat. Ce mot a ſignifié anciennement un panier d'oſier, dont on ſe ſervoit pour mettre de l'argent. Les Romains diſtinguoient, du tems des Empereurs, le Fiſc, du Tréſor Public. Le fiſc étoit pour les beſoins de la Maiſon & Famille Impériale ; mais le Tréſor Public ne regardoit que les beſoins de l'Etat & le bien public. On ne fait point ces différences en France : on entend par le fiſc, le Tréſor public ; dont le gouvernement eſt confié au Roi ſeul. A l'égard des Seigneurs Juſticiers, ils ont des Procureurs Fiſcaux : à cauſe des confiſcations qui tournent à leur profit, il eſt néceſſaire qu'ils ayent un Officier pour veiller à leurs intérêts, & faire les réquiſitions convenables. Il y a une maxime conſtante ſur le fiſc, que dans les cauſes lucratives le fiſc eſt moins favorable (moins favoriſé) que les particuliers ; mais dans les cauſes onéreuſes, le fiſc eſt toujours préféré aux particuliers. Cette maxime eſt d'autant mieux reçue & approuvée, qu'elle eſt plutôt fondée ſur la Juſtice que ſur l'autorité ſouveraine; comme nous allons voir par les deux exemples suivans. Un Financier, qui a le maniment des deniers du Roi, abuse de la confiance qu'on a eue en lui; & il se trouve redevable *de sommes considérables* envers Sa Majesté: ses biens sont saisis dans le même tems à la Requête de ses créanciers. On demande quel doit être le privilége du fisc. Il faut répondre, conformément à la Déclaration du mois d'Octobre 1648, qu'il doit être mis en ordre par préférence, du jour que le Financier est entré dans les affaires; parce qu'il est probable que ses acquisitions faites depuis ce tems-là procédent des deniers de Sa Majesté: ce qui a lieu même dans les taxes qui sont faites sur les partisans; lesquelles ne sont exigées que parce qu'elles sont dûes. En effet, comme on ne les impose jamais que lorsqu'il y a preuve qu'ils ont pillé les deniers du Roi; il n'est pas raisonnable que d'autres créanciers qui ont bien voulu prêter à ces sortes de gens, avec qui il est si dangereux de contracter, soient payés sur des effets qui procédent d'un vol. Dans le doute, il est naturel de croire que ce qui reste provient de l'argent du fisc, & que le bien des particuliers a été dissipé ou mis à couvert; à cause qu'il est vraisemblable qu'ils ont conservé ce qui vient du Roi, pour n'être employé que dans l'extrêmité de leurs affaires, par la crainte du châtiment dont ils sont perpétuellement menacés. Il faut donc conclure, que comme le Roi ne retire jamais ce qu'il a perdu; l'hypothéque qu'il a sur les biens des partisans & financiers, du jour qu'ils se sont immiscés dans les affaires, & son privilége contre les créanciers chirographaires indistinctement, lui sont accordés pour une cause onéreuse. Voyez la Déclaration de 1661.

Le second exemple qui prouve que dans les causes lucratives, le fisc n'est jamais favorable (favorisé); se tire des confiscations & des amendes: où l'intérêt des particuliers est toujours mieux ménagé que celui des Seigneurs.

Le fisc succéde au défaut des parens du défunt.

Observez 1. Que par le Droit Civil, il n'y a que le Souverain qui ait droit d'avoir un fisc. 2. Il faut juger contre le fisc dans les questions douteuses, selon M. le Maire. 3. C'est un privilége du fisc, que d'avoir la préférence sur tous les créanciers chirographaires, & non pas sur les créanciers hypothécaires. 4. Quand on dit que l'Eglise n'a ni fisc, ni territoire; le sens de cette maxime est, que l'Eglise ne peut ni confisquer ni bannir.

FISCAL. Mot adjectif, dont on use au Palais. Il est dit de tout ce qui concerne l'intérêt du Roi, d'un Seigneur particulier ou public. Maintenant le Procureur & Avocat Fiscal sont seulement des Officiers des Siéges subalternes, qui ont soin de l'intérêt des Seigneurs & du public. Il y a des Avocats Fiscaux dans les Duchés Pairies, & des Procureurs Fiscaux dans les autres Justices des Seigneurs. Dans les Présidiaux, on les appelle Procureurs & Avocats du Roi: & dans les Cours Souveraines, on les appelle Avocats & Procureurs Généraux. Mais quoiqu'ils aient changé de nom, ils n'ont pas changé de fonction.

FISH *Thistle*. Voyez CHARDON *Bénit*, n. 4.

FISTUCA. *Voyez* MOUTON, *Machine*.

FISTULE. Ulcere dont l'entrée est étroite & le fond ordinairement large; souvent accompagné de dureté & callosité.

Les fistules affectent toutes les parties du corps. La fistule *Lacrymale* est située au grand angle de l'œil, attaque le conduit lacrymal, & l'ayant percé permet aux larmes de se répandre sur les joues. La fistule *au Périnée* se forme au canal de l'urethre & à la peau qui le recouvre; laquelle donne alors issue à l'urine. La fistule *à l'Anus* est située près des bords du fondement. Elle rend un pus fétide, est presque toujours calleuse, & est la suite d'un abscès plus ou moins considérable dans le tissu graisseux qui avoisine l'intestin rectum.

En général, quand ces diverses fistules sont parvenues à certain degré, on les guérit rarement sans le secours de la Chirurgie.

Voyez ABSCÈS. FONDEMENT. YEUX.

FISTULE (*Casse*). Voyez ce mot, sous celui de CASSE.

FISTULEUSE (*Feuille*): terme de Botanique. C'est celle qui forme un tuyau ou canal, dont l'intérieur est creux. *Voyez* FEUILLE, p. 43.

F L A

FLACHEUX (*Bois*). Voyez sous le mot BOIS, p. 349. CANTIBAY.

FLACON: *Plante*. Voyez CUCURBITA, *n*. 3.

FLAMBE: en Latin *Iris*: en Anglois *Flower-de-Luce*. Genre de plantes dont il y a quantité d'especes ou de variétés, souvent très-difficiles à distinguer les unes des autres lorsqu'elles sont séparées de leur fleur. Il ne faut pas confondre la Flambe avec le Glayeul; ainsi que l'ont fait nombre d'Ecrivains. (*Voyez* GLAYEUL). Le port, qui est commun aux Flambes ou Iris, est de pousser immédiatement de la racine des paquets de feuilles plus ou moins vertes, sortant au nombre de quatre ou six d'un même endroit, en forme de rayons, longues, assez étroites, aiguës à leur extrêmité; leur base laisse voir sensiblement le pli de chaque feuille (dont les deux côtés sont appliqués l'un sur l'autre, & intimement unis dans la plus considérable partie.) Près de chaque paquet de feuilles, sort immédiatement de la racine une tige ronde, remplie de moëlle, & noueuse: dont chaque articulation est garnie d'une feuille faite comme les précédentes. Au sommet de la tige est une spathe membraneuse, qui sert de calice à la fleur. Cette fleur est du genre des Liliacées. Elle est formée par un tuyau évasé à-peu-près en entonnoir; & dont l'extrêmité est divisée en six parties larges, trois desquelles alternativement se tiennent droites, & sont très-garnies de long duvet vers leur base, les trois autres sont panchées vers le bas, & sont appellées *Mentonieres*. Ces pieces sont, dans la plupart, de couleurs fort vives & très-variées entr'elles: ce qui a fait comparer la fleur à l'arc-en-ciel, & a donné lieu d'appliquer à tout le genre le nom d'Iris. Du fond de la fleur, s'éleve un style, dont le stigmate représente trois pétales voutés, lesquels sont directement vis-à-vis les trois pieces de la fleur qui se tiennent droites. Le haut de chaque division du stigmate est fendu en deux. Il y a trois étamines. La base du pistil devient un fruit allongé, qui a trois ou six cannelures, & qui s'entr'ouvrant au sommet, laisse voir dans son intérieur trois loges, où sont renfermées des semences tantôt rondes, tantôt applaties sur leurs faces. Les flambes ont la racine charnue, longue, ridée, traçante, garnie de quelques fibres. En séchant elle contracte plus ou moins une odeur de violette.

M. Tournefort rapporte trente-huit Iris bulbeux, c'est-à-dire dont la racine est en oignon: mais qu'il range sous un genre particulier, avec le nom de *Xiphion*.

Il se trouve une grande variété dans les fleurs d'Iris: ce qui est en partie occasionné par la diversité des climats. M. Tournefort a donné les noms de soixante-dix-huit vrais Iris, ou Flambes différentes (dans ses *Elemens de Botanique*). M. De la Quintinye décrit aussi soixante-six, tant vrais Iris que

Xiphion, dans ses *Instructions pour les Jardins* : & l'on peut y ajoûter ce qu'il nomme le *Lys flamme*. Un si grand détail nous conduiroit trop loin. Il suffit de connoître quelques-uns des principaux noms ; tels que sont les suivans.

1. La *Flambe Glorieuse* : que Gaspard Bauhin appelle *Iris latifolia*, *Pannonica*, *colore multiplici*.

2. L'*Iris* appellé par G. B. *Iris Dalmatica*, *major*. Sa fleur est d'un bleu pâle.

3. L'*Iris* des vieux murs : qu'il nomme *Iris vulgaris Germanica*, *sive silvestris*.

4. L'*Iris dilutè cærulea*, *involucro albo*, de Tabernamontanus.

5. L'*Iris de Barbarie*, ou *de Tripoli* : nommé par G. B. *Iris media*, *longissimis foliis*, *lutea*.

6. L'*Iris de Suze*, ou *La Cordeliere* : que cet Auteur appelle *Iris Suziana ; flore maximo*, *ex albo nigricante*. Les Anglois le nomment *Chalcedonian Iris*.

7. L'*Iris des Marais* : ou *Iris jaune des prés* : que l'on nomme encore *faux Acorus*, & *Acorus vulgaire*. Ses feuilles sont semblables à celles des autres flambes. Mais leur verd est plus foncé : elles sont plus étroites ; en paquets moins considérables hors de terre ; voutées de chaque côté sur le plat, comme une lame d'épée (ce qui est très-sensible sous le doigt) ; & en général semblables à celles de l'acorus odorant ; mais privées de goût & d'odeur. La tige, qui porte les fleurs, est lisse ; purpurine à sa base, qui est striée, anguleuse dans le même sens que la feuille de dessous, & applatie à la surface opposée. Plus haut, cette tige est verte, arrondie dans sa totalité, creusée en gouttiere à sa partie intérieure. Vers le sommet, elle devient entiérement cylindrique. Les nœuds sont plus ou moins pourprés. Les feuilles les embrassent par leur base, & ne s'en détachent que par degrés : puis elles sont composées de deux membranes épaisses, intérieurement argentées ; qui après être demeurées appliquées l'une sur l'autre, se rapprochent vers leur moitié & deviennent inséparables. Ces feuilles ont aussi la forme de lame d'épée plate : elles laissent appercevoir une nervure longitudinale épaisse & très-saillante.

La fleur est grande, jaune ; sort de plusieurs graines ou spathes qui sont entées dans l'aisselle de feuilles placées au haut de la tige. Les pétales qui sont de bout, sont plus petits que les mentonieres. Le fruit a six cannelures ; dont trois sont très-profondes.

8. L'*Iris de Florence*. Sa fleur est blanche : & paroît au mois d'Avril. Sa racine est toujours blanche : & a une odeur de violette plus agréable que celle des autres Iris.

9. L'*Iris Gigot* : ou *Petit Glayeul sauvage* : le *Gladiolus fœtidus* de G. Bauhin ; *Spatula fœtida*, *plerisque Xyris ; Iris agria ; Iris fœtidissima*. Ses feuilles sont mi-parties de blanc, dans toute leur longueur. Il est encore aisé de distinguer cette espece, à la forte odeur que l'on sent en ouvrant ou cassant les feuilles, & que quelques-uns rapportent à l'odeur de Gigot de mouton cuit.

10. L'*Iris Nostras*, ou des Jardins, a la feuille large, & la fleur pourpre.

11. Les Iris bas, ou *Chamæ-Iris*, fleurissent en Mai : l'Iris *Maritime*, en Juin : l'Iris *Jaune varié*, d'Angleterre, en Juillet.

Usages.

La racine du *n.* 2 entroit anciennement dans la Thériaque.

Le *n.* 4 est bon pour l'hydropisie, les œdemes, *&c.*

La racine du *n.* 7 est astringente, resolutive, & dessicative. On en use intérieurement pour les indispositions du cerveau ; pour arrêter l'incontinence d'urine, les pertes des femmes, & le flux de sang. Le suc qu'on en tire est principalement recommandé pour ces effets ; & on le préfere à la substance de la racine. Tragus dit que le vin, dans lequel cette racine a bouilli, arrête toute sorte de flux & d'hémorrhagie. Pour la toux violente, on en fait bouillir demi-once dans un bouillon dégraissé ; & l'on y ajoûte sept ou huit écrevisses de riviere.

Il faut choisir la racine du *n.* 8, bien nourrie, pesante, compacte, nette, fort blanche, d'un goût un peu piquant & amer. Elle est fort sujette à être vermoulue : & alors on doit la rebuter. On ne l'emploie que séche : car étant récente, elle répand dans le gosier une âpreté insupportable. Pour la faire sécher, on la dépouille de son écorce.

Cette racine est chaude & séche, incisive, atténuante, digestive, détersive, émolliente, & béchique. On en donne en poudre jusqu'à un demi-gros, pour l'asthme. Son usage interne purge le mucilage tartareux des poumons ; & remédie à la toux, aux tranchées des enfans, à la rétention d'urine, & à la suppression des ordinaires. Etant tenue dans la bouche, elle corrige l'infection de l'haleine. On la fait entrer dans quelques collyres par les yeux. On s'en sert extérieurement, mêlée avec de l'ellébore & deux fois autant de miel, pour effacer les taches, rougeurs & lentilles de la peau. On en fait une huile par infusion : qui est insérée ci-dessous. Le suc de la racine d'Iris de Florence est des plus efficaces pour les obstructions des visceres, & pour l'hydropisie : on a guéri plusieurs hydropiques avec ce suc seul, dont on leur faisoit prendre quatre cuillerées dans six cuillerées de vin blanc, tous les matins à jeûn. Mesué composoit avec la poudre de cette racine un emplâtre Diachylon : Consultez la *Pharmacopée de Lemery*. On trouve dans cette même Pharmacopée (p. 375) plusieurs préparations d'Iris, pour la toux & l'asthme. Voyez encore BAUME *excellent pour les plaies*. Les Confiseurs emploient la poudre de cette racine pour donner de l'odeur à quelques conserves, & pour faire de petites dragées. Voyez *Pâte d'*AMBRE *gris*. Les Parfumeurs en font aussi usage. Les Teinturiers l'emploient pour ôter aux étoffes l'odeur de la teinture. Les Blanchisseuses en mettent dans leur lessive. On en serre dans des armoires & tiroirs, pour communiquer au linge une bonne odeur.

Huile d'Iris.

On met de l'huile d'olives avec de la racine d'Iris de Florence, dans une bouteille qu'on laisse exposée plusieurs jours au soleil. Elle résout, amollit, mûrit, & adoucit les douleurs froides. Elle est excellente pour les maladies du foie & de la rate ; souveraine pour ceux qui sont sujets à la goute, parce qu'elle ôte la douleur, & qu'elle amollit les nerfs des jointures & de toutes les parties du corps. Elle appaise les douleurs de la matrice, causées par des humeurs froides : soulage les paralytiques, fait revenir de l'évanouissement ; guérit les douleurs d'oreille.

Cette huile est excellente à tous les maux ci-dessus, en en frottant les parties affligées : mais il la faut toujours faire chauffer pour quoi que ce soit, avant de s'en frotter ; elle a bien plus de force, & l'effet en est plus prompt.

La racine du *n.* 9, séchée & mise en poudre, se donne au poids d'environ une dragme dans un verre de vin blanc, pour les vapeurs hystériques, & affections hypocondriaques, difficulté de respirer, asthme, & écrouelles. C'est un bon diurétique. On la fait infuser dans du vinaigre, pour résoudre les tumeurs & apostumes.

La fleur sert à composer le verd d'Iris. (*Voyez* VERD). La racine est chaude, dessiccative, hydragogue, & sternutatoire. Elle est employée dans la toux; pour discuter les matieres, & faciliter l'expectoration. Son suc, tiré par expression, & purifié, se donne depuis une once jusqu'à quatre, dans l'hydropisie commençante : mais pour en voir les bons effets, on doit continuer ce remède trois ou quatre mois & même plus, de deux jours l'un.

Comme ce suc peut être nuisible à l'estomac & aux autres visceres, on le corrige avec quelque stomachique; & spécialement la crême de tartre ou le crystal minéral; dont on fait fondre une demi-once dans six onces d'eau bouillante, où l'on met ensuite deux onces d'iris, qu'on laisse dépurer avant de le donner au malade. Ce suc fournit aussi une fécule comme celle de Bryone; & à qui l'on attribue presque les mêmes effets. Il faut lever de terre la racine, au printems, avant qu'elle commence à pousser; la piler pendant qu'elle est fraîche; en exprimer le suc; & le laisser dépurer par le moyen de la digestion : avant de le faire prendre intérieurement. On le donne ou avec un jaune d'œuf frais à-demi-cuit, ou avec du miel, ou dans de l'eau sucrée. Son usage externe est pour ôter les taches de la peau, & les démangeaisons. La décoction de cette racine guérit les opilations causées par des humeurs visqueuses, fait sortir le gravier par les urines, & est vermifuge. Les Italiens emploient pour tous les effets ci-dessus la racine même, confite avec du sucre ou du miel lorsqu'elle est récente.

L'*Iris qui croît sur les murs*, peut être substitué à celui de nos jardins.

Propriétés communes à toutes les especes de Flambes ou Iris : dont la racine est traçante.

Le suc de leurs racines, mis dans des clysteres, appaise la douleur de la goute sciatique. La racine, desséchée & mise en poudre, nettoie & consolide les ulceres cavés & sordides. Tenue dans la bouche, elle rend l'haleine bonne. Mise parmi les habits, elle les garantit des vers, & leur donne une odeur agréable. Ces racines sont âcres : & purgent par le vomissement & par les selles. On en donne en substance jusqu'à une once, pour l'hydropisie; ou jusqu'à une demi-once du suc tiré par expression, comme il a été dit ci-devant. On les pulvérise, pour prendre par le nez en sternutatoire. La douleur de dents se calme, lorsqu'on s'est rincé la bouche avec la décoction de ces racines. Cette décoction sert aussi pour les *catarrhes* du BÉTAIL. Le suc tiré par expression est bon pour évacuer la bile. On fait bouillir ces racines dans du vinaigre; dont l'on prend intérieurement, contre tout poison. Appliquées récentes sur les hémorrhoïdes, elles en soulagent la douleur. Voyez BAUME *artificiel pour plusieurs maladies.*

Les racines des *Iris Bulbeux*, ou *Xiphion*, sont légérement purgatives.

On estime particulierement pour la décoration des jardins, l'*Iris de Portugal*, ou *d'Andalousie :* qui, fleurit en Janvier & Février; & a douze ou quinze fleurs, attachées à de très-courts péduncules.

Il y a encore l'*Iris de Perse :* qui fleurit en Février & Mars. Les bulbeux hâtifs donnent leur fleur au mois de Mai.

Culture des Iris, & des Xiphions.

Ces plantes réussissent presque également dans toutes sortes de terre, pourvû qu'il y ait un peu d'humidité : mais elles se plaisent surtout en terre légere. Aussi en voit-on sur des collines où il n'y a qu'un peu de sable couché sur la pierre. Il faut médiocrement de soleil à la plupart de celles qu'on éleve dans les jardins.

Les Iris bulbeux se cultivent comme les tulipes & les narcisses. L'Iris de Suze, ou la Cordeliere, différe des autres, en ce qu'il lui faut de la chaleur, & qu'il périt à l'humidité.

On peut multiplier les Iris par des boutures de racines, ou par des cayeux : on léve les uns ou les autres après que la fleur est passée & la tige desséchée. On observe de faire la séparation des boutures d'avec la plante, sans violence. Il faut les espacer au moins à un demi-pied l'une de l'autre.

FLAMMULE, en Latin *Flammula.* Les Botanistes donnent ce nom à plusieurs *Clematites.* Nous ne parlerons ici que de celle dont Matthiole fait mention à cause de ses propriétés : *Clematitis sive Flammula surrecta alba* J. B.

Cette plante vient d'elle-même dans nos Provinces Méridionales, & en divers cantons d'Italie & d'Allemagne; dans les prés humides, & au bord des eaux dormantes. Elle est vivace : mais ses tiges périssent tous les ans en automne. Elle porte des tiges droites, non sarmenteuses, rougeâtres, à la hauteur d'environ trois pieds; garnies de feuilles conjuguées & opposées, dont chacune a trois ou quatre paires de folioles & est terminée par une impaire : ces folioles sont entieres, ovales, à-peu-près en fer de pique; & ont une acrimonie brûlante. Au haut des tiges naissent des panicules considérables, peu serrés; formés de fleurs blanches. Ces fleurs ont quatre pétales écartés, des étamines sans nombre, & cinq ou six embryons; qui deviennent autant de semences applaties, terminées par une espece de longue barbe. La plante fleurit en Mai ou Juin : & les semences sont mûres en Septembre.

L'eau distillée des feuilles, au bain-marie dans un alembic de verre, est utile pour les maladies froides. On dit que ces feuilles mangées, guérissent la fievre quarte. On les découpe fort menu, pour les mettre dans une phiole pleine d'huile rosat, laquelle on expose au soleil d'été, pendant plusieurs jours, bien bouchée : cette huile est bonne à la sciatique, la goute, la passion iliaque, la difficulté d'uriner, la pierre, & la gravelle : on en frotte les parties malades, & on l'administre en clystere.

Les feuilles écrasées mises sur la peau, y forment une escarre comme les cauteres. Si on les cueille en été dans un jour où il fasse chaud, & que les froissant on les porte aussitôt au nez, on se sent frappé d'une impression douloureuse & très-vive, accompagnée d'une odeur approchante de celle de fourmis écrasées.

La *Douve* est aussi nommée FLAMMULA. Voyez *Douve* dans l'article RENONCULE.

FLAN : Pâtisserie. Voyez CRÊME, *p.* 730. TARTE.

FLANC (*Battement du*). Voyez COURBATURE. *Petite Vérole*, & *Tumeurs*, entre les maladies du BÉTAIL. *Battement des flancs*, dans l'article BŒUF, & dans celui du CHEVAL.

FLANC *Échauffé.* Consultez ce mot, entre les maladies du CHEVAL.

FLANDRE *blanc.* Nom d'une espece d'anemone. Consultez l'article ANEMONE.

FLANELLE. Sorte d'étoffe de laine, non croisée, légere, peu serrée, mais fort chaude.

Le principal usage des flanelles, est de les mettre entre deux étoffes; au lieu d'houatte, ou de cotton. On s'en sert aussi à faire des camisoles & des caleçons pour l'hiver. Ces camisoles, portées habituellement à nud, soulagent beaucoup les personnes sujettes aux rhumatismes ; & contribuent à éloigner le retour des douleurs.

FLATRER. C'est faire rougir un fer en forme de clef-plate ; & l'appliquer au milieu du front d'un chien qui est mordu d'un animal enragé : pour empêcher qu'il ne prenne la rage.

FLATRER : terme de Chasse. *Le lievre & le loup se flatrent quelquefois lorsqu'ils sont poursuivis.* C'est-à-dire qu'ils s'arrêtent & se mettent sur le ventre.

On nomme FLATRURE l'endroit où ils se postent ainsi.

FLE

FLEABANE. Voyez CONYSE.

FLECHE : *terme de Charronage*. Espece de Timon. Voyez CHARRUE, p. 536.

Dans le débit des Bois, il faut faire des fleches pour les carrosses ; longues de dix à douze pieds : celles qui sont destinées aux autres harnois ont douze à quinze pieds de longueur & doivent être sans nœuds, & courbées.

FLEGME, ou PHLEGME : *terme de Chymie.* C'est l'eau fade & insipide, qui sort des substances durant la distillation ; tantôt plus tôt, tantôt plus tard, selon qu'elle est plus ou moins pesante.

FLEUR. Partie qui contient les organes de la fructification des végétaux. Nous avons observé ailleurs, que les étamines & le pistil sont les organes reconnus essentiels à cet égard. Beaucoup de fleurs ont outre cela, un ou plusieurs calices, des pétales, des nectarium ; parties sans lesquelles le fruit ne laisse pas de se former & se perfectionner dans les fleurs qui en sont dépourvues.

On a regardé ces parties secondaires ou auxiliaires, comme étant si dépendantes du caractere des fleurs, que l'on a même donné le nom de *Fleurs*, ou au moins celui de *Fausses Fleurs*, à certaines productions qui manquant des parties que nous disons être essentielles, ne peuvent qu'être *stériles* : c'est ce qu'on nomme en Latin *Flos sterilis*, Flos *Eunuchus*, Flos *Neuter*. Quantité de fleurs doubles sont de ce genre : & c'est mal à propos que nombre de Cultivateurs appellent *Fausses Fleurs* les fleurs mâles des Cucurbitacées, & d'autres plantes dont les organes mâles sont séparés des organes femelles, soit sur le même individu, soit sur des individus différens. Ces fleurs qui ne sont que mâles paroissent stériles, à cause que les femelles seules portent les fruits : mais les mâles contribuent réellement à la fécondation des semences. Voyez la *Physique des Arbr.* Liv. III. Ch. III.

On oppose aux fleurs mâles, & réputées stériles, (en Latin *Flos Abortiens*), les fleurs *fécondes*, ou *nouées* ; qui sont suivies de fruit : *voyez* DÉFLEURIR. Les unes sont femelles, & ne contiennent que le pistil pour organe essentiel de la fructification : les autres sont pourvues de pistils & d'étamines ensemble ; & portent ordinairement le nom d'*Hermaphrodites*, auquel on pourroit substituer celui d'*Androgynes* (Voyez Tome I, p. 111). Ces fleurs où les organes des deux sexes se trouvent réunis, sont appellées fleurs *Complettes* ; & les autres, *Incomplettes*. Voyez la *Physique des Arbr.* T. I. pag. 230-1. On nomme encore fleurs *Complettes* celles qui ont calice, pétales, étamines ; & *Incomplettes* celles qui manquent soit de pétales soit de calice.

Une autre distinction des fleurs, parmi les Botanistes, est en fleurs *Simples*, & fleurs *Composées*. Les premieres sont pour ainsi dire isolées, & tiennent chacune à la plante indépendamment des autres fleurs qui même peuvent la toucher de fort près : comme sont celles des verbascum, des mauves, des plantes liliacées. Les fleurs *Composées* sont un assemblage de fleurs réunies dans un calice commun : de ce genre sont les fleurs à fleurons, à demi-fleurons, & radiées. [On a imprimé à Leyde en 1761 un ouvrage *in*-4°. de M. Jean Le Francq van Berkhey, intitulé *Expositio characteristica structuræ florum qui dicuntur Compositi* : avec figures.]

Les Fleuristes nomment *Fleurs Simples* celles qui n'ont qu'un rang de pétales ; fleurs *Semi-Doubles*, celles qui en ont plusieurs rangs ; & fleurs *Doubles* (en Latin *Flos Plenus*), celles dont le disque est tout rempli de pétales.

Il y a des fleurs clair-semées sur les branches (*Voyez* DISSEMINATUS). D'autres sont placées sans ordre dans les aisselles des branches ou des feuilles : on les nomme en Latin *Flores Sparsi.* Celles qui sont rassemblées par bouquets sont appellées en Latin *Fasciculati* (voyez BOTTE) ; & *Conferti* ou *Conglomerati* celles qui sont conglobées, entassées, ou ramassées les unes sur les autres par pelotons. *Voyez* aussi CONGREGATUS. CONNATUM. FASTIGIATI. Quand elles forment des anneaux qui entourent la tige ou les branches, leur dénomination Françoise est *Fleurs Verticillées.* Sont-elles attachées à des queues branchues, comme les grains sur une grappe de raisin, on dit alors qu'elles sont *en Grappe* : mais qu'elles sont *en Epi*, quand elles forment des bouquets pyramidaux, assez longs, & nullement ramifiés. Ces épis sont quelquefois un assemblage de verticilles ou anneaux, les uns assez près des autres. Quelques fleurs en épi sont contournées comme une crosse : c'est ce qu'exprime le nom Latin *Convoluti.* Il y a des bouquets & des grappes qui se soutiennent fermes : d'autres sont pendants. On a spécialement affecté le terme de *Paquets* (en Latin *Locustæ*), à ces petits tas de fleurs qui naissent sur les épis des plantes graminées ; & le Latin *Corymbus* aux fleurs réunies en bouquets sur un disque commun. (*Voyez* CORYMBIFERES.)

Les branches sont encore terminées par des fleurs *en Ombelle*, ou parasol. Il y a de vraies & de fausses ombelles. Le caractere de l'ombelle *Vraie* est, 1°. que le bouton sert de centre commun, d'où partent des branches nues & rayonnées qui s'évasent comme les branches d'un parasol ; formant quelquefois un plan, & d'autres fois un hémisphere plus ou moins arrondi ou allongé. L'extrêmité de ces rayons principaux en produit d'autres petits, disposés de même, & qui seuls portent les fleurs : c'est ce que M. Linnæus nomme *Umbellula*, & *Umbella partialis.* L'assemblage des rayons principaux est *Umbella Universalis.* On dit *Umbella simplex*, quand il n'y a qu'un ordre de rayons, au lieu des deux ordres que l'on remarque dans le plus grand nombre des vraies ombelles : telle est l'ombelle du Gin-Seng. Les caracteres essentiels de l'ombelle vraie, consistent, 2°. à avoir cinq étamines, un style fourchu, quatre ou cinq pétales disposés en rose & qui représentent souvent une fleur-de-lys de l'écusson de France. 3°. Lorsque la fleur est passée, le calice devient un fruit qui d'abord semble être unique, mais qui se divise en plusieurs graines ; chacune desquelles a un pédicule propre. Nous avons parlé, sous le nom de CYMA, des *Fausses Ombelles* : qui, au lieu de rayons, ont des grappes rameuses, lesquelles se distribuant assez régulierement en rond, présentent la forme de parasol ; mais ne réunissent point les caracteres essentiels des ombelles proprement dites.

La queue qui sert de support aux fleurs est nommée, *Péduncule* ; pour la distinguer des *Pédicules* dont le terme est laissé aux queues des feuilles. Suivant qu'un péduncule est chargé d'une ou plusieurs fleurs, on le qualifie en Latin de *Uniflorus*, *Biflorus*, *Triflorus*, . . . *Multiflorus*.

Nous parlons ailleurs, des différentes parties qui composent les fleurs; voyez CALICE. PÉTALE. ETAMINE. PISTIL. NECTAR. FLEURON.

On qualifie de *Nues* les fleurs qui n'ont point de calice.

Les fleurs, avant de se développer, se présentent sous une forme solide, que l'on est convenu de nommer *Bouton*, quoiqu'elle varie suivant chaque genre de plantes. M. Duhamel a fait l'analyse de cet état primordial de la fleur: c'est un détail curieux, qui occupe plusieurs pages de sa *Physique des Arbres*, L. III. Ch. I. Art. 1 & 7.

Les pétales, les étamines, les styles, & souvent les calices, se dessechent & tombent. Les embryons sont la seule partie qui reste: & quand les fruits sont *noués*, comme disent les Jardiniers, on voit ces embryons acquérir de la grosseur, prendre la forme que les fruits doivent avoir, & parvenir par degrés à l'état de maturité qui est le terme de leur existence. Consultez la *Physiq. des Arbr.* Liv. III. Ch. II. Art. 1.

Il y a des fleurs qui s'ouvrent chaque matin, & se referment le soir: telles sont celles des Convolvulus, de l'espece de Campanule dite *Viola Pentagonia*. Quelques plantes Malvacées, & autres, n'ouvrent leurs fleurs que vers les onze heures du matin. D'autres ne s'épanouissent pour l'ordinaire que quand la fraîcheur du soir commence à se faire sentir: la Belle de Nuit, le Cierge rampant, le *Geranium Triste*, une espece de Jasminoides. Voyez la *Physiq. des Arb.* T. II. p. 168. L'explication de ces Phénomenes & de ce qui concerne les odeurs, peut recevoir quelque lumiere des pages suivantes; où M. Duhamel traite des mouvemens spontanés que l'on observe dans les plantes.

La couleur des fleurs est le spectacle qui nous flate davantage. Leurs différentes parties étant ordinairement colorées dans l'intérieur des boutons, la lumiere semble moins nécessaire à la production de ces couleurs qu'à celle de la couleur des feuilles. On observe néanmoins presque toujours qu'une fleur qui s'épanouit à l'ombre est plus pâle que celle qui jouit du soleil.

Culture des Fleurs.

Les Jardiniers restraignent le nom de fleurs aux plantes qu'ils regardent comme méritant principalement qu'on les cultive à cause de leur beauté ou singularité, qui servent d'ornement & de décoration aux jardins.

On peut distinguer deux sortes de fleurs: dont les unes viennent de racines; & les autres, d'oignons. Toutes peuvent se multiplier par caieux, boutures, ou marcottes. On peut consulter ce qu'on en dit sur chaque fleur en particulier. Il feroit trop long de faire venir toutes les fleurs par le moyen de leurs graines: on réussit plus promptement par les autres moyens que nous venons de proposer. Cependant il y en a qu'il est nécessaire d'élever de graines.

De toutes les graines qui passent l'hiver, il y en a qu'on peut semer sur couches pour être replantées; les autres ne se replantent que difficilement, ou point du tout.

Celles qui passent l'hiver, peuvent être encore semées au printems; pourvû que l'on s'y prenne de bonne heure: si les sécheresses les surprennent, elles ne levent point cette année-là; ou ne profitent pas, & sont toujours fort petites.

Pour les semer en automne, il faut sur la fin du mois d'Août, ou au commencement de Septembre, faire une couche de terre bien menue passée au tamis s'il se peut, sans fumier; puis y semer par rayons les fleurs que vous voudrez replanter: le plus tôt c'est le mieux, afin qu'elles soient promptement en état, parce que quand on les replante trop tard, & qu'elles ne peuvent prendre racine avant l'hiver, les gelées les poussent hors de terre, & les font périr.

En semant cette couche, si vous n'êtes pas bien sûr de distinguer les plantes si-tôt qu'elles sortiront de terre, il faut vous faire une mémoire locale; en mettant sur chaque ligne où vous aurez semé, une ardoise avec le nom de la plante; ou autrement, comme vous le jugerez à propos.

Lorsque les graines seront semées, & couvertes d'un bon doigt de terre, il faudra battre légerement dessus: cela sert beaucoup à faire germer jusques aux plus petites graines. Pour hâter leur germination, vous pourrez les couvrir de paille longue, de l'épaisseur d'un doigt; les arroser avec de l'eau échauffée par le soleil, à midi & le soir; & vingt-quatre heures après, les découvrir à l'entrée de la nuit: en peu de tems elles sortiront toutes. Pendant que ce qui est germé sera encore petit, il faudra l'arroser tous les soirs, de deux jours l'un; mais fort légerement, de crainte de déraciner les jeunes plantes.

Il sera bon aussi, quand il fera bien chaud, de les abriter du soleil; qui ne leur est utile que le matin. Mais les fleurs du printems ne craignent point trop le soleil: au contraire il faut les planter à l'abri d'une muraille qui regarde le midi. Quand on a semé de bonne heure, il faut couvrir la couche pour les nuits où on a lieu de craindre la gelée. Il y a des Cultivateurs qui, pour éviter cet inconvénient, aiment mieux semer un peu tard.

Suivant nombre d'Auteurs de Jardinage, il faut semer un jour avant la pleine lune, & lorsque le vent est de midi: deux circonstances qui, dit-on, » ouvrent les pores de la terre, & donnent de la » force aux semences. C'est pourquoi, si dans le » tems où on voudroit semer, le vent n'est pas de » midi, ou que l'air se refroidisse, il faut attendre » jusqu'à la pleine lune suivante. «

D'autres veulent que la meilleure saison de semer, soit au mois de Mars, & en Septembre, toujours » à la fin de la lune; conformément au proverbe, qui dit:

Dans la nouvelle lune, il faut cueillir des fleurs;
Les semer au décours: & par cette observance,
On leur procure l'excellence,
Et la vivacité des brillantes couleurs.

Beaucoup d'habiles Cultivateurs ne s'assujettissent point aux phases de la lune; & tournant toute leur attention vers le choix des graines & de la terre, & vers les autres bonnes manieres de gouverner les plantes, se félicitent de leurs succès.

Nous ne voyons pas d'inconvénient à suivre la pratique de fendre un peu les graines qui ont de la peine à lever; afin d'en faciliter la germination.

Pour connoître les bonnes graines, il faut les mettre dans l'eau: celles qui vont au fond, sont les meilleures.

On prétend que » pour les empêcher d'être atta- » quées par les insectes, il faut les mettre tremper » dans une infusion de suc de joubarbe; qui sert en- » core à les faire venir plus belles. « Après cette infusion, on les seme dans de bonne terre légere, & passée par un crible fin, préparée pour cet effet dans des pots, ou dans des bacquets. Ces graines ainsi semées, doivent être recouvertes d'un doigt de terre, s'il doit en provenir de grandes plantes; ou d'un demi-doigt, ou moins, si les plantes sont petites. On les met au soleil, pendant deux ou trois heures, quand il se couche; & tous les jours on les arrose doucement au travers d'un balai.

Quand elles sont levées, on les laisse tout le jour au soleil, & on les mouille de la maniere que je viens de dire, sans y manquer tous les soirs; à proportion qu'elles s'élevent au dessus de terre, elles enfoncent leurs racines.

Les graines des plantes à oignons doivent n'être que médiocrement arrosées; il suffit de les entretenir humides: trop d'eau les feroit pourrir.

Pour avoir des fleurs hâtives, il faut faire une couche de bon fumier chaud, & mettre par-dessus un demi-pied de vieux terreau bien pourri. Au bout de huit à dix jours que votre couche sera faite, lorsque sa plus grande chaleur sera passée, vous semerez toutes vos graines, chaque sorte dans son rayon, à quatre doigts l'une de l'autre. Aussitôt qu'elles seront semées, & couvertes de deux doigts de terreau, arrosez la couche avec un petit arrosoir. Mouillez-la tous les jours s'il fait sec. Si les graines se découvrent, il faut les recouvrir avec un peu de terreau. Il ne faut pas manquer aussi de les couvrir tous les soirs avec des paillassons; de crainte des gelées blanches; qui nuisent aux graines, comme les autres gelées. Vous prendrez garde que les couvertures ne posent ni sur la couche ni sur les graines; qu'elles soient élevées en dos d'âne sur des cerceaux; & que tout le dessous soit bien bouché, de sorte que la gelée n'y entre point. Vous découvrirez tous les jours quand le soleil sera sur la couche, & recouvrirez quand il sera retiré. S'il ne geloit point, vous les pourriez laisser à l'air; mais prenez-y garde, car il ne faut que deux gelées pour tout perdre.

Quand les plantes seront de la hauteur que vous jugerez à propos pour les replanter, mettez-les dans de bonne terre bien labourée. Donnez-leur de l'eau sitôt qu'elles seront replantées: & continuez de les mouiller tant que la terre sera séche & qu'il ne pleuvra point.

Quoiqu'il soit nécessaire de nettoyer exactement entre les plantes, pour qu'aucune herbe ne croisse à leur préjudice; n'arrachez cependant rien jusqu'à ce que ces jeunes plantes soient assez caractérisées pour les bien discerner de toute autre.

Observations.

I. Il y a des plantes qui fournissent des cayeux, & qu'on peut multiplier par leur moyen: de ce nombre sont les tulipes, narcisses, anémones, renoncules, & autres plantes bulbeuses. D'autres plantes, telles que les œillets, se multiplient par des marcottes. Les oreilles d'ours sont du nombre des plantes qui donnent des drageons enracinés, qui servent à les multiplier. Pour ce qui est des giroflées jaunes; on peut les multiplier de boutures.

Toutes ces manieres de multiplier les plantes, sont des moyens très-assurés pour les empêcher de dégénérer, & pour conserver les belles especes de tulipes panachées, d'anémones doubles, de renoncules doubles, d'oreilles d'ours panachées, de juliennes doubles panachées, & de plusieurs autres.

Les fleurs qui proviennent de graines, se font longtems attendre; elles sont fort incertaines, ordinairement simples; leur couleur dépend d'un pur hazard; enfin elles demandent trop de soins, & souvent ne tiennent rien de leur origine. Cependant il est à propos d'en avoir, pour relever la beauté des doubles & de celles que les Curieux estiment le plus: il faut aussi élever des plantes de cette façon, pour se procurer de nouvelles especes.

II. Toutes les fois qu'on plante des oignons, des racines, ou des plantes venues de graine, il faut toujours immédiatement auparavant bien remuer & retourner la terre. Si même elle étoit endurcie pour n'avoir pas été remuée depuis longtems; il faudroit la briser & pulvériser. Cela est si nécessaire, qu'une plante, mise dans une terre qui paroissoit ingrate auparavant, profitera davantage que dans une autre naturellement meilleure, mais qui n'aura pas été remuée.

III. Les plantes de graine, & encore plus celles qui se multiplient par bouture ou par marcottes, demandent de l'eau jusqu'à ce qu'elles aient pris racine: & dans le commencement des grandes chaleurs, outre l'arrosement, il faut encore les couvrir d'une tuile, d'un ais, ou de quelque autre chose, pour leur cacher le soleil.

IV. Quand elles ont bien repris, & un peu poussé, il faut remuer la terre à l'entour; parce que bien souvent elle s'endurcit par l'arrosement.

V. En replantant, il faut presser médiocrement la terre autour des plantes: sinon elle gele pendant l'hiver, ce qui fait que les plantes sortent dehors; & elles se séchent durant l'été.

VI. Il est bon de placer ses fleurs dans deux endroits différens: l'un plus exposé au soleil, plus chaud; l'autre plus humide, plus ombragé, & ainsi plus tardif, en sorte qu'y mettant des fleurs à oignon, quoiqu'elles n'y portent pas si bien que dans l'autre, on en jouit cependant plus longtems. On doit y mettre les moins belles fleurs.

VII. Il faut avoir une place de réserve, dans le lieu le plus humide & le plus ombragé, pour y planter durant tout l'été, les brins de violiers doubles, d'œillets, de marguerites d'Espagne, *&c*; que souvent l'on trouve propres à replanter en ces tems, où la chaleur les feroit périr ailleurs. Il faut les planter à un doigt l'un de l'autre; parce qu'après qu'ils ont pris racine, on les leve avec une houlette ou autre instrument, pour les remettre en automne où l'on juge à propos.

VIII. Quand on replante des boutures ou des marcottes; quoique ce soit dans une terre bien préparée, douce, légere, & fraîche; ce n'est qu'après qu'elles ont un peu repris, qu'on les met peu-à-peu au soleil, particuliérement en automne. Il faut aussi prendre garde à ne pas trop les arroser, ni les laisser trop sécher: la grande quantité d'eau les fait pourrir; & la sécheresse les anéantit.

IX. Il ne faut pas attendre à tirer les oignons de terre, que la feuille soit tout-à-fait passée; surtout quand le jardin est petit: parce que les levant de bonne heure, on peut mettre en leur place des thlaspi, des amaranthes, des basilics, ou autres plantes qui meurent avant l'hiver. Lorsqu'il sera tems de replanter les oignons, elles auront déja porté leurs fleurs & seront arrachées pour rendre aux oignons la place qu'elles auront occupé pendant trois ou quatre mois.

X. Sur la fin du mois d'Août, quand il fait une pluie un peu abondante, il faut bien se donner garde de toucher aux oignons, qui n'auront pas été replantés: parce qu'ils commencent alors à faire des cayeux; & si peu qu'on les remue, on les empêche de former ces productions la même année, ou eux-mêmes diminuent de grosseur, ou pourrissent. Néanmoins, si l'on y est contraint, il faut les déplanter au plus tôt.

XI. Lorsque vous tenez dans des pots ou caisses, des plantes d'œillets, de giroflée, marjolaine, ou autres; il faut souvent leur donner de l'eau; fort peu de soleil, & seulement le matin, autrement elles sécheront: il vaudroit toujours mieux mettre les pots en terre; les plantes y conservent davantage leur fraîcheur. Au reste, il est constant que malgré tous les soins que l'on y peut apporter, les plantes

ne viennent jamais si bien dans des pots, qu'en pleine terre médiocrement bonne.

XII. Quand on a une terre maigre ou tardive, il faut faire un amas de fumier bien pourri, le conserver dans un creux ou fosse près du jardin; & quand il est presque réduit en terrau, en mettre l'épaisseur du doigt, dans les pots ou caisses; & le mêler avec la terre.

XIII. Pendant l'été il faut avoir un tonneau, où l'eau dont on veut se servir pour arroser, se repose & s'échauffe, pour une partie des plantes, comme le basilic, l'amaranthe, le tricolor: & si l'on a des endroits particuliers pour mettre des fleurs au printems; il est bon d'y disposer le fumier dès le commencement de l'hiver ou à la fin de l'automne. Quand il sera tems de planter & de semer, on trouvera le fumier mêlé & réduit en terreau, qui leur sera bien plus utile, que si on l'y mettoit à l'heure même.

XIV. M. Linnæus fit mettre, en automne, dans une serre très-chaude quelques plantes du Cap de Bonne Espérance qui n'avoient point donné de fleurs; le degré de chaleur y étoit de soixante-six à soixante-dix. A peine y furent-elles, qu'elles pousserent prodigieusement; leurs jets devinrent trois fois plus hauts & deux fois plus gros, que de coutume. Mais elles ne porterent pas de fleurs: & au bout d'un mois & demi leurs feuilles tomberent successivement, & les jets se fanerent. On eut beaucoup de peine à les empêcher de périr. (*Journal Œconomique*, Oct. 1751.)

XV. Ce Sçavant Naturaliste observe que ce n'est pas assez de donner à une plante la chaleur nécessaire; qu'il faut encore faire attention au tems où elle doit fleurir relativement à son climat originaire. Il est donc à propos de considérer que l'hiver de certains pays concourt avec l'été dans d'autres endroits du monde. L'*Hæmanthus Africanus*, soit qu'il reste en terre toute l'année, soit qu'on le plante au printems ou en automne; ne fleurit jamais plus tôt ni plus tard en Suede que vers Noël, qui est le plus beau tems de l'été au Cap de Bonne Espérance. On a remarqué que cette plante, quoique transportée si loin de son pays natal depuis plus d'un siecle, n'a pas changé à cet égard. On peut observer la même chose dans la plupart des plantes qui sont venues du Cap. Toutes semblent (dit-il) donner à connoître que leur croissance demande quelque chose de plus que de la chaleur & de l'eau.

XVI. Ainsi en voulant cultiver des plantes étrangeres, on doit faire attention au climat, au terroir, à l'eau, à l'air, & au degré de chaleur, qu'elles demandent pour réussir.

XVII. Pour planter régulièrement, on doit auparavant tirer sur une carte le dessein & le plan de son jardin; & à proportion qu'on plante les oignons ou les racines dans les planches de son parterre, on les marque de même maniere dans celles qui sont figurées sur la carte; pour pouvoir ensuite connoître la qualité des fleurs qu'on a mises dans chaque planche.

XVIII. On creuse la terre à la profondeur d'un pied ou environ, & on la jette dans le sentier, ou dans l'endroit le plus commode. Puis on remue légérement avec une petite bêche ce qui demeure au fond; ensorte qu'on n'ébranle pas les bordures.

Cela fait, on crible de la terre au-dessus de la planche, jusqu'à ce qu'elle soit revenue à sa hauteur: & l'ayant bien unie avec un rouable, ou le dos du rateau, on y place les oignons ou racines dans des distances proportionnées.

Pour les bien arranger, il faut tendre un cordeau, & tracer des rayons avec un piquet, en suivant le cordeau. On met les oignons à quatre doigts en terre, plus ou moins éloignés les uns des autres selon leur grosseur ou petitesse. On les recouvre de la même terre; que l'on presse: puis on remplit avec de la terre criblée, mais qui soit maigre & légere.

Autour des bordures, on peut mettre des anémones, ou des tulipes. Mais il faut bien se donner de garde d'y mettre des renoncules; parce qu'elles tracent, & ainsi nuisent aux plantes voisines.

Ayant achevé de planter, il faut bien nettoyer les sentiers avec un balai de jonc; qui est plus propre que les autres, dont la rudesse marque sur la terre: * P. 364 du Traité mis à la suite des *Instructions* de M. De la Quintinye. Il faut, autant que l'on peut, tâcher que la beauté des fleurs soit accompagnée de propreté, & même d'une sorte d'élégance.

XIX. On peut planter les oignons des fleurs depuis le commencement de Septembre jusqu'à la fin d'Avril. Plus la terre sera meuble, mieux ils viendront. Soit en pots soit en planches, il faut toujours la même terre: prendre un quart de bonne terre neuve, un quart de vieux terreau, & un quart de bonne terre de jardin; passer bien le tout à la claie; & en répandre un bon pied sur les planches, ou bien en emplir les pots.

Plantez vos oignons à la profondeur d'un demi-pied; que vos pots soient creux & grands: mettez-les en pleine terre jusqu'au bord; & ne les en retirez point que les plantes ne soient prêtes à fleurir. S'il ne gele pas & que la terre soit séche, donnez-leur un peu d'eau. S'il gele bien fort, vous mettrez quatre doigts de bon terreau sur vos planches, & les couvrirez. Vous mettrez des cerceaux dessus pour soutenir les paillassons; & découvrirez quand le soleil y donnera, puis recouvrirez quand il en sera dehors. S'il fait sec au printems, ne manquez point d'arroser toutes vos plantes.

La passion des Fleuristes se borne souvent aux tulipes, aux anémones, renoncules, oreilles d'ours, & œillets: ils n'estiment presque pas les autres fleurs, quoiqu'elles n'aient pas de moins belles couleurs, & qu'elles ne leur cédent en rien pour l'odeur, la durée, ou l'agrément. Ils se donnent des soins extraordinaires pour leur culture; qui peut être beaucoup plus simple, & avoir d'aussi bons effets.

XX. On ne doit pas oublier de visiter ses fleurs tous les matins, vers le tems où la rosée tombe; soit pour ôter les toiles d'araignées, qui en gâtent le coloris, soit pour détruire les insectes qui les rongent, comme punaises, limaces, perce-oreilles.

XXI. Une maxime importante, est que quand les plantes ne font que de naître, & lorsqu'elles sont encore petites, elles demandent moins d'eau que quand elles deviennent grandes.

XXII. Les oignons qui viennent de graine, ne se transplantent qu'après deux années: alors on les met dans une terre neuve & légere, pour avoir des fleurs à la troisieme année.

XXIII. Il faut mettre dans les planches les petits oignons que l'on repique à un doigt au moins en terre, & proche les uns des autres: les gros doivent être enfoncés plus avant, & plus éloignés.

XXIV. On transplante les fleurs au printems & en automne. Dans la premiere saison, ce doit être au mois de Mars; & dans la derniere, en Septembre.

XXV. *Pour conserver les Fleurs pendant l'été, & surtout durant l'hiver;* il faut avoir soin de les garantir du froid, en les mettant à couvert dans quelque endroit qui soit pourtant aéré: & en été, les défendre de la chaleur, en les retirant dans un endroit où le soleil ne soit pas trop ardent.

Pendant l'hiver les plantes ne demandent pas d'être humectées

humectées d'une grande quantité d'eau ; mais pour lors il suffit de les arroser médiocrement deux ou trois heures après que le soleil est levé, & jamais le soir. Quand on les arrose dans cette saison, il faut prendre garde de les mouiller ; mais mettre seulement de l'eau tout à l'entour ; au contraire, dans l'été, on les arrose le soir après le soleil couché ; & il peut être dangereux de les arroser le matin, parce que la chaleur du jour échaufferoit l'eau, qui ensuite rendroit la terre brûlante, & dès-là les plantes tomberoient dans une langueur qui les feroit se flétrir & sécher.

XXVI. On laisse à chaque plante une fleur, ou deux tout au plus : c'est-à-dire de celles qui sont plus vigoureuses, & qui ont été des premieres à s'épanouir : à la réserve desquelles on coupe toutes les autres.

La *Graine* de ces fleurs réservées étant mûre, on la recueille soigneusement ; & on la garde pour la semer en automne.

Il faut pourtant excepter de cette régle les graines des giroflées & des anémones ; qu'il faut semer aussitôt qu'on les a cueillies.

Le P. Ferrari Jésuite suggere plusieurs moyens *pour faire des prodiges dans la culture des Fleurs.* Entr'autres il cite (*Flora*, L. IV. C. III.) un discours prononcé à Rome par Capranica : où il est dit que si on applique aux plantes les secours qu'on peut tirer de la Chymie, l'art forcera la nature à se surpasser elle-même : tout dépend de savoir mêler dans les sucs de la terre le sang des animaux ; pourvû que ce ne soit pas du sang de bouc, parce qu'ayant trop de sécheresse, il est moins propre à la végétation. » Si, avec le sang on mêle des cendres de vé» gétaux, les plantes produiront beaucoup. Le fu» mier contribue à avancer & colorer les fleurs. Le » sang, les cendres, & le fumier, ayant macéré » dans de l'eau de vigne que l'on distille ensuite ; il » en résulte une liqueur dont les effets sont surpre» nans.

» Il faut néanmoins se donner de garde que ces » matieres brûlantes ne touchent aux racines des » plantes. On les couvrira d'un peu de terre, sur » laquelle on répandra soit les matieres, soit la li» queur. « Ferrari conseille de se servir du Thermometre pour connoître le degré de chaleur de ces préparations, afin de ne pas les employer indiscretement.

Il ajoûte que les plantes deviennent hâtives & très-belles si on mêle avec la terre, des cendres d'autres plantes du même genre ; ou si on y répand de l'eau échauffée au soleil & mélangée de fiente de pigeon. Mais il avertit que cette fiente augmente la disposition que les plantes bulbeuses ont naturellement à se pourrir.

Pour avancer les Fleurs.

Les fleurs qui ne viennent qu'au printems & en été, paroîtront dès l'hiver, si on les excite doucement par des alimens gras, chauds & subtils ; tels que sont le marc de raisins, le marc d'olives, le fumier de cheval. Ferrari, qui indique ceci d'après Cardan, veut que le marc de raisins soit nettoyé des membranes qui revêtissoient les grains, & qu'on ôte les noyaux du marc d'olives.

Les eaux de basse-cours contribuent infiniment à hâter les plantes.

Si dès le commencement d'Octobre vous coupez les productions trop avancées des giroflées, œillets, violettes, *&c ;* & que vous les ensevelissiez avec des matieres grasses & salines au pied de la plante même ; vous aurez quatre mois plus tôt leurs fleurs : selon Ferrari, L. IV. C. IV.

Si on greffe sur un amandier un bouton de rose, on est assuré d'avoir de très-belles roses, souvent même lorsque la terre sera encore couverte de neige & de frimats. Démocrite dit que si durant les grandes chaleurs de l'été vous arrosez deux fois par jour le rosier, que vous destinez à vous donner ce plaisir, il fleurira dès le mois de Janvier (Ferr. L. IV. C. IV.) ; mais il paroît que, quand les grands froids viennent, il faut le retirer dans une serre.

Pour donner des Couleurs extraordinaires aux Fleurs.

L'intérêt & la curiosité ont inventé plusieurs moyens de panacher & chamarrer de diverses couleurs les fleurs des jardins ; comme de faire des roses vertes, jaunes, bleues, & même en bien peu de tems donner deux ou trois coloris à un œillet, outre sa teinte naturelle.

1°. On expose au soleil une terre bien substantieuse, jusqu'à ce qu'elle se réduise en poussiere très-fine. On l'arrose ensuite l'espace de quinze ou vingt jours, avec une eau rouge, jaune, ou d'autre teinture ; & on y seme la graine d'une fleur qui devroit avoir une couleur toute opposée.

2. Quelques-uns sement ou greffent des œillets dans le cœur d'une ancienne racine de chicorée sauvage ; la relient étroitement ; & l'environnent tout à l'entour de fumier bien pourri. On a (dit-on) eu ainsi des œillets bleus, aussi beaux que rares.

3. D'autres ont enfermé dans une canne bien menue, trois ou quatre graines de fleurs d'un même genre, mais de couleurs dissemblables, & les ont recouvert soigneusement de terre & de bon fumier. Il en est venu des fleurs très-variées.

4. Greffant sur une tige divers écussons d'œillets différens ; chacun porte des fleurs de la couleur qui lui est propre : ce qui forme un spectacle très-varié, sur une même plante.

A l'égard des plantes qui ont la tige & les branches fortes, on les perce jusqu'à la moëlle : on insinue dans cette ouverture les couleurs que l'on veut donner aux fleurs ; puis on couvre le tout avec du fumier de vache, ou avec de l'argille : les fleurs ont autant de couleurs différentes que l'on y en a mis de la sorte.

Il faut remarquer que la vertu ou impression de ces couleurs postiches, ne s'étend pas au-de-là de l'année ; & que la plante quitte ses couleurs étrangeres, pour donner aux fleurs celles qui leur sont naturelles.

Il y en a qui disent qu'il est bon d'arroser la terre au pied de la plante, avec les mêmes couleurs que l'on a insérées dans la tige. La lacque, les sucs ou liqueurs où s'est transmise la couleur des plantes, peuvent servir à communiquer des couleurs aux fleurs.

Pour le noir on peut, dit-on, prendre des fruits d'aune bien desséchés, & les mettre en poudre impalpable : pour le verd, se servir de suc de rue ; & pour le bleu, on prend les fleurs de bleuets qui croissent dans les bleds, on les fait sécher & on les réduit pareillement en poudre bien fine. On prend la poudre ou le suc dont on veut donner la couleur à une plante ; on la mêle avec trois fois autant de fumier de mouton, où l'on a mis du vinaigre, & un peu de sel : on fait du tout une espece de pâte ; que l'on met dans un creux de bonne terre ; & après avoir froissé la racine de la plante, on l'introduit dans cette masse ; qu'ensuite on arrose & cultive à l'ordinaire. L'effet est surtout sensible dans des plantes qui fleuriroient blanc. Il faut que la pluie ni la rosée ne tombent pas sur cette plante. Durant le jour on doit l'exposer au soleil.

Si on veut que la fleur blanche devienne purpurine, on fait une forte décoction de bois de Bresil, pour en arroser soir & matin. En arrosant la plante, avec trois ou quatre couleurs, dans autant de différens endroits, on auroit des lys très-singuliers.

Consultez Ferrari, L. IV. c. V.

Des Curieux mettent macérer les oignons de tulipes, *&c.* dans des liqueurs préparées ; dont ils prennent la teinture. Quelques-uns découpent un peu les oignons, & insinuent des couleurs séches dans les petites hachures.

[Voilà de quoi exercer les Curieux. Mais nous n'avons garde de leur promettre des succès.]

M. Bonnet (*Recherches sur l'usage des feuilles dans les Plantes*) rapporte qu'ayant plongé une plante avec sa racine dans une teinture noire, cette couleur pénétra jusques dans le cœur de cette racine qui étoit ligneuse, & de-là dans toute la tige aussi ligneuse, enfin dans les feuilles & plus sensiblement dans leurs nerfs. Ayant mis une racine dans de la teinture rouge, & l'ayant ensuite percée en plusieurs endroits avec une aiguille, la couleur sortit par ces ouvertures : ce qui arriva même lorsque des plantes ainsi pénétrées furent dans un endroit humide & bien fermé, où par conséquent elles eussent dû blanchir, ainsi qu'on le voit ordinairement.

Pour Conserver toutes sortes de Fleurs.

1. Prenez un pot : emplissez-le de moitié eau, moitié verjus ; & mettez-y autant de sel qu'il en faut pour saler un potage. Cueillez vos fleurs en boutons ; mettez-les dans cette liqueur prêts à s'ouvrir ; couvrez le pot, & mettez-le à la cave. Lorsque vous prendrez une fleur, que ce soit par la queue ; secouez-la un peu ; & présentez-la tant soit peu au feu, pour faire revenir la couleur.

2. Plusieurs fleurs, & les jaunes sur-tout, se conservent assez bien dans de l'esprit de vin affoibli avec de l'eau, & un peu de sucre.

3. Tamisez du sable ; lavez-le jusqu'à ce qu'il ne salisse plus l'eau ; faites-le bien sécher ensuite. Prenez un vaisseau de terre, ou de fer blanc. Cueillez la fleur dans son état de perfection, & très-séche : attachez-la droite au-dedans du vase, ensorte qu'elle ne le touche d'aucun côté ; &, avec l'autre main, répandez-y le sable peu-à-peu. Quand tout le péduncule sera enseveli dans le sable, écartez un peu les pétales, & y distribuez légérement du sable très-fin. Si même vous pouvez retrancher le pistil, les pétales seront moins exposés à se détacher. Le vaisseau rempli de la sorte doit rester un ou deux mois au soleil, ou à une autre chaleur, ensorte qu'il soit garanti de la pluie. Après quoi vous tirerez du sable la fleur aussi fraîche que quand vous l'y avez mise ; mais privée d'odeur.

Consultez Ferrari *Flora*. L. IV. c. II. & le *Journal Œconomique*, Août 1752, p. 21, *&c.*

Fleurs qui viennent au printems, & servent d'ornement aux jardins dans les mois de Mars, Avril, & Mai.

OIGNONS, PATTES, ET GRIFFES.

Tulipes hâtives, de toutes sortes.
Anémones, simples & doubles, à peluche.
Renoncules de Tripoli.
Jonquilles, simples & doubles.
Jacintes, de toutes sortes.
Bassinets, & Boutons d'or.
Iris.
Narcisses.
Couronne Impériale.
Cyclamens de printems.
Perce neige.
Fumeterre bulbeuse.
Fritillaire.
Crocus printaniers.

Plantes & Racines.

Aconit d'hiver.
Ellebore noir.
Hépatiques.
Petite Chélidoine.
Méséréon.
Chévrefeuil.
Renoncules.
Blattaire.
Souci d'eau, doubles.
Oreilles d'ours.
Giroflées.
Violettes de Mars.
Muguet.
Marguerites ou Pâquerettes.
Primeveres.
Pensées.

Fleurs qui viennent en été, & qui servent d'ornement aux jardins, dans les mois de Juin, Juillet, & Août.

OIGNONS ET PATTES.

Renoncules.
Tulipes tardives.
Lys blancs.
Lys orangers, ou Lys flammes.
Tubéreuses.
Hémérocales, ou Fleurs d'un jour.
Pivoines.
Martagons.
Cyclamens d'été.

Plantes & Racines.

Grenadier.
Jasmin.
Oranger.
Balsamines.
Reine, Marguerites.
Ptarmica.
Belladona.
Bletes.
Bouillon blanc.
Baguenaudier.
Rosier.
Souci.
Rose, & Œillet, d'Inde.
Stramonium.
Polemonium.
Pervenche.
Convolvulus.
Géranium.
Tréfles.
Asters.
Valérianes.
Cyanus.
Aconit.
Ancolie.
Roses Trémieres.
Ketmia.
Amaranthoïdes.
Clochettes, ou Campanules.
Croix de Jerusalem ou de Malthe.
Bouillon Blanc.

Muffle de veau.
Jasminoïdes.
Œillets, de diverses especes.
Compagnons.
Giroflées.
Julienne simple.
Julienne double, ou Giroflée d'Angleterre.
Pied d'alouette.
Pavot double.
Coquelicot double.
Immortelle ou Elichrysum.
Basilics, simples & panachés.
Tricolors.

Fleurs qui servent d'ornement aux jardins dans les mois de Septembre, Octobre, & Novembre.

OIGNONS.

Crocus ou Safran Automnal.
Tubéreuse.
Cyclamens d'Automne.

Plantes & Racines.

Amomum.
Basilic.
Canne d'Inde.
Colchiques.
Eupatoires.
Campanules.
Giroflée jaune.
Laurier rose.
Souci double.
Amarantes, de toutes sortes.
Tricolors.
Œillets d'Inde.
Balsamine panachée.
Rose d'Inde.
Stramonium.
Geranium couronné.
Valérianes.
Thlaspi vivace.
Anthirrinum, ou Muffle de veau.
Ambrette.

Fleurs qui viennent en hiver, & qui servent d'ornement aux jardins, dans les mois de Décembre, Janvier, & Février.

OIGNONS.

Cyclamens d'hiver.
Iacinte d'hiver.
Anémones simples, hâtives.
Perceneige.
Narcisses simples.
Crocus printanier.

Plantes & Racines.

Aconit d'hiver.
Les Violiers jaunes, à grande fleur, sont quelquefois en état au mois de Février.
Hellébore.
Primeveres.
Hépatiques.

FLEUR D'UNE HEURE. *Voyez* ALTHEA-FRUTEX, *n.* 10.

FLEUR DU GRAND SEIGNEUR. *Voyez* AUBIFOIN, *n.* 1.

FLEUR D'ARGENT. *Voyez* CHRYSANTHEMUM, *n.* 2.

FLEUR D'OR. *Voyez* CHRYSANTHEMUM, *n.* 2.

FLEUR DE LA PASSION. *Voyez* GRENADILLE.

FLEUR FLEURDELISÉE. Les Botanistes emploient ce terme pour décrire la fleur de plusieurs plantes ombelliferes : laquelle est composée de cinq pétales inégaux, disposés à l'extrêmité du calice comme la fleur de lys de l'Ecusson de France. Il faut ne pas confondre ces fleurs avec les Liliacées, qui sont comme celles du Lys proprement dit.

FLEUR A FLEURONS; en Latin *Flos Flosculosus.* (Terme de Botanique). On nomme ainsi la fleur qui est composée d'un calice écailleux; où sont renfermés très-près les uns des autres en maniere de tête, beaucoup de fleurons, c'est-à-dire de pétales d'une seule piece, menus, réguliers, creux; dont la partie supérieure s'étend en diverses formes & le plus souvent en étoile. Chaque fleuron pose communément sur un embryon dont le stil sort au-dessus du fleuron. Telles sont les fleurs d'Absinthe, de Jacée, *&c.*

Manieres de faire les Essences de Fleurs.

Voyez sous le mot ESSENCE.

Glacer les Fleurs.

Consultez le mot GLACER.

FLEURISTE. On nomme ainsi celui qui s'applique à la culture de certaines plantes dont le principal mérite consiste dans la beauté de leurs fleurs. On dit *Jardin Fleuriste; Jardinier Fleuriste.*

FLEURON; en Latin *Flosculus :* terme de Botanique. Petite fleur partielle. *Voyez* FLEUR A FLEURONS. COROLLULA. CORONULA.

FLEURS : Accident qui fait tort au vin, sans en altérer essentiellement la qualité. *Voyez* l'article VIN.

FLEURS : *terme de Médecine*, relatif aux personnes du sexe. *Voyez* MOIS.

FLEURS BLANCHES : *Maladie des Femmes.* Ecoulement séreux, lymphatique, froid, visqueux, ordinairement blanchâtre; quelquefois verd, jaunâtre; ou même noirâtre : qui se fait par les organes de la conception. Cet écoulement est quelquefois continuel, rarement bien abondant; d'autres fois il a des intervalles soit irréguliers, soit périodiques. Souvent il précéde chaque évacuation ordinaire des menstrues, & subsiste quelque tems après elle. On voit cette humeur devenir âcre & corrosive, causer des ulceres dans le vagin, & exhaler une odeur infecte. Dans ces cas, la malade perd sa couleur, sent des douleurs à l'épine du dos, a un dégoût général, avec des lassitudes continuelles, & une tuméfaction des yeux & des pieds.

Consultez les articles MALADIE *Vénérienne.* GONORRHÉE.

Remedes pour les Fleurs Blanches.

1. Prenez racines d'aunée, d'impératoire, d'Angélique, & de *calamus aromaticus*, de chacune une once; marrube blanc, sauge, graine de genievre, une once & demie de chaque. Faites bouillir le tout dans six livres d'eau, & réduire à quatre. Sur la fin, mettez-y de la réglisse, pour rendre cette *tisane* agréable. Gardez la colature bien bouchée.

2. *Voyez* ÂGE, *n.* VII. BAUME *de vie très-précieux.* BISTORTE. FRAISIER. GONORRHÉE.

3. Prenez ce que vous voudrez de noix muscades;

un blanc d'œuf bien frais, quatre cuillerées d'eau de plantain, autant d'eau rose, & un peu de sucre. Mettez la muscade au milieu d'un pain bis, que vous ferez cuire au four : lorsqu'il sera cuit, vous le retirerez, & en ôterez la muscade ; battrez bien ensemble l'eau de plantain, l'eau rose, le sucre & le blanc d'œuf ; y raperez la moitié d'une muscade : mêlerez bien tout cela ensemble : & le donnerez à jeûn à la malade, six ou sept jours de suite.

4. L'hormin, pilé avec du beurre, est bon pour les fleurs blanches : on en frotte la région du nombril.

5. L'on y emploie le corail ; à titre d'astringent & absorbant.

6. Faites prendre à la malade tous les matins à jeûn, pendant quinze jours, le blanc d'un œuf frais, battu dans de l'eau rose ; ce remede est (dit-on) très-efficace.

7. Broyez & mêlez avec du beurre qui ne soit pas frais, les feuilles & les fleurs, ou les fleurs seules, de l'orvale (qu'on appelle communément Toute-bonne) : puis les ayant laissées fermenter pendant quelques jours, vous les ferez cuire, les passerez, & en frotterez la malade, depuis le nombril jusqu'à l'endroit par où se fait l'écoulement.

8. Buvez l'infusion des fleurs d'ortie blanche ; & de celles de romarin.

9. Hachez bien menu (disent quelques bonnes femmes) une feuille de papier blanc : & la faites prendre à la personne, dans du lait de vache chaud.

FLEURS : *terme de Chymie.* On entend par ce mot la vapeur qui s'éleve en forme de fumée ; & s'attache, en s'élevant, comme fait la suie.

Voyez BENJOIN.

Fleurs d'Antimoine.

Ces fleurs sont très-vomitives. La dose en est depuis deux grains jusqu'à six, en tablettes ou dans du bouillon. On les emploie dans les fievres quartes & intermittentes, l'épilepsie, & généralement dans toutes les maladies pour lesquelles il faut faire vomir. Mais on ne doit se servir de cet émétique, que faute d'autre, & en cas de nécessité. Car son effet est des plus incertains, & varie beaucoup ; suivant que la sublimation a été faite à un feu plus ou moins violent.

La préparation de ce remede avec l'antimoine seul, est décrite dans presque tous les Livres de Chymie : ainsi que les autres préparations, connues sous les noms de *fleurs rouges, blanches* ou *argentines, jaunes, lunaires, & fixes* ; qu'on tire de ce minéral soit seul soit joint avec d'autres substances, qui en diversifient les vertus.

F L O

FLORAISON. & FLORIFICATION. } *Voyez* EFFLORESCENTIA.

FLOS. *Voyez* FLEUR.

FLOS-CUCULI. *Voyez* CARDAMINE, *n.* 1.

FLOS *Tinctorius.* Voyez GAUDE.

FLOSCULUS. *Voyez* FLEURON.

FLOT (*Bois de*). Voyez COTTONIER *Blanc.*

FLOTTAGE : & Bois FLOTTÉ. *Voyez* BOIS, p. 349.

FLOWER *Gentle.* Voyez AMARANTHE.

FLOWER *de Luce.* Voyez FLAMBE.

FLUET (*Baliveau.*) Consultez l'article BALIVEAU.

FLUEURS, ou *Fleurs.* C'est la même chose que *Regles*, & *Fleurs Blanches.*

FLUTE (*Greffe en*). Voyez sous le mot GREFFER.

FLUX *Menstruel.* Voyez MOIS.

FLUX *immodérés des femmes.* Consultez l'article de leurs *Pertes de* SANG.

FLUX *de bouche.* Voyez PTYALISME.

FLUX DE SANG. *Voyez* DYSENTERIE. HEMORRHAGIE. HEMORRHOÏDE

FLUX *de ventre.* Consultez l'article VENTRE.

FLUX *Dysenterique.* Voyez DYSENTERIE.

FLUX *Hépatique.* Consultez ce mot dans l'article FOIE.

FLUX *Humoral.* Voyez DIARRHÉE.

FLUXION. Dépôt d'humeurs, qui se fait promptement sur quelque partie du corps. Plus le sang & les esprits coulent dans une partie déja irritée par la douleur ou par quelque forte passion ; plus les fluxions y sont violentes. Quand on est sujet aux fluxions, elles reparoissent dans les changemens de tems. *Voyez* DEFLUXION. ENFLURE. AMBROSIE. RHUMATISME. BAUME *d'eau d'ormeau.*

Fluxion sur les bras & sur les épaules, sans enflure.

Prenez des fleurs fraîches de genêt. Emplissez-en une grande phiole, avec suffisante quantité d'huile d'olives. Bouchez-la bien, & la laissez pendant sept ou huit jours au soleil. Après quoi, remplissez-la de nouveau, d'huiles d'olives ; bouchez-la bien ; & la tenez dans le fumier l'espace d'un an. Visitez-la chaque mois pour changer le fumier & la remplir de la même huile, s'il en manque ; au bout de l'an servez-vous-en, pour frotter chaudement les parties affligées. Une Dame de Moulins, qui marchoit avec des béquilles, fut parfaitement guérie par ce remede.

Fluxions froides.

1. Voyez VIN *sudorifique pour ces fluxions.* TUMEURS *froides.* DEFLUXION. GENOU.

2. Prenez huiles de renard, de castoreum, & de lys, une once de chaque ; résine, quatre onces ; cire jaune, deux onces ; & deux cuillerées d'esprit de vin. Faites cuire doucement le tout jusqu'à consistance d'emplâtre un peu molle. Appliquez-la sur la fluxion : & rechangez-en souvent.

Fluxion du cerveau.

Prenez salse-pareille mondée, sucre candi blanc, senné, de chacun trois onces : pulvérisez le tout. La dose est d'un gros tous les matins avec du vin blanc, pendant trente jours. On peut le donner avec l'eau d'endive. Il est aussi bon pour les douleurs des bras, & des jambes.

Voyez CAFFÉ. ASPIC, ou *Spic.*

Fluxions qui font enfler les joues & le visage.

Prenez quatre onces de beurre frais, & une ou deux cuillerées d'eau rose. Faites fondre le beurre dans une écuelle sur un peu de feu : quand il sera fondu vous y ajoûterez l'eau rose, & vous aurez soin de les remuer & mêler ensemble. Vous en frotterez chaudement la partie enflée, deux ou trois fois le jour : & continuerez jusqu'à ce qu'elle soit entiérement désenflée.

On doit saigner & donner des lavements lorsqu'il

eſt néceſſaire. Mais il faut s'abſtenir de la purgation tant que la fluxion dure; de peur d'émouvoir les humeurs, & augmenter l'enflure: à moins que le Médecin n'en juge autrement.

Fluxion de Poitrine.

Voyez POITRINE.

EN général, *toutes ſortes de fluxions*, autres que celles de la poitrine, peuvent être guéries par l'uſage des Remedes Paſtoraux.

FOE

FŒNUM *Græcum*. Voyez FENU-GREC.

FOI

FOI & HOMMAGE: *termes de Juriſprudence féodale.* Par le mot de *Foi*, on entend la promeſſe fidéle & ſincere, & le ſerment religieux & pieux, qu'on fait devant Dieu & en conſcience, à ſon Seigneur, de lui être fidéle; c'eſt-à-dire, de lui donner en tout & par tout, en paix & en guerre, des preuves que le Seigneur a raiſon de ſe confier en ſon vaſſal, & en eſpérer tous les ſervices & honneurs qu'il lui promet avec ſincérité.

L'*hommage* eſt plus préciſément, & expreſſément, le ſervice perſonnel du vaſſal. Il eſt appellé hommage, parce que c'eſt ſervice d'homme; ſervice, & comme payement de ſa propre perſonne. L'hommage eſt donc l'engagement que l'on prend en qualité de vaſſal, d'être l'homme de ſon Seigneur, & de le ſervir en guerre envers & contre tous, excepté contre le Roi. C'eſt ce qu'on appelle *Hommage lige:* ce qui n'a point lieu aujourd'hui en France, où les Seigneurs particuliers n'ont pas droit de faire la guerre; c'eſt un droit de Souveraineté, & le Roi ſeul l'a en France.

Quiconque ſuccéde à un Fief, eſt obligé de ſe préſenter dans l'année, devant ſon Seigneur; ſans armes, tête nue & à genoux; & de joindre les mains en poſture de ſuppliant; leſquelles le Seigneur prend entre les ſiennes, tandis que le vaſſal lui prête ſerment de fidélité & de ſervice, ſa vie durant, de ſon corps, & des biens qu'il tient de lui. Enſuite le Seigneur baiſe le vaſſal; qui ſe releve. Cette cérémonie de mettre les mains du vaſſal entre celles du Seigneur, ſignifie de la part du Seigneur protection & défenſe; & de la part du vaſſal ſoumiſſion & reſpect. Le vaſſal n'eſt obligé de rendre hommage qu'une fois en ſa vie, quoiqu'il change ſouvent de Seigneur. A la rigueur il faut le rendre en perſonne, & non par Procureur; tant de la part du Seigneur, que du vaſſal. Cela ſe fait à la vûe de tout le monde, & ordinairement dans la maiſon du Seigneur. L'hommage proprement lige, eſt celui qui ſe rend au Roi ſeul, à cauſe de ſa ſouveraine Seigneurie; & qui lie ſi fort le ſujet, qu'il ne s'en peut exemter, qu'en renonçant aux fiefs, pour leſquels il les faut rendre ſi on veut les poſſéder.

Voyez BOUCHE & *Mains*. SOUFFRANCE.

Foi & Hommage rendus par le vaſſal à ſon Seigneur: ou Formule d'acte de foi & hommage.

Aujourd'hui en la Compagnie & aſſiſté des Notaires, Louis Sieur de.... s'eſt tranſporté au Château Seigneurial de.... & à la principale porte & entrée dudit Château. Où étant arrivé, ayant ledit Sieur de.... frappé à la porte, eſt à l'inſtant ſurvenu Jacques.... ſerviteur dudit Seigneur de.... Auquel ſerviteur ayant ledit Sieur demandé, ſi ledit Seigneur ſon maître étoit en ſon Château, ou autres perſonnes pour lui ayant charge de recevoir les vaſſaux à foi & hommage. Ledit ſerviteur lui a dit que le Seigneur ſon maître y étoit; & qu'il l'alloit avertir. Ce qui ayant été fait, ledit Seigneur ſeroit auſſi-tôt comparu: Et ledit Sieur de.... s'étant incontinent mis en devoir de vaſſal, ſans épée ni éperons, tête nue & un genou en terre, a dit audit Seigneur qu'il lui faiſoit & portoit la foi & hommage qu'il eſt tenu de lui faire & porter à cauſe de ſa terre & Seigneurie de..., relevant en plein fief, foi & hommage, dudit Seigneur de....; lequel fief appartient audit ſieur Louis, au moyen de l'acquiſition qu'il en a faite de, *&c.* par contrat paſſé par devant *tels* Notaires, le *tel* jour, (*il faut ici dire le titre, quel qu'il ſoit, auquel ce lieu lui appartient*): requerant ledit Seigneur de.... qu'il lui plaiſe le recevoir à ladite foi & hommage. A laquelle ledit Seigneur a reçû & reçoit ledit Sieur de....; à la charge de bailler ſon aveu & dénombrement, ſuivant & dans le tems de la Coutume: reconnoiſſant ledit Seigneur avoir été payé & ſatisfait par ledit Louis...., des droits qu'il lui devoit à cauſe de l'acquiſition de ladite terre; dont il le quitte, & tous autres. Ce fut ainſi fait & paſſé à la principale porte & entrée dudit Château de...., l'an.... *&c.*

Quand l'acte de foi & hommage ſe fait en la préſence du Seigneur féodal, il faut le faire ſigner tant par le Seigneur que par le vaſſal. Si le fief étoit alors ſaiſi pour les droits féodaux, le Seigneur féodal en doit bailler main-levée; laquelle on met dans ledit acte de foi & hommage avant les mots; ce fut fait & paſſé: en ces termes » Lequel Seigneur de.... » reconnoît que ledit Sieur l'a payé & ſatisfait de » tous les droits & profits de fief qu'il lui devoit au » ſujet de ladite acquiſition. « Le vaſſal doit rembourſer les frais de la ſaiſie féodale; & mention doit être faite conſéquemment que le Seigneur s'en contente, & quitte de tout ledit Sieur & tous autres, en ces termes: » ce faiſant, icelui Seigneur de.... » s'eſt par ces préſentes déſiſté & départi de la ſaiſie » féodale qui a été faite à ſa requête ſur ledit fief, » par exploit de Pierre *&c*, ſergent, *le tel* jour; de » laquelle ledit Seigneur fait & baille pleine & en» tiere main-levée pure & ſimple audit Sieur, *&c.* » Laquelle ſaiſie féodale il conſent être & demeurer » nulle. Dont & de tout ce que deſſus, ledit Sieur » de.... a requis acte auſdits Notaires, qui lui ont » octroyé le préſent pour lui ſervir & valoir, *&c.* «

Si l'acquiſition du fief pour lequel eſt faite la foi & hommage, fait partie de plus grande acquiſition; il faut offrir au Seigneur féodal de lui payer les droits à lui dûs, ſelon la liquidation & eſtimation qui en ſera faite ſur le pied total de l'acquiſition, ainſi qu'il appartiendra.

Foi & Hommage, fait hors le Lieu Seigneurial.

Les Seigneurs féodaux diſpenſent quelquefois les vaſſaux d'aller au lieu Seigneurial; & les reçoivent à la foi & hommage en autre lieu où ils ſe trouvent. En ce cas, l'acte a quelques circonſtances particulieres qui doivent être inſérées dans l'acte précédent en leur lieu & place convenables; ſur-tout ces paroles: *à laquelle foi & hommage ledit Seigneur de.... l'a reçû & reçoit, le diſpenſant pour cette fois ſeulement d'aller audit lieu Seigneurial, & ſans tirer à conſéquence.*

Foi & Hommage, fait en l'abſence du Seigneur féodal.

Il y a des Seigneurs féodaux qui, pour vexer leurs

vassaux, évitent tant qu'ils peuvent de se trouver, ni autre pour eux, au lieu Seigneurial pour recevoir leur foi & hommage. Il suffit alors au vassal, après avoir frappé trois fois à la porte principale & entrée du Château, de mettre en l'acte ce qui suit: » ledit Sieur de.... a frappé par trois diverses fois, » & appellé à haute & intelligible voix Monsieur » de....; & dit : Monsieur de.... je vous fais & » porte la foi & hommage que je suis tenu de vous » faire & porter, à cause de mon fief de...., *&c:* » vous déclarant que je vous offre payer les droits » Seigneuriaux & féodaux que je vous en dois; » vous requerant me recevoir à ladite foi, *&c:* « dont & de tout ce que dessus ledit Sieur de.... a requis acte ausdits Notaires soussignés, qui lui ont octroyé le présent acte pour lui servir & valoir ce que de raison. Fait, comme dit est, à la principale porte & entrée dudit Château de...., l'an mil sept cens, *&c.*

Foi & Hommage d'un Mineur, par ses Tuteur ou Curateur.

Les mineurs peuvent faire la foi & hommage par leurs tuteur & curateur, à moins que le Seigneur ne leur donne délai & souffrance jusqu'à leur majorité féodale. Cette demande en souffrance, (qu'on appelle *délai*) se fait par le tuteur ou curateur, & non par le vassal mineur. Voici l'acte » Aujourd'hui » en la Compagnie & assisté des Notaires, *&c.* Philibert Ecuyer Sieur de.... demeurant..., au nom » & comme tuteur honoraire de François...., âgé » de dix-huit ans, & de Demoiselle Christine, âgée » de dix ans, s'est adressé à la personne de Messire » Benoit Seigneur de...., trouvé en son Hôtel à » Paris, rue.... & ledit Philibert...., parlant à lui, » a dit & déclaré que par le décès de feu Jerôme, » oncle paternel desdits mineurs, leur est avenu le » fief de...., ses appartenances & dépendances, » situé dans la Paroisse dudit lieu de...., à cause de » ladite Terre & Seigneurie de.... Mais parce que » lesdits mineurs n'ont encore l'âge requis en la » Coutume, pour lui faire & porter par eux-mêmes » les foi & hommage, & serment de fidélité, auxquels » ils sont tenus pour raison dudit fief, ledit Sieur a » par ces présentes prié & requis ledit Seigneur, d'ac- » corder souffrance ou délai ausdits mineurs, jus- » qu'à ce qu'ils aient atteint l'âge requis par la cou- » tume, pour lui faire & porter lesdites foi & hom- » mage, & serment de fidélité, au désir de ladite » Coutume; & cependant leur donner main-levée » de la saisie féodale, faite sur ledit fief, faute de » ladite foi & hommage; offrant de lui payer ses » droits, frais & dépens. Laquelle souffrance ledit » Seigneur a par ces présentes volontairement » octroyée ausdits mineurs, jusqu'audit tems & âge; » à la charge qu'aussi-tôt qu'ils seront venu en âge » au desir de la Coutume, ils porteront lesdites foi » & hommage, & serment de fidélité, & bailleront » leur aveu & dénombrement dudit fief audit Sei- » gneur de...., qui reconnoît avoir reçu dudit » Sieur, qui lui a baillé & payé comptant pardevant » les Notaires soussignés, en louis d'or & autres » bonnes monnoyes, le tout bon & ayant cours, » la somme de...., à laquelle lesdites parties èsdits » noms ont composé ensemble, tant pour les profits » féodaux qui sont dûs audit Seigneur au sujet de la » mutation dudit fief, que pour les fruits qui lui » sont acquis en pure perte, frais de la saisie féodale, » établissement de Commissaires, & autres quel- » conques : dont, *&c.* quittant & ce faisant, & » dont acte, *&c.* «

Nota 1°. que la perte des fruits se met dans les actes de souffrance, au lieu de la reconnoissance du payement : ce qui se doit faire dans ce cas, en ces termes.

» En ce faisant, ledit Seigneur a par ces présentes » fait & baillé pleine main-levée audit Sieur de...., » audit nom, de la saisie féodale, faite à sa requête » sur ledit fief, qu'il consent & accorde être & de- » meurer nulle & sans effet; même acquitte & dé- » charge par ces présentes lesdits mineurs de tous » les profits du fief qu'ils lui devoient, à cause de » ladite mutation dudit fief; ensemble des frais de » ladite saisie féodale & établissement des Commis- » saires, & autres quelconques : le tout au moyen » de ce que ledit Sieur de.... audit nom, a délaissé » en pure perte, au profit dudit Seigneur les fruits » dudit fief & des terres & héritages en dépendans, » pour la présente année seulement; lesquels il pren- » dra & fera siens, en remboursant les fermiers de » leurs labours & semences, & se servira des gran- » ges, greniers & lieux suivant la Coutume; si » mieux il n'aime se contenter du prix de la ferme » & moisson dudit fief, suivant le bail qui en a été » fait ausdits fermiers, après que ledit Sieur de.... » a affirmé que le bail a été fait de bonne foi & » sans fraude. «

2°. Aux actes de souffrance des mineurs, leurs tuteurs sont tenus de déclarer précisément leurs noms & âges: autrement le Seigneur ne leur accordera pas la souffrance : Laquelle peut être demandée au Seigneur dominant par le mineur, sans l'autorité de son tuteur, & cela empêchera la saisie & perte de fruits, d'autant que le Seigneur ne la peut refuser au mineur quand il la requiert. Voyez les Articles XLI & XLV de la Coutume de Paris.

3°. Lorsque les mineurs parviennent à l'âge auquel la Coutume les rend capables de faire & porter la foi & hommage (qui est pour les mâles vingt ans, & quinze pour les filles), ils sont tenus de la faire au Seigneur pour leur part & portion; autrement elle peut être saisie par le Seigneur, qui en fera les fruits siens, parce qu'à l'égard du mineur devenu majeur, la souffrance, c'est-à-dire, le délai, a pris fin, & ne subsiste que pour les autres qui sont encore mineurs.

4°. La même chose peut être faite par chacun des héritiers majeurs, pour sa part; & le Seigneur sera tenu de lui bailler main-levée de cette sienne part. Aussi le Seigneur ne peut-il être assûré de la foi & fidélité de son vassal, que par son vassal même détenteur de l'héritage féodal. C'est pourquoi la Coutume de Paris, *Article* LXI, *dit que tant que le vassal dort, le Seigneur veille; & tant que le Seigneur dort, le vassal veille :* c'est-à-dire, qu'il faut que le vassal rende tous ses devoirs à son Seigneur. Voyez l'Art. LXII. de la Coutume.

5°. Les Conseillers de la Cour ne peuvent être contraints d'aller faire la foi & hommage sur le lieu, durant la séance du Parlement : mais ils ne peuvent se dispenser de la faire faire par Procureur; si le Seigneur dominant n'aime mieux donner surséance ou délai, jusqu'aux vacances ou autre premiere commodité. Dans la procuration qui sera faite à ce sujet, ou au cas de la maladie, ou pour quelques autres affaires importantes au Roi; il en faut nécessairement faire mention : & dire que telle ou telle chose retient & empêche le constituant de se transporter en personne sur le lieu, pour par lui faire & porter lesdites foi & hommage; requerir le Seigneur ou ses Officiers de les recevoir, quoique portées par ledit Procureur pour cette fois, & sans tirer à conséquence; & à cette fin d'admettre

& recevoir l'excuse & l'exoine de la personne dudit Sieur constituant : laquelle ledit constituant doit affirmer en son ame, véritable : ou bien il requerra surséance & délai, jusqu'à ce qu'il puisse se transporter sur le lieu du fief dominant, pour faire lesdites foi & hommage ; à la charge de bailler par ledit Sieur constituant l'aveu & dénombrement dans le tems de la Coutume, requerir main-levée des saisies en payant les frais, & faire au surplus toutes les offres nécessaires : & ledit constituant prendra acte de tout, par soi ou par son Procureur.

Foi, avec Aveu & Dénombrement.

Quand la foi & hommage est faite, il faut bailler l'aveu & dénombrement en cette sorte.

» Aujourd'hui est comparu pardevant les Notai- » res, *&c.* Louis, *&c.* Sieur de...., demeurant.... » *&c.* lequel a reconnu & confessé être homme & » sujet de Messire Jean, *&c.* Seigneur & Baron de...; » & de lui avoue tenir noblement en plein fief & » hommage, rachat & quint denier, & à tel autre » droit que peut être tenu son fief ci-après déclaré, » savoir est le fief, Terre & Seigneurie de..., con- » sistant en *telle chose*, (il faut ici déclarer tout le » fief, terre, censives, justices, droits, devoirs, & » généralement tout ce qui en dépend sans rien ob- » mettre : puis dire) auquel fief sont plusieurs hom- » mes & sujets, qui lui devoient par chacun an » plusieurs rentes en deniers, grains, chapons, » poules & corvées, montans en deniers à la somme » de...., en grains.... à tant de boisseaux, mesure » dudit lieu : à cause desquelles choses ci-dessus dé- » clarées, & sur icelles est dû audit Seigneur Baron » de.... les foi & hommage. Et comme aussi appar- » tient audit Sieur Baron toute connoissance de jus- » tice haute, moyenne & basse, & le reconnoît » être son supérieur, & lui devoir obéissance, telle » qu'au Seigneur dominant appartient. De plus, s'il » y a quelque chose d'obmis au présent aveu & dé- » nombrement, promet ledit Sieur de l'y mettre & » ajoûter si-tôt qu'il en aura connoissance, *&c.* Fait » & passé. «

Sur quoi remarquez 1°. que le vassal doit laisser au Seigneur une copie de son dénombrement signée de lui ; & en garder une autre, au bas de laquelle le Seigneur ajoûte : » Reçû le présent dénombre- » ment, le *tel* jour ; sauf de le blâmer en tems & » lieu, & sans préjudice du droit d'autrui ; à l'effet » de quoi sera ledit dénombrement publié à l'issue » de la Messe Paroissiale de *tel lieu.* « 2°. Que le dénombrement ainsi reçû & publié, sert de titre ; tant au Seigneur féodal pour justifier la mouvance de l'arriere fief ; qu'au vassal pour se conserver la propriété & la possession de tout ce qui y est énoncé. 3°. Si l'aveu & dénombrement est contesté (*Voyez* BLÂMER), & que le Seigneur persiste à le refuser, les parties sont obligées de s'adresser au Baillif ou au Sénéchal, pour les regler & faire ordonner qu'il sera reçû, corrigé ou rejetté.

Le *Retrait féodal* est un droit, par lequel un Seigneur peut retirer des mains de l'acquéreur un fief mouvant de lui, qui a été vendu par le vassal ; pourvû que le retrait se fasse dans quarante jours, à compter non pas du jour que la vente a été faite, mais du jour qu'elle a été notifiée par le vassal au Seigneur, par copie du contrat de vente à lui baillée par le vassal. Voici la formule de cet acte.

» Aujourd'hui en la présence & en la Compagnie » des Notaires ; maître Honoré, pour éviter frais » & dépens, ayant été conseillé de satisfaire à la » sommation qui lui a été faite ; à la requête de » Messire Laurent Seigneur de...., par Exploit de » Sylvestre sergent, le *tel* jour, portant assignation » pardevant Messieurs des Requêtes du Palais, pour » se voir condamner à lui délaisser *une telle* métairie » & *tels* héritages en dépendans, situés en la Pa- » roisse.... mouvant de ladite Seigneurie de...., » qu'il a droit d'avoir & retirer par puissance de fief, » & aussi *tels* autres héritages situés en *tels* lieux, » en lui remboursant ainsi que ledit Laurent lui a » offert par ladite sommation, pour éviter contesta- » tion sur la ventilation desdits héritages sujets audit » retrait féodal, l'entier prix qu'il a payé de l'acqui- » sition qu'il a faite de tous lesdits héritages de » Christophle *&c.* par Contrat passé pardevant *tels* » Notaires, le *tel* jour ; ensemble ses frais, mises, » & loyaux coûts ; a ledit Honoré par ces présentes » volontairement quitté, délaissé & transporté dès » maintenant à toujours, sans aucune garantie que » de ses faits & promesses seulement, audit Sieur » Laurent à ce présent & acceptant pour lui ses hoirs » & ayans cause, pour réunir à sadite Seigneurie » la susdite métairie de, *&c.* & héritages dépendans » ci-dessus déclarés, situés dans ladite Seigneurie ; » ensemble tous les autres héritages que ledit Ho- » noré a acquis par le susdit contrat au long men- » tionnés & déclarés en icelui, sans en rien retenir » ni réserver : aux charges contenues dans ledit con- » trat, pour en jouir, faire & disposer par ledit » sieur Laurent comme bon lui semblera, au moyen » des présentes. Ausquelles fins ledit Honoré l'a mis » & subrogé par cesdites présentes, sans autre ga- » rantie que dessus, en son lieu & place, droits, » noms, raisons & actions ; & lui a présentement » délivré l'original en parchemin, dudit Contrat » d'acquisition susdaté, portant quittance du paye- » ment entier du prix desdits héritages ; plus toutes » les pieces & anciens titres concernant la propriété » d'iceux héritages que ledit Christophle lui avoit » baillés par ledit contrat ; dont ledit sieur Laurent » le décharge. Ce délaissement & transport pour les » clauses & aux charges susdites, & en outre moyen- » nant la somme de.... que ledit Honoré a confessé » avoir reçue comptant dudit sieur Laurent : qui » lui a icelle somme baillée & réellement délivrée, » présens lesdits Notaires soussignés, savoir,.... » livres pour son remboursement de pareille somme » qu'il a payée audit Christophle pour le prix prin- » cipal de l'acquisition, dont il lui a baillé quittance ; » &.... livres, à quoi les parties ont composé en- » tr'elles, pour les frais & loyaux coûts de ladite » acquisition. Et partant, de ladite somme totale » de...., ledit Honoré s'est contenté & en a quitté » & quitte ledit sieur Laurent & tous autres. » Moyennant les susdites conventions & accords, » lesdites parties se sont mises hors de cours & de » procès, sans dépens. Car ainsi, *&c.* promettant, » obligeant chacun en droit soit, *&c.* & renonçant, » *&c.* Fait & passé, *&c.* «

Si l'intention du retrayant féodal n'est pas de réunir à son fief lesdits héritages qu'il retire & qui en sont mouvans, il en doit faire mention dans le Contrat dudit retrait ; En ces termes : » Déclarant, » ledit sieur Laurent, qu'il ne veut & n'entend » réunir à sondit fief de.... lesdits héritages ; au » contraire, les posséder à toujours comme terres » roturieres. «

Le retrait féodal, aussi bien que le lignager, est très-favorable aux Seigneurs de fief, & aux familles ; pour leur manutention & conservation : & encore plus au lignager, qu'au Seigneur de fief ; d'autant que par la Coutume (Article XXII, & CLIX) ce bénéfice de retirer & retenir appartient par préférence au lignager, lequel peut en cette qualité retirer même du Seigneur féodal, l'héritage par lui acquis. Mais l'un & l'autre des retrayans ne peuvent retirer les héritages sujets au retrait, quand il y a d'autres héritages vendus avec iceux par un même contrat, qui ne contient qu'un seul prix; s'ils ne retirent le tout: selon le LXXXe Article de la Coutume de Mante. Autrement celui qui, pour sa commodité, auroit acquis tels héritages sujets à retrait, se trouveroit obligé d'en garder d'autres à lui inutiles; & souffriroit une perte notable, si l'inutile lui restoit & que l'utile lui fût ôté pour le prix d'une ventilation faite en justice, dont l'estimation sans doute, seroit beaucoup au-dessous du prix que l'acquereur en auroit payé pour les avoir; ce qui ne seroit pas raisonnable, étant plus à propos que le retrayant ait le tout & qu'il en porte la perte, puisque de son propre mouvement il évince l'acquéreur. Autre chose est, quand le contrat de vente de plusieurs héritages contient la diversité des prix d'iceux: auquel cas le retrayant peut retirer les uns, & laisser les autres; parce que la pluralité des choses avec la pluralité des prix, fait la pluralité des ventes & non la pluralité des contrats; car un même contrat peut contenir plusieurs ventes.

La femme ni ses héritiers ne peuvent rien prétendre à la propriété des choses que son mari a retirées par puissance de fief durant leur Communauté. Cette nature de retrait n'est point conquêt; mais seulement acquêt, qui tourne entiérement au profit dudit Seigneur de fief, en remboursant par lui ou ses héritiers à la femme ou à ses héritiers la moitié du prix dudit retrait, appellé vulgairement *Mi-denier*. Quoi faisant, tout ledit héritage ainsi retiré, quoique la valeur en eût triplé lors de la dissolution de la Communauté, appartiendra au mari ou à ses héritiers. Ainsi jugé. La raison en est que tel retrait est, de droit naturel, entiérement acquis au fief, & lui est propre; & que la femme ni ses héritiers n'ont rien à cette propriété.

FOIE, ou *Foye*. Viscere considérable, rouge, situé dans l'hypocondre droit, & destiné à la séparation de la bile. Sa surface externe est convexe & unie: l'intérieure, qui est concave & inégale, contient la vésicule du fiel. Ce viscere tient au diaphragme par les ligamens larges; & à l'ombilic, par un ligament rond qui étoit la veine ombilicale dans le fétus. La veine cave & la veine porte servent aussi à attacher le foie: leurs rameaux aboutissent aux glandes dont l'assemblage constitue ce viscere. La membrane qui le revêt est mince, & une continuation du péritoine.

Le foie, à proprement parler, n'est qu'une masse continue. Mais à cause de la grande scissure qui s'y trouve en dessous vers le bas, l'usage veut que l'on y distingue deux lobes: dont le droit est plus grand. Le lobe gauche s'avance sur le ventricule, qu'il couvre en partie jusques vers l'hypocondre gauche. La veine porte, qui résulte des ramifications sorties des intestins & d'autres visceres de l'abdomen, forme un sinus fort ample dans le tissu du foie: & ce sinus devient extrêmement gros dans certaines maladies.

Un émétique donné dans le cas d'une dureté au foie, occasionna aussi-tôt une jaunisse universelle; par le reflux de la bile qui s'étoit ramassée dans ce viscere. Ce peut être le même méchanisme qui fait que certaines coliques répandent, dans un instant, sur tout le corps une jaunisse très-foncée. Les violentes passions ont souvent produit un semblable effet, avec la même soudaineté.

Le mouvement du sang dans l'artere hépatique; la respiration; la pression des muscles de l'abdomen; sont capables d'exprimer la bile du foie & de la vésicule. Mais cette vésicule se vuide surtout lorsqu'elle est pressée par l'estomac à mesure qu'il se remplit. Néanmoins elle ne se vuide jamais entiérement; excepté dans les cas de convulsions extraordinaires, telle que celles de vomissemens violens, qui causent une grande pression dans les visceres.

La bile étant naturellement très-sujette à la putréfaction, l'on observe que le foie est celui des visceres du bas ventre, qui prend plus aisément le caractere de pourriture.

Placé sous le diaphragme, le foie est exposé à l'action des muscles de l'abdomen. Plus ces muscles agissent, mieux la bile doit se vuider. De-là vient que, si on demeure dans l'inaction, il se forme dans le foie & dans la vésicule une matiere visqueuse, & des pierres. On voit donc que le foie peut être sujet à beaucoup de maladies.

Le concours des vaisseaux de la rate, de l'épiploon, du mésentere, des intestins, & du pancréas, dans le foie, y produisant la veine porte; c'est ce qui fait que les maladies du foie ont tant de liaison avec celles de tous ces visceres, & qu'il est difficile d'y remédier. M. Sthall, qui ne paroît pas d'ailleurs faire grand cas de l'anatomie, a prouvé dans une belle These que la veine porte est la source d'une infinité de maux. Une obstruction dans les ramifications de cette veine, occasionne un grand nombre d'accidens à tous les autres visceres qui lui envoient du sang. Les reins, les organes de la génération, l'estomac, peuvent donc aussi contribuer à rendre le foie malade: tel sera particuliérement l'effet des pertes de sang ou du flux hémorrhoïdal, arrêtés à contre-tems; ou de quelques blessures considérables.

Au reste le foie est nécessaire pour empêcher que la substance huileuse, qui devient âcre dans le mésentere par la chaleur & par la privation de lymphe, ne rentre dans le sang, chargée de cette âcreté: & la bile, que le foie prépare, est le dissolvant des alimens gras; excite l'appétit; & nettoye les intestins.

Pour tempérer la Chaleur du Foie.

Pilez de l'hépatique des fontaines, dans un mortier, exprimez-en le suc à la presse; clarifiez-le avec des blancs d'œufs sur le feu, écumez bien, & le laissez reposer à froid, puis versez-le par inclination. Faites dissoudre sur chaque livre de cette liqueur claire six onces de sucre fin. La dose de ce remede est une once dans un verre d'eau; ou seul.

Pour rafraîchir le Foie, ôter les rougeurs du visage, & faire passer la toux seche.

Faites infuser pendant une heure & demie sur les cendres chaudes environ une once de roses de Provins, dans deux pintes d'eau de fontaine & une demi-cuillerée d'esprit de soufre. Remuez de tems à autre, durant l'infusion, avec une cuiller ou spatule de bois. Passez la liqueur par un linge bien net. Ajoûtez-y un quarteron de sucre: & faites-les un peu bouillir. On boit un verre de cette liqueur froide, à jeûn; & un autre, trois ou quatre heures avant de souper. On en continue l'usage pendant huit à dix jours.

Inflammation du Foie.

On connoît qu'il y a inflammation au foie, par une toux violente; une douleur qui semble tirer les poumons en bas; la langue, qui paroît rouge au commencement, mais peu-à-peu devient noire; une soif sans relâche; une foiblesse d'estomac; le vomissement, tantôt bilieux, tantôt simple, tantôt comme

comme de jaunes d'œufs, tantôt verd; & par une fievre très-aiguë.

Dans cette inflammation, le hoquet est un signe mortel: le flux de ventre est pareillement dangereux. Mais si le foie se décharge sur la rate, c'est un bon présage.

Les fievres qui viennent du foie, ou de l'estomac, sont toujours violentes; & causent souvent la phthisie.

On dit avoir observé que si, dans l'inflammation du foie, il coule du sang de la narine droite, & qu'il se fasse une grande évacuation d'urine; c'est un présage de guérison.

1. Pour guérir l'inflammation du foie, on saigne promptement du bras & du pied deux ou trois fois; ce que l'on réitere même jusques au quatrieme jour, si l'âge & les forces le permettent. On donne deux fois le jour des lavemens fort rafraîchissans; & de trois en trois heures des bouillons de veau & de poulet, dans lesquels on mêle des semences froides, & des graines de laitue & de pourpier. Entre les bouillons, on fait boire une tisane composée de feuilles de chicorée sauvage, plantain, & morelle, avec tant soit peu de sucre: si l'on est dans un tems à ne pouvoir trouver de ces herbes, on a recours à leurs racines, ou aux sirops de pommes, grenades, violettes, groseilles, ou d'épine-vinette, battus dans de l'eau d'orge, ou de chien-dent.

[Il faut n'employer la morelle qu'à petite dose. Peut-être même vaudroit-il mieux la supprimer tout-à-fait.]

Après le quatrieme jour, on purge avec une once de casse mondée dissoute dans deux verres de petit lait: & on y joint des bouillons d'alleluia, qui sont d'un grand secours dans cette maladie; attendu qu'il rafraîchit les poumons, tempere la chaleur du foie, & l'ardeur des reins & des entrailles, facilite les crachats, tempere la bile & la pituite salée, & appaise la soif.

Outre l'usage de ces remedes internes, on frotte le côté droit avec de l'huile rosat, ou de l'huile de coings mêlée avec un peu de suc de plantain ou de morelle, & un peu de camphre.

2. Traitez le malade comme pour la *Chaleur d'*ENTRAILLES.

3. *Voyez* RAFRAICHIR, *n.* 3.

Flux Hépatique, ou *Débilité du Foie.*

On nomme ainsi un cours de ventre qui est séreux, sanguinolent, semblable à de la lavure de chair, & n'est accompagné d'aucune douleur ni tranchée. Ces déjections caractérisent la maladie. Elle dépend de la foiblesse & mollesse du foie; ainsi que de la chaleur & âcreté de la bile, qui n'étant plus propre à la formation d'un bon chyle, est chassée par les intestins & semble être une matiere charnue & putride.

Les fievres ardentes, l'excessive chaleur des entrailles, le trop grand usage des liqueurs à la glace, les vins spiritueux, les alimens âcres & aromatisés, les médicamens violens, les poisons, & généralement tout ce qui est capable d'enflammer la bile, peut occasionner la débilité du foie.

Plusieurs Auteurs pensent que c'est la substance même du foie, qui se dissout, & qui sort par la voie des intestins.

On distingue deux sortes de débilité du foie: l'une chaude; & l'autre, froide.

Dans la premiere, on a le visage jaune, le pouls vîte & léger, une faim canine, une grande altération, un abattement général, une foiblesse d'estomac après le manger, une fievre assez forte: on vomit de la bile verte & poiracée; les excrémens sont jaunes, infects, souvent mêlés de matiere charnue & pourrie, & si âcres qu'ils occasionnent de la cuisson en sortant: les urines sont safranées.

La froide, qui est spécialement nommée *Flux hépatique*, se fait connoître par un pouls petit & languissant, une couleur pâle, des urines tantôt épaisses, tantôt claires, ou blanches; des déjections noires, épaisses, semblables à des lavures de viande fraîchement tuée, & sans aucune odeur; à moins que pour avoir trop mangé, les alimens ne se soient corrompus: car tantôt on a de l'appétit, & tantôt l'on en manque, dans cet état.

Si le sang vient d'une veine ouverte ou rompue; il sort d'abord clair & avec violence; si c'est d'une veine rongée, il est mêlé de pus, & de matieres à demi-corrompues. Si le flux hépatique provenu de foiblesse & d'obstruction, est invétéré, il menace d'hydropisie: ainsi que l'ulcération du foie.

Le flux qui dérive d'une veine qui est depuis longtems rompue, ouverte, ou rongée, est incurable.

Remedes.

1. Lorsque la débilité est causée par le refroidissement du foie même, on fait user de remedes & alimens qui en échauffant doucement fortifient; comme le poulet, le pigeon, la perdrix, le mouton, la gelée de corne de cerf. La boisson est de bon vin vieux. Avant & après le repas, on mâche un peu de rhubarbe: on peut encore se servir de la *poudre* suivante; prenez demi-dragme de cloux de girofle, une dragme d'anis, & autant de fenouil, de santal rouge, de cannelle, de muscade, d'iris de Florence, & de mastic; réduisez le tout en poudre; & mêlez-la avec quatre onces de sucre candi: la prise sera une pleine cuillerée au sortir de la table. La conserve de roses de Provins, ou celle de cynorrhodon; la gelée de coings; la thériaque, l'orvietan, & le vin d'absinthe, conviennent encore.

2. Prenez de l'alkali fixe, & de la rhubarbe, de chacun deux dragmes, formez-en une masse de pilules avec du sirop de chicorée; & donnez-en tous les matins à jeûn une demi-dragme.

3. Il est utile de se purger une fois la semaine avec six dragmes de catholicon double, dissout dans deux onces d'eau-rose & autant d'eau de plantain: ou avec un bol de trois dragmes de térébenthine de Venise, & une dragme de rhubarbe en poudre.

4. Prenez deux onces de poudre diarrhodon (décrite dans la *Pharmacopée* de Lémery), une dragme & demie de rhubarbe pulvérisée, sirop de chicorée, ce qu'il en faudra pour composer du tout un électuaire: la dose sera de deux dragmes & demie à jeûn, deux à trois fois la semaine.

Quand la débilité du Foie viendra de chaleur; outre que les bouillons seront de veau, de poulet, & de volaille, on les assaisonnera d'ozeille, laitue, pourpier, & concombre, ou de verjus, ou d'oranges. La boisson sera de la limonade, ou du cidre, ou de petite bierre, ou de la tisane. Dans les intervalles, on pourra prendre des apozemes composés d'aigremoine, chicorée sauvage, scolopendre, racine de nenufar, & alleluya. On donnera des lavemens avec le son, la poirée, le pourpier; ou avec l'oxycrat. On purgera avec la casse & la rhubarbe. On fera user des sirops de fumeterre, pourpier, & de pommes, soit seuls soit avec un peu de conserve de roses.

L'usage du lait de brebis, de vache ou de chevre, y sera très-utile: il faudra les faire bouillir, & en ôter la crême. On pourra en prendre le matin, l'après-dînée, & le soir en se couchant; observant cependant un exact régime, c'est-à-dire de ne rien manger qui charge l'estomac.

Si la foiblesse du foie vient de la sympathie de

quelques autres parties, comme de la tête, de l'estomac, ou des entrailles; on recourra à cette premiere cause: à laquelle il faudra d'abord remédier.

Toutes personnes sujettes à la débilité de foie, doivent ne jamais manger de sucreries.

Dans l'une & l'autre Débilités, l'usage des sucs de chapon, ou de limaçons, guérira ou soulagera en peu de tems. On ne laissera pas d'appliquer sur la région du foie l'emplâtre de mélilot; y ajoûtant un peu d'huile d'aspic ou de camomille.

Une livre de suc de chicorée de jardin, avec une once de suc de pimprenelle; dont on donne à boire deux onces tous les matins pendant un mois, ou plus, font un très-bon remede.

Pour le *Flux hépatique qui proviendra de l'ouverture des veines*, on fera tirer du sang; ou l'on appliquera des ventouses sur les épaules, ou au dessous des mammelles sans scarifier. On ajoûtera dans les bouillons, soit du millet, des lentilles, des feves, soit de la laitue, ou du pourpier. De jour à autre, on fera prendre vingt grains de rhubarbe dans trois onces d'eau de plantain; & tous les matins à jeûn un peu d'opiate propre à arrêter les crachemens ou autres pertes de sang.

Abscès au Foie.

Ces abscès ont beaucoup de peine à suppurer.

Il ne faut saigner que lorsqu'il y a des indices d'une grande plénitude de sang. On doit faire un fréquent usage de lavemens composés avec l'orge, le son, la camomille, & le mélilot, dans lesquels on aura dissout du miel rosat ou du sucre rouge.

Le matin à jeûn on prendra du sirop d'absinthe battu dans de l'eau de menthe, ou de buglose, avec deux onces de miel rosat: & de même en se couchant.

Prenez une once de mastic, autant d'huile de camomille, & d'huile d'absinthe, avec une demi-once de vinaigre; faites chauffer le tout ensemble: & après en avoir *frotté le côté droit*, vous le couvrirez d'une feuille de papier brouillard.

Le *Régime*, consistera à boire de bon vin; ne point manger de viandes indigestes, ni gluantes, fruits cruds, laitage, poisson, ni légumes.

1°. On *Purgera* avec deux onces de manne dissoute dans du vin blanc, ou dans de l'eau de buglose: ou 2°. avec une demi-once de *Diaprunis* en bol; faisant avaler un bouillon par dessus. *Sinon* 3°. faites infuser deux gros de senné & un gros de rhubarbe, dans une décoction de deux onces de tamarins, de plantain, & d'aigremoine; & faites prendre ce remede à jeûn.

Si l'abscès vient à suppurer, il faudra observer par où il s'écoulera. Si c'est par les selles, prenez de l'orge & du son, de chacun une poignée; faites-les bouillir jusqu'à ce que l'orge soit prête à crever; coulez aussi-tôt cette décoction; & pour chaque *lavement* mêlez-y une once de sucre avec autant d'huile rosat: donnez de ces lavemens, soir & matin.

Au cas que l'abscès sorte par les urines, faites bouillir des racines d'ache & de fenouil, & des pois chiches; ajoûtez dans la décoction une once de semences froides, pilées; coulez ensuite le tout au travers d'un linge; & donnez à boire quatre verres de cette tisane, par jour, entre les bouillons, avec un peu de sucre.

Skirrhe au Foie.

Ce skirrhe est une tumeur dure, qui pese ordinairement sans faire douleur, & qui n'a aucun sentiment.

On appelle skirrhe *imparfait* celui qui a encore quelque sentiment de douleur.

Tous les deux viennent d'une humeur épaisse & visqueuse, attachée si fortement à la partie, qu'elle ne peut qu'avec beaucoup de peine se fondre, & se résoudre.

Le premier se distingue en ce qu'il s'est formé sans qu'on ait apperçu aucune tumeur contre nature; il provient toutefois de mauvaise nourriture, ou du propre vice du foie, ou de celui de la rate, ou de la suppression des ordinaires ou des hémorrhoïdes.

Le second succede au phlegmon, à l'érésipele, à l'œdeme, quand par négligence on laisse à leur matiere le tems de former un dépôt & de se durcir.

Pour *essayer de résoudre* le skirrhe du foie, il faudra employer la *conserve de fleurs de marrube* faite avec le miel; & en user au moins pendant quarante jours de suite. Voici comme l'on fait cette conserve. Prenez des fleurs de marrube blanc, bien fraîches, vingt onces; & autant de miel blanc. Pilez-les ensemble assez long-tems; & les mettez dans un pot de terre. La dose sera d'une once le matin à jeûn; & on avalera par dessus, quatre onces d'eau de la même plante.

2. Consultez les mots EMPLÂTRE *de Ciguë*. FOMENTATION *émolliente*, &c.

Si le skirrhe est causé par la suppression des ordinaires, ou des hémorrhoïdes, on n'hésitera point de saigner du pied, purger, provoquer les regles aux filles qui sont en âge; & d'appliquer des sangsues aux hémorrhoïdes.

Obstruction du Foie. Voyez OBSTRUCTION. *Obstruction de la* RATE, *n.* 16.

Remedes généraux pour les maladies du Foie.

1. Prenez feuilles de rue, sauge, ache, & pas-d'âne; une poignée de chaque: pilez-les bien: mettez-les ensuite dans un vaisseau bien net; versez-y une chopine de vin blanc; mêlez bien le tout; & le laissez macérer pendant deux heures. Après quoi remuez encore ce mélange; & le passez par un linge. On prend à jeûn cette dose de la colature, trois jours de suite; & on est deux heures sans manger après l'avoir prise.

2. Pilez des feuilles & fleurs de bourrache: exprimez-en le suc; faites-le bouillir, & l'écumez bien. On en prend à jeûn pendant neuf jours, un verre; dans lequel on met un peu de sucre.

3. Mêlez ensemble une once de suc de pimprenelle & une livre de suc d'endive: & prenez-en tous les matins un demi-verre.

4. *Voyez* DIARRHÉE, *n.* 1.

FOIE *d'Agneau.* Voyez sous le mot *Fressure d'*AGNEAU, T. I. p. 40.

FOIE *de Veau.* Consultez l'article VEAU.

FOIN. *Voyez* PRÉS. FENIL. FOURRAGE.

Petit FOIN. Consultez l'article ALGUE.

FOISIL. *Voyez* FRAISIL.

FOL

FOLIE. Maladie qui prive de la raison & de la mémoire.

Il y a plusieurs causes qui peuvent produire ce dérangement du cerveau. Telles sont les passions fort vives, la tristesse ou la joie subites, la trop grande quantité de sang, les humeurs âcres & caustiques, la grande chaleur, la suppression des regles ou des hémorrhoïdes ou de quelque autre écoulement habituel, la disposition naturelle des organes, diverses substances mises au rang des poisons.

Si la pituite ou la mélancolie s'emparent du cerveau, elles conduisent à la folie; ou du moins à la stupidité : & alors ces maladies sont presque incurables.

Les fous sont moins sujets à la fievre & aux autres maladies, que le reste des hommes; quoiqu'on les expose à mille infirmités par la façon dure & presqu'inhumaine dont on les traite : ce qui peut venir de la même cause qui fait que les gens d'un esprit borné se portent mieux & vivent plus longtems que les personnes les plus spirituelles.

Remedes pour la Folie.

1. Après avoir occasionné une détente par les saignées ménagées avec prudence, les bains, & les lavages rafraîchissans mais non épaississans; il faut raser la tête; & y appliquer un pigeon ou un poulet, fendu en deux & encore tout chaud : *ou* la bassiner d'eau-de-vie distilée avec du romarin, du sureau, de la cynoglosse & des racines de buglose; *ou* encore avec de l'huile de fleurs de sureau.

2. L'on frottera la tête des malades, & on leur lavera les pieds, avec une décoction de fleurs de camomille, mélilot, mélisse, & baies de laurier.

3. On leur fera tirer par le nez du suc de consoude, avec deux ou trois cuillerées d'eau miellée; *ou* du bouillon du pot; *ou* du vin blanc, dans lequel on aura mis infuser de l'absinthe & de la sauge.

4. Pendant vingt-cinq jours de suite l'on mêlera dans leur bouillon du matin, une demi-dragme de cendres de tortue; & on assaisonnera leur pot avec de la buglose, de la bourrache, & une pincée de romarin.

Ils mangeront à leurs repas des viandes rôties; comme mouton, pigeons, perdrix, tourterelles, cailles, & chapons; avec de la moutarde, des raves, du cresson, des artichaux, & des asperges.

On les purgera avec une dragme de pilules d'aloës. Et dans tout ce qu'on leur donnera à boire, on mêlera de la sauge, & de la cannelle.

5. Prenez une demi-dragme d'ambre gris; cinq dragmes de réglisse; autant de girofle, de gingembre, & de graines de cardamone; deux dragmes de cannelle; une dragme de bois d'aloës; une dragme & demie de saffran; & trois dragmes de poivre long. Réduisez le tout en poudre bien subtile, & mêlez-le avec autant pesant de sucre. La prise sera d'une dragme & demie dans un peu de vin d'Espagne, ou autre liqueur.

6. *Pour ceux qui ont l'esprit aliéné par accident :* Prenez un pot de terre neuf bien vernissé : mettez-y deux pintes de la meilleure huile vierge; mêlez-y huit à dix poignées de lierre grimpant (les feuilles les plus tendres & les plus vertes sont les meilleures), & une pinte de bon vin blanc. Faites bouillir le tout doucement, jusques à ce que l'humidité soit consumée; ensuite servez-vous-en de cette maniere. Il faut raser le malade, lui frotter la tête avec cette huile : & appliquer le marc en frontal; que l'on ôtera quand la personne sera guérie.

7. On applique un emplâtre d'onguent divin sur les deux temples; & un sur le haut de la tête après avoir rasé cet endroit.

Les folies invétérées peuvent guérir ainsi; ou diminuer. Pour les naissantes, on n'en manque point (dit-on).

8. D'autres concassent des laitues, du pourpier, ou des concombres; les confissent dans le sel & le vinaigre; & en appliquent un frontal.

9. Prenez trois poignées de lierre terrestre : mettez-les dans un pot neuf avec deux pintes du meilleur vin blanc. Faites-les bouillir pendant cinq ou six heures à petit feu; les remuant deux fois, dans cet intervalle, avec une cuiller; faites-les toujours bouillir jusqu'à ce que la liqueur soit réduite à environ un poisson. Après cela pilez ce lierre dans un mortier pendant long-tems, remettez-le dans le pot avec six onces d'huile d'olives; & mêlez bien le tout ensemble jusqu'à ce qu'il soit parfaitement incorporé : pour en faire l'usage suivant.

Faites tondre les cheveux du malade, deux travers de doigt tout autour du front; frottez cet endroit avec la main; trempez vos doigts dans la liqueur; & frottez-en le front du malade pendant un quart d'heure. Après cela prenez la cinquieme partie du marc qui reste dans le pot, mettez-la entre deux linges, & faites-en un bandeau; qui couvre la partie tondue, le front, & les tempes. Continuez cette onction & cette application jusqu'à cinq fois : commençant le soir; puis le matin; le soir suivant; le lendemain; enfin le soir encore; jusques à ce que les cinq parties du marc soient employées.

Durant ce tems, il faut ne fâcher ni contrarier le malade : & on doit le nourrir avec des bouillons de poulet, de veau, ou de mouton.

10. Voyez CHARDON *à cent têtes*, T. I. p. 531. BASILIC. MANIE. EPILEPSIE. VAPEURS.

FOLILETS : *terme de Venerie.* C'est ce qu'on leve le long du défaut des épaules du cerf, après qu'il est dépouillé.

FOLIOLE. *Voyez* FEUILLE, p. 41. 44.

FOLIUM. *Voyez* FEUILLE.

FOLLE ENCHERE. C'est celle qui a été faite par un acheteur qui refuse, ou qui n'est pas en état, de consigner le prix de la chose qui lui a été adjugée. On procede à une nouvelle adjudication à sa folle enchere; de sorte que si la nouvelle adjudication qui se fait à un autre est d'un moindre prix, il est condamné par corps à payer le surplus. Une femme séparée ne peut perdre sa dot par une folle enchere, ni être contrainte par corps. (Voyez le *Journal du Palais.*)

FOLLETTE : *Plante.* Voyez ARROCHE.

FOLLETTE : *Toux* convulsive, catarrhale; & qui a les signes d'une coqueluche. *Voyez* COQUELUCHE.

FOLLICULE : *terme de Botanique.* Bourse membraneuse, qui enveloppe des semences. Telles sont les vésicules du Colutea & de l'Akekenge.

2. *Follicule* signifie aussi, chez les Botanistes, une glande creuse.

FOM.

FOMENTATION. Remede qui se fait ordinairement de décoction d'herbes émollientes & rafraîchissantes pour amollir les duretés du bas ventre; ou de liqueurs astringentes, pour fortifier & resserrer les fibres. La maniere de se servir des fomentations, est d'y tremper des linges, quand elles sont encore toutes chaudes; ou de faire bouillir des sachets de toile remplis des herbes propres à fomenter : & les appliquer chaudement sur les parties malades.

On fait aussi des *Fomentations seches*; telles que sont l'aveine, ou le son, fricassés; qu'on met entre deux linges, & qu'on applique tout chauds sur les rhumatismes : la verveine fricassée, qu'on applique de la même maniere pour les douleurs de côté dans la pleurésie : la pariétaire, qui s'applique au bas du ventre pour la colique néphrétique : les sels & les cendres, qu'on fait chauffer, & qu'on applique sur le cou, pour dissiper les catarrhes.

Pour fomenter d'une maniere facile & très-utile, il faut avoir deux linges ou deux sachets. Les linges doivent être doux, à-demi-usés, & pliés en quatre doubles; on les applique alternativement l'un après l'autre. Il faut les presser un peu auparavant, pour faire tomber une partie de la liqueur dont ils sont imbibés. On prend garde que les linges ne se refroidissent pas sur l'endroit où on les a appliqués : & dès que le malade s'en apperçoit, il faut ôter celui qui s'est refroidi, & mettre promptement à sa place l'autre qui vient d'être trempé dans la décoction chaude. La fomentation doit durer au moins une bonne heure. Il ne faut pas oublier de mettre sous le malade, un drap plié en huit doubles, pour empêcher que la fomentation ne tombe dans le lit, & ne refroidisse le malade.

Voyez BRANCHE-URSINE. FIEVRE *chaude*, p. 57. NARCOTIQUE. RATE.

Fomentation émolliente & rafraîchissante : pour amollir les duretés du foie, de la rate, du bas ventre, & de la matrice.

Faites bouillir dans cinq pintes d'eau commune, jusqu'à la consomption du tiers, feuilles de violier, de mauve, guimauve, seneçon & branche-ursine, de chacune deux poignées; racines de guimauve & de lys, coupées menu, de chacune quatre onces; semences entieres de lin & de fenugrec, de chacune une once; fleurs de camomille & de mélilot, de chacune une poignée. Il faut couler & exprimer la décoction; & s'en servir comme ci-dessus.

Fomentation qui convient dans les indigestions, coliques d'estomac, foiblesses & relâchement de fibres, diarrhée, & lienterie.

Faites chauffer dans un vaisseau sur le feu, des noix séches, & des baies de genievre : mettez le tout entre deux linges; & appliquez-le sur l'estomac. *Voyez* la fomentation suivante.

Fomentation pour les dislocations & contusions.

Concassez des baies de genievre & de laurier, & de l'écorce de grenade, de chacune une once. Hachez menu des feuilles de grande consoude, origan, hieble, scordium, & roses rouges, de chacune une poignée. Ayant bien mêlé le tout ensemble, mettez-le dans des sachets d'une grandeur proportionnée à la partie malade, & les cousez. Faites-les bouillir avec de gros vin noir, ou d'un rouge foncé, jusqu'à diminution du tiers. Laissez un peu refroidir les sachets. Ensuite vous en prendrez un, que vous presserez légerement entre vos mains, & l'appliquerez sur la partie malade; où vous le laisserez environ une heure. Après cela vous le changerez, & en mettrez un autre à sa place; continuant ainsi en les changeant alternativement cinq ou six fois. Enfin vous laisserez le dernier, pendant cinq ou six heures. Cette fomentation est bonne pour affermir les os qui ont été disloqués; fortifier les nerfs, les muscles & les ligamens; & résoudre les tumeurs qui suivent les contusions. Elle est utile aussi pour les indigestions, en l'appliquant sur l'estomac.

FON

FOND *ou* FONDS : *terme d'Agriculture;* synonyme de *Terrein.* On dit : *un bon fond*, *un mauvais fond*, *un fond de tuf*, *d'argille*, &c. Toutes ces manieres de parler signifient que le terrein est propre ou non à nourrir & élever des plantes. Sur tout il n'est pas bon quand le tuf ou l'argille sont trop près de la superficie, par exemple à un pied, un pied & demi, ou deux pieds.

On est toujours dédommagé du travail, quand on cultive un bon fond.

FOND : *terme de Pêche.* Consultez l'article GARENNE *à poisson.*

FOND *de Tonneau.* Voyez DOUELLE.

FONDANTE (*Chair*). Voyez ce mot, sous celui de CHAIR *en fait de fruit.*

FONDANS : *terme de Médecine.* Consultez l'article BÉCHIQUE.

FONDATION : *terme de Droit Civil & Canonique;* qui signifie les dons ou legs qu'on fait en fonds, ou en argent, pour faire subsister quelque Communauté, ou pour quelque œuvre de piété que ce soit. La fondation d'un Monastere est, par exemple, les rentes annuelles qu'on assigne pour la nourriture & entretien d'un certain nombre de Religieux, dont toute l'occupation est de chanter les louanges de Dieu, se sanctifier eux-mêmes dans la séparation du monde, & prier Dieu pour les bienfaiteurs de la Communauté dont ils sont membres. La piété des fideles a été autrefois comme excessive : c'est de là que viennent les grands fonds & biens Ecclesiastiques qui auroient épuisé tous les biens, fonds & facultés des personnes pieuses, si les Princes n'y avoient remédié en empêchant ces accumulations de biens devenus inutiles à la société civile, par diverses voies, & sous des titres honnêtes. De là aussi viennent les présens du Clergé aux Princes, les dons gratuits & autres pieuses subventions; que les Princes haussent ou baissent à proportion des besoins de l'Etat.

Il n'y a pas long-tems que l'on fonde des Messes : autrefois on donnoit en se recommandant simplement aux prieres de l'Eglise : ces libéralités étoient peut-être plus saintes; & de la part des Prêtres les prieres étoient plus désintéressées.

Dans les fondations qui se font aux Eglises, tant pour des obits & services qu'autres vues; les contrats se passent avec les Curés & Marguilliers ou Fabriciens.

Pour avoir la permission de fonder une nouvelle Eglise, il faut obtenir la permission de l'Evêque diocésain; & des Lettres Patentes du Roi. Il est même nécessaire, s'il s'agit d'établir un nouvel Ordre, d'avoir des Bulles du Pape. L'autorité Royale, par rapport au civil & temporel; & l'autorité spirituelle Ecclesiastique & Apostolique, concourent toutes deux pour une légitime fondation.

Lorsque, par la fondation, la qualité sacerdotale est requise, l'ordre de Prêtrise est absolument nécessaire au tems de la collation.

La fondation d'une pension annuelle pour faire prier Dieu, ne se prescrit point : quoiqu'elle soit assignée sur quelque bien particulier, même sur un autre corps; elle produit une action sur tous les biens du fondateur subsidiairement, sans s'arrêter à l'assignat démonstratif ou limitatif. (Delive, L. I. Ch. VI.)

Le FONDATEUR est donc celui qui a doté une Eglise, ou quelques prieres ou œuvres pies. Il peut se réserver le droit de patronage, pour conférer le bénéfice & y avoir les droits honorifiques. C'est aux fondateurs à donner le nom à leurs fondations : & leur intention doit être suivie.

FONDATION : *terme d'Architecture.* Consultez l'article APPAREIL.

Pour que les fondations soient bien solides, elles doivent faire parement des deux côtés : parce que le plus fort parement des moëlons étant mis à l'affleurement des lignes, il contient tout le reste, & l'on est sûr qu'il n'y a point de partie qui surplombe.

FONDEMENT : *terme d'Architecture.* C'est la même chose que FONDATION.

FONDEMENT, ou *Siege.* Endroit du corps humain, par où se vuident les excrémens grossiers. On le nomme encore *Anus.*

Cette partie est sujette à tomber lorsque les fibres qui la soutiennent, perdent de leur élasticité. La chûte peut quelquefois être occasionnée par l'abus des plaisirs de l'amour.

De quelque cause que cet accident provienne; on peut y apporter les remedes suivans :

1. Prenez des scarabées nourris dans de la fiente de cheval, faites-les mourir au soleil dans une bouteille bien close; mettez-les en poudre subtile. Lorsqu'ils seront bien secs, vous en saupoudrerez l'intestin; & donnerez à boire de la décoction de prunelles sauvages pendant plusieurs jours. [Ce remede est violent.]

2. La chûte du *Fondement des vieillards*, se guérit en peu de jours par l'usage de l'eau du colcothar, ou POUDRE IMPÉRIALE *de la Chartreuse.*

3. Il y a des gens à qui le Fondement tombe parce qu'ils sont deux ou trois jours sans aller à la selle, & que leurs excrémens sont trop durs. Alors il est bon de prendre deux fois par semaine, des pilules impériales catholiques dont parle M. Lemery dans sa Pharmacopée : ou user de la composition suivante; extrait d'aloës quatre onces, rhubarbe en poudre une once; malaxez le tout avec le suc de bouillon blanc pour faire une masse de pilules. La dose est depuis un demi-scrupule, jusqu'à une dragme : on les prend en se mettant à table pour souper. (On indique ici le suc de bouillon blanc, plutôt que l'eau-rose; parce que ce suc est un bon correctif de l'aloës, qui sans cela est sujet à faire revenir les hémorrhoïdes lorsqu'on en a été anciennement incommodé.) Ces mêmes pilules peuvent être substituées à celles de Macrobe; & servir de même à prolonger la vie.

Abscès au Fondement. Voyez ABSCÈS *de l'anus.*

Duretés au Fondement, ou *Condylomes.* Consultez l'article MALADIE VÉNÉRIENNE.

FONDRE : *terme de Fauconnerie.* Voyez sous le mot DESÇENTE, aussi terme de Fauconnerie.

FONDRE : *terme de Jardinage*; dont on se sert pour marquer qu'une plante périt. Ainsi on dit : *mes pieds de melons & de concombres fondent ; les laitues, les chicorées, fondent ;* c'est-à-dire, périssent & pourrissent dans le pied. Les couches trop chaudes font fondre les plantes.

FONDRE : *terme d'Art.* C'est liquéfier par la chaleur.

Pour faire fondre une lame d'épée sans endommager le fourreau.

Faites descendre de l'arsenic en poudre au fond du fourreau; ensuite faites-y couler quelques gouttes de jus de citron, & remettez la lame dans le fourreau : elle sera calcinée en moins d'une demi-heure.

FONDRIERS (*Bois*). Voyez *Bois* CANARDS.

FONDS. *Voyez* FOND.

FONTAINE. C'est en général une source d'eau qui coule naturellement.

Voyez EAU. EAUX *Minérales.*

Les Anciens font mention de diverses fontaines qui avoient des propriétés remarquables. A Carthage, il y en avoit une sur l'eau de laquelle on voyoit nager de l'huile qui avoit l'odeur de la raclure d'un citron. On rencontroit auprès d'Heliopolis en Phrygie une fontaine bouillante, qui produisoit des incrustations pierreuses. Il y avoit à Terracine une fontaine dite *Neptunienne :* ceux qui en buvoient, mouroient incontinent. En Arcadie, auprès de la ville de *Clitor*, étoit une caverne d'où sortoit une fontaine qui faisoit (dit-on) haïr le vin à ceux qui avoient bû de son eau. On trouvoit dans l'Isle de Chio, une fontaine sur laquelle on fit une épigramme en vers Grecs, qui avertissoit que son eau qui étoit fort agréable à boire, rendoit l'esprit plus dur que le rocher dont elle sortoit; c'est-à-dire inhabile à tout.

Recherche des eaux : & differentes manieres de les conduire dans les jardins.

Si l'on est voisin de quelque montagne ou côteau, on est presque sûr d'y trouver des sources; à moins que ce ne soit un pays sec & pierreux. Examinez premierement les herbes qui couvrent la terre : si ce sont des roseaux, cressons, baumes sauvages, *vitex*, argentine, jonc, & autres herbes aquatiques; ce sera une marque assurée qu'il y a de l'eau dans ces endroits, pourvû que ces herbes y croissent d'elles-mêmes, & qu'elles soient d'un verd foncé.

2. Vous pouvez encore consulter la couleur de la terre : si elle paroît verdâtre ou blanchâtre, comme sont les terres glaiseuses; il y a assurément de l'eau à peu de profondeur.

3. On peut connoître les sources cachées, en se couchant avant le lever du soleil, le ventre contre terre, le menton appuyé, & regardant le long de la campagne. Si l'on voit en quelque endroit une vapeur humide s'élever en ondoyant, on pourra y faire fouiller.

On observera que les endroits où seront ces herbes, & où l'on verra s'élever des vapeurs, ne soient point humides à leur superficie; comme seroit un marais : il seroit inutile d'y faire fouiller; ces eaux ne provenant point de source, & n'étant que des amas de pluies & de neige fondues.

4°. D'autres disent que des nuées de petites mouches, qui volent contre terre à un même endroit, sont des signes certains qu'il y a de l'eau.

5°. Quelques-uns conseillent de fonder avec de longues tarrieres de fer; qui étant retirées font juger de ce qui est dans l'épaisseur où elles ont pénétré.

Consultez l'article BAGUETTE *Divinatoire.*

SUPPOSÉ que vous ayez trouvé de l'eau en plusieurs endroits d'une montagne; faites faire des puits, de distance en distance : tant pour connoître la quantité d'eau, que pour en sçavoir la profondeur jusqu'au lit de glaise ou de tuf qui la retient. Il ne faut jamais percer ce lit; de crainte de perdre la source.

Consultez l'article *Maniere de trouver de l'*EAU.

Lorsque l'eau sort avec impétuosité, elle dénote une source abondante & haute.

Si la source coule lentement : on peut conjecturer, ou que son eau n'est pas haute; ou que son mouvement est retardé par l'obliquité ou le peu de diametre des passages, ou par la multiplicité des corps étrangers, qui la tiennent comme suspendue.

Toute source qui monte en sortant, vient d'un endroit bas. On peut en sûreté la baisser jusqu'à ce qu'elle ne monte plus : au moyen de quoi on la dégage d'un mouvement forcé, & on la prend dans un lieu où elle a plus de hauteur d'eau au-dessus d'elle; ce qui lui donne plus de vîtesse, d'abondance, & de continuité. On y perd seulement de la pente. L'eau étoit aussi plus nette lorsqu'elle montoit.

Cherchez toujours les endroits les plus élevés; afin de prendre la source dans son origine, & que les eaux venant de plus haut, s'élevent davantage dans les jardins. Faites faire une communication d'un puits à l'autre par des pierrées : choisissez un endroit un peu plat, pour y rassembler toutes ces eaux dans un réservoir; d'où vous les conduirez par des tuyaux, aux places destinées pour les fontaines & jets d'eau. *Voyez* l'article EAU. Consultez aussi RESERVOIR.

Pour connoître quelle hauteur auront ces jets, provenans de l'endroit où vous devez faire le réservoir, vous nivellerez la côte. On ne donne ici que l'usage du niveau appellé communément *Niveau à*

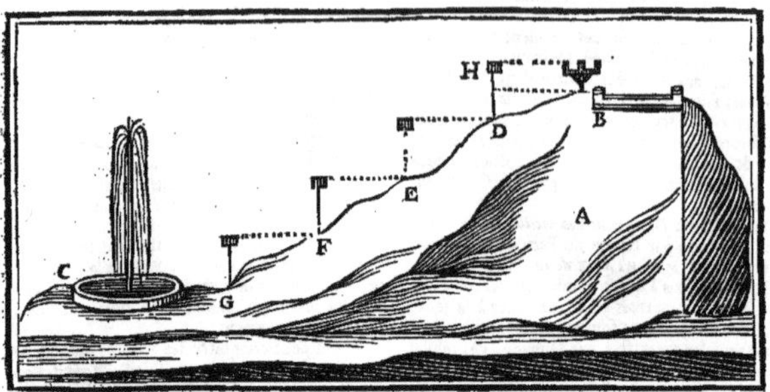

phioles; qui est un des plus justes & plus simples. Consultez-en la description & la figure, dans l'article NIVEAU.

En supposant une montagne A, au sommet de laquelle on a ramassé des eaux dans le réservoir; que l'on veut conduire au bas de la montagne, pour y faire jouer une fontaine: Voici la pratique de niveler cette montagne.

Posez le niveau au haut de la montagne A, à-peu-près au bord du réservoir B. Mettez-le le plus droit qu'il sera possible; & pointez-le vers le bas C, du côté où vous devez faire le nivellement. Prenez de l'eau où vous mêlerez du vinaigre, afin qu'elle devienne colorée, & puisse être distinguée de loin. Remplissez-en le tuyau, de maniere que l'eau remontant dans les phioles, il reste un peu de vuide au dessus. Laissez reposer l'instrument jusqu'à ce que l'eau ne balance plus; ayez même la précaution de couvrir avec du papier l'ouverture des phioles de peur que le vent ne cause quelque agitation à l'eau. Prenez ensuite une longue perche, au bout de laquelle il y ait un carton blanc bien équarri; faites-la tenir par un homme à quelque distance du niveau, comme en D; en la faisant hausser ou baisser, jusqu'à ce que le haut du carton se trouve juste à la ligne de mire H; qui se dirige ainsi: mettez-vous à quelque distance du niveau, posez l'œil & alignez-vous sur la surface de la liqueur contenue dans les phioles, qui conduira votre rayon visuel; suivant lequel vous ferez arrêter la perche à hauteur juste.

Cela fait, vous prendrez la hauteur qu'il y a depuis la superficie de l'eau du réservoir B, jusqu'à la liqueur comprise dans les phioles; que vous diminuerez & marquerez en contre-bas sur la perche; dont la longueur sera seulement comptée depuis cette marque, jusqu'au niveau de l'endroit où elle est fichée. Ayez un papier où vous chiffrerez cette premiere station du nivellement, & les autres suivantes.

Faites ôter cette perche: & à l'endroit D où étoit son pied, reportez le niveau, que vous établirez comme vous venez de faire, pour une seconde opération: & ensuite par plusieurs stations, toujours en descendant de D en E, d'E en F, & d'F en G, vous viendrez à l'endroit C, où doit être la fontaine jaillissante. Vous supputerez toutes les mesures chiffrées, que vous avez marquées sur le papier à chaque station: les joignant ensemble, vous en aurez la somme, & sçaurez au juste combien il y a de pente depuis le sommet B de la montagne, jusqu'au bas C, & de combien de pieds le jet d'eau s'élevera; l'eau remontant toujours presque aussi haut que sa source.

Nota. Il seroit plus avantageux de mettre le niveau entre deux points que l'on veut niveler. C'est le moyen de faire mieux & plus promptement les opérations. Car, on a à chaque fois double distance, en prenant le rayon visuel des deux côtés du niveau: au lieu que, prenant les lignes aussi longues qu'il est possible, ensorte qu'on distingue toujours bien les objets, on abrégera considérablement le travail. Outre cela, l'opération est mieux faite: parce que les deux points extrêmes de la ligne de niveau prise des deux côtés, étant également distans, ils sont parfaitement de niveau: au lieu qu'on n'en est pas si sûr, dans l'autre méthode. Mais comme on ne peut pas toujours rencontrer par la ligne de niveau, exactement le point où elle se termine, ou celui auquel on vise; il suffit alors de viser à quelque autre point de la verticale qui le contient.

La force & la hauteur d'un jet d'eau dépendent de circonstances qui varient beaucoup. Leur détail excéderoit les bornes de cet ouvrage. Voyez D. Bernoulli *Hydrodynamica*; & autres bons livres concernant cette partie de la Physique Mécanique.

Si l'on veut faire monter l'eau plus haut que sa source, on risque de la perdre, & de la détourner de son chemin accoutumé.

Il y a quelquefois bien des obstacles à vaincre, pour faire une conduite d'eau. Tels seront des rochers qu'il faudra briser, de longues distances à remplir, des irrégularités à réformer, &c. Il se rencontre aussi des empêchemens civils. Il faut, par exemple, dédommager ceux par les terres de qui l'on passe, ou que l'on prive de l'eau qu'on détourne pour lui faire prendre une nouvelle route. Ainsi, en général, un particulier doit être fort réservé sur l'entreprise d'une fontaine; à moins que la nature même n'y présente des avantages sensibles.

Au lieu de s'approprier par force, & souvent avec bien de l'injustice, une source que l'on veut conduire ailleurs, au préjudice des habitans voisins qui en usoient: on pourroit les contenter, en même tems qu'on se satisferoit. Il ne s'agiroit que de faire auprès de la source un puits un peu plus bas qu'elle. La source se rempliroit jusqu'à son niveau: & de cette sorte le Seigneur auroit une eau coulante; & le vassal une eau dormante.

Avec les machines qu'on emploie aux mines, ardoisieres, carrieres, &c, on pourroit élever une source considérable, qui se distribueroit ensuite dans des tuyaux. Souvent les frais n'iront pas plus haut que les gages d'un Fontainier, chargé d'entretenir la conduite d'une source éloignée & peut-être moins abondante. *Voyez* ce qui est dit des Machines hydrauliques, dans l'article RESERVOIR.

Si une source passe par un marais ou par une terre infecte ; il faut ôter la terre de cet endroit, & y substituer des pierres, des cailloux, & de gros sable net.

Pour qu'un ruisseau puisse tenir l'eau de source, il est bon d'en faire couler l'eau à travers une épaisseur considérable de gros sable ; afin qu'elle s'y purifie.

Ceux qui, n'ayant qu'une petite quantité d'eau, veulent en suspendre le cours pendant un tems pour en avoir ensuite davantage, la perdent souvent tout-à-fait. Ce qu'on peut faire de mieux, est de la faire entrer dans un grand réservoir ; & de tâcher qu'elle ne coule que le jour, ou même quelques heures tous les jours.

Pour se procurer des Eaux & Fontaines naturelles, très-bonnes pour les hommes & les bestiaux ; dans les lieux où il n'y a ni source, ni puits, ni ruisseau, ni citerne.

Si la maison est au pied d'une montagne ; prenant garde que l'eau qui tombe du Ciel ne se perde point par quelque trou ou fente de la montagne, vous pourrez ramasser une grande quantité d'eau, & la faire descendre au pied de votre maison. S'il y a quelque ouverture par où l'eau puisse se perdre, fermez-la de pierre & de terre ; puis faites ensorte qu'elle ne s'écoule ni à droite ni à gauche : & ayant construit une espece de chaussée dans toute la circonférence, faites maçonner des pierres du premier réservoir sans mortier, afin que les eaux puissent passer jusqu'au second ; ou bien faites faire une grille de métal ou une platine percée de petits trous, afin qu'il ne passe rien que l'eau. Quand elle aura ainsi passé au travers du sable & par le premier réservoir, elle sera bien épurée en arrivant au second & au bas de ce réservoir, parce que le premier réservoir sera grand, & découvert comme un étang. Il faudra faire un troisieme degré plus bas que les deux autres, duquel sortiront les eaux pour l'usage de la maison. Vous pourrez décorer la face du réservoir, du côté que l'on tirera l'eau ; & planter des arbres à droite & à gauche, que vous ferez courber en forme de tonne ou de cabinet pour embellir votre fontaine.

Si la maison est un château entouré de fossés, vous pourrez y conduire cette eau par des tuyaux. *Consultez* l'article EAU.

Attendu que les pluies d'orage, & les eaux qui descendent avec précipitation des montagnes, peuvent charrier quantité de terre, de sable, & autres choses ; il faut mettre de grosses pierres au travers des endroits par où elles découlent. La violence des eaux étant ainsi amortie, elle se rendra plus doucement dans le bas.

Si la maison est à un demi-quart de lieue de la montagne, on y peut faire venir la fontaine quand les eaux qui en descendent vont tomber dans les prairies, assez loin de la maison ; en pratiquant des fossés ou rigoles, depuis le pied de la montagne. Quand vous les aurez ainsi conduites jusqu'à la plaine vers le côté de la maison, garnissez le reste du chemin en tuyaux de plomb, de terre ou de bois.

Pour faire une fontaine dans un lieu champêtre & *en plat pays*, où la terre est de niveau, on doit donner de la pente à force d'hommes ; ce qui est d'une grande dépense : & le terrain devant être élevé d'un côté & abaissé de l'autre, il faut nécessairement le paver. En voici la pratique. On choisit un champ bien près de la maison. Ayant tendu des cordeaux, & préparé nombre d'ouvriers, on fait ôter la terre du bout le plus près de la maison, dans l'endroit où l'on veut pratiquer les réservoirs : & on les fait porter à l'autre bout du champ. Par ce moyen, on ne peut baisser de deux pieds la partie voisine de la maison, sans que l'autre partie se trouve plus haute de quatre pieds ; qui feront une hauteur suffisante pour amener toutes les eaux des pluies qui tomberont dans le champ. Le pavé coûtera plus ou moins, selon la commodité des matéreaux qui se trouveront sur les lieux, & le plus ou moins d'étendue qu'il faudra paver.

Il ne s'agit pas d'y employer un pavé taillé, ni choisi de pierre dure comme celui des villes, ni assis avec du sable, s'il ne s'en trouve sur le lieu : il suffit de les poser simplement avec de la terre. S'il se trouve des pierres plattes, comme l'on en voit en plusieurs pays, il faut les mettre de plat, afin qu'elles tiennent plus de place : au reste, pourvû qu'elles puissent empêcher que les terres ne boivent l'eau, il n'importe pas de quelle maniere elles seront mises.

Si vous n'avez point de pierres, foncez la fontaine en brique ou en argille.

Voici un moyen dont on peut se servir en plat pays ; lorsqu'on n'a ni pierre, ni brique, ni argille. On choisira une piece de terre près de sa maison ; & l'ayant haussée d'un bout comme j'ai dit ci-devant ; on battra la terre fort unie, avec un maillet. Lorsqu'elle sera bien dressée, on fera les deux réservoirs, comme j'ai dit ci-dessus : on cherchera dans les prés ou les bois, de la terre qui soit bien garnie d'herbe, pour en foncer le terrein : & afin que les racines des herbes entrent d'un gazon à l'autre, on remplira tous les joints avec de la terre fine. On n'a pas à craindre que la terre boive les eaux avant qu'elles se rendent aux réservoirs : on voit des milliers d'endroits qui n'ont pas trois pieds de pente, où néanmoins les pluies se rendent à la partie basse des prés, & y demeurent longtems avant que les terres les ayent bues. La quantité des herbes & des racines empêche que la terre ne succe l'eau, comme feroient des terres ouvertes par le labour. Les fentes qui surviennent en été à cause de la sécheresse, pourront boire une partie de l'eau ; mais l'inclinaison ou pente du terrein fait que les eaux se rendent promptement entre les sables qui sont au-dessus du premier réservoir. Si on borde d'arbres cette prairie inclinée, l'ombre empêchera que les gazons ne se fendent. Il pourroit être utile de laisser croître l'herbe des gazons sans la couper : les pluies qui descendroient du haut en bas feroient coucher l'herbe ; qui alors serviroit de couverture aux fentes de la terre.

Si le terrein où on a pratiqué une chûte d'eau, ne suffit pas pour toute l'année, & qu'il vienne à tarir ; on en disposera de même un autre. On pourra encore mettre un robinet à sa fontaine pour l'usage de la maison ; & faire un réservoir à côté pour tirer de l'eau dont on abreuvera le bétail. Ce robinet, placé sur un coin de la fontaine, & ouvert pour laisser couler l'eau dans l'abreuvoir peu avant l'arrivée du bétail, fournira une eau pure & nette.

FONTAINE : Ouvrage *d'Architecture & de Sculpture*, qui sert à la décoration & à l'utilité des villes & des jardins. On lui donne différens noms ; selon sa situation, ou sa forme.

Diverses dénominations des Fontaines par rapport à leur forme.

FONTAINE *en Source*. Espece de gouffre d'eau qui sort de l'ouverture d'un mur ou d'une pierre avec impétuosité, sans aucune décoration ; comme la fontaine de l'eau de Trevi à Rome.

FONTAINE *Couverte*, comme sont la plupart des fontaines de Paris : est une espece de Pavillon de pierre, isolé, quarré, rond, ou à pans, ou d'autre figure, ou adossé en renfoncement, ou en sailte ; qui renferme un réservoir pour en distribuer l'eau par un ou plusieurs robinets dans une rue, un carrefour, ou une place publique.

FONTAINE *Découverte*, se dit de toute fontaine jaillissante, avec bassin, coupe & autres ornemens : le tout à découvert, comme celles de nos jardins, & des vignes & places de Rome.

FONTAINE *Jaillissante*, s'entend de toute fontaine dont l'eau jaillit & s'élance par un ou plusieurs jets ; & retombe par gargouilles, en napes, en pluie, &c.

FONTAINE *à Bassin*. On appelle ainsi les fontaines qui n'ont qu'un simple bassin, de quelque figure qu'il soit ; au milieu duquel est un jet, comme à l'orangerie de Versailles ; ou bien une statue ou un groupe de figures, comme aux fontaines des quatre saisons au même lieu.

FONTAINE *à Coupe* : celle qui, outre son bassin, a une coupe d'une seule piéce de pierre ou de marbre, portée sur une tige ou un piédestal ; laquelle reçoit un jet, qui s'élance du milieu & forme une nape en tombant : comme la fontaine de la cour du Vatican ; dont la coupe, de granit, est antique & tirée des thermes de Titus à Rome. *Voyez* COUPE *de Fontaine*.

FONTAINE *en Pyramide* : celle qui est faite de plusieurs bassins ; ou coupés par étages en diminuant, portés par une tige creuse, comme la fontaine de Monte Dragone à Frescati ; ou quelquefois soutenus par des figures, poissons ou consoles, dont l'eau en retombant fait des napes par étages, & forme une pyramide d'eau, comme celle qui est à la tête des cascades de Versailles, faite par Girardon.

FONTAINE *Statuaire*, est celle qui étant découverte, isolée, ou adossée, est ornée de plusieurs statues, ou d'une seule qui lui sert d'amortissement ; comme la fontaine de Latone à Versailles, & celle du Berger à Caprarole. Il y a de ces statues qui jettent de l'eau par quelques-unes de leurs parties, ou par des conques marines, vases, urnes & autres attributs aquatiques ; comme les fontaines d'Ausbourg en Allemagne.

FONTAINE *Rustique* : celle qui est composée de rocailles, coquillages, pétrifications, &c ; & qui a des bossages rustiqués, ou taillés de glaçons : comme il s'en voit à Fontainebleau.

FONTAINE *Satyrique* : espece de fontaine rustique, en maniere de grotte ; ornée de termes, faunes, sylvains, baccantes, & autres figures satyriques, qui servent autant à la décoration qu'aux jets d'eau. Ces fontaines sont ordinairement placées au bout des allées, & dans les lieux les plus reculés d'un jardin, près des ruines & des plantes sauvages ; comme celle de la grotte de Caprarole.

FONTAINE *Marine* : celle qui est composée de figures aquatiques, comme divinités, nayades, tritons, fleuves, dauphins, & divers poissons & coquillages ; ainsi que la fontaine de la place Palestrine à Rome, où une coquille soutenue de quatre dauphins, sert de coupe, & porte un triton qui lance un jet d'eau avec une conque marine : elle est du dessein du Cavalier Bernin.

FONTAINE *Navale*, est celle qui est formée en bâtiment de mer : comme en barque, ainsi qu'à la place d'Espagne ; en galere, à Monte Cavallo ; en navicelle, devant la vigne Mathéi à Rome, & au jardin de Belveder à Frescati.

FONTAINE *Symbolique* : celle dont les attributs, les armes ou pieces de blazon, sont le principal ornement, & annoncent celui qui l'a fait bâtir : comme la fontaine de Saint Pierre in Montorio ; laquelle ressemble à un Château flanqué de tours & donjonné, qui représente les armes de Castille ; & autres fontaines de Rome, entre lesquelles on voit à la vigne Pamphile, celles de la fleur de lis & de la colombe, qui sont les pieces de blazon de la maison du Pape Innocent X.

FONTAINE *en Niche* : celle qui est dans un renfoncement circulaire par son plan, & dont l'eau tombe par napes en plusieurs coupes dans un bassin extérieur ; comme à la vigne Aldobrandine à Frescati : ou bien il n'y a qu'un jet qui s'élance ; comme à celle de marbre du petit jardin du Roi à Trianon.

FONTAINE *en Arcade* : celle dont le bassin & le jet sont à plomb sous un arcade à jour ; comme les fontaines de la colonnade & de l'arc de triomphe d'eau, à Versailles : & de la vigne Pamphile à Rome.

FONTAINE *en Grotte* : celle qui est en renfoncement, en maniere d'antre qui imite la nature ; comme la fontaine du rocher dans le jardin de Belveder au Vatican, & celle du Mascaron dans la vigne Borghese à Rome.

FONTAINE *en Buffet* : espece de crédence renfermée dans une balustrade quarrée ou circulaire, où plusieurs jets de figures d'animaux & de vases se rendent dans une cuvette ou bassin élevé. Ces fontaines sont ordinairement placées au pan coupé du concours de deux allées : comme il s'en voit à l'entrée de la vigne Montalte à Rome, & à côté de l'arc de triomphe d'eau à Versailles. *Voyez* BUFFET.

FONTAINE *en Portique* : espece de château d'eau, en maniere d'arc de triomphe à trois arcades ; comme l'aqua felice de Termini, où est la statue de Moïse : ou à cinq arcades adossées contre un réservoir ou receptacle d'Aquéduc, comme l'aqua paula sur le Mont Janicule à Rome : l'une & l'autre de ces fontaines sont d'ordre Ionique, avec des attiques & inscriptions.

FONTAINE *en Demi-Lune* : celle dont le plan est circulaire ; avec une, deux, trois, ou plusieurs arcades, renfoncemens ou niches, en maniere d'une petite demi-lune ; comme la fontaine d'eau médicinale, appellée *Aqua Acetosa*, du dessein du Cavalier Bernin, près de Rome.

Diverses especes de Fontaines, par rapport à leur situation.

On nomme FONTAINE *Isolée* : celle qui étant au milieu d'un espace, n'est attachée à aucun des bâtimens qui l'environnent ; comme les fontaines de la place Navone à Rome.

FONTAINE *Adossée*, s'entend de toute fontaine qui tient à quelque mur de clôture, de face ou de terrasse, ou à un perron, en avant corps ou arriere corps ; autant pour terminer un point de vûe que pour augmenter la décoration : comme il s'en voit à plusieurs vignes de Rome.

Une FONTAINE *en Renfoncement*, est celle qui est reculée au de-là du parement d'un mur dans un renfoncement quarré ou cintré, de certaine profondeur ; & qui répand son eau par une gargouille, une nape, ou une cascade : comme la fontaine du pont Sixte, qui termine agréablement la *Strada Julia*, l'une des plus belles rues de Rome.

FONTAINE *d'Encoignure* : celle qui sert de revêtement au pan coupé du coin de l'Isle d'un quartier, comme celles du carrefour des quatre fontaines à Rome.

FONTAINES DOMESTIQUES. On nomme ainsi des vaisseaux où l'on conserve habituellement dans l'intérieur de la maison une certaine quantité d'eau pour divers usages fréquens. *Consultez*

tez ce que nous en avons dit dans l'article CUIVRE. Il y a des fontaines de métal, vers le milieu desquelles est un lit de sable, où l'eau dépose les impuretés qui l'empêchent d'être claire. Ce sable doit être souvent retiré & bien lavé ; quand on veut jouir de tout l'avantage de la filtration.

M. *Amy*, Avocat de Provence, a publié à Paris en 1747 & dans les années suivantes, divers écrits tendans à persuader que le fer ou d'autres matieres doivent être préférées au cuivre pour garder l'eau qui sert à nos alimens. Il a imaginé des fontaines de plomb, d'étaim, de fer blanchi, de terre, de fayance, *&c* : qui, outre l'exemption du verd de gris auquel le cuivre est ordinairement sujet, ont l'avantage d'une disposition singuliere. Il y emploie divers filtres ; dont les plus communs, & à tout prendre, les plus avantageux & les plus commodes, sont le sable & l'éponge. Consultez le *Journal Œconom.* Février & Mars 1751 ; Mars & Avril 1752 ; Mai, Juin, Juillet, Août, & Septembre 1753.

En général on peut filtrer l'eau commodément & sans frais avec deux vaisseaux : dont l'un soit un cône creux, percé à son extrêmité ; laquelle entre dans l'autre vaisseau placé debout. A certaine profondeur du cône est une éponge qui en remplit exactement toute la capacité. La forme conique retient l'éponge à la hauteur où on l'a mise : & l'eau passe claire.

FONTAINIER. C'est celui qui sçachant l'hydraulique, pratique dans la conduite des eaux, pour les jeux des fontaines ; & qui veille à l'entretien de leurs tuyaux. Ce nom se donne encore à ceux qui travaillent sous lui.

En Latin, il est nommé *aquilex* ; de *legere aquas*, amasser les eaux.

Ciment des Fontainiers. Voyez sous les mots CIMENT & MASTIC.

FONTE *ou* CATARRHE. Maladie du bétail, à laquelle les vaches sont particulierement sujettes. Ses symptômes sont décrits dans l'article BÉTAIL, sous le titre *Des maladies qui surviennent aux bestiaux*.

FONTE *de Fer*. Consultez l'article FER.

FOO

Bear's FOOT. *Voyez* ELLEBORE NOIR, *n.* 2.

FOR

FORAGE : *terme de Coutume*. C'est un droit Seigneurial, que le Seigneur leve sur ses sujets qui vendent du vin en troc, soit en détail, soit en gros. Ce mot vient de *Forare*, percer : selon Ménage. Mais Borel prétend que forage est un impôt sur le vin qui vient de dehors ; & il insinue par-là que forage, vient du Latin *Foras*.

FORCE *de l'Eau*. Consultez l'article EAU.

FORCEAU *de Charrue*. Voyez CHARRUE, *n.* 8.

FORCEAU : *terme d'Oiseleur*. Voyez *Pauforceau*.

FORCER *le Cerf ; le Loup*. Consultez l'article VENEUR.

FORCES (*Entretenir les*). Consultez l'article VIEILLESSE.

FORCES (*Réparer les*). Voyez RESTAURANS.

FORCIERE. *Voyez* ETANG.

FORCINE : *terme de Bucheron*. C'est un renflement qu'on apperçoit à l'angle qui s'est formé par la réunion d'une grosse branche avec le tronc d'un arbre.

FORESTIER. *Consultez* l'article GRURIE.

FORÊT. Ce nom est donné proprement à une grande étendue de terre, couverte de haute futaie : mais on y comprend indistinctement tout terrein très-considérable qui est en bois. La Forêt Hercinienne (ou Noire) occupoit autrefois une grande partie de l'Europe. La forêt d'Orléans est presque toute réduite en taillis.

Voyez ACCUTS, BOUTIS, FUTAIE, BOIS, FERMER.

Les Anciens révéroient les forêts ; s'imaginant que leurs Dieux habitoient quelquefois dans le fond des forêts les plus épaisses & ombragées. On bâtissoit des Temples dans celles qui étoient les plus sombres, parce que l'ombrage & le silence qui y régnent inspirent des sentimens extraordinaires de dévotion, & font rentrer les hommes en eux-mêmes. C'est pourquoi les Druides faisoient leur séjour & leurs Sacrifices dans la solitude des forêts.

Sous les deux premieres races de nos Rois, la France étoit si remplie de bois & de forêts, qu'on n'en prenoit soin que par rapport à la chasse. Les Rois avoient établi pour cela des Gardes ou Forestiers, qui n'étoient chargés que de la garde des bêtes & des garennes, & n'avoient aucune Jurisdiction ; ils rendoient compte de leurs charges aux grands Veneurs ou Commissaires généraux, que les Rois envoyoient tous les ans dans les Provinces. Ce fut sous Philippe-Auguste qu'on commença à conserver les bois & forêts : l'on continua sous Philippe III, Charles V, & Charles VI, qui firent des Ordonnances pour la conservation des bois & forêts de leur domaine, & établirent des Maîtres & autres Officiers pour les faire exécuter. Sous François I les forêts furent conservées avec plus de soin que jamais. Avant Henri III la charge de Maître des Eaux & Forêts étoit unique ; & toujours remplie par des personnes des maisons les plus distinguées ; comme de Montmorenci, Châtillon, Harcourt, Estouteville, Lévi, Alegre. Henri III la supprima par son Edit de l'an 1575 : & créa six Conseillers Grands Maîtres Enquêteurs & généraux réformateurs des Eaux & Forêts. Il y a eu depuis plusieurs augmentations & suppressions d'Offices faites en différens tems.

Les Eaux & Forêts du Royaume sont distribuées en dix-sept grandes Maîtrises ; dans chacune desquelles il y a des grands Maîtres anciens, alternatifs & triennaux, qui ont été crées par Edits de 1689, 1703, & 1706. La Jurisdiction des Eaux & Forêts, établie à la Table de Marbre du Palais à Paris, est fort ancienne & d'une grande étendue : elle a été instituée pour connoître des abus & malversations qui se commettent dans les bois du Roi & dans ceux des particuliers ; comme aussi de toutes les entreprises faites dans les bois, garennes, rivieres, isles, ilots, moulins, pêches, chasses, droits de gruries, & tant au Civil qu'au Criminel entre toutes personnes de quelque qualité & condition qu'elles soient. Son ressort s'étend plus loin que celui du Parlement de Paris : car outre les appellations des Maîtrises & des Jurisdictions particulieres pour le fait des Eaux & Forêts qui sont dans l'étendue du ressort du Parlement de Paris, elle reçoit encore celles des autres Parlemens où il n'y a point de Table de Marbre.

Voyez EAUX & FORÊTS.

FORÊT : *terme de Charpentier*. Expression métaphorique. *Voyez* sous le mot CHARPENTE.

FORFAITURE (*Bois de*). Voyez sous le mot BOIS.

FORGE (*Crasse de*). Voyez AMENDER, *n.* 10.

FORGE (*Feu de*). Consultez le mot FEU.

FOR-HUER : *terme de Chasse*. Crier pour avertir qu'on voit la bête ; lorsque l'on n'a ni cors ni cornet.

FOR-HUS, ou *Four-Hus*. Ce sont les menus intestins de cerf : que l'on donne aux chiens au bout d'une fourche émoussée ; durant le printems & l'été, après qu'ils ont mangé la mouée & le coffre du cerf.

Consultez l'article CHIEN, p. 596.

FOR-MARIAGE : *terme de Coutume*. C'est un mariage fait sans l'aveu des Seigneurs, ou entre personnes de conditions inégales : pour raison de quoi, en quelques Coutumes, comme en celles de Troies, & de Vitri, il est dû un certain droit au Seigneur. Par les Coutumes de Bourgogne, les gens de serve condition ou de main morte, ne se peuvent aussi marier à femmes franches, ni hors la Justice du Seigneur, sans permission ; & doivent l'amende de for-mariage, ou un certain droit qui porte le même nom. En quelques lieux on dit, *Feur-mariage* & *Mes-mariage*.

FORME : *terme de Chasse*. C'est l'espace de terre que l'on couvre d'un filet tendu pour chasser aux oiseaux, principalement à ceux de marécages.

2. On dit la FORME *d'un Lievre*, en parlant de son gîte.

FORME est aussi la même chose qu'Éclisse ; pour le fromage.

FORMER ; & *Façonner*. Ces termes signifient la même chose *en Jardinage*. Il faut prendre soin de bien former & façonner un arbre : & c'est par le moyen de la taille, *&c.*

FORMÉES (*Fumées*). Ce sont des fientes de bêtes fauves, dont la forme est à-peu-près en crottes de chevres, mais qui sont plus grosses.

FORMES. On nomme ainsi, en Fauconnerie, les femelles des oiseaux de proie.

FORT (*Percer dans le*) : terme de Chasse. *Voy.* BROSSER.

FORT (*Sortir du*). Voyez SORTIR.

FORTE (*Terre*). Voyez TERRE.

FORTIFIANS (*Remedes*). Voyez RESTAURANS.

FORTIFIER *le vin devenu foible*. Voyez ce titre dans l'article VIN.

FORTIFIER *le cerveau*, *le cœur*, & les *esprits*. Voyez *Calotte*, dans l'article TOUX. FRONTAL. CŒUR. ELIXIR *de santé*. ELIXIR *camphre*. ÉPUISEMENT. CAFFÉ. RUE. Bois d'ALOES.

FORTIFIER *les nerfs*. Voyez FOULURE. NERF.

FORTRAIT. *Consultez* ce mot entre les maladies du CHEVAL.

FORTUNE (*Faire*). Consultez les articles ŒCONOME. ŒCONOMIE.

FOS

FOSSE. Creux en terre. On fait des fosses pour planter des arbres (*Voyez* ARBRE. *Culture des* BOIS) ; des fosses dans les vignes pour les cultiver & provigner ; des fosses dans les basses-cours pour y mettre du fumier ; des fosses d'aisance dans une maison pour y recevoir & rassembler les excrémens humains : des fosses de Taneurs pour y préparer les cuirs avec le tan.

FOSSE *à chaux*. C'est un creux fouillé en terre, pour y conserver la chaux éteinte, & en faire du mortier à mesure que les maçons qui travaillent à un bâtiment peuvent en avoir besoin.

FOSSE *à charbon*. Consultez l'article CHARBON.

FOSSE *pour piege*. Consultez l'article LOUP.

FOSSE *du cœur*. Voyez XIPHOÏDE.

FOSSÉ. Tranchée que l'on fait en terre. Il est ordonné aux Propriétaires riverains des Bois du Roi, de faire des fossés entre ces bois & les leurs.

Dans un Domaine de campagne, on fait des fossés pour égoutter des terres ou des prés ; ou pour faire des séparations, rompre un passage, pratiquer un coulant d'eau, *&c.* Consultez les articles PÂTURAGE. *Labourer en* BILLONS. ÉGOUTTER *les terres*.

Quand on fait la berge de ces fossés avec de la terre séche, elle s'écroule bientôt. Mais elle subsiste plusieurs années lorsqu'elle a été faite avec de la terre humide & pour ainsi dire réduite en mortier.

FOSSÉ : *terme d'Architecture*. Espace creusé quarrément, de certaine profondeur & largeur, à l'entour d'un Château ; autant pour le rendre sûr & en empêcher l'approche, que pour en éclairer l'étage souterrain.

Un FOSSÉ *à fonds de cuve*, est celui dont les coins ou angles de l'enfonçure sont arrondis.

FOSSÉ *revêtu* : celui dont l'escarpe & la contrescarpe sont revêtus d'un mur de maçonnerie en talus ; comme au Château de Maisons.

FOSSÉ *Sec* : celui qui est sans eau, avec une planche de gazon qui régne au milieu de deux allées sablées ; comme au Château de Saint Germain en Laie.

FOU

FOUGERE ; en Latin, *Filix* : & *Fern* en Anglois. M. Tournefort, & les Auteurs qui l'ont précédé, ont restreint ce nom à un seul genre. M. Linnæus l'a étendu à toutes les plantes dont les parties que l'on regarde comme les fleurs, sont analogues à celles des fougeres proprement dites.

Il n'y a que l'hiver où on ne trouve point ces plantes dans nos campagnes : & rarement les rencontre-t-on sans fleurs. Avant que les feuilles se soient déroulées, on apperçoit sur leurs pédicules un velu abondant ; formé par des lanieres qui se détachent de l'épiderme, ou peut-être par l'épiderme même ainsi divisé en petites lanieres plus ou moins longues & larges, qui brunissent ; & sont plates & sans figure déterminée. Le dessous des petites feuilles en est encore quelquefois chargé : & il y en a toujours à la base des pédicules tant que les plantes subsistent. Telles sont les Capillaires, & autres plantes connues en Botanique sous les dénominations de *Dorsiferes*, & *Epiphyllospermes*.

La FOUGERE *proprement dite*, a de longues & larges feuilles cassantes, dures, vertes, d'une odeur forte qui n'est pas désagréable, découpées en beaucoup de pinnules presque jusques tout contre le nerf, & déployées en forme d'aile. Leurs pinnules sont arrondies, ou aiguës. Le revers de ces feuilles est écailleux. M. Tournefort y a reconnu, à l'aide du microscope, des capsules presque ovales qui s'ouvrent avec élasticité : dont plusieurs répandent une poussiere très-noire & fort menue. Comme on a remarqué qu'il venoit promptement de jeunes fougeres dans un terrein où l'on avoit mis des feuilles de fougere femelle garnies de leurs capsules ; on a présumé que cette poussiere étoit la semence. Césalpin croit qu'elle est renfermée dans le duvet ou velu dont nous avons parlé.

Au reste, le P. Plumier dit avoir observé la fleur de la fougere. Celle des *Trichomanes* de M. Linnæus est même assez distincte. On aura peut-être obligation à M. Micheli de reconnoître les fleurs de toutes les plantes de cette classe.

Especes.

1. *Filix ramosa major, pinnulis obtusis non dentatis* C. B. La *Fougere femelle.* Elle est fort commune dans les bois & dans les endroits incultes. Ses racines sont longues, traçantes, noirâtres ou jaunes, ligneuses, un peu ameres & d'une saveur ingrate. En coupant transversalement cette partie de la plante, on prétend y appercevoir quelque chose d'approchant d'une figure d'aigle : & c'est le rudiment de la plante future ; dit *l'Historia Plantar.* de Boerhaave. Ses feuilles sont branchues. Les fruits sont dans des especes de sinus que forme le bord des pinnules en se repliant aux approches de l'automne.

2. *Filix non ramosa, dentata* C. B. La *Fougere mâle.* Sa racine est grosse, charnue, noire, très-garnie de fibres, comme écailleuse, & a une saveur styptique. Les feuilles ne sont point branchues. Les fruits sont sensibles au dos des pinnules, où on les voit communément plusieurs auprès les uns des autres : Consultez M. Tournefort *Instit. R. Herb.* Planches 311-2. Cette espece est ordinaire dans les bois, surtout aux endroits secs.

3. *Filix mollis sive glabra, vulgari mari non ramosæ accedens* J. B. Celle-ci vient dans des endroits marécageux.

4. *Filix baccifera* Cornuti. Cette espece est du Canada. Elle produit, le long de ses tiges, de petites rocamboles ; qui servent à la multiplier, de même que les semences qui sont au dos des feuilles.

5. *Filix ramosa minor* J. B. On la trouve dans les bois, sur le chêne. Ses pinnules sont dentelées. *Consultez* M. Tournefort, *Environs de Paris*, Herb. IV.

Il y a grand nombre d'autres especes ou variétés ; particuliérement en Amérique. Le Chevalier Hans Sloane en a indiqué beaucoup dans son Histoire Naturelle de la Jamaïque. Nous en avons plus de quatre cens dans l'ouvrage de M. Pétiver, intitulé *Pterigraphia Americana.* Le P. Plumier a aussi donné, en Latin & en François, un *Traité des Fougeres de l'Amérique.*

Usages.

La racine du *n.* 1 entre dans des tisanes adoucissantes & apéritives. Simon Paulli confirme ce que Dioscoride a dit de la vertu de cette racine pour faire mourir les vers : un gros suffit pour cela. Quelques-uns en donnent quatre gros dans de l'eau mielée, pour faire mourir les vers larges ; & veulent qu'auparavant on ait mangé de l'ail.

L'eau distillée de cette racine peut produire le même effet. Un gros de la racine pris dans quelque liqueur appropriée, pousse les urines, & désopile le foie & la rate. Le mucilage qu'on tire des racines fraîches pilées, est un remede pour la brûlure. La décoction de fougere est très-utile dans le gonflement de la rate : on pile aussi cette racine, pour l'appliquer sur la rate en forme de cataplasme. On peut substituer les feuilles de fougere au capillaire dans les maladies de la poitrine.

Les gens de la campagne en font sécher les feuilles à l'ombre, pour former des especes de paillasses, où ils mettent toujours coucher leurs enfans noués.

On prétend que l'usage interne de cette fougere rend les femmes stériles. Ses feuilles fraîches, mangées parmi d'autres herbages, lâchent le ventre. Sa racine, étant mise dans un tonneau, empêche le vin de s'aigrir.

Après avoir brûlé toute la plante, on en tire par lixiviation un sel, qui est un grand fondant ; & dont on se sert dans les verreries.

Elle meurt (dit-on) en deux ans, quand on l'empêche de pousser ses branches.

La racine du *n.* 2 est adoucissante & pectorale.

On prend souvent le *n.* 5 pour le Polypode. Il peut effectivement lui servir de substitut.

FOUGERE FLEURIE, ou *Osmonde* : en Latin *Osmunda.* Ce genre de plantes differe de la fougere proprement dite, en ce que ses semences ne sont pas placées au dos des pinnules ; mais naissent en espece de grappe, séparée des feuilles. Chaque fruit est une capsule ronde, qui s'ouvre horizontalement, & où sont de très-petites semences ovales.

Especes.

1. *Osmunda Regalis, sive Filix florida* Park. Elle est branchue ; & vient dans des terreins humides. Les pinnules ne sont pas dentelées ; & il y a plus de distance entre leurs rangs qu'à celles des fougeres. Les péduncules qui portent les semences sont quelquefois étendus en feuilles par le haut ou à leur origine : & alors il n'y a de semences que sur la partie qui n'a pas pris cette extension : *Observ.* de M. Guettard *sur les Pl.* T. I.

Dodonée prétend que cette plante ne vient pas de graine. M. Tournefort assure qu'il en a trouvé plusieurs jeunes pieds fort petits, au-dessous des vieux pieds : consultez sa sixieme *Herborisation.*

2. *Osmunda foliis Lunatis* Inst. R. Herb. On la nomme *Petite Lunaire*; *Lunaire à grappes.* Cette plante vient sur des montagnes. Elle ne s'éleve qu'à quatre ou cinq pouces de terre. Ses racines sont des fibres noirâtres assez longues. Il en sort une seule feuille d'un verd pâle & comme cendré ; dont le nerf est assez gros : & depuis environ le milieu de sa longueur, jusqu'à son extrémité, sont placées alternativement une à une, des folioles courbes, larges d'à-peu-près huit lignes sur six de hauteur ; dont les unes recouvrent les autres comme des tuiles de toît. Le péduncule de la grappe est long & fort. La grappe peut avoir un pouce & demi de long. Consultez M. Tournefort *Herb.* VI ; & la 78e *Planche* de M. Garidel, *Hist. des Plantes d'Aix.* La crédulité & l'ignorance ont donné de la célébrité à cette plante. Non seulement les Alchymistes se sont flatté qu'elle leur seroit utile pour la réussite de leurs opérations ; mais le vulgaire soutient qu'un cheval qui passe dessus est déferré à l'instant, *&c* : aussi l'appelle-t-on *Sferra-Cavallo*, dans le voisinage des Alpes. Il m'a paru que la plupart de ceux qui accréditent cette superstition ne connoissent pas même la plante dont il s'agit ; quoique l'on ne manque pas de gens qui disent avoir été témoins de son effet. Ne pouvant tirer d'eux aucune description de la plante merveilleuse, je fis mettre des bandes de fer clouées sous les souliers d'un de ces prétendus connoisseurs & qui disoit être en état de me la montrer en plusieurs endroits. Je pris aussi un bâton garni d'une lame de fer assez épaisse, large d'environ deux pouces. Mon guide ne trouva rien partout où il me conduisit. Nous rencontrâmes plusieurs fois la *Petite Lunaire* : je le fis passer & repasser dessus ; j'y présentai mon bâton en divers sens, & avec différens degrés de force ; toujours sans appercevoir la moindre attraction. Je n'obtins d'autre aveu du paysan, que celui de la grande ressemblance qu'il y avoit entre cette osmonde & la plante si vantée.

On peut donner depuis un gros jusqu'à quatre scrupules de la poudre de cette plante séche, dans du vin, pour la dysenterie. * Garidel, *Pl. d'Aix.*

La décoction de la racine, ou la racine même des jeunes pousses du *n.* 1 ; ou l'eau distillée de leurs racines, à deux onces par jour ; sont très-utiles pour les enfans noués : pourvû que l'on en continue l'usage pendant quelque tems.

Cette racine s'emploie aussi pour guérir les descentes, la colique, & les obstructions du foie & de la rate. Le milieu de cette racine, lequel est d'une substance qui tire sur le blanc, est en usage pour les blessures, les chutes, les contusions, & même pour la colique : on en prend la décoction ; ou, après l'avoir broyée, on la fait infuser dans une liqueur appropriée.

En général, elle est très-astringente & adoucissante : & sur-tout propre à arrêter les dévoiemens qui arrivent en automne.

Brins de FOUGERE : *terme de Charpenterie.* Consultez l'article PAN *de Bois.*

FOUILLE-MERDE. *Consultez* l'article ESCARBOT.

FOUILLES *de Jardin.* Voyez ALLÉE. EFFONDRER.

FOUINE. Espece de Belette, qu'on trouve dans les bois & auprès des maisons de la campagne. Elle a environ un pied & demi, depuis le bout du museau jusqu'à l'origine de la queue : & la queue est longue d'à-peu-près un pied, garnie de longs poils, dont la couleur est marron noirâtre ; ainsi que ceux des jambes. Les oreilles de cet animal sont larges & arrondies. Excepté la gorge, qui est blanche ; le poil de tout le reste du corps est blanchâtre à son origine, & terminé de marron.

La Fouine fait la guerre aux poules, aux œufs, aux pigeons, & autres oiseaux domestiques. Elle est si carnaciere, qu'elle égorge en une nuit toutes les poules d'un nombreux poulailler : il suffit qu'elle trouve une ouverture large de deux doigts en quarré, pour qu'elle y entre ; elle crêve même quelquefois les murs qui ne sont que de terre & de paille. Elle se bat bien contre les chats, & n'est pas la plus foible. On dit qu'elle a de l'antipathie pour le corbeau & la corneille.

On prend la Fouine avec des traquenards ; au milieu desquels on met pour appas un poulet ou du fruit cuit. Lorsque cet animal sent l'un ou l'autre, il ne manque point d'y entrer ; & à peine y est-il, que la machine se détend & l'arrête.

Voyez l'article BELETTE.

On dit qu'on peut faire mourir les fouines, ou du moins les chasser, avec une pâte composée de levain & de sel ammoniac détrempés dans de l'eau : on prend des morceaux de cette pâte, & on les expose dans les endroits par où les fouines ont coutume de passer.

On peut *apprivoiser* la fouine, en lui frottant les dents avec de l'ail : & comme alors elle ne peut plus mordre, elle devient en quelque sorte familiere.

La fiente de fouine a quelquefois l'odeur de musc.

On a vû des pigeons cesser de piller les semences, lorsqu'on eut attaché dans le champ une fouine morte, suspendue à un piquet.

FOUINE : *Instrument* avec lequel on prend des anguilles, *&c.* Voyez ANGUILLE. GOUJON.

FOUIR. Creuser la terre. D'où viennent *Enfouir*, & *Refouir.*

FOULE. Préparation des draps, & autres étoffes de laine, ou de poil. On foule au savon ; à la terre ; à l'urine. Il y a des cas où il est très-bon de fouler à l'urine ; quoique l'on prétende qu'en général elle rend les étoffes séches, rudes & puantes. Les chapeaux se foulent avec la lie de vin. La fiente de mouton, l'huile même, s'emploient par les foulons dans certaines circonstances. La foule au savon se fait avec de l'eau chaude, où l'on a fait dissoudre du savon. Il seroit à souhaiter qu'on ne fît la foule des draps que de cette maniere ; mais la plupart des foulons qui veulent épargner les frais du savon, y emploient d'abord l'urine, & ensuite la terre grasse. Ce dernier ingrédient peut être fort utile pour dégraisser les draps ; mais il est à craindre qu'il ne s'y trouve de petites pierres, ou graviers, qui peuvent les trouer & dégrader considérablement. C'est pourquoi les Foulons doivent bien préparer la terre avant de s'en servir ; en la délayant, & la maniant longtems dans l'eau, pour en ôter jusqu'aux moindres duretés.

Voyez BLANCHIMENT.

Maniere de faire la Foule des Draps, & autres étoffes de laine, avec le savon.

Je suppose que vous ayez une piece de drap de couleur, de quarante-cinq aunes, ou environ. Pour la fouler, il faut prendre quinze livres de savon, & n'en faire fondre d'abord que huit livres dans deux seaux d'eau de riviere ou de fontaine, qui soit bien chaude, ensorte pourtant qu'on y puisse souffrir les mains ; puis ayant mis l'étoffe dans le pot du moulin (Le *Moulin à foulon* a une roue dentée, qui fait mouvoir deux ou trois gros maillets de bois, qui tombent successivement sur les draps, & les rendent ainsi plus unis & plus fermes) ; vous jettez peu-à-peu l'eau de savon sur l'étoffe ; & la laissez fouler par les pilons pendant deux heures. Après quoi vous la retirez de la pile pour la lizer. Ce qui étant fait, vous la remettez une seconde fois, sans ajoûter de nouvelle eau de savon ; & la faites encore fouler pendant deux heures. Ensuite vous la retirez pour la tordre à la cheville, & en faire sortir la graisse & l'ordure. Quand cela est fait, vous la mettez à la pile pour la troisieme fois ; & ayant fait fondre les sept livres de savon qui restoient, de la maniere que nous venons de marquer, vous jettez l'eau sur l'étoffe à quatre fois différentes, & peu-à-peu, ayant soin de la retirer de deux en deux heures, pour la lizer de nouveau ; & quand vous vous appercevez qu'elle a assez de force, suivant sa qualité, vous la faites dégorger tout-à-fait à l'eau chaude pure & simple, en la laissant dans la pile jusqu'à ce qu'elle soit bien nette.

REMARQUE.

Il ne faut point tremper ni laver les draps de couleur dans l'eau avant de les fouler ; quoique cette pratique soit très-bonne à l'égard des draps blancs. La foule de ceux-ci est plus facile, se fait en moins de tems, & coûte beaucoup moins ; car on peut retrancher un bon tiers du savon qu'on use à la foule des étoffes de couleur. Les draps qui se foulent à l'eau seule de savon, se foulent en beaucoup moins de tems, ne sont pas si sujets à se trouer, & à se casser dans la pile ; ils sont plus doux à la main, plus moëlleux, & prennent à la teinture des couleurs plus vives. Si les laines ont été dégraissées avant d'être filées, il faut un tiers moins de savon pour la foule.

FOULÉES : *terme de Venerie.* C'est quand on revoit la forme du pied d'une bête sur l'herbe, ou sur des feuilles à un endroit par où elle a passé ; & si c'est en terre nette, cela s'appelle *Voie*, pour cerf, daim, chevreuil & lievre ; pour loup & renard, *Piste* ; & pour bête noire, *Trace.*

Consultez les articles ANIMAL. VENEUR.

FOULER : *terme de Jardinage :* qui se dit des oignons, bette-raves, carottes, panais, & autres racines, dont on rompt les montans ou feuilles en piétinant dessus, vers le commencement d'Août, pour empêcher que la seve n'y monte davantage; & faire que demeurant dans la terre, elle soit toute employée à faire grossir la racine ou l'oignon.

FOULER *une Etoffe*. Consultez le mot FOULE.

FOULURE *Violente*. Extension des tendons & des ligamens; accompagnée de gonflement, douleur, & difficulté d'exercer les mouvemens ordinaires à la partie foulée. Cet accident arrive plus fréquemment aux pieds que par-tout ailleurs: & est une suite des coups, chûtes, & contusions.

Pour y remédier promptement.

Prenez de la poix de Bourgogne détrempée dans de l'eau-de-vie; faites-en un emplâtre sur du cuir; & l'appliquez.

Voyez *Enclouure*, n. 6, entre les maladies du CHEVAL: *Foulure*, aussi dans l'article CHEVAL. DÉFLUXION. DOULEUR *de nerfs foulés*. ENTORSE.

FOUOY. *Voyez* GARANCE.

FOUR: *terme d'Architecture*. Petite construction voutée, de brique, de chaux, de plâtre, *&c*; où l'on fait cuire le pain & la pâtisserie.

FOUR, se dit *aussi* de quelques autres plus grandes constructions, destinées à faire cuire de la chaux, de la poterie, du plâtre, de la brique: ainsi il y a des fours à chaux, des fours à briques, des fours de verrerie, *&c.*

Construction d'un Four à Pain, sans beaucoup de frais.

Pour en poser les fondemens, on creuse l'enceinte jusqu'à l'argille s'il est possible: sinon l'on fouille, environ deux pieds au-dessous du terrein, une enceinte aussi large que doit l'être tout le four; on bat bien la terre de cet endroit: ensuite on y met une assise de pierres plates; puis une couche de mortier, & une assise de gros cailloux ou pierres à fusil; & ainsi successivement, pour former l'enceinte du mur. Cette enceinte a communément environ un pied & demi d'épaisseur.

Il n'est pas besoin de creuser la terre que cette enceinte environne: c'est le lieu destiné à recevoir les cendres, ou à mettre du bois. Quelquefois à la campagne on y met les poules; en leur faisant une entrée par la cour: sans quoi le poulaillier répandroit une fort mauvaise odeur dans la maison, en tems de pluie.

Si l'on n'a ni briques ni pierres pour faire une voûte sous l'âtre: on peut faire un plancher de pieces de chêne, d'orme, ou d'autre bon bois; que l'on couvre de cailloux, de moëlons ou pierrailles, & de mortier, puis d'une aire de bons carreaux. *Voyez* CARREAU. ÂTRE.

Pour la voûte ou chapelle du four, on peut la commencer avec des branches de coudrier, attachées ensemble en forme de mailles quarrées avec de la ficelle. Les brins perpendiculaires sont fichés dans le mortier, hors de l'aire de carreaux. Cette cage est très-solide. On l'enduit intérieurement avec parties égales de mortier & de foin; dont on fait des pieces longues comme le bras, en forme de raves, & qui bouchent les mailles en rabattant les bouts par dedans les angles de deux mailles voisines, & bourrant bien le trou de la maille: on couvre le dehors de cette voûte, comme on le juge à propos.

Un four construit de la sorte chauffe bien, en peu de tems; dure plusieurs années; & n'est pas plus sujet que d'autres, aux accidens du feu, tant qu'il n'est point trop vieux.

[Les fours faits de tuileau, ou pecé, (qui sont des fragmens de brique), & de la terre rouge, sont préférables: quoique le précédent soit bon.]

Maniere de chauffer le Four.

Les éclats de bois sec y sont beaucoup meilleurs que les fagots; & les fagots préférables à tant d'autres bois, dont on se sert pour chauffer le four. Il y en a même qui sont obligés d'employer de la bruyere ou de la paille. Chacun chauffe selon que la nature du lieu qu'il habite le permet.

On prendra garde de ne point brûler le bois partout en même tems, mais tantôt d'un côté & tantôt de l'autre; nettoyant continuellement les cendres, en les attirant avec le fourgon.

Lorsqu'on voudra sçavoir si le four est chaud, on n'aura qu'à frotter un bâton contre la voûte, ou contre l'âtre; lorsqu'on s'appercevra qu'il fera de petites étincelles, ce sera une marque qu'il sera chaud; & pour lors on cessera de chauffer: on ôtera les tisons & les charbons, rangeant un peu de brasier à l'un des côtés près de la bouche du four: ce que l'on fait ordinairement avec un crochet de fer, nommé *Fourgon*. On nettoyera le reste avec la *patrouille*; faite de vieux linge: on la mouillera dans de l'eau claire, puis on la tordra avant de s'en servir. Après cela on bouchera le four un peu de tems; afin de laisser abbattre sa chaleur, qui pourroit noircir le pain si on l'enfournoit aussitôt. Lorsqu'on juge que l'ardeur est un peu rallentie, on ouvre le four, & on enfourne le plus promptement qu'il est possible.

Maniere d'Enfourner.

On prend la pêle destinée à cela; qui doit être toujours tenue fort propre: & on met le pain dessus. On commence toujours par les plus gros pains; dont on garnit le fond & les côtés du four: gardant le milieu pour y placer le petit pain. C'est aussi par ce milieu qu'on finit d'enfourner.

Après avoir enfourné, on a soin de bien boucher le four, & d'en étouper la bouche avec des linges mouillés, de crainte que la chaleur ne se dissipe. Deux bonnes heures & demi après, qui est environ le tems nécessaire pour cuire le *pain bourgeois*, on en tire un pour voir s'il est assez cuit, particuliérement en-dessous. On le frappe du bout des doigts; & s'il raisonne, ou qu'il soit assez ferme, c'est une marque qu'il est tems de le tirer. Sinon on le laisse encore quelque tems, jusqu'à ce qu'on reconnoisse qu'il soit tout-à-fait cuit.

Pour le *gros pain*: on ne le tire que quatre heures après qu'il a été enfourné; examinant s'il est cuit, de la même maniere qu'on l'a dit pour le pain bourgeois: car sans une parfaite cuisson, toute sorte de pain a toujours quelque chose de désagréable. S'il n'est pas cuit, il sent la pâte; & s'il l'est trop, il devient rouge, & perd tout son goût. A force de faire du pain, l'expérience rend assez sçavant dans cet art.

Lorsque le pain est bien cuit, on le tire du four, puis on le pose sur la partie la plus cuite, afin qu'il s'humecte en refroidissant: par exemple, s'il a trop de chapelle (c'est-à-dire, si la croute de dessus est trop élevée, ce qui arrive ordinairement lorsqu'on n'ôte pas la cendre en chauffant le four) on range ce pain, mettant le dessus dessous: au lieu que s'il est également cuit, on l'appuie contre le mur, en le posant sur le côté qui est assez cuit.

Le pain étant cuit comme il faut, & rangé de la

maniere que je viens de dire, on observera de ne le point renfermer qu'il ne soit refroidi.

Sa chaleur étant absolument passée, on l'enfermera dans une huche, observant toujours de l'y poser sur le côté, afin qu'il puisse avoir de l'air également par-tout. Bien des gens le laissent indifféremment sur la table de la boulangerie : jamais il ne s'y conserve aussi bien, que lorsqu'il est renfermé à propos ; car ou il se séche trop en été, ou en hiver il est trop susceptible de gelée. On aura soin aussi, pendant les grandes chaleurs, que la huche soit placée dans la cave, afin d'empêcher le pain de moisir.

FOUR, *par rapport aux Biscuits* & *autres Pâtisseries*. Consultez les articles BISCUIT. PÂTÉ.

FOUR *Banal* ; ou *Four à Ban*. C'est le four du Seigneur, où les habitans font cuire leur pain, moyennant un certain droit. Ils sont obligés à y cuire ; n'y ayant point d'autre four.

FOUR *à Terrine*, chez les Chymistes ; est un four où le feu ne touche point immédiatement le vaisseau, mais seulement une terrine posée sur les laboratoires, dans laquelle terrine est posé un vaisseau : ce qui se fait en trois manieres. Ou la terrine est vuide ; ce qui s'appelle étuve au bain aërien : ou elle contient de l'eau ; qui étant en petite quantité, est appellée bain vaporeux ; & bain marie, lorsqu'elle emplit la terrine. Quand cette terrine est remplie de sable, de cendre ou de limaille, on l'appelle *Four à cendre*, *à sable*, *à limaille*.

FOURBU. *Consultez* ce mot entre les maladies du CHEVAL.

FOURAGE. *Voyez* FOURRAGE.

FOURCHE : *terme d'Architecture*. Voyez PENDENTIF.

FOURCHE *pour égrainer le raisin*. Consultez l'article VIN ; où est sa figure.

FOURCHE *de Jardinier*. Instrument de fer ; composé d'une douille, & de trois fourchons ou branches pointues, un peu recourbées en dedans, & longues d'environ un pied. Cet instrument, garni d'un manche long de trois à quatre pieds, sert à remuer des fumiers, soit pour en charger la hotte ou le bât, soit pour faire les couches. Il sert encore à herser, ou remuer & rompre les mottes de la terre nouvellement ensemencée de graines potagerés ; & les faire par ce moyen entrer au-dessous de la superficie où elles doivent germer.

FOURCHER : *terme de Jardinage*. C'est pousser, à l'extrémité de la branche taillée, d'autres branches latérales. Ces branches peuvent être nécessaires pour garnir deux côtés opposés, soit en espalier, soit en buisson. Il faut prendre garde à tailler avec tant d'industrie, que si on a besoin de deux branches, & que la branche taillée en puisse faire deux, elles fourchent si bien qu'on les puisse conserver l'une & l'autre ; bien entendu qu'en taillant il ne faut jamais en laisser à l'extrémité de la mere branche deux nouvelles de même longueur, ensorte qu'elles fassent une figure de fourche : qui seroit désagréable.

FOURCHES *patibulaires*. Ce sont les marques de la Justice des Seigneurs Hauts-Justiciers. Lorsqu'elles sont tombées, & qu'on a été un an sans les rétablir, on ne peut pas de nouveau en faire élever sans permission du Roi, qui a en sa personne le principe de toute Jurisdiction : ce qui s'observe très-exactement, afin d'empêcher les entreprises qui se feroient sous prétexte de rétablissement. Une autre raison est que toutes les Justices de Seigneurs sont comme autant de monumens qui semblent indiquer la multitude des Souverains en un même pays ; ce qui étant odieux par soi aux Monarques d'aujourd'hui, seuls véritables Souverains dans tout un grand pays : on est dans une disposition habituelle qui tend, autant qu'il est possible, à l'extinction des marques de ces anciennes formes d'Aristocratie, telles qu'étoient les anciens Duchés, Comtés, *&c* : & pour examiner les titres, on se régle sur la Coutume du lieu. Dans celle de Paris, il n'y a jamais plus de quatre piliers. Voyez *Bacquet des Droits de Justice*, Ch. VI. sur la fin.

Montfaucon étoit le lieu de fourches patibulaires de la Prévôté & Vicomté de Paris. Il y avoit seize pilliers : tous sont détruits ; & la place est aujourd'hui rasée. Il y a des fourches à quatre, à trois, à deux pilliers ; selon le titre des fiefs qui ont droit d'en avoir. Les fourches à trois pilliers appartiennent aux Seigneurs Châtelains : celles à quatre pilliers, aux Barons : celles à six pilliers, aux Comtes. Mais cela est différent selon les Coutumes. Les fourches sont des colonnes de pierre, élevées pour marque de haute Justice : & le mot de *Patibulaires*, s'y ajoûte, parce qu'on y attache en effet les pendus ; ou on y expose publiquement les supliciés. Le mot *Fourches* vient du Latin, *Furcæ*. Les Italiens disent *le Forche*, pour signifier le gibet : & c'est peut-être d'eux que nous avons pris ce mot de Fourches patibulaires ; quoiqu'on n'ait pas l'usage qu'on a conservé en Italie, où les fourches patibulaires sont de véritables fourches. Car on y plante deux fourches en terre ; & on met sur les fourchons une traverse, à laquelle on attache la corde. C'est ainsi qu'on fait en ce pays-là les gibets, qui servent à exécuter ceux qui sont condamnés à être pendus.

FOURCHETTE : *terme d'Anatomie*. Voyez XIPHOÏDE.

FOURCHON ; en fait d'arbres. C'est l'endroit d'où sortent deux branches destinées à fourcher. On dit : *prenez garde que le fourchon n'éclate*.

FOURCHU. Maladie des Vignes. *Consultez* l'article VIGNE.

FOURCHU : *terme de Botanique*. Voyez DICHOTOMUS.

FOUR-HUS. *Voyez* FOR-HUS.

FOURMI. Petit insecte très-commun. Il y a des fourmis grises, de noires, de rouges, & d'autres d'une couleur obscure. Les fourmis ont les yeux noirs, deux dents, & deux cornes à la tête. Leur corps est divisé par douze anneaux. Elles ont six jambes, couvertes de poil, & armées à leurs extrémités de deux pinces ou ongles.

Consultez la *Collection Académique*, T. II. (Tr. Phil.) p. 81. Le *Journal Œconomique*, Février 1752, p. 34 : Juin, p. 39.

On a souvent dit qu'elles font des magasins de ce qu'elles peuvent recueillir pendant le printems, l'été & l'automne ; & qu'elles le conservent pour se nourrir l'hiver. Mais M. De Réaumur, & d'autres bons Physiciens, ont reconnu qu'il n'en est rien.

Les grains les plus sujets à être attaqués par les fourmis, sont ceux dont l'écorce est mince, & qui ont une odeur agréable. Ainsi elles aiment beaucoup le froment ; surtout celui de la plus petite espece : peut-être est-ce en partie à cause qu'elles l'emportent plus facilement. On croit qu'elles attaquent la meilleure orge, quand elle commence à s'attendrir dans la terre pour germer. Elles se soucient peu du riz : & point du tout d'aucuns légumes ; attendu peut-être que la peau en est trop dure, & la farine toujours chargée de quelque amertume.

Elles attaquent, non seulement les arbres, les fleurs, les fruits succulens & sucrés ; mais encore les ruches des mouches à miel qui sont contraintes de céder la place.

Un foible esprit de fourmis rougit en un instant les fleurs de bourrache : ce que fait aussi du vinaigré un peu chaud. Les fourmis distillées, toutes seules ou avec de l'eau, donnent un esprit semblable à l'esprit de verd de gris. Du plomb mis dans cet esprit, ou dans de l'eau où on auroit jetté des fourmis vivantes, produit du sucre de saturne. Du fer, mis dans cet esprit, donne une teinture astringente: & en répétant l'opération, il se change en safran de Mars. Lorsqu'on met les fourmis dans l'eau, il faut les irriter pour les obliger à y répandre la liqueur capable de produire le sucre de Saturne, dont nous venons de parler. M. Fisher, de qui sont ces observations (insérées dans les *Transact. Philosoph.* n. 68 & dans la *Collect. Acad.* T. II.) dit qu'il n'a trouvé, en distillant aucun autre animal, un tel esprit acide analogue à celui du verd de gris; & que tous les autres donnent un esprit urineux. Il insinue qu'on pourroit en trouver dans tous les animaux qui ont des aiguillons, les abeilles, *&c.*

Les fourmis sont une très-bonne nourriture pour les faisans & les perdreaux.

Le dégât considérable qu'elles font donne souvent lieu de chercher à les détruire.

Divers moyens pour détruire les Fourmis.

I. Il faut avoir soin de tenir bien nette la place qui est autour des ruches, ou des plantes, dont on veut éloigner les fourmis.

II. On répand de la cendre, ou de la sciure de bois bien menue, autour des ruches ou des plantes; cela empêche les fourmis d'en approcher, parce que leur pied n'est point ferme alors.

III. On met dans la fourmiliere un os à demi décharné; il est promptement couvert de fourmis: on le trempe dans l'eau pour noyer les fourmis; & on le met encore dans le même endroit pour continuer ainsi tant que l'on juge à propos.

IV. Il faut (dit-on) frotter l'endroit où l'on ne veut point que les fourmis approchent, avec du fiel de taureau; *ou* de la décoction de lupins; ou des lupins qui aient bouilli dans de la lie d'huile.

V. Entourez l'arbre ou la ruche, d'une ceinture large de quatre doigts; que vous ferez avec de la laine fraîchement tirée de dessous le ventre d'un mouton.

VI. Faites brûler dans le jardin, des racines de concombres sauvages; avec du nitre.

VII. Brûlez à l'entrée du trou des fourmis, de l'origan & du soufre mêlés ensemble. Voyez la *Descr. du Ventilateur*, de M. Hales, *n.* 79.

VIII. Si on les voit marcher par bandes, on les brûlera avec de la paille, ou avec de l'eau bouillante.

IX. On peut se servir de glu, pour empêcher les fourmis de monter.

X. Faites bouillir de l'eau avec du miel, & en mettez jusqu'à moitié dans plusieurs phioles. L'odeur du miel attire les fourmis; qui se noient dans cette eau. Voyez le *Journal Œconomique*, Juin 1751, p. 51.

M. De Combes (*Ecole du Jardin Potager*, T. I. p. 124) dit n'avoir pas trouvé de meilleur reméde, que de frotter des feuilles de papier avec du miel, & les étendre aux environs de la fourmilliere. Les fourmis couvrent bientôt ce papier: qu'on leve habilement par les quatre coins, pour le jetter dans un baquet d'eau, puis on remet d'autre papier semblable.

XI. Une demi-heure avant le coucher du soleil, couvrez la fourmilliere avec de la paille humide, & y mettez le feu. Les fourmis étant étouffées par la fumée, répandez de la suie de chaux & des cendres sur l'endroit, & mêlez bien le tout avec la terre. Il n'y en reparoîtra plus des anciennes, ni de nouvelles. On choisit le coucher du soleil, parce que c'est le tems où elles sont rassemblées.

XII. *Consultez* les articles ORANGER. GROSEILLIER. VIGNE.

Contre les Fourmis, dans les Offices.

Il faut répandre autour des confitures, soit séches soit liquides, ou autres sucreries, du marc de caffé brûlé, que l'on aura fait sécher. On le renouvellera de tems à autre. * *Journal Œconomique*, Juin 1751.

FOURNEAU. Vaisseau où l'on allume du feu pour divers procédés de Cuisine, de Chymie, de Métallurgie, *&c.* Il y a de grands fourneaux qui sont immobiles, dont quelques-uns sont nommés athanors; & de portatifs. Il y en a qu'on nomme universels, où l'on peut faire toutes sortes d'opérations. Quelques-uns sont entiérement fermés par en haut, au moyen d'une espéce de voûte qu'on appelle *Dôme.* Tous en général ont plusieurs ouvertures: une au cendrier, qui donne passage à l'air, & par où l'on retire les cendres qui y sont tombées; on la nomme *porte du cendrier:* une au foyer, par laquelle on fournit l'aliment au feu à mésure qu'il en a besoin; c'est la *bouche*, ou *porte*, *du foyer:* une autre à la partie supérieure, qui doit laisser passer le cou des vaisseaux: une au dôme du fourneau, par où s'échappent les fuliginosités des matieres combustibles; elle se nomme *Cheminée.* Enfin plusieurs autres ouvertures placées en différentes parties du fourneau, sont destinées à favoriser le passage de l'air: & comme on peut aisément les fermer, elles servent aussi à augmenter ou rallentir l'activité du feu, & à le régir, d'où leur vient apparemment le nom de *Regitres.* Toutes les autres ouvertures doivent de même pouvoir se fermer exactement; & font aussi par ce moyen la fonction de regitres.

La matiere dont on fait les meilleurs fourneaux, est la même que celle des creusets; partie ciment, & partie terre glaise, bien corroyés ensemble. Le ciment ne doit être que de grais de pots à beurre, pulvérisé, & bien battu. Le ciment de tuileaux n'y est pas propre.

Les fourneaux se font à la main, avec la seule palette, que l'on poudre de sablon, afin qu'elle ne s'attache pas à la terre: au lieu que les creusets ont des moules de bois, plus ou moins grands, lesquels se tiennent par une queue ou manche aussi de bois; & après les avoir saupoudrés d'un peu de sable, on les couvre à discrétion, d'autant de terre bien corroyée qu'on le croit nécessaire. On l'arrondit ensuite tout autour, & on l'applatit par-dessous avec la palette.

Consultez l'article DISTILLATION.

FOURNEAU *des Arcanes* & FOURNEAU *des Philosophes.* } *Voyez* ATHANOR.

FOURNEAU *de Charbonnier.* Voyez CHARBON, p. 523, col. 2.

FOURQUET. Instrument de Brasseur. Consultez l'article BIERE, *n.* 1.

FOURRAGE; *ou* FOURAGE. C'est tout ce qui peut affourer & nourrir les chevaux & le bétail, hors de la pâture.

Il y a plusieurs sortes de fourrage d'hiver, selon la différence des climats. Par-tout on se sert du son, du foin, de l'aveine, de l'orge, de la paille, *&c.* On peut recueillir de grosses raves dans les pays chauds & terres sabloneuses; de gros navets & panais, & de grosses carottes, dans les sables un peu gras, & en pays froids. Les terres les plus maigres fourniront du jonc marin qui résiste à la gelée & à la neige.

Les fanes de garence, que l'on coupe tous les ans au mois de Septembre, servent à affourer le bétail.

Voyez FROMENT D'INDE. *Faux* ACACIA. FRÊNE. ORME. VIGNE. AFFOURER. CHOU. LUZERNE. PRÉS. SAINFOIN. Le *Journ. Œconom.* Octobre 1761, p. 441.

FOURREAUX D'ÉPÉE (*Bois à*). Voyez HETRE.

FOURRIERE. *Voyez* BUCHER.

FOUTEAU. *Voyez* HETRE.

FOY

FOYE. *Voyez* FOIE.

FRA

FRACTION: *terme d'Arithmétique.* Voyez dans l'article ARITHMÉTIQUE, *Bordereau d'Aunage*, sous le mot ADDITION; & *Multiplication par fractions.*

FRAGARIA. *Voyez* FRAISIER.

FRAISE: maladie des vers à soie. *Consultez* l'article VERS A SOIE.

FRAISE: *terme de Venerie.* C'est la forme des meules & pierrures de la tête du cerf & du chevreuil, qui est la plus proche de la tête. *Voyez* sous le mot TÊTE, *terme de Chasse.*

FRAISE *de Veau.* Consultez l'article VEAU.

FRAISIER: en Latin *Fragaria*: & *Strawberry* en Anglois. Ce genre de plantes a le calice, d'une seule piece, découpé en dix à son extrêmité: cinq pétales arrondis, écartés, disposés en rose: une vingtaine d'étamines: beaucoup d'embryons réunis en forme de tête, chacun terminé par un style. Leur réunion devient un fruit assez gros, & pulpeux; qui venant à se sécher après sa maturité, dépose au fond du calice nombre de petites semences anguleuses.

Les racines des fraisiers sont fibreuses. Il y a toujours trois feuilles unies par leur base à l'extrêmité d'un pédicule: ces feuilles sont dentelées en scie, velues, ridées, & ont des nervures très-marquées. Outre les tiges, menues, & hautes de quelques pouces, qui sortent d'entre la touffe de feuilles; il se forme des productions traçantes & noueuses, dont chaque articulation fournit des feuilles & des racines.

Especes, ou Variétés.

1. *Fragaria vulgaris* C. B. Notre fraisier commun: qui vient dans les bois, & fleurit en Avril & Juin. Ses fleurs sont blanches. Ses fruits sont ronds ou de forme ovale, tantôt *rouges* tantôt *blancs.*

2. M. Miller regarde comme une variété de cette espece la fraise qui continue d'être verte, dans sa maturité, & dont la chair très-ferme a un parfum exquis. Aussi les Anglois lui donnent-ils le nom de *Pine Apple strawberry*: c'est-à-dire *Fraise Ananas.*

3. *Fragaria Virginiana, fructu coccineo* Mor. Cette espece vient naturellement dans les bois de l'Amérique Septentrionale. Son fruit est très-hâtif, d'un rouge d'écarlate, & d'un goût excellent. Le dessous des feuilles est blanc: & le calice de la fleur très-long.

On en trouve à la Louisiane, dont la feuille est plus arrondie, plus unie, avec des dentelures plus larges & plus obtuses. Ces différences paroissent insuffisantes à M. Miller pour établir la plante comme une espece distincte du fraisier écarlate, dont nous venons de parler.

4. *Fragaria fructu parvi pruni magnitudine* C. B. Les *Capitons*: nommés en Anglois *Hautboy Strawberries.* Les feuilles de cette espece sont allongées, & très-ridées. Le fruit est oval, & gros comme une petite prune. On en trouve dans les bois de Meudon, près Paris. Il y en a aussi en Amérique. Ce fruit est naturellement privé d'odeur & insipide. Mais par la culture il devient rond, plus gros, de bon goût, & parfumé.

5. *Fragaria Chiliensis, fructu maximo, foliis carnosis hirsutis* D. Frezier. Cette espece est nommée *Frutilla*, au Chili: d'où M. Frezier Ingénieur François l'a apportée en Europe. Cultivée à Paris dans le Jardin Royal des Plantes, elle a servi à en fournir aux Curieux de France & des Pays Etrangers. La feuille est grande, charnue, ovale, très-velue; ainsi que son pédicule, qui est plus gros que dans les autres especes. Les traces s'étendent fort loin. Le calice est long & velu. Toute la fleur est large. Le fruit devient presque aussi gros qu'un œuf.

6. Les Livres de Jardinage appellent *Capron*, & *Coucou*, un fraisier dont les montans sont gros, courts, & velus; la feuille couverte de poils & presque piquante; & la fleur large. On prétend que c'est une dégénération que la culture occasionne dans la fraise de nos bois. Les fruits sont gros, creux, ont peu de goût: & les plantes deviennent ensuite stériles; elles ont de belles feuilles & produisent quantité de fleurs, mais qui coulent toutes, parce que les organes de la fructification sont viciés.

7. On donne assez souvent le nom de *Capron* à une espece particuliere, qui n'est pas la suite d'une dégénération, & que plusieurs appellent la *Fraise de Barbarie.* Elle est plus hâtive que l'autre. Le parfum dont elle est chargée, déplaît quand on mange beaucoup de ce fruit seul; mais il produit un effet admirable lorsqu'on le mêle avec les fraises communes. On distingue aisément cette espece singuliere en ce que les semences ne sont pas de saillie à la surface du fruit, mais sont enfoncées dans des creux qui ressemblent à des alvéoles. Sa chair est un peu pâteuse.

8. Nous ne connoissons que depuis peu, & encore imparfaitement, un fraisier qui semé au printems, donne des fleurs quelques mois après. On dit que ses fleurs & fruits continuent ainsi à se succéder de mois en mois; mais en petite quantité.

Culture.

Les fraisiers se plaisent davantage dans une terre douce, un peu humide, & dont la couleur est un brun clair; que quand le sol est léger mais substantieux. On a beau arroser, on ne supplée point à l'humidité naturelle, par rapport à cette plante. L'abondance du fumier produit beaucoup de trainasses & peu de fruits.

Les trainasses servent à multiplier chaque espece: elles se forment vers le mois de Juillet; & s'arrêtant d'elles-mêmes à certaines distances, elles y produisent des racines & des feuilles. Quand on voit les plantes assez formées, & bien enracinées, on coupe le cordon par lequel elles communiquoient à la plante mere: au moyen de quoi elles profitent sans l'épuiser.

On a une sorte de prévention contre le nouveau plant provenu des fraisiers de jardin: & on lui préfere celui des bois. L'un & l'autre réussissent néanmoins également, pourvû que les pieds qui en ont produit dans les jardins ne fussent pas des *Caprons*, dont nous avons parlé sous le *n.* 6. Le jeune plant de ceux-ci est un peu plus velu & d'un verd plus foncé que celui des bons pieds.

Les

Les rejettons des vieilles planches négligées qui ont fait une multitude de semblables productions ; & ceux qui viennent des plantes peu abondantes en fruit ; doivent être rebutés. Il faut s'attacher principalement à ceux qui sont le plus près des anciens pieds : ce qu'il faut observer lors même qu'on en tire de dedans les bois.

Nombre de Cultivateurs attentifs en font des pépinieres, au mois de Mai ; dans des endroits exposés au Nord. Chaque jeune plante y est à trois ou quatre pouces de ses voisines. Elles se fortifient ainsi jusqu'au mois de Septembre, qu'on les leve.

On peut encore multiplier les fraisiers en levant du plant en motte dans les bois.

M. Chomel, premier Auteur de ce Dictionnaire, adoptoit la méthode de jetter sur la terre où on veut avoir des fraisiers l'eau dans laquelle on a lavé les fraises avant de les manger. Cette voie, qui procure du plant de semence, est peu usitée ; parce qu'elle est trop lente.

C'est au mois d'Octobre qu'est la meilleure saison de transplanter les fraisiers ; afin qu'ils aient le tems de faire assez de bonnes racines avant les fortes gelées. Il faut le faire dès les premieres pluies d'automne ; au moien de quoi ils donnent souvent un peu de fruit dès l'année suivante. Si on attend au printems à les transplanter, on s'impose la nécessité d'arroser presque continuellement. Il y a néanmoins des Cultivateurs qui en plantent durant tout l'été, par des tems pluvieux. On prétend même que, pour qu'ils donnent bien dès l'année suivante, il faut les planter en Mai ; & qu'on n'en jouit qu'au bout de deux ans si on les plante au mois de Septembre : & qu'après cela ils sont épuisés.

En mettant le fraisier en place, on doit l'éplucher soigneusement, pour qu'il n'y ait point de racines étrangeres mêlées avec les siennes. Leurs productions ne peuvent que lui nuire considérablement pendant les trois ans qu'il demeurera au même endroit.

La méthode commune, est de former des planches larges de trois à quatre pieds, bien labourées, avec des sentiers de deux pieds ou deux pieds & demi. On y trace quatre rangées à distances égales, & celles qui bordent les sentiers avancées à six pouces sur la planche. On y met les fraisiers en quinconce, à dix ou douze pouces les uns des autres : & on rapproche bien la terre contre les racines. Après quoi on mouille, pour peu qu'il tarde à pleuvoir. Au reste, ces distances ne sont que pour nos fraises ordinaires : on conçoit que celles qui occupent naturellement plus de terrein doivent être espacées à proportion.

Des Amateurs de la *Nouvelle Culture* ont bien réussi avec une seule rangée sur une planche de six pieds de large, qu'ils ont entretenue de labours, suivant cette nouvelle méthode. Cette pratique revient à celle de faire des bordures de fraisiers ; ou des bandes au milieu de quelques allées.

En terre sabloneuse & séche, il faut tenir ces bordures, & les planches, plus basses que les allées ou les sentiers ; afin d'y arrêter l'eau des pluies & des arrosemens. On doit faire tout le contraire quand le terrein est assez humide par lui-même ; trop d'humidité feroit pourrir ces plantes.

Il est assez ordinaire de mettre ensemble deux ou trois pieds dans chaque trou, que l'on fait avec un plantoir.

Quand l'hiver qui suit la transplantation devient rigoureux, il est à propos de répandre de vieux tan entre les pieds : attention sur-tout nécessaire pour les *nn.* 5 & 7. Au défaut de tan on peut prendre de la sciure de bois, ou des cendres, ou des feuilles séches ; ou couvrir les plantes avec des branches d'arbres qui conservent leurs feuilles durant cette saison. On dit que la neige ne fait que du bien aux fraisiers.

Il faut sarcler soigneusement pendant l'été, arroser à propos, & ne souffrir aucunes des traînasses qui se formeront la premiere année. Au moyen de quoi les plantes deviennent vigoureuses, & donnent suffisamment de beau fruit l'année suivante.

L'attention d'ôter chaque année les trois ou quatre premieres traînasses qui sortent des fraisiers, après qu'elles ont formé de nouvelles plantes, contribue à la durée des vieux pieds : ensorte qu'à la rigueur on pourroit les laisser au de-là de trois ans dans la même terre. Mais il est toujours mieux de les changer au bout de ce tems. On observe constamment qu'ils reprennent une nouvelle vigueur dans le sol où il n'y avoit pas de fraisiers auparavant.

C'est une bonne méthode que d'attacher les tiges de chaque pied à un bâton. Ainsi soutenues, elles sont moins exposées à servir de retraite aux insectes & aux animaux qui ont coutume de dévorer une partie des fraises qui demeurent près de terre. D'ailleurs les fraises profitent davantage dans cette position.

Il est important de faire tous les ans une certaine quantité de nouveau plant : afin de ne pas se trouver au dépourvû ; & d'être en état de remplacer les pieds à mesure qu'il en périt ou dégénere.

En automne, on doit avoir soin d'ôter toutes les feuilles séches des fraisiers, sarcler tout autour, enfouir l'herbe dans les sentiers, & recharger un peu les planches. Après quoi, il sera utile d'y répandre du tan. Les fortes gelées étant passées, on remuera la terre avec une fourche, pour la rendre moins compacte ; & cette opération y introduisant une partie du tan qui étoit à la surface, l'amendement qu'elle y distribuera aura un effet particuliérement sensible dans les terres fortes. Il y a aussi des Cultivateurs qui rognent en automne toute la fanne des fraisiers, & les couvrent de petit fumier ; comme on le pratique pour l'ozeille.

M. Miller conseille de couvrir de mousse tout l'espace qu'occupent les fraisiers, vers la fin de Mars ou au commencement d'Avril : afin d'entretenir une fraîcheur habituelle à la surface de la terre. Il veut qu'on l'y laisse jusqu'après la récolte des fraises. Au moyen de quoi les pluies abondantes ne salissent point ces fruits : qui dès-là n'ayant pas besoin d'être lavés, sont servis avec tout leur parfum.

D'habiles Cultivateurs veulent qu'on ne laisse que trois ou quatre fleurs sur chaque tige ; les autres nouant rarement, ou ne faisant que de chetives productions, & dérobant toujours une partie de seve qui nourriroit les premieres.

Des Jardiniers dont l'intelligence est excitée par le profit, enclosent de paillassons deux ou trois verges de terre plantées en fraisiers sur un côteau. Cet abri les garantit du vent qui les noirciroit. Cela se pratique particuliérement à Bagnolet & Montreuil près Paris.

La *Fraise blanche* (n. 1) mûrit un peu plus tard que la rouge ; & on lui trouve plus de vivacité à l'odeur. Mais ce fruit est généralement moins abondant.

L'espece *n.* 2 est assez tardive, à moins qu'elle ne soit dans un sol léger & humide. Elle donne presque toujours peu.

Comme le *n.* 3 est un fruit de primeur, & que bien des connoisseurs le préférent au *n.* 2 ; on s'applique davantage à le cultiver.

En général, pour avoir des fraises hâtives, il faut

les planter au pied d'un mur exposé au Midi & au Levant. On en plante au Nord, & dans une terre froide & forte, pour s'en procurer plus tard dans la saison. Il y a même des gens qui, pour jouir des fraises vers l'automne, coupent toutes les premieres fleurs & arrosent abondamment; ce qui fait que la seve est occupée alors à produire des feuilles : mais ces fruits de l'arriere-saison risquent beaucoup de ne pas mûrir, ou de n'être que médiocres à tous égards. On a vû des années où la grande sécheresse fit d'abord périr toutes les fraises : & les pluies abondantes qui survinrent en Juillet, donnerent lieu à quantité de nouvelles fleurs, dont les fruits étoient bons à manger au mois de Septembre.

Le *n.* 4, perfectionné par la culture comme nous l'avons dit, revient à son premier état quand on le néglige pendant une couple d'années. Mais il se soutient, aussi longtems qu'on le soigne.

Le fraisier du Chili (*n.* 5) a besoin d'une terre bien forte, approchante de l'argille ; & telle que celles dont on fait de la brique. Il donne alors beaucoup, & son fruit est très-parfumé. C'est pourquoi on voit qu'il demeure presque stérile dans la plupart des endroits où on le cultive avec les autres fraisiers. M. Miller, qui fait cette remarque, conseille de n'y laisser que la quantité de traînasses absolument nécessaire pour ne pas perdre l'espece.

Pour avoir des Fraises extrêmement hâtives.

Nous avons déja dit que l'exposition contribuoit à avancer ou retarder la production & la maturité de ces fruits. Des Curieux augmentent encore la réverbération de la chaleur des murs, afin de jouir beaucoup plus tôt; en portant des brasiers durant l'hiver dans ces endroits qu'ils tiennent alors bien fermés. Mais quand on force ainsi la nature, il faut changer de plant tous les ans; & défoncer à chaque fois le sol, au moins à deux pieds de profondeur, pour y rapporter de nouvelle terre. Au reste, les arbres en espalier ne peuvent que profiter en même tems de ces opérations.

Il faut donc avoir toujours dans des pots un grand nombre de plantes en état d'être substituées à celles qui portent actuellement.

Les instructions qui conviennent à cette pratique, ont également rapport aux fraisiers que l'on tient sur couche, ou dans des serres chaudes.

C'est principalement aux especes des *nn.* 1, 2 & 3, qu'on doit s'attacher. On fera attentif à ne prendre que du plant provenu de bons pieds, & toujours auprès des plantes mûres. Chaque jeune fraisier sera seul dans un pot garni de terreau ou autre terre légere, & tenu à l'ombre jusqu'à ce qu'il ait bien repris. Après quoi on mettra les pots en pleine terre, jusqu'au bord. Un mur, ou tout autre abri, qui renvoie le soleil du Levant ou du Nord-est, leur est plus avantageux alors, qu'une exposition chaude : attendu qu'on doit moins se proposer encore de les hâter, que de leur procurer de la vigueur & les mettre en sureté contre le froid. Après l'hiver, on les mettra dans de plus grands pots; & on les gouvernera de même; les tenant à l'ombre pendant tout l'été : observant d'ôter toutes les herbes qui peuvent naître autour, & de ne laisser former aucune traînasse ni fleur. Vers la mi-Octobre, s'il fait encore doux, ou même plus tôt, on les transportera à l'exposition du Midi; afin de les préparer au degré de chaleur qu'on leur donnera ensuite. Si on a intention de les tenir en pleine terre, il faut alors les y mettre sans pots; & fort près les uns des autres. Leur durée devant être fort courte; d'ailleurs ayant été levées en motte, & la terre étant meuble à une profondeur suffisante pour fournir à leur nourriture ; les plantes n'ont pas besoin d'autre espace que celui qui est nécessaire pour l'état actuel de leurs feuilles & la production de leurs fruits. Plus elles seront génées pour multiplier les fannes, plus elles donneront de fruit : ce qui est le but qu'on se propose en cette occasion. Leur ayant donc laissé le tems de bien prendre possession du terrein, on commence vers Noël à allumer du charbon entre le mur & elles : & on continue avec prudence pendant tout l'hiver : observant d'arroser dès que les fleurs commencent à paroître. On donne de l'air tous les jours à ces foyers, quand le tems s'adoucit. Par ce moyen on peut avoir des fraises mûres à la fin de Mars, ou au plus tard à la mi-Avril.

Si l'on a des serres chaudes où on éleve des ananas ou autres plantes délicates, on peut y faire venir pareillement des fraises de primeur. Mais dans le cas où on seroit embarrassé de les mettre dans du tan, on transplantera les fraisiers dans de grands pots au mois de Septembre : & étant sûr de la reprise, en Décembre, on les portera dans la serre. Il ne peut que leur être avantageux de les placer sous des chassis dès le commencement de Novembre. Pour les hâter même encore davantage, on fait de bonnes couches sous les chassis, & on y met les fraisiers avant la fin d'Octobre : puis on les porte dans la serre chaude quand ils se disposent à fleurir. On les tient dans la serre assez près des fenêtres pour qu'ils profitent du soleil : sans quoi ils languissent, & leurs fleurs ne nouent pas. Attendu que la terre séche facilement dans les pots à cause de l'air échauffé & de la sécheresse du carreau, on doit arroser avec prudence. On se procure ainsi des fraises au mois de Février.

On jette les plantes à mesure qu'on en a cueilli le fruit : soit celles qui sont le long des espaliers, soit celles des serres. Les unes & les autres sont épuisées; & ne peuvent qu'occuper inutilement la place, & faire tort à d'autres plantes dont elles prendroient la nourriture en pleine terre.

Au défaut d'espaliers, & de serre chaude, on peut se procurer des fraises précoces, par le moyen des couches ordinaires. On peut en avoir ainsi dès le mois d'Avril, sous des chassis : ce qui n'est pas dispendieux. Pour cela, ayant préparé les plantes dans des pots comme ci-dessus ; on les met à l'exposition du Midi vers le commencement d'Octobre ; puis on fait une bonne couche aux environs de Noël, un peu plus douce que pour les concombres de primeur, & proportionnée à la grandeur & au nombre des pots que l'on veut y mettre. Dès que le grand feu est abattu, on répand un peu de vieux fumier consommé, sur la couche pour y entretenir la chaleur : du fumier de bœuf ou de vache y feroit encore mieux. Ensuite on range les pots à la superficie, les uns tout près des autres; & on insinue de la terre entr'eux pour remplir les vuides. On donne de l'air à ces fraisiers tous les jours. Si même il arrive que la couche s'échauffe, on souleve les pots; afin d'empêcher les racines d'être brûlées. Si au contraire la chaleur diminue trop, on réchauffe la couche par les côtés. Les fraisiers fleurissent ainsi ordinairement en Février. Mais comme la couche ne conserve plus gueres alors de chaleur, on a soin de préparer une autre couche plus douce que la premiere ; on y met deux pouces de fumier de vache sur le fumier chaud, & on l'y étend bien également, pour prévenir le désordre que la grande chaleur pourroit causer parmi les racines. Le tout ayant demeuré deux jours en cet état, & le fumier de vache commençant à s'échauffer, on leve les fraisiers avec toute leur motte pour les y placer sans pots; & on remplit de terreau le vuide qui peut se trouver entre les mottes. Leurs racines y font bientôt des progrès, avantageux à la fructification. Il faut avoir soin de donner de l'air & de l'eau à ces plantes, à mesure qu'elles en ont besoin. Leurs fruits sont abondans, & parfaitement mûrs en Avril.

Les grands *ennemis des fraisiers*, sont de gros vers blancs, qui pendant les mois de Mai & Juin leur mangent le cou de la racine entre deux terres, & par ce moyen les font mourir. Il faut être soigneux de parcourir dans ce tems-là tous les jours ses fraisiers, & fouiller au pied de ceux qui commencent à se faner. On y trouve ordinairement le gros ver; qui après avoir fait ce premier mal, passe à d'autres fraisiers.

Usages.

Le fruit du fraisier est des plus gracieux; & regardé comme un aliment très-sain: lequel étant pris intérieurement rafraîchit les entrailles; & appliqué à l'extérieur, nettoie & embellit la peau. Il entretient la fluidité des urines, adoucit l'âcreté du sang & de la bile, & convient dans les fievres ardentes & bilieuses; éteignant la soif, & tempérant en général la chaleur du corps. Si on lave les fraises avec du vin, elles ne se corrompent point dans les estomacs viciés. Comme elles sont sujettes à occasionner une mauvaise fermentation dans le sang, & ainsi des dévoiemens, fievres, *&c;* les personnes délicates doivent se regler sur la quantité, & n'en manger que de bien mûres & nouvellement cueillies. M. Linand (*Abstin. de la viande rendue aisée*, p. 205) donne même comme un avis » essentiel, de ne pas les join» dre à beaucoup d'alimens maigres: « consultez la raison qu'il en donne.

Le vin exprimé des fraises enyvre quelquefois. L'eau distillée de ce fruit est bonne pour la lepre; fortifie le cœur, purge la poitrine, est utile dans l'épanchement de bile, & rafraîchit le sang; la dose est de trois cuillerées qu'on prend trois fois par jour. La décoction de la racine & de toute la plante est astringente, diurétique, & convient dans les opilations de rate ou de reins. Elle fait passer la jaunisse, si on en boit pendant quelque tems le matin; fait venir les regles; & arrête les fleurs blanches & flux dysenteriques: si on en prend en forme de gargarisme, elle fortifie les gencives, les dents, & dissipe les fluxions. La racine est fort en usage dans les tisanes: elle est d'un grand secours dans toutes les longues maladies, principalement lorsqu'on soupçonne quelque altération dans le foie. On peut faire la boisson ordinaire des malades, avec la racine de fraisier bouillie dans l'eau commune; il faut y ajoûter les raisins secs, la réglisse, & un peu de cannelle: cette boisson est propre surtout dans l'asthme, & dans la toux invétérée.

Le suc exprimé des fraises est très-bon pour ôter les rougeurs & petits boutons qui viennent au visage, occasionnés par la chaleur du foie; & pour appaiser la rougeur des yeux, & effacer (dit-on) les taches & boutons de ladrerie.

Pour les engelures, on se lave les mains avec des fraises infusées dans de l'eau-de-vie.

Sirop de Fraises.

Consultez l'article Sirop.

Eau de Fraises.

Il faut, sur une pinte d'eau, mettre une livre de fraises que vous y écraserez; puis mettre un quarteron ou cinq onces de sucre, & y presser un jus de citron; si le citron est fort, c'est assez d'un pour deux pintes. Le tout ayant infusé pendant quelque tems, vous le passerez à la chausse; & le ferez rafraîchir pour boire.

Eau distillée de Fraises.

Voyez Tome I. p. 814.

Esprit de Fraises.

Cet esprit est rafraîchissant.

On le tire de même que l'esprit de cerises. *Voyez* l'article Cerisier.

Tourte de Fraises.

Consultez l'article Tourte.

FRAISIL; *Frasil; Frasin;* qu'en Angoumois on nomme *Froisil.* C'est du charbon menu, ou de la braise, ou du poussier, mêlé avec de la cendre & de la terre qui a déja servi à couvrir un fourneau de charbon.

Consultez l'article *Fabrique du* Charbon.

FRAMBOISIER; ou *Ronce du Mont Ida:* en Latin *Rubus Idæus:* & *Raspberry* en Anglois. Cette dénomination comprend plusieurs especes de *Ronces:* qui different des ronces proprement dites, en ce que les framboisiers ne rampent point, mais soutiennent droites leurs branches.

Especes.

1. *Rubus Idæus spinosus* C. B. Ce framboisier, qui vient de lui-même dans nos bois, est cultivé dans la plupart des jardins à cause de son fruit; tantôt d'un rouge agréable, tantôt blanc, & qui a beaucoup de parfum. C'est un arbrisseau épineux, dont les tiges s'élevent à la hauteur de cinq ou six pieds. Ses feuilles sont à trois ou cinq folioles plus mollettes que celles de la ronce commune. Le fruit est mûr vers le même tems que les fraises.

Il y en a *qui portent deux fois par an;* au mois de Juillet, & en Octobre. Mais les framboises d'automne ont presque toujours moins de parfum que les premieres.

2. *Rubus Idæus lævis* C. B. *Framboisier sans épines.* Ses feuilles n'ont que trois lobes, plus larges que dans l'espece précédente, & cotoneux en dessous. Les tiges & branches ne sont pas épineuses. Mais cette espece donne peu de fruit, qui d'ailleurs est petit.

3. *Rubus Idæus, fructu nigro, Virginianus* H. Eltham. Il est épineux: & son fruit est très-noir, a peu d'odeur, & mûrit assez tard en automne. Les feuilles sont brillantes en dessus. Les tiges sont purpurines, & s'élevent plus que celles de l'espece commune.

4. *Rubus Odoratus* Cornuti: *Framboisier odorant du Canada;* ou *Framboisier fleuri.* Ses fleurs sont grandes comme de petites roses; & se succedent continuellement pendant plus de deux mois. Le fruit est moins gros que celui du *n.* 1; d'ailleurs il n'a presque point de parfum. On le mange en Septembre & au commencement d'Octobre.

5. Le *Framboisier de Pensilvanie* a peu d'épines. L'extrémité de ses branches est bleuâtre. Il porte de jolies fleurs, au printems. Pluknet l'appelle *Rubus Americanus, magis erectus, spinis rarioribus, stipite cæruleo.*

6. Dans une *Addition au Traité des Arbres & Arbustes*, laquelle se trouve à la fin du *Traité des Semis & Plantations*, M. Duhamel parle d'un framboisier semblable au *n.* 1, mais qui est connu en Canada sous le nom de *Plat de bierre.* Le fruit est d'un rouge plus éclatant que celui de nos framboises. Cette espece vient sur les rochers du Nord à Marignan sur la côte de Labrador.

Culture.

Les jeunes jets qui partent des racines des framboisiers, fournissent une grande quantité de drageons enracinés : qui servent à multiplier ces arbrisseaux.

On peut encore y employer l'art des marcottes : qui procure le double avantage d'avoir de meilleures racines, & des plantes qui jettent moins en drageons. Car la multitude des drageons qui poussent annuellement rend le fruit moins abondant & plus petit ; sur-tout quand il n'y a pas une distance suffisante d'un framboisier à un autre.

Soit marcottes, soit drageons, on plante les framboisiers par rayons tirés au cordeau, que l'on espace à quatre pieds, & que l'on forme d'un pied de large sur la profondeur d'un fer de bêche. Il faut ne retrancher que le chevelu ; sans toucher aux boutons qui sont au bas des tiges. Chaque plante doit être à deux pieds de celles qui l'avoisinent dans le même rang. On les recouvre de terre meuble ; ayant soin d'en bien garnir les racines.

La terre qui leur convient le mieux est une terre humide & substantieuse. On a moins de framboises dans un sol chaud & léger. Ces arbrisseaux croissent naturellement à l'ombre & dans des terreins froids.

Il y a des Cultivateurs qui préferent de les planter au mois d'Octobre. D'autres ne le font qu'en Mars.

On les met en planches ; en bordures ; ou près d'un mur.

Tout le soin que demandent ces arbustes, se réduit à leur donner trois ou quatre légers labours par an. Puis, en Octobre ou en Mars retrancher jusqu'auprès des racines tout le vieux bois qui a donné du fruit l'été précédent ; raccourcir aussi les nouveaux jets, en ne leur laissant qu'environ deux pieds de longueur ; & ne conserver que les plus beaux de ceux-ci. On fume quelquefois entre les rangées : cette pratique, jointe aux labours, ne peut qu'être utile.

Il est à propos de changer de plant tous les trois ou quatre ans. Car il est assez ordinaire que ces arbustes dégénerent lorsqu'ils demeurent longtems au même endroit.

Du reste on peut les gouverner comme les fraises ; & se servir des mêmes moyens pour en tirer tout l'avantage possible. On dit que si on coupe les tiges à fleur de terre au mois de Février, on n'a des framboises qu'en Octobre.

Les *Punaises* attaquent souvent les framboisiers dès que la seve monte : & le fruit en contracte l'odeur. Pour prévenir cet inconvénient, on délaie de la chaux vive dans de l'eau ; & on en frotte le bois dès le commencement du printems.

Usages.

Les *nn.* 4 & 5 méritent d'être placés dans les bosquets ; où leurs fleurs feront bien à la fin du printems.

On mange les framboises crues, soit seules, soit mêlées avec les fraises & les groseilles. On en fait aussi des confitures agréables ; des compotes. Ce fruit entre dans la composition de plusieurs ratafias. Les rouges sont plus gracieuses à manger que les blanches : elles ont aussi plus d'odeur. Il faut choisir les blanches lorsqu'elles sont d'un blond doré ; & les rouges quand elles sont à-peu-près de couleur de pourpre : c'est le point de maturité des unes & des autres.

La Médecine range les framboises dans la classe des plantes humectantes & rafraîchissantes. On ajoûte qu'elles purifient le sang, fortifient l'estomac, & sont apéritives & antiscorbutiques. Beaucoup de Médecins disent néanmoins qu'elles se corrompent encore plus aisément que les fraises dans notre estomac, & dès-là produisent de plus dangereux effets. On doit donc observer dans l'usage de ce fruit, avec exactitude, ce que nous avons conseillé par rapport aux fraises. On emploie les fleurs du framboisier pour les érésipeles & les inflammations des yeux. Ses feuilles sont déterfives ; on s'en sert dans les gargarismes pour les maux de gorge & des gencives : & on peut les substituer aux feuilles de ronces. L'eau d'orge, où l'on a fait infuser ses fleurs, est indiquée pour les érésipeles & les inflammations des yeux ; il faut la faire tiédir, & s'en bassiner souvent.

Eau de Framboises.

Il faut prendre une livre de framboises & l'écraser dans une pinte d'eau (cependant si la framboise est bonne, il suffira de trois quarterons) avec cinq onces de sucre. Il n'y faut point de citron. Le tout étant bien mêlé, vous le passerez à la chausse, le ferez rafraîchir, & le donnerez à boire.

Sirop de Framboises. Consultez l'article SIROP.

Compotes de Framboises.

Prenez une demi-livre de sucre dans une petite poële à confiture ou un poëlon ; faites-le cuire en plume : puis jettez-y promptement une livre de framboises bien épluchées & bien entieres. Vous ôterez aussi-tôt la poële de dessus le feu, & la laisserez reposer un peu de tems. Après quoi vous remuerez doucement les framboises avec la poële, & leur ferez ensuite jetter un bouillon, si vous voulez : puis vous les laisserez refroidir ; & les servirez ainsi. Les framboises demeureront entieres, & la compote sera belle & bonne. Pour qu'elle soit plus parfaite, n'oubliez pas de bien écumer avec un papier ou une cuiller.

Confiture de Framboises, liquide.

Prenez quatre livres de framboises bien épluchées, les plus séches & les moins écrasées que vous pourrez ; puis quatre livres de sucre, que vous ferez cuire à la grosse plume. Retirez ensuite la poële de dessus le feu, & mettez les framboises doucement dans le sucre, de peur qu'elles ne se rompent : comme elles sont saisies par le sucre cuit, elles se conservent plus entieres. Vous les remuerez un peu : & lorsqu'elles auront jetté leur suc, vous les remettrez sur le feu ; pour achever de les cuire promptement jusqu'à ce que le sirop soit fait.

Autre confiture de Framboises.

Prenez des framboises qui ne soient pas trop mûres ; ôtez-en la queue & le bouton blanc qu'elle attire ordinairement du dedans du fruit : mettez les framboises dans une terrine ; faites cuire du sucre à la plume ; & mettez le tout dans une étuve ou un lieu sec pendant un demi-jour : faites-les ensuite bouillir à feu médiocre, jusqu'à ce que le sirop soit cuit à perle.

Blanchir (ou Glacer) des Framboises.

Mettez-les dans un plat ou une terrine avec du sucre en poudre, du jus de framboise ; &, si vous le voulez, de l'eau de fleurs d'orange. Remuez-les doucement avec une cuiller : lorsqu'elles seront couvertes de sucre, vous les mettrez sur un papier dessus un tamis ou une corbeille ; puis vous les exposerez au soleil, ou devant un feu clair, ensorte qu'elles sentent seulement un peu la chaleur, afin qu'elles puissent se sécher.

Tourte de Framboises.

Voyez au mot TOURTE.

Pour donner au vin le goût de Framboises.

Consultez ce titre dans l'article VIN.

FRANC (*Arbre greffé sur*). C'est celui qui est greffé sur un sauvageon de son espece, ou même sur un autre arbre qui avoit été greffé d'une autre espece : par exemple, un poirier sur un poirier sauvage, de même aussi un pommier greffé sur un sauvageon de pommier, *&c.*

Greffer *franc sur franc*; c'est greffer un arbre sur un sauvageon de son espece, ou sur un sujet venu par pepin ou par greffe de la même espece.

Les pépinieres sont fournies de poiriers & pommiers francs, c'est-à-dire venus de pepins : ils servent de sujets pour greffer d'autres poiriers ou pommiers.

FRANC-ALEU. *Voyez* ALEU.

FRANC-BOYAU. Voyez sous le mot BOYAU.

FRANC-FIEF. Consultez l'article FIEF.

FRANC-*Levrier.* Consultez ce mot, sous le titre des *différentes especes de* CHIENS.

FRANCHIPANE. *Voyez* sous le mot TOURTE.

FRANGE; en Latin *Fimbria :* terme de Botanique. On s'en sert pour donner l'idée de découpures fines & profondes.

FRASIL ou FRASIN. *Voyez* FRAISIL.

FRAXINELLE, ou *Dictame blanc* : en Latin FRAXINELLA; & *Dictamnus albus officinarum, minor, hispanicus :* en Anglois, *White Dittany.*

Plante, qui pousse des tiges garnies de poils un peu longs & rudes au toucher, ligneuses, striées, cylindriques, d'un verd jaunâtre, remplies de moëlle, & hautes d'environ deux pieds. Les feuilles sont placées dans l'ordre alterne, le long des tiges; & composées de plusieurs rangs de folioles oblongues, faites à-peu-près en navette, terminées par une assez longue pointe, fermes, légérement dentelées; disposées par paires le long d'un filet velu, creusé en gouttiere, terminé par une impaire. Leur ensemble donnant à toute la feuille une ressemblance avec celle du frêne, on en a pris occasion d'appeller cette plante *fraxinella*; c'est-à-dire *Petit Frêne.* La racine est charnue, blanche, entrelacée, d'une odeur forte, assez amere, vivace; pivote beaucoup, & acquiert tous les ans plus de grosseur par le haut. Les fleurs (qui naissent au sommet de la plante, en forme d'épi lâche, qui peut avoir neuf à dix pouces de long) sont irrégulieres, mais ordinairement à cinq pieces, tantôt blanches, tantôt d'un rouge pâle, veiné de pourpre. Le calice est formé de cinq pieces oblongues & aigues. Il y a cinq pétales allongés, inégaux; dont deux s'élevent, un tend en bas, & les deux autres ont une direction oblique vers les côtés. Dix étamines inégales, & surmontées de sommets droits, obtus, & quadrangulaires; entourent un embryon pentagone; dont le style, peu élevé, est courbé, & terminé en pointe. Cet embryon devient un fruit composé de cinq capsules anguleuses, qui s'ouvrent extérieurement de la pointe à la base, & tiennent ensemble par le côté interne. Les graines sont communément noires, contournées, aigues, & contenues dans des gaînes courbes, très-élastiques, qui en s'ouvrant prennent la forme de cornes de bélier. Ces gaînes sont enfermées dans les capsules.

En touchant cette plante, même légerement, les doigts demeurent empreints d'une odeur citronnée, & sont assez longtems chargés d'une humeur balsamique. La vapeur qui transpire continuellement de cette plante lorsqu'elle est au grand soleil, est abondante & subtile : c'est pourquoi, dans les soirées de jours très-chauds, lorsque l'air frais commence à condenser cette vapeur, elle s'enflamme à l'approche d'une lumiere, & se répand sur toute la plante; dont les feuilles ne paroissent ensuite nullement endommagées. La plante séche n'a aucune odeur : les feuilles sont très-friables; & elles n'ont qu'une très-foible saveur spiritueuse, mêlée de quelque amertume.

Culture.

La fraxinelle croît dans les forêts, sur-tout dans les pays chauds; comme en Languedoc, en Provence & en Italie. On la cultive aussi dans nos jardins. Elle fleurit en Mai & Juin. Sa semence est mûre au mois de Septembre.

Cette plante demande peu de soins. Elle se multiplie ordinairement de graine, qu'il est essentiel de semer aussitôt qu'elle est mûre, soit en pleine terre, soit sur couche; d'où l'on transplante les jeunes plantes dans les parterres, au mois de Mars; à moins que l'on n'aime mieux les laisser se fortifier pendant l'année entiere. Pour lors on les leve en automne, quand elles ont perdu leurs feuilles; & on les plante en pépiniere espacées à six pouces en tout sens, sur des planches larges de quatre pieds, & dont les sentiers en aient deux. Quand les plantes y ont resté deux ans, bien sarclées, on les transporte dans les parterres en automne, au milieu des bordures. Elles y fleurissent l'année suivante : se soutiennent en place pendant trente à quarante années; & donnent toujours de plus en plus, à mesure que leurs racines grossissent.

Toute leur culture se réduit à les tenir nettes des herbes qui les priveroient de nourriture; & labourer le pied tous les ans durant l'hiver.

Usages.

On voit que cette plante mérite bien d'être placée dans les jardins.

Sa racine est employée en Médecine. On la leve de terre, au printems. Quand on l'achete, il faut la prendre récente, blanche par-tout, bien nourrie, mondée de ses fibres; & qu'elle ait l'odeur de bouquin, qu'elle perd en vieillissant.

On l'indique à titre de cordiale, apéritive, céphalique, dessiccative, & alexitere. Elle fait mourir les vers : est bonne contre toute sorte de venins; pousse les urines & les regles, & facilite l'accouchement. Elle est bonne, comme sudorifique, dans tous les cas de malignité. On l'emploie aussi pour l'épilepsie, & autres affections de la tête. On en use en tisane & en sirop; dont on continue l'usage pendant une quinzaine de jours. On prend les feuilles & les fleurs, en infusion comme le thé; pour dissiper les vapeurs. La dose de sa poudre est d'une dragme en substance, ou même deux, (pour les maladies ci-dessus) dans du vin blanc : & quand on la prend en infusion dans six onces de vin blanc, la dose est d'une demi-once. On lui attribue aussi quelque vertu contre la pierre.

Elle fortifie l'estomac, & est utile pour soulager la courte haleine. L'eau distillée des fleurs, attirée par le nez, soulage les douleurs invétérées de la tête, venant de froid. En général, un scrupule de la racine en poudre, pris dans du bouillon, dans du vin, ou dans de l'eau chaude, est un excellent remede contre beaucoup de maladies. Le vin dans lequel on a fait infuser de cette poudre, est bon pour l'usage interne & externe, dans les cas de blessures & d'ulceres : il les guérit promptement. On peut mettre de cette poudre dans les alimens, comme l'on y met celle d'origan.

Les feuilles de cette plante, mâchées, fortifient tout le corps ; & préviennent plusieurs maladies. On leur attribue la même vertu cordiale, qu'au dictame de Crete.

Un Botaniste d'auprès de Noyon ayant fait user pendant quelques jours, d'un sirop fait avec l'infusion de la racine de fraxinelle, à un paysan qui avoit une faim canine avec d'extrêmes douleurs intestinales ; le malade jetta un ver, long de cinq à six pieds. Un autre paysan, qui étoit sujet à de fréquens syncopes, prit pendant quinze jours une tisane de la même racine, par le conseil de ce Botaniste ; qui lui donna ensuite un vomitif : & le malade rendit par la bouche deux écuellées de sang, avec deux masses charnues, dont l'une étoit corrompue, & l'autre grosse comme une noix, donnoit quelques indices d'organisation : ce qui guérit parfaitement les syncopes. Ces deux faits sont rapportés par M. Chomel, dans son *Abrégé de l'Histoire des Plantes Usuelles.*

FRAXINUS. *Voyez* FRÊNE.

FRAYEUR. *Consultez* l'article VAPEUR.

F R E

FREIN. *Voyez* FILET, *Maladie.*

FRÊNE : en Latin *Fraxinus :* & *Ash-Tree* en Anglois. Les arbres de ce genre ont leurs fleurs rassemblées par bouquets ; ou en grappes. On voit des individus qui ne portent que des fleurs mâles, ou de femelles (peut-être avortées) : sur d'autres individus on observe de ces fleurs femelles en même tems que des hermaphrodites. La plupart n'ont point de pétales sensibles : les especes qui ont quatre apparences de pétales étroits & pointus, sont spécialement distinguées par le nom de *Frênes à fleurs.* Ces especes de pétales ne sont que le calice, aux yeux de plusieurs Botanistes. On distingue dans chaque fleur hermaphrodite deux étamines surmontées de sommets allongés & sillonés. A leur centre est un embryon oval applati ; dont le style, cylindrique, est divisé en deux courbes à son extrêmité. Ce pistil devient un fruit membraneux ; ou follicule oblongue, formée en langue d'oiseau, plate, fort menue à sa pointe : & dont l'intérieur est une seule loge dans laquelle est une semence blanche, ou roussâtre, oblongue ou presque ovale, applatie, & d'une saveur âcre & amere. Cette semence ne mûrit qu'en automne. La forme de ce fruit lui a fait donner les noms de *Lingua Avis*, & *Ornithoglossa officinarum.*

Les feuilles de frêne sont composées de sept à treize folioles dentelées plus ou moins profondément, rangées par paire, le long d'une côte qui est ordinairement terminée par une seule foliole. Les feuilles même sont pareillement opposées deux à deux sur les branches. *Voyez* FRAXINELLE.

Especes.

1. *Fraxinus excelsior* C. B. Le *Frêne de la grande espece :* commun dans les endroits où il trouve de l'eau près de ses racines. Ses folioles sont d'un verd obscur, finement dentelées, & presque toujours au nombre de onze. Les fleurs sortent des aisselles des branches ; & n'ont point de pétale ou calice. Cet arbre s'éleve droit & fort haut : son écorce est unie, lisse, verdâtre, & cendrée. Ses branches se soutiennent bien. Sa tête prend presque toujours & assez aisément une forme agréable.

Il y en a une variété dont les folioles sont panachées.

2. *Fraxinus rotundiore folio* C. B. Celui-ci a des *especes* de pétales colorés pourpres : qui paroissent au printems, avant les feuilles. Il s'éleve rarement à vingt pieds de hauteur. Ses folioles sont plus courtes que celles du précédent, plus profondément dentelées, d'un verd plus gai, & en ovale un peu allongée.

3. *Fraxinus humilior, sive altera Theophrasti, minore & tenuiore folio* C. B. Le *Frêne de Montpellier.* Il est à-peu-près de la taille du *n.* 2. Ses feuilles sont petites, étroites, dentelées, & d'un verd obscur. Ses fleurs sont colorées.

4. *Fraxinus florifera botryoïdes* Mor. Il porte des fleurs blanches, en longues & grosses grappes, à l'extrêmité des rameaux, dans le mois de Mai : il y a des individus où elles ne sont que mâles. On le trouve en Canada & en Italie, où il vient naturellement. Ses feuilles sont composées de sept à neuf folioles courtes, larges, arrondies, lisses, d'un très-beau verd, irréguliérement dentelées ; & sortent d'une espece de gros nœud. Ses fleurs ont une foible odeur d'amande amere. [Seroit-ce le *Fraxinus bubula* C. B ; appellé par d'autres, *Fraxinus sylvestris ; Fraxinus Cambro-Britannica ; Ornus ; Frêne d'Irlande :* qui est le *Quickbeam* ou *Quickentree* des Anglois ? Cette espéce sauvage, fort commune dans le Pays de Galles, donne de très-bonne heure des fleurs qui ont une odeur gracieuse : * *Mortimer's Husbandry.* Evelyn (*Dis. of Forest Trees*) dit que cet arbre s'éleve assez haut, fort droit ; qu'il grossit peu ; & que son écorce est lisse. Selon Columelle, (*Arb.* C. XVI) l'*Ornus* est un frêne sauvage, arbuste, dont la feuille est un peu plus large que celle des autres especes, & qui produit par son feuillage un aussi bel effet que l'orme.]

5. M. Miller nomme *Fraxinus Caroliniana, latiori fructu*, l'espece que nous appellons *Frêne de Caroline ou de Canada, à feuilles de Noyer.* Les feuilles n'ont communément que sept folioles, dont celles du bas sont par degrés plus petites que celles de l'extrêmité ; longues de quatre à cinq pouces, sur deux de largeur ; d'un verd gai ; légérement dentelées : leur côte est cylindrique, & garnie d'un duvet court. Les semences de cet arbre sont plus grandes & plus blanches que celles du *n.* 1.

6. Le même Cultivateur Anglois nous a encore fait connoitre un frêne de la Nouvelle Angleterre, dont les folioles sont terminées par une longue pointe : *Fraxinus ex Novâ Angliâ, pinnis foliorum in mucronem productioribus.* Chaque feuille est composée de trois ou quatre paires de petites folioles d'un verd gai, sans dentelure, très-écartées les unes des autres ; & terminée par une large impaire qui a une très-longue pointe. L'arbre produit de fortes branches sans ordre, mais ne fait pas une grosse tige. On le trouve aussi en Canada, & à la Louisiane.

Culture.

Il y a des Cultivateurs qui font un commerce de frênes, qu'ils élevent en pépiniere.

Les especes communes se multiplient suffisamment d'elles-mêmes par leurs semences, qui tombant durant l'automne, levent en grand nombre au printems dans les endroits où le bétail n'a pas été à portée de les manger.

Quand on veut en élever, on cueille la graine vers les premieres gelées d'automne; & on la met sur le champ par couches avec de la terre, pour la semer en Mars: & alors elle leve fort vîte. (C'est ainsi qu'il convient de transporter ces graines au loin). Ou bien on la seme en pleine terre dès qu'elle est mûre; ce qui suffit pour qu'elle y leve au printems. Mais si on conserve la graine dans un lieu sec, pour ne la semer qu'au printems, elle est un an entier sans lever: c'est ce qui arrive constamment à toutes les especes de frêne. Le jeune plant doit être soigneusement sarclé. On peut changer de place en automne les plus vigoureux pieds, aussitôt que leurs feuilles commencent à tomber. Cette transplantation doit se faire avec la bêche, non en arrachant: ou bien on peut les tirer tous indistinctement de terre, & les repiquer chacun suivant leur degré de force. Les plus forts seront espacés à un pied & demi, par rangées écartées de trois pieds. Au bout de deux ans qu'ils ont demeuré en pépiniere, ils sont communément en état d'être transplantés à demeure.

Pour faire un semis considérable, on peut semer ensemble la graine de frêne & de l'aveine, dans une terre préparée comme pour ce grain seul. L'année d'après la récolte d'aveine, tout le champ se trouvera couvert de jeunes frênes; que l'on pourra transplanter quand ils auront un pied de haut. Au reste, quand on les laisseroit grandir davantage, ils n'y a pas à craindre que le prolongement de leur pivot rendît leur transplantation & reprise plus difficile. M. Duhamel en a transplanté qui avoient dix-huit pouces de circonférence, & qui ont très-bien repris, leur pivot étant coupé.

Dans le voisinage d'un endroit où il y a des frênes en état, on trouve tous les ans sous ces arbres beaucoup de jeune plant qui a levé de graine; pourvû que le gros bétail n'en ait pas approché, car il en mange avidement les semences, & broute tout le jeune. Les haies où ces graines tombent peuvent favoriser la levée & les progrès. Aussi laisse-t-on assez volontiers croître les frênes qui y viennent naturellement. Mais ils ont l'inconvénient de détruire la haie même, & de priver de nourriture la plupart des plantes qui les avoisinent; ensorte que l'on prétend même que leurs racines, en pénétrant dans les champs, épuisent la terre & empêchent le froment de profiter.

En général, le frêne vient très-bien dans des terres aquatiques, & même submergées. Cependant les quatre premieres especes réussissent également sur des hauteurs, dans des terreins secs. Elles subsistent même mieux dans de fort mauvaises terres, que l'orme & le noyer: * *Traité des Arbres & Arbustes*, T. I. pag. 248. On voit dans Virgile (*Ecl.* VI, *v.* 71.) que l'espece appellée *Ornus* venoit d'elle-même sur les montagnes.

Il faut nécessairement de l'humidité au *n.* 5.

En replantant les frênes, on a coutume de ne pas les étêter; mais simplement les élaguer. On peut néanmoins étêter ces arbres comme les autres. Il est même assez d'usage d'étêter ceux qu'on tire des forêts; attendu que n'ayant pas été élagués, ils ont pour l'ordinaire la tête mal faite. Evelyn, (p. 282) veut que l'on élague le frêne pendant l'été & la grande chaleur: opération, dit-il, moins dangereuse alors pour cet arbre, que si on la faisoit au printems.

Cet Auteur Anglois conseille de transplanter le frêne pendant l'automne; & non au printems. Columelle semble préférer cette derniere saison, pour l'Italie: *De Arborib.* C. XVI.

On a beaucoup de peine à en faire réussir les marcottes. Mais si on éclate des branches auxquelles tienne du vieux bois, un peu avant que les bourgeons se renflent, ces branches mises en terre réussissent. * Evelyn, p. 60.

Un frêne greffé sur un autre, réussit très-bien. C'est le moyen de se procurer les especes que l'on feroit difficilement venir de graine. Virgile (*Georg.* L. II. v. 71-2) dit que l'on a greffé avec succès le Poirier sur l'*Ornus*.

En Espagne, on plante fort près les uns des autres, & dans des endroits humides, les frênes destinés aux lances: & on a soin qu'il ne s'y forme aucune sorte de nœud.

Evelyn (p. 60) dit que l'on a remarqué dans les forêts où le fauve avoit pelé les frênes jusqu'à la hauteur à laquelle ces animaux pouvoient atteindre, que les arbres n'en souffrirent aucunement. Notre climat n'a pas cet avantage: non seulement les frênes y périssent quand ils sont privés de leur écorce; j'ai même eu de ces arbres qui n'ont pas survécu à de profondes égratignures assez nombreuses, qui paroissoient plutôt avoir été faites par quelque animal, qu'avec un couteau.

Usages.

Les frênes soutiennent très-bien nos hivers, même assez rigoureux.

Le *n.* 1 fait un bel arbre: *Voyez* sa description, ci-dessus. D'ailleurs, comme il s'accommode assez bien de toutes sortes de terres, on peut le mettre en futaie, & en former des avenues, & des palissades. Il fait un bon taillis, propre à mettre en valeur des côteaux stériles.

Cet arbre a le défaut d'être fréquemment dévoré par les cantharides; qui ont coutume de paroître vers le milieu de Juin. Il est vrai qu'il repousse de nouvelles feuilles, qui subsistent jusqu'aux gelées: mais c'est toujours un désagrément que de voir des arbres dépouillés comme en hiver, dans la plus belle saison.

M. Miller dit que les frênes greffés sur l'espece commune sont sujets à des inconvéniens qui rendent préférables les arbres venus de graine: le sujet profitant beaucoup plus vîte que la greffe, tout l'ancien tronc devient souvent deux fois aussi gros que la pousse de la greffe: d'ailleurs, si ces arbres sont trop exposés au vent, un coup un peu fort sépare la greffe déja parvenue à une hauteur & grosseur considérables. Ce Cultivateur ajoûte que la greffe rend le bois de frêne presque de nul usage.

Le frêne à fleurs (*n.* 4) n'est jamais endommagé par les cantharides: avantage qui paroît le distinguer des autres especes. Le bel effet que produisent ses fleurs mêlées avec les feuilles, sont une raison de plus pour engager à le multiplier. Il décorera les bosquets, à la fin du printems; & fera bien en massifs & en avenues. *Voyez* Columelle, *De Arborib.* C. XVI. où il propose de planter l'Ornus dans les vignes.

Toutes les autres especes n'ont aucun avantage réel sur le *n.* 1. Leur bois semble même être d'une qualité inférieure au sien.

En général, le frêne a le bois très-ferme, liant, & élastique, tant qu'il conserve un peu de sa seve. C'est pourquoi l'on en faisoit autrefois des arcs, & on s'en sert beaucoup dans le charronage. Les meilleurs brancards de berline & de chaises, sont de ce bois. On en fait encore des essieux; des jantes de roues, des rames, des instrumens de labour, des mouffles, & divers ouvrages de tour. On le préfere à l'orme, pour des tenons ou mortoises. On le débite aussi en planches, quelquefois même en pieces de charpente : mais il est sujet à être piqué de vers. M. Le Page dit qu'à la Louisiane, le frêne est plus commun, plus liant, & en général de meilleure qualité sur les côteaux voisins de la mer, que dans les terres : & que, comme il est plus dur que l'orme, les Charrons en font des roues; qu'il n'est pas nécessaire de ferrer, dans un pays tel que celui-là, qui n'a ni pierres ni gravier.

Selon d'autres observations, plus un sol est substantieux, plus le frêne y devient propre à la charpente. Aussi y profite-t-il plus vîte qu'ailleurs. L'argille blanche est un de ces terreins où le frêne réussit parfaitement : néanmoins son bois est alors plus blanc, & moins fort, que lorsqu'il a crû dans des terreins secs. * *Compl. Body of Husb.* B. IV. Ch. 22.

M. Miller & le *Compleat Body*, disent que le frêne n'est sujet aux vers que lorsqu'on l'a coupé trop tôt en automne, ou trop tard au printems. Ils établissent donc pour régle de le couper, depuis le mois de Novembre, ou même vers Noël, jusqu'en Février. Mais on excepte le cas où on veut faire servir ce bois en perches : le printems, selon ces Auteurs, est alors la meilleure saison, tant par rapport au frêne qu'en tout autre bois liant : sans quoi les pluies d'hiver pourroient endommager le tronc.

On prétend que le frêne se soutient particuliérement fort droit dans un terrein sec & pierreux; & qu'il y fournit quantité de perches. * *Compl. Body of Husb.*

Les jeunes frênes étant naturellement bien droits, on les dresse à la plaine, pour en former des échelles légeres, des hampes d'esponton, des perches que l'on emploie ordinairement en supports le long des murs d'escaliers, & que l'on nomme *Ecuyers.* On en fait encore des manches de divers outils. Les perches de frêne sont estimées dans les houblonnieres. Les Couvreurs en chaume s'en servent aussi.

En général, ce bois se conserve longtems sain, s'il est toujours au sec. On veut que ce soit le meilleur bois pour encaquer le hareng. On en fait des cercles, & autres ouvrages de Tonnellerie. Il brûle bien, & sans fumée, lors même qu'il est encore verd. Son charbon est un de ceux qui durent le plus.

Les frênes produisent quelquefois, le long de leur tronc, des tumeurs ou exostoses; dont le bois est assez beau, mais difficile à travailler. Ces endroits sont recherchés par les Armuriers. Les Auteurs Anglois parlent de frêne bien veiné, que leurs ébénistes emploient avec le nom d'*Ebene verte*, parce qu'on y trouve de la ressemblance avec l'Ebene. Consultez la *Physiq. des Arbr.* T. II. p. 341-2.

Pour donner à la racine de frêne une très-grande ressemblance avec le plus beau bois d'olivier, on y applique un verni; composé de lacque, sandarac, mastic, ambre, & alun : ce qui y fait beaucoup mieux que l'huile de lin, recommandée pour cet effet par Cardan.

L'écorce de frêne fournit un tan, estimé pour taner les filets. On a autrefois écrit sur l'écorce intérieure de cet arbre.

Dans les exploitations de bois, on le débite en moutons & en timons. On en voiture aussi en grume, de plusieurs longueurs, & grosseurs, telles que de huit à dix pieds de long, sur huit à neuf pouces de diametre. Ces échantillons sont propres à faire des voitures pour charrier le vin, lesquelles sont nommées *Haquets* en certains endroits, & *Souliyiers* en d'autres.

Tout le gros bétail aime beaucoup les jeunes pousses, & les fruits de frêne. Mais cette nourriture donne de l'âcreté au beurre qui provient du lait des vaches qui en ont mangé. C'est pourquoi on doit ne point laisser de frêne à leur portée, quand on veut avoir de bon lait & de bon beurre. Il y a des gens qui donnent au bétail les feuilles séches de frêne : mais ce fourrage n'est presque rien.

On dit que les grives sont particuliérement avides du fruit de l'*Ornus.* Dans le pays de Galles, on met presque toujours de ce fruit dans l'ale ou la bierre, lorsqu'on les brasse. Columelle dit que les chevres & les bêtes à laine sont friandes des feuilles de ce frêne.

La seconde écorce du frêne, & le fruit de cet arbre, sont regardés en *Médecine* comme très-apéritifs. Tant cette écorce que le bois, sont employés en décoction dans du vin, pour les obstructions du foie & de la rate; pour évacuer les sérosités superflues, guérir l'hydropisie, & pour les pâles couleurs. On les ordonne aussi dans les bouillons, potions, & tisanes. La décoction de ce bois est un sudorifique propre pour les maladies vénériennes. On indique de boire dans du vin blanc le suc de la seconde écorce du frêne, pilée, comme un excellent remede contre la morsure des plus dangereux serpens.

Par la distillation de cette écorce, on en tire une *Eau* pour les maladies contagieuses : on en boit trois onces, avec autant d'eau-de-vie; & on réitere, de trois en trois heures. On instille aussi cette eau dans les oreilles, avec succès, pour le tintement.

On mange quelquefois en salade les jeunes feuilles de frêne. La décoction du fruit est indiquée pour les maux de poitrine.

La seve de cet arbre est douce, sucrée, agréable, très-inflammable (dit-on), & abondante dès le mois de Mars. *Voyez* l'article SUC. On croit que les *nn.* 2 & 3 sont semblables à ceux qui donnent la Manne de Calabre.

La lotion de feuilles de frêne est très-bonne pour les plaies qu'on soupçonne avoir été faites par quelque animal venimeux ou par une arme empoisonnée. La cendre du bois, ou même de l'écorce, sert à faire une espece de pierre à cautere.

On prétend que la graine de frêne a les mêmes propriétés que l'écorce. Cette semence se confit dans le vinaigre, comme les câpres. Le sel fixe de frêne pousse par les urines; on le donne depuis un scrupule, jusqu'à un demi-gros; il fait bien dans la rougeole, & dans la petite vérole, avec le sirop de grenade ou de framboise. *Voyez* OBÉSITÉ.

Les feuilles de cet arbre, mises en décoction dans du vin, ont une vertu apéritive & hépatique, approchante de celle de l'écorce.

La racine cuite dans l'eau commune, avec la petite centaurée, le scordium, & l'absinthe; passe pour un remede souverain contre la morsure des animaux dangereux.

Pline donne tant de merveilleuses propriétés Médicinales au frêne, qu'elles ne peuvent être regardées aujourd'hui que comme des effets d'une excessive crédulité; supposé que nous connoissions le frêne dont cet Auteur a parlé. Le Jésuite Schott a pareillement recueilli trente-sept vertus singulieres attribuées par les Allemands à toutes les parties de cet arbre : on les trouve dans un Livre intitulé *Joco-seria Naturæ & Artis*, Cent. III. propos. 100 §. 3. En voici seulement onze.

» I. Le bois de frêne, porté sur soi, guérit le cours » de ventre, la colique, & les maladies hystériques. » Il faut qu'il touche la peau.

» II. Il arrête les hémorrhagies, & toutes sortes » de

» de pertes de sang. Il faut le tenir dans la main, jusqu'à ce qu'il soit échauffé.

» III. Il empêche que la gangrene ne se mette » dans une plaie: & il la guérit promptement, si on » le rape dans de l'eau froide, & qu'on en lave le » mal plusieurs fois par jour.

» IV. En tems de maladie contagieuse une cuille- » rée de suc de frêne, bue à jeûn, met en état de » ne craindre ni les fievres pourprées, ni même la » peste.

» V. En cas de poison, il n'y a qu'à boire du suc » de frêne; c'est un puissant antidote contre toute » sorte de venin.

» VI. Le suc de frêne éclaircit la vûe, & la for- » tifie; pourvû qu'on s'en lave les yeux soir & » matin.

» VII. Ce même suc, bu le matin, guérit la » douleur des reins, fortifie le cœur, & abbat les » vapeurs.

» VIII. Ce suc, mis chaud dans les oreilles, » guérit la dureté d'oreille, la surdité qui n'est pas » invétérée, & les maux intérieurs d'oreille. Le » parfum qu'on peut faire des feuilles, de la graine, » & de l'écorce de cet arbre, produit le même » effet; aussi bien que l'eau qui coule par les ex- » trêmités des branches, quand on les a mises au » feu. Il faut la seringuer dans l'oreille, qu'on bou- » che ensuite avec du cotton trempé dans la même » liqueur.

» IX. Le suc de frêne, bu le matin, guérit les ma- » lades de la rate, les pulmoniques, les hydropi- » ques; ceux qui sont attaqués des fievres malignes, » de la petite verole & de la peste.

» X. Dans les grandes douleurs de tête, il faut » se mettre sur le front un linge trempé dans ce suc, » après qu'on l'a fait un peu bouillir avec autant de » vin.

» XI. Pour les cancers naissans, il faut seulement » appliquer un linge bien doux, trempé dans le suc » tiede de frêne. Cela arrête le progrès du mal & » fond les duretés.

Petit FRÊNE. *Voyez* FRAXINELLE.

FRÉNÉSIE. *Voyez* PHRÉNÉSIE.

FREOUER: *terme de Venerie.* Marque que le cerf fait aux branches des arbres, quand il y touche de son bois pour détacher la peau velue qui le couvre. Celui qui apporte le premier fréouer à l'assemblée où est le Roi, & qui en laisse courre le cerf, mérite un présent du Roi: sçavoir un cheval si c'est un Gentilhomme de la Venerie; & un habit, quand c'est un valet de limier: ce qui s'est observé de tout tems.

FRESSURE. *Consultez* ce mot, dans l'article AGNEAU.

FRETIN: *terme d'Agriculture.* Se dit de tout ce qui est mal conditionné & presque inutile: comme toutes les branches menues, chiffonnes, & quelquefois usées de vieillesse. Il faut, à la taille, ôter tout le fretin des arbres; toutes les branches dont on ne peut espérer ni fruit ni belles branches.

FRÉTIN *d'étang.* Voyez l'article ÉTANG.

FRI

FRIARS *Cowl.* Voyez ARISARUM.

FRIARS *Crown.* Voyez CHARDON, *n.* 7.

FRICANDEAUX *farcis.* Coupez de la cuisse de veau par tranches un peu minces; & après les avoir battus avec le dos d'un couteau, piquez-les de moyen lard; étendez-les sur une table, le côté du lard en dessous; garnissez le milieu, avec une farce composée de veau, moëlle de bœuf, lard, & œufs, assaisonnés de sel, poivre, & fines herbes. Il faut mettre de cette farce, environ l'épaisseur d'un écu; puis ayant passé un peu d'œuf battu sur les bords du fricandeau, en appliquer un autre par dessus, & le coler par les bords avec l'œuf battu que vous avez mis. Ensuite, ayant rangé vos fricandeaux dans une casserole que vous couvrirez bien, vous leur ferez prendre couleur des deux côtés: puis ayant égoutté un peu de leur graisse, ensorte que vous puissiez y faire un roux avec de la farine, vous y jetterez de bon jus de bœuf; & les ayant fait bien cuire, vous y ajoûterez des truffes, champignons, ris de veau, & bon coulis. Le tout étant bien dégraissé, vous y jetterez un filet de verjus; vous les rangerez dans un plat avec le ragoût pardessus; & servirez le plus chaudement qu'il sera possible.

Voyez ESTURGEON *en fricandeau.*

FRICASSÉE *d'oiseaux, ou autre viande, à la sausse rousse.*

Prenez des poulets ou autres oiseaux, & les coupez par membres ou quartiers. (Si les oiseaux sont petits, comme des alouettes, on se contente de fendre le ventre, & après avoir ôté ce qui est dedans, on les bat un peu pour les applatir.) Puis, vous les passerez à la poële. Lorsqu'ils seront à demiroux d'un côté, retournez-les de l'autre; & étant cuits, vous en ôterez tout ce qui restera de graisse; & mettrez dans la poële avec la fricassée, du sel, du verjus, un peu d'écorce d'orange, quelques feuilles de laurier, & les ferez un peu bouillir ensemble. Rangez-les dans un plat; & rapez par dessus un peu de croute de pain, & de muscade. On peut ajoûter à cette sausse, un jus de citron ou d'orange; & y mettre du persil grossiérement haché.

Autres Fricassées.

Voyez CITROUILLE. AGNEAU. AIL. ARTICHAUT. *Tripes de* BŒUF. *Pieds de* COCHON. VEAU. TORTUE. CONCOMBRE.

FRICHE. Ce terme signifie une terre inculte. On dit: *c'est une friche; cette terre est en friche.* De là vient le mot *Défricher.* Voyez ALPAGE.

FRIGIDARIUM. *Voyez* ce mot dans l'article BAIN.

FRINGE *Tree.* Voyez CHIONANTHUS.

FRIPLYA. *Voyez* l'article FUMETERRE *Bulbeuse.*

FRISE: *terme d'Architecture.* C'est une grande fasce plate, qui sépare la corniche d'avec l'architrave. Elle est souvent ornée de sculptures en basrelief de peu de saillie, qui imitent une broderie.

FRISÉ (*Beurre*). Consultez l'article BEURRE.

Chou FRISÉ. *Voyez* sous le mot CHOU.

FRISÉ: *terme de Botanique.* Voyez CRISPUS.

FRISSON. Tremblement causé par le froid qui vient au commencement d'un accès, presque toujours suivi d'une grande chaleur.

On le dit encore du tremblement que causent le froid ordinaire, la peur, ou l'horreur de quelque chose désagréable.

Pour remédier au frisson, l'on se tient chaudement en buvant beaucoup de thé, ou autre infusion chaude. 2°. On se met dans un lit bassiné. 3°. On se fait frotter tout le corps avec des serviettes chaudes.

Au reste, comme le frisson est moins une maladie qu'une disposition à la fievre, il est à propos de ne pas tenter beaucoup de remedes pour le détruire.

Voyez AIL. BENOITE.

J'ai vu des substances chaudes & âcres, entr'autres l'Aunée, abréger considérablement la durée du frisson ; mais occasionner un accès très-long & violent, accompagné même de délire & de sueurs colliquatives : ensorte que ces sortes de remedes, pris ainsi à contretems, causent un désordre réel en troublant la crise, & rendent la fievre même plus difficile à se terminer.

Néanmoins si le frisson trop violent fait craindre que le malade ne meure, il convient d'y remédier par le laudanum : qui calme alors effectivement.

FRISURE. *Consultez* l'article CHEVEU.

MM. Perrault ont discuté la raison physique de la frisure ; dans leurs *Œuvres de Phys. & de Méchan.* Vol. II. p. 391.

FRITILLAIRE : en Latin FRITILLARIA : en Anglois FRITILLARY, & *Chequered Tulip.* Plante bulbeuse : dont la racine est composée de deux tubercules blancs, ou jaune-pâles, charnus, à demi-ronds pour l'ordinaire, unis ensemble par leur base garnie de fibres. Du milieu de ces tubercules s'éleve une tige grêle, ronde, haute d'environ un pied, intérieurement fongueuse ; qui porte cinq, six, ou sept feuilles étroites, aigues, médiocrement longues, placées alternativement, & embrassant la tige par leur base. Le sommet de la tige porte des fleurs à six pétales, disposés en godet, à-peu-près comme la tulipe, grands, de diverses couleurs, & tachés réguliérement de blanc & de pourpre en échiquier : ce qui a fait donner à cette plante les noms de *Damier*, & *Fritillaire :* le Damier étant appellé en Latin *Fritillum.* Quelques-uns, faisant allusion de ces taches au plumage des Peintades, nommées en Latin *Meleagrides*, ont aussi appellé la Fritillaire *Meleagris.* Les fleurs sont panchées. Souvent il y en a plusieurs sur un même péduncule. On voit aussi de ces fleurs qui ne sont pas tachées. A la fleur succede un fruit oblong, anguleux, divisé en trois loges ; qui contiennent chacune deux rangs de semences plates, anguleuses, pâles, & imitant la forme de l'oreille humaine. L'espece que G. Bauhin appelle *præcox purpurea variegata*, produit ses fleurs dans les aisselles de ses feuilles : la tige est pointillée ; & les feuilles le sont tant en dessus qu'en dessous. Les sommets des étamines de la fritillaire sont communément jaunes : & M. Wahlbon fait observer qu'intérieurement elles sont distribuées en quatre loges (*Plantarum Sponsalia*).

Il y a beaucoup de variétés de cette plante.

Le Lys de Perse ou de Suse, est une Fritillaire.

Usages.

La racine de fritillaire est regardée comme émolliente, digestive, & résolutive.

Cette plante se cultive dans les jardins, à cause de la singularité de sa marbrure. Elle vient naturellement dans des endroits humides. On en trouve aussi dans les bois ; en Poitou, en Xaintonge : dans des prairies le long de la Loire, du côté d'Orléans : à Genas & à Covalon, en Dauphiné. Il y en a encore de particulieres en Italie, en Perse, en Espagne, en Portugal, & dans les Pirénées.

Culture.

La fritillaire est plus sûrement dans de grands pots qu'en planches. Elle ne veut pas trop de soleil. Il lui faut une bonne terre grasse, humide, & bonne jusqu'à la profondeur de trois doigts. Elle fleurit depuis Mars jusqu'en Mai.

Comme cette plante ne peut pas subsister hors de terre, on la leve à la fin de Juin, pour ôter les cayeux : & on la replante aussitôt.

FRITURE ; ou *Rôt-maigre :* terme de cuisine. C'est un mets apprêté avec de l'huile ou du beurre dans la poële. On peut aussi se servir de lard ou de saindoux. On sert en friture du poisson, des légumes, & de la viande. Le beurre doit toujours être raffiné. Il faut que ce beurre ou l'huile soient bien chauds : autrement la friture est molasse & n'a point de couleur. De quelque qualité que soit le poisson ; lorsqu'il est bien écaillé, lavé, & bien essuyé, on le poudre de farine, & on le fait frire. Lorsqu'il a une belle couleur, on plie une serviette sur un plat, on l'y dresse, & on sert chaud.

Consultez les articles des divers Poissons. CRÊME *à Frire. Griblettes de* COCHON. CHAMPIGNON. ARTICHAUT. BETE-RAVE. ANCHOIS *en allumettes.* ANGUILLE *frite ;* & *à la Sainte Menehout. Pied de* VEAU.

FRO

FROID. *Voyez* HIVER. BISE. BROUILLARD. AIL. *Conserver le poisson dans les* ÉTANGS.

En Norwege, pendant l'hiver on se couvre ordinairement le visage avec un morceau de gaze noire. Cela rompt l'action de l'air, retient la chaleur de la respiration ; &, sans empêcher de voir, garantit l'œil contre la blancheur éblouissante de la neige & des glaces.

Les personnes qui ont de l'embonpoint, & une certaine portion de chaleur naturelle, sont moins sensibles au froid que d'autres.

Si les froids commencent de bonne heure en automne, il y a peu de maladies durant cette saison : & elles ont des symptômes favorables, & sont aisées à guérir.

La plupart des animaux qui paissent, ne deviennent malades que de froid & d'humidité. Voyez *Langueur*, maladie du BŒUF. BŒUF *qui pisse le sang.* BREBIS. *Rogne des* BREBIS.

Les ventosités amassées dans les intestins ou dans quelque autre partie du corps, occasionnent quelquefois un grand froid dans tous les membres.

Voyez *Mal de* CŒUR, provenant de cause froide. DOULEUR *d'oreille*, de cause froide. *Mal d'*ESTOMAC, de cause froide. ESTOMAC *froid.* FLUXIONS *froides.* AGE : *n.* 3. APPÉTIT *perdu.* APPÉTIT *insatiable.* DEFLUXION. *Lassitude*, *Morfondement*, *Avives*, maladies du CHEVAL. *Douleur de* DENTS, provenant de cause froide. ÉCROUELLE. GANGRENE.

Pour se garantir du Froid pendant l'hiver, & du Chaud pendant l'été : & se préserver (dit-on encore) *de toutes vermines, comme poux, puces, punaises*, &c. Il faut avoir une peau de loup, passée en mégie ; que l'on mettra entre les draps & la couverture. Pendant l'hiver, il faut que le poil soit du côté des draps ; & la peau en été.

Pour que les pieds & les mains ne soient pas offensés du Froid.

1. On conseille de les frotter avec de la graisse de renard. [Mais toute graisse y est bonne. En voyage, on prévient une partie des accidens du grand froid, en mettant des chaussons frottés de graisse.]

2. Mêlez bien du suc de rue avec de l'huile de noix : & vous-en lavez les pieds au commencement de l'hiver ; & ensuite, de tems à autres.

3. Voyez entre les *Propriétés du* PIGEON : & celles du HOUBLON.

FROIDES { Humeurs. ou Tumeurs. } Voyez ÉCROUELLES.

FROISSEMENT *de tout le corps*. Consultez l'article CHUTE.

FROMAGE, en Latin *Caseus*. On nomme ainsi du lait qu'on a fait cailler, ou coaguler, & dont on a séparé tout ce qui étoit séreux. Il y a des *fromages mous*; de *secs*, de *durs*, d'*écrémés* (que quelques-uns nomment *à-la-pie*, ou *alepie*); & des *fromages non écrémés*, autrement *fromages à la crême*.

Pour avoir d'excellens fromages, il faut non seulement que le lait soit bon, mais aussi que la présure, ou autre substance coagulante, soit bien conditionnée & bien employée.

Pour faire la Présure.

Prenez la caillette d'un veau, qui n'ait jamais eu d'autre nourriture que le lait pur: [*Nota*. Dans un veau qui est encore au lait & qui n'a pas mangé d'herbe, la panse, comparée avec la caillette, est beaucoup plus petite que dans le bœuf. * M. De Buffon *Hist. Nat.* du Bœuf.] Tirez-en de petit grumeaux de lait caillés, que vous y trouverez; & que vous éplucherez bien, en ôtant les poils que le veau a avalés en tetant ou se léchant. Lavez ces grumeaux dans l'eau fraîche à mesure que vous les manierez: & les mettez dans un linge bien blanc, pour les essuyer un peu. Prenez aussi la caillette, lavez-la de même; & la raclez fort nette; retournez-la pour y remettre ces grumeaux; salez-les comme il faut: suspendez le tout; & mettez au-dessous, un pot pour recueillir l'eau salée qui en tombera. C'est cette eau qu'on appelle *Présure*.

Vous la laisserez ainsi travailler pendant quelques jours; puis vous vous en servirez quand vous en aurez besoin.

Plus on garde la présure; meilleure elle est, parce que son acide se fortifie.

Quand on veut se servir de la présure, on en prend dans une cuiller; on la délaye avec un peu de lait; puis on la jette dans celui dont on veut se servir pour faire les fromages. *Voyez* PRESURE. Un demi-gros de présure suffit pour plusieurs pintes de lait.

Le fromage fait avec la présure devient alkalin avec le tems; & brûle au feu comme la corne & les autres substances animales. Consultez la *Chymie Pratiq.* de M. Macquer, T. II. p. 447-8-9.

Pour faire de bons Fromages.

1. Il faut prendre le lait tout récemment trait; le couler, y mettre de la présure, & remuer le tout pendant quelque tems avec une grande cuiller. Ce lait étant pris, on tire le caillé avec la cuiller à écrêmer; & on le met dans des éclisses, (qu'on appelle en quelques pays *chasserons*, *chasieres*, *cagerets*, *formes* ou *chasses*) pour le laisser égoutter. On le laisse plus ou moins dans les éclisses, selon qu'on veut qu'il soit égoutté.

2. Prenez à midi la crême du lait qui a été tiré le matin, avec autant de lait tout chaud; mêlez-les ensemble, & mettez-y un peu de présure, que vous délayerez avec de l'eau salée; jettez-la dedans ce lait, remuez le tout ensemble, & le laissez reposer une heure. Après cela, mettez-le dans les éclisses, & ne le gardez que vingt-quatre heures pour le bien faire cailler.

Le printems est la saison la plus propre pour faire ces sortes de fromages.

Crême en Fromage.

Voyez sous le mot CRÊME.

Les *fromages* qu'on appelle *communs*, sont ceux dans lesquels on met de la présure après en avoir tiré toute la crême, & qu'on peut aussi nommer *Fromages de ménage*. La coagulation de ce lait se fait plus facilement que celle du lait tout chaud. Ces fromages communs servent à la nourriture de la maison, ou à envoyer au marché. On peut aussi les saler, ensuite les faire sécher: par ce moyen on les conserve pour l'hiver.

Tous les fromages secs doivent être vendus aux marchands, avant la fin d'Avril. On en fait pendant tout l'été: ce qui est plus lucratif que de les envoyer frais dans les marchés.

Bons Fromages pour garder.

Il faut, lorsque le lait est encore chaud, y jetter de la présure délayée; & quand il est pris, le dresser dans des éclisses. Lorsque ces fromages seront bien égouttés, on les salera par dessus, & on les laissera reposer jusqu'au lendemain, afin qu'ils soient bien fermes; puis on les retournera pour les saler de l'autre côté, les laissant reposer dans les éclisses jusqu'à ce qu'ils soient durs. Après quoi on les mettra sécher à l'air dans une chasiere pour les affermir: & on les serrera jusqu'à ce qu'on veuille les faire affiner.

Si le lait, dont on voudra faire les fromages, étoit froid, on le mettroit sur la cendre chaude; pour observer ensuite ce qui vient d'être dit.

Pour affiner les Fromages.

1. On les trempe dans de l'eau salée; on les enveloppe de feuilles d'orme, ou d'ortie; & on les met dans un vaisseau, de maniere qu'ils se communiquent réciproquement leur humidité.

2. Entourez vos fromages avec de la paille d'aveine; & mettez-les dans des armoires à la cave, sur des tablettes sans qu'ils se touchent.

Fromage de Gruyeres, ou Griers. Maniere de le faire.

Les Suisses de la petite ville de Gruyeres, dans le Canton de Fribourg, font un grand débit de fromages. Ils en envoient beaucoup à Lyon: d'où on les distribue dans presque toutes les Provinces de France. Voici de quelle maniere ils fabriquent ceux qu'ils nous envoient, & qu'ils appellent *Fromages du premier lait*. Premierement, ils préparent la présure, qui sert à faire fermenter le lait. Pour cela ils prennent des caillettes de veau, & après les avoir bien lavées, ils les remplissent d'air, & les font sécher promptement à la cheminée. Quand elles sont suffisamment séches, ils mettent dans un vaisseau de bois de figure ovale, garni de son couvercle, environ une pinte mesure de Paris, d'eau un peu plus que tiede; & y jettent la moitié ou le tiers d'une caillette, selon qu'elle est plus ou moins grande; mais auparavant ils ont grand soin de la laver dans l'eau fraîche, & d'y envelopper une bonne pincée de sel. Ils laissent cette caillette ou vessie dans le vaisseau pendant vingt-quatre heures, afin que l'eau chaude puisse en attirer toute la vertu, & s'impreigner du sel qu'on y a mis. Cette présure peut se garder dix ou douze jours, au bout desquels il faut en faire de nouvelle; parce que si on gardoit plus longtems cette eau fermentée, elle deviendroit trop forte, & gâteroit les fromages.

A l'égard du lait dont on fait le fromage, il doit

être nouvellement trait, un peu plus que tiede : (s'il n'étoit pas assez chaud, il faudroit faire un peu de feu sous la chaudiere où on l'auroit mis, afin de lui donner le degré de chaleur qui convient.) Alors on y jette environ un demi-septier de présure, plus ou moins, selon la quantité de lait : & après avoir bien mêlé le tout ensemble, par le moyen d'une grande cuiller plate à long manche, on ôte la chaudiere de dessus le feu, & on laisse reposer jusqu'à ce que le lait soit entiérement pris & caillé ; ce qui se fait ordinairement en moins d'une demi-heure. Ensuite on le détache doucement & adroitement des bords de la chaudiere, avec la grande cuiller, & lorsqu'il est bien détaché, on prend un autre instrument, que l'on nomme *spatule*, lequel est un petit sapin de la grosseur d'une bonne canne, pelé proprement & garni depuis le bas jusques vers le milieu avec une certaine quantité de branches ou rameaux coupés à deux ou trois pouces de longueur ; lesquels sont quelquefois retroussés & rentrés dans le bois, en forme de demi-cercles. On se sert de cet instrument pour tourner le caillé d'abord doucement, & ensuite plus fort, augmentant toujours par degrés de force & de vîtesse, jusqu'à ce que le caillé soit entiérement dépris & désuni. Après quoi on remet la chaudiere sur le feu ; & on chauffe le caillé ensorte qu'on y puisse souffrir le bras. Pendant tout ce tems, on tourne continuellement avec la spatule : & si la chaleur devient trop grande, on descend la chaudiere, en continuant toujours à tourner pendant une demi-heure, & quelquefois plus, selon qu'on juge à propos de rendre le caillé plus ou moins épais. On le laisse reposer en cet état : & quand on voit qu'il s'est précipité & rassemblé tout en masse au fond de la chaudiere, deux hommes prennent un morceau de grosse toile claire, comme du canevas ; & l'ayant fait passer adroitement par-dessous le caillé, ils le tirent de la chaudiere ; & le mettent avec la toile, dans une forme qui est placée sur une espece de pressoir. Cette *forme* est un grand cercle de bois, de la hauteur dont on veut que le fromage soit : il y a des crans ou crochets disposés autour de sa circonférence, à cinq ou six pouces les uns des autres ; qui servent à l'élargir ou diminuer à proportion du diametre qu'on veut donner au fromage. L'ayant placé dans la forme, on met par-dessus une planche bien nette & bien polie ; & sur cette planche une pierre qui pese vingt-cinq à trente livres : & quand on s'apperçoit que la planche touche au haut de la forme, on ôte le fromage pour le resserrer d'un cran. La forme étant resserrée, on enveloppe le fromage d'un nouveau morceau de toile bien net ; on le remet dans la forme avec la planche, & deux pierres par-dessus, de la pesanteur de quarante-cinq à cinquante livres chacune, pour faire égoutter le fromage plus promptement. On continue d'heure en heure, retirant le fromage de la forme, qu'on resserre aussi d'un cran ; & changeant à chaque fois de nouveau linge qui soit bien net & bien sec. On retourne aussi le fromage dessus dessous. La même chose se réitere douze ou quinze fois, en augmentant toujours le poids qu'on met sur la planche ; ensorte que les dernieres pierres pesent quelquefois jusqu'à cent cinquante livres.

Quand le fromage est bien égoutté, & qu'il ne mouille plus le linge qui l'enveloppe, on le met sur une planche dans l'endroit destiné pour les fromages, & on prend garde qu'ils ne se touchent, quand il y en a plusieurs & qu'ils sont nouveaux. Ensuite on prend du sel bien sec, & pilé le plus menu qu'il est possible : on en jette environ deux pincées sur chaque fromage ; & une heure ou deux, après que le sel est fondu, on frotte exactement le fromage tout autour : puis l'ayant laissé sécher pendant une ou deux heures, on l'entoure de sangles faites d'écorce ou de bois de sapin, les serrant le plus fortement qu'il est possible, & poussant ensuite les fromages les uns contre les autres à l'endroit où elles se croisent, afin de les retenir.

Le lendemain on les dessangle ; & après les avoir essuyés, aussi bien que la planche, on seme encore sur les pains de fromage deux pincées de sel. On continue ainsi pendant six semaines, jusqu'à ce qu'ils soient salés suffisamment : ce qu'il est aisé de connoître, soit par la sonde, soit quand on s'apperçoit qu'ils n'attirent plus le sel. Enfin on laisse sécher tout-à-fait les fromages ; & on les met dans des caisses, ou tonnes, pour les transporter où on le juge à propos.

Maniere de faire le second Fromage, de Gruyeres ; auquel on employe le petit lait, l'azi, & le sel.

On met sur le feu tout le petit lait qu'on a tiré du premier fromage : & lorsqu'on s'apperçoit qu'il se forme un cercle d'écume tout autour de la chaudiere, on y jette deux ou trois pintes de bon lait qu'on a réservé exprès de la traite ; c'est ce qui s'appelle *Blanchir le lait*. Ensuite, faisant un grand feu, on le fait bouillir fortement ; & pour lors, on en tire une certaine quantité, dont on se sert le lendemain pour faire de nouveau fromage. Puis on prend du petit lait froid, réservé de la veille ; & on le jette dans la chaudiere, avec environ trois chopines d'azi. L'*Azi* n'est autre chose que du petit lait qu'on fait aigrir dans un vaisseau de bois, en y mêlant de fort vinaigre, & le laissant reposer pendant dix jours.

Aussitôt le lait *se coupe* ; c'est-à-dire, se divise en deux substances : dont l'une qui est fort claire & fort aqueuse ne sert qu'à la nourriture des bestiaux ; l'autre qui est plus épaisse, est propre à faire le second fromage. Elle se change en caillé, & s'éleve au dessus de la substance aqueuse, en forme de mousse blanche. Quand le fromage est monté & qu'il commence à jetter quelques bouillons d'écume hors de la chaudiere, on l'ôte de dessus le feu, & on l'enléve avec une écumoire ; puis ayant mis un morceau de toile claire dans les formes, on y met le fromage, avec une planche & une pierre par-dessus, de même que nous l'avons marqué en parlant de la fabrique du premier fromage. On le laisse égoutter du matin au soir, ou du soir au matin ; en resserrant de tems en tems les formes. Lorsqu'il est suffisamment égoutté, on l'ôte de la forme, & on le met sur une planche, ou sur des bouts de planches disposés exprès ; pour le saler : ce qui se fait en mettant par-dessus, environ l'épaisseur d'un doigt de sel. Deux ou trois jours après, le sel étant fondu, on retourne les fromages sens dessus dessous, pour leur donner une seconde couche de sel égale à la premiere ; & aussitôt que le second sel est fondu, on les frotte avec de l'eau où l'on a détrempé du charbon pilé, jusqu'à ce qu'ils soient bien noirs : alors enfin on les met sur des planches dans un lieu sec, ayant soin de les retourner tous les deux jours ; sans quoi ils s'attacheroient, & il seroit très-difficile de les détacher sans les rompre. Quand ils sont parfaitement secs, on les envoie de côté & d'autre dans le pays. Cette sorte de fromage ne se porte point en France ; mais se consomme entiérement dans la Suisse.

On commence à travailler au fromage de Gruyeres vers le mois de Mai ; & l'on finit à-peu-près au même tems dans le mois d'Octobre. Pour faire deux fromages du premier lait, chaque jour; il faut la traite de cinquante ou soixante vaches. Pour en faire trois en deux jours, il faut trente à quarante vaches. Et pour en faire un seulement par jour, il en faut depuis vingt-cinq, jusqu'à trente.

La traite des vaches se fait deux fois le jour; la premiere sur les quatre ou cinq heures du matin; & la seconde, à trois ou quatre heures du soir. Un homme médiocrement fort peut traire depuis douze vaches jusqu'à vingt.

Cet homme doit être fourni d'une petite selle de bois, d'un seau, & d'une espece de gibeciere de cuir remplie de sel; dont il faut qu'il donne une pincée à chaque vache, *afin qu'elles se laissent traire plus librement.* Quand le seau est plein, un petit garçon le porte dans une chaudiere de cuivre rouge, & étamée en dedans. Pour l'y couler, il se sert d'un grand entonnoir de bois de sapin, dont le trou est garni d'un bouchon de paille, au travers duquel le lait se filtre, & se purifie.

Fromage de Roquefort.

M. Marcorelle, Correspondant de l'Acad. R. des Sç. de Paris a fait un beau Mémoire sur cet article. On l'a inséré en 1760 dans le IIIe. Volume des Mémoires de Sçavans Etrangers. Nous parlons ici d'après ce Mémoire.

Le fromage de Roquefort est fait avec du lait de brebis. Quelques particuliers y mêlent du lait de chevre; & font un fromage plus délicat. Les troupeaux destinés à ce fromage sont distribués dans l'espace d'environ huit lieues en quarré, sur les frontieres du Languedoc & du Rouergue. La légereté, douceur, & fertilité du sol, contribuent à la qualité du lait. Les pâturages consistent principalement en différentes especes d'herbes répandues sur la montagne de Larzat: ces plantes n'ont pas la même vigueur que dans des sables gras & humides; mais elles ont plus de finesse & de saveur. M. Marcorelle observe que le lait est plus parfait & les moutons d'un goût plus délicat, en certains endroits où l'herbe est plus suave, plus odoriférante, plus succulente. Ce Naturaliste a mis dans son mémoire l'énumération des plantes que broutent les brebis du Larzat, outre les Gramen.

Le détail des soins que l'on prend de ces animaux, & que nous abrégeons ici, tend à leur procurer une constitution séche; & ainsi les garantir de la plupart des maladies auxquelles sont sujets ceux du même genre quand ils ont une nourriture humide & qu'on ne les met pas à l'abri des impressions d'un air chargé d'humidité. On est encore attentif à leur donner habituellement du sel: consultez les pages 588-9, 590.

Chaque brebis du Larzat donne communément par jour, dans une année favorable, environ trois quarts de livre de lait, depuis le commencement de Mai jusqu'à la mi-Juillet. Leur traite rend moins pendant les autres mois. Les années de pluies abondantes, de fréquens orages, & où il fait froid en Mai & Juin, diminuent cette quantité.

M. Marcorelle, après avoir décrit le lieu même de Roquefort, & sa situation dans un vallon, représente avec beaucoup d'exactitude la maniere dont sont disposées les excellentes caves où l'on prépare le fromage: p. 591 & suivantes. Ces caves, taillées dans le roc, sont chaudes en hiver, & froides en été.

On travaille au fromage depuis le commencement de Mai, que l'on sevre les agneaux, jusqu'à la fin de Septembre. Hommes & femmes font la traite des brebis deux fois par jour; vers les cinq heures du matin, & le soir vers les deux heures. A mesure que chaque seau est plein, on le porte dans des granges ou dans des maisons. Là, on le coule à travers une étamine; on le reçoit dans une chaudiere de cuivre rouge, étamée en dedans; & on est fort exact à laver les seaux, les couloirs, & les chaudieres, avant de s'en servir une seconde fois.

Pour faire la présure, on égorge des chevreaux qui n'ont été nourris que de lait, & on tire de leur estomac la caillette; on y jette une pincée de sel, & on la suspend en l'air dans un endroit sec. Lorsqu'elle est suffisamment séche, on en met dans une caffetiere de terre avec environ un quart de livre d'eau ou de petit lait: au bout de vingt-quatre heures, la liqueur est suffisamment imprégnée des sels de la caillette; & prend le nom de présure.

Sa qualité influe beaucoup sur la bonté du fromage. Elle peut se conserver un mois sans se corrompre. Mais on la renouvelle tous les quinze jours, dans la crainte qu'elle ne devienne trop forte.

On en met dans la chaudiere une dose proportionnée à la quantité du lait. Une petite cuillerée suffit pour cent livres de lait. Trop ou trop peu dérangeroient l'opération. Dès que la présure est dans la chaudiere, on remue bien le lait avec une écumoire à long manche: puis on laisse reposer le mélange; & dans moins de deux heures, le lait est entiérement caillé.

Pour lors une femme se lave les bras, & les plonge dans le caillé; qu'elle tourne sans interruption en différens sens jusqu'à ce que tout soit brouillé. Elle croise ensuite les bras, & applique ses mains successivement sur toutes les portions de la surface du caillé, en le pressant un peu vers le fond de la chaudiere; & cela pendant trois quarts d'heure: au moyen de quoi le caillé se prend de nouveau, & forme une espece de pain qui se précipite au fond de la chaudiere; que deux femmes levent alors pour verser adroitement le petit lait dans un autre vase. L'une d'elles coupe ensuite le caillé par quartiers avec un couteau de bois; & les transporte de la chaudiere dans une forme placée sur une espece de pressoir. La *Forme*, ou Eclisse, est une cuvette de bois de chêne, cylindrique, dont la base est percée de plusieurs trous qui ont une ou deux lignes de diametre. On se sert de formes plus ou moins larges, & hautes, selon la grandeur qu'on veut donner au fromage.

En mettant le fromage dans la forme, on le brise & paîtrit de nouveau avec les mains, on le presse autant qu'il est possible, & on en remplit la forme jusqu'à ce qu'elle soit bien comble. Pour le faire égoutter, on le presse fortement, soit avec une presse ordinaire, soit avec des planches bien unies que l'on charge d'une pierre qui pese environ cinquante livres. Le fromage demeure environ douze heures dans la forme: pendant ce tems on le tourne d'heure en heure ensorte que le dessus vienne au dessous. Quand il ne sort plus de petit lait par les ouvertures de la forme, on en tire le fromage; on l'enveloppe d'un linge pour l'essuyer; & on le porte à la *Fromagerie:* qui est une chambre où on fait sécher les fromages sur des planches bien exposées à l'air, & rangées à différens étages le long des murs. Afin que les fromages ne se gersent pas en séchant, on les entoure de sangles faites de grosse toile, qu'on serre le plus fortement qu'il est possible. On les range ensuite à plat sur les planches à côté les uns des autres, & jamais l'un sur l'autre; de façon qu'ils ne se touchent que par très-peu de points. Ils ne sont bien secs qu'après quinze jours: encore même faut-il durant ce tems, les tourner & retourner au moins deux fois par jour. On a encore soin de frotter, essuyer, & souvent de tourner les planches. Sans ces précautions les fromages s'aigriroient, ne se coloreroient pas dans les caves, s'attacheroient aux planches; & se romproient ensuite quand on voudroit les détacher.

Dès que les fromages sont secs, on les porte dans les caves de Roquefort: où on commence par les saler. On y emploie du sel de Peccais, broyé dans des moulins à bled : celui de soude a gâté le fromage quand on a voulu s'en servir. (M. Marcorelle observe aussi, p. 589) que » des troupeaux auxquels, par une œconomie mal entendue, quelques particuliers donnerent du sel de verrerie au lieu de celui des salins de Peccais, maigrirent considérablement; & que leur laine devint brûlée & de très-mauvaise qualité. «) On jette donc d'abord sur une des faces plates de chaque fromage, le sel de Peccais, moulu & pulvérisé. Vingt-quatre heures après on les tourne, pour jetter sur l'autre face une même quantité de sel. Au bout de deux jours, on les frotte bien tout autour avec un morceau de drap ou de grosse toile; & le sur-lendemain on les racle fortement avec un couteau. Ces raclures servent à composer une espece de fromage en forme de boule, qu'on nomme *Rhubarbe*, & qui se vend dans le pays trois ou quatre sous la livre.

Après ces opérations on met huit ou douze fromages en pile; & on les laisse quinze jours de la sorte. Au bout de ce tems, & quelquefois plus tôt, on apperçoit à leur surface une espece de mousse blanche fort épaisse, longue d'un demi-pied; & une efflorescence en grains dont la couleur & la forme ressemblent assez à de petites perles. Ayant raclé de nouveau pour enlever ces matieres, on range les fromages sur des tablettes qui sont dans les caves. On renouvelle ces procédés tous les quinze jours, ou même plus souvent, dans l'espace de deux mois. Durant cet intervalle la mousse paroît successivement blanche, verdâtre, rougeâtre; enfin, les fromages acquérent cette écorce rougeâtre que nous leur voyons. Ils sont alors assez mûrs pour être transportés aux endroits où s'en fait le débit.

Avant d'arriver à ce point, ils subissent plusieurs déchets : ensorte que cent livres de lait ne produisent ordinairement que vingt livres de fromage.

Le bon fromage de Roquefort doit être frais, d'une saveur douce & agréable, bien *persillé* (c'est-à-dire parsemé de veines bleuâtres dans son intérieur). Ils sont tous plats & orbiculaires. Leur épaisseur dépend, comme nous l'avons dit, de la *forme* dans laquelle ils ont été faits : elle va d'un pouce à plus d'un pied; & leur poids, de deux à quarante livres.

Le petit lait, qui s'étoit séparé du fromage dans la chaudiere, sert à faire des *Recuites*. On le met sur le feu: & à mesure qu'il s'échauffe, sa surface & le tour de la chaudiere se chargent d'une écume blanche, où sont mêlées quelques parties caseuses: on les enleve ainsi que l'écume, pour les jetter. Ce petit lait étant ainsi purifié, on y répand deux livres de lait, qu'on a eu soin de garder de la traite. On entretient le feu sous la chaudiere, ensorte que la liqueur ne bouille pas. Quelques instans après, ce mélange se divise en une sérosité limpide; & une substance coagulée, qui s'élevant peu-à-peu & par masses couvre enfin toute la superficie de la partie séreuse. Dès qu'elle est rassemblée à l'épaisseur d'environ deux pouces, les recuites se trouvent formées. On ôte alors la chaudiere de dessus le feu; & les tirant avec une écumoire un peu grande, on les met dans des écuelles. Ce mets a bon goût; & sert de nourriture aux habitans du Larzat & des environs, pendant la saison du lait. Comme elles s'aigrissent en vingt-quatre heures, les particuliers vendent à ceux qui n'en ont point, celles qu'ils ne peuvent consommer: & le prix est ordinairement le même que celui du fromage frais du pays.

Après avoir ôté les recuites de la chaudiere, on jette des morceaux de pain, & deux ou trois recuites mises en réserve, dans la partie aqueuse qui y reste; & on fait bouillir le tout. C'est une des principales nourritures que l'on donne aux domestiques & aux gens les plus grossiers de la campagne.

Dans l'arriere saison, lorsque les brebis ne donnent pas dans un jour assez de lait pour faire des fromages un peu grands, on le garde d'un jour à l'autre: & pour empêcher qu'il ne s'aigrisse, on le coule dans une chaudiere, on l'approche du feu, & on le fait chauffer jusqu'à ce qu'il soit près de bouillir. Le lendemain, après avoir enlevé avec une écumoire les parties butireuses qui se sont amassées à la surface, on mêle ce lait avec celui qui est nouvellement tiré, on y jette la présure, & on fait le fromage comme ci-dessus. Mais comme ce mélange ne produit jamais qu'un fromage inférieur en bonté & délicatesse, on ne pratique cette méthode que le moins qu'on peut. La crême qu'on enleve de dessus le lait du jour précédent, forme un beurre exquis, lequel se vend sous le nom de *Crême de Roquefort*.

M. Marcorelle termine son Mémoire par ce qui concerne le commerce du fromage de Roquefort, & quelques caves voisines où l'on contrefait ce fromage. Il dit que la peau de celui qui n'est pas vrai Roquefort est blanchâtre, qu'il se carie facilement, est moins propre à être transporté & conservé longtems; qu'à la longue il diminue d'environ huit livres par cent, tandis que ceux de Roquefort ne diminuent dans le même tems que de deux livres.

Propriétés du Fromage.

Le fromage est un aliment solide, d'un suc épais & grossier, qui nourrit beaucoup. L'excès n'en vaut rien; parce qu'il cause des indigestions & obstructions: au contraire si on en mange avec modération, il peut aider beaucoup à la digestion, en faisant fermenter les autres alimens. L'École de Salerne conseille de manger du fromage après la viande. Il paroît que les Médecins conviennent assez qu'il vaut mieux manger du fromage nouvellement fait, que de celui qui est dur & sec, ou qui est devenu âcre & piquant. En général, pour être sain, le fromage ne doit être ni trop nouveau ni trop vieux. Le fromage de brebis se digere plus facilement que celui de vache; mais il n'est ni si nourrissant, ni généralement si agréable. Celui de chevre est moins estimé, quoiqu'il se digere très-facilement, & soit délicat, sur-tout lorsqu'il est nouvellement fait : on le nomme *Chevrotin*. Voyez AGACEMENT.

On assure que le fromage vieux & âcre, appliqué extérieurement, appaise les douleurs de la goute.

Le fromage mou, que l'on nomme assez communément fromage à la pie, peut servir à modérer l'appétit insatiable occasionné par la chaleur.

Voyez TARTE.

On dit que l'œuf a la propriété de dissoudre le fromage.

Le meilleur *fromage d'Angleterre* vient de Cheshire, de Glocester, ou de Warwickshire. Il faut choisir celui qui a la côte rude & humide. Si cependant elle étoit trop humide, il s'y engendreroit des mites. Le plus excellent a toujours un bel œil jaunâtre, & la pâte serrée.

Le *Parmesan*, ou *Fromage de Milan*, n'est communément d'usage que pour la cuisine; où on le rape. On en met, par exemple, dans la sausse des cardes d'artichaux.

FROMAGER : Plante. *Voyez* COTTONIER FROMAGER.

FROMENT; ou simplement BLED: en Latin *Triticum* : & *Wheat* en Anglois. Genre de plantes, qui appartient à la famille des Graminées. La Balle, qui forme le calice de la fleur du froment, est composée de deux écailles ovales & obtuses. Chaque balle contient deux ou trois fleurs; c'est-à-dire autant de corps dont chacun a les organes mâles & femelles. Car il n'est pas bien constant que ces plantes aient des pétales, ou que ce qui en porte le nom dans certains Auteurs soit simplement des feuilles intérieures appartenantes au calice. Il y a deux de ces feuilles dans la fleur du froment: l'une, placée du côté du filet dentelé le long duquel sont rangées les fleurs, est plane; l'autre, qui est en dehors, est renflée, obtuse, & terminée par une pointe; laquelle est quelquefois très-prolongée & roide, & porte le nom de *Barbe*. D'entre elles sortent trois étamines capillacées, chargées de sommets oblongs, qui se terminent par une bifurcation. Le pistil est formé de deux styles recourbés; & terminés en plumes; à la base desquels est un embryon, fait à-peu-près en poire, qui se change en une semence longuette, presque ovale, mousse par ses extrêmités, sillonée d'un côté sur la longueur, convexe de l'autre, & qui se sépare facilement de ses enveloppes ou capsules. L'intérieur de cette semence est farineux; & couvert d'une double membrane, qui produit ce qu'on appelle le son, à la mouture. Consultez les *Observations* de M. Guettard *sur les Plantes*, T. I. p. 139. 140.

Les fleurs de ce genre viennent en épi, au sommet des chalumeaux; dont les feuilles prennent leur origine des nœuds, d'où elles s'élevent en forme de gaîne assez longue, puis forment un épanouissement étroit, allongé, & terminé en pointe.

Le même froment devient barbu ou sans barbes, selon diverses circonstances. On en trouve souvent les deux variétés ensemble. Consultez le cinquieme Volume du *Traité de la Cult. des Terres*, p. 246, & T. I. p. 207.

Especes.

1. *Triticum hybernum, aristis carens.* C. B. *Bled d'hiver, non barbu.* Clusius (*Hist. des Plantes*, traduite de Dodonée) dit que nous ne cultivons pas cette espece. Néanmoins M. Garidel, qui la distingue expressément des suivantes, avertit qu'elle est cultivée aux environs d'Aix, sous le nom de *Seissetto*.

2. *Triticum filigineum.* C. B. Ce froment est presque toujours sans barbes. Ses épis & ses grains sont *blancs*, dans leur maturité. C'est l'espece la plus commune aux environs de Paris; ainsi qu'autour d'Aix, où on la nomme *Tuello* & *Tuzello*. Nous la semons en automne. Ses épis sont longs, chargés de quatre rangées de grains, dont les uns entament sur les autres comme les tuiles d'un toît.

3. On trouve autour de Paris un froment non barbu, dont les balles sont couvertes de duvet. M. Vaillant l'appelle *Triticum aristis carens, glumis pubescentibus* * Bot. Par. Voyez les *Observ.* de M. Guettard *sur les Plantes*, T. I. p. 139.

4. *Triticum spicâ & granis rubentibus* Raij. Cette espece, tantôt dépourvue de barbes, tantôt barbue, se seme en automne. G. Bauhin dit que les Anciens ont cru que c'est le *Robus* de Columelle. L'épi & le grain sont rougeâtres, dans leur maturité. On en cultive aux environs de Paris. Le grain est ordinairement maigre, soit que l'épi ait des barbes, soit qu'il n'en ait pas. * *Bot. Par.*

5. *Triticum aristis longioribus, spicâ albâ* C. B. L'épi & le grain sont blancs, quand ils sont mûrs. C'est le *froment blanc & barbu*. On en cultive autour de Paris. Sa paille n'est creuse que vers le pied: & le reste est garni de moëlle; le tuyau long s'emplissant par degrés à mesure qu'il s'éleve, ensorte que, vers le dernier nœud, l'orifice est déja presque bouché par la moëlle qui a toujours avancé au centre. Au reste, le tuyau n'est jamais parfaitement plein, même auprès de l'épi. De Lobel donne à cette espece le nom de *Robus, sive Triticum Insulanis Gallo-belgis* LOCA *vocatum*. [L'espece cultivée en 1751, près de Villers-Cotterets, par M. Veron, Curé de Hautes-Fontaines, sous le nom de *Bled Locart*, étoit plutôt dorée que blanche; & le grain a bruni en vieillissant. Ce grain étoit fort beau. Consultez ce qui en est dit dans le deuxieme Volume du *Traité de la Cult. des Terr.* p. 251, &c.] L'ancienne édition de ce Dictionnaire donnoit les noms de *Bled Locart* & *Bled Locular*, pour synonymes de l'Epaute.

6. *Triticum aristis circumvallatum, granis & spicâ rubentibus & splendentibus* Raij. Les balles sont lisses, brillantes, & de couleur rougeâtre; ainsi que le grain. On nomme cette espece *Bled Barbu*, dans les environs de Paris.

7. *Triticum spicâ villosâ, quadratâ, longiore, aristis munitum* H. Oxon. C'est encore une des especes que l'on y cultive. On la nomme *Corne Wheat*, en Anglois, à cause de la forme de ses épis; qui se terminent en une longue pointe. Il y en a de blanc & de rouge: on les trouve communément pêle-mêle. Les barbes sont longues & rudes.

8. On trouve aussi dans nos campagnes le *Triticum spicâ villosâ quadratâ, breviore & turgidiore* H. Oxon. Les Anglois l'appellent *Gray Pollard; Duckbill Wheat; Gray Wheat;* & *Fullers Wheat*. Ses barbes sont longues; & ses balles velues. Mais les barbes tombent quand le grain est en parfaite maturité.

9. Autour de Paris on nomme *Bled de trois mois*, ce qu'ailleurs on appelle *Bled de Mars*, ou *Petit* FROMENT: le *Triticum æstivum* C. B; *Zea verna* J. B. C'est un grain que l'on seme au printems. Il est tantôt ras, tantôt barbu. Le *Journal Œconom.* Avril 1761, p. 181, en traduisant de l'Italien, appelle ce froment *Grain Termois*. Ce peut être celui qu'on nomme en Bretagne *Bled Tréma* : dont il est parlé dans le *Traité de la Cult. des Terr.* T. IV. p. 31. [La Tremois est autre chose. *Voyez* TREMOIS.]

10. Une autre espece cultivée aux environs de Paris, est le *Triticum spicâ multiplici* C. B. Son grain sort plus aisément de la balle, que celui de la plupart des autres fromens. On nomme celui-ci *Bled de Miracle, d'Abondance, de Providence;* & *Bled de Smyrne*, ou *de Barbarie*. Il présente une complication de germes: des côtés de l'épi principal, naissent d'autres épis un peu moins forts, mais chargés d'aussi beau grain; ensorte que le tout ensemble forme un bouquet de la grosseur d'un œuf de poule. Ses grains sont en général plus menus que ceux du froment ordinaire.

On cultive aux environs de Geneve, sous le nom de *Bled d'Abondance*, un froment différent de celui-ci (*Traité de la Culture des Terres*, Tom. V. p. 440).

11. *Triticum aristatum, spicâ maximâ cinericeâ, glumis hirsutis* Raij. Le froment *à épis gris*. En Provence on l'appelle *Gro Bla Barbu*.

12. Il y a en Normandie de gros froment barbu qui est roux & abondant; mais dont la paille est grosse & dure.

13. M. Duhamel (*Cult. des Terr.* T. V. p. 238 & suivantes) parle d'un froment cultivé *en Espagne*; dont le grain est dur, transparent comme le riz, & qui a le double avantage de ne rendre que fort peu

de son à la mouture, & de faire de meilleur pain qu'aucune des especes cultivées en Europe.

14. On cultive *en Sicile* un froment dont le grain est très-gros & extrêmement dur. Consultez le *Journal Œcon.* Avril 1761, p. 183-4-5.

15. *Triticum spicâ Hordei Londinensibus* Raij: que G. Bauhin appelle *Zeopyrum sive Triticospeltum*; & J. Bauhin *Hordeum nudum seu Gymnocrithon*.

16. M. Tournefort a regardé comme une espece d'Orge l'*Epaute*, ou *Epautre*, &c: voyez notre premier vol. p. 914. C'est un bled barbu, dont l'épi est court, applati, & porte deux rangs de semences arrondies qui ont effectivement de la ressemblance avec celles de l'orge. Aussi le démontre-t-on à Paris au Jardin Royal des Plantes sous le nom de *Triticum quod Hordeum distichum, spicâ nitidâ, Zea seu Briza nuncupatum*. Mais ses barbes ne s'écartent pas comme celles de l'orge. Les capsules du grain sont très-épaisses; & celle de dehors s'ouvre difficilement. Il y a de l'épaute à épis blancs; & une autre dont les épis sont d'un rouge foncé. *Voyez* ci-dessus, *n.* 5.

17. *Triticum Polonicum* H. L. Bat.

18. Consultez les *Inst. R. Herb.* de M. Tournefort. Le *Traité de la Cult. des Terr.* T. III. p. 62.

Culture.

Il peut arriver que l'espece de froment cultivée dans un canton ne soit pas, relativement au terrein où à d'autres causes physiques, la plus convenable pour faire d'abondantes récoltes; ou la plus propre à fournir un pain parfait. Il seroit donc à propos de tenter la culture des différens fromens de chaque pays ou Province, dans l'espérance d'en rencontrer quelque espece qui mérite la préférence sur celle qu'on est dans l'habitude de semer. Consultez le cinquieme vol. du *Traité de la Cult. des Terr.* p. 238-9, 240: & le quatrieme, p. 307-8.

Au reste, il faut convenir que les différens noms connus indiquent souvent moins des especes distinctes, que de simples variétés. Les *nn.* 4, 10, 15, 17, produisent constamment des plantes de leur espece.

Quoique l'on ne soit pas assuré du pays originaire du froment, on regarde comme probable que ce pays est l'Afrique. Les plus anciens mémoires font mention de ce grain transporté d'Afrique en d'autres cantons: & il paroît que la Sicile est un des premiers endroits de l'Europe où on ait commencé à en cultiver.

La chaleur du climat de l'Afrique n'empêche pas le froment de soutenir en Europe des hivers rigoureux: & il réussit bien dans les régions Septentrionales, quand l'été est assez long pour lui donner le tems de mûrir. On y redoute moins un rude hiver, que le froid de trop longue durée qui se fait encore sentir quand le printems est avancé.

M. Tillet s'est assuré par l'expérience, que le froment vient bien & résiste à un hiver très-froid, dans le climat de Troyes en Champagne, quoique ce grain ait été peu couvert de terre lors de la semaille; & qu'au contraire il en périt considérablement quand il est enseveli à une trop grande profondeur, surtout dans les terres fortes.

La plupart des fromens se sement en automne: & parmi nous on le fait, autant que l'on peut, quand la terre est humectée. Il y a des gens qui en commencent la semaille dès le mois d'Août, afin d'occuper leurs ouvriers lorsqu'il survient des pluies qui obligent à interrompre la moisson. Cette pratique est particuliérement utile dans des terreins secs; où le froment poussant avec lenteur, ne réussit presque jamais bien que quand il a suffisamment profité pendant l'automne, pour couvrir tout le sol aux approches de l'hiver. Mais dans les terres basses & fortes, on differe volontiers à semer, jusqu'en Novembre: ce qui fait que la saison devient quelquefois très-incommode, & que les semailles ne sont pas finies à Noël. Le froment, semé trop tard, est sujet à donner plus de paille que de grain, surtout quand le printems est humide. Il leve toujours, quelque humide que soit la terre. Mais l'hiver lui fait ensuite beaucoup de tort, si les pluies sont presque continuelles & qu'il y ait peu de neige ou de gelée. Quand on a semé de très-bonne heure, & que le grain a poussé avec force, il est sujet à rouiller avant l'hiver; & en ce cas les plantes deviennent languissantes.

Lorsque le froment commence à pousser hors de terre, il produit ensemble trois feuilles vertes, droites, longues, & étroites; qui sortent de celle des deux extrêmités du grain à laquelle on apperçoit un creux. L'extrêmité opposée donne naissance aux racines. Ce grain germe en un ou deux jours après avoir été mis en terre. Si cependant la terre est séche, la semence ne leve pas sitôt. Mais la racine, qui sort la premiere, ne laisse pas de profiter. On observe même que le bled est ensuite plus beau, que celui dont la tige s'est formée presqu'en même tems que la racine.

Il ne sort immédiatement du grain, qu'un seul tuyau. A côté de ce tuyau principal, vers les nœuds les plus bas, naissent plusieurs tuyaux latéraux, qu'on voit ou près de terre ou dans la terre même. Quelques-uns poussent des racines: & il peut en sortir un ou plusieurs autres tuyaux; selon qu'ils se forment de bonne heure, que le terrain est gras & mol, & le tems favorable. La production multipliée des tuyaux est ce qu'on nomme *Taller*. Un seul grain de semence, enfoncé profondément dans un terrain gras & léger, produit quelquefois jusqu'à deux & trois plantes, qui n'ont de communication que par la base de leurs racines. Quand la semaille a été faite de bonne heure, & que l'automne est chaude & séche, il naît un bon nombre de feuilles sur chaque plante de froment; lesquelles se soutiennent & profitent presque toutes pendant l'hiver, & se multiplient considérablement en Mars, Avril, & Mai, lorsqu'il fait chaud, que le tems est favorable, & le terrain bien amendé. Une partie des tuyaux se flétrit en Juin & Juillet, s'il fait un tems sec: & alors il y a moins de grain, que si tous les tuyaux en donnoient.

Quoiqu'à la levée les bleds soient clairs, ils peuvent beaucoup taller dans la suite & se trouver bien fournis au mois de Juin: tems auquel le froment monte en épis. Tel bled qui est encore très-bas à la fin de l'hiver, peut avoir la paille haute dans le tems de la récolte. Un printems froid & sec, qui vient à la suite d'un hiver doux & très-sec, auquel succédent des pluies abondantes vers le commencement de l'été, puis de grandes chaleurs; cette succession de températures de l'air contribue à produire les effets ci-dessus. Mais aussi il pourra y avoir une médiocre récolte de grain; & beaucoup de bled charbonné. (*Cult. des Terr.* T. II. Ch. II.)

Lorsque la plante commence à croître, on voit les feuilles des nœuds élevés au-dessus de la terre s'étendre considérablement, au nombre de quatre, cinq, & six. Tant que cette plante se porte bien, les feuilles sont d'un verd obscur: les nœuds inférieurs des tuyaux sont d'un verd tirant sur le jaune, & se durcissent peu-à-peu, tandis que ceux du milieu & d'en haut restent tendres jusqu'à ce que l'enveloppe de l'épi paroisse. C'est au contraire un mauvais signe lorsque les nœuds inférieurs rougissent & se durcissent trop tôt; que les feuilles jaunissent avant le tems, ou qu'elles deviennent d'un verd herbacé, & qu'on y apperçoit beaucoup de taches comme

comme de rouille de fer. Ces accidens ont pour cause, soit un excès d'humidité ou de sécheresse, soit la maigreur du terrein, la quantité de mauvaises herbes, soit encore des gelées, des insectes.

Lorsqu'il est tems, l'épi se montre tout entier en peu de jours, pourvû qu'il tombe des pluies douces. Voyez la *Cult. des Terr.* T. III. p. 151-2-3. Trop d'humidité, ainsi que la grande sécheresse, le tient caché dans son enveloppe; ensorte que le tuyau prend peu d'accroissement, & les grains restent plats & n'acquiérent point la grosseur convenable.

On peut espérer une bonne moisson, quand le bled cesse de fleurir par un tems clair & chaud.

L'humidité de l'air n'est pas un obstacle à la formation du grain: elle augmente au contraire la quantité des sucs nourriciers, quoiqu'elle en affoiblisse la qualité; pourvû néanmoins que les bleds ne soient pas couchés par des pluies trop longues & trop violentes.

Jusqu'à ce que le grain soit parfaitement mûr, il est toujours mou; & sa farine contient beaucoup d'humidité. Delà vient que par un tems fort humide l'écorce du grain s'enfle considérablement, & qu'ensuite il donne plus de son que de farine. Si, après un tems humide, il survient des chaleurs vives, le grain qui se desséche trop promptement, se ride: alors il est, comme l'on dit, *Retrait* & de peu de valeur. On a par conséquent besoin d'un tems chaud, entremêlé à propos de pluies douces, pour que la paille & le grain mûrissent par degrés & se perfectionnent. Mais le froment est presque toujours de bonne qualité dans les années séches.

Quoiqu'en général il soit toujours plus avantageux d'employer de belle semence, bien conditionnée à tous égards dans son espece; il est certain que les grains meurtris par le fléau ou autrement, sont capables de faire des productions tant bonnes que mauvaises: mais il ne paroît pas qu'ils aient plus de disposition que d'autres, à la nielle. * *Cult. des Terr.* T. II. p. 179.

Il y a du froment de différens âges qui est fort bon à semer. Nous ne connoissons encore rien de précis là-dessus. Mais en jettant le grain dans un baquet d'eau, on peut être certain que tout ce qui va au fond est en état de germer: il ne s'agit plus que d'enlever avec une écumoire les grains qui demeurent à la surface de l'eau. Consultez le *Tr. de la Cult. des Terr.* T. VI. p. 381-3-4: & le *Tr. de la Conserv. des Grains*, p. 18, 19, 20-1: (deux ouvrages de M. Duhamel.)

On ne peut rien statuer sur la quantité de semence qu'il convient de mettre par arpent. Nous observerons seulement que l'usage presque général est d'en employer au moins un tiers de plus que ce qui feroit suffisant: dépense qui mérite d'être considérée dans toute sorte d'exploitation; & que l'on ne sçauroit trop chercher à modérer, en faisant avec intelligence divers essais en petit, relativement à la qualité de la terre, à la condition du grain, & à d'autres circonstances. Toujours, doit-on être persuadé que des chalumeaux autour desquels l'air circule avec une sorte de liberté, sont plus sains & plus vigoureux que ceux qui sont mutuellement trop pressés. C'est ce que l'on remarque au bord des pieces, tandis que le milieu est souvent en fort mauvais état: & il faut moins de grain dans une excellente terre, que dans une mauvaise.

Le changement de semence est un article important. Rarement celle d'un canton y réussit-elle jusqu'à trois fois de suite. Quand on a des terres froides, il convient de tirer du grain recueilli dans un terrein chaud; tous les deux ou trois ans. Consultez le sixieme Volume du *Tr. de la Cult. des Terr.* p. 380, &c. Chaque pays un peu étendu est ordinairement capable de se suffire à lui-même pour ces renouvellemens de semence; pourvû que l'on y observe les qualités opposées de terre & d'exposition. La voie d'échange, réciproquement nécessaire, devient alors un avantage considérable pour le pays; qui est dispensé de faire des achats à prix d'argent chez l'Etranger. Voyez le *Journal Œconom.* Novembre 1761, p. 523.

La terre où l'on met du froment doit être beaucoup plus meuble que pour la plupart des autres grains. C'est pourquoi la pratique commune laisse presque toujours reposer la terre pendant un an, afin de la préparer par plusieurs labours. (*Voyez* Tome I. p. 321-2. CULTURE.) Mais on est en général trop négligent sur cet article: on laisse entre chaque façon que l'on donne à la jachere une si longue distance, que les herbes nuisibles au grain ont le tems de pousser, la plupart même de répandre leur graine. C'est une mauvaise œconomie que de compter sur la pousse de ces herbes, pour servir de pâture aux bêtes à laine; qui en même tems fumeront la terre: ces plantes font réellement plus de tort au grain, que les excrémens des moutons & brebis ne lui sont favorables. Il vaut beaucoup mieux se passer d'un si modique pâturage; & suppléer au fumier par de bons & fréquens labours, qui affinant la terre à une profondeur considérable, & détruisant les herbes, procurent une abondante récolte de grains. *Voyez* l'article CULTURE.

Pour ce qui est des amendemens, & de la maniere dont ils doivent être employés: *consultez* l'article AMENDER.

M. Tournefort rapporte (*Voyage du Levant*, T. II. p. 283) qu'il y a, en Géorgie, des plaines séches où l'on a grand soin d'arroser les bleds; qui sans cela seroient brûlés du soleil. Cela paroît (dit-il) d'autant plus étrange, que » de ces mêmes champs » qu'on est obligé d'arroser, on découvre la neige » sur les collines voisines. Au contraire, dans les » Isles de l'Archipel, où il fait des chaleurs à calciner la terre, & où il ne pleut que pendant l'hi- » ver, les bleds sont les plus beaux du monde. Cela » montre bien que toutes les terres n'ont pas le » même suc nourricier. Celles de l'Archipel sont » comme les chameaux; elles boivent pour long- » tems. Peut-être que l'eau est plus nécessaire à celles » d'Arménie, pour dissoudre le sel fossile dont elles » sont imprégnées; lequel détruiroit la tissure des » racines, si ses petits grumeaux n'étoient bien fondus par un liquide proportionné: aussi y laboure- » t-on profondément. Quoique ces terres ne soient » pas fortes, on attelle trois ou quatre paires de » bœufs ou de bufles à une charrue; sans doute afin » de bien mêler la terre avec le sel fossile qui resteroit en trop grande quantité à la surface & brûleroit les plantes. Au contraire, dans la Camargue » d'Arles, qui est cette Isle si fertile que le Rhône » enferme au-dessous de la ville, on ne fait qu'effleurer la terre en labourant; pour ne pas la mêler » avec le sel marin qui est au-dessous. Avec cette » précaution, la Camargue, où il n'y a qu'un demi- » pied de bonne terre, est le pays le plus fertile de » la Provence..... « *Voyez* encore la p. 389.

Une terre neuve, telle que seroit le défrichement d'un taillis, peut être dans les commencemens trop forte pour le froment. Quelquefois après y avoir poussé à merveille, les tiges depuis le bas jusqu'à la hauteur de six pouces, deviennent trop humides dans le tems de la fleur, & laissent appercevoir à leur surface beaucoup de gouttes d'une liqueur roussâtre; qui disparoissent à la vérité au lever du soleil, mais qui ne laissent pas de ronger le tuyau & abattre l'épi avant que le grain soit formé.

Pour obvier à cet inconvénient, il y a des Laboureurs intelligens qui mêlent du seigle & de la terre séche avec le froment qu'ils veulent semer; ensorte que la terre seule soit en quantité égale à celle de ces deux grains ensemble. Le froment, ainsi semé clair, réussit bien : & quelque effet que le seigle produise en cette occasion, il est toujours sûr que l'on fait une bonne récolte de l'un & de l'autre grain.

En général, quoiqu'un arrachis de bois produise du froment très-haut; comme il est sujet à y verser, on doit commencer par y faire quelques récoltes d'aveine : puis en y semant du méteil on recueille beaucoup; quelquefois même pendant vingt ans sans aucun repos.

Le froment réussit bien parmi nous dans les terres où l'on a élevé des navets : parce qu'on seme les navets dans une terre bien labourée; qu'on les laboure encore pendant qu'ils croissent; & qu'ainsi le froment se trouve dans une terre qui a eu plus de labours qu'on ne lui en donne ordinairement. D'ailleurs, les navets épuisent peu la terre, quand on ne les laisse pas monter en graine; ce n'est presque que de l'eau : la preuve en est que, si l'on mêle un boisseau de navets avec une quantité de farine de froment pour en faire du pain; lorsque le pain est cuit, on ne trouve que quelques onces de pain de plus que si l'on avoit employé la même quantité de farine, sans navets. Outre cela, dans les endroits où l'on fait manger aux bestiaux les navets sur le terrein même qui les a produits, cette terre est admirablement fumée.

On se garde bien de mettre tout de suite du froment dans une terre où il y a eu du sainfoin. Cette terre, qui n'a point été labourée pendant les neuf à dix ans que le sainfoin a subsisté, ne seroit pas assez remuée par un ou deux labours.

Enfin, toutes choses étant d'ailleurs égales, le bled réussit mieux après l'aveine qu'après l'orge.

Les terres qui ont longtems nourri du sainfoin ou de la luzerne, produisent de très-bon froment, après une récolte d'aveine.

Nous avons examiné, sous le mot BLED, les diverses préparations indiquées pour augmenter les progrès de la germination : & nous avons discuté ce qu'elles peuvent avoir d'avantages réels. Nous ajoûterons ici que la plupart de ces germes prématurés soutiennent mal un hiver rigoureux; après lequel on trouve souvent que le bled, semé sans préparation, a produit beaucoup de talles : & cette preuve de vigueur dans la plante est ordinairement suivie d'une récolte supérieure à celle que l'on avoit voulu se procurer par des moyens forcés. Nous le répétons : de bons & fréquens labours sont la plus sûre méthode, en même tems que la plus simple. Au reste, il faut convenir qu'un labour donné dans le printems, aux plantes que l'hiver a réduites à un état de langueur, les rétablit bientôt dans l'état de vigueur qu'elles avoient auparavant. Mais ces labours ne sont pas d'usage dans la pratique commune; pour laquelle on veut néanmoins employer des moyens extraordinaires. Aussi les pluies & la fonte des neiges raffermissant la terre, dont elles rapprochent les molécules; voit-on assez souvent les feuilles du bled jaunir après l'hiver, sa tige maigrir, enfin la plante entiere devenir languissante. Les fromens sont même alors quelquefois plus beaux dans de médiocres terreins, que dans certaines terres blanches : qui d'ailleurs excellentes pour ce grain, se durcissent néanmoins beaucoup plus que les autres. Lorsqu'il survient de la sécheresse au printems, le bled semé dans une terre maigre, quoique parfaitement labourée, est pareillement sujet à jaunir. Mais dans toutes ces diverses circonstances, au moyen d'un labour profond donné auprès des endroits jaunes, ensorte qu'en certaines places il s'approche des plantes & qu'il s'en éloigne plus ou moins ailleurs; on observe que les plantes reprennent leur verdeur, d'abord aux côtés les plus voisins du labour, & ensuite successivement par degrés dans les autres parties.

Il y a des cantons où on est dans l'usage de donner, à bras d'hommes, avec la houe, des façons au froment depuis qu'il est levé & pendant qu'il végete. On assure que la récolte dédommage amplement de ces opérations, quelque dispendieuses qu'elles soient.

Une autre opération fort avantageuse au froment est d'y passer, dans le courant de Mars, un pesant rouleau : dont l'effet est de rasseoir la terre, la presser contre les racines, empêcher le hâle d'y pénétrer, & ainsi donner lieu à la production de nouvelles talles. Mais il faut commencer par sarcler. Les talles qui viennent ensuite à couvrir la terre, ne permettent pas aux herbes qui peuvent naître après, de profiter beaucoup. Mais celles qu'on y laisseroit, en ne sarclant pas, nuiroient considérablement au bled.

En conservant la terre nette autour des plantes, elles sont beaucoup moins exposées à contracter des maladies que l'humidité occasionne aux autres, au pied desquelles elle est entretenue par les herbes voisines.

Comme la plupart des Ecrivains & des Cultivateurs ont confondu presque toutes les maladies du froment sous le nom de NIELLE, nous en distinguons & caractérisons les especes dans l'article de cette dénomination : où nous assignons aussi les remedes convenables. *Voyez* encore AFFILER. CHOTTÉ. ÉCHAUDÉ. CHARBON. *Bled* CARIÉ. ERGOT. AVORTÉ.

La grêle est un accident dont nos soins ne peuvent garantir le bled. Ce fléau ruine quelquefois sans ressource les espérances de la récolte. Mais on a vû du froment entierement haché par la grêle, dans un état très-avancé, repousser ensuite du pied; & produire du grain. Consultez le *Tr. de la Cult. des Terr.* T. V. p. 263-4-5.

Les bleds ayant été gelés en 1709, on risqua en plusieurs endroits d'en semer au mois d'Avril. Mais comme il ne paroissoit pas disposé à épier, il y eut des propriétaires qui en couperent la fane vers la Saint Jean. Ce grain fit de nouvelles pousses; & en 1710 se trouva de dix à douze jours plus tôt en état d'être coupé que celui qu'on sema vers la Saint Martin 1709. Seulement il se montra moins vigoureux, & fournit moins de grain : mais ce qu'il donna étoit plus gros, & rendit davantage à la mouture. D'autres ne toucherent point à leur froment semé au printems de 1709; & le laisserent subsister jusqu'au tems de la récolte de 1710 : où il fournit beaucoup.

Au reste, nombre d'exemples font voir que le même froment que l'on a coutume de semer en automne, peut très-bien être semé au printems; & récolté avec celui d'automne, quand les circonstances des saisons sont très-favorables à ce grain : mais cela est rare. Voyez le *Tr. de la Cult. des Terr.* T. V. p. 241-2-3-4 : Tom. VI. p. 388.

Dans un bon fond où le froment auroit été inondé pendant l'hiver, ou gelé; il y auroit de l'avantage à en resemer en Mars, suivant la Nouvelle Culture; pourvû que d'ailleurs les autres circonstances fussent favorables. M. Duhamel a semé plusieurs fois du froment d'hiver au printems, à la maniere ordinaire, sans beaucoup de succès. Dans ce cas, s'il vient des chaleurs peu après que le froment eſt levé, il monte en tuyau ſans avoir tallé, & ne produit que de chetive paille & de petits épis. Il croit que des pluies continuelles ſont avantageuſes à cette ſorte de ſemaille; parce qu'elles font que le bled monte plus tard en tuyau. Si le froment d'hiver, ſemé au printems, peut tirer du ſecours de la nouvelle culture; il peut auſſi ſe faire que ce qui a empêché d'en recevoir un produit ſuffiſant par l'ancienne méthode, ſoit que la ſemaille n'avoit pas été précédée de pluſieurs labours: car le froment ne réuſſit pas, à moins que la terre n'ait été labourée au moins trois fois.

Notre article CULTURE a développé les principes de M. *Tull*, ſur la *Nouvelle maniere de cultiver* le froment, & d'autres plantes. En même tems que nous avons expoſé le ſyſtême général de l'application de cette méthode, & fait ſentir les avantages dont elle eſt ſuſceptible; nous avons auſſi prévenu ſur les inconvéniens auxquels on peut ſe trouver expoſé en s'y livrant avec trop peu de circonſpection. Voici quelque choſe de plus particulier concernant le froment.

On ſuppoſe que les terres ne ſont pas reſtées en friche, & que depuis pluſieurs années elles ont eu aſſidument de fréquens labours. Sans quoi il faut leur en donner davantage, pour les mettre en bon état de culture. Il s'agit donc de terres déja cultivées ſuivant les principes de la nouvelle culture. On ne les diviſe point par ſoles: tout eſt cultivé; & on enſemence en bled tout ce qui peut l'être. Car nous n'excluons pas les prairies artificielles, & les Mars. Ce n'eſt qu'une ſeule fois qu'on donne chaque année un vrai labour général au champ qui n'a pas porté du froment l'année précédente. Les labours ſuivans ne remuent que tout au plus les deux tiers du terrein. Il eſt vrai que dans les commencemens il en coûte juſqu'à ce que la terre ſoit en bon état: mais auſſi c'eſt une dépenſe faite pour toujours.

En la ſuppoſant telle, on donne un bon labour après la moiſſon. Dans le cas où la terre ſemble n'être pas encore ſuffiſamment en état, on lui donne un léger labour immédiatement avant de ſemer.

Il faut labourer par planches, (Conſultez l'article *Labourer en* BILLONS); & que les ſillons qui ſéparent les planches ſoient éloignés de quatre à cinq pieds, les uns des autres. On obſerve de relever davantage le milieu des planches, quand la terre a peu de fond. Les planches étant beaucoup relevées, les ſillons qui les ſéparent ſont plus larges & plus profonds: ce qui eſt un avantage; puiſqu'il y a bien plus de terrein en état de profiter des influences de l'air.

Cependant on ne doit pas relever ces planches autant que ſi l'on ſe propoſoit de n'y mettre qu'une ſeule rangée de grain. Il faut que les rangées de froment, que l'on y mettra, à un pied huit pouces les unes des autres, ayent une aſſiette égale ſur le ſommet de la planche. Si les planches étoient beaucoup élevées; les ſillons devenant néceſſairement fort larges, ils occuperoient inutilement trop de terrein.

Il convient de former les planches & les ſillons ſuivant la grande longueur du champ; & l'on doit les faire à diſtances égales, ſoit que les ſillons ſoient droits, ſoit que la figure du champ oblige de les courber.

Voyez l'article PLANCHE.

On peut ſemer deux, trois, ou quatre rangées de froment à côté les unes des autres; laiſſant ſept à huit pouces de diſtance entre chacune. Si l'on met trois rangées à ſept pouces les unes des autres, les plates-bandes, ou l'eſpace qui reſtera entre les rangées, ſeront réduites à quatre pieds quatre pouces.

Quand on enſemence une terre ſujette à produire beaucoup d'herbes, on doit ne mettre que deux rangées à un pied de diſtance l'une de l'autre; parce qu'ainſi on pourra labourer tout près des rangées, & mieux détruire les mauvaiſes herbes. Mais quand, malgré cela, les herbes viennent en grande quantité, on eſt quelquefois obligé de les arracher, ou même de labourer à la houë l'entre-deux des rangées: ce qui coûte peu, parce qu'il reſte peu de terrein à labourer.

Lorque la terre n'eſt pas ſujette à pouſſer beaucoup de mauvaiſes herbes, on peut ſemer trois rangées de froment ſur chaque planche à ſept ou huit pouces de diſtance les unes des autres: l'expérience ayant fait connoître que ſi l'on met plus d'intervalle d'une rangée à l'autre, celle du milieu eſt trop longtems à étendre ſes racines dans la terre labourée des plates-bandes; & que ſi on laiſſe moins de diſtance, les racines s'incommodent les unes les autres.

On doit ne ſemer quatre rangées de froment ſur une même planche, que dans les bonnes terres qui ne ſont point ſujettes à produire beaucoup de mauvaiſes herbes, & qui ont bien du fond. Car il eſt alors néceſſaire de relever conſidérablement les planches; afin que les racines, pouvant pénétrer plus avant dans la terre, elles puiſſent s'étendre plus aiſément dans les plates-bandes ſans ſe nuire: & pour qu'elles puiſſent mieux jouir des ſecours que doit leur fournir la terre des plates-bandes, on ne mettra que ſix pouces de diſtance entre les rangées. Avec ces attentions, ſi l'on n'a pas mis trop de ſemence dans les rangées, ſi les grains ſont à ſix ou neuf pouces les uns des autres; les quatre rangées pourront réuſſir. Mais ſi l'on avoit mis trop de ſemence, les racines des rangs extérieurs empêcheroient les autres de s'étendre dans les plates-bandes. Le mieux néanmoins, eſt de ne mettre que deux ou trois rangées au plus.

Quand le froment a pouſſé quatre ou cinq feuilles, on donne le premier labour aux plates-bandes; car les autres étoient deſtinés à préparer les planches où eſt actuellement le grain. Ce labour conſiſte à remplir les grands ſillons; & en former de petits. Il ne faut pas que ce labour approche trop près des rangées; non ſeulement afin que la terre qui s'écrouleroit dans le ſillon, ne déchauſſe pas le froment; mais auſſi pour que les racines ne ſoient pas trop expoſées à la gelée, ſurtout dans les terres légeres.

La terre qui borde les petits ſillons ſe mûrit pendant l'hiver, & devient plus propre à nourrir les plantes au printems. C'eſt pourquoi il n'y a pas d'inconvénient à faire ce labour quand la terre eſt fort humide.

Lorſque les grands froids ſont paſſés, on remplit les ſillons en renverſant la terre du côté des rangées: & par ce ſecond labour on forme un nouveau grand ſillon au milieu des plates-bandes. Si néanmoins les petits ſillons étoient trop éloignés des plates-bandes, on pourroit donner d'abord un ou deux traits de charrue tout près des rangées, puis achever comme il vient d'être dit. On met par cette façon, auprès des racines, la terre qui s'eſt améliorée pendant l'hiver. Au cas qu'en labourant ainſi bien près des rangées, on renversât de la terre ſur les jeunes plantes, il ſeroit à propos de faire ſuivre la charrue par une femme ou un enfant qui découvriroit le bled avec la main. Comme une bonne terre n'abandonne pas à l'eau des pluies les ſucs nourriciers qu'elle contient, elle ne peut pas être mieux placée qu'à la profondeur où les racines s'étendent dans la terre: c'eſt ce qu'on opere par le ſecond labour.

Le premier de ces labours ſert à donner de la vigueur aux jeunes plantes, & à les faire taller: &

par son moyen l'on voit souvent un seul grain produire trente & quarante tuyaux. Le second leur donne beaucoup de vigueur dans un tems où il n'est que trop ordinaire de les voir jaunes & languissantes.

Consultez l'article LABOUR, par rapport aux labours subséquens.

IL vaut mieux employer à d'autres productions un terrein qui rend peu en froment. La manie de recueillir du bled devient onéreuse, quand on ne retire pas beaucoup plus du triple de la semence : les frais de l'exploitation tournent alors en perte ; au lieu que le produit compensé de vingt années devroit au moins rendre en gain net une somme égale à ce qu'il en a coûté, ou dû coûter, pour le loyer & l'exploitation de la terre. Si l'on ne prévoit qu'un bénéfice inférieur à ce taux, en semant du froment ; il est de la prudence d'occuper la terre à d'autres productions dont résulte l'effet que nous venons de dire. *Consultez* le cinquieme volume de la *Cult. des Terres*, p. 61.

Dans l'article BLED, p. 312 & suivantes, nous nous sommes fort étendus sur les moyens de *Conserver le Froment dans les Greniers* : & depuis la p. 327, nous avons discuté en abrégé ce qui a rapport au *Commerce* de cette partie de l'Œconomie Rurale. Ces deux objets sont les sources où le Cultivateur puise le profit que nous disons devoir être la récompense de son travail.

Pour ce qui est de la maniere de récolter le froment : *Voyez* FAUCHER. RÉCOLTE.

Vû les lumieres que la Physique répand de jour en jour dans tous les ordres de l'Etat, nous nous croyons dispensés de réfuter l'opinion qui prétendoit que le froment peut dégénérer, au point de changer d'espece & se convertir en Seigle, ou en Orge. Quoique l'on trouve rarement dans les marchés, du froment tout-à-fait exempt de seigle ; on peut regarder ce mêlange comme provenant de ce que l'un & l'autre grains se sement dans la même saison dans des terres également préparées, se récoltent dans le même tems, & se serrent en une même grange. Consultez le I^e. Vol. du *Traité de la Cult. des Terr.* Ch. XII. Au reste, il faut convenir que les Anciens ont regardé comme une espece de Triticum leur *Siligo*. Columelle dit que ce triticum est d'une substance plus légere : *cujus species in pane præcipua pondere deficitur*, De Re Rust. L. II. C. VI. Il peut se faire que le *Robus* dégénere en ce *Siligo*, comme nos fromens dégénerent dans les exploitations où l'on n'est pas attentif à changer de semence : voyez Columelle, Ch. IX. Mais les Modernes, peu exacts, ont confondu le siligo des Anciens avec le nôtre. Celui-là étoit un grain tendre, & dont l'enveloppe extérieure & la farine étoient plus blanches que celles du grain dur ou *Robus*.

Dire que le froment se convertit en Ivraie lorsque l'année est très-pluvieuse ; & qu'au contraire l'ivraie semée à dessein fournit une récolte de froment quand l'année est fort séche : c'est prouver que l'on est capable de précipiter ses jugemens. Car le froment & l'ivraie sont aussi peu susceptibles de se reproduire l'un l'autre, que le pommier par rapport au poirier. (Cette allégation subsistoit dans la précédente Édition de ce Livre.)

Le bled de Mars (*n.* 9.) s'éleve communément beaucoup quand la saison est humide ; & alors il donne très-peu de grain. C'est ce qui fait que bien des gens n'en font usage que pour suppléer aux accidens que le bled d'hiver peut avoir éprouvé. Mais dans les années favorables, la récolte est presque aussi avantageuse pour l'un & l'autre grains. Du côté de Bordeaux, on le seme en automne & au printems : on dit y avoir éprouvé que celui qui est semé en Janvier réussit mieux que ceux des autres saisons. * *Cult. des Terr.* T. II. p. 370.

Dans ce pays-ci on le seme ordinairement sur les terres de la saison de Mars. On donne un labour le plus tôt qu'il est possible, après avoir mis en terre le froment d'automne. Puis on laboure une seconde fois, vers le mois de Février ; on seme tout de suite ; & l'on couvre le grain avec la herse ou la charrue, suivant la nature du terrein. Mais ce grain réussit beaucoup mieux quand on l'a semé sur les terres de la saison des bleds. Si, par exemple, la contrariété des saisons ne permet pas de faire la totalité des bleds pendant l'automne ; on met, au printems, en bled de Mars les mêmes terres que l'on avoit préparées pour le froment : & alors on est moralement certain de faire une bonne récolte ; surtout si l'année n'est pas entiérement séche.

Ce grain étant menu, on en répand moins de mesures, que si c'étoit du froment ordinaire. Voyez les *Elem. d'Agric.* T. II. p. 73.

On doit le passer soigneusement à la chaux ; ou même le lessiver : car il est fort sujet à la nielle. J'en ai fait passer dans une solution de sel blanc, pour le semer par rangées entremêlé d'autre pareil grain qui n'avoit pas eu cette préparation : l'un & l'autre eurent égale quantité de noir.

Outre qu'il tale peu, & que dans les années humides il fournit beaucoup de paille & peu de grain, comme nous l'avons dit ; ce bled a encore le défaut de s'égréner aisément quand il est parfaitement mûr : une des raisons qui empêchent d'en semer beaucoup. Consultez les *Elem. d'Agric.* T. II. p. 74.

C'est néanmoins une ressource avantageuse non seulement quand les bleds ont été gâtés en hiver par la gelée ou par les insectes, ou lorsqu'on n'a pas eu le tems d'exécuter toutes ses semailles en automne ; mais encore dans les endroits où il y a beaucoup de gibier, les grains semés en Mars courent moins de risque, parce qu'ils restent moins de tems en terre, & que dans la saison où ils sont encore verds le gibier ne manque pas d'autre nourriture. M. Duhamel pense qu'il pourroit être utile de semer du bled de Mars, la saison des grandes pluies étant passée, dans les terreins fort humides, où les grains sont très-fréquemment submergés en hiver. Cet habile Cultivateur ajoûte que » les Fermiers bien » entendus doivent semer, chaque année, une cer- » taine quantité de bled de Mars ; & ne le vendre » qu'en été, lorsque les dangers de l'hiver sont » passés : afin de se réserver cette ressource pour le » besoin ; ce qu'ils ne peuvent faire quand ils se » sont hâtés de le faire battre & porter au marché, » comme ils le pratiquent ordinairement. « * *Elem. d'Agric.* T. II. p. 75.

Le *n.* 8 devient très-haut : & comme ses épis sont gros & pesans, le vent ou la pluie l'abattent presque toujours quand il est semé trop épais. Ses épis s'inclinent ordinairement à mesure que le grain profite. D'ailleurs le velu des balles conserve l'humidité, & contribue encore à abattre les tiges. Mais quand ces tiges ont suffisamment de jeu, elles se soutiennent mutuellement. Dans ce cas le grain rend beaucoup à la mouture.

Les longues & rudes barbes du *n.* 7 le défendent assez bien des oiseaux. C'est pourquoi on le seme volontiers dans les enclos & dans les champs d'alentour. C'est aussi le cas des bleds-locarts (*n.* 5) : voyez *Cult. des Terr.* Tom. II. p. 251 ; & Tom. IV. pag. 161-2.

D'ailleurs les insectes, qui dans les pays froids lorsque l'année est humide, piquent les tuyaux du froment ordinaire avant que le grain soit bien rempli de cette substance laiteuse qui doit former la farine ; ces insectes (dis-je) n'attaquent pas ordinairement le froment blanc & barbu, dont la paille n'est creuse que vers le pied, le reste étant rempli de moëlle. On apperçoit bien quelquefois que les insectes l'ont attaqué, puisqu'on voit des taches noires sur la paille : mais il est d'expérience que le grain n'en souffre pas ; il est toujours plein, dur & pesant. * *Cult. des Terr.* T. I. p. 232-4.

Celui qu'on nomme *Bled Locart* à Villers-Cotterets, a aussi le grand avantage d'être moins endommagé par les bêtes fauves quand on est dans le voisinage des forêts : aussi se vend-il un tiers plus que le froment ordinaire. * T. II. p. 252-3. Cependant il ne faut pas compter que ses barbes le mettent à l'abri des insultes des oiseaux : ils sçavent les casser, pour devenir maîtres du grain. Ce blé a été rouillé en même tems que le lin, dans une année où les autres grains, même du froment voisin de celui-ci, ne se ressentirent point de cet accident. Il est vrai que je l'avois semé en Mars : au lieu que M. Veron dit de le semer avant l'hiver.

Le *n.* 7 n'est pas toujours le plus avantageux pour semer par rangées : le *n.* 8 est constamment supérieur à cet égard.

Quoique le *n.* 12 fournisse beaucoup de grain, même en changeant de Province, il a l'inconvénient de porter une paille grosse & dure, dont ne s'accommodent pas les chevaux qui n'y sont point habitués. Certaines personnes attribuent en général aux bleds cultivés suivant la Nouvelle Méthode, ce défaut qui peut venir de l'espece particuliere de grain qu'elles ont employée.

Le *n.* 10 veut une nourriture abondante. C'est pourquoi il réussit très-bien dans les potagers. Mais quand on le seme suivant la méthode commune des autres fromens, il ne produit guéres plus de grain qu'un autre ; & son pain est moins bon que celui du froment ordinaire. Dans un bon terrein, toutes choses étant d'ailleurs favorables, il mûriroit étant semé en Mars. Voyez *Cult. des Terr.* T. III. p. 40, &c. Tom. IV. p. 2, 12. T. V. p. 434 & suivantes. T. VI. p. 386-7-8. T. I. p. 206-7. Au reste ce grain est rarement attaqué de la carie.

On cultive le *n.* 11 en Normandie le long de la mer. Il graine beaucoup, est peu délicat ; mais donne trop de son, & rend le pain un peu rude.

Le bled d'Espagne, de Sicile, & ceux d'Afrique & des Indes, ont le grain communément trop dur pour nos meules. D'ailleurs il y a lieu de présumer qu'ils ne sont pas en état de soutenir nos hivers rudes. Voyez *Cult. des Terr.* T. IV. p. 308. T. V. p. 244-5-6.

Le grain de l'*Epaute* (*n.* 16) est tendre, & perd beaucoup de son volume en séchant. La fleur de sa farine approche quelquefois de la bonté de celle de notre froment ordinaire : mais comme le son en est toujours gros & abondant, qu'il fournit peu de belle farine, que son pain séche aisément & n'est pas blanc ; & que sa paille n'est point goûtée du bétail ; on fait peu de cas de ce grain dans les pays où on a de meilleur froment.

L'Epaute reste un an entier dans la terre ; à compter du tems où on l'a semée, jusqu'à celui de sa maturité. Semée en Juillet, elle ne tarde pas à lever. Ce grain ne doit pas être semé épais. Il vient bien dans les terres argilleuses ; &, à plus forte raison, dans les autres. Sa culture est en général la même que celle du froment ; excepté qu'on le seme plus tôt. Voyez le *Tr. de la Cult. des Terr.* T. IV. page 294, &c.

Le sieur Despommiers (*Art de s'enrichir promptement par l'Agricult.* p. 8) dit que ce grain ne carie presque jamais : Voyez-y aussi la *p.* 9.

Théophraste ayant dit que l'épaute se convertit en froment au bout de trois ans, on a lieu de présumer que la culture doit l'améliorer, & le rendre aussi ferme que les fromens durs.

Usages.

Les habitans des villes ne connoissent presque que le pain de froment ; & les riches souffriroient beaucoup, si celui de fine fleur leur manquoit. (*Voyez* FARINE. PAIN.)

Ce grain plaît encore beaucoup aux animaux. Les chevaux, le bétail, & les oiseaux de basse cour, en sont très-friands ; & cette nourriture leur donne de la vigueur & un embonpoint durable. On n'ignore pas le désordre que les oiseaux, les rats, souris, insectes, &c, causent dans les greniers.

Sa paille est un bon fourrage. On en fait des siéges, des nattes, des chapeaux, &c. Le chaume arraché est employé à couvrir des glacieres & des bâtimens à la campagne : si on l'enfouit à la charrue, il amende bien la terre.

Le grain de froment sert aussi à divers usages. *Voyez* AMIDON. La Médecine en emprunte souvent le secours. On le mâche pour le mettre sur les morsures de chien enragé, dont il empêche le venin de faire des progrès. On l'applique pareillement sur les nerfs coupés, & sur toutes les plaies récentes, afin de les consolider. C'est pourquoi un Prêtre Espagnol le faisoit entrer dans certain Baume décrit par Aquapendente. On le mâche encore pour l'appliquer avec un peu de sel sur les tumeurs que l'on veut faire mûrir. Le froment étant cuit dans de bon vinaigre, on l'applique sur les tumeurs des mammelles, pour les résoudre.

On dit que Démocrite sçut retarder sa mort pendant trois jours, en aspirant la vapeur du pain chaud.

Le levain attire beaucoup ; & est résolutif, & maturatif. On en met sur les abscès que l'on veut faire mûrir : il est bon d'y ajoûter un peu de sel. On l'employe aussi en véficatoire, avec les cantharides.

La mie de pain salé & bien levé agit mieux, & plus bénignement, que le froment même. On l'employe, avec du lait & des jaunes d'œufs, pour appaiser la douleur & l'inflammation des tumeurs. On y ajoûte quelquefois le safran en poudre, & l'huile rosat ; pour rendre ce cataplasme plus résolutif.

On fait des cataplasmes avec la farine de froment, pour amollir & résoudre certaines tumeurs, calmer les fluxions & inflammations des yeux. On l'applique séche, à titre de calmant, sur les érésipeles & sur les parties attaquées de goute. Cette farine, réduite en bouillie, sert d'aliment : *voyez* BOUILLIE. Elle est aussi la base de beaucoup de colles. On fait, avec le son & l'eau commune, des lavemens émolliens, adoucissans, & légérement déterfifs : on y ajoûte ordinairement la graine de lin, dans le cours de ventre & la dysenterie. On fait *avec le Son une Tisane excellente pour le rhume* & la toux invétérée : pour cela on en fait bouillir une cuillerée dans une pinte d'eau, on l'écume bien ; & après l'avoir versé par inclination, on y fait fondre une once de sucre. Le son est aussi résolutif qu'émollient : on le fait bouillir dans la bierre, ou dans l'urine ; & on le met en cataplasme pour appaiser les douleurs de la goute, & résoudre les tumeurs des articulations. Mêlé avec du vinaigre, le son appaise les inflammations ; & guérit même, à ce qu'on assure, les gales, lepre, ladrerie, &c.

La bouillie faite avec de l'amidon de froment, est bonne à prendre intérieurement pour les maux de ventre, & pour arrêter la dysenterie.

On prétend que la colle de farine, à demi-cuite, arrête le crachement de sang ; si on en avale tiede.

Les Cuisiniers font entrer le bled en herbe, dans les sausses vertes.

Le froment fournit de bonne biere; dont on tire une eau-de-vie, plus forte que celle du vin.

Pour ce qui est du froment regardé comme nourriture : Galien dit qu'on le digere avec peine, & qu'en conséquence il produit des ventosités, des maux d'estomac, des pesanteurs de tête, &c. Ce peut être pourquoi les Anglois mangent généralement très-peu de pain. Sennert au contraire prétend que ce grain est celui de tous qui fournit une nourriture plus saine & plus solide : son humidité & viscosité étant absolument corrigées par la bonne fermentation & par la cuisson.

FROMENT D'INDE; *Mays; Mijo; Mahiz; Bled d'Inde; Bled de Turquie; Bled d'Espagne.* C'est à ce genre de plantes que M. Linnæus attribue le nom de *Zea*. Les fleurs sont distinguées en mâles & femelles, qui naissent sur une même plante. Les fleurs mâles forment un épi lâche & branchu, composé de capsules dont chacune produit trois étamines en tuyaux, qui se terminent par des sommets quadrangulaires, lesquels s'ouvrant à leur extrêmité répandent une poussiere parfaitement sphérique. Les fleurs femelles, placées plus bas, ont chacune un très-petit embryon, surmonté d'un style capillacé & très-long, à l'extrêmité duquel est un stigmat un peu velu : toutes sont rangées sur toute la surface d'un poinçon assez gros, long de quatre à sept pouces; couvertes ensemble d'une dixaine de membranes épaisses & fortes. Les styles se réunissent pour forcer l'extrêmité de ces enveloppes, & en sortir pour retomber avec grace vers la terre comme une poignée de beaux cheveux. Si quelqu'un d'eux n'est pas fécondé par la poussiere des étamines, il s'applatit, & l'embryon avorte. C'est ce qui arrive à tous, quand les membranes s'opposent trop fortement à leur livrer passage. Mais chaque embryon dont le style est fécondé, devient une semence dure, unie, luisante, arrondie, un peu plate, anguleuse à sa base; dont la pulpe intérieure est sucrée, & d'un blanc jaunâtre. Consultez la *Physiq. des Arbr.* T. I. p. 286.

Especes.

On en distingue plusieurs : qui semblent ne différer que par la couleur des grains; laquelle est ou *blanche*, ou *jaune*, ou d'un *rouge brun*, ou d'un *rouge clair*, ou *verdâtre*, ou *juspée* de diverses couleurs, ou *pourpre*, ou d'un *bleu* foncé.

M. Miller assure que les trois suivantes ne varient point par la culture, ensorte que l'une produise l'autre : quoique les *nn.* 2 & 3 produisent les variétés de couleurs ci-dessus.

1. *Mays granis aureis* Inst.
2. *Mays granis albicantibus* Inst.
3. *Mays spicâ aureâ & albâ* Inst.

Dans les Isles de l'Amérique, le *n.* 1 vient sans culture, & porte une très-grosse & forte tige noueuse, haute de huit à douze pieds. Les feuilles sont proportionnément longues & larges, faites comme celles des plantes graminées : & leur nervure est large & blanche. L'épi garni de grains a communément depuis neuf pouces jusqu'à un pied de longueur.

Le *n.* 2 est cultivé à la Louisiane, en Italie, en Espagne, en Portugal, en France. Sa tige a rarement plus de six ou huit pieds de haut, & est moins forte que la précédente. Les feuilles ont au moins deux pouces de large, & souvent un pied de long, sont creusées en gouttiere, & pendantes par leur extrêmité. L'épi de grains porte sept à huit pouces de longueur, sur environ deux pouces de diametre. Il y a de ces épis où l'on compte plus de sept cens grains : & dans des terreins noirs & légers, chaque pied porte quelquefois jusqu'à sept épis.

L'on cultive le *n.* 3 dans l'Amérique Septentrionale, & en Allemagne. Sa tige, haute d'environ quatre pieds, est accompagnée de feuilles moins considérables que celles du *n.* 2, mais faites de même. Les épis sont plus courts.

4. Le *Petit Bled* ou *Petit Mays* de la Louisiane, est plus petit que les autres especes. C'est celui que les nouveaux venus y sement dès qu'ils arrivent; afin d'avoir promptement de quoi vivre. Car il vient très-vîte; & mûrit en si peu de tems, que l'on en peut recueillir deux fois l'année dans un même champ. Outre cet avantage, il est beaucoup plus agréable au goût, que la grosse espece, *n.* 2.

5. On connoît encore à la Louisiane un froment d'Inde, dont le grain est plat, ridé, blanc, & plus tendre que les autres. On l'y appelle *Mays à farine.*

Culture.

En général, le Bled d'Inde vient bien en tout pays; & en presque toutes sortes de terres, pourvû qu'elles soient bien préparées. Plus la terre où on le met est substantieuse, mieux il profite : & ses épis deviennent plus beaux, & chargés de plus gros grains. Le rouge & le purpurin, ou bleu foncé, sont plus communs à la Louisiane dans les terres hautes que dans celles qui sont basses.

On y a observé qu'une terre forte en général est médiocrement avantageuse au mays; & qu'il réussit supérieurement dans les terreins légers dont la couleur est noirâtre. La grande sécheresse lui nuit toujours beaucoup.

En France, il y a des Provinces où on le seme dès le mois de Mars. En d'autres, on differe jusqu'au mois de Juin.

On peut le semer plusieurs années de suite, dans la même terre.

L'espace de terre qu'on lui destine, étant bien ameubli, les Cultivateurs de certains cantons y font des sillons larges de trois pieds; & dans ces sillons, des trous éloignés les uns des autres d'environ quatre doigts, sans s'assujettir à les aligner au cordeau. On met un grain dans chaque trou : & on le recouvre ensuite avec un rateau, ou avec une herse garnie d'épines. Après quoi on le laisse pousser. Quand il a environ un pied de haut, & qu'on y voit croître les mauvaises herbes, on éclaircit les endroits qui paroissent trop garnis, de maniere qu'on puisse donner un petit labour aux plantes avec la binette. Au reste il suffit que ce labour ait un pouce de profondeur : & on le donne comme en grattant la terre. Cette façon détruit les herbes, & fait jetter au bled un beau tuyau, & du grain bien nourri. On se contente de cette façon unique. Ce qu'on a arraché de plant superflu, engraisse très-bien le bétail, lorsqu'il le connoît & en veut manger. La récolte de ce mays se fait après celle des aveines : on reconnoît qu'il est mûr, quand le grain est dur au toucher. On arrache les pieds comme ceux de chanvre; & on les transporte dans une grange ou ailleurs, pour ôter les épis que l'on met entiers dans le grenier. On garde les feuilles & les tuyaux, pour affourer les vaches pendant l'hiver.

Du côté de Bayonne & de Dax, on laboure en Avril pour la premiere fois, afin de semer du mays que l'on recueille au commencement d'Octobre. La terre se trouve en état d'être ensemencée en froment dès le mois de Décembre suivant. Les grains étant éloignés les uns des autres de deux pieds ou environ un pied & demi, on les sarcle avec des pioches qui labourent profondément. On passe même une charrue sans coutre, dont le soc qui forme un fer de lance est large d'un pied; cet ouvrage fait un sillon entre les rangs & chausse les pieds du mays.

M. Duhamel croit qu'on pourroit dans d'excellentes terres très-fumées, & en donnant aux plates-bandes un peu plus de trois pieds, recueillir du mays en même tems que du froment: & celui-ci étant semé en Décembre, labourer les plates-bandes en Février, puis encore en Avril avant de semer le mays; qui n'empêcheroit pas de donner avec la charrue sans coutre un petit labour entre le froment & le mays, en Juin & en Juillet. * *Cult. des Terr.* T. II. p. 267-8.

Aux environs de Bordeaux, on donne à la terre destinée au mays, deux bons labours dans le mois de Mars. Ce grain y réussit mieux dans une terre légere & sabloneuse que dans une terre forte & argileuse. Mais comme alors il ne peut se passer de fumier, on en répand sur la terre; & vers la fin d'Avril, on forme des sillons en donnant un troisieme labour, après lequel on écrase les mottes avec des maillets de bois & des rateaux: car les sillons empêchent qu'on ne se serve de la herse. Au commencement de Mai, on choisit une belle journée pour semer le mays; ce qui se fait en formant au fond des sillons, avec un piochon ou un sarcloir, de petites fosses dans lesquelles on met deux grains de mays. On a soin que dans la file des sillons il y ait un pied & demi de distance d'une fosse à l'autre. Les rangées de mays étant ainsi éloignées les unes des autres d'un pied & demi, il s'ensuit que les pieds sont une espece de quinconce, parce qu'ils sont respectivement à la distance d'un pied & demi. Quand le mays est levé, on arrache le pied le plus foible dans tous les trous où les deux grains ont levé, l'on seme deux nouveaux grains dans ceux où il ne paroît point de pieds. Vers le quinze de Juin, on donne avec le même instrument qui a servi à faire les fosses, un léger labour autour de chaque pied. Et comme ils sont au fond d'un sillon, la terre qui se rabat, les rechauffe un peu. Vers la fin de Juillet, on donne un petit labour qui est le dernier; & on a l'attention de rechausser les pieds du mays. Au quinze d'Août, on coupe les panicules de fleurs mâles; c'est-à-dire les épis vuides de grain qui se montrent au haut de tous les pieds, afin que le grain profite davantage: mais on prend garde de ne faire ces retranchemens qu'aux pieds dont les enveloppes de l'épi paroissent renflées; de sorte qu'il y a des pieds dont les panicules mâles ne sont coupés que quinze jours après qu'on les a retranchés aux autres. Ces panicules sont soigneusement ramassés, parce qu'ils fournissent une excellente nourriture pour les boeufs. A peu près dans le même tems, on retranche toutes les feuilles des tiges, tous les épis charbonnés, & ceux qui ont coulé: on prétend que si on les laissoit à la tige, les bons épis n'acquéreroient pas tant de grosseur, & que les grains ne seroient pas aussi bien nourris. Toutes ces feuilles & les épis sont encore ramassés pour les boeufs qui recherchent avec plus d'avidité les épis charbonnés, que tout le reste. On fait la récolte du mays vers la fin de Septembre. Voyez le 3e. Tome de la *Culture des Terres*, p. 179, & suivantes.

M. Duhamel y propose (p. 190) de mettre deux pieds d'intervalle d'une rangée de mays à l'autre; placer les grains à douze ou quatorze pouces dans les rangées pour employer à-peu-près la même quantité de semence; & ensuite donner tous les labours avec le cultivateur attelé d'un cheval.

Nous avons vû des Cultivateurs mettre cinq ou six grains dans un même trou, & espacer chaque trou à quatre pieds de ses voisins. Cette méthode réussit.

Il est à propos de ne semer qu'après avoir fait tremper le grain, pendant au moins vingt-quatre heures; afin qu'il leve plus vîte, & que le renard & les oiseaux aient moins de tems pour l'enlever. Le renard sur-tout en fait un dégât considérable; il fouille tous les trous, & ne cesse que quand il est rassasié de ce grain. On peut le garder des oiseaux pendant le jour: & des feux allumés de distance à autre pendant la nuit, écarteront le renard.

Quand les tiges sont grosses comme le doigt, il est à propos de chausser toujours les plantes, pour les soutenir contre le vent.

Usages.

La farine de mays fait de beau pain; mais plus grossier, dit-on, & plus visqueux que celui de froment.

D'autres néanmoins prétendent que les Américains, dont c'est la nourriture habituelle, n'ont jamais d'obstructions, ni mauvaise couleur. Ils disent même qu'il se digere aisément, & entretient l'appétit. C'est aussi leur meilleur remede dans les maladies aiguës. Le grain, bouilli dans l'eau, est très-nourrissant; adoucit la poitrine, & tempere l'ardeur de la fievre. Ce dernier effet est encore plus sensible, lorsqu'on boit de l'eau où l'on a mis de la poudre de sa racine, & qu'on a exposée au serein du soir.

Il y a des Indiens qui donnent au grain de Mays le nom de *Sagamité*. Ils assurent que quand on se borne à cette nourriture, aucune plaie n'est dangereuse. Les François observent conséquemment ce régime, quand ils sont en guerre contre les Sauvages. Nos paysans en font de la bouillie avec du beurre & du fromage; ce mets est assez agréable, quoique pesant sur l'estomac. D'autres en font une bouillie plus simple: Voyez GAUDES. On en fait aussi des bignets; de la galette; des tourtes assaisonnées de laitage. En Angoumois, en Gascogne, en Bretagne, & ailleurs, le mays ayant passé au moulin, on en blute la farine; dont on fait d'assez bon pain; & de la bouillie, soit avec du lait, soit avec de l'eau & du sel. Dans ce dernier cas, on y ajoûte un peu de beurre ou d'huile.

Entre les différentes préparations que les Naturels de la Louisiane donnent au mays, une des meilleures est celle qu'ils nomment *Farine froide*: il n'y a personne qui, même sans appétit, n'en mange (dit-on) avec plaisir. Pour cela; après avoir fait à demi-cuire le grain dans l'eau, on le met égoutter, puis sécher. Etant bien sec, on le fait roussir sur le feu, dans un plat fait exprès; on le mêle alors avec des cendres, pour empêcher qu'il ne brûle; & on le remue sans cesse, afin qu'il ne prenne que la couleur rousse qui lui convient. Quand il est à ce degré, on passe toute la cendre; on le frotte bien; & on le met dans un mortier, avec de la cendre des pieds de favioles séchés, & un peu d'eau: en le pilant doucement, on fait crever la peau du grain, & il se met tout entier en gruau; que l'on concasse, & qu'on fait ensuite sécher au soleil. Après quoi cette farine peut se transporter partout, & se conserver pendant six mois, pourvû qu'on ait soin de l'exposer de tems en tems au soleil. Quand on veut en manger, on en met dans un vaisseau le tiers de ce qu'il peut contenir; on le remplit presque entiérement d'eau; & après quelques minutes, la farine est gonflée & en état d'être mangée. Elle est très-nourrissante; & une excellente provision pour les voyageurs. On assure que cette farine, mêlée avec du lait & un peu de sucre, peut être servie sur les meilleures tables. Dans le chocolat au lait, elle soutient fort longtems.

On tire de l'eau-de-vie du mays. L'on fait aussi

avec ce grain & du houblon, une biere forte & agréable.

Le mays excite l'urine & en nettoye les conduits. Les Médecins de la *Nouvelle Espagne* en conseillent l'usage à leurs malades lorsqu'ils ne sont point trop échauffés; & prennent pour cela le mays blanc, cuit, & mêlé avec de l'eau & du sucre.

La farine est un bon maturatif. Le suc des feuilles vertes est bon pour les inflammations & érésipeles.

Le grain est une des meilleures nourritures que l'on puisse donner aux cochons: il rend leur chair ferme & délicate. On en donne aussi à la volaille. On fait encore avec sa farine une pâte pour engraisser les chapons & les poulardes. Mais il faut que ces animaux veuillent en manger: car on en voit qui, ne le connoissant point, le rebutent absolument.

Faux FROMENT. FROMENTAL. & FROMENTÉE. } Consultez l'article GRAMEN.

FRONCLES, ou *Furoncles*, que l'on nomme aussi *Cloux*. Tumeurs inflammatoires, dures, douloureuses, d'un rouge vif tirant sur le pourpre, également rondes, élevées en pointe, qui ordinairement n'excédent pas la grosseur d'un œuf de pigeon, & qui ne suppurent jamais bien. Le froncle differe du *charbon*, en ce que celui-ci reste dur & noir, semblable à une croute formée dans la chair; & que le froncle s'éleve en cône, s'enflamme, & suppure.

Le froncle s'annonce ordinairement par tous les signes qui caractérisent l'inflammation; comme sont la rougeur, la douleur, la tension, la chaleur, les élancemens. Il se déclare toujours dans les parties charnues. Quand il a son siége dans le voisinage des tendons ou des nerfs, il est beaucoup plus à craindre qu'ailleurs.

Remedes.

1. *Voyez* ARROCHE. BRUNELLE. ORVALE. HORMIN. ONGUENT *Divin*. BOUILLON *de Vipere*. AGE, *n*. VI. Le mot *Cloux*, dans les articles BREBIS & CHEVAL. EMPLÂTRE *de suie*.

2. Faites bouillir telle quantité que vous voudrez de mie de pain bis, avec du lait, jusqu'à consistance de bouillie: il n'importe quel lait ce soit. Alors retirez-la du feu; mêlez-y de l'onguent rosat, à proportion; étendez le tout sur de la toile; & l'appliquez.

3. Faites chauffer ensemble de la farine de froment, du miel, un jaune d'œuf, & de la graisse de porc: puis l'appliquez sur le mal.

4. De la fiente de brebis, délayée dans du vinaigre, amollit promptement; & résout quelquefois.

FRONDES. *Voyez* FEUILLAGE.

FRONTAL; & au plurier FRONTAUX. Les grandes inquiétudes que les maux de tête causent ordinairement aux fébricitans, ont donné lieu à l'invention des frontaux; dont il feroit fort difficile de supprimer l'usage. Car, quoiqu'on ne puisse toujours appaiser les douleurs de tête par la seule application des frontaux, si on n'arrête en même tems les vapeurs qui causent le mal; ces applications néanmoins n'y sont pas inutiles: en fortifiant le cerveau, elles servent à résoudre, faire transpirer, ou abattre les vapeurs élevées, tempérer l'ardeur, &c.

I. On prépare quelquefois des frontaux avec des médicamens secs; comme sont, les roses; les fleurs de sureau, ou de nénuphar; les santaux & la coriandre, pilés; la bétoine, la marjolaine, ou la lavande, incisées; les noyaux de pêches ou d'abricots, écrasés, &c. qu'on applatit, & qu'on enferme dans un linge fin, à l'épaisseur d'un doigt; ensorte qu'il puisse couvrir tout le front & les tempes: sur lesquels on l'applique, après l'avoir humecté avec un peu d'eau-rose, ou de vinaigre rosat.

II. On se contente quelquefois d'appliquer sur le front & sur les tempes, des linges humectés d'eau rose, ou de vinaigre rosat, ou surat.

III. L'on y applique les feuilles vertes de nénufar, de courge, de laitue, de pourpier, ou de vigne; surtout dans les maux de tête qui accompagnent les fievres ardentes.

IV. On satisfait mieux à toutes les intentions pour lesquelles on prépare les frontaux; si l'on y emploie les conserves des fleurs, les extraits, les semences, les onguens, les poudres, & les autres matieres propres; & si ayant fait de ces choses une pâte, étendue & enfermée dans un linge fin, on l'applique sur le front & sur les tempes, & qu'on l'y laisse quelque tems: par ce moyen, la vertu des médicamens est mieux unie & concentrée, & plus en état de produire les effets qu'on en doit attendre. Pour y réussir, on peut les préparer ainsi.

1. Prenez de la conserve de roses rouges, & de celle de nénufar, de chacune six gros; de semence de pavot blanc écrasée, poudre des trois santaux, & onguent de peuplier, de chacun un gros: mêlez tout ensemble pour en composer un frontal, pour appliquer fraîchement sur le front & les tempes.

2. Prenez des conserves de violettes, de roses, & de nénufar, demi-once de chacune; poudre des trois santaux & de coriandre, noyaux de pêches bien pilés, extrait un peu liquide d'opium, de chacun un gros. Mêlez tout ensemble pour en composer un frontal.

V. On se contente quelquefois d'appliquer sur le front & sur les tempes un liniment composé avec parties égales d'onguent *populeum*, & d'extrait liquide d'opium: *ou* de faire un frontal de noyaux de pêches ou d'abricots bien pilés dans un mortier de marbre, avec environ une sixieme partie de sel marin & autant de poudre de roses.

VI. On emploie encore les frontaux pour arrêter & détourner les fluxions subtiles & âcres qui tombent sur les yeux; en incorporant parties égales de bol du Levant, de terre sigillée, de mastic, & de sang de dragon en poudre, avec des blancs d'œufs; & les réduisant en une pâte, que l'on étend sur des étoupes, & qu'on applique sur le front & sur les tempes.

[Jusqu'ici l'on a copié la Pharmacopée de Charas.]

Frontal sec, pour fortifier le Cerveau.

VII. Prenez poudres de roses séches, de bois de sassafras, & de santal citrin, deux dragmes de chacune; fleurs de sureau, de stechas, de muguet, de bétoine, une dragme de chaque; & autant de gerofle. Ayant arrosé le tout d'eau-rose & bien mêlé ensemble, vous le mettrez entre deux linges mollets, & l'appliquerez sur le front.

Frontal liquide, pour calmer les grandes douleurs de Tête.

Prenez une dragme de sel marin pulvérisé bien fin: pilez dans un mortier une poignée de feuilles de laitue; mêlez-les avec demi-once de conserve de roses, autant de celle de nénufar, demi-dragme d'extrait liquide d'opium, le sel ci-dessus, & trois dragmes d'onguent *populeum*. Faites-en un frontal, & appliquez-le sur le front & sur les tempes.

[Ces deux recettes sont de la Pharmacopée de Lemery.]

FRUCTIFICATION. Formation du fruit.

FRUCTIFIER. Porter du fruit. La Vigne ne fructifie qu'au bout de quatre ou cinq ans.

FRUGALITÉ. Vertu œconomique : qui consiste sur-tout dans l'usage des alimens sains, & communs ; par opposition aux alimens voluptueux, contraires à la santé, rares, & somptueux. La frugalité est la marque d'un homme sage ; qui ménage sa santé, comme étant le premier des biens sensibles ; & qui n'est point prodigue & dissipateur. Cornaro, Vénitien, a été un grand exemple de frugalité ; & en a publié de belles leçons. Consultez encore l'*Eloge de Max. de Sully*, par M. Thomas, 1763 *in*-8°. p. 51, 85 : & les *Mémoires* de ce Duc, L. X, édit. de M. D. L. 1752 *in*-12 p. 271. Cette frugalité sage & raisonnable, dont je viens de parler, est très-différente de l'espece de proverbe qui veut que, la frugalité de bien des gens ne soit qu'avarice ou pauvreté. Quand on aime la bonne chere, on regarde la frugalité comme une peine : mais on pourroit bien prendre le contre-pied, en disant que la sobriété, la tempérance, la frugalité, sont des rafinemens naturels d'un plaisir très-utile & sans amertume ; je veux dire que, par la sobriété, les sensations deviennent plus vives & se conservent mieux ; & que dans les excès contraires on accable, on émousse, & déprave les organes de nos sensations. C'est pourquoi les vertus (comme la sobriété & la frugalité) sont utiles à l'esprit & au corps.

Aussi M. De Saint Evremond, juge non récusable en cette matiere, dit-il dans une lettre au Comte d'Olonne qui étoit exilé : » Accommodez, autant » qu'il sera possible, votre goût à votre santé. C'est » un grand secret que de pouvoir concilier l'agréa- » ble & le nécessaire en deux choses qui ont été » presque toujours opposées. Pour cela néanmoins » il ne faut qu'être sobre & délicat. Et que ne doit- » on pas faire pour apprendre à manger délicieuse- » ment aux heures du repas : ce qui tient l'esprit & » le corps dans une bonne disposition pour toutes » les autres ? On peut être sobre sans être délicat. » Mais on ne peut jamais être délicat, sans être so- » bre. Heureux qui a les deux qualités ensemble. « *Voyez* REGIME.

Quelques-uns pensent que le mot *Frugalité* vient du Latin *Fruges* ; qui signifie ce simple & innocent aliment naturel, qui consiste dans les fruits & les plantes alimenteuses.

Plutarque a fait un Traité où il examine s'il nous convient mieux de manger les animaux, que de ne vivre que de substances végétales. *Consultez* aussi le Discours de M. Cocchi, sur le Régime Pythagoricien ; publié en François dans un *Recueil de Physique & de Médecine*, imprimé à Paris, chez d'Houry, en 1763. M. Linard, Docteur en Médecine, a donné en 1700 un volume *in*-12. intitulé *L'Abstinence de la Viande, rendue aisée*, &c. Nous avons encore une traduction Françoise, faite par M. De Burigny, du Traité de Porphyre, contre l'habitude de nous nourrir de viande. Toutes ces choses méritent d'être lues. Au reste Pythagore, quoique fort attaché au plus simple régime végétal, croioit que l'on pouvoit y entre-mêler des choses plus exquises ; de la viande même : & il en donnoit l'exemple : voyez le Discours de M. Cocchi, p. 24-8-9, 31.

FRUIT : *terme d'Architecture*. Petite diminution du bas en haut d'un mur ; qui produit au dehors une inclinaison peu sensible, le dedans étant à plomb. *Contre-Fruit*, est l'effet contraire. On donne quelquefois du contre-fruit en dedans ; comme aux encognures & aux murs de face & de pignon, quand ils portent des souches de cheminée : afin qu'ils puissent mieux résister à la charge par le double fruit.

FRUIT : *terme de Jardinage, d'Agriculture, & de Botanique*. On peut regarder les fruits comme les œufs des plantes ; les parties destinées à multiplier chaque espece. Ainsi on entend généralement par ce terme les productions qui subsistent après que les fleurs sont passées ; soit qu'elles contiennent les semences ; ou qu'elles soient les semences mêmes, dépourvues d'enveloppe. Dans ce sens, la pelure, la substance charnue, & les pepins des poires, forment ensemble le fruit du Poirier : la peau, la chair, & le noyau, des prunes ; le fruit du Prunier : la noix & son brou ; le fruit du Noyer. Les grains du froment sont les fruits de cette plante. Néanmoins on a coutume d'appeller *grain*, *graine*, ou *semence*, les fruits peu considérables, qui en mûrissant se dégagent des enveloppes qu'ils avoient dans l'état d'embryons. Ainsi on dit un grain de froment, d'orge, d'aveine, de chénevi, de millet ; graine de laitue, de pourpier, d'ozeille ; semence de carvi, *&c*. & on conserve plus particuliérement le nom de fruit pour ceux qui sont charnus, tels que les poires, pommes, coings, prunes, cerises, pêches, fraises, framboises, melons : ou qui sont assez gros ; tels que la châtaigne, le gland, le marron d'Inde.

A mesure que l'embryon croît & s'étend, il forme ce qu'on appelle le fruit : & comme les embryons varient beaucoup entre eux quant à la forme, les fruits ont aussi des configurations très-différentes. Ils se trouvent placés sur les plantes, aux mêmes endroits que les fleurs qui contenoient l'embryon.

En général, on peut distinguer les fruits en huit especes : 1°. la Capsule ; 2°. la Coque ; 3°. la Silique ; 4°. la Gousse ; 5°. le fruit à noyau ; 6°. le fruit à pepin ; 7°. la Baie ; 8°. le Cone. *Voyez* PÉRICARPE. PLACENTA. CAPSULE. CELLULE. CLOISON. COQUE. SILIQUE. GOUSSE. CONE.

Le *Fruit à noyau*, en Latin *Drupa* ; est composé d'une pulpe, ou chair molle & plus ou moins succulente, qui renferme dans son milieu un noyau, formé d'une boîte ligneuse ; qui contient la semence proprement dite, ou amande. *Voyez* BROU. On appelle *Pruniferes* les arbres qui portent de semblables fruits.

On donne en général le nom Latin de *Pomum* au *Fruit à pepin* : & les Botanistes appellent *Pomiferes* tous les arbres qui portent des fruits à pepin. Ces fruits, charnus, contiennent des semences qui n'ont qu'une enveloppe coriacée (qui fait qu'on les nomme *Calleuses*) : & ces semences sont ordinairement dans des loges membraneuses.

La *Baie* est un fruit mou, plus ou moins charnu & succulent, de médiocre grosseur, & qui renferme des pepins ou des noyaux. Tels sont les fruits des Genevrier, Olivier, Laurier, Arisarum, Petit-Houx, Cerisier, *&c*. Les baies different peu des grains de raisin, & autres : néanmoins on ne dit pas un grain, mais une baie, de Laurier ; & l'on dit un grain de raisin, non une baie. Quelques-uns, pour établir une distinction, prétendent que la baie doit être clair-semée ; & le grain rassemblé en grappe, en épi, ou par bouquets. *Voyez* CONGREGATUS. CONNATUM. CORYMBUS.

On appelle *Fruits Succulens*, ceux dont les semences sont enveloppées d'une chair remplie de suc : & *Fruits Secs*, ceux qui étant parvenus à leur maturité n'ont point de sucs : les *Fruits Membraneux* sont de ce dernier genre ; & font partie de ceux qu'on nomme Capsules. Il y a des fruits qu'on qualifie d'*Ailés*, parce qu'ils sont accompagnés d'un ou plusieurs appendices membraneux : tels que les fruits de Tilleul, & d'Erable. Les *Fruits Aigrettés* sont garnis de poils à leur partie supérieure : *Voyez* AIGRETTE. COURONNE, *p.* 723.

Assez souvent, pour décrire les fruits en moins de mots, on les compare à des choses connues; comme à une cassolette, une boîte à savonnette, un étui, *&c.* Voyez BOSSETTE. CHAMFREIN. DRAPÉ.

On dit qu'un fruit est *noué;* lorsque, la fleur étant passée, il grossit. Mais s'il avorte, on dit qu'il est *coulé :* Voyez COULER.

Consultez le savant détail que M. Duhamel a donné par rapport aux fruits, dans sa *Physique des Arbres*, L. III. Ch. II : Ch. III. p. 280-1-2, 303, *&c.* L. IV. p. 1, 2 & suivantes. Ch. VI. Art. IV; & notre article GREFE.

LES fruits, en général destinés à la reproduction des végétaux, servent aussi à nourrir une partie du Regne Animal. Les insectes, les oiseaux, les quadrupedes, en dévorent beaucoup. Nous faisons journellement usage de grains, de graines, d'amandes, & d'autres fruits, tant pour nous nourrir ou pour remédier aux maladies, que dans divers Arts. Ces mêmes productions des plantes, en se corrompant, fournissent à la terre un amendement plus ou moins considérable, à proportion de ce qu'elles contiennent de parties propres à cet effet.

Le mauvais goût, ou la mauvaise odeur qui se rencontrent en certaines terres, peuvent passer aux fruits qui y viennent. Lorsque les fruits ne mûrissent pas dans un pays, c'est signe que l'air est mal. sain.

M. Locke (*Education des Enfans*) dit que l'excès de fruits cruds & indigestes rend les enfans maigres & malsains. On voit en effet que les fruits qui n'ont pas un suffisant degré de maturité, occasionnent des ventosités, *&c.* Mais M. Pringle met les fruits bien mûrs, & récens, au nombre des alimens sains, & s'attache à les laver du reproche qu'on leur fait d'occasionner diverses maladies : *Observ. sur les Malad. des Arm.* T. I. p. 31-2, 135-6-7-8. Au reste, il convient (p. 137) que les fruits pris avec excès, surtout dans un pays humide, peuvent disposer à des fievres intermittentes. Il avertit aussi de s'abstenir de fruit quand on a actuellement un flux de ventre, ou lorsqu'il n'y a pas longtems qu'on en est quitte; de même qu'après les fievres intermittentes; & en toutes circonstances d'air humide & de disposition à la putréfaction : Voyez les *pp.* 138-9. Consultez encore le *Journal Œconomique*, Février 1763, p. 75 : & dans le *Recueil de Médec. & de Physiq.* traduit de M. Cocchi, *&c.* les pp. 265, 43-9 : où l'on indique le choix qu'il convient de faire entre les fruits. Nous parlons aussi des qualités salutaires & nuisibles de chaque fruit, dans son article particulier.

On attribue au caffé la propriété d'empêcher que l'on ne soit incommodé après avoir mangé beaucoup de fruit.

Fruits Médicinaux.

Voyez ANACARDE. AROMATS. NEFFLIER. FIGUIER. PRUNIER. POIRIER. La plupart des articles de plantes. ELECTUAIRE *de fruits.*

Fruits qui sont bons à manger.

On les distingue ordinairement en fruits à noyau, & fruits à pepin; fruits rouges; fruits d'été; fruits d'automne; & fruits d'hiver, qui viennent en automne, mais qu'on ne mange qu'en hiver.

Fruits Saisonniers.

On nomme ainsi des fruits qui ne sont pas également abondans toutes les années, quoique les circonstances se trouvent les mêmes en deux années de suite. Ainsi le pommier & le noyer ne donnent une bonne récolte, qu'au plus tous les deux ans.

Il est de l'œconomie de recueillir avec soin ces fruits lorsqu'on en a une bonne année; & d'en tirer tout le produit possible : soit afin de compenser la mauvaise année qui doit suivre, soit parce que le cidre & l'huile de noix seront plus chers lorsqu'on aura eu peu de noix & de pommes.

Lorsque le fruit est dans sa maturité, il est bon à manger : & si l'on differe plus longtems à le consommer, tant celui d'été que celui d'hiver, il n'a plus la même saveur; & sa substance s'altere sensiblement : ensorte que par degrés il devient insipide, puis mou & pourri. Ainsi une pêche trop mûre est insipide; & une poire devient molle après le tems où elle étoit dans sa perfection. C'est au sortir de ce point de maturité, qu'on dit qu'un fruit est *passé.*

M. Rousseau de Geneve, (*Note* 3, sur son Traité *de l'Inégalité parmi les hommes*) dit avoir reconnu par expérience, qu'en comparant le produit de deux terrains égaux en grandeur & qualité, l'un couvert de châtaigniers, & l'autre ensemencé de bled, les fruits des arbres fournissent une nourriture plus abondante que ne peuvent faire les autres végétaux.

Il importe donc de multiplier, sur-tout les bonnes especes; de tâcher qu'elles donnent autant de fruit que chaque arbre en est capable; & que ces fruits acquierent une juste maturité.

Pour se procurer beaucoup de Fruit.

1. Attendu qu'en retranchant nombre de feuilles à un arbre, on diminue proportionnellement le cours de la seve; ce pourroit être un moyen de dompter les branches gourmandes, & mettre à fruit des arbres dont les fleurs coulent par une trop grande abondance de seve. * *Phys. des Arbr.* T. II. p. 247. Consultez le *Journal Œconom.* Septembre 1753, p. 39, 40.

2. On observe que dans la Laponie & autres régions élevées où la durée de l'été est fort courte, les plantes sont en général assez basses, & portent une prodigieuse quantité de semence : & que ces mêmes plantes, transportées dans nos jardins, s'élevent davantage, produisent de plus grandes feuilles, mais moins de fruit. * *Journ. Œcon.* Oct. 1751, p. 21.

3. En transplantant un arbre, on rallentit sa pousse, & on le met plus tôt à fruit. Plus un noyer ou un chêne sont tenus bas, plus ils donnent en ce genre; & les noix ont alors un bien meilleur goût que celles d'un grand arbre. M. Miller, de qui j'emprunte cette observation, (*Gard. Dict.* Art. CASTANEA) ajoûte qu'un arbre peu vigoureux distribue ses racines à peu de profondeur; ce qui fait que le soleil, l'air, *&c*, préparent la seve avant qu'elle passe dans les vaisseaux de l'arbre : au lieu qu'un arbre vigoureux produit de longs pivots, qui se chargeant de sucs non digérés, les transmettent tels jusqu'aux extrêmités de l'arbre; qui d'ailleurs ayant rarement beaucoup de branches latérales, ne peut fournir que très-peu de suc analogue à la formation des fruits. Aussi dit-il que quand on plante principalement pour avoir du fruit, il faut prendre la plus belle semence & la plus agréable au goût; telle qu'on la trouve presque toujours sur les arbres qui étendent beaucoup leurs branches, & dont les racines ont suivi une direction horizontale.

Consultez le *Traité des Semis*, de M. Duhamel, p. xxvij, xxviij. 85-6-7.

4. Si l'on répand de la chaux près des racines

d'un arbre, il donne abondamment; mais il périt bientôt.

5. On met dans une chaudiere autant de seaux d'eau, que de boisseaux de fiente de pigeon: & on les fait bouillir à grand feu, durant deux heures. Si l'eau diminue trop, on y en ajoûte. L'eau étant tiede, on la passe deux ou trois fois dans un linge: puis on la remet sur le feu; & sur chaque seau de cette eau filtrée, on fait dissoudre un quarteron ou même une demi-livre de salpêtre fixé & bien pulvérisé, & une once de gomme arquietta (que je ne connois pas). On remue bien avec un bâton, jusqu'à ce que la gomme & le salpêtre soient dissous. Outre cela, on calcine à demi, des cornes de mouton; en les tenant sur le feu dans une poële percée. Les ayant ensuite concassées, on les jette dans l'eau ci-dessus. On déchausse le pied des arbres malades ou vieux, tout autour jusqu'aux maîtresses racines: & l'on jette dans le trou huit ou dix cuillerées de ces cornes concassées, & autant de la lessive, ensorte qu'il y en ait à côté & dessus les racines; & on les recouvre de terre.

6. Voyez ci-dessous, *Moyen d'avoir de beaux Fruits*, n. 4.

Moyen d'avoir de beaux Fruits.

La beauté des fruits consiste dans leur grosseur & leur coloris.

S'il y a trop de fruit sur un arbre, il faut en retrancher une partie; par ce moyen on procure aux autres une grosseur considérable. Pour cela, il faut attendre que tous les fruits de l'arbre aient acquis une certaine grosseur; afin de pouvoir juger de ceux qu'on doit conserver préférablement aux autres. Ce sont les plus défectueux & les moins gros qu'on retranche. Cette opération se fait ordinairement dans le mois de Juin. Vers ce tems-là on coupe avec des ciseaux, par le milieu, la queue des fruits qu'on juge à propos de retrancher; & on laisse ainsi à chacun des autres assez de place pour s'étendre à mesure qu'il grossit.

On doit excepter de cette régle générale les abricots; que l'on décharge avant le mois de Juin, parce qu'ils sont plus avancés: on les abbat en les poussant seulement avec le doigt; ce qu'on observe aussi à l'égard des pêches. Pour ce qui est des poires, cette opération ne doit être gueres faite qu'à celles d'automne & d'hiver.

On procurera un *bon Coloris* aux fruits, en ôtant les feuilles qui empêchent les rayons du soleil de frapper dessus. On ne doit prendre ce soin que peu de tems avant leur maturité; & ne le faire qu'à deux ou trois reprises, pendant cinq ou six jours.

Voyez AOUTÉ. COULEUR, p. 720, col. 2.

Cette expérience, & nombre d'autres, font appercevoir qu'on peut 1. AVANCER *la parfaite maturité des fruits* en retranchant une partie des feuilles, lorsqu'ils ont atteint leur grosseur. * *Phys. des Arbr.* T. II. p. 247.

2. *Voyez* FIGUIER, p. 69. AVANCER.

3. Le fruit vient promptement sur un arbre à la racine duquel on a mis de la chaux: mais l'arbre ne tarde pas à périr.

4. On dit que pour accélérer la maturité des fruits, & les rendre plus agréables au goût, il suffit de percer le tronc de l'arbre & d'insérer dans le trou une cheville d'un bois dont l'arbre soit excellent; comme le térébinthe, le lentisque, le gayac, le genevrier, *&c.* Un mûrier devient ainsi plus fécond, & les mûres en sont excellentes. D'ailleurs, leur maturité dans un tems extraordinaire fait beaucoup de plaisir; & les Jardiniers y trouvent du profit.

[Le *Journal Œconomique*, Juin 1752, p. 29 & 30, propose à-peu-près la même chose, mais en ne conseillant qu'un coin de bois de chêne pour boucher l'ouverture; afin qu'un arbre dont les fleurs ont coutume de couler, donne du fruit.]

Changer la Saveur des Fruits.

On propose, dans les *Transactions Philosophiques* (n. 44.), d'essayer, comme une pratique qui auroit vraisemblablement du succès, de faire une incision transversale au bas du tronc & aux racines; & d'y faire entrer du suc du même arbre, ou de quelque autre, dans lequel on aura fait infuser des aromates. [Mais on doit douter du succès jusqu'à ce que la chose soit bien éprouvée.]

Pour conserver les fruits qui sont sur l'arbre, ou sur toute autre plante; & les empêcher de Pourrir.

Fichez (dit-on) un clou tout embrasé dans le pied de l'arbre, ou de la plante; ou faites-y un trou avec un perçoir, & laissez-le ouvert: l'humeur superflue qui fait pourrir le fruit, s'écoulera par-là. [Un fort habile homme m'a assuré que ce fait est sans réalité.]

Pour *empêcher le fruit de s'Échauder ou Sécher sur l'arbre.* Consultez l'article CERISIER, p. 496: & ABRICOTIER, p. 5. col. 2.

Pour se procurer de Nouvelles Especes de Fruits.

Il faut bien choisir la semence; lui procurer un prompt accroissement par le moyen d'une bonne culture; placer chaque arbre dans la terre qui lui convient le mieux; & perfectionner les bonnes especes par la culture & par la greffe. M. Duhamel prouve l'efficacité de ces moyens pour occasionner le changement des especes, qu'il attribue à ce qu'une espece est fécondée par une autre: dans sa *Physiq. des Arb.* L. III. Ch. III. Art. II.

Tems & maniere de Cueillir les Fruits.

Les fruits d'été ne doivent se cueillir que quand ils sont parfaitement mûrs: mais aussi quand ils le sont trop, ils sont sujets à mollir ou à devenir cotonneux. On connoît leur maturité à un beau coloris, & à un jaune doré qui paroît sur leur peau. Les fruits d'automne se cueillent au mois de Septembre, ou au commencement d'Octobre. On laisse sur l'arbre les fruits d'hiver jusqu'à la fin d'Octobre; & quand on les veut cueillir, on le fait par un beau tems. Les fruits cueillis un peu verds se conservent plus longtems dans la fruiterie, que ceux que l'on cueille plus approchans de leur maturité.

On cueille les pêches & les abricots quand ils sont dans leur maturité. On connoît qu'ils sont mûrs en les maniant doucement près de la queue; & pour peu que ces fruits obéissent sous le pouce, on ne doit pas manquer de les cueillir. On peut observer la même chose à l'égard des prunes: mais il faut avoir soin de ne les pas défleurir.

Dans l'Isle de Ceylan, les arbres portent du fruit deux fois l'année: les habitans le cueillent toujours verd; & prétendent qu'il est nuisible quand on le mange trop mûr.

Leurs vergers sont ordinairement sur des ruisseaux parfaitement clairs: & quoique près de la Ligne, il ne fait presque ni froid ni chaud, dans ce pays. * Traduction de l'*Histoire de Ceylan*, de Ribeyro, Liv. I. Ch. XIX.

Pour Conserver les Fruits.

1. On conserve *les raisins* en les mettant dans des cendres de sarment bien séches & bien pures: il faut avoir soin de les cueillir huit jours avant leur maturité.

2. On peut encore les garder dans des caisses, environnés de balle ou menue paille d'aveine. (Cela sert

aussi pour conserver *toute sorte de fruit.* Mais la paille leur donne souvent un mauvais goût.)

3. Prenez du sable de riviere; faites-le bien sécher au grenier; puis faites cueillir le raisin, ou autre fruit, quand le soleil donne dessus, car il faut qu'il soit sec: vous ferez ensuite un lit de sable dans une caisse d'un pouce d'épais; vous rangerez le fruit dessus, vous coulerez proprement du sable par-dessus le fruit, ensorte qu'il remplisse tous les intervalles: & continuerez de même par lits. La caisse, ou autre vaisseau de bois, étant rempli; fermez-le bien, de peur qu'il n'y entre aucun air; & mettez le en un lieu sec; où vous ferez longtems sans y toucher. (Il faut que le fruit ne soit pas tout-à-fait mûr; mais tant soit peu verd, comme de huit jours avant sa maturité: il se garde jusqu'aux nouveaux fruits de son espece.)

4. D'autres mettent du millet au lieu de sable.

5. On conseille de tremper la queue du fruit dans de la cire fondue: [cela n'est cependant pas certain pour les poires d'été.]

6. Voyez *Loge pour conserver les* RAVES. POMMIER. FRUITERIE. CONSERVE. CONFITURE. RAISIN.

Pour conserver les Fruits à noyau, & même les figues: selon Lémeri.

Ayez un pot de terre, & l'emplissez de moitié miel & moitié eau commune, que vous aurez bien battus ensemble auparavant: vous y mettrez les fruits tout frais cueillis; & couvrirez bien le pot: lorsque vous les tirerez du pot, mettez-les dans l'eau fraîche.

FRUITS SECS.

Lorsque la saison est abondante en fruits, il est de l'œconomie d'en faire sécher au four, de diverses especes. Le débit qui s'en fait en hiver, & principalement pendant le carême, apporte un profit plus considérable que celui qu'on auroit tiré de leur vente dans le tems qu'ils étoient récens, surtout lorsque l'abondance fait qu'on est obligé de les donner à bas prix.

Cerises. Sous le nom de cerises nous comprenons les *Guignes*, & les *Griottes*. Pour les faire sécher, laissez-y les queues & les noyaux; rangez-les sur des claies, & mettez-les au four un peu chaud, c'est-à-dire après que le pain en est tiré. Tournez-les; & changez-les de place, afin qu'elles se séchent bien; mettez-les une seconde fois au four; & continuez jusqu'à ce qu'elles soient parfaitement séches. Vous les serrerez après qu'elles seront refroidies.

Les *Prunes* se mangent aussi séches. Il faut observer qu'elles doivent être tellement mûres qu'elles tombent presque d'elles-mêmes de dessus les arbres, avant qu'on les fasse sécher. Toutes prunes qui se servent crues, sont bonnes à faire des pruneaux; mais surtout les roche-courbons, les impériales, les Sainte-Catherines, les diaprées, les perdrigons, les prunes de Cypre, les brignolles, les mirabelles, & les damas de toutes sortes. Toutes ces prunes seront séchées & mises au four comme les cerises.

Abricots. Poires. Pommes. Voyez les articles ABRICOTIER. POMMIER. POIRIER.

Les *Raisins* sont agréables à manger, lorsqu'ils sont secs. Pour cela on se sert de toutes les sortes; mais les meilleurs sont les muscats. On les met au four sur une claie pour les faire sécher, prenant garde que la chaleur n'en soit point trop âpre; & observant de les tourner de tems à autre, afin qu'ils séchent par-tout également. Ils sont plus moelleux quand, avant de les mettre au four, on trempe les grappes dans une forte lessive de sarment, pour attendrir la peau du grain.

On fait encore sécher des *pois* verds, des *champignons*, des *morilles*, & des *mousserons;* enfilant les derniers; & mettant les uns & les autres dans un four dont la chaleur soit médiocre. Souvent même il suffit de suspendre à l'air dans un endroit sec les morilles & mousserons, enfilés en forme de chapelet.

Blanchir les Fruits, ou les *Glacer.*

Voyez BLANCHIR; *terme de Confiseur.*

Mettre à FRUIT: *Terme de Jardinier.* Voyez sous le mot METTRE.

FRUITS *Naturels:* terme de Jurisprudence. Il y en a que la nature produit comme d'elle-même; tels que sont l'herbe des prés, le bois, les métaux, les minéraux, les carrieres, *&c.* D'autres sont les effets de l'industrie, & sont dûs à des soins habituels plus ou moins grands: par exemple le sain-foin & autres pâturages artificiels, les fruits des arbres, le bled, les grains, le jardinage, *&c.* Tant que les uns & les autres tiennent encore au fonds dont ils proviennent, ils sont censés en faire partie. Mais sitôt qu'ils en sont détachés, on les regarde comme ayant une existence propre, distincte, & indépendante: on ne les nomme plus *fruits pendans par les racines.*

FRUITERIE, *ou* FRUITIER. C'est la chambre, ou serre, dans laquelle on met le fruit pour le garder, & sur-tout l'hiver.

Ce doit être un lieu plus ou moins grand; selon le besoin qu'on en a. Il peut y avoir une table qui en occupe le milieu; pour dresser des corbeilles qu'on veut servir, si on ne les dresse pas dans l'office. Les murs seront garnis de tablettes bien rangées, pour y placer les fruits; avec des étiquettes volantes, qui marquent les especes, & même leur maturité, par rapport à la suite des mois, quoique cette maturité varie beaucoup: les bergamottes en un endroit; les virgouleuses en un autre; ainsi des autres. Il faut mettre à la vûe ceux qui sont les premiers en maturité, & aux plus hautes tablettes ceux qui ne mûriront qu'après; pour les descendre quand les autres seront passés.

Voici les conditions que doit avoir une fruiterie pour être bonne.

I. Elle doit être impénétrable à la gelée. Le grand froid est très-dangereux aux fruits; ceux qui ont été une fois gelés, ne sont plus bons qu'à jetter.

II. Cette fruiterie doit être exposée sur-tout au midi, ou au levant, ou du moins au couchant: l'exposition du nord lui seroit pernicieuse.

III. Les murs doivent être pour le moins de vingt-quatre pouces d'épais; une moindre épaisseur ne garantiroit pas des fortes gelées.

IV. Les fenêtres doivent avoir de fort bons chassis doubles, faits de papier, & bien calfeutrés: ils garantissent mieux que le verre. Il faut aussi qu'il y ait une double porte, pour l'entrée; ensorte que jamais dans les tems de gelée, l'air froid de dehors ne puisse avoir liberté d'entrer, car il détruiroit l'air tempéré qui est de longue main au dedans. On ne sçauroit avoir trop de précaution là-dessus; il ne faut qu'une petite ouverture négligée, pour faire en une nuit de gelée un désordre infini. L'on n'approuve nullement qu'on fasse du feu dans la fruiterie.

Les froids du mois de Décembre en 1670, 1675, 1676, 1678; celui de Janvier & Février 1679; & sur-tout celui de Décembre 1683 & de Janvier 1684, qui de la derniere reprise dura sans relâche un mois entier, doivent servir d'une grande instruction sur cette matiere: il a fallu être bien soigneux & bien prévoyant, pour ne s'y pas laisser surprendre. Un bon & grand thermometre, placé en dehors à l'exposition du Nord, est ici très-nécessaire : il faut juger que le péril est grand, quand deux nuits de suite ce thermometre continue d'être au cinquieme ou au sixieme degré au-dessous de zero. Une premiere nuit peut n'avoir point fait de mal; une deuxieme doit faire tout craindre : ainsi dès le lendemain d'une premiere nuit fâcheuse, servez-vous de bons matelas ou de bonnes couvertures de lit bien velues, ou de beaucoup de mousse bien séche; pour mettre vos fruits si bien à couvert, que la gelée ne puisse y atteindre. Si même vous avez une fort bonne cave, faites-les y porter, pour ne les y laisser que pendant le grand froid. En tout ces cas, prenez soin de remettre les fruits dans leur serre ordinaire, dès que le tems est radouci; & continuez d'ôter ceux qui sont mûrs, & ceux qui se gâtent. La pourriture est un des fâcheux accidens à craindre, pendant que les fruits sont hors d'état de pouvoir être souvent visités l'un après l'autre.

V. Après vous être muni contre le froid, il faut vous étudier à garantir les fruits contre le mauvais goût.

Le voisinage du foin, de la paille, du fumier, du fromage, de beaucoup de linge sale, sur-tout de linge de cuisine, sont extrêmement à craindre; ainsi il faut que votre serre en soit tout-à-fait éloignée. Attendu que certain goût de renfermé, avec une odeur de plusieurs fruits mis ensemble, font encore un grand désagrément : il y a des gens qui veulent que non seulement la serre soit bien percée, mais encore assez élevée; comme de dix à douze pieds; & que l'on doit en tenir souvent les fenêtres ouvertes, c'est-à-dire, aussi souvent que le grand froid n'est point à craindre, soit la nuit soit le jour : un air nouveau de dehors, quand il est de bonne qualité, faisant (dit-on) des merveilles pour purifier & rétablir celui qui est renfermé depuis long-tems. Des personnes fort éclairées sur l'œconomie assurent qu'il est de conséquence de ne point introduire de nouvel air dans la fruiterie, même quand la gelée n'est pas à craindre.

VI. Selon nombre d'Ecrivains, tant la cave que le grenier ne sont pas propres pour faire une fruiterie : la cave à cause d'un goût moisi, & d'une chaleur humide qui en sont inséparables, & font une grande disposition à la pourriture; & le grenier à cause du froid, qui peut aisément pénétrer au travers de la couverture. Ainsi un rez-de-chaussée convient très-bien : ou tout au moins un premier étage; accompagné de logemens habités, dessous, & aux côtés. [Cet article n'est pas absolument exact. Le fruit se conserve très-bien dans une cave séche. Au premier étage & dans les lieux plus élevés, il avance trop. On peut regarder comme certain qu'une bonne fruiterie doit être un peu enfoncée en terre; ensorte qu'elle soit fraîche & séche, qu'il n'y gele pas, & que les rats ne puissent y entrer. Les fruits y étant arrangés sur des tablettes; peu de jours après, on les voit couverts d'humidité : les Jardiniers disent que ces fruits *ressuent*. Alors il faut laisser les croisées ouvertes, pour qu'ils se desséchent. Ensuite, par un beau tems, on ferme exactement toutes les croisées, n'en laissant d'ouverte qu'une petite, afin de voir assez clair pour ôter les fruits qui se pourriront. On enveloppe les plus beaux dans du papier, & on les conserve dans des armoires.]

Ajoûtez à cette sixieme condition, que la serre doit être souvent visitée de celui qui en est chargé : ce qui n'arrive point, quand au lieu d'être commodément placée, on n'a pas la facilité d'y aller, parce qu'il y a trop à monter ou à descendre.

VII. La septieme condition est qu'il y ait beaucoup de tablettes enchâssées les unes dans les autres, afin d'y loger les fruits séparément : les principaux dans le plus beau côté; les poires à cuire dans le moins beau; les pommes encore à part. La distance raisonnable de ces tablettes doit être de neuf à dix pouces; avec une largeur convenable pour chacune, qui soit d'ordinaire de dix-sept à dix-huit pouces, pour y en loger beaucoup ensemble, & en voir beaucoup d'une seule vûe. Si les planches sont portées sur des poteaux, & isolées, on a la commodité de visiter les fruits des deux côtés des tablettes.

VIII. Il faut que les tablettes soient un peu en pente vers la partie de dehors, c'est-à-dire, d'environ trois pouces dans leur largeur; & qu'elles soient bordées d'une petite tringle d'environ deux doigts, pour empêcher les fruits de tomber. On ne voit pas si bien d'un coup d'œil tous les fruits d'une tablette, quand elle est de niveau; que quand elle est comme je la demande : & ainsi on ne s'apperçoit pas si aisément de la pourriture qui survient à quelques fruits, & qui se communique à leurs voisins quand on n'y remédie pas d'abord.

IX. Cette pourriture à craindre oblige pour neuvieme condition, que sans y manquer on visite au moins chaque tablette de deux jours l'un, pour ôter exactement tout ce qui est gâté.

X. Elle oblige pour dixieme condition, que les tablettes soient garnies de mousse bien séche, ou d'environ un pouce de sable fin; afin que chaque fruit posé sur sa base, comme il doit, se fasse une maniere de nid ou de niche particuliere, qui le maintient droit, & l'empêche de toucher à ses voisins : car il ne faut point souffrir que les fruits se touchent. Il est plus propre, & plus agréable de les voir rangés chacun sur leur base, (c'est-à-dire, sur la partie où est l'œil, à l'opposite de la queue) que de les voir pêle-mêle couchés sur le côté.

XI. L'on aura grand soin de nettoyer & balayer souvent la fruiterie, d'en ôter les toiles d'araignée; d'y tenir des piéges pour les rats & les souris; & même il n'est pas mal-à-propos d'y laisser quelque entrée secrette pour les chats : autrement on a souvent le chagrin de voir les plus beaux fruits attaqués par ces petits animaux domestiques.

FRUITIER (*Jardin*). Voyez sous le mot JARDIN.

FRUITS *naturels*. Consultez ce mot, à la fin de l'article FRUIT.

FRUITS *pendans par les racines*. Voyez l'article FRUITS *naturels*, dans l'endroit indiqué ci-dessus.

FRUSTATOIRE. *Consultez* ce mot, sous celui de REGIME *de vivre en maigre*.

FRUTEX. *Voyez* ARBRISSEAU.

FRUTEX *Lauri folio pendulo* &c. Voyez CELASTRUS, *n.* 6.

FRUTICOSUS : se dit, en Latin, d'une plante qui ressemble à un arbrisseau.

FRUTILLA. *Voyez* FRAISIER, *n.* 5.

F U C

FUCUS. *Voyez* BOURDON. VARECH.

F U G

FUGUEIRON. *Voyez* PIED-DE-VEAU, *n.* 1.

F U I

FUITE : *terme de Venerie*. La fuite se connoît à ce que les bêtes, en courant, ouvrent le pied. Consultez l'article *Moyen de connoître quel* ANIMAL *aura passé par quelque lieu*.

FUITE : *terme de Fauconnerie*. Se dit d'un oiseau de proie qui s'écarte. *Ce faucon est sujet à faire de grandes fuites*; c'est-à-dire, à s'écarter beaucoup.

FULCRUM : terme Latin de Botanique. *Voyez* SUPPORT.

FULLERS-*Wheat*. Voyez FROMENT, *n.* 8.

FULMINATION. *Voyez* DÉTONATION.

Fulmination dans un liquide : extraite de la Chymie de Lemery.

Prenez trois onces d'huile de vitriol, & douze onces d'eau commune : mettez le tout dans un matras de moyenne grandeur, & dont le cou soit médiocrement long : faites chauffer un peu ce mélange ; & jettez-y à plusieurs reprises une once, ou une once & demie de limaille de fer. L'ébullition, & la dissolution du fer, pousseront jusqu'au haut du cou du matras, des vapeurs blanches ; qui s'enflammeront à l'instant, si on en approche une bougie allumée ; & il se fera un bruit violent & éclatant : & ensuite elles s'éteindront. On peut, en continuant de mettre un peu de limaille dans le matras, renouveller la même expérience douze ou quinze fois. Le matras sera souvent rempli d'une lumiere, qui circulera, & pénétrera jusqu'au fond de la liqueur ; elle se tiendra même quelquefois au haut du col du matras comme un flambeau, pendant plus d'un quart d'heure. Mais alors il n'y aura plus de fulmination ; à moins que l'on n'ait soin d'éteindre cette flamme, en bouchant tout d'un coup le matras : & pour recommencer la fulmination, il faut y jetter de nouvelle limaille.

Cette opération peut servir pour commencer la *préparation du Vitriol de Mars*. On fait bouillir ce qui reste après la fulmination : & après l'avoir filtré ; on le fait évaporer dans une cucurbite de verre, au feu de sable, jusqu'à pellicule. Puis on met le vaisseau dans un lieu frais. Il s'y forme des crystaux verdâtres : que l'on retire, après avoir versé doucement l'humidité surnageante. On réitere les évaporations & crystallisations, jusqu'à ce qu'il ne se forme plus de crystaux. Alors on les fait sécher tous ; & on les conserve dans une bouteille de verre bien bouchée.

Ce vitriol est propre à toutes les maladies qui viennent d'obstructions. La dose en est depuis six grains jusqu'à un scrupule, dans du bouillon, ou dans quelque autre liqueur appropriée à la maladie.

Il n'excite point de nausées, comme celui qui est décrit ci-dessus dans l'article FER (p. 30) : lesquelles nausées viennent des portions de cuivre qui se trouvent toujours mélangées avec le fer dont on forme les poëles. D'ailleurs l'esprit de vin y est employé en pure perte ; puisque la plus grande partie de cette liqueur spiritueuse se dissipe entiérement. Ainsi le procédé ci-dessus lui est préférable. Il est aussi à remarquer que l'on n'attribue pas plus de vertu à l'un qu'à l'autre : & on indique ces deux vitriols en pareilles doses.

Consultez, dans la Collection des Arts publiée par l'Acad. R. des Sc. la Sect. IV de l'*Art des Forges*, p. 163. *n.* 5.

FUM

FUMAGE. C'est la même chose que AMENDEMENT.

FUMARIA & FUMATORY. *Voyez* FUMETERRE.

FUMÉE. Vapeur qui s'éleve de différens corps exposés à l'action du feu.

Maniere de l'empêcher de se répandre dans une chambre. Consultez l'article CHEMINÉE.

Nous avons observé (T. I. pag. 429) que, lorsqu'en retirant le CAFFÉ du feu l'on enveloppe la caffetiere avec un linge mouillé, le caffé fume beaucoup plus quand on le verse ensuite dans la tasse. La crême qui s'y forme, & les vapeurs grasses qui s'élevent sur cette liqueur, sont des circonstances propres à expliquer la cause de cette abondance de fumée.

Noir de FUMÉE. Voyez sous le mot NOIR.

FUMÉES *odorantes*. Ce sont les parfums, qu'on nomme ainsi.

On dit en terme de chasse, Prendre des lapins *à la* FUMÉE : ce qui se fait avec du soufre. *Voyez* FUMER : terme de Chasse. ANIMAL.

FUMÉES : *terme de Venerie*. Ce sont les fientes des bêtes fauves qui vivent de brout, telles que le cerf, le daim, le chevreuil.

Voyez FORMÉES. AIGUILLONS. BOUZARDS. DÉLIÉES. VENEUR.

FUMER : *terme de Médecine*. C'est aspirer par la bouche les fumées d'une substance séche, mise dans une pipe avec du feu.

Il est utile aux asthmatiques, de fumer de la sauge ou du tabac.

FUMER : *terme de Chasse*. Fumer le lapin, c'est le prendre à la fumée. Voyez l'article *Faire sortir les* LAPINS *du terrier sans furet*.

FUMER : *terme d'Agriculture*. C'est la même chose qu'Amender. *Consultez* l'article AMENDER. ARBRE, *n.* VI. FUMIER.

FUMETERRE : en Latin *Fumaria* : & en Anglois *Fumatory*, *Fumitory*, & *Fumiter*. Dans les plantes de ce genre le calice, ordinairement peu sensible, est formé de deux pieces égales & opposées. D'autres fois même il n'y a point du tout de calice. La fleur semble être un tuyau fort court, terminé par deux especes de levres allongées : chacune desquelles embrasse une étamine, surmontée de trois sommets : & cette disposition des étamines est presque la seule partie qui ne varie point dans ces plantes. L'embryon est aplati, oblong, terminé en pointe ; avec un style court. Le fruit est une capsule ; qui contient une ou plusieurs semences à-peu-près rondes.

Especes.

1. *Fumaria officinarum & Dioscoridis* C B. Cette plante, commune dans les champs, est annuelle, fort amere, d'un goût désagréable, & d'une couleur très-cendrée. Elle s'éleve & s'étale plus ou moins, selon la bonté du sol. Les tiges sortent immédiatement de la racine ; & sont herbacées, menues, tendres, succulentes, rougeâtres & velues par le bas. Sur ces tiges naissent sans ordre des feuilles surcomposées & assez amples ; dont les folioles sont courtes, étroites, aigues, quelquefois branchues, & toujours de peu de consistance. Au sommet des tiges, depuis le mois d'Avril jusqu'à la fin de Juin, naissent des épis peu considérables, de petites fleurs purpurines : auxquelles succedent de petites capsules arrondies, où il y a rarement plus d'une semence dans chaque. Quand les plantes ont fleuri de bonne heure, il en leve d'autres à la fin de l'été, qui fleurissent en automne.

2. *Fumaria minor tenuifolia* C. B. Celle-ci est la plus commune dans nos Provinces Méridionales, en Espagne, & en Portugal. Elle se tient plus droite que la précédente. Ses feuilles sont plus laciniées. Sa fleur est très-petite, en épi plus serré, & tantôt d'un rouge foncé, tantôt d'autres couleurs. Cette plante est annuelle ; & fleurit dans les mêmes tems que le *n.* 1. Elle vient mieux quand elle se seme d'elle-même, que lorsqu'on la seme.

3. *Fumaria semper virens & florens, flore albo.* Boerh. Elle est vivace ; & s'éleve peu. On la trouve sur les Côtes de la Méditerranée. Ses tiges sont anguleuses ; ses fleurs, d'un jaune pâle. Outre que cette plante est toujours verte, ses fleurs se succe-

dent sans interruption pendant presque toute l'année. Chaque levre de la fleur est ordinairement fendue en deux.

4. *Fumaria lutea* C. B. Elle ressemble beaucoup à la précédente : ce qui a fait croire que ce n'en étoit qu'une variété. M. Miller, qui les a cultivées avec soin, les reconnoît pour deux especes distinctes. Dans celle-ci, les angles de la tige sont obtus; & aigus dans le *n.* 3. La tige de la fumeterre *jaune* est outre cela purpurine. Les fleurs sont d'un beau jaune. D'ailleurs la plante est vivace comme l'autre, & fleurit de même toute l'année : peut être est-elle plus fournie.

5. *Fumaria claviculis donata* C. B. Cette espece, commune dans nos Provinces Méridionales, a ses branches garnies de vrilles; au moyen desquelles elle s'entortille autour des plantes voisines. Elle vient dans le sable & le gravier. Ses fleurs paroissent en Mai & Juin. C'est une plante annuelle.

6. *Fumaria bulbosa, radice cavâ* C. B. Quelques-uns lui donnent le nom de *Pied de Poule*, qui est commun à beaucoup de plantes fort différentes. Ainsi que les autres especes de fumeterre, celle-ci a les folioles très-découpées, mates, & d'un verd tirant sur le bleu, moins cependant que celles de la fumeterre commune. Chacune est divisée en plusieurs lobes, & représente assez bien en petit la feuille de pivoine. Elles sont pour l'ordinaire deux & une sur un nerf pourpre. Les nerfs sont aussi par deux & un sur une queue pourpre, un peu creusée en gouttiere, & arrondie en dessous. Il n'y a ordinairement sur chaque tige que deux de ces queues, disposées alternativement, quelquefois presque conjuguées & sortant d'une espece de nœud. La tige est haute de quatre à six pouces, ferme quoique tendre, creuse, mate, de couleur de pourpre mêlée de verd sombre : son diametre est d'environ deux lignes. Au sommet de la tige est une espece d'épi, composé de feuilles moins divisées que les autres, beaucoup moins étendues, mais plus nombreuses, sans pédicules, disposées alternativement très-près les unes des autres. Dans l'aisselle de chacune est une fleur tirant sur le jaune, (quelquefois rouge) longue d'environ un pouce, composée d'un long talon recourbé, qui fait la base d'un tuyau assez court, marqué de carmin, & dont la partie supérieure est divisée en deux especes de levres; dont celle d'en haut est fendue en deux; l'inférieure forme un canal, sous lequel sont deux rebords très-serrés l'un contre l'autre. La racine de cette plante est une bulbe ronde, inégale, grosse comme une noix; applatie en dessous, un peu brune à l'extérieur, garnie de quelques courts filamens à sa superficie, blanche & creuse en dedans, fort amere; & dont les parties en s'écrasant sous la dent font le même bruit que du verre qu'on briseroit ainsi, mais ne se désunissent pas de même. Les semences sont luisantes; & enfermées dans de petites gousses en forme de cornes.

Cette plante vient à l'ombre dans les bois & sur des collines. Elle est printaniere; & fleurit dès le commencement de Mars : on en trouve encore en fleur, au mois d'Avril. La terre où elle croît ordinairement, est légere. Il ne lui faut pas un climat chaut.

Usages.

Le suc que l'on tire de la fumeterre *n.* 1 lorsqu'elle est verte, est propre à résoudre la pituite qui trouble la vûe; aussi s'en sert-on dans les médicamens ophthalmiques. La décoction, bûe, chasse par les urines toutes les humeurs chaudes, bilieuses, & adustes, telles que celles qui produisent les coliques bilieuses : elle est aussi bonne contre la gravelle, & contre les ulceres malins, & les maladies vénériennes. Sa grande amertume lui a fait donner le nom Latin de *Fel terræ*. Infusée à froid, elle répand dans l'eau un goût de fumée, qu'on ne trouve point quand la liqueur est chaude.

Elle guérit la gale, les démangeaisons, & les dartres; désopile la rate & le foie; & purge parfaitement la bile. Il faut toutefois aider sa vertu avec un peu de senné, ou de casse, ou du petit lait. On peut prendre deux onces de son suc avec un verre de petit lait, ou avec une once de bonne manne pour purger les hydropiques; ou huit onces de sa décoction; ou trois à quatre dragmes de ses feuilles en poudre.

On en fait du sirop simple, ou composé : on la fait aussi sécher, pour la donner en poudre. Toutes ces préparations sont excellentes pour déboucher les visceres, ouvrir le ventre, & calmer & adoucir les vapeurs mélancoliques & hypocondriaques. Elles sont utiles aussi dans la cachexie, la jaunisse, & les maladies chroniques. On peut donner son suc depuis deux onces jusqu'à six. On la fait un peu bouillir dans l'eau commune : on y peut ajoûter un petit morceau de veau; mais la préparation la plus ordinaire se fait avec le petit lait, en mettant une poignée de fumeterre bouillir dans une chopine de cette liqueur.

On fait une *Conserve* de fumeterre, pour les maladies de la peau. On en fait aussi un *Onguent*, pour les mêmes maladies : en voici la composition. Prenez parties égales des sucs de fumeterre, d'aunée & de patience sauvage; faites-les épaissir, & les incorporez avec du sain-doux.

On emploie la racine du *n.* 6 contre les vers, & pour la guérison des ulceres malins. D'ailleurs la plante peut servir dans les mêmes maladies que le *n.* 1.

De Lobel rapporte qu'il y a bien des gens qui l'ont employée au lieu de l'aristoloche ronde, pour qui ils la prenoient. Il avertit aussi que plusieurs Botanistes l'appellent *Cava Radix*, vraisemblablement à cause de la singularité de sa bulbe : il ajoute qu'il ne faut pas la confondre avec la *Friplya* des Magiciens.

On se sert de la substance même du *n.* 4; & de son suc, au commencement du printems : mais de sa graine sur la fin.

Toute la plante, ou mangée fraîche, ou séche réduite en poudre, & prise avec du vin pendant plusieurs jours, est très-bonne dans la colique, pour attenuer & incifer les humeurs grossieres & les évacuer par l'urine : c'est encore ce qui la rend utile dans l'hydropisie, & dans les maladies de la peau. Elle fortifie, & en général produit les mêmes effets que la fumeterre commune.

FUMIER. Ce nom désigne communément la paille qui ayant servi de litiere aux animaux domestiques, & étant imbibée de leurs excrémens & urine, se trouve brisée, & plus ou moins putréfiée. On peut étendre cette dénomination aux bruyeres & autres végétaux, qu'un semblable usage conduit à l'état putride.

Nous avons examiné succinctement, dans l'article AMENDER, l'avantage des fumiers; les qualités propres à chaque espece; la maniere de les perfectionner; & les circonstances dans lesquelles on doit en faire usage pour en éprouver une utilité sensible. Car un fumier bien pourri, employé à propos, est un excellent engrais.

Non-seulement les fumiers contribuent à procurer de bonnes récoltes de grains; ils servent encore beaucoup dans le jardinage; surtout pour les couches. *Voyez* COUCHE.

On appelle FUMIER *neuf* celui qui est récemment tiré de l'écurie, & encore plein de chaleur.

Moins il a séjourné dans l'écurie ou l'étable, plus il est chaud.

Quand le fumier est bien pourri, ensorte qu'on n'y apperçoive plus qu'avec peine des vestiges de paille; on dit qu'il est *consommé.* C'est l'état où il se réduit, en servant longtems de litiere ou aux couches, soit en demeurant exposé à la pluie en tas ou épars. Il se perfectionne en tas; & s'affoiblit ordinairement quand il reste épars dans une cour ou sur un champ.

Le fumier des couches où l'on a élevé des laitues, des premieres raves, ou des asperges de primeur; est bon à mêler avec du fumier neuf, en plus ou moins grande quantité, pour former de nouvelles couches dans le mois de Janvier.

On a inséré dans le *Journal Œconom.* en Décembre 1762, un Mémoire où M. Delafaille propose de composer un fumier avec de la paille humectée par lits dans des fosses où s'écouleroient les eaux chaudes qui ont servi à la distillation de l'eau-de-vie; & quand ces pailles en seroient imbibées, on les nourriroit du marc même du vin distillé. *Consultez* les *pp.* 538-9. L'Auteur parle ensuite, de quelques autres engrais; dont nous avons fait mention dans l'article AMENDER.

Le fumier neuf de cheval est susceptible d'une chaleur très-considérable; c'est pourquoi lorsqu'on en fait des couches, on y plonge un thermometre, pour n'y mettre des plantes que quand le feu est assez diminué, pour que les plantes ne soient pas endommagées. Du reste, la chaleur de ce fumier est une des plus réglées & plus égales: on la regarde même comme approchant beaucoup du degré de chaleur qui nous est naturel. Aussi s'en sert-on pour mettre en digestion des liqueurs, & augmenter la fermentation de matieres déja disposées à fermenter. On peut y faire cuire diverses substances; y extraire des teintures, y faire quelques distillations. *Voyez* FEU, p. 35, col. 1. Les œufs de la plupart des oiseaux y éclosent très-bien.

Quand on fait des couches avec le tan, au lieu de fumier, la chaleur en est plus durable.

Consultez les articles BAUME *excellent.* BAUME *du Commandeur de Perne.* BAUME *qui guérit les plaies en vingt-quatre heures.* TEINDRE LE BOIS.

On dit que le fumier & l'urine de cheval font fuir les puces: assertion un peu trop vague ou mal circonstanciée; car j'ai vû deux fois, soit le fumier, soit le crottin seul, mis dans un mannequin sous un lit, contribuer à rendre les puces plus incommodes, peut-être aussi plus nombreuses. D'ailleurs je sçai une maison où les chiens de chasse, attachés dans une écurie où il y a toujours au moins six chevaux, étoient tout couverts de puces en 1763; année où ces insectes furent effectivement très-nombreux à Paris ainsi que dans plusieurs provinces.

LORSQU'ON charrie le fumier sur les terres, il faut le décharger en petits monceaux plus ou moins éloignés les uns des autres, selon la quantité qu'on en a: & quand on voudra l'étendre, il ne faudra point tarder de l'enterrer au plus tôt. C'est une bonne pratique que celle d'attendre qu'on soit prêt à semer; de crainte que demeurant trop longtems, il ne vînt à se dessécher par le hale, ou à être lavé par les pluyes. Il faut, avant de le couvrir de terre, le bien disperser çà & là, le plus également qu'il sera possible; & ne pas se contenter pour cette opération de jetter cet engrais avec la fourche ou le crochet: il est à propos de ne point dédaigner de le prendre quelquefois avec les doigts, pour le diviser, & le répandre bien menu sur le champ.

FUMIGATION: & FUMIGER. *Termes de Chymie.* C'est faire recevoir à un corps la fumée d'un autre exposé à l'action du feu. *Voyez* FUMER, *terme de Médecine. Remedes préservatifs* pour le BETAIL. *Remede pour la fonte*, maladie du BETAIL. BLED, p. 316. BAIN, p. 249, *col.* 1.

FUMITER. & FUMITORY. } *Voyez* FUMETERRE.

FUN

FUNDULA. *Voyez* CU *de lampe par encorbellement.*

FUNGUS. *Voyez* CHAMPIGNON. AGARIC.

FUR

FURET. Petit animal, assez ressemblant à la belette, mais plus grand qu'elle. Il a les yeux rouges; les ongles blancs; les oreilles courtes, larges, & arrondies.

Le mâle a le bout du museau blanc, la tête jaunâtre, & tout le reste du corps garni de poils jaunâtres; dont les plus longs sont terminés de marron.

La femelle, un peu plus petite que le mâle, a la partie antérieure de la tête blanche; & tout le reste du corps, d'un blanc jaunâtre.

Le furet est naturellement hardi: & fait la guerre à la plupart des animaux; particuliérement au lapin. On l'apprivoise facilement: & on le tient dans une boîte; où il passe presque tout le tems à dormir.

La femelle donne sept à huit petits d'une ventrée. On croit qu'elle porte pendant quarante jours. Ses petits ne commençent à voir, qu'au bout de trente jours. Ils vont à la chasse, quarante jours après.

Le furet est assez commun en plusieurs endroits.

Maniere de l'élever pour la Chasse.

Il doit être logé dans un tonneau ou dans un coffre de bois, sur de la paille fraîche; qu'on lui change tous les trois ou quatre jours. Son vivre est pour l'ordinaire du lait de vache tout frais tiré: qu'on lui donne deux fois le jour; sçavoir une verrée au matin, & une autre le soir.

Quand on ne peut pas avoir de lait, il faut lui donner le matin un œuf crud, & le soir autant: mais il faut qu'il soit battu; c'est-à-dire, que le blanc & le jaune soient mêlés ensemble.

Toutes les fois que le furet aura chassé, vous pourez mettre un lapin devant lui, & en arracher un œil; qu'il mangera: afin de l'encourager, & lui faire mieux connoître son gibier.

Lorsque vous le voudrez transporter, il faut avoir un sac de toile assez grand pour le tenir dans sa longueur; & mettre dans le fond une poignée de paille en long, pour le coucher.

Quand vous voudrez mettre le furet dans quelque terrier, il faut prendre garde avant qu'il entre, si ces terriers sont fréquentés des blereaux & renards; de crainte qu'ils ne blessent ou tuent votre furet. On observera pareillement de ne le mettre pas dans des rochers; à cause des trous & cavernes qui s'y rencontrent: car le furet n'en peut sortir, parce qu'il ne saute point.

Pour le surplus, *Consultez* l'article LAPIN.

FUREUR. *Voyez* MANIE. VAPEUR, *n.* 30.

FURONCLES. *Voyez* FRONCLES.

FUS

FUSAIN; ou *Bonnet de Prêtre:* en Latin *Evonymus:* & en Anglois *Spindle Tree;* ou *Prick-Wood.*

Les plantes de ce genre ont leurs fleurs formées 1°. d'un calice applati, court, qui est d'une seule piece divisée en quatre ou cinq parties. 2°. Dans l'intérieur de ce calice on apperçoit une espece de rosette, qui est un embryon oval & considérable.

C'est

C'est de cette rosette que partent quatre ou cinq pétales, de même forme ; & autant d'étamines opposées aux divisions du calice, & surmontées de sommets doubles. L'embryon, ou base du pistil, devient un fruit quarré, ou pentagone, ou arrondi ; divisé en plusieurs loges ; dans chacune desquelles est pour l'ordinaire une seule semence à-peu-près ovale, enveloppée dans un peu de pulpe colorée.

Especes.

1. *Evonymus vulgaris, granis rubentibus* C. B. Le fusain ordinaire de nos haies & bois. Il y a des endroits où on le nomme *Garas*, ou *Garais*. Ailleurs on l'appelle *Arbre aux Poux*. Quelques Anglois lui donnent le nom de *Dog-Wood*. Il forme un assez grand arbrisseau, quand il est isolé ; mais ne fait qu'un buisson, dans des haies. Ses feuilles sont entieres, presque ovales, assez allongées, très-finement dentelées par les bords, d'un verd foncé, & posées deux à deux sur les branches. Les fleurs sont d'un blanc verdâtre, & d'une odeur peu agréable : elles naissent par petits bouquets, sur de longs pédunculés, dans les aisselles des feuilles, depuis la fin d'Avril jusqu'en Juin. Son fruit est mûr en automne : & s'ouvrant alors, il laisse voir les semences qui sont d'un beau rouge, ainsi que lui.

2. *Evonymus granis nigris* C. B. Les graines de celui-ci sont noires.

3. *Evonymus latifolius* C. B. Il devient plus considérable dans toutes ses parties, que le *n.* 1. Ses feuilles sont d'un verd gai. Les fleurs sont en épi lâche ; d'abord blanches, puis purpurines. Le fruit est gros, de couleur pourpre ; & toujours pendant, à cause de la foiblesse du péduncule. M. Miller dit avoir constamment observé que la graine du *n.* 1 fournit des plantes dont le fruit a quatre angles ; ainsi qu'il n'y a que quatre pétales & étamines à la fleur : mais que dans cette espece-ci toutes ces parties sont toujours au nombre de cinq. C'est le fusain des pays chauds. Il vient aussi sans culture dans l'Autriche & la Boheme.

4. *Evonymus Virginianus, Pyracanthæ foliis, semper virens, capsulâ verrucarum instar asperatâ rubente* Pluk. Cet arbrisseau, originaire de l'Amérique Septentrionale, a des feuilles étroites, aiguës, & opposées. Ses branches forment des verges, comme celles du Jasmin. Les fleurs naissent dans le mois de Juillet, au sommet des branches, & en même tems dans les aisselles des feuilles. Il leur succede des capsules rouges à-peu-près rondes, toutes garnies de petites éminences rudes au toucher.

Il y en a une variété, dont les feuilles sont panachées.

5. *Evonymus caudice non ramoso, folio alato, fructu rotundo tripyreno* Sloan. Cat. Jam. On le trouve à la Jamaïque & dans quelques Isles voisines. Sa tige est droite, ligneuse, haute de dix à douze pieds : garnie à son sommet de deux ou trois branches courtes ; sur lesquelles sont des feuilles empennées. Chaque feuille a six ou sept paires de folioles longues d'environ deux pouces sur un pouce de largeur. Les feuilles naissent confusément, & ont de longues queues. C'est dans l'aisselle des plus hautes que naissent les fleurs : auxquelles succedent des capsules arrondies, couvertes d'une membrane épaisse & brune. Chaque capsule s'ouvre en trois loges ; dans chacune desquelles est une graine dure.

6. *Evonymus Æthyopicus, Pyracanthæ folio, fructu majore* D. De Jussieu. Cette espece, originaire des Indes, a les feuilles à-peu-près faites comme celles du buis. Elle fournit, pendant presque toute l'année, beaucoup de petites fleurs, ordinairement sans calice : auxquelles succedent des fruits arrondis & un peu applatis.

7. On voit à Trianon un fusain dont le bois est entierement couvert d'éminences semblables à des verrues.

Culture.

Toutes les especes peuvent s'élever de semences, & de marcottes. Elles tracent même quelquefois & fournissent des drageons enracinés.

Elles ne sont point délicates dans notre climat. Mais M. Miller observe que les fleurs du *n.* 4 avortent presque toujours en Angleterre.

Ces plantes réussissent mieux à l'ombre, qu'au soleil.

Il faut semer la graine en Automne, dès qu'elle est mûre. Si on differe jusqu'au printems, elle est une année entiere sans lever.

Il y a une chenille rase, particuliere aux fusains ; dont elle dévore les feuilles, presque tous les ans. Comme ces insectes se rassemblent durant la nuit, par paquets, dans des especes de bourses qu'ils se filent, on les détruit en cherchant ces bourses le matin à la fraîcheur.

Usages.

Les fruits du fusain conservant leur belle couleur jusqu'aux gelées, c'est une décoration pour les bosquets d'automne ; & d'ailleurs un bon arbrisseau pour les remises.

Le bois du *n.* 1 est pâle, léger, & assez dur. On s'en sert pour faire de grosses lardoires, des brochettes, des touches de clavecin, *&c.* Son usage pour les fuseaux est ce qui lui a donné le nom Anglois de *Spindle Tree*.

On en fait du charbon qui sert aux Dessinateurs. Pour cela, on fend une tige de fusain par morceaux gros comme le doigt ; on en emplit un canon de fer, que l'on bouche exactement par les deux bouts ; & on le fait rougir au feu : quand il est refroidi, on y trouve un charbon fort tendre ; commode pour faire des esquisses, & profiler en grand sur le carton ou le papier, attendu qu'il s'efface avec un linge ou avec la barbe d'une plume. Mais comme la circonférence de ces morceaux de bois se retire plus que le centre, on trouve ordinairement les charbons rompus ou très-courbés. C'est pourquoi, au lieu de morceaux refendus, il vaut mieux prendre des baguettes de brin : les crayons sont alors bien droits : mais il faut faire leur pointe sur un des côtés, pour éviter la moëlle. * *Tr. des Arb. & Arb.* T. I. p. 227.

On dit que le fruit & la feuille du fusain font mourir le bétail qui en mange ; sur-tout les chevres, s'il ne leur vient promptement un flux de ventre. On dit aussi qu'une personne qui prend deux ou trois grains du fruit, est purgée violemment : par le haut & par bas, à cause de leur âcreté. La décoction des mêmes grains, si on en lave la tête, rend les cheveux blonds ; ôte la crasse & fait mourir les poux.

Le fruit & les feuilles séchés au four, & réduits en poudre grossiere, tuent aussi les poux.

Comme l'espece *n.* 4 ne quitte point ses feuilles, on peut la mettre dans des bosquets, où elle soit à l'abri des grandes gelées : car elle y est sensible.

Le *n.* 6 est encore propre à décorer les jardins.

FUSEAU : *Plante.* Voyez PIED-DE-VEAU.

FUSEAU *de la Campagne.* Voyez CHARDON *Benit*, n. 2.

FUSEAU *à Filer.* Morceau de bois cylindrique, dont les deux bouts se terminent en longue pointe.

FUSEAU : *terme d'Architecture.* Il se dit des colonnes dont la grosseur n'est pas proportionnée à la longueur ; & qui paroiſſent trop menues dans les lieux où elles ſont poſées. *Voyez* FUSELÉE.

FUSEAUX. Morceaux de bois, aſſez menus & longs ; dont on garnit les lanternes des moulins & des autres machines. On les fait de bois dur, tel que le Cormier.

FUSÉE. *Conſultez* ce mot, dans l'article ARTIFICE : où eſt décrite la maniere de faire des fuſées volantes & autres.

Voyez auſſi BOUDIN, *terme d'Artillerie*. BAGUETTE *de fuſée*.

FUSELÉE (*Colonne*). C'eſt celle dont le renflement eſt trop ſenſible & hors de la belle proportion, & reſſemble au ventre d'un fuſeau ; qui eſt renflé, les extrêmités étant fort maigres & minces.

FUSELÉE : *terme de Botanique*. Voyez ce mot ſous celui d'HERBE *de l'Epervier*.

FUSIBLE. Les *Colonnes fuſibles*, ſont non ſeulement celles qui ſont de divers métaux & autres matieres fuſibles ; mais encore les colonnes de *pierre* que l'on appelle *fondue*, dont quelques-uns croient que les Anciens avoient le ſecret : à cauſe de la grandeur des obeliſques qu'on voit à Rome. Mais on s'eſt trompé ; puiſqu'il y a encore de ſemblables pierres toutes taillées dans les carrieres d'Egypte, dont il n'y a que l'élévation & le tranſport difficiles.

Tous les métaux ſont fuſibles, ſelon qu'on y applique plus ou moins de feu & quelques drogues, comme le borax & l'antimoine.

FUSIL. Longue arme à feu ; qui avoit autrefois pour platine un fuſil vers la culaſſe. C'eſt de cette piece que cette arme a pris ſon nom.

Voyez ARME. ARMÉ. BAGUETTE. BALLE *de calibre*. BOURRER. *Etoile* à tirer avec un fuſil, dans l'article ARTIFICE.

Pour empêcher (à ce que l'on prétend) *qu'un canon de fuſil ne creve ; quand même il ſeroit chargé juſqu'à la bouche.*

Démontez votre canon : lavez-le bien avec de l'eau : & quand il ſera ſec, rempliſſez-le de ſuif juſqu'à la bouche. Puis ayant bien bouché le petit trou du baſſinet avec un clou, mettez le canon en cet état dans un four après en avoir tiré le pain ; hauſſez un peu le canon avec une pierre, afin que le ſuif ne ſorte point par la bouche. Lorſque vous retirerez votre canon, le ſuif ſera tout conſumé, vous n'y en trouverez rien : & le fuſil ſera à l'épreuve.

FUSION (*Feu de*). Conſultez ce mot ſous celui de FEU, pag. 34.

FUST ; ou *Fût : terme d'Architecture*. C'eſt cette partie ronde & unie qui eſt depuis la baſe d'une colonne juſqu'au chapiteau ; & qu'on appelle auſſi la *tige*, le *vif*, & le *tronc*.

FUST ſignifie auſſi un vaiſſeau fait de douves ou de mairain ; où on met le vin & autres liqueurs. On ſtipule ſouvent, quand on vend du vin à conſommer ſur les lieux, qu'on rendra les vieux fûts. *Voyez* FUTAILLE.

FUST, ſignifie encore le bois ſur lequel on monte un fuſil, un mouſquet, un piſtolet, & autres armes. La hampe d'une halebarde eſt ſon fût.

On le dit *auſſi* du bois ſur lequel on monte les rabots, varlopes, guillaumes, & autres outils de Menuiſiers, *&c* ; qui font une diſtinction d'outils à manche, & outils à fût.

FUSTÉ. *Voyez* FUTÉ.

FUSTET. M. Linnæus a d'abord ſuivi (*Gen. Plant.*) l'ancienne diſtinction du Fuſtet d'avec le *Sumac* : & enſuite il n'en a fait qu'un ſeul genre, dans ſes *Species Plantarum*. Nous croyons qu'on peut aiſément ne pas les confondre ; & qu'il n'y a pas d'inconvénient à laiſſer ſubſtituer la diſtinction que cet Auteur avoit admiſe en premier lieu.

Nous conſervons donc le nom Latin de *Cotinus*, comme celui du genre propre au Fuſtet.

Les parties de la fleur ſont 1°. un Calice d'une ſeule piece, qui eſt diviſée en cinq lanieres obtuſes : 2°. cinq pétales peu apparens, de forme ovale, diſpoſés en roſe : 3°. autant de petites étamines ſurmontées de fort petits ſommets. Le piſtil eſt compoſé d'un embryon triangulaire ; d'où partent trois ſtyls ou filets, dont l'extrêmité eſt obtuſe : il eſt reçu dans une ſubſtance grenue, qui eſt un Nectarium. Cet embryon devient une baie ovale, dans laquelle on trouve une ſemence triangulaire. Les fleurs viennent au bout des branches, en forme de grappes. Lorſque le fuſtet commence à fleurir, on apperçoit ſur les queues, au-deſſous des fleurs, beaucoup de petits corps longuets qui ſe préſentent en petites cornes : & en s'allongeant ils forment, avec le tems, des filets hériſſés dans toute leur longueur de poils très-fins : enſorte que, après la chûte des baies, les grappes reſſemblent à une touffe de bourre. Mais les queues qui ont porté les baies, n'ont pas de poils.

Nous ne connoiſſons encore que l'eſpece nommée par Dodonée *Cotinus Coriaria* : arbriſſeau dont les tiges ſont menues & rougeâtres. Ses feuilles ſont d'un beau verd, entieres, point dentelées, preſque réguliérement ovales, un peu échancrées à leur ſommet, minces, mais fermes, portées par des queues aſſez longues & menues, attachées alternativement ſur les branches. Au milieu de chaque feuille, eſt une nervure jaunâtre, qui s'étend dans toute ſa longueur, & dont il en part de latérales ; qui tendant vers les bords de la feuille, font preſque un angle droit avec la nervure du milieu. Le calice de la fleur eſt coloré de jaune en dedans. Les pétales ſont d'un jaune plus clair, que le calice. Le Nectarium eſt fort jaune. Cette fleur paroît vers les mois de Juin & Juillet.

On donne encore à cette plante les noms de *Coccygria* & *Sumac de Veniſe*.

Elle vient d'elle-même dans nos Provinces méridionales, & dans d'autres pays chauds.

Culture.

L'arbriſſeau dont nous parlons ſupporte bien nos hivers, & ceux du climat de Londres. Cependant il eſt à propos de mettre un peu de litiere au-deſſus des racines ; afin que la ſouche produiſe de nouveaux jets, ſi des gelées extraordinaires viennent à faire périr les branches.

Il vient aſſez bien dans des terreins fort médiocres.

On peut l'élever de ſemences, tirées des pays chauds : car les nôtres ne mûriſſent point. C'eſt pourquoi on le multiplie encore de marcottes. Mais elles ne pouſſent que difficilement des racines dans de mauvais terreins ; enſorte qu'alors on eſt obligé de ne les lever qu'au bout de trois ans. Mais quand on a couché les branches, en automne, dans une terre légere & un peu ſubſtantieuſe, elles ſe trouvent ſuffiſamment enracinées l'automne ſuivante : après quoi on les tient un ou deux ans en pépiniere, pour les planter à demeure quand elles y ont acquis aſſez de vigueur.

Uſages.

La fleur du fuſtet n'a aucun mérite pour orner les jardins. Mais les feuilles conſervant leur verdeur jusqu'aux gelées, cet arbrisseau convient bien dans les bosquets d'été & d'automne.

Ses feuilles sont regardées comme aussi bonnes que celles du Chêne vert, pour tanner les cuirs. On se sert du bois des tiges, pour teindre les draps en jaune, ou feuille morte. Consultez *l'Art de la Teinture*, de M. Hellot, p. 606, &c. 472.

On attribue au fustet une vertu astringente. La décoction de ses feuilles est indiquée pour les fluxions de la gorge; pour rétablir la luette; & pour déterger les ulceres tant de la bouche que des parties de la génération: il faut en faire un usage fréquent.

FUSTOK, ou *Bois Jaune*. C'est un bois qui vient des Antilles, & principalement de Tabago, où il croît fort haut. Il sert aux ouvrages de tour & de marqueterie. Il est jaune. Les Teinturiers se servent de la couleur qu'il donne, qui est d'un beau jaune doré: mais elle n'est pas bien assurée. *Voyez* M. Hellot, *Art de la Teinture*, p. 404, 470-1-2.

FUT

FUT. *Voyez* FUST.

FUTAIE. *Voyez* FUTAYE.

FUTAILLE. Tonneau ou barril de merrain, qui a servi à mettre du vin ou autres liqueurs.

On marque les futailles avec une coutille, quand on veut les reconnoître.

Il y a nombre d'endroits où l'on nomme indistinctement futaille tout barril, qui est neuf, ou qui a servi.

Suivant leur grandeur & jauge, on appelle les futailles *Tonneaux*, *Barriques*, *Pipes*, *Busses*, *Tonnes*, *Feuillettes*, *Queues*, *Demi-queues*, *Muids*, *Demi-muids*, *Quartaux*, *Tierçons*, &c.

Voyez FUST. BUSSE. CHANTEAU.

FUTAYE; *Futaie*; ou *Futée*. Arbres de tige, tels que Chênes, Hêtres, Charmes, Tilleuls, &c; qu'on a laissés parvenir à toute leur hauteur sans les abattre.

Une *Jeune Futaye* est un bois qu'on laisse s'élever en futaie.

Quand ce bois est parvenu à la moitié de sa hauteur, on le nomme *Demi-futaye*: & *Haute-futaye*, lorsqu'il est à toute sa grandeur.

Voyez BOIS DE HAUT REVENU, p. 355.

On dit communément *Jeune Haute Futaye*; pour une futaye qui est entre soixante & cent vingt ans: puis jusqu'à deux cent ans, *Vieille Haute Futaye*. Après quoi on l'appelle *Vieille Haute Futaye sur le retour*. Voyez BOIS D'ENTRÉE, p. 355.

La plupart de ceux qui se mêlent de l'exploitation & du commerce des arbres, disent que l'âge du bois se connoît aux cercles que présente sa coupe transversale. On suppose qu'il se forme réellement chaque année un nouveau cercle; quoique tous ne soient pas également épais & nourris, & que dans une année favorable à la végétation, le cercle acquiere plus de volume. On ajoûte qu'il ne se forme plus de cercle, depuis que l'arbre n'est plus en âge de croître: & on veut que, dans le chêne, ce terme n'excede pas cent ans.

Il faut convenir que ces faits sont encore bien peu constatés. M. Duhamel rapporte dans sa *Physique des Arbres*, diverses expériences qu'il a faites pour parvenir à s'assurer de ce qui en est; & il conclud pour l'incertitude. *Voyez* son premier Vol. p. 21-2-3, 31, & suivantes, 37-8, 44-6, &c.

Un semis qui n'a jamais été coupé, forme une *Futaye de Brin*. Des brins reproduits d'anciennes souches, & qu'on laisse croître sans les abattre, deviennent une *Futaye sur Taillis*. Mais communément il seroit désavantageux de l'abattre avant que le bois eût quarante ans.

On appelle *Futaye Basse* ou *Rabougrie*, celle dont les arbres sont tortus & de mauvaise venue.

La *Pleine Futaye* a ses arbres fort près les uns des autres: & tous sont d'une belle venue.

On nomme *Quart de Futaye*, ou *Hauts Taillis*, le bois qui revient dans les hautes futaies coupées en âge, depuis vingt jusqu'à trente ans. * *Memor. Alph. des Eaux & Forêts*, p. 237.

C'est particuliérement des hautes futaies que l'on tire le principal bois pour bâtir. Elles font l'ornement des avenues, des parcs, des grands bois. *Voyez* BECCASSE, p. 276. ARBRE, p. 154, col. 2, & pag. suivantes. Tout l'article *Culture des* BOIS.

Chasse dans les Hautes Futayes.

Consultez l'article VENEUR.

FUTÉ, ou *Fusté*: terme de Chasse. Se dit d'un oiseau ou autre animal; qui, ayant découvert le piege, ou y ayant été déja pris, ne veut plus donner dedans.

FUTÉE. Quelques-uns écrivent ainsi le mot *Futaye*.

FUTÉE: *terme de Mécanique*. Voyez sous le mot VINDAS.

G

GABELLAGE. C'est le tems que le sel demeure dans un grenier. Les Ordonnances défendent d'entamer les masses des greniers, qu'elles n'aient tout leur gabellage ; c'est-à-dire, que le sel n'y ait été apporté depuis deux ou trois ans au moins.

GABELLAGE signifie *aussi* certaines marques que les Commis des greniers mettent parmi le sel; pour découvrir dans leurs visites, si le sel qu'ils trouvent chez les Particuliers, est du sel de gabelle, ou du sel de faux-saunage. Ils se servent ordinairement pour cela de paille ou autres herbes, hachées; qu'ils ont coutume de changer très-souvent.

GABELLE. Ce mot a autrefois signifié toutes sortes d'impositions, qui se mettoient sur diverses especes de marchandises & denrées. La gabelle alors n'étoit pas seulement un droit Royal; des Seigneurs particuliers se l'étoient en quelque sorte approprié : & l'on a vû long-tems sous la troisiéme race des Rois de France, de simples Seigneurs Hauts-Justiciers l'exercer sur leurs vassaux. Enfin l'impôt sur le sel resta seul en possession du titre de gabelle : & quand on dit, la ferme des gabelles; cela ne s'entend plus que d'un droit Royal, de vendre le sel dans la plupart des Provinces de France : que le Roi cede à un seul adjudicataire, à la charge d'en rendre à sa Majesté un certain nombre de millions de livres par an, & sous d'autres conditions portées dans l'Arrêt & le contrat d'adjudication ou résultat du Conseil. Ainsi tout le commerce du sel pour l'intérieur du Royaume, est resté entre les mains du Roi; qui en fait faire la régie, la vente, & la distribution, par ses fermiers, & sous la jurisdiction d'Officiers créés uniquement pour le fait des gabelles. Leur Jurisdiction est appellée grenier à sel. Ils sont préposés pour juger si le sel est bien conditionné; empêcher qu'il ne soit vendu plus que les taux ordinaires ; prendre garde aux mesures; & faire le procès aux Faux-Sauniers. Ces Officiers s'appellent *Grenetiers*. Leur fonction est établie par l'Ordonnance de Charles VI, de 1382; celle de Henri III, de 1577; l'Édit de Louis XIII, de 1617 ; & enfin par l'Ordonnance de 1680 : qui est la regle qu'on suit aujourd'hui pour décider tous les différends qui se présentent à juger.

Le droit de Gabelle a anciennement existé ailleurs qu'en France. Si nous en croyons Pline, Livre III. Ch. VII, ç'a été Æneus Martius qui l'a établi le premier : & selon Tite-Live, Marcus Livius ne fut appellé *Salinator* (comme si nous disions Gabelleur) que parce qu'il imposa un tribut sur le sel, pendant qu'il fut Censeur. On ne peut pas douter que les Empereurs Romains ne tirassent beaucoup de profit des salines, puisqu'il en est fait mention dans le Code, sous le titre *De vectigalibus & Commissis* : laquelle Loi est clairement expliquée par Godefroi en ces termes : *Sal emere à conductoribus Salinarum singuli cogebantur, & in libris feudorum inter regalia, Salinarum reditus computantur.* Les Rois de France n'ont donc point inventé l'impôt sur le sel. Philippe de Valois en 1343, imposa un tribut sur cette marchandise. Le Roi Jean n'en est pas l'auteur, comme quelques-uns le prétendent ; puisque son Ordonnance de 1360, rapportée par Guénois, fait mention des grenetiers & de la gabelle; ce qui semble prouver que l'usage de la gabelle n'avoit pas commencé sous lui. Dans le commencement, ce tribut ne fut pas perpétuel; ainsi que le prouvent les termes de l'Ordonnance de Philippe le Long, de l'année 1318, Art. VIII : *Notre intention n'est que les gabelles & impositions durent à toujours, & qu'elles soient mises en notre domaine, ainçois voudrions qu'elles fussent abattues, &c.* Si l'origine en est incertaine, on ne peut pas au moins disconvenir que dans le commencement la levée qui se faisoit sur le sel ne fût bien médiocre. Charles le Bel, en 1325, ne faisoit percevoir que deux deniers sur chaque minot. Peu à peu, suivant les diverses occurrences, ce droit a été étendu jusqu'où nous le voyons aujourd'hui. François I prit d'abord vingt-quatre livres par muid; & il augmenta ensuite jusques à quarante-cinq.

Le produit de la Ferme des Gabelles est si considérable, qu'il fait seul presque le quart des revenus du Roi : & l'on peut dire que le sel est pour la France, ce que sont pour l'Espagne les riches mines du Chilly, du Potosi, & du reste de l'Amérique; avec cette différence toutefois, que les autres Nations de l'Europe partagent avec les Espagnols (quoique sous les noms de ces derniers) ces précieuses dépouilles des Indes; & qu'il n'y a gueres que la France qui jouisse du Trésor inépuisable de la Gabelle.

Le sel ne se distribue pas de la même maniere par tout : il y a des greniers de vente volontaire; il y en a d'impôt; & en certaines Provinces les habitans sont exempts.

La *Vente volontaire* (ou *réelle*) se fait par minot, demi-minot, ou quart de minot; suivant ce qui est reglé par les Ordonnances. La *Vente par impôt* (ou *personnelle*) se fait tous les ans, & s'assied comme la taille. Chaque Paroisse en prend la quantité à laquelle elle est imposée; & la distribution s'en fait aux particuliers à proportion des familles. Voyez l'*Edit du mois d'Avril 1667.* Toutes sortes de personnes qui ne sont point privilégiées, sont imposées; sans excepter les Gentilshommes ni les gens d'Eglise. Il n'y a que le Poitou, la Xaintonge, le Pays d'Aunis, le Perigord, la Marche, l'Angoumois, & le haut & bas Limousin, qui en soient *exempts;* pour en avoir acheté le droit : & le Boulonnois, la ville de Calais, & les Pays reconquis; pour d'autres considérations : c'est pour cela que ces endroits du Royaume sont qualifiés de *Pays de franc-salé.*

Consultez l'Éloge de Maxim. Duc de Sully, par M. Thomas, 1763, *in*-8°. p. 38, 74-5.

GABELLE (*Sel*); ou sel de gabelle. C'est celui que l'on prend aux greniers à sel, où se fait la vente & distribution des sels du Roi. On l'appelle ainsi par opposition au *Sel de faux-saunage*, qui se débite en fraude de la ferme des gabelles.

GABELLER. C'est mettre égoutter & reposer le sel dans les greniers; où il doit être deux ans pour le moins, avant d'être exposé en vente, suivant les Ordonnances des gabelles.

GABIEU : Instrument de Cordier. *Voyez* le mot CORDE.

G A C

GÂCHE. Petit *Instrument* de bois, long d'un bon pied, large & mince par le bas : dont les Pâtissiers se servent pour manier les farces.

GACHE ; ou GACHETTE. C'est une des pieces qui servent pour une serrure & pour le ressort de la serrure. Elle est de fer, quarrée, ou contournée en rond ; & reçoit le pêne, qui avance hors de la serrure sur le côté. Cette gache est ou scellée en plâtre (ce qui n'est pas bien sûr) ; ou encloisonnée, c'est-à-dire, attachée sur le bois ou dans le bois des montans ou pieces de côté, qui sont perpendiculairement posées & font partie du quadre de l'ouverture de la porte.

Il y a *aussi* des Gâches qui servent à tenir ferme contre les murs les descentes de plomb par où l'eau tombe des cheneaux & des gouttieres. Ces gaches sont de petits cercles de fer cramponnés dans le mur ; dont plusieurs sont scellés d'espace en espace. Ils soutiennent les tuyaux de descente & les empêchent de tomber par leur propre poids, ou de se détacher de la muraille. Il y a de ces sortes de gaches qui s'ouvrent à charniere & se ferment à clavette ; ensorte qu'on peut démonter & réparer le tuyau quand il est besoin, sans les desceller.

GACHE est encore un vieux mot qui signifie *Aviron*.

G A G

GAGE-PLEIGE : *terme de Coutume*, qui se trouve dans les anciens livres, imprimés & manuscrits. C'est une assemblée de tous les Vassaux relevans d'un même fief ; pour élire un Prevôt, & reconnoître les rentes dont ils sont redevables. Le Seigneur féodal, outre ses plaids ordinaires, peut tenir en son fief un gage-pleige par chacun an. Voyez Basnage sur l'Art. CLXXXV de la *Coutume de Normandie*. Ce terme est composé de deux mots ; dont le dernier signifie caution, garant. On les a joint & uni pour désigner celui qui s'oblige à payer des redevances à un Seigneur ; si le Vassal qui les doit n'est pasresséant sur le fief pour lequel il les doit.

GAGE-PLEIGE : autre *terme de Coutume*. Ceux qui se battoient en *duel* donnoient des gages, ou ôtages, à leurs Seigneurs : ces ôtages étoient des gentilshommes de leurs parens ou amis. Si celui qui avoit donné gage-pleige étoit vaincu, il payoit une amande réglée. Cette amande a commencé à Lorris en Gâtinois ; & a (dit-on) donné origine à ce proverbe, *les battus payent l'amande*.

Mort-GAGE. C'est la jouissance accordée à un Engagiste ; ensorte qu'il profite des fruits, & néanmoins n'en compte rien sur la dette. Au contraire, *Vif*-GAGE se dit lorsque les fruits sont comptés sur le principal de la dette, qui diminue à proportion. Dans plusieurs Coutumes, les peres avantagent quelques-uns de leurs enfans par des mort-gages ; en leur donnant la jouissance d'une terre jusqu'à ce qu'un autre enfant puisse la racheter pour un certain prix.

Contre-GAGE. Espece de représailles ; que quelques Seigneurs ont prétendu avoir droit de prendre pour leur sûreté, quand on leur avoit fait quelque tort.

GAGE-*intermédiaire* : terme de Finance. C'est l'argent qu'un héritier touche tous les ans sur les gages de la charge d'un Officier mort ; jusqu'à ce que la charge ait été remplie.

On appelle, en terme de Coutume, *Prendre*-GAGE ; lorsqu'on prend le chapeau ou quelque partie de l'habit de celui qu'on trouve faisant du dommage dans l'héritage d'autrui ; afin de l'accuser & le convaincre en justice : Autrefois le mot GAGE signifioit saisie.

GAGERIE. Saisie des meubles sans les déplacer ; ou espece d'hypotheque sur les meubles. Suivant la disposition de la Coutume de Paris, plusieurs personnes ont droit d'user de ce privilege : savoir les Seigneurs censiers, pour trois années de cens ; les propriétaires des maisons, ou ceux qui sont en leurs droits, pour les loyers échus (ce qu'on appelle le *privilege des bourgeois*) ; & les propriétaires des rentes constituées, pour trois quartiers dûs. L'Article LXXXVI porte : *qu'il est loisible à un Seigneur censier en la Ville & Banlieue de Paris, au défaut de payement des droits de cens dont sont chargés les héritages tenus en censive, de procéder par voie de simple gagerie sur les biens étant ès maisons, pour trois années d'arrérages dudit cens & au dessous : & est entendu simple gagerie, quand il n'y a transport de biens.*

Ceci est donc un cas où les meubles ont suite par hypotheque. En conséquence de quoi on peut saisir, exécuter ; & non pas enlever ni transporter, si la partie saisie offre gardien, ou promet de représenter les meubles comme dépositaire. Cette saisie n'est suivie de la vente, qu'en le faisant dire & ordonner par le Juge. C'est pourquoi, après qu'on a procédé à l'exécution, il faut donner assignation au débiteur à cet effet.

Les mêmes formalités s'observent pour les loyers des maisons. Pour user de ce droit, il ne faut point de bail par écrit : ce qu'énoncent clairement les termes de l'Article CLXI de la même Coutume : *il est loisible à un propriétaire d'aucune maison par lui baillée à titre de loyer, de faire procéder par voye de gagerie en ladite maison, pour les termes à lui dûs pour le louage, sur les biens étans en icelle.* A quoi il faut ajoûter, pour l'intelligence de cet Article ; que : S'il y a des sous-locataires, leurs biens peuvent être pris pour ledit loyer & les charges du bail ; & néanmoins seront rendus, en payant le loyer pour leur occupation. Cette disposition de la Coutume de Paris sur le fait du payement des loyers, est très-sage, & elle pourvoit avec douceur à deux grands inconvéniens : l'un que les propriétaires des maisons ne soient point frustrés de ce qui leur est dû ; & l'autre que les locataires donnant en ceci des assurances aux propriétaires, de ne pas vouloir s'évader secrettement, ont le loisir de penser à leurs affaires & prendre leurs mesures pour prévenir la condamnation & sentence du Juge pour la vente des biens gagés, c'est-à-dire, saisis, mais non transportés. Par cette disposition de gager & saisir, qui n'a point d'éclat, les locataires ne sont pas exposés à des avanies & des affronts sanglans ; ils peuvent trouver des gardiens & garans, & ainsi attendre une meilleure disposition de leurs affaires ; sans danger pour le propriétaire.

GAGNABLES (*Terres*). Boutiller a ainsi appellé celles qui se labourent & cultivent avec grande peine. Ce mot, dit-il, est venu par corruption de *ahanables*, qui sont fortes, & qu'on laboure avec *ahan*, effort & sueur.

C'est pourquoi il y a des endroits où on entend par le terme de *Gagnables*, des marais desséchés ou autres terres que l'on gagne à force de culture & de travail.

GAGNAGES : *terme de Droit*. Ce sont des fruits pendans par les racines. L'article LIX de la Coutume de Paris porte que, *si le vassal avoit baillé son fief à vente sans démission de foi, & le Seigneur le met en sa main par faute d'homme, droits & devoirs non faits ; s'il y a des terres emblavées, ledit Seigneur peut, si bon lui semble, prendre les gagnages de ladite terre, en vendant les fleurs, labours & semences; & n'est tenu ledit Seigneur se contenter de prendre la rente.* Ce terme s'entend donc des fruits des terres emblavées; que le Seigneur peut prendre dans les terres par lui saisies, moyennant les conditions susdites.

GAGNAGES, ou *Gaignages:* terme de Venerie. Ce sont les endroits chargés de grains, où les cerfs vont faire leur viandis. On dit: ce cerf a fait sa nuit aux gagnages, il y est allé viander. Pendant le mois de Janvier, les cerfs & les chevreuils vont *au gagnage*; c'est-à-dire, aux bleds verds: & au mois d'Avril, ils se retirent dans les acculs du Pays. *Consultez* l'article VENEUR.

GAGNER *un œil:* mauvais *terme* usité *parmi certains curieux d'œillets;* pour dire que, de la graine qu'on avoit semée, il est venu quelque bel œillet nouveau.

GAI

GAIAC ou GAYAC; aussi nommé *Bois Indien, Bois Saint:* en Latin *Guaiacum; Lignum Vitæ:* & *Pockwood*, en Anglois. Ce genre de plantes porte des fleurs composées de cinq pétales inégaux, oblongs, concaves, faits en ovale, implantés dans le calice, & très-ouverts. Nombre d'étamines droites, pareillement attachées au calice, environnent un embryon oval terminé en pointe; & surmonté d'un stigmat à cinq rayons rampans. A cette fleur succede une capsule profondément sillonée, terminée par une pointe oblique. Dans ce fruit est une espece de noyau oval; qui contient une semence arrondie. Lorsqu'il y a plusieurs de ces noyaux, ou osselets, chacun n'a toujours qu'une loge.

Especes.

1. *Guaiacum flore cœruleo, fructu subrotundo.* Plum. Le *Vrai Gayac* Officinal. Il devient un fort gros arbre dans beaucoup d'Isles de l'Amérique. Son écorce est dure, cassante, brunâtre, assez mince. Le bois est très-dur, compact, pesant, d'une saveur chaude & aromatique, résineux, & d'un jaune noirâtre vers son centre. Les petites branches ont l'écorce cendrée: & portent des feuilles composées de deux paires de folioles obtuses, ovales, fermes, brillantes, conjuguées sur une côte qui n'est pas terminée par une impaire. Les fleurs naissent par bouquets, à l'extrémité des branches; & sont d'un beau bleu. Les sommets des étamines sont faits en arc. Le fruit est arrondi.

2. *Guaiacum flore cœruleo fimbriato, fructu tetragono* Plum. Cette espece a un plus grand nombre de folioles sur chaque feuille: elles sont étroites à leur base, & d'un verd foncé; du reste semblables à celles de l'espece précédente. Les fleurs sont pareillement d'un beau bleu; forment des épis lâches; & ont leurs pétales frangés. On l'appelle en quelques endroits FAUX-GAIAC.

[Mais ce nom est plus communément donné à l'Arbre que M. Catesby (Carolin. I. p. 42) décrit *Arbor Guaiaci latiore folio, Bignoniæ flore cœruleo, fructu duro in duas partes dissiliente, seminibus alatis imbricatim positis.* C'est le *Bignonia foliis bipinnatis, foliolis lanceolatis integris*, de M. Linnæus, *Spec. Plant.*]

3. M. Miller a reçu de la Barbade, des branches semblables à celles du *n.* 1; dont les folioles étoient plus larges, dentelées à leur extrémité, & attachées tout autour des branches, avec de très-courts pédicules. Les fleurs s'étant trouvées en fort mauvais état, M. Miller n'a pu qu'en tirer des conjectures qui lui ont fait présumer que c'étoit un Gaiac.

Culture.

On ne multiplie les gaiacs, que de semence venue du pays originaire de ces arbres. Quand elle n'est pas vieille, elle leve en cinq ou six semaines: & le plant est en état d'être changé de pots, après le même espace de tems. On gouverne dans notre climat les gaiacs, en plantes exotiques délicates.

Usages.

On tire, du *n.* 1, par incision, une gomme résineuse, brune, rougeâtre, luisante, transparente, friable, odorante quand on la met au feu, & d'un goût âcre.

L'écorce & la gomme sont diaphorétiques, dessicatives, apéritives; propres pour les rhumatismes, la goute sciatique, & les maladies vénériennes. On emploie le bois rapé, dans les décoctions sudorifiques. On fait prendre la gomme pulvérisée depuis huit grains jusqu'à deux dragmes, dans un petit verre de vin blanc.

L'écorce & le bois paroissent être à-peu-près de même qualité: on regarde néanmoins le bois comme plus chaud. On se sert de l'une & l'autre en décoction, dont on prend abondamment pour purifier le sang & occasionner la sueur. Outre les rhumatismes, la goute, & les maladies vénériennes, auxquelles nous avons dit que l'écorce est employée, & où l'on fait pareillement usage du bois: l'une & l'autre sont encore utiles dans l'hydropisie & pour les maladies scrophuleuses.

Dans les cas de rhumatismes on purge quelquefois avec deux scrupules de gomme de gaiac incorporés dans un jaune d'œuf; l'un & l'autre donnés dans un véhicule convenable.

Il faut choisir le bois de gaiac en grosses pieces, de couleur tannée, tirant sur le noir, récent, chargé de résine, pesant, d'une saveur âcre, & que son écorce soit adhérante au bois.

L'écorce séparée doit être unie, pesante, difficile à rompre, grise par dessus, blanchâtre en dedans, d'un goût amer & assez désagréable.

Quand on veut employer le bois de gaiac, en décoction ou autrement, il faut en ôter tout le blanc, & ne hacher ou raper que la substance la plus dure & la plus pesante, laquelle est noirâtre & résineuse.

Il y a des Chirurgiens qui ont prétendu pouvoir substituer le buis au gaiac.

On tire du gaiac un phlegme; un esprit; un sel; un extrait; une résine; & une huile noire, épaisse, & fétide. *Voyez* l'article HUILE.

On se sert aussi du bois de gaiac, pour des ouvrages de tour & de marqueterie. Dans les Colonies, on en fait des roues & lanternes pour les moulins à sucre. En Europe, on en fabrique des jattes. Ce bois brûle difficilement.

GAIAC *de France:* en Latin *Guaiacum Nostras.* Voyez BUIS.

GAIGNAGES. *Voyez* GAGNAGES.

GAINE: en Latin *Vagina.* Cone creux, qui sert à renfermer quelque chose dont la forme est allongée, & terminée en pointe; comme un couteau.

Les *Botanistes* emploient ce terme pour désigner 1°. certains fruits dont la figure approche de celle d'une gaîne de couteau: 2°. Quelques pétales & nectars, qui forment une gaîne dans laquelle passe le pistil: 3°. des feuilles qui entourent la tige, dans une certaine longueur, par leur base.

GAISSE. *Voyez* GESSE, *n.* 9.

GAL

GALBANUM. Gomme, dont on nous apporte deux especes: l'une en larmes jaunes, d'une odeur forte & désagréable, d'un goût amer & un peu âcre; l'autre, en grosses masses grasses ou visqueuses, mollasses, de mauvaise odeur, & remplies de beaucoup de matieres étrangeres. Toutes deux se tirent par incision de la racine, soit du FÉRULE, *n.* 2, qui croît en Arabie & en Syrie; soit de la plante appellée par M. Tournefort *Oreoselinum Africanum Galbaniferum, Anisi folio.*

Choix qu'on doit faire du Galbanum.

Il faut qu'il soit en larmes belles & pures; que son goût soit amer & âcre; son odeur forte & désagréable. Lorsque les larmes sont récentes, leur couleur est assez blanche & assez approchante de l'oliban, d'une consistance plus molle. On n'a besoin d'aucune préparation pour le mettre dans la composition de la thériaque & du mithridat, quand on l'a bien choisi.

Quand on le prend en masse; il doit être choisi sec, bien net, le plus chargé de larmes blanches, & de l'odeur la plus supportable qu'il soit possible.

Propriétés.

Le galbanum est émollient, attractif, discussif, dessicatif, & résolutif. Il provoque les mois, & facilite l'accouchement; soit qu'il soit appliqué, soit qu'on s'en serve en suffumigation. On s'en sert aussi de cette sorte dans les suffocations de matrice. En général, il convient à toutes les affections hystériques. Etant dissout dans le vinaigre & mêlé avec un peu de nitre, il efface les rousseurs du visage. Il est bon pour les écrouelles, les nodus de goute, la toux invétérée, l'asthme; & même les venins. On le fait entrer dans la thériaque & le mithridat.

Le sagapenum est son substitut.

Purification du Galbanum.

Voyez sous le mot PURIFICATION.

GALBE. *Terme d'Architecture:* qui se dit d'un membre d'Architecture qui s'élargit doucement par en haut, de même que les feuilles d'une fleur qui s'ouvre beaucoup. On dit alors que ce membre d'Architecture ou cette fleur *se termine en Galbe;* en forme de galbe; qu'il *a beau Galbe.* On le dit aussi du contour d'un dôme, d'un vase, d'un balustre. *Galbe* se dit encore du contour des feuilles d'un chapiteau ébauché, prêtes à être refendues.

GALE; ou *Galle.* Maladie qui se déclare sur la peau par l'éruption de pustules entre les doigts, aux mains, aux poignets, bras, jarrets, cuisses, jambes; même par tout le corps; & moins souvent au visage. Ces pustules sont précédées & accompagnées de démangeaison.

On distingue deux sortes de Gales. La premiere est appellée *Gale Canine*, ou *de Chien*, parce que les chiens y sont sujets; *Gale Séche*, à cause qu'elle suppure peu, & que l'humeur qu'elle rend se séche aussitôt en forme de croute; & *Gratelle*, parce qu'elle oblige à se grater fréquemment. On dit avoir observé que les tempéramens bilieux y sont plus sujets que ceux en qui le phlegme domine. La seconde espece de Gale est dite *Grosse Galle*, ou *Gale Humide;* attendu qu'elle produit effectivement de plus grosses pustules, & qu'elle rend beaucoup de matiere purulente. Son caractere commun consiste dans de petites pustules enflammées, qui naissent entre les doigts & entre les orteils; accompagnées de chaleur & de démangeaison; & dont on fait sortir, en les gratant, une humeur ichoreuse ou du pus. *Voyez* ROGNE.

La gale pourroit généralement être regardée comme un herpes; dont les pustules rassemblées sont très-difficiles à conduire à une maturité parfaite; mais ne répandent habituellement qu'une humeur séreuse, sanieuse, ou ichoreuse. Cette humeur en se desséchant d'elle-même ou par le secours des topiques, forme des croûtes plus ou moins épaisses. Et lorsqu'il semble que l'on ait détruit ce vice local, il reparoît de nouveau: quelquefois seulement dans certaines saisons.

La cause immédiate de la gale est l'introduction d'une humeur âcre & corrosive, dans les glandes de la peau: où elle cause la démangeaison, la douleur, & une sorte d'inflammation.

Entre les causes éloignées, il y en a d'intérieures; & d'extérieures. L'âcreté du sang & celle de la lymphe, occasionnées par des alimens ou un genre de vie capables d'échauffer, sont une des principales causes internes. Quelquefois encore ce mal est héréditaire, & passe des peres ou meres aux enfans. Les vieillards qui abondent en pituite salée, & dont la peau est foible & mollasse, deviennent galeux; & n'en guérissent que très-difficilement. Mais les causes externes sont plus ordinaires. Ainsi le contact immédiat d'un galeux, surtout lorsqu'on est dans un état de forte transpiration; le linge même ou les hardes qui lui ont servi; suffisent fréquemment pour communiquer la gale. Ce levain étant très-contagieux, on doit donc éviter avec soin d'habiter, & surtout de coucher, avec quelqu'un infecté de gale. Le mauvais air, la malpropreté, peuvent aussi engendrer ce mal; comme on le voit dans les prisons, les hôpitaux, & dans les maisons où sont rassemblés beaucoup de pauvres gens.

Un seul homme suffit à l'armée pour donner le mal à grand nombre d'autres, & d'abord à tous ceux qui sont avec lui sous une même tente & dans la même caserne. Comme d'ailleurs le soldat n'a pas l'attention de se tenir propre: ces deux circonstances rendent la gale presque habituelle parmi les troupes. Au reste, il n'y a que le contact qui communique cette infection; on ne la contracte point, comme la dysenterie, la fievre maligne, *&c*, par les seules émanations du corps malade.

On voit dans Quinte-Curce (L. IX. Ch. X.) qu'une partie de l'armée d'Alexandre s'étant jetté inconsidérément dans un lac dont l'eau étoit salée, ils devinrent galeux, & communiquerent ce mal aux autres. Mais ils guérirent s'étant frottés d'huile.

La gale vient assez communément dans les Hôpitaux, après la crise des fievres; quoique les malades ne l'eussent pas auparavant. Et plus on avance dans l'état de convalescence, plus aussi la gale augmente & devient incommode. Voyez les *Observ.* de M. Pringle *sur les Malad. des Arm.* T. II. p. 146.

De très-habiles Médecins assurent que la gale est bornée à la peau. De célébres Observateurs disent même avoir découvert des insectes dans les pustules. Aussi M. Bonomo, l'un d'eux, proposoit-il de la guérir par les seuls remedes externes. M. Pringle a remarqué que les simples soldats en guérissent plus facilement que les Officiers. La raison qu'il en donne est, que le soldat n'ayant point d'habits à changer, il porte toujours les mêmes; & que ceux-ci sont purifiés par le traitement: au lieu qu'un Officier qui change d'habits, en prend qui n'ont pas cet avantage; ensorte que l'infection circule entre son corps & ses habits, & n'y est pas réprimée par les remedes, comme on vient de dire qu'elle l'est dans le soldat. Il reste à expliquer comment les remedes répercussifs donnent lieu aux maladies cutanées, de se porter dans l'intérieur du ventre, & y occasionner beaucoup de désordre, dont s'ensuit même la mort. J'ai vû deux fois la gale rentrée produire des rétentions d'urine accompagnées de douleurs violentes: &, dans un sujet qui avoit des dispositions à l'épilepsie, la gale réprimée par des topiques, produire des convulsions momentanées d'une espece fort extraordinaire, & qui n'avoient point du tout le caractere d'accès épileptiques. Quand ces accidens se déclaroient avec beaucoup de force, ils procuroient ordinairement l'éruption d'une espece de dartre : qui ensuite ne disparoissoit, au bout de quelques jours, que pour donner lieu à de nouvelles convulsions. Ces accès, dont le cours ne suivoit aucune régle apparente, se terminerent au bout d'un an ou quinze mois par une fievre maligne très-dangereuse, accompagnée d'une multitude d'anthraxs : & sur le déclin, la tête se remplit de poux, & exhala pendant près d'un mois une odeur infecte. Ce ne fut que l'usage continué de stomachiques, mêlés avec le lait de vache, qui subjugua le principe de la maladie : [prise originairement à cent lieues de Paris dans un Hôpital, par un soldat qui en étant sorti après une guérison imparfaite, revint à Paris dans sa famille ; où il la communiqua promptement : mais dans les uns elle se déclara en grosse gale, *comme la sienne*, & ce fut nommément le cas qui produisit les convulsions : elle ne devint que gale séche, dans d'autres sujets, & a résisté pendant plusieurs années au soufre, aux remedes mercuriels, *&c.*]

M. Pringle dit que le *soufre* est le grand spécifique de la gale des armées ; & que ce remede se montre alors beaucoup plus sûr & plus efficace que le mercure. » On prend une once de soufre vif, & deux » dragmes de racine d'ellébore blanc (ou une dragme de sel ammoniac crud) ; dont on fait un *Onguent*, avec deux onces & demie d'axonge de » porc. Cette quantité peut servir pour quatre » onctions. Tous les soirs on en frotte la quatrieme » partie du corps ; afin de ne pas boucher trop de » pores à la fois : ce qui pourroit occasionner quel» que maladie. Quoiqu'on puisse guérir la gale par » cette dose seule, il est à propos de continuer les » frictions avec une seconde. Et dans le cas où le » mal est invétéré, on y joindra l'usage interne du » soufre : non dans la vue de purifier le sang ; mais » afin que les vapeurs pénetrent plus surement à » travers la peau, & détruisent tous les insectes » auxquels la friction externe auroit pû ne point par» venir, attendu qu'ils y seroient trop profondé» ment logés. Comme ces vapeurs peuvent échau» fer le sang tandis que la transpiration est dérangée » par l'usage de l'onguent : il faut prendre une nour» riture rafraîchissante, & se tenir en garde contre » le froid. Et si l'on est d'une complexion plétori» que, ou que l'on ait quelque disposition à la fievre ; » on se fera saigner & purger : sans quoi ces deux » évacuations ne sont pas nécessaires. « * Pringle, T. II. p. 147-8-9.

[Willis ajoûtoit quelques gouttes d'essence de bois de Rhodes, pour corriger l'odeur des onguents composés de soufre.]

Au reste, on doit compter que la gale humide se guérit en général plus aisément que la séche. Il est bon de purger les malades avec l'ellébore & les remedes mercuriels.

Quelques expériences me font douter que le soufre ait un pouvoir bien réel sur la gale canine : à moins que peut-être usage son extérieur ne fût continué très-longtems, & que l'on ne prît aussi en dedans le soufre, en grand lavage.

Les absorbans ; les sudorifiques préparés avec l'antimoine ; les remedes où entre la vipere ; le rob de sureau ; les remedes tirés du plomb, du mercure, du soufre, de la chaux vive, du camphre, du tabac, de la litharge ; sont fort convenables.

Le peuple se sert quelquefois d'encre pour la guérir.

Autres Remedes.

I. Après les remedes généraux, les eaux minérales purgatives font de très-bons effets : & ensuite il est utile d'employer ce *liniment*. Prenez de l'onguent rosat, une once ; du mercure précipité, une dragme ; de l'huile de bois de roses, deux gouttes : & mêlez le tout. Ou bien : Prenez de l'onguent de nicotiane, une demi-once ; fleurs de soufre, deux dragmes ; mercure doux, une dragme ; l'huile de mille-pertuis, ce qu'il en faut : mêlez le tout ; frottez-en le malade.

II. Prenez autant que vous voudrez de lierre terrestre, faites-le bouillir pour en avoir une *décoction* : dont il faut se laver. Ce remede est bon pour la grosse gale ; & pour le farcin des chevaux.

III. Prenez de la racine soit d'oseille ; soit de cette patience sauvage qu'on nomme *Sang de Dragon*. Pilez-la dans un mortier avec du beurre ou du vieux oing, pour en faire un *onguent*. Il faut s'en frotter tous les soirs en se mettant au lit.

IV. Prenez un jaune d'œuf dur ; & autant de beurre frais que le jaune d'œuf pesera : battez-les ensemble ; & mettez-en deux ou trois fois, ou plus s'il le faut, sur les gales. Cela les desséche de telle sorte qu'elles tombent d'elles-mêmes. [Ce remede fait le même effet, pour la petite verole ; & empêche qu'on n'en soit marqué.]

V. Prenez une demi-once de fleur de soufre : mettez-en dans le creux de la main, à-peu-près la grosseur d'un petit pois ; prenez une goutte d'huile d'olives, pour humecter cette poudre ; & vous en frottez le soir le creux de l'autre main, si fortement & si longtems qu'il ne paroisse plus de cette poudre. Le lendemain, faites de même en vous couchant ; & ainsi pendant un ou deux autres jours, jusqu'à ce que toute la quantité de poudre soit usée, & que toute la gale soit seche ; on en est (dit-on) entiérement quitte dans cinq ou six jours. [Aussitôt après la friction, on se sent un gonflement dans les mains & les doigts : mais il se dissipe pendant la nuit. Ce remede n'est pas infaillible. On l'indique pour toute sorte de gale.]

VI. Prenez une livre d'eau de chaux vive, & une once & demie de soufre pulvérisé. Laissez-les infuser pendant quelque tems : ensuite faites bouillir légérement l'infusion, & frottez-en les endroits galeux.

Si la gale est maligne & trop âcre ; au lieu de soufre, il faut jetter dans l'eau de chaux deux ou trois dragmes de mercure doux.

VII. *Pour la Gale & Gratelle.* Prenez le jus d'un citron avec autant d'eau-rose ; que vous jetterez dans du beurre frais, fondu : ajoûtez-y un peu de soufre en poudre. Mêlez bien le tout ; & le faites bouillir jusqu'à consistance d'onguent. Il faut s'en frotter aux poignets & sous les aisselles.

D'autres indiquent deux parties de térébenthine de Venise, une partie de beurre nouvellement salé, un jaune d'œuf, & le jus d'une orange aigre. La térébenthine étant lavée cinq ou six fois dans de l'eau commune, ou dans de l'eau-rose ; on la mêle avec le reste, pour en faire un liniment : dont on frotte le mal, que l'on tient alors exposé au feu.

VIII. Ceux qui sont près de la mer s'y baigneront.

Pommade pour la Gale.

IX. Prenez de l'huile de tartre deux onces ; huile d'amandes ameres, trois onces ; suc de feuilles de patience, six onces. Faites-les bouillir jusqu'à ce que l'humidité soit consommée ; puis ajoûtez-y une demi-once de soufre vif ; une dragme d'alun ; autant de tuthie, de céruse, & de litharge d'argent. Il faut s'en frotter le soir en se couchant, pendant cinq ou six jours de suite ; ou le dedans des mains l'espace d'un bon quart d'heure.

Remede très-vanté.

X. Prenez deux gros (ou environ) de soufre commun; pulvérisez-le avec à-peu-près égale quantité de sel, & autant de poivre : le tout réduit en poudre bien fine, vous en ferez un nouet, que vous mettrez tremper dans l'huile de navette, l'espace de vingt-quatre heures. Ensuite vous en frotterez toutes les jointures du corps de la personne malade; & continuerez pendant huit jours.

XI. Voyez EAU *souveraine pour beaucoup de maux*. *Usages de l'*ANEMONE. BOUILLON *de Vipere*. *Urine d'*ÂNE, Tom. I. p. 112. AUNÉE. BAIN *domestique*. BAUME *de Genevieve*. DARTRE, p. 766-7-8. ROGNE. CHANCRE, *n.* 3. CIRON, *n.* 1 & 2. CAILLE-LAIT. CHIEN, p. 597. BREBIS, p. 395. *Usages des* BETES. BAUME *de Paracelse*. ACONIT, p. 27. col. 2. AGE, *n.* IV. & p. 36. BŒUF, p. 341. FROMENT, p. 141. col. 2. VEAU. AIL. BOULEAU. BEN. BAIN *tiede*. CAFFÉ. GANGRENE, *n.* IV.

XII. On guérit la gale, avec les REMEDES PASTORAUX.

XIII. Faites une lessive avec des cendres de lierre terrestre : dissolvez-y un peu de la composition *n.* I, décrite dans l'article, *Oter les* TACHES : & lavez-en plusieurs fois la gale.

XIV. Faites fondre une poignée de sel dans un verre d'eau prise dans l'auge d'un forgeron : & lavez-en la *gratelle*. Quand les croutes seront près de se détacher, lavez les endroits avec de la crême de lait de vache.

Remedes particuliers pour la grosse Gale.

1. Prenez le matin à jeûn une ou deux cuillerées de sirop mercuriel, seul ou mêlé avec du bouillon, ou avec un peu d'eau fraîche.

2. Voyez ci-dessus, *n.* 11.

3. Un homme qui depuis sept ans avoit une espece de demi-lépre; c'est-à-dire les bras, les jambes, & l'estomac, couverts d'une grosse gale blanche, épaisse d'un pouce, toute croutée, dont il sortoit du pus; fut parfaitement guéri en trois semaines, en se purgeant tous les huit jours à la maniere indiquée sous le titre de REMEDES PASTORAUX. Il tint ses gales toujours couvertes de linges mouillés dans la *Drogue*, lesquels il relevoit trois fois le jour. Il frottoit alors ces gales jusqu'au sang, & les bassinoit ensuite avec la même Drogue : ce frottement hâta la guérison. Pendant tout le tems, il mit deux cuillerées de la Drogue sur chaque pinte de sa boisson; qui étoit moitié eau moitié vin.

Voyez ROGNE.

NOTA. Pour empêcher que les frictions, soit sulphureuses soit mercurielles, n'occasionnent des maladies, on doit purger promptement & assez fort. Les tablettes *De Citro* sont excellentes pour cela; à la dose de cinq ou six gros dans une légere infusion de mélisse, ou autre. Pendant l'action de ce remede, il faut boire beaucoup de tisane, & de bouillon.

Pour la Gale qui vient à la tête des petits enfans.

Faites brûler du camphre sur une pêle de fer rougie au feu; réduisez-le en poudre : laquelle étant mêlée avec du vieux-oing, vous en frotterez les gales. On peut aussi employer cette poudre toute seule.

On se sert *aussi* de cendres de vieux souliers, mêlée avec du miel rosat.

Gale aux Paupieres. Consultez ce titre, dans l'article YEUX.

Régime pour la Gale.

Ceux qui en sont attaqués doivent bien tremper leur vin; & ne manger rien de salé ni d'épicé. Il faut les saigner, purger, & baigner, lorsque la saison le permet.

Pour rappeller à la peau l'humeur de la Gale, ou celle de toute autre maladie cutanée.

Il suffit, dit-on, de se laver les mains ou les pieds dans trois livres d'eau où l'on aura fait dissoudre deux gros d'arsenic.

Gale des Chevaux.

Il y en a une que l'on nomme *Gale vive*, ou *farineuse* : qui se dénote par une farine ou crasse, accompagnée de démangeaison, & fait tomber tout le poil des endroits où elle se jette. Celle qu'on appelle Gale *ulcérée* se manifeste au dehors par des élevures, & des croûtes, qui dégénérent en petites plaies. Elle s'attache plus fort dans le crin & à la queue, que par-tout ailleurs : & comme le cuir de ces parties est plus épais, on n'en déracine la gale qu'avec beaucoup de peine. La gale farineuse vient quelquefois sur tout le corps en même tems : mais on la voit plus souvent s'accroître peu-à-peu, se montrant tantôt à un endroit tantôt à un autre. Elle vient au cheval qui a souffert pendant quelque tems la faim & la soif. Les chevaux entiers y sont les plus sujets.

Toute gale épaissit le cuir. C'est pourquoi on la reconnoît en maniant le cuir aux endroits où un cheval se frotte beaucoup : & on jugera que le cheval est en état de guérison, & que l'humeur de la gale commence à diminuer, quand le cuir se trouvera plus mince qu'auparavant aux endroits atteints du mal.

Cette maladie se communique par la fréquentation, les étrilles, & les ustensiles. C'est pourquoi le cheval galeux doit être séparé des autres, & avoir ses ustensiles à part.

On déracine plus difficilement la gale, en hiver & dans les tems froids, qu'en toute autre saison.

Les deux especes indiquées ci-dessus se guériront par les mêmes remedes; continués plus ou moins longtems, selon que la maladie leur cédera ou résistera.

Remedes.

1. Il faut d'abord saigner dans l'endroit le plus proche de celui qui est attaqué de la gale : & le lendemain, purger avec une once & demie d'aloës sucotrin, une once & demie de vieille thériaque; de la racine de jalap, & du sublimé doux, autant de l'un que de l'autre. Il faut pulvériser ce qui peut se mettre en poudre; & dans le tems qu'on veut faire avaler la Médecine, on délaye le jalap dans du vin, on y met la thériaque, puis l'aloës en le donnant. On doit réitérer cette purgation s'il est nécessaire.

2. M. De Garsault dit de commencer par deux saignées; & ensuite travailler à détruire la cause intérieure par des apéritifs délayans, tempérés, rafraîchissans, bains ou frictions : ou, si le mal est grave ou envieilli, traiter le cheval comme pour le farcin. Voyez le *Nouveau Parfait Maréchal*, p. 257.

3. C'est encore un bon remede que de donner le verd au cheval.

4. On peut aussi le purger avec l'aloës & le miel.

A l'égard des remedes extérieurs : M. De Garsault en indique un qu'il dit être excellent, non seulement pour une gale ordinaire, mais encore pour celle qu'on nomme *Rouvieux* (qui est une gale universelle & maligne); & pour toutes sortes de démangeaisons de cette espece. C'est un *Onguent* composé d'une demi-livre de soufre bien pilé, deux livres de beurre frais & autant de vieux oing, puis deux poignées d'ardoise bien pilée. Le vieux oing & le beurre étant fondus ensemble, & la liqueur montant, prête à sortir du chaudron, on y ajoûte le soufre, & on remue bien le tout ensemble en laissant bouillir la liqueur, ensuite on y jette l'ardoise, on retire du feu, & on frotte le cheval avec cet onguent tout chaud. Il faut avoir une personne qui remue toujours la composition, tandis que l'on frotte promptement le cheval; si le cheval est grand, il faut augmenter d'un tiers la dose de tous les ingrédiens, afin qu'il soit frotté par-tout si la gale est universelle, & même dans les crins qui sont le principal endroit.

D'autres font bouillir des prunelles avec de fort vinaigre; & en lavent tout l'animal, & surtout aux endroits galeux.

L'essence de térébenthine est un remede violent, mais très-efficace pour guérir la gale des chevaux.

GALE : *Maladie des Végétaux.* Elle s'annonce par des rugosités qui s'élevent sur l'écorce des fruits, des feuilles, & des branches. Voy. T. I. p. 161. col. 2. Consultez aussi la *Physique des Arbres*, T. II. p. 342.

GALE (*Noix de*). Voyez sous le mot NOIX.

GALE-*Insecte.* Consultez l'article GRAINE d'*Ecarlate.*

GALE. Nom Latin, commun à quelques végétaux. *Voyez* CIRIER.

GALEA. Les Botanistes Latins appellent ainsi la levre supérieure des plantes labiées.

GALERICUS. *Voyez* ALOUETTE.

GALERIE *de Pourtour.* Espece de corridor au-dedans ou au dehors d'un bâtiment; qui est souvent porté par encorbellement au-delà d'un mur de face, & qui est plus bas que l'étage dont il sert à dégager les appartemens, pour n'en pas ôter le jour : comme la galerie blanche du Château de Saint Germain en Laie. Le Latin *Porticus meniana*, sert à désigner cette espece de Galerie.

GALETTE. Sorte de piece de four; composée de pâte étendue & plate, en forme de gâteau.

Pour faire une bonne Galette.

Paitrissez deux litrons de belle farine, avec trois quarterons de beurre frais & quantité suffisante d'eau & de sel : la pâte étant bien maniée, & bien faite, applatissez-la avec le rouleau, & donnez-lui seulement un bon pouce d'épaisseur : & ayant donné à votre four une chaleur convenable, laissez-y la galette pendant trois bons quarts d'heure. Si vous voulez qu'elle soit feuilletée, vous n'avez qu'à la plier & replier plusieurs fois en l'applatissant.

On en fait de très-bonne avec la farine de mays.

GALIMAFRÉE. *Voyez* PERDREAUX *à la Polonoise.*

GALIPOT : ou *Encens marbré* ou *madré; Encens blanc; Encens de Village; Barras; Garibot; Poix.* Ces différens noms désignent une résine qui transude des épicias, & devient tellement concrete, qu'elle ressemble à des grains d'encens. On en ramasse une grande quantité dans la Souveraineté de Neufchatel. La différence de couleur, blanche ou marbrée, que l'on observe dans les divers galipots, vient ou du plus ou moins de propreté que l'on a apporté en recueillant cette gomme; ou du beau ou mauvais tems dans lequel elle a coulé. Quelques Colporteurs présentent l'encens marbré pour le vendre comme du benjoin, à qui effectivement il ressemble assez; mais l'odeur suffit pour déceler la supercherie.

Le bon galipot doit être blanc, bien net, & bien sec. *Consultez* l'article SAPIN.

GALLE. *Voyez* GALE.

GALLIOT. *Voyez* BENOITE.

GALLIUM. *Voyez* CAILLE-LAIT. GARANCE.

GALLON, ou GALON. *Voyez* PASSEMENT.

GAM

GAMELO. *Voyez* BAUME *de Copahu.*

GAN

GANACHE. *Consultez* ce mot dans l'article CHEVAL; & sous l'article *Gourme*, entre ses maladies.

GANDS-NOTRE-DAME. *Voyez* ANCOLIE. GANTELÉE.

GANGRENE, ou *Cangrene.* Mortification, qui arrive à la suite d'une grande inflammation, & qui, pour l'ordinaire, n'affecte que le pannicule adipeux. Les muscles, les tendons, & les parties membraneuses en sont fort susceptibles.

La vie d'une partie quelconque de notre corps, consiste dans la circulation des liquides, & dans le mouvement réciproque des solides & des liqueurs. Ainsi une partie est morte lorsque les fluides n'y coulent plus, & que les vaisseaux ne battent point, ou que le mouvement de systole & de diastole ne se fait plus remarquer. Si les fluides coulent encore, mais avec beaucoup de peine, & que les vaisseaux ne battent presque plus; la mort est prochaine dans la partie. C'est ce qu'on nomme *Gangrene.* Au lieu que le premier cas, celui où les vaisseaux ne battent plus du tout, & où les liqueurs ne circulent plus, est nommé *Sphacele.* Ainsi la gangrene n'est que le sphacele commençant.

Les causes de la gangrene sont internes; ou externes. Les internes sont une abondance d'humeurs chaudes ou froides; qui venant à se jetter sur un membre, s'en rendent tellement maîtresses, que la chaleur naturelle en est suffoquée. Si le mal vient originairement d'une corruption dans les os, dans la moëlle, ou dans le périoste; il se forme une espece singuliere de *gangrene sous l'épine du dos*, sans fievre, sans inflammation, & sans déperdition de chaleur naturelle.

Les causes externes ou éloignées, sont d'avoir été couché pendant longtems; une hernie suffoquée & obstruée; quelque coup qui a meurtri la chair; une forte ligature; l'inflammation; une plaie de feu ou de fer; l'application de remedes âcres & corrosifs, ou ulcerans; la brûlure; la morsure d'une bête; ou d'avoir trop refroidi une partie; *&c.*

Les marques de la gangrene sont des noirceurs qui prennent la place à proportion que la rougeur se dissipe; peu ou point de sentiment; la lividité, mollesse, relâchement, & corruption de la partie; l'odeur cadavéreuse qui en exhale; les syncopes & défaillances du malade.

On appelle Gangrene *Humide* celle qui joint le gonflement & l'engorgement, aux indices ci-dessus. La Gangrene *Seche* n'est qu'insensible, livide, sans gonflement; & plus lente dans ses progrès.

La gangrene demande de prompts remedes.

Celle du cerveau, des visceres, ou de la vessie, est mortelle.

Elle est difficile à guérir au dedans de la bouche,

aux levres, aux narines, & aux parties naturelles.

La gangrene annonce la mort; dans l'hydropisie, la phthisie, & le scorbut.

Aujourd'hui la gangrene se trouve souvent compliquée dès l'origine avec nombre de maladies, qui commencent & finissent avec elle : au lieu qu'autrefois ces maladies se terminoient seulement par la gangrene, par des convulsions, ou par des suffocations.

Cure de la Gangrene.

On ne connoît pas d'autre remede pour le *Sphacele*, que l'amputation. (Voyez le *Journal Œconom.* Août, 1762, p. 372). Mais on peut espérer de rétablir la vie dans une partie gangrenée. Les résolutifs & déterfifs puiffans, & les corrofifs, peuvent y contribuer. S'il n'y a ni plaie ni déchirement, on doit appliquer à l'extérieur les résolutifs spiritueux & pénétrans; pour rétablir promptement la circulation dans la partie, réveiller l'action des solides, résoudre & atténuer les fluides épaissis. Dans les cas où il y a rupture des vaisseaux, déchirement, ou plaie; il faut employer les déterfifs forts, & les associer avec les résolutifs spiritueux : afin de charger la partie mortifiée, en partie suppurante. Lorsque les vaisseaux sont extrêmement engorgés, les liqueurs très-épaissies, & le mouvement si éteint qu'on n'ait pas lieu d'espérer de ranimer la partie; il faut appliquer les corrosifs, pour faire détacher & séparer la partie mortifiée, d'avec celle qui est saine, & réveiller la suppuration.

Divers Remedes.

I. Si-tôt qu'on aura reconnu les caracteres de la gangrene, on doit faire prendre des *cordiaux*; tels que la thériaque, le mithridat, l'orviétan : & en appliquer sur le cœur.

On composera quelque *opiate* avec des conserves de roses, ou de buglose, ou d'œillets; dans laquelle on fera entrer des perles préparées, du corail, du bol d'Arménie, du santal rouge, & du citrin, de la terre sigillée, des confections d'alkermes & d'hyacinte. On donnera des *bouillons* assaisonnés de buglose, bourrache, feuilles de souci, laitues, pourpier, & chicorée domestique, ou avec du jus d'orange ou de citron, du verjus, de l'alleluya, de l'ozeille, & des capres. On fera boire avec modération de très-bon vin; & quelquefois on en donnera de celui d'Espagne, ou du rossolis; ou de l'eau de fleurs d'orange avec du sucre, de la cannelle, & de la coriandre pulvérisée. En même tems on scarifiera la plaie, & on la bassinera avec de l'eau salée : puis on la couvrira d'un linge, ou de charpie trempée dans l'esprit de vin, ou dans de très-bonne eau-de-vie : ou bien on se servira extérieurement de la *décoction* suivante. Prenez cinq onces de sel commun, une chopine de vinaigre, quatre onces de miel rosat; faites-les bouillir ensemble l'espace d'un *miserere* : & en les retirant du feu, ajoûtez-y une chopine de bonne eau-de-vie. Ou bien on usera de ce *cataplasme* : Prenez des farines de feves, d'orge, de lentilles, & de lupins, de chacune une demi-livre; du sel commun, & du miel rosat, de chacun quatre onces; suc d'absinte, ou de petite centaurée, ou de marrube, six onces; aloës, mastic, & eau-de-vie, de chacun une once & demie; une pinte de vinaigre, & davantage s'il en faut, pour faire cuire le tout comme en bouillie.

L'on pourra encore se servir de l'*Eau* suivante; qui est pareillement bonne pour les plaies & les ulceres : Prenez une livre d'eau de chaux : versez-la dans une assez grande phiole; ajoûtez-y une dragme & demie de sublimé corrosif bien pulvérisé; puis remuez-les l'un & l'autre. D'abord l'eau deviendra rougeâtre; mais après qu'elle aura reposé, elle sera fort claire. Alors vous la verserez sans la troubler, dans une autre phiole, jettant ce qui sera resté au fond : puis y ajoûterez une dragme de bon esprit de vitriol, ou de son huile, avec du sel de saturne. Brouillez-les bien ensemble; ensuite laissez reposer l'eau, qui deviendra limpide : filtrez-la cependant au travers d'un papier gris : après quoi vous vous en servirez. Il faudra boucher la bouteille avec du liege & de la cire.

Voyez d'*autres Eaux*, ci-dessous *nn.* IV. V. VI.

II. Le remede suivant a eu beaucoup de succès dans des cas de *gangrene causée par le froid.* Prenez du suc des feuilles de tabac, & du sirop de roses seches, de chacun deux onces; esprit de vin, une once; aloës, scordium, & myrrhe en poudre, de chacun une dragme : mêlez le tout ensemble, & l'appliquez sur le mal. On peut se servir de l'eau de tabac, ou de son infusion, pour bassiner la partie.

On appliquera autour de la plaie quelques *défensifs* : comme l'oxycrat; les sucs de plantain, de morelle ou de joubarbe; les uns ou les autres mêlés avec du bol fin, & quelques blancs d'œufs. Lorsque la gangrene sera entiérement ôtée, on ne la pansera plus qu'avec ce *liniment* : Prenez environ quatre onces d'huile rosat, & cinq à six jaunes d'œufs : battez-les ensemble : étendez-en sur le mal avec une plume, & le couvrez d'une feuille de papier brouillard. Toutes les fois que vous le renouvellerez, vous étuverez avec de l'eau-de-vie, ou de l'esprit de vin.

III. Incorporez un gros & demi de quinquina pulvérisé, avec une suffisante quantité de sirop d'œillet : & partagez le tout en trois doses; à donner en *bol*, dans la journée, de quatre en quatre heures. Vous réitérerez suivant le besoin.

En même tems vous frotterez, deux ou trois fois le jour, la partie gangrenée, avec de l'huile de térébenthine : ou avec la *fomentation* suivante. Faites bouillir deux poignées de persicaire douce, dans une pinte de gros vin, jusqu'à la consomption du tiers : passez-les par un linge, avec forte expression : & trempez des compresses dans la colature, pour les appliquer chaudement sur la partie gangrenée ou menacée de gangrene. Renouvellez-les de trois en trois heures : & si elles se trouvent seches alors, humectez-les du même vin avant de les lever. Pendant que vous bassinerez la plaie, vous ferez avaler chaud au malade un petit verre de la même décoction; dont vous aurez mis à part une certaine quantité pour cet usage.

Ce remede est un des plus sûrs dont on puisse se servir pour empêcher la gangrene; ou pour en arrêter les progrès. Si même on s'en sert de bonne heure, lorsque la partie en est seulement menacée, on peut se passer des scarifications. Employé en même tems que le bol ci-dessus, il produit plus promptement son effet.

[En général le quinquina pris à grande dose intérieurement, & sa décoction appliquée sur les scarifications faites à la partie gangrenée, sont des meilleurs remedes pour cette maladie.]

Eau merveilleuse contre la Gangrene.

IV. Prenez environ deux pintes de vin blanc; une demi-livre de sucre; aristoloche ronde (légérement pilée, si elle est récente, ou coupée en petits morceaux & concassée, si elle est seche), dépouillée de sa peau, & lavée trois fois dans du vin blanc, quatre onces. Mettez le tout dans un pot de terre vernissé, & bouchez-le bien. Laissez-le infuser pendant six ou sept heures; faites-le bouillir ensuite à feu lent, jusqu'à la diminution de la troisieme partie; coulez-le quand il sera refroidi, & vuidez cette liqueur dans une phiole de verre, que vous boucherez bien, & gardez pour vous en servir. Elle est très-bonne pour les ulceres & la gangrene. Après avoir coupé toute la chair morte, il faut laver de cette eau, & y tremper les plumaceaux, que l'on appliquera dessus. Consultez le *n.* V.

On en fait des injections dans les ulceres fistuleux.

On se sert aussi de l'*onguent* suivant, dans les ulceres malins, avec la même décoction:

Onguent pour la Gangrene & les ulceres malins.

Prenez de la cire neuve, & de la colophone, une livre de chacune. Faites fondre la cire, puis la colophone, dans une bassine sur un feu médiocre. Puis mettez-y trois livres de beurre bien frais: & ôtez soigneusement toute l'écume. Retirez la bassine de dessus le feu, pour y ajoûter une once de verdet en poudre; & remuez longtems avec la spatule. Le mêlange étant bien fait, vous remettrez le tout sur le feu, pour l'incorporer davantage, le remuant continuellement, & prenant garde qu'il ne brûle: retirez-le un moment après, & mettez-le dans un pot vernissé. Il est plus solide qu'un onguent ordinaire. On l'étend sur des plumasseaux, & on l'applique sur l'ulcere; lavé auparavant avec la décoction: on met par dessus, des linges trempés dans cette décoction. Il faut le changer, de six en six heures.

Prenez un plat de terre ou d'étaim: mettez-y de l'eau décrite ci-dessus. Quand elle sera tiéde, trempez-y du cotton, ou du linge blanc & fin; bassinez & étuvez légérement la partie malade, à deux ou trois doigts autour de l'inflammation: ensuite faites un emplâtre sur une toile commune, de la largeur de l'inflammation. L'ayant appliqué, couvrez-le d'un linge plié en quatre, & imbibé de cette eau, qui passe de trois doigts au-delà de l'emplâtre. Renouvellez ce traitement de six en six heures: vous verrez bientôt un cercle entre la bonne & la mauvaise chair: quand il sera formé, vous enleverez & déchargerez peu-à-peu avec le bistouri la chair mortifiée; continuant toujours ce remede jusqu'à parfaite guérison, sans l'altérer, ni changer aucunement, ni ajoûter ou diminuer. Si les plaies sont internes, il faut les seringuer: si elles sont trop étroites, on les élargit.

Purgation que le malade prendra pendant son traitement.

Jettez dans une chopine de vin blanc, une once de senné du Levant bien mondé; demi-once de feuilles de thym, ou de serpolet; & un quart d'once d'épithyme. Mettez le tout ensemble, dans un pot vernissé & bien bouché, infuser & tremper durant quarante heures; passez le tout par un linge; & donnez-le en trois matins au malade, & un bouillon deux heures après.

[Cette médecine est aussi propre aux goutes sciatiques, gales & dartres: elle purge la mélancolie, l'excès de phlegmes, le cerveau, le foie, la rate, le poumon; désopile les entrailles; éclaircit la vûe & l'ouie; ôte la douleur de tête, le trouble de l'esprit, les rêveries; aide la guérison des ulceres internes & externes. Elle est facile, peu coûteuse, & convient en tout tems.]

V. Prenez une livre de litharge d'or, deux onces de sel commun, quatre onces d'encens, demi-once de gomme Arabique. Réduisez toutes ces drogues en poudre: mettez-les, à l'exception de l'encens, dans un vaisseau avec un demi-septier d'eau-de-vie, une chopine de vinaigre, & trois poissons d'eau commune. Faites bouillir le tout, en remuant toujours avec un bâton, jusqu'à ce qu'un quart soit consommé: & sur la fin de la cuisson, ajoûtez-y l'encens.

Il faut d'abord couper jusqu'au vif toute la gangrene: puis bien laver l'endroit avec cette *eau*, aussi chaude qu'il se pourra; y appliquer ensuite un linge double, trempé dans cette même eau, & un peu exprimé. Il faut renouveller de quart en quart d'heure, jusqu'à ce que l'enflure & la gangrene aient disparu.

Remede souverain & éprouvé.

VI. Mettez vingt livres d'eau de pluie ou de riviere dans un grand bassin d'étaim; & jettez-y quatre livres de chaux vive qui soit encore chaude, s'il se peut; laissez-la éteindre doucement & sans agitation: & lorsque le bouillonnement & l'action seront cessés, ajoûtez-y deux onces d'arsenic en poudre fine, & une once de bon mastic aussi en poudre fine; agitez le tout avec une spatule de bois pendant un bon quart d'heure; couvrez-le ensuite, & laissez-le rasseoir sept ou huit heures, jusqu'à ce que la matiere soit descendue au fond, & que l'eau qui surnage soit bien claire. Cela étant ainsi, versez doucement & passez l'eau claire par un linge sans troubler le fond, qu'il faudra filtrer pour les joindre ensuite ensemble. Laissez reposer le tout dix ou douze heures; puis inclinez doucement & versez l'eau claire dans un pot de grais qui ait un gros ventre; ajoûtez-y deux onces de mercure sublimé corrosif en poudre fine, six onces de très-bon esprit de vin, & deux dragmes de bon esprit de vitriol. Il faut mettre ce mêlange dans des bouteilles, lorsqu'il est encore trouble; & le réserver pour s'en servir de la maniere suivante.

Usage.

Lorsque vous voudrez vous en servir, il faudra le troubler & remuer, afin de mêler ce qui sera clair. On s'en sert ainsi contre la gangrene & ses accidens: pour la cure des vieux ulceres humides, chancreux, fistuleux & malins; toute inflammation douloureuse; les inflammations externes, phlegmons, érésipeles, brûlures. On applique cette eau avec des compresses, plumasseaux, charpie, ou linges. Si on la juge trop violente, on la tempere par l'addition d'une plus grande quantité d'esprit de vin, ou de phlegme de vitriol, ou de celui d'alun. Si on veut s'en servir pour les yeux, il faut la filtrer auparavant, afin qu'elle soit pure, & qu'il n'y ait rien du marc; alors on peut la tempérer avec l'eau-rose, ou celles de plantain, ou de grenade, ou de chelidoine.

VII. Il arrive assez souvent, dans les maladies longues ou malignes, que les malades contractent la gangrene, surtout *aux parties postérieures.* Pour l'arrêter promptement; servez vous de quelqu'un des remedes suivans, qui sont tous excellens.

Ayez des vers de terre, autant que vous voudrez; pilez-les avec de l'eau-de-vie: étendez cela sur un linge, & l'appliquez chaudement sur la partie affectée; changeant deux fois le jour.

Prenez deux onces de sel commun, trois de vitriol, & quatre d'alun calciné; faites-les bouillir dans deux pintes d'eau, jusqu'à ce qu'elles soient réduites à une. Lavez de cette eau le lieu offensé; & mettez une feuille de chou par-dessus. Si cela pique un peu trop, on met un linge trempé dans l'eau par dessus la feuille de chou, & on l'ôte six heures après: & on continue, remettant une autre imbibition, &

une feuille de chou, jusqu'à l'entiere guérison. (Ce remede est encore bon pour les *plaies* & *ulceres.*)

Poudre pour arrêter la Gangrene.

VIII. Mêlez parties égales de chaux vive en poudre, & d'alun de roche calciné & réduit aussi en poudre. Mettez de ce mêlange sur l'ouverture de la plaie. S'il n'y avoit point d'ouverture, il en faudroit faire une, à l'épaisseur d'un écu au-delà de la gangrene; & y appliquer la poudre.

Préservatif contre la Gangrene.

Voyez BAUME *de Tolù.*

Gangrene dans la Bouche.

Voyez sous le mot BOUCHE. Du reste, tentez quelqu'un des remedes ci-dessus.

GANNAPERIDE. *Voyez* QUINQUINA.

GANTELÉE: ou *Gants Notre-Dame; Violette de mer; Ortie bleuë:* en Latin *Campanula vulgatior, foliis urticæ, vel major & asperior.* C'est le *Trachelium* des boutiques.

Cette plante porte des tiges branchues, droites, hautes d'environ un pied & demi, anguleuses; dont les angles sont bordés d'un feuillet membraneux: du reste, les surfaces des tiges sont arrondies, & ont de longs poils rudes. Les feuilles sont très-rudes, entieres, ovales, allongées, profondément dentelées sur leurs bords, placées dans l'ordre alterne: elles semblent formées par le prolongement de la membrane qui revêt les tiges & est terminée à droite & à gauche par le feuillet qui couvre les angles qui sont de chaque côté. Leurs pédicules sont fort larges, & semblent être autant de feuillets membraneux épais. Les rameaux sont pareils aux tiges; & sortent des aisselles des feuilles. Au sommet des tiges & des rameaux naissent des fleurs simples, purpurines, odorantes, dont le tuyau est allongé en forme de doigtier & découpé en cinq parties à son limbe: les autres parties de la fleur sont semblables à celles des autres campanules: ainsi que le fruit. La semence est jaunâtre. La racine est longue, grosse, blanche; & a une odeur aromatique qui n'est pas désagréable.

Cette plante est vivace. On la trouve communément dans les bois; sur les endroits escarpés, arides, pierreux; mais presque toujours à l'ombre. Elle fleurit dans les mois de Juillet & Août.

Propriétés. Sa racine est rafraîchissante, & astringente. On la mange en salade, comme les Raiponces. On lui attribue une vertu singuliere pour les accidens de la luette; & pour les ulceres & autres maladies du col & de la gorge. C'est ce qui l'a fait nommer *Trachelium* & *Cervicaria.* On la fait cuire dans de l'eau pour les convulsions, ruptures, la courte haleine, la toux invétérée, la difficulté d'urine, & pour provoquer les mois. Etant pulvérisée, elle a une bonne odeur; & ainsi est propre à mettre dans les coffres. Ses feuilles, en cataplasme, sont bonnes pour le mal de tête & les inflammations des yeux. La poudre de sa racine appaise la colique néphrétique: la dose est d'un gros, dans un verre de vin. On la prend de même pour la jaunisse. On fait, avec la semence concassée & bouillie dans l'eau d'orge, des gargarismes pour le scorbut des gencives, & pour les ulceres de la squinancie. La teinture de ses fleurs, tirée avec l'esprit de vin, est très-propre à affermir les gencives.

GANTS: *terme de Jurisprudence Féodale.* Consultez l'article VENTES.

Colle de GANTS. *Voyez* sous le mot COLLE.

GANTS *de cuir de poule.* Consultez l'article CANEPIN.

GANTS *Notre Dame.* Voyez GANTELÉE.

Le mot GANDS.

GAR

GARAIS. *Voyez* FUSAIN.

GARANCE: en Latin *Rubia Tinctorum;* en Anglois *Madder*, ou *Madder Root.*

Les plantes de ce genre portent des fleurs d'une seule piece, faites en godet; percées à leur fond; découpées par leurs bords en quatre, cinq, ou six, parties. Dans l'intérieur, sont quatre étamines; & un pistile formé d'un style fourchu; dont la base, qui est l'embryon, fait partie du calice. Lorsque la fleur est passée, cet embryon devient un fruit en baie plus ou moins succulente, composée de deux graines hémisphériques ou presque rondes; dont chacune est recouverte d'une pellicule. Les racines sont rampantes, longues, assez seches, plus ou moins grosses, selon les especes; d'une saveur styptique: & toutes donnent une teinture rouge.

Especes.

1. La plus cultivée parmi nous, est l'espece connue sous le nom de *Rubia Tinctorum sativa* C. B; appellée *Erythrodanum* par Ray, & *Rubi* en Provence. Elle pousse des tiges longues de trois à six pieds, quarrées, noueuses, fort rudes au toucher, qui se mêlent ensemble, sont trop menues pour pouvoir se soutenir à une certaine hauteur, & périssent tous les ans. Chaque nœud est garni de cinq ou six feuilles oblongues, pointues, étroites, rudes en dessous, bordées de dents fines & dures, qui s'attachent aux habits. Ces feuilles sont disposées en étoile autour de la tige; ou, comme disent les Botanistes, *verticillées.* Vers le sommet des tiges & branches, naissent (en Juin, Juillet & Août) des fleurs jaunes-verdâtres: qui produisent des baies noires & luisantes. Les racines de cette plante tracent & pivotent beaucoup; sont vivaces, branchues, ordinairement de la grosseur d'un fort tuyau de plume, couvertes d'une pellicule brunâtre. Quand elles sont fraîches, leur cassure est d'un jaune orangé: & cette couleur devient rouge par l'impression de l'air. Plus ce changement est prompt, plus la racine est parfaite. Le cœur de ces racines est un peu amer.

2. *Rubia sylvestris Monspessulana major* C. B. est plus petite & plus rude, que l'espece précédente. Ses fleurs sont jaunes. Ses fruits viennent en été, & en automne; & subsistent sur la plante pendant l'hiver, si cette saison n'est pas trop rigoureuse. Elle croît d'elle-même dans les haies & sur les bords des champs, presque partout aux environs de Montpellier; en Provence; auprès de Fontainebleau, & ailleurs. Ses racines sont menues, & naturellement rouges. M. Duhamel soupçonne que c'est l'espece dont nous parlons sous le *n.* 10.

3. M. Garidel croit que le *Gallium vulgare album* de M. Tournefort, est la plante nommée par G. Bauhin *Rubia sylvestris lævis;* la *Mollugo vulgatior* de Parkinson: à qui cependant M. Garidel donne pour synonyme *Rubia angulosa aspera*, J. B.

4. *Rubia pratensis lævis* C. B. est un *Gallium*, selon M. Linnæus. Sa feuille est douce. Les branches se soutiennent: & les semences sont rudes.

5. A Kurder, au voisinage de Smyrne; & dans les campagnes d'Ak-hissar & de Yordas, on cultive une espece nommée dans le pays *Azala*, *Hazala*, *Ekme*, *Boïa*, & *Chioc-Boya.* Les Grecs modernes

l'appellent *Lizari*, ou *Izari ;* & les Arabes, *Foüoy*. Nous ne sommes pas en état de décrire cette plante : célebre par le beau rouge qu'elle donne au cotton ; mais dont l'effet peut dépendre de la maniere dont on la fait sécher. Voyez ci-après le *n.* 10, & le titre *Usages*.

6. M. Hellot (*Art de la Teinture*, Chap. XVII.) met au nombre des Garances la plante de la Côte de Coromandel, dont la racine teint le cotton en beau rouge. Il nomme cette plante *Chat :* & il ajoûte qu'elle se trouve abondamment dans les bois de la côte de Malabar ; qu'on la cultive à Tuccorin & à Vaour ; & qu'on estime particuliérement celle de Perse, nommée *Dumas*. Puis il donne comme une autre plante de la côte de Coromandel le *Raye de Chaye*, qu'il traduit *Racine de Couleur*. (Peut-être faudroit-il dire *Red*, au lieu de *Ray de*. Voyez ce que nous disons du *Ray-Graff*, dans l'article GRAMEN.) Le Raye de Chaye ne feroit-il pas réellement la même plante, que celle désignée par le nom de *Chat ?* Il faudroit alors la retrancher de ce genre ; si l'on s'en rapporte à des Mémoires envoyés de l'Inde en 1748, cités par M. Hellot (*ibidem*) ; qui font du Raye de Chaye une espece de *Gallium flore albo*, dont la racine est longue & fort menue.

Attendu le voisinage de Tuccorin, & des Isles d'Amsterdam & de Leyden, il sembleroit que c'est encore la même plante nommée *Zaye* par Jean Ribeyro dans son Histoire de l'Isle de Ceylan. On y lit (p. 188 de la Traduction Françoise imprimée à Trevoux en 1701) que c'est une » herbe excellente » pour teindre en cramoisi, dont on cueille beau» coup dans ces deux Isles, & dont on fait un grand » commerce. «

Cependant il y a si loin de ces mêmes Isles au Royaume de Golconde, où certains Auteurs prétendent que le Chat vient uniquement, que malgré la ressemblance des noms, nous n'insistons pas sur notre conjecture.

Selon M. Garcin (*Dict. de Comm.* édition de Geneve, article CHAY), le Chay a l'air de garance par son port & ses feuilles ; mais il porte une petite fleur blanche, à quatre pétales disposés en croix ; & le fruit est une très-petite capsule seche, un peu applatie en forme de bourse, qui s'ouvre par le haut, & renferme des semences fort menues. La racine est longue, menue, *ondée*, *piquant droit en terre*, de couleur jaune pâle. Cette plante croît dans des endroits sabloneux peu distans de la mer.

Quelqu'un a prétendu que le Chay, cultivé dans les Indes, vient naturellement sur les côtes de la Méditerranée : où nous le négligeons.

M. Miller a reçu, *de Gibraltar* & *de Minorque*, des graines d'une espece qui y subsiste dans les fentes des rochers, & qu'il dit venir sans culture en Espagne & dans les Isles Baléares. » Ses racines sont » fort menues, peu succulentes, & pivotent beau» coup. Les tiges sont menues, quarrées, vivaces, » longues d'un pied & demi, fort branchues ; & les » nœuds sont très-près les uns des autres. Les » feuilles sont fermes, rudes, disposées au nombre » de quatre sur un même plan, longues d'environ » un pouce sur six lignes de largeur à leur partie » moyenne, brillantes ; & subsistent toute l'année. » Cette espece n'a pas encore fleuri en Angleterre : » & ne peut même y soutenir un froid rigoureux. « M. Miller croit que c'est celle que l'*Hortus Leyd.* appelle RUBIA *quadrifolia asperrima lucida peregrina*.

Le Cultivateur Anglois observe que M. Ray a eu tort de regarder comme l'espece *n.* 9 une garance que l'on trouve *dans le pays de Gales*, & sur le Rocher de Saint Vincent ; dont chaque nœud produit quatre feuilles plus longues & plus étroites que celles du *n.* 9 : & qui ne perd ni ses feuilles ni ses tiges en hiver. M. Miller seroit disposé à croire que c'est la même que celle de Gibraltar, si celle-ci ne périssoit pas en hiver dans le climat Anglois. Mais peut-être que cette différence vient de ce que l'espece Angloise se trouve dans son air natal.

7. Nous souhaiterions pouvoir désigner précisément la plante nommée *Reilbon ;* que l'on dit être une espece de garance, à petites feuilles. Elle vient au Chily. Les Malouins en apporterent quelques essais, à leur retour de la mer du Sud, dont ils firent le commerce pendant la guerre pour la succession d'Espagne.

8. M. Hellot (*Art de la Teinture*, p. 376) parle d'une *Tyssa-Voyana* de Canada, comme d'une espece de Garance ; dont la racine, extrêmement menue, a un effet à-peu-près semblable à notre Garance. Mais on démontre cette plante à Paris au Jardin du Roi, sous le nom d'APARINE *floribus albis, caule quadrato infirmo, foliis ad genicula quatuor, fructu rotundo glabro lucido :* Floræ Virginicæ.

9. *Rubia sylvestris aspera, quæ sylvestris Dioscoridis* C. B. Les feuilles du bas des tiges sont verticillées au nombre de six ou sept : celles d'en haut se trouvent seulement quatre, trois, ou deux ensemble. Ces feuilles sont rudes en-dessus comme en-dessous. Les racines sont vivaces, & beaucoup plus grosses que celles du *n.* 1. Les tiges sont plus menues, & assez douces. Les fleurs sont petites, jaunes, & paroissent vers la fin de Juin. Cette espece vient sans culture en Espagne. * *Gardener's Dictionary*. Voyez ci-dessus *n.* 6.

10. M. D'Ambournay a cultivé une garance trouvée sur les rochers *d'Oizel* en Normandie ; dont les racines lui ont donné une aussi belle teinture, que celle du *n.* 5, & qui a mieux résisté au débouilli, que la teinture du *n.* 1. Cette plante pousse plus tôt au printems, que celle du *n.* 1. Ses tiges sont menues, & se panchent jusqu'à terre dès qu'elles ont un pied de longueur. Les feuilles sont plus étroites que celles de la premiere espece. Les racines sont moins grosses, moins vives en couleur, moins garnies de nœuds & de chevelu. Cet Amateur éclairé ajoûte qu'il a retrouvé dans la plante d'Oizel celle que lui a produit la graine du *n.* 5 tirée de Smyrne. *Voyez* cependant les *Elémens d'Agriculture*, T. II. p. 279.

Culture.

L'espece, *n.* 1, subsiste dans toutes sortes de terres ; mais n'y réussit pas également.

Elle aime une terre douce, légere, dont le fond seul est humide, & où l'eau ne séjourne pas. Aussi la voit-on réussir dans des sables gras assis sur un fond de glaise ; qui empêchant les racines de s'étendre en profondeur, les oblige à se couler sur ce sol humide, & dès-là favorable à leurs progrès. On assure que les Zélandois de l'Isle de Tergoès, cultivent la garance dans un terrein gras, argilleux, & un peu salé. On a recueilli de belles racines dans des terres fertiles mêlées de beaucoup de cailloux. M. Guettard en a même tiré de très-belles d'un sable assez sec, dans le Poitou. Cependant on peut dire en général, que les terreins secs y conviennent moins que les humides. Les marais desséchés y sont favorables. Mais elle périt immanquablement dans les endroits où l'eau séjourne : * *Elém. d'Agricult.* T. II. p. 279, 280. M. Miller observe que la graine ne mûrit jamais en Angleterre.

Quand la terre où on veut mettre de la garance est déja en valeur, il suffit de lui donner quelques labours, comme si c'étoit pour semer du grain. Sinon les labours doivent être multipliés. On peut abréger les travaux du défrichement, en coupant d'abord la terre avec des charrues à plusieurs coutres, sans socs; (*Voyez* CHARRUE): puis labourant tout de suite, avant l'hiver, avec une grosse charrue à versoir, pour que les gelées puissent atténuer cette terre trop compacte. Aussitôt que les grandes gelées sont passées, on donne promptement une couple de labours. Après quoi la terre a coutume d'être en état de recevoir le plant aux mois d'Avril, Mai, ou Juin.

On voit de bons Cultivateurs commencer par peler à la houë pendant l'été un terrein rempli de grosses & mauvaises herbes, & brûler les gazons. En général, la meilleure méthode est celle qui contribue davantage à ameublir la terre sans exiger de trop grands frais.

Il est bon d'unir la terre avec la herse, après le dernier labour.

Pour prévenir le séjour des eaux, il convient de faire des fossés autour de la garanciere: qui auront encore le bon effet de la défendre du bétail, & d'empêcher qu'on n'y forme des chemins.

Les fumiers sont très-utiles aux garancieres, surtout quand la terre est maigre. On doit réserver le fumier de cheval pour ameublir celles qui sont trop fortes: le fumier de bœuf & de vache suffit pour les autres.

La garance se multiplie de graine; ou de drageons.

On la seme depuis Mars jusqu'en Mai. Si c'est dans le champ où les plantes doivent rester, il faut souvent y faire les frais du sarclage. On trouveroit mieux son compte (suivant l'avis de M. Duhamel, *Mémoire sur la Garance*, 1757) à répandre la semence dans les planches d'un potager bien labourées & bien fumées; quand elle est levée, la tenir nette d'herbes, & l'arroser dans les tems de sécheresse; puis, les pieds étant assez forts, les planter dans la garanciere: ce qui n'arrive pour l'ordinaire qu'à l'automne de la seconde année. En levant ce plant, on doit ménager soigneusement les racines.

La pratique des drageons enracinés, qui ont environ deux pouces hors de terre, est plus commode; & évite cette perte de tems. C'est aussi la plus commune aujourd'hui. Comme les racines supérieures tracent beaucoup, elles fournissent une multitude de drageons; qui, transplantés après l'hiver, forment bientôt de nouvelles plantes.

Pour former ainsi une garanciere, on prend, ou de la garance qui croît naturellement, ou celle d'un champ qu'on veut sacrifier; ou les pieds élevés de semence dans un potager: en arrachant, on ménage bien les racines; sur-tout les traînasses qui coulent entre deux terres. On replante les pieds en entier, observant d'étendre les traînasses de côté & d'autre. Ce plant fournit beaucoup: trois milliers peuvent suffire pour garnir un arpent.

On peut se ménager une récolte dans la garanciere où on leve du plant; en se contentant de lever les œilletons que les couchis produisent: un arpent fournit assez pour en planter au moins deux avec ses œilletons.

Lorsqu'on arrache des racines pour les Teinturiers (ce qui est l'objet de cette culture), on peut encore en tirer quantité de plant, sans diminuer la vente: puisqu'il est d'expérience que tout tronçon de racine, garni d'un ou deux boutons, & de quelque cheveu, produit un nouveau pied quand on l'enterre à une petite profondeur.

Il y a un autre moyen de multiplier la garance, sans se priver du produit des racines, lorsqu'on a de grands champs de garance: je veux dire que, la seconde année, dans le cours des mois d'Avril, Mai ou Juin (suivant que la saison est favorable), les tiges ayant huit à dix pouces de long; des femmes saisissent la fanne près de terre, & l'arrachent comme si c'étoit de l'herbe pour le bétail: une partie des brins viennent avec de petites racines au bas: d'autres n'ont qu'un peu de rouge; d'autres enfin, seulement du verd & du jaune. Les premiers reprennent facilement, surtout s'il pleut un peu quand ils sont en terre. La reprise est douteuse dans les *provins* qui n'ont que du rouge en bas. Pour ce qui est de ceux qui sont entiérement verds & jaunes, on doit les rebuter: ils périront presque tous. Les provins, dont le bas est brun & ligneux, réussissent. Au reste, on doit avoir l'attention de ne pas arracher trop de plant; & de laisser aux vieux pieds au moins un quart de leurs tiges: sans quoi les racines périroient. Si la terre est trop dure, & qu'en conséquence il vienne trop de brins sans racines, il est à propos de se servir d'un plantoir plat, large de douze à quinze lignes; qu'on enfonce en terre pour rompre la traînasse, & qu'on incline ensuite pour soulever la racine, & empêcher les tiges de se rompre au ras de terre pendant qu'on les tire doucement.

La plupart de ces levées de plant doivent être faites au printems. Celle qui est attachée à la saison de l'arrachis pour vendre, n'est pratiquable qu'en automne dans l'usage ordinaire.

A mesure que les ouvriers levent le plant, il faut se hâter de le mettre en terre.

En plantant la garance que l'on veut cultiver en planches; on se sert de la houë pour former des sillons tirés au cordeau, de trois à quatre pouces de profondeur: ou même davantage, si le plant est gros. Des femmes ou des enfans y couchent les *provins*, ou les pieds, fraîchement levés, à dix, douze ou quinze pouces les uns des autres; étendant les racines à droite & à gauche. (Voyez ci-dessous, la culture pratiquée aux environs de Lille.) Le plant détaché des racines tirées pour la vente, doit être mis assez épais: pour que ce qu'il en périt ordinairement ne laisse pas trop de vuides.

Ce ne peut être qu'une attention utile, de tremper tout plant dans des seaux d'eau avant de le mettre en terre, comme on fait les plants de légumes en grand. Il est à propos que les traînasses de racines se trouvent à un pouce ou un pouce & demi de la superficie: pour que les tiges ayent plus d'aisance à percer & se montrer dehors.

A mesure que la premiere rigole est plantée, des hommes la couvrent de la terre qu'ils tirent pour en former une seconde: où l'on arrange du plant comme dans la premiere. On recouvre celle-ci en formant la troisieme: qui est ensuite comblée avec la terre de l'endroit où sera la plate-bande. (Voyez les *Elém. d'Agric.* T. II. p. 287.)

Chaque planche, large de deux pieds, ne contient donc que trois rangées de garance; à un pied les unes des autres: ce qui est préférable à un plus grand nombre de rangées. Et après la troisieme on laisse un intervalle de quatre pieds jusqu'à la premiere de l'autre planche; pour former une plate-bande vuide; mais qu'on laboure par la suite, avec la charrue comme nous le dirons. Cette distribution d'un arpent de terre emploie environ quarante ou cinquante milliers de provins, ou de plant élevé de semence: & il est presque toujours suffisamment garni avec trois milliers de plantes soit venues d'elles-mêmes, soit tirées d'un champ que l'on sacrifie.

Pour ce qui est du plant formé d'un morceau de racine garni de boutons & de chevelu: l'ayant choisi dans les racines qu'on arrache en automne, il faut le mettre en terre sans différer. On peut aussi former les planches & plate-bandes comme pour le provin.

On est maître de planter au printems ou en automne les plants enracinés; pourvû que l'on se conforme à ce que nous avons dit qu'il faut observer à l'égard des provins. Seulement alors on fait les rigoles plus larges, & proportionnées à la grosseur du plant. On étale les traînasses des racines suivant la direction des rigoles: & on a l'attention que ces racines traçantes ne soient recouvertes que d'un pouce & demi de terre; afin que les tiges aient plus de facilité à percer & se montrer hors de terre.

Comme la garance peut être transplantée en toute saison, l'on fera bien de profiter d'un tems couvert & pluvieux, pour faire cette plantation. Mais l'automne est préférable, non seulement parce que l'humidité de cette saison est plus avantageuse pour la reprise, mais encore parce que les provins qu'on leve alors pour cette opération sont mieux pourvus de racines que ceux qu'on leveroit au printems.

M. Duhamel avertit que l'on abrégeroit beaucoup le travail de la plantation, en se servant ou de plant élevé de semence, ou de provin; & y employant la charrue. Voyez les *Elém. d'Agric.* Tom. II. p. 290-1.

Les plates-bandes sont utiles dans un terrein fort humide, pour recevoir l'écoulement de l'eau. Elles se creusent à mesure qu'on charge les planches par les labours d'été qui font partie de la nouvelle culture. Mais il vaut mieux rayonner un terrain trop sec, de même qu'on le pratique pour planter la vigne: la garance étant alors plantée dans le fond du sillon, comme le sont des asperges, le terrein se trouve de niveau ou un peu bombé sur les planches par les rechaussemens. Voyez le *Mémoire* de M. Duhamel, p. 17: & ses *Elém. d'Agric.* T. II. p. 290.

Il faut veiller pendant quelques jours, pour que les corbeaux & corneilles, avides des jeunes pousses de garance, ne détruisent pas le plant.

Si c'est en automne que l'on ait planté la garance, il suffit de donner de tems en tems quelques labours aux plates-bandes avec une charrue légere à une rouë (espece de CULTIVATEUR). Comme ces labours sont moins destinés à donner de la vigueur aux plantes, qu'à ménager certaine quantité de terre ameublie à portée des planches; ils ne doivent pas être faits dans des tems où la terre trop humide pourroit être corroyée par cette opération. Pour ce qui est des garances plantées au printems: on ne peut gueres se dispenser d'en labourer les plates-bandes avant les mois de Juin ou Juillet.

On profite des tems de pluie, en quelque saison que ce soit, pour regarnir les endroits où une partie du plant a péri.

Les pousses de garance ayant un pied de long, des femmes sarclent à la main les planches pour en ôter toutes les mauvaises herbes. Puis des hommes labourent les plates-bandes jusques auprès des planches, *couchent* les tiges de la premiere rangée par terre du côté de la plate-bande voisine, & les couvrent d'un pouce & demi ou deux de terre meuble qu'ils prennent dans la plate-bande même; ayant grande attention qu'aucun pied n'en soit couvert dans toute sa longueur. Ils périroient infailliblement si les extrémités ne sortoient pas: au lieu qu'avec ce soin, toute la tige tendre qui se trouve en terre forme quantité de racines. Consultez les *Elémens d'Agricult.* T. II. p. 292-3. On couche la seconde rangée entre les pieds de la premiere: & on la couvre de deux pouces de terre. Les branches de la troisieme, étant de même couchées entre les pieds de la seconde, on les couvre aussi. Au moyen de quoi chaque planche est élargie d'un pied, aux dépens de l'une des plates-bandes. Ce travail, qui est un des plus considérables, s'exécute assez facilement quand on a eu soin d'entretenir la terre des plates-bandes bien meubles par des labours à la charrue.

Lorsqu'il n'y a que deux rangées sur une planche, on couche l'une à droite & l'autre à gauche; ce qui élargit de deux pieds la planche, & retrécit proportionnellement les plates-bandes.

On repete cette opération quand les tiges se sont encore allongées d'un pied. Ce seroit nuire aux racines, que de couper les tiges; au lieu de les coucher.

[*Nota.* M. Duhamel ayant reconnu par sa propre expérience que les couchis ne fournissent jamais autant de teinture que les vraies racines, il conseille actuellement de mettre les plants plus serrés, & de ne point faire de couchis.]

Dans l'une ou l'autre pratique, on a soin de sarcler les planches, & donner de tems à autre de petits labours aux plates-bandes pour y entretenir la terre meuble. Consultez les *Elémens d'Agriculture*, T. II. p. 293-4-5.

On y voit, entr'autres, à la page 295, que l'on peut planter ou semer la garance dans une même terre avec des haricots; & que la culture d'une de ces plantes convient à l'autre: ce que je trouve confirmé par M. Miller; qui raporte que les Zélandois de Schowen, la premiere année que l'on a planté les provins, ont coutume d'y recueillir des choux, ou de petits haricots, entre les planches de garance, & ils ont toujours grand soin de ne laisser pousser aucunes herbes inutiles dans la garanciere. Après quoi l'on ne met rien entre les planches.

Au mois de Mars, avant que la garance sorte de terre, il faut couvrir les planches avec de la terre meuble, l'épaisseur d'un pouce: ce qui donne beaucoup de vigueur aux plantes.

En Poitou, où la garance est naturellement abondante; les vignerons ont soin d'en détruire les tiges & les feuilles, comme herbes inutiles, à chacune des quatre façons qu'ils donnent aux vignes: & le long séjour des racines de garance dans la terre fait que quand on les leve, elles ont assez souvent huit à neuf lignes de diametre. Mais ils font cette opération pour ménager la vigne. Autrement on ne doit pas permettre d'arracher la fanne de la garance pendant le cours de la premiere année: les tiges n'ayant pas encore produit beaucoup de chevelu, elles s'arracheroient avec la fanne. Il vaut mieux la laisser périr d'elle-même, si on ne la coupe pas en automne. Au reste il est d'expérience que les plus grosses racines de garance ne sont pas toujours les meilleures pour l'usage colorant, auquel on les destine.

Dans les mois d'Avril, Mai, ou Juin, on arrache le provin, comme nous l'avons expliqué plus haut: &, jusqu'au mois d'Août, l'entretien des garancieres se borne à arracher les mauvaises herbes, & donner quelques labours aux plates-bandes. Mais il seroit bon de donner encore un labour léger & à bras au milieu des planches, surtout quand il n'y a que deux rangées.

En Septembre, ou même dès le mois d'Août, de la seconde année, l'on fauche & fane l'herbe de la garance: qui fait un excellent fourrage pour les vaches; au moyen duquel elles donnent beaucoup de lait, à la vérité un peu rouge, mais dont le beurre est jaune & de bon goût.

Si l'on a besoin de graine pour semer, on ne fauche la garance que quand cette graine est mûre.

Après ces petites récoltes, il est à propos de donner un léger labour aux plates-bandes; principalement dans la vue de les tenir en bonne façon: car c'est à cet endroit que doivent être les planches l'année suivante.

Enfin on arrache les racines soit en automne soit au

au printems. C'est la partie vraiment utile de la garance. Elles doivent dédommager le propriétaire, de toutes ses avances. La meilleure méthode pour faire cet arrachis, est de se servir de la houë pour renverser la terre des planches dans les plate-bandes. S'il se rencontre des mottes, l'ouvrier les casse avec sa houë; & tire les racines, qu'il jette sur le terrein: où des femmes les ramassent dans des paniers ou dans leurs tabliers. Voyez les *Elémens d'Agric.* T. II. p. 299.

Quand la terre se trouve séche dans le tems de cette opération, les racines viennent assez nettes de terre. Mais si la terre est humide, il faut la retirer avec les mains: l'étuve & le fléau acheveront de nettoyer suffisamment les racines. On doit bien se garder de les laver: cette opération, pénible en elle-même, les altere beaucoup quand elles sont récentes; le suc colorant se dissout aisément dans l'eau, & la rougit; ce qui annonce un considérable déchet de la partie utile. Ainsi il vaudroit peut-être mieux ne les arracher qu'au printems: où la terre moins boueuse, s'attacheroit peu aux racines; & tout le plant qu'on mettroit à part pourroit être replanté aussi-tôt. Il est seulement à craindre que l'on manque d'ouvriers dans cette saison.

Nota. Comme on ne peut pas bien tirer par ces moyens les racines pivotantes, qui souvent sont les meilleures, & qui d'ailleurs sont en assez grande quantité dans les terres qui ont beaucoup de fond; ce peut être une raison pour préférer les provins au plant de semence, parce qu'ils pivotent bien moins.

A mesure que les racines sont arrachées, des femmes les étendent sur un pré; pour commencer à les dessécher par le vent & le soleil, avant de les transporter. Afin de ne rien perdre dans ce transport, on met les racines dans une charrette à ridelles garnie de toile. On les étend dans des greniers, ou sous des hangards ou halles, aussitôt qu'elles arrivent: & on ne tarde pas à les mettre dans une étuve: qui acheve de les dessécher assez pour qu'elles ne risquent point de fermenter & se gâter.

Pour épargner une partie des frais de l'étuve, on feroit bien de les laisser quelques jours étendues à une petite épaisseur, telle que de six pouces, exposées au soleil & au vent, dans des greniers, ou sur une pelouse unie, couverte d'un hangard: où on les retourneroit souvent à la fourche. Des tablettes comme celles des Amidonniers y conviendroient bien aussi, avec des clayons. Afin d'éviter l'embarras, on arracheroit les racines par parties, à mesure que les premieres seroient fanées & étuvées. Ménageant ainsi les circonstances des saisons, on pourroit faire durer la récolte depuis Septembre jusqu'en Avril.

Ce prolongement n'est pas assez considérable pour altérer les racines, & faire qu'elles rendent moins de teinture; comme il arrive à celles qui restent en terre au de-là du tems convenable. Consultez les *Elém. d'Agric.* T. II. p. 303-5.

[*Nota.* M. Miller prétend qu'il n'y a pas d'autre tems convenable pour lever de terre les racines de garance, que celui où la plante ne pousse point: & qu'autrement elle se fane très-vîte, & perd plus de la moitié de son poids. Mais c'est peu de chose: car la garance doit diminuer ordinairement de $\frac{7}{8}$ à l'étuve; ensorte que huit cens livres de garance fraîche n'en fournissent que cent de séche.]

Nous n'entrerons pas ici dans le détail de cette étuve: nos Lecteurs le trouveront dans le *Mém.* in-4°. publié en 1757, par M. Duhamel; pages 34 & suivantes, & p. 76: dans ses *Elém. d'Agric.* Tom. II. pag. 319, &c. Seulement nous avertissons qu'elle doit être assez échauffée pour qu'un thermometre de M. de Reaumur, placé au centre, marque de quarante à cinquante degrés au dessus du terme de la glace. Une réduction moindre que de $\frac{7}{8}$ est presque toujours insuffisante pour que la garance puisse se conserver jusqu'au moment de la vente: la racine, dans cet état, se pile souvent mal, se pelote sous les couteaux des pilons au lieu de se pulvériser; l'humidité qui y reste la fait fermenter, & les teinturiers n'en veulent pas, attendu que la partie colorante court risque d'être bientôt altérée.

Quoique dix-huit heures puissent suffire, il est mieux de laisser plus longtems la garance dans l'étuve, que de précipiter le desséchement par une chaleur trop vive. Cette racine seroit de bien meilleure qualité si on pouvoit la sécher entiérement au soleil; ou même à l'ombre, par la seule action du vent; ainsi que les Levantins le pratiquent. Ce seroit peut-être un avantage de l'arrachis qu'on feroit au printems: saison de hâle; tandis qu'en France l'air n'est pas communément assez sec dans le reste de l'année; pour bien dessécher la garance. Le principal est de faire sécher lentement le parenchyme de la racine, en prenant des précautions pour l'empêcher de moisir avant qu'il soit parfaitement sec.

[*Nota.* Selon M. Miller, la Garance de Schowen demeure vingt ou vingt-une heures dans une touraille; puis on la change de place, pour qu'elle subisse un moindre degré de chaleur; ce que l'on fait successivement pendant quatre ou cinq jours. Après lesquels, quand elle est assez séche, on la bat sur une aire pour ôter toute la poudre & la terre: & on l'étend sur une toile de crin, où elle reste environ vingt heures exposée à la chaleur de l'étuve, qu'on proportionne à la grosseur des racines & au froid qu'il fait dehors.]

Le bon degré d'exsiccation est lorsque la garance se rompt net après avoir un peu plié. Mais il est à propos de l'étendre encore à une petite épaisseur, dans un grenier sec, au sortir de l'étuve: l'humidité acheve de s'y dissiper d'elle-même en vapeurs. Voyez les *Elém. d'Agric.* T. II. p. 305.

Quand les racines sont presque refroidies, on les pose sur des claies fort serrées & on les bat à petits coups avec un fléau léger. On les vanne ensuite pour enlever aux grosses racines le chevelu, une partie de l'épiderme, & une terre fine que l'action de l'étuve rend aisée à détacher. Toutes ces matieres, qui altéreroient la qualité des bonnes racines en rendant les teintures moins brillantes, restent sous les claies ou au fond du van. Les petites racines, nettoyées de la terre & d'une partie de l'épiderme, se nomment le *billon*: qui peut être rejetté comme inutile; quoiqu'on l'emploie en Hollande à des teintures communes. Consultez les *Elém. d'Agric.* T. II. p. 304.

En Zélande, les étuves sont si échauffées, que les ouvriers sont obligés d'être presque nuds. Quand les racines sont bien séches, on les moud & on les tamise, pour en séparer la pellicule grise: & le plus pur est entassé dans des doubles sacs, ou dans des futailles, pour être vendu sous le nom de *Garance Grappe.*

M. Duhamel regarde une bonne *Étuve* comme plus nécessaire que le moulin. Il la décrit dans son *Mémoire*, p. 34 & suiv. Si les récoltes sont petites, on peut se servir d'un four, dont la chaleur ne soit que de trente-trois ou trente-cinq degrés du thermometre de M. de Reaumur. Mais cette opération est fort longue. Voyez les *Elémens d'Agric.* T. II. pag. 318.

Lorsque la garance est suffisamment desséchée & mondée de son billon, elle peut être vendue en cet état aux Teinturiers. Le *Moulin* n'est nécessaire que quand on veut la réduire en poudre, ou, comme disent les Teinturiers, la *grapper*. M. Duhamel, afin de ne laisser rien à désirer sur ce qui regarde la garance, traite pareillement de ces *Moulins*, p. 49 & suivantes, & p. 76, de son *Mém.* : & dans le T. II. de ses *Elém. d'Agric.* p. 307, 337-8, & suiv.

Malgré tous les soins que l'on peut prendre pour bien sécher la garance ; si le brouillard penetre dans le moulin ou autre lieu où elle est à découvert, on s'apperçoit qu'elle commence à devenir humide. Il faut alors l'enfermer promptement, & la garder dans un lieu sec. Si même le moulin ne communique pas avec l'étuve, ensorte qu'il en reçoive de la chaleur, la garance reprend aisément de l'humidité, & s'empâte sous les couteaux : ce qui lui fait beaucoup de tort. Comme ces travaux se font presque toujours en hiver, on ne sauroit trop se précautionner contre les brouillards de cette saison. Consultez la p. 64, du *Mémoire* de M. Duhamel.

En employant la garance avant qu'elle soit séche, on économise au moins cinq huitiemes. Voyez les *Elém. d'Agric.* T. II. p. 307-8-9, 310 : où les avantages de cette pratique sont présentés, d'après M. d'Ambournay, sous les vues de l'intérêt particulier du Cultivateur & de l'intérêt des Consommateurs & du Commerce.

Un arpent bien cultivé suivant la nouvelle méthode, peut produire, en dix-huit mois, pour le moins deux mille cinq cent livres de racines fraîches : qui rendront environ trois cent livres de garance séche. Ce seroit même une mauvaise récolte pour un médiocre terrein : dont le produit, année commune, doit être surement évalué à quatre ou cinq cent livres de garance séche. Cette récolte doit beaucoup varier suivant la nature des terres, & la circonstance des saisons. Voyez les *Elém. d'Agric.* T. II. p. 306. Ceux qui se conforment à l'ancienne méthode de cultiver, (que nous expliquerons dans un moment, & qui est celle de Lille) pensent que, plus une garanciere est nouvelle, moins elle rend. Les expériences se croisent sur ce fait : dans un *Mémoire de M. Hellot*, inséré à la tête de celui de M. Duhamel, pages 5 & 6.

Que cette matiere, séche & en poudre, se vende cinquante à soixante livres le quintal : on peut, sans exagérer, évaluer à cent liv. le profit net d'un arpent. M. Miller (*Gardener's Dict.*) a supputé les frais de l'exploitation d'une garanciere en Zélande.

Ceux qui n'ont pas adopté la nouvelle culture, laissent subsister quelquefois dix ans de suite la garance dans une même terre : ne lui donnant qu'un labour chaque année ; & levant tous les ans, au mois de Septembre, les plus fortes racines.

Dans la culture que nous avons ci-devant décrite, comme celle que l'expérience a fait voir être plus avantageuse ; lorsque les planches d'une récolte sont entiérement vuides, on laboure tout le terrein pour y remettre de la garance : observant de placer les planches au milieu de l'espace où étoient les platebandes. Du reste on se conforme à la pratique ci-dessus. Dix-huit mois après, quand cette seconde garance est récoltée, on dispose la terre à porter du grain. Et on peut être assuré d'abondantes récoltes : vû que la garance n'épuise pas le terrein, & que les labours répetés qu'il a reçus le disposent merveilleusement à toutes sortes de productions. Voyez les *Elém. d'Agric.* T. II. p. 368-9, 370.

On pourroit néanmoins continuer à y remettre de la garance, après l'avoir bien fumé.

Selon M. Miller, un sable léger ne peut fournir une seconde récolte de garance, qu'au bout de huit ou dix ans.

La *Culture* de la garance, aux environs *de Lille*, differe peu de la méthode que nous avons détaillée suivant les principes de M. Duhamel. Après avoir fumé la terre, au mois de Novembre, on la laisse reposer jusqu'au mois de Mars de l'année suivante ; que l'on donne un labour avec les charrues du pays : & quand le guéret est un peu hâlé, on le herse pour briser les mottes. En Mai, on donne un second labour très-profond : l'on herse : puis on plante. Ayant arraché le plant dans un champ de vieille garance, voisin de celui qu'on plante, on l'enterre dans celui-ci avec une pioche ou espece de bêche ; observant que les tiges, qui ont ordinairement un pied de long, soient inclinées à l'horison sous un angle d'environ quarante-cinq degrés ; & qu'il ne paroisse dehors que le premier nœud ou l'extrêmité de la plante. Les sillons de garance sont à quinze pouces les uns des autres : & il y a trois pouces de distance entre chaque tige. On laisse, de dix en dix pieds, douze à quinze pouces vuides de garance. Les plantes s'allongent beaucoup jusqu'au mois de Juillet : que l'on donne un léger labour à toute la garanciere avec un instrument fort étroit ; ayant soin de coucher les nouvelles pousses, & de les couvrir d'un peu de terre.

[*Nota.* M. Miller dit qu'à Schowen, en Septembre ou Octobre de la premiere année, on étend avec soin la fanne sur les planches, sans rien couper ; & qu'en Novembre on jette trois ou quatre pouces de terre par dessus : ce qu'ils exécutent à la charrue ou à la bêche.]

Au mois de Mars de la seconde année, les Cultivateurs de Lille fouillent à un pied & demi ou deux pieds de profondeur les espaces vuides : dont la terre sert à couvrir les nouveaux jets jusqu'auprès de leur extrêmité. On arrache, au mois de Mai suivant, le plant dont on a besoin pour former de nouvelles garancieres. Les jets qu'on n'arrache pas, se fortifient jusqu'au mois d'Août. On en fauche l'herbe alors. Et en Octobre on arrache les racines.

En Hollande & en *Zélande*, les planches n'ont que deux pieds de large ; & contiennent quatre ou cinq rangées. On a soin d'arracher souvent les mauvaises herbes. La garance reste en terre communément deux années ; quelquefois, trois ou quatre. On a soin, au commencement de chaque hiver, de répandre de la terre sur les plantes, ensorte qu'elles en soient bien couvertes.

MM. de Corbeil, qui ont apporté beaucoup d'attention & d'intelligence à la culture de cette plante, près de Montargis, ont trouvé une épargne considérable en donnant une partie des labours avec la charrue à une roue, qui n'a pas l'inconvénient d'endommager la garance par le trépignement des chevaux, & par les rouelles, comme les charrues ordinaires. Suivant cette pratique, le champ étant bien labouré & hersé, il faut le diviser par planches de deux pieds de large. Une de ces planches servira alternativement aux plantes ; & l'autre, aux platebandes. On forme avec la petite charrue, au milieu des planches, un sillon unique, large de quatre pouces : & (si on laboure avec des bœufs) le joug doit avoir assez de longueur pour que les bœufs éloignés l'un de l'autre de deux pieds & demi, ne marchent point sur les planches. On couche le plant dans ce sillon, ne mettant que deux pouces de distance d'un plant à l'autre ; & les posant alternativement l'un sur la droite, l'autre sur la gauche du sillon : puis on les couvre de terre avec la houë, ne laissant paroître que deux ou trois doigts de l'extrêmité de chaque provin. Au bout de quinze jours ou trois semaines, quand il y a des pousses hautes d'un pied, on passe un trait de charrue, de chaque côté du plant, pour mettre la terre en façon : & on couche à la main les tiges de droite & de gauche pour garnir la largeur de la planche ; ayant foin que l'extrêmité foit hors de terre. On pourroit dans une année féche, labourer les plate-bandes à la charrue, renverfer la terre du côté des planches, & enfuite en jetter fur ces mêmes planches avec une houë : ou même ; en faifant paffer fur le tout une herfe dont les dents fuffent affez courtes pour ne pas tirer de terre les brins couchés, on porteroit fur les plantes une partie de la terre remuée. Au refte il n'y a point de rifque à endommager médiocrement la fane de la garance. Quand l'année eft humide, on ne peut fe difpenfer de jetter avec la houë une partie de la terre des plate-bandes fur les planches. Et fi on a fait à bras deux fois cette opération, on peut labourer le deffus des planches avec une charrue ou un cultivateur ; qu'il faut conduire de maniere que le foc n'attrape pas les brins couchés.

Il ne faut pas oublier que les couchis ne fourniffent jamais autant de teinture que les racines traçantes ou pivotantes : comme nous l'avons obfervé ci-devant.

On pourra encore confulter ce que dit M. d'Ambournay dans les *Mémoires de la Soc. d'Agriculture de Rouen*.

Un Arrêt du Confeil d'État du Roi, en date du 24 Février 1756, déclare que ceux qui défricheront des marais & autres terreins incultes, pour y mettre de la garance » ne pourront pendant vingt années, à » compter du jour que les defféchemens & défri- » chemens auront été commencés, être impofés à » la taille, eux ni ceux qui feront employés à ladite » exploitation, pour raifon de la propriété ou du » profit à faire fur l'exploitation defdits marais & » terres cultivées en garance...... Et au cas où ils » feroient d'ailleurs impofables, ils feront taxés » d'office par le fieur Intendant & Commiffaire dé- » parti. En outre, ils jouiront de tous les privileges » portés par l'Édit de 1607 & la Déclaration de » 1641, en faveur des entrepreneurs des defféche- » mens. Il leur fera encore permis de tenir, tant à » Paris que dans les autres villes & lieux du Royaume, » des magazins de la garance provenant de leurs ex- » ploitations, & de les vendre tant en gros qu'en » détail, fans qu'ils puiffent y être troublés ni in- » quiétés, *&c.* « Confultez les *Elém. d'Agric.* T. II. page 370.

Un autre avantage que produit la culture de la garance, eft d'occuper beaucoup de monde depuis la récolte des grains jufqu'au printems.

Ufages.

La racine de garance eft d'un ufage fort étendu dans l'art de la teinture des laines & des laineries. Elle leur donne un rouge peu brillant, mais qui eft inaltérable foit à l'air ou au foleil, foit par les ingrédiens qu'on employe pour prouver la tenacité de cette couleur. Elle fert auffi à rendre plus folides d'autres couleurs compofées. Voyez l'*Art de la Teinture*, par M. Hellot, Ch. XVII : les *Elém. d'Agric.* T. II. p. 311, *&c.*

Cette couleur prend bien fur le cotton ; & y devient plus ou moins belle & folide, fuivant la qualité de la racine.

Toutes les efpeces de garance fourniffent cette teinture.

L'efpece, *n.* 1, eft la feule que l'on cultive en Hollande, en Flandre, & dans plufieurs Provinces de France. Les Anglois ont ceffé de la cultiver ; & lui en ont fubftitué une efpece baffe : que M. Miller dit être fort différente, & d'un meilleur ufage pour la teinture. Je ne fçai s'il veut parler de l'efpece *n.* 11 : que j'ai décrite d'après lui. Ce Naturalifte attentif obferve que plus les racines ont d'amertume en fortant de terre, moins leur poids diminue à l'étuve ; & en conféquence leur couleur eft plus eftimée.

L'Azala de Smyrne eft employé à Darnetal & à Aubenas, pour faire fur cotton de belles teintures incarnates qui imitent celles d'Andrinople. Nous avons parlé, ci-deffus *n.* 10, d'une efpece trouvée fur les côtes de Normandie ; qui fournit une auffi belle teinture.

Les garances de Flandre ne produifent jamais un tel incarnat fur le cotton. M. Duhamel paroît bien fondé à croire que cette différence dépend d'autre chofe que de l'efpece particuliere de garance. Auffi M. Miller obferve-t-il que trop de fumier, ou de cendres de charbon de terre, empêchent les racines de prendre une teinte fuffifamment rouge ; & que c'eft le cas des garances cultivées affez près de Londres pour que les fumées du charbon puiffent y influer.

M. Tournefort (*Voyage au Levant*, T. II. page 316) nomme *Boïa*, l'efpece *n.* 5. Il rapporte qu'on envoyoit tous les ans à Erzeroun plus de deux mille charges de chameaux, de fa racine recueillie dans les environs de Teflis & dans le refte de la Géorgie ; que d'Erzeroun elle paffoit dans le Diarbequir, où on l'employoit à teindre des toiles deftinées pour la Pologne ; & que la Géorgie fourniffoit encore beaucoup de cette racine pour l'Indoftan, à l'ufage des peintures de toiles.

M. Garcin dit » que le *Chay*, dont nous parlons » fous le *n.* 6, eft employé par les Indiens pour » affurer toutes leurs couleurs fur les toiles, foit » imprimées foit peintes, & les rendre inaltérables » à l'eau & à l'air. Cette racine donne naturellement » une couleur de chair qui réfifte à tout. Son mé- » lange augmente encore la vivacité des autres cou- » leurs ; particuliérement du Bréfil & du bleu. « M. Garcin foupçonne que notre garance auroit les mêmes avantages.

Le *n.* 10 reprend difficilement de provins.

Des Savans dignes de la confiance du Public produifent des expériences oppofées, concernant le degré de teinture plus ou moins analogue à celle de garance ; que peuvent fournir les racines des *Gallium :* dont le Raye de Chaye eft regardé comme une efpece. Voyez les *Elém. d'Agric.* T. II. p. 276 : & ci-deffus, *nn.* 3, 4, 6.

L'efpece *n.* 1 eft employée en Médecine. Sa racine eft aftringente, réfolutive, apéritive, & felon quelques-uns vulnéraire. Étant pulvérifée, on en fait une décoction, avec une demi-dragme ; qui fuffit pour faire beaucoup uriner, & procurer (dit-on) les regles. On la fait cuire dans de l'hydromel, pour défopiler le foie, la rate, les reins, & la matrice : on prétend que c'eft un très-bon remede pour l'épanchement de la bile. Il eft à propos de fe baigner tous les jours, pendant l'ufage de cette racine, ou des grains de la plante ; qui font également très-diurétiques, pris dans de l'hydromel. On fait bouillir la racine dans de la biere ; que l'on boit pour les chûtes confidérables. Cette racine entre dans le firop d'armoife & dans le firop purgatif & apéritif, de Fernel.

Nous avons déja dit, en parlant de la culture de cette plante, que fes feuilles & tiges font un bon fourrage pour le bétail.

M. Duhamel en ayant mêlé la racine avec la mangeaille de quelques animaux, a eu lieu d'obferver que la teinture fe communiqua à la portion des os qui s'endurcit pendant qu'ils firent ufage de cet aliment ; que celles qui étoient à moitié endurcies n'étoient que d'un rouge pâle ; & les autres plus anciennement dures, parfaitement blanches. Voyez les *Mémoires de l'Acad. R. des Sciences* de Paris, année 1739 : & dans les *Mémoires* de M. Fougeroux *fur les os* (imprimés à Paris *in*-8°, en 1760 chez Guerin

& De la Tour) la Réponse à la quarante-neuvieme objection de M. Bordenave.

Les feuilles & les tiges peuvent servir à nettoyer la vaisselle d'étain.

GARANCE *à quatre feuilles*. Voyez CROISETTE.

GARAS. Voyez FUSAIN.

GARÇONS *de cuisine*. Ce sont ceux qui servent sous le chef de cuisine.

Ils doivent avoir soin de tout ce qui concerne la cuisine ; bien faire écurer & nettoyer la batterie, tenir le garde-manger bien propre & net, mettre le pot au feu aux heures nécessaires, bien écumer la marmite, préparer tout ce qu'il faut pour mettre dans les pots, suivant les ordres que leur en a donné le chef ; bien éplucher les herbes & autres légumes, tant pour les entremêts, que pour les ragoûts, afin que l'Ecuyer trouve tout prêt lorsqu'il veut s'en servir. Il faut aussi qu'ils ayent soin de tenir la quantité de bois & de charbon nécessaire pour la cuisine, n'en point faire de dégât, & prendre garde que les autres domestiques n'en prennent pour porter dans leurs chambres : ce qui arrive assez souvent, à cause de la trop grande familiarité qu'ils ont les uns avec les autres. Si on nourrit & engraisse de la volaille dans la maison, il faut qu'ils sachent & aient soin de leur donner à manger aux heures réglées ; & sur-tout ils doivent avoir soin que personne ne s'approche des pots ni des ragoûts ; de peur qu'on n'y jette quelque chose qui porte préjudice au maître, ou qui marque que le chef a manqué.

GARDE. C'est celui qui a soin de quelque chose.

GARDE-CHASSE : & *Garennier*. C'est celui qui veille à la conservation du gibier. Son devoir est de bien nettoyer les garennes, des bêtes puantes ; & de savoir composer les appas, & tendre les pieges pour les prendre. Il faut aussi qu'il ait soin de la chasse, & qu'il sache bien tirer ; afin de pouvoir envoyer du gibier quand on lui en demande. Il est encore de son devoir de prendre garde aux bois taillis, empêcher que personne n'y mene paître aucuns bestiaux, & veiller de même aux étangs & rivieres, afin que personne n'y pêche. S'il y trouve quelqu'un, il est obligé d'en avertir aussi-tôt le capitaine, & lui en faire un fidele rapport, pour que le délinquant soit puni par amande ou autrement, suivant le délit.

Voyez FORÊT.

GARDE-MARTEAU Consultez l'article EAUX *& Forêts*.

GARDE-MEUBLE : *Tapissier*, ou *Concierge*. Il y a plusieurs maisons où une seule personne occupe ces trois charges : elles sont partagées dans les maisons où chaque emploi a son Officier particulier ; c'est selon le travail qu'il y a à faire, & la commodité du Seigneur. Le devoir de celui qui les exerce toutes ensemble, consiste en la garde de tous les meubles de la maison, dont il est le dépositaire. Il doit avoir soin de les tenir bien proprement, les remuer souvent ; les changer de place de tems en tems, pour empêcher la vermine de se mettre dans les tapisseries, couvertures & autres meubles ; en ôter la poussiere, qui les gâteroit. Il doit encore avoir soin de bien ranger son garde-meuble, afin qu'il trouve toutes choses commodément lorsque l'on les lui demande & qu'on en a besoin ; il faut qu'il fasse rebattre les matelas, raccommoder les tapisseries, chaises, tables & autres meubles, s'il y en avoit de cassés ; & qu'il ait soin de bien couvrir les tableaux, tapisseries, matelas, couvertures, lits de plume, traversins, miroirs, & tous autres meubles où il y a de la dorure. Il faut aussi qu'il sache rentraire les hautes-lisses, & autres choses concernant les ameublemens ; & qu'il fasse sa principale affaire de tenir le tout en bon état, & d'en rendre bon compte toutes-fois & quantes il en sera requis, suivant le mémoire qu'il en doit avoir par devers lui.

Quant aux appartemens & meubles tendus, il doit aussi en avoir un soin particulier ; les bien balayer & vergetter tous les jours ; en ôter la poudre ; empêcher que les araignées ne s'y mettent ; & prendre garde que les souris ne gâtent les tapisseries ; & que les vitres des chambres soient toujours bien propres, bien nettes & bien fermées. Il est encore nécessaire qu'il sache lire & écrire, pour tenir mémoire de toutes les dépenses qu'il est obligé de faire, & pour écrire les noms des personnes allant & venant en l'absence du Seigneur : quoi faisant, & sachant bien monter les lits & housses de toutes sortes de manieres, on ne lui peut gueres demander davantage. Consultez le *Journal Œconom*, Octobre 1753, p. 49.

GARDE-ROBBE : *Plante*. Voyez SANTOLINE.

GARDE-TRAPPE. *Voyez* ce mot dans l'explication du *Traquenard double* ; article BELETTE.

GARDER *des légumes cuits*. Voyez CONSERVER. CONFIRE.

GARDER *les fruits, liqueurs, graines*, &c. *Voyez* CONSERVER.

GARDES : *terme de Venerie*. Ce sont les ergots qui sont derriere le pied des bêtes noires.

GARDES : *terme de Forêt*. Voyez TRIAGE.

GARENCE. *Voyez* GARANCE.

GARENNE. Bois taillis, brossailles, ou bruyere, où il y a beaucoup de lapins. De même que certaines garennes sont presque sans bois, on donne quelquefois le nom de garenne à de petits bois où il n'y a pas de lapins. Les garennes privées ou forcées sont encloses de murs.

Une garenne proprement dite, est un bois taillis qu'on coupe de dix, de douze, ou de quinze en quinze ans.

Quand on veut augmenter sa maison d'une garenne, il faut d'abord prendre ses précautions pour faire ensorte que les lapins dont on la garnira, s'y habituent facilement. Si on l'environne de murailles, la dépense peut excéder de beaucoup la recette.

Il vaut mieux que la garenne soit environnée de bons fossés, le plus profonds qu'il sera possible. Quoique cette clôture ne puisse pas empêcher les lapins d'en sortir, à moins que les fossés ne soient remplis d'eau ; il faut espérer que, moyennant les soins qu'on y prendra & dont nous parlerons ci-après, ces animaux s'y accoutumeront ; comme nous voyons que cela est arrivé à toutes les garennes qui n'ont pour enceinte ni murailles, ni fossés pleins d'eau.

Celui qui veut dresser une garenne, peut la faire aussi grande qu'il a de terre à y employer : mais plus elle est spacieuse, plus les lapins y profitent. Pour ce qui est des fossés, il est à propos de les laisser à sec. Si on y retenoit l'eau, la garenne pourroit devenir mal-saine pour les lapins.

Voyez LAPIN.

L'assiette qui convient à une garenne, est celle d'un côteau exposé au Levant ou au Midi ; & le terrein, est celui de sable. Faire une garenne dans une terre forte ou argilleuse, ce seroit empêcher les lapins de pouvoir fouiller à leur aise pour s'y creuser des terriers. Qui la placeroit aussi en des lieux marécageux, exposeroit les lapins qu'il y mettroit à ne rendre que très-peu de profit.

Comment on doit peupler la Garenne.

Une garenne ne sauroit trop tôt abonder en lapins, pour être en état de rendre du profit. Ceux donc qui souhaitent de la voir bien-tôt peuplée, font provision d'un certain nombre de femelles pleines, qu'ils y jettent. Ces animaux se multiplient ainsi avec le tems, pourvû qu'on se garde de leur donner la chasse les deux premieres années, & même peu la troisieme.

Mais les personnes les plus entendues en cette espece de ménage, prévoient à peupler leur garenne par le moyen du clapier; la voie en est bien plus prompte; & une garenne s'en maintient bien mieux, lorsqu'on a soin de lui préparer ce secours.

On peut y mettre des arbres & arbrisseaux qui viennent fort vîte. Mais il est à propos de planter, avec ces especes de broussailles, des arbres de bonne essence; qui par la suite prendront le dessus, & formeront des boqueteaux utiles, en place de ceux que l'on n'avoit d'abord plantés que pour l'agrément de la chasse.

Si la garenne étoit établie dans une très-bonne terre, il n'y a aucune excellente sorte d'arbre dont on ne pût la garnir. Mais comme on destine ordinairement à cet usage les plus mauvais terreins, on ne peut gueres y mettre que des Coudriers, Sureaux, Cornouilliers, Épines blanches, Azeroliers, Cytises, Obiers, Spiræa à feuille d'Obier, Buisson-ardents, Sumacs, Toxicodendron, Marsaulx, & Bouleaux. Quand la terre est tellement mauvaise que rien ne peut y réussir, l'unique ressource est d'y mettre du Genévrier.

Consultez le *Traité des Arbres & Arbustes*, T. I. page lvij.

L'Ordonnance des Eaux & Forêts (Tit. XXX, Art. XIX) porte que l'on ne peut établir de garenne si l'on n'en a le droit, par aveux & dénombremens, possession, ou autres titres suffisans : à peine de 500 livres d'amende; & en outre, d'être la garenne détruite & ruinée aux dépens de celui qui l'avoit formée.

GARENNE *à Poisson*. Lieu que l'on ajuste de maniere que les poissons viennent s'y retirer.

Moyen de faire une Garenne à Poisson.

Voici une maniere pour pêcher du poisson, quand on voudra, sans appâter, & sans autre embarras qu'un tramail : principalement dans les lieux découverts, & où il n'y a pas beaucoup d'herbiers ni de crônes.

Cherchez un lieu commode où vous puissiez étendre un filet en rond sur une largeur de quatre ou cinq toises; soit au milieu d'une riviere ou d'un étang, si vous avez un bateau; soit au bord, si vous n'en avez pas. Faites faire environ vingt ou trente fascines ou fagots de branches tortues, qui soient liés par les deux bouts, longs de six ou sept pieds, de la grosseur d'un homme; & faites-les porter sur le bord du lieu où vous voulez placer la garenne, ainsi qu'elle paroît dans la figure ci jointe.

Supposé que le circuit A B C, soit le lieu destiné pour votre pêche, vous poserez les fascines dans l'eau toutes de rang, tellement éloignées les unes des autres, qu'il y ait environ un pied d'espace entre deux. Ayant posé le premier rang marqué des lettres D F, faites-en un autre pareil par dessus, ensorte que les seconds fagots croisent les premiers. Vous ferez un troisieme rang, qui traverse aussi les fascines du second; enfin le quatrieme croisera aussi l'autre. Vous éleverez ces rangées jusques à un demi-pied de la superficie de l'eau. Puis il faudra mettre beaucoup de branches & d'herbes par-dessus, pour empêcher le soleil d'y pénétrer. Vous pourrez encore y mettre des pierres, pour faire affaisser le bois, & que le tout soit plus ferme.

Si cette garenne se fait dans une eau courante; on aura un gros pieu de bois ferré par le bout, qu'on

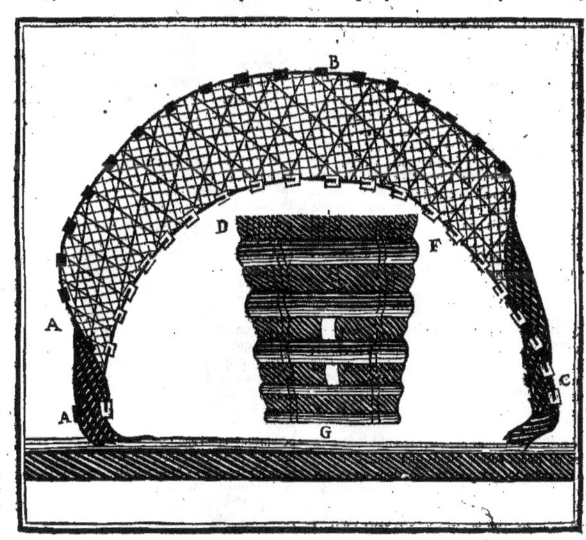

fera entrer dans le milieu du premier fagot, & paſſer dans tous les autres qui ſe rencontreront deſſous celui-là, & de là en terre, pour l'y faire entrer de force; afin qu'il tienne la garenne arrêtée dans un même lieu.

Prenez garde que toutes les faſcines ſoient ſi bien arrangées, qu'il y ait autant de plein que de vuide, pour ſervir de retraite au poiſſon.

Les choſes étant ainſi diſpoſées on doit ſe retirer; & ne point approcher de ce lieu, que huit ou quinze jours après; afin de donner au poiſſon le tems de reconnoître la garenne. En moins de dix ou douze jours, il s'accoutumera à voir cet objet; en approchera peu à peu: & l'ayant reconnu, il s'y retirera.

Quinze jours après, il ſera bon de pêcher un peu loin de la garenne, comme on a coutume de faire; & quelquefois l'on pêchera aux environs aſſez proche du lieu préparé; pour obliger le poiſſon de s'y cacher quand il entendra du bruit. Vous y pourrez auſſi pêcher de tems en tems, ſelon que vous aurez affaire de poiſſon.

Maniere dont il faut pêcher cette Garenne.

Il faut avoir une longue perche, garnie d'un crochet de fer cloué au bout, pour tirer les fagots hors de l'eau; & deux fouloirs pour en fouler le fond.

Après que vous aurez diſpoſé la garenne, & attendu trois ſemaines ou un mois pour y laiſſer retirer le poiſſon, vous pourrez y pêcher avec un tramail bien plombé par le bas & lié par le haut; que vous mettrez dans un bateau avec les deux fouloirs & le crochet de fer, & vous vous en irez bien loin battre l'eau autour du lieu deſtiné pour la pêche & approcherez peu à peu, afin de contraindre le poiſſon de s'y retirer: ce qui étant fait, approchez le bateau avec le tramail à deux toiſes près de la garenne, & déployez le filet tout autour: commençant à l'endroit marqué A, & tournant par B, pour finir à C, qui eſt l'autre bord de la terre. Si les fagots ſont éloignés du chantier, on rapportera le bout C, par derriere G; enſorte que les deux bouts du tramail croiſent l'un ſur l'autre. Quand le tout ſera bien clos en ſorte que le poiſſon ne puiſſe ſortir, on prendra la perche; & avec le crochet on tirera toutes les faſcines les unes après les autres hors de l'enclos du filet, & toutes les branches, s'il y en a; puis avec les fouloirs, il faudra fouler pendant une demi-heure le fond de l'eau dans tout l'eſpace qu'environne le tramail: & lorſque tout le poiſſon ſera mêlé, on levera le filet pour prendre ce qui ſe trouvera dedans: puis on remettra les fagots comme ils étoient auparavant; afin d'y repêcher tous les quinze jours, ou tous les mois de la même façon; parce que le poiſſon s'y retirera toujours.

Autre Garenne à poiſſon.

Il ſe fait dans les rivieres poiſſonneuſes & ſablonneuſes une autre ſorte de garenne, que les Pêcheurs appellent un *Fond* ou une *Porte*; & qui ſe poſe dans les lieux les plus découverts, où le ſoleil donne pendant les grandes chaleurs.

Quand on a deſtiné le lieu pour y placer un *Fond*, il faut y jetter pluſieurs pierres, groſſes comme la tête, éloignées les unes des autres, enſorte que les eſpaces en ſoient autant pleins que vuides. Après cela on couche ſur ces pierres, de vieux ais de bateau attachés enſemble, comme une grande porte, longue d'environ douze ou quinze pieds, & large de huit ou neuf pieds; à laquelle on fait deux ou trois trous au bord pour la lever avec un crochet de fer quand on voudra pêcher. Après avoir couché la porte ſur les pierres, il faut la couvrir d'autres pierres & de ſable; tant pour empêcher l'eau de l'emmener, que pour la cacher à la vue des larrons, & y entretenir davantage la fraîcheur, qui attirera le poiſſon peu à peu, pour ſe loger deſſous entre les eſpaces vuides pendant les grandes chaleurs, ou lorſqu'il ſera épouvanté.

Le lieu où on placera ce fond doit pour le moins avoir quatre pieds de profondeur dans le tems des baſſes eaux.

On peut faire de cette ſorte, des garennes en pluſieurs endroits; qu'on pêchera de tems en tems, comme de quinze en quinze jours, ou de mois en mois, ſelon que l'on appercevra qu'il y aura du poiſſon deſſous.

Conſultez le mot *Fond*, dans l'article POISSON.

GARDIERE. *Voyez* GARRIERE.

GARENNIER. Fermier ou Garde d'une garenne à lapins ou à poiſſon. *Voyez* GARDE-CHASSE.

GARGARISME. Médicament liquide, dont on ſe ſert en gargariſant la bouche & le goſier, ſans rien avaler. On l'emploie pour les indiſpoſitions du goſier, & des parties qui l'avoiſinent; telles que l'intérieur de la bouche, la luette, *&c*: & pour attirer la pituite du cerveau.

On compte ordinairement trois ſortes de gargariſmes: d'*Anodyns*, qui ſe font de lait & de crême d'orge: d'*Aſtringens* & *Répercuſſifs*, préparés non ſeulement pour arrêter les fluxions, mais auſſi pour empêcher les inflammations; & qui ſe font de verjus, d'oxycrat, de ſuc de mûres vertes, de poires ſauvages, de grenades, *&c*: des gargariſmes *Attractifs*, pour attirer la pituite du cerveau; leſquels ſe font de plantes âcres, comme le poivre, le pirethre, la graine de moutarde, *&c*: parmi ceux-ci, ſuivant le conſeil d'*Actuarius*, il faut toujours mêler des choſes douces; de crainte que leur acrimonie exceſſive ne bleſſe les organes du goût. On y mêle ordinairement le miel anthoſat, l'oxymel, l'hydromel, le ſirop de ſtechas; & quelquefois des poudres de cannelle, poivre, girofle, & muſcade.

On peut uſer des gargariſmes en tout tems; mais particuliérement le matin, & entre les repas. Toutefois il faut bien ſe garder d'en uſer quand la fluxion tombe ſur le goſier: & attendre que le corps ait été bien purgé.

Outre ces trois ſortes de gargariſmes indiqués ci-deſſus, on en prépare encore d'autres. Il y en a qui ſont *diſcuſſifs*; dont on n'uſe qu'après que la fluxion eſt paſſée: ils ſe font de décoction d'aigremoine, bétoine, hyſope, orge, raiſins de Damas, roſes, fleurs de ſtechas, régliſſe, avec le miel roſat ou anthoſat. D'autres ſont *malactiques* & *peptiques*, ou *maturatifs*: leſquels ſe font de guimauve, mauve, pariétaire, bugle, raiſins de Damas, jujubes, figues, régliſſe, orge, graine de lin, avec le ſapa & le miel commun. Il y en a enfin de *déterſifs*; leſquels ſont encore de trois ſortes: le premier déterge la pituite épaiſſe qui eſt attachée à la bouche; il ſe fait de décoction d'hyſope, origan, marjolaine, ſauge, thym & régliſſe, avec l'oxymel, ou le miel roſat. Le ſecond ſert à déterger les ulceres: & ſe fait de deſſéchans & d'aſtringens; comme de plantain, piloſelle, aigremoine, fraiſier, cetérac, orge, & roſes, bouillis dans de l'eau ferrée, avec le miel roſat, & le ſirop de roſes ſéches. Le troiſieme eſt bon pour blanchir les *dents*: & ſe fait de décoction de ſauge, & de romarin, où l'on ajoûte du ſel, du vin, & du vinaigre ſcillitique. [Ce gargariſme empêche la pourriture des dents.]

Gargarisme pour éteindre l'inflammation du gosier, en guérir les petits ulceres, raffermir la luette, & arrêter le flux de bouche.

Après avoir fait bouillir une once d'orge entiere dans une pinte d'eau commune; vous y ajoûterez feuilles de plantain & d'aigremoine, & sommités de ronces, une poignée de chacune : la liqueur étant diminuée d'un tiers, coulez-la, & y faites dissoudre une once & demie de miel rosat, avec une dragme de sel de saturne.

Vous pourrez substituer au miel rosat, le sirop de mûres, ou celui de roses séches; & au sel de saturne, depuis une dragme & demie jusqu'à deux dragmes de crystal minéral. Voyez néanmoins ce que Lemery dit des effets de ces changemens, dans sa Pharmacopée.

Consultez les articles CATARRHE. ALUN *de Rome. Usages de l'*AUNE. ACHE. *Maladies du* BÉTAIL.

GARGOUILLE. *Voyez* GOUTTIERE.

GARIBOT. *Voyez* GALIPOT.

GARLICK. *Voyez* AIL.

GARRE. *Crier Garre* : terme de Chasse. C'est le mot que doit crier celui qui laisse courre, & entend le cerf partir de la reposée; afin de faire connoître aux piqueurs qu'il est lancé.

GARRIERE ou GARDIERE. C'est ainsi que les Paysans, qui chassent aux oiseaux marécageux, nomment un creux fait en terre, où ils logent la guede. Ce creux est quelquefois en rigole.

GARRO. Voyez *Bois d'*ALOES.

GARUM. C'est la saumure de chair, ou de poisson, salés.

Le garum empêche les ulceres corrosifs de s'étendre; si on les en étuve. Il est fort bon aux morsures des chiens. On le donne en clystere pour le dévoiement & la sciatique. Il sert à brûler les parties ulcerées dans la dissenterie; & à ulcerer & excorier les parties non ulcerées, dans la sciatique.

Voyez BLÉ, p. 318, col. 1.

Cette saumure sert encore à la préparation des Pelleteries.

GÂT

GÂTÉ. Ce qui est altéré; plus ou moins corrompu; dont la substance a subi un changement considérable dans les principes qui la constituent.

Pour raccommoder les *Liqueurs gâtées*. Voyez BIERE, p. 303.

Pour les *Aromats altérés*. Voyez ce qui est dit de la maniere de renouveller la cannelle gâtée, dans l'article CANNELLE.

GÂTEAU. Sorte de pâtisserie; qui est principalement faite avec du beurre, des œufs, & de la farine.

Maniere de faire des Gâteaux.

Sur deux litrons de farine, mettez deux œufs frais, une demi-livre de beurre, un peu de lait, & du sel ce qu'il en faudra; en paîtrissant le tout ensemble, ajoûtez-y gros comme le pouce de levain. Mettez cette pâte sur une feuille de papier auprès du feu; couvrez-la d'une serviette bien chaude, & la laissez revenir pendant cinq quarts d'heure. Puis formez-en un gâteau, ou plusieurs; & les mettez cuire au four.

Gâteau excellent.

Prenez deux blancs d'œufs frais; ôtez-en le germe, puis fouettez-les le plus long-tems que vous pourrez; mettez-y un quarteron de fleur de farine, & autant de sucre broyé; battez bien le tout ensemble; versez-y une petite cuillerée d'eau-de-vie, & un peu de coriandre en poudre : mêlez bien le tout; puis étendez-le sur du papier bien mince, large comme des assiettes ou environ; enfin saupoudrez-les de sucre, & faites-les cuire au four.

Gâteau de mille-feuilles.

Prenez quatre à cinq livres de farine : faites une pâte feuilletée fine; étendez-la jusqu'à ce qu'elle ait l'épaisseur d'un écu : mettez sur ce feuilletage un plat aussi grand que vous voulez faire le gâteau, & coupez l'abaisse sur cette mesure. Mettez l'abaisse sur une feuille de papier : & formez-en sept ou huit autres pareilles, dont la derniere soit découpée. Puis faites-les cuire au four. Lorsqu'elles seront toutes cuites, vous glacerez celle qui est découpée. Après quoi vous mettrez sur la premiere abaisse un lit de marmelade d'abricots, & le couvrirez d'une autre abaisse; que vous beurrerez de gelée de groseilles. Ayant mis une autre abaisse sur celle-ci, vous la beurrerez de framboises confites : puis une autre abaisse, avec de la gelée de pommes : une autre encore, beurrée de gelée de groseilles : & par dessus, l'abaisse découpée & glacée. Vous les ferez bien joindre toutes. Et pour mieux cacher l'art, vous les glacerez de haut en bas avec une glace blanche, une verte, & une de couleur de cochenille. *Cette glace se fait* en mettant environ une livre de sucre en poudre dans un vaisseau de terre, avec deux blancs d'œufs, & le jus de la moitié d'un citron : on bat bien le tout avec une cuiller de bois : & si la glace paroît trop claire, on y remet un peu de sucre. Ensuite on partage cette glace en trois : dans l'une on met un peu de cochenille préparée; dans l'autre, du jus d'épinars pilés & bien pressés; on laisse blanche la troisieme. Et on glace le gâteau de haut en bas alternativement avec ces trois couleurs. Puis on le met un moment dans le four tiede, ou devant le feu en le tournant de tems en tems; pour que la pâte se séche.

GÂTEAU *d'Amandes*. Voyez dans l'article AMANDIER.

GÂTEAU *de Ruche*. Voyez CIRE.

GAU

GAUCHE. *Voyez* DEVERSÉ.

GAUDE : aussi nommée *Herbe jaune; Herbe à jaunir;* & *Guaulde* dans le *Botanicon Parisiense* de M. Vaillant; en Latin *Luteola herba; Lutum herba; Herba lutea; Flos Tinctorius; Teriacaria.* Elle est appellée *Anthirrinon* par Tragus. Les Anglois lui donnent les noms de *Dyer's Weed; Wild Woad; Weld;* & *Would.*

La *Nouvelle Maison Rustique* dit mal-à-propos qu'on nomme la Gaude *Glastum.* Olivier de Serres se trompe également, lorsqu'il la confond avec le *Genêt d'Espagne.*

La Gaude qui est d'usage, est communément désignée en Botanique par le nom de *Gaude cultivée, qui a les feuilles comme celles du Saule.* Sa racine, blanche & fibreuse, produit des feuilles, minces, longues, douces, d'un verd pâle, étroites, frisées sur les bords, sans pédicule, & échancrées à la base par où elles tiennent à la tige. Les premieres feuilles sont couchées à terre : & à mesure que la tige s'éleve, il naît de nouvelles feuilles qui l'entourent dans une situation partie verticale partie horizontale. M. Guettard observe que le bord externe des feuilles se gonfle en vessies longues & un peu élevées; de même que les côtes des tiges. Toute la plante n'occupe que quelques pouces de terrein. La tige se tient droite, forme une pyramide, & est quelquefois branchue : elle s'éleve quelquefois à quatre pieds de haut. Vers le milieu,

Jusqu'au sommet, se forment aux mois de Mai, Juin & Juillet, selon le climat, quantité de petites fleurs jaunes, ou plutôt d'un blanc sale : composées 1°. d'un petit calice verd, formé d'une seule piece, partagée en quatre qui sont terminées en pointe, & dont deux sont plus ouvertes que les autres : 2°. les pétales sont tantôt au nombre de trois, dont celui qui est au sommet est finement découpé en six parties, & les deux qui sont plus bas à ses côtés ont chacun trois divisions très-fines ; tantôt il y a deux autres pétales de plus, & qui sont de moindre volume, entiers, & placés au-dessous des trois. Le pétale supérieur est arrondi à sa base : où est un nectarium applati, élevé, destiné à contenir une goutte de suc mielleux. 3°. Au dedans de la fleur sont plusieurs étamines, dont les sommets sont droits. 4°. A leur centre est un embryon arrondi, surmonté de trois styles qui s'élevent au niveau des étamines. 5°. Lorsque les étamines & les pétales sont tombés, l'embryon demeure environné du calice ; il y grossit, puis en sort ; & conserve ses trois styles, à la base desquels il s'ouvre : ensorte que ce fruit, arrondi, fort court, est terminé par trois pointes à sa partie supérieure. Dans l'intérieur de cette capsule sont attachées quantité de semences brunes, fort menues, sphériques, ou ovales, ou réniformes. Toute la plante devient jaune en séchant.

Consultez l'article RESIDA.

Usages.

Cette plante est vulnéraire & apéritive. Quelques-uns la mettent aussi au rang des fébrifuges. Matthiole dit que le borax jaune est du borax commun teint avec le suc de gaude. On assure que la gaude est excellente contre les venins : c'est pourquoi on l'a appellée *Teriacaria*. Comme sa racine est âcre, on lui attribue les vertus d'échauffer, discuter, résoudre, & raréfier, étant appliquée au dehors ; & de pousser par les urines & par les sueurs, si l'on en fait usage intérieurement.

La principale utilité que l'on prétend tirer de la gaude en la cultivant, est la propriété de ses feuilles & de sa tige pour teindre en jaune, tant la toile que les draps, après qu'on les a passés au pastel. Elle sert aussi à teindre en verd, & en d'autres couleurs par différens mêlanges. La gaude cultivée est préférée à la sauvage.

Culture.

La gaude vient aisément dans les terres legeres & maigres. On en trouve, non seulement sur les bords des fossés & des haies, mais encore dans des mazures & sur des vieux murs d'Eglises ; dans du sable presque stérile, ou dans de pur gravier.

Il lui faut une terre bien meuble, seche, & peu substantieuse.

On remarque qu'elle réussit particuliérement bien dans un mêlange de sable pur avec une terre noire très-fine. La qualité des endroits où elle s'éleve naturellement annonce que ce n'est pas une plante délicate, & qu'elle n'exige point une culture bien recherchée. Néanmoins elle devient d'autant plus vigoureuse, & plus propre à la teinture, qu'on la cultive avec plus d'attention & de soin.

Il y en a beaucoup en France : où on la cultive particuliérement aux environs de Pontoise. Elle ne reçoit par la culture que des changemens accidentels : ensorte qu'elle est toujours aisée à reconnoître lorsqu'on l'a vue dans l'état sauvage.

Pour avoir cette plante d'une grande beauté, il faut la semer dans les terres qui conviennent au chenevi ; & lui donner à-peu-près les mêmes cultures.

Elle peut être semée seule, ou avec du sarrasin ou de l'aveine. On la seme seule dans les plus maigres terreins ; qu'on a eu soin de bien labourer, & herser une fois.

On la seme, soit au printems soit en automne. Cette derniere saison paroît préférable. Comme sa graine est presque aussi fine que celle du pourpier, il faut éviter de la répandre trop épais : on le fait assez bien & également, en la mêlant avec de la cendre ou avec les grains ci-dessus. Néanmoins la cendre ou la poussiere sont sujettes à s'envoler d'un côté, & laisser la graine aller d'un autre. M. Christophe Hawkins, studieux Cultivateur Anglois, se trouvant à portée de la mer, a imaginé un moyen qui lui a très-bien réussi pour ensemencer tout un champ : c'est d'étendre la graine de gaude au grand air dans un grenier ; labourer deux fois le terrein, & le bien unir à la herse ; prendre, dès que la mer se retire, moitié autant de sable rouge & menu ; le faire un peu sécher, étendu dans le grenier ; le bien mêler avec la graine, y ajoûter de fine scieure de bois ; & semer ce mêlange, à la volée. Comme le sable n'est pas parfaitement sec, la graine s'y attache, & est entraînée à terre par la pesanteur du sable. Ayant ainsi semé vers la fin du mois d'Août, les premieres feuilles soutinrent l'hiver ; les tiges se formerent au printems ; & les plantes mûrirent trois semaines avant celles de ses voisins. Il attribue cette accélération à la salure adhérente au sable : & conclud que le sable de riviere ne procureroit pas le même avantage.

On fait très-bien de la semer avec quelque autre graine ; qui poussant plus vîte, lui forme un abri à la faveur duquel ses racines se fortifient & poussent ensuite plus vigoureusement. Ce ne sont gueres que l'orge, le sarrasin, & l'aveine que l'on seme avec la gaude : on met toujours autant de celle-ci, que quand on la seme seule ; & on passe le rouleau sur la terre. Si on destine le terrein à faire ensuite une prairie artificielle, on peut semer du trefle avec la gaude.

Lorsqu'on n'a pas semé d'autre grain avec elle, & que ses premieres feuilles sont un peu étendues, on sarcle avec la houë ; qui sert encore à éclaircir les plantes en cas de besoin. Il suffit de laisser six ou au plus neuf pouces de distance de l'une à l'autre. En éclaircissant, on transplante pour regarnir ailleurs. On ne touche plus ensuite au champ, ensemencé à la fin de l'été. Mais au printems on sarcle encore, si cela est nécessaire ; ou même seulement pour entretenir le guéret.

Les pluies chaudes sont très-favorables à cette plante. Il y a des Cultivateurs qui l'arrosent dans les grandes sécheresses.

Elle est bonne à cueillir en Juin & Juillet, surtout dans un climat chaud.

La récolte doit s'en faire précisément au vrai point de sa maturité. Si on s'y prend trop tôt, la graine se ride, s'altere, & n'est plus propre à être semée. Si au contraire l'on differe trop, la graine se séche & tombe. Après tout, ce dernier inconvénient est moins à craindre que l'autre. Dans les pays chauds, la graine est communément assez séche lorsqu'on la recueille. Mais dans les climats tempérés, il est besoin de la faire bien sécher après qu'on l'a cueillie, & prendre garde qu'elle ne se mouille.

On voit des Cultivateurs qui ne font que couper la gaude tout près de terre ; prétendant qu'elle produit ainsi plusieurs années de suite. Mais ces récoltes subséquentes sont très-médiocres.

Il est plus dans l'œconomie d'arracher la plante comme le chanvre & le lin, mais avec précaution, pour ne pas perdre la graine, dont la capsule est naturellement ouverte.

La maturité de la plante va toujours de pair avec celle

celle de la graine. Pour saisir le vrai point, on observera que la plante en mûrissant devient jaune, qu'alors les fleurs tombent successivement depuis le bas jusqu'au sommet, & les fruits se durcissent dans le même ordre. Ainsi la plante & la graine sont bonnes à cueillir, lorsque les feuilles jaunissent considérablement, qu'il n'y a plus qu'un petit nombre de fleurs seulement vers l'extrêmité de l'épi, que les fruits, surtout par le bas de l'épi, ne sont plus verds ni mous, & que la graine n'y est plus resserrée. Un tems humide peut faire reparoître quelques nouvelles fleurs, quoique la plupart des fruits soient devenus durs : mais on ne doit y faire aucune attention.

Les arracheurs doivent être expéditifs. On leur recommandera de ne point pancher les plantes, & de leur donner le moins de secousse qu'il sera possible, en les arrachant. Si elles sont bien mûres, on les tire sans peine; ensuite, les tenant toujours droites, on les lie par poignées un peu lâches pour les faire sécher au soleil : après quoi on les transporte au logis. Quelque tems après, on examine si la graine est absolument ferme. Si elle l'est, on couche les poignées sur l'aire, où on les bat légerement, s'il ne suffit pas de les secouer pour détacher toute la graine. On y laisse la graine pendant trois ou quatre jours : elle acheve de se sécher & durcir; puis on la ramasse, & on la nettoye bien.

La plante entiere se vend aux Teinturiers, dès qu'on en a séparé la graine : & on réserve la graine, soit pour semer, soit pour vendre.

Il est avantageux de la semer aussitôt qu'elle est parfaitement séche.

En donnant deux labours, & hersant après le dernier, on peut remettre de nouvelle gaude dans la même terre : & cela jusqu'à trois fois de suite. Après la troisieme récolte, il vaut mieux y semer autre chose, que de vouloir amender avec du fumier : parce que la gaude ne s'accommode nullement de pareils engrais.

Cette plante étant recueillie à propos, on a le tems de préparer la terre pour y semer même du froment.

GAUDES. On nomme ainsi, en Bourgogne, une espece de bouillie faite avec la farine de maïs, comme on en fait avec celles de riz ou de millet. Le paysan déjeûne avec cette bouillie. Le pot est mis dès le matin devant le feu : & quand la bouillie est cuite, chacun en prend une ou deux grandes écuellées : ce qui suffit pour remplir le plus dévorant estomac; sans qu'après cela il puisse manger du pain. Cette farine, ainsi apprêtée, foisonne beaucoup. J'y ai constamment trouvé une saveur agréable.

GAUDRON. *Voyez* GOUDRON.

GAUFFRE. Sorte de pâtisserie faite avec des œufs, du sucre, & de la fleur de farine.

Prenez autant que vous voudrez de fleur de farine : après l'avoir mise dans un vaisseau propre, détrempez-la avec du lait que vous verserez peu-à-peu; mettez-y du sel à discrétion, du beurre fondu, & du sucre. Délayez bien le tout en l'agitant avec une cuiller; & faites-en une pâte qui soit un peu plus ferme que de la bouillie quand elle est cuite.

La pâte étant faite, mettez le gauffrier sur un petit feu clair : quand il sera presque rouge d'un côté, tournez-le de l'autre, & faites-le chauffer de la même maniere. Lorsque les deux côtés seront également chauds, retirez-le un peu du feu, ouvrez-le, & frottez-le en dedans avec du beurre fondu ou du lard : d'autres se servent de beurre entassé dans une cuiller de bois, & en remettent de nouveau à mesure qu'il se creuse; sans quoi le gauffrier ne se beurreroit pas bien. Prenez ensuite de la pâte avec une grande cuiller, & répandez-en tout le long sur un côté du gauffrier, puis fermez-le doucement d'abord, & le mettez sur le feu. Quand vous croirez que la gauffre sera cuite d'un côté, tournez le gauffrier pour la faire cuire de l'autre.

G A Y

GAYAC. *Voyez* GAIAC.

G A Z

Se GAZER. *Voyez* ce mot, dans l'article *Blanchiment de la* CIRE.

GAZON. Terre couverte d'herbes menues & courtes. On fait venir le gazon en le semant, ou en le plaquant.

Pour semer le gazon, on se sert de la graine qu'on appelle communément *graine de haut pré*. On seme cette graine sur la fin de l'automne. *Voyez* PRÉ.

Pour GAZONNER, ou plaquer le gazon; on coupe dans quelque pelouse pleine d'herbe fine, le dessus, par pieces quarrées, de l'épaisseur d'environ trois pouces, sur environ un pied de largeur, & à-peu-près un pied & demi de long; & avec la bêche ou la houe, on sépare le dessus d'avec le fond : puis on va les placer promptement à l'endroit qu'on veut gazonner.

Le terrein doit être dressé, & au moins gratté à sa superficie s'il n'est pas labouré, avant de gazonner.

C'est avec le gazon que l'on fait les tapis des jardins, des massifs & compartimens de parterres. On en garnit aussi des bords de bassins, des pieds de palissades, *&c.*

On bat le gazon, pour qu'il soit plus uni & qu'il ne se sépare point de la terre qui est dessous. Il faut aussi avoir soin de l'arroser; & de le tondre souvent, afin qu'il soit toujours uni & d'un beau verd. Il se tond avec la faulx.

Les beaux gazons d'Angleterre (nommés *Boulingrins* en François, mais dont le nom Anglois est *Bowlingreens*) sont faits d'un petit chiendent à feuilles très-fines & déliées. On les roule souvent; on les tond aussi à la faulx, comme les autres; mais à fleur de terre & très-fréquemment. On y met encore quelquefois le bétail. Il n'y a peut-être point d'autres herbes qui puissent résister si longtems à être souvent rognées de si près. *Voyez* BOULINGRIN.

Les Anglois ont grand soin d'arracher toutes les herbes qui ont les feuilles larges, & qui pourroient gâter leurs gazons.

Dans les travaux militaires, on revêt quelquefois un talus ou glacis, avec des gazons coupés à la bêche par mottes pointues, qu'on affied sur du clayonage & des fascines pour en empêcher l'éboulement. On les nomme GAZONS *à queue*. Cette pratique peut être utile à la campagne.

G E A

GEAI. Oiseau; dont le plumage est aussi doux que de la soie; & varié de rougeâtre, verd, bleu, blanc, noir, & gris. Il est à-peu-près de la grosseur d'un pigeon. Consultez l'*Ornithologie* de M. Brisson, T. II. p. 46 & suivantes.

Cet oiseau vit de fruits, de pois, & de noix : & par conséquent est un de ceux qui nuisent aux jardins. Mais il est rusé; & on ne le surprend pas aisément.

Manieres de le prendre.

1. Consultez les articles REPUCE. CORNEILLE, p. 704, *n.* 5.

2. On se sert encore quelquefois d'un vaisseau large comme un plat ordinaire, haut de quatre doigts ou davantage; qu'on emplit d'huile de noix ou autre

qui soit bien claire. On le met dans un endroit où il y a beaucoup de geais. Sitôt que ces oiseaux s'y voient, ils voltigent d'abord à l'entour ; & appercevant leur image dans cette espece de miroir, se jettent dans l'huile. Lorsqu'ils en sortent, leurs aîles imbibées d'huile ne favorisent gueres leur fuite : & ainsi on les prend sans beaucoup de peine. Pour cette chasse, il faut être caché dans quelque broussaille où on ne puisse pas être apperçu des geais.

3. Consultez le *Journal Œconomique*, Juillet 1752, p. 63.

GEL

GELDING. *Voyez* GUILDING.

GELÉE. En glaçant & augmentant le volume de l'eau dont la terre est pénetrée, les gélées divisent puissamment la terre, & lui donnent une excellente façon. Elles en cuisent, pour ainsi dire, les mottes. C'est pourquoi, s'il survient de l'humidité ensuite, ces mottes fusent en quelque façon comme de la chaux, & se réduisent en poussiere. *Voyez* AMENDER, *n.* 43. HIVER.

Les gelées sont nuisibles à quantité de plantes. *Voyez* BOIS, p. 347, 349. GELIF. ARBRE, *Art.* VIII.

Moyens de prévenir les inconvéniens de la gelée, dans les Jardins.

Voyez *Culture de l'*ANEMONE; *de l'*ARTICHAUD; *&c. Retarder les Plantes*, sous le mot AVANCER. *Ce qui endommage la* VIGNE.

LE tems des gelées blanches est favorable pour prendre les alouettes au miroir.

GELÉE : *espece de Confiture.* C'est le suc des fruits, qui a reçu une consistance épaisse par le moyen du feu. On fait de la gelée de plusieurs sortes de fruits : comme de groseilles, verjus, pommes, & autres.

Gelée de Coings.

Consultez ce mot dans l'article COIGNASSIER.

Gelée de Groseilles.

Il faut prendre quatre livres de groseilles bien épluchées : puis quatre livres de sucre sans être clarifié, que vous ferez fondre avec de l'eau, & cuire à la forte plume. Vous y jetterez les groseilles ; & les pousserez à grand bouillon : vous poserez votre écumoire dessus, afin qu'elles se couvrent du bouillon de sucre. Lorsqu'elles auront jetté sept ou huit bouillons, vous les ôterez du feu ; les verserez sur un tamis, en appuyant votre écumoire par dessus tout doucement, afin qu'il n'y reste point de jus s'il est possible. Vous remettrez ce jus dans la poële sur le feu ; & verrez avec une cuiller sur une assiette, lorsqu'il sera en gelée.

Comme ordinairement dans les ménages, on veut l'abondance plutôt que la beauté, on peut alors mettre sur quatre livres de sucre six livres de groseilles bien épluchées, & faire de même qu'il est dit ci-dessus ; mais il faut les faire cuire un peu davantage.

Si on met l'épaisseur d'un écu, de gelée de groseilles sur des confitures rouges liquides, elle les conserve, les tient fraîches, & empêche qu'elles ne se moisissent ou candissent.

On peut manger le marc des groseilles pendant deux ou trois jours ; attendu qu'il est sucré.

Gelée de Pommes.

Voyez sous le mot POMMIER.

Gelée de Verjus.

Il faut prendre du verjus mûr, le mettre dans une poële à confitures avec un ou deux verres d'eau. Lorsqu'il aura poussé un bouillon, & qu'il sera amorti, vous le jetterez sur un tamis pour l'égoutter ; puis vous y mettrez du sucre, le ferez bouillir jusqu'à ce qu'il soit en gelée, & le mettrez dans des pots.

Vous pouvez y ajoûter du jus de pelures de pommes de reinette ou de courtpendu, pour lui donner plus de corps ; ou du mucilage de pepins de coings.

GELÉE : *terme de Pharmacie ; & de Cuisine.* Cette sorte de gelée est le jus des animaux, qui en bouillant a acquis de la consistance. L'usage est de prendre ces gelées seules, par cuillerées, comme remedes alimenteux.

Gelée de Coq, & de Veau.

Mettez dans un pot de terre neuf, un vieux coq ; dont vous aurez ôtez la peau ; & un jarret de veau, avec les quatre pieds, cassés & blanchis : ou une couple de pieds & deux rouelles de veau. Remplissez d'eau votre marmite ; & la faites écumer. Puis couvrez-la bien : & la tenez auprès d'un petit feu, où elle ne bouille que d'un côté. La viande étant cuite, & le bouillon assez diminué, vous mettrez un peu de ce bouillon dans une assiette, pour voir s'il est assez en gelée. S'il l'est suffisamment, vous le passerez par un tamis de soie, & le dégraisserez bien. Ensuite vous y verserez deux verres de bon vin blanc, & très-clair ; & mettrez le bouillon dans une casserole sur le feu. Quand il sera prêt à bouillir, vous y jetterez une livre ou même cinq quarterons de sucre : & lorsqu'il bouillira, vous y ajoûterez les blancs de sept ou huit œufs bien frais fouettés en neige, un petit bâton de cannelle, & une petite pincée de sel. Le tout ayant bouilli un bouillon, vous y mettrez le jus de quatre ou cinq citrons (plus ou moins selon la quantité de gelée), & une cuillerée à bouche de vinaigre blanc : & ôterez sur le champ la casserole de dessus le feu. Passez-le à la chausse ; ou attachez une serviette sur une chaise, & y vuidez votre gelée doucement, afin qu'elle soit très-claire. Vous la mettrez dans des gobelets ou pots, que vous tiendrez en lieu frais pour qu'elle se prenne plus aisément. Il faut que la gelée soit tremblante.

Cette gelée peut servir pour des entremêts ; ou pour des malades.

Gelée de Corne de Cerf : bonne pour réparer les forces, arrêter le cours de ventre, le vomissement ; & pour résister à la malignité des humeurs.

Prenez demi-livre de rachures de corne de cerf, & six livres d'eau commune : faite-les bouillir doucement dans un pot vernissé garni de son couvercle, jusqu'à la consomption d'environ les deux tiers de la liqueur. Pour lors mettez-en un peu sur une assiette, & laissez refroidir, pour voir si la gelée est faite ; si elle ne l'est pas encore, ajoûtez un peu d'eau chaude, & laissez bouillir comme ci-devant ; quand votre liqueur sera formée en gelée, vous la passerez par un linge, avec forte expression. Ensuite vous y jetterez un œuf battu avec quatre onces de vin blanc, & une once de jus de citron ; vous y ajoûterez une demi-livre de sucre ; puis ayant clarifié le tout, en le faisant bouillir légérement, vous le passerez par un blanchet, & conserverez votre gelée dans des pots de fayance, pour vous en servir dans le besoin. Il faut la laisser refroidir avant de couvrir les pots. *Consultez* l'article *Flux de* VENTRE.

Gelée de Viperes.

Coupez par morceaux les troncs d'une douzaine de viperes nouvellement séparés de leurs peaux & entrailles; coupez aussi les cœurs & les foies : & ayant mis le tout dans un pot de terre qui ait son couvercle, & dont les jointures soient bien lutées avec de la pâte; faites-le bouillir de suite au bain-marie, jusqu'à ce que les viperes soient cuites dans leur propre suc. Pour lors ayant mis sur une écuelle un linge propre, vous les y verserez pour les couler toutes chaudes avec forte expression. En laissant refroidir votre colature, sans la remuer, elle se changera en une gelée excellente & agréable; que vous conserverez comme celle de corne de cerf. Elle pourroit aussi se faire de la même maniere : mais elle est meilleure, étant faite comme ci-dessus.

Cette gelée résiste à la malignité des humeurs; est propre contre la peste, & autres maladies contagieuses; les maladies vénériennes, la lepre, *&c* : & pour rétablir les forces. Elle excite la transpiration.

GELIF ou *Gelis* (Bois). Voyez sous le mot BOIS.

Les chênes, & autres bois, qui sont venus dans des terreins humides, sont sujets à se fendre, lorsque la gelée en fait enfler la seve : ce qui arrive quelquefois avec grand bruit.

Les Forestiers nomment *Gelissure* ou *Gelivure*, les fentes occasionnées dans le bois par la grande gelée.

GELINOTE. Oiseau qui se tient communément dans les pays de hautes montagnes. Il a environ un pied & demi ou deux pieds, de vol; & ses ailes pliées ne vont que jusqu'au quart de la queue. Son plumage est varié de roussâtre, brun, cendré, noirâtre, blanc, *&c*. Sa queue a cinq ou six pouces de longueur, & est composée de seize plumes. Au dessus des yeux est une peau rouge, dénuée de plumes. Le bec est en cone courbé. Il y a à chaque pied quatre doigts, dont trois devant & un derriere; & des plumes seulement à la partie antérieure. Consultez l'*Ornith.* de M. Brisson, T. I. p. 191 & suivantes : où cet Académicien décrit avec beaucoup d'exactitude douze especes différentes; & en a fait graver quelques-unes.

La *Gelinote de bois*, dont nous venons de parler, & qui est celle d'Allemagne & des Alpes, est nourrissante, délicate & très-aisée à digérer. Elle appaise & guérit les douleurs néphrétiques.

On la sert *rôtie*; & apprêtée de même que le faisan.

Voyez BOULEAU, p. 383.

GELIS. GELISSURE. & GELIVURE. } *Consultez* le mot GELIF.

G E M

GEMMA. *Voyez* BOUTON.

G E N

GENCIVE. Cette partie de la bouche est un tissu compact & serré, une chair d'une espece singuliere, une continuation de la membrane commune de la bouche. Les gencives sont fortement attachées au périoste des mâchoires : dont elles couvrent les deux faces du bord alvéolaire; puis s'insinuant dans l'entre-deux des dents, environnent le collet de chacune d'elles, y adhérent étroitement, & les affermissent dans leur situation. Leur vive rougeur est causée par la multitude de vaisseaux dont leur tissu est rempli.

C'est en cette partie qu'existe l'agacement que l'on attribue aux dents : & qui, probablement vient de ce que les gencives étant contractées par l'impression de l'acide, il se fait nécessairement aussi une contraction dans le périoste de la mâchoire, auquel il est uni. Ce périoste étant contracté, il faut que sa partie qui couvre les dents se retire; & posant sur l'extrêmité de la dent, occasionne la difficulté de mouvement & la douleur, que l'on nomme agacement. *Voyez* AGACEMENT.

Les gencives sont attaquées de quelques maladies : dont la principale est le scorbut.

Le *Scorbut* est fort ordinaire parmi les Anglois & tous les Marins. Depuis quelques années, les Hôpitaux de France en sont remplis. L'air & l'eau devenus visqueux, & la mauvaise nourriture, y contribuent beaucoup. Les plus sujets à cette maladie, sont ceux qui mangent trop de graisse, de sucrerie, de fruits cruds, des choses gluantes; & qui font peu d'exercice.

L'on ne s'appercevra pas plutôt que les gencives deviennent fongueuses, putrides, douloureuses; qu'elles exhalent une odeur infecte; qu'il s'y forme des ulceres, ou des apparences de gangrene; que les dents commencent à branler, & deviennent noires; que la salive est âcre & salée; que l'on a peine à dormir, à cause des douleurs & d'une chaleur que l'on ressent par toute la bouche : qu'il faudra recourir aussitôt à la saignée, souvent réitérée, s'il en est besoin; & ensuite aux fréquentes purgations, composées avec le senné, la confection hamech, le sirop de roses. L'on dosera ces remedes suivant les âges. On usera aussi d'agaric, ou des tablettes *de citro*, ou des pilules d'aloès. Dans les intervalles des purgatifs, on fera user de thériaque, ou d'orvietan; & de fois à autre on employera l'une ou l'autre des recettes suivantes, pour en toucher les gencives.

1. Prenez de la chaux vive, de l'alun, & du verd-de-gris, de chacun demi-once. Mêlez-les dans une chopine de vinaigre : après douze heures d'infusion, servez-vous-en, avec du cotton ou du linge.

2. Usez d'eau de cochlearia; *ou* d'eau thériacale; *ou* de sel de corail; *ou* de cendre d'écaille d'huitre; *ou* de gomme lacque en poudre : les deux dernieres sont particuliérement de souverains remedes. *Voyez* SCORBUT. ANTISCORBUTIQUES. BISTORTE. BRUNELLE.

Remede pour les Gencives qui saignent.

Mêlez du corail en poudre avec du jus de plantain; & les en frottez.

Consultez l'article ANTISCORBUTIQUES.

Pour les Gencives ulcérées; blanchir les dents noires; & raffermir celles qui branlent.

Prenez sel commun & alun de roche, de chacun une livre; une once de girofle : le tout bien pulvérisé & mêlé. Distillés au bain de cendres fort doux, dans un alembic de verre, ils donnent une eau; qu'il faut garder dans une bouteille bien bouchée. On trempe dans un peu de cette eau un peu de cotton; & l'on en frotte les dents & les gencives.

Autres Remedes pour les Gencives ulcérées.

1. Prenez du miel rosat, avec un peu d'alun brûlé; & frottez-en l'ulcere : *ou* de la poudre de corail, ou du jus de plantain, mêlé avec autant de gros vin.

2. Voyez BAUME *excellent pour les ulceres des Gencives. Ulceres de la* BOUCHE.

3. Prenez de la racine d'ariſtoloche ronde, trois dragmes; racine de tormentille, une dragme; ſauge, une demi-poignée; véronique, demi-poignée; fleurs de troëne, une poignée: faites bouillir le tout dans une ſuffiſante quantité d'eau; & vous gargariſez la bouche avec cette liqueur.

Pour les Gencives écorchées, & les Dents qui branlent.

1. Prenez du corail, du bol, & du maſtic, autant de l'un que l'autre; & frottez-en la gencive.

2. Faites bouillir des feuilles de chêne: & vous gargariſez de leur décoction, y ajoûtant un peu d'eſprit de ſoufre.

3. Frottez les gencives avec du jus de plantain; *ou* avec de la thériaque; *ou* du vinaigre ſcillitique; *ou* avec de la racine de coleuvrée.

4. Voyez *Ecorchure de la* BOUCHE. L'article DENT. BRUNELLE. ANCOLIE. ACHE.

5. M. Lind calme la grande douleur, en frottant les gencives pluſieurs fois par jour avec le ſuc de tabac & la teinture de myrrhe & d'aloës: puis la diſſolution d'alun, jointe à la décoction d'écorce de chêne, rend aux dents leur fermeté ordinaire. (*Tr. du Scorbut*, Part. II. Ch. V.)

Contre la puanteur & pourriture des Gencives.

Pilez de la quintefeuille, faites-en tiédir le jus, & vous en frottez les gencives.

Conſultez ANTISCORBUTIQUES. ALBATRE. ANCOLIE. *Puanteur de la* BOUCHE.

Conſerver les Gencives.

Voyez l'article DENT.

Enflure des Gencives.

1. *Voyez* ARRÊTE-BŒUF.

2. Les *gencives tuméfiées*, ſe guériſſent avec des remedes un peu aſtringens. Fomentez donc ſouvent les gencives avec du vin rouge, dans lequel on aura fait bouillir de la ſauge, des feuilles de chêne, de l'iris, des noix de cyprès, *&c.*

3. Baſſinez les gencives avec de l'eau dans laquelle vous aurez fait diſſoudre de la chaux: & mêlez avec cette eau un peu d'eſprit de vin camphré.

GENEST: en Latin *Geniſta*: & *Broom*, en Anglois. Les plantes de ce genre portent des fleurs légumineuſes. Le calice eſt d'une ſeule piece, ſéparée en deux levres; dont la ſupérieure eſt diviſée en deux, & l'inférieure en trois. On trouve en dedans de la fleur dix étamines réunies par le bas. Le piſtil devient une ſilique applatie, aſſez longue; dans laquelle ſont ſix à douze ſemences dont la forme approche de celle d'un rein.

Les branches des Genêts ſont fort vertes, & peu garnies de feuilles; qui ſont poſées dans l'ordre alterne, ou verticillées.

Eſpeces.

1. *Geniſta juncea* J. B. Le *Genêt d'Eſpagne* dont les branches ſont comme du jonc. Les feuilles de cet arbriſſeau ſont entieres, velues, étroites, courtes, à-peu-près rhomboïdes.

Il y en a un qui porte des fleurs doubles.

2. *Geniſta Hiſpanica pumila odoratiſſima* Inſt. Celui-ci s'éleve peu. Sa fleur eſt très-odorante.

3. *Geniſta ramoſa, foliis Hyperici* C. B. Cet arbuſte ſoutient mal ſa tige; qui eſt garnie de tubercules, avec quelques petites branches, & de petites feuilles arrondies par le bout. Les fleurs ſont petites, d'un jaune pâle; & forment un épi lâche à l'extrêmité des branches, vers le mois de Juin. Ce genêt vient de lui-même en France & en Allemagne.

4. Le *Genêt purgatif odorant; Genêt griot*, ou *ſauvage*: nommé par J. Bauhin *Geniſta ſive Spartium purgans*. Les feuilles de ce ſous-arbriſſeau ſont très-menues; & verticillées autour des branches. La fleur eſt petite, d'un beau jaune, & fort odorante: elle paroît au mois de Mai.

5. *Geniſta tinctoria Germanica* C. B. Arbriſſeau d'environ trois pieds de haut. Ses feuilles ſont aſſez étroites, aiguës, & preſque glabres. Il fleurit en Juin. Les tiges ſont cylindriques, mais ſtriées; & ſortent dans preſque toute la longueur des tiges. M. Guettard (*Obſ. ſur les Pl.* T. I. p. 239) remarque que » quand la fleur s'épanouit, le piſtil s'approche de l'étendart par un mouvement très-prompt, & va ſe placer dans la ſinuoſité de cette partie, qui a été formée par le plis qu'elle a ſouffert avant ſon développement. « Cette plante eſt commune dans nos campagnes. Comme l'on s'en ſert pour teindre en jaune; c'eſt ce qui a donné lieu à ſa dénomination Latine. C'eſt auſſi pourquoi les Anglois l'appellent *Dyers Broom*, & *Dyers Weed*. On la trouve encore nommée dans cette Langue *Wood Waxen*, & *Green Wood*.

6. *Voyez* GENESTE. GENEST-CYTISE.

Culture.

Tous les Genêts s'élevent aiſément de ſemence: qu'il vaut mieux mettre en terre dès l'automne qu'au printems; parce que c'eſt une année que l'on gagne.

Ils peuvent ſe greffer les uns ſur les autres par approche & en écuſſon. Celui qui ne porte que des fleurs doubles, dont nous avons parlé ſous le *n.* 1, ne portant point de graine, c'eſt la ſeule maniere dont il puiſſe être multiplié.

Quelques eſpeces reprennent difficilement quand on les tranſplante après leur avoir donné le tems de pouſſer un long pivot.

Au reſte, ces arbuſtes ne ſont point délicats ſur la nature du terrein; ils viennent bien par-tout, & ſoutiennent facilement nos hivers.

Uſages.

Les Genêts ſont très-propres à décorer, par leurs fleurs, les boſquets printaniers. On doit donner la préférence aux *nn.* 2 & 4, qui répandent une odeur agréable. Le genêt à fleur double (*n.* 1) eſt recherché, quoique ſa fleur ne ſoit pas fort belle.

Les fleurs de tous les genêts peuvent fournir une teinture jaune. Nous avons déja obſervé que le *n.* 5 eſt d'uſage parmi les Teinturiers.

On confit au vinaigre les boutons de genêt, pour les employer dans les ſauſſes comme les Capres: mais ils ſont ordinairement durs, & n'ont pas le goût relevé de la capre.

En Médecine, on regarde le genêt comme très-apéritif. Le ſel lixiviel de cette plante a quelquefois été d'un grand ſecours dans l'hydropiſie. On fait avec la fleur du *n.* 1 une conſerve, qui fait vomir & purge par bas.

L'eau diſtillée des fleurs eſt bonne pour la pierre. La graine, pilée, & priſe au poids d'une demi-dragme, purge par bas; mais elle nuit à l'eſtomac: c'eſt pourquoi il faut la corriger avec du miel roſat, qu'on mêle avec des roſes & du maſtic. Elle purge les phlegmes, provoque fortement l'urine, détache le gravier des reins & de la veſſie, & empêche qu'aucune matiere étrangere ne s'y arrête.

En brûlant de jeunes branches de genêt verd, ſur une aſſiette, on en tire une huile noire, fort cauſtique, que l'on emploie contre les dartres.

Ces jeunes branches, cueillies & féchées après que la fleur est passée, & avant la maturité des semences, fournissent un fourrage pour les moutons pendant l'hiver.

On fait des balais avec ces arbustes.

Il y a des endroits où on se sert de leurs branches pour attacher la vigne.

En les faisant rouir dans l'eau, comme le chanvre, on peut tirer de leur écorce une espece de filasse, propre à faire des cordes, & même de la toile : selon M. Duhamel.

GENEST-CYTISE : en Latin *Cytiso-Genista.* On donne ce nom à des plantes qui sont de véritables genêts. M. Tournefort dit qu'ils se rapportent au Genêt, en ce qu'ils ont une partie de leurs feuilles qui naissent seules & alternes; & qu'ils approchent du Cytise, par le reste de leurs feuilles qui sont composées de trois folioles disposées en trefle au bout d'une queue. Du reste, la fleur & le fruit appartiennent au genre du Genêt.

M. Linnæus a mis au nombre des *Spartium*, ainsi que plusieurs Genêts, les especes ou variétés appellées par M. Tournefort *Cytiso-Genista scoparia vulgaris*, qui fleurissent jaune ou blanc, & dont on fait des balais dans les pays de forêts.

Ce sont de jolis arbustes qui fleurissent au mois de Mai, & par conséquent peuvent décorer les bosquets printaniers.

Ceux qui viennent naturellement dans notre climat soutiennent bien nos hivers; & se multiplient très-aisément de semence. L'espece qui fleurit blanc étant un peu rare, on la multiplie volontiers en la greffant par approche ou en écusson sur l'espece commune.

GENEST-ÉPINEUX. *Voyez* JONC-MARIN.

GENESTE, ou GENESTROLLE : en Latin *Genistella.* Plante herbacée dont la fleur & le fruit appartiennent au genre du Genêt. Gaspard Bauhin la nomme *Chamæ-Genista sagittalis* : & elle est appellée en Anglois *Dwarf Acorn-shaped Broom.* Elle est fort commune dans les bois. Elle pousse des tiges & branches menues, vivaces, couchées à terre, noueuses, applaties, bordées d'un feuillet membraneux. A chaque articulation est une petite feuille à-peu-près en fer de pique. Les branches sont terminées par un épi serré, composé de fleurs jaunes; qui paroissent vers le mois de Juin, & auxquelles succedent des siliques courtes & velues, dont les semences sont ordinairement mûres en Septembre.

Consultez M. Tournefort *Herbor.* II.

Usages.

Ses fleurs fournissent une teinture jaune. Voyez l'*Art de la Teinture*, de M. Hellot, Ch. XVIII.

L'eau distillée de ces fleurs est bonne pour la pierre : aussi bien que la graine pilée, & prise dans quelque liqueur, au poids d'une demi-dragme. Pour les empêcher de nuire à l'estomac, on les corrige avec la graine de fenouil ou d'anis. Ces remedes purgent par haut & par bas, non seulement les phlegmes, mais encore les viscosités & le sable des reins.

GENÊT. *Voyez* GENEST.

GENEVRE, ou GENEVRIER, en Latin *Juniperus* : & *Juniper* en Anglois. Quoiqu'il y ait beaucoup de ressemblance entre les parties de la fructification du genevrier & celles du cedre, & que pour cette raison M. Linnæus leur ait assigné un genre commun (*Voyez* CÈDRE) ; nous nous en tenons à la distinction établie depuis longtems.

Les genevriers portent des fleurs mâles, & de femelles; tantôt sur différens individus; tantôt sur le même, mais à distance les unes des autres. Les fleurs *mâles*, rassemblées sur un filet, forment toutes ensemble un petit chaton conique & écailleux; chaque fleur contient plusieurs étamines, particuliérement sensibles dans le fleuron qui termine le chaton. Les fleurs *femelles* sont formées d'un calice divisé en trois parties ou davantage; de trois à quatre pétales durs & piquans; & d'un pistil qui est composé d'un embryon arrondi & de trois styls. Cet embryon, qui fait partie du calice, devient une baie, charnue, couronnée par trois petites pointes : c'est ce qu'on nomme le *Genievre.* On trouve dans la pulpe de cette baie plusieurs semences dures, voûtées d'un côté, & applaties sur les autres faces.

Les feuilles du Genevrier sont étroites, applaties, pointues, piquantes, rangées assez près l'une de l'autre sur les branches; & opposées deux à deux, trois à trois, ou quatre à quatre : ce qui les fait souvent paroître comme verticillées. Elles ne tombent point pendant l'hiver. Les jeunes branches sont aussi opposées sur les grosses.

Especes.

1. *Juniperus vulgaris fruticosa* C. B. Le Genevrier ordinaire : arbrisseau qui ne s'éleve gueres au-dessus de trois pieds, fort branchu & confus. Ses feuilles sont communément trois à trois, piquantes, & comme cendrées. Les baies, de vertes qu'elles sont d'abord, prennent en mûrissant une couleur pourpre très-foncée & luisante : elles mûrissent en automne.

2. *Juniperus vulgaris, arbor* C. B. Celui-ci, encore assez commun, est un arbre connu sous le nom de *Genevrier Suedois.* Ce n'est pas une variété du précédent; la graine de chacun produisant toujours des plantes de son espece. Sa tige a souvent dix à douze pieds d'élévation. Ses branches ont une direction plus verticale que celles du *n.* 1. Ses feuilles sont plus étroites, plus piquantes, plus écartées le long des branches : & les baies deviennent plus grosses. Quoique ce genevrier soit fort commun dans le Nord, on le trouve aussi dans nos climats.

3. G. Bauhin parle d'un *Petit Genevrier de montagne, qui a les feuilles larges & le fruit allongé.*

4. *Juniperus major, baccâ cæruleâ* C. B. Cette espece, commune dans l'Italie, a ses branches assez longues, & écartées les unes des autres. Les feuilles sont trois à trois, d'un verd foncé, aiguës, posées horizontalement, & par paquets peu serrés entr'eux. Le fruit est gros, & bleu dans sa maturité.

5. *Juniperus major, baccâ rufescente* C. B. Le *Cadé* de Provence & de Languedoc. Il a dix à douze pieds de haut. Sa tige est garnie de branches dans toute sa longueur. Les feuilles sont petites, obtuses à leur extrêmité; & entament les unes sur les autres, comme les tuiles d'un toît. Les branches sont menues & bien cylindriques. Les fleurs mâles naissent à leur extrêmité; & les femelles, plus bas, dans les aisselles des feuilles des mêmes branches. Les baies sont grosses & dorées.

6. *Juniperus Virginiana, foliis inferioribus Juniperinis, superioribus Sabinam vel Cypressum referentibus* Boerh. Ind. Le *Cedre Rouge* de Virginie, selon M. Duhamel : *Cedre de la Caroline*, suivant M. Miller. Les feuilles de cet arbre sont assez constamment de deux sortes sur les mêmes branches : celles d'en bas de la branche sont semblables à celles du *n.* 2; & celles d'au-dessus imitent celles du Cyprès : singularité souvent sensible jusques dans les plus jeunes rameaux sortant de la tige.

7. *Juniperus Virginiana* H. L. B. *Genevrier* ou *Cedre de Virginie*, ou *de Canada* ; que M. Miller dit

être le *Cedre Rouge*. On le distingue du précédent en ce que toutes ses feuilles sont comme celles des autres genevriers. Il vient en nombre d'endroits de l'Amérique Septentrionale. M. Miller dit qu'on l'y appelle *Cedre Rouge*, pour le distinguer d'une espece de Cyprès, qu'ils nomment *Cedre Blanc*. Ses feuilles sont trois à trois, écartées, & cendrées. C'est un beau & grand arbre, qui soutient bien ses branches.

[Je crois que, malgré l'usage, on pourroit réunir ces deux especes en une seule : j'ai vû les arbres, désignés par la phrase Latine du *n.* 6, porter aussi des branches dont toutes les feuilles étoient de genevrier ; d'autres qui n'en avoient que de cyprès ; & une quatrieme espece où les jeunes pousses portoient des feuilles de genevrier, & les anciennes, des feuilles de cyprès.

D'ailleurs, on est fort accoutumé à trouver à la Caroline, à la Virginie, & dans tout le Canada, les mêmes plantes. Nos 6e & 7e genevriers peuvent donc être indistinctement nommés *Cedres Rouges*, *de Virginie*, *de la Caroline*, &c : vû aussi que ces arbres, dont on vient de voir que le feuillage varie beaucoup, ont leur bois odorant & *rouge*.]

8. *Juniperus Bermudiana* H. L. Bat. Le *Genevrier*, ou *Cedre*, *des Bermudes*. Quand cet arbre est jeune, ses feuilles sont trois à trois, piquantes, & ouvertes: par la suite elles forment des paquets de quatre, qui se recouvrent les unes les autres. Les branches sont alors quarrées. Les baies viennent à l'extrémité des branches, & d'un rouge pourpré.

9. M. Tournefort a apporté *de Crete* un *Genevrier dont le bois est très-odorant :* un autre *à feuilles larges, qui s'éleve en arbre, & dont le fruit est comme une cerise.*

Usages.

Tous les genevriers peuvent être mis dans les bosquets d'hiver. Les especes communes sont d'une grande ressource pour garnir les côteaux crétacés & toutes les mauvaises terres ; & pour former des garennes. Les merles & les grives se nourrissent de leurs fruits : mais la chair de ces animaux n'est pas alors aussi agréable que quand ils sont engraissés de raisin.

Nos genevriers ne forment point de grands arbres, sur-tout dans de mauvais fonds. Ils ont un port bizarre ; poussent à droite & à gauche de longues branches menues, d'où pendent d'autres branches plus menues qui sont chargées de feuilles. Néanmoins une côte plantée en genevriers est bien préférable à ce qu'elle seroit si elle étoit toute nue.

Ces arbres deviennent plus gros dans une bonne terre. On en voit des buches qui ont sept à huit pouces de diametre, sur dix à douze pieds de longueur.

Ce bois, tendre, léger, & par conséquent facile à transporter, est gris quand il est fraîchement coupé : mais quand il est fort sec, il prend un rouge clair assez agréable, & répand une bonne odeur ; c'est un bois de Cedre : qui résiste longtems à la pourriture. Les Ébénistes en font quantité de jolis ouvrages. Il est aisé à travailler.

Il y a des especes dont le bois est un peu plus solide que d'autres.

Quand on brûle du bois de genevrier dans les appartemens, ils sont parfumés d'une odeur plus agréable, que lorsqu'on en brûle les baies.

Il s'amasse souvent auprès des nœuds, & entre le bois & l'écorce, une résine fort claire, par grains, & de bonne odeur. On prétend qu'en Afrique on fait des incisions pour avoir cette résine ; qu'on appelle le *Vernis* ou *Sandaraque des Arabes*. Voyez SANDARAQUE : & ci-dessous, p. 183.

On dit que le *n.* 5 fournit ce qu'on appelle le *Baume de Cade ;* dont se servent les Maréchaux. L'*huile de Cade* ou *de Cadé*, recommandée pour les dartres & la gale, ne provient pas de la distillation du bois de cedre, comme bien des gens le prétendent ; & n'est point une huile obtenue per descensum, de la premiere espece de genevrier, ainsi que l'a cru Clusius : mais du *n.* 5, suivant M. Garidel. Au contraire, De Lobel (*Stirp. Adv. nova*, p. 448] semble dire que c'est une huile qui coule de l'arbre même, *n.* 5. » Spirat suaveolentiam lignum, fun» ditque liquorem, quem illic Oleum de Cade vo» cant. «

Le bois du *n.* 8 a une odeur très-forte, qui même incommode certaines personnes. Il y en a qui en font grand cas pour lambrisser des appartemens, & pour différens meubles.

Les bois de tous les genevriers ont, comme les cedres, l'avantage d'être presque incorruptibles. On en fait de très-bons échalas. Si on en avoit de gros, on pourroit en faire des palissades qui dureroient très-longtems. M. Duhamel parle d'une enceinte de prairie, faite avec le bois du *n.* 6 ou 7, qui subsistoit depuis nombre d'années, dans une situation où une semblable enceinte faite avec du chêne de pareille grosseur n'auroit pas duré trois ans. Selon M. Le Page, l'odeur de cet arbre fait fuir tous les insectes : & cette propriété, jointe aux autres, détermina les premiers François qui s'établirent à la Louisiane, à en former les pieux & la charpente de leurs maisons.

En Médecine, on fait usage de toutes les parties du genevrier. Son bois passe pour diurétique, & sudorifique. On en ordonne l'infusion dans les maladies de la vessie.

On en met dans les tisanes. On en fait aussi brûler pour préserver du mauvais air. On en fait bouillir une once coupée par petits morceaux dans trois chopines d'eau, jusqu'à la consomption d'un tiers de la liqueur ; & on la fait boire au malade par verrées. Il est bon, quand on fait cette tisane, d'y ajoûter une petite poignée de baies mûres, & bien concassées. On prépare aussi avec la décoction du bois de genevrier, un demi-bain qui soulage beaucoup les gouteux. Le vin où l'on fait bouillir les sommités de ses branches, est fort diurétique, & soulage beaucoup l'hydropisie.

Les *Dragées de Saint Roch*, qui sont bonnes pour les maladies contagieuses, sont faites de grains de genievre.

Ces grains ou baies sont stomachiques. On en avale quelquefois avant le repas, pour faciliter la digestion. On les prend aussi en infusion, comme du thé. On leur attribue de fortifier le cerveau, la mémoire, & la vue, nettoyer les poumons & préserver des maladies de la poitrine, rendre la voix nette, chasser les vents, faire sortir le gravier & même les pierres de la vessie, être fort diurétiques ; soulager beaucoup dans la paralysie, le tremblement, la fievre, & surtout la fievre quarte, garantir du mauvais air, échauffer jusqu'à la moëlle des os, corriger l'haleine, secher les larmes des yeux ; enfin, chasser toute langueur intérieure du corps, & la mélancolie. On emploie leur décoction pour la goute froide. Elle donne bonne couleur ; & fait venir les regles des femmes. Il faut que les baies aient été cueillies en pleine maturité.

Teinture de Baies de Genievre.

Après avoir concassé les plus belles & les plus

mûres, vous les mettrez dans un matras, qui n'en doit être rempli qu'à moitié. Puis ayant versé pardessus de l'esprit de vin, jusqu'à la hauteur de cinq ou six doigts, vous les mettrez en digestion pendant cinq ou six jours dans un lieu chaud; & aussitôt que le menstrue aura pris une couleur rouge brune, vous filtrerez cette teinture, & la conserverez dans une bouteille bouchée exactement. La dose en est depuis vingt gouttes, jusqu'à deux dragmes. Elle est propre contre la léthargie, l'apoplexie, la paralysie, les humeurs froides, les loupes naissantes. On s'en sert intérieurement, & extérieurement.

Confiture ou *Extrait de Genievre:*

Qu'on nomme en Latin *Theriaca Germanorum*, parce que les paysans Allemands s'en servent comme de la thériaque.

Prenez la quantité que vous voudrez de graines ou baies de genievre : pilez-les bien dans un mortier de marbre; mettez-les ensuite dans une chaudiere, & versez-y de l'eau bouillante, de sorte qu'elle surnage. Faites-les bouillir durant une demi-heure entiere; ayez un morceau de toile neuve, avec laquelle vous coulerez cette décoction; & en tirerez tout le suc à la presse. Prenez tout ce qui sera coulé & exprimé; reversez-le dans la même chaudiere (ou dans une autre, pourvu qu'elle soit bien nette); & mettez ce vaisseau sur le feu, jusques à ce que la matiere ait acquis par l'ébullition la consistance de miel. Ajoûtez sur la fin de la coction, du sucre à discrétion pour rendre cet extrait plus agréable. Quand l'extrait sera achevé, vous le conserverez dans un pot, pour vous en servir au besoin. [Il est moins amer & moins âcre quand, ayant fait bouillir les baies sans les piler, & sans exprimer; puis la décoction étant évaporée jusqu'à consistance de sirop; on a achevé l'évaporation au bain-marie.]

Il faut en prendre de la grosseur d'une feve, le matin à jeûn; & ne rien avaler de trois heures. On peut en prendre aussi le soir, pourvû qu'il y ait quatre heures qu'on ait mangé.

C'est un remede fortifiant : & propre pour la gravelle, le mal de reins, la suffocation de matrice, les évanouissemens, le dévoiement d'estomac, la surdité, l'hydropisie, l'oppilation de foie, le mauvais air, *&c.*

On doit ne point en faire usage pendant l'été : à moins que la nécessité ne l'exige.

Voyez ci-dessous, pag. 184.

Confiture seche de Genievre.

Faites tremper la graine bien mûre dans du vin, ou blanc ou clairet, avec égale quantité d'eau-devie ou d'esprit de vin, durant vingt-huit heures dans un vaisseau bien fermé. La graine étant bien renflée, mettez une livre & demie de sucre & une once de cannelle fine pour chaque chopine de liqueur. Faites bouillir le tout une bonne heure devant le feu, ou au bain-marie. Lorsque cette composition sera froide, vous retirerez la graine pour la faire sécher à l'ombre dans une chambre sur un linge blanc. Après quoi vous la mettrez dans une boëte; & pourrez la garder ainsi deux ans.

On avale ces grains sans les mâcher; & on y joint un peu de leur sirop. La dose est de trois ou quatre grains, pour les jeunes personnes; & de six ou sept pour les autres. On peut en user ainsi trois fois la semaine, matin & soir.

Cette confiture guérit les maux de tête, fortifie le cerveau & la mémoire, conserve & éclaircit la vûe, purifie l'estomac, nettoye le cœur, éclaircit la voix, facilite la digestion, fait bonne haleine, réveille les esprits, procure un sommeil reglé, brise la pierre, fait bien uriner, excite l'appétit, guérit le tremblement, donne de la gaité, préserve de la paralysie, guérit toutes sortes de fievres & particuliérement la fievre quarte, expulse tout venin, est bonne pour les douleurs de ventre, fait passer celles de la matrice, rétablit & nourrit le foie gâté, calme les maux de reins, amortit le feu des plaies & les nettoie, chasse les vents, & garantit des effets du mauvais air.

Eau-de-vie, ou *Ratafia de Genievre.* Voyez T. I. page 863.

Sirop de Genievre.

Faites infuser chaudement pendant neuf jours des baies récemment cueillies, & bien mûres; ensuite faites-les bouillir pendant un peu de tems; & après les avoir écrasées avec les doigts, remettez-les bouillir encore un peu; puis passez la liqueur avec forte expression : mettez-la sur le feu avec suffisamment de sucre, & faites-la cuire en consistance de sirop.

Ce sirop est cordial, stomacal, & hystérique; on en peut prendre depuis quatre gros, jusqu'à une once.

Vin de Genievre.

Il faut prendre des grains bien mûrs; en mettre plein une écuelle dans deux pots d'eau ou de vin; les faire bouillir ensemble pendant un quart d'heure; & quand le tout sera refroidi, en faire sa boisson ordinaire : sans jamais craindre aucune mauvaise suite, à moins qu'on ne soit déja très-échauffé. Vous laisserez toujours les grains dans la liqueur, parce qu'elle tire mieux la force & la vertu du genievre. Elle est bonne pour la gravelle : & maintient toutes les fonctions du corps.

On peut encore en faire un *autre*, avec les mêmes préparations que la *Sapinette.* Ce sont les baies, que l'on y emploie. M. Duhamel conseille d'y ajoûter de la melasse. Dans les pays remplis de forêts, on se contente de verser de l'eau sur un râpé de baies de genievre : mais il faut être accoutumé à cette boisson, pour la trouver agréable. M. Duhamel dit qu'elle est beaucoup meilleure lorsqu'on la fait comme il a dit ci-dessus. *Voyez* SAPINETTE.

Préparation particuliere de GENEVRETTE.

Faites bouillir trois quarterons de grains de genievre, qui soient beaux & bien mûrs; dans quatre pintes d'eau, jusqu'à consomption de moitié. Passez ensuite sans expression; & faites bouillir la colature, avec demi-livre de sucre, demi-gros de girofle, & autant de cannelle. Le tout étant réduit à moitié, passez la colature dans une serviette double; & la versez dans une bouteille, avec égale quantité d'eau-de-vie. Cette préparation a les mêmes propriétés que les autres. Quelques-uns la colorent avec la teinture de bete-rave.

Distillations de Genevre.

Le *bois* produit un esprit acide, une huile, & un sel.

Les *baies* rendent une essence ou huile éthérée, une eau spiritueuse, & un esprit ardent.

La *résine* fournit un baume anodyn, & une huile nervale, pour appaiser les douleurs & guérir les blessures.

Prenez le *bois*, avec ses feuilles & ses baies. Hachez-les bien menu, pour les mettre dans une ample retorte de terre; que vous placerez au fourneau de reverbere clos, avec son récipient. Vous continuerez le feu par degrés, jusqu'à ce que l'esprit & l'huile que le bois contient soient entiérement chassés par le feu ; c'est-à-dire jusqu'à ce que le récipient s'éclaircisse. L'*huile* n'a pas besoin d'être rectifiée ; parce qu'elle est seulement employée pour guérir les coupures des nerfs. Mais l'*esprit* qui en sera séparé & qui est rougeâtre, sera rectifié au bain de sable ou de cendres, pour être réservé comme un bon diurétique & sudorifique.

Préparation des baies.

Prenez quatre livres de baies de genievre, des plus grosses, bien mûres, & de l'année. Pilez-les dans un mortier, avec un pilon de bois : puis les mettez dans une grande cucurbite de cuivre avec douze livres d'eau chaude, qui soit de pluie ou de riviere : placez-la sur le fourneau, & y adaptez le réfrigérant & le récipient ; puis lutez bien toutes les jointures. Laissez ainsi la matiere en digestion pendant trois jours. Après ce tems distillez-la à un feu de charbon assez fort. Le récipient se remplira d'une eau spiritueuse, sur laquelle l'huile nagera. Vous les séparerez : & les garderez toutes deux ; la séparation s'en fait avec du cotton. Il faut garder surtout l'huile, dans une bouteille bien bouchée.

Cette huile ou essence est propre à fortifier le cerveau & l'estomac, & atténuer la pituite grossiere. Elle est bonne pour la pierre, le scorbut, les écrouelles ; pour exciter l'urine ; pour les maladies hystériques, la douleur néphrétique, la colique venteuse ; les vers ; & pour résister à la putréfaction. La dose est depuis une goutte jusqu'à six. Observez bien le récipient, afin d'en substituer un autre lorsque l'huile sera à trois doigts de son cou. Ayant séparé l'huile avec du cotton, vous continuerez l'opération jusqu'à ce que les baies ne rendent plus rien. Ayez soin de reverser l'eau dans la retorte, à chaque fois que vous séparerez l'huile en changeant de récipient.

L'eau sur laquelle l'essence de genevre surnageoit, est spiritueuse, odorante, céphalique, stomacale, apéritive, incisive, & sudorifique. On la donne depuis une once jusqu'à cinq.

Si vous voulez faire un *extrait* simple des distillations précédentes ; qui servira aux pauvres, de thériaque, de mithridat, & d'orvietan : il faut couler & exprimer chaudement le dernier tiers de ce qui restera dans la retorte, & faire évaporer lentement l'expression jusqu'à consistance d'extrait liquide ; que vous réserverez pour l'usage.

Si après toutes ces opérations, vous faites sécher le marc des expressions & le calcinez ensuite : vous en ferez la lessive ; la filtrerez ; & la ferez évaporer, pour en tirer le *sel*. Ce sel est atténuant, incisif, résolutif, diurétique, & propre contre la pierre. On le donne depuis douze grains, jusqu'à deux scrupules.

Esprit de Genievre.

Concassez les baies, & les mettez dans un barril, où elles fermenteront pendant douze ou quinze jours. Ensuite distillez-les à l'alembic : & rectifiez une ou deux fois la liqueur, à proportion de la force que vous voudrez qu'elle ait.

Cet esprit fortifie l'estomac, & aide la digestion. On peut en prendre le quart d'un verre, après le repas.

Culture des Genevriers.

Quelques especes reprennent de bouture : mais toutes peuvent s'élever de semences. La semence ne leve quelquefois que la deuxieme année.

Les trois premieres especes viennent dans les plus mauvais terreins où aucun arbre ne peut subsister. M. Duhamel est même parvenu à en garnir des côtes où à peine on trouvoit des chiendents. Pour cela on a semé des baies de genevrier comme on seme du grain, & l'on a remué légérement la superficie de la terre pour recouvrir un peu les baies. Ce procedé est peu coûteux. Mais comme ces petits genevriers sont longtems à prendre le dessus de l'herbe, M. Duhamel a trouvé plus expéditif de faire arracher en motte de petits genevriers qui étoient levés naturellement dans les bois, & de les faire planter au mois de Mars. Aucun n'a péri : & tous ont assez bien réussi, sans qu'on leur ait ensuite donné aucun labour.

Au reste, en remuant légérement la terre, de tems à autre, autour des racines, on fait parvenir assez vîte le genevrier à l'état d'un buisson considérable : ensorte que l'on peut ainsi en former des haies ; d'autant plus qu'il souffre d'être taillé & tondu comme l'on veut.

Le genevrier des Bermudes (*n.* 8) est sujet à périr dans nos climats quand l'hiver est rigoureux.

Il est bon d'avertir ceux qui envoient des graines de genevrier, de ne pas mettre pêle-mêle celles de plusieurs especes.

GENIEVRE. Fruit du Genevrier. *Voyez* l'article précédent.

GENIPY. Consultez l'article ABSINTHE, *n.* 9.

GENISTA. *Voyez* GENEST.

GENISTA-SPARTIUM. *Voyez* JONC-MARIN.

GENISTELLA. *Voyez* GENESTE.

GENITURE. Vieux mot, que l'on trouve dans quelques livres. Il signifie Arriere-faix.

GENOU. C'est la partie inférieure & antérieure de la cuisse, dans l'endroit où elle se joint avec la jambe.

Maux de Genoux.

Il survient aux genoux des fluxions qui viennent de rhumatisme, & occasionnent de la foiblesse & de très-grandes lassitudes ; accompagnées de chaleur ; ou tantôt d'un froid si extrême, qu'à peine peut-on se réchauffer. Cette derniere circonstance se rencontre surtout dans les personnes grasses & replettes ; ou celles qui demeurent dans des maisons humides, des chambres basses, des lieux marécageux, ou qui se tiennent long-tems à genoux sur la terre & sur la pierre, ou qui mangent trop de fruits cruds ou de légumes venteux. Si cette humeur se répand sur les jambes, elles y cause l'enflure.

Remedes.

I. Le mal qui vient *de froid* se guérit 1°. en purgeant fort souvent, soit avec la manne, soit des tablettes *de citro*, ou des pilules d'agaric, & des pilules cochées, soit avec une infusion de senné, d'agaric, de rhubarbe, & de sirop de roses : 2°. en appliquant un *cataplasme* de vieux fromage, battu avec autant de graisse de porc salé : *ou* enveloppant le genou, d'une *toile cirée* en façon de brodequin ; dont voici la préparation. Prenez racine d'iris, clou de girofle, noix muscade, de chacun une demi-once ; betoine, sauge, aloës, myrrhe, de chacun une once : tout étant pulvérisé ensemble, faites fondre autant de cire blanche & d'huile de noix qu'il en faudra ; & mêlez-y les poudres ; & tout chaudement trempez-y vos linges. 3°. Les cauteres peuvent être encore utiles. Quant au *régime*, on se servira de celui qui est ordonné pour la goute pituiteuse.

II. Pour les foiblesses causées par la *chaleur*, on se fera tirer deux ou trois fois du sang. Ensuite on se purgera avec le petit lait & la casse ; *ou* avec le catholicon double, dissous dans une décoction d'aigremoine & de chicorée sauvage : *ou* l'on prendra des eaux minerales ; ou le demi-bain, dans lequel on aura

aura fait bouillir des mauves, des guimauves, de la camomille, du mélilot, des violettes, de la pariétaire. On usera du lait d'âneſſe; ou de celui de vache. On ne mangera ni trop ſalé ou épicé, ni oignons, ni ail, ni ciboule, ni porreaux. L'on trempera beaucoup ſon vin; & on ſe modérera ſur bien des choſes, dont l'excès ſeroit encore plus nuiſible que tout ce qu'on pourroit manger. Ceux qui voudront uſer de l'un ou de l'autre des deux *cataplaſmes* ſuivans, ſe trouveront beaucoup ſoulagés.

1. Prenez trois onces de farine d'orge, une once de crottes de chevre, ou de celles de brebis, une livre de miel, cinq à ſix cuillerées de vinaigre; mêlez le tout enſemble, & l'appliquez.

2. Prenez de la farine de feves, du ſon bien menu, des fleurs de camomille en poudre, de chacun une once; des crottes de chevre deux onces. Faites cuire le tout enſemble avec autant de gros vin, ou d'hydromel, ou d'oxycrat, qu'il en faudra; & ſur la fin, lorſqu'il commencera à ſe lier comme en bouillie, ajoûtez-y trois onces d'huile de camomille, ou de celle d'aneth.

Cataplaſmes pour l'enflure des Genoux.

1. Faites bouillir enſemble, de la fiente de vache, des grains de froment, & du vinaigre. Le tout étant cuit, vous en formerez un cataplaſme, que vous appliquerez ſur le mal.

2. Pour les *Genoux enflés avec inflammation*: faites un cataplaſme composé de lait, mie de pain blanc, miel, beurre, & guimauve; le tout bien broyé & mêlé enſemble.

Voyez *Grande* BARDANE. *Genou enflé*, maladie du CHEVAL.

Bleſſure au Genou.

Voyez ce qui en eſt dit ſous le mot *Bleſſure*, entre les maladies du CHEVAL.

GENOUILLEUSE (*Plante*). C'eſt celle qui a des articulations, des nœuds, dans quelqu'une de ſes parties. *Voyez* ARTICULATION.

GENRE: *terme de Botanique*. C'eſt l'aſſemblage de pluſieurs plantes qui ont un caractere commun, établi ſur la ſtructure de certaines parties qui diſtinguent eſſentiellement ces plantes, de toutes les autres. M. Tournefort a fait deux Ordres de Genres: dans le premier, il n'a égard qu'à la ſtructure des fleurs & des fruits: il fait entrer dans le ſecond, quelques parties étrangeres aux deux autres.

Voyez CARACTERE. CONGENERE.

GENTIANE: en Latin GENTIANA: & en Anglois GENTIAN, & *Fell-wort*. Genre de plantes dont la fleur eſt formée d'un tuyau, découpé à ſa partie ſupérieure, en quatre, cinq, ou ſix parties; communément longues, étroites, & terminées en pointe. Le calice eſt membraneux & preſque diaphane, d'une ſeule piece, diviſée comme le pétale. Il y a pour l'ordinaire cinq étamines; qui environnent un embryon fait en cone, terminé par un double ſtigmat. Ce piſtil devient une capſule membraneuſe à-peu-près conique; où ſont de petites ſemences applaties, orbiculaires, attachées aux parois de ſes deux loges.

Les fleurs naiſſent dans les aiſſelles des feuilles & à l'extrêmité des tiges: leur enſemble forme une ſorte d'épi ou de pyramide; la partie ſupérieure de la tige en étant toute garnie.

Nous ne parlerons ici que de l'eſpece la plus uſitée aujourd'hui en Médecine: *Gentiana major lutea* C. B; connue dans quelques Provinces ſous les noms de *Vendriau*, & *Grande Gentiane*. Cette plante eſt commune ſur le revers des hautes montagnes, dans des endroits pierreux mêlés de terre légere. Ses feuilles imitent celles du plantain large, & de l'ellébore blanc: mais elles ſont d'un verd jaunâtre; plus mollettes & moins ridées que celles de l'ellébore. La tige a un pouce ou un pouce & demi de diametre; eſt liſſe, creuſe, cylindrique, un peu cannelée, noueuſe, haute d'environ trois pieds. De chaque articulation naiſſent deux feuilles oppoſées, qui environnent une partie de la tige par la baſe de ce qui leur ſert de pédicule & qui eſt le prolongement d'une membrane épaiſſe; laquelle s'étendant d'un nœud à l'autre, revêt tout cet eſpace, & qu'il eſt difficile d'en ſéparer. Cette circonſtance différencie encore les feuilles de notre gentiane d'avec celles de l'ellébore blanc; qui formées de même ſe détachent naturellement dès que l'on a fendu la tige: différence qui, au reſte, peut venir de ce que toute la plante de l'ellébore eſt en général plus ſéche.

La gentiane dont nous parlons, porte des fleurs jaunes, qui ſont en état dans les mois de Juin & Juillet. Leur tuyau a ſix profondes diviſions. Le piſtil eſt conſidérable: les étamines ſont blanchâtres; la capſule, aſſez longue, fourchue à ſon extrêmité. La graine mûrit en Août & Septembre.

La racine eſt longue, groſſe, branchue, jaunâtre, viſqueuſe lorſqu'elle eſt récente, & toujours d'une ſaveur âcre & amere. Elle produit quelques feuilles ſemblables à celles que nous avons décrites, mais beaucoup plus conſidérables: d'entre leſquelles s'éleve la tige.

Cette racine eſt la ſeule partie dont on faſſe un *Uſage* ordinaire. Elle tient un des premiers rangs dans la claſſe des remedes amers. Les uns la cueillent quand elle commence à pouſſer ſes feuilles: d'autres, après que la graine a acquis ſa maturité. Toujours doit-on la choiſir bien ſaine, & la plus groſſe que l'on peut. Sitôt qu'elle eſt tirée de terre, on la lave & nettoie bien de la terre & des parties qui ne ſont pas en état de ſervir: on la met ſécher au grand air, mais à l'ombre; & on la ſerre à l'abri de l'humidité, quand elle eſt parfaitement ſéche.

On l'emploie dans le mithridat, l'orviétan, la thériaque, le ſirop de vie, & beaucoup d'autres compoſitions Galéniques deſtinées à ſubtiliſer les humeurs, en procurer la ſortie, & détruire les obſtructions. C'eſt pourquoi l'on s'en ſert encore à titre d'emménagogue, diurétique, vermifuge, alexipharmaque, & antiſeptique. On en fait des lotions déterſives & vulnéraires. On la donne avec ſuccès, comme le quinquina, dans les fievres intermittentes: & en conſéquence il y a des auteurs qui l'ont nommée *Quinquina d'Europe*. Comme elle eſt très-amere, on la donne plus ſouvent en opiate ou en bol, qu'en infuſion: alors la doſe eſt d'environ un gros; au lieu qu'en infuſion on en donne juſqu'à une demi-once dans de l'eau ou dans du vin, avec un gros de cryſtal minéral. On en fait, par le moyen du vin blanc, un extrait; dont on donne depuis un gros juſqu'à quatre, dans les mêmes circonſtances. Il y a des Médecins qui, dans les fievres, font prendre de quatre en quatre heures un verre de l'*Eau diſtillée de toute la plante*, au bain-marie; & permettent au malade de manger ſuivant ſon appétit, dans les intervalles.

Dans les fievres malignes & épidémiques, ou autres maladies contagieuſes, on fait uſage de vinaigre où a infuſé la racine de gentiane.

Voyez PETITE-CENTAURÉE.

GÉO

GÉODES. Conſultez l'article CHARBON *de terre*.

GERANION : *ou* GERANIUM. Genre de plantes aussi nommé *Bec de Cicogne ; Bec de Grue :* & en Anglois *Crane's Bill.*

La fleur des Geranium varie beaucoup. Tantôt le calice est d'une seule piece renflée à sa base, & découpée en cinq parties à-peu-près égales : tantôt ces cinq divisions sont autant de pieces distinctes. Mais l'un ou l'autre calice subsistent toujours après la fleur. A peine trouve-t-on de l'uniformité entre quelques-unes des différentes especes, quant aux autres parties de la fleur. Cependant la plupart ont cinq pétales assez réguliers : & dix étamines inégales, très-menues, dont les sommets sont allongés, mobiles, & en nombre indéterminé. Le pistil est formé d'un embryon pentagone, & d'un long styl terminé par cinq stigmats. A la fleur succede une capsule solide, composée de cinq loges, dans chacune desquelles est renfermée une semence faite en rein : cette capsule se termine en aiguille ou comme un bec pointu, proportionné à la longueur du styl ; & elle s'ouvre en deux dans toute sa longueur. Il y a des especes dont l'aiguille est tournée en spirale.

Les feuilles sont tantôt simples, tantôt composées.

Especes.

1. *Geranium Batrachioïdes montanum nostras* Raij. Cette plante vient dans des prés ainsi qu'aux endroits humides qui se trouvent sur des montagnes. Sa racine est vivace. Elle jette trois ou quatre tiges droites, hautes d'environ dix pouces ; garnies de feuilles opposées, découpées en cinq lobes dont les bords sont dentelés en scie : celles d'en bas ont d'assez longs pédicules ; & par gradation, celles du sommet des tiges n'en ont point d'apparent. Les fleurs viennent à l'extrêmité des tiges : chaque péduncule est court, & commun à deux fleurs bleues assez grandes, dont les pétales sont entiers. Cette plante fleurit en Mai & Juin.

2. *Geranium Robertianum primum, rubens* C. B. *L'Herbe à Robert :* ou *Herbe aux Maux de Gorge.* Cette plante est fort commune dans nos bois, & dans les endroits incultes & un peu humides. Ses tiges, hautes d'environ un pied & demi, branchues, noueuses, velues, rougeâtres ; ont des feuilles découpées comme celles du cerfeuil, portées par d'assez longues queues, & qui étant écrasées, ont une odeur approchante de celle du panais. La fleur est purpurine. L'aiguille des fruits est longue.

3. *Geranium Batrachioïdes, folio Aconiti* C. B. Sa feuille ressemble à celle du Napel.

4. *Geranium Cicutæ folio, minus & supinum* C. B. Cette plante se trouve abondamment dans toutes les terres incultes : elle est couchée. Ses tiges sont garnies de longs poils. Les feuilles sont par paires, composées de folioles alternes, profondément découpées comme celles de la ciguë : le nerf de chaque feuille est terminé par une foliole semblable. Les aisselles des feuilles donnent naissance à d'assez longues branches menues & très-velues ; au sommet desquelles sont plusieurs péduncules velus & purpurins, souvent au nombre de huit ; dont chacun porte un calice de cinq pieces, accompagné de pétales peu considérables mais qui sont d'un beau rouge, & n'ont que cinq étamines. Consultez les *Observ.* de M. Guettard *sur les plantes*, T. II. p. 139.

5. *Geranium Cicutæ folio, Moschatum* C. B. Celui-ci, dont les feuilles ressemblent à celles du précédent, est originaire d'Espagne ; & a une odeur très-forte : qui l'a fait nommer *Geranium Musqué ;* & en Anglois, *Muscovy.* Cette odeur est particuliérement sensible dans les tems secs. Les branches sont sujettes à s'incliner vers la terre. Les fleurs sont petites, bleues, & en état dans les mois de Mai, Juin, & Juillet : leurs parties sont comme celles du *n.* 4.

6. *Geranium Batrachioïdes odoratum* C. B. Il est fort commun en Allemagne & en Suisse. Sa racine est grosse, charnue, longue & vivace. Les tiges sont branchues, hautes d'environ un pied. Chaque feuille est découpée en cinq lobes unis, d'un verd gai, crenelés sur leurs bords, & finement découpés à leur extrêmité. Les tiges sont terminées par des bouquets de fleurs assez grandes, dont les pétales sont égaux & d'une belle couleur pourpre. Les étamines & le styl sortent beaucoup au dehors de la fleur. Le calice est renflé, comme une vessie. Chaque péduncule est court, & supporte deux fleurs. En frottant toute la plante, on sent une odeur gracieuse. Elle fleurit en Mai & Juin.

7. *Geranium folio Malvæ rotundo, majus* C. B. Le *Bec de Pigeon.* Cette espece est commune à la campagne, où elle forme des gazons considérables. Ses feuilles sont arrondies, à-peu-près comme celles de la mauve. L'aiguille du fruit est courte ; & toutes les especes qui l'ont de la sorte, portent en Latin la dénomination de *Geranium Columbinum.*

8. *Geranium sanguineum, maximo flore* C. B. Le *Sanguin :* la *Sanguinaire.* Sa racine est vivace, charnue, & forme quelquefois un gros tubercule. Les feuilles des tiges sont découpées en cinq lobes, dont chacun est séparé en deux jusqu'auprès de la nervure. Les fleurs naissent en Juin & Juillet, chacune sur un long péduncule velu : leurs pétales sont grands, réguliers, au nombre de cinq ; & leur couleur pourpre foncée est commune aux feuilles, aux branches, & aux tiges.

Culture.

Ces especes soutiennent bien les hivers de notre climat.

On peut multiplier les *nn.* 1, 6, & 8, en éclatant leurs racines en automne. Ces plantes s'accommodent de presque toute sorte de terrein & d'exposition ; & ne demandent aucun soin particulier.

Si on en seme la graine, on se procure des variétés dans les fleurs de ces especes.

On peut même se dispenser de les semer : leur graine se répandant naturellement, & levant ensuite.

Le *n.* 5 ne se multiplie que de graine : qui n'assujettit pas davantage que les précédentes.

Les autres especes auxquelles nous nous sommes bornés ici, viennent d'elles-mêmes à la campagne.

Usages.

Le *n.* 1 est usité en Médecine, du côté de Genêve ; comme plante vulnéraire astringente.

Cette propriété s'étend à plusieurs autres especes : & fait qu'on les emploie en décoction dans le flux de ventre, & la dysenterie.

On se sert particuliérement des *nn.* 8, & 2, pour exprimer le suc de toute la plante ; que l'on donne intérieurement dans toutes les hémorrhagies.

La plante *n.* 2 étant froissée & amortie sur une pelle chaude, ou bouillie légérement dans un peu de vin, puis appliquée sur les enflures & les fluxions, surtout celles de la gorge, les résout promptement. S'il y a inflammation, il faut piler la plante avec de bon vinaigre. On dit que la décoction de cette plante soulage les douleurs du cancer ; & que les fomentations que l'on en fait sur la région de la vessie, ou un cataplasme de la plante même, font beaucoup uriner & soulagent l'hydropisie.

En Allemagne, on se sert extérieurement du *n.* 3, à titre de Vulnéraire.

Le *n.* 4, aussi Vulnéraire, entre dans l'Onguent *Martiatum.*

On cultive dans les jardins les *nn.* 5 & 6, à cause de leur odeur. Les feuilles du *n.* 6 sont employées dans des cataplasmes émolliens.

M. Linnæus (*Amæn. Acad.* T. I. p. 411) attribue aux geranium un mucilage & une qualité émolliente; de même qu'aux Mauves & Guimauves; dont sa Méthode les rapproche.

GÉRARD-ROUSSIN: Plante. *Voyez* ASARUM.

GERBE. Faisceau de chalumeaux entiers, avec leurs épis.

GERBÉE. Paille longue, battue sur une espece de billot qu'en plusieurs endroits on nomme un *Poinçon.* Cette paille sert aux Jardiniers, pour lier les légumes; aux Vignerons, pour accoler les vignes.

2. GERBÉE se dit encore de la paille en bottes, dépouillée de grain; que l'on donne aux chevaux & aux bestiaux soit pour manger soit comme litiere.

GERBER (ou *Engerber*) *le vin:* terme de Tonnelier. C'est mettre les pieces de vin les unes sur les autres, pour les arranger sur les chantiers. Il ne faut gerber le vin, que dans la nécessité; parce qu'il y a du risque.

GERBIER. *Voyez* CHAUMIER.

GERMANDRÉE: en Anglois GERMANDER: & en Latin *Chamædrys*, dénomination originairement Grecque qui signifie *Petit Chêne.* On croit être actuellement bien fondé à ne plus faire deux genres du *Chamædris* & du *Teucrium:* les parties de la fructification se trouvant tout-à-fait semblables, dans les plantes anciennement divisées sous ces deux noms.

Leur calice ne tombe pas; & est d'une seule piece allongée en forme de tuyau, & divisée en cinq parties presque égales, jusques vers la moitié de sa longueur. Il n'y a qu'un seul pétale, fait en gueule, formé par un tuyau un peu courbe: sa levre supérieure est divisée en deux dans toute sa longueur, & les deux divisions sont écartées l'une de l'autre: la levre inférieure est ouverte, divisée en trois; ses découpures latérales sont longues, étroites, assez semblables aux divisions de la levre supérieure; l'échancrure du milieu est fort large & creusée en cuilleron, quelquefois avec une échancrure. Quatre étamines, assez longues, recourbées vers le haut, & terminées par de petits sommets, paroissent entre la bifurcation de la levre supérieure. Le pistil est formé d'un styl menu, qui suit le contour des étamines; & est ordinairement fourchu; avec un embryon divisé en quatre. Cet embryon se change en quatre semences rondes, qui ont le calice pour enveloppe.

M. Tournefort assignoit pour différences des deux genres: 1°. que dans le *Teucrium*, le calice est fait en cloche; 2°. que ses fleurs viennent assez éloignées les unes des autres, & le long des tiges; au lieu que celles du *Chamædrys* naissent dans les aisselles des feuilles, comme verticillées, & forment des especes d'épis.

Les feuilles des unes & des autres plantes sont toujours opposées sur les branches: mais leur figure varie suivant les especes.

Especes.

1. *Chamædrys frutescens*, TEUCRIUM *vulgò.* Inst. R. Herb. La *Germandrée Arbrisseau;* ou *Grosse Germandrée.* On la trouve en abondance dans nos Provinces Méridionales. C'est un arbrisseau touffu; qui forme une tige quarrée, haute d'environ deux pieds; laquelle produit des branches ligneuses; garnies de feuilles faites à-peu-près en fer de pique, pointues à leur extrêmité, luisantes en dessus, velues en dessous, mollettes, d'un verd obscur, un peu ondées, plus ou moins dentelées sur leurs bords, assez souvent larges de trois quarts de pouce à leur base, & longues d'un bon pouce. Les fleurs naissent, en Juin & Juillet, vers l'extrêmité des branches; & sont d'un blanc verdâtre.

2. *Chamædrys fruticosa sylvestris*, *Melissæ folio* Inst. R. Herb. La *Sauge des Bois;* le *Faux Scordium.* Ses racines sont vivaces & traçantes. Il en naît quantité de tiges fermes, ligneuses, quarrées, velues, communément hautes de douze à dix-huit pouces: à chaque articulation desquelles sont deux feuilles opposées, faites comme en cœur & échancrées à leur base qui a rarement plus d'un pouce de large: leur longueur est à-peu-près double de leur base: elles ont à leurs bords une dentelure serrée: leur partie supérieure est comme chagrinée. Toute la plante a une odeur aromatique assez agréable; & beaucoup d'amertume. Au haut des tiges on trouve, au mois de Juin & Juillet, de longs épis de fleurs, sans feuilles: elles sont d'un blanc herbacé; & les sommets des étamines sont de couleur pourpre. On trouve cette plante presque partout.

3. *Chamædrys major repens* C. B. Celle-ci aime les climats chauds. Sa racine est fibreuse & trace beaucoup. Elle produit des tiges longues d'environ un pied & demi, velues, fermes, & très-branchues. Ses feuilles sont longues de plus d'un pouce, ovales, pointues, larges d'environ neuf lignes à leur partie moyenne, velues, dentelées, d'un verd cendré en dessus, velues & mates à leur face inférieure, & portées par des pédicules aussi longs qu'elles. Les fleurs sont comme verticillées autour des branches, qu'elles serrent étroitement: elles paroissent vers les mois de Juin & Juillet, & sont d'un pourpre clair, ou blanches, souvent de l'une & l'autre couleurs sur la même plante.

4. *Chamædrys palustris canescens*, *seu* SCORDIUM *Officinarum* C. B. Le *Vrai Scordium;* le *Chamaras;* la *Germandrée d'eau.* Elle a quantité de racines fibreuses, traçantes, & vivaces: d'où naissent des tiges souples, panchées, quarrées, couvertes d'un long duvet blanc & abondant, au travers duquel perce une couleur pourpre claire. Les feuilles sortent immédiatement de la tige; qu'elles embrassent par leur base: elles sont opposées, les unes assez près des autres, longues d'à-peu-près dix lignes sur environ quatre de largeur, ovales, profondément dentelées en scie, garnies d'un duvet court qui les rend douces & presque blanches. Les fleurs sortent une à une, dans l'aisselle de chaque feuille, le long des tiges; & sont purpurines. Toute la plante a une odeur approchante de celle de l'ail.

5. *Chamædrys laciniatis foliis* Lobelii: que G. Bauhin appelle *Botrys Chamædryoïdes.* Cette plante vient dans nos Provinces Méridionales, parmi les grains. Elle est annuelle, & périt aussitôt que sa graine est mûre. Ses tiges sont très-velues, longues d'environ un pied. Ses feuilles sont triangulaires, velues, profondément découpées: chaque lobe est soudivisé en trois; de sorte que le contour entier présente la même dentelure que celle des feuilles de chêne. Les fleurs naissent par anneaux, trois ensemble de chaque côté des tiges dans les aisselles des feuilles; & sont d'un pourpre lavé.

6. *Chamædrys minor repens* C. B. Le *Calamendrier* des Provençaux. Cette espece a beaucoup de rapport avec le *n.* 3; mais elle est moins branchue, & moins considérable dans toutes ses parties. Les

feuilles font dentelées plus profondément, & velues deſſus comme deſſous. Il ſemble que les fleurs affectent principalement un ſeul côté de la tige : leur levre inférieure eſt relevée, au lieu d'être un peu pendante comme dans la plupart des autres eſpeces.

7. *Teucrium Hiſpanicum*, *latiore folio* Inſt. R. Herb. Arbriſſeau dont les branches s'étendent aſſez horizontalement. Sa tige eſt cottoneuſe. Ses feuilles ſont les unes faites en cœur, les autres comme en amande, ou en rhombe : celles d'en bas ſont les plus grandes, ont environ un pouce & demi de longueur ſur neuf lignes de large, & ne ſont velues qu'en deſſous ; au lieu que celles d'en haut le ſont des deux côtés. Les fleurs ſont aſſez grandes.

8. *Teucrium fruticans Bœticum* Cluſ. Le *Teucrium d'Eſpagne* ; la *Petite Abſinthe*. Cet arbriſſeau croît ſur les bords de la mer en Eſpagne & en Sicile. Il reſſemble beaucoup au précédent. Ses feuilles ſont petites, liſſes à leur face ſupérieure, & velues en deſſous. La partie moyenne de la levre inférieure des fleurs eſt dentelée à ſon extrêmité. Ces fleurs ſe ſuccedent pendant une grande partie de l'été.

Il y en a une variété, dont les feuilles ſont panachées.

Culture.

On peut multiplier toutes ces plantes par les ſemences ; & en faiſant des marcottes.

Le *n.* 1 a été aſſez longtems traité comme le Myrthe, l'Oranger, & autres plantes ſemblables. Mais on a reconnu qu'il ſoutient bien nos plus rudes hivers, pourvû qu'il ſoit dans un terrein ſec. On peut le multiplier de boutures plantées au printems, puis levées en motte en automne pour être miſes à demeure. En taillant ſoigneuſement ces plantes, & coupant toutes les branches mal-placées, & les pédoncules dès que les fleurs périſſent, on fait que leur tête devient plus réguliere. Cette eſpece donne beaucoup de graine : qui étant ſemée en Avril dans de la terre légere, leve au bout de ſix ſemaines ; & le jeune plant eſt en état d'être tranſplanté à demeure l'automne ſuivante.

Les *nn.* 7 & 8 ne réſiſtent pas dans notre climat, à des froids bien rigoureux. Ils les ſoutiennent plus longtems dans une terre ſeche, & à une expoſition chaude, qu'ailleurs. Au reſte, on obvie à tout en les tenant dans des pots, & les retirant à propos dans une orangerie. On peut les multiplier de boutures.

Le *n.* 5 ſe ſeme de lui-même. On réſerve quelquefois la graine pour la répandre au printems : mais ſi on le fait dès l'automne, les plantes ſont plus vigoureuſes & fleuriſſent plus tôt.

On peut multiplier le *n.* 6 par les drageons que produiſent ſes racines en traçant. Cette voie eſt plus expéditive que les autres. Il faut faire cette opération en automne. Cette plante n'eſt point délicate pour le terrein ni pour l'expoſition.

Le *n.* 3 aime le grand air & le ſoleil. Il réuſſit preſque par-tout, excepté dans l'humidité. On peut pareillement le multiplier par ſes drageons, ou en ſemer la graine dès qu'elle eſt mûre.

Tout ſol & toute expoſition ſont indifférens au *n.* 2. Il ſe multiplie de lui-même par ſes ſemences & par les traces de ſes racines.

Le *n.* 4 ſe plaît dans l'humidité. On peut le multiplier de drageons ; ou en planter au printems les jeunes pouſſes.

Uſages.

Les *nn.* 1, 7, & 8, font un aſſez joli effet, paliſſés ſur des treillages fort bas.

Mais les fleurs du *n.* 1, qui ſe deſſechent ſur la plante au lieu de tomber, rendent cet arbuſte aſſez déſagréable quand elles ſont paſſées. Il faut alors couper les tiges.

Toutes les plantes ci-deſſus ſont regardées comme déterſives, réſolutives, & apéritives. Beaucoup ſont hyſtériques.

On a quelquefois donné intérieurement avec ſuccès le ſuc du *n.* 1, avec de l'eau & du vinaigre ; ou la décoction de toute la plante ſeche ; pour les maladies de la rate : on la mettoit auſſi en cataplaſme avec du vinaigre & des figues. D'autres l'ont pilée avec du vinaigre pour l'appliquer ſur des morſures venimeuſes.

La décoction du *n.* 2 eſt emménagogue ; & convient aux femmes nouvellement accouchées. On s'y aſſied pour la difficulté d'uriner. Je l'ai emploié heureuſement en cataplaſme ſur la région du pubis, pour guérir une rétention d'urine accidentelle fort douloureuſe, & que divers diurétiques n'avoient fait qu'irriter, ſans procurer aucune évacuation : cette plante opéra dès la nuit même, & guérit ſans retour.

On emploie la plante récente du *n.* 3 en décoction, pour la toux, les convulſions, la dureté de rate, la difficulté d'uriner, l'hydropiſie commençante ; pour faire venir les regles, & faciliter la ſortie d'un enfant mort dans la matrice. On la fait prendre avec du vin, pour les maladies froides du cerveau, maux de tête invétérés, l'épilepſie, la paralyſie. Cette plante contribue à déſopiler le foie. On lui attribue de guérir des fievres très-opiniâtres ; priſe de même que la petite centaurée. Elle peut être utile dans le ſcorbut, & pour la goute. On peut mettre un peu de miel bien écumé, dans la décoction que l'on prend chaude pour la toux invétérée. En général, cette plante réuſſit à-peu-près également, en poudre, en infuſion, en décoction, & en extrait.

Le *n.* 4 eſt au nombre des plantes diurétiques chaudes. On en prend deux dragmes intérieurement dans de l'hydromel, pour les vives douleurs de l'eſtomac, la dyſenterie, la difficulté d'uriner : ce remede fait cracher, & évacuer par haut beaucoup de matieres putrides. Il y a eu un tems où on appliquoit ſur la goute cette plante entiere, après l'avoir écraſée dans de l'eau, ou dans de fort vinaigre. Son ſuc, pris ſeul intérieurement, peut être utile dans tous ces cas.

On ſe ſert du *n.* 5 pour les duretés de la rate, la difficulté d'uriner, la ſuppreſſion des regles, les obſtructions des viſceres, & en général dans les maladies de viſcoſités.

Le *n.* 6 a été très en vogue pour la goute.

Le *n.* 7 eſt fébrifuge. Il a une ſaveur piquante. On l'emploie, comme l'abſinthe, pour les maladies de l'eſtomac.

On ſubſtitue quelquefois le *n.* 8 à l'abſinthe & aux diverſes eſpeces de Germandrée.

GERME ; en Latin GERMEN : *terme de Botanique.* C'eſt proprement la même choſe que Embryon. *Voyez* EMBRYON.

Néanmoins on nomme *Germe*, dans les ſemences, cette partie ſaillante qui contient l'embryon de la radicule & celui de la plante. *Voyez* CORCULUM. GERMER.

GERME *de fêve* : terme de Maquignon. *Conſultez* l'article CHEVAL, p. 555.

GERMER. C'eſt l'action d'une ſemence qui montre les commencemens de ſa radicule. Toute ſemence qui germe, eſt en état de produire une plante. *Voyez* GERME.

GERMINATION. Premier développement des parties qui ſont contenues dans les germes des ſemences.

La chaleur & l'humidité l'accélerent en général

& le fortifient. *Voyez* AVANCER. CERFEUIL. BLED. AMARANTHE. COUCHE. CELERI, p. 486. BIERRE, p. 301-2. FEVE.

M. Duhamel a traité sçavamment de cette partie de l'œconomie végétale, dans sa *Physique des Arbr.* L. IV. Ch. II: & L. V. p. 184 & suivantes.

GÉROFLE; ou *Girofle:* ou *Clou de Girofle.* Aromat que l'on nous apporte des Indes; qui a une odeur forte & balsamique, avec une saveur vive, chaude, & onctueuse.

On en fait grand usage dans nos cuisines. La Médecine l'emploie aussi. Il est hépatique, astringent, cordial, stomacal, céphalique; il attenue la pituite grossiere. On le met dans la bouche pour exciter la salive, & appaiser le mal de dents: ce qui conserve mieux les dents, que ne fait la salivation excitée par la fumée du tabac & des diverses plantes aromatiques.

Il corrige la mauvaise haleine, & la puanteur de la bouche: il aide à la digestion; & resserre le ventre. On s'en sert dans quelques compositions d'eau d'angelique; dans plusieurs ratafias; dans le sirop de vin cordial, le BAUME *artificiel pour plusieurs maladies*, le Baume de Paracelse; &c.

Voyez APPETIT *dépravé*, p. 146. *Petite Verole* du BETAIL. *Flux de sang* du BETAIL. ARMAND. Quelques-uns font suer pour les maladies vénériennes, avec un mélange de cloux de girofle, noix muscade, & poivres long & noir.

L'*eau distillée* des cloux encore récens a une odeur très-gracieuse. Elle est bonne pour les syncopes, ou défaillances de cœur. *Voyez* DISTILLATION.

Le gérofle, pris en infusion jusqu'à demi-gros, ou en poudre à la dose de huit ou dix grains, est très-utile dans la léthargie, l'apoplexie, la paralysie, les indigestions, maux d'estomac, syncopes, mouvemens convulsifs, & vomissemens. L'huile qu'on en tire *per descensum* a les mêmes propriétés.

Voyez ESSENCE, p. 937. HUILE *de gérofle.*

Le *gérofle confit*, pour être bon, doit avoir été cueilli tendre; il doit aussi être d'une odeur agréable, & fort peu chargé de sirop.

Baume de gérofle. Voyez ce titre dans l'article BAUME.

Graine de GEROFLE, & *Petit* GEROFLE *rond.* } *Voyez* BOIS D'INDE, p. 349.

GÉROFLÉE. On nomme ainsi par corruption la fleur du Violier, que l'on appelle plus correctement *Giroflée.*

GÉROUSSE. Consultez l'article VESCE.

GERSURE. Fente ou crevasse, qui se fait à la peau. Le froid gerse les levres, le visage, les mains, les pieds. *Voyez* CREVASSES.

Les *gersures du Fer* sont des endroits où il se rencontre des fentes ou cassures, accompagnées de taches & d'autres défauts qui pénetrent dans sa substance.

GERSURE *du bois.* Ce terme signifie 1°. selon quelques-uns, du bois piqué de vers; 2°. toujours le bois qui se déjette & se fend. Les bois de bonne qualité sont sujets à se fendre ainsi en se desséchant.

Dans les forêts on se sert du terme de Gersure, pour exprimer de petites fentes qui endommagent les arbres. On dit: » Je soupçonne cet arbre d'être » de mauvaise qualité, son écorce est toute ger» sée. «

GERSURE *d'un Enduit.* Lorsqu'un enduit est exposé au grand air, il se seche plus vîte que le reste: & alors, privé de l'humidité qui le retenoit uni avec le mur, il se fend, s'écaille, & se détache ensuite entiérement. Cette désunion est ce qu'on nomme Gersure.

GESSE: en Latin *Lathyrus:* & *Chichling Vetch*, en Anglois. Dans ce genre de plantes, le calice de la fleur est d'une seule piece en forme de cloche, dont les bords sont découpés en cinq divisions, deux desquelles plus courtes que les autres. La fleur est papilionacée: l'étendart est grand, relevé par son extrêmité antérieure, & échancré: les ailes sont longues, & arrondies par le bout: la levre inférieure, ou nacelle, est courbe. Une étamine est séparée du faisceau des neuf autres: leurs sommets sont à-peu-près ronds. L'embryon est long, étroit, applati; surmonté d'un style plat, dont l'extrêmité est large, terminée en pointe & par un stigmat velu. Cet embryon devient une silique tantôt cylindrique, tantôt applatie avec une profonde rainure à l'un de ses angles; plus ou moins longue; terminée par un crochet; & garnie de semences à-peu-près orbiculaires mais dont la forme varie beaucoup.

Les feuilles sont alternes, applaties, aîlées, creusées en gouttiere, chargées d'une ou plusieurs paires de folioles, garnies à leur base de deux petites folioles ou stipules considérables, & terminées par une longue & forte vrille, tantôt simple, tantôt branchue. Les tiges sont souvent plates & aîlées.

Especes.

1. *Lathyrus annuus, flore cæruleo, Ochri siliquâ* H. L. Bat. Cette espece annuelle pousse une tige sarmenteuse, longue d'environ deux pieds. Les feuilles ont un pouce de long, sur deux ou trois lignes de large, & sont ovales: les fleurs viennent une à une à l'extrêmité des péduncules, qui naissent du même point que les feuilles: ces fleurs paroissent en Juin & Juillet, & sont bleues ou presque violettes. Les siliques qui leur succedent sont ovales, applaties, & garnies de deux appendices membraneuses sur un des côtés de leur longueur: les semences mûrissent vers le mois de Septembre.

2. *Lathyrus sativus, flore purpureo* C. B. Cette espece, originaire des pays chauds, se cultive en quelques endroits. Ses tiges sont plus courtes que celles du *n.* 1: mais ses feuilles sont plus longues: ses siliques ont aussi environ le double de la longueur des autres; & sont garnies d'une rainure sur le dos. Ses fleurs sont purpurines.

3. *Lathyrus distoplatiphyllos hirsutus, mollis, magno & peramano flore odoro.* H. Cathol. Le *Pois de Senteur; Pois Gesse Odorant.* Cette plante est originaire de l'Isle de Ceylan. Elle est annuelle. Sa tige, sarmenteuse & rude, a trois ou quatre pieds de long. Ses folioles, au nombre de deux sur chaque feuille, ont trois à quatre pouces de longueur, sur deux ou trois lignes de largeur. De longs péduncules soutiennent ensemble deux grandes fleurs, dont l'étendart est d'un pourpre foncé, & le reste est d'un bleu clair. Ces fleurs ont une odeur forte, mais agréable. Il leur succede des siliques renflées, velues, où sont des graines assez rondes.

On remarque deux variétés de cette plante. L'une à l'étendart d'un rouge vif; les aîles, d'un bleu pâle; & la quille ou nacelle blanche. Tout est blanc dans l'autre. La premiere porte en Anglois le nom de *Painted Lady Pea:* ce qui revient à *Pois Fardé.*

4. *Lathyrus Tingitanus, siliquis Orobi, flore amplo ruberrimo* Mor. Cette espece est originaire de Tanger. Elle est annuelle. Sa tige a quatre ou cinq pieds de long. Deux grandes fleurs, soutenues par un court péduncule, ont l'étendart pourpre; & le reste, d'un rouge éclatant. Les siliques sont longues, articulées, & garnies de semences à-peu-près rondes. Il y a des Jardiniers qui nomment cette plante le *Lupin Ecarlate.*

5. *Lathyrus arvensis repens tuberosus* C. B. C'est ce qu'on appelle en Bourgogne *Annotte*, ou *Arnoute*. On trouve cette plante parmi les grains en Bourgogne, & dans nos Provinces Méridionales. On la cultive aussi dans les Pays-bas. Sa racine est un tubercule de forme irréguliere, couvert d'une peau brune. Il en sort plusieurs tiges sarmenteuses, foibles, & ailées. Les folioles sont faites en rhombe, longues d'environ trois pouces, larges de dix lignes à leur partie moyenne, & seulement au nombre de deux. Les fleurs sont d'un rouge foncé, & naissent deux à deux sur des péduncules assez foibles.

6. *Lathyrus latifolius* C. B. Le *Pois Eternel*. Sa racine est vivace. Elle produit de grosses tiges sarmenteuses, ailées, longues de six à huit pieds. Les folioles, au nombre de deux sur chaque feuille, sont faites comme en rhombe, à-peu-près longues de trois pouces, & larges de quinze lignes à leur partie moyenne. Chaque péduncule peut avoir huit ou neuf pouces de long, & porte plusieurs grandes fleurs rouges : auxquelles succedent des siliques allongées; dont les semences sont presque rondes. Cette plante fleurit pendant tout l'été.

7. *Lathyrus latifolius minor*, *flore majore* Boerh. C'est encore un *Pois Eternel*. Mais ses tiges sont beaucoup plus fortes & courtes que celles du précédent; ses folioles, plus larges, & d'un verd plus foncé : ses fleurs, pareillement plus grandes, & d'un rouge plus vif, sont bien plus apparentes.

8. *Lathyrus pedunculis unifloris calyce longioribus*, *cirrhis diphyllis simplicissimis* Linn. Sp. Plant. Cette Gesse vient sans culture en Syrie. Elle est annuelle, & rampe sur terre. Ses feuilles n'ont que deux folioles. Chaque péduncule porte une seule fleur, qui est d'un pourpre clair : laquelle venant à périr, l'embryon s'enfonce dans la terre, où la silique se forme & les semences mûrissent. * *Gardener's Dictionary*.

9. *Lathyrus sativus*, *flore fructuque albo* C. B. La *Gaisse* de Languedoc; *Jaisso*, en Provence. Quelques-uns l'appellent encore *Lentille de Hongrie*. C'est le *Cicercula* de Palladius & de Columelle. Cette plante est foible, cendrée, & peu considérable dans toutes ses parties. Chaque feuille n'a que deux folioles ovales allongées, qui peuvent avoir un pouce de long sur deux lignes de large à leur partie moyenne, & pointues à leurs extrêmités. Les fleurs sont blanches. La silique est courte, & a un double feuillet membraneux le long d'un de ses bords. Les graines sont plates, de forme très-baroque, cendrées, & ont un bon goût de pois. Elles mûrissent au plus tard dans le mois d'Août. Les fleurs paroissent souvent en Juin.

Culture.

On peut semer la graine de toutes ces especes au printems ou en automne; observant que dans cette derniere saison il ne faut en mettre que dans une terre legere & à l'exposition du Midi. Au moyen de quoi, les fleurs paroîtront de bonne heure au printems, & la graine pourra être mûre en Juillet.

Quand on differe à semer jusqu'au printems, presque tout sol & toute exposition y sont bons. Ces plantes ne sont point délicates, & ne demandent aucuns soins particuliers.

On réussit très-rarement à les transplanter.

Dans les endroits où on veut les faire servir d'ornement, on en met six ou huit grains sur un petit espace. Lorsqu'elles ont deux ou trois pieds de longueur, il faut leur donner des supports.

Le *n.* 3 s'est très-bien naturalisé dans notre climat. Il n'exige pas de culture différente de celle des autres especes.

Il faut pour le *n.* 5 une terre légere. Au moyen de quoi une prairie & une colline lui sont indifférentes. Il pullule beaucoup dans la terre par ses racines.

Usages.

La graine du *n.* 2 sert à nourrir la volaille, dans les pays où on cultive cette plante. Ce peut être elle qui ait donné lieu à la dénomination Angloise de tout le genre : (*Vesce de Poulets.*)

Les *nn.* 3, 6, & 7, ornent les jardins où on les cultive. Le 6e est en fleur pendant les mois de Juin, Juillet, & Août. Sa graine mûrit en automne. Après quoi les tiges périssent : & la racine en reproduit de nouvelles au printems.

En Bourgogne, & dans les Pays-Bas, le peuple mange avec plaisir les bulbes du *n.* 5 : qu'il cultive à cet effet.

Le *n.* 9 est préféré aux pois par les Languedociens; dont quelques-uns le mangent crud. Les paysans de Provence le mangent en soupe : & c'est de quoi est composé le mets qu'ils nomment *Bajano*. Castor Durantés dit que ce légume est de difficile digestion, & ne convient qu'à des estomacs robustes.

On prétend que le suc de toute la plante, pris intérieurement, est très-bon pour le crachement de sang, les fluxions de poitrine, & toutes les pertes de sang.

GIB

GIBELETTE. *Voyez* ÉTUVÉE.

GIBIER. L'on comprend sous ce nom générique le lievre, le lapin, & les oiseaux que l'on chasse. On lui donne encore une signification plus étendue, en appellant en général gibier tout ce qui fait l'objet de la chasse & que l'on mange; & jusques aux bêtes fauves.

Pour garder le Gibier sans qu'il se gâte.

Consultez l'article *Garder la* CHAIR, *n.* 3.

Pour l'empêcher d'aller aux choux.

Consultez l'article CHOU, p. 615.

GIBOYER : *terme de Chasse*. C'est chasser avec le fusil, à pied & sans bruit.

GIBOYER : *terme de Fauconnerie*. C'est chasser à l'oiseau; voler le gibier.

GIC

GICHERUM. *ou* GIGARUM. } *Voyez* PIED-DE-VEAU.

GIG

GIGOT; ou *Eclanche*. C'est la cuisse d'un mouton. On fait rôtir le gigot : & on l'apprête encore de quelques autres manieres.

Gigot de mouton à l'Angloise.

Cassez le manche, & mettez le gigot dans une marmite avec de l'eau & du sel. Lorsqu'il aura bouilli deux heures, il sera cuit. Alors mettez dans une casserole un morceau de beurre, une pincée de farine, du sel, du poivre, de la muscade, un peu de jus, une demi-douzaine d'œufs durs bien hâchés, & une poignée de capres. Etant près de servir, tirez votre gigot, dressez-le dans le plat avec cette sauce par dessus; & servez chaudement pour entrée.

Gigot de mouton aux navets, à l'Angloise.

Faites cuire le gigot avec de gros navets. Mettez dans une casserole un morceau de beurre, une pincée de farine, du poivre, du sel, de la muscade rapée, un filet de vinaigre: liez votre sauce: tirez les navets de la marmite, coupez-les en morceaux, & les mettez dans la sauce. Etant près de servir, tirez le gigot & le dressez dans le plat, avec les navets par dessus: & servez chaudement pour entrée.

Pâté froid de Gigot de Mouton.

Il se fait de même que celui de *Rouelle de* VEAU.

Gigot à la Daube.

Otez-en la peau; piquez-le de menu lard; mettez-le tremper dans du verjus & du vin blanc, pendant un demi-jour; assaisonnez-le de sel, poivre, laurier, & cloux de girofle: puis faites-le rôtir à la broche, arrosez-le de la sausse où il a trempé; & étant cuit, faites-y une sausse avec le dégoût, un peu de farine frite, & un jus de champignon: après cela servez-le.

2. Ayez un gigot un peu mortifié; dépouillez-le de sa peau; battez-le avec un bâton pour en rendre les chairs plus courtes; coupez le bout de l'osselet; piquez-le de gros lardons; salez-le, poivrez-le: puis prenez un pot où vous le ferez bouillir dans de l'eau; & lorsque vous jugerez qu'il pourra être cuit, mettez-y du vin, un peu de verjus, du citron & des cloux de girofle. Avant de le servir, arrosez-le d'essence d'ail; pour être mangé tout chaud.

3. *Consultez* l'article DAUBE.

Gigot Farci.

Vous le ferez d'abord rôtir à la broche; & quand il sera cuit, vous en enleverez entiérement la chair, que vous dégraisserez, & hacherez menu avec du lard blanchi, un peu de tettine de veau, & de graisse ou moëlle; vous y ajoûterez du persil, de la ciboule, de fines herbes, une mie de pain trempée dans de bon bouillon, deux jaunes d'œufs, & deux œufs entiers. Le tout étant bien haché, pilé dans le mortier, & assaisonné, vous en mettrez la moitié tout autour de l'os qui étoit resté nud, & tâchez d'imiter la figure qu'avoit le gigot auparavant. (*Afin que la chair hachée ne s'attache pas aux mains*, on les trempe dans un œuf battu). Remplissez le creux de ce gigot artificiel, avec un excellent ragoût de toutes sortes de garnitures; & achevez de le remplir, s'il ne l'est pas tout-à-fait, avec le reste du godiveau. Ensuite panez l'éclanche, & la mettez au four. Quand elle aura pris couleur, retirez-la, ôtez toute la graisse qui est autour du plat, faites un petit trou sur le haut de l'éclanche, & y faites entrer un bon coulis; puis servez chaudement.

Si l'on veut *Farcir une éclanche à la Crême*, on ajoûte pour le godiveau, un morceau de veau, de la panne, deux ou trois rocamboles, un peu de basilic, & un peu de coriandre. L'éclanche étant façonnée comme ci-dessus, on la dore de blanc d'œuf, avec une mie de pain par-dessus, des bardes de lard dessous; & on lui fait prendre couleur au four. Quand elle est cuite, on la retire, on la dégraisse, & on la sert chaudement. Il ne faut pas oublier de délayer les ingrédiens avec la crême, quand on les pile dans un mortier.

Eclanche à la Royale.

Prenez une éclanche bien mortifiée; ôtez-en la graisse, & la chair qui est autour du manche; battez-la, & la lardez de gros lard assaisonné de sel, poivre, & fines épices; saupoudrez-la de farine; & faites-lui prendre couleur dans du sain-doux. Ensuite empotez-la avec de fines herbes, & quelques oignons piqués de cloux de girofle; mettez dans le pot ou huguenotte, du bouillon ou de l'eau suffisamment. Couvrez bien le vaisseau; & faites cuire longtems à petit feu. Etant presque cuite, préparez un bon coulis; & un ragoût composé de ris de veau, truffes, pointes d'asperges, culs d'artichaux, & champignons, le tout bien passé. L'éclanche étant cuite, dressez-la dans un plat; mettez le ragoût pardessus, & servez chaudement.

GIGOT *ou* GIGOTEAU *de Veau*. Consultez l'article VEAU.

GIGOTTÉ (*Chien bien*): terme de Chasse, on le dit d'un chien qui a les cuisses rondes & les hanches larges: c'est signe de vitesse.

G I L

GILLAD (*Baume de*). Consultez l'article SAPIN.

G I M

GIMBELETTE. Sorte de pâtisserie, dure, grosse comme un fort petit doigt, cylindrique, & tournée en maniere d'anneau.

Pour faire des Gimbelettes.

Il faut prendre un quarteron de farine (ou plus, suivant la quantité que vous voudrez en faire) avec une once & demie, ou deux onces, de sucre en poudre, deux ou trois jaunes d'œufs, un blanc d'œuf tout au plus, un peu d'eau de fleur d'orange; un peu de musc & d'ambre préparés, mais fort peu, si vous y en voulez: paîtrissez le tout ensemble, & faites-en une pâte ferme. Si elle ne l'est point assez, vous y ajoûterez de la farine, & non autre chose; faites seulement que la pâte soit ferme & bien paîtrie. Si elle n'est pas maniable & qu'elle ne se puisse pas filer pour la mettre en petits anneaux, vous la mettrez dans le mortier. Si elle est trop dure, versez-y une petite goutte d'eau de fleurs d'orange, & d'eau claire, pour la rendre maniable. Puis vous la filerez en petits ronds, que vous ferez revenir dans l'eau bouillante comme des biscotins; vous les dresserez sur des feuilles de fer blanc ou de papier; & les ferez cuire de même que les biscotins. Voilà ce qu'on appelle les Gimbelettes d'*Alby*, *de Toulouse*, & *de Rome*.

G I N

GINGEMBRE, ou *Zinzembre*; en Latin *Zingiber*, *Zinziber*, *Zingibel*, & même *Lingibel*; (Voyez Chomel, *Hist. des Plant. Us.* Paris 1739, Tom. I. p. 137): & en Anglois GINGER.

M. Linnæus a donné à ce genre de plantes le nom d'*Amomum*: à l'exclusion d'autres plantes appellées de même, qui sont de genre différent. *Voyez* AMOMUM.

Dans celui-ci, les fleurs sont rassemblées en épi écailleux. Chacune d'elles a deux spathes: dont l'extérieure couvre lâchement l'écaille; & l'intérieure embrasse le tuyau de la fleur & les parties de la réproduction. Cette fleur est d'une seule piece; formée par en bas en tuyau court, dont le limbe est à trois divisions profondes; le segment du milieu, plus long & plus large que les autres. Le nectarium est d'une seule piece, oblongue, épaisse, à-peu-près égale à la hauteur des segmens du tuyau, & placée dans le plus grand angle du limbe. De l'intérieur du tuyau s'élevent deux filets, surmontés de sommets courts. L'une de ces deux étamines se joint au segment supérieur, y perd bientôt son sommet, & se confond ainsi facilement avec le segment même. L'embryon est presque rond : il supporte un style fort menu, terminé par un petit stigmate velu. Cet embryon devient une membrane coriacée, à-peu-près ovale, à trois pans ; intérieurement divisée en trois loges, où sont renfermées nombre de semences.

Especes.

1. *Zingiber* C. B., ou *Gingembre ordinaire* (appellé *Mangaritia* par Pison, & *Chilli Indiæ Orientalis, sive Zinziber femina*, par Hernandez) a sa racine large d'un pouce, un peu plate, d'un gris rougeâtre au-dehors, assez blanche en dedans, traçante, noueuse, & d'un goût âcre & aromatique. Il en sort, au printems, quantité de tiges vertes, ressemblantes à celles de roseau : communément hautes de deux à trois pieds ; garnies de longues feuilles étroites, pointues, qui ont une odeur de punaise, & sont placées alternativement tout le long de ces tiges, qu'elles embrassent étroitement par leur base. A côté, sortent immédiatement de la racine, des tiges nues, au sommet desquelles est un long épi oval de fleurs bleues qui sortent de leur enveloppe. Ces fleurs paroissent au mois de Septembre : &, tant leurs tiges que les autres & les feuilles, périssent deux mois après. On trouve cette plante nommée *Arundo humilis, clavatâ radice.*

2. *Zingiber latifolium sylvestre*, H. Lugd. Bat. Sa racine est beaucoup plus grosse, & comme en truffe vers son collet, mais ensuite allongée & articulée comme celle du *n.* précédent. Quelqu'un l'a appellé *Iris latifolia tuberosa.* Son odeur est très-piquante. Les tiges s'élevent de trois à quatre pieds ; sont garnies de longues & larges feuilles, rangées & faites d'ailleurs comme celles du *n.* 1. Cette plante fleurit & périt dans le même tems que l'autre. Ses fleurs sont blanches, rangées sur un long épi obtus, & excédent beaucoup leurs enveloppes.

3. M. Miller parle d'une espece dont les racines sont épaisses & charnues comme les plus belles racines d'Iris ; les tiges hautes de huit à neuf pieds ; & les feuilles longues & étroites : mais qui n'a pas encore fleuri en Angleterre, où cependant les racines de cette plante pullulent beaucoup.

Culture.

Ces trois especes sont tendres à la gelée.

On les multiplie aisément en séparant leurs racines au printems avant la pousse. Dans nos climats, on les tient dans des pots ; où on a soin que les racines soient gênées dans leur progrès, si on veut que les plantes fleurissent.

Il leur faut une terre légere & substantieuse, telle que celle d'un potager.

On a soin de les arroser durant l'été. En automne, on ne leur donne de l'eau que modérément ; & très-peu en hiver.

Il faut que les pots restent presque habituellement dans le tan de nos serres ; sans quoi les fibres des racines sont sujettes à se crisper, & occasionner ainsi le dépérissement des plantes.

Le *n.* 1 vient naturellement dans les Indes, & en quelques endroits de l'Amérique. On le cultive dans nombre d'Isles de l'Amérique, & à la Chine, comme un objet de commerce.

Les especes 2 & 3 sont aussi originaires des Indes Orientales.

Usages.

La racine du *n.* 1, étant seche, est d'un grand usage soit en Médecine, soit pour l'apprêt des alimens. On la mêle avec les autres épices. Elle est chaude, dessicative propre à fortifier l'estomac, aider la digestion, & exciter l'appétit. On dit que, récente, elle lâche le ventre. La Pharmacie fait entrer celle qui est seche, dans les masticatoires, la thériaque, le mithridat, *&c.* Elle guérit des fievres rébelles, si on en prend avant l'accès : mais, quand l'accès est passé, il faut en user encore ; pour évacuer les humeurs, & rétablir l'appétit.

Voyez APOPLEXIE *de vapeurs métalliques*, p. 138, col. 2. *Remedes pour l'*ASTHME, *n.* 8. BAUME *artificiel pour plusieurs maladies.* BAUME *de vie très-précieux.* BEGAIEMENT. CAILLÉ.

Les Anglois en font une sorte de *Pain d'épice.*

Je ne sçai quelle partie de la plante on mange, aux Indes, dans les salades.

Les Indiens confisent au sucre la racine fraîchement tirée de terre. Ils en font aussi des pâtes séches, & de la marmelade. Le gingembre confit doit être mollasse, gros, d'une couleur dorée, non filandreux, d'un goût agréable : & son sirop doit être blanc & bien cuit. On en prend depuis demi-once jusqu'à une once, dans la colique, les indigestions, & les vents. Son plus grand usage est pour se réchauffer sur mer, & se préserver du scorbut.

Le gingembre, réduit en poudre, s'appelle *Epice Blanche*, ou *Petite Epice.* Les Colporteurs & petits Merciers de village, le mêlent parmi le poivre.

Il faut choisir le gingembre nouveau, sec, bien nourri, d'un gris rougeâtre en dehors, difficile à rompre, d'une saveur chaude & piquante.

Dans la racine du *n.* 2, la partie ronde est employée en Médecine, sous le nom de *Zedoaria*, dans les cas où le sang est extrêmement épaissi. Les parties allongées sont appellées *Zerumbet* : & on ne s'en sert pas communément.

GINGER. *Voyez* GINGEMBRE.

GINGIDIUM *Umbellâ oblongâ* C. B. Plante ombellifere, qui se trouve dans les pays chauds. C'est un *Fenouil*, dans M. Tournefort. M. Linnæus (*Hort. Cliff.*) l'appelle *Daucus seminibus nudis.* De sa racine, qui est annuelle, s'éleve à la hauteur d'environ trois pieds, une tige droite, lisse, cannelée, branchue ; garnie de feuilles très-finement découpées. A l'extrêmité de chaque branche est une ombelle considérable, serrée, très-ferme, allongée, composée de beaucoup d'autres. L'enveloppe de cette ombelle générale est courte, & formée de feuilles dont chacune a trois divisions. Les semences de cette plante sont très-menues.

Usages.

Les rayons, ou pétioles des ombelles partielles ; étant secs, servent de cure-dents en Espagne. C'est pourquoi on y donne à la plante le nom de *Visnaga.*

Culture.

Il est plus sûr d'en semer la graine en automne, qu'au printems.

Du reste, la plante ne demande aucun soin particulier.

GINGIDIUM *foliis Pastinacæ latifoliæ.* C. B. Autre plante ombellifere ; que les Botanistes modernes rapportent au genre de *Tordylium.* C'est le *Tordylium minus, limbo granulato, Syriacum*, de Morison : plante qui croît sans culture en Syrie. Sa tige a rarement

rement un pied de haut. Les feuilles d'en bas sont composées de deux paires de folioles ovales ; & d'une impaire qui est plus large. Ces folioles sont velues, & légérement crénelées. Les tiges sont un peu branchues : terminées par des ombelles de fleurs blanches ; dont l'enveloppe est considérable, & ordinairement à trois divisions. Les semences sont larges, ovales, applaties, très-dentelées & comme bordées.

Culture.

Quoiqu'elle soit originaire d'un climat chaud, cette plante soutient très-bien en pleine terre les vicissitudes du nôtre. Elle est annuelle : & ne demande aucun soin particulier. Elle fleurit vers le mois de Juin.

Usages.

On dit que ce Gingidium, mangé crud ou bouilli, est bon pour l'estomac : mais qu'il faut ne le laisser cuire que très-peu. On le mange en salade ; ou cuit, soit dans du vin, soit dans du vinaigre : pour rétablir l'appétit.

GIR

GIRANDOLE : *Fleur.* Voyez NARCISSE *Sphérique.*

GIRANDOLE : Piece de feu d'artifice. *Consultez* ce titre dans l'article ARTIFICE.

GIRARD-ROUSSIN. *Voyez* ASARUM.

GIRAUMON ; ou GIROMON. Plantes cucurbitacées, que G. Bauhin rapporte au genre des *Melopepo.*

Il nomme *Melopepo Clipeiformis* une plante très-commune dans l'Amérique Septentrionale ; où une partie des Naturels lui donne le nom de *Squash.* Tantôt elle forme une simple tige droite ; tantôt elle pousse des bras, comme les autres cucurbitacées, & rampe sur la terre. Sa feuille est très-verte, découpée en lobes ; & sa tige, extrêmement piquante. Ses fruits sont arrondis, applatis, & chargés de nodosités.

M. Miller dit avoir observé que la graine venue sur une plante droite, en produit de semblables, pourvû qu'on la seme dans un jardin éloigné ; mais que semée dans celui où on l'a recueillie, elle donne souvent des plantes rampantes, & dont le fruit est plus gros & varie dans sa forme.

Seroit-ce de ces derniers qu'a voulu parler M. le Page (*Hist. de la Louis.*) sous le nom de giraumons faits *en cors de chasse* : dont la chair est plus ferme, & le sucre moins doucereux ; qui contiennent moins de graine ; se conservent beaucoup mieux que les autres : & que, pour cette raison, on choisit par préférence pour confire ?

2. M. De Combes (*Ecole du Jard. Pot.* Tom. I. p. 500) appelle *Concombre Noir* une variété de Giraumon. Voici comme il la décrit : » sa racine est fort » courte, blanche, & chevelue. Ses feuilles naissent » en foule les unes sur les autres, placées alternati- » vement ; & quand elles sont dans toute leur force, » elles portent jusqu'à quinze pouces d'étendue & » plus, fort ressemblantes pour le contour à celles » de la vigne, mais découpées moins profondément, » rudes, cloquettées, & velues tant dessus que des- » sous, répandant une mauvaise odeur ; elles sont » portées sur des queues creuses de la grosseur du » doigt, & de quinze à dix-huit pouces de longueur. » Sa tige s'éleve droit en naissant, & se renverse » ensuite par le poids de ses feuilles & de ses fruits : » quelquefois elle est unique ; quelquefois il s'en » trouve deux ou trois ; elle est fort grosse, disposée » à cinq faces, & creuse en partie : quand on la » coupe latéralement (transversalement) elle re- » présente une étoile : sa longueur est de trois pieds » environ. Des aisselles des feuilles naissent les fleurs ; » qui sont d'un jaune doré & velouté, formées en » cloche, & ressemblantes à tous égards à celles du » potiron ; les unes sont stériles, portées sur des » pédicules de trois à quatre pouces de longueur ; » les autres fertiles, & sont précédées du fruit qui » est déja formé avant qu'elles s'épanouissent. Ce » fruit est d'abord fort menu en naissant, & d'un » *Verd* tendre ; mais à mesure qu'il grossit & qu'il » s'allonge, il prend une couleur *foncée presque noire.* » Il s'en trouve pourtant qui sont marbrés & rayés » d'un blanc jaunâtre. La grosseur & la longueur sont » fort semblables au concombre tardif ; mais la peau » est beaucoup plus raboteuse, & forme quantité » de petites côtes : la chair est ferme, jaunâtre, & » fort peu aqueuse. La graine est placée dans plu- » sieurs loges séparées par une pulpe, fort grosse, » évasée, & rousse. «

Confiture de Giraumon.

On taille la chair en forme de poire ou de quelque autre fruit : & on le confit ainsi, à l'ordinaire, avec fort peu de sucre.

Autres manieres d'apprêter les Giraumons.

1. On les met dans la soupe.
2. On en fait des bignets.
3. On les fricasse.
4. On les fait cuire au four ; ou sous la braise.
5. On les cueille à la moitié de leur grosseur, & on les fait bouillir pour les servir avec de la viande.

Ils sont bons & agréables, sous toutes ces formes ; dans les pays où on n'a rien de meilleur pour de semblables usages. Ils ont un peu le goût de châtaigne ; mais sont toujours fades & pâteux.

Culture.

On peut cultiver en général ces plantes comme les *Cucurbita*, ou les concombres. Après les avoir élevées sur couche, on les replante dans une terre bien fumée.

Les giraumons sont très-bien auprès des tonnelles, qu'ils garnissent promptement & y forment une ombre impénétrable au soleil. Leurs fruits réussissent parfaitement dans cette situation. On les met aussi en espaliers, en haies, en palissades, qu'ils fournissent à une belle hauteur.

Il faut leur donner beaucoup d'eau, pendant les sécheresses.

Ces plantes donnent ordinairement beaucoup de fruit ; qui se garde fort avant dans l'hiver quand on les tient dans un endroit sec & airé.

On retire la graine à mesure que l'on consomme le fruit. Elle se garde longtems. * *Ecole du Jard. Pot.* T. I. p. 523.

GIROFLE. *Voyez* GEROFLE. ANTOLFLE.

GIROFLIER ou GIROFLÉE. *Voyez* VIOLIER.

GIROMON. *Voyez* GIRAUMON.

GIS

GISANT (*Bois*). Voyez ce mot dans l'article BOIS, p. 355.

GIT

GITE : *terme de Chasse.* C'est le lieu où se couche le lievre.

GITHAGO. Voyez NIELLE, Plante.

GIVRE. Brouillard qui se gele sur les branches des arbres, ensorte qu'elles semblent être chargées de neige.

Le givre n'étant qu'une glace superficielle, il fait moins de tort que le verglas. Mais il charge quelquefois les branches, au point de les faire rompre.

G L A

GLACE. L'on nomme ainsi l'eau, ou toute autre liqueur, lorsqu'elle est condensée & durcie soit par l'impression de l'air froid soit par l'addition de quelque sel propre à occasionner cet effet. Le sel ammoniac, qui est un composé de l'acide du sel marin & d'un sel alkali volatil, est des plus capables de produire de la glace; non toutefois dans l'eau où il est dissout, mais dans toute eau pure qui touche le vase où est cette solution.

Nous n'entrerons pas ici dans l'explication des causes & des divers phénomenes de la glace. Il vaut mieux inviter les Lecteurs à lire le IVe Volume des *Leçons de Physique expérimentale* de M. Nollet, p. 97 *&c :* la sçavante *Dissertation* de M. De Mairan *sur la Glace :* le Journal de Trevoux, en 1701; celui des Sçavans, en 1719: les *Essais de Phys.* de M. Van Musschenbroeck.

Pour faire de la Glace en été.

1. Pulvérisez séparément une livre de sel ammoniac, & autant de sublimé corrosif. Mêlez bien ensuite ces poudres dans un grand matras. Puis versez-y trois livres de bon vinaigre distillé: & remuez bien le tout avec une spatule. Le matras deviendra si froid, que vous aurez de la peine à le tenir entre les mains. Si vous augmentez proportionnément la dose des ingrédiens ci-dessus, vous ferez une liqueur très-propre à rafraîchir les boissons.

Pour faire servir encore une autre fois au même usage le sel ammoniac, & le sublimé corrosif; il n'y a qu'à faire évaporer le vinaigre.

2. La cendre est plus de deux heures à faire de la glace. Mais cette glace se maintient en son état beaucoup plus longtems que les autres.

Liqueurs à la Glace; ou Liqueurs Glacées.

1. La cendre ordinaire de toute cheminée où on a brûlé du bois neuf, suffit pour glacer les liqueurs.

2. Le sucre mêlé avec de la glace, augmente le froid d'une liqueur.

3. L'esprit de nitre & celui de sel, mêlés avec la glace, produisent des froids prodigieux.

4. La chaux, mêlée avec de la glace, rend une liqueur beaucoup plus froide.

5. L'esprit de vin versé sur la glace, produit le même effet.

6. Le sel marin, mêlé avec la glace, est capable d'occasionner un froid qui surpasse de quinze degrés celui qui suffit pour geler l'eau.

7. Le sel de soude, les différentes soudes elles-mêmes, les potasses, les cendres gravelées, le tartre, enfin tous les sels alkalis ou les cendres chargées de ces sels; produisent un aussi grand degré de froid que le salpêtre bien rafiné.

Voyez EAUX *Glacées*, T. I. p. 857. M. Nollet, *Leçons de Phys.* T. IV. p. 146 & suivantes.

Conserver la Glace.

Voyez GLACIERE.

Glace de Gâteaux.

Voyez sous le mot GÂTEAU *de mille feuilles.* GLACER. *Pâte d'amandes*, T. I. p. 85.

GLACER: *terme de Pâtissier & de Confiseur.* Voyez GLACE *de Gâteaux*, & les renvois.

Glacer toutes sortes de fleurs & de fruits, pour orner les grands repas.

Il faut avoir des moules de fer blanc en forme de pyramide carrée; ou en triangle; & faire mettre à l'extrêmité de la pointe un rond de fer blanc pour les assujettir, afin de pouvoir les garnir de fleurs ou de fruits depuis le sommet jusques à la base: ce qui se fait ainsi. Si c'est une pyramide de fleurs, il faut les bien arranger, nuancer & diviser par lits: si c'est une pyramide de fruits, il faut aussi les ranger & diversifier par lits, en mettant toujours les plus petits du côté de la base; jusques à ce que le moule soit plein. Après cela vous remplirez d'eau tous ces moules, les boucherez de leurs couvercles, & les mettrez dans un seau, baquet, ou autre vaisseau, suivant la quantité, avec de la glace pilée & bien salée, dont vous envelopperez & couvrirez les pyramides. Lorsqu'elles seront bien glacées, & que vous voudrez les serrer, vous les tirerez de la glace: & pour les ôter plus facilement des moules & empêcher qu'elles ne se brisent, vous aurez de l'eau bouillante toute prête, dont vous frotterez avec un linge mouillé le dedans des moules; ce qui détachera les pyramides. Vous les mettrez ensuite au milieu d'un plat ou soucoupe que vous aurez préparée pour cet effet; & les garnirez tout à l'entour, de gobelets dans lesquels vous mettrez des eaux glacées.

Voyez le mot *Blanchir ou Glacer les Cerises*, dans l'article CERISIER. CRÊME *glacée. Blanchir les Framboises*, article FRAMBOISIER. *Amandes glacées*; & *Pâte d'amandes*, dans l'article AMANDIER.

GLACIERE. Fosse en terre, de forme conique, de deux à trois toises de diametre par le haut, avec un faux plancher de solives au tiers de sa profondeur, pour l'écoulement de ce qui pourroit se fondre de la glace ou de la neige qu'on y conserve pour l'été. Son pourtour est revêtu de chevrons lattés: & sa couverture, faite de perches avec un chapiteau de chaume, qui va jusqu'à fleur de terre. Sa porte doit être du côté du Nord. Ce lieu doit être sous terre & bien fermé: & les meilleures glacieres sont des cavernes basses. Consultez le *Journal Œconomique*, Juin 1753, p. 192.

GLACIS. Pente de terre, ordinairement revêtue de gazon, & beaucoup plus douce que le talus; sa proportion étant au dessous de la diagonale d'un quarré. Il y a des *Glacis dégauchis :* qui sont talus dans leur commencement, & glacis assez bas en leur extrêmité; pour r'accorder les différens niveaux de pente de deux allées paralleles. On voit de ces talus & glacis pratiqués avec beaucoup d'intelligence dans les jardins de Marly.

GLACIS *de Corniche :* terme d'Architecture. C'est une pente peu sensible, sur la cimaise d'une corniche; pour faciliter l'écoulement des eaux de pluie.

L'origine du mot *Glacis* vient ou de glisser, comme qui diroit endroit oblique & glissant; ou du mot de *glace;* dont la surface est glissante.

Dans l'Architecture militaire Glacis ou Esplanade, est le parapet du corridor; dont la hauteur, de six à sept pieds, se perd dans la campagne par une pente insensible dans la longueur d'environ dix toises.

GLAIS, ou *Gliron.* Animal. *Voyez* LOIR.

GLAIS; ou *Glaieul :* que l'on écrit aussi *Glayeul;* & qu'on nomme encore *Rosier de Gray :*

en Latin GLADIOLUS : & *Cornflag*, en Anglois.

Nous avons déja dit, dans l'article FLAMBE, que l'on confond souvent le Glayeul & l'Iris. Nous n'indiquerons ici que le caractere distinctif du Glayeul. 1°. Ses feuilles ne sont pas en lame plate, mais presque toujours en glaive à trois quarres. 2°. Quoique le tuyau de la fleur ait six divisions, leur ensemble présente la forme d'une fleur labiée, ensorte que la levre supérieure est pliée en gouttiere, & celle d'en bas semble être partagée en cinq. 3°. La racine de la plante est un tubercule charnu; souvent double : dont le plus gros & large pose sur un autre beaucoup moindre, d'où sortent quantité de fibres.

Especes.

1. *Gladiolus floribus uno versu dispositis* C. B. Cette plante est fort commune dans nos Provinces Méridionales : où elle a différentes hauteurs. Sa racine est en tubercule assez souvent rond, applati, jaunâtre, revêtu d'une peau brune & sillonée comme on en voit aux racines du safran jaune printanier. Au haut de la tige sont cinq ou six fleurs blanches, ou d'un rouge pourpre, ou couleur de chair, étagées à quelques distances les unes des autres sur un seul côté. Chacune de ces fleurs sort d'une gaîne. Elles sont en état dans les mois de Mai & Juin.

2. *Gladiolus utrinque floridus* C. B. Le *Glayeul d'Italie*. Celui-ci est cultivé dans nos jardins. Il differe du précédent en ce que ses fleurs sont disposées dans l'ordre alterne, des deux côtés de la tige.

3. *Gladiolus major Bysantinus* C. B. Le *Glayeul de Constantinople*; ou *du Levant*. Sa racine est fort grosse. Ses feuilles sont longues, larges, & profondément cannelées : les tiges hautes : les fleurs grandes, & d'un pourpre foncé.

4. *Gladiolus maximus Indicus* C. B. Il vient sans culture au Cap de Bonne Esperance. Sa racine profite très-vite; est plus large & plus plate qu'aucune de celles des especes précédentes, & couverte d'une sorte de réseau. Ses feuilles sont longues, douces, d'un verd brillant; commencent à pousser depuis le mois de Septembre jusqu'en Janvier, dépérissent en Mars, & sont entiérement blanches à la fin de Mai. Les fleurs paroissent au mois de Janvier, & sont grandes; placées des deux côtés de la tige, tout contre elle, à-peu-près comme dans un épi plat d'orge : tantôt leur couleur est incarnate; tantôt les pieces inférieures sont jaunâtres en dedans & un peu panachées de rouge vif : leurs gaînes membraneuses sont courtes.

Usages.

Les racines des glayeuls sont âcres; & employées comme corrosives.

On se sert particuliérement de celle du *n.* 1 extérieurement pour mûrir & déterger. On fait infuser ses fleurs dans de l'huile d'olives; dont on met sur les enflures des mammelles, & des testicules.

Quelques-uns prennent la racine intérieurement avec du vin, pour rétablir les gens inhabiles à la génération. Sa poudre, bue dans de l'eau, est bonne pour les hernies des enfans. On pile l'enveloppe extérieure de la racine, pour en mettre une dragme dans du vin, que l'on avale pour les douleurs de vessie.

Les *nn.* 3 & 4 contribuent bien à orner des jardins. Le dernier est surtout estimable dans une saison où l'on a peu de fleurs; quoique son épi ne soit jamais en état dans sa totalité, les fleurs d'en bas périssant quand celles d'en haut s'épanouissent.

Culture.

Le *n.* 1 se multiplie excessivement par ses racines; ensorte qu'il devient incommode dans un parterre.

On multiplie le *n.* 3 par les cayeux que produit la racine. On leve toutes les racines à la fin de Juillet, tems auquel les tiges périssent; & on peut ne les remettre en terre que vers la fin de Septembre ou le commencement d'Octobre. Cette plante réussit à toute exposition.

Quand les feuilles du *n.* 4 sont passées, on leve ses racines; pour ne les remettre en terre qu'au mois d'Août. On multiplie cette espece par ses petits tubercules. Jusqu'ici on l'a tenue dans les pots, & traitée en plante exotique très-délicate. Ce peut être pourquoi elle ne fleurit presque jamais en Angleterre, malgré l'étude des différens sols & des expositions qui pourroient lui convenir. M. Miller pense qu'on feroit mieux de l'élever en pleine terre, avec les précautions convenables pour la garantir de la gelée.

GLAISE, ou *Argille*. Terre grasse, tenace, difficile à labourer & à rendre meuble. Elle peut servir à fertiliser les sables.

On en fait des ouvrages de poterie; les tuiles, les briques, *&c.*

Voyez ARGILLE. AMANDER, *n.* 1. AIRE. TERRE.

Dans le langage vulgaire on distingue les *argilles* blanches & jaunes, d'avec les *glaises* bleues, verdâtres, molles, dures, feuilletées, *&c.* Les Naturalistes ne les séparent pas.

M. De Buffon (*Preuves de la Théorie de la Terre*, Art. VIII.) regarde les argilles ou glaises » comme » des scories de verre, ou comme du verre décom» posé. « Il y rapporte encore les diverses especes d'ardoises; les charbons fossiles, & quelques autres matieres dont l'intérieur du globe est composé. Consultez le *Traité des Semis & Plantations*, de M. Duhamel, p. 6.

GLAND. Fruit du chêne. Voyez T. I. p. 548-9, 550-2.

Il est assez ordinaire que sa récolte réponde en quantité à celle des pommes & des pêches. Ce fruit manque néanmoins fréquemment, parce que les fleurs du chêne sont aussi sujettes que celles de la vigne à être détruites par les gelées du printems & autres intempéries de l'air. Mais quand la glandée est abondante, on en tire un grand profit pour la nourriture des pourceaux; dont la chair & le lard sont alors bien estimés. *Voyez* GLANDÉE. Les volailles se nourrissent aussi de gland : qui étant broyé & mis comme en poudre, leur sert de mangeaille pendant l'hiver. On jette encore du gland concassé, pour la nourriture des anguilles, dans les anguillieres.

Il seroit à desirer que ce fruit pût servir à la nourriture des hommes. Des pauvres en firent du pain, lors de la disette de 1709 : & quoique ce pain fût très-mauvais, on ne laissa pas d'en consommer beaucoup dans quelques provinces. On pourroit vraisemblablement faire un usage commun du gland que produit le chêne blanc de Canada : il est aussi doux que les noisettes ou que les châtaignes. Quelques especes de chênes-verds en donnent qui ont le même mérite. *Voyez* Tome I. p. 552.

Toute la substance du gland de liége passe pour être astringente. On pourroit en dire autant des autres glands âcres. Mais on attribue particuliérement cette propriété à la pellicule qui est entre l'amande & son enveloppe. Cette même enveloppe ou écorce, est mise au nombre des lithontriptiques.

Le gland sert en Médecine : particuliérement pour la colique venteuse, la dysenterie, & les tranchées des femmes en couche. On le réduit en poudre ; & on le donne depuis un scrupule jusqu'à quatre, dans du vin un peu chaud, ou dans quelque liqueur appropriée.

Les cupules du gland sont propres à la tannerie. *Voyez* Tome I. p. 552.

Conserver le gland d'une année à l'autre. Voyez ce titre dans l'article COCHON, p. 646.

2. GLAND. Se dit encore des jeunes chênes peu avancés. Non seulement on se sert de ce terme au singulier dans cette signification ; mais encore pour un semis entier. » Ce n'est que boutis dans ce *jeune » Gland* [illegible] est perdu par les sangliers. «

GLANDE, en Latin *Glandula* : terme de Botanique. C'est une partie saillante & de forme variée ; que l'on trouve sur différentes parties des plantes ; & qu'on croit servir à quelque sécrétion. Voy. les *Observations* de M. Guettard *sur les Plantes*, T. I. p. xxxiv & suivantes : & la *Physique des Arbr.* de M. Duhamel, L. II. Ch. IV.

M. Duhamel, qui a observé avec beaucoup de sagacité la marche de la nature dans la formation des fruits, regarde comme probable que » cette » substance grenue, qui fait la plus grande partie » des *Fruits* nouvellement noués est GLANDU» LEUSE ; que les pierres de ces fruits sont alors » des pelotons de vaisseaux des *glandes* ; » enfin que l'on peut alors comparer l'état des fruits à celui des fœtus d'animaux, qui prennent leur croissance dans un viscere tapissé de *glandes*. Voyez L. III. Ch. II. p. 249, 250-1.

GLANDE : *terme relatif à la Médecine.* Les glandes sont des corps solides, composés d'un grand nombre de vaisseaux tissus ensemble & revêtus d'une membrane, & dont la fonction est d'exprimer divers sucs de la masse du sang. On prétend qu'il s'en trouve par tout le corps. Mais il y a des parties où leur existence est plus sensible. Ainsi l'anatomie démontre aux yeux les parotides, les maxillaires, les sublinguales, les salivaires, les palatines, les amygdales, les buccales qui sont distribuées dans toutes les membranes de la bouche. L'œil contient, outre ce qu'on nomme la caroncule lacrymale, la glande innominée, & les glandes sébacées de Meibomius. Dans la cavité du nez on apperçoit les glandes de la membrane pituitaire ; & les glandes cérumineuses, dans le conduit de l'oreille. Combien de glandes dans l'épiglotte & dans les autres parties du larynx, & dans la trachée-artere & l'œsophage ; toutes sensibles ; quoique moins considérables que la Glande *Tyroïdes* : cette glande formée en croissant, dont le milieu se joint à la partie inférieure du larynx & à la partie supérieure de la trachée-artere, & dont les pointes tournées en haut sont attachées à des cartilages placés à chaque côté ! Au reste, l'usage de cette glande, si facile à observer, n'est pas encore constant : les plus célebres Anatomistes, opposés entr'eux à cet égard, nous laissent dans l'obscurité. En pénétrant dans l'intérieur de notre corps, on découvre à l'œil les Glandes *Bronchiques*, situées dans le thorax entre les grandes divisions des branches, & qui ont une couleur noirâtre. Vers la cinquieme vertebre du dos sont les Glandes *Dorsales*, adhérentes à la partie postérieure de l'œsophage ; & qui venant quelquefois à grossir, causent la difficulté d'avaler. L'abdomen offre à la vûe le pancréas, les capsules atrabilaires, les glandes meséraïques, *&c.* Dans la région des lombes, près des vertebres, au réservoir du chyle, sont les glandes lombaires, que l'on a quelquefois vûes aussi grosses que le poing : vers l'os sacrum & la division des vaisseaux iliaques, sont les glandes iliaques & les sacrées ; qui toutes servent de décharge aux vaisseaux lymphatiques. A l'entrée de la veine porte, dans la cavité du foie, vers le cou de la vessie du fiel près de la rate, on trouve aussi des glandes conglobées ; qui sont appellées hépatiques, spleniques, glandes de la veine porte. Il y a de même une infinité de glandes aux parties de la génération, dans les deux sexes. Les glandes axillaires, situées sous les aisselles, & recouvertes par la graisse ; & les inguinales, placées à chaque côté des aînes ; se manifestent même audehors en diverses maladies : où elles se gonflent, s'enflamment, & forment des abscès. La même chose arrive à plusieurs de celles du cou ; dont il a été parlé ci-dessus.

Toutes les glandes sont sujettes à des obstructions. Celles du mésentere sont communément obstruées & tuméfiées, dans les personnes malades du scorbut, ou des écrouelles : quelquefois même il s'y forme des abscès ; & ces parties contractent une notable putréfaction. Les parotides ont coutume d'être enflées, dans le tems de l'anthrax des paupieres. L'enflure, accompagnée de douleur, qui survient aux glandes des oreilles, du cou, ou des aînes ; annonce une disposition prochaine à la maladie ; & avertit de prendre des précautions & de suivre un régime exact. On croit que la mauvaise digestion des alimens est en partie occasionnée par un relâchement des glandes de l'estomac. Les *amygdales*, situées à la racine de la langue, s'enflamment dans le cas d'esquinancie.

GLANDES *du cou, enflées.* Consultez les articles ENFLURE. TONSILES.

Ce qu'on nomme GLANDE, ou *Nodosité*, est une maladie qui consiste en une excroissance non douloureuse, molle, unique, mobile & détachée des parties voisines. Ces caracteres la distinguent sensiblement de l'écrouelle.

Remedes pour les Glandes.

1. Servez-vous de l'Onguent Divin.

2. Usez d'opiates fondans : ou de l'antihectique de Poterius. Et purifiez le sang, au moyen de la poudre de cloportes.

3. Faites usage des mêmes remedes que pour les loupes : cependant observez que l'extirpation n'a point lieu par rapport aux glandes.

4. Les éphemerides de Leipsick rapportent que du plomb, infusé dans du vinaigre surat, a fait disparoître une pareille excroissance, qui avoit résisté aux émolliens & aux digestifs.

5. *Voyez* PAROTIDES. TONSILES.

GLANDÉE (*Aller à la*). C'est aller ramasser du Gland ; ou mener des porcs en Paisson ou Panage dans les bois, pour se nourrir de ces fruits sauvages.

Il est défendu d'aller à la glandée sans permission, ou sans titre qui emporte servitude : à cause du grand usage que l'on fait du gland, pour engraisser les cochons.

M. Duhamel a fait voir que la paisson est très-préjudiciable aux bois. Mais comme il y a des circonstances où les propriétaires n'ont pas droit de l'empêcher, les vues du bien public suggérent des modifications propres à diminuer la grandeur du mal. Consultez le *Traité des Semis & Plantations*, p. 332-3-4-5. Au reste, M. Duhamel convient » qu'il n'y a nul inconvénient à permettre aux pay» sans de ramasser du gland dans les années où ce » fruit est très-abondant ; parce qu'il en reste toujours » plus qu'il n'en faut pour le repeuplement. «

GLANE. *Voyez* GLEINE.

GLANER. Ramasser pour son profit ce qu'un propriétaire laisse de grains sur le champ, après avoir achevé sa récolte.

Le GLANEUR s'approprie sans fraude ce qu'il a ainsi ramassé. Mais il n'est pas permis de le faire plus tôt.

GLAREANA. *Voyez* ALOUETTE.

GLAYEUL. *Voyez* GLAIS : & *Consultez* l'article FLAMBE.

GLÉ

GLÉ. C'est la même chose que la paille ou le chaume, auquel tiennent les racines du grain, & qui reste sur terre après la récolte.

GLEDITSIA. *Voyez* FEVIER.

GLEINE (ou *Glane*) *d'oignons*. C'est une quantité d'oignons attachés avec leur fane autour de l'extrêmité d'un bâton, sur la longueur d'environ un pied & demi ou de deux pieds : on les porte ainsi en quelques endroits au marché.

GLEITERON. *Voyez* BARDANE.

GLI

GLIRON. *Voyez* LOIR.

GLO

GLOBE-AMARANTHUS. *Voyez* AMARANTHOIDES.

GLOBER : *terme de Fleuriste*. Voyez sous le mot TULIPE.

GLOTTE. *Consultez* ce mot dans l'article GORGE.

GLOUTERON. *Voyez* BARDANE.

GLU

GLU. Drogue visqueuse & très-tenace.

Pour faire la Glu.

1. Levez, au tems de la seve, la seconde écorce du grand houx : laissez-la pourrir pendant quelques jours, à la cave, dans des vaisseaux avec de l'eau; ensuite réduisez-la en pâte, en la pilant dans le mortier; enfin lavez-la en grande eau courante; & après l'avoir bien maniée & paîtrie, serrez-la dans des pots ou dans des barrils.

2. On peut se contenter de piler l'écorce de houx aussitôt qu'on l'a levée; ensuite la faire pourrir; & la laver comme ci-dessus.

3. Prenez au mois d'Août telle quantité qu'il vous plaira de graines de Gui, qui soient vertes en dedans, rousses en dehors, pas encore mûres, ni farineuses : faites-les secher, ensuite concassez-les dans un mortier, & mettez-les pourrir dans l'eau claire, pendant douze ou quinze jours. Après quoi, les ayant battu avec un maillet, dans de l'eau qu'il faut changer souvent, pour en ôter la peau, & jusqu'à ce que vous les ayez réduites en une substance gluante & tenace; vous les battrez & incorporerez avec de l'huile de noix. Votre glu étant faite, vous la porterez à la cave, ou dans quelque autre lieu frais, pour la conserver dans des vaisseaux avec de l'eau. Le gui de chêne est (dit-on) meilleur que les autres pour cet usage.

4. Faites un gros peloton tout entrelassé d'écorce de gui, quand il est en seve. Mettez-le pourrir dans un tas de fumier, où il y ait de l'eau, pendant cinq ou six semaines. Tirez-le alors; battez-le bien entre deux pierres dans l'eau, & le pressez entre vos doigts, jusqu'à ce qu'il ne reste qu'une matiere gluante : que vous garderez comme ci-dessus.

5. Vers le milieu de l'été, mettez dans une chaudiere beaucoup d'écorce de houx, & y versez de l'eau de fontaine. Faites bouillir le tout, environ douze heures, afin que l'écorce grise se détache bien de la verte. Alors ôtez l'eau, & séparez les deux écorces; ne conservez que la verte : étendez-la sur terre dans une cave ou autre endroit frais; & la couvrez d'un lit épais de plantes vertes qui n'aient pas une odeur agréable; telles que sont la bardane, les chardons, la jusquiame, *&c.* Au bout de quinze jours, levez ce lit : & si l'écorce est devenue bien mucilagineuse, pilez-la dans un mortier de pierre, jusqu'à ce qu'il n'y ait plus d'apparence d'écorce. Après quoi lavez-la dans une eau courante, pour qu'il n'y reste aucune ordure. Mettez-la dans un pot de terre : où, tandis qu'elle fermentera, il se formera une écume que vous aurez soin d'enlever souvent. Quatre ou cinq jours après, supposé qu'il ne se fasse plus d'écume, transvasez-la dans un autre pot de terre. Mettez-y un tiers de graisse d'oie ou de chapon bien clarifiée, ou mieux encore de l'huile de noix; mêlez bien le tout en l'agitant sur un feu doux, & ne cessant que quand le mêlange sera froid. Comme le grand froid de l'hiver est sujet à altérer cette drogue, il est à propos d'y ajoûter autant d'huile de pétrole que de graisse : ce qui empêche qu'elle ne gele. * Evelyn, *Discourse of forest Trees.*

Il faut *Choisir la Glu*, verdâtre, la moins puante, & la moins remplie d'eau que faire se pourra.

Elle peut se conserver longtems dans la cave, pourvû qu'il y ait toujours de l'eau dessus.

Pour manier la glu, quand on veut *s'en servir*, on n'a qu'à se frotter les mains d'un peu d'huile : ensuite on enduit sans peine les gluaux, & autres petits morceaux de bois destinés à prendre des oiseaux.

Voyez la *Troisieme maniere de prendre les* CANARDS.

GLUAUX. On nomme ainsi des ramilles enduits de glu; dont on se sert pour prendre les petits oiseaux. On se sert communément de brins ou rejetons d'ormeau, gros comme un fer de lacet : & on les couvre de glu dans leur longueur, excepté l'espace de deux ou trois doigts vers le gros bout. *Voyez* ARBROT.

GLUMA. *Voyez* CALICE.

GLY

GLYCYRRHIZA. *Voyez* REGLISSE.

GLYPHES. *Consultez* le mot TRIGLYPHES.

GNO

GNOMON. C'est 1°. le *Style* dont l'ombre marque les heures *sur un Cadran*.

2°. L'on donne ce nom à un *Faux Style* dont on se sert pour prendre les points d'ombre, en construisant un Méridien ou un Cadran Horaire. Une extrêmité de ce Gnomon se termine en pointe très-aiguë, & répond au centre du trou d'une plaque un peu cambrée qui y est adaptée. A l'extrêmité opposée, est une fiche que l'on enfonce à coup de marteau dans la muraille. M. Deparcieux a fait voir qu'il est important que le style soit courbe, & comme en S; avec une brisure qui en facilite l'allongement ou le racourcissement, d'où dépend l'exactitude de l'opération. Consultez le *Traité de Gnomonique*, de cet Académicien, NN. 332-3, *&c.* 344-5 & suivans : & les *Figg.* 70-1, 82-3-4-5, &

autres qui ont rapport aux notions Mathématiques propres à diriger la construction des Cadrans. *Voyez* aussi notre article CADRAN, p. 423.

GNOMONIQUE. Art de tracer les Cadrans Solaires.

GOB

GOBELET, *ou* GOBLET. Sorte de petit vaisseau dont on se sert pour boire.

En Médecine on se sert de ce mot, pour exprimer une *mesure* dont le contenu pese environ six onces en liqueur.

GOBELETS *d'Antimoine*. Voyez sous le mot *Regule Martial d'*ANTIMOINE.

GOBER. Se dit, *en Fauconnerie* : d'une maniere de chasser ou voler la perdrix, avec l'autour & l'épervier.

GOD

GODE. Ce mot signifie une vieille Brebis : selon Borel.

GODET : *terme de Botanique*. Voyez CYATHIFORMIS.

GODIVEAU. *Consultez* l'article TOURTE.

GODRONNÉE (*Feuille*) : terme de Botanique. *Voyez* BOSSELURE.

GOE

GOETRE ou GOITRE. *Voyez* GOUETRE.

GOL

GOLFE. *Voyez* BAIE, *n.* 3.

GOM

GOMME. Suc visqueux, qui découle de différens arbres, & se congele, ou épaissit à l'air.

On observe qu'il se forme toujours de la gomme à l'endroit où est écorchée la racine d'un arbre qui porte des fruits à noyau. Lorsqu'il en paroît sur les branches, c'est un indice de défectuosité dans l'arbre : & on doit, autant que faire se peut, ne point prendre de tels pieds pour planter.

Il arrive souvent que l'arbre périt dans les parties voisines de celle d'où découle la gomme. C'est pourquoi, afin d'éviter que le mal ne s'étende davantage, il faut couper la branche, à deux ou trois pouces au-dessous de l'écoulement. La gomme se forme aussi quelquefois aux écussons ; & même à de grands arbres à l'endroit de la greffe : ce qui fait mourir toute la tête.

Voyez CERISIER, p. 495-6.

La Gomme differe des Résines, en ce qu'elle est dissoluble dans l'eau ; & que celles-ci ne le sont que dans l'esprit de vin.

Les gommes s'enflent au feu ; & brûlent, après avoir perdu une grande quantité de leurs parties aqueuses. Lorsqu'on les a distillées, il reste dans la cornue une matiere charboneuse ; qui, brûlée & lessivée, fournit de l'alkali fixe. On obtient, des gommes, par la distillation, d'abord un phlegme limpide, sans odeur ni saveur ; ensuite une liqueur acide, de couleur rousse ; puis un peu d'alkali volatil, & d'une huile qui est d'abord tenue & ensuite plus épaisse.

On divise ordinairement les gommes en *aqueuses*, *résineuses*, & *irrégulieres*. Les gommes aqueuses sont celles qui peuvent se dissoudre dans l'eau, & dans d'autres liqueurs. La dissolution des résineuses ne se fait que par le moyen de l'huile. Et les irrégulieres ne peuvent se dissoudre que très-difficilement, quelque moyen qu'on emploie.

La gomme arabique, & la gomme gutte, sont du premier genre ; la gomme élémi, & le tacamahaca, sont du second : la myrrhe & le benjoin appartiennent au troisieme.

On a coutume d'employer des gommes en Médecine, pour adoucir & tempérer l'âcreté de la lymphe ; dans les toux opiniâtres, quand les crachats sont d'une substance tenue & aqueuse ; dans les inflammations de la gorge, de la bouche, & de l'œsophage ; & dans les flux de ventre, & les dysenteries. On s'en sert aussi extérieurement, à titre d'émolliens & de résolutifs doux.

GOMME *Adraganth*. Voyez ADRAGANTH.

GOMME *Alouchi*. Consultez l'article BDELLIUM.

GOMME *d'Amandier*. Voyez sous le mot AMANDIER.

GOMME *Ammoniac*. Voyez AMMONIAC.

GOMME *Animé*. Cette gomme est très-blanche, seche, friable, & de bonne odeur. Elle est vulnéraire, détersive, chaude, astringente, résolutive, céphalique ; très-recommandée pour les douleurs de tête & de nerfs, les catarrhes, la paralysie, les luxations, contusions, & toutes maladies des jointures. Elle entre aussi dans quelques compositions de Pharmacie.

GOMME *Arabique*. Elle nous est apportée d'Egypte & d'Arabie, où elle est tirée par incision de quelques Acacias. *Voyez* ACACIA. Elle est en gros morceaux blancs, tirant sur le jaune, qui sont diaphanes, & n'ont aucun goût apparent, quand on en fait fondre dans la bouche.

Voyez EAU *Gommée*.

La gomme arabique est pectorale & humectante : propre à épaissir les humeurs séreuses. On la fait entrer dans les médicamens trop violens, pour émousser leur activité. Elle adoucit l'âcreté de la pituite qui tombe sur la poitrine, dans la toux & dans le rhume ; on l'ordonne en poudre, & en infusion.

Elle est peu différente de la *Gomme de Cerisier* : voyez T. I. p. 496. col. 2. Le mucilage de *psyllium* a toutes les propriétés de la gomme arabique : & en le faisant évaporer doucement, on le réduit en gomme ; de même que les mucilages de guimauve & de graine de lin.

La gomme arabique entre dans une colle dont on se sert pour blanchir les murailles. On emploie aussi cette gomme pour donner du corps à la soie ; & pour faire tenir les couleurs sur le velin ou le papier.

Comme cette gomme est devenue chere, on lui substitue souvent la GOMME *du Sénégal* : qui est en larmes blanches, jaunâtres, & transparentes. *Consultez* l'article ACACIA.

GOMMES (*Aromats*). Consultez le mot AROMATS.

GOMME *Caragne*. Voyez CARAGNE.

GOMME *de Cerisier*. Consultez ci-dessus l'article GOMME *Arabique*.

GOMME *Copal*. Consultez l'article VERNI.

GOMME-GUTTE ; ou *Gutte Gomme*. Suc d'une plante dont le nom n'est pas encore certain. Il y a des Auteurs qui veulent que ce soit le *Ricinus* des Indes, la grande Catapuce ou l'Ésule, & que sa couleur vienne de la maniere de le préparer. D'autres disent que c'est le suc d'Euphorbe, ou que c'est un composé de scammonée & de tithimale : d'autres, du suc de grande chelidoine, de scammonée, & de saffran : d'autres enfin, du suc de la moienne écorce de *Frangula*. Quoi qu'il en soit, cette gomme vient de Siam & de la Cochinchine ; & il n'y a pas fort longtems qu'on a commencé à nous en apporter.

Elle purge, par haut & par bas, toutes les mauvaises humeurs ; & particuliérement les sérosités aqueuses : d'où vient qu'on en use souvent dans les hydropisies, la galle, & les démangeaisons.

Sa dose est depuis cinq grains jusqu'à quatorze, en bol, ou dissoute dans quelque liqueur convenable. Les Modernes s'en servent quelquefois au lieu de scammonée, pour aiguiser les médicamens qui purgent trop lentement ; mais en bien moindre quantité que celle indiquée ci-dessus ; savoir depuis deux grains jusqu'à quatre au plus.

Consultez l'article REMEDES PASTORAUX.

Ceux qui peignent en mignature s'en servent pour faire une couleur jaune. Elle jaunit aussi la pommade.

GOMME *Lacque*. Voyez LACQUE.

GOMME *de Loock*. Voyez à l'article SUCCIN.

GOMME *Persienne*. C'est le Sandarac.

GOMME *Sandarac*. Voyez SANDARAC.

GOMME *du Sénégal*. Consultez les articles GOMME *Arabique*. ACACIA.

Voyez ASSA-FŒTIDA. BDELLIUM. PURIFICATION *du Galbanum & autres gommes*. ANTOLFLE.

GOMPHRENA. *Voyez* AMARANTHOÏDES.

GON

GOND. Morceau de fer coudé ; qui sert pour porter une panture. Les *Gonds en Bois* ont une pointe pour entrer dans le bois : les *Gonds en Plâtre* sont fendus & retournés, par le bout qui entre dans le plâtre ; & ainsi ne peuvent que difficilement être détachés & arrachés, après que le plâtre est bien pris, surtout si le gond a été rabatu par sa pointe lorsqu'on l'a fiché dans le plâtre encore mou.

Il y a des Gonds qu'on appelle *à Repos* : composés de deux parties ; dont l'une est arrêtée dans la feuillure d'une porte, ou en quelqu'une des manieres susdites ; l'autre partie, qui est appellée *mammelon*, entre dans les pantures qu'on attache à cette porte pour la soutenir.

Pour faire tenir bien ferme les Gonds d'une porte.

Remplissez de suie de cheminée les trous où vous voulez les placer ; & mettez-y vos gonds tout rouges au sortir du feu : ils seront inébranlables.

GONFLEMENT *de Rate*. Consultez l'article RATE.

GONORRHÉE. Ecoulement involontaire d'une liqueur épaisse, plus ou moins colorée, par les organes de la génération.

Le malheur d'avoir eu plusieurs chaudepisses ou gonorrhées, ou quelquefois même une seule, mais qui a été mal traitée ; fait souvent que l'on est exposé pendant six mois, ou des années entieres, ou toute la vie, à ce flux involontaire. Tantôt il est médiocre, mais continuel, soit que les malades marchent, soit qu'ils se reposent, soit qu'ils agissent. Tantôt il est plus rare, mais plus abondant ; & coule en plus grosses gouttes lorsque les malades font le moindre effort pour aller à la selle, qu'ils s'occupent de pensées lascives, ou qu'ils se disposent à l'acte vénérien.

Cet écoulement involontaire vient 1°. de ce que les canaux excrétoires de la semence ayant été trop dilatés, ils se trouvent plus élargis qu'ils ne devroient l'être, & restent à demi-ouverts : ou 2°. de ce que le relâchement survenu aux parties voisines ne leur permet plus de resserrer ces canaux avec une force capable de contenir la semence. La premiere cause produit le flux continuel ; & la seconde, l'autre sorte de flux : qui se manifeste quand les vésicules séminales ou les prostates sont comprimées dans les efforts que l'on fait pour aller à la selle, &c.

Ces sortes d'écoulemens deviennent toujours pernicieux par leurs suites : ils épuisent peu à peu la partie spiritueuse & balsamique du sang ; après quoi on est attaqué d'amaigrissement, de phthisie, & de ce qu'on nomme *Tabes Dorsalis*.

Il y a en général deux sortes de Gonorrhées : la *Simple* ; & la *Virulente*. La simple vient souvent d'un effort pour porter un fardeau, ou de quelque autre exercice violent. Elle est plus difficile à guérir, que la virulente ; parce qu'elle vient de foiblesse, dans les organes : c'est pourquoi les purgatifs n'y conviennent pas. Dans celles-ci, la matiere flue sans douleur & sans érection : dans la virulente, avec érection, gonflement, & douleur. Le flux de la gonorrhée simple est moins cuit & moins épais, que celui de la virulente.

Remedes.

Voyez BAUME *de Genevieve*. BAUME *de Copahu*. *Remedes pour la* DIARRHÉE, *n.* 1. PLANTAIN. GRENADIER.

GONORRHÉE VIRULENTE, ou *Chaudepisse*.

Peu de jours après un commerce impur (c'est-à-dire trois, six, neuf, jours après ; aux uns plus tôt ; aux autres plus tard) l'urethre commence à laisser sortir goutte à goutte, avec quelque sentiment de plaisir, un peu de sérosité lymphatique & visqueuse ; qui englue l'extrêmité du conduit. Cette extrêmité est rouge, échauffée, & très-ouverte : on sent dans les parties naturelles, surtout lorsqu'on urine, un chatouillement accompagné de chaleur, & qui par degrés devient douloureux. Il survient ensuite une tension, une roideur, une dureté involontaire & douloureuse, qui occupe toute la verge : il coule beaucoup de gouttes d'humeur séminale & épaisse ; principalement lorsque la vessie se contracte avec force après que l'on a uriné : la difficulté d'uriner croît assez souvent de jour à autre ; & l'on sent dans tout l'urethre une acrimonie, une chaleur mordicante. Tous les symptômes deviennent ensuite plus violens : le périnée devient enflé, chaud, douloureux lorsqu'on le presse : le malade sent une fâcheuse cuisson, lors de l'émission de l'urine : il y a érection fréquente, involontaire, douloureuse, & l'on sent une forte constriction de la verge ; qui se recourbe même quelquefois : il coule beaucoup d'humeur séminale, âcre & brûlante ; tantôt d'une couleur cendrée & semblable à du pus ; tantôt marquée de points, de rayes, de filamens sanguins ; & tantôt fétide, jaune, ou verte.

L'usage des remedes diminuant l'inflammation, les symptomes disparoissent par degrés : l'humeur coule plus lentement ; elle devient plus blanche, plus épaisse ; & la source s'épuisant insensiblement, elle s'arrête tout-à-fait, après avoir jetté quantité de floccons lymphatiques très-petits & qui nagent dans l'urine.

Pour ce qui est des *femmes* : peu de jours après qu'elles ont contracté le mal, leurs parties naturelles sont arrosées d'une humidité extraordinaire ; elles sentent à la vulve une démangeaison fréquente, accompagnée de chaleur : & cette démangeaison dégenere successivement en ardeur d'urine. La chaleur, l'ardeur, la rougeur, la douleur du vagin, augmentant ensuite ; elles ne souffrent qu'avec peine l'introduction de la verge ; elles sentent en urinant, une acrimonie brûlante, qui est cependant pour l'ordinaire moins vive que dans les hommes : il furvient un abondant écoulement d'humeur féminale, chaude, liquide, âcre, quelquefois femblable à du pus ; d'autres-fois fanguinolente, jaune, verte, fétide, & véritablement purulente.

Dès que la gonorrhée paroît, il faut s'appliquer à diminuer l'inflammation & à prévenir celle dont on eft menacé ; tempérer l'ardeur de l'urine ; adoucir l'acrimonie de la femence & de l'humeur féminale. Pour cela on ne différera point à faigner du bras : & on réitérera la faignée le lendemain matin. (Mais on ne faignera pas les femmes lorfqu'elles auront leurs regles). On pourra faire une troifieme faignée, deux jours après la premiere prife des remedes indiqués fous le *n.* IX ; fi la chaleur, la douleur, & l'inflammation, ne font pas confidérablement diminuées.

Sydenham (Ep. *De Lue Venereâ*) dit avoir l'expérience que toute la cure de cette maladie dépend des purgatifs : & que tous y réuffiffent également, par un long & fréquent ufage. Cependant les plus efficaces felon lui, font ceux qui détachent la bile & les férofités d'avec le fang. Auffi a-t-il quelquefois foulagé des pauvres, avec la feule racine de Jalap. Mais comme le mal eft évidemment accompagné d'inflammation, & que les purgatifs font chauds, il faut conftamment obferver un régime rafraichiffant.

Après que les écoulemens font ceffés, il fort une ou deux gouttes de liqueur par le haut de la verge lorfqu'on la preffe avec les doigts ; & cela principalement le matin. Bien des gens regardent cela comme une fuite de la foibleffe que la partie a contractée par le long féjour du virus. Mais une funefte expérience fait voir que ce font réellement des reftes de virus. Auffi voit-on reparoître la gonorrhée dès que l'on boit avec excès, ou que l'on fait quelque exercice violent ; après avoir trop tôt quitté l'ufage des purgatifs.

Si le malade a trop de répugnance pour ces fortes de remedes, ou que fon tempérament s'oppofe à leur effet ; il faut alors employer les clyfteres : qui font même quelquefois plus efficaces. Mais leur effet eft moins certain, lorfqu'on ne prend pas des purgatifs dans les jours où on fupprime les clyfteres. On peut, par exemple, purger deux ou trois jours de fuite ; le jour fuivant prendre un clyftere, fur les cinq heures du foir : & continuer ainfi jufqu'à ce qu'il n'y ait plus de fymptômes. Voici la compofition du *clyftere*, que confeille Sydenham. Prenez fix dragmes d'électuaire de rofes, & une once & demie de térébenthine de Venife délayée avec un jaune d'œuf : diffolvez le tout dans une livre d'eau d'orge : paffez la liqueur ; ajoûtez à la colature, deux onces de firop violat ; & mêlez bien le tout. Il faut auffi prendre tous les foirs, en fe mettant au lit, vingt-cinq gouttes d'*Opobalfamum*, dans du fucre en poudre : ou de la térébenthine de Chypre, la groffeur d'une aveline.

Avant d'en venir à quelques remedes que ce foit, on purgera le malade trois ou quatre fois ; & on lui donnera des émulfions rafraîchiffantes.

Divers Remedes.

I. Lavez de la thériaque de Venife dans de l'eau-rofe : prenez enfuite du maftic, que vous réduirez en poudre bien fine, vous n'en prendrez que la quatrieme partie de ce que vous aurez pris de thériaque : mêlez-les bien enfemble, & faites-en un bol. Il faut que tous les matins le malade, étant à jeûn, prenne deux dragmes de ce bol, dans du lait nouvellement trait. Le foir avant de fouper, il prendra la même dofe : & il continuera pendant quelques jours.

II. Prenez une once de balauftes féches, mifes en poudre, & paffées au tamis ; & une de bol d'Arménie. Faites-les infufer enfemble dans une demi-chopine de vin blanc pendant une nuit. Coulez cela le matin ; & donnez-le à boire au malade à jeûn ; continuant pendant fix jours.

Remarquez 1°. Que de trois en trois jours, il faut faigner le malade, principalement s'il y a inflammation.

2°. S'il ne guérit pas dans ces fix jours, ou même davantage s'il eft néceffaire ; il ne faut pas fe rebuter de ce remede : que l'on indique comme affuré, & incapable de faire mal.

III. Lavez bien de la térébenthine de Venife dans de l'eau de fontaine : & en faites des pilules pour prendre avant de vous coucher.

IV. Faites cuire de l'aigremoine dans du vin blanc ; & en buvez foir & matin.

V. Prenez une once d'ambre jaune ; broyez-le bien fur du porphyre, ou du marbre ; & étant en poudre inpalpable, arrofez-le d'eau-rofe, & le rebroyez, puis laiffez-le fécher. Etant fec, arrofez-le de la même eau-rofe, & le rebroyez ; puis réitérez toutes ces triturations, humectations, & deffications quatre ou cinq fois. La dofe eft d'une dragme dans du vin blanc ; ou dans du bouillon où auront cuit des herbes apéritives. (Ce remede eft particuliérement pour la *Gonorrhée invétérée.*)

VI. Prenez des racines d'ofeille, de fraifier, de nenuphar & de chardon rolland, de chacune égales parties. Faites-en une tifane. Sur deux pintes de cette tifane vous mettrez une dragme de cryftal minéral, & deux onces des quatre femences froides, que vous y mêlerez bien.

Remede laxatif pour la Gonorrhée : qui convient auffi à la gravelle, & à la pierre des reins.

VII. Mêlez enfemble fel d'ambre blanc, & bonne rhubarbe, de chacun demi-fcrupule ; tartre vitriolé demi-dragme ; térébenthine lavée dans l'eau-rofe, deux dragmes : mêlez le tout, & ajoûtez-y du fucre, & de la poudre de regliffe : puis formez-en un bol, & le faites avaler au malade. Ce remede eft des plus efficaces ; & s'il ne réuffit pas d'abord, il faut le continuer. On doit toujours le donner une heure avant le fouper, ou le matin à jeûn.

VIII. Faites prendre au malade, le matin à jeûn, fix gouttes d'efprit de vin camphré, dans un verre de vin blanc. Il faut en prendre auffi le foir en fe couchant ; & continuer pendant fept jours. Tout le virus étant forti, & l'humeur réduite à fa couleur naturelle ; pour achever fa guérifon, il prendra de deux en deux jours, le matin à jeûn, quatre fcrupules de la compofition fuivante, dont on formera des pilules : jalap, fenné mondé, rhubarbe du Levant, de chacun deux gros ; cannelle en poudre, deux fcrupules ; diagrede, trente-fix grains ; conferve de rofes, une once ; mercure crud, éteint dans la térébenthine blanche de Venife, une once & demie : incorporez le tout avec de l'oxymel. Il faut réitérer les prifes trois ou quatre fois.

IX. Purgez avec les REMEDES PASTORAUX. Et en même tems ufez de l'une des *Tifanes* fuivantes.

1. Prenez des racines de mauve, de guimauve, de chicorée fauvage, & d'ozeille, une demi-poignée de chacune : faites-les bouillir dans dix livres d'eau, qui fe réduiront à huit. Mettez dans la colature, demi-once de fel de prunelle, ou de cryftal minéral, & affez de régliffe pour en faire une boiffon agréable.

ble. Coulez-la de nouveau : & la gardez bien bouchée. Il faut en boire copieusement, & avoir soin de n'en pas manquer.

2. Prenez du chiendent ; des racines de fraisier, de nénuphar, de guimauve, & de pariétaire avec les feuilles : une demi-poignée de chaque. Faites comme ci-dessus.

Si la tisane, bue copieusement, ne suffit pas pour calmer l'ardeur ; faites prendre, soir & matin, un grand verre de cette *Emulsion :* Prenez une once & demie des quatre semences froides ; amandes, & chenevis, deux onces de chaque ; demi-once de graine de lin. Pilez le tout dans un mortier de marbre ; & y versez deux livres de l'une des tisanes ci-dessus (particuliérement la premiere) ; & repilez deux ou trois fois, passant toujours le tout avec forte expression, jusqu'à ce que vous ayez tiré toute la substance. Mettez-y du sucre, pour que la boisson soit plus agréable.

Prenez aussi des racines de guimauve bien pulvérisées, ainsi que de la réglisse, deux onces de chaque ; & cinq onces de térébenthine. La térébenthine étant un peu échauffée, mêlez le tout dans un mortier en battant avec le pilon ; pour en faire une masse de pilules que vous garderez dans une boëte ou dans un pot de terre. Le malade en prendra le matin à jeûn une dragme & demie, ou même deux dragmes, en pilules, dans du pain à chanter ; & avalera aussitôt un verre d'émulsion.

Si les femmes ont leurs regles, la dose des Remedes Pastoraux sera d'un tiers plus foible : & on ne les saignera point.

X. On doit ne jamais faire d'*Injections* dans le canal de l'urethre, ni dans le vagin des femmes, lorsque la gonorrhée est récente. Ces injections sont toujours très-préjudiciables aux hommes. Car en rétrécissant le canal de l'urethre, elles y causent des carnosités ; & souvent font enfler les testicules, & tomber la chaudepisse dans le *Scrotum :* d'ailleurs, en supprimant l'écoulement, on donne à la matiere virulente lieu d'être repompée par les vaisseaux, qui ensuite la portent dans la masse du sang par les voies de la circulation ; d'où s'ensuit la vérole. Les injections au contraire sont fort utiles dans la gonorrhée invétérée.

On fait les injections trois à quatre fois par jour. On en fait toujours deux de suite, tant aux hommes qu'aux femmes. Après chaque injection dans le canal de l'urethre, on tient l'extrêmité du gland bien serrée pendant quelque tems. Pour injecter les femmes : on les fait coucher à la renverse, les genoux élevés & écartés ; d'abord on leur lave bien la partie avec une petite éponge trempée dans l'oxycrat, moitié eau moitié vinaigre ; on introduit ensuite la seringue dans le vagin ; & l'on fait serrer les deux grandes levres par la main droite de la femme, afin de contenir l'injection aussi longtems qu'il est possible. Si la femme veut se faire l'injection elle même ; elle serrera les grandes levres de sa partie avec la main gauche, & s'injectera de la droite.

Poudre pour arrêter la Gonorrhée.

1. Prenez poudres d'Iris de Florence, de feuilles de menthe, & de graine d'*agnus castus ;* de chacune une dragme. Ajoûtez-y deux dragmes & demie de graine de laitue : le tout étant encore pulverisé & mêlé ensemble, joignez-y une once de sucre ; & faites-en prendre demi-once dans de l'eau ferrée.

2. Prenez parties égales d'*agnus castus*, de noix de galle, de feuilles de rue & de menthe séches ; réduisez-les en poudre séparément. Puis les ayant mêlé ensemble, vous en ferez prendre dans du vin ferré, à la dose de deux dragmes ; & continuerez tous les jours jusqu'à parfaite guérison. (Cette poudre est bonne aussi pour arrêter les fleurs blanches.)

Consultez les articles CHANVRE. TABOURET. AGNUS-CASTUS. MALADIE VÉNÉRIENNE.

Régime.

Pendant la curation, & l'usage des remedes ; il faut observer un régime exact, se nourrir de choses succulentes & faciles à digérer, ne point boire de vin sans y mettre les trois quarts d'eau ; ne manger ni salade, ni fruit crud, ni choses poivrées, salées, épicées, vinaigrées ; se retrancher absolument l'usage du mariage, *&c ;* & ne faire aucun exercice violent. On doit encore s'abstenir de bœuf, porc, poisson, fromage ; & au lieu de cela, manger du mouton, du veau, du poulet, du lapereau, *&c ;* mais toujours en petite quantité, & seulement pour se soutenir. On ne boira point de liqueurs spiritueuses ou trop acides. Et pour tempérer l'inflammation & l'ardeur d'urine, on usera souvent d'émulsion rafraîchissante, dans l'intervalle des purgations.

GOO

GOOSE-BERRY. *Voyez* l'article GROSEILLIER.

GOOSE-GRASS. *Voyez* GRATERON.

GOR

GORGE. On nomme ainsi la partie moyenne & antérieure du cou : qui est souvent confondue avec le *Gosier*, quoique celui-ci ne soit qu'une partie de la gorge. En effet, l'on comprend sous le mot de Gorge plusieurs cartilages, glandes, muscles, nerfs, arteres, & veines ; outre l'*œsophage* ou conduit des alimens, & la trachée artere. Encore celle-ci est-elle distinguée en deux parties ; dont la plus haute (nommée *Larynx*) est destinée à entretenir le passage de l'air depuis l'intérieur du nez jusqu'aux poumons, & ainsi toujours ouverte naturellement afin que nous puissions respirer pendant le sommeil. Son embouchure, nommée *Glotte*, reçoit un cartilage élastique, qui la ferme exactement lorsque nous mangeons. Les alimens ne pouvant parvenir au *Pharinx* (ou entrée de l'œsophage) sans abbaisser & comprimer ce cartilage, qui leur sert de pont & se releve aussitôt que la compression cesse ; on le nomme *Epiglotte.* Le cartilage *Tyroïde*, qui a une figure convexe, forme une éminence sensible, appellée vulgairement *Nœud de la gorge* ou *Pomme d'Adam.* Ce n'est qu'au dessous du Larynx, que commence proprement la Trachée artere ; qui se termine ensuite aux bronches du poumon.

Les différentes parties qui composent la gorge, sont sujettes à plusieurs maladies : dont quelques-unes sont indiquées sous les mots ŒSOPHAGE ; AVALER ; GLANDE ; ESQUINANCIE ; COU ; GOUETRE ; CATARRHE ; ENROUEMENT, *&c.*

L'enflure des veines de la gorge menace d'apoplexie.

Sécheresse ou Apreté de Gosier.

Voyez *Huile d'amandes douces*, dans l'article AMANDIER. ADRAGANTH. AVALER.

Inflammation de la Gorge : ou Mal de Gorge.

Voyez ANCOLIE. ESQUINANCIE. AIGREMOINE. ALATERNE. ALUN *de Roma.* ŒSOPHAGE. *Vertus de l'*AUNE. ARRÊTE-

BŒUF. GARGARISME. LUETTE. BAUME *de vie très-précieux.* BOUILLON-BLANC. *Petite* VEROLE.

II. Quand on voit qu'on ne peut avaler sa salive: il faut prendre de l'eau impériale dont nous avons parlé sous le nom de COLCOTHAR *d'Angleterre*, y tremper un linge, & le mettre autour de la gorge: où on le laissera pendant huit ou neuf heures.

III. L'eau distillée de mûres franches, est fort bonne pour le mal de gorge.

IV. Faites bouillir de l'orge; mettez-y un peu de sucre; & buvez-en comme de la tisane.

V. Prenez une bonne cuillerée de bon miel, & une cuillerée de vinaigre; mettez-les sur des cendres chaudes, pour faire fondre le miel: ce remede est souverain. Il faut s'en gargariser la gorge; on peut même en avaler.

VI. Il faut prendre une pierre de vitriol de Chypre, & la mettre dans un verre d'eau pour lui en donner la teinture: quand l'eau sera teinte comme il faut, vous y verserez une ou deux gouttes d'esprit de soufre; ce qui la rendra aussi claire qu'auparavant. Il faut s'en gargariser; mais avoir soin de n'en point avaler.

VII. Faites bouillir environ un litron de farine de seigle dans un demi-septier de lait, pendant un demi-quart d'heure. Ensuite jettez-y deux oignons de lys, & faites bouillir le tout ensemble. Etant cuit, faites-en un cataplasme, & appliquez-le tiede sur la gorge.

VIII. Il faut avoir soin de se coucher la tête haute.

IX. Faites un mêlange de la poudre de nid d'hirondelle avec du lait, un peu de poudre de safran, & un jaune d'œuf: & l'appliquez en cataplasme.

X. Prenez une cuillerée de sucre en poudre, autant de poivre pulvérisé, & une cuillerée d'eau-de-vie. Mêlez le tout, & en faites un cataplasme.

XI. Attachez des grains d'ambre derriere la tête.

XII. M. Delorme conseilloit d'avaler une once d'extrait de figue, & autant de sirop violat.

Pour les Ulceres simples du Gosier.

1. Prenez du jus de feuilles de lierre terrestre, avec un peu de sel; & en touchez l'ulcere.

2. Touchez-le avec l'onguent Egyptiac; *ou* avec de l'eau bien salée; *ou* avec une once de miel rosat, mêlé avec un gros d'esprit de soufre, ou d'esprit de sel.

3. Bassinez avec une décoction de bois sudorifiques; ajoûtant à chaque dose de lotion vingt gouttes de teinture d'antimoine.

4. On usera des décoctions vulnéraires, comme celles de squine, de véronique, de lierre terrestre, de tussilage. (On fera la même chose pour les *Plaies* de la gorge; en se servant aussi d'antimoine diaphorétique, & d'yeux d'écrevisses: enfin on employera pour les réunir, le baume du Perou, ou celui de térébenthine.)

Un bon cataplasme pour l'*Enflure suffocante*, est celui que l'on fait avec les sels volatils aromatiques, le camphre, & la thériaque. Il faut s'en servir dès le commencement de la maladie, & le renouveller plusieurs fois le jour, donnant de tems en tems des sudorifiques.

Si l'abscès est mûr, on l'ouvrira avec la lancette.

Pour mondifier l'ulcere, & le cicatriser, on se servira de la décoction d'orge avec le miel rosat; ou d'une décoction de plantain & de véronique, avec le miel. Si l'ulcere est difficile à guérir, on ajoûtera au miel rosat un peu d'esprit de sel. Pour le consolider, on employera la décoction de véronique & de miel, en y joignant un peu d'alun brûlé.

Corps étrangers arrêtés dans la gorge.

Voyez l'article TOUX.

Tumeurs de la Gorge. Voyez sous le mot TUMEUR.

GORGE: *terme d'Artiste.* Voyez NACELLE.

GORGE: *terme de Fauconnerie.* On appelle ainsi le sachet supérieur des oiseaux de proie. Quelques-uns lui donnent le nom de *Poche.*

On dit *Donner bonne Gorge*, lorsque les Fauconniers repaissent amplement leurs oiseaux. *Voyez* GORGÉE.

Gorge-Chaude. C'est la viande chaude, prise du gibier attrapé par les oiseaux de proie, & qu'on leur donne.

Demi-Gorge. Ce terme est d'usage pour exprimer une médiocre quantité de nourriture donnée aux oiseaux de proie.

Digérer, ou *Enduire*, *sa Gorge.* Les Fauconniers le disent dans le cas où l'oiseau émeutit aussitôt après avoir pris sa gorge, & que l'aliment n'a pas le tems de le nourrir. On regarde cela comme un indice d'éthisie; qu'on appelle *Mal Subtil.* Consultez le mot ENDUIRE.

Grosse Gorge. C'est de la viande grossiere, non essimée, non trempée dans l'eau; que l'on donne à l'oiseau lorsqu'on lui fait mauvaise chere.

Chien à belle GORGE.: terme de Venerie. Consultez-le sous le mot CHIEN.

GORGE *de Cochon.* Voyez ce titre dans l'article COCHON, p. 649.

GORGE *de Lion*: Plante. *Voyez* MUFLE *de Veau.*

GORGE *de Pigeon.* Voyez *Couleur* COLOMBINE.

GORGE-ROUGE; ou *Rouge-Gorge.* Oiseau, que M. Brisson (*Ornithol.* T. III. p. 418, &c.) met dans le genre du Becfigue.

Notre Gorge-rouge n'a pas six pouces de longueur depuis le bout du bec jusqu'à celui de la queue. Elle a environ huit pouces de vol. La gorge & une partie de la poitrine sont roux. Le reste du plumage est mêlé de gris-brun tirant sur l'olivâtre, de cendré, de roux, & de blanc. Son bec est en alesne. Sa queue n'a gueres que deux pouces de long, & est composée de douze plumes, & un peu fourchue. L'iris des yeux est couleur de noisette. Les pieds & les ongles sont bruns: il y a trois doigts devant, & un derriere; l'ongle de celui-ci est courbé en arc.

Cet oiseau paroît dans notre climat, aux approches de l'hiver: ce qui lui a fait donner le nom de *Rossignol d'Automne.* Il se réfugie volontiers dans les maisons pendant l'hiver.

La Gorge-Rouge est un manger délicieux, quand elle est grasse.

GORGÉE: *terme de Fauconnerie.* Ce qu'on nomme *Bonne Gorgée*, est une bonne portion du gibier que l'oiseau a pris, qu'on lui donne surtout quand il commence à voler.

GORGER: *terme de Fauconnerie.* C'est repaître l'oiseau. On dit, *L'oiseau est gorgé.*

GOS

GOSIER. *Consultez* l'article GORGE.

GOSSYPIUM. *Voyez* COTTON.

GOTNE. *Consultez* l'article COTTON.

GOU

GOUDRON ou *Gaudron ;* & *Poix Liquide.* Composition de poix noire, de résine ; de graisse, d'huile, & de suif. On l'emploie à la préparation des feux d'artifice ; & à faire le calfat des vaisseaux, faute de brai.

GOUETRE ; *Goëtre*, ou *Goître ;* qu'on nomme aussi *Bronchocele.* Tumeur ordinairement ronde, qui se forme à la gorge entre la peau & la trachée artere. Elle est communément indolente, mobile, & ne change point la couleur de la peau. Au dedans de cette tumeur sont tantôt des chairs fongueuses, tantôt une substance que l'on peut comparer au suif, au miel, ou à de la bouillie. On la distingue des tumeurs scrophuleuses par l'inspection du tempérament actuel de la personne malade, l'état de la tumeur qui ordinairement résiste moins que les écrouelles, le peu d'effet qu'y produisent les remedes, enfin la place qu'elle occupe.

En général, le Gouetre dépend d'un relâchement particulier survenu dans le tissu cellulaire, & d'épaississement de la lymphe. Souvent la maladie consiste dans un gonflement & engorgement des glandes du cou. D'autres fois la tumeur est enkistée, & contient une matiere dont la consistance a du rapport à celle du miel ou du suif, comme nous l'avons dit. Il y a des cas où ce n'est qu'une masse charnue, sans skirrhe.

Dans les pays de hautes montagnes, les hommes & les femmes sont assez sujets à des tumeurs de cette nature ; qui deviennent d'une grosseur monstreuse.

Les eaux de neiges fondues, le grand usage des boissons à la glace ou de liqueurs trop acides pour les personnes grasses & repletes, & une disposition particuliere aux humeurs froides, contribuent à faire naître ces accidens. Ils se déclarent quelquefois tout-à-coup après un violent effort de colere, ou après un accouchement laborieux ; ou lorsqu'on boit bien froid au sortir d'un fort exercice.

Curation.

Le gouetre produit par les efforts de l'accouchement, ne se guérit presque jamais.

Pour les autres, il faut tâcher d'y remédier dès les premiers jours ; sinon le mal s'enracine de telle sorte qu'il dure souvent toute la vie.

I. L'on purgera avec de la manne, ou du sirop de roses, composé d'agaric ; *ou* avec des tablettes *de citro ; ou* avec des pilules gourmandes. Ensuite il faudra détremper du bdellium avec de la salive, & en faire un emplâtre pour en entourer le cou.

II. Prenez alun de roche, deux onces ; os de seiche, & éponge fine, de chacun une once. Faites-les calciner dans un pot de terre non vernissé, dans un four lorsque le pain en est dehors, du soir au matin. Il faut mettre de cette poudre, le soir, une petite pincée sur la langue ; avaler par-dessus cette poudre, une cuillerée de bonne eau-de-vie ; puis bien frotter le gosier de haut en bas avec la main : & en user ainsi pendant douze ou quinze jours.

III. Prenez les petits boyaux d'un mouton ; & les tenez autour du cou, jusqu'à ce qu'ils soient froids : appliquez-en ainsi successivement d'autres, de mouton qui vient d'être tué : & continuez ce remede tant qu'il vous plaira.

IV. Prenez de la poudre de la tête d'une vipere : cousez-la dans un ruban ; & le mettez autour du cou.

V. Prenez une éponge fine, un peu plus grosse que le poing : & après l'avoir entiérement imbibée de bonne eau-de-vie, & enveloppée d'une poignée de racines fibreuses de porreaux, mettez-la dans une tourtiere de cuivre étamée ; faites un grand feu de charbon dessus & dessous, continuant toujours jusqu'à ce que la matiere qui est dans la tourtiere soit réduite en charbon. Alors vous l'ôterez & la mettrez dans un chauderon, avec cinq chopines d'eau de riviere, & deux onces de soufre commun. Puis ayant choisi environ une douzaine de cailloux sur le bord de la riviere, ou dans l'eau même, vous les ferez chauffer à grand feu ; les mettrez tout enflammés, dans votre chauderon ; & les y laisserez jusqu'à ce que l'eau cesse de bouillonner. Alors vous les retirerez ; & ayant filtré l'eau par le papier gris, vous la conserverez dans une bouteille bouchée exactement. Il en faut prendre tous les jours pendant le déclin de la lune, le matin à jeûn, & quatre heures après le repas. La dose est de deux cuillerées. On réitere le même remede le mois suivant, quand il n'a pas réussi la premiere fois.

VI. Voyez ÉCROUELLES, *n.* XVIII. ARRIERE-FAIX *calciné.*

VII. Frottez fréquemment le cou avec de la salive : & faites porter habituellement en collier un sachet de sel. Par ce seul remede on a fondu des gouetres prodigieux, qui sembloient joindre le menton avec la poitrine.

VIII. Quand la tumeur est enkistée, & que l'on sent une fluctuation obscure, il est généralement utile d'y appliquer des émolliens & des maturatifs, pour favoriser la parfaite dissolution de l'humeur. Après quoi, si elle ne disparoît pas, on ouvre la tumeur.

IX. Pour le gouetre absolument dur & sans fluctuation, l'on ne peut gueres se dispenser d'avoir recours aux remedes internes & externes propres aux écrouelles.

GOUFFE *de Lin.* Voyez CUSCUTE.

GOUGERE. Espece de gâteau : qui se fait avec des œufs, & du fromage affiné.

Maniere de la faire.

Battez dans un bassin pendant un demi-quart d'heure une douzaine d'œufs : délayez-y ensuite peu-à-peu, deux bonnes cuillerées de fleur de farine : mettez-y du sel autant qu'il est nécessaire ; puis des morceaux bien menus, de fromage affiné. Ayant bien battu le tout ensemble avec une cuiller, & l'ayant réduit en une pâte fort molle, vous dresserez votre gougere sur du papier blanc ; & l'ayant garnie de plusieurs morceaux du même fromage, vous la mettrez au four, qui doit être modérément chaud ; ou dans une tourtiere, dont il faut avoir soin de graisser auparavant tout le dedans avec un peu de beurre.

GOUJON. Petit poisson blanc, & assez semblable à un éperlan. Il se trouve dans les eaux courantes ; aime la bourbe ; & est toujours au fond de l'eau.

Il est au nombre des béatilles maigres.

On le prend à la nasse & aux grands filets, dans les rivieres : ou à la fouine, sur les bords ; lorsque l'eau est claire, peu profonde, & qu'on le voit dormir. On le trouve aussi sous des pierres ; qu'on leve doucement : il faut pour cela être botté, & frapper sur le goujon dès qu'on l'apperçoit. Lorsqu'on en fait la pêche au clair de la lune, il n'est pas besoin de lever les pierres : il sort de lui même de ses trous ; & ainsi on peut aisément le piquer.

Il y a des ruisseaux où ce poisson abonde. Il est

facile d'y en prendre beaucoup, en détournant l'eau & mettant les ruisseaux presque à sec, par le moyen de bâtardeaux.

Le tems le plus favorable pour sa pêche est, depuis le mois de Novembre jusqu'à Pâques.

Ces poissons ne peuvent gueres être pris à l'hameçon : ils ne donnent point à l'appas. Lorsqu'on les pêche à la nasse, les mailles doivent être assez serrées pour qu'ils ne passent pas à travers.

GOULET : *terme de Pêcheur.* Ouverture d'un filet, par où le poisson entre & ne peut sortir. Le goulet produit le même effet que des entrées coniques de fil d'archal pratiquées à certaines cages destinées à prendre des souris.

Voyez des goulets, dans les figures des articles LOUVE, & RAFLE.

GOULETTE. Petit canal taillé sur des tablettes de pierre ou de marbre posées en pente : lequel est interrompu, d'espace en espace, par de petits bassins en coquille, d'où sortent des bouillons d'eau ; ou par des chûtes dans les cascades & autres endroits destinés au jeu des eaux. On en voit à Versailles sur des balustrades, à la fontaine des Bains d'Apollon ; & sur des murs d'appui de terrasses, dans le jardin du Luxembourg à Paris.

GOULOT *d'une cruche, ou d'un arrosoir.* C'est, pour ainsi dire, la bouche par où l'eau sort de l'arrosoir. *Voyez* ARROSOIR. CRUCHE.

GOULOTE : *terme d'Architecture.* Petite rigole, taillée sur la cimaise d'une corniche, pour que les eaux de pluie s'écoulent facilement par les gargouilles.

GOUPIL. Ce mot a autrefois signifié un petit renard. Et *Goupillon* étoit le nom de la queue du renard.

GOUPILLE ; ou, selon quelques-uns, *Coupille.* Petite clavette ou cheville ; qui sert à tenir & arrêter les pieces d'une montre, ou le canon d'un fusil, sur leur fust.

On nomme aussi *Goupilles*, des cordages mis en croix de Saint André derriere une charrette que l'on joint à une autre, lorsqu'on traîne des poutres ou grands fardeaux suspendus sous les deux charrettes ou sur elles.

On le dit encore d'un petit morceau de cuir tortillé, ou d'une pareille chose, que les charretiers mettent au bout de l'esse de leur essieu, pour empêcher qu'elle ne sorte.

GOUPILLON. *Consultez* l'article GOUPIL.

GOURD (*Bled*). On nomme ainsi dans le commerce, le bled qui est gonflé par humidité. C'est ce qu'on exprime encore en disant qu'*Il se tient.* En effet, on ne le moud pas aisément : il engraisse les meules : & le son qui en sort est pesant & trop peu net de farine. * *Mémoire de l'Académie des Sciences* de Paris, 1708, p. 66-8.

GOURD : mot Anglois. *Voyez* CUCURBITA.

GOURGANE. *Voyez* FEVE, *n.* 2.

Brin GOURMAND : & *Branche* GOURMANDE. On nomme ainsi des productions ligneuses qui poussent avec une vigueur extrême, & épuisent ou du moins fatiguent le reste de la plante. *Voyez* TAILLE.

GOURMANDER : *terme de Manege.* Gourmander un cheval rétif, c'est le corriger avec la gourmette.

GOURME. *Consultez* ce mot entre les maladies du CHEVAL.

GOUSSANT, ou *Goussaut* : se dit en Fauconnerie d'un oiseau fort peu allongé ; dont on ne fait pas grand cas pour la volerie. *Voyez* sous le mot ESCLAME.

GOUSSE *d'Ail.* Voyez AIL. Cette expression est fort improprement appliquée aux cayeux de l'ail.

Les Botanistes ne nomment GOUSSE, en Latin *Legumen*, qu'un fruit capsulaire oblong, qui a la forme d'une *Silique* ; mais qui (suivant les plus exacts Auteurs) en differe en ce qu'il n'est pas divisé longitudinalement par une cloison ; qu'il est produit par une fleur légumineuse, comme celle du pois, du genêt, *&c* ; que ces deux cosses (ou panneaux) sont assemblées en dessus & en dessous par une suture longitudinale ; & que les semences sont presque toujours attachées alternativement au limbe supérieur de chaque cosse.

GOUSSE *de plomb.* Consultez l'article TRAMAIL.

GOUSSET. Piece de bois échancrée & quelquefois contournée, qu'on attache contre une muraille pour soutenir quelque autre piece de bois. Les goussets de charpenterie ont d'ordinaire trois pieds de long, & dix pouces sur dix d'équarrissage ; & sont attachés avec des chevilles.

Gousset, est aussi une espece de petite console de menuiserie, servant à soutenir des tablettes & autres choses de cette nature.

Gousset, est encore une piece de bois posée diagonalement dans une enrayeure, pour assembler les coyers avec les tirans & plate-formes ; & pour lier, dans une ferme, une force avec un entrait.

GOUT. Impression qui se fait dans la bouche ; & qui sert à discerner une partie des qualités des diverses substances. Le goût suppose une certaine délicatesse : qui varie suivant les âges & les tempéramens. L'usage des choses excessivement chaudes, ou de celles qui sont trop froides ou trop aigres, altere cette délicatesse. Le scorbut, les fumigations mercurielles, le soufre pris intérieurement, la carie & la noirceur des dents, les aphthes, la pourriture des gencives, occasionnent aussi de la dépravation dans le goût. L'estomac chargé de mauvais levains rend la bouche pâteuse ou amere : ce qui indique presque toujours la nécessité des émétiques ou des purgatifs.

La perte du goût est souvent l'effet de la paralysie des nerfs de la langue ; quelquefois du défaut d'action dans les sucs salivaires ; comme il arrive aux vieillards. Il faut tâcher d'y remédier par les céphaliques, & par les remedes qui peuvent pénétrer jusqu'à l'origine des nerfs. On se sert avec succès de la semence de moutarde, du gingembre, du pyrethre, de la décoction de roquette dans du vin. On recommande beaucoup le suc de sauge ; & de manger du raifort avant le repas.

GOUT, se dit aussi des substances mêmes qui font impression sur les organes du goût.

GOUTE ; ou GOUTTE. Maladie qui attaque particuliérement les jointures, y occasionne une douleur violente, brûlante, assez souvent sans fievre, & presque toujours accompagnée de rougeur & d'enflure.

On nomme *Podagre* la Goute dont le siege est aux pieds : *Sciatique*, ou *Ischiatique*, celle des hanches ; qui s'étend jusqu'aux fesses, par où les nerfs sortent des lombes & de l'os sacré ; & de plus, elle va se rendre aux cuisses, au gras de la jambe, & jusqu'au bout des pieds.

La *Chiragre* est la goute des mains : qui attaque le dessus & le dessous du poignet ; ou la partie externe ou interne de la main ; ou les jointures ; ou les ligamens des doigts. On appelle *Goute Nouée* celle qui est accompagnée de nœuds ou *tophus* dans les jointures : ces nœuds sont remplis d'une matiere gypseuse, assez ressemblante à de la craie. Quand l'humeur, abandonnant les extrêmités où elle s'étoit fixée, reflue dans la masse du sang, & se jette ailleurs qu'aux articulations, principalement sur les visceres; on dit qu'elle est *remontée*, ou *irréguliere*.

La goute commence ordinairement par attaquer la jointure du gros orteil; ou le talon; ou la cheville du pied; ou quelque articulation des doigts de la main. Au bout de vingt-quatre heures d'une douleur vive accompagnée de chaleur, dans l'une ou l'autre partie, il survient un peu de gonflement, de la rougeur à la peau, de l'élévation & de l'engorgement dans les veines, une chaleur plus ou moins brûlante; enfin une pesanteur & l'impuissance de faire aucun exercice de la partie attaquée: symptômes qui font diminuer la douleur.

Le malade a souvent encore des inquiétudes, des insomnies, de légers frissons, des mouvemens de fievre, de petites sueurs, du goût pour les alimens.

Au reste, quelque vives que soient les douleurs, elles n'occasionnent pas de mouvemens convulsifs: & l'inflammation ne tourne jamais en suppuration.

Quand le gonflement commence à se dissiper, la douleur cesse; & il ne reste plus qu'une démangeaison à la peau: l'épiderme jaunit ensuite peu-à-peu, se seche, tombe par lambeaux; & la partie reprend son état accoutumé. Il y subsiste néanmoins pendant assez longtems une couleur violette ou bleue, ressemblante à une meurtrissure: la partie reste aussi quelquefois oedémateuse.

Une goute encore récente, & qui n'est pas d'un mauvais caractere, ne laisse après l'accès aucun fâcheux reste. En vieillissant, ou lorsqu'elle n'est pas de bonne qualité, elle forme des dépôts tartareux, pierreux, qui usent peu-à-peu la peau des articulations affectées, l'enflamment, & la percent. Elle contourne aussi les os; elle les déplace, les détruit, & fait naître diverses difformités.

Cette maladie revient par accès; & se déclare moins en été, que dans les autres saisons.

Il arrive des maladies très-cruelles, & le plus souvent mortelles, lorsque la goute ne revient pas au tems qu'elle a accoutumé. Si cette humeur, qui avoit pris son cours vers les jointures, se jette sur la substance du foie, elle y cause de l'inflammation: si elle séjourne dans les grands vaisseaux, elle produit une fievre continue: affecte-t-elle le côté, il s'ensuit une pleuresie; la colique & le miserere, quand ce sont les gros intestins: enfin elle produit divers accidens, selon la partie qu'elle attaque. Ainsi l'on a vû plusieurs personnes devenir paralytiques, parce que cette humeur s'étoit répandue sur la substance des nerfs.

Elle est quelquefois héréditaire, & passe des parens aux enfans.

La goute accidentelle, propre à la personne, & qui n'est pas héréditaire, dépend de plusieurs causes particulieres au tempérament, à l'âge, à certaines circonstances.

Sydenham observe que la plupart des gouteux sont gens d'esprit & de bon sens.

La cause de la goute peut être dans la peau, qui devient durcie & ridée par l'âge, & obstruée par diverses causes qui diminuent l'insensible transpiration. Alors nombre de tuyaux excrétoires sont privés de leur usage: la matiere qu'ils versoient, rentre peu-à-peu; circule avec le sang & les autres liqueurs; se mêle avec la lymphe qui passe dans les articles; pince par sa salure les membranes & les tendons qui y aboutissent; & cause ainsi de vives douleurs.

Il paroît que la goute provient en général d'épaississement survenu dans la lymphe, & dans la synovie destinée à faciliter le jeu des ligamens & des articulations. Les symptômes de la maladie indiquent dans la cause une qualité très-irritante. On regarde comme causes éloignées l'usage immodéré des vins acides, de la bonne chere, du caffé, de toutes les liqueurs échauffantes, du vinaigre, des plaisirs de l'amour, de l'eau chaude; le passage trop subit du grand chaud au grand froid; le défaut d'exercice; le séjour dans un air épais; le chagrin & autres passions vives; l'épuisement; la foiblesse de l'estomac; enfin tout ce qui peut épaissir la lymphe & y occasionner de l'acrimonie.

La goute attaque les bêtes à laine, de même que l'homme. Voyez BREBIS *boiteuse*.

Curation.

Les jeunes gens qui sont attaqués de la goute par l'effet de leurs débauches, ne vivent pas longtems: non plus que ceux à qui elle est héréditaire. Cependant les uns & les autres y peuvent apporter quelque tempérament par un grand régime.

On est assez généralement d'accord pour dire que les personnes gouteuses sont aussi les plus sujettes à la pierre. D'où certains Observateurs concluent que ces deux maladies ont un principe commun. L'humeur gouteuse n'est effectivement qu'un mucilage, comme le démontrent la vûe & le toucher: elle a la consistance & la transparence des humeurs mucilagineuses; tenace, visqueuse, gluante, collante, comme le sont tous les mucilages: d'ailleurs, susceptible de dureté, à un tel point qu'on voit sortir, des articulations où elle a formé des nœuds, une matiere gypseuse, un vrai plâtre, des pierres toutes formées. Aussi, de nos jours, a-t-on vû attaquer avec quelque succès la goute & la pierre, par les mêmes remedes. Le savon, par exemple, excellent lithontriptique, a été trouvé efficace pour détruire le germe de la goute.

L'une & l'autre maladies viennent (dit-on) de la surabondance du mucilage, qui d'ailleurs est nécessaire à l'entretien de nos corps. Il s'en forme une trop grande quantité, lorsqu'on fait excès d'alimens succulens, & qui contiennent eux-mêmes beaucoup de principes mucilagineux; ou quand la nature n'a pas assez de force pour expulser le poids qui la surcharge. Hippocrate, Galien, & plusieurs autres, mettent au nombre des causes de la pierre le lait & les bons alimens qui nourrissent beaucoup, un corps déja très-échauffé: ils en exceptent seulement le lait d'ânesse.

Au reste, Consultez le *Journal des Sçav.* Février 1753, p. 104, *in-4°.* & le *Journal Œconom.* Juillet 1763, p. 163, *&c.* Août, p. 114 & suivantes.

On a si souvent oui dire que la goute est incurable, que chacun le croit de bonne foi. Cependant cette maladie, ainsi que nombre d'autres prétendues incurables (comme l'Epilepsie, la Démence, la Phtisie, *&c.*) ont souvent été vaincues par des remedes puissans.

Il est vrai que dans le cas où la tête, le poumon, & autres visceres, sont attaqués; on ne peut gueres employer que des remedes palliatifs: mais lorsque le siége de la maladie est renvoyé du tronc dans les extrêmités, l'ennemi se met en prise par cette révulsion salutaire: & on peut le combattre par des topiques efficaces. Tous les Médecins condamnent les repercussifs capables de faire refluer l'humeur vers l'estomac, la tête, *&c.* Delà s'ensuivent, selon eux, des nausées, des céphalalgies, & des pleurésies très-dangereuses. Au nombre de ces remedes, tout au plus palliatifs, sont les cataplasmes composés de mie de pain de seigle, de safran, de limaçons de jardin, de myrrhe, de galbanum, & autres drogues vulgairement employées. Les habiles Médecins rejettent ces sortes de topiques : mais ils conviennent qu'on peut en sureté faire usage de tout autre qui sera propre à dissiper & résoudre la matiere de la goute. Dolæus vantoit beaucoup son emplâtre; en qui il supposoit cette vertu. M. Whard, fameux Chymiste de Londres, avoit en 1739 un onguent, dont la friction produisit une sueur qui opéra en très-peu de jours l'entiere guérison d'un gouteux perclus depuis douze ans, & qui souffroit des douleurs extrêmes. On peut mettre au nombre de ces *topiques* salutaires celui qui est composé d'esprit de sel mélangé avec l'huile de térébenthine : on en imbibe des compresses, que l'on applique chaudes. En effet, l'esprit de sel, qui détruit le marbre même, est très-capable de dissoudre la substance gypseuse qui caractérise la goute : & comme l'huile de térébenthine pénetre prodigieusement les pores de la peau, elle sert de véhicule à cet esprit, qui perce par ce moyen jusqu'aux conduits excréteurs, qui sont le siége de la maladie ; où il dissout les matieres obstruantes, que la diaphorese emporte ensuite.

Il faut néanmoins observer qu'il n'est pas facile de donner à ces liqueurs une mixtion parfaite. Mais pour en venir plus aisément à bout, il faut avoir de l'esprit de sel bien déphlegmé : s'il étoit aqueux, il ne pourroit tout au plus qu'atténuer les matieres ; au lieu qu'il faut totalement les détruire. De même, si l'huile de térébenthine étoit imparfaite, elle ne feroit qu'un véhicule insuffisant : & ne pénétrant que peu ou point dans les pores de la peau, elle priveroit d'action l'esprit de sel, quelque déphlegmé & concentré qu'il pût être. Voyez *Esprit de* SEL. Consultez aussi le *Journal Œconom.* Juillet 1751, p. 31 & suivantes.

Autres manieres de traiter la Goute.

1. Selon un Mémoire inséré dans les *Transactions Philosophiques* (an. 1668, Art. 34.) toute espece de goute vient de ce que le sédiment de l'urine étant confondu avec la masse du sang, ne peut s'en séparer par les sueurs ni par la voie des urines ; & en conséquence s'arrête dans les parties où la chaleur naturelle est moins active, telles que les articulations. Comme il est d'expérience que les purgatifs & les saignées ne guérissent point la goute ; que les sueurs & les cauteres n'en diminuent que foiblement les douleurs ; que tous les emplâtres huileux ou autres remedes anodyns ou rafraîchissans ne la soulagent point ; enfin que l'esprit de vin ou celui de sel ammoniac n'agissent qu'imparfaitement sur la matiere morbifique : l'Auteur du Mémoire dit avoir employé avec succès sur lui-même les diurétiques ; au nombre desquels il met certaines eaux minérales chaudes.

2. Un Empyrique entreprit (dit-on) de guérir un gouteux, sous la promesse qu'on lui fit de deux mille écus. Il le fit entrer seul dans une chambre : où il l'attacha avec des cloux sur une croix, sans offenser ni les nerfs ni les tendons des mains. Il avertit ensuite d'aller secourir le patient ; & disparut. Un an après il se présenta pour demander le payement : & ayant été contraint à plaider, il gagna ; par la raison qu'à un mal incurable il faut un remede violent ; que ce n'étoit point par hazard qu'il avoit guéri le gouteux ; la révolution d'humeurs que son opération avoit occasionnée, ayant été si grande que l'humeur tenace de la goute s'étoit dissipée.

3. Quoique, selon les Médecins, les caresses des femmes causent souvent la goute ; cependant on a vû des gouteux être soulagés par leur usage modéré : si l'on en croit Venette, dans son Traité *De la Génération de l'Homme.*

4. Dans l'usage de tous les remedes, il faut avoir égard aux causes de la goute, aux tempéramens des corps, aux endroits où elle se jette, & à ceux d'où elle vient. Car comme ces circonstances varient, un même remede ne peut servir à toutes : par exemple, la goute dont la matiere paroît chaude, semble en demander de froids. Il en faut de plus modérés, pour une personne délicate, que pour celles qui sont robustes. Enfin il y en a qui conviennent au commencement de la maladie, & ne feroient pas bons au milieu ni vers la fin.

5. Quand on veut attaquer la qualité du sang, on saigne du côté où la douleur s'est jettée. On tire peu de sang à la fois, mais plus souvent, ayant néanmoins égard à l'âge & aux forces.

Après cela, on applique sur la partie des linges trempés dans l'oxycrat, ou dans de l'eau de plantain ou de morelle ; *&c.*

6. L'on donnera peu à manger ; encore faudra-t-il que les alimens soient rafraîchissans, & que l'on boive peu de vin ; ou plutôt l'on n'usera que de petite bierre, ou de cidre clair, ou de tisane faite avec des pommes & un peu de sucre. On ne mangera rien de salé ou épicé, ni oignon, ni ail, ni porreaux, ni moutarde.

De tems à autre on prendra des lavemens émolliens & adoucissans. On purgera sur le déclin de la maladie, avec une once de tablettes de suc de roses purgatif ; ou avec une once & demie de sirop de roses dans un verre d'eau de chicorée, ou de laitues ; *ou* avec deux onces de manne, dans un bouillon.

Cataplasmes pour la Goute.

Prenez de la mie de pain de froment ; humectez-la avec de l'eau-rose, & autant de lait de vache qu'il en faudra ; & les faites cuire en bouillie, y ajoûtant sur la fin quelques jaunes d'œufs & un peu de safran. *Ou bien* on fera bouillir des feuilles de jusquiame dans du lait ; & l'on en bassinera. *Ou* l'on se servira de mucilages de lin & de fenugrec, avec de la poudre de roses de Provins, du bol, & de la terre sigillée (ou d'une pareille terre découverte depuis quelques années du côté de Blois) ; que l'on détrempera avec du vinaigre & de l'eau-rose, ou du suc de plantain.

Battez un peu dans un mortier, une poignée de petite joubarbe coupée à deux doigts au-dessus de la racine : faites-la cuire à petit feu dans un poëlon, avec environ une once de vieux-oing, du meilleur, que vous aurez fait fondre tout doucement avant d'y mettre l'herbe. Il faudra la retourner & remuer souvent ; & quand elle sera cuite, y mêler une once d'huile de vers, & une cuillerée de bonne crême. Le tout ayant bouilli jusqu'à consistance de cataplasme, vous le mettrez sur de la filasse, ou sur du linge, & l'appliquerez sur la partie souffrante.

La chair de bœuf, sans graisse, renouvellée matin & soir sur la partie malade, calme la douleur.

La fiente de bœuf, délayée avec de l'urine humaine, putréfiée, dans laquelle on aura fait éteindre de la chaux vive ; est encore un bon calmant.

7. On fait un bon onguent avec le savon de Venise, dissous dans l'esprit de vin, puis mêlé avec de l'huile de Genievre & celle de Pétrole.

8. Pitcarne conseille d'appliquer sur l'endroit malade le baume de Guidon : *ou* de prendre de l'eau de fontaine toute bouillante, y dissoudre ce baume, & en faire des fomentations un peu plus que tiedes.

9. S'il est vrai que la densité de la peau, qui diminue l'écoulement de la matiere transpirable, soit la cause de la goute; il est naturel de ramollir la peau, & d'en ouvrir les pores. En effet, la nature même, dans l'accès de la goute, garde une conduite qui ne tend qu'à la transpiration; & dès que le malade a un peu transpiré, il éprouve du soulagement, & s'endort: toute autre évacuation en cette rencontre, irrite souvent la nature: telles sont les saignées, purgations, émétiques, sueurs même. Il ne faut pas appliquer de remede pendant l'accès & la crise de la goute: mais laisser pour lors agir la nature; comme dans les fievres intermittentes. Le premier moyen externe est donc de tenir la peau dans une grande propreté, soit en changeant souvent de linge, soit en se lavant, & se baignant, malgré le préjugé général: à moins que le malade n'eût de la disposition à l'hydropisie. Le second moyen de rappeller la transpiration, est de faire de l'exercice. Le troisieme, d'avoir soin de se bien couvrir la nuit & le jour. Le quatrieme est de se retrancher une partie des alimens: Sydenham ne permet aux gouteux que de dîner. Comme l'estomac est placé sur la grande artere: lorsqu'il est rempli d'alimens, & que le gouteux se couche après son souper, ce viscere pese ou à plomb sur cette grande artere si le gouteux se couche sur le dos; ou du moins latéralement, s'il se couche sur l'un des deux côtés: cette compression gêne & diminue la descente du sang, & le fait réfléchir par les arteres supérieures en plus grande colomne vers le cerveau. Cette plus grande abondance de sang cause des rêves, des insomnies, des agitations, qui diminuent la transpiration. Au lieu qu'après dîner, en se tenant de bout ou assis, l'estomac porte à faux sur l'artere. Cette observation peut servir, non seulement pour les gouteux, mais pour tous ceux qui ont passé l'âge de cinquante ans: où l'on n'espere pas de croître; & par conséquent si l'on ne procure pas la transpiration, qui diminue alors, on ne peut espérer une longue vieillesse, ou s'exempter des maladies qui en font l'apanage. Le cinquieme moyen est de procurer la tranquillité d'esprit: le chagrin étant un obstacle à la transpiration parfaite. Le sixieme est de s'abstenir de certains plaisirs. Le septieme & le dernier est la friction. M. le Marquis de Repaire, Gouverneur du Château Trompette, vieillard centenaire; trente ans avant sa mort, s'étoit guéri, & ensuite garanti, de la goute par le moyen de la friction: un de ses Valets de chambre n'avoit d'autre emploi auprès de lui, que de le bien frotter tous les jours, soir & matin, avec une mitaine de laine.

10. Je sçai que des personnes ont été guéries de goute invétérée & considérable, en prenant habituellement de la fleur de sureau infusée dans de l'eau bien chaude, tous les matins.

Remede qui (dit-on) *guérit la Goute, sans retour.*

11. Prenez hermodactes, turbith blanc, scammonée, cannelle, sucre fin, & réglisse, de chacun une dragme, ou parties égales. Le tout étant réduit en poudre, bien mêlé, & passé par un tamis, vous en ferez infuser environ une dragme (plus ou moins, selon la facilité ou la difficulté qu'on a pour être purgé), dans un verre de vin blanc, du soir au matin; & l'ayant bien mêlé, le malade l'avalera, & deux heures après un bouillon. Il gardera la chambre. Cette médecine doit se prendre seulement au décours de la lune; & jamais dans les grandes chaleurs.

Eau pour la Goute.

12. Mêlez ensemble dans un alembic de verre, parties égales de fray de grenouilles, & de fiente de bœuf récente ou séche; & distillez-les au bain-marie. On imbibe des linges dans cette eau, & on les applique sur la partie affligée. [L'eau commune feroit vraisemblablement aussi bien: *voyez* Tome I. p. 821 & 857.]

Vin pour la Goute.

13. Faites infuser pendant trois heures, une dragme de graines d'hyeble, dans un verre de vin blanc; & le faites prendre à jeûn. Ce remede est un bon préservatif contre la goute.

Huile d'hyebles.

14. Mettez quantité de graines d'hyeble dans une bouteille de gros verre; & l'ayant enterrée dans du fumier de mouton, vous l'y laisserez l'espace de quarante jours sans y toucher: au bout de ce tems-là, vous la retirerez; & y trouverez une huile, dont vous frotterez les endroits douloureux.

Autre huile qui appaise sur le champ les douleurs de la goute.

15. Mettez parties égales de sauge & de lavande dans un pot de terre vernissé; puis ayant versé de l'huile par dessus, jusqu'à ce qu'elle surnage de trois ou quatre doigts, lutez bien le pot, & faites bouillir jusqu'à la consomption d'un tiers. Il faut tremper un linge dans cette huile, & l'appliquer le plus chaudement qu'il est possible sur la partie malade. Dans la suite, il faut réitérer de tems en tems le même remede, quoiqu'on ne souffrît pas actuellement.

16. Voyez DARTRES *du visage*, n. 5. ÉCROUELLES, *n.* XVI. *Grande* CENTAURÉE. RHUMATISME. Le *Journal Œconomique*, Novembre 1762, p. 512.

Bain pour la Goute.

17. Mettez dans un sac toute une fourmilliere; c'est-à-dire, les fourmis, les buchettes, & la terre qui est dessous. Ayant jetté la valeur d'un seau de vin blanc dans la baignoire, vous y ajoûterez une quantité suffisante d'eau chaude; puis ayant placé le malade dans le bain, vous lui ferez tenir le sac ci-dessus, enfoncé entre ses jambes. Ce remede a réussi souvent dès la premiere fois.

18. Quand l'humeur de la goute paroît *bilieuse*, il faut tempérer & rafraîchir les entrailles, en donnant souvent des lavemens; & tirer une ou deux fois du sang; purger deux jours après la saignée, soit avec une once & demie de casse mondée, dans deux verres de petit lait, le matin à jeûn; soit avec deux onces de sirop de roses purgatif; *ou* avec une once de catholicon double, en bol, ou délayé dans un verre de tisane de chicorée.

On appliquera sur la douleur, des linges trempés dans de l'eau-rose battue avec des blancs d'œufs & un peu de vinaigre; ou dans un mucilage de semence de coings, & de graine de lin avec de l'eau de morelle, ou de la décoction de jusquiame, ou du suc de ciguë ou de pavots. *Ou* l'on mettra un cataplasme de mie de pain de froment cuite dans du lait, à laquelle on ajoûtera hors de dessus le feu quelques jaunes d'œufs, avec dix à douze grains d'opium & autant de saffran en poudre.

Si la douleur ne s'appaise pas avec ces remedes; faites bouillir du thim, de l'origan, du calament, de la sauge, du romarin, de la lavande, dans autant d'eau que de vin; & dans cette décoction toute chaude, trempez des linges, que vous appliquerez sur la partie malade.

Pendant que l'on sera ainsi tourmenté de la goute, on mangera peu, on ne boira que de la tisane, & l'on se purgera de fois à autre avec les remedes indiqués ci-dessus.

19. La goute où domine la *mélancolie* a été souvent guérie par une seule saignée du pied. C'est pourquoi l'on conseille de la mettre en usage; & deux jours après purger avec une infusion de deux gros de senné, & d'un gros de rhubarbe, dans laquelle on délayera une once de sirop de pommes composé, ou une once de sirop de fumeterre, avec une demi-once de confection hamech, ou autant de catholicon double. Il faudra souvent réitérer cette médecine, & en diminuer la dose suivant les âges. L'on se servira pour appliquer au dehors, des décoctions de sauge, iris, graines de lin & de fenugrec. Un exact régime de vivre est indispensable.

20. Quand la goute est causée par la *pituite*, on doit plutôt user de purgation, que de saignée. C'est pourquoi, dès le commencement on pourra faire bouillir dans une chopine d'eau, une once de mirobalans citrins, une dragme de polypode, avec autant de senné, & deux dragmes d'hermodactes. La décoction étant réduite au tiers, on la coulera: puis y ayant ajoûté une once de sirop de roses laxatif; on la fera prendre de grand matin. Il faut réitérer souvent ce remede.

Si les malades s'accommodent mieux de pilules, on leur fera user de celles d'agaric, ou des pilules cochées; ou on leur donnera six gros de diapœnic en bol. De tems en tems, le soir ou le matin, on leur fera prendre un gros & demi de thériaque avec un peu de vin par dessus.

On fomentera la tumeur avec une décoction de sauge, marjolaine, origan, serpolet, calament, rue, fleurs de camomille, mélilot, roses rouges, & de bétoine.

Il y en a qui se sont bien trouvés d'avaler pendant une année entiere le matin à jeûn une petite gousse d'ail; ou deux dragmes de térébenthine de Venise, dans un œuf frais.

Le cautere au bras, ou à la jambe, est (dit-on) un souverain remede.

Les véficatoires appliquées à l'endroit attaqué, ont plusieurs fois apporté un prompt soulagement, & diminué la fréquence des accès. Mais elles pourroient être préjudiciables aux personnes qui auroient des ulceres fistuleux.

21. On prétend avoir plusieurs fois arrêté la douleur de la goute, en trempant dans le suc de jusquiame un linge dont on fomentoit la plante des pieds. Ce suc peut se conserver dans des phioles, étant bien purifié, avec de l'huile par-dessus. [Mais je crois devoir avertir que des *fraises* appliquées dans la même intention à la plante des pieds, ont causé la mort.]

Régime pour la Goute bilieuse & pituiteuse.

En pratiquant les remedes généraux, on observera un régime opposé à l'humeur qui domine; par exemple, comme *la bile* est fort chaude & séche, on usera d'alimens contraires, tels que des viandes bouillies, plutôt que de rôties; on boira le vin fort trempé. Il est à propos de retrancher une partie des exercices trop au-dessus des forces; ne faire aucun usage des légumes vaporeux, comme oignons, porreaux, pois, feves, lentilles, moutarde; ne pas souffrir la faim; dormir un peu tard; éviter la colere, & tout ce qui peut chagriner.

Si c'est la *pituite* qui domine, l'on doit préférer les viandes séches aux autres; les ragoûts assaisonnés avec de la sauge, du thim, du poivre, de la muscade, & du girofle seront d'autant meilleurs aux pituiteux, que tout ce qui seroit venteux est indigeste, contraire & malfaisant dans leur état. Ils doivent ne point se mettre à table sans avoir faim, & en sortir toujours avec appétit; dormir peu, & jamais pendant le jour: & pour l'éviter, ils s'exerceront à quelque jeu honnête, ou à quelque occupation agréable. En général, ils éviteront tout ce qui seroit capable de troubler l'ame.

22. Appliquez sur le mal, l'emplâtre résolutif & fortifiant, décrit dans l'article SCIATIQUE.

23. Remede expérimenté *par M. Rigolet Supérieur du Séminaire de S. Irenée de Lyon:* au rapport de feu M. Chomel. Mettez de la fleur de bouillon blanc dans un chausson, & y faites entrer le pied malade, ensorte que l'endroit douloureux soit tout entouré de ces fleurs: la douleur cesse dans peu de tems. Comme on ne peut avoir cette fleur en toute saison, il faut en faire un onguent dans le tems qu'elle est en état: il produit le même effet: ainsi que l'huile où on aura laisser infuser ces fleurs, comme celles de millepertuis.

24. Prenez scammonée préparée, réglisse en poudre, *terramerita*, gaiac, mecoacam, jalap, turbith, de chacun deux dragmes; crême de tartre, hermodactes, senné de Levant, gomme gutte, élemi, squine, ellebore noir, rhubarbe, salsepareille, de chacun quatre dragmes; sucre fin, une once. Le tout étant mis en poudre séparément; vous le mêlerez; & en donnerez une dragme dans du vin blanc, ou du bouillon, quatre matins différens, de quatre en quatre jours. (Ce remede est aussi bon pour la vérole.)

25. Prenez une poignée d'armoise; faites-la bouillir dans de l'huile d'olives, jusques à la consomption du tiers: frottez-en la partie douloureuse: & en peu de tems la douleur s'appaisera.

26. Prenez des feuilles de lierre: pilez-les, si vous voulez; & les appliquez sur l'endroit de la douleur.

27. Prenez du tabac en feuilles fraîches, distillez-les jusqu'à siccité: Prenez le *caput mortuum*, mettez-le dans un creuset, & le faites calciner à blancheur; tirez-en le sel avec de l'eau commune bien claire; réunissez ce sel avec son esprit: puis prenez du tartre ce qu'il vous plaira, calcinez-le entre des charbons; jettez-le ensuite dans de l'eau claire & chaude; filtrez-la; & la faites évaporer dans du verre jusqu'à siccité. Mettez un peu de ce sel dans l'esprit; & appliquez-le chaud sur la douleur avec du cotton ou un linge.

28. Hachez de la cire jaune, mêlez-la avec des os calcinés, ou avec des cendres: & distillez au bain de sable. Vous en obtiendrez une huile; dont vous vous servirez un peu chaude, pour oindre les parties où est la douleur.

29. Il est bon de faire un emplâtre avec du jus de choux rouges & d'hiebles, farine de feves, fleurs de camomille & roses pulvérisées; & l'appliquer sur le lieu où est la douleur.

30. Ratissez la racine de grande consoude, nouvellement arrachée: étendez ce qui sera ratissé, sur un linge, en forme de cataplasme; & l'appliquez sur le lieu malade.

31. Prenez racines & feuilles d'hieble; feuilles de scabieuse, petite consoude, & sauge sauvage: faites bouillir le tout ensemble dans du vin; puis passez-le par un tamis, & ajoûtez-y de l'huile d'aspic, de l'eau-de-vie, & de la graisse de pieds de bœuf ou de vache: pour fomenter le mal.

32. Mettez de la chaux vive dans un pot; versez-y de l'eau jusqu'à ce qu'elle surpasse la chaux, de quatre

tre doigts. Laissez infuser pendant six ou sept jours; puis ayant éteint dix ou douze fois une lame d'acier rougie au feu, dans quatre livres de cette eau, vous y ferez infuser, pendant cinq ou six jours, quatre onces d'*æs ustum* : & en bassinerez la partie affligée.

33. Appliquez sur la goute un hareng salé, ouvert en long par le milieu.

34. Broyez une bonne quantité de limaçons avec leurs coquilles; jettez par dessus une cuillerée & demie, ou deux cuillerées, de bonne eau-de-vie : & le tout étant bien mêlé, appliquez-le en cataplasme sur l'endroit douloureux.

35. Prenez squine & salsepareille coupées bien menu, & bois de gaiac, de chacun deux onces; hermodactes entieres, trois onces. Faites bouillir le tout dans dix pintes d'eau, jusqu'à la diminution d'environ deux pintes; puis ayant passé la décoction, vous en ferez boire au malade, même à ses repas, au lieu de vin. S'il ne pouvoit s'en passer, on pourroit lui en donner un peu, mais bien trempé. La fluxion étant arrêtée, & les douleurs appaisées, vous lui ferez prendre la médecine suivante pour le *purger*. Il faut faire infuser dans deux pintes de cette décoction, une demi-once de senné, deux gros de rhubarbe, un peu d'anis & de réglisse : le tout ayant infusé du soir au matin, vous passerez la liqueur, & la garderez dans des bouteilles. La dose est d'un verre, que le malade doit prendre le matin, deux heures avant d'avoir bû ni mangé; & le soir trois ou quatre heures après le repas; il doit continuer ainsi pendant plusieurs jours.

36. Galien dit avoir amolli toutes tumeurs gouteuses aux genoux, en y appliquant un vieux fromage bien affiné, broyé avec de la décoction d'un jambon salé.

37. Il faut prendre une poignée de graine de lin, & une poignée de graine de psyllium; les mettre dans un demi-septier de lait; & faire bouillir le tout ensemble dix ou douze bouillons : puis le mettre dans une chaussette ou autre linge plié en double, que l'on appliquera le plus chaudement qu'il sera possible sur la partie malade; où on le laissera cinq ou six heures. Si la douleur continue, il faut faire chauffer le même cataplasme, & l'appliquer comme la premiere fois. Voyez ci-dessus *n.* 23.

38. Pour la *goute froide* : prenez du fumier de vache noire; mettez-le bouillir dans un pot avec de bon vin, l'espace d'une heure; puis jettez-y de la sauge hachée par petits morceaux, & faites encore bouillir un peu. Faites-en un cataplasme; que vous appliquerez sur la douleur.

39. Pour la *goute* soit *froide*, soit *chaude*, ou autres *douleurs*; par M. Lemery.

Prenez eau de fleurs d'orange, ou de limons; eau de romarin, eau de fleur d'aspic, & térébenthine de Venise. Mettez le tout ensemble; & faites-le bouillir l'espace d'un *credo*, dans un petit pot de terre vernissé, en l'agitant avec une spatule de bois : quand vous l'aurez ôté du feu, ajoûtez deux bonnes cuillerées d'eau-de-vie raffinée, autant d'huile de cire, le battant toujours jusqu'à ce qu'il soit tiede : puis appliquez-le sur une peau de chevrotin blanche; mettez-le sur la partie douloureuse; & laissez l'y trois jours sans le changer. Après quoi, si la douleur ne passe pas, réiterez l'emplâtre.

40. Faites bouillir deux livres d'huile rosat, avec demi-livre de vinaigre rosat du plus fort; jusqu'à consomption de l'humidité. Ensuite ajoûtez-y une livre de céruse en poudre. Faites cuire le tout en remuant continuellement, jusqu'à ce que l'emplâtre noircisse. Étendez-le sur un linge; & appliquez-le sur la goute.

41. Prenez du bois d'aune, faites-en des cendres selon l'art; tirez le sel avec du vin blanc : puis prenez de ce sel, & du sel décrépité, parties égales; broyez-les, faites-en une pâte avec de l'huile de tartre, & mettez-la résoudre à l'humidité. Vous en obtiendrez une crystallisation : que vous broyerez avec autant d'onguent rosat, & autant d'huile de sauge; & garderez ce remede, pour en frotter chaudement soir & matin; ne changeant point de linge; & le malade buvant de bon vin blanc.

Ce remede guérit (dit-on) immanquablement toute sorte de goutes; & aussi le mal de dents, en trois heures.

42. Faites porter dans un jardin bien exposé au grand soleil, un lit garni de rideaux. Faites sécher au soleil le plus chaud de l'année, séparément les couvertures, draps, matelas, & la paillasse; les tournant & retournant jusqu'à ce que le tout soit bien chaud. Puis il faut que le malade, en se mettant dans ce lit, prenne de quelque eau sudorifique (comme celle de chardon benit), pour exciter la sueur : qu'il se tienne ainsi dans le jardin les rideaux baissés, & qu'il sue deux ou trois heures, ou le plus qu'il pourra. Après quoi on l'essuiera avec des linges chauffés au soleil; & on réitérera la même chose trois jours de suite.

On assure qu'un Gentilhomme fut entiérement guéri par ce remede, après avoir gardé la goute pendant ving-cinq ans, & être demeuré douze ans dans un lit sans pouvoir se remuer. Il avoit soixante & huit ans quand il fut guéri.

43. Mêlez ensemble une demi-once d'onguent d'*Althea*, & demi-once d'huile d'aspic : & en frottez le malade auprès du feu.

44. Prenez huit livres de bonne huile d'olives, cinq livres de céruse de Venise en poudre, une livre de savon, deux pintes (mesure de Paris) de suc de porreau. Faites fondre le savon dans ce suc, puis versez-le peu à peu dans la bassine où vous aurez mis l'huile & la céruse, après qu'elles auront commencé à bouillir & à cuire; & remuez toujours avec une spatule de bois : sur la fin de la cuite, ajoûtez-y une livre de cire jaune coupée en morceaux; & laissez finir la cuite.

Il faut que la céruse, l'huile, le savon & le jus de porreau, cuisent à petit feu pendant deux jours.

On prétend qu'il n'y a point de goute, si violente qu'elle soit, que cette emplâtre n'appaise dans un quart d'heure immanquablement; & que son usage guérit les *pieds & les mains devenus crochus par la goute*.

Huile pour la Goute, & autres douleurs.

45. Pilez, ou coupez bien menu, du savon le plus blanc & le plus fin que vous pourrez trouver, ce qu'il vous plaira; mettez-le dans une retorte bien lutée : versez-y de l'eau-de-vie sept fois rectifiée, de maniere que la retorte reste au moins un tiers vuide; placez-la sur un fourneau à vent; adaptez-y un grand récipient, lutez bien : donnez un petit feu au commencement, que vous augmenterez peu-à-peu, jusqu'à ce que tout ce qui pourra distiller de phlegme & d'huile soit sorti. Séparez pour lors le récipient; & vuidez dans une bouteille ce qu'il contiendra. Quand il sera un peu refroidi, séparez l'huile, & la gardez comme un bon remede pour calmer les douleurs de la goute, dissoudre toute coagulation & épaississement d'humeurs, toutes douleurs, sciatiques & autres; & guérir les ulceres malins : en l'appliquant extérieurement.

46. On nomme en France *Remede du Capucin*, l'ample boisson d'eau pure : que l'on assure avoir

opéré plusieurs guérisons. Consultez le *Journal Œconomique*, Septembre 1753, p. 127.

[NOTA. Le bien de l'humanité nous a paru demander de laisser subsister cette longue indication: afin que l'on puisse, suivant les circonstances, employer une chose ou l'autre, pour soulager du moins un mal terrible, dont on ne connoit encore qu'imparfaitement la nature; & par conséquent les vrais remedes.

Au reste nous avertissons qu'il faut souvent attendre le remede, du mal même; quand on voit qu'un certain nombre de tentatives sont inutiles. Encore est-on heureux quand elles n'irritent pas au lieu de soulager. Il faut donc s'armer de patience & de courage; le plus sûr étant souvent de souffrir. C'est d'ailleurs un motif de consolation que de savoir que les douleurs de la goute ne sont presque jamais suivies de fâcheux accidens: au lieu que la plupart des moyens employés pour l'adoucir, sont sujets à la prolonger, à l'obliger de faire des dépôts, & quelquefois de remonter.]

On a déja vû ci-dessus, plusieurs moyens de diminuer la fréquence des retours de la goute. Voici encore quelques *Préservatifs*.

1. Il faut prendre une gousse d'ail, la bien nettoyer, & l'avaler le matin, tous les jours, durant le déclin de la lune.

2. Enveloppez-vous les pieds tous les soirs, en vous mettant au lit, avec des feuilles d'aune cueillies deux jours auparavant. Elles attireront peu à peu toute l'humeur de la goute.

3. Pulvérisez bien une once de crême de tartre; passez-la au tamis de soie: & la faites infuser pendant vingt-quatre heures dans un demi-septier de vin blanc. Avalez le tout à jeûn, au déclin de la lune; puis prenez, de deux en deux heures, un bouillon coupé; un bouillon pur, après deux autres heures; & sur la fin des évacuations, buvez du thé léger. Faites de même tous les mois. [On m'a assuré en avoir fait l'épreuve avec succès.]

Si la *Goute se jette sur quelque partie interne*, il faut se hâter de l'attirer aux jointures: en faisant prendre intérieurement des remedes expellans, tels que sont surtout les cordiaux. Les remedes martiaux y sont très-utiles. On peut encore avec succès appliquer au dehors la gomme caragne, l'oxycroceum, l'emplâtre céphalique mêlée avec moitié ou le tiers de poix de Bourgogne.

GOUTE *Sciatique*. Voyez SCIATIQUE.

GOUTE SEREINE. Privation de la vue sans aucun vice apparent dans le globe de l'œil; excepté que la prunelle n'a pas son mouvement naturel, qu'elle ne se rétrécit pas quand on en approche une lumiere, ni ne se dilate quand on l'en éloigne. *Consultez* l'article YEUX.

GOUTETE. *Consultez* entre les maladies des ENFANS, le mot *Epilepsie*.

GOUTTE. *Voyez* GOUTE.

GOUTTE-*Blanche*. Consultez l'article *Essence de* FENOUIL.

GOUTTE-ROSE; *Rougeur*; ou *Coupe-Rose*. Rougeur accompagnée de pustules, dont le visage est quelquefois tout couvert. Cette maladie ressemble même quelquefois à des gouttes de sang répandues sur la peau. Souvent elle donne une couleur forte & inégale, au nez & aux joues.

Cet accident est rare dans les personnes qui suivent un régime réglé. Il est fort commun à celles qui font un usage immodéré des liqueurs spiritueuses: c'est pourquoi il est comme épidémique en Frise & dans les Pays-Bas.

Remedes.

On doit 1°. se prescrire par degrés une diete rafraîchissante & humectante; comme pour la gale, & les éruptions scorbutiques.

2. S'interdire absolument l'usage du caffé.

3. Appliquer sur le visage, un liniment fait avec le blanc d'œuf & un peu d'alun, ou un peu de camphre ou de sublimé: & ensuite se servir d'huile de myrrhe; qu'on regarde comme très-efficace dans ce cas. *Voyez* le *n.* 8.

4. *Voyez* VISAGE.

5. Après les remedes généraux, on peut utilement se servir des remedes où entre le sucre de saturne. Voyez LAIT *Virginal*.

6. Les remedes composés d'antimoine & de mercure, pris intérieurement ou appliqués extérieurement, sont très-efficaces. Voyez T. I. page 128, colonne 2.

7. On a souvent tiré de grands secours de remedes communs & faciles à préparer: tels que le sel de tartre, le nitre, le liniment dont nous avons parlé *n.* 3.

8. Prenez un œuf un peu durci; ôtez-en le jaune; remplissez de poudre de myrrhe, le lieu qu'il occupoit; & suspendez-le à la cave: où il se dissoudra peu à peu en liqueur. C'est un très-bon cosmétique, & un onguent très-éprouvé pour les maux de visage.

9. A l'égard des légeres éruptions pustuleuses, on s'est heureusement servi du *liniment* suivant. Mêlez ensemble de l'onguent pompholix, une demi-once; du mercure doux, une dragme; de l'alun brûlé, un demi-scrupule; & de l'huile rosat ce qu'il en faut.

10. Quand la maladie est considérable; après les remedes généraux, il faut se servir du liniment & de la lotion qui suivent. Prenez de la litharge d'or, une dragme; sucre de Saturne, un scrupule; pommade très-odorante, une once; huile ou essence de roses, quatre gouttes; huile d'amandes douces, ce qu'il en faut: mêlez le tout, & faites-en un *liniment* pour frotter tous les soirs les endroits du visage les plus malades. Prenez aussi de l'eau de plantain, six onces; suc de limons, deux onces; sublimé, douze grains; camphre, un scrupule: faites-les infuser à chaud dans un vaisseau bien clos, pendant une demi-heure; coulez-les ensuite: & faites-en une *lotion* deux fois le jour.

11. Après la saignée, la purgation, & l'usage des bouillons rafraîchissans: prenez ce que vous voudrez de vitriol de Chypre; mêlez-le avec l'eau ou la décoction de plantain: bassinez-en les boutons, en vous couchant, avec un petit linge; & le matin, lavez le visage avec de l'eau commune.

12. Pilez, ou broyez entre vos doigts, du mouron à fleur blanche, qu'on donne aux petits oiseaux; & en mettez pendant une nuit sur les rougeurs. (Ce cataplasme est encore bon pour les meurtrissures.)

13. L'espece de vin qu'on tire des fraises, ou par distillation, ou par fermentation, guérit les boutons & rougeurs du visage; les fluxions chaudes des yeux, & les boutons & taches de ladrerie; si on s'en lave, ou qu'on l'applique dessus avec des compresses. *Misauld* dit avoir particuliérement éprouvé l'efficacité de ce vin, pour les boutons & les taches des ladres.

14. *Poterius* dit que la décoction du soufre dans de l'eau simple, est un excellent remede pour rafraîchir le foie & soulager la fievre; prise intérieurement: & qu'elle guérit la gale, l'érésipele, & ôte

la rougeur du visage, en l'appliquant extérieurement. (Il n'importe pas qu'on fasse bouillir le soufre, ou qu'on le fasse seulement infuser.)

15. Mettez un œuf avec sa coquille, sur-tout quand il est frais, dans de fort vinaigre, pendant vingt-quatre heures; ajoûtez-y la grosseur d'une noix, de soufre pilé & noué dans un linge, & laissez le tout ensemble pendant encore vingt-quatre heures: puis appliquez de ce vinaigre sur les rougeurs, avec un linge. (Ce remede est aussi bon pour les dartres.)

16. Mettez dans la braise la grosseur d'une noix, de talc, enveloppé dans du papier. Lorsqu'il sera un peu chaud & suant, jettez-le dans de l'esprit de vin, avec du jus de joubarbe filtré: il s'en fera une pommade blanche comme de la neige; très-bonne pour les rougeurs du visage.

17. Prenez deux dragmes d'onguent rosat, deux scrupules de fleurs de soufre, demi-scrupule de sucre de Saturne; mêlez le tout avec une suffisante quantité d'huile rosat. Ce liniment est bon pour dissiper les rougeurs.

[*Nota*. Tous ces topiques & répercussifs donnent souvent lieu à l'humeur de se jetter sur le foie, le poumon, ou quelque autre viscere; & causer des maladies funestes. Le plus sûr est donc de vivre avec son mal; & de le calmer simplement par les bains, & par des remedes internes qui adoucissent la masse des humeurs.]

GOUTTES *d'Angleterre*. Voyez ÉLIXIR *de Stoughton*: Gouttes très-différentes d'autres Gouttes d'Angleterre connues sous des noms qui les caractérisent: telles que sont les *Gouttes anodynes* ou *blanches d'Angleterre*, ou *Gouttes de Talbot*; les *Gouttes céphaliques d'Angleterre*, ou *Gouttes de Goddard*.

Préparation des Gouttes anodynes d'Angleterre.

Mettez en digestion au bain-marie pendant trois semaines dans une livre d'esprit de vin rectifié, une once de safran, & autant de racine d'*asarum*, une demi-once de bois d'aloès, trois gros d'opium le plus pur, un demi-gros de sel volatil de crane humain, & autant de celui de sang humain. La digestion faite, décantez la liqueur pour en avoir le plus clair.

Ces gouttes sont bonnes pour les maladies convulsives, & l'épilepsie.

Gouttes Céphaliques d'Angleterre.

Mettez dans une cornue, de la soie crue, ou des coccons de vers à soie, séparés de leurs enveloppes. Placez la cornue dans un bain de sable: ajustez-y un récipient, lutez les jointures, & donnez un feu doux. Il distillera dans le récipient un peu d'eau; l'esprit y passera ensuite. Augmentant le feu par degrés, le sel viendra avec l'huile. Lorsqu'il ne distillera plus rien, vous déluterez les vaisseaux, & verserez dans une cucurbite ce qui se trouvera dans le récipient. Après quoi vous y mêlerez un gros d'huile essentielle de lavande, & une demi-once de bon esprit de vin; pour quatre onces de liqueur versée dans la cucurbite. Adaptez à la cucurbite un chapiteau, & un récipient; lutez les jointures; & laissez le tout en digestion pendant vingt-quatre heures: puis placez la cucurbite au bain-marie. Il se sublimera dans le chapiteau & au haut de la cucurbite, un sel qui est le *Sel d'Angleterre*: & l'esprit qui aura distillé dans le récipient, à cette seconde opération, sera les Gouttes céphaliques.

On peut, au lieu de l'essence de lavande, employer celles de cannelle, ou de romarin, ou de girofle: selon les maladies auxquelles on destine les gouttes.

Ce *Sel* & ces *Gouttes* sont utiles dans les maladies accompagnées d'assoupissement & convulsion, telles que certaines fievres malignes. Les gouttes sont un excellent cordial; particuliérement convenable dans les fievres malignes, lorsque les forces du malade sont extrêmement épuisées. Elles sont bonnes aussi dans certains cas de vapeurs, & dans l'apoplexie.

On donne le *Sel* d'Angleterre, depuis un grain jusqu'à huit: & les *Gouttes*, depuis deux gouttes jusqu'à douze; dans une cuillerée de tisane, ou de bouillon, ou de vin d'Espagne.

GOUTTES: *terme d'Architecture*. Il y a dans l'Ordre Dorique, sous la plate-bande au droit de chaque triglyphe, six petits corps en forme de clochettes; que les Architectes appellent *Gouttes*; parce qu'ils disent qu'elles représentent des gouttes d'eau, qui ayant coulé le long des triglyphes pendent encore sous la platte-bande. Leon Baptiste Albert les nomme *Clous*. Il y a encore dix-huit de ces gouttes sous le sophite ou plat-fond du larmier au droit des triglyphes. La différence qui se trouve entre les unes & les autres, est que les premieres sont quelquefois quarrées & en pyramides; & les dernieres toujours coniques: on les nomme aussi *Clochettes*, *Campanes*, & *Larmes*: en Latin elles sont appellées *Guttæ*, selon Vitruve.

GOUTTIERE; quelquefois nommée *Gargouille*. Piece de charpente, ou d'autre matiere, qui étant inclinée & en saillie, sert à jetter loin d'une maison l'eau qui tombe des toits, ou d'ailleurs. *Voyez* ECHÊNE.

La Gouttiere de charpente est communément un demi-canal de bois de chêne fort sain, refendu diagonalement & creusé le plus souvent en angle droit; qui sert à recueillir les eaux pluviales sous le battelement des tuiles d'un comble, & à les conduire au dehors des murs de face. La Gouttiere *de plomb* est un tuyau de plomb, soit entier soit coupé suivant sa longueur par son axe, & soutenu d'une barre de fer; par lequel s'écoulent les eaux du cheneau d'un comble. Les plus riches de ces gouttieres se font en forme de canon, & sont embouties de moulures & ornées de feuilles moulées. Il y en a qui au lieu d'avancer dans la rue au de-là des toits, sont attachées le long des murs; & soutenues par des cercles de fer crampponnés dans le mur, ou par des plaques & bandes de plomb aussi clouées & attachées au mur.

Les gouttieres de bois ou de plomb ne peuvent avoir, suivant l'Ordonnance, que trois pieds de saillie au-delà du nud du mur; pour éviter les chûtes de ces canaux dans la rue, lorsque par le poids de leur trop grande longueur, ils viennent par succession de tems à se détacher de la couverture.

La Gouttiere *de pierre* est un canal de pierre, à la place des gargouilles, dans les corniches. On les fait quelquefois en maniere de demi-vase coupé en longueur, comme on en voit au vieux Louvre. Ces gouttieres, dans les bâtimens gothiques, ont la forme de chimeres, harpies, & autres animaux imaginaires. On les nomme aussi *Gargouilles*.

Les gouttieres de bois sont employées dans des bâtimens ordinaires & communs. On doit les faire d'une piece de bois de sciage; tirée de bois de brin sans nœuds, sans gersure, roulure, ni aubier; & qui ait huit à neuf pouces d'équarrissage. En la sciant par les angles, & la creusant, on ne lui laisse qu'un bon pouce d'épaisseur. Dans les atteliers & magazins, cette piece de charpente a ordinairement depuis six pieds jusqu'à trois toises & demie. Pour empêcher que le hâle ne les tourmente, on a grand soin de les tenir à couvert. Aussi en voit-on quelquefois dans les bâtimens, qui sont enduites de goudron ou garnies de plomb.

On appelle *Gouttieres de Carrosse*, des panneaux de cuir attachés à l'impériale, qui empêchent que l'eau ne tombe dans le carrosse & sur ses ornemens.

En Botanique, on trouve fréquemment les expressions de *Pédicule creusé en Gouttiere*. Ce terme est encore d'usage pour certaines *Tiges :* qui, ainsi que les pédicules, forment un demi-canal sur un seul côté de leur longueur.

GOUTTIERES, ou *Abreuvoir :* terme de Bucheron. Ce sont des trous qui pénetrent dans le bois, & dans lesquels l'eau de pluie s'amasse.

GOUTTIERES : *terme de Venerie ;* qui signifie les raies creuses qui sont le long des perches, ou du marrin de la tête, aux cerfs, daims, & chevreuils. Voyez TÊTE, *terme de Chasse*.

GRA

GRADINS *de Jardins*. Ce sont des especes de petites contre-terrasses, disposées en degrés : où l'on met des caisses, des vases, des pots de fleurs, pour terminer une allée. On les fait de gazon, ou de maçonnerie avec des tablettes : & ils sont droits, ou circulaires, en forme d'amphithéâtre.

GRADUÉ (*Feu*) : terme de Chymie. *Voyez* ci-dessus, p. 35.

GRAIN : *terme d'Agriculture*. Ce mot se dit ordinairement des semences qui viennent dans des épis, & qui servent à la nourriture des hommes & des animaux. On les distingue en gros, & menus, grains. Les *Gros Grains* sont le bled & le seigle. Les *Menus Grains* sont l'orge, l'aveine, les pois, les vesces, le mays, le sarrasin, & le millet. On seme les gros grains en automne ; & les menus au mois de Mars : ce qui fait qu'on donne à ceux-ci le nom de *Mars*.

Consultez les articles SEMENCE. GRAINE. Les plantes que nous venons d'indiquer. CEREALIA. ARRHER.

On donne le nom de GRAIN, non seulement aux semences indiquées ci-dessus, mais encore à certains fruits que les Botanistes appellent *Acini* en Latin. Ainsi on dit un *Grain de Raisin ; de Genievre*. Voyez FRUIT, p. 145 ; & ce qui regarde la *Baie*, dans la même page. On dit aussi, des fruits rassemblés les uns près des autres dans la Grenade, la Mûre, le Sureau ; que ce sont des *Grains :* les Botanistes les mettent au nombre des *Acini*.

Ayant regardé le mot *Bled*, comme un terme Générique appliqué par l'usage en pluriel aux GRAINS *propres à servir d'aliment :* nous avons traité, dans l'article BLED, de leur *Conservation ;* des moyens qui peuvent en procurer l'*Abondance ;* & de leur *Commerce*.

Eau-de-vie de Grain. Voyez T. I. p. 819.

GRAIN. C'est le plus petit des *Poids* dont on se sert pour peser les marchandises précieuses. On l'appelle Grain, parce qu'il est de la pesanteur d'un grain d'orge gros, bien nourri, & qui ne soit pas trop sec.

La livre de Paris se divise en seize onces ; l'once en huit gros ; le gros en trois deniers ; & le denier en vingt-quatre *grains :* ensorte qu'il faut neuf mille deux cens seize *grains* pour faire la livre de Paris.

Le marc d'or contient vingt-quatre carats ; le carat huit deniers ; & le denier vingt-quatre *grains*.

Le marc d'argent pese douze deniers ; le denier vingt-quatre *grains ;* & le grain vingt-quatre primes. Il s'ensuit que le *Grain est toujours la ving-quatrieme partie du denier*.

On se sert du Grain *en Médecine*, pour la dispensation de plusieurs drogues. Trois grains y valent une obole ; vingt grains un scrupule ; & soixante, une dragme, ou un gros. *Voyez* POIDS.

GRAINE. Semence que produisent les plantes, & qui sert à conserver l'espece. Les graines paroissent après les fleurs sur les mêmes plantes, pourvû que ces fleurs soient fécondes.

Voyez GRAINER. SEMENCE. FLEUR. GRAIN. FRUIT.

De savans Naturalistes ont observé les plantes toutes entieres dans chaque individu de plusieurs especes de graines. Ces plantes y sont, à la vérité, pliées & enveloppées : mais le microscope ne laisse pas d'y faire appercevoir leur caractere spécifique. On y distingue très-bien les feuilles & la premiere racine : & il se trouve des graines où on les apperçoit encore plus distinctement que dans l'aveline & le gland.

Observations générales sur la durée des Graines.

Il n'y a point de graine qui ne contienne plus ou moins d'une humeur oléagineuse, propre à la nourrir & conserver. Anciennement on croyoit que les graines pouvoient être encore fécondes au bout de quarante ans. Un savant Anglois Moderne, Morison, leur accorde généralement dix ans de vigueur : & après ce terme, il les regarde comme dépourvues de l'humeur qui seule les rend capables de végéter. Au reste, cela dépend beaucoup de la maniere dont on les conserve. Si l'on a soin de les garantir de trop d'humidité, trop de sécheresse, & de froid ; elles retiennent plus longtems leur faculté végétative. *Voyez* BLED. FROMENT. SEMENCE.

Selon des Naturalistes plus récens que Morison, la plupart des graines dépérissent après un, deux, ou au plus trois ans. Ainsi il faut toujours tâcher d'en avoir de nouvelles : autrement on court risque de semer inutilement. Entre les graines potageres il n'y a gueres que les pois, les feves, & les graines de melons, concombres, citrouilles, potirons ; qui durent des huit & dix ans. Les graines de chouxfleurs en durent trois, & quatre. Celles de toutes sortes de chicorées, cinq, six, & même au-delà. Il n'y en a peut-être point qui se conservent si peu que celles de laitues : elles sont cependant meilleures la seconde année que la premiere ; mais elles ne valent plus rien la troisieme.

Il est fort mal aisé d'être fidélement servi par les marchands de graines ; parce qu'eux-mêmes sont trompés par les gens de la campagne qui les leur fournissent. Ils ne peuvent distinguer certaines especes qui se ressemblent, telles que les graines d'oignon & de ciboule. Ils ne connoissent pas mieux l'âge de ces graines : ce qui est important ; les unes ne levant qu'autant qu'elles sont nouvelles, les autres réussissant mieux à proportion qu'elles sont plus vieilles, jusqu'à un certain nombre d'années. Chacun doit donc recueillir lui-même les graines potageres dont il a besoin, & tenir un ordre exact des especes & de l'année. Cependant, comme il faut commencer une fois à se bien pourvoir, que d'ailleurs divers accidens font souvent manquer les graines, & qu'il faut les changer de tems à autre, on fera bien de s'adresser aux Marêchés qui les recueillent euxmêmes, & qui n'élevent que de bonnes especes. Si l'on a des connoissances dans le Nord, ou dans les Pays-Bas, on s'en servira pour avoir particuliérement de la graine de toutes les racines & gros légumes : n'y ayant peut-être aucun pays qui en produise d'aussi beaux.

Une considération importante relativement aux graines est que, les plantes qui sont à-peu-près de même genre se fécondant les unes les autres, il en résulte des métifs : ensorte que l'on voit quelquefois une plante tenir en même tems du radis gris, du radis blanc, & de la rave rouge. Il en est de même des betes ; blanches & rouges ; des carottes de différentes couleurs ; *&c.* Ainsi quand on veut recueillir des graines, il faut avoir soin que les plantes qui doivent les produire, soient bien loin des autres du même genre : sinon n'acheter les graines que des Jardiniers qui cultivent en grande quantité une même espece de légume.

Hâter la germination des Graines. Voyez GERMINATION.

Nous parlons de la *Maniere de Semer les diverses Graines*, dans chaque article de plante.

Conserver les Graines.

On les étend dans un grenier, ou autre lieu sec ; où l'on a soin de les visiter & remuer, comme on fait à l'égard du bled. On peut encore les enfermer dans des sachets que l'on suspendra au plancher dans un lieu sec, frais, & aëré.

Pour ce qui est des fruits, comme le gland, le marron d'inde, la châtaigne, la faine, la noisette, l'amande : on les conserve par lits dans des mannequins avec du sable sec ; & on tient ces mannequins durant l'hiver dans un lieu sec & médiocrement chaud. On doit visiter de tems à autre ces fruits qu'on a déposés dans le sable : parce que s'ils se desséchoient dans le mois de Janvier au lieu de germer, il faudroit répandre un peu d'eau sur le sable ; & au contraire, si le germe poussoit alors de longues radicules, & que les vraies racines commençassent à paroître, il faudroit se préparer à mettre les fruits en terre dès le mois de Février.

Lorsqu'on veut les conserver pour d'autres usages que pour semer, on peut en dessécher le germe par le moyen des étuves. *Voyez* COCHON, p. 646, col. 2. *Conserver le* FRUIT. Consultez aussi un petit livre publié par M. Duhamel du Monceau, sous le titre de *Avis pour le transport par mer des Arbres, Plantes vivaces, Semences*, &c ; deuxieme Edition de Paris 1753 : où ce grand Maître instruit de la maniere dont on doit recueillir, conserver, transporter les semences ; & gouverner, à leur arrivée, celles qui sont envoyées de loin.

En hiver, les graines de quelques plantes, étant macérées, puis pilées, peuvent être substituées pour la Médecine, aux sucs exprimés des plantes mêmes encore fraîches. Consultez ce qui est indiqué *Pour faire sortir l'*ARRIERE-FAIX. PAVOT.

GRAINE *d'Avignon.* Voyez NERPRUN.

GRAINE *de Canarie* ; ou GRAINE *d'Espagne* : aussi nommée *Alpiste*, & quelquefois *Alpice* : en Anglois *Alpiste*, & *Alpia.* Plante connue en Latin sous les noms de *Phalaris vulgaris*, *Phalaris major*, &c ; & de *Gramen spicatum, semine Miliaceo.* Ses chalumeaux s'élevent à la hauteur d'environ un pied & demi ou deux pieds : ils sont noueux, doux & menus. A leur sommet naissent des panicules, ou épis, gros, courts, en cone tronqué ; composés de fleurs graminées ; dont les balles, dépourvues d'arrêtes, semblent vuides de graine : où cependant sont renfermées des semences oblongues, luisantes, tantôt d'un jaune pâle, tantôt grises, brunes, ou noirâtres.

Cette plante, originaire des Canaries, & cultivée en Espagne, en Italie, à Malthe, & dans nos Provinces Méridionales ; réussit encore dans les Pays-Bas & en Angleterre : selon Pena & De Lobel. On la cultive aussi près de Senlis & de Pont, en Picardie ; en Normandie ; & à Aubervilliers près Paris. Sa culture est la même que celle du millet : une terre sabloneuse & chaude lui convient très-bien.

Usages. La graine de cette plante anime beaucoup les serins à chanter. Elle les engraisse. On leur en donne dans le tems de la mue, pour les échauffer.

Dans des années de disette, on en fait du pain. Cette graine a un peu la saveur du Millet.

En Médecine, on l'emploie comme apéritive, en poudre ou en décoction, pour la pierre des reins & de la vessie. D'autres, la prennent dans du vin, ou dans de l'oxymel. On la regarde comme utile pour toutes les affections de la vessie. Quelques-uns, à même intention, pilent toute la plante, & en boivent le suc dans du vin ou de l'eau.

GRAINE *d'Ecarlate* ; en Latin *Chermes*, ou *Kermes.* Excroissance que l'on trouve sur un chêne verd de petite espece, dont les feuilles sont épineuses tout à l'entour, comme celles du houx, mais beaucoup plus petites, fort luisantes, & d'un très-beau verd. Ses glands sont ronds, applatis, fort gros ; & leur cupule, couverte extérieurement de petites écailles terminées par des pointes rouges qui font un joli effet. C'est le *Ilex aculeata Cocciglandifera* J. B. Cet arbrisseau croît dans l'Arménie, dans la Cilicie, en Pologne, en Bohême, & sur toutes les montagnes du Languedoc, de la Provence, de l'Italie & de l'Espagne. Sa culture est la même que celle des autres Yeuses : à l'exception qu'il est plus délicat. On trouve dans les *Transactions Philosophiques*, an. 1668, n. 44. une méthode particuliere de le *greffer* ; attendu que les autres méthodes réussissent difficilement sur cet arbre. Celle-ci consiste à découvrir quelques racines en automne, les lever hors de terre à la hauteur d'un pied, & les arrêter à une distance convenable de l'arbre : ensuite garnir de bonne terre tout le chevelu ; & arroser ces racines jusqu'à ce qu'elles aient bien repris, & que la partie qui sera demeurée exposée à l'air se soit revêtue d'une écorce semblable à celle de l'arbre. Ce changement doit arriver avant la saison de greffer. Alors on greffe en écusson sur ces parties des racines, à la maniere ordinaire : & pour garantir la greffe contre les pluies, on la couvre de cire molle avec les autres précautions usitées en pareil cas.

Usages. Cet arbrisseau n'est gueres propre qu'à faire de petits buissons, très-jolis. Il convient dans les bosquets d'hiver.

Ses feuilles sont astringentes, dessicatives, & ameres.

En Provence, en Languedoc, en Espagne, & en Portugal, on trouve certains insectes qu'on peut comparer aux punaises des orangers ; lesquels s'attachent aux petites branches de cet arbrisseau : & comme ils y trouvent ce qui est nécessaire pour leur nourriture, ils restent toute leur vie à l'endroit où ils se sont attachés ; ils y grossissent, & forment une petite boule d'un beau rouge, grosse comme un pois, laquelle ressemble moins à un insecte qu'à ces productions qu'on nomme des Gales. Aussi M. De Reaumur les a-t-il nommés *Gale-Insectes.* Quand la gale-insecte est parvenue à sa grosseur, & pour ainsi dire à sa maturité, elle est d'un très-beau rouge, couvert d'une espece de fleur blanche comme le sont les prunes. Alors les paysans la détachent de l'arbre pour la vendre fraîche aux Apoticaires, qui en tirent le suc pour faire le sirop de Kermès : ou bien ils la font sécher, après l'avoir tenue quelque tems dans du vinaigre pour faire périr les vers qui venant à éclore ne manqueroient pas d'altérer la graine d'écarlate ou le kermès, qu'on nomme aussi *Coccus infectoria.* On emploie en Médecine cette poudre & le sirop, pour fortifier l'estomac & réparer les forces. Voyez *Confection d'*ALKERMES. Cette même poudre, avalée avec de l'encens mâle, dans un œuf frais, empêche les femmes enceintes de se blesser. Etant pilée, & mêlée avec du vinaigre, on la met sur les blessures avec succès.

Les Teinturiers développent la couleur du kermès par la dissolution d'étaim, pour faire de belle écarlate. Mais on se sert plus ordinairement de la cochenille.

Consultez l'article Teindre la PAILLE; & le mot TACHE.

GRAINE *de Girofle*. Voyez BOIS D'INDE, p. 349.

GRAINE *Orientale*. Voyez COQUE DU LEVANT.

Ratafia des sept GRAINES. Voyez sous le mot RATAFIA.

GRAINE DE RAISIN : *Maladie*. Voyez *Taches Rouges*, &c. entre les maladies du CHEVAL, p. 583.

GRAINE *de Vers à Soie*. On nomme ainsi les œufs de ces Vers. Voyez l'article VERS *à soie*.

GRAINER. Monter en graine; faire de la graine.

Les Jardiniers ont souvent le déplaisir de voir que certaines plantes montent trop tôt en graine; par exemple, les laitues pommées, la chicorée, *&c* : ce qui arrive surtout quand le terroir n'est pas bon, ou lorsqu'il n'est pas amplement arrosé dans les grandes chaleurs. Ainsi on peut dire que certaines plantes grainent de pauvreté. On a aussi le désagrément que certaines plantes ne grainent pas comme on voudroit; par exemple les œillets, les chou-fleurs : dans les terroirs froids & humides, le basilic & le persil de Macédoine ne grainent point, ou plutôt le font si tard, que leur graine ne sçauroit mûrir.

GRAINETIER. Marchand des grosses graines; sçavoir, aveine, bled, pois, feves, lentilles, vesce, orge, *&c*.

GRAINIER. Marchand de graines, tant de de plantes potageres que de fleurs.

GRAIRIE. *Voyez* GRURIE.

GRAIS ou GREZ. Espece de roche, formée par la combinaison & l'assemblage de plusieurs grains de sable ou sablon. Il y a du grais dur, qui sert pour paver; & du tendre, pour bâtir. On emploie ce dernier par gros quartiers : qu'il faut hacher dans les joints pour liaisonner. Le mortier fait avec de la poudre de grais, n'est d'aucune valeur, ni de bon usage : aussi est-il défendu de l'employer; de même que de mêler des quartiers de grais avec de la maçonnerie de moilon. Mais les gros quartiers ou carreaux de grais peuvent former des édifices solides. Pour cela, on emploie le grais, piqué & rustique : sans quoi il glisseroit. Lorsque le mortier de grais se desséche & se réduit en poudre, par le laps de tems; les bâtimens sont sujets à crouler, & se démolir d'eux-mêmes.

Le grais est propre à aiguiser les outils de fer ou d'acier. Sa poudre sert à écurer.

Consultez la *Minéralogie* de M. Guettard; & ce qui en a été inséré dans le *Journal Œconomique*, Juin 1752, p. 117, *&c*, & Août, p. 52 & suivantes.

Vaisseaux de grais, fêlés. Consultez l'article DISTILLATION, p. 802-3.

Il est fâcheux que les Piqueurs de grais meurent presque tous de la poitrine.

GRAISSE. Substance onctueuse, épaissie, qui se sépare du sang.

Il y a des graisses dures, qui étant fondues donnent de bon suif. D'autres sont molles; & font ce qu'on nomme *Petit suif*. La graisse est plus ou moins ferme suivant l'espece d'animal qui la fournit, le lieu où elle se trouve, & la nourriture qu'a eue l'animal. *Consultez* l'article CHANDELLE.

La graisse, excepté celle qui existe dans la cavité des os, est contenue dans une membrane tissue de plusieurs cellules, fort adhérante à la peau, qu'elle accompagne dans toute son étendue, se répand ensuite dans les interstices des muscles, & pénetre dans toutes les circonvolutions des visceres. Elle peut rentrer dans la masse du sang. On est encore incertain si elle est alors capable de le réparer dans le tems d'une trop longue abstinence. Consultez le *Journal Œconomique*, Mars 1763, p. 128. Mais tout le monde convient que cette huile entretient la souplesse nécessaire pour l'action des muscles; & empêche que le corps ne sente trop vivement l'impression du froid, qui est toujours plus sensible pour les personnes maigres. Un des principaux usages de cette même huile, est de soulever la peau, & lui donner une forme agréable en remplissant les intervalles que les muscles laissent entr'eux. Si elle est trop abondante, elle constitue l'excès d'embonpoint. Le défaut de graisse fait la maigreur.

Voyez GRAS.

Quand au *Choix* qu'on doit faire *de la graisse, & du suif* : ils doivent être recens & non rances; purs & nets de toutes ordures; non salés, s'il est possible, parce que le sel détruit leur humidité naturelle, & les rend plus âcres. C'est ce qu'on doit observer particuliérement dans les graisses anodynes & émollientes, qui doivent être humides, & de couleur blanche; la jaune étant une marque de vieillesse. Enfin l'un & l'autre doivent être pris d'un animal bien sain, & qui ne soit pas mort de maladie.

Le tems le plus propre pour tirer des animaux, les graisses & le suif qu'on veut fondre pour les garder, est celui auquel les animaux en sont le plus chargés; sçavoir en automne. Mais avant de les fondre, il faut les laver plusieurs fois dans l'eau froide; puis ayant jetté les pellicules & les fibres, les fondre à petit feu, & les serrer pour le besoin dans des pots de terre, en un lieu sec & froid.

Les graisses sont remplies d'un sel volatil acide. En brûlant, elles exhalent une fumée très-nuisible : dont Bekker attribue principalement le mauvais effet à une substance mercurielle, qu'il dit y être contenue.

Presque toutes les choses trop grasses portent préjudice à la santé. Elles relâchent considérablement l'estomac; & en désunissent les forces, qui ne sçauroient être trop réunies : elles empêchent la digestion des autres alimens. Elles envoient aussi au cerveau quantité de fumées qui causent des especes de vertiges, des toux, des asthmes, & d'autres affections de la poitrine. Consultez l'article *Parties des* ANIMAUX *considérées comme alimens*, p. 124.

Graisses usitées en Médecine, &c.

Graisse d'Anguille. Voyez ANGUILLE.

Graisse d'Ane. Voyez ANE.

Graisse ou Suif *de Bouc* & *Chevre*. Voyez sous les mots BOUC, CHEVRE.

Graisse d'Homme. En Médecine, on se sert de la graisse d'homme. Cette graisse, ainsi que notre moëlle, a la propriété d'effacer les cicatrices. Cette même graisse est raréfiante & anodyne : appliquée sur les jointures, elle fortifie les nerfs. *Voyez* AXONGE.

Graisse de Mouton & de Brebis. Consultez l'article BREBIS.

Graisse de pied de Bœuf. Voyez BŒUF, p. 344.

Graisse de Porc. Voyez COCHON. SAINDOUX. LARD. AXONGE.

Graisse de Poule. Cette graisse tient le milieu entre celles de porc & d'oie. Toute fraîche & sans sel, elle est fort utile aux maladies de la matrice, aux gersures des lévres, douleurs d'oreilles, & aux douleurs qui sont causées par de petites pustules qui viennent au bout des mammelles.

Ecrire sur un endroit où il y a eu de la Graisse. Consultez l'article ÉCRIRE.

GRAISSE *pour les Robinets.* Il faut que cette graisse ait de la consistance, afin qu'elle ne coule pas trop. C'est pourquoi prenez deux parties d'huile de lin, ou d'olives, & une partie de minium; mêlez-les ensemble, & les faites cuire en consistance d'onguent.

GRAISSER *les Machines.* Il est absolument nécessaire de graisser les grandes machines, telles que sont les roues des moulins, des carrosses, chariots & charrettes; les vis de pressoirs; *&c:* si on le négligeoit, il arriveroit que l'essieu (par exemple) venant à frotter contre le dedans du moyeu de la roue, il en enleveroit peu-à-peu grand nombre de parties; particuliérement en tems de pluies, où le moyeu se gonflant, approcheroit l'essieu de plus près, & ensuite venant à se resserrer pendant la chaleur, son diametre ne se trouveroit plus rempli par l'essieu, & le mouvement de la voiture deviendroit plus irrégulier & plus difficile. Cette difficulté subsisteroit même en tout autre tems, & le bois seroit bientôt usé par le frottement.

Quoique l'huile & la graisse ne paroissent pas convenir aux *petites machines*, telles que les montres de poche, parce que quand elles s'épaississent, elles en rendent le mouvement plus lent; cependant il ne faut pas manquer de les faire nettoyer, & y faire mettre tant soit peu d'huile: parce que sans cela le mouvement n'en seroit pas si régulier, & les trous s'agrandiroient considérablement; ce qui feroit varier les roues, & rendroit inégal le mouvement du balancier. Les seules petites machines qu'on pourroit se dispenser d'huiler, sont celles qui n'ont que fort peu de mouvement, ou qui ne sont pas d'un fréquent usage.

Pour graisser un mouvement de bois, il suffit de le frotter avec du savon.

On graisse les essieux des grandes machines, & ceux des voitures, avec de l'*oing:* c'est-à-dire la graisse qu'on ramasse autour des intestins du cochon. Quand on l'a laissé un peu pourrir, elle devient plus coulante; puis on la pile: & elle prend le nom de *Vieux Oing.*

Dans quelques provinces on graisse les roues avec du Goudron.

GRAMEN. Nom générique Latin, adopté en François; synonyme de *Chien-Dent*, ou *Dent-de-Chien;* & que les Anglois rendent en leur langue par le mot *Grass.*

De *Gramen* on a fait le mot GRAMINÉE, pour désigner la famille des plantes qui appartiennent au caractere général des Gramens proprement dits. Cette famille comprend le Froment, le Seigle, l'Orge, le Riz, l'Aveine, le Millet, le Panic, le Chien-Dent, le Typha, le Sparganium, le Bled de Turquie, la Larme de Job; *&c:* tous genres distincts; mais qui se réunissent sous le CARACTERE COMMUN, d'avoir 1°. les feuilles simples, alternes, entieres, plus ou moins étroites & allongées, dont la base forme autour de la tige une espece de gaîne: leurs nervures sont toutes paralleles & longitudinales: & ces feuilles, avant de se développer, sont roulées en dedans en forme de cornet sur un seul côté, & pointent droit vers le ciel. 2°. Les fleurs sont des especes d'écailles, qui accompagnent constamment l'ovaire ou embryon jusqu'à sa maturité. Le nombre & la situation des étamines varient: mais M. Adanson reconnoît que les Anteres (ou Sommets) » sont longues, » parallélipipediques, à deux loges, fendues aux deux » extrêmités, attachées légérement aux filets, par » la fente inférieure, pendantes; & qu'elles s'ou» vrent longitudinalement par les côtés. La Pous» siere séminale est composée de globules luisans, » très-petits. 3°. Les semences de ces plantes sont farineuses, & contiennent un mucilage. 4°. Pour ce qui est des filets qu'on observe sur ces plantes, voyez le Tome I. des *Observations* de M. Guettard *sur les Plantes*, Ordres VII. & VIII. & particuliérement encore la p. 170.

Les Auteurs varient sur la distribution de cette famille très-étendue. Cette partie de la Botanique a occupé Théophraste, Lib. I. *Hist. Plant.* C. IX: qui a distingué les racines nombreuses égales entr'elles, celles dont une seule considérable est accompagnée de fibrilles, & celles qui sont composées de deux fortes racines. M. Linnæus, ne s'attachant qu'au nombre des étamines, & au sexe, a confondu les divers genres de graminées avec les autres plantes hermaphrodites qui ont trois étamines, ou avec celles qui portent des fleurs mâles & de femelles sur un même individu. » M. Adanson » trouve dans la gaîne de leurs feuilles un moyen » très-facile & très-naturel de les diviser: sçavoir, » en gaînes entieres, gaînes fendues & couronnées » d'une membrane, celles où cette couronne est ac» compagnée de crochets, les gaînes couronnées de » poils; enfin celles dont le collet est nud. Néanmoins, pour ne pas s'écarter absolument de l'usage actuel qui s'attache surtout à considérer les organes de la reproduction, cet Académicien a jugé à propos de séparer les graminées en Alpistes, Aveines, Poa, Paniz, Fromens, Riz, Sorgo, Mays, & Souchets; & de rapporter toutes les soudivisions à l'un ou l'autre de ces neuf genres. Dans M. Tournefort, les graminées sont réunies en deux sections: la premiere comprend les herbes dépourvues de pétales; dont les unes sont appellées en Latin *Cereales*, & les autres ont de l'affinité avec celles-ci: le caractere de la deuxieme est de n'avoir point de pétales, mais du reste les fleurs ramassées en tête écailleuse; ce qui amene le Ricin à côté de la Larme de Job, du Mays, *&c.* Le détail des distributions, que beaucoup d'autres Botanistes se sont rendues propres, nous éloigneroit du but que nous envisageons toujours dans cet Ouvrage; l'utilité, ou l'agrément des Cultivateurs. C'est pourquoi nous allons nous borner à l'énumération des especes qui ont l'un ou l'autre avantage.

On pourra consulter M. Tournefort *Inst. R. Herb.* Cl. XV. Gen. VIII. & autres; les *Familles des Plantes*, de M. Adanson; *Historia Plantarum..... ex ore Herm. Boerhaave*, au titre de *Monocotyledones apetalæ;* les *Observations* de M. Guettard, que nous avons indiquées ci-dessus; *Bibliotheca Botanica* J. Ant. Bumaldi, qui rapporte les especes individuelles de Gramen, dont la plupart des Auteurs avoient fait mention jusques vers le milieu du dix-septieme siecle; l'Ouvrage de M. Jos. Monti, intitulé » Catalogi stirpium agri Bononiensis prodromus, Gra» mina ac hujusmodi affinia complectens, in quo » ipsorum etymologiæ, notæ characteristicæ, pecu» liares usus medici, synonyma selectiora, summa» tim exhibentur; ac insuper propriis observationi» bus exoticisque graminibus eadem dispersa locu» pletantur «: Bononiæ 1719, *in-4°.* avec quelques figures. M. *Petiver* a donné en 1715, *in-fol.* les figures & noms de beaucoup de Gramens. En 1703, on publia à Londres *in*-8°. une nouvelle édition du *Methodus plantarum nova*, de Ray; avec un Traité particulier ayant pour titre *Methodus Graminum, juncorum & cyperorum specialis*. Le Sçavant Anglois range les Gramens sous treize divisions: » Gramen Triticeum, » Secalinum; Loliaceum; Paniceum; Phalaroïdes; » Alopecuroïdes; Typhinum; Echinatum; Cristatum; Avenaceum; Dactylon; Arundinaceum; » Miliaceum. « On trouve dans Barrelier des observations sur cent neuf especes de Graminées: la plupart accompagnées de figures. L'*Agrostographia* de Scheuchzer, imprimée à Zurich en 1719, *in*-4°. est très-étendue sur cette famille de plantes. M. Vaillant, dans son *Botanicon Parisiense*, la divise en Gramen » Loliaceum; Triticeum; Secalinum; Phalaroïdes; Typhoïdes; Spicâ simplici singulari & » sui generis; Dactylum; Miliaceum; Locustis simplicibus & aristatis; Paniculatum, locustis squamosis non aristatis; Locustis squamosis aristatis: ce qui forme onze classes.

Nous croyons devoir ne suivre dans cet article l'ordre d'aucune méthode particuliere; & qu'il suffit de faire une énumération relative à notre objet.

Especes.

1. *Gramen Loliaceum, radice repente; sive Gramen Officinarum* Tourn. Inst. R. Herb. L'Un des *Chiendents usités en Médecine*. Sa racine est noueuse, rampe fort loin, & pullule beaucoup. Les feuilles sont assez larges, velues; la tige, haute, cylindrique, cannelée; terminée par un épi serré, plus ou moins considérable, composé de paquets à-peu-près coniques, alternes. On trouve principalement cette plante dans les terreins sabloneux. Les Anglois l'appellent *Couch, Couch-grass, Quick-grass, Dog-grass*. Voyez la quatrieme *Herbor.* de M. Tournefort, Tom. II. p. 53.

Il y en a une variété dont les balles sont terminées par de longues arrêtes ou barbes.

2. *Gramen Dactylon, radice repente, sive Officinarum* Tourn. Inst. R. Herb. Autre *Chiendent d'usage en Médecine*, & très-commun dans les sables. On le nomme encore *Pied de Coq*, & *Pied de Poule*; en Anglois *Cocksfoot*; à cause de ses épis en forme de doigts. Sa racine, noueuse & traçante, jette sur sa route des paquets de feuilles courtes & étroites, dont la gaîne est applatie par les côtés & couronnée de poils courts. Chaque tige est terminée par quatre ou cinq digitations, qui sont autant d'épis, sur chacun desquels sont deux rangées de semences, quoiqu'il semble d'abord que l'on n'y en apperçoive qu'une. Les semences sont en fer de pique, & engagées latéralement entre deux ou trois balles disposées en cornes, & sans arrêtes. Voyez les *Observ.* de M. Guettard, T. I. p. 165-6; le *Botanicon Paris.* in-fol. n. 33: & la sixieme *Herbor.* de M. Tournefort, T. II. p. 381-2.

3. *Gramen Dactylon folio latiore* C. B: que l'Histoire des Plantes de Lyon dit être l'espece que Matthiole (L. IV. Ch. XXVIII.) nomme GRAMEN *de Manne*. Ce Gramen a des racines fibreuses; porte une tige haute & branchue; qui épie dès le commencement d'Août. Ses épis sont en digitations, au nombre de cinq ou six: les sommets de leurs étamines sont pourpre-violets. Les bords des balles, des arrêtes, & des feuilles de la plante, sont dentelés: cette dentelure est particuliérement sensible au haut de la gaîne, où l'on voit une membrane courte & ciliée. Les tiges ou péduncules sont cylindriques. La graine est blanche, menue & arrondie.

Consultez le *Botanicon Parif.* nn. 35 & 36; les *Observ.* de M. Guettard, T. I. p. 159; & la cinquieme *Herbor.* de M. Tournefort.

4. *Gramen pratense paniculatum, majus, latiore folio; Poa* (Πόα) *Theophrasti* C. B. C'est un des plus communs & des meilleurs Chiendents que l'on trouve dans les prés. Sa racine est fibreuse. Les feuilles sont dures: leur bord est un peu rude, quand on les coule de haut en bas entre les doigts. Les chalumeaux sont durs, droits, cylindriques, un peu applatis; terminés par plusieurs épis ou panicules formés de paquets applatis, tantôt verdâtres, tantôt d'un brun purpurin; placés sur un seul côté de longs & menus filets, qui rendent l'épi comme branchu. Les balles ou écailles n'ont point d'arrêtes. Les semences sont grisâtres, & peuvent avoir une ligne de long. Ce Gramen conserve sa verdure pendant presque toute l'année. Voyez la deuxieme *Herbor.* de M. Tournefort.

5. *Gramen pratense paniculatum, majus, angustiore folio* C. B. Ses paquets sont beaucoup moins gros & larges, plus allongés; & les épis très-épars, considérablement plus longs que dans l'espece précédente, & comme miliacés. Ses bales sont aussi sans arrêtes. Consultez les *Observ.* de M. Guettard, T. I. p. 169 & 170; & l'*Histoire des Insect.* de M. Geoffroy, T. II. p. 303, *n.* 19, & p. 293; par rapport aux especes de coques que des insectes forment quelquefois autour des tiges.

6. *Gramen avenaceum pratense elatius, paniculâ flavescente, locustis parvis* Raij. Celui-ci forme un panicule comme celui de l'aveine, composé de balles jaunes, & terminées par des arrêtes. Il est vivace; & commun dans les prés. Voyez M. Tournefort, *Herbor.* VI. Il y a des endroits où on donne à cette plante le nom de *Fromental*. Voyez ci-dessous *n.* 31.

7. *Gramen tremulum maximum* C. B. Les *Amourettes*: en Anglois *Cowquakes*. Cette grande espece est plus commune dans nos Provinces Méridionales que dans le reste de la France. Elle est annuelle: & produit quantité de feuilles larges & velues; d'entre lesquelles sortent des especes de tiges fermes, menues, hautes d'un à deux pieds. Leur extrêmité forme un panicule lâche & considérable, composé de petits épis, dont chacun est garni d'environ dix-sept fleurs auxquelles succédent autant de semences contenues dans de grosses balles écailleuses, non dentelées, sans arrêtes, tantôt blanches, tantôt d'un brun doré: & comme ces épis ont de longs filets très-minces, le moindre vent les agite, ensorte qu'ils paroissent toujours remuer. Les semences sont taillées comme en cœur.

Nous avons dans presque tous nos prés une espece vivace, dont les épis de fleurs sont plus petits; nommée par G. Bauhin *Gramen tremulum majus*. Ses péduncules se soutiennent. *Voyez* la seizieme Planche de Barrelier: & la deuxieme *Herbor.* de M. Tournefort.

8. On appelle encore *Amourettes*, ou *Gramen Amoris*; le *Gramen paniculis elegantissimis, sive Eragrostis majus* C. B. Son panicule est joli, applati, argentin: chaque paquet est oblong; composé de balles écailleuses: sans arrêtes, qui renferment de très-petites semences sphériques, dont la couleur est rousse-brune. Le haut de la gaîne des feuilles est couronné d'un toupet de poils. *Consultez* la 744e. *Planche* de Barrelier: & M. Tournefort, *Herbor.* VI.

9. M. Garidel parle d'un Gramen très-abondant dans toutes les prairies & jardins des environs d'Aix, nommé *Estranglo-besti* par les paysans (vraisemblablement à cause de quelque qualité malfaisante). Ce Botaniste l'appelle *Gramen hordeaceum maritimum, spicâ breviore & tenuiore*: d'après M. Tournefort,

fort ; qui peut-être n'avoit pas cette plante quand il publia ses *Inst. R. Herb.*

10. *Gramen dactylon scoparium* C. B. Son épi est digité.

11. *Gramen spicatum, durioribus & crassioribus locustis spicâ longissimâ* Inst. R. Herb. M. Vaillant en a donné la figure dans la dix-septieme *Planche* du *Botanicon Parisiense.* Cette plante produit beaucoup de longs épis, fermes, & dont les arrêtes sont fort roides.

12. *Gramen spicatum, durioribus & crassioribus locustis, spicâ brevi.* Inst. R. Herb. L'*Ægilops* de Dodonée. Espece qui differe de la précédente par ses épis très-courts. En Provence on la nomme *Blat de Couguou* (Bled de Cocu).

13. *Gramen spicatum, quod Spartum Plinii.* Inst. R. Herb. L'*Auso* des Provençaux. Espece de *Sparte*, dont la tige est fine.

M. Adanson, qui nomme cette plante *Linosparton*, fait observer que la fleur n'a qu'une balle, qui s'ouvre en deux, & » dont le tube est partagé en deux » loges, chacune desquelles contient une fleur ou » corolle hermaphrodite. Consultez la sixieme *Herb.* de M. Tournefort, T. II. p. 387.

14. *Gramen quod Spartum spicatum pungens, Oceanicum* J. B. Il a de très-longues feuilles, striées, rudes à leur partie supérieure, roulées en cone, dont la pointe est dure. Elles sont d'un verd glauque. D'entre elles sort un gros épi : qui est un amas de fleurs simples ; dont les balles sont longues & argentées. Ce chiendent trace beaucoup. On l'emploie en plusieurs endroits pour arrêter les sables : c'est ce qui l'a rendu très-commun en Basse-Normandie, en Languedoc, & en Hollande.

15. *Gramen quod festuca Avenacea sterilis elatior* C. B. Plante annuelle, velue, & dont les épis pendans font un panicule composé de locustes écailleuses, ovales, allongées, terminées par des arrêtes fort longues. Les Anciens l'ont appellée *Bromos*, dénomination Grecque commune à toute Aveine, & qui semble avoir du rapport au bruit que font ces locustes faciles à être agitées du vent. On la trouve nommée en François, dans le *Botanic. Paris.* n. 76. *Averon* & *Haveron* : mais il faut la distinguer d'une véritable Aveine appellée de même, qui est celle dont nous avons parlé au *n.* 1. de l'article AVEINE. *Voyez* M. Tournefort *Herb.* II. T. I. p. 258.

16. *Gramen spicatum, glumis cristatis.* Inst. Belle espece vivace, que l'on trouve dans les prairies. Elle est toujours assez basse. Ses chalumeaux sont lisses ; terminés par un épi simple, bleuâtre, dont les balles qui enveloppent les fleurs sont joliment échancrées à leur partie extérieure. Consultez la deuxieme *Herb.* de M. Tournefort, où cette plante est nommée *Gramen pratense cristatum*, &c.

17. *Gramen montanum, paniculâ spadiceâ delicatiore* C. B. On le trouve en été autour de Paris dans les champs, sur des endroits élevés, & même dans des prairies. La plante demeure toujours assez près de terre. Son épi est un beau panicule comme celui de l'aveine, mais extrêmement fin, très-épars, & branchu : ses locustes sont simples, à deux balles de couleur brune dorée. Avant que la fleur se développe, l'embryon est enfermé dans une balle dont l'arrête est coudée & fort menue : puis la fleur étant en état, on y apperçoit trois étamines surmontées de sommets blanchâtres ; & un style fourchu & frangé qui termine l'embryon. Les graines qui succédent sont très-menues. Consultez les *Observ.* de M. Guettard, T. I. p. 176-7.

18. *Gramen spicatum, folio aspero* C. B. Il vient dans les prés & dans les champs. Sa feuille, prise à rebours, est très-rude, ainsi que les nervures de la feuille : ce qui vient de leurs petites dents. Il s'éleve ordinairement haut : & porte beaucoup de gros panicules courts, rouges ou blancs, arrondis, détachés, & qui ont quelque rapport extérieur avec ceux du *Poa* (n. 4) : leurs locustes sont écailleuses & sans arrête. Au dessous de chaque écaille extérieure sont logées trois étamines, avec un embryon terminé par un styl fourchu & barbu. *Voyez* le troisieme *Cynosurus* dans les Observations de M. Guettard : & M. Tournefort *Herbor.* II.

19. *Gramen pratense, paniculatum, molle* C. B. Sa feuille mollette & très-douce, a donné lieu à Dalechamp de le nommer *Gramen Lanatum.* Il porte un gros panicule azuré, dont les locustes sont simples & à deux balles. Les étamines, au nombre de trois, ont des sommets jaunes. Les semences sont blanchâtres, luisantes, longues de presque une ligne, & pointues par les deux bouts. *Voyez* la quatrieme *Herbor.* de M. Tournefort.

20. *Gramen pratense paniculatum, minus, album* C. B. Petit chiendent annuel, toujours bas ; nommé *Poil de Chien*, parce qu'on ne peut suffire à l'arracher. Tantôt ses panicules sont blanchâtres ; & tantôt rouges : ils sont épars, branchus ; composés de petites locustes écailleuses, sans arrêtes. La racine est une grosse touffe de chevelu.

21. *Gramen nodosum, avenaceâ paniculâ* C. B. Le *Chiendent à Chapelet.* Il s'éleve assez haut. Sa racine est par nœuds, & représente un chapelet. Son panicule, semblable à celui de l'aveine, est formé de locustes simples qui ont des arrêtes. *Voyez* M. Tournefort, *Herb.* III. & VI.

22. *Gramen paniculatum, folio variegato* C. B. Ses feuilles sont rayées de blanc : ce qui l'a fait nommer *Chiendent Ruban.*

23. *Gramen Indicum aromaticum, paniculatum, utriculis villosis ; sive Schœnanthus Indiæ Orientalis.* La feuille de cette plante est large, & chargée d'une saveur piquante très-aromatique. La plante vient grande, & est commune dans l'Isle de Bourbon.

24. *Gramen Dactylon Ægyptiacum* C. B. Jolie plante ; dont le chalumeau est terminé par quatre épis qui se croisent à angles droits. D'où vient qu'on l'appelle *Gramen Crucis.*

25. *Gramen tremulum minus, paniculâ parvâ* C. B. Cette espece se trouve aux environs de Paris, & ailleurs. Elle est fort tendre. Son panicule, long d'environ quatre pouces, est très-garni de locustes à-peu-près sphériques, & sans arrêtes : en mûrissant il devient brillant, comme soyeux, & d'un jaune pâle. Je l'ai entendu nommer *Barbe à l'oiseau*, dans quelques Provinces.

26. *Gramen paniculatum aquaticum fluitans* Inst. R. Herb. Espece de *Gramen de Manne* : qui se trouve au bord des eaux. Sa tige est haute ; garnie de trois ou quatre feuilles. Au haut de leur gaine est une membrane très-fine, dégagée de tout ce qui l'environne, laquelle s'éleve droite à la hauteur de quelques lignes. La partie supérieure de la tige forme un long panicule composé de locustes allongées, écailleuses, sans arrêtes, & bordées de blanc argentin. La fleur paroît en Juin. Les étamines sont de couleur pourpre. Voyez la septieme *Planche* de Barrelier.

27. On trouve dans des ruisseaux le *Gramen paniculatum aquaticum Miliaceum* Inst. R. Herb. Plante basse, douce, assez fine, qui a une saveur agréable. Son panicule, long d'environ trois pouces, est roussâtre ; & composé de locustes écailleuses qui n'ont pas d'arrêtes.

28. *Gramen paniculatum autumnale, paniculâ angustiore ex viridi nigricante* Inst. R. Herb. On le trouve dans les prés, & dans les bois. Sa tige est haute, menue, sans nœuds ; terminée par un long

panicule étroit, sensiblement mêlé de verd & de pourpre foncé: cette derniere couleur est occasionnée par les sommets des étamines. Les locustes sont composées de trois ou quatre paquets, dont les balles ou écailles n'ont point d'arrête. La fleur est en état dans les mois de Juillet & Août. Il lui succede des semences noires, faites en olive, longues de presque une ligne, & difficiles à détacher de leurs balles.

29. *Gramen capillatum; paniculis rubentibus* C. B. Il vient parmi les grains, est annuel, s'éleve à la hauteur de deux ou trois pieds, touffe beaucoup; & produit un long & beau panicule fin, extrêmement garni, tantôt rouge, tantôt verdâtre: dont les locustes sont simples, & contiennent des semences très-menues. Consultez les *Observ.* de M. Guettard, T. I. p. 177.

30. *Gramen paniculatum, minimum, molle* Bot. Monsp. Cette plante vient dans les sables, s'éleve à la hauteur d'environ deux pieds, est annuelle, forme une touffe; & porte un panicule étroit, dont les locustes sont petites, simples, de couleur pourpre argentée, & garnies d'arrêtes assez douces. Consultez les *Observat.* de M. Guettard, Tome I. p. 172-3.

31. *Gramen avenaceum elatius, jubâ longâ splendente* Raij. Le *Fromental* du Lyonnois & des Provinces voisines; le *Faux Froment;* qu'on appelle aussi *Fromentée.* Il vient naturellement dans les champs, & dans les prés; sa racine est grosse & traçante; ses feuilles larges; son panicule comme celui de l'aveine, long, argentin: composé de locustes simples, chacune formée de dix pieces; sçavoir, d'abord deux petites balles opposées qui forment le calice, dans lequel sont contenues quatre fleurs. Chaque fleur est composée de deux balles plus longues que celles du calice. L'extérieur de chaque balle des fleurs est chargé d'une longue arrête. Chaque fleur contient un embryon surmonté de deux styls barbus; & trois étamines, à sommets purpurins. L'embryon, en mûrissant, devient une semence oblongue, enfermée dans les deux balles. *Voyez* les *nn.* 34 & 6.

32. *Gramen spicatum spicâ subrotundâ echinatâ* Inst. R. Herb. Cette espece est annuelle, & vient particuliérement dans les endroits aquatiques, des pays chauds. Ses tiges, menues, hautes de quatre à six pouces, sont garnies de feuilles presque jusques à la base de l'épi: qui est simple, à-peu-près en boule, formé de locustes à trois balles fermes, très-aiguës & écartées. C'est pourquoi on l'appelle *Chiendent*, ou *Gramen, Piquant:* & en Anglois *Hedge-hog Grass.* Voyez les Planches 28 & 863 de Barrelier.

33. Voyez GRAINE DE CANARIE. IVROIE. MORGELINE, *nn.* 17 & 18.

34. Le RAY-GRASS, RAYE-GRASS, ou REY-GRASS, est une espece de Gramen, dont on a beaucoup parlé depuis quelque tems dans nos livres, à l'imitation des Anglois. En France, on a pris fort communément pour le Ray-Grass le *Fromental* dont nous avons parlé sous le *n.* 31. On convient assez aujourd'hui que le vrai *Ray-Grass* est le *Gramen Loliaceum angustiore folio & spicâ* C. B: L'*Yvroie sauvage* ou *Phœnix* de Dalechamp: *Lolium spicâ muticâ* Linn. Spec. 83. Sa racine est composée d'un grand nombre de fibres blanches assez considérables. Ses feuilles sont tantôt longues tantôt courtes, un peu succulentes, d'un verd foncé. D'entr'elles s'élevent des chalumeaux qui ont plusieurs articulations vers leur base; & au sommet desquels est un épi long, applati, composé de petits paquets distans les uns des autres, sans arrêtes, terminés à-peu-près en pointe, larges d'environ une ligne & demie sur trois de longueur, qui y sont placés dans l'ordre alterne. On en distingue deux especes ou variétés: l'une ne porte qu'un petit nombre de tuyaux, assez courts, dont les articulations sont rougeâtres, & les épis teints de rouge; & ses feuilles sont fort étroites. L'autre est entiérement blanche, moins hâtive, peu garnie de feuilles; & ses tuyaux souvent nombreux s'élevent ordinairement à la hauteur d'un pied & demi. Au reste, toutes ces circonstances varient beaucoup; ensorte que le *Gramen loliaceum latifolium spicâ angustiore* C. B, & plusieurs autres qui l'accompagnent dans M. Tournefort, peuvent bien n'être que des variétés d'une même espece: & dans les endroits où celles de ces plantes qui sont teintes de rouge se sont trouvé plus communes, on leur aura donné indistinctement la dénomination de *Lolium Rubrum*, que l'on trouve dans Gérard; celle de *Phœnix*, que lui ont donnée divers anciens & modernes; enfin en Anglois *Red Darnel-grass* (Ivroie Rouge) & par corruption *Rey* ou *Ray-Grass*, de même que quelques Hollandois ont appellé la garance *Ray* (& même *Raye*, comme quelques-uns écrivent *Raye-Grass*) *de Chaye*, c'est-à-dire rouge pour la teinture.

De Lobel, & nombre d'Auteurs modernes, tant en France qu'en Angleterre, confondent le *Ray-Grass* avec d'autres plantes qui ressemblant au Seigle par leur épi, sont nommées *Rye-Grass* en Anglois. Selon M. Ray, le Rye-Grass proprement dit, est la plante appellée, par M. Tournefort *Gramen spicatum Secalinum vulgare;* dans Gérard, *Gramen Secalinum & Secale silvestre* Johnsonii; *Hordeum spurium vulgare* Parkinsonii; *Hordeum murinum* J. B. *Gramen hordeaceum minus & vulgare* C. B. L'illustre Botaniste Anglois observe mal à propos que l'épi approche plus du seigle que de l'orge.

Ce savant distingue encore un autre *Rye-Grass;* qui est le *Gramen Secalinum* Ger. emac.; *Gramen Secalinum majus an minus* Parkinsonii: *Gramen spicatum Secalinum minus* Inst. R. Herb. représenté dans le *Botanicon Parisiense*, Tab. 17. M. Miller, après avoir nommé *Ray-Grass* & *Rye-Grass* le Gramen Loliaceum décrit ci-dessus, appelle *Grand* RYE-GRASS *des prés*, ce Gramen Secalinum. Selon Ray, c'est une plante » assez garnie de feuilles: » les chalumeaux en sont longs & menus; les barbes » de l'épi, purpurines: & ses fleurs petites, allon» gées, & jaunes. L'épi & ses barbes sont plus courts » que dans la plante précédente: elle vient dans les » prés; & l'autre se trouve le long des murailles » dans les endroits arides, & sur les chemins. «

Usages.

Les racines des *nn.* 1 & 2 sont employées dans les tisanes pour laver le sang, faire couler les urines, & rafraîchir. Celle du *n.* 2 est particuliérement usitée dans les pays chauds, parce qu'elle y est plus commune. Il paroît aussi qu'elle a une saveur plus sucrée.

Boerhaave faisoit grand cas du suc exprimé des tiges & feuilles du *n.* 1: il indiquoit volontiers ce remede dans les maladies qui paroissoient dépendre d'obstructions dans les conduits de la bile. M. Bianchi a aussi remarqué que l'on trouve communément le foie des bœufs garni de skirrhes en hiver; ce qui est très-rare dans la saison où ils peuvent brouter cette plante.

On attribue à la semence du *n.* 3 les mêmes propriétés qu'au riz. Elle est légerement astringente. Selon Matthiole, il y a beaucoup d'Allemands, qui, après l'avoir mondée de ses balles dans un mortier, la font cuire dans du bouillon de viande: comme nous nous servons du riz. Comme ils trouvent ce mets délicieux, ils donnent à la plante un nom qui revient à celui de *Manne-Céleste :* selon De Lobel *Stirp. Adv. Nova*, p. 4 & 5.

Les racines du *n.* 10 servent à faire des especes de Brosses. M. Garidel (*Hist. des Plantes d'Aix*) dit avoir observé que les racines du *n.* 3 acquierent par succession de tems la dureté qui rend les autres propres à cet usage.

Le *n.* 12 a été autrefois une de ces plantes Officinales à qui on donnoit le nom Grec d'*Ægilops ;* parce qu'on leur attribuoit une vertu particuliere pour guérir des absçès du même nom, qui se formoient entre le nez & le grand angle de l'œil, dans l'homme comme dans la chévre. Pour cela on battoit la graine avec de l'eau dans un mortier de cuivre ; & on en appliquoit sur le mal.

Les feuilles des *n.* 13 & 14 sont très-douces, & se tordent aisément sans casser. C'est pourquoi l'on en fait des cordages, cordes, nattes, & autres ustensiles de ménage. Voyez l'*Histoire des Plantes des environs d'Aix*, p. 219, & ce que nous avons dit en décrivant le *n.* 14.

Le *n.* 15 est appellé stérile, quoiqu'il porte de la graine : mais parce que cette graine ne peut pas fournir de la farine, comme l'aveine en rend.

Les chiens broutent spécialement le *n.* 18, pour se purger : non qu'il soit purgatif par lui-même, comme on l'a reconnu par nombre d'expériences ; mais à cause de la dentelure de ses feuilles, qui leur chatouillant le gosier, les excite à vomir.

Quand les nœuds des racines du *n.* 21 sont récemment tirés de terre, ils sont bons à manger.

Il y a des circonstances où l'on se nourrit de la graine du *n.* 26.

Le *n.* 28 est une des especes sujettes à la maladie nommée *Ergot*, dans le Seigle.

Le *n.* 30 fournit un fourrage tendre & assez délicat.

Celui que donne le *n.* 29, également tendre, est plus abondant.

Les *nn.* 4, & 5 font des pâturages d'excellente qualité. Le *n.* 6 en approche beaucoup. D'ailleurs il jette grand nombre de feuilles ; & ses tiges sont toujours tendres.

Les plantes des *nn.* 7 & 8 fleurissent de bonne heure ; & sont agréables à l'œil.

L'herbe des Gramen *Dactylon* & des *Miliaceum* est communément trop grossiere pour être estimée dans les pays de pâturages gras. Mais ces plantes sont souvent préférables à beaucoup d'autres gramens dans les climats chauds, où il n'en vient que de fort durs. D'ailleurs nombre de Dactylon & de Miliaceum demeurant couchés & formant ainsi des traînasses, la terre en est avantageusement garantie du desséchement qu'occasionneroit l'ardeur de ces climats : & leurs tiges naturellement succulentes peuvent mieux résister dans un air brûlant que la plupart de nos autres Gramen. * *Gard. Dict.*

Le *n.* 22 est volontiers admis dans les jardins. Cette plante se soutient bien pendant presque tout l'été.

Les Écrivains Anglois & les nôtres sont aussi partagés entre eux sur les qualités des *Ray-Grass* & *Rye-Grass*, que sur les noms mêmes de ces plantes. Mais ce qu'ils en pensent étant en partie relatif à la culture de ces plantes, nous en parlerons en traitant de la maniere de les cultiver.

Pour ce qui est du *n.* 31 : il donne constamment un très-bon foin, qui plaît beaucoup au bétail ; soit qu'on le donne seul, soit mêlé avec de la paille.

Culture.

Le grand objet que l'on se propose en cultivant les Gramen, est de se procurer de la pâture ou du fourrage. Nous renvoyons donc à l'article PRÉ ce qui regarde leur culture générale : & nous ne considérerons ici que celle d'un petit nombre d'especes.

Le *n.* 1 ne se multiplie souvent que trop par ses racines traçantes, dans les jardins & dans les terres à grains. On est donc bien plus occupé de le détruire que de le faire croître : Voyez *Mauvaises* HERBES.

Si on prend soin de semer seules les graines des *nn.* 4 & 5, leur fourrage devient très-abondant, & d'une excellente qualité : les animaux semblent être alors plus friands de ce foin : & l'herbe demeure plus longtems verte, que quand elle est mêlée avec d'autres especes ; ce qui fait un agrément utile.

Pour que le *n.* 6 réussisse supérieurement, il faut y passer le rouleau : ses racines se rapprochent ainsi mutuellement, & forment un corps d'où sortent quantité de productions plus fines qu'elles n'eussent été sans cet art.

On peut semer en automne la graine des *nn.* 7 & 8, ou la laisser se répandre d'elle-même. Les plantes deviennent alors plus fortes & fleurissent plus que quand on les a semées au printems. Plus elles sont éloignées les unes des autres, plus elles tallent.

Le *Chiendent Ruban* (n. 22) n'est délicat ni pour la qualité du terrein ni pour l'exposition. On peut le multiplier par boutures de ses racines ; comme presque tous les chiendents.

Ray (*Sinops.*) dit que le *Gramen Loliaceum angustiore folio & spicâ* (*Red Darnel Grass*) se cultive en quelques endroits pour nourrir les animaux de travail ; & leur donner beaucoup de corps : » Est » enim pingue & ponderosum, ideòque jumentis » saginandis aptissimum. « M. Miller dit que les Anglois cultivent aujourd'hui quantité de cette plante, particuliérement dans les terres fortes & froides où d'autres gramens ne réussiroient pas. Que d'ailleurs elle a l'avantage de pousser de bonne heure au printems, ensorte qu'on peut dès-lors la donner au bétail. » Mais si l'on n'est pas attentif à la couper avant » tous les autres foins, ses chalumeaux deviennent » si durs que les animaux les rebutent absolument, » quoique privés d'autre fourrage. « C'est cet état que désignoit Bacon en donnant à la plante le nom de *Bent-Grass :* & il y a encore des endroits d'Angleterre où on ne l'appelle que *Bents* ou *Bennet.* Lorsqu'on a mis au printems le bétail dans un pré de Ray-Grass, M. Miller conseille de le faucher au mois de Juin : sans quoi ses feuilles & rejets venant à sécher donnent au pré dans cette saison un air de champ moissonné. Outre ce désagrément, les brins secs entrent dans les nazeaux du bétail, & la terre étant ainsi couverte jusqu'à ce que la gelée, la pluie, & le vent, fassent disparoître ce spectacle, la pousse du regain est considérablement retardée. En les fauchant comme il a été dit, avant qu'ils commencent à devenir secs, on aura un fourrage propre à donner en hiver aux chevaux de trait.

M. Miller fait moins de cas du ray-grass qui se teint de rouge ; qu'il dit être fort commun dans les prés. Cette plante étant encore plus hâtive, la graine mûrit avant le tems de faucher les foins, & se reproduit ainsi d'elle-même en quantité. Il paroît que c'est principalement à cause de ses feuilles étroites qui deviennent à rien, que M. Miller la met au dessous de l'autre. Il conseille de la faucher avant que la graine soit mûre : sans quoi les prés en seront toujours infectés.

Cependant le *Compleat Body of Husbandry* dit que cette même variété (qui rougit, & qui est celle dont Ray a parlé ci-dessus avec éloge) est moins susceptible des effets du mauvais tems, & qu'elle est plus garnie de feuilles, que l'autre.

L'Auteur de cette collection observe qu'en général le Ray-graff fournit beaucoup dans une terre substantieuse; que ses chalumeaux peuvent y devenir fort grands, mais en conséquence trop durs pour que ce puisse être un bon fourrage : que néanmoins, si la plante ne contracte pas ce défaut, elle donne du feu au cheval; & corrige, par sa sécheresse naturelle, d'autres fourrages, dont l'excès peut occasionner des maladies putrides dans le gros & le menu bétails. Pour cela, il conseille de la faucher dans le tems où la graine ne fait que commencer à mûrir : il y en a, dit-il, toujours assez de mûre pour perpétuer l'espece.

On peut en semer la graine seule, ou avec d'autres herbes de prairies artificielles. Mêlée avec le tremmein, elle fait que celui-ci subsiste plus longtems dans un terrein. Le Ray-Graff, le Tremmein, & le Trefle à tête de Houblon, viennent très-bien ensemble dans un terrein médiocrement sec. * *Compleat Body of Husbandry*.

M. Miller dit avoir une expérience réitérée, qu'en les semant au mois d'Août dans une terre froide & peu fertile, s'il vient quelques pluies qui favorisent la levée, on peut souvent mettre le bétail dans cette pâture dès l'automne; & que de bonne heure au printems suivant on y fait une ample récolte de fourrage verd.

Consultez les *Elémens du Commerce*, T. I. p. 210 & suivantes.

Quant au *Gramen spicatum Secalinum minus*, dont nous avons parlé sous le *n.* 34; M. Miller la met de niveau avec le *n.* 6; & les confond sans exception, pour les usages, qualités, & culture.

Le *Gramen spicatum Secalinum vulgare* est une chetive plante, peu propre à nourrir le bétail.

Le *Fromental* (n. 31) réussit, dit-on, où le sainfoin même ne subsisteroit pas. Il faut bien unir le terrein, pour avoir la facilité de le faucher plus bas. On a coutume de le semer au printems; & de le mêler avec de l'aveine, de la luzerne, ou du trefle semé seul, il est ordinairement trop foible & trop peu garni la premiere année : & les plantes auxquelles on l'associe, lui donnent lieu de taller & se fortifier.

Au reste M. Duhamel (*Elém. d'Agr.* T. II. p. 147) soupçonne que les terres mises soit en Ray-graff soit en Fromental du *n.* 31, ne se trouvent pas en état de produire du froment quand on veut ensuite les remettre en labour. C'est pourquoi M. Pattullo (*Essai sur l'Amel.* p. 59) a conseillé de n'en semer que dans les enclos qu'on destineroit à fournir du fourrage sec. Reste à savoir si son mélange avec du trefle seroit toujours aussi peu favorable à la production du froment. Comme M. Duhamel incline toujours à penser que ce chiendent est particuliérement propre à fournir un bon fourrage verd; son avis est que, le mêlant avec du trefle, on auroit un excellent fourrage sec.

Nous concluons qu'il est d'une prudente œconomie d'avoir toujours quelque prairie en *Gramen Loliaceum angustiore folio & spicâ*. Ce sera une ressource certaine quand tous les autres fourrages viendront à manquer. Le gros bétail se maintient en bon état avec celui-ci, pendant l'hiver : & les bêtes à laine se portent habituellement bien en broutant ses jeunes pousses, qui paroissent au premier printems. D'ailleurs une autre propriété, bien digne d'attention, est que ce Ray-graff gagne beaucoup à être tenu court par le bétail qui le broute. Rien ne lui fait plus de tort que de devenir trop grand. Au lieu que demeurant toujours bas, il talle considérablement. Ses chalumeaux encore tendres sont une excellente nourriture pour le bétail, ainsi que ses jeunes feuilles : & les uns & les autres repoussent aussitôt qu'ils ont été coupés.

Quand on en seme la graine avec du tremmein, dans l'intention d'avoir de bonne heure de quoi nourrir le bétail, il faut que le Ray-graff domine.

Ajoûtons d'après M. Bradley, que le Ray-graff détruit toutes les mauvaises herbes qui croissent naturellement dans les différentes especes de terre où on le seme : que, s'il domine en un endroit, il y a peu de chardons; & qu'il n'en repousse plus, lorsqu'on a eu l'attention de les arracher seulement une fois : parce qu'il touffe beaucoup. Ce peut donc être un bon expédient pour nettoyer les terres. Mais comme le tremmein touffe pareillement, on ne voit pas bien comment ces deux plantes peuvent réussir ensemble.

La graine de Ray-graff est un article qu'on ne doit pas négliger. Un arpent & demi de terre où on l'a laissé suffisamment mûrir, en rapporte quelquefois deux septiers mesure de Paris.

GRAMINÉES (*Plantes*). Voyez le commencement de l'article GRAMEN.

GRANADILLA. *Voyez* GRENADILLE.

GRANGE. Lieu où l'on serre les récoltes de grains; & où on les bat. On distingue dans la grange, l'aire & les travées. L'aire est au milieu; les travées sont à chaque côté de l'aire. On entasse les gerbes dans les travées : & on bat le blé dans l'aire. La grange doit être bâtie sur un terrein plus élevé que la cour : & il est bon que la porte soit exposée au soleil levant.

Voyez AIRE. BATTEUR.

GRANULER : *terme de Chymie*. C'est verser goutte à goutte dans de l'eau froide, un métal fondu; afin qu'il s'y congéle en forme de grains. On se sert quelquefois d'un ballet de bouleau, ou d'une passoire de fer, pour faire tomber le métal dans l'eau : & il en résulte le même effet. *Voyez* GRENAILLES.

GRAPHOMETRE. Instrument d'usage pour l'Architecture & la Perspective. Il est composé d'un demi-cercle divisé en cent quatre-vingt degrés, avec boussole, alidade & pinnules. Posé sur un pied fixe, & tournant par le moyen d'un genou, il sert à prendre des angles, des distances, des hauteurs, & des alignemens. Ce mot est Grec.

GRAPPE : en Latin *Racemus*, & *Uva*. C'est proprement la disposition des fleurs ou des fruits de la vigne sur des queues rameuses.

On se sert encore de ce terme pour exprimer une semblable disposition dans d'autres plantes. Ainsi on dit que les fleurs du sureau sont en grappe; que plusieurs Cytises ont leurs fleurs en grappe pendante.

GRAPPER. *Voyez* ce mot dans l'article GARANCE.

GRAS : Plante parasite. *Consultez* l'article CHARDON A BONNETIER.

GRAS : *terme d'Agriculture*. Synonyme de *Fertile*. On dit un *Pâturage Gras*; un *Terrein Gras*. Les Terres fort Grasses tiennent de l'argille.

GRAS (*Angle*). Voyez ANGLE.

GRAS (*Bois*). On nomme ainsi un bois tendre & fort poreux, usé de vieillesse, ou qui a crû dans un terrein humide

Voyez AUBIER.

On dit, en Fauconnerie, *Voler haut & GRAS* : c'est-à-dire, de bon gré.

GRAS-DOUBLE. *Voyez* ce mot dans l'article BŒUF.

GRAS-FONDU. *Consultez* le mot *Maigreur*, entre les maladies du CHEVAL.

Personne trop GRASSE. La premiere cause de l'embonpoint excessif est une trop grande quantité de parties nourrissantes, répandues dans la masse du sang. Il vient aussi d'une trop grande force dans la suite des digestions qui se font dans l'estomac & dans le reste des premieres voies : de sorte que l'on ne doit pas tout attribuer à la qualité des alimens. Il y a des hommes qui deviennent fort gras en ne vivant que de choses peu nourrissantes. Un air froid & humide, les alimens qui fournissent beaucoup de suc, les boissons trop nourrissantes, le défaut d'exercice, le sommeil trop prolongé, la suppression de quelque excrétion, la trop grande tranquillité d'ame, & le silence parfait des passions ; sont autant de choses qui contribuent à donner beaucoup d'embonpoint.

On observe que les animaux sont plus gras en hiver qu'en été ; que les peuples du Nord sont plus gros & plus grands que ceux des pays méridionaux : & cela à cause de la transpiration abondante dans les uns, & retenue dans les autres.

Voyez OBÉSITÉ.

Pour empêcher de devenir Gras.

1. Usez, soir & matin, de dragées faites avec du sucre & des amandes de cerises.

2. Mettez dans vos alimens, de la cendre gravelée provenant de vin blanc ; au lieu de sel commun.

3. *Voyez* CAFFÉ. MAIGREUR.

4. Il faut user d'amandes de cerises, de semences de frêne, & autres diurétiques.

5. On dit que les Italiens donnent de la graine d'ortie à leurs enfans, quand ils sont trop gras.

Parement de pierre GRAS. *Voyez* AMAIGRIR.

GRASS. *Voyez* GRAMEN.

GRASS-*Plot.* Voyez BOULINGRIN.

Feuille GRASSE. *Voyez* CHARNU.

GRATECUL. *Consultez* le mot ROSIER *sauvage.*

GRATELLE. *Voyez* GALE : & entre les *Maladies des* BREBIS.

GRATERON, ou *Reble* : en Latin *Aparine* : en Anglois *Clivers* & *Goose-Grass.* Ce genre de plante est de la famille des Rubiacées. Les fleurs sortent communément des aisselles des feuilles, opposées entr'elles, & disposées en ombelle. Le calice est posé sur l'embryon, avec qui il fait corps par sa base, & qu'il accompagne jusqu'à sa maturité. Il n'y a qu'un seul pétale ; qui est un tuyau assez court, & divisé en quatre parties sur les bords. Quatre étamines, égales, attachées à la même hauteur vers le haut de ce tube, entre ses divisions, sont surmontées de sommets allongés qui font corps avec elles. L'embryon est terminé par deux stigmates. Le fruit est une capsule ou baie, à deux loges ; dont chacune contient une graine à-peu-près ronde ou hémisphérique : ces loges ne paroissent pas distinguées du calice, & même de l'enveloppe des graines, ensorte que l'une se sépare de l'autre sous la forme de deux graines assez grosses.

Especes.

1. *Aparine vulgaris* C. B. Cette plante annuelle, dont les racines sont ramifiées & fibreuses, jette de longues tiges anguleuses, trop foibles pour se soutenir, & parsemées de poils en crochets qui les attachent à tout ce qui y touche & les rendent très-rudes : la longueur de ces tiges forme quelquefois une espece de bride dont on se trouve environné quand on passe auprès d'elles ; c'est pourquoi on a donné à la plante les noms Grecs de φιλάδελφος & φιλάνθρωπος, comme si elle s'attachoit à nous par amitié. Les feuilles sont verticillées, faites à-peu-près en rhombe, entieres, & étroites. Les graines, acollées comme nous l'avons dit, s'attachent aux habits de même que le reste de la plante ; ensorte que l'on s'en trouve quelquefois tout couvert en un instant. Ce grateron vient dans les haies, sur les chemins, & dans les bois.

2. *Aparine latifolia humilior montana* Inst. R. Herb. Aussi nommée en Latin *Hepatica stellaris* ; *Asperula odorata* ; & *Matrisylva* : en François *Petit Muguet* ; *Muguet des Bois* ; *Hépatique Etoilée* ; & en quelques Provinces, le *Sappelait.* Sa racine est composée de fibres noirâtres. Elle pousse, au Printems, une tige très-menue, quarrée, striée, un peu velue, souvent purpurine par le bas, rarement plus haute que douze à quinze pouces. De ses nœuds sortent des feuilles verticillées, fort minces, un peu luisantes, d'un verd pâle, d'environ un pouce & demi sur un quart de pouce de largeur à leur partie moyenne, à-peu-près faites en rhombe, aigues par leurs deux extrêmités : leur nombre & leur volume augmentent à mesure que la tige s'allonge. Je n'ai observé de fleurs qu'au haut de la tige, où elles forment une espece d'ombelle : elles sont petites & blanchâtres. Les fruits sont hérissés de poils rudes. Cette plante vient à l'ombre, dans les bois, particuliérement où le terrein est en pente. Elle est en état jusques vers le mois d'Août.

3. *Aparine floribus albis ; caule quadrato infirmo ; foliis ad genicula singula quaternis ; fructu rotundo, glabro, lucido* Gronov. Fl. Virg. *Tissavoyane rouge.* Cette plante, encore plus foible que la précédente, est toujours couchée. Ses tiges sont quarrées, rougeâtres ; garnies de feuilles très-étroites, courtes, opposées deux à deux en croix sur chaque articulation. Les fleurs sont blanches, & naissent des aisselles des feuilles & du haut des tiges. Cette plante n'est nullement rude. Elle vient naturellement dans l'Amérique Septentrionale.

Ces Graterons ne demandent point de *Culture.* Il suffit de les laisser se multiplier d'eux-mêmes par leurs semences.

Usages.

La fleur & toute la plante du *n.* 2 est bonne en infusion, pour les maladies du foie, les blessures internes, la gale & autres affections cutanées. *Voyez* CONVULSION, p. 691.

Au Canada, la racine du *n.* 3 est usitée pour teindre en rouge les pelleteries.

On emploie le *n.* 1 en Médecine, comme diurétique, & emménagogue. Son suc passe pour être plus sudorifique que celui de la Bourrache.

Dioscoride conseille de boire le suc de la graine, & de toute la plante, pour les morsures des viperes, & autres morsures ou piqures dangereuses. Il ajoûte que ce suc, instillé dans les oreilles, en soulage les douleurs ; qu'enfin la plante, broyée & incorporée avec de l'axonge de porc, résout les écrouelles. Matthiole dit que quelques-uns en font grand cas, pour guérir les plaies récentes, & pour les fentes & crevasses des paupieres.

GRAVELÉE, ou *Cendre Gravelée.* Marc de lie de vin, dont on a exprimé la partie la plus liquide pour faire du vinaigre ; & que l'on a ensuite brûlé & calciné, pour le réduire en petits morceaux blancs verdâtres.

Les pains de lie, pour ce procédé, sont brûlés soit au feu de réverbere, soit au grand air dans des fosses, après qu'on les a laissés sécher. Le sel volatil de la lie se dissipe : & il reste un sel très-fixe, qui resserre ces cendres ; & les rend compactes, brûlantes, dissolvantes, apéritives, & mordantes. Aussi nettoyentelles très-bien; & font elles employées par les Teinturiers, & dans les blancheries de toile.

On a étendu le nom de *Cendre Gravelée*, aux cendres de bois de chêne, lorsque pour multiplier la vraie cendre gravelée qui étoit chere, on a brûlé les tonneaux des douves où elles étoient venues. Ces nouvelles cendres, extérieurement assez semblables aux premieres, se trouverent contenir un sel plus piquant encore & plus vitriolique : de sorte que la découverte qu'on en fit près de Cassel, établit entre la Hesse & la Hollande un commerce de cendres de chêne, sous le nom de Cendres Gravelées. Les Hollandois ayant ensuite reconnu que les chênes de Moscovie étoient d'une qualité supérieure à tous les autres, ils donnerent à leurs cendres la préférence sur celles d'Allemagne. Ce sont ces cendres qu'on emploie dans les Blancheries de Harlem. Elles sont fort dures; parce qu'on les foule dans les vaisseaux pour les transporter : & il faut les casser avec un maillet, puis les passer au tamis, pour en faire usage.

Voyez CENDRE.

GRAVELEUX (*Terrein*). Voyez GRAVIER.

GRAVELLE. On nomme ainsi le *tartre* qui s'attache à l'intérieur des futailles. *Voyez* TARTRE.

GRAVELLE : *Gravier*; ou *Calcul*. Matiere amassée dans les reins ou la vessie, en forme de sable, ou de fort petites pierres, & qui occasionne des douleurs plus ou moins considérables, des coliques néphrétiques, des rétentions d'urine. La maladie s'annonce par des maux de reins, une difficulté d'uriner accompagnée de douleurs; des urines rouges, enflammées, glaireuses, bourbeuses; enfin par du gravier sabloneux, que l'on rend avec effort par la voie des urines.

Toutes les causes capables de produire la pierre, produisent également la gravelle.

Selon Galien, le trop fréquent usage des remedes apéritifs occasionne cette maladie : parce qu'il desséche les parties solides; & que le sang venant ensuite à s'épaissir, se brûle, & ne peut plus fournir aux vaisseaux & glandes une liqueur assez fluide & digérée.

Quelques personnes supposent que la pierre & la gravelle peuvent en partie être occasionnées par la crudité de quelques alimens; & principalement par une eau graveleuse, tant celle qui sert de boisson, que celle avec laquelle les alimens reçoivent leur préparation. Une eau qui roule sur un sable trop tendre, ou qui n'arrive à la surface de la terre qu'après avoir passé par des carrieres, emporte toujours avec elle des parties insensibles des corps qu'elle rencontre & lave dans son cours. La viscosité qui, dans l'ébullition, se sépare de l'eau pour s'attacher aux choses qui cuisent; & d'un autre côté, ces particules graveleuses dont l'eau s'est chargée; ces deux substances se rassemblent (dit-on) dans le corps humain par les différentes sécrétions que subissent les sucs nourriciers : & tel est le germe de la pierre & de la gravelle. Consultez le *Journal Œcon.* Février 1751, p. 94-5-6 : & l'article PIERRE.

Tulpius (*Observ.* Lib. II. C. XLIII.) rapporte qu'un M. Ainsworth, Ministre Anglois d'Amsterdam, avoit constamment une attaque de gravelle & de suppression d'urine, à toutes les pleines Lunes; que ses douleurs subsistoient sans relâche jusqu'au déclin de cette planete : & qu'il ne trouvoit de soulagement que dans la saignée faite au bras.

Remedes pour la Gravelle.

I. Il faut prendre deux cuillerées d'huile d'olives vierge, & deux cuillerées de vin blanc; les bien mêler ensemble, & donner cette potion le matin au malade à jeûn. Voyez ci-dessous *n.* XXIII.

II. Prenez deux livres de racines d'orties grieches; nettoyez-les, & les faites bouillir dans quatre pintes d'eau, jusqu'à la diminution d'un tiers : ajoûtez-y trois chopines de bon vin blanc; faites encore bouillir à petit feu pendant une heure; puis laissez refroidir. Quand la liqueur sera presque froide, retirez les racines; pressez-les; mettez le suc avec la décoction dans un pot de terre neuf : & laissez-les devenir clairs. Puis avalez trois pilules de beurre frais, & ensuite un verre de la décoction; le tout à jeûn & le plus matin que vous pourrez; & deux heures après, un bouillon foible. Il faut continuer trois jours de suite, à chaque décours de lune. Les lavemens laxatifs y sont excellens. Il faut les prendre le soir avant le jour où l'on voudra user de cette décoction.

III. Prenez des grateculs : tirez les petits grains qui sont dedans; pour les mettre sécher au soleil, plutôt qu'au four; puis les piler & réduire en poudre : de laquelle vous mettrez une dragme dans un petit verre de vin blanc, & laisserez infuser sept ou huit heures. Puis vous prendrez le tout une demi-heure avant de vous coucher, en remuant bien afin que rien ne demeure au fond du verre. Ce remede fait sortir toute la gravelle; & rendre même, dit-on, la pierre, par petits morceaux. Il n'en faut prendre que de deux jours l'un, puis laisser huit jours d'intervalle; & toujours au decours de la lune. Avec la peau & la pulpe du gratecul, on peut faire un cotignac dont on mangera après le repas : il prévient de nouvelles concrétions.

IV. On prétend que les raiforts, jettés sur des monceaux de sel, en font fondre toute la masse. En conséquence on a imaginé d'employer l'eau distillée de l'écorce du raifort, ou de tout le raifort, contre la gravelle. Il faut la prendre avec de la térébenthine desséchée & calcinée au soleil.

V. Quelques-uns disent que les graines d'aubepin, prises avec du vin blanc, sont de grande efficace contre la gravelle.

VI. Toutes sortes de pierres que l'on trouve aux têtes de poisson, pilées & prises au poids d'un gros dans du vin blanc, appaisent les douleurs de la colique; & détachent le gravier des reins. Consultez la fin de l'article BROCHET.

VII. Plusieurs font grand cas de la poudre de peau de brochet, prise avec du vin blanc & de l'eau de pariétaire.

VIII. D'autres prennent de même de la peau de barbeau.

IX. Avenzoar indique la *poudre de verre :* dont voici la préparation : On enduit de racine de térébinthe un morceau de crystal épais & clair : on le met sur les charbons embrasés, jusqu'à ce qu'il soit fort chaud; & on l'éteint dans de l'eau : on l'enduit derechef, on le cuit, & on l'éteint encore. Après qu'on a fait cela sept fois, on le pile en poudre très-menue : pour en donner une dragme dans du vin blanc.

X. Le passereau, étant salé & mangé crud, fait (dit-on) sortir la gravelle avec l'urine; & guérit parfaitement celui qui y est sujet. Pour le bien *saler* ou *confire*, il faut le plumer, puis le couvrir tout de sel; & on le mange quand il est bien desséché. On peut aussi le brûler sans plumes, & dans un pot couvert; & en donner la cendre avec un peu de poivre & de cannelle. D'autres le mangent rôti tout entier, & n'en jettent que les plumes. * *Aëtius* & *Ægineta.*

XI. La gomme de cerisier, dissoute dans du vin blanc, est très-bonne pour la gravelle; selon *Mizauld.*

XII. L'arrête-bœuf soulage promptement les douleurs; & pousse dehors le gravier. Il faut avaler la poudre de l'écorce de sa racine, avec du vin blanc. * *Mizauld.*

XIII. Le sirop d'hysope, avec le double ou le triple d'eau de pariétaire, donné pendant dix ou douze jours, à jeûn, même en hiver, a fait jetter plusieurs pierres de divers personnes sujettes à la gravelle. * *Mizauld.*

XIV. La racine de pivoine mâle, cueillie au mois de Mai, & tenue habituellement sur la partie douloureuse, soulage les gouteux & graveleux : selon *Cardan.*

XV. Faites cuire dans de l'eau, ou dans du vin blanc, l'herbe appellée *Bec de grue* : buvez-en un verre le matin, à midi, & le soir. Si ce remede opere trop, buvez-en moins : mais continuez quinze jours. Ce simple remede a guéri des gravelles qui avoient été rebelles à tout ce que la Médecine avoit pu mettre en pratique durant plusieurs années.

XVI. Prenez une poignée de feuilles & racines de persil : faites-les bouillir dans une livre d'eau pour la réduire à moitié; dans laquelle vous ferez fondre un morceau de sucre candi. Les adultes boivent le tout, le matin à jeûn; les enfans un peu moins. Si c'est pour la *gravelle*, il faut continuer quinze jours ou trois semaines, pendant lequel tems les malades jettent ordinairement une grande quantité de gravier. Mais si c'est seulement pour une *retention d'urine*, buvez-en jusqu'à guérison; qui sera prompte.

XVII. Il faut prendre des bourgeons de groseillier, quand ils commencent à s'ouvrir; & les manger en potage.

XVIII. L'injection du sang de renard, tout chaud, dans le canal de l'urethre, détache très-bien le gravier de la vessie.

XIX. Prenez une livre de cerises : & ôtez-en les noyaux; que vous casserez. Vous ferez ensuite un lit de cerises, & un lit de noyaux dans un alembic. Vous les laisserez ainsi toute une nuit : & le lendemain matin vous y ajoûterez demi-once de semences de gremil concassées, & mises dans un nouet de linge. Faites distiller le tout au bain-marie : & prenez-en un verre le matin; après quoi vous vous promenerez.

XX. Prenez des racines de persil, de fenouil, de saxifrage, & de charbon à cent têtes; de chaque une poignée : que vous monderez bien, & ferez bouillir dans trois chopines de bon vin blanc, jusqu'à la consomption de la moitié, dans un pot de terre neuf. Vous userez de cette décoction, l'espace d'un mois ou de quarante jours.

XXI. Prenez des oignons blancs telle quantité qu'il vous plaira. Creusez-les; remplissez-les de sucre candi fin; & les recouvrez du morceau que vous avez ôté pour creuser. Faites distiller le tout dans un alembic de verre : & donnez à boire deux doigts de la liqueur distillée, dans un verre, soir & matin.

XXII. Mettez une pincée de l'herbe appellée *Turquette*, dans un doigt de vin blanc; & buvez le tout.

XXIII. Prenez un oignon blanc : fendez-le en quatre; laissez-le tremper quatre heures dans un verre de vin blanc. Puis l'ayant exprimé, mêlez une once d'huile d'amandes douces dans ce vin; & buvez le tout à jeûn s'il se peut.

XXIV. La tisane de fumeterre, dont on prend tous les matins un verre, à jeûn, est estimée pour la gravelle.

XXV. Prenez racines de persil & de fenouil, bien nettoyées & mondées, de chacune quatre poignées; faites-les bouillir dans douze pintes d'eau de riviere. Quand elles seront à demi-cuites, ajoûtez-y des boutons ou jeunes feuilles de mauves, guimauves, violettes de Mars, & cristemarine; de chacune quatre poignées. Faites bouillir le tout jusqu'à consomption de la moitié : puis passez-le dans une serviette blanche. Faites ensuite distiller la liqueur dans un alembic de verre; y ajoûtant deux livres de térébenthine de Venise. Vous en obtiendrez une *Eau* que l'on dit être bien efficace pour la gravelle.

XXVI. Mangez, à jeûn, trois ou quatre tubercules de filipendule, s'ils sont un peu gros; ou six ou sept, s'ils sont petits. Il faut les bien laver auparavant, sans les ratisser : les croquer comme des raves; & boire un moment après, un demi-septier de vin blanc. Il faut prendre aussi quelques lavemens laxatifs : & user d'une *tisane* faite avec le chiendent, & quatre fois autant de ces excroissances qui viennent dans les conduites d'eau & que l'on nomme *Queues de Renard*. On les fait bouillir dans quatre pintes d'eau, jusqu'à réduction de trois pintes. Ce remede est (dit-on) très-éprouvé : » Une personne, » qui étoit cruellement tourmentée de la gravelle » depuis dix ans, & ne pouvoit plus uriner, a été » parfaitement guérie par ce remede; qu'elle n'a » réitéré que deux fois. D'autres personnes ont fait » la même expérience. «

XXVII. Faites sécher au four telle quantité que vous voudrez de cosses ou siliques de feves de marais; mettez-les en poudre; & les tamisez. Faites sécher aussi au four, & ensuite réduisez en poudre, le double de turquette, cueillie sur la fin d'Août. Mêlez ensemble ces deux poudres : & quand vous voudrez vous en servir, faites-en infuser environ un gros dans un verre de vin blanc, pendant douze heures; ayant soin de les remuer de tems à autre : & prenez-le à jeûn pendant trois jours. On peut laisser deux jours d'intervalle entre chaque prise. On peut aussi se servir de la robe des feves, au lieu des cosses.

XXVIII. Faites rougir une pierre à fusil; éteignez-la dans de l'eau; & buvez-en souvent.

XXIX. Prenez huile d'olives, jus de citron, & vinaigre blanc; de chacun trois cuillerées. Mêlez-les : faites bouillir le tout ensemble : prenez-le à jeûn, & un bouillon deux heures après. Ce remede est un peu violent : mais il brise, dit-on, la pierre même; & la fait rendre quelque tems après.

XXX. Jettez environ six gouttes d'eau d'oignons blancs distillés au bain-marie, dans un verre de vin blanc; & buvez-le à jeûn.

XXXI. Prenez soir & matin du suc de citron, mêlé dans une once d'huile d'amandes douces.

XXXII. Prenez la tunique intérieure de gésier de coq ou autre oiseau mâle domestique. Après l'avoir lavée dans du vin blanc, faites-la sécher; & la mettez en poudre. Sa dose est d'une dragme, dans telle quantité de vin blanc que l'on juge convenable. On la prend à jeûn une fois la semaine; puis on fait beaucoup d'exercice.

XXXIII. Faites infuser de la graine de panais sauvage, pendant douze heures dans du vin blanc : & en buvez un verre à jeûn trois jours de suite.

XXXIV. Prenez graine de lin, & graine de turquette, de chacune environ une once & demie, concassée; une racine de guimauve & une racine de chardon rolland. Faites bouillir le tout dans deux pintes d'eau commune, jusqu'à la diminution d'un quart : la dose de cette *Tisane* est d'un verre le matin à jeûn. Quand le mal est violent, on en prend autant le soir. Ce remede prévient le retour des accès, & la formation de nouveau gravier.

Sirop pour la Gravelle, & pour la Suffocation de Matrice.

XXXV. Prenez du suc de pariétaire; & faites-le cuire avec suffisante quantité de sucre, en consistance de sirop. La dose est d'une cuillerée: & on la réitere autant qu'il est nécessaire.

Remede dont on a fait une infinité d'expériences.

XXXVI. Prenez trois cloportes. Faites-les sécher sur une pêle presque rouge. Réduisez-les ensuite en poudre très-fine; que vous délayerez dans deux doigts de vin blanc. Quand le malade l'aura avalé, vous rincerez le fond du verre avec le même vin, & lui ferez prendre ce reste. Ensuite il se tiendra au lit pendant quelques heures; sans dormir; ni prendre aucune nourriture.

Le second jour, vous lui ferez prendre cinq cloportes, de la même maniere: & le troisieme, sept. S'il ne guérit pas à cette fois, vous recommencerez en lui faisant prendre trois, puis cinq, puis sept, comme auparavant.

Pendant tout le tems que le malade usera de ce remede, il doit s'abstenir de manger du beurre, du fromage, & de toute sorte de laitage. (On ne doit donner ce remede qu'aux trois derniers jours de la Lune. Il est souverain, non seulement contre la gravelle, mais encore contre les abscès & apostumes internes; contre les maux de sein, & les fluxions qui tendent à suppuration.)

Les femmes enceintes n'en doivent point user: parce, dit-on, que leur enfant deviendroit monstrueux.

XXXVII. Avalez trois dragmes de casse bien nouvelle, tous les jours avant votre dîner: jamais (dit-on) vous ne vous ressentirez de ce mal.

XXXVIII. Faites infuser de la graine de lin dans une livre d'eau de fontaine, sur les cendres chaudes. Passez ensuite la liqueur. Conservez-la dans une bouteille: & en prenez un verre à jeûn; un autre deux heures après le dîner; & un troisieme en vous mettant au lit, le soir.

XXXIX. Faites bouillir de la chicorée sauvage, dans de l'eau: & en buvez beaucoup.

XL. Faites infuser des noyaux de cerises dans de l'eau-de-vie, avec la pulpe des cerises écrasées. Pilez ensuite les noyaux; & en mettez infuser une petite quantité dans du vin blanc; que vous boirez ensuite.

Tisane pour la gravelle, la rétention d'urine, & les matieres collantes engagées dans la vessie.

XLI. Prenez des racines de mauve, guimauve, pariétaire, & lierre terrestre, une petite poignée de chaque; le reste des plantes de pariétaire dont vous avez pris les racines; une once & demie de racine d'aunée; autant de celle de chaussetrappe. Faites cuire trois oignons sous les cendres: puis mettez-les cuire de nouveau, avec les racines ci-dessus, dans huit livres d'eau qui se réduiront à quatre. Sur la fin, ajoûtez-y de la réglisse. Passez le tout: & gardez la colature bien bouchée.

Préservatif pour la Gravelle.

XLII. Ceux qui y sont sujets feront bien (quoique guéris) de prendre, tous les matins à jeûn, & le soir en se couchant, deux ou trois tasses d'infusion faite à la maniere du thé; composée d'une pincée de verge dorée, & d'autant de véronique. On peut y mettre un peu de sucre.

XLIII. La cendre de hareng, bue jusqu'à un demi-gros, dans un peu de vin blanc, est (dit-on) très-bonne pour faire sortir le gravier par les urines.

XLIV. Prenez douze livres d'urine d'un garçon d'environ douze ans, & quatre onces de salpêtre très-fin: que vous mettrez dans un alembic de verre couvert de son chapiteau; & distillerez à feu lent. Lorsque l'esprit d'urine commencera de sortir, vous adapterez un récipient; que vous luterez bien: & continuerez ainsi la distillation. Lorsque les gouttes commenceront à passer rouges, vous changerez de récipient; & continuerez la distillation jusqu'à ce que vous voyez monter un sel volatil au haut du chapiteau. Alors vous augmenterez un peu le feu, jusqu'à ce que le sel soit tout sublimé. Après quoi vous le séparerez du chapiteau; & le garderez dans une bouteille de verre bien bouchée, pour l'empêcher de s'évaporer. Vous vous en servirez ainsi: Prenez deux dragmes de l'esprit rouge, & une dragme de sel volatil: que vous donnerez à boire au malade, dans un véhicule convenable pour cette maladie. On peut en prendre pendant trois jours, si l'effet tarde un peu, & suivant la disposition du malade.

Consultez les articles COLIQUE *néphrétique.* ASPERGE. BAUME *de Genevieve.* BAUME *artificiel pour plusieurs maladies.* AGE, *n.* IV, & en même tems le *Journal Œcon.* Janvier 1763, p. 27. ALOSE. ALOUETE. *Huiles d'Amandes douces*, & celle *d'*AMANDES *ameres;* dans l'article AMANDIER. CAMOMILE. ARRÊTE-BŒUF. DIURÉTIQUE. *Remede laxatif pour la* GONORRHÉE VIRULENTE. PIERRE.

GRAVER. *Voyez* GRAVURE.

GRAVIER. *Voyez* GRAVELLE.

GRAVIER, ou *Terrein Graveleux.* Voyez ARBRE, *Art. I.* TERRE.

GRAVIER (*Bois de*). Voyez BOIS DEMI-FLOTTÉ.

GRAVIERE. *Consultez* l'article VESCE.

GRAVOIS. Menus débris de muraille; petites pierres & platras. S'il arrive qu'on fasse un jardin au même endroit où il y a eu une maison; ou dans un endroit où l'on a apporté beaucoup de gravois, de décombres & de démolitions de maisons: il faut être soigneux de bien ôter tous les gravois; & même quelquefois passer la terre à la claie. *Voyez* cependant AMENDER, *nn.* 8 & 10.

GRAVURE. C'est l'art de tracer des figures, en creusant sur le bois, ou sur un métal; afin de les imprimer ensuite sur le papier, sur la cire, ou sur d'autres matieres convenables.

Gravure en Bois.

La planche de *bois* sur laquelle on veut graver, doit être de buis, ou de poirier; bien séche; sans nœuds; d'une épaisseur convenable; bien dressée; & parfaitement unie du côté qu'on veut travailler. Un Graveur qui sçait le dessein, y trace d'abord à la plume, ce qu'il veut représenter. Un Graveur qui ne le sçait pas, fait faire à l'encre, par le Peintre, un dessein de la grandeur de sa planche; ensuite il le colle sur la planche, avec de la *colle* de farine & d'eau mêlée d'un peu de vinaigre. Il faut que les traits du dessein soient tournés & appliqués sur le bois. La colle étant bien séche, on prend une petite éponge: & l'ayant imbibée d'eau, on s'en sert pour mouiller le papier doucement, & à plusieurs reprises, jusqu'à ce qu'il soit bien pénétré; puis on l'enleve en le frottant légérement avec le bout du doigt; ensorte qu'il ne reste plus sur la planche que les seuls traits d'encre, qui forment le dessein.

Le Graveur, ayant sa planche ainsi préparée, enleve avec la pointe d'un canif, ou avec de petits cizelets & des gouges à bois, tous les espaces qui séparent les endroits qui doivent faire l'empreinte;

ausquels il donne le relief; & plus ou moins d'épaisseur, suivant que la lumiere & les ombres le demandent, ou qu'il le faut pour l'usage auquel le dessein est destiné. Le Graveur en bois ne fait point ordinairement de *hachures*, c'est-à-dire des traits qui se croisent & se tranchent mutuellement : il tire seulement ses traits les uns contre les autres. On a vû pourtant des planches en bois, si bien travaillées, qu'elles ne cédoient en rien, même pour les traits croisés, aux planches de métal gravées avec le burin.

Une autre différence des deux manieres de graver est que, dans les planches en bois, ce sont les reliefs qui doivent marquer, comme aux caracteres d'impression. Aussi tire-t-on les épreuves avec les mêmes presses que pour les lettres. On forme les traits en coupant le bois avec des lames de lancette emmanchées comme un têtu.

Dans la gravure en cuivre, les traits qui doivent marquer sont en creux : ils restent remplis d'encre; & par une forte pression l'on oblige le papier de s'enfoncer dans les traits & se charger de l'encre qui y est restée.

L'usage le plus ordinaire de la gravure en bois est pour des culs de lampe, des vignettes, des initiales dites *Lettres Grises*, les figures de Géométrie, les placards ou annonces des spectacles publics, les enseignes ou billets des Marchands & ouvriers, pour ces especes de tapisseries de papier qui se vendent chez les Imagers; & autres choses que l'on veut imprimer à peu de frais.

Les *Graveurs sur métal* se servent du burin, ou de l'eau forte. Ceux qui se servent du burin, de pointes, & de plusieurs autres petits instrumens semblables, forment leurs figures en creusant la planche avec la pointe de ces instrumens.

Les Graveurs *à l'eau forte* n'ont pas besoin de tant d'outils. Les petits burins, les petites pointes, les *échopes* (qui sont de grosses aiguilles enfoncées par la tête dans un manche de bois, taillées comme celles des Orfévres) une pierre à l'huile pour les aiguiser, & un gros pinceau de poils de petit gris, ou une patte de lievre, pour ôter de dessus la planche les ordures ou le verni qui s'enlevent à mesure qu'on le grave; sont les seuls instrumens qui leur soient nécessaires. Ils se servent de deux sortes d'*Eau forte*; l'une est blanche, & l'autre verte. La blanche est celle des Affineurs, qui la nomment *Eau de départ*. La verte se fait avec le vinaigre, le verd de gris, le sel ammoniac, & le sel commun, bouillis ensemble.

Ils se servent aussi de deux sortes de *Vernis*; l'un liquide, & l'autre sec : on les nomme encore *dur*; & *mou*. Celui qui est liquide, ou plus mou, s'emploie pendant l'hiver; & le sec, ou celui qui est plus épais & plus dur, se met en œuvre pendant l'été. Les compositions de ces Eaux & Vernis sont décrites dans *La Maniere de Graver à l'eau forte*, &c. par A. Bosse, Ed. de Paris, 1745.

La planche de cuivre pour graver à l'eau forte, n'est point différente de celle qu'on emploie pour graver au burin : mais elle doit être plus polie & plus nette. On fait chauffer cette planche, autant qu'il est nécessaire pour y étendre le verni. Et quand il est sec, on passe la planche sur la fumée d'une chandelle, pour la noircir.

Ensuite on *calque* le dessein : ce qui se fait de cette maniere. On frotte de sanguine le dessous du papier sur lequel il est tracé. Puis on applique ce côté sur la planche; & on passe légérement une pointe un peu mousse sur les principaux traits; dont on suit exactement les contours. Enfin, le Graveur ayant ôté le dessein, & le trouvant marqué sur le verni, l'y trace le plus exactement qu'il lui est possible, par le moyen d'autres pointes plus ou moins grosses, suivant la finesse ou la grosseur des traits qu'il doit marquer.

Si le dessein étoit tracé avec la sanguine, on pourroit le calquer en appliquant le côté des figures sur la planche, & mettant ensuite l'un & l'autre sous la presse des Imprimeurs. Les figures restant par ce moyen marquées sur le verni, le Graveur pourroit les suivre, & les tracer avec les pointes, comme nous venons de l'observer. *Voyez* CALQUER.

La planche étant ainsi gravée avec la pointe & l'échope, on la place dans une espece de caisse de bois poissée; & on la tient un peu inclinée, pour y faire couler l'eau forte, laquelle s'égoutte dans un vase de terre, mis exprès au fond de la caisse. *Consultez* la sixieme planche de la premiere partie du Traité d'A. Bosse, *De la maniere de Graver à l'eau forte*, &c.

Pour empêcher que l'eau forte ne demeure aussi longtems sur les lointains & sur les endroits qui doivent fuir, que sur les parties du dessein qui doivent sortir & paroître plus ombrées ou plus proches, les Graveurs couvrent les premiers (quand ils ont assez mordu) avec une composition de suif & d'huile, qui empêche que l'eau forte n'y morde davantage : & on remet de l'eau forte sur la planche, pour approfondir les traits qui doivent être plus forts. La premiere fois qu'on se sert de l'eau forte pour le verni mou, il faut l'adoucir & tempérer, en y mêlant environ le tiers, ou même la moitié, d'eau commune. Au contraire, quand on veut la faire servir une seconde, une troisieme, ou plusieurs autres fois, il faut la fortifier en y ajoûtant une quantité suffisante de nouvelle eau forte.

Il faut remarquer aussi que l'eau forte blanche ne s'emploie que sur le verni liquide, & qu'elle se met à plat sur la planche; dont il faut garnir les bords de cire de Commissaire, pour empêcher l'eau de couler : au lieu que l'eau verte convient également aux deux vernis, & qu'elle ne fait que couler sur la planche; qu'on tient inclinée comme nous l'avons marqué ci-dessus.

Quand on juge que l'eau forte a suffisamment mordu sur la planche, on la lave d'eau fraîche; puis on la chauffe à un feu médiocre, pour fondre & enlever tout le verni. Il ne faut pas oublier de la laver aussi, & de la chauffer devant le feu, avant de la mettre à l'eau forte.

Enfin le Graveur acheve avec le burin les traits que l'eau forte n'a fait qu'ébaucher; & il leur donne plus de largeur, ou de profondeur, selon qu'il le juge nécessaire.

Pour Graver à l'eau forte, de maniere que l'ouvrage paroisse être en relief.

Broyez sur le marbre avec de l'huile de lin, égales parties de mine de plomb & de vermillon, ou deux ou trois grains de mastic en larmes. Essayez ensuite avec des plumes assez souples, si votre couleur coule bien sur la planche de fer, d'acier, ou de cuivre, que vous voudrez graver; laquelle doit être très-polie. Si la couleur ne coule pas assez, ajoûtez-y un peu de la même huile, jusqu'à ce que la plume marque aisément. Pour lors ayant dégraissé votre planche avec des cendres, & l'ayant bien essuyée avec un linge, vous dessinerez les figures d'oiseaux ou autres animaux, dont vous vous contenterez de tracer le profil; & remplirez la figure avec le pinceau, c'est-à-dire que vous coucherez de votre couleur sur tout l'espace qui se trouvera enfermé entre les deux lignes du dessein, & sur lesquelles l'eau forte ne doit pas mordre. Puis, ayant laissé sécher l'ouvrage un jour ou deux, vous ferez recuire peu-à-peu la peinture sur un rechaud plein de feu, jusqu'à ce qu'elle devienne brune. Ensuite vous découvrirez avec une pointe, les endroits sur lesquels il faudra faire agir l'eau forte.

REMARQUE.

Pour graver en cuivre, ou en leton, il faut mettre dans la couleur plus de mastic en larmes, & la recuire davantage. Il faut aussi border la planche avec de la cire, pour arrêter l'eau forte; qui doit la couvrir de l'épaisseur d'un écu. Après l'avoir laissé agir un peu de tems, & lorsqu'elle est devenue suffisamment verte en se chargeant des parties de cuivre qu'elle a mordu, on la jette, & on lave aussitôt la planche avec de l'eau fraîche. Ensuite on prend garde si les traces de l'eau forte sont assez profondes: & si elle n'a pas assez pénétré, on en remet de nouvelle; ce qui se réitere autant de fois qu'on le juge à propos. On se sert pour cela de l'eau blanche, ou eau de départ.

Eau forte dont on peut se servir ordinairement pour Graver sur le Cuivre.

Faites infuser dans un peu plus d'une pinte d'eau commune, pendant une heure & demie, ou deux heures, de l'alun de roche, du vitriol Romain, & de gros-sel ou du salpêtre, réduits en poudre très-fine; de chacun trois onces. Puis mettez le pot où ces choses ont infusé, lequel doit être neuf, sur un feu de charbon; & le retirant aussitôt que l'eau frémit, laissez refroidir l'eau, jusqu'à ce qu'on y puisse souffrir la main. Ensuite vous en prendrez avec un gobelet de terre, & arroserez votre ouvrage pendant une demi-heure, ou trois quarts d'heure; enfin jusqu'à ce qu'il soit suffisamment creusé par la liqueur. Il ne faut pas employer cette eau, bien chaude; mais seulement un peu plus que tiede.

[Nous croyons que pour être bien instruit de tout ce qui concerne la gravure sur cuivre, il faut consulter le Traité d'A. Bosse, indiqué ci-devant.]

Verni pour Graver à l'eau forte.

Consultez l'article VERNI.

Pour copier promptement une Estampe.

Consultez le mot ÉCRITURE, p. 873, col. 2.

Gravure particuliere pour les Planches de fer, ou d'acier.

Faites chauffer votre planche, ensorte qu'elle puisse fondre la composition suivante; de laquelle il faudra la couvrir, & tracer ensuite votre dessein, ou le calquer comme ci-dessus.

Incorporez deux parties de céruse dans trois parties de cire blanche fondue; & en ayant formé des bâtons, frottez-en le dessus de votre planche, partout également.

Eau forte pour Graver sur le Fer.

1. Faites bouillir ensemble pendant un quart d'heure parties égales de sel commun, de sel ammoniac, de couperose, de verd de gris, & de fort vinaigre; puis ayant passé la liqueur par un linge, mettez-en sur votre planche, & laissez-l'y l'espace d'une demi-heure. (D'autres veulent qu'on l'y laisse un jour entier).

2. Faites dissoudre dans du verjus de grain (le plus fort que vous pourrez trouver) de l'alun en poudre, avec un peu de sel desséché, & pulvérisé: passez la liqueur, & servez-vous-en.

3. Prenez pour un sou de sublimé; & le mêlez avec un peu d'eau. Et lorsque vous aurez tracé le dessein sur le métal couvert de verni ou de cire, arrosez-le avec cette eau.

Gravure sur les Métaux en général.

Quand on veut graver sur l'acier pour faire des *Médailles*, on commence par dessiner le sujet, qu'on ébauche sur de la cire en bas-relief, suivant la hauteur & la profondeur que la médaille doit avoir. Ensuite, sur le bout acéré d'un poinçon, l'on cizele en relief la même chose qu'on a faite en cire. Quand le poinçon est dans sa perfection, on le fait tremper pour le durcir. Après quoi, avec une machine telle que les sonnettes, (qui servent à battre les pilotis) ou avec le marteau, on frappe sur ce même poinçon pour le faire imprimer dans un carré en forme de dé qui est aussi d'acier. Avant cela on recuit le carré, & on le rougit au feu, pour l'adoucir & le rendre plus facile à recevoir l'empreinte du poinçon: car étant frappé, il reçoit en creux ce qui est de relief sur le bout du poinçon. Comme ce carré ne reçoit pas tous les traits du poinçon, qui ne fait le plus souvent que le haut du relief, il reste beaucoup à faire & à réparer pour finir le creux: ce qui se fait avec des outils d'acier, comme *cizelets*, *burins*, & divers autres dont les uns sont tranchans, les autres hachés, les uns droits, les autres coudés; que l'on fait faire selon son goût. A mesure qu'on travaille, on nettoie le carré avec une sorte de brosse faite de fil de leton. Quand on a fini les figures, on acheve de graver le reste de la médaille, comme sont les moulures, les grenetis, les lettres. Pour cela on se sert de poinçons bien acérés, appropriés à ce travail. Quand on frappe les lettres & moulures, il faut les imprimer dans le carré avec la masse avec de petits poinçons: car le burin, l'échoppe, ni le cizelet, ne peuvent graver ces lettres dans cette même perfection. Il y a quantité d'autres petits ouvrages nécessaires à faire sur les médailles, selon les circonstances & le dessein; qu'il faut frapper de même que les lettres. On fait les coins, & on travaille sur les carrés, de la même maniere. Pour voir le travail que l'on fait; lorsqu'on grave les carrés des médailles, on se sert de deux moyens: le premier est une empreinte de cire, composée avec la cire ordinaire, la térébenthine, & un peu de noir de fumée, mêlés ensemble; ce qui fait un mêlange assez mou. Mais comme il ne peut guéres être utile que pour voir l'ouvrage par parties, d'autres se servent de ce qu'on nomme du *plomb à la main:* c'est-à-dire qu'ayant fondu du plomb, on le verse sur un morceau de papier; puis lorsqu'il est à demi-figé, on renverse le carré dessus; & appliquant la figure sur le plomb, on frappe avec la main sur le carré, lequel imprime la figure dans le plomb. Ainsi on voit une empreinte de tout le creux: ce qui ne se fait pas de même avec la cire, qui n'en découvre qu'une partie. D'autres se servent de même, du souffre qui a été fondu à feu lent. Pour tirer l'empreinte d'une gravure profonde, comme celle des coins, ou des matrices qui servent aux Médailles, & aux Monnoies; on met sur le creux un morceau de carte légere, & on lui en fait prendre l'empreinte par le moyen de la presse.

Lorsque le carré de la médaille est fini, il faut le tremper comme on a fait le poinçon. Lorsqu'on veut monnoyer les médailles, on se sert de tenailles, dans lesquelles on emboite un carré d'un côté, & un autre de l'autre, pour faire les deux côtés de la médaille. Les carrés doivent être ajustés l'un sur l'autre avec une grande égalité de la circonférence & des contours. L'on se sert aussi, au lieu de tenailles, d'une boîte d'acier dans laquelle on met les carrés, que l'on y assujettit par le moyen de vis. Quand la tenaille ou la boîte sont bien ajustées, on prend du plomb ou de l'étaim, qu'on jette en sable pour y mouler les médailles, de tel métal que l'on veut. Et parce qu'elles ne sortent pas du sable assez nettes; afin de les perfectionner on les *rengraine*, c'est-à-dire, qu'on les remet dans les carrés, & soit avec une presse, soit un balancier que l'on fait agir à bras d'hommes, on presse la matiere entre les deux carrés, ce que l'on fait jusqu'à ce qu'on voie qu'elles soient finies: ce qui se connoît lorsqu'on sent à la main qu'elles ne remuent plus dans les carrés, & qu'elles les remplissent également par tout. Ainsi les médailles ne se perfectionnent qu'en les recuisant, & les repassant dans les mêmes carrés par plusieurs fois suivant leur relief, y ayant telle médaille qu'on repassera ainsi jusqu'à vingt fois: mais à chaque fois qu'on la recuit, il faut nettoyer la crasse qui vient dessus. Comme la médaille s'étend par la force de la machine, il faut limer la matiere qui déborde sa circonférence; & cela toutes les fois qu'on recuit la médaille, jusqu'à ce qu'elle soit en fond, & qu'elle ait pris toute l'empreinte, comme on vient de dire. Lorsqu'on voit qu'il n'y manque plus rien pour être dans sa derniere perfection, on la recuit une derniere fois, pour la *mettre en couleur*, si elle est d'or: ce qui se fait en la mettant sur le feu dans une poële avec du sel, du salpêtre, de l'alun; & la jettant ensuite dans de l'urine. (*Voyez* une autre maniere, ci-dessous).

Les instrumens pour presser les carrés, sont ou des presses, ou des balanciers. La différence qu'il y a entre le balancier & la presse, est que le balancier a sa force aux deux bouts d'une barre de fer, où il y a deux grosses boules de plomb tirées par des hommes avec des cordages qui font agir la vis du balancier, qui presse les carrés. La presse est une vis, où il y a aussi une barre, qui n'est tirée que par un bout; & qui n'a ni boules, ni cordages.

Lorsque les flaons de la monnoie sont coupés, on les porte dans les ajustoirs: qui sont de petites balances; pour voir ceux qui sont forts ou foibles, & les séparer. Car les laminoirs par où l'on passe les lames, ne peuvent être si justes, qu'il n'y ait toujours quelque inégalité: ce qui fait qu'il se rencontre des flaons plus forts les uns que les autres. On ajuste avec la lime ceux qui se trouvent trop pesans, en les réduisant au poids que doit avoir l'espece. On refond aussi ceux que le moulin a fait foibles; à cause qu'on ne peut pas y remettre de la matiere. L'inégalité qui se trouve dans les flaons, peut provenir autant de la qualité de la matiere que de la machine. S'il se trouve des vuides en fondant la matiere, ces parties-là sont moins pesantes. Ainsi, quelque juste que pût être la machine ou le moulin, il ne laisseroit pas de se trouver de la différence dans leurs poids; ce qui oblige à les ajuster avec la lime. Lorsqu'ils sont ajustés, à cause qu'ils sont écrouis & durcis à la sortie du moulin, on les recuit encore pour les blanchir, si c'est de l'argent; ou pour les *Mettre en couleur*, si c'est de l'or: ce qui se fait à l'égard de l'*or*, en le faisant bouillir dans l'eau seconde, qui lui donne la couleur. L'*argent se peut blanchir* aussi de la même sorte. Mais pour l'ordinaire on le fait bouillir dans de l'eau forte mêlée avec de l'eau commune: puis l'ayant tiré & jetté dans de l'eau fraîche, on sablonne tous les flaons, & on les frotte dans un crible de fer, pour en ôter les *barbes*. Ensuite on monnoie ces flaons, comme on fait les médailles. La différence qu'il y a, c'est que les monnoies se marquent en mettant un des carrés dans une boite, qui est au bout de la vis du balancier; & l'autre au-dessous dans une autre boîte. Il y a sous le carré une écaille d'acier, qui sert à hausser plus ou moins le carré, selon qu'il est nécessaire pour faire *pincer*, c'est-à-dire, marquer davantage la médaille, ou les monnoies, dans les endroits où elles ne l'auroient pas été assez. Il y a un ressort au bas de la vis du balancier, qui sert à la faire relever, lorsqu'elle a pincé l'espece: on appelle ce ressort un *Jaquemart*. Il y a encore un autre petit ressort sur la boîte où se pose le carré de dessous pour les monnoies: il sert à détacher l'espece, lorsqu'elle a reçu l'empreinte; & à la faire sortir du carré. Les monnoies se marquent sans recuire ni limer; de même que les jettons. Quand les monnoies ou médailles se font au marteau, on appelle les poinçons avec lesquels on les marque, des *coins*, des *piles*, des *trousseaux*: mais depuis l'usage des balanciers on ne s'en sert plus.

GRAYMILL. *Voyez* GREMIL.

GRAY *Pollard.* } *Voyez* FROMENT, *n.* 8.
—— *Wheat.*

G R E

GREEN-WOOD. *Voyez* GENÊT, *n.* 5.

GREFFER; ou *Enter*: en Latin *Inserere*. Opération qui consiste à substituer une branche d'un arbre qu'on veut multiplier, aux branches naturelles de l'arbre sur lequel on applique la greffe & que l'on nomme le *Sujet*. On appelle *Greffe*, *Ente*, & quelquefois *Rameau*, la branche destinée à être unie au sujet. *Ecussonner*, est encore pris pour synonyme de Greffer; quoiqu'il y ait une maniere particuliere de greffer que l'on nomme *Ecusson*.

Le *Greffoir*, ou *Entoir*, est un petit couteau fait exprès pour greffer: dont le manche est de bois dur, ou d'ivoire. L'extrêmité de ce manche est plate, mince & arrondie: pour pouvoir servir à détacher aisément l'écorce d'avec le bois des plus petits arbres, & y insérer ensuite les écussons sans rien offenser ou rompre. Le manche doit avoir environ un bon pouce de plus en longueur, que la lame: & celle-ci est à-peu-près de deux pouces. Il est bon que le greffoir se ferme en pliant, comme un couteau ou une serpette.

Voyez, dans la cinquieme partie des *Instructions* de M. De la Quintinye, la planche relative à la p. 69 du T. II.

Greffe en Fente; ou *en Poupée*: nommée en Anglois *Cleft-Grafting*; & *Stock*, ou *Slit*, *Grafting*.

Les instrumens nécessaires pour cette greffe sont une bonne serpette, le greffoir, une scie, un couteau, un coin de buis ou autre bois dur, ou deux coins de fer (l'un petit, pour les jeunes arbres; & l'autre plus gros), un maillet de bois ordinaire ou de buis; de la bauge ou terre franche paîtrie & alliée d'autres substances, ainsi que nous le dirons ci-dessous; ou bien quelque préparation résineuse qui produise l'effet de la bauge; & de l'ozier fendu, pour que la greffe étant dans la fente, on puisse l'assurer en liant l'endroit où on l'a mise.

[Ce qu'il y a de mieux dans cet article appartient à M. Duhamel. Me proposant de mettre tout Cultivateur en état d'exécuter cette belle partie de l'Œconomie Rurale: après avoir bien lu les meilleurs Traités sur la Greffe; je me suis déterminé à transcrire presque tout ce que M. Duhamel en a dit dans sa *Physique des Arbres*. Cet habile Naturaliste a des idées si nettes, & il possède l'art de les présenter sous une forme si réguliere, que je me ferois exposé à faire mal en voulant m'écarter d'un si excellent Guide.]

On peut greffer en fente pendant les mois de Février ou Mars, & sur des arbres de toutes grosseurs. On emploie principalement cette maniere pour les arbres qui ont un ou deux pouces de diametre.

L'on conseille en général, de prendre des greffes sur des arbres qui donnent déja du fruit, plûtôt que sur des arbres trop jeunes : ceux-ci étant sujets à donner beaucoup de bois avant de se mettre à fruit.

Il faut toujours choisir des branches saines, vigoureuses, dont l'écorce soit fine & qui aient de gros yeux ou boutons. Les branches chifonnes produisent des greffes languissantes : & les gourmandes sont longtems à ne pousser qu'en bois. Si on greffe pour faire des arbres de plein-vent, il est à-propos de cueillir les greffes sur des branches qui s'élevent droites ; attendu que celles de côté fournissent rarement de belles tiges.

Les greffes étant cueillies, on les lie par petites bottes, espece par espece ; & on les numérote sur de petites plaques de plomb, ou sur des ardoises, afin d'éviter la confusion.

Il est bon de cueillir les greffes avant que leurs boutons aient grossi : c'est-à-dire, en Janvier, ou vers le commencement de Février. Si même les greffes devoient être envoyées loin, il n'y auroit pas d'inconvénient à les cueillir dès le mois de Novembre ; pourvû qu'ensuite on prévînt leur desséchement, sans les exposer à se moisir ou à s'échauffer. Car il est essentiel pour leur réussite que l'écorce ne se sépare pas du bois. On prétend que des greffes se conservent quatre mois dans des tuyaux de fer blanc, que l'on tient plongés dans du miel. Il y a des gens qui les piquent dans des melons, concombres, & autres plantes succulentes ; où elles conservent leur fraîcheur. M. Miller (*Gard. Dict.* Art. INOCULATING) » conseille de n'envoyer des écussons au loin que dans un tuyau de fer blanc, long » d'environ dix pouces ; dont l'extrêmité ait un couvercle percé de cinq ou six trous. Après avoir mis » deux ou trois pouces d'eau dans le fond du tuyau, » on y fera entrer les greffes, ensorte que le bas seul » soit baigné. Les trous du couvercle sont destinés à » entretenir une suffisante quantité d'air pour que les » écussons ne cessent pas de transpirer. On doit être » attentif à conserver ce tuyau dans une position » verticale ; afin que l'eau ne gagne point les boutons. « Consultez ci-dessous l'article des *Ecussons proprement dits* : & le *n.* 172 des *Avis pour le transport par mer des arbres*, &c ; petit Ouvrage de M. Duhamel, Paris 1753, *in*-12.

Pour conserver jusqu'au tems d'en faire usage, les greffes qu'on ne transporte pas ; on enterre à deux pouces de profondeur le bas des bottes, le long d'un mur exposé au Nord. Quelques-uns les couvrent entiérement de terre : d'autres ne leur en donnent que fort peu, mais ont soin de les couvrir quand il survient des gelées un peu fortes : d'autres enfin les conservent dans des godets remplis d'eau, qu'ils changent tous les huit jours ; mais souvent elles s'y amollissent, & ne viennent pas ensuite à bien. Il faut être plus attentif à préserver de la gelée les greffes des fruits à noyau, que celles des fruits à pepin & des arbres forestiers.

Quoique le jeune bois fournisse de bonnes greffes, il est souvent mieux que l'endroit qui doit entrer dans la fente soit du bois de deux ans : cette attention devient importante quand on greffe des especes qui ont beaucoup de moelle.

On peut appliquer des greffes à la naissance des branches, ou au haut de la tige. Si on veut greffer près de terre, on scie la tige à quatre ou six pouces du bas (cette pratique convient sur-tout pour les arbres nains) ; on pare la coupe avec une plaine de Tonnelier, ou tout autre instrument tranchant ; puis on fend assez profondément la tige par son diamètre, en plaçant suivant cette direction le tranchant d'une serpe, sur laquelle on frappe avec un maillet. Quand l'arbre est menu, une serpette suffit même pour cette opération : mais il y a tel gros ar-

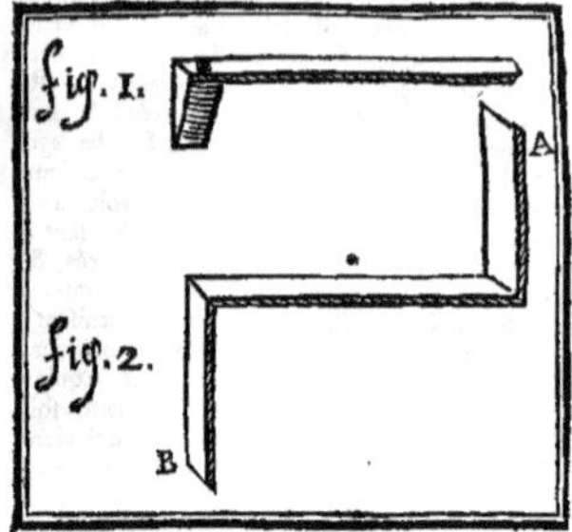

bre où l'on est obligé de se servir d'un *coin*, pour ouvrir la fente & placer commodément les greffes. Ce coin peut être fait comme dans l'une ou l'autre des figures ci-jointes. C'est celui de la *Fig.* 2. que M. De la Quintinye a donné dans son deuxieme Volume. Ce coin est de fer : & on suppose que le côté A est plus gros, plus long, & plus fort que le côté B ; afin de servir aux grosses tiges ; & l'autre plus court, plus mince, & plus foible, pour les petites. On présente dans le milieu de la fente commencée, celui des deux qui paroît le plus proportionné à la grosseur du sujet : & si, pour avoir l'ouverture nécessaire, on ne peut enfoncer assez le coin sans y donner quelques légers coups de maillet, on le fait. La fente étant à-peu-près assez ouverte pour y introduire la greffe, on n'a qu'à baisser ou hausser, de la main gauche, la queue de l'instrument ; &, de la main droite, présenter les greffes taillées, à l'endroit où elles doivent demeurer : on acheve ainsi d'ouvrir, s'il en est besoin ; ou bien on resserre la fente, quand la greffe est placée comme elle doit l'être.

Il y a des Jardiniers qui observent de ne pas fendre le cœur même de l'arbre, mais un peu à côté.

Quelques-uns commencent par couper l'écorce avec la pointe d'une serpette, vis-à-vis de la fente ; afin que l'ouverture soit plus propre ; & que la greffe puisse se placer mieux. La fente étant faite, on coupe avec la serpette les filamens de bois si l'on en apperçoit.

Lorsque les sujets sont menus, on ne place qu'une greffe dans la fente de leur tige : & quand ils sont gros, on en met une vers chaque extrêmité de la fente ; ou même quatre, en formant une seconde fente qui coupe la premiere à angle droit, & fait ce que l'on nomme *Greffe en Croix*. La plaie des sujets un peu gros est plus tôt recouverte, quand il y a deux ou quatre greffes. Pour ceux qui étant fort menus, ne peuvent recevoir deux greffes, on les coupe obliquement (ou *en Flute*, ou *Pied de biche*) jusqu'à la moitié de l'épaisseur de la tige, & l'autre moitié horizontalement à plat ; pour y poser la greffe : la plaie se referme plus promptement, au moyen de cette précaution ; & l'eau n'entre pas dans la fente, comme il arrive quand l'arbre est coupé entiérement à plat.

Tout étant ainsi disposé, on taille en coin, long d'un bon demi-pouce, le bas de chaque greffe ; observant de pratiquer deux petites retraites au-dessus de l'endroit où commence la tête de ce coin, afin de l'arrêter. Comme le coin doit entrer dans la fente qui divise l'arbre transversalement, & qu'ainsi il répondra par un côté au cœur de l'arbre ; il faut que ce côté soit un peu plus mince que celui qui regardera l'écorce. On doit ôter le moins de bois qu'il est possible, sur les faces plates du coin.

On a l'attention de proportionner la grosseur des greffes à celle des sujets; choisissant pour les plus forts, les plus grosses greffes: & lorsque les arbres sont fort menus, on prend une greffe aussi grosse que l'endroit du sujet où on veut l'appliquer; la moelle du bois & l'écorce de la greffe répondent alors aux mêmes parties du sujet. C'est ainsi que les Génois greffent les Jasmins d'Espagne. Cette pratique a réussi à M. Duhamel, sur des poiriers & des pommiers.

Quand on greffe sur des Pommiers de paradis, qui sont de petits arbres, on ne laisse que deux boutons sur les greffes: on en laisse trois, en greffant des nains; & quatre pour les plein-vents gros & vigoureux.

Il peut être avantageux de laisser tremper les greffes dans de l'eau, environ deux heures avant de les employer.

Pour les mettre en place, on ouvre la fente avec un coin, si l'arbre est gros, sinon avec la pointe de la serpette; on y introduit la partie de la greffe taillée en coin. Une attention qu'il faut avoir, & de laquelle dépend principalement la réussite des greffes, est que l'écorce intérieure, ou le *Liber*, de la greffe, réponde bien juste au liber du sujet. Quelques Jardiniers recommandent de faire ensorte que les écorces extérieures se répondent: mais l'inconvénient de cette méthode est que, comme l'écorce du sujet est ordinairement beaucoup plus épaisse, le liber de la greffe se trouve alors répondre à la moitié de l'épaisseur des couches corticales du sujet; & ainsi les greffes manquent. Attendu que c'est en ce point que consiste leur succès, il y en a qui conseillent de choisir des greffes dont le bas soit un peu courbe; & de placer la courbure en dehors, de façon que le milieu qui est creux entre un peu dans le bois, & que le haut & le bas de la greffe sortent un peu en dehors: il y a ainsi toujours une portion du liber de la greffe qui croise celui du sujet; ce qui suffit pour la reprise. Mais il vaut encore mieux que ce rapport se trouve dans toute la longueur.

Les greffes étant bien placées, on retire le coin: &, si l'arbre est un peu gros, le ressort du bois suffit pour serrer suffisamment la greffe. Quelques Jardiniers, appréhendant qu'une greffe menue ne soit trop serrée par une forte tige, laissent dans la fente un petit coin de bois, qui diminue la pression: ou même ils ôtent proprement & bienuniment un peu de bois des deux côtés de la fente, avec la pointe d'une serpette bien tranchante; en prenant de bas en haut; & opérant si juste par rapport à la figure de la branche taillée pour greffer, qu'après l'avoir mise en place on n'apperçoive aucun jour entr'elle & les côtés de la fente, & que cependant cette greffe tienne si bien qu'il ne soit pas aisé de l'ébranler.

Lorsque l'arbre est fort menu, on peut entourer simplement le haut avec un lien d'ozier, fendu en deux. Mais, pour un gros arbre, on couvre avec un coupeau de bois ou un morceau d'écorce tendre, l'aire de sa coupe & la fente qui la traverse; puis on forme une *poupée* avec de la *hauge*, qui est un mélange de terre rouge ou autre espece d'argille, & de bouze de vache, ou de crotin de cheval; quelques-uns y ajoûtent du foin bien fin. On assujettit le tout avec un morceau de vieux linge: ou bien avec de la mousse, recouverte de deux écorces de saule qui se croisent, & que l'on arrête sur le sujet avec de l'ozier. On recouvre avec un mélange de cire & de térébenthine la plaie des arbres menus quand ils sont précieux. On se sert encore de poix noire & grasse, où on mêle un peu de cire jaune quand elle est fondue, & que l'on applique toute chaude avec une espece de spatule de bois. D'autres couvrent la plaie avec un tiers de poix résine, un tiers de cire, & un tiers de suif, fondus & bien mêlés ensemble: avant d'employer cette composition, il faut se frotter les doigts avec de l'huile. Il y a des Curieux qui mettent dans un pot de terre vernissé une demi-livre de cire jaune, autant de poix de Bourgogne, & deux onces de térébenthine; qu'ils remuent souvent sur le feu jusqu'à parfaite liquéfaction: ce mélange ayant refroidi pendant douze heures, ils le mettent durant une demi-heure dans de l'eau tiede; où ils le brisent en petits morceaux: après quoi ils en enduisent soit la plaie même; soit une toile dont ils garnissent l'espace qui est entre les greffes, puis toute la plaie; & baugent par dessus. On pourroit vraisemblablement se servir aussi de la cire verte que les Jardiniers mettent sur les plaies des orangers.

Voyez ci-après les *nn.* XXI & XXII des *Observations Générales*.

L'arbre étant accommodé, il est à propos de lui donner un labour; & de répandre ensuite à la surface de la terre quelque amendement propre à l'entretenir fraîche & meuble.

Les sujets ne manquent gueres de pousser quelques jets: que l'on a soin de retrancher, à moins que ces sujets ne soient très-vigoureux: car en ce cas on peut en laisser un ou deux, pour consommer une partie de la seve, dont l'abondance pourroit nuire à la greffe.

La greffe en fente fatigue beaucoup le sujet. L'incision violente, nécessaire pour placer la greffe, est cause que cette méthode ne réussit pas si bien sur les vieux troncs, plantés dans des terres légeres, que sur ceux des terres franches.

Les fruits à noyau, & principalement les pêches, réussissent plus rarement avec la greffe en fente; quoique des Curieux de certains endroits de Guyenne assurent le contraire: dit M. De la Quintinye.

La GREFFE *par Enfourchement*, est une espece de Greffe en fente. Ce qui la distingue de celle que nous venons de décrire, est que, au lieu de tailler en coin le bas de la greffe, c'est à l'extrêmité du sujet que l'on donne cette forme; & après avoir fendu la greffe on l'applique sur le sujet dont on y insinue l'extrémité. Comme il faut toujours que les libers se rencontrent, la greffe doit nécessairement, dans ce cas, être aussi grosse que le bout du sujet que l'on taille en coin.

Greffe en Couronne; ou entre le bois & l'écorce.

Les Anglois la nomment *Grafting in Rind; Shoulder-Grafting*; & *Crown-Grafting*.

Celle-ci se pratique lorsque les arbres sont en seve, depuis la fin de Mars jusqu'en Juin.

Elle convient principalement à de fort gros sujets. *Voyez* EMPEAU.

Au lieu de fendre l'arbre, comme pour la greffe en fente, on se sert de la pointe du couteau pour détacher l'écorce d'avec le bois, puis on y introduit un petit coin de bois dur à qui on a donné la forme du gros bout d'un cure-dent, & que l'on fait entrer par quelques coups de marteau. Après avoir taillé le bas des greffes, sur environ un pouce de longueur, de maniere qu'elles représentent l'autre bout du cure-dent, mais non évuidé par en haut; on les insinue entre le bois & l'écorce à la place du coin, ensorte que le côté entaillé soit appliqué exactement contre le bois. On en met ainsi, de trois en trois pouces, ou à plus grandes distances, tout autour de la tige coupée à plat horizontalement.

L'Auteur du *Jardinier Solitaire* dit » avoir éprouvé » la greffe en couronne sur un nombre considérable, » tant de vieux arbres que de jeunes sauvageons;

» & qu'il la trouve plus aisée & plus avantageuse » que la greffe en fente. Elle ne fatigue point le sujet. » Elle pousse vigoureusement : de sorte qu'en trois » ans elle forme, d'un vieux tronc, un beau buis- » son ; qui donne souvent du fruit dès la seconde » année. C'est pourquoi cet Auteur la préfére pour » les poiriers & les pommiers. «

Toute l'attention qu'elle exige est 1°. que la greffe ne se dépouille pas de son écorce en s'introduisant entre le bois & l'écorce du sujet : 2°. qu'en sciant le sujet, on n'éclate l'écorce que le moins que l'on peut. 3°. Il faut enlever toute la scieure ; & avec la serpette bien unir l'endroit jusqu'au vif, principalement sur l'écorce. 4°. Ainsi que pour la greffe en fente, on doit choisir un endroit où il ne se rencontre pas de nœuds. 5°. On prend communément des greffes qui aient un demi-pouce de circonférence, & dont la longueur porte plutôt cinq bons yeux que quatre.

Il y a des Jardiniers qui, pour faciliter l'introduction de ces greffes, font à l'écorce une incision verticale, avec la pointe d'une serpette. Quoique cette incision ne pénetre que jusqu'à la moitié de l'épaisseur de l'écorce, il arrive souvent qu'elle s'ouvre en cet endroit quand on introduit le coin : & alors il se trouve une fente à l'écorce qui recouvre la greffe : mais l'inconvénient n'est pas considérable ; attendu que, comme on vient de le dire, la réussite de cette greffe consiste dans l'exacte application de la face entaillée, contre le bois du sujet.

Après avoir placé toutes les greffes, on recouvre la plaie comme dans la greffe en fente : observant néanmoins que la bauge bien faite est plus propre à la garantir du soleil, que les préparations résineuses que la chaleur peut fondre.

On laboure ensuite au pied de l'arbre ; on y répand sur la terre quelque chose qui la préserve du hâle ; & on donne un bon arrosement.

Ces greffes poussent ordinairement avec une force surprenante. Aussi doit-on être exact à assujettir leurs pousses avec des baguettes ; pour empêcher que le vent ne les rompe.

On ne les taille qu'en Avril ou Mai de l'année suivante. Pour qu'elles aient une forme gracieuse, on peut les environner d'un cerceau soutenu par quelques échalas.

Cette méthode de greffer est très-propre à faire de beaux buissons : comme le dit le *Jardinier Solitaire*.

Il y a des Jardiniers qui la pratiquent sur de jeunes sujets ; dont ils retranchent entiérement les branches : puis fendent l'écorce en forme de T : & après avoir détaché cette écorce, ils introduisent entr'elle & le bois une greffe taillée en pointe de cure-dent, comme nous l'avons dit pour la pratique commune. Ils lient ensuite l'écorce avec un peu de laine.

Si on craint que les chenilles, fourmis, ou autres insectes, n'endommagent les greffes, on peut entourer la tige, près de terre, avec une corde de crin : *ou* l'on y fait une ceinture de vieux oing. On peut *encore* répandre de la scieure de bois ; ou de la suie de cheminée, au pied de l'arbre : *&* entourer la tige avec de la laine imbibée d'huile.

Greffe dite *Ecusson en Sifflet*, ou *en Flute*.

Dans le tems où les arbres sont en pleine seve, on coupe la tige d'un jeune arbre, pour enlever à son extrêmité un anneau d'écorce. Consultez la *Fig.* 101 du quatrieme Livre de la *Physique des Arbres*. Ayant choisi pour greffer, une branche de même grosseur que la tige qu'on veut écussonner, on fait (avec la serpette, le greffoir, ou autre instrument) une incision circulaire ; & tordant doucement l'écorce ; qui alors n'est pas adhérente au bois, on enleve un petit tuyau d'écorce (*Fig.* 102) garni au moins d'un bon bouton ; l'on fait sortir ce tuyau par le petit bout de la branche, & on la place promptement sur l'endroit de la tige qui est écorcé ; de maniere que cette écorce étrangere soit exactement substituée à l'écorce naturelle de cet arbre (*Fig.* 103). On couvre le tout avec un mêlange de cire & de térébenthine. Quand l'opération a été bien faite, le bouton s'ouvre & fournit une branche. Voyez l'explication de ce phénomene, dans la *Phys. des Arbr.* p. 32-3, *&c.*

Il n'est pas toujours facile de trouver une branche qui ait précisément la même grosseur que le sujet qu'on veut greffer. Mais voici les moyens d'y suppléer. Si l'anneau cortical se trouve trop grand, on le fend à la partie opposée au bouton ; & on retranche un peu d'écorce. Quand il est trop petit, on peut ôter un peu de bois du sujet. Quoique de pareils écussons réussissent bien, malgré cette soustraction de bois ; cependant, comme il importe beaucoup que les libers se rencontrent, il vaut mieux fendre le tuyau cortical trop petit : il est vrai qu'alors il ne couvrira pas entiérement le cylindre ligneux ; mais la reprise n'en sera pas moins certaine.

Il y a des Jardiniers qui, au lieu d'emporter un tuyau cortical au bout du sujet, coupent par lanieres cet endroit de l'écorce ; & après avoir placé l'écusson cortical, rabattent ces lambeaux par dessus. Les lambeaux se dessèchent & meurent par la suite : mais jusques-là ils ont été très-utiles pour assujettir l'anneau de la greffe.

M. Duhamel ayant fait un de ces écussons, ensorte que l'anneau cortical ne joignoit pas exactement l'écorce du sujet ; il sortit d'entre l'écorce de l'écusson & le bois de l'arbre un petit bourrelet, qui se prolongeoit en descendant, pour se réunir aux productions du corps de l'arbre. Cet écusson réussit très-bien.

D'après diverses expériences que cet habile Naturaliste a rapportées dans le troisieme Chapitre du quatrieme Livre de sa *Physique des Arbres*, il assure (*p.* 72) que » Sans retrancher toutes les branches » on feroit des écussons, si l'on substituoit à l'écorce » d'un arbre une écorce étrangere qui remplit exac- » tement l'espace dépouillé d'écorce ; bien entendu » que cette écorce étrangere seroit garnie d'un bou- » ton. «

On voit de ces écussons réussir très-bien sur des branches réduites simplement à la longueur de quatre ou cinq pouces.

Il faut toujours choisir des endroits bien sains ; & exempts de nœuds.

On se sert de fil, de jonc, de ruban, *&c.* pour comparer la grosseur de la greffe à celle de l'endroit où on la destine.

Cette maniere de greffer réussit particuliérement bien sur les marroniers, châtaigniers, & figuiers.

Ecussons proprement dits : ou *Greffe en Ecusson*, ou *de Bouton :* que les Anglois appellent *Inoculating ;* & *Buding.*

Voyez EMPEAU.

Le nom d'écusson paroît venir de ce que l'on prend pour cette greffe un morceau d'écorce garni d'un bouton : où l'on a cru trouver quelque ressemblance avec un écusson d'armoiries ; parce qu'on le taille comme en V ou à-peu-près en triangle : Voyez les *fig.* 32, 106, & 107 du quatrieme Livre de la *Physiq. des Arbres :* & dans M. De la Quintinye, celles du quatorzieme Chap. de la cinquieme Partie. Ce que nous venons de dire rend aussi raison de ce qui a fait nommer *Greffe de Bouton* cette maniere d'opérer.

Puisqu'il faut détacher un morceau d'écorce, du bois qu'elle recouvre, on doit en conclure que cette façon de greffer n'est praticable que quand les arbres sont en seve. Quoique les écussons soient bien faisables durant tout l'été & le printems, & en général tant que l'écorce peut se détacher du bois, on a coutume de ne greffer ainsi qu'au printems & en automne. Cette greffe, pratiquée au printems, se nomme Ecusson *à œil poussant*, ou *à la pousse;* parce que le bouton ou œil s'ouvre ensuite promptement & fournit une branche. Quand on écussonne au déclin de la seve d'été, depuis la mi-Août jusqu'à la mi-Septembre, on dit Ecusson *à œil dormant;* parce que le bouton reste fermé tout l'hiver, & ne s'ouvre qu'au printems suivant.

Les écussons doivent être toujours levés sur les branches de la derniere pousse. Après les avoir taillés on appuie un peu fort avec le pouce, sur les côtés de l'incision; ce qui les détache sans violence.

Ainsi que pour les greffes en fente, on cueille avant l'ouverture des boutons, celles que l'on destine à faire des écussons à œil poussant: & on les conserve le long d'un mur, à l'exposition du Nord, en ne les enfonçant que de deux ou trois doigts dans la terre.

Pour écussonner au printems, on attend que les arbres soient en pleine seve: ce que l'on reconnoit à l'écorce, qui se détache alors aisément du bois; & quand, en coupant l'écorce, on voit suinter de la seve. Pour les fruits à noyau, il est dangereux d'attendre que les arbres aient trop de seve. Au reste, il est bon de savoir qu'un arbre qui n'est pas en seve dans un tems sec, se trouve en seve quelques jours après la pluie.

On a soin de couper pendant l'hiver toutes les branches superflues des sujets que l'on veut greffer au printems: de crainte que, si l'on faisoit ce retranchement peu de jours avant d'écussonner, les arbres ne perdissent leur seve, & on ne trouvât l'écorce adhérente au bois. Mais cette attention n'est pas bien importante pour une saison où la seve abonde.

Il n'est pas aussi facile de détacher de dessus les jeunes branches un morceau d'écorce avec un bouton, dans le printems qu'en automne; parce que ces petites branches, séparées des arbres depuis plusieurs mois, n'ont point ordinairement beaucoup de seve. Pour détacher l'écusson, on leve sur la jeune branche un petit copeau qui pénetre dans le bois, environ du tiers de l'épaisseur de la branche: ensuite tenant, d'une main, ce copeau par le bouton, on se sert de la pointe du greffoir qu'on a dans l'autre main, pour détacher tout le bois aussi exactement que l'on peut. Le mieux est qu'en général il n'en reste point; & que l'écorce soit en dedans nette de bois, & bien unie.

Avant de mettre cet écusson en place, il faut examiner si l'œil n'est pas vuide, c'est-à-dire, si on y apperçoit le germe d'une jeune branche. Car sans ce germe, quoique l'écorce se greffât, l'on n'auroit aucune pousse du bouton.

Quand les greffes ont peu de seve, on préfere de laisser dans leur intérieur un peu de bois; plutôt que d'emporter ce germe de branche. C'est pourquoi, dans les circonstances où l'on trouve peu de seve, on ne leve les écussons qu'en faisant un peu mordre le greffoir dans le bois depuis la tête des écussons jusqu'à la pointe, surtout à l'endroit des yeux. La plupart des écussons de fruits à pepin ne peuvent même s'enlever autrement: & M. Miller dit qu'il y a beaucoup d'arbres délicats, dont les greffes manquent pour avoir été privées de bois.

L'écusson étant en bon état, on le met à sa bouche, pour le tenir simplement avec les levres par la queue des feuilles qui y sont restées; & sans le toucher de sa salive.

Pour le placer, on fait à l'écorce du sujet, une incision horizontale longue comme un grain d'aveine, & au dessous du milieu de celle-là, une incision verticale qui ait un pouce ou un pouce & demi de longueur: prenant garde d'offenser le bois. Ces deux entailles ont ensemble la forme d'un T.

Après avoir soulevé cette écorce avec l'ongle, ou avec le manche du greffoir, on insinue l'écusson entre elle & le bois, de maniere que le bouton de l'écusson sorte entre les deux levres de l'écorce du sujet. Présentant la pointe auprès de l'incision horizontale, on le fait descendre en coulant tout du long de l'incision, ensorte qu'il y entre tout entier, & que surtout il occupe pleinement toute la place dépouillée à la tête de l'incision, & qu'enfin les côtés de l'écorce qui sont détachés, viennent ensuite couvrir tout l'écusson, hors l'œil, comme nous venons de le dire. Voyez la 31e. figure du Livre IVe. de la *Physique des Arbres.* Il faut que l'écusson porte tout à plat contre le bois.

On assujettit ensuite le tout avec plusieurs révolutions d'un fil de laine: & l'opération est finie.

Il est assez ordinaire de se servir de grosse filasse plate, que l'on met quelquefois tremper dans de l'eau pour la rendre plus forte & plus flexible; mais ce lien endommage les écussons quand les arbres grossissent: la laine est préférable: l'écorce d'ozier est encore bonne pour cet usage.

En employant de la laine de différentes couleurs, on se procurera un moyen commode de reconnoître les différentes especes écussonnées.

On raccourcit le sujet à deux travers de doigt audessus de l'écusson: qui pousse incessamment & produit une branche. Cet étêtement peut fort bien être différé jusqu'à huit jours après l'application des écussons: la seve qui ne cesse pas de couler, étant propre à faciliter l'union de l'écusson avec le sujet.

Il faut éviter de mettre l'écusson du côté des grands vents.

On voit des gens qui, pour plus grande sûreté, mettent à la fois deux écussons; un de chaque côté de la tige.

La Greffe *à œil dormant* s'exécute de même. Il y est important que les arbres aient encore assez de seve, pour que leur écorce ne soit pas adhérente au bois. Comme on ne veut pas qu'il pousse avant l'hiver un jet tendre & herbacé, qui périroit presque certainement, on n'étête les sujets qu'après l'hiver. Les écussons doivent être pris sur de jeune bois bien aoûté: & l'on choisit par préférence les boutons d'en bas. Pour empêcher que les boutons ne se fanent, on coupe l'épanouissement de toutes les feuilles, & même une partie de leur queue. Ces branches peuvent se conserver trois ou quatre jours, pourvû qu'on ne leur ait laissé qu'environ six pouces de longueur, & qu'on les enveloppe d'herbe verte, ou qu'au moins leur gros bout soit enfoncé dans du fruit, de l'eau, ou de la glaise humide; avec une enveloppe de mousse mouillée. Ainsi un rameau de deux pieds de long peut fournir plusieurs écussons. Ces précautions suffisent pour envoyer à trente ou quarante lieues des écussons en bon état. Voyez ci-dessus, p. 228. Il y a des Jardiniers qui mettent leurs écussons dans un pot avec du miel, & les lavent dans de l'eau claire, avant d'écussonner: M. Duhamel a reconnu l'incertitude de cette pratique: *Physique des Arbres* T. II. page 76.

Quand on a employé des liens de filasse, on doit les couper avant le printems: sans quoi l'écusson est sujet à périr, & l'arbre produit au dessous une multitude de jets inutiles. On coupe cette filasse de bas en haut, par derriere l'écusson : & on ne la détache pas ; de crainte d'emporter le bourgeon, qui est alors extrêmement tendre.

On prétend que la greffe à œil poussant réussit mieux sur les merisiers que sur tout autre fruit à noyau ; excepté les pêchers sur de vieux amandiers.

La greffe en écusson est plus fréquemment pratiquée que toute autre, dans les pépinieres : non seulement parce qu'elle est aisée à faire ; mais encore parce qu'elle convient très-bien pour les jeunes arbres. Elle réussit mal quand les écorces sont épaisses.

Consultez le *Spectacle de la Nat.* Entr. VII ; où l'Auteur examine un endroit du 2e Livre des Géorgiques, relatif à cette greffe.

En greffant de jeunes sujets, on applique l'écusson sur leur corps. Mais lorsqu'ils sont vieux, on les étête ; & le printems leur ayant fait pousser quelque nouveau jet, on l'écussonne en le raccourcissant & lui ôtant les boutons & tout le superflu.

Par ce moyen, non seulement on change l'espece : mais encore, si un arbre est stérile ou qu'il n'ait que des branches rabougries, on le met en état de porter du fruit l'année d'après qu'on l'aura greffé au mois de Juin. On peut ainsi mettre sur un arbre beaucoup d'écussons, particuliérement d'abricotiers & de pêchers.

La greffe en écusson est bonne pour toute sorte de fruits, tant à pepin qu'à noyau, que l'on veut avoir en plein vent ; surtout pour les pommiers venus de pepins, & les pommiers sauvageons de bois. On s'en sert même quelquefois à l'égard des arbres non fruitiers. Elle peut se pratiquer sur toutes sortes d'arbres, arbrisseaux, & sous-arbrisseaux, depuis qu'ils ont un an jusqu'à leur vieillesse.

Comme cette greffe donne promptement du fruit, elle est bonne pour les arbres nains.

On doit choisir un tems doux & beau, pour cette greffe comme pour toutes les autres. Il n'y a rien qui soit plus contraire à celle-ci qu'un tems de pluie : l'écusson ne s'attache point ; parce que la pluie entre dans l'ouverture. Il est encore à propos que la chaleur ne soit pas excessive. Et l'on préférera l'après-midi au matin : la fraîcheur de la nuit venant bientôt après, la greffe fatiguera moins. Au reste, on ne peut faire ces sortes de choix que lorsqu'on a peu de sujets à greffer.

Il est à propos de ne déroger à l'usage des deux saisons d'écussonner, que quand on reçoit des greffes dans des saisons peu convenables. On applique alors des écussons sur des branches gourmandes : & ils peuvent réussir, lorsqu'on les a enveloppés suffisamment de mousse ou d'autre chose, pour qu'ils ne périssent pas durant l'hiver.

Un grand avantage de l'écusson à œil dormant, est que s'il ne reprend point, le sujet n'en reçoit aucun dommage ; puisqu'on n'étête au printems que les arbres où le bouton de l'écusson paroît disposé à s'ouvrir.

Il faut placer les écussons assez haut pour que les greffes ne se trouvent pas recouvertes de terre quand on mettra les arbres en place. Car le bourrelet qui se forme à l'endroit de l'insertion a beaucoup de disposition à pousser des racines ; qui s'étendant à la superficie de la terre, font périr les racines du sauvageon quand les années sont humides ; mais qui périssent elles-mêmes, dans les années séches. Ainsi on a coutume d'écussonner à cinq ou six pouces au dessus de la terre, les arbres qu'on destine pour être nains ; & à la hauteur de neuf à dix pouces, ceux qui doivent venir en plein vent.

Néanmoins, comme les arbres greffés ne sont pas aussi vigoureux que ceux qui croissent sur leurs propres racines, M. Duhamel a sçu profiter de ce qui est un inconvénient dans la culture ordinaire. Ayant fait greffer très-bas quelques arbres ; & leurs greffes étant bien reprises, il les fit mettre assez avant en terre pour que la greffe fût recouverte. Lorsque le collet eut ainsi produit des racines, on arracha les arbres pour couper tout ce qui appartenoit au sujet. Par ce moyen M. Duhamel s'est procuré des Reines-Claudes & d'autres especes de bons fruits, dont tous les rejets n'ont pas besoin d'être greffés. Consultez la *Phys. des Arbr.* T. II. p. 109, 110 ; & le *Traité de la Cult. des Terr.* T. II. p. 202-3.

[Cette méthode a du rapport à celle de *Greffer sur racines* ; dont il est fait mention dans le *Spectacle de la Nat.* Entr. VII. Voyez ci-dessous, p. 235.]

Un soleil trop vif desséche quelquefois les écussons, surtout ceux que l'on fait au printems. On peut prévenir cet inconvénient, par un cornet de papier qu'on attache renversé au dessus des écussons, & que l'on ôte quand ils ont poussé. C'est encore pour éviter le desséchement, qu'on a coutume de n'écussonner que le matin ou le soir, lorsqu'il fait beau. Car, comme nous l'avons dit, les écussons mouillés de pluie sont sujets à périr. Le cornet de papier empêche aussi que l'eau ne s'insinue entre l'écorce de l'écusson & celle du sujet ; & que la gelée ne détruise la nouvelle pousse : mais il attire quelquefois des insectes.

Plus les Greffes *en fente*, *en couronne*, & *en écusson*, poussent avec force ; plus il y a à craindre qu'elles ne se décolent. Ces jeunes branches qui souvent acquiérent trois ou quatre pieds de longueur dans une année, & qui sont chargées de feuilles, ne tiennent au sujet que par une couche ligneuse qui n'a pas encore beaucoup de solidité : ainsi elles sont exposées à être détachées de l'arbre par la pluie & le vent. C'est pourquoi l'on doit avoir bien attention de les soutenir avec des échalas : & même, quand on a appliqué les greffes sur les branches d'un arbre à haute tige, on feroit bien de couper l'extrémité des greffes qui poussent avec beaucoup de force ; plutôt que de s'exposer à les voir se décoler. Certains Jardiniers laissent, dans cette vue, un long chicot du sauvageon au dessus des écussons ; pour leur servir de tuteur, & y lier les greffes avec du jonc. Ces tuteurs, ou autres, qu'on laisse pendant un an, doivent être assujettis par des liens en deux endroits.

Greffe par Approche, ou *en Approche* : que l'on appelle aussi *Greffe en oreille de Lievre* : & en Anglois, *Inarching-Grafting ; by Approach ;* & *Ablactation.*

I. Lorsque deux arbres de pareille grosseur sont très-voisins ; si on entame leur écorce & leur bois pour appliquer la plaie de l'une sur celle de l'autre, de façon que les libers se répondent : ces arbres se grefferont si exactement que, si on coupe l'un audessous de l'endroit de leur réunion, les racines de l'autre nourriront les deux têtes. Consultez la *figure* 108 du Liv. IV. de la *Physiq. des Arbr.* Cette sorte de greffe s'exécute quelquefois naturellement dans les Charmilles, où les arbres se trouvent fort serrés. Mais elle ne peut pas être bien utile ; parce que l'on ne veut ordinairement conserver que les branches de l'un des deux arbres.

II. On pourroit couper la tête de l'un des deux arbres ainsi greffés ; & coupant en bec de plume fort allongé l'extrémité de la tige, l'appliquer exactement contre une plaie faite à un arbre voisin. Une seule tête auroit ainsi deux troncs & deux appareils de de racines. Consultez la *Physique des Arbres*, T. II. pag. 78.

III. La méthode ordinaire de greffer par approche consiste à étêter le sujet; faire en haut latéralement une entaille triangulaire; & tailler ensuite en forme de coin la tige ou une branche de l'arbre qu'on veut multiplier. Cette partie figurée en coin doit ne pas excéder la moitié de la circonférence de la tige, afin qu'il reste assez d'écorce pour former l'union avec le sujet, & que cette branche puisse subsister jusqu'à leur parfaite union. Il faut aussi tailler le coin, de maniere qu'il remplisse exactement l'entaille faite au sujet, & que les deux libers se rencontrent avec la plus grande justesse. On les assujettit dans cette position avec un lien: on couvre le tout avec de la cire & un peu de linge: & quand les deux arbres sont bien soudés, on coupe au-dessous de la soudure la branche qui forme la greffe. Consultez les *fig.* 110 & 112 du IVe. Liv. de la *Physiq. des Arbr.* Il faut aussi raccourcir le sujet à un ou deux pouces près de la greffe: & couvrir les places comme nous avons dit pour la greffe en fente.

IV. Une façon encore plus simple, de greffer par approche, est de couper en forme de coin la tige du sujet, & fendre la tige de l'arbre voisin qu'on veut multiplier, ensorte que les deux côtés de la fente embrassent exactement tout le coin, & que les libers coincident. C'est à-peu-près ce que nous avons appellé *Enfourchement*, dans l'article de la *Greffe en fente*. Au reste, Consultez la fig. 113 de la *Physiq. des Arbr.* Liv. IV.

M. Duhamel avertit que quand l'arbre qu'on veut multiplier de cette maniere, a de la disposition à reprendre de bouture, on peut en couper une branche; dont on fourrera le bas dans la terre, & on greffera le haut par approche: souvent la bouture & la greffe reprennent: & quand la bouture ne reprend pas, elle a du moins tiré assez de substance pour faire reprendre la greffe.

V. Si l'on veut faire usage d'un sujet bien vieux, on peut y placer la greffe entre le bois & l'écorce, comme pour la greffe en couronne.

Les *Avantages de la greffe en approche* sont 1°. de servir à multiplier un arbre rare, sans lui faire aucun tort, puisqu'on peut ne lui retrancher qu'une branche; & que le succès est égal à celui des tiges mêmes greffées de la sorte.

2°. La reprise est plus certaine, que par aucun autre moyen: attendu que la branche tenant à son propre pied, ne laisse pas d'en tirer de la nourriture jusqu'à ce que l'union soit parfaite.

3°. L'on pratique ordinairement cette greffe pour des arbres que l'on tient en pot ou en caisse; parce qu'alors on a la facilité de les transporter auprès du sujet. Mais quand on est maître de couper une branche assez longue pour qu'elle entre en terre; quoique dépourvue de racines, elle ne laisse pas de tirer quelque substance: ce qui la maintient presque dans le même état que si elle tenoit à son arbre.

4°. Comme l'on peut par ce moyen greffer une branche toute entiere, chargée de menues branches & de boutons; on ne tarde pas à avoir un arbre tout formé.

5°. On a la commodité de pouvoir greffer par approche, tant que les arbres sont en seve. Il est cependant plus convenable de faire ces greffes au printems, avant que les boutons soient ouverts; parce que les feuilles transpirant alors beaucoup, plusieurs branches périssent quand on les entame un peu profondément, & les greffes qu'on entame peu ne reprennent pas si bien. Au reste il faut éviter de le faire trop tard; si la greffe ne se colloit pas suffisamment avant l'hiver, on ne pourroit point la renfermer dans la serre avant cette saison; ce qui, en bien des cas, pourroit être embarrassant.

M. Miller dit que la greffe par approche est la seule qui réussisse sur le Noyer. Il ajoute qu'en général les arbres greffés de cette maniere demeurent toujours foibles, & ne profitent jamais autant que ceux pour qui on a employé d'autres méthodes. Il observe aussi que les fruits à noyau, greffés par approche, sont très-sujets à la gomme. Selon lui, cette sorte de greffe convient particuliérement aux arbres qui croissent avec lenteur, & dont le bois est d'un tissu serré. Il prétend même que c'est un moyen de naturaliser avec notre climat, des plantes exotiques ordinairement trop délicates pour passer l'hiver hors des serres: ce qui, dit-il, est d'une expérience constante en Angleterre.

Ce Cultivateur attentif conseille de ficher toujours en terre quelque support, pour empêcher que le vent ne sépare les deux arbres: accident qu'il dit être fort ordinaire quand on n'a pas eu cette précaution. Quatre mois suffisent pour unir parfaitement le sujet & la greffe. Selon M. Miller, tout arbre greffé en approche ne profite plus guéres ensuite. C'est pourquoi il ne veut pas qu'on emploie cette méthode pour de beaux orangers; & conseille de la borner aux arbustes curieux.

Greffe à Emporte-piece: qui paroît être celle qu'on nomme en Anglois *Whip-Grafting*; & *Tongue-Grafting*.

Elle se pratique soit dans les mois de Mai & Juin, lorsque les arbres sont en pleine seve; soit en Février ou Mars, avant la seve.

On ne peut la faire que sur des tiges qui excedent trois ou quatre pouces de diametre, & qu'il y auroit du danger à fendre pour greffer. Elle convient particuliérement aux grosses branches, ou grosses tiges, des fruits à pepin: & ne réussit pas sur les fruits à noyau; ni en général sur toutes les branches ou tiges qui, n'ayant qu'une médiocre grosseur, sont trop foibles pour serrer suffisamment la greffe.

Cette maniere de greffer consiste à faire, avec un ciseau de Menuisier, des entailles un peu profondes dans l'écorce & dans le bois des tiges étronçonnées; prendre des rameaux qui aient à-peu-près un pouce de tour; les tailler de même que pour la greffe en fente; & les proportionner si bien aux entailles de la tige, que ces greffes y entrent avec un peu de peine; que les libers de la greffe & du sujet se rencontrent bien; & qu'il ne paroisse aucun jour entre les côtés entaillés de la tige. Cela fait, on prend un ou deux forts brins d'osier, pour lier le plus ferme qu'on peut le tour de la tête de la greffe, ensorte que les greffes ne puissent pas être aisément ébranlées. On fait au surplus, pour garantir la tête contre les injures de l'air, ce que nous avons dit pour les greffes en fente, en couronne, &c.

Greffe par Inoculation.

Cette greffe se fait en appliquant l'écusson, de maniere que son œil soit exactement sur la place où il y avoit un autre œil avant qu'on eût fait l'incision.

M. De la Quintinye (Part. V. Chap. XII.) examine cette pratique; la combat; & finit par dire que tous les essais qu'il en a faits ont été inutiles.

Les Anciens ont donné le nom d'*Inserere Oculos* à l'art de greffer en écussons: & nous avons remarqué, que les Anglois se servent d'une expression semblable.

Observations Générales.

I. Quelque méthode que l'on emploie, il faut toujours faire coïncider bien exactement le liber du sujet & celui de la greffe : c'est le point où toutes les pratiques de greffer doivent se réunir ; comme à celui dont dépend essentiellement la réussite. Quand elle est parfaite, la greffe se joint si intimement avec le sujet, qu'elle devient comme une de ses branches naturelles. Voyez la *Physique des Arbres*, T. II. p. 87-8, puis 80 & suivantes ; 32, *&c.*

Les Cartonniers, faisant allusion à cette union parfaite, nomment *Carton Enté*, une feuille de carton qu'ils ont fendue dans son épaisseur lorsqu'elle étoit encore mouillée, pour y en insérer une autre : puis ayant subi une forte pression, ces deux feuilles se sont trouvé parfaitement assemblées.

II. Quand une fois les arbres sont en seve, la greffe en couronne, ou celle en écusson à œil poussant, suivant la grosseur des sujets, est préférable à la greffe en fente.

III. L'objet de la greffe étant de substituer les branches d'un arbre à celles d'un autre, par exemple les branches d'un pêcher à celles d'un prunier; il faut avoir soin de ne conserver ensuite que les branches venues de la greffe, & retrancher toutes celles du sujet qui voudroient se montrer : si ce n'est dans le petit nombre de cas que nous avons spécifiés. Par ce moyen, on se procure des arbres dont les racines appartiennent à un genre particulier, & les branches à un autre. Voyez la *Physique des Arbres*, T. II. p. 98.

IV. L'on trouve dans les Livres d'Agriculture ou de Jardinage plusieurs sortes de *Greffes extraordinaires*, qui doivent (dit-on) produire des fruits singuliers. Telles sont les greffes du Poirier sur le Chêne, l'Orme, l'Érable, le Prunier; du Murier sur l'Orme, le Figuier, le Coignassier; du Cerisier sur le Laurier cerise; du Pêcher sur le Noyer; de la Vigne sur le Noyer ou sur le Cerisier, *&c.* Malgré l'air de confiance avec lequel elles sont annoncées, on doit ne pas compter sur leurs succès. De très-habiles Cultivateurs modernes en ayant fait l'épreuve plusieurs années de suite, & en diverses manieres, ont acquis le droit de nous persuader qu'on avoit proposé ces sortes de greffes sans être fondé en expérience; & que l'on avoit trop présumé de certains rapports qui rendoient vraisemblable l'espérance de réussir.

Il doit nécessairement y avoir un rapport d'organisation, une ressemblance de certaines parties, entre la greffe & le sujet, non seulement dans les parties de la reproduction, mais encore dans la seve, dans la texture du bois ; pour que la greffe reprenne de maniere à subsister aussi longtems que le sujet.

Si l'on a obtenu quelques productions au moyen de tentatives qui forcent l'ordre de la Nature, ce n'a été que des êtres languissans & peu durables.

Consultez la *Physiq. des Arbr.* T. II. p. 86, 87-8-9, 90-1-7 : & T. I. p. 295, *&c.* Cerisier. Châtaignier. Chêne, *p.* 551. Frêne, *p.* 127. Figuier. Pêcher. Poirier. Pommier. Vigne. Prunier. Coignassier. Bourrelet.

V. On ne peut disputer que la greffe soit le plus sûr moyen pour remplir un jardin des fruits que l'on trouve le plus à son goût. L'expérience journaliere ne permet pas de douter que cette opération perfectionne & affranchit les fruits, en substituant de la douceur à l'âcreté qu'ils pouvoient avoir. Mais il est impossible de prouver qu'elle change les especes. Voyez la *Physique des Arbres*, T. II. p. 95-6.

VI. Le choix des sujets n'est pas une chose indifférente; à cause de l'effet que doit produire le mélange des seves. Une même branche de Poirier de bon Chrêtien, greffée d'un côté sur un Coignassier, & de l'autre sur un Poirier sauvageon, donnera des fruits assez différens : les premiers auront l'écorce plus fine & plus colorée; la chair plus délicate, plus fine, & plus succulene. Mais ces légers changemens n'opérent rien de plus que ce qu'occasionnent les différentes expositions ou les différens terreins : dans une terre grasse & humide, certains fruits seront succulens mais sans goût ; tandis que, venus moins gros dans une terre moins humectée, ils auront une saveur plus agréable. Tous ces cas ne changent rien à l'espece : il n'y a point de connoisseur en fruits qui ne rèconnoisse pour Bon-Chrêtien les fruits venus sur Coignassier, ou sur Sauvageon-Poirier, ou dans une terre séche, ou dans un terrein humide. Voyez la *Physique des Arbres*, T. I. p. 295 : & T. II. p. 87-8-9, 90-1-2-3.

VII. Si quelques singularités se montrent par hazard sur une branche, comme des fleurs doubles, des fleurs ou feuilles panachées, *&c* ; elles se perdent promptement lorsqu'on les laisse sur les arbres qui les ont produites. Mais elles deviennent plus constantes, si l'on coupe les branches pour les greffer : il arrive alors à-peu-près la même chose que si l'on retranchoit à l'arbre qui a produit ces variétés, toutes les branches qui sont dans l'ordre naturel, pour ne conserver que celle qui offre quelque chose d'extraordinaire. Ces monstrosités se perdront même sur les arbres où on les aura transportées par le moyen de la greffe, si l'on n'a pas soin de retrancher toutes les branches qui y croîtront dans l'ordre naturel.

VIII. La plupart des arbres greffés durent moins que les autres; parce que l'on trouve rarement un parfait rapport entre le sujet & l'arbre dont on tire la greffe. Mais il y en a où l'analogie entre la greffe & le sujet est si parfaite, qu'on a peine à s'assurer si l'arbre a été greffé ou non. Certains arbres paroissent même acquérir plus de vigueur par la greffe, & ainsi devoir subsister plus long-tems que si on ne les eût pas greffés : M. Duhamel pense que, si cela arrive, ce n'est que par des causes indépendantes de l'analogie.

La greffe contribue certainement beaucoup, soit à gâter soit à améliorer le corps d'un arbre, & même à favoriser le développement des racines. Comme il est très-bien prouvé dans la *Physiq. des Arbr.* qu'ils produisent des racines proportionnellement à leurs productions en branches ; il est évident qu'une greffe qui languit & qui donne peu de branches, ne devient pareillement gueres fournie de racines.

IX. Il y a des cas particuliers où certaines greffes, appliquées sur des sujets foibles, semblent subsister plus longtems que lorsqu'elles l'ont été sur des sujets plus vigoureux. Voyez la *Physique des Arbres*, T. II. pag. 93.

Ajoûtons que plus un arbre à greffer est gros, plus aussi les greffes doivent être fortes ; qu'elles repoussent alors beaucoup mieux, & avec plus de vigueur : & que celles qui sont foibles ne réussissent pas toujours sur les vieux troncs; qu'il vaut mieux en conséquence les réserver pour de jeunes sauvageons.

X. On doit donc se borner à étudier les rapports que les arbres ont entr'eux, pour ne greffer les uns sur les autres que ceux qu'on reconnoîtra avoir le plus de convenance ; quand on ne cherchera qu'à se procurer des arbres vigoureux & de longue durée. C'est où l'on doit tendre en formant des avenues, ou plantant des vergers d'arbres en plein-vent. Mais comme les arbres qui poussent avec trop de vigueur ne donnent pas de fruit, il peut être avantageux de diminuer leur force, lorsqu'on a intention d'élever des arbres nains dans les potagers. C'est à quoi l'on parvient en choisissant les sujets, & le sol. Consultez ci-dessus le *n.* VI, & les indications où il renvoie.

XI. On peut encore tenter d'affoiblir les arbres, en faisant plusieurs Greffes les unes au-dessus des autres.

M. Duhamel (*Phys. des Arbr.* T. II. p. 94-5.) regrette de n'avoir pu suivre avec exactitude les premiers succès qu'il avoit obtenus en interposant une branche d'Epine ou de Coignassier entre un sujet & une greffe de Poirier; épreuve dans laquelle il s'étoit d'abord proposé de diminuer la vigueur de l'arbre.

XII. Si on veut parvenir à faire un plant d'arbres qui se ressemblent à tous égards, il faut avoir recours à la greffe. Nous avons déja eu lieu d'observer que c'est par ce moyen qu'on peut multiplier l'espece ou la variété qui plaît davantage. Consultez le *Traité des Semis & Plantations*, L. II. C. V, où M. Duhamel indique les circonstances dans lesquelles la greffe peut devenir utile pour les Bois & les Forêts.

On ne peut contester que si l'on greffe les arbres qui ne portent point de fruit, ils deviennent plus beaux, & poussent fort vite; & qu'un arbre enté même de ses propres branches a le bois, l'écorce, & les feuilles, plus poreux & plus vifs.

XIII. On prétend que si l'on greffe un arbre qui donne de bonne heure des fruits, sur un autre dont le fruit est tardif, on en aura dans une saison mitoyenne, mais toujours plus avancée que celle qui conviendroit naturellement au sujet.

XIV. Il ne faut jamais greffer que du fruit dont on aura goûté, & que l'on connoîtra. On doit faire plus de cas d'un fruit qui a bon goût, que de celui qui porte un nom inconnu; car on sçait toujours le nom des bons fruits, comme celui des bons vins.

XV. Il est à propos d'avoir un livre sur lequel on écrive le nom des fruits greffés: sans se fier à sa mémoire ni à des ardoises suspendues aux arbres.

XVI. Il faut être bon greffeur pour les fruits à noyau. Mais si les poiriers & pommiers ne reprennent pas, c'est qu'ils ont été greffés par une main peu expérimentée.

XVII. Suivant les *Transactions Philosophiques* (N. 44), l'on a greffé avec succès des branches de pommier & de tilleul sur des racines de leur espece: mais cette même greffe n'a pas réussi sur les racines du noyer. On soupçonne cependant que la cause de cet accident étoit que l'on n'avoit pas eu soin d'écarter de la partie greffée la pluie & l'humidité de la terre. M. Duhamel a éprouvé avec succès de greffer sur les racines de divers arbres; & nommément sur celles du Tulipier, qui par-là devient moins difficile à multiplier qu'il ne l'a été jusqu'à présent. Nous avons déja parlé de la greffe sur racines; ci-dessus, p. 232, col. 2.

XVIII. On peut rendre utile la souche d'un vieux arbre qui tend à sa fin; en l'étêtant, & greffant ensuite sur le jeune bois qui repousse. Voyez ce que nous avons dit de la *Greffe en Couronne* & des *Ecussons*.

XIX. Quand on greffe un arbre actuellement en espalier, on applique quelquefois des greffes sur six, huit, ou dix de ses branches, en même tems, suivant son étendue; afin qu'il reste dégarni pendant moins de tems.

XX. Les jeunes sujets pour greffer doivent être, autant que l'on peut, venus de semence, & avoir été déja transplantés une ou deux fois. Ceux qui proviennent de marcottes ou de boutures suppléeront au défaut de ceux-là. Mais il faut ne jamais se servir de rejets ou drageons: attendu qu'ils ont coutume de repousser du pied abondamment, & épuiser la greffe en s'épuisant eux-mêmes.

Il est à propos de choisir encore pour sujets, des arbres qui soient venus dans un terrein où ils étoient suffisamment espacés. Leur bois est toujours plus fait, & plus solide, que celui des arbres qui ont été trop près les uns des autres durant leur jeunesse. Ces derniers ont été contraints d'employer leur seve en hauteur: au moyen de quoi leur bois n'a pas acquis de consistance, & les vaisseaux dont il est composé sont restés trop dilatés. Les greffes qu'on y applique poussent effectivement avec force, mais tardent beaucoup à donner du fruit: indépendamment des inconvéniens de ce délai, elles contractent alors une sorte d'habitude de stérilité, à laquelle on ne remédie qu'avec beaucoup de peine.

XXI. Il ne peut qu'être utile de suivre le conseil de ceux qui veulent qu'on prépare la *Bauge pour les poupées* un mois avant de l'employer. Pour cela prenez, à la superficie d'une terre forte & grasse, une quantité de cette terre, proportionnée au nombre de greffes que vous aurez à faire. Mêlez-la bien avec du fumier nouvellement tiré de dessous un cheval entier. Pour que le tout soit mieux lié, ajoûtez-y un peu de paille ou de foin, hachés très-menu. Il faut aussi y mettre du sel; dont l'effet est d'empêcher que l'argile ne se gerse par un tems de sécheresse. Paîtrissez bien ce mêlange avec de l'eau, à-peu-près comme on fait le mortier. Puis pratiquez au centre un creux que vous emplirez d'eau: & travaillez de nouveau cette composition, de deux jours l'un. Il faut la garantir de la gelée, ainsi que des vents hâleux: & plus elle aura été travaillée, plus elle sera parfaite. * *Garden. Dict.* Voyez ci-dess. l'article de la *Greffe en fente*.

XXII. Les mêlanges résineux dont nous avons parlé, p. 229, sont préférables à la bauge, quand on greffe dans l'arriere-saison. L'épaisseur de trois lignes, dont on en couvre le sujet & la greffe dans toute l'étendue de la plaie, suffit pour garantir l'un & l'autre contre les impressions de l'air. Ces sortes de mêlanges, bientôt durcis par l'air froid, les défendent parfaitement de la gelée: qui souvent gerse & détache la bauge. On doit n'en faire usage que quand ils n'ont qu'un degré de chaleur modéré.

GREFFOIR. Voyez ce mot dans l'article GREFFER.

GRÊLE (*Ton*). En Venerie, c'est le son le plus haut & le plus clair, du cor.

GRÊLER *la Cire*. Voyez l'article *Blanchiment de la* CIRE.

GRELIN. *Voyez* CORDE, p. 699.

GRÊLOIR; ou GRÊLOIRE. Voyez ce mot dans le *Blanchiment de la* CIRE. Consultez aussi l'*Art du Cirier*, publié par M. Duhamel Du Monceau; p. 16, 17, 28.

GRELOT: *terme de Botanique*. On nomme *Fleur en Grelot* celle dont la forme est à-peu-près semblable à ces especes de sonnettes qu'on appelle *Grelots*. Les fleurs en grelot ont un pétale d'une seule piece, qui fait un ventre ou une espece de globe, & dont la partie supérieure est étroite. La fleur de la Bruyere est de ce genre.

GREMIL; ou *Herbe aux Perles*: en Latin *Lithospermum*: en Anglois *Gromwell*, *Gromill*, & *Graymill*. Dans les plantes de ce genre, le *Calice* est un tuyau terminé par cinq divisions. Il n'y a qu'un

Pétale, formé en tube cylindrique, dont la partie supérieure a cinq divisions obtuses, égales, communément droites: cinq *Etamines* surmontées de sommets oblongs: & un *Pistil* composé de quatre embryons, & d'un styl menu, terminé par un double stigmat. Le fruit est formé par le calice, qui renferme quatre *Capsules* arrondies, longuettes, fort dures, presque toujours lisses & brillantes, à-peu-près semblables à celles du millet, mais d'un blanc plus ou moins sale. C'est pourquoi on a donné à ces plantes le nom de *Herbe aux Perles*. Celui de *Gremil* paroît avoir une pareille origine, vû qu'on le prononce comme les Anglois prononcent leur *Graymill*; & qui signifie Mil, ou Millet, gris.

Les *Racines* sont toujours branchues, & fournies de fibres: les *Tiges* & Branches, cylindriques: les *Bourgeons*, en cône; les *Feuilles*, alternes, simples, ordinairement rudes. Avant leur développement, ces feuilles sont roulées en cornet sur un seul côté. Les *Fleurs* naissent à côté des feuilles; non dans leur aisselle.

Especes.

1. *Lithospermum minus, repens, latifolium* C. B. Cette plante est commune dans les bois. Sa racine est vivace; & produit deux ou trois longues tiges, toujours couchées; dont les feuilles, longues, étroites, à-peu-près en fer de pique, sont rudes & très-fermes. Vers l'extrêmité des tiges, naissent les fleurs; qui sont assez grandes, tantôt blanches, tantôt bleuâtres, ou purpurines; & paroissent communément vers la fin de Mai. Les capsules des semences sont lisses.

2. *Lithospermum majus erectum* C. B. On trouve cette espece à la campagne dans des endroits un peu secs. Elle porte plusieurs tiges droites, branchues, qui s'élevent à la hauteur de deux pieds, striées, jaunâtres, assez fortes; dont les feuilles, fermes sans être fort rudes, profondément veinées, sont d'un verd obscur, faites à-peu-près en fer de pique, & appliquées par leur base contre la tige. Les fleurs sont blanches; naissent, au mois de Mai, une à une sur une longueur considérable, vers l'extrêmité des tiges & sur les branches. Il leur succede des capsules brillantes & lisses. J. Bauhin nomme cette plante *Milium Solis*: Voyez Matthiole sur Dioscoride Liv. III. Ch. CXLI.

3. *Lithospermum arvense minus* Inst. Ce gremil se rencontre fréquemment dans les champs, surtout dans les terres sabloneuses. Ses tiges, droites, & velues, ne s'élevent pas bien haut. Les feuilles sont velues, longuettes, divisées sur leur longueur par un seul nerf, & arrondies à leur extrêmité. Dans les mois de Juin, Juillet, & Août, cette plante porte de petites fleurs dont le bleu céleste est agréable.

CES plantes n'ont pas besoin de *Culture*. Il suffit de les mettre en place: elles se multiplient ensuite d'elles-mêmes par leurs semences.

Usages.

Leurs graines osseuses, ou semences enfermées dans des capsules fort dures, sont un puissant apéritif qui débarrasse les reins & les conduits de l'urine. On les fait bouillir dans de l'eau ou dans du vin, pour la gravelle & pour la difficulté d'uriner. Une dragme & demie, prise pendant plusieurs jours de suite, dans du jus soit de plantain soit de laitue soit de pourpier, guérit (dit-on) la gonorrhée. On en a donné quelquefois depuis un demi-gros jusqu'à deux dragmes en poudre, dans du lait de femme, pour faciliter l'accouchement. Un gros & demi de la même poudre, délayée dans cinq ou six onces d'eau de laitue ou de plantain, avec un demi-gros de céterac, & deux scrupules de karabé, passent pour un bon remede dans le cas d'inflammation aux prostates.

GRENADIER: en Latin *Punica*, ou *Punica Malus*: en Provençal, *Miougranier*: & en Anglois *Pomegranate Tree*. Genre de plantes, dont la fleur a un *calice* charnu, formé en cloche, divisé en cinq, six, sept, ou huit segmens aigus & à-peu-près triangulaires. Ce calice est presque entiérement coloré d'un rouge fort vif. Il subsiste jusqu'à la maturité du fruit. De grands *pétales*, arrondis, minces, & comme chifonnés, ne débordent pas le calice, & égalent en nombre celui de ses découpures. Dans l'intérieur est une multitude d'*étamines* très-menues, assez courtes, attachées aux parois intérieurs du calice, & terminées par des sommets arrondis. Le pistil est composé d'un *embryon* droit qui fait partie du calice; & d'un *styl* court, terminé par un stigmat arrondi, qui semble être une houpe. L'embryon, ou le bas du calice, devient un *fruit* à-peu-près sphérique, assez gros, nommé GRENADE; terminé par une espece de couronne à l'antique, formée par les échancrures du calice. L'extérieur de ce fruit est charnu, formé d'une enveloppe coriacée. Il est séparé intérieurement par neuf à dix cloisons membraneuses, entre lesquelles on apperçoit nombre de grains ou baies succulentes, chacune desquelles contient une semence. Ces grains sont implantés & comme enchassés dans une chair pulpeuse.

Voyez CYTINUS.

Les *tiges* des grenadiers ont une écorce mince, qui se dépouille par feuillets minces & roulés.

Leurs *feuilles* sont oblongues, sans dentelure, unies, luisantes, posées deux à deux sur les branches, & marquées de petites taches qui regardées en face du jour paroissent transparentes. A la naissance de la plante, on apperçoit deux cotyledons roulés l'un sur l'autre.

Especes.

1. *Punica Silvestris* Cordi. Le *Grenadier Sauvage*. Arbre commun en Provence où il vient de lui-même à la campagne, & que l'on plante aussi dans les haies. Il porte de très-petits fruits, sujets à tomber avant leur perfection. L'on croit que c'est cette espece qui, plantée dans un bon terrein, donne les grenades aigres (ou acides) dont on fait ordinairement usage. Voyez M. Garidel, *Hist. des Pl. d'Aix*, p. 384.

Punica quæ Malum Granatum fert, Cæsalpini, n'est donc pas une espece différente.

Cet arbre s'éleve à dix-huit ou vingt pieds de haut. Sa tige pousse, dans toute sa longueur, des branches souples qui produisent quantité de ramilles: ensorte qu'il devient un buisson considérable. Il est quelquefois armé d'épines. Ses feuilles sont étroites, à-peu-près longues de trois pouces, larges d'un pouce & demi à leur partie moyenne, veinées de rouge, & portées par un pédicule de la même couleur. L'extrêmité des branches porte des fleurs, tantôt solitaires, tantôt par paquets de trois ou quatre: ces fleurs se succedent pendant plusieurs mois, depuis la mi-Juin jusqu'en Septembre. Les sommets des étamines sont jaunâtres. Le fruit mûrit depuis le mois de Juillet jusques assez avant dans l'automne, selon le climat: son écorce est rougeâtre en dehors, & jaune en dedans: ses grains sont d'un rouge clair, & très-succulens.

2. Il y a un *Grenadier cultivé*, *dont le fruit est doux.*

3. On en cultive aussi, dont le fruit a une *saveur Vineuse*. C'est le *Punica fructu medii quasi saporis* Inst. R. Herb. On appelle quelquefois ce fruit *Grenade aigre-douce*.

4. *Punica flore pleno majore* Inst. R. Herb. Quelques paysans de Provence l'appellent *Paparoi*. D'autres le nomment *Balaustier*. C'est effectivement le *Balaustia Hispanica* de J. Bauhin. Ses fleurs sont grandes & doubles : & ne sont jamais suivies de fruit. On le cultive dans les jardins. Il y en a aussi en Provence auprès de quelques métairies.

Il y en a une variété dont les fleurs sont panachées.

On en voit encore *à petites fleurs doubles*.

M. Miller regarde comme des variétés du *n.* 1 le *Grenadier à petites fleurs* : qu'il a vues tantôt *doubles*, tantôt *simples*. Il dit aussi avoir des *Grenadiers sauvages* qui fleurissent simple, & d'autres à fleurs doubles.

Selon ce Cultivateur, le *n.* 2 est encore une variété du *n.* 1. C'est aussi apparemment le cas du *n.* 3.

5. *Punica Americana nana, seu humillima*, Lignon. Ce grenadier n'a gueres que cinq à six pieds de tige. Ses feuilles sont fort étroites, & assez courtes. Il ne porte que de petites fleurs; mais qui se succedent pendant presque toute l'année, en Amérique. Ses fruits sont à-peu-près de la grosseur d'une muscade, & ont très-peu de parfum.

Culture.

Les grenadiers se multiplient facilement par des marcottes ; ou par des drageons enracinés qui se trouvent auprès des gros pieds. Les marcottes, coupées au printems, peuvent être sevrées l'année suivante, & plantées à demeure avant la pousse.

Ces arbrisseaux profitent bien dans des terreins chauds & secs; mais encore mieux dans une terre substantieuse.

Dans les pays tempérés, & dans nos provinces maritimes méridionales, ils subsistent à merveille en buisson. Ailleurs ils périssent quand l'hiver est rigoureux. On ne les conserve dans les climats qui ne sont point chauds, qu'en les tenant en espalier, & les couvrant pendant l'hiver. Cette disposition fait même qu'ils donnent plus de fruit, quand l'espalier est au midi.

M. Miller dit que tous les grenadiers en buisson soutiennent bien en Angleterre le plus grand froid, sans qu'on soit obligé de les tenir dans des caisses ni de les serrer pendant l'hiver.

Les grenades ne viennent que sur le vieux bois. Si donc on abat les pousses des années précédentes, pour donner à l'espalier une forme plus réguliere; on n'a de fruit que vers les bords, & presque point au centre.

Quand on est plus curieux d'avoir beaucoup de fleurs, il faut au contraire se procurer du jeune bois. Pour cela on retranche, vers la fin de Septembre, toutes les branches foibles de l'année; & on raccourcit les autres, à proportion de leur vigueur : au moyen de quoi il en repousse quantité de nouvelles. Ensuite on palisse les branches à quatre ou cinq pouces les unes des autres. Si on attendoit au printems à faire cette taille, la pousse seroit retardée : au lieu que, plus elle est hâtive, plus tôt les fleurs commencent à donner. On doit avoir soin de couper toutes les grosses branches à bois; pour ne conserver que les moyennes.

Il est à propos de soutenir contre le mur les branches chargées de fruit.

M. Miller conseille de greffer l'espece à grandes fleurs doubles sur celle qui donne des fleurs simples. Au moyen de quoi il se procure des buissons bas, qui sont tout couverts de fleurs doubles.

Le *n.* 5 se montre plus sensible à la gelée, que les autres. C'est pourquoi on le tient encaissé, pour avoir la commodité de le serrer en hiver. M. Miller observe qu'en Angleterre on est même obligé de le garder pendant toute l'année dans des serres vitrées, que l'on n'ouvre que quand il fait doux : autrement les fleurs tombent avant d'être bien épanouies.

Si l'on multiplioit beaucoup cette espece dans nos Provinces méridionales, on pourroit y enter de grosses grenades douces : ce qui deviendroit un ornement pour les orangeries. D'ailleurs ces arbres demeurant bas, leur fruit pourroit mûrir dans des étuves.

De fréquens labours au pied des grenadiers, soit en pleine terre soit en caisse, ne peuvent que leur être utiles.

Ceux qui sont en caisse veulent être arrosés tous les deux ou trois jours. Il suffit de n'arroser les autres que quand il fait bien chaud.

La beauté des grenadiers en buisson est d'avoir la tête ronde & touffue. On les taille de maniere qu'on arrête les branches qui sont trop élancées; ce qui les fait se garnir en dedans, & s'il y en a quelques-unes qui soient mal placées, on les retranche. Il est bon de les pincer aussi après leur premiere pousse. Enfin on leur donne un demi-rajeunissement tous les deux ans; puis on répand sur toute la superficie de la caisse deux ou trois pouces de terreau.

Usages.

Les grenadiers à fruit produisent un très-joli effet, surtout depuis la mi-Juin jusqu'en Septembre qu'ils sont chargés de fleurs.

On suce avec plaisir les grains de ces fruits. Ceux qui ont de l'acide nettoient la bouche, & excitent l'appétit.

Dans nos Provinces méridionales, le fruit du *n.* 2 a une eau très-sucrée & fort agréable. Mais cette espece ne mûrit point parfaitement aux environs de Paris, où elle est toujours insipide.

Les especes à fleurs doubles méritent d'être cultivées, pour la beauté de leurs fleurs. Mais ces arbrisseaux sont sujets à ne fleurir bien, dans le climat de Paris, que quand ils sont en caisse : ils poussent beaucoup de bois, & ne donnent presque pas de fleurs, en pleine terre.

En Amérique on forme des haies dans les jardins avec le *n.* 5 : qui souffre bien le ciseau & le croissant. * *Gard. Dict.*

Le sirop fait avec les grains des grenades acides, calme la soif des fébricitans, & l'effervescence de la bile. Ces grains sont bons pour réprimer les commencemens de putridité; les ulceres de la bouche; l'appétit dépravé des femmes. On en injecte la décoction, ainsi que celle des fleurs, pour arrêter la gonorrhée. L'écorce de ces fruits, connue sous le nom de *Mali-corium*, est très-astringente : on l'ordonne dans les diarrhées & les dysenteries.

On interdit aux fébricitans l'usage des grenades douces : mais on les conseille pour la toux invétérée.

Les vineuses sont volontiers employées dans le vertige, & les syncopes.

Eau de Grenade. Voyez Tome I. p. 858.

M. Garidel assure que les *Balaustes*, employées en Pharmacie, ne sont point les fleurs du grenadier sauvage; mais celles du *Punica flore pleno majore*. Nous avons parlé de ses propriétés, sous le mot BALAUSTE.

GRENADILLE; ou *Fleur de la Passion* : en

Latin *Granadilla*; & *Passiflora*: en Anglois *Passion-flower*. Le *calice* des plantes de ce genre est d'une seule piece, fort ouvert, & divisé en cinq parties, dont chacune est terminée par un petit crochet: il tombe avant la maturité du fruit. La fleur a cinq *pétales*, placés entre les divisions du calice, & posés sur le haut de son tube. Une double ou triple couronne de filets ou nectarium, environne une espece de tuyau légerement attaché en dedans des pétales & au haut du tube du calice. Un disque applati, peu élevé sur le centre du calice, porte cinq *étamines*, accompagnées d'un embryon surmonté de trois styls ressemblans à des clous: les sommets des étamines sont longs, & légerement attachés aux filets sur lesquels ils jouent. L'embryon devient un *fruit* charnu & coriacé; qui a presque la forme d'un petit concombre, d'une olive, d'un citron, *&c.*; & est rempli d'un mucilage transparent, liquide, & plus ou moins agréable au goût. Sur ce mucilage sont attachées beaucoup de *semences* applaties, ridées, dont chacune est enveloppée d'une membrane: elles forment ensemble trois lignes, dans la longueur du fruit.

Ces fleurs naissent une à une dans l'aisselle des feuilles. Beaucoup au dessous de leur calice, sont trois écailles ou feuilles opposées, à-peu-près égales, que l'on peut regarder comme un second calice.

Au reste, M. Duhamel a fait plusieurs observations qui montrent que ces fleurs sont sujettes à beaucoup de variétés.

Les feuilles sont presque toujours très-profondément découpées, ou formées de longues digitations; simples; alternes; & portées sur un pédicule cylindrique, qui semble faire corps avec les branches. Avant leur développement elles sont pliées sur leur longueur, en autant de doubles qu'elles ont de nervures ou digitations; & rapprochées en forme de cone, en s'appliquant les unes aux autres par le côté.

De chaque côté du pédicule des feuilles, sont deux stipules assez grandes.

Les branches sont sarmenteuses, & s'attachent à ce qui les environne, au moyen de vrilles.

Les racines sont longues, tortueuses, & peu branchues.

Les bourgeons sont coniques.

Especes.

1. *Granadilla polyphyllos, fructu ovato* Inst. R. Herb. C'est celle que l'on cultive ordinairement dans nos jardins. Les Indiens l'appellent (dit-on) *Marocato*. Elle est originaire du Brésil. En peu d'années elle s'étend quelquefois à quarante pieds depuis sa racine. Ses tiges deviennent fort grosses, ont une écorce purpurine, & ne deviennent point parfaitement ligneuses. Les sarmens qu'elles poussent, acquierent souvent douze ou quinze pieds de longueur durant un seul été: ils sont toujours fort menus, & si on ne leur donne pas de support, ils se traînent sur terre, se mêlent ensemble, & produisent un effet désagréable. De chaque nœud sort une feuille découpée profondément en cinq digitations, quelquefois en sept; toutes inégales. Chaque aisselle de feuille porte une grande fleur bleue, soutenue par un long péduncule. Le dessous des sommets des étamines est jaune. Les styls sont purpurins. Le bas des nectarium l'est aussi: le reste est bleu. Ces fleurs ont peu d'odeur, & passent très-vîte. Le fruit, en mûrissant, devient d'un jaune pâle: le mucilage qu'il renferme est douçâtre & désagréable. Depuis le commencement de Juillet, que cette plante donne les premieres fleurs, il en paroît journellement d'autres jusqu'aux gelées.

2. *Granadilla pentaphyllos, angustifolia, flore albo* Boerh. Ses feuilles sont à cinq digitations étroites. Elle fleurit blanc. C'est une variété de la précédente.

3. *Granadilla folio tricuspidi, fructu Olivæ formi* Inst. R Herb. Cette espece croît sans culture en Amérique. Sa racine est vivace; & jette nombre de tiges sarmenteuses, longues de huit à dix pieds. Leurs feuilles sont tantôt larges, presque entieres, découpées peu profondément en trois lobes pointus qui représentent des pointes de halebarde, & dont celui du milieu est oblique par rapport au pédicule: tantôt ces feuilles sont profondément découpées en trois lobes étroits. Les fleurs sont d'un jaune pâle. Les fruits sont petits, faits à-peu-près en olive; & prennent une couleur pourpre foncée, en mûrissant.

4. *Granadilla folio tricuspidi, obtuso, & oculato*, Feuillée. Plant. Peruv. Celle-ci a ses feuilles marquées de taches qui imitent les yeux d'une queue de Paon.

5. *Granadilla folio bicorni, fructu hexagono utrimque acuminato* Plumer. Comme ses feuilles sont découpées profondément en deux lobes, on a pris occasion de la surnommer *Culotte de Suisse*.

6. *Granadilla fructu Citriformi, foliis oblongis* Inst. R. Herb. Le *Limon* (ou *Citron*) *d'eau*, de l'Amérique. Ses tiges sont fortes, branchues, sarmenteuses, & garnies de vrilles, qui leur servent à s'accrocher aux arbres ou arbrisseaux voisins, pour s'élever à plus de vingt pieds de haut. Leurs feuilles ont quatre à cinq pouces de long, sur deux de large, sont assez fermes, brillantes en dessus. Les boutons des fleurs sont gros comme des œufs de pigeon: le calice est extérieurement d'un verd pâle, & blanchâtre en dedans; ses divisions peuvent avoir un pouce & demi de long, sur six lignes de large. Les pétales sont blancs, & marqués de petis points rouge-bruns. Les nectarium sont de couleur violette: la colonne qu'ils entourent est jaunâtre; ainsi que le haut de l'embryon. Les styls sont pourpre. Ces fleurs ont une odeur gracieuse. Le fruit est gros comme un œuf de poule, à-peu-près de même forme, & jaunit en mûrissant: son enveloppe coriacée est souple & épaisse: le mucilage intérieur a un acide agréable. Les semences sont brunâtres, & faites en cœur.

Culture.

On peut élever ces plantes avec les semences tirées d'Italie, d'Espagne, ou d'Amérique: étant rare que leurs fruits mûrissent dans nos Provinces.

Elles se multiplient aisément par des drageons enracinés, qui se trouvent auprès des gros pieds.

On peut aussi en faire des marcottes.

Les *nn.* 1 & 2, étant en espalier, supportent bien nos hivers & pendant nombre d'années, pourvû qu'on ait soin de les garantir avec de la litiere ou du tan que l'on met au pied, & des paillassons sur les tiges quand le froid devient rigoureux.

On en seme la graine sur une couche modérément chaude. Si l'on en garde quelques pieds dans des pots remplis de terre de potager, que l'on tient habituellement dans du tan, en leur donnant de l'air à propos durant l'été; c'est un bon moyen d'en avoir du fruit qui mûrisse dans notre climat.

Il faut prendre garde que les abris qu'on étend sur les tiges n'y entretiennent pas l'humidité: qui peut leur nuire encore plus que la gelée.

Au printems, on retranche toutes les pousses foibles; & on raccourcit les autres à la longueur de quatre ou cinq pieds: afin qu'elles repoussent avec plus de vigueur.

M. Miller dit que les boutures de grenadille reprennent bien dans une terre substantieuse & meuble : on les y met au printems, avant la pousse. Il conseille de les couvrir de cloches ; où l'on donnera de l'air quand on verra les boutures pousser. Après quoi on les transplante à demeure, au bout d'un an.

Les *nn.* 3, 4, 5, & 6, paroissent jusqu'à présent exiger qu'on les traite dans notre climat, en plantes exotiques délicates.

Usages.

Les grenadilles sont propres à garnir des murs, des tonnelles, des terrasses.

Dans la Nouvelle Espagne, où le fruit du *n.* 1 parvient à maturité, les Espagnols ainsi que les Indiens l'ouvrent comme on ouvre les œufs, pour sucer la liqueur aigrelette qu'il contient & qui leur paroît délicieuse. A la Martinique, on appelle ce fruit *Pomme de Liane.* * *Traité des Arbres & Arbustes*, T. I. page 273.

Les deux variétés du *n.* 3 sont employées au Bresil, comme antivénériennes.

Le mucilage que contient le fruit du *n.* 6 est propre à calmer la soif, éteindre les ardeurs de l'estomac, réveiller l'appétit, & ranimer : c'est pourquoi l'on en donne aux fébricitans, en Amérique. * *Gard. Dict.*

[*Nota.* C'est un pur effet de l'imagination que de trouver dans les fleurs des grenadilles presque tous les attributs de la Passion. C'est pourquoi les noms de *Fleur de la Passion* & de *Passiflora*, qui présentent une idée fausse, conviennent moins à ces plantes que celui de *Grenadille.* Tournefort & Boerhaave ont sagement adopté en latin le nom de *Granadilla :* au lieu de celui de *Clematis* qui avoit été donné auparavant à ces plantes, & qui peut leur être commun avec toutes celles qui produisent de longs sarmens. D'ailleurs Tournefort a appellé *Clematis* ou *Clematitis* un genre particulier de plantes très-différentes des grenadilles.]

GRENAILLES. Métal mis en grains gros comme de petits pois. On réduit ainsi l'argent pour l'affiner au salpêtre. *Voyez* GRANULER.

GRENIER. Lieu placé immédiatement sous le comble d'une maison, & destiné à serrer les grains battus & nettoyés, le foin, la paille, *&c.* Les greniers pour le grain doivent être bien aërés, surtout du côté du Nord : & on doit en pratiquer les ouvertures à cette exposition ou à celle du Levant ; afin de garantir le grain contre l'humidité qu'attireroient les vents de Midi & les vents chauds du Couchant. Ces ouvertures doivent être garnies de jalousies ou de claies, pour en défendre l'entrée aux oiseaux ; & de bons volets par dessus. Quelques Auteurs conseillent de faire des soupiraux au haut de ces greniers, pour donner entrée à l'air, & laisser sortir la vapeur qui s'exhale des tas de bled. C'est pourquoi ils ne veulent pas qu'on les lambrisse sous les tuiles, parce que les entre-deux favorisent la circulation de l'air. On voit néanmoins des greniers lambrissés & de plafonnés, où le grain se conserve bien sec. D'ailleurs, les ouvertures dont nous avons parlé, n'admettent qu'un air frais & sec : & il est constamment d'expérience que le bled devient humide, & est habituellement dur & non sonnant, dans les greniers qui ne sont couverts que de tuiles nues. Sous le chaume, dont l'épaisseur est toujours un puissant obstacle à la circulation de l'air, on voit les grains se conserver presque inaltérables : mais il est vrai que le pied de ces sortes de couvertures est ouvert.

L'aire du grenier peut être de terre ; jamais de chaux. Garnie de plâtre, que l'on aura durci en y répandant du sang de bœuf, elle est très-bonne. Il est avantageux de carreler un grenier à grain, pourvû qu'il ne soit pas exposé à devenir humide : le bled y est moins sujet à contracter un goût de poussiere. Le grain se tient assez sain dans un grenier plancheyé : mais il faut que les joints soient bien serrés ; sans quoi il s'en perd beaucoup.

S'il y a des fenêtres au Midi, on doit avoir soin de les bien fermer en tems humide, & dans les vents chauds.

Il est à propos que le grenier ne soit pas au-dessus d'un cellier ou d'autre lieu humide ; ni au-dessus des étables ou écuries. On peut le placer au-dessus de la charreterie. Il n'y a pas d'inconvénient que le grenier au foin & à la paille soit au-dessus de celui à grain.

Voyez les articles *Conserver le* BLED. OISEAUX.

GRENOUILLE. Animal amphibie, qui se retire ordinairement dans les eaux marécageuses & bourbeuses. Les grenouilles vivent d'herbes, de mouches, de taupes mortes, de limaçons, & d'autres petits animaux. Consultez le *Journal Œconom.* Juillet 1751.

Elles sont la proie du blereau, du canard, & des oiseaux aquatiques.

Le mâle de la grenouille est facile à distinguer par trois petites vessies qu'il a près de la tête ; & par le pié de devant, dont une des parties antérieures est quatre fois plus grosse que dans la femelle.

Comment on prend les Grenouilles la nuit avec le feu.

Ce n'est pas un médiocre plaisir pour ceux qui ne craindront point de se mettre dans l'eau, que de prendre des grenouilles la nuit avec le feu ; attendu la grande quantité qui y accourent. Plus le tems est obscur, meilleure est cette pêche.

Plusieurs personnes y peuvent aller ensemble ; chacune portant un sac pour mettre ce qu'elle prendra. Il faut avoir des torches de paille, dont il y aura toujours une d'allumée pour faire approcher les grenouilles & pour voir clair à les amasser.

Prenez une espece de sac ou poche de toile, que vous mettrez entre vos jambes, ensorte que le fond traîne à bas, ou balance contre le gras des jambes, & que l'ouverture de la poche soit attachée d'un côté à votre ceinture, & le reste soit ouvert pour mettre les grenouilles à mesure que vous les prendrez. Entrez ainsi dans l'eau, nues jambes. A mesure que vous en mettrez dans le sac, serrez vos cuisses l'une contre l'autre pour les empêcher de sortir ; si vous n'aimez mieux tenir le sac toujours fermé, de la main gauche, pendant que vous amasserez de la droite.

Vous pouvez être trois ou quatre pêcheurs de cette sorte, avec un homme parmi vous qui tiendra le feu de paille ou un flambeau pour vous éclairer. On a le moyen de les choisir ; car elles ne remuent point. Il ne faut faire aucun bruit : parce qu'elles se cachent quand elles en entendent. Vous les verrez toutes se mouvoir à la clarté du feu ; s'imaginant peut-être que c'est le jour.

On dit que, *pour faire taire les grenouilles*, il suffit de mettre une lumiere sur le bord de l'eau où elles sont.

Maniere d'Apprêter les Grenouilles.

Il faut en prendre seulement les cuisses, dépouillées de leur peau ; & les fricasser comme les poulets : *ou* bien les frire dans du beurre, ou de bonne huile ; & les servir chaudement avec verjus, sel & poivre.

Autres usages des Grenouilles.

Voyez BOUILLON *pour la toux sèche.* BISQUE *de poisson.* EPILEPSIE, *n.* XXXIV. La fin de ce qui concerne la pêche du BROCHET. EAU, p. 857.

GRENOUILLETTE. *Consultez* l'article RENONCULE.

GRÈS ou GREZ : *Pierre.* Voyez GRAIS.

GREZ : *terme de Venerie.* Ce sont les grosses dents d'en-haut d'un sanglier; qui touchent & fraient contre les défenses, & qui semblent les aiguiser : c'est apparemment d'où est venu ce nom.

GRI

GRIBLETTES. *Consultez* ce mot, entre les Manieres d'apprêter les différentes parties du COCHON.

GRIFFADE : *terme de Fauconnerie.* C'est une blessure que l'oiseau fait au gibier avec ses ongles, ou griffes.

GRIFFE : *terme de Fleuriste ;* souvent synonyme de *Patte.* Mais il peut être mieux de les distinguer; en réservant *Griffe* pour les racines de renoncule. *Voyez* ANEMONE : & Consultez le *Traité des Renoncules*, du P. D'Ardenne.

GRIFFER : *terme de Fauconnerie.* Signifie prendre de la griffe ; ainsi que font les oiseaux de proie.

GRIFFON (*Chien*). Voyez ce mot dans l'article CHIEN.

GRILLADE. *Voyez* CARBONADE.

GRILLER *la Viande*, &c. Voyez ANGUILLE *sur le gril.* TURBOT *grillé.* TRUITE *grillée.* ANDOUILLE *fourrée. Autres Manieres d'apprêter les* ARTICHAUX, *n.* 2. *Oreilles de* COCHON *grillées.* REGIME *pour les convalescens épuisés.*

Avant de faire griller, il faut bien chauffer le gril : cela empêche que la viande ou le poisson ne s'y attachent & se déchirent.

GRILLO-*Talpa.* & GRILLON-*Taupe.* } *Voyez* COURTILLIERE.

GRIOTTE. Espece de cerise. *Voyez* FRUITS SECS, p. 148. CERISIER, *n.* 6 & 8.

GRIS *de lin.* Consultez ce mot dans l'article COULEUR.

GRISAILLE : *terme de Peinture. Voyez* CAMAYEU.

GRISAILLE *de Hollande :* Arbre. *Consultez* l'article PEUPLIER.

GRIVE. Oiseau qui a trois doigts au-devant du pied, & un derriere : le bec droit, convexe en dessus, aussi épais que large à sa base ; les bords de la mandibule supérieure échancrés vers le bout, & l'extrémité de cette mandibule presque droite.

La *Grosse Grive*, la plus grosse espece de notre climat, a communément dix à douze pouces de longueur depuis le bout du bec jusqu'à celui de la queue. Son bec est à-peu-près long d'un pouce ; gris-brun à son origine, & noirâtre vers le bout. Le dedans de sa bouche est jaune. Au-dessus des narines, & vers les coins de la bouche, sont quelques poils bruns, tournés en devant, & roides comme des soies. L'iris des yeux est couleur de noisette. Le dessus de la tête & du cou, & une partie du dos, sont gris-bruns. La partie inférieure du dos est de la même couleur, mais tire un peu sur le roux. La gorge est blanche, avec une fort légere teinte de jaunâtre, & variée de quelques petites taches brunes. Les joues, le bas du cou, la poitrine, & le ventre, sont d'un blanc jaunâtre, avec de grandes taches presque noires. Elle a seize pouces & demi de vol; & ses ailes pliées s'étendent un peu plus bas que de la moitié de la queue. Les ailes sont en dessus d'un gris-brun foncé, avec une fort étroite bordure blanchâtre ; elles sont cendrées en dessous : la seconde plume est plus longue que les autres. La queue, longue de quatre pouces, a douze plumes, toutes cendrées en dessous : celles du milieu sont d'un gris-brun en dessus ; les autres sont en partie de cette couleur, mais plus foncée : & toutes sont bordées de blanchâtre sur leurs deux côtés : les trois dernieres de chaque côté sont terminées de blanc ; cette couleur occupe d'autant plus d'espace, que la plume est plus extérieure. Les pieds sont jaunâtres ; & les ongles noirs.

On en voit qui sont presque blanches, avec des taches sur la poitrine.

Consultez l'*Ornith.* de M. Brisson, T. II. p. 202 & suivantes : pour les différentes especes de grives.

Celle que nous venons de décrire se perche au printems, à la cime des plus grands arbres, pour faire son nid. Sa couvée est quelquefois de dix œufs. Elle chante très-bien. On ne la voit pas voler par troupe : chaque mâle & femelle se suffisent pour se tenir mutuellement compagnie.

Cet oiseau se nourrit d'insectes ; & de différentes baies; comme celles de genievre, & de lierre. Elle aime beaucoup le gui & les olives : & encore particuliérement le raisin, qui l'engraisse.

La grive est fort bonne à manger. Elle excite l'appétit, fortifie l'estomac, nourrit beaucoup, a la chair délicate, d'un goût exquis, & d'un bon suc. Elle est bonne contre l'épilepsie, & pour les convalescens. Elle est meilleure en automne, & en tems froid, qu'en toute autre saison. Il faut la choisir jeune & grasse. On la sert plus communément pour rôt, que pour entrée.

Sans décrire ici les différentes manieres dont on l'apprête, lesquelles sont détaillées dans les livres de cuisine, & souvent embarrassantes ; nous n'indiquerons ici que les plus aisées, qui cependant ne sont pas toujours les moins flateuses pour le goût.

Grives à la Paysanne.

Plumez les grives, épluchez-les, & les troussez proprement. (On ne les vuide point). Embrochez-les sur un petit hatelet; & les attachez sur une broche. Ensuite mettez-les au feu : enveloppez dans du papier un morceau de lard, grand comme deux doigts ; mettez-le au bout d'une broche ; mettez-y le feu ; & faites que le lard tombe en flammes sur vos grives. Quand il n'en tombera plus, poudrez les grives avec du sel, & les panez de mie de pain. Mettez dans une casserole ou dans un plat, quelques échalottes hachées, du sel & du poivre, & un peu de jus ; ou au défaut de jus un morceau de beurre, un jus de citron ou d'orange aigre, ou du verjus, ou du vinaigre. Versez cette sausse dans le plat où vous voulez servir vos grives, & mettez-les par-dessus ; puis servez chaudement.

On les rôtit aussi, apprêtées comme les Beccasses.

Grives en Ragoût.

L'on fait un ragoût de grives, en les passant à la poële sans les vuider ; avec du lard fondu, un peu de farine, de fines herbes : le tout assaisonné de sel, poivre, & muscade. Puis on y met un peu de vin blanc : & lors que ce ragoût est cuit, on y ajoûte du jus d'orange, pour servir aussitôt.

Pour l'ordinaire, on ne rencontre point de grives dans le fort de l'été. Elles arrivent dans notre climat vers la fin de Septembre. La véritable saison de leur chasse est l'automne.

Voyez ARAIGNÉE, *terme de Chasse.*

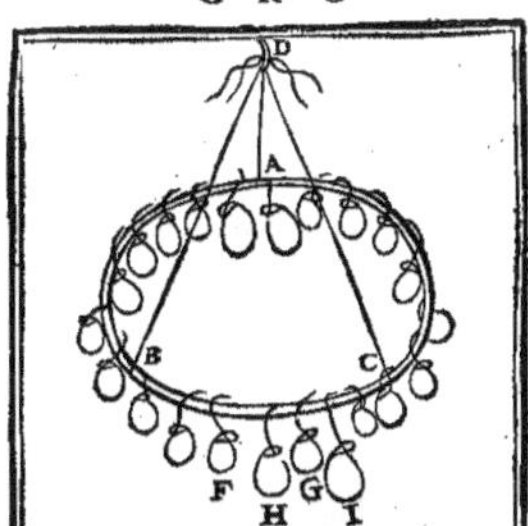

Pour prendre les Grives & autres oiseaux qui mangent du gui dans les Arbres.

Les grives en sont fort friandes : & depuis qu'elles en ont mangé une fois en un lieu, elles s'y arrêtent & y retournent toujours tandis qu'il y a du fruit.

Voici une invention pour prendre les grives en grande quantité & sans qu'il en coûte rien.

Quelques paysans tendent une machine qui est représentée dans la figure ci-jointe. Cette machine n'est qu'une houssine ou verge de bois verd, longue à proportion de la grosseur du bouquet de gui où on la veut tendre. Elle est ploiée en cercle ; & les deux bouts liés ensemble à l'endroit marqué de la lettre A. Le paysan monte sur l'arbre, & pend le cercle en D au-dessus du gui avec trois ficelles, attachées aux lieux cottés A, B, C, qui sont les trois tiers : de sorte que le cercle est au milieu du haut de la touffe de gui. Puis il met autour du cercle, de petits collets d'un brin de crin de cheval en double, qui sont attachés & pendent par degrés, les uns en bas, comme ceux qui sont marqués des lettres H, I ; les autres un peu plus haut, ainsi que F, G : de façon qu'aucun oiseau ne puisse se poser ni manger du fruit sans se prendre par les pieds ou par le cou à ces collets, quand ils sont bien disposés.

On peut mettre de ces machines en plusieurs endroits, si on veut prendre quantité d'oiseaux.

GRO

GROIN *de Cochon.* Consultez ce mot dans l'article COCHON.

GROMIL. & GROMWELL. } *Voyez* GREMIL.

GROS. Poids. *Voyez* ÉCU *d'or.*

GROS-*Bois.* En parlant du Bois à brûler, on dit : » Il y a plus de profit à brûler du gros bois, » que des coterets, fagots, *&c.* «

Dans les forêts, lorsqu'il s'agit d'arbres sur pied, on dit un *Grand Bois*, non un *Gros Bois* : quoiqu'on dise qu'il y a, dans un bois, de *Gros Arbres.*

GROS *Cens.* Consultez l'article CENS.

GROS *Ton* : terme de Chasse. C'est le ton bas du cor.

GROSEILLE. *Voyez* l'article GROSEILLIER.

GROSEILLIER ; que l'on écrit quelquefois GROSELIER : en Latin *Grossularia* ; & *Ribes.* La fleur de ces arbrisseaux a un *calice* d'une seule piece, renflé & divisé en cinq ; un pareil nombre de petits *pétales* obtus, placés sur le haut du calice ; & autant d'*étamines*, surmontées de sommets applatis qui ont une position à-peu-près horizontale. Le *pistil* est formé d'un embryon arrondi, & d'un ou deux styls. L'embryon devient une *baie* ronde, succulente, garnie d'un ombilic saillant. On trouve dans l'intérieur de cette baie plusieurs *semences* longuettes, arrondies, un peu comprimées, comme anguleuses, & enveloppées dans une substance pulpeuse.

Toutes les especes de Groseilliers peuvent se rapporter à deux genres assez différens l'un de l'autre.

Ceux qui sont épineux ont les feuilles arrondies, assez petites, découpées presque comme celles de l'épine blanche. Ces groseilliers portent leurs fruits un à un. Les épines partent une, deux, ou trois, du talon qui supporte les feuilles.

Les groseilliers qui n'ont point d'épines portent leurs fruits en grappes. Mais chacune de leurs fleurs est accompagnée d'une espece d'écaille ou poil très-fin, qui peut être destiné à remplacer l'épine. Les feuilles de ceux-ci sont assez grandes, figurées comme celles de la Vigne (ou plutôt comme celles de l'Opulus), échancrées, dentelées sur leurs bords, & portées par de longues queues.

Au reste, on voit au Canada des groseilliers à grappes, dont le fruit est rouge, & qui sont épineux : & G. Bauhin fait mention d'un groseillier à un seul grain ; qui n'a pas d'épines.

Si l'on vouloit distinguer les especes de groseilliers par leurs fruits, disposés un à un, ou rassemblés en grappe ; on trouveroit pareillement des exceptions. Les groseilliers épineux portent quelquefois deux, trois, ou quatre grains rassemblés en forme de petites grappes.

M. Ray a établi cette derniere distinction, plus en faveur du commun des Cultivateurs, que pour les Botanistes. M. Miller a conservé le nom de *Grossularia* aux especes qui ne portent ordinairement leurs fruits qu'un à un : & a appliqué aux autres la dénomination de *Ribes.* Celles-ci sont appellées en Anglois *Currant-Tree* : & les autres, *Goose-berry.*

Les feuilles de tous les groseilliers sont posées alternativement sur les branches.

Les boutons ou bourjons sont terminés en pointe.

Especes, ou Variétés.

1. *Grossularia simplici acino ; vel spinosa sylvestris* C. B. Le *Groseillier sauvage épineux.* On le trouve à la campagne, le long des chemins.

2. *Grossularia spinosa sativa* C. B. Celui-ci est cultivé. On le nomme volontiers *Groseillier à Maquereau* ; & *Groseilles Vertes.* Ses fruits, plus gros que ceux du *n.* 1 ; d'abord verds, acquierent une couleur blonde ou même dorée, en mûrissant : &, au lieu d'une saveur âpre, on y trouve alors un suc fort doux, & agréable.

On trouve dans la fleur des groseilliers épineux, deux styls joints ensemble ; que l'on sépare sans peine.

3. L'un ou l'autre des précédens ont les feuilles plus ou moins grandes. Il y en a qui ont les feuilles panachées de jaune : & d'autres, où elles sont toutes jaunâtres.

4. On en voit dont le fruit, solitaire, est gros & rougeâtre ; tantôt blanc, tirant sur le jaune ou le verd ; tantôt bleu, ou violet.

5. *Grossularia simplici acino, cærulea non spinosa* C. B. Celui-ci, qui porte ses baies une à une, & où elles sont violettes, n'a pas d'épines.

6. *Grossularia multiplici acino, sive non spinosa, hortensis, rubra ; sive Ribes officinarum* C. B. Le *Groseillier à grappes rouges*, des jardins. Son suc est chargé

d'un acide agréable. Son bois est souple, & sans épines.

Il y en a une variété dont le fruit est couleur de chair.

On nomme *Groseilliers d'Hollande* ceux qui donnent de gros fruits rouges.

7. *Grossularia vulgaris fructu dulci* C. B. Les grappes de celui-ci ont un suc doux. On en trouve sur les Alpes. Les grains sont rouges, très-petits, & en général ont fort peu de mérite.

8. On en trouve dont les feuilles sont panachées, soit de jaune, soit de blanc.

9. *Grossularia hortensis, majore fructu albo* H. R. Par. Groseillier à grappes, qui porte de gros fruits, tantôt blancs, tantôt pâles, ou un peu roux. On donne quelquefois à ces fruits le nom de *Gadelles*. On les appelle encore *Groseilles d'Hollande*. Elles précédent d'un mois ou quelquefois de six semaines, les autres groseilles en grappes. Ces groseilliers ont la feuille étroite, & généralement plus jaune que celle des autres groseilliers blancs.

Il y en a dont les feuilles sont panachées de blanc.

10. *Grossularia hortensis, fructu margaritis simili* C. B. Les grappes de celui-ci sont garnies de grains assez ressemblans à des perles. Aussi les nomme-t-on *Groseilles perlées*.

11. *Grossularia non spinosa, fructu nigro majore* C. B. Le *Groseillier à grappes noires*. Le *Cassis*; ou *Poivrier*. Il vient sans culture dans le Nord de l'Europe. Ses grappes sont velues; ses baies, grosses, noires, & moins lustrées que les rouges. Toute cette plante a une odeur peu agréable, & assez forte. La fleur n'a qu'un seul styl.

Il y en a une variété, plus considérable dans toutes ses parties, que l'espece commune dont nous parlons.

12. *Grossularia Virginiana; fructu oblongo, rubente, per maturitatem nigricante*. Il vient sans culture, dans la Pensylvanie. Son fruit, d'abord rouge, devient noir; & est plus long que celui du *n.* précédent: dont on pourroit le regarder comme une variété. Mais leurs différences sont sensibles. Les tiges de celui-ci sont beaucoup plus menues, d'un tissu plus serré, & revêtues d'une écorce plus brune. Ses feuilles, plus petites, plus minces, plus douces au toucher, n'ont pas l'odeur forte de celles du Cassis. Il porte de très-belles grappes de fleurs, dont les pétales sont plus longs que ceux des autres especes. On n'y trouve qu'un styl, non plus qu'au Cassis. Mais le fruit est plus petit; &, comme nous l'avons dit, plus allongé. Ce fruit n'a pas grand mérite, au moins dans notre climat.

Culture.

Les groseilliers sont fort aisés à cultiver.

Plus la terre est substantieuse, mieux ils y réussissent: & ils ne périssent que dans celle qui est des plus mauvaises.

On pourroit les élever de graines. Mais ce moyen, toujours long, ne doit être mis en usage que quand on se propose d'obtenir de nouvelles variétés. Si, par exemple, ainsi que le suggere M. Duhamel dans son *Traité des Arbres & Arbustes*, on semoit les pepins d'un groseillier blanc à fruit perlé, qui auroit été planté entre plusieurs groseilliers noirs à grappes; on pourroit obtenir des groseilliers métifs, qui auroient du parfum & une couleur singuliere.

Dans toute autre circonstance, le plus expéditif est de planter des drageons enracinés qui se trouvent ordinairement au pied des forts groseilliers. S'il ne s'y en trouve pas, on fait des marcottes; ou des boutures. Ces arbrisseaux reprennent de toutes ces manieres.

On plante les groseilliers épineux, dans des rigoles; comme l'on plante une haie vive. Il est à propos de labourer de tems à autre, la terre qui les avoisine: afin qu'ils profitent davantage, & donnent de meilleurs fruits à tous égards. On les voit quelquefois s'élever à six ou sept pieds de hauteur. Ils chargent généralement beaucoup; & on les arrête comme l'on veut avec les ciseaux. Mais on doit observer que leurs fruits viennent sur le bois de l'année précédente.

Les groseilliers à grappes réussissent particuliérement bien de boutures; que l'on fait en automne, ou au printems.

Ils souffrent difficilement d'être arrêtés. C'est pourquoi on doit ne les raccourcir que quand leur hauteur devient nuisible. Les labours & les amendemens contribuent à la beauté & abondance de leurs fruits.

On les tient presque toujours en buissons: ce qui est leur disposition naturelle. Cependant on leur forme quelquefois une tige haute d'un pied & demi, que l'on a soin de bien élaguer & de soutenir, afin qu'ils fassent une tête.

Les groseilles de Hollande sont bien en espalier. Elles garnissent le mur jusqu'à six ou sept pieds d'élévation.

On peut mettre en contre-espalier tous les groseilliers à grappes. On en fait des bordures dans les potagers, ou même des quarrés entiers.

Ces arbrisseaux se plaisent beaucoup dans un sable bien gras, exposé à recevoir de l'humidité, de tems à autre. Si on n'a pas un terrein qui soit naturellement de cette qualité; on peut les mettre dans un sable bien amendé de fumier de vache; & les arroser souvent quand leurs fruits seront noués. L'exposition du midi ou du levant leur est très-favorable.

Il est à propos de les renouveller tous les dix ans.

Certains Cultivateurs, regardant les groseilliers à grappes rouges comme les mâles de ceux qui portent des grappes blanches, ont dit que pour empêcher que les fruits de ceux-ci ne coulent, comme cela leur arrive fréquemment, on doit les planter près des rouges. Si cette proximité peut influer sur la fructification, on pourroit en tirer avantage pour les greffer en approche.

Au reste les groseilliers de Hollande sont aussi sujets à couler, quand ils ne sont pas dans une terre suffisamment humide: & les grappes blanches communes coulent moins, quand elles sont exposées au midi ou au levant.

Pour que les unes & les autres acquierent la perfection dont elles sont susceptibles, il leur faut deux ou trois labours chaque année. Leurs fruits ont encore besoin de jouir des rayons du soleil: c'est pourquoi on taille ces arbrisseaux, en se contentant d'ôter les branches qui font de la confusion, & celles qui nuisent à la forme gracieuse des buissons ou des espaliers. Mais cette taille doit ne commencer qu'à la troisieme année; afin que les arbrisseaux soient suffisamment garnis pour que l'on puisse leur ôter du bois sans diminuer leur vigueur. Leurs branches se taillent fort court. On conserve, autant que l'on peut, tout le bois d'un & de deux ans: & l'on supprime le plus vieux.

Afin de pouvoir jouir des groseilles en grappes jusqu'aux gelées, on place entre deux autres buissons plus considérables ceux qu'on destine à procurer cet agrément: & si les forts buissons ne leur donnent pas assez d'ombre, on leur met encore un chapeau de paille longue, semblables à celui dont on couvre les ruches: ce que l'on fait dès que leur fruit est rouge, tant pour l'empêcher d'être desséché par le soleil, que pour le défendre des oiseaux.

Les groseilliers ont pour ennemis les *Fourmis* : que l'on détruit en leur donnant pour appas des phioles à demi-pleines de miel, attachées aux groseilliers. Pour que le miel soit plus exactement mêlé avec l'eau, on les fait bouillir ensemble avant de les verser dans la phiole. Quand elle est à-peu-près pleine de fourmis, on la trempe dans de l'eau chaude; pour la nettoyer : puis on y remet de nouvel appas.

Usages.

La groseille épineuse est employée, avant sa maturité, dans les cuisines, pour suppléer au verjus; dont elle n'a cependant point l'agrément : on y trouve toujours un goût d'herbe. On la nomme *Groseille à Maquereau*, parce que son acide donne de l'agrément à la sausse de ce poisson.

Ce fruit, cuit à demi-sucre, fait une confiture dont on s'accommode dans une saison où il y a peu d'autres fruits récens.

Il est assez bon à manger crud, dans sa maturité. On fait un cas particulier de celui qui est violet : attendu que sa pulpe est assez ferme, & que son goût approche de celui du raisin.

On peut transplanter dans les remises, des pieds de groseilliers épineux, assez communs dans les haies & les broussailles. Cet arbuste y convient d'autant mieux, que les lapins n'y touchent pas.

Il s'éleve assez haut pour que l'on puisse en former de bonnes haies. Ses épines, fortes, aiguës, & très-multipliées, en font la sureté.

On fait, avec son fruit, une liqueur vineuse, beaucoup meilleure que le vin de groseilles rouges, & qui imite mieux le vin de Canaries. Il se fait de la même maniere que le vin de groseilles rouges.

Attendu que ces groseilles resserrent & fortifient quand elles sont mêlées, encore vertes, avec les alimens; elles peuvent être utiles aux tempéramens bilieux; & à exciter l'appétit, & éteindre la soif. On dit aussi que ce mêt convient aux femmes enceintes, au dévoiement d'estomac, à la dysenterie & au crachement de sang. Les feuilles appliquées sur les inflammations y font très-bien. Les fruits sont indiqués comme souverainement antiscorbutiques.

On peut les conserver pendant des années entieres, avec la préparation suivante. Mettez-les dans des bouteilles seches, qui ne soient pas bien bouchées. Tenez quelque tems ces bouteilles dans un pot d'eau presque bouillante, pour faire exhaler l'humidité superflue du fruit. Otez ensuite le peu de liqueur qui sera dans les bouteilles. Séchez-les. Remettez-y le fruit : & les tenez bien bouchées. Voyez Lind, *Tr. du Scorbut*, T. I. p. 286.

Le *fruit du Groseillier à grappes* est plus estimé, comme aliment, que celui de l'épineux. Son goût acidule est agréable, quand on l'a corrigé par le sucre.

En Médecine on fait plus d'usage de la groseille à grappe, qu'on y nomme *Ribes*; que de l'épineuse, à laquelle on conserve le nom de *Grossularia*. Toutes sont à-peu-près également astringentes, rafraîchissantes, fortifiantes, & propres aux mêmes effets. On recommande particuliérement les rouges dans les fievres aiguës, les grandes chaleurs d'estomac, les maux de cœur, la jaunisse, *&c.* C'est pourquoi il y a des Apothicaires qui en gardent du vin toute l'année. Confits avec du sucre, ces fruits ont presque les mêmes effets.

La groseille rouge de Hollande, étant communément grosse, a fait négliger la culture de l'espece commune; que bien des gens néanmoins préferent pour confire.

La *Gelée de Groseilles* est le *Sapa Ribesii* de Mésué. Les personnes tourmentées de la toux doivent s'en abstenir, à cause de son acidité. Mais elle est très-utile dans les diarrhées, & dans la colique bilieuse.

L'usage des groseilles doit être assez bon dans la fievre; parce qu'elles fermentent peu, & que leur acide, qui se dégage aisément, doit donner plus de consistance aux liqueurs, & en réprimer le mouvement excessif.

Sirop de Groseilles. Voyez sous le mot SIROP.

On prépare une liqueur avec le sirop de groseilles battu dans l'eau. Cette *liqueur* est très-rafraîchissante, & aussi utile & agréable que la limonade; la groseille ayant beaucoup des qualités du citron.

Il y a eu un tems où l'on vantoit beaucoup les propriétés de l'espece *n.* 11. On prétend que son fruit, qui a une odeur peu agréable, est purgatif. On a donné l'infusion de ses feuilles pour toutes sortes de maux. Mais on n'en parle presque plus. Au reste, on peut consulter le *Journal de Verdun*, Septembre 1742; Avril, Septembre, & Octobre 1743; & Juillet 1745 : ou trois *Lettres* mises à la fin d'un *Abrégé de la Médecine Pratique, ou Nouvelle Pharmacopée*, imprimé à Paris en 1753, chez Thiboust, & Ganeau.

Le *Journ. Œconomique*, Juillet 1762, indique le fruit du cassis comme étant d'un grand secours pour les maux de gorge, tant des hommes que des bestiaux : & ajoûte que c'est pourquoi on l'avoit anciennement appellé en Angleterre *Arbre de l'Esquinancie.* Le même Journal, toujours d'après un Mémoire Anglois, dit que cet arbrisseau est très-utile pour le bétail attaqué de fievre : mais il ne nous apprend pas si ce sont les baies seules, ou la plante entiere, qui fournissent ce remede.

Voyez encore la fin de l'article AMOMUM.

Gelée de Groseilles.

Voyez sous le mot GELÉE.

Vin de Groseilles rouges, qui a beaucoup de force.

Un boisseau de ce fruit bien mûr & égrainé donne environ vingt-cinq pintes de jus, mesure de Paris. Dès que ce boisseau est écrasé, versez-y douze pintes d'eau. Au bout de douze ou seize heures, pressez le tout; & le passez. Laissez la colature tranquille, jusqu'à ce qu'elle soit devenue claire. Alors vous la verserez par inclination : & sur quatre pintes, vous mettrez une chopine de bonne eau-de-vie; ou encore mieux, d'esprit de groseilles; vous pourrez y ajoûter du sucre, ou quelques autres ingrédiens, pour flater le goût. Remuez bien ce mêlange, durant un quart d'heure. Tenez-le ensuite trois mois, bien bouché. La liqueur sera alors parfaite.

Eau de Groseilles.

Ecrasez dans une pinte d'eau une livre de groseilles : & y mettez un quarteron, ou cinq onces, de sucre. Passez le tout à la chausse jusqu'à ce que la liqueur soit bien claire. Vous la ferez rafraîchir : & la donnerez à boire. Il n'y faut point de citron; parce qu'elle est aigrelette d'elle-même.

Compote de Groseilles rouges.

On la fait de même que celle de framboises.

Confiture liquide de Groseilles.

Prenez quatre livres de groseilles bien épluchées. Vous en écraserez une livre & demie, si vous voulez, après avoir choisi deux livres & demie des plus belles : puis vous mettrez quatre livres de sucre, dans une poële à confitures avec un peu d'eau pour faire fondre le sucre ; que vous ferez cuire à la plume. Alors vous y jetterez les deux livres & demie de groseilles triées, avec le jus de la livre & demie. Ensuite vous pousserez le feu, jusqu'à ce que le sirop soit fait. Vous aurez ainsi une belle confiture.

Vous pouvez mettre les quatre livres de groseilles, si vous voulez, sans les écraser : mais la confiture en sera moins belle.

Conserve de Groseilles. Voyez T. I. p. 685.

Blanchir, ou *Glacer*, *les Groseilles.*

Observez la même chose que pour les Cerises.

Ratafia de Groseilles. Consultez l'article RATAFIA.

Tourte de Groseilles, soit rouges soit blanches : à l'Angloise.

Les groseilles étant bien épluchées, foncez une tourtiere avec une abaisse de pâte demi-feuilletée : mettez-y autant de groseilles que la tourtiere en peut tenir ; & les couvrez de sucre, avec de l'écorce de citron verd rapée. Couvrez la tourte avec une autre abaisse de pâte. Etant cuite au four, vous les glacerez avec du sucre & la pele rouge : & la servirez chaude pour entremets.

GROSELIER. *Voyez* GROSEILLIER.

GROSSE-GORGE : *terme de Fauconnerie.* Voyez sous le mot GORGE.

GROSSESSE. *Consultez* l'article FEMME.

GROSSEUR : ou plutôt *En* GROSSEUR. Plusieurs Jardiniers se servent de ce terme pour exprimer qu'un fruit a acquis la grosseur qu'il doit avoir pour entrer en maturité. Le fruit demeure quelque tems en cet état, sans augmenter. Ainsi l'on dit, *Mes pêches sont en grosseur ; mes figues ne sont pas encore en grosseur.*

GROSSULARIA. *Voyez* GROSEILLIER.

GROUETTE (*Terre*). Voyez le mot TERRE.

GRU

GRU : *terme de Forêt.* Se disoit autrefois, des fruits sauvages que grugent les bêtes fauves.

GRUAGE. Maniere de vendre & exploiter les bois relativement à la mesure, l'arpentage, la criée, & la livraison des bois.

GRUAU. C'est la moindre de toutes les *farines*, soit de froment, soit de seigle, soit de méteil ; que les Boulangers emploient pour faire du pain.

Il y a deux sortes de gruaux ; de fins, & de gros. Les fins gruaux sont ceux qui tombent par la derniere division du bluteau, soit dans les moulins, soit chez les Boulangers qui font bluter à la maison. Les gros gruaux sont ceux que produit le son que l'on resasse. Lorsque ces gruaux se resassent aux moulins, on les appelle *recoupès ;* & la farine qui en provient a encore des gruaux, qu'on appelle *recoupettes.* Cette derniere sorte de gruaux, ne sert qu'à faire ces especes de pâtés, dans lesquels les Perruquiers font cuire les cheveux. Il est pourtant quelquefois permis, sur tout dans le tems de disette, de mêler les recoupettes dans le pain.

GRUAU. C'est aussi une *Aveine* séchée au four, & mise en grosse farine menue, par le moyen de la pile, ou d'une sorte de moulin, qui en moulant l'aveine, la coupe & la monde de sa peau. Le meilleur gruau d'aveine vient communément de Bretagne. *Consultez* les articles AVEINE, p. 224. GRUER.

GRUE. C'est un grand oiseau, dont le cou & les pieds sont fort longs. Consultez l'*Ornithologie* de M. Brisson, T. V. p. 375, &c. La grue n'est pas commune en France : & l'on n'en fait gueres d'usage comme aliment. Cependant sa chair nourrit beaucoup & solidement ; elle est même délicate, quand l'oiseau est jeune & tendre. On en fait de très-bonne soupe. Elle fortifie les nerfs ; éclaircit (dit-on) la voix, augmente la semence, & soulage beaucoup les coliques venteuses. Sa graisse, mise dans les oreilles, guérit ou diminue la surdité : elle est propre aussi à ramollir les duretés & les calus qui se forment en différentes parties du corps. On emploie avec succès sa tête, ses yeux, & son gesier ; dans les fistules, & dans les ulceres variqueux des intestins.

Pour prendre les Grues.

Voyez le mot APPROCHER. GRUYER, *terme de Fauconnerie.*

GRUER *les grains ;* tels que l'aveine, l'orge, &c. C'est les dépouiller de leur écorce, en les passant dans un moulin fait exprès, ou se servant de quelque autre instrument. C'est aussi ce qu'on nomme *Monder.*

On prend du plus gros grain. On le met dans un four tiede, après en avoir tiré le pain. Ensuite on le monde au moulin, ensorte que chaque grain soit concassé en deux ou trois morceaux. Puis on en sépare la peau, avec le van ou avec un grand crible.

GRUERIE. *Voyez* GRURIE.

GRUGER *l'aveine :* terme usité en quelques endroits, dans la campagne, par rapport au gros bétail. Il signifie Ruminer.

GRUME. (*Bois en*). C'est celui qu'on a ébranché, & dont la tige abattue n'est pas équarrie, & a encore son écorce. Il sert à raison de sa grosseur, pour les pieux des palées & des pilotis.

Les grumes qui ont depuis deux jusqu'à trois pieds & demi d'équarrissage, & qui peuvent porter quatre à six pouces d'épaisseur & être laissées dans leur largeur, sont bonnes à débiter en Tables ; propres au rouage des moulins à farine.

GRUMELEUX. C'est ce qui est formé d'un assemblage de grumeaux. Les Jardiniers disent : » La » chair de ce fruit est grumeleuse & pâteuse ; la su- » perficie de ce fruit est grumeleuse. «

GRURIE *ou* GRUERIE. Petite Jurisdiction de Campagne, où se font les rapports de moindres délits, commis dans les forêts, pour les juger en premiere instance ; & qui est subalterne à l'égard des Maîtres particuliers des eaux & forêts. Cet Officier, qui juge en premiere instance des délits & malversations commises dans les forêts, est appellé *Gruyer*, *Verdier*, & *Forestier.* Voyez GRUYER.

GRURIE ; *Gruerie*, *Grairie*, ou *Grérie ;* signifie aussi un droit que le Roi prend en quelques forêts du Royaume. Ce droit monte assez souvent à la moitié du prix de la vente même : ensorte que, si l'arpent d'un bois en Grurie est vendu deux cens livres, il en appartient cent au Roi, & autant au propriétaire. Les adjudications de ces bois se font avec les mêmes formalités que pour les bois qui sont entiérement au Roi.

Plusieurs Auteurs regardent comme une sorte de Grurie, ce que l'on appelle en Normandie *Tiers & Danger.* Mais Chopin soutient que c'est seulement une Jurisdiction que le Roi a sur les bois des particuliers; où il établit ces Juges & des Gardes pour les conserver: ensorte que les propriétaires ne peuvent les faire couper qu'avec certaines formalités, & que l'amende des délits appartient au Roi qui les fait garder; quoiqu'il ne prétende rien au fonds. Quelques Auteurs, pour éviter l'équivoque des deux significations assez différentes du même mot, appellent ce droit du Roi, *Droit de Gruage*.

Le mort-bois n'est pas sujet à la Grairie.

GRURIE. Maison située près d'un bois ou d'une forêt, & composée de cours, écuries, & logemens pour quelques Officiers des chasses. C'est où ils tiennent leur Jurisdiction: telle est la grurie du bois de Boulogne près de Paris.

GRUYER. Les Gruyers sont les gardes & conservateurs des forêts. Il y en a de Royaux; & de Seigneuriaux. On les nomme encore *Forestiers*; & *Sergens pour les Bois*. Le Gruyer a un lieu fixe, où il tient son siége dans le district de la Grurie. Il connoît en premiere instance, des délits dont l'amende n'est que de douze livres: & renvoie les parties pardevant le Maître particulier, quand il écheoit de prononcer une plus grande peine. Il n'y a communément des Gruyers que pour les bois & buissons qui sont éloignés des Maîtrises. Leurs fonctions sont reglées par un titre particulier de l'Ordonnance de 1669: à laquelle on peut avoir recours pour être informé du devoir de tous les Officiers des Eaux & Forêts. Les appellations de ces premiers Juges doivent être relevées aux Maîtrises, & poursuivies dans la quinzaine de la condamnation: sinon les Sentences s'exécutent par provision; & après le mois, sans appel & sans poursuites, elles passent en force de chose jugée, de même que si elles avoient été rendues en dernier ressort. Lorsque les appellations sont portées aux Maîtrises, elles doivent être jugées définitivement & sur le champ par le Maître particulier où elles ressortissent. Mais comme il y a des Justices où des Seigneurs particuliers ont des Gruyers ou d'autres Officiers pour le fait des Eaux & Forêts; les appellations de leurs Sentences sont directement portées aux Tables de Marbre de leur ressort; & doivent néanmoins être relevées & jugées de même que si elles avoient été portées à la Maîtrise.

Voyez GRURIE. VERDIER.

GRUYER. Se dit, *en Fauconnerie*, d'un oiseau dressé pour la chasse des grues. On dit: *c'est un oiseau Gruyer.*

GUA

GUAIACUM. *Voyez* GAIAC.

GUANABANUS. *Voyez* ASSIMINIER.

GUAULDE. *Voyez* GAUDE.

GUE

GUÊDE, ou *Guesde; Vouede; Pastel*: en Latin *Isatis*, & *Glastum*; en Anglois *Woad*. Cette plante change considérablement par la culture. Aussi fait-on une distinction de la plante comme cultivée; ou dans l'état sauvage. Celle-ci a les feuilles beaucoup plus étroites, & est plus petite dans toutes ses parties.

La *Guêde Cultivée* a de larges & longues feuilles d'un verd bleuâtre, simples, entieres, lisses, terminées en pointe: dont les unes, beaucoup plus grandes, sortent immédiatement de la racine, & touffent beaucoup; les autres, toujours uniques, diminuant à proportion qu'elles sont plus voisines du sommet, embrassent la tige & les branches par leur base, dans une position irréguliere. Les tiges sont cylindriques, droites, hautes d'environ trois pieds, assez grosses, & se divisent en nombre de rameaux presque dès le bas. Au sommet des rameaux est une multitude de petites fleurs jaunes, du genre de celles qu'on nomme fleurs en croix. Leur calice est coloré, & formé de quatre piéces ovales, disposées en croix ainsi que les pétales. Il y a dans chaque fleur six étamines, dont quatre sont aussi longues que les pétales, & deux plus courtes: leurs sommets sont oblongs. Au milieu des étamines est un embryon oblong, & applati; dont le styl ne s'éleve que jusqu'aux étamines courtes. Les pétales & le calice étant tombés, cet embryon devient une capsule ou silicule applatie, brune, composée de deux panneaux appliqués l'un sur l'autre, & semblable à une languette. Dans chaque séparation, faite par les panneaux, se trouve une seule semence oblongue, arrondie, dure, anguleuse, & applatie. La racine de cette plante est longue, grosse, ligneuse, garnie de fibres; & penetre profondément en terre.

Culture.

Cette plante, bisannuelle, dans quelque climat qu'on la cultive, a besoin d'une terre qui ait du fonds, & qui soit bien meuble, médiocrement séche, & substantieuse: sans quoi elle ne produit presque rien. Le froid & l'excès d'humidité lui sont absolument contraires.

Il y a des cantons dont la superficie n'est que du gravier, mais dessous lequel est un sable gras de couleur brune, ou une terre fine: la guêde y vient à merveille. Sa feuille est alors grande & bien colorée. Quand même ces terreins seroient bas & exposés à l'humidité, on a l'expérience que la guêde y est constamment très-belle.

Les plaines lui sont assez favorables; mais encore plus les côteaux exposés au Midi. On trouve un grand avantage à mettre cette plante dans un terrein nouvellement défriché. Elle le dégraisse autant qu'il faut pour le rendre propre à porter du grain.

Elle réussit très-bien, après des prairies artificielles.

Comme elle a besoin d'une nourriture abondante, la terre qu'on lui destine ne sçauroit être trop bien préparée, surtout par les labours. C'est ici qu'une charrue à plusieurs coutres devient sensiblement utile. Après avoir labouré on herse; si le tems & la terre sont secs, on fait passer le rouleau; ensuite l'on herse une seconde fois: puis on ôte les grosses pierres, & autres choses qui empêchent que la terre ne soit également meuble & menue par-tout; & qui n'avoient pas été entraînées par la herse. Telle est la pratique pour les terres seches & chaudes. Dans celles qui sont un peu humides, on forme des guérets élevés; & on jette au fond du sillon toutes les racines & débris de plantes que la charrue attire dehors, afin qu'elles y pourrissent. Ces terres doivent ensuite être regalées, & rendues aussi unies que les planches d'un jardin.

Selon M. Duhamel (*Elém. d'Agric.* T. II. p. 235) » quelque bonne que soit la terre qu'on se propose » de mettre en Pastel, il faut la fumer un an auparavant, & y semer d'abord du bled, ou de l'oignon, » *&c.* Après la récolte de ces plantes on donne avec » la charrue, ou encore mieux avec la bêche, trois » profonds labours: le premier en Novembre; & » les deux autres, aux mois de Février, Mars, ou » Avril. « Si ce terrein est en plaine, & qu'il n'ait pas assez de pente pour l'écoulement des eaux, on fait des sillons plus ou moins larges, suivant que la terre a de disposition à retenir l'eau.

M. Miller emploie toute la premiére année à

préparer la terre. Il veut qu'on la laboure par billons en automne; qu'au bout de quelque tems on herse bien, pour arracher les mauvaises herbes; que l'on laboure & herse à certaine distance ensuite, pour détruire celles qui auront repoussé, & qu'alors on fasse absolument la guerre à toutes les grosses plantes vivaces; qu'on donne encore un labour profond, durant le mois de Juin: puis, après avoir hersé lorsqu'il se montre de nouvelles herbes, on labourera à l'uni, vers la fin de Juillet ou au commencement d'Août. Alors, s'il y a apparence de pluie, on hersera pour semer. [Ce Cultivateur dit ne parler ici qu'après nombre d'expériences.]

Quand la terre est préparée, on seme ou à la volée ou avec un semoir. On seme clair cette graine, & aussi également que l'on peut. Quoiqu'elle ne leve pas toute, & qu'on voie souvent des endroits où il en manque, il n'est pas besoin de repasser deux fois sur le même endroit en semant: il vaut mieux avoir en réserve certaine quantité de graine, que l'on met ensuite dans les places qui ne sont pas garnies. Après avoir semé, on herse avec soin. Quand on veut regarnir des endroits vuides, on fait des trous à un pied de distance les uns des autres avec un plantoir; & l'on met cinq ou six graines dans chaque trou.

Au moyen de la nouvelle culture, on consomme moitié moins de graine; attendu que les plantes acquiérent plus de volume. Mais il y a peu de semences pour la distribution desquelles un semoir soit plus nécessaire. Et l'on ne peut s'empêcher de convenir que les labours qu'on donne ensuite à cette plante la font profiter considérablement, & en rendent les feuilles plus grandes & de meilleure qualité.

Les uns sement la Guède depuis la mi-Février jusqu'au commencement d'Avril, ou même de Mai. D'autres, depuis le commencement d'Août, jusqu'en Septembre. Comme sa graine mûrit dans les mois de Juin & Juillet, plus tôt ou plus tard selon le climat, & qu'elle se seme alors d'elle-même, il semble convenable de suivre l'ordre de la Nature, & semer la graine quand elle est parvenue en maturité. C'est-à-peu-près la méthode qu'indique M. Miller. Au reste, cette plante résiste bien à l'hiver: & pendant ce tems, ses racines se fortifient, ensorte qu'elle pousse avec vigueur dès le premier printems; que ses feuilles sont de bonne heure en état d'être cueillies, & celles qui viennent ensuite sont plus vigoureuses, & peuvent être cueillies dix ou même quinze jours plus tôt que celles des plantes semées seulement au printems.

En semant en automne, on est d'ailleurs moins exposé à voir les premieres pousses dévorées par les insectes: ce qui est aussi ordinaire à la guède qu'aux navets. Si l'on voit tant de graine manquer, c'est qu'on la seme au printems lorsqu'elle est altérée: encore est-on heureux quand celle qu'on achete n'est que de l'année précédente; car on entend bien des paysans dire que la graine de deux ans est tout aussi bonne. Des expériences faites avec soin ont assuré que de vingt graines, semées aussitôt après leur maturité, à peine en manque-t-il trois; tandis qu'il y en a au moins un quart, & quelquefois plus de moitié qui ne leve point quand on l'a laissé vieillir.

Si l'on ne veut pas semer la guède avant l'hiver, on différera le moins qu'on pourra l'année suivante. Le froid n'empêche pas la graine de lever. Et quand elle est semée de bonne heure, elle a moins à craindre les insectes que les pluies chaudes attirent en abondance, & qui dévorent les plantes semées trop tard.

Quand la guède est un peu grande, on la sarcle à la houe; & on éclaircit le plant. Dans la suite, on se sert encore de cet instrument, tant pour achever de détruire les mauvaises herbes, que pour remuer la terre autour des plantes & leur donner de tems en tems une nouvelle vigueur.

Cette opération se fait bien plus commodément avec les charrues légeres, dans la nouvelle culture; qui ne met que deux rangées de plantes espacées à dix pouces, & laisse cinq pieds de distance d'une plate-bande à l'autre. Le premier sarclage se fait à la main avec la houe, en éclaircissant le plant, nettoyant entre les rangées où la charrue ne peut encore aller, & ramassant un peu de terre autour de chaque pied pour le chausser. On laisse environ quinze pouces d'intervalle entre chaque plante; observant de les ranger, non l'une vis-à-vis de l'autre, mais de sorte que chacune soit comme isolée & communique librement avec l'air & la terre des deux plates-bandes qui sont à ses côtés: ce qu'on peut appeller ordre alterne, ou disposition alternative.

Comme le profit qu'on tire de la guède consiste principalement dans les feuilles, on ne sçauroit trop se convaincre qu'une seule plante vigoureuse rend davantage que ne feroient cinq autres qui, trop pressées, s'affament mutuellement. Et dix feuilles de telle chetive plante sont inférieures en qualité à une qui appartient à la plante vigoureuse.

La distribution des plantes étant faite, & les rangées nettoyées, on va avec la charrue légere dans les plate-bandes pour y donner un bon labour, capable de détruire les mauvaises herbes, & de fournir beaucoup de nourriture aux plantes. On laboure ainsi toutes les fois que les plate-bandes se couvrent d'herbes; & indépendamment de cela, de tems en tems, lorsqu'il est besoin d'entretenir la belle couleur & la fraîcheur des feuilles: qualités qui donnent le prix à la plante. C'est pourquoi on donne un labour entre les deux rangées, immédiatement avant que les feuilles acquierent l'état de grandeur qui décide pour en faire la récolte: cela leur donne une belle couleur, dont on s'apperçoit dès le surlendemain: & au bout de dix jours elles ont toute la perfection requise pour être cueillies.

L'éclaircissement des plantes de guède doit être fait par degrés. Environ un mois ou cinq semaines après qu'elles sont levées, il suffit de laisser trois à quatre pouces de distance réciproque entre elles. Puis, successivement on les espace à six ou douze pouces: observant de les espacer à demeure avant qu'elles soient fortes.

On assure que, dans des pays où on a de l'eau à disposition, l'on arrose par immersion les champs de pastel. Mais il faut alors avoir l'eau en assez grande abondance pour pouvoir répéter souvent ces arrosemens. Sans quoi, le soleil la faisant trop tôt évaporer, il endurcit la superficie de la terre, & fait beaucoup de tort aux plantes. * *Elém. d'Agric.*

On fait ordinairement deux récoltes de Pastel dans la même année; & quelquefois jusqu'à quatre, ou six, lorsque la saison & le terrein ont été favorables; la premiere se fait vers la fin d'Août; & la derniere, à la fin d'Octobre ou au commencement de Novembre. Mais il faut avoir l'attention de faire celle-ci avant les premieres gelées: autrement les feuilles que l'on recueilleroit ne vaudroient rien. En général, il n'y a point de tems fixe pour ces récoltes. On les fait plus tôt quand la chaleur est plus grande, & qu'il a tombé des pluies douces. On doit visiter le champ, pour saisir le point précis de la maturité des feuilles: qui se connoit à ce qu'elles ont toute leur grandeur, qu'elles sont fermes, pleines de suc, & que leur couleur est fraîche & d'un beau verd. Alors il faut se hâter de les cueillir; car elles dépériffent promptement, fe fannent; & changent de couleur; & trois ou quatre jours de plus, qu'elles reftent fur pied, font fuffifans pour faire tort de moitié à la récolte. Dès que les feuilles font cueillies, on les met en tas de peur qu'elles ne fe flétriffent. Pendant ce tems on les tient à couvert du foleil & de la pluie; & on retourne de tems à autre ces feuilles, pour qu'elles fe macérent également. Enfuite on les porte fous la meule d'un moulin à-peu-près femblable à celui dont on fe fert pour exprimer l'huile de lin. On y broye les côtes & feuilles jufqu'à ce qu'elles foient réduites en une pâte; dont on forme enfuite des pelotes d'environ une livre pefant.

Après quoi l'on fe difpofe à une nouvelle récolte de feuilles. Le dernier labour qu'on a donné aux plantes contribue beaucoup à en accélérer la pouffe.

Au moyen de la nouvelle culture, prefque toutes les récoltes d'un an font égales en quantité & en qualité. Au lieu qu'en fuivant la méthode ordinaire, chaque récolte eft moins bonne & moins abondante que celle qui l'a précédée: enforte que fi l'on peut quelquefois mêler enfemble les produits des deux premieres, il faut toujours mettre à part ce que rendent les autres; fi l'on ne veut gâter tout, ou en diminuer le prix.

Dans la guêde, ainfi que dans la plupart des plantes, les grandes feuilles qui viennent immédiatement de la racine, périffent quand la tige fe forme. On a donc intérêt d'empêcher la guêde de faire fa tige, à moins qu'on n'en réferve certaine quantité pour graine. Les feuilles qu'elle donne en hiver ne peuvent pas fervir pour la teinture: mais on en tire un bon parti, en laiffant aller les moutons dans le champ. Ce pâturage leur donne une nourriture faine & abondante: & les plantes n'en repouffent que mieux au printems; felon le *Compleat Body of Husbandry*. Mais M. Miller penfe que c'eft leur faire autant de tort qu'au froment.

Au refte, à la fin de l'année on coupe la guêde tout près de terre: & elle fubfifte ainfi deux ou trois ans. Il eft à propos de ne pas la laiffer pour l'ordinaire au delà de deux ans dans un même terrein: elle l'épuiferoit trop; & elle-même ne fourniroit plus que de chetives récoltes. A la derniere on emporte donc la tête de la racine.

Pour avoir de la graine, on laiffe, au tems de cette récolte, un petit efpace de terrein où l'on ne retranche qu'une partie des feuilles; celles qui font moins effentielles à la tige. L'expérience a fait connoître que les pieds auxquels on les laiffoit toutes, venant à grainer trop tôt, les derniers froids de l'année fuivante faifoient fouvent périr les femences. Voyez les *Elém. d'Agric.* T. II. p. 239.

Quand la graine eft mûre, on coupe les tiges; que l'on couche fur terre par rangées: & fi le tems eft fec, quatre ou cinq jours fuffifent pour que l'on puiffe battre les gouffes. Si elles reftent trop longtems couchées fur terre, elles s'ouvrent, & la femence fe perd.

La premiere récolte de la feconde année eft fouvent auffi bonne que celles de l'année precédente. Il n'en eft pas de même de celles qui viennent enfuite. C'eft pourquoi l'on s'apperçoit aifément qu'il eft à propos de renouveller le plant. Ainfi, après la derniere dépouille on donne un bon labour pour y en femer d'autre, ou de la graine d'un genre différent. On laiffe une partie du champ fans la labourer, afin que les racines qui y font produifent de la graine l'année fuivante. On emporte avec la herfe hors du champ toutes les autres que la charrue a arrachées.

Comme la partie non labourée profite en partie du labour que le refte a reçu, les plantes qu'on a laiffées en terre deviennent très-grandes: & elles rendent quelquefois, dans un arpent & demi, autant de graine qu'il en tiendroit dans cinq cent pintes de Paris.

Tous les ans, après chaque récolte, il faut donner un binage; pour favorifer la fuivante. On doit regarder comme une bonne œconomie, par rapport à la dépenfe & relativement aux fuccès de la culture, que de farcler à propos fans laiffer grandir les mauvaifes herbes.

La féchereffe caufe beaucoup de dommage au paftel.

Les fauterelles en dévorent auffi quelquefois tout un champ dans une foirée. Alors il faut promptement couper tout ce qui refte de feuilles, pour qu'il en repouffe de nouvelles.

M. Duhamel n'eft pas d'avis que l'on emploie deux fois de fuite le même champ à nourrir du paftel. Il préfere d'y mettre du bled, la premiere année; du millet, à la feconde; puis bien fumer, pour y femer du paftel.

Ufages.

Les pelotes de paftel, au fortir du moulin, font portées dans un endroit couvert, où elles puiffent être à l'abri de la pluie & du foleil: & on les y laiffe fécher pendant environ quinze jours, c'eft-à-dire jufqu'à ce qu'elles aient affez de confiftance pour être réduites en *Coques*. On fait prendre cette forme à la pâte dans de petits moules de bois, de figure ovale, ou à-peu-près femblables au fond d'un fabot. A mefure que ces coques font faites, on les met fécher fur des claies à jour; où elles font placées de maniere qu'elles ne fe touchent pas, & qu'elles puiffent prendre l'air dans toutes leurs dimenfions. Elles deviennent fort dures: & c'eft en cet état qu'on les vend aux Marchands. Dans la Touraine, où l'on cultivoit beaucoup de paftel, on difoit *Cocaignes* au lieu de *Coques*: & le grand débit de cette marchandife rendant le pays affez floriffant, on a pris occafion de nommer *Pays de Cocaignes* tout pays où on jouit d'une aifance confidérable.

Le paftel, ainfi préparé, fournit une excellente teinture bleue très-folide, & avec laquelle on peut faire toutes les nuances. Il n'y a pas bien longtems qu'on lui donnoit la préférence fur l'Indigo. Enfuite on a permis, comme par une efpece de tolérance, de mettre une petite quantité d'indigo dans les cuves de paftel. Mais étant parvenu à perfectionner la teinture de l'indigo, on emploie indifféremment aujourd'hui l'indigo ou le paftel pour la teinture en bleu.

Avant d'employer les coques de paftel, il faut les mettre longtems tremper dans l'eau pour pouvoir les caffer.

Confultez l'*Art de la Teinture*, de M. Hellot; Chap. V. & VI; & p. 174-5.

La guêde defféche extrêmement fans être mordante. Elle eft auffi amere, & aftringente. Sa décoction faite dans du vin, étant bue, guérit quelquefois les duretés de la rate. Ses feuilles appliquées, réfolvent les apoftumes, ferment les bleffures fraîches, arrêtent le flux de fang; guériffent (dit-on) le feu faint Antoine, & les ulceres putrides.

GUEDE: *terme de Chaffe.* Voyez GUIDE. *Maniere de prendre les* CANARDS *avec des filets.*

GUEPE. *Voyez* MOUCHE-A-MIEL.

GUERET. Terre labourée à la charrue. *Voyez* ARVUM. *Confultez* auffi le deuxieme Volume du *Traité de la Cult. des Terres*, p. 262.

Lever le GUERET. Ce terme signifie donner le premier labour aux jacheres. On dit aussi GUERETER.

GUERISON *Palliative*. Consultez l'article PALLIATIF.

GUETTE : *terme d'Architecture*. Poteau incliné, servant de décharge pour revêtir & contreventer un pan de bois. Lorsqu'il est croisé avec deux guettrons de sa grosseur, il forme une croix de saint André.

On appelle GUETTRONS, de petits poteaux inclinés sous les appuis des croisées.

Les guettes se mettent entre deux gros poteaux, qui servent de remplage, & qui prennent de l'angle d'en bas à l'angle opposé d'en haut, en forme de diagonale. Ce sont-là ce qu'on appelle *Guettes simples*. Quand elles sont traversées par d'autres poteaux de remplage posés à plomb, on les appelle *Guettes* & *Guettrons*. On les nomme *Petites Guettes*, quand elles sont au-dessous de l'appui des fenêtres & croisées.

Les guettrons se mettent non seulement sous les appuis des croisées : mais encore aux exhaussemens ; sous les sablieres d'entablement ; sur les linteaux des portes ; dans les cloisons de dedans ; & aux joints des lucarnes.

GUETTRON. *Voyez* GUETTE.

GUEULE *de Lion*.
& } *Voyez* MUFLE *de Veau*.
GUEULE *de Loup*.

GUEULE : *terme de Bucheron*. Voyez CHARBON, p. 522. col. 2.

GUEULE : *terme de Botanique*. On nomme *Fleur en Gueule*, ou *Fleur Labiée*, en Latin *Flos Labiatus*, une fleur monopétale ; formée d'un tuyau ordinairement percé dans le fond, & terminé en devant par une espece de gueule, représentée par deux levres principales plus ou moins écartées, & qui se subdivisent en plusieurs autres pieces. *Voyez* BARBA : & CYTINUS. Consultez aussi la *Physique des Arbres*, T. I. p. 211. Il y a quatre étamines attachées au pétale : dont deux sont plus courtes que les autres. A la fleur succédent quatre semences, qui n'ont pour enveloppe que le calice : ce qui distingue cette famille d'avec celle des fleurs personnées, & d'avec les autres monopétales irrégulieres.

GUEULE-NOIRE. *Voyez* AIRELLE.

GUEUX. Celui qui mandie à titre de pauvreté. *Voyez* AUMONE.

Les gueux employent plusieurs moyens pour se déguiser ; & pour exciter la compassion. Les uns se servent de la fumée de cumin, ou de soufre pour se rendre pâles : ou se frottent de fleurs de genêt pilées, ou de semence de carthame, pour se rendre le teint jaune. Les autres se noircissent d'huile & de suie, pour paroître comme frappés de la foudre. Pour enlever ces couleurs artificielles, il n'y a qu'à leur frotter le visage avec du savon.

Il y en a qui s'appliquent sur la chair des racines de renoncule dans de la laine ou de la filasse, pour y contrefaire la maladie du charbon.

D'autres se font souffler entre chair & peau, par un trou qu'ils se font auprès de l'oreille, ou ailleurs ; pour se faire croire hydropiques.

Un Casman de Flandre se faisoit boucher l'anus tous les matins fort exactement ; avaloit une demi-livre de beurre, & de vif-argent ensuite : ce qui lui faisoit faire des mouvemens si extraordinaires, que le peuple le croyoit possédé. Le soir, en se débouchant, il se guérissoit.

Les gueux se servent aussi de la flammule, de la vigne blanche, du turbith, du suc de tithymale, & de plusieurs autres plantes caustiques ; pour se faire des ulceres : qu'il est aisé de discerner.

GUI

GUI ; en Latin *Viscum* : & en Anglois *Missleto*. Plante parasite, très-commune, que l'on ne voit jamais végéter sur la terre, mais toujours sur les branches de divers arbres ; tels que le Poirier, le Saule, le Coudrier, le Peuplier, le Tilleul, le Pin, le Hêtre, le Pommier, l'Épine-Blanche, *&c.* Elle y tient fortement par ses racines entrelacées dans les couches corticales des branches. La premiere année & quelquefois encore la seconde, on n'apperçoit d'autre production des racines qu'une petite tige terminée par un bouton ou par une espece de petite houpe qui semble être la naissance de quelques feuilles. Au printems suivant, il sort de ce bouton deux feuilles opposées, épaisses, charnues sans être succulentes, entieres & d'une forme très-allongée ; dans l'aisselle desquelles se forment deux boutons, d'où naissent ensuite deux branches terminées par deux ou trois feuilles, & qui croisent les autres. Le gui devient ainsi un arbuste très-branchu ; & forme une boule assez réguliere, qui peut avoir un pied & demi ou deux pieds de diametre. Toute la plante est jaunâtre. Au mois de Mai, elle porte des fleurs : dont les unes sont mâles, & les autres femelles, sur des individus différens. Les fleurs mâles ont un calice ou pétale, d'une seule piece, divisée en quatre parties épaisses, larges, & ovales. Quatre étamines, ou plutôt quatre sommets, tiennent aux parois de ce calice. Les fleurs femelles sont formées par un embryon couronné de quatre petites feuilles : qu'il importe peu de regarder comme des pétales, ou comme les échancrures d'un calice dont l'embryon feroit partie. On apperçoit entre ces quatre feuilles un stigmat, immédiatement attaché à l'embryon. Cet embryon devient une baie assez ronde, molle, succulente, un peu plus grosse qu'un pois, blanche ou d'autre couleur, attachée par un court pétiole au fond d'un calice charnu : quand elle est mûre, la peau qui la couvre est ferme, luisante, demi-transparente. Sous cette peau l'on trouve une substance gluante : dans laquelle existe une semence verdâtre, quelquefois ovale, souvent triangulaire, ou de quelque autre forme, suivant la quantité de germes qu'elle contient : mais cette semence est toujours applatie.

Les fleurs, soit mâles soit femelles, sont rassemblées par bouquets dans les aisselles des feuilles, ou aux extrêmités des branches.

Les feuilles du gui ne tombent point en hiver. Elles semblent être lisses & unies : mais en les examinant avec attention, l'on apperçoit cinq ou six nervures qui partent du pédicule, & qui s'étendent jusqu'à l'extrêmité.

Les branches sont droites d'un nœud à un autre. Mais à chaque nœud elles perdent leur direction, & s'inclinent en divers sens.

M. Ray dit n'avoir observé que rarement le Gui sur des Chênes ; & ajoûte que l'ancien préjugé pour le Gui de Chêne tenoit au respect accordé aux Druides.

Culture.

Après toutes les tentatives que l'on a faites, on convient que le gui ne peut s'élever sur terre. Mais on réussit à le semer & élever sur différentes especes d'arbres.

M. Duhamel a observé avec grand soin, & exposé dans un détail curieux, la maniere dont le gui s'implante & se greffe sur les arbres où sa semence trouve

trouve à s'attacher. Consultez le Mémoire de cet habile Naturaliste, dans ceux de l'Académie Royale des Sciences de Paris, année 1740 : & sa *Physique des Arb.* T. II. p. 220 & suivantes.

On a longtems cru que les semences du gui étoient incapables de germer, si elles n'avoient passé par l'estomac des oiseaux qui se nourrissent de ses baies. Mais il est certain par l'expérience, qu'un médiocre degré d'humidité suffit pour en exciter la germination. Seulement peut-on être réservé pour ne pas contester aux anciens & à plusieurs modernes, que les graines mangées par les oiseaux tombent ensuite avec leurs excrémens sur quelques branches, & y levent : Voyez M. Adanson, *Fam. des Pl.* T. II. p. 77 ; & M. Linnæus, *Amœn. Acad.* Tom. I. p. 74. Au reste, une observation bien sûre est que la Grive, très-friande des baies de gui, essuie son bec contre les branches des arbres ; & y dépose ainsi les semences, qui y restent au moyen de la substance visqueuse où elles sont engagées.

M. Miller prétend qu'elles ne réussissent que sur des arbres dont l'écorce est unie ; & que le tissu de l'écorce de chêne étant très-serré, la radicule du gui ne peut y avoir accès : aussi les curieux s'emparent-ils promptement du petit nombre de plantes de gui qui naissent quelquefois sur cet arbre : où il n'a jamais pû en faire lever la semence.

Usages.

Quoique le gui conserve ses feuilles pendant l'hiver, ce n'est cependant pas une décoration pour les jardins : ses touffes éparses sur les arbres ne présentent rien d'agréable.

Cette plante parasite fatigue toujours les arbres auxquels elle s'attache. Aussi fait-on bien de la détruire.

On en faisoit autrefois de la glu : *Voyez* GLU. Cette glu, appliquée sur les tumeurs, avance la suppuration. En général, ses baies peuvent être employées extérieurement comme un bon résolutif, & émollient. Ce remede réussit dans la goute, pour en adoucir les douleurs, & en diminuer l'inflammation. On écrase ces fruits sur des étoupes, & l'on en forme un cataplasme qu'on met sur la partie souffrante. Mais on dit que pris intérieurement ils purgent avec violence, & causent des inflammations d'entrailles.

Les grives, les merles, & d'autres oiseaux, se nourrissent des baies du gui pendant l'hiver.

Le bois du gui (principalement de celui qui a crû sur les chênes) étoit anciennement recommandé pour les affections du cerveau, telles que les vertiges, les étourdissemens, l'épilepsie, &c. *Voyez* ÉPILEPSIE, *n.* 27.

GUIDE *ou* GUEDE. Les Paysans chasseurs nomment ainsi un bâton qui guide le rêt saillant, tendu pour prendre des pluviers & autres oiseaux marécageux. *Voyez* GARRIERE.

GUIGNARD : en Latin *Pluvialis minor* ; c'est-à-dire *Petit Pluvier.* Oiseau à-peu-près gros comme une caille : qui a le dos & la tête gris, mêlés de roux ; le bec & les ongles noirs ; le ventre partie blanc partie roux-brun ; & la gorge blanchâtre. Il est fort gras, très-délicat, & d'un goût approchant de celui de l'ortolan. Ces oiseaux viennent vers le tems des vendanges, avant les autres pluviers. Ils mangent des raisins. Ils se retirent par bandes dans les bois. On les trouve aussi dans les champs, & quelquefois au bord des eaux. Consult. l'*Ornithologie* de M. Brisson, Tom. V. pag. 54. On les prend en hiver au filet : ou bien on les tire au fusil. Quand on en a tué un, tous les autres s'assemblent autour de lui : le chasseur a ainsi le tems de recharger.

Il y en a beaucoup en Beauce. Mais le transport en est difficile ; parce qu'ils se corrompent aisément.

GUIGNAUX. Pieces de bois qui s'assemblent dans la charpente d'un toit & sur les chevrons d'un comble ; & qui laissant un passage à la souche de cheminée, font le même effet dans les couvertures, que les chevêtres dans les planchers. Les uns & les autres embrassent le tuyau de la cheminée, & préservent des accidens du feu.

2. GUIGNAUX sont *aussi* les petits chevrons qu'on met aux devantures de lucarnes renfoncées dans le comble.

GUIGNE. *Consultez* les articles CERISIER, *n.* 6. FRUITS *secs.*

GUIGNIER. *Voyez* CERISIER, *n.* 13.

GUILDING, ou plutôt *Gelding.* Cheval Anglois, très-vîte à la course. Voyez *Chevaux Anglois*, dans l'article CHEVAL.

Le mot *Gelding* signifie littéralement un cheval hongre. Et les Anglois l'appliquent aux chevaux de carrosse, comme aux coureurs.

GUIMAUVE : en Latin *Althæa* ; en Anglois *Marsh-Mallow.*

Les plantes de ce genre ont leur fleur enfermée dans un double calice : dont celui qui est extérieur est d'une seule piece découpée profondément en neuf portions étroites & inégales entr'elles. Ce calice est rempli de longs filets ou poils. Ceux du calice intérieur sont plus courts. Celui-ci, pareillement d'une seule piece, est divisé en cinq parties qui ont la forme de balustre & sont terminées en pointe. L'un & l'autre calices sont permanens. La fleur est composée de cinq pétales faits à-peu-près en cœur, & qui se tiennent ensemble par leur base. Quantité d'étamines réunies en forme de colonne, & écartées à leur sommet, ont au milieu d'elles un embryon arrondi, qui soutient un court styl cylindrique, terminé par plusieurs stigmats aussi longs que les étamines. L'embryon devient une capsule ronde, applatie, un peu creusée ; dont l'intérieur est séparé en plusieurs loges, à chacune desquelles tient une semence grisâtre, applatie, faite à-peu-près en rein.

Especes.

1. La *Guimauve ordinaire* des jardins & des boutiques, qui est celle *de Dioscoride & de Pline*, est couverte de filets très-doux dans toutes ses parties. Sa racine est longue, assez grosse, pivotante, branchue, blanche, charnue, & vivace : le reste de la plante périt tous les ans en automne. Sa tige est ronde, verte, un peu branchue, & s'éleve à la hauteur de quatre ou cinq pieds. Le long de cette tige sont placées alternativement des feuilles simples, très-douces au toucher, d'un verd obscur, à-peu-près triangulaires, plissées, molles, entieres, & dont les bords ont des dentelures aigües. Elles sont portées par de longues queues. C'est de l'aisselle des feuilles que sortent les fleurs : qui sont d'un blanc pâle, souvent lavé de pourpre, & plus petites que celles de la Mauve. Cette plante fleurit en Juin, Juillet, & Août : & sa graine est mûre en Septembre ou Octobre.

2. M. Linnæus met au nombre des *Althæa* l'ALCEA *villosa* de Dalechamp ; & la plante que Clusius nomme ALCEA *fruticosa*, *Cannabino folio.* Celle-ci a la fleur d'un rouge foncé ; & vient naturellement en Hongrie & en Istrie. Voyez CHANVRE *Sauvage.*

3. La *Guimauve double* porte une ou plusieurs tiges hautes, qui se chargent de fleurs doubles, assez

semblables à des roses; les pétales extérieurs sont plus grands & plus étendus que ceux de dedans, qui sont crépus & frisés. Ces fleurs sont rouges; quelquefois incarnates; d'autrefois pourprées, ou de plusieurs autres couleurs. Il y en a qui les appellent *Fleurs de S. Jacques.*

Culture.

L'espece *n.* 1 croît d'elle-même dans des endroits humides. Elle y est plus grande dans toutes ses parties, que quand elle vient dans un terrein sec. Au reste elle réussit dans toute sorte de terre, & à toute exposition.

Cette plante aime le grand air.

Il faut l'arroser quand la terre où elle est, manque d'humidité.

On la multiplie de semence; & de plant enraciné qu'on détache du corps de la plante.

Il faut la semer au printems: mais on ne leve le plant enraciné, qu'en automne, lorsque les tiges sont près de périr. C'est aussi alors qu'on arrache la racine pour la Pharmacie.

On espace les plantes à deux pieds les unes des autres.

Nous n'avons rien à dire de particulier sur la culture des autres especes relativement à notre climat.

Usages.

La Guimauve est résolutive, adoucissante, un peu astringente; utile dans la diarrhée, la dysenterie, le crachement de sang. La racine, cuite dans du vin ou de l'eau avec du miel, ou mise sur les blessures récentes, sur les écrouelles, les apostemes, les maux de mammelle, les ruptures & descentes, les détorses, les froidures des nerfs, est excellente pour la guérison de tous ces maux. Mêlée avec de la graisse de porc, ou d'oie, & de la térébenthine, puis appliquée sur la matrice, elle en amollit les duretés, & en ôte l'inflammation.

La décoction de la racine dans du vin, prise intérieurement, soulage la difficulté d'uriner, la colique néphrétique, la sciatique, les catarrhes. Cuite avec du vinaigre, & employée en gargarisme, elle appaise les douleurs de dents. Sa graine verte ou séche, macérée dans du vinaigre puis séchée au soleil, efface les rougeurs. Les feuilles, mises sur les morsures & les brûlures, les guérissent. On les emploie aussi dans les lavemens adoucissans & émolliens, dans les cataplasmes, les fomentations. On les ajoûte souvent aux farines résolutives pour les appliquer sur les tumeurs, lorsqu'on appréhende une trop prompte résolution, & qu'il y a une disposition inflammatoire.

Quand on emploie la racine de guimauve dans les tisanes adoucissantes & rafraîchissantes, il ne faut pas la faire bouillir; de peur qu'elle ne rende la liqueur gluante & pâteuse: ou si l'on juge à propos de la faire bouillir, il ne faut pas la ratisser, mais seulement la bien laver auparavant.

Voyez ALUN, p. 79. col. 1. ANODYN. SIROP d'*Althæa.*

Racines de Guimauve, pour les dents.

Consultez l'article DENT, p. 781.

Tablettes de Guimauve.

Prenez de la pulpe de racine de guimauve; & la passez dans un tamis. Sur douze onces de cette pulpe, mettez deux livres de sucre & deux onces d'eau de fleur d'orange. Faites évaporer au bain-marie, jusqu'en consistance d'électuaire: & formez-en des tablettes.

Fausse GUIMAUVE, ou GUIMAUVE *jaune:* en Arabe *Abutilon;* & en Anglois *Yellow Mallow*, parce qu'on ne l'y regarde que comme une Mauve. Le nom Arabe a été adopté par les Latins. Mais M. Linnæus y a substitué celui de *Sida.* Ce genre de plantes est du nombre de celles dont la fleur a du rapport avec celle de mauve, & que pour cette raison l'on nomme Malvacées. Les fleurs de la fausse guimauve ont un calice simple, anguleux, qui ne périt point, & découpé en cinq parties à son extrémité. Chaque fleur est presque toujours d'une seule piece, formée par un tuyau très-court, évasé, & découpé en cinq parties presque jusqu'à l'ouverture du tuyau: ce qui a l'air de cinq pétales. Du centre s'élevent nombre d'étamines, qui joignant le style forment avec lui une espece de colonne grenue, dont la base est un embryon orbiculaire. Quand la fleur est passée, cet embryon devient un fruit composé de plusieurs gaines allongées qui se réunissent en tête sphérique, avec des cannelures formées par l'articulation des capsules ou cellules; lesquelles s'ouvrent suivant leur longueur; & contiennent des semences tantôt faites en rein, tantôt arrondies.

La plus commune espece de ce genre est *Celle de Dodonée*, à qui Théophraste a conservé le nom d'*Althæa*, & que les Anglois de l'Amérique appellent *Guimauve* parce qu'ils n'en ont pas d'autre. Cette plante s'éleve à trois ou quatre pieds de haut. Sa tige est ronde, un peu dure, & devient rameuse vers la cime. Elle est garnie de feuilles larges, presque rondes, faites en cœur, terminées en pointe, molles, blanchâtres, velues, douces, légerement dentelées, & attachées à des pédicules médiocrement longs. Les fleurs sont petites, jaunes, & naissent sur de longs péduncules qui sortent des aisselles des feuilles.

Culture.

Cette plante est annuelle; & vient assez facilement dans toutes sortes de terre.

Elle ne souffre pas d'être transplantée, à moins qu'elle ne soit encore fort jeune. Mais il vaut mieux la semer en place. Et si l'on ne prend pas le soin de recueillir la graine, elle se seme d'elle-même & leve au printems suivant.

La plupart des plantes de ce genre sont peu capables de servir d'ornement à nos jardins par leurs fleurs. C'est pourquoi nous ne dirons rien de plus sur leur culture. Les Curieux pourront consulter le Dictionnaire Anglois de M. Miller, qui détaille à-peu-près le soin que demandent les diverses especes & ce qu'on peut en attendre; quoiqu'au reste il n'en fasse pas de cas.

Usages.

La semence de l'Abutilon de Dodonée, est diurétique.

Toute la plante est regardée comme pectorale, émolliente, diurétique, & propre à consolider les plaies.

GUINDER: *terme de Fauconnerie.* Se dit de l'oiseau lorsqu'il s'éleve extrêmement, & jusques au-dessus des nues.

GUINDRE. *Voyez* ce mot dans l'article *Prendre les* ALOUETTES *au miroir.*

GUM

GUM-*Succory.* Voyez CHONDRILLE.

GUTTE-GOMME. *Voyez* GOMME-GUTTE.

GYM

GYMNOCRITHON. *Voyez* FROMENT, *n.* 15.

GYMNOSPERMIA. *Voyez* DIDYNAMIA.

GYN

GYNÆCEA. *Voyez* ce mot dans l'article APPARTEMENT.

GYP *ou* GYPSE. Espece de pierre transparente, qui se trouve parmi celles de plâtre, par feuilles comme le talc : & dont on fait un plâtre très-fin ; qui mêlé avec de l'eau de colle, sert à contrefaire les marbres simples ou mêlés, en y ajoûtant des couleurs pour les compartimens. On voit des aires de plancher faites de cette composition ; qui recevant le poli, & étant d'une bonne consistance, sont d'assez longue durée.

Il faut un peu plus de feu pour calciner le Gyp, que pour le plâtre ordinaire. Mais son plâtre est fort bon.

H

HABILLER : *terme de Cuisine.* C'est donner la premiere préparation aux viandes que l'on apprête pour manger. Ainsi on dit Habiller du *Poisson ;* lorsqu'on lui ôte les écailles, les ouies, les tripailles, & qu'on le lave. Habiller un *Chapon ;* c'est le plumer, vuider, flamber sur le feu, & lui trousser les cuisses. Habiller un *Agneau ;* c'est l'écorcher, lui ôter les entrailles, & le mettre en morceaux prêts à faire cuire. Habiller un *Levraut*, &c, c'est en ôter la peau & les tripes.

HABILLER : *terme de Jardinage.* C'est ajuster la tête & les racines d'un arbre.

HABILLER *un Pré.* C'est en curer les fossés & les rigoles; garnir & gazonner les digues, les fossés, & les clairieres; rétablir les écluses & portes; & mettre tout le pré en bon état. Ce travail doit être fait avant la fin de l'hiver. Quand on différe jusqu'au printems, on empêche l'eau d'humecter la prairie assez à tems : & par là les mauvaises herbes se fortifient, & étouffent les herbes fines; ce qui ruine les prairies en peu d'années.

HABILLER *le Chanvre.* C'est le passer par le Seran.

HABITANT : *terme de Droit.* Les Habitans, sont ceux qui ont leur domicile établi en un lieu depuis un an & un jour, ou plus. Ils jouissent également des droits, privileges, & prérogatives de la Communauté : si ce n'est qu'en certaines Villes, comme à Paris, il faut être natif du lieu pour avoir part aux honneurs; comme à celui d'être Echevin. Encore qu'un habitant soit nouvellement établi dans une ville, un bourg, ou un village, il ne laisse pas d'être tenu de contribuer à toutes les dettes; même à celles qui ne sont point de son tems. On ne peut pourtant pas contraindre les particuliers pour les dettes de communauté : il faut s'adresser au Syndic; & le faire condamner à faire une imposition sur les habitans, afin que chacun paye sa quote part. On ne peut decreter contre tous les habitans d'une ville : il y a pour cela un Arrêt du Grand Conseil, rendu en 1673. Voyez *le Journal du Palais.*

HABITS. *Les Nettoyer.* Voyez TACHE.

Pour empêcher que les teignes & les vers ne gâtent les Habits.

Mettez dans l'armoire, ou le coffre, où sont les habits, de l'auronne femelle, avec des feuilles de cedre & de valériane. Il est bon d'en mettre aussi dans les plis des vêtemens. Ces plantes, à cause de leur amertume, ne sont nullement du goût des insectes qui rongent les habits. On peut *aussi* pour les préserver & leur donner en même tems une odeur agréable, les garnir de Botrys.

Voyez TEIGNE, Insecte.

M. SOLIER soutint à Paris, aux Écoles de Médecine, en 1753, une These tendante à prouver que les *Habits fourrés* sont très-salutaires. Consultez le *Journal Œcon.* Août 1753, p. 137, *&c.*

HACHE. Fer de coignée, dont le manche n'a que dix ou douze pouces de longueur.

HACHE-PAILLE. *Voyez* à l'article CHEVAL, p. 559.

HACHER beaucoup en peu de tems. *Voyez* ce qui concerne les grosses Raves, dans l'article BÉTAIL, p. 287. col. 2.

HACHIS : *terme de Cuisine.* On en fait de poisson, de rouelle de bœuf, rouelle de veau, griblettes de cochon, éclanche, &c. *Consultez* ces articles. *Voyez* aussi l'article MAIN.

HACHURE : *terme de Dessinateur.* Consultez l'article GRAVURE *en bois.*

HAI

HAIE *d'une Charrue.* C'en est la Fleche. *Voyez* CHARRUE, p. 536.

HAIE *ou* HAYE. Clôture qu'on fait à la campagne, avec des branches entrelacées. *Voyez* ÉCHALLIER : HALIER : & DUMETUM.

On distingue deux sortes de haies : les *haies vives ;* & les haies *mortes*, ou *séches.* Les haies mortes se font avec des fagots, des épines, des échalas, & des branches d'arbres séches. Les haies vives se font avec des arbrisseaux vifs & enracinés.

On dit *une Haie d'Épines.*

Un champ clos d'une haie vive & d'un bon fossé, est aussi en sûreté que s'il étoit enfermé par une muraille. Ces sortes de clôtures, bien entretenues, forment aussi un agréable coup d'œil; & rendent un produit réel.

M. Duhamel (*Cult. des Terres*, T. I. Ch. X.) dit positivement qu'une haie vive, située entre deux terres labourées, qui n'aura qu'un pied d'épaisseur par le bas, & dix-huit pieds de longueur; donnera au bout de quatorze ans autant de bois, qu'un taillis de même bois qui auroit dix-huit pieds en quarré. Néanmoins, ajoûte-t-il, si l'on abatroit tous les ans la haie & le taillis, celui-ci fourniroit peut-être dix fois autant de bois que l'autre. Et attendu que cette supposition est bien fondée, M. Duhamel ajoûte que cet espace dix-huit fois plus grand qui est planté en taillis, ne produit moins que parce que le taillis perd tous les ans quantité de branches; faute d'air, de nourriture, ou d'être secouru par les labours.

L'observation de cet habile Cultivateur a donné lieu de planter un bois en haies, espacées à vingt pieds; & de tenir une note exacte du produit de ces haies, comparé à celui d'un autre bois de même étendue. Voyez le *Traité des Semis & Plantations*, p. 383.

Les haies vives ne sont souvent composées que de plant de rebut, lorsqu'on ne les regarde pas comme un ornement utile & une clôture solide. Quand on en fait un objet de bonne œconomie, on doit leur donner un fonds de terre qui leur convienne; c'est-à-dire, qui soit bon, ou d'une médiocre valeur, & non tout-à-fait mauvais : car pour lors elles ne feroient que languir & ne croîtroient jamais assez pour être en état de défendre, contre les hommes & les animaux, ce qu'on veut en garantir par leur moyen.

Divers plants sauvages composent ordinairement les haies vives; sous ces noms sont compris l'*aubepin*, *les ronces*, *les rosiers sauvages*, *le houx*.

L'*Aubepin*, ou *Épine Blanche*, est un des meilleurs. Outre qu'il forme une haie épaisse & forte, il dure long-tems.

Après avoir choisi un terrein plus sec qu'humide; le long d'un cordeau qu'on aura tendu, on creusera une rigole d'un pied de profondeur, & de la largeur d'un fer de bêche. On y mettra du plant d'aubepin, espacé à quatre doigts; qu'on recouvrira aussi-tôt de terre, en foulant avec les pieds le premier lit qu'on y en aura jetté: de crainte que laissant trop de jour entre la terre & les racines de ce plant, elles ne vinssent à s'éventer.

Cela fait, on achevera d'enterrer l'aubepin jusqu'à trois ou quatre doigts; mettant pour lors la terre toute à l'uni; & observant de n'y point laisser de mottes. Le plant doit avoir beaucoup de chevelu; & être choisi de la grosseur d'un pouce.

On met d'abord une rangée de plant un peu couché, dans la rigole: & on le recouvre avec la terre d'une seconde rigole pareille; où on met d'autre plant à-peu-près au milieu des intervalles de la premiere rangée. Quelques-uns en font une troisieme: mais pour l'ordinaire on se contente de deux. Quand elles sont bien couvertes de terre, on les entoure d'une haie séche, suffisamment enfoncée & forte pour les garantir du bétail.

Le tems de cette plantation est depuis le commencement de Février jusqu'à la fin de Mars; ou depuis Septembre jusques au commencement de Décembre.

Il n'est pas mal d'entremêler dans la haie vive quelques arbres élevés en pépiniere: & leur réussite est plus certaine lorsqu'on les plante avec la haie, que si on le fait au bout de deux ou trois ans comme le conseillent certains Livres.

Dans les cas où l'on craindroit que de grands arbres ne fissent tort à l'aubepin, on pourroit leur substituer des houx: qui décoreront assez bien le dehors d'un parc.

On doit laisser pousser le plant d'aubepin pendant deux ans en toute liberté; & lui donner, chaque année, trois ou quatre légers labours.

Au bout de deux ans on commence à tondre l'aubepin, dans le mois de Mai, avec un croissant ou avec des cizeaux de jardinier, à deux doigts de la tige, pour que le pied se garnisse. Quelques-uns le récepent à fleur de terre, quand il a trois ans: & prétendent qu'ensuite il pousse en une ou deux années autant qu'il eût fait en sept ans si on l'avoit abandonné à lui-même. Mais ce récépage ne convient que quand la haie languit.

Au reste, il convient de tondre cette haie tous les ans par le côté, jusqu'à ce qu'elle soit parvenue à la hauteur que l'on souhaite. Après quoi la tonte des années suivantes se fait seulement & du côté de l'héritage, & par dessus avec le cizeau; afin que le dehors & le pied se maintiennent toujours de maniere qu'une poule même y trouve difficilement un passage.

Le croissant fait une tonte très-propre, & convient aux jardins. Mais la serpe suffit pour l'ordinaire dans les champs.

Voyez PÂTURAGE.

Il y a des personnes qui greffent les branches les unes sur les autres: ce qui forme une haie extrêmement serrée. Nous croyons que c'est de la sorte que sont faites en Écosse celles dont parle Evelyn (*Forest Trees*, p. 114), qui renferment des lapins aussi sûrement que des enceintes de planches.

Tant qu'une haie est jeune, l'on doit avoir soin de détruire, tous les deux ou trois ans vers le milieu de l'été, les plantes ou herbes qui peuvent lui nuire. Les labours de la terre voisine lui sont toujours favorables: Consultez le *Traité de la Cult. des Terr.* T. I. p. 6.

Deux choses peuvent faire beaucoup de tort à une jeune haie: la dent du bétail; & les chenilles. La haie séche dont on l'environne d'abord, sert à la garantir d'être broutée par les bestiaux. Pour ce qui est du second accident: *consultez* l'article CHENILLE.

On fait *encore* des haies de Saule & d'autre bois blanc, pour séparer les pâturages. *Voyez* en l'utilité, & la maniere de les conduire, dans l'article PÂTURAGE.

En plusieurs endroits de Provence, où l'Aloïdes *n.* 2 vient en pleine terre, on se sert de cette plante pour former des enclos, parce qu'elle a de longs piquans. D'autres plantes semblables peuvent être employées au même usage.

Haies vives, de plusieurs plants mêlés.

On se sert aussi de plusieurs plants sauvages mêlés ensemble, comme des rosiers sauvages, & des ronces.

La maniere de les planter, est la même que celle qu'on pratique pour les aubepins; & l'on doit y observer la même chose quant aux labours, au tems & à la façon de les tondre.

Haies vives, de semence.

Non content de faire venir des haies vives de plant, ceux qui aiment ces sortes de clôtures, en élevent encore de semence. L'endroit, où vous la voulez semer, doit être bien préparé, & la terre très-meuble. Prenez de plusieurs sortes de graines de plants sauvages. Incorporez-les avec de la terre tamisée, & détrempée avec de l'eau. Frottez avec ce mélange une corde de jonc faite exprès: laissez-la sécher en cet état. Plantez-la ensuite à quatre doigts de profondeur après l'avoir tendue roide: enfin recouvrez-la de terre. Dans peu cette graine ne manquera pas de pousser, & de former une haie: qui après tout ne vaut jamais celle d'aubepin, quelque soin qu'on se donne.

Haies vives, de houx.

Dans les pays où le houx est commun, on peut s'en servir pour en faire des haies vives. Ce plant a presque toutes les qualités requises à cet usage. Ses feuilles piquantes le rendent assez de défense contre tout ce qui voudroit malgré lui se faire une entrée à ce qu'il enceint: & il dure longtems. C'est d'ailleurs une chose agréable à la vue, qu'une haie de houx bien plantée & bien entretenue.

Le houx aime l'air frais, & la terre légere. Il vient mieux de plant enraciné, que de semence. Et pour peu de labour qu'on lui donne, il réussit sans peine. Outre cela on le tond aisément avec les cizeaux de jardinier.

Consultez le *Traité des Semis*, de M. Duhamel, Liv. IV. Ch. II.

LES HAIES fournissent constamment un bois plus dur que tout autre de même espece qui croît ailleurs. C'est pourquoi, lorsque ces haies sont bien exposées au soleil, les pieces de bois qui en proviennent sont bons pour la charpente, &c.

HAIE *d'Appui.* Voyez CONTRE-ESPALIER.

HAIE *pour la Pêche.* Voyez l'article *Maniere de prendre les* ANGUILLES *avec la Nasse.*

HALCYONEUM. *Voyez* ÉCUME DE MER.

HÂLE. Espece d'adustion causée par l'ardeur du soleil, sur le visage. On l'appelle quelquefois du nom d'*Ephelides;* qui désigne proprement des taches larges, rudes, & noirâtres, produites aussi par le soleil ou par quelque autre adustion.

Pour en garantir le Visage.

1. C'est une très-bonne chose que de porter un voile.

2. On assure que certaines montagnardes se frottent le visage avec du suc de morelle, lorsqu'elles sont obligées d'aller au soleil. Comme ce suc est très-adoucissant, rafraîchissant, & même narcotique, il empêche que le teint ne soit offensé.

3. *Voyez* le mot VISAGE.

Pour ôter le Hâle.

On se sert avec succès des eaux distillées de roses, de lys, de fraises, de feves, de melon, de pimprenelle; du lait d'anesse; du lait de femme; & de plusieurs autres remedes rafraîchissans & adoucissans. On emploie encore les huiles de ben, d'œufs, d'amandes douces, des quatre semences froides. Cependant il faut prendre garde que ces huiles ne noircissent le teint.

On met aussi en usage le lait d'amandes pilées; les pommades où l'on fait entrer le beurre de cacao; le blanc de baleine, le baume de la Mecque.

Quelques femmes ne se servent que d'un jaune d'œuf battu dans l'huile de lys: quelques autres, d'une toile jaune, qu'elles préparent avec les jaunes d'œufs & le blanc de baleine.

Consultez l'article VISAGE.

En Agriculture on emploie le terme de HÂLE, pour exprimer l'effet que produit un tems sec & venteux. Le hâle desséche excessivement, & en général fait beaucoup de tort aux productions de la terre.

HALEBRAN. *Voyez* ALBRAN.

HALEINE (*Courte*). Voyez COURTE-HALEINE.

HALEINE *Puante.* Plusieurs causes peuvent produire ce défaut. 1°. La carie des dents; la pourriture des gencives; le peu de soin que l'on a de se laver la bouche. 2°. Les mauvaises dispositions de l'estomac. 3°. Quelques maladies particulieres; comme le scorbut, la fievre, la phthisie. 4°. Un vice inhérent à l'individu: c'est pourquoi beaucoup de bossus ont l'haleine forte. 5°. Quelques femmes sentent de la bouche, lorsqu'elles sont dans leur tems critique. 6°. Les vieillards n'ont pas toujours l'haleine aussi douce que celle des enfans. 7°. Le jeûne rend l'haleine mauvaise. 8°. C'est encore l'effet d'une étude trop assidue & trop prolongée. 9°. L'usage du mercure, & de quelques autres médicamens qui portent à la bouche; l'usage de quelques alimens âcres & qui ont beaucoup de volatil, comme la ciboule, l'oignon, l'ail, les porreaux; corrompent l'haleine. 10°. M. Gendron dit que l'usage du rouge, altérant & échauffant la salive, corrompt la pureté d'une haleine naturellement douce.

Remedes.

1. Voyez sous le mot BOUCHE. BAUME *de Genevieve.* DENT, p. 780.

2. Il faut mâcher de l'angélique, *ou* de l'anis.

3. Mettez en poudre parties égales de myrrhe, de cerfeuil, & de souchet; formez-en des pilules avec de la poix-résine; & prenez-les dans du vin.

4. Prenez demi-livre d'eau-de-vie, une livre de miel purifié, deux onces de gomme arabique, trois onces de bois d'aloës; noix muscade, mastic, *spicanardi*, galanga, cloux de girofle, lavande, de chacun trois dragmes; & ambre, deux dragmes. Vous pilerez & mêlerez bien le tout ensemble, & le distilerez à l'alembic. Quelques gouttes de ce qui en proviendra, mises dans la bouche, corrigeront l'haleine.

5. Si la puanteur de l'haleine provient *de l'estomac;* prenez de la sauge réduite en poudre, une once; cloux de girofle, demi-once; fleurs de romarin, trois onces; deux noix muscades; deux grains de musc, & deux dragmes de cannelle fine. Le tout étant réduit en poudre, vous le paîtrirez & incorporerez bien avec quantité suffisante de miel purifié. Puis l'ayant exposé au soleil dans un vaisseau de terre, pendant cinq ou six jours, vous en prendrez, le soir, & le matin à jeûn une demi-once. Ce remede fortifie l'estomac, & rend l'haleine douce en fort peu de tems.

HALER. *Voyez* ce mot dans l'article CHANVRE, p. 517.

HALICACABON; & HALICACABUM. *Voyez* ALKEKENGE.

HALIER; *Alier;* ou HALLIER.

On nomme ainsi 1°. les buissons & brosailles. C'est pourquoi l'on dit « Ce lievre s'est sauvé parmi les » haliers. *Voyez* DUMETUM.

2. HALIER désigne une sorte de filet qui sert à prendre des perdrix, des faisans, & autres oiseaux. Ce filet, étant tendu & mis en état, ressemble à une haie, qui clôt une vigne ou un champ.

Pour faire diverses sortes de Haliers.

ET PREMIEREMENT:

Pour faire des Haliers à prendre des perdrix.

On fera les aumés en mailles quarrées, larges d'au moins deux pouces & demi chacune, & de trois & demi ou quatre pour le plus. Le filet doit avoir de hauteur trois ou quatre grandes mailles, & non davantage. La longueur se fera à discrétion; quoiqu'elle soit ordinairement de trois toises. Si on fait les aumés hauts de quatre grandes mailles, on fera le filet large de huit. Si on ne le veut haut que de trois grandes mailles, on ne le doit faire que de six grandes mailles: & après on le met en double, quand il le faut monter; à cause qu'on met de grandes mailles des deux côtés: & la toile du milieu est de fil bien fin, retors en deux brins, ayant la maille de deux pouces de large. Pour faire mieux comprendre, pourquoi l'on dit que si on veut le halier haut de quatre grandes mailles, on le doit faire de huit, voyez la figure ci-jointe.

Pour le mettre en l'état qu'il doit être pour servir en halier, on l'étend; puis on met la toile tout au long, depuis A jusques à B, seulement sur la partie contenue entre les quatre lettres A B V T: & on rapporte l'autre partie ASBD, par-dessus la toile; faisant joindre le bord SD, au bord TV. Au cas qu'on fasse le halier de cette hauteur, il faudra faire la toile sur quatorze mailles de levûre: & si on ne le fait que de trois grandes mailles de haut, la toile n'aura qu'onze mailles de large, ou douze tout au plus. Elle ne se fait alors que de mailles à lozanges; car les quarrées ne s'y peuvent accommoder. Sa longueur sera deux fois celle de l'aumé. Lorsque la toile est faite, il faut passer une ficelle dans toutes les mailles du bord des deux côtés de la longueur, afin

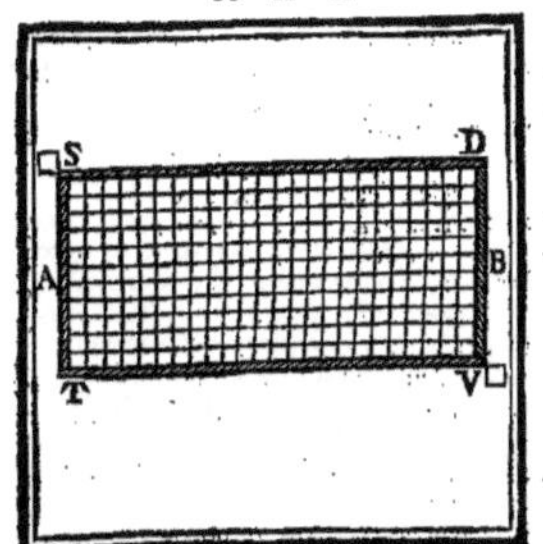

de la faire également froncer ou pocher entre les deux aumés. Après, l'on attache le tout à des piquets longs d'un pied & demi, ou de deux pieds ; & éloignés l'un de l'autre, de deux à trois.

Les aumés se peuvent faire aussi-bien de mailles en lozanges, que de quarrées : observant ce qui a été dit dans l'article FILET, pour qu'il ne s'allonge, ni s'accourcisse.

Voyez l'article PERDRIX, *Planche* 5.

Pour faire des Haliers à Cailles, Rales de genêt, & Poules d'eau.

Les haliers à cailles se font de la même façon que ceux pour les perdrix. Il n'y a de différence que dans les proportions. La longueur se fait à discrétion. On les fait ordinairement de quinze ou dix-huit pieds de long ; & la hauteur est de trois ou quatre grandes mailles, & non davantage : lesquelles doivent être larges d'un pouce & demi, ou deux pouces tout au plus. On fera la toile sur dix ou douze mailles de levûre ; qui auront chacune un pouce de largeur tout au plus. Toute la toile doit être plus longue de la moitié, que l'aumé ; lequel on fait ordinairement de mailles à lozanges, parce que la maille quarrée n'est pas si connue. On doit néanmoins préférer les mailles quarrées : les cailles s'y prennent mieux qu'aux autres. Les piquets seront mis d'un pied & demi, en un pied & demi, ou deux pieds tout au plus : il ne les faut pas plus gros que la moitié du petit doigt. La plupart des haliers à cailles se font de soie.

Consultez l'article CAILLE.

Les haliers *pour les Rales de genêt & d'eau* doivent être semblables à celui des cailles : sinon qu'il faut que les mailles de l'aumé soient pour le moins larges de deux pouces, ou deux pouces & demi ; & celles de la toile d'un pouce & un quart ; qui sera de fil bien délié, & aussi longue dans toute son étendue, que sera tout l'aumé, & les trois quarts davantage. Les piquets seront attachés de deux en deux pieds.

Voyez POULE *d'eau.*

Pour le halier *aux Poules d'eau* ; il se peut faire ainsi que pour les rales. Mais afin qu'il soit plus sortable pour la poule d'eau, qui est à-peu-près de la grosseur d'une perdrix grise, faites les mailles des aumés de deux pouces & demi, ou trois pouces de large ; & celles de la toile, d'un pouce & demi : laquelle toile sera deux fois aussi longue que l'aumé. Attachez les piquets de deux en deux pieds, ou deux pieds & demi.

Voyez POULE *d'eau.*

Pour le reste, on observera ce qu'on a dit des haliers à perdrix.

Pour faire un Halier à prendre des Faisans.

Il faut que les aumés soient en mailles quarrées ; & que chaque maille ait pour le moins cinq pouces de large, & six pour le plus. La toile doit être faite sur quinze mailles de levure ; & chaque maille de trois pouces de large. Il suffira que l'aumé, ou plutôt tout le halier, soit de trois grandes mailles de hauteur ; la longueur sera à discrétion, & pourtant proportionnée au lieu où on veut s'en servir. Ce halier doit avoir plus de poches, que celui pour la perdrix ; parce que le faisan est plus gros ; c'est pourquoi il faudra faire la toile deux fois & un quart, ou deux fois & demie, aussi longue que l'aumé. Les piquets seront attachés de deux pieds & demi en deux pieds & demi. Prenez bien garde que le fil de la toile soit retors bien rond, & soit aussi fort que fin : car un faisan se tourmente beaucoup, lorsqu'il est pris ; & parce qu'il est plus fort que la perdrix, il rompt le filet, s'il n'est pas de bon fil. Pour ce qui est du reste du halier, faites comme on l'a enseigné ci-dessus.

Voyez FAISAN, *figure* 1.

HALIMUS, ou *Pourpier de mer.* Voyez ARROCHE, *nn.* 1, 2, 3.

HÂLOIR. *Voyez* ce mot dans l'article CHANVRE.

HAM

HAMEÇON : en Latin *Hamus.* Petit fer acéré & crochu ; qu'on attache à des lignes pour prendre du poisson avec de l'appât qu'on y met.

Voyez les articles ANGUILLE. CANARD : *Planche* 4. BROCHET. HAMI-PLANTÆ.

Il y a aussi des hameçons propres à prendre des loups. *Consultez* l'article LOUP.

HAMEDA. *Voyez* AMEDA.

HAMI-PLANTÆ. Les Botanistes désignent ainsi, en Latin, les plantes qui ayant des crochets comme les hameçons, s'attachent aux habits, ou au poil des animaux.

HAMPE ; en Latin *Scapus* : terme de Botanique. C'est une tige qui porte des fleurs & des fruits sans être chargée de feuilles. Telle est celle du Narcisse.

HAMUS. *Voyez* HAMEÇON. HAMI-PLANTÆ.

HAN

HANGARD. *Voyez* ANGAR.

HANNEBANE. *Voyez* JUSQUIAME.

HANNETON : en Latin *Scarabeus stridulus.* Insecte gros comme le pouce, & long comme une grosse feve de marais ; de couleur obscure, rougeâtre. Il a une petite queue pointue, noire, recourbée en dessous. Sa tête est armée de deux antennes à feuillets, à leur extrêmité.

Les hannetons tirent leur origine d'une sorte de ver ; de la même maniere que les papillons tirent la leur des chenilles. Il est parlé de ce ver dans l'article CHICORÉE, p. 592. C'est un gros ver blanc, qui vit en terre, & qui ronge souvent les racines des arbres. On le nomme *Turc* ; & quelquefois *Ver de bled.*

Les hannetons dévorent la verdure, & ainsi causent beaucoup de dommage aux arbres : & particuliérement aux noyers ; dont ils rongent les fleurs & les feuilles. Ils vivent plusieurs années. Ils paroissent pendant deux mois, au printems ; & ensuite se retirent dans la terre, où ils se métamorphosent, & continuent d'exister ainsi sans changer sensiblement de place.

Consultez le *Journal Œcon.* Mai 1752, p. 35 &c.

& le *Traité de la Culture des Terres*, Tom. II. p. 207-8-9, 210.

Le hanneton est lithontriptique.

Manieres de détruire les Hannetons.

Il faut étendre un drap dessous les arbres où les hannetons sont attachés, & les secouer fortement pour les faire tomber. Ensuite on brûlera les hannetons: ou bien on les jettera dans l'eau. Car souvent en mettant le pied dessus, on ne les écrase point; la terre obéit, & aussi-tôt ils s'envolent.

Les corbeaux leur font ardemment la chasse.

Les cochons sont très-avides du ver de hanneton; &, dit-on, du hanneton même.

HANSIERE. *Voyez* CORDE, p. 699.

HAP

HAPPE. *Voyez* CHARRUE, *n.* 8.

HAR

HARANG, *ou* HARENG. Poisson de médiocre grosseur, fort délicat, & très-brillant; qui se trouve en grande quantité dans les mers du Nord, & en plusieurs endroits de la Manche. La pêche s'en fait en automne, & au printems. *Voyez* APLET.

On donne des noms différens aux harangs, suivant la préparation qu'on leur donne pour les manger.

On appelle *Harang frais*, celui qu'on mange lorsqu'il est nouvellement pêché: *Harang salé*, celui qu'on a salé pour le pouvoir garder dans des caques où on l'arrange (*Voyez* CAQUE): *Harang pec*, celui que les Hollandois mangent après l'avoir dessalé. Enfin on nomme *Harang sor* ou *soret* le harang salé qu'on a fait sécher à la cheminée, où on l'a laissé enfumer pendant quelque tems: c'est celui qu'on crie dans les rues de Paris sous le nom d'*Appetit*.

Maniere d'apprêter les Harangs frais.

On les vuide d'abord par les ouies. Ensuite on les fait rôtir sur le gril, après les avoir tant soit peu frottés de beurre frais, & quelquefois panés avec de la mie de pain bien fine. Puis on leur fait une sausse avec beurre frais, verjus (ou vinaigre), sel, poivre: & pour la lier, on y ajoûte de la moutarde. Ceux qui n'aiment pas la moutarde, font la liaison avec un peu de fleur de farine.

On y fait aussi quelquefois une sausse rousse avec des fines herbes hachées menu, sel, poivre, câpres, anchois, & un filet de vinaigre.

Pour empêcher que le harang ne s'attache au gril & ne se déchire, il faut l'essuyer bien sec, & mettre en travers une braise allumée sur le ventre de chacun, du côté qui n'est pas sur le gril. D'autres les frottent de farine. Mais la maniere ci-dessus est plus propre. Au reste, le gril bien chauffé avant d'y mettre le poisson, peut souvent suffire sans autre précaution.

Propriétés du Harang.

Le harang salé, mis entier sous la plante des pieds, est bon pour détourner les humeurs qui montent à la tête; & pour appaiser l'ardeur de la fievre. Etant réduit en cendres, on le donne en breuvage pour rompre la pierre.

Pour ce qui est de la *saumure* dans laquelle le harang a été salé: *voyez* ses propriétés, sous le mot GARUM.

HARAS. Terrein, enclos, prés, bois, pâturage, & enceinte de bâtiment, destinés à la propagation de l'espece des Chevaux. On y tient des étalons, des jumens poulinieres, & leurs poulins qu'on nourrit & éleve jusqu'à ce qu'ils puissent servir aux différens usages auxquels on les destine.

Le Haras du Roi est actuellement établi en Basse Normandie sur les confins du pays d'Auge, entre les villes de Laigle, Seez, Argentan, & Hyeme.

On appelle aussi *les Haras du Royaume*, des étalons répandus dans tout le Royaume un à un chez des fermiers, des bourgeois, *&c.* Ces étalons sont destinés à couvrir les jumens qu'on leur amene, en payant une petite rétribution au Maître de l'étalon.

On dit qu'un cheval *est d'un bon* ou *d'un mauvais haras*, selon que la race de son pere & de sa mere est bonne ou méchante.

Il est d'une nécessité absolue qu'il y ait des haras, si l'on veut que la race des chevaux se multiplie. Leur bonté dépend en partie de la bonne race, & de la bonne nourriture qu'ils prennent lorsqu'ils sont encore jeunes. Les beaux étalons & les belles jumens poulinieres produisent de beaux & bons poulains; qui se conservent toujours tels, suivant qu'ils sont bien nourris.

Voyez CHEVAUX *Anglois*, dans l'article CHEVAL.

Choix d'un Etalon.

Quiconque voudra établir chez soi un haras, doit faire choix d'abord d'un bon étalon (j'entens un étalon propre à engendrer des chevaux pour le charroi, qui est le but que l'on se propose ici principalement; ne voulant point parler de ces haras entretenus pour avoir des chevaux & des jumens d'un grand prix; comme étant une chose qui n'appartient qu'aux grands Seigneurs).

Un étalon, tel qu'il est à souhaiter pour le haras dont je parle, doit être d'un bon poil & bien marqué; vigoureux, & fort courageux. On prendra garde qu'il n'ait point de ces maux qu'on appelle héréditaires: car les poulains qui viendroient de lui, se ressentiroient sans doute de ce défaut. L'étalon sera d'une nature docile, & tel que nous avons dit que devoit être un cheval dans toutes ses parties: *Consultez* l'article CHEVAL. Il ne doit saillir qu'à six ans: car plus jeune il trompe souvent les jumens.

Les Historiens & les Naturalistes observent qu'anciennement en Auvergne on ne faisoit jamais le crin des chevaux: par la raison que cela auroit occasionné une dissipation d'esprits, capable de nuire à la multiplication & vigueur de l'espece. Mais ne peut-on pas regarder cette prétention comme une de ces idées qui sont accueillies parce qu'elles dispensent de soins & favorisent la paresse?

Choix des Jumens.

A l'égard des cavales, le poil n'est pas moins à considérer que celui de l'étalon. On aura soin qu'elles soient bien faites, & à-peu-près de la taille & de l'encolure de l'étalon; qu'elles ayent l'œil éveillé; & qu'elles soient bien marquées. Elles seront de l'âge de quatre ans; & pourront porter jusqu'à dix ou quinze: mais elles ne doivent produire des poulains que de deux en deux ans; pour avoir le tems de les nourrir.

Maniere de préparer l'Etalon.

Un mois ou deux avant de donner l'étalon aux jumens, on le doit nourrir de bon foin, & de bonne aveine, ou de paille de froment; ne lui faisant rien faire autre chose que de le promener de tems en tems, pendant deux heures seulement tous les jours.

jours. Il ne faut lui donner tout au plus que vingt cavales à couvrir ; si l'on ne veut l'abbatre tout-à-fait, ou lui faire courir risque de devenir poussif : & il aura toujours six ans avant qu'on lui fasse prendre cet exercice ; qu'il ne pourra continuer que jusqu'à quinze.

On a l'expérience que si l'on purge l'étalon avec le foie d'antimoine, ou avec les *Remedes Pastoraux*, quinze jours avant de commencer sa monte, & quinze jours après qu'il a cessé ; il est plus vigoureux, & dure davantage. Les poulains en sont aussi plus beaux. Il faut observer ce qui est marqué concernant ces remedes, par rapport à l'*Enflure*, entre les maladies du Bœuf : & en même tems faire attention à la deuxieme colonne de la p. 560 de l'article CHEVAL.

Tems auquel on doit faire couvrir les Jumens.

Le mois de Mai, ou d'Avril, est le tems ordinaire où l'on doit faire couvrir les cavales, afin que les poulains viennent en Avril : car elles portent onze mois ; & autant de jours outre cela (dit-on) qu'elles ont d'années. Si l'on choisit ce mois, c'est parce que dans le tems que les poulains viennent au monde l'année suivante, il y a abondance d'herbe ; & que par conséquent leurs meres ont plus de lait pour les nourrir.

Maniere de donner l'Etalon aux Jumens.

Il ne faut pas s'étonner si dans les haras bien conduits, les jumens ne manquent pas tant à donner des poulains ; que celles qu'on conduit à l'étalon sans avoir usé des précautions nécessaires. Car combien voit-on de paysans prendre une jument au sortir du travail, & la mener couvrir ? Que de peines ainsi perdues, bien souvent par leur faute ! Si l'on veut qu'une jument retienne, on doit la laisser plus de huit jours en repos dans de bons pâturages ; après quoi on la fera saillir une ou deux fois le même jour, si l'étalon est en humeur de le faire.

Après avoir été couverte, la cavale sera conduite dans sa pâture pendant quatre jours : ensuite de quoi on pourra la remettre au travail, en l'y ménageant dans le commencement.

Quoique cette pratique semble prudente, les Naturalistes observent que pour avoir un cheval de prix, on doit fatiguer la cavale immédiatement avant de la faire saillir ; & qu'alors elle engendre ordinairement un animal fougueux & propre à la guerre. Mais ce fait n'est pas bien constant : & d'ailleurs ce n'est point de tels chevaux que l'on a besoin pour les travaux de la campagne.

REMARQUES.

Les remarques que voici sont si nécessaires, que lorsqu'on les néglige, on se trouve souvent trompé dans son attente.

1. Qu'on observe donc, lorsqu'on a une ou plusieurs jumens à faire couvrir, de sçavoir positivement si l'étalon auquel on les veut mener, vit de même qu'elles : c'est-à-dire, s'il mange au sec ; ou s'il est à l'herbe. Car s'il étoit à l'herbe, & que les cavales mangeassent au sec, ou s'il mangeoit au sec, & que ces mêmes jumens vécussent d'herbe ; il seroit dangereux qu'elles ne retinssent pas : au lieu que mangeant de même, elles manquent fort peu de retenir.

2. Avant de faire couvrir la jument, on la tiendra en main, un peu de tems à la vue du cheval ; qu'elle regardera aussi. Cela les anime beaucoup ; & oblige le cheval à l'aborder avec plus de chaleur : ce qui fait qu'elle retient plus tôt.

3. Il ne faudra jamais faire couvrir une jument qu'elle ne soit en chaleur. Et pour l'y mettre, on lui donnera pendant huit jours, soir & matin, un picotin de chenevis. Au cas qu'elle refuse de le manger seul, on le lui mêlera dans du son, ou de l'aveine. Ou bien on la laissera jeûner, afin que la faim qu'elle aura l'oblige de manger ce chenevis sans mélange.

4. Une cavale ne sera jamais conduite à l'étalon, tant qu'elle nourrira son poulain. Et pour qu'elle dure longtems, elle ne portera un poulain que tous les deux ans. Cependant si on veut absolument faire couvrir une cavale si tôt qu'elle a pouliné, il faut que ce ne soit que neuf jours après : encore doit-on par toutes sortes de moyens l'avoir bien mise en amour.

5. Il y en a qui lient aux étalons le testicule gauche pour avoir des chevaux, ou le droit pour avoir des cavales. Mais l'expérience a assez appris à se désabuser de ces pratiques : d'autant qu'il est certain que des hommes qui ont perdu à la guerre le testicule droit, ne laissent pas d'engendrer des enfans de divers sexes.

Ménagement des Cavales pleines.

On ne devroit pas les employer à fouler le grain ; comme l'on fait dans nos Provinces Méridionales. Ce travail en fatigue la plupart, & les expose à avorter.

On doit veiller qu'elles ne courent point trop dans les prairies ; qu'elles ne sautent pas de fossés ; & qu'aucun animal ne les blesse.

Inconvéniens qu'il faut éviter, lorsqu'on sait le tems où les Cavales doivent pouliner.

Lorsqu'on fait couvrir les jumens, il en faut marquer le jour sur des tablettes ; afin d'éviter les inconvéniens qui peuvent arriver lorsqu'elles mettent leurs poulains au monde. Car elles les tuent ou par mégarde, ou par la difficulté qu'elles ont de pouliner. Ainsi le jour qu'on sçaura qu'elles devront le faire, on les veillera de près : afin que si on remarque que ce soit manque de force qu'elles ne puissent mettre bas leur poulain, on leur serre les narrines ; ce qui les oblige à faire un effort, qui les aide à se débarrasser heureusement.

Il arrive quelquefois que les poulains viennent morts. La mere est alors en danger de sa vie, si l'on n'y remédie promptement. Pour l'aider à le pousser dehors en cet état, il faudra broyer du polypode dans une pinte d'eau tiede, qu'on lui fera avaler. Si ce remede ne suffit pas, il sera nécessaire pour sauver la jument, d'exercer auprès d'elle le métier de sage-femme, pour lui arracher son poulain : & non seulement en cette occasion, mais encore lorsqu'ils viennent au monde les pieds les premiers.

Jument qui a avorté.

☞ Une heureuse expérience, habituelle en quelques Provinces, fait voir qu'il suffit pour la rétablir très-bien de lui donner de bonne aveine tant qu'elle en veut ; sans faire d'autre remede : & de la tenir chaudement dans l'écurie, pendant quelques jours.

Ce qu'on doit faire après que les Jumens ont pouliné.

Lorsque les jumens ont mis leur poulain au monde, il ne se peut faire qu'elles n'ayent été beaucoup agitées, & que la violence de ce travail n'ait épuisé en quelque façon leurs forces. Si l'on veut qu'elles ne s'abbattent pas tout-à-fait, il faut songer à les rétablir. On ne manquera donc pas d'abord de leur donner un breuvage de trois pintes d'eau tiede, dans laquelle on aura détrempé de la farine & jetté une petite poignée de sel; & de continuer ce soin pendant trois jours soir & matin. Après cela il faut les mettre dans de bons pâturages.

On ne peut trop blâmer les gens qui, deux ou trois jours après qu'une jument a fait son poulain, la mettent au travail; comme si elle devoit être pour lors en état de fatiguer. Quelque pressante raison qu'ils puissent alléguer, ils sont bourreaux de la mere & du poulain: de la mere, en mettant ses forces à une telle épreuve, qu'elle ne peut rendre après cela qu'un profit médiocre; & du poulain, qui ne trouve point de lait suffisamment pour se nourrir. Ainsi donc, que ceux qui voudront que leurs jumens soient toujours en bon état après leur avoir donné des poulains, & que ces poulains croissent à leur contentement; que ceux-là, dis-je, quelque raison qu'ils en puissent avoir, se servent d'une méthode tout opposée; ou bien qu'ils ne songent point à faire couvrir leurs cavales, si absolument ils ne sçauroient s'en passer pour le travail pendant un mois entier.

Tems de sevrer les Poulains.

Les sentimens sont fort partagés sur cet article. Les uns sont d'avis qu'on sevre les poulains au commencement de l'hiver, quand le froid commence à se faire sentir, & vers la saint Martin. D'autres soutiennent qu'il faut les laisser teter tout le reste de l'hiver, & qu'ils en valent mieux. Les plus habiles connoisseurs en haras, sont, sans balancer, du sentiment des derniers; & disent que de les sevrer si tôt, c'est les réduire à ne pouvoir rendre service qu'à six ou sept ans: au lieu que, laissant les poulains plus longtems sous leurs meres, ils s'endurcissent la bouche, & s'accoutument par conséquent plus tôt à vivre au sec, que lorsqu'ils sont encore trop délicats. Ils deviennent ainsi capables de servir dès l'âge de trois à quatre ans.

Il y en a qui sont d'avis de faire teter les poulains jusqu'à ce qu'ils ayent un an ou deux. C'est un abus. On perd pendant ce tems-là le fruit que peuvent apporter les cavales. Et cette maniere d'agir rend les poulains extrêmement lâches & pesans.

Maniere de gouverner les Poulains, après qu'ils sont sevrés.

Les poulains étant hors de dessous leurs meres, on les mettra dans une écurie qui sera toujours tenue nette; où la mangeoire & le ratelier seront bas. La litiere ne leur manquera point. A la différence des chevaux, ils n'y seront point attachés: & on les touchera le moins qu'on pourra; de crainte de les blesser.

Le bon foin ne leur manquera pas; ni le son; qui les excitera à boire, & leur fera par conséquent avoir du boyau. L'aveine leur sera donnée aussi à leur ordinaire. Le jonc marin leur est très-bon.

Dire qu'il ne faut point donner d'aveine aux poulains, de crainte qu'ils ne deviennent aveugles; c'est s'abuser. Si ces poulains perdent la vue quand ils en mangent, ce n'est pas la qualité de cet aliment qui en est la cause, mais la trop grande dureté de l'aveine qu'ils veulent concasser; ce que ne pouvant faire sans quelque effort, ils s'étendent tellement les fibres qui correspondent des dents aux yeux, que venant à se rompre, il ne se peut que la vue n'en soit endommagée. Pour reconnoître la vérité de ceci: qu'on fasse moudre grossiérement de l'aveine, & qu'on en donne aux poulains; on verra s'ils ne se maintiendront pas ainsi en bon état, & avec des yeux excellens.

On voit des personnes, qui ayant des poulains sevrés, se contentent de les tenir jour & nuit en pâture; croyant que cette nourriture suffit pour les avoir beaux & de bon service dans la suite du tems. Une fâcheuse expérience fait voir que jamais ces poulains ne sont si robustes au travail, ni de si bon service, que ceux à qui on a donné du grain.

Il est vrai que lorsque les poulains pâturent l'herbe, ils ont ordinairement les dents agacées, & qu'à cause de cela ils ont de la peine à manger l'aveine; mais ce n'est pas une raison qu'il faille alléguer pour les en priver: on n'a, comme on vient de dire, qu'à leur en faire moudre, & leur en donner à l'heure accoutumée. De plus, ce soin ne peut durer que jusqu'à ce que leur bouche soit endurcie: ce qui n'est tout au plus qu'un soin de quatre mois, pendant lesquels on les aura peu-à-peu accoutumés à manger l'aveine entiere.

La pâture leur est bonne pendant tout l'été: mais il ne faut point oublier de leur donner du grain en même tems. L'hiver venu, il faut les tenir chaudement dans l'écurie, & observer ce qu'on en a dit ci-dessus.

Dans nos Provinces Méridionales on a l'usage de mettre les poulains à fouler le grain. Ce travail leur gâte les jambes, & contribue beaucoup à les ruiner.

Maniere d'élever les poulains pour le harnois.

Nous ne répéterons point ici ce qui a déja été dit touchant la maniere de les nourrir: nous parlerons seulement de ce qu'on doit observer lorsqu'on commence à vouloir les faire travailler.

C'est ne se point payer de raison, que de vouloir demander d'un jeune poulain ce qu'on trouve dans un cheval accoutumé au travail. Le premier a droit naturellement de refuser ce qu'il ne fait pas qu'on lui demande: au lieu que le second l'accorde, parce qu'il entend ce qu'on lui veut dire.

Quelques-uns, aussi peu raisonnables que les poulains qu'ils conduisent, usent d'une extrême rudesse pour s'en faire obéir: mais d'autres, plus avisés, leur enseignent doucement ce qu'ils veulent qu'ils fassent; & c'est toujours de cette douce maniere qu'il faut se servir pour dresser des poulains.

La premiere fois que vous les mettrez au harnois, tenez-les en bride: de crainte que voulant s'échapper ils ne prennent quelque effort à vouloir entraîner un fardeau qu'on leur donnera pesant, dans l'appréhension qu'étant trop léger, ils ne l'emportent avec trop de précipitation. Ayant été trois ou quatre fois ainsi attelés, ils commenceront à se rallentir.

Après cela on leur fait entreprendre une petite voiture d'une petite distance de chemin, n'abandonnant point toujours leur bride; aujourd'hui les domptant un peu, demain davantage: & successivement on les traite ainsi, jusqu'à ce qu'on voie qu'ils y soient entiérement accoutumés.

Un bon valet charretier, & qui aura beaucoup d'adresse, ne se fera qu'un jeu de dresser des poulains, soit à la charrette, soit à la charrue; en leur apprenant ce que c'est que le *guia* & *hurau*. Lorsqu'il leur aura fait sentir plusieurs fois son fouet, il les intimidera plus dans la suite par le bruit que par les coups; & prendra garde de ne les jamais surcharger, ni de les trop pousser au travail. Toutes les fois qu'on fera travailler les poulains, qu'on ne s'avise jamais de les vouloir trop pousser dans les commencemens : cela les abbat tout d'un coup. Au lieu que, leur laissant prendre haleine, ils ne se rebutent point, & achevent réguliérement l'ouvrage qu'on leur fait faire ; c'est-à-dire, un ouvrage proportionné à leur âge, & à leur force.

Du Mulet.

Le *Haras établi pour avoir des Mulets*, n'est différent de celui des chevaux, que par rapport à l'espece de l'étalon. Car pour faire produire de beaux mulets, il faut toujours que ce soit une jument qui les engendre avec un âne. *Voyez* ÂNE, p. 112.

A l'égard de la jument, elle sera au dessous de dix ans. Elle porte son petit environ douze mois. Ainsi le meilleur tems de la faire couvrir est depuis la mi-Mars jusqu'à la mi-Juin, afin que l'année suivante le petit mulet vienne au monde vers le mois de Mai, où les pâturages sont abondans.

Les mulets seront traités dans leur jeunesse, comme les poulains. Cependant après les six premiers mois on doit les ôter de la mere (aux mammelles de qui ils causent alors trop de douleur), & les donner à allaiter à une autre jument : sinon les sevrer, & les laisser pâturer avec leur mere.

De l'Âne.

Consultez l'article ÂNE.

HARASSÉ. *Voyez* ce mot entre les maladies du CHEVAL.

HARBOU ; *Chiens.* Terme de Chasse : dont le Piqueur se doit servir pour faire chasser les chiens courans pour le loup.

HARDBEAM. *Voyez* CHARME.

HARDE : *terme de Chasse.* On dit *un cerf*, ou autre bête fauve, *en Harde :* C'est quand ils sont en troupe. Mais pour les sangliers, on dit *Compagnie.*

HARDER *les Chiens dans l'ordre :* terme de Chasse. C'est mettre les chiens chacun dans sa force, pour aller de meute, ou aux relais : tenir cinq ou six chiens courans, couplés avec une longue lesse de crin ; quand on veut les donner à un relais. On harde les nouveaux chiens avec les vieux, pour les dresser.

HARDES. *Voyez* HABITS.

HARDOIS : *terme de Chasse.* Ce sont de petits brins de bois, où le cerf touche de sa tête, lorsqu'il veut ôter cette peau velue qui la couvre ; on les trouve écorchés.

HARENG. *Voyez* HARANG.

HARGNE. *Voyez* DESCENTE.

HARICOT ; *Faviole ; Faverole ; Feverole ; Feverotte ;* ou *Callicot :* en Latin *Phaseolus :* d'où quelques-uns disent en François *Phaséole.* C'est ce que les Anglois nomment *Kidney-Bean ;* & *French-Bean.*

Le calice de la fleur des Haricots est d'une seule piece, divisée en deux levres terminées par cinq dentelures. Cette fleur est légumineuse : le pavillon est échancré en cœur, obtus, incliné, relevé par les côtés : les aîles sont ovales, aussi longues que le pavillon : la nacelle est étroite, & contournée en spirale. On trouve dans l'intérieur de cette nacelle dix étamines, dont neuf sont unies en un seul corps : elles sont en spirale dans l'étendue qui répond au calice. Le pistil est formé d'un embryon allongé, & aplati ; qui sert de support à un styl menu, courbe, roulé en spirale, & terminé par un stigmat velu & obtus. L'embryon devient une silique oblongue, épaisse, terminée en pointe mousse ; & dont l'intérieur renferme des semences oblongues, applaties, & faites exactement en rein.

On donne le nom de *Haricot* à la plante, à ses siliques encore jeunes, & à ses semences.

Les fleurs sont rassemblées en tête, dans l'aisselle des feuilles.

Ces plantes sont sarmenteuses.

Le feuillage consiste en un assemblage de deux feuilles opposées, sur un filet ferme, où elles tiennent par des pédicules très-courts ; & une troisieme feuille qui termine le filet. Ces feuilles sont communément anguleuses, & faites en fer de pique.

Especes.

1. *Phaseolus Indicus, cochleato flore* Triumf. Cette plante, originaire du Bresil, est vivace. Ses tiges, menues & sarmenteuses, peuvent garnir une hauteur de douze à quinze pieds. Ses fleurs sont des épis délicats, d'un pourpre plus ou moins clair, & qui ont une odeur très-gracieuse. Les principales parties des fleurs sont roulées en spirale. Les semences sont rousses, & plus rondes que longues. C'est cette espece que nous nommons le *Caracolle :* Herman (H. Lugd. Bat.) l'appelle *Caracalla.* Elle fleurit en Juillet & Août.

2. *Phaseolus flore odorato, vexillo amplo patulo ;* H. Eltham. La fleur sent assez bon. Son pavillon est grand, & se renverse en arriere. Les siliques sont étroites. La plante fleurit en Juillet : & ses semences sont mûres en Septembre. Elle est originaire de l'Amérique.

3. *Phaseolus peregrinus, flore roseo, semine tomentoso* Nissol. Cette espece, dont il est parlé dans les Mémoires de l'Académie des Sciences de Paris, année 1730, porte des fleurs couleur de rose, qui durent longtems. Elle vient d'Amérique. Le velu qui couvre ses semences, fait une singularité.

4. *Phaseolus Indicus, flore coccineo sive puniceo* Mor. Sa fleur est large, d'une belle couleur de feu, ou tirant sur le pourpre. C'est ce qu'on appelle *Haricot Ecarlate ;* ou *Haricot d'Espagne.* Cette plante peut monter jusqu'à quinze pieds de haut. Ses siliques sont grosses & rudes. Ses semences sont purpurines, & tachées de noir.

5. *Phaseolus florum spicâ pyramidatâ, semine coccineo nigrâ maculâ notato* Plum. Cette espece se trouve dans les endroits les plus chauds de l'Amérique. Son principal mérite est dans ses semences mi-parties d'écarlate & noir.

6. Les Curieux envoient annuellement d'Amérique en Europe beaucoup de nouvelles especes ou variétés ; mais la plupart inférieures à celles qui sont d'usage en aliment.

7. *Phaseolus vulgaris, fructu albo nigris venis & lituris distincto* Inst. R. Herb. Le *Haricot Gris.* Cette plante ne grimpe point. Sa fleur est purpurine ; sa silique, longue & tendre ; & ses graines, d'une bonne grosseur, arrondies, longuettes, jaspées de blanc & noir.

8. Le *Haricot Grivelé* porte des fleurs purpurines ; des siliques médiocrement grosses, assez allongées, tendres, & rayées de rouge. Ses semences sont de couleur gris-de-lin, jaspées de noir.

9. Le *Haricot blanc, nain, hâtif,* fleurit blanc. Ses siliques, longues & unies, contiennent des semences dont la couleur est un blanc parfait, lisse & lustré ; & qui sont menues, allongées, un peu arrondies.

10. Le *Haricot blanc, plat, hâtif,* n'est pas nain. Il fleurit blanc. Ses semences sont médiocrement grosses ; courtes, applaties, & assez blanches.

11. Le *Haricot sans parchemin*, donne des fleurs

blanches : auxquelles succédent de fort longues siliques. Les semences sont courtes, applaties, blanches, & d'une médiocre grosseur.

12. Le *Haricot blanc*, *commun*, fleurit blanc. Ses semences sont courtes, applaties, & d'un blanc un peu sale.

13. Le *Haricot Negre*, est ainsi nommé parce que les semences en sont noires. Cette espece est naine, & des plus hâtives.

14. On nomme à Paris *Haricot de Soissons* une espece dont les fleurs, blanches, produisent de longues siliques peu garnies de semences : mais le peu qu'il y en a est fort gros, très-applati, d'un blanc & d'un émail supérieur à ceux des autres especes.

15. Le *Petit Haricot rond & blanc* porte des fleurs blanches. Ses siliques, peu considérables, sont toujours bien pleines de semences presque orbiculaires dont le blanc est un peu roux.

16. Le *Haricot Suisse blanc* est nain. Il fleurit blanc. Sa silique, longue & fort tendre, contient des semences longuettes, arrondies, moyennement grosses, & qui sont d'un blanc roux.

17. Le *Haricot Suisse gris* ne differe du précédent que par ses semences, qui sont d'un rouge noirâtre & marquetées de noir.

18. Le *Gros Haricot de Hollande* ; nommé en Allemand *Schwert* à cause de sa silique longue de sept à huit pouces, sur un bon pouce de largeur, & contournée en sabre. Sa fleur est blanche, & assez grande. Ses semences sont grosses, courtes, blanches, arrondies.

19. Nous nommons *Haricot Cardinal* une espece qui fleurit blanc ; dont la silique, assez longue, mais peu garnie, contient de fort grosses semences applaties, blanches, mais dont le germe est environné de pourpre.

Cette description, à la grosseur près des semences, répond assez bien à celle des *Feves Apalaches* : que M. Le Page croit avoir été apportées de la Caroline à la Louisiane, & être originairement tirées de Guinée. Leurs tiges rampent à terre, jusqu'à quatre ou cinq pieds de distance. Ses siliques ont au moins six pouces de longueur : elles contiennent depuis huit jusqu'à quinze semences, beaucoup plus petites que les féveroles communes, & dont la couleur est un blanc sale, taché de noir auprès du germe.

20. M. Le Page dit aussi que l'on a trouvé à la Louisiane des féveroles rouges, noires, & d'autres couleurs ; auxquelles on a donné le nom de *Feves de quarante jours*, parce que ce tems leur suffit pour croître au point d'être bonnes à manger en verd.

21. Quelques Livres nomment *Phaseole de couleur*, un Haricot dont les semences sont jaunâtres & jaspées de plusieurs couleurs. Il fleurit en Juin & Juillet.

Culture.

On seme le *n.* 1, au printems, sur une couche un peu chaude : & lors de la levée, on le transplante soigneusement dans des pots garnis de terre légere, qu'on plonge dans une bonne couche. Ensuite on accoutume les jeunes plantes à l'air par degrés. Puis, vers la fin de Juin, on les porte à un bon abri. On les change de pots, quand elles paroissent gênées dans les premiers. On les arrose souvent, durant l'été. Elles passent l'hiver dans la serre : où on ne leur donne que fort peu d'eau. Après cette saison, elles ont ordinairement assez de vigueur pour soutenir le grand air : mais elles demeurent toujours susceptibles de gelée.

Le *n.* 2 veut être gouverné de même.

Les *nn.* 3 & 5 sont sujets à périr durant l'hiver dans nos climats, quand on ne les tient point dans une serre chaude.

Le *n.* 4 ne demande d'autre soin particulier que d'avoir des perches autour desquelles il puisse s'élever. Sans quoi ses sarmens s'abattent, & pourrissent. Il produit ainsi abondamment pendant trois mois.

On seme de bonne heure le *n.* 7 dans des terreins hâtifs ; c'est-à-dire vers la fin d'Avril. Il ne s'éleve point : ce qui donne l'avantage de le placer où l'on veut, surtout au pied des murs, pour l'avancer, sans qu'il nuise aux arbres. Il rapporte beaucoup.

Le *n.* 8 est presque aussi hâtif. Il donne beaucoup quand il est ramé.

Les *nn.* 9 & 10 sont bons à cueillir en même tems que les deux précédens. Le 9 rend prodigieusement : plus on le cueille, plus il fournit. Le 10 monte ; & il charge beaucoup, au moyen des rames dont on le soutient.

Le *n.* 11 est le plus hâtif de tous. Il fournit abondamment, étant ramé. Le 12, moins hâtif, rend pareillement en quantité.

Nous avons déja observé que le *n.* 13. est hâtif, & qu'il ne s'éleve pas.

Le Haricot de Soissons, *n.* 14, donne beaucoup quand il est ramé. Mais il est sujet à se tacher, dans les années pluvieuses. C'est pourquoi l'on doit être attentif à le cueillir à mesure que ses siliques se séchent. Cette espece est tardive.

Le *n.* 15 monte : & les rames font qu'il donne prodigieusement.

Quoique les *nn.* 16 & 17 demeurent nains, ils chargent beaucoup.

Le *n.* 18 est un de ceux qui *filent* (c'est-à-dire, montent) davantage.

Le Haricot Cardinal, *n.* 19, a le défaut de mûrir tard & difficilement : d'où vient qu'il ne rapporte que peu, ou point.

Comme le tems froid & humide fait bientôt pourrir les haricots qui sont en terre, & que les gelées blanches détruisent leurs jeunes pousses, on n'en seme en général en pleine terre dans notre climat que vers le 15 d'Avril. Pour en avoir de hâtives, on se sert de chassis, ou de couches un peu chaudes ; & on les y seme par rangées assez près les unes des autres, vers la fin de Mars ou au commencement d'Avril. Il suffit que la chaleur soit au degré convenable pour qu'elles levent. On a grand soin d'étendre des paillassons sur ces couches, toutes les nuits, & dans les mauvais tems. Quand les jeunes plantes ont poussé leurs feuilles composées de trois folioles, on les transplante avec précaution à un bon abri. La transplantation fait qu'elles ont moins de vigueur, & donnent moins longtems que celles qui auront été semées en pleine terre.

On doit être attentif à donner de l'air aux plantes qui sont sur couche, quand il fait doux ; & à ne leur laisser qu'une douce chaleur, incapable de les brûler ou de les faire languir.

Les premieres de celles que l'on ne seme pas sur couche, doivent être mises à une bonne exposition & dans une terre séche : sans quoi elles seroient exposées à pourrir.

On en seme pour la seconde fois vers la mi-Mai. Celles-ci commencent à fournir avant que les hâtives soient toutes consommées. Le *n.* 4 continue à charger depuis ce tems jusqu'en automne.

La méthode ordinaire est de tracer des rayons profonds avec la houe, espacés à environ deux pieds & demi. On y met les semences à deux pouces les unes des autres. Puis on les couvre avec le dos du rateau, ensorte qu'il y ait environ un pouce de terre.

Quand la saison est favorable, la levée ne tarde

guères plus d'une semaine. A mesure que les plantes grandissent, on profite des circonstances où la terre est séche pour la ramasser légerement autour d'elles, afin qu'étant ainsi buttées elles résistent mieux aux grands vents. Il faut avoir soin de ne pas couvrir de terre leurs feuilles séminales : on les feroit pourrir : ou au moins les plantes languiroient longtems. Après ces premiers soins il ne s'agit plus que de sarcler à propos, jusqu'à ce que les fruits soient en état d'être consommés. On les cueille deux ou trois fois par semaine. Quand on les laisse un peu trop longtems, les semences grossissent plus qu'il ne faut pour qu'on les mange avec plaisir, & les plantes s'affoiblissent.

Plus le Haricot doit devenir fort, plus les rangées doivent être écartées. Il faut que l'air & le soleil parcourent librement les intervalles. Ainsi il y a telle espece dont il convient de mettre les rangées à quatre pieds de distance les unes des autres.

Quand les especes qui filent ont environ quatre pouces de haut, on fiche des rames ou des perches en terre auprès d'elles.

Chaque fois que l'on cueille des filiques on a soin de ménager les montans.

On réserve pour graine quelques rangées, auxquelles on ne cueille absolument point. Lorsqu'on voit que les semences sont bien mûres, on profite d'un tems sec pour arracher ces plantes : & on les étend à l'air pour qu'elles se sechent entiérement. Après quoi on les bat : & l'on garde la graine dans un endroit sec.

Usages.

Le *n.* 1 est très-commun en Portugal, où l'on en fait grand cas pour garnir des tonnelles & des murs. Son odeur gracieuse est encore un agrément de plus.

Les *nn.* 4 & 21 remplissent bien la même destination dans notre climat.

On ne mange ordinairement qu'*en verd* (c'est-à-dire avant que son grain soit formé) le Haricot gris : dont le grain est cependant très-moëlleux. Il donne véritablement à la sausse une couleur noirâtre ; mais on corrige en partie ce défaut si on a l'attention de jetter l'eau quand il est à moitié cuit, & d'y substituer une nouvelle eau bouillante.

Le *n.* 8 est dans le même cas. Mais son grain n'est pas moëlleux.

La couleur du *n.* 4 doit ne point prévenir contre cette espece : qui est une des meilleures à manger en grain. Ses filiques même sont rarement coriaces, quelque avancées qu'elles soient ; ensorte qu'en cuisant elles deviennent d'un beau verd, & conservent une odeur assez agréable.

On mange en verd & en grain le *n.* 9 : & il est bon de l'une & l'autre maniere. Quand son grain est sec, il renfle peu.

Le *n.* 10 est moins bon à manger en grain qu'en verd.

Comme la filique du *n.* 11 n'a point de parchemin, elle est plus tendre & plus agréable à manger, que toutes les autres. Cette espece a encore l'avantage de donner de très-bonne heure sa graine ; qui est passablement tendre & moëlleuse.

La plupart des Provinces consomment beaucoup de l'espece *n.* 12. On la mange en verd, en grain tendre, & en sec.

Soit que l'on prenne le grain du *Haricot de Soissons* quand il est tendre, soit qu'on l'emploie sec ; il est toujours fort tendre, & cuit très-bien. Il feroit bon à manger en verd, fort jeune : mais on en fait rarement usage de cette façon.

Le *n.* 15 est un des meilleurs à manger sec. Ce grain est tendre, moëlleux ; cuit parfaitement ; & a une saveur particuliere.

On ne consomme gueres qu'en verd les *nn.* 16 & 17.

Le *n.* 18 est très-bon à confire au sel pour l'hiver.

Le Haricot Cardinal, *n.* 19, ne mérite gueres aucune sorte d'apprêt.

M. Le Page dit que les *Feves Apalaches* sont très-délicates, fort tendres à cuire, mais un peu fades.

On prétend que la graine du *n.* 21 est très-difficile à digérer, & extrêmement venteuse. Ses filiques tendres peuvent être mangées en salade : on leur attribue d'être laxatives & diurétiques, mais de porter à la tête.

Les autres especes, mangées avec des épices & du sucre, ou parfaitement cuites dans du lait de vache, donnent beaucoup de vigueur. La moutarde empêche qu'elles ne fatiguent l'estomac.

En général, les haricots sont regardés par les Médecins comme émolliens, apéritifs, & résolutifs. On met leur farine dans des cataplasmes destinés à produire ces effets.

Manieres d'apprêter les Haricots.

Pour les manger *en verd*, on cueille les filiques avant que les graines y soient formées ; & ayant ôté les deux extrêmités, & les filets qui régnent des deux côtés le long des filiques, on les fait cuire : puis on les accommode au jus, ou au beurre, ou à la crême.

Les graines encore tendres, étant bouillies, se servent avec les mêmes apprêts.

Lorsqu'elles sont séches, on les fricasse de plusieurs manieres ; on les mange en salade ; on en fait des purées.

Méthodes pour Conserver les Haricots verds.

1. On les confit dans le vinaigre avec de l'eau & du sel : comme les concombres.

2. On les épluche ; on les fait blanchir ; & on les fait sécher au soleil : & lorsqu'ils sont secs, on les met dans un endroit sec où il n'y ait point d'humidité.

Lorsqu'on veut les faire revenir, il faut les laisser tremper pendant deux jours dans l'eau tiede : par ce moyen ils reprennent presque la même verdeur qu'ils avoient quand on les a cueillis. Enfin, pour s'en servir, on les blanchit, & on les apprête à l'ordinaire.

3. Prenez des haricots verds les plus tendres & les plus fins : ôtez-en les filets ; enfilez-les ensuite par chapelets, & les laissez quelque tems dans l'eau bouillante avec un peu de sel : retirez-les & les mettez sécher au soleil : & quand ils seront secs, serrez-les dans un lieu sec. Pour les manger, on les met tremper dans de l'eau tiede pendant trois ou quatre heures ; & on les prépare à l'ordinaire.

4. *D'autres*, après les avoir blanchis dans de l'eau bouillante, les mettent dans l'eau fraîche, d'où ils les tirent lorsqu'ils sont froids, pour les arranger dans un baril avec des cloux de girofle & du poivre en grain. Le baril étant presque plein, on acheve de le remplir de saumure, on le ferme bien, & on le tient en lieu frais.

HARICOT : *Ragout.* Voyez *Bout-Saigneux*, entre les parties du BŒUF. ESTURGEON. MACREUSE.

HARNOIS, que l'on prononce en beaucoup de lieux HARNAIS. C'est tout ce qui étant rassemblé forme un équipage de chasseur ; ou de guerrier.

On le dit aussi de l'équipage d'un cheval qui tire, soit à la charrue, soit autrement.

Voyez AVALOIRE. ATTELLOIRE. L'article CHEVAL.

HAROUT-ALY: *terme de Chasse.* C'est le mot dont le valet use en parlant à son limier; lorsqu'il laisse courre une des bêtes dont on traite.

HARPES. Surnom que l'on donne à une sorte de Levrier. *Consultez* l'article des Levriers, sous celui de CHIEN.

HARPES; *en maçonnerie:* sont les pierres que l'on laisse sortir hors du mur pour servir de liaison, lorsqu'on veut les joindre à une autre muraille. C'est ce qu'on nomme aussi *Pierres d'attente.* On les appelle *Naissance*, lorsqu'elles sont destinées à former une voûte. *Voyez* ARRACHEMENT.

HARPON. C'est une piece de fer, qui tient les pans de bois d'un bâtiment. Il y en a de droits & de crochus. On s'en sert aussi dans la maçonnerie. Les Anciens en faisoient de cuivre, qu'ils couloient en plomb, pour lier les pierres. En Latin on nomme les harpons *Retinacula ferrea.*

HARY, *Harry;* terme de Chasse. C'est le mot dont use le Piqueur, pour donner de la crainte aux chiens, lorsque la bête qu'ils chassent, s'est accompagnée; afin de les obliger d'en garder le change.

HAS

HASE, ou *Haze.* On nomme ainsi la femelle du lievre, & du lapin. Quelques-uns écrivent AZE.

HASI. Sorte de raisin excellent: qui vient à Hasni-Kieifa, ville de la Province de Diarbekir, sur le bord du Tigre, entre Dgeziraï Ibn-Umer & Meiafarikin. [Otter, *Voyag. en Turq. & en Perse*, T. II. p. 275.]

HASTULA. *Voyez* ASPHODEL.

HAT

HÂTER. *Voyez* AVANCER.

HÂTIF: *terme de Jardinage:* qui se dit de tout ce qui vient dans un jardin avant les autres choses de la même espece. Ainsi on dit, *Pois hâtifs; Cerises hâtives;* pour marquer les pois & les cerises qui viennent avant les pois & les cerises ordinaires.

Du mot Hâtif dérive celui d'HÂTIVETÉ. Ainsi nous disons que certains fruits sont estimables pour leur hâtiveté; & d'autres pour leur tardiveté.

Hâtif & *Précoce*, signifient la même chose: & pareillement Hâtiveté, & Précocité.

Voyez AVANCER *les Plantes.*

HAU

HAUBER, *ou* HAUBERGEON. Cotte de mailles, à manches & gorgerin: qui tout à la fois tenoit lieu de haussecou, brassarts, & cuissarts. Cette armure venoit à mi-jambe. Les Francs en furent les inventeurs; comme témoigne Varron. Elle étoit faite de plusieurs petits anneaux de fer, accrochés ensemble.

Consultez l'article HAUTBERT.

HAVERON. *Voyez* AVEINE, *n.* 1. GRAMEN, *n.* 15.

HAUT { *Grand* & *Petit.* } Voyez CHARBON, p. 523.

HAUT *à haut, à moitié à haut:* terme de Chasse; dont on se sert pour appeller les chiens, & les faire venir à soi.

HAUT-BARON. *Voyez* HAUTBERT.

HAUTBERG. *Voyez* sous le mot HAUTBERT.

HAUTBERT: *terme de Jurisprudence féodale.* C'est le plus noble Fief, après ceux de dignité; & immédiatement au-dessous des Baronies. Ce mot vient de *Haut-Ber* (ou *Haut-Baron*) qui devoit servir le Seigneur duquel il étoit relevant, avec pleines armes, ou armé de toutes pieces. Delà est venu que la cotte de mailles a été nommée *Hauber* ou *Haubergeon:* parce que le Hauber ou Seigneur du Fief en devoit être armé. Ainsi il est arrivé que le fief de hautbert a été pris pour toute sorte de fief, dont le Seigneur est tenu de servir le Roi avec le *hauber* ou *haubergeon.*

Quelques-uns distinguent le Fief de *hautberg*, qui étoit tenu immédiatement du Roi avec Justice; de celui de *Hautbert*, qui étoit un Fief du moyen genre, non Royal, qui n'avoit pas la haute Justice unie au Fief avec le droit & la jouissance des armes: de sorte qu'il faut ajoûter au premier la qualité de plein Fief ou de plein hauber. On ne connoît point cette distinction en Normandie: il y a de pleins Fiefs de hautbert, qui ne relevent point du Roi, & qui n'ont que basse Justice. Voyez *l'Article* 166. *de la Coutume de Normandie.* En Guienne, en Languedoc & autres Provinces, la haute Justice est d'ordinaire attachée au Fief de hautbert.

HAUTBOY *Strawberries.* Voyez FRAISIER, *n.* 4.

HAUT-JOUR (*Chien du*). Consultez ce mot dans l'article CHIEN.

HAUT-MAL. *Voyez* EPILEPSIE.

HAUT-RELIEF. *Consultez* le mot RELIEF, *terme d'Architecture.*

HAUT-REVENU (*Bois de*). Voyez sous le mot BOIS.

HAUTE-FUTAIE. Consultez l'article FUTAIE.

HAUTEUR. On dit qu'un bâtiment est arrivé *à hauteur*, lorsque les dernieres arases ou assises de pierres sont posées pour recevoir la couverture.

On dit *Hauteur d'appui*, pour signifier environ trois pieds de haut: & *Hauteur de marche*, six pouces: parce que ces grandeurs sont déterminées par les régles de l'art & par l'usage. *Voyez* APPUI. ALTIMETRIE.

HAUTS-JUSTICIERS. Seigneurs qui ont droit de haute Justice: dans laquelle sont comprises la moyenne & la basse Justice. Ils la font exercer par des Officiers qui jugent toutes les matieres civiles, personnelles, réelles & mixtes entre leurs justiciables; à la réserve de celles dont la connoissance appartient au Juge Royal, à leur exclusion. Ces Officiers font des adjudications par decret. Ils jugent les causes des Nobles qui sont leurs justiciables; comme celles des Roturiers: & ils connoissent des dixmes inféodées, tenues en fief du Seigneur Haut-Justicier. Ils jugent aussi les matieres Bénéficiales, lorsque les bénéfices sont à la collation des Seigneurs. Les complaintes & les réintégrandes en matieres non Ecclésiastiques sont aussi de leur compétence.

Ils connoissent de ce qui concerne les domaines, droits & revenus ordinaires & casuels de la Seigneurie, circonstances & dépendances; conformément à *l'Article* 11. *du titre* 24. *de l'Ordonnance de* 1667: & non des autres actions où le Seigneur a intérêt, & qui par cette raison doivent être décidées par les Juges Royaux. Les causes où le Roi est intéressé, celles qui regardent les Officiers Royaux, les Eglises Cathédrales, & les autres Eglises qui sont de fondation Royale, ou qui ont des privileges portant attribution à d'autres jurisdictions qu'à la justice ordinaire; ne sont pas de leur compétence.

Ils ne connoissent point de la tutelle, curatelle, & émancipation des Nobles; ni des différends qui naissent entre deux ou plusieurs Seigneurs, pour raison de leur fief. Ils connoissent de tous les crimes commis dans l'étendue de leurs Justices, à l'exception des cas Royaux: & ils imposent toutes sortes de peines. Les appellations de leurs jugemens se relevent en matiere civile pardevant le Juge Royal, qui exerce la Justice du Baillif ou du Sénéchal de la Province, lorsque la Haute Justice releve immédiatement du Roi: sinon pardevant le Juge du Seigneur Suzerin, c'est-à-dire, du Duc, du Comte, du Marquis ou du Baron, qui a droit de ressort. Les appellations des Sentences rendues dans les Justices de Pays, se portent immédiatement au Parlement de Paris, quand les jugemens excédent le cas des Présidiaux: sinon elles se portent aux Présidiaux.

Suivant le Droit Commun on passe de la Haute Justice aux Justices Royales, qui ressortissent sans moyen au Parlement; comme sont les Bailliages, Sénéchaussées, & autres qui ont ce droit. Mais en matiere criminelle, les appellations sont directement portées aux Parlemens, lorsqu'il y a peine afflictive contre le condamné.

HAY

HAYE: *terme de Chasse.* On s'en sert pour arrêter les chiens qui chassent le change; & les ôter de dessus la voie. Et pour les arrêter seulement lorsqu'ils chassent le droit, pour attendre les autres, il faut dire, *Derriere.*

HAYE. *Voyez* HAIE.

HAZ

HAZALA. *Voyez* GARANCE.

HAZARDS: *terme de Fleuriste.* Voyez l'article TULIPE.

HAZE. *Voyez* HASE.

HEA

HEART. *Voyez* CERISIER, *n.* 14.

HEATH. *Voyez* BRUYERE.

HEB

HEBICHET. Consultez l'article *Usages du* ROCOU.

HED

HEDGE HOG ALOE. *Voyez* ALOÈS, *n.* 8.

HEDGE HOG GRASS. *Voyez* GRAMEN, *n.* 32.

HEDYSARUM. *Voyez* SAINFOIN.

HEE

HEER. & HEER-BAN. } *Consultez* l'article ARRIEREBAN.

HEL

HELENIUM. *Voyez* AUNÉE.

HELIOTROPE: en Latin *Heliotropium.* Voyez TOURNESOL.

En général, on nomme *Plantes* HELIOTROPES celles qui tournent le disque de leur fleur vers le soleil, ou qui sont sensiblement affectées par cet astre. Comme le soleil change de situation pendant le cours de la journée, ces fleurs en changent aussi: elles regardent, le matin, l'Orient; à midi, le Sud; & l'Occident, le soir. Ce mouvement est particuliérement nommé *Nutation:* parce qu'il s'exécute, non par une torsion de la tige, mais soit par une nutation réelle, soit parce que les fibres de la tige se racourcissent du côté de l'astre. Consultez la *Physiq. des Arbr.* T. II. p. 149 & suivantes: & les *Recherches* de M. Bonnet *sur l'usage des Feuilles.*

HELLEBORINE. *Voyez* ELLEBORINE.

HELLEBORUS. *Voyez* ELLEBORE.

HEM

HEMIONITE, ou *Emionite:* en Latin *Hemionitis:* & en Anglois *Moonfern.* Genre de plantes qu'on peut ranger dans la famille des Fougeres: attendu que le revers des feuilles est chargé de fleurs, en paquets longs & rameux. La forme de ces feuilles varie. Consultez les *Planches* 322 & 323 des *Instit. R. Herb.* de M. Tournefort.

Il y a plus de ces plantes en Amérique qu'en Europe. La Provence & l'Italie en produisent quelques especes. Toutes viennent entre des pierres, dans des endroits humides. Elles sont vivaces; conservent leurs feuilles en hiver, & les renouvellent dans le printems.

L'*Hemionitis vulgaris* C. B. a de longues & larges feuilles, dont la base est échancrée & accompagnée de deux appendices considérables: ensorte qu'elle tient de la feuille d'Arum, & de celle de Scolopendre vulgaire. Elle est très-âcre, amere, & d'un goût styptique. Elle ne produit aucune tige.

On en fait avaler dans du vinaigre, comme un remede souverain pour les oppilations & duretés de la rate.

HEMLOCK. *Voyez* CIGUË. CIGUE AQUATIQUE.

HEMLOCK-FIR. Voyez entre les *Epicias*, dans l'article SAPIN.

HEMORRHAGIE. Perte de sang occasionnée par l'ouverture, la rupture, ou l'érosion des vaisseaux sanguins.

Quand cet accident n'est pas l'effet d'une plaie récente, il est ordinairement occasionné par une foiblesse & mollesse des fibres: c'est pourquoi dans ces circonstances le sang sort des parties qui sont d'un tissu lâche & délicat; telles que les narines, les gencives, les poumons, l'estomac, les intestins, l'anus, la matrice, le vagin.

La saignée, les regles, le flux hémorrhoïdal, sont des effets naturels de vaisseaux ouverts.

Les cris redoublés, un chant forcé, les efforts violens pour aller à la selle, *&c;* occasionnent la rupture de vaisseaux, & ainsi des hémorrhagies. Tout ce qui augmente beaucoup le volume du sang, comme la nourriture trop abondante, le défaut d'exercice & de dissipation habituelle, la suppression de quelque évacuation ordinaire; produit ces accidens en distendant le diametre des vaisseaux.

Dans les fievres malignes, les fievres putrides, les tempéramens âcres, les longues maladies qui tendent à la dissolution (comme la cachexie, la pulmonie, *&c.*) il survient des hémorrhagies, à cause de l'érosion des vaisseaux.

Tout exercice violent, le grand usage des liqueurs spiritueuses, la suppression de la transpiration ou des autres évacuations, le scorbut, la vérole, les écrouelles, & autres vices particuliers; en donnant au sang plus ou moins d'acrimonie, produisent ces érosions.

Quand l'hémorrhagie est suivie de foiblesse, ou d'anéantissement, & que le malade n'est pas soulagé par la sortie du sang; elle est presque toujours funeste. Mais elle est salutaire lorsqu'on se trouve plus léger, & plus disposé à exécuter toutes ses fonctions.

On doit donc être prévenu que l'hémorrhagie est quelquefois une crise, par où se terminent des maladies: & alors on ne doit pas penser à l'arrêter. Mais celle qui vient en toute autre occasion, est souvent préjudiciable à la santé; épuise le sang que l'on peut nommer le trésor de la vie, & ruine les forces. C'est alors qu'il convient d'employer des remedes.

Voyez PLAIE. HEMORRHOÏDES. NÉS. SANG. SAIGNÉE. DYSENTERIE. ANTISCORBUTIQUES. ASTRINGENT.

HEMORRHOIDES. Maladie qui occasionne dans les glandes de l'anus une tuméfaction douloureuse, inflammatoire, dont la suite est un écoulement de sang; qui fait cesser tous les symptômes.

L'orifice de la matrice est aussi sujet à de pareils gonflemens & accidens.

On distingue les hémorrhoïdes en *internes*, & *externes*: les premieres sont cachées dans le rectum; les dernieres sortent dehors. On donne le nom d'Hémorrhoïdes *ouvertes* à celles qui fluent; & celui d'Hémorrhoïdes *aveugles*, au gonflement des vaisseaux hémorrhoïdaux, privé d'écoulement, & qui forme quelquefois un paquet considérable à l'anus. *Voyez* ARTERE.

La cause prochaine des hémorrhoïdes vient de la difficulté que le sang trouve à circuler dans les veines hémorrhoïdales, à cause de leur situation perpendiculaire; & à retourner au foie par la veine-porte.

On peut regarder comme causes accessoires la foiblesse & la mollesse des vaisseaux de cette partie; & tout ce qui augmente la quantité, la chaleur, & l'épaississement du sang. Delà vient que ceux dont le tempérament est lâche, spongieux, & gras; qui ont de gros vaisseaux très-remplis de sang; qui font une bonne chere habituelle; qui menent une vie sédentaire; ou ceux qui sont nés de parens sujets eux-mêmes à cette indisposition; sont particuliérement exposés à des évacuations hémorrhoïdales excessives. C'est aussi pourquoi le fréquent usage de purgatifs violens, de préparations & alimens échauffans; l'interruption des saignées habituelles ou de quelque autre semblable évacuation; la colere, le chagrin, les violens exercices, produisent des hémorrhoïdes.

Entre les causes de cette maladie, une des plus communes est l'obstruction de quelqu'un des viscerés du bas ventre.

L'aloës occasionne des hémorrhoïdes. Il le fait même étant corrigé par des préparations. On lui attribue en partie cet effet, qui suit assez ordinairement l'usage des pilules balsamiques de Stahl, dans les personnes qui y ont de la disposition.

Ce mal est aujourd'hui très-fréquent en Allemagne: & de vieux Chirurgiens de Vienne ont assuré à M. Thierry (*Medec. Experim.* I. part. p. 99.) qu'avant le dernier siége de cette ville par les Turcs, ils méconnoissoient presque cette maladie. Ils attribuoient la cause de sa fréquence actuelle, à l'usage du caffé introduit lors du siége dont nous venons de parler.

Curation.

On voit des personnes à qui les *Hémorrhoïdes* ne sont qu'*Accidentelles*: & viennent de quelques excès, tels que du vin, des alimens très-salés & poivrés, &c. Il suffit dans ce cas, de supprimer la cause, pour guérir promptement.

Il survient quelquefois des hémorrhoïdes, lorsque le rectum a été offensé par la mal-adresse de ceux qui ont administré *des lavemens*. Les douleurs en seront appaisées par des suppositoires faits avec des côtes de melon.

La constipation occasionne des hémorrhoïdes; que l'on guérit par des délayans légerement laxatifs.

Remedes pour appaiser la douleur, & ôter l'inflammation.

1. On employera la saignée du bras, réitérée.

2. L'on saignera au pied.

3. On usera de fomentations faites avec du lait tiede, dans lequel aura bouilli de la graine de lin.

4. Trempez la partie douloureuse, dans un bassin où il y aura du lait tiede simple, ou du lait préparé comme ci-dessus *n.* 3.

5. On emploie avec succès, du beurre tout seul que l'on a battu dans un mortier de plomb avec un pilon de même métal. Quelques-uns y ajoûtent égale partie de mucilage de graine de lin, fait avec de l'eau-rose ou celle de plantain.

6. D'autres se servent d'un oignon rouge, pilé avec un oignon de lys, & mêlé avec de l'huile de lin.

7. Faites bouillir la racine de petite scrophulaire: & la mêlez avec du beurre, pour l'appliquer sur la partie.

8. Un des meilleurs remedes est (dit-on) l'huile de buis. Il suffit d'en toucher la partie avec une seule goutte mise sur un peu de cotton.

9. Quand la douleur est accompagnée d'inflammation: Prenez dix dragmes de céruse, deux dragmes de plomb brûlé, vingt grains de camphre, autant d'opium & de gomme adraganth en poudre, deux dragmes de cire, avec une suffisante quantité d'huile rosat. Faites-en une *pommade*: & lorsqu'elle commencera à se refroidir, ajoûtez-y deux jaunes d'œufs.

10. Le parfum d'ivoire rapée y est très-bon.

11. Mettez-y de l'huile d'amandes d'abricot, ou d'amandes ameres.

12. Voyez BAUME *de pommes de merveille.* BOUILLON BLANC. Ci-dessous, *Guérison des* HEMORRHOÏDES, *n.* 12, 14.

13. Lorsque les hémorrhoïdes sont récentes: prenez une bonne poignée de sommités de cerfeuil; & la mettez dans une assiette sur un réchaud. Remuez avec la main pour que la plante s'amortisse & devienne comme des épinars cuits à l'eau. Faites-en alors une boule, de la grosseur d'une muscade; & l'insinuez dans le fondement. Les hémorrhoïdes cesseront presque toujours après qu'on en aura mis ainsi quatre ou cinq fois.

14. La rhubarbe & le senné soulagent les hémorrhoïdes.

15. Etendez du sain-doux sur un linge; & y saupoudrez du tabac en poudre. Le mal cesse presque aussitôt qu'on l'y a appliqué.

16. L'application d'huile d'œufs de moruë, fait le même effet.

17. Mettez du plomb calciné, dans de l'eau; & en bassinez le mal.

18. Faites bouillir sur un réchaud des pommes rapées dans un plat: & lorsqu'elles seront cuites, mêlez-y beaucoup de cloportes pilés. Etendez ensuite le tout sur un linge; & l'appliquez. Il faut renouveller ce cataplasme soir & matin.

☞ 19. Pilez ensemble du blanc de porreau, & du sain-doux, jusqu'à ce que le porreau ne paroisse plus: & appliquez de cet onguent sur les hémorrhoïdes, avec du papier brouillard par-dessus.

On prétend que c'est le fameux *Remede des Religieux de Picpus près Paris.*

☞ 20. Appliquez les feuilles de *Cymbalaria*, récentes & écrasées: ou fricassées à la poële dans un peu de beurre.

Les

Les hémorrhoïdes qui ne fluent pas excédent quelquefois d'inquiétudes, de rapports, de spasmes, de douleurs vagues, de palpitations. Ces symptômes, même réunis, cessent assez souvent lorsqu'il se fait au bas de l'os sacrum, ou au périnée, un suintement de liqueur oléagineuse.

Flux des Hémorrhoïdes.

Leur flux est aisé à distinguer de la dysenterie. Car celui de la dysenterie est accompagné de tranchées, & toujours mêlé avec les excrémens : au lieu que le sang des hémorrhoïdes sort souvent sans douleur, & tout pur ; & s'il y a quelque douleur, elle n'affecte que le fondement.

Les hémorrhoïdes guérissent la mélancolie, & les douleurs de reins. Il est certain qu'elles détournent souvent plusieurs maladies. Ceux qui ont coutume d'en avoir, ne doivent pas les arrêter tout-à-coup, ni se faire entiérement guérir ; à cause des dangers qui en pourroient arriver. Mais *lorsqu'elles flueront excessivement*, il faudra doucement les arrêter :

I. Par une ou deux saignées du bras. Ensuite on se frottera d'une *pommade* faite avec deux dragmes d'antimoine, une demi-dragme de corail, ou de corne de cerf brûlée, & une demi-dragme d'encens : le tout mêlé avec trois cuillerées d'huile rosat.

II. Faites des frictions & des ligatures aux bras.

III. Appliquez des ventouses aux mammelles, & aux hypocondres.

IV. Prenez de la graisse de canard & de poule, de chacune une once ; deux onces d'huile rosat ; vingt grains d'opium ; dix grains de safran en poudre ; un jaune d'œuf. Mêlez le tout ensemble ; & faites-en une *pommade*.

V. Avec cela, on doit observer un *Regime* assez exact : qui consiste à ne point manger des viandes grossieres, ni ragoûts trop salés ou épicés, ni oignons, ni ail, ni porreaux ; ni trop de légumes farineux ; & de tremper beaucoup son vin.

VI. Lorsque l'on voudra se *purger*, on mettra infuser deux gros de rhubarbe pendant une nuit sur les cendres chaudes dans un verre de décoction de chicorée ; y ajoûtant, après l'avoir coulée, une once de sirop de roses séches. *Ou bien* on se purgera avec une infusion & forte expression de rhapontic, dans une décoction de graine de plantain.

VII. Faites infuser dans un verre de décoction de tamarins & de plantain, deux dragmes d'écorce de mirabolans citrins : & après l'avoir coulée, vous y ajoûterez une once de sirop de chicorée composé.

VIII. Donnez à boire pendant quelques jours le matin à jeûn deux cuillerées de jus de mille-feuille, ou de tormentille.

IX. On fera prendre dans un jaune d'œuf pendant plusieurs jours une dragme de semence de *trefle*.

X. Fomentez la partie avec une décoction où entreront les racines de grande consoude & de bistorte, & les feuilles de bouillon blanc & d'absinthe, avec égales parties de gros vin & d'eau ferrée.

XI. On avalera dans un peu de lait une dragme de poudre de tiges de bouillon blanc.

XII. Prenez une demi-dragme de poudre de coquilles d'œuf, dans un demi-verre de vin blanc.

XIII. Mettez sous la plante des pieds, & sur les hémorrhoïdes, des feuilles de morelle, avec autant de feuilles de prêle, bien pilées ensemble.

XIV. Un prompt & assuré remede, est (dit-on) de donner un *lavement*, composé avec deux dragmes de bol d'Arménie, une dragme de gomme adraganth & de gomme Arabique, une dragme & demie de sang de dragon & de spode. Lorsque tout sera bien pulvérisé, on le délayera dans trois onces d'eau de plantain & autant d'eau-rose. Ce lavement se peut réitérer deux à trois fois la semaine.

XV. Prenez des sucs de plantain, bourse à pasteur, & bouillon blanc, de chacun deux onces. Faites bouillir le tout ensemble l'espace d'un quart d'heure. Ensuite coulez : & y ajoûtez une once de sang de dragon, une dragme & demie de bol d'Arménie, autant de terre sigillée & de racine de bistorte, avec une dragme de céruse. Laissez refroidir ; & servez-vous-en, en *lavement*.

XVI. Usez de linges trempés dans le mucilage de semence de coings pilés avec de l'eau de plantain.

XVII. Si le mal ne cede pas aux remedes, & que la perte du sang épuise les forces ; prenez du sang qui coule des hémorrhoïdes, mêlez-le avec de vieux torchis tamisé & pulvérisé, & l'appliquez sur la partie.

XVIII. Il faut boire, durant quelques jours, de la décoction d'arrête-bœuf.

XIX. Dans chaque verre de vin, & d'eau que l'on boira, on jettera une pincée de poudre de bistorte.

XX. On avalera, pendant trois jours de suite, deux dragmes de galbanum, avec un peu d'eau.

XXI. L'on usera de cette *Pommade :* Prenez trois onces de vinaigre, une dragme de vitriol brûlé, une dragme & demie de tuthie préparée, autant de litharge, autant de plomb brûlé. Il faudra faire cuire le miel & le vinaigre ensemble, jusqu'à ce que le vinaigre soit consommé ; jettez ensuite les poudres dans l'huile ; & remuez jusqu'à ce que la pommade soit froide. Après quoi on peut en frotter les hémorrhoïdes.

XXII. On mêlera avec une dragme de poudre de cloportes & une once d'huile de lin ; soit deux à trois grains d'opium ; soit une cuillerée de suc de jusquiame, ou une dragme de sa semence en poudre ; soit autant de fleur de soufre.

XXIII. Faites un *Cataplasme* avec de la mie de pain blanc, & du lait de vache ; & y ajoûtez deux jaunes d'œufs, fort peu de safran, & de l'onguent *populeum*.

XXIV. On pourra aussi préparer un *liniment* avec du beurre frais, & de la poudre de liége brûlé.

XXV. On prétend que c'est un remede spécifique, que de boire une dragme de corail rouge, dans de l'eau de plantain.

XXVI. *Fomentez* avec une décoction de bouillon blanc, ou de jusquiame.

XXVII. On peut se servir de poudre de papier brûlé ; *ou* de rapure de plomb ; *ou* de bol d'Arménie, avec du blanc d'œuf : *ou* de coques d'œuf bien pulvérisées, soit crues, soit brûlées : *ou* encore des écailles d'huitre réduites en chaux & incorporées avec un peu de beurre frais.

XXVIII. *Voyez* BOULEAU. LAUDANUM. *Guérison des* HEMORRHOÏDES ; *nn.* 11 & 12.

XXIX. Usez du suc d'orties, dépuré soit en le faisant un peu bouillir soit en le laissant reposer : mettez-y un peu de sucre : & en prenez soir & matin.

A l'égard des *Hémorrhoïdes Aveugles, que l'on voudra faire fluer :* on les ouvrira en y appliquant des sangsues ; *ou* en les frottant avec des feuilles de figuier ; *ou* y mettant du suc de cyclamen ; *ou* en les fomentant avec du vin, dans lequel on aura fait bouillir de l'ache. *Sinon* broyez de la pariétaire avec un peu de sel, & l'appliquez dessus. *Ou bien* étuvez-les avec du jus de racine d'Iris.

Voyez *Préservatifs de l'*APOPLEXIE. *Petite* BARDANE. *Guérison des* HEMORRHOÏDES, *n.* 14. ONGUENT *Divin*.

Hémorrhoïdes Ulcerées.

1. Frottez-les avec de l'huile d'œufs, que l'on aura longtems agitée dans un mortier de plomb.

2. Mêlez ensemble une dragme d'encens en poudre, un jaune d'œuf, deux grains d'opium, & un peu d'huile de lin : & appliquez ce topique.

3. Prenez quatre onces d'huile rosat, une once de céruse, une once de litharge d'or, six dragmes de cire, huit grains d'opium ; & faites-en un *liniment*.

4. Prenez de l'encens mâle, de la myrrhe, & du safran ; de chacun une dragme : un jaune d'œuf, quatre grains d'opium, un peu d'huile rosat, du mucilage de *psyllium*. Composez-en une *pommade*.

5. Prenez du sain-doux, une demi-livre ; avec la racine d'un porreau. Coupez-la bien menu avec de la feuille du porreau, sans cependant prendre ce qui est absolument verd. Le tout étant bien coupé, pilez-le très-menu, mêlez-le avec le sain-doux, & battez-le bien : puis prenez trois onces d'emplâtre diachilon simple ; battez le tout dans un mortier ; & graissez-en les hémorrhoïdes.

6. Prenez un jaune d'œuf tout frais, à-peu-près le même volume de sucre, huile de lin une once & demie ou environ. Battez tout cela ensemble ; & graissez-en souvent les hémorrhoïdes.

7. Mettez une terrine où il y ait du lait, sur un réchaud de feu, dans un siége percé ; sur lequel le malade s'asseoira. Le feu venant à échauffer le lait, la fumée qui en viendra adoucira les hémorrhoïdes ; & les guérira.

8. Prenez un quarteron de sain-doux de porc mâle ; pour six liards de cire blanche ; pour trois deniers de poix noire à l'usage des Cordonniers ; pour un sou de verd de gris ; & pour un sou d'huile d'aspic. Mettez toutes ces drogues dans un pot de terre neuf ; que vous ferez bouillir sur un réchaud pendant une demi-heure, en remuant toujours avec un bâton. Vous ferez de cet *onguent* un emplâtre sur du linge : que vous appliquerez sur le mal ; & l'y laisserez trois ou quatre jours. Quand on ira à la selle, on l'ôtera ; & aussitôt on le remettra fort chaudement.

9. Prenez une poignée de joubarbe, & une poignée de cerfeuil. Pilez-les dans un mortier ; & passez-les par un linge blanc. Ajoûtez-y la grosseur d'une noix de beurre frais, & autant de miel, avec deux jaunes d'œufs sans les germes. Mêlez le tout ; battez-le ; & faites-en un *onguent* pour mettre sur la partie avec du linge ou du cotton.

10. Prenez une feuille de tabac ; que vous ferez tremper du jour au lendemain dans de l'eau : & l'appliquerez sur les hémorrhoïdes.

11. Prenez des feuilles d'oseille ; que vous plierez dans un papier, & ferez cuire sous les cendres chaudes. Ensuite vous les battrez avec égales parties d'onguent rosat, & d'huile rosat, jusqu'à la consistance de *cataplasme* : que vous appliquerez soir & matin.

12. Frottez la partie avec de l'onguent gris ou *Neapolitain*.

13. On frotte les hémorrhoïdes avec un *onguent* composé de suc d'écrevisses, mêlé avec de l'huile d'olives, & un peu de charbon pilé.

14. Prenez racines, fleurs, & feuilles, de petite chelidoine : après les avoir lavées, bien épluchées, & à demi écrasées, ajoûtez-y un quarteron du meilleur beurre frais. Pilez le tout ensemble. Mêlez-y ensuite pour un sou d'alun réduit en poudre fine. Faites une espece de bouillie de ce mêlange ; & mettez-en sur les hémorrhoïdes. Cet *onguent* se conserve plus de dix ans : & plus il est vieux, meilleur il est. Pour s'en servir, on en fait fondre gros comme une bonne noisette sur la cendre chaude ; puis on en frotte les hémorrhoïdes avec un plumaceau, le plus chaudement qu'il est possible : & l'on réitere quatre, ou cinq fois. Ensuite on en jette environ la même quantité dans un réchaud de feu ; & l'on fait placer le malade sur une chaise percée, qui doit être bien enveloppée de tous côtés, afin que le malade reçoive la fumée de l'onguent.

Guérison des Hémorrhoïdes.

1. *Voyez* ci-dessus *Douleur des* HEMORRHOÏDES, *n.* 13. ONGUENT *Divin.* CARAGNE.

2. Mettez sur un feu très-doux, des limaçons vivans, dans une phiole pleine d'huile d'olives : & quand ils y seront dissouts, frottez de cette huile la partie malade.

3. Faites boire au malade de la décoction de millefeuille ; & qu'il s'abstienne absolument de toute autre boisson.

4. Faites prendre dans du lait, de la poudre de tiges de bouillon blanc ; *ou* de la poudre de tormentille & de mille-feuille.

5. Faites bouillir pendant une heure telle quantité qu'il vous plaira de limaçons de vigne, avec leurs coquilles (les plus tendres que vous pourrez trouver). Ensuite faites sécher au four ces coquilles ; réduisez-les en poudre très-fine : de laquelle vous prendrez trois dragmes, que vous incorporerez avec demi-once de beurre frais, en battant fortement le tout ensemble dans un mortier de plomb, pendant une demi-heure, ou trois quarts d'heure. La matiere étant durcie suffisamment, vous en formerez une espece de *suppositoire*, que vous introduirez doucement dans l'anus. La guérison du malade sera prompte.

6. Prenez parties égales de graisse de poule, toute crue ; & de pulpe de pommes douces, cuites à petit feu. Ajoûtez-y de la cassonade à proportion. Incorporez bien le tout ensemble, en le paitrissant avec les mains : & faites-en une *pommade*, dont vous oindrez les hémorrhoïdes : qui guériront promptement.

7. Le grand secret pour guérir les hémorrhoïdes, est de tenir le ventre libre.

8. On a guéri une personne qui souffroit des douleurs très-vives, depuis huit à neuf ans, & qui étoit quelquefois huit jours sans aller à la selle, en lui faisant boire tous les jours de l'infusion de fleurs de mauve. Il en faut mettre une bonne pincée dans une pinte d'eau de riviere ; & la laisser infuser à froid l'espace de douze heures. Si l'on avoit l'estomac foible, on pourroit faire cette infusion à chaud comme celle du thé.

9. Faites bouillir du lierre terrestre dans du vin blanc ; & en recevez la vapeur bien chaude sur la chaise percée : puis étuvez le fondement avec cette herbe le plus chaudement que vous pourrez le soutenir.

10. Faites durcir un œuf sous les cendres chaudes. Battez ensuite le jaune dans un mortier pendant longtems. Puis ajoûtez-y une once & demie d'huile rosat, & deux onces de cendres de liege. Le tout étant bien incorporé, mêlez-le bien avec une once de cire vierge : en consistance d'*onguent*. Frottez-en une tente de vieux linge, pour l'introduire, si les hémorrhoïdes sont internes. Au cas qu'elles soient externes, appliquez-y-en, avec de la peau d'agneau.

11. Les écailles d'huitres, ou de plusieurs autres coquillages de mer, soit crues soit calcinées, étant

mises en poudre bien fine que l'on mêle avec du beurre frais, guérissent tout-à-fait les *hémorrhoïdes qui coulent depuis longtems ;* & les desséchent sans y rien laisser.

12. Les nœuds que l'on trouve sur la tige d'une espece de Cirsium, nommée Chardon Hémorrhoïdal, cueillis dans leur maturité, étant seulement portés durant quelque tems dans la poche, arrêtent les grandes pertes de sang des hémorrhoïdes : & les autres pertes des femmes. Etant pilés & appliqués sur le fondement & sur les hémorrhoïdes, ils en ôtent la douleur ; & les guérissent.

13. Prenez (dit-on) un morceau de vraie écarlate : imbibez-le d'huile d'olives : mettez-y le feu : & recévez sur une assiette l'huile qui en découlera. Mêlez-la ensuite avec l'écarlate brûlée. Et avec le tout frottez souvent les hémorrhoïdes, tant internes qu'externes. Vous serez guéri dès le lendemain.

Onguent excellent pour les Hémorrhoïdes.

14. Prenez vingt-cinq ou trente vers de terre, & cent ou cent cinquante cloportes. Nettoyez-les bien de la terre. Mettez-les dans un pot de terre qui aille au feu. Ajoûtez-y de l'huile d'olives & du vin rouge, un petit verre de chacun ; une cuillerée de miel ; & environ deux onces de cire jaune neuve. Faites bouillir le tout ensemble jusqu'à la consomption du vin. Passez le tout bouillant, au travers d'un linge chaud : & gardez-le pour l'usage.

Cet onguent adoucit & résout les hémorrhoïdes tuméfiées. On l'y applique pendant quelques jours, étendu sur un linge fin qui soit chaud.

HEMP. *Voyez* CHANVRE.

HEMP *Agrimony.* Voyez EUPATOIRE.

HEN

HENBANE. *Voyez* JUSQUIAME.

HEP

HÉPAR : *terme d'Agriculture.* Voyez CHARRUE, *n.* 8.

HÉPATICA. *Voyez* sous le mot HEPATIQUE.

HÉPATIQUE. Les Médecins attribuent cette dénomination à diverses choses relatives aux maladies du foie. Il y a une de ces maladies, qu'ils appellent *Flux Hépatique.* On met des *Sels Hépatiques*, au nombre des préparations de Pharmacie. Voyez à l'article VISAGE. Certain nombre de plantes, que l'on regarde comme propres à soulager ou même guérir les affections du foie, forment une classe particuliere sous le nom de *Plantes Hépatiques :* Voyez l'article PLANTES. Consultez encore ceux de DÉCOCTION & FOIE. Il y a aussi des Plantes particulieres, mais de différens genres, pour lesquelles le surnom d'*Hépatique* est, pour ainsi dire, devenu un nom propre par l'usage : telles sont les suivantes.

I°. L'on nomme HEPATIQUE la plante que G. Bauhin désigne par *Lichen petræus latifolius, sive Hepatica fontana.* Elle croît à l'ombre, dans des endroits humides, sur des pierres ; auxquelles elle s'attache en rampant, avec une multitude de racines courtes & menues, distribuées à-peu-près dans toute la surface inférieure des feuilles. Ces feuilles sont des lames découpées, un peu frisées, dont le tissu est sillonné en réseau, succulentes, vertes en-dessus, comme cottoneuses en dessous, d'une odeur poivrée, & d'une saveur huileuse & âcre assez désagréable. Quand ces feuilles vieillissent, il sort d'entre elles plusieurs péduncules courts, menus, & tendres ; qui portent des fleurs mâles & de femelles séparément. Consultez les *Mémoires de l'Acad. des Sc.* de Paris, an. 1713 : M. Adanson, *Familles des Plant.* T. II. p. 14 : M. Guettard, *Observ. sur les Pl.* T. I. p. 50-3.

Il y a des endroits où on nomme cette plante l'*Herbe d'Aleu.*

Usages.

Elle est vulnéraire, astringente ; on la donne en décoction, & on l'applique sur les plaies, dans les hémorrhagies. Elle est très-recommandée pour les panaris : où on la fait entrer après avoir fait une incision ; & en vingt-quatre heures on est considérablement soulagé. Elle est aussi d'un grand usage pour les chûtes ; & pour les fausses pleurésies. On l'emploie dans les maladies du poumon, l'asthme, & la toux invétérée provenant d'humeur visqueuse. Elle est bonne pour les dartres & autres maladies de la peau. Elle entre dans la composition du sirop de chicorée qui est si utile dans les maladies du foie. Elle est apéritive, & rafraîchissante ; on en met une poignée pour deux ou trois bouillons. La décoction de cette plante, ou son eau distillée, sont bonnes pour la jaunisse, la gale, & les ulceres ; on la prend encore bouillie dans le petit lait ; il en faut boire ainsi chaque jour une pinte. Ce remede purge doucement la bile.

II. Il y a une autre HEPATIQUE *d'Eau ;* dont nous parlons dans l'article RENONCULE.

III. L'HEPATIQUE *des Jardins ;* HEPATIQUE *à trois feuilles ;* HEPATIQUE *Noble ; Herbe aux Poumons ; Trefle* HEPATIQUE ; *Herbe de la Trinité :* en Anglois, *Noble Liverwort.* M. Tournefort l'a mise dans la classe des Renoncules ; & l'a appellée *Ranunculus tridentatus, vernus.* Sa fleur est effectivement assez comme celle des Renoncules ; mais bleue, blanche, ou rouge. Le nom d'Hépatique lui a été donné (dit-on) parce que ses feuilles représentent en quelque sorte les lobes de notre foie. Chacune ressemble plutôt à trois amandes unies ensemble par leur base. Elles sont d'un verd très-obscur, mêlé de rouge sale, pourpre en dessous ; & forment plusieurs ondes & comme des arcades en dessus & en dessous. Les queues qui les soutiennent sont foibles, longues de cinq à six pouces, de couleur pourpre. La touffe des feuilles est entremêlée de fleurs à cinq pétales, enfermés dans un calice composé de trois pieces, portées par de longs péduncules purpurins & velus surtout à leur base.

Culture.

Cette plante vient naturellement à l'ombre des arbres, dans des endroits un peu humides. Elle fleurit au premier printems ; & souvent dès le mois de Février. Elle donne aussi quelques fleurs en automne, quand cette saison est douce & humide.

Il y en a dont les fleurs sont simples ; & d'autres en donnent de doubles.

Les simples grainent tous les ans. Leurs semences sont un moyen commode pour les multiplier ; ainsi que pour obtenir des variétés.

La meilleure saison d'ensemer les graines, est le commencement du mois d'Août. On les met dans des pots ou dans des caisses avec de la terre légere : & on les place de maniere que le soleil du Levant les frappe jusqu'au mois d'Octobre. Après quoi on les porte à l'exposition du Midi ; où on les laisse pendant l'hiver. Dès que l'on s'apperçoit que ces graines levent, au printems suivant, on porte les caisses à l'ombre. On les arrose fréquemment dans les tems fecs. Puis, au mois d'Août, on les tranplante à l'exposition du Levant, dans des planches de bonne terre neuve & médiocrement légere : les espaçant à environ six pouces. Il faut bien approcher la terre contre les racines, afin que les vers ne les dégarnissent pas. Ces plantes commenceront à donner des fleurs au printems suivant. Mais ce n'est que l'année d'après, que leurs fleurs sont bien conditionnées.

Quand ces plantes touffent trop, on peut les élaguer.

Plus on les laisse en terre sans y toucher, plus elles deviennent belles & vigoureuses : au lieu qu'on les fait périr en les déplaçant souvent; ou en éclatant leurs pieds. [Car c'est encore un moyen de les multiplier, que de partager un pied en plusieurs brins garnis de racines. On ne peut même multiplier que par cette voie les pieds à fleurs doubles; attendu qu'ils ne donnent point de graine. Cette opération se fait au mois de Mars, les plantes étant en fleur : observant de ne pas trop diviser chaque pied, & de n'en rien tirer que trois ou quatre ans après.]

Quoique ces plantes viennent à toute exposition, celle du Levant leur est la plus favorable. Elles ont l'avantage de résister au plus grand froid.

Usages.

Leur primeur fait un agrément considérable dans les jardins; privés alors de presque toute autre fleur, & même souvent de verdure.

Toute la plante est bonne à appliquer sur les blessures. Une demi-cuillerée de la poudre de cette herbe, prise dans de gros vin, est utile pour les hernies. On se gargarise avec la décoction dans de gros vin, pour les inflammations du gosier. Cette plante bouillie dans le vin, ou son eau distillée ; levent les obstructions du foie, des reins, & de la vessie ; en facilitant le cours des urines. Elle entre dans les bouillons apéritifs. Distillée avec de l'eau de pluie, elle est bonne pour les taches de rousseurs, & autres semblables affections de la peau. La racine est Aphrodisiaque.

IV. HEPATIQUE *Etoilée.* Voyez GRATERON, *n.* 2.

V. HEPATIQUE *des Bois.* Voyez HERBE *aux Poumons.*

H E R

HERB *Bennet.* Voyez BENOITE.

HERBA *Britannica.* Voyez HERBE *aux Cuillers*, n. 1.

HERBA *Cancri.* Voyez sous le mot TOURNESOL.

HERBA *Doria.* Voyez CONYSE, *n.* 3.

HERBA *Gerardi.* Voyez ANGELIQUE, *n.* 6.

HERBA (*Impatiens*). Voyez CARDAMINE.

HERBA *Julia.* Voyez HERBE *à Eternuer*, *n.* 5.

HERBA *Lutea.* Voyez GAUDE.

HERBA *D. Mariæ.* Voyez PANACÈS-*Chironien.*

HERBA *Paris.* Voyez RAISIN-DE-RAINARD.

HERBA *Sardoa.* Voyez RENONCULE, *n.* 8.

HERBA-*Simeonis.* Voyez ALCEA, *n.* 2.

HERBACÉE. Les Botanistes nomment ainsi ce qui n'a gueres plus de consistance que de l'herbe. Les jeunes tiges tendres & succulentes des arbres, sont *Herbacées.* On appelle encore *Plante Herbacée* celle qui est tendre, & nullement ligneuse.

HERBAGE. Les *Jardiniers* appellent ainsi toutes les herbes qu'ils cultivent dans leurs potagers.

2°. Dans l'Œconomie Rurale, on appelle HERBAGES, d'excellens *Prés* où l'herbe croît en abondance.

3°. L'HERBAGE, ou *Vif Herbage*, est un Droit, en vertu duquel un Seigneur de Paroisse permet aux habitans de faire pâturer les bêtes à laine sur tout son territoire, moyennant une redevance annuelle ; qui n'est pas uniforme partout. En quelques endroits chaque maison paye une somme fixe ; quand même elle n'auroit point de ce bétail. En d'autres on paye *tant* par tête de ces animaux. Il y a des cantons où l'on ne paye que quand on en a certain nombre, tel que vingt, *&c.* : & alors on paye tant par tête. Ailleurs, en un jour de l'année, le Seigneur envoie ouvrir les bergeries ; & la seconde bête à laine qui en sort lui appartient : la premiere demeurant au propriétaire.

4°. On nomme encore HERBAGE (en Latin HERBAGIUM) le droit d'aller couper de l'Herbe ; & celui d'exiger certain payement de ceux qui veulent en couper.

HERBE. C'est le nom qu'on donne ordinairement aux plantes dont les tiges périssent tous les ans.

On fait plusieurs distinctions entre les herbes. Il y en a qui naissent & meurent la même année, après avoir porté leurs fruits : on les appelle *annuelles.* D'autres sont appellées *vivaces*, parce que leurs racines se conservent pendant plusieurs années. Il y en a encore qu'on nomme *bis-annuelles* ; à cause qu'elles ne donnent des fleurs & des semences que la seconde ou la troisieme année après qu'elles ont levé : elles périssent ensuite. Le seigle & le froment sont des plantes annuelles. Les giroflées jaunes, les marguerites, les œillets, sont des plantes vivaces. Enfin, l'Angelique des jardins est une des plantes qu'on appelle *bis-annuelles.* Consultez l'article *Mauvaises Herbes.*

On distingue encore les herbes, en herbes potageres, & herbes sauvages : parmi lesquelles sont comprises les herbes médicinales.

L'herbe fine annonce un fond sabloneux & léger, & dès-là plus ou moins maigre & aride.

Lorsque l'herbe est trop vieille & trop mûre, elle durcit : ce qui fait qu'elle est moins succulente, & que le bétail ne la mange pas volontiers. D'un autre côté, si elle est trop tendre, & pas assez mûre, elle manque de corps & de suc ; elle ne fait que passer, sans nourrir : & le bétail en consomme deux ou trois fois plus que de celle qui est au point de maturité convenable.

Les herbes qui viennent dans les prés, & dans les pâturages humides, sont très-propres à la nourriture du gros bétail. Mais elles sont trop succulentes pour les bêtes à laine : à qui elles causent des maladies ; & qui ne se portent jamais mieux qu'en paissant l'herbe des guérets & des montagnes. L'herbe qui vient dans les bois sous les arbres, est moins bonne que celle qui vient en lieu découvert.

Herbes Potageres, ou *Herbages.*

Les herbes potageres sont celles qu'on cultive pour l'usage de la cuisine.

Voyez les articles ALIMENT. ANTISEPTIQUE : & ceux qui concernent en particulier chacune de ces plantes ; telles que sont l'Arroche, le Basilic, la Bourrache, l'Ail, la Buglose, la Capucine, le Celeri, le Cerfeuil, la Chicorée, la Ciboule, le Chou, la Corne de Cerf, le Cresson, l'Echalote, l'Epinars, la Laitue, la Mâche, l'Ozeille, le Persil, la Pimprenelle, le Porreau, la Poirée, le Pourpier, la Sariette, la Trique-madame, *&c.*

Bouillons aux Herbes. Voyez sous le mot BOUILLON.

Les Herbes Odoriférantes, & autres, que l'on

doit principalement avoir dans un jardin, sont celles qui se mettent en salade, & dans les apprêts de cuisine.

Pour les salades: le baume, l'estragon, le cerfeuil, la perce-pierre, le cresson alenois, la corne de cerf, la pimprenelle, la trique-madame, sont celles que l'on y emploie d'ordinaire, comme fournitures; la salade étant d'autant plus agréable, qu'il y a plus de diverses sortes d'herbes qui la composent.

Quelques-unes de ces herbes se sement: d'autres se plantent de racine, quoiqu'elles portent presque toutes de la graine, mais dont il vient des plantes moins vigoureuses ou plus tardives, que celles du plant enraciné.

Celles que l'on plante avec leurs racines, subsistent bien en terre, pendant l'hiver.

Pour faire croître les Herbes qu'on mange en salade, & autres, en fort peu de tems.

Faites des cendres de mousse d'arbres: mêlez-y du fumier bien réduit en terreau. Arrosez ensuite ce mêlange avec du jus de fumier; laissez-le sécher au soleil; & réitérez plusieurs fois la même chose. Quand votre terre sera bien préparée, vous la garderez dans un vaisseau de terre de Beauvais. Lorsque vous voudrez vous en servir, vous la mettrez sur un réchaud, & lui donnerez le degré de chaleur que le soleil lui donne dans les mois de Juin ou Juillet. Ensuite vous prendrez votre graine que vous aurez fait infuser pendant vingt-quatre heures dans du jus de fumier, à une chaleur douce: & l'ayant semée en pleine terre préparée à l'ordinaire, vous la couvrirez légerement du mêlange ci-dessus; & aurez soin de l'humecter d'eau de pluie, tiede, à mesure que vous verrez la terre se sécher. On prétend que l'on peut par ce moyen faire croître des salades de pourpier & de laitue en moins de deux heures.

Voyez ADOS. AVANCER.

Herbes Médicinales.

Consultez l'article PLANTES.

Les Laboureurs appellent MAUVAISES HERBES toutes celles qui croissent dans leur champ, & qu'ils ne se proposoient pas d'y cultiver. Elles dérobent aux autres une grande partie de la substance de la terre, qu'elles épuisent presque autant que les plantes les plus utiles. Elles prennent même quelquefois le dessus, & se multiplient à un tel point qu'il ne semble pas que le champ qu'on examine ait jamais été ensemencé en bled.

Les herbes qu'on redoute le plus, sont la Nielle, le *Melampyrum*, le Ponceau, le Vesceron, le Chiendent, le Pas-d'âne, le Mélilot, les Chardons, les Hiebles, la Folle-Aveine, l'Ivroie, la Renouée, l'Arrête-boeuf, la Parelle, certaines especes de Renoncules, *&c.* Consultez, dans le *Journal Œconom.* Mai & Juin 1763, les Observations de M. le Comte Ginanni; sans néanmoins compter sur l'exactitude du Traducteur.

M. Mills (*System of Pract. Husb.* Vol. I. p. 102) adopte l'opinion de ceux qui prétendent que le fumier récent de cheval est souvent la cause qui produit une multitude de mauvaises herbes dans les champs & ailleurs; les graines dont le foin est rempli, passant facilement sans altération par le corps de ces animaux. Il ajoûte que les chardons proviennent de même sur-tout du fumier de porc: observant (p. 104) que ceux qui ont imputé à celui-ci de faire naître plus d'herbes que tout autre fumier, étoient séduits par l'abus de mettre trop épais le fumier de cochon; au moyen de quoi il multiplioit ces sortes de productions, comme l'auroit fait une pareille quantité d'autre fumier. Au reste nous avons indiqué, dans l'article AMANDER (*n.* 23, 24, 25) le moyen d'employer des fumiers quelconques, sans que la fertilité qu'ils communiquent à la terre donne lieu à la germination des graines dont ils pouvoient être chargés.

Un des meilleurs moyens de détruire les mauvaises herbes, est de les arracher avant que leurs graines soient mûres. Mais cela est presque impraticable dans la maniere dont les terres sont ensemencées; puisqu'elles y croissent partout confusément mêlées avec le bon grain; & que la plupart mûrissant plus tôt que le froment, les graines se sement alors au même lieu; & le labour les répandant ensuite, ces plantes nuisibles doivent nécessairement se multiplier beaucoup.

On ne peut pas espérer de les détruire, en laissant les terres en friche: car ces semences se conservent nombre d'années en terre sans altération. En effet il est d'expérience qu'un champ où il y avoit beaucoup de ponceau, ayant été semé en sainfoin; dès la seconde année du sainfoin l'on n'apperçut presque pas un pied de ponceau: mais lorsqu'au bout de neuf ans on défricha cette terre, on vit reparoître le ponceau. On en a conjecturé qu'il falloit que ses graines se fussent conservées en terre; vû qu'il n'en pouvoit venir que très-peu soit des terres voisines soit du fumier. M. Duhamel dit aussi (*Cult. des Terr.* T. I. Ch. II.) qu'ayant fait fouiller un fossé qui avoit été rempli quinze ou vingt ans auparavant, & en ayant fait répandre la terre sur une terre labourée, il y leva beaucoup de plantes qui n'étoient pas dans le reste du champ. » Elles » étoient donc produites, selon cet Académicien, » par des graines qui s'étoient conservées en terre » depuis quinze ou vingt ans que le fossé avoit été » rempli. «

C'est en partie pour détruire les herbes, qu'on laboure soigneusement les jacheres. Comme effectivement quantité de graines levent pendant cette année de repos, les labours répétés en détruisent beaucoup.

Mais il y a plusieurs sortes de plantes, telles que le *melampyrum*, dont la graine ne leve qu'au bout de deux ou trois ans qu'elle a resté en terre. Quelque soin que l'on prît à les cultiver, on ne réussiroit pas à les faire lever plus tôt: & bien loin que les labours qu'on donne aux jacheres, détruisent ces sortes de plantes; ils ne font peut-être qu'en disposer les semences à lever plus sûrement lorsque le tems de leur germination sera arrivé. Ce que les fermiers ont imaginé de mieux pour les détruire, est de désaisonner leurs terres; c'est-à-dire, y mettre de l'aveine dans l'année où l'on auroit dû les ensemencer en bled: & il est d'expérience que ce moyen réussit à faire périr certaines plantes qui, ne paroissant que tous les trois ans, ne se montrent que dans les bleds. Mais le laboureur perd une récolte; & il ne laisse pas de lui rester encore beaucoup de mauvaises herbes: ce qui l'oblige à faire sarcler les bleds. *Voyez* SARCLER.

En arrachant les mauvaises herbes, on doit retourner en haut leurs racines; afin qu'elles ne reprennent pas. Il peut même être plus avantageux de les enlever du champ, que de les y laisser pourrir. Quoiqu'il soit vrai qu'en se pourrissant elles fument la terre, leurs graines y végétent & produisent de nouvelles plantes de même espece. D'ailleurs on voit certaines renoncules, dont les racines exposées au plus grand hâle & à toute l'ardeur du soleil n'empêchent pas qu'il s'en forme de nouvelles par dessous, lesquelles pénétrant dans la terre multiplient les travaux.

Il y a des chiendents, tels que celui dont nous avons parlé sous le *n.* 1 de l'article GRAMEN, que l'on ne peut guéres esperer de détruire qu'en faisant des tranchées à la profondeur de deux fers de bêche, dans le fond desquelles on renverse la fanne : celui-ci repousse quand on ne l'a pas enseveli jusqu'à cette profondeur.

Si l'on inonde un champ après l'avoir labouré, & qu'on y fasse séjourner l'eau ; on réussit à le nettoyer considérablement.

Pour ôter les mauvaises herbes d'un pâtis, on y met le feu dans le mois d'Août.

Consultez la fin de l'article BATARDIERE.

Les mauvaises herbes *arrachées peuvent servir*, pendant le printems, à couvrir le pied des arbres, pour les garantir du hâle ; qui pénetre souvent alors jusqu'aux racines.

Consultez l'article RENOUÉE ; où il est fait mention d'une œconomie singuliere.

FINES HERBES. Les Cuisiniers nomment ainsi du basilic & du thym, séchés, mis en poudre, & tamisés ; qu'ils conservent séparément dans des boëtes de fer blanc. *Consultez* l'article TURBOT.

HERBE *d'Aleu*. Voyez HÉPATIQUE, *n.* 1.

HERBE *de l'Ambassadeur*. Voyez TABAC.

HERBE *d'Amour*. Voyez sous le mot RESEDA.

HERBE *des Aulx*. Voyez ALLIAIRE.

HERBE *Blanche*. Consultez l'article ABSINTHE, *n.* 9.

HERBE *au gros Bouton*. Il y a des conduits où on nomme ainsi la Brunelle.

HERBE *du Charpentier ;* ou *à Charpentier*. Voyez BRUNELLE. MILLE-FEUILLE.

HERBE *aux Cuillers :* en Latin *Cochlearia :* en Anglois *Spoon-wort*, & *Scurvy-Grass*.

Dans les plantes de ce genre, le calice de la fleur est médiocrement ouvert, & formé de quatre pieces concaves. Quatre pétales courts, évasés, terminés en pointe, & disposés en croix, ont à leur centre six étamines inégales dont les sommets sont applatis. Un embryon fait en cœur sert de support à un styl cylindrique court ; & devient ensuite une silique fort courte, sphérique, séparée intérieurement en deux loges par une cloison disposée dans un sens contraire à celui de ses deux panneaux. Chaque loge contient deux à quatre semences à-peu-près sphériques.

Especes.

1. *Cochlearia folio subrotundo* C. B : &, *Cochlearia Batavica*. Quelques-uns l'appellent *Herba Britannica*.

Cette plante forme une touffe considérable, composée de queues menues ; à l'extrêmité de chacune desquelles est une seule feuille, charnue, d'un verd obscur, douce au toucher, large, arrondie, un peu longuette, mate & d'un verd pâle en dessous, dentelée de fort loin à loin sur ses bords, profondément veinée (& dont les veines sont courbes, creusées en gouttiere par dessous les feuilles, & larges de ce côté, tandis qu'à la face supérieure elles ne forment qu'une cavité simple). A la base sont deux longues oreilles qui se croisent & donnent communément à toute la feuille une figure de cuiller. Lorsque la plante est prête à fleurir, les feuilles deviennent plus longues. Les feuilles naissantes, au contraire, sont courtes, très-luisantes, plates, d'un verd jaunâtre. La queue des feuilles est quelquefois longue d'un pied ; d'autres fois elle n'a que quatre, six, huit pouces : selon la vigueur de la plante. Cette queue est souvent purpurine, lorsque la plante est jeune. Quand la plante est en état, on la trouve d'un verd pâle, cependant un peu foncé ; creusée en gouttiere, succulente, striée & ridée, foible, ne se soutenant pas bien. Cette plante forme une tige branchue, pour porter fleur. Sa fleur est blanche, & petite : sa graine, menue & rougeâtre. La racine est charnue, blanchâtre au dehors, droite, peu longue, de deux à trois lignes de diametre lorsque la plante est forte ; & sa base est garnie de chevelus blancs, assez longs, forts, & un peu secs. Toute la plante a une saveur chaude, piquante, & âcre.

Elle croît en Hollande, en Frise, en Angleterre, & parmi nous, le long des haies, dans des prés humides & même sur des murs. Elle est assez commune dans les Pirénées, sur-tout près de Bigorre. On l'éleve aisément dans nos jardins. Elle fleurit principalement en Avril & en Mai.

2. Il y a en Hollande une grande espece de Cochlearia, qui ne se couche pas comme la précédente, & dont la feuille est plus allongée.

3. On en voit beaucoup en Angleterre, dont la feuille est longuette, plissée, & forme comme des ondes. M. Miller attribue au *Cochlearia folio sinuato* C. B. le nom Anglois qui répond à celui de *Cochlearia Maritima*. Cette espece vient dans des marais salants.

4. D'autres nomment Cochlearia Maritime d'Angleterre, le *Cochlearia minima ex montibus Walliæ*, de Boerhaave : celui du Pays de Galles ; qui est très-petit, bisannuel, & peut-être celui de tous qui a la saveur la plus vive.

5. Le Cochlearia de Groenland, qui lui ressemble beaucoup, est doux & bon à manger. Les personnes qui sont en santé le mangent en salade. Cette maniere d'en user est très-bonne aussi pour le scorbut. On dit qu'il devient âcre, lorsqu'il est transplanté dans les pays chauds.

6. *Cochlearia Armorica* H. R. Par. Cette espece, qui se trouve en Basse Bretagne, se tient couchée sur la terre. Ses feuilles sont anguleuses, à-peu-près comme celles du lierre grimpant. Elle est annuelle.

7. *Cochlearia folio cubitali* Inst. R. Herb. ou *Armoracia*. Le *Grand Raifort ;* ou *Raifort Sauvage ;* aussi nommé *Cran :* en Anglois *Horse Radish*. Les feuilles d'en bas de cette plante sont longues, larges, faites à-peu-près en fer de lance, crenelées, d'un assez beau verd, & se frisent en grandissant. On en voit quelquefois qui portent jusqu'à trois pieds de longueur, y compris leur pédicule ; qui est cannelé, & creusé en gouttiere. Celles qui regnent le long des tiges, sont découpées. Les unes & les autres ont une saveur piquante, où l'on reconnoit le goût particulier de toutes les especes de Cochlearia. Les fleurs sont blanches. La racine est grosse, charnue, blanchâtre, pivotante, & d'une saveur très-vive. Cette plante est fort commune en France, & en Angleterre.

8. *Cochlearia altissima*, *Glasti folio* Inst. R Herb. Cette plante est bisannuelle ; & porte des tiges droites, hautes d'environ un pied & demi ; garnies de feuilles anguleuses, terminées en pointe, & échancrées en cœur à leur base par où elles embrassent la tige : on compare ces feuilles à celles de la Guède cultivée. A l'extrêmité des rameaux naissent, au mois de Mai, de très-petites fleurs blanches, disposées en épi lâche.

9. M. Guettard (*Observat. sur les Plantes*) donne le nom François d'HERBE AUX CUILLERS à une plante qui ne paroît pas avoir été appellée Cochlearia avant M. Linnæus. C'est le *Nasturtium silvestre, capsulis cristatis*, de M. Tournefort : voyez CRESSON proprement dit, *n.* 2.

Culture.

Les graines de ces plantes doivent être semées presque aussitôt qu'elles sont mûres. Les plantes sont moins belles quand on ne les a semées qu'au printems.

Le *n.* 1 réussit mieux dans un terrein humide, qu'ailleurs. Mais il périt promptement si on laisse croître autour de lui d'autres herbes qui le privent d'air. Le grand soleil diminue sa durée. Les jeunes plantes qui ont levé en automne, donnent leur graine l'été suivant. On peut les tenir en planches; en faire des bordures; en mettre dans des pots.

Il en est de même des *nn.* 2 & 8.

Ces plantes, une fois mises dans un jardin, s'y multiplient d'elles-mêmes par leurs graines.

On peut aussi en séparer les pieds, en conservant assez de chevelu pour assurer la reprise.

Le *n.* 3 qui vient naturellement dans des terreins que la marée couvre & abandonne ensuite presque tous les jours, a de la peine à subsister dans les jardins.

Il faut donner au *n.* 4, de l'ombre, & une terre forte.

Le *n.* 7 peut se multiplier de boutures; ou en éclatant les racines: au mois d'Octobre, dans des terreins secs; & en Février, pour les autres. Il faut, avant de planter, avoir creusé au moins la profondeur de deux fers de bêche. Chaque bouture ou plant doit avoir un œilleton; que l'on a soin de mettre en haut lorsqu'on plante, sans néanmoins le laisser découvert. Mieux la terre où on met cette plante, est ameublie; plus les racines sont droites & vigoureuses. C'est pourquoi elle réussit également dans des potagers défoncés & bien entretenus de labours; & dans de pur sable suffisamment humide. Il lui faut une chaleur tempérée.

Il y a des Cultivateurs qui en sement la graine en trois différens tems, du mois de Juillet; à cause des circonstances qui peuvent être contraires à la levée.

Les racines sont bonnes à tirer de terre au bout d'un an: mais il vaut mieux n'en faire usage qu'après la seconde année. On les arrache, avec la bêche, avant les gelées; pour les garder, comme les navets, à l'abri du froid.

Pour avoir de la graine, on laisse en terre quelque forte racine; ou on replante après l'hiver quelqu'une de celles qu'on avoit arrachées.

Usages.

Ces plantes sont vulnéraires, détersives, & apéritives; antiseptiques; spécifiques pour le scorbut: qu'elles ne manquent presque jamais de guérir. On les mâche crues: on s'en frotte les gencives. L'eau dans laquelle ont infusé ses feuilles, fait un gargarisme très-efficace contre la pourriture des gencives. Il faut, autant qu'il est possible, se servir des feuilles fraîches des *nn.* 1, 2, 3, 4, 5, 6. Nous donnerons ci-après une méthode pour les conserver long-tems en cet état.

Consultez l'article ANTISCORBUTIQUES.

On emploie avec succès le *n.* 1 dans l'hydropisie, les maladies de la rate, les obstructions des intestins & du mésentere, les affections hypocondriaques, & généralement dans toutes les maladies qui proviennent d'humeurs grossieres & tartareuses. Cette plante rarefie le sang; procure l'écoulement des urines & des mois; & atténue la pierre. Pour produire ces divers effets, on met une poignée de l'herbe fraîche dans un bouillon de veau; mais il est mieux de la faire infuser légerement dans l'eau bouillante, sans la faire cuire, parce que la coction en dissipe les principes volatils, en qui consiste principalement la vertu de cette plante. Son eau distillée, & cohobée plusieurs fois sur de nouvelles feuilles, est spécifique pour toutes ces maladies. On met fermenter les feuilles avec un peu de levain, & on les arrose d'eau de pluie; pour ensuite en tirer un esprit: ou bien on les fait pour cela infuser pendant vingt-quatre heures dans du vin blanc: & cet esprit est si pénétrant que l'on n'en donne qu'un demi-gros au plus. Celui qu'on tire par la distillation, de toute la plante pilée grossiérement, & mêlée avec du miel fermenté dans l'eau, est une des meilleures préparations qu'on puisse faire de cette plante. Il en faut prendre vingt-cinq ou trente gouttes, dans du petit lait; ou dans quelque liqueur appropriée. Son extrait a les mêmes propriétés que les autres préparations; mais dans un degré inférieur: on le donne à la dose de deux gros. Le suc exprimé de la plante se peut donner à la dose de deux ou trois onces.

Les feuilles sont résolutives. Après les avoir pilé, on les arrose d'eau-de-vie, & on les applique sur les absçès, ou sur les contusions. On en fait une décoction légere, & on y ajoûte souvent la sauge, le camphre, ou l'eau-de-vie camphrée; pour gargariser les malades dans le scorbut, & la vérole, & pour leur nettoyer les gencives. On en fait un bain, pour résoudre les nodus des jointures, & pour la guérison des membres perclus. Hildanus conseille de mettre sur les tumeurs skirrheuses de la rate, de l'huile commune dans laquelle on aura fait infuser les feuilles de cette plante. Malimbrochius a donné la maniere d'en tirer du vin, du sirop, de l'eau distillée, *&c.* Voyez son livre intitulé *Cochlearia curiosa.*

Le *n.* 5 passe pour être singulierement antiscorbutique: ensorte qu'on assure qu'il rétablit les malades en autant d'heures qu'il faut de jours aux autres remedes. Cette plante en a guéri plusieurs, qui étoient réduits à un état qui paroissoit incurable: ils en mangerent beaucoup en salade.

La racine du *n.* 8, séche & rapée, se mange en forme de moutarde. On la ratisse lorsqu'elle est fraîche, pour la manger avec du bœuf, sans autre apprêt. Toute la plante est apéritive, détersive, résolutive, diurétique, lithontriptique, & fort utile dans le scorbut. Pour les maladies des reins & de la vessie, occasionnées par des glaires ou du gravier, on prend trois ou quatre onces de son suc avec une demi-once de miel, le matin à jeûn, trois ou quatre jours de suite. Son eau distillée se donne jusqu'à quatre onces, dans des potions apéritives: mais elle a trop d'activité pour que son usage soit exempt de danger pour les malades de la pierre.

Maniere de conserver l'Herbe aux Cuillers.

On prend les feuilles bien récentes; que l'on essuie afin qu'elles ne soient pas humides. On les range ensuite par lits peu épais, avec du sel, dans des vases de grès, secs & propres. Lorsque chaque vase est plein, on couvre le tout avec du sel, on le presse bien; & on bouche avec soin l'orifice, afin que l'air & l'humidité n'y pénetrent pas.

Pour s'en servir, on les lave avec de l'eau chaude.

On en a transporté de cette sorte, de Groenland en Angleterre: où les feuilles se sont trouvées entierement fraîches & encore vertes, au bout d'un an qu'on les avoit salées.

HERBE *de l'Epervier:* en Latin *Hieracium.* Plante laiteuse, à fleur radiée & chicoracée. Il y en a beaucoup d'especes.

1. Celles dont il est parlé dans l'article PILOSELLE.

2. Celle du Canada : que l'on cultive dans nos jardins ; & dont la fleur est d'un rouge éclatant. G. Bauhin l'appelle *Hieracium hortense, floribus atro-purpurascentibus.*

3. On en trouve dont la feuille a une odeur approchante de l'amande amere, ou du castoreum, ou selon d'autres du laurier cerise. De celles-ci, les unes viennent originairement de l'Apouille, ont la feuille comme celle de la plante nommée Dent de lion, & portent une jolie fleur rouge. D'autres ont la feuille de Chicorée sauvage, & une petite fleur jaune ; & sont usitées pour les maladies des femmes : on en trouve fort communément dans les vignes & sur les bords des champs, dans les pays froids. Il y en a beaucoup dans la plaine de Bercy, près Paris.

4. Nos bois produisent un Hieracium qui s'éleve beaucoup, & forme presque un arbrisseau. Ses feuilles sont étroites, dentelées : & toute la plante est glabre.

5. Il naît sur les vieux murs, divers Hieracium plus ou moins velus. L'espece dont les feuilles sont très-garnies de poils, est substituée à la Pulmonaire : & elle porte le nom de *Pulmonaire des François.*

La tige de cette plante est droite, ferme, maigre, séche, garnie de longs poils, rouge dans une considérable portion de sa partie inférieure. A sa base elle a plusieurs feuilles disposées alternativement le long de la tige : & leurs pédicules, longs, rouges, & velus, en sortent presque en forme de gaines. Les feuilles sont minces, d'un verd un peu pâle, très-velues, faites à-peu-près en rhombe, dentelées sur leurs bords en forme de Chicorée sauvage. Plus elles s'éloignent de la base de la tige, plus elles sont rares & distantes les unes des autres : leurs pédicules deviennent aussi à proportion plus courts & velus ; en sorte qu'à la fin ils ne sont pas sensibles. Ces feuilles sont quelquefois tachetées de brun. Dans les individus qui n'ont pas ces taches, la feuille est plus lisse. A l'extrémité de la tige, qui est branchue, sont plusieurs petites fleurs chicoracées, dont les demi-fleurons sont jaunes, enfermés dans un calice velu, simple, renflé à sa base, & découpé à son limbe en plusieurs parties.

On trouve cet Hieracium dans tous les bois aux environs de Paris, & de presque toutes les grandes villes ; & le long des murs. Il en vient aussi quelques especes sur des montagnes.

L'espece la plus velue porte les noms de *Grande Pilosélle ; Pulmonaire à fleur jaune ; Pulmonaire dorée ; Grande Oreille de Souris.* Dalechamp croit que c'est le *Corchorus* des anciens.

6. Les Hieracium n'ont pas tous la feuille entiere. On en voit qui l'ont finement découpée. Tel est l'*Hieracium Chondrillæ folio glabro, radice succisâ, majus* ; que M. Linnæus place dans la classe des plantes qu'il nomme en Latin *Crepis*, dont le nom François est *Fuselée*. Au reste cette plante, quoique désignée comme grande dans la phrase latine, varie beaucoup pour la grandeur. Elle se trouve dans les vignes, les jardins, les sables même : dans ceux-ci elle est très-petite. Voyez M. Guettard, *Observ. sur les Plantes* T. II. p. 377-8. Il en vient aussi sur les murs ; dont la feuille est découpée ; & que Tabernamontanus dit être la femelle de la *Pulmonaire des François*. On en voit encore assez communément dans les campagnes, & au bois de Boulogne près Paris, dont la feuille est comme celle de Roquette, plus ou moins velue suivant les lieux où elle naît, & très-découpée. Chaque tige porte plusieurs fleurs, quoique J. Bauhin dise le contraire. *Voyez* le *n.* suivant.

7. Le *Grand Hieracium* de Dioscoride n'est qu'une variété de cette espece, selon M. Tournefort (*Plant. des environs de Paris*, Herb. 6.) quoique J. Bauhin distingue l'Hieracium velu, d'avec celui-ci ; que G. Bauhin nomme Grand Hieracium, droit, à feuille étroite & tige lisse. On peut y rapporter le *Très-Grand Hieracium à feuilles de Roquette* ; dont voici la description, donnée par M. Tournefort. » Cette » plante se trouve dans les jardins & dans les prés. » Sa tige est haute d'environ trois pieds, creuse, » cannelée, lisse, épaisse de trois lignes ou davan-» tage. Les premieres feuilles ont cinq ou six pouces » de long, & sont divisées jusques à la côte en plu-» sieurs parties, dont chacune en particulier ressem-» ble assez à une feuille de Dent de lion, & qui » toutes ensemble ne représentent pas mal les feuilles » inférieures de la Roquette des jardins. Les feuilles » qui accompagnent la tige sont assez éloignées les » unes des autres ; leurs subdivisions sont plus cour-» tes, mais beaucoup plus pointues : enfin les der-» nieres feuilles sont assez semblables à celles de la » Dent de lion. Des aisselles de toutes ces feuilles » naissent dès le bas, des branches subdivisées en » plusieurs brins, garnis de peu de feuilles, & char-» gés de fleurs radiées du diametre de sept ou huit » lignes, dont les demi-fleurons sont jaunes, mais » purpurins par dessous vers leur extrêmité. «

8. De Lobel & plusieurs autres ont appellé *Grand Hieracium* une sorte de Laitron. *Voyez* LAITRON. [C'étoit la seule Herbe de l'Epervier, dont il fût parlé dans la précédente Edition de ce Dictionnaire.]

9. L'*Hieracium âpre, à grande fleur, qui croît sur les bords des champs*, & sur les meurgers des vignes, est nommé par M. Linnæus *Picris calycibus imbricatis*. On le trouve sur les hauteurs, autour de Paris. Jean Bauhin croît que c'est la *Chicorée sauvage à fleur dorée* (*Cichorium luteum*) de Tabernamontanus. Son frere le nomme *Chicorée de montagne à feuille étroite* ; le sépare de la Chicorée à fleur dorée ; & le range sous la *Chicorée des prés*, lui donnant aussi le nom d'Hieracium hérissé, dont les feuilles enveloppent la tige. M. Tournefort croit que ce n'est réellement que la même plante ; dont les feuilles sont plus ou moins ondées.

10. On trouve dans les prairies, le long des chemins, & dans les vignes, une plante qui a la feuille de Dent de lion, mais obtuse ; & dont les tiges sont longues & semblables à du jonc. C'est encore une Herbe de l'Epervier ; dont la racine est longue. M. Tournefort (*Herb.* 2.) releve quelques méprises d'habiles Botanistes, à l'égard de cette plante. M. Linnæus l'appelle *Hypochæris* à feuilles dentelées en ondes, & dont la tige est nue & rameuse, & les péduncules écailleux.

11. G. Bauhin & M. Tournefort nomment Hieracium ressemblant à l'Echium (*Echioïdes*) & qui porte de petites têtes comme celles du Chardon bénit ; ce que d'autres ont dit être une Buglose approchante de l'Herbe de l'Epervier. Cette plante a la feuille de Buglose : & est assez commune à la campagne. C'est encore une *Picris*, selon M. Linnæus. M. Guettard y a observé sur les côtes & principales nervures, des filets coniques, roides, pointus, dont la base est large. Sur toutes les autres parties, excepté les demi-fleurons, ce sont des filets à crochets. Lorsque les filets sont tombés, les feuilles paroissent bosselées : c'est la base du filet, qui forme ces tubercules. Camerarius dit qu'en Angleterre les femmes l'estimoient plus que la véritable Buglose.

J'omets un plus grand détail de Botanique. J'avertirai seulement que beaucoup de plantes qui appartiennent à ce genre, ressemblent à la Dent de lion & à d'autres, par leurs feuilles. Voyez l'article SALSIFI. CHONDRILLE, *n.* 4.

Caractere

Caractere général, qui distingue l'Herbe de l'Epervier d'avec toute autre plante.

Elle a constamment beaucoup de demi-fleurons rassemblés en tête dans une enveloppe commune, qui a l'apparence de calice & est formée de plusieurs rangs de feuilles droites qui entament les unes sur les autres, depuis le bas jusqu'en haut, à-peu-près comme les tuiles d'un toit. Le fond de cette enveloppe, nommé *Réceptacle*, est nud. Chaque demi-fleuron est terminé par cinq dents assez égales; a un calice aigretté, & posé sur l'embryon, avec qui il fait corps. Les tiges sont pour l'ordinaire branchues, & garnies de feuilles. D'ailleurs ce genre de plantes a un port particulier, qu'il n'est pas aisé de définir; mais qui fait que les yeux qui y sont accoutumés le distinguent des autres.

Usages.

Le nom d'Hieracium vient d'un mot Grec qui signifie Epervier. Pline dit que cet oiseau gratte quelqu'une de ces plantes, pour en mettre le suc laiteux dans ses yeux & en dissiper les nuages. D'autres prétendent que l'épervier se sert de ce suc pour ouvrir les yeux de ses petits. On assure que mêlé avec le lait de femme, il guérit toutes les maladies des yeux; & qu'il est froid & un peu astringent.

On met les feuilles du *n.* 5 dans les bouillons pour les maladies de poitrine. Appliquées sur les ulceres, elles les nettoient bien, en facilitent l'écoulement sans douleur, ôtent la tension, entretiennent l'élasticité des fibres & même des parties nerveuses, & guérissent ces ulceres.

HERBE *Eternelle*. Voyez SAINFOIN.

HERBE *à Eternuer*: en Latin *Ptarmica* (qui vient du Grec); *Draco*; *Dracunculus*, &c. Les Anglois lui donnent le nom de *Sneezwort*, qui répond à notre dénomination Françoise. M. Linnæus confond les especes de cette plante avec les Mille-feuille, sous un seul genre qu'il nomme *Achillea*. Il est vrai que les parties reproductives des unes ont beaucoup de rapport avec celles des autres: voyez MILLE-FEUILLE. Aussi M. Tournefort semble-t-il ne prendre le caractere distinctif, que dans les feuilles: qui dans les Ptarmica sont ou dentelées, ou découpées en lobes moins étroits que ceux des Mille-feuille, & dont les pinnules sont terminées par une petite pointe aigue. D'ailleurs on peut observer d'après Dioscoride, que la fleur des Ptarmica est chargée d'une odeur vive, qui excite l'éternuement. Cela va quelquefois jusqu'à l'hémorrhagie.

On distingue 1°. Celle *des Alpes* qui a une fleur rouge, & la feuille assez semblable à celle de la *Tanesie*. Elle est appellée *Mille-feuille*, dans les Mémoires de l'Acad. R. des Sciences. Le Levant en fournit plusieurs qui ont la feuille de Tanesie, & different de cette espece.

2°. Il y en a encore d'autres qui se trouvent sur les Alpes. Telle est celle qui porte de très-petites fleurs, & dont les feuilles sont dentelées un peu profondément: les Anglois l'appellent *White Maudlin*: Boccone lui attribue les feuilles de la Mille-feuille.

Dans l'article ABSINTHE, nous avons fait mention de deux especes de Genipy, qui ayant la feuille d'absinthe mais la fleur en ombelle, sont rangées par M. Tournefort dans la classe des Ptarmica, avec l'*Absinthe d'Egypte*, qui a effectivement l'amertume de l'absinthe.

Une autre Ptarmica des Alpes ressemble à la *Matricaire* par sa feuille; mais n'a point d'odeur.

3°. L'herbe à Eternuer, *commune* à la campagne dans des endroits aquatiques, dans les prairies humides, & le long des ruisseaux, produit quantité de tiges immédiatement de sa racine; lesquelles s'élevent à la hauteur d'environ un pied, & sont menues, creuses, & cannelées. Le long de ces tiges, sont placées alternativement une à une, des feuilles simples, souvent longues d'environ deux à trois pouces, quelquefois beaucoup moins, larges d'à-peu-près deux lignes, bordées de grand nombre de dentelures aigues. Au sommet des tiges, naissent des especes d'ombelles chargées de fleurs blanches.

Par la culture, cette fleur devient double, & d'un très-beau blanc. Les Anglois la nomment alors *Double Maudlin*.

4°. Une espece du Levant, dont la feuille est comme celle de *Santoline*, porte des fleurs dorées. Il y en a une grande; & une petite.

5°. Les Anglois appellent *Sweet Maudlin* une Ptarmica fort commune en Languedoc & en Provence, où elle est connue sous le nom d'*Herbe aux Vers*. M. Tournefort, ainsi que les Anglois, la caractérisent par son odeur qu'ils disent être suave. Peut-être est-ce pour cela qu'on la trouve dans Dodonée sous le nom de *Petite Balsamite*. Cependant cette odeur est aromatique, & semble tenir de la drogue. Au moins est-il sûr que cette odeur chasse les vers, ainsi que celle de l'absinthe. Il y a des Auteurs qui ont nommé cette plante *Herba Julia*. D'autres l'ont mise dans la famille des *Ageratum*. Et on la prend pour l'*Eupatoire de Mesué*.

Usages.

On ne se sert ordinairement que de l'espece *n.* 3. Elle est apéritive & atténuante. La feuille ou la fleur, mise dans le nez, fait éternuer. Si on la mâche, elle décharge le cerveau de quantité d'humeurs; & soulage le mal de dents. Au printems on en met les jeunes pousses dans la salade, pour tempérer le froid d'autres plantes.

L'espece *n.* 5, infusée dans de l'huile d'olives, sert à imbiber du cotton dont on frotte le nombril des enfans malades de vers, & qu'on y laisse ensuite pendant quelque tems. On la leur donne aussi en poudre, intérieurement, avec de l'huile. Mesué faisoit grand cas de son Eupatoire, pour les maladies du foie, & pour les obstructions des autres visceres. Cette plante, outre les noms rapportés ci-dessus, a encore ceux de *Petite Menthe corymbifere*: & il y a des auteurs qui en font une espece de *Coq de jardin*. C'est pourquoi on en substitue les feuilles & les fleurs, tant en infusion qu'en décoction, à celles du *Costus Hortensis* & des autres especes de Menthe, dans tous les cas où l'on croit que ces plantes sont utiles.

Culture.

L'espece que nous avons nommée *Absinthe d'Egypte*, a été apportée des Isles de l'Archipel en France, par M. Tournefort. Ses feuilles sont très-blanches, & durent toute l'année; ensorte que cette plante étant basse, & peu écartée, fait un assez joli effet dans toutes les saisons. Elle fleurit jaune: & ses fleurs, qui paroissent au mois de Juin, subsistent assez souvent jusques très-avant dans l'hiver. Il faut que cette plante soit dans un terrein sec, & à une belle exposition. Elle soutient bien nos froids ordinaires; mais les fortes gelées lui font beaucoup de tort: c'est pourquoi il est à propos d'en tenir toujours quelques pieds dans une serre, afin de ne pas perdre l'espece. On la multiplie de boutures, que l'on plante pendant l'été, à l'ombre, en bordure, pour qu'elles fassent de bonnes racines: & au bout de six semaines on peut les transplanter dans des pots, ou dans des bordures pour y être à demeure. Il paroît que cette plante ne porte gueres de graine que dans un climat chaud.

Le *n.* 1, devient plus grand, se multiplie de plant enraciné, graine assez facilement dans nos climats, & demande peu de culture. Cette plante fait bien dans un jardin, à cause de la blancheur de ses feuilles. Les fleurs ne sont pas belles; mais durent longtems: & elles sont bonnes à mêlanger avec d'autres.

L'Herbe à Eternuer, qui à la feuille de matricaire, (*n.* 2) résiste bien au froid. On la multiplie de semence, & de plant enraciné. C'est une plante vivace: qui réussit dans presque toute sorte de terre, mais à qui il faut une belle exposition. Ses tiges s'élevent presque à la hauteur de trois pieds. Ses bouquets sont larges, & composés de grandes fleurs blanches.

L'espece *n.* 3 pullule extraordinairement par ses racines. Nous avons déja dit que ses fleurs deviennent doubles. Elles paroissent en Juillet & Août. Pour qu'elles fassent un plus bel effet, il est à propos de mettre la plante dans un pot; afin d'empêcher qu'elle ne jette tant de racines, qui pour lors écartent trop les tiges.

L'espece *n.* 5, est devenue un peu rare. Nombre de jardiniers en imposent, en lui substituant la *White Maudlin*, dont nous avons parlé sous le *n.* 2. Celle-ci vient fort aisément. Elle a quelque ressemblance avec le *n.* 3. Ses feuilles sont cependant plus longues, dentelées plus profondément, & d'un verd plus obscur. Elle se multiplie de plant enraciné, qu'on sépare au printems ou en automne. On peut aussi la semer au mois d'Avril. Elle fleurit en Juin & Juillet: & sa graine est mûre en Septembre. La *Sweet Maudlin* résiste assez bien au froid: mais un hiver humide est sujet à faire pourrir ses racines, surtout dans de bonne terre. Elle vient beaucoup mieux sans culture, dans les joints des murailles, & entre les décombres: elle y dure plusieurs années.

HERBE *à Deux Feuilles;* ou *Double Feuille:* en Latin *Ophris*. On distingue plusieurs especes de cette plante. Nous n'en indiquerons ici que deux.

Ophris bifolia C. B. Quelques-uns la qualifient de *Grande Espece*. On la nomme aussi *Pseudo-orchis*.

Elle ne produit que deux feuilles, qui ressemblent à celles de l'ellébore blanc, & n'ont que trois nervures. Du milieu de ces feuilles, sort une tige menue, qui porte de très-petites fleurs blanches en épi. Ces fleurs sont à six piéces irrégulieres: les cinq qui sont à la partie supérieure, représentent une espece de casque; & la sixiéme, qui est en bas, est formée en langue, avec deux branches paralleles. A chaque fleur succede une capsule verdâtre, courte, à-peu-près faite en poire, où sont renfermées des semences plates, ailées, & extrêmement fines. La racine de cette plante est menue, & garnie de plusieurs filamens qui ont bonne odeur, & sont un peu visqueux. *Consultez* l'article ORCHIS.

Cette plante se trouve dans les vallées & autres endroits humides; du côté d'Orléans; près de Montmorency, & de Meudon; à Belleville près Paris; sur la montagne de Sardon, à trois lieues de Nantua dans le Bugey; & sur d'autres montagnes humides & ombragées, situées au Levant de la France. On en trouve quelquefois aussi en Picardie.

Elle fleurit dans les mois de Mai & Juin.

Propriétés.

Toute la plante est bonne à noircir les cheveux; guérir les fractures; & fermer les plaies. Aussi estelle gluante quand on la mâche. On la met dans la classe des Vulnéraires déterfives. Elle n'est cependant pas d'un usage commun: peut être parce qu'on ne la trouve pas assez abondamment. Les Paysans s'en servent pour les vieilles plaies & les ulceres. Pour cela les uns se contentent d'y appliquer toute la plante, après l'avoir pilée: d'autres font infuser les feuilles & racines dans de l'huile d'olives, dont ils se servent ensuite comme d'un baume.

La seconde espece d'Herbe à deux feuilles ne pousse qu'une feuille, quand elle commence à paroître. Ses fleurs sont rouges: & lorsqu'elle fleurit, elle a plusieurs feuilles.

Cette plante croît dans les bois. Elle fleurit en Mai.

Sa racine, avalée au poids d'une dragme avec du vinaigre, est bonne dans les maladies contagieuses; pourvû qu'ensuite l'on couvre bien le malade pour le faire suer.

Il y a une espece de *Double feuille*, dont la racine est *bulbeuse*.

HERBE *Françoise*. Voyez SAINFOIN.

HERBE *aux Maux de Gorge*. Voyez GERANIUM, *n.* 2.

HERBE *aux Gueux*. Ce nom est commun à diverses plantes. *Voyez* particulierement RENONCULE, *n.* 7. Les *Flammula* sont encore appellées de même. Les gueux se frottent avec ces plantes pour se procurer des ulceres apparens; que la feuille de Bouillon-blanc ferme à leur volonté.

HERBE *des Hémorrhoïdes*. Voyez *Petite* ECLAIRE.

HERBE *d'Hollier*. Voyez HERNIOLE.

HERBE *Jaune*, ou HERBE *à Jaunir*. Voyez GAUDE.

HERBE *Impatiente*. Voyez CARDAMINE.

HERBE *d'Ivrogne*. Voyez IVRAIE.

HERBE *aux Ladres*. Voyez VÉRONIQUE.

HERBE *au Lait*. Voyez TITHYMALE.

HERBE *Lascive*. Voyez ce mot sous celui de *Propriétés du* CHANVRE.

HERBE *Maudite*. Voyez RENONCULE, *n.* 8.

HERBE *Médicée*. Voyez TABAC.

HERBE *de la Mere*, ainsi appellée parce qu'elle a une vertu particuliere pour les vapeurs, qu'en quelques endroits on nomme *Mal de Mere;* ou *de Matrice*.

Dans certains cantons de la France, on appelle ainsi la Germandrée: dans d'autres, la Bétoine.

Les Anglois donnent à l'Agripaume un nom qui répond à celui d'Herbe de Mere (*Motherwort*).

HERBE *Militaire*. Voyez MILLE-FEUILLE.

HERBE *aux Mittes:* en Latin *Blattaria:* & en Anglois *Moth Mullein*. On peut réunir ces plantes au genre du *Bouillon-Blanc:* dont M. Tournefort ne les distingue que par la capsule du fruit, qui est plus sphérique & un peu solide, dans l'Herbe aux Mittes. *Voyez* BOUILLON-BLANC.

Especes.

1. *Blattaria alba* & *Blattaria lutea*. C. B. } Ce sont deux variétés; dont l'une porte des fleurs blanchâtres, & l'autre fleurit jaune. Leurs feuilles sont tendres, douces, longuettes, d'un verd obscur. Elles forment sur la terre une touffe; d'où sort une tige droite, haute de trois à quatre pieds, garnie de feuilles qui l'embrassent par leur base. Le long de cette tige naissent les fleurs une à une, portées par un péduncule long d'environ un pouce. Celles qui sont blanchâtres sont communément légerement lavées de rouge au dehors. Cette plante fleurit en Juin & Juillet.

2. *Blattaria Hispanica odorata, Agrimoniæ foliis.* C'est un sous-arbrisseau; dont la fleur est mêlée de rouge & de jaune, très-velue en dehors, & a une foible odeur de musc.

Usages.

Les fleurs du *n.* 1 sont adoucissantes. On dit qu'elles donnent aux cheveux une couleur blonde. Les feuilles sont calmantes & adoucissantes. Toute la plante a une amertume; qui fait supposer qu'elle échauffe & desséche.

HERBE *Morte* ou HERBE *des Morts.* } Voyez RESEDA.

HERBE *au Musc.* Voyez ALTHEA FRUTEX, *n.* 3.

HERBE *Odorante du Cap* de Bonne Espérance; ou *Arbrisseau Ambré :* en Latin *Anthospermum ;* & en Anglois *Amber Tree ;* ou *Amber-gris.* Plante de la famille des Rubiacées; espece de sous-arbrisseau, dont les feuilles sont fines, verticillées quatre à quatre, vertes pendant toute l'année, aussi près les unes des autres que celles de la Bruyere; chargées d'une odeur plus ou moins forte ou agréable, qui a rapport à celle de l'ambre gris ou de la fleur de sureau, & qui se fait sentir quand on les froisse entre les doigts. A côté d'elles; & entre leurs pédicules, est une stipule attachée soit aux branches soit à la tige. Les pédicules forment des especes de gaînes, que la tige enfile.

Quoique de très-habiles Botanistes aient prétendu que cette plante portoit des fleurs mâles, & de femelles, sur différens individus; il est certain qu'elle n'en produit que d'Hermaphrodites, ainsi que toutes les plantes Rubiacées. Mais il y en a qui avortent: & c'est ce qui a donné lieu à l'erreur. En observant ces fleurs prétendues stériles, on trouve constamment à leur base un ovaire ou embryon, de même que dans celles qui sont fécondes. M. Miller, qui persiste dans l'ancien préjugé, convient que des graines qu'on lui a envoyées du Cap, ont produit des plantes dont quelques-unes ont porté des fleurs hermaphrodites.

Ces fleurs sortent des aisselles des feuilles; & sont opposées entre elles. Leur calice est entier, & sans aucunes divisions. Le pétale est un tube court, divisé en quatre. Il y a quatre étamines. A la fleur succede une capsule séparée en deux loges; dont chacune contient une semence longue & assez grosse.

Culture.

On multiplie aisément cette plante par des boutures, que l'on plante pendant l'été dans une planche de terre légere; où elles reprennent communément en six semaines, pourvû que l'on ait soin de les arroser & de leur donner de l'ombre, à propos. Si ces boutures ne sont pas en pleine terre, on enfonce les pots dans une couche fort douce: elles reprennent alors plus vîte, & plus sûrement.

Quand elles ont bien repris, on les leve en motte pour les mettre dans des pots garnis de terre légere & sabloneuse. On peut les laisser de la sorte en plein air, jusqu'au mois d'Octobre; qu'on les transporte dans la serre. On doit les y placer aussi isolées qu'il est possible. Pendant tout l'hiver on leur donne de l'eau, de tems à autre, mais peu à chaque fois. Trop d'humidité, ainsi que la privation d'air, les font périr.

On peut conduire ces plantes en buissons, ou en pyramide: elles se prêtent à telle forme que l'on veut. Mais il faut observer de ne les tondre que rarement: sans quoi les branches se multiplient beaucoup, & forment un tissu serré; qui privant d'air l'intérieur du buisson, donne lieu à la chûte des feuilles, d'où s'ensuit un effet désagréable dans toute la plante. On ne risque rien en assujettissant la tige pour l'obliger à se tenir droite.

Comme ces plantes ne durent pas beaucoup d'années, il convient d'en faire souvent des boutures.

HERBE *du Paraguay.* Voyez CASSINE.

HERBE *aux Perles.* Voyez GREMIL.

HERBE *de Poulet.* Voyez MORGELINE.

HERBE *aux Poumons.* Voyez HÉPATIQUE, *n.* III.

On nomme encore HERBE *aux Poumons*, ou *Hépatique des bois*, la *Pulmonaire de Chêne :* appellée par Jean Bauhin *Lichen Arboreus, sive Pulmonaria arborea.*

Elle s'attache aux troncs des chênes, des hêtres, & d'autres arbres de forêt; quelquefois aussi sur des pierres. Elle ressemble à l'Hépatique des fontaines; mais est beaucoup plus grande. Ses feuilles sont rudes, dures, séches, de couleur cendrée, marquées de taches blanches, & de petits points que l'on prendroit pour des piquures de vers, lanugineuses en dessous, & difficiles à rompre.

Propriétés.

Quelques-uns, à cause de son nom & de sa forme, s'imaginent que cette plante est bonne pour les affections du poumon: mais cela n'est pas bien assuré. On la regarde comme utile pour la toux des moutons & d'autres animaux; aussi les bergers s'en servent-ils à cet effet. Elle sert encore à consolider les blessures, guérir des ulceres de parties délicates. On l'applique extérieurement, & on en boit la décoction, pour les hémorrhagies. Même étant séche, elle entretient fraîches & vives les plaies sur lesquelles on l'applique; elle empêche que le mouvement & l'articulation ne soient gênés, tant que les plaies ne sont pas guéries; & elle contribue à leur prompte guérison.

HERBE *de Pourriture.* Voyez DOUVE, dans l'article RENONCULE.

HERBE *aux Poux.* Consultez l'article PIED D'ALOUETTE.

HERBE *à Prêtre.* Voyez PIED-DE-VEAU.

HERBE *du Grand Prieur.* Voyez TABAC.

HERBE *aux Puces :* en Latin *Psyllium :* & en Anglois, *Flea-wort.* Les plantes de ce nom appartiennent à la famille des Plantains. Ce qui les distingue est que leurs tiges sont ramifiées, & garnies de feuilles. On prétend que leurs semences ont l'air de Puces.

Especes.

1. *Psyllium majus erectum* C. B. Elle est commune à la campagne, dans des sables. Ses feuilles, longuettes, fort étroites, sont opposées le long des tiges: & de leurs aisselles sortent des rameaux très-touffus. Les tiges sont peu garnies de poils: mais il y a un duvet abondant qui blanchit tout le reste de la plante; excepté le pétale & les étamines. Les tiges se tiennent droites.

2. *Psyllium majus supinum* C. B. Elle se tient toujours près de terre. Sa tige est blanchâtre, à cause du duvet qui la couvre plus que les autres parties. Les feuilles sont plus étroites, & moins fermes, que celles de l'espece précédente. On la trouve pareillement dans des sables.

3. *Psyllium Dioscoridis, vel Indicum, crenatis foliis* C. B. Sa feuille est dentelée, un peu plus large que celle du *n.* 1.

Toutes ces plantes ont une odeur peu agréable, & une saveur âcre & amere. Leurs feuilles sont un peu onctueuses. Leurs fleurs naissent en épis courts ou especes de têtes: & sont communément en état vers le mois d'Août.

Les graines ont d'abord une saveur mucilagineuse, qui est bientôt suivie d'âcreté & de nausées. Leur mucilage abondant se répand dans toute la bouche: & si l'on mange certaine quantité de ces graines, elles occasionnent dans l'estomac une forte contraction. C'est pourquoi on les met au rang des poisons. Mais si l'on en use modérément, elles rentrent dans la classe des remedes. On les pile avec de l'eau-rose, pour les appliquer sur les yeux & en guérir l'inflammation. En Italie on s'en sert dans les fievres ardentes, & pour consolider promptement des plaies extérieures. On en met le mucilage dans des lavemens pour la dysenterie & pour les inflammations des reins. En général, ce mucilage est utile toutes les fois qu'il s'agit d'évacuer des humeurs âcres & bilieuses, d'en modérer la fougue, & en émousser l'acrimonie.

Le mucilage, dont les feuilles sont pareillement chargées, fait qu'on les macere sur une pelle chaude, pour les appliquer sur la gorge; dans l'esquinancie, l'ardeur & la sécheresse de gosier, la toux, l'enrouement.

On fait prendre une décoction des fleurs & feuilles, pour procurer les regles, faire uriner, & rendre l'accouchement moins laborieux. Quelques-uns font prendre la plante même en substance, avec du vinaigre, pour l'épilepsie.

Les serpens, les cousins, & les puces, ne peuvent (dit-on) subsister auprès de cette herbe. On prétend qu'une chevre qui en a mangé, meurt bientôt après.

On cultive en France le *n.* 3. Il est originaire des Indes Orientales; où on emploie sa graine pour toutes les hémorrhagies.

HERBE *à Punaise*. Voyez CONYSE.

HERBE *à la Reine*. Voyez TABAC.

HERBE *à Robert*. Voyez GERANIUM, *n.* 2.

HERBE *Sacrée*. Voyez VERVEINE.

HERBE *de S. Barthelemy*. Voyez CASSINE.

HERBE *de S. Jean*. Voyez ARMOISE.

HERBE *de S. Innocent*. Voyez RENOUÉE.

HERBE *Sainte*. Voyez TABAC.

HERBE *de Sainte Croix*. Voyez TABAC.

HERBE *aux Teigneux*. Voyez BARDANE. PETASITE.

HERBE *de Tournabon*. Voyez TABAC.

HERBE *de la Trinité*. Voyez HEPATIQUE *des Jardins*.

HERBE *au Turc*. Voyez HERNIOLE.

HERBE *aux Vaches*. C'est l'Ellébore: ainsi appellé sans doute par la vertu particuliere qu'il a de servir de remede aux maladies des vaches.

Dans une maladie contagieuse, qui faisoit périr les bœufs & les vaches du Bugey, sans qu'on sçût y remédier; un jeune étranger apprit l'usage de cette plante, assez commune dans le pays. Il perça le fanon des bêtes malades, mit la racine en travers dans l'ouverture, & lia la peau avec une ficelle. Bientôt après, on vit découler de cet endroit une sérosité, qui procura la guérison. Ce remede est aussi d'usage dans la Comté de Bourgogne: & l'on y a observé que si cette racine ne procure pas une tumeur qui vienne à suppuration, c'est un signe de mort.

L'espece d'Ellébore noir, dite Pied de Griffon, est employée à cet usage; de même que l'Ellébore blanc.

HERBE *de la Vanille*. C'est une espece de Tournesol. *Voyez* TOURNESOL.

HERBE *aux Verrues*. Voyez sous le mot TOURNESOL.

HERBE *aux Vers*. Consultez l'article HERBE *à Eternuer*.

HERBE *aux Yeux*. Voyez EUPHRAISE.

HERBIER: *terme de Botanique*. C'est un recueil de plantes desséchées, que l'on conserve entre des feuilles de papier. L'Herbier d'un habile Botaniste est regardé comme une chose précieuse. M. Duhamel a donné la maniere de former un Herbier, dans l'Avertissement qui est à la tête de ses *Avis pour le transp. par mer des Arbres*, &c. Edit. de Paris, 1753. *Voyez* HERBORISER. INSECTE.

HERBIER: *terme d'Œconomie Rurale*. On nomme ainsi, en quelques cantons, l'endroit où on conserve l'herbe destinée à nourrir les vaches.

HERBIER: *terme de Fauconnerie*. C'est le canal de la respiration, qui est dans le cou de l'oiseau.

HERBORISER. C'est aller à la campagne pour reconnoître les herbes dans les endroits où elles viennent abondamment.

On donnoit autrefois aux Botanistes le nom d'HERBORISTES. Maintenant cette dénomination est attachée à ceux qui ramassent des plantes usuelles, & les conservent pour en faire commerce.

HERGNE. *Voyez* DESCENTE.

HÉRISSÉ: *terme de Botanique;* auquel répond le mot Latin *Hispidus*. On s'en sert pour exprimer que les poils de certaines plantes sont rudes au toucher, roides, plus ou moins fragiles.

HÉRISSON: en Latin *Echinus*, & *Erinaceus: Hedgehog*, en Anglois. Animal quadrupede. L'espece qui se trouve dans nos bois & vignes a le corps long d'environ neuf pouces, depuis le bout du museau jusqu'à l'origine de la queue: cette queue n'est que d'un pouce de longueur. Cet animal a de petits yeux à fleur de tête; de larges oreilles, rondes & droites; les narines découpées en crête de coq; & les machoires garnies de quatre longues dents incisives, quatorze dents canines, & dix-huit molaires: consultez, sur leur position, l'ouvrage de M. Brisson sur les *Quadrupedes*, p. 182, & la figure qu'il y a jointe. A chaque pied de l'animal, sont cinq doigts armés d'ongles; le pouce plus court que les autres. La tête (excepté le sommet), la gorge, le ventre, les pieds, & la queue, sont couverts de poils bruns ou blanchâtres. Mais le sommet de la tête, le dos, & les côtés, sont armés de piquans aigus & fort durs, qui ont environ un pouce & demi de saillie. Le Hérisson se met, à volonté, comme en boule; inattaquable au moyen de ces piquans, dont les pointes s'écartent en rayons. On a quelquefois le plaisir de faire rouler cette masse, sans qu'elle change de forme.

HÉRISSON: espece d'Aloës. *Voyez* ALOES, *n.* 8.

HÉRISSON (*Houx*). Voyez HOUX, *n.* 2.

HÉRISSON: *terme de Méchanique*. C'est une rouë garnie de plusieurs chevilles de bois ou aluchons, dans sa circonférence & selon la direction de son plan. Lorsque les aluchons sont perpendiculaires à la rouë, on dit un *Rouet;* & non pas un Hérisson.

Quand il faut remettre des aluchons ou des dents aux rouëts ou aux hérissons, on nomme ce travail *Rechausser*.

HÉRISSON se dit, *parmi les Menuisiers*, d'un morceau de bois de cinq ou six pieds de long, à deux ou trois branches; qui sert pour faire égoutter la vaisselle, après qu'on l'a lavée. Ce hérisson s'appelle *Egouttoir*, parmi le vulgaire: mais ceux qui veulent parler dans les termes de l'art, disent Hérisson.

HÉRISSON est aussi une *piece de Charpenterie*, une machine & construction servant de défense; qu'on met aux passages pour servir de barrieres, & particuliérement à l'entrée des Villes. C'est une poutre garnie de cloux, dont la pointe est en dehors; & qui tourne sur des pivots, ou perpendiculairement, ou horizontalement.

HÉRITAGES. En termes d'Œconomie Rurale, ce sont les terres, & les bâtimens de Campagne. Ils sont tenus en roture, ou en fief, ou en franc-aleu. Au premier cas ils doivent les cens, & sont sujets aux lods & ventes. Au second cas ils sont chargés de droits Seigneuriaux; comme des quints, requints, relief, &c. Et au troisieme cas ils sont libres.

Les héritages propres, acquis par contrat par un parent de ligne collatérale, lui sont acquêts & propres, & naissent à ses enfans; *Arrêt du 6 Février 1647. Dufresne, Livre V. Chapitre VI.*

La raison pour laquelle on nomme plus particuliérement héritages, les fonds de terres & les maisons; est que ce sont des biens qui se conservent davantage dans les familles, & qu'on laisse à ses héritiers.

Un des grands bénéfices du Jubilé, chez les Juifs, étoit le retour des fonds & héritages à leurs propriétaires; eussent-ils changé de maîtres cent fois; soit qu'ils eussent été aliénés par vente, ou par don.

Le bien vaut mieux (disent les bons œconomes) en héritages, prés, vignes, terres, bois; qu'en rentes, offices, ou billets: qui sont sujets aux banqueroutes ou aux suppressions. Mais les biens immeubles, dans les besoins de l'état, sont très-exposés aux nouvelles impositions.

On appelle *Bail d'Héritages;* des maisons ou terres aliénées à rente perpétuelle, ou à longues années.

Voyez ABANDONNEMENT. HAIE.

On a imprimé à Nancy en 1763, un *Mémoire concernant la Cloture des Héritages*, &c. Consultez le *Journal des Sçavans*, Septembre 1763, Art. des Nouv. Litt.

HERMAPHRODITE: *terme de Botanique.* L'on qualifie ainsi une fleur qui contient les organes des deux sexes, sçavoir les étamines & les pistils. *Voyez* ÉTAMINE. FLEUR. ANDROGYNE.

HERME; *Herne;* ou *Erne:* terme usité dans quelques Provinces, pour désigner une terre déserte, abandonnée sans culture. C'est ce qu'on nomme aussi en Latin *Prædium Hermum.*

HERMÉTIQUEMENT (*Sceller* ou *Luter*) ou *du sceau d'Hermès:* terme de Chymie. C'est la maniere de fermer des vaisseaux, pour des opérations chymiques, si exactement que rien ne se puisse exhaler; non pas même les esprits les plus volatils. Ce qui se fait en fondant à la lampe le cou du matras; & tortillant son goulot ou orifice, avec des pincettes propres pour cela.

Voyez FEU *de lampe.*

HERMODACTE: en Latin HERMODACTYLUS. Substance végétale, grosse comme une petite châtaigne, rougeâtre en dehors, blanche en dedans, légere, fongueuse, très-friable, & dont la saveur est douçâtre & un peu glutineuse. On nous l'apporte séche du Levant. Mais on est encore en doute si c'est un fruit ou une racine; & à quelle plante elle appartient. Voyez Matthiole *sur Dioscoride*, L. IV. Chap. LXXX: Pomet, *Hist. des Drog.* L. II. & fig. 146: Lemery, *Diction. des Drogues*; Article HERMODACTYLUS.

Au reste, il faut choisir les Hermodactes nouvelles, grosses, bien nourries, bien séches, entieres, & sans vermoulures.

Elles purgent assez doucement les humeurs pituiteuses du cerveau & des jointures. Comme elles occasionnent quelquefois des nausées, & des flatuosités dans l'estomac, on les corrige avec le cumin, le gingembre, le poivre long, la livêche, ou le menthastrum. L'hermodacte, réduite en trochisques avec un peu de gingembre, de suc de raifort, & de scille rôtie, purge mieux & plus promptement que quand on l'emploie seule. Outre l'usage interne, on l'applique en cataplasme, avec des jaunes d'œufs & de la farine d'orge, ou de la mie de pain. Elle consume & déterge la chair pourrie des ulceres. Elle est aussi sudorifique.

HERNE. *Voyez* HERME.

HERNIE. *Voyez* DESCENTE.

HERNIOLE; *Turquette; Herbe au Turc; Petite Renouée:* en Latin HERNIARIA: & *Rupturewort*, en Anglois. Dans ce genre de plantes la fleur n'a point de pétales; mais un calice coloré. Nombre d'étamines, dont une partie avorte communément, sont réunies dans une membrane qui paroît être adhérente au calice. A leur centre est un embryon oval, surmonté de deux stigmats aigus. Cet embryon devient une petite capsule, enveloppée dans une membrane, laquelle peut être le calice. Chaque capsule renferme une semence ovale terminée en pointe.

Beaucoup d'habiles Botanistes réunissent les Hernioles dans un même genre avec les *Paronychia.* Ceux qui les séparent établissent pour caractere distinctif, que les divisions du calice des dernieres plantes sont concaves & forment chacune à leur extrêmité une espece de cornet, chausson, ou capuchon terminé en pointe par derriere; ce que l'on n'observe pas dans celui des Hernioles.

Especes.

Herniaria glabra & *Herniaria hirsuta.* J. B. } Ce sont de petites plantes toujours couchées contre terre, & qui s'étendant, forment une circonférence de sept ou huit pouces depuis le centre qui est la racine. Elles produisent quantité de rameaux entrelacés, menus, noueux; garnis de très-petites feuilles, dont la couleur est jaunâtre & qui ont une saveur âcre. Tantôt ces plantes sont velues, tantôt elles ne le sont pas: Voyez les *Observ.* de M. Guettard *sur les Plantes*, T. II. p. 16. De l'aisselle des feuilles sortent beaucoup de très-petites fleurs rassemblées, dont les étamines sont d'un verd jaunâtre. Les capsules qui leur succédent sont oblongues, cannelées; & quelquefois en si grand nombre que la plante semble en être entiérement couverte. Delà vient qu'on lui donne encore en Latin le nom de *Millegrana.* Elle vient dans des sables; & est en fleur depuis le mois de Juin jusqu'à la fin de l'été.

Usages.

On se sert communément, en Médecine, de l'herniole qui n'est pas velue. Elle est bonne à prendre intérieurement en décoction pour les inflammations des yeux. Elle est rafraîchissante & dessiccative. Hollier faisoit tant de cas de cette plante, qu'on l'a nommée pendant quelque tems *l'Herbe d'Hollier.*

Le suc de l'herniole, bu dans du vin blanc, guérit la suppression d'urine, & fait sortir beaucoup de gravier des reins & de la vessie: on assure que cette plante produit les mêmes effets, infusée seulement à la maniere du thé. On l'appelle *Herniaria*, à cause qu'étant mêlée dans la boisson, ou appliquée en cataplasme sur l'aîne, elle guérit les ruptures & descentes d'intestins. Après avoir fait la réduction, il faut aussitôt faire boire deux onces du suc de cette plante, ou quatre onces de son eau distillée: & l'on fera bien de continuer la même dose pendant plusieurs jours. L'herbe séche, ou réduite en poudre, est bonne pour la dysenterie, le flux de sang, & les morsures vénimeuses; tant prise intérieurement, qu'appliquée au dehors. Son eau distillée, prise pendant plusieurs jours de suite, guérit la jaunisse, & l'opilation de foie.

Cette plante produit de bons effets sur la colique néphrétique; & dans l'enflure & l'hydropisie: employée en tisane, elle desséche & dissipe la sérosité épanchée qui causoit ces maladies. On la donne aussi en infusion, ou dans du vin blanc: on en met une poignée sur chaque pinte de liqueur. Quand on la donne en poudre dans un bouillon, ou dans une opiate appropriée, la dose est d'un gros. On fait un excellent diurétique avec l'herniole, en la faisant cuire avec le moût, au tems des vendanges. On appaise le mal de dents en se lavant la bouche avec la décoction de cette plante, tandis qu'elle est chaude.

HERON. Grand oiseau aquatique & sauvage, qui a le bec gros, long, droit & pointu, avec une rainure longitudinale de chaque côté sur la mandibule supérieure, & une petite échancrure par le bout. Ses deux mandibules sont un peu dentelées de chaque côté vers leur extrêmité. Ses doigts ne sont pas unis par des membranes : il en a trois en devant, & un en arriere. L'ongle de celui du milieu des trois premiers est intérieurement dentelé comme une scie.

Cet oiseau fait son nid dans de grands arbres. Il vit de poissons, grenouilles, rats d'eau, *&c.*

On le trouve le long des rivieres, des étangs, & autres endroits abondans en poisson.

Pour ce qui est des *Manieres de le Chasser:* Voyez APPROCHER. ATTOMBISSEUR. BUTOR.

Il y a des hérons blancs ; de cendrés; de tachetés ; de hupés, *&c.* Consultez l'*Ornithologie* de M. Brisson, T. V. pag. 392 & suivantes.

Voyez HOCHEPIED.

Le jeune héron est bon à manger.

HERPES. *Voyez* DARTRE.

HERSE. Assemblage de morceaux de bois, hérissés de dents ou chevilles : lequel sert à unir la terre, & recouvrir les semences qu'on a répandues sur un champ labouré.

Voyez HERSER. Consultez aussi le *Traité de la Cult. des Terr.* T. II. p. 182.

HERSE *Tournante.* Consultez l'article EMOTTER.

Le *Journal Œconomique*, Novembre 1753, décrit sous le nom de *Herse Roulante*, une machine plus composée.

Ce même Journal, au mois d'Août 1752, p. 102, fait mention d'une *Herse* employée en Turquie *pour battre le Bled.*

HERSER. Se servir de la Herse.

Il y a des Laboureurs qui croient suppléer au défaut des labours, en hersant beaucoup leurs terres après qu'elles sont semées. Mais cette maniere d'égratigner la terre, n'est pas d'une grande utilité : Et quand la terre est humide, le trépignement des chevaux y cause beaucoup de dommage.

Lorsque la terre a été bien préparée, deux dents de herse lui suffisent : c'est-à-dire que l'on peut se contenter de faire passer deux fois la herse par le même endroit.

En hersant, *dans la Nouvelle Culture*, il faut observer de faire marcher les chevaux dans les sillons ; pour ne point paîtrir & durcir la terre des rangées.

H E S

HESPERIS. *Voyez* ALLIAIRE. JULIENNE.

H E T

HETISIE. *Voyez* PHTHISIE.

HÊTRE ; *Fayan ; Foyard ; Fayard ; Fau ;* ou *Fouteau :* en Latin *Fagus :* & *Beech-Tree*, en Anglois.

Cet arbre porte des fleurs mâles, & de femelles, sur le même individu. Les fleurs mâles sont attachées à un filet flexible ; & forment, par leur assemblage, un chaton sphérique : chacune d'elles est composée d'un calice fait en cloche & découpé en cinq par les bords ; sans pétales : dans l'intérieur de ce calice sont environ douze étamines, surmontées de sommets oblongs. Les fleurs femelles ont un calice pareillement campaniforme, mais dont le bord n'est découpé qu'en quatre : il n'y a point de pétales : le pistil présente trois styls courbes, qui portent sur une base intérieurement unie au calice. Cette base devient une capsule arrondie, couverte d'épines assez molles, relevée de trois ou quatre côtes ou gaudrons, & terminée en pointe. Dans l'intérieur de ce fruit sont trois ou quatre semences triangulaires ; séparées dans autant de loges. Ces semences portent les noms de *Faine* ou *Fouéne.*

[Des Botanistes modernes ont réuni le Hêtre avec le Châtaignier, sous un même genre. Il est cependant certain que l'on ne réussit pas à les greffer l'un sur l'autre. D'ailleurs, les parties qui servent à leur fructification ont des diversités sensibles. Enfin l'onctuosité de la farine est propre au Hêtre ; la châtaigne ne rendant que très-peu ou point d'huile par expression.]

Voyez ÆSCULUS.

Les feuilles du Hêtre sont ovales ; peu ou point dentelées ; ondées ; de médiocre grandeur ; d'un beau verd ; minces ; luisantes ; douces au toucher ; assez fermes ; & placées alternativement sur les branches.

L'écorce de cet arbre est blanchâtre, cendrée, & fort unie.

Nous ne connoissons qu'une seule espece de Hêtre : le *Fagus* de Dodonée. Cet arbre, l'un des plus grands & des plus beaux de nos forêts, est surtout commun dans les pays froids.

Celui que l'on trouve quelquefois nommé HÊTRE *de Montagne*, n'en differe que par son bois qui est plus blanc : ce qui est occasionné par la diversité du sol.

Le HÊTRE *à larges feuilles*, de l'Amérique Septentrionale, n'a rien qui le distingue du nôtre ; à en juger par les productions des graines que l'on en a envoyées en Europe.

On voit des HÊTRES *à feuilles panachées :* mais ces feuilles deviennent d'une couleur uniforme, quand l'arbre augmente en vigueur.

Culture.

On peut également mettre en terre soit pendant l'automne soit au printems les semences de cet arbre. Plus tôt on le fait, plus leur levée est prompte. Mais comme l'on a à craindre qu'elles ne deviennent la proie des mulots & de plusieurs autres animaux, étant semées en automne ou en hiver ; il peut être plus sûr de les conserver dans du sable jusqu'au printems. Elles y acquierent même de la disposition à germer assez vîte. Ces semences doivent toujours être de la derniere récolte.

Quand on fait des semis en grand, on répand le sable avec la semence. Si le champ a été bien ameubli, il suffit de la recouvrir avec la herse. Cette graine ne veut pas être enterrée profondément.

Un petit espace suffit pour en faire un semis nombreux ; pourvû qu'on soit attentif à n'y point laisser croître d'herbes. Tous les ans, en automne, quand la terre est bien pénétrée d'eau, l'on arrache avec précaution les plus forts de ces jeunes arbres. Les autres, alors moins gênés, prennent successivement plus de vigueur : & ces éclaircissemens fournissent une pépiniere considérable. Il convient que chaque plante soit à dix-huit pouces ou deux pieds de ses voisines, dans la pépiniere ; dans des rigoles espacées à trois pieds : quand on éleve ces arbres pour fournir une futaie. On laisse moins de distance respective, pour ceux que l'on destine à former des palissades.

En plantant chaque jeune hêtre, on lui coupe la racine pivotante.

Sarclant à propos ; labourant une fois chaque année, soit au printems, soit en automne, sans offenser les racines ; élaguant de tems à autre ; on se procure de beaux arbres, en état d'être transplantés avec succès au bout de trois ans ; ils peuvent avoir alors quatre à cinq pouces de circonférence à un pied audessus de terre.

Un sable gras, mêlé d'un peu d'argille ; ou de pur sable médiocrement humide ; sont très-favorables à la réussite du Hêtre : qui veut toujours avoir beaucoup de fond. Avec cette condition il s'éleve fort haut, même dans les terres pierreuses, ou stériles; sur le penchant des collines, sur des montagnes crétacées, ses racines descendent à une grande profondeur. Il résiste très-bien au vent.

On doit, autant qu'il est possible, donner à ces arbres dans la pépiniere un sol de même qualité & une même exposition que celles où ils seront par la suite. C'est pourquoi il y a des personnes qui établissent la pépiniere sur le lieu même qu'ils veulent peupler de hêtres.

Comme il leve beaucoup de faîne dans les forêts, on peut se dispenser d'en semer: il suffit d'en arracher de petits sous les grands arbres; & de les mettre aussitôt en pépiniere. C'est aussi dans les bois qu'il faut en amasser la semence.

Les Hêtres à feuilles panachées se multiplient par des boutures, ou par la greffe. On doit les mettre dans de mauvaises terres; pour conserver la variété des couleurs.

Si le hêtre n'est pas taillé, & qu'on le laisse pousser ses branches de toutes parts selon son naturel, on le voit croître en forme de buisson; & il lui faut un grand nombre d'années pour devenir un arbre parfait. D'un autre côté, lorsqu'on le taille avec un instrument tranchant, son suc se dissipe par les grandes plaies, & l'arbre périt. Au lieu que les hêtres étant semés épais, leurs branches se croisent & se brisent réciproquement par l'agitation du vent; & les plus forts d'entr'eux prennent le dessus, s'élevent aux dépens des autres, & deviennent de beaux arbres en peu de tems.

Usages.

Nous avons déja observé que le Hêtre est un des plus grands arbres de nos forêts. Il y en a peu qui aient une plus belle forme. Ses feuilles sont quelquefois endommagées par les hannetons & les chenilles: mais elles subsistent fort avant dans l'automne. Il est donc propre à faire des salles de cette saison; & des avenues. Comme il souffre le croissant & les ciseaux, pourvû qu'on ne le tonde pas souvent ni par la chaleur, on peut en former des palissades au moins aussi belles que celles du Charme. Enfin, quand on a un terrein qui lui convient, il est avantageux d'en élever de grandes futaies.

On prétend que son ombrage fait périr toutes les autres plantes.

Son bois est d'un usage très-multiplié. Plus il est sec, plus on le trouve fendant & cassant. Il est toujours pliant & fait ressort, tant qu'il conserve de la seve. C'est pourquoi on le préfere à tout autre, pour les rames des bâtimens de mer. On en fait encore de bons brancards pour les chaises de poste; des gentes de roues; des affuts de canon, qui pourrissent moins promptement dans les vaisseaux que ceux que l'on fait d'orme. On ne l'emploie gueres pour les charpentes, ni pour la construction des vaisseaux, à cause de sa disposition à se fendre. On en fait néanmoins des planches pour des encaissemens autour de pilotis.

Les Tourneurs fabriquent avec le hêtre, des sebilles ou gamelles, des saunieres, & autres menus ouvrages.

Les Menuisiers en consomment beaucoup en bois de lits, armoires, coffres, *&c.* Il est néanmoins fort sujet à être piqué de vers. Le vernis, dont on le couvre après l'avoir travaillé, prévient en partie cet inconvénient. On y réussit encore en l'imbibant bien d'huile d'aspic.

Les bâts des bêtes de somme, les pelles, les soufflets, les copeaux pour éclaircir le vin; les étuits de chapeaux, les feuillets qui soutiennent le cuir des fourreaux des armes blanches; sont de hêtre: aussi le trouve-t-on nommé *Bois à Fourreaux d'épées*, *Bois d'Attelles*, &c. On peut consulter, sur tous ces ouvrages & autres appartenant à la Fente ou à la Raclerie, le Traité de M. Duhamel concernant l'Exploitation des Forêts.

Cet Académicien indique, dans son *Tr. des Arbres & Arbustes*, T. I. p. 234, la maniere dont se font avec le hêtre certains manches de couteaux, qu'on nomme des *Jambettes*.

Les meilleurs sabots, après ceux de Noyer, sont de Hêtre. On les passe à la fumée, ainsi que les pelles, & nombre d'autres ouvrages: ce qui leur donnant une couleur assez agréable, peut les garantir des vers au moins pendant quelque tems.

En débitant le hêtre, on en fait des poteaux de quatre pouces sur tous sens, & depuis six jusqu'à dix pieds de longueur; & des membrures, qui ont deux pouces & ligne d'épaisseur franc-sciées, & depuis six jusqu'à huit pouces de large, & six, neuf & douze pieds de longueur. On met aussi de ce bois en planches, ausquelles on donne onze à douze pouces de large, & treize lignes d'épaisseur franc-sciées. On en fait encore des tables de cuisine; & des étaux pour les Bouchers.

On choisit le bois de hêtre par préférence à tout autre, pour le chauffage. Voyez ANDELLE.

Les feuilles de cet arbre sont astringentes, rafraîchissantes, & employées comme telles en gargarisme. Leur décoction, lorsqu'elles sont encore vertes, arrête le flux de ventre. On les mâche pour guérir les ulceres des gencives & des levres. On les pile pour les appliquer sur des membres engourdis; & remédier aux inflammations. J'ai vû ces feuilles, non fraîches, mais séches, appliquées entieres sur des écorchures où on les laissoit jusqu'à ce qu'elles tombassent d'elles-mêmes, les guérir sans autre remede.

La faîne contient une huile douce, que l'on en tire par expression, & qui ressemble à l'huile de noisette. L'une & l'autre amandes sont presque également agréables à manger. On dit que l'on peut faire du pain avec la farine de faîne; qui, par son onctuosité, devient utile dans les maladies des reins, & pour faciliter la sortie du gravier. Les porcs & les daims sont très-avides de cette semence: qui les engraisse.

On lit dans l'*Hist. de l'Acad. des Sc.* de Paris, année 1726, que l'huile de faîne, nouvellement exprimée, cause des pesanteurs d'estomac; mais qu'elle perd cette mauvaise qualité, lorsqu'on la conserve un an dans des cruches de grais bien bouchées & mises en terre.

B. de Palissy (*Moyen de devenir Riche*) dit que le bois de hêtre se pétrifie aisément.

Ses cendres sont de bonne soude, propre aux verreries. M. Duhamel a décrit la maniere dont on en fait la potasse pour le savon, &c; dans son *Tr. des Arbr. & Arb.* T. II. p. 76 & suivantes.

HIB

HIBISCUS. Voyez ALTHEA-FRUTEX.

HIBOU. Nombre d'Auteurs donnent ce nom au *Chat-Huant*. M. Brisson distingue ces deux oiseaux, en ce que la tête du hibou a des paquets de plumes en forme d'oreilles. Consultez le premier Vol. de son *Ornithologie*, p. 476-8. 498. (*n.* 7.), & 500.

L'un & l'autre sont des oiseaux nocturnes.

Le hibou prend les souris comme un chat: c'est pourquoi on le nomme chat-huant. Il miaule dans les bois à-peu-près comme un chat.

On prétend que sa chair guérit la paralysie & la

mélancolie ; que sa cendre, mise sur un abscès qui vient dans le gosier, le fait très-bien percer ; que son fiel efface les taies & autres taches des yeux ; enfin que les œufs du chat-huant, cuits en omelette & mangés par un yvrogne, lui font haïr le vin.

HIE

HIE : *terme de Mécanique.* Voyez sous le mot MOUTON, *Machine.*

HIEBLE. *Consultez* l'article SUREAU.

HIERACIOIDES. *Voyez* CHONDRILLE, *n.* 4.

HIERACIUM. Voyez HERBE *de l'Epervier.*

HIERE-PICRE *de Galien.* Electuaire dont ce fameux Médecin avoit grande idée ; & auquel il a donné un nom imposant, qui signifie en Grec *Grand* (ou *Sacré*) *Amer.*

Pulvérisez ensemble d'une part *asarum*, *spica-nardi*, cannelle, *xylo-balsamum* (ou, à son défaut, bois de lentisque) ; de chacun trois dragmes ; d'une autre part six onces & deux dragmes d'aloës succotrin, avec trois dragmes de mastic ; & d'une autre part encore trois dragmes de safran, qu'il faut faire sécher auparavant entre deux papiers. Mêlez toutes ces poudres ensemble pour les garder : & quand vous voudrez en user en forme d'électuaire, vous en mêlerez une partie avec trois ou quatre parties de miel écumé & cuit en consistance d'électuaire liquide.

On le prend en bol, depuis demi-dragme jusqu'à demi-once : pour lever les obstructions, exciter les regles & les hémorrhoïdes, purifier le sang, & purger l'estomac. On l'emploie aussi dans les lavemens pour la colique, l'apoplexie, & les maladies hystériques ; la dose en est alors depuis deux dragmes jusqu'à une once.

Cette composition peut être parfaitement suppléée (dit M. Lemery dans sa *Pharmacopée*) par le seul aloës succotrin, dont l'usage est beaucoup plus commode, & l'effet moins à craindre pour les tranchées. La dose en est depuis vingt-cinq jusqu'à trente grains ; ou bien de l'extrait d'aloës en pilules que l'on prend dans le tems du repas. Si on l'emploie en lavement, la dose est depuis cinquante grains jusqu'à cinquante-cinq.

Poudre d'Hiere-Picre simple de Rhasis.

Pulvérisez, dans un mortier de bronze, oint d'huile d'amandes douces, d'une part deux onces d'aloës succotrin ; & d'une autre part, une dragme de mastic. Réduisez aussi en poudre (tout ensemble) cannelle, roses rouges, *spica-nardi*, cabaret, *cassia lignea*, *xylo-balsamum*, & *Carpobalsamum*, de chacun une dragme. Mêlez le tout pour en former une seule poudre, que vous garderez pour l'usage. Cette poudre s'emploie dans les mêmes maladies, que la hiere-picre de Galien ; mais avec plus de succès, dit-on. On en forme des bols, en y mêlant un peu de sirop de roses. La dose en est depuis demi-scrupule, jusqu'à une dragme.

HIEROBOTANE. *Voyez* VERVEINE.

HIL

HILUM. Les Naturalistes nomment ainsi en Latin une cicatrice que l'on apperçoit sur la plupart des semences, à l'endroit où répondoit leur espece de vaisseau ombilical.

HIN

HINNULARIA. *Consultez* le mot AIGLE.

HIPPIA. Voyez MORGELINE, *n.* 13.

HIPPOCASTANUM. Voyez MARRONIER *d'Inde.*

HIPPOLITE. *Voyez* BEZOARD *de Cheval.*

HIPPOTAURE ; ou *Jumart* : Animal engendré d'un cheval & d'une vache. Il y a des Provinces où on se fait un plaisir de donner lieu à la production de ces animaux : qui ont communément la tête de taureaux, & le reste presque semblable au cheval.

HIR

HIRCISMUS. Voyez *Mauvaise odeur des Aisselles.*

HIRSUTUS. Les Botanistes Latins nomment ainsi les feuilles, fruits, *&c.* qui sont velus, couverts de poils apparens.

HIRUNDINARIA. *Voyez* DOMPTE-VENIN.

HIS

HISPIDUS. *Voyez* HÉRISSÉ.

HIV

HIVER, *ou* HYVER. C'est une des quatre saisons de l'année. Il commence vers le 22 de Décembre, lorsque le soleil entre au signe du Capricorne ; & il finit vers le 20 de Mars.

Voyez GELÉE. JANVIER. FEVRIER. MARS. ENTRE-HIVERNER. APPARTEMENT. FROID.

Cette saison suspend la végétation de presque toutes les plantes. Mais l'art y supplée. Les bons Jardiniers ne manquent pas, en cette saison même, de certaines salades ; telles que les mâches, le céleri, la chicorée, quelques especes de laituë, des raiponces, des betteraves, *&c.*

Ils gardent à la cave ou dans une serre bien chaude, les cardes d'artichaux.

Ils sement, sur des ados, différentes graines hâtives. Ils conservent aussi, à quelque bon abri, des pépinieres de choux & de laitues, qu'ils couvrent légérement avec de longue paille dans le grand froid ; afin de les replanter au printems. Ils tiennent bien couverts les artichaux & autres plantes auxquelles le froid est pernicieux. *Voyez* ADOS. SERRE. FLEUR. FRUIT. Les articles des diverses Plantes potageres.

Un hiver humide est favorable pour hâter la pousse des asperges.

Cette même humidité, en séjournant dans des fosses au pied des arbres, en terre séche, améliore le fond & les racines, & rend les arbres vigoureux.

Lorsque l'hiver est humide, on répand dès-lors sur les terres la fiente de pigeon ; que, sans cela, on réserveroit jusqu'aux pluies du printems.

En général, les neiges & les pluies de cette saison font grand bien à une terre labourée en grosses mottes.

Mais des pluies presque continuelles, peu de neige, & peu de gelée, donnent lieu à plusieurs mauvaises plantes de se fortifier & d'étouffer le bon grain. Ces hivers sont pareillement moins contraires que les fortes gelées, aux insectes & aux mulots ; qui font du dégât dans les saisons suivantes. Les hivers humides inondent beaucoup de terres basses ou argilleuses ; dans lesquelles une partie des bleds & de l'aveine périt alors ; le reste souffre beaucoup : & la récolte en est très-chétive. *Voyez* INONDATION.

L'hiver est la saison des beccasses pour nos climats. Les beccassines sont aussi excellentes alors.

Comme

Comme on n'a point en hiver la facilité d'exprimer le suc des plantes fraîches, pour l'usage de la Médecine; les racines de ces mêmes plantes peuvent en tenir lieu. A leur défaut on emploie les plantes séches; mais à plus forte dose.

Pour avoir des Poulets dans cette saison: Faire Pondre les Poules en hiver.

Consultez l'article VOLAILLE.

Pratique d'Œconomie pour bien nourrir ces animaux durant l'Hiver.

Consultez ce qui est dit des *Vers*, dans l'article VOLAILLE.

Les Livres Œconomiques se sont transmis, des uns aux autres, diverses observations ou especes de *Présages;* à l'effet de guider les opérations champêtres. Nous avons cru pouvoir conserver ces avis; en conseillant de n'y faire que très-peu de fond, mais de compter beaucoup plus sur l'assiduité au travail & sur l'attention à profiter de toutes les circonstances où la température de cette saison permet d'avancer les opérations œconomiques.

I. Toutes les années où il y a abondance de glands, sont suivies d'un hiver fort rude.

II. Si les brebis qui ont déja eu le mâle, le recherchent encore; on conjecture qu'il fera froid l'hiver prochain.

III. Si ces animaux paissent par peloton; ou que les cochons fouillent la terre, ayant la tête tournée du côté de la bise: l'hiver sera ordinairement rude & de longue durée.

IV. Observez quel sera le vingt-quatrieme jour de Novembre: tel sera l'hiver. Tel sera le vingt-cinq dudit mois, tel aussi sera tout le mois de Janvier.

V. On reconnoit la constitution de l'hiver par les derniers jours de la lune, qui va de Novembre en Décembre.

VI. On observe assez constamment qu'un rude hiver est suivi d'un printems humide, & d'un bon été: parce que la terre n'envoyant guéres d'émanations à sa surface durant l'hiver que ses pores sont fermés par la gelée ou couverts de neige, la chaleur souterraine ne laisse pas d'agir au dedans pendant tout ce tems, & d'y faire un fonds dont la terre se charge au printems par des exhalaisons abondantes qui occasionnent les pluies & l'humidité de l'air.

[Les *Observations Botanico-Météorologiques*, publiées par les Sçavans, peuvent être de quelques secours pour pressentir les circonstances & effets de cette saison. Consultez particuliérement celles de M. Duhamel du Monceau, dans les *Mémoires de l'Académie Royale des Sciences*, & dans chaque Volume de son *Traité de la Culture des Terres:* celles de MM. Maty & Le Camus, insérées dans le *Journal Œconomique*. Mais leur résultat est encore trop peu complet, pour qu'il soit possible d'en tirer des inductions certaines.]

HIVERNAGE. On nomme ainsi en quelques Provinces un mêlange de moitié seigle, & moitié vesce. Il est très-bon pour affourer les moutons, les chevaux, & les vaches.

HO

HO *lo lo lo lo loooo*. C'est le terme dont use un valet de limier, le matin quand il est au bois; pour exciter son chien à aller devant, & se rabattre des bêtes qui passeront: il peut l'exciter de la langue.

HOCHE-PIED: *terme de Fauconnerie*. C'est l'oiseau qu'on jette seul après le héron, pour le faire monter.

HOCHEPOT: Sorte de Ragoût.

Maniere de l'accommoder.

Prenez le bas bout d'une poitrine de bœuf; coupez-le en morceaux, de deux pouces en quarré; & faites-le dégorger, & blanchir à l'eau. Puis garnissez de tranches de bœuf le fond d'une marmite, & y mettez les morceaux de poitrine, avec beaucoup de carrottes & de panais. Assaisonnez de sel, de poivre, d'un bouquet de fines herbes, d'une demi-douzaine d'oignons, d'un morceau de jambon, & si vous voulez d'un cervelat. Ensuite couvrez le tout avec des tranches de bœuf, & mouillez de bouillon. Fermez la marmite, & y donnez du feu dessus & dessous. Lorsque le tout sera cuit, vous tirerez la viande & les carottes; mettrez toute la viande dans une casserole, tournerez proprement les carottes, & les mettrez avec la viande. Ensuite passez le bouillon où le tout a cuit: dégraissez-le bien, & le goûtez. S'il y a trop de bouillon, diminuez-le en le faisant bouillir. Après quoi vous mettrez dans une casserole sur le feu un morceau de beurre avec une petite poignée de farine; & remuerez avec une cuiller de bois, jusqu'à ce que la farine ait pris une belle couleur d'or. Alors vous la mouillerez de votre bouillon de hochepot, & y ajoûterez une bonne pincée de persil haché. Vous verserez le tout sur la viande & les carrottes; & les tiendrez chaudement. Etant prêt à servir, vous le dresserez dans une terrine ou dans un plat: & servirez chaudement pour entrée.

On peut y ajoûter des tendrons de mouton.

HOCQUET. *Voyez* HOQUET.

HOL

HOLLANDER *les Plumes*. C'est les passer légérement dans de la cendre chaude; afin de sécher le tuyau, enlever la pellicule qui le couvre, & en ôter la graisse & l'humidité.

HOLLY-*Tree*. Voyez HOUX.

Knee HOLLY. *Voyez* PETIT HOUX.

Sea HOLLY. *Voyez* CHARDON-ROLAND.

HOLOSTEUM. *Voyez* MORGELINE, *n*. 1. 5. 17.

HOM

HOMARD. C'est l'Ecrevisse de mer. *Voyez* ECREVISSE.

HOMMAGE. *Voyez* FOI & HOMMAGE.

HOMME *de Fief*. Voyez VASSAL.

HOMME *Levant & Couchant*. Voyez RESIDENS.

HOMMÉE. Mesure de terrein; en usage dans quelques Provinces. C'est à-peu-près l'étendue qu'un homme peut labourer en un jour. Il faut environ huit Hommées, pour faire l'arpent de Paris. * *Phys. des Arbr*. T. II. p. 400.

HON

HONEY-*Locust*. Voyez FEVIER.

HONEYSUCKLE. *Voyez* CHEVREFEUILLE.

HONNEURS: *terme de Jurisprudence Féodale*. Voyez VENTES.

HOP

HOP. *Voyez* HOUBLON.

HOP *Hornbeam*. Voyez CHARME, *n*. 3.

HOPITAL. Maison où l'on nourrit & loge pendant un certain tems les pauvres, soit en santé soit en maladie.

En vertu des Ordonnances de nos Rois, on nomme encore HOPITAL un vaste enclos de bâtimens, où sont renfermés les mendians, pour les faire travailler.

Les tems de misere & de famine sont les plus propres à établir des Hôpitaux, & seconder les vues de la sage administration qui a pour but d'abolir la mendicité. C'est dans de pareilles circonstances que la plupart des Hôpitaux de la Chrétienté ont été établis; parce que plus la misere est grande, plus les mendians pillent, volent, tuent, & communiquent toutes sortes de maladies contagieuses partout où ils vont: & lorsque le mal est au comble, il est bien tard de chercher à y remédier.

Quelque pauvre que soit une ville ou une paroisse de campagne, si la peste y prend, on s'efforce d'assister les pauvres malades, pour empêcher qu'ils ne communiquent leur mal en allant chercher l'aumône.

Le P. Chaurant, Missionnaire Jésuite, établit en dix à douze ans, avant l'année 1678, plus de dix mille Confréries qui avoient de tels objets; & plus de cent HOPITAUX A LA CAPUCINE, c'est-à-dire, sur les seuls fonds de la Providence. Depuis, il établit encore plus de cent hôpitaux généraux sur ce même fonds de la Providence: & il abolissoit par ce moyen la mendicité.

Les hôpitaux établis sur ce fonds, deviennent riches ensuite, par les legs & donations des mourans: car personne, de ceux qui peuvent donner, ne meurt sans donner libéralement une partie de ce qu'il ne peut emporter; voyant le peuple déchargé de l'importunité des mendians, & les pauvres instruits à la piété & au travail.

Il est à remarquer que toute sorte de particuliers peuvent faire cet établissement comme on a fait en divers lieux de France & des pays Etrangers. *Voyez* AUMONE.

Avant de rapporter la maniere dont le P. Chaurant se conduisoit pour l'établissement de tant d'hôpitaux, nous transcrirons la Lettre de cachet du Roi Louis XIV, qui fera voir combien ce Prince avoit à cœur de procurer le soulagement de ses peuples, & d'abolir la mendicité.

Lettre de Cachet du Roi pour l'établissement des Hôpitaux Généraux, & abolir la mendicité.

I. Monsieur, je vous envoye une copie imprimée de mon Edit du mois de Juin 1662, concernant l'établissement d'un Hôpital Général dans chaque Ville de mon Royaume, que je desire qui soit exécuté à l'avenir dans tous les lieux où il ne l'a point été; car encore que dès-lors j'en eusse compris l'importance pour le bien de mon Etat; la suite du tems m'a fait beaucoup mieux connoître l'utilité & la possibilité de pareils établissemens, par l'exemple de ceux auxquels on a travaillé avec tant de succès, & sur tout celui de ma bonne ville de Paris, qui a passé toutes les espérances que l'on avoit conçues, nourrissant aujourd'hui jusqu'à dix mille pauvres, au lieu de deux ou trois mille dont avoit seulement état.

II. Par ces considérations, encore que cette entreprise paroisse beaucoup plus difficile en un tems où la guerre que je soutiens presque seul, contre toute l'Europe, ne me permet pas d'y contribuer de mes finances, comme je ferois au milieu de la paix, ni d'attendre aussi de mes peuples, assez chargés d'ailleurs, autre chose pour ce grand dessein, que des contributions charitables & purement volontaires; j'ai résolu de le prendre plus à cœur que jamais, & de m'y appliquer personnellement, de telle sorte, qu'avec cette même bénédiction du Ciel, qui a rendu faciles sous mon régne des choses estimées impossibles sous celui de mes Prédécesseurs, comme je l'ai éprouvé en particulier sur le sujet des duels, je ne désespere pas d'en avoir une bonne & heureuse issue.

III. Et regardant les Evêques de mon Royaume, chacun dans son Diocése, & les Intendans de Justice, police & finances que j'ai dans mes Provinces, comme les premiers instrumens que Dieu me met en main pour cet effet; j'adresse mes ordres aux uns & aux autres, afin qu'ils y contribuent ensemble & de concert, ce qui sera de leur différent ministere, comme à une des choses du monde qui me peut être la plus agréable.

IV. Plus les difficultés seront grandes, ou le paroîtront d'abord, plus vous aurez lieu tous ensemble de me donner des marques de votre zele & de votre capacité, dont je me ressouviendrai toujours; & comme le premier moyen de surmonter ces obstacles, est de ne les pas croire insurmontables, je veux bien vous faire considérer qu'on a vû les plus grands établissemens de cette nature commencer & s'avancer en des tems plus difficiles; parce que ces tems-là même excitent plus fortement la charité des particuliers & du public; que l'Hôpital de Paris s'est formé au sortir de la guerre civile, au milieu de l'étrangere, & plusieurs de même; que le plus mal-aisé est de commencer, comme l'expérience l'a fait connoître; qu'aussitôt que le bon usage des fonds qu'on y emploie est connu avec certitude, la piété & l'émulation des vivans & des mourans se redoublent pour y contribuer; & que personne ne s'exempte pas jusqu'aux moins aisés; il se fait de toutes ces petites portions jointes ensemble, un tout plus considérable qu'on ne l'auroit espéré; la Providence elle-même ouvrant tous les jours de nouveaux moyens de soutenir ces sortes d'ouvrages.

V. Qu'au fond tous les pauvres sont maintenant nourris en quelques endroits, quoique sans œconomie & sans ordre; ce qui est une preuve certaine qu'avec l'œconomie de cet établissement, ils seront encore mieux nourris sans de plus grands secours; qu'aussi dans tous les lieux où les Hôpitaux Généraux sont établis, qui sont plus de quarante en nombre, les peuples sont convaincus que ce n'est pas une charge nouvelle, mais un soulagement pour les villes, & que pour s'être délivrés de l'importunité des mendians, & avoir fait en même-tems une si bonne œuvre, il ne leur en coûte pas plus qu'auparavant; mais au contraire souvent beaucoup moins, tant par la raison de cette œconomie que par l'assistance qu'elles ont reçûe de moi en diverses sortes, selon que le tems, les occasions, & la condition des lieux l'ont pu permettre.

VI. J'ai crû devoir entrer avec vous dans ce détail, non pas tant pour le faire entendre par votre moyen aux principaux de votre Diocése, & par eux à tous les autres, quoique cela ne soit pas inutile, que pour vous animer vous-même au travail par la possibilité & l'espérance du succès, outre le desir que vous avez de me plaire. Je juge bien que vous ne trouverez pas en tous lieux les mêmes facilités; il n'y en a point où je ne desire de voir des effets de votre application, après que vous en aurez conferé ou communiqué par lettres avec le sieur Commissaire départi en la Généralité de votre Diocése, & que vous serez convenus ensemble de ce que vous aurez à faire conjointement ou séparément.

VII. Et quant aux lieux où les dispositions vous

paroîtront les plus grandes, mon intention est que sans attendre d'autres ordres, vous mettiez incessamment avec lui la main à l'œuvre, convoquant telles assemblées de ville ou d'Ecclésiastiques que vous jugerez à propos, & y faisant proposer & résoudre les moyens que vous trouverez les plus propres, soit pour fonder, soit pour soutenir, augmenter & fortifier ces établissemens.

VIII. A l'égard des autres lieux où il paroîtra moins de disposition, j'attens de votre zéle, & surtout si ce sont des villes de quelque considération, que vous examinerez les véritables causes qui font naître ces difficultés & les moyens de les surmonter; pour, sur le tout, m'envoyer incessamment votre avis, lequel ne contiendra pas seulement un détail ample & exact de tous ces obstacles, mais m'expliquera en même tems vos sentimens particuliers sur les mesures que vous croyez pouvoir être prises pour les faire cesser.

IX. La grande difficulté qui se présentera d'abord dans la plupart des endroits, sera sans doute celle de trouver un lieu propre & capable de renfermer les pauvres, & ensuite celle d'avoir le fonds nécessaire, tant pour en faire l'acquisition, que pour les premiers meubles dont on aura besoin. Par cette raison, le premier & un des principaux points de votre avis doit être de me faire connoître à-peu-près, par estimation, le nombre des pauvres qu'il y aura à renfermer en chaque endroit où ils seront, les lieux ou emplacemens dont on pourra faire état pour cela; quelle sera la dépense, soit pour les acheter, soit pour les louer en attendant l'achat; quelles seront aussi les avances qu'il faudra faire pour les premiers meubles; & enfin quel secours certain ou casuel on peut espérer pour cet effet des aumônes particulieres ou publiques. *Voyez* AUMONE.

X. Le second point sera de m'informer de l'avantage qu'on pourroit espérer de l'union des Hôtels-Dieu déja établis, à ces nouveaux Hôpitaux généraux; on n'entend pas comprendre dans ce nombre les maladeries, léproseries, ni autres Hôpitaux où l'hospitalité n'est point exercée, dont on a appliqué les revenus à un autre bon & pieux usage; mais comme il y en a d'autres qui subsistent actuellement, dans lesquels l'hospitalité s'exerce, & dont les revenus peuvent avoir été & être encore mal administrés, on desire sçavoir si par l'union de ces deux sortes d'Hôpitaux, avec une meilleure administration des revenus, & faisant rendre un fidele compte du passé à ceux qui en ont eu le maniment, il y auroit lieu d'en tirer quelque secours; auquel cas vous pouvez être assuré que j'y employerai volontiers mon autorité: non pas que j'aie dessein d'affoiblir ni diminuer les Hôtels-Dieu destinés aux malades, qui sont les plus pauvres & plus misérables des pauvres; mais au contraire de les soutenir, & fortifier ces deux sortes d'Hôpitaux, en les joignant ensemble dans les lieux où il sera jugé à propos.

XI. Le troisieme point de votre avis doit contenir tous les autres moyens innocens & légitimes dont on pourroit se servir pour trouver les fonds nécessaires avec le consentement des peuples. *Voyez* AUMONE.

XII. Et en dernier lieu, comme ces Hôpitaux ne se peuvent maintenir que par une bonne & sage direction composée de personnes pieuses, intelligentes & appliquées, j'entens que vous me marquiez aussi quels sont les sujets les plus propres pour cet effet en chaque lieu, les choisissant de toutes sortes de conditions, pourvû qu'ils aient les qualités nécessaires.

Voyez ADMINISTRATEURS *d'Hôpitaux*.

XIII. Il pourra arriver que la concurrence des rangs & des prétentions entre ceux à qui l'on aura pensé, causera quelque contestation; mais outre que l'exemple de ce qui s'est déja pratiqué en d'autres lieux en pourroit régler une partie, je me réserverai d'y pourvoir moi-même, s'il est besoin, par un réglement général.

XIV. Vous comprendrez assez par la qualité de cette dépêche & par le soin que je prens de vous donner si exactement mes ordres, combien je desire de les voir diligemment & fidélement exécutés; & jugerez par vous-même quel en sera le fruit pour l'Eglise & pour l'Etat, pour la Religion & pour la police générale de mon Royaume.

XV. Assurez-vous aussi que comme vous ne pouvez rien faire de plus agréable à Dieu, vous ne sçauriez me rendre un service dont je vous tienne plus de compte, ni qui m'engage plus fortement à vous donner de nouvelles marques de mon affection & de mon estime; priant Dieu qu'il vous ait, Monsieur l'Evêque de......... en sa sainte garde. Ecrit au camp de Ninove le sixieme jour de Juin 1676. *Signé*, LOUIS.

Méthode facile pour établir les Hôpitaux Généraux, & Confréries de la Charité, qui font cesser la mendicité à la Campagne aussi bien que dans les Villes.

I. Le P. Chaurand, dont nous avons parlé ci-dessus, établit trente à quarante Hôpitaux Généraux en Bretagne en trois ans; & à son exemple, d'autres Missionnaires en établirent en diverses Provinces, au Maine entr'autres, en Normandie, Orléanois, Avignon, Languedoc, Provence, Bearn, Limosin: & par ce moyen on assista plus de cent mille pauvres, qu'on instruisoit à la piété, & à qui on apprenoit des métiers; on élevoit les jeunes, à devenir de bons Ouvriers, Laboureurs, Matelots, *&c.*

II. Ces *Hôpitaux & Confreries s'établissent à la Capucine*, c'est-à-dire, sur les seuls fonds de la Providence, comme nous avons dit (Voyez ci-dessous, *n.* V. *&c.*): & incontinent viennent les fondations, legs, donations: parce que le peuple est déchargé de l'importunité des mendians; qu'on les voit tous instruits à la piété & à des métiers: au lieu que si la mendicité n'a entiérement cessé, le peuple est toujours importuné & chagriné, & ne donne rien ou presque rien.

III. Ce Missionnaire, arrivant dans une Ville ou une Paroisse de la campagne, alloit trouver le Curé & les Magistrats, & leur communiquoit son pouvoir & la Lettre circulaire du Roi, décrite ci-dessus.

IV. Il leur faisoit voir par l'expérience de tant de petites Villes, Paroisses & Bourgades très-pauvres, où il avoit établi ces Hôpitaux & Confréries, que cela se peut faire partout sans rien demander au Roi, ni rien lever sur le peuple; que les pauvres en aucun lieu ne meurent de faim; qu'on leur fait donc l'aumône; que cette aumône par argent ou espece reçue & distribuée par les Directeurs prudens & charitables, suffiroit & au-dela; car les pauvres diminueroient des deux tiers, les vagabonds s'enfuiroient; & les fainéans se mettroient à travailler, de crainte d'être renfermés & forcés de travailler malgré eux.

V. Enfin, que chaque Bourgeois médiocre donnant à raison de deux deniers par jour, qui font cinq sous par mois, & un écu par an; cela suffiroit: que, suivant la supputation de Saint Chrysostôme, il se trouve partout trente riches ou bourgeois médiocres contre un véritable pauvre; & qu'ainsi chacun donnant à raison de deux deniers seulement par jour (ce qui n'est qu'un écu par an), les trente bourgeois médiocres feroient trente écus: qui suffiront au-delà pour l'entretien de chaque pauvre; & qu'ainsi il n'y a qu'à faire une quête tous les mois dans les maisons, comme font les Religieux mendians. *Voyez* la *note* mise ci-dessous au *n.* XVI.

VI. Qu'outre cela, on n'a qu'à quêter tous les jours le reste des potages après le dîner; & que cela nourrira la plupart des pauvres.

VII. Pour les premiers logemens & meubles, il représentoit qu'en d'autres endroits on avoit pris des maisonnettes à louage & quêté des meubles; que les habitans, les moins accommodés, ont toujours quelque chose d'inutile; & que ne donnant qu'une planche, quelques vieux linges, vieux lits, tables, ou escabauts, *&c;* trente habitans médiocres, à raison de chaque pauvre, donneront au-delà de ce qu'il faudra pour meubler l'Hôpital: ce qui est effectivement arrivé partout.

VIII. Que les legs & donations donnent de quoi bâtir, dès qu'on est déchargé de l'importunité des mendians, & qu'on les voit instruits à la piété & à des métiers.

IX. Le lendemain, il répétoit tout ce que dessus en chaire, & paraphrasoit entre autres la Lettre du Roi aux Evêques: & elle persuadoit tout le monde; tant elle est instructive, affectueuse & touchante.

X. Il faisoit voir aussi, qu'on est obligé sous peine de damnation, suivant l'Evangile, de procurer aux pauvres tous les secours spirituels & temporels, que les riches voudroient avoir s'ils étoient en leur place. *Matth.* 7. 11.

XI. Il faisoit voir ensuite, que les Ordonnances des Rois veulent que tous, exemts & non exemts, soient taxés pour la nourriture des pauvres, si les aumônes volontaires ne suffisent pas; que les taxes ont de mauvaises suites; que les aumônes forcées sont peu méritoires pour le Ciel; *&c.*

XII. Enfin il exhortoit tous les charitables & les principaux de la ville, particuliérement pour servir d'exemple, de se trouver au jour & à l'heure qu'il leur indiquoit chez le Curé (ou l'Evêque s'il étoit présent) pour s'enregistrer dans la Confrérie de la charité.

XIII. Ensuite il faisoit tenir Maison de ville, où il se trouvoit; faisoit arrêter qu'on établiroit l'Hôpital Général, & faisoit nommer des Directeurs & Commissaires, si la Confrérie ne l'avoit pas déja fait, pour visiter les pauvres & examiner ceux qui devoient être renfermés, ou assistés en leurs maisons, ou chassés & renvoyés; suivant l'instruction imprimée touchant l'examen des pauvres.

XIV. Il lisoit en chaire la liste des pauvres, faisoit voir à-peu-près à combien en monteroit l'entretien; convioit à donner l'aumône tous les mois suivant ses facultés, & quelque petit meuble une fois seulement; enfin à donner ce que chacun voudroit avoir donné au jour terrible de la mort.

XV. Les Commissaires alloient ensuite quêter dans les maisons; faisoient porter les meubles au lieu destiné pour servir d'Hôpital; & on y conduisoit les pauvres, avec des processions générales & solemnités, qui excitoient la charité de tout le monde: on faisoit adopter ces pauvres aux riches, qui les habilloient de neuf, & en avoient un soin particulier comme de leurs filleuls; ainsi qu'on le voit par des relations faites alors, & nommément celles des Evêchés de Treguier, Léon, Saint Brieu, Rennes, *&c.*

XVI. Pour établir promptement, maintenir & augmenter ces Hôpitaux; il persuadoit aux Curés, Prédicateurs, & surtout aux Confesseurs, de suivre la pratique de ceux de Saint Charles Borromée, suivant la délibération de l'assemblée générale du Clergé de France de 1656: & qui en conséquence ordonnoient à leurs pénitens de visiter tous les mois les Hôpitaux; (*quod oculus videt, cor dolet*, disoit Saint Bernard); & différoient l'absolution à quiconque avoit manqué de donner son aumône tous les mois, puisqu'on la doit refuser, disoit ce saint Archevêque, à qui refuseroit d'entendre la Messe aux jours commandés; le crime étant bien plus grand de contrevenir aux Commandemens de JESUS-CHRIST, qui ordonne l'aumône; qu'à ceux de l'Eglise, qui ordonne d'assister à la Messe.

[*Nota.* Cette pratique, & la raison dont on l'appuie en cet endroit, désignent dans ceux qui en font usage, plus de zéle que de science. Car, selon l'article XI de la *Méthode du P. Chaurand*, rapportée ci-dessus, » les taxes ont de mauvaises suites, & les » aumônes forcées sont peu méritoires pour le Ciel. En second lieu, on voit par l'article AUMONE, qu'il n'y a que ceux qui sont accommodés des biens de la fortune, qui soient tenus d'assister les pauvres, *chacun suivant leurs forces.* Troisiemement le nombre V fait un calcul dont on peut abuser en l'étendant à trop de personnes; des Directeurs indiscrets & zélés peuvent ainsi violenter les consciences, audelà des facultés de chacun, qu'ils présumeront être plus grandes que souvent elles ne sont réellement. Enfin il y a une grande différence entre la soumission, qui est due à une Loi émanée de l'autorité de l'Eglise, & la décision d'un Directeur particulier qui prétend juger sans appel, quoique souvent sans suffisante connoissance de cause.]

XVII. Le P. Chaurand apprenoit aux Curés voisins, par des conférences & par son exemple, comment il falloit établir & maintenir ces Hôpitaux & Confréries. A l'égard des Hôpitaux il faisoit voir qu'il faut les établir pendant la chaleur d'une mission, & attendre à demander des Lettres-Patentes, après l'établissement; car les demandant auparavant & les faisant vérifier, les mal-intentionnés, qui sont toujours en grand nombre, forment cent difficultés, principalement si on demande l'union de quelque Hôpital, rentes ou revenus, & empêchent ou différent longues années la consommation de l'œuvre. Témoin Narbonne & Cahors entr'autres, qui avoient des Lettres-Patentes, depuis plusieurs années, sans avoir rien exécuté. *Les Capucins s'établissent partout; parce qu'ils ne demandent point de Lettres-Patentes; les Couvents des Cordeliers, les Recolets, qui en demandent, ne se multiplient guéres.*

XVIII. Les Hôpitaux à la Capucine à la façon de Bretagne, s'établissoient donc pendant une mission de douze ou quinze jours: & l'Hôpital une fois établi, peut subsister à jamais, comme ceux des malades.

XIX. Tous les Missionnaires, séculiers & réguliers qui suivirent la méthode du P. Chaurand, réussirent comme lui.

XX. Les seules Ordonnances de Police n'établiroient point ces Hôpitaux, à moins que le Roi ne les fondât comme des Abbayes; mais si on veut les fonder sur les aumônes volontaires, on voit par expérience que les Missionnaires y réussissent.

XXI. Le P. Chaurand rétablit aussi des Hôpitaux tombés ou chancelans: celui de Rennes, entre autres; commencé il y avoit vingt-huit ans avec des revenus, sans avoir pu faire cesser la mendicité. On attendoit toujours les revenus suffisans pour enfermer tous les pauvres: & on le fit à la Capucine, suivant la méthode ci-dessus. On fit de même à l'Hôpital de Bourdeaux; commencé il y avoit cinquante-deux ans avec des fonds & revenus.

OBJECTIONS ET RÉPONSES.

I. OBJ. *L'on ne doit pas entreprendre d'enfermer les pauvres, si l'on n'a des Hôpitaux bâtis, & au moins quelques revenus certains : autrement c'est entreprendre d'enfermer des oiseaux, sans cages, & sans grain pour les nourrir.*

I. RÉP. Il suffiroit de dire, pour détruire tout ce qu'on peut objecter, que l'expérience de tous ces hôpitaux, établis à la Capucine, fait voir le contraire. Les Capucins s'établissent sans revenus, sans Couvent bâti; & un Quêteur fournit à tout. Les Directeurs des Hôpitaux font de même une quête tous les mois dans les maisons, prennent des maisonnettes à loyer pour servir d'hôpital par emprunt, & quêtent des meubles. On voit partout, comme il a été dit, que les legs des mourans fournissent ensuite de quoi bâtir, dès qu'on est déchargé de l'importunité des mendians, & qu'ils sont instruits à la piété & à des métiers.

II. OBJ. *Il coûte moins de nourrir les pauvres dans leurs maisons que dans un Hôpital général : il faut de grands bâtimens, ou du moins payer des loyers d'une grande maison, gager des serviteurs, &c.*

II. RÉP. On voit le contraire par expérience. Le nombre des pauvres diminue des deux tiers, quand on les renferme : les fainéans & vagabonds regardent les hôpitaux comme des prisons, où on les forceroit de travailler; c'est pourquoi ils s'enfuient. Outre cela, il coûte moins d'en nourrir plusieurs en commun, que chacun en particulier en sa maison. Pour le loyer des maisons & gages des serviteurs, les aumônes & les legs des mourans y fournissent abondamment. D'ailleurs, on tire profit du travail des enfermés.

III. OBJ. *L'on ne doit pas y annexer les hôpitaux des passans, ni ceux des malades; quoique assez spacieux pour cela; ce seroit frustrer l'intention des fondateurs.*

III. RÉP. Le Roi ordonne le contraire par sa Lettre circulaire de 1676, adressée aux Evêques & aux Intendans, quand les villes le jugeront à propos. L'intention des fondateurs n'est pas frustrée; le revenu des malades s'employera à l'ordinaire, suivant sa destination. Les passans auront la passade comme à présent, faisant voyage pour cause légitime, attestée par leurs Curés, & Magistrats, suivant l'Ordonnance renouvellée par Sa Majesté touchant les pelerins.

IV. OBJ. *L'aumône qu'on fait aux mendians dans les rues, dans les Eglises, & aux portes, est insensible : mais après l'établissement d'un Hôpital, elle sera à charge & onéreuse.*

IV. RÉP. On a déja dit que chaque habitant médiocre, donnant à raison de deux deniers seulement par jour, en argent ou espece, qui n'est que cinq sous par mois; cela suffira. Quoique cela puisse être onéreux, on gagne beaucoup à être déchargé de l'importunité des mendians, des maladies contagieuses qu'ils communiquent, des vols & larcins qu'ils commettent dans les villes & aux environs : & on fait cesser tous leurs désordres.

V. OBJ. *Tous les pauvres ramassés dans un même lieu, causeront de grandes puanteurs & maladies contagieuses dans les villes.*

V. RÉP. Ce sera le contraire, si tout est propre dans ces hôpitaux comme dans les Couvens les mieux reglés : au lieu que les mendians logent dans des trous infects, qu'ils sont les premiers attaqués des maladies contagieuses, & qu'ils les communiquent aux riches, se fourrant parmi eux, dans les rues, dans les Eglises, & à leurs portes, malgré que l'on en ait.

VI. OBJ. *L'on ne peut enfermer les mendians, sans séparer l'homme, d'avec la femme; ce qui est contre la Loi Divine : & l'on ne doit pas priver les hommes de la liberté.*

VI. RÉP. De la façon dont on le fait à Paris par ordre du Roi, Arrêts & Réglemens, conformément aux anciennes Ordonnances de Police; on assiste les pauvres familles dans leurs maisons, à la charge de ne point mendier. S'ils contreviennent, l'Ordonnance veut qu'on les rase, qu'on les fouette, qu'on les exile, ou qu'on envoye les hommes aux galeres : la clôture d'un hôpital est bien plus douce. D'ailleurs, tout citoyen qui est dans le cas de nuire au bon ordre, est légitimement soumis aux peines par lesquelles la prudence des Magistrats prévient ses mauvaises actions : & c'est alors un bien, un devoir même, que de priver un tel homme de la liberté dont il abuseroit; de le séparer, s'il le faut, d'avec sa femme; &c.

VII. OBJ. *Les mendians occupent de petites maisons, qui demeureront inutiles aux propriétaires, quand ils seront enfermés.*

VII. RÉP. On ne voit point de maison occupée entiere par des pauvres : ils sont dans quelque méchant trou, écurie ou étable, & payent fort mal leur loyer. La plupart des familles pauvres restent dans leurs maisons; & y sont assistées, se mettant à travailler. On n'enferme que les invalides, vieillards, abandonnés, estropiés, orphelins, & mendians opiniâtres & relaps.

VIII. OBJ. *La charité a besoin d'être excitée par l'importunité des mendians; & quand ils seront renfermés dans des lieux écartés, peu de personnes s'aviseront de leur faire l'aumône.*

VIII. RÉP. Les Directeurs des hôpitaux tiendront lieu de mendians : ils quêteront tous les mois dans les maisons, avec les plus qualifiés de la ville. Les aumônes même augmenteront, comme il a été dit. Les mourans ne laissent gueres de legs considérables aux mendians : ils en laissent aux hôpitaux; comme on voit par expérience pour les raisons ci-devant dites.

IX. OBJ. *Ces Hôpitaux donneront lieu à la fainéantise du peuple; dans l'espérance d'y trouver un azyle & un réfuge en cas de besoin. Cela attirera par la même raison tous les pauvres de la campagne dans les villes; & on ne pourra les enfermer, faute de revenus & de logemens suffisans. Ainsi la mendicité renaîtra avec plus d'importunité qu'auparavant.*

IX. RÉP. On voit tout le contraire par les raisons ci-dessus. Les mendians regardent ces hôpitaux comme des prisons; où ils seroient forcés de travailler. En tout cas s'il en vient de nouveaux, il n'y aura qu'à les emprisonner, suivant l'Ordonnance; & les faire jeûner trois ou quatre jours au pain & à l'eau dans un cachot : étant dehors, ils donneront l'épouvante à tous les autres. Mais pour remédier au mal par sa source, les villes doivent veiller à ce que les Paroisses voisines nourrissent les pauvres, suivant l'Ordonnance, sans les laisser vaguer. Les Evêques & les Curés peuvent, à cet effet, établir dans les Paroisses des assemblées & confréries de charité, de l'un & de l'autre sexe, qui assistent toutes sortes de nécessiteux; suivant la délibération de l'Assemblée générale du Clergé de 1670, & l'exemple que le Roi en a donné dans beaucoup de Paroisses de l'Abbaye de Cluni, pour exciter tout le monde. Si tout cela ne suffit pas, voici un moyen infaillible : *Qu'on fasse payer cinq sous par jour pour la nourriture de chaque vagabond, aux Paroisses de leurs domiciles; comme à Paris, suivant les Arrêts.*

On voit encore par expérience que le nombre des pauvres augmente, quand on les assiste tous dans leurs maisons : chacun se dit pauvre. Mais quand on les enferme, chacun se dit riche; c'est-à-dire, qu'ils s'enfuient, ou travaillent de crainte d'être renfermés. Témoin ce qu'écrivoit le P. Martin, Missionnaire Jésuite, de la ville de Colmar en Provence. *On a assisté*, dit-il, *tous les pauvres cet hiver dans leurs maisons; chacun se disoit pauvre; mais à présent qu'on parle de les enfermer, la plupart des fainéans travaillent, & ne mendient plus. Les malades mêmes ne vouloient pas aller à l'hôpital: & dès qu'on a refusé de les assister dans leurs maisons, beaucoup de faux malades se sont trouvés guéris, & travaillent.*

X. OBJ. *Il faut des Lettres-Patentes avant l'établissement, pour rendre les Hôpitaux capables de donations.*

X. RÉP. Ils en sont capables par l'Edit de 1662, & toutes les Ordonnances en faveur des pauvres: comme on le vit vers l'année 1676 à Toulon; où l'Abbé Gautier, frere de l'Avocat Général d'Aix, avoit légué vingt-cinq mille écus à l'hôpital général futur. Ses héritiers ayant fait casser son testament, faute de Lettres, ils se désisterent, voyant que l'affaire seroit portée au Conseil; qui prononce toujours pour l'exécution des Edits.

XI. OBJ. *Il faudroit des Lettres, au moins pour régler les rangs des Directeurs Ecclésiastiques, & séculiers, & Magistrats; faute de quoi il y a souvent de la division entr'eux, qui ruine tout.*

XI. RÉP. L'exemple de Paris & de Lyon peut servir de regle. Les Ecclésiastiques y président : les Magistrats élus tiennent le second rang : les Nobles & autres s'asseoient suivant leur élection.

XII. OBJ. *Il faudroit commencer les Hôpitaux & Confréries par un essai; assister certain nombre de pauvres d'abord; & exciter par-là la charité des riches: pour pouvoir les assister tous.*

XII. RÉP. Cela gâteroit tout, pour les raisons dites ci-devant. Si la mendicité ne cesse entiérement, le peuple ne se sent point soulagé, & ne donne point suffisamment; & ensuite l'œuvre devient impossible. Quand on parle de les enfermer tous, on s'en moque; on répond, comment en pourrez-vous nourrir cent, n'ayant pu en nourrir trente?

XIII. OBJ. *Il ne faudroit du moins établir ces Hôpitaux & Confréries, que dans les grandes villes; & y amener les pauvres des petites villes de dix à douze lieues à la ronde: obligeant lesdites villes de contribuer à leur entretien & aux bâtimens des Hôpitaux.*

XIII. RÉP. Cela est impossible. C'est une vision chimérique de ceux qui n'ont jamais travaillé à ces établissemens. 1. Il faudroit des messagers, coches, & carrosses qui partiroient tous les jours de ces petites villes, pour voiturer les invalides. Car tous les jours presque il se présente quelqu'un qu'il faut enfermer. Ces frais de voiture coûteroient quasi autant que leur nourriture sur les lieux. 2. Outre cela il faudroit une escorte comme pour la conduite des galériens; dans Paris, & autres villes les mieux policées, quoique les archers soient appuyés de toute l'autorité des Magistrats, ils ont peine à prendre & entraîner les mendians à l'Hôpital Général, les peuples se soulevent par une fausse compassion, veulent les leur arracher des mains : que seroit-ce à la campagne, passant par les hameaux & bourgades? Les pauvres crieroient à l'aide, & à la force, qu'on les veut mener aux galeres; & il en faudroit venir aux mains, tuer & massacrer; ce qui seroit une étrange façon de faire l'aumône. 3. Si l'on vouloit forcer les petites villes à contribuer à tous ces frais, elles ne le feroient jamais que par exécution militaire, par le fer & le feu : témoins Cahors & Narbonne, à qui les parties ont dit : Vous voulez nos revenus; quelque tems après, vous laisserez nos pauvres; ce ne seroit que des procès entre nous. Et ces deux grandes villes ont aussi dit aux entrepreneurs d'un tel ouvrage : Vous voulez faire un cloaque de notre ville, en y amassant tous les pauvres de l'Evêché; ils nous apporteront toutes sortes de maladies; nous n'avons pas un assez grand nombre de personnes capables, & sans affaires, pour la conduite de si grands hôpitaux, & de tous les procès & suites qu'il faudroit faire pour forcer les petites villes à payer leurs taxes: de sorte que ce dessein s'est évanoui à Narbonne & à Cahors.

XIV. OBJ. *Les ennemis de nos Hôpitaux disent encore que le peuple est trop misérable à présent; qu'il faut attendre un meilleur tems.*

XIV. RÉP. Le tems de misere est le meilleur: les pauvres ne meurent point de faim; on leur fait donc l'aumône. Cette aumône, comme il a été dit, sera plus que suffisante, dès qu'il y aura des hôpitaux; parce que le nombre des pauvres diminuera des deux tiers, pour les raisons ci-devant dites. Outre cela, tous les hôpitaux presque de la Chrétienté ont été établis pendant la guerre, la peste & la famine. Plus la misere est grande, plus l'on s'efforce de donner. Les plus petites villes & les plus pauvres qu'on diroit entiérement ruinées, si la peste y prenoit, trouveroient de quoi nourrir & enfermer les pestiférés, ou leur faire du moins des cabanes.

XV. OBJ. *Il est impossible d'établir ces Hôpitaux dans les villes où il y a grand nombre de Protestans; qui d'ordinaire sont les plus riches à cause de leur union; & refuseroient d'y contribuer.*

XV. RÉP. C'est dans ces villes demi-huguenotes que la chose est plus facile. On mande à la Maison de Ville le Ministre & les Anciens : on leur dit que, suivant l'ordre du Roi, on a résolu d'établir un hôpital général; que leurs pauvres y seront reçus aux termes de l'Édit de Nantes; qu'on les prie d'y contribuer, suivant leur force; qu'ils aient à en parler à chaque chef de famille, & être fidéles à mettre tous les mois leurs aumônes, par les mains de leurs Ministres, en celles du Trésorier : qu'autrement on les taxera; que les taxes forcées ont de mauvaises suites; &c. On voit par expérience que leurs aumônes sont incomparablement plus grandes, que celles des Catholiques, par proportion à leurs biens.

XVI. OBJ. *On vient de dépouiller les maladeries & léproseries, & donner les revenus de ces Hôpitaux à des Chevaliers de Saint Lazare; gens mariés. Un jour on en fera de même des Hôpitaux Généraux: & ainsi c'est folie d'en établir & d'y rien donner.*

XVI. RÉP. On n'a touché qu'à celles qui avoient abandonné le soin des pauvres; on n'a pas même touché à celles qui sont unies aux hôpitaux généraux, ou à celles des malades des villes. Mais quand il arriveroit tout ce dont l'objection nous menace, les Fondateurs auront gagné le Ciel. Auront-ils sujet de se plaindre d'avoir perdu leur tems & leur argent?

XVII. Obj. *Les Hôpitaux Généraux diminuent les aumônes des Religieux mendians ; celles des Hôpitaux destinés aux malades ; & la dévotion de faire dire des Messes.*

XVII. Rép. L'expérience fait voir le contraire partout où il y a des hôpitaux. Jesus-Christ a promis d'augmenter les biens des charitables ; & que plus ils donneront, plus il leur donnera le moyen & l'envie de donner : comme Saint Bernard le fit voir dans le tems des Croisades ; où ses prédications firent que plusieurs donnoient leur superflu, quelques-uns même s'incommodoient pour donner.

XVIII. Obj. *Ces Hôpitaux commencés à la Capucine, sans revenus ni bâtimens, tomberont en peu de tems.*

XVIII. Rép. On voit le contraire. Les quarante à cinquante établis en trois ans, eurent dès lors des revenus, & des fonds pour bâtir. Les hôpitaux des malades n'ont pas été bâtis ni rentés en un jour. Mais quand il seroit vrai que ces hôpitaux à la Capucine ne dussent durer que vingt-quatre heures ; on aura donné du pain aux pauvres, & quelque instruction chrétienne : sera-ce un mal ?

XIX. Obj. *Enfin les ennemis de ces Hôpitaux disent que toute nouveauté est suspecte & odieuse ; qu'il n'y avoit point d'hôpitaux dans la primitive Eglise ; qu'on n'enfermoit point les pauvres, qu'ils étoient néanmoins secourus & instruits à la piété ; & qu'enfin Jesus-Christ a dit, il y aura toujours des pauvres parmi vous : qu'il y a à craindre que, si ces hôpitaux généraux étoient établis, & ces confréries de la charité, pour assister toute sorte de nécessiteux sains & malades, honteux & prisonniers, hérétiques, convertis,* &c. *le Roi ne taxât ensuite pour leur entretien les Evêques, Abbés, Curés,* &c ; *les Seigneurs des Fiefs, Nobles, Bourgeois, Officiers, Paysans,* &c.

XIX. Rép. Il est vrai qu'il y aura toujours des pauvres, afin que ceux d'entr'eux qui seront bons, se sanctifient par la patience, & contribuent au salut des riches, qui ne peuvent espérer le Ciel que par leurs aumônes. Mais l'Ecriture dit qu'il ne mendiront pas : *non erit mendicus inter vos.* C'est pour cela que les Papes ont ordonné à tous les Evêques & Curés, d'avoir un rôle de leurs pauvres ; leur faire l'aumône spirituelle, qui est l'instruction ; & leur donner l'aumône corporelle. Ainsi le Pape S. Gregoire portoit toujours sur lui le rôle de ses pauvres : S. Julien, premier Evêque du Mans, faisoit de même : ainsi que les grands Archevêques, S. Charles Borromée, Saint Thomas de Villeneuve, Dom Barthelemy des Martyrs, & tant d'autres saints Prélats de France. Ceux d'aujourd'hui y sont exhortés par le Roi, & par nombre d'Édits, Arrêts, & Lettres touchantes des années 1662, 1676, 1679, *&c.*

Tous les Bénéficiers sont obligés, par leurs fondations, d'instruire les pauvres & de leur faire l'aumône. Il est vrai que cela n'est gueres compatible avec le séjour de Paris & de la Cour, où l'on perd de vûe les pauvres à qui est due la principale portion du revenu des Bénéfices. Dans le tems où les Ecclésiastiques avoient soin des pauvres, la mendicité & gueuserie n'avoit point lieu. Ainsi il eût été inutile d'établir des hôpitaux généraux pour abolir ce désordre.

L'expérience démontre que, depuis neuf cens ans que Charlemagne a ordonné l'établissement des hôpitaux pour les malades dans toutes les Villes, les Rois n'ont point taxé leurs sujets pour leur entretien. Néanmoins la nécessité des malades est bien plus pressante que celle des pauvres valides.

Au reste, de tems immémorial (nommément en Languedoc) les Evêques, Abbés, Prieurs, *&c.* étoient taxés par ordonnance de justice pour la nourriture des pauvres des lieux où ils levoient les dîmes. De nos jours ils s'en sont fait décharger par Arrêt du Conseil, sur simple requête ; parce que les pauvres n'ont point d'Agent à gages à la Cour, pour conserver leurs intérêts : cela est contre les Capitulaires de Charlemagne, de l'an 813.

XX. Enfin, le principal but des hôpitaux Chrétiens est d'instruire à la piété les pauvres, auxquels on donne en même tems les secours temporels. On sait que la plupart mènent une vie très-déréglée. On ne peut les instruire que dans ces hôpitaux, vû l'état où les choses sont réduites. On oblige aussi les familles qu'on assiste dans leur maison, de venir au Catéchisme & à l'Office Divin, qui se font dans ces hôpitaux, à peine de demeurer déchus de l'aumône qu'on leur fait.

XXI. M. Duhamel du Monceau a donné une Description de l'Hôpital Saint Louis, à Paris ; qui est un excellent modèle pour construire des Hôpitaux. Elle est inserée dans son Ouvrage intitulé, *Moyens de conserver la Santé aux Equipages des Vaisseaux : avec la Maniere de purifier l'air des Salles des Hôpitaux.* Paris, Guerin, 1759, *in*-12.

Pour ce qui est de la bonne Administration de ces Maisons, nous invitons à consulter ce qui est dit de l'Hôpital de Lyon, dans le *Journal Œconomique*, en Octobre, Novembre, & Décembre, 1753 ; puis en Janvier & Février 1754. *Voyez* aussi notre article ADMINISTRATEURS.

HOQ

HOQUET ou *Hocquet.* Interruption de respiration ; mouvement violent qui, poussant tout-à-coup en en-bas le diaphragme, occasionne une grande dilatation de la poitrine, & conséquemment une inspiration forcée & accompagnée d'un son aigu.

Le hoquet peut venir de plénitude ; d'inanition ; d'avoir beaucoup ri ; d'irritation dans l'estomac ou dans l'œsophage ; d'inflammation dans quelque viscere ; de blessure au ventre ; de grand froid accompagné d'humidité ; d'alimens âcres, ou pris avec excès ; d'avoir bû à la glace, ou trop de vin ; d'épuisement avec les femmes.

Si le hoquet arrive après un long sommeil ; ou dans une défaillance ; ou dans un tremblement ; ou après l'avortement : il présage une mort prochaine.

Le hoquet est un mauvais signe dans l'inflammation du foie ; dans la passion iliaque ; l'inflammation du cerveau. Si les yeux deviennent rouges, après un vomissement, & que le hoquet prenne ; ce sont deux signes très-mauvais : ainsi que dans le *miserere*, ou dans une perte de sang considérable. Il en est de même de celui qui survient après une évacuation trop abondante ; surtout dans les personnes âgées.

Si, ensuite du hoquet, il paroît une apostume du côté droit, ou sur le ventre ; il n'augure rien de bon.

Si on vient à perdre le jugement, ou qu'il arrive convulsion ; ce sont des signes aussi funestes.

Le hoquet, qui est interrompu, n'est pas si dangereux que celui qui continue toujours.

Celui qui vient d'inanition est presque sans ressource, à moins qu'il n'arrive dans des fiévres continues.

Hors ces circonstances, le hoquet n'a rien qui doive inquiéter.

Remédes pour le Hoquet.

1. Ceux qui sont sujets au hoquet, en sont délivrés ordinairement dès qu'ils ont éternué.

2. Tout hoquet qui vient de pituite, se guérit par la soif; pourvû que la matiere ne soit pas corrompue, ou qu'elle ne vienne pas d'un apostume.

3. A l'égard du hoquet qui proviendra de la qualité ou quantité des viandes; & des vins qui engendrent des humeurs âcres: on observera la diete. *Ou* l'on provoquera le vomissement. *Voyez* BOISSON, & ci-dessous, *nn.* 6. 9.

4. S'il vient de chaleur; on usera de limonade, de cidre, ou de bonne tisane.

5. S'il vient de froid on mâchera de l'anis: *on* boira de bon vin sucré, ou du rossolis, ou du vin d'Espagne, ou d'autres semblables liqueurs.

6. Les enfans y sont fort sujets, à cause qu'ils mangent goulument & plus qu'ils ne peuvent digérer; ce qui leur cause beaucoup de pourriture.

Il faudra leur appliquer un peu de thériaque sur la région du cœur, étendue sur du linge: après cela leur donner de la poudre de rhubarbe, ou une once de sirop de chicorée composé; *ou* poudrer leur potage, ou leur viande, avec un peu de marjolaine, ou de thim; *ou* leur donner à mâcher de l'écorce d'orange confite, ou de l'anis, ou de la coriandre, ou du fenouil sucré. *Voyez* ci-devant *n.* 3.

7. On fera passer le hoquet en recevant la fumée d'anis par le nés; *ou* en buvant de la décoction de cette graine.

8. On se gargarisera avec du vinaigre: *ou* l'on en avalera une cuillerée. Ce remede est presque infaillible.

9. Si le hoquet vient d'humeur âcre, ou de violens remedes: l'on donnera à prendre de l'huile d'amandes douces; ou de l'huile d'olives; du beurre frais; des bouillons avec de la poudre d'yeux d'écrevisses; du corail préparé avec un peu de conserve de roses; huit grains de perles avec autant de corne de cerf préparée, dans une cuillerée de sirop de grenades.

10. La peur guérit le hoquet.

11. Faites une forte ligature, soit aux doigts des mains, soit en quelque autre partie.

12. Un verre d'eau fraîche, bu très-lentement, arrête souvent le hoquet. Il en est de même de tout ce qui peut ralentir la respiration.

13. L'odeur de castoreum produit le même effet. C'est pourquoi ceux qui y sont sujets en pourront toujours porter sur eux.

14. Quelques-uns appliquent des ventouses séches sur l'estomac.

15. Il faut, dans l'instant que le hoquet prend, tirer fortement le doigt annulaire de celui qui en est atteint: & il cessera. [Toute autre douleur vive opére de même.]

16. Faites mâcher trois ou quatre grains de poivre, à la personne qui a le hoquet.

17. Faites-lui prendre quatre gouttes de l'huile exprimée de graine d'aneth, mêlées avec demi-once d'huile d'amandes douces.

18. Faites boire un verre de bierre, ou de vin; dans lequel vous aurez fait bouillir des graines de pavot blanc, de carrotte, de pourpier & d'aneth, une demi-dragme de chacune. Si le premier verre n'arrête pas le hoquet, il faut réitérer.

19. S'il est causé par des vents, comme il arrive très-souvent; faites prendre dans un peu de vin blanc, deux scrupules de poudre de dictamne, ou de galanga, avec une dragme de thériaque.

Consultez l'article RESPIRATION.

HOR

HORDEUM. *Voyez* ORGE.

HORDEUM *distichum.* Voyez FROMENT, *n.* 16.

HORDEUM *nudum.* Voyez FROMENT, *n.* 15.

HOREHOUND. *Voyez* MARRUBE. BALLOTA.

HORLOGE. Ouvrage de l'art; qui marque les heures du jour. *Consultez* l'article CADRAN. Les montres & les pendules sont des horloges d'une invention commode. Nous n'expliquerons pas ici leur mécanisme. Il suffit, pour l'objet de ce Livre, d'apprendre la maniere de conduire ces machines.

Pour bien gouverner une Montre.

1. Remontez-la toujours à la même heure, autant que vous le pourrez.

2. Ne l'ouvrez que pour la monter, & lorsqu'il faut l'avancer ou la retarder.

3. Pour l'avancer: appliquez le petit bout de la clef sur le quarré d'acier qui est au milieu de la rosette ou platine divisée par des chiffres; & tournez la rosette, de maniere que les nombres aillent en augmentant à mesure qu'ils approchent de la pointe à laquelle ils répondent. Il faut tourner très-peu à la fois.

4. Pour la retarder: on fait de même; mais ensorte que les chiffres aillent en diminuant.

5. Pour avancer ou retarder les aiguilles: faites entrer dans le gros bout de la clef le quarré d'acier qui est au-dessus de l'aiguille des minutes. Il suffit de faire mouvoir cette aiguille; parce qu'elle fait tourner en même tems celle des heures. C'est le moyen de ne pas désaccorder les aiguilles d'une montre à minutes; ou la sonnerie d'une répétition.

Maniere de gouverner une Pendule.

Si elle va huit jours, remontez-la au bout de ce tems le plus réguliérement qu'il vous sera possible.

Pour l'avancer: remontez la lentille qui est au bout du balancier.

Pour la retarder: tournez cette lentille, en descendant.

Nota. Dans l'une & l'autre opérations, il faut tenir la verge avec une main; & déplacer la lentille, de l'autre.

Supposé que la pendule avance d'un quart, ou d'une demi-heure; & que l'aiguille des minutes se trouve sur 55: on peut tourner cette aiguille en arriere, & la ramener même ainsi jusqu'à 30. Mais quand elle a passé 56 ou 57, on ne peut plus la mener en arriere; parce que la détente est levée pour sonner. Le plus sûr est de tourner toujours à droite; & avoir la patience de faire sonner les heures, l'une après l'autre, jusqu'à ce qu'on soit parvenu à l'heure juste.

Si la sonnerie n'est pas d'accord avec l'aiguille des heures; tournez l'aiguille sur l'heure qui sonne. Cette aiguille tourne sur son canon, sans faire tourner autre chose avec elle.

Equation des Horloges.

Dans le cours d'une année, on remarque souvent une notable différence entre l'heure du soleil sur les meilleurs cadrans solaires, & celle d'une pendule bien réglée. Ce dérangement apparent ne doit pas être attribué aux pendules ou aux montres, mais à l'inégalité du cours du soleil. Par exemple, une pendule bien réglée, qu'on aura mise à l'heure du soleil le premier de Novembre, paroîtra avancer de 31 minutes le 10 Février suivant. Remise ce jour-là sur le soleil, elle semblera retarder de 18 minutes au 15 Mai; & de ce jour, au 26 Juillet, avancer de plus de 10 minutes. Enfin, du 26 Juillet au premier Novembre, on y appercevra plus de 22 minutes de retard.

Au moyen de la *Table* suivante on voit de combien de secondes de tems une bonne horloge doit avancer ou retarder, jour par jour, relativement au soleil : ce qui sert beaucoup à faire distinguer si une horloge ou une montre va bien. Supposé qu'on l'ait mise sur l'heure du soleil le 21 Avril à midi, le lendemain à la même heure elle doit avoir retardé de douze secondes. C'est pourquoi à la tête de la colonne d'Avril il y a une R (qui signifie *Retard*) ; & plus bas est le nombre 12, vis-à-vis de celui de 21 qui se trouve dans la colonne commune aux jours de tous les mois. De même au bout de dix jours, c'est-à-dire le premier de Mai suivant, elle doit avoir retardé d'une minute 44 secondes : comme on le connoît en ajoûtant ensemble les nombres des secondes dont elle a dû retarder jour par jour depuis le 21 Avril jusqu'au premier de Mai.

La lettre A, dans cette table, signifie *Avancer* : comme l'R, *Retarder*.

Jours du Mois.	*Janvier.*	*Février.*	*Mars.*	*Avril.*	*Mai.*	*Juin.*	*Juillet.*	*Août.*	*Septembre.*	*Octobre.*	*Novembre.*	*Décembre.*
	A	A	R	R	R	A	A	R	R	R	A	A
1	28	7	13	18	8	9	12	3	19	19	0	23
2	28	6	13	18	7	9	11	4	19	18	0	24
3	27	6	13	18	6	10	11	5	19	18	1	24
4	27	5	14	18	6	10	11	5	19	18	2	25
5	26	4	14	18	5	10	10	6	20	17	3	25
6	26	3	15	17	5	11	10	7	20	17	4	26
7	25	2	15	17	4	11	10	7	20	16	4	27
8	25	1	16	17	4	11	9	8	20	16	5	27
9	24	1	16	17	3	11	9	8	20	16	6	28
10	24	R	16	16	2	12	8	9	20	15	7	28
11	23	1	17	16	2	12	8	10	21	15	8	28
12	23	2	17	16	1	12	8	10	21	14	9	28
13	22	2	17	16	1	12	7	11	21	14	9	29
14	21	3	17	15	A	13	7	11	21	13	10	29
15	21	4	17	15	1	13	6	12	21	12	11	29
16	20	5	18	15	1	13	6	12	21	12	12	29
17	19	5	18	14	2	13	5	13	21	11	13	30
18	18	6	18	14	2	19	5	13	21	11	14	30
19	18	7	18	13	3	13	4	13	21	10	15	30
20	17	7	18	13	3	13	3	14	21	9	15	30
21	16	8	18	12	4	13	3	14	21	9	16	30
22	15	8	18	12	4	13	2	15	21	8	17	30
23	14	9	19	12	5	13	2	15	20	7	18	30
24	14	10	19	11	5	12	1	16	20	7	18	30
25	13	11	19	11	6	12	1	16	20	6	19	30
26	12	11	19	10	6	12	R	17	20	5	20	30
27	11	12	19	10	7	12	1	17	20	4	20	30
28	10	12	19	9	7	12	1	17	19	4	21	29
29	10		19	9	8	12	2	18	19	3	22	29
30	9		18	8	8	12	2	18	19	2	23	29
31	8		18		8		3	18		1		29

HORLOGE *d'eau*. Voyez CLEPSYDRE.

HORLOGIOGRAPHIE. *Consultez* l'article CADRAN.

HORMINUM. *Voyez* ORMIN.

HORN (*Buck's*). Voyez CORNE *de Cerf*.

HORNBEAM. *Voyez* CHARME.

HORSE-CHESNUT. *Voyez* MARRONIER *d'Inde*.

HORSE-RADISH. *Voyez* HERBE *aux Cuillers*, n. 7.

HORTOLAGE. Terme usité en quelques Provinces ; pour désigner en général, soit les plantes potageres, soit la partie d'un potager qui est occupée par des plantes délicates.

HOSCHE. *Voyez* HOUSCHE.

H. O T

HOTTE. Espece de panier ou mannequin d'osier, fait exprès pour être attaché sur le dos avec des sangles nommées bretelles, & par ce moyen porter facilement quelques fardeaux ; tels que de la terre, du sable, des pierres, du linge, du fruit, &c. Le côté qui se place contre le dos est plat, & plus élevé en hauteur que le reste, qui est large & rond par en haut, & un peu pointu par le bas. *Voyez* AGRAFE.

Les habiles Vanniers font des hottes d'ozier si exactement travaillées, qu'elles tiennent le vin sans qu'il s'écoule.

HOTTEREAU. Diminutif de *Hotte*.

HOTTEUR, HOTTEUSE. C'est celui, ou celle, qui porte la Hotte.

H O U

HOU, *hou, hou ; après, l'ami*. Ce sont les termes dont le valet de limier doit user, parlant à son limier, quand il le laisse courre soit un loup soit un sanglier.

HOUBLON : en Latin *Lupulus* ; & *Humulus* : en Anglois *Hop*. Plante sarmenteuse qui porte des fleurs mâles, ordinairement sur des pieds différens de ceux qui en produisent de femelles : ou quand elles se rencontrent sur un même pied, les unes sont séparées des autres. Les fleurs mâles sont fort petites ; composées d'un calice à cinq pieces, sans pétales, & de cinq étamines surmontées de sommets oblongs : ces fleurs sont rassemblées en grappes pendantes le long des tiges. Dans le tems de la fécondation, elles paroissent toutes couvertes de leurs poussieres, en forme de farine. Les fleurs femelles, rapprochées en tête, ont une enveloppe commune ; & une particuliere composée de quatre pieces, qui renferme huit fleurs : dont chacune a un calice d'une seule piece, & deux stigmats cylindriques & courbes qui portent sur un petit embryon. Cet embryon devient une espece de capsule à-peu-près sphérique, qui est la graine même ; rangée sur un poinçon commun, dans les aisselles des écailles qui forment ainsi un fruit plus ou moins allongé.

Nous ne parlerons ici que de l'espece dont on fait usage : celle que G. Bauhin a nommée simplement *Lupulus Mas*, & *Lupulus Femina*.

Cette plante vient sans culture le long des chemins, dans les haies & les bois. On prétend n'observer aucune variété dans les individus mâles : mais que parmi les individus femelles, il y en a qui, brisés entre les doigts, ont une odeur d'ail, & portent de longs fruits anguleux ; d'autres, dont les fruits sont longs & blancs ; & une troisieme sorte qui en produit dont la forme est ovale.

Le Houblon jette de longues tiges, menues, fort rudes, sarmenteuses, sans vrilles, & qui se roulent de gauche à droite ; c'est-à-dire, du Levant au Couchant, passant par le Midi, suivant le mouvement diurne du soleil. Leurs révolutions se font autour des corps voisins, propres à soutenir les tiges & favoriser leur étendue en hauteur. Les tiges & les feuilles périssent tous les ans : mais les racines branchues, & qui s'allongent beaucoup dans une direction tant verticale qu'horizontale, sont vivaces. Les feuilles sont simples, opposées, rudes, profondément découpées en cinq à-peu-près comme les feuilles de la vigne. Consultez les *Observ.* de M. Guettard *sur les Plantes*, Tom. II. p. 21-2.

Culture.

A la Louisiane, le Houblon vient particuliérement en abondance sur les côteaux, & sur les terres hautes des ravines : dit M. Le Page, dans l'Histoire de cette Colonie.

En Europe on le cultive dans les pays où on boit habituellement de la bierre.

Une terre chaude & séche à sa superficie ; très-substantieuse, argilleuse même, au dessous ; & qui a beaucoup de fond ; convient excellemment à cette plante : quand même il y auroit du roc à deux ou trois pieds au-dessous de la superficie. Mais une argille forte, ou une terre de tourbe, & marécageuse, lui sont absolument contraires. On tâchera donc de mettre le houblon dans un pré humide ; dans un verger usé ; dans une terre qui n'aura pas été labourée depuis longtems : & on observera ce que nous conseillons ailleurs par rapport aux défrichemens. Il faut fumer beaucoup, pour qu'il réussisse dans une terre accoutumée à porter du grain.

Le choix de l'engrais pour une houblonniere doit être réglé sur la qualité du sol, & sur les facilités que l'on a de s'en procurer. Le *Journal Œconomique* recommande particuliérement le fumier de porc : Voyez au mois de Mars 1751, p. 18, *&c.*

Pour fumer la houblonniere, on fait des fosses à deux pas l'une de l'autre, comme dans les vignes ; & on les emplit bien avec du fumier de porc, qui ne soit pas pourri. Par ce moyen, on n'est obligé à y remettre de nouveau fumier que tous les trois ans. La plante elle-même n'a pas besoin de fumier : & on doit ne point y en mettre à l'entour : il suffit d'y jetter un peu de bonne terre. Mais les racines pénétrant dans le fumier de porc, y trouvent une humidité & une nourriture que tout autre (dit-on) ne leur donne pas également.

Le houblon se plante par rangées distantes de six pieds les unes des autres, dans des trous larges de deux pieds sur un pied de profondeur ; où l'on couche la racine. Quand il est bien sorti, on plante dans le trou une perche environ grosse comme le bras, & longue de douze pieds : on a soin d'en approcher les brins ; qui ne manquent pas d'y monter. Lorsque la fleur est jaunâtre, on coupe la tige tout près de terre, & l'on arrache la perche pour cueillir cette fleur, que l'on serre.

Le bon houblon se connoit à ce qu'il y a beaucoup de farine jaune dans les têtes, qu'il est bien gluant & gras au toucher, & qu'étant frotté dans les mains il répand une odeur forte.

Il ne faut pas employer des perches trop longues. Car si les farmens sont plus longs & les feuilles plus abondantes, au moyen de ces longues perches ; d'un autre côté, il y a constamment moins de fruit. Dans les meilleurs terreins, il convient de ne pas percher le houblon au-delà de douze pieds de hauteur ; & de se borner à dix, dans les terreins médiocres. Lorsque le farment montera plus haut, on l'abattra avec une baguette ; afin qu'il ne monte plus, & que la plante donne plus de fruit : qui même sera plus beau, si l'on a soin d'arracher les feuilles, à la hauteur de quatre ou cinq pieds.

Aussitôt que l'on peut fouir, après l'hiver, on coupe les vieux restes du houblon, pour donner lieu à de nouvelles pousses.

Quand une houblonniere a servi longtems, & que l'on voit tous les ans en mourir ou pourrir quelques plantes ; le plus court & le plus utile est d'arracher tout, & de labourer la terre ; y semer du bled de Mars, ou quelque autre grain ; & après la récolte, labourer de nouveau, afin que les pluies d'hiver pénetrent la terre & l'humectent. Au printems suivant, on fait avec succès une nouvelle plantation de houblon.

Cette plante est sujette à un accident, connu sous le nom de *Rosée Farineuse*. Cette espece de nielle tombe en été sur le houblon au lever du soleil lorsque la plante est en fleur. Elle fait sécher & périr les feuilles, & détruit toute espérance de récolte. Il y a quelquefois des cantons entiers qui subissent ce dommage. S'il survient une pluie qui lave bien toute la plante, la rosée farineuse ne fait point de tort. Mais comme ce secours naturel vient fort rarement dans le cas où le houblon en a besoin, l'industrie a inventé divers moyens d'y suppléer. 1°. Dans le printems & en automne on entoure de fumier de porc (non pourri) les éminences sur lesquelles est le houblon. 2°. L'on fait promener dans la houblonniere, des hommes qui jettent à l'encontre du vent, des poignées de cendres de hêtre, dans le tems que la rosée tombe : & le vent répand ces cendres sur les plantes. Il est cependant à observer que les cendres bouchent les pores des endroits où elles tombent ; & que la terre qui les reçoit, perd de son humidité : ce qui peut faire une autre espece de mal, en écartant le premier. De plus on n'est pas à portée d'avoir par-tout des cendres de hêtre : & s'il falloit en faire venir de loin, les frais pourroient excéder le profit. Au reste, ces deux préservatifs n'ont pas toujours un succès soutenu. 3°. On se trouve bien de faire arracher promtement toutes les feuilles du houblon : il en renaît d'autres : & l'on a encore au moins la moitié, quelquefois les deux tiers de la récolte commune. Il est de la prudence, de faire porter ces feuilles malades dans un endroit éloigné, & de les y brûler. Consultez le *Journal Œconomique*, Avril 1754, p. 33 & suivantes.

Usages.

On met les fleurs du Houblon dans la bierre, afin de lui donner de la force & de la vivacité. Nous avons indiqué ci-dessus, le tems & la maniere de les cueillir.

Dans des tems où le houblon est rare, on peut en cueillir les feuilles jeunes & bien saines ; & les sommités des farmens, jusqu'au bois, lesquelles soient encore vertes, tendres, & pleines de suc ; les laisser sécher dans un endroit propre & aëré ; & ensuite en faire une petite bierre : c'est-à-dire que dans le second brassage, qui se fait dans le même chauderon qui a servi à la bierre forte, on ajoûte ces feuilles & farmens ; pour donner plus de force à cette petite bierre, & la rendre plus saine & plus de garde. On prétend même que dans les années où le houblon est cher, on pourroit ainsi en employer moitié moins pour la bierre forte.

Ces feuilles & sommités sont une bonne ressource pour la nourriture des bestiaux, dans un hiver rigoureux. Cela les fortifie beaucoup, contre les impression du froid. Pour les leur donner, on en fait une infusion dans l'eau bouillante, que l'on verse ensuite dans leur boisson ordinaire. On donne encore plus de force aux bestiaux, en mêlant dans cette boisson, des sommités de pin ou de sapin. Il est même plus avantageux de laisser bien bouillir ces sommités dans un chauderon, pour que toute leur substance résineuse se sépare : on verse cet extrait dans la boisson.

En Médecine, on regarde le houblon comme étant sec & chaud. Les sommités, que l'on mange cuites, en salade, sont plutôt humides & froides, que chaudes : elles ne laissent pas de purifier le sang, amollir le ventre, désopiler le foie & la rate, & être assez agréables.

On mange encore les jeunes pousses du houblon, apprêtées de même que les asperges. Quand on veut s'en servir pour garniture, on ne leur laisse que le verd. On les fait encore bouillir un bouillon dans l'eau; puis les ayant égoutté, on les met dans un plat avec un peu de beurre, un filet de vinaigre, un peu de bon bouillon, du sel, de la muscade, & on les fait mitonner.

La décoction de la racine est apéritive. Pour la rendre sudorifique, on en fait macérer une livre pendant une nuit, dans huit livres d'eau; qu'on fait bouillir ensuite jusqu'à la consomption du tiers. On augmente sa vertu, en y ajoûtant des racines de persil & de chiendent. La dose de cette tisane est de huit onces. Le malade doit se tenir au lit, & se bien couvrir, pendant son usage.

Les jeunes pousses du houblon, infusées pendant la nuit sur les cendres chaudes, dans du vin blanc, ou dans du petit lait, purifient le sang; dissipent les dartres, la gratelle, & autres maladies de la peau. On peut aussi faire macérer ces tendrons dans un bouillon de veau, comme la fumeterre. On mêle quelquefois le houblon avec cette derniere plante, pour en faire un sirop; qui est très-utile dans le scorbut.

HOUE; *Hoyau*, ou *Marre*. Instrument fort commode pour remuer la terre; & dont les Pioniers & les Vignerons font grand usage. Quelques Jardiniers s'en servent aussi; particuliérement pour les pois, feves, haricots, mays, &c. Son avantage est de remuer beaucoup de terre en peu de tems; & faire un bon labour assez profond, sans endommager les racines comme on a souvent lieu de le craindre en employant la bêche. Mais il pénetre moins avant.

Cet instrument est composé d'un fer, long de treize à quatorze pouces, sur huit de largeur du côté de la douille, & sept du côté tranchant; un peu recourbé dans son milieu; d'acier bien battu à l'extrêmité qui fait le taillant, & qui n'est épaisse que d'une ligne, ou au plus une ligne & demie. L'extrêmité opposée porte une douille, & est coudée, ensorte que le manche revient sur l'instrument & en suit la direction. Ce manche est donc un peu courbe; & doit n'être écarté du fer que de cinq à six pouces au-dessus du taillant; & seulement de deux, attenant la douille. Il y a des houes fendues en deux branches un peu pointues; pour travailler dans les terres fortes & pierreuses.

HOUER. C'est labourer avec la houe.

HOUE *à chevaux*. Voyez CHARRUE, p. 538.

HOUILLE. Nom Générique, appliqué à divers bitumes fossiles, calcinables, & plus ou moins solides. Ainsi on y comprend le charbon, soit de terre soit de pierre, dont nous avons parlé dans le premier Volume, pages 525-6; & dont le feu s'anime par l'eau qu'on y jette, mais s'éteint lorsqu'on y répand de l'huile.

La *Maison Rustique*, T. I. p. 960, en distingue une terre noire & grasse, dont on consomme beaucoup à toutes sortes d'usages dans le pays de Liege; & que ce Livre nomme spécialement HOUILLE. On la débite en forme de briques; & on la brule » dans des especes de fourneaux quarrés faits de grillages de fer, où le feu bleuâtre & la chaleur de la » houille durent une demi-journée. Le charbon de terre, le plus commun parmi nous, n'a pas cette consistance: on sçait qu'il se met de lui-même en morceaux durs & irréguliers, nullement susceptibles d'être réduits en masse uniforme. Consultez le *Journal Œconomique*, Avril 1751, p. 84: où on suppose que la houille de Liege est mêlée par art avec de l'argille.

Le même *Journal* (Janvier 1754, p. 62 & 63) fait mention d'une *Terre* HOUILLE, ainsi qu'on la nommoit alors, & qui depuis a été appellée *Cendre d'Engrais*: dont la mine existe auprès de Noyon. Peut-être même en découvriroit-on ailleurs. Cette terre, nouvellement extraite de sa mine, est paitrie avec les pieds & arrosée d'eau, puis entassée en cone de dix à douze pieds de hauteur. Elle s'échauffe ainsi, & se calcine d'elle-même. On racle avec des rateaux la surface du cone, à mesure qu'elle est brulée. Ce sont ces cendres que l'on vend pour amender les terres; & qui font très-bien dans les prairies & dans les terreins humides.

La Houille dont nous parlons semble avoir beaucoup de rapport avec une *Terre noirâtre*, qui sert pareillement d'engrais dans l'Artois & le Hainault. Voyez ce qu'en dit M. Duhamel, dans son *Traité de la Culture des Terres*, T. V. p. 226 & suivantes; & dans le premier Volume de ses *Elémens d'Agriculture*, depuis la p. 182.

Qu'il nous soit permis de hazarder ici une conjecture; qui nous a paru pouvoir donner lieu à répandre quelque jour sur l'équivoque des termes de *Houille* & *Charbon*, en conséquence de ce que nous venons de rappeller succinctement. M. De Tilly, qui a donné un bon *Mémoire*, où regnent la précision & la clarté, *sur l'utilité, la nature & l'exploitation du Charbon Minéral* (Paris, Lottin 1758); observe, *p.* 5, que « la consistance, les effets, & la profon- » deur de ce Minéral, varient suivant la profondeur » d'où il est tiré. «

Il ajoûte, plus bas, qu'il y en a » deux especes. La » premiere est grasse & compacte; sa couleur est » luisante; elle est lente à s'enflammer; mais lors- » qu'elle l'est une fois, elle donne un feu vif, une » flamme blanche, & jette une fumée épaisse. Elle » a la propriété de se coller sur le feu, de former une » croûte; qui concentrant la flamme, rend la chauffe » plus prompte. Cette espece, qui est la meilleure, » est (dit-il) appellée *Charbon de Pierre*. On ne par- » vient à cette qualité éminente de charbon, que » dans la profondeur où il conserve une portion plus » considérable de bitume, qui le rend plus compact » & plus onctueux.

» Le charbon de la seconde espece est tendre & » friable; sujet à se décomposer à l'air. Il s'allume » facilement; mais sa chaleur est si légere, qu'il ne » fait que rougir le fer, sans le chauffer.... On l'ap- » pelle *Charbon léger*.... Il appartient communément » aux *Bouilles*. Sa situation superficielle est cause qu'il » a perdu la partie la plus subtile du bitume qui en- » tre dans sa composition.

Ce qu'on nomme *Bouilles*, en termes de l'art, est » un rognon de charbon, enfermé sous des cail- » loux qui n'ont point de regle; & dont la consistance » n'est pas aussi ferme que celle des bancs qui con- » tiennent les veines. Ce charbon ainsi en bouille ne » se fait jamais en fond.

Le rapport sensible des sons *Bouille* & *Houille*, sert à diriger ma conjecture. On a vû, ci-dessus, que la *Bouille* est tendre, friable, très-facile à s'échauffer, & sujette à se décomposer à l'air: & que la *Houille* de Beaurains (ou de Noyon), & la Terre Noirâtre de l'Artois & du Haynault, réunissent ces propriétés. D'ailleurs, leurs filons sont voisins de la superficie de la terre: Voyez les *Elém. d'Agricult.* T. I. p. 183. Ne peut-on donc pas regarder comme synonymes les termes de *Bouille* & *Houille*: & s'en servir pour établir une distinction entre ces substances & celles qui méritent le nom de *Charbon*?

Le plus ou moins de profondeur de la Mine n'est pas une regle pour juger de la qualité du charbon. C'est ce que l'on apperçoit en comparant les pages 13, 14, 15, 16, 17, 18, du Mémoire de M. De Tilly,

La *vraie Houille* sera, si l'on veut, une substance composée de parties plus ou moins sphériques, très-compactes & unies, qui se décomposent facilement à l'air, & contiennent quelquefois de l'ochre. Cette derniere circonstance est ce qui a fait distinguer leurs cendres en blanches & en rougeâtres : Voyez les *Elém. d'Agric.* T. I. p. 186 ; & le *Mémoire* de M. De Tilly, p. 36.

Par conséquent le nom de *Charbon* ne seroit appliquable qu'aux substances assez chargées de bitume pour être onctueuses, un peu humides, difficiles à désunir, & incapables de se décomposer à l'air.

Nous avons indiqué, dans l'article CHARBON DE TERRE, plusieurs ouvrages relatifs à l'exploitation de ses Mines. Ce seroit manquer au Public, que de ne pas l'avertir que M. De Tilly a encore bien traité cette matiere ; & qu'outre l'intelligence, partie essentielle pour réussir, il a répandu dans son *Mémoire* nombre d'instructions appartenantes à l'œconomie, & dès-là très-propres à seconder l'entreprise & à la soutenir. Consultez particuliérement les pages 39, 41, 49 ; les *Sections* 2 & 3 qui commencent à cette page ; puis les pages 104, 126 & suivantes. Nous avions encore omis d'indiquer un Mémoire de M. Zimmermann, concernant les Charbons de terre ; traduit dans le *Journal Œconomique*, Avril 1751.

HOULETTE. Bâton terminé par une espece de petite pelle de fer, concave : dont se servent les Bergers.

Les *Jardiniers* nomment HOULETTE une très-petite bêche avec un manche fort court ; tantôt plate, tantôt creusée en gouttiere. *Voyez* BEQUILLER. DEPLANTOIR.

HOUPE : *terme de Botanique.*

C'est 1°. un assemblage de poils, comparé aux houpes de soie qui servent à poudrer.

2°. *Consultez* l'article CHANVRE, pag. 515.

HOUPIER.

HOUPER *un mot long, ou deux :* terme de Chasse. C'est quand un Veneur appelle son compagnon, lorsqu'il trouve un cerf ou une autre bête courable, qui sort de sa quête & entre en celle de son compagnon.

HOUPIER. C'est proprement tout arbre de haie, dont on coupe les branches en ne laissant que celles du haut.

2. On nomme HOUPIER, dans les forêts, la cime branchue de certains arbres ; laquelle ne pouvant être débitée pour aucun service, pas même en bois de corde, il est permis de la bruler pour faire de la cendre.

HOUSCHE, ou *Hosche ;* en Latin *Oscha.* Petit terrein situé derriere une maison, & dans lequel les Paysans cultivent les choses les plus nécessaires à la vie. Ce terme n'est plus d'usage que dans quelques endroits. Une maison de Paysan qui n'a point d'housche, n'est d'aucune valeur.

HOUSE-*Leek.* Voyez JOUBARBE.

HOUSSAIE. Champ rempli de houx.

HOUSSIERE. *Voyez* BROSSAILLE.

HOUSSINE. Jeune branche droite & menue. On ne peut gueres tirer parti d'un bois où l'on ne trouve que des houssines. Les arbres fruitiers qui poussent beaucoup de houssines ont grand besoin d'être taillés & conduits.

HOUSSON. *Voyez* PETIT HOUX.

HOUX : en Latin *Aquifolium* & *Ilex :* en Anglois *Holly Tree.* Des Botanistes ont dit que le Houx portoit des fleurs Hermaphrodites, & d'autres qui étoient mâles ou femelles, tantôt sur le même individu, tantôt sur des pieds différens. Mais toutes sont constamment hermaphrodites : & les étamines avortent dans celles que l'on répute femelles ; ou bien les pistils dans les prétendues mâles.

En général, la fleur de ce genre de plantes a peu d'apparence. Elle est formée d'un très-petit *calice* divisé en quatre parties ; d'un seul *pétale* fait en rosette, & découpé plus ou moins profondément en quatre parties arrondies. Ce pétale est percé, dans son milieu, d'un trou par lequel passe le *pistil*, accompagné de quatre ou cinq *étamines.* Le pistil consiste en un embryon arrondi, surmonté de trois ou quatre stigmats, sans styl. L'embryon devient une *baie* charnue ; qui contient quatre noyaux oblongs dont la figure est irréguliere.

Les *feuilles* de la plupart des Houx sont très-fermes, armées de piquans sur leurs bords, & placées alternativement sur les branches. Près l'origine des feuilles sont ordinairement deux *stipules* presque insensibles.

Especes.

1. *Aquifolium sive Agrifolium vulgò* J. B. Le *Houx commun.* Cet arbrisseau vient de lui-même dans les bois & les forêts : où il s'éleve à la hauteur de vingt ou trente pieds, quelquefois davantage. Sa tige parvient à une grosseur passable en vieillissant : M. Le Page dit en avoir vû à la Louisiane, qui avoient plus d'un pied & demi de diametre. Son écorce est lisse, & d'un gris verdâtre. Lorsqu'on le laisse croître librement, ou qu'il n'est pas maltraité dans ses parties tendres par le bétail, il se garnit souvent de feuilles dans presque toute sa longueur, & prend une forme pyramidale. Ses feuilles sont en ovale allongée, brillantes & d'un beau verd en dessus, pâles en dessous, longues d'environ trois pouces sur un & demi de largeur, ondées, armées à leurs bords de piquans durs & très-affilés, à-peu-près alternativement les uns levés & les autres abaissés. Les fleurs naissent dans les aisselles des feuilles ; par bouquets de cinq ou six ou même davantage, sur un même péduncule : elles sont d'un blanc sale, & paroissent vers le mois de Mai. Il leur succede des baies arrondies ; qui deviennent d'un rouge vif à la fin de Septembre, & continuent à parer la plante jusqu'au mois de Janvier.

Il y en a un grand nombre de variétés : que M. Duhamel a rapportées dans son *Traité des Arbres & Arbustes*, T. I. Telles sont, entr'autres, celles dont les *baies* demeurent *jaunes*, ou *blanches :* ce qui arrive principalement sur les houx dont les feuilles sont panachées.

Les variétés qui se distinguent par la couleur des feuilles sont prodigieusement multipliées. Elles sont *panachées* de blanc, ou de jaune : & l'une ou l'autre couleur forment diverses nuances ou mélanges ; auxquels les Anglois, plus curieux que nous de ces sortes de productions, ont donné des noms particuliers. Celui de *Pentelada*, ou *Paintelada*, qui a plus de rapport à notre langue, désigne un Houx à feuilles oblongues, dont les bords sont jaunes, lisérés de pourpre, & les épines pourpres.

On trouve encore des feuilles qui ne sont point piquantes, mêlées avec les autres sur un même arbre.

2. *Aquifolium echinatâ folii superficie* Cornuti. Le *Houx Hérisson.* Cette espece, originaire du Canada, a les feuilles plus courtes que celles de l'espece précédente : leurs bords sont armés de fort piquans très-serrés les uns contre les autres : & toute la surface est hérissée de pointes courtes, en dessus & en dessous.

Ces feuilles sont quelquefois panachées de jaune, ou de blanc. Consultez le *Traité des Arbres & Arb.* T. I. p. 62.

3. *Voyez* CASSINE, p. 474-5.

Culture.

On peut multiplier les houx par leurs femences. Mais elles font fouvent une année entiere fans lever. Les marcottes & la greffe font des moyens plus expéditifs. Ce font même les feuls propres à conferver les variétés dont nous avons parlé. On écuffone le houx panaché, fur le commun.

Pour fe fournir de Houx communs, on en arrache de jeunes qui font levés de graine fous les vieux pieds : & après les avoir cultivé en pepiniere, on y greffe en écuffon ou en fente telle variété ou efpece que l'on veut.

Ces arbriffeaux réuffiffent rarement quand on les a tranfplantés fans motte. Le printems eft en général plus favorable à cette opération, que l'automne.

Ils fe plaifent beaucoup à l'ombre fous de grands arbres. Ceux qui font panachés dégénerent moins; étant expofés au foleil : parce que l'abondance de feve nuit toujours à la confervation de ces jeux de la nature. Auffi voyons-nous la plupart des feuilles panachées, de quelque genre que ce foit, dégénérer quand les plantes font dans une terre au-deffus de la médiocre.

Voyez HOUSSAIE.

Ufages.

Tous les houx, furtout ceux à feuilles panachées, font bien dans les bofquets d'hiver, par leurs feuilles & leurs fruits.

Les buiffons touffus qu'ils forment, les rendent propres à garnir des remifes : ils y protegent le gibier; & beaucoup d'oifeaux vivent de leur fruit.

Voyez HAIE.

Le bois du houx eft fort dur, très-pefant, & blanc. Celui du centre des gros arbres eft brun. Ses baguettes font affez pliantes. Son écorce fournit de la glu : *Voyez* GLU.

PETIT-HOUX; *Fragon; Frelon; Houffon; Buis piquant; Brufc :* en Latin *Rufcus :* en Anglois *Knee Holly*, & *Butchers Broom.* Cet arbriffeau porte tantôt des fleurs hermaphrodites, tantôt de mâles & de femelles fur différens pieds : fi néanmoins celles qui font réputées fimplement mâles ou femelles, ne font pas avortées; comme nous avons dit qu'on l'obferve dans le Houx. Le *calice* des unes & des autres eft divifé en fix jufqu'à fa bafe : & dans fon intérieur eft une efpece de nectarium, qui tient lieu de pétale, & auquel font immédiatement attachés les fommets des étamines. Ces *étamines* font réunies par leurs filets : & leurs fommets s'ouvrent par leur extrêmité fupérieure. Au centre de ce que nous avons appellé Nectarium, eft un embryon oval; furmonté d'un ftyl qui fe termine par un ftigmat, quelquefois par trois. L'embryon ou ovaire devient une baie charnue, divifée en trois loges; où fouvent on ne trouve qu'un noyau, les deux autres ayant avorté. Le calice fubfifte jufqu'à la maturité de la baie. Les noyaux font arrondis.

Les Petit-Houx confervent leurs feuilles pendant l'hiver. Elles font communément placées dans l'ordre alterne, fur les branches.

Efpeces.

1. *Rufcus Myrthifolius aculeatus* Inftit. R. Herb. Outre les nom François ci-deffus, on lui donne encore celui de HOUX-*fourgon.* C'eft l'efpece commune de nos bois. Sa racine eft un compofé de groffes fibres blanches, qui s'enfoncent en terre & s'entrelacent. Il en fort des tiges vertes & fermes, branchues; qui s'élevent à la hauteur d'environ trois pieds. Ses feuilles font très-fermes, ovales, un peu échancrées à leur bafe, terminées par une pointe fort dure, longues d'environ fix lignes, fur quatre de largeur par en bas. Les fleurs font purpurines; naiffent vers le milieu du deffus de la feuille; & y produifent une baie rouge, groffe comme une cerife, laquelle y eft intimément adhérente.

2. *Rufcus latifolius, fructu folio innafcente* Inft. R. Herb. C'eft une des efpeces nommées *Laurier Alexandrin.* Elle vient naturellement en Italie dans des endroits montagneux. De fes racines, à-peu-près femblables à celles du *n.* 1, naiffent des tiges pliantes, longues d'environ deux pieds : dont les feuilles font fermes, ovales allongées, terminées en pointe mais non piquantes; & du milieu de chacune, fe détache une foliole en forme de languette ou de levre. Les fleurs naiffent en deffous des feuilles, tout près de la nervure du milieu : elles font herbacées. Il leur fuccede des baies rouges, à-peu-près groffes comme celles du Genévrier.

3. *Rufcus anguftifolius, fructu folio innafcente* Inft. R. Herb. C'eft encore un *Laurier Alexandrin.* Ses branches, fouples, font moins longues que celles de l'efpece précédente. Ses feuilles fe terminent en pointe par les deux extrêmités, font marquées de plufieurs veines longitudinales qui fuivent affez la direction du contour de la feuille. Sur cette feuille naît une foliole ovale, longuette, du fein de laquelle fort la fleur qui eft d'un jaune pâle.

La foliole a fait donner aux *nn.* 2 & 3 le nom de *Double-Langue*, en Latin *Biflingua.*

4. Le *Grand Laurier Alexandrin :* nommé par M. Tournefort *Rufcus anguftifolius, fructu fummis ramulis innafcente.* Il eft originaire de l'Archipel. Ses tiges font extrêmement fouples, longues d'environ quatre pieds, branchues; garnies de feuilles oblongues, arrondies à leur bafe, terminées en pointe, luifantes, affez mollettes, & ne piquant point. Les fleurs naiffent en longs bouquets, à l'extrêmité des branches, & font d'un jaune herbâcé. Ses racines ont de l'odeur.

5. *Rufcus latifolius, è foliorum finu florifer & fructifer* H. Eltham. Cette efpece vient fans culture dans les Canaries. Ses tiges, fort pliantes, & garnies de branches courtes, grimpent à la hauteur de fept ou huit pieds. Les fleurs font d'un jaune pâle; & naiffent au bord des feuilles. Il leur fuccede des baies de couleur orangée.

Culture.

Les quatre premieres efpeces ne font nullement délicates.

On pourroit les élever de femence. Mais comme les racines fourniffent beaucoup de jets, ces plants enracinés détachés des gros pieds fuffifent ordinairement pour en multiplier autant que l'on en a befoin.

Le *n.* 5 veut être gouverné en plante exotique délicate.

Ufages.

A l'exception du *n.* 5, les autres efpeces conviennent dans les bofquets d'hiver : attendu qu'elles confervent leurs feuilles & leurs fruits durant cette faifon.

On peut auffi en planter dans les remifes.

Le *n.* 4, qui eft un peu plus grand que les autres, mérite d'être cultivé par préférence.

On fait des houffoirs avec les branches du *n.* 1. Ses baies & fes racines entrent dans des tifanes & autres boiffons apéritives. On dit que fes jeunes pouffes peuvent être mangées en guife d'afperges.

Pour résoudre les tumeurs scrophuleuses, on fait infuser un gros de sa racine avec autant de celles de grande scrophulaire, & de filipendule, dans un demi-septier de vin blanc; que l'on fait prendre à jeûn plusieurs matins de suite. Ses semences s'emploient dans la Bénédicte Laxative; & ses baies, dans une conserve très-utile pour l'ardeur d'urine.

Plusieurs dispensaires parlent des *nn.* 2 & 3 comme propres à lever les obstructions des reins & faciliter le cours des urines.

Le *n.* 4 est fort chaud, âcre, amer, emménagogue, très-diurétique. On exprime, des baies, une huile propre aux maladies froides.

HOUZURES; ou *Crotures :* terme de Chasse. C'est quand un sanglier, au sortir du souille, entre dans le bois, & met de la crotte sur les branches en s'y frottant : ce qui sert à en connoître la hauteur.

H O Y

HOYAU. *Voyez* HOUE.

H U A

HUAU. C'est ainsi que quelques paysans nomment le Milan. Il y en a qui appellent Huau les Ailes seules de cet oiseau, qu'ils attachent avec trois ou quatre grelots ou sonnettes de fauconnerie, au petit bout de la verge dite de Huau.

H U I

HUILE. Liqueur, dont les particules sont accrochées les unes aux autres, & qui prend aisément feu.

On a donné le nom d'Huile à quantité de substances qui n'en ont point le caractere. Il y a des Auteurs qui confondent les huiles avec les baumes, les bitumes, les résines, *&c.* On donne aussi improprement le nom d'Huile à quantité de substances qui semblent grasses entre les doigts : telles sont l'huile de Tartre par défaillance; l'huile de Vitriol.

Pour restreindre ce mot à sa vraie signification ou à ce qui est le plus en usage, on distingue les huiles en deux classes : sçavoir les huiles par expression (telles que celles dont nous parlons dans les articles AMANDIER. NOYER. OLIVIER); & les huiles essentielles, qu'on obtient par la distillation avec beaucoup d'eau, qui entraîne avec elle les particules d'huile qui nagent sur la liqueur. Quand on distille à sec les plantes dans une cornue, on obtient une huile brulée ou empyreumatique. L'*Huile de Pétrole*, qui sort d'entre des pierres, dans l'Archipel; & la fontaine de *Gabian*, en France, dont l'huile est estimée pour l'enclouure des chevaux; sont des bitumes exaltés : de même que les huiles essentielles sont des résines exaltées.

Consultez, au sujet des huiles & des substances soit résineuses soit gommeuses, contenues dans les plantes; un Ouvrage de M. Duhamel, intitulé : *Traité de l'Exploitation des Bois*, L. 1. Ch. 1. Art. 3.

Le nom d'Huile est appliqué à beaucoup de remedes, composés d'huile exprimée, dans laquelle ont infusé diverses substances. L'huile de Scorpion; l'huile de Millepertuis; sont de ce genre.

PLUSIEURS huiles essentielles sont très-résolutives. Les huiles par expression, soit seules soit composées, sont regardées comme de bons topiques en nombre de circonstances.

L'usage interne de ces huiles exprimées produit souvent d'excellens effets dans les coliques & les douleurs des intestins.

En Chymie on donne le nom d'*Huile à demi exaltée*, à ce qu'on appelle autrement *Esprit*.

On appelle *Essences*, certaines huiles préparées pour servir de parfum pour les cheveux, le linge, *&c* : & dans lesquelles on emploie particuliérement l'huile de Ben; comme étant peu sujette à devenir rance.

M. Le Camus, Médecin de la Faculté de Paris, a donné en Décembre 1757, dans les *Observations périodiques sur la Physique*, &c; & en 1760, dans le Recueil de ses *Mémoires sur divers sujets de Médecine*; un Traité *sur l'abus que l'on fait des huiles dans le traitement des maladies.* Il pose pour principe que l'huile ne passe point dans les endroits qu'on prétend adoucir ou relâcher; & qu'elle ne se digere pas, surtout si on la prend en trop grande quantité. Qu'on avale, dit-il, beaucoup d'huile, les fibres de l'estomac se relâchent; ses papilles nerveuses, celles de l'œsophage, & de la langue, sont empâtées; la langue devient blanche, & chargée d'une croûte épaisse; on a des rapports nidoreux, des maux de cœur, des envies de vomir, un dégoût général pour toutes les boissons : en un mot, l'on a une véritable indigestion. Et si l'indigestion existoit déja auparavant, la forte dose d'huile augmente celle des levains, fortifie la cause morbifique, & multiplie les accidens. En effet, ajoûte cet ingénieux Physicien, les huileux ne peuvent être réputés digestibles qu'en supposant, ou que les sucs digestifs de l'estomac sont assez salins pour s'unir avec l'huile, ou que la bile les dissout. Il est vrai que la bile est une liqueur savoneuse, propre à mêler les corps gras avec les aqueux. Mais une demi-once de bile, ou tout au plus une once, qui se trouve, non pas dans l'estomac, mais dans le duodenum, ne peut jamais dissoudre une demi-livre d'huile, & en faciliter le mêlange avec le reste de nos humeurs. Les personnes qui ont beaucoup de bile, désirent plus volontiers les corps gras, mangent de la graisse avec appétit, & digerent aisément les substances huileuses : parce qu'elles ont un savon naturel qui s'unit avec les corps gras, & en facilite le passage dans les routes de la circulation. Au contraire les personnes peu bilieuses détestent la graisse; leur estomac se souleve lorsqu'elles font un effort sur elles-mêmes pour en manger : parce que ce savon leur manquant, il n'est pas possible que les corps gras se mêlent avec les sucs des premieres voies, ou soient suffisamment digérés pour être convertis en chyle, & servir à réparer les pertes que le corps fait à chaque moment. Si l'on ne peut nullement supposer qu'un homme dans l'état de santé ait la force de digérer une grande quantité d'huile, on doit le prétendre encore moins dans l'état de maladie, où les solides sont affectés & les fluides troublés. Telle est en partie la base de cette dissertation instructive, à la lecture de laquelle nous invitons les personnes qui aiment à réfléchir sur la pratique de la Médecine.

M. Le Camus y observe que les malades qui ont pris beaucoup d'huile rendent des matieres verdâtres, & moulées comme des olives : ce qu'il ne regarde pas comme une disposition à la cure, ainsi qu'on le pense parmi le vulgaire. Il veut qu'on réserve l'huile pour les linimens, les emplâtres, les onguens, ou autres remedes externes; pourvû qu'on n'en fasse usage que dans les cas où ces parties graisseuses ne peuvent occasionner à la peau ni inflammation ni érésipele. Il consent que l'on en use en lavement.

Si cependant on est toujours décidé pour faire avaler de l'huile, on peut espérer qu'elle ne fera pas nuisible si l'on observe les précautions suivantes : 1°. de n'en donner que quelques cuillerées, dans des intervalles fort éloignés; afin de lubréfier l'œsophage & l'estomac, & tenir le ventre libre : 2°. en proportionner la dose à la quantité de bile qu'on soupçonne être contenue dans les intestins. Encore faut-il que le malade soit sans fievre, ou sans trop de chaleur dans les entrailles.

Un autre principe de M. Le Camus, est que l'huile ne passe point aux endroits auxquels on la destine dans les cas de fluxion de poitrine, de toux, de coqueluche. Il le prouve parce que rien ne peut passer par la trachée artere, qui seroit la voie la plus courte & la plus directe pour parvenir aux poumons. S'il y tomboit la moindre parcelle d'un solide ou la moindre goutte d'un fluide, on tousseroit sans cesse, & l'on feroit des efforts continuels pour la rendre. L'huile qu'on prend dans le dessein de calmer l'irritation des poumons, doit donc descendre par l'œsophage dans l'estomac, s'y digérer, passer ensuite dans les intestins où elle est travaillée par la bile, la liqueur pancréatique, & les autres sucs digestifs. De-là l'huile prend la route des veines lactées, monte dans le réservoir de Pecquet, s'éleve jusqu'à la souclaviere gauche, entre dans la veine cave, qui la conduit dans l'oreillette droite du cœur; en un mot elle fait toute la route que parcourt le chyle qui est entraîné par le torrent de la circulation. Comment imaginer que l'huile, après avoir subi ces diverses altérations, conserve la qualité de topique lorsqu'elle parvient au poumon?

Si l'on objecte que l'on a souvent vû les potions huileuses très-bien réussir dans les affections de la poitrine, ce Praticien répond qu'en nombre de cas les maux de poitrine ne sont que symptomatiques, mais que le foyer de la maladie est dans l'estomac ou dans le bas ventre; & qu'alors les huileux produisent le même effet que d'autres évacuants, en soulageant par le vomissement ou par les selles. Il ajoûte que les huileux sont alors des remedes lents & peu sûrs, qui laissent craindre après eux les traces d'un engorgement, & de leurs sucs qu'on n'a pas pu bien digérer.

De-là M. Le Camus désapprouve l'usage du blanc de baleine, & de la manne, mêlés avec l'huile: c'est multiplier les embarras des digestions.

Voyez AMENDER, *n.* 44.

HUILE *d'Absinthe* par infusion. *Voyez* sous le mot ABSINTHE.

HUILE *d'Aspic*. Consultez l'article ASPIC.

Huile d'Amandes { douces ou ameres. } Voyez l'article AMANDIER.

Huile d'Antimoine, excellente.

Mettez dans un creuset, à discrétion, de l'antimoine bien pilé. Calcinez-le au reverbere clos à chaleur suffisante, sans pourtant qu'il se fonde. Dans vingt-quatre heures ou environ, vous le trouverez gris & calciné. Mettez-le alors en poudre: dont vous prendrez trois livres, & une livre d'antimoine crud. Fondez-les ensemble dans un creuset. Et lorsqu'ils seront parfaitement fondus, jettez-les dans une bassine de cuivre jaune ou rouge, large en forme de terrine, pour pouvoir les pulvériser plus facilement. Ce sera un verre d'antimoine: qu'il n'est pas nécessaire qui soit si clair. Notez que si vous n'y mettiez pas cette livre d'antimoine crud, il ne se fondroit pas. Pulvérisez le verre d'antimoine sur le marbre en poudre impalpable. Mettez-le dans un matras, & par-dessus du vinaigre distillé, mêlé avec son sel; & tirez-en la teinture tant que le vinaigre se colorera. Mêlez toutes vos teintures; & distillez-les à feu lent. Cohobez, s'il est nécessaire. L'huile d'antimoine restera au fond, rouge comme du sang. Quand il en paroît quelques gouttes au bec de la cornue, c'est signe que le vinaigre est sorti. Mettez alors sur cette huile de l'esprit de vin tartarisé, ou animé du sel volatil du tartre: faites-les circuler trois ou quatre jours; puis retirez l'esprit de vin par distillation. Et lorsqu'il paroîtra quelques gouttes rouges au bec, mettez un autre récipient, & distillez toute l'huile jusqu'à siccité, très-rouge. Et vous aurez la vraie huile d'antimoine très-précieuse, sans addition: qui fait des merveilles pour la médecine dans les plus grandes maladies.

Autre Huile d'Antimoine, que l'on qualifie d'admirable.

Faites digérer pendant deux ou trois jours sur les cendres chaudes, du vitriol rubefié avec du vinaigre distillé. Versez-le tout chaud par inclination, & filtrez-le. Dissolvez, & faites digérer dans ce menstrue autant d'antimoine crud en poudre qu'il en faudra, pour tirer la teinture jaune. Tirez-la tant que le menstrue se colorera. Distillez jusqu'à consistance de miel: & tirez-en la teinture avec l'esprit de vin, duquel vous ferez évaporer la moitié, & plus si vous voulez; car plus vous l'évaporerez, plus elle sera forte. Si vous l'évaporez jusqu'à siccité, elle se réduira en huile par défaillance; qui est admirable pour l'épilepsie, mélancolie, manie, poison, venin, fievres de toute espece, & même pour la peste. Vous donnerez de la premiere teinture, jusqu'à six gouttes. La dose de la seconde est quatre gouttes: & de l'huile, deux ou trois gouttes; dans un véhicule convenable à la maladie.

Huile d'Antimoine, pour toutes sortes de fievres.

Tirez la teinture du verre d'antimoine avec du vinaigre distillé; distillez-la jusqu'à siccité; lavez la poudre qui reste, jusqu'à trois fois, avec de l'eau-rose ou autre eau cordiale, pour en ôter l'acrimonie; desséchez-la; & tirez-en la teinture avec l'esprit de vin bien déflegmé: retirez l'esprit de vin; mettez la poudre dans un petit matras bien bouché, & tenez-le au bain-marie, jusqu'à ce qu'elle soit réduite en huile; de laquelle vous donnerez une ou deux gouttes dans un véhicule convenable.

Huile d'Araignées.

Prenez des araignées, les plus grosses que vous pourrez trouver; celles qui ont des taches jaunes sont les meilleures: mettez-les dans une phiole avec autant d'absinthe coupée bien menue & pilée; versez par dessus de l'huile d'amandes douces, ensorte qu'elle surpasse la matiere, de la hauteur d'un doigt: enterrez la phiole dans du fumier; & laissez-la en digestion pendant quinze jours. Après cela enveloppez cette matiere dans une toile forte; que vous mettrez à la presse, pour en exprimer l'huile: que vous laisserez reposer, & verserez ensuite par inclination, pour la séparer des feces & de l'humidité aqueuse. Il faut boucher exactement la bouteille, où vous la garderez.

Huile ou Baume d'Arcéus.

Voyez sous le mot BAUME.

Huile de Baleine. Consultez l'article BALEINE.

Huile Balsamique Sulphurée.

Faites fondre dans un pot de terre vernissé une livre de soufre; ajoûtez-y autant d'huile de lin, & autant d'huile de plusieurs infusions des sommités de Millepertuis. Le tout étant bien incorporé ensemble, & ayant versé par dessus autant d'eau bouillante qu'il en faut pour achever de remplir le pot, vous ramasserez avec une cuiller l'huile qui s'élevera; & pour la séparer du peu d'eau que vous aurez enlevée avec elle, vous la verserez sur un papier gris, sur lequel elle restera, & l'eau passera à travers. Il faut auparavant tremper le papier dans l'eau.

Cette huile est propre pour guérir les plaies & les ulceres, même ceux qui sont invétérés; elle résout les tumeurs naissantes, ou les mûrit pour les faire percer.

Huile de Baume, excellente.

Prenez de l'huile d'olives, quatre livres; fleurs de millepertuis, une demi-livre. Mettez le tout dans une bouteille de verre, que vous exposerez au soleil l'espace de trente jours pendant la canicule, ou l'espace de quinze jours sur les cendres chaudes. Ce tems passé, il faut mettre le tout dans un grand pot de terre neuf, y ajoûtant une chopine de bon & gros vin noir; & le mettre sur le feu jusqu'à ce qu'il bouille: après cela il faut y jetter deux petits chiens en vie, âgés de huit à quinze jours, & une livre de vers de terre lavés auparavant avec de gros vin. Il faut ensuite couvrir le pot jusqu'à ce que le vin soit consumé. Après quoi vous le coulerez: & garderez ce baume dans une bouteille de verre, pour vous en servir au besoin.

Il fortifie les parties nerveuses, & les adoucit merveilleusement. Il est excellent pour les plaies des armes à feu, les douleurs de la goute & de la sciatique, *&c.*

Voyez *Huile de petits Chiens.*

Huile de Beurre & *Huile de Beurre, distillée.* } Consultez l'article BEURRE.

Huile de Cacao. Consultez l'article CACAO.

Huile de Cade, ou *de Cadé.* Voyez GENEVRIER.

Huile de Camphre.

Gratez bien menu avec un couteau une once de camphre. Mettez-la peu-à-peu dans un mortier de bronze ou de marbre; & broyez toujours avec le pilon; y délayant deux onces d'amandes douces, que vous mettrez aussi peu-à-peu.

Cette huile est propre pour guérir toute sorte de plaies, & même (dit-on) la goute.

Consultez l'article CAMPHRE.

Huile & Essence de Cannelle, &c.

Concassez quatre livres de bonne cannelle; mettez-la tremper dans six pintes (ou douze livres) d'eau commune chaude; laissez le tout en digestion dans un vaisseau de terre bien bouché, pendant deux jours. Versez votre infusion dans un grand alembic de cuivre; auquel ayant adapté un récipient, & luté exactement les jointures avec de la vessie mouillée, distillez à grand feu trois ou quatre livres de la liqueur, puis délutez l'alembic, & versez-y par inclination, l'eau distillée. Vous trouverez au fond un peu d'huile; que vous verserez dans une phiole; & vous la boucherez bien. Faites distiller, comme ci-devant, la liqueur; puis ayant jetté l'eau dans l'alembic, ramassez l'huile qui sera dans le récipient; laquelle vous mêlerez avec la premiere. Réiterez cette cohobation, jusqu'à ce qu'il ne monte plus d'huile: ôtez alors le feu; & distillez l'eau qui sera dans le récipient, de la même maniere que nous rectifions l'eau-de-vie pour faire l'esprit de vin: vous aurez une très-bonne eau spiritueuse de cannelle.

L'huile de cannelle est un excellent corroboratif; elle fortifie l'estomac, & aide la nature dans ses évacuations. On en donne pour faire accoucher les femmes, & pour faire venir les menstrues: elle excite aussi la semence. On en mêle ordinairement une goutte dans un peu de sucre candi, pour faire un oleosaccharum, qui se dissout facilement dans les eaux cordiales & hystériques.

L'eau spiritueuse de cannelle a les mêmes vertus; mais il en faut deux ou trois dragmes à la dose.

Quelques Auteurs ajoûtent dans l'infusion de cannelle, huit onces de salpêtre, ou trois onces d'esprit de sel; pour servir de véhicule à l'eau, afin qu'elle pénêtre mieux la cannelle & qu'on en tire davantage d'huile: mais il paroît que ces acides alterent un peu l'huile en fixant ses parties volatiles, & que celle qui a été tirée de cette maniere ne rend pas autant d'odeur que l'autre.

Huile de Cannelle, non distillée.

Ribeyro dit qu'on faisoit cette huile, dans l'Isle de Ceylan, en la maniere suivante: & que cette huile se vendoit fort cher, & étoit d'un grand commerce. On recueilloit le fruit du Cannellier: l'ayant pilé, on le laissoit macérer dans l'eau: ensuite on le faisoit bouillir sur le feu, pendant trois heures: puis on le retiroit. Après quoi l'on ramassoit avec une cuiller une espece de suif très-blanc, qui nage d'abord sur l'eau; & qui est bientôt suivi de l'huile. On ôtoit l'huile, de même, & on la mettoit dans un vase qu'on tenoit exposé au soleil pour la purifier.

Cette huile étoit fort estimée pour les foiblesses de nerfs, & pour d'autres maux.

Le suif qu'on recueilloit d'abord, servoit à faire un baume excellent, qui se vendoit très-cher dans les Indes. Il a presque la même vertu que l'huile de cannelle. Outre cela on en faisoit des cierges pour les Eglises, dans les jours de solemnités: ces cierges, en brûlant, répandoient une odeur extrêmement agréable.

Cette maniere de tirer l'huile de toutes sortes de semences est peu coûteuse. Mais on y perd le sel volatil qui abonde dans celles qui ont de l'odeur.

Huile de Chaux: excellente pour les contractions & foulures des nerfs; sciatiques; & inflammations de la goute.

Prenez du savon noir, coupé ou réduit en boulettes, une livre; sel ammoniac, demi-livre; tartre calciné au blanc, une livre; une livre & demie de miel; & une livre de térébenthine de Venise. (On peut employer si l'on veut, seulement la moitié des doses ci-dessus). Il faut faire dissoudre le tout ensemble dans un pot de terre bien vernissé, ou une terrine, avec huit livres de bonne eau-de-vie, sur un feu doux; & y mêler quatre livres de chaux vive réduite à l'air en poudre fine & bien séche. Si on n'a mis que la moitié des doses, on ne mettra aussi que la moitié de l'eau-de-vie & de la chaux, marquée ci-dessus. Laissez fermenter le tout sur les cendres chaudes, pendant douze heures, dans une cornue assez grande & bien bouchée; qui doit être à moitié vuide. Et distillez-le au feu de sable, fort doux au commencement; l'augmentant, d'une heure à l'autre, d'un degré, jusqu'à siccité. Il passera dans le récipient un esprit mêlé avec son huile; qu'on peut rectifier, pour réduire en esprit une partie de cette huile à la cornue, au feu médiocre de sable.

Pour s'en servir, on chauffe bien un linge: & pendant ce tems-là on oint la partie malade avec ledit esprit, dont on imbibe un linge à froid; ou mieux, un papier gris: on l'applique, & le linge chaud par dessus, que l'on serre bien. Ce que l'on continue tous les soirs jusqu'à guérison.

Ce remede rend l'élasticité aux nerfs, discute les fluxions

fluxions que les contractions ou autres cas y peuvent attirer, prévient toutes sortes d'inflammations & gangrenes, & les guérit; comme aussi toutes sortes d'engourdissemens, hémiplégies, & goutes commençantes.

Huile de Cheval.

Cette huile n'est autre chose que la graisse de cheval, fondue, & clarifiée. Les Chifoniers ou Écorcheurs la préparent. Ils la vendent à la pinte, ou à la livre; elle est aussi chere, & quelquefois plus chere que la meilleure huile d'olives; mais les Émailleurs ne peuvent guére en brûler d'autre dans leur lampe, parce que leurs ouvrages demandent un feu vif & très-clair.

Huile de petits Chiens.

Coupez par morceaux trois petits chiens nouvellement nés; mettez-les dans un pot de terre vernissé; ajoûtez-y une livre & demie de vers de terre vivans, après les avoir fait dégorger en les lavant plusieurs fois dans l'eau claire: puis ayant versé par dessus six livres d'huile d'olives, & bouché le pot bien exactement, vous ferez bouillir le tout au bain-marie, pendant tout un jour, ou jusqu'à ce que les chiens & les vers soient bien cuits. Alors vous passerez l'huile avec forte expression; & ensuite l'ayant versée par inclination dans un vaisseau bien net, afin de la dépurer, vous y délayerez trois onces de térébenthine, avec de l'esprit de vin à proportion.

Cette huile est admirable pour fortifier les nerfs & les jointures; & pour dissiper les humeurs froides & visqueuses, qui causent la goute, la paralysie, & les catarrhes. On la fait tiedir, pour en frotter les parties malades.

Voyez *Huile de Baume.*

Huile de Ciguë. Elle se prépare comme celle de Tabac.

Huile de Coings.

Faites infuser sur les cendres chaudes, pendant vingt-quatre heures, trois livres de rapures de coings, dans trois livres d'huile d'olives: il faut que le vaisseau soit bien couvert. Ensuite faites bouillir l'infusion tout doucement, pendant un quart d'heure; puis l'ayant coulée avec forte expression, faites-y infuser encore pareille quantité de rapures de coings; faites bouillir comme ci-dessus, jusqu'à consomption de l'humidité: passez l'huile en exprimant fortement; & gardez-la dans un vaisseau bien net. *Cette huile* est astringente, & arrête les sueurs immodérées: on en frotte l'estomac, la poitrine, & l'épine du dos; elle fortifie toutes ces parties. On en use aussi dans des lavemens astringens; la dose en est depuis une demi-once jusqu'à une once & demie.

Huile pour calmer toutes sortes de Douleurs.

Prenez une chopine d'huile d'olives, & autant de gros vin le plus couvert que vous pourrez trouver; mettez les deux liqueurs dans un pot de terre, & faites-les infuser, jusqu'à l'évaporation des deux tiers du vin. Alors mettez-y du sel commun, avec une once de marc de miel. Ensuite faites bouillir le tout, jusqu'à l'entiere consomption de l'humidité du vin. Passez votre huile par un linge, & gardez-la pour le besoin. On la fait un peu tiédir, ainsi que les autres huiles, avant d'en frotter les parties malades.

Huile excellente de M. le grand Duc; pour fortifier la Mémoire.

Prenez des fleurs de romarin; que vous distillerez à l'alembic, après que vous les aurez laissé fermenter au soleil, en remettant tous les jours de nouvelles, s'il se peut, les unes sur les autres dans les premiers jours: vous les distillerez au bain-marie. Vous prendrez ensuite une livre de la liqueur que vous en aurez obtenue; & la mettrez encore distiller dans une cornue bien lutée. Ensuite prenez des noix muscades, du girofle, des graines de Paradis, de la canelle, des cubebes, du macis, du gingembre, de chacun une once; quatre onces de musc; du poivre long une dragme; du safran trois dragmes; galanga deux dragmes. Pulvérisez extrêmement le tout; & mettez-le dans l'eau de romarin pendant trois jours en macération; puis vous distillerez au bain de cendres jusqu'à ce que les feces soient brûlées. Prenez une autre livre de l'eau simple distillée des feuilles de romarin, & mêlez-la avec l'eau qui est sortie de la distillation des autres substances. Mettez le tout au feu dans un grand vaisseau de gros verre; & faites-le bouillir jusqu'à ce qu'il n'en reste que la moitié: vous y ajoûterez de l'huile d'olives la plus vieille, une livre; de celle de ben, une once; euphorbe & castoreum, de chacun quatre onces; moutarde, six onces; huiles de sesame, de viperes, de citron, d'aspic, & civette, de chacun quatre dragmes: mettez toutes ces choses dans une cucurbite de verre bien lutée, & laissez-la quarante jours dans le fumier de cheval; puis vous la mettrez au soleil trois mois: & cette huile se fera.

Cette liqueur a une telle vertu, qu'elle chasse tout ce qui peut embarrasser la mémoire; si l'on s'en frotte toute la tête & l'estomac quand on va se coucher. Il faut s'en abstenir dans les trois mois d'été qui sont les plus chauds: mais tout le reste de l'année, on peut s'en servir sans danger.

Huile Essentielle des fleurs. Voyez ESSENCE.

Huile ou Baume de Fer.

Voyez sous le mot BAUME.

Huile de Froment.

Pressez fortement du froment entre des plaques de fer bien chaudes.

L'huile qui s'en exprime est excellente contre les gersures des levres & des mains, les dartres, & la rudesse de la peau.

Huile & Esprit de Gaiac.

Prenez du bois de gaiac rapé, ou scié en petits morceaux; remplissez-en les trois quarts d'une grande cornue que vous placerez dans un fourneau de réverbere, & vous y joindrez un grand balon pour récipient. Commencez la distillation par un feu du premier degré, afin d'échauffer doucement la cornue, & de faire distiller l'humidité aqueuse, qu'on appelle phlegme, & qui est transparente & presque insipide: on en tire une quantité prodigieuse, de ce bois si dur & si sec. Continuez le feu en cet état jusqu'à ce qu'il ne tombe plus de goutte; ce qui montrera que tout le phlegme sera distillé. Ce même degré de feu étant continué, il s'éleve un peu d'acide; qui teint le phlegme. Jettez ce qui sera dans le récipient, comme inutile; & l'ayant réadapté au cou de la cornue, lutez exactement les jointures. Il faut ensuite augmenter le feu par degrés; & couvrir de sable la cornue, pour réverberer la chaleur: Il sortira d'abord de l'acide avec une huile claire. La chaleur augmentant, vous aurez une huile pesante, & d'une odeur empyreumatique. Le résidu sera une substance légere & spongieuse, ressemblante au charbon de bois. En même tems que l'huile claire commence à s'élever avec l'esprit acide, il se sépare une si grande quantité d'air & avec tant de violence, qu'il brise les vaisseaux si l'on ne lui donne promptement une issue. Continuez le feu jusqu'à ce qu'il ne sorte plus rien, & que le récipient ne soit plus obscurci par les vapeurs. Laissez refroidir les vaisseaux; & délutez-les: versez ce que le récipient contiendra dans un entonnoir garni de papier gris mis en double, sur une bouteille ou sur un autre vaisseau; l'esprit passera; & laissera l'huile noire, épaisse & fort fétide dans l'entonnoir; versez-la dans une phiole, lorsqu'elle sera épurée; & la gardez. Consultez la Note de M. Barron sur la page 612 de la Chymie de Lemery.

Cette huile est un bon remede pour la carie des os, pour le mal des dents, & pour nettoyer les vieux ulceres. On peut la rectifier, & s'en servir intérieurement dans l'épilepsie, dans la paralysie, & pour faire sortir l'arriere-faix après l'accouchement: la dose est depuis deux gouttes jusqu'à six.

L'*Esprit* de gaiac peut être rectifié en le faisant distiller par un alembic, afin d'en séparer quelque peu d'impureté qui pourroit être passée avec lui. Il chasse par transpiration les humeurs, & il excite les urines; la dose est depuis une demi dragme jusqu'à une dragme & demie. On s'en sert aussi, mêlé avec de l'eau de miel, pour nettoyer les ulceres invétérés.

Vous trouverez dans la cornue, du charbon de gaiac; que vous réduirez en cendre, en y mettant le feu qu'il prendra plus aisément que d'autre charbon ne feroit. Calcinez ces cendres dans le fourneau d'un Potier pendant quelques heures, puis faites-en une lessive avec de l'eau, laquelle étant filtrée, vous en ferez évaporer l'humidité dans un vaisseau de verre ou de grais au bain de sable; il vous restera le *Sel* de gayac que vous pourrez blanchir en le calcinant à grand feu dans un creuset.

Ce sel est apéritif & sudorifique. Il peut servir comme tous les autres sels alkalis, à tirer les teintures des végétaux: sa dose est depuis dix grains jusqu'à une dragme, dans quelque liqueur appropriée.

La terre appellée *Caput mortuum* ne peut servir qu'à rectifier l'une & l'autre huiles qu'on a retirées par cette distillation: c'est-à-dire, ôter une partie de leur empyreume, & les rendre plus fluides & moins foncées en couleur, en les dépouillant de l'acide surabondant dont elles sont chargées.

Quoique le gaiac qu'on emploie, soit fort sec, on en tire beaucoup de liqueur; car si vous avez mis dans la cornue quatre livres de ce bois, à seize onces la livre, vous retirerez trente-neuf onces d'esprit & de phlegme, & cinq onces & demie d'huile; il restera dans la cornue dix-neuf onces de charbon, duquel on peut tirer une demi-once ou six dragmes au plus d'un sel alkali.

L'esprit de gaiac est aqueux, comme ont coutume d'être les autres esprits tirés des bois par une distillation semblable à celle-ci. Ce n'est qu'un sel essentiel qui a été raréfié par le feu & poussé avec du phlegme dans le récipient. Cet esprit a une odeur que Boerhaave compare avec assez de raison à celle des *Harengs sors*. Son goût est aigrelet & un peu âcre, ce qui vient du sel essentiel, qui fait sa vertu.

L'esprit de gaiac noircit comme de l'encre, quand on y dissout un peu de vitriol; il ne fermente point avec l'esprit de vitriol, ni avec les autres acides; il ne fermente pas même sensiblement avec les liqueurs alkalines; mais il fermente un peu avec les sels alkali secs, & avec les pierres d'écrevisse pulvérisées, il ne fait point troubler la dissolution du sublimé corrosif; il rougit la teinture du tournesol. Toutes ces expériences montrent que l'acidité prédomine dans cet esprit.

L'huile noire & fétide de gaiac est âcre à cause des sels qu'elle a enlevés avec elle; c'est aussi la pesanteur de ces sels qui la précipite au fond de l'eau. L'huile de buis, & la plupart des autres huiles qui sont tirées de cette façon, se précipitent aussi. [Consultez la note (*h*) de M. Baron; p. 612 de la Chymie de Lemery.]

Ces sortes d'huiles sont bonnes pour le mal des dents, parce qu'elles enveloppent le nerf par leurs parties rameuses, empêchant que l'air n'y entre. De plus, par le moyen des sels âcres qu'elles contiennent, elles délayent une pituite qui s'étoit arrêtée dans la gencive & qui causoit la douleur; mais à cause de leur fétidité, on a bien de la répugnance à en mettre dans la bouche.

Quelques-uns voulant rendre l'huile de gaiac plus pénétrante & plus détersive qu'elle n'a coutume de l'être, mêlent dans la cornue avec chaque livre de gayac une once de tabac sec ordinaire; mais alors l'huile qu'on en retire est trop âcre pour être appliquée dans la bouche: elle peut être fort bonne pour la carie des os, pour déterger puissamment les vieux ulceres, & pour résister à la gangrene.

Le sel fixe de gaiac est un alkali qui agit à-peu-près comme les autres. Voyez la note (*k*) de M. Baron.

Si l'on calcinoit encore la terre qui reste, l'on en pourroit retirer du sel, mais en très-petite quantité.

Huile essentielle de Genievre.

Voyez GENEVRIER, pag. 184.

Huile de Girofle.

Prenez de bon Girofle: concassez-le grossiérement: mettez-le ensuite avec du vin pur, dans une rétorte de verre; que vous placerez dans du fumier chaud. Après l'y avoir laissé pendant un mois, vous distillerez à feu doux au bain de sable. L'huile se précipitera au fond du récipient.

Huile de Girofle, per descensum.

Mettez du girofle en poudre grossiere; puis l'exposez dans un tamis à la vapeur de l'eau bouillante: couvrez bien le tamis avec un vaisseau capable d'empêcher la dissipation des parties volatiles. Ayez ensuite un grand verre à boire; couvrez-le d'une toile médiocrement fine, enfoncez-la un peu dans le milieu pour y former un creux, & en liez les extrêmités au dessous de la coupe du verre avec du fil, ou un petit cordon. Remplissez le creux, de la poudre de cloux de girofle; couvrez le verre d'une petite terrine, ou avec le bassin d'une petite balance. Mettez dans ce bassin des cendres chaudes, & renouvellez-les de tems en tems, autant qu'il sera nécessaire. La chaleur fera distiller d'abord au fond du verre un peu d'esprit de girofle, & ensuite une huile que vous séparerez par le moyen d'un entonnoir garni de papier gris. On ne fait cette séparation que lorsque la distillation est achevée, & qu'il ne coule plus rien.

Quand on tire l'huile de girofle, il ne faut pas que la chaleur des cendres soit trop vive; autrement l'huile ne feroit plus blanche & claire, mais elle deviendroit rougeâtre & louche. Il faut avoir soin aussi de lever de tems en tems la petite terrine, ou le plat de balance qui est sur le verre, afin de remuer la poudre de girofle. Il ne faut pas oublier, qu'il faut que le fond du plat soit uni exactement aux bords du verre, & qu'il n'y ait aucun vuide, pour empêcher l'évaporation. Au lieu de cendres, on peut employer du charbon de bois que l'on mettra dans une cuiller de fer.

Pour les maux de dents, on met une goutte d'huile de girofle sur la dent malade. Il y en a qui font dissoudre de l'opium dans cette huile, pour calmer plus promptement la douleur; mais on ne doit faire ce mêlange qu'à l'extrêmité, parce que ce remede peut causer la surdité. Cette huile entre dans le baume antiapoplectique de la Pharmacopée de Quincy. Elle est bonne pour les maladies froides: elle consume les flegmes. Appliquée extérieurement, elle est fort chaude; & peut servir de baume pour les plaies. Si l'on en prend le matin deux ou trois gouttes dans du vin, elle corrige la puanteur d'haleine; réjouit le cœur, & le nettoye; & désobstrue le foie. Mise dans l'œil, en très-petite quantité, elle éclaircit la vue.

L'huile de girofle est bonne dans les fievres malignes & pestilentielles, elle fortifie le cerveau & l'estomac. On en donne deux ou trois gouttes, mêlées premiérement dans un peu de sucre candi, ou de jaune d'œuf, puis dissoutes dans un peu d'eau de mélisse, ou dans quelque autre liqueur appropriée. Il faut que la phiole où l'on garde l'huile de girofle soit bien bouchée. *Consultez* le mot GIROFLE.

L'*Esprit de girofle* est propre pour fortifier le cœur, & résister au venin: la dose en est depuis six gouttes jusqu'à quinze dans une liqueur convenable. Cet esprit de girofle est toujours rouge.

Si l'on met de l'huile de girofle dans un verre, ou autre petit vaisseau, & qu'on y ajoûte le triple d'esprit de nitre; il se fera une effervescence, ou ébullition très-forte, & qui durera long-tems. Il arrive quelquefois que ce mêlange s'enflamme de lui-même; principalement lorsqu'il est composé d'huile de girofle faite dans l'Amérique: parce que la grande chaleur qui regne dans la partie de ce grand pays, d'où l'on tire cette huile, la dépouille entiérement de tout son acide; ce qui n'arrive pas en France, où le climat est plus tempéré. Après le bouillonnement de cette liqueur, lequel répand dans l'air beaucoup de vapeurs dont l'odeur est assez agréable, elle se condense en forme de gomme au fond du vaisseau. Si l'on veut enflammer promptement & d'une maniere infaillible le mêlange dont nous venons de parler, il faut y ajoûter de la poudre à canon. Lorsqu'on verse sur l'huile de girofle lentement une petite quantité d'huile de térébenthine, il s'y fait aussi une effervescence; qui brise les vaisseaux, & ébranle très-vîte une masse de cent livres: (*Bibliotheque Raisonnée* T. 34.)

L'huile de girofle, nouvelle, est d'un blanc doré: elle rougit en vieillissant. Plus elle est grasse, légere, pénétrante, & chargée d'odeur: meilleure elle est.

Huile de Giroflée jaune.

Prenez une bouteille qui ait le cou large, remplissez-la de fleurs de giroflée, ensorte pourtant qu'elles ne soient pas foulées; versez par dessus de bonne huile d'olives, jusqu'à ce qu'elle surnage. Bouchez ensuite la bouteille, & exposez-la au soleil pendant tout le tems de la canicule. Il faut frotter de cette huile trois ou quatre fois le jour les jointures des enfans noués, & continuer jusqu'à parfaite guérison.

Huile de Gomme Ammoniac.

Voyez l'article AMMONIAC (*Gomme*).

Huile de Graines Oléagineuses.

On l'obtient en traitant ces graines, quand on n'en a qu'une petite quantité, comme les Amandes: *voyez* l'article AMANDIER.

Si l'on en a beaucoup, on les passe dans des moulins faits exprès; & que le vent ou l'eau font mouvoir.

Huile Grasse.

1. Remplissez d'huile de lin, ou d'huile de noix, une plaque de plomb dont vous aurez relevé les bords; couvrez cette plaque d'un verre, & l'exposez au soleil. L'huile sera bien-tôt grasse.

2. Mettez un quarteron de couperose, & autant de litharge d'or, dans une chopine d'huile.

Huile de Grenouilles.

Coupez par morceaux douze ou quinze grenouilles; mettez-les dans un pot de terre vernissé; & versez par-dessus environ une livre & demie d'huile de graine de lin. Ensuite vous les ferez bouillir, pendant huit ou neuf heures, au bain-marie; puis vous coulerez l'huile, avec forte expression; & l'ayant laissé un peu reposer, vous la verserez par inclination dans une petite bouteille de verre ou de fayance, que vous aurez soin de bien boucher.

Cette huile est bonne pour éteindre les inflammations, adoucir l'âcreté du sang, calmer les douleurs de la goute; on la fait tiédir pour en frotter les parties malades. On dit qu'elle provoque le sommeil, étant appliquée avec un linge sur les tempes.

Huile d'Hirondelles.

Il faut, au printems, mettre dans une bouteille à large embouchure quatre livres d'huile d'olives la plus vieille qu'on trouvera; y jetter trente ou quarante jeunes hirondelles en vie, avec leurs plumes; après quoi bien boucher la bouteille, & mettre un guenillon dans son col pour tenir les hirondelles enfoncées, ensorte que l'huile surnage toujours. Cela fait, on exposera la bouteille au soleil pendant trois ou quatre mois de l'été, jusques à ce que l'huile s'épaississe en onguent: & si les hirondelles n'étoient pas assez consommées, on pourroit faire bouillir un moment cette composition, pour que l'huile en tirât mieux la substance. Il faut passer cette huile par un linge, pour en ôter le marc, lorsqu'on voudra achever la composition du remede, de la maniere qui suit.

Mettez une livre de fleurs de romarin dans un pot de terre: jettez-y un pot du meilleur vin blanc; laissez-les infuser pendant vingt-quatre heures: après quoi faites bouillir jusques à la diminution d'environ la moitié; coulez-le avec expression dans un linge pour en tirer la substance; pesez cette décoction qui vous reste, jettez-la dans un chauderon ou autre pot, avec autant pesant de la plus vieille huile d'olives que vous trouverez: faites bouillir le tout ensemble, jusques à ce que le vin soit évaporé & que l'huile reste seule. Alors ajoûtez-y deux autres livres d'huile d'olives dans le même chauderon; dans lequel vous jetterez aussi & délayerez six onces de térébenthine de Venise, en remuant le tout avec une spatule de bois; huit onces d'encens; & trois onces de myrrhe choisie: le tout bien pulvérisé, qu'il faut bien remuer, mêler dans l'huile, & faire bouillir à petit bouillon jusques à ce qu'il soit bien incorporé.

Cette huile ainsi préparée, il faut jetter dans le même chauderon l'huile d'hirondelles déja composée; bien mêler & faire bouillir le tout ensemble un peu de tems avec l'huile de romarin pour n'en faire qu'un même remede: après quoi on le passe à travers un linge, pour en ôter le marc; & on le met dans des bouteilles de verre double, pour le conserver pour le besoin.

Ce remede est spécifique pour la phtisie: on fait

chauffer un peu de cette huile sur une assiette, & on en oingt avec les doigts aussi chaudement qu'on peut le souffrir, le malade tout le long de l'épine du dos & sur la poitrine; & on y met promptement un linge en quatre doubles, aussi bien chaud.

A l'égard des femmes qui sont en travail d'enfant pour lesquelles c'est un remede sûr, il faut ne l'employer que quand l'enfant est tourné comme il faut, de peur qu'il ne le détache avec trop de précipitation & ne le fasse venir de travers. Lorsqu'une femme est en travail d'enfant, on fait des onctions avec l'huile bien chaude sur le nombril & le bas ventre; & on y applique des linges bien chauds par dessus. Ce remede chasse l'enfant mort & l'arriere-faix. Il est spécifique pour les squinancies, péripneumonies, & autres maux & humeurs qui tombent sur quelque partie du corps, en oignant extérieurement toujours bien chaudement. Il fait d'abord cracher, & dégage les poumons & la poitrine. Il est excellent pour les tumeurs froides, & glandes récentes; qu'il dissipe & résout dans très-peu de tems : de même que pour la Sciatique.

Huile excellente pour les Humeurs Froides ; & pour les rhumatismes, & catarrhes.

Faites bouillir dans une livre d'huile une bonne poignée de sanicle, & autant de bugle : ensuite passez avec forte expression; frottez-en le malade devant le feu; & enveloppez-le de linges bien chauds.

Voyez DOULEURS *froides*.

Huile d'Hypericum ou *Millepertuis*, *simple*.

Prenez des sommités de millepertuis cueillies nouvellement, & dans le tems que la fleur est un peu fanée : faites-les infuser dans l'huile d'olives, de la même maniere qu'on prépare l'huile de roses. Cette huile simple est fort bonne : mais elle n'a pas tant de vertu que la composée, dont voici la préparation.

Huile d'Hypericum, *composée*.

Ayez une cruche de terre vernissée, mettez-y trois livres de sommités fleuries d'hypericum cueillies comme nous venons de le marquer, & un peu concassées dans un mortier. Versez par dessus six livres d'huile d'olives, avec un peu moins de deux demi-septiers de bon vin rouge; & faites que la liqueur surnage au dessus des fleurs. Ensuite faites infuser le tout pendant vingt-quatre heures sur les cendres chaudes, ou au bain-marie, ayant soin de remuer de tems en tems la matiere, avec une grande cuiller, ou spatule, de bois. Faites bouillir après cela pendant deux heures; puis coulez la liqueur avec forte expression. Après quoi vous mettrez de nouvelles sommités d'hypericum dans l'infusion; que vous ferez bouillir, & que vous coulerez & exprimerez : vous réitérerez la même chose une troisieme fois; & observerez de faire bouillir les fleurs nouvelles un peu plus long-tems qu'aux deux premieres fois, c'est-à-dire, pendant environ deux heures & un quart. Alors vous coulerez & exprimerez; puis ayant laissé reposer la liqueur, vous la verserez par inclination dans un autre vaisseau, pour la dépurer. Ensuite vous nettoierez bien votre premiere cruche; vous y remettrez votre huile & la ferez chauffer à un feu lent, pour y faire dissoudre deux ou trois livres de bonne térébenthine de Venise. La dissolution étant faite, vous ôterez le vaisseau du feu; vous verserez la liqueur dans une autre cruche bien nette, au cou de laquelle vous suspendrez un nouet qui doit tremper dans l'huile, & dans lequel vous aurez enveloppé trois gros de safran, lequel doit être au large dans le nouet.

Cette huile est excellente pour guérir toutes sortes de plaies, & même la goute & la sciatique; car elle est détersive, atténuante, fortifie les jointures, & dissipe les humeurs visqueuses. On l'emploie aussi dans les digestifs, baumes, cataplasmes, & dans les injections vulnéraires. Elle est bonne encore pour la brûlure; pour calmer le mal de dents; & pour les plaies & maladies de nerfs.

Huile de Jasmin ; que les Parfumeurs appellent improprement ESSENCE DE JASMIN.

Imbibez d'huile de Ben, de petits flocons de cotton bien cardés. Les ayant rangés sur un tamis de crin, dans un bassin, ou plat de fayance, vous les couvrirez d'une couche de fleurs de jasmin toutes fraîches, à l'épaisseur d'un doigt; & ayant mis par dessus le plat, un autre plat renversé, vous envelopperez le tout d'un drap, laissant les fleurs en digestion pendant trois ou quatre heures. Ensuite vous retirerez adroitement & peu à peu les premieres fleurs; puis vous en mettrez une couche de nouvelles, que vous laisserez en digestion, & que vous retirerez ensuite de la même maniere que ci-devant. Il faut réitérer la même chose dix ou douze fois. Quand vous verrez que votre cotton sera bien chargé d'odeur, vous le mettrez sous la presse : & vous aurez une huile fort odorante ; que vous conserverez dans une phiole bien bouchée.

Elle est plus en usage dans les parfums qu'en Médecine. Elle est propre, comme presque toutes les bonnes odeurs, à réjouir l'odorat, & fortifier le cerveau. *Voyez* JASMIN.

Vous pouvez suivre la même méthode, pour préparer les *Huiles de toutes les fleurs odorantes*.

Huile d'Iris.

Faites infuser au bain-marie, ou sur les cendres chaudes, trois onces de fleurs d'iris; racines de la même plante, en poudre, demi-livre; huile d'olives, deux livres & demie : faites bouillir légérement; & passez la liqueur avec forte expression. Ensuite vous mettrez de nouvelle poudre de racine d'iris, & de nouvelles fleurs de la même plante; que vous ferez infuser & bouillir, & presserez pareillement. Vous ferez la même chose une troisieme fois; & vous garderez cette huile dans un vaisseau de fayance ou de terre vernissée bien net, pour vous en servir dans le besoin.

Cette huile est très-propre pour atténuer, amollir, mûrir, & résoudre les tumeurs causées par une humeur froide; elle guérit les écrouelles; dissipe les tintemens & douleurs d'oreilles. On l'applique sur la poitrine, pour le rhume, la toux, & la difficulté de respirer. On l'applique sur la région du foie & de la rate pour en résoudre les duretés. Elle est excellente pour les douleurs des jointures; & calme les douleurs de la goute. On en fait prendre intérieurement depuis deux onces jusqu'à trois, contre le poison des champignons : elle est spécifique pour cela. Elle est bonne aussi pour l'hydropisie.

Huile de Laurier.

Prenez une bonne quantité de baies de laurier bien mûres, & nouvellement cueillies; faites-les bouillir pendant une heure au moins, dans une chaudiere, ensorte que l'eau que vous y mettrez, surnage au dessus des baies à la hauteur d'un pied. Passez l'eau encore toute bouillante; & quand elle sera refroidie, vous trouverez à sa superficie une huile verte & figée, qu'il faudra recueillir avec soin, & garder dans une bouteille ou phiole bien bouchée.

Cette huile est émolliente, atténuante, & fortifiante. Elle résout les tumeurs, dissipe les catarrhes, calme les douleurs de la goute & de la sciatique, fortifie les nerfs, & appaise les tranchées de la colique venteuse. Il faut l'appliquer chaudement sur les parties malades. On peut en prendre quelques gouttes intérieurement par la bouche. On l'emploie dans les lavemens depuis demi-once, jusqu'à une once & demie.

Il y a des personnes qui concassent les baies de laurier avant de les faire bouillir, & qui après une premiere expression du marc, le font encore bouillir, pour en exprimer l'huile une seconde fois; mais cette huile est inférieure en vertu, à celle qu'on tire sans concasser les baies.

Huile de Mastic.

Mettez dans un pot verni∬é, du mastic réduit en poudre grossiere. Versez par dessus de l'huile rosat, & du meilleur vin que vous pourrez trouver. Sur une livre de mastic, il faut mettre quatre livres d'huile rosat, & quatre onces de vin. Ensuite couvrez bien votre pot, & faites-le bouillir à un feu doux jusqu'à ce que le mastic soit dissout, ce qui se fait fort promptement: alors coulez l'huile, & gardez-la dans un pot bien bouché.

Elle est propre pour fortifier les parties affoiblies. On en frotte la tête pour fortifier le cerveau; le creux de l'estomac, pour les foiblesses de l'estomac. (Voyez *Huile de Muscade.*) On fait la même chose pour les nerfs, les jointures, les muscles, *&c.* On l'emploie aussi dans les lavemens pour la lienterie, la dysenterie, & autres flux de ventre. La dose en est depuis demi-once, jusqu'à une once & demie.

On peut préparer de la même maniere l'huile des autres gommes séches.

Huile ou *Liqueur*, *de Mercure* : copiée du *Cours de Chymie de Lemery.*

Cette préparation est une liqueur acide chargée de mercure.

Mettez dans une terrine de grais, ou dans un vaisseau de verre, les lotions de la masse blanche dont on a fait le turbith minéral; faites-en évaporer au feu de sable toute l'humidité, jusqu'à ce qu'il vous reste au fond une matiere en forme de sel. [Consultez la pag. 252 de la Chymie de Lemery, & la comparez avec la pag. 250.] Transportez la terrine à la cave ou en un autre lieu humide, & l'y laissez jusques à ce que cette matiere soit presque tout-à-fait réduite en liqueur.

On s'en sert pour ouvrir les chancres vénériens, & pour consumer les chairs; avec des plumaceaux.

Cette liqueur n'est autre chose que le mercure tellement pénétré & divisé par les esprits acides du vitriol, qu'il se résout comme un sel en humidité. Or comme il tient ces esprits attachés, il mange & corrode partout où il se rencontre, comme feroit un sublimé corrosif.

On peut faire cette liqueur avec l'esprit de nitre, & elle sera encore plus violente; mais comme elle peut alors trop pénétrer, & causer des accidens dangereux, il vaut mieux la préparer, comme nous avons dit, avec de l'huile de vitriol.

Si l'on jette quelques gouttes d'huile de tartre faite par défaillance sur cette liqueur, il se fera à l'instant un précipité de mercure, parce que l'alkali du tartre aura rompu les pointes qui tenoient le mercure suspendu: ou plutôt (dit M. Baron dans une Note) parce que l'alkali aura absorbé cet acide, & l'aura enlevé au mercure.

Autre Huile de Mercure : Ibid. p. 253.

Cette préparation n'est autre chose que du sublimé corrosif dissout dans de l'esprit de vin.

Pulvérisez subtilement une once de sublimé corrosif, & mettez-la dans un matras; versez dessus quatre onces d'esprit de vin bien rectifié sur le sel de tartre; bouchez bien votre matras, & laissez tremper la matiere à froid pendant sept ou huit heures, le sublimé se dissoudra; mais s'il étoit demeuré quelque chose au fond, versez la liqueur par inclination; & ayant mis sur la matiere encore un peu d'esprit de vin, faites-la tremper comme devant, pour achever de la dissoudre: mêlez vos dissolutions & les gardez dans une phiole bien bouchée.

Cette huile de mercure est plus douce que la précédente. Elle est propre aux chancres vénériens, principalement quand on y craint la gangrene; on s'en peut servir avec des plumaceaux comme de l'autre.

L'esprit de vin bien rectifié dissout le sublimé corrosif, mais il n'a pas la force de dissoudre le vif argent, ni même le sublimé doux; la raison en est qu'étant un mercure extrêmement raréfié, & déja comme suspendu par les acides, l'esprit de vin s'y introduit peu-à-peu, & en délaye les parties; mais le vif argent & le sublimé doux ayant des parties trop resserrées & trop compactes, l'esprit de vin qui n'est qu'un soufre raréfié, ne peut pas donner des secousses assez fortes pour les disjoindre.

Cette liqueur est plus douce que la précédente, parce que l'esprit de vin, qui est un soufre, lie & embarrasse les pointes acides du sublimé corrosif; ensorte qu'elles ne peuvent pas agir avec tant de force que si elles étoient en liberté.

Huile Mercurielle; pour les maladies, & pour l'art métallique.

Faites dissoudre dans de l'eau forte une livre de mercure: faites dessécher doucement la dissolution: prenez le précipité blanc; mettez-le dans un matras; versez-y par dessus du vinaigre distillé; & faites-le bouillir pendant quatre heures. Versez ce qui aura été dissout, dans un vaisseau; pour le garder. Versez de nouveau vinaigre: & faites de même jusqu'à ce que tout le précipité soit dissout. Distillez alors tout votre vinaigre au bain-marie: & vous trouverez au fond du vaisseau une masse en forme de sel; sur laquelle vous verserez de l'eau de pluie distillée. Faites bouillir pendant douze heures le vaisseau bien bouché. Laissez rasseoir la liqueur: & versez doucement ce qui sera clair. Distillez-le au bain-marie: vous aurez une masse insipide & claire. Distillez-la, & la séparez en deux parties. Sur une desquelles, vous mettrez de bon esprit de vin, & le laisserez en digestion pendant huit jours: puis le distillerez dans un grand récipient. L'esprit de vin sortira le premier; ensuite l'esprit du mercure: & il restera au fond, des feces très-noires. Il faut observer de ne déluter les vaisseaux que vingt-quatre heures après. Alors vous trouverez l'esprit du mercure attaché aux parois du vaisseau: il ne se liquefiera qu'au bout de deux heures. Ayant ouvert le récipient, vous y trouverez les liqueurs; que vous distillerez au bain très-doux: l'esprit de vin sortira; & l'essence du mercure restera au fond du vaisseau en forme d'huile. Mettez cette liqueur dans un vaisseau de verre à une très-lente chaleur, après y avoir dissout & jetté peu-à-peu l'autre partie du mercure, réservée ci-dessus, que vous aurez mis en poudre très-subtile. Mettez-en autant qu'il s'en pourra dissoudre pour former une pâte ou masse mollette. Cela fait, mettez le vase cuire à feu de cendres par degrés, jusqu'à ce que la matiere devienne en poudre rouge; que vous tamiserez. Un grain de cette poudre, donné dans de bon vin ou autre liqueur, opere fort doucement & sans violence pour les maux vénériens; qu'il guérit dans peu de jours: & fait d'autres merveilles bien plus surprenantes; en le donnant à un malade trois fois la semaine. On ne prendra point l'air pendant ce tems-là: & on boira du vin sucré. Ce mercure ne purge que par bas.

Huile de Miel.

Consultez l'article DISTILLATION, p. 820, colonne 2.

Huile de Millepertuis.

Voyez, ci-dessus, *Huile d'Hypericum.*

Huile de Muscade.

Prenez une bonne quantité de muscades, & battez-les dans un mortier jusqu'à ce qu'elles soient presque en pâte. Ensuite les ayant mises dans un tamis, couvrez-les d'un morceau de toile bien forte, & d'un plat, ou autre grand vaisseau de terre. Mettez le tamis sur une bassine, ou autre semblable vaisseau, où il y ait de l'eau jusqu'à moitié, ou environ; puis ayant mis ce vaisseau sur le feu, vous l'y laisserez jusqu'à ce que la liqueur soit tellement échauffée qu'on n'y puisse plus souffrir la main. Alors vous retirerez la matiere, vous l'envelopperez promptement dans la toile, dont vous nouerez les quatre coins, & la presserez fortement entre deux plaques bien chaudes, ayant soin de mettre auparavant la terrine dessous pour recevoir l'huile qui coulera. Vous la conserverez dans un pot bien bouché, pour vous en servir dans le besoin.

Elle est très-propre pour fortifier l'estomac. La dose est depuis quatre grains jusqu'à dix, dans un bouillon, ou dans quelque liqueur appropriée. On l'applique aussi extérieurement sur le creux de l'estomac, qu'on frotte auparavant, & l'on met un linge un peu chaud par dessus.

On peut tirer de cette maniere les huiles vertes de macis, de fenouil, d'aneth, de carvi, & d'anis.

On mêle ordinairement avec l'huile de muscade, celle de mastic, pour l'usage extérieur.

Huile de Myrrhe.

Faites durcir des œufs dans l'eau bouillante; dépouillez-les de leur coque; coupez-les en long par le milieu; ôtez-en le jaune, & remplissez de poudre de myrrhe, le vuide que le jaune a laissé: puis réunissant les deux moitiés, & les liant avec du fil, vous les poserez sur de petits bâtons, que vous aurez disposés en treillis, au fond d'une terrine; & vous mettrez le tout à la cave, pour y rester pendant vingt-quatre heures. Il découlera au fond du vaisseau une espece d'huile; que vous garderez dans une phiole.

Elle est propre pour les rousseurs, & autres taches du visage; pour dissiper les dartres, & les cicatrices ou inégalités que laisse la petite verole. Consultez la *Chymie* de Lémery, pag. 803.

Huile de Navets; bonne pour les plaies.

1. Il faut prendre toute la plante du navet; la mettre dans un pot de terre neuf vernissé, dans lequel il y ait trois trous au fond, de la largeur du petit doigt; & mettre ce pot dans un autre pour les enterrer assez profondément. Il faut bien luter celui de dessus, afin que l'eau n'y entre pas. Vous les laisserez comme cela un an: puis vous trouverez dans le pot de dessous une huile excellente.

2. Si vous pilez le navet, vous aurez de l'huile, mais elle ne sera pas si bonne. On la peut affiner en la laissant reposer; puis la couler. On en oint tous les membres, & les reins, en frottant toujours: & si c'est une maladie froide, il faut frotter devant le feu. [Cette huile sera en une extrêmement petite quantité.]

3. Faites sécher un navet à l'ombre jusqu'à ce que l'humidité superflue soit dissipée. Pilez-le ensuite, & pressez-le à travers un linge. On peut se frotter de cette huile dans toutes sortes de goutes, froides & chaudes; & boire le suc de la racine avec du vin.

Huile, ou onguent, pour fortifier les Nerfs, résoudre les tumeurs ou enflures froides, & ramollir les duretés des jointures; & pour les rhumatismes.

Il faut prendre quatre ou cinq poignées de sauge; les bien piler; les mettre dans un poëlon, avec une livre de beurre frais; les faire bien bouillir ensemble durant un quart d'heure; & les passer ensuite par un gros linge pour en exprimer ce qu'on pourra: dont on oindra les parties malades & foibles. Il faut que cet onguent soit fondu, quand on s'en servira.

Huile de Nicotiane, ou de Tabac.

Mêlez du suc de tabac exprimé dans le tems que cette plante est dans sa plus grande vigueur, avec partie égale d'huile d'olives. Faites-les bouillir jusqu'à ce que le suc soit presque tout consommé. Passez-le ensuite; & gardez cette huile dans un vaisseau qui soit bouché. Elle est propre pour attenuer les humeurs visqueuses; & pour fondre & dissiper les skirrhes.

Huile, ou Baume, de la Noblesse, ou du Samaritain; souverainement bonne.

Ayez des feuilles fraîches de tabac, de langue de chien, & de jusquiame; une demi-livre de chaque. Pilez-les, & les humectez avec un peu de vin, pour en tirer plus facilement le jus; pressez-les fortement sous la presse. Sur un pot de jus passé & filtré, mettez environ un demi-pot de gros vin rouge, & un pot d'huile d'olives. Faites bouillir le tout ensemble sur un petit feu, jusqu'à ce qu'il n'y reste plus que l'huile; que vous conserverez dans des bouteilles bien bouchées.

Quelques personnes y ajoûtent trois quarterons de térébenthine de Venise, quand le vin est entiérement consommé; & font bouillir le tout, pendant un *miserere*, en remuant sans cesse.

Cette huile est bonne à tous les maux extérieurs; on la fait chauffer quand on veut l'appliquer. Elle guérit les plaies nouvelles, en vingt-quatre heures; mondifie bien les vieilles plaies, & les guérit en peu de tems. Elle est excellente aux dartres, érésipeles, fluxions qui viennent au visage. Elle guérit les maux de dents, & les fluxions qui tombent sur les yeux; en mettant, aux tempes & derriere les oreilles, des compresses trempées dans cette huile. Elle guérit les surdités nouvelles, en en faisant tomber dans l'oreille trois ou quatre gouttes chaudes en se couchant, & mettant un peu de cotton par dessus. Elle guérit les engelures, & fait mourir les cors des pieds. Elle fait tomber la gangrene, en mettant huit cuillerées de cette huile avec une cuillerée d'huile d'aspic.

Elle fortifie merveilleusement les nerfs, & les foulures causées par des coups ou par des chûtes. Elle guérit la teigne, le feu volage, les écrouelles, les herpes, les porreaux, les blessures chancreuses, les phlegmons, les charbons pestilentiels, les crevasses des mains, les ulceres des jambes; étant mêlée avec le mercure doux & le suc d'écrevisses, elle guérit les fistules lacrymales. Elle fait réunir les os coupés ou fendus par quelque coup : mais alors il doit ne point y avoir de térébenthine dans sa composition. On en fait un liniment excellent pour appaiser la douleur de la goute. On peut en donner intérieurement dans les coliques, & maladies semblables.

De ce qui reste au fond du plat ou du pot, après avoir versé ce baume, on peut faire, avec la gomme élemi & la cire, un emplâtre qui aura presque les mêmes vertus.

Huile de Noix.

Voyez le mot NOYER.

Huile d'Œufs.

Voyez l'article ŒUFS.

Huile d'Olives. Consultez l'article OLIVIER.

Huile d'Or, pour les ulceres invétérés.

Prenez deux parties d'esprit de sel, & une partie d'esprit de nitre : dans lesquels vous dissoudrez autant d'or qu'il s'y en pourra dissoudre. Puis distillez à chaleur lente au bain-marie, jusqu'à ce que l'or soit en gomme ou sel crystallin, que vous laisserez après dissoudre par soi-même à l'air. Puis le distillerez de rechef, & le refondrez à l'air; & continuerez tant de fois qu'il ne se coagule plus, & qu'il demeure liquide & coloré. Il faut en oindre les ulceres avec une plume, que vous y tremperez, & que vous passerez légerement sur toutes les parties affectées & tout autour.

Par ce remede on a guéri dans dix jours un ulcere fort malin à une jambe, qu'il occupoit depuis trois ans; un cancer invétéré à la joue; & plusieurs autres dans l'espace de quinze jours.

Huile de fleurs d'Orange. Consultez l'article EAU *de fleurs d'orange.*

Huile d'Ours.

Les Naturels de la Louisiane vendent aux François la graisse ou huile grossiere de cet animal. Nous ne nous en servons, qu'après l'avoir *purifiée.* Pour cela, on la fait fondre au grand air dans une chaudiere; & l'on y met une poignée de feuilles de laurier. Quand elle est très-chaude, on y jette de l'eau par aspersion : cette eau est rassasiée de sel. Il se fait alors une grande détonation, accompagnée de fumée épaisse qui emporte le peu de mauvaise odeur de la graisse. La fumée étant passée, & la graisse encore plus que tiede, on la transvase dans un pot, & on l'y laisse reposer pendant huit ou dix jours. Après quoi on leve soigneusement avec une cueiller nette l'huile claire qui surnage, & qui est aussi bonne que la meilleure huile d'olives, & sert aux mêmes usages. Au dessous on trouve une espece de sain-doux aussi blanc que celui de porc, mais un peu plus mou. On l'emploie à tous les besoins de la cuisine, même aux sausses blanches; il n'a aucun goût désagréable, ni aucune mauvaise odeur. Ce sain-doux est encore un souverain remede pour les douleurs de rhumatisme, & autres. * Le Page, *Hist. de la Louis.* T. II.

Huile & Esprit de Papier.

Pliez du papier blanc en petits bouchons; remplissez-en une grande cornue de grais ou de verre, lutée; placez votre cornue dans un fourneau de reverbere. Adaptez-y un grand balon ou récipient; lutez exactement les jointures; faites dessous un très-petit feu pendant deux heures pour échauffer la cornue; augmentez-le de deux ou trois charbons, & continuez-le ainsi pendant trois heures; poussez-le ensuite jusqu'au troisieme degré : le balon se remplira de nuages blancs. Faites cesser le feu quand il ne sortira plus rien. L'opération sera achevée dans sept ou huit heures. Les vaisseaux étant refroidis, délutez-les; versez tout ce que contiendra le récipient, dans un entonnoir garni de papier gris : l'esprit passera; & il demeurera sur le filtre une huile épaisse, noire, & de mauvaise odeur. Gardez-la dans une phiole.

C'est un fort bon remede pour la surdité; on en met quelques gouttes dans l'oreille avec un peu de cotton, de tems en tems; elle calme les bourdonnemens. Elle est bonne aussi pour les dartres & pour la gratelle, étant appliquée dessus. Elle soulage le mal de dents, à-peu-près comme l'huile de gaiac. Elle est bonne encore pour appaiser les vapeurs hystériques, on en fait sentir aux femmes attaquées de ce mal.

Il faut rectifier l'esprit en le faisant distiller au feu de sable par un petit alembic. C'est un apéritif : on en peut donner dans toutes les maladies où il est besoin de faire uriner; la dose est depuis six gouttes jusques à vingt, dans quelque liqueur appropriée.

Pour faire sur le champ de l'Huile de Papier.

Faites plusieurs grands cornets de papier blanc, qui ayent une petite ouverture au petit bout; passez un de ces cornets par l'anneau d'une clef; mettez le feu au gros bout du cornet : il sortira alors par le trou qui est au petit bout une fumée blanchâtre & humide, chargée d'une huile jaune extrêmement âcre, qui s'écoulera peu-à-peu, & que vous pourrez recevoir en tenant au dessous une assiete un peu inclinée, à la distance de deux lignes ou environ du petit bout du cornet. Vous ferez la même chose aux autres cornets; & par ce moyen vous pourrez faire telle quantité qu'il vous plaira d'huile de papier.

Huile pour nettoyer la Peau.

Consultez l'article VISAGE.

Huile Philosophique : pour presque toutes sortes de maladies.

Prenez seize livres d'urine d'un enfant âgé de dix à douze ans & qui soit sain. Mettez-les dans un poëlon sur le feu; & écumez-les bien. Ajoutez-y ensuite trois livres de cailloux blancs de riviere, calcinés & bien pulvérisés. Faites bouillir le tout jusques à ce que la troisieme partie de l'urine soit consommée : & lorsque le reste sera refroidi, passez-le par le filtre; & mêlez avec ce qui aura passé, une livre de soufre vif, en poudre fine. Faites pour lors bouillir de nouveau le tout dans un pot de verre, ou de terre bien vernissé, jusqu'à la consomption de la moitié de la liqueur. Laissez-le refroidir; & passez-le encore par le filtre : & mettez la liqueur filtrée, dans un alembic de verre. Il sortira premiérement un flegme clair, qui est inutile. Après lequel vous changerez de récipient; & vous aurez une liqueur couleur d'or, très-précieuse : que vous garderez dans des bouteilles de verre bien bouchées.

Ce remede est d'un grand secours dans la contraction des nerfs, paralysie, cancers, ulceres corrosifs, & pour toutes les douleurs qui occupent les parties extérieures du corps. On compose un *liniment* avec cet esprit, l'huile de jaune d'œuf, & la moëlle de bœuf : pour en frotter les parties malades, auprès du feu.

Ce remede est pareillement très-salutaire pour toutes les maladies internes : on la prend dans un véhicule propre, depuis cinq jusqu'à dix gouttes. Cet esprit (suivant feu *M. de S. Donat*, dans les mémoires duquel il a été trouvé,) fixe le mercure. Il en faisoit un grand secret ; qu'il n'a jamais communiqué à personne pendant sa vie.

Huile pour la Pierre. Voyez PIERRE, *n.* 8.

Huile Rosat, faite par infusion.

Prenez une demi-livre de suc de roses, cinq livres d'huile commune, deux livres de roses nouvellement cueillies & pilées. Mettez le tout dans un vaisseau de terre plombé ; que vous aurez soin de bien boucher : & exposez-le au soleil pendant quarante jours. Faites cuire ensuite le tout au bain-marie bouillant. Enfin coulez ; & exprimez les roses : & gardez l'huile.

Autre Huile Rosat, par infusion.

Prenez quatre livres d'huile commune, quatre onces de suc de roses rouges, & une livre de roses rouges nouvellement cueillies & pilées. Mettez le tout dans un vase de terre plombé, dont l'entrée soit étroite & bien bouchée. Exposez-le au soleil pendant une heure : coulez ensuite ; & exprimez les roses. Mettez cette liqueur dans le même vaisseau : ajoûtez-y du suc de roses, & des roses en même quantité qu'auparavant. Bouchez le vaisseau : faites la macération, la coction, la colature, & l'expression, comme vous venez de faire. Recommencez une troisieme fois la même chose. Enfin dépurez l'huile : & gardez-la.

Autre Huile Rosat.

Prenez des roses rouges fraîches, une livre & demie. Les ayant bien pilées, mettez-les dans une cruche, ou autre vaisseau plombé ; & versez par dessus trois livres de bonne huile d'olives. Bouchez le vaisseau exactement. Après l'avoir exposé au soleil sept ou huit jours, tirez-en la matiere ; faites-la bouillir légerement. Quand vous l'aurez passée par un linge avec forte expression, remettez encore une livre & demie de roses rouges pilées, dans la colature : faites la même chose qu'auparavant ; & réitérez de la même maniere jusqu'à trois fois. A la derniere, vous pourrez garder l'infusion sans la couler, pendant plusieurs mois : & quand vous voudrez l'achever, vous la ferez bouillir plus long-tems qu'aux deux premieres fois, afin de faire consumer par la chaleur, le suc des roses qui pourroit corrompre l'huile. Ou bien il faudra la dépurer, en laissant précipiter au fond le suc des roses, après qu'on l'aura coulée ; & la verser ensuite par inclination.

Huile Rosat odorante.

Faites infuser au soleil des roses pâles, ou muscades, dans de l'huile vierge, avec toutes les mêmes préparations que ci-dessus ; excepté qu'il faut couler l'infusion sans la faire chauffer. Vous aurez une huile d'une odeur de rose très-agréable.

Cette huile est plus adoucissante & plus résolutive que celle des roses rouges, mais elle ne fortifie pas tant.

Ces *huiles Rosat* sont bonnes pour adoucir & dissiper les fluxions ; éteindre les inflammations ; appaiser les maux de tête & les délires ; & provoquer le sommeil. Avant d'en oindre les parties, il faut faire tiédir l'huile. On en frotte encore les os fracturés & disloqués. Elle fortifie & raffermit en adoucissant. On prend ces huiles intérieurement dans la dysenterie & pour les vers. La dose est depuis une demi-once jusqu'à une once.

On peut préparer par une infusion semblable à celle des roses, l'*huile* de la plupart *des autres fleurs*.

Huile du Samaritain.

Voyez, ci-dessus, *Huile de la Noblesse*.

Huile Siccative.

1. Délayez dans un demi-septier d'huile de lin, & un demi verre d'eau, gros comme la moitié d'un bon œuf de couperose blanche, autant de litharge d'or, & autant de minium ; ajoûtez-y, gros comme une petite noix, de blanc de plomb broyé à l'huile. Faites bouillir le tout lentement pendant une heure & demie. Quand la liqueur sera devenue rouge, vous tirerez le vaisseau du feu ; vous laisserez reposer : &, pour bien dépurer l'huile, vous la verserez par inclination, & peu-à-peu, dans un autre vaisseau bien net.

2. Mêlez bien ensemble dans un demi-septier d'huile, & un demi-verre d'eau, pour un sou de minium, & pour autant de terre d'ombre en poudre. Faites bouillir à feu lent pendant une heure. Vous ferez ensuite comme ci-devant.

Huile de Staphisaigre.

Mettez dans une cruche trois onces de staphisaigre réduites en poudre grossiere : ajoûtez-y une livre de suc de fenouil, & deux livres d'huile d'aspic. Faites infuser le tout en lieu chaud, pendant quinze jours. Ensuite faites bouillir jusqu'à ce que le suc soit entiérement consommé ; puis coulez la liqueur, avec forte expression. Cette huile est très-bonne pour les ventosités. On s'en sert aussi contre le bourdonnement des oreilles : on y en instille quelques gouttes, par le moyen d'un petit morceau d'éponge fine, ou avec un peu de cotton.

Huile de Sucre.

On coupe le bout d'un gros citron ; & après en avoir exprimé tout le jus, on le remplit de sucre fin, ou de sucre candi en poudre. Ensuite on le met dans un petit vaisseau de fayance ou de terre, bien net ; & on fait bouillir le sucre un quart d'heure sur un feu de charbon ; le sucre se change en une huile, qui ne se congele jamais ; & qui est excellente pour les foiblesses & douleurs d'estomac, pour les rhumes, rhumatismes, catarrhes, maux de poitrine, &c.

Autre Huile de Sucre, sans feu.

Creusez adroitement un gros citron ; & l'ayant rempli de sucre candi en poudre, portez-le à la cave, & suspendez-le au-dessus d'une écuelle. Vous y trouverez une huile d'une odeur & d'un goût merveilleux dans les liqueurs ; & qui est excellente pour les asthmatiques, & les pulmoniques.

Huile de Tabac.

Voyez, ci-dessus, *Huile de Nicotiane*.

Huile de Tartre. Voyez TARTRE.

Huile de Vers de terre, pour les rhumatismes, sciatiques, humeurs froides, &c.

Prenez, par un tems humide, telle quantité qu'il vous

vous plaira de vers de terre, bien vifs, gros, gras; soit blancs soit rougeâtres.. Lavez-les deux ou trois fois dans l'eau tiede, & faites-les dégorger; essuyez-les dans un linge; puis les ayant mis dans une bouteille de verre, vous les enterrerez dans du fumier de cheval, & les y laisserez trois semaines: ils se convertiront en une huile, dont l'odeur n'est pas agréable, mais qui est souveraine pour les maux indiqués dans le titre de cet article.

Autre Huile de Vers; qui s'acheve en vingt-quatre heures; & qui est excellente pour les piquures, foulures, foiblesses & douleurs de nerfs.

Après avoir lavé, fait dégorger, & essuyé les vers comme ci-devant; vous les mettrez dans une cruche, avec autant pesant d'huile d'olives, & quatre parties de vin rouge, sur cinq de vers ou d'huile, en sorte qu'il surpasse les vers de trois bons travers de doigt. Ensuite vous laisserez infuser en lieu chaud, pendant vingt-quatre heures; puis vous passerez la liqueur dans un couloir, & aurez soin de bien écraser les vers, afin d'en exprimer toute l'huile.

Autre Huile de Vers qui est propre pour ramollir, pour fortifier les nerfs, resoudre les tumeurs; & appaiser les douleurs de la sciatique; pour les foulures, dislocations, &c.

Préparez comme ci-dessus poids égal de vers de terre, & d'huile d'olives; faites infuser pendant vingt-quatre heures dans de bon vin blanc, dont le poids doit être moindre de moitié. Après l'infusion faites bouillir lentement dans un vaisseau double, jusqu'à ce que le vin soit consommé; & passez votre huile avec forte expression.

Huile de Vin, préparée; pour toutes sortes de plaies.

Prenez une livre d'huile d'olives, une chopine de vin, une bonne poignée de feuilles de plantain, une poignée de consoude, autant de millepertuis, & une autre poignée de feuilles de roses. Le tout mis ensemble dans un poëlon, il faut le bien faire bouillir, jusqu'à ce que les herbes soient cuites; les passer ensuite dans un linge; & les bien presser, pour en tirer le suc: que vous garderez dans une phiole.

Pour vous servir de cette huile, prenez un peu d'eau & de vin; faites-les tiedir sur le feu; lavez-en la plaie avec un linge, & la laissez sécher. Puis vous prendrez un peu de cette huile, & en frotterez la plaie avec une plume. Vous prendrez une feuille de chou rouge, que vous passerez sur le feu, & que vous oindrez de cette huile; vous l'appliquerez sur la plaie, & par-dessus vous mettrez le même linge qui a servi à la nettoyer.

Huile de Vitriol.

Voyez sous le mot VITRIOL.

HUILÉ: *terme d'Office.* Consultez l'article *Amandes à la praline*, sous celui d'AMANDIER.

HUILER: *terme de Jardinage.* C'est lorsqu'une plante se gonfle & devient comme pénétrée d'huile: ce qui la fait périr. Le Basilic dont nous avons parlé sous le *n.* 7 est sujet à huiler; ainsi que nombre de plantes élevées sur couche.

HUILEUX (*Verni*). Voyez sous le mot VERNI.

HUITRE. Coquillage de mer, du nombre des Bivalves. On le mange crud, avec un peu de poivre. On le mange aussi cuit, & apprêté de plusieurs façons.

Huitres Grillées.

On les laisse dans la coquille de dessous; & on les assaisonne avec un peu de poivre, & de persil haché; on y ajoûte un peu de beurre frais; & l'on jette dessus un peu de rapure de pain bien fine: puis on les fait griller au four ou sur un gril; ou bien l'on passe une pelle rougie au feu, par dessus.

Huitres Rissolées.

Prenez une tourtiere, graissez-en le fond avec de bon beurre frais; mettez-y vos huitres séparées de leurs coquilles; & assaisonnez-les comme ci-dessus; ajoûtez-y un verre de vin; couvrez-les ensuite de bon beurre frais; & les pannez. Ayant couvert la tourtiere, mettez du feu dessous & dessus: ou faites-les cuire au four.

Huitres en Ragoût au Roux.

Il faut blanchir & nettoyer bien les huitres dans l'eau, sans les faire bouillir: puis ayant passé au roux des truffes & des champignons coupés à l'ordinaire, avec de bon beurre frais, & un peu de fleur de farine; vous y mettrez du bouillon de poisson, ou de la purée claire, ou à leur défaut de l'eau chaude à proportion: cette eau doit être celle où on les aura fait blanchir. Puis ayant laissé mitonner le tout; vous y jetterez les huitres pour les faire cuire sans bouillir; autrement elles perdroient leur goût.

On peut aussi ne passer les huitres qu'au blanc avec du beurre paîtri d'un peu de farine.

Huitres Farcies.

Ayant blanchi vos huitres, hachez-les menu avec beurre, anchois, sel, poivre, persil, & ciboule. Ajoûtez-y quelques jaunes d'œufs, avec muscade & autres épices douces; mêlez-y une mie de pain trempée dans de la crême; & pilez le tout ensemble dans le mortier. Mettez cette farce dans vos coquilles d'huitres; & les ayant pannées, ou dorées d'un jaune d'œuf, faites-les cuire dans la tourtiere comme les huitres rissolées.

HUM

HUMECTANS. *Voyez* REMEDE BOUILLON *aux herbes.*

HUMEURS *Cutanées.* C'est ce qu'on nomme autrement *Affections de la peau:* telles que sont les dartres, la gale, *&c.*

HUMEURS *Froides.* Voyez ECROUELLES.

HUMORAL (*Flux*). On nomme ainsi la *Diarrhée.*

HUMULUS. *Voyez* HOUBLON.

HUS

HUSO. Consultez l'article COLLE *de Poisson.*

HYA

HYACINTHE. Pierre Précieuse: dont on distingue plusieurs sortes. Celle qu'on surnomme la *Belle* est d'un bleu mêlé de rouge vif. D'autres sont safranées; ambrées; pâles; mêlées de fauve & de bleu; orangées; jaunes; *&c.*

Les Anciens ont attribué à ces pierres beaucoup de vertus: dont on ne convient pas aujourd'hui.

Contrefaire les Hyacinthes. Voyez l'article PIERRES *Précieuses.*

HYACINTHE & HYACINTHUS: } *Plante*. Voyez JACINTHE.

HYD.

HYDRAGOGUES. *Voyez* REMEDES.

HYDRARGYRUM. *Voyez* MERCURE.

HYDRAULIQUE (*Cadran* ou *Horloge*). Voyez CLEPSYDRE.

Machine Hydraulique. Voyez sous le mot MACHINE.

HYDROCELE. *Consultez* les articles ENFANT. ENFLURE.

HYDROCEPHALE. Espece d'hydropisie, ou de tumeur remplie d'une humeur aqueuse; qui se forme à la tête des petits enfans.

Remedes.

1. Appliquez des limaçons bien concassés & battus, sur l'hydrocephale; & n'ôtez point le cataplasme, qu'il ne tombe de lui-même.

2. Appliquez sur la tumeur une éponge trempée dans l'eau de chaux vive, chaude. Il faut presser l'éponge avant de l'appliquer; & se servir d'une bande pour la tenir assujettie sur le mal. Il faut aussi avoir soin de mettre un linge chaud en plusieurs doubles, par dessus, pour empêcher qu'elle ne se refroidisse.

Au lieu de chaux vive, on peut se servir d'esprit de vin, mêlé d'une quatrieme partie d'eau de scabieuse.

3. Appliquez de l'onguent composé avec poudre d'absinthe, de mélilot & de camomille, de chacune deux onces, mêlées & incorporées avec quantité suffisante de cire jaune.

HYDROCOTYLE. Genre de plantes aquatiques; lequel se divise en un petit nombre d'especes. On l'appelle en François *Ecuelle d'eau*; & *Nombril de Venus, aquatique*. Les Anglois le nomment *Water Navelwort*, selon M. Miller; mais dans le *Compleat Body of Husbandry*, il n'est distingué que par le nom de *White-Rot*; au moins à en juger par la description.

Especes.

1. L'espece *vulgaire*, nommée par C. B. *Ranunculus aquaticus Cotyledonis folio*, & par d'autres *Cotyledon aquatica*; est principalement formée par certain nombre de pédicules menus, verd-pâles; les uns couchés contre terre où ils se répandent confusément; les autres élevés à la hauteur de quelques pouces. En traçant ils prennent racine en différens endroits. Ces racines ne sont que des fibres: & pour l'ordinaire il paroît des feuilles au-dessus de chaque partie enracinée. Ces feuilles sont blanchâtres, assez minces, orbiculaires, creusées en bassin, irréguliérement crénelées à leur bord; & ont environ un pouce de diametre. Les pédicules qui les portent sont placés au centre de chacune. Cette plante, aux mois de Juillet & Août, produit une fleur quelquefois purpurine, quelquefois d'un verd pâle, d'environ une ligne de diametre; formant une espece de godet à cinq pétales entiers, terminés en arcade Gothique, longs d'environ demie-ligne sur autant de largeur; entre lesquels sont placées cinq étamines de demie-ligne de long, chargées chacune d'un sommet rond & jaunâtre. Le calice devient un fruit applati, & long d'environ une ligne sur un peu plus de large, échancré par les deux bouts, garni de deux petites cornes sur celui d'en haut; & qui contient deux petites semences brunes, applaties & arrondies.

2. Le P. Plumier fait mention d'une grande espece de ce genre, qui vient en Amérique; dont la feuille est entiere; & la fleur, comme en ombelle. On la nomme le *Patagon*.

3. Dans l'Isle de Ceylan, on trouve une hydrocotyle à feuille d'Asarum, selon M. Tournefort. Le pédicule est implanté à un des côtés de la feuille, à la base de qui sont deux oreilles. Il y a des Botanistes qui l'appellent *Asarina*; & *Valeriana palustris, repens, hederæ terrestris folio*.

4. Columna donne le nom de *Ranunculus aquaticus umbilicato folio*, à une plante que quelques-uns croyent être l'hydrocotyle, mais qui ne l'est pas; suivant d'autres Botanistes.

5. Il est probable que l'*Alsine Saxifraga aureæ folio*, &c. de M. Ray, est une espece de ce genre.

Propriétés.

L'hydrocotyle du *n.* 1, est une espece très-commune dans les endroits marécageux. Elle s'y cache sous d'autres herbes: & les bêtes à laine vont l'y découvrir, si l'on en croit le *Compleat Body of Husbandry*; qui prétend que ce bétail en est très-avide; & qu'après en avoir mangé beaucoup, il tombe dans une maladie de pourriture, dont fort peu échapent.

Au reste, on attribue cet effet à la Nummulaire, & à quantité d'autres plantes qui viennent dans des endroits humides. Mais on ne sçait pas encore s'il y a dans les végétaux une cause réelle de cette maladie: quoiqu'il soit bien vrai que la pourriture attaque les bêtes à laine qui vivent dans des pâturages humides.

HYDROMEL. Boisson qui se prépare avec l'eau & le miel.

L'hydromel est simple; ou composé. Le *simple* se fait avec le miel seul, & l'eau commune: & quand il a acquis une force égale à celle du vin, soit par la quantité de miel qu'on y a mise, soit par une grande coction, ou par la fermentation, on l'appelle *vineux*. Pour faire l'hydromel vineux, il faut une livre de miel sur trois pintes d'eau; le miel de Narbonne, ou à son défaut le miel blanc, le plus beau, le plus nouveau, & le plus agréable au goût, doit être employé pour cette liqueur. On le délaye avec l'eau dans un vaisseau de cuivre étamé; & on fait bouillir doucement ce mélange sur le feu, jusqu'à ce qu'il ait acquis assez de consistance pour qu'un œuf frais, avec sa coquille, puisse nager dessus, sans tomber au fond. Il faut avoir soin de bien écumer la liqueur en la faisant bouillir. Etant faite on la coule par un linge, ou par le tamis. Ensuite on en verse environ la moitié dans un baril tout neuf, lavé plusieurs fois avec l'eau bouillante, puis avec une ou deux pintes de vin blanc, ensorte qu'il n'y reste aucune odeur désagréable. Quand le baril est plein, on n'y met point le bondon, mais on en bouche seulement l'ouverture avec un morceau de linge pour empêcher qu'il n'y tombe quelque ordure, puis on le place dans une étuve, ou au coin de la cheminée dans laquelle il faut entretenir un petit feu, jour & nuit, pour échauffer doucement la liqueur, & la faire fermenter.

Il faut mettre l'autre partie de l'hydromel dans des bouteilles, ou dans des cruches de terre à cou étroit, bien nettes; observant de ne les pas boucher, mais de les couvrir seulement d'un linge comme le baril, & les attacher en différens endroits au dedans de la cheminée. Cet hydromel des bouteilles sert à remplacer celui qui sort du baril par la fermentation, laquelle doit durer environ six semaines. Après ce tems-là, vous bouchez le baril avec son bondon enveloppé d'un peu de linge. Il ne faut pas le serrer ni l'enfoncer trop avant, parce qu'on est obligé de le retirer de tems en tems, pour remplir le baril; que vous devez porter à la cave, & l'y laisser passer un hiver. Quand vous remarquez que l'hydromel ne se condense plus à la cave, & qu'il est toujours à fleur du bondon, vous enfoncez alors le bondon; & ne touchez plus au baril, que pour le percer, & le mettre en bouteilles.

Il seroit peut-être mieux de faire fermenter l'hydromel par *insolation*, c'est-à-dire, en l'exposant au soleil. Mais comme cet astre n'est pas toujours sur l'horison, sa chaleur ne peut produire une fermentation aussi égale, ni aussi prompte, que celle qui se fait dans les étuves, ou dans les cheminées. Il y auroit un remede à cela : ce seroit de transporter tous les soirs vers le coucher du soleil, le baril dans un lieu chaud; mais cela demanderoit beaucoup de soin & d'adresse, pour ne pas brouiller la lie qui s'amasse au fond. Cette lie est de couleur brune, & beaucoup plus liquide que celle du vin.

La consistance de l'hydromel vineux, approche plus ou moins de celle du sirop; & son goût, de celui du vin d'Espagne, ou de la malvoisie, lorsqu'il est très-vieux.

Il est cordial; & stomachique. Il dissipe les vents, guérit les coliques qui en proviennent, aide la respiration, & résiste au venin.

L'*Hydromel simple ordinaire* se fait comme le vineux; excepté qu'on ne le laisse pas fermenter.

Hydromel composé.

Pendant que vous ferez bouillir la quantité d'eau & de miel que nous avons marquée ci-dessus pour la préparation de l'hydromel simple; vous ferez bouillir des raisins de damas, coupés en deux. On en met demi-livre, sur six livres de miel; & il faut quatre pintes d'eau pour les faire cuire. La liqueur étant diminuée de moitié, vous la passerez par un linge, avec légere expression des raisins; puis vous la mêlerez avec l'hydromel; & laisserez bouillir le tout ensemble, pendant quelque tems. Ensuite vous y enfoncerez une rôtie de pain trempée dans de la bierre; & ayant ôté l'écume qui se formera de nouveau, vous retirerez la liqueur du feu; la laisserez reposer; & la versant par inclination, afin de la séparer du sédiment, vous la mettrez dans un baril préparé de la maniere que nous avons prescrite ci-dessus; dans lequel vous mettrez auparavant une once du plus beau sel de tartre, dissout dans un verre d'esprit de vin: & il faut faire ensorte que le baril soit tout plein. Après cela vous l'exposerez débouché, sur des tuiles ou sur des briques, au grand soleil, ou sur le four d'un Boulanger, ou dans une étuve bien chaude; ayant soin de le remplir, jusqu'à ce qu'il ne jette plus d'écume. L'ayant rempli pour la derniere fois, vous le boucherez exactement, & le porterez à la cave; où ayant resté pendant quelques mois, il pourra être percé, & mis en bouteilles.

Cet hydromel composé est propre pour fortifier l'estomac, particuliérement celui qui est chaud; abaisser les vapeurs qui causent les maux de tête; lever les obstructions du bas ventre; & guérir la phthisie, l'asthme, & toutes les maladies des poumons.

Pour le rendre plus agréable, on peut mêler cinq ou six gouttes d'essence de cannelle dans l'esprit de vin qui sert à dissoudre le sel de tartre. On peut encore y faire infuser des zestes de citron; des framboises; des fleurs, ou des aromates, qui peuvent convenir selon les différens goûts.

On peut user de cette liqueur au lieu de vin.

Pour conserver l'Hydromel pendant plusieurs années.

Il faut mettre sur chaque barrique un demi-septier d'esprit de sel.

Voyez un *Hydromel Purgatif*, dans l'article TISANNE.

HYDROPHOBIE. *Voyez* RAGE.

HYDROPISIE. Maladie causée par une abondance d'eaux amassées dans quelque partie du corps; comme dans la poitrine, le ventre, le cerveau, les jambes.

Souvent elle ne provient que d'épaississement dans la partie fibreuse du sang : qui, en se condensant, exprime sa sérosité. Cette sérosité ne pouvant alors se mouvoir ni circuler aussi librement; tant à cause de l'embarras qu'elle rencontre dans les vaisseaux; que du mouvement qui languit, & qui est considérablement diminué; elle s'épanche nécessairement & s'accumule dans les différentes cavités.

L'Hydropisie prend différens noms, suivant les parties qu'elle occupe. Celle qui est produite par un épanchement d'eau dans le bas ventre, s'appelle *Ascite*: celle de la tête se nomme *Hydrocéphale*; celle du scrotum, *Hydrocele*. Quand elle occupe tout le corps, on la qualifie de *Anasarque*. Celle qui se forme au nombril, est dite *Hydromphale*. On nomme *Œdeme* l'hydropisie qui attaque les cellules du corps graisseux, dans quelques parties seulement. On donne aux autres le nom des parties qui en sont le siége : ainsi l'on dit Hydropisie *de la poitrine*, *du péricarde*, *de la matrice*, *des ovaires*.

Voyez ENFLURE. TYMPANITE.

L'ascite est formée par une abondance de sérosités, exprimées du sang, qui se décompose quand des obstructions du foie l'empêchent d'entrer dans ce viscere par la veine cave. Ces sérosités, s'épanchant entre l'épiploon & le péritoine, flottent dans le ventre, ainsi que flotte le vin dans une bouteille à demi-remplie. Cette maladie est commune aux personnes qui mangent par excès des viandes trop salées ou épicées; ou qui boivent beaucoup de vin, ou d'eau-de-vie, ou d'autres liqueurs qui desséchent le foie.

Elle succede aussi à des fievres chaudes, à de fréquens vomissemens; au flux de sang, venant de quelque veine des intestins écorchée ou rompue.

Quand l'hydropisie vient du propre vice du foie; elle se connoît à une dureté, & à une douleur que l'on sent en se touchant; à une petite toux séche; un retirement des poumons en bas; la paresse du ventre; & à des matieres recuites.

Quand elle dérive des autres parties, comme de la rate, d'une obstruction de la vessie ou des reins, ou d'un flux supprimé ou excessif soit de la matrice soit des hémorrhoïdes, ou du chyle refroidi, ou des poumons; elle se manifeste assez par la propre indisposition de ces parties.

La plupart de ceux qui se sont fait guérir de vieux ulceres, ou de vieilles hémorrhoïdes, deviennent hydropiques. Si l'on sent à l'entour des reins, & du nombril, des douleurs en maniere de colique, & qu'aucun remede ne soulage; on tombe dans l'hydropisie tympanite. Si la rate est indisposée, ensorte qu'elle menace d'hydropisie, on en sera plutôt attaqué en automne qu'en d'autres saisons; mais elle n'est pas si dangereuse que celle qui attaque le foie.

Ceux qui sont d'un tempérament chaud & sec, sont plutôt menacés d'hydropisie, que d'autre maladie.

S'il survient des ulceres aux jambes des hydropiques, ils n'en reviennent presque jamais.

Un gueux guérira plutôt de l'hydropisie qu'un riche; d'autant que la diete est un excellent remede pour cette maladie.

L'ascite est plus dangereuse que la tympanite; & celle-ci plus que l'anasarque.

L'hydropisie venant ensuite d'une fievre continue, ou d'une fievre ardente, est plus difficile à guérir que celle qui succede à une longue maladie.

Si un skirrhe cause l'hydropisie, particuliérement lorsqu'il est au foie; elle est très-dangereuse.

Il n'est pas toujours certain que le cours de ventre tire de péril un hydropique; quelquefois le malade en est soulagé pour un tems; mais d'autres fois il en meurt plus tôt, à moins qu'il n'ait assez de force pour supporter l'évacuation: & s'il lui vient des ulceres aux jambes ou ailleurs, & que la toux lui prenne, il approche de sa fin.

Remedes pour l'Hydropisie Ascite.

Dans cette hydropisie le corps se fond, & s'amaigrit; la respiration devient difficile; on rend des urines épaisses & rouges, sans éprouver jamais beaucoup d'envie d'uriner; la fievre, quoique petite, est continue.

Les lavemens peuvent être d'un grand secours. On les composera avec de la mercuriale, de la poirée, des mauves, & de la camomille; y mêlant quelques feuilles de rue, & d'anis: & dans chaque décoction, on ajoûtera quatre onces de sucre rouge, une pincée de sel, avec trois cuillerées d'huile d'olives.

L'on *purgera*, une fois ou deux par semaine, avec un gros de rhubarbe & autant d'agaric, à demi battus, & infusés pendant une nuit sur les cendres chaudes, dans un verre de décoction d'aigremoine & de bétoine. Le lendemain, après avoir passé l'infusion, l'on y dissoudra six gros de catholicon double. *Ou bien* l'on prendra du suc d'iris, autant qu'il en pourroit tenir dans la moitié d'une coque d'œuf, avec deux gros de rhubarbe en poudre, & quatre onces d'eau miellée: on les mêlera ensemble; & on donnera à jeûn cette potion: que l'on réitérera deux fois la semaine. La médecine suivante n'a pas moins de vertu: *Prenez* une once de suc de racine de *palma Christi*, avec autant de sucre: il faut que ce soit à jeûn. Ce purgatif n'enflamme pas autant la gorge, que le précédent.

On pourra encore tous les matins faire avaler dans un bouillon une demi-dragme de racine de fougere, *ou* de la racine de concombre sauvage pulvérisée, *ou* trois dragmes de graine d'hieble dans du vin blanc: *ou* l'on fera boire cinq onces d'eau de genêt, trois heures avant de manger. *Voyez* CONCOMBRE *Sauvage*.

Faites prendre tous les jours, à des heures différentes, trois verres de vin blanc, où vous aurez fait infuser de la racine d'iris & d'ortie piquante, avec de la graine de genievre concassée.

Pour Régime, on usera de pain d'orge; avec des viandes chaudes, seches, & de facile digestion, comme poulets, pigeons, moutons, perdrix, grives, merles, alouettes, & autres semblables. On s'interdira la trop grande quantité de salade, de fruits cruds, les légumes, le poisson. On boira du vin sobrement, & l'on y fera quelquefois infuser des fleurs de romarin.

Si, après avoir employé tous ces remedes, on ne s'en trouvoit pas plus soulagé, on se résoudra à la paracentese. *Voyez* PARACENTESE.

Tisanes pour l'Hydropisie Ascite. Faites bouillir ensemble des feuilles de gratiole, d'asarum, de camomille, & de petite centaurée, de chacune une poignée. Passez la liqueur par un linge, avec légere expression; & faites-la prendre au malade. Il faut quelquefois augmenter ou diminuer la dose de gratiole, suivant les évacuations.

2. Faites bouillir de la racine d'iris, avec des orties piquantes, & de l'oseille ronde.

L'ANASARQUE dérive du foie extrêmement refroidi. Elle rend le corps enflé, bouffi, molasse, & si blême qu'il ressemble à un mort: lorsque l'on enfonce le doigt dans la peau, la marque y reste imprimée: pour peu que le malade travaille, ou qu'il marche, ou qu'il s'occupe, il est tout abbattu & languissant: les urines sont claires, blanches, & fort crues. Toutefois c'est la moins dangereuse hydropisie.

Il faut commencer par faire pratiquer l'abstinence; défendre de manger des viandes bouillies, du poisson, des fruits cruds, du laitage, des légumes; de boire du cidre, de la bierre, de l'eau crue. Il est à propos d'ouvrir la veine, lorsque l'anasarque a été originairement causée par une suppression de mois ou d'hémorrhoïdes, ou par la bonne chere, ou par la crapule: on proportionnera néanmoins la saignée, aux forces & à l'âge.

Ensuite on fera prendre, soir & matin, deux verres d'une décoction composée de gaiac, safran, & salsepareille.

Une fois par semaine on purgera avec dix grains de rhubarbe, autant d'agaric, & une demi-once de tablettes de citron; le tout délayé dans un verre de décoction de feuilles de sureau, ou de racines d'ache ou d'asperges.

On permettra l'usage du vin d'absinthe; ou une dragme de thériaque, les matins à jeûn.

On pratiquera utilement cette recette: Prenez une once de cendres d'absinthe, autant de celles de feuilles de lierre & de genêt, quatre onces de gingembre, une demi-once de safran, deux dragmes de macis. Après avoir mis toutes les cendres dans un petit sac de toile, faites-les infuser avec les autres drogues, l'espace de vingt-quatre heures, dans deux pintes de vin blanc: duquel vous donnerez tous les jours deux à trois verres, entre les repas.

On peut encore user du sirop d'hysope.

Les personnes riches pourront user des bains chauds dans lesquels on mêlera toutes sortes d'herbes aromatiques. Il ne faut pas aussi que leurs lits soient fort mollets.

Si l'hydropisie vient ensuite d'un flux hépatique, précédé d'une jaunisse universelle; il est ordinairement nécessaire de faire la ponction, & de faire observer la diete au malade, lequel doit boire à sa soif d'un *Vin* préparé de la maniere suivante. Faites infuser dans un demi-quarteron de vin blanc, deux litrons de graine de genievre concassée, & deux poignées de petite centaurée.

Pour fortifier le Foie dans l'Hydropisie.

Prenez poudres de rhubarbe une demi-once; de cannelle une dragme; & de sucre, quatre onces: incorporez le tout dans une livre de pulpe de raisins de Corinthe; & faites-en prendre une cuillerée au malade, le matin à jeûn, & le soir trois heures avant le souper.

Pour faire vuider les eaux par les urines.

Faites user au malade d'une décoction de Tanesie.

Faites infuser à froid des cendres de genêt, dans du vin clairet, le plus léger que vous pourrez trouver; ajoûtez-y une ou deux pincées de feuilles d'absinthe. Le malade prendra de cette liqueur trois fois le jour, le matin à jeûn, le soir longtems avant son souper, & la troisieme fois quelque tems avant de se coucher. La dose de chaque prise est de quatre onces. Pour faire cette infusion, on met une partie de cendres, fur quatre de vin. Ce remede est très-bon, & particuliérement à ceux qui n'ont pas assez de force pour soutenir les purgatifs.

Dans le 6e Tome des *Essais & Observ. de Méd. de la Soc. d'Edimbourg*, M. Murray rapporte la cure complette d'une hydropisie, pour laquelle il fit prendre une *Bierre hydragogue*, dont voici la préparation. Faites infuser dans douze livres de bierre nouvelle, deux onces de graine de moutarde, dix onces de limaille d'acier, & une livre de cendres de la plante nommée *Cytiso-genista scoparia valgaris* : puis passez la liqueur au bout de deux jours; pour en faire prendre huit onces par jour, en deux fois. En même tems que la malade en fit usages elle se purgea d'abord tous les trois jours, avec un scrupule de pilules de duobus & quatre grains de résine de jalap. Cette purgation devint ensuite moins fréquemment nécessaire. La combinaison de ces deux remedes continués fit évacuer en abondance par les urines & par les selles: & produisit une guérison bien confirmée.

Pour *appaiser la soif* qui tourmente continuellement les hydropiques, on leur fera tenir sous la langue un petit morceau d'oignon de scille.

Pour l'*hydropisie qui succede ordinairement aux longues maladies :* mêlez une cuillerée d'eau-de-vie avec trois cuillerées de miel blanc; partagez le tout en quatre prises; & donnez-en une à jeûn de deux jours l'un. On pourra réitérer cette recette en laissant sept ou huit jours d'intervalle.

Autres Remedes pour l'Hydropisie.

I. On donnera au malade deux médecines. La premiere sera composée avec quatre grains de tartre stibié, & une once de manne; que l'on aura soin de bien dissoudre dans un demi-bouillon à la viande, afin d'évacuer par ce doux vomitif les viscosités & les mauvais levains de l'estomac. La seconde sera composée d'un gros & demi de senné, un gros de sel végétal, une once & demie de manne, & trois gros de diaprunis solutif, dans un verre de tisane faite avec le chiendent, la chicorée sauvage, l'aigremoine & la reglisse.

II. L'usage des *bouillons amers* sera très-salutaire. Prenez une demi-livre de rouelle de veau; faites-la bouillir dans cinq demi-septiers d'eau, jusqu'à ce qu'ils soient réduits à deux; jettez-y, sur la fin, une bonne poignée de chicorée sauvage, autant de cerfeuil, & une bonne pincée de cresson de fontaine. Il faut faire ces bouillons au bain-marie, ou dans un pot de terre. On fera de ces deux demi-septiers deux bouillons; dont le malade prendra l'un le matin à jeûn, & l'autre l'après-midi sur les quatre heures.

Regime. Le malade prendra pour nourriture quelques légers potages presque sans bouillon; & de la viande rôtie : à ses repas, il usera d'un peu de vin trempé d'eau de chiendent : & il fera un exercice modéré tant du corps que de l'esprit.

III. Prenez un gros citron à jus; piquez-le de beaucoup de clous de girofle; coupez-le en deux; & faites-le infuser dans une chopine de vin blanc pendant douze heures. Vous la partagerez en trois ou quatre verres; dont vous ferez prendre un, chaque matin, comme remede apéritif.

IV. Mêlez trois ou quatre onces de suc de cerfeuil dans autant de bon vin blanc. C'est un bon apéritif.

V. Prenez une bonne pincée de la seconde écorce de sureau; que vous ferez infuser dans un verre de vin blanc : pour la même fin.

VI. Si le ventre devient paresseux, on aura recours à quelques lavemens ordinaires.

VII. S'il survient des vessies aux jambes, il faut les laisser suinter; & les étuver avec de bonne eau-de-vie, dont on mêlera une cuillerée dans trois d'eau tiede. Il ne faut pas les dessécher, ni les faire fermer; car si elles suintent longtems, ce sera un soulagement pour le malade.

VIII. Prenez cinq ou six onces de racines de couleuvrée; raclez-les bien, & coupez-les par rouelles; faites-les infuser, depuis le soir jusqu'au matin, sur les cendres dans une demi-chopine de vin blanc. Coulez cette infusion, le matin, par un linge blanc; & donnez-la à boire au malade.

Si le malade ne guérit pas dès la premiere prise, il faudra continuer de lui en donner; mais il faut qu'il preme deux jours de repos, d'une prise à l'autre. Il faut encore qu'il prenne un bouillon trois heures après avoir bû ce vin. Ce remede fait vomir, purge un peu, & fait beaucoup uriner. Cette recette, étant un peu violente, il ne s'en faut servir que pour des personnes robustes.

IX. Prenez une dragme de fleur de souci sauvage; faites-la infuser dans un verre de vin blanc, depuis les six heures du soir jusqu'à six heures du lendemain matin, sur les cendres chaudes. Coulez-le ensuite; & donnez à boire le vin au malade. Deux heures après, faites-lui prendre un bouillon. Continuez ce remede huit jours de suite.

X. Prenez le suc de la seconde écorce de sureau; donnez-en deux doigts à boire au malade avec un plein verre de lait de vache, une heure avant le repas: cela fera vuider quantité de phlegmes, & purgera doucement.

XI. Il faut prendre de la fleur de souci, quand elle sera bien seche; la bien piler comme on pile du sel; puis en faire infuser à froid une dragme, pendant vingt-quatre heures, dans un verre de vin blanc. On avalera le tout, après l'avoir bien remué : & l'on continuera d'en prendre pendant trois semaines. On peut sortir & agir après ce remede, sans danger.

XII. Il faut frotter le ventre avec de l'huile d'olives, après avoir bien fait chauffer la main dont on se servira pour faire pénétrer l'huile dans la peau. M. Oliver, Médecin de Bath, en a confirmé le succès par des expériences réitérées; même après la ponction. * *Transact. Philos.* année 1755, vol. 49. n. 13.

XIII. On pourroit employer avec espérance de succès, les mêmes remedes que pour les noyés. *Voyez* NOYÉS.

XIV. La *Teinture antihydropique de M. Low, fameux Médecin de Prague*, laquelle n'est qu'une teinture de tartre concentrée, ne convient pas indistinctement à tous les hydropiques. Ce remede a un succès très-prompt & presque infaillible, quand les humeurs ne sont que dans l'état de congestion visqueuse. Mais lorsque les sels âcres prennent le dessus, & qu'on le reconnoit par la soif ardente du malade; loin de diminuer les symptômes ni la cause du mal, cette liqueur âcre leur prête des forces, & contribue à accélerer le trépas.

Eau de soufre très-vantée pour les hydropiques; & pour les pulmoniques.

XV. Prenez un grand pot de terre vernissé, qui ait le ventre fort gros; emplissez-le de braise & de cendres chaudes, jusqu'à un pouce près du bord; jettez sur cette braise un quarteron de soufre en poudre; couvrez ce pot, d'un autre qui soit de la même grosseur, & qui s'assemble avec celui-là : lutez-les bien. Au bout de quatre heures, quand le pot sera refroidi, délutez-les; & remuez le pot de dessous : au bord duquel vous trouverez des fleurs de soufre, & au fond du pot, de l'huile : remplissez le pot tout plein d'eau : & l'ayant laissé infuser pendant une heure, donnez-en à boire au malade.

XVI. *Opiate pour l'hydropisie.* Prenez poudre de senné bien fine, deux gros; demi-gros d'yeux d'écrevisses; autant de safran; antimoine diaphorétique, demi-once; autant de catholicon double; crystal minéral, demi-scrupule; autant de sel d'absinthe; sel ammoniac en poudre, un gros; diagrede, jalap, sel polychreste, & sel de tamarisc, un scrupule de chaque. Incorporez le tout ensemble avec le sirop de pommes composé; & faites-en prendre un gros en bol, une ou deux fois la semaine.

XVII. Incorporez avec du vinaigre une demi-once de fiente de vache, seche, & battue dans le mortier, avec une dragme de sel commun, ou de soufre. Faites-en un cataplasme; & appliquez-le sur le ventre du malade.

Remede éprouvé pour l'hydropisie, & pour l'enflure des jambes, & d'autres parties du corps.

XVIII. Faites chauffer une brique bien chaude, sans pourtant être rougie; mettez-la dans une cuvette, ou autre vaisseau de terre, dont l'ouverture soit fort large : il faut mettre un peu de cendres sous la brique, & verser dans la cuvette un mêlange composé d'ambre jaune ou karabé, délayé dans une pinte de fort vinaigre; ensuite mettre la jambe dessus la cuvette pour recevoir la fumigation, & couvrir avec des draps la cuvette & la jambe pour empêcher l'évaporation de la fumée.

Si le ventre, ou tout le corps, est enflé; il faut se mettre dans une cuve, ou tonneau; augmenter le nombre des briques, & la quantité du mêlange; couvrir bien l'ouverture de la cuve; & s'y tenir tout le corps couvert, excepté la tête.

XIX. Dans quelques Colonies Françoises, lorsqu'un Negre est décidément hydropique, on le mene dans une étuve : où on le presse de manger le plus qu'il peut de biscuit sec, sans lui donner aucune chose à boire. Ce régime, joint à la chaleur de l'étuve, le guérit en peu de jours.

Pour guérir toutes sortes d'Hydropisies.

XX. Au commencement de Juillet, recueillez quantité de graines de sureau encore vertes. Concassez & distillez-les. Et gardez l'eau distillée bien bouchée.

Faites-en autant quand elles seront demi-vertes & demi-mûres : & encore aussi lorsqu'elles seront bien mûres & toutes noires. Gardez-les toutes trois à part. Prenez une livre de racine d'*énula-campana*, demi-livre de racine de glayeul qui fleurit jaune au mois de Mars ou de Septembre, demi-livre de racine de fenouil & autant de celle d'ache. (Pour les femmes qui ne sont point enceintes, ajoûtez-y demi-livre de rue). Gratez, lavez, essuyez, & sechez à l'ombre, ces racines pendant quinze ou vingt jours. Concassez-les ensuite; & infusez-les pendant quatre jours dans l'esprit de vin : puis distillez : & gardez l'eau, aussi bien bouchée.

Prenez des eaux des trois graines de sureau, de chacune trois onces; de l'eau des quatre racines ci-dessus, vingt-quatre onces. Mêlez-les; & distillez-les au bain de cendres. Et gardez cette eau bien bouchée.

On donne de cette derniere eau distillée deux cuillerées tous les matins à jeûn, jusqu'à parfaite guérison : & on ne mange rien de trois heures après.

Le malade désenflera plus tôt, si on ajoûte aux deux cuillerées d'eau, depuis une demi-cuillerée jusqu'à une cuillerée, d'*eau de soldanelle* ou chou marin, distillée comme s'ensuit.

Prenez la racine, fraîche ou seche : coupez-la par petits morceaux, & infusez-la pendant deux jours dans du vin blanc; puis distillez-la. (*Mais* on ne la donne que dans une grande nécessité.)

Remede agréable & très-facile à prendre. Espece de Rossoli.

XXI. Prenez des racines d'iris *nostras*, de bryone, de safran bâtard; concassez de chacune une once : turbith & jalap, de chacun deux gros : & deux gros de cloportes préparés sans être lavés. Versez par dessus ces drogues en poudre dans un matras huit à dix onces de bonne eau-de-vie, ensorte que le matras reste demi-vuide : bouchez-le bien; & faites-le infuser sur un bain de cendres pendant vingt-quatre heures. Puis versez par inclination la teinture, qui sera d'un rouge clair; & conservez-la dans une bouteille bien bouchée. On en donne une cuillerée le matin à jeûn, depuis sept ans jusqu'à quinze, avec un peu de vin blanc clairet; & depuis quinze ans, on en donne deux cuillerées : & un bouillon deux heures après.

Ces remedes, soutenus par la tisane apéritive, l'opiate & la gelée corroborative suivantes, ne manquent presque jamais de guérir les hydropiques qui en usent avec méthode.

La *Tisane* doit être faite avec les fruits de *cynorhodon* bien mondés, une once; racines & plantes de herniole, demi-once; racines & branches sans feuilles, de pariétaire; racines de petit houx, & de gros jonc, de chacun demi-once; semences de cerfeuil & de coriandre, de chacun une dragme; crême de tartre, une dragme; quatre livres d'eau de fontaine. Faites infuser le tout pendant cinq ou six heures dans un pot de terre bien couvert; & bouillir ensuite jusqu'à la diminution d'un tiers de l'eau, à petit feu. Coulez le tout sans expression, pour en faire la boisson ordinaire avec un peu de vin.

L'*opiate* sera faite avec des yeux d'écrevisse préparés, demi-once; du corail rouge préparé, & de l'iris de Florence, en poudre fine, de chacun deux dragmes; rhubarbe en poudre, écorce verte d'oranges aigres desséchée, & écorce de citron, de chacun trois dragmes; cloportes préparés six dragmes; poudre de vipere, une once; macis, safran fin, & castoreum, de chacun une dragme; fleurs de benjoin, sels de genievre & de chardon bénit, de chacun deux dragmes; de perles préparées, six dragmes; des confections de hyacinte & d'alkermes, de chacune parties égales, & en tout une quantité suffisante pour en faire une opiate suivant l'art : pour en user matin & soir, depuis demi-dragme jusqu'à une dragme & demie.

On joindra aux rossolis, tisane, & opiate ci-dessus, l'usage de la *gelée* suivante : qui est bonne pour soutenir les forces des hydropiques.

Prenez de chair de veau, agneau ou chevreau, ou même de celle de jeune mouton, une livre & demie; chair de poule ou de chapon, demi-livre. Faites-les bouillir doucement dans un pot de terre assez grand, avec six écuellées d'eau commune, jusqu'à ce que toute l'écume soit ôtée & bien séparée. Ajoûtez-y ensuite poudre de vipere, demi-once; corne de cerf, deux onces; mâches, quatre onces; écorce de citron concassée, deux dragmes. Couvrez bien le pot, après y avoir mis du sel comme pour une écuellée de bouillon : & faites-le bouillir doucement jusqu'à la diminution des deux tiers; que la chair se désosse bien, & soit très-cuite. Passez le tout au travers d'un linge écru bien fort; & exprimez-le bien à la presse, tant que vous pourrez. Puis pilez-le bien dans le linge, dans un mortier de pierre, jusqu'à ce qu'il soit en pâte : sur laquelle vous repasserez une partie du bouillon coulé ; & le mettrez avec le marc à la presse. Mettez ensuite dans un pot tout le bouillon passé : & faites-le bouillir doucement, bien couvert, jusqu'à la diminution d'un peu plus que du tiers. Puis ayez un peu plus de demi-écuellée de lait de brebis ou de chevre ; dans lequel vous dissoudrez deux jaunes d'œufs du jour : & faites une poudre de deux grains d'ambre gris, huit grains de macis, seize grains de cannelle, & autant d'écorce d'orange & d'écorce de citron, un grain de musc, & deux dragmes de sucre candi. Mêlez & pilez bien le tout ensemble ; & délayez-le dans le lait : puis mêlez le tout avec le bouillon diminué d'un tiers ; & le tenez encore un demi-quart d'heure sur un feu médiocre ; le pot bien couvert ; remuant de tems en tems le fond du pot avec une cuiller d'argent. Quand il sera épaissi comme de la colle, vous l'ôterez du feu ; & le laisserez refroidir, le vase bien bouché.

On peut faire de cette gelée pour deux ou trois jours à la fois : en observant les doses. On en donne une demi-écuelle au malade à l'entrée de son dîner, autant à l'entrée de son souper. Elle fortifie & nourrit mieux que trois écuelles du meilleur bouillon.

Si l'enflure des jambes continue, on ajoûtera à l'opiate le soufre anodyn de Venus ou de Mars : ou l'éthiops minéral, en dose convenable. On fera des fomentations avec l'esprit de vin camphré. On usera aussi de bains aromatiques & de parfums sudorifiques. S'il n'y a pas de viscere gâté, toute hydropisie cede (dit-on) à ces remedes.

HYG

HYGROMETRE. Invention de Mécanique, qui démontre les degrés de sécheresse ou d'humidité de l'air. Les bois des portes & des fenêtres, les cordes exposées à l'air, *&c* ; sont des hygrometres naturels.

C'est en conséquence de cette observation, qu'on a imaginé un mécanisme très-simple pour détacher des rochers les meules de moulin. On les taille en cylindre ; on fait quantité de trous à l'entour, & on y enfonce des chevilles de bois séché au four, disposées en rond. Dans les tems humides, les vapeurs renflent ce bois & le forcent à occuper un plus grand espace ; ce qui fend les rochers, & détache les meules. [Ce fait est rapporté dans beaucoup de Livres. Mais il y a des personnes qui le contestent.]

Une petite figure d'homme, ou d'oiseau, soit d'émail soit de bois, suspendue dans un tuyau de verre fermé, avec une corde à boyau, fait un hygrometre ; parce que la corde se tord ou détord selon qu'il fait sec ou humide. Et comme le vent de Sud accompagne ordinairement l'humidité, on applique cette machine à indiquer les vents : on les marque à quatre endroits opposés, sur le tuyau. C'est pourquoi on appelle cette machine *Anemoscope*.

Voyez AVEINE, p. 223, *col.* 1.

HYO

HYOSCYAMUS. *Voyez* JUSQUIAME.

HYP

HYPERICUM. *Voyez* MILLEPERTUIS.
HYPNOTIQUE. *Voyez* SOMNIFERE.
HYPOCAUSTUM. *Voyez* BAIN.
HYPOCHÆRIS. *Consultez* ce mot dans l'article HERBE *de l'Epervier*.

HYPOCISTHE. Plante parasite qui se trouve sur quelques Cisthes. C'est un astringent, très-efficace pour arrêter les évacuations trop abondantes : il se prend intérieurement, pour resserrer & fortifier les parties. On l'emploie aussi extérieurement dans les épithemes qu'on applique sur l'estomac pour arrêter le vomissement.

HYPOCONDRIAQUE (*Maladie*). Voyez MELANCOLIE.

HYPOCRAS : *ou Vin Aromatique*. Liqueur composée, dont le vin est la principale base.

La Framboisiere dit que l'hypocras occasionne l'apoplexie & la paralysie. La cannelle & les autres ingrédiens que l'on y met, sont néanmoins regardés comme propres à éloigner ces maladies, en détruisant les crudités, & fortifiant tout le corps ; pourvû qu'on en use avec modération.

Manieres de faire l'Hypocras.

I. Pour quatre pintes de vin, prenez une livre de bon sucre fin, deux onces de bonne cannelle concassée grossiérement, une once de graine de paradis, autant de cardamome ; & deux grains d'ambre gris du plus exquis, broyés au mortier avec du sucre candi. Vous ferez de toutes ces drogues un sirop clair ; que vous purifierez en le passant deux ou trois fois à l'étamine : vous mêlangerez ce sirop avec quatre pintes d'excellent vin : & vous aurez un bon hypocras.

Bon Hypocras ; blanc, ou rouge.

II. Pour en faire la quantité de deux pintes, il faut prendre deux pintes de bon vin blanc ou rouge, bien fort & bien vineux ; s'il est rouge, bien foncé en couleur : sur ces deux pintes de vin, vous mettrez une livre de sucre en pierre, deux citrons à jus, sept ou huit zests d'oranges aigres avec leur jus. Si vous avez de l'orange de Portugal, vous mettrez le jus d'une, avec dix ou douze zests de la même orange. Vous mettrez encore sur les deux pintes de vin un demi-gros de cannelle concassée, quatre cloux de girofle rompus en deux, une ou deux feuilles de macis, cinq ou six grains de poivre blanc concassés, une petite poignée de coriandre aussi concassée, la moitié d'une pomme de renette (ou, si elle est petite, une toute entiere) que vous pelerez & couperez par tranches, & un demi-septier de bon lait. Puis vous remuerez bien le tout ensemble avec une cuiller ou un bâton ; & le passerez par une chausse bien nette, jusqu'à ce qu'il devienne clair. Lorsque vous aurez tout mis dans la chausse, vous le passerez peu-à-peu, afin qu'il se clarifie plus tôt ; & lorsqu'il sera bien clair & bien transparent, vous le ferez couler sur une cruche ou autre vaisseau, que vous couvrirez d'une étamine, linge ou autre chose, que vous enfoncerez dans le milieu de l'embouchure, où vous ferez couler la chausse ; puis vous prendrez, sur la pointe d'un couteau, de la poudre de musc & d'ambre préparé, que vous jetterez sur l'étamine où coule votre hypocras : en passant il le parfumera. Il faut prendre garde de n'y en pas trop mettre, car le bon hypocras doit avoir du goût, & rien qui domine. Il se gardera ainsi un an & plus, sans se gâter.

III. Prenez trois demi-septiers de bonne eau bouillie & froide, avec un demi-septier de bon vin blanc, deux jus de citron avec cinq ou six zests, un jus d'orange aigre, sans y mettre les pepins ; une demi-livre de sucre, la moitié d'un demi-gros de cannelle, deux ou trois clous de girofle, une feuille de macis, une bonne pincée de coriandre concassée, quatre grains de poivre blanc concassés, un quartier de pomme de renette coupée par tranches, la moitié d'un demi-septier de lait, & une moitié d'orange de Portugal avec quelques zests. Mêlez le tout ensemble; remuez-le bien; passez-le à la chausse comme ci-dessus; & parfumez-le de la même maniere à proportion. Cependant comme beaucoup de personnes n'aiment pas le parfum, vous pouvez n'en point mettre, mais augmenter la cannelle. Au lieu de lait, pour le clarifier, vous pouvez prendre un quarteron d'amandes douces; que vous pilerez bien, sans toutefois les réduire en huile; & les mettrez avec toutes les autres choses.

IV. On peut aussi faire de l'hypocras de vin d'Espagne; de vin muscat; de vin de Champagne; en mettant sur tous ces vins la même dose qui est marquée ci-dessus. Il faut avoir soin sur-tout de le bien clarifier.

Voyez BOUCHET.

HYS

HYSOPE, *ou* HYSSOPE: en Latin HYSSOPUS: & HYSSOP, en Anglois. Dans les fleurs de ce genre de plantes, le *Calice* est d'une seule piece, en cornet, dont la partie supérieure est divisée en cinq segmens pointus. Il sort de ce calice un *pétale*, fait en gueule: la levre d'en haut est applatie, relevée, & échancrée par le milieu: l'inférieure est partagée en trois; celle de ses divisions qui est au milieu, plus grande que les autres, est creusée en cuilleron, & subdivisée en deux pieces aiguës. Il y a quatre *Etamines*; dont deux plus courtes, se replient dans la levre supérieure, & les autres accompagnent la levre inférieure. Le *pistil* consiste en un embryon divisé en quatre, & un styl, qui se courbant dans la levre supérieure, est terminé par un stigmat fourchu. De l'embryon se forment quatre *Semences*, qui ont le calice pour enveloppe.

L'espece *Vulgaire* est un petit arbuste, haut d'un pied & demi ou deux pieds. Ses tiges, noueuses & branchues, sont garnies, dans presque toute leur longueur, de feuilles longues, étroites, sans dentelure, disposées par étage. Au haut des tiges sont des épis de fleurs bleues, blanches, ou rouges. Toute cette plante a une odeur aromatique assez forte. La racine est grosse comme le petit doigt, & ligneuse.

Cet arbuste n'est nullement délicat. Il vient dans toute sorte de terre. Son odeur est plus suave & balsamique, lorsqu'il croît à l'ombre & dans une terre un peu humide. On le multiplie aisément par des drageons enracinés, qui se trouvent auprès des gros pieds.

Usages.

On l'emploie en Médecine intérieurement; comme plante incisive, & apéritive: on l'ordonne pour l'asthme & les autres maladies de poitrine. Comme cette plante détruit les viscosités de cette partie; elle donne une belle couleur au visage. On en fait prendre des bouillons à jeûn, pour procurer les régles. Voyez VIN *d'hysope*. L'usage continué du sirop d'hysope avec quatre fois autant d'eau de pariétaire, fait sortir beaucoup de gravier par la voie des urines. Pour la courte-haleine, & la toux invétérée, on fait boire une décoction d'hysope, figues, rue, & miel. On fait entrer cette plante dans quelques remedes antiépileptiques.

On l'applique extérieurement; comme vulnéraire détersive, & fortifiante. On la pile avec du sel & de l'huile, pour faire mourir les poux. Elle entre dans l'eau d'arquebusade.

HYSTÉRIQUE (*Maladie*); ou *Mal de Mere.* Cette maladie est causée, dans les femmes, par des vapeurs qui s'élevent de la matrice.

Les symptômes qui accompagnent cette maladie sont le vertige, les éblouissemens, les inquiétudes, les douleurs du bas-ventre, les rapports, les nausées, le vomissement, le délire, les convulsions.

Remedes.

1. Les odeurs fortes, comme celle du *castoreum*, & la fumée des cornes & des plumes approchée du nez, sont très-propres pour calmer ces accidens.

2. Il faut prendre le blanc de deux œufs, & le battre bien fort, ensorte qu'il vienne en écume; le mettre sur des étoupes de chanvre; & prendre de l'encens en poudre une bonne cuillerée à bouche, & autant de poivre en poudre: semer la poudre d'encens la premiere par dessus le blanc d'œuf, & le poivre après: ensuite prendre tout cela, avec les étoupes, les mettre sur le ventre, & les y laisser jusqu'à ce que ce topique soit sec.

3. Prenez une once de racine de coulevrée; faites-la bouillir dans du vin blanc; & que la malade en boive le soir en se couchant, trois fois la semaine; & continuez pendant un an: elle sera parfaitement guérie.

4. Faites macérer à froid dans une livre d'eau-de-vie, safran & camphre, de chacun un gros; ajoûtez-y deux gros de *castoreum*. Il faut bien boucher le vaisseau: & laisser macérer pendant quinze jours. La macération étant faite, vous passerez la liqueur par le papier gris. On peut en prendre à toute heure: la dose en est depuis une demi-cuillerée, jusqu'à une cuillerée.

5. *Voyez* PLANTES *hystériques*. ELIXIR *Antihystérique*. *Potion* CARDIAQUE & *Antihystérique*. VINAIGRE BENIT. ASSA FŒTIDA. BOURRACHE. CAFFÉ.

HYV

HYVER. *Voyez* HIVER.

J

ACÉE: en Latin *Jacea:* & *Knapweed* en Anglois.

Le rapport des Jacées avec les Centaurées & avec les Aubifoins, a porté d'habiles Botanistes à les réunir sous un genre commun.

Conservant l'ancienne distinction, nous ajoûterons au Caractere décrit pour la *Grande* CENTAURÉE, que les semences de la Jacée sont ordinairement faites en coin; & tantôt nues, tantôt couronnées & enveloppées de poils très-fins qui ont servi à séparer un fleuron d'avec l'autre.

Especes.

1. *Jacea cum squamis cilii instar pilosis* J. B. Cette espece se trouve dans nos bois. Les écailles du calice de sa fleur sont bordées de cils, qui les font paroître un peu velues.

2. *Jacea nemorensis, quæ* SERRATULA *vulgò* Inst. La *Sarrette*, ou *Serriette*. Cette plante est fort commune dans les bois. Ses premieres feuilles sont entieres, longues d'environ trois pouces & demi, sur un pouce & demi de large à leur partie moyenne, ovales, allongées en pointe par les deux extrémités, & bordées de dentelures aiguës très-fines & les unes fort près des autres: le pédicule de chaque feuille est plus long qu'elle. Les feuilles qui viennent ensuite, ont pareillement de longs & menus pédicules, mais sont découpées jusqu'à la nervure du milieu, en lobes alternes, unis entr'eux par une membrane courante: chaque lobe est fait comme les premieres feuilles, mais sans pétiole & bordé de dentelures moins fines & moins serrées.

3. *Jacea nigra pratensis latifolia* C. B. Cette espece vient dans les prairies: où elle produit une tige haute, branchue, cannelée, anguleuse, séche, & garnie de poils assez longs. Il y nait des feuilles alternes, sans pédicule, qui embrassent étroitement la tige par leur base formée en deux barbes. Les feuilles d'en bas sont profondément découpées: les autres sont entieres. Toutes sont étroites, allongées, en fer de pique. C'est de leurs aisselles que naissent les branches. Au sommet de chaque branche, est une fleur rouge, qui a une saveur douçâtre. Les écailles du calice sont bordées de longs filets roides.

4. Voyez *Grande* CENTAURÉE, *n.* 5.

Usages.

La fleur du *n.* 1 est adoucissante, pectorale, & diurétique.

Celle du *n.* 3 est pareillement adoucissante. La décoction de toute la plante est employée, comme vulnéraire astringente, en gargarisme pour les ulceres de la bouche & du gosier; & en fomentation pour les hernies, démangeaisons, gales, & pour déterger les ulceres.

On fait prendre intérieurement le suc du *n.* 2, dans du vin blanc, pour résoudre le sang qui s'est extravasé par des chutes. On fait bouillir cette plante dans du vin, pour déterger & guérir les ulceres; & pour fomenter les hémorrhoïdes qui causent beaucoup de douleur. Les Teinturiers en laine s'en servent pour teindre en jaune: Consultez l'*Art de la Teinture*, de M. Hellot, p. 397-8, 404.

JACHERE. On nomme ainsi l'année de repos que l'on donne à une terre; & cette terre même.

Il y a des terres qu'on laisse en jachere, de deux années une; d'autres, de trois en trois ans.

Ce repos rend les unes & les autres plus en état de faire végéter les plantes & les semences, au moyen des labours répétés, & autres façons qui préparent les terres pendant cette année.

Aussitôt après la moisson de l'aveine, commence ordinairement l'année de jachere; pendant laquelle on dispose la terre à recevoir du froment l'année suivante.

Le premier labour qu'on donne aux jacheres, consiste à retourner le chaume d'aveine, & à en former un guéret: c'est pourquoi on le nomme *Guéreter*; ou *Lever le guéret*. On peut le faire aussitôt que les aveines sont serrées. Mais il semble plus à propos de différer jusqu'après les semailles d'automne; tant parce qu'on est alors occupé aux bleds, qu'à cause que les troupeaux profitent du pâturage que les chaumes leur fournissent. D'ailleurs, pour bien faire ce labour, il faut que les terres qui ne sont pas argilleuses, soient pénétrées d'eau: sans quoi la charrue n'entreroit pas assez avant. Les fortes terres doivent même être assez imbibées pour que la charrue les retourne par gros morceaux: & en général il faut pouvoir piquer aussi avant qne la qualité de chaque terre le permet. Car il est important que la terre remuée puisse mûrir pendant l'hiver. Quoiqu'il y ait beaucoup de mottes, & que la terre se pétrisse; il n'en résulte aucun inconvénient: les gelées d'hiver réparent tout cela, supposé qu'on ait fini avant les fortes gelées. C'est un désavantage que d'être si occupé d'autres travaux, que l'on ne commence à guéreter qu'après avoir semé les Mars.

Quand on dit qu'il faut labourer profondément, on ne prétend pas en faire une regle inviolable. La nature des terres, & la circonstance des saisons, obligent quelquefois à agir autrement.

1°. On ne laboure pas très-profondément les terres bien légeres: mais on leur donne jusqu'à cinq labours. Alors on guérete avant les semailles, on fait un second labour vers Noël, un troisieme au printems, un quatrieme avant la moisson; & on laboure à demeure immédiatement avant de semer.

2°. Dans les terres très-fortes, on ne donne souvent que trois labours. On guérete après que les Mars sont semés; on bine en été; & on laboure à demeure pour semer: ou bien, après un troisieme labour, on enterre la semence à la charrue ou à la binette; ce qui fait un quatrieme labour. Mais, comme il a été dit, ces terres surtout, seroient beaucoup mieux préparées, si l'on pouvoit guéreter avant les fortes gelées d'hiver.

3°. Il y a des terres dont on diminueroit la fertilité par des labours trop profonds: au lieu que ces labours en améliorent d'autres. Des gens très-attentifs à la culture de leurs terres, font passer successivement deux charrues dans une même raie, tous les quatre ou cinq ans; afin de remuer la terre à une plus grande profondeur. Cette pratique pourroit en quelque sorte suppléer à la charrue à quatre coutres imaginée par M. Tull. Il y a des provinces où l'on fait les raies si profondes, qu'on est obligé de mettre jusqu'à six bœufs, ou même davantage, sur une charrue.

4°. Les travaux sont quelquefois interrompus par les grandes sécheresses, & encore plus par les pluies trop abondantes. La saison des labours est alors dérangée. Néanmoins les Fermiers intelligens évitent en partie ce désordre, en choisissant dans leur sollé les terres qui souffrent moins étant labourées dans ces circonstances. Par exemple, dans les tems de pluie, la charrue qui corroyeroit les terres fortes & argilleuses, ne produit pas cet effet sur les terres sablonneuses ou sur les pierreuses. Quand il fait sec, on n'enleveroit que de grosses mottes dans certaines terres; pendant que d'autres se labourent très-finement. Il paroît incontestable qu'un des grands avantages de la Nouvelle Culture, est que les terres fortes n'auront jamais le tems de durcir assez pour se refuser au labour dans les tems les plus secs; surtout si l'on ne seme que deux rangs de froment par planches, ou un seul pour les navets, *&c.*

5°. Les Fermiers qui sont bien montés en chevaux, donnent quelquefois un labour de plus à leurs terres, dans les années où l'herbe pousse avec vigueur: ce surcroît de travail est compensé par les avantages d'une récolte plus abondante.

6°. Quand les terres ont beaucoup de fond (c'est-à-dire, quand la terre fertile s'étend à une grande profondeur), on pourroit les renouveller tous les dix ans en les fouillant à bras d'hommes. Cette façon étoit usitée en Italie, du tems de Caton & même de Columelle: on l'appelloit *Pastinatio*. Mais comme ce travail coute beaucoup, on peut faire l'équivalant en passant successivement deux charrues dans la même raie.

Voyez CHARRUE. CULTURE.

JACINTE, *ou* HYACINTHE: en Latin *Hyacinthus*: & *Hyacinth* en Anglois. Plante dont les curieux Fleuristes distinguent nombre d'especes. Les belles sont rares & fort cheres. Les plus recherchées sont celles dont la tige est plus garnie de fleurs, & qui les ont grandes & étoffées. Il y en a de blanches, de bleues, de porcelaines, de rouges, de couleur de chair, de rayées, *&c.* Les couleurs dominantes sont le blanc, le bleu, & le rouge. Quelques jacintes pleines ont tout le champ de la fleur jaune soufre, ou même couleur d'or. Il y a la *Jacinte de plusieurs couleurs*, qui donne beaucoup de fleurs le long de sa tige; la *Jacinte Orientale* double; la *Jacinte d'hiver* ou *printaniere*, qui est bleue & odorante; la *Jacinte de Constantinople*, qui est aussi bleue, & odorante; la *Jacinte Violette*, qui se fait distinguer des autres par ses nuances; la *Jacinte Cendrée*, qui est un peu pâle; la *Jacinte Rougeâtre*; la *Jacinte Polyanthe blanche*; la *Jacinte Polyanthe violette*; &c.

Il y en a qui ne produisent que peu de fleurs; & d'autres qui fleurissent en abondance: ce sont ces dernieres que l'on appelle *Polyanthes*; c'est-à-dire bien fleuries. Les Jacintes dont les fleurs forment de grands godets, sont généralement décorées du titre d'*Orientales*.

Il y en a de simples; de doubles; de hâtives; de communes; de tardives: & même de *Brumales*; qui fleurissent depuis le mois de Janvier jusqu'en Mars: ce sont ordinairement des Orientales blanches.

Presque toutes les Jacintes que l'on cultive pour leur beauté sont des variétés de celle qu'on nomme proprement *Jacinte Orientale*; quoiqu'il ne paroisse pas certain qu'elle soit originaire du Levant, & que l'on ne sache point d'où elle a été apportée en Hollande où sa culture s'est perfectionnée depuis longtems. On trouve des raisons pour appuyer ce sentiment, dans un fort bon *Traité sur la Jacinte*, publié à Harlem en 1752, *in*-8°. par le sieur Woorhelm Van Zompel; p. 26 & suivantes. Nous laissons aux Curieux le soin d'apprécier ces raisons.

L'habile Fleuriste Hollandois, dont nous parlons, divise les Jacintes Orientales en *Simples*; en *Doubles*, dont la fleur a dix ou douze feuilles; & en *Pleines*, qui ont beaucoup plus de feuilles & en nombre indéterminé.

Comme les Jacintes venues de graine varient à l'infini, leurs noms se multiplient de même. Chaque Curieux, chaque canton, se font un plaisir d'en former des listes à leur gré. Comme je cite le petit Traité de M. Van Zompel, dont j'ai emprunté beaucoup de choses pour cet article, j'avertirai que son VIIe *Chapitre* concerne les listes des plus belles Jacintes, & occupe vingt pages *in*-8°.

Les différences de toutes les sortes de Jacintes ne sont point assez considérables pour demander des descriptions particulieres; nous les comprendrons toutes dans une seule.

Description de la Jacinte, en général.

C'est une plante, dont la tige est ronde, lisse, molette, d'un verd mêlé de pourpre, & s'éleve quelquefois à un pied de haut. Les feuilles sont engaînées entr'elles par leur base qui est longue & blanche. Elles s'écartent en forme de bras autour de la tige: dont elles égalent ordinairement la longueur. Elles sont lisses, d'un beau verd, épaisses, creusées en lingotiere, fermées à leur extrêmité ensorte qu'on n'y peut pas séparer leurs bords. Le haut de la tige est garni de plusieurs rangs de fleurs qui ont une odeur agréable, disposées une à une irréguliérement, portées par un court péduncule. Ces fleurs sont en lys, formées par un tuyau allongé, renflé à sa base, composé de six pieces qui se rabattent sur les côtés. Lorsque la fleur est passée; le pistil, qui en occupe le fond, devient un fruit arrondi, à trois corps, divisé intérieurement en trois loges; qui contiennent des semences noires, tantôt arrondies, tantôt applaties. La racine est communément bulbeuse, longuette, tendre, succulente.

Propriétés & Usages.

La racine de jacinte est déterfive, & astringente. Sa semence est apéritive: on la met en poudre; la dose est depuis une demi-dragme jusqu'à une dragme.

De dix mille Jacintes à peine en trouve-t-on une bleue qui devienne blanche, ou une double qui dégenere en simple. On en a vû, après une durée de cinquante ans, conserver encore leur beauté. Nous ferons voir que cette plante peut commodément être transportée au loin, sans courir de risque; & par-là devenir un objet considérable de commerce soit amical soit lucratif. Quant à ce dernier commerce, voici ce que dit M. Van Zompel, *p.* 23. » Le » profit regardant proprement ceux qui font commerce de fleurs, il sembleroit que la Noblesse en » seroit exclue. Mais quel faux préjugé! Pourquoi » ne profiteroit-elle pas de l'occasion? Est-il moins » noble de gagner sur ses fleurs, que sur ses grains, & » sur les fruits de ses terres; dont le Gentilhomme, » comme le Roturier, ne fait pas difficulté de se défaire publiquement? Au surplus, ce préjugé paroît » avoir vieilli; & je suis bien aise que tout le monde » sçache que j'ai vû des personnes de la premiere » distinction, en Hollande, ne se faire aucun embarras de passer outre. «

Caracteres qui relevent le mérite d'une Jacinte.

1. L'Oignon doit être passablement gros, sans défaut, & non écailleux: ce qui doit être consideré seulement pour la perfection. Car on voit presque toutes les plus belles jacintes rouges n'avoir que de petits oignons; & ceux de la plupart des belles jacintes pleines blanches mêlées de rouge, avoir la peau défectueuse.

2. Il est à desirer que la jacinte ne pousse pas de trop bonne heure sa fane. Les gelées de Février & de Mars pourroient endommager considérablement cette partie encore tendre, & ainsi pénétrer jusqu'à l'oignon.

3. On voit de fort belles jacintes terminer leur tige par cinq ou six boutons maigres & desséchés. Ce défaut, s'il étoit habituel, obligeroit à abandonner ces especes.

4. Une jacinte doit ne fleurir ni trop tôt ni trop tard. Elle a un tems limité. La Pleine peut retarder sa fleurison jusqu'à trois semaines après la Simple : & l'une & l'autre doivent fleurir dans l'intervalle des mois de Mars, Avril, & un peu au-delà. Avancent-elles de beaucoup, la fleur se passe avant qu'on ait pu en jouir; car en général on se soucie moins de voir une seule plante en fleur, qu'une planche entiere bien fleurie. Sont-elles tardives, elles ont le même sort; parce qu'alors leur bouton reste verd.

Au reste, si elles sont belles, on peut conserver celle qui est hâtive, afin d'en avoir de primeur : & la tardive, à cause de sa singularité, quand même elle auroit de la peine à s'ouvrir. Si la pousse de cette derniere promet beaucoup, on la mettra sous une cloche dès que les boutons commenceront à paroître; & on la rebutera ensuite, si elle n'a rien qui flatte.

5. Chaque tige doit porter quinze ou vingt fleurs; au moins douze, si elles sont grandes. Trente, sont ce que l'on peut attendre de mieux, dans les doubles & dans les pleines. Il faut rebuter toute jacinte bornée à six ou sept fleurs.

6. C'est une beauté, dans la jacinte, qu'une tige bien droite, forte dans toute sa longueur, bien proportionnée, ni trop haute ni trop basse, & dont les feuilles sont dans une direction moyenne entre la droite & l'horizontale : trop droites, elles empêcheroient qu'on ne vît la fleur. Mais on tient peu de compte des défauts à cet égard, lorsqu'ils sont d'ailleurs compensés par de grandes beautés.

7. Les fleurs doivent se détacher de la tige, se soutenir à-peu-près horizontalement, & garnir également la tige. Celle qui la termine doit se tenir droite. Toutes ensemble doivent former une espece de pyramide; & par conséquent leurs pétioles diminuer de longueur par degrés, de bas en haut.

8. Il faut aussi que les fleurs soient larges: courtes, bien nourries, & qu'elles ne passent pas trop vîte.

Quoique ce soit la Jacinte pleine qui fixe le plus les Curieux, la *Simple* a un mérite réel, qui lui attire des partisans. 1°. Elle est d'environ trois semaines plus hâtive, que la jacinte pleine. 2°. Elle forme généralement un plus grand bouquet, quelquefois garni de trente, quarante, ou cinquante fleurs. 3°. Une planche entiere de jacintes simples fleurit d'une maniere uniforme : ensorte qu'en l'arrangeant avec art, on se procure le spectacle d'un champ ou d'un côteau couvert de fleurs. C'est un agrément que l'on ne peut pas attendre de la jacinte pleine. Pour avoir une jouissance complette, il faut donc cultiver des pleines & des simples; afin que les plus hâtives transmettent jusqu'aux plus tardives une succession continuelle de fleurs dans leur beauté depuis l'équinoxe du printems jusqu'à la mi-Mai.

Culture.

Les terres crétacée & argilleuse sont absolument contraires aux Jacintes. M. Van Zompel dit avoir vû cultiver avec succès la jacinte aux environs d'Amsterdam dans des terreins qu'il qualifie de *sulphureux*. Pour ce qui est de la terre sabloneuse, il la regarde comme la plus convenable aux jacintes; » pourvû » qu'on ait soin d'en ôter le sable rouge, le jaune, » le blanc, & le maigre. Le meilleur sable (ajoute- » t-il) est le gros, lorsqu'il est un peu gluant [gras], » & qu'il ne se convertit pas en poussiere jaune à » mesure qu'il se séche. « La *Terre sabloneuse* qu'il recommande, est grise, ou de couleur fauve noirâtre; & l'eau qui en dégoutte est douce. Au moins (dit-il) tel est le sol des environs de Harlem, si favorable aux jacintes.

Quant aux amendemens : les curures récentes de fossés, d'étangs, ou de puits, ne peuvent que nuire à l'ameublissement de la terre. Les fumiers de cheval, de brebis, & de porc, capables de hâter le progrès des plantes, occasionnent des chancres pernicieux aux oignons. La poudrette, de quelque nature qu'elle soit; & toutes les préparations recherchées; ne sont point de mise ici. Le seul fumier de vache suffit pour mettre cette sorte de terre en état de nourrir de belles jacintes. On peut y substituer les feuilles d'arbre bien consommées; ou le tan réduit en terreau, à force d'avoir servi à d'autres usages dans le jardin. Il y a des gens qui élevent leurs jacintes sans terre; dans un mélange de moitié fumier de vache, & moitié feuilles ou tan bien consommés : on travaille ce mélange pendant deux ans; & la réussite est aussi certaine, que dans le sable gris; pourvû que le tan ait été tiré des fosses deux ans avant de le mêler avec du fumier, ensorte qu'il soit déja à demi consommé. Le monceau de ce mélange, ainsi que de tout autre, doit être placé au grand soleil.

Quand on fait des monceaux de fumier mélangés de terre, pour se procurer du terreau propre aux jacintes, on doit y employer une terre de potager, qui n'ait de longtems servi à ces fleurs.

En Hollande on mêle ensemble deux parties de sable gris ou fauve noirâtre, trois parties de fumier de vache, & une partie de feuilles ou tan consommés. On préfere le fumier frais, à celui d'un an; parce qu'il se consomme plus vîte & se marie mieux. On fait le monceau le plus mince que l'on peut relativement à la place; afin que le soleil ait plus de facilité à le pénétrer. Les matieres y sont rangées par lits. Pendant les six premiers mois on ne remue ce mélange qu'autant qu'il faut pour en ôter les mauvaises herbes encore jeunes. Après quoi on le retourne, de six en six semaines. Sa préparation ne dure pour l'ordinaire qu'un an. On peut travailler le tout pendant une seconde année pour le perfectionner : mais un plus long tems l'affoibliroit. On ne l'emploie à nourrir les jacintes, qu'un an. Lorsqu'on leve à la fin de l'année les oignons que l'on y a mis, on défait cette espece de couche pour en exposer la terre au soleil & à l'air, & la remuer. Elle est ensuite en état de servir pour les tulipes, renoncules, anémones, & oreilles d'ours. » On » n'en fait pas usage pour les œillets; parce que » l'expérience a prouvé que la jacinte y donne une » qualité qui leur est contraire : dit M. Van Zompel, p. 69. «

L'endroit que l'on destine aux jacintes doit être bien aëré, élevé, & seulement assez sec pour que les eaux n'y séjournent pas en hiver. Comme on n'est point dans l'usage d'arroser ces plantes, il faut que les oignons trouvent à leur portée en tout tems certain degré d'humidité : mais une eau stagnante leur est pernicieuse.

L'exposition du Levant donne le soleil aux jacintes moins directement que celle du Midi : qui néanmoins les défend des vents de Nord & d'Est. La plupart des Fleuristes préférent le Midi : mais alors il faut avoir un bâtiment ou une haie pour briser le vent de ce côté ; qui, allongeant la fane, diminueroit la beauté de la pyramide : & en même tems pour affoiblir l'action du soleil, & empêcher ainsi la fleur de passer trop vîte.

La jacinte se multiplie de graine, ou par ses cayeux.

Pour la multiplier par ses semences, le plus sûr est de prendre de la graine de simples ; & à cet effet, en semer quantité d'especes, en même tems que l'on cultivera un grand nombre d'oignons de chacune de celles qui promettront davantage. Plus on a de semence, plus on se procure de hazards. C'est aux especes simples qu'on est redevable de presque toutes les jacintes qui jouissent d'un grand nom. Quoique les doubles donnent quelquefois de la semence, elle produit fort rarement des especes parfaites. C'est cependant un moyen de se procurer plus tôt des fleurs doubles & de pleines : & on peut en faire usage avec une sorte de satisfaction, quand on ne cherche pas à primer.

Ce n'est point la couleur qui doit déterminer à recueillir la graine de telle jacinte préférablement à telle autre. Il est mieux de se régler sur les qualités que nous avons dites caractériser l'excellence de ces plantes. Outre cela, comme on cherche à se procurer des jacintes pleines ; & que celles-ci sont toujours tardives : une culture bien entendue prescrit de faire choix de graine formée sur des pieds tardifs, plutôt que sur de hâtifs. Les Curieux recueillent avec grand soin celle qui provient de fleurs dont les pétales sont doubles ou triples.

Quand on ne se soucie pas de la graine d'une jacinte, on en coupe les fleurs dès qu'elles ont fait leur effet. L'oignon prend ainsi plus de nourriture, que si on laissoit former & mûrir la graine.

On ne se dispose à recueillir la graine, que quand la pellicule dont elle est environnée jaunit, commence à s'ouvrir, & laisse appercevoir la graine dont la maturité s'annonce par une couleur noire. Alors, ayant enlevé la tige, on la met soit dans un vase un peu profond, soit sur une table où le soleil ni la pluie ne puissent donner. La semence acheve de s'y perfectionner. Après quoi on la nettoie bien, & on la garde dans un lieu sec.

Une terre préparée comme celle où l'on met des oignons de jacinte, convient pour y en semer de la graine. C'est vers la fin d'Octobre que l'on fait cette semaille, dans un climat tel que celui de la Hollande. Si on y devançoit ce tems, les jeunes plantes sortant en hiver, seroient surprises de la gelée ; qui les feroit périr. D'un autre côté, en différant davantage la levée seroit fort incertaine ; ou au moins assez retardée pour occasionner une année de perte. En France, suivant le local, on les seme depuis le mois d'Août jusqu'à la fin d'Octobre.

La graine étant couverte d'un pouce de terre, on y répand un peu de tan à demi consommé ; pour la garantir du froid lorsqu'elle levera.

On ne tire de terre les oignons qui en proviennent, que quand ils ont passé deux seves. Durant ce tems, on arrache avec précaution les mauvaises herbes qui y naissent, sans leur donner le tems de grandir assez pour nuire. Aux approches du premier hiver que ces jeunes plantes doivent soutenir, on les fortifie par un demi-pouce de tan. On n'arrose jamais ces jeunes oignons : durant les sécheresses de l'été, leur végétation est très-lente ; & en tout autre tems ils trouvent une humidité capable de faire pousser leurs racines souvent à six ou huit pouces de profondeur. Quand une fois on les a levé de terre, on les gouverne comme ceux qui sont plus avancés. Il y en a un certain nombre qui fleurissent au bout de quatre ans ; d'autres au bout de cinq ; beaucoup davantage, l'année suivante ; & communément tous à la septieme. On jette alors ceux qui ne donnent pas.

A chaque fleurison l'on observe les degrés de perfection que ces fleurs acquierent ; afin de ne pas garder inutilement celles qui paroissent ne pas promettre jusqu'à certain point.

En Hollande, on regarde les mois d'Octobre & Novembre comme la vraie saison de planter les jacintes. Il y est également dangereux de le faire plus tôt, ou plus tard. En devançant, on donne lieu aux fleurs de paroître dans un tems où la gelée les fait périr. Si l'on tarde trop, les tiges & les fleurs ne viennent qu'imparfaitement. D'ailleurs, ceux qui ne plantent les jacintes qu'au mois de Décembre, ont ensuite le désagrément de voir presque toujours les oignons s'épuiser en racines. Nous avons en France nombre d'endroits où on les met en terre dans les mois d'Août & Septembre.

Les Fleuristes varient entr'eux sur la profondeur où ils enterrent les oignons. L'usage ordinaire est de quatre à cinq pouces ; observant d'enfoncer davantage quelques especes hâtives, & moins quelques-unes des tardives, afin que les unes & les autres fleurissent en même tems. L'oignon enterré à plus de cinq pouces ne produit communément qu'une tige maigre, & des fleurs qui ne sont pas bien pleines. Moins on l'éloigne de la superficie, plus il produit : ensorte que, au lieu de donner des fleurs pendant quatre, cinq, ou six ans, il se trouve épuisé dès la deuxieme ou la troisieme année.

Entre les oignons qui acquierent une bonne grosseur, ceux qui pesent une once ou une once & demie sont en état de fleurir parfaitement. Deux onces & demie annoncent une vigueur extraordinaire, & de longue durée : on voit de tels oignons fleurir quelquefois treize ans de suite, avant de commencer à s'épuiser en cayeux.

La Jacinte est moins susceptible de gelée que la Renoncule, l'Anémone, & quelques autres fleurs ; mais plus que la Tulipe & l'Oreille d'ours. Elle soutient un froid modéré. La gelée qui devient trop forte, prive les racines de la facilité de pomper les sucs de la terre : ensorte que l'oignon se flétrit. On prévient le mal en couvrant la terre avec deux à quatre pouces de tan, ou de feuilles d'arbres ; que l'on a soin de retirer au commencement de Mars.

La fleur a cependant alors à craindre le froid des nuits. En se servant de chassis & de volets on garantit les fleurs & les plantes contre tous les accidens du froid. Supposé que la saison devienne bien rigoureuse, on environne le tout avec des feuilles, du tan, ou de la terre.

M. Van Zompel assure (p. 81) » qu'un froid qui » ne se fait sentir que jusqu'à deux pouces dans la » terre, n'est pas contraire à cette plante ; & que » ce n'est même pas un mal de laisser la caisse décou- » verte au milieu de l'hiver, si l'on est probable- » ment sûr qu'il ne viendra pas de grandes gelées. « Il ajoûte que les volets rendroient un mauvais service si on les laissoit dans le tems de la rosée ; qu'il regarde comme très-favorable aux fleurs de la jacinte. C'est pourquoi, durant le printems, on ne les fermera le soir que très-tard, & on les ouvrira le matin d'aussi bonne heure qu'il sera possible.

Comme la tige de la jacinte est succulente, elle

ne résiste pas aux grands vents. Entre les moyens imaginés pour l'assurer contre leur violence, un des meilleurs est d'avoir une baguette souple, bien droite, bien unie, grosse comme le tuyau d'une plume d'oie, & longue d'environ deux pieds; l'enfoncer à une profondeur suffisante pour lui donner du soutien, aussi près de la tige que l'on peut, sans entamer (ou du moins sans offenser beaucoup) l'oignon; puis embrasser à volonté la tige & la baguette avec du fil verd, (ou, encore mieux, avec de la laine verte) que l'on noue un peu lâche, au-dessus de la plus basse fleur. Il faut que la tige puisse simplement flotter au gré du vent. C'est pourquoi un nœud commun à la baguette & à elle vaut mieux que si on nouoit d'abord l'une, puis l'autre: vû que d'ailleurs le fil ou la laine doit avoir l'aisance d'être soulevé par la fleur à mesure que la tige grandit.

Pour conserver la couleur des belles especes hâtives où le rouge domine en dedans, soit seul, soit avec le blanc, qui s'épanouissent quelquefois de très-bonne heure; on leur donne à chacune un parasol en forme de demi-bonnet, fait de bois léger ou de fer blanc, & supporté par un bâton fiché en terre. Quand la plupart des autres jacintes de la planche sont en fleur, on substitue à ces parasols particuliers, un parasol général fait de toile, qui demeure tout le jour tendu en pente au-dessus de la planche, & soutenu par des pieux de bois léger, à une hauteur convenable pour qu'on puisse se tenir de bout commodément dans les sentiers. Il est à propos que cette toile puisse aller & venir au moyen d'un ressort comme celui des stors: car, indépendamment qu'il faut ne pas priver les jacintes de la rosée; c'est une satisfaction que de voir d'un coup d'œil toute la planche découverte dans une belle matinée, ou le soir quand il fait beau. La toile doit être abaissée toutes les fois que le soleil donne sur la planche, qu'il pleut, ou que la nuit est trop fraîche. On la supprime dès que la plus grande partie des fleurs commence à se passer; attendu que les oignons ont besoin de la chaleur du soleil, pour profiter.

La maniere de lever les oignons est importante. Le tems de le faire est lorsque la fane est mi-partie de jaune & de sec. M. Van Zompel rejette le scrupule de ceux qui prétendent que chaque oignon doit être choisi dans ce point, ensorte que ce soit nuire à ceux qu'on laisse en terre (quoique leur fane soit entiérement seche) jusqu'à ce que toute la planche puisse être levée ensemble. Il trouve plus d'inconvénient à se presser trop de les tirer de terre.

On doit avoir la précaution de ne point offenser l'oignon. Ayant séparé la fane, qui se détache sans peine, on leve l'oignon avec ses racines, sans ôter la terre qui peut y tenir: & à mesure on met chacun dans une case étiquetée qui fait partie d'une grande layette distribuée exactement comme la planche. Cette layette est ensuite déposée sur une table, dans une chambre séche & bien éclairée, dont on ouvre les fenêtres quand l'air est pur & serein; & que l'on ferme soigneusement avant la nuit toutes les fois que le tems est couvert.

Les oignons demeurent ainsi jusqu'au tems de la plantation. C'est seulement alors qu'on les nettoye de la terre qui y est restée; qu'on en sépare les cayeux; & qu'examinant l'état de chaque oignon, on lui destine dans la layette une place convenable à l'effet qu'il devra produire dans la planche.

Une autre méthode pour lever & conserver les oignons, consiste à les lever par un beau jour; couper la fane tout contre l'oignon, si elle ne s'en détache pas d'elle-même; ne frotter, manier, ni nettoyer l'oignon; mais le remettre aussitôt sur le côté, la pointe dirigée vers le Nord, dans le même endroit, presque à fleur de terre, après avoir rempli le trou & égalisé le terrein; puis, avec la terre qui se trouve auprès de l'oignon, le couvrir de toutes parts en forme de taupiniere épaisse d'un pouce. Si le tems est au sec, il faut ensuite visiter la terre tous les jours, examinant si elle n'est point descendue, & si l'oignon n'est pas à découvert: car le soleil occasionneroit durant les premiers jours une fermentation violente dans les sucs dont l'oignon est rempli; & sa perte seroit certaine. C'est pourquoi il est même avantageux de couvrir les taupinieres, seulement pendant les deux ou trois heures où le soleil est plus fort. Elles ne seroient pas couvertes le reste du jour sans produire une moisissure très-difficile à détruire, & qui altere toujours la fraîcheur & la beauté de l'oignon. On laisse ordinairement les oignons ainsi enterrés, l'espace de trois semaines ou un mois: après quoi on leur trouve la peau unie, saine, rouge, brillante, & presque aussi dure & séche que celle de la tulipe. En les levant alors tout-à-fait, on les nettoye; on les garde dix ou douze jours dans la chambre comme nous l'avons dit ci-dessus: puis on peut sans risque les transporter où l'on veut, & les tenir empaquetés & privés d'air pendant cinq & six mois; ce qui seroit impraticable si l'oignon n'avoit pas été ainsi mûri, & ses sucs digérés & perfectionnés, par l'action de la pluie & du soleil sur la terre qui le touchoit de toutes parts. Suivant M. Van Zompel, il faut attendre à exécuter cette opération, que le plus grand nombre des jacintes aient la fane jaune; & ne point imiter la précipitation de ceux qui levent un oignon dès que les pointes de sa fane annoncent que sa croissance va se rallentir. Ce Cultivateur avertit qu'en empêchant l'oignon de croître davantage, on a presque toujours le chagrin de voir qu'il ne devient ensuite ni mûr, ni ferme; & qu'il s'y forme un moisi verd qui, pénétrant l'intérieur, & jusqu'à la couronne des racines, le fait gâter; malgré tous les soins de cette méthode laborieuse & assujettissante.

Au reste, cette œconomie n'est pas sans inconvénient, lors même qu'on l'a observée avec le plus d'exactitude. Il y a, par exemple, des années où les mois de Juin, Juillet & Août (la saison ordinaire) sont fort chauds: & s'il y survient de la pluie, la surface de la terre entre en fermentation; les oignons s'y cuisent, deviennent infects, & sont morts lorsqu'on les leve. On pare néanmoins cet accident si on met les oignons sur une petite élévation d'où l'eau s'écoule promptement; & si on a soin de les couvrir pendant les deux ou trois heures de grand soleil, comme nous l'avons dit. Il peut encore être utile de les garantir de la pluie; & même du soleil quand la chaleur est excessive.

Les oignons étant ainsi perfectionnés; si on veut les transporter au loin, on leur donne pour tout *empaquetage*, de les envelopper chacun à part dans un papier doux & bien sec: & ensuite on les met dans une boîte fermée de maniere qu'il n'y pénetre absolument ni air ni humidité. Après quoi on peut emballer la boîte avec de la toile cirée, du cuir, ou telle autre chose que l'on juge propre à conserver durant le transport les effets ordinaires. Il faut recommander avec grand soin que cette boîte soit placée dans l'endroit le plus sec d'un navire. M. Van Zompel blâme (*p.* 95) la pratique d'empaqueter les oignons de jacinte avec de la mousse d'arbres, quelque seche qu'elle soit: parce que ces oignons demeurant toujours remplis d'un suc abondant, communiquent à la mousse une humidité qu'elle pompe très-vîte, & qui delà passant à la couronne fait pousser de longues racines; avec un grand préjudice pour l'oignon enfermé. Au lieu qu'il est d'expérience que le papier doux & sec ne favorise nullement de telles productions : tout ce qui peut arriver est que, dans l'espace de plusieurs mois, la pointe de l'oignon s'allonge d'un ou deux pouces ; mais il n'en résulte aucun mal, & quand cet oignon sera mis en terre il formera très-promptement de belles racines. En un mot, tout oignon de jacinte bien aoûté se conserve mieux dans du papier doux & sec, sans autre enveloppe, que ceux qui demeurent exposés à l'air dans une chambre séche.

On peut *avoir des jacintes en fleur dès le mois de Janvier*, en plantant quatre ou cinq oignons d'espece hâtive, sous un pouce de terre, dans des pots que l'on plonge dans une couche de tan échauffé. Si on a une serre chaude, on y tient ces pots auprès des fenêtres ; & on les arrose quand ils en ont besoin.

Les oignons de jacintes doubles fleurissent toujours plus tard, même avec ces soins. Mais en les entremêlant avec les simples, on peut se former des planches artificielles dont la saison sera de durée ; surtout si on a soin d'y observer les gradations de hâtives & de tardives.

On se procure encore des fleurs de jacintes en hiver dans les appartemens ; au moyen de *Caraffes de verre*, hautes de sept à neuf pouces, dont la partie supérieure soit assez large pour que l'oignon y pose commodément. Ayant choisi, parmi les oignons de simples & doubles hâtives, certaine quantité de ceux qui sont bien ronds & qui semblent avoir pris toute leur croissance ; on met, vers le 20 d'Octobre, assez d'eau de pluie fraîche dans chaque caraffe pour qu'une partie de l'oignon au-dessus du cercle des racines y baigne. Il ne s'agit plus que de renouveller cette eau, de quatre en quatre semaines. On voit profiter les racines & la tige : & quand on en a beaucoup en fleurs, on peut les ranger sur un théâtre.

Ces caraffes réussissent très-bien sur les tablettes des cheminées où on fait habituellement du feu. Cependant si la chaleur de ces tablettes devient assez forte pour échauffer sensiblement l'eau, cette liqueur se décompose, contracte une mauvaise odeur ; les racines se pourrissent en augmentant l'infection ; & la plante périt sans avoir fleuri. Lors donc que l'on fait grand feu, on doit être attentif à renouveller souvent l'eau des caraffes.

Il y a des personnes qui distribuent les caraffes en divers endroits d'une chambre où l'on entretient une chaudiere d'eau bouillante ; dont la vapeur contribue beaucoup à la réussite des jacintes : soit en se répandant sur elle en forme de rosée douce & très-fine ; soit en entretenant l'air dans une température proportionnée à celle qui est favorable à leur progrès.

Les oignons qui ont ainsi fleuri en hiver, étant ensuite mis en terre, puis levés dans la même saison que les autres, y reprennent de la vigueur. Mais ils ne sont pas en état de donner une seconde fois cet agrément. Tout ce que l'on a droit d'en attendre, est que l'année suivante ils jetteront quantité de cayeux.

On voit donc que la culture des jacintes n'a pas plus de difficultés & d'inconvéniens que celle des Tulipes ou des Oreilles d'ours.

Les jacintes peuvent être cultivées avec succès dans toute l'Europe, quoiqu'en général un climat tempéré soit celui qui leur convient le mieux. Elles réussissent très-bien en Italie ; & particuliérement à Rome, où il y a des curieux qui le disputent en ce genre aux Hollandois. La France, embrassant dans son étendue différens climats, de chauds, de froids, & son climat principal étant tempéré, elle possede de grands avantages pour la culture de cette belle fleur. Les Hollandois, sous un ciel moins favorable, ne priment sur nous que par leur application laborieuse & intelligente. Au moyen des étuves, ou serres chaudes, les pays Septentrionaux peuvent se procurer la même jouissance.

Maladies des Jacintes.

Ces plantes sont sujettes 1°. à une espece de chancre caractérisé par un cercle ou demi-cercle brun, ou couleur de feuille morte, qui s'étend depuis la surface dans tout l'intérieur de l'oignon, & répond à la couronne des racines. C'est une corruption dans les sucs de l'oignon. Quand le mal n'a pas fait de grands progrès, il n'occupe qu'une partie de l'oignon ; & on s'en apperçoit rarement tandis que la plante est en terre : ensorte que l'on est surpris de trouver ce vice en levant telle jacinte qui aura très-bien fait dans la même année. Mais dès que le cercle est entiérement formé, la maladie est mortelle ; l'oignon ne profite plus ; & l'état de sa fane au printems indique qu'il est près de périr. Lorsque ce vice attaque d'abord la couronne, il gagne tout l'intérieur sans que l'on s'en apperçoive ; & il se déclare au-dehors quand il n'y a plus de remede. Si au contraire il commence par la pointe, on en arrête le progrès en coupant au-dessous jusqu'à ce que l'on ne découvre plus aucune marque de la contagion : l'oignon, réduit même à moitié, se répare ensuite ; & si on l'expose au soleil derriere un verre, aussitôt après l'opération, la partie se séche & cicatrise promptement.

Ce mal étant contagieux, il faut jetter tous les oignons qui en sont infectés sans espérance de remede : tout ce qui en proviendroit auroit le même vice. Il faut donc visiter chaque oignon avant de le planter ; & enlever avec un couteau tous les endroits suspects : si le dessous est blanc, on n'a rien à craindre. Les autres préservatifs sont de ne pas planter des oignons auprès de ceux qui ont le mal ; ne point se servir de terre qui ait nourri des jacintes plusieurs fois de suite coup sur coup ; ne pas mettre ces plantes dans un endroit où l'eau séjourne en hiver ; n'y employer aucun fumier de cheval, de brebis, ou de cochon.

La 2e maladie, presque toujours mortelle, est un gluant infect, qui corrompant d'abord l'extérieur de l'oignon, en pénetre ensuite toute la substance. Quand le mal est à ce point, la plante périt nécessairement. L'oignon contracte cette viscosité dans la terre ; surtout quand il n'est pas à certaine profondeur, & que la terre est trop humide. Il en est bien moins susceptible quand on l'a fait aoûter en terre, comme nous l'avons enseigné ci-dessus, après l'avoir levé.

3°. Lorsqu'on voit au printems la pousse nouvellement sortie de terre s'affoiblir & se sécher, on peut conjecturer que les racines ont été endommagées, soit par la gelée soit par quelque autre accident. On y remédie en levant l'oignon, pour nettoyer les racines, & en retrancher les endroits malades : puis couper toute la pousse : après quoi, on remet l'oignon en terre, de sorte qu'il ne soit couvert que très-légerement : il s'y séche ; & peut, l'année suivante, donner des cayeux, qui réussiront bien.

4°. On ne doit pas regarder comme une maladie de cette plante l'avortement de sa fleur prête à se former. Cet accident est presque toujours l'effet de la pression que souffre la plante dans de la terre gelée : & il attaque moins les oignons plantés au mois de Novembre, que ceux que l'on a mis plus tôt en terre.

5°. A la surface de l'oignon qui est hors de terre, il se trouve quelquefois des peaux malsaines ; qui le rongent pendant tout le tems qu'il reste à l'air. Avant que ces peaux gâtent les racines, il faut les couper ;

si on néglige de le faire, elles y portent la mort. Quand la cause du mal est ôtée, la plaie se seche promptement; & on peut être tranquille pour l'avenir. Seulement l'oignon est diminué de grosseur: mais il redevient vigoureux dans la terre.

6°. On doit être également soigneux d'ôter un moisi verd qui se forme à la surface de l'oignon; & qui ordinairement devient dangereux quand l'oignon n'a pas été aoûté, puis gardé bien séchement.

Si ces divers accidens font périr beaucoup de jacintes, on trouve de grandes ressources dans la multitude de cayeux que cette plante fournit. Sa faculté reproductive est même si féconde, qu'il naît des cayeux au bord de toutes les plaies qui arrivent aux tuniques de l'oignon soit par l'effort de la seve abondante qui les divise, soit par les incisions que l'on peut y faire.

Cette observation a suggéré un moyen de multiplier abondamment certaines especes qui ne paroissoient pas disposées à produire des cayeux. Un peu avant le tems de lever les oignons, on tire donc de terre celui que l'on veut exciter à la génération: & l'ayant fendu en croix depuis le bas jusques vers le tiers de sa hauteur, on le remet en terre en ne le couvrant que de l'épaisseur d'un pouce. Quatre semaines après on l'aoûte comme les autres: puis on le replante en même tems qu'eux. Il ne donne plus de fleurs. Mais l'année suivante il produit quelquefois jusqu'à dix cayeux; lesquels sont en état de bien faire, au bout de deux ans.

On peut diviser l'oignon en un plus grand nombre de parties; au moyen d'incisions qui, de divers points de la circonférence en prenant au-dessus de la couronne des racines, pénetrent jusqu'au cœur. Ces incisions doivent même être de biais, en montant & en tournant; de sorte que la partie inférieure de l'oignon & son cœur se détachent en un morceau. Si l'opération est bien faite, ce morceau peut ensuite former un nouvel oignon: & la partie supérieure, consistant en un cercle de plusieurs tuniques assemblées, donne quelquefois naissance à vingt ou trente cayeux.

On met au nombre des *Jacintes* qui ont été apportées des Indes en Europe, celle qu'on nomme *Polyanthe étoilée*. Il naît à l'extrêmité de sa tige, comme un gros épi composé de plusieurs boutons, qui s'écartant & se séparant les uns des autres, forment un bouquet rempli d'étoiles, varié d'incarnat blanc & bleu. Il est vrai qu'elles ne fleurissent pas toutes à la fois: mais elles commencent par le bas; & quand les unes fleurissent, les autres se passent. C'est ce que l'on appelle encore quelquefois JACINTE *des Poëtes*: nom que l'on donne aussi au Lys orangé.

C'est un Ornithogale, & non une vraie Jacinte, selon M. Tournefort.

Cette fleur veut de l'ombre, une terre de potager, quatre doigts de profondeur, & six pouces de distance. Comme elle multiplie beaucoup, il faut en ôter les cayeux tous les ans.

La Tubéreuse porte à juste titre le nom de JACINTE *des Indes*. Voyez TUBEREUSE.

JACK-*by-the-hedge*. Voyez ALLIAIRE.

J A I

JAISSO. *Voyez* GESSE, *n.* 9.

J A L

JALAP, en François, & en Anglois: en Latin JALAPA. On lui donne encore en Anglois un nom qui signifie *Fleur d'un quart d'heure*.

Le *Calice* des fleurs de jalap est double: l'extérieur, fait en godet, est herbacé, d'une seule piece découpée en cinq parties inégales: le calice intérieur est coriacé, nullement découpé, ouvert seulement à sa partie supérieure. Il n'y a qu'un seul *pétale*, fait en entonnoir, légérement découpé sur le bord. On y trouve cinq *étamines*; & un *styl.* Il succede à la fleur une capsule dure, arrondie, faite en ovale terminée en pointe par les deux bouts; & où est contenue la semence.

Especes.

1. *Jalapa Mexicana, tubo floris longissimo.* Sa racine est en navet, & donne un suc laiteux qui est âcre. Il en sort nombre de tiges velues, assez fermes, garnies de gros nœuds; d'où naissent des feuilles très-velues, faites en fer de pique. Les fleurs sont d'un jaune très-pâle, fort longues, étroites; & ont une odeur suave, qui tient de celles de la fleur d'orange & de la tubéreuse: leur extrêmité supérieure a cinq découpures peu sensibles. Cette fleur est en état vers la fin de l'été; & forme une succession non interrompue pendant plus d'un mois. Toute la plante est très-gluante. Ses fruits sont bruns, assez gros, terminés par un ombilic.

2. *Jalapa flore purpureo* Inst. La *Belle de nuit* ordinaire; la *Merveille du Pérou*. Ses feuilles ne sont pas gluantes. Ses fleurs ont le tuyau beaucoup plus court que celui de l'espece précédente; & sont d'un pourpre dont les nuances varient considérablement. La graine est noirâtre, & chagrinée.

Cette plante forme une touffe considérable, haute d'environ quinze à dix-huit pouces, plus réguliere que celle du *n.* 1. Elle fleurit aussi en automne. L'une & l'autre ont la singularité de ne bien ouvrir communément leurs fleurs que la nuit, ou en tems frais.

On voit des variétés du *n.* 2, qui fleurissent blanc, jaune, *&c*: & qui forment des plantes plus hautes & plus considérables.

3. On n'est pas encore bien sûr si le *Jalap des boutiques* appartient à ce genre, ou à celui des *Liserons*.

Culture.

Les deux premieres especes se multiplient de graines; qu'il faut être soigneux de ramasser dès qu'elles sont tombées. Celles du *n.* 1 sont surtout promptement enlevées par quelques animaux que je n'ai pu reconnoître. On peut cueillir ces graines avant leur parfaite maturité, en les conservant dans le calice: elles achevent de se mûrir pendant l'hiver.

Le *n.* 1 est vivace; & garde ses tiges assez avant dans l'automne.

Ces plantes ne sont pas absolument délicates sur la qualité du terrein. Le fumier ne peut que leur être utile. Mais il me paroît qu'une médiocre humidité est nécessaire à leur progrès. C'est pourquoi, outre les sarclages, il faut encore les arroser à propos, ou les mettre dans une terre un peu humide.

Usages.

Les fleurs & les plantes entieres servent d'ornement aux jardins. Le parfum du *n.* 1 est un mérite de plus. La racine de cette premiere espece est très-purgative: & on la substitue souvent à celle du *n.* 3.

La racine de ce troisieme jalap nous est apportée des Indes Occidentales, & de Madere, où il croît naturellement. On doit choisir celle qui est d'une couleur grise, & d'un goût un peu âcre, parsemée de veines résineuses, difficile à rompre avec les mains, mais aisée à casser avec le pilon.

Cette racine est bonne pour purger les humeurs, & surtout les sérosités. On l'emploie dans l'hydropisie, & les obstructions. Elle est encore propre pour la goute, & les rhumatismes.

Il est souvent prudent de ne pas donner la poudre de jalap seule: & la mêler avec quelque chose qui en étende les parties; de peur qu'elles ne s'attachent contre la membrane des intestins, & n'y causent une inflammation ou un ulcere qui pourroit avoir des suites très-dangereuses. Cependant M. Bolduc assure que le jalap est un remede que la nature a préparée elle-même; qu'il n'a jamais remarqué que ce purgatif eût besoin de correctif, pour réprimer sa trop grande action, non plus que de véhicule pour l'accélérer, comme la plupart des purgatifs ordinaires; & qu'il est étonné que l'usage n'en soit pas plus général, puisqu'il coûte si peu, & qu'il produit de si bons effets. Le vrai moyen d'employer le jalap sans danger, est de le réduire en poudre fine comme du tabac d'Espagne: il purge alors très-bien à petite dose; & ne cause pas de tranchées.

On peut purger parfaitement bien, & à peu de frais les pituiteux & les hydropiques, avec un demi-gros de jalap en poudre, ou un gros, infusé pendant douze heures dans un demi-septier de vin blanc. On peut le faire infuser aussi dans de l'eau-de-vie, avec égale quantité de racine d'iris réduite aussi en poudre: l'infusion doit durer cinq ou six jours, au soleil, ou au bain de sable: & sa dose est depuis une once jusqu'à deux, suivant la force du tempérament. C'est cette composition qu'on appelle *Eau-de-vie Allemande*; & qui passe pour spécifique dans l'enflure.

On distille la racine de jalap avec de l'esprit de vin, ou avec de l'eau-de-vie.

Résine, ou Magistere, de Jalap.

Prenez une livre de jalap réduit en poudre grossiere. Mettez-le dans un matras assez grand: versez par-dessus de l'esprit de vin rectifié, à la hauteur de quatre doigts au-dessus de la matiere; c'est-à-dire environ trois livres. Puis ayant bouché le matras, en insérant son cou dans celui d'un autre, & luté exactement la jointure avec de la vessie mouillée; faites digérer la matiere au feu de sable pendant un jour. Après ce tems-là, délutez les matras, & versez par inclination l'esprit de vin; qui par la dissolution qu'il aura faite des parties résineuses du jalap, paroîtra chargé d'une couleur jaunâtre. Versez encore de l'esprit de vin sur le jalap; lutez les matras; & procédez jusqu'à trois fois comme ci-devant: ou même jusqu'à ce que l'esprit de vin cesse de se colorer. Mêlez ensuite les teintures: filtrez-les par le papier gris: & distillez au bain de vapeurs dans un alembic de verre. Quand vous aurez distillé environ les deux tiers de l'esprit de vin, vous verserez ce qui reste au fond de l'alembic, dans une terrine; que vous remplirez d'eau; afin que cette eau, qui devient aussitôt laiteuse, affoiblissant l'esprit de vin qui tient les parties de la résine séparées; elles puissent se rapprocher, se reprendre, & former un poids assez pesant pour se précipiter au fond: ce qui arrive après un jour de repos. Versez ensuite par inclination l'eau qui est devenue claire, de blanche qu'elle étoit avant la précipitation du magistere; lequel vous trouverez en forme de térébenthine; & qu'il faudra laver dans plusieurs eaux, & faire sécher au soleil. Il s'y durcira: vous le réduirez ensuite en poudre subtile, laquelle sera blanche. Vous la garderez dans une boîte, ou dans un vaisseau bien net.

La résine de jalap peut être substituée à la racine: nombre de gens prétendent même que c'est dans la seule résine que consiste toute la vertu du jalap. On prend cette résine mêlée dans quelque opiate; la dose en est depuis six grains, jusqu'à dix ou douze.

L'esprit de vin qu'on distille après les différentes dissolutions, peut ensuite servir comme auparavant: pourvû que l'on ait eu l'attention de le distiller à feu lent: autrement il enleveroit avec lui une partie de la résine, ce qui diminueroit beaucoup de sa vertu. Le résidu donne du sel alkali.

JALON. Bâton bien droit, pointu par en bas; au haut duquel on met une carte, du linge, ou du papier blanc; ou que l'on blanchit simplement avec de la peinture; le tout pour qu'il puisse être vû plus distinctement. On plante des jalons, de distance en distance, sur des lignes qu'on veut avoir bien droites; soit pour planter des arbres, soit pour faire des allées & des tranchées. On dit: *il faut JALONNER*; c'est-à-dire, planter des jalons.

Voyez FONTAINE, p. 110. AVANT-PIEU.

Buter un JALON. Voyez sous le mot BUTER.

Décharger un JALON. C'est lui ôter, du pied, autant de terre qu'il est besoin pour le faire paroître à la hauteur requise: si par exemple, il ne paroît qu'à quatre pieds au-dessus de la terre, & qu'il doive paroître à six; on ôte deux pieds de terre.

Les Jardiniers se servent de *Piquets*, aussi bien que de jalons. Ils different les uns des autres, en ce que ces jalons sont de cinq ou six pieds de haut, & que les piquets n'ont que deux pieds au plus.

JALONNER; *Aligner; Mirer; Bornoyer*: sont des termes qui signifient tous la même chose: planter des jalons, d'espace en espace, pour faire l'opération d'un alignement. Pour jalonner, on se recule de quelques pas, puis en fermant un œil, on dirige l'autre vers le jalon; de maniere que ce jalon couvre tous les autres, qu'on fait planter dans la même ligne par ce moyen.

JAM

JAMBAGE *d'une cheminée*. Voyez sous le mot CHEMINÉE.

Ces jambages sont les deux petits murs qu'on éleve à chaque côté, pour soutenir le manteau.

En général, on nomme JAMBAGE tout ce qui sert à soutenir une poutre ou quelque autre piece dans un bâtiment; comme la jambe soutient le corps. Ce peut même être un pilier placé entre deux arcades, & orné de pilastre: en quoi il differe du trumeau; qui est toujours simple.

JAMBE. C'est l'extrêmité inférieure de l'animal, & principalement de l'homme; la partie qui le soutient, & qui lui sert à marcher. Certains Anatomistes qui l'appellent *Grand Pied*; la divisent en cuisse, jambe, & pied. La partie qui est entre la cuisse & le pied retient proprement le nom de jambe; & c'est celui qu'elle a communément.

Remedes pour la Foiblesse des Jambes.

1. Voyez *Jambes fatiguées*; entre les maladies du CHEVAL.

2. Elles peuvent être guéries en usant d'eau, où a trempé le colchotar, autrement appellé poudre impériale. *Voyez* ces deux mots.

3. Prenez parties égales de feuilles d'hieble, de marjolaine, & de sauge. Pilez-les; exprimez-en le suc: & en ayant rempli une bouteille, bouchez-la bien avec de la pâte; enveloppez-la même toute entiere de pâte, à l'épaisseur de deux bons travers de doigt; mettez-la au four chauffé à l'ordinaire, & qu'elle y reste autant de tems qu'il en faut pour cuire un pain fort épais. Ensuite vous tirerez la bouteille du four; vous la laisserez refroidir; puis ayant ôté la pâte & cassé la bouteille, vous prendrez la matiere que vous trouverez cuite & épaissie en forme d'onguent.

Vous ferez fondre parties égales de cet onguent, & de moëlle de jarret de veau; & vous en frotterez chaudement & le plus souvent que vous pourrez le derriere

derriere des cuisses & des jambes. Ce remede est très-utile aux enfans & aux adultes ; dont les nerfs sont affoiblis, endurcis, ou racourcis.

4. Prenez trois livres d'eau-rose, cinq onces d'écorces d'oranges & de citrons séchées à l'ombre ; noix muscades, girofle, cannelle, quatre onces de chacun. Mettez le tout infuser dans l'eau-rose pendant quinze jours. Prenez ensuite, des graines de chardon bénit & de lavande, de chacune quatre onces ; une livre de roses rouges cueillies depuis deux jours ; deux pincées de sommités de romarin ; une pincée de feuilles de laurier ; deux pincées d'hysope ; deux poignées de marjolaine ; autant de mélisse, & encore autant de roses d'églantier. Vous mettrez toutes ces choses ensemble avec l'eau-rose par lits dans un alembic de verre ; & distillerez au bain-marie fort doucement. Gardez l'eau qui en sortira.

Les vertus de cette eau sont, outre celle de fortifier les jambes ; d'entretenir (dit-on) en bon état jusqu'à l'extrême vieillesse, & entretenir la fraîcheur du teint ; fortifier tout le corps, en expulser les humeurs, guérir les catarrhes, & même les cancers ; préserver de la contagion ; faire venir les regles aux femmes ; remédier aux maux de cœur, d'estomac, d'yeux, & de dents. On en prend les matins & les soirs, environ deux cuillerées ; & on en frotte les parties malades.

Pour les Démangeaisons de Jambes, & d'autres parties du corps.

1. Appliquez-y une décoction de sureau : & prenez intérieurement une tisane de squine, ou de fleurs de sureau.

2. Il y en a qui appliquent sur ces parties, de fois à autre, des feuilles de vigne ; & même des grains de raisin écrasés ; qui font heureusement couler, de ces ulceres, l'humeur qui causoit la démangeaison.

Consultez le mot *Démangeaisons*, entre les maladies du CHEVAL. *Voyez* aussi ROGNE.

Douleurs dans les Jambes.

Voyez FLUXIONS *du Cerveau.*

Ulceres des Jambes.

1. Prenez une dragme de plomb neuf, une once de vif argent, une once de soufre en poudre. Faites fondre le plomb dans une cuiller de fer. Sitôt qu'il sera fondu, jettez-y le vif argent & le soufre ; remuez le tout avec une spatule, & tenez toujours la cuiller sur le feu jusqu'à ce que le soufre soit consumé, ce qui se connoîtra lorsqu'il ne paroîtra plus de feu bleu dans la cuiller. Enfin, vous incorporerez ce mêlange avec une demi-once de diapalme, dissout dans de l'huile rosat. Vous en ferez un emplâtre pour vous en servir au besoin, après avoir bien lavé la plaie avec une éponge imbibée d'eau de chaux.

2. Prenez deux livres d'huile d'olives, une demi-livre de cire neuve, demi-once de cinnabre, & deux onces de minium. Faites d'abord fondre sur le feu l'huile & la cire. Quand ces matieres seront fondues, & que vous les aurez retirées de dessus le feu, jettez-y le cinnabre & le minium. Remuez le tout avec une spatule de bois, jusqu'à ce qu'il soit froid. Conservez ce mêlange dans un pot, pour en user au besoin. Vous en ferez des emplâtres, que vous appliquerez sur les ulceres ; & les renouvellerez deux fois le jour.

Voyez EMPLÂTRE *noir pour les maux de Jambes.*

3. Exprimez le suc d'épinar sauvage, & d'arroche sauvage : lavez-en les ulceres ; & appliquez le marc par-dessus.

4. Consultez l'article ULCERE.

5. Prenez trois onces de litharge d'or, une once de céruse, quatre onces du plus fort vinaigre, une once de storax liquide, cire blanche quatre onces, huile rosat & huile de noix, de chacune huit onces, résine de pin cinq onces. Pulvérisez ce qui peut se mettre en poudre. Mêlez bien le tout : & faites-le cuire dans un vase de terre bien verni ; jusqu'à consistance convenable. Lavez ensuite cet onguent dans de l'eau-rose : & gardez-le pour l'usage. Il est bon pour les vieux ulceres ; & principalement pour les ulceres de jambes, qui résistent aux emplâtres ordinaires. On le change toutes les vingt-quatre heures.

6. Prenez une écuellée d'huile d'olives ; & une poignée de la seconde écorce de sureau, qui est verte. Faites-les bouillir à un feu modéré, jusqu'à ce que l'écorce ait donné sa substance ; sans pourtant qu'elle se brûle. Tirez pour lors l'écorce ; & ajoûtez à l'huile, de la cire la grosseur d'une noix. Laissez refroidir le tout : refondez-le de nouveau ; & lavez-le dans neuf eaux fraîches. Il deviendra blanc. Gardez-le pour en faire usage soir & matin. Pour les vieux ulceres, ajoûtez-y du corail & du sang de bouc, bien pulvérisés, demi-once de chacun. [En général, on doit éviter d'appliquer des corps gras sur les jambes. Pour ce qui est des *vieux ulceres*, il seroit dangereux de les cicatriser, sans travailler à corriger la masse des humeurs par des remedes internes.]

Enflure des Jambes.

1. Prenez des feuilles de choux rouge ; ôtez-en les côtes. Faites chauffer ces feuilles, & appliquez-les chaudement sur l'enflure. [Ce même remede peut encore servir pour les enflures des bras.]

Voyez sous le mot *Coup*, entre les maladies du CHEVAL : & sous le mot *Jambes*, dans le même article. *Consultez* aussi le mot ENFLURE.

Onguent pour les Plaies des Jambes.

Prenez une demi-livre de cire jaune neuve, une livre de térébenthine, une demi-livre d'huile d'olives, & un quarteron de sain-doux. Faites fondre toutes ces matieres ensemble, en les agitant toujours, & prenant garde qu'elles ne bouillent. Quand vous verrez que l'onguent sera fait, retirez-le de dessus le feu, & remuez jusqu'à ce qu'il soit froid : puis vous le conserverez dans un pot.

Nota. Dans les pays où le cidre est une boisson commune, les *plaies des jambes* se guérissent très-difficilement ; & sont fort sujettes à dégénérer en ulceres de mauvaise nature : au lieu que ces plaies sont de peu de conséquence dans les endroits où l'on boit habituellement du vin. * Le Camus, *Médecine de l'Esprit.*

M. Thierry (*Médecine Expérim.*) observe aussi que, par une loi assez générale dans la nature, un air trop épais est opposé à la guérison des plaies des jambes : & qu'on l'observe à Rome & à Vienne en Autriche.

Jambe Cassée.

Il faut prendre une certaine quantité de longs vers de terre, qu'on appelle achées ; les bien laver, pour en ôter la terre ou le limon ; & les jetter dans un pot de terre plein d'eau, où vous les ferez bouillir jusqu'à ce qu'ils soient réduits en onguent. Vous en ferez un emplâtre sur un linge double ; dont vous envelopperez la plaie : & assujettirez le tout avec des éclisses, après que les os auront été rejoints adroitement.

Lassitude des jambes. Voyez LASSITUDE.

JAMBE *Etriere.* Voyez sous le mot TABLETTE.

JAMBON. C'est la cuisse ou l'épaule, de cochon

ou de sanglier; qu'on leve pour la saler, la fumer, & la manger comme un mêts excellent.

Jambons de Mayence.

1. Il faut les saler avec du salpêtre pur; les tenir bien serrés dans une presse à linge pendant huit jours; les tremper dans de l'esprit de vin où l'on aura mis des grains de geniévre pilés, ou concassés; & les faire sécher à la fumée du bois de geniévre. [Le salpêtre rend alors la chair très-rouge, & presque dure comme du bois.]

2. Il faut, au même instant que les jambons sont levés de dessus les porcs, les mettre contre terre; les bien charger d'un ais, & de pierres par-dessus; & les y laisser pendant vingt-quatre heures: puis les faire saler sur le reste du porc qui est dans le saloir; ou ailleurs: quand ils y auront été assez de tems, les envelopper de foin, les mettre dans une cuve, y faire un lit de terre & un lit de jambons; & deux jours après, les lever: ensuite faire bouillir de la lie de vin avec de la sauge, du romarin, de l'hysope, de la marjolaine, du thim & du laurier; jetter le tout, tiede, sur ces jambons, dans un vaisseau bien bouché; & les laisser ainsi deux jours. Après quoi il faut les mettre à la cheminée, ou à une perche proche de la cheminée; & les parfumer, pendant cinq ou six jours, deux diverses fois, avec du geniévre.

3. Salez vos jambons; & les gardez cinq jours dans leur sel; puis tirez-les, & les mettez dans de la limaille de fer l'espace de dix jours: ensuite lavez-les dans du vin rouge; & les enfermez dans un petit endroit, où vous ferez, deux fois le jour, du feu de geniévre pendant dix jours ou plus.

4. Aussitôt que le porc est habillé, il en faut lever les jambons, & les étendre bien pour leur faire prendre le pli. Ensuite on les porte suer à la cave; & on les y laisse pendant quatre jours en tems sec, & deux jours seulement en tems humide; ayant soin d'essuyer très-souvent l'eau qu'ils jettent: puis on les met à la presse entre deux ais, & on les y laisse autant de tems qu'ils ont été à la cave. Après cela on les assaisonne de sel, poivre, clou, & anis, battus. Neuf jours après on les tire du saloir pour les mettre dans la lie de vin pendant neuf jours; après lesquels on enveloppe les jambons dans du foin, & on les enterre à la cave, dans un endroit qui ne soit pas trop humide. Il ne faut pas les y laisser trop longtems; de peur qu'ils ne se gâtent. Quand on les a tirés, on les suspend dans la cheminée; & on les parfume deux ou trois fois le jour avec du bois de geniévre, qu'on allume directement au-dessous. Etant secs, on les pend au plancher d'une chambre qui ne soit point humide, & on les y laisse jusqu'au tems qu'on veut les faire cuire.

Jambons de Bayonne.

Pour saler le jambon, il faut attendre sept ou huit jours, ou jusqu'à ce qu'il soit gluant. Alors l'ayant bien lavé, & ensuite pelé, on prend autant d'onces de sel qu'il pese de livres; & autant d'onces de salpêtre, qu'il y a de livres de sel. Il faut réduire en poudre le sel & le salpêtre, & en assaisonner le jambon; qu'on met sur une planche disposée en pente avec un vaisseau à l'extrêmité la plus basse, pour recevoir ce qui en dégoutte; & dont on se sert à mesure, pour humecter le jambon avec un linge, jusqu'à ce qu'il ait tout pris. Après cela, on l'essuie; on l'enduit de lie de vin: & quand elle est séche, on le pend à la cheminée, pour le passer à la fumée de geniévre trois ou quatre fois le jour, l'espace d'une heure, pendant cinq ou six jours. Quand il est sec & bien parfumé, on le met dans la cendre pour le conserver.

Maniere d'apprêter les Jambons, & de les faire cuire.

Un jambon étant salé comme il faut, & bien parfumé; avant de le faire cuire, on le fait tremper dans de l'eau tiede: & après l'avoir ainsi changé plusieurs fois, on le lave & essuie. Puis on le met dans un chauderon le plus pressé que l'on peut; afin qu'il y ait peu de bouillon, & que par ce moyen la trop grande abondance d'eau ne diminue rien de sa bonté. Il faut mettre au fond du chauderon une poignée de foin fin, avec des fines herbes, deux gros oignons, & de l'écorce de citron. A mesure que le bouillon se tarit, on a soin d'avoir de l'eau chaude pour en substituer toujours de nouvelle, jusqu'à ce qu'il ait une cuisson parfaite. Lorsqu'il est bien cuit, on le tire, pour le laisser refroidir dans son bouillon; jusqu'à ce qu'on puisse l'ôter du chauderon avec la main. Puis on le met sur un plat; & on le laisse égoutter: après quoi on leve la couene de dessus le lard, pour le poudrer d'un peu de poivre & de cannelle broyée, y piquer quelques cloux de girofle, & le garnir de persil haché, avec un peu de thim & des feuilles de laurier. Puis on le recouvre, de la couene; pour lui donner le tems de se refroidir.

Il y en a qui le font cuire dans du vin: mais on prétend que le vin le racornit. Voyez l'article COCHON.

Pâté froid de Jambon.

Parez bien le jambon, levez-en la peau, & mettez-le tremper sept ou huit heures avec de l'eau tiede. Pour votre pâte, mettez avec la farine environ une livre de beurre & cinq ou six jaunes d'œufs; & détrempez-la avec de l'eau chaude. Il faut la faire très-dure. Lorsqu'elle est faite, dressez le pâté sans différer: autrement elle donneroit bien de la peine à dresser, & seroit même sujette à se fendre. Foncez le pâté avec des tranches de bœuf; puis y mettez le jambon; assaisonnez avec toutes sortes d'épices & fines herbes pilées; & nourrissez-le de bon lard haché & pilé. Couvrez-le ensuite de bardes de lard; & le finissez. Il doit rester dans le four, au moins douze heures. Quand il sera à moitié cuit, retirez-le, & y jettez deux bons verres d'eau-de-vie, ou de vin d'Espagne; puis le remettez au four. Quand il sera cuit, vous en ôterez toute la nourriture; si elle y restoit, elle pourroit le faire fendre. Vous la remettrez dedans, lorsqu'il sera presque froid: & vous y en ajoûterez, si elle ne couvre pas jusqu'au dessus des bardes. On ne le sert que lorsqu'il est bien refroidi.

On peut encore faire cuire le jambon à demi dans une petite braisiere, & faire la pâte un peu plus fine: le pâté en aura un plus bel œil; & il faudra moins de tems pour le cuire.

Autre Pâté froid, sur le plat.

Votre jambon étant bien dessalé, paré, & cuit à l'eau, comme si vous vouliez le servir sur le plat pour entremêt; dressez un pâté, d'une pâte ordinaire assez forte, sur le bord d'un plat. Mettez-y le jambon, & le panez de mie de pain, & persil; & le mettez au four. Quand la mie de pain aura belle couleur, vous le couvrirez d'une feuille de papier. Vous le retirerez quand vous jugerez que la croute sera cuite; & le laisserez refroidir. Cela est très-bon *quand on a un jambon qui a déja servi, & qu'on le veut déguiser.*

Essence de Jambon.

Il faut couper par petites tranches, du jambon

crud; les bien battre, & les passer à la casserole: puis les mettre sur un réchaud plein de feu, pour leur faire prendre couleur, en jettant dessus un peu de farine & les agitant en même tems. Quand ces tranches ont pris couleur, il faut y mettre du jus de veau, un bouquet de ciboules, des fines herbes, de la rocambole, quelques cloux de girofle, des truffes, une poignée de champignons hachés, un peu de vinaigre, & un peu de croute de pain. Le tout étant cuit, on le passe à l'étamine, pour en exprimer le jus; que l'on conserve dans un pot propre. On se sert de ce jus, ou essence, dans tous les ragoûts où il entre du jambon.

Voyez une autre maniere, dans l'article ESSENCE.

Jambon en ragoût à l'hypocras.

Prenez des tranches de jambon crud; que vous passerez à la casserole: puis vous y ferez une sausse avec du vin bien vermeil, du sel, du poivre, & du jus d'orange, que vous mettrez lorsque vous servirez. On peut y ajoûter un jus de citron, au lieu d'hypocras.

Jambon de Poisson.

Ayez des laites de carpes; & de la chair de tanches, d'anguilles & de saumon frais. Mêlez bien toutes ces chairs ensemble, en les hachant fort menu avec du sel, du poivre, du persil & de bon beurre. Quand le tout sera bien haché, donnez-lui une forme de jambon, sur des peaux de carpes: enveloppez-le dans un linge blanc, & cousez-le bien serré. Ensuite vous le ferez cuire avec moitié eau & moitié vin, assaisonné de sel, poivre, cloux de girofle, laurier, & fines herbes. Quand vous croirez que ce jambon sera cuit, vous le laisserez refroidir dans son bouillon. On le sert entier, ou coupé par tranches.

JAN

JAN. *Voyez* JONC-MARIN.

JANVIER. Premier mois de l'année. L'hiver étant commencé depuis le dernier tiers du mois précédent, on doit s'attendre à une saison incommode: ou le froid, ou la pluie abondante & continuelle, ou la neige, empêchent de travailler à la terre. Les jours, qui sont encore très-courts, ne permettent pas de faire beaucoup d'ouvrage dehors. Tantôt la surface de la terre est couverte de mares formées par les eaux de pluie; tantôt de petites gelées soulevant la terre, y font pénétrer ces eaux, & la rendant alors molle comme de la pâte, rendent les chemins impraticables. Le Jardinier, le Laboureur, & l'Œconome, ont cependant des occupations propres à ce mois.

Le Laboureur ou les domestiques destinés au labourage, doivent faire les choses ausquelles ils seroient indispensablement obligés de s'occuper pendant la belle saison, où leur emploi les appelle à des ouvrages de plus grande conséquence.

Il faut donc préparer les échalas pour garnir les vignes; raccommoder les charrettes, les tombereaux; prendre garde s'il ne manque rien des instrumens nécessaires au labourage, & s'ils sont en état de servir.

C'est dans ce tems qu'on doit faire provision d'outils convenables au ménage des champs; tailler les peupliers & les saules; tondre les haies; ôter les bois inutiles des grands arbres fruitiers.

On acheve de battre les grains dans la grange, tandis que les frimats empêchent qu'on n'aille travailler hors de la maison.

On apprête les oziers destinés à attacher la vigne.

On continue d'abattre les bois.

On fait des fagots, & du menu bois. On coupe des épines pour former des haies. On plante & répare les haies, tant mortes que vives.

On marque les agneaux que l'on veut garder.

On saisit les momens favorables pour retourner les jacheres, en pays chaud: & on prépare les terres pour la semaille des Mars.

On releve les fossés: on en fait de nouveaux, soit pour enclore, soit pour égoutter les prés & les terres.

On laboure au pied des vignes.

On casse la glace des étangs.

On essarte les prés. On cherche les taupes: qui font leur nid vers le commencement du mois.

On retourne le fumier. On en voiture aussi.

On laboure les terres légeres & sabloneuses qui ne l'ont pas été à la S. Martin.

Quand il fait doux, on recommence à planter dans les vallées.

La mere de famille a soin que ses servantes teillent son lin & son chanvre, ou qu'elles filent, pendant que les incommodités de la saison ne permettent pas qu'elles sortent de la maison pour aller fagotter des épines qui servent à chauffer le four.

On peut faire couver les poules qui le demandent.

On donne aux pigeons, volailles, & autres animaux de la basse-cour, une nourriture qui les dispose soit à couver soit à entrer en chaleur le plus tôt que faire se pourra.

Enfin, comme il n'est point de momens qu'il ne faille ménager, un pere de famille fera tout ce qu'il pourra pour n'en point laisser d'inutiles.

Ouvrages à faire dans les jardins.

Nettoyez les arbres, de toutes ordures; & n'y laissez aucunes feuilles séches, parce-que ce sont autant de nids à chenilles.

Quand on a découvert la racine des arbres fruitiers au mois de Novembre, il est nécessaire, dans ce mois-ci, de les recouvrir de bonne terre: si ce n'est dans les terres séches, où l'on ne rechausse les arbres qu'en Mars afin que l'humidité de l'hiver imbibe suffisamment la terre & les racines.

On plante.

On profite de la gelée pour charrier du fumier.

C'est le tems de faire ramasser des terres nouvelles; comme les boues des rues où passe le bétail, ou proche des boucheries: on garde ces terres & curures en tas pendant tout l'été, pour réchauffer les pieds des arbres au déclin de la lune de ce mois, l'année suivante.

Il faut de bonne heure piocher les framboisiers; parce que si l'on attend plus tard, on risque de couper le rejet qui se fait dans la terre. Il faut les tailler; mais non à demeure, & seulement pour faire l'espalier, & pour les piocher.

On taille toute sorte d'arbres, soit en buisson, soit en espalier; on entretient les abris destinés à les garantir des grandes gelées, ou des neiges. On fait des tranchées pour planter des arbres; & des fouilles de terre pour les amander. On fouille au pied des arbres, soit pour tailler les grosses racines, & par ce moyen les mettre à fruit; soit au pied de ceux qui languissent, pour tâcher de remédier au mal, & les fumer.

On cueille les greffes des arbres & arbrisseaux hâtifs.

On met en terre des cormes, des amandes, des noix, *&c.* pour faire de nouveaux plants.

On seme sur couche les plantes que l'on veut avancer. On réchauffe à propos toutes les couches. On entretient la chaleur des serres.

Il faut couvrir toutes les fleurs qui craignent le froid, à la veille du mauvais tems; & n'attendre pas que la terre soit endurcie par la gelée.

Sous les chassis & abris, il faut tenir des souricieres tendues, pour prendre les rats des jardins, & les mulots. On se servira pour amorce, de pois, amandes, ou noisettes.

Consultez les articles des différentes plantes cultivées pour leurs fleurs.

Profits que les gens de la campagne peuvent faire au mois de Janvier.

Il commence à y avoir du couvain dans les ruches.

Les perdrix s'appareillent, quand la saison n'est pas rigoureuse.

On débite avantageusement des poules-d'Inde, des chapons, & généralement toute sorte de volaille.

Tout ce qu'il y aura d'œufs, fromages, & beurre, en cette saison, seront portés au marché; & s'y vendront bien. Les œufs frais, ou ceux qu'on aura pris soin de garder depuis le mois d'Octobre, doivent être aussi vendus; l'argent qu'on en tire, mis à d'autres denrées pour la provision de la maison, rapportant plus de profit que ces œufs mêmes consommés dans la famille.

S'il naît des veaux, on se trouvera bien de les vendre; à cause qu'ils sont rares, & que ce n'est pas la vraie saison de les garder pour nourrir.

Heureux qui dans ce tems-là a du bétail gras en état de vente! les Bouchers savent bien le venir trouver, sans qu'il ait besoin de mener en foire.

On sale du porc pour la provision de la maison.

Il fait bon vendre les fruits qui se mangent dans ce mois. On suppose qu'un pere de famille ne sera pas sans avoir un jardin rempli de toutes sortes de bons fruits. L'œconomie demande de lui un pareil jardin pour l'embellissement de sa maison: & ayant appris comment il faut les conserver, il ne se défera de ces fruits que par ordre, & dans le tems que chaque espece sera bonne à manger; en réservant toujours sa provision particuliere, pour être servie à sa table, soit qu'il soit seul, soit qu'il lui survienne compagnie.

J A Q

JAQUEMART. Espece de Ressort. Voyez ce mot, dans l'article GRAVURE *sur métaux*, p. 227.

J A R

JARDIN. Terrein clos de haies ou de murs, voisin de la maison, & que l'on cultive avec beaucoup de soin; pour y élever des plantes soit utiles soit agréables, & en faire un lieu de promenade.

Suivant la principale destination de ce terrein; on le nomme, tantôt *Jardin de propreté*, tantôt *Jardin Fleuriste* (ou *des fleurs*); tantôt encore *Fruitier*, *Potager*, ou *Botaniste*.

Jardin de Propreté.

Celui-ci comprend les autres; & on y ajoûte encore quelques ouvrages d'une plus grande ou d'une moindre étendue, selon la dépense qu'on est en état de faire, ou le terrein qu'on veut employer. Les jardins de propreté accompagnent ordinairement les maisons de plaisance: c'est pourquoi leurs avantages doivent être réciproques.

C'est ce qui fait que la situation du terrein est essentielle; & renferme cinq conditions; 1°. Une exposition saine. 2°. Un bon terrein. 3°. Une abondance raisonnable d'eau. 4°. Une belle vûe. 5°. La commodité du lieu.

I. Le sommet d'une montagne, & une vallée trop basse ou marécageuse, sont des extrêmités qu'il faut également éviter. La mi-côte dont la pente est douce, ou la plaine, donnent une exposition saine. Les promenades de plain pied dans la plaine, & le terrein qui demande peu d'entretien, sont d'un agrément infini. L'abondance de l'eau, l'abri des vents, & la perspective de la mi-côte, semblent l'emporter sur les avantages de la plaine. La plus mauvaise exposition est celle du nord; celle du midi ou au moins du levant peut être regardée comme la meilleure. *Voyez* EXPOSITION.

II. La terre qui y convient, doit n'être point pierreuse, difficile à labourer, trop séche, trop humide, trop forte, trop légere, ni trop sabloneuse. Quand on la fouillera, on doit la trouver de bonne qualité jusqu'à deux pieds au moins de profondeur. On jugera que le terrein est mauvais, s'il est couvert de bruyeres, de serpolets, de chardons, & autres mauvaises herbes; & si les arbres qui croissent auprès, sont tortus, mal faits, rabougris, d'un verd altéré, & pleins de mousse.

III. Si les eaux sont nécessaires pour conserver les plantes qui périroient par la trop grande sécheresse, elles ne sont pas moins utiles pour l'embellissement des jardins. Les canaux, les cascades, & les jets d'eau donnent des agrémens, que tout le monde connoît assez. Mais il faut prendre garde à deux choses, la premiere, c'est que ces eaux ne soient point en trop grande quantité; elles rendroient l'air mal sain: & la seconde, est qu'on ne doit point les laisser croupir, mais ménager quelques issues pour les faire écouler. *Voyez* FONTAINE.

IV. La vûe fait encore un des plus beaux ornemens des jardins. Il faut prendre un extrême soin de profiter de tous les avantages que le lieu fournira; & ne point boucher la perspective par quelque bois ou palissade, qu'on feroit obligé d'arracher dans la suite. L'étendue de pays qu'on découvre contribue beaucoup à la végétation des plantes; qui par ce moyen ont un grand air, & ne se trouvent point ensevelies par un air trop resserré. *Voyez* ARCHITECTURE *de Jardinage*.

V. La maison de campagne ne doit point être loin d'une riviere; afin de pouvoir faire commodément apporter ce dont on a besoin, ou faire transporter les denrées à la ville ou ailleurs. Une forêt voisine fournira du bois à la maison. On fera encore attention au chemin; qui sera de sable ou pavé, afin qu'on puisse y aller aisément soit en hiver, soit en été. Enfin, ces sortes de jardins ne seront point éloignés des villages: s'ils étoient situés en pleine campagne, ceux qui s'y trouveroient ne pourroient pas être secourus, en cas d'accident.

On peut ajoûter à toutes ces conditions les soins d'un jardinier, & l'œil du maître.

Précautions à observer pour les Jardins de propreté.

I. On doit faire choix d'un homme, dont la capacité dans l'art du jardinage soit reconnue par quelques beaux morceaux.

II. Il ne faut point exécuter ses desseins avec précipitation. Il est bon de les laisser mûrir, pour ainsi dire, pendant quelque-tems; & de consulter à loisir les Connoisseurs.

III. Plus un jardin est grand, plus il en coûte pour en exécuter le dessein & l'entretenir quand il est exétuté. C'est ce qui fait qu'on doit examiner la dépense qu'on veut faire, & proportionner l'ouvrage à cette dépense. Un jardin de trente ou quarante arpens est d'une belle grandeur.

Maximes fondamentales pour bien disposer ce Jardin.

I. L'art doit céder à la nature.

Tout doit paroître naturel dans un jardin. On placera un bois pour couvrir des hauteurs, ou remplir des fonds, qui se trouveront sur les aîles d'une maison. Un canal sera mis dans un endroit bas, pour paroître comme l'égout de quelque hauteur voisine.

II. Le jardin ne doit point être étouffé.

Les jardins qui sont trop couverts & trop remplis de brossailles, sont sombres & tristes. Il faut laisser regner autour du bâtiment des esplanades, des parterres, & des boulingrins; & ne mettre que des ifs & des arbrisseaux sur les terrasses & en quelques autres endroits où on le trouvera à propos.

III. On ne doit point trop découvrir les jardins.

C'est une chose désagréable, que de voir toute l'étendue d'un jardin, d'un seul coup d'œil.

IV. Un jardin doit paroître plus grand qu'il ne l'est effectivement. Le véritable moyen de faire cet espece d'enchantement, est d'arrêter la vûe dans certains endroits, par des bosquets & des sales vertes ornées de fontaines & de figures; & de ménager si bien les allées & les ornemens, qu'on se lasse à parcourir les unes, & qu'on employe du tems à regarder les autres.

Dispositions générales d'un Jardin de propreté.

I. La longueur doit être d'un tiers ou d'une moitié plus grande que la largeur: les pieces bar-longues sont plus agréables à la vûe, que les autres.

II. On placera le parterre auprès du bâtiment. Il est bon que le bâtiment soit élévé au dessus du parterre, afin que des fenêtres on puisse juger plus aisément de la beauté du dessein du parterre, & que la vûe jouisse des différentes fleurs qui y seront plantées. Il dépendra de la situation du lieu de placer les bosquets, les palissades, les sales vertes dans des endroits convenables. Ces pieces doivent accompagner le parterre pour le relever. On pratiquera dans ce parterre des boulingrins & autres pieces plates. Un parterre, quelque beau qu'il soit, demande à être diversifié.

III. La tête du parterre doit être ornée de bassins ou de pieces d'eau. On plantera, au dessus des palissades soit hautes soit basses, un bois: auquel on donnera une forme circulaire, percée en patte-d'oye pour mener dans de grandes allées. L'espace qui se trouvera entre le bassin & la palissade sera rempli de pieces de broderie ou de gazon garnies d'ifs, de caisses, & de pots de fleurs.

Ce que nous venons de dire, ne doit être observé que quand il n'y a point de vûe. S'il y en a, on pratiquera plusieurs pieces de parterre tout de suite soit de broderie, soit de compartimens à l'Angloise, soit de pieces coupées, de gazon, &c. séparées, d'espace en espace, par des allées de traverse. Les parterres les plus ornés seront toujours près du bâtiment.

IV. La grande allée sera percée en face du bâtiment; & traversée par une autre, d'équerre à son alignement. A l'extrémité de ces allées on ouvrira les murs: on placera des grilles à ces ouvertures; ou bien on fera par dehors un fossé assez large & assez profond pour empêcher l'entrée du jardin. On aura soin de percer les autres allées de traverse, de maniere qu'on puisse profiter de la vûe que donneront ces ouvertures.

V. Tout ce qu'on vient de dire ayant été observé, on disposera dans les lieux les plus convenables, des bois de futaie, des quinconces, des cloîtres, des galeries, des cabinets, des sales vertes, des labyrintes, des boulingrins, des amphithéatres & autres pieces que l'on ornera de fontaines, canaux, & figures; qui contribuent beaucoup à l'embellissement d'un jardin. Dans les endroits bas & marécageux, qu'on ne veut point relever, on pratique des boulingrins, des pieces d'eau, ou des bosquets. On releve seulement le terrein par où l'on doit continuer les allées qui y aboutissent.

Voyez PALISSADE.

VI. On doit diversifier toutes ces parties du jardin; les opposer les unes aux autres: ne pas mettre tous les parterres d'un côté & tous les bois d'un autre; mais un bois contre un parterre ou un boulingrin; en un mot le plein contre le vuide, & le plat contre le relief pour faire oppositions. Un bassin rond fera environné d'une allée octogone.

VII. On ne répetera les mêmes pieces des deux côtés, que dans les lieux découverts, où l'œil en les comparant peut juger de leur conformité; comme dans les parterres, les boulingrins, les quinconces, & les bosquets découverts à compartiment. Mais dans les bosquets formés de palissades, & d'arbres de futaie, on doit toujours varier les desseins & les parties détachées. Cependant quelque variées qu'elles soient, elles doivent avoir entre elles un rapport & une convenance, ensorte qu'elles s'alignent & s'enfilent les unes les autres, pour faire des percées, des pertes de vûe, des enfilades agréables.

VIII. Les desseins doivent présenter quelque chose de grand. Evitez les petites pieces; sur tout les allées où deux personnes peuvent à peine aller de front. Prévoyez l'espace que rempliront les arbres quand ils seront parvenus à une juste grosseur.

IX. Toutes ces regles s'observeront diversement dans les différentes sortes de jardins, que l'on peut réduire à trois, savoir: les jardins de niveau parfait; les jardins en pente douce; & les jardins dont le niveau & le terrein sont entrecoupés par des chûtes de terrasses, des glacis, des talus, des rampes, &c. Les desseins qui conviennent à une sorte de ces jardins ne sauroient très-souvent convenir à l'autre.

X. Il est à propos de faire usage des avis que M. Duhamel donne dans son *Traité des Arbres & Arbustes*, & dont une grande partie est mise sommairement dans ce Dictionnaire; pour disposer un jardin en sorte que dès le commencement du printems on ait un bosquet d'arbres verds, dans lequel seront ménagées des plate-bandes remplies d'arbustes ou de plantes qui fleurissent dans les premiers jours d'Avril. Après quoi, d'autres bosquets destinés à faire jouir d'un spectacle très-agréable au milieu de cette saison, seront formés d'un grand nombre d'arbres & d'arbustes qui fleurissent tous dans le même tems. » Qu'y a-t-il de plus ravissant (dit ce Génie Cultivateur) que de trouver dans son parc une très-» grande salle ornée de tapisseries aussi riches que » les plus belles plate-bandes formées des fleurs les » plus précieuses, & meublée d'arbrisseaux & d'ar» bustes qui tous portent dans le même tems, des » fleurs qui charment par la beauté de leurs couleurs, » & la variété de leurs formes & de leurs agréables » odeurs?

Comme les arbres qui conservent leurs feuilles sont une ressource d'agrément pour l'hiver, on doit aussi en faire des bosquets: mais en les masquant par des palissades ou par des salles d'arbres qui se dépouillent. La raison de cette distribution est que les arbres verds ont une couleur foncée qui contraste trop avec le beau verd des autres; & qu'ainsi il est avantageux qu'il n'y ait que ceux-ci que l'on apperçoive des appartemens pendant l'été. » Mais dans » les beaux jours d'hiver, on ira volontiers chercher » le bosquet où l'on aura le plaisir de se promener à » l'abri du vent, au milieu d'arbres touffus & remplis d'oiseaux qui abandonnent les autres bois pour » profiter de l'abri qui leur est offert, & qu'ils ne » peuvent plus trouver ailleurs. «

Jardin Botaniste.

Nous avons amplement traité de la Culture des différentes plantes qui le composent. La terre qui convient à chacune en particulier produit dans ces sortes de jardins un inconvénient ordinaire; je veux dire que peu de plantes conservent le port qui leur est naturel; si le fond du jardin est une terre substantieuse, telles plantes qui n'en veulent que de maigre y deviennent plus ou moins méconnoissables, & dégénerent. Une qualité opposée, occasionne le même effet sur celles à qui il faut un terrein gras & beaucoup d'humidité. Ce n'est qu'avec beaucoup d'attentions & une certaine dépense, que l'on peut donner à chaque plante le sol qu'elle demande. Plus le jardin est étendu, plus cela devient difficile.

Une autre circonstance qui préjudicie au succès des plantes, est que l'on n'a pas toujours la commodité de donner à chacune l'exposition qui lui convient. On est gêné par l'arrangement systématique. On s'épargneroit beaucoup de peine & de désagrément si l'on pouvoit trouver dans la méthode même de disposition, le moyen d'imiter l'ordre de la nature; placer à découvert les plantes qui viennent naturellement ainsi; & garantir par le voisinage d'arbrisseaux celles qui croissent de cette maniere à l'ombre dans les bois ou ailleurs.

Pour ce qui est de la distribution générale, chacun adopte celle qui lui plaît davantage. *Voyez* BOTANIQUE.

Jardins Fruitiers, Potagers, & Fleuristes.

Nous réunirons ces trois sortes de jardins; parce qu'il est assez rare que celui qui s'applique à l'un ne s'applique à l'autre; & que d'ailleurs plusieurs choses conviennent aux trois.

Le jardin fruitier est celui où l'on cultive les arbres qui portent des fruits; comme pêchers, poiriers, pommiers, abricotiers, pruniers, cerisiers, & autres.

Le jardin potager est celui où l'on cultive les légumes & les herbes qu'on employe dans le potage, les salades, & en général à la cuisine.

Le jardin fleuriste est celui où l'on éleve toutes sortes de plantes qui donnent des fleurs; comme les orangers, les violettes, les anemones, les tubereuses, les tulipes, les giroflées, *&c.*

Ces jardins ont divers degrés de fécondité, qui influent aussi sur la qualité de leurs productions, selon qu'ils sont plus ou moins aërés, & par rapport aux vents auxquels ils sont particuliérement exposés.

Leur disposition ordinaire, la meilleure, aussi bien que la plus commode pour le Jardinier; est celle qui se fait, autant qu'on peut, en quarré dont la longueur soit un peu plus grande que la largeur. Les allées doivent aussi être d'une largeur proportionnée tant à la longueur qu'à toute l'étendue du jardin. Les moins larges ne doivent pas avoir moins de six à sept pieds de promenade; & les plus larges, de quelque longueur qu'elles soient, jamais exceder trois ou quatre toises au plus. Pour ce qui est de la grandeur des quarrés; c'est un défaut d'en faire qui ayent plus de quinze ou vingt toises d'un sens, sur un peu plus ou un peu moins de l'autre: ils sont assez bien, de dix à douze sur quatorze à quinze. [Le tout se doit regler sur la grandeur du jardin.]

Les sentiers ordinaires pour la commodité du service des quarrés ou des planches, se font d'environ un pied.

Un jardin, quelque agréable qu'il soit dans la disposition, ne réussira jamais si la commodité de l'eau pour les arrosemens ne s'y trouve.

Pour ce qui est de la terre qui convient à ces jardins: consultez l'article ARBRE, p. 156, col. 1: & les articles respectifs des plantes que l'on y destine.

On doit ne pas épargner les labours. Le succès dépend en grande partie de cet article essentiel. Labourez d'abord profondément: (*Voyez* EFFONDRER. ALLÉE.): & quand les plantes seront hors de terre, donnez-leur fréquemment de légers labours; qui les chaussent par le pied, en même tems qu'ils servent à empêcher la pousse des herbes nuisibles. Une terre, ainsi tenue en bonne façon, est d'ailleurs bien plus agréable à voir, que celle qui est battue ou négligée.

Toutes sortes de fumier pourri, de quelque animal que ce soit; chevaux, mulets, bœufs, vaches, *&c.* sont excellens pour amender les terres employées en plantes potageres. Celui de mouton ayant plus de sel que les autres, il n'en faut pas mettre en si grande quantité. On doit penser à-peu-près la même chose de celui de poule & de pigeon: mais on ne conseille gueres d'en employer, à cause des pucerons, dont ils sont toujours pleins, & qui d'ordinaire font tort aux plantes.

Le fumier des feuilles bien pourries n'est gueres propre qu'à répandre sur les semences nouvellement faites, pour empêcher que les pluies ou les arrosemens ne battent trop la superficie; en sorte que les graines auroient peine à lever.

Tous les légumes d'un potager demandent beaucoup de fumier: les plants d'arbres n'en demandent point.

Voyez AMENDER.

Pour ce qui est des fleurs: tantôt on leur donne du terreau bien consommé; tantôt on leur compose une terre mêlangée de sable, gravier, terre de potager, argille, *&c.* Nous en parlons, en traitant en particulier de chaque plante.

Consultez ce que nous disons concernant les arrosemens, dans nos articles ARROSER & ARROSOIR.

Pour ce qui est des autres pratiques: *Voyez* ADOS. ABRI. BÂTARDIERE. PÉPINIERE. FRUIT. POTAGER. COUCHE. CLOCHE. SERRE. AVANCER. FLEUR. CULTURE.

Pour les Jardins sujets à la Sécheresse.

Si le jardin n'a ni puits, ni fontaine, ni réservoir, vous fouirez votre jardin trois ou quatre pieds plus profond que d'ordinaire: par ce moyen il ne craindra pas les sécheresses.

Pour conserver les Semences en terre, sans aucun dommage.

Faites-les tremper dans du suc de joubarbe, quelque-tems avant de les mettre en terre. Non seulement (dit-on) elles ne souffriront aucune atteinte de la part des insectes & des oiseaux: mais aussi elles produiront de plus belles plantes: des feuilles & des racines plus vigoureuses & mieux nourries. [Nous n'avons fait sur cela aucune expérience.]

[On assure que les plantes ne prennent point le

goût de suie ou d'autre chose dont on a enduit les graines pour les garantir d'être dévorées dans la terre.]

2. Répandez de la cendre sur vos couches, ou tout autour de vos planches.

3. Mêlez de la suie avec les semences. *Ou* arrosez les plantes avec de l'eau où ait trempé de la suie de cheminée.

4. Enterrez dans le jardin, vers l'endroit qui paroît le plus rempli d'animaux nuisibles, les boyaux d'un mouton sans en vuider les excrémens; & mettez un peu de terre par dessus. Au bout de deux jours, ces animaux s'y amasseront. Alors on les brûlera avec les boyaux : *ou* l'on enfouira le tout dans un creux profond, que l'on recouvrira bien : *ou*, pour le plus sûr, on en tuera le plus qu'il sera possible. En trois ou quatre fois on les aura exterminé à-peu-près tous.

5. Faites bouillir de la coloquinte dans de l'eau : & en répandez dans les endroits que vous voulez garantir.

6. *Voyez* ce qui est indiqué *contre les Vers*, &c., dans l'article ANIMAL & dans ses renvois.

[Nous ne donnons point ces cinq indications comme certaines : quoiqu'il y en ait dont on peut vraisemblablement attendre quelque succès.]

JARDIN, JARDINER. *Termes de Fauconnerie :* qui se disent par rapport aux oiseaux qu'on expose au soleil dans un jardin.

Il faut donner le jardin aux laniers, ou sacres, sur la pierre froide.

Il faut jardiner les autours sur la barre, ou sur le bloc.

JARDINAGE. Art de cultiver les jardins. On dit : *un tel entend bien le Jardinage.*

Voyez JARDIN.

Ce qu'un pere de famille doit savoir touchant le Jardinage.

Le Maître, le Gentil-homme, ou le Bourgeois, qui n'a pas le tems de s'y rendre consommé, ce qui n'est pas absolument nécessaire, peut croire avec certitude qu'il en saura assez pour son usage, c'est-à-dire, pour pouvoir ordonner ce qu'il y a de principal à faire dans son jardin, & pour empêcher que son jardinier ne lui en impose à tous momens, pourvû qu'il sache à-peu-près les cinq articles qui suivent.

I. Ce qui regarde les terres; pour leurs qualités, les labours, les amendemens, & la disposition ordinaire des jardins utiles.

II. Ce qui regarde les arbres; pour les choisir bien conditionnés, soit quand ils sont encore sur pied dans les pépinieres, soit quand ils sont arrachés. Qu'il sache au moins les noms des principales especes des fruits de chaque saison; qu'il les connoisse; qu'il sache à-peu-près demander le nombre de chacune selon les besoins & l'étendue de son jardin; qu'il sache préparer ces arbres par la tête & par les racines, avant de les remettre en terre; qu'ensuite il les sache bien espacer, & bien exposer; qu'il sache non pas toutes les regles de la taille, mais au moins les principales, soit à l'égard des buissons, soit à l'égard des espaliers; qu'il sache pincer quelques branches trop vigoureuses, palisser proprement les arbres qui le doivent être, ébourgeonner ceux où il se fait de la confusion; enfin donner à chacun la beauté qui lui peut convenir.

III. Le troisieme article regarde les fruits; pour les faire venir beaux, l'art de les cueillir, & les consommer à propos.

IV. Le quatrieme regarde les greffes de toutes sortes d'arbres fruitiers, soit en place, soit en pépiniere, tant pour les tems, que pour la maniere, de les appliquer.

V. Enfin, la conduite générale des potagers; & sur toutes choses le plaisir & le profit qu'on en peut tirer dans chaque mois de l'année.

Consultez les articles particuliers de chacun de ces objets.

JARDINIER. Ouvrier qui est chargé du soin & de la culture du jardin.

Choix qu'on doit faire d'un Jardinier.

Ce choix est la chose la plus importante de tout le jardinage; &, à proprement parler, l'ame des jardins.

En effet, les jardins ne pouvant que par une culture perpétuelle être en état de donner du plaisir, il ne faut pas prétendre de les mettre jamais sur ce pied-là, s'ils ne sont entre les mains d'un Jardinier intelligent & laborieux.

Pour en faire le choix, il faut avoir égard premiérement à l'extérieur de la personne; & en second lieu, aux bonnes qualités intérieures, qui lui sont absolument nécessaires.

Par l'extérieur de sa personne, j'entens l'âge, la santé, la taille, & la démarche; & par les qualités intérieures, j'entens la probité dans les mœurs, l'honnêteté dans la conduite ordinaire, & principalement la capacité dans sa profession.

Je commence par les bonnes qualités du dehors, dont les yeux sont les seuls & les premiers juges; parce que souvent à la premiere vûe, on se sent tout d'un coup disposé à avoir de l'estime & de l'inclination, ou du mépris & de l'aversion, pour le Jardinier qui se présente.

A l'égard de la premiere considération qui est celle de l'âge, la santé, la taille, & la démarche; il convient de prendre un Jardinier qui ne soit ni trop vieux, ni trop jeune; les deux extrêmités sont également dangereuses. La trop grande jeunesse est suspecte d'ignorance & de libertinage; & la trop grande vieillesse, à moins qu'elle ne soit soutenue de quelques enfans qui ayent un âge raisonnable & un peu de capacité, est suspecte de paresse ou d'impuissance pour suffire au travail. On peut assez raisonnablement regler cet âge depuis environ vingt-cinq ans jusqu'à cinquante ou cinquante-cinq : prenant toujours garde que, sur le visage, il y ait une grande apparence de bonne santé, & que cet homme n'ait point l'esprit évaporé, ni de sotte présomption; que sa taille & sa démarche sentent l'homme robuste, vigoureux & dispos; & qu'il n'ait aucune affectation à être autrement vêtu & paré, que la condition ordinaire d'un Jardinier ne porte. Toutes ces observations sont importantes.

En cas qu'on soit satisfait de l'extérieur, il en faut venir aux preuves essentielles du mérite; & pour cet effet il faut un peu de conversation avec le Jardinier, qui ne déplaît pas : pour savoir la maison d'où il sort, le tems qu'il y a demeuré, & pourquoi il l'a quittée : où il a appris son métier; quelle partie du jardinage il entend le mieux, du fruitier, du potager, des fleurs, des orangers : en troisieme lieu, s'il est marié; s'il a des enfans; & si sa femme & ses enfans travaillent au jardin : enfin s'il sait un peu lire & dessiner.

Les réponses que le Jardinier fera à la premiere demande pourront donner de grandes ouvertures pour juger sainement de son mérite ou de ses imperfections; parce que s'il nomme plusieurs maisons d'honnêtes gens, chez qui en peu d'années il ait servi, sans pouvoir rendre de bonnes raisons de sa sortie, on ne peut gueres s'empêcher de le regarder comme un ignorant, ou comme un libertin. Si au contraire, il paroît avoir eu juste sujet de se séparer, on peut commencer à se résoudre à le prendre, en cas qu'on en reçoive de bonnes nouvelles, lorsque, comme il est d'ordinaire important de le faire, on ira s'informer de sa conduite auprès des gens qui en peuvent bien parler, & qui sans doute en parleront bien pourvû que le chagrin & la vengeance ne s'y mêlent pas.

C'est-à-dire, qu'on vienne à savoir premiérement, qu'il est homme sage & honnête en toutes ses manieres de vivre; qu'il n'a point une avidité insatiable de gagner; qu'il rend bon compte à son maître de tout ce que son jardin produit, sans en rien détourner pour quelque raison que ce puisse être; qu'il est toujours le premier & le dernier à son ouvrage; qu'il est propre & curieux dans ce qu'il fait; que ses arbres sont bien taillés, bien nettoyés de mousse, les espaliers bien tenus; qu'il n'a point de plus grand plaisir que d'être dans les jardins, & principalement les jours de fête; si bien qu'au lieu d'aller ces jours-là en débauche ou en divertissement, comme il est assez ordinaire à la plupart des Jardiniers, on le voit se promener avec ses garçons, leur faisant remarquer en chaque endroit ce qu'il y a de bien & de mal, déterminant ce qu'il y aura à faire dans chaque jour ouvrier de la semaine, ôtant même des insectes qui font du dégât, liant quelques branches que les vents pourroient rompre & gâter si on remettoit au lendemain à le faire, cueillant quelques beaux fruits qui courent risque de se gâter en tombant, ramassant les principaux de ceux qui sont à bas, ébourgeonnant quelques faux bois qui blessent la vûe, qui font tort à l'arbre, & qu'on n'avoit pas remarqués jusques-là, *&c.*

Ce sont là de petits soins aussi capables de donner de l'estime & de l'amitié pour un Jardinier, que quelqu'autre témoignage qu'on puisse rendre. Ils font voir qu'il est bien intentionné; qu'il a certaines qualités qui ne s'acquierent que rarement, quand on n'en est pas naturellement pourvû; c'est-à-dire, l'affection, la curiosité, la propreté & l'esprit docile: & dans la vérité, entre les mains d'un tel homme, un jardin est d'ordinaire en bon état, & des premiers à produire quelques nouveautés; il est net de toutes sortes d'ordures & de mauvaises herbes; ses allées sont propres & régulieres, & il est généralement fourni de tout ce qu'on doit attendre dans chaque saison de l'année. Heureux qui peut rencontrer de tels sujets; & qui n'est pas du nombre de tant d'honnêtes gens, qu'on entend tous les jours se plaindre de leur malheur sur ce fait!

Il ne faut pas trop s'étonner de la rareté des bons ouvriers de cette condition; pendant qu'à l'égard de la plupart des autres, le nombre des gens entendus est assez raisonnable. Elle vient de ce qu'ils ne savent d'ordinaire que ce qu'ils ont vû faire à ceux chez lesquels ils ont commencé de travailler. Ces sortes de Maîtres n'avoient jamais appris d'ailleurs, ni imaginé d'eux-mêmes la raison de chacun de leurs ouvrages. Ainsi ne sachant pas, & continuant de faire la plupart de leur besogne au hazard, ou plutôt par routine, ils n'ont pas été plus capables de l'apprendre que leurs éleves de la demander: si bien qu'excepté peut-être quelque adresse à greffer, à coucher des branches aux espaliers, à labourer la terre & dresser une planche, semer quelques graines & les arroser, tondre du buis & des palissades, qui sont tous ouvrages faciles à faire & à apprendre; ces gens n'ont pas le vrai talent de Jardinier.

Pour un médiocre jardin, il n'est point hors de propos de trouver ordinairement quelque occasion pour faire travailler à un ouvrage de peine ce Jardinier, au choix duquel vous avez commencé à vous déterminer: il est bon de voir par vous-même de quel air il s'y prend; lui faire par exemple labourer quelque petit endroit de terre; lui faire porter deux ou trois fois les arrosoirs, *&c.* Il sera facile de voir par ces petits échantillons, s'il a les bonnes qualités de corps qui lui sont nécessaires; s'il agit selon son naturel, ou s'il se force; s'il est adroit & laborieux, ou grossier & efféminé: tout homme qui s'essouffle aisément dans le travail, fait plus que sa force ne lui permet, & par conséquent n'est pas bon ouvrier, c'est-à-dire ouvrier de durée; si bien que ce n'est pas ce qu'il nous faut, à moins que nous n'ayons simplement besoin d'un homme pour ordonner & conduire, ce qui n'est ordinaire que dans les grands jardins, & qui à la vérité y est absolument nécessaire.

On peut ajoûter qu'il doit savoir un peu écrire. Il est certain que, quoique l'écriture ne soit pas absolument nécessaire à un Jardinier, on ne peut nier que ce soit un avantage: soit pour qu'il puisse tenir un état de ce qu'on lui confie, de ses graines, des greffes, *&c*; soit recevoir les ordres de son Maître absent.

Devoir d'un Jardinier.

Le Jardinier est souvent domestique de la maison: souvent aussi il est sur un autre pied. Quoi qu'il en soit, & d'une ou d'autre maniere, son devoir est d'avoir soin du jardin, lorsqu'on lui en a donné la conduite. Il faut pour cet effet qu'il sache l'agriculture tant pour les arbres que pour les fleurs; & qu'il sache en orner le jardin suivant les tems & les saisons, & le dessein qui y est formé; qu'il se connoisse en toutes sortes de plantes & toutes sortes de fruits; qu'il sache bien greffer tant en fente qu'en écusson, *&c*; qu'il tienne toujours les parterres bien propres; qu'il tonde dans les tems convenables; qu'il se connoisse bien en graines, en oignons, en cayeux & fleurs rares & étrangeres; qu'il les sache semer & planter de maniere qu'elles ne manquent point de reprendre au printems. Il faut encore qu'il ne soit point paresseux d'arroser son jardin autant qu'il en est besoin dans la grande sécheresse; sans quoi les plus belles fleurs font une triste figure, & se passent sans presque aucun agrément.

Il doit aussi savoir préparer le terreau, tant pour les orangers que pour les fleurs tardives: faute de quoi ils meurent tous, & jamais n'arrivent à bien. Il doit pareillement se connoître en orangers; & sçavoir gouverner les diverses plantes, délicates & autres.

Il faut qu'il ait soin de bien nettoyer les allées du jardin, tailler les arbres & palissades, lorsqu'il en est besoin, ainsi que les treilles & berceaux; labourer les allées pour en ôter les herbes; & les ressabler de tems en tems, ainsi que les parterres; bien nettoyer & tenir en bon état les bassins & jets d'eau.

Il faut que le Jardinier sache encore former un bon potager; semer, planter & faire venir toutes sortes de légumes; faire de bonnes couches pour les melons, *&c*; ne laisser son jardin manquer de rien; avoir des artichaux, du celeri, des cardons, & toujours des salades suivant les tems; tenir le tout bien propre & net d'herbes; & bien ôter les chenilles, limaçons & autres insectes, qui souvent causent un très-grand dommage aux jardins, & font périr ce qu'on y chérit le plus.

JARDON. Tumeur dure & calleuse qui vient aux jambes de derriere d'un cheval; & qui est placée en dehors du jarret, sur l'os.

Remede.

Razez le poil, & appliquez le *Ciroüene* suivant: Prenez bdellium, gomme ammoniac, *opopanax*, de de chacune une once & demie : faites-les macérer dans du vinaigre ; puis cuire à feu lent. Passez-les ensuite par un linge : mêlez-les avec deux onces de *Diachilum magnum cum gummis*, une once & demie de cinnabre ; huile d'aspic, & térébenthine, de chacune une once ; & autant qu'il faudra de cire neuve. Vous en ferez un emplâtre que vous étendrez sur du cuir pour l'appliquer sur le jardon. On laisse cet emplâtre sept ou huit jours : puis on y applique adroitement le feu, en forme de plume.

Ce ciroüene est encore bon pour dissiper toutes les grosseurs, au boulet, ou en quelque autre endroit.

JAROSSE. *Voyez* VESCE.

JARRET *de Cerf.* Consultez l'article CERF.

JARRET *de Cheval.* C'est la jointure du train de derriere, qui assemble la jambe avec la cuisse. Quand le jarret d'un cheval est sans défaut, il est grand, ample, bien vuide & sans enflure. Cette partie est sujette à plusieurs maux très-dangereux ; & sur-tout aux efforts, qui rendent le cheval ou estropié, ou fort défectueux.

Signes pour connoître les Efforts.

Le cheval devient sec & maigre ; il boite ; il a le jarret enflé, & il feint lorsqu'on y touche.

Remede pour les Efforts du Jarret.

On commence par saigner le cheval au cou ; puis on lui charge tout le jarret, de son sang mêlé avec de l'eau-de-vie. Quand la charge du sang est séche, on y applique un bon onguent, tel que peut être l'*oxycroceum* : & huit ou dix heures après qu'on a mis cet onguent, on verse de l'eau-de-vie par dessus, en frottant. Toutes les fois qu'on met un nouvel emplâtre, on ne manque point d'y verser de l'eau-de-vie.

JARRET *de Veau.* Voyez sous le mot VEAU.

JARRET *droit* : terme de Chasse. C'est un signe de vîtesse aux chiens.

JARRET : *terme de Jardinage.* C'est une branche d'arbre fort longue, qui forme un angle & est dépouillée d'autres branches qui ne l'accompagnent ni à droite ni à gauche ; soit qu'il n'y en soit jamais venu, comme en effet il n'en vient guéres qu'aux extrêmités, & lorsque la branche laissée longue n'y en a point fait ; soit qu'il en soit venu, & que le Jardinier malhabile les ait ôtées. Ces sortes de jarrets font très-mal, tant dans un buisson que dans un espalier. Il faut les rogner fort bas, pour leur faire pousser de nouvelles branches à l'extrêmité qu'on leur donne ; & continuer à tailler d'une longueur raisonnable les plus grosses branches qui en sortiront ; à l'effet de regarnir.

On est quelquefois forcé de conserver les jarrets, pour remplir des vuides.

IARUM & IARUS. *Voyez* PIED DE VEAU.

JAS

JASMIN : en Latin JASMINUM : & en Anglois JASMINE, ou *Jessamine.* La fleur du jasmin a un calice d'une seule piece, divisé en cinq portions très-aiguës. Son pétale, fait en tuyau, est aussi terminé par cinq segmens, de forme à-peu-près ovale, dont l'extrêmité est en pointe & recourbée en dessous. Deux courtes étamines, chargées de longs sommets, tiennent à la partie supérieure du pétale. Le pistil est composé d'un styl ; & d'un embryon ou ovaire, arrondi : lequel devient une baie, divisée intérieurement en deux loges, dont chacune renferme une semence oblongue, presque ovale, applatie d'un côté, & convexe de l'autre. Le calice accompagne cette baie dans sa maturité.

Les feuilles varient beaucoup, selon les especes. Mais elles sont presque toujours opposées sur les branches, une paire croisant l'autre ; & le plus souvent composées de folioles rangées par paires sur un filet commun terminé par une seule.

Especes.

1. *Jasminum vulgatius, flore albo* C. B. L'espece la plus ordinaire dans nos jardins. Cet arbrisseau grimpe beaucoup. Ses folioles sont en fer de pique, & terminées en longue pointe. La fleur est blanche, en état dans les trois mois d'été ; a une odeur des plus suaves, & vient comme en ombelle. Les baies sont vertes ; & ne se forment que dans les pays chauds.

2. *Jasminum sive Gelseminum luteum* J. B. Le *Petit Jasmin Jaune*, ou d'*Italie.* Il a peu d'odeur : quoique sa fleur soit plus large que celle du *n.* précédent.

3. *Jasminum flavum odoratum* H. R. Par. Celui-ci, qui fleurit pareillement jaune, a une odeur & une forme approchantes de celle de jonquille. Aussi le nomme-t-on *Jasmin Jonquille.*

Il est différent du *Jasmin jaune odorant, d'Inde.* Celui-ci fleurit depuis Juillet jusqu'en Novembre. Cet arbrisseau fait une tige ferme, branchue dans toute sa longueur, & haute de huit à dix pieds. Ses feuilles sont brillantes, alternes ; composées de trois folioles ovales ; & ne périssent point en hiver.

4. *Jasminum Hispanicum, flore majore externè rubente* J. B. Le Jasmin d'*Espagne*, ou *de Catalogne.* Il vient abondamment sans culture dans l'Isle de Tabago. Ses sarmens sont plus courts mais beaucoup plus forts, que ceux du *n.* 1. Ses feuilles sont composées de folioles courtes & obtuses ; & l'impaire se termine en pointe. Les fleurs sont blanches en dedans, teintes de rouge par dehors ; & ont une odeur pénétrante : elles naissent à l'extrêmité des branches, & fournissent en quantité pendant l'été & une partie de l'automne.

Il y en a de *doubles* : c'est-à-dire du pétale desquelles naissent trois ou quatre pétales semblables, qui se réunissent quelquefois en forme de boule. Leur odeur est plus forte que celle de l'espece simple. Ces fleurs séchent sur la plante : & quelquefois elles se rouvrent, pour reparoître de nouveau.

Culture.

Les jasmins se multiplient aisément de marcottes ; de drageons enracinés que l'on trouve auprès des gros pieds ; & même de boutures.

On peut encore multiplier les especes rares en les greffant sur le jasmin commun.

Les deux premieres especes, & le jasmin jonquille, supportent bien nos hivers ; & s'accommodent de toute nature de terrein. Elles réussissent toujours mieux dans une bonne terre un peu légere. Les marcottes que l'on en fait au mois de Mars, sont bonnes à sevrer & transplanter en Septembre. Les boutures, faites aussi en Mars, laissées à l'ombre jusqu'à la reprise, ensuite exposées à un soleil modéré pendant une quinzaine de jours, peuvent être tenues au midi en les y arrosant souvent jusqu'au mois d'Octobre ; qu'on serre celles qui ne sont pas en pleine terre : on couvre alors les autres avec des paillassons. Au printems suivant on les transplante aux endroits où l'on veut garnir des espaliers, des berceaux, &c. Le *n.* 1 gele rarement jusqu'aux racines.

Les autres jasmins ne peuvent être cultivés en pleine terre dans notre climat. Le jasmin d'Espagne simple se contente, pour le reste, d'être gouverné comme les especes ci-dessus. Lorsqu'on le sort de la serre, au mois d'Avril, on coupe près du tronc les branches qui ont porté des fleurs l'année précédente. Il faut l'arroser quand le tems est bien chaud. Il se plaît à l'exposition du Levant. Après avoir fait des boutures du Jasmin commun, grosses comme le doigt, on y greffe celui-ci au bout de six mois; soit en fente, soit en écusson dans les mois de Juin & Juillet. Quand on risque de le laisser en pleine terre, il faut le garantir du froid avec des paillassons, ou même des planches.

Le Jasmin jaune odorant d'Inde se multiplie de marcottes, que l'on ne sevre qu'au bout d'un an. Il est sensible au froid.

Propriétés.

Ceux de ces jasmins qui produisent de longs sarmens, peuvent servir à garnir des murs, des terrasses, des tonnelles.

Les *nn.* 1 & 2 deviennent de jolis buissons: ils souffrent bien les ciseaux; & on peut les mettre dans les bosquets d'été.

Les fleurs des jasmins parfument les jardins, tant qu'elles subsistent. Celles du jasmin jaune odorant d'Inde ont même l'avantage de conserver leur odeur, étant séches.

En Médecine on ordonne les fleurs du *n.* 1, pour diminuer la difficulté de respirer, & faciliter l'expectoration; à titre de digestives, émollientes, & apéritives. On croit même qu'elles peuvent soulager dans les accouchemens laborieux.

On en fait une conserve, de la même maniere que celle de violette.

On prétend que les feuilles appliquées en cataplasme, amollissent les tumeurs skirrheuses.

Les fleurs de ce jasmin, & de celui d'Espagne, ne donnent point d'eau odorante par la distillation. Ce qu'on appelle *Essence de Jasmin* est une huile tirée par expression, & aromatisée avec la fleur de jasmin. Voyez HUILE *de Jasmin*.

On fait encore une huile avec ces fleurs, en les laissant long-tems infuser dans de l'huile d'amandes douces, & les mettant ensuite dans un sac pour les exprimer dans une presse. Cette huile est bonne pour les douleurs froides de la matrice; pour fortifier les nerfs foulés & les parties attaquées de goutes froides; & pour appaiser les tranchées des petits enfans. Si on laisse cette huile exposée au soleil pendant quelque tems, elle acquiert les mêmes vertus que celle de lys.

On communique au sucre quelque odeur de jasmin, en mêlant des couches de sucre en poudre & de fleurs de jasmin. Les tamis qui les supportent, étant placés sur des vases dans une cave, on les couvre de linges humides. Le sucre se convertit ainsi en sirop qui a une agréable odeur.

L'esprit de vin ne se charge de l'odeur de jasmin que pour un instant: consultez le *Traité des Arbres & Arbustes*, de M. Duhamel; T. I. p. 311.

JASMIN *de Perse*. Voyez LILAS, *n.* 2.

JASPE. Pierre qui approche fort de l'agathe, & qui n'en différe que parce qu'elle est plus molle & qu'elle ne peut pas être si bien polie. Le jaune & le verd y sont les couleurs dominantes.

Pour faire du Jaspe artificiel très-beau.

Prenez de la chaux vive; que vous détremperez avec des blancs d'œufs, & de l'huile de lin. Faites-en plusieurs boules: dans l'une vous mettrez de la laque bien pulvérisée, pour la faire rouge; dans une autre, de l'Inde, pour la rendre bleue; dans une autre, du verd de gris, pour la faire verte; & dans les autres, d'autres couleurs: réservez-en une ou deux blanches. Applatissez-les toutes comme des galettes de pâte; & les ayant couchées l'une sur l'autre, les blanches au milieu; avec un grand couteau, vous couperez de grandes tranches sur toute leur longueur. Après avoir tout coupé, vous mêlerez toutes les tranches dans un mortier pour les broyer. Vous aurez ainsi un beau jaspe: que vous prendrez avec une truelle à maçon ou avec les mains, pour l'étendre sur la colomne ou sur la table que vous voudrez faire; & polirez avec la truelle, jusqu'à ce qu'elle ne s'y attache plus. Le tout étant poli; si vous n'y avez pas mis d'huile, mais seulement du blanc d'œuf, vous en ferez bouillir; & toute bouillante, vous en jetterez sur la matiere, la faisant couler & glisser par-tout: cette huile s'imbibera dedans à mesure qu'elle séchera; & donnera un lustre à votre jaspe. Si dès le commencement vous aviez mis de l'huile de lin pour détremper la chaux vive, il n'est plus besoin d'y en remettre. Tout cela étant fait, vous mettrez sécher votre piece à l'ombre.

De ce jaspe, vous pouvez encore faire des chapelets, dont les grains étant mis dans un moule, vous les jetterez dans un pot plein d'huile de lin; où ils sécheront & se verniront.

Pour Jasper Noir.

Prenez de l'eau de chaux vive, & de l'eau forte, avec du brou de noix vertes. Détrempez & mêlez le tout ensemble: puis prenant ce noir, qui est très-beau, couchez-le avec une brosse sur ce que vous voulez jasper, soit colomne, soit table, ou autre chose. Cela fait, mettez votre colomne ou table, ainsi noire, dans du fumier; pendant huit jours. Après ce tems vous pourrez la mettre en place: elle sera toute jaspée.

Jasper le Bois.

Voyez ce mot, entre les *Manieres de teindre le* BOIS.

JASPÉ: *terme de Botanique*. Se dit des fleurs dont les panaches sont peu considérables.

J A V

JAVART. Tumeur qui se forme au paturon sous le boulet, & quelquefois sous la corne du cheval. Elle se résout en apostume ou bourbillon.

On distingue trois sortes de javarts: le simple, le nerveux; & l'encorné. Le javart *simple* se guérit en faisant sortir le bourbillon: il est le moins dangereux. Le javart *nerveux* se guérit avec l'emmiellure blanche, & de la térébenthine. Le javard *encorné* se guérit par la saignée & la suspension du cheval, de peur qu'il ne s'appuie sur la jambe; on se sert aussi de l'emmiellure blanche.

Consultez le mot *Javart*, dans l'article CHEVAL.

JAVELLE. Grosse poignée de froment ou autre grain en épi; qui étant coupé reste pendant quelques jours sur le champ pour se dessécher, ou, comme l'on dit, *se* JAVELLER. Il faut communément trois ou quatre javelles pour faire une gerbe. *Consultez* l'article RÉCOLTE.

JAUGE. Art de connoître quel est le contenu ou la capacité de quelque vaisseau que ce soit, par rapport à une certaine mesure.

On nomme encore JAUGE, une *verge* de bois ou de fer, recourbée à l'une de ses extrêmités; sur laquelle sont marquées plusieurs divisions, qui servent à faire connoître par réduction la capacité des vaisseaux, par rapport à une mesure connue. Cet instrument a différens noms, suivant les différens lieux où il est en usage. A Bayonne, Bordeaux, Lubeck, & Hambourg, on l'appelle *Verge*; au pays d'Aunis, dans le Limosin, & dans l'Angoumois, on le nomme *Verte*; dans l'Anjou & la Bretagne, *Velte*; en Hollande *Viertel*, ou *Viertelle*; à Bruges & en Flandre *Vester*; & en quelques autres lieux *Verle*. La jauge s'appelle aussi *Diapason*: on lui donnera indifféremment l'un ou l'autre des noms de *Verge*, *Jauge*, ou *Diapason*, dans la suite de ce discours; où l'on va traiter de la maniere de jauger les tonneaux, les muids, en un mot tous les vaisseaux qui servent à contenir les vins, les cidres, les huiles & autres liqueurs.

Voyez encore ÉPROUVETTE.

Méthode pour faire les Divisions sur la Jauge.

Il faut premiérement avoir l'échantillon, tant pour la longueur ou la hauteur, que pour le diametre. Pour cela, faites (avant toutes choses) dresser un petit vaisseau rond n'ayant qu'un fond, qui soit parfaitement arrondi, de dix-huit ou vingt pouces de diametre, ou plus; car plus il en a, meilleur il est. Quant à sa hauteur, qui doit être en forme de colomne, elle sera à votre discrétion; aussi bien que son diametre: car vous pouvez lui donner plus ou moins de dix-huit pouces de diametre, pourvû que vous puissiez mettre dedans une mesure de vin égale à la continence que vous voulez donner au diapason. Ce vaisseau se pourra aisément dresser avec des feuilles de fer blanc, de bois, ou de telle autre matiere qu'il vous plaira.

Quand il sera préparé, vous le mettrez sur une table qui soit bien de niveau, c'est-à-dire, qu'il n'y panche ni d'un côté ni d'autre, le fond ferme sur la table, & l'ouverture en haut: vous y mettrez une mesure de vin, usitée dans le lieu pour lequel vous voulez fabriquer le diapason. Gardez-vous bien de vous tromper en ceci; car cette faute produiroit une erreur considérable. Ensuite prenez au juste la profondeur du vin, & le diametre de votre vaisseau, en vous servant pour cela d'une verge, ou baguette fort menue: la profondeur du vin donnera la longueur, ou la hauteur de l'échantillon; & le diametre donnera sa largeur. Ces deux dimensions serviront à fabriquer le diapason. Pour mieux entendre ceci:

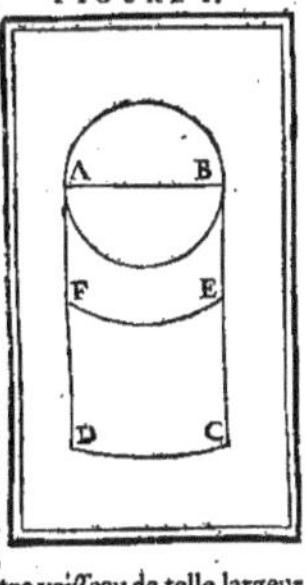

Soit un vaisseau cylindrique ABCD, (*fig.* 1.) dans lequel soit mise une mesure de vin, laquelle ait rempli le vaisseau jusqu'aux lettres EF; la profondeur de cette distance CE, ou DF entant que l'un est égal à l'autre, sera la longueur de votre échantillon. Vous sonderez cette profondeur avec une verge droite & menue; & AB vous servira d'échantillon pour le diametre, que j'ai ci-devant appellé largeur. S'il arrive que votre diametre soit plus long que la profondeur de votre mesure, ne vous en étonnez point; car vous pourriez faire votre vaisseau de telle largeur que son diametre auroit beaucoup plus de longueur que ne seroit la profondeur d'une mesure mise dans ce vaisseau; & toutefois cette profondeur ne perd pas son nom de longueur; ni le diametre son nom de largeur: la profondeur est toujours appellée longueur; & le diametre, largeur, de l'échantillon.

FIGURE I.

Ce qu'on vient de dire étant achevé, vous aurez deux mesures; sçavoir EC, pour la longueur de l'échantillon; & AB, ou EF, pour la largeur.

FIGURE 2.

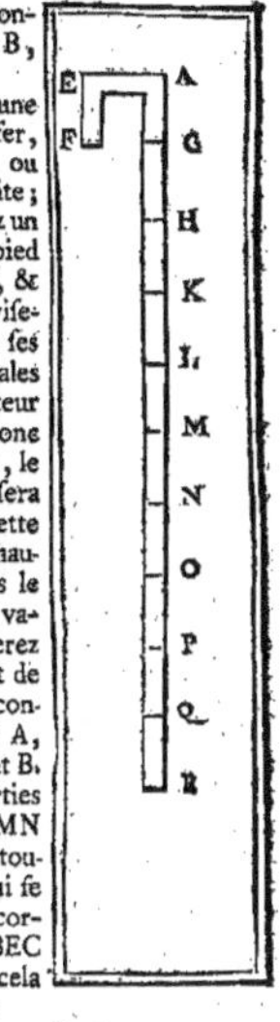

Après quoi vous prendrez une verge quarrée, de bois ou de fer, longue de cinq ou six pieds, ou davantage, qui soit bien droite; au bout de laquelle vous ferez un crochet, d'environ un demi-pied de long ou à votre volonté, & autant d'ouverture. Vous diviserez cette verge sur l'un de ses côtés, en plusieurs parties égales à la ligne EC, qui est la hauteur trouvée. Vous prendrez donc avec l'ouverture du compas, le plus précisément qu'il vous sera possible, la grandeur de cette ligne, EC, ou DF, qui est la hauteur de la mesure mise dans le vaisseau ABCD: & sans la varier aucunement vous diviserez la verge préparée, en autant de ces parties qu'elle en pourra contenir, commençant au point A, (*fig.* 2.) & finissant au point B. Elle est ici divisée en dix parties égales, marquées AGHKLMN OPQB. Vous remarquerez toutefois que chaque partie qui se trouve sur cette verge, ne correspond point à la figure ABEC (*fig.* 1.) quoiqu'il faille que cela soit ainsi sur la jauge. La distance EF doit être égale à la distance AG: autrement il y auroit erreur. Le tout étant ainsi fait, cette verge, nommée *Jauge*, vous servira pour mesurer la longueur de tous vaisseaux, pourvû qu'ils ne soient pas plus longs que cette verge ou jauge. Les parties égales se doivent encore diviser en plusieurs autres parties égales; comme en huit, en douze, en vingt-quatre, ou en soixante; plus il y en aura, plus la jauge sera précise: & si on les divise en dix, l'opération sera bien aisée.

FIGURE 3.

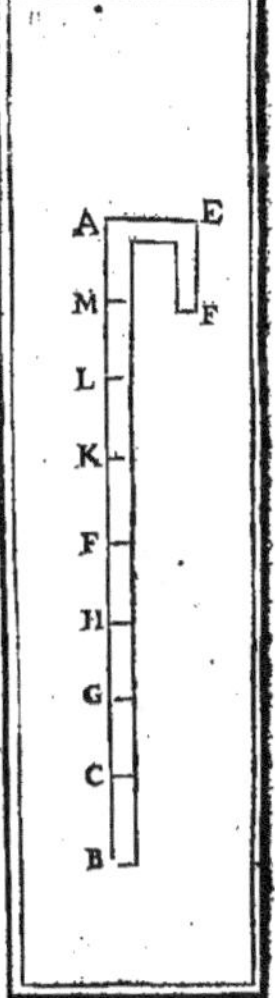

Voyez cependant ci-dessous, à la fin du VIe article.

Le côté opposé de cette jauge sera disposé pour mesurer les diametres. Vous prendrez avec l'ouverture du compas la distance AB, (*fig.* 1.), le plus précisément qu'il sera possible; qui est le diametre de votre petit vaisseau: & commençant au point B de votre jauge, sans varier, agrandir ni rétrécir le compas, vous la diviserez en autant de parties égales que faire se pourra. Elle est divisée, par exemple, en huit parties égales, représentées par les lettres B C G H F K L M A *Fig.* 3 : chacune de ces parties se doit encore diviser, en huit, ou en douze, ou en soixante ; mais, comme nous venons de le dire, si on les divise en dix, l'opération sera aisée. Cette jauge, ou ce côté ainsi préparé, vous servira pour mesurer le diametre de tous vaisseaux, pourvû qu'elle soit assez longue : sinon vous les pourrez mesurer à deux fois. Néanmoins le plus certain & le plus commode seroit d'en fabriquer une autre de telle longueur, qu'elle fût suffisante : ce qui doit s'entendre, tant pour la longueur que pour le diametre.

II.

Autre Maniere de Jauger.

Il y a bien des gens qui ne se contentent pas de la méthode que nous venons d'enseigner, pour la composition & la division de la jauge : prétendant qu'il est très-difficile & presque impossible de ne s'y pas tromper ; & que l'erreur commise sur une seule mesure, cause sur un grand vaisseau une autre erreur bien plus grande, que ne seroit celle qui seroit arrivée sur un nombre considérable de mesures ; ce qui est vrai. Ainsi, pour satisfaire ceux qui sont plus spéculatifs, je vais enseigner à former le diapason ou jauge, sur un grand nombre de mesures.

Vous vous pourvoirez d'un vaisseau de bois, ou autre matiere solide en forme de colomne, qui soit parfaitement arrondi, contenant pour le moins quarante mesures du lieu pour lequel vous voulez faire le diapason. Vous le mettrez de niveau, comme il a été enseigné dans l'article précédent ; puis vous y verserez trente-six mesures, ou vingt-quatre, le plus juste que faire se pourra. Le nombre de trente-six se peut trouver par la multiplication de quatre par neuf : & celui de vingt-quatre par la multiplication de quatre par six. Quelque nombre que vous y en mettiez, il faut qu'il soit tel qu'il se puisse trouver par la multiplication de deux nombres l'un par l'autre ; dont l'un pour le moins ait une racine quarrée parfaite. Par exemple, supposé que vous ayez mis quarante-deux mesures ; ce nombre de quarante-deux se trouve par la multiplication de sept par six : mais ni sept ni six ne sont rationaux, mais irrationaux ; ainsi quarante-deux ne seroit point propre. Au contraire, quatre-vingt-dix sera convenable, en tant qu'il se trouve par la multiplication de dix par neuf : & que neuf est un nombre rational, c'est-à-dire, qui a une racine quarrée parfaite ; laquelle est trois. Si vous n'y voulez pas mettre quatre-vingt-dix mesures, vous en pourrez mettre seulement soixante-douze, qui est un nombre produit par la multiplication de huit par neuf ; dont neuf est un nombre qui a une racine quarrée.

Cela fait vous prendrez la profondeur de l'eau, ou du vin, avec une verge droite & fort menue. Vous marquerez cette profondeur précise sur une table applanie, ou autre matiere polie, que vous diviserez en neuf parties, si vous avez mis trente-six mesures dans le vaisseau ; ou en six, si vous y en avez mis seulement vingt-quatre. L'une de ces divisions sera l'échantillon de votre longueur. Après cela, vous diviserez le diametre du vaisseau en quatre : la racine quarrée de quatre est deux ; ainsi deux de ces divisions seront l'échantillon de votre diametre.

Exemple.

Le grand vaisseau cylindrique ABCD (*fig.* 4.) étant de niveau : mettez-y trente-six mesures le plus exactement qu'il vous sera possible : lesquelles

FIGURE 4.

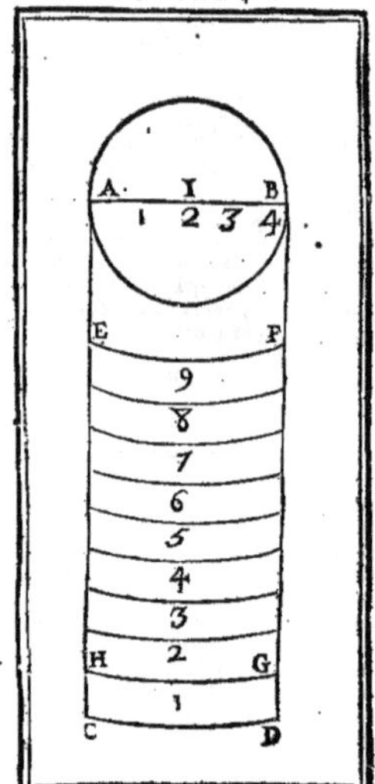

l'ayant rempli jusqu'aux lettres EF, la distance CE, ou DF, sera la longueur qu'occuperont lesdites trente-six mesures. Ce vaisseau doit être divisé le plus précisément qu'il sera possible en neuf parties égales : l'une sera, ou vous servira, pour l'échantillon de votre longueur, laquelle est ici DG, ou CH, puisque l'une est égale à l'autre. Ensuite la distance AB, qui est le diametre, soit divisée en quatre parties égales ; deux seront, ou vous serviront, pour l'échantillon, du diametre, & ce en tant que deux est la racine quarrée de quatre ; lesquelles deux parties vous voyez être ici AI. Vous aurez ainsi deux mesures : sçavoir, CH, ou DG ; & AI : l'une pour la longueur, & l'autre pour la largeur de l'échantillon.

La verge quarrée ayant son crochet au bout, étant préparée comme il a été dit dans l'article précédent, soit divisée en autant de parties égales à la ligne CH, qu'elle en pourra contenir : ce côté vous servira pour mesurer la longueur de toutes sortes de vaisseaux. Le côté opposé soit divisé en autant de parties égales à la ligne ou grandeur AI, qu'il en pourra contenir : ce côté vous servira pour mesurer le fond, ou le diametre de tous vaisseaux.

Comme les deux nombres qui ont produit trente-six en les multipliant l'un par l'autre, sçavoir quatre & neuf, ont tous deux une racine parfaite ; vous pourrez diviser la distance CE, en quatre parties égales, ou moins si vous le jugez à propos ; & en prendre l'une pour l'échantillon de votre longueur. Mais ce faisant, vous diviserez aussi AB, qui est le diametre de votre vaisseau, en neuf parties égales, & en prendrez trois pour l'échantillon de votre diametre ; cela parce que trois est la racine quarré de neuf.

De plus si trente-six vous semble suspect d'erreur, pour sa petitesse ; vous mettrez dans le même vaisseau ou dans un plus ample, soixante & douze meſures, qui ſe trouveront par la multiplication de huit par neuf : leſquelles ayant rempli votre vaiſſeau juſqu'aux lettres E F, la diſtance C F, ſoit diviſée en huit parties égales. L'une ſera où vous ſervira pour l'échantillon de votre longueur. Enſuite diviſez A B, qui eſt le diametre, en neuf parties égales : trois vous ſerviront pour l'échantillon de votre diametre, parce que trois eſt la racine quarrée parfaite de neuf, comme il a été dit. Le tout ſe doit rapporter ſur la verge, comme il a été enſeigné ; afin de former là-deſſus les diviſions néceſſaires.

Si vous ne pouvez pas avoir un vaiſſeau qui ait autant de diametre au fond qu'au milieu & au ſommet, rien n'empêche d'en prendre un qui ait plus de diametre par le milieu que par les deux extrêmités ; pourvû toutefois que la différence ne ſoit pas grande ; car plus elle ſera grande, plus elle pourra cauſer d'erreur. Mais il faut qu'au reſte le diametre de l'un des bouts ſoit ſemblable à ſon oppoſé. Pour avoir le vrai diametre de ce vaiſſeau, vous prendrez premiérement le diametre de l'un des fonds, puis celui du milieu ; & des deux vous en ferez une ligne ſur une table, ou autre choſe le plus exactement qu'il ſera poſſible. La moitié de cette ligne ſera le vrai diametre de votre piece : (lequel peut être appellé le *diametre juſtifié.*) Ce diametre ſera diviſé en neuf, ou quatre, parties égales.

Autre maniere de trouver l'échantillon de la hauteur & du diametre.

III. Diviſez à volonté le diametre de votre vaiſſeau : puis multipliez cette diviſion par elle-même ; & ce qui en viendra, par le nombre de la diviſion que vous voulez donner à votre longueur. Cette derniere multiplication vous montrera les meſures que vous devez mettre dans le vaiſſeau.

Exemple.

Le diametre juſtifié d'un grand vaiſſeau ſoit la ligne A B de la figure précédente. Qu'elle ſoit diviſée en ſept parties égales, ou en huit, ou en neuf, *&c.* à votre volonté. Après cela multipliez ſept par ſoi-même, (puiſque nous la ſuppoſons diviſée en ſept) ; vous aurez 49 : que vous multiplierez encore par le nombre des parties auxquelles vous voulez diviſer la longueur du vaiſſeau ; lequel je ſuppoſe à préſent diviſé en neuf. Si vous multipliez 49 par neuf, vous aurez 441 : vous mettrez donc 441 meſures dans votre vaiſſeau. Après les y avoir miſes exactement, ſondez avec une verge menue & droite la profondeur, (car le diametre vous eſt déja connu). Cette profondeur eſt la ligne E C de la figure précédente. Diviſez cette E C en neuf parties égales : & parce que vous avez multiplié 49 par 9, (car ſi vous aviez multiplié ces 49 par 8, vous diviſeriez cette ligne en huit parties égales), l'une vous ſervira pour l'échantillon de votre longueur ; & la ſeptieme partie de la ligne A B, qui eſt le diametre de votre grand vaiſſeau, vous ſervira pour l'échantillon des diametres. Ces deux meſures trouvées, vous les tranſporterez ſur une verge de bois, ou de fer, ayant ſon crochet à l'un des bouts ; comme dans l'article premier. Chacune de ces premieres parties ſera encore diviſée en pluſieurs autres égales.

Si le nombre de 441 meſures vous ſemble trop grand, & par conſéquent embarraſſant à mettre exactement dans un grand vaiſſeau : au lieu de diviſer le diametre juſtifié, en ſept ; qu'il ſoit diviſé ſeulement en cinq, ou autre moindre nombre : cinq multiplié par lui-même, vous donnera 25 ; que vous garderez en votre mémoire, ou que vous écrirez à part. De même la longueur du vaiſſeau, au lieu d'être diviſée en neuf, ſoit diviſée en ſept, ou autre moindre nombre. Alors vous multiplierez 25 par ſept, pour avoir 175. Alors il faudroit mettre 175 meſures dans la cavité du grand vaiſſeau, pour ſçavoir par la méthode précédente, la profondeur de ces meſures ; laquelle profondeur doit être exactement diviſée en ſept parties égales. L'une de ces parties ſera pour l'échantillon de votre longueur ; & la cinquieme partie du diametre, pour l'échantillon des diametres.

Pour opérer juſtement, vous commanderez à un Tonnelier adroit en ſon art, qu'il vous faſſe un vaiſſeau parfait, & proprement arrondi, dont l'un des fonds ſoit en tout & partout ſemblable, & de même diametre que l'autre : & que l'un d'eux ſoit ouvert ; lequel vous ſervira pour examiner la profondeur des meſures qui ſeront miſes dans ce vaiſſeau. Avant de le commander, vous pourrez ſçavoir par la précédente méthode, quelle quantité ou quel nombre de meſures vous y voulez mettre ; afin de l'avertir à-peu-près de la capacité : ſi vous voulez, par exemple, y mettre 175 meſures, vous lui commanderez de le faire tel qu'on y puiſſe mettre 180 meſures ou environ ; mais toutefois plutôt un peu plus de 175 meſures, que moins. Vous lui direz auſſi de vous garder ſur une table, ou autre choſe polie, la longueur du diametre le plus préciſément que faire ſe pourra. Tout cela ainſi ordonné, ſervira beaucoup à vous empêcher de vous tromper.

Autre méthode pour avoir un Echantillon.

IV. Vous mettrez dans un grand vaiſſeau bien fait, & parfaitement arrondi, un certain nombre de meſures à votre volonté & diſcrétion ; car cette méthode eſt ſans ſujettion à des meſures. Suppoſons que vous ayez mis, par exemple, deux cens cinquante-ſix meſures ; ſçachez la profondeur le plus exactement qu'il vous ſera poſſible ; puis marquez-la ſur une table polie. Prenez enſuite préciſément le diametre juſtifié ; & marquez-le ſur la même table. Ce diametre ſoit diviſé en ſix, ou en huit, ou autre nombre à diſcrétion. Suppoſons qu'il ſoit diviſé en huit ; multipliez huit par lui-même : vous aurez ſoixante-quatre. Diviſez 256 meſures, qui ſont les meſures que vous avez miſes dans le vaiſſeau, par 64 ; vous trouverez 4 au quotient : ce qui vous enſeigne qu'il faut diviſer la longueur ou profondeur de vos meſures en quatre parties égales ; & en prendre l'une pour l'échantillon de votre longueur. La huitieme partie du diametre de votre vaiſſeau ſera ou vous ſervira pour l'échantillon des diametres. Ces deux meſures trouvées, vous les rapporterez ſur votre verge préparée, ayant ſon crochet au bout, comme on a enſeigné dans les précédentes méthodes.

S'il arrivoit qu'après la diviſion faite, il y eût quelque reſte que l'on appelle vulgairement en Arithmétique *fraction* ; il s'y rencontreroit quelques difficultés : par exemple ſi, au lieu d'avoir diviſé le diametre en huit, il eût été diviſé en ſix parties égales ; leſquelles multipliées en elles-mêmes, euſſent donné 36 pour diviſeur de 256 meſures ; & que 256 meſures diviſée par 36, euſſent donné 7 pour quotient ; & 4 pour reſte, qui ſont $\frac{4}{36}$ d'un entier, qui reviennent (après leur réduction) à $\frac{1}{9}$: il faudroit diviſer la profondeur de vos 256 meſures en 7 parties ; choſe peu aiſée à celui qui n'entend pas bien les fractions.

En premier lieu, vous multiplierez donc 9, dénominateur de $\frac{1}{9}$, par 7 ; qui eſt ou qui ſeroit votre nombre entier : & vous aurez 63. A ce nombre, vous ajoûterez 1, qui eſt le numérateur de $\frac{1}{9}$, & vous

FIGURE 5.

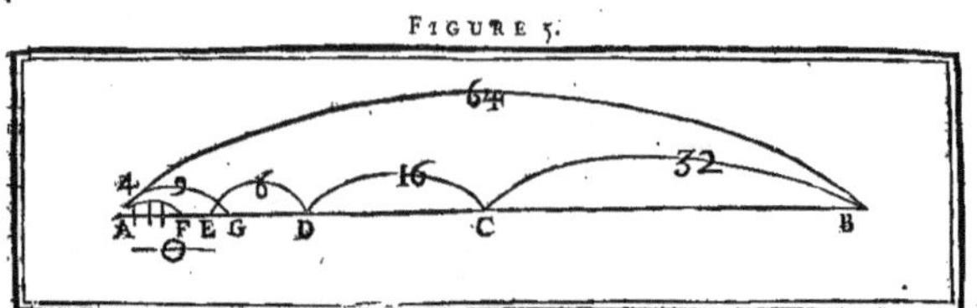

aurez 64, qui feront des neuviemes. La longueur ou profondeur de votre vaiſſeau, ou corps cylindrique, ſoit diviſée en 64 parties égales; dont vous prendrez 9 pour l'échantillon de votre profondeur ou longueur: ces 9 parties feront ou vous ſerviront pour l'échantillon de la profondeur ou longueur. Il faut plutôt prendre les 9 parties de 64, que les 10 parties, ou autre nombre; parce que 7 qui étoit votre nombre entier, en le multipliant par 9, a été mis en neuviemes parties.

Exemple.

La ligne AB, (*fig.* 5.) ſoit la profondeur des meſures miſes dans votre vaiſſeau: en premier lieu, vous la diviſez avec le compas, en deux parties égales, au point C. Chacune de ces parties ſera de 32; puiſque le tout eſt 64. Après quoi diviſez AC en deux autres parties, pour avoir AD; de 16 parties: de plus, diviſez AD en deux parties, pour avoir AE, de 8 parties. Puis AE en deux, qui donnent AF contenant 4 parties. Enfin diviſez AF en quatre parties, l'une deſquelles eſt $\frac{1}{64}$ du tout AB. J'ajoûte une de ces parties en E, tirant vers D, pour avoir AG, de neuf parties; dont le pourtour AB eſt de 64.

Pour éviter ce travail, ôtez de 256 meſures, quatre meſures; vous aurez de reſte 252, qui ſe diviſeront également par ſept.

Uſage & Pratique de la Jauge.

V. Préſentez-la ſur la longueur du vaiſſeau à meſurer, de ſorte que le crochet touche l'un des fonds: la jauge étant ainſi arrêtée, voyez combien de longueur de l'échantillon ſe trouve en la longueur du vaiſſeau, c'eſt-à-dire, depuis l'un des fonds juſqu'à l'autre; rabattant par eſtimation l'épaiſſeur des deux fonds, & le plus préciſément qu'il ſera poſſible. Par exemple, ſi la diſtance d'un fond à l'autre (après avoir rabattu par eſtimation l'épaiſſeur des deux fonds) eſt de 10 meſures, vous le coucherez ſur le papier, ou bien vous le garderez en votre mémoire.

Puis, avec l'autre partie de la jauge, que vous avez appropriée pour le diametre des fonds, vous examinerez l'un des fonds, & auſſi la profondeur du vaiſſeau, à l'endroit du bondon: de ces deux meſures, vous en ferez une: la moitié ſera le vrai diametre de votre vaiſſeau; ce que l'on a ci-devant nommé diametre juſtifié.

Exemple.

La meſure du fond trouvée, ſoit 8 meſures égales de votre jauge ou diapaſon; & la meſure trouvée à l'endroit du bondon, (qui eſt ou doit toujours être le milieu de votre vaiſſeau) ſoit 10 meſures: les deux étant ajoûtées enſemble, feront 18, dont la moitié eſt 9, pour le diametre juſtifié de votre piece. Ce diametre trouvé, qu'il ſoit multiplié par lui-même & par ce qui viendra encore, après avoir meſuré la longueur du vaiſſeau. Cette derniere multiplication donnera les meſures que contiendra le vaiſſeau. Ainſi le vrai diametre a été trouvé de 9 meſures égales; qu'il faut multiplier par 9, pour avoir 81 meſures. Ces 81 meſures ſont multipliées encore par 10; qui eſt ce que vous avez trouvé de meſures égales en la longueur du vaiſſeau; pour avoir 810 meſures: ce qui fait connoître que le vaiſſeau contient 810 meſures.

Notez. Que ſi votre jauge a été fabriquée pour examiner combien chaque vaiſſeau contient de pots, 810 ſeront le nombre de pots: mais ſi elle avoit été compoſée pour connoître combien chaque vaiſſeau contient de cimaiſes, 810 ſeroient le nombre de cimaiſes: & ainſi des autres.

Il arrive ſouvent qu'en examinant les meſures, ſoit de la longueur des vaiſſeaux, ſoit du diametre, on trouve avec les meſures égales quelques parties d'une meſure ſuivante: que vous vous garderez bien de perdre, de crainte d'erreur. Par exemple, ayant préſenté votre jauge appropriée pour la longueur, ſur le vaiſſeau à meſurer, vous avez trouvé 8 meſures égales, & $\frac{2}{3}$ de la ſuivante. Au lieu de perdre ces $\frac{2}{3}$; marquez-les ſur le papier avec les huit meſures, ou bien réſervez-les en votre mémoire.

La jauge appropriée pour le diametre des vaiſſeaux, après avoir été préſentée au fond, vous montre quatre meſures égales, & encore $\frac{1}{2}$ de la ſuivante, & par le bondon 5 meſures égales: les deux jointes enſemble font 9 meſures $\frac{1}{2}$ égales. La moitié eſt quatre meſures égales & $\frac{3}{4}$ pour votre diametre juſtifié; lequel doit être multiplié par lui-même pour avoir $\frac{361}{16}$ qui valent 22 entiers $\frac{9}{16}$ que vous multiplierez encore par les meſures longues réſervées en votre mémoire, qui ſont 8 $\frac{2}{3}$, pour avoir en contenance de votre vaiſſeau 195 meſures, & $\frac{13}{24}$ d'une meſure; ce qui eſt un peu plus d'une demi-meſure. Voilà la pratique qu'on doit obſerver pour les $\frac{2}{3}$ ſur la longueur, réſervés en mémoire.

4 meſures $\frac{1}{2}$ pour le diametre du fond.
5 meſures pour le diametre du bondon.

---

9 meſures $\frac{1}{2}$, ſomme des deux.

---

4 meſures $\frac{3}{4}$ pour le diametre juſtifié.
ou $\frac{19}{4}$ par ce diametre mis en quarts.

---

qui ſont $\frac{361}{16}$ pour ce même diametre multiplié en ſoi.

& 22 meſures $\frac{9}{16}$ par réduction en entiers.
8 meſures $\frac{2}{3}$, longueur du vaiſſeau.

---

195 meſures $\frac{13}{24}$ produit du diametre de la longueur.

Ce qui fait voir que votre vaisseau contient 195 mesures de celle que vous avez prise pour mesure certaine ; & $\frac{11}{14}$ ou un peu plus de la moitié.

Voici l'*Erreur* que vous eussiez commise, si vous eussiez perdu les fractions trouvées en examinant la longueur & le diametre. Supposons que vous n'ayez trouvé pour votre longueur que 8 mesures ; pour le diametre du fond 4 ; & pour celui du bondon 5 : le diametre justifié seroit seulement 4 $\frac{1}{2}$; qui, multiplié par lui-même, vous donneroit 20 mesures $\frac{1}{4}$; lesquelles multipliées par 8, qui est votre longueur, donneroient pour le contenu de votre vaisseau 162 mesures, & non plus. L'erreur sera reconnue en soustrayant 162 mesures, de 195 $\frac{11}{14}$: laquelle sera de 33 mesures $\frac{11}{14}$.

Exemple avec les secondes divisions de la Jauge.

Il faut que les parties égales de l'échantillon de votre longueur & du diametre aient été divisées chacune en douze parties égales. Maintenant, supposé qu'en examinant la longueur du vaisseau, vous ayez trouvé 7 parties égales de votre échantillon, & encore 9 parties des secondes divisions de la partie suivante : vous garderez cela en votre mémoire. Après cela, supposé qu'en faisant l'examen de l'un des fonds, vous ayez trouvé 4 parties égales à votre échantillon, & encore 7 parties de la suivante, & qu'examinant le diametre à l'endroit du bondon, vous ayez trouvé 5 parties égales, & 3 parties de la suivante.

Pour les 4 parties égales de l'un des fonds, vous prendrez 48 (entant que chacune est divisée en 12) & 7 de la suivante : ce seront 55 pour le diametre du fond. Pour les 5 parties du bondon, vous prendrez 60, ausquels vous ajoûterez 3 secondes parties de la suivante ; vous aurez 63 pour le diametre du bondon. Pour obtenir le diametre justifié, ajoûtez 55 avec 63 pour avoir 118 : la moitié, qui est 59, sera le diametre justifié ; lequel, multiplié par lui-même, produit 3481, qu'il faut encore multiplier par 7 parties égales, & par les 9 secondes parties de la suivante, qui font la longueur du vaisseau. Les 7 parties égales, réduites en douziemes, valent 84 parties de la seconde division : & 9 de la seconde division font 93. Multipliez donc 3481 par 93, pour trouver après la multiplication faite 323733, que vous diviserez par 1728 (pour la raison qui sera expliquée ci-après) : vous trouverez 187 mesures, & $\frac{697}{1728}$ d'une mesure, qui est un peu plus de la moitié : ce qui fait voir que votre vaisseau contient 187 mesures $\frac{697}{1728}$ ou un peu plus de la moitié.

La raison pour laquelle on divise 323733 par 1728, est que vous avez réduit les mesures égales de votre diametre en douziemes ; tellement que vous avez trouvé pour votre diametre justifié, cinquante-neuf douziemes, qui, multipliés par eux-mêmes, vous ont donné 3481, qui sont des cent quarante-quatriemes, entant que douze fois 12 font 144. Ces cent quarante-quatriemes ont encore été multipliées par 93, qui est votre longueur réduite aussi en douziemes, pour trouver 323733, qui font 1728 : & cela entant que 144 multiplié par 12, rend 1728. En un mot, ainsi que vous avez multiplié 59 douziemes, il faut multiplier 12 par 12 pour avoir 144, diviseur de 3481. Après cela, parce que vous avez encore multiplié 3481 par 93 douziemes, c'est-à-dire, par les mêmes mesures de votre longueur, réduites en douziemes, il faut encore multiplier 144 par 12, pour avoir 1728, la vraie division de 323733.

55 Diametre du fond en douziemes.
63 Diametre du bondon en douziemes.

118 Somme des deux diametres.

59 Diametre justifié en douziemes.
59

531
295

3481 Diametre justifié (59) multiplié par lui-même & réduit en 144.
93 Longueur mise en douziemes.

10443
31329

323733. Produit à diviser par 1728. Cette division faite, il vient au quotient 187 $\frac{697}{1728}$.

FIGURE 6.

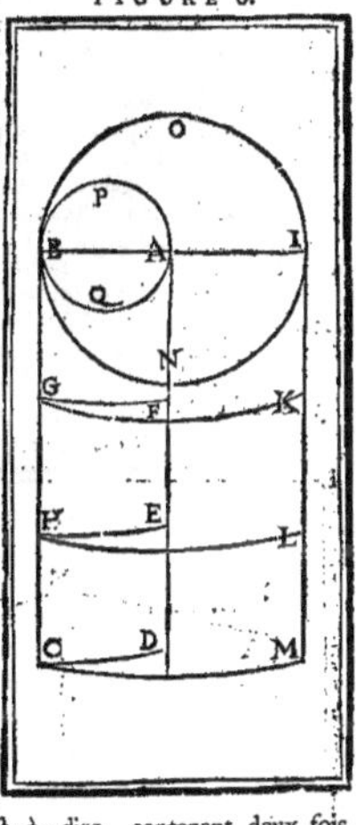

Pour la démonstration de ce qui a été dit, soit le vaisseau cylindrique ABCD (*fig.* 6.). Que AB, soit égal à l'échantillon de votre diametre ; & BG, ou AF égal à l'échantillon de votre longueur. Ce vaisseau contient seulement trois mesures ; entant que la ligne BC, ou AD, est triple de la ligne BG, ou AF ; sçavoir une en ABGF, une autre en FGHE, & la troisieme & derniere en EHCD. Après cela, soit un autre vaisseau, enfermant ou enveloppant le premier ; sçavoir IBCM ; ayant son diametre IB double du diametre du petit vaisseau AB, c'est-à-dire, contenant deux fois l'échantillon de votre diametre. Ce vaisseau ne différera du vaisseau ADCB qu'en diametre ; car sa longueur sera ou devra être égale à la longueur BC, afin que IM soit aussi de trois mesures égales à l'échantillon de votre longueur. Or, entant que le diametre IB, est double du diametre AB, il s'ensuit que toute la superficie du grand cercle BOIN est quadruple de la superficie du petit cercle, APBQ : ce qui se peut prouver par la premiere proposition du XIIe Livre d'Euclide ; montrant que le quarré fait sur le diametre BI, sera quadruple du quarré fait sur le diametre AB. D'ailleurs, en toute figure Lunaire (c'est-à-dire quand plusieurs cercles sont les uns dans les autres, concentriques, ou excentriques, à distances égales) la proportion d'une superficie à l'autre est toujours exprimée par nombres quarrés ; c'est-à-dire, que si le diametre de l'un est double du diametre de l'autre, la ſuperficie de l'un ſera quadruple de la ſuperficie de l'autre. Il s'enſuit que la ſuperficie eſt quadruple ; ou contient quatre fois autant que la ſuperficie A B P Q : & ſi A B P Q eſt la ſuperficie d'une meſure, il eſt certain que B O I N eſt la ſuperficie de quatre. Or, puiſque B O I N contient la ſuperficie de quatre meſures, il eſt prouvé que tout le corps I K G B, contiendra quatre meſures entieres & parfaites ; & tout le corps I L B H, en contiendra huit. Ainſi tout le précédent vaiſſeau contiendra douze meſures entieres & parfaites, de deux meſures de l'échantillon ſur ſon diametre, & de trois meſures de l'échantillon en longueur. De-là eſt venue la regle précédente qui dit de multiplier les meſures du diametre par elles-mêmes ; puis ce qui en provient, par les meſures que contient le vaiſſeau en ſa longueur.

Voici une *Figure*, à l'aide de laquelle on pourra voir à l'œil pourquoi on ajoûte le diametre du milieu de la piece, avec le diametre de l'un des fonds ; pour, en prenant la moitié de la ſomme, avoir le diametre juſtifié.

La piece à meſurer ſoit A C F D B E, (*fig.* 7.). La ligne E F, qui eſt ou qui repréſente le diametre du milieu, ſoit eſtimée être de 10 meſures ; la ligne A C, qui eſt le diametre de l'un des fonds, évaluée à 8 meſures : joignez dix meſures avec huit, vous aurez 18 ; dont la moitié eſt le diametre juſtifié, qui ſera neuf. Mais le diametre de l'un des fonds eſt de huit meſures. Ainſi, pour le rendre de neuf meſures, vous ajoûterez une meſure à la ligne A C ou B D, (puiſque l'une eſt égale à l'autre) en cette ſorte : Diviſez une de vos meſures en deux préciſément ; puis donnez-en une partie à A, tirant directement vers G, pour avoir A G, égal à la moitié de l'une de vos meſures. Faites de même, du côté de C vers L ; & du côté de B vers I ; puis du côté de D, vers M : après cela tirez les lignes G H I, & L K M, pour avoir tout le tetragone G H I M K L, égal à toute la figure A E B D F C.

F I G U R E 7.

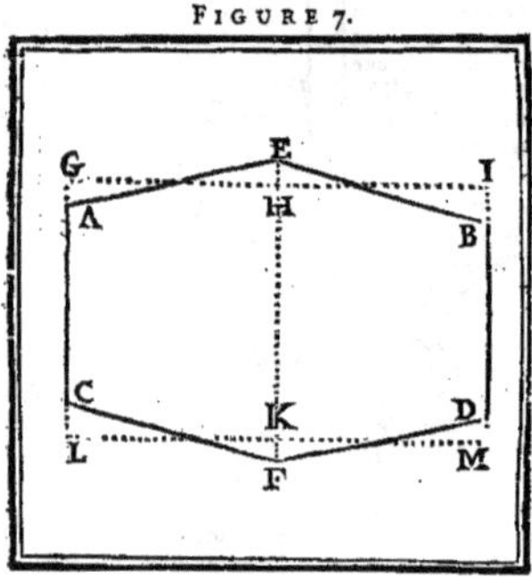

Autre maniere de Diviſer la Jauge.

VI. Cette diviſion pour l'échantillon du diametre de la jauge eſt plus aiſée pour l'uſage, entant qu'elle ne requiert qu'une ſeule multiplication : ſçavoir, que la longueur du vaiſſeau ſoit multipliée par le diametre d'icelui, pour avoir ſa meſure préciſe. Après avoir trouvé votre échantillon diamétral, vous vous pourvoirez d'une table de noyer proprement polie ou applanie ; ſur laquelle vous tirerez une ligne droite indéterminée, qui ſoit par exemple A B ;

F I G U R E 8.

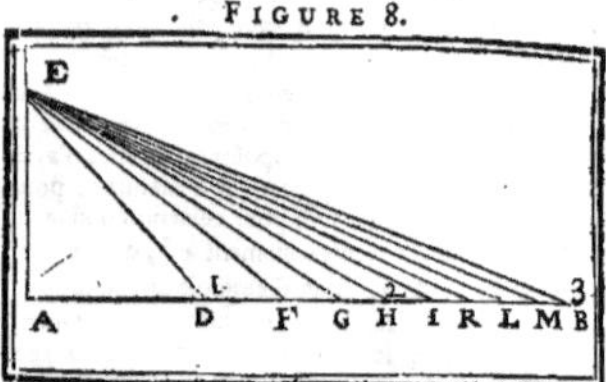

(*fig.* 8.). ſur le point A, vous éleverez la perpendiculaire A E le plus exactement qu'il ſera poſſible ; qui ſera auſſi indéterminée, ou à diſcrétion.

Tout cela ainſi préparé, vous prendrez ſur votre jauge déja diviſée en parties égales, la longueur de l'échantillon du diametre, le plus préciſément qu'il ſera poſſible ; puis ſans varier le compas, vous mettrez l'une des jambes au point A de la ligne préparée, où elle eſt coupée par la perpendiculaire A E ; & de l'autre, vous marquerez le point D : puis, de la même ouverture de compas (ſans ôter le pied immobile du point A), vous marquerez ſur la perpendiculaire le point E, afin que A E ſoit égal à A D ; ſçavoir, chacun une meſure de l'échantillon de votre diametre. Après cela mettez le pied immobile du compas au point D, & de l'autre marquez le point H égal à A D ; puis le tranſportant au point de la même ouverture, marquez le point B, & continuez ainſi tant qu'il vous plaira. Vous aurez, par ce moyen, votre ligne préparée ſur la table, diviſée en parties égales ; chaque partie correſpondant à l'échantillon de votre diametre. Ces parties ou diviſions égales ſeront notées par nombres ; mettant 1 ſur D, 2 ſur H, & ainſi des autres.

Chacune de ces parties égales ſe diviſera en parties inégales, en cette ſorte. Mettez une jambe du compas au point E, & ouvrez l'autre juſqu'au point D. Le compas ainſi ouvert, tranſportez une de ſes jambes au point A, ſans varier l'ouverture du compas ; & de l'autre, marquez le point F, pour avoir A F, égal à E D : la ligne A F, ſera le diametre d'un vaiſſeau qui contiendra ſeulement deux meſures en la ſuperficie de l'un de ſes fonds. La ligne A F, en tant qu'elle eſt égale à la ligne E D, ſera ou ſervira de diagonale aux lignes A F, & A E : & ainſi des ſuivantes. De plus, tranſportez le pied immobile du compas au point E, & étendez l'autre juſqu'au point F ; après quoi, ſans varier cette ouverture, mettez le pied immobile au point A, & de l'autre marquez le point G : la ligne A G, ſera l'échantillon d'un vaiſſeau qui contiendra trois meſures en ſon diametre.

Le compas ſoit ouvert pour la troiſieme fois, & le pied immobile ſoit mis au point E, & l'autre ſoit étendu juſqu'au point G ; le compas ainſi ouvert, mettez le pied immobile au point A, & de l'autre marquez le point H : la grandeur ou ligne A H, ſera l'échantillon d'un vaiſſeau cylindrique qui contiendra quatre meſures du pays en ſon diametre.

Si vous avez bien opéré, la quatrieme meſure inégale viendra juſtement tomber ſur la deuxieme meſure égale ; parce que deux fois deux font quatre. S'il arrive autrement en faiſant votre opération, vous ſerez averti par-là que vous avez mal opéré, & commis quelque erreur en ouvrant & en tranſportant le compas. Ainſi vous examinerez une ſeconde fois votre ouvrage.

De plus, la neuvieme meſure inégale doit venir juſtement tomber au point de la troiſieme meſure égale ; attendu que trois fois trois font neuf : & la ſeizieme

seizieme mesure inégale, au vrai point de la quatrieme égale ; parce que quatre fois quatre font seize : & ainsi des autres, s'il y en a davantage.

Pour les autres divisions inégales, vous mettrez le pied immobile du compas au point E, & vous avancerez l'autre jusqu'à ce qu'il vienne au point H; puis de la même ouverture (transportant le pied immobile du compas au point A) vous marquerez le point I. Ensuite vous mettrez le pied immobile du compas au même point E, & ouvrant l'autre jusques au point I, vous le transporterez ainsi ouvert au point A, & de l'autre pied mobile vous ferez le point K. Par la même méthode vous chercherez les points L, M, & B. Celui-ci viendra précisément tomber au point de la troisiéme mesure égale, si vous opérez sans erreur.

Cela fait, le premier échantillon AD demeurera entier : le second, qui est DH, sera divisé en trois; le troisieme, HB, en cinq; le quatrieme, en sept; le cinquieme, en neuf; & ainsi continuant par deux, s'il y a plusieurs autres échantillons.

Quand votre ligne sera ainsi divisée sur la table, vous prendrez avec le compas chaque division, & la raporterez (le plus précisément & exactement qu'il sera possible) sur le côté de votre jauge, ou verge préparée pour l'échantillon des diametres. En les raportant, essayez toujours si la quatrieme inégale viendra précisément tomber sur la seconde mesure égale, & la neuvieme inégale sur la troisieme égale, & ainsi des autres : cette expérience servira beaucoup à vous empêcher de tomber dans l'erreur, en faisant la division de la jauge.

Il ne faut point penser à diviser cette verge préparée pour les diametres, en parties égales; ce seroit une chose superflue, & même un obstacle pour diviser les premieres parties égales de cette verge en plusieurs autres parties égales. Voyez ce qui a été dit dans l'explication de la *fig.* 2.

Usage & Pratique.

Présentez ce diapason ainsi divisé par mesures inégales devant l'un des fonds du vaisseau; & gardez en votre mémoire les mesures que vous trouverez être contenues dans ce diapason; ou mettez-les en écrit. Après quoi mettez le diapason dans le vaisseau par le bondon, de sorte qu'il soit perpendiculaire; & gardez en votre mémoire les mesures que vous trouverez y être contenues. Puis, de ces deux mesures (savoir celles du fond, & du bondon) faites-en une, dont la moitié sera le diametre justifié du vaisseau à mesurer. Cela connu, vous présenterez votre diapason approprié pour l'échantillon des longueurs, sur la longueur du vaisseau, de maniere que le crochet de la jauge touche l'un des fonds : puis regardez combien de mesures longues contient ce vaisseau (l'épaisseur des deux fonds par l'estimation étant rabattue) : lesquelles vous multiplierez par votre diametre justifié : ce qui proviendra de cette seule multiplication, montrera combien le vaisseau contient de mesures.

Exemple.

Ayant présenté votre diapason devant le fond du vaisseau à examiner, posons que vous ayez trouvé 7 mesures inégales en son diametre ; puis l'ayant transporté au bondon, autres 9 mesures inégales, par dedans œuvre : ajoûtez 7 mesures inégales avec 9 mesures, pour avoir 16 mesures inégales. Prenez-en la moitié : & vous aurez 8 mesures pour votre diametre justifié. Après quoi, l'autre côté de ce diapason (qui a été approprié pour l'échantillon des longueurs), étant mis en sorte que le crochet touche contre l'un des fonds, il vous démontre 12 mesures égales (l'épaisseur des deux fonds par estimation étant rabattue) : ces 12 mesures égales soient multipliées par votre diametre justifié, qui est de 8 mesures inégales ; pour avoir, après la multiplication faite, 96 mesures en tout le corps dudit vaisseau.

Comme en examinant le diametre des vaisseaux, il arrivera souvent que vous trouverez outre & par dessus les parties, soit égales ou inégales, quelque partie ou portion de la partie suivante (ce qu'on appelle vulgairement fraction), voici un exemple de la maniere dont il faut procéder alors.

Exemple avec fraction.

La jauge appropriée pour le diametre des vaisseaux (c'est le côté qui a été divisé en parties inégales) après avoir été présentée au fond d'un vaisseau circulaire, vous montre pour son diametre 15 mesures égales, & $\frac{1}{3}$ de sa suivante ; & par le bondon 17 mesures & encore $\frac{1}{2}$ de la suivante. Les deux jointes ensemble font 32 mesures $\frac{7}{6}$ dont la moitié est 16 mesures $\frac{7}{12}$.

Voilà votre diametre justifié, que vous garderez en votre mémoire. Cette même jauge appropriée pour mesurer la longueur des vaisseaux (c'est le côté qui est divisé en parties égales), après avoir été présentée de telle façon que le crochet touche l'un des fonds, vous donnera 8 mesures égales, & un quart de la suivante. Multipliez votre diametre justifié qui est 16 mesures $\frac{7}{12}$ d'une mesure par 8 mesures longues & $\frac{1}{4}$ d'une autre mesure; pour avoir par tout le corps dudit vaisseau circulaire 136 mesures $\frac{11}{16}$. Voici la pratique.

15 mesures $\frac{1}{3}$ diametre de l'un des fonds.
17 mesures $\frac{1}{2}$ diametre du bondon.

32 mesures $\frac{7}{6}$ somme des deux diametres.

16 mesures $\frac{7}{12}$ moitié, & diametre justifié.
8 mesures $\frac{1}{4}$ longueur du vaisseau.

136 mesures $\frac{11}{16}$ produit & contenu du vaisseau.

Démonstration.

La jauge ou diapason étant divisée en portions inégales, représente plusieurs cercles excentriques les uns à l'égard des autres, comme vous pouvez voir en la *Figure* 9, où le diametre AB, doit être estimé le vrai échantillon d'une mesure du lieu où vous aurez fabriqué le diapason.

Ainsi tout le cercle ACBD, sera ou tiendra le lieu d'une superficie, soit haute soit basse, d'une mesure. Le cercle AFEG, sera la superficie de deux mesures : savoir une dans le cercle ACBD, que le grand cercle AFEG, enveloppe & renferme en soi ; puis une autre mesure en la distance comprise entre le cercle ACBD, & l'extrêmité de l'autre cercle AFEG; ou pour mieux dire en la figure lunaire AFEGADBCA. D'où il s'ensuit que la superficie ronde AFEGA, doit être double de la superficie ACBDA; la superficie ALHKA, triple de la même superficie ACBDA; & la superficie AMINA, quadruple. Il est aisé de démontrer que cette superficie AMINA, est quadrupule de la superficie ACBD, puisque son diametre AI, est double du diametre AB, comme il a été dit ci-dessus en enseignant à diviser la jauge en plusieurs parties inégales. Maintenant on démontrera par la seconde proposition

FIGURE 9.

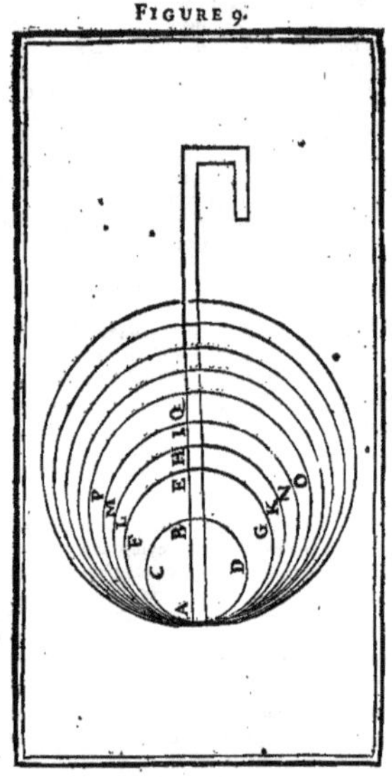

du douzieme Livre d'Euclide, que le cercle AFEGA, est double du cercle ACBD; voici cette seconde proposition.

» La proportion d'un cercle à un autre cercle, est » comme la proportion d'un quarré qui sera fait sur » le diametre de l'un, relativement au quarré qui » sera fait sur le diametre de l'autre « : c'est-à-dire, telle proportion qu'il y aura d'un quarré à l'autre quarré, telle proportion il y aura d'un cercle à l'autre cercle. Mais le quarré qui sera fait sur la ligne droite AE, qui est le diametre du cercle AFEGA, sera double (tant par la construction que par la penultieme du premier Livre d'Euclide) du quarré qui sera fait sur la ligne droite AB, qui est le diametre d'une mesure : d'où il s'ensuit, par cette seconde proposition du douzieme Livre, que la superficie ou cercle AFEG, sera aussi double de la superficie ou cercle ACBD, ce que l'on vouloit démontrer. Or par même argument, vous prouverez que le cercle ALHKA est triple du premier cercle, qui contient la superficie d'une mesure, savoir du cercle ACBD, puisque le quarré qui sera fait sur la ligne droite AH sera triple du quarré qui sera construit sur la droite AB, (toujours par la construction, & par la penultieme du premier Livre d'Euclide) & ainsi des autres, tellement que la superficie, ou cercle AMINA, sera quadruple du petit cercle ABCD.

Pour entendre cette démonstration, il faut bien entendre la maniere ci-devant indiquée de diviser la jauge en parties inégales.

On y a vû que la ligne AF, qui est ici représentée par la droite AE, est égale à la diagonale ED, & parce que le quarré qui sera fait sur elle, sera double du quarré qui sera fait sur AD, qui est ici représenté par la ligne AB, le quarré qui sera fait sur la diagonale EF, sera triple du quarré fait sur AD, parce qu'il sera égal au quarré fait sur AF, & au quarré fait sur AE. Mais j'ai présentement démontré, que le quarré fait sur AF. est double du quarré qui sera fait sur AE, & le double joint avec le simple, fait le triple. Or la diagonale EF, de la *figure* 8, est ici représentée par la ligne droite AH; c'est pourquoi le quarré qui sera fait sur la droite AH, sera aussi triple du quarré qui sera fait sur la ligne droite AB; & ainsi des autres suivantes.

Comment on peut mesurer avec une même Jauge des vaisseaux de différens pays.

Avec un même diapason ou jauge, on peut mesurer les vaisseaux cylindriques de divers pays, pourvû qu'on puisse savoir ou par l'usage ou par le poids, la proportion qu'il y a de la mesure où a été fabriqué ledit diapason, à la mesure du lieu où il n'a pas été fabriqué ni composé. Par exemple; j'ai un diapason ou jauge fabriquée à Lyon. Cette jauge me pourra servir ou à Vienne, ou à Romans en Dauphiné, ou en un autre lieu; pourvû que je puisse savoir par le rapport des Prud'hommes, ou par bonnes expériences, la proportion qu'il y a de la mesure de Lyon à la mesure de Vienne, ou de Romans. Ainsi étant arrivé de Lyon à Vienne, & voulant là exercer la jauge, vous, vous informerez avec soin, si deux ou trois pots de Vienne ne font point deux pots ou deux pots & demi, ou autre nombre, de la mesure de Lyon. Si cela est, votre diapason vous servira en ce lieu aussi parfaitement que s'il y avoit été fabriqué, pourvû que vous entendiez la regle de trois.

Exemple par la mesure même.

Supposé que sept pots de Lyon n'en fassent que six & demi de Vienne; qu'étant à Vienne, & ayant mesuré un vaisseau avec un diapason fabriqué à Lyon, vous ayez trouvé 267 pots $\frac{1}{2}$ mesure de Lyon qui ne feront que 248 pots $\frac{11}{28}$ mesure de Vienne, d'autant que les sept pots de Lyon ne font que six pots & demi, mesure de Vienne. Pour les convertir en mesures de Vienne, & pour savoir combien ces 267 pots & demi, mesure de Lyon, feront de pots mesure de Vienne, formez votre regle de trois disant: si sept pots mesure de Lyon ne font que six pots & demi mesure de Vienne, que feront 267 pots & demi mesure de Lyon à Vienne? Multipliez 267 pots & demi par six pots & demi pour avoir $\frac{6955}{4}$: puis divisez $\frac{6955}{4}$ par sept pour avoir 248 mesures $\frac{11}{28}$ de Vienne.

Exemple par le poids.

Si vous voulez vous servir du poids, quand vous voudrez aller de Lyon à Vienne, examinez précisément combien une mesure de Lyon (on entend de bon vin clairet) pese d'onces de marc. Posons par exemple qu'une mesure de vin en la Ville de Lyon pese précisément trente-deux onces de marc : retenez cela en votre mémoire, ou sur le papier pour plus de sureté: Puis quand vous viendrez à Vienne, faites tant que vous trouviez du vin (au moins s'il est possible) de la couleur, force & saveur de celui que vous avez examiné à Lyon; après avoir examiné exactement avec le poids de marc combien une mesure de ce vin pese (on entend une mesure de Vienne). & posons pour exemple qu'elle pese trente-quatre onces $\frac{6}{13}$, poids de marc. Voulez-vous savoir combien il faudroit de mesures de Lyon pour faire une mesure à Vienne? Divisez trente-quatre onces $\frac{6}{13}$ par trente-deux onces, & vous trouverez au quotient une mesure $\frac{1}{13}$ de Lyon; donc une mesure $\frac{1}{13}$

de Lyon feroit une mesure à Vienne. Et ainsi les 14 de Lyon ne feront que 13 à Vienne. Ainsi reprenant l'exemple précédent, dites : Si une mesure $\frac{1}{14}$ de Lyon ne font qu'une mesure de Vienne, que feront 267 mesures & demi ? Si vous opérez sans erreur, vous trouverez autant qu'à la précédente, savoir 248 mesures $\frac{11}{28}$. Ou bien dites : si quatorze ne font que 13, que feront 267 $\frac{1}{2}$: R). 248 $\frac{11}{28}$.

Remarque.

En examinant l'une ou l'autre mesure, gardez-vous bien de commettre aucune erreur, quelque petite qu'elle soit ; car une petite erreur commise sur une mesure vous causeroit une erreur sensible & apparente sur un grand nombre de mesures. La premiere opération, faite par l'expérience des mesures, est la plus aisée & la plus certaine.

Autre sorte de Jauge aisée à composer ; & de laquelle on se sert à Paris, & ailleurs.

VII. C'est une espece de bâton quarré, de bois ou de métal, ayant sur chaque côté quatre ou cinq lignes de largeur, & environ quatre pieds & deux ou trois pouces de longueur. On ne lui donne que cette longueur, parce qu'elle convient à la pipe, qui est le plus grand de tous les vaisseaux propres à contenir des liqueurs. Dans les endroits où cette futaille feroit plus longue, il faudroit donner à proportion plus de longueur à la jauge.

Comme les vaisseaux, avec les liqueurs qu'ils renferment, sont des corps solides ayant les trois dimensions, longueur, largeur & profondeur ; il faut nécessairement, pour savoir au juste ce qu'ils contiennent, avoir une mesure exacte de ces trois especes d'étendue. Il faut donc les observer sur la jauge : & pour cela y marquer la mesure que doit avoir chacun des *Vaisseaux réguliers qui sont en usage dans le Royaume*. On peut les réduire à neuf especes ; qui sont 1°. le muid, & le demi-muid ; 2°. la demi-queue, & le quarteau, d'Orleans ; 3°. la pipe ; & le buffard, ou la busse, comme on parle en Anjou : 4°. la demi-queue ; le quarteau ; & le demi-muid, de Champagne. On peut jauger toutes les pieces irrégulieres, sur ces neuf especes de vaisseaux réguliers ; en observant la proportion qui se trouve dans leurs dimensions. Or comme dans les corps cylindriques, c'est-à-dire, dans ceux qui sont longs & ronds, la largeur est égale à la profondeur (c'est-à-dire relativement à la *figure* 7, ci-dessus ; où est décrite l'opération du tétragone), il suffit de marquer sur la jauge, la longueur & la profondeur ; pour juger de la continence d'une piece.

Ces deux dimensions sont marquées sur les quatre côtés de la jauge : divisés en pieds de Roi ; chaque pied en douze pouces ; & chaque pouce en douze lignes. Le pied se marque par deux points posés en face ; le pouce, par un seul point, ou par une ligne entiere ; & la ligne se marque à l'ordinaire par un trait. On marque aussi en caracteres les différentes pieces régulieres dont nous avons parlé ci-devant : & ces caracteres ou lettres doivent se placer en deux points de chaque côté, dont l'un marque la longueur, & l'autre la profondeur des pieces. Sur le premier côté de la jauge, on marque le caractere du muid & du demi-muid ; sur le second, celui de la demi-queue, & du quarteau d'Orleans ; & ceux des autres pieces régulieres, sur les deux autres côtés, suivant le rang qu'elles tiennent ci-dessus.

Au dessus du caractere de chaque piece, il faut marquer deux ou trois points ; éloignés les uns au dessus des autres, d'autant de distance qu'il en faut pour désigner un demi-septier de liqueur valant huit pintes, excédant la juste jauge ou mesure du tonneau marquée par son caractere.

Usage.

Il faut d'abord prendre la hauteur du fond de la piece que vous voulez jauger. Pour cela posez la jauge sur un des jables, au point précisément où est marqué le pied-de-Roi ; ayant soin de la placer si exactement sur le milieu du fond, qu'elle le divise en deux parties égales ; sans quoi on prendroit un faux diametre. Ensuite portez la vûe sur le point de la jauge qui touche à l'autre jable. Si ce point est celui du caractere de la piece, son fond est de bonne jauge : mais si ce point du caractere de la piece se trouve au dessous du jable, elle excede ; & vous connoissez de combien, par les points qui marquent les demi-septiers. Il faut écrire, ou retenir de mémoire le nombre de ces demi-septiers excédans ; pour le joindre au nombre de ceux que vous trouverez en mesurant la longueur de la piece. Mais il ne suffit pas de mesurer un des fonds : il faut les mesurer tous deux, pour voir si l'un n'a pas plus de diametre que l'autre ; ce qui arrive assez souvent. En ce cas là, il faut les computer ; & rabattre de l'excédant à proportion. Outre cela il faut faire attention à l'enflure ou bouge de la piece : & pour savoir ce qu'elle peut donner d'excédant, il faut faire entrer la jauge perpendiculairement par le bondon, ensorte que son extrémité, où est marqué le pied-de-Roi, touche au fond : puis portant le doigt sur le point de la jauge qui touche la superficie intérieure de la douve du bondon, on voit l'intervalle qu'il y a de différence entre le diametre du milieu, ou de la bouge, & le diametre du fond. Ensuite on en prend la moitié ; & l'ayant rapportée à l'espace des septiers du fond, on compte autant de septiers qu'il s'en trouve de marqués par les deux excédans.

La longueur de la piece se jauge de même que sa hauteur : & s'il se trouve de l'excédant, on le joint à celui du fond ; pour en composer un excédant total, suivant la regle que nous avons donnée ci-dessus.

Il faut observer encore la forme & la situation des douves ; si elles ne sont point larges & plates ; s'il ne s'en trouve point quelqu'une enfoncée ; si les fonds n'ont pas ce dernier défaut, ou d'autres semblables ; si la piece n'est point rognée, ou de mauvaise fabrique : car en tous ces cas-là, il est juste de diminuer par proportion, ce que l'on y trouveroit d'ailleurs d'excédant.

VIII. Jauge *des Commis aux Aides*. Voyez Eprouvete.

Table pour savoir au juste la quantité de vin qui reste dans un tonneau dont on a tiré quelque tems sans compte.

Valeur des divisions relatives au contenu.	Diametre d'un Tonneau de deux cens coupes, mesure de Sisteron, divisé en seize parties; la coupe pesant quarante livres, poids du Pays; & composée de huit pots, de cinq livres chaque.	Valeur des divisions additionnées de bas en haut.
5	16	200
9 $\frac{1}{4}$	15	195
11 $\frac{1}{4}$	14	185 $\frac{3}{4}$
13 $\frac{1}{4}$	13	174 $\frac{1}{4}$
14 $\frac{1}{4}$	12	161 $\frac{1}{4}$
15 $\frac{1}{4}$	11	147
15 $\frac{3}{4}$	10	131 $\frac{3}{4}$
16	9	116
16	8	100
15 $\frac{3}{4}$	7	84
15 $\frac{1}{4}$	6	61 $\frac{1}{4}$
14 $\frac{1}{4}$	5	53
13 $\frac{1}{4}$	4	38 $\frac{3}{4}$
11 $\frac{1}{4}$	3	25 $\frac{1}{2}$
9 $\frac{1}{4}$	2	14 $\frac{1}{4}$
5	1	5

Il faut premiérement savoir la continence du tonneau que vous voulez mesurer; ensuite mesurer le diametre du fond, le diviser en seize parties égales de bas en haut, & marquer sur le fond toutes les divisions; après quoi, avec une éprouvette, par le bondon, remarquer la hauteur du vin, & à quel degré il arrive.

Cela fait, vous regarderez sur la table ci-dessus le même degré & la quantité des coupes audit degré, que vous marquerez aussi: après quoi vous procéderez par la regle de trois, de la maniere suivante. Supposé que le tonneau que vous voulez mesurer, contienne 38 coupes, & que le vin qui est dedans, arrive jusqu'au neuvieme degré; qui à la table ci-dessus vous donne 116 coupes: vous direz par la regle de trois; si 200 coupes donnent 116, combien 38? Multipliez 116 par 38; vous diviserez le produit par 200 qui est le premier nombre, parce que votre regle est directe; la division vous donnera 22 coupes, & il restera 8, qui sont 8 coupes qu'il faut réduire en pots, en les multipliant par 8 attendu que les *Coupes* sont composées de 8, pots.

```
 116   |   0             |   8
  38   |   44ø (8) 22    |   8
 928   |   ----------    |  --
 348   |   2øøø          |  64
 ----  |    2ø           |
 4408  |                 |
```

Mais parce que 64 ne peuvent pas se diviser par 200, il faut réduire ces 64 pots en livres, à raison de 5 livres pour chaque pot; cette réduction vous donnera 320 liv. poids commun. Il faut encore diviser ces 320 liv. par 200.

```
  64
   5
 ---
 320
        (1
        3(20) 1 liv.
        ----
        2øø
```

Il restera 120 liv. qu'il faut réduire en quarts de livre, attendu que 120 ne peuvent point être divisées par 200, la multiplication vous donnera 480, qu'il faut diviser par 200.

120
4
480
0
4 (80) 2 quarts de l.
200

La division vous donnera $\frac{2}{4}$ de livre, & il reste encore 80 quarts qu'il faut multiplier par 4 qui font 4 onces; le produit est 320 onces; qu'il faut encore diviser par 200.

80
4 onces
320 onces
(1
3 (20) 1 once
200

Il restera 120 onces qu'il faut réduire en gros, en les multipliant par 8, & diviser encore le produit par 200 & vous aurez les gros, & ainsi jusqu'aux grains; ainsi vous trouverez que si 200 coupes au neuvieme degré donnent 116 coupes, 38 coupes au même degré donneront 22 coupes, une livre, un quart de livre, une once, quatre gros, un demi-gros, & un tiers de gros, si vous poussez l'opération jusqu'au bout, & même jusqu'aux grains.

X. JAUGE *des Navires.* Pour connoître le port & la capacité d'un navire nouvellement construit, les jurés Charpentiers de vaisseaux sont obligés d'en jauger le fond de cale, & de donner leur déclaration ou attestation du nombre de *Tonneaux de mer* qu'il peut contenir; à raison de quarante-deux pieds cubes par tonneau.

Ils prennent d'abord la longueur du vaisseau, depuis l'étambort jusqu'à l'étrave; ensuite ils en mesurent la largeur: 1°. à chaque bout, à la distance de huit pieds ou environ, de l'étambort, & de l'étrave; 2°. au milieu de la profondeur; pour avoir la largeur réduite, & de ces différentes largeurs en faire une commune ou justifiée qui compense les autres. Enfin ils en mesurent la hauteur 1°. au milieu, vers le mât; 2°. à chacun des deux bouts, en prenant depuis la carlingue, ou contre-quille, jusque sous le bau; 3°. au dessus entre les deux ponts: puis ils réduisent ces trois hauteurs, pour en avoir une commune qui compense les hauteurs. Après cela ils multiplient la longueur par la largeur commune, & le produit qui en vient, par la hauteur commune; enfin ils divisent le dernier produit par quarante-deux pieds. Ce qui vient au quotient donne le nombre des tonneaux de mer, que le vaisseau peut contenir.

On peut consulter sur ce point les *Elémens d'Architecture Navale* de M. Duhamel; seconde édit. Paris, Jombert, 1758, *in*-4°.

XI. JAUGE *de Fontainier.* C'est un vaisseau parallelipipedique rectangle, de cuivre, bien soudé, d'un pied de long, sur huit pouces de hauteur & autant de largeur. Ce vaisseau est percé de plusieurs trous exactement ronds, dont les uns sont d'un pouce de diametre, d'autres d'un demi-pouce, & quelques-uns d'un tiers, ou d'un quart de pouce. Tous les centres de ces trous doivent être sur la même ligne; & les extrêmités supérieures des plus grands ne doivent être qu'à deux lignes au dessous des bords de la jauge. On bouche ces trous avec de petites plaques de cuivre quarrées, & qui sont ajustées dans des coulisses. Le dedans de la jauge est traversé par une bande de cuivre mince, percée d'un grand nombre de trous, & arrêtée au dessus du fond, à la hauteur d'un pouce, afin que l'eau qui tombe de la source, puisse passer aisément sans former de vagues dans le côté de la jauge, par les trous duquel elle doit s'écouler naturellement.

Usage.

Il faut placer la jauge horisontalement, ensorte que ses côtés soient exactement perpendiculaires sous le canal ou tuyau que l'on fait entrer dans la source, pour faire tomber l'eau dans le vaisseau; lequel étant rempli à une ligne ou environ près du bord, on ouvre un de ces trous. Si le trou est d'un pouce, & que l'eau reste toujours à la même hauteur dans la jauge, c'est marque que la source fournit un pouce d'eau. Si elle baisse en s'écoulant par l'ouverture d'un pouce, il en faut déboucher un autre de moindre valeur, & remarquer si l'eau se tient toujours à la même hauteur; alors on juge que la source fournit une grosseur d'eau égale à la circonférence du trou qui est ouvert.

Si l'on place au dessous de la jauge un vaisseau dont la capacité soit connue; par exemple un vaisseau cubique, contenant un pied cube d'eau, de celle qui pese deux livres la pinte: ce vaisseau sera rempli en deux minutes & demie par l'eau qui coulera de l'ouverture d'un pouce. D'où il s'ensuit qu'un pouce d'eau fournit trente-cinq pintes, en deux minutes & demie; puisque trente-cinq pintes d'eau sont la valeur du pied cube.

On peut connoître par ce moyen la mesure d'eau que fournit une fontaine, ou une eau courante: car si elles donnent quatorze pintes d'eau par minute, c'est marque qu'elles fournissent un pouce de diametre.

JAUGE: *terme de Jardinage.* Ce terme se prend tantôt pour un espace de terre qu'on laisse vuide en faisant un labour profond, ou pour une fouille de tranchée; afin de pouvoir y jetter les terres qui sont à labourer, faisant toujours ensorte qu'il reste une jauge pareille à la premiere jusqu'à la fin de la tranchée: on remplit cette derniere jauge, soit avec les terres qu'on a mises hors de la tranchée pour faire la premiere jauge, soit avec des terres prises d'ailleurs.

Ce terme se prend encore pour la *Mesure* de la profondeur qu'on veut donner à une tranchée. C'est alors un bâton d'une longueur semblable à celle de cette profondeur. Il faut toujours suivre cette mesure pour entretenir la même profondeur, & la même superficie, sans y rien changer. Ainsi on doit avoir toujours sa jauge près de soi pour ne se pas tromper en faisant la tranchée.

JAUGE *de Forgeron.* Barreau de fer, qui a un long manche de bois. Ce manche est traversé par une cheville de bois, qu'on nomme la *Clef.* La jauge sert à manier de grosses masses de fer pour les tenir en situation à la forge, & pour les transporter sur les billots où on les bat & soude. *Voyez* ENCLUME.

JAUNE. *Voyez* COULEUR. ENCRE *jaune.*

Bois JAUNE. Voyez FUSTOK.

Herbe JAUNE: ou *Herbe à* JAUNIR. Voyez GAUDE.

JAUNISSE; *Ictere; Icterie;* ou *Epanchement de bile:* que l'on confond quelquefois avec les *Pâles Couleurs*, quoique ces deux maladies aient des caracteres différens. (*Voyez* PALES-COULEURS.)

La jaunisse est une bile répandue par tout le corps; dont elle change en jaune la couleur naturelle. Le rapport de ce coloris avec la couleur de l'or, a fait donner à la jaunisse le titre de *Maladie Royale.*

La *Jaunisse proprement dite* est occasionnée par la

bile trop exaltée, ou trop abondante dans la masse du sang, ou arrêtée par quelque obstruction dans ses conduits particuliers.

On nomme *Jaunisse Noire* la maladie qui communique à la peau d'abord une couleur jaune claire, qui devient ensuite plombée, puis livide & basanée. On présume que c'est l'effet des acides mêlés avec la bile jaune.

Dans la *Jaunisse Verte*, la couleur de la peau est d'un jaune tirant sur le verd.

Les Pâles Couleurs portent quelquefois le nom de *Jaunisse Blanche*.

La jaunisse s'annonce en général par la couleur jaune, qui attaque le blanc des yeux & se répand ensuite à la surface du reste du corps, où elle occasionne souvent de la démangeaison. On éprouve un resserrement, une pression, & une tension violente, dans la région du foie; des inquiétudes dans l'estomac; de la difficulté de respirer; des dégoûts, des rapports indigestes, l'insomnie, la tristesse, une pesanteur & comme stupidité dans les membres, une agitation extraordinaire par tout le corps. L'urine est épaisse, & d'un rouge foncé : elle donne au linge une teinte de safran. Mais les excrémens sont pâles. A mesure que le mal augmente, la salive jaunit, & tout ce que l'on mange paroît amer.

Elle est souvent occasionnée par une obstruction de la vésicule du foie. La bile, qui pour lors ne pouvant y entrer, reflue dans les veines : où se mêlant avec le sang, elle produit ensuite cette jaunisse générale. La jaunisse peut encore être une crise des humeurs bilieuses : l'effet de quelque poison; ou occasionnée par un purgatif violent que l'on n'a point rendu.

Dans la jaunisse noire, & dans la verte, le visage est moins abattu : mais l'esprit est plus pensif & plus morne. Les urines & les selles sont d'un noir tanné; le ventre toujours constipé; & on sent comme une dureté au côté gauche.

Si dans la premiere de ces trois jaunisses on sent une douleur au côté droit, sans y éprouver de résistance, & sans fievre; l'obstruction de la vésicule du fiel est la vraie cause du mal.

S'il y a un peu de fievre, que les urines soient troubles, épaisses, & safranées; ce sont des signes de chaleur excessive dans le foie. Si, à une fievre violente, survient une douleur, ou une pesanteur, au côté droit, & que les urines soient fort bilieuses : il y a inflammation dans ce viscere.

La jaunisse qui n'est que *Critique* se répand tout-à-coup; & après que la fievre a cessé, elle reste longtems sur la peau : les urines & les déjections sont d'ailleurs comme celles que l'on rend dans l'état de santé.

Quand elle est causée par le poison, ou par d'autres pareils accidens; la couleur change bien d'abord; mais il n'y a point de fievre.

Si on laissoit continuer long-tems la jaunisse, il y auroit à craindre qu'elle ne causât l'hydropisie : & que, si le foie devenoit dur, il ne s'y formât un skirrhe, ou une tumeur, l'un & l'autre très-dangereux.

La jaunisse qui arrive dans la vieillesse, subsiste jusqu'au tombeau.

Ceux qui sont sujets à la jaunisse, ont communément peu de vents.

Si la couleur est fort safranée; que l'on ne se sente pas soulagé par un flux d'urine, que l'on ne dorme pas, que l'on soit toujours dégoûté & foible; tout est à craindre.

Les hémorrhoïdes, venant à fluer, guérissent la jaunisse.

Dans quelque fievre que ce soit, si la jaunisse survient sans dureté au foie; le sept, le neuf, l'onze, ou le quatorze, elle est d'un bon présage : mais c'est le contraire si elle arrive en d'autres tems.

La jaunisse n'est pas ordinairement à craindre après la fievre; mais avant, elle est dangereuse. Lorsqu'avec la fievre & la jaunisse, il paroît dans les urines des corpuscules en façon de lentilles; que la voix décline; que les mains tremblent; on meurt sous quinze jours.

Remedes.

Comme les causes de la jaunisse sont différentes, il faut que la cure varie.

I. Pour celle qui vient d'obstruction dans les conduits de la bile, on saignera; & le lendemain on donnera en vomitif, soit deux onces de vin émétique, soit le safran des métaux, soit quatre grains de tartre émétique, ou six grains de vitriol calciné pour les plus robustes : faisant prendre, dans les intervalles du vomissement, de légers bouillons assaisonnés d'ozeille, ou de verjus, ou de jus d'orange. Ensuite on fera user de cette *Tisane*.

Prenez quatre pintes d'eau de riviere, faites-y bouillir une poignée des racines d'ache, d'ozeille, de polypode & de chicorée sauvage; une demi-poignée d'aigremoine, & autant de scolopendre, ou de capillaire, ou de ceterac. La liqueur étant réduite à moitié par l'ébullition, coulez-la. On en donne deux verres soir & matin. Deux jours après on purgera avec une once de catholicon double; ou avec une once & demie de casse mondée, dans deux verres de petit lait.

L'on pourra ensuite donner le bain : faisant prendre, en y entrant, un bouillon dans lequel on aura fait fondre une dragme de crême de tartre, ou dix grains de son sel, ou demi-dragme de sel de tamarins.

II. Lorsqu'on sent une pesanteur & douleur autour du foie, ou de la rate, il faut donner souvent des lavemens composés avec toutes sortes d'herbes apéritives émollientes : & dans chacun, ajoûter un quarteron de miel, avec une dragme de crystal minéral. Ensuite on tirera du sang par intervalles; & peu à la fois, afin de ne point tout-à-coup affoiblir le malade.

L'on mettra dans les bouillons deux à trois cuillerées de suc soit de cerfeuil, soit de pourpier, soit d'ozeille, soit de chicorée, soit de capres, soit d'orange, soit d'alleluia.

La boisson sera de chien-dent, de racines de fraisiers, & de pilofelle. Au bout de trois ou quatre jours de ce régime on purgera avec deux onces de tamarins bouillis dans autant d'eau que l'on jugera nécessaire pour en faire deux prises; dans chacune desquelles on délayera six dragmes de casse mondée, & une dragme de crême de tartre. Après cela on fera user, dix-huit jours de suite, d'*Apozemes* dont voici la préparation.

1. Prenez deux onces de feuilles de marrube, une once de lupins, une demi-once de racines de buglose, deux dragmes de racines d'*Enula campana*, & autant d'aigremoine. Faites bouillir le tout dans trois chopines de vin blanc jusques à réduction d'une chopine. Après avoir coulé cette tisane, vous la verserez dans une bouteille : & tous les matins vous en donnerez deux onces avec deux dragmes de sucre en poudre. S'il y avoit de la fievre; au lieu de vin, vous la feriez avec de l'eau.

2. Il y a des gens qui conseillent d'avaler tous les jours, pendant un mois, quatre onces d'urine d'un petit enfant robuste, y mêlant une demi-once de sirop de chicorée simple, ou du sucre commun. [Ce

remede est encore indiqué pour l'hydropisie.]

III. On mettra dans un œuf frais une demi-dragme d'euphorbe en poudre; que l'on avalera à jeûn : ou une dragme de soufre, dans un bouillon; ou dans de l'eau de souci ou d'armoise.

IV. Après avoir fait sécher des vers de terre, pesez-en deux onces avec une dragme de rhubarbe, & une demi-once de crotte de chien, de la plus blanche & de la plus séche (*Voyez* ALBUM GRÆCUM); réduisez-les en poudre; & donnez-en une dragme & demie, dans un œuf, ou dans un bouillon, à jeûn. On continuera pendant quinze jours de suite.

V. On fait encore tirer par le nés, du suc des feuilles de marrube, tant soit peu échauffé au soleil.

VI. Prenez safran de mars apéritif, corne de cerf préparée, de chacun une once; poudre aromatique de roses, deux onces; conserve de romarins liquide, une once; feuilles de chicorée, de mélisse, & de ceterac, un peu de chaque. Pilez & mêlez bien le tout ensemble : & prenez de cette *Opiate*, soir & matin, la grosseur d'une noisette.

VII. Prenez des racines de chicorée sauvage, plus ou moins; lavez-les. Quand elles seront égouttées, vous les pilerez grossiérement avec les cœurs; & mettrez le tout dans un coquemar de terre avec une pinte de vin blanc, & un peu de safran, pour infuser l'espace d'un jour. Vous coulerez ensuite la liqueur; & en prendrez un bon verre le matin à jeûn. L'on n'aura pas (dit-on) fait cela trois jours, que le malade sera guéri; quand même la jaunisse seroit invétérée.

VIII. Prenez autant qu'il vous plaira de fiente d'oie qui se nourrit d'herbes au printems : faites-la sécher au soleil, ou autrement; & mettez-la en poudre bien fine. Mêlez une dragme ou demi-dragme de cette poudre, avec un petit verre de vin blanc; y ajoûtant un peu de sucre, & un peu de cannelle, à discrétion. Puis donnez cela à boire au malade, cinq ou six matins de suite.

Notez que la fiente de poule, ou de poussins, peut faire le même effet.

IX. Ouvrez un poulet ou une poule : mettez lui dans le ventre une poignée d'herbe de chelidoine, trois ou quatre racines de persil, deux ou trois racines de chicorée sauvage, deux racines de fenouil; & du gui d'aubepin, une petite poignée. Vous mettrez cette poule dans un petit pot; & la ferez bouillir jusqu'à ce que tout soit réduit à un tiers : après quoi vous passerez la liqueur dans un linge blanc; & en prendrez trois ou quatre matins de suite, une petite écuellée avec un peu de sucre. Vous tiendrez ce bouillon à la cave dans un pot de terre.

X. Lorsque ceux qui ont la jaunisse, sentent du mal à la rate : Prenez deux onces de gomme ammoniac, avec deux onces d'huile de capres, pour faire un *Emplâtre*. Voici comme il faut le préparer. Vous mettrez la gomme dans une écuelle de terre vernissée, qu'il faudra chauffer à petit feu, & la remuant toujours avec un bâton jusqu'à ce qu'elle soit fondue : alors vous y ajoûterez deux onces d'huile de capres, & les mêlerez ensemble, jusqu'à consistance d'onguent. Vous prendrez une peau d'agneau dont on ait ôté le poil; sur laquelle vous étendrez cet onguent, de la largeur de la rate : vous l'y appliquerez un peu chaud; & laisserez jusqu'à ce qu'il tombe de soi-même.

XI. *Remedes Chymiques*. Esprit de cresson : la dose est depuis quinze gouttes jusqu'à une dragme.

Extrait d'aloës; depuis un scrupule jusqu'à une dragme.

Sel volatil de vipere; ou de corne de cerf; ou de tartre; depuis six grains jusqu'à seize.

Esprits volatils de sel ammoniac & d'urine; depuis six gouttes jusqu'à vingt.

Esprit de térébenthine; depuis quatre gouttes jusqu'à dix.

Extrait de mélisse; depuis un scrupule jusqu'à une dragme.

Eau de mélisse, depuis une once jusqu'à six.

Eau & Teinture de cannelle; depuis une dragme jusqu'à trois.

Esprit de cochlearia; depuis six gouttes jusqu'à une dragme.

XII. Prenez, tous les matins à jeûn, la grosseur d'une noix, ou environ, d'une composition faite avec huit onces de raisins de Corinthe, bien lavés & épluchés, puis pilés dans un mortier, avec une once de rhubarbe en poudre très-fine, l'espace de sept ou huit heures. Ce remede purifie le sang, & emporte toutes les humeurs viciées & malignes.

XIII. Prenez, pendant plusieurs jours à jeûn, du sirop composé avec le miel & le marrube blanc. On peut prendre ce sirop pur, ou mêlé avec de l'eau de fontaine.

XIV. Mettez dans une bouteille de verre bien nette, une demi-once de rhubarbe coupée fort mince, avec une once & demie de racines de lierre terrestre, & une noix muscade réduite en poudre grossiere : versez par dessus, trois pintes de bierre; puis ayant bouché exactement la bouteille, laissez infuser les drogues pendant trois jours.

Il en faut prendre un bon verre le matin à jeûn; & autant, trois ou quatre heures avant le souper : & continuer ainsi jusqu'à ce que les excrémens paroissent teints de couleur jaune. Si le remede purgeoit trop abondamment, il n'en faudroit prendre qu'une fois chaque jour.

XV. Mettez dans un linge, des feuilles de chicorée, environ deux poignées; fraisier & marrube blanc, de chacun une poignée; chelidoine, une once; racine de dent de lion, deux onces; senné mondé, & tartre de vin blanc, six dragmes de chaque; ajoûtez-y un peu de cannelle concassée : & ayant fait du tout un nouet un peu lâche, faites-le bouillir dans égales quantités d'eau & de vin, dans un pot vernissé couvert exactement. Les herbes étant suffisamment cuites, il faut couler la liqueur par un linge, & la mettre dans un vaisseau bien net. La dose est d'un verre, tous les matins à jeun; & l'on en prend un autre, une heure après : à moins que l'on ne se sentît trop foible.

XVI. Il faut user, pendant l'été, de suc de Bouleau.

XVII. Purgez d'abord par haut, ou par bas; & prenez ensuite, pendant sept jours consécutifs, la composition suivante. Graine d'ancolie, six onces; tartre vitriolé, vingt-quatre grains; safran, une dragme. Pulvérisez ces drogues séparément; ensuite mêlez-en les poudres; & partagez le tout en sept prises. Chaque prise se prend délayée dans de bon vin chaud.

Cataplasmes pour la Jaunisse.

XVIII. 1°. Faites cuire de gros oignons sous la braise. Etant cuits, étendez-les sur deux linges en double, ou sur des étoupes; couvrez les oignons avec de bon mithridat; appliquez ce cataplasme sur la plante des pieds, le plus chaudement qu'il sera possible; & laissez-le pendant vingt-quatre heures. [Il y a des personnes qui croient qu'il seroit mieux d'en appliquer deux l'un après l'autre, dans le même espace de tems.] Le malade doit se tenir au lit : & quand on ôte le cataplasme, il faut se boucher le nés & la bouche, de peur de prendre le mal.

2. Prenez éclaire, & persil; de chacun une poignée: pilez-les un peu, & les arrosez de vinaigre. Faites-en un cataplasme; & appliquez-le sur la tête & les oreilles de la personne malade.

XIX. Si la jaunisse est *Critique*, c'est-à-dire, la crise d'une fievre: pour en être promptement soulagé, il n'y a qu'à observer un bon régime; & se purger doucement avec le catholicon double, ou avec la casse, ou le sirop de fleurs de pêcher, dissouts dans du petit lait. Après cela on pourra user de thériaque, une heure avant le déjeûner.

XX. Pour la jaunisse causée par le *Poison*, ou par quelque accident de cette nature, ou par une *Medecine* violente: on prendra des bouillons avec du suc de buglose, ou de bourrache, y mêlant un peu de corail, ou de bol d'Armenie, ou de bezoard, ou de perles préparées. Les confections d'hyacinthe, ou d'alkermes; la thériaque; l'orvietan; y pourront encore être utiles.

XXI. *Voyez* ACHE, pag. 17. *Jaunisse*, dans l'article VERS-A-SOIE. MÉLANCOLIE. PÂLES-COULEURS.

JAUNISSE: *Maladie des Végétaux.* C'est lorsque les feuilles jaunissent avant la saison de leur chûte. Cette couleur annonce que la plante est malade: ce qui peut venir du terrein qui est usé; ou d'insectes qui se sont emparé soit des racines soit de toute la plante.

Quand la terre est usée, il faut l'enlever tout autour jusqu'à certaine distance; & la remplacer par d'autre terre, soit seule, soit mêlée de fumier. Pour ce qui est des insectes: *Voyez* ANIMAL; INSECTE; & les articles particuliers des divers animaux nuisibles.

IBE

IBERIS. *Voyez* CARDAMINE, *n.* I.

ICH

ICHTYOCOLLE. *Voyez* COLLE *de Poisson.*

ICT

ICTERE: ou ICTERIE. *Voyez* JAUNISSE.

JES

JESSAMINE. *Voyez* JASMIN.

JET

JET *d'Arbre.* C'est la branche qui sort soit du tronc, soit des autres branches. On dit: *cet arbre fait de beaux jets*, &c. *Les jets de cet arbre sont beaux, ils annoncent sa vigueur.* Voyez JETTER.

On ébourgeonne les mauvais jets; & on laisse les autres pour les tailler l'année suivante. Voyez TAILLE.

JET *d'Eau.* Embellissement des jardins; procuré par le mouvement de l'eau que l'on éleve en l'air. Après avoir conduit les eaux jusques dans le bassin, on perce le tuyau au centre du bassin, qui est l'endroit où doit être le jet. On y soude un montant, qu'on appelle *Souche;* à l'extrêmité de laquelle on soude encore un écrou de cuivre, sur lequel se visse l'ajutage. Les diverses figures qu'on peut donner à cet ajutage produisent les différentes sortes de jets: comme sont les gerbes, pluies, soleils, éventails, & autres. Mais la figure la plus ordinaire des ajutages est en cone. Il vaut mieux aussi ne leur donner qu'une seule sortie; qui se reglera suivant la quantité d'eau qu'on aura ou qu'on voudra employer.

Le jet d'eau, pour être beau, doit être raisonnablement gros; celui qui est trop petit ne donne aucun agrément: il vaut mieux n'avoir qu'une seule piece d'eau, mais qu'elle soit belle.

A deux pieds de la souche ou environ, on entame le tuyau; & on le bouche par un tampon de bois avec une rondelle de fer chassée à force au bout du tuyau, ou par un tampon de cuivre à vis, que l'on soude. Quand il y a des ordures, on ôte ces tampons pour dégorger la conduite. Il n'est point à propos d'enterrer le tuyau de conduite, quand il est venu au bassin.

Les tuyaux seront enfoncés en terre à deux ou trois pieds; soit pour les garantir de la gelée, soit pour les cacher aux voleurs. Leur diametre doit être proportionné à celui de l'ouverture de l'ajutage; c'est-à-dire quatre fois aussi grand que celui des ajutages: ensorte que, si l'ouverture de l'ajutage a un pouce de diametre, on doit donner quatre pouces de diametre au tuyau de conduite. On observera cette proportion dans les plus grandes ou moindres ouvertures. *Voyez* RÉSERVOIR.

JET: *terme de Fauconnerie.* Petite entrave que les Fauconniers mettent au pied de l'oiseau, pour l'empêcher d'écarter les jambes & de se donner trop de mouvement. Cette entrave se nomme encore *Attache d'Envoi*, ou *de Retenue.*

JETTER: *terme de Fauconnerie.* On dit, jetter un oiseau du point; ou le donner du point après la proye qui fuit.

JETTER: *terme d'Agriculture.* C'est faire des jets. Voyez JET. On dit d'un arbre, qu'il jette beaucoup de bois.

JEU

JEU: *terme de Fauconnerie.* Donner le jeu aux autours; c'est leur laisser plumer la proye.

IF

IF: en Latin *Taxus:* en Anglois *Yew.* Cet arbre porte des fleurs mâles, & de femelles, sur différentes parties du même individu. Chaque *fleur mâle* a pour calice plusieurs écailles qui semblent appartenir au bourgeon dont elle sort. Ce calice renferme un grand nombre d'étamines; dont les filets sont réunis en forme de colonne, & sont surmontés de sommets assez ressemblans à des rosettes octogones. Leur poussiere est en globules blancs. Ces fleurs sont solitaires, dans les aisselles des feuilles. A l'extrêmité des branches, sont placées les fleurs *femelles*, rassemblées en tête. Leur calice, écailleux comme celui des mâles, sert d'enveloppe à un embryon oval, terminé par un stigmat obtus, sans styl apparent. Le fond de ce calice produit ensuite un disque charnu, en forme de godet, rempli d'un suc très-visqueux & insipide: ce disque sert à retenir une portion considérable d'un noyau presque oval; à-peu-près comme un gland est retenu dans sa cupule.

L'*If Ordinaire* (*Taxus* J. B.) est un arbrisseau considérable, toujours verd, dont la tige est garnie de branches depuis les racines jusqu'au sommet. Son écorce, peu épaisse, se leve comme par écailles courtes & minces. Ses branches sont cylindriques. Les feuilles, étroites, longuettes, très-fermes, d'un verd obscur, d'abord cylindriques, s'ouvrent ensuite & présentent une surface applatie: elles sont rangées, à-peu-près comme les barbes d'une plume, aux deux côtés des branches, mais dans l'ordre alterne, & les unes fort près des autres. Le disque charnu du fruit est d'un rouge pâle.

Il y en a une variété, dont les feuilles sont panachées.

Culture.

Culture.

L'If vient également bien dans les climats chauds, comme celui d'Espagne; dans le nôtre; & dans de moins tempérés. C'est sur des côteaux secs qu'il vient presque toujours de lui-même. Transporté dans nos jardins il s'accommode de toutes sortes de terre & d'exposition. Il supporte assez bien ceux de nos hivers qui sont rigoureux.

On peut le multiplier de semence, de bouture, & de marcottes.

Ceux qu'on éleve de bouture ne deviennent jamais bien droits; ils se courbent en divers sens. Au contraire, les ifs de semences s'élevent très-droits, & font naturellement un beau cone bien touffu.

Quand on veut tailler les ifs en boule ou en pyramide, il faut donc choisir de ces derniers.

Il y en a dont on émonde la tige pour les obliger de monter & former une tête.

Avant de semer les noyaux, il est avantageux de les laisser tremper quelques jours dans de l'eau: sans quoi leur germination est extrêmement lente. Au reste, souvent ils ne lévent qu'au bout de deux ans. On les seme dans une terre bien ameublie. Après la levée, le soin des jeunes ifs se borne au farclage, & à les arroser durant les grandes chaleurs. Quand ils peuvent être transplantés, on les porte en motte (autant qu'il est possible) dans une pépiniere; où, espacés à deux pieds, on les entretient de labours & de fréquens arrosemens.

Usages.

Comme l'If ne quitte pas ses feuilles, il convient aux bosquets d'hiver.

Son fruit attire les oiseaux; qui d'ailleurs profitent de son abri pendant l'hiver. Ainsi il est propre à garnir des remises.

On s'en sert pour revêtir des murailles; surtout à l'exposition du nord, où d'autres palissades feroient moins bien. Mais les limaçons s'y retirent: ensorte que les plantes voisines en sont très-incommodées.

Il souffre parfaitement les cizeaux, & se prête à toute sorte de formes. On voit souvent les parterres des grands jardins, décorés de pyramides ou de petites boules d'if.

On dit que ses feuilles & ses fleurs sont un poison engourdissant; que son ombre est pernicieuse durant le sommeil; & que le disque charnu de ses fruits cause la dysenterie & la fievre. Il est certain que nombre d'enfans parmi nous, mangent quantité de ces baies charnues, sans en être incommodés; & que tous les paysans Espagnols en font une consommation habituelle. Pour ce qui est de l'effet attribué aux autres parties, je n'en ai aucune expérience. Selon le *Compleat bod yof Husbandry*, le gros bétail ne peut brouter des feuilles ou même des jeunes pousses d'if, sans tomber dans des accidens souvent mortels: & s'il en mange beaucoup, il meurt sur le champ.

Le bois de l'if est très-dur & pliant, d'une belle couleur rouge, & prend bien le poli: ensorte que nous n'avons point de bois qui ressemble plus au Bois des Isles. Les tiges des plus beaux fournissent de grandes planches propres à faire des canaux durables pour les aqueducs; des tables & d'autres meubles: & on emploie les parties difformes, en poteaux, en gentes de roue, *&c.* Les Tourneurs & les Ebénistes travaillent les morceaux qui sont bien veinés & sans nœuds.

Comme les jeunes branches sont très-flexibles, on peut en faire des harts ou liens excellens.

ILEX. *Voyez* YEUSE. HOUX.

I L L

ILLECEBRA. *Voyez* JOUBARBE, n. 4.

I M A

IMAGES *de colle de poisson;* qu'on appelle communément *Images de Flandre.*

Pour en faire de *vertes*, il faut mêler du verdet en poudre avec de l'eau, quatre onces sur deux pintes; les bien mêler avec un bâton; & les laisser infuser pendant trois jours dans un pot vernissé, que l'on secoue de tems à autre. Ensuite on passe l'infusion par un linge en quatre doubles: puis ayant fait fondre la colle dans cette liqueur, sur un petit feu, avec l'attention de ne pas la faire trop épaisse; on la jette sur des planches, qui ont un bord de cire, pour arrêter la colle.

Pour en faire de *rouges*, on met infuser du brésil dans l'eau. Pour les *bleues*, on y fait infuser de l'azur; pour de *jaunes*, du safran avec un peu d'alun de roche: & pour en faire d'or & d'argent, on mêle avec la colle, de l'or ou de l'argent en coquille. La colle étant fondue, on verse le tout à travers un linge sur la planche, comme ci-dessus.

I M M

IMMERSION. *Voyez* ABREUVER: *terme d'Agriculture.*

IMMEUBLE. On nomme ainsi une maison; une terre, un moulin, & en général tout ce qui ne peut être transporté d'un lieu à un autre sans détérioration. Une somme donnée par les parens à leurs enfans, à l'effet de les marier, & pour acquérir en ce cas des héritages; est réputée immeuble dans la Coutume de Paris. Cette même Coutume traite de même toute rente constituée à prix d'argent, tant qu'elle n'est pas rachetée: & elle veut que dans le cas où une rente appartenant à des mineurs est rachetée avant leur majorité, les deniers du rachat ou leur remploi en autres rentes ou héritages, soient censés de même nature & qualité d'immeubles; pour retourner aux parens du côté d'où venoit la rente qui a été rachetée. Les bois de haute futaye, & le poisson qui est dans un étang, sont des immeubles. Il y a des Coutumes qui mettent à ce rang les fruits pendans par les racines; c'est-à-dire attachés à leur racine pour en recevoir encore de la nourriture & se perfectionner. En d'autres Coutumes, les bleds & autres grains sont réputés meubles, après la Saint Jean; & les raisins, après le quinze de Septembre: comme dans les Coutumes de Rheims & de Normandie. Parmi les biens immeubles on met aussi des choses qui consistent en droits ou prérogatives; comme les droits Seigneuriaux, les baux à longues années.

IMMORTELLE; ou *Perpétuelle.* On donne ce nom à des fleurs de différens genres.

Telle est 1°. celle de l'Amaranthoïdes, appellée par corruption *Atholides.* Voyez AMARANTHOÏDES.

2°. On appelle Immortelle la plante dont la dénomination Latine est *Elichrysum*, ou *Helichrysum;* & dans M. Linnæus, *Gnaphalium.* C'est le *Goldylokcs* ou *Eternal Flower* des Anglois. Cette plante est du nombre de celles que M. Tournefort qualifie Plantes à Fleurons. Elle porte de petites fleurs rassemblées en tête plus ou moins arrondie ou allongée, dans une enveloppe commune; qui a l'apparence de calice, est composée de plusieurs pieces obtuses, ordinairement brillante, & qui subsiste aussi longtems que la plante même. Le réceptacle, ou fond de cette enveloppe, est garni de fossettes bordées d'une membranc courte & dentelée. De ses fleurons, les uns sont hermaphrodites ; & d'autres, femelles : mais sur le même individu. On les distingue en ce que les femelles n'ont aucune denture apparente, & que l'on observe pour l'ordinaire cinq dents à chaque hermaphrodite. Chaque fleuron a 1°. un calice propre, posé sur l'embryon, avec qui il fait corps, & qu'il déborde en forme d'aigrette assez longue ; 2°. un pétale en long tuyau, différent dans les hermaphrodites & dans les femelles comme nous venons de le dire. Dans les premiers, sont cinq étamines égales. L'embryon, ou ovaire, est surmonté d'un styl terminé par un stigmat cylindrique, sillonné, & velu ; dans ces fleurons hermaphrodites : & on observe souvent deux stigmats dans les femelles. Aux uns & aux autres, succede une graine enveloppée d'une longue aigrette.

La disposition des fleurs varie beaucoup dans les plantes de ce genre. Il y en a qui naissent solitaires à l'extrêmité des branches ; d'autres sont rapprochées en corymbes.

Especes.

1. *Elichrysum Americanum latifolium* Inst. R. Herb. Celle-ci, originaire du Canada, est annuelle. Ses racines tracent beaucoup. Ses tiges, cotoneuses, ont environ un pied & demi de hauteur, & sont branchues. Les feuilles, qui y sont placées dans l'ordre alterne, sont couvertes d'un duvet épais en dessous, longues, assez étroites, terminées en pointe. Les branches sont terminées par des corymbes assez serrés, de jolies têtes blanches & argentées. Ces fleurs sont en état dans les mois de Juin & Juillet. Les tiges périssent en automne.

2. Le *Pied de Chat ;* en Latin *Pes Cati ;* & *Cat'sfoot* en Anglois : plante qui vient sur le haut *des montagnes*, & demeure toujours près de terre. Elle fait, de côté & d'autre, quantité de pousses qui prennent racine, & ainsi la multiplient prodigieusement. Les feuilles dont elle est composée sont étroites à leur base, arrondies & élargies à leur extrêmité, longues de huit à dix lignes, & couvertes d'un duvet blanc particuliérement abondant en dessous. De leur touffe, peu considérable, s'éleve une tige droite, cotoneuse, menue, haute de quelques pouces ; terminée par un joli bouquet de fleurs, tantôt blanches, tantôt d'un rouge plus ou moins coloré, ou nuées de l'une & l'autre couleurs. Ces fleurs sont en état vers le mois de Mai. On est dans l'usage de nommer *mâles* les individus dont les têtes sont arrondies ; & *femelles*, ceux qui les ont allongées, ainsi que leurs feuilles. Mais, suivant l'observation de M. Adanson (*Fam. des Pl.* T. II. p. 106) les prétendues fleurs mâles, contenues dans les têtes arrondies, ne peuvent être regardées que comme des hermaphrodites stériles.

3. *Elichrysum Orientale* C. B. Le *Bouton d'Or.* Cette espece est une de celles dont on fait le plus de cas, entre les autres de ce genre, à qui on donne le nom d'*Immortelles ;* attendu que les calices de ses fleurons sont formés d'écailles jaunes, transparentes, & qui ne se flétrissent qu'après plusieurs années quand on a eu l'attention de *cueillir la fleur avant qu'elle fût entiérement ouverte.* C'est une plante vivace, originaire des Indes Orientales ; qui forme une sorte de petit buisson haut de trois à quatre pouces. Ses feuilles sont disposées sans ordre, cotoneuses, étroites. De leurs touffes nombreuses, sortent des péduncules, hauts de huit à dix pouces, tout garnis de petites feuilles ; & dont les rameaux sont terminés par des fleurs d'un beau jaune, qui se succedent continuellement depuis le mois de Mai pendant presque tout l'été.

Culture : & Usages.

Après avoir cueilli les fleurs du *n.* 1, on les fait sécher soigneusement : au moyen de quoi elles conservent toute leur beauté pendant plusieurs années. Cette plante s'accommode de presque toutes sortes de terreins & d'expositions. On la multiplie aisément par ses traces enracinées.

Ses fleurs, & celles du *n.* 3 servent à faire des bouquets de parure pour l'hiver.

Comme le *n.* 3 produit quantité de têtes feuillues, ces têtes ou especes de branches servent à le multiplier. Les ayant coupées durant l'été, on en ôte les feuilles d'en bas ; & on plante le reste sur une couche de terre légere, sous des cloches, que l'on a soin de couvrir quand le soleil y donne. On les mouille souvent aussi, pendant cette saison, mais peu à chaque fois. Quand ces boutures ont bien repris, on les met dans des pots garnis de terre légere ; & on les laisse à l'ombre, former de nouvelles racines. Ensuite on les place parmi les Orangers, Grenadiers, & autres semblables plantes exotiques. Vers le milieu ou la fin d'Octobre, on les couvre de chassis, qui ne demeurent fermés que quand il fait réellement froid. Il convient que ces pots soient à une bonne exposition : & alors ils passeront l'hiver dehors avec très-peu d'abri. Moins on traite délicatement cette plante, plus elle donne de fleurs : & elle ne fleurit qu'imparfaitement quand on la tient sans nécessité dans la serre.

On a coutume de regarder parmi nous cette plante, comme très-délicate & craignant le froid ; parce qu'on la mouille en automne : au lieu que, la laissant un peu manquer d'eau pendant cette saison & en hiver, on la voit reprendre vigueur dès qu'elle a joui de l'air.

Il est aisé de multiplier le Pied de chat (*n.* 2) au moyen de ses rejettons extrêmement abondans. On les leve en automne pour les planter un peu à l'ombre. Puis ils n'exigent d'autre soin que d'ôter les herbes voisines qui peuvent leur nuire. Cette plante est vulnéraire & astringente. On en fait un sirop, utile pour les fluxions de poitrine, surtout quand les malades se plaignent de sérosités qui coulent dans la gorge & le long des bronches. Ce *sirop*, fait avec le pied de chat seul, est qualifié de simple. On en *composé* un autre avec la décoction d'orge, les jujubes, les raisins secs, la réglisse. Schroder y ajoûtoit même les sebestes, les dattes, les figues, le pas-d'âne, la pulmonaire, & le céterac. Au reste le pied de chat doit être regardé comme échauffant : quoiqu'il semble rafraîchir par le calme que produit sa premiere action : ainsi il ne convient pas indistinctement à toutes les maladies de la poitrine.

UNE 3e sorte d'IMMORTELLE est le genre de Plantes que les Botanistes Latins nomment *Xeranthemum ;* c'est-à-dire *Fleur Séche*, suivant l'étymologie Greque de ce mot. Les fleurs des Xeranthemum naissent une à une à l'extrêmité des branches. Elles sont composées de fleurons, comme celles des *Elichrysum* dont je viens de parler. L'enveloppe commune de ces fleurons est un assemblage de feuilles pointues, dont les unes entament sur les autres à la maniere des tuiles d'un toît. Son réceptacle est couvert d'écailles pointues, & très-menues. Les fleurons sont presque tous hermaphrodites. Leur pistil, ainsi que celui des fleurons femelles, n'a qu'un stigmat. Chaque fleuron a pour calice cinq longues écailles plates, terminées en pointe, fermes, seches, & friables.

Quelques Auteurs ont attribué à ces plantes le nom de *Ptarmica*, qui convient à un genre différent : *Voyez* HERBE *à éternuer.* C'est cependant sous cette dénomination qu'une partie des Anglois la connoissent ; & d'autres, sous celle de *Eternal Flower*.

Nous ne parlerons ici que du *Xeranthemum flore simplici* H. Lugd. Bat. Cette plante, originaire d'Autriche & de quelques endroits d'Italie, est annuelle. Elle porte une tige menue, ramifiée, cotoneuse, anguleuse, & fillonnée, qui s'éleve à douze ou dix-huit pouces. Le long de cette tige sont placées, dans l'ordre alterne, des feuilles faites en fer de pique, velues, sans pédicule sensible, plus ou moins étroites, & dont la largeur est environ le quart de la longueur. Le haut des rameaux est nud ; & terminé par une fleur en tête, blanche ou d'un pourpre clair ; ordinairement à-peu-près grosse comme le bout du doigt. Les écailles de l'enveloppe commune sont argentées.

Il y a de ces fleurs, qui sont doubles.

Culture : & Usages.

Les graines perpétuent la couleur des fleurs dont elles viennent; pourvû qu'on ne les confonde pas en les semant.

Il vaut mieux les semer aussitôt après leur maturité, qu'au printems : les fleurs en sont plus hâtives; ce qui peut être un avantage dans les années où l'été est peu favorable. On prétend même que les plantes qui sont nées avant l'hiver, ont plus de disposition que les autres, à donner des fleurs doubles. Ayant mêlé la graine avec de la terre séche, on la seme dans une planche de terre légere; séche, sabloneuse; ou dans du terreau de vieille couche. Quand les jeunes plantes ont environ deux pouces de hauteur, on les repique abritées & à une bonne exposition. Elles passent ainsi l'hiver, pourvû qu'il ne soit pas trop rigoureux. Au printems il suffit de les sarcler. Elles commencent à fleurir vers le mois de Juin, & continuent souvent jusqu'en Septembre. Il faut les arroser quand la saison est aride. Comme on ne peut pas prévoir l'état de l'hiver, il est de la prudence d'en tenir quelques pieds dans des caisses. On cueille les fleurs quand elles sont parfaitement épanouies ; pour les serrer bien séches dans une boîte. Elles s'y conservent longtems : & servent à faire des bouquets de parure pendant l'hiver. Dès qu'elles sont cueillies, on les *frise* : c'est-à-dire que l'on passe la lame d'un couteau ou d'un canif derriere chaque fleuron appuié contre le pouce ; ayant soin qu'il prenne à-peu-près la forme d'une S. Cette opération les épuise de l'humidité qui pouvoit y être adhérente ; empêche qu'ils ne se croquevillent en séchant ; & les dispose à demeurer écartés les uns des autres. La fleur blanche est d'abord citron, ensuite d'un jaune pâle, puis tout à fait blanche : c'est cet état qu'il faut saisir pour la cueillir ; si on differe, elle se tache de gris, & quand on l'a frisée elle devient d'un blanc très-sale. Celles qui sont gris de lin deviennent rousses & d'un brun rouge quand on ne les a pas cueillies avant qu'il s'y soit formé de petites taches blanches.

Il faut laisser quelques fleurs des doubles, & des plus belles, pour avoir de la graine : qui mûrit dans l'espace de deux mois.

Pour relever le mérite de ces fleurs dont la couleur n'est pas sujette à procurer des variétés; on a imaginé de les teindre en beau bleu, en écarlate, en verd, jaune, gris, noir; & de les panacher.

Celles que l'on a cueillies avec les défectuosités dont nous venons de parler, prennent mal la teinture.

Comme nous ne sommes pas sûrs des procédés, & que le Dictionnaire n'en parloit point ci-devant ; nous croyons qu'il suffit d'indiquer aux curieux un petit ouvrage imprimé chez De Sarcy en 1690, & que l'on trouve à Paris au Palais, chez Saugrain : intitulé *Secrets pour Teindre la Fleur d'Immortelle.... par* F. L. D. T. R.

Après les avoir teintes, on les tient suspendues jusqu'à ce qu'elles soient parfaitement séches : au moyen de quoi la couleur subsiste autant qu'elles.

On peut mettre dans des caraffes avec de l'eau les fleurs qui n'ont pas de couleurs artificielles. Les autres s'y altéreroient : mais elles se soutiennent bien dans des pots ou caraffes à demi-pleins de sable bien sec, où l'on fait entrer le bas des branches.

I M P

IMPATIENS *Herba*. Voyez CARDAMINE.

IMPERATOIRE ; ou, selon quelques-uns, IMPERIALE : en Latin IMPERATORIA.

Ayant donné le caractere des plantes de ce genre, sous le nom de l'ANGELIQUE *n.* 1, qui y appartient ; nous ne le répeterons pas ici.

Nous nous bornerons à parler de la plante qui a conservé le nom d'*Imperatoire* ; & qui porte encore ceux de *Benjoin François* & *Autruche* : l'IMPERATORIA *Major* C. B. Les Anglois l'appellent *Masterwort* ; & *False Pellitory of Spain*.

Cette plante, commune sur les Alpes & sur d'autres montagnes, a une racine grosse comme le pouce, charnue, d'une odeur aromatique, & d'une saveur très-âcre. Il en sort des feuilles composées de longues queues terminées par deux rangs de pétioles ou nerfs opposés & un pétiole unique. Chacun de ces pétioles porte, à son extrêmité, un épanouissement membraneux découpé très-irréguliérement en plusieurs lobes inégaux, mais dont les divisions sont bordées de dentelures profondes en scie. Il y a ordinairement sur chaque pétiole un lobe plus considérable, fait à-peu-près en rhombe. Celui de l'extrêmité de la feuille est souvent entier ; mais toujours dentelé comme les autres. Toute cette plante a une odeur forte & aromatique. D'entre les feuilles, s'éleve une tige branchue, haute de dix-huit à vingt-quatre pouces ; accompagnée de quelques petites feuilles entieres, qui y tiennent sans pédicule. Chaque branche est terminée par une ombelle de petites fleurs blanches ; vers le mois de Juin.

Usages.

On regarde cette plante comme utile pour résoudre les ventosités de l'estomac, des intestins, & de la matrice.

En général ses noms ci-dessus, Latin, François, & Anglois, désignent la haute estime que l'on en a faite ; en la supposant digne d'être présentée aux Souverains.

Du moins est-il vrai qu'elle est diaphorétique ; & que ses vertus sont à-peu-près les mêmes que celles de l'Angélique. Pour la rétention d'urine, & la colique néphrétique, on fait bouillir deux poignées de ses racines fraîchement cueillies, dans deux pintes d'eau, pendant huit ou dix minutes ; & l'on fait prendre cette tisane au malade. Sa racine s'emploie aussi en décoction ; à une once en poudre ; & en substance, à un gros. Une demi-once de cette racine, infusée dans du vin blanc pendant la nuit, est un excellent sudorifique. L'imperatoire est céphalique, & fébrifuge : on fait prendre aux enfans épileptiques, l'infusion d'une demi-poignée de ses feuilles dans une pinte de vin blanc. Ce remede est très-propre aussi pour fortifier l'estomac ; chasser les vents, & guérir l'hydropisie. Son huile essentielle se donne depuis quatre gouttes jusqu'à six ; son extrait, depuis demi-dragme, jusqu'à deux dragmes ; & le vinaigre dans lequel on a fait infuser cette racine, depuis demi-once jusqu'à deux onces.

IMPETIGO. *Voyez* DARTRE.

IMPOSTE : *terme d'Architecture* ; qui, peut-être, vient de l'Italien *Imposto*, (mis dessus). C'est une petite saillie ou avance & espece de corniche, sur laquelle pose une voûte ou arcade. On l'appelle autrement *Coussinet* ; fait pour recevoir la retombée d'une arcade.

Les impostes sont appellées *Incumba*, par Vitruve, du verbe Latin *Incumbere*, poser & être posé par dessus ; ce qui revient au mot *Imposte*, qui vient d'*Impositus*, participe du verbe *Imponere*, mettre par dessus. C'est effectivement une piece d'Architecture qui est posée dessus une autre.

L'imposte est différente, selon les différens ordres. La *Toscane* n'est qu'une plinthe. La *Dorique* a deux fasces couronnées. L'*Ionique* a un larmier au-dessus de ses deux fasces, & ses moulures peuvent être taillées. La *Corinthienne* & la *Composite* ont un larmier, une frise, & autres moulures ; qui peuvent aussi être taillées.

Il y a plusieurs sortes d'impostes : savoir, l'*Imposte coupée* ; qui est interrompue par des corps, comme par des colonnes & des pilastres. L'imposte Corinthienne de l'Eglise de S. Pierre à Rome, & qui fait un fort mauvais effet, est de cette maniere. L'imposte *Cintrée* est celle qui ne se profile pas sur le pied droit d'une arcade, mais sert de bandeau à cette arcade, & retourne en archivolte. On appelle aussi imposte Cintrée, celle qui est courbe par son plan ; comme aux salons ronds, & tours des dômes. L'imposte *Mutilée*, est celle dont la saillie est diminuée, pour ne pas excéder le nud d'un dosseret ou d'un pilastre.

L'imposte est si essentielle dans la composition des ordonnances ; que lorsqu'il n'y en a point, il arrive qu'à l'endroit où la ligne courbe de l'arc se joint à la ligne à plomb de l'alette, il semble qu'il y ait un coude ; ce qui est une imperfection.

Voyez TABLETTE *de jambe étriere*.

IMPRESSION. Peinture grossiere, à l'huile, & en détrempe ; mais toujours avec une seule couleur. *Consultez* l'article TRAVÉE.

IMPRIMEUR. C'est celui qui imprime. On distingue deux sortes d'Imprimeur : les uns en lettres ; les autres en taille-douce.

Maladies propres à cet état. Consultez l'article REMEDE.

INA

INANITION. Consultez l'article CONVULSION.

INC

INCARNATIF, ou *Sarcotique*. C'est ce qui favorise la germination des nouvelles chairs, à la suite d'une suppuration.

A mesure que le pus s'évacue, & que l'ulcere se déterge ; les vaisseaux qui n'ont pas été altérés, sont plus à l'aise : & n'étant pas soutenus à la superficie de l'ulcere, ils prêtent à l'abord du sang, ils s'étendent, & forment ces petits grains rouges que l'on apperçoit alors sur toute l'étendue des plaies & ulceres. Ces grains grossissent, s'étendent de plus en plus, & remplissent par degrés le vuide de l'ulcere ou de la plaie.

Les incarnatifs, pour faciliter le prolongement des vaisseaux, font évacuer le reste du pus, détergent la plaie, & donnent aux vaisseaux la souplesse dont ils ont besoin pour prêter à leur extension. Mais si les grains qui pullulent sont mollasses & abreuvés d'humidité, il faut leur donner plus de ressort, & absorber l'humidité trop abondante. Les incarnatifs ne different donc pas beaucoup des déterfifs. Aussi les *Plantes Incarnatives* sont-elles ou détersives vulnéraires, ou légérement astringentes.

INCENDIE. La terre ou le sable sont aussi bons, & souvent meilleurs que l'eau, pour arrêter les incendies.

2. En 1759 on annonça, à Paris, une *Liqueur Antipyrique* : qui mêlée avec cinq fois autant d'eau commune ; puis portée sur les endroits embrasés soit avec des balais, des toiles, *&c*, soit en forme de pluie, devoit arrêter sur le champ & sans retour les incendies. On en a fait peu d'usage : un pareil secours, s'il étoit réel, deviendroit néanmoins d'une grande importance.

3. Le Sieur Ambroise Godfrey, Chymiste de Londres, prétend avoir trouvé une semblable liqueur, dont les effets sont très-prompts ; & que l'on fait agir en mettant le feu à un baril de poudre qui communique au vaisseau où est contenue la liqueur. Son opération a été souvent heureuse. Nous croyons devoir renvoyer les Lecteurs pour les détails qui la concernent & qui en indiquent le service ; à une petite brochure que l'on peut aisément tirer de Londres, & dont nous avons eu entre les mains une troisieme Edition, *in*-8°. imprimée en 1744.

4. *Voyez* POMPE.

INCONTINENCE *d'Urine.* Voyez sous le mot URINE.

INCRASSANT (*Remede*). Voyez BECHIQUE.

INCRUSTATION : *terme d'Architecture.* C'est un ornement de marbre, de jaspe, de pierres dures & polies, ou d'autres choses brillantes ; qu'on applique par carreaux dans des entailles faites exprès dans le corps d'un bâtiment. Les incrustations du Château de Madrid, près Paris, ne sont que de poterie : mais celles du Louvre sont de marbre.

Il y a cette différence entre Incrustation & Enduit, qu'on incruste une muraille, un pilastre, une colonne, en les revêtant de marbre, de jaspe, *&c* : au lieu qu'on les *Enduit* en y appliquant une couche de chaux, de plâtre ou de quelque autre matiere détrempée.

On appelle *aussi* Incruster, quand on met une piece en la place d'un autre qui s'est écornée par quelque accident, & qu'il faut hacher.

INCUBE : appellé vulgairement *Cochemar*. Oppression qui survient la nuit pendant le sommeil ; & qui fait que l'on ne peut respirer, ni proférer des sons, ni se remuer, quelque envie que l'on en ait. Les sens sont engourdis : l'imagination est troublée ; on pense être accablé d'un pesant fardeau, ou sentir sur sa poitrine un corps humain ou quelque autre animal dont le poids est suffoquant. L'accès finit dès que l'on a mis quelque membre en mouvement.

En général beaucoup de pituite & de mélancolie sont cause de cet accident : qu'éprouvent principalement les personnes qui s'appliquent trop à l'étude, ou à un travail qui gêne l'esprit ; qui dorment sur le dos ; ou qui mangent avec avidité, & plus que leur chaleur naturelle ne peut digérer ; qui boivent par excès, & ne font point d'exercice ; qui se nourrissent de viandes grossieres ; enfin celles chez qui les hémorrhoïdes ou les ordinaires sont supprimés.

La maladie de l'Incube est quelquefois si commune, soit par l'intemperie de l'air, soit par la mauvaise qualité des alimens & des eaux, qu'elle devient comme épidémique ; ainsi que Lysimachus l'observa autrefois à Rome.

Remedes.

1. Pour empêcher que les vapeurs froides & grossieres, qui produisent l'accident, ne causent ensuite de funestes maladies : il faudra commencer par moderer ses passions ; marcher, ou s'exercer à quel-

que chose, après le dîner; user de rossolis, ou d'eau clairette, d'anis sucré, de conserve de fleurs de souci, de fenouil, de cannelle; mâcher à jeûn de la rhubarbe, & quelquefois encore après le dîner, jusqu'à demi-dragme.

2. Outre ces petits remedes, il faudra se faire tirer un peu de sang; à proportion que l'on sera plus ou moins sanguin. On prendra des lavemens, de tems à autre: & l'on se purgera avec le catholicon double, le sirop de roses, ou la rhubarbe, ou la casse; ou avec un vomitif, si l'on apperçoit que ces vapeurs viennent de l'estomac. On observera la diete: & surtout on soupera légérement; on se modérera sur le boire; on se couchera, la tête & la poitrine un peu élevées, & on fera ensorte de ne pas être couché sur le dos.

3. On doit pratiquer tout ce qui peut évacuer la bile noire. On a constamment l'expérience que cette maladie cesse avec les symptomes les plus extraordinaires, lorsqu'après avoir préparé la bile noire à l'évacuation on la purge, on corrige l'intempérie des entrailles, on en ôte les obstructions, & que l'on provoque le sommeil.

4. On se procure un sommeil tranquille, en prenant après souper un peu du remede suivant; qui fortifie aussi l'estomac: Broyez très-fin dans un mortier de marbre deux onces du plus rouge corail, en l'arrosant de quelques gouttes d'esprit de soufre. Mettez aussi en poudre subtile une once de semence de pavot blanc, une once & demie de semence de laitue, une demi-once de graine d'anis, deux dragmes de girofle, & une dragme de semence de sauge. Mêlez ces poudres avec celles de corail. Puis pour chaque dragme, prenez une once de cotignac: & incorporez le tout; pour en faire usage comme il a été dit. (Semichon, *Causes des maladies.*)

5. *Voyez* RESPIRATION *devenue difficile pour avoir dormi sur le dos.*

A l'égard des *Enfans;* on les reglera sur leur manger. Et une fois ou deux la semaine, on leur donnera dix ou douze grains de rhubarbe en poudre; avec tant soit peu d'anis dans leur bouillie, ou dans un œuf, ou dans une cuillerée de vin blanc, ou avec un peu de confitures; les empêchant de dormir si-tôt après leur dîner, ou leur souper. Si cette maladie leur venoit des vers; on pourra leur donner à manger de l'écorce d'orange confite, ou de la conserve de menthe sauvage.

SI, après que l'accès de l'incube est passé, il survient un battement de cœur; que l'on soit saisi de crainte; que l'esprit soit égaré; que tout le corps tremble, avec des sueurs froides à l'estomac & à la tête: ce sont souvent des symptomes mortels.

INCULTE. On nomme *Terre Inculte*, celle qui est abandonnée à elle-même, & qui ne produit que les végétaux qui y croissent naturellement. *Voyez* BRUYERE. COMMUNES.

I N D

INDE (*Bleu d'*). Voyez INDIGO.

INDE (*Bois d'*). Voyez BOIS, p. 349.

INDIEN (*Bois*). Voyez GAYAC.

INDIGENE: en Latin INDIGENA. On qualifie ainsi toute plante qui est naturelle à un pays. Les autres sont dites *Etrangeres*, ou *Exotiques*.

INDIGESTION. Mauvaise coction des alimens dans l'estomac; digestion difficile & dépravée: d'où résultent des *Crudités*, soit acides soit alkalines.

L'indigestion peut avoir une cause interne; ou une externe. Les causes internes sont l'intemperie trop chaude ou trop froide & humide, ou trop séche, de l'estomac. Elle peut aussi être occasionnée par un phlegmon, un érésipéle, un œdeme, un skirrhe, un abscès.

Les causes externes sont 1°. une révolution subite que causent la colere, la violente surprise, ou toute autre grande passion, peu de tems après le repas: 2°. l'excès dans le boire ou le manger; ou l'usage de mauvais champignons ou d'autres choses pareillement capables de surcharger l'estomac.

Signes des diverses sortes d'Indigestions.

Si l'indigestion vient de chaleur, on se sent une pesanteur à l'estomac, la bouche amere & salée, & point d'appétit; on songe plutôt à boire qu'à manger; on éprouve des rapports, qui ont l'odeur de brûlé ou de fumée.

Si elle est causée par une intemperie froide & humide, les signes sont opposés aux précédens.

Celle qui provient de sécheresse, succéde aux fatigues, à la veille, au jeûne, au chagrin, à l'ennui, aux exercices immodérés; & elle est souvent une incommodité de la vieillesse.

Quand une apostume ou un abscès en sont la cause, l'indigestion est accompagnée de douleur piquante, fievre, & nausées très-fatigantes.

L'indigestion qui vient de froid est pire que celle de chaleur.

Les crudités habituelles d'estomac conduisent à la gale, l'hydropisie, l'épilepsie, & autres maladies redoutables.

Après être revenu d'une maladie, si on a des rapports aigres; on retombe pour l'ordinaire. Quand ces rapports sont fréquens & amers, ils excitent bientôt la fievre.

Remedes pour l'Indigestion.

1. Mad^e De Sévigné dit dans une de ses Lettres (d'après MM. La Chaine & Fagon) que » quand » la digestion est trop longue, il faut manger: cela » consomme un reste, qui ne fait que se pourrir & » fumer si l'on ne le réchauffe par des alimens. Oui » (ajoute cette Dame) n'en riez point; c'est à votre » montre qu'il faut regarder si vous avez faim. Et » quand elle vous dira qu'il y a huit ou neuf heures » que vous n'avez mangé, avalez un bon potage; & » vous consommerez ce que vous appellez une indi» gestion. «

2. Il faut user de vomitif, dans les indigestions causées par des matieres qui ôtent l'énergie aux sucs digestifs, ou en empêchent la sécrétion, & qui énervent les fibres de l'estomac. Non seulement on procure ainsi l'évacuation des matieres indigestes: mais encore le tissu des fibres glanduleuses, irrité par les parties vomitives, se releve; & exprime plus abondamment l'humeur stomacale. Cette sécrétion est encore aidée par la contraction des fibres musculeuses de l'estomac; & par la fluidité générale de la masse du sang, qui est l'effet des secousses que le vomitif occasionne.

3. Prenez deux onces de senné, trois onces de sucre fin, une once & demie de graine de genievre séche, une once & demie de tartre blanc de Montpellier, une once de gingembre: réduisez séparément chacune de ces drogues en poudre impalpable; puis mêlez-les ensemble; & renfermez-les bien, de peur qu'elles ne s'éventent.

On peut prendre de ces poudres, quand on veut; le soir; le matin; au commencement ou à la fin du repas; séches; ou dans un bouillon, dans un œuf, ou avec du vin: & à chaque fois, autant qu'il en peut tenir dans une noix. Si le mal presse, on en prend davantage. Il vaut pourtant mieux les prendre vers le repas. *Elles servent encore pour la fluxion du cerveau, & la colique venteuse.*

4. Lorsque la digestion est dérangée par la propre foiblesse des organes, il faut l'aider tant par dehors, qu'au dedans, en y adaptant une chaleur tempérée. Par exemple, à l'extérieur sur la région de l'estomac, un morceau de peau d'oie, de cigne, ou d'agneau, garni de leur duvet ou poil. On fortifiera intérieurement en se nourrissant de viandes légeres; prenant pendant le jour un peu de conserve de roses; & buvant après le repas un demi-verre de décoction soit de galanga, soit de cumin, ou d'ammi: se promenant avant le dîner & le souper; buvant du vin vieux, avec modération, & sortant toujours de table avec appetit.

Si le flux de ventre accompagne cette indigestion, on usera de rhubarbe à demi-desséchée sur une pelle; on avalera un peu d'encens mâle, dans un jaune d'œuf: ou l'on fera usage de boisson ferrée.

5. Quand l'indigestion est accompagnée de soif, & de rapports aigres, qui sont signes d'une grande chaleur vicieuse; on peut boire de la limonade; des sirops fort légers de cerises, de verjus, de groseilles, de grenades: prendre un peu de poudre de corail, dans ses bouillons.

Il convient de se retrancher entiérement le vin; & ne boire que de la tisane commune, dans laquelle on mêlera de quelques-uns des sirops nommés ci-dessus. Il y a des personnes qui se trouvent bien de prendre le bain froid, après le repas.

6. Si l'indigestion vient d'une apostume accompagnée d'inflammation; on saignera suivant les forces: on fera souvent user des sirops du *n.* 5 battus dans des émulsions des quatre semences froides: & l'on purgera avec de la moëlle de casse délayée dans de l'eau d'orge. On appliquera sur l'estomac, des fomentations de mauves, laitues, ache, chicorée; où l'on aura fait bouillir deux onces de farine d'orge, une once de roses de Provins, une demi-once de mastic, & trois onces de graisse d'oie ou de poule.

Au contraire, lorsque ce sera une apostume froide, on usera du *Sirop* suivant:

Prenez de l'absinthe, des capillaires, des feuilles de fenouil & d'hysope, deux onces de chaque; du mastic, de l'encens mâle, du *spicanardi*, des roses de Provins, de chacun une once. Faites bouillir le tout ensemble dans trois chopines d'eau jusqu'à ce qu'elles soient réduites à moitié. Après avoir coulé la décoction, ajoûtez-y une demi-livre de miel rosat, & autant de sucre; & laissez ensuite consommer en sirop: dont vous donnerez quelques cuillerées pendant le jour.

On appliquera sur l'estomac l'emplâtre de mélilot; ou des fomentations d'absinthe, de camomille, de roses, de mauve, de fenugrec, de mastic, de *spicanardi*, de fenouil, & d'encens: & en cas de skirrhe, on se servira de l'emplâtre de diachilon avec les gommes.

7. *Voyez* ELIXIR *de santé..... du F. Capucin.* FOMENTATION. VIN *pour l'Indigestion.* ESTOMAC, p. 942-3. DIGESTION.

INDIGO: en Indien ANIL: en Latin INDIGOFERA.

Les plantes de ce genre ont un calice d'une seule piece, découpé en cinq sur les bords. La fleur est légumineuse: ses pétales sont séparés & écartés les uns des autres: l'Etendart est arrondi, ouvert, légérement sillonné sur les bords, recourbé en arriere: les Ailes, longues, obtuses, un peu renflées: la Nacelle est écartée, & marquée de deux petites cavités.

Il y a dix étamines; dont une est séparée des autres: toutes sont surmontées de sommets arrondis. A leur centre est un embryon cylindrique, sur lequel porte un style court. Cet embryon devient une silique menue, où sont des semences faites en rein.

Especes.

1. *A la Jamaïque* il y a un Indigo sauvage, dont la silique est courbe & couverte d'un duvet argentin. Ses fleurs sont d'un verd pourpré, & viennent en épi. Cette plante est vivace, & forme un arbrisseau; dont les feuilles sont rangées le long d'un nerf, comme dans le *Colutea*.

2. L'Indigo de *Guatimala*, ou *de la Nouvelle Espagne*, est annuel. Ses feuilles sont composées de folioles allongées, obtuses, d'un verd très-obscur, tirant sur le jaune vers le tems de leur maturité, rangées par paires le long d'un nerf terminé par une impaire. Sa fleur est rougeâtre. Ses siliques sont un peu courbes, sans poils, & tiennent à un pétiol très-court. Voyez ci-dessous *n.* 7.

3. L'Indigo sauvage *du Sénégal*, a la feuille velue.

4. Au Midi *de la Caroline*, il y en a une espece naturelle au pays, & que l'on croit trouver aussi dans les Indes; qui s'éleve à cinq ou six pieds de haut, & est vivace. Elle n'est que médiocrement fournie de branches; mais qui sont d'un rouge pourpre, menues, & dont les folioles sont peu considérables. Ses siliques sont courtes, droites, étroites; & n'ont communément que deux semences bien formées: lesquelles ont beaucoup de ressemblance avec celles du Genêt. * *Gentleman's Magazine*, May 1755, p. 201.

5. L'Indigo sauvage, très-commun dans *la Guyane*, porte de longues siliques fort étroites.

6. Celui que l'on cultive en Amérique dans *les Colonies Françoises*, demeure toujours assez bas, mais forme une plante très-branchue & touffue. Ses folioles sont d'un médiocre volume. Toute la plante est assez tendre & délicate. Elle est annuelle. Sa racine est grosse & pivotante. Ses siliques sont longues, courbes; & contiennent chacune neuf à dix semences larges, anguleuses, comme en quarré long, grisâtres, & en général plus fortes que celles des autres especes désignées ici.

7. Dans les *Colonies Angloises*, on nomme Indigo de *Guatimala* une espece tirée *de Bahama*; qui s'accommode mieux du sol de la Caroline, que le *n.* 2 ci-dessus. C'est une plante considérable par son port, plus haute, plus abondante, & plus large que les autres de ce genre; & fort peu délicate. Ses siliques sont courtes, très-tortillées, & chacune ne contient gueres que cinq ou six graines.

Il y en a plusieurs autres especes ou variétés. *Consultez* le premier Volume des *Aman. Acad.* de M. Linnæus, p. 135.

Usages.

On tire de l'Indigo une couleur fort estimée pour teindre en bleu les laines, les soies, les toiles, & les autres étoffes. C'est ce qu'on nomme *Indigo*, ou *Bleu d'Inde*, ou INDE simplement.

Il n'y a pas encore longtems qu'on lui préféroit le Pastel. Ensuite on permit, comme par tolérance, de mettre une petite quantité d'indigo dans les cuves de pastel. Enfin les Teinturiers étant parvenus à perfectionner la teinture de l'indigo, on emploie indifféremment aujourd'hui l'un ou l'autre. (Voyez *p.* 352, *col.* 1.)

M. Duhamel (*Elém. d'Agricult.* T. II. p. 240) dit qu'un Correspondant de l'Académie des Sciences, à qui il avoit envoyé des Mémoires sur la culture du Pastel, entreprit d'en faire usage à la Louisiane pour traiter de même l'Indigo: & que cette plante produisit alors un très-beau verd. Ce Cultivateur étant mort peu-à-près, M. Duhamel n'a pas sçu si cette teinture étoit solide.

Consultez l'*Art de la Teinture*, par M. Hellot, Chap. VII, VIII, IX.

Les Peintres emploient le Bleu d'Inde, broyé avec du blanc, pour leurs couleurs bleues : employé seul, il peint noirâtre. Mêlé avec du jaune, il produit du verd.

L'espece *n.* 2 est la plus communément destinée à la teinture dont on fait usage en Europe ; & pour cela cultivée presque seule en Amérique.

Le *n.* 3 en produit généralement moins.

On a assuré à M. Miller que le *n.* 1 fournit d'excellente fécule. Cette épreuve mériteroit d'être suivie ; puisque la plante étant plus considérable, on en retireroit davantage, dans la même étendue de terrein qu'il faut pour toute autre espece usitée.

Cet Auteur ajoûte que le *n.* 4 a été réputé pour fournir le meilleur indigo des Indes. Cette plante, trouvée depuis dans la Caroline, fut très-estimée des premiers colons : mais on la négligea ensuite parce que, étant menue & peu garnie de feuilles, elle ne rendoit que peu d'indigo.

Cependant, selon le *Gentleman's Magazine*, d'ailleurs très-partisan de l'Indigo François (*n.* 6), nombre de ceux qui ont des plantations le préfèrent beaucoup à celui-ci, comme donnant une fécule dont la couleur est un pourpre magnifique. D'ailleurs, il allégue un exemple qui fait voir que cette plante peut fournir bien davantage, que celles des *nn.* 6 & 7. Comme elle est hâtive, on peut aussi en vendre le produit, avant que celui des autres soit suffisamment sec.

Les Créoles de la Guyane disent que la racine du *n.* 5, écrasée, puis appliquée sur les dents, en amortit la douleur. * *Mais. Rust. à l'us. de Cayenne*, p. 178.

Culture.

Le *n.* 1 peut bien venir dans des terres maigres ; où le *n.* 2 ne réussit presque point.

Pour tirer avantage du *n.* 4, il faut le mettre dans un terrein substantieux bien ameubli ; répandre du fumier entre les rangées ; sarcler à propos ; & en général gouverner cette plante comme nous traitons celle de nos Colonies (*n.* 6.). Le sol où elle croît sans culture est un sable léger, que la mer féconde par ses eaux. Elle peut subsister trois ans, sans être renouvellée ; & résiste bien, dans le climat de la Caroline, à toutes les alternatives des météores. Elle y est assez avancée, au mois de Juin, pour que l'on puisse en faire une coupe alors, avant celle des autres especes ; puis une seconde, entre les deux premieres récoltes du *n.* 7 ; enfin une troisieme, avant la derniere du même *n°*.

Le *n.* 6 se plaît dans une terre forte & substantieuse. Il devient particuliérement grand & vigoureux dans des terreins bas. Etant bien entretenu, il dure deux ans.

Pour ce qui est du *n.* 7, les terres les plus maigres & les plus ingrates, des rocs mêmes, lui suffisent. Cette plante résiste moins à tout, que celle du *n.* 4. Elle subsiste trois ans dans un même endroit, lorsqu'on a l'attention de couvrir ses racines aux approches de l'hiver, pour les garantir du froid.

On assure que l'Indigo peut réussir en Europe ; même dans nos climats les plus froids, ainsi que sous les plus Septentrionaux de l'Amérique. M. De Préfontaine fait voir (*Mais. Rust. à l'us. de Cayenne*, p. 69) que le climat de la Guyane convient également à cette culture.

En général, il faut que les racines de cette plante ne trouvent que le moins d'obstacle qu'il soit possible, dans leur progrès.

La méthode ordinaire, est de faire des trous alignés à un pied de distance, & profonds de trois pouces, avec la houe, dans une terre préparée par un labour général ; mettre de quatre à douze graines dans chaque trou ; & les recouvrir soigneusement avec les pieds. Il est à propos de le faire par un tems d'humidité actuelle ou prochaine : sans quoi, les graines levant dans la sécheresse, les plantes seroient toujours maigres. Lorsqu'il survient de la pluie bientôt après, on voit lever la graine en trois ou six jours. Il faut être soigneux à nettoyer les plantes de toutes les autres qui peuvent pousser auprès d'elles.

On se trouveroit probablement bien d'employer les semoirs nouvellement inventés, & d'essayer sur cette plante la nouvelle culture. Car on observe qu'en général on seme l'indigo trop dru ; ce qui l'oblige à monter, & diminuant ainsi le nombre & la vigueur des feuilles, prive les cultivateurs d'un profit considérable. Au moyen de la nouvelle culture & des semoirs, on épargnera beaucoup de semence, les semailles se feront plus commodément & à moins de frais ; les plantes prendront plus d'aliment ; & les labours d'été, qui fortifient les plantes & entretiennent la terre en bonne façon, sarcleront suffisamment. Dix arpens de terre ne coûteront guéres plus à sarcler de la sorte, qu'un seul que l'on sarcle avec la houe.

Le tems de la récolte est lorsque les feuilles ont une couleur vive & foncée ; & qu'elles crient & se cassent aisément, quand on coule la main, du bas en haut de la tige. Il est essentiel de saisir ce point. La coupe est désavantageuse, quand on laisse la feuille se faner ou sécher sur pied ; & le produit est beaucoup moindre tant en quantité qu'en qualité.

On remarque que l'indigo, coupé avant sa maturité, donne une plus belle couleur ; mais qu'il rend beaucoup moins. Si on le coupe trop tard, la perte est encore plus grande ; & la fécule est de mauvaise qualité. * *Mais. Rust. de Cayenne*, p. 79.

On choisit pour cette opération un tems humide ; parce que le soleil crisperoit les endroits d'où l'on auroit détaché les feuilles ou les branches ; & les plantes courroient risque de périr : le moindre mal qui leur en arriveroit, seroit celui d'un ralentissement considérable dans leur végétation.

Les plantes étant cueillies, on les met macérer dans des cuves avec de l'eau : qui devient tantôt d'un violet pâle, tantôt d'un verd bleuâtre. On la fait écouler dans une autre cuve, où on l'agite jusqu'à la rendre bien mousseuse. Pour lors il y en a qui y jettent une soixante & onzieme partie d'huile d'olives : bientôt après, la mousse se décompose ; & la liqueur se remplit de grumeaux ou *grains*. D'autres laissent le grain se former naturellement par la force & la continuité de l'agitation. Dès que le grain paroît, on laisse reposer la liqueur pour qu'il se précipite. Le sédiment étant fait, on laisse écouler l'eau. Il reste au fond de la cuve une espece de boue, qui est la *fécule* ; qu'on met ensuite égoutter dans des chausses, puis sécher parfaitement dans des caisses, que l'on tient à l'abri de la pluie & du soleil, sans les priver d'air. Après quoi on donne à cette pâte telle forme que l'on juge convenable. Le détail de ces préparations se trouve dans le premier Tome des *Voyages* du P. Labat *aux Isles de l'Amérique* ; la *Maison Rustique à l'usage de Cayenne* ; *l'Art de la Teinture*, de M. Hellot, Chap. VII ; le *Gardener's Dictionary*, article ANIL ; *Gentleman's Magazine*, May & June 1755. On peut encore voir, à leur défaut, l'*Histoire des Drogues*, de Pomet.

Il paroît que les climats chauds sont plus exposés que d'autres, à l'accident de certaines *Chenilles*, qui viennent comme une nuée fondre sur les champs d'indigo, & en dévorer promptement toutes les plantes. Pour *y Remédier* : 1°. l'on fait de larges tranchées pour interrompre la communication des endroits attaqués, avec les autres. 2°. D'autres se hâtent de couper l'indigo tel qu'il est, & le jettent dans des cuves pleines d'eau, avec les chenilles: le peu de fécule qu'ils en tirent, modere toujours les pertes. M. De Préfontaine dit, 3°. que l'on a l'expérience qu'en lâchant un ou plusieurs cochons dans la piece d'indigo, aussitôt que l'on y apperçoit des chenilles, on donne lieu à ces animaux de secouer les tiges avec leur nez pour faire tomber les insectes, sur qui ils se jettent avec avidité: *Maiſ. Ruſt. de Cayenne*, p. 71.

On vend sous le nom d'*Inde* ou *Indigo*; du pastel que l'on a fait bouillir dans de l'eau, avec certaine quantité de chaux éteinte; & dont on a enlevé l'écume pour la mêler avec un peu d'amidon. * *Nouv. Maiſ. Ruſt.* de Liger, T. I. (Voyez ci-dessus p. 350 col. 2.) On prétend que la laine qui en est teinte d'abord, prend mieux & plus solidement les autres couleurs. Il seroit à souhaiter que cette préparation ne fût employée qu'à donner au linge un œil bleu, ou à teindre la laine. Mais on assure que l'on vend pour sirop violat, du sirop coloré par cet indigo, & mêlé d'un peu d'Iris.

INDIGO BATARD: nommé par M. Rand *Barba Jovis Americana, Pseudo-Acaciæ foliis, flosculis purpureis minimis*: & dont M. Linnæus a fait un genre particulier, sous le nom d'*Amorpha*. Le nom Anglois de cette plante est *Bastard Indigo*.

Le principal mérite de cet arbrisseau est sa fleur: qui forme un très-bel épi. Chaque fleur prise séparément est moins belle, que singuliere. On peut se la représenter comme une fleur légumineuse, cependant privée d'ailes & de nacelle. Le calice ne périt point: c'est une espece de tuyau cylindrique, dont l'ouverture supérieure est découpée en cinq parties obtuses, qui se tiennent droites & paroissent ainsi ressembler à des dents; dont les deux d'en haut sont plus grandes que les autres. Entre ces deux grandes découpures est attaché un seul pétale, fait comme le pavillon des fleurs légumineuses; fort petit, oval, creux, & droit. Cette fleur a pour étamines dix filets, dont neuf tiennent presque ensemble par leur base: ces filets sont de longueurs inégales, plus longs que le pétale de la fleur, & surmontés de sommets qui sont d'un jaune très-vif. Le calice, le pétale, & les étamines, sont de couleur pourpre. Au milieu de la fleur, est un embryon oblong; qui sert de support à un style fort menu, aussi long que les étamines. Cet embryon devient une silique courbe, applatie, plus grande que le calice, recourbée à son sommet; & dont l'intérieur n'est qu'une seule loge, où sont renfermées tantôt une tantôt deux semences longuettes, courbées à-peu-près comme la silique.

Cet arbrisseau jette quantité de rameaux confusément, & s'éleve quelquefois jusqu'à plus de douze pieds de haut. Le long des branches, sont posées alternativement de longues feuilles, composées de folioles, semblables à celles du Faux Acacia, qui sont rangées deux à deux sur une queue commune terminée par une seule foliole. Les fleurs naissent à l'extrêmité du jeune bois, au mois de Juin; & sont d'un violet foncé, parsemées de points couleur d'or.

M. Duhamel a décrit & représenté cette plante, dans le premier Volume de son *Traité des Arbres & Arbustes*.

Culture.

Cet arbrisseau est originaire de la Caroline: d'où l'on en a envoyé des graines en Europe; qui ont bien levé, profité assez vîte, & fleuri au bout de trois ans.

On peut encore le multiplier soit de rejets, soit de marcottes; que l'on transplante au bout d'un an; soit en pépiniere, soit à demeure. Mais comme il croît promptement, on doit ne le laisser qu'un an dans les pépinieres.

Cet arbrisseau veut être abrité des grands vents; qui sont sujets à en casser les branches. Tendres & longues, comme elles sont, la gelée en fait presque immanquablement périr l'extrémité. Mais il repousse de nouvelles branches avec vigueur, au printems, au-dessous de la partie mortifiée. Un peu de litiere, mis sur les racines, le rend plus capable de résister au froid.

Usages.

Il forme un buisson agréable en été. On peut le mettre dans les bosquets de cette saison; & même dans ceux d'automne: car il conserve ses feuilles jusqu'aux gelées. Attendu qu'il est en fleur dès le mois de Juin, on peut encore en placer quelques pieds dans les bosquets de la fin du printems: où la singularité de cette fleur produira un bel effet.

Si l'on a un jardin qui ne soit pas fort exposé à la gelée, rien n'empêche de faire de jolies palissades avec cet arbrisseau. Il faut seulement alors avoir soin de le retenir sur un treillage avec des osiers; parce qu'il pousse naturellement de longues branches de part & d'autre.

On a fait autrefois, à la Caroline, un Indigo grossier, avec les jeunes pousses de cette plante.

INF

INFÉODATION: *terme de Droit.* Action par laquelle le Seigneur aliéne une maison, une terre, ou quelque autre chose; pour être tenue de lui en fief. Il se dit *aussi* de l'action par laquelle un Seigneur unit quelque chose à son Fief.

L'inféodation se fait encore lorsque le Seigneur reçoit la foi & l'hommage; l'aveu & le dénombrement; les droits de quint, de requint, de relief & autres semblables. Nous remarquerons là-dessus. 1. Que quoique *Foi* & *Hommage* paroissent synonymes, il y a pourtant cette différence entre ces deux mots, que la *Foi est* une promesse que le Vassal fait de servir fidélement son Seigneur; & que l'*Hommage* est en même tems une reconnoissance de la supériorité du Seigneur & de la dépendance du Vassal: de sorte que l'*hommage* a quelque chose de plus servil & de plus engageant que la foi ou le serment de fidélité; puisque le Vassal, en rendant son hommage, devient, comme on dit, l'homme de son Seigneur; qui peut bien le dispenser de l'*hommage*, mais non pas de la *foi*, ni lui permettre de manquer à la fidélité qu'il lui doit en vertu de la concession du Fief. 2. L'*Aveu* est une reconnoissance ou un acte que le Vassal donne à son Seigneur de fief, contenant un dénombrement exact & particulier de toutes les terres qu'il tient de lui. 3. Le droit de *Quint* que l'on paye en quelques lieux pour l'acquisition d'un fief, au Seigneur dont le fief est mouvant, consiste en la cinquieme partie du prix de la vente du fief: & le *Requint*, en la cinquieme partie du quint, ou du cinquieme denier, de l'estimation d'un héritage féodal. 4. Enfin on appelle *Relief*, le droit qu'on doit pour chaque fief noble tenu en plein hommage, dans le tems qu'on entre en jouissance. L'*Inféodation* doit être faite par un acte authentique qui produise un droit réel, & un effet assez perpétuel pour que les successeurs, à quelque titre que ce soit, ne puissent ni disputer ni révoquer en doute les charges & les rentes inféodées; ce qu'ils seroient fondés à faire, si au lieu d'inféodation en forme, il n'y avoit qu'un simple acte d'approbation qui fût personnel,

personnel, & qui n'eût lieu qu'à l'égard de celui qui auroit prêté son consentement. Voyez *Brodeau sur la Coutume de Paris*, *Titre des Fiefs*. Quand on tient des Terres du Roi, c'est à la Chambre des Comptes du lieu qu'il en faut donner l'aveu & le dénombrement.

C'est une maxime en France que le Fief & la Justice sont deux choses différentes: ensorte qu'un Seigneur peut mettre & ériger une Roture en Fief; mais non pas concéder la Justice; parce que c'est un droit purement Royal & de Souveraineté.

INFERTILE. *Voyez* INGRAT.

INFESTUCARE. *Voyez* sous le mot VERGE.

INFESTUCATION. *Voyez* VÊTIR.

INFLAMMATION. C'est en général une chaleur excessive, qui affecte le corps des animaux. Quand elle n'est accompagnée d'aucune tumeur, on lui donne le nom de *Phlogose*. Elle est assez ordinaire dans les maladies scorbutiques.

Ce qu'on appelle *Phlegmon* est une tumeur enflammée, qui occasionne une rougeur & de la douleur dans les parties charnues & où le sang aborde. Cette tumeur est l'effet de l'affluence impétueuse d'un sang échauffé, & dont la circulation interrompue met du désordre dans les petits vaisseaux. *Voyez* TUMEUR. CANCER. RATE. FOIE. TESTICULE. GORGE. ESTOMAC. LUETTE.

Il n'y a gueres d'inflammation considérable, sans fievre.

L'inflammation qui se jette sur les parties externes y produit des érésipeles, & diverses éruptions dont la cure est plus ou moins difficile. *Voyez* DARTRE. ÉRÉSIPELE. GALE.

Remedes.

Pour ôter l'inflammation, en quelque endroit du corps qu'elle soit; il faut piler des feuilles d'ache, les tremper dans de l'eau de souci, puis mettre de cette eau sur la partie enflammée; & y appliquer desdites feuilles pilées.

Pour l'inflammation accompagnée d'enflure & douleur: Prenez de la pulpe ou moëlle de pomme cuite; mêlez-y de l'eau-rose, & faites-en un cataplasme; que vous appliquerez sur l'inflammation. Ce remede est bon pour les petits enfans, & pour les grandes personnes, principalement pour celles qui sont grasses: dont il guérit aussi les *écorchures* qu'elles se font entre les cuisses.

2. Bassinez avec de l'eau tiede, & du vinaigre de vin.

Voyez *Toile pour les* CONTUSIONS. GENOU *enflé*. L'article HEMORRHOÏDES.

INFLAMMATION *d'une Plaie Recousue*. Voyez dans l'article CHEVAL, le mot *Blessures du Ventre*, p. 562.

Maladies INFLAMMATOIRES. Consultez le mot *Maladies chaudes & violentes*, dans l'article des REMEDES PASTORAUX.

La saignée, & les potions rafraîchissantes, conviennent dans tous les cas d'inflammation.

INFUNDIBULIFORME: *terme de Botanique*. On nomme ainsi une plante dont la fleur est à-peu-près faite en entonnoir; lequel est appellé en Latin INFUNDIBULUM. *Voyez* ENTONNOIR. Ces sortes de fleurs ont un seul pétale; dont la partie postérieure forme un tuyau assez menu; & dont le haut est évasé, souvent terminé par plusieurs découpures larges & renversées en dehors. Telles sont les fleurs de Jasmin, de Lilac, &c.

INFUSION. C'est une préparation des matieres dont on veut extraire quelque principe; & que l'on met à cet effet macérer dans une liqueur.

Il faut connoître la nature de la matiere qu'on veut faire infuser; afin de lui donner un dissolvant convenable. Toute liqueur n'est pas propre à dissoudre toutes sortes de mixtes. La Chymie & l'expérience nous apprennent que l'eau suffit pour extraire les vertus de la rhubarbe, du senné, & de plusieurs autres plantes; mais qu'il faut employer l'eau-de-vie, ou l'esprit de vin, pour extraire les principes du jalap, du turbith; & d'autres racines, plantes, ou matieres, résineuses. La qualité vomitive de l'antimoine, ne peut s'extraire fortement que par le vin.

Il ne faut pas charger une infusion d'une trop grande quantité de matiere: parce que la liqueur ne peut s'empreindre de la vertu, que par proportion à l'ouverture ou capacité de ses pores.

Maniere de faire une Infusion sur les Cendres chaudes.

Voyez à la suite de la *Couleur Violette*, dans l'article Teindre la PAILLE.

Infusion pour purger la Mélancolie.

Mettez dans un pot de fayance; senné mondé, trois dragmes; sel de tartre, un scrupule: versez dessus six onces d'eau commune, chaude. Faites infuser ces drogues sur les cendres chaudes, pendant une nuit. Laissez frémir un peu l'infusion; ensuite passez-la par un linge, avec expression; & faites-la prendre en une seule fois.

Si on ne veut pas une purgation forte, on diminue la dose du senné à proportion.

Au lieu de sel de tartre, on peut employer le sel polychreste, ou le sel végétal, ou le crystal minéral, ou enfin quelque autre sel alkali. Ces sortes de sels empêchent les tranchées, en raréfiant & dissolvant la substance visqueuse du senné; laquelle s'attacheroit à la membrane intérieure des intestins, & y causeroit des irritations, qui produisent les tranchées.

On peut faire infuser le senné à froid: mais alors il en faut corriger le mauvais goût, en ajoûtant dans l'infusion quelques tranches de citron ou d'orange, avec de la pimprenelle. Pour rendre la purgation plus forte, on peut y joindre l'agaric, ou la rhubarbe, ou d'autres purgatifs propres pour les humeurs qu'on veut évacuer.

Infusion propre à évacuer la Pituite, & les Sérosités qui tombent sur la poitrine, sur l'estomac, & sur les dents.

Prenez quantité suffisante, soit de véronique, soit de petite sauge, soit de thim, ou de romarin: ajoûtez-y un peu de millepertuis, ou de camomille. Quand l'eau bouillira, mettez-les dans la caffetiere: quand elle aura jetté un bouillon, retirez-la, & laissez infuser, jusqu'à ce que les feuilles soient précipitées au fond. Prenez cette infusion avec un peu de sucre, comme le thé.

Infusion pour la Gravelle, & les Douleurs Néphrétiques.

Faites infuser dans un pot de fayance, ou de terre vernissé, deux gros de Bois Néphrétique rapé, pendant cinq ou six heures, ou jusqu'à ce que sur la superficie de la liqueur il paroisse une couleur tirant sur le jaune & le bleu; ou qui soit nuancée à-peu-près comme l'arc-en-ciel. On ne sçauroit trop boire de cette infusion. A mesure qu'on en prend un verre, il faut en ajoûter un autre de bonne eau de riviere;

ou de fontaine; & continuer toujours de même, jusqu'à ce qu'on n'apperçoive plus la même couleur à la superficie. Il faut continuer de boire cette infusion pendant plusieurs mois; ou même pendant des années entieres.

Infusion Vulnéraire. Voyez sous le mot VULNÉRAIRES.

ING

INGRAT (*Terrein*). Terre qui, malgré une bonne culture, ne donne que de médiocres productions.

Infertile signifie la même chose.

INGUINALE (*Hernie*). Voyez sous le mot DESCENTE.

INJ

INJECTION: *terme de l'Art de Guérir.* C'est une liqueur qu'on introduit avec la seringue dans certaines cavités du corps humain; naturelles, ou accidentelles: pour laver, déterger, résoudre, & guérir les tumeurs, & autres maux internes.

Injection pour les Plaies, la Gangrene, &c.

Faites bouillir une once de racine d'aristoloche, rapée, ou coupée par petits morceaux, dans trois demi-septiers de vin blanc; jusqu'à la diminution du tiers. Passez l'infusion par un linge avec forte expression. Mêlez dans la liqueur une demi-once de teinture de myrrhe, & autant de celle d'aloës, avec une once & demie de miel rosat.

On fait encore, pour les Etudes d'*Anatomie*, des Injections colorées dans les vaisseaux, pour en suivre toutes les ramifications.

Les *Botanistes* introduisent pareillement des sucs colorés, dans l'intérieur des vaisseaux des plantes. Consultez la *Physique des Arbres*, de M. Duhamel, T. II. p. 281 & suivantes; & p. 401, col. 2.

INO

INOCULARE. *Voyez* ECUSSONNER.

INOCULATION (*Greffe par*). Consultez l'article GREFFER.

INOCULATION *de la petite Vérole.* Consultez l'article de cette maladie.

INONDATION. Comme il y a toujours des eaux qui croupissent à la suite de cet accident, il s'en éleve des vapeurs qui corrompent l'air. Les grandes inondations ont toujours occasionné des maladies funestes, telles que des fievres malignes. Fracastor, Forestus, Lancisi, & d'autres, ont fait mention de celles qui ont été les effets des inondations du Tibre, du Po, *&c.* Ceux qui habitent dans le Tortonois, le Novarois, & dans les endroits où se font les plantations de riz, ont presque généralement une couleur livide.

Le long du lac de Come, on est très-sujet à la fievre. Plusieurs de ceux qui bordent les lagunes de Venise sont exposés à une jaunisse très-opiniâtre: qui est aussi commune le long de la Mer Caspienne, selon le Chevalier Chardin.

Au reste, les inondations peuvent être utiles dans l'Agriculture. On sçait que les Inondations du Nil fertilisent les terres de la Basse Egypte. *Voyez* encore ci-dessus, T. I. p. 190. DÉBORDEMENT.

Mais il faut convenir que, parmi nous, les longues Inondations causent souvent de grands préjudices. Le poisson, transporté hors du lit des eaux sur de bas fonds, y périt. Les communications d'un pays à un autre, & le service des moulins, sont interrompues. Les digues & chaussées se brisent. Un terrein fertile est quelquefois couvert d'une épaisseur considérable de matieres qui s'opposent à la production d'aucuns végétaux: c'est particuliérement l'effet des inondations de la Loire. D'ailleurs, outre la désolation que les torrens répandent sur leur route, en entraînant les terres, les maisons, le bétail, les hommes même; il n'est pas rare de voir une rive s'accroître par des atterissemens, qui ruinent les habitans de la rive opposée.

INS

INSECTES. Petits animaux que l'on a longtems regardés comme des êtres imparfaits; pour la production desquels le limon échauffé, ou la corruption même des autres animaux, étoient des causes suffisantes. Aujourd'hui, que les observations & l'expérience ont répandu des traits de lumiere dans les études de la Nature, on est convaincu que tout insecte est produit par des germes propres à chaque espece. *Consultez* les sçavans ouvrages de Goedart, Swammerdam, & MM. De Réaumur & Linnæus, &c. *sur les Insectes.* M. Geoffroy a encore publié en 1762 une excellente *Histoire abrégée des Insectes qui se trouvent aux environs de Paris*, deux Volumes *in-4°.* Paris, chez Durand: comme il ne m'est pas possible d'en donner ici une notice, je crois devoir indiquer le *Journal des Sçavans*, Avril 1763; où, après avoir discuté les meilleurs Traités publiés ci-devant sur les Insectes, on fait sentir le mérite & les avantages multipliés de celui de M. Geoffroy.

Il y a des insectes qui volent: d'autres rampent. Les uns ont le corps composé de plusieurs anneaux; qui s'éloignent & se rapprochent mutuellement, & sont assemblés dans une membrane commune. Tels sont les vers. Une seconde classe est celle des mouches, & autres insectes ailés. Leur corps est un assemblage de plusieurs lames coupées, qui jouent en glissant les unes sur les autres. Les fourmis, araignées, *&c*, dont le corps est partagé en trois parties principales, font encore une classe distincte. Leurs trois parties ne tiennent entr'elles que par une espece de fil, ou petit canal; qu'on nomme *Etranglement.*

Il y a une infinité de sortes d'insectes, qui rongent les autres animaux; ou qui gâtent les plantes. Dans certaines années la campagne est entiérement désolée par leur multitude.

En général, la guerre que les insectes nous font, est un des grands maux dont nous ayons à nous défendre. Outre qu'ils détruisent les fruits de nos jardins & de nos campagnes, ils détériorent nos meubles dans l'intérieur des maisons; & nous persécutent cruellement en nos personnes. Leur prodigieuse fécondité nous afflige; & leur petitesse fait qu'ils nous échappent.

Voyez CHENILLE. FOURMI. TEIGNE. PUNAISE. PUCE. MOUCHE. TIGRE. HANNETON. VER. CACAO. JAUNISSE *des Végétaux.* ESCARBOT. ARAIGNÉE. ABEILLET. PUCERON. LISETTE. CHARANSON. *Bled* ÉCHAUDÉ.

Les insectes sont d'une constitution délicate: & passent pour avoir l'odorat très-vif. C'est ce qui fait présumer que généralement les amers, les odeurs fortes & corrosives, les corpuscules très-volatils & fortement agités; enfin les matieres onctueuses, chaudes, & pénétrantes; leur sont contraires.

On observe qu'ils attaquent principalement les plantes & arbres déja malades; c'est-à-dire, dont les sucs s'alterent & les sels s'affoiblissent. On veut que la délicatesse & la vivacité de leur odorat, les fassent s'appercevoir bientôt de l'altération des plantes.

C'est ce qui a fait naître la pensée de *Médicamenter les arbres*; de leur administrer des especes de saignées & de purgations, pour attaquer le mal dans son principe, & garantir ainsi les arbres contre les insectes. Le Sieur Vitry, Jardinier de M. Du Buisson, au Fauxbourg S. Antoine, près du Mont-Louis, lès Paris, annonça en 1751 qu'il avoit l'art de faire entrer dans le corps d'un arbre malade, une liqueur qui se mêlant avec les sucs nourriciers, le purgeoit, & facilitoit l'écoulement de l'humeur au moyen d'une incision faite soit à la tige soit aux branches. Il prétendoit pouvoir apprendre à connoître, non seulement la qualité précise des différens terreins, mais encore la complexion des arbres, & la maniere de les traiter en conséquence, au moyen de certaines eaux qu'il sçavoit (disoit-il) composer & distiller pour toutes leurs maladies. Sa façon générale de les médicamenter, étoit de les déchausser entiérement; bien nettoyer les racines; ouvrir celles qu'il jugeoit à propos; verser dans l'ouverture une liqueur soi-disant convenable; les recouvrir ensuite de terre; & inciser ou la tige ou les branches: alors la liqueur médecinale, poussée par la seve, devoit parcourir l'intérieur & les fibres de l'arbre; & chassant la mauvaise humeur au dehors, la forcer de sortir par l'égoût qui lui avoit été préparé. (*Voyez* ARBRE; *n.* VI.

En conséquence il s'attribuoit le secret infaillible de faire mourir les punaises, les fourmis, les lisettes, le ver blanc, les chenilles, & autres insectes: ainsi que de guérir la *peste noire*, la cloque, le blanc, la nielle, le chanvre, la gourme, le jaune, & la gluë.

Par une suite de ses études, il disoit avoir inventé une *nouvelle maniere de Tailler les Arbres*; au moyen de laquelle il leur faisoit porter du fruit en plus grande abondance, & meilleur; & les rendoit des arbres parfaits: pourvû que ce fût lui qui les taillât & gouvernât pendant trois ans. Car en les confiant aux soins d'un autre jardinier qui ne connoîtroit ni les causes ni les suites de leurs maladies, on les eût exposés à une rechûte qui pouvoit même leur causer la mort. Il y avoit dans Paris (disoit-il) un jardin dont les arbres avoient été si bien guéris par ses soins, qu'ils avoient poussé des jets de neuf pieds. Au lieu de retrancher cette pousse vigoureuse, pour contenir le suc nourricier dans le corps de l'arbre afin qu'il se fortifiât, & qu'en même tems les racines devinssent capables de fournir à de longues branches: un autre Jardinier tailla les jets si longs, que les arbres épuisés ne tarderent pas à périr.

Voyez le *Journal Œconomique*, Septembre 1751, p. 56-59.

[Quoi qu'il en soit, le sieur Vitry avoit réduit en très-mauvais état les arbres de son propre jardin, chez M. Dubuisson: plusieurs moururent successivement. Et il a été traité en Imposteur.]

On a des moyens plus certains de remédier au préjudice que les insectes nous causent, soit qu'ils attaquent les arbres ou autres plantes sur pied, soit qu'ils en dévorent les productions que nous avons mises en réserve. *Consultez* les renvois indiqués ci-dessus: & encore les articles *Conservation du* BLED: ANANAS: CHOU: CONCOMBRE: *&c.* MM. Duhamel & Tillet ont publié en 1763 l'*Histoire d'un Insecte qui dévoroit les grains de l'Angoumois; avec le moyen de le détruire*: Paris, chez Guérin & Delatour.

INSECTES *qui rongent les Livres & les Herbiers.* Le *Journal Œconomique* a publié (Août 1751) une Lettre où, après avoir balancé différens moyens employés à les détruire où à en prévenir l'action, on assure que le mieux est de mêler soit de l'*arcanum duplicanum*, soit de l'alun, soit du vitriol, dans la colle qui sert à relier les livres, ou dans celle qui assujettit les plantes d'un herbier.

En 1763 & 64, le sieur Samuel Hoisch s'annonça à Paris, comme Pensionné de la Cour de Vienne, & sçachant composer une Liqueur qui, jettée sur un réchaud de feu dans une chambre, faisoit absolument périr les vers qui y rongeoient les livres ou papiers.

INSECTES *dangereux aux animaux.* Consultez l'article *Insecte avalé*, entre les maladies du BŒUF. FOURMI.

Conserver les INSECTES *morts.* Consultez l'article VERNI. *Voyez* aussi les *Avis pour le transport par mer, des Arbres*, &c. publié en 1752-3, par M. Duhamel, *nn.* 310 & suivans.

INSERERE. *Voyez* ÉCUSSONNER. GREFFER.

INSERTUM. *Voyez* MAÇONNERIE *en Liaison.*

INSOLATION: *terme de Chymie.* C'est exposer au soleil une matiere qu'on veut ou mettre en fermentation ou dessécher.

INSOMNIE. Veille involontaire. De même que tout ce qui comprime le cerveau & qui s'oppose au passage du suc nerveux dans les nerfs, amene le sommeil; tout ce qui produit un effet contraire, nous tient dans un état opposé à l'assoupissement. Les passions, la douleur, les matieres âcres & inflammatoires, causent toujours de la tension & de l'agitation dans les fibres. Ainsi les abscès, les fievres putrides & bilieuses, les glaires accumulées, la débauche, l'usage d'alimens indigestes ou de liqueurs fortes, l'amour, la crainte, le chagrin, la joie excessive, la colere, la haine; sont autant de causes d'insomnie.

L'insomnie qui n'est pas causée par une fievre actuelle, & où la tête n'est point échauffée, indique souvent que les visceres sont embarrassés par des matieres visqueuses, des glaires limpides: il peut y avoir aussi des matieres tartareuses dans les reins. Les douleurs en cette partie, l'inquiétude, les vapeurs, la constipation, la difficulté d'uriner, en sont alors des signes assurés.

La veille peut en général être regardée comme une espece d'exercice: qui néanmoins occasionne dans tout le genre nerveux un érétisme plus considérable, que celui que produiroit ce qu'on a coutume d'appeller exercice. Dans l'état de la veille, les sens tant internes qu'externes, sont facilement affectés par les objets; & les mouvemens volontaires s'exécutent avec liberté. Cet état requiert une suffisante quantité d'esprits, & certaine tension dans les fibres du cerveau: la quantité d'esprits & la tension des fibres viennent-elles à diminuer; les muscles s'affaissent peu-à-peu, les organes des sens languissent insensiblement, on s'endort. Un sommeil doux & paisible ramene tout au premier état; & l'ame, pour ainsi dire réveillée de son assoupissement, agit, pense, & se ressouvient, selon son bon plaisir.

Si les veilles sont trop prolongées, elles ruinent la santé: les esprits deviennent trop subtils, & les fibres du cerveau se dessèchent excessivement. C'est pourquoi moins on dort, moins on veut dormir. C'est aussi par cette raison que les veilles aiguisent nos esprits, les rendent moins lourds, & font que nous sommes plus propres à concevoir les choses. Les veilles prolongées occasionnent les mêmes accidens qu'un exercice forcé: toutes les fibres sont tendues au-delà de leur ton; le sang s'alkalise, état voisin de la fievre & de l'inflammation.

L'insomnie ne dure donc pas longtems, pour l'ordinaire, sans épuiser le principe de la vie. Elle conduit à une mort prochaine, quand le délire ou les convulsions aggravent ses symptômes. La toux est encore un mauvais présage, à la suite de l'insomnie. Et quand elle est occasionnée par des glaires, les personnes avancées en âge ne tardent pas à succomber.

Remedes.

L'insomnie doit être diversement traitée, selon la cause qui la produit.

Quand cette cause est un état de sécheresse, il faut des remedes humectans & rafraîchissans, néanmoins incapables d'épaissir beaucoup les liqueurs. On doit pareillement employer avec prudence les anodyns, les remedes soporatifs, en combinant avec la cause & avec l'état actuel du malade, l'effet de ces remedes tel que nous l'avons indiqué dans leurs articles respectifs.

D'après ces observations générales on choisira, entre les remedes suivans, ceux que l'on croira convenables.

I. La saignée doit être pratiquée d'abord: mais elle ne doit pas être copieuse; à moins qu'il n'y ait des signes de plénitude.

II. Le bain d'eau tiede sera aussi très-utile; *ou*, à sa place, vous ferez une décoction de feuilles de vigne, laitue, morelle, & nénuphar, dans de l'eau, pour y tremper les jambes soir & matin.

III. Vous donnerez chaque soir un verre de décoction de feuilles de laitue, semences de pavot blanc, & fleurs de nénuphar; y ajoûtant une once de sirop de pavot blanc.

IV. Vous mêlerez de l'huile rosat avec de l'eau-rose, pour appliquer sur le front: *ou* vous pilerez de la morelle, de la laitue, & des fleurs de nénuphar; pour appliquer de même.

V. Vous pouvez aussi faire un liniment sur les temples avec quatre grains de laudanum, que vous mêlerez avec un peu d'huile violat.

VI. Si ces remedes n'excitent pas le sommeil, vous donnerez intérieurement trois ou quatre grains de laudanum, avec un peu de conserve de violette, à l'heure du sommeil.

VII. On peut prendre des tisanes légérement purgatives; composées avec le senné, les tamarins, ou la casse, ou le sirop de fleurs de pêcher, ou le sirop universel.

VIII. Il est bon de se servir des émulsions de semences froides; *ou* de lait d'amandes.

IX. Prenez des semences de jusquiame, de laitue & de pavot, autant des unes que des autres. Pilez-les bien ensemble avec un peu de jus de laitue: & faites-en des pilules. La prise sera d'une dragme, en se couchant.

X. L'on fera avaler un verre de vin, dans lequel on aura mis infuser de la mousse d'arbre. On en usera, pendant deux jours, sur le soir.

XI. On frottera les tempes avec un peu d'eau-de-vie.

XII. Si l'on ne réforme pas absolument la débauche, & l'usage des liqueurs fortes ou d'alimens nuisibles, envain employeroit-on aucun remede. Tout ce que l'on feroit alors pourroit même disposer à une mort plus prochaine.

XIII. Quand l'insomnie est l'effet de quelque passion, la plûpart des remedes sont inutiles; tant que la passion subsiste.

XIV. *Voyez* PHRENESIE. VAPEUR. INFLAMMATION. FIEVRE. DOULEUR. SOMMEIL. NARCOTIQUE. ANODYN. Les articles des diverses causes qui peuvent contribuer à l'insomnie.

XV. Un vomitif suffit souvent pour remédier à celle qui est occasionnée par le vice de l'estomac.

XVI. Un épuisement assez ordinaire aux nouveaux mariés, qui les jette dans un état dangereux d'insomnie; exige qu'ils se donnent le tems de réparer leurs forces. Des alimens propres à humecter y contribueront beaucoup.

INSTRUMENS *d'Agriculture.* Ils doivent être solides; pour ne point courir risque d'être brisés ou dérangés par des mains grossieres & peu adroites. Il est aussi absolument nécessaire qu'ils puissent être construits par des ouvriers médiocrement habiles, & réparés au moins en partie par celui qui s'en sert. En un mot, en fait d'agriculture, il faut des choses simples, & d'un usage commode & facile.

Voyez CHARRUE. BÊCHE. RATEAU. HERSE. CULTIVATEUR. SEMOIR.

INT

INTENDANT *d'une grande maison.* C'est le premier Officier, qui a le soin & la conduite des revenus & des affaires de cette maison.

I. Il faut qu'il sçache & entende parfaitement les affaires: & outre cela, qu'il soit honnête homme, plein de probité & de conscience, intelligent, vigilant & actif. Car de son esprit, & de sa bonne conduite, dépendent souvent la perte ou le rétablissement d'une maison. Sa fonction concerne généralement tous les biens, revenus & affaires d'un grand Seigneur; desquelles il doit sçavoir de point en point, l'état, la force & le produit: afin que sur cela il gouverne la dépense, & donne ordre aux dettes les plus pressées; dont il doit surtout prendre une exacte connoissance, afin d'éviter l'embarras & les chicanes qui pourroient arriver à ce sujet.

II. Comme la plupart des plus grands biens des personnes de qualité sont à la campagne, & qu'elles ont des Fermiers ou Receveurs en chacune de leurs terres: l'Intendant doit en avoir soin; & choisir, au renouvellement des baux, les meilleurs & les plus solvables; prendre garde que pendant le tems de leurs fermages ils ne dissipent point les revenus, qu'ils ne coupent aucuns autres bois ni arbres que ceux qui sont portés par leurs baux. Il doit aussi avoir soin des étangs, bois, prairies, métairies, maisons de ville: & particuliérement des droits Seigneuriaux; pour qu'ils ne se perdent ni se prescrivent, faute de les percevoir en tems & lieu, ou d'avoir fait pour cela les diligences nécessaires.

III. Il faut qu'il tienne un mémoire de l'argent qu'il donne au Maître d'Hôtel pour les dépenses ordinaires de la maison; voir s'il est employé utilement; & s'en faire rendre compte tous les huit jours, afin que rien n'échape à sa connoissance: exiger tous les mois un état régulier & général de la dépense qui se fait ou qui se peut faire, afin qu'il le montre au Seigneur; pour qu'il proportionne toutes choses suivant ses revenus, & ne s'engage point mal à propos en dépenses superflues & hors de ses forces.

Il faut, même pour plus grande régularité, qu'un Intendant donne au Maître-d'Hôtel un état de la maniere dont il convient que la maison du Seigneur soit gouvernée.

Enfin il doit prendre connoissance de tous les marchés que le Maître-d'Hôtel fait avec les Marchands; comme avec le Boucher, le Rotisseur, le Boulanger, le Chaircuitier, l'Épicier, le Chandelier, les Marchands de vin, de bois, de charbon, de foin, de paille, & d'aveine: afin qu'il n'ignore de rien, & donne par tout les ordres nécessaires: ce qui étant bien exécuté, chacun est content; & personne ne se plaint.

IV. Il doit tenir regiſtre par devers lui de tout l'argent qu'il reçoit ; ainſi que de la diſtribution qu'il en fait, tant au Seigneur, qu'aux Officiers & domeſtiques de la maiſon ; comme auſſi aux marchands ; & pour les payemens des penſions, & réparations des biens & maiſons tant de la ville que de la campagne : dont il tirera bonnes quittances des uns & des autres, pour juſtifier valablement ſes emplois, lorſqu'il ſera obligé d'en rendre compte.

V. Il eſt de ſon devoir d'éviter la confuſion dans les affaires, autant qu'il lui eſt poſſible ; & de ne point laiſſer tomber le Seigneur dans des frais & dépens inutiles : & lorſqu'il ſe préſente quelque affaire nouvelle & difficile, il doit, avant de s'engager dans des procédures, prendre bon conſeil & le bien exécuter.

VI. Comme un Intendant eſt ſujet à faire les fonctions de *Secretaire :* il faut qu'il ſoit diſcret & prudent ; attendu la diſpoſition du ſecret dont le Seigneur lui fait confidence.

VII. Il doit ſçavoir aſſez bien écrire, orthographer, chiffrer, lire toutes ſortes de lettres & caracteres dont on ſe ſert dans les lettres pour tenir les négociations des affaires de conſéquence ſecrettes, & hors de la connoiſſance du vulgaire. Il eſt encore de ſon miniſtere de ſçavoir bien faire & dreſſer toutes ſortes de comptes, ſuivant les choſes qui lui ſont commiſes ; ainſi que de donner le bon tour à une lettre ſur peu de mots qu'on lui aura dit, ou pour faire réponſe à quelque autre : en quoi il doit être juſte & ſincere ; ſans y rien ajoûter ni diminuer qui puiſſe altérer le ſens, ni paroître changer en rien la volonté du Seigneur. Enfin il faut qu'il ſoit vigilant, prompt & actif à faire les expéditions qui lui ſont ordonnées ; afin que perſonne ne languiſſe, & que le Seigneur ſoit toujours content de ſes ſoins & de ſon application.

C'eſt ainſi que des Intendans, par leur ſoin & leur capacité, ſoutiennent & remettent ſur pied des maiſons preſque ruinées : au lieu que d'autres, par leur faute & leur négligence, ſont cauſe de la ruine totale des plus illuſtres maiſons.

INTESTINS. *Voyez* ENTRAILLES.

INTONACATURE. *Conſultez* ce mot dans l'article ÉLECTRICITÉ.

INTRADOS. *Voyez* l'article REINS DE VOUTE.

INTRODUIRE. On dit, *en Fauconnerie*, Introduire un oiſeau au vol. C'eſt commencer à le faire voler.

INU

INULA. *Voyez* AUNÉE.

INV

INVOLUCRUM. *Voyez* CALICE.

JOI

JOINTED-*Poded Colutea.* Voyez CORONILLA.

JOINTS : *terme d'Architecture.* Ce ſont les ſéparations d'entre les pierres : qu'on remplit de mortier, de plâtre, ou de ciment ; ou qu'on laiſſe à ſec. Il y en a de pluſieurs ſortes. On nomme *Joints de Lit*, ceux qui ſont de niveau ou ſuivant une pente donnée ; qui ſont dans la ligne horizontale, ou un peu déclinante en bas d'un côté. Des *Joints Montans*, ſont ceux qui ſont à plomb, & dans une ligne perpendiculaire. Les *Joints Quarrés*, ſont d'équerre en leurs retours ; c'eſt-à-dire que le joint de lit & le joint montant ſont un angle équarri & droit. *Joints de Doielle :* ce ſont les joints qui ſont ſur la longueur du dedans d'une voûte, ou ſur l'épaiſſeur d'un arc. Le *Joint de Recouvrement*, eſt celui qui ſe fait par le recouvrement d'une marche ſur une autre ; ce qui arrive lorſque la marche ſupérieure couvre une partie de la marche inférieure, ſur laquelle elle poſe & s'appuie. *Joint Recouvert :* c'eſt le recouvrement qui ſe fait de deux dales de pierre par le moyen d'une eſpece d'ourlet, qui en cache le joint. *Joint Feuillé :* recouvrement de deux pierres l'une ſur l'autre, par une entaille de leur demi-épaiſſeur. *Joint Gras :* c'eſt celui qui eſt plus ouvert que l'angle droit. Le *Joint Maigre* eſt le contraire. Les Joints ſont encore ou *Serrés*, c'eſt-à-dire, fort étroits : ou *Ouverts*, ſoit parce qu'ils ſe ſont écartés par mal façon, ou parce que le bâtiment s'eſt affaiſſé plus d'un côté que d'autre.

Du mot *Joints*, vient le verbe JOINTOYER : qui ſe dit lorſque, après qu'un bâtiment a pris ſa charge, on remplit les ouvertures des joints des pierres avec un mortier approchant de la même couleur : & quand un bâtiment eſt vieux, ou conſtruit dans l'eau, on en *Rejointoye* ou remplit les joints avec un mortier de chaux & de ciment.

JOINT, ſe dit auſſi des divers aſſemblages des pieces de *menuiſerie* & de *charpenterie :* comme Joints *Quarrés ; à Onglet ; d'Aboutemens ; à queue d'Aronde.*

JOINTURE. *Voyez* ARTICLE.

JOM

JOMARIN. *Voyez* JONC-MARIN.

JOMBARDE. *Voyez* JOUBARBE.

JON

JONC : en Latin *Juncus :* & *Rush*, en Anglois.

Les plantes de ce genre ont un calyce formé de ſix pieces, dont les trois intérieures peuvent être regardées comme des pétales : toutes les ſix accompagnent néanmoins le fruit juſqu'à ſa maturité. Dans l'intérieur, ſont ſix étamines ; chacune ſurmontée d'un ſommet qui fait corps avec le filet. L'embryon, ou ovaire, entouré du calyce & des étamines, porte un ſtyle ; terminé par trois ſtigmates coniques. Le Fruit eſt une capſule triangulaire, à trois battans ou valvules qui s'ouvrent de haut en bas, & dont le milieu eſt occupé par une cloiſon ; qui ſe réuniſſent au centre du fruit pour former enſemble trois loges, ſans aucun axe diſtingué d'elles. Chaque loge contient pluſieurs graines ovales.

Les Joncs ont une maîtreſſe racine, traçante & garnie de fibres.

Leurs feuilles ſont ſimples, alternes, étroites ; & leur origine forme une gaîne fendue.

Ils portent une tige droite, menue, accompagnée de quelques feuilles.

Eſpeces.

1. *Juncus anguſtifolius, villoſus, floribus albis paniculatis* Inſt. R. Herb. Ses panicules ſont d'un blanc argentin.

2. *Juncus nemoroſus latifolius, major* Inſt. R. Herb. Celui-ci, qui vient dans les bois, a la tige bordée de poils dans toute ſa longueur.

3. *Juncus villoſus, capitulis Pſyllii* Inſt. R. Herb. Il a la feuille un peu velue. Ses fleurs ſont ramaſſées en tête.

4. *Juncus foliis articuloſis, floribus umbellatis* Inſt. R. Herb. En preſſant ſes feuilles entre les doigts, on y ſent des nœuds par intervalles.

5. *Juncus lævis, paniculâ ſparsâ, major* C. B. Il forme des panicules fort larges.

6. La plupart de nos terres un peu marécageuses sont infectées de l'espece nommée par M. Tournefort *Juncus palustris humilior erectus :* ou de sa variété, qui rampe sur terre.

Usages.

On cultive le *n.* 5 dans les jardins ; pour s'en servir à lier & palisser. On en fait aussi des cordages & des nattes.

Il suffit de le mettre dans une terre un peu légere, & d'avoir soin que ses racines ne se trouvent jamais à sec.

Grand JONC *des Marais ;* nommé par M. Tournefort, *Scirpus palustris altissimus.* Cette plante a des tiges droites, unies, lisses, sans aucuns nœuds. Leur sommet est garni d'une panicule ou espece de panache. Dans l'intérieur des tiges, est une substance blanche, fibreuse, moëlleuse, spongieuse, revêtue d'une écorce mince & verte. Les plus hautes tiges sont de six à sept pieds. Vers le bas, à l'endroit où elles sont plus grosses, elles sont épaisses d'environ un pouce ; & quelquefois plus. Du reste, elles sont coniques ; diminuant de grosseur insensiblement pour se terminer en pointe. Le panache qu'elles portent n'est pas considérable : il est composé de quelques pédoncules courts, épars, simples ou rameux, auxquels sont attachés de petits épis écailleux ou paquets de fleurs, arrondis en forme d'œuf, & de couleur brune foncée ou roussâtre. Ces pédoncules ne sont point, à leur naissance, entourés de feuilles. La partie inférieure des tiges est blanche, tendre, succulente, douce au goût, & d'une saveur approchante de celle de la châtaigne : les enfans la mangent avec plaisir. Les racines de ce jonc, plus ou moins profondément cachées sous l'eau, rampent & s'étendent fort loin sur le fond des lacs & des rivieres ; d'où elles poussent un grand nombre de tiges, ensorte que par rapport à leur multitude on peut très-bien en comparer le coup d'œil à une forêt de mâts, ou de plantes sans branches & sans feuilles : comparaison dont Cassiodore s'est servi pour exprimer celui qu'offrent les tiges du *Papyrus ;* avec qui cette plante a beaucoup de rapport. *Consultez* l'article PAPIER.

Cette plante aquatique vient principalement dans les lacs, les étangs, les lieux marécageux, & sur le bord des rivieres. Pour que les tiges parviennent à l'état de vigueur décrit ci-dessus, il faut que la plante naisse au milieu des eaux ; & qu'elle en soit continuellement baignée, sans cependant en être surchargée : car, dans ce dernier cas, au lieu de tiges, elle ne pousse que des feuilles très-longues & fort étroites. M. Tournefort n'avoit pas apperçu ce changement singulier ; puisqu'il indique cette variété comme une plante particuliere sous le genre des Algues, & à laquelle il donne le nom d'*Alga fluviatilis graminea longissimo folio :* Voyez ALGUE, *n.* 1. Si au contraire ce Jonc vient hors de l'eau dans des terreins simplement humides, ses tiges ne sont jamais aussi élevées ni aussi grosses ; & les feuilles, qui par leur pédicule en forme de gaîne couvrent la base de ces mêmes tiges, sont très-courtes & fort peu apparentes : on peut les comparer à un petit bec qui termineroit d'un seul côté le bout supérieur d'un tuyau membraneux.

Usages.

C'est de ce jonc que sont faites les nuances vertes des chaises de paille que l'on nomme *Satinées.* Pline (L. XVI. C. XXXVII.) nous apprend que cette plante servoit à fabriquer des bonnets ou especes de chapeaux, des nattes, des couvertures pour les maisons, des voiles pour les vaisseaux : & qu'après avoir détaché & enlevé l'écorce de la tige pour ces usages, on employoit la partie intérieure, moëlleuse & spongieuse, comme une mêche propre pour les flambeaux qu'on portoit aux funérailles. L'Interprête de Théocrite a fait observer qu'on tenoit de semblables flambeaux autour du cadavre, tant qu'il restoit exposé : & Antipater nous apprend que cette mêche étoit enduite de cire : il dit qu'on faisoit de même de la moëlle du *Papyrus.*

Daléchamp, dans son Histoire des plantes, indique deux especes de Jonc dont l'on tiroit une moëlle d'une substance spongieuse, assez compacte, très-flexible, un peu séche, & de couleur blanche ; laquelle étoit employée à des mêches pour les lampes. Depuis quelques années on a vû renaître à Paris cette sorte de mêche ; que l'on annonçoit sous le nom de *Mêches Eternelles.*

Lorsqu'on veut tirer la moëlle des tiges du Jonc, on passe deux épingles à travers le bout inférieur d'une tige, ensorte qu'elles se croisent : on les tient ensuite assujetties dans cette position : puis prenant le petit bout qui se trouve au-dessus des épingles, on le tire en agissant comme si l'on vouloit séparer la tige en quatre parties égales ; mais à mesure qu'elle se divise, l'écorce abandonne la moëlle ; qui reste entiere à la fin de l'opération, pendant que l'écorce est en quatre lanieres.

Saumaise (*Plin. Exercit. in Solin. parte alt.* p. 1002) croit que l'intérieur du Jonc peut fournir un beau papier. Cela pourroit être vrai en quelque maniere. Car ayant séparé la tige en différentes lames par le moyen d'une aiguille, on a eu des lames très-blanches & même plus fines que celles qu'on séparoit anciennement de la tige du *Papyrus* d'Egypte : & étant desséchées, elles étoient également flexibles. En écrivant sur l'une des faces, on ne s'est pas apperçu que l'encre passât à travers, ni qu'elle s'étendît ou fît des bavures.

Aussi Hermolaüs remarque-t-il que plusieurs Auteurs ont confondu le *Scirpus* avec la plante que les Grecs ont appellée *Byblos* ou *Papyrus :* confusion de nom, qui paroît avoir eu lieu chez les Romains & chez les Grecs. Voyez les pages 38, 39, & 41, de la *Dissertation de M. Le Comte de Caylus sur le* PAPYRUS : où sont grand nombre de recherches communiquées par M. B. De Jussieu ; & qui nous a servi à la composition de cet article.

JONC-MARIN : JONC-ÉPINEUX ; JOMARIN (& par corruption, *Romarin*, dans quelques Provinces) ; *Genêt Blanc ; Genêt Epineux ; Sainfoin d'Hiver ; Jan ; Agion ; Ajonc ; Lande ; Brusc*, ou *Brusque ;* & improprement appellé encore par quelques auteurs *Sainfoin d'Espagne.* Plante nommée en Latin *Genista-Spartium ; Scorpius ; Nepa ; Genistellæ spinosæ affinis ;* & *Ulex :* en Anglois *Furze ; Whins ;* & *Gorse.*

On doit faire du Genêt Epineux, un genre séparé de celui du Genêt proprement dit ; non seulement à cause de la multitude de ses épines, mais aussi par rapport aux organes de sa reproduction. Ayant établi ailleurs le caractere du Genêt, nous nous bornerons à désigner en quoi le Jonc-Marin en differe. 1°. Son Calyce paroît être de deux pieces. 2°. Le Pavillon ou Etendart est oval, couché sur les ailes qu'il enveloppe, & plié en forme de gouttiere. 3°. Les Ailes sont ovales & terminées en pointe. 4°. Les autres parties de la fleur sont moins recourbées que dans le Genêt. 5°. La Silique est courte, très-renflée ; ne contient qu'un très-petit nombre de semences ; & est entiérement recouverte par le calyce, qui est assez grand, & qui subsiste jusqu'à ce que les semences soient parfaitement mûres. Ces semences sont menues, noires, luisantes, presque sphériques. *Voyez* GENÊT.

Les fleurs viennent par deux ou trois dans l'aisselle des feuilles.

Especes.

1. *Genista-spartium majus, brevioribus & longioribus aculeis* Inst. R. Herb. C'est l'espece la plus commune en France; & à laquelle conviennent plus exactement les noms & caracteres ci-dessus.

La grandeur de cette plante varie beaucoup, par rapport à son âge; aux saisons de l'année, & aux pays où elle croît. Il est fort commun d'en voir des pieds très-hauts, mêlés avec d'autres plus bas, ou qui même sont tapis contre terre. Les uns & les autres sont garnis d'épines plus courtes ou plus longues.

Ce sont des arbrisseaux, dont les tiges sont ligneuses, cannelées, plus ou moins grosses, revêtues d'une écorce grisâtre, & forment un buisson considérable. Plus les plantes sont basses, plus les tiges sont couvertes d'une espece de duvet blanc assez long; qui disparoît presque dans les pieds qui s'élevent beaucoup. Chaque tige est garnie de petites feuilles ovales, qui n'ont qu'environ une ligne de largeur, terminées en pointe, velues; des aisselles desquelles sortent autant d'épines vertes, rousses à leur extrêmité, triangulaires, creusées en gouttiere: d'où il part d'autres feuilles plus petites, encore garnies de plus petites épines; le tout terminé par une épine plus longue que les autres. Ces feuilles & épines sont attachées alternativement sur les branches.

Le haut de la plante est très-velu. Au sommet de chaque tige, & de plusieurs branches, naissent des fleurs légumineuses, d'un jaune très-vif. Le calyce & l'étendart sont fort velus. La nacelle l'est aussi à sa partie inférieure. Dans les plus grands, toutes les parties de la fleur sont garnies de longs poils: & on observe dans ceux qui sont bas, que ces poils sont moins longs sur ces parties que sur les tiges & les branches. Ces plantes basses sont constamment en fleur dans l'automne, lorsque les siliques des autres sont déja séches.

Au reste, il y a des especes (ou variétés) qui sont absolument sans poils. D'autres ont aussi la fleur ou purpurine, ou mêlée de jaune & de blanc.

On trouve presque généralement dans les terres maigres & stériles, l'espece que nous venons de décrire. Dans les pays de bocages, elle se seme d'elle-même, & remplit toutes les landes.

2. *Genista-spartium minus, saxatile, aculeis horridum* Inst. R. Herb. Cette espece forme un buisson bas, qui ne vient que sur des côteaux. A peine y distingue-t-on quelques feuilles; tant elle est couverte d'épines.

Usages.

Dans les Provinces où le bois est rare, on seme du Jonc-marin dans les meilleures terres: & l'on en fait des fagots, qui servent à chauffer le four, cuire de la chaux & des briques, & à quantité d'usages domestiques. Il fait un feu clair & vif, aussitôt qu'il est coupé. En Provence on emploie ses fagots à carener les bâtimens de mer.

Ses cendres fertilisent les terres sur lesquelles on en brûle le bois. *Voyez* BRUYERE, p. 408.

Le mois de Juillet est le meilleur tems pour en couper sa provision de chauffage pour l'hiver.

Les épines de cet arbrisseau étant très-fortes, on le seme sur les berges des fossés pour tenir lieu de haie.

On le seme ou plante aussi sur des côteaux ou des plaines sabloneuses, afin d'empêcher que le vent n'en porte le sable sur les grains, fruits, ou bâtimens voisins.

On en met dans quelques endroits des faisanderies qui sont bien entourées de murs ou de hautes palissades. C'est un des meilleurs abris pour la retraite de ces oiseaux. On l'y seme ou plante, en Juillet.

Il est bon d'en garnir des côteaux & autres mauvaises terres, pour en faire des remises à gibier: & avoir l'attention de le couper de tems à autre; sans quoi il devient un repaire de bêtes carnacieres.

Comme cet arbrisseau forme des buissons toujours verds, on peut en mettre pour l'hiver dans des bosquets. Ces buissons sont agréables dans les mois de Mai & de Juin, où ils sont garnis de fleurs: ainsi on peut les employer de même à décorer les bosquets du printems. Ils seront aussi très-bien placés dans les bosquets d'automne; attendu que souvent ils fleurissent encore dans cette saison. On en voit même en Angleterre qui donnent des fleurs en hiver, dans les campagnes où ils viennent sans culture.

En Bretagne on fait des tas d'ajonc & de gazon; formés par des couches alternatives de l'un & de l'autre. Ces tas s'échauffent; l'ajonc pourrit; & le tout fait un bon fumier.

Quand la plante est forte, on la coupe à un pouce de la terre; avec de bons gants.

Dans les pays où elle vient naturellement, on y a recours pour la nourriture du bétail lorsque les autres fourrages sont rares. Pour cela on en coupe les jeunes pousses: on les pile avec des maillets sur des billots ou pelotons de bois. (*Voyez* Tome I. p. 287): & quand les épines sont rompues, les bœufs, vaches à lait, poulains, cavales, chevaux, moutons, brebis, & chevres, se nourrissent très-bien de cette plante; ensorte qu'elle les engraisse, & fait qu'elles ont beaucoup de lait. On prétend aussi que ce fourrage entretient les chevaux frais, & qu'il les empêche de devenir poussifs. Dans les bons fonds on coupe cette plante toujours en verd, & tendre. Et à commencer à la fin de l'automne où les herbages commencent à manquer, on la fauche cinq ou six fois l'an, sans lui donner le tems de durcir ni de porter graine. Si on la laisse venir en pleine fleur, elle contracte beaucoup d'amertume, & déplaît au bétail. *Consultez* l'article BÉTAIL.

Il est avantageux de cultiver toujours cette plante, pour entremêler & ménager les autres nourritures.

Ce genêt, bien œconomisé, & semé dans un terrein favorable, parvient à une grande hauteur dans l'espace de quatre ou cinq ans. Il y donne encore, pendant huit à dix années de suite, un fourrage délicat & nourrissant: dont un arpent rend autant que deux de foin ordinaire.

Les terreins maigres peuvent être utilement employés à produire ces plantes. Pour peu que ces terreins ayent reçu de préparation, elles y profitent très-bien. Elles s'élevent même à la hauteur de bois taillis: & on en use de deux en deux ans par coupes réglées.

On peut faire ramasser de la graine par des enfans ou autres, vers la S. Jean, dans les landes où cette plante est très-commune: ou en avoir, des endroits où on la cultive pour fourrage.

Comme les branches sont naturellement difficiles à rompre, on pourroit essayer d'en faire des cordages. On sçait combien Pline parle avantageusement, à cet égard, du *Spartum*; qui pourroit bien n'être qu'une espece de Jonc-marin.

Culture.

Les uns en sement: d'autres en plantent.

Pour le planter, on prend de jeunes brins, d'un demi-pied de haut; que l'on fiche en terre; où l'on prétend qu'ils s'enracinent. Au moins la *Maison Rustique* paroît-elle le supposer.

Il se multiplie très-aisément de semence. Mais il ne devient bien grand que dans les terres fortes. Il est très-gros dans des sables gras : au lieu qu'il ne fait que languir dans les bonnes terres à froment de la Beauce ; peut-être parce qu'elles ont trop de chaleur, car il se plaît dans des terreins plus froids que chauds.

On le seme ordinairement avec de l'aveine, du seigle, ou du bled de Mars ; & la récolte de ces grains étant faite, le champ se trouve rempli de ces genêts épineux : que l'on peut faucher pour donner à manger au bétail en la maniere indiquée ci-dessus.

Trois pintes de graine (mesure de Paris) suffisent pour ensemencer un arpent. On la seme de même que celle des raves & navets. *Consultez* les articles de ces plantes.

Si l'on veut en semer après le mois de Mars, & que la saison soit déja échauffée, on laisse la graine germer pendant environ quinze jours dans du sable où on l'a mise par lits, & qu'on a eu soin d'arroser. Lorsqu'elle germe, on seme le soir grain & sable pêle mêle, & clair. Le lendemain on passe sur la terre une herse au bout de laquelle sont attachées des épines.

Dès la premiere année, la plante est haute d'environ un pied. Les bons Œconomes ne la coupent qu'au bout de trois ans. La plante ayant ainsi le tems de se fortifier, elle devient beaucoup plus utile pour le chauffage.

On prétend que cet arbrisseau n'épuise point la terre ; & que le froment vient très-bien dans les champs qui ont produit du genêt épineux.

IONIQUE : *terme d'Architecture.* L'Ordre Ionique est distingué des autres, en ce qu'il a des volutes ou des cornes de belier, qui ornent son chapiteau ; & que le fût des colomnes est le plus souvent cannelé. Les colomnes Ioniques ont ordinairement vingt-quatre cannelures. Il y en a qui ne sont creuses & concaves que jusqu'à la troisieme partie du bas de la colomne, & ce tiers a des cannelures remplies de baguettes, ou bâtons ronds ; à la différence du surplus du haut, qui est strié & cannelé en creux, & entiérement vuide. Sa corniche a des denticules. Cet Ordre tient le milieu entre la maniere solide, & la délicate. Sa colomne a neuf diametres, prise de haut en bas avec le chapiteau & la base. Lorsque cet Ordre fut inventé, les colomnes n'avoient que huit modules ou diametres de haut : mais les Anciens, voulant rendre cet Ordre plus agréable que le Dorique, augmenterent la hauteur des colomnes, en y ajoûtant une base qui n'étoit point en usage dans l'Ordre Dorique.

JONQUILLE. *Voyez* au mot NARCISSE.

Jasmin JONQUILLE. *Voyez* JASMIN.

JOR

JORDAN *Almonds.* Voyez AMANDIER, *n.* 3.

JOU

JOUBARBE ; *Jombarde ; Sedon :* en Latin *Sedum ; Sempervivum.* Les Latins ont adopté sa dénomination Gréque Ἀείζωον : dont ils ont fait *Aizoon*, suivant certaine maniere de prononcer. *Voyez* AIZOON. Ce genre de plantes est appellé *House-Leek*, par les Anglois.

Il contient des plantes très-succulentes dans toutes leurs parties, & qui, pour cette raison, sont du nombre de celles qu'on nomme *Plantes Grasses.*

Les Joubarbes sont vivaces. Leurs feuilles sont charnues : mais leur forme varie beaucoup, suivant les especes. Il n'y a que la fleur & le fruit qui aient un caractere constant, propre à réunir toutes les plantes qui appartiennent à ce genre. Les fleurs forment une espece d'ombelle, au sommet des tiges. Elles sont petites, en rose ou en étoile ; composées de quatre à douze pétales allongés, terminés en pointe, & disposés en rond. Au centre de chaque fleur, sont une douzaine d'étamines ; & autant de styles. Les fruits sont des capsules ordinairement allongées, un peu courbes ; terminées en pointe : & contiennent des semences cylindriques, & menues.

La plupart des joubarbes demeurent près de la superficie de la terre : & les especes, dont les feuilles sont larges & applaties, forment une espece d'artichaut ouvert. Celles qui les ont étroites, produisent des tiges traînantes ; le long desquelles ces feuilles sont rangées dans l'ordre alterne.

C'est par le port que nous venons d'indiquer, que M. Ray différencie les premieres d'avec l'Orpin.

Les secondes sont nommées *Digitellum* par Pline & par d'autres Auteurs, à cause de leurs feuilles, qui ont une forme de doigt.

Especes.

1. La *Grande Joubarbe, qui forme comme un arbre :* en Latin *Sedum majus arborescens.* J. B. Cette plante a les feuilles charnues, épaisses, larges d'un pouce, & dont l'extrêmité est aiguë en forme de langue. La tige qui s'éleve d'entre les feuilles, est haute d'un pied, & davantage ; revêtue tout autour de feuilles semblables. Au sommet elle produit des branches garnies de fleurs brunes ou blanches.

Elle croît sur les vieilles murailles ou masures ; & fleurit en Août. Cette plante est rare en France ; mais très-commune dans l'isle de Corfou & dans la Sclavonie : elle croît aussi en quelques endroits d'Italie ; comme du côté de Verone, Padoue, & Venise.

2. La *Grande Joubarbe commune ;* ou *Artichaut sauvage :* en Latin *Sedum majus, vulgare.* C. B. *Jovis Barba* (d'où vient vraisemblablement le mot François JOUBARBE). Anguillara la nomme *Umbilici Veneris species altera ;* & Clusius, *Cotyledon altera.* Cette plante est toujours basse. Ses feuilles sont grasses, applaties, rouges à leur extrêmité, & terminées par une pointe longue, dure, & qui est aussi rouge. Les feuilles radicales sont charnues ; & leur pointe est tournée en bas. Celles qui tiennent à la tige sont moins épaisses, & lampassées à leur extrêmité. Les tiges ne se soutiennent point.

Elle vient en tout pays : & est commune sur les vieux murs & sur les toits des chaumieres. Sa fleur paroît en Juillet & Août.

3. J. Bauhin appelle *Sedum vulgari magno simile*, une Joubarbe qui differe de l'espece précédente, en ce qu'elle est beaucoup plus petite dans toutes ses parties. Ses tiges sont rouges, & couchées ; & ses fleurs purpurines.

4. La *Petite Joubarbe ; Tripemadame des pays chauds :* en Latin *Sedum minus, teretifolium, album* C. B. *Vermicularis ; Crassula minor officinarum ; Illecebra major ;* & selon de Lobel *Sedum medium teretifolium, sive Sempervivum minus officinarum.*

Elle produit, immédiatement de sa racine, plusieurs tiges ligneuses, longues de huit ou neuf pouces ; le long desquelles sont disposées alternativement des feuilles presque cylindriques, arrondies à leur extrêmité, longues de sept ou huit lignes, assez écartées les unes des autres, étroites, ressemblantes à certains vers : d'où lui vient le nom de *Vermicularis.* Ses fleurs sont blanches ; & naissent en bouquets, dont les brins sont courbés, pour ainsi dire, en queue de scorpion. Leurs pétales sont étroits, pointus, longs d'environ trois lignes. Les étamines sont blanches, garnies chacune d'un sommet purpurin. Le pistile est formé par cinq petits cornets, terminés par un filet fort délié. Ils deviennent ensuite des capsules blanchâtres, longues d'environ trois lignes, disposées en étoile. Chaque capsule s'ouvre dans sa longueur, & contient des semences fort menues & roussâtres. [Cette Description est de M. Tournefort, *Hist. des Plant. des env. de Paris*]. Les feuilles de cette joubarbe contiennent un suc un peu aigrelet. On la trouve ordinairement sur les amas de pierres des vignes, dans les vieilles murailles, les masures; & dans des terres légeres & sablonneuses, en des endroits à l'abri du grand soleil. Elle fleurit en Mai & Juin.

L'on peut ne regarder que comme une *variété de cette espece*, le *Sedum minus, teretifolium, alterum*. C. B. Quoique M. Tournefort (Tom. I. p. 252, *Herbor*. II.) semble en faire une espece distincte: suivant sa coutume de présenter les variétés, comme autant d'especes. La fleur est blanche à sa partie supérieure; verdâtre, lavée de purpurin, en dessous. Les autres différences sont peu considérables. Ainsi il y auroit lieu de soupçonner que c'est le *Sedum minus* de Dioscoride, décrit par Matthiole.

Il y en a une *espece presque semblable*, qui ne fleurit qu'en été, & dont la fleur est jaune. Gaspard Bauhin la fait suivre immédiatement par une *autre espece*, aussi à fleurs jaunes, dont les rameaux des tiges sont courbés; & que De Lobel nomme à cause de cela *Scorpioïdes*. Cette inflexion des tiges, outre celle des pédoncules des fleurs, est un caractere particulier de ces especes.

5. La *Petite Joubarbe âcre; ou caustique:* espece de *Vermiculaire*. Le *Sedum parvum acre, flore luteo* J. B. Cette plante croît sur des rochers, dans des masures, sur de vieilles murailles, & dans des terres légeres & sabloneuses. Ses racines sont rampantes, fermes, très-déliées, & garnies de longs chevelus. La plante produit une multitude de tiges, qui viennent quelquefois à la hauteur de six pouces; garnies, en forme de tronc de palmier, de petites feuilles rondelettes, presque aussi épaisses que longues, bosselées, mousses, quasi ovales, disposées alternativement, & fort serrées entr'elles. En Juin & Juillet, les sommets des tiges sont chargés de fleurs jaunes. Pour lors la plante cesse d'être verte; devient jaunâtre: & la couleur de sa base tire sur le rouge. Les étamines sont de la couleur des fleurs.

Cette plante est fort âcre au goût: en quoi elle différe d'une autre *espece qui lui ressemble*, mais qui n'a pas cette âcreté; & dont les feuilles sont plus déliées & plus longues.

6. *Voyez* CEPÆA. TRIPEMADAME.

7. En assignant au genre des Joubarbes les *Sedum* qui ont la feuille entiere, M. Tournefort renvoie au genre des *Saxifrages*, celles dont la feuille est découpée, & que les Anciens avoient rangées dans la famille des *Sedum*.

Culture.

Le *n*. 1 est actuellement une des jolies plantes de nos serres. On y cultive avec un soin particulier la variété dont les feuilles sont panachées de verd & de jaune, & quelquefois purpurines à leur extrêmité.

Il lui faut une terre légere & sablonneuse. On multiplie aisément cette joubarbe par le moyen de ses branches, que l'on couche en terre durant l'été; & auxquelles on donne peu d'eau, beaucoup d'air & d'ombre en été, & point du tout d'eau en hiver. Cette plante ne veut pas être tenue sous des vitrages, pendant l'été.

On peut élever en toute sorte de terre, le *n*. 2, sans beaucoup de soin. Il se multiplie de plant enraciné; que l'on peut transplanter en tout tems.

Usages.

Le suc de cette 2e espece est bon pour guérir les plaies récentes, & en arrêter les hémorrhagies. Ce même suc, ou l'eau distillée de la plante, se donnent intérieurement, à la quantité de deux ou trois onces, dans les maladies inflammatoires: on peut y joindre du sucre. L'un & l'autre s'appliquent aussi extérieurement avec un linge qui en est imbibé; pour la phrénésie, les douleurs des yeux, les brûlures. Pour rafraîchir dans les maladies aigues & les fievres ardentes, on pile cette joubarbe, & on l'applique en forme de cataplasme sur la tête, ou sur le front, ou aux plantes des pieds; avec du lait de femme, ou du suc d'écrevisses tiré par expression: cela remédie aux rêveries, & procure un sommeil tranquille.

Quelques-uns battent son suc avec de l'huile de noix, & y ajoûtent une quatrieme partie d'esprit de vin, pour la brûlure & l'érésipele. Dans l'esquinancie, on fait gargariser avec l'eau distillée; & on applique sur la gorge des écrevisses de riviere pilées avec les feuilles de cette joubarbe; ce qui a ordinairement un bon succès: d'autres font gargariser avec les sucs d'écrevisse & de joubarbe, mêlés ensemble. Le suc de joubarbe, mêlé avec le sel ammoniac, puis distillé, fournit un gargarisme éprouvé dans l'esquinancie, l'inflammation du larynx, & autres inflammations du gosier.

M. Tournefort indique comme un excellent remede, de faire boire aux chevaux fourbus une chopine du suc seul de cette plante.

On en donne intérieurement quatre onces dans les fievres intermittentes, qui ne sont pas accompagnées de frisson marqué. Ce remede convient aussi aux fievres lentes: on le mêle dans du bouillon d'écrevisses & de tortues. On peut en faire usage dans les fievres bilieuses; pour éteindre la chaleur, & calmer la soif. Lorsque la langue se desséche & se fend en plusieurs endroits, dans les fievres ardentes; le suc de joubarbe tenu dessus, sans l'avaler, en humecte la sécheresse, calme la douleur des fissures, & les consolide doucement. Ce suc, mêlé avec l'eau distillée ou le suc de Brunelle, est encore salutaire dans le même cas. On fait des injections de son suc pour les descentes de matrice, & pour les ulceres profonds de cette partie.

Voyez SIROP *de Joubarbe*.

Les feuilles sont d'un usage fort ordinaire, pour les hémorrhoïdes enflammées: on les fait cuire avec du beurre frais, jusqu'à consistance d'onguent un peu mollet. On les applique seules, dépouillées de leur peau, sur les cors des pieds, sur les nodus des gouteux, & sur les cancers; pour en diminuer la douleur. Ces mêmes feuilles, appliquées sur les verrues soir & matin, les ramollissent ensorte qu'à la longue on peut les arracher: elles produisent le même effet sur les cors des pieds. Pour ce qui est des ganglions & nodus des parties tendineuses & nerveuses; cet appareil, renouvellé soir & matin, les amollit, & les dissipe (dit-on) insensiblement.

Cette plante est détersive, & astringente; quelquefois résolutive; & souvent répercussive. Son usage demande de la circonspection: surtout pour la goute. Il est dangereux de l'y appliquer trop tôt; particuliérement lorsque l'inflammation est considérable. Son suc, évaporé à demi, exhale une odeur urineuse.

Voyez *Remede contre la Petite Vérole du* BÉTAIL.

BLANCHIR *les plumes des oiseaux*. APPAS *pour le poisson*, n. IV.

Le suc de la joubarbe *n.* 4 est bon pour l'ardeur d'urine. Cette plante a en général les mêmes vertus que les autres joubarbes. Elle convient dans tous les cas où il y a chaleur, rougeur, démangeaison : on y applique des linges trempés dans son suc. Si on y ajoûte de l'onguent *populeum*, on est encore plus certain de dissiper ensemble la démangeaison & la douleur.

L'espece *n.* 1 est astringente : propre à éteindre les inflammations ; guérir les érésipeles, & autres maux causés par un excès de chaleur.

Sa décoction ou son suc, étant bus, sont utiles contre la dysenterie, le flux de ventre, les vers, & les piquures venimeuses d'insectes. Ce même suc, mêlé avec de la farine d'orge rôtie avec de l'huile rosat, fait un bon topique pour le mal de tête. Mis seul avec un peu de cotton ou de laine dans la matrice, il arrête les écoulemens excessifs de cette partie. La plante, seule, ou mêlée avec de la farine d'orge rôtie, se peut utilement appliquer sur les feux volages, les brûlures, & les ulceres chauds & brûlans.

La Petite Joubarbe âcre (*n.* 5) est chaude, & très-dessiccative ; spécifique dans le scorbut, & les affections hypocondriaques. Elle évacue puissamment par haut la bile & la pituite. C'est pourquoi son suc, pris avant l'accès des fievres intermittentes, les guérit souvent. Etmuller rapporte, d'après un homme digne de foi, que cette herbe portée pendue au cou durant neuf jours & neuf nuits, est un fébrifuge immanquable. Un Médecin lui assura qu'il avoit guéri parfaitement une fievre de douze semaines, & une de six ; en faisant vomir les malades par le suc exprimé de cette plante pilée avec du vinaigre : il en donna un bon verre avant l'accès ; ce qui occasionna le vomissement, & la guérison. On prétend que ce suc est alexipharmaque. L'application de cette plante sur quelque partie du corps, y occasionne l'excoriation, & un ulcere. Le suc exprimé, ou la décoction, en gargarisme avec d'autres remedes appropriés, guérissent le relâchement & la pourriture scorbutique des gencives. En général, elle desseche les vieux ulceres sur lesquels on l'applique.

M. Tournefort conjecture que » la partie acide » du sel naturel de la terre a laissé échapper dans la » tissure de la plante un sel corrosif, approchant de » la nature de l'esprit de nitre, enveloppé & adouci » par du soufre. «

JOUBARBE *des Vignes*. Voyez ORPIN.

JOUE *enflée*. Voyez sous le mot FLUXION.

JOUÉE, en *terme de Maçonnerie*, se dit des côtés ou de l'épaisseur du mur dans l'ouverture ou dans la baye d'une porte, d'une fenêtre, d'une lucarne, par où l'on tire du jour.

Il se dit aussi de l'aisance avec laquelle jouent les portes, les fenêtres & quelques machines. Dans ce dernier sens, on dit, *Cette porte n'as pas assez de Jouée* ; ou de facilité pour s'ouvrir.

Jouées d'Abajour : ce sont les côtés rampans d'un abajour, suivant leurs talus ou glacis : On dit aussi *Jouées de Soupirail* ; pour signifier la même chose.

Les *Jouées de Lucarne*, sont les côtés d'une lucarne, dont les panneaux sont remplis de plâtre.

JOUER, ou *Se* JOUER, *de son Fief*. Terme de Droit : qui signifie Aliéner une partie de son Fief ; pourvû que l'aliénation n'excéde pas les deux tiers, & qu'on retienne la foi entiere avec quelque droit Seigneurial & domanial sur ce qu'on aliéne. En Jurisprudence Féodale, on dit qu'*il est permis à un Seigneur de se jouer de son Fief* ; pour dire qu'il lui est permis d'en démembrer & vendre une partie sans payer des lods & ventes au Seigneur suzerain. L'Art. LI. de la Coutume de Paris, porte que l'aliénation des terres & redevances ne peut aller que jusqu'à la concurrence des deux tiers ; l'autre tiers demeurant annexé au Fief pour en être la glebe & le fondement. La Coutume de Normandie permet l'aliénation de toutes les terres qui sont réunies, jusqu'à la rétention de foi & hommage : & pourvû qu'il reste assez de fond pour payer les rentes & autres droits dûs au Seigneur suzerain.

JOUERES ; ou *Jouillieres*. Ce sont, dans une écluse, les deux murs à plomb avancés dans l'eau ; qui retiennent les berges ; & où sont attachées les portes ou coulisses des vannes.

JOUG : *terme d'Agriculture*.

C'est 1°. une Piece de bois, qui a sur sa longueur deux échancrures pour poser sur *deux bœufs*, que l'on veut atteler ensemble à une voiture ou à une charrue.

2°. Il y a des Provinces où l'on nomme JOUG une *Etendue de Terrein*, estimée ce que deux bœufs peuvent labourer en un jour.

JOUILLIERES. *Voyez* JOUERES.

JOUR : *terme d'Architecture*. Se dit de l'ouverture des portes & des fenêtres, & de tout autre endroit par où passe la lumiere, ou même l'air. On nomme *Jour Droit*, celui d'une fenêtre à hauteur d'appui : *Faux Jour*, celui qui éclaire quelque petit lieu ; comme un retranchement, un petit escalier : *Jour d'en Haut*, celui qui est communiqué par un abajour, un soupirail, une lucarne, une faîtiere de grenier. Le *Jour à-Plomb*, est celui qui vient perpendiculairement d'en haut ; comme au Panthéon à Rome, & au cul de four de la petite écurie du Roi à Versailles. *Jour d'Escalier* : c'est, dans un escalier à plusieurs noyaux, ou à vis suspendue, l'espace quarré ou rond qui reste entre les noyaux & timons droits ou rampans de bois ou de pierre.

Une porte à claire voie, est dite *Porte à Jour*.

On dit, *Faire Boucher le Jour à un voisin* : ce qui est faire ordonner que le voisin fera boucher ses fenêtres de notre côté. On dit qu'un *Bâtiment a tant de jours sur la rue*, pour dire tant de fenêtres.

Consultez les mots VUE. BAIE.

En Peinture, le mot JOUR, est d'un fréquent usage. Il se dit de la diverse disposition des objets pour recevoir le jour ou la lumiere. On dit qu'un Tableau est *en son Jour* ; quand il est dans la même situation à l'égard du jour, que celle où étoit l'objet quand on l'a peint : & au contraire on dit qu'il est *à contre-jour*, quand, étant dans sa situation convenable, on le regarde hors de cette situation. *Voyez* FAUX-JOUR.

On appelle aussi en Peinture les *Jours* ; les endroits d'un tableau les plus éclairés, & qui sont peints de vives couleurs : *Jours Droits*, ceux qui viennent par une ligne droite, continuée sans interruption : & on dit *Jours de Reflet* ou de *Reflexion* ; lorsque le mouvement droit de la lumiere est arrêté par un mur ou autre accident, & qu'elle est renvoyée & réfléchie à l'opposite, ou qu'elle glisse à côté dans des endroits où elle ne pouvoit parvenir directement. La lumiere y est altérée. Quelquefois elle y a un peu plus d'éclat que dans le mouvement droit ; mais elle est moins forte dans certains enfoncemens cachés & détournés.

JOUR : terme qui sert à désigner certaine *durée de tems*. Le *Jour Civil* se divise en 24 heures : dont chacune est composée de 60 minutes ; lesquelles se divisent en 60 secondes ; celles-ci en 60 tierces ; *&c.* Ce qu'on appelle une *Minute*, est le tems qu'un pendule long de trois pieds huit lignes & demie (ou environ) emploie à faire 60 vibrations : & le tems de chaque vibration se nomme *Seconde*. C'est pourquoi l'on n'a pas besoin d'horloge pour savoir au juste la quantité de tems contenue dans une heure de tems égal : il suffit de construire un pendule qui ait la proportion ci-dessus ; & de compter trois mille six-cent de ses vibrations. Le *Tems Egal* ou *Moyen*, est celui qui divise le jour en 24 parties égales. Le *Tems Vrai*, ou *Tems du Soleil*, est déterminé par le cours de cet astre. C'est ce qu'on nomme aussi *Jour Naturel* : qui, suivant les inégalités des jours & des nuits, n'est pas composé de parties égales pendant toute l'année.

A la fin du dernier siecle, M. Reyber, Professeur Allemand, proposa une nouvelle maniere de compter les tems ; dans la vue d'introduire un calcul plus exact, & de réunir les diverses opinions. Son systême consistoit à diviser le jour, non en 24 heures ; mais en 29 heures longues, & en 33 courtes : ou, ce qui seroit encore plus exact, en 16 heures très-longues, & en 37 très-courtes. Il publia à ce sujet un petit ouvrage Latin, imprimé à Kil, *in*-4°.

JOURS *Critiques* : terme de Medecine. *Voyez* CRISE.

JOURNAL ; JOURNAU ; & *Journel* : terme d'Agriculture. C'est une piece de terre qu'on peut labourer en un jour avec une charrue & deux chevaux.

Cette mesure est souvent évaluée à cent perches quarrées ; de dix-huit ou vingt-deux pieds par perche. Il y a des endroits où l'on compte par Verges, au lieu de perches ; ou même par Chaînes. *Consultez* l'article MESURE. Le Journal des environs de Bordeaux est le produit de seize Lattes par trente-deux ; la *Latte* ayant sept pieds ; & le pied treize pouces de Roi : ce produit total contient un peu plus de huit cent trente-huit toises quarrées ; selon M. Duhamel, *Cult. des Terr.* T. II. p. 60.

En Bretagne, le Journal contient vingt-deux seillons & un tiers, ou quatre mille vingt pieds. Le *Seillon* a seize raies, ou cent quatre-vingt pieds. La *Raie* est formée de deux gaules & demie, ou trente pieds : & douze pieds en quarré font une *Gaule*.

Du côté de Rennes, on compte le Journal pour quatre-vingt cordes : la *Corde* de vingt-quatre pieds.

Dans le Duché de Bourgogne, le Journal est de trois cent soixante perches quarrées : conformément à l'Ordonnance du Duc Philippe. Cette *Perche* a dix-neuf pieds de longueur, trois cent soixante-un en quarré.

Le Journal de Lorraine contient deux cent cinquante *Toises* : chacune de dix pieds ; & le *Pied* de dix pouces, mesure de Lorraine.

Voyez ARURE. JOUG.

En général, comme il y a des terres plus aisées à labourer que d'autres, l'étendue du journal a dû beaucoup varier selon les Provinces.

JOURNÉE. Travail d'un homme pendant un jour. On appelle *Gens de Journée*, des ouvriers qu'on loue pour travailler le long du jour. *Voyez* VIGNERON. Il y a des artisans qui travaillent à la tâche ; & d'autres, à la journée. Il faut avoir des Chasse-avants dans les atteliers, afin de faire bien employer la journée des ouvriers & des manœuvres.

On dit aussi *Journée*, pour marquer un espace de chemin, qu'on peut faire facilement en un jour. Les Journées sont reglées par la Justice, à dix lieues ; tant pour les assignations qu'on donne, que pour la taxe des frais de voyages. On dit, *Marcher à grandes*, ou *petites*, *journées* ; pour dire, aller diligemment, ou lentement.

JOURNEL. *Voyez* JOURNAL.

IPE

IPECACUANHA. Racine qu'on nous apporte de l'Amérique, & qui n'est pas plus grosse que le chalumeau d'une plume médiocre. On en distingue quatre sortes : une, brune ; une autre, grise tirant tant soit peu sur le rouge, & blanche en dedans : une troisieme est grise cendrée ; brune en dedans, & a le goût de la réglisse. La quatrieme est blanche par-tout.

L'espece brune est la plus forte, & la plus estimée. Elle est compacte, ridée par anneaux, blanchâtre en dedans, cordée dans son milieu, difficile à rompre, âcre & amere. Quelque espece que l'on choisisse, on doit prendre l'ipecacuanha récent, gros, bien nourri, compact, résineux, & nettoyé des petits filets qui sont attachés à l'entour.

L'Ipecacuanha est un des meilleurs remedes qu'on ait encore trouvés pour la dysenterie. Il purge par haut & par bas ; puis il resserre, & raffermit les fibres des visceres. On peut encore l'employer dans les autres cours de ventre, quoique ce ne soit point avec tant de succès. La dose est depuis une demi-dragme jusqu'à une dragme & demie ; qu'on a soin de réduire en poudre très-subtile.

Au reste, c'est un vomitif doux.

Monsieur Boulduc ayant dépouillé cette racine ; de ses parties résineuses par le moyen de l'esprit de vin ; & de ses parties salines, par l'eau de pluie ; reconnut par plusieurs expériences que toute la force de ce purgatif consistoit dans sa résine, laquelle fait vomir avec de plus grands efforts, que la racine même, mais presque sans astriction, étant dénuée de ses parties salines. Au contraire il trouva que les parties salines séparées de la résine, poussent par les urines, & purgent doucement, sans causer de nausées, ou au moins que très-peu. Ce sel est utile dans la dysenterie.

IRI

IRIS : *Plante*. Voyez FLAMBE.

IRIS *Latifolia tuberosa*. Voyez GINGEMBRE, *n.* 2.

IRIS *Uvaria*. Voyez ALOËS, *n.* 17.

IRIS : terme d'Anatomie. *Consultez* l'article ŒIL, *Organe de la Vue*.

ISA

ISARD. *Voyez* CHAMOIS.

ISATIS. *Voyez* GUEDE.

ISC

ISCHIATIQUE. *Voyez* ce mot, sous celui de GOUTE.

ISO

ISOLÉ (*Cadran*). Consultez l'article CADRAN.

ISOPYRUM. *Voyez* ANCOLIE.

ISS

ISSUE : *terme de Cuisine*. Voyez AGNEAU, page 40.

ISSUES : terme de Jurisprudence féodale. *Voyez* le mot VENTES.

JUB

JUBIS. *Voyez* RAISINS *secs*.

IVE

IVE ; ou IVETTE : en Latin *Chamapitys* ;

dénomination empruntée des Grecs, à laquelle répond celle de *Ground Pine* que les Anglois donnent à cette Plante, & qui signifient *Pin demeurant près de terre*.

Ce genre de plantes tient beaucoup de la Bugle & de la Germandrée. Aussi M. Linnæus le réunit-il aux *Teucrium*; & M. Adanson, en a-t-il fait des *Bugula*. Voyez les caracteres que nous avons donnés de la GERMANDRÉE, & de la CONSOUDE MOYENNE.

Especes.

1. *Chamæpitys lutea vulgaris, sive folio trifido* C. B. L'Ivette *Arthritique*. Cette plante vient d'elle-même dans des terreins sabloneux. Elle n'a que tout au plus trois pouces de haut. Sa tige est tendre, velue, menue, rougeâtre, un peu articulée. Les feuilles sont opposées, minces, très-velues; ont un pétiole creusé en gouttiere, & hérissé de longs poils. Chaque feuille est profondément découpée en trois parties; dont celle du milieu est plus longue que les autres. Les aisselles donnent naissance à de petites fleurs jaunes. Toute la plante a une foible odeur bitumineuse. Elle fleurit en été.

2. *Chamæpitys Moschata, foliis serratis; an prima Dioscoridis* C. B. Celle-ci est annuelle, comme la précédente; mais particuliérement affectée aux climats chauds. Ses tiges, hautes d'environ six pouces, sont fermes; garnies près-à-près de feuilles étroites fort velues, entieres, & dentelées vers leur extrêmité. Les fleurs sont assez grandes, & d'une belle couleur pourpre. Toute cette plante a une odeur musquée. C'est pourquoi on la trouve sous le nom d'*Ivette Muscate*.

3. Il y en a aussi de Musquée, dont la feuille est sans dentelure.

4. On trouve des Ives à fleur blanche.

Usages.

La plante *n.* 1, bouillie avec de l'hydromel, guérit la jaunisse; provoque les mois des femmes; fait uriner: & est souveraine contre la goute sciatique; tant prise en boisson, qu'appliquée sur la hanche en forme de cataplasme. Toute l'herbe, avec ses fleurs & racines, pulvérisée & prise par la bouche l'espace de quarante jours, avec une demi-once de térébenthine, guérit entiérement la goute sciatique. La conserve des fleurs est bonne aux paralytiques.

Les feuilles de l'Ivette Muscate, prises en breuvage pendant sept jours, guérissent (dit-on) la jaunisse. Si on en use aussi pendant quarante jours avec de l'hydromel, c'est un remede excellent contre la sciatique. Elles sont spécialement propres pour les maladies du foie, la difficulté d'uriner, les maux de reins; & les tranchées de ventre. On dit que c'est un contre-poison de l'aconit. Pour les effets ci-dessus, il faut boire la décoction de ces feuilles incorporée avec des griottes séches, déja macérées dans une semblable décoction.

JUEIL. *Voyez* IVRAIE.

JUI

JUILLET. C'est le septieme mois de l'année qui commence au mois de Janvier.

On ne doit plus songer alors à garder les veaux pour nourrir: il est trop tard; & le bétail qui sera gras, se vendra toujours bien alors.

Les cerises ne sont pas plutôt finies, dans les climats chauds; que les poires viennent dès le commencement de Juillet: elles sont encore rares; & par conséquent bonnes à vendre. Dans les climats tempérés, les cerises durent presque tout ce mois; & les premieres poires ne sont bonnes que vers la fin.

Il y a des pêches précoces; & des prunes, qui viennent en cette saison: dont on doit faire de l'argent.

Les abricots hâtifs commencent à être bons à manger dès le commencement de Juillet. On ne cueille les autres, qu'à la moitié du mois.

A l'égard des prunes; on ne débitera que celles qui ne pourront pas servir à faire des pruneaux: car pour celles dont on peut en faire, l'œconomie veut qu'on les y emploie; toutes rendant beaucoup plus d'argent ainsi séchées au four, & étant débitées en carême, que lorsqu'on les vend au sortir de l'arbre. *Voyez*, dans l'article PRUNIER, la liste des prunes dont on fait les meilleurs pruneaux.

On recueille la soie.

Dans les pays médiocrement chauds, on vendange la cire & le miel, si les ruches sont pleines.

On cueille la fleur d'orange.

On récolte les légumes d'été: & on serre ceux qui ne seront consommés qu'en hiver.

On chasse aux cailles. L'alouette couve encore.

On pêche les anchois.

Si l'on a gardé du vin jusqu'à ce tems, il faut commencer à le vendre; sur-tout lorsqu'on s'apperçoit qu'il perd de sa force.

Il y a dans ce mois les vignes à labourer, pour la seconde ou la troisieme fois.

Ainsi que dans tous les autres mois, il faut avoir l'œil sur ses troupeaux, pour qu'ils se maintiennent bien; & aller de tems en tems aux foires pour y vendre & acheter du bétail, & commercer: étant un des bons moyens d'enrichir promptement une maison.

On commencera à moissonner, après avoir vuidé & nettoyé la grange, pour la disposer à recevoir les gerbes.

On se hâte de retenir des moissonneurs.

On dépouille les orges primes; la navette; le colsat; le lin; le seigle.

Après avoir dépouillé l'orge prime, on peut semer dans la même terre des raves & navets pour le bétail. Je suppose que cette récolte est faite au commencement du mois.

On tond, à la mi-Juillet, les agneaux que l'on n'auroit pû priver plus tôt de leur laine sans danger.

On acheve de biner les jacheres.

On continue de porter les fumiers.

On ôte les chiendents le plus qu'il est possible.

Dans les pays où l'on parque, on cure la bergerie.

Quelques spéculatifs conseillent d'accoupler les brebis environ la mi-Juillet; comme si l'on étoit maître de les faire entrer en chaleur quand on le veut. Mais d'ailleurs, quand même elles y seroient en ce mois, il ne paroît avantageux d'avoir des agneaux à Noël que pour les vendre: car la saison n'est pas favorable pour les élever plus longtems; ils ne seroient jamais beaux. *Voyez* AGNEAU. BREBIS, p. 392-3.

Le tems est plus convenable pour faire couvrir les vaches.

On acheve de faire les foins.

En climat chaud, on peut acheter des beliers.

On plante les oignons de safran.

Ce mois-ci demande beaucoup d'activité de la part du Jardinier, pour faire ce qu'il n'a pû achever dans le mois de Juin & continuer les mêmes ouvrages, à la réserve des couches.

Les grandes chaleurs, sans arrosemens, font de grands dégâts; mais avec de fréquens arrosemens elles donnent lieu à de belles productions.

C'est dans ce mois qu'on recueille beaucoup de

graines; & qu'on seme des chicorées pour l'automne, & pour l'hiver.

On seme de la laitue royale pour en avoir de bonne à la fin d'automne.

On seme encore quelques ciboules; & de la porrée pour l'automne; un peu de raves dans des endroits frais, ou extrêmement arrosés, pour en avoir au commencement d'Août.

On commence à replanter des choux blonds pour la fin de l'automne, & pour le commencement de l'hiver.

On seme pour la derniere fois des pois quarrés, à la mi-Juillet; afin d'en avoir en Octobre.

On seme encore des haricots pour l'automne; des pois, afin d'en avoir en verd durant tout l'été; des chicorées, pour en avoir en automne, & en hiver.

On leve de terre l'ail vers la fin du mois: ainsi que les échalottes, si leur graine est en état d'être cueillie.

Les oignons qui ont été replantés en Mars, sont bons en ce mois-ci.

A la fin de Juillet on peut de même avoir de bonne chicorée, si l'on en a semé en Mai pour n'être point replantée.

On palisse les pêchers & tous les espaliers.

Otez de dessus les pommiers & poiriers, les fruits gâtés & superflus: ramassez ceux qui auront été abattus par le vent; pour en faire du cidre de primeur.

On rechausse les arbres qui sont en plein vent.

On tond encore des buis.

On peut encore lever les cyclamens printaniers & diverses plantes bulbeuses spécifiées dans le mois de Juin; pour les replanter aussi-tôt.

La graine des cyclamens printaniers se trouve mûre en ce mois: il faut la recueillir, & la semer tout de suite dans des pots.

On greffe par approche les myrthes, jasmins, orangers, rosiers, & autres pareils arbrisseaux.

Si la saison est fort séche, on commence à la fin du mois à greffer à œil dormant sur les coignassiers, & sur les pruniers.

Depuis la moitié de ce mois jusqu'en Septembre, on fait des marcottes d'œillets; lorsque les branches sont assez fortes pour cela.

JUIN. C'est le sixieme mois de l'année qui commence par le mois de Janvier. Le soleil entre dans le signe du Cancer ou de l'Ecrevisse, vers le vingt-deux de ce mois. On dit que le soleil est alors dans le *Solstice*; à cause que, pendant quelque tems, les jours paroissent être également longs, & que le soleil semble demeurer dans le même point de l'écliptique. Ce sont les plus longs jours de l'année.

Ce mois a trente jours. Du premier au quinze, la durée du jour devient de quinze heures cinquante-huit minutes; & jusqu'au trente, de seize heures quatre minutes. Du premier au vingt-un, il est crû de seize minutes. Et du vingt-un au trente, il diminue de quatre.

Occupations & Profits, durant ce mois.

Le beurre doit être porté au marché; à cause qu'il est moins bon, que celui de Mai, à fondre ou à saler. Cependant si l'argent qu'on en peut tirer alors fait un produit trop médiocre, on conseille de le fondre, & ce sera du beurre dont on se servira l'hiver pour la provision de la maison.

On salera tous les fromages: car leur vente est très-peu avantageuse, dans ce mois.

Le surplus des œufs pris pour la maison, se vendra: ce n'est pas encore la saison de les garder.

La basse-cour ne peut être trop garnie de poulets. On se gardera bien de les vendre tout petits: mais on les élevera avec soin; pour avoir en abondance ou des chapons, ou de nouvelles poules dans leur tems.

Les dindons se peuvent encore vendre dans ce mois; mais peu: afin d'en avoir un bon troupeau pour envoyer aux champs.

Si le mois de Mai n'a pas suffi pour faire le débit des vins blancs & clairets, l'on continuera de les vendre; ainsi que le bled.

Le mois de Juin est le tems du meilleur débit des cerises; supposé qu'elles soient mûres: ce qui n'arrive gueres que dans les climats tempérés.

Les fraises donnent alors.

La vigne, le poirier, le pommier, sont en pleine fleur.

On peut acheter de belles genisses; qu'on jettera dans des pâturages pour les engraisser jusqu'à l'hiver.

On chasse la caille.

On pêche les anchois.

Les ruches essaiment.

Il faut faire dès l'entrée de ce mois tout ce qu'on n'a pû achever en Mai. On doit aussi continuer tous les mêmes ouvrages; à la réserve des couches, qui ne sont plus nécessaires pour les melons: mais on en peut faire pour les concombres tardifs, & pour les champignons.

On peut replanter quelques artichaux jusqu'au douze ou au quinze du mois; ils serviront pour le printems suivant, étant bien arrosés. Les arrosemens sont inutiles, si l'eau ne pénetre pas jusqu'à la racine: ainsi, plus la plante produit de racines profondes, plus il faut faire des arrosemens amples; sur-tout dans les terres séches: par exemple, dans celles-ci, ils ont besoin d'une cruche, de deux jours l'un, pour chaque pied; & dans les terres fortes une cruche peut servir à trois plantes.

Vers la mi-Juin, on replante les porreaux.

On continue de semer de la chicorée & de la laitue de Gênes, pour en replanter au besoin pendant le reste de l'été.

Les laitues à lier, & les especes de celles qui sont connues sous le nom de *Gênes*, commencent à être bonnes vers la S. Jean.

Entre les laitues qui se mangent en Juin, on a principalement la Crêpe-verte & l'Aubervilliers.

On cueille les légumes qui sont en maturité.

On recueille la graine de cerfeuil, qui est la premiere de l'année à monter, sur le cerfeuil semé en automne.

On replante des cardes de poirée, pour en avoir de belles en automne: elles sont bien dans l'entre-deux des rangs d'artichaux.

Il faut prendre grand soin d'ôter les méchantes herbes, qui viennent en abondance durant ce mois; & les ôter sur-tout avant qu'elles grainent: pour éviter leur multiplication.

On arrose beaucoup.

On rame les haricots.

On seme des pois à la fin de ce mois; pour en avoir en Septembre.

On fait la guerre aux gros vers blancs, qui détruisent les fraisiers & les laitues pommées. *Voyez* FRAISIER.

Les chenilles, les hannetons, les cantharides, deviennent pareillement de dangereux ennemis.

On pince & ébourgeonne les pêchers, abricotiers, figuiers, *&c.*

A la mi-Juin on commence à greffer en écusson les jasmins, les orangers, les rosiers, & autres arbrisseaux.

Il faut, de même qu'en Mai, empêcher que le

hâle ne parvienne jusqu'aux racines des arbres.

On doit avoir fini, dans les premiers jours de Juin, de palisser les nouveaux jets : & à la fin du mois, on recommence.

On tond les palissades, & les buis; afin de leur donner le tems de repousser avant l'automne.

Il y a des fleuristes qui ont pour maxime de planter dès la S. Jean, les anemones & renoncules : afin, disent-ils, d'en avoir les fleurs en automne.

On peut, dans ce mois, semer diverses plantes annuelles pour en avoir des fleurs tout le reste de l'été, & en automne; ainsi qu'on a fait au mois de Mai.

On leve les tulipes; & on replante aussi-tôt celles dont les oignons se trouvent dépouillés, ou qui semblent se dessécher; fort avant en terre (ou en lieux frais, moins avant) : & on les arrose pour tenir seulement la terre fraîche.

On peut, à la fin de ce mois, lever les plantes qui ne veulent pas demeurer longtems hors de terre; & les planter incontinent : comme les cyclamens printaniers, les jacintes bulbeuses, l'iris, les fritillaires, la couronne impériale, les muscaris, les hémérocales, les martagons, & plusieurs autres semblables.

Il arrive quelquefois que la terre, après avoir été fort abreuvée, est ensuite battue par les vents : ce qui fait que l'on en voit devenir dures comme de la brique. Les plantes souffrent alors beaucoup.

Il faut donc souvent labourer les terres fortes; pour ne leur pas donner le tems de s'endurcir, & de se fendre. On donne communément un labour général aux jardins dans ce mois-ci : le bon tems pour labourer les terres seches, est un peu avant la pluie, ou immédiatement après, ou même pendant qu'il pleut; afin que l'eau pénetre promptement dans le fond, avant que la chaleur vienne à la convertir en vapeurs. A l'égard des terres fortes & humides, il faut prendre un tems chaud & sec, pour les dessécher & réchauffer.

Les Jardiniers soigneux font des rigoles, pour faire entrer dans leurs quarrés les averses d'eau qui viennent en ce tems-ci par orages; sur-tout si leurs terres sont légeres. Au contraire, si leurs terres sont trop fortes, ils pratiquent des écoulemens.

On continue les labours & les semailles des mois précédens.

On charrie les fumiers & la marne.

On fait parquer les bestiaux.

On prépare & nettoie l'aire de la grange.

Presque par-tout on se dispose à la moisson.

Il y a même des climats où on commence à dépouiller les fromens.

On scie, sur la fin du mois, les orges quarrées ou primes.

Recueillez toutes les herbes vertes qui se rencontrent sur les montagnes, dans les vallées, le long des bois, &c; surtout celles qui ont le plus de sel. Lorsqu'elles seront séchées au soleil, brulez-les. Vous ferez usage de leurs cendres, pour amender les terres.

On ébourgeonne & lie la vigne.

On continue de châtrer les veaux.

En pays froid, on attend jusqu'alors à tondre les bêtes à laine.

On châtre les mouches à miel : & on a grand soin de tenir les ruches nettes.

Il y a des endroits où on seme le bled sarrasin, vers la fin de ce mois.

Dans les défrichemens dont on a brûlé les herbes; si l'on peut donner le premier labour en Juin, & qu'il survienne de la pluie, on pourra avec cette seule façon recueillir du millet, des raves, &c. cette même année : sans que cela empêche d'y semer du seigle l'automne suivante.

Il faut, soir & matin, lorsqu'il a plû, chercher les limaçons; pour les détruire. On doit encore donner la chasse à tous les autres animaux, qui ont coutume de faire du dégât dans le potager & sur les arbres.

Quand la saison sera séche, on arrosera soigneusement les arbres nouvellement transplantés; les boutures; les marcottes : observant de couvrir avec de la mousse la terre du pied, pour empêcher que le hâle n'y pénétre. Il est aussi à propos d'assujettir les jeunes pousses un peu longues; qui courroient risque d'être cassées par le vent.

On laboure les terres à grains pour les semailles prochaines.

On fauche les prés, tant naturels qu'artificiels.

Occupations de Botanique : Récoltes relatives à la santé.

On cueille la mélisse pour distiller.

On distille beaucoup d'eaux.

On tire le baume de l'ormeau. *Voyez* BAUME, pag. 270.

Il se forme en ce mois, de petites vessies sur les feuilles de quantité de plantes. La plupart de ces vessies sont regardées comme vulnéraires; & entrent dans quelques compositions balsamiques & anodynes.

On cueille la rue, la verveine, la petite sauge, le plantain, le polypode de chêne, l'absinthe commune, la menthe, l'armoise, la bétoine, le mille-pertuis, la petite centaurée, &c. pour diverses préparations Pharmaceutiques.

JUJUBIER : en Latin JUJUBA; & *Zizyphus* : en Anglois, JUJUBE.

Les Botanistes ne sont pas d'accord sur les parties dont est composée la fleur des Jujubiers. Selon les uns, il n'y a point de calyce; mais un pétale d'une seule piece divisé en cinq jusqu'à la base, verd en dehors, coloré au dedans, & qui n'est pas percé par le bas. D'autres veulent que ce soit là le calyce; & prennent pour des pétales les petites feuilles dont chacune est placée dans l'angle de chaque découpure. M. Linnæus pense que ces feuilles sont des Nectarium. Consultez les *Familles des Plantes*, de M. Adanson; T. II. pp. 299 & 304.

Dans l'intérieur de la fleur sont cinq étamines : qui accompagnent le pistile, composé d'un embryon arrondi, surmonté de deux styles fort courts. L'embryon devient un fruit charnu, figuré en olive; dans lequel est un noyau divisé intérieurement en deux loges; dont chacune contient une semence, arrondie d'un côté, & applatie de l'autre.

Especes.

1. *Zizyphus* Dodonæi. Le *Jujubier ordinaire* des Pays chauds. C'est un arbrisseau assez grand : dont les feuilles sont ovales, unies, luisantes, d'un verd gai tirant un peu sur le jaune, finement dentelées par les bords, relevées en dessous de trois nervures qui partent du pédicule & s'étendent jusqu'à la pointe de l'ovale. Ces feuilles sont attachées, dans l'ordre alterne, aux deux côtés d'une branche menue, qui souvent se desséche après que les feuilles sont tombées; ce qui pourroit faire regarder les feuilles du jujubier comme empennées : mais, ainsi que l'observe M. Duhamel (*Tr. des Arb. & Arbust.*), on apperçoit deux fortes épines, quelquefois simplement des stipules, à l'insertion des feuilles sur ces branches; & leurs aisselles sont garnies de boutons d'où il sort des fleurs & des branches. D'où l'on

infere que les supports communs des feuilles sont de véritables branches; quoique la plupart de ces menues branches tombent. L'écorce de cet arbre est rude, & pleine de crevasses. Ses fruits ont une saveur douce; rougissent en mûrissant: on les nomme JUJUBES.

En Dauphiné, Poitou, & Angoumois, on appelle *Guindoulier* cette espece de Jujubier: que nombre d'auteurs ont pris pour un *Cerisier à Bigarreaux*, & ont nommé *Guindoux*. D'autres le nomment encore *Gingeolier*.

2. *Zizyphus inermis Americanus, folio subrotundo dentato.* Cette espece, originaire du Pérou, est sans épines. Ses feuilles sont ovales, courtes, arrondies, & épaisses.

3. *Zizyphus inermis, latiore folio hirsuto.* Ce jujubier, encore dépourvû d'épines, a les feuilles allongées, larges, velues, cependant brillantes. Il se trouve dans les Isles de l'Amérique.

[Les phrases latines des *nn.* 2 & 3 sont celles sous lesquelles on démontre ces plantes dans le Jardin Royal de Paris.]

Usages.

Les fruits du *n.* 1 sont d'usage en Médecine. On en fait des électuaires; des tisanes pectorales. On y ajoûte communément les dattes, les sebestes, & autres fruits béchiques: on met une douzaine de jujubes sur chaque pinte de tisane, & les autres fruits à proportion. Il ne faut pas faire la décoction trop épaisse; parce qu'elle ne se distribueroit pas aisément dans le sang, nuiroit beaucoup à l'estomac; & ainsi, au lieu d'adoucir & dégager la poitrine, augmenteroit l'oppression. Les jujubes sont propres à adoucir le sang, & faire évacuer les sérosités. Leur décoction est utile dans les maladies des reins & de la vessie.

Voyez SIROP *de Jujubes.*

La beauté du feuillage de ce grand arbrisseau le rend propre à décorer les bosquets d'été & ceux d'automne. Comme il pousse tard, & que sa fleur a peu de mérite; il ne peut procurer d'agrément au printems.

Culture.

Quoique le *n.* 1 réussisse particuliérement bien dans le climat chaud de nos Provinces méridionales, il soutient les hivers dans presque tout le reste du Royaume, à moins que le froid ne soit fort rigoureux. Sa culture est peu embarrassante.

Il se plaît dans un terrein sec, & une exposition chaude.

On le multiplie de semences; ou par les rejets qui poussent abondamment de son pied. Soit qu'on le seme, soit qu'on le plante, il faut toujours une terre parfaitement meuble. Si on veut le mettre dans un terrein qui soit encore un peu compact, il convient d'amender avec de la marne; ou y mêler un terreau provenant de fumier tant de cheval que de mouton.

La fin de l'hiver paroît être plus convenable dans les climats tempérés, que l'automne, pour semer les noyaux de cet arbrisseau. On les enterre à un pouce de profondeur. Il peut être avantageux de ne les semer qu'après les avoir laissés dans l'eau, durant quelques jours. Des arrosemens favoriseront encore la levée; si la saison n'est pas assez humide: & l'on prétend que l'heure de midi est singuliérement propre pour le faire.

Les jeunes plantes ont aussi besoin d'être fréquemment humectées. Mais il seroit dangereux de leur donner de l'eau vers le milieu du jour: le soir vaut mieux.

Lorsqu'on veut transplanter les jujubiers, soit en pépiniere, soit en bâtardiere, soit à demeure; on préfere en général, même dans notre climat, de le faire en automne, & communément au mois de Novembre.

Leurs fruits sont parfaitement mûrs vers la fin de Septembre ou le commencement d'Octobre.

Il faut les conserver dans un endroit bien sec.

IUL

IULE, ou *Chaton;* en Latin *Iulus:* terme de Botanique. C'est, dans certaines plantes, une partie ou seulement composée d'étamines, ou d'étamines & de petites feuilles ou écailles attachées à un corps ou axe commun. Cette classe de plantes se nomme *Iulifere.* Voyez AMENTUM. CALICE. CAPILLACEUS *flos.*

JULEP. Potion composée de sirop mêlé avec quelque eau distillée, ou avec une décoction douce & légere. On ne met guéres qu'une once de sirop sur six d'autre liqueur. On ne doit faire les juleps que dans le tems qu'il les faut prendre; parce qu'ils ne se gardent pas. Pour les rendre plus agréables au goût des malades, on y peut mêler quelquefois un peu de jus d'orange, de citron, ou de groseille, ou autres acides, comme quelques gouttes d'esprit acide de soufre, ou de vitriol. Pour faire un julep, il faut d'abord peser le sirop & les liqueurs; puis mettre le sirop dans une phiole; verser les eaux par dessus, & bien agiter la phiole afin de mêler le tout exactement.

Julep Cordial.

I.

Mêlez une once de sirop d'écorce de citron, avec les eaux distillées de scorsonere, mélisse, chicorée sauvage, & chardon bénit; de chacune une once: ajoûtez-y deux gros de cannelle orgée.

II.

Prenez de l'eau de mélisse simple; des eaux de bourrache, de buglose, & des trois noix; de chacune quatre onces: sirop d'œillet, ou de grenade, deux onces; & demi-once d'eau de cannelle orgée. Le tout étant mêlé ensemble, faites-en quatre prises.

III.

Mêlez une once de sirop de limon, avec les eaux distillées de buglose, alleluya, & reine des prés; de chacune deux onces. Ce julep se prend en une seule fois.

On peut substituer à ces eaux une légere décoction des feuilles des plantes susdites.

Ces juleps réjouissent le cœur; & fortifient l'estomac, sans l'échauffer.

IV.

Prenez un gros de confection d'hyacinthe, & une once de sirop de limons; délayez-les dans les eaux distillées de buglose, alleluya, & chardon benit, de chacune une once & demie. Faites prendre au malade cette composition, ou tout à la fois, ou par cuillerées. Elle est propre à résister aux venins, fortifier l'estomac, & corriger le levain des humeurs viciées & malignes.

Julep Alexitere.

Mêlez dans une once de sirop de vipere, demi-gros d'esprit de vipere, deux gros d'eau thériacale, deux onces d'eau de citron, autant de celle d'œillet. Ce julep résiste au venin; & aux impressions du mauvais air.

Julep Bechique, ou Pectoral.

Mettez huit onces d'eau de lait distillée au bain-marie, dans une once de sirop de jujubes; agitez la phiole, & mêlez bien les deux liqueurs. Ce julep est excellent dans la toux, & les maux de poitrine, qui proviennent de chaleur.

Julep Rafraîchissant.

I.

Mêlez eaux distillées de buglose, bourrache, & fleurs de nenuphar, de chacune deux onces; avec une once de sirop, soit violat soit de pommes de reinettes.

II.

Prenez eau de fraises ou de framboises, & de groseilles, de chacune cinq ou six onces; deux onces de sirop de nénuphar; une once de jus de citron. Mêlez le tout; & le donnez en quatre fois.

Pour le rendre encore plus rafraîchissant, on peut y ajoûter dix ou douze gouttes d'esprit de soufre, ou de celui de vitriol; ou deux onces d'eau de laitue, & autant d'eau de pourpier, ou de celle d'ozeille.

Julep Céphalique, pour les maux de tête opiniâtres.

Prenez eaux distillées de betoine & de muguet, de chacune trois onces; & mêlez-y une once de sirop de fleurs d'orange.

Julep de Craie.

Mêlez ensemble une once de craie bien blanche & préparée, six gros de sucre bien raffiné, deux gros de gomme Arabique, & deux livres d'eau pure.

Cette préparation fort simple est très-utile pour absorber les acides de l'estomac, émousser en général l'âcreté des humeurs, & produire tous les bons effets des poudres absorbantes. * Charas, *Pharmacopée.*

Voyez DYSENTERIE.

Julep Anodyn.

Prenez quatre onces d'eau de pourpier, & autant d'eau de laitue; deux gros d'eau de cannelle orgée; une once de sirop de diacode; avec demi-gros d'yeux d'écrevisses, ou de perles préparées. Mêlez le tout ensemble; & faites-en trois prises.

Julep Anodyn pour procurer le sommeil, & appaiser les grandes douleurs.

Mêlez deux gros de sirop de nenuphar, & autant de sirop de diacode, dans trois onces d'eau distillée de coquelicot.

ON ne mêle ordinairement aucun purgatif dans les juleps. Cependant si les malades ne pouvoient pas supporter la méthode ordinaire de la purgation, on pourroit les tromper agréablement & utilement, en leur faisant prendre le *Julep Purgatif*, dont voici la composition: Mêlez une once de sirop magistral de rhubarbe, avec les eaux distillées de plantain, de roses, & de centinode; de chacune deux onces.

Julep Hystérique.

1. Allumez deux gros de camphre; plongez-le ensuite dans de l'eau d'armoise, ou dans une chopine d'eau commune: continuez d'allumer, & éteindre le camphre de la même maniere, jusqu'à ce qu'il soit entiérement consommé. Ce remede provoque les regles; abbat les vapeurs; & fortifie la matrice, & le cerveau. On le donne depuis deux onces jusqu'à huit. [Au reste c'est improprement qu'on le nomme Julep; puisqu'il n'y entre point de sirop.]

2. Prenez sirop chalybé, une once: ajoûtez-y des esprits de succin, & de castor, de chacun dix gouttes; eaux d'armoise & de fleur d'oranges, de chacune trois onces; & demi-gros d'esprit volatil aromatique.

3. On peut composer d'autres potions hystériques, en délayant des drogues & des poudres hystériques, dans quelques eaux appropriées. Il en est de même des autres potions.

JULIA (*Herba*). Voyez sous le mot HERBE *à Eternuer.*

JULIENNE; *ou* JULIANNE: en Latin *Hesperis; Viola Matronalis*: en Anglois *Dame's Violet; Rock* & *Queen's Gilliflower.*

La fleur des Juliennes a un calyce formé de quatre pieces; quatre pétales plus ou moins allongés, disposés en croix; six étamines surmontées de sommets droits, étroits, & courbes à leur extrêmité: il y a deux étamines beaucoup plus courtes que les autres; attendu qu'elles livrent passage à un nectarium. Le pistile est formé d'un embryon quadrangulaire; terminé par un stigmate oblong & sillonné. Le fruit est une silique applatie, allongée; intérieurement divisée en deux loges séparées par une cloison; & où sont des semences un peu arrondies; & qui ne sont ni applaties, ni bordées d'un feuillet membraneux, comme celles de la Giroflée.

Especes.

1. *Hesperis Chia saxatilis, Leucoïi folio serrato, flore parvo* Cor. Inst. R. Herb. Cette plante, originaire du Levant, ressemble beaucoup à notre Giroflée commune. Ses feuilles ont cependant des dentelures en scie. Elle porte de petites fleurs purpurines.

2. *Hesperis maritima supina, exigua* Inst. R. Herb. Celle-ci a la feuille plus étroite, que la précédente. Elle porte de petites fleurs purpurines, dont l'odeur est assez gracieuse.

3. *Hesperis Hortensis* C. B. La *Julienne de nos jardins.* Elle est vivace. Ses fleurs sont blanches, ou de pourpre lavé; en général, varient beaucoup pour les nuances de rouge & de blanc. Nous avons des provinces où elle vient sans culture dans les haies. Ses tiges, hautes d'environ deux pieds, sont cylindriques, branchues, & velues. Les feuilles sont disposées dans l'ordre alterne, presque entieres, d'un verd obscur, & âcres au goût. Les semences sont rougeâtres.

4. *Hesperis maritima latifolia, siliquâ tricuspidi* Inst. R. Herb. Cette espece est originaire d'Italie. On la nomme *Porte-Croix*; parce que sa silique est terminée par trois pointes disposées en forme de croix.

5. *Hesperis Leucoii folio serrato siliquâ quadrangulâ* Inst. R. Herb. On trouve cette julienne en divers endroits de nos campagnes; particuliérement sur le bord des vignes, en allant de Fontainebleau à Moret. Ses feuilles sont un peu blanches, à cause de leur velu; ressemblent à celles de giroflée, & sont dentelées. Elle donne de très-petites fleurs jaunes; qui ont l'odeur de giroflée.

6. *Hesperis*

6. *Hesperis montana pallida, odoratissima* C. B. Sa feuille est cottoneuse, ondée, bordée de dentelures aiguës & roides. Sa fleur répand beaucoup d'odeur; mais seulement durant la nuit.

7. *Hesperis lutea, siliquis strictissimis* Inst. R. Herb. Celle-ci est vivace; devient grande, & fort branchue. Ses fleurs sont jaunes.

8. *Voyez* ALLIAIRE.

Usages : & Culture.

Nous avons parlé de l'*Alliaire*, dans le I. Tome.

Le *n.* 3 est regardé comme une plante incisive, apéritive, sudorifique; utile dans le scorbut, l'asthme, la toux invétérée, les convulsions.

Cette plante se multiplie de graine; de boutures; & de plant enraciné.

Au mois de Septembre, ou en celui d'Octobre, on seme la graine soit en planche, soit en pots, dans une terre meuble, & couverte d'un bon doigt de terreau. Lorsque les plantes sont levées, on a soin d'ôter les mauvaises herbes : & dans le mois de Mars on arrose à propos. Il y en a qui sement, au printems, des juliennes sur couche, & les transplantent vers la fin d'Avril.

Les Juliennes sont de très-belles fleurs; qui servent à décorer les parterres.

Pour se procurer des juliennes, de boutures; on coupe les tiges tout près de la racine, quand les fleurs sont passées; & les ayant fichées en terre, on arrose sur le champ. Ensuite on les tient à l'ombre, pendant sept ou huit jours; & l'année suivante on les replante où l'on juge à propos.

Pour multiplier les juliennes, de plant enraciné, il faut prendre un pied de deux ans qui ait fait touffe; en éclater les tiges, de maniere que chaque brin ait des racines; les replanter, & les arroser aussitôt.

IULUS. *Voyez* IULE.

J U M

JUMART. *Voyez* HIPPOTAURE.

JUMENT. *Voyez* CAVALLE.

J U N

JUNCUS. *Voyez* JONC.

JUNIPERUS. *Voyez* GENEVRIER.

J U P

JUPITER'S *Beard.* Voyez EBENE *de Crete*, *n.* 2.

I V R

IVRAIE, IVROIE, ou *Yvroye*: en Latin *Lolium.* Plante Graminée, ou sorte de Chiendent; qui tient beaucoup de l'orge, du seigle, & du froment; ensorte que divers Auteurs ont cru qu'il se faisoit une transformation réciproque entre ces plantes & l'ivraie. La forme de son épi a même donné lieu de dire que l'ivraie étoit une dégénération de l'aveine. Ces especes de problêmes n'occupent plus guéres personne : & les Naturalistes conviennent aujourd'hui, que le *Lolium* constitue un genre particulier, dont les semences produisent constamment de l'ivraie.

M. Adanson (*Fam. des Pl.* T. II. p. 36) donne pour Caractere de ce genre, que » 1°. dans le calyce » des fleurs inférieures de l'épi, on n'apperçoit que » la balle extérieure; l'opposée avortant du côté où » la fleur est appliquée contre l'axe de l'épi : 2°. que » cette même balle intérieure se manifeste dans les » fleurs d'en haut, d'abord sous la forme d'appendice; & qu'elle grandit par degrés, ensorte que la » fleur qui termine l'épi laisse voir deux balles à-peu» près égales. 3°. Ces balles sont aiguës, & applaties » sur le dos. 4°. Le sommet de chaque balle extérieure porte communément une arrête plus ou » moins longue. «

L'*Ivraie commune*, qui vient dans les champs ensemencés de froment ou d'autre grain; porte un épi composé de plusieurs paquets très-applatis; quatre ou cinq fois plus longs que larges, terminés en pointe par leurs extrêmités, attachés à de longs & délicats péduncules; tantôt solitaires, tantôt deux ou trois ensemble. Les arrêtes sont tant soit peu plus longues que les balles. Les paquets dont l'épi est formé ne pendent pas; quoique leurs péduncules soient foibles : ils gardent toujours une direction vers le haut, laquelle présente un angle d'environ quarante degrés. G. Bauhin nomme cette plante *Gramen Loliaceum, spicâ longiore, aristas habens.* Son frere l'appelle *Lolium gramineum spicatum, capus tentans.* On la trouve encore sous les dénominations Françoises de *Zizanie; Herbe d'Ivrogne;* & *Lucil*: cette derniere pourroit être une défiguration de celle de *Jueil*, qui est Provençale.

Voyez GRAMEN, *n.* 34.

Le pain dont la farine s'est trouvée mêlangée d'Ivraie, enivre, étourdit, assoupit, occasionne des maux de tête & des vertiges; surtout lorsqu'il est nouvellement tiré du four. Consultez l'*Hist. des Pl. d'Aix*, de M. Garidel; pag. 212.

J U S

JUS. C'est la substance liquide qu'on tire de quelque viande; soit par expression; soit par coction; soit par infusion. On fait des jus de perdrix; de chapon; de bœuf; de veau; de mouton; & de poisson. On se sert de ces jus pour nourrir les ragoûts & les potages.

Jus de Perdrix & autres volailles.

Ayant fait rôtir à demi la perdrix, on la presse pour en exprimer le jus.

On en use de la même maniere à l'égard des autres volailles, dont on veut avoir le jus; comme sont les poulardes, les chapons, les beccasses, *&c.*

Jus de Veau.

Il faut couper en trois une rouelle de veau, & la mettre dans un pot de terre, fermé de son couvercle, avec de la pâte pour empêcher l'air d'y entrer; puis le tenir sur un petit feu pendant environ deux heures. Alors le jus sera fait.

Jus de Veau, à demi lié.

Prenez une livre & demie de rouelle de veau, & un peu de jambon. Coupez le tout en tranches; & en garnissez le fond d'une casserolle, avec un oignon, des carottes & panais : couvrez-le, & le mettez sur un petit feu. Lorsqu'il est attaché & qu'il a pris une belle couleur, mettez-y un peu de beurre, poudrez de farine, & donnez sept ou huit tours sur le fourneau; mouillez avec moitié bon bouillon moitié jus; & assaisonnez de ciboule entiere, d'un peu de persil, un peu de basilic, quelques champignons, truffes, deux ou trois cloux de girofle : faites mitonner le tout ensemble; tirez les tranches de veau de la casserolle; & passez le jus dans un tamis, observant qu'il soit clair & cependant lié, & d'une belle couleur.

Jus de Bœuf.

1. On peut le faire comme celui de veau.

2. Prenez un morceau maigre de tranche de bœuf; que vous couperez par tranches, épaisses d'un pouce. Arrangez-les dans une casserolle, & y ajoûtez une couple d'oignons & autant de carottes, les uns & les autres coupés en deux. Couvrez ensuite la casserolle, & laissez la viande suer tout doucement sur le feu jusqu'à ce qu'elle s'attache. Etant attachée comme il faut, mouillez-la de bon bouillon jusqu'à ce qu'elle ait bonne couleur. Assaisonnez de persil, ciboule, un brin de basilic, quelques cloux, & laissez cuire doucement. Ayez soin de dégraisser. Le tout étant à son point, passez le jus, & vous en servez.

Œufs au Jus. Voyez sous le mot ŒUF.

On donne aussi le nom de JUS aux sucs exprimés des végétaux; soit qu'on en use sous une forme liquide, soit sous celle d'extrait plus ou moins solide.

Jus de Reglisse. Consultez l'article REGLISSE.

Jus d'Herbes clarifié.

Pilez dans un mortier de marbre avec un pilon de bois, parties égales de feuilles de buglose, bourrache, cresson d'eau, & chicorée sauvage; ensuite exprimez-en le suc par une étamine; & le clarifiez. On mêle du sirop de capillaire, de violette, ou quelque autre semblable, environ une demi-once, dans chaque prise: on y ajoûte aussi quelquefois un gros de sel de Glauber, ou de sel de tamarins, ou de sel d'absinthe, ou de nitre fixe. On fait prendre quatre onces de ce jus ainsi préparé; de quatre en quatre heures: pour purifier le sang, & fondre les viscosités.

Jus d'Oignon: sorte de Coulis maigre.

1. Coupez des racines le plus menu que vous pourrez, & des oignons par quartiers, selon la quantité de jus que vous voulez avoir. Prenez ensuite une casserole ronde. Mettez-y un morceau de beurre, avec les oignons & les racines. Placez-les sur un fourneau bien allumé. Remuez de tems en tems avec une cueiller de bois. Quand le tout aura pris une couleur un peu foncée, mouillez-le avec du bouillon de pois; & assaisonnez de persil, ciboule, quelques clous, une branche de basilic, un peu de thym: vous pouvez aussi y ajoûter quelques champignons. Laissez cuire tout doucement. Puis passez-le: & vous en servez pour les ragoûts.

2. Coupez des oignons par tranches. Mettez un morceau de beurre dans une casserole. Ensuite arrangez-y vos oignons: & faites le reste comme ci-dessus.

JUSQUIAME; *Hannebanc*; ou *Porcelet*: en Latin *Hyoscyamus; Faba suilla*: & *Henbane* en Anglois.

Dans ce genre de plantes, le calyce de la fleur est d'une seule piece, renflée à sa base, & terminée par cinq découpures aiguës. Dans ce calyce est un seul pétale, formé par un tuyau court & cylindrique, dont la partie supérieure s'évase en entonnoir, & est découpée sur le bord en cinq segmens, desquels un est plus large que les autres. Il y a cinq étamines, avec des sommets arrondis. L'embryon ou ovaire est surmonté d'un style très-menu, qui porte un stigmate en forme de tête. A cette fleur succede une capsule presque ovale, séparée en deux loges par une cloison, & terminée supérieurement par une espece de couvercle solide qui s'ouvre dans une direction horizontale. Ce fruit contient des semences, dont le nombre & la grosseur varient; & dont le placenta commun tient de chaque côté à la cloison intermédiaire.

Especes.

1. *Hyoscyamus Niger vel Communis* C. B. Cette plante peut être l'*Altercum* de Pline.

Elle croît communément dans toute l'Europe sur les bords des fossés, & même dans les cours à la campagne. Elle est bisannuelle: & fleurit en Juillet, & Août. On la nomme *Jusquiame noire*, ou *commune.* Elle a une grosse & longue racine, ridée, de forme assez irréguliere, brune au dehors, & blanchâtre en dedans: d'où sortent huit ou dix grandes feuilles, qu'un duvet abondant rend blanchâtres; profondément dentelées, molles, pleines de suc, & qui ont une odeur fétide & dégoûtante. D'entre ces feuilles, s'éleve une tige un peu inclinée, assez grosse, ferme, blanchâtre, haute de deux pieds, branchue, & garnie de petites feuilles par paires. Les branches d'en haut s'étendent beaucoup. Vers le haut naissent par étages quantité de fleurs assez grandes, qui ont une couleur triste, mêlée de gris & de jaune fort pâle, veinée de pourpre. Ses semences sont grisâtres, & toutes chagrinées.

2. La *Jusquiame Blanche*; que G. Bauhin appelle *Hyoscyamus albus major, vel tertius Dioscoridis, & quartus Plinii*; est presque de même figure & grandeur que la noire. Toutefois elle a les feuilles plus larges, plus rondes, plus molles, plus velues, comme rongées & évuidées à l'entour. Sa tige est plus courte; garnie de petites branches & feuilles qui sortent confusément. Ses fleurs sont le long de la tige, & à la cime; blanches, plus petites que celles de la noire. Sa racine est assez grosse, fort chevelue, & longue. Sa graine est blanche.

Cette plante croît en France entre les pierres sur les côtes maritimes de Languedoc; & à l'embouchure du Rhône. Elle fleurit en Juillet & Août.

3. *Hyoscyamus minor, albo similis, umbilico floris atropurpureo* Cor. Inst. R. Herb. Cette espece, qui vient aussi en Languedoc, & dans le Levant, porte pareillement des graines blanches; mais qui dégénerent en noir.

4. *Hyoscyamus Creticus luteus major* C. B. La *Jusquiame Dorée.* Ses semences sont noires.

Propriétés.

On est très-partagé au sujet des effets que peut produire l'usage de ces plantes.

Il résulte de quelques observations, que les semences qui ont une couleur noire sont dangereuses; & occasionnent des phrénésies. Telles sont celles des *nn.* 1, 4; & quelquefois celles du *n.* 3: au contraire, les semences du *n.* 2, & celles du *n.* 3, procurent un sommeil très-doux; tant qu'elles conservent leur blancheur. Les poules sont fort avides de la graine du *n.* 1; & périssent, dit-on, quand elles en ont mangé beaucoup: c'est d'où vient la dénomination Angloise, qui présente l'idée de Poison des Poules.

Nombre d'Auteurs ont prétendu que cette Jusquiame noire est nuisible dans toutes ses parties: ensorte qu'il n'y en a aucune qui, prise intérieurement, ne jette dans des convulsions, ou du moins dans une ivresse qui tient beaucoup de la léthargie.

On voit les ânes & les cochons très-avides de ses fruits; sans qu'ils paroissent en recevoir de préjudice.

Le gros bétail est sujet à en manger les jeunes feuilles; & en devient assoupi: on n'a point (dit-on) de remede pour l'empêcher de mourir, quand il en a mangé beaucoup.

On accuse la racine de produire le même effet sur les cochons; qui retournent la terre pour l'y trouver.

Il y a eu des gens qui prenant cette racine pour du panais, n'en ont pas eu plutôt mangé dans la soupe, qu'ils ont tombé en phrénésie : d'autres même, en sont morts dans de violentes convulsions.

Au reste ses feuilles & graines sont employées extérieurement en Médecine comme narcotiques.

Pour ce qui est de l'usage interne; on trouve dans des dispensaires quelques compositions où entre l'extrait de cette plante, mais en si petite dose qu'elle paroît devoir être absolument privée d'effet.

En supposant le danger on insinue, dans les *Transactions Philos.* (n. 72), » que la qualité narcotique » de cette plante pourroit être tempérée par le » moyen d'une *Punaise* qui se nourrit du suc même » de la jusquiame., & qui cependant exhale une » odeur aromatique agréable; tandis que les feuilles » de la plante en ont une toute opposée. Cette punaise a pour aliment la matiere onctueuse, sensible » au toucher même, qui se répand sur les feuilles » de Jusquiame. (Voyez les *Observ.* de M. Guettard, » *sur les Plantes*, T. II. p. 308-9). L'insecte perce » aussi la tige, & en suce la substance. On ne trouve » cette punaise sur aucune autre plante : & elle est » très-commune sur celle-ci, particuliérement vers » la fin de Mai. Elle dépose alors ses œufs sur les » feuilles. Ces œufs, écrasés sur du papier lorsqu'ils » sont prêts à éclore, suffisent pour le colorer en » très-beau vermillon. La punaise est de la grosse » espece; rouge; tachée de noir. «

M. STORCK, dont nous avons discuté les tentatives concernant la CIGUË, a pareillement rassemblé quelques faits qui lui sont propres; & qui annonçent que l'usage interne de l'Extrait de Jusquiame, dirigé par la prudence d'un habile homme, n'est sujet à aucun des inconvéniens imputés à cette plante; & qu'il guérit même des maladies dont les symptômes fâcheux s'étoient montrés rebelles aux remedes que l'Art de guérir employe avec le plus de confiance. Les *Expériences & Observations* publiées en Latin, par ce célebre Médecin de la Cour de Vienne, ont été traduites en notre langue en 1763 (Paris, Didot le jeune). » Ayant ôté la » racine, il a fait épaissir en consistance d'*Extrait*, » sur un feu doux, le suc exprimé de la plante fraî» che. « Il paroît que c'est toute la préparation qu'il a donnée aux pilules dont ses malades ont fait usage avec tant de succès. Les premiers risques qu'il courut furent sur un chien : & il reconnut alors, qu'il faut une forte dose d'extrait pour causer des anxiétés & du dérangement dans l'œconomie animale. * *Expériences & Observ.* p. 33-6. Rassuré par ces faits, M. Storck en prit lui-même un grain, à jeûn, pendant huit jours de suite : » il se trouva aussi bien » qu'auparavant; sa santé ne fut pas altérée; aucun » changement dans l'organe de la vue; le ventre de» vint plus libre; & l'appétit augmenta. * *p.* 36-7.

La jusquiame lui parut alors un remede, au moins plausible. Il l'administra en divers cas singuliers de convulsions : & les accidens cesserent; les selles devinrent suffisamment abondantes, & de bonne qualité; les malades jouirent d'un sommeil tranquille, qui les fortifioit; ils acquirent même de la gaieté, dans le cours du traitement. Voyez les *Observations* 1, 2, 3.

On voit, dans les suivantes, des syncopes très-fréquens, la folie, une mélancolie des plus extrêmes; céder à l'usage de l'extrait de jusquiame; & les effets de son administration, à-peu-près les mêmes que ceux dont nous venons de faire le rapport.

Des crachemens de sang, plus ou moins fâcheux, traités avec le même remede, n'ont pas tardé à disparoître; & l'expectoration devenant meilleure, par degrés, & les selles visqueuses; M. Storck a eu lieu de se féliciter d'une découverte capable de surmonter des accidens contre lesquels tout remede usité sembloit devoir échouer.

On voit, dans les *pages* 43 & 55, des Accidens capables d'inquiéter, & dont il est bon d'être prévenu quand on veut user de l'extrait de jusquiame. M. Storck dépose que leurs suites ne sont nullement à craindre, ou même que ce sont des especes de crises utiles.

Les huit Observations faites par M. Storck, sont soutenues par cinq autres; qui appartiennent au Sieur Colin, aussi Médecin du même Hôpital, où M. Storck exerce ses talens & son zele. L'épilepsie, la manie, le vertige, des convulsions, une espece de cardialgie, en sont les objets : & présentent des guérisons très-difficiles pour les remedes ordinaires.

Nous croyons devoir laisser aux Lecteurs à s'instruire dans le livre même, sur la dose du remede, & la maniere de l'administrer avec prudence.

Consultez le *Journal des Sçavans*, Août 1763.

On est dans l'usage d'employer les feuilles de la *Jusquiame Blanche* (*n.* 2) dans des médicamens destinés à calmer les douleurs; ou de les appliquer seules, ou avec des griottes séches. Ces feuilles, bouillies dans le lait, & appliquées en cataplasme, sont très-utiles pour les douleurs de la goute. Amorties, ou cuites sous la braise, & appliquées sur le sein des femmes, elles font tarir le lait. On en fait bouillir deux poignées, avec autant de celles de mandragore & de morelle, & une once de graine de jusquiame, & de pavot, dans une suffisante quantité de lait, pour résoudre les duretés & les tumeurs : il faut passer le tout par un linge, avec expression; & y ajoûter un peu de safran avec un jaune d'œuf. Quoique l'usage interne de ces mêmes feuilles soit suspect; on les a quelquefois employées pour le crachement de sang; mais avec précaution, & en les mêlant toujours avec de la conserve de roses.

On se sert quelquefois de la *Fumée de Jusquiame* pour le mal de dents : on en fait brûler les feuilles sur une pêle bien chaude, couverte d'un entonnoir; & on met dans la bouche le petit bout du tuyau, qu'on applique sur la dent gâtée, ou près de la racine.

Pour faire passer les engelures, on expose les mains & les pieds à la fumée de cette plante; qu'on fait brûler pour cela sur une pêle chaude, ou sur un réchaud. On voit (dit-on) sortir l'humeur en forme de petits vers; & les mains, ou les pieds, se desséchent, & se rétablissent dans l'état naturel. L'huile de la graine, tirée par expression, est anodyne; & propre à résoudre les tumeurs.

Le suc de jusquiame; ou l'huile de sa graine, tirée par infusion; seringués dans le creux de l'oreille, en appaisent la douleur. Il y a des gens qui coupent sa racine par petites rouelles, & en font des especes de colliers, qu'ils mettent au cou des enfans, pour calmer la douleur de la sortie des dents, & empêcher les enfans de crier. Les meres, ou les nourrices, doivent bien prendre garde que leurs enfans ne portent ces colliers à leur bouche, & qu'ils ne les mâchent; ils en seroient très-incommodés, peut-être même empoisonnés.

JUSQUIAME *du Pérou.* Voyez TABAC.

JUSTICE & JUSTICIER. } Voyez SEIGNEUR.

IVY

IVY-*Tree.* Voyez LIERRE.

Ground IVY. *Voyez* LIERRE TERRESTRE.

IZA

IZARI, *Voyez* GARANCE, *n.* 5.

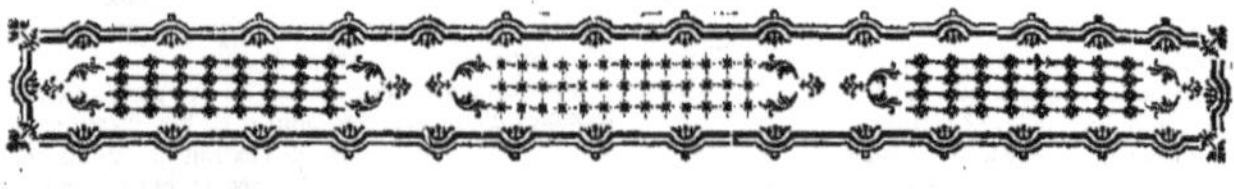

K

KALE. *Voyez* PIED-DE-VEAU, *n.* 4. CHOU, *n.* 25.

KALI. *Voyez* SOUDE. ALKALI.

KAR

KARABÉ, *ou* CARABÉ. *Voyez* SUCCIN.

KARAGNE. *Voyez* CARAGNE.

KARAIBE (*Chou*). Voyez PIED-DE-VEAU.

KARARU, ou *Cararu.* Voyez BLETTE, *n.* 2.

KARAT. *Voyez* CARAT.

KARATTA; ou *Koratta.* Les Américains donnent ce nom à plusieurs plantes qui ont du rapport avec l'Aloës.

Ils appellent encore quelquefois ainsi le grand Aloës vulgaire; dont nous avons parlé dans l'article ALOËS.

Le *Karatta de l'Isle de S. Christophe* a les feuilles droites, d'un beau verd, bordées de rouge brun, finement dentelées, terminées par une épine noire, longues de deux à trois pieds, larges d'environ trois pouces. M. Miller met cette plante dans la classe des *Agave.*

KARLE-*Hemp.* Voyez CHANVRE *femelle.*

KEI

KEIRI. *Voyez* VIOLIER.

KER

KERMÈS, ou *Chermès.* Voyez GRAINE *d'Ecarlate.*

KERMÈS *Minéral.* Consultez l'article VOMISSEMENT.

KET

KETMIA. *Voyez* ALTHEA-FRUTEX. ALCEA.

KID

KIDNEY-*Bean.* Voyez HARICOT.

KIN

KING-*Pine.* Consultez ce mot, dans l'article ANANAS.

KING'S *Spear.* Voyez ASPHODEL.

KIS

KISSINA. *Voyez Bois d'*ALOËS.

KLE

KLEIN. *Voyez* PIED-DE-VEAU.

KNA

KNAPWEED. *Voyez* JACÉE.

KNAWEL. *Consultez* les articles PIED-DE-LION. MORGELINE, *n.* 2.

KON

KONDERUM: mot Persan. Voyez *Lotion*, dans l'article DENT, T. I. p. 780, col. 2.

KRA

KRAUT (*Saur*). Voyez CHOU, p. 616.

L

ABIÉE (*Plante*, ou *Fleur*). Voyez GUEULE.

LABIZA. *Voyez* l'article SUCCIN.

LABOUR. Remuement de la terre, à dessein de la rendre propre à nourrir les végétaux dont on veut tirer avantage. *Voyez* LABOURER.

» Une terre à bled, pour être bien façonnée (ou » préparée), doit recevoir trois labours. *Voyez* » FAÇON.

» Quand on dépossede un Fermier, il faut lui » rembourser ses frais de labour & de semence.

LABOURABLE. Se dit d'une Terre propre à être labourée.

LABOURAGE. C'est 1°. l'Art de labourer la terre. *Voyez* CULTURE.

2°. On le dit du Travail du Laboureur.

LABOURER. Fouir & retourner la terre avec des instrumens convenables; non seulement à l'effet de détruire les herbes nuisibles ou inutiles; mais aussi pour ameublir la terre. *Voyez* AMEUBLIR. FAÇONNER.

On laboure avec la Charrue, la Houe, le Cultivateur, la Bêche, la Serfouette, la Pioche, *&c.* Consultez ces divers articles; & ceux de HERSE, HERSER, FOURCHE, BEQUILLER, SARCLER.

Un terrein fort pierreux se laboure bien avec une fourche. On le pratique ainsi dans quelques cantons. Les pierres cédent aisément, à cause des vuides qui se rencontrent entre les fourchons: & tout autre outil ne pourroit résister à de pareilles terres.

Les *Animaux dont on se sert pour labourer* sont l'âne, le cheval, le buffle, le boeuf; les uns & les autres, tant mâles que femelles. *Consultez* leurs articles respectifs.

On diminue un peu la profondeur des sillons, en faisant tirer le cheval avec de plus longs traits; ou se servant d'un cheval de plus basse taille. Voyez le IIIe Tome du *Traité de la Culture des Terres*, pag. 367.

Quoique la vache soit moins forte que le boeuf, elle peut également travailler à la charrue: pourvû qu'on ait attention à l'assortir autant que l'on peut avec un boeuf de sa taille & de sa force, ou avec une autre vache; afin que le tirage soit égal, le soc toujours comme en équilibre, & dès-là le labour plus facile & plus régulier.

On emploie souvent six ou huit boeufs, quelquefois davantage, dans des terres bien fortes, surtout lorsqu'il s'agit de défricher.

Les Anciens bornoient à la longueur de cent vingt pas, la plus grande étendue de sillon que le boeuf devoit tracer par une continuité non interrompue d'efforts & de mouvemens: après quoi ils vouloient qu'on le laissât reprendre haleine, pendant quelques momens; avant de poursuivre le même sillon, ou d'en commencer un autre. Cette mesure peut être plus prolongée dans un terrein léger, que dans une terre forte.

EN labourant, on donne à la terre remuée diverses situations. *Voyez* BILLON. ADOS. PLANCHE. La raison de ces différences est fondée sur la qualité du sol, & sur l'exposition que l'on veut donner aux plantes. Un ados est favorable pour celles d'un jardin, dont on souhaite une jouissance hâtive; parce que le soleil pénétre alors plus avant & plus facilement en terre, & que sa chaleur s'y maintient davantage, attendu la pente qui empêche le séjour d'une humidité superflue. En parlant des moyens d'Améliorer la terre, nous avons expliqué (T. I. p. 90), le mécanisme qu'operent respectivement le Labour en talus, ou sillons élevés; le Labour en planches; & le *Labour à plat*. Mais nous croyons n'avoir pas encore eu occasion de décrire ce dernier labour.

Le *Labour à plat* est d'usage pour les terres qui boivent promptement l'eau des pluies. On le fait pour l'ordinaire avec une charrue à oreille. Le Laboureur met d'abord l'oreille de sa charrue ou du côté de sa main droite ou du côté de la gauche, selon qu'il veut renverser la terre: il incline aussi le coutre, du même côté. Au bout de la premiere raie, lorsqu'il retourne sa charrue, il transporte l'oreille au côté opposé, & change aussi la direction du coutre; afin de renverser la terre dans le sillon qu'il vient de former. Il continue de même à chaque fois qu'il retourne: & par ce moyen, tout le champ se trouve labouré à plat. Au second labour, on suit la même pratique; & l'on croise (ou *Traverse*) les anciens sillons. Par ce croisement les mottes sont mieux brisées, & la terre mieux remuée. Lorsque les terres ont beaucoup de pente, ou que les pieces sont longues & étroites, on biaise les raies le plus qu'on peut; parce qu'il n'est pas possible de les croiser: on forme des especes de diagonales.

On laboure ainsi d'excellentes terres à froment qui ne forment qu'un lit d'environ quatre pouces d'épaisseur, & qui s'imbibent promptement de l'eau des pluies. Mais quand les terres retiennent l'eau, on est obligé de lui donner un écoulement. C'est pourquoi on pratique, dans les argilleuses, des *Sillons* où l'eau se ramasse & s'écoule comme par des ruisseaux.

Ces sillons, au lieu desquels on ouvre quelquefois un ou plusieurs fossés, sont nécessaires dans ces terres qui, retenant l'eau, sont si humides, qu'elles ne peuvent être labourées. On en pratique pareillement dans certains sables gras qui sont des especes de terres fortes.

Consultez le IIe Tome du *Traité de la Cult. des Terres*, de M. Duhamel, p. 83-4.

Quand les terres ne sont pas extrêmement sujettes à être inondées, on fait les raies à une plus grande distance les unes des autres: quelquefois à cinq toises; à quatre; à deux: & les terres ainsi labourées s'appellent Terres *Labourées en planches*. Ces planches doivent toujours être bombées.

On ne laisse que trois pieds ou même dix-huit pouces, de distance entre les sillons, dans les terres qui sont plus sujettes aux inondations. C'est ce qu'on nomme *Labourer en Billons*.

Toutes les terres ne veulent donc pas être labourées de la même façon. Il seroit très-difficile de décrire les différentes manieres qui sont en usage:

y ayant telle province dont le détail de celles qui y sont usitées, suffiroit pour remplir un long article. La diversité de pratique à cet égard, est probablement ce qui a donné lieu aux différentes especes de charrues, qui varient selon les Provinces. *Voyez* CHARRUE.

Si l'on vouloit labourer des terres moyennes, telles que celles de la Beauce, avec les charrues sans coutre & sans roues, qu'on emploie dans des terres extrêmement légeres; à peine égratigneroit-on la terre. De même on ne feroit qu'un labour superficiel qui ne vaudroit rien dans des terres très-fortes & argilleuses, avec les petites charrues de la Beauce. Aussi les Laboureurs de Beauce ont-ils des charrues à versoir pour défricher les sainfoins, les luzernes; & pour labourer les chemins, où la terre est quelquefois si dure que les charrues à oreille romproient plutôt que de l'ouvrir.

A l'égard des terres fortes qui ont bien du fond, il faut les labourer le plus profondément qu'il est possible: & pour cela il est besoin de fortes charrues qui aient de la largeur; car si elles étoient étroites, elles retomberoient dans le sillon; attendu que la terre résiste beaucoup, & qu'il faut ouvrir la raie tout près des sillons qu'on vient de former. Au lieu que, quand la charrue est large, elle entame la terre à une plus grande distance du sillon; & elle l'ouvre sans tomber dans le sillon formé précédemment. On peut prouver l'avantage de ces labours profonds en disant, avec M. Duhamel, » que si on laboure médiocrement la moitié d'un champ, & parfaitement l'autre moitié; & que quelque tems après, » & par un tems sec, on laboure de nouveau tout » le champ de façon que les raies que l'on fait, traversent celles de l'ancien guéret; la terre de la » portion qui aura été bien labourée, sera sensiblement plus brune que l'autre. «

Cet Académicien donne pour un des principes de la bonne culture, qu'on doit se proposer de rendre la terre meuble à une grande profondeur. Pourvû qu'on parvienne à ce point, il est indifférent quel moyen on ait employé. Au reste, *voyez* l'article CULTURE, p. 746, *&c.*

Il y a des circonstances qui obligent à varier la saison & la pratique des labours. Quoiqu'en général on doive prendre ses mesures pour ne pas laisser écouler la saison propre à labourer ses terres, & d'un autre côté ne point la devancer; les accidens d'humidité ou de sécheresse sont néanmoins de bons guides pour un Laboureur intelligent. Ils lui servent encore de regle pour la conduite de la charrue, & le nombre des façons.

C'est pourquoi on pose pour maxime, de ne point labourer dans le tems que la terre (déja en état de labour) est trop seche, ou trop pénétrée d'eau. Les terres fortes, qui sont actuellement en culture, exigent particuliérement cette attention. Car lorsqu'elles sont fort humides, le trépignement des chevaux & le soc même les corroyent & agglutinent, à-peu-près comme le font les Potiers lorsqu'ils préparent leur terre pour en faire des vases; & ainsi on gâte la terre, au lieu de l'améliorer. Si la terre est en bonne façon, on peut la labourer par un tems très-sec. Mais il est toujours avantageux qu'elle soit un peu humectée. Aussi, dans quelques circonstances particulieres, y a-t-il des Laboureurs qui arrosent un champ avant de le labourer, lorsqu'il est fort sec. M. Tull recommande de mettre tous les chevaux les uns devant les autres quand on laboure une terre molle; afin que marchant tous dans le sillon, ils ne la pétrissent pas.

Il est vrai que la sécheresse rend quelquefois la terre si dure, que la charrue romproit plutôt que de l'ouvrir: & si on parvenoit à la labourer, on ne feroit que de grosses mottes. Mais on a eu tort anciennement de croire qu'on l'épuisoit par les labours faits en tems sec: puisque même en général une terre qui est déja en bonne façon, c'est-à-dire bien ameublie & affinée, ne peut être labourée par un tems trop sec; & que les labours seront toujours bons, pourvû que la terre ne forme point de mortier. * *Cult. des Terr.* T. I. Ch. IX. & XVI. On peut même la labourer dans le plus fort du jour; d'après les observations réitérées de M. Duhamel, qui assure que le soleil n'enleve de ces sortes de terres (ainsi que des autres) que l'humidité, & non pas les sucs propres à nourrir les plantes. Il est d'expérience (ajoûte-t-il) que les terres légeres gagnent à être labourées fréquemment: soit que par le broyement & le remuement de leurs parties, elles soient plus en état de recevoir l'humidité des pluies & des rosées, de profiter des influences de l'air, & d'être pénétrées par les rayons du soleil; soit que les pores intérieurs en soient rendus plus convenables pour l'extension des racines, c'est-à-dire moins distans entr'eux; soit encore, parce que les fréquens labours détruisent les herbes, qui pullulent ordinairement davantage dans les terres légeres, surtout quand elles sont fumées, que dans les terres fortes.

Au reste, il y a des terres si légeres, qu'on peut presque les comparer à de la cendre. Et M. Duhamel avertit que, loin de chercher à en atténuer les mottes, il convient de procurer leur cohésion, & même s'il est possible certaine consistance qui y retienne l'eau des pluies; & qui fasse que la racine du bled restant couverte, le vent ne la desséche point & qu'elle ne soit pas brûlée par le soleil.

Pour ce qui est de labourer pendant la gelée; il est vrai que si la gelée étoit forte, il ne feroit pas possible de faire entrer la charrue. Mais on ne doit point craindre de morfondre la terre, suivant l'idée des Anciens: au contraire les gelées l'atténuent très-bien, & l'améliorent.

Une terre qui a resté longtems en friche, demande plus de labours que celle qui aura toujours été cultivée. Les terres fortes exigent de plus fréquens labours, que celles qui sont légeres; afin d'en diviser & atténuer les molécules. Tel est surtout le cas des terres grasses & des novales.

Avant de semer les terres, on leur donne ordinairement trois labours; quelquefois quatre, lorsque le fonds est naturellement bien fertile. On voit même des champs en recevoir jusqu'à cinq, & bien dédommager des frais de cette culture multipliée. M. Duhamel rapporte que des Fermiers ayant essayé de doubler le nombre des labours, leurs terres devinrent plus fertiles que si elles eussent été beaucoup fumées. Il fait aussi observer qu'il en coûte deux tiers moins pour donner trois labours à un arpent, que pour l'achat de ce qu'il y faut de fumier. Voilà, dit-il, comme une œconomie mal entendue devient ruineuse.

On commence presque toujours le premier labour de l'année de Jacheres, immédiatement après que les aveines & les orges sont semées; & cette façon s'appelle en plusieurs pays *Sombrer;* en d'autres où l'on se sert des mots de *Cassaille* & *Guéret*, on dit *faire la Cassaille des terres*, *Guéreter*, *Lever le Guéret.* On prétend que ce labour, en quelque terre que ce soit, ne doit pas être bien profond; tant pour le soulagement des animaux attelés à la charrue, que pour mieux ameublir la terre dans la suite, par les autres labours où l'on piquera successivement davantage. Consultez notre T. I. p. 747.

Lorsqu'après le premier labour, les mauvaises herbes commencent à renaître sur le guéret, on donne la seconde façon, nommée *Binage:* Voyez

BINER. Plus tôt on détruit ces herbes, moins deviennent-elles après en état de nuire à la terre où elles croissent; au lieu que, négligeant de le faire, on souffre que prenant tous les jours de nouvelles forces, elles absorbent la substance des terres, & en diminuent la fécondité. Il est à propos que la terre ne soit alors ni trop seche ni trop humide. Comme il n'y a plus de gelées, les mottes ne se briseroient pas. Voyez le *Traité de la Cult. des Terr.* T. I. p. 181, *&c*: & T. VI. p. 14-15.

La troisieme façon se nomme *Tiercer*, ou *Rebiner*. Le tems de ce *second Binage* est pareillement indiqué par la pousse des mauvaises herbes. C'est ce qui fait qu'on ne sçauroit dire positivement dans quel mois ces labours se doivent donner; les bonnes terres poussant plus souvent de ces herbes qui leur nuisent, & demandant par conséquent plus de façons.

Enfin, aussitôt après la moisson, on *laboure à demeure*: c'est le dernier labour; après lequel on seme. Consultez le *Traité de la Cult. des Terr.* Tom. VI. p. 15, 16.

TOUT le monde est actuellement instruit de la méthode proposée par MM. Tull & Duhamel: qui établit des labours à faire pendant que les plantes annuelles croissent; comme on cultive la vigne & d'autres plantes vivaces, en différentes saisons de l'année. La raison de cette pratique est que, les labours étant incontestablement très-avantageux aux plantes, » il convient d'en faire usage quand elles » ont un plus grand besoin de nourriture. La terre » la mieux labourée s'affaisse pendant l'hiver, & pro» duit des herbes qui dérobent la substance des plan» tes utiles: ensorte qu'au printems la terre est à» peu-près en même état que si elle n'eût point été » labourée. C'est cependant alors, que les plantes » doivent croître avec plus de vigueur; & que par » conséquent elles ont plus besoin du secours des » labours, pour détruire les herbes inutiles, mettre » auprès des racines une terre neuve à la place de » celle que les plantes ont déja succée, diviser de » nouveau les molécules de terre, mettre les racines » à portée de s'étendre aisément, & procurer aux » plantes une ample provision de nourriture.

» En suivant l'usage ordinaire, on met toute son » application à disposer la terre ensorte qu'elle puisse » fournir beaucoup de substance au froment dans » une saison où il n'en consomme presque pas, puis» qu'il ne produit que quelques feuilles. Mais après » que les pluies abondantes de l'hiver, & les pre» mieres chaleurs du printems, ont rendu la terre » presque aussi compacte que si elle n'avoit pas été » labourée, on abandonne le froment à lui-même. » Cet usage peut être comparé à la conduite d'une » mere qui donneroit beaucoup de nourriture à un » enfant, & lui retrancheroit les alimens à mesure » qu'il grandiroit. Suivant cette même comparaison, » on ne doit point cesser de cultiver les plantes de » froment & autres annuelles, jusqu'à leur parfaite » maturité.

» Il vaut donc mieux, non seulement donner pen» dant l'hiver un léger labour, & ensuite renouveller » la terre par un labour fait au printems; mais en» core réitérer de tems en tems de petits labours: » par la raison qu'il est plus avantageux de distribuer » aux plantes, de tems à autre, une nourriture mo» dérée, que de leur en donner tout d'un coup abon» damment, & les laisser le double du tems sans » culture. «

De tels labours sont plus nécessaires aux plantes, à proportion qu'elles occupent la terre pendant un plus long tems. Ils détruisent aussi les mauvaises herbes qui ont crû dans les plate-bandes, que laisse la *Nouvelle Culture*. Et comme ces plate-bandes servent l'année suivante à porter de nouveau grain, il est avantageux que les herbes y soient détruites par avance. On convient que ces labours ne feront point périr les herbes qui croissent entre les rangées ou sur les planches: mais aussi il sera bien plus aisé aux sarcleuses de les y arracher sans rien gâter, que dans la culture ordinaire.

En pratiquant cette méthode, on ne doit point craindre de trop dessécher la terre: quoiqu'il semble probable que l'humidité actuellement existante dans une terre dure, doit s'en échapper plus difficilement que d'une terre bien soulevée & ameublie par les labours. Cette humidité retenue, seroit plus désavantageuse qu'utile aux plantes: & la terre bien labourée admettra plus aisément la nouvelle humidité que les pluies & les rosées lui apporteront.

Quant à l'inconvénient apparent qui résulte de ces labours, par rapport aux racines: il n'y en a qu'une partie qui se brise alors; la plupart sont seulement déplacées, & transportées dans une terre nouvelle. Et celles qui sont rompues, ne le sont que par leur extrémité: ce qui donne lieu à la production de plusieurs autres racines au lieu d'une seule. » Il n'est pas douteux, dit M. Duhamel (*Cult. des* » *Terr.* T. I. Ch. X.) qu'un des principaux avantages » des labours à la houe, à la bêche, ou à la charrue, » est cette taille qu'on donne aux racines. La charrue » a peut-être cet avantage sur la bêche, que cet » instrument-ci coupe toutes les racines qu'il ren» contre; au lieu que la charrue ne fait souvent que » transplanter les racines d'un lieu en un autre; d'une » terre usée dans une terre neuve. «

Consultez l'article AVANCER *les plantes*.

On a cependant lieu de craindre que la rupture ou le déplacement des racines ne devînt nuisible aux plantes, s'il étoit fréquent. C'est ce que M. Duhamel insinue dans le IVe Chapitre, où il dit qu'il est » avantageux, principalement aux plantes » dont on n'a semé qu'une rangée, de labourer al» ternativement les plate-bandes, ensorte que celle » qui aura été remuée au mois de Mars ne la soit par » exemple qu'en Mai, & celle que l'on aura labourée » en Avril demeure en même état jusqu'au mois de » Juin « Aussi ajoûte-t-il qu'au moyen de cette œconomie, » les plantes ne périroient pas s'il venoit un » grand hâle après le labour; & que de fortes pluies » qui peuvent survenir leur feront moins de mal. « Cependant on doit convenir avec ce sçavant Académicien, qu'une telle œconomie est » moins utile pour » la destruction totale des mauvaises herbes, à la» quelle doit toujours tendre la Nouvelle Culture. «

Toujours doit-on se persuader qu'il est de la prudence de ne pas faire succéder les labours trop précipitamment les uns aux autres. Il faut laisser à la terre retournée, le tems de recevoir l'action des météores: sans quoi on fait un ouvrage presque inutile: si cependant on peut qualifier de ce nom l'ameublissement réel que les fréquens labours donnent aux molécules de la terre, qu'ils divisent toujours à chaque fois. Au reste, la précipitation dont il s'agit, est moins sujette à inconvénient dans une terre légere que dans une terre forte.

Quand le froment a poussé quatre ou cinq feuilles, on donne le premier labour aux plate-bandes. Ce labour, (quand on remet du bled dans la même terre aussitôt après qu'on y en a recueilli, & supposé qu'il n'y ait point de chaume), consiste à remplir les grands sillons de la même maniere qu'on a fait en préparant les nouvelles planches, & à en former de petits qui servent à égoutter les eaux: mais on ne les releve qu'environ à la moitié de la hauteur des rangées voisines. Et il ne faut pas qu'ils approchent trop près des rangées; non seulement pour que la terre qui s'écrouleroit dans le fillon, ne déchausse pas le froment; mais encore pour que les racines ne soient pas trop exposées à la gelée, surtout dans les terres légeres.

La terre qui borde les petits fillons se mûrit pendant l'hiver, & devient plus propre à nourrir les plantes au printems. Car la gelée, qui glace & augmente le volume de l'eau dont la terre est pénétrée, divise puissamment la terre, & lui donne une merveilleuse façon. C'est pourquoi il n'y a point d'inconvénient à faire ce labour quand la terre est fort humide.

On donne le second labour lorsque les grands froids sont passés. Ce labour consiste à remplir les petits fillons en détruisant la planche basse qui est au milieu d'eux, & qu'on avoit faite dans le premier labour. C'est-à-dire, qu'en rejettant cette terre du côté des rangées, les choses rentrent dans le même état où elles étoient avant le labour précédent. Si les petits fillons étoient trop éloignés du froment, on pourroit commencer par donner un ou deux traits de charrue tout auprès des rangées; puis on acheveroit comme il vient d'être dit.

Par cette façon, l'on met auprès des racines la terre qui s'est améliorée pendant l'hiver. Mais si en labourant ainsi bien près des rangées on renverse de la terre sur les jeunes plantes, il faudra faire suivre la charrue par une femme qui avec la main découvrira le bled.

Comme une bonne terre n'abandonne point à l'eau des pluies les sucs nourriciers qu'elle contient, elle ne peut être mieux placée qu'à la profondeur où les racines s'étendent dans la terre. C'est ce qu'on opére par le second labour.

On ne peut pas fixer précisément le nombre des labours qu'il faut donner au bled, depuis le printems jusqu'à la récolte, en suivant la *Nouvelle Culture*. Quand la terre n'a pas été bien labourée avant la semaille, il faut donner plus de labours. On doit la labourer, quand elle produit beaucoup d'herbe. Les terres maigres ont besoin d'être plus souvent labourées, que les terres grasses & fertiles; les fortes plus souvent que les légeres. Il faut multiplier les labours quand on s'apperçoit que la terre des plate-bandes est endurcie; évitant toujours de labourer quand la terre est très-humide, sur-tout une terre forte. Et une regle générale, est qu'on ne peut labourer trop profondément auprès des plantes quand elles sont petites, pourvû qu'on ne les arrache pas; on ne court risque que de rompre l'extrêmité de leurs racines: mais lorsque les plantes sont plus grandes, la charrue romproit les grosses racines si elle piquoit profondément auprès d'elles. Pour ce qui est du milieu des plate-bandes, on ne sçauroit y piquer trop avant; non seulement pour favoriser le progrès des plantes qui croissent actuellement, mais encore pour mettre la terre en bonne façon & la disposer à produire de nouveau froment l'année suivante.

Les *labours d'été* peuvent strictement être réduits à deux: l'un qu'on donne quand le bled monte en tuyau; l'autre, lorsqu'il épie ou que le grain se forme. A ces deux labours, il faut renverser la terre du côté des rangées de froment, & aggrandir le fillon qui est entre elles. Au moyen du premier, on peut compter que presque chaque tuyau portera un épi: & le second rendra les épis longs & bien chargés de grain. Dans l'ancienne méthode, au contraire, il n'y a pas quelquefois la moitié des tuyaux qui épient: M. Duhamel fait observer que » si l'on examine soi- » gneusement le froment cultivé à l'ordinaire, on » appercevra qu'il y a les neuf dixiemes des tuyaux » sans épis, ou qui n'en portent que de très-petits. « (T. I. Ch. XVI.) Il ajoûte que par la Nouvelle Culture on a eu deux cent cinquante épis pour le produit de trente, quarante, ou au plus cinquante grains; répandus dans l'espace d'environ une toise & demie quarrée; & quelques-uns de ces épis avoient huit pouces de longueur, & contenoient cent neuf grains. Si tous les épis eussent été de la même force, on auroit recueilli plus de six mille pour un. » Mais tous les épis n'étant pas égaux, on » peut compter que si un grain (suivant la culture » ordinaire) en produit dix, il en produit près de » cent par la nouvelle; & la récolte d'une même éten- » due de terrein est souvent double, non par le nom- » bre des plantes, puisqu'il y a moins de grain semé, » mais par le nombre des gros tuyaux, par la lon- » gueur des épis qui sont pleins de grain (dans les » cantons même où ils ont coutume d'être vuides à » la pointe); & par la grosseur des grains, dont il faut » un moindre nombre pour remplir les mesures, & » qui fournissent beaucoup plus de farine. «

Voyez CULTURE, p. 752 & suivantes: où nous avons considéré les avantages & désavantages de la Nouvelle Culture.

Au cas que les mauvais tems empêchent de donner quelqu'un des labours d'été, l'on y suppléera en partie, en faisant arracher l'herbe à deux reprises dans l'intervalle des deux labours qu'on pourra donner.

Ces labours répétés opérant tout l'effet que l'on se propose dans ceux qu'on donne pendant l'année de jachere, on est dispensé de laisser reposer la terre; qui se trouve, après la récolte, excellemment préparée pour recevoir encore du froment. *Consultez* notre T. I. p. 752-3-4.

Quant aux *Labours par lesquels on veut Commencer à pratiquer la Nouvelle Culture*; & que nous supposons être destinés à préparer aux semailles d'automne: il convient d'en donner quatre bons, en différens tems, depuis le commencement d'Avril jusqu'à la mi-Septembre. On choisira un beau tems pour herser la terre comme si elle étoit ensemencée, afin que toute la surface du champ soit bien unie.

Il est important que les rangées de froment soient tracées bien droites. Cela ne peut s'exécuter qu'avec des précautions un peu gênantes; mais qui doivent ne pas effrayer, puisqu'elles ne sont essentielles que pour cette premiere fois: les années suivantes, on trouvera que les rangées se formeront droites d'elles-mêmes. Voici ces précautions. 1°. Si la piece n'est pas extrêmement grande, on tendra un cordeau; le long duquel on tracera avec une pioche un petit fillon, où marcheront les chevaux attelés de suite, non de front.

2°. Si le champ a beaucoup d'étendue, on piquera à ses extrêmités, des échalas ou des jalons; & ensuite, le Laboureur dirigeant sur ces jalons une charrue sans oreilles ni versoir, tracera de petits fillons pour régler la marche des chevaux.

Il est à propos de diriger les fillons sur la grande longueur de la piece: afin qu'il y ait moins de terrein perdu par l'espace nécessaire pour faire tourner les chevaux. S'il est possible, on pratiquera ces fillons suivant la pente du terrein; à l'effet de procurer aux eaux un écoulement vers la partie la plus basse de la piece, ou dans un fossé creusé pour servir d'égoût. Consultez le IIe Volume du *Tr. de la Cult. des Terr.* p. 257-8-9.

Pour ce qui est des *Labours relativement aux Arbres*: nous en avons traité d'une maniere assez étendue, dans l'article BOIS, p. 359 & suivantes. Les bornes de cet Ouvrage nous autorisent à laisser aux Lecteurs tout leur droit sur le développement & l'extension des principes que nous y avons posés. Il ne nous reste donc gueres à ajoûter ici, qu'une observation assez intéressante, je veux dire qu'il » ne faut » pas labourer sous les arbres fruitiers, avant que » leurs fruits soient noués; que peut-être même il » seroit à propos d'attendre qu'ils eussent acquis » une certaine grosseur. «

LABOUREUR. *Voyez* ŒCONOME. *Bail à* FERME.

Les Laboureurs doivent être à l'abri de tout trouble dans la culture des terres. Aussi les Loix, qui sont principalement faites pour le bien public, ne permettent-elles pas aux Créanciers, même pour deniers royaux, de rien saisir de ce qui sert à labourer; si ce n'est au Marchand qui a vendu les chevaux ou les bœufs, la charrue ou les autres ustenciles; ou bien au propriétaire pour les loyers & fermages. C'est la disposition de l'*Article XVI. du Titre XXXIII. de l'Ordonnance de* 1667 : conformément à celle de 1595. L'estimation des labours, semences, frais de récolte, &c, se fait alors par Experts : *Ordonnance de* 1667. *Art. III. Tit. XXX.*

Comme c'est du labourage & de la culture de la terre, que proviennent les fruits & les alimens; cette occupation a été toujours respectée & honorée : & les Loix en protégent l'exercice; comme étant la premiere & principale ressource de la vie humaine. Les Anciens faisoient leurs délices de l'Agriculture, & mettoient leur gloire à labourer eux-mêmes, ou du moins à favoriser le Laboureur, à épargner sa peine & jusqu'à celle du bœuf qu'il employoit à ce travail. Parmi nous, ceux qui jouissent le plus des biens que la terre produit, sçavent peu estimer cet Art; que par conséquent ils ne sont point disposés à encourager & soutenir.

LABRUM. *Voyez* CUVE *de Bain.*

LABRUM-*Veneris.* Voyez CHARDON-A-BONNETIER.

LABURNUM. *Voyez* CYTISE, *n.* 1.

LABYRINTHE. C'étoit, chez les Anciens, un grand édifice, avec une telle confusion de rues entrelacées les unes dans les autres, qu'il étoit difficile d'en sortir. On nomme aussi *Dédale* un Labyrinthe; parce que celui de Minos, bâti par Dédale, dans l'Isle de Candie, étoit un des plus considérables pour l'entrelacement de ses rues.

LABYRINTHE *de Jardin.* C'est un Bosquet d'allées étroites, qui s'entrecoupent de maniere que s'y quand on est engagé, on trouve difficilement la route pour sortir.

LABYRINTHE *de Pavé.* Espece de compartiment de pavé, formé de plate-bandes, droites ou courbes; qui, par différens détours, laissant des espaces ou sentiers, imitent le plan des Labyrinthes de l'Antiquité.

L A C

LACET. *Voyez* COLLET.

LÂCHANT (*Remede*). Voyez LAXATIF.

LACQUE. *Voyez* LAQUE.

LACTATION. Succion du lait des mammelles. Voyez p. 379, col. 1 & 2; 380, col. 1; 381, col. 2.

LACTUCA. *Voyez* LAITUE.

LACUSCULUS. *Voyez* DÉCHARGE *d'eau.*

L A D

LADIES-*Bedstraw.* Voyez CAILLELAIT.

LADIES-*Mantle.* Voyez PIED-DE-LION.

LADIES-*Smock.* Voyez CARDAMINE.

LADIES-*Thistle.* Voyez CHARDON-*Marie.*

LADRERIE. *Voyez* LEPRE.

LAGETTO. *Consultez* l'article FIL.

LAGOECIA. Voyez *Premier* CUMIN *sauvage* de Matthiole.

LAGOPHONOS. Nom Grec d'une espece d'aigle. Consultez le mot AIGLE.

L A I

LAICHE. *Voyez* ACHÉE.

LAINE. C'est le poil des brebis, agneaux, moutons, & beliers.

La laine qui *se tient tout d'une piece*; c'est-à-dire, qui n'a point encore été séparée ni triée, suivant ses différentes qualités; se nomme *Toison.*

On tire de chaque toison trois pieces de laines. La premiere s'appelle *Mere-Laine* ou *Laine-Prime*; c'est celle qu'on tire de dessus le dos, & du cou. La seconde se nomme *Seconde* ou *Couailles*; c'est la laine qui couvroit la queue & les cuisses. La troisieme, ou *Tierce*, est celle de la gorge, de dessous le ventre, & des autres endroits du corps.

Il y a plusieurs sortes de laines de toutes especes; fines ou moyennes; selon que les toisons sont courtes ou longues, fines ou grossieres. Pour augmenter la quantité de la laine fine, on sépare le cœur de la de la laine de la premiere & de la seconde espece, c'est-à-dire, laine qui est au centre de chaque flocon. Mais on devroit empêcher ce triage; qui déprime infiniment la bonté & le prix des autres laines.

La bonne laine doit être fine, soyeuse, brillante, douce & molle au toucher.

On ne fait presque point de cas de la laine des moutons morts de maladie; ni de celle qui tombe avant la saison de la tonte; non plus que de celle qui a été coupée trop tôt.

Dans les années où l'air est en général froid & humide, cette intempérie influe sur les toisons; qui deviennent alors d'une qualité très-inférieure à celle qu'elles auroient eue par un tems plus favorable : la laine en est moins grasse; & elle diminue beaucoup au lavage, si on est forcé de différer la tonte. *Consultez* l'article BREBIS, p. 393-4.

Maniere de préparer la Laine.

On met d'abord la laine dans un bain composé de trois quarts d'eau claire, & d'un quart d'urine. On la laisse dans le bain, qui doit être plus que tiede, autant de tems qu'il faut pour la bien pénétrer, & en détacher toute la graisse. Ensuite on la tire; on la laisse égoutter; & on la porte à la riviere, pour la laver une seconde fois. Etant bien lavée & bien dégraissée, on la fait sécher à l'ombre; puis on la bat avec des baguettes, sur des claies, pour en faire sortir l'ordure & la poussiere. On ne doit pas lui épargner cette derniere façon; qui la rend plus douce, & plus propre à être mise en œuvre. Cela fait, on l'épluche soigneusement, pour ôter le reste des ordures : après quoi, on la graisse, pour la rendre encore plus maniable. Toute matiere onctueuse peut servir à cet usage. Il y a des gens qui n'y emploient que du lard. Mais une huile quelconque se distribue mieux & plus facilement dans toute la laine. Quand on veut faire usage de lard, ou d'autre graisse; l'ayant fait fondre, on arrose pendant qu'elle est liquide; & on tourne la laine en différens sens, en la maniant doucement, pour que la graisse s'y mêle bien. L'huile de colsat est plus d'usage que toute autre, en certains endroits. Dans nombre de bonnes Manufactures on préfere l'huile d'olives. Pour employer l'une ou l'autre, on étend sur un grand lit la laine battue; on l'arrose d'huile avec la main, jusqu'à ce que la totalité soit bien humectée. On la manie ensuite, ou bien on la retourne deux ou trois fois; pour faire pénétrer l'huile, & qu'aucun brin ne demeure à sec. Si on mettoit beaucoup d'huile à la fois, on gâteroit la laine. Tout l'art consiste à n'y en répandre qu'autant qu'il suffit pour que chaque brin soit médiocrement humecté. C'est de ce juste degré que dépend la perfection des étoffes : dans le cas où il y a trop d'huile, la laine se pelotonne; s'il y en a trop peu, ses filamens se rompent dans les cardes. L'effet de l'huile est de l'entretenir moite & souple, & faire qu'elle se démêle dans les dents de la carde sans se rompre.

La quantité ordinaire d'huile est le quart ou le tiers du poids de la laine.

Selon l'ancienne édition de ce Dictionnaire, il en faut un cinquieme pour les laines destinées à faire la trame; & un neuvieme dans celles qui doivent être employées en chaîne.

Il y a des usages pour lesquels on peut filer la laine au sortir de la graisse. Mais en général il faut la carder avant de la filer.

On connoît qu'une laine a été bien dégraissée; quand elle est séche au toucher, & qu'elle n'a aucune autre odeur, que l'odeur naturelle du mouton.

Voyez sur tout ceci l'*Art du Drapier;* publié par M. Duhamel dans la Collection d'Arts de l'Acad. des Sciences.

Pour *Conserver la Laine*, il faut la tenir dans un lieu aëré & sec; bien enveloppée de papier ou de toile, ensorte que les mittes n'y puissent avoir accès.

Il seroit à souhaiter que l'on pût trouver une méthode de préparer la laine, de maniere qu'elle fût efficacement préservée des insectes. Voyez INSECTE.

Blanchir la Laine. Voyez au mot BLANCHIR.

Pour ce qui est de l'art de *les Teindre :* Consultez l'article TEINTURE.

Le Languedoc, le Berry, le Poitou, la Normandie, la Picardie, la Champagne, la Bourgogne, & quelques autres Provinces de France, fournissent la plus grande partie des Manufactures du Royaume.

Nous avons indiqué, dans l'article AMENDER, n. 31, *l'utilité dont peut être la Laine pour l'amélioration des Terres.* M. Mills (*System of pract. husb.* Vol. I. p. 101) recommande, pour cet effet, non seulement les rognures de laine, mais encore les portions de laine où on imprime quelquefois une marque avec de la poix sur le corps même des moutons. Il veut que les rognures d'étoffes, étant coupées par morceaux d'environ un pouce en quarré, on les répande sur la terre avant de donner le labour qui précéde celui des semailles : au moyen de quoi on les trouvera commencées à pourrir, quand on retournera la terre pour semer. Ce laborieux Auteur ajoûte qu'il y a des endroits où on répand de ces rognures sur les terres fortes, aussitôt après y avoir semé le grain.

Evelyn (*Disc. of Forest Trees*, p. 35), prétend que la laine porte un grand préjudice aux arbres par l'onctuosité dont elle est remplie. Il s'en attache ordinairement si peu à l'écorce, que nous croyons qu'on ne vérifieroit pas aisément ce fait. Il n'en est pas moins vrai que l'on doit prendre les précautions convenables pour défendre les arbres contre les approches du bétail; ainsi que le conseille l'Auteur Anglois. *Voyez* ARBRE, p. 162.

LAIS. *Voyez* BALIVEAU. LAYER.

LAISSÉES : *terme de Vénerie.* Ce sont les fientes du loup, & des bêtes noires.

LAISSER *Courre :* terme de Chasse. C'est faire courre la bête aux chiens courans.

LAIT. Liqueur blanche filtrée par les mammelles des femmes, & des femelles quadrupedes, pour servir de premiere nourriture à l'animal qui ne fait que de naître, jusqu'à ce qu'il puisse en prendre d'autre. Les hommes, ainsi que les mâles d'autres animaux, ont quelquefois du lait; mais en fort petite quantité.

Le lait provient du chyle : &, malgré le rapport qui existe entre eux, on auroit tort de regarder le lait comme étant une sorte de chyle. Ces deux liqueurs ont des différences sensibles. 1°. Le lait a moins de sérosité; attendu que celle qui se trouve dans le chyle se partage à toute la masse du sang. 2°. Le lait a été plus trituré, par les routes qu'il a suivies pour parvenir aux mammelles. 3°. On peut en faire du fromage : ce qui est impossible avec le chyle; dont l'huile demeure trop unie avec le phlegme, & pas assez combinée avec la matiere gélatineuse & terreuse du sang. 4°. Le chyle ne contracte pas d'âcreté comme le lait; il ne paroît point tendre à s'alkalifer & jaunir, dans la fievre.

Le lait, considéré à l'aide du microscope, semble être un assemblage de globules respectivement inégaux, irréguliers dans leur forme, & répandus dans une liqueur diaphane.

Dans les articles BEURRE, & FROMAGE, nous avons décrit comment on décompose le lait. Les principes que son analyse fournit par l'un & l'autre procédés, sont 1°. une partie butyreuse, qui est la *crême;* 2°. une partie caséuse, qui constitue le *fromage;* 3°. une sérosité qu'on nomme *Lait Clair.* La Crême est une substance huileuse, très-douce; qui s'aigrit & devient rance, à une chaleur de soixante degrés du Thermometre : elle a un grand rapport avec la crême que fournissent les matieres végétales seules. La partie Caséuse se durcit beaucoup & devient presque semblable à la substance des cornes; elle s'amollit de même au feu, & en brûlant exhale une odeur fétide. La sérosité paroît contenir des parties animales subtiles : à en juger par le phlegme qui s'éleve lors de la distillation du lait : ce phlegme, qui n'est ni acide ni alkalin, a une odeur & un goût désagréables.

Le lait des animaux qui ne se nourrissent que de végétaux, peut donc être considéré comme une liqueur mitoyenne entre les substances végétales & animales; comme un suc animal qui n'est encore qu'ébauché, & qui tient beaucoup du végétal. Aussi conserve-t-il presque toujours, au moins en partie, les propriétés des plantes qu'ont mangées les animaux dont il est tiré; quoique, en se formant dans le corps de l'animal, il se soit nécessairement mêlé avec plusieurs sucs tout-à-fait travaillés & purement animaux. * *Chym. prat.* de M. Macquer, T. II. p. 451.

Diverses observations font présumer que le lait des animaux carnaciers tient moins de la nature de leur chair, que de celle de la chair des frugivores dont ils se nourrissent. * *Ibid.* p. 453.

Au reste, le lait des frugivores ne fournit point, par la distillation, de sel alkali volatil; semblable à celui que rendent toutes les autres substances tirées de leur corps. Mais nous avons dit, ci-dessus, que la partie caséuse, exposée à feu nud, présente des phénomenes qui caractérisent des substances purement animales : & l'odeur & le goût du phlegme y ont quelque rapport; je dis le phlegme obtenu de la distillation du lait même, non de celle du beurre ou du fromage ou du *serum.* Car chacun de ces principes, distillé séparément, ressemble plutôt à une matiere végétale, qu'à une animale.

Les acides que l'on mêle avec le lait produisent

un sel neutre, semblable au sucre par ses crystallisations; qui a un goût de manne tant qu'il n'est pas bien dépuré de fromage par les filtrations répétées; & qui est assez abondant pour que l'on en retire jusqu'à deux onces & demie après avoir fait coaguler deux pintes de lait.

Comme le lait devient salé, âcre, jaunâtre, dans la fievre, & lorsque les nourrices & autres animaux manquent de nourriture ou fatiguent trop; on voit que les matieres animales, naturellement tendantes à la putréfaction quand elles sont privées de chyle qui les renouvelle, sont moins propres à donner de bon lait, que les végétaux. Le chyle même est plus ou moins en état de former un lait de bonne qualité: par exemple, on exprime des mammelles un lait bien meilleur, quelques heures après le repas, que quand l'animal n'a pas eu le tems d'avancer la digestion: les différentes circulations que cette liqueur a subies, ont considérablement altéré les mauvaises qualités que pouvoient avoir les alimens; ou l'ont toujours perfectionnée elle-même.

Le bon lait est une excellente nourriture; pour les adultes, comme pour les enfans. On ne peut douter que l'institution de la nature imprime au lait de chaque animal une qualité particuliérement propre à alimenter les petits de son espece. Nous voyons que le lait d'ânesse se décompose bien plus facilement que celui de vache; & que le sel qui résulte de ce premier lait est en plus grande quantité, que dans le second. Les parties séparées du lait des frugivores quelconques, ont en général bien moins de signes de substances animales; que le fromage, ou le phlegme du lait des femelles habituées à dévorer de la chair. Toutes les observations ci-dessus doivent entrer pour beaucoup dans le Régime de lait.

Les Tartares se nourrissent du lait de jument: mais l'usage du lait de vache est plus universel.

La Médecine ordonne le lait pour nombre de maladies. Elle emploie communément le lait de femme; ceux de vache, de chevre, d'ânesse, de brebis; & le lait clair.

LAIT DE FEMME.

Ce lait est la seule bonne nourriture que l'on puisse donner aux enfans.

La plupart des Médecins & des Naturalistes disent hautement qu'il est avantageux pour la santé des femmes, d'allaiter leurs enfans. Le lait qui reflue dans la masse du sang lorsqu'elles donnent leurs enfans à d'autres nourrices, aigrit le sang de ces meres, l'enflamme, l'épaissit. La pléthore est le moindre mal qu'il puisse causer. A cette pléthore se joint ordinairement la cacochimie. Delà naissent mille obstructions, des fievres exanthématiques, des éréspeles, des abscès, des skirrhes, & des cancers; que les opérations les plus cruelles peuvent seules guérir, ou qu'une mort très-douloureuse peut seule terminer. C'est en allaitant leurs enfans, que les meres peuvent éviter tous ces maux: qui détruisent promptement (& bien plus que la lactation), l'embonpoint, la fraîcheur, & les graces du beau sein que l'on desire de ménager.

De pieux Auteurs ont même prétendu que la Religion impose ce devoir aux meres. Tel est, entre autres, le but d'une partie de l'ouvrage intitulé: *De l'indécence aux Hommes d'accoucher les Femmes; & de l'obligation aux Meres de nourrir leurs enfans*: Trevoux, & Paris, chez Ganeau, 1744, *in*-12. Les bornes de ce Dictionnaire nous dispensent d'entrer dans cette discussion.

LA FORMATION DU LAIT dans les mammelles des nouvelles accouchées, occasionne une *Fievre* qui n'est ordinairement que symptomatique, & sans mauvaises suites. Elle ne passe guères le quatrieme jour depuis l'accouchement. Les vuidanges se montrent alors laiteuses ou chargées de lymphe. Cette fievre se termine communément par des sueurs plus ou moins abondantes, qui ont une odeur de lait. Il suffit d'observer un régime exact & sévere, pendant que la fievre subsiste.

Lorsqu'elle dégenere en fievre ardente, & qu'elle dure trop longtems, on la traite comme les fievres qui ont ce dernier caractere.

La fievre de lait est plutôt utile que nuisible, quand les sueurs se soutiennent. Mais elle devient dangereuse, si l'écoulement du lait & des vuidanges, ou la transpiration, diminuent. Cet accident, produit par le défaut de séparation du lait d'avec le sang, est ce qu'on nomme vulgairement *Lait Répandu*. Il survient ordinairement une plénitude générale, pesanteur de tête, difficulté de respirer, beaucoup de fievre, des gonflemens & des dépôts laiteux en différentes parties du corps; quelquefois le délire, la phrénésie, les convulsions, & une mort prompte.

La saignée est souvent dangereuse dans cette maladie: il vaut mieux observer un régime très-exact, & se mettre aux bouillons de poulet pour toute nourriture; prenant en même tems, de deux en deux heures, une tisane composée d'une once de racine de patience sauvage, cinq demi-septiers d'eau réduits à une pinte, & un gros d'*arcanum duplicatum*. On peut encore, d'heure en heure, prendre un verre de petit lait, où seront exactement mêlés douze grains de magnésie, & une cuillerée à bouche de suc de cerfeuil. Voyez encore la *Dissertation* de M. David, dont nous parlerons ci-dessous; p. 74 & suivantes: & le mot ARCANUM DUPLICATUM.

Si l'humeur laiteuse se porte à la tête avec vivacité, & qu'on ait lieu de craindre le délire ou l'inflammation du cerveau; on a recours à la saignée du pied: on met aussi plusieurs fois par jour les pieds de la malade dans l'eau chaude, pour attirer l'humeur vers cette partie.

Il survient quelquefois aux accouchées une éruption de *Croutes* sur la peau; principalement à la tête, aux mains, & à la poitrine. Ce sont de petites écailles comme farineuses, quelquefois humides, & accompagnées de démangeaison. On y remédie par beaucoup de petit lait, sur chaque pinte duquel on fait fondre un gros d'*arcanum duplicatum*; & par l'usage de lavemens, continué durant quelques jours.

Le *Pourpre Blanc*, dont nous avons parlé dans l'article des FIEVRES *Pourprées*, est encore un des accidens qui surviennent lors de la formation du lait. Cette éruption peut être causée par la chaleur de la fievre, & l'usage interne des médicamens chauds & des sudorifiques. Il est donc à propos de retrancher les alimens succulens, & tout ce qui peut entretenir la chaleur excessive: & y substituer des boissons délayantes, telles que le petit lait; des lavemens faits avec la graine de lin & le son. On peut encore suivre à-peu-près le même traitement que pour le lait répandu.

Il survient encore de l'inflammation au sein; il se tuméfie; se durcit; suppure. Cette *Inflammation* se traite comme les autres en général. On diminue la *Tuméfaction* & la *Dureté*, par les remedes indiqués pour le Lait Répandu: on y remédie aussi en faisant de légeres frictions, des fomentations adoucissantes; en faisant succer le tetton (ce que nous avons ci-dessus nommé *Lactation*). y appliquant des cataplasmes de mie de pain, safran, & fleurs de sureau, mêlés avec du lait. Pour ce qui est de la *Sup-*

puration, voyez l'article CANCER, p. 449 & 452 col. 2. Voyez aussi EMPLÂTRE *pour les ulceres des Mammelles*, p. 897-8.

Pour les *Maux de Sein des Accouchées*, en général; on dit en avoir beaucoup guéri dans l'espace de deux jours en les frottant bien chaudement avec une espece de Baume dont voici la préparation. Percez une orange en plusieurs endroits avec un poinçon; & la mettez dans un pot neuf de terre, que vous emplirez d'huile d'olives: après quoi vous ferez bouillir le tout, jusqu'à diminution des deux tiers.

On applique avec succès sur le *Sein endurci*, un emplâtre de cire blanche & de verd de gris.

Emplâtre pour le Sein tuméfié par le Lait qui s'y est grumelé, & où il y a à craindre un Cancer.

Il faut prendre une chopine de bon vin, une douzaine de jaunes d'œufs, & une livre de miel; battre le tout ensemble dans une chaudiere, puis le faire bouillir doucement, & remuer continuellement, de crainte qu'il ne s'attache au fond. Il faut le faire bouillir jusqu'à ce qu'il soit en consistance de cotignac: ce qui au moins dure une heure entiere. On en applique, assez épais, soir & matin, étendu sur du papier gris ou sur des étoupes bien chaudes; & on recouvre le tout avec de la feuille de chou amortie sur une pelle chaude. (Ce remede est encore bon pour faire suppurer les tumeurs des genoux & d'autres parties.

Pour dissiper le Lait caillé dans les Mammelles.

Prenez des lentilles bouillies dans la saumure; de la menthe, de l'ache, du lait, de la mie de pain blanc, & un jaune d'œuf: faites cuire le tout en consistance de bouillie; puis appliquez-le en cataplasme.

Si les accouchées n'ont pas dessein de nourrir leur enfant; ou que le lait afflue en trop grande abondance aux mammelles: on peut se servir des moyens ci-dessous, pour *Diminuer la quantité du lait*, ou *le Détourner entiérement.*

1. Faites succer le sein de l'accouchée par quelque femme.

2. Ne la laissez pas tetter par l'enfant, si la mere ne veut point continuer de le nourrir: ses premieres succions ne feroient qu'attirer davantage le lait aux mammelles. Consultez la page 53 de la *Dissertation* de M. David, dont nous parlerons ci-après.

3. Faites cuire de la farine de feves ou de lentilles avec du vinaigre, pour l'appliquer en cataplasme sur le sein. [Ce remede, qui diminue le volume des mammelles, remédie souvent aussi à l'enflure des testicules.]

4. On met sur les mammelles un mélange d'huile & de vinaigre.

5. On fait infuser un peu d'alun dans du verjus tiede; & on en imbibe des compresses, dont on couvre le sein.

[Ces astringens servent encore à raffermir les mammelles après que le lait est détourné.]

6. La malade doit être réduite à la diéte; se priver de viande, œufs, & vin, jusqu'à ce que les mammelles se désemplissent.

7. Quelques purgations réitérées causent quelquefois la révolution que l'on desire. Il en est de même des lavemens.

8. Il y en a qui bassinent le sein avec une décoction d'eau salée.

9. D'autres pilent du cerfeuil; & l'appliquent sur les mammelles & sous les aisselles.

10. Un cataplasme de persil & de mie de pain, détourne quelquefois le lait. [Mais il réussit plus souvent à dissiper les tumeurs des mammelles.]

11. Ayant fait fondre du beurre frais, on y mêle de l'eau-de-vie, & on en frotte les mammelles: puis on y met du papier gris: & quand ce papier est sec, on renouvelle la friction; jusqu'à ce que le lait soit absolument tari. [Le beurre, sans être fondu, mais bien battu avec de l'esprit de vin; m'a réussi plusieurs fois.] L'un & l'autre remédient à la dureté & l'inflammation du sein.

12. *Voyez* AIRELLE. TOILE *Cirée.*

13. On dit que l'huile de menthe, un peu tiédie, pour en frotter le sein; produit un bon effet.

14. Lavez du beurre frais neuf fois dans de l'eau de fontaine, & une fois dans de l'eau-rose: puis étendez-le sur une feuille de papier; & l'appliquez sur les mammelles, le second jour des couches: mettez, par dessus le papier, des étoupes; sur lesquelles vous aurez étendu du miel. Il faut que le miel touche le papier; couvrir le tout de linge; & laisser agir le reméde pendant neuf jours, sans l'ôter. Ces deux remédes réunis conservent le sein; & font perdre le lait sans douleur.

15. M. David, Étudiant en Médecine, remporta le prix de la Société de Harlem en 1762, par sa *Dissertation sur ce qu'il convient de faire pour diminuer ou supprimer le Lait des Femmes:* (imprimée à Paris, *in*-12. en 1763; chez Vallat-la-Chapelle). Comme cette matiere est nécessairement liée avec celle des accidens qui accompagnent la formation du lait; l'Auteur y traite avec justesse & discernement ce qui concerne la menstruation, & l'état intérieur des accouchées. Les moyens qu'il propose soit pour diminuer soit pour supprimer le lait, se réduisent à 1°. diminuer la pléthore universelle; 2°. s'opposer à la pléthore particuliere des mammelles; 3°. éviter tout ce qui peut donner lieu à la formation d'une grande quantité de chyle; 4°. procurer la dissipation de cette liqueur, & sa prompte assimilation avec le sang. On ne voit dans le détail de ces pratiques, aucune de celles que nous avons indiquées. L'Auteur observe que, tant que dure l'écoulement des vuidanges, on doit s'appliquer à prolonger cette évacuation & l'augmenter; à l'effet de combattre la pléthore générale: ce que peut opérer la diéte, accompagnée de secours propres à exciter la transpiration. Il recommande donc les pédiluves chauds, les lavemens adoucissans, la saignée du pied, les fomentations émollientes, les frictions, de légers diaphorétiques, & l'air tempéré autour de la malade. Si la pléthore résiste à ces précautions au bout de quelques jours, il en indique la continuation, en y ajoûtant les purgatifs hydragogues.

Entre les topiques propres à diminuer la pléthore particuliere des mammelles, M. David indique les linges trempés dans l'eau de plantain ou dans la décoction de renouée; la terre même qui se trouve dans l'auge des Couteliers (*Voyez* CIMOLE); les roses de Provins, cuites dans du vin rouge, & appliquées à froid en forme de cataplasme; les douches d'eau froide sur les bras & les mammelles seulement; les feuilles de courge ordinaire, pilées. [L'usage de la Cimole rappelle celui du mélange d'argile & de vinaigre, en forme de pâte liquide, dont on enduit les mammelles & qu'on y laisse sécher. Ce topique est fort ordinaire pour les chattes & les chiennes. Il m'a réussi sur des vaches & des jumens. Mais la forte astriction qu'il produit en se durcissant, a causé de très-vives douleurs à quelques femmes qui en ont fait l'épreuve sur elles-mêmes.]

Les topiques ci-dessus doivent être secondés par des emménagogues internes. Outre cela il faut que la malade se borne à des alimens secs; & qu'elle fasse beaucoup d'exercice, jusqu'à un commencement de lassitude.

Pour ce qui est des *Moyens de procurer beaucoup de Lait;* consultez l'article NOURRICE.

LAIT DE VACHE.

Sa bonté se connoît d'abord à sa blancheur & à son odeur; on connoît encore mieux qu'il est bon, si en mettant une goutte sur l'ongle, elle y demeure attachée comme une perle, sans couler. Le lait bleuâtre, n'est point gras.

Consultez l'article BEURRE.

Plusieurs choses contribuent à donner mauvais goût au lait: telles sont particuliérement l'ail sauvage; & les feuilles de chou. Ces feuilles ont un effet si considérable, que le lait s'en ressent encore au bout d'une semaine. Mais rien ne le fait davantage qu'une eau croupie, trouble, & infecte, que la vache aura bue.

Pour Oter le mauvais Goût du Lait, on le fait tiédir en le remuant sans cesse, jusqu'à ce qu'il soit entiérement refroidi. *D'autres* ne traitent ainsi que la crême. *M. Hales* a imaginé un expédient simple, peu coûteux, commode, & presque infaillible. Il consiste à mettre un peu d'eau dans le lait avant qu'il fasse de crême; le verser dans un vaisseau profond; & y plonger une boîte de fer blanc, ronde, haute de deux pouces, sur six de diametre. Le couvercle de cette boîte est plein de trous larges d'une ligne, espacés à environ trois lignes les uns des autres. Au milieu du couvercle est soudé un petit tuyau de fer blanc, où s'engage un autre long tuyau par lequel l'air passe dans la boîte, & s'échappant à travers les trous se distribue dans le lait. Ce long tuyau a un peu plus de six lignes de diametre, & environ deux pieds de longueur. A son extrêmité supérieure on en ajuste ou soude un autre, à angle droit, qui n'a gueres que six pouces de long; & au bout duquel est un conduit de cuir, assez court. On y introduit la douille d'un soufflet ordinaire: & on souffle pendant quelque tems. Si le lait n'a pas un goût excessivement mauvais, quarante minutes suffisent pour le lui ôter ainsi tout-à-fait. Sinon, il est à propos de faire tiédir le lait, & de souffler jusqu'à ce qu'il n'ait plus rien de disgracieux, en lui conservant ce même degré de chaleur pendant toute l'opération, au moyen du bain-marie. Il faut souffler avec discrétion, pour que le lait ne mousse pas trop. L'eau qu'on y met, doit être tiede. Son mêlange favorise la formation de la crême; & empêche la mousse, du moins en grande partie.

Potage au Lait.

1. On fait bouillir le lait avec du sucre, & du sel, tout ensemble; un peu de cannelle, & deux ou trois cloux de girofle. Quand il a bouilli quelque tems, on y ajoûte des jaunes d'œufs, délayés avec un peu de lait: il faut ensuite tourner avec une cuiller, jusqu'à ce que le potage soit cuit. Pour empêcher qu'il ne tourne, il doit être fait promptement. On le dresse sur du biscuit, ou sur du pain blanc.

2. Mettez sur le feu, dans un poëlon, votre pain taillé en soupe, avec un peu de sel & autant d'eau qu'il en faut pour bien humecter le pain. Quand le tout a un peu bouilli, versez-y le lait; retirez-le promptement du feu, & dressez-le dans le plat. Ce potage est d'un très-bon goût, & délicat: & il n'y a point à craindre que le pain fasse tourner le lait; comme il arrive quand on les laisse bouillir ensemble.

3. *Voyez* REGIME *de vivre en maigre.*

LAIT CONSIDERÉ COMME REMEDE.

Nous avons déja dit que la Médecine ordonnoit diverses sortes de lait: il est à propos d'en indiquer la différence; le choix qu'on en doit faire; la maniere de le prendre; ce qu'il faut faire avant d'en user, pendant son usage, & après: comme aussi de faire voir ses qualités; & les maladies où il est propre.

Différence des Laits.

LAIT DE FEMME.

Il est en général très-utile: & surtout dans le marasme; pour les douleurs d'estomac; & les rougeurs & défluxions qui viennent aux yeux. Pour en avoir une suffisante quantité, on conviendra avec plusieurs femmes, qui livreront leur lait, ensorte qu'il soit encore tout chaud lorsqu'on le prendra: mais il vaut beaucoup mieux pour la phthisie de les succer, & tirer le tetton, que de le prendre autrement.

LAIT DE VACHE.

Le lait de vache est, après celui de la femme, le plus épais & le plus nourrissant. Les personnes exténuées, & abbattues de langueur par de longues maladies, en doivent user. Il convient dans les maladies de la peau, dartres, gratelles, galles opiniâtres; dans les dévoyemens, douleurs & flux des hémorrhoïdes; dans les pertes de sang de différentes especes, & généralement dans toutes les maladies où il s'agit de remettre du baume dans le sang; mais particuliérement pour la goute, les rhumatismes gouteux; & les langueurs & épuisemens qui suivent ordinairement les maladies scorbutiques, quand elles ont été opiniâtres & d'une longue durée.

LAIT DE CHEVRE.

Le lait de chevre est plus sec, moins séreux, & plus convenable aux personnes d'un tempérament humide: mais il est très-facile à se cailler. Pour l'en empêcher, il y faut mettre un peu de sucre & de sel. Il est plus salutaire que tout autre lait de quadrupede, pour les enfans qui sont en chartre, & pour le rhume & le dévoyement. Il est très-utile après de longues maladies de poitrine, & dans les fievres éthiques, lorsqu'il y a cours de ventre séreux; aussi bien que dans les cours de ventre longs & opiniâtres de toute espece. Il est souverain pour redonner l'embonpoint aux personnes maigres; & n'occasionne point ensuite d'indispositions.

LAIT D'ÂNESSE.

Le lait d'ânesse est le plus maigre de tous: c'est ce qui fait qu'il a beaucoup de sérosité. Il est estimé plus rafraîchissant que les autres: & est très-propre aux maladies de poitrine. Il ne se caille, ni se corrompt dans l'estomac que rarement. Il guérit la phthisie; engraisse; & rend le teint frais & beau. *Voyez*, ci-dessus, p. 379 col. 1.

LAIT DE BREBIS.

Le lait de brebis produit beaucoup moins de petit lait que ceux dont on vient de parler. Il est fort gras: ce qui fait que les Médecins ne l'ordonnent que rarement; & l'on ne voit guéres que les pauvres gens qui en usent. On dit que son fréquent usage produit des taches blanches sur la peau.

LAIT DE JUMENT.

Tant qu'on trouvera de ceux dont on vient de

parler, on ne conseille point d'en prendre de jument; quoiqu'il passe pour avoir les mêmes propriétés que celui d'ânesse.

Nota. Il faut remarquer que les laits sont différens, selon les saisons; que celui du printems, particuliérement celui du mois de Mai, est le meilleur & le plus souverain, à cause des herbes que les animaux broutent; que le lait est aussi différent suivant les âges. On doit rebuter le lait d'une bête trop jeune; à cause qu'il n'a pas acquis les degrés de coction qu'il doit avoir, & est plus difficile à digérer. A l'égard du lait de Femme, celui de trois mois est le meilleur: & on le doit prendre autant que l'on pourra dans ce tems-là; du moins plus tard, que plus tôt. Pour celui des animaux, il faut qu'il ait six semaines, & plutôt plus que moins. Le lait des bêtes qui broutent dans les lieux aquatiques est moins épais & en plus petite quantité que quand elles paissent sur les montagnes.

Il faut sevrer les petits; bien nourrir les meres, & leur faire prendre de l'exercice.

Choix du Lait, en général.

Le meilleur n'est ni trop épais, ni trop clair, tenant le milieu de ces deux extrêmités: de maniere que si l'on en met une goutte sur l'ongle, il ne s'épanche d'aucun côté. Il doit avoir une odeur agréable, ou point du tout d'odeur. Il faut que sa saveur soit exempte d'aigreur, d'amertume, d'âpreté & de salure. On ne doit point prendre du lait soit des femmes soit des bêtes qui sont incommodées ou mal saines; ni de celles qui sont en chaleur.

Quand on veut user habituellement de lait de vache, il faut choisir une vache jeune, de poil noir, ou fauve; dont le lait ait les qualités marquées ci-dessus, & ne soit que de deux ou trois mois au plus. Il faut mettre cette vache dans une bonne pâture: empêcher qu'elle ne coure trop, pour ne pas échauffer son lait; lui donner, le soir, un picotin de seigle ou d'orge bouillis, avec deux fois autant de son, & de bonnes herbes pour la nuit. Son étable doit être toujours nette & propre; ayant soin de changer souvent la litiere. Avant de la tirer, il faut lui laver le pis avec de l'eau un peu chaude; & recevoir son lait dans des vaisseaux échaudés & bien nets, couverts d'un linge ou étamine, sur laquelle on mettra environ deux gros de sucre fin, ou de sucre candi en poudre. Les vaisseaux doivent être mis dans un poëlon où il y aura de l'eau chaude; pour empêcher que le lait ne se refroidisse: quand l'un de ces vaisseaux sera plein, on le portera promptement au malade; & on continuera de même jusqu'à ce qu'il ait pris environ une chopine de ce lait. Quelquefois on n'en donne qu'un demi-septier, coupé avec un quart d'eau de sainte Reine, ou d'eau d'orge, ou de seigle, & l'on y mêle un gros de poudre d'écrevisses. Au lieu de cette poudre, on donnera aux gouteux, immédiatement avant le lait, vingt-cinq grains de safran de Mars apéritif: on en fera un bol, avec un peu de sirop, soit violat, soit de capillaires. Quand le lait passe bien, on en fait prendre une chopine, sans le couper; & la troisieme semaine, le malade en prend une autre chopine, au lieu de son déjeûner: & un gouteux, au lieu de dîner, prend encore une chopine de lait, la quatrieme semaine. Il en prend cinq, la cinquieme semaine, & ne goûte point; & la sixieme, il en prend six, & ne soupe point. Si le malade ne peut supporter ce régime, il prend, le soir, un peu de pain de froment ou de seigle, ou un biscuit, ou deux œufs frais, avec une tasse de lait par dessus. Il peut même prendre pendant la nuit, une ou deux tasses de lait, s'il se sent du besoin; & s'il se plaint de foiblesse ou de maux d'estomac, il pourra délayer quelquefois dans son lait, un ou deux gros de chocolat; ou le couper avec moitié de caffé reposé, & bien clair. Après la prise, il faut que le malade se tienne tranquille, & qu'il s'endorme, s'il le peut.

Aussitôt que l'on s'apperçoit que la vache entre en chaleur, il faut la changer & en prendre une autre.

Sur tous les principes que nous avons établis, il est aisé de décider pour le choix d'une espece de lait, préférablement à celui d'une autre espece. Car s'il s'agit de donner au sang une abondante nourriture, & de l'empâter, il faut choisir le lait de vache. Au contraire, il faut préférer à celui-ci le lait de chevre, s'il est question de donner au sang une nourriture plus fine, plus légere, & plus aisée à digérer. Enfin, s'il faut délayer, adoucir & rafraîchir le sang, il faut recourir au lait d'ânesse.

Précautions qui doivent précéder, & suivre, l'usage du Lait.

Il est de la prudence de ceux qui ordonnent ou qui prennent du lait, de le proportionner au tempérament des personnes qui en doivent user: autrement, il est fort sujet à se corrompre, & devient alors préjudiciable.

Il ne faut aussi l'ordonner, que dans les saisons les plus favorables, qui sont le printems & l'automne, aux mois de Mai & Septembre: à moins qu'on n'y soit indispensablement obligé, par une nécessité pressante; comme par exemple, dans la goute, les rhumatismes gouteux, les langueurs, abbattemens ou épuisemens qui succédent aux longues maladies scorbutiques.

Lorsqu'on veut donc remettre un corps abbattu, & desséché par des intempéries & obstructions contractées depuis longtems, il ne faut pas se contenter seulement d'avoir satisfait à la plénitude des veines, & d'avoir évacué quelques humeurs; il est encore fort important, si le malade est capable de supporter le bain, ou le demi-bain, de lui en conseiller l'usage pendant quelques jours, & autant de tems qu'on le jugera nécessaire, afin d'amollir & mettre en mouvement ses humeurs qui sont retenues, & que les eaux minérales emportent après avec plus de facilité, lorsqu'elles doivent précéder le lait: c'est une bonne méthode pour empêcher qu'il ne se caille, & ne cause des accidens. On ne doit point le prendre sans le conseil de quelque personne habile; qui considere les forces, l'âge, la saison, & le tempérament de la personne.

Avant de saigner le malade, il faudra lui donner, la veille, un lavement rafraîchissant & purgatif; composé de trois onces de miel violat, & une once de casse mondée, délayées dans une chopine de petit lait. Au lieu de ce lavement, on peut en donner un autre de simple décoction d'herbes rafraîchissantes.

Deux jours après la saignée, on lui fera prendre une médecine légere; composée de rhubarbe, séné, manne, sirop de chicorée, ou de fleurs de pêcher, & sel d'absinthe. Deux ou trois jours après, le malade commencera à prendre le lait; observant exactement le régime prescrit ci-après.

Quelquefois le lait ne produit pas les bons effets que l'on en attend; parce que le corps n'étant pas tout-à-fait nettoyé d'un vieux levain, qui fait l'essence de la plûpart des maladies, & qui en est la source & l'origine, il convertit tout ce que l'on prend dans sa propre substance. Pour remédier à cela, il faut nettoyer le ventricule par de fréquens & légers purgatifs. La rhubarbe est un des plus convenables, ayant la propriété d'emporter la crasse que le lait y peut laisser. Lorsqu'il se caille, ce que l'on connoît par des aigreurs qui surviennent à la bouche, & sont quelquefois suivies de vomissement, dévoyement, & autres incommodités qui obligent presque à le quitter; il faut prendre de la rhubarbe.

Il peut arriver, par plusieurs fois, des bénéfices de ventre dans les commencemens qu'on prend du lait. Ces évacuations sont salutaires : c'est pourquoi il ne faut pas s'en étonner, à moins qu'elles ne continuent avec impétuosité. Auquel cas, il ne faut pas s'opiniâtrer d'en prendre; ou si l'on en prend, on en doit diminuer la quantité, ou laisser écouler quelque tems sans en prendre, & y revenir ensuite. Il y a des personnes qui y mettent un peu de sucre ou de sel, avant d'en prendre ; pour empêcher qu'il ne s'aigrisse & ne se caille, & lui ôter sa crudité. Le sucre candi est le meilleur.

Lorsqu'on prend le lait pour le dévoyement, la lienterie, la dysenterie, le flux de sang, & autres maladies de cette nature; on doit le faire écrêmer sur un bain de cendres, ou au bain-marie; & ôter les pellicules qui se forment à la superficie. Il y en a qui, pour ces sortes de maladies, y font infuser des roses rouges quelques heures avant de le boire : d'autres y jettent des cailloux rougis au feu, ou des morceaux d'acier, pour lui donner plus d'astriction & le rendre plus convenable pour guérir ces sortes de flux, que tous les autres remedes ont de la peine à arrêter.

Le lait de chevre n'a pas besoin d'être écrêmé. Mais il faut ne prendre aucune nourriture, que trois heures après; ni prendre aucuns alimens grossiers, & sujets à corruption, ni choses sucrées. On doit préférer ce lait à tout autre pour tous les flux de ventre.

Tous les laits doivent être récemment tirés, mis dans des vaisseaux forts nets; & passés par des étamines, qu'on lave immédiatement après qu'elles ont servi. Les personnes qui le tirent, doivent être propres.

Lorsque le lait est trop crêmeux, il faut en ôter toute la superficie; comme étant trop nourrissante, plus facile à se cailler & à s'aigrir.

Ceux qui se serviront du lait de femme, en choisiront une qui soit de bon tempérament ; plutôt sanguine que de toute autre maniere; qui ait le teint vermeil, les dents belles, & la chevelure brune. Il en est de même, à proportion, du lait d'ânesse ou des autres animaux : qui étant jeunes donnent un lait plus agréable & rafraîchissant; &, dans un âge avancé, en fournissent qui est moins crêmeux & plus sec.

Pour s'y accoûtumer peu-à-peu, on doit se contenter d'une médiocre quantité, dans le commencement de son usage. On peut même y mêler un tiers d'eau d'orge, ou d'eau tiede; & après en avoir pris quelques jours de cette maniere, augmenter par degrés la quantité du lait, à proportion des effets qu'il produit.

Lorsqu'on prend du lait le matin, comme l'on fait ordinairement celui d'ânesse, on ne doit manger que trois ou quatre heures après : & ceux qui ne se nourrissent d'autre chose que de lait, auroient besoin de se regler suivant sa bonté & la quantité qu'ils en prennent. On ne voit gueres de personnes en prendre plus de trois ou quatre fois par jour; sçavoir le matin, à midi, l'après-dîner, & le soir. Pour ceux qui ont de la peine à le supporter, & qui n'en peuvent pas prendre beaucoup à la fois ; on pourroit leur en donner de trois en trois heures; pourvû que la quantité n'excédât pas le poids de deux ou trois onces.

Pour empêcher le lait de s'aigrir, on peut prendre auparavant une tablette, composée avec des yeux d'écrevisses & des perles préparées.

Ceux qui usent du lait doivent bien laver leurs dents après le repas, & avant de le prendre ; puisque la moindre saleté le fait cailler, l'aigrit, & le corrompt.

Régime qu'on doit observer dans l'usage du Lait.

Ce régime doit se regler sur la quantité du lait que l'on prend ; & cette quantité doit être proportionnée à la griéveté des maladies, & aux forces de l'estomac. Il faut surtout s'abstenir de prendre aucune chose qui puisse le faire aigrir ; comme le vinaigre, le verjus, les citrons, & tout ce qui peut avoir de l'acidité : éviter aussi de manger des viandes indigestes, des ragoûts épicés & de haut goût, des fruits qui ne sont pas mûrs. On ne doit se nourrir (l'on entend ceux qui en ont le moyen, car pour les pauvres ils ne sçavent ce que c'est que de tenir des régimes, étant obligés de manger de ce qu'ils ont), que de bons potages à la volaille & au veau, quelques biscuits, abricots confits ; compotes, poires, coings ou pâtes de ces fruits ; ne manger à dîner que du potage, & un peu de viande blanche bouillie. Le souper doit être fort léger, & consister en poulets, ou veau, le tout rôti : pendant les huit premiers jours les malades feront bien de souper seulement avec un potage, ou deux œufs frais avec des mouillettes : & si, dans l'après dînée, la faim les presse trop, ils peuvent prendre un peu de biscuit ou du pain, selon leur appétit & leurs forces ; & le tremper dans le lait.

On leur fera des bouillons avec la tranche de bœuf, la rouelle de veau, & un bon chapon paillé ; y ajoûtant, si l'on veut, de la chicorée blanche, du pourpier, & du cerfeuil. Il faut ne rien prendre que trois ou quatre heures après le lait.

Ce régime ne doit pas être suivi pour toutes sortes de maladies où l'on prend le lait. Car il y en a qui ne demandent autre chose que de prendre du lait ; & en cas qu'il ne suffise pas, on peut donner au malade quelques biscuits, ou du pain léger & bien cuit ; cela se doit pratiquer pour ceux qui sont abbattus & desséchés, & dont le poumon ou le foie sont soupçonnés d'être altérés. Mais lorsque l'on voit que le lait commence à réussir & à faire un bon effet, l'on doit prendre quelque chose de plus, & continuer peu-à-peu ; & lorsqu'on se voit dans un progrès considérable, on peut s'émanciper à satisfaire son appétit par des choses de facile digestion.

L'abstinence du vin est absolument nécessaire dans l'usage du lait. On usera pour boisson, de bonne eau de fontaine, ou de l'eau de seigle, tant aux repas, que dans les intervalles, si l'on se sent altéré. Il faut éviter le fort exercice, & la grande application d'esprit ; ne point se mettre en colere, surtout ceux qui sont d'un tempérament mélancolique : & il est à remarquer que tout ce qui donne du plaisir & de la joie, produit de grands avantages pour la santé à ceux qui prennent le lait.

Tems de quitter le Lait, & de le reprendre.

Il faut quitter le lait d'abord qu'on s'apperçoit de la fievre, parce que sa grande chaleur le corrompt ; & alors il ne sert que d'accroissement au levain, qui entretient le mal. Il ne faut prendre que des bouillons, panades légeres, œufs frais, gelées, jus de veau, & autres alimens de facile digestion. Il faut aussi quitter le lait, quand on sent de grandes pesanteurs & oppression d'estomac, des retours aigres, des maux de tête, & quelquefois des dévoyemens. On peut encore connoître que le lait s'aigrit, lorsqu'il paroît des grumeaux dans les selles. Cela étant on doit le quitter absolument, ou du moins en diminuer la quantité; s'il n'y a point de fievre, il faut tâcher de continuer à le prendre, soit en retranchant de la portion soit en se purgeant avec la médecine marquée ci-dessus: ce qu'on doit faire aussi tous les douze, ou quinze jours, & même quelquefois plus fréquemment suivant qu'on y est déterminé par des indications pressantes. Si au contraire le malade se trouve trop resserré; on lui fera prendre, le matin à jeûn, depuis un demi-gros jusqu'à un gros de rhubarbe en poudre qu'on incorporera avec quantité suffisante de sirop d'absinthe, & qu'on lui fera avaler dans du pain à chanter, immédiatement avant la premiere prise du lait; qui doit alors être coupé d'un tiers d'eau de seigle, ou d'eau de Sainte Reine. Si la rhubarbe n'opere pas, il faut que le malade prenne vers le soir, un lavement rafraîchissant: ce qu'il pratiquera toutes les fois qu'il sentira des grouillemens extraordinaires dans le ventre, ou dans l'estomac. Il s'abstiendra du vin, & ne boira que de l'eau de seigle, ou de celle de Sainte Reine. S'il se sent des foiblesses, on lui donnera une prise de confection d'hyacinthe; ou deux ou trois cuillerées de bon vin. Si malgré toutes ces précautions le lait ne passe pas, il faudra le faire bouillir avec cinq ou six feuilles de menthe, l'écrêmer, & en ôter les pellicules cinq à six fois: & s'il ne passe pas encore, on le donnera en bouillie, ou en potage avec du biscuit, ou avec quelques tranches de pain blanc, & environ une douzaine d'amendes ameres pilées. En le quittant, il faut user de quelques remedes appropriés à la maladie: & après avoir usé de ces remedes, si le dévoyement, & les autres incommodités ne cessent pas; on aura recours aux saignées & aux purgations.

Il est à remarquer que, quoique toutes ces incommodités aient disparu, il n'est pas pour cela nécessaire de se remettre immédiatement à prendre du lait; & qu'il est plus à propos de prendre modérément des alimens ordinaires, à moins qu'on ne soit dans un état où ils soient tout-à-fait contraires. Mais lorsqu'on s'apperçoit que le lait fait du bien, il faut le continuer; sans en déranger l'effet en prétendant nettoyer de tems à autre l'estomac par des purgatifs de précaution. Il y a des personnes à qui le lait ne fait du bien qu'un certain espace de tems, comme nous l'avons déja dit: lorsqu'on s'apperçoit que son effet change, il le faut quitter; & se purger, pour se mettre à un autre régime de vie pendant deux ou trois mois: à la fin desquels on peut le reprendre, même avec plus de succès. Cette méthode convient particuliérement pour la goute & pour les maladies de poitrine.

Maladies auxquelles le Lait convient en général.

Outre les propriétés dont on vient de parler, le lait est encore utile dans les catarrhes, les fluxions qui procédent d'une intempérie chaude, l'ophthalmie, & autres maux des yeux, les inflammations de poitrine; l'estomac affoibli & dévoyé; le rhumatisme; le flux de ventre bilieux, pituiteux & dysenterique; les vieilles gonorrhées; les fleurs blanches; le mal de Naples; les galles, éréspeles & autres accidens qui viennent de la corruption du sang; les brûlures; les fievres lentes; l'hydropisie; & pour tout ce qui altere les visceres par une intempérie brûlante. Il se prend intérieurement: & on l'applique extérieurement.

Lorsque les yeux sont atteints de fluxions & de chaleurs immodérées, on le mêle avec quelques autres ingrédiens, qu'on trouvera dans l'article YEUX; pour en faire un cataplasme. On les arrose même de lait seul, lorsqu'il y a rougeur; particuliérement pour les petits enfans: comme étant le remede dont on voit journellement des expériences dans les nourrices, qui en arrosent souvent leurs yeux & les guérissent ainsi. Pour cet effet, celui d'une femme est beaucoup meilleur que tout autre. Pour les catarrhes, fluxions, & inflammations de gosier, il faut en gargariser. Quant aux maladies de poitrine, s'il ne s'y rencontre pas de fievre violente, & continue; comme dans la pleurésie, & la péripneumonie, lesquelles sont accompagnées d'abscès ou d'apostumes, & dont la guérison est toujours fort incertaine, quoiqu'il y ait diminution dans leurs accidens: le lait d'ânesse y est généralement très-utile.

L'expérience fait voir que les toux fâcheuses, à moins qu'elles ne soient séches & avec fievre, crachement de sang, & autres signes mortels; se guérissent par le lait, si on en prend le plus chaudement que l'on pourra avec un peu de sucre tous les soirs en se couchant.

Le lait, pris de même, est très-bon pour les envies de vomir, la cardialgie, le dégoût, l'appétit désordonné qui passe jusqu'à la faim canine, le *Cholera morbus*, & le hoquet.

Les flux de ventre bilieux, pituiteux, & dysenterique, se calment par l'usage du lait: & le meilleur pour ces sortes de maladies, est souvent celui de chevre.

On a vû des personnes qui avoient de grandes douleurs de tête, respirer par les narines la vapeur du lait chaud, & rendre des vers par cet organe. On le donne en lavement, ou autrement, à ceux qui sont incommodés de vers; & pour les hémorrhoïdes, qu'il adoucit, tempere, rafraîchit, & soulage extrêmement, soit par application, soit en lavement.

Pour la gonorrhée, il y a plusieurs personnes qui assurent l'avoir guérie avec le seul lait d'ânesse, pris à jeûn avec du sucre rosat.

Pour le mal de Naples, il ne faut pas croire que le lait seul le puisse guérir, sans quelque autre secours: mais il est toujours extrêmement bon à ceux qui ont ce mal, particuliérement s'ils sont exténués & abbattus, soit par la foiblesse de leur constitution, soit pour avoir négligé fort longtems de s'en faire traiter: ce qui fait que cela les rend souvent incapables de supporter les remedes qu'on met en usage pour les guérir. On doit corriger cette intempérie par un régime de vie humectant & rafraîchissant, afin de donner des forces: donner le lait après avoir rafraîchi, préparé le corps, & purgé les humeurs les plus visqueuses. Quoique l'on soit assuré d'avoir mis les malades en état de ne plus rien craindre, on ne doit point manquer de leur faire prendre le lait; pour donner au corps une nourriture nouvelle & humectante.

Pour la goute, il faut faire des cataplasmes fréquens avec du lait & de la mie de pain; & ne se nourrir, autant que l'on pourra, que de lait.

Il est difficile d'effacer les marques de brûlure, lorsqu'elles ont pénétré toutes les chairs. Mais pour empêcher la grande inflammation, il les faut étuver & couvrir d'un linge trempé dans le lait, mêlé avec un peu d'huile violat. Le lait de femme ou celui de brebis, passent pour y convenir plus particuliérement que tout autre.

Pour l'hydropisie, qui provient d'une intempérie chaude; le meilleur remede est de ne point boire, particuliérement dans celle qu'on nomme *Ascite*;

&

& ne prendre que du lait ; car il n'y a rien qui désaltere plus, ni qui nourrisse & humecte plus les différentes parties du corps. C'est pourquoi il est bon d'en user autant que l'on pourra dans ces sortes de maladies.

On peut donner le lait à ceux qui sont atteints de la fievre éthique ; comme un aliment médicamenteux : afin de les humecter & rafraîchir en leur donnant la nourriture ; (ce qui est le véritable moyen de les rétablir) ; & retrancher entiérement les remedes généraux. Le lait d'ânesse est le meilleur pour ces sortes de fievres ; parce qu'il ne se caille, ou se corrompt, que très-rarement : c'est pourquoi il est utile en général à tout ce qui altere par une grande sécheresse.

Usage du Lait d'Anesse.

Consultez l'article ÂNE, p. 112.

Avant de prendre le lait d'ânesse, il faut s'y préparer pendant huit ou dix jours. On fera prendre au malade, tous les matins à jeûn, un bouillon fait avec une demi-livre de rouelle de veau, coupée par tranches ; & les feuilles de scolopendre, de bourrache & de buglose, hachées bien menu, de chacune une demi-poignée. On fait bouillir le tout dans trois demi-septiers d'eau, ou environ, jusqu'à la consomption de la moitié, puis on passe le bouillon, en pressant légérement la viande & les herbes.

Le septieme ou le huitieme jour, on se fera saigner du bras ; & deux jours après on se purgera avec la médecine, dont nous donnerons la composition ci-après. Puis on commencera l'usage du lait le lendemain de la purgation, & on n'en prendra d'abord que demi-septier, mais on augmentera un peu la dose, de jour en jour, jusqu'à ce qu'on soit parvenu à pouvoir en prendre une chopine à chaque fois. Du reste on observera les regles marquées ci-dessus, dans l'usage du lait en général.

Si le lait a de la peine à passer, on avalera, un peu de tems avant de le prendre, un verre d'eau d'orge, avec demi-gros de nacre de perles, ou d'yeux d'écrevisses préparés.

Quatre heures après le lait, on prendra un bouillon fait avec un poulet, sept ou huit pattes d'écrevisses avec les queues concassées, & environ une once de ris ou d'orge perlée. On fait bouillir le tout dans trois chopines d'eau, jusqu'à réduction de moitié ; puis on passe avec forte expression, & on en fait deux bouillons.

Le malade dînera comme nous l'avons prescrit ci-devant, dans l'usage du lait en général. On peut ajoûter dans le bouillon de son potage, la tranche de bœuf, avec la laitue, & le pourpier. A son dessert, il mangera quelque compote, ou gelée, ou confiture douce.

Il goûtera avec le second bouillon, ou avec un petit morceau de pain, & de la gelée de pomme, ou du blanc-manger ; & entre les repas il pourra s'humecter de tems en tems, avec quelques cuillerées de blanc-manger, ou de gelée. Il soupera avec un potage tel que celui du dîner, ou avec deux œufs frais, du ris, ou de l'orge perlé ; s'il se sent du besoin pendant la nuit, il pourra prendre encore un bouillon. Sa boisson entre les repas, sera de l'eau de gruau, avec un peu de sucre, & quelques amandes douces, ou avelines, pilées dans un mortier de marbre ou de bois. On pourra lui donner aussi de la tisane faite avec les dattes, jujubes, & sebestes.

Au lieu de ris, on peut se servir de gruau : on en fait bouillir deux onces à petit feu, dans un coquemar de terre avec deux pintes d'eau ; la liqueur étant réduite aux trois quarts, on la tire du feu ; puis on la passe ; & quand elle est à demi-refroidie, on y mêle une once de sirop de capillaire.

Si le malade est resserré, ou trop échauffé, on lui donnera un lavement de petit lait tiede, dans lequel on aura délayé trois onces de miel violat, ou de nénuphar.

Quand il aura besoin d'être *purgé*, on fera bouillir une once & demie de manne grasse, & une once de casse mondée, dans demi-septier d'eau, ou de petit lait clarifié ; & la décoction étant diminuée d'un tiers, on la tirera du feu : quand elle sera refroidie, on la passera ; puis on y ajoûtera une once de sirop violat, ou de pomme composé. Le malade prendra un lavement la veille & le lendemain de la médecine. S'il étoit tourmenté violemment de la toux, on lui feroit prendre, le soir en se couchant, trois ou quatre grains de pilules de cynoglosse ; lui faisant boire par-dessus, un verre d'eau, avec un peu de sirop de capillaires.

Usage du Lait de Chevre.

Nous avons déja dit qu'il convient à diverses especes de flux de ventre. Au reste, consultez l'article CHEVRE, *p.* 586.

Le malade doit se préparer pendant huit jours, en prenant chaque jour pour boisson ordinaire, environ une pinte d'eau de forge, ou d'eau ferrée. Il se nourrira de potage de santé, ou au ris ; d'œufs frais ; & de viande rôtie, seulement à dîner. Il fera son dessert de conserve de roses de Provins liquide, ou d'une rôtie au vin d'alicante. Il goûtera avec du pain & de la gelée de corne de cerf : & pour souper, il se contentera d'un potage. Après s'être ainsi préparé, il se purgera avec une once de catholicon double, qu'on aura fait bouillir à petit feu dans un demi-septier d'eau de plantain distillée ; la liqueur étant diminuée d'un tiers, on la tire du feu, on la passe, & l'on mêle dans la colature une once de sirop de chicorée composé, ou une once de sirop magistral, avec deux gros de cannelle orgée.

Le lendemain, il commencera l'usage du lait de chevre, à la quantité d'un demi-septier seulement : ensuite il augmentera les prises peu-à-peu, jusqu'à la concurrence de chopine ; ayant soin de prendre immédiatement avant chaque dose, un demi-gros de corail rouge préparé, ou dix-huit grains de cachou en poudre ; & de mêler dans le lait deux gros de sucre rosat. Il ne déjeûnera que trois heures après ; avec un œuf frais, & quelques mouillettes. Il dînera avec un potage, dont le bouillon sera fait avec la tranche de bœuf, le bout saigneux de mouton, ou l'éclanche, ou une vieille perdrix, ou un vieux coq, ou quelque autre vieille volaille, & deux ou trois oignons blancs, piqués de cloux de girofle. Il boira du meilleur vin rouge, trempé dans moitié ou deux tiers d'eau de forge, ou d'eau ferrée. Il mangera à son dessert, & à son goûter, des coings confits ; ou du cotignac ; ou de la conserve de roses de Provins liquide, ou de celle de gratecus ; ou de la gelée de corne de cerf. Il soupera légérement avec un potage. Dix jours après avoir commencé l'usage de ce lait, il se purgera avec la médecine ordonnée ci-dessus : & si le flux de ventre continue toujours, il prendra une ou deux fois de l'ipecacuanha, en laissant deux ou trois jours d'intervalle entre les deux prises ; & il recommencera l'usage du lait dès le lendemain, ou le surlendemain de la purgation, suivant la disposition où il se trouvera alors.

Si le malade se trouve foible, en prenant ce lait, il soupera avec un potage de lait de chevre légérement mitonné. Dans le cas où le lait se caillera dans son estomac, il faudra faire bouillir dans chaque prise deux gros de raclure de corne de cerf, avec une pincée de muscade rapée: le tout ayant jetté une douzaine de bouillons, on passera le lait, & on y ajoûtera du sucre rosat, comme nous l'avons marqué plus haut, & trois ou quatre cuillerées de seconde eau de chaux, pour dessécher les ulceres des intestins.

Toutes les fois que le malade aura besoin de lavemens, on délayera deux jaunes d'œufs dans une chopine de lait de vache; ou dans une décoction de feuilles de pervenche, de roses de Provins, de chou rouge, & de plantain, dans laquelle on ajoûtera une once de cérat de Galien. Au lieu d'eau commune, on employera l'eau de forge, ou l'eau ferrée.

Si le malade est tourmenté par des selles trop fréquentes, ou par des douleurs d'entrailles, il prendra tous les soirs deux heures après son souper, demi-gros de diascordium, dans du pain à chanter; & boira, immédiatement après, un verre de *Tisane faite avec le Cachou.* Il pourra user de cette même tisane, en cas qu'il ne puisse pas s'accommoder de l'eau de forge, ni de l'eau ferrée. En voici la composition. Faites bouillir, dans trois chopines d'eau, environ un gros de cachou, réduit en poudre, & deux gros de raclure de corne de cerf, avec du chiendent & de la reglisse à proportion.

Lait Clair; ou *Petit Lait.*

Le petit lait a diverses propriétés. On le met en usage pour plusieurs maladies; & on l'emploie en différentes manieres. Quelquefois on le substitue à l'eau commune pour faire des décoctions pour des lavemens, afin de tempérer l'ardeur & la sécheresse des entrailles. Il est déterſif, laxatif, bon pour calmer les chaleurs des hypocondriaques & des scorbutiques; très-utile pour les inflammations, les contusions & les meurtrissures. Il tempere la chaleur des humeurs bilieuses & mélancoliques; les divise, & les dispose à être évacuées. Il est propre aux opilations de la rate, des reins, & des intestins; la chaleur de foie; la jaunisse; gratelle, dartres, toutes affections cutanées, & tout ce qui procéde d'une intempérie chaude. Dans la gravelle, les autres maux de reins, la gonorrhée, il appaise les douleurs; étant injecté, ou pris par la bouche. Mais il y a un art pour l'administrer & préparer: celui qui est fait avec la présure, le caille-lait, ou les fleurs d'artichaut; est meilleur pour les personnes sujettes aux aigreurs, que ne l'est celui qu'on a préparé avec le jus de citron, l'ozeille, ou la crême de tartre (selon M. Malouin, *Chym. Med.* T. I. p. 105). » Le petit lait » clarifié, dit encore ce Médecin, convient mieux » que celui qui ne l'est pas, à ceux dans lesquels on » craint la fievre, & dans qui le lait a naturellement » beaucoup de peine à passer; surtout lorsqu'il s'agit » principalement de redonner de la sérosité aux li» queurs échauffées & appauvries. Le petit lait qui » n'a point été clarifié, contient encore de la par» tie butyreuse; qui le rend plus balsamique, plus » adoucissant, & plus restaurant: ce petit lait non » clarifié tient beaucoup de la nature du lait d'â» nesse. «

Nombre de Praticiens disent que c'est ce petit lait qui convient aux personnes que la sécheresse consume, & à qui elle cause des insomnies & des inquiétudes cruelles: il suffit seulement qu'il soit doux, frais, & passé dans une serviette en quatre doubles; ou bien il faut le laisser découler de dessus un clayon, après que le lait est caillé. Comme il y a plusieurs personnes dont l'estomac ne supporte pas aisément la fraîcheur, on doit y faire fondre un peu de sucre; & après l'avoir pris, il vaut mieux faire quelque léger exercice que de s'endormir.

Maniere de faire le Petit Lait.

1. Faites bouillir le lait avec la plante nommée Caille-lait; *ou* avec de l'ozeille; du citron; des pommes de renette coupées par rouelles; *ou* la crême de tartre, réduite en poudre bien fine.

2. Voyez ARTICHAUT, *p.* 196.

3. Une pratique assez commune est de délayer, gros comme une feve blanche, de présure dans une pinte de lait de vache; puis mettre le pot dans l'eau bouillante, & l'y laisser environ un quart d'heure, ou une demi-heure: le lait étant refroidi, on le passe sans expression.

Comme il y reste toujours des parties caséuses, on est dans l'usage de *le Clarifier*, en le mettant sur le feu avec un ou deux blancs d'œufs: avant qu'il bouille, on y jette dix-huit ou vingt grains de crême de tartre; on remue ensuite avec une cuiller; puis on laisse bouillir à gros bouillons; & on le retire du feu à l'instant. On le passe quand il est refroidi.

Médicamenter le Petit Lait.

Prenez fumeterre fraîche, cochlearia, & cresson de fontaine; une poignée de chaque. Mettez le tout infuser dans une quantité suffisante de petit lait, pendant la nuit, dans un lieu tiede: coulez-le le matin; & donnez-en un verre à boire.

Lait Distillé.

Voyez Tome I. *p.* 821.

Le phlegme qui s'éleve dans la distillation du lait; & que nous avons dit (p. 378) n'être ni acide ni alkalin, mais avoir une odeur & un goût désagréables; est très-adoucissant: M. Senac l'a souvent vû produire un grand calme dans les poumons fatigués par la toux, échauffés ou déchirés par de fréquens crachemens de sang.

Pour avoir beaucoup de Créme du Lait.

Suspendez (dit-on) avec un fil, un limaçon rouge, au milieu du pot ou de la terrine où sera le lait: tout ce qui sera au-dessus du limaçon se changera en crême.

☞ [J'en ai fait l'épreuve avec des limaçons vivans, & de morts; dans du lait chaud, dans de froid, & dans d'autre tout récemment tiré: sans que vingt-quatre ou trente heures aient produit aucun effet sensible. Il est cependant vrai qu'en faisant bouillir du lait avec des limaçons, puis passant & exprimant bien le tout, on obtient une espece de crême épaisse & fort douce: qui est d'un grand secours dans la phthisie.]

LAIT *de Beurre.* Voyez BABEURRE.

Blanchir le Lait.

Voyez l'explication de ce terme, dans l'article *Fabrique des* FROMAGES *avec le petit Lait*, &c. p. 133.

Lait Caillé.

Voyez CAILLÉ. CRÊME *bonne & délicate.*

Œufs au LAIT. Consultez l'article ŒUF.

LAIT *d'Amandes.* Consultez l'article AMANDIER.

LAIT *de Soufre.* Voyez au mot SOUFRE.

LAIT *de Térébenthine.* Consultez l'article DIURÉTIQUE.

LAIT *de Chaux.* C'est de la chaux délayée avec

de l'eau; dont on se sert pour blanchir les murs: & qu'on appelle aussi *Laitance*.

LAIT *Virginal*. Liqueur ainsi nommée parce qu'étant versée dans l'eau, elle la blanchit comme du lait. Les Dames s'en servent pour se décrasser & embellir la peau.

Le lait virginal se prépare 1°. avec du sel de saturne dissout dans du vinaigre distillé.

2. Il y en a qui versent simplement beaucoup d'eau commune sur une dissolution de saturne.

3. D'autres mettent fondre égales parties de benjoin & de storax en poudre, dans une suffisante quantité d'esprit de vin. Cet esprit devient rougeâtre, & d'une odeur très-suave. On y ajoûte quelquefois un peu de baume de la Meque. On verse quelques gouttes de cette préparation dans de l'eau commune bien claire; qui, étant agitée, devient laiteuse, & est utile pour les boutons du visage.

4. Pilez de la joubarbe dans un mortier de marbre: exprimez-en le suc; faites-le chauffer un peu, afin de mieux le clarifier. Passez-le: & lorsque vous voudrez en faire usage, versez-en un peu dans un verre; & mêlez-y quelques gouttes d'esprit de vin: vous aurez une espece de lait caillé, excellent (dit-on) pour embellir le visage, unir la peau, & en effacer les rougeurs.

Consultez l'article DISTILLATION *par le feu-ux*, p. 799.

LAIT: *terme de Botanique*. Liqueur blanche qui sort de certaines plantes quand on en coupe les tiges, branches, feuilles, racines, & fruits. Le Figuier, le Laitron, le Tithymale, *&c.* sont de ce genre. On donne le nom de *Plantes* LAITEUSES à toutes celles qui donnent ainsi du lait.

LAITANCE. *Voyez* LAIT *de Chaux*.

LAITERIE. C'est, dans une maison de campagne, un lieu à rez-de-chaussée; où l'on serre le lait, & tout ce qui sert au laitage; & où l'on fait le fromage & le beurre. Il y a des laiteries en maniere de sallon, décorées d'architecture, avec quelques fontaines & bouillons d'eau; pour y faire collation à la fraîcheur: comme la Laiterie de Chantilly. En Latin une laiterie se nomme *Cella Lactaria*.

LAITERON, *ou* LAITRON: en Latin *Sonchus*: & *Sow-Thistle*, en Anglois.

Ce genre de plantes a beaucoup de rapport avec celui de l'*Herbe de l'Epervier*. On peut l'en distinguer 1°. par son suc laiteux qui répand sur les doigts une viscosité bien sensible; 2°. par son calyce pyramidal, très-renflé à sa base, & dont les écailles se renversent quand les pétales & semences l'ont abandonné.

Voyez encore les *Observations* de M. Guettard *sur les Plantes*, T. II. particuliérement *pages* 379 & 384.

Especes.

1. *Sonchus asper laciniatus, folio Dentis Leonis*. C. B. Cette plante se trouve dans des lieux incultes. Ses feuilles sont profondément découpées; & un peu épineuses. C'est une des *Herbes du Charpentier*.

2. *Sonchus asper laciniatus Creticus*. C. B. Ses feuilles sont assez larges; & légérement épineuses, ainsi que les calyces.

Il y a une espece ou variété dont les têtes ou calyces sont sans épines.

3. *Sonchus asper Laciniatus*. C. B. Le *Laitron Apre*; ou *Laitron Epineux*. Ses feuilles sont découpées à-peu-près comme celles de la chicorée, rudes, & très-épineuses quand la plante est sur son déclin. Sa tige est anguleuse, haute d'environ deux pieds, tendre, quelquefois rougeâtre. Les fleurs sont jaunes, & sont en état vers les mois de Juin & Juillet. Cette plante vient dans des lieux incultes, & sur le bord des chemins.

4. *Sonchus lævis angustifolius*. C. B. On l'appelle en François *Terrecrêpe*; de même que J. B. lui a donné le nom Latin de *Terracrepola*. C'est le *Coüesto Counillero* des Provençaux. On trouve aussi cette plante en Languedoc. Ses feuilles sont douces au toucher.

5. *Sonchus asper non laciniatus, Dipsaci aut Lactucæ folio*. C. B. Cette espece, commune à la campagne, & qui se multiplie beaucoup sans culture dans nos jardins; a les feuilles assez entieres, & armées de dentelures fort épineuses.

6. *Sonchus lævis laciniatus latifolius*. C. B. Le *Laitron doux*. Les feuilles de celui-ci sont larges, mollettes, profondément découpées en forme d'ailes; & dépourvues d'épines. Il est commun dans les jardins, les vignes, & lieux incultes. Il fleurit en Juin & Juillet.

7. *Sonchus repens, multis Hieracium majus*, J. B. *Hieracium majus, folio Sonchi; Hieracium Sonchites*. On le trouve dans les champs, les vignes; & dans les jardins, où il est très-incommode. On en voit souvent dans les terres à bled qui sont un peu humides.

Le calyce de la fleur est très-velu, & semble doré lorsqu'on le regarde au soleil.

Usages.

La 1re espece est au nombre des plantes Vulnéraires adoucissantes.

On fait avaler le suc des *nn.* 3 & 6 pour calmer les vives douleurs d'estomac. On dit qu'il fait venir beaucoup de lait aux femmes. On en prend dans du vin, pour les chaleurs & dévoyemens d'estomac. Les feuilles mâchées corrigent quelquefois la mauvaise haleine. Il y a des gens qui en conseillent le lait pour l'asthme, & la strangurie.

Le *n.* 7 est d'usage; comme pectoral, & diurétique.

Les jeunes pousses du *n.* 4, quoiqu'un peu ameres, ont un goût assez agréable; & se mangent en salade.

LAITUE en Latin *Lactuca*: & *Lettuce*, en Anglois. Plante Chicoracée, dont toutes les parties rendent beaucoup de suc laiteux sujet à jaunir & devenir amer peu-à-près sa sortie. Ses demi-fleurons sont hermaphrodites: leurs étamines, au nombre de cinq, semblent unies avec le style; qui est terminé par deux stigmates un peu velus, & courbes. Les semences sont rayées, longuettes, aiguës, menues, faites à-peu-près en coin, & aigrettées. Le calyce est allongé, & composé de plusieurs étages d'écailles.

Especes: ou Variétés.

1. *Lactuca Crispa*. C. B. La *Laitue Crêpe*: que l'on distingue en *Grosse Crêpe*, extrêmement douce & tendre, & dont la grosseur est presque double de la *Petite Crêpe*. Cette 2e, que l'on nomme encore *Petite Noire*, parce que sa graine est noire, forme une plante peu considérable: ses feuilles sont d'un verd jaunâtre, entassées en pomme, dentelées, & très-frisées.

Une troisieme Crêpe est appellée *Ronde*. Elle n'est presque pas frisée; & vient assez grosse. *Voyez* le *n.* 2.

Il y a encore des crêpes *Vertes*; & de *Blondes*.

C'est la graine des deux premieres, qui fournit principalement le plant des *Laitues à Couper*, qu'on nomme autrement *Capucines*.

2. La *Bagnolet*, que d'autres nomment *Petite*

Courte, *Printaniere*, ou la *Dégrebé*; ne differe pas sensiblement de celle que nous avons appellée *Crêpe Ronde*, dans le *n.* précédent. Elle est hâtive; & fait une pomme jaune & ferme. Elle a encore l'avantage de pommer sous cloche sans avoir besoin d'air; & d'être peu sujette à fondré. Sa feuille est blonde, lisse, peu frisée. Sa graine est blanche. C'est pourquoi on la nomme aussi *Crêpe Blanche*.

3. *Lactuca foliis Endiviæ*. C. B. Ses feuilles sont plates, larges, ressemblantes à celles d'Endive; & ne forment point de tête ou pomme.

4. *Lactuca sylvestris Italica, costâ spinosâ, sanguineis maculis aspersa* Parad. Bat. La Laitue *Ensanglantée* sauvage. Elle forme une tige haute & épineuse. Ses feuilles sont très-larges; & tachées de rouge.

5. *Lactuca Capitata*. C. B. La Laitue *Cabusse*, ou *Pommée*. Sa feuille s'arrondit & tend d'elle-même à faire la pomme. Ce nom est devenu générique. Les *nn.* 1 & 2 pomment. Les Jardiniers réunissent encore à cette espece celles qu'ils appellent la *George*; l'*Aubervilliers*; la *Grosse Blonde*; la Laitue *à plusieurs têtes sur un même pied*; la *Dauphine*; la *Perpignane*; la *Bapaume*; la *Batavia*; la *Brune*, ou Laitue *de Hollande*; la *Sanguine*; la *Coquille*; la *Passion*, ou *Jérusalem*; la *Genes*; les *Jeune* & *grosse Rouges*; l'*Italie*; la *Royale*; la *Paresseuse*; la *Versailles*; la *Cocasse*; la *grosse Allemande*; la *Pomme de Berlin*; la *longue Vissée*; &c; &c. La laitue à coquille a la feuille bien arrondie, & très-disposée à se former en coquille. La laitue de la Passion, ou de Jérusalem, a beaucoup de rapport avec celle à coquille: sa feuille est bossélée, verte, tirant sur le rouge, mais dure & amere.

6. *Lactuca Romana, longa*, C. B. La *Laitue Romaine*; le *Chicon*. Sa feuille est allongée, presque lisse, dentelée comme en scie. Cette plante semble varier un peu moins que la laitue Pommée. On ne laisse pas de distinguer une quinzaine de chicons différens qui se réunissent en un corps très-allongé, plus ou moins serré & marqué d'angles par la saillie extérieure du nerf longitudinal de chaque feuille. La plûpart de ces variétés donnent des graines noires: d'autres les ont blanches, ou jaunes. Celles que l'on cultive le plus sont la *Romaine Hâtive*; le *Chicon Verd*; le *Gris*, le *Blond*, le *Rouge*, le *Panaché*; l'*Alfange* ou *Alphange*. Il y a une *Romaine frisée*, qui fait une tête à-peu-près comme la chicorée.

7. *Lactuca sylvestris costâ spinosâ*. C. B. La *Scariole sauvage*: dont la tige est épineuse; & la feuille quelquefois bizarrement laciniée, & très-épineuse en dessous. Cette plante a une odeur approchante de celle du pavot. Consultez M. Tournefort *Herborisation II.* & les *Observations* de M. Guettard *sur les Plantes*, T. II. p. 374-5. On en trouve beaucoup dans nos campagnes.

8. Une autre Laitue fort commune à la campagne, est celle que M. Tournefort nomme *Lactuca perennis humilior, flore cæruleo*. M. Tournefort, *Herb. VI.* dit l'avoir trouvée tantôt à fleur bleue, tantôt à fleur blanche. Ses feuilles sont étroites, & dentelées à-peu-près comme celles de Dent-de-Lion. Le haut de la plante se charge d'une matiere résineuse. *Voyez* les *Observ.* de M. Guettard, p. 374.

9. L'*Impériale*, ou Laitue *à feuille de Chêne*, ne pomme point.

Il y a encore des laitues qui ne forment aucune espece de tête, & qui ne méritent pas d'être cultivées. Nombre de Jardiniers les appellent *Langue de chat*. Leurs feuilles sont plates, & terminées en pointe.

Propriétés : & Usages.

Les Laitues Romaines ont généralement leurs feuilles intérieures plus tendres & plus blanches que les extérieures. Ces especes sont peu sujettes à une pointe d'amertume qu'on trouve assez communément dans les feuilles de Laitue Crêpe & de Laitue Pommée. Mais leurs tiges sont plus ameres que celles de ces deux autres especes.

On mange crues, en salade, les laitues cultivées. On les fait aussi cuire dans les potages. Etant cuites à l'eau, on les sert encore avec une sausse blanche. Il n'y a gueres que les premieres feuilles qu'on mange du *n.* 3. Le cresson de fontaine & la berle font très-bien dans la *Salade* de laitue. Voyez l'article SALADE.

Pour garnir de laitues pommées toutes sortes de potages, on les choisit bien blanches; on les lave; puis on les fait mitonner dans un pot avec de bon bouillon soit gras soit maigre. Etant cuites, on les fend par la moitié, ou en quatre; & l'on en garnit les potages.

Les laitues sont rafraîchissantes & humectantes.

Mizauld prétend qu'elles tiennent beaucoup des qualités de la cigue: je ne sçai sur quel fondement. Certains Auteurs ont dit que ces plantes étoient convenables aux hydropiques: ce qui ne peut être relatif qu'à un petit nombre de circonstances. Il est sûr que les laitues contribuent à relâcher le ventre. Leur trop grand usage peut être nuisible à la vûe. La graine, prise en émulsion, modére l'ardeur d'urine; & est diurétique: on y emploie principalement celle de Laitue Romaine. On en défend l'usage aux phlegmatiques, & à ceux qui crachent le sang, ou qui ont de la disposition à le cracher. La laitue incommode les estomacs foibles: pour lesquels il ne faut point laver; où ils doivent la manger cuite. Cette plante peut augmenter le lait des nourrices. On observe particuliérement que les Laitues Crêpes font venir le lait aux femmes, & à tous les animaux domestiques.

Le suc de laitue, tiré par expression, est regardé comme antiscorbutique. Mêlé avec de l'huile rosat, il appaise la douleur de tête, & fait dormir les fébricitans; dont on en frotte le front & les tempes. On s'en sert en gargarisme, mêlé avec du jus de grenade; pour les inflammations de gosier. La semence, macérée dans de l'eau où on a éteint de l'acier, avec bien peu d'yvoire pulvérisée, est (dit-on) souveraine contre les fleurs blanches des femmes. Les feuilles de laitue, cuites, & mangées en *salade* à la fin du souper, font dormir. Levinus Lemnius dit que, de son tems, on en mangeoit au commencement du repas: usage que l'on soupçonne avoir été introduit, dans la vue d'exciter l'appétit. On tire, par la distillation, une eau des feuilles de laitue: laquelle sert de base aux juleps rafraîchissans, & aux somniferes. On donne sa semence à la dose de deux ou trois gros, pour le même effet. On ordonne encore la laitue dans les bouillons & lavemens rafraîchissans, pour les fievres ardentes, & autres maladies qui menacent d'inflammation interne. On fait un frontal, utile dans la migraine; avec la laitue, seule, ou fricassée dans du vinaigre, où l'on ajoûte du pourpier, du cerfeuil, & de la pimprenelle. On applique aussi sur le front, pour le même mal, un linge imbibé dans l'eau de laitue; où l'on a mêlé un douzieme de sel prunelle, ou de nitre purifié: cette eau ainsi préparée est préférable au suc de laitue, mêlé avec l'huile rosat. La laitue entre dans les bouillons que l'on donne comme le plus prompt remede, dans les cas d'apoplexie causée par l'excès du vin ou d'autres liqueurs fortes. On en met aussi les feuilles dans les apozemes cordiaux & apéritifs.

Le suc du *n.* 7 est détersif, purgatif, fait dormir comme le pavot; & est bon aux hydropiques. L'eau distillée des feuilles éteint la soif, dans les fievres ardentes. On se servoit autrefois de cette eau à la place de l'eau d'endive. Son suc entre dans le sirop de chicorée composé.

Culture.

Plus la terre où on met les laitues est fine, mieux elles réussissent.

Elles ne se multiplient que de graine.

On peut néanmoins jouir, en toute sorte de terre, & successivement dans toutes les saisons, de la plûpart des laitues pommées. Pour ce qui est des Chicons; on n'en jouit proprement qu'en été. Lorsque l'hiver n'est pas fort rude, ceux qui sont à un bon abri peuvent y subsister; & être bons à manger de bonne heure au printems.

La Crêpe blonde ne profite point, & fond, dans la terre forte.

Au mois de Novembre, on repique sur des couches neuves, les laitues semées en Octobre; & on y en replante qui avoient été semées en Août & en Septembre: celles-ci pomment en Décembre, ou au commencement de Janvier. Ces mêmes couches servent encore, en Novembre, à semer de la laitue soit pour couper soit pour faire du plant.

On en seme & plante pareillement, aux mois de Décembre & Janvier; pour en avoir une succession.

En Février, on replante en place, sur couche, des laitues pour pommer; & on en repique d'autres. On peut encore semer alors des laitues à coquille, des crêpes (vertes & blondes), de la Royale, de la rouge. On plante en Mars, sur couche, des laitues de grosse crêpe qui pommeront sous cloche; & des chicons, de toute espece. On repique aussi sur couche différentes especes de laitues; qu'on replante ensuite en terre. On seme encore en Mars, & durant une partie d'Avril, des crêpes blondes.

Tant qu'il fait froid, on a soin de garantir ce qui est sur couche; & de faire des réchauffemens à propos.

Les laitues à coquille, & de Jérusalem; aussi nommées *Laitues d'hiver*, parce qu'elles passent tout l'hiver dans la place où on les a replantées aux mois de Septembre, Octobre, & Novembre; montent en graine, au mois de Juillet: ce que font pareillement les laitues qui ont été semées au printems en pleine terre.

On seme de la laitue à coquille, en pleine terre, à une bonne exposition, depuis la mi-Août jusqu'en Septembre; pour en avoir de pommée, à la fin de l'automne.

Comme la laitue de la Passion résiste très-bien au froid, elle convient dans les pays Septentrionaux, & autres dont l'hiver est rigoureux.

On transplante en Mai la crêpe verte; pour la consommer en Juin.

Les Royales, Belle-gardes, Gênes, Capucines, Aubervilliers, & Perpignanes; fournissent des salades depuis la mi-Juin jusqu'à la fin de Juillet.

La *Royale* devient une des meilleures, pourvû qu'on l'arrose abondamment. Elle est d'une bonne grosseur, pomme bien, se soutient fort longtems, est assez douce & tendre; mais un peu sujette à huiler, à fondre, & à mûrir difficilement sa graine quand l'année est humide. C'est pourquoi on doit avancer sur couche ce que l'on en destine pour graine. La *Belle-garde* n'en differe que parce qu'elle est plus crêpée. L'une & l'autre sont bonnes à replanter vers la mi-Septembre, pour fournir le reste de l'automne, avec la laitue de Gênes. La Royale & la Perpignane, replantées en Août, sont encore bonnes pour la fin de l'automne & pour l'hiver.

La Gênes verte se mange en Juillet, & pendant tout le mois d'Août. Les laitues de Gênes, tant vertes, que rouges, & blondes, sont les dernieres laitues de l'été. Il faut en replanter beaucoup dès le commencement de Mai; pour en avoir vers la S. Jean, & tout le reste de la saison. C'est l'espece de laitues qui résiste le mieux aux grandes chaleurs, & qui monte le plus difficilement. Ainsi on ne peut en avoir la graine, que lorsqu'on en a semé sur couche sous cloche, dès la fin de Février, pour qu'elles soient en état d'être replantées à la fin d'Avril.

Il ne faut pas manquer d'en semer un peu tous les quinze jours: afin d'en avoir toujours de bonne à replanter, jusqu'à la mi-Septembre. On en seme durant tout le printems, & encore au mois de Juin.

Pour faire lever promptement la Laitue: on fait tremper dans l'eau un sachet de graine environ quatre heures; après quoi on la retire & on la pend au coin d'une cheminée, ou au moins en quelque endroit où la gelée ne puisse pas pénétrer. Cette graine ainsi mouillée s'égoutte & s'échauffe, de maniere qu'elle vient à germer: pour lors, après avoir fait sur la couche, des rayons d'environ deux pouces de profondeur & de largeur, on seme cette graine si épaisse qu'elle couvre tout le fond du rayon. Il en faut un boisseau pour occuper une couche de quatorze toises de long, sur quatre pieds de large. Enfin on la couvre d'un peu de terreau, qu'on y jette à la main fort légérement. Chaque coup de main, fait adroitement, doit couvrir un rayon autant qu'il faut. Par dessus cela, on met ou des cloches, ou du pleyon; qui empêchent que les oiseaux ne mangent la graine, & que le froid ne l'altere. On ôte ce pleyon quand la graine commence, au bout de cinq ou six jours, à bien lever. Enfin, cette petite laitue, dix ou douze jours après, est d'ordinaire assez grande pour être coupée au couteau & mangée en salade: supposé que les glaces & les neiges, ou même la chaleur de la couche, ne soient pas excessives.

Voyez ADOS. AVANCER.

On seme, pendant toute l'année, les laitues à couper. En hiver surtout on en seme sur couche pour la primeur.

On ne seme gueres que la laitue de Gênes, quand une fois on est à la mi-Mai: attendu que les autres montent trop aisément.

Il faut avoir soin de béchoter la terre des laitues, lorsqu'elle a été battue par la pluie ou autrement. On sarcle aussi dès le mois d'Avril celles qui sont replantées.

On doit faire de tems en tems la guerre aux gros vers blancs qui détruisent les laitues pommées.

Pour faire pommer les laitues: on les replante à demi-pied, ou un peu plus près les unes des autres. Les planches des espaliers & contre-espaliers y conviennent, sans occuper aucune autre partie du jardin. Durant les grandes chaleurs elles ont de la peine à pommer, si ce n'est à force d'arrosemens; la saison les faisant, sans cela, monter en graine: surtout si la terre est maigre. On lie les laitues qui ne pomment pas comme elle le devroient.

Entre les laitues que l'on cultive, il est à propos d'en mettre en pure perte quelques rangées parmi celles d'artichaux; afin que les mulots s'y attachent, & épargnent les racines d'artichaux.

Pour celles qui ne pomment point, on les seme en place; & à mesure qu'elles croissent, on les éclaircit, afin de donner lieu à celles qui restent de profiter.

Les Royales & les Chicons veulent être replantés à un pied, ou plus éloignés, les uns des autres: & quand on voit que leurs plantes couvrent toute la terre; alors, par un beau tems, la rosée du matin étant essuyée, on les lie de deux ou trois liens par étages, avec de la paille longue; choisissant les plus fortes pour les lier les premieres, & ainsi donner de l'air aux plus foibles. Cela fait aussi qu'elles durent plus long-tems, les premieres étant blanches avant que les dernieres soient liées.

Quand on veut *les faire blanchir bien promptement*, on met un pot sur chaque plante; & du fumier bien chaud, par dessus.

Au mois de Mai, lorsqu'il y a des *laitues pommées qui ont de la peine à monter* en graine, on fait par en haut une entaille en croix, assez profonde; afin que le montant perce mieux.

La *graine de toutes les sortes de laitue est fort facile à recueillir;* à cause que les grandes chaleurs en font monter beaucoup plus que l'on ne voudroit, de celles qui auront été semées les premieres. On arrache les pieds, quand il y a plus de la moitié des fleurs de passée, & qu'une partie des calyces ou têtes paroît séche: puis on les adosse debout, le long des contrespaliers; où on les laisse mûrir & sécher pendant dix ou douze jours. Lorsque la graine est bien séche, on la froisse entre les mains; on la nettoye; & on serre chaque espece à part.

Il n'y a peut-être point de graine potagere qui se conserve aussi peu de tems que celle de laitue. On observe néanmoins que la seconde année elle vaut mieux que dans la premiere. Mais à la troisieme, elle ne vaut plus rien.

Pour Conserver les Laitues.

On les fait blanchir entieres à l'eau bouillante: salée: & on les en tire sur le champ, pour les mettre dans l'eau fraîche, où on les laisse bien refroidir. Après qu'elles sont égouttées, on les met dans un barril, que l'on emplit de saumure bien claire: & on les y arrange par lits & assaisonnées de sel, poivre en grain, & cloux de girofle.

Si l'on ne veut pas mettre de saumure, on peut couvrir chaque lit, de beurre fondu; & alors il faut ne foncer le barril, que quand le tout est bien froid.

L A M

LAMBEAUX: *terme de Chasse.* C'est la peau velue du bois de cerf; qu'il dépouille, & qu'on trouve au pied du freouer.

LAMBOURDE. Piece de bois de sciage; comme un chevron, ou même comme une solive: qu'on couche & scelle diagonalement sur un plancher pour y attacher du parquet; ou quarrément pour y clouer des ais.

LAMBRIS. On nomme ainsi 1°. un enduit de plâtre au sas, sur des lattes jointives clouées sur les bois des cloisons & platfonds.

LAMBRIS *de Menuiserie.* C'est un assemblage par panneaux montans, ou pilastres, de menuiserie; dont on couvre en tout ou en partie, les murs d'une piece d'appartement. On nomme *Lambris d'Appui*, celui qui n'a que deux à trois pieds de hauteur dans le pourtour d'une piece, & dans les embrasures des croisées: *Lambris de demi-revêtement*, celui qui ne passe pas la hauteur de l'Attique d'une cheminée; & au-dessus duquel on met de la tapisserie d'étoffe. Le *Lambris de revêtement* est celui qui regne depuis le bas du mur jusques en haut.

LAMBRIS *de Marbre.* C'est un revêtement, par compartimens, de diverses sortes de marbres; qui est ou arasé, comme aux embrasures des croisées cintrées du Château de Versailles; ou avec des saillies, comme à l'escalier de la Reine dans le même Château. Il s'en fait de trois hauteurs, comme dans la menuiserie.

LAMBRIS *feint.* C'est tout lambris peint par compartimens de couleur de bois, ou de marbre.

LAMBRISSER. C'est mettre un enduit de plâtre au sas sur le lattis d'un pan de bois, d'un platfond, ou d'une cloison. C'est *aussi* revêtir un mur, d'un lambris de menuiserie, ou de marbre.

LAME DE PLOMB. *En Architecture;* c'est un morceau de plomb mince & battu, qu'on met entre les tambours d'une colonne, sous les bases & les chapiteaux de pierre ou de marbre, posés à sec sans mortier; pour les empêcher de s'éclater.

LAMON (*Bois de*). Voyez BOIS DE BRESIL, T. I. *p.* 347.

LAMPAS. Maladie du *Cheval.* Voyez T. I. *p.* 569.

LAMPE. Vaisseau qui sert à contenir de l'huile, pour la faire brûler par le moyen d'une meche. Les lampes ont plusieurs usages. Il y en a qui servent à éclairer dans les maisons; & d'autres, à entretenir de la lumiere dans les Eglises.

Entre les *Lampes*, dont l'invention est attribuée à *Cardan*, il y en a une fort commode pour ceux qui sont obligés d'avoir toujours une lumiere égale: elle se fournit de l'huile à elle-même. C'est un vaisseau cylindrique, de cuivre ou de verre, bien bouché par tout, dont le milieu est occupé par un petit gouleau, où se met la meche. On emplit d'huile le cylindre: & comme il n'y a qu'un fort petit trou à sa base, tout près de la meche; l'huile ne peut sortir qu'à mesure qu'elle se consume.

On va donner la description d'une *Lampe dont on se sert assez ordinairement dans les Eglises.* Elle est d'une grande épargne. On n'emploie que de l'huile de noix; dont une livre peut durer, en éclairant jour & nuit, pendant une semaine. Pour cet effet on a besoin d'une *Bougie.*

La meche de ces petites bougies est faite du plus beau cotton. Après avoir laissé tremper le cotton dans de l'eau-de-vie, pendant environ deux heures, on le laisse sécher; puis on forme la meche avec cinq ou six fils, selon la grosseur du cotton. On emploie la plus belle cire, pour la couvrir. Il y a des gens qui, ayant fait fondre la cire, y mettent, sur une demi-livre, environ une once de soufre; pour lui donner une couleur plus ou moins jaune. D'autres se servent de *terra merita*, pour le jaune foncé; & de gomme gutte, pour le citron. Consultez l'*Art du Cirier*, publié par M. Duhamel, p. 83-9 & 91. Cette meche, à raison de sa grande finesse, est sujette à se rompre: mais il n'en résulte aucun inconvénient; parce que l'on n'emploie ordinairement cette sorte de bougie, que coupée par bouts assez courts.

M. Duhamel a bien circonstancié tout ce qui concerne la maniere de la fabriquer. Nous donnerons ici simplement un précis de ce qu'il en dit dans son *Art du Cirier*, p. 79 & suivantes; où l'on fera bien d'avoir recours. Il est aussi à propos de consulter notre article CIRE; où nous parlons de la fabrique des *Bougies* de Table.

Pour la *Bougie filée*, dont celle des lampes est une espece, on charge la meche sur un tambour cylindrique; ou bien on la devide en gros peloton. Puis, la cire étant en fusion dans une poële, on y trempe l'extrémité de la meche; & on l'appointit entre deux doigts, pour la passer d'abord par un crochet placé au fond intérieur de la poële, ensuite dans un trou de filiere un peu plus gros que cette meche. Après quoi on l'attache à un autre tambour, qui est vuide. Au moyen d'une manivelle qui le fait tourner, toute la meche plonge successivement dans la cire, puis traversant la filiere se décharge de ce qu'elle en a pris de trop, & se devide sur le tambour ou *tour.* Quand on est ainsi parvenu à l'autre bout de la meche; on le passe, du crochet, dans un plus grand trou de filiere; & l'ayant attaché sur le *tour* qui vient d'être vuidé, on l'y roule comme on avoit fait sur le premier. En continuant ainsi alternativement de charger & décharger les deux tours, & prenant à chaque fois un plus grand trou de filiere, la bougie acquiert la grosseur que l'on juge à propos de lui donner. Lorsqu'elle est suffisamment grosse, on la passe une seconde fois dans le même trou de filiere qui l'a réduite à ce point. A mesure qu'elle y passe, l'ouvrier la reçoit dans une serviette mouillée; & un autre ouvrier arrose de tems à autre cette serviette, afin que l'eau rafraîchissant la cire, la bougie ne s'écorche point en se devidant sur le tour. Cette bougie ayant ensuite resté quelque tems dans une étuve, on la coupe de telle longueur qu'on souhaite. Ces bougies sont de meilleur usage, quand il y a longtems qu'elles sont faites, que lorsqu'elles sont nouvelles.

A A A A, est le grand verre de la lampe.

B est le *Porte-meche;* fait en façon de gland de chêne, plat par en haut, & percé de l'épaisseur d'un quart de pouce pour y mettre la meche en bougie, décrite ci-dessus.

D D est un fil d'archal, qui traversant le porte-meche de part en part, sert à élever ou baisser ce porte-meche, selon que la meche s'use, ou qu'il y a plus ou moins d'huile. Mais ce fil d'archal doit avoir été passé par le feu, pour le rendre plus doux à ouvrir ou fermer. On peut lui substituer deux lames de fer blanc.

E E E est l'huile: qui doit être toujours de la plus vieille, & la moins épaisse; laquelle étant bien ménagée dans cette lampe, il ne s'en usera qu'une livre par semaine, quoiqu'elle brûle nuit & jour.

[*Nota*. Pour épargner l'huile, il faut avoir un

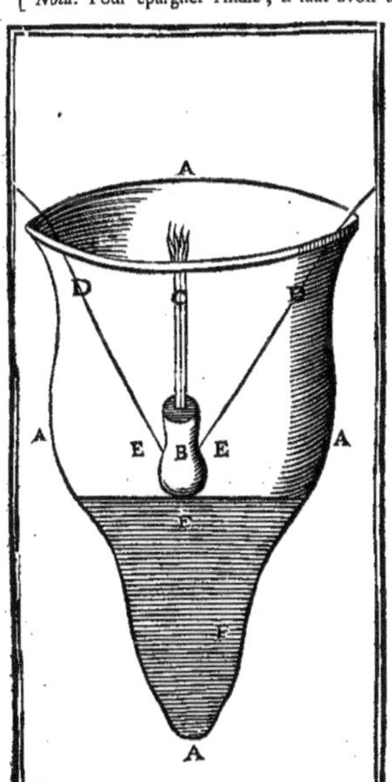

grand verre de lampe; parce que, plus il y a d'huile, moins elle s'échauffe, & moins il s'en consomme.]

F F est de l'eau qu'on met au fond du verre, afin de tenir l'huile fraîche, empêcher qu'elle ne s'échauffe, & par ce moyen faire qu'elle fournisse plus longtems. Plus il y a d'eau, moins il y a de chaleur; & par conséquent une moindre consommation d'huile.

Autre maniere d'épargner l'huile d'une Lampe.

Quand on veut avoir de la lumiere pendant une nuit, on prend un petit papier de la grandeur d'une piece de douze ou vingt-quatre sols; dont on tord une partie avec les doigts, ensorte qu'elle soit pointue le plus qu'on pourra, l'autre partie du papier ne sera point tordue, mais restera applatie. On la met dessus une assiette, de telle maniere que la partie la plus pointue serve de meche à l'autre. On coupe proprement l'applatie à la largeur d'un ongle; & on trempe la partie pointue dans un peu de l'huile qu'on aura mise sur l'assiette, ou dans une petite tasse, ou quelqu'autre vase plat: on l'y pose debout, la partie plate formant comme un pied pour la soutenir; & on allume l'extrêmité qui est au-dessus de l'huile. Il faut que l'huile soit vieille: elle dure plus longtems que la nouvelle. Cette lampe n'use pas pour trois deniers d'huile chaque jour.

Lampe qui ne consomme qu'une cuillerée d'huile en six heures de tems.

Prenez un morceau de papier, large d'environ trois quarts de pouces en quarré. Roulez-le: & en découpez une des extrêmités, comme les cartes que l'on met dans les chandeliers; afin que ses découpures étant écartées servent de base. Placez ainsi debout ce papier dans l'huile: il forme la meche.

Pour empêcher que l'huile ne gele dans les grands hivers; il faut la faire bouillir avant de la mettre dans les lampes.

Feu de LAMPE: terme de Chymie. *Voyez* FEU, page 35.

LAMPROYE. Poisson de mer; cartilagineux; qui a le ventre blanchâtre, le dos noir, parsemé de taches bleues & blanches, la peau lisse, la chair molle & gluante; la bouche faite en embouchure de trompette; & plus bas, des trous comme une flûte. Au lieu d'arrêtes, on trouve seulement dans le corps, une espece de nerf qui regne le long du dos. Ce poisson passe dans les rivieres, au printems: & sa chair y devient plus délicate.

MANIERES D'APPRÊTER LA LAMPROYE.

Lamproye grillée.

Il faut d'abord la limonner, puis la couper par tronçons comme l'anguille, & la faire mariner; ensuite la faire rôtir sur le gril; & la servir avec une sausse comme l'anguille grillée.

Lamproye en ragoût.

Il faut la saigner, & en garder le sang; ensuite la limonner dans l'eau chaude, la couper par tronçons; la faire cuire dans du beurre roux; & l'assaisonner de vin blanc, sel, poivre, muscade, une feuille de laurier, un bouquet d'herbes fines, & un peu de farine. Etant cuite, on y mêle le sang, avec un jus de citron; & l'on sert chaudement.

Lamproye frite. On l'apprête comme l'ANGUILLE *frite*.

La LAMPROYE *d'eau douce;* qu'on appelle en quelques endroits le *Septœil;* est plus petite. On la mange, apprêtée comme celle de mer.

LAMPSANE: en Latin LAMPSANA, ou

Lapsana : & *Nipple-wort*, en Anglois. Plante chicoracée, dont les semences sont longuettes, & marquées de trois angles.

Les lampsanes ont un suc laiteux & amer.

L'espece commune parmi nous vient dans les campagnes, sur les chemins, le long des haies, *&c;* où elle se multiplie abondamment par ses semences. On la connoît sous le nom Latin de *Lampsana Dodonæi.* Elle est annuelle. Ses feuilles sont ailées, à-peu-près comme celles du laitron *n.* 6 ; mais très-velues, & d'un médiocre volume.

Il y a des gens qui en mangent les feuilles.

Cette plante est recommandée pour les dartres farineuses : il faut les bassiner souvent avec son suc.

LAN

LANCE-A-FEU. Voyez ce mot, dans l'article ARTIFICE.

LANCER *le Cerf:* terme de Chasse. C'est le faire partir de la reposée, comme les autres bêtes fauves. *Consultez* l'article VENEUR.

LANCER *un Loup.* C'est le faire partir du liteau.

LANCER *un Lievre.* C'est le faire sortir du gîte.

LANCER *une bête noire.* C'est la faire partir de la bauge.

LANCETTE : *Plante.* Voyez LONCHITE.

LANDE. On nomme ainsi des terres étendues qui ne produisent que du jonc marin, du buis, de la fougere, du genêt, des ronces, de la bruyere, quelques genevriers, de l'épine noire, & d'autres broussailles. *Voyez* 2. BRUYERE. BOCAGE.

2. LANDE est aussi le nom qu'on donne particuliérement au Jonc Marin, dans quelques Provinces. *Voyez* JONC-MARIN.

LANGUE. Partie assez connue, située dans la bouche ; qui sert à former la parole, à conduire les alimens dans l'œsophage ; & est le principal organe du goût. Elle est sujette à quelques incommodités.

Voyez *Langue Malade*, entre les maladies du BŒUF.

Langue Enflée.

La langue sort à ceux qui ont cette incommodité, ainsi qu'à un chien lorsqu'il a soif : à peine peuvent-ils manger, parce que l'œsophage en souffre. Cet accident vient, ou d'abondance de sang, ou d'une pituite aqueuse & subtile qui abreuve ses muscles. Si elle est occasionnée par le sang, on le connoît à sa couleur rouge. Si elle est pituiteuse, la langue est blanche, le visage pâle ; & la pituite distille à tout moment de la bouche. Il ne faut pas négliger cette incommodité : quoiqu'elle semble n'être pas d'une grande importance, elle peut causer d'autres accidens plus fâcheux. Pour celle que nous pouvons nommer sanguine, on tirera du sang du bras, & de dessous la langue : ou l'on appliquera des ventouses derriere le cou. Après cela on purgera avec la manne, ou les tablettes *de succo rosarum :* ou l'on fera user de gargarismes avec le sirop de limon ou ceux de grenade ou de groseilles, délayés dans de l'eau soit de pourpier soit de morelle : sinon l'on prendra seulement du jus de laitue, ou d'ozeille, avec un peu de miel ou de sucre.

Pour la pituiteuse, on fera prendre beaucoup de lavemens un peu forts : on purgera souvent, avec de la manne, ou des pilules d'agaric, ou du sirop de roses, ou avec les tablettes *de citro*, ou celles de diacarthami.

On guérit encore cette enflure avec l'esprit de vin camphré : *ou* bien avec des décoctions aromatiques, dont on gargarise la bouche. Par exemple, prenez de la sauge, de l'hysope, du romarin, de la lavande, *&c ;* de chacune, parties égales : faites bouillir le tout dans du vin rouge : passez-le & vous gargarisez la bouche avec cette liqueur.

Ulceres & Inflammations aux glandes de la Langue.

1. Jettez sur une chopine de décoction de figues vieilles ou nouvelles, une demi-once d'alun en poudre ; & gargarisez-en la langue.

2. Mêlez ensemble des sucs de menthe, & de citron ou de verjus ; pour gargariser.

3. Délayez deux gros d'aloës, avec deux onces de miel, dans un demi-septier de vin blanc, ou de décoction de pourpier ; & gargarisez-en la bouche.

Pour les Duretés des Glandes de dessous la Langue.

Prenez deux demi-septiers d'eau, deux onces de miel, & deux cuillerées de jus de moutarde : & faites-en un gargarisme.

Vessie sous la Langue.

Consultez ce mot, entre les *Maladies du* DINDE, RANULE.

Pour les Pustules à la Langue.

1. L'on boira du lait ; & l'on s'en gargarisera.

2. On fera une décoction de semence de coing ; dont on se lavera la bouche.

3. *Ces pustules* se bassinent avec de l'esprit de vin, dans lequel on met un peu de sel ammoniac.

Remarquez que si ces pustules sont dures, il les faudra ouvrir avec la lancette.

Les *Verrues de la Langue* se guérissent en les emportant avec un instrument tranchant : *ou* en les liant avec de la soie trempée dans de l'esprit de nitre ; il faut serrer de tems en tems la soie, pour emporter enfin la verrue.

Langue brûlante.

Voyez le mot *Fievre*, entre les maladies du CHEVAL.

Les *Crevasses* ou *Fentes de la Langue* se guérissent en les frottant avec du lard salé. *Ou* bien on bassine ces fentes avec un peu d'huile d'olives, & de vitriol ; que l'on mêle ensemble.

ON APPRÊTE en différentes manieres les *Langues des Animaux*, pour nous servir d'aliment.

Langues Parfumées : ou plutôt *Fumées.*

On prend des langues de porc, ou autres, lorsqu'elles sont toutes fraîches ; on les lave dans de l'eau tiede pour ôter tout le sang qui y est attaché, puis dans de l'eau fraîche ; après quoi on les essuie avec un linge bien blanc.

Cela fait, on les sale dans des pots de grais : & de crainte qu'elles ne s'éventent, à cause que celles qui sont dessus ne trempent pas dans la saumure comme celles de dessous, on les change de place de tems à autre : au moyen de quoi elles prennent également le sel par-tout ; pendant dix ou douze jours, qu'on les laisse en cet état. Au bout de ce tems on les retire, pour les mettre parfumer à la cheminée ; suspendues par le petit bout à une ficelle, & couvertes de papier à cause de la suie.

Ces langues demeurent ainsi pendant quelque-tems : & lorsqu'on juge que la fumée les a pénétrées, on les serre dans un endroit sec.

Maniere de cuire les Langues parfumées.

On les met dans de l'eau tiede ; où on les laisse jusqu'à ce qu'elles paroissent rassouplies & mollasses ;

mollasses : on les ratisse alors, & on les lave dans plusieurs eaux; jusqu'à ce que la derniere où ces langues auront été lavées soit presque claire.

Ensuite on prend un pot, dans lequel on les met avec de l'eau & des fines herbes; les assaisonnant de sel, poivre, & clous de girofle; pour les faire bouillir jusqu'à ce qu'on juge qu'elles soient cuites. Après quoi on les tire pour les essuyer & en ôter la peau; ce qui se fait plus facilement lorsqu'elles sont encore chaudes. Cette préparation contribue beaucoup à les rendre délicates: & pour leur donner plus de finesse & de goût, on les pique de dix ou douze clous de girofle.

Il faut remarquer que si l'on veut garder ces langues, on ne doit point leur ôter la peau. Lorsqu'on les a pelées, il faut les manger promtement; étant sujettes à durcir alors, & se dessécher.

Langue de Bœuf rôtie.

La langue de bœuf ayant cuit dans de bon bouillon, on en ôte la peau, puis on la pique de lard, pour la mettre rôtir à la broche. Il faut avoir soin de l'arroser avec un peu de beurre & de vinaigre, assaisonnés de sel & poivre. Etant cuite, on la coupe par tranches; & on la fait mitonner dans un ragoût de champignons, ris de veau, culs d'artichaux, morilles, & mousserons; le tout passé à la casserole, avec beurre, ou lard fondu; & assaisonné.

Autres manieres d'accommoder les Langues de Bœuf.

1. On les fait cuire dans de bonne eau avec un peu de sel, & des fines herbes. Cela fait, on en coupe le bout du côté de la gorge; puis on ôte la peau. Après cela on les larde de gros lardons en travers pour les mettre ensuite *sur la braise*; où on les fait cuire. En les dressant dans le plat, on les fend tout du long, afin que le lard paroisse; & avant de les servir, on y fait un coulis.

2. Après avoir ôté la gorge des langues, mettez-les *sur la braise* pour les peler proprement; puis lardez-les à gros lardons avec du jambon crud bien assaisonné. Vous les mettrez ensuite dans un pot, au fond duquel vous aurez mis des bardes de lard & des tranches de bœuf. Vous les assaisonnerez avec du sel, du poivre, des tranches d'oignons, & des fines herbes. Couvrez le tout avec des bardes de lard & des tranches de bœuf; & fermez bien le pot, pour l'enterrer dans la braise, en mettant du feu dessous & dessus. Vous l'y laisserez huit ou dix heures pour faire bien cuire le tout: après ce tems vous dresserez les langues à sec dans un plat; & verserez par-dessus un coulis de champignons, ou un ragoût fait de champignons, truffes, morilles, mousserons, & ris de veau. Puis vous servirez chaudement, avec un jus de citron ou d'orange.

Langues de Cochon Fourrées.

Otez-en la premiere peau, en les échaudant dans de l'eau qui ne soit pas trop chaude; puis essuyez-les avec un linge, & coupez un peu du gros bout. Prenez ensuite un pot: dans lequel vous mettrez un lit de sel, de poivre, & de fines herbes; puis un lit de langues en les pressant bien les unes contre les autres, & ainsi lit par lit; enfin vous boucherez bien le pot, où vous les laisserez six ou sept jours. Après ce tems vous les retirerez, & les laisserez égoutter de leur saumure.

(Les *Fines Herbes* dont il s'agit ici sont du genievre séché au four, deux feuilles de laurier, un peu de coriandre, du thim, du basilic, du persil, de la ciboule, &c. Le tout étant bien sec, on le pile dans un mortier, puis on le tamise. Ensuite on mêle bien cette poudre avec du sel & du salpêtre : & on arrange cet assaisonnement par lits avec les langues, que l'on sale l'une après l'autre avant de les arranger.) On peut couvrir le pot avec une ardoise, sur laquelle on mettra une grosse pierre.

Quand les langues seront bien égouttées, vous prendrez de la *robe* ou *chemise* (c'est-à-dire du boyau) de cochon; que vous couperez selon la longueur des langues: vous ferez entrer chaque langue dans sa robe; que vous ficelerez par les deux bouts. Cela fait, vous les suspendrez par le petit bout à une perche, dans une cheminée, & à telle distance les unes des autres qu'elles ne puissent se toucher. Elles doivent être bien exposées à la fumée; on les y laisse quinze ou vingt jours, jusqu'à ce qu'elles soient séches. Lorsqu'on veut les manger, on les fait cuire à la braise; *ou bien* dans du vin, avec un peu d'eau, du sel, & du poivre. On peut les garder près d'un an.

Langues de Cochon en Ragoût.

Prenez-les bien fraîches: passez-les à la poële avec du lard; puis les faites cuire dans un pot, avec du bouillon assaisonné de haut goût. Etant presque cuites, ajoûtez-y un peu de vin blanc, des truffes, un oignon pilé, & suffisamment de farine séche. Faites mitonner le tout dans le même bouillon, jusqu'à ce que les langues soient cuites : & servez.

Langues de Veau Farcies.

Faites un trou dans la langue, du côté de la gorge; avec un couteau bien mince : passez ensuite le doigt tout du long; & introduisez-y un peu de farce faite avec des ris de veau, des champignons, des truffes, du persil, & de la ciboule. Ficelez ces langues ainsi farcies, vers l'orifice : & mettez-les dans l'eau chaude pour les peler. Puis vous les ferez cuire à la braise; comme les langues de bœuf. Quand elles seront cuites, vous les dresserez; & les servirez chaudes, avec un ragoût par dessus, & garnies de fricandeaux.

On peut aussi *les Fourrer*, comme celles de cochon.

Langues de Mouton Rôties.

On les fait *griller* avec de la mie de pain & du sel: & pour sausse; on fait un peu bouillir ensemble du bouillon, des champignons, du sel, du poivre, de la farine frite, & de la muscade: & sur la fin, on ajoûte du verjus ou du citron.

Langues de Mouton à la Sausse Douce.

Il faut, non pas les faire griller, mais les bien blanchir de farine; puis les bien frire à la poële avec de bon beurre. Etant frites, on les arrange sur un plat; puis on y donne la sausse que voici : on prend du vinaigre, du sucre, un peu de sel, trois ou quatre clous de girofle, de la cannelle, & un peu de citron; qu'on fait bouillir ensemble : lorsque cette sausse est cuite, on y met un peu de poivre blanc, & un jus de citron; puis on sert.

On peut aussi *les Fourrer*, comme celles de cochon.

LANGUE : *terme de Botanique.* On nomme Langue, ou *Languette*; en Latin *Ligula*, ou *Lingula*; un appendice étroit, qui n'est adhérent que par une de ses extrémités. Tel est le bout des demi-fleurons. Il y a aussi une langue sur la feuille de quelques especes de Petit Houx. Voyez, ci-dessus, *p.* 293.

LANGUE (*Aloës*). Voyez ALOËS, *n.* 15.

LANGUE DE BŒUF : Plante. *Voyez* PIED DE VEAU. BUGLOSE. CHICORÉE, *n.* 13.

LANGUE DE CERF : Plante. *Voyez* SCOLOPENDRE.

LANGUE DE CHAT : Plante. Voyez *Grande* CENTAURÉE, *n.* 5.

LANGUE DE CHIEN : en Latin *Cynoglossum :* & *Hunds Tongue*, en Anglois. Plante Borraginée ; dont le fruit est composé de quatre capsules hérissées de pointes, & réunies par des membranes. Les semences sont applaties & à-peu-près en cœur.

L'espece qui est d'usage en Médecine (*Cynoglossum majus vulgare* C. B.) a les feuilles d'en bas mollettes, velues, ovales, allongées, pointues par les deux bouts, longues d'environ six pouces, sur à-peu-près trois de largeur à leur partie moyenne ; & portées par des queues aussi longues qu'elles. Celles de la tige sont longues & étroites. Au mois de Juin, cette tige porte quantité de fleurs bleues, ou purpurines. Les semences mûrissent en Juillet. On trouve cette plante dans les campagnes : elle aime une terre légere.

Propriétés.

La décoction de sa racine dans du vin, bue soir & matin, est utile pour la dysenterie, la gonorrhée, & les catarrhes. On fait des pilules de cynoglosse ; qui, étant prises deux heures après le souper, font dormir : il est vrai que l'opium, & la semence de jusquiame, qui entrent dans ces pilules, y contribuent peut-être beaucoup : mais il est certain que cette racine a la propriété d'adoucir le sang : la dose de ces pilules est depuis six grains jusqu'à dix. Elles sont encore bonnes pour calmer la toux. Cette racine prise en infusion, ou en décoction, est très-utile pour adoucir les humeurs âcres ; arrêter les pertes de sang, & les hémorrhagies ; & pour dessécher les ulceres internes, sur tout ceux des prostates, dans la gonorrhée virulente. Cette racine aussi bien que les feuilles, est vulnéraire, astringente, rafraîchissante, pectorale, émolliente ; d'un grand secours dans l'ardeur d'urine, la toux convulsive & opiniâtre, les cours de ventre. Elle amollit & guérit les tumeurs scrophuleuses ; étant appliquée en cataplasme. Pour la fievre tierce on l'applique sur le nombril, dans le tems du frisson. Le suc des feuilles, mêlé avec un peu de miel & de térébenthine, en consistance d'onguent, guérit les gersures & les tumeurs du fondement. Les racines, étant appliquées, font renaître le poil tombé par la maladie qu'on nomme pelade. Les feuilles, pilées, & appliquées sur la brûlure, le feu volage, les vieux ulceres, plaies, inflammations, endroits douloureux, fluxions, hémorrhoïdes, soulagent beaucoup. On fait un onguent pour les plaies ; avec leur jus, le miel rosat, & la térébenthine.

LANGUE DE SERPENT ; *Petite Serpentaire ; Herbe sans Couture :* en Latin *Ophioglossum :* & *Adders Tongue*, en Anglois.

On nomme ainsi une plante qui vient dans les fonds humides ; & ne dure que depuis le milieu de Mai, jusques vers la fin de Juin. Elle consiste en une seule feuille très-entiere, grasse, à-peu-près semblable à celle du plantain d'eau. Son pédicule se prolonge au dessus de la feuille, pour former une tige ; au haut de laquelle est un épi composé de deux rangs de petites fleurs appartenant à la classe des fougeres. Ce sont des languettes ; qui, s'ouvrant transversalement, laissent appercevoir des sillons, d'où jaillit une poussiere très-inflammable : c'est pourquoi on l'appelle *Soufre Végétal.* La racine de cette plante est capillacée.

Propriétés.

La Langue de serpent desséche sans beaucoup échauffer : elle est fort bonne pour consolider les blessures ; & pour les ruptures & descentes d'intestins, sur-tout celles des enfans. Les feuilles, appliquées fraîches sur les blessures, les guérissent fort vite. Toute la plante, cuite dans de gros vin, est bonne pour les yeux pleureux ; en les lavant souvent de cette décoction. On en fait de l'huile, comme on fait de l'huile rosat ; qui sert aux usages susdits : quelques-uns même la substituent à celle de Mille-pertuis. L'huile qu'on tire de la langue de serpent, par infusion, est très-bonne pour les violens maux de gorge : on en donne quelques cuillerées au malade ; & on en fomente extérieurement.

LANGUETTE. Voyez LANGUE : *terme de Botanique.*

LANGUEUR. Voyez ce mot, entre les *Maladies du* BŒUF. *Nourriture des Dindons*, dans l'article DINDE.

LANIER. Voyez dans l'article OISEAUX *de proye.* AIGLURES.

LANISSE (*Bourre*). Voyez BOURRE, *terme de Laineur.*

LANTERNE : *terme d'Architecture.*

1. C'est une espece de petit dome, placé au dessus d'un grand dome ou d'un comble ; à l'effet de donner du jour, & de servir d'amortissement.

2. On le dit d'une cage quarrée, de charpente, garnie de vitres, au dessus du comble d'un corridor de dortoir, ou d'une galerie entre deux rangs de boutiques.

LANTERNE *d'Escalier.* C'est une tourelle élevée sur une plate-forme ou terrasse ; pour couvrir la cage ronde de l'escalier par où l'on y monte : ce qui se pratique dans tous les pays chauds ; où les terrasses servent de couverture. Il s'en voit de pierre à l'entour de la plupart des domes, & particuliérement à celui de l'Eglise des Invalides à Paris, où il y en a huit ; dont les chapiteaux sont par assises de pierre dure à joints recouverts.

LANTERNE *d'Eglise.* Petite Tribune en forme de cage, faite de menuiserie, vitrée ou fermée de jalousies ; qui sert d'Oratoire dans une Eglise, pour y prier avec moins de distraction : comme dans la Chapelle de Versailles.

LANTERNE ; ou *Ecoute.* Petite Tribune fermée de jalousies, dans une chambre de Cour Souveraine ; où les Ambassadeurs & autres personnes de distinction assistent aux audiences sans être vûs. (En Latin, *Auditorium.*)

LANTERNE *de Moulin.* C'est un pignon à jour, en forme de lanterne ; qui est composé de deux tourtes, ou pieces de bois rondes, au bord desquelles sont des fuseaux, où s'engrennent & s'accrochent les dents de la roue intérieure du moulin qui fait tourner les meules.

L A P

LAPACÉÉ : *terme de Botanique ;* servant à désigner toute espece de plante dont la fleur a du rapport avec celle des *Lapathum.*

LAPATHUM. *Voyez* OZEILLE. PATIENCE.

LAPEREAU. *Voyez* LAPREAU.

LAPIN ; ou *Conil.* Quadrupede, que M. Brisson réunit dans le même genre que le *Lievre.* Notre lapin a effectivement, ainsi que le lievre, deux dents incisives à chaque mâchoire, & point de dents canines ; la queue fort courte, & très-velue ; de longues oreilles ; la levre supérieure fendue ; de grands yeux ; les jambes de derriere plus longues que celles de devant ; cinq doigts garnis d'ongles, aux pieds de devant, & quatre à ceux de derriere ; le dessous du pied velu ; enfin tout le corps couvert de poil doux & épais, communément varié de brun, de gris, & de roux. Le ventre de notre lapin est souvent blanc : & cet animal est plus petit que le lievre.

Le lapin qu'on nomme *Riche*, a tous les poils colorés d'un très-joli petit-gris. Ses yeux sont ordinairement d'un rouge de feu.

Le lapin commun se cache dans les bois ; où il creuse des terriers pour se retirer. Lorsqu'il est jeune, on lui donne le nom de *Lapreau*.

Les lapins entrent en amour dès qu'ils ont six mois : les femelles ainsi que les mâles. Les femelles portent pendant trente jours : & font, tous les mois, depuis deux jusqu'à six petits ; quelquefois bien davantage. Elles sont appellées *Hazes*.

On distingue deux sortes de lapins : les uns sont de *Garenne* ; & les autres de *Clapier*, ou *Domestiques*.

Les premiers semblent avoir en général le poil plus roux & moins épais, le corps plus agile, moins gros, & être d'un naturel plus éveillé & qui tient plus du sauvage. Leur chair est plus délicate, à cause de cet air de liberté qu'ils respirent ; & parce qu'ils ne sont pas suffoqués comme ceux de clapier. Car ceux-ci, à qui la nourriture profite davantage, attendu le peu d'exercice qu'ils prennent, ont le corps plus gros & plus gras, sont moins alertes, ont les yeux plus endormis & moins gais. Nonobstant tout cela, on se sert de lapins de clapier pour peupler les garennes : mais, par la suite du tems, ces animaux se dépouillant de ce naturel grossier, en reprennent un autre plus subtil, & deviennent vrais lapins de garenne.

Pour ne pas se tromper dans le choix des lapins : il faut savoir qu'on connoît un lapin de garenne, à ce que le poil qu'il a sous le pied, & dessous la queue, est sensiblement de couleur rousse. Il faut bien prendre garde que l'on n'ait point fait brûler un peu le poil pour le roussir : ce qu'on peut reconnoître facilement en le portant au nez, pour voir s'il ne sent le roussi ; ou en effaçant cette marque avec de l'eau. On peut le distinguer aussi par le goût, en le mangeant ; mais alors il est trop tard & inutile de s'en appercevoir.

Le lapin de la Louisiane ne se terre pas. Son poil est comme celui du lievre. Sa chair est blanche, sans fumet, cependant délicate ; & elle a le goût de celle de nos lapins. Cet animal est très-commun dans toute la Colonie : & il n'y en a pas d'autre espece. * Le Page, *Hist. de la Louis.* Tom. II.

Voyez l'Ouvrage de M. Brisson sur les *Quadrupedes*, où il parle des lapins de différens climats : Sect. 23 & 24.

Nos lapins vivent de chiendent, de choux, pain, laitue Romaine, laiteron, bruyere, serpolet, sommités & épluchures de céleri, aveine, foin, son, pelures de fruits, baies de genievre, fruits tant sains que pourris, feuilles de truffe rouge, seneçon, porreau, marrube, millefeuille, renouée, petit liseron, saule, vigne, treffle, luserne, plantes entieres de pois & de feves, toutes plantes à fleur légumineuse, persil, carottes domestique & sauvage, sanve, souci, *Chenopodium folio sinuato candicante*, &c. Ils se soucient peu de laitue pommée, de bouleau, & de feuilles de panais. J'en ai vû qui ne mangeoient point de camomille.

Lapin en Fricassée.

On coupe le lapin par morceaux ; qu'on passe à la poële avec du lard fondu. Cela fait, on y met du bouillon ; qu'on assaisonne de sel, poivre, fines herbes, ciboulete, & muscade. Etant cuit comme il faut ; mettez-y, avant de le tirer, des jaunes d'œufs avec du verjus.

Ce que je viens de dire des lapins, s'observe de même à l'égard des lapreaux.

Pâté de Lapin.

Il se fait de la maniere décrite dans l'article Pâtisserie, pour le *Pâté de Lievre*. Si les lapins sont vieux, il faut les laisser quatre heures au four.

Lapin Rôti.

On le pique de fins lardons ; ou bien on le barde ; ou, faute de lard, on l'arrose de beurre en cuisant : sitôt qu'il est cuit, on le met dans un plat ; & on le sert avec une sausse à l'eau, assaisonnée de sel & de poivre blanc. Il faut faire attention, en vuidant le lapin, de conserver le foie : afin de le délayer dans la sausse.

Lapin en Ragoût.

Coupez-le en quatre ; lardez-le de gros lard : passez-le à la poële avec du lard fondu : mettez-le cuire dans une terrine ou casserole avec du bouillon & un verre de vin blanc ; le tout assaisonné de poivre & de sel : joignez-y de la farine frite, avec de l'orange ; & lorsque la cuisson sera parfaite, servez-le chaudement.

Dégâts que font les Lapins : & moyens de les en empêcher.

Les lapins font de très-grands dégâts ; & malheur à ceux qui, non loin d'eux, ont des héritages cultivés : car soit bleds de toutes sortes, soit vignes, leurs dents n'épargnent rien que ce qu'on peut les empêcher d'attrapper. Aussi est-ce prudence, que d'aimer mieux ne point avoir de terre ni vigne, si près des garennes ; mais sur-tout des vignes, dont ils broutent les bourgeons qui commencent à pousser : ce qui cause un dommage très-considérable, & seroit en danger de tout perdre si l'on ne savoit y apporter le *remede* que voici :

Prenez de petits bâtons fort minces, bien secs, & de bois de saule : faites fondre du soufre, & trempez-y un bout de chaque bâton, puis mettez l'autre en terre. Les bâtons étant ainsi préparés, & distans d'une toise l'un de l'autre, mettez-y le feu : les lapins qui haïssent cette odeur, n'entrent (dit-on) dans quelque vigne que ce soit, sur le bord de laquelle ces bâtons auront été plantés. Cette odeur dure pendant quatre ou cinq jours : au bout desquels il faut recommencer jusqu'à deux fois ; ce qui fait quinze jours, au bout desquels le bourgeon de la vigne s'est fortifié & mis hors de l'insulte de ces animaux.

Dans l'article Bois, *pag.* 361, *col.* 2 ; & dans celui d'Arbre, *p.* 162, *col.* 1 ; nous avons parlé des moyens de défendre les arbres contre les lapins.

Ennemis des Lapins ; & moyens de les détruire.

On prétend qu'un des principaux ennemis des lapins est le *Serpent* ; qu'il les dévore toutes les fois qu'il en trouve l'occasion ; & qu'il est capable de leur faire déserter la garenne, si l'on ne trouve des moyens pour empêcher le désordre. Il n'y en a point, sans doute, de meilleur que de bannir loin des lapins, cet ennemi qui leur fait tant la guerre : pour y réussir, nombre d'Auteurs conseillent de planter dans la garenne beaucoup de frênes; dont le serpent (dit-on) craint l'ombre.

Les *Renards* veillent encore pour surprendre les lapins; dont ils font un très-grand dégât, sur-tout lorsque ces cruels ennemis sont en grand nombre. La chasse est le seul moyen de les détruire : c'est pourquoi il ne faut pas être négligent à la leur donner.

Les *Chiens* & les *Chats*, tant domestiques que sauvages, les persécutent encore. Donnez-leur aussi fortement la chasse; & tendez-leur des piéges.

Chasse du Lapin.

Les lapins se prennent au furet; sans furet; à l'affut; avec des poches, des panneaux, & autres manieres dont nous allons parler.

A la différence des lievres, qui longent les chemins; les lapins ne vont que par sauts. S'il y en a quelqu'un qui s'avise de changer de terrein, dans l'appréhension d'y être surpris; les autres le suivent. Ils s'entrebattent souvent, & se mordent; jusqu'à s'arracher quelquefois l'oreille, ou se blesser les jambes, ensorte qu'ils en restent toujours boiteux. Au reste on les apprivoise facilement.

Ils ont leurs ruses particulieres. Souvent ils ferment avec du sable le trou où ils gîtent, afin qu'on n'aille pas les y surprendre.

Cet animal va fort vîte, quand il n'a qu'une carriere de deux ou trois cent pas. Il quitte rarement le fort. Mais quand on le dépayse, il est bientôt pris. Il se terre quand on le poursuit : & s'il n'a point de clapier, il se fait des trous où il se réfugie lorsqu'on le poursuit ou qu'il a pris l'épouvante.

Pour le *Chasser au fusil :* on va dans une garenne que l'on sçait être bien fournie. On ferme au hazard quantité de terriers, mais doucement & sans bruit. Ensuite on met en chasse un basset bien instruit : & le fusil à la main, on se tient sur les clapiers pour attendre les lapins que le chien fait partir. Se voyant poursuivis, ils cherchent leur refuge : & comme on les voit venir, on a tout le tems de les viser.

Cependant cette chasse est dangereuse pour les garennes; en ce qu'un lapin blessé peut s'échapper, & aller mourir dans son trou. Auquel cas il empoisonne tous ceux qui y gîtent avec lui.

Pour prendre les Lapins au Furet, en une garenne.

Voyez FURET.

Ayez un bon chien basset : faites-le chasser une heure durant dans la garenne, afin d'obliger tous les lapins de se terrer. Quand ils y seront, prenez le chien & l'attachez. Après cela, allez sur les clapiers pour tendre des poches sur tous les trous. Ouvrez chacune de ces poches; & là tendez dessus le trou, ensorte qu'elle déborde beaucoup tout autour : passez les ficelles dans les boucles, & les attachez à des branches ou piquets. Si vous n'avez point assez de filets, bouchez le reste des trous avec quelques pierres ou herbages : car si vous en laissiez un seul sans le fermer, les lapins pourroient sortir par cet endroit. Tous les trous étant ainsi fermés, vous attacherez un grelot au cou du furet, & le mettrez dans le trou, en levant un peu le filet pour lui donner passage. Lorsqu'il sera dedans, ne parlez, ni remuez. Le premier qu'il trouve, il le poursuit jusqu'à ce qu'il l'ait fait sortir; si bien que le lapin fuyant & voulant quitter le terrier, donne dans une des poches : il faut être prompt à le retirer; &, si faire se peut, que le furet ne le voie point, afin qu'il ait plus de courage à retourner le chercher : ce qu'il fait aussitôt, forçant à sortir les premiers qu'il rencontre; ou les prenant. Quand il ne rencontre rien, il vient au trou pour sortir. S'il ne veut pas retourner, il faut lui souffler & crachoter sur le nés; il rentre, & cherche encore. Si vous prévoyez qu'il n'y peut rien avoir, retirez-le, & mettez-le en quelque autre trou plus éloigné : s'il fait de même, c'est une marque qu'il n'y a rien. Il faut alors plier les filets, & chercher de meilleurs terriers.

Quelquefois le furet trouvant un lapin endormi, le surprend dans un coin, le tue, en suce le sang, se couche dessus & s'y endort : en ce cas on est obligé de le perdre, ou d'attendre jusqu'à ce qu'il s'éveille; ce qui dure souvent cinq ou six heures. C'est pourquoi portez une arme à feu pour tirer trois ou quatre fois dans les trous afin de l'éveiller. Aussitôt qu'il le sera, il sortira : mais il faut toujours le laisser dormir une heure avant de tirer; autrement votre bruit seroit inutile.

Pour prévenir cet inconvénient, il est à propos de donner à manger au furet avant de le mettre dans le clapier.

Quand vous prendrez des femelles, vous les remettrez, pour ne pas dépeupler la garenne; & leur fendrez les oreilles, afin qu'elles ne soient point tuées par les personnes que vous envoyerez quelquefois à l'affut.

Appas que l'on dit être propre à attirer le lapin.

Ouvrez un lapin vivant; prenez le lobe du foie auquel tient le fiel, le sang d'autour du cœur, & une partie des menus boyaux. Faites sécher le tout, & le réduisez en poudre; dont vous mettrez à l'endroit où les lapins seront déja venus. L'odeur de cette poudre les y attirera (dit-on) bientôt : y étant, ils donneront du museau en terre, comme tout étourdis; & on les prendra facilement.

Pour faire sortir les lapins hors du terrier, sans furet.

1. Prenez de la poudre d'orpiment, & du soufre. Brûlez-les dans des savates, ou du parchemin, ou du drap, à l'entrée des trous de terrier; ensorte que le vent chasse la fumée dedans. Le lapin, qui hait cette fumée, sort aussitôt & se jette dans les poches. Cela s'appelle *Fumer le lapin*, ou le *prendre à la fumée.* Il faut tendre les poches au-dessous du vent. [Ce moyen paroît propre à étouffer une partie des lapins, & faire déserter les autres.]

2. Mettez une ou deux écrevisses dans les trous du terrier : elles feront (dit-on) sortir les lapins.

Moyen de faire les Pans contre-maillés pour prendre les lapins.

Ces pans se font de la même façon que les haliers à perdrix. Les aumés en peuvent être de mailles quarrées, ou à lozanges; larges de six ou sept pouces chacune. De quelque maniere qu'on les fasse, en mailles à lozanges, ou mailles quarrées, il faut consulter l'article FILET, où il en est parlé; & les faire de ficelle assez forte. Les mailles de toile doivent être d'un pouce & demi ou deux pouces de large, & de fil retors en trois brins.

La hauteur du pan sera de trois ou quatre pieds; & la longueur à discrétion. Il faut que la toile soit au moins deux fois aussi longue & large que l'aumé. On y met des piquets qui s'attachent de quatre en quatre pieds : & on coud les deux aumés ensemble; faisant tout le reste comme aux haliers.

Deux façons de Pan Simple.

On a représenté ci-dessous dans les articles II & III

deux figures de pan simples, faites de mailles en lozanges : on les peut faire de mailles quarrées si l'on veut. La maille sera d'un pouce & demi de large; de fil bien fort, & retors en trois brins. Si on les fait de mailles à lozanges, il faut leur en donner vingt-quatre de levûre, & trois toises de long; puis passer une grosse ficelle dans toutes les dernieres mailles du bord de la longueur, tant au haut qu'au bas de celui qui est représenté par la 2e figure : & teindre le tout en brun, comme on l'a enseigné sous le mot FILET.

Le pan de mailles quarrées sera meilleur que ceux dont on vient de parler. On lui donnera cinq pieds de largeur ou hauteur ; & trois ou quatre toises de longueur, selon le lieu où il devra servir. Il ne sera pas besoin de passer aucune ficelle autour de ce dernier, parce qu'il sert d'une autre façon que le premier, ainsi qu'on le verra ci-dessous.

Moyen de prendre des lapins & des lievres avec un filet appellé Pan ou Panneau simple.

I. On tend ces sortes de filets dans un chemin, ou à quelque passée d'un bois, parce que les lapins & les lievres suivent toujours le lieu le plus aisé & le plus battu. Mais on doit observer de ne tendre que dans le lieu où le gibier & le vent viennent d'un même côté ; si cependant on ne pouvoit prendre cette précaution, il faudroit au moins que le chasseur prît le dessous du vent, afin de n'être point découvert.

FIGURE I.

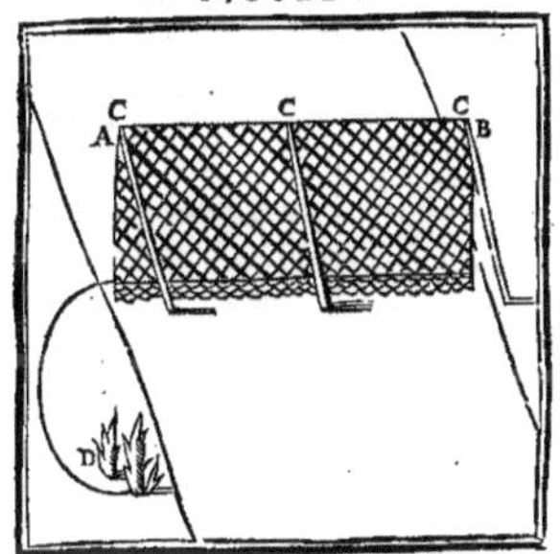

Supposant que AB (*Fig.* 1.) soit un chemin, ou plutôt une passée; prenez trois ou quatre bâtons C, C, C, longs de quatre pieds chacun, gros comme le pouce, pointus par le gros bout (qu'on pique en terre), & un peu courbés par le petit bout d'en haut. Fichez-les en terre un peu en penchant, en droite ligne; & éloignés à égale distance les uns des autres.

Ensuite vous prendrez votre filet, & l'attacherez par les dernieres mailles d'en haut, de la maniere que la premiere figure, ici représentée, le fait voir; & ensorte qu'il tienne si peu, que sitôt que le lapin ou le lievre viendra à y donner, il tombe aisément.

Ce filet tendu, éloignez-vous à dix ou douze pas; & cachez-vous à côté du chemin dans quelque buisson (D) : d'où vous puissiez facilement découvrir le gibier.

Observez 1°. que ce buisson ne soit point à contre-vent; 2°. qu'en y allant il ne faut point passer par la voie de l'animal; pour ne lui laisser aucun sentiment de l'homme, mais suivre la route circulaire que la figure montre.

Etant dans le buisson ne faites point de bruit. Le lapin ne manquera pas de s'arrêter auprès du lieu où vous êtes. Quand vous le verrez, retenez votre haleine : il avançera un peu. Dès qu'il sera à une toise devant vous, frappez des mains, il s'enfuira dans le filet. Vous l'en retirerez promptement; & retendrez pour en prendre d'autres, si l'heure n'est pas passée.

Au cas qu'il n'y ait ni buisson, ni fossé, ni aucune autre commodité pour vous cacher, & qu'il se rencontre un arbre près delà ; montez-y : & quand le lapin passera, vous lui jetterez votre chapeau afin qu'il se jette dans le filet.

Autre sorte de Panneau ; dont les paysans se servent pour prendre les lapins & les lievres.

II. Le pan dont on vient de parler dans l'article précédent, est commode à tendre quand le tems est calme : mais par un grand vent, il est difficile de le tenir en état; & si on n'est pas bien prompt, le gibier s'échappe quelquefois. En voici un autre qui est plus usité & plus assuré ; mais aussi plus embarrassant. Sa forme est représentée dans la *Fig.* 2.

Pour tendre ce filet, il faut faire les mêmes observations que ci-dessus. Les lignes AB & CD marquent les extrêmités du sentier. Il faut avoir deux bâtons KL, MN, longs chacun d'environ quatre pieds, & deux ou trois fois gros comme le pouce. Ces bâtons doivent être coupés bien uniment à chaque bout. Lorsque vous serez sur le lieu, prenez les deux bouts des ficelles qui sont d'un même côté du filet, & attachez-les ensemble à un pied & demi de la terre, au bas de quelque arbre ou piquet, qui soit hors du chemin ; par exemple à la lettre H. Faites-en autant à l'autre côté, I: & que les ficelles soient assez lâches dans le milieu, pour pouvoir poser les bâtons entre deux. Vous les ajusterez en cette sorte :

Prenez le bâton KL : posez-le, au bord du chemin, d'un bout à terre sur la ficelle L du bas du filet; & mettez la ficelle du haut sur l'autre bout, K, du bâton : puis allant à travers le chemin par derriere le filet, tenez bien avec la main la ficelle d'en haut, afin que le bâton ne se défasse point. Etant arrivé à l'autre bord du chemin, accommodez le bâton MN ainsi que l'autre. Faites si bien qu'ils panchent un peu tous deux du côté par où doit venir le lievre ou le lapin : de façon que l'animal venant à donner dans le filet, il fasse sortir les bâtons d'entre les ficelles, & s'enveloppe; à cause que les mailles venant à s'assembler, donnent suffisamment de poche au filet, pour y retenir le gibier.

FIGURE 2.

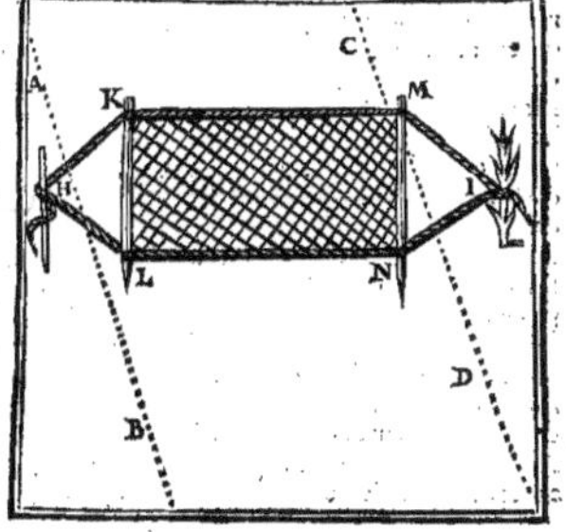

FIGURE 3.

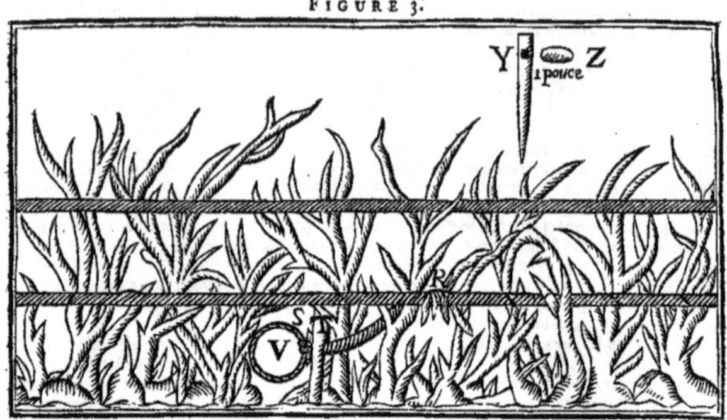

Pour prendre les lievres & lapins avec un Panneau Double, ou Pan Contre-maillé.

III. Le pan double est moins embarrassant que les précédens: mais il s'apperçoit de plus loin. Ce filet est bon principalement dans les chemins où courent les lapins, qui quelquefois vont cinq ou six les uns après les autres, & se peuvent tous prendre, parce que ce pan ne tombe point. La maniere de s'en servir peut se démontrer avec la premiere figure ci-dessus. Le filet étant bien disposé, retirez-vous dans le buisson ou sur un arbre. Il faut vous éloigner de ce filet plus que des autres pans.

OBSERVATIONS.

On ne peut prendre avec le pan double, que des lievres & des lapins. Mais avec les autres on prend les renards, blereaux, lievres, lapins, chats, putois, & même les loups. C'est pourquoi si vous croyez qu'il en doive passer le long du chemin où vous tendez, portez avec vous une fourche de fer ou quelque autre instrument; afin de tuer l'animal avant qu'il ait rompu le filet.

La vraie heure de tendre ces trois sortes de pans, est le matin à la pointe du jour. Il faut y guetter jusqu'à une demi-heure après que le soleil est levé, principalement durant les grands jours; & le soir une demi-heure avant le soleil couché, jusqu'à la nuit toute close.

Pour prendre les lapins la nuit.

IV. Les lapins qui vont manger dans un jardin non clos de murailles, se prennent facilement aux collets: mais ils n'y demeurent gueres; car d'abord qu'un lapin se sent arrêté, au lieu de tirer comme fait le lievre, il détourne la tête & tranche le collet avec les dents. Il y a quantité de lieux à la campagne où les lapins gâtent les jardins qui ne sont pas enclos de murailles, & cependant on ne peut les en empêcher, à cause qu'ils n'y vont que de nuit fort tard & lorsqu'on ne peut les découvrir pour les tirer. Si telle chose vous arrive, usez de ce piége:

Piquez tout au bord de la haie du jardin, un morceau de bois ou piquet T, (*Fig.* 3.); deux fois gros comme le pouce; long d'environ un pied; ayant, à un pouce du bout d'en haut, un trou assez large pour y passer l'extrémité du petit doigt. Attachez un collet de léton au bout d'une ficelle un peu forte; laquelle vous passerez dans le trou du piquet; & la lierez au bout de quelque branche forte, que vous tiendrez pliée comme celle qui est marquée R. Cela fait, vous prendrez un bâton un peu moins gros que le petit doigt; que vous ficherez dans le trou, ensorte que la branche s'en retournant ne puisse attirer le collet qui sera retenu par le petit bâton S, à cause du nœud que font le collet & la ficelle attachés ensemble. Après cela, étendez & ouvrez le collet V de la grandeur de la muce; de façon que les lapins ne puissent passer sans y mettre la tete. Le premier qui voudra entrer, ayant passé la tête, pensera tirer pour couper ce qui le tient arrêté; & fera tomber le petit bâton, du trou; ce qui donnera à la branche la liberté de s'en retourner: de cette maniere le gibier s'étranglera.

La lettre Y marque plus distinctement la forme du piquet. Z est le petit bâton: dont il ne doit entrer dans le trou Y que le petit bout taillé en rond, seulement afin d'empêcher que le nœud du collet ne passe outre.

Un moyen très-simple pour empêcher le lapin de couper le collet, est d'attacher ce collet avec du fil de fer ou du leton.

Pour prendre les Lapins pendant le jour avec des pans doubles ou contre-maillés.

V. Pendant le jour, les lapins vont parmi les buissons, dans les genêts, & hayes un peu fortes; où ils se retirent lorsqu'ils entendent du bruit: & si on les presse en frappant les haies, ou qu'un chien les poursuive, ils fuyent vers leurs terriers. Si vous voulez en prendre, ayez un ou plusieurs pans doubles; & soyez informé de quel côté sont les terriers, afin de tendre toujours le filet vers cet endroit: puis allez vous promener de côté & d'autre dans les lieux où il peut y avoir des lapins; & lorsque vous verrez une haye ou un buisson un peu fort, n'en approchez point plus près que de dix ou douze pas; piquez les filets en demi-cercle, fermant aux lapins le chemin des clapiers; & retournez par derriere la haye ou buisson, pour y frapper d'un bâton ou de quelque autre chose. S'il y a quelque lapin, il voudra sortir; & croyant s'aller promptement retirer dans son trou, il se jettera dans les filets: d'où vous le retirerez aussitôt, parce qu'il ne manqueroit point de les couper. Quand vous l'aurez pris, pliez les pans; & cherchez quelque autre endroit où il pourra se trouver du gibier.

Pour prendre des Lapins avec un chien.

VI. Lorsque vous sçavez l'endroit des terriers, il est important d'avoir un bon chien basset, ou *briquet*. Et lorsque vous voudrez avoir le divertissement de cette chasse, soyez au moins deux personnes: dont l'une s'en ira sur les clapiers, & piquera les filets tout autour, ensorte qu'il n'y ait pas un trou qui ne soit renfermé dans l'enclos des pans; puis elle se retirera en quelque endroit, d'où elle puisse voir ou entendre quand un lapin sera pris. L'autre personne qui tiendra le chien, étant avertie que le tout sera tendu, le fera chasser un peu loin en sifflant & parlant à lui, pour l'exciter & lui donner de l'ardeur, afin qu'il poursuive vivement son gibier; lequel voulant se sauver dans les trous se logera dans les filets, d'où le guetteur le retirera promptement. Reprenez le chien pour le faire chasser derechef: & continuez ainsi jusqu'à ce que vous en ayez pris assez.

On a déja dit que la vraie heure de trouver les lapins hors des terriers, est le matin jusqu'à six ou sept heures, & depuis onze heures jusqu'à une; & le soir une heure ou deux avant que le soleil se couche, principalement quand il fait sec. Ce n'est pas qu'on n'en puisse bien rencontrer hors des trous; mais on en trouvera encore davantage aux heures que j'ai dit.

S'il se rencontre par hazard qu'il y ait tant de trous au lieu où vous voulez tendre, ou qu'ils soient si éloignés les uns des autres, que les pans ne puissent tout enclore; il faut les mettre du côté où il y a plus d'apparence que les lapins aborderont; & fermer les trous plus écartés avec quelques pierres, branches, ou herbiers.

Les lapins se prennent plus facilement à ces sortes de filets qu'à des pans, parce qu'ils paroissent moins.

LAPIS;
LAPIS *Azuli*; & LAPIS *Lazuli*. } *Voyez* AZUR.

LAPPA. *Voyez* BARDANE.

LAPREAU. C'est un jeune lapin. On écrit aussi *Lapereau*.

On l'apprête de même que le levraut.

Tourte de Lapreaux.

Consultez l'article TOURTE.

LAPSANA. *Voyez* LAMPSANE.

L A Q

LAQUE; ou *Lacque*: en Latin, *Lacca*. Gomme très-résineuse, solide, transparente, rougeâtre. En brûlant, elle répand une odeur agréable. La salive se teint en rouge, quand on mâche de cette gomme: qui produit un beau rouge, en bouillant dans l'eau avec quelque acide.

Il y a des Auteurs qui assurent que c'est une espece de cire, recueillie sur les plantes, par des insectes qui la déposent ensuite sur de petits bâtons ou roseaux: & que c'est ce qui a fait donner le nom de cire à la composition qu'on en fait pour cacheter. Si l'on dit *Cire d'Espagne*, ce peut être parce que les Espagnols auront les premiers, ou en plus grande quantité, apporté la laque des Indes. Car la *Cire à cacheter* ne se fait point en Espagne, comme bien des gens se l'imaginent: on dit même, que les Espagnols ne s'en servent pas. On fait en France cette cire rouge, soit avec la laque colorée de vermillon: soit avec de la résine mêlée d'un peu de poudre de laque, & de blanc de céruse, pour lui donner de la consistance; puis on la rougit avec le vermillon, & on la passe ensuite dans de la laque en bâtons, fondue & bien colorée: mais cette derniere cire ne vaut pas grand'chose.

Consultez l'article CIRE *d'Espagne*.

La laque, étant préparée, est d'usage en Médecine pour fortifier l'estomac & les gencives. Elle est détersive & astringente.

Les Teinturiers s'en servent aussi pour l'Ecarlate. Consultez l'*Art de la Teinture*, de M. Hellot, Ch. XV.

Venise a longtems excellé seule à *Contrefaire la Laque* des Indes pour l'usage des Peintres. Nous sommes parvenus à y réussir aussi bien. En voici plusieurs préparations.

1. Il faut réduire en poudre, des os de séche; & colorer cette poudre avec une teinture de cochenille mestec, & de bresil; bouillis dans une lessive d'alun d'Angleterre calciné, d'arsenic, de soude blanche, ou de soude d'Alicante. Ensuite on en fait une espece de pâte, & on en forme des trochisques. Pour la rendre *plus rouge*, on y ajoûte du jus de citron: ou pour la rendre *plus brune*, on y mêle de l'huile de tartre. La bonne laque doit être tendre & friable.

2. On met une livre de cendres gravelées de Montpellier dans un chauderon; l'on y verse vingt-cinq pintes, mesure de Paris, de belle eau de fontaine, ou de riviere; & on laisse dissoudre la gravelée pendant vingt-quatre heures: après quoi, ayant fait bouillir la dissolution pendant un quart d'heure, on la passe par une chausse de toile, & on reçoit la filtration dans une terrine. Si elle ne passe pas claire d'abord, il faut la couler de nouveau jusqu'à ce qu'elle soit claire: on met, à chaque fois, une autre terrine bien nette à la place de la premiere; & on jette dans la chausse la lessive trouble qui avoit passé d'abord. Le tout ayant été tiré au clair par la filtration, on le remet dans le chauderon, après l'avoir bien écuré & nettoyé; & ayant fait bouillir la lessive, un bouillon seulement, on y jette deux livres de tontures d'écarlate; qu'on fait bouillir jusqu'à ce qu'elles deviennent blanches. Alors on filtre la lessive par une chausse de toile, ou par un autre linge; se servant d'un poëlon de terre, pour la tirer du chauderon, & ayant soin de bien presser l'écarlate, afin qu'elle se décharge de toute sa couleur. Quand toute la teinture est filtrée, on la remet dans le chauderon bien écuré & bien nettoyé pour la troisieme fois; puis on fait dissoudre une demi-livre d'alun de Rome dans une pinte d'eau de fontaine, ou de riviere, la plus claire que l'on peut trouver. Cette dissolution se doit faire sur le feu, dans un poëlon de cuivre, ou de terre vernissé. Il faut ensuite la filtrer promptement, & la verser dans la teinture, ayant soin de remuer avec un petit bâton jusqu'à ce que l'écume soit dissipée; puis ayant fait bouillir ce mélange environ un petit quart d'heure, on le passe par la même chausse, comme auparavant; & l'on y verse en même-tems une pinte d'eau de fontaine, ou de riviere, dans laquelle on a fait bouillir une livre de bois de Fernambouc coupé par morceaux, & concassé: cette décoction doit avoir été auparavant passée par un linge. Le tout étant passé par la chausse, on y verse encore environ un demi-septier d'eau de fontaine: après quoi on tire la laque avec une grande cuiller de bois, & on l'étend sur des plaques de plâtre, de trois doigts d'épaisseur, & de demi-pied en quarré, garnies de morceaux de toile de même grandeur, pour empêcher que la laque ne s'attache au plâtre.

Nota. Il faut toujours filtrer la lessive, jusqu'à ce qu'elle ne paroisse plus rouge.

Une autre espece de laque dont se servent les Peintres, est nommée *Colombine*. Pour la faire : on met bouillir des tontures d'écarlate dans la lessive décrite ci-dessus, *n.* 1 ; & , après avoir passé la liqueur, on la jette sur de la poudre de craie blanche, & d'alun d'Angleterre. Ensuite on en fait une pâte qu'on met en tablettes quarrées, de l'épaisseur d'un doigt ou environ. La laque colombine de Venise, est (dit-on) préférable à celle qui se fait en France & en Hollande; parce que le blanc qu'on emploie à Venise, est plus propre à recevoir & conserver la vivacité de la couleur.

Belle Laque Colombine.

Mettez dans un pot de terre neuf & vernissé, une demi-livre du plus beau bois de Fernambouc, coupé par morceaux, & broyé dans un mortier de fer; versez par dessus deux pintes du plus fort vinaigre de vin rouge; & faites infuser à froid pendant quarante heures. Ensuite ayant fait bouillir l'infusion durant une demi-heure, ajoûtez-y une once de bon alun de Rome réduit en poudre; & faites bouillir encore pendant trois quarts d'heure, ou jusqu'à la dissolution de l'alun. Après cela ôtez le pot du feu; mettez-y la rapure d'une douzaine d'os de séche; puis remettez le pot au feu; & remuez bien avec un bâton de canne, jusqu'à ce qu'il s'éleve une mousse au dessus de la teinture : ensuite retirez le pot; & l'ayant couvert, laissez reposer pendant huit jours; ayant soin de remuer la matiere avec le bâton ci-dessus, quatre fois chaque jour. Au bout de ce temslà, vous mettrez le pot dans un bain de sable jusqu'à ce que la matiere soit prête à bouillir. L'ayant tirée du feu, & coulé la liqueur par un linge bien blanc, vous la mettrez dans deux cucurbites de verre, d'une pinte ou environ; lesquelles vous mettrez pareillement au bain de sable jusqu'à ce que la liqueur commence à frémir. Alors il faudra l'ôter & laisser refroidir, ensuite la verser doucement, & laisser former le sédiment pendant douze jours; au bout desquels vous pourrez vous servir de la laque.

La *Laque des Enlumineurs* est une teinture qu'on tire de certaines fleurs par le moyen de l'eau-de-vie, ou d'une lessive d'alun & de soude. La *Laque rouge*, se tire du pavot rouge, ou coquelicot; la *bleue*, de l'iris, ou de la violette; la *jaune*, de la fleur de genêt, ou du souci.

Voyez COULEUR. MIGNATURE. VERNI.

LAR

LARD. C'est une graisse ferme qui tient à la couenne du cochon, & qui s'étend tout le long de son dos.

Lorsque le lard a été bien salé, il ne jaunit point.

La *Pommade de vieux Lard* est bonne pour toutes les tumeurs malignes & autres, comme charbons, froncles, &c. Voyez l'article *Petite* VEROLE.

Omelette au Lard.

1. Prenez environ un quarteron de lard, sans maigre, & coupez-le en petits morceaux, qui soient gros à-peu-près comme une noisette : faites-le fondre à la poële, & lorsqu'il commencera à se sécher, versez-y six ou sept œufs battus; & salés, s'il est besoin.

2. Cassez six ou sept œufs : ajoûtez-y un demi-quarteron de lard coupé menu, & du sel autant qu'il en est besoin ; battez le tout ensemble; versez-le dans la poële : en laquelle il y ait autant qu'il en est besoin de beurre à demiroux, ou de moëlle fondue : & faites cuire l'omelette.

Au LARD. Consultez le mot RENARD : *Signal.*

LARGE (*Faire*). Se dit, en Fauconnerie, de l'oiseau, lorsqu'il écarte les ailes; ce qui marque en lui une santé parfaite.

LARIX. *Voyez* MELESE. MORGELINE. *n.* 7.

LARK. *Voyez* ALOUETTE.

LARME *de Plomb* : terme de Chasse. C'est une espece de petit plomb dont on se sert pour tirer aux oiseaux.

LARME *de Vigne*. Voyez sous le titre des *Propriétés* de la VIGNE.

LARMES : *terme d'Architecture*. Voyez GOUTTES.

LARMIER : *terme d'Architecture*. Voyez BEC.

LARMIERS : *terme de Chasse*. Ce sont deux sinus placés au dessous des yeux du cerf.

On nomme aussi LARMIERS, ce qui fait, à la tête *du Cheval*, à-peu-près comme des temples : un espace qui occupe depuis le petit angle de l'œil, jusques derriere les oreilles.

LAS

LASERPITIUM. Voyez ACHE, *n.* 7.

LASSITUDE. *Pour la lassitude des jambes*, prenez des feuilles ou de l'écorce, d'orme : faites-les bouillir dans de l'eau : & frottez-vous-en les jambes.

Consultez le mot BREBIS *boiteuses* : & *Lassitude*, entre les maladies du CHEVAL. FATIGUE.

Pour empêcher qu'on ne se lasse. Voyez Tome I. pag. 573, col. 1.

LAT

LATANIER. *Consultez* l'article PALMIER.

LATER : & LATERCULUS *Coctilis*. Voyez BRIQUE.

LATERITIUM. *Voyez* MAÇONNERIE *de brique*.

LATHYRUS. Voyez GESSE.

LATTE. Morceau de bois de chêne refendu suivant son fil, en maniere de regle mince; qui s'attache soit sur des pans de bois pour y fixer un enduit de plâtre; soit sur les chevrons d'un comble, pour en porter la tuile ou l'ardoise. La latte pour la tuile est différente de celle pour l'ardoise; qui est plus large, & de même longueur.

Dans le débit des bois, on nomme *Latte Quarrée*, celle qui a quatre pieds de long, & deux pouces de large, sur trois lignes d'épaisseur. On appelle *Volice*, une latte qui, sur les mêmes longueur & épaisseur que la latte quarrée, a trois ou quatre pouces de large. C'est celle qui sert pour couvrir en ardoise.

LATTER. C'est attacher avec des cloux, sur un comble, des lattes espacées de quatre pouces; pour y accrocher la tuile ou l'ardoise.

LATTER *à claire-voye* ; c'est mettre des lattes sur un pan de bois, pour retenir les platras des panneaux & les recouvrir de plâtre.

LATTER *à lattes jointives* ; c'est clouer des lattes si près les unes des autres, qu'elles se touchent : ce qu'on appelle LATTIS, pour lambrisser les cloisons, plafonds, cintres, *&c.*

LAV

LAVANDE : en Latin LAVANDULA : & en Anglois, *Lavender*. Genre de plantes, qui portent des fleurs labiées. Leur calyce est court, renflé, à-peu-près oval, & finement dentelé par les bords. Le

Le pétale est un tuyau, divisé en deux levres principales : dont celle d'en haut est relevée, arrondie, communément échancrée au milieu ; & l'autre est divisée en trois parties arrondies & presque égales. Dans l'intérieur du pétale sont quatre étamines courtes ; surmontées de sommets oblongs, sillonés, & peu considérables : deux de ces étamines sont plus courtes que les autres. Le pistile est formé par quatre embryons rassemblés autour d'un style menu ; qui les excede, & est terminé par deux stigmates inégaux. Ces embryons produisent quatre semences presque ovales, qui n'ont pour enveloppe que le calyce ; au fond duquel elles sont placées.

La plupart des lavandes sont des especes d'arbustes : qui poussent des verges, dures, ligneuses, quarrées, longues d'un à trois pieds ; chargées, dans toute leur longueur, de feuilles longues, étroites, blanchâtres, tantôt entieres tantôt dentelées ou même découpées. Ces verges sont terminées par des épis de fleurs verticillées : qui sont ordinairement en état dans les mois de Juin & Juillet.

Toutes les parties de ces plantes ont une odeur aromatique & agréable.

Especes.

1. *Lavandula latifolia* C. B. L'*Aspic*, ou *Spic* : qui a beaucoup d'odeur. *Voyez*, Tome I, p. 212.

2. *Lavandula Indica latifolia subcinereâ spicâ breviori* H. R. Par. Cet arbrisseau, originaire des Indes, a la feuille à-peu-près large comme celle du buis, repliée en dessous par ses bords, très-velue, & dont les filamens de la face inférieure sont fort brillans. Les épis des fleurs sont assez courts.

3. Il y a une lavande à feuilles larges, qui porte des *Fleurs blanches* : les autres sont communément d'un bleu tirant sur le violet.

4. *Lavandula folio dissecto* C. B. Cette plante vient sans culture en Espagne. Elle est annuelle, & s'éleve à la hauteur d'environ trois pieds. Ses branches sont cottoneuses. Ses feuilles sont larges, profondément découpées. Toute la plante a une odeur gracieuse ; qui tient de celle de la Sarriette.

5. *Lavandula folio longiori, tenuiùs & elegantiùs dissecto* Inst. R. Herb. Cette espece est originaire des Canaries. C'est un arbuste, dont la tige est séche ; les feuilles, larges, très-fermes, roides, assez longues, étroites, finement découpées & avec une sorte d'élégance. Ses épis sont bleuâtres, & ordinairement peu considérables.

Culture.

Les quatre premieres lavandes, ci-dessus, ne sont point délicates. Elles viennent parmi nous dans presque toute sorte de terrein, & soutiennent assez bien nos hivers en pleine terre.

On multiplie les *nn.* 1, 2, 3, de drageons enracinés, qui naissent autour des grosses plantes. Il est bon de lever ces plantes, tous les trois ou quatre ans ; pour les replanter à une plus grande profondeur.

Le *n.* 4 se multiplie de semence, que l'on répand au printems dans une terre légere & un peu humide. On ne voit pas que ce soit un avantage que de tenir cette espece en hiver dans la serre : on n'en jouit toujours que très-imparfaitement, la seconde année : selon M. Miller. Au reste ses semences, en tombant d'elles-mêmes, levent sans que l'on en prenne aucun soin.

Le *n.* 5 veut être traité en plante exotique délicate.

Usages.

Ces plantes font un bel effet, dans le tems qu'elles sont chargées de fleurs. C'est aussi alors qu'elles répandent une odeur agréable.

On distille leurs fleurs avec le vin blanc, ou l'eau-de-vie, ou l'esprit de vin ; pour faire l'*Esprit de Lavande*, qu'on emploie à parfumer l'eau dont on se lave, & à différens autres usages. Ces fleurs rendent beaucoup d'huile essentielle ; qui est de bonne odeur, & d'un grand secours pour les douleurs rhumatismales. En distillant soit le *bois* soit les *feuilles*, sans les fleurs, on obtient encore une *huile essentielle* ; mais en moindre quantité, & d'une odeur moins gracieuse. Pour augmenter l'agrément de l'Esprit de Lavande, on mêle de son huile essentielle bien rectifiée & nouvellement distillée, avec de bon esprit de vin ; &, si l'on veut, on y ajoûte une très-petite quantité de stirax ou de benjoin.

Voyez ASPIC. DISTILLATION, *p.* 823.

La lavande passe pour résolutive, céphalique, antihystérique ; propre à fortifier les nerfs foulés, fatigués, ou affectés d'autre indisposition. On emploie cette plante dans les bains & les fomentations, pour les apoplexies, paralysies, convulsions. On la met dans le linge & les habits, pour y donner bonne odeur, & en éloigner les insectes. L'eau distillée des fleurs est odorante : on en frotte les tempes & le front, dans les accès épileptiques, l'apoplexie, les affections soporeuses : on en fait aussi avaler une ou deux cuillerées pour rendre la parole, & remédier aux défaillances subites. La conserve des fleurs de lavande est d'usage pour les mêmes effets. L'huile essentielle arrête les catarrhes, si on en frotte la nuque du cou. Nous avons déja observé qu'une pareille friction est utile pour les douleurs rhumatismales. On emploie encore cette huile avec succès pour les convulsions, le tremblement, l'atonie.

Eau-de-vie de Lavande. Faites infuser au soleil, pendant toute la canicule, deux fortes poignées de lavande, & une bonne poignée de baume roux, (*Mentha Fusca*), ou de baume commun, avec une pinte d'eau-de-vie, dans une bouteille de verre bouchée exactement avec une vessie. Cette eau est utile contre toutes sortes de blessures, contusions, meurtrissures & rhumatismes. On frotte la partie malade avec cette eau, froide ; on met par dessus un papier brouillard, & un linge chaud.

LAUDANUM. C'est le nom qu'on donne à l'*Extrait d'Opium* ; à cause de ses excellentes qualités.

Ce remede procure le sommeil ; appaise les douleurs ; arrête le crachement de sang, le flux des menstrues & des hémorrhoïdes ; est bon pour toutes sortes de fluxions violentes, *&c.*

Extrait d'Opium. Prenez du meilleur opium : coupez-en quatre onces par tranches ; mettez-les dans un matras ; versez par dessus une pinte d'eau de pluie bien filtrée & bien pure ; puis ayant bouché, & posé le matras sur le sable, vous lui donnerez un petit feu d'abord, l'augmentant ensuite par degrés, pour faire bouillir la liqueur pendant deux heures. Cela fait, vous la passerez toute chaude ; & la verserez dans une bouteille, que vous aurez auparavant approchée du feu, de peur qu'elle ne se rompe. Ensuite, vous prendrez l'opium qui est resté indissoluble ; vous le ferez sécher dans une terrine sur un petit feu ; puis vous le mettrez dans un matras, & y verserez de l'esprit de vin, jusqu'à la hauteur de quatre doigts. Ayant bouché le matras, & mis la matiere en digestion sur les cendres chaudes, pendant douze heures ; vous séparerez par colature la liqueur, d'avec une terre glutineuse qui n'a aucune vertu. Enfin, vous ferez évaporer au feu de sable, ces deux dissolutions, jusqu'à consistance de miel; & ensuite, les ayant mêlées ensemble, vous acheverez de faire sécher ce mélange à une chaleur très-lente, pour lui donner une consistance d'extrait solide.

Voyez la Chymie de Lemery avec les Notes de M. Baron, *p.* 758 & suivantes: & en même tems, les *Elémens de Pharmacie* de M. Baumé, depuis la *p.* 257 jusqu'à 266.

LAVÉ (*Bois*). Voyez sous le mot BOIS, *pag.* 349.

LAVEMENT. Remede qu'on prend par le fondement. Les Médecins & Apothicaires lui donnent le nom de *Clystere;* & dans l'usage ordinaire, on lui donne celui de *Remede.*

La *mesure ordinaire des Lavemens* est d'une chopine de décoction; qu'on donne à proportion de l'âge, ou de la disposition du malade. Ainsi on n'en doit donner que la moitié, le tiers, ou le quart, aux enfans; suivant qu'ils sont plus ou moins âgés, ou plus ou moins forts.

Pour faire Garder longtems un lavement au malade; il faut, dans le moment même qu'il l'a pris, lui appliquer sur le fondement de la filasse, ou une serviette pliée en plusieurs doubles; & y appuyer quelques tems avec les doigts. Il faut même quelquefois qu'un assistant appuye avec les deux mains sur l'extrêmité du fondement, en posant une main au-dessus du canon & une autre par dessous, en cet endroit: & cela lorsque le lavement n'étant pas entiérement donné, l'on voit déja sortir quelque chose; en même tems celui qui donne le lavement, poussera avec force pour vuider la seringue dans l'intestin.

Si un lavement est très-chaud, il sort presque aussitôt. S'il est un peu trop tiede, il reste trop longtems; & peut nuire. Le vrai degré de sa chaleur, est lorsqu'on sent la seringue assez chaude pour pouvoir être supportée sur la joue.

Lavement Commun.

Faites chauffer de l'eau: & ajoûtez-y un peu de sel, & une cuillerée de vinaigre.

Lavement plus composé.

Prenez de la parietaire, de la mercuriale, & des épinars ou de la poirée, de chacun une poignée; de la casse, du catholicum, du sucre rouge, & du miel, de chacun une once & demie; de l'huile commune, deux ou trois onces. Après avoir fait cuire les herbes dans un chauderon, vous prendrez environ une livre ou une chopine de la décoction, & vous y délayerez les autres drogues.

Lavement, Rafraîchissant.

1. Prenez une écuellée de lait clair, ou d'eau de riviere, & deux cuillerées de vinaigre. Après avoir versé le vinaigre dans le petit lait ou dans l'eau, vous les laisserez infuser sur les cendres chaudes, en les agitant afin de les bien mêler.

Ce lavement est fort bon pour les femmes qui sont sujettes aux suffocations de matrice: mais il faut y ajoûter pour elles, quatre grains de camphre.

2. Faites une décoction de racines de guimauve, ou de graine de lin; & ajoûtez-y une once de sirop violat.

3. Faites bouillir une bonne poignée de son dans de l'eau de riviere: & réitérez ce lavement, trois ou quatre fois le jour.

4. Faites un lavement d'eau de poulet.

Ces remedes sont excellens pour l'ardeur d'urine.

5. Lorsqu'il faut simplement rafraîchir, dans les grandes intempéries chaudes, faites un lavement avec une chopine d'*oxycrat:* c'est-à-dire une chopine d'eau, dans laquelle vous mêlerez six cuillerées de vinaigre.

6. *Voyez* FIEVRE CHAUDE, p. 58.

7. Faites une décoction de laitue, chicorée blanche, concombre, citrouille, cerfeuil, pourpier, poirée, & autres herbes potageres; ajoûtez-y environ trois onces de sucre brut, tel qu'on l'apporte des Indes (ou, à son défaut, autant de miel rosat ou de celui de nenuphar.)

8. Faites dissoudre deux onces de bonne manne grasse dans une chopine de petit lait: ajoûtez-y deux onces de casse mondée; & réitérez ce remede deux fois par jour.

Ces deux lavemens sont bien rafraîchissans; & purgent légérement.

9. Faites une décoction de feuilles de mauve, de violier, & de mercuriale, avec du lait clair: & y mêlez deux onces de miel commun, ou d'huile de lin.

S'il y a *grande constipation;* ajoûtez à cette décoction six cuillerées de suc de mercuriale, si c'est en été: mais en hiver vous y ferez bouillir une demi-once de bon senné.

Lavement pour le Flux de Ventre.

1. Prenez une écuellée de lait, une once de cassonade, & deux jaunes d'œufs. Faites bouillir le lait; quand il aura bouilli, vous y délayerez les jaunes d'œufs, & la cassonade.

Autre, plus composé & plus anodyn.

2. Prenez de l'eau de tripes ou de la décoction d'une fraise de veau; ajoûtez-y des feuilles de bouillon blanc, de plantain, de pervenche, & des fleurs de roses rouges & de millepertuis. Délayez dans la décoction un jaune d'œuf, une once de populeum, ou d'huile d'amandes douces, & deux gros de *Philonium Romanum.*

3. *Consultez* l'article VENTRE.

4. Au commencement du flux, vous donnerez un lavement déterſif; composé d'une décoction d'orge, de son, & de fleurs de camomille; où vous délayerez deux onces de miel écumé.

Pour qu'un lavement soit astringent, lorsque le flux de ventre continue; on fait une décoction de feuilles de plantain, & de bouillon blanc, avec des fleurs de roses rouges, & de l'eau ferrée. Ensuite on y délaye deux onces de miel écumé, & deux jaunes d'œufs.

Lavement pour le Flux de Sang.

Prenez des feuilles de plantain, & de bouillon blanc, de chacun une poignée; fleurs de camomille, une demi-poignée; sucre rosat, une once; & deux jaunes d'œufs. Vous ferez cuire une tête de mouton avec la laine, dans de l'eau de riviere, jusqu'à ce que la chair quitte les os. Dans une pinte ou deux livres de ce bouillon, vous ferez bouillir les herbes & fleurs ci-dessus. Enfin dans une écuellée de cette décoction, vous délayerez le sucre & les jaunes d'œufs.

Lavement pour la Dysenterie.

Délayez dix-huit grains de poudre de corail anodyne, & un gros de poudre d'ipecacuanha dans une chopine de bouillon du pot, sans sel. *Voyez*-en plusieurs autres, dans l'article DYSENTERIE.

Pour appaiser les Douleurs de la Dysenterie.

Faites un lavement avec une chopine de lait, où

auront bouilli deux ou trois pincées de graine de lin : & délayez-y deux jaunes d'œufs.

Lavement pour ceux qui pissent le sang.

Voyez sous le mot *Pisser le sang*, entre les maladies du CHEVAL, *p.* 577.

Lavement pour la Constipation.

Prenez seize cuillerées d'eau commune, seize cuillerées de vinaigre, quatre onces d'huile de noix, & quatre onces de miel. Mêlez le tout ensemble ; pour en faire un lavement.

Si on sent des tranchées, il n'y faut point mêler de vinaigre.

Voyez FIEVRE CHAUDE.

Lavement Emollient & Purgatif ; utile dans les fievres, la petite verole, & la rougeole.

Faites une décoction de feuilles de pariétaire, mauve, guimauve, mercuriale, seneçon, & autres semblables. Ajoûtez-y trois onces de miel de concombre, ou de miel commun. On peut y ajoûter aussi une once de catholicon double, avec deux gros de crystal minéral. Voyez *Avant-cœur*, entre les maladies du CHEVAL.

Lavement Emollient Carminatif.

Voyez COLIQUE, p. 655. COURBATURE, pag. 723. col. 2.

Lavement Carminatif.

Faites bouillir fleurs de camomille & de mélilot, de chacune une poignée ; graines de genievre, de coriandre, & d'anis, de chacune deux gros ; avec autant de racine de dompte-venin : ajoûtez à la décoction deux onces d'huile d'aneth, ou de celle de camomille, avec trois onces de miel mercurial ; ou, à son défaut, autant de miel commun.

Pour les Coliques Venteuses & Pituiteuses.

1. Faites une décoction de feuilles de sauge, absinthe, fenouil ; & de fleurs de camomille : & y mêlez six onces de vin émétique ; surtout si la douleur est opiniâtre.

2. Dans le cas où la colique continueroit après des lavemens purgatifs, faites une décoction d'une pinte de vin clairet avec les feuilles & fleurs susdites ; ensorte qu'elle se réduise à une chopine. Puis mêlez-y quatre onces d'huile de camomille, ou d'huile de noix.

Lavement Purgatif & Anodyn, pour les vives Douleurs de Côté.

☞ Faites bouillir dans une chopine d'eau une poignée de grande scrophulaire, & une petite poignée de camomille (fleurs & feuilles). Environ un quart d'heure après, jettez-y une bonne pincée de graine de lin ; & remettez le tout au feu. Quand la décoction aura bouilli quelques minutes, retirez-la, laissez-la infuser. Puis passez le tout.

Lavement Anodyn & Purgatif : convenable dans les grandes Douleurs de Reins, causées par l'embarras des visceres du bas ventre.

☞ Une once de lénitif fin, un gros de crystal minéral ; que l'on dissout bien dans une livre de petit lait chaud.

Lavement pour la Colique Néphrétique, & pour la Gravelle.

Faites une décoction de pariétaire, seneçon, & feuilles de violier & de fenouil : & y mêlez deux onces de suc de mercuriale ; ou six dragmes de térébenthine, délayées avec un jaune d'œuf.

Lavement Apéritif, pour lever les Obstructions, en évacuant beaucoup de glaires & de bile.

Faites bouillir dans une pinte d'eau, deux bonnes poignées de lierre grimpant. La décoction étant réduite à moitié, vous la passerez, & y ferez dissoudre demi-once d'alun brûlé. On use de ce remede pendant deux ou trois jours : & on le réitere deux fois chaque jour, à moins que le malade ne sente trop de douleur dans les entrailles ; car en ce cas-là, on ne doit pas le réitérer si souvent.

Consultez les articles *Colique*, & *Tranchées*, sous le mot CHEVAL. COURBATURE, p. 723, c. 2.

Lavement pour l'Epilepsie.

Consultez le *n.* XI, de l'article ÉPILEPSIE.

Lavement Hystérique.

Faites bouillir rue, pouliot, matricaire, armoise, absinthe, de chacune demi-poignée ; ajoûtez-y quelques grains de castoreum & de camphre, avec deux onces de miel mercurial, ou de celui de concombre sauvage. On pourra y ajoûter aussi, selon le besoin, ou les baies de laurier, ou leur électuaire.

Lavement Anti-apoplectique.

1. Faites bouillir la moitié d'une coloquinte avec une once de senné ; & ajoûtez à la colature deux onces de vin émétique trouble, ou une once d'hiere picre. Ce remede convient dans les apoplexies sanguines & séreuses.

2. Faites bouillir deux poignées de feuilles de tabac vertes & en maturité, dans une pinte d'eau ; jusqu'à réduction de la moitié : ou bien une once de tabac en corde, coupé menu.

Ce remede est utile dans la léthargie, la phrénésie, les coliques violentes, & l'apoplexie séreuse opiniâtre.

Lavement Nutritif : pour les enfans en chartre ; les adultes phthisiques ; & pour les malades qui ne peuvent prendre aucune nourriture par la bouche.

Faites un bon bouillon avec la tranche de bœuf, le jarret de veau, l'éclanche & le bout saigneux de mouton. Délayez dans la colature le jaune d'un œuf, & un gros de confection d'hiacinthe. Ce lavement se réitere, nuit & jour, de quatre en quatre heures. Il faut, tous les matins, donner au malade un lavement rafraîchissant & purgatif, pour lui faire vuider les matieres fécales ; & faire ensorte qu'il garde longtems les lavemens nutritifs.

Lavement de Quinquina.

Voyez dans l'article QUINQUINA.

LAVENDER : nom Anglois. *Voyez* LAVANDE.

LAVER. *Voyez* BAIN. ENFANT, p. 906. c. 2.

LAVER : *terme de Peinture.* C'est, sur un Dessein à l'encre, coucher avec un pinceau une couleur d'encre de la Chine, de Bistre à l'eau, ou autre couleur ; pour le faire paroître le plus au naturel qu'il est possible par les ombres des saillies & des ouvertures ; & par l'imitation des matieres dont l'ouvrage doit être construit. Ainsi on lave d'un rouge tendre, pour contrefaire la brique & la tuile ; d'un bleu d'Inde clair, pour l'eau & l'ardoise ; de verd, pour les arbres & les gazons ; de safran ou de graine d'Avignon, pour l'or & le bronze ; & de diverses couleurs, pour feindre les marbres. *Voyez* LAVIS.

Ces lavis se font par teintes égales ou adoucies sur les jours avec de l'eau claire ; & fortifiées de couleurs plus chargées, dans les ombres. On met de l'eau de gomme dans quelques couleurs, comme dans le rouge & le bleu.

On lave aussi sur le trait au crayon.

LAVER, *en Charpenterie*. C'est ôter avec le besaigu, tous les traits de scie & rencontre d'une piece de bois de sciage ; pour la dresser & aviver.

LAVIS : *terme de Peinture*. C'est une ou plusieurs couleurs simples, détrempées dans de l'eau. *Voyez* LAVER.

Beau Bleu pour le Lavis, à la place de l'Outremer.

Epluchez une grande quantité de fleurs d'aubifoin, de maniere qu'il n'y ait rien autre chose que les pétales ; mettez-les dans un mortier de marbre, & jettez un peu d'eau tiede, dans laquelle vous aurez fait dissoudre de la poudre d'alun bien fine : pilez les fleurs avec cette eau, en vous servant d'un pilon de bois ou de marbre, jusqu'à ce qu'elles soient réduites de maniere à en pouvoir exprimer aisément tout le suc. Passez ensuite ce suc à travers d'un morceau de toile neuve ; & faites-le couler dans un gobelet, ou autre vaisseau de verre, où vous aurez mis un peu d'eau gommée, faite avec de la gomme arabique bien blanche.

Lavis pour le Verre.

Consultez l'article VERRE.

LAUREOLE. *Voyez* THYMELÆA.

LAURIER : en Latin LAURUS : & *Bay-Tree*, en Anglois. Selon d'habiles Botanistes, la fleur des arbres de ce genre n'a point de calyce : mais soit quatre ou cinq pétales, de forme ovale, creusés en cuilleron, & terminés en pointe ; soit un seule pétale divisé jusqu'à sa base en quatre, cinq, ou même six, parties telles que nous venons de les décrire. Dans l'intérieure sont neuf étamines rangées trois à trois sur trois lignes concentriques, qui ont pour centre celui de la fleur : où est le pistil composé d'un embryon oval, qui est surmonté d'un style terminé par un stigmate obtus. L'embryon devient une baie ovale terminée en pointe, & en partie couverte par le pétale, qui fait à son égard les fonctions de calyce. On trouve dans l'intérieur de cette baie un noyau oval. Outre les parties dont nous venons de parler, on découvre auprès de l'embryon trois tubercules colorés que M. Linnæus appelle *Nectarium* ; & deux petits corps arrondis qui sont attachés par des pétioles forts courts à la base des trois étamines qui occupent le second rang. Enfin on trouve quelquefois des fleurs dont une partie des organes avorte ; & que, pour cette raison, on qualifie les unes de *mâles*, les autres de *femelles*.

M. Adanson veut que les fleurs de ce genre aient réellement un calyce ; qui paroît être un tube court & évasé, mais qui est le pétiole même de la fleur, lequel est large, en forme de cupule, qui accompagne la baie jusqu'à sa maturité, & dont les deux ou trois divisions tombent de bonne heure. Outre ce calyce, il y reconnoît deux ou trois pétales égaux placés sur le pétiole même du calyce, & qui tombent peu après leur épanouissement. Pour ce qui est des étamines ; leur nombre n'est pas déterminé, selon M. Adanson ; qui dit qu'elles varient de trois à neuf. *Consultez* son deuxieme Volume des *Familles des Plantes* : & ci-dessous, *n*. 6, 7, 8.

La plûpart des Lauriers ne se dépouillent point en hiver. Leurs feuilles sont d'un assez beau verd, luisantes, fermes, quelquefois comme froncées ou ondées par leurs bords, posées alternativement sur les branches ; & en dessous est ordinairement une petite fossette, creusée à l'origine de chaque nervure.

Especes.

1. *Laurus latifolia Dioscoridis* C. B. Cet arbre est commun en Asie. Ses feuilles sont larges & très-lisses.

2. *Laurus vulgaris* C. B. Celui-ci, qui est l'espece ordinaire d'Europe, le *Laurier Franc*, ou *Laurier Jambon*, celui *des Sausses* ; a la feuille plus ou moins considérable, toujours plus étroite & moins brillante que l'espece précédente, & ordinairement bordée de quelques dents aiguës. Sa saveur est âcre, aromatique, & accompagnée d'un peu d'amertume.

3. *Laurus tenuifolia* Tabernæ. Ses feuilles sont longues, étroites, minces. Suivant M. Miller, ce n'est point une variété du *n*. 2. On en verra la raison lorsque nous parlerons de la *Culture* de ces plantes.

4. *Laurus sive Persea* Clusii. Le *Persea*. Sa feuille est large, ridée, sans dentelure ; & a l'odeur d'Anis, ainsi que le bois.

5. *Laurus Indica* Horti Farnes. Le *Laurier Royal*. Il vient sans culture à Madere & aux Canaries. On l'a beaucoup multiplié en *Portugal*, de sorte qu'il semble y être naturalisé. Dans le siecle dernier on croyoit que c'étoit l'*Arbre de la Cannelle*. Il s'éleve à trente ou quarante pieds de haut. Ses feuilles sont larges, épaisses, lisses, sans dentelure, sans odeur aromatique ; ne tombent point ; & tiennent à des pédicules un peu rouges. Les branches sont opposées. Les fleurs forment de longs bouquets d'un verd pâle. Les baies sont considérables par leur grosseur.

6. *Laurus foliis enervibus obversè ovatis, utrinque acutis, integerrimis* H. Cliff. : ou, selon Pluknet, *Arbor Virginiana, Pishaminis folio, baccata, Benzoïnum redolens*. C'est un arbre commun au Canada & à la Louisiane. Il a huit ou dix pieds de haut. Ses branches sont garnies de feuilles presque ovales, longues d'environ trois pouces, larges de dix-huit lignes à leur partie moyenne, unies en dessus, mais en dessous marquées de plusieurs nervures transversales saillantes. Ces feuilles périssent en automne. Elles ont une odeur agréable. Il y a des Auteurs qui les comparent aux feuilles de Citronier ; ou à celles de Cornouillier. Cet arbre ne donne pas le Benjoin ; quoique les Anglois le nomment *Benjamin Tree* (Arbre du Benjoin). Il en a seulement l'odeur. M. Miller dit que la seule fois qu'il ait vû fleurir cet arbre, il n'y trouva que des fleurs mâles, dont la couleur étoit d'un blanc herbacé, & qui constamment n'avoient que *six étamines*. Voyez le *Journal Œconom.* Oct. 1753, p. 151.

7. *Laurus Camphorifera* Koempf. Le *Camphrier de la Chine*. Il y vient sans culture, ainsi qu'au Japon & en d'autres endroits des Indes Orientales. Cet arbre est d'une taille moyenne. Ses feuilles sont ovales, lisses, marquées de trois nervures longitudinales qui s'unissent vers leur base. Les branches & les feuilles, étant froissées, rendent une forte odeur de camphre. M. Miller, qui en a vû un fleurir abondam-

ment en Angleterre, dit n'y avoir obſervé que des fleurs mâles, qui étoient petites, jaunes, par paquets de trois ou quatre, & compoſées de *cinq pétales concaves*. Voyez le *Journal Œconomique*, Octobre 1753, p. 152-3.

8. *Laurus foliis integris & trilobis* H. Cliff. Le Laurier *Saſſafras :* dont Pluknet fait un *Cornouillier*. Selon M. Miller ce n'eſt, en Amérique même, qu'un arbre bas de tige, qui n'a ordinairement que huit à dix pieds de haut. M. Le Page dit, dans ſon *Hiſtoire de la Louiſiane*, que c'eſt un grand & gros arbre; commun dans la Floride, la Louiſiane, & le Canada : qu'il a quelquefois plus de deux pieds de diametre. Son écorce eſt groſſiere, & fort remplie de crevaſſes. Cet arbre eſt encore rare en Europe. M. Miller obſerve qu'on a beaucoup de peine à le multiplier en Angleterre : quoiqu'il convienne que, dans l'Amérique Septentrionale, cet arbre produit une grande quantité de rejets ſur la longueur de ſes racines, enſorte que la terre en eſt bientôt couverte quand rien ne s'y oppoſe. Ce Cultivateur Anglois dit y avoir remarqué des feuilles ovales entieres, longues d'environ trois à quatre pouces ſur trois de largeur; &, ſur le même arbre, d'autres feuilles profondément découpées en trois lobes, longues de ſix pouces, ſur à-peu-près autant de largeur pour les trois lobes enſemble. (Mais ces proportions ne doivent pas être regardées comme conſtamment propres à chacune de ces feuilles.) Les unes & les autres ſont d'un verd brillant, mais doux, périſſent en automne, & ſont placées dans l'ordre alterne ſur les branches. Au printems, à peine les nouvelles feuilles paroiſſent-elles, que les fleurs naiſſent au-deſſous, par paquets de trois ou quatre. Ce ne ſont que de petites fleurs jaunes, compoſées de *cinq pétales concaves*, ſelon M. Miller; qui ajoûte que différens individus portent, les uns des fleurs mâles, & les autres des fleurs femelles. Il dit y avoir obſervé *huit Etamines*. Les baies deviennent bleues, en mûriſſant. Le bois de cet arbre » approche de la couleur de » cannelle; ſe fend aiſément, a l'odeur de fenouil, » & un goût piquant aromatique. En brûlant, il ré» pand une odeur ſupportable. M. Le Page dit en» core avoir remarqué que pour l'entretenir en feu, » il faut continuellement le faire toucher à du bois » d'une eſpece différente. «

Culture.

Le *n.* 1 eſt un arbre des climats chauds. C'eſt pourquoi en Angleterre on le tient ordinairement en caiſſe; & il y paſſe l'hiver dans des ſerres.

Les Anglois obſervent la même choſe pour le *n.* 3.

En France, l'un & l'autre paroiſſent n'avoir à craindre que des hivers extrêmement rigoureux.

L'eſpece commune, *n.* 2, eſt très-vivace. M. Duhamel en a de vingt à vingt-cinq pieds de hauteur, à l'expoſition du Midi; & d'autres qui ſubſiſtent depuis près de vingt ans dans un boſquet d'hiver, ſans avoir été aucunement garantis du froid. On aſſure que quand les tiges de cet arbre ſont les plus fortement atteintes de la gelée, les racines ſubſiſtent toujours & repouſſent avec vigueur quand on a retranché les parties mortifiées.

Pour que cet arbre faſſe une belle tige, il eſt à propos de l'élaguer en ne ménageant que tout ce qui peut contribuer à lui donner de la force. On le taille rarement en automne.

Les *nn.* 5, 6, 7, & 8, ſont plus délicats. Mais on en perd rarement ſi on a la précaution de ne les riſquer en pleine terre que quand ils ſont un peu forts; & de tenir un lit de paille au-deſſus des racines pour les garantir des injures de l'air, durant quelques années. Nos Provinces Méridionales ſeroient propres à favoriſer la multiplication de ces eſpeces. Toutes nos Côtes Maritimes peuvent procurer le même avantage; parce que le vent même de Nord, ne parvient à celles qui y ſont le plus expoſées, qu'après avoir parcouru un long trajet de mer dont la température eſt conſtamment dans un degré inférieur à celui de la congélation.

En général, les Lauriers ſe plaiſent davantage dans une terre ſéche, que dans celle qui eſt humide. Au Canada, le *n.* 8 affecte une bonne terre, & les endroits découverts.

On peut les multiplier de ſemences; & de marcottes : ou greffer les uns ſur les autres. Les *nn.* 2 & 8 ſe multiplient par les rejets, dont leur pied eſt très-garni : mais en les plantant, il ne faut pas compter d'obtenir des arbres de tige, ni autre choſe que des eſpeces de broſſailles.

Les graines ſe ſement dans des pots, que l'on enfonce dans une couche médiocrement chaude, afin d'avancer la levée. On leur donne moitié terreau, moitié terre franche. Vers le mois de Juin, on les expoſe à l'air; & en automne on les porte ſous des chaſſis, qu'on a l'attention de ne tenir fermés que quand il fait froid. Au printems on ſort les eſpeces peu délicates, afin de les mettre en pépiniere, & ne les planter à demeure qu'au bout de deux ans. Les autres eſpeces ſont traitées à proportion de leurs délicateſſe ou vigueur.

Uſages.

Les eſpeces dont les feuilles ne périſſent pas en hiver peuvent être miſes dans les boſquets de cette ſaiſon. Le *n.* 2 y vient bien à la faveur d'autres arbres, pourvû qu'il ne ſoit pas trop ſerré entre eux. Il convient pareillement pour former des liſieres le long des bois : ce qui diminue le déſagrément de l'aſpect que préſentent en hiver les arbres dépouillés.

Le bois des trois premieres eſpeces eſt pliant & fort, quoique tendre. On peut donc en faire de très-bons cerceaux pour les petits barrils. *Voyez* ci-deſſus *n.* 8, quelques propriétés du bois du Laurier Saſſafras. Nous ajoûtons que ce n'eſt pas le vrai Saſſafras uſité en Médecine. On ne laiſſe point de l'y ſubſtituer quelquefois; à titre d'inciſif, apéritif, & ſudorifique.

Les feuilles des *nn.* 1 & 2 entrent comme aſſaiſonnement dans nombre de mêts. On les met auſſi entre la couene & la chair des jambons.

On tire une *huile* de leurs baies : *Voyez* ci-deſſus *p.* 300-1. Ces baies nous ſervoient pour les teintures, avant que l'on connût les drogues qui fourniſſent aujourd'hui de plus belles couleurs & moins diſpendieuſes.

Les feuilles & baies de ces lauriers chaſſent les vents, excitent les mois aux femmes, provoquent l'urine, fortifient les nerfs & le cerveau. L'huile qu'on tire des baies de laurier, ſoit par expreſſion, ſoit par diſtillation, ou par coction dans l'eau bouillante, eſt très-propre pour les maladies ci-deſſus; auſſibien que pour la paralyſie, les convulſions, la colique, & la foibleſſe d'eſtomac : on la donne intérieurement, à la doſe de dix ou douze gouttes. On en tire par la fermentation un eſprit qui a les mêmes vertus. On en fait encore un électuaire, pour la colique, & pour les maux de la matrice. Voyez encore VIN *de baies de Laurier.*

La meilleure huile de laurier vient de Languedoc. Celle qui a été ſophiſtiquée, ou mal préparée, eſt unie, trop liquide, & tirant ſur le verd, au lieu que la véritable est grenue, d'une consistance solide, & tirant sur le jaune. Les Maréchaux en font une grande consommation.

Le laurier *n.* 5 est employé, en Portugal, à la décoration des allées.

Pour ce qui est du *n.* 7: Consultez le mot CAMPHRE.

LAURIER ALEXANDRIN. Voyez *Petit* HOUX.

LAURIER-ROSE. *Voyez* ROSAGE.

LAURIER *sauvage.* Voyez CIRIER.

L A X

LAXATIF. Remede qui lâche le ventre. *Voyez* VIN *laxatif.* L'article VENTRE. TISANE. CONSERVE. BIERRE, *p.* 301, *col.* 2.

L A Y

LAYE. Petite Route, qu'on fait dans un bois pour y former une allée, ou pour arpenter & en lever le plan quand on veut faire la vente. *Voyez* LAYER.

2. LAYE, est aussi la femelle du sanglier. *Consultez* l'article SANGLIER.

LAYER; ou *Baliver.* C'est marquer les arbres de réserve. *Voyez* BALIVEAU.

2. LAYER, signifie encore faire des routes dans une forêt. *Voyez* LAYE.

LAYLA, *layla, chiens.* C'est un terme dont le Piqueur doit user pour tenir ses chiens en crainte, lorsqu'il s'apperçoit que la bête qu'ils chassent est accompagnée; & pour les obliger à en garder le change.

L A Z

LAZULI. *Voyez* AZUR.

L E G

LEGUMEN. *Voyez* GOUSSE.

LÉGUMES. Réguliérement on devroit n'appeller ainsi que les semences ou graines qui viennent dans des gousses. L'usage étend ce nom aux racines & à la plûpart des autres plantes potageres. Il y a des personnes qui distinguent les graines par la qualification de *Gros Légumes.* Consultez les articles des diverses plantes usitées sur nos tables.

LÉGUMINEUSE: ou *Papilionacée.* Les Botanistes appellent ainsi une fleur composée de quatre ou cinq pétales qui ne sont point uniformes entr'eux, & auxquels on a en conséquence donné différens noms. Le pétale supérieur, ordinairement plus grand que les autres, est nommé *Pavillon* ou *Etendart.* Tantôt il est déployé & renversé en arriere; tantôt rabattu sur les autres pétales, ensorte qu'il les enveloppe en partie: il est quelquefois échancré dans son milieu: certaines fleurs ont ce pétale assez petit; & il est fort grand, dans d'autres. Le pétale d'en bas est appellé *Nacelle;* ordinairement courbe, quelquefois représentant comme un sabot; d'une seule piece, ou de deux appliquées immédiatement l'une contre l'autre; & forme presque toujours une convexité en dehors, & une concavité par dedans. Entre le pavillon & la nacelle, sont les *Ailes*, posées latéralement; tantôt pointues, tantôt plus ou moins arrondies, & plus ou moins écartées de l'axe de la fleur; quelquefois rabattues sur la nacelle, de maniere à la cacher ou même à la rendre imperceptible. Dans presque toutes les fleurs de ce genre les filets des étamines sont réunis en forme de gaîne dans laquelle passe le pistil; un des bouts de cette gaîne s'attachant à la base du pistil ou au fond de la fleur, & les sommets portant sur l'autre bout. Le fruit qui succede à la fleur est nommé *Gousse;* en Latin *Legumen.* Voyez GOUSSE.

L E I

LEIR; & LEIROT. *Voyez* LOIR.

L E M

LEMON *Tree.* Voyez 3. LIMON.

L E N

LENITIF: *terme de Pharmacie.* C'est un remede adoucissant & résolutif; qui humecte la partie malade, & fait dissiper l'humeur âcre qui s'y étoit amassée.

On donne particuliérement le nom de Lenitif à un *Electuaire* mou, dans la composition duquel entrent ordinairement quinze ingrédiens, sans le sucre: savoir le senné, le polypode, les raisins de Damas, la mercuriale, l'orge mondée, le polytrich, la semence de violettes ou les fleurs récentes, les jujubes, les sebestes, les pruneaux, les tamarins, la reglisse, la pulpe de casse, les graines de fenouil & d'anis. Quelques-uns y ajoûtent de la conserve de violette, des pommes, *&c.*

Cet électuaire tire son nom de son effet; parce qu'il purge en adoucissant, & qu'il évacue doucement & sans douleur l'une & l'autre biles.

Pour faire le mélange de ces ingrédiens, il y en a qu'il faut faire bouillir; d'autres qu'il faut dissoudre; & d'autres qu'il faut mettre en poudre. On fait bouillir tous ceux qui sont mentionnés ci-dessus; à l'exception des tamarins, de la casse, & de la conserve de violettes. On commence par l'orge & le polypode, qu'il faut concasser auparavant: puis on y ajoûte les pruneaux & sebestes; un peu après, les raisins mondés de leurs pepins, & les jujubes, ensuite les tamarins, la mercuriale, la réglisse, le senné; & enfin le polytrich & les violettes.

Il faut couler cette décoction, & l'exprimer étant à moitié refroidie, ensuite en prendre une partie, pour faire avec le sucre blanc un sirop parfaitement cuit; & l'autre partie servira à humecter la casse, les tamarins, les sebestes, *&c.* lorsqu'on voudra les passer, afin qu'ils coulent plus facilement à travers le tamis. Toutes ces drogues se doivent passer à part; afin de les peser de même. On pesera aussi la décoction avec laquelle on les humecte; afin de savoir au vrai le déchet, & si le poids requis s'y trouve.

Quand on voudra délayer la casse, les tamarins, les pruneaux, les sebestes, & la conserve de violettes, passés & pesés comme il a été dit: il faudra le faire peu-à-peu avec un pilon ou bistortier de bois dans le sirop susdit encore chaud, & la bassine encore sur le feu. Après quoi la bassine ôtée & à demi refroidie, on ajoûtera le senné & l'anis en poudre; ce qui ne se fera que peu-à-peu, & non tout-à-coup, en remuant toujours avec le même pilon.

Toutes ces circonstances sont absolument nécessaires à qui veut faire une parfaite mixtion: autrement l'électuaire seroit défectueux dans sa consistance; à cause qu'étant tout rempli de grumeaux, il n'auroit pas la liaison qu'il devroit avoir; faute de quoi il perdroit une bonne partie de sa vertu.

Les Apothicaires de Londres mettent deux livres de sucre au lieu de six onces qui entrent ordinairement dans cet électuaire. Mais une livre peut être souvent suffisante pour conserver cet électuaire, pourvû que d'ailleurs les pulpes soient bien desséchées.

Cet électuaire convient à la pleurésie & aux fievres putrides.

LENTILLE; en Latin LENS ou LENTICULA: & LENTIL, ou même *Till*, en Anglois.

Il y a des Botanistes qui ne font qu'un seul genre de la Lentille & de l'Ers. Quoique les fleurs de ces deux plantes aient beaucoup de rapport entre elles, on observe néanmoins des différences qui autorisent à conserver l'ancienne distinction. Nous allons simplement les indiquer ici; renvoyant pour le surplus à l'article ERS. 1°. L'Etendart ou Pavillon de la Lentille a deux fossettes au-dessus de l'onglet. 2°. La Gousse est plate. 3°. Les Semences sont orbiculaires, applaties vers leurs bords, & renflées vers le centre.

Especes.

1. *Lens major* C. B : connue en Angleterre sous la dénomination de *Lentille de France*. Ses folioles sont moins aiguës que celles de l'Ers *n.* 1, & moins nombreuses. Cette plante est considérable; & produit de grosses semences.

2. *Lens minor* Dodon. La *Petite Lentille à la Reine*. Cette plante, ainsi que la précédente, est annuelle. Ses tiges, longues d'environ un pied & demi, ne peuvent se soutenir qu'à l'aide de leurs vrilles qui s'accrochent aux corps voisins. Les fleurs sont petites, d'un pourpre fort clair, & paroissent vers les mois de Mai, Juin, Juillet & Août. Il leur succede des gousses courtes; où sont deux ou trois semences, tantôt roussâtres, tantôt d'un jaune pâle, ou d'un brun tirant sur le noir, *&c.* & moitié moins fortes que celles du *n.* 1. M. Miller assure que l'une des deux especes ne produit pas l'autre par ses semences.

3. *Lens monanthos*. H. Lugd. Bat. Cette espece ne produit ses fleurs qu'une à une; au lieu que les précédentes ont les leurs par paquets de trois ou quatre. Ses gousses sont plus étroites, mais plus longues; & contiennent ordinairement quatre semences.

Usages.

Il y a des Œconomes qui cultivent ces plantes pour augmenter le fourrage d'hiver.

Les graines des *nn.* 1 & 2 sont d'usage comme aliment. On les assaisonne plus souvent en maigre qu'en gras. On en fait aussi des coulis, purées, *&c.* En nombre d'endroits on regarde la lentille comme un mêts qui ne convient qu'à de pauvres gens; ailleurs on en sert sur les tables délicates. En général, quelques Médecins disent que les lentilles font un sang grossier quand on en mange beaucoup; & rendent sujets aux cancers, gales, ulceres, & douleurs de nerfs, *&c*; causent des songes épouvantables; & nuisent souvent à la tête & aux poumons. D'autres prétendent que cet aliment est plus sain que les pois & les feves.

Mais la décoction de lentilles lâche le ventre, quand elle est légere; & resserre quand elle est forte: c'est pourquoi on l'emploie dans la lienterie. On use avec succès de la décoction légere, pour adoucir & nettoyer: on en bassine le visage, dans la petite vérole, lorsque les pustules commencent à n'être pas enflammées, & viennent à suppuration. Cette même décoction, bue chaude, avec moitié autant de bon vin vieux, est très-utile pour faire sortir la petite vérole.

Pour nettoyer les lentilles avant de les faire cuire: Il suffit de les vanner, pour en ôter la terre & les petites pierres; puis, les verser dans de l'eau chaude. A mesure qu'elles montent à sa surface, on les ôte avec une écumoire, pour les mettre dans un plat ou un pot. Quand l'eau chaude les a fait monter toutes, & qu'elles en ont été retirées, toute la terre & les pierres demeurent au fond du pot: où l'on remet d'autre eau nette avec les lentilles, pour les faire cuire.

Potage aux lentilles, à la Provençale, à l'huile.

Les lentilles étant bien épluchées, lavez-les, & les mettez cuire avec du bouillon de pois. Etant à moitié cuites, mettez-y un verre de bonne huile, une douzaine de gousses d'ail, quelques oignons, & un qui soit piqué de cloux de girofle, une cueillerée de bon jus maigre, & deux verres de vin de Champagne. Les lentilles étant cuites, ôtez-en les oignons, dégraissez-les bien, & leur donnez le goût qu'il faut. Prenez garde qu'elles ne soient pas trop liées. Prenez ensuite des croutes de pain, que vous couperez bien minces; & en garnissez le fond de votre plat. Mettez-y une demi-cuillerée du clair des lentilles, avec un peu de jus. Faites-les bien mitonner. Garnissez de pain frit le bord du plat; mettez-y les lentilles; & servez chaudement.

Culture.

Si on veut avoir des lentilles en abondance, il leur faut donner une terre qui ne soit ni trop grasse, ni trop maigre; dans une bonne terre, elles poussent trop épais, & ne donnent que de l'herbe; au lieu que dans un fond médiocre, elles foisonnent beaucoup en grain, pourvû que lorsqu'elles sont en fleur il ne survienne point assez de pluie pour les faire couler.

Quand on veut que les lentilles deviennent belles, & ne soient pas longtems à sortir de terre, on les tient pendant quatre ou cinq jours mêlées avec du fumier sec; & on les seme ensuite.

Pour qu'elles ne tardent pas à lever, il suffit même de les recouvrir légérement; comme avec la herse, & non la charrue, quand c'est en plein champ.

Une année abondante en pois, est souvent aussi favorable aux lentilles.

Elles réussissent bien s'il vient de la pluie à propos; quoique l'année soit en général fort séche.

On commence à en semer vers la fin de Mars dans les terres séches: on différe pour les terreins humides.

En les semant par rangées distantes d'un pied & demi, pour pouvoir sarcler commodément, elles réussissent beaucoup mieux que d'autre maniere; où les herbes ont la liberté de s'élever au-dessus de la lentille.

LENTILLE *de Hongrie*. Voyez GESSE, *n.* 9.

LENTILLE *d'eau*; ou LENTILLE *de marais*: en Latin LENTICULA *palustris*: & *Duck Meat*, en Anglois.

L'espece nommée par G. Bauhin *Lenticula palustris vulgaris*, est commune à la surface des eaux qui n'ont que peu ou point d'écoulement. Elle couvre quelquefois toute l'eau de certains fossés. Sa feuille a l'apparence de lentilles; étant petite, orbiculaire, plan en dessus, épaisse, spongieuse, glabre, luisante & d'un verd pâle. Le dessous de cette feuille devient convexe & bosselé par le gonflement des vésicules qui y sont placées; lesquelles grossissent ainsi dans le tems où la feuille a besoin de s'élever à la surface de l'eau, pour y fleurir & fructifier. Cette plante ne jette dans l'eau qu'une seule racine, attachée sous la feuille.

2. *Lenticula palustris major* Commel. Celle-ci, un peu plus rare que l'autre, a plusieurs racines sous sa feuille; & cette feuille est plus large. A l'extrê-

mité de chaque racine est un petit cornet, qui lui sert de réservoir. Cette espece se trouve dans les mêmes endroits que la précédente.

Propriétés.

L'eau distillée des feuilles de lentille d'eau se donne intérieurement pour les inflammations des visceres, les fievres pestilentielles, la goute. On l'applique aussi en cataplasme; mais elle peut occasionner la répercussion des humeurs. Mise sur les yeux, elle en ôte la rougeur, & arrête les inflammations des paupieres; ainsi que l'inflammation des testicules & des mammelles. Deux poignées de feuilles de ces lentilles, saupoudrées avec une demi-once de myrrhe, calment la douleur des hémorrhoïdes: il faut mettre ces feuilles ainsi préparées, dans un sachet, & bassiner le mal avec l'eau qui découle au travers de la toile.

LENTILLES *du Visage*. Voyez VISAGE.

LENTISQUE: en Latin LENTISCUS: & en Anglois *Mastick Tree*. Dans ce genre de plantes, les fleurs mâles naissent sur des pieds différens de ceux des fleurs femelles. La conformation de ces fleurs étant la même que celle des TÉRÉBINTHES, nous ne la répéterons pas ici. Nous observerons seulement que pour distinguer les Lentisques d'avec les Térébinthes; on peut saisir, comme a fait M. Tournefort, la disposition des feuilles: qui, dans le Lentisque, ont plusieurs rangées de folioles par paires sur un filet commun; sans une impaire qui le termine.

Le Lentisque ordinaire de Languedoc, de Provence, & du Midi de l'Europe; *Lentiscus vulgaris* C. B; est un joli arbre qui croît avec lenteur: mais s'éleve à dix-huit ou vingt pieds de haut. L'écorce du tronc est grisâtre; & celle des branches est d'un rouge brun. Sur ces branches sont placées des feuilles dans l'ordre alterne; composées de petites folioles brillantes en dessus, d'un verd obscur, un peu fermes, épaisses, à-peu-près rhomboïdales, terminées par une pointe affilée mais molle, & rangées par paires le long d'un nerf dont une partie considérable est bordée d'un feuillet membraneux. La nervure longitudinale, & l'extrêmité de chaque foliole, sont rougeâtres. Les fleurs, tant mâles que femelles, naissent par paquets dans l'aisselle des branches, vers le mois de Mai. Les mâles sont de couleur herbeuse, & n'ont qu'une durée assez courte. Les baies qui succedent aux fleurs femelles, sont petites, en grappes, & noires dans leur maturité. Il y a en Languedoc des endroits où ce lentisque est nommé *Restincle*. Il conserve ses feuilles pendant l'hiver. Toutes ces parties ont une odeur très-forte. Il produit des especes de vessies recourbées, qui d'abord sont remplies d'une liqueur claire, & servent ensuite comme de berceau à des insectes: consultez la figure qui est à la 358e page du I. Volume du *Traité des Arbres & Arbustes* de M. Duhamel.

Ce curieux & sçavant Naturaliste y indique (page 354) plusieurs especes de *Lentisques de l'Isle de Scio*; & parle ensuite de leurs propriétés. Nous croyons pouvoir omettre ici ces détails; & nous borner à l'espece dont la culture est plus à notre portée.

Consultez aussi le *Voyage du Levant* de M. Tournefort, T. I. p. 376, &c. *in*-4°.

Culture.

Le lentisque ci-dessus se multiplie ordinairement de marcottes; qui peuvent presque toujours être serrées & encaissées au bout d'un an. Ces jeunes plantes ont besoin d'être bien garanties du froid en hiver; & abritées du grand soleil, ainsi que du hâle en été. Il faut ne les risquer en pleine terre dans nos climats, que quand elles ont acquis une certaine grosseur. Nous ne pouvons même espérer de les conserver en pleine terre, qu'en les mettant en espalier à une bonne exposition, & ayant soin de les couvrir plus ou moins durant toute la saison des gelées.

On multiplie encore cet arbre par ses semences; qu'il faut tenir de main sûre: car il y en a beaucoup qui ne levent point, faute d'avoir été fécondées; les individus femelles ne s'étant pas trouvé à portée des mâles. Plus on différe à semer la bonne graine de lentisque, plus elle tarde à lever: ensorte qu'elle ne paroît quelquefois qu'au bout d'un an.

Usages.

Le Lentisque est regardé comme astringent, dans toutes ses parties. On attribue à son bois la propriété de fortifier les gencives: c'est pourquoi l'on en fait des curedens, & on use de sa décoction en gargarisme. Il entre aussi dans quelques compositions pharmaceutiques, à titre d'astringent. Ce bois nous est apporté des pays chauds: il doit être nouveau, sec, difficile à rompre, point carié, extérieurement gris, blanc au dedans, & avoir une saveur styptique.

En Italie, on tire, du fruit de cet arbre, une huile; de la même maniere que l'on tire celle de laurier: voyez ci-dessus, p. 300. M. Tournefort, (*Voyage du Levant*, T. I. p. 214) dit que les lentisques de Naxie étant prodigieusement abondans en graine, on la cueille dans sa maturité pour la laisser en digestion, puis l'exprimer au bout de quelques jours, & en tirer l'huile: que les habitans de cette Isle brûlent par préférence à celle d'olives, qui y est cependant à bas prix. M. Tournefort ajoûte » que cette *huile* est bonne pour le » cours de ventre, les fleurs blanches, la gonor» rhée, la colique: on en graisse le boyau, lors» qu'il y a descente de fondement. « Dioscoride la recommande pour les maladies de la peau.

Le tronc & les grosses branches du lentisque laissent échapper, soit naturellement, soit par des incisions forcées, des larmes résineuses que l'on nomme *Mastic*. Celui des lentisques du Levant est beaucoup plus abondant, & en général plus estimé, que celui d'Europe. *Consultez* l'article MASTIC.

L E O

LEONTOPODIUM. *Voyez* PIED DE LION.

LEONURUS. *Voyez* AGRIPAUME.

LEOPARD'*s Bane*. Voyez DORONIC.

L E P

LEPIDIUM. *Voyez* PASSERAGE.

LEPRE; ou *Ladrerie*. Maladie contagieuse; dont les Juifs & les Orientaux ont été fort affligés autrefois. Galien la définit une effusion de sang trouble & crasse, qui corrompt toute l'habitude du corps. Avicenne l'appelle une maladie universelle, ou chancre universel. Les Grecs la nomment *Elephantiasis*, parce que les malades ont la peau âpre, ridée & inégale, comme celle des éléphans. En Syrie on l'appelle *Gehazi*. C'est sous ce nom qu'en parle M. Maundrell, dans son *Voyage d'Alep à Jérusalem*. On prétend que ce mal est encore endémique en Egypte. Il paroît avoir été commun en Europe

rope dans les Xe & XIe fiecles. Il y fubfiftoit même dans le XVIe fiecle, quoique fort diminué alors : il ne ceffa qu'au commencement du XVIIe : & on ne le retrouve prefque plus parmi nous, du moins avec tous les fymptômes qui le caractérifoient chez les Orientaux.

M. Maundrell dit que, dans la Terre Sainte, » ce » mal rend aujourd'hui les jointures très-difformes ; » & furtout le poignet & la cheville du pied ; qu'il » enfle ces parties par une humeur gouteufe & ga- » leufe, dont il n'eft pas poffible de foutenir la vue. » Les jambes des lépreux de ce pays-là, dit-il encore, » reffemblent à celles des vieux chevaux gâtés, dont » on fe fert communément au devant des charettes.«

Les Anciens ont donné comme des fignes de la lépre, la defcription fuivante de l'état du malade. La voix devient rauque, & fort par le nez plutôt que par la bouche. Le poux du malade eft petit, pefant, lent, embarraffé. Son fang eft blanc, compaft ; & il s'en fépare des globules femblables à des grains de millet, qui demeurent fur le blanchet, après que ce fang a été lavé & filtré ; fa férofité eft dépouillée de fon humidité naturelle ; de forte que le fel ne peut s'y diffoudre : il eft fi fec que le ciné y furnage facilement. L'urine du lépreux eft vinaigre qu'on y verfe, bouillonne ; le plomb calcrfie, tenue, cendrée, trouble ; & dépofe un fédiment femblable à de la farine mêlée de fon. Son vifage reffemble à un charbon à demi éteint : il eft onctueux, luifant, enflé ; femé de boutons fort durs, dont la bafe eft verte, & la pointe blanche : en général il infpire de l'horreur. Ses poils font courts, hériffés, très-fins ; & on ne peut les arracher qu'avec un peu de la chair pourrie qui les a nourris : s'ils renaiffent à la tête ou au menton, ils font toujours blonds. Son front forme divers plis ; qui s'étendent d'une tempe à l'autre. Ses yeux font rouges, enflammés ; ils éclairent comme ceux d'un chat : ils s'avancent en dehors, mais ne peuvent fe mouvoir à droite & à gauche. Ses oreilles font enflées & rouges, mangées d'ulceres vers la bafe, & environnées de petites glandes. Son nez s'enfonce, à caufe que le cartilage fe pourrit : fes narines font ouvertes ; & les conduits ferrés ; avec quelques ulceres au fond. Sa langue eft féche, noire, enflée, ulcérée, raccourcie, fillonnée, & femée de grains blancs. Toute fa peau eft couverte foit d'ulceres qui s'amortiffent & renaiffent fucceffivement, foit de taches blanches ou d'écailles, comme les poiffons : elle eft inégale : au lieu de fang, elle ne rend qu'une liqueur fanieufe : & fouvent on l'arrofe d'eau fans la pouvoir mouiller. Le lépreux vient à ce degré d'infenfibilité, qu'on lui perce avec une aiguille le poignet & les pieds, même le gros tendon qui eft le plus fenfible, fans qu'il fouffre de douleur. Enfin ; le nez, les doigts des pieds & des mains, & même les membres, fe détachent tout entiers : leur mort particuliere prépare celle du malade ; qui eft ordinairement enlevé par une fievre légere.

On dit que ceux qui ont la lépre ont une fi violente chaleur dans le corps, qu'après avoir tenu une pomme fraîche une heure dans la main, elle devient auffi féche & ridée que fi elle eût été huit jours au foleil.

Confultez le mot *Lépre*, entre les maladies du CHEVAL.

Remedes.

On pourroit regarder comme inutile d'indiquer des remedes pour une maladie qui n'exifte prefque plus. Ceux que nous propofons ici peuvent être bons pour certaines maladies cutanées rebelles, que l'on qualifie improprement de *Lepre.*

1. Il faut pendant un mois faire fa nourriture ordinaire de chair de vipere. *Voyez* auffi GELÉE *de Viperes.*

2. L'ufage continué de la feconde écorce d'orme guérit (dit-on) fûrement la lépre.

3. Réitérez trois ou quatre fois le remede fuivant : Coupez un toupet de cheveux de la nuque du col du malade, taillez ces cheveux bien menu, & faites-les-lui avaler dans un œuf frais. C'eft un très-puiffant fudorifique. Voyez ci-deffus, p. 56, col. 2.

4. Faites bouillir trois chopines de lait : mêlez-y, en bouillant, demi-pinte de verjus, & une pinte de fuc de joubarbe : paffez enfuite ce mélange par un linge bien blanc : & faites-le boire au malade ; qui fera guéri en très-peu de tems. (Ce remede eft encore bon pour la Squinancie.)

5. *Confultez* le mot *Lepre*, entre les maladies du COCHON, & celles du CHEVAL. MALANDRE. GOUTTEROSE, *n.* 13. VÉRONIQUE.

Pour la Lepre du Vifage.

Mettez dans une bouteille de verre, tenant chopine, du fuc exprimé des baies de coulevrée encore vertes : ajoûtez-y borax & camphre, de chacun une dragme ; alun de plume, deux dragmes ; fucre candi, une once & demie ; verdet, un demi gros : le tout réduit en poudre. Ayant bouché la bouteille exactement, enterrez-la dans un jardin, enforte qu'elle foit toute couverte de terre ; & la laiffez en cet état pendant un mois. Au bout de ce tems, vous la retirerez ; & coulerez la liqueur : dont vous pourrez vous fervir pour baffiner le vifage ; ayant foin de le rafraîchir avec une décoction de fon de froment. *Voyez* VISAGE.

LER

LERCH. *Voyez* ALOUETTE.
LEROT. *Voyez* LOIR.

LES

LESSE. Corde de crin, longue de trois braffes ou environ ; dont on tient les levriers accouplés. Les Chaffeurs tiennent en leffe leurs chiens, jufqu'à ce qu'ils aient découvert le gibier ; fur lequel ils les lâchent enfuite.

LET

LETHARGIE. Sommeil fi profond & fi dur, que l'on a beaucoup de peine à éveiller celui qui en eft attaqué. Il eft toujours accompagné d'un peu de fievre. *Voyez* l'article CARE ; où nous avons indiqué les différences de la Léthargie d'avec le Care & l'Apoplexie.

La *Caufe* générale de la léthargie paroît être une pituite répandue dans le cerveau ; fi froide & fi abondante, qu'elle jette dans un affoupiffement prefque invincible : enforte qu'il y a une confidérable privation de fentiment, de mouvement volontaire ; avec délire, & oubli général, quand on force le malade à s'éveiller.

La léthargie peut encore venir d'un tempérament naturellement froid ; d'un vice de l'eftomac ; d'humeurs corrompues dans le cerveau ou dans fes envelopes ; ou de quelque abfcès. La trifteffe & autres paffions violentes peuvent auffi y donner lieu.

On peut la regarder comme une maladie des nerfs.

Ceux qui habitent les lieux humides ou les marais ; qui vont au brouillard ; qui repofent au clair de la lune ; qui dorment fitôt qu'ils ont mangé ; qui boivent de mauvaife eau ; ufent d'alimens groffiers; mangent beaucoup de champignons & autres substances fongueuses; ou qui font excès de vin chargé de lie: sont particuliérement exposés à cet accident.

Ses *Prognostics* font que la tête devient subitement tremblante, le corps paresseux; que l'on a des étourdissemens, de fréquentes envies de dormir: surtout quand ces circonstances sont jointes à celles d'un âge avancé, d'un tempérament pituiteux, d'un air très-humide.

Lorsque les urines sont claires & transparentes, dans la léthargie; que la face est plombée ou livide; qu'il arrive un tremblement général, que la sueur est froide à l'entour du col & du front, ce sont des signes mortels.

Toute léthargie confirmée est suivie de mort.

Lorsqu'un léthargique a une respiration égale; qu'il sue vers les aisselles, vers les aines, & à l'entour des oreilles: il échappe ordinairement au danger.

Remedes.

Pour *prévenir* la léthargie, quand on s'y sentira exposé, on se mettra à une diéte modérément séche & chaude: & en même tems on se purgera plusieurs fois de suite.

On remédiera à la *Léthargie actuelle*, 1°. comme à l'Epilepsie, la Paralysie, l'Apoplexie séreuse, & au Care.

2. Prenez dix grains de safran des métaux, une dragme de cannelle, dix grains de girofle, quatre onces de vin blanc: faites infuser le tout à froid pendant une nuit avec une demi-once de sucre: filtrez, & donnez ce vin le matin au malade: & réitérez trois jours de suite.

3. Prenez sauge, bétoine, laurier, tabac, écorces d'orange & de citron; parties égales: réduisez le tout en poudre; & usez-en soir & matin en sternutatoire.

4. Huile de gayac rectifiée: la dose est depuis deux gouttes jusqu'à six.

Esprit volatil de sel ammoniac: la dose est depuis six gouttes jusqu'à vingt.

Sirop & vin émétiques: la dose est depuis une demi once jusqu'à deux ou trois onces.

Extrait de mélisse & de chardon bénit: la dose est depuis un scrupule jusqu'à une dragme.

Esprit de tabac: la dose est depuis deux dragmes jusqu'à six.

Sels volatils de vipere, de corne de cerf, d'ivoire, de sang humain, d'urine, de crâne humain, bien rectifiés: la dose de chacun est depuis six grains jusqu'à seize.

5. *Voyez* EMBROCATION.

LÉTIFIANT (*Remede*); c'est-à-dire, propre à dissiper la tristesse & la mélancolie, & inspirer de la gaicté. *Voyez* ELECTUAIRE *Létifiant.*

LETTRE. C'est une figure ou un caractere, qui entre dans la composition des mots. On exprime ce caractere par un son. Les François ont vingt-trois lettres dans leur alphabet.

Voyez ÉCRIRE. ENCRE.

Faire paroître des Lettres en relief sur le Bois. Voyez Tome I. p. 353.

LETTRE, est aussi un écrit qu'on envoie à une personne absente, pour lui exprimer sa pensée.

Pour Cacheter & Fermer les Lettres, ensorte qu'on ne puisse les ouvrir.

Avant de mettre la cire, il faut déchiqueter le papier qui est au-dessous du cachet: après quoi il semble devoir être malaisé d'en ôter la cire, ou même impossible, à moins que d'arracher les petits morceaux de papier. Ayant ouvert la lettre, la fraude se manifeste, par la partie du cachet qui est au-dessous. [Il est plus sûr de cacheter avec du pain, & par dessus avec de la cire.]

Procédé que l'on dit garantir les Lettres, du feu.

Si vous voulez que les lettres ne puissent être brûlées, prenez de fort vinaigre, & des blancs d'œufs: & y battez bien, du vif argent. Frottez le papier trois fois avec ce mélange; & faites-le sécher autant de fois: après quoi écrivez-y tout ce que bon vous semblera, & jettez-le au feu; vous le verrez en sortir sans être endommagé.

LETTUCE. *Voyez* LAITUE.

Lamb's LETTUCE. *Voyez* MACHE.

LEV

LEVAIN. Substance acide, qui raréfie & met en fermentation une matiere qui en est susceptible. En terme de Boulanger, c'est ou un morceau de pâte aigrie; dont les sels, développés par une fermentation antérieure, se lient à ceux d'une pâte non fermentée, & leur aident à se raréfier & dissoudre: ou c'est une écume ou mousse, qui sort de la bierre quand elle bout dans le tonneau. Ce dernier levain rend le pain plus léger, plus tendre, & plus délicat. Quand on veut se servir du premier, il faut mêler & paîtrir dans une certaine quantité de farine, un morceau de ce levain, proportionné à la quantité de pâte qu'on veut faire lever. Pour dix boisseaux de farine, il faut mêler une livre de levain avec un boisseau de farine. Ensuite on le laisse fermenter pendant six heures, quand il fait chaud; & pendant dix ou douze heures, en tems froid. Puis on le délaye dans le reste de la farine avec de l'eau chaude; on les laisse fermenter ensemble pendant trois heures en tems chaud, & pendant cinq ou six heures en tems froid: après quoi on paîtrit à forfait. La pâte étant tournée & dressée, on la met sur la couche, pour qu'elle fermente encore pendant une heure en été, & pendant trois ou quatre heures en hiver.

Voyez PAIN. FERMENT. FERMENTATION. LEVURE. DISTILLATION, p. 827.

Le levain de pâte est d'usage en médecine; comme remede attractif.

LEUCACANTHA. *Voyez* CAROLINE, *n.* 6.

LEUCANTHEMUM. *Voyez* CAMOMILLE, *n.* 1, 2.

LEUCOIUM. *Voyez* VIOLIER. PERCE-NEIGE. ALYSSOIDES.

LEUCOPHLEGMATIE, ou *Anasarque.* Hydropisie causée par un abondant épanchement de lymphe sous la peau & entre les fibres des muscles. *Consultez* les articles TYMPANITE. ENFLURE. HYDROPISIE.

LEVÉE. *Voyez* TURCIE.

Pour la faire solidement: il faut l'asseoir sur l'argile; revêtir d'argile le côté où les eaux peuvent ensuite venir battre contre la levée; donner à ce côté beaucoup de talus; & n'employer la terre remuée, que pour les parties qui n'ont point de charge, & celles où l'action de l'eau ne peut être considérable. Voyez le *Journal Œcon.* Novembre 1751. p. 68.

LEVÉE: *terme d'Agriculture, & de Jardinage.* C'est la sortie des germes dont on a mis les semences en terre. On dit » *Faciliter la levée des graines:* la » levée des grains est belle: *&c.*

LEVER. Ce verbe a la même signification, dans le sens actif. On dit qu'une semence leve; quand on voit la jeune plante sortir de terre. » Le » froment a levé assez vîte. Ma chicorée n'a pas » levé, *&c.* «

2. LEVER, est encore un *Terme de Labourage.* Voyez GUERET.

3. LEVER, est quelquefois substitué à *Enlever.* Il y a des gens qui disent, dans ce sens: » On a eu » bien de la peine à lever les gerbes. «

4. LEVER *un plan.* C'est prendre la position des corps solides, & les dimensions des surfaces ou superficies; avec la toise, la canne, ou autres instrumens: pour en former ensuite le plan, suivant une échelle, sur le papier.

LEVEUR. Celui qui a soin de lever les Droits Seigneuriaux, des Dîmes, des Tailles, des Impositions. Les *Leveurs des Tailles* en font le recouvrement, au lieu des Asséeurs & Collecteurs.

LEVEURE. *Voyez* LEVURE.

LEVIER. Piece de bois de brin: qui, par le secours d'un coin nommé *Orgueil* (lequel est posé dessous le bout), aide à lever, avec peu d'hommes, un gros fardeau. Lorsqu'on pese sur le levier, on dit *Faire une pesée.*

LEVIGER: *terme de Chymie.* C'est réduire un mixte en poudre impalpable sur le porphyre, le marbre, &c.

LEVRAUT. C'est le petit d'un Lievre. Les meilleurs levrauts sont ceux qui naissent en Janvier. Pour s'assurer de la jeunesse d'un levraut de trois quarts, ou qui est parvenu à sa grandeur naturelle; il faut lui prendre les oreilles, & les écarter l'une de l'autre: si la peau se relâche, c'est signe qu'il est jeune & tendre; mais si elle tient ferme, c'est signe qu'il est dur, & que ce n'est pas un levraut, mais un lievre.

Habiller un Levraut. C'est en ôter la peau & les entrailles.

Levraut Rôti.

Après l'avoir habillé, on le rougit de son sang; puis on le fait revenir sur les charbons. Ensuite on le frotte partout avec un morceau de lard; puis on le pique de menu lard, pour le mettre à la broche, on l'y laisse prendre une belle couleur: quand il est cuit, on le sert à la *sausse douce*, avec sucre, vin, vinaigre, sel & poivre: ou à la *poivrade* avec vinaigre & échalotte; il faut alors y ajoûter un peu d'eau.

Quand les levrauts sont petits, on les met en *Accolade*: & à *Demi-Accolade*, s'ils sont forts.

Levraut en Ragoût.

Coupez-le par quartiers; & les ayant lardé de gros lard, faites-les cuire avec de bon bouillon, que vous assaisonnerez de sel, poivre, clous de girofle, & un peu de vin. Quand ils seront cuits, vous passerez le foie & le sang à la casserole, avec un peu de lard fondu, & un peu de farine; ensuite vous mêlerez le tout ensemble, y ajoûtant un filet de vinaigre, avec des câpres, & des olives dont vous aurez tiré le noyau.

Pâté de Levraut.

Il se fait comme celui du Lievre. Il est décrit dans l'article PÂTISSERIE. Deux heures sont plus que suffisantes pour le cuire.

LEVRE. C'est la partie extérieure de la bouche. On distingue deux levres: l'une, supérieure; & l'autre, inférieure. Elles servent à fermer la bouche: & sont principalement formées de deux bandes musculaires, couvertes en dehors par les tégumens communs, & en dedans par la membrane de la bouche, sous laquelle sont beaucoup de grains glanduleux. Le devant des levres se dépouille des tégumens: & quand on a laissé ces endroits macérer dans l'eau pendant quelque tems, on y apperçoit une grande quantité de houpes nerveuses; delà vient la sensibilité de cette partie. La levre supérieure a, sous la cloison du nez, une espece de petit frein. Consultez, dans le Recueil de l'Académie des Sciences de Paris, un Mémoire ou M. Senac a développé le mécanisme du mouvement des levres.

Pommade pour les Levres.

1. Prenez une once d'huile d'amandes douces tirée sans feu, & une dragme (ou un peu plus) de suif de mouton fraîchement tué; ajoûtez-y un peu d'orcanette rapée, pour donner de la couleur: & faites cuire le tout ensemble.

Au lieu d'huile d'amandes douces, vous pouvez vous servir d'huile de jasmin ou de quelque autre fleur; si vous voulez que votre pommade ait une odeur gracieuse.

2. Prenez une once de cire blanche & de moëlle de bœuf; trois onces de pommade blanche; laissez fondre le tout au bain-marie; ajoûtez-y un gros d'orcanette; & remuez jusqu'à ce que la pommade ait acquis une couleur rouge.

3. D'autres aiment mieux se servir d'*Onguent Rosat.*

4. Quelques personnes se bassinent seulement les levres avec de l'eau-de-vie pure, pour se les rendre vermeilles.

Il vient quelquefois aux levres de petits boutons qu'on appelle *Biberons*, *Buberons*, ou *Boutons*. Il ne s'agit que de les dessécher promptement avec une croûte de pain brûlée, qu'on applique chaudement dessus. Souvent on les gagne en buvant dans des vases mal rincés; ou après des personnes dont l'haleine est forte. On peut aisément éviter ces inconvéniens: aussibien que de porter à son visage, des mains mal propres, ou qui auront touché à des choses qui communiquent promptement leur contagion. *Voyez* BOUCHE.

Cirons aux Levres.

Voyez ce mot, entre les maladies du CHEVAL.

Levres Seches & Noirâtres.

Consultez cet article, entre les maladies du CHEVAL.

[Les levres sont, dans le cheval ainsi que dans nous, les parties extérieures de la bouche. La *levre antérieure* y est la même que la levre supérieure dans l'homme: & la levre inférieure de celui-ci répond à la *levre postérieure* de l'animal.]

Pommade pour les Levres Gersées, ou Fendues.

1. Prenez huile violat & suc de mauve, de chacque une once & demie; graisse d'oie & moëlle de veau, de chacune deux gros; gomme adraganth, un gros & demi. Mêlez le tout ensemble sur le feu.

Si les gersures sont un peu profondes, on peut ajoûter un gros de litharge.

2. Prenez une demi-livre de beurre frais, quatre onces de cire neuve, quatre ou cinq onces de raisins noirs mondés, & environ une once d'orcanette. Mettez le tout sur le feu jusqu'à ce que la cire & le beurre soient fondus; passez-le ensuite par un linge. Vous conserverez cette pommade pour le besoin.

Vous en mettrez sur les levres gersées, principalement le soir en vous couchant. [Elle peut encore servir pour les mains, & pour les cors des pieds.] Il faut en mettre plusieurs jours de suite.

3. Prenez de la tuthie, & de l'huile de jaunes d'œufs: mêlez-les ensemble; puis frottez-en les levres, après les avoir lavées avec de l'eau d'orge ou celle de plantain.

4. Mettez-y du blanc d'œuf, battu avec du mastic bien net.

5. *Voyez* POMMADE *très-propre pour les maladies de la peau*, &c.

6. Prenez une croûte de pain bis; faites-la chauffer sur les charbons; puis mettez-la sur la levre fendue, le plus chaudement que vous pourrez: & réitérez plusieurs fois de suite.

7. Incorporez avec l'huile rosat, parties égales de poudre de gomme arabique, & de gomme adraganth; & oignez-en les levres.

8. Mêlez de la moëlle de porc seche, avec du miel: faites-les un peu chauffer; & frottez-en les levres.

Pommade excellente pour les Levres, Fentes des Mammelons, & Dartres.

9. Prenez huile récente d'amandes douces, & cire vierge blanche; de chacune six onces: eau-rose, trois onces: yeux d'écrevisses, en poudre fine, une once. Chauffez premiérement l'huile. Ajoûtez-y ensuite, pêle mêle & peu-à-peu, la cire & l'eau-rose; puis les yeux d'écrevisse. Pour les *dartres*, ajoûtez-y un peu de mercure doux, & de teinture de soufre de térébenthine: & servez-vous-en, en liniment.

LEVRES: *terme de Botanique.* Découpures du pétale des fleurs labiées. *Voyez* GUEULE.

LEVRIER. Consultez ce mot, dans l'article CHIEN.

LEURRE: *terme de Fauconnerie.* C'est une figure garnie de bec, d'ongles & d'ailes, accompagnées d'un morceau de cuir rouge; laquelle ressemble un peu au faucon. Les Fauconniers l'attachent à une lesse par le moyen d'un crochet de corne; & s'en servent pour reclamer les oiseaux de proie: on y attache de quoi les paître; c'est ce qu'on appelle *Acharner le Leurre;* parce que c'est un morceau de chair qu'on y met: on le nomme quelquefois *Rappel.* On dit *Duire un oiseau au Leurre;* LEURRER *un oiseau:* ce qui est le faire revenir sur le poing, en lui montrant le leurre.

LEVURE, ou LEVEURE: qu'on nomme aussi *Jet de Bierre.* C'est l'écume que jette la bierre hors du tonneau, pendant qu'elle fermente. Cette levure sert à faire considérablement enfler la pâte en peu de tems. Le pain où on en met, est plus léger, plus délicat, & plus mollet. On peut employer la levure, à raccommoder la bierre gâtée: *Consultez* l'article BIERRE. Vous trouverez aussi dans ce même article, le moyen de *Rafraîchir la Levure lorsqu'elle vieillit;* ce qui n'est pas indifférent pour quantité d'endroits où l'on n'est pas à portée d'en avoir de nouvelle aussi souvent qu'on le souhaiteroit.

LEVURE *d'un filet.* Voyez FILET, n. X.

LIA

LIAISON. Maniere d'arranger & de lier ensemble les briques & les pierres comme par enchaînement les unes avec les autres. *Déliaison* se dit lorsque les pierres n'ont pas au moins six pouces de recouvrement, tant au-dedans du mur qu'au parement. Vitruve nomme en Latin les liaisons des briques ou des pierres, *alterna Coagmenta.*

LIAISON *de Joint*, s'entend du mortier ou du plâtre détrempé, qu'on emploie à fixer & jointoyer les pierres.

Maçonnerie en LIAISON. Voyez sous le mot MAÇONNERIE.

LIAISON *à Sec.* C'est celle dont les pierres sont posées sans mortier, leurs lits étant polis & frottés au grais: comme ont été construits plusieurs bâtimens antiques, faits de grands quartiers de pierre; & ainsi qu'il paroissoit encore avoir été pratiqué dans l'Arc de triomphe du Fauxbourg S. Antoine à Paris.

LIAISONNER. Arranger les pierres ensorte que les joints des unes portent sur le milieu des autres.

C'est *aussi* remplir de mortier leurs joints, pendant qu'elles sont sur les cales.

LIANE. Les François des Isles de l'Amérique appellent indifféremment *Lianes* toutes sortes de plantes qui rampent sur les haies ou sur les arbres; en les distinguant néanmoins par leur figure ou par leur vertu: comme la *Liane à Serpent;* à cause qu'elle est efficace contre leur morsure; la *Liane à dents de scie;* parce que ses feuilles sont découpées comme les dents d'une scie; la *Liane brûlante*, à cause qu'elle est fort caustique; *&c.* Ils se servent de quelques-unes de ces plantes comme de cordes, tant pour la construction des maisons, que pour fortifier des barrieres. Il y en a pourtant à qui ils donnent plus particuliérement le nom de LIANES: ce sont celles que les Caraïbes appellent *Meregoüia*, les Brasiliens *Murucuia*, les Espagnols *Granadilla*, & les François *Fleur de la Passion:* voyez GRENADILLE.

LIANE (*Pomme de*). Voyez GRENADILLE, p. 239.

LIB

LIBAGE. Gros moilon ou quartier de pierre, mal fait, & rustique; de quatre ou cinq à la voie: qu'on emploie équarri à paremens bruts dans les garnis & fondemens.

LIBANOTIS. *Voyez* ANGELIQUE, *n.* 8. BUGLOSE, *n.* 9.

LIBER: *terme de Botanique.* Voyez ÉCORCE.

LIC

LICHEN: *Maladie.* Voyez DARTRE.

LICHEN: *Plante.* Voyez HEPATIQUE, *n.* 1. HERBE *aux Poumons.*

En général, les Botanistes nomment LICHEN certaines plantes basses, spongieuses, composées de lames. Consultez les *Observ.* de M. Guettard *sur les Plantes*, T. I. p. 25-6-7-8, & suivantes: 50-2, *&c.* MM. Adanson, *Familles des Plantes*, deuxieme partie; Tournefort, *Inst. R. Herb.* Cl. XVI. G. III; Vaillant, *Botanicon Parisiense.* On trouve dans les *Mémoires de l'Académie des Sciences* de Paris, en 1756, un sçavant détail de M. Guettard sur les Lichen; qu'il ne veut pas que l'on regarde comme plantes parasites.

LIE

LIÉGE; en Latin *Suber;* & *Cork Tree*, en Anglois.

Les fleurs & les fruits du Liége sont exactement semblables à ces mêmes parties considérées sur le Chêne. *Voyez* CHÊNE. Mais cet arbre, par ses feuilles, semble être un *Chêne-Verd;* différent des autres en ce qu'il a l'écorce extérieure flexible, légere, spongieuse, & facile à détacher du tronc. *Voyez* YEUSE.

Especes; ou Variétés.

1. *Suber latifolium perpetuò virens* C. B. Ses feuilles sont petites, en ovale irréguliere, brillantes en dessus, blanchâtres par-dessous, garnies de quelques piquans sur leurs bords: elles conservent leur couleur pendant toute l'année. Les anciennes feuilles tombent, vers le mois de Mai, un peu avant que les nouvelles paroissent.

2. *Suber angustifolium non serratum* C. B. Ce Liége a la feuille plus longue & étroite que ne l'est celle du précédent; & on n'y apperçoit point les dentelures

aiguës qui donnent naissance aux piquans des autres.

3. Il y a des liéges qui perdent leurs feuilles avant l'hiver.

4. *Voyez* COTTONIER, p. 713.

Culture.

Les liéges sont des arbres de Pays chauds. On assure néanmoins qu'ils ne viennent pas sous la Zone Torride. Ils se plaisent singuliérement dans les terres sablonneuses.

On les multiplie par le moyen de leurs glands. Ils croissent plus vîte, & leur écorce se détache plus tôt, quand on a soin de les entretenir de cultures, que lorsqu'on les abandonne à eux-mêmes : mais on observe que, dans ce dernier cas, leur écorce est plus parfaite. Celle des liéges venus dans des terres fortes est pareillement moins estimée, que celle des arbres élevés dans une terre sablonneuse.

Il est bon d'élaguer les jeunes liéges, pour leur former une tige unie qui ait dix à douze pieds de hauteur. Après quoi, il faut ne plus y toucher.

On prétend que le retranchement de l'écorce, loin de nuire à ces arbres, leur est en quelque façon nécessaire.

Usages.

La poudre de l'écorce du liége, étant bûe avec de l'eau chaude, arrête le sang; de quelque endroit du corps que ce soit. Sa décoction arrête la gonorrhée. Sa cendre, bûe dans du vin chaud, est bonne pour le crachement de sang. Les glands, réduits en farine, & donnés au poids d'une dragme dans du suc de plantain, arrêtent le flux de ventre, les pertes de sang, & autres écoulemens de la matrice. Voyez GLAND, p. 195.

On fait, avec le liége brûlé & réduit en poudre impalpable, mêlé dans de l'huile d'œufs, ou d'amandes douces, ou avec du sain-doux; un onguent très-propre pour adoucir & détruire insensiblement les hémorrhoïdes.

On donne le nom de LIÉGE à *l'Ecorce* même de cet arbre. Tout le monde sçait que c'est avec cette écorce qu'on fait des bouchons de bouteilles. Le beau liége doit être léger, uni, d'une moyenne épaisseur, sans crevasses, avec peu de nœuds, facile à couper, souple, ployant sous le doigt, élastique, point ligneux ni poreux, & de couleur rougeâtre : celui dont la couleur tire sur le jaune, est moins bon; le blanc est de la plus mauvaise qualité. On en fait encore des seaux à rafraîchir le vin, des talons & semelles de souliers, des bouées pour les vaisseaux, des chapelets pour soutenir à la surface de l'eau les filets de Pêcheurs, des soutiens à l'usage de ceux qui apprennent à nager; &c. On en attache des colliers aux femelles des animaux, dont on veut faire perdre le lait.

Cette écorce, brûlée dans des vaisseaux bien fermés, produit cette poudre appellée *Noir d'Espagne;* que l'on emploie en différens Arts.

Le Gland du liége sert à nourrir le bétail & la volaille. Comme il est assez doux, les hommes mêmes en ont mangé dans quelques tems de disette : & on dit que les Espagnols le mangent grillé, comme les Châtaignes.

Nous croyons devoir renvoyer aux pages 293-4 du IIe Volume du *Traité des Arbres & Arbustes;* pour apprendre de M. Duhamel les attentions avec lesquelles il convient de *Lever & Préparer l'Ecorce* du liege.

LIEN : *terme d'Architecture.* C'est 1°. une Piece de bois, dans l'assemblage d'un comble, servant à lier les poinçons avec les faîtes & sousfaîtes. Il y a des liens cintrés, qui servent de courbes dans les enfoncemens des combles, & dans l'assemblage des fermes rondes des vieux pignons.

2. Les liens sont encore des morceaux de bois qui ont un tenon à chaque bout; & qui étant chevillés dans les mortoises, entretiennent la charpenterie en tirant, de même que les aisselliers l'entretiennent en résistant.

3. Ce sont, dans une Grue, les bras qui appuyent l'arbre : &, dans un Engin, les bras qui sont posés en bas aux deux extrêmités de la sole, & par en haut dans un bossage qui est un peu plus bas que la sellette.

Tout lien des assemblages de charpenterie, est appellé par Vitruve *Catena* & *Catinatio.*

Dans la Serrurerie (relativement à l'Art de bâtir) il y a des *Liens de fer.* Ce sont des morceaux de fer méplat, coudés ou cintrés, pour retenir quelque piece de bois dans un assemblage de Charpenterie, ou de Menuiserie.

LIENTERIE, ou *Flux Lienterique.* Consultez ce mot dans l'article VENTRE.

LIER : *terme de Fauconnerie.* Se dit du Faucon, qui enleve la proie en l'air, en la tenant fortement dans ses serres; ou lorsque l'ayant assommée, il la lie, & la tient serré à terre.

On dit aussi que *deux oiseaux se Lient*, lorsqu'ils se font compagnie, & s'unissent pour poursuivre le héron, & le serrer de si près, qu'ils semblent le lier, & le tenir dans leurs serres.

LIERNE. Piece de bois qui sert à entretenir deux poinçons sous le faîte d'un comble, & à porter le faux plancher d'un grenier. *Voyez* LIEN. La lierne *ronde* est une piece de bois courbée selon le pourtour d'une coupole; dont plusieurs assemblées de niveau forment des cours de liernes par étages, & reçoivent à tenons & mortoises les chevrons courbes d'un dôme. Il y a une piece de Charpenterie nommée *Lierne de palée :* qui, boulonnée avec les fils de pieux d'une palée, sert à les lier ensemble : on l'emploie aussi dans la construction des bâtardeaux, pour le même usage. Cette lierne est différente de la *moise*, en ce qu'elle n'a point d'entaille pour accoler les pieux.

Dans les voûtes Gothiques on appelle *Liernes*, les nervures qui forment une croix, & qui par un bout se joignent aux tiercerons & par l'autre à la clef.

LIERNER. C'est attacher des liernes.

LIERRE : en Latin *Hedera :* & *Ivy Tree*, en Anglois. Les fleurs du Lierre sont rassemblées en bouquets qui ont la forme d'une ombelle. Chacune est formée d'un petit calyce divisé en cinq; un pareil nombre de pétales disposés en étoile; cinq étamines; & un style qui tient à un embryon arrondi. Toute la fleur couronne cet embryon : qui, d'abord comme goudronné, devient une baie presque sphérique; dans laquelle on trouve cinq semences, convexes d'un côté, & applaties par deux autres faces qui forment ensemble une espece de coin.

Especes.

1. *Hedera arborea* C. B. Le *Lierre grimpant :* le *Raclier*, de quelques Provinces. C'est une plante sarmenteuse, qui s'attache au tronc des arbres, aux pierres, &c, au moyen des griffes ou tenons dont elle est abondamment pourvue : lesquelles sont sur deux rangs le long des tiges, longues de quelques lignes, presque cylindriques, mousses & arrondies par le bout. M. Guettard décrit plus exactement ces griffes, dans un *Mémoire* qui se trouve dans le Recueil *de l'Acad. R. des Sc.* de Paris, année 1756;

où il se propose de faire voir que le Lierre n'est point parasite ; fait que M. Duhamel observe aussi, dans son *Traité des Arbres & Arbustes*, T. I. p. 289, en disant qu'on seroit disposé à croire que ces griffes » sont des racines qui tirent une substance des mortiers » des murailles, & de l'écorce des arbres ; mais » qu'il est aisé de s'assurer du contraire, attendu que » lorsqu'on coupe la tige d'un lierre, tout le pied » meurt & se desséche. Il pourroit cependant arriver » que la tige eût jetté quelques vraies racines dans » un vieux mur construit avec de la terre. « Mais on n'en trouve pas de vestiges dans un mur crêpi de plâtre : la tige ne fait que s'y accrocher pour s'élever. Elle est cendrée & ridée. La forme des feuilles varie beaucoup : les unes sont à-peu-près ovales & terminées en pointe ; les autres marquées de trois angles ou d'un plus grand nombre. Mais toutes sont fermes, luisantes, alternes, marquées de veines ramifiées ; & ont une saveur âcre & amere. On apperçoit quelquefois des stipules, comme des feuilles avortées, à la naissance des feuilles : elles sont portées par de longues queues, comme les feuilles. Les fruits noircissent en mûrissant.

Les feuilles sont quelquefois *panachées* de jaune, ou de blanc.

2. *Hedera Poëtica* C. B. Le *Lierre des Poëtes*, ou Lierre *jaune*, ou *à fruit jaune ; à fruit doré*. Ses feuilles sont d'un verd plus gai, que celles du *n.* 1 ; sans autre différence. Mais ses bouquets, couleur d'or, donnent à cette plante un éclat particulier. Consultez le *Voyage du Levant*, de M. Tournefort, T. I. pag. 527-8.

Culture.

Les Lierres peuvent s'élever de semences ; & de marcottes. Les especes panachées se multiplient par la greffe ; celle qui se fait en approche, y réussit particuliérement. Les branches de lierre se greffent même quelquefois les unes sur les autres, & forment ainsi une espece de réseau.

Ces plantes réussissent à toute exposition. Mais un soleil médiocre, & une terre un peu humide, paroissent leur être plus favorables.

Nous observerons, avec M. Guettard, que le lierre faisant entr'ouvrir l'écorce des arbres, y cause nécessairement des ulceres dangereux ; que retenant l'eau des pluies & l'humidité de l'air sur l'écorce bien plus qu'il ne feroit à propos, l'écorce peut alors se macérer en bien des endroits, & contracter une pourriture & une carie, qui par la suite feront périr l'arbre : & que par conséquent on fait bien de n'en souffrir aucune plante s'attacher aux arbres que l'on veut conserver.

Usages.

On peut les employer à couvrir des murs ; en faire des portiques ; les tailler en buisson avec les ciseaux. Comme ces plantes ne quittent pas leurs feuilles, elles produisent ainsi de l'agrément en hiver.

Pline observe que le *n.* 2 étoit consacré à Bacchus, & destiné à couronner les Poëtes. On s'en sert en Turquie pour des cauteres.

Les feuilles de Lierre passent pour être vulnéraires, détersives. On les applique sur les cauteres, pour entretenir l'écoulement. Leur décoction est d'usage pour la teigne & la gale. On prétend qu'elle noircit les cheveux.

Les feuilles, pilées avec du vinaigre & de l'eau-rose, & appliquées sur le front & sur les tempes, arrêtent la phrénésie.

Lorsque le Lierre forme un gros tronc, on peut y faire des incisions qui donnent lieu à l'écoulement d'un suc clair, lequel s'épaissit promptement, & que l'on appelle *Gomme de Lierre*. Cette gomme entre dans quelques onguens, comme résolutive : on prétend qu'elle est un bon dépilatoire. Elle doit être d'un jaune rougeâtre, transparente, d'une odeur forte, d'un goût âcre & aromatique.

Les gros troncs de lierre peuvent être travaillés sur le tour, pour faire des vases. Ce bois est tendre, filandreux, poreux, blanchâtre, difficile à travailler.

L I E R R E : *terme de Fleuriste*. Il désigne des Anémones dont les feuilles d'en-bas sont entieres & anguleuses.

L I E R R E T E R R E S T R E ; *Rondotte ; Gondotte ; Terrette ; Herbe de S. Jean ;* la *Seretta* du Pays de Vaud. Nous n'appercevons pas aujourd'hui pourquoi l'on a donné à cette plante le nom de *Lierre* ; si ce n'est à cause qu'elle rampe fort loin. On l'appelle en Latin *Hedera Terrestris ; Corona Terræ ; Chamæcissus ; Calamentha humilior, folio rotundiore* Inst. R. Herb. *&c :* en Anglois, *Ground Ivy ; Gill go by the ground ; Ale Hoof ; Turn Hoof.*

Le Lierre Terrestre demeure toujours contre terre. Ses feuilles sont à-peu-près orbiculaires, échancrées profondément à leur base, bordées de dentelures rondes, inégales à leur superficie à cause de la quantité de veines qui y sont distribuées ; attachées par paires sur des tiges quarrées, menues, sarmenteuses ; qui s'étendent fort loin sur la terre en s'entrelaçant. Vers les mois d'Avril & Mai, il naît, aux articulations de ces tiges, des anneaux de fleurs labiées, purpurines ou d'autres nuances bleues ; dont les cinq divisions sont égales, & la levre supérieure fendue. Les quatre semences qui succédent à chaque fleur sont sphériques.

Cette plante vient d'elle-même le long des haies, dans les bois, & ailleurs où elle peut tracer à l'ombre.

Usages.

On regarde cette plante comme vulnéraire détersive, pectorale, incisive, & apéritive. On la prend en infusion ; & en décoction : la dose est d'une petite poignée, dans une pinte d'eau. On fait un sirop de ses fleurs & de ses feuilles ; pour l'asthme, *&c : Voyez* S I R O P. On en fait aussi une conserve qui a les mêmes vertus : la dose de ces deux préparations est d'une once. On en tire aussi un extrait, dont on use, à la dose de demi-once. On prétend que les feuilles du lierre terrestre appliquées en cataplasme, appaisent les tranchées des femmes en couche : la décoction s'en donne avec succès pour faciliter l'accouchement. Une poignée de sa poudre, mêlée dans un picotin d'aveine, tue les vers des chevaux ; & guérit ou soulage ceux qui ont la pousse. Cette plante, prise en infusion ou décoction, est bonne pour guérir les ulceres internes, lever les obstructions des visceres. Pour appaiser la colique venteuse, on prend trois ou quatre cuillerées d'huile d'olives, où l'on a fait infuser du lierre terrestre pendant quarante jours : il faut en piler les feuilles, les mettre dans une bouteille, & l'exposer au soleil, afin d'obtenir cette *huile* simple ; qui est encore excellente pour les piquures des tendons. Le suc du lierre terrestre, étant tiré par le nez, guérit ou soulage la migraine. Si l'on met le sel de cette plante dans de l'eau vulnéraire, & qu'on en attire fortement quelques gouttes par le nez deux ou trois fois, lorsque la migraine commence, on est promptement guéri. Les feuilles récentes, écrasées en assez grande quantité, & mises en cataplasme sur la tête, guérissent bientôt les douleurs de cette partie. Ecrasées & mises sur un ulcere, elles le guérissent en détergeant.

Il y a des cantons d'Angleterre, où cette plante est un des principaux ingrédiens de la bierre, que l'on veut rendre capiteuse : c'est ce qui a donné lieu à quelques-unes de ses dénominations Angloises rapportées ci-dessus.

LIEVRE. Animal à quatre pieds, couvert d'un poil gris tirant sur le roux. *Consultez* l'article LAPIN. Le lievre se nourrit d'herbes : & habite la campagne & les bois. Le mâle est appellé *Lievre* (& quelquefois *Bouquain* ou *Bouquet*) ; la femelle, *Hase* ; & le jeune lievre *Levreau* ou *Levraut*.

Le lievre est peutêtre le seul de tous les animaux qui ait du poil dans la gueule. Le *Mâle* differe de la femelle, par le corsage; qu'il a plus petit & plus fin. Son repaire ou ses crottes sont aussi plus petites, plus séches, & plus pointues, que celles de la femelle : il a communément les épaules rougeâtres ; la tête plus courte, plus quarrée, & plus chargée de poil ; les oreilles plus courtes, plus larges, & plus blanchâtres ; le poil des joues & la barbe plus longs. La *Femelle* a le poil de dessus les reins ordinairement d'un gris tirant sur le noir.

Le mâle vaut beaucoup mieux, pour être mangé, que la femelle. Les lievres qui habitent les montagnes, les côteaux & les lieux secs, sont plus petits, mais beaucoup meilleurs, que d'autres. Ceux qui habitent des marais, ou le long des eaux, sont sujets à être ladres. Les lievres de bruyere passent pour être petits, rougeâtres, & fort rusés. La femelle est si féconde, qu'on prétend que la superfétation lui est ordinaire ; attendu qu'elle admet le mâle & nourrit des petits ; dans le tems qu'elle est pleine de plusieurs autres, formés en des tems différens : ce qui se connoît (dit-on) par le poil ; que les uns ont beaucoup plus long que les autres.

Manieres d'apprêter le Lievre.

Le lievre est estimé pour la cuisine ; quoique sa chair soit souvent difficile à digérer, & qu'elle engendre un suc assez grossier & mélancolique : mais celle du levraut est délicate, & agréable à manger.

Lievre Rôti.

On commence par l'écorcher ; puis on le vuide ; & on le larde, pour le mettre à la broche, l'ayant frotté auparavant avec son foie, pour le rougir. On le sert à la vinaigrette, ou à la sausse douce.

Lievre en Civé.

On leve entiérement les cuisses & les épaules : puis on coupe le reste par morceaux qu'on larde de gros lard bien assaisonné, pour ensuite les passer à la poële, soit au sain-doux, soit au lard fondu. Cela fait, on met le tout dans un pot avec une cuillerée de jus, & de vin blanc ou rouge, & un bouquet ; qu'on assaisonne de sel, poivre, muscade, laurier, d'un peu d'orange, & de fines herbes, & on le laisse cuire (mais pas trop), pour le servir tout chaud lorsqu'il sera parvenu à ce point. On peut fricasser le foie à part, ensuite le piler, & le passer par l'étamine, avec un peu de farine frite, & un peu de bon bouillon, puis mêler le tout ensemble.

Levraut à la Daube : ou *en Ragoût.*

Coupez un levraut par quartiers ; lardez-le de gros lard, puis faites-le cuire dans un bouillon avec du sel, du poivre, des clous de girofle, & un peu de vin ; quand il sera cuit, passez à la poële le foie & le sang avec un peu de farine ; mêlez le tout ensemble, en y ajoûtant un filet de vinaigre, des capres & des olives désossées. Ce mêts se sert chaudement pour entrée. *Voyez* DAUBE.

Consultez encore l'article *Omelette à la Turque*, sous celui d'ŒUF.

Propriétés.

En Médecine, le sang de lievre, & même sa peau encore toute sanglante, sont estimés pour la pierre. Son Caillé (en Latin, *Coagulum leporis* ; matiere caséuse qui se trouve adhérente au fond de l'estomac du levraut) est alexipharmaque, il sert pour les blessures faites par des bêtes venimeuses, & pour dissoudre tout sang caillé ; on le prend dans du vin. Il est encore utile dans la dysenterie, dans l'épilepsie, & pour exciter la semence, & hâter l'accouchement. On l'emploie extérieurement depuis demi-dragme jusqu'à une dragme. La Cervelle, rôtie ou cuite d'autre maniere, est célébre pour fortifier les nerfs, & pour faire percer les dents des petits enfans.

Le sang, le cœur, le poumon, & le foie de lievre, réduits en poudre, sont utiles dans tous les cours de ventre ; ils excitent l'urine, provoquent les regles, atténuent la pierre des reins, soulagent le mal caduc, & sont utiles dans les fievres quartes : la dose est depuis demi-dragme, jusqu'à une dragme. Le sang est particuliérement indiqué pour effacer les lentilles, & les autres taches de la peau. Manardus prétend que ce sang nettoie beaucoup mieux les reins & la vessie, que ne fait le sang de bouc, si vanté à cet égard par Trallien.

On dit encore que les testicules du lievre sont propres à atténuer la pierre des reins, fortifier la vessie, arrêter le flux d'urine, & provoquer la semence. Ses Roignons ont les mêmes propriétés : on les donne en poudre, depuis un scrupule jusqu'à une dragme. Sa Graisse est bonne pour faire aboutir les abscès. On donne sa Fiente en poudre, pour l'épilepsie & pour la pierre. On prétend que cette fiente, portée par les femmes, empêche la conception ; & qu'étant mise dans le vagin, en forme de pessaire, elle arrête le flux trop abondant des regles, & desséche les organes de la génération trop humides. On dit que le petit os qui se trouve dans la jointure des jambes du lievre, est un remede souverain contre la colique. Le sel tiré des cendres du lievre, ou de levraut, nettoie bien (dit-on) les reins & la vessie.

Pour les douleurs dans les bras, ou autres parties du corps, causées par des sérosités ou des vents : on applique une peau de lievre, le poil du côté de la chair du malade.

Il vient, du Nord, & particuliérement de Moscovie, des peaux de lievre dont le poil tire sur le roux (rougeâtre, mêlé de quelque peu de blanc) ; desquelles on fait plus de cas que de celles de France & des pays chauds, pour cet usage.

On incorpore *du poil follet d'un lievre*, avec du plâtre, pour l'appliquer sur des tumeurs : on peut y ajoûter du blanc d'œuf, & de la folle farine.

Chasse du Lievre.

On le chasse dans les plaines avec des chiens. C'est un animal fort rusé, timide ; mais agile & très-vîte à la course.

Il n'est gueres d'animal plus sujet aux changemens des tems & des saisons. Aussi doit-on nécessairement observer quel tems il fait, quand on veut reconnoître un lievre le matin & à la rentrée, ou le soir à son relevé lorsqu'il sort du bois ou de quelque autre endroit où le tems qu'il a fait ce jour-là l'aura obligé de giter. Il eſt inutile de le chercher dans le fort, quand il doit pleuvoir : la crainte d'être mouillé par les gouttes d'eau qui tombent des branches, lui fait éviter ce gîte : on eſt comme sûr de rencontrer alors le lievre ſur le penchant d'un foſſé, à l'abri de la pluie & du vent ; ou dans les petits bois, les halliers ; ou en plaine, derriere des tas de pierres. On en trouve auſſi quelquefois dans des maſures remplies d'épines ou de ronces : parce que le vent ne les y incommode point. Après la pluie, cet animal tient les friches, & les guérets nouvellement labourés ; ou ne s'éloigne pas des chemins. Lorſqu'il fait grand vent, ou froid, il entre dans le bois. Quand il fait beau, il reſte dans les guérets & dans les bleds verds : on peut en être sûr, dès qu'allant à la rentrée on n'en voit aucun ſur le bord du bois.

Il y a des Chaſſeurs qui prétendent que l'on peut reconnoître dans un bled verd l'endroit où un lievre eſt en forme, à une petite vapeur qui s'en éleve & qui eſt un effet de l'haleine de cet animal : cette obſervation eſt pour l'hiver, quand il fait beau.

Durant le printems, les lievres ont leur gîte dans les guérets labourés.

En été, & lorſqu'il fait chaud, on les trouve dans les petits buiſſons, dans les genêts, ou proche des gaignages, où ils ſe tiennent pour ſe garantir des mouches.

En automne lorſqu'il fait ſec, le lievre ſe retire volontiers dans les chaumes des bleds ou des aveines, & ſurtout où il y a des chardons.

On ne remarque pas tant de ruſes dans les levrauts ni dans les jeunes lievres. Ils n'ont pas encore auſſi ce génie particulier : ils reſtent preſque toujours dans les endroits où ils ſont nés, juſqu'à ce qu'ils ayent acquis parfaitement l'inſtinct qui leur eſt propre, & qui leur vient à meſure qu'ils ſe fortifient. Leur gîte après la pluie eſt toujours, en automne, dans les haies ou dans les buiſſons, ou bien dans les enceintes d'épines des maiſons de campagne.

Les lievres n'ont pas de demeures aſſurées quand ils ſont en amour. Ils courent alors les uns après les autres dans les champs, les guérets, & autres lieux : enſorte qu'il ne faut pas grand art pour en faire bonne chaſſe. Ce tems eſt ordinairement celui des mois de Décembre, Janvier, Février, & Mars. On prétend que les levrauts & les jeunes lievres entrent en chaleur dans d'autres ſaiſons, & qu'il n'y a point de tems réglé pour leur accouplement.

Les lievres mâles s'écartent bien plus que les femelles. Celles-ci ne ſont que tourner aux environs du lieu où elles veulent gîter.

Le printems eſt la meilleure ſaiſon pour chaſſer aux lievres avec les chiens, juſqu'à ce que les grains aient quelque hauteur. Les levrauts ſont encore avec leurs meres dans ce tems-là. Il eſt inutile de penſer à cette chaſſe quand les bleds ſont grands : il faut attendre juſqu'au mois de Septembre. Cette autre ſaiſon eſt favorable pour dreſſer les jeunes chiens : la fraîcheur de la terre, & les fréquentes fientes que font les lievres dans les chaumes & les regains, contribuent beaucoup à donner du ſentiment aux chiens.

On peut chaſſer aux lievres en hiver, pourvû que ce ſoit en plaine, & dans des fonds de ſable où le ſoleil aura été aſſez de tems pour adoucir le terrein. Car lorſqu'il eſt gelé, les chiens peuvent ſe bleſſer & reſter longtems boiteux. Dans cette ſaiſon l'on ne doit pas chaſſer lorſque la terre eſt entiérement dégelée ou qu'il a plu : les chiens s'y fatiguent trop, & ne font rien qui vaille.

Ce ſont ordinairement des chiens aſſez jeunes que l'on prend pour cette chaſſe : attendu qu'ils n'ont pas de grandes traites à faire, & qu'il eſt aiſé de les reprendre quand on veut ; ſurtout ſi l'on chaſſe en plaine. C'eſt l'endroit le plus avantageux ; car les chiens y ſentent beaucoup mieux leur gibier : au lieu que dans les pays couverts & dans les bois ils ſont ſujets à perdre le ſentiment, & à trouver d'autres bêtes qui leur font prendre le change. Dans la plaine on a auſſi le plaiſir de les entendre & voir chaſſer ; & rien n'empêche de les châtier quand ils manquent, & de les faire obéir : ce que l'on n'a point dans les pays couverts.

Pour avoir le plaiſir de courre le lievre & de le lancer, il ſeroit bon qu'il ſe trouvât ſeul dans une plaine. Lorſqu'il y en a pluſieurs, & qu'ils partent tandis que les chiens pourſuivent le premier qu'ils ont vû, il arrive ſouvent que ces chiens prennent le change.

Il eſt à propos de faire partir le lievre de ſon gîte un peu avant que les chiens le voient ; puis les mener ſur les voies. On leur rend ainſi le nez bien plus fin.

Quand on chaſſe au fuſil, on peut avoir un baſſet ; qui ne s'éloigne pas, & que l'on faſſe quêter devant ſoi. Quelquefois en ſe promenant le long des vignes, & lorſqu'il fait beau, l'on voit un lievre en forme au pied de quelque ſep, ou qui s'éleve au bruit. Le Chaſſeur doit toujours être alerte, & avoir ſon fuſil prêt à tirer.

Chaſſe avec les Chiens.

Cette chaſſe eſt très-agréable quand le chaſſeur eſt habile, & ſes chiens bien inſtruits. Il faut y obſerver comme dans les autres chaſſes du lievre les maximes générales données ci-devant ; ſans leſquelles ce divertiſſement ſe réduit à rien, ou à très-peu de choſe. De plus, il n'eſt pas à propos de mener les chiens, lorſqu'il y a encore de la roſée ; parce qu'elle leur rompt l'odorat, à moins que ce ne ſoit pendant les grandes chaleurs.

Un autre article important, eſt de ne point chaſſer quand le vent eſt trop fort. Il emporte la voix des chaſſeurs, enſorte que les chiens ne peuvent pas obéir. Au reſte, le vent du midi nuit moins que tout autre : pourvû qu'on ne lance pas le lievre dans une grande plaine.

Quand les chiens ont rencontré, il faut tenir la voie du lievre, & le ſuivre juſqu'à ce qu'ils l'ayent lancé. Enſuite les chaſſeurs ayant chacun une houſſine à la main, s'en ſervent pour battre les hayes & buiſſons où le lievre pourroit s'être réfugié en courant ; ou pour châtier les chiens qui ne feront pas leur devoir, & les rallier au corps de la meute.

D'abord on lâche au gibier ceux qui ſont les mieux inſtruits : & les jeunes ne partent que quand les autres ont lancé le lievre, & qu'ils l'ont chaſſé environ un quart d'heure. Pour lors ces jeunes chiens trouvent ſans peine la voie du lievre, & s'inſtruiſent bien à ce que l'on demande d'eux. Quand on leur a ainſi donné trois ou quatre leçons, on peut les lâcher avec les autres ; qui acheveront de leur apprendre leur devoir.

Les chiens une fois lâchés, on leur laiſſe paſſer cette premiere équipée. Enſuite on les appelle, en leur diſant *A moi Chiens, tiébaut.* S'ils ne reviennent pas, on ſonne du cors par mots entrecoupés, & le premier ſon du grêle.

Quand ils ſont de retour, & aſſemblés, on les mene quêter dans le vent afin qu'ils ſentent mieux le gibier. Et en même tems on leur crie à pluſieurs fois : *Bellement mes bellots.* Si l'on veut qu'ils quêtent avec plus d'action & de très-bon gré, il faut leur dire *Holoo, holoo, hololoo ;* enſuite ſonner du cors à mots entrecoupés, du gros ton ; & auſſi leur crier *Au lit, Au lit, chiens.*

Q

Il y a des chiens qui se rabattent des voies de la nuit du lievre. Si cela arrive à un chien à qui l'on a créance, il faut y aller & lui dire à plusieurs fois, *Velci, allé*, en l'appellant par son nom ; puis sonner pour faire assembler les autres, qui le remettront sur ces voies. Lorsque ces voies vont trop de hautes erres, & qu'on voit qu'elles ne font que tourner, c'est signe que le lievre gîte loin de-là, & qu'il a seulement fait son viandis & sa nuit en cet endroit. Alors on doit prendre de grands devans dans le vent, & appeller les chiens, puis quêter le lievre ; tâchant de ne les lâcher qu'après avoir remarqué de l'œil son vrai gîte.

L'ayant découvert, on crie d'abord *Holloo, je le vois ;* & on marche toujours, pour ne point le faire partir. Puis, lorsqu'on est à quelques pas du lievre, on le fait lever, sans que les chiens que l'on y a amenés l'apperçoivent d'abord. Dès qu'il est parti, on examine sa taille, & la couleur de son poil, afin de le reconnoître s'il part quelque change. Après quoi on laisse aller doucement les chiens ; on s'éloigne de cent pas, puis seulement de moitié, sans s'écarter à droite ni à gauche, afin de ne pas rompre les voies du lievre ; qui ne fait alors que tourner, pour empêcher que les chiens ne reprennent le bout de son retour & les faire tomber en défaut.

Celui qui porte le cors doit ne sonner que derriere les chiens, quand même ils verroient le lievre. Il suffit qu'ils chassent. Autrement, ce ton du cors feroit venir ceux qui sont hors de la voie, & les instruiroit à couper : au lieu qu'on doit toujours les maintenir ensemble, pour chasser à plus grand bruit & augmenter le plaisir de cette chasse.

Quand on voit un chien qui emporte la voie du lievre cent pas ou plus devant les autres, il faut l'arrêter en lui disant, *derriere.*

Il arrive quelquefois que tous les chiens sont en défaut. Alors les chasseurs, ayant remarqué le lievre demeuré, doivent aussitôt sonner pour assembler les chiens ; afin de relever le défaut.

Si le lievre enfile & longe un chemin, & qu'étant fort longé il soit déja bien loin devant les chiens ; on ne les presse pas, afin que ceux qui sont les plus éloignés ayent le tems d'en retrouver le retour.

Si ces chiens écartés prennent la voie du retour dans un guéret, où le lievre se plaît assez souvent à courir en traversant ; & qu'ils ne paroisse pas que les autres chiens soient demeurés : il faut sonner pour chiens, & leur parler afin qu'ils maintiennent la voie. On se gardera bien de les presser dans ce guéret ; ils iroient à droite & à gauche, & prendroient le change en rencontrant quelque autre lievre. Car c'est où ces animaux gîtent le plus volontiers ; & où les chiens ont le moins de nez.

Au cas que le lievre qu'on chasse soit fort longé, & dans des terres séches, il est sujet à faire voler la poussiere en courant, & par ce moyen recouvrir une grande partie des voies. Ou bien il emporte de la terre avec ses pieds, lorsqu'il a plu. Tout cela ôte ou diminue beaucoup, le sentiment des chiens. Quand cela arrive, il faut appeller les chiens, & les mener prendre de grands devans, jusqu'à ce que l'on soit dans des terres plus dures & moins fraîchement labourées, où il ait poussé des herbes, & où le lievre puisse faire des fientes en plusieurs endroits ; ce qui fait que les chiens ont plus de sentiment. Une terre en friche est encore assez convenable : d'autant que la quantité d'herbe qui s'y rencontre conserve l'odeur du lievre.

En conduisant les chiens pour prendre ces devans, on les fait doucement requêter, & l'on sonne comme nous avons déja dit ; afin que lorsque le lievre viendra à passer, ils s'en rabattent & le chassent.

Lorsque, après avoir rencontré les voies, on rentre dans des terres fraîchement labourées, sans pouvoir renouveller la voie ; il faut encore reprendre les grands devans, & observer tout ce que nous avons marqué. Après quoi, si le lievre n'est point passé, on reprend encore les grands devans une troisieme fois. Mais on doit observer à chaque fois, de les racourcir toujours de plus en plus.

Il faut aller doucement, afin que les chiens ayent le tems de se rabattre. On les aide de l'œil. Et si le lievre ne passe pas, on est sûr qu'il s'est flâtré & relaissé. Alors en se baissant on regarde dans les endroits où l'on croit qu'il s'est reposé : on tâche d'en découvrir les voies. Et au cas qu'il parte, on ne le poursuit point jusqu'à ce qu'on se soit assuré si l'endroit d'où il a parti étoit un gîte, ou seulement une flâtriere. Le *gîte* se connoît à ce que l'endroit est enfoncé & fort battu : au lieu que la forme ne paroît que peu dans une *flâtriere*. Le lievre fait son gîte avec les pieds avant de s'y mettre. Mais il ne se pose que sur le ventre dans la flâtriere ; n'ayant pas le tems d'y donner toute la façon. Si l'on apperçoit une *forme*, c'est l'ouvrage d'un lievre *frais :* c'est-à-dire, non du lievre de meute, mais d'un autre qui, poussé légérement d'ailleurs, a fait cette flâtriere ; laquelle est bien plus enfoncée que celle d'un lievre couru. D'ailleurs, on connoît encore le lievre frais, à ce qu'étant reclamé il court ailleurs, allonge le jarret, fait diligence, & se fortlonge devant les chiens afin d'avoir le tems de ruser d'une autre maniere ; surtout quand c'est un mâle. Par exemple, il cherchera un carrefour, & tiendra en allant & venant tous les chemins qui y aboutiront : ensuite il se relaissera sur le haut d'un fossé après s'être élancé de toute sa force pour s'écarter de ses dernieres voies, & faire ensorte que les chiens ne l'approchent point dans leur poursuite. Les chasseurs étant arrivés à ce carrefour ; s'ils voient que les chiens chassent dans tous les chemins, ils les rappelleront en les sonnant, & leur parlant comme nous l'avons indiqué, afin de requêter & prendre les devans autour de ces chemins, & un peu au-delà de l'endroit où le lievre aura fait ses retours : c'est le moyen de trouver ses dernieres voies.

Il peut arriver qu'il s'en aille sans qu'on le trouve passé. Pours lors on prend les devans entiers au-delà de toutes les voies, afin d'être sûr qu'il reste ; on ramene les chiens requêter aux environs du carrefour dans les haies & dans les buissons, s'il y en a, en les animant de la voix pour les obliger d'y entrer : & en même tems on se sert des gaules pour battre ces buissons, ainsi que le haut des fossés qui sont entre les terres labourables, & les chemins où le lievre pourroit se relaisser.

Quand il est relancé, il faut s'assurer si c'est celui de meute, en allant observer si le lieu d'où il a parti est une flâtriere ou un gîte ; & l'examinant aussi luimême quand il court.

Le lievre qu'on pousse, allonge quelquefois le jarret vers des bestiaux qui paissent. Cela suffit pour effacer ses voies, & faire que les chiens ne le sentent plus. Alors rompez les chiens avant qu'ils se mêlent dans le bétail ; & allez prendre de grands devans avec eux afin de retourner les voies que vous avez perdues. Tandis que vous chasserez ainsi ce lievre, il faudra observer s'il a passé le bétail : dans ce cas vous prendrez vos devans plus grands, par l'endroit d'où vous êtes venu. Quelque levraut qui pourra partir, ou vos chiens qui ne feront que tourner, vous le donneront à connoître. Cela étant, rompez les chiens ; & prenez avec eux les grands devans, afin de connoître si le lievre s'en est allé après vous avoir donné le change. Au cas qu'il ne soit point passé, remettez vos chiens en chasse; faites-les requêter à l'endroit d'où le change est parti; & battez les masures, les débris de maisons, & toutes les ronces que vous trouverez: car c'est où le lievre peut s'être flâtré.

Le lievre, après s'être relancé, peut encore s'aller mettre dans un trou de blereau, de renard, ou dans quelque autre: ce que l'on reconnoît aux chiens, qui le chassent jusques-là. Pour tâcher de l'en tirer, on y fait entrer à rebours une branche d'églantier, & on la tourne en appuyant sur le lievre: les épines s'attachent à son poil; & on l'attire dehors par ce moyen.

On nomme *lievre ladre* celui qui vit dans des marécages. Si on en a lancé un, il ne va se flâtrer dans aucun de ces endroits; mais il gagne la queue d'un étang, & se relaisse sur les buttes des joncs. Etant arrivé en cet endroit, appellez vos chiens, s'ils ne chassent plus: & faites ensorte de connoître si le lievre n'a pas été jusques-là, ou s'il est revenu tout court sur lui. Au cas qu'il entre dans l'étang pour y rester & en percer la queue, il faut prendre les devans. S'il n'est pas sorti, revenez par où il est entré; & animez les chiens à le requêter, s'il y a bon fonds pour cela: sinon cherchez d'autres moyens pour le faire relancer.

Il peut se faire qu'il batte & longe l'eau dans quelque ruisseau: mais cela ne dure pas longtems. C'est pourquoi, après avoir observé par où il est entré, & s'il remonte ou descend l'eau; menez les chiens l'attendre à la sortie.

Les lievres qu'on chasse passent quelquefois la riviere & gagnent une île, pour aller y paître l'oseille, qui les rafraîchit & dont ils sont friands. Ils s'y relaissent sur quelque tête de saule, élevée seulement de trois ou quatre pieds. Il faut y aller le relancer, pour le reprendre.

Quand le lievre est pris, il faut l'ôter d'abord aux chiens; & le leur montrer à plusieurs fois en criant, *Velleloo;* puis sonner le ton grêle, pour rappeller les chiens qui traînent. Si l'on a de jeunes chiens, on leur montre le gibier après avoir fait retirer les autres.

Cela étant fait, on en sonne la mort par trois mots longs; puis on sonne la retraite. Ensuite on fait la *curée* dans un pré, ou ailleurs, en cette maniere. Le lievre étant bien dépouillé, car son poil pourroit faire rendre gorge aux chiens, on en mêle le sang avec du pain coupé en petits morceaux. Tous les dedans sont mis en pieces, ainsi qu'une partie des épaules & des cuisses: l'autre partie est réservée pour être donnée séparément aux jeunes chiens. Quand la curée est faite, on donne le corps aux chiens; après leur avoir fait manger la mouée en maniere de forhu: en sonnant le grêle; & du gros ton à la mouée. Cette curée doit être étendue assez au large, afin que les chiens mangent plus à l'aise. Pendant ce tems on en fait la revue, & on les compte, afin d'aller rechercher ceux qui peuvent s'être égarés. Tandis qu'ils mangent la mouée, on les anime en leur touchant les flancs avec la main, & les appellant chacun par leur nom.

Autres Ruses du Lievre lorsqu'on le chasse.

Les vieux lievres sont pleins de ruses, principalement quand ils ont été courus par des chiens. Nous avons déja fait mention de quelques-unes. En voici d'autres.

Ils ne sortent point du gîte, à moins qu'on ne leur donne de la houssine. Puis étant en plaine, ils se raccourcissent à l'endroit le plus élevé, quand ils commencent à courre. Ils secouent de tems en tems le jarret, lorsqu'ils longent un chemin dans lequel ils sont entrés. Quand c'est un mâle, cette maniere de courre dure quelquefois une demi-lieue entiere. Les femelles s'écartent moins.

Le lievre, entendant venir les chiens dont il est poursuivi, se jette dans les guérets; fait le petit, pour n'être pas vû.

S'il a plu, cet animal longe les raies par où a couru l'eau; afin d'emporter de la terre avec ses pieds, & ôter le sentiment aux chiens: qui trouvent alors ses voies aller de hautes erres, à cause du tems qu'il leur faut pour démêler ses retours & ses ruses.

Quand le lievre se trouve fort longé des chiens, il est à portée de chercher le change. L'ayant trouvé, il bat un jeune lievre pour le faire partir de son gîte; & se met même à sa place, au cas que ce jeune s'opiniâtre à ne vouloir pas en sortir.

Dès que ce nouveau lievre, encore peu rusé, entend le son du cors, & les chiens, il part; tandis que les chiens arrivent à l'endroit où le lievre de meute est relaissé. Et celui-ci n'en sort pas, à moins que quelqu'un des chiens ne le fasse partir du nez ou de la dent. Les chiens ne manquent pas d'entrer dans les voies du lievre qui s'est levé: ils le suivent; & prennent ainsi le change.

Si cette ruse ne réussit pas au lievre de meute, qu'il soit relancé & échappé; on le voit faire de très-grandes diligences pour regagner l'avantage & s'éloigner des chiens, afin de ruser encore une autre fois.

Il va se jetter dans du bétail, en faisant le petit. Et après quelques tours, il se flâtre parmi les bestiaux. Alors les chiens qui le poursuivent font peur au bétail; qui se met à courir: ce qui suffit pour effacer les voies du lievre.

Si on le relance il gagne quelque bois; & feignant de le passer il revient sur ses voies, à dix pas d'où il est entré. Puis se relaisse sur le haut d'un fossé, ou sur quelque souche. Passant ensuite en plaine, il cherche quelque trou le long des haies pour s'y mettre.

Chiens propres à la Chasse du Lievre.

On fait particuliérement cas des chiens courans. *Voyez* l'article CHIEN.

Si l'on n'a pas de chiens courans, on se sert de bassets: qui ne s'écartent point de leur maître; & par certains mouvemens font connoître qu'ils ont rencontré. Le Chasseur les observe, le fusil en main, & tout prêt à tirer dès que le lievre part.

ON prend encore les lievres à l'afut. On leur tend aussi des piéges, comme des collets ou lacets, dont nous allons parler.

Maniere dont les Paysans prennent les Lievres aux Collets.

Ces collets sont de fil de fer, ou pour le mieux de léton récuit, gros comme une épingle commune: on fait une petite boucle à l'un des bouts; & l'autre se passe dedans pour le tenir fermé en rond, comme pour y passer un sabot, ou un gros soulier, & quelquefois davantage, selon la grandeur du trou par où passe le lievre. Quand le fil de léton est trop foible, on le met en double, en les tortillant ensemble.

Celui qui chasse ordinairement aux collets, ne manque pas une Fête ni un Dimanche de se promener autour des pieces de terre ensemencées, & de regarder au long des haies s'il reconnoîtra la passée d'un lievre; ce qui s'apperçoit facilement, à cause qu'il demeure du poil au passage, soit d'un lievre,

soit de quelque autre animal qui y aura passé. Quand il a reconnu le passage de son gibier, il ne manque pas de retourner voir le lendemain s'il y aura encore du poil, afin d'être plus assuré si c'est une passée ordinaire; & pour lors il tend un collet en cette sorte: voyez la figure ci jointe, qui représente une haie, dans laquelle on suppose qu'un lievre passe par les trois endroits marqués des lettres MNO.

Le Colleteur prend du bled verd, du genêt, du serpolet, ou des crottes ou fientes du même lievre qu'il trouve dans le champ: il en frotte ses mains & les collets: puis s'approchant du passage L, le nez au vent, il attache un collet à une branche de la haie la plus proche de la muce, par exemple à la lettre N, ensorte que la bête ne puisse passer sans mettre la tête dedans: & si par hazard le passage n'est pas rond; & qu'il soit plus haut que large, comme il est au lieu marqué des lettres MPQ; il prend deux petits morceaux de bois, gros comme une plume à écrire, qui soient un peu fourchus par les deux bouts; il les pique sous le collet pour le tenir à la hauteur qu'il est nécessaire, ainsi qu'ils sont marqués par les lettres PQ: & si la passée est trop large pour y tendre un collet, il l'étrécit avec quelques branches qu'il pique à côté; mais il n'y met pas le collet, que le lievre n'y ait passé une autre fois depuis que les petites branches y auront été posées. Si ce n'est qu'un levraut qui ait accoutumé d'y passer, il ne s'épouventera pas quoique le passage soit étréci; mais un lievre sera bien trois ou quatre nuits avant de hazarder d'y passer; sans laisser pourtant d'y faire quelque revue de loin, & s'approcher de la muce, à cause du changement. Les vieux lievres qui sont plus rusés, quoiqu'on n'ait point augmenté ni diminué leurs passées, connoissent toujours bien que le collet n'avoit pas accoutumé d'y être: ainsi ils grattent des quatre pieds tout autour & dans la muce, pour le ranger, puis passent dedans; ce qui fait que l'on trouve tous les matins le collet fermé au côté de la muce.

Autre moyen pour prendre les Lievres qui sont rusés, aux Collets communs.

On sçait par expérience que les vieux lievres ne passent point dans une muce sans gratter auparavant, & principalement quand ils apperçoivent le moindre brin d'herbe que le vent y a jetté, qu'ils n'ont pas accoutumé de voir. Certain chasseur ne manquoit jamais tous les matins de trouver à un endroit le collet fermé & rangé au côté de la passée: il ne pouvoit s'imaginer comment cela se pouvoit faire, sinon que le lievre le rangeât avec les pieds. Pour s'en éclaircir, il se servit d'une autre ruse: après avoir tendu le collet comme il avoit accoutumé, il en posa un autre à platte terre, au-dessous du collet; il l'attacha au bas d'une branche; & mit quelques feuilles dessus. La nuit suivante, le lievre ne manqua pas d'y gratter à son ordinaire: il défit le collet commun; mais il se prit à l'autre par le bout d'un des pieds de derriere. Ainsi le chasseur fut assuré du fait; & le prit tout vivant.

Consultez encore l'article LAPIN.

Pour attirer les Lievres à l'afut.

Faites ensorte de tuer ou de prendre une haze qui soit en chaleur: coupez-lui la nature; & détrempez-la dans de l'huile d'aspic. Quand vous vous serez rendu au lieu destiné pour l'afut, frottez la semelle de vos souliers avec cette huile; marchez ensuite tout autour en différens endroits sur les herbes; principalement celles qui tendent à votre afut. Les lievres venant à sentir l'odeur de la haze, s'assembleront (dit-on) en grand nombre; & vous pourrez tirer celui qu'il vous plaira.

2. On prétend que le suc de jusquiame & le sang d'un levraut, étant enfermés & cousus dans la peau de ce levraut (laquelle il faudra couvrir ensuite légérement de terre), produiront le même effet.

On nomme LIEVRE une espece de *Levrier*. Consultez le mot CHIEN.

LIG

LIGE: *terme de Jurisprudence Coutumiere.* Vassal qui tient une sorte de Fief qui le lie, envers son Seigneur dominant, d'une obligation plus étroite que les autres. Anciennement ce Vassal étoit obligé à servir son Seigneur tant en guerre qu'en jugement. Par l'*Hommage Lige*, le Vassal étoit obligé de servir son Seigneur envers & contre tous, excepté contre son pere. Ce mot est opposé à l'*Hommage Simple*; qui obligeoit simplement à payer les droits & devoirs ordinaires, & non point au service contre l'Empereur, le Duc ou autre Seigneur supérieur: ensorte que l'homme lige étoit comme donné & dévoué au Seigneur, & entiérement sous sa puissance. Le Seigneur *lige* est le Seigneur prochain & immédiat dont on releve nuëment; & comme on disoit, *ligement* & *à ligence*, c'est-à-dire, sans moyen.

Lige est une sorte d'adjectif, qu'on joint à plusieurs substantifs; comme *Hommage Lige*, *Fief Lige*, *Garde Lige*. Ce dernier se dit du Vassal obligé à garder le Château, ou la personne du Seigneur.

Ce mot, dit *Pontanus*, vient d'une cérémonie qu'on faisoit en rendant la foi & hommage, de lier le pouce au Vassal, ou de lui serrer les mains dans celles du Seigneur, pour montrer qu'il étoit lié par son serment de fidélité.

LIGENCE. C'est la qualité d'un Fief qu'on tient nuëment & sans moyen, d'un Seigneur; dont on devient ainsi homme lige.

LIGNE *pour pêcher.* Voyez ANGUILLE, BROCHET. CARPE.

LIGNE *Dormante.* & LIGNE *Volante.* } Consultez l'article BROCHET.

LIGNE *d'Eau.* C'est la cent quarante-quatrieme partie d'un pouce d'eau; fournissant cent trente-trois pintes d'eau en vingt-quatre heures; ce qui fait près d'un demi-muid de Paris.

LIGNE: *Mesure.* Il y a douze lignes au pouce de Roi. Et la distance qu'il y a entr'elles, est la grosseur d'un grain d'orge commun.

LIGNE *Ponctuée*, qui est d'usage dans les mathématiques pratiques. C'est une ligne composée seulement de petits points distans entr'eux, pour la distinguer de la *Ligne Commune*, qui est une trace continue. *Voyez* ce mot ci-dessous, entre les différentes lignes *par rapport à l'Architecture*.

LIGNE *par rapport à l'Architecture*, *Charpenterie*, &c. Il y en a de plusieurs sortes. Telles sont les suivantes.

Ligne de Niveau; celle qui est également éloignée dans ses extrêmités, du centre de la terre : on l'appelle aussi ligne *Horizontale*; & en perspective, ligne *de Terre*. Ligne *à Plomb*, celle qui est perpendiculaire à la ligne de niveau. La Ligne *de Direction*, est celle qui passe par le centre de gravité d'un corps; comme l'axe d'une colomne bien à plomb. Les corps inclinés hors de leur ligne de direction, ne peuvent être tenus que par leurs extrêmités, ou par leur équilibre. La Ligne *Hélice*, est celle qui tourne en vis à l'entour d'un cylindre; comme la cherche rallongée d'un escalier en limace. Une Ligne *Rallongée*, est dans la coupe des pierres, une ligne tirée à côté d'une autre, & d'un même centre; comme l'inclinaison des voussoirs d'une plate-bande, à mesure qu'ils s'éloignent de la clef. C'est aussi une ligne hélice rallongée selon le rampant, plus ou moins roide, d'un escalier à vis. En Charpenterie, c'est la longueur d'un arrêtier, par rapport aux chevrons : ce qu'on appelle aussi. *Reculement* ou *Rallongement d'arrêtier*. La Ligne *de Pente*, est celle qui, dans l'appareil des pierres, est inclinée suivant une pente donnée; comme l'arrasement pour recevoir le coussinet d'une descente droite ou biaise, la ligne de la montée d'un pont, & la ligne rampante d'un fer à cheval, par rapport à celle de niveau tirée sur le même plan. Une Ligne *Tâtée*, est celle qui n'est pas faite avec le compas ni la régle, mais qui est tracée à la main, passant par certains points donnés, à cause de quelque figure irréguliere. La Ligne *Pleine*, est celle qui marque quelque contour sans interruption. La *Ponctuée* sert, dans les opérations géométriques, ainsi que dans l'Architecture, à désigner des choses que l'on ne fait que supposer; comme le profil d'une Eglise derriere son portail : ou à marquer sur un plan les aplombs de ce qui est en l'air, comme les rampes d'escalier, poutres, corniches, arrêtes de voûte. On nomme Ligne *Blanche* celle qui est tracée avec la pointe du compas, pour faire quelque opération : Ligne *Occulte*, celle qu'on trace avec la pointe du crayon de pierre ou de mine, pour établir quelque mesure; & qu'on efface ensuite avec de la mie de pain rassis, après en avoir tracé une apparente à l'encre.

LIGNE *de Chanvre*. C'est une ficelle, dont les Maçons se servent pour élever les murs de pareille épaisseur dans leur longueur; & les Charpentiers pour tringler le bois.

LIGNEUX. Ce qui participe de la nature du bois. Nous avons parlé des COUCHES *Ligneuses*; dans le premier Volume, pag. 717.

On nomme *Fibres Ligneuses*, des fibres dures : telles que sont celles qui traversent la substance de plusieurs plantes annuelles. C'est l'aggrégation nombreuse de semblables fibres, qui forme le bois.

Ce qu'on appelle *Plantes Ligneuses*, sont des plantes sous l'écorce desquelles on trouve une couche de bois : aussi les nomme-t-on quelquefois *Plantes Boiseuses*. Ces plantes sont vivaces; & de la classe des Arbres, ou des Arbrisseaux, ou des Arbustes.

LIGNUM. *Voyez* BOIS.

LIGNUM *Colubrinum*. Voyez PIED-DE-VEAU, *n.* 12.

LIGNUM *Vitæ*. Voyez GAIAC.

LIGULA. *Voyez* LANGUE : *terme de Botanique*.

LIGUSTICUM. *Voyez* ANGELIQUE, *n.* 4, 7, 8.

LIGUSTRUM. *Voyez* TROENE.

LIL

LILAS, ou LILAC : nommé aussi en Latin & en Anglois LILAC; & *Syringa* par plusieurs Auteurs anciens & modernes, quoique différent de ce qu'on appelle aujourd'hui *Seringua* en François & dont M. Tournefort fait un genre particulier avec la dénomination Latine de *Syringa*. La fleur du Lilas a un calyce court, d'une seule piece, en forme de tuyau ou de godet, dont le bord est divisé en quatre segmens aigus. Son pétale est un tuyau allongé, évasé à sa partie supérieure, qui est découpée en quatre portions assez larges, à-peu-près ovales ou en rhombe tronqué par la base, terminées par une pointe courte, marquées d'un nerf longitudinal, & encloses par un bord relevé. A l'orifice supérieur du tuyau, tiennent deux étamines, dont on n'apperçoit que les sommets. Plus bas est un style menu; dont le stigmate, presque aussi long que lui, est deux ou trois fois plus gros, transparent, à-peu-près de la forme du gland viril, d'abord profondément échancré, puis très-peu quand la fécondation est achevée. L'embryon qui supporte le style, est luisant, fait en poire, & attaché avec le fond du calyce. Le fruit est une capsule longuette, applatie, terminée en pointe; & intérieurement séparée en deux loges, dont chacune renferme un pepin, ou semence oblongue, plate, pointue par les deux extrêmités, & bordée d'un feuillet membraneux.

Especes.

1. *Lilac* Matthioli. Le *Lilas commun*; que l'on trouve dans les jardins, & dans les bois autour de Paris & ailleurs.

C'est un grand arbrisseau dont les feuilles sont simples, entieres, unies, larges à leur base, terminées en une longue pointe à l'extrêmité opposée, sans aucune dentelure; & dont le verd tient assez souvent un peu du bleu. Elles naissent opposées deux à deux sur les branches. D'ailleurs elles varient beaucoup pour leur figure, selon les especes. L'écorce de cet arbrisseau est d'un gris verdâtre. Les fleurs ont une odeur très-agréable; & naissent en quantité à l'extrêmité des branches, en bouquets ou grappes lâches qui sont considérables : les pétioles y sont par paires le long de la rape; & une paire croise l'autre. Ces fleurs sont, les unes d'un bleu pâle; d'autres pourpre; d'autres toutes blanches.

On voit des lilas à fleur blanche, qui ont les feuilles panachées de jaune ou de blanc.

On trouve dans les environs de Paris un Lilac dont la *fleur est d'un pourpre foncé*. Cette fleur paroît ordinairement environ quinze jours plus tard, que les précédentes. * Vaillant, *Botan. Par.*

2. Le *Lilas de Perse* forme un arbrisseau plus petit que le lilas commun. Il y en a deux especes : dont l'une a les *feuilles* entieres, *semblables à celles du Troëne*, & la fleur ou rougeâtre ou blanche (quelques-uns l'appellent *Jasmin de Perse*); l'autre a les *feuilles découpées*, & présente des feuilles entieres sur le même pied qui en porte d'autres découpées si profondément qu'elles paroissent formées de deux, trois, quatre, cinq, & quelquefois six, folioles ou lobes. La fleur de cette espece tire sensiblement sur le bleu.

Culture : & Usages.

Les fleurs de lilas paroissent vers la fin d'Avril & en Mai. C'est pourquoi ces arbrisseaux conviennent dans les bosquets de printems. Les feuilles conservent leur verdure jusqu'aux gelées : mais elles sont sujettes à être dévorées des cantharides. On peut planter dans les remises pour le gibier deux especes qui viennent dans les bois ; l'une à fleur bleue-pâle, l'autre à fleur blanche & feuille toute verte.

Ces arbrisseaux parent les jardins dans le même tems que les pêchers, cerisiers, & autres arbres sont en fleurs. Sa couleur mêlangée avec la leur, produit des nuances de belles couleurs différentes, qui recréent beaucoup la vue. On peut en former des allées.

En général, le lilas *n.* 1 vient assez bien dans les terreins les plus secs. On en voit même de passable, dans les ruines des vieux châteaux, sur des murs écroulés.

On n'est pas dans l'usage de multiplier ces arbrisseaux par les semences. Ils reprennent fort aisément de marcottes. L'on trouve presque toujours des drageons enracinés, auprès des gros pieds : ce qui est encore un moyen de multiplier ces arbrisseaux.

Les lilas de Perse aiment une terre un peu substantieuse. Plantés dans un terrein trop aride, ils se couvrent de mousse, & ne font que languir. On les taille aux ciseaux ou au croissant, pour en former des palissades ou des boules.

Ils se multiplient de même que le lilas commun. On peut les mettre dans des pots, ou dans des caisses. On les tient souvent en pleine terre.

La poudre, & la décoction, des semences du *n.* 1, sont d'usage ; comme vulnéraires astringentes.

LILAS *des Indes*. Quelques-uns appellent ainsi l'arbrisseau connu des Botanistes sous les noms d'*Azedarach*, *Azadarach*, *Azadirachta*, &c.

L'*Azedarach de Dodonée* a les feuilles plus découpées que celles du frêne, & d'un verd gai fort agréable. Il sort alternativement, le long de ses branches, des nerfs d'où partent plusieurs paires de nervures, garnies pour l'ordinaire de cinq folioles inégales & découpées plus ou moins profondément. Chaque nerf, ou nervure principale, est terminé de même par cinq folioles. Au reste le nombre & la forme des folioles varient beaucoup. Les fleurs sont bleues ; ont une odeur agréable : viennent presque toujours par bouquets comme le lilas ; & font un bel effet, au mois de Juin. Cependant ces fleurs ne sont pas semblables à celles du lilas commun. Chacune d'elles a un très-petit calyce, d'une seule piece divisée en cinq ; cinq pétales oblongs ; un cornet (*Nectarium*) divisé en dix par ses bords ; dix petites étamines renfermées dans le cornet ; & un pistil dont la base est un embryon qui devient un fruit charnu. Dans ce fruit est un noyau, dont la superficie a cinq cannelures ; & le dedans est divisé en cinq loges, qui contiennent autant de semences oblongues. Le style qui termine l'embryon, est un cylindre de la longueur du cornet, & terminé par un stigmate obtus.

Cet arbrisseau est le *Sicomore* d'Espagne & d'Italie.

M. Duhamel (à la fin de son *Traité des Semis*) observe qu'il » se trouve quelquefois sur cet arbrisseau des fleurs solitaires ; au lieu que les autres » sont rassemblés en bouquets : & ces fleurs solitaires ont souvent dix pétales ; tandis que celles des » bouquets n'en ont que six. «

Une 2e. espece, ou simple variété, est l'*Azedarach semper virens & florens* Inst. R. Herb. Le *Margousier* de Pondichery. Il ne se dépouille point. Ses fleurs sont ou blanches, ou bleuâtres, ou tirant sur le pourpre.

Culture.

Ces arbrisseaux s'élevent de semences : qu'on tire de Provence, d'Italie, ou d'autres pays chauds. Le froid leur est très-contraire. On les éleve aisément dans des orangeries. Mais on ne les conserve qu'avec beaucoup de peine en espalier.

On cultive le *n.* 2, à cause de la verdure qu'il conserve en tout tems ; même durant l'hiver.

Propriétés.

On dit que la décoction des feuilles d'Azedarach est apéritive : & qu'il est dangereux de manger le fruit. Les noyaux servent à faire des chapelets.

LILIACÉES (*Plantes*) : terme de Botanique. On nomme ainsi les plantes dont la fleur est faite comme celle du *Lis* : dont le nom Latin est *Lilium*. Voyez LIS. Une observation qui se trouve uniforme dans toutes les plantes de cet ordre, est que leurs feuilles n'ont que des nervures paralleles, & jamais de transversales. Il y a de ces fleurs qui ont trois, ou six, pieces : d'autres n'en ont qu'une seule, divisée en plusieurs segmens. Le fruit est toujours une capsule à trois loges. Ces caracteres conviennent aux Safrans, aux Glayeuls, aux Iris, aux Asphodeles, aux Colchiques, aux Ephemeres, à la Couronne Impériale, aux Orchis, aux Elleborines, aux Tulipes, aux Ophris, aux Jonquilles, aux Jacinthes, aux Narcisses, à l'Ail, au Porreau, à l'Oignon, la Ciboule, la Rocambole, l'Échalotte, la Civette, *&c.* La plupart des liliacées fleurissent au printems ; & perdent leurs feuilles peu de tems après que leurs fleurs sont tombées. Leurs feuilles sont ordinairement charnues ; & contiennent un suc visqueux, qui est ou amer ou piquant.

LILIASTRUM. *Voyez* LIS DE S. BRUNO.

LILIUM. *Voyez* LIS.

LILIUM *Convallium*. Voyez MUGUET.

LILY. *Voyez* LIS.

L I M

LIMACE : LIMAÇON. Petits animaux nuisibles aux plantes, mais utiles à certains égards : voyez LAIT, p. 386, col. 2.

Eau de Limaçons, & *Pommade de Limaçons*. } Voyez sous le mot *Petite* VEROLE.

On est dans l'usage de confondre le Limaçon avec la Limace : quoiqu'ils appartiennent à deux genres différens. La Limace est un Reptile, & nuë ; & le Limaçon, un Testacé. Consultez un *Mémoire* de M. Guettard, sur ces animaux ; inséré dans le recueil *de l'Académie R. des Sç.* de Paris, an. 1756.

Dans les années humides, il paroît de petites limaces, dont la peau est brune ; qui détruisent beaucoup de froment & d'autres grains ; en rongeant les plantes jusqu'aux racines. Les gros limaçons s'attachent aux légumes.

La chaux récente & bien vive, mêlée avec de la suie nouvelle, répandues dans un champ ou un jardin, favorisent la pousse des plantes, & font en même tems périr les limaces & quantité d'autres animaux destructeurs.

2. Dans un terrein qui n'a pas beaucoup d'étendue, on les détruit totalement par un mélange de lie de savon & de cretons de suif.

☞ 3. On peut mettre des cartes en plusieurs endroits, au haut de baguettes longues d'environ trois pieds. Les limaçons s'y assemblent pour manger les cartes : & on y en prend beaucoup.

4. *Consultez* l'article CHOU. *Usages des* GRENOUILLES.

LIMAIRE. *Voyez* THON.

LIMANDE. Poisson de mer, large & plat, fort semblable au Carrelet. On l'apprête comme la Sole.

2. LIMANDE. Est une *Piece de bois*, plate & étroite, comme une membrure; & qui sert à divers usages dans la Charpenterie.

LIMBARDE. *Voyez* 2. CRISTE-*Marine*.

Brook-LIME. Voyez BECABUNGA.

LIMIER. Voyez ce mot, entre les *Différentes especes de* CHIEN.

LIMITE. *Voyez* BORNE.

LIMON : *terme de l'Art de bâtir.* C'est une piece de bois, de quatre à six pouces d'épaisseur sur neuf à dix de large; qui sert à porter les marches & balustres d'un escalier.

2. LIMON : espece de sable ou de terre fine, déposée par le séjour *des eaux*. Voyez AMENDER, *n.* 35.

3. LIMON; ou LIMONIER : en Latin LIMON, ou *Malus Limonia* : & *Lemon Tree*, en Anglois. En parlant du CITRONIER, nous avons observé que M. Linnæus réunit le Limon, le Citronier, & l'Oranger, sous un genre commun. Nous avons aussi indiqué des marques propres à établir une distinction entre l'Oranger & le Citronier.

Mais le Citronier & le Limonier ont tant de rapports entr'eux, qu'il n'y a gueres que l'habitude du coup d'œil qui guide les Jardiniers pour discerner l'un d'avec l'autre. Il n'y a pas de différence assez constante ni assez sensible, dans la configuration respective de leurs fruits, pour que l'on puisse en déduire des caracteres séparés. M. Tournefort insiste sur ce que le fruit du limonier est presque oval, & couvert d'une peau bien plus épaisse que celle du citron : deux circonstances que le vrai citron réunit souvent. Quant à l'épaisseur ou à la finesse de l'écorce, M. Garidel (*Hist. des Pl. d'Aix*, pag. 117) observe que le fruit nommé *Gros Limon*; qui est le *Limones variarum figurarum, toti ferè carnes*, de Clusius; » approche fort de la nature des citrons, par » la quantité de la chair ou pulpe : & qu'ainsi ce n'est » pas toujours l'épaisseur de l'écorce qui établit la » différence entre le Citron & le Limon. « La couleur de ces fruits ne peut encore servir de guide à cet égard.

Il semble qu'en général, la feuille des limoniers soit plus étroite. Celle du *Limon vulgaris, dulci medullâ* de Ferrari, est superficiellement bordée d'un bon nombre de dents dont la pointe est mousse. C'est cette espece qui produit les *Limons doux*.

Les *Limons aigres* viennent de l'espece connue sous le nom de *Limon vulgaris* Ferrarii.

Les fruits du limonier sont appellés *Limes* : ainsi que *Limons* : & en parlant des deux que nous venons d'indiquer, on dit *Lime douce*, & *Lime Aigre*; de même que *Limons Aigres*, ou *Doux*.

La *Culture* de ces arbres est la même que celle du Citronier.

Usages.

Les limons ou limes sont regardés comme propres aux mêmes effets, que les citrons. On se sert du suc de limon aigre, pour la gravelle; & pour nettoyer les taches du visage. Il a plus d'acidité que celui des citrons ordinaires. On le mêle avec quelque sirop, pour le faire prendre dans les cas de fievres chaudes, malignes, contagieuses; à dessein de tempérer la chaleur. Une once de ce suc récent, fait mourir les vers dans le corps des enfans qui la boivent. On dit que les limons entiers, mis dans les habits, les préservent des teignes. L'eau distillée de limons, est bonne pour le gravier des reins & de la vessie.

Voyez SIROP. LIMONADE.

Consultez aussi les pages 168-9, 170-1, d'un ouvrage publié en 1759 par M. Duhamel sous le titre de *Moyens de conserver la santé aux Equipages des Vaisseaux*. Paris, Guerin & De la Tour, *in*-12.

LIMON *d'Eau*. Voyez GRENADILLE, *n.* 6.

LIMONADE. Boisson rafraîchissante.

1. Sur une pinte d'eau, mettez le jus de trois limons ou citrons, & sept ou huit tranches de ces fruits (ou deux, s'ils sont gros & bien à jus), avec un quarteron de sucre, ou tout au plus cinq onces. Lorsque le sucre sera fondu & le tout bien mêlangé, vous le passerez à la chausse; le ferez rafraîchir; & le donnerez à boire.

2. Sur environ une pinte d'eau mettez une demi-livre de sucre; rapez à discrétion, de l'écorce de citron, dans cette eau sucrée; ajoûtez-y quelques gouttes d'essence de soufre, & quelques tranches de citron. Cette limonade est fort rafraîchissante.

LIMOSA. *Voyez* BARGE.

LIMOSINAGE : *terme de Maçonnerie.* C'est toute maçonnerie faite de moilon à bain de mortier, & dressée au cordeau avec paremens bruts; à laquelle sorte de maçonnerie les Limosins travaillent ordinairement dans les fondations. On l'appelle aussi LIMOSINERIE.

Voyez MAÇONNERIE *de Limosinage*.

L I N

LIN : en Latin LINUM : en Anglois *Flax*. La fleur de ce genre de plantes consiste 1°. en cinq pétales égaux, allongés, étroits à leur base, & disposés en œillet; qui sortent d'un calyce composé de cinq pieces aiguës : 2°. cinq étamines, au centre desquelles est un embryon oval, surmonté de cinq styles menus & terminés par des stigmates courbes. A cette fleur succede une capsule presque ronde, terminée par une pointe, & séparée intérieurement en dix loges; dont chacune renferme une semence allongée, luisante, lisse, applatie, & terminée en pointe.

Especes.

1. *Linum pratense, flosculis exiguis* C. B. Ce lin vient sans culture dans des prés hauts, & même sur des coteaux assez secs. Il pousse plusieurs tiges menues & rameuses, longues de sept à huit pouces; sur lesquelles sont opposées par paires, de petites feuilles ovales. Les tiges & branches sont terminées par de petites fleurs très-blanches, vers les mois de Juin & Juillet. C'est le LINUM *Sylvestre* CATHARTICUM Ger. emac.

2. *Linum Sativum* C. B. L'espece cultivée comme une branche considérable de l'Œconomie Rurale. Sa tige s'éleve droite, à la hauteur d'environ deux pieds, & même davantage, selon les circonstances dont nous parlerons en traitant de sa culture. Cette tige est cylindrique, plus ou moins forte, creuse intérieurement; & se divise assez souvent par le haut en plusieurs branches. Ses feuilles sont allongées, étroites, aiguës, mollettes, & placées dans l'ordre alterne, le long des branches & de la tige. Les fleurs, qui terminent les branches, sont bleues. Les semences sont d'un gris rougeâtre; dont la couleur particuliere a donné lieu à la dénomination usitée de *Gris de Lin* : elles sont intérieurement remplies d'une farine blanche & mucilagineuse. Il y a des Provinces où on leur donne les noms de *Linette*, ou *Linuise*. La racine est menue, séche, dure, pivotante, & par intervalles garnie de quelques fibrilles courtes.

Propriétés.

Le *n.* 1 est une plante fort amere, purgative, & fébrifuge.

La graine du *n.* 2 eſt émolliente, adouciſſante, réſolutive. Sa farine, ſoit ſeule, ſoit avec d'autres, ſert en cataplaſme. Pour la gravelle, la colique néphrétique, & pour exciter l'urine; on met un peu de cette graine dans un nouet de linge, pour la faire bouillir dans des tiſanes; ou pour l'y laiſſer ſimplement infuſer afin que la liqueur ne ſoit pas ſi gluante.

La graine de lin entre dans la compoſition de pluſieurs médicamens; comme dans le ſirop *de praſio* de Meſué, l'onguent d'*althea* de Nicolas d'Alexandrie, l'emplâtre *diachylum magnum*, l'emplâtre de mucilage, le looch *ſanum & expertum* de Meſué, & dans bien d'autres remedes. Sa vertu conſiſte principalement dans ſon huile qu'on peut tirer par expreſſion. Celle qu'on tire ſans le ſecours du feu eſt très-eſtimée en Médecine. Elle a preſque les mêmes qualités que l'huile de noix. Elle eſt propre pour ramollir les muſcles tuméfiés, & pour en appaiſer la douleur; on s'en ſert auſſi pour réſoudre, ou faire aboutir toutes ſortes de tumeurs. On la donne depuis une once juſqu'à deux, dans la toux opiniâtre ou violente, dans la peripneumonie, & dans la pleureſie; & depuis quatre onces juſqu'à ſix, avec pareille quantité d'huile de raves, dans des lavemens pour calmer les coliques de *miſerere*. On en fait prendre auſſi juſqu'à ſix onces, par la bouche, pour la même maladie. Mais cette huile a communément une odeur forte & déſagréable. On s'en ſert auſſi pour brûler. Au reſte, ſon odeur peut venir de ce que la graine chauffe dans un vaiſſeau ſur le feu, où on la remue, avant d'être miſe au moulin ou à la preſſe. On s'en ſert pour la peinture. Le tourtiau, pain, ou marc qui reſte après l'expreſſion, eſt une très-bonne nourriture pour le bétail & les porcs: elle engraiſſe beaucoup, & fait que les vaches donnent plus de lait durant l'hiver; on briſe ce marc en petits morceaux dans de l'eau chaude, qu'on leur donne avec des choux à demi-cuits, des carottes, navets, raves, *&c.*

La graine, qui eſt revêtue d'une écorce forte & luiſante, peut ſe conſerver trois ans; au bout deſquels elle eſt encore féconde. Elle ſe maintient fraîche pourvû qu'on la garde en lieu ſec: & on ſent un grand froid, en plongeant la main dans le tas.

Culture.

M. Miller dit que le *n.* 1, ſemé ſoit en automne ſoit au printems, ne leva jamais dans ſon jardin, ni dans pluſieurs autres. On réuſſit cependant à élever cette plante, en la tranſplantant en motte, & la laiſſant ſe multiplier d'elle-même par ſes ſemences: pourvû qu'on la mette dans une ſituation analogue à celle qui lui eſt naturelle.

Le *n.* 2 aime une terre douce, ſubſtantieuſe, & dans laquelle ſes racines trouvent une humidité médiocre mais preſque habituelle. Ainſi on voit cette plante réuſſir bien dans des terres où l'eau ſéjourne à un pied & demi ou deux pieds de profondeur; tant dans les fonds que ſur des montagnes: & cette derniere poſition lui eſt favorable quand on a bien amendé le ſol, & que l'année n'eſt pas trop ſéche. Par la même raiſon, une terre qui tient de l'argile devient avantageuſe pour la perfection de la graine: mais comme cette terre eſt ſujette à s'imbiber trop ou à durcir, le reſte de la plante acquiert trop de vigueur, & en conſéquence devient moins propre à fournir de beau fil.

Comme le chanvre & le lin demandent en général les mêmes ſoins, & que nous nous ſommes étendus ſur la culture du CHANVRE, nous ne parlerons ici que de ce qui peut appartenir plus ſpécialement à celle du lin.

Il y a des endroits où on a coutume de mettre du lin dans une terre qui vient de porter du chanvre; ſans lui donner aucun engrais: & le lin réuſſit communément bien de cette maniere. Puis on amende légérement, afin d'y recueillir du bled l'année ſuivante: après quoi on remet un fort engrais pour le chanvre. Ces terres ont peu de fonds, retiennent l'eau; & on y trouve l'argile à quelques pouces de profondeur. Mais cette pratique ne peut pas s'accommoder avec une grande exploitation: attendu la quantité d'engrais qu'il faudroit y conſommer. Ainſi que pour le chanvre, une terre nouvellement défrichée & qui auroit auparavant ſervi de pré, ſeroit très-propre à produire du lin, ſuppoſé qu'elle eût eu des labours ſuffiſans pour la rendre bien meuble. Il faut que ces défrichemens conſervent encore une portion d'humidité: ſans quoi le lin ſeroit expoſé à périr s'il ſurvenoit une ſéchereſſe conſidérable; ainſi que je l'ai éprouvé dans des prés hauts, défrichés à la bêche, fouis par-tout à deux pieds de profondeur, & dont le ſol ſe trouvoit être une eſpece de ſable fin. Le lin y leva d'abord à merveille, & donna les plus belles eſpérances; puis le hâle & la ſéchereſſe en détruiſirent la plus grande partie: ce qui échapa vint d'ailleurs aſſez bien, mais lentement, & n'eut qu'environ deux pieds & demi de haut: la terre n'avoit pas eu le tems de s'affaiſſer avant la ſemaille. Dans pluſieurs de nos Provinces Septentrionales on cultive le lin ſur des côteaux; & le chanvre dans des terreins bas.

Dans les Provinces Méridionales, on ſeme une partie des lins en Septembre & Octobre; & le reſte, au printems. Ces derniers rendent moins de lin; mais il eſt plus fin. M. Duhamel obſerve judicieuſement que les plantes ſemées en Automne ont plus de tems pour perfectionner leur graine.

Dans les Provinces de l'intérieur du Royaume, on croit devoir ne pas expoſer cette ſemence aux riſques de l'hiver. On ſeme donc du lin au mois de Mars, & dans le commencement d'Avril: ce lin fleurit vers la fin de Juin. D'autres, par une ſage précaution, en ſement encore au commencement de Juin: celui-ci fleurit à la fin de Juillet: on le nomme *Lin de Saiſon*; & l'autre, Lin *de Mars*. Sur les lieux élevés, on le ſeme plus tôt qu'ailleurs: parce que trouvant moins d'humidité, il eſt plus lent dans ſon accroiſſement. On voit même fort rarement qu'il y vienne auſſi grand que dans des fonds: mais ſa qualité eſt ſouvent meilleure.

Si le lin eſt ſenſible au froid; en récompenſe il s'accommode bien du chaud, & le ſoutient à un fort haut degré. On l'a cultivé avec ſuccès, au Sénégal & à la Martinique. Proſper Alpin le compte même entre les Plantes d'Egypte. Conſultez auſſi les pages 237-8 de l'ouvrage poſthume de M. Pluche, intitulé *Concorde de la Géographie des différens âges*; Paris, Eſtienne 1764.

Nous ſommes dans l'uſage de tirer la graine, de Riga, de Konigsberg, & d'autres endroits voiſins des côtes de la mer Baltique. Les plantes qui en proviennent ſont d'abord preſque toujours d'un bon tiers plus hautes que celles que fournit la graine recueillie en France. Mais ces graines étrangeres dégénerent dès la ſeconde année, & diminuent ſenſiblement dans chacune des ſuivantes. Les curieux ont donc ſoin de ſe pourvoir, tous les ans, de nouvelle graine du Nord: ce qui eſt une dépenſe; dont la rentrée eſt même peu avantageuſe dans certaines circonſtances, que nous avons dites influer peu avantageuſement ſur la qualité du lin & de la ſemence. La Flandre & la Hollande nous fourniſſent, ainſi qu'aux Anglois, une certaine quantité de graine de leurs récoltes: & quand cette graine eſt bien conditionnée, & les plantes cultivées avec ſoin, elle peut aller de pair avec toute autre qui ſera venue du Nord. J'en ai semé qui s'est soutenue belle pendant trois années de suite, & qui me rendit un lin plus ou moins soyeux, selon les circonstances des saisons.

La *graine bien conditionnée* doit être grosse, intérieurement onctueuse, pesante, brillante, bien colorée. Pour connoître la quantité d'huile dont elle est remplie, on met quelques graines sur une pelle rougie au feu : elles doivent y petiller, & donner une flamme vive. On s'assure de la pesanteur, en jettant de cette graine dans l'eau, où elle doit tomber promptement à fond. Enfin si la graine est nouvelle, il leve exactement autant de plantes qu'on en a semé sur un bout de couche, à dessein d'en faire l'épreuve.

Suivant l'usage pour lequel on cultive le lin, on le seme en plus ou moins grande quantité. Lorsqu'on veut recueillir une graine bien nourrie, & propre à fournir beaucoup d'huile, on seme ordinairement un sixieme plus clair, que quand on a intention de se procurer une belle filasse douce & fine.

On peut semer des carottes ou de petits navets avec le lin, en mêlant ces graines en sorte qu'elles se rencontrent ensemble dans la main. Ces plantes réussissent, à la faveur les unes des autres : & quand le lin est arraché, les racines & fannes font des progrès rapides. Si, au lieu de carottes ou de navets, on met de la graine de tresle, on a un pré tout formé pour l'année suivante.

Le lin est exposé à *plusieurs Dangers*, depuis sa levée jusqu'au tems de la récolte. Il y a des insectes qui rongent les plantes à peine sorties de terre. D'autres insectes les attaquent lorsqu'elles ont deux, trois, ou quatre pouces de hauteur. On prétend que le remede est d'y répandre de la cendre, aux approches de la pluie, ensorte que toutes les plantes se trouvent comme couvertes d'une rosée de cendres. Si on ne fait pas ainsi périr les insectes, au moins la pluie qui lave ensuite les sels de ces cendres & les incorpore avec la terre, ne peut que donner de la vigueur aux plantes.

2. Nous avons parlé des effets que produit dans une Liniere la *Litrelle* ou Cuscute. *Voyez* CUSCUTE. Il ne paroît pas que l'on ait encore trouvé moyen de parer à cet inconvénient.

3. Le lin est sujet à la rouille.

4. Les plus belles linieres versent fréquemment; surtout dans les pays exposés aux orages. Quelqu'un a proposé de prévenir cet accident, au moyen de piquets épars dans le champ, auxquels on attacheroit de menues perches en travers. Mais ce moyen paroît bien embarrassant.

5. Il pousse souvent de mauvaises herbes au pied du lin. Le vrai remede est le sarclage. Pour endommager le lin, le moins que l'on puisse, les personnes attentives obligent à ne sarcler que les pieds nuds.

[La *Nouvelle Culture* rend moins embarrassans le sarclage, & l'opération du *n*. 4.]

On n'est pas d'accord sur le point de maturité propre à la récolte du lin. Les uns prétendent qu'il faut le cueillir encore verd, pour que sa filasse soit bien fine & douce ; & en conséquence ils arrachent quelquefois leurs lins avant que les semences soient entiérement formées; ou ils recommandent de mettre à part les pieds qui n'ont pas produit de graine, & ceux en qui elle n'est pas mûre. Sans prétendre décider que cet état des plantes rende la filasse plus belle, on ne peut disconvenir que ce triage soit avantageux; attendu que les lins verds se rouissent plus promptement que ceux qui sont fort mûrs : suivant la remarque de M. Duhamel, *Elém. d'Agric.* T. II. pag. 193.

D'autres pensent qu'il faut n'arracher le lin que quand une partie des capsules s'ouvre de maniere à laisser appercevoir (ou même tomber) les semences. Il est vrai que, d'un côté les lins trop verds fournissent une filasse tendre & qui tombe en étoupes au lieu de s'affiner ; & que pareillement l'excès de maturité rend la filasse rude, comme ligneuse, difficile à séparer des tuyaux, & incapable de prendre un beau degré de blancheur.

Aussi conseillons-nous, avec M. Duhamel & nombre d'habiles Cultivateurs, de prendre un milieu entre ces deux extrêmes ; & d'arracher le lin, 1°. quand les tiges deviennent d'un jaune éclatant & commencent à se dépouiller de leurs feuilles ; 2°. lorsque les semences brunissent dans les capsules : ce qui arrive ordinairement vers la fin de Juillet, ou le commencement d'Août.

La récolte du lin se fait en arrachant. Ce travail est fait par des femmes. Les unes saisissent les plantes avec les deux mains, & les tirent ainsi par poignées; qu'elles étendent sur le champ. D'autres font cet arrachis, presque brin à brin ; épluchant toutes les mauvaises herbes, secouant la terre attachée aux racines, mettant à part les brins de lin qui sont encore verds, & arrangeant ceux-ci & les autres par poignées avec attention. Cette seconde pratique exige beaucoup de patience ; mais elle ne peut être qu'avantageuse. Il y a des endroits où à mesure qu'on en a arraché plein les deux mains, on l'étale couché sur terre, par rangées paralleles, toutes les têtes du même côté, & le pied de chaque paquet assez bien égalisé : c'est ce qu'on nomme *Oisons*. On laisse hâler au soleil le lin ainsi couché sur terre; ayant soin de le retourner quand il est suffisamment sec d'un côté. Lorsqu'il a acquis un bon degré de sécheresse, on en prend la valeur de plusieurs poignées, qu'on tient debout & que l'on étale devant & autour de soi, les racines posées à terre ; puis, le tout étant bien égalisé, & formant une espece de botte, on sort de cette enceinte de lin, & on ramene toutes les têtes ensemble ; en même tems que les pieds sont écartés & font comme le chapiteau de paille dont on couvre les ruches. On appelle cela en quelques endroits, *Mettre le lin en Cabos :* on choisit pour cette opération, l'après-midi d'un jour où le soleil ait été vif. A mesure que le lin séche ainsi, on le lie avec de la paille, ou du lin même, en bottes que l'on laisse debout les unes près des autres exposées au soleil tant qu'il fait beau; pour mûrir les têtes & perfectionner les tiges : & quand on craint de la pluie, on les couvre avec d'autres plantes de lin en forme de toit. Lorsque le tout est parfaitement sec, on l'enleve de dessus le champ, pour le battre & le travailler. Au moyen de la sécheresse qu'on lui a laissé prendre, il est après cela très-aisé à rouir : & s'il survient de petites pluies durant ce tems, elles pourront le rouir suffisamment. Car son roui peut s'achever dans le tiers du tems & avec beaucoup moins d'humidité qu'il n'en faudroit pour rouir le chanvre.

C'est pourquoi, en quelques endroits, on laisse le lin étendu à terre sur des chaumes de seigle, d'aveine, *&c :* où les rosées & les pluies le rouissent; & on l'y laisse pendant l'ardeur du soleil, de même que durant la nuit.

Quand on se contente de le laisser dans l'eau pendant trois jours, on l'amoncele tout humide, & on le charge de planches sur lesquelles on met de grosses pierres ; afin que l'humidité le pénétre entiérement; & on le laisse en cet état pendant trois autres jours.

Le lin devient ordinairement très-beau, en passant huit jours dans une eau courante.

Il y a des gens qui l'exposent au serein pendant dix ou douze nuits, les poignées écartées, sur l'herbe, & changées de côté à chaque fois ; ayant soin, tous les matins, de les retirer avant le lever du soleil, les mettre à couvert, amoncelées toutes humides pendant tout le jour.

A l'égard des *façons* qu'on doit donner ensuite au lin, & des instrumens dont il faut se servir pour le préparer; ce sont les mêmes que pour le chanvre: excepté que les instrumens sont moins forts.

Les cordons du lin qui a eu toutes les façons, se trouvent au nombre de quinze à vingt-cinq dans une livre. Le lin le plus net se nomme *Cœur de Cordon.*

Pour ce qui est de la *Graine:* quand elle est bien mûre, c'est-à-dire bien colorée, & que la capsule ou tête qui la renferme, est noire; on la sépare de la tige avec un peigne de fer, qu'on appelle communément *Grege*, & dans quelques Provinces *Gruge:* c'est ce qu'on appelle *Egruger*, *Greger*, ou *Gruger*, le lin. Ailleurs on écrase les têtes avec une batte, puis on les vanne. Lorsqu'on se contente de les gruger, on les étend ensuite sur des bannes, ou gros draps, pour les sécher; puis après les avoir battu, on vanne la graine & on la serre, enfermée dans des sacs; ou dans des tonneaux, qu'on place debout sur un de leurs fonds, laissant celui de dessus ouvert. Il est à propos de la remuer de tems en tems, de peur qu'elle ne s'échauffe, & ne se moisisse: ce qui pourroit arriver, si elle n'étoit pas bien séche. Consultez les *Elémens d'Agric.* de M. Duhamel, Liv. X. Ch. II. *Art.* III: & les *Essais de la Société de Dublin;* dont M. Thebault a donné une bonne traduction; Paris, Estienne 1759, *in-12.*

LIN *d'Eau*, & LIN *Maritime.* } Voyez MOUSSE *d'Eau.*

LIN *Sauvage:* Plante Graminée, que M. Tournefort appelle LINAGROSTIS *paniculâ ampliore;* & G. Bauhin, *Gramen pratense tomentosum, paniculâ sparsâ.* Cette plante, commune dans de mauvais prés humides, où elle a presque toujours le pied dans l'eau, porte une tige haute d'environ un pied & demi; terminée par un ou plusieurs péduncules: dont les fleurs produisent des semences garnies d'une longue aigrette soieuse, très-blanche, & argentine. Voyez la 44e. planche de l'*Histoire des Plantes d'Aix*, de M. Garidel.

Usages.

On veut que la décoction de ces aigrettes dans du vin soit astringente, & utile pour les flux de ventre & la colique. Plusieurs auteurs croient que ces poils soieux seroient bons à filer, si on pouvoit en avoir une grande quantité. Mais M. Garidel pense qu'ils sont trop courts pour se lier ensemble solidement: voyez ce qu'il en dit, *pp.* 217-8.

LINAIRE; que quelques-uns nomment improprement LIN *Sauvage;* en Latin *Linaria;* & en Anglois, *Toad-Flax.*

M. Linnæus réunit les plantes de ce genre aux *Mufles de Veau.* Il y a néanmoins des différences marquées: 1°. la fleur des linaires a un éperon à sa levre supérieure. 2°. Le nectarium avance beaucoup. Voyez MUFLE *de Veau.*

Especes.

1 *Linaria capillaceo folio, odora* C. B. Sa racine est vivace. Elle produit quantité de tiges branchues, hautes d'un à deux pieds, menues; garnies de feuilles grisâtres & comme cendrées, qui sont fort étroites. Depuis le mois de Juin, jusques très-avant dans l'automne, la cîme des branches porte des épis lâches, composés de fleurs qui sont d'un bleu pâle, & accompagnées d'une odeur gracieuse.

2. *Linaria vulgaris lutea, flore majore* C. B. Cette plante est assez commune dans des endroits secs; où elle trace beaucoup par ses longues & nombreuses racines. Des tiges droites, branchues, hautes d'environ un pied & demi, souples, difficiles à rompre, en sortent sur toute sa longueur. Les feuilles sont étroites, & cendrées. Dans les mois de Juillet & Août, l'extrêmité des branches est garnie d'épis de fleurs jaunes assez grandes, mais qui ont une odeur désagréable. Cette plante étant froissée entre les mains a quelque odeur de sureau.

3. *Linaria segetum, Nummulariæ folio villoso* Inst. R. Herb. On la nomme aussi *Elatine*, *Veluote* ou *Velvote;* & *Véronique femelle.* Cette plante vient dans des terres élevées, dans des prés un peu secs, & parmi les grains. Elle est annuelle, & toujours couchée. Sa racine est menue; ainsi que ses tiges. Toute la plante est velue. Ses feuilles sont en ovale arrondie & souvent anguleuses, médiocrement larges, très-ameres, un peu styptiques, & chargées d'une odeur tant soit peu huileuse. Des aisselles des feuilles, naissent de petites fleurs, mi-parties de jaune & de pourpre; dans les mois de Juin, Juillet, & Août.

On trouve aussi de ces plantes, dont la feuille est terminée en pointe; & la base tantôt anguleuse, tantôt accompagnée de prolongemens qu'on nomme *oreilles* ou *barbes.* Leurs fleurs sont jaunes, ou bleues.

4. *Linaria Hederaceo folio glabro; seu Cymbalaria vulgaris* Inst. R. Herb. La *Cymbalaire.* Cette plante est fort commune parmi nous; quoiqu'on la dise originaire des pays méridionaux. On la trouve dans des cours, le long des murs, & ailleurs dans des endroits médiocrement frappés du soleil. Ses tiges sont menues, traçantes; & garnies de nœuds qui, produisant des racines, contribuent à la multiplier abondamment. Ses feuilles sont assez lisses, d'un verd foncé, un peu purpurines en dessous, mollettes; bordées de dentelures profondes, dont la base écartée & les côtés courbes forment ensemble une espece de triangle dont le sommet est ordinairement en pointe. Cette plante fleurit pendant une grande partie de l'été: la fleur est petite, d'un pourpre fort clair; & ses deux plus longues étamines sont jaunes, souvent assez pâles.

Culture.

Ces plantes se multiplient d'elles-mêmes, presque toujours plus qu'on ne veut. C'est pourquoi on ne les met dans des jardins, qu'avec la précaution d'obvier à leurs progrès.

Usages.

Le *n.* 2 est d'usage comme vulnéraire & résolutif. Tragus fait grand cas de sa décoction, pour les fistules; & dit que c'est un bon diurétique: aussi y a-t-il des Auteurs qui lui ont donné le nom d'*Urinale.* Cette plante, mise en fomentation sur le ventre, diminue l'inflammation des intestins; & fait, dit-on, sortir beaucoup de gravier par la voie des urines. En général, appliquée extérieurement, elle est très-adoucissante & résolutive; dissout le sang ou autres liqueurs extravasées dans les porosités des chairs, & ramollit en même tems les fibres dont la tension extraordinaire cause de vives douleurs. L'usage interne de sa décoction dissout pareillement ces coagulations, chasse le venin par la peau, procure les écoulemens périodiques, remédie à la jaunisse & aux obstructions du foie. On s'en sert extérieurement pour l'erésipele. On fait bouillir les feuilles dans de l'huile où l'on a laissé infuser des escarbots, ou des cloportes; puis ayant passé l'huile par un linge, on y ajoûte un jaune d'œuf durci, avec autant de cire neuve qu'il convient pour donner une consistance d'*onguent:* ce topique est très-bon pour l'inflammation des hémorrhoïdes. On peut aussi faire bouillir la linaire dans le sain-doux, jusqu'à ce qu'il soit d'un beau verd; & y ajoûter le jaune d'œuf lorsqu'on veut s'en servir. On peut encore emplir des sachets de linaire & de camomille séche; puis les faire bouillir dans du lait; & les appliquer ensuite sur les hémorrhoïdes.

L'eau distillée de linaire, fait couler par les urines, les eaux des hydropiques; & guérit la jaunisse, & les obstructions du foie : la dose est d'un verre, dans lequel il faut délayer un gros de poudre d'écorce d'hieble. La même eau, ou le suc dépuré de cette plante, est très-propre contre l'inflammation des yeux.

Nous parlerons du *n.* 3, à l'article VERONIQUE.

Matthiole dit que le *n.* 4, mangé souvent en salade, est très-propre à arrêter l'écoulement des fleurs blanches : *sur Diosc.* Liv. IV. Ch. LXXXVIII. On regarde aussi cette plante comme apéritive & diurétique : c'est pourquoi on en fait bouillir une poignée dans une pinte d'eau, pendant un demi-quart d'heure; on passe la décoction par un linge blanc; & on la fait prendre par verres, de tems en tems : on assure que c'est un bon moyen de guérir, ou soulager considérablement, les malades de la gravelle. Un Médecin de Paris m'a dit avoir fait appliquer avec quelque succès, sur les hémorrhoïdes enflammées, la plante même un peu macérée sur une pelle chaude.

LINETTE. Il y a des Provinces où on nomme ainsi la graine du lin cultivé.

On appelle en France *Linette Neuve*, la graine qui vient de la mer Balrique; & *Vieille Linette*, ou Linette *Usée*, celle qui est à sa cinquieme année.

LINGE. *Voyez* TOILE.

Le *Garantir* d'humidité, de mauvaise odeur, &c. *Voyez* ODEUR.

En ôter les taches. *Voyez* TACHE.

LINGIBEL. *Voyez* GINGEMBRE.

LINGUA *Avis.* Voyez FRÊNE.

LINGULA. Voyez LANGUE : *terme de Botanique.*

LINOSPARTON. Voyez GRAMEN, *n.* 13.

LINUISE. *Voyez* LIN, *n.* 2.

L I Q

LIQUEUR. Substance fluide, qui a besoin d'être contenue dans quelque vaisseau.

Liqueur au moyen de laquelle on donne à l'écriture une couleur d'or.

Prenez le suc des fleurs de safran, quand elles sont encore toutes fraîches; si non, du safran sec bien pulvérisé : ajoûtez-y autant d'orpiment jaune & luisant, qui soit écailleux, & non terreux : puis, avec du fiel de chevre, ou de brochet (qui vaut beaucoup mieux), broyez-les bien ensemble. Cela fait, vous mettrez ce mêlange dans une phiole que vous tiendrez dans du fumier chaud, pendant quelques jours. Vous le tirerez après : & le garderez. Quand vous voudrez écrire avec cette liqueur, vous aurez une belle couleur d'or.

Voyez Tome I, p. 874.

Liqueur de couleur d'or ; pour mettre sur le bois, le fer, &c.

Voyez dans l'article VERNI.

Liqueur qui peut donner à plusieurs autres un goût de vin muscat.

Prenez quelques livres de fleurs d'orvale; & de la lie de vin, ce qu'il en faudra pour humecter les fleurs grossiérement pilées : laissez-les macérer pendant quatre jours : puis distillez & rectifiez trois fois sur d'autres fleurs. Quelques gouttes de la liqueur spiritueuse obtenue par ce moyen, donnent un goût de muscat, & vineux, à l'eau même.

Liqueur qui imite le vin blanc ; & dont une cuve peut (dit-on) *faire autant de profit que trois cuves de vin blanc :* c'est un vrai rapé.

Prenez de bons raisins blancs; égrainez-les; & les mettez dans un tonneau. Pour un muid, mesure de Paris, il faut environ deux cent livres de raisin. Sur ces grains jettez de la poudre de cannelle, de girofle, de muscade, de poivre long, & de gingembre, de chacun une once; & trois onces de graine de moutarde. Après cela remplissez le tonneau avec du moût fait de semblable raisin blanc, & nouvellement foulé; laissant un bon pied de vuide dans le tonneau. Couvrez le trou de la bonde avec du papier mouillé, taillé au milieu en forme de C, afin que les esprits du vin s'exhalent le moins que faire se pourra en bouillant. Lorsqu'il aura cessé de bouillir, & qu'il sera reposé, vous en pourrez tirer, & en boire; remplissant toujours de bonne eau claire & nette, à mesure que vous tirerez du vin.

Il faut avoir une grosse canne creusée, pointue par le bout, qui introduite par la bonde puisse aller jusqu'au fond, à travers les grains : il y aura, de distance en distance, de petits trous de virebrequin, afin que l'eau qu'on y versera se distribue doucement dans le vin. L'extrêmité pointue de la canne doit être fermée avec une cheville de noisetier; & le haut qui est auprès de la bonde, bien bouché avec de la toile, de la pâte, ou du papier. Cette piece reste toujours dans le tonneau. Quand on y a suffisamment versé d'eau, on ferme la bonde avec un bouchon de liége, ou autre chose, ensorte que l'air ne puisse pas entrer dans le tonneau. On adapte un entonnoir à l'entrée de la canne, toutes les fois qu'on veut remplir.

Lorsque l'on a mis de nouvelle eau, il faut être vingt-quatre heures au moins sans rien tirer; pour donner le tems au vin de changer la nature de l'eau. Il faut aussi observer de n'en tirer tout au plus que la centieme partie à la fois; afin qu'on n'affoiblisse pas tout à coup le vin. Ayant tiré cette quantité, on n'y mettra qu'autant d'eau, ou même un peu moins. En donnant le tems au vin de changer une moindre quantité d'eau, le vin entretiendra toujours sa force, à cause de la composition des grains & poudres aromatiques qu'on y a mises. Lorsqu'il commencera à s'affoiblir, il faudra le boire & n'y plus mettre d'eau.

Préparation de musc & d'ambre, pour Parfumer les liqueurs.

Pilez dans un mortier quatre grains d'ambre, avec deux grains de musc; & gros, de sucre, comme un œuf. Gardez ce mêlange dans une petite boëte : quand vous voudrez vous en servir, vous en mettrez environ une pincée, sur quatre pintes d'hypocras, de rossolis, ou d'autres liqueurs.

Essence de fleurs odoriférantes, pour parfumer les liqueurs.

Prenez une livre de toutes sortes de fleurs d'une odeur agréable; & trois livres de sucre en poudre. Commencez par mettre un lit de ce sucre, au fond d'un vaisseau de verre, ou de terre, bien net; ensuite un lit de fleurs par-dessus; puis un lit de sucre; un autre de fleurs : & continuez ainsi jusqu'à ce que vous ayez tout employé. Cela fait ; bouchez bien votre vaisseau ; mettez-le à la cave, ou dans quelque autre lieu frais ; & laissez digérer la matiere, pendant vingt-quatre heures. Ensuite exposez-la, autant de tems au soleil, ou dans une étuve : il s'en exprimera naturellement une liqueur ; que vous passerez par l'étamine sans presser les fleurs ; & la garderez dans une bouteille bien nette & bien bouchée, pour vous en servir au besoin.

Teinture de santal, pour donner de la couleur & du brillant aux liqueurs.

Mettez dans une bouteille du santal rouge réduit en poudre grossiere ; versez de l'esprit de vin pardessus ; & laissez infuser pendant cinq ou six heures. La teinture sera faite, & vous pourrez vous en servir.

Si vous ajoûtez à cette teinture, la civette, la cannelle ; le clou de girofle, & l'alun ; elle sera propre à *embellir le visage* & donner plus d'éclat à son coloris. Sur un demi-septier de teinture, on met gros comme une petite noix d'alun, avec deux cloux de girofle, un peu de civette & de cannelle en poudre.

LIQUEUR *Rafraîchissante.* Voyez *Eau de* CANNELLE.

LIQUEURS *à la Glace*, ou *Glacées.* Voyez sous le mot GLACE.

ON raffine tous les jours sur les liqueurs : on en boit beaucoup ; & on y cherche la diversité. Mais cette sorte d'intempérance ne peut avoir que des suites dangereuses. *Voyez* BOISSON. On a trouvé le diametre des vaisseaux des bronches constamment rétréci, quelquefois plus d'un tiers, dans des cadavres de gens qui avoient donné dans l'excès de l'eau-de-vie & des *Liqueurs Spiritueuses.* Ainsi l'on peut dire qu'il n'y a point de jour où un buveur ne travaille à se boucher les canaux de la respiration. En effet, c'est ordinairement par la poitrine que son dépérissement commence. Les deux tiers des buveurs, parvenus à certain point, ne respirent que difficilement : & il est très-commun de les voir attaqués, & quelquefois suffoqués, par l'asthme, les polypes, & l'hydropisie. On sait que l'esprit de vin rapproche les levres des plaies, en étanche le sang, & coagule les humeurs. Quoique les liqueurs prises intérieurement n'agissent pas d'une maniere immédiate sur le sang, il n'est pas moins vrai qu'elles exercent leur action sur le suc gastrique, sur les vaisseaux, sur les parois de l'estomac, sur les bronches ; & qu'insensiblement les fermens deviennent visqueux, les humeurs s'épaississent, les vaisseaux des extrêmités s'engorgent, & le diametre tant des petits, que des gros se rétrécit plus ou moins. Ainsi l'ordre des sécrétions est interrompu ; & il se fait un bouleversement dans l'œconomie animale.

Raccommoder les Liqueurs Gâtées.

Voyez BIERE, *p.* 303.

LIQUEURS *Caustique ; Hystérique ;* &c. *Voyez* CAUSTIQUE. HYSTÉRIQUE. EAU.

LIQUEUR *de Syrie.* Voyez ASSA FETIDA.

LIQUIDAMBAR. *Voyez* BAUME, *p.* 267.

LIQUIRITIA, & LIQUORICE. } *Voyez* RÉGLISSE.

LIS

LIS, ou *Lys :* en Latin *Lilium :* & *Lily*, en Anglois. Ce mot Lilium a donné lieu à celui de LILIACÉE ; dont nous avons parlé ci-devant *p.* 421.

La fleur du lis est une espece de cloche composée de six pieces qui ont une figure ovale irréguliere ; charnues, cannelées, marquées d'une espece de nerf longitudinal ordinairement considérable, & renversées plus ou moins en dehors. Ces fleurs sont souvent panchées, & tiennent à un pétiole fort court. On n'a pas encore bien déterminé si elles ont un calyce, formé par trois des pieces ci-dessus. Le milieu de la fleur est occupé par des étamines plus courtes que le pistile. Celui-ci devient par sa base un fruit oblong, cannelé à trois côtés, divisé intérieurement en trois loges, & trois battans qui s'ouvrent de haut en bas. Les semences sont plates, & bordées d'un feuillet membraneux. Ces fleurs naissent au sommet de la tige ; qui est cylindrique. La racine est un bulbe, formé d'écailles charnues attachées à un axe, dont la partie inférieure est garnie de fibres.

Especes.

1. *Lilium album vulgare* C. B. Le *Lis blanc commun.* Sa tige est droite, haute de deux à trois pieds ; garnie de feuilles lisses, luisantes, arquées, & comme verticillées. Le haut de la tige porte un épi de longues fleurs, tantôt parfaitement blanches, tantôt lavées ou rayées de pourpre ; dont les étamines ont leurs sommets jaunes. Ces fleurs répandent une odeur suave. Les mois de Juin & Juillet sont leur saison.

On met entre les variétés de cette espece, le Lis à *Feuilles Panachées ;* & celui qui donne des *Fleurs Doubles.*

2. *Lilium floribus reflexis, montanum, flore subrubente* C. B. Le LIS *sauvage pourpré ;* LIS *de Montagne ; Martagon de Montagne.* Il sort de sa racine une tige cylindrique, lisse, souvent parsemée de points rouges. A sa base sont deux étages de feuilles lisses, qui ont des nervures très-marquées. Ces feuilles sont verticillées, disposées comme en entonnoir autour de la tige, dont elles sortent immédiatement au nombre de six ou sept. Plus haut il n'y a que des feuilles uniques, disposées alternativement. Au haut de la tige naissent plusieurs boutons gros comme le petit doigt, longs d'environ un demi-pouce, suspendus par de longs pédoncules qui sortent d'entre deux petites feuilles. Le pédoncule & la moitié inférieure de chaque bouton sont purpurins : & cette couleur se répand aussi en partie sur le reste ; qui est blanc. La fleur étant épanouie a six pieces très-renversées, purpurines, & mouchetées de rouge. Elle fait un joli effet : & son odeur n'est pas désagréable. La racine est un bulbe jaunâtre.

Cette plante naît sur les montagnes & dans les bois à l'ombre, en terrein humide. Elle fleurit en Mai, Juin, & Juillet.

Il y a encore nombre d'autres *Martagons :* que l'on regarde comme des variétés. Voyez ci-dessous, *n.* 4.

3. On donne le titre d'*Hemérocalles*, ou *Hemérocales*, à quelques especes dont les fleurs ne conservent leur beauté que pendant un jour.

Tels sont, entr'autres les *Lis jaunes ;* le *Lis flamme*, dont la fleur est d'un rouge vif, mais de mauvaise odeur (*Lilium bulbiferum minus* C. B.)

4. *Lilium Byzantinum miniatum* C. B. Quelques-uns l'appellent *Lis Couleur de Mine.* L'extrêmité de sa tige porte des branches incarnates ; d'où pendent des fleurs couleur de corail ou de *Minium* (c'est-à-dire Vermillon). Ses feuilles, qui sont frisées, ont donné lieu de le nommer encore *Riche-Madame.* C'est un *Martagon.*

Usages.

Les feuilles du *n.* 1, pilées avec du miel, sont bonnes à appliquer sur les morsures venimeuses, & sur les brulures. Macérées dans du vinaigre, elles avancent la guérison de toutes sortes de plaies. Leur suc, cuit avec du miel dans un vaisseau d'airain, est très-utile pour les ulceres invétérés.

On fait cuire l'oignon ou bulbe sous la cendre, puis on le bat avec de l'huile rosat, ou de l'huile de noix, ou du vinaigre; pour le mettre sur les brûlures. Pilé avec du miel, il remédie aux luxations de nerfs, & dislocations de membres; déterge bien les ulceres; guérit la gale, la rogne, & autres maladies de ce genre. Après l'avoir fait cuire sous la cendre, on le pile avec du vinaigre: & appliqué sur le bas ventre, il fait venir les regles, déterge & cicatrise les ulceres de la matrice. Le suc huileux que rend cet oignon pilé, distend la peau & en efface les rides. Ce même oignon, battu avec les feuilles de Cyclamen, de la farine de froment, & du vinaigre, est très-utile pour calmer les inflammations. En général on le regarde comme anodyn, émollient, résolutif, détersif, & rafraîchissant. Il y a peu de cataplasmes émolliens & résolutifs, où on ne l'emploie cuit sous la cendre ou dans de l'eau, & écrasé avec les autres ingrédiens pour en former une pulpe. Quelquefois on l'emploie seul. Il hâte la suppuration des tumeurs, & en adoucit l'inflammation, y étant appliqué extérieurement. Il peut guérir, ou du moins rendre plus supportables, les cors des pieds. Le pain fait avec la farine d'orge, & le suc d'oignon de lis, est souverain contre l'hydropisie; il faut que le malade s'en nourrisse pendant un mois ou six semaines. Pour amollir & guérir les tumeurs des testicules, on applique sur le scrotum un cataplasme fait avec la pulpe d'oignon de lis cuit sous la cendre, ou bouilli; & mêlé avec de la mie de pain frais, & du lait: au lieu de lait & de pain, on peut employer le saindoux, & l'huile de camomille.

On avale de la graine de lis dans du vin, ou dans quelque autre liqueur, comme un alexitere.

Les sommets des étamines sont recommandés par quelques auteurs, pour faciliter l'accouchement: on les fait avaler dans de l'eau de verveine ou d'armoise.

On tire de l'oignon du lis, aussi bien que de ses fleurs, une huile, & une eau qui ont de grandes propriétés. On donne par verrées, l'*eau* distillée des fleurs, dans la colique néphrétique, la pleuresie, & les ardeurs d'urine. On en fait prendre aux femmes qui sont en travail; mais il est bon d'y ajoûter du safran: la dose est depuis quatre onces, jusqu'à six. On la donne aussi dans les juleps & potions anodynes, pour appaiser les tranchées des femmes nouvellement accouchées, & pour la colique & la dysenterie; la dose est la même. Cette eau est excellente pour toutes sortes d'inflammations internes; principalement pour celles de la gorge. On l'emploie, avec quelques gouttes d'huile de tartre, & un peu de camphre, pour appaiser les démangeaisons & réprimer les élevures de la peau.

L'*Huile* de Lis (*Simple*) est usitée pour les maladies de la peau, les tumeurs, les fluxions de la tête & des oreilles, & pour amollir les fibres de la matrice & les nerfs de tout le corps. L'*Huile composée*, où il entre des aromates, est moins d'usage & moins adoucissante.

Huile simple de Lis.

Prenez une livre & demie de fleurs de lis nouvellement cueillies: pilez-les; & les mettez dans une cruche. Versez-y trois livres d'huile d'olives: bouchez la cruche; & la laissez exposée au soleil pendant sept ou huit jours. Ensuite, ayant fait légerement bouillir le tout, exprimez-le fortement par un linge. Puis remettez la même quantité de fleurs dans l'huile coulée: exposez le tout au soleil, & refaites la même opération. Mettez pour la troisieme fois de nouvelles fleurs. Et alors, ayant tenu le tout exposé au soleil pendant quelques jours, vous pourrez garder l'infusion pendant plusieurs mois sans la couler, jusqu'à ce que vous en ayez besoin. Mais quand vous voudrez l'achever, vous la ferez bouillir plus longtems que les autres fois. L'huile étant coulée, il faut la laisser dépurer.

Outre les usages indiqués ci-dessus: cette huile guérit promptement & sûrement les plaies récentes, de quelque partie que ce soit. Elle entre dans les cataplasmes pour les inflammations, bubons, & squinancies, tendant à suppuration. On en met dans des lavemens qu'on donne aux femmes prêtes d'accoucher.

On peut substituer le *n.* 2, au lis commun. On distille de même une eau de toute la plante.

La racine du *Lis Jaune* (n. 3), prise en breuvage, ou appliquée par forme de pessaire avec de la laine & du miel, attire toutes les aquosités & le sang amassés dans les parties naturelles des femmes. Les feuilles, broyées, & appliquées sur le sein des nouvelles accouchées, arrêtent l'inflammation & les autres accidens que pourroit occasionner le dépôt du lait. La racine & les feuilles s'appliquent avec succès sur les brûlures.

Culture des Lis.

Le *n.* 1, originaire du Levant, est parfaitement naturalisé en Europe: ensorte qu'il n'y a qu'un froid extrêmement rigoureux qui attaque son bulbe. Cette plante s'accommode assez de toute sorte de terre & d'exposition.

On la multiplie par les cayeux dont elle est abondamment pourvue; ensorte qu'il faut nécessairement l'en décharger au moins tous les trois ans, pour conserver le principal oignon. Cette opération se fait à la fin d'Août, lorsque les tiges périssent. Quand on differe plus longtems, la plante jette de nouvelles feuilles & racines; qui lui donne comme un nouvel état, dans lequel on ne peut la troubler sans se priver des fleurs qu'elle eût portées l'été suivant.

Comme cette plante s'éleve, & occupe certain espace, elle fait mieux dans de grands jardins qu'ailleurs.

M. Tournefort dit (*Inst. R. Herb.*) avoir reconnu par sa propre expérience la vérité de ce qu'a dit Gesner; que la tige du Lis blanc, étant coupée, puis suspendue lorsqu'elle est en pleine fleur, ne laisse pas de porter sa graine.

Le Lis à *feuilles panachées* a l'avantage de servir à la décoration de nos jardins en hiver & au printems; parce qu'il pousse de bonne heure en automne à fleur de terre ses feuilles bordées de grandes bandes jaunes ou cramoisies. Ses fleurs précédent aussi celles du lis commun: peut-être parce que la plante est en général moins vigoureuse, ainsi que le sont ordinairement les plantes panachées.

L'espece à *fleurs doubles* ne s'épanouit bien que quand on a soin de la garantir de la pluie, & même de la rosée; qui font souvent pourrir les fleurs encore en bouton. Un autre inconvénient, est que ses fleurs ne sont pas odorantes.

Les oignons du lis commun ne courent point de risque en demeurant hors de terre. Mais ceux des *Martagons* doivent être replantés promptement: sans quoi ils se desséchent. Ces lis aiment une terre substantieuse.

Les *Lis Jaunes*, ou *Orangés*; encore nommés *Jacintes des Poëtes*; produisent des cayeux, dans les aisselles soit des fleurs soit des feuilles. Ces lis sont quelquefois panachés : & il y en a d'autres qui donnent des fleurs doubles. Comme les unes & les autres ne repoussent qu'au printems, on peut les transplanter en tel tems que l'on veut depuis qu'ils ont perdu leurs tiges. Ils réussissent particuliérement bien dans une terre légere & substantieuse, qui ne soit que médiocrement humide.

Les Lis *Flammes*, ou *Rouge-Vermeil*, viennent aisément par-tout; & aiment l'ombre des arbres. C'est pourquoi on peut en mettre dans les bosquets, & même le long des bois : où leurs fleurs feront un bel effet; elles ont encore l'agrément de donner bien plus tôt que l'espece commune. Chaque nœud des tiges produit ordinairement, soit dans les aisselles des feuilles, soit dans celles des fleurs, des cayeux : qui, étant détachés quand les tiges périssent; & aussitôt mis en terre; servent à multiplier beaucoup ces plantes. Les bulbes de ces lis ont quelque odeur de violette quand ils sont secs.

On prétend que l'on peut *Donner aux Lis telle Couleur que l'on veut :* & qu'ainsi 1°. pour changer le jaune en *pourpre*, il faut prendre dix ou douze tiges actuellement en fleur; les exposer à la fumée jusqu'à ce que leurs cayeux soient bien formés; puis tremper ces tiges dans de la lie de gros vin rouge; & quand elles seront bien teintes, les coucher en terre, en y répandant une bonne quantité de cette lie.

2°. Le Florentin, si souvent cité dans les Geoponiques, dit que l'on se procurera des Lis *rouges*, en insinuant du cinabre sous l'écorce de ceux qui auroient fleuri blanc; mais que, pour réussir, il faut avoir grand soin de ne pas endommager les boutons, en opérant.

3°. Au moyen de pareilles insertions de substances colorantes, on diversifie (dit-on) à son gré la couleur des lis.

[Ce qu'il y a de vrai dans ces Recettes se réduit à peu de chose.]

Consultez la *Physique des Arbres*, de M. Duhamel, T. II. depuis la p. 282 jusqu'à 293.

Conserver les Lis dans leur fraîcheur, durant toute l'année.

Cueillez les tiges avant que les boutons soient ouverts; mettez-les dans un petit vaisseau de terre non vernissé, que vous boucherez bien; & enterrez-le jusqu'au tems que vous voudrez en jouir. On prétend qu'en les exposant alors au soleil, les feuilles s'épanouiront.

On *avance*, ou *prolonge la florison* des lis qui demeurent sur pied; en les plantant à divers degrés de profondeur. C'est un moyen d'en avoir successivement pendant plusieurs mois.

LIS-ASPHODEL : en Latin *Lilio-Asphodelus*. Plante que l'on confond quelquefois avec le Lis : qui cependant constitue un genre particulier, dont il y a plusieurs especes; qui viennent de la Chine, du Perou, d'autres endroits de l'Amérique, *&c.* On en voit de jaune, de ponceau, de blanc, de pourpré. Il y en a un qui est toujours verd, qui produit beaucoup, & a l'odeur de tubéreuse. La racine du Lis Asphodel est en botte de navets, qui sont comme articulés. La fleur est une seule piece, ou tuyau, qui en s'élargissant forme six découpures évasées. Le pistile devient un fruit presque oval, & à trois côtes, séparé en trois loges : dont les semences sont arrondies.

Le *Lis Ponceau de la Chine* est un Lis Asphodel.

M. Linnæus confond ce genre & le suivant, sous le nom d'*Amaryllis*.

LIS-NARCISSE : en Latin *Lilio-Narcissus*. Ce genre de plante tient du Lis & du Narcisse. Aussi les différentes especes sont-elles nommées dans les Auteurs, les unes Narcisse, les autres Lis; quelques-unes même Colchique. L'observation plus particuliere du caractere commun à toutes, a décidé M. Tournefort pour les réunir sous un même genre, avec un nom distinctif qui se trouve aussi mis en usage longtems auparavant par Aldinus & Morison.

La fleur est composée de six pétales, & ressemblante à celle du lis ordinaire. A sa base est un embryon divisé intérieurement en trois loges : il devient un fruit semblable à celui du Narcisse. La racine est bulbuse, mais recouverte d'une membrane; ce qui ne se trouve pas à celle du Lis. D'un autre côté la fleur est sensiblement différente de celle des Narcisses.

C'est à ce genre qu'appartiennent le *Narcisse d'Automne*, la *Guernésienne* (ou *Lis de Guernesey*), la *Belladone des Isles*, le *Lis rouge du Tertre*, plusieurs *Narcisses de Perse & de Virginie*, & le *Lis de S. Jaques;* à qui l'on donne aussi les noms de *Croix S. Jaques*, & *Croix de Calatrava*. Le *Lis blanc du Missisipi*, ou *Lilio-Narcissus Indicus pumilus monanthos albus*, de Morison, en est aussi.

Le *Lis de Guernesey*, nommé par Morison *Lilio-Narcissus Japonicus rutilo flore*, est une grande fleur, couleur de rose; & qui semble garnie d'un duvet doré. Il ne fleurit qu'une fois. Puis il pousse des feuilles. On prétend qu'il fleurit encore trois ans après; mais que ces secondes fleurs sont chetives. On n'est pas encore bien instruit sur sa culture. La terre qui paroît lui convenir le mieux, est un mêlange de deux parties de sable de la mer, avec une partie de terre naturelle : sinon une terre légere & sabloneuse, mêlée en égale portion avec des pierrailles. Cette plante soutient en Angleterre les rigueurs de l'hiver, pourvû qu'elle soit à l'abri près d'un mur bien exposé, & qu'on la tienne séchement.

Ses cayeux donnent des fleurs, trois ou quatre ans après avoir été séparés de la vieille racine.

L'oignon de ce lis ne veut être enterré que jusqu'à la moitié de sa hauteur.

On ne lui fait aucun tort en le transplantant aussi souvent que l'on veut, depuis que la feuille se fane jusqu'à la fin d'Août; la plante étant alors dans une inaction réelle. D'ailleurs les oignons de ce lis sont hors de terre environ sept mois de l'année. Ainsi que dans les autres plantes bulbeuses, la fleur existe dans le bulbe un an entier avant de paroître : & celles de ses racines qu'on suppose fournir particuliérement à la fleur, poussent toujours plus lentement que les autres; celles qui font subsister les feuilles, produisent même des feuilles plus de quinze jours avant que celles à fleur commencent à agir. Quand la plante ne pousse que deux ou quatre feuilles, elle n'est pas encore assez forte pour donner des fleurs.

Si on la tient enfermée dans une chambre, sous des chassis, ou dans une étuve où l'air ne puisse pas entrer librement, la tige monte quelquefois jusqu'à deux pieds de haut : au lieu qu'en plein air elle n'a pas coutume de s'élever au-delà d'un pied. Mais elle est alors très-menue; & ses fleurs sont beaucoup plus pâles, que celles qui viennent en plein air.

La *Belladone des Isles*, que d'autres nomment *Narcisse Madame*, & *Narcisse Rouge*, est appellée par Morison *Lilio-Narcissus Indicus saturato colore purpurascens*. Consultez ce qui en est dit sous le mot NARCISSE *Rouge*.

La *Fausse Madame :* autre Lis-Narcisse. Voyez NARCISSE *Vineux clair*.

Lis Narcisse Sphérique; nommé par Morison *Lilio-Narcissus Indicus, maximus, sphæricus, floribus plurimis rubris liliaceis*. Voyez NARCISSE *Sphérique*.

Lis S. Jaques. Voyez NARCISSE *de Jacob*.

LIS-ROYAL. *Voyez* COURONNE IMPÉRIALE.

Le LIS DE S. BRUNO fait un genre particulier, auquel M. Tournefort a donné le nom Latin de *Liliastrum*. L'espece nommée *Liliastrum Alpinum minus* Inst. R. Herb. est commune dans les bois de la Grande Chartreuse. La tige s'éleve à environ un pied & demi de haut. Elle porte des fleurs réunies: ce qui forme un caractere distinctif de cette plante d'avec les *Phalangium* ; au nombre desquels elle avoit été mise par les Bauhins, & par Clusius. Ce n'est point aussi un Lis : principalement parce que la racine est composée de fibres charnues ou especes de navets qui sortent d'une même tête. La fleur du Lis de S. Bruno imite beaucoup celle du Lis commun; mais elle est généralement plus petite : formée de six pieces ; blanche, plus ou moins épanouie, & d'une odeur agréable. Le pistile devient un fruit allongé, conique, qui s'ouvrant par sa partie supérieure, laisse voir intérieurement trois loges, remplies de semences anguleuses.

Ce lis vient bien en toute sorte de terre, pourvû qu'elle soit meuble. Il se multiplie par ses semences.

LIS DE PERSE; ou DE SUSE. *Voyez* FRITILLAIRE.

LISETTE; *Coupe-Bourgeon ; Urebec ; Couturiere ; Tiquet ; Ebourgeonneur.* Petit Scarabée, à-peu-près lenticulaire, qui coupe les bourgeons des arbres. Le mâle est verdâtre ; & la femelle, bleue.

Cet insecte attaque aussi les choux.

VOYEZ ce qui est dit de la maniere de détruire les *Urebecs*, dans l'article VIGNE. *Consultez* aussi l'article CHOU.

LISIERE, ou *Liziere :* terme d'Eaux & Forêts. C'est le bord d'un bois. *Voyez* ARBRE *de Lisiere*. LIZ.

Faire des Réserves en LISIERE. C'est réserver une étendue de bois qui a beaucoup de longueur & peu de largeur.

LISOIRS. *Voyez* LISSOIRS.

LISSÉ (*Sucre cuit à*) : terme de Confiseur. On connoît ce dégré de cuisson, lorsque prenant du sirop avec un doigt que l'on applique ensuite contre le pouce, le sucre ne file ni ne coule quand on sépare les doigts, mais y demeure attaché en forme solide.

LISSE : *terme de Botanique ;* sert à désigner que telle partie d'une plante n'a pas de poils, ou ne paroît pas en avoir. C'est le *Glaber* des Latins.

LISSOIRS, ou *Lisoirs*. Pieces de Charronage. Dans l'exploitation des bois, ces pieces se débitent de six pieds & demi de long, sur six à sept pouces de large, & quatre à cinq pouces d'épaisseur.

LISTEL ; ou LISTEAU : qui peut être venu de l'Italien *Listello*, Ceinture. C'est une petite moulure quarrée, qui sert à en couronner ou accompagner une plus grande, ou à séparer les cannelures d'une colomne ; & qui s'appelle aussi *Filet*, & *Quarré*.

Voyez REGLET.

LISTRES. *Voyez* LITRES.

LIT

LIT : *terme de Jardinage*. Signifie une épaisseur quelconque. On dit : » Faire un *Lit* de fumier : La » bonne terre est posée sur un *Lit* d'argile ; ou, sur » un *Lit* de gravier. «

Lit de Fumier. C'est un étage de fourchées de fumier sur une certaine largeur. Par exemple, pour faire une couche de cinq pieds de large, & de trois pieds de haut, il faut mettre environ quatre lits de fumier l'un sur l'autre pour la hauteur, ensorte qu'ils couvrent la largeur proposée.

LIT : *terme de Venerie*. C'est l'endroit où le cerf s'est couché.

LIT : *en Architecture*. Se dit de la situation naturelle d'une pierre dans la carriere. On appelle lit *tendre*, celui de dessous ; & lit *dur*, celui de dessus. Les lits de pierre sont appellés par Vitruve *Cubicula ;* les lits ou chambres, des pierres.

LIT *de Voussoir* & *de Claveau*. C'en est le côté, caché dans les joints.

LIT *de Pont de Bois*. C'en est le plancher, composé de poutrelles & de travons, avec son couchis.

LIT (*Panneau de*). Consultez l'article PANNEAU, *en Architecture*.

LIT *de Canal*, ou *de Réservoir*. C'en est le fond; de table, de glaise, de pavé, ou de ciment & de cailloutis.

LITARGE. *Voyez* LITHARGE.

LITEAU : *terme de Chasse*. C'est le lieu où se couche & repose le loup pendant le jour.

LITHANTHRAX. *Voyez* CHARBON *de Pierre*.

LITHARGE, ou *Litarge*. C'est le plomb que l'on a calciné presque jusqu'à la vitrification, & qui ensuite a servi à purifier l'or & l'argent. Etant fondu avec ces métaux, il se charge des plus grossieres parties métalliques ; qu'il réduit en scories. La litharge d'or est plus calcinée, que celle d'argent. Toutes deux conservent les vertus du plomb : & l'on en tire les mêmes préparations que du plomb ordinaire. Le *sel*, par exemple, qu'on en extrait par le vinaigre, est (comme le sel ou sucre de saturne) quelquefois donné intérieurement dans les affections de la rate, le mal hypocondriaque, la dysenterie, & la diarrhée : & souvent utile dans l'usage externe, pour l'érésipele, l'ardeur & l'inflammation des plaies & des parties brûlées. Le *Magistere de Litharge*, qui se fait en la dissolvant dans du vinaigre commun, & le précipitant avec l'huile de tartre, est surtout pour l'usage externe : & celui qu'on fait en dissolvant la litharge dans du vinaigre distillé, puis se servant d'esprit de vitriol pour précipiter ; a une saveur aigrelette, s'emploie quelquefois intérieurement comme très-rafraîchissant, dans des maladies contagieuses. Si on mêle le *sel* de litharge avec de la térébenthine, ce mélange produit un baume excellent pour les ulceres douloureux & enflammés, & pour les plaies : afin de le rendre plus efficace, quelques-uns y ajoûtent du camphre. [Mais le plus grand nombre des Médecins dissuadent d'employer intérieurement la litharge, ainsi que toutes les autres préparations de plomb.]

Voyez T. I. p. 896. col. 2.

Vinaigre de Litharge. Voyez sous le mot VINAIGRE.

LITHOCOLLA. *Voyez* MASTIC; Composition.

LITHONTRIPTIQUE. Remede propre à briser & atténuer la pierre des reins ou de la vessie.

Consultez les articles DIURÉTIQUE. PIERRE.

LITHOSPERMUM. *Voyez* BUGLOSE. GREMIL.

LITIERE *pour les Animaux*. C'est ce qu'on met sur le pavé des écuries & étables, pour leur servir de lit. On fait ordinairement la litiere de paille. A son défaut, on peut se servir des tiges de pois qui restent dans le ratelier quand on en a donné aux animaux ; du genêt ; de la bruyere.

Consultez le mot *Litiere*, dans l'article CHEVAL.

La litiere sert à amender les terres, après avoir servi de lit aux animaux, & qu'ils y ont jetté leurs excrémens & urines.

LITRELLE. Quelques-uns nomment ainsi la Cuscute du Lin.

LITRES, ou *Listres*. Ce sont les ceintures funébres, peintes autour des Eglises, pour honorer la mémoire des Seigneurs ou Patrons décédés. Voyez l'Ouvrage de d'Olive, intitulé: *Questions notables du Droit*, Liv. II. C. XI. C'est un droit qu'ont les Seigneurs Patrons, Fondateurs, ou les Seigneurs Hauts-Justiciers, dans les Eglises qu'ils ont fondées ou qui sont de leur Seigneurie. Il consiste à faire peindre les écussons de leurs armes sur une bande noire en forme d'un lez de velours autour de l'Eglise. Ce droit de litre est des premiers honorifiques. On voit quelquefois jusqu'à trois litres: la premiere du Fondateur; la seconde au-dessous, du Seigneur sur le Fief duquel est bâtie l'Eglise; & la troisieme, du Seigneur Haut-Justicier, au-dessous des deux autres. Dans les Eglises Conventuelles, le Fondateur a droit de litre & de sépulture: ce que n'ont pas les autres Seigneurs.

LITRON. Petite mesure ronde, ordinairement de bois; laquelle sert pour mesurer la farine, les grains, les pois, féves, & autres graines. C'est la seizieme partie du boisseau.

Le litron doit avoir trois pouces & demi de haut, sur trois pouces dix lignes de large; & le *demi-litron*, deux pouces dix lignes de haut, sur trois pouces & une ligne de large. *Consultez* le Ch. XXIV. de l'*Ordonnance générale de la Ville de Paris*.

L I V

LIVÊCHE. *Consultez* le mot ANGELIQUE.

LIVER-*Wort*. *Voyez* HEPATIQUE, *n*. III. Cette dénomination Angloise peut convenir à toute plante appellée *Hépatique*.

LIVRE. Poids qui sert à connoître la pesanteur d'une matiere, en mettant l'un & l'autre dans les bassins d'une balance. La livre de Paris est de seize onces: elle se divise en deux manieres. La premiere division se fait en deux marcs; le marc en huit onces; l'once en huit gros, ou dragmes; le gros en trois deniers ou scrupules; le denier en vingt-quatre grains, dont chacun est de la pesanteur d'un grain de bled.

La seconde division de la livre se fait en deux demi-livres; chaque demi-livre en deux quarterons; le quarteron, en deux demi-quarterons; le demi-quarteron, en deux onces; & l'once, en deux demi-onces.

Par la premiere division, on pese en diminuant, depuis une livre jusqu'à un grain, qui est la neuf mille deux cens seizieme partie de la livre; & par la seconde, en diminuant depuis une livre, jusqu'à une demi-once, qui est la trente-deuxieme partie de la livre. *Voyez* POIDS.

L I Z

LIZ: *terme de Chasse*. C'est une liziere de terre, fendue comme une gouttiere, & dans laquelle se cache le filet qui doit couvrir la forme, & qui borne la même forme d'un côté: ce qui peut lui avoir donné le nom de Liz, ou de Liziere de la forme.

LIZARI. *Voyez* GARANCE, *n*. 5.

LIZIERE. *Voyez* LISIERE.

L O C

LOCA. }
LOCART. } (*Bled*). Voyez FROMENT, *n*. 5.
LOCULAR. }

LOCHET; *Louche*; *Louchet*; ou *Leuchet*. Sorte de Bêche étroite; qui sert à labourer la terre, tirer la tourbe, &c.

LOCHIES. *Voyez* ARRIERE-FAIX.

LOCULAMENTUM. *Voyez* CELLULE.

LOCUST (*Honey*). Voyez FEVIER.

LOCUSTA; }
& } Termes de Botanique. *Voyez* sous le mot AVEINE.
LOCUSTE. }

LOCUSTELLA *Avicula*. Voyez ALOUETTE.

L O D

LODS & VENTES. *Consultez* ce mot, dans l'article FIEF.

L O G

LOGES pour Chasse. Voyez *Prendre les* ALOUETTES *à la Ridée*.

LOGE *peu couteuse, pour serrer les récoltes*. Voyez à l'article RAVE.

LOGE: *terme de Botanique*. Voyez CELLULE.

L O I

LOIA. *Voyez* ABLE.

LOIR: *Glais*; *Gliron*; *Leir*; *Voiseu*. Animal champêtre: plus gros que la souris; & plus petit que le rat. Son poil est d'un gris roux, sur le dos, les cuisses, le col, & presque toute la tête; le reste est blanc: il y a quelquefois des taches noires à la tête. Cet animal n'a point de mauvaise odeur. Il a l'œil grand & noir; la barbe noire, longue, & droite; le museau tirant sur la couleur jaune, bien fait, tenant de celui du levrier & du rat; les oreilles très-ouvertes, larges, longues de trois quarts de pouce, bien droites, point pliées, mais étendues en forme d'une cavité demi-cylindrique. Ses pattes de derriere sont plus hautes que celles de devant: celles-ci ont quatre doigts articulés, & inégaux à-peu-près comme dans notre main; & au lieu du pouce est une espece de moignon, fort court & sans articulation; onguiculé, comme les quatre doigts. Dans les pattes de derriere, le pouce approche plus de la forme du nôtre; & les quatre doigts sont disposés comme dans notre main. La queue du loir est garnie de longs poils: qui sont comme ceux du dos, jusques vers la moitié de la queue; l'autre moitié est noire, jusques auprès de l'extrêmité; qui est blanche, ainsi que tout le dessous: ces poils sont rangés de façon que la queue paroît ronde. Chaque mâchoire de cet animal a deux dents incisives, outre les molaires. Le poil des pattes est fort court.

On ne voit les loirs que le soir bien tard, lorsqu'ils montent le long des murailles de jardin, & des arbres pour manger les fruits; particuliérement les muscats, les pêches, & les abricots: que la plûpart des personnes croient être mangés par les oiseaux. Ces sortes de rats dorment six ou sept mois de l'année; c'est pourquoi on dit en proverbe, *Il dort comme un Loir*. On en prend l'hiver dans des trous d'arbre où ils sont endormis. Ils s'éveillent au mois de Mai & se rendorment après les vendanges.

[*Nota*. Nous avons réuni, ci-dessus, dans une même description le LOIR *des Forêts*, & celui *des Jardins*; parce qu'on les nomme vulgairement tous deux *Loir*. Le dernier est encore distingué, dans certaines Provinces, par le nom de *Lerot* ou *Leirot*. Mais comme ces deux Loirs habitent les bois, ils peuvent n'être que de simples variétés. Au reste, consultez l'Ouvrage de M. Brisson sur les *Quadrupedes*, p. 161-2; & l'*Histoire Naturelle du Cabinet du Roi*, T. VIII. *in*-4°.]

PLANCHE I.

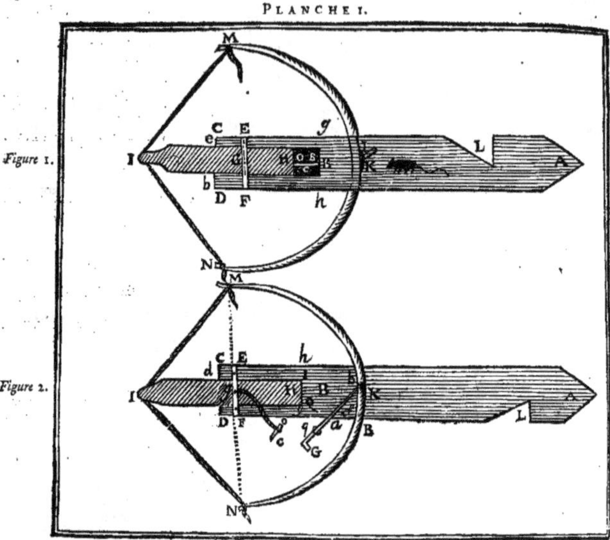

Moyens de prendre les Loirs.

Un des plus aſſurés eſt l'arbalête : qui d'ailleurs eſt aiſée à tendre le long des murailles. Vous en voyez la forme dans les figures qui ſont repréſentées dans la *Planche* 1. Dans la premiere de ces figures la machine eſt tendue en l'état où elle doit être pour attraper l'animal. La ſeconde repréſente la même machine tournée de l'autre côté ; laquelle paroît détendue, & où le loir eſt pris : on connoît par ce moyen toutes les pieces néceſſaires, attachées en leur place.

Pour fabriquer ce piége, réglez-vous ſur la premiere figure. Il eſt fait d'une piece de bois A B C D, longue de deux pieds & demi, & large de ſix pouces, épaiſſe comme une douelle de tonneau ; à laquelle on tire une raie qui eſt ici ſuppoſée aller de N à M, à dix pouces du bout C D. Il faut entailler la douelle en long, pour en ôter toute la piece G B : puis faire une eſpece de couliſſe, dans l'épaiſſeur du bois par le dedans de l'entaille, d'où la piece eſt ſortie ; clouer un petit morceau ou une bande de bois E F, large d'un demi-pouce, ſur les deux branches C D, pour les tenir en état ; & y attacher la ficelle du bâton qui tiendra la machine tendue, comme on le verra ci-après.

On coupe une autre piece de douelle H G I, un peu plus large que l'entaille ; qu'on ajuſte par les côtés enſorte qu'elle puiſſe couler facilement dans la couliſſe, qui eſt dans l'épaiſſeur du grand ais. Cette piece de douelle doit être plus longue de trois ou quatre pouces que l'entaille, & un peu évidée ou coupée de biais par le bout I, afin de rendre ce bout-là aſſez étroit pour y faire un petit trou par le côté pour y paſſer une forte ficelle. On place cette piece dans l'entaille, afin qu'elle la rempliſſe exactement ; mais il faut qu'elle puiſſe ſe mouvoir à l'aiſe tout au long des couliſſes.

Ayez une verge de bois de houx, M K N, longue de trois pieds & demi ou quatre pieds, groſſe comme le doigt ; laquelle vous ployerez en arc : vous attacherez au bout M une forte ficelle, qui paſſera par dedans le trou fait en I, de la piece mouvante H G I ; & de-là vous la lierez à l'autre bout N de la verge.

Ce qui étant fait, ayez trois crochets de bois, un peu moins gros que le petit doigt ; & fichez-les dans des trous que vous aurez auparavant faits à ſix pouces de l'entaille : après cela poſez le milieu de l'arc ſur le grand ais, à l'endroit cotté de la lettre K ; enſorte qu'il y ait un des crochets du côté K, & les deux autres du côté E F (*fig.* 1 & 2) & que tous trois ſoient ajuſtés de façon qu'ils tiennent la verge arrêtée. Après quoi nouez une forte ficelle à la bande E F, au milieu, marqué de la lettre G (*fig.* 1), que vous attacherez auſſi à un petit bâton *co* (*fig.* 2) gros comme la moitié du petit doigt, long de deux pouces ; ne laiſſant de la longueur à cette ficelle, depuis la lettre G juſqu'au bâton, que ſix pouces.

Vous aurez encore un petit bâton *f* G (*fig.* 1), gros comme la moitié du petit doigt, long de huit pouces ; que vous attacherez d'un bout avec une ficelle au milieu K de l'arc, enſorte qu'il tourne de quel côté vous voudrez, & à l'autre bout ſera une coche G, auprès de laquelle ſera lié l'appas. Ce bâton & la ficelle *goc*, doivent être de telle longueur que le morceau H G I, étant tiré & arrêté par le moyen du petit bâton *oc*, que vous mettrez d'un bout (*o*), contre le bout H, & l'autre (*c*) dans la coche G du bâton *f* G ; il ſe faſſe une eſpece de fenêtre ou ouverture de deux pouces & demi ou trois pouces, telle qu'elle paroît par les lettres *aoc* dans la premiere figure.

L'arc M K N doit auſſi être plié de ſorte que la machine étant détendue, telle qu'on la voit dans la deuxieme

PLANCHE 2.

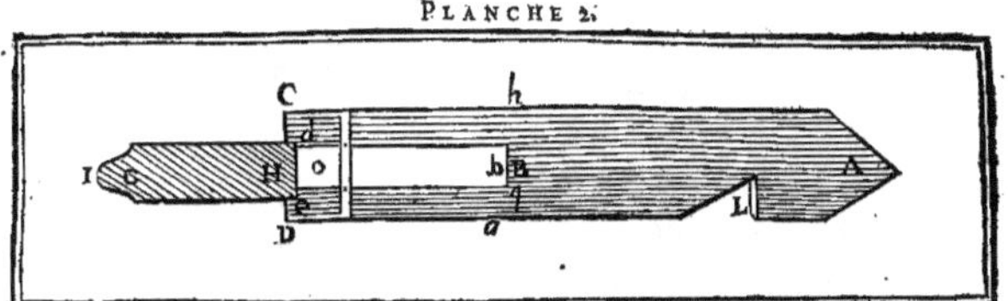

deuxieme figure ; les bouts MN, se trouvent comme vis-à-vis de la petite barre EF : ainsi que la ligne ponctuée le montre.

La seconde planche est destinée à faire mieux comprendre la forme du grand ais, & de la piece mobile HGI, qui est plus large de deux lignes que l'entaille, parce qu'elle doit entrer des deux côtés dans les coulisses, & recouvrir. La ficelle de l'arc entre par le trou fait en I ; de sorte que la force de l'arc fait entrer la piece mobile dans l'ouverture, & force le bout H à joindre le bord B de l'entaille. Il y a aussi une entaille dans le grand ais à un demi-pied du bout A, à l'endroit cotté de la lettre L, pour mettre le pied dedans lorsqu'on veut bander l'arbalête. Il faut couper le bout A en pointe, pour le ficher dans la muraille, quand on tend le piége.

Maniere de tendre l'Arbalête pour les Loirs & Rats qui mangent les fruits dans les jardins.

Prenez une noix séche à demi-cassée, ou un morceau de coine de lard, ou un bout de chandelle, ou une poire cuite, ou une châtaigne, ou quelque autre appas : que vous attacherez au bâton FG, à un pouce près de la coche G, à l'endroit marqué de la lettre *a* (*Pl.* 1. *fig.* 2). Puis mettant le bout A du piége en bas, vous poserez l'extrêmité de votre pied dans l'entaille L ; & prendrez d'une main le bout I de la piece mobile, que vous tirerez jusqu'à ce que le bout H soit à trois pouces du bord B. Pour lors, prenant de l'autre main le petit bâton *o c*, vous poserez son bout (*o*) contre H ; puis tenant l'autre bout *c* bien ferme, vous laisserez aller le bout I ; & prendrez la *marchette* ou bâton *f*G, où est attaché l'appas. Vous amenerez son extrêmité vers le bout H de la piece mobile, pour mettre dans la coche G, le bout *c* du petit bâton *o c*. Par ce moyen la machine sera tendue en l'état qu'elle paroît dans la 1ere figure ; supposé que vous la tourniez sens dessus dessous.

Maniere de placer l'Arbalête.

Ayant remarqué l'endroit de la muraille où le fruit est le plus mangé par les loirs, prenez l'arbalête par le bout EF (*Pl.* 1. *fig.* 2) : & portez-la sur le lieu. Cherchez un trou dans la muraille, auquel vous puissiez ficher le bout A du piége ; n'importe pas de combien il entre, pourvu que la machine tienne assez. Le côté qui paroît en haut doit être pardessus ; & l'autre, où est attaché l'arc, en dessous : de telle façon que l'animal puisse marcher par-dessus en suivant la ligne AKB [supposée tracée dans la premiere figure], pour aller prendre la proie (*a*) par l'ouverture *a o c*. Car il ne manquera point d'y aller, lorsqu'étant sur l'espalier, treille ou muraille, il sentira l'appas : ce qui le fera courir sur l'arbalête. Etant sur le bord B, il allongera la tête & les jambes de devant par l'ouverture, pour prendre la proie ; & s'efforçant de l'emporter, il fera sortir le petit bâton *o c* de la coche G de la marchette ; & par ce moyen fera détendre la piece mobile, que la force de l'arc poussera, & qui prendra le loir par le milieu du corps.

REMARQUES.

I. Il faut prendre garde qu'en poussant le piége dans la muraille, il ne se trouve point de branche ni autre chose d'où la bête puisse atteindre à l'appas par un autre côté.

II. Cette machine étant tendue, ne doit être ni panchée ni levée : il faut qu'elle soit plantée dans la muraille, ainsi qu'un clou qu'on y auroit coigné à demi.

III. Vous pouvez tendre plusieurs de ces arbalêtes le long d'une muraille : plus il y en aura de tendues, plus tôt vous serez délivré de ces animaux.

IV. Ce même piége peut servir dans les chambres & greniers, pour prendre les *rats* des maisons ; en le tendant de même.

LOIRE : *Animal.* Voyez LOUTRE.

LOL

LOLIUM. *Voyez* GRAMEN, *n.* 34. IVRAIE.

LON

LONCHITE, ou *Lonkite* ; qu'on nomme aussi *Lancette* : en Latin LONCHITIS : & *Rough Spleenwort*, en Anglois. Plante de la classe des Fougeres.

L'espece que G. Bauhin nomme *Lonchitis aspera*, ressemble beaucoup au Polypode : mais les dentelures de ses pinules sont très-fines & comme aiguës ; ce qui produit une aspérité générale. Cette plante vient dans des endroits humides ; subsiste tout l'hiver ; & se renouvelle au printems.

2. *Lonchitis aculeata major* Inst. R. Herb. Celle-ci se trouve aux environs de Paris, communément à l'ombre. Chaque division des feuilles porte, à sa base, une pinule faite en fer de pique. *Voyez* la VIe *Herboris.* de M. Tournefort : & le *Botanicon Paris.* de M. Vaillant.

3. Matthiole (*sur Diosc.* L. III. Ch. CXLV.) nomme *Lonchite Bâtarde*, une plante que l'on croit être la *Lonchitis folio Ceterach* C. B. : & qui a effectivement du rapport au Cetérac. Au reste, voyez Barrelier, *Observat.* 1275-6.

Usages.

On regarde le *n.* 1 comme vulnéraire : on applique ses feuilles récentes sur les plaies. Ces mêmes feuilles, mais séches, avalées avec du vinaigre, guérissent (dit-on) les duretés de la rate : & si on les met sur des blessures, elles en détournent l'inflammation.

LONG (*Voler en*). Voyez VOLER.

LONGE : terme de Cuisine. La longe *de Veau*, est la meilleure partie du quartier de derriere. *Consultez* l'article VEAU.

Longe de Chevreuil en ragoût.

Il faut la bien piquer ; ensuite la faire rôtir à la broche, ayant soin de l'arroser avec du vinaigre & du poivre. Etant à moitié cuite, on la met dans un pot avec un peu de bon bouillon, assaisonné de poivre & de vinaigre : quand elle est cuite entiérement, on lie la sausse avec de la chapelure de pain ; & on sert chaudement.

LONGE. Bande de cuir ; ou bout de corde ; qui s'attache au licou d'un cheval.

LONGE (*Tirer à la*). Se dit *en Fauconnerie*, de l'oiseau qui vole pour revenir à celui qui le gouverne.

LONGECUL : *terme de Fauconnerie*. Se dit d'une ficelle qu'on attache au pied de l'oiseau, quand il n'est pas assuré.

LONGER *un Chemin* : terme de Chasse. C'est quand une bête va d'assurance ; ou qu'elle fuit. On dit, *la bête Longe le chemin*. Lorsqu'elle retourne sur ses voies ; cela s'appelle *Ruse*, & *Retour*. Voyez RETOUR.

LONGUES ANNÉES (*Bail à*). Voyez BAIL *Emphytéotique*.

LONKITE. *Voyez* LONCHITE.

L O O

LOOCH, ou *Eclegme*. C'est une composition médicinale, de consistance plus épaisse que le miel. On prend le loock en léchant ; ou on le laisse fondre dans la bouche. Son usage ordinaire est pour appaiser la toux, & dissiper les incommodités d'une voix rauque.

Préparation.

1. Jettez dans quatre onces d'eau chaude un demi-gros de poudre de réglisse : & laissez infuser pendant un quart d'heure. Versez ensuite cette eau sur une douzaine d'amandes douces, pelées & pilées. Après quoi jettez peu-à-peu cette émulsion sur douze grains de gomme adraganth mis en poudre. Agitez bien avec un pilon de bois : & mêlez-y une once de sirop de guimauve, & une once d'huile d'amandes douces. Sur la fin, ajoûtez deux gros d'eau de fleur d'orange.

2. Pilez dans un mortier de marbre un jaune d'œuf. Versez-y doucement deux onces d'huile d'amandes douces tirée sans feu. Remuez bien jusqu'à ce que le tout forme une bouillie. Ajoûtez une once de sirop de guimauve ; & des eaux distillées de pas d'ane, & de coquelicot, une once de chaque : & sur la fin, deux gros d'eau de fleur d'orange.

On met assez souvent du blanc de baleine dans les loochs.

L O T

LOTIER *Odorant* ; ou *Faux Baume du Pérou*. Plante, mise par les Bauhins au nombre des *Lotiers* ; regardée comme un *Trefle*, par Dodonée ; & que M. Tournefort, d'après Morison, nomme *Melilotus major odorata violacea*. Consultez l'article MELILOT.

LOTION. Remede qui sert à laver, & qui tient le milieu entre la fomentation & le bain. La lotion se fait avec des liqueurs médicinales ; soit pour nettoyer le corps, soit pour le rafraîchir, en ouvrir les pores, le fortifier, faire mourir la vermine, provoquer le sommeil, affermir les muscles, ou produire d'autres effets salutaires.

Lotion pour fortifier le cerveau.

Elle se fait aux tempes & sur la tête ; avec l'eau de la Reine d'Hongrie ; l'esprit de vin ; ou l'eau-de-vie. [On se sert du même remede pour les meurtrissures & contusions de la tête.]

Lotions pour les Dents, les Gencives, & la mauvaise Haleine.

Voyez sous le mot DENT.

Lotion pour la Galle, la Gratelle, & la Teigne.

Faites bouillir dans trois pintes d'eau commune, jusqu'à diminution du tiers, quatre onces de racine d'aunée, & autant de racine de patience, coupées par petits morceaux & concassées ; une poignée d'absinthe, avec autant de cresson aquatique ; & une once de racine d'ellebore blanc. La décoction étant passée, faites-y dissoudre six dragmes de sel de tartre.

Pour guérir la gratelle, on peut se laver aussi avec l'eau qui a servi à édulcorer du précipité blanc.

Lotion pour faire mourir les Poux, & autres Insectes.

Faites bouillir dans deux pintes d'eau commune, une once de *semen-contra*, & deux onces de staphisaigre (il faut les concasser ensemble auparavant) : ajoûtez-y absinthe, betoine, tanaisie, & petite centaurée, de chacune deux poignées. La décoction étant diminuée d'un tiers, vous la coulerez avec expression ; & en laverez chaudement la tête, & les autres endroits sujets à la vermine.

Lotion pour les Morsures venimeuses. Consultez l'article RAGE.

Lotion Soporative.

Lavez les pieds & les jambes avec des décoctions de laitue, de pourpier, de violier, de nenuphar, de saule, de mauve, & autres herbes rafraîchissantes.

Lotion pour faire croître les cheveux.

Il faut en laver la racine avec de l'esprit de miel. *Consultez* encore l'article CHEVEU.

Pour rendre les Cheveux longs & frisés.

Lavez la tête avec une décoction d'orge entiere, & de feuilles & racines de patience.

Voyez aussi le Tome I, p. 584.

Lotion pour Noircir les Cheveux.

1. Concassez demi-livre de brou de noix ; écorces d'aune & de chêne, & noix de galle, deux onces de chaque. Faites-les bouillir dans trois chopines d'eau, avec feuilles de myrthe & de grenadier, de chacune une poignée. Quand la décoction sera diminuée d'un tiers, vous la coulerez avec forte expression ; puis vous y ferez dissoudre une once & demie de vitriol d'Angleterre, avec poids égal d'alun de roche. Vous laverez les cheveux avec cette décoction ; & les laisserez sécher sans les essuyer.

2. Nos Baigneurs noircissent les cheveux avec une dissolution d'argent dans de l'eau forte, affoiblie avec de l'eau : & ils frottent de pommade tout le tour de la peau, afin d'empêcher qu'elle ne noircisse.

LOTTE ; que l'on confond mal-à-propos avec la Barbote. *Voyez* BARBOTE. C'est un poisson d'eau douce ; que l'on pêche surtout dans la Saone & dans l'Isere. La lotte a assez l'air d'une anguille : mais elle n'a pas communément un pied de long. Sa tête est camuse. Son corps est tacheté de jaune & de rouge ; & un peu quarré, principalement vers la tête. Sa chair est d'un brun rougeâtre, & fort délicate.

On fait un cas singulier de son foie.

On mange ce poisson à la poulette; au bleu, avec une sausse blanche; grillé; frit; &c.

LOU

LOUCHE: & LOUCHET. } *Voyez* LOCHET.

LOUP. Animal farouche, carnacier, vorace, qui ressemble assez à un mâtin. Il a la tête quarrée; l'odorat très-fin; le museau allongé & obtus; les oreilles, droites & assez courtes; une grosse queue couverte de longs poils. La couleur du poil de ce quadrupede, est ordinairement un gris tirant sur le jaunâtre; quelquefois mêlé de noirâtre sur le dos. Au reste consultez l'ouvrage de M. Brisson sur les *Quadrupedes*, p. 236-7-8.

Le loup habite les bois; se nourrit de charogne, de cadavres; se jette aussi sur les animaux vivans, sur les chevaux, sur les ânes, & particuliérement sur les moutons dont il fait un très-grand dégât. Il n'épargne pas même quelquefois les hommes. En un mot, il cause beaucoup de dommage dans la campagne.

Sa femelle est appellée *Louve*. Elle porte ses petits pendant deux mois; & en fait cinq ou six, à chaque portée. Quelques Auteurs prétendent qu'elle paît dans le tems qu'elle allaite.

On donne au petit loup le nom de *Cheau;* ou plus communément celui de *Louveteau*. C'est vers la fin de Décembre que le loup entre en rut; & il continue jusques vers le commencement de Février: sa plus grande chaleur dure dix ou douze jours.

Chasse du Loup.

Les Seigneurs des villages assemblent leurs paysans pour le chasser; & font un tric-trac, ou des battues.

On prétend que les loups sortent d'un bois, lorsqu'on l'a parfumé d'un bout à l'autre avec du soufre brûlé.

Les loups se chassent avec les chiens courans & les levriers, en différens tems de l'année.

On les guette au mois de Janvier, lorsqu'ils commencent à s'accoupler: on les trouve alors dans la campagne. Au lieu qu'en Février, Mars, & Avril, ils quittent tout-à-fait les grands pays pour se réfugier dans des buissons très-épais; ou bien dans des carrieres, où les louves viennent souvent mettre bas en ce tems.

Dans le premier de ces mois les vieux loups commencent à se chercher pour se joindre: ce qui fait qu'on les rencontre aisément; surtout quand on connoît la marque de leur passage. Il est vrai que, comme ils sont toujours sur pied, on a de la peine à les détourner. Mais aussi on en trouve quelquefois plusieurs ensemble, qu'on donne aux chiens. Et alors la confusion empêche les levriers d'en prendre plus d'un à la course, ou même d'en prendre un seul.

Le tems de la mue du loup est du premier au quinze de Mai: on ne le chasse pas alors.

Il y a bien des paysans qui ne se plaignent point de ce qu'on gâte leurs bleds pour prendre des loups. Cependant l'usage supprime cette chasse pendant les mois de Juin, Juillet, & Août: tems où les loups se tiennent ordinairement dans les bleds qui sont hauts; ensorte qu'il est mal aisé de les détourner, & qu'on ne peut les faire courre pour les montrer aux levriers. Mais on chasse alors aux louveteaux, pour dresser les jeunes chiens; comme nous le dirons ci-après.

On va relever la mue des loups, au commencement de Septembre: & l'on fait chasser deux ou trois fois les chiens courans, afin de les mettre en haleine & en curée; parce qu'ensuite ils donnent beaucoup plus de plaisir. Comme les loups sont peu affamés dans cette saison, on les détourne assez facilement; & ils ne prennent pas volontiers le change, surtout s'ils ont de jeunes loups. On les rencontre pour l'ordinaire dans quelque buisson. Mais ils n'y demeurent pas longtems quand ils ont été une fois chassés. L'épouvante qu'ils prennent alors fait qu'ils se retirent sur la queue d'un étang où il y a beaucoup de joncs; ou bien ils vont avec leurs petits dans quelques marais. On peut leur courir après les y avoir détournés: ce qui ne se fait pas sans peine.

Pendant les mois d'Octobre, Novembre, & Décembre, on va quêter le loup avec des limiers & des levriers dans les grands fonds, & dans les buissons; ou dans quelques marais, à la queue d'un étang, où il y a des buttes de joncs.

Chien courant pour le Loup.

Il doit être fort, extrêmement hardi, grand, bien taillé; & avoir l'œil plein de feu. S'il est pillard, il n'en vaut que mieux, à cause de son courage. On tire les chiens courans à dix mois de dessous la lice: & on ne les fait chasser qu'à quatorze ou quinze; qui est l'âge où ils commencent à sentir leur force. Si on les y mettoit plus tôt, ils pourroient se rebuter, & ne plus vouloir chasser le loup.

Levrier pour le Loup.

Il doit être grand, long & bien déchargé. Il en faut pourtant excepter ceux qu'on met en lesse; ceux-ci doivent être plus renforcés, parce qu'on les destine à arrêter le loup. Ce chien doit avoir encore la tête un peu plus longue que large, l'œil gros & plein de feu, le cou large, les reins hauts & larges, les hanches bien gigotées, les jambes séches & nerveuses, le pied petit, les ongles gros & sans ergots. Le levrier qui a le poil noir, ou rouge & gris, ou gris tisonné, est préférable à tout autre.

Le levrier doguiste n'est point propre à courre le loup: il est trop pesant, moins vigoureux que ceux ci-dessus, est bientôt las, très-difficile à conduire; outre que, si l'on n'y prend garde, les chiens de cette espece ont l'habitude de se mordre les uns les autres.

Il y a encore d'autres chiens qui peuvent courre le loup, & qui le courent effectivement. Mais la plupart quittent la voie, dès qu'ils ont pris le sentiment d'une autre bête qui leur plaît davantage.

Comment on doit choisir la courre pour prendre le Loup.

Il faut connoître la refuite; & s'en informer à quelques laboureurs ou bergers. On peut aussi aller dans les grands pays de bois, qui sont les plus voisins du lieu où le loup est détourné: & faire la courre dans cette refuite, si le vent y est favorable; c'est-à-dire si le vent vient du côté du buisson: sans quoi le loup, qui a l'odorat fin, éventeroit les levriers qui y sont placés, & prendroit une autre route.

Le lieu où l'on fait la courre doit être uni, & sans buissons. S'il y en avoit quelques-uns, c'en seroit assez pour que les levriers perdant de vue le loup eussent de la peine à le rejoindre. Si cependant la courre est dans un lieu peu avantageux, & que le vent soit bon; il faut laisser dans l'enceinte le sommet de la colline, la faire descendre de même que le buisson où est le loup, placer les premiers levriers au pied de la colline, & le reste en haut.

Quand il se rencontre des buissons il faut placer des cavaliers tout autour, pour y défendre & pousser le loup dans la courre; tirant quelque coup de pistolet en l'air afin de l'obliger à percer plus vîte, & qu'il n'ait pas le tems de reconnoître la courre.

Après avoir ainsi quêté le loup, on place les défences autour de l'enceinte où il est, & les levriers à la courre. On tend quelquefois dans cette enceinte, des panneaux de cinq pieds de haut, à grandes mailles, & d'un tissu bien fort, après avoir mis des cavaliers derriere pour les défendre.

Quand le loup se trouve détourné dans un buisson, ou dans une queue de grands pays, on tend des panneaux s'il en est besoin; & l'on place en même tems les levriers à la courre. Ces panneaux doivent être tendus lâches, afin que le loup s'y embarrasse: sinon, en donnant contre, il pourroit rebrousser quelques pas, & sauter par dessus. Les chasseurs doivent être à l'entour du bois où le loup est détourné, & du côté où l'on ne veut pas qu'il aille; afin de le faire donner dans les levriers.

Les gens de pied qui seront de cette chasse seront postés à six pas les uns des autres, la tête tournée du côté du bois, un bâton à la main, & à dix ou onze pas du bois; pour n'être pas surpris des loups qui en sortiront; avoir le tems de crier, de faire du bruit; les empêcher de passer en montrant leurs bâtons, & les obliger à retourner dans le bois.

Les cavaliers doivent être un peu plus loin du bois, à cause de l'avantage que leur donnent les chevaux. Et il est bon qu'ils tirent de tems en tems quelques coups de pistolet, pour forcer le loup à rentrer, & le faire aller à la courre.

On relaye les levriers. Pour cela on en a plusieurs lesses, tant de grands que de légers: on lâche ceux-ci en queue des autres lesses. Il faut lâcher deux lesses en flanc, l'une vis-à-vis de l'autre, pour embarrasser sûrement le loup.

Ceux qui tiennent les lesses de levriers seront cachés dans des loges faites exprès avec des branches d'arbres; excepté deux hommes seulement, qui tiendront d'autres levriers dans un fossé un genou en terre, pour n'être pas apperçus du loup. Les uns & les autres auront un bâton à la main: & quand le loup sera arrêté, & porté à terre par les levriers, ils le lui mettront adroitement dans la gueule pour l'empêcher de blesser quelques chiens. On se donnera bien de garde de les laisser longtems alors acharnés à la proie. Il faut les retirer en lesse pour aller chasser les autres loups qui peuvent être restés dans le bois.

Quand on veut prendre le loup à force avec les *chiens courans*, il faut que ce soit un jeune loup; non pas un vieux, qui sçait plusieurs pays, & dont la force & l'haleine sont indomptables. Lorsqu'ils ont forcé le loup & qu'ils l'ont pris, on leur en fait la curée pour les animer une autre fois à cette chasse. *Voyez* l'article VENEUR.

Comment l'on doit dresser les jeunes chiens pour les Loups.

Les mois de Juin, Juillet, & Août, sont les plus convenables pour dresser de jeunes chiens. On commence par leur faire attaquer les louveteaux; qu'on va chercher jusque dans leur enceinte, après s'être informé des laboureurs ou des bergers, du lieu où se retirent les loups. Si ces louveteaux sont encore très-petits, on n'a pas de plaisir à les courre: & il vaut mieux attendre qu'ils se soient fortifiés.

On peut aussi dresser par la chasse des louveteaux les chiens qu'on destine pour levriers. Cela est alors beaucoup plus aisé, & se fait en moins de tems, que dans les autres saisons; attendu que quand on a eu connoissance d'une partie de jeunes loups dans un buisson, ces loups ne veulent plus en sortir s'ils ne sont chassés. On a ainsi le tems & le plaisir de les donner à connoître aux jeunes chiens: qui s'y forment très-bien par la suite, & deviennent excellens coureurs.

Quoique le sentiment des louveteaux ne soit pas aussi fort que celui des loups, il suffit pour dresser de jeunes chiens. D'ailleurs les louveteaux s'éloignant moins des chiens, ceux-ci en s'approchant du fort en connoissent facilement les voies.

Quand on va pour les découvrir, on prend un chien dressé, afin d'en avoir connoissance par les chemins & les faux-fuyans. S'il n'y en a point, on examine l'enceinte où sont les plus grands forts; & on remarque par où les vieux loups sont sortis ou entrés. Après quoi on perce l'enceinte jusqu'à ce que l'on trouve les abbattis qu'auront fait les louveteaux; car ils ne sortent point. Alors on peut se retirer; ou bien en prendre les devans, pour être plus certain qu'ils sont dans l'enceinte. On découple ensuite les vieux chiens dans cette enceinte; & on poste les jeunes dans le chemin le plus proche. Puis on entre dix ou douze pas dans le fort avec les jeunes chiens, avant de les découpler. On mêle toujours avec eux quelque vieux chien, pour les encourager & leur servir de guide. Celui qui chasse doit sonner; les mener le plus vîte qu'il peut pour joindre les chiens qui sont en guette; & les rallier tous en les échauffant, afin de les obliger à prendre la voie & la chasser.

Lorsqu'on a joint les vieux chiens, on flatte de tems en tems les jeunes: & on leur dit en commençant, *Velescy-allé*; en les appellant chacun par leurs noms. Puis on leur crie, *Harlou mes bellots, harlou.* Ensuite on sonne pour chiens; mais peu d'abord, pour ne pas les étonner: seulement pour les obliger à prendre la voie avec les autres, & la chasser, ou du moins à les suivre; car ces jeunes ne chassent pas d'abord volontiers.

On a soin de les appeller de tems en tems, pour les remettre sur les voies; tandis qu'un autre chasseur les fait suivre en leur disant, *Tirez, chiens, tirez.* Quand on est joint, on leur crie encore: *Harlou mes bellots, harlou; Rali chiens, rali;* & *s'en va, chiens, s'en va:* selon qu'on voit qu'ils chassent, & qu'ils suivent les vieux chiens.

Pour les premieres fois il est bon de prendre de ces jeunes chiens, & de les flatter: cela fait qu'ils ne se rebutent point pour le loup. Ensuite on les redonne après les autres qui chassent, quand le loup passe un chemin: ou bien on les fait entrer dans le fort, lorsque la chasse est près d'eux.

Si les louveteaux sont déja un peu forts, on doit ne pas commencer la chasse sans mener avec soi un relais de quatre ou cinq chiens dressés: qui sont d'un grand secours aux jeunes chiens, & les réchauffent beaucoup.

Il faut toujours parler à ces jeunes, & les rallier avec les autres qui chassent, jusqu'à ce qu'on ait pris un louveteau.

Quand il est pris, on le fait fouler par les vieux chiens; pour obliger les jeunes à faire la même chose, en les flattant. On prend ensuite le loup, & on le leur montre en sonnant le grêle, & en criant: *Voilà le mort, à moi, chiens, tiébaut.* On le fait suivre par ces chiens, en leur disant: *Tirez, chiens, tirez, acoute à lui.* On doit faire plusieurs fois la même chose afin qu'ils reconnoissent mieux le loup. Quand on est arrivé au logis, on fait cuire quelque morceau du loup pour faire curée aux chiens.

Consultez ce qu'on dit de la chasse du loup dans l'article VENEUR.

Nous allons parler de quelques ruses dont on peut se servir pour prendre les loups.

Le loup est presque aussi rusé que le renard : & il l'emporte sur lui par la force. De là vient que les piéges indiqués dans les livres, pour prendre le loup, sont rarement tendus avec succès. Qu'on dresse un piége de fer ou de bois avec toutes les précautions requises ; que l'on creuse avec beaucoup de peine une fosse couverte d'une trape ou bascule : il arrive souvent que le loup est assez fin, assez fort, & assez heureux, pour enlever l'amorce sans être pris ; ou même il emporte avec lui le piége dans lequel il est pris.

Il y a des pays où l'on a remarqué que, lorsqu'on détruit une taniere de loups, les vieux prennent d'abord la fuite ; mais qu'ils reviennent quand ils entendent crier les louveteaux, à qui on fait du mal. On les tire alors commodément.

On prend le loup avec des *hausse-piés* ou *chausse-piés*, c'est-à-dire avec des chausse-trapes creux & couverts ; ou avec d'autres piéges ou amorces.

Pour prendre les Loups sans armes à feu.

Ayez des blemmis, qui sont de petits poissons de mer, que quelques-uns appellent loups : on s'en sert à la chasse des loups terrestres. Vous prendrez plusieurs de ces poissons vivans & les broyerez dans un mortier : puis vous allumerez un grand feu de charbon sur une montagne, où vous croyez qu'il y ait des loups, quand il fera du vent : & prenant plusieurs de ces poissons, vous les jetterez dans le feu ; puis vous mêlerez de leur sang avec de la chair d'agneau, hachée bien menu. Vous incorporerez ce mélange avec les poissons que vous aurez broyés, vous le disperserez à terre ; & vous retirerez. Aussi-tôt que le feu commencera à rendre une odeur ; tous les loups des environs s'assembleront : & ayant goûté de cette chair ou en ayant eu l'odeur, ils deviendront tout étourdis ; & s'endormiront. Vous les tuerez alors.

Fosse pour prendre les Loups, & autres bêtes carnacieres.

Dans les pays de forêts & grands bois, où il y a nombre de loups, on peut se servir d'une fosse avec une trape, laquelle étant un peu chargée d'un bout, renverse sa charge dans la fosse, & se referme d'elle-même.

Cette invention ne se doit pratiquer que dans les chemins écartés, qui sont les endroits ordinaires où passent les loups ; & afin de ne travailler pas inutilement, il faut avant d'y faire la fosse, vous promener quelque matin après la pluie, ou bien quand la terre est molle, ou qu'il a neigé, & regarder à terre au long du chemin, si vous y verrez du train de loup : qui doit être fait comme la figure le marque dans la planche relative à l'article ANIMAL.

Lorsque vous aurez reconnu le passage du loup, vous pourrez travailler avec espérance.

Supposez que les deux lignes ponctuées AB, CD (*Pl.* 3.) soient les deux bords du chemin, où vous desirez faire travailler. Faites-y une fosse de douze pieds de longueur, depuis la lettre E jusqu'à G ; & large, depuis E jusqu'à la lettre F, d'environ six, sept ou huit pieds ; sur neuf de profondeur : qu'elle soit faite un peu en élargissant dans le fond, afin que les animaux qui tomberont dedans ne puissent grimper. Faites faire aussi un chassis de bois EFHG, dont les extrêmités passeront outre la fosse ; & faites-le entrer à fleur de terre : il y faudra faire deux entailles dans la piece du bout GH, aux endroits mar-

PLANCHE 3.

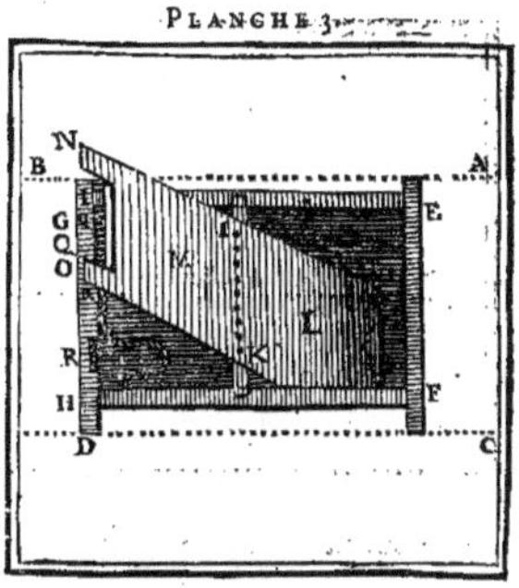

qués des lettres QR. On fera au milieu de chaque piece EG & FH des côtés, une coche I & K, pour y faire tourner les pivots de la trape ; qui doit être faite d'ais comme une porte, avec des barres aux deux bouts & au milieu. Vous attacherez à ce milieu les deux pivots IK, & laisserez avancer au bout de la trape deux morceaux NO des mêmes ais, & de grandeur convenable pour remplir les deux entailles QR qui sont au chassis, pour empêcher que la trape ne baisse de ce côté-là. Il faut qu'il s'en faille trois ou quatre doigts que l'autre bout ne touche au bord du chassis EF, afin que la trape puisse baisser facilement de ce côté.

On attachera une corde longue de six pieds, d'un bout au côté HG du chassis, & de l'autre au côté N de la trape ; afin que la charge étant sur le côté L qui balance, ne fasse pas tout-à-fait tourner la trape : qui ne se refermeroit pas, si la corde qui la retient panchée de biais & non à plomb, ne l'y obligeoit par le faut qu'elle lui fait faire. Le côté M pesera un peu plus que l'autre ; & néanmoins ne sera pas si pesant, qu'un renard ne puisse verser la machine : sur laquelle vous clouerez nombre de petites branches garnies de feuilles, ensorte que les ais de la trape ne paroissent point. Vous jetterez aussi négligemment quantité de feuilles & de petites branches séches, tout autour de la fosse, environ deux toises au loin de chaque côté ; de crainte que les animaux qui voudroient passer, ne s'épouvantassent lorsqu'ils verroient des feuilles sur la trape seulement, & non ailleurs. Il est évident que tout ce qui passera par ce chemin de la fosse, tombera dedans.

Vous irez tous les matins visiter ce lieu ; ayant une fourche de fer ou autre instrument, pour tuer ce qui se rencontrera dans la fosse. Il ne faut pas manquer de faire publier aux Paroisses circonvoisines qu'on ne passe point par un tel chemin ; à cause du péril.

Moyens pour attirer à la Trape les Animaux Carnaciers.

Il y a beaucoup de personnes qui se servent d'un mouton ou d'une oie pour attirer les loups, & autres animaux carnaciers : parce que le mouton étant seul, ne fait que béler, & l'oie pareillement ne fait que crier jour & nuit pour appeler compagnie ; si bien que l'un & l'autre peuvent être entendus des loups & des renards, qui vont voir où ils sont, pour en faire leur proie ; & les

PLANCHE 4.

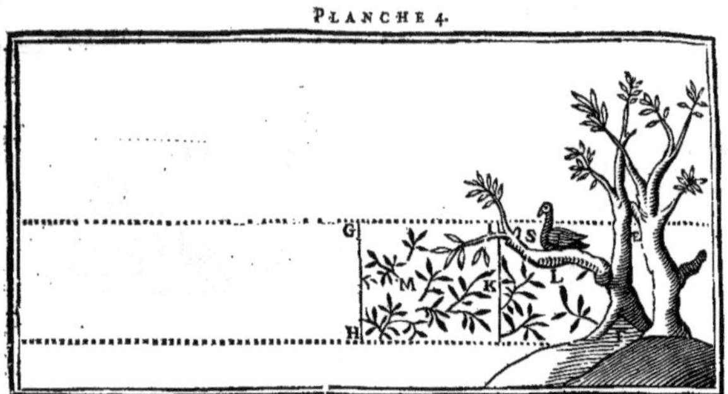

voyant expoſés comme à leur diſcrétion, ils en approchent; & penſant ſe jetter deſſus, marchent ſur le bout de la trape, qui verſe incontinent la bête dans la foſſe: & autant qu'il y en paſſe, toutes tombent dedans.

Maniere de placer l'Oie.

Suppoſez que l'entre-deux des lignes E G F H, (*Pl.* 4.) qui paroît couvert de feuilles, ſoit le chemin; & que les deux endroits marqués des lettres L M, ſoient les deux parties de la trape; & K le milieu; le bout L celui qui doit verſer. Cherchez un arbre qui ſoit le plus proche de la foſſe, ou un brin de taillis bien fort, comme celui qui eſt marqué F. Faites enſorte qu'il y ait une branche S qui panche, à la hauteur d'environ ſix pieds. Vous poſerez l'oie ſur cette branche vers le milieu L d'un bout de la trape; & l'attacherez par les deux pieds, enſorte qu'elle ne puiſſe ſe défaire ni verſer.

Maniere de placer le Mouton.

Vous l'attacherez des quatre pieds ſur le milieu du côté L de la trape même; & chargerez l'autre bout à proportion. Quand le loup veut ſe jetter deſſus, il verſe avec la trape; & le mouton demeure toujours en ſon lieu: où il ne fait que béler jour & nuit.

Autre moyen pour faire paſſer le Loup par le chemin de la Trape.

Ce moyen, qui paroît meilleur que ceux ci-deſſus, conſiſte à prendre une charogne attachée avec une corde à la queue d'un cheval, & la traîner tout le long des grands & petits chemins, repaſſant toujours la charogne par-deſſus la trape; & l'ayant promenée, la pendre à un arbre proche de la foſſe: enſorte qu'aucun animal n'y puiſſe toucher, ſans qu'il ſoit obligé de marcher ſur la machine en cherchant la proie qu'il ſent. Cette charogne pourra ſervir pluſieurs jours à être traînée de la ſorte. Toutes les bêtes carnacieres, ſoit loups ſoit renards, qui en chemin ſentent la terre infectée de cette chair, ſuivent le chemin, ayant le nez contre bas, juſqu'à ce qu'ils ſoient tombés dans la foſſe, ou qu'ils trouvent ce qu'ils cherchent. Ce même artifice pourra encore ſervir aux perſonnes qui prennent leur divertiſſement à l'affût; car ſi on ſe met dans le carrefour d'un bois, & qu'on ait traîné cette charogne au long de tous les chemins qui y aboutiſſent, on n'y guettera pas longtems ſans avoir un loup ou un renard, qui cheminera de côté & d'autre pour trouver la charogne qu'il ſent.

Piége pour les Loups; uſité en quelques endroits de Provence.

On fait deux enceintes circulaires de pieux l'une dans l'autre. Ces pieux n'ont entr'eux qu'un pouce de diſtance; & ont au moins trois ou quatre pieds de haut. Il eſt bon de les affermir en les entrelaçant avec de l'ozier. Au centre de l'enceinte intérieure, dont le diametre eſt de huit à dix pieds, on place une cage où l'on enferme une vieille brebis ou une oie. Si l'on choiſit ces animaux préférablement à d'autres, c'eſt qu'étant ſeuls ils ne ceſſent de crier; ce qui attire les loups. Chacune de ces enceintes a une porte. Celle de l'enceinte intérieure eſt fermée de façon que le loup ne puiſſe pas l'ouvrir: il ſuffit qu'il voie & ſente la proie à travers les pieux, ſans qu'il en approche de plus près. La porte de l'enceinte extérieure s'ouvre, de toute la diſtance qui eſt entre les deux enceintes. Cette diſtance eſt aſſez grande pour que le loup y paſſe aiſément; & aſſez étroite pour qu'il ne puiſſe ſe remuer ni vers la droite ni vers la gauche. C'eſt dans cette précaution que conſiſte l'utilité du piége. L'animal, attiré par les cris de ſa proie, entre dans la premiere enceinte par la porte qu'on laiſſe ouverte. Et tournant le long de cet eſpace il arrive contre la porte, qui l'arrête. Alors ou il y reſte honteux, comme c'eſt l'ordinaire quand il ſe trouve pris: ou il pouſſe la porte. Dans ce dernier cas, la porte tombe ſur ſes battans, & ſe fermant par un bon cliquet, tient le loup priſonnier; ſans qu'il puiſſe franchir l'une ou l'autre enceinte. Car pour ſauter il faudroit qu'il pût ſe mettre en ligne droite vis-à-vis de quelque endroit. Et comme les enceintes décrivent une ligne circulaire, & que leur diſtance eſt étroite, cela lui eſt impoſſible.

Le loup étant ainſi pris, le mieux eſt de lui paſſer dans le cou un las coulant; pour le tirer de là, & le donner à étrangler aux chiens. Car ſi on répand le ſang du loup ſur la place, on peut compter qu'aucun autre n'en approchera de longtems, quelque appas qu'on mette dans le piége.

Ce piége eſt fort commode en ce que ſon entretien ne coûte ni ſoin ni dépenſe, & qu'une fois dreſſé il dure autant que les pieux dont il eſt formé.

Conſultez ſa Figure dans le *Journal Œcon.* Mars 1751, p. 62.

Chambre pour prendre des Loups, Renards, & autres animaux carnassiers.

Comme il est dangereux de faire des fosses ou trapes, parce qu'un voyageur égaré du chemin, ou quelque bétail en paissant dans les bois, peut y tomber; voici un piége qui n'expose à aucun risque. Prenez un nombre de perches, qui aient au moins quinze à dix-huit pouces de tour: piquez-les fortement en terre, & qu'elles en sortent à huit pieds de haut. Espacez-les d'environ deux pouces les unes des autres, en quarré long: & assurez-les en dehors par d'autres perches attachées en travers. Laissez un espace vuide, à l'un des petits côtés; pour y mettre une porte avec de bonnes pentures, & une bonne serrure qui se ferme d'elle-même. Au fond de cette chambre sera un anneau, dans lequel vous passerez une corde: à l'un des bouts vous lierez un morceau de charogne, ou quelque autre appas: vous attacherez à l'autre un petit bâton, que vous mettrez au-dessus de la porte, de maniere qu'il la tienne à demi-ouverte pour que l'animal puisse y entrer facilement. Quand il voudra emporter la proie, il tirera fortement la corde, & fera ainsi décocher le petit bâton qui tenoit la porte ouverte. Aussitôt la porte se fermera d'elle-même. Il est bon d'y attacher une grosse pierre par-derriere, afin qu'elle se ferme plus promptement.

Autre piége pour prendre les Loups.

Ce piége est de fer, & composé de plusieurs pieces. Nous allons les décrire toutes les unes après les autres; quand elles sont rassemblées elles forment le piége, qui se présente d'abord dans la *Planche* 5.

Fabrique des pieces du Piége de Fer.

Faites d'abord faire deux pieces de fer, telles que vous les voyez représentées par les deux figures B B. Elles doivent avoir un pouce de large; trois lignes d'épais; & deux pouces & demi de long. Il y aura à chaque bout une double charniere percée pour recevoir une cheville de fer A. On appliquera ces deux pieces l'une sur l'autre en croix, arrêtées par une cheville de fer, qui sera longue d'un pouce, & rivée comme on le voit par la figure sans lettre, qui est représentée au-dessous des figures B B & A. La cheville de fer A doit avoir une boucle.

Outre ces deux pieces de fer, il en faut encore deux autres C C, qui auront six pouces de longueur, un pouce de largeur, & deux lignes d'épaisseur. Elles doivent être recourbées par dessous; & avoir à chaque bout, une ouverture faite en mortaise, comme vous le voyez dans la figure. Chaque mortaise sera longue d'un pouce, & large d'environ quatre lignes. Ces deux pieces seront mises en croix l'une sur l'autre, & arrêtées par une cheville de fer D E, qui sera rivée & placée dans les trous qu'on aura eu soin de faire à ces deux pieces.

Cette cheville, figurée comme vous la voyez ici, sera longue de quatre à cinq pouces, faite en fer de pique ou langue de serpent, plate & pointue par le bout d'en haut; ensorte qu'en la faisant entrer dans un morceau de chair, on ne la puisse retirer qu'avec force. On ajustera le bout d'en bas (D), de maniere qu'il entre dans les trous des deux pieces C C, pour les tenir arrêtées en croix, comme on l'a déja dit. La figure qui est sans lettres au-dessous de ces trois pieces, montre la maniere dont elles doivent être attachées les unes aux autres.

PLANCHE 5.

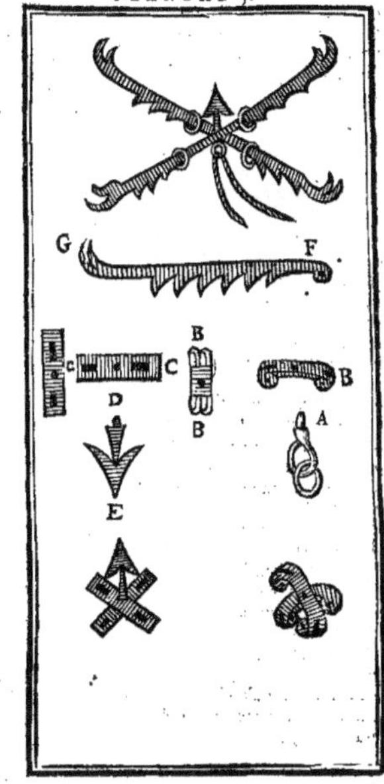

Faites encore faire quatre branches de fer semblables à celle qui est représentée par les lettres F G. Chacune sera longue d'environ dix-huit pouces, épaisse de deux ou trois lignes en quarré; excepté vers la derniere dent, en tirant du côté de F, où elle doit avoir cinq à six lignes de largeur, non pas en quarré, mais seulement du côté où sont les dents. Le bout F doit être rond, avec une simple charniere percée au milieu. L'autre bout G sera fait en forme de fourche; & recourbé en façon de crochet: chacun de ces petits crochets aura deux pouces de longueur.

Toutes ces pieces étant ainsi fabriquées, on les rassemble en croix, comme on le peut voir dans la grande figure; observant de mettre les deux bandes en croix, & le bout de la cheville A dans le trou du milieu de la figure B B, pour le river, ensorte que les deux morceaux de fer ne remuent point. Quand cela est fait, on prend la fléche D E, qu'on fait entrer par force du côté de D, dans un trou qui est au milieu des pieces C C; puis on fait passer le bout F de la figure F G, dans une des mortaises de C C, pour la faire entrer ensuite dans les charnieres des pieces de fer B, où l'on met une cheville de fer, qu'il faut river ensorte que la branche ne puisse se mouvoir librement. On fait la même chose aux trois autres branches, observant que les pointes des crampons soient en haut: & ce piége se trouve ainsi monté.

De quelle maniere il faut dresser le Piége de fer pour prendre les Loups.

Quand vous sçaurez qu'il y a une charogne en

quelque endroit, il faudra y aller avant le soleil couché ; & y porter le piege avec une corde grosse comme le petit doigt, longue de deux pieds ; & un gros piquet de bois, ou une cheville de fer ; & un maillet ou marteau, pour le cogner ferme en terre.

Considérez le côté à-peu-près par lequel le loup peut venir à cette charogne ; ce que l'expérience vous fera bientôt connoître. Ecartez-vous du lieu où elle est, d'environ cinquante ou soixante pas ; tirant du côté par où peut approcher le loup, & dans le milieu du chemin s'il y en a ; ou à son défaut, en quelque belle place : creusez un peu la terre en rond, de la largeur de tout le piége, & qui soit ouvert desorte que dans le milieu il soit profond d'un demi-pied, & aille en diminuant vers le bord. Dans le milieu de ce creux, coignez votre piquet ou cheville de fer tout contre terre. Cette cheville ou piquet doit avoir une tête ou crochet, pour attacher la corde qui sera liée à la boucle B du piege, que vous poserez tout ouvert dans la fosse ; ensorte que la boucle tienne ferme avec la corde, & la tête du piquet. La machine étant ainsi attachée, coupez un morceau de charogne gros comme la tête, d'un endroit sans os ; & le mettez sur la fléche E, le faisant entrer le plus avant que vous pourrez. Frottez le piége, la corde, & le piquet, avec cette charogne ; & prenez-en un morceau, que vous lierez au bout d'un bâton ou d'une corde, pour le traîner bien loin aux environs de la machine ; & vous le passerez auprès ; puis vous le ramenerez sur la masse de charogne, où vous ficherez un bâton tout droit auprès, avec un peu de papier blanc au bout, afin que le loup s'épouvante venant la nuit pour manger, & n'approche pas de la bête morte : car voyant de loin le papier, il croira qu'on le guette pour le tirer, si bien qu'il n'osera approcher tout d'un coup, mais il tournera autour ; & comme la faim le pressera, il voudra s'avancer pour mieux découvrir. Alors venant à rencontrer le morceau de charogne, qui sera un piége, il le prendra avidement pour l'emporter ; si bien qu'en tirant la chair, les quatre crochets G le saisiront par le corps ; & plus il tirera, plus ferme il se trouvera accroché, ne pouvant repousser ou rouvrir le piége, parce que les dents empêcheront les crochets de s'écarter.

OBSERVATION.

Vous pourrez tendre trois ou quatre de ces machines tout autour d'une charogne, afin de réussir aux unes ou aux autres. Et d'autant que les chiens & les oiseaux carnaciers pourroient aller auparavant à cette charogne & la manger toute en peu de tems, faites-la garder de jour. Pour ce qui est de la nuit, ils n'y vont jamais ; à cause du loup : ainsi vous pourrez tendre huit nuits de suite ou plus, tant que la charogne durera en ce même lieu ; & avoir le divertissement d'emmener la bête vivante à votre logis ; & la faire battre avec des mâtins.

Autre maniere de prendre un Loup, en le tuant avec un Fusil.

Cette sorte de chasse est plus ordinaire à l'égard du renard, lorsqu'il sort de son terrier, qu'à l'égard du loup. Nous décrirons dans l'article RENARD la façon dont on doit ajuster le fusil pour tuer le renard : nous ne ferons qu'en donner ici la figure ; nous contentant de rapporter la maniere de tendre le fusil pour tuer le loup en passant par quelque chemin.

Si en vous promenant le matin vous avez apperçu du train de loup ou de quelque autre bête mal-faisante le long d'un chemin, & que ce soit son passage ordinaire ; tendez la machine comme vous la voyez représentée dans la 7. *Planche*.

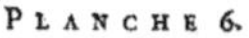
PLANCHE 6.

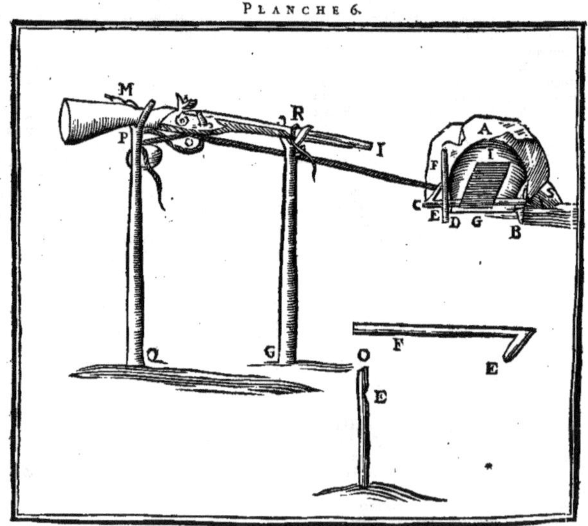

Supposez

PLANCHE 7.

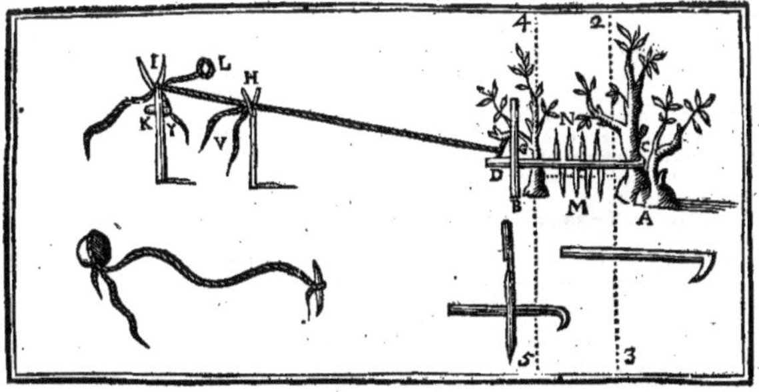

Supposez que les deux lignes ponctuées 2 3 4 5 soient les bords du chemin, & qu'il y ait des haies ou du bois taillis tout le long : ou bien piquez-y quelques branches en forme de haie à l'endroit où vous voulez tendre la machine. Ayez un bâton CD, avec un crochet au bout C; & que tout le bâton soit plus long d'un demi-pied que la largeur du chemin, & gros comme un bâton commun : accrochez-le au bas d'une branche A, tout contre terre; & faites une coche à deux pouces proche de l'autre bout, à l'endroit marqué de la lettre D. Piquez à l'autre bord du chemin un piquet BG, de même grosseur que le bâton à crochet, & long d'un pied; auquel vous ferez aussi une petite coche G, haute de terre d'un demi-pied; & du côté de la haie ou du bois : dans lequel vous choisirez un endroit éloigné du chemin, d'environ douze ou quinze pas, selon la commodité du lieu, & dont vous puissiez découvrir un animal s'il passoit : A & B. Il faudra piquer en cette place choisie deux fourchettes toutes droites : sçavoir une, marquée I, haute de quatre pieds & demi; & une, marquée H, distante de l'autre d'environ trois pieds, & approchant du chemin, laquelle sera plus courte, selon que vous le jugerez à propos.

Posez sur ces fourches une arme, soit arquebuse soit fusil; & braquez-la justement vis-à-vis de la marchette, entre les lettres A & B, à la hauteur proportionnée pour tirer la bête que vous croyez qui passera la nuit par ce chemin. Ce qui étant fait, liez le fusil bien ferme avec des cordes VY, de sorte qu'il ne branle point en tirant. Puis ayez une pierre K, pesant dix ou douze livres, à laquelle vous lierez une bonne ficelle qui passera dans les fourchettes IH : & à son autre bout, attachez un petit bâton à l'endroit marqué GD; gros comme le doigt, long de quatre pouces, coupé par les deux bouts en forme de coin à fendre du bois. Puis tirez la ficelle jusqu'à ce que la pierre joigne la crosse de l'arquebuse & que le petit bâton touche le piquet B; pour mettre l'un de ses bouts dans la coche C, & l'autre dans la coche D, de la marchette ou bâton crochu qui traverse le chemin, de façon que ce bâton ou marchette soit élevé de terre d'un pouce. Liez une ficelle à la pierre K, & attachez son autre bout L, à la détente de votre arme. Cela fait, mettez nombre de petits bâtons MN, longs d'environ un pied, qui portent d'un bout sur la marchette & de l'autre bout à terre : puis couvrez le tout de feuilles & de petites branches; & jettez-en négligemment de côté & d'autre du chemin; ensuite bandez le fusil, & vous retirez jusqu'au lendemain au soleil levant, que vous irez voir.

Il est vraisemblable que si l'animal passe, il posera les pieds sur ces petits bâtons; qui feront tomber la marchette : laquelle laissera décocher le bâton DG, qui tient la pierre en l'air. Et la pierre, en tombant, fera débander l'arme; qui tirera dans le passage, & tuera la bête. Mais prenez garde, qu'en voulant tuer l'animal, une personne ne s'y blesse : c'est pourquoi ne tendez de telles machines, qu'en des lieux où vous soyez assuré qu'il ne passera point de monde : car outre le danger de blesser quelqu'un, vous pourriez encore perdre l'arquebuse. Toutes les pieces qui composent cette machine se voient désignées séparément dans la même figure ci-dessus.

Autres manieres de tuer le Loup avec le fusil.

Prenez un chat : puis l'ayant écorché & vuidé, faites-le rôtir au four. Ensuite frottez-le de miel; & portez-le tout chaud dans les endroits où vous sçaurez qu'il y a des tanieres de loups. Là vous le traînerez attaché à une corde, jusqu'au lieu où vous voudrez attirer les loups. Ils sortiront aussitôt de leurs tanieres, & suivront le chat à la piste; ce qui vous donnera le moyen de les tuer facilement.

2. Consultez la fin de l'article APPAS : & ci-dessus, *p.* 437-8-9-440.

3. Si c'est un tems de neige, prenez l'estomac d'un bouc; attachez-y une corde; & le traînez depuis la taniere des loups, jusqu'à un arbre qui sera auprès de votre maison; suspendez cette charogne contre l'arbre ensorte que le loup y puisse atteindre; & attachez-y une autre corde, qui réponde à une fenêtre de votre maison, & à des sonnettes que vous aurez disposées pour vous avertir au moindre mouvement que le loup fera pour dévorer la proie. Aussitôt que vous entendrez le son des sonnettes, vous prendrez votre fusil, & ajusterez le coup si sûrement que le loup ne vous échape pas. Cet affut n'est que pour la nuit, qui est le tems où les loups sortent pour faire curée.

Nota. Au reste, il faut convenir que la nuit, le vent, le froid, la gêne où se trouve le chasseur dans la loge où il est caché, & mille autres obstacles, s'opposent si souvent à la réussite de cette chasse au fusil; qu'il n'est point surprenant que dans les campagnes on ne fasse presque pas de semblables tentatives. D'ailleurs on ne tire qu'à l'avanture si la lune ne luit pas.

Pour prendre les Loups à l'Hameçon.

Faites faire exprès des hameçons, qui soient forts,

& très-aigus. Liez-les avec une corde grosse comme le doigt. Attachez un morceau de chair aux hameçons; & pendez-les ensuite à un arbre, ensorte que le loup y puisse atteindre en s'élevant un peu, & engloutir l'appas. Vous pourrez par ce moyen en prendre plusieurs, en même tems, en différens endroits. Quand l'hameçon est assez fort, & bien attaché, le loup ne s'en débarrasse point. C'est surtout en tems de neige ou de forte gelée que cette chasse réussit. On peut tendre plusieurs hameçons à la fois, & en plusieurs endroits.

Le grand Khan des Tartares chasse au loup avec des Aigles.

Le plus grand profit qu'on puisse faire, en tuant un loup, est de se délivrer d'un très-dangereux ennemi. Il fournit pourtant deux sortes de marchandises pour le commerce, qui sont sa peau & ses dents. On se sert des grosses dents de loup pour polir & brunir différens ouvrages: on les met aussi à des hochets pour les enfans. Sa peau, préparée par le Pelletier, ou par le Megissier, c'est-à-dire, passée en huile, comme le chamois, ou en mégie, autrement dit, en blanc, sert à faire des housses de chevaux, des harnois, & à quelques autres usages. Les gens de la campagne se servent aussi de la peau de loup préparée avec son poil, pour se faire de grands manchons.

On prétend que le gros *boyau de loup* ou *de louve*, bien desséché, & appliqué à nud sur les reins, en façon de ceinture, est un spécifique contre la colique néphrétique.

LOUP (*Levrier à*). Consultez le mot *Lévrier*, dans l'article CHIEN.

LOUPE. Tumeur ronde, plus ou moins dure & grosse, sans douleur ni inflammation, & même sans presque d'altération dans la couleur de la peau. *Voyez* GOUETRE.

Il y a des Loupes où est contenue une matiere semblable à du suif; mêlée quelquefois de petites pierres, ou de petits os, ou d'autres choses solides: cette espece de loupe est nommée en Grec & en Latin *Steatoma*. D'autres fois on trouve dans l'intérieur des loupes une espece de bouillie; ou bien une substance qui a la couleur de miel.

Les loupes peuvent être occasionnées par des coups, des chûtes, des piquures, morsures, & en général par tout ce qui peut relâcher la peau. Leur cause immédiate est donc le relâchement de la peau, & en conséquence l'épaississement des humeurs. La lymphe épaissie & devenue âcre, l'air épais & grossier, les alimens visqueux & gluans, le grand usage des liqueurs spiritueuses, trop de repos, la suppression des hémorrhoïdes ou des régles, le retranchement des saignées ou purgations habituelles; peuvent ainsi donner lieu à la formation des loupes en divers endroits du corps. Il en vient à la tête, sur le dos, au ventre, au bras, *&c.*

Remedes.

1. Quand les loupes sont peu considérables, il suffit de les frotter souvent en rond avec la main; & les échauffer par ce moyen. Elles se résolvent & dissipent souvent de la sorte.

2. Prenez deux onces de gomme ammoniac, & autant de sagapenum. Faites-les fondre dans une terrine vernissée; avec une chopine de vinaigre: après les avoir passé au travers d'un linge ou d'une étamine, remettez-les sur le feu jusqu'à ce que l'humidité en soit évaporée. Ajoûtez-y alors une once d'antimoine bien pulvérisé; & remuez bien jusqu'à ce l'*Emplâtre* soit refroidi. On en étend sur de la peau de mouton, environ l'épaisseur d'un écu. Il n'est nécessaire de le renouveller, que deux ou trois fois le mois.

3. Prenez de l'angelique sauvage, tiges & feuilles; broyez-les simplement dans la main; appliquez-les sur la loupe avec un linge dessus; & les y laissez pendant quelques heures. Continuez ainsi, quinze ou vingt jours.

4. Faites dissoudre du diapalme dans un peu d'huile rosat; ajoûtez-y la troisieme partie de céruse en poudre tamisée. Lorsque le tout sera fondu, faites-en un emplâtre, dont vous mettrez sur du cuir, l'épaisseur d'un doigt. Cet emplâtre doit être plus grand que la loupe. Appliquez-le sur le mal; & l'assujettissez avec des bandes & une serviette pliée en quatre. Laissez cet emplâtre pendant quatre jours; au bout desquels vous le leverez; & l'ayant bien essuyé & uni, vous le remettrez. Vous continuerez de même jusqu'à ce que la tumeur soit entiérement dissipée.

5. Prenez de la mousse d'un vieux chêne: faites-la bouillir avec de gros vin; fomentez-en la loupe: & mettez par-dessus, un des emplâtres indiqués dans cet article.

6. Prenez une douzaine de limaçons rouges; pilez-les, & les mêlez avec fort peu de savon noir. Appliquez cette espece d'emplâtre sur le mal: où vous le laisserez jusqu'à ce que la loupe soit dissipée; ce qui arrivera constamment (dit-on) dans peu de jours.

7. Pilez du grateron avec du sain-doux, & faites-en un cataplasme; que vous appliquerez sur la loupe. (Ce remede est aussi indiqué pour guérir les *écrouelles*. Dioscoride s'en est servi avec succès.)

8. Faites dissoudre du savon noir dans de l'eau-de-vie; & frottez-en souvent la loupe.

9. Enveloppez de l'oseille dans deux ou trois papiers mouillés, & la faites cuire sous la cendre. Ensuite passez des cendres toutes rouges, au travers d'un gros linge, ou d'un gros tamis: après qu'elles seront assez refroidies pour y pouvoir souffrir la main, vous les mêlerez avec votre oseille cuite; & en ferez un cataplasme, que vous appliquerez sur la loupe: & que vous réitérerez quatre ou cinq fois chaque jour.

10. Faites bouillir de la petite sauge, ou de la sauge franche des jardins, dans le meilleur vin rouge que vous pourrez trouver. Lavez ensuite la loupe, avec cette décoction bien chaude, pendant sept ou huit jours, cinq ou six fois par jour.

11. Vous appliquerez un cataplasme, de ces petits limaçons qui montent sur les arbres: il faut les broyer avec leurs coquilles.

12. Fomentez la loupe avec l'urine d'une personne bien saine; où vous aurez fait dissoudre auparavant, une bonne pincée de sel commun.

13. Prenez trois livres de cendres de bois de vigne, de chêne, & de figuier; demi-poignée de baies de laurier, avec autant de stéchas arabique, & de fleurs de camomille. Faites bouillir le tout dans une chopine de vin blanc, jusqu'à la consomption du tiers. Ensuite coulez la liqueur avec forte expression: & faites-y dissoudre un gros de soufre en poudre. Vous imbiberez une éponge avec cette décoction chaude; & l'appliquerez soir & matin, sur la loupe.

Après cela vous composerez un *onguent*, avec quatre onces d'huile de sauge, & autant de graisse de renard; trois gros d'iris, & autant de noix muscades en poudre; deux onces de sagapenum, de bdellium, & d'opopanax, qu'il faudra dissoudre dans l'huile & la graisse susdites. Ajoûtez de la cire, autant qu'il en faut pour donner à toutes ces drogues mêlées ensemble la consistance d'onguent. Il faudra étendre cet onguent sur un morceau de cuir, l'appliquer sur la loupe, & le changer seulement tous les trois jours. Ce remede dissipe (dit-on) la tumeur, en moins d'un mois.

14. *Voyez* CONTUSION, *n.* 1. BARDANE. EMPLÂTRE *de Ciguë*, p. 896.

15. On assure que Delorme faisoit tomber entiérement les loupes, en les lavant pendant huit jours avec de la sauge, du romarin, du thim, de la marjolaine, du genievre, & du laurier, bouillis dans de gros vin rouge. Les loupes étant amollies par ce vin, il les faisoit lier avec de la soie cramoisie. Puis il y appliquoit de la cire blanche, & du suif de bouc, sur un morceau de peau de lievre. Les loupes tomboient au bout de quinze jours.

Si on a trop laissé *invétérer* les loupes; le plus court sera de les faire ouvrir avec la lancette ou avec le cautere; & après que l'escarre en sera tombée, il faudra mettre par-dessus, une lame de plomb frottée de vif argent; ou y appliquer de l'égyptiac, ou du précipité rouge.

A l'égard des loupes qui, pour avoir été négligées, seroient venues à une grosseur extrême: on se donnera de garde d'y toucher: y ayant pour lors danger de causer la mort.

LOUSEWORTH. *Voyez* PEDICULARIS. STAPHISAIGRE.

LOUTRE, ou *Loire*. Animal amphibie, à quatre jambes; qui a environ deux pieds de longueur, les jambes courtes, chaque pied terminé par cinq doigts onguiculés & unis ensemble par des membranes, le pouce plus court que les autres doigts; la queue à-peu-près longue d'un pied & demi, assez grosse, arrondie, terminée en pointe; six dents incisives, à chaque mâchoire; les yeux très-petits; les oreilles fort courtes, rondes, & placées plus bas que les yeux; le poil court, & épais; la gorge, l'estomac, & le ventre, d'un gris blanc; le reste du corps, couleur de marron plus ou moins foncée.

La loutre se nourrit d'herbes & de fruits, mais principalement de poisson; qu'elle attrape avec une adresse surprenante. La loutre & le brochet dépeuplent les rivieres, & les étangs. *Voyez* ANIMAL, p. 123, col. 1. Sa peau sert à faire des manchons; & son poil, à faire des chapeaux.

LOUVE: *Animal*. Voyez LOUP.

LOUVE. *Filet* qui sert à prendre du poisson, & n'est proprement qu'un diminutif de la Rafle. On a donné, dans l'article FILET, la maniere de faire la Louve. On donnera ici la maniére de la tendre dans toutes sortes d'eaux.

Lorsque ce filet est tout monté, il faut le porter sur le bord de l'eau proche du lieu où vous le voulez tendre; qui doit être un endroit rempli de joncs, & autres herbiers assez épais: vous y ferez avec un volant une passée (ou coulée, ou place) justement de la largeur de votre filet.

Cette passée sera d'autant meilleure qu'elle sera plus longue & aura plus d'étendue, & pourtant aboutissant à l'entrée de la louve, tant du bout E (*fig.* 1.) que de l'autre, F; pour mieux guider le poisson dans le filet. Cette coulée étant faite, il faudra avoir quatre pierres pesant chacune cinq ou

FIGURE 1.

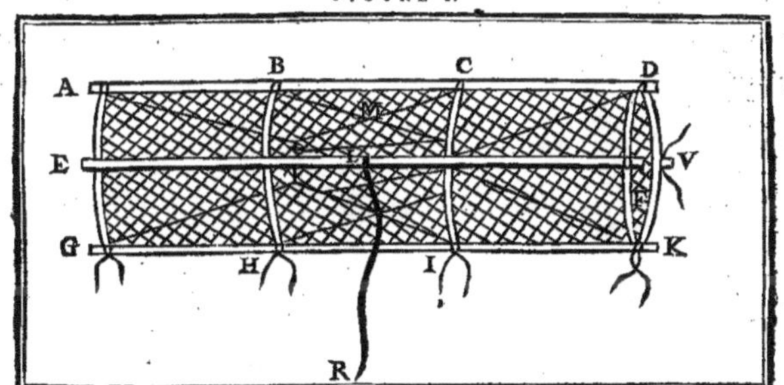

FIGURE 2.

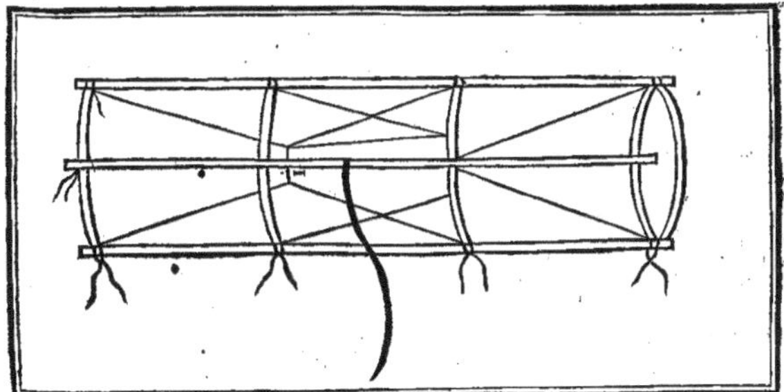

six livres; que vous attacherez à l'un des bâtons; par exemple à celui où sont liées les cordes marquées des lettres GHIK, afin de faire aller le filet au fond de l'eau: vous attacherez aussi une corde LR, d'un bout au milieu L du bâton marqué EF; qui sera de la longueur convenable, afin qu'un bout soit au bord de l'eau, & que par ce moyen on puisse tirer la louve.

Si par hazard le lieu où vous devez placer le filet, étoit si éloigné du bord, qu'on ne pût pas le tendre sans se mettre dans l'eau pour le poser en un endroit où il puisse être tout-à-fait caché, en ce cas la corde LR, vous sera bien utile pour l'en tirer. Car si vous avez été obligé d'entrer dans l'eau pour placer le filet, & que vous ayez apporté le bout R de la corde sur le bord, vous n'aurez que faire de vous remettre dedans pour en tirer la corde: le filet suivra sans qu'il faille vous mouiller une seconde fois.

Si l'endroit auquel vous voulez le tendre, n'est pas éloigné du bord plus d'une toise ou deux, vous le pourrez bien faire sans vous mettre dans l'eau; en le prenant de travers avec les deux mains par un de ses bâtons & le mettant sur votre tête ensorte que le bâton GHIK, où sont pendues les pierres, soit dessus ou opposé à celui que vous tiendrez. Vous le jetterez de travers dans la passée, en retenant le bout R, de la corde; puis avec le bout fourchu d'une perche, vous le dresserez & ajusterez en l'état qu'il doit être, le couvrant des herbiers coupés. Vous repousserez pareillement tous les autres dans la passée, afin que le poisson la suive plus facilement, y trouvant du couvert; vous pouvez laisser le filet dans l'eau une nuit ou deux selon la saison, & non davantage.

La deuxieme figure représente la louve avec de simples traits, pour en faire mieux voir sans confusion la forme & les proportions.

LOUVEUR. Ouvrier qui fait le trou à une pierre pour la LOUVER; c'est-à-dire y mettre la LOUVE: qui est un morceau de fer avec un œil, comme une main, qu'on serre dans un trou avec des LOUVETEAUX, ou coins de fer: ce qui sert à l'enlever du chantier sur le tas.

LOY

LOYAL. *Voyez* sous le mot FÉAL.

LOYER. *Voyez* BAIL *à loyer*. GAGERIE.

LOZ

LOZANGE: ou *Rhombe*. Figure quadrilatere; dont les côtés sont égaux & paralleles; mais forment deux angles opposés aigus, & deux autres opposés obtus.

Les Lozanges *Curvilignes*, sont celles dont les côtés sont formés par des lignes courbes.

On nomme Lozanges *de Couvertures*, des tables de plomb disposées diagonalement & jointes à couture, pour couvrir la fléche d'un clocher. Cette disposition ressemble au pavé de briques posées de plat, & en épi.

Lozanges *Entrelacées*. Voyez PAN DE BOIS.

LOZANGES *de Verre*. Ce sont des carreaux de verre, posés sur la pointe; dans des panneaux de vitres en plomb.

LUB

LUBA. *Voyez Bois d'*ALOÈS.

LUC

LUCARNE. Médiocre fenêtre prise dans un comble, & portée sur le mur de face, pour éclairer l'étage en galetas. Son nom en Latin est *Fenestra Scandularia*. Il y en a de plusieurs sortes. On appelle Lucarne *Quarrée*, celle qui est fermée quarrément en plate-bande, ou dont la largeur de la baie est égale à sa hauteur: lucarne *Ronde*, celle qui est cintrée par sa fermeture; ou celle dont le bas est en rond: lucarne *Bombée*, celle qui est en portion de cercle: lucarne *Flamande*, celle qui, construite de maçonnerie, est ronde ou ovale ou quarrée, couronnée d'un fronton, ou ceintrée par le haut, ou couverte quarrément; & qui porte sur l'entablement. La Lucarne *Demoiselle* est une petite lucarne de charpente qui porte sur les chevrons, & est couverte en contr'auvent ou en triangle. Lucarne *à la Capucine*: celle qui est couverte en croupe de comble. Une Lucarne *Faîtiere* est celle qui est prise dans le haut d'un comble, & couverte en maniere de petit pignon fait de deux noulets, sur lesquels est une tuile faîtiere.

LUCERNE. *Voyez* LUSERNE.

LUCET. *Voyez* AIRELLE.

LUCIL. *Voyez* IVRAIE.

LUE

LUETTE. Appendice glanduleux, mou, qui présente un cone irrégulier, & comme flottant la pointe en bas; dont la base tient à l'arcade par laquelle est terminé le voile du palais, au-dessus de la racine de la langue. Sa forme lui a fait donner en Latin les noms de *Columella; Uvula*; &c.

On ne sçait pas trop quels sont ses usages: mais on présume qu'elle sert à rompre la force & l'impétuosité de l'air trop froid, de peur qu'il n'entre trop subitement dans les poûmons.

Cette partie est sujette à s'enflammer; & à se relâcher.

Remedes pour son Inflammation.

Cette inflammation, ordinaire dans l'esquinancie, est quelquefois si considérable, que la respiration devient presque supprimée.

1. Le GARGARISME de la page 175, est utile dans ce cas.

2. Ecrasez plusieurs joubarbes; trempez un linge dans leur suc; appliquez-le autour de la gorge; & renouvellez cet appareil, à mesure qu'il séchera.

Au lieu de joubarbe on peut employer la triquemadame, le plantain, les feuilles de ronces; & y mêler un peu de miel rosat, tant pour appliquer au-dehors avec un linge, que pour faire des gargarismes.

3. Prenez une poignée de pimprenelle; coupez l'extrêmité d'enbas, que vous jetterez: passez ce que vous tenez par la flamme; & l'appliquez sur le front du malade, avec un bandeau: il sera guéri en peu d'heures.

4. *Voyez* ESQUINANCIE. GORGE.

Relâchement (ou Chûte) de la Luette.

1. Portez-y un peu de poivre en poudre, avec le manche d'une cuiller.

2. Quelques-uns tiennent leur bouche ouverte au-dessus de la fumée de tabac.

LUF

LUFFA-*Arabum*. Les Botanistes connoissent sous ce nom une plante de la famille des Concombres; que l'on appelle aussi, par cette raison, *Cucumis reticulatus Ægyptius*. Son fruit n'est pas charnu, mais un peu sec. Le tissu intérieur est une espece de réseau très-fin, qui contient les semences. Veslingius croit qu'on pourroit en tirer une filasse : d'autant plus que Pline dit que les Arabes tiroient du fil des Courges.

LUN

LUNATIQUE. *Consultez* ce mot, entre les maladies du CHEVAL.

LUNE. Planete plus voisine de la terre, que les autres ; laquelle est dans le tourbillon de la terre ; & tantôt s'approche de nous, tantôt s'en éloigne. Elle éclaire pendant la nuit. La lumiere qu'elle présente suit des révolutions périodiques, d'accroissement & de dégradation. Après nous avoir laissé pendant trois nuits dans l'obscurité, quoique déja *Nouvelle*, elle commence à se montrer sous la forme *d'un arc* lumineux, à l'entrée de la nuit : c'est ce qu'on appelle *Croissant* : ses cornes sont alors tournées vers l'Orient. Quatre ou cinq jours après, elle semble avoir acquis l'étendue de la moitié d'une surface circulaire : mais comme la Lune est un corps sphérique, cette lumiere occupe réellement le quart de sa circonférence ; aussi disons-nous que c'est son *Premier Quartier*. On découvre une progression sensible de la lumiere vers le côté gauche, dans chacune des nuits suivantes ; ensorte qu'à la septieme le disque éclairé présente un cercle régulier : on dit alors que la *Lune* est *pleine*. Aussitôt après on voit la lumiere s'effacer graduellement du côté où elle avoit commencé à paroître : le cercle n'existant plus, la surface éclairée se rétrécit sensiblement toutes les vingt-quatre heures ; elle se réduit à la moitié, & forme au côté gauche son *Dernier Quartier*, opposé au *Premier*. Puis déclinant toujours, & ne paroissant que pour précéder l'Aurore, elle devient un arc successivement plus étroit, dont les cornes ou extrêmités regardent l'Occident ; & enfin elle disparoît : pour se remontrer au bout de trois nuits, suivant la même régularité. Ces mouvemens de la lumiere sont désignés par le nom général de *Phases de la Lune*. On appelle quelquefois *Vieille Lune* ce que d'autres nomment le *Déclin* de cette Planete : c'est-à-dire la dégradation de sa lumiere, depuis qu'elle cesse de former un cercle ; & principalement depuis son Dernier Quartier, que l'on appelle aussi *Décours*.

La Lune ne nous communique de la clarté, qu'à proportion qu'elle en reçoit du soleil. Outre le mouvement que lui imprime le tourbillon de la terre, elle a un mouvement propre qui la fait aller d'Occident en Orient. Après s'être trouvée entre nous & le soleil, (ce qu'on nomme la *Conjonction* de ces deux Astres) elle change d'une nuit à l'autre le point de son lever par rapport à nous. En quatorze ou quinze nuits, elle arrive à la partie Orientale de l'Horison quand nous voyons le soleil se coucher : c'est pourquoi on nomme cette phase *Opposition* à l'égard du soleil. Elle monte donc le soir sur notre horison lorsque le soleil s'en retire ; & elle se couche le matin, à-peu-près vers le tems où il se leve. Continuant à parcourir le cercle qu'elle a commencé autour de la terre, & dont elle a déja rempli la moitié, elle s'éloigne visiblement du point de son opposition avec le soleil ; & peu-à-peu elle se rapproche de cet astre, ensorte qu'à la fin on ne la rencontre plus que quelque tems avant qu'il se leve ; puis elle rentre en Conjonction.

Les *Eclipses de Soleil* arrivent toujours dans la Nouvelle Lune : c'est-à-dire dans l'intervalle du tems où la Lune s'approche le plus du soleil, & celui où elle commence à s'en éloigner. Au contraire, la *Lune ne s'Eclipse* que dans le tems de son Plein ; c'est-à-dire, de son opposition, de son plus grand éloignement, par rapport au soleil.

Depuis sa Conjonction elle prend une avance de treize degrés sur le soleil vers l'Orient : & gagnant quarante-huit minutes en vingt-quatre heures ; ensuite diminuant dans la même proportion depuis son Plein, elle acheve sa révolution en vingt-sept jours huit heures ; & se retrouve en conjonction avec le soleil après vingt-neuf jours & demi, ou environ.

Nous laissons aux Physiciens & aux Astronomes l'explication & les Calculs de ces Phénomènes. Ayant dû parler des influences de la Lune, il ne nous étoit gueres possible d'omettre le peu que nous venons de dire sur son cours.

M. l'Abbé De la Caille, persuadé de l'importance des observations de la Lune pour la Navigation, en a rassemblé beaucoup dans ses *Ephémérides*, publiées en 1763.

La lumiere de la Lune est destituée de chaleur sensible : ensorte que, rassemblée dans le foyer du miroir ardent le plus actif, elle n'agit pas même sur le thermometre présenté au point qui réunit les rayons, & n'y occasionne absolument aucune dilatation dans l'esprit de vin, qui cependant en est très-susceptible.

On trouve dans le Recueil de l'*Académie Royale des Sciences* de Paris, année 1757, un Mémoire où M. Bouguer combat l'opinion que l'on s'étoit faite au sujet des *Taches de la Lune* ; qui, selon cet habile Astronome, ne sont point des Mers ou de Grands Lacs.

Ces réservoirs d'eaux dont on supposoit la réalité peuvent avoir donné lieu aux Astrologues, de dire que la Lune est froide, humide & aqueuse. Ils lui attribuent encore plusieurs autres qualités, suivant les aspects qu'elle a avec les autres planetes & par rapport aux signes : toutes choses trop peu certaines pour que nous les rapportions ici.

M. Le Monnier (*Mémoires de l'Acad. R. des Sc. de Paris*, an. 1757) a fait voir que l'orbite de la Lune change, dans l'espace de neuf ans, son inclinaison par rapport à l'Équateur de la Terre, de plus de dix degrés ; & que notre atmosphere ne s'étend pas jusqu'à la Lune, sur la région de laquelle on croioit que l'air élevé de quelques lieues pouvoit avoir une action impulsive.

Quant à l'Influence de la Lune sur la Terre, nous n'avons encore rien de décisif. Les sentimens sont partagés à l'égard des effets qu'on lui attribue relativement à la santé & aux maladies des animaux.

On est aujourd'hui un peu moins divisé en ce qui concerne l'observation des Phases de la Lune, dans l'Œconomie Végétale. Les Cultivateurs modernes ne sont pas encore généralement persuadés que cette attention soit superflue ; & que l'on puisse indistinctement semer, labourer, planter, greffer, &c. dans la Pleine Lune, le Décours, ou tout autre tems, pourvû que les circonstances généralement reconnues pour favorables à ces opérations, se rencontrent d'ailleurs : sentiment soutenu par M. De la Quintinye, Ch. XXII. de ses *Reflexions sur l'Agriculture*, qui font partie du deuxieme Volume de son *Instruction sur les Jardins*. Consultez encore le XVe Entretien du *Spectacle de la Nature* ; où on lit, entr'autres bonnes raisons contre l'ancien sentiment, que » d'un très-grand nombre » d'expériences faites très-exactement & en différentes années sur chacune des opérations du » Jardinage, MM. Le Normand (successeurs de » M. De la Quintinye dans la direction des jardins » fruitiers & potagers du Roi) n'en ont trouvé aucune qui favorisât l'asservissement de nos peres » aux différens aspects de la Lune. «

Quelque impreſſion que doivent faire de pareils ſuffrages, réunis à ceux de grand nombre de bons Cultivateurs, il peut reſter encore quelques doutes d'après certains faits allégués par de très-habiles gens, d'ailleurs peu prévenus pour l'influence de la Lune. Je n'en inſérerai ici qu'un ſeul, tiré du *Traité de la Jacinthe*, dont je me ſuis fait honneur d'avoir beaucoup emprunté en compoſant l'article de cette plante. M. Van Zompel y dit « qu'ayant ſemé des » Œillets quatre jours avant la Pleine Lune (tems » que choiſiſſent, dit-il, les Curieux qui veulent » améliorer leurs fleurs par cette voie), environ les » trois quarts de ce qu'il avoit ſemé lui donnerent » des fleurs doubles ; pendant que d'autres, qui » avoient ſemé les mêmes ſortes au hazard & ſans » obſerver les tems, n'eurent que deux fleurs dou- » bles dans le nombre de plus de cent plantes. Depuis la p. 105 juſqu'à la 108, cet Auteur ne paroît point crédule ſur l'obſervation des Lunes en général. C'eſt pourquoi ce fait eſt remarquable : ſi néanmoins on ne peut pas ſuppoſer que le tems où il ſema concourut avec d'autres circonſtances vraiment heureuſes, & dont un habile Cultivateur ſçait profiter pour opérer avec ſuccès. *Voyez* CULTIVATEUR. CULTURE. SEMER. GREFFER. *&c.* Conſultez auſſi le *Journ. Œconom.* Févr. 1764, p. 80, col. 1 & 2.

Une autre queſtion que je vois être réellement indéciſe, & qu'il feroit trop long de diſcuter en cet endroit pour répandre un jour convenable ſur cet important article d'Œconomie ; eſt ſi la *Nouvelle Lune*, ou le *Décours*, ſont favorables ou défavorables à l'Exploitation des bois : enſorte que les arbres ſoient plus ou moins expoſés à devenir vermoulus, ſelon le tems de la Lune où on les a coupés. Au reſte, Conſultez le mot BOIS, *p.* 369, *col.* 1 : & les grandes expériences que M. Duhamel a faites, & qui ſont rapportées dans ſon *Traité de l'Exploitation des Bois.*

Pour connoître à un Cadran Solaire, l'heure qu'il eſt pendant la nuit à la clarté de la Lune.

Il faut bien obſerver 1°. l'âge ou les jours de la Lune, & les marquer ; 2°. l'heure que la Lune marque ſur le cadran. Enſuite il faut multiplier le nombre 731, par le nombre des jours de la Lune ; puis diviſer le produit de cette multiplication par 900, & ajoûter au nombre que la diviſion vous donnera, celui de l'heure marquée par le cadran. De l'addition de ces deux nombres, il en faut ſouſtraire tous les 12 : ce qui reſtera ſera l'heure que vous cherchez. Il faut enſuite diviſer par 15, le nombre qui reſte ſur la premiere diviſion : & ce que cette diviſion vous donnera ſera des minutes.

Exemple.

Suppoſé que la Lune ait 8 jours & qu'elle marque 9 heures, il faut multiplier 731
par 8 8

La multiplication vous donne 5848

Il faut diviſer ce nombre par 900, . 5848 | 900
448 | 6

La diviſion vous donne 6, & il reſte 448.
Il faut ajoûter au nombre de 6 : 9 qui eſt 6
l'heure que le cadran marque, ... 9

& vous aurez 15
Il faut ſouſtraire 12 de 15 12

& il vous reſtera 3

qui eſt l'heure que vous cherchez.
Diviſez enſuite les 448, qui reſtent à votre premiere diviſion, par 15, ... 448 | 15
148 | 29 minutes.
13 |

La diviſion vous donnera 29, qui ſont autant de minutes.

Et les 13 qui reſtent, ſont . 13/15 de minutes.

LUNETTE : *terme de l'Art de Bâtir.* C'eſt 1°. une eſpece de Voute qui traverſe les reins d'un berceau, pour donner du jour, pour en ſoulager la portée, & en empêcher la pouſſée. On l'appelle lunette *biaiſe*, quand elle coupe obliquement le berceau ; & *rampante*, lorſque ſon cintre eſt corrompu, comme ſous une rampe d'eſcalier.

2°. *Lunette* eſt auſſi une petite Vûe, dans un comble ou dans une fléche de clocher ; pour donner un peu de jour & d'air à la charpente.

3°. *Lunette* ſe dit encore d'un Mur qui ôte la vûe à un bâtiment voiſin ; & qui eſt élevé à ſix pieds de diſtance, ſuivant la Coutume.

4°. Il ſe dit enfin, de l'ais percé, d'un ſiége d'aiſance.

LUNGWORT (*Cow's*). Voyez BOUILLON-BLANC.

LUP

LUPIN ; *Taupin ; Pois de Loup ; Feve Lupine :* en Latin LUPINUS : & LUPINE, en Anglois. Ce genre de plantes porte des fleurs Papilionacées, qui naiſſent en épi dans les aiſſelles des feuilles. Chaque fleur produit une longue ſilique, plate, terminée en pointe : les panneaux de cette ſilique ſont épais, & forment par leur union une ſeule loge ; où ſont trois à ſept ſemences à-peu-près d'une même forme que la Lentille.

Eſpeces.

1. *Lupinus ſativus, flore albo* C. B. Cette plante eſt annuelle ; & aime un climat chaud, & un terrein ſec & ſablonneux. Elle porte une groſſe tige droite, haute d'environ deux pieds, ramifiée à ſa partie ſupérieure. Ses rameaux ſont velus ; & garnis de feuilles découpées en ſept ou huit lobes qui, réunis par la baſe, donnent à chaque feuille le port d'une main ouverte : chacun de ces lobes eſt un peu amer, oblong, étroit, d'un gris foncé, & couvert d'un duvet argentin particuliérement abondant en deſſous. Vers l'extrêmité des branches, naiſſent aux mois de Mai ou Juin, des épis lâches compoſés de fleurs blanches, dont la levre ſupérieure eſt ordinairement entiere, & celle d'en bas terminée par trois dentures. En Juillet & Août, il en paroît d'autres plus bas, qui ſont d'un blanc tirant ſur le bleu. Il en pouſſe encore de nouvelles en automne. Les ſiliques qui ſuccedent aux unes & aux autres ſont velues, longues d'environ trois pouces ; & contiennent cinq à ſix ſemences dures, blanches, où l'on remarque une petite cavité en forme d'ombilic à l'endroit qui les tenoit attachées à la ſilique. Ces ſemences mûriſſent en automne. Leur écorce eſt très-amere ; & leur moëlle, jaunâtre, & fort douce. On leur donne aſſez ſouvent le nom de *Pois de Jéruſalem.*

2. *Lupinus peregrinus major ; vel villoſus cæruleus major* C. B. On croit que cette eſpece eſt originaire des Indes. Mais elle réuſſit bien en Europe. Elle eſt

annuelle. Sa tige, ferme, grosse, cannelée, haute de trois à quatre pieds, couverte d'un duvet brunâtre, est divisée par le haut en plusieurs fortes branches : où sont des feuilles qui ont leur pédicule long de trois à quatre pouces ; découpées en main ouverte, & composées de neuf à onze lobes velus, faits à-peu-près en coin, c'est-à-dire étroits à leur base, s'élargissant ensuite par degrés, & arrondis à leur extrêmité supérieure. Les fleurs forment des épis verticillés, à l'extrêmité des branches : elles sont grandes, d'un beau bleu, mais sans odeur, & paroissent au mois de Juillet. Il leur succede des siliques, larges d'environ un pouce, sur trois de longueur. On y trouve trois larges semences, fort rudes, d'un rouge brun, & qui mûrissent en automne.

Le *Lupin Rose*, ainsi nommé parce que ses fleurs sont de couleur de chair, ne différe de celui-là que par cette couleur. Mais comme les semences perpétuent sans variation l'une ou l'autre couleur, selon celle de la fleur qui les a produites ; on pourroit croire que ce seroit une espece différente. M. Miller regarde néanmoins ce Lupin comme une simple variété.

3. *Lupinus sylvestris, flore luteo* C. B. Il vient sans culture dans la Sicile. Sa tige est haute d'environ un pied, & branchue. Ses feuilles, découpées en main ouverte, ont communément neuf lobes étroits, velus, longs de quatre à cinq pouces. L'extrêmité des branches est terminée par de longs épis peu serrés composés de fleurs jaunes qui ont une odeur gracieuse. Il leur succede des siliques velues, applaties, longues d'environ deux pouces ; qui se tiennent droites ; & où sont contenues quatre à cinq semences teintes de jaune pâle, & marbrées de brun.

Usages.

Le Lupin *n.* 1. engraisse le bétail. Sa farine, prise en breuvage, chasse les vers. Sa décoction est bonne à prendre intérieurement pour les maux de rate : & à appliquer sur les ulceres, la gratelle & la teigne.

Il y a des endroits où les semences de ce Lupin, étant brûlées, servent de *Caffé* : mais la dose en doit être la moitié de celle du caffé, à cause de leur grande amertume. Au reste on n'y trouve pas le parfum du vrai caffé.

De Lobel (*Adv. nova*) dit qu'en Piémont l'on en mange après les avoir fait simplement macérer : apparemment dans de l'eau. Certaines gens ont l'adresse de faire sortir la moëlle de ces graines non macérées, ensorte qu'elle ne touche point à l'écorce : au moyen de quoi l'on n'y apperçoit aucune amertume.

Columelle (*De Re Rust.* L. II. C. XVI.) dit que le Lupin peut suppléer à toute autre amendement ; si on le seme & le recouvre à la charrue, vers la mi-Septembre, pour le retourner & enfouir lorsqu'il aura fleuri. *Voyez* aussi Cato *De Re Rust.* C. XXXIV. & XXXVII. Quand on veut ainsi amender un champ sablonneux, il faut labourer dès que le Lupin a donné ses secondes fleurs ; mais on doit attendre jusques après la troisieme fleurison, pour les terres fortes ; afin que les tiges ayant plus de consistance soutiennent mieux les mottes, de maniere que le soleil & les météores les frappent & atténuent plus aisément : suivant la judicieuse observation de Columelle. (C'est pourquoi il faut corriger une faute de ponctuation dans la *Maison Rustique*, T. I. p. 604 ; ligne trois en remontant : & lire comme s'il y avoit » engraisse à souhait. Quand ce sont de grosses terres » rouges, il n'y faut enterrer les cossats que quand » ils sont un peu endurcis. « On voit bien que l'Auteur a eu intention de rendre la pensée de Columelle ; qui appelle *Rubricosa* ce que nous avons cru pouvoir traduire par le mot générique de *Terres Fortes.*) M. Mills, qui a bien exprimé la pensée de ces deux Auteurs, dans le premier Volume de son *System of Practical Husbandry*, ajoûte (*p.* 86) qu'en Piémont & ailleurs où cet amendement est d'usage, on seme les Lupins vers la fin de Juin, dans les jacheres, aussitôt après le second labour ; ensorte que les plantes sont encore pleines de suc lorsqu'on donne la troisieme façon, qui les retourne dans la terre, & que l'on seme du grain par-dessus. Quelques-uns, attentifs à ne rien perdre, cueillent les graines avant de labourer pour enfouir les plantes avec leurs siliques.

La cendre qu'on tire de la plante brûlée, sert encore pour fumer les vignes : on en met une écuellée au pied de chaque souche.

Il y a des cantons où on seme les lupins au commencement de Juin ; & quand on veut semer le bled, on envoie des femmes en arracher toutes les plantes & en faire des tas : puis on en prend des brassées ; & en suivant le Laboureur, on met de ces plantes dans la raie que forme la charrue : ensorte qu'à la seconde raie le Laboureur couvre les plantes de la premiere. Le bled est semé sur cette terre avant le labour : & on ne la herse point ; parce que la herse enleveroit les plantes hors de terre : & elles seroient alors inutiles.

L'engrais que produit le lupin, est en général très-avantageux dans les plus mauvaises terres, & dans celles qui sont fort pierreuses.

Quand on veut donner de cette graine aux chevaux, on la fait tremper auparavant en plusieurs eaux ; pour en ôter l'amertume.

On dit que quelques grains de lupins semés dans un jardin, en chassent les taupes.

Culture.

Tous les lupins font un assez joli effet dans les jardins, surtout lorsqu'ils sont en fleur.

On cultive par préférence le *n.* 3, à cause de son odeur. Cependant sa fleur passe vîte, principalement quand l'été est bien chaud. C'est pourquoi il est à propos d'en semer en Avril, Mai, & Juin ; pour en avoir qui se succedent les unes aux autres pendant la saison & jusqu'au froid. D'ailleurs les fleurs qui naissent en automne subsistent plus longtems que les autres. M. Miller dit même que l'on peut s'en procurer des fleurs au commencement du printems, si on seme la graine durant l'automne en pleine terre, à une exposition chaude. Cette plante soutient bien l'hiver dans nos climats.

Le *n.* 1 se seme en place, au mois d'Avril, pour le plus tard : il est à propos de le faire dès le mois de Février si l'on peut : afin que la graine mûrisse parfaitement. Sa culture se réduit à éclaircir le plant ; & sarcler à propos. De Lobel dit qu'en Piémont, ceux qui s'en nourrissent, en sement de grandes plaines. Toute terre lui est assez indifférente ; il réussit même dans celles qui sont pierreuses & dans les plus mauvaises. Quand on en seme dans les champs, on se contente de le répandre sur la terre non labourée, & le recouvrir avec la charrue. A la fin de Septembre, ou en Octobre, on prévient les gelées pour arracher les plantes ; & les mettre en tas. On les bat ensuite à loisir, pour en tirer la graine qui est souvent encore bonne à semer au bout de trois ans. Nous avons dit, ci-dessus, comment on cultive cette plante lorsqu'on n'a dessein que de la faire servir d'engrais à la terre.

La graine du *n.* 2 mûrit un peu tard ; & a besoin d'une automne chaude & séche. Pour plus grande sûreté, il convient donc d'en semer dès qu'elle est mûre, dans un terrein sec, ou au pied d'un mur d'espalier : au moyen de quoi les fleurs viennent plus tôt, & la graine mûrit à la faveur de l'été, suffisamment pour n'avoir pas à craindre les pluies d'automne.

Selon M. Ginanni, cité dans le *Journal Œconom.* Févr. 1764, p. 76, col. 2 ; les Lupins sont plus sujets que le bled à la maladie que l'on y appelle *Rouille* : parce qu'ils ont plus besoin d'une transpiration abondante.

LUPIN *Ecarlate*. Voyez GESSE, *n*. 4.

LUPULUS. Voyez HOUBLON.

L U S

LUSERNE, ou *Luzerne* : en Latin *Medica*. Genre de Plantes auquel les Anglois donnent les noms de *Lucerne*, & *Medick*. Les Bauhins & d'autres Botanistes ont donné, tantôt le nom de *Medica*, tantôt celui de *Trifolium*, aux especes de cette plante. M. Tournefort n'est pas le premier qui en ait fait un genre particulier, sous la dénomination de *Medica* : & ce genre est assez nombreux pour comprendre plus de quarante especes ou variétés. La plus sensible différence des *Medica* & des *Trifolium* consiste vraisemblablement dans la forme de leur fruit.

Les *Medica* ont des fleurs légumineuses, disposées en épi. Il leur succede un fruit ou silique, composée de deux lames froncées sur un de leurs bords ; & divisée par des cloisons transversales, en plusieurs loges posées bout à bout : leur ensemble roulé en spirale, imite soit le contour d'un escalier à noyau, soit une coquille de limaçon évuidée, soit un tire-bourre. Les semences sont faites en rein. La couleur des fleurs varie suivant les especes. Il y en a de purpurines ; de violettes ; de jaunes ; de mêlangées. Les feuilles sont dentelées, ovales, & rangées par trois sur un même pédicule ; qui est placé alternativement eu égard à ses semblables le long de la tige.

Nous ne parlerons que de l'espece que l'on a coutume de cultiver en France pour la nourriture du bétail. Quelques-uns l'ont nommée en Latin *Fœnum Burgundiacum* ; & TRIFOLIUM *Burgundiacum*. C'est la *Medica major & erectior, floribus purpurascentibus aut violaceis* C. B. Elle produit ordinairement une grosse & vigoureuse racine très-vivace, qui pique bien profondément en terre, & a fort peu de racines latérales. Au haut de la racine, se forme une tête d'où sortent une ou plusieurs tiges hautes de deux à trois pieds : leur nombre, leur élévation, & leur vigueur, dépendent de l'état où est le sol. Ces tiges sont cylindriques ; se soutiennent assez droites ; & poussent des rameaux, de côté & d'autre, principalement vers le sommet. A l'origine des rameaux, & sur leur longueur, naissent beaucoup de feuilles disposées en trefle comme nous l'avons dit. Les fleurs naissent au haut de la plante ; & sont violettes ou purpurines. Les semences sont blanchâtres & fines.

Cette plante a tantôt un goût herbacé, tantôt un foible goût de cresson : d'autres fois j'y ai trouvé une saveur ferrugineuse : & toutes ces variétés dans la même saison.

Usages.

La décoction de la luserne est diurétique, & propre à calmer la fougue du sang.

La *Gazette de Médecine* a dit que l'infusion de luserne, prise comme le thé, est purgative. Je croi devoir avertir que la plante qui servit à faire les épreuves d'après lesquelles cette Gazette annonça le nouveau remede, & que j'avois alors en ma disposition, étoit la *Medicago sylvestris floribus e cœruleo virescentibus* Bot. Paris. On sent un goût d'amande amere lorsqu'on en mâche les feuilles. Ce qui distingue sensiblement les MEDICAGO des *Medica*, (suivant M. Tournefort) est que le fruit des Medicago n'a au plus que deux révolutions en spirale ; souvent une seule révolution, & le commencement de la 2 qui forme une pointe en dessus.

La principale utilité de la luserne, & l'objet de sa culture, sont qu'elle produit un bon fourrage. Mais il faut l'employer avec précaution : sans quoi il deviendroit nuisible à la santé des animaux. Donner la luserne seule, & trop fréquemment, aux bêtes à cornes, surtout lorsqu'elles sont jeunes ; c'est les exposer à être subitement suffoquées : accident qu'en quelques endroits on appelle *Forbure*. L'abondance de ce fourrage leur cause même des tranchées ; & quelquefois l'enflure. Il faut donc 1°. mettre moitié paille avec la luserne séche que l'on donne aux bêtes à corne : 2°. la leur donner verte aussi-tôt qu'on le peut, au printems. Dans cette saison la luserne verte purge naturellement le bétail ; ce qui le dispose à prendre de la graisse. Néanmoins on doit avoir attention de ne pas la lui abandonner indiscrétement dans les premiers jours : comme il en mangeroit trop, il deviendroit enflé & dangereusement malade. Il convient donc de ne la lui donner qu'au ratelier : ce qui vaut généralement mieux pour les plantes même, que de les laisser pâturer par quelque bétail que ce soit. Pendant l'hiver, ce fourrage sec contribue beaucoup à rétablir les bêtes fatiguées, à engraisser celles qui sont maigres, & faire que les vaches donnent du lait abondamment. On a l'expérience qu'elles se trouvent bien de vivre tout l'hiver avec de la luserne mêlée de paille, pour principale nourriture, & qu'au printems elles n'ont aucun besoin d'autre remede que cette plante verte, pourvû qu'on les envoie aux champs tous les jours lorsqu'il n'y a pas de neige sur terre ; & que chaque jour on leur donne encore à manger des feuilles de vigne, prises après la vendange, & mises bien entassées dans des pots, que l'on emplit ensuite d'eau chaude. C'est une espece de confiture ; qui se conserve tout l'hiver. Il y a des gens de campagne qui confisent de même des jeunes pousses d'orme, pour leurs vaches.

Columelle observe que la luserne purge le bétail malade, & lui donne du corps quand il avoit maigri.

Pour ce qui est des chevaux : la luserne verte peut leur tenir lieu de tout autre foin, & même d'aveine. Celle de la premiere fauchaison, suffit souvent pour mettre un cheval dans le meilleur état, s'il en mange à discrétion pendant huit ou dix jours.

On remarque assez souvent que le cheval, après avoir mangé certaine quantité de luserne, se repose environ une demi-heure, & ensuite y revient avec une ardeur toute nouvelle. En supprimant absolument l'aveine aux chevaux, on peut y substituer de la luserne ; & du reste, leur donner d'autre foin comme à l'ordinaire. Consultez le *Traité de la Cult. des Terr.* T. IV. p. 522-3.

Des calculs assez vrais établissent comme certain qu'un seul arpent de luserne produit plus de fourrage, que l'on n'en recueille dans six arpens de bons prés. Voyez le *Traité de la Cult. des Terr.* T. IV. p. 11, & 517. T. V. p. 529. Si l'on en croit Columelle (*De Re Rust.* Liv. II. Ch. XI.), l'étendue de terre que deux bœufs peuvent labourer en un jour est plus que suffisante pour nourrir trois chevaux pendant une année entiere. Du moins sommes-nous sûrs, par nombre d'expériences, qu'un arpent de luserne bien tenu peut produire annuellement six à dix charretées de fourrage : ce qui est tout autant qu'un cheval peut en consommer dans un an : au lieu qu'il consomme le produit de trois arpens, tant en foin ordinaire qu'en grain. M. Miller (*Gard. Dict.*) dit avoir appris de personnes très-dignes de foi, que trois acres de luserne

luserne avoient seuls nourri, en verd, depuis la fin d'Avril jusqu'au commencement d'Octobre, dix chevaux de charroi qui travailloient habituellement.

Le fourrage de luserne est encore très-bon pour élever des poulains, des veaux, des agneaux, des chevreaux, *&c.* Il fortifie considérablement tous les jeunes animaux, leur donne de la vivacité, & les met en état de bien résister à un froid rigoureux.

D'ailleurs comme cette plante réussit dans des endroits où les chiendents ne fourniroient pas beaucoup d'herbe, & que celle-ci pousse fort vîte dès le commencement du printems : on sent de quelle importance est sa culture.

Culture.

La luserne s'éleve de semence. Pendant longtems on tiroit cette graine de Languedoc; de même qu'on tire encore de Flandre & du Nord la graine de lin : prétendant que ces graines étrangeres réussissent mieux. On est revenu de ce préjugé par rapport à la luserne. Sa graine recueillie dans nos climats y réussit bien; pourvû qu'elle ait parfaitement mûri soit sur pied soit au sec dans ses enveloppes naturelles; qu'on la garde séchement; & qu'elle n'ait pas plus d'un an lorsqu'on la seme. M. Miller observe même que la graine de Suisse ou de nos Provinces Septentrionales réussit mieux en Angleterre, que celle de pays plus Méridionaux. Il ajoûte qu'ayant semé dans des circonstances absolument égales, des graines de France, de Suisse, du Levant, & d'Angleterre; les productions de ces dernieres l'emporterent constamment sur les autres.

Cette plante fournit abondamment dans les terres douces, un peu humides, très-substantieuses, & qui ont beaucoup de fond. Mais ces mêmes terres ont l'inconvénient de produire quantité d'herbes qui peuvent étouffer la luserne, surtout quand elle est jeune. Aussi a-t'on reconnu que c'est alors que devient extrêmement utile ce que nous appellons la *Nouvelle Culture.*

Une plaine est en général favorable à la luserne. Si la terre s'y trouve sujette à retenir l'humidité, on doit tâcher de procurer une pente propre à faciliter l'écoulement des eaux; dont le séjour deviendroit préjudiciable.

Le *Compleat Body of Husb.* B. VII. Ch. XX, dit que la luserne réussit du plus au moins dans toute espece de terre, ensorte qu'il n'y en a pas où le produit de cette plante n'égale celui de toute autre que l'on pourroit y mettre. Nous la voyons assez constamment demeurer très-chétive dans des terreins arides : mais elle réussit dans une terre maigre, lorsque ses racines peuvent s'étendre à une profondeur suffisante pour trouver la quantité d'humidité qui leur convient. Comme elle perce difficilement des bancs de craie, & qu'elle est trop baignée sur ceux d'argile; l'excès d'humidité la fait périr promptement par les racines, dans l'une & l'autre circonstances, quand l'hiver est rude. M. Miller dit en avoir élevé dans un terrein maigre, sec, & graveleux, & qui depuis plusieurs années n'avoit reçu aucun engrais; qu'au bout de dix ans, il trouva des plantes dont la tête de la racine portoit dix-huit pouces de diametre; & sur lesquelles il coupa en une fois près de quatre cent tiges.

En général, il ne faut à la luserne ni trop de fraîcheur ni trop de sécheresse; mais toujours un sol où elle puisse piquer profondément. Comme elle est originaire de pays chauds, les terres un peu chaudes paroissent devoir être choisies par préférence pour sa culture, dans les climats tempérés & dans ceux du Nord. Relativement à cette observation, on voit qu'en Italie & dans nos Provinces Méridionales, la luserne ne réussit jamais mieux que dans le voisinage des eaux; qui temperent la sécheresse & le dégré de chaleur propres à ces climats.

Pour mettre la luserne dans une terre maigre, il est à propos d'y répandre des engrais assez abondans; &, quoiqu'en se servant de la nouvelle culture, continuer de tems à autre à amender, mais avec de moindres frais. Ces amendemens renouvellés contribuent à faire promptement repousser la plante après chaque coupe.

Une terre nouvellement défrichée ne peut nourrir la luserne qu'après avoir porté une ou deux fois; soit des pois, soit des feves; soit du grain. M. Rocque (*Practical Treatise of cultivating Lucerne*) dit que la Patate, ou Truffe rouge, est singuliérement propre à adoucir & attendrir d'abord ces sortes de terres; après quoi l'on y mettra des navets, qui seront consommés sur le lieu même par des bêtes à laine, pour y communiquer encore plus de fertilité. Cet Auteur conseille de semer des pois hâtifs aussitôt que l'on a retourné l'herbe; y faire venir des navets immédiatement après avoir recueilli les pois : & ces navets étant consommés sur le champ même, y mettre la charrue vers Noël soit pour labourer le terrein soit pour y faire simplement des tranchées.

La luserne doit n'être semée dans quelque terre que ce soit, qu'après que l'on sera parvenu à y détruire toutes les herbes, & jusqu'à leurs racines. Les racines de plantes vivaces & pivotantes, telles que le sainfoin, sont particuliérement nuisibles à celles-ci. Cette même raison, jointe à celle de l'ombrage, fait qu'on n'a rien à espérer de luserne placée dans un terrein occupé en même tems par des arbres : *voyez* Tome I. p. 161, col. 2. En un mot cette plante a besoin d'une nourriture abondante, d'une terre meuble, & de chaleur.

Quant aux engrais : la plupart des Cultivateurs observent que le fumier soit presque absolument consommé, avant de semer la luserne. M. Rocque, souvent cité avec éloge par M. Mills, & qui a donné en Anglois un Traité sur la Culture de la luserne, indiqué ci-dessus; veut qu'après avoir bien ameubli & nettoyé le terrein, on y mette immédiatement avant le dernier labour, du fumier récent qui ait seulement fermenté en tas l'espace de trois à quatre semaines; qu'on le répande lorsqu'il est dans sa plus grande chaleur; qu'on se hâte de l'enfouir avec la charrue; qu'ensuite on y passe la herse, on seme, puis herse légérement; enfin que l'on affaisse la terre avec un rouleau. Des terres reposées, passées à la claie pour ôter les herbes, sont excellentes à répandre sur une luserniere que l'on veut amender. M. Duhamel a employé avec succès le fumier de pigeon.

Dans nos Provinces Méridionales, où l'on n'a pas à craindre de fortes gelées, surtout dans le voisinage de la mer; on ne risque rien de semer la luserne en automne : l'humidité de cette saison fait étendre les racines des jeunes plantes. Ailleurs il vaut peut-être mieux ne la semer qu'au printems : mais on est partagé sur le moment; les uns voulant qu'on profite des premiers jours qui suivent la cessation des gelées, afin que les jeunes plantes se fortifient avant les grandes chaleurs; & d'autres prétendent que, le mois de Mars & le commencement d'Avril étant presque toujours fort pluvieux, il convient de différer jusqu'à la mi-Avril, tems auquel les pluies qui peuvent survenir sont rarement froides. M. Mills (*Pract. Husb.* Tom. III. p. 289.) conseille même de semer la luserne en Angleterre à la fin de Juillet ou au commencement d'Août : les pluies qui surviennent presque toujours en ce tems, les rosées chargées de vapeurs, & la fraîcheur des nuits qui va toujours en augmentant, ces diverses causes réunies font souvent (dit-il) que les plantes sont aussi vigoureuses à la fin de Novembre que celles qu'on avoit semées dès le mois d'Avril. Elles doivent donc probablement soutenir l'hiver : & on aura eu le tems de préparer la terre jusqu'à cette semaille tardive. Au reste, en convenant que les pluies froides sont contraires à la luserne, il est bon de remarquer que cette plante craint peu les fortes gelées d'hiver. Lorsqu'en 1709 tous les oliviers & les noyers périrent en Languedoc, le froid n'endommagea qu'une partie des luserne. Voyez encore le *Traité de la Cult. des Terr.* T. V. p. 523-4.

On seme la luserne ou seule ou avec d'autres grains. Quand on la seme seule, on y mêle de la cendre, afin de pouvoir la distribuer plus uniformément en la répandant à pleine main.

Il faut éviter de la semer dru, comme il n'y a que trop de gens qui le pratiquent : ensorte que l'on répand quelquefois jusqu'à une livre de graine par perche quarrée, de vingt-deux pieds de longueur; tandis que trois ou quatre onces suffisent, selon M. Duhamel, dans ses *Elémens d'Agriculture*, Tom. II. p. 405. M. Miller va même jusqu'à n'en allouer qu'à-peu-près une seule once par perche. Il suffit qu'une perche quarrée contienne environ cent douze plantes de luserne. *Voyez* ce que nous disons à ce sujet dans l'article SAINFOIN. La maniere de semer ces deux plantes est la même, tant dans la méthode commune, que suivant la *Nouvelle Culture*.

Les personnes qui ne veulent pas suivre la nouvelle culture, feront mieux de semer dru la graine de luserne, si leur terre est disposée à produire quantité de mauvaises herbes ; sauf à l'éclaircir ensuite. Mais une luserniere en cet état ne peut guéres durer que trois, quatre, ou cinq ans.

On prétend qu'il est dangereux pour la luserne d'être frappée immédiatement par le soleil, quand elle sort de terre. C'est pourquoi dans les pays méridionaux on a l'attention de la mêler avec de l'aveine ou de l'orge, pour que l'ombre de leurs feuilles la tienne à l'abri : & l'on préfere l'aveine au bled, & à l'orge même ; parce que ces derniers grains font trop d'ombre quand ils sont grands, & étouffent ainsi la luserne.

D'autres emploient à cette fin la vesce, le farrasin ; *&c :* auquel cas ils ne mettent qu'un quart de graine de luserne, & trois quarts d'autre semence.

Pour ce qui est de l'aveine, on en met communément autant que de luserne. Les ayant bien mêlées, le semeur les prend & jette ensemble. Il faut que le labour qui précede cette semaille soit très-fin ; sans quoi la graine de luserne, qui est menue, seroit enterrée trop avant. Après avoir semé, on recouvre avec la herse.

L'aveine étant mûre on la fauche tout près de terre ; sans s'embarrasser de couper les pieds de luserne, qui ne manquent pas de repousser, & dont l'herbe se retrouve utilement mêlée avec la paille dont on affourre ensuite le bétail. Dans les années favorables, où l'aveine auroit beaucoup tallé, elle pourroit étouffer la luserne. C'est pourquoi il faudroit alors couper l'aveine encore verte, & la faire consommer tout de suite par le bétail.

On voit dans le Ve. Volume du *Traité de la Cult. des Terr.* pag. 537, que la luserne peut très-bien se passer d'aveine.

En général, si la saison devient pluvieuse, l'aveine & toute autre plante peuvent faire avorter la luserne.

La *Récolte* de cette plante se fait comme celle du sainfoin : ou avant que la plante fleurisse ; ou lorsqu'elle est en fleur; ou lorsque la graine est mûre.

On doit observer que le meilleur fourrage de luserne est celui qui a été fauché avant qu'elle ait eu le tems de pousser des rameaux, & par conséquent beaucoup avant la fleur. De plus étant ainsi coupée de bonne heure, elle fournit plus tôt de nouvelle herbe. Si on attend qu'elle jaunisse, son fourrage est dur, insipide pour le bétail, & dès-là infructueux pour le propriétaire.

On peut la faucher trois, quatre, cinq, même six fois par an, lorsqu'elle est dans un bon fonds & que les chaleurs de l'été sont considérables.

La premiere année qu'on a formé une luserniere, on ne la fauche pas autant de fois que lorsqu'elle commence à avoir deux ou trois ans ; à cause qu'elle n'est pas encore parvenue à sa vigueur parfaite.

Quand elle est à la troisieme année, elle commence à donner abondamment du fourrage : & cette fécondité dure jusqu'au tems où elle dépérit peu-à-peu à raison de sa vieillesse.

Cette plante est très-vigoureuse. Si un pied de luserne isolé & bien cultivé subsistoit sans être fauché, il formeroit une espece d'arbrisseau, comme on a eu lieu de l'observer dans ce que nous avons rapporté d'après M. Miller ; p. 449, col. 1. Elle dureroit fort long-tems dans un même terrein, si la friche ou le gazon ne l'étouffoit pas : mais dès qu'ils se multiplient, la luserne commence à languir, & périt peu-à-peu ; de sorte qu'au bout de deux ou trois ans, à peine en apperçoit-on quelques pieds. On obvie à cet inconvénient, au moyen de la NOUVELLE CULTURE. Pour cela on fait des rigoles où l'on peut à son choix semer ; ou transplanter en automne, ou par un printems humide, des pieds de luserne âgés de trois ans, élevés en pépiniere, que l'on mettra près-à-près comme de la charmille : & chacune de ces rangées aura des deux côtés un sentier d'environ trois pieds de large. Consultez le *Tr. de la Cult. des Terr.* T. IV. depuis la p. 501 jusqu'à 519 ; & T. V p. 526. Après chaque coupe, on fait passer le Cultivateur ou la charrue légere ou même une forte ratissoire tirée par des chevaux dans les sentiers, pour remuer légérement la terre. Tous les deux ans seulement, on fait arracher avec une houe ou une binette le chiendent & autres mauvaises herbes qui ont crû dans ces espaces, & que les labours ci-dessus n'ont pas pu enlever. Une luserniere ainsi entretenue peut durer plus de trente années.

Pline rapporte que c'étoit la durée commune de celles de son tems. Mais un vieux préjugé assure qu'elles ne peuvent pas aller au de-là de quinze ans; que beaucoup périssent entre dix & douze ; & d'autres en deçà : vraisemblablement faute de bonne culture.

Il y a lieu de présumer que si l'on ne coupoit cette plante qu'à mesure qu'on en a journellement besoin en verd pour la consommation du bétail, une luserniere dureroit presque sans fin. M. Miller dit que dans l'Amérique Espagnole on coupe la luserne toutes les semaines.

L'usage où l'on est en plusieurs endroits du Languedoc, de faucher la luserne dès qu'elle a six ou sept pouces de hauteur, empêche les mauvaises herbes de croître assez pour répandre leurs graines. Un arpent de terre, ménagé de la sorte, fournit prodigieusement : quand on en coupe à une extrêmité du champ, l'opposée se trouve en état d'être coupée le lendemain.

Un autre moyen de faire longtems subsister cette prairie artificielle, est d'en écarter les *Animaux qui peuvent l'endommager.* Ainsi 1°. l'on doit avoir grand soin d'empêcher tout le bétail d'approcher de la luserne.

2. Si, dans les grandes chaleurs, on voit ces plantes jaunir avant qu'elles fleurissent; c'est un in-

dice presque certain qu'il y a des chenilles noires qui les rongent par le pied. Le remede est de faucher promptement, pour profiter de l'herbe & empêcher que les chenilles n'achevent d'en détruire tout le suc. Ces insectes étant détruits, la luserne repousse très-bien.

3. On doit ne pas y laisser aller les volailles : elles la ruineroient sans ressource. C'est pourquoi l'on fera bien de l'enclore de haie, ou autrement.

L'usage ordinaire est de faucher ou scier (Voyez le T. V. du *Traité de la Cult. des Terr.* p. 533.) la luserne toutes les fois qu'à-peu-près la moitié des fleurs du champ sont épanouies. Il faut choisir un beau jour pour la couper ; afin que l'ardeur du soleil la séche plus tôt ; & parce qu'il est nécessaire de la bien tourner sens dessus dessous : attendu qu'elle est naturellement fort épaisse, entrelassée, & que la viscosité de son suc la rend difficile à dessécher. Cependant il ne faut la fanner qu'à la maniere du trefle, c'est-à-dire ne point l'étaler comme le foin ordinaire.

Remuer souvent le foin de luserne est une chose qui lui est extrêmement nécessaire pour le hâter de sécher ; de crainte qu'il ne vienne non seulement à s'échauffer dans peu, inconvénient auquel il est sujet ; mais encore afin de l'ôter vîte de dessus la luserniere. Car il nuit à la reproduction si on le laisse seulement deux jours sur le champ.

A la différence des autres foins, qui ne sont pas secs ; il ne faut jamais, lorsqu'il survient de la pluie, laisser la luserne sur le champ, quelque récemment fauchée qu'elle soit ; mais l'emporter en un endroit couvert, pour qu'elle y acheve de sécher. Elle n'est pas sujette à moisir pour un peu d'humidité qui y pourroit rester dans ce moment. Mais si cette herbe demeuroit assez sur le champ pour être mouillée, ses feuilles deviendroient en peu de jours blanches comme du papier. Néanmoins dans le cas d'une pluie passagere, il vaut mieux ne pas la remuer ; car le hâle survenant aussi-tôt, il n'y a que la superficie des ondins qui puisse être endommagée.

Quand il fait très-chaud, l'on doit ne pas attendre que l'herbe soit absolument séche, pour l'enlever. La plus grande partie des feuilles se détacheroit alors, & resteroit sur le champ.

Quelques-uns mettent en meule la luserne à demi-séche ; & placent au milieu de la meule, des fagots posés debout, afin de communiquer de l'air à l'intérieur du tas. D'autres, qui serrent ce fourrage pareillement encore assez plein de suc, l'arrangent dans la grange ou dans le grenier, par lits entre lesquels ils mettent alternativement un lit de bonne paille : ce qui empêchant que la luserne ne s'échauffe, lui fait prendre un parfum auquel les chevaux sont très-sensibles, & qui les excite à manger avec ardeur ce fourrage sec pendant l'hiver. Ce fourrage est bon pendant trois & même quatre ans : voyez le *Traité de la Cult. des Terr.* T. V. p. 529. On ne peut pas conserver la luserne aussi longtems en meule en plein air, que le foin ; sans une solide couverture de paille : cette herbe ne se pressant point assez, la pluie qui pénetre & séjourne dans le tas, la fait pourrir.

La luserne étant serrée, il est à-propos de donner un léger labour entre les rangées ; si l'on a adopté la Nouvelle Culture.

Quand les plantes ont repoussé à quatre ou cinq pouces de hauteur, il y a des gens qui y mettent des moutons, jusqu'au mois de Novembre ; afin que ces herbes, qui ne manqueroient pas d'être atteintes par la gelée, ne soient point perdues : d'ailleurs elles étoufferoient le germe des pousses du printems. On a cependant à craindre que les moutons n'endommagent les racines même : c'est pourquoi il paroît plus avantageux de couper l'herbe pour la consommer en verd.

Pour recueillir de la graine de luserne, on fait une ou plusieurs coupes, suivant la chaleur du climat, toujours avantageuse à cette plante. Ces coupes se font avant que les rameaux se forment ; si l'on n'en fait qu'une seule, on se contente de prévenir la fleurison. La luserne que l'on destine à grainer doit avoir au moins trois ans. Le nombre des coupes se regle sur le tems qui suffit pour que la semence arrive à sa perfection, relativement au climat.

La graine étant mûre, on va dès le matin & pendant la rosée, avec une faucille bien tranchante ; couper le haut des tiges, où se trouvent les gousses, ayant soin de les agiter le moins qu'il est possible. On les dépose dans des draps, pour les transporter à la maison ; & les y laisser sécher sur les draps même, au soleil ou à l'ombre : les sentimens sont partagés sur cette derniere circonstance. Lorsque les gousses paroissent suffisamment séches, on a coutume de les battre légérement sur ces draps avec un fléau. La graine, qui est très-fine & coulante, est ensuite vannée ; après avoir passé par un crible fin, auquel en plusieurs endroits on donne le nom de *Poussier*. Puis on la serre au sec.

Le bas des plantes qui ont porté graine doit être fauché incessamment ; plutôt pour nettoyer le champ & donner lieu à de nouvelles pousses, que dans l'espérance du profit de cette herbe. Au reste quoiqu'elle ne soit pas aussi délicate ni succulente que celle qu'on fauche à l'ordinaire, le bétail ne laisse pas d'en manger toujours une partie.

Lorsqu'on a coupé les tiges de la luserne, le pied ne se desséche pas, mais repousse de nouveaux brins immédiatement au dessous de l'endroit tranché par la faulx. Aussi cette plante est-elle plus promptement regarnie d'herbe, que le sainfoin qui ne repousse que de la souche.

Les lusernes que l'on laisse donner annuellement de la graine, ne restent guéres en bonne valeur que huit ou neuf ans ; parce que l'herbe en étouffe peu-à-peu les pieds, comme nous l'avons dit ci-devant. Il faut alors y mettre la charrue pour retourner le champ. Sa terre étant bien préparée produira de bonnes récoltes de grains sans aucun secours de fumier. Ainsi, après avoir recueilli de bon fourrage pendant un certain tems, on se trouve en état de ne point craindre la disette d'engrais.

Il y a des gens qui ayant une vieille luserne à portée de l'eau qu'ils peuvent y conduire par des saignées, la fauchent souvent pour la tenir assez basse, jusqu'à ce que les pieds s'épuisent absolument.

Dans le cas où l'on a peu de terres réellement propres à la luserne, & que l'on souhaite occuper toujours par cette herbe, il n'y a point à hésiter de prendre la Nouvelle Culture, dont nous avons indiqué ci-devant la pratique. Consultez les *Elémens d'Agriculture*, de M. Duhamel, Tom. II. p. 132-3, 405-6 : & son *Traité de la Cult. des Terr.* Tome IV. pag. 502 & suivantes.

M. Mills (*Pract. Husb.* T. III. p. 276) rapporte un accident dont il est bon d'être prévenu, pour y remédier à propos, quand on emploie la *Nouvelle Culture*. Des pluies abondantes qui survinrent avant Noël entraînerent dans les rigoles ou plate-bandes creusées entre les rangées d'une jeune luserne, beaucoup de terre fine & excellente, ensorte que le haut des racines se trouva exposé à la gelée. Dans ce cas, je pense que l'on doit relever cette même terre jusqu'à ce que les racines soient suffisamment couvertes : & y étendre des branchages, de longue paille, ou autres semblables abris ; comme on le pratique dans les jardins, pour diverses plantes potageres. Ces mêmes abris, placés vers la fin de l'automne, serviroient encore à prévenir un autre accident dont parle M. Mills (*p.* 277); celui de neiges continuelles mêlées de gelée, qui délayant la terre déchaussent les plantes.

Un des objets de la Nouvelle Culture étant d'empêcher le progrès d'autres plantes qui nuiroient à la luserne, on doit être fort exact à ce qu'elle prescrit pour les détruire. Lors donc qu'il vient assez d'herbe immédiatement au pied des lusernes pour les fatiguer; il est à propos de former un sillon tout près de chaque côté des rangées: au moyen de quoi la luserne se trouvera comme sur de petites éminences, & dominera les herbes qui pourront naître par la suite. Après avoir fait ces sillons, on pourra essayer de passer deux fois la herse en travers des rangées. Alors l'herbe qui se trouvera entre les pieds de luserne, soit dans les intervalles soit dans les rangées, sera emportée à droite & à gauche aux deux extrêmités du champ: les petites buttes occasionnées par les nouveaux sillons seront aussi un peu applanies par cette opération. Et comme la luserne pourroit rester déchaussée, il conviendra de faire un nouveau labour qui rejettera la terre du côté des rangées.

C'est M. Tull qui conseille de faire ainsi passer la herse. D'habiles Cultivateurs regardent cette opération comme dangereuse, attendu qu'elle est très-capable d'arracher une partie des plantes de luserne. Au reste on peut être certain que ce hersage sera utile dans les terres qui produisent beaucoup de mousse.

M. De Châteauvieux, qui donne une si grande application à perfectionner toutes les parties de l'Agriculture, a trouvé un grand avantage à *Transplanter la Luserne*, comme on transplante d'autres végétaux vivaces. Rognant alors le pivot, il donne lieu à la production de racines latérales, qui s'allongeant horizontalement envoient plus de suc aux plantes. D'où s'ensuit une végétation plus forte, plus abondante & plus soutenue. Consultez le IVe. Volume du *Traité de la Cult. des Terr.* p. 500-1, 513-4-5. Ce grand Cultivateur y fait même observer (*p.* 503) que l'on emploie plus de tems à éclaircir la luserne semée en place, qu'à en replanter ainsi [dans une égale étendue de terrein.]

On voit dans le Ve. Volume de ce même Ouvrage (*p.* 3) que M. Duhamel, ayant fait transplanter de vieille luserne par rangées, pendant l'automne, il n'y eut pas un seul pied qui manqua; tous poussérent fort haut, quoique le terrein ne leur fût pas propre.

Ce Génie de la Culture avertit encore (*p.* 4) que d'autre luserne qu'il avoit pareillement dessein de rajeunir, mais que la saison n'avoit permis de planter qu'au printems; ayant moins bien réussi: il regarnit les places vuides, en faisant coucher des brins des plantes voisines. C'est un *nouveau & heureux Moyen de Multiplier la Luserne.*

Beau LUSTRE: Plante. *Voyez* BOUILLON BLANC.

LUT

LUT: *terme de Chymie;* qui se dit de toute sorte de ciment ou d'enduit, tant pour la bâtisse des fourneaux, que pour mettre autour des vaisseaux de verre ou de terre, qui doivent résister à un feu violent.

On le fait quelquefois avec la terre grasse, le sable de riviere, la fiente de cheval, la poudre de pots cassés, la tête morte de vitriol, le machefer, le verre pilé, la bourre ou laine courte des Tondeurs; toutes choses que l'on mêle avec de l'eau salée ou du sang de bœuf.

2. Consultez l'article DISTILLATION, p. 803.

3. Il y a un lut qui sert à luter les chapiteaux, avec les cucurbites ou récipiens; ou à réparer les fentes des vaisseaux. Il se fait avec de l'amidon cuit; *ou* de la colle de poisson, dissoute dans l'esprit de vin; *ou* encore avec de la fleur de soufre, du mastic, & de la chaux éteinte dans du petit lait.

Lut de Rabel, pour les Cornues. Voyez à la suite de l'ELIXIR *de Rabel*: T. I. *p.* 887.

Quelques-uns nomment *Lut de Sapience*, le Sceau d'Hermès, dont nous avons parlé au mot HERMETIQUEMENT. On donne *aussi* ce nom 1°. à un mélange de chaux vive, & de blanc d'œuf, bien battu: 2°. au blanc d'œuf, mêlé avec de la farine de féves, & très-peu de mastic.

LUTEOLA *Herba*, & LUTUM *Herba*. } Voyez GAUDE.

LUTER: *terme de Chymie.* Enduire de lut. C'est ce qu'on trouve exprimé dans quelques Auteurs, par *Coller le verre à l'alembic.* Voyez LUT.

LUY

LUYER. *Voyez* ABLE.

LUZ

LUZERNE. *Voyez* LUSERNE.

LYC

LYCANTHROPIE. *Voyez* MANIE.

LYS

LYS. *Voyez* LIS.

M

MACARON. Sorte de pâtisserie : faite d'amandes soit douces soit ameres, de sucre, & de blancs d'œufs.

Pelez des amandes, ainsi qu'il sera dit à l'article MASSEPAIN. Vous les pilerez, & réduirez en pâte très-douce : par exemple, sur une livre, ajoûtez-y autant pesant de sucre en poudre, & quatre blancs d'œufs. Mêlez ces choses ensemble, en y ajoûtant un peu d'eau-rose; & les rebattez de rechef dans le mortier pour en faire une pâte bien liée. Il faut pourtant qu'elle soit un peu molle.

Quand cette pâte sera prête, couchez-la sur du papier blanc, par morceaux un peu éloignés les uns des autres, avec une forme applatie, soit ronde soit allongée; & saupoudrez-les de sucre fin. Puis vous les mettrez au four, pour sécher jusqu'à ce qu'ils soient bien fermes par-dessus en les touchant.

Il faut que la chaleur du four soit douce; & que l'âtre soit pourtant un peu chaud, afin de pousser la pâte, & la faire gonfler. Le macaron doit être au four un peu plus longtems que le massepain, d'autant qu'il est plus épais. Et on peut l'y laisser jusqu'à ce que le four soit refroidi.

Néanmoins les bons Pâtissiers ne laissent pas si longtems leurs macarons dans le four, de peur qu'ils ne deviennent roux : ils les tirent avant qu'ils soient parfaitement ressuyés. Mais ils les mettent ensuite sur le four chaudement l'espace de vingt-quatre heures, afin qu'ils se desséchent à loisir sans perdre leur blancheur.

Autre maniere.

Pilez bien une livre d'amandes douces dans un mortier de marbre. Arrosez-les d'eau-rose. Ajoûtez-y une livre de sucre. Battez bien tout ensemble : & en faites un grand rondeau qui remplisse un plat ou bassin, que vous mettrez cuire à feu lent dans un four. Etant à demi-cuit, vous en ferez des morceaux : & les remettrez cuire au four, sur du papier blanc.

On fait des *Macarons Médicinaux*, pour tromper la délicatesse, ou pour faire passer plus aisément des remedes d'ailleurs peu aisés à prendre. *Voyez*, entr'autres, le *n.* XVII. de l'article ÉCROUELLES.

MACER : ou *Arbre de Dysenterie ; Arbre Saint ; Arbre de S. Thomas.* Cet arbre vient en Barbarie & dans les Indes. L'écorce du tronc est apportée en Europe, entre les drogues médicinales; & est également appellée *Macer.* Cette écorce est épaisse, dure, raboteuse, & roussâtre. Son goût est amer & styptique. On lui attribue de grandes vertus pour guérir toute sorte de flux de ventre, dysenterie, & vomissement. Les Portugais des Indes font prendre de l'écorce de la racine, du tronc, ou des branches, avec du lait aigre. En Europe, on donne le macer en poudre, depuis une demi-dragme jusqu'à une dragme ; soit en substance, soit infusé dans des liqueurs convenables.

Il faut le choisir aussi nouveau & d'une saveur aussi styptique qu'il est possible.

MACERATION. Ce mot signifie tantôt Digerer, & tantôt Infuser. Il est vrai que c'est une espéce d'infusion qui se fait avec peu de liqueur, & pour imprimer quelques vertus au médicament, plutôt que pour les lui ôter. De sorte que quand on parle simplement d'*Infusion*, on entend l'infusion ordinaire, où la liqueur excéde de beaucoup la quantité du médicament, & qui se fait plutôt pour extraire, que pour communiquer quelques qualités. Par exemple, quand on infuse la scamonée dans quelque liqueur, pour en extraire la vertu, on y en met bien plus que lorsqu'on la fait infuser pour qu'elle passe aisément. Les racines apéritives, dont on veut augmenter la vertu, se mettent tremper avec un peu de vinaigre : ce qu'on appelle proprement *Macérer.* Mais si on en veut extraire la vertu, on les fait tremper avec une plus grande quantité de liqueur ; & cela s'appelle proprement Infusion. Toute la différence qu'il y a, selon les Chymistes, entre macération & infusion, c'est que celle-ci se fait avec chaleur; & celle-là à froid.

MACERON : en Latin *Smyrnium*, & *Hipposelinum.* C'est le *Persil d'Alexandrie*, de Tragus. M. Chomel (*Hist. des Plantes Us.*) lui donne le nom de *Gros Persil de Macédoine.* Les Anglois l'appellent *Alexanders*, & *Alisanders.* Ce genre de plantes appartient à la famille des Ombelliferes. Il est particuliérement distingué des autres de cet ordre, par ses semences tantôt hémisphériques, tantôt en arc ou croissant de lune ; toujours sillonnées ; qui accollées ensemble présentent un corps à-peu-près rond qui a l'apparence de baie.

Especes.

1. *Smyrnium* Matthioli. Le Maceron ordinaire ; appellé *Olusatrum* par les Anciens. Cette plante vient d'elle-même dans les pays Septentrionaux, sur des côteaux assez arides : & par-tout où ses semences se trouvent dans des endroits exposés au grand air, elles levent facilement dans les climats froids. Dans ceux qui sont plus tempérés, on la trouve à l'ombre, aux endroits humides. En général, le grand chaud lui est pernicieux. Ses premieres feuilles sont fermes, un peu épaisses, jaunâtres ; imitent celles de l'Ache ; mais sont beaucoup plus larges : & leurs lobes sont plus arrondis, & dentelés en scie sur les bords. De leur touffe s'éleve à trois ou quatre pieds de hauteur une tige cannelée & très-rameuse. Les rameaux sont garnis de feuilles découpées en trois lobes, & qui ressemblent aux feuilles d'en-bas, mais sont d'un moindre volume. Le haut de la plante est terminé par de larges ombelles de fleurs blanches, qui sont en état dans les mois de Juin, Juillet & Août ; & dont les cinq pétales sont longs, & recourbés en dedans. Les semences, qui sont grosses, noires, & âcres ; étant mûres en Août, la tige périt alors. Toute la plante a une saveur fort chaude, & une odeur aromatique. La racine est odorante, âcre,

fucculente, mollaffe, noire au-dehors, & verdâtre en dedans.

2. *Smyrnium peregrinum rotundo folio* C. B. Cette efpece, originaire de Sicile & de Crete, a les premieres feuilles laciniées, enforte que chaque lobe eft découpé en trois, oval, & dentelé. La tige eft unie, creufe en dedans, haute d'environ trois pieds, branchue, & articulée. A chaque nœud eft une grande feuille arrondie, entiere, jaunâtre, fans découpure, & dont la bafe embraffe la tige. Les fleurs font jaunâtres; les femences, petites & noires.

Propriétés.

Ces plantes font bifannuelles.

Les feuilles, racines, & femences, du *n.* 1, font fort chaudes. La racine & les feuilles (dit M. Chomel) pourroient, dans un befoin, être fubftituées à celles de l'ache; d'autant que M. Ray nous apprend qu'on les emploie dans les bouillons deftinés à purifier le fang. La racine, prife en décoction, eft utile contre la morfure des ferpens; appaife la toux & l'afthme; & foulage la difficulté d'uriner. La graine eft propre aux maladies de la rate, des reins, & de la veffie. Elle entre dans quelques compofitions cordiales & carminatives, au lieu de la femence du Perfil de Macédoine.

On en mange les feuilles, dans les pays chauds.

MÂCHE; *Doucette; Poule-Graffe, Blanchette; Salade de Chanoine*: en Latin *Valerianella; Valeriuncula*, &c: en Anglois *Lambs Lettuce; & Corn-Sallad.* M. Linnæus & G. Bauhin ont réuni la Mâche au genre de la *Valeriane.* L'une & l'autre ont bien un pareil nombre d'étamines, & portent leurs fleurs en corymbes: mais il y a des différences fenfibles dans le refte du caractere de ces plantes: *Voyez* VALERIANE. La fleur des Mâches a un calyce dentelé, dont la bafe fait corps avec l'embryon, & qui fubfifte jufqu'à la maturité du fruit. Il n'y a qu'un feul pétale; en forme de tuyau découpé en cinq, & placé au haut du calyce. Une à trois étamines égales attachées au haut du tuyau; furmontées de fommets mobiles en tout fens, & qui font marqués de quatre fillons fur la longueur. Le piftil eft formé d'un embryon ovoïde, placé fous la fleur; auquel tient un affez long ftyle cylindrique, terminé par deux ou trois ftigmates pareillement figurés en cylindre. Le fruit eft une capfule à une, deux, ou trois loges; chacune defquelles contient une feule graine. La forme de cette capfule varie beaucoup: tantôt elle eft à-peu-près triangulaire; tantôt ovale: & fous cette derniere figure, elle préfente quelquefois une efpece de nombril; ou bien un corps terminé par trois pointes à fon extrêmité fupérieure, ou par trois crochets renverfés. D'autres fois le fruit de la mâche eft allongé, fongueux, terminé en haut par un croiffant. Les femences font auffi peu uniformes: les unes font creufées en ombilic ou baffin; les autres, prefque fphériques; d'autres encore, un peu en arc; *&c.*

Confultez M. Tournefort *Inft. R. Herb.* Cl. II. Sect. III. Gen. V; avec la cinquante-deuxieme Planche, qui y a rapport: & les II & VI. *Herborifations* de ce grand Botanifte.

Efpeces.

1. *Valerianella Cornucopioïdes* Morif. Cette plante, qui eft annuelle, vient fans culture en Sicile & en Efpagne dans les terres à grains. Ses tiges font branchues, médiocrement fortes, cannelées, purpurines, hautes de huit à neuf pouces; à chaque nœud defquelles font deux feuilles oppofées, fans pédicule, liffes, brillantes, longues d'environ un pouce & demi fur un pouce de largeur. Au mois de Juin, le fommet des branches & rameaux porte des bouquets de fleurs rouges, plus grandes que celles de la Valériane rouge auxquelles elles reffemblent beaucoup. Il y en a auffi de blanches. A ces fleurs fuccedent des capfules dont l'enfemble forme une tête, évafée par en haut en forme de corne d'abondance. Ses graines mûriffent en automne. Confultez la *Planche* 741 de Barrelier.

2. *Valerianella femine umbilicato* Morif. La Petite Mâche de nos champs; & des jardins. Sa graine eft creufée en nombril; mais tantôt affez ronde, tantôt allongée, quelquefois velue.

3. *Valerianella arvenfis præcox, humilis, femine compreffo* Morif. Cette plante, annuelle, fe multiplie d'elle-même parmi les grains. On la cultive auffi dans nos jardins. Toute fon étendue n'eft ordinairement que de la largeur de la main. Ses premieres feuilles font allongées, étroites à leur bafe, larges & arrondies par leur extrêmité, très-veinées, d'un verd clair, liffes, étendues horizontalement contre terre, longues de trois quarts de pouce à deux pouces, fuivant la qualité du terrein; & quelquefois dentelées. D'entre leur touffe fort une tige menue, anguleufe, haute de trois à neuf pouces, divifée en plufieurs branches & rameaux toujours par paires; où font des feuilles oppofées, plus petites que celles d'enbas. Les fleurs font blanches, purpurines, ou bleuâtres; & font en état dans les mois d'Avril & Mai. Il leur fuccede des femences affez groffes, arrondies, applaties fur un de leurs côtés, & qui font fort fujettes à tomber avant d'être parfaitement mûres. Confultez la II. *Herborifation* de M. Tournefort.

4. *Valerianella femine ftellato* C. B. La *Groffe Mâche*; ou *Mâche d'Italie.* Ses premieres feuilles ont trois à quatre pouces de longueur, avec de profondes échancrures fur leurs bords; & font larges, mais couvertes d'un duvet. Toute la plante en général eft plus forte que celles des *nn.* 2 & 3. Ses fleurs font ramaffées en tête; & d'un blanc herbacé, ou fale & tirant fur le rouge. Il leur fuccede un fruit bordé de fix angles, qui lui donnent la forme d'étoile. Les femences font menues, longuettes, cendrées, & terminées par un petit point noir à un de leurs bouts.

Ufages.

Les mâches *nn.* 2, 3 & 4, font des falades d'hiver; que la campagne produit naturellement dans les climats tempérés. Mais ces plantes deviennent plus vigoureufes par la culture, & ainfi fourniffent plus abondamment.

On les coupe à fleur de la racine; pour les manger tantôt feules; tantôt avec des raiponces, du céleri, de la chicorée, de la beterave, des anchois, *&c.*

Le *n.* 4 fait plus de profit que les autres, & dure plus longtems. Mais fon duvet, qui le rend moins doux à la bouche, déplaît fouvent.

Les mâches font regardées comme déterfives, vulnéraires, apéritives, rafraîchiffantes, & un peu laxatives. On les emploie avec fuccès dans les bouillons de veau, & de poule, pour appaifer l'ardeur de la fievre, adoucir les douleurs de la néphrétique; & pour la goute, le fcorbut, les rhumatifmes, l'affection hypocondriaque. En général, elles font propres à corriger l'âcreté des humeurs, & émouffer les acides qui dominent trop dans le fang.

Culture.

On les multiplie de graine: que l'on feme en place,

tous les quinze jours, depuis la mi-Août jusqu'à la mi-Octobre; afin d'en avoir sans interruption, à commencer vers la fin de l'automne. Celle qui a été semée en Octobre se trouve la meilleure pour le carême quand elle a bien levé avant les gelées.

M. Miller atteste que la graine de mâches trop couverte de terre a subsisté plusieurs années, & qu'elle leva abondamment lorsqu'on laboura cet endroit.

On pourroit en semer au printems. Car cette plante réussit en toutes saisons, pourvû qu'elle soit bien arrosée, & placée à l'ombre durant l'été.

Plus la terre est substantieuse & en bonne façon; mieux elle profite.

On peut semer la graine fort drû : parce qu'on éclaircit toujours en cueillant les plus fortes. Les plus foibles, qu'on laisse profiter seules à la fin, servent à donner de la graine. On farcle quand la graine est levée. C'est la seule façon que cette plante exige. Il faut la terreauter & la mouiller souvent, jusqu'à ce qu'elle soit bien levée.

Comme la semence de mâche est difficile à recueillir, & sujette à tomber : on prévient sa chûte en arrachant les pieds couverts de rosée, le matin, aussitôt que les tiges commencent à jaunir. Puis on les met en tas dans un lieu frais & peu aëré : on y laisse échauffer & fermenter cette masse : la graine se nourrit & se perfectionne dans cette humidité. Au bout de quinze jours on les remue : la graine tombe : on l'expose à l'air, pendant quelques jours : on la vanne ensuite : & on la serre.

La graine des *nn.* 2 & 3 se conserve bien pendant sept à huit ans. Beaucoup de Jardiniers disent que si on la seme la premiere année, elle leve difficilement & fort tard. Celle du *n.* 4 subsiste moitié moins longtems dans sa bonté.

Voyez l'*Ecole du Jardin Potager*, T. II. p. 197-8.

MACHECOULIS. Ce sont, au haut du pourtour des vieux Châteaux, de petites galeries garnies d'une devantiere faite de dales ou de brique; & portées en saillie sur des corbeaux de pierre : dont l'espace de l'un à l'autre étant à jour, servoit autrefois à jetter des pierres pour défendre le pied d'une muraille & empêcher de l'escalader : comme il s'en voit à la Bastille de Paris.

MACHEFER. *Consultez* ce mot dans l'article FER, p. 30.

MACHICATOIRE. *Voyez* MASTICATOIRE.

MACHINE. C'est en général tout ce qui sert à augmenter ou regler les forces mouvantes. Il y en a six principales, auxquelles on peut rapporter toutes les autres : ce sont le levier, le tour, la roue dentelée, la poulie, la vis, & le coin. Les mouffles, les verrins, le guindal, les grues, les cabestans, sont des machines d'un fort grand secours. Le pressoir & la calendre sont de puissantes machines.

On nomme *Machines de Bâtiment*, des assemblages de pieces de bois tellement disposées, qu'au moyen des poulies & des cordages, un petit nombre d'hommes peut élever de pesans fardeaux, & les poser en place. Tels sont l'engin, la grue. Plus ces machines sont simples; meilleures elles sont. Une des plus excellentes en ce genre, est celle qui a servi à élever les matériaux pour le dôme des Invalides de Paris : le premier mobile étoit; au rez de chaussée un treuil à tambour; qu'un ou deux chevaux faisoient tourner verticalement pour dévider un cable quarré distribué dans plusieurs mouffles.

Machine Hydraulique. On appelle ainsi, ou une seule machine qui sert à conduire & élever les eaux; *&c.* telle qu'une éclusе, une pompe *&c* : ou plusieurs machines jointes ensemble, qui agissent d'accord. Telle est la *Machine de Marly* : dont le premier mobile est un bras de la riviere, qui fait tourner plusieurs grandes roues, lesquelles impriment le mouvement à des manivelles; & celles-ci, au moyen de pistons, puisent l'eau dans les pompes, & par d'autres pistons la refoulent dans des tuyaux contre le penchant d'une colline, pour la porter à un réservoir élevé dans une tour de pierre, environ soixante-deux toises plus haut que la riviere, & pour fournir continuellement deux cens pouces d'eau à Versailles.

On voit à Chelsea, près de Londres; à Liége; dans le Haynaut; en France; & ailleurs; des *Machines Hydrauliques* que l'on surnomme *à Feu* parce qu'elles ont pour moteur les vapeurs d'une petite quantité d'eau échauffée par le feu qu'on entretient continuellement sous une forte chaudiere. Cette invention est décrite dans plusieurs Ouvrages : on peut consulter particuliérement une Brochure *in-12.* publiée à Cassel en 1757, sous le titre de *Nouvelle maniere pour lever l'Eau par la force du Feu;* par M. Papin.

Graisser les Mouvemens d'une Machine. Voyez sous le mot GRAISSER.

MACHONCTCHI. Voyez VINAIGRIER; *Plante.*

MAÇONNERIE. C'est l'arrangement des pierres avec le mortier ou autre liaison. Ce mot se dit aussi-bien de l'ouvrage, que de l'art avec lequel on le fait. La maçonnerie (que Vitruve nomme *Structura*), étoit de six especes chez les Anciens. La premiere se faisoit en échiquier, ou maillée, dont les joints étoient obliques; la deuxieme, de carreaux de brique posés de plat, avec un garni de moilons; la troisieme, de cailloux de montagne ou de riviere, à bain de mortier : la quatrieme, de pierre incertaine ou rustique, comme étoient pavés les grands chemins : la cinquieme, de carreaux de pierre de taille en liaison : & la sixieme, de remplage, qui se faisoit par le moyen de certains coffres semblables aux bâtardeaux, qu'on remplissoit de moilon avec mortier. *Voyez* Vitruve, L. II. C. VIII : & Palladio, L. I. C. IX. Toutes les especes de maçonnerie se réduisent aujourd'hui aux cinq qui suivent.

Maçonnerie en Liaison : est celle qui est faite soit de briques boutisses & panneresses, bien posées en recouvrement les unes sur les autres; soit de pierres disposées de même, c'est-à-dire ensorte que le joint montant de l'une tombe sur le milieu de celle qui est au-dessous. Vitruve appelle ce maçonnage *Insertum.* Voyez l'*Abrégé de son Architecture*, par M. Perrault, Amsterd. 1691, p. 66-7, *in-12.*

Maçonnerie de Brique. C'est, par rapport à notre usage, une maniere de bâtir dont les corps, saillies & naissances de pierre, renferment des champs, tables, panneaux, *&c.* renfoncés de brique posée en liaison, & proprement jointée avec du plâtre ou de la chaux. Cette sorte s'appelle, dans les Architectes Romains ou Italiens, *Lateritium.*

Maçonnerie de Moilon : celle où les moilons d'appareil ou de même hauteur, sont équarris, bien gisans, posés de niveau en liaison, & piqués en leurs paremens. On appelle cette maçonnerie *Cæmentatum*; & mieux *Cæmentitium opus.*

Maçonnerie de Limosinage : celle qui se fait de moilons posés sur leur lit en liaison, sans être dressés en leurs paremens. En Latin & en Grec *Emplecton.* Voyez LIMOSINAGE.

Maçonnerie de Blocage : celle qui est faite de menues pierres jettées à bain de mortier; comme elle se pratique en Italie, où la Poussolane avec la chaux est d'un grand secours pour cette liaison. En Latin cette maçonnerie s'appelle *Structura ruderata.*

Attentions à avoir quand on emploie des Maçons.

1. On doit faire un bon devis & marché par écrit. *Voyez* MARCHÉ.

2. Tout l'argent que l'on donne doit être mis en reçu, à la fin du marché.

3. On prendra garde que l'ouvrage se fasse solidement.

4. Qu'en démolissant ils n'abbattent pas au-delà du nécessaire.

5. Que le bâtiment étant fini, on le toise fidélement.

6. Il arrive souvent qu'ils usent de finesse & de collusion, pour employer ou pour se défaire de mauvais matériaux, ou pour les vendre au-delà de ce qu'ils peuvent raisonnablement valoir.

7. Les Plâtriers sont sujets à faire payer plus de plâtre qu'ils n'en ont fourni. Ils surprennent ou corrompent les Piqueurs ou autres, préposés pour le recevoir.

8. Les Carriers, ceux qui charrient les terres & gravois, les vendeurs de pierre, se servent des mêmes tromperies que les Plâtriers.

9. Il arrive encore que l'on compte plus de journées d'ouvriers, qu'il n'y en a réellement eu.

Voyez AIRE. ASSISE. ATTIQUE *de comble.* AMAIGRIR. APPAREIL. BADIGEON. APPAREILLER. ARASES.

Ciment des Maçons. Voyez sous le mot CIMENT.

MACQUE. *Voyez* ce mot, dans l'article CHANVRE.

MACRE. *Voyez* TRIBULE *Aquatique.*

MACREUSE. Oiseau de mer: qui ressemble fort au canard; mais dont le plumage est noir: ce qui fait qu'on l'appelle en Latin *Anas nigra.* On met cet oiseau dans le rang des alimens maigres.

Consultez l'*Ornithologie* de M. Brisson, Tom. VI. p. 420 & suivantes.

MANIERES DE L'APPRÊTER.

Macreuse au Court Bouillon.

Après l'avoir vuidée, & blanchie sur la braise, on la larde de gros lardons d'anguille; on la met dans une marmite, avec sel, poivre, un quarteron de beurre frais, demi-septier de vin blanc, bouquet de fines herbes, deux ou trois feuilles de laurier, & un oignon piqué de clous de girofle. Lorsqu'elle est cuite, on la tire à sec; on y fait une sausse au beurre blanc, avec farine, sel, poivre blanc, vinaigre, citron verd; & on la sert chaudement dans un plat, dont on a eu soin de frotter le fond avec une échalotte.

Nota. Elle doit cuire à petit feu.

Macreuse en Ragoût.

Il faut premierement la vuider, la laver, & la faire blanchir sur la braise. Ensuite on la met dans un pot, ou dans une huguenote de terre, avec sel, & poivre, deux ou trois feuilles de laurier, du persil, thim, basilic, ciboules, & autres fines herbes, & un peu de beurre frais. Pendant la cuisson, on fait une sausse avec le foie, qu'on écrase dans du vin blanc avec sel, poivre, champignons, mousserons, morilles, marrons, *&c.* La macreuse étant cuite, on la sert chaudement, avec le ragoût par-dessus.

Macreuse en Haricot.

Il faut la faire cuire comme la macreuse en ragoût; puis, ayant passé des navets au roux, y mêler la sausse de votre macreuse, laquelle vous coupez par morceaux, & la mettez dans vos navets; après l'avoir fait un peu bouillir: & la sausse étant liée, servez chaudement, avec jus d'orange, ou de citron.

Pâté de Macreuses.

Retroussez les macreuses, & y passez quelques lardons d'anguilles. On peut ensuite les couper en quatre, ou bien les laisser entieres. Le pâté étant dressé d'une pâte un peu plus commune qu'à l'ordinaire, on le fonce de godiveau maigre. Si on laisse les macreuses entieres, on pourra les farcir dans le corps. Lorsqu'elles seront arrangées dans le pâté, on le garnira de champignons, truffes, persil, ciboules, échalotes, une pointe d'ail, sel, poivre, épices douces, & bon beurre, dont on le nourrira bien. Ensuite on le couvrira & finira; & on le laissera pendant six heures au four. Etant cuit, il faut le dégraisser bien; & y jetter un ragoût de champignons, truffes, culs d'artichaux, laitances; le tout assez relevé. Si on fait ce pâté en gras, on y met un ragoût gras. Ce pâté se sert *chaud.*

Pour le manger *froid*, il faut le retirer du four lorsqu'il est moitié cuit, & y mettre une bonne sausse, dans laquelle on aura haché force anchois, que l'on y coulera avec un entonnoir. Puis on le repoussera au four. Cela lui relevera bien le goût. On pourra y ajoûter quelques truffes, soit entieres soit coupées, qu'on mettra dans les coins.

Potage de Macreuses, aux choux.

Faites cuire les macreuses à demi, à la broche. Puis prenez des choux pommés: coupez-les par la moitié; & les nettoyez proprement. Faites-les blanchir. Ensuite, les ayant tirés dans de l'eau froide, vous les presserez bien: & en ferez deux ou trois paquets, que vous ficellerez. Empotez-les dans une marmite avec les macreuses, des carottes, panais, racines de persil, & oignons: mouillez-les de mitonage maigre, ou de bouillon de pois; assaisonnez-les de sel; & les mettez cuire. Lorsque le tout sera cuit, goûtez le bouillon. Faites mitonner des croutes: tirez les macreuses: garnissez le potage, d'une bordure de choux; & les macreuses dessus. Puis y versez du bouillon de choux, à travers un tamis: & servez.

Macreuse au Pot Pourri.

Vous larderez d'abord votre macreuse, de gros lardons d'anguille, & la passerez au beurre roux; ensuite vous l'empoterez avec un peu du même beurre, farine, eau, sel, poivre, muscade rapée, cloux de girofle, bouquet de fines herbes, champignons, morilles, marrons, & citron verd. Etant cuite à petit feu, vous y ajoûterez huitres, capres, & jus de citron.

Macreuse Rôtie.

Après avoir plumé, vuidé, & fait revenir votre macreuse, vous la mettez à la broche, & vous l'arrosez en cuisant, de sel & de beurre. Sur la fin de la cuisson, vous mettez dans le dégoût une sausse faite avec le foie haché bien menu, & des champignons, ou mousserons assaisonnés de sel, poivre & muscade. Quand le tout est cuit, on ajoûte un jus d'orange, & l'on sert chaud.

Macreuse Farcie, & Rôtie.

Prenez mie de pain blanc assez tendre; effraisez-la sur une assiete; ajoûtez-y un quarteron de bon beurre frais, une pincée de farine, & quelques cuil-

lerées

lerées du meilleur vin rouge ; assaisonnez le tout de sel, poivre, cloux de girofle, thim, basilic en poudre, & muscade rapée ; ajoûtez-y trois ou quatre rocamboles écrasées, persil haché, & quelques zestes d'écorce d'orange ; paitrissez le tout ensemble, & formez en une masse, que vous envelopperez bien d'un linge blanc, & que vous mettrez ensuite dans le corps de la macreuse : l'ayant cousu, vous la ferez rôtir à la broche, en l'arrosant souvent avec du vin blanc, & du beurre frais assaisonné de sel. Lorsqu'elle sera bien cuite, vous la tirerez de la broche ; & après avoir ôté le linge vous servirez chaudement, avec du vin blanc, chapelure de pain, & jus de citron, ou d'orange.

M A D

MADDER, *ou* MADDER *Root*. Voyez GARANCE.

MADNEPS. *Voyez* CIGUE, p. 625, col. 1.

MADRÉ (*Bois*). Voyez sous le mot BOIS ; p. 349.

MADRÉPORE. *Voyez* FAUX-CORAIL.

MADRIERS. On appelle ainsi les plus gros ais qui sont en maniere de plate-forme, & qu'on attache sur des racinaux pour asseoir sur de la glaise le mur de douve d'un réservoir ; ou tout autre mur, sur un terrein de foible consistance. Ce mot signifie aussi un sommier, ou grosse poutre.

MADWORT. *Voyez* ALYSSON.

M A G

MAGISTERE. C'est le précipité d'une dissolution : fait par l'intermede d'un sel ou de quelque autre substance.

Les Chymistes donnent aussi ce nom aux poudres préparées par solution, & par précipitation ; telles que le magistere de corne de cerf, le magistere de corail : tantôt on le donne aux résines, & aux extraits de résines ; *Magistere de Scammonée*, *Magistere de Jalap*.

Ce mot se prend encore plus strictement ; lors, par exemple, qu'il demeure quelque reste de menstrue avec l'essence qu'on a extraite.

Pour faire les Magisteres.

Ayant pulvérisé la matiere, on verse par-dessus une liqueur convenable, soit acide, ou autre ; afin d'en dissoudre & extraire ce qui peut l'être par ce dissolvant. On précipite la solution : puis on la fait sécher lentement. La matiere dont on fait les magisteres, se tire des minéraux, comme des terres, & des pierres ; des végétaux, comme des arbres, des herbes, *&c* ; & des animaux, comme des cornes, des os, des coquillages, *&c*.

Pour faire les *Solutions*, on se sert du vinaigre distillé, soit seul, soit animé avec l'esprit de nitre, ou autres semblables esprits minéraux, comme ceux de vitriol, de sel commun, *&c*. Pour les *Précipitations*, on emploie ordinairement l'huile de tartre, & quelquefois l'esprit de vitriol : celui-ci blanchit la substance précipitée ; & l'autre la rend grisâtre.

Magistere Nitreux.

Voyez PANACÉE *Nitreuse*.

MAGNÉSIE. Préparation Chymique. On donne aujourd'hui proprement le nom de *Magnésie*, sans autre qualification, à un précipité blanc, qui résulte du mêlange de la chaux ou de quelque autre alkali fixe avec l'eau mere du nitre. *Voyez* sous le mot PANACÉE.

En voici un *procédé*, *qui demande des attentions particulieres*, *& peut-être la plûpart superflues*. [Nous l'avons conservé du Supplément pour certain ordre de Curieux.] Prenez de la terre grasse dont on se sert pour faire les pots ; choisissant celle qui a des veines jaunes & rouges, & même blanches qui reluisent. Vous en séparerez toutes les veines, qui sont métalliques. Lorsque vous en aurez suffisamment de bien triée, préparez plusieurs vases ou pots de terre, qui ne soient point vernis, & qui soient d'une bonne terre de grès ou de Beauvais. Mettez-y votre terre bien nette & bien choisie ; & arrosez-la de vinaigre distillé, qui surnage de trois doigts. Laissez le tout dans une chambre exposée au septentrion ; avec les fenêtres ouvertes. Dans quelques jours le sel sortira de tous côtés par les pores des pots, blanc comme la neige : vous le ramasserez sur des feuilles de papier blanc, avec une plume, ou une patte de lievre.

Quand vous en aurez suffisamment, ou lorsqu'il n'en sortira plus, mettez le sel dans un autre vase : versez-y de l'eau de pluie des équinoxes, bien filtrée par le papier gris. Votre sel se sublimera sans feu, seulement en l'exposant au soleil, & la nuit à l'air : il se montrera en maniere de crême ou d'écume, & s'attachera aux parois du vase. Il sera empreint du nitre naturel & de l'esprit universel, qui augmenteront considérablement votre sel ; qui en deviendra fort beau, & éblouissant. Il faudra y ajoûter de nouvelle eau des équinoxes, quand l'humidité lui manquera. L'ayant sublimé trois ou quatre fois, vous le dessécherez bien entre deux papiers blancs. Ensuite vous l'imbiberez de l'esprit que vous devez avoir tiré du *flos cœli*, qui doit avoir une couleur tirant sur le rouge. Vous le mettrez sur un petit feu en l'imbibant peu-à-peu, tant qu'il en pourra boire, dans un matras bien bouché. Puis vous le laisserez tomber en huile par défaillance dans un lieu bien frais.

Vous continuerez toujours de ramasser les sels avec une plume, ou de racler les croutes qui pourront se faire, avec une petite spatule de bois. Et quand la matiere sera séche, vous aurez soin d'y remettre de l'eau des équinoxes, ensorte qu'elle surnage toujours de deux travers de doigt.

Maniere de s'en servir pour la Médecine.

On peut prendre ce reméde à quelque heure qu'il survienne une indisposition. Il agit par insensible transpiration, & par les urines. Vous mettrez dans un verre environ deux travers de doigt, d'eau ; douze à quinze gouttes de ce reméde ; & un filet d'eau-de-vie par-dessus.

Il fortifie beaucoup la nature ; fait très-bien pour les blessures, & pour le poison ; arrête promptement toutes les pertes de sang, en le prenant intérieurement. Pour les plaies on l'applique par dehors : & on en prend par la bouche.

Il est utile pour l'apoplexie : on en donne cinquante à soixante gouttes avec deux fois autant d'eau-de-vie, & même plus. Pour les paralysies, il en faut prendre par la bouche ; & en frotter la partie, en le mêlant avec de l'eau-de-vie.

Il est encore bon pour les écrouelles, si on en use longtems ; parce qu'il agit sans violence, & ne fait que fortifier la nature. On en peut prendre trois jours de suite la dose ci-dessus ; se reposer pendant trois autres jours ; & en continuer l'usage jusqu'à parfaite guérison.

MAGNOLIA. *Voyez* LAURIER-*Tulipier*.

M A H

MAHALEB. *Voyez* CERISIER, *n.* 1.

MAHIZ. *Voyez* FROMENT *d'Inde*.

MAHON. *Voyez* COQUELICOT.

MAHOT. *Consultez* l'article FIL. COTTONIER *blanc*.

MAHUTIS : *terme de Fauconnerie*. C'est le haut des aîles des oiseaux, tout près du corps.

MAI

MAIDEN-HAIR. *Voyez* CAPILLAIRE.

MAIGRE : se dit *en Maçonnerie* & *Architecture*, de toute pierre trop coupée & plus petite que l'endroit qu'elle doit remplir ; & qui par conséquent laisse les joints trop ouverts.

On le dit *en Charpenterie*, pour désigner tout tenon ou autre lien, qui étant trop mince ne remplit pas sa mortoise ou son entaille.

MAIGRE (*Angle*). Consultez le mot ANGLE.

MAIGREUR. Consultez ce mot entre les *Maladies du* BŒUF ; & entre celles du CHEVAL. Voyez aussi AMAIGRIR. APPÉTIT *Perdu*. APPÉTIT *Insatiable*. ENGRAISSER. CUISSE. ÂGE, *nn*. IV. & VI. GRAS, p. 221. CAFFÉ.

La *Maigreur générale*, est cet état du corps où le tissu graisseux se trouve presque aboli, soit sous la peau soit dans l'intervalle des muscles : ce qui arrive lorsque les cellules de ce tissu se trouvent privées de l'huile qui doit les gonfler. Elles sont alors obligées de s'affaisser les unes sur les autres, & de ne laisser presque aucune trace de leur existence. Toutes les causes opposées à celles qui produisent l'embonpoint, occasionnent cet état : tels sont le défaut des parties nutritives que doit contenir la masse du sang ; un vice particulier dans les digestions ; & toutes les choses non naturelles, qui tendent soit à fournir peu de sucs nourriciers soit à dissiper ceux que l'on a déja acquis.

Il y a aussi des maladies qui produisent une maigreur générale. Les ulceres aux poumons dans la phthisie, les obstructions des visceres dans l'hydropisie, les abscès au foie dans la consomption, sont de ce nombre.

On peut être maigre sans que la santé soit altérée sensiblement. Ainsi ceux qui vivent sous un climat chaud & sec sont communément fort maigres. Les gens de la campagne, qui travaillent durant la grande ardeur du jour, & qui n'usent que d'alimens grossiers, ont très-peu d'embonpoint. Tels sont encore ceux qui ont les passions vives.

MAIL. Allée d'arbres, de trois ou quatre cens toises de long, sur quatre à cinq de large, bordée d'ais attachés contre des pieux à hauteur d'appui, avec une aire de recoupe de pierres couverte de ciment : où l'on chasse des boules de buis avec un *mail* ou maillet ferré, à long manche. Le Mail de Saint Germain-en-Laye est un des plus beaux ; parce que les arbres qui le bordent sont de haute futaye.

MAILLE. Ouverture qui demeure entre les ouvrages de fil, comme on le voit dans des filets de Pêcheurs ou de Chasseurs. Il y a *les mailles à lozanges*, qui sont celles qui ont une pointe ou un de leurs angles en haut lorsque le filet est tendu ; *les mailles quarrées*, qui paroissent toutes rangées comme les quarrés d'un damier, & dont les angles sont droits.

MAILLE *de Treillage*. Petits Quarrés, ou Lozanges, qui se font par la rencontre de quatre échalas ou fils de fer liés les uns aux autres. Ce mot est emprunté des filets ou réseaux.

La grandeur ordinaire de chaque maille est de quatre à cinq pouces en quarré pour les berceaux & cabinets ; de six à sept, & de neuf à dix, pour les espaliers.

MAILLE, se dit aussi en fait de *Melons* & de *Concombres* ; & signifie l'œil d'où sortent les bras.

MAILLER un *Filet* ; un *Tramail*. Voyez FILET.

MAILLER : *terme de Chasse*. Il ne se dit que des Perdreaux : *Ce perdreau commence à mailler* ; c'est-à-dire, à se couvrir de mouchetures, ou de madrieres. *Les perdreaux ne sont bons que quand ils sont maillés*.

MAILLER. C'est espacer *des Echalas* montans & traversans par intervalles égaux, quarrés ou en lozange, pour les treillages.

C'est aussi, *en Jardinage* ; d'après un petit dessein de parterre graticulé, le tracer en grand par carreaux en pareil nombre sur le terrein.

MAILLER *le Chanvre*. Voyez CHANVRE, p. 518, col. 2.

MAIN. *Pour guérir les Mains Fendues*. Oignez les fentes, ou *crevasses*, avec une composition de mastic, encens, cire neuve, & huile rosat : mêlés ensemble en consistance d'onguent un peu mollet. *Voy*. CREVASSES.

2. Quelques personnes se lavent les mains dans leur urine. Ce savon naturel nettoye bien la peau ; l'empêche de se gerser ; guérit même les gersures.

3. Prenez bol d'Arménie, myrrhe, & céruse ; trois gros de chaque. Mêlez-les avec suffisante quantité de graisse d'oye ; & en formez un onguent. Il guérit en peu de tems.

Pour se préserver des gersures : Il faut 1°. ne pas exposer ses mains au trop grand froid ; 2°. ne pas les laver trop souvent dans l'eau ; 3°. les bien essuyer après les avoir lavées ; 4°. ne pas exposer ses bras ou ses mains au feu, immédiatement après qu'on les a lavés ; 5°. porter sur-tout des gants de peau, afin d'entretenir la souplesse de l'épiderme.

Cirons, *Galles*, & *Teignes*, *aux Mains*. Voyez sous le mot CIRON.

Tremblement des Mains. Lavez-les souvent avec de l'eau-rose, où vous aurez fait infuser de l'armoise pendant douze heures.

Voyez POUDRE *Impériale de la Chartreuse*. TREMBLEMENT.

Palpitation des Mains.

Voyez sous le mot PALPITATION.

Contre le Froid des mains.

Consultez l'article FROID.

L'Ecole de Salerne conseille de *se Laver souvent les Mains* ; comme une chose qui contribue à entretenir la santé. On y lit aussi que c'est un usage favorable pour la conservation & la vivacité de la vûe, que de se laver les mains après le repas. Un habile Médecin, actuellement vivant, & l'un des plus grands Naturalistes qu'il y ait, atteste qu'il lui est survenu une espece d'esquinancie toutes les fois qu'ayant très-chaud il s'est lavé les mains à l'eau froide.

Pour que la Viande hachée ne s'attache pas aux Mains, lorsqu'on farcit quelque chose.

Trempez les mains dans un œuf battu.

Pleine-MAIN. Consultez ce mot, dans l'article BOUCHE ; *terme de Manege*.

MAIN : *terme de Fauconnerie*. On dit, ce Faucon a la main habile ; fine ; déliée ; forte ; bien onglée.

MAIN-MORTE. *Voyez* ALEU, p. 53, col. 2.

Conforte MAIN. Voyez CONFORTE.

MAINÉE. Voyez dans l'article CHANDELLE.

MAINS: *terme de Jurisprudence Féodale.* Voyez BOUCHE & MAINS.

MAINS; ou *Vrilles*: terme de Botanique. C'est ce qu'on nomme en Latin *Capreolus*; *Cirrhus*; *Clavicula*; *Claviculus*: *Clasper*, & *Tendril*, en Anglois. On appelle ainsi des productions menues, ou especes de filamens, dont la force jointe à la souplesse servent à plusieurs plantes sarmenteuses pour s'attacher en roulant autour des corps solides qui sont à leur portée. Au moyen de quoi ces plantes s'élevent à une hauteur plus ou moins considérable. Faute de ce secours elles ramperoient à terre; & les fruits de la Vigne, par exemple, mûriroient plus difficilement. Consultez la *Physique des Arbres*, de M. Duhamel, Tom. I. p. 194-5-6; & les figures qui y ont rapport.

MAINTENIR & *garder le change*. C'est quand les chiens chassent toujours la bête qui leur a été donnée, & la maintiennent dans le change.

MAJORANA. *Voyez* MARJOLAINE.

MAIRAIN; ou MAIRRAIN. Voyez MERRAIN.

MAIRE-SIOUVO. *Voyez* CHEVREFEUILLE, *n.* 1.

MAÏS. *Voyez* FROMENT *d'Inde.*

MAISON. *Voyez* MAÇONNERIE. ARCHITECTURE. FOUR. AISANCE. ANGAR. MUR. ANGLE. ALCOVE. ANTI-CHAMBRE. APPARTEMENT. AVANT-COUR. AVANT-LOGIS. ARÆOSTYLE. ARÆOSYSTYLE. ALTIMÉTRIE. BÂTIMENT. PUITS. ARCHITRAVE. TRAVAILLER. BRIQUE. MARBRE. PIERRE. MALFAÇON.

Les maisons d'Ispahan sont bâties de briques crues; parce que le bois & la pierre y sont fort rares. Elles sont voutées; & se terminent en terrasse. Au-dehors elles n'ont rien de gracieux: mais l'intérieur est assez propre, & orné. Les murailles des appartemens sont blanchies, & garnies de petites glaces incrustées. Les voutes sont dorées, & peintes en azur. Dans presque toutes les salles d'en-bas il y a des bassins avec des eaux jaillissantes, tant pour le besoin que pour le plaisir.

MAITRE. C'est celui qui est Seigneur, ou propriétaire de quelque chose; qui commande à d'autres personnes; qui posséde du bien, & qui en peut disposer.

Voyez SEIGNEUR. PERE *de Famille.*

MAÎTRE: espece de *Fossé*. Consultez l'article ÉGOUTTER *les Terres.*

MAITRE *d'Hôtel.* La charge de Maître d'Hôtel regarde la dépense générale qui se fait journellement dans une grande Maison, selon l'ordre qui lui en est donné par le Seigneur ou son Intendant. Pour bien s'acquitter de son devoir, il doit être capable d'établir ou maintenir le bon ordre dans la maison; & ne point manquer à donner à chacun ce qu'il doit avoir, sans augmentation ni diminution. Il doit avoir soin de se fournir de tout ce qui est nécessaire dans son district pour le service de la maison. Il évitera de chagriner les domestiques; & donnera ce qu'il faut à chacun d'eux, sans rien donner de trop, afin que le bien du maître ne se dissipe point. En prenant possession, il dressera un état général de tout ce qui lui est confié. Comme il est tenu de rendre compte, il présentera cet état au Seigneur pour le signer; & le gardera par devers lui, afin de le représenter au besoin. Le Maître d'hôtel doit suivre en tout les ordres de son Seigneur. Le bien de la maison exige la bonne intelligence entre le Maître d'hotel, le Chef de cuisine, & les Officiers d'office. C'est à lui à choisir de bons Officiers tant d'office que de cuisine; & quand ils ne se trouvent pas capables, ou qu'ils ne font pas leur devoir, les changer; ainsi que les Marchands fournissant pour la bouche, ou autres, dont il doit prendre connoissance. C'est à lui à faire marché avec un Boulanger, tant du pain de la table, que de celui des domestiques; duquel il doit tous les jours faire un état, & le faire mettre à l'office pour y être distribué par l'officier. Il faut qu'il se connoisse en vin, pour la table; comme aussi en toutes sortes de liqueurs, & en vin commun, qu'il achetera en piece, & mettra entre les mains de l'officier pour en faire la distribution, dont il se fera rendre compte, suivant l'ordre & l'état qu'il en a. Il doit encore se connoître en viande: & faire marché par écrit avec un Boucher, à tant la livre pour toute l'année, tant bœuf, que veau & mouton; l'obliger à fournir ce qu'il en faut par semaine; faire peser la viande devant lui, & en tenir un mémoire exact. *Voyez* MARCHÉ.

Il doit pareillement faire marché avec le Rotisseur pour toute l'année; ou par quartier seulement, pour être bien servi, à tant par piece, soit volaille soit gibier; aller quelquefois au marché pour savoir le prix courant de toutes choses suivant les tems & les saisons, & prendre là-dessus les mesures nécessaires pour l'utilité & le profit du Seigneur. Il faut qu'il en fasse autant avec un Chaircuitier, pour qu'il fournisse de lard, saucisses, andouilles, & autres choses concernant les entre-mets; ainsi que du sain-doux & de vieux-oing. Il faut aussi qu'il se connoisse en toutes sortes de poissons, tant de mer que d'eau douce; en légumes, entre-mets, fruits & confitures; pour en acheter, & en faire servir suivant les tems & les saisons. Il doit faire marché avec un Epicier pour le sucre, épiceries, bougies, flambeaux de poing, huiles & autres marchandises nécessaires à la maison; & avec un Chandelier pour la chandelle. Il est aussi de son devoir d'avoir soin du sel, du poivre, du clou, de la muscade, de la cannelle, du sucre, de la gomme adraganth, des écorces de citrons verds & confits, des mousserons, truffes, anchois, olives, vinaigre, fromages; & en général de toutes autres choses, dont il faut journellement fournir la cuisine & l'office.

Il faut qu'il ait soin des batteries, tant de l'office que de la cuisine; qu'il les fasse raccommoder, lorsqu'elles en ont besoin; qu'il en remplace les pieces, qui pourroient manquer; enfin qu'il les fournisse de tous les ustenciles nécessaires, comme mortiers, pilons, tamis, étamines, chausses, *&c*; ainsi que de balais pour la maison. Il faut de même qu'il ait soin d'avoir du bois pour la chambre & pour la cuisine, comme fagots, cotterets, buches, & charbon; & faire distribuer le tout par son valet, ou autres gens à sa disposition, & prendre garde qu'il ne s'en consomme pas trop à la cuisine. S'il n'y a point d'Intendant, il doit faire marché pour l'aveine, le foin & la paille; & en faire les provisions nécessaires dans le tems qu'il y en a la plus grande abondance, & que tout est à meilleur marché. C'est à lui, au défaut d'Écuyer, à donner & fournir pour l'écurie tous les ustenciles nécessaires, comme pêles, fourches, étrilles, époussettes, seaux, balais, mesures, vannettes, chandeliers, lanternes, brosses, peignes, & généralement tout ce dont on peut y avoir besoin.

Enfin, il faut qu'un Maître d'Hôtel sache régler & disposer les services de toutes les différentes tables, dont le Seigneur pourroit vouloir être servi. Il fera toujours mettre le couvert assez-tôt pour que l'on n'attende point; & aura soin que tout soit bien rangé, & le buffet garni; que les domestiques soient prêts pour le service; & que l'on ne manque de rien à table. Après chaque service, il se tiendra un moment auprès de la table; pour attendre ce qu'on pourroit avoir à dire sur ce qui vient d'être servi: & si l'on se plaint d'un plat, il le dira honnêtement à l'Officier qui l'aura fait: si au contraire on en loue quelqu'un, il en avertira aussi l'Officier, afin qu'il fasse de même dans la suite. De retour à la cuisine, il fera dresser un nouveau service, y disposera l'arrangement des mets, & donnera pour cela l'ordre à ceux qui servent. Après le dernier service de cuisine, il ira à l'office disposer de même tout le dessert. Pour servir le fruit, il ôtera généralement tout ce qui est sur la table, aussi bien que la premiere nappe, & le cuir de Russie quand il y en a entr'elle & celle du dessert. Ayant garni la table, il attendra un moment, pour voir si l'on n'a rien à dire. Puis il ira à la cuisine, remarquer ce qui a été desservi, & ce qui peut servir une seconde fois; & chargera le chef de cuisine de distribuer du reste ce qui convient aux tables qui doivent être servies après celle du Maître.

Il seroit avantageux qu'un Maître d'Hôtel eût été Officier de cuisine & d'office, avant de parvenir à ce grade.

MAITRE-*Valet de Chiens.* C'est celui qui donne l'ordre aux autres valets de chiens.

MAITRES *des Eaux & Forêts.* Consultez l'article EAUX ET FORÊTS.

MAITRESSE-*Poutre.* Voyez EPISTYLE.

MAITRESSE-*Ferme.* Consultez FERME, *terme d'Architecture.*

MAL

MAL. Ce terme signifie douleur; ou infirmité. Il y en a de plusieurs sortes: on en va rapporter quelques-unes. *Voyez*, outre cela, MALADIE.

MAL *d'Armée.* C'est une maladie contagieuse qui regne dans les armées; & qui est causée par les fatigues, & par la mauvaise nourriture.

Entre les ouvrages faits sur cette matiere, tant par les anciens que par les modernes, on doit étudier avec un soin particulier celui de M. Pringle, Médecin Anglois. Nous en avons une bonne traduction, imprimée à Paris, en deux volumes *in*-12. Ganeau, 1755. Les bornes de ce Dictionnaire ne nous permettent pas de donner une plus ample notion de cet excellent livre: dont le Journal des Sçavans avoit fait un juste éloge, avant qu'on l'eût traduit en notre langue. Le traducteur est M. Larcher: avec qui il n'y a gueres de François qui puissent aller de pair pour l'intelligence de la langue Angloise.

MAL *d'Aventure.* Petite apostume qui vient ordinairement de quelque piquure ou blessure; dont la cause est le plus souvent inconnue. *Voyez* ONGLÉE.

MAL *Caduc.* Voyez EPILEPSIE.

MAL *de Cœur.* Consultez le mot CŒUR.

MAL *de Côté.* Voyez CÔTÉ.

MAL *de Dent.* Voyez DENT.

MAL *d'Enfant.* C'est le travail d'une femme lorsqu'elle accouche.

Voyez ACCOUCHEMENT. FEMME, *p.* II. ARRIERE-FAIX.

Soufre, propre aux femmes quand elles sont en mal d'enfant; & pour toutes sortes de coliques.

Il faut prendre une demi-livre de térébenthine de Venise, & demi-livre de fleur de soufre; mettre la térébenthine dans une phiole de verre bien épaisse, & la fleur de soufre sur la térébenthine; & boucher la phiole avec du linge: ensuite la mettre sur des cendres chaudes, jusqu'à ce que la térébenthine & la fleur de soufre soient bien incorporées ensemble. On prend trois gouttes de ce remede dans une cuillerée d'eau-de-vie.

AUSSITÔT que la femme est délivrée de son fruit, il convient de lui mettre à l'entrée de la vulve un linge doux, assez épais, maniable, & un peu chaud; pour obvier à l'introduction de l'air froid, qui pourroit supprimer les vuidanges. Ensuite on place la femme dans un lit chauffé, garni des linges nécessaires pour l'écoulement qui doit survenir; couchée sur le dos; la tête & la poitrine un peu élevées; les cuisses basses; les jambes posées l'une contre l'autre; & par dessous les jarrets, un petit coussin qui puisse soulever cette partie. Après quoi l'on met autour du ventre une large bande; on garantit le sein contre le froid: & un quart d'heure après, on donne un bouillon à l'accouchée.

Quoique l'on doive être attentif à ne pas la laisser exposée aux impressions du froid dont son état la rend susceptible, ce seroit une indiscrétion que de la mettre dans le cas d'avoir trop chaud: les grandes sueurs sont autant nuisibles ici que le froid même.

Ayant nettoyé les grumeaux de sang qui peuvent être dans la partie, on la lave deux ou trois fois par jour; avec une décoction composée de cerfeuil, orge, & graine de lin. Au bout de six à sept jours, on peut pratiquer moins fréquemment cette lotion. Quand il y a une quinzaine que la femme est accouchée, on fait usage d'une liqueur plus fortifiante, propre à raffermir & resserrer les parties: telle est, par exemple, une décoction de cerfeuil & d'ortie; où l'on ajoûte un gros d'alun. Ce remede suffit, tant qu'il subsiste de l'inflammation, ou de la douleur: toute autre liqueur dont on étuveroit alors la partie, pour resserrer davantage, deviendroit dangereuse.

Après les douze premiers jours de la couche, on serre plus fort le bandage; pour ramener par degrés à l'état naturel les diverses parties qui ayant été distendues pendant la grossesse, ont besoin d'être rapprochées & soutenues.

Le sein doit n'être garni que de linges doux & mollets.

A l'égard du régime: dans les commencemens il est à propos que l'accouchée ne boive que chaud; & qu'elle se borne à vivre de panade, crême de riz, orge, gruau, léger bouillon de veau & de volaille, ou autres alimens pareils. Après le quatrieme jour, si la fievre du lait est passée, on pourra lui permettre un régime moins severe.

Elle doit se tenir dans son lit, en repos; y éviter les passions tumultueuses, la conversation, le trop grand jour, en un mot tout ce qui pourroit l'émouvoir.

On ne permettra aux accouchées que l'usage modéré du vin & des nourritures solides. En leur accordant trop tôt des alimens substantieux, des bouillons trop succulens, des liqueurs trop échauffantes; on donne presque toujours lieu à des accidens dont il est difficile de réprimer les effets.

Consultez l'article LAIT.

Purgatif pour les femmes accouchées.

Faites leur prendre seulement des pilules pestilentielles de Ruffi: *ou* de l'Elixir de Propriété, avec de la rhubarbe.

Tranchées; & autres *Suites de Couche.*

1. Voyez *Looch d'huile d'*AMANDES *douces.* BAUME *de Paracelse. Enflure des* CHEVRES.

2. Faites cuire à demi un gigot de mouton; & en tirez le jus. Faites aussi cuire une bigarade: dont

vous exprimerez bien tout le suc. Mêlez bien ensemble ces deux liqueurs: & les faites avaler à l'accouchée.

3. Pratiquez ce qui est prescrit pour les FLEURS *blanches*, n. 7.

Nota. Des femmes dont on désespéroit, & qui avoient de violentes convulsions, ont accouché heureusement lorsqu'on leur eut donné, de deux en deux heures, quatre cuillerées de la *Drogue* indiquée sous le mot de REMEDES PASTORAUX.

Ce remede, qui fait accoucher promptement, attire l'arriere-faix; & prévient les accidens qui sont les suites des couches. Il a fait rendre des arriere-faix déja pourris; & guéri des femmes en couches, qui avoient une fievre violente, accompagnée de transport au cerveau.

La Reine, femme de Louis XIV, prit même dans une de ses couches, du vin émétique; qui est plus violent que ce remede.

MAL *d'Estomac*. Voyez ESTOMAC.

MAL *François*. Voyez MAL *de Naples*.

MAL *au Genou*. Voyez GENOU.

MAL *de Gorge*. Voyez sous le mot GORGE.

Haut MAL. *Voyez* EPILEPSIE.

MAL *de Mere*. Voyez *Maladie* HISTERIQUE.

MAL *de Naples*. C'est le nom que les François donnent à la grosse vérole: parce qu'ils l'apporterent du siége de Naples. Les Italiens au contraire l'appellent le *Mal François*. Voyez *Maladies* VÉNÉRIENNES.

MAL-*Sacré*; } Voyez EPILEPSIE.
MAL *de S. Jean*. }

MAL *Saint Mein*. On appelle ainsi une espece de gale maligne. *Voyez* GALE.

MAL *Sec*. Consultez ce mot, entre les maladies de la CHEVRE.

MAL *de Sein*. Voyez l'article MAMMELLE.

Mal de sein des femmes en couche.

Consultez l'article LAIT.

MAL *Subtil*: terme de Fauconnerie. Espece de phthisie, ou de catarrhe qui tombe dans la mulette des oiseaux; & empêchant la digestion, les fait mourir de langueur. *Voyez* GORGE: *terme de Fauconnerie*.

MAL *de Tête*, provenant de chaleur & de bile. Voyez ce qui en est dit sous le mot TÊTE.

Vous pratiquerez utilement la saignée tant au bras qu'au pied: vous tiendrez le ventre libre par des bouillons ou des lavemens; & purgerez avec une décoction de feuilles de bétoine, semence de violettes de Mars, & fleurs de petite centaurée, dans laquelle vous ferez infuser trois dragmes de senné & une pincée de fleur de cerisier ou pêcher; puis y délayerez une cuillerée de suc ou d'infusion de roses pâles.

Si le malade est d'un tempérament bilieux & sec, le bain d'eau tiede sera convenable; comme aussi l'usage du lait clair durant quinze jours, en prenant le matin depuis une chopine jusqu'à deux pintes. Si ce remede ne lâche point le ventre, vous ferez légerement bouillir & infuser deux dragmes de semence de violettes, broyée, dans le premier verre de ce lait.

Vous pourrez aussi donner, le soir à l'heure du sommeil, des décoctions de feuilles de laitue, de têtes de pavot blanc, & de fleur de nenuphar: & vous vous servirez des mêmes plantes pilées, pour appliquer sur le front au tems de la douleur. *Ou* bien vous mêlerez de l'huile rosat avec un peu d'eau rose & de vinaigre, pour en faire un liniment sur le front.

Si la douleur est rebelle aux remedes susdits, vous ouvrirez la veine du front; appliquerez les sangsues aux tempes: ou même à l'extrêmité vous ouvrirez les arteres des tempes; arrêtant ensuite le sang, qui sort avec impétuosité, au moyen de l'emplâtre de Galien. Si les somniferes ordinaires, comme le sirop de pavot blanc, n'appaisent pas la douleur; on peut sans crainte donner deux ou trois grains de *laudanum*.

Vous pouvez vous servir à même intention, de dix grains d'opium dissouts dans de l'eau rose; pour fomenter doucement le front & les tempes.

On a observé que la douleur de tête qui provient de matieres bilieuses qui croupissent dans l'estomac, cede facilement au vomissement, excité par l'oxycrat tiede; si, après le vomissement, on donne un ou deux verres d'eau, avec six gouttes d'esprit de vitriol. Voyez *Maux de Tête*, dans l'article CHEVAL. CÉPHALALGIE. CÉPHALIQUES.

MAL *de Ventre*. Voyez sous le mot VENTRE.

MAL *d'Yeux*. *Consultez* l'article YEUX.

MAL-MENÉ. *Voyez* l'article MENÉE.

MAL-SEMÉ: terme de Venerie. C'est quand le nombre des andouillers est non pair; aux têtes de cerfs, daims, & chevreuils.

MALA-*Cotonea*. Voyez COIGNASSIER.

MALACOSISSUS. *Voyez* PETITE ECLAIRE.

MALACTIQUE: *terme de Médecine*; qui signifie un remede émollient & résolutif, ou suppuratif. *Consultez* ce mot, dans l'article GARGARISME.

MALADIE. L'animal tombe dans l'état de maladie, lorsque quelque organe se dérange ou se corrompt; ou lorsque le sang ne se distribue pas, comme il doit, aux parties qui en ont besoin pour se nourrir. On propose dans l'étendue de ce livre, divers remedes pour toutes les différentes sortes de maladies, tant pour celles des hommes, que pour celles des autres animaux.

Voyez MAL. Le titre particulier de chaque maladie; & celui des divers animaux. ARCHÉE.

Les maladies des pauvres sont, pour la plupart, occasionnées par la mauvaise qualité de leurs alimens, & l'inégalité du régime. Leur travail les expose aussi aux ardeurs du soleil en été. Durant l'hiver ils sont obligés à aller au froid & au vent; encore souvent mal-habillés. De-là naissent des crudités & des humeurs superflues, qui font des dépôts considérables dans le bas ventre. Aussi les pauvres n'ont-ils ordinairement d'autres maladies que des indigestions d'estomac; le flux de ventre; des obstructions au foie, à la rate, au mésentere; & l'hydropisie. Comme le travail continuel n'est pas suffisant pour fondre les amas qui se font dans le bas ventre, ils ont souvent besoin d'être purgés. Au lieu de cela on voit la plûpart des Chirurgiens de campagne ne parler que de saignées; & ne pas purger une seule fois dans le cours d'une maladie: qui par là devient longue & opiniâtre.

Lorsque la saignée est nécessaire aux pauvres, il faut toujours la faire avec retenue. Car, quoique la maladie occupe les grands vaisseaux (comme dans les fievres continues, ardentes, & autres à-peu-près de ce genre), il suffit de diminuer d'abord la pléthore par la saignée; après quoi toutes les crudités & obstructions de ces vaisseaux cédent facilement à la purgation. En effet presque toutes les maladies des pauvres ont leurs crises par le cours de ventre. D'ailleurs on doit observer que le travail habituel leur épuise le sang, la chaleur, & les esprits; & que des alimens peu succulens & de mauvaise qualité ne sont gueres propres à soutenir des corps déja atténués par le travail.

Puis donc qu'il y a plutôt inanition que plénitude, il ne conviendroit pas de leur prescrire une diete exacte comme aux personnes qui ont coutume d'user d'alimens nourrissans, & qui d'ailleurs ont des occupations moins continuelles & moins fatigantes. Ainsi on peut accorder aux pauvres l'usage du vin; excepté les cas de fievre continue & d'inflammation. Il faut que ce vin ne soit pas fumeux; qu'il soit bien trempé d'eau; & naturellement coulant & léger. Il n'y a pas même d'inconvénient à leur permettre la viande & les alimens solides, après que la purgation a emporté ce qu'il y avoit d'impur amassé dans le bas ventre. Au reste l'usage de ces alimens doit être toujours réglé par la discrétion.

Voyez REGIME.

MALADIES AIGUËS. Ce sont celles dont les bornes sont renfermées dans un espace très-court, eu égard à la rapidité avec laquelle elles parcourent leurs périodes, au danger attaché à cet état, & à la violence des symptomes qui servent à les caractériser. Ces symptomes sont si sourds & si louches, qu'ils en imposent tous les jours, même aux Maîtres de l'Art de guérir.

Toutes ces maladies pour l'ordinaire sont accompagnées d'une chaleur excessive. Et l'on conçoit aisément que l'usage du vin ne peut qu'y être préjudiciable. En sorte que si Hippocrate & Galien se servoient de vin pour guérir la plûpart des maladies aiguës, ce vin étoit constamment mêlé avec une si grande quantité d'eau qu'il n'étoit plus capable d'échauffer le corps : ces Médecins l'employant seulement pour tempérer la crudité de l'eau.

MALADIES CONTAGIEUSES. *Voyez* CONTAGION.

MALADIES ÉPIDÉMIQUES. *Voyez* ÉPIDÉMIQUES.

MALADIE DE FEU. Voyez ce mot, entre les maladies des BREBIS.

MALADIE-ROYALE. *Voyez* JAUNISSE.

MALADIES VÉNÉRIENNES. *Voyez* VÉNÉRIENNE.

MALADIES DES VÉGÉTAUX. Les plantes étant douées d'organes dont les fonctions répondent à celles des animaux; elles sont sujettes à des dérangemens qui en troublent l'harmonie. *Consultez* l'article ARBRE, *p.* 161-2 : &, pour une plus ample instruction, la *Physique des Arbres*, de M. Duhamel, Liv. V. Ch. III. Voyez aussi CAROTTE. CONCOMBRE. PÊCHER. POIRIER. FRAISIER: & autres articles de Plantes.

MALANDRE : *dans le Bois à Bâtir.* C'est un nœud pourri; qui fait qu'une piece ne peut être employée dans sa longueur, étant équarrie. C'est pourquoi l'on rabat les malandres, dans le toisé des pieces.

MALANDRE; *Maladie des Chevaux.* On nomme ainsi des gales ou crevasses qui viennent à la jointure du genou.

On a autrefois appellé MALANDRES, les maladies qui gâtoient les bleds; telles que la *Nielle.*

Malandre a aussi signifié un *Lépreux.*

MALFAÇON. C'est tout défaut de matiere ou de construction; venant d'ignorance, de mauvaise épargne, ou de négligence dans le travail.

En Maçonnerie, c'est poser des pierres de lit en joint; faire des plaquis ou incrustations dans des murs d'épaisseur médiocre, & particuliérement dans les chaînes ou jambes sou-poutres; au lieu d'y mettre des carreaux & quartiers de pierres parpaignes bien en liaison : fermer des cours d'assise par de trop petits clausoirs, & en faire les joints inégaux & les paremens gauches : asseoir des moilons, de plat dans la construction des voutes; au lieu de les mettre en coupe : laisser du vuide dans les massifs; ou le remplir de blocage à sec : se servir de fentons de bois, au lieu de fer, dans les tuyaux & languettes de cheminées; & ne pas assez recouvrir de plâtre les chevêtres : employer du mortier qui n'a pas assez de chaux; ou du plâtre soit éventé soit noyé : élever les murs sans empattemens, retraites, & fruits nécessaires : laisser des jarrets & balevres aux voutes; &c.

En Charpenterie la Malfaçon consiste à mettre en œuvre des bois flaches ou autrement défectueux : en employer de plus forts qu'il ne seroit nécessaire; afin d'augmenter le toisé : ne pas peupler suffisamment les planchers, cloisons, & combles : faire de méchans assemblages : &c.

Dans la Couverture, c'est employer de la tuile mal cuite; ou de l'ardoise trop foible : leur donner trop de pureau : en faire les plâtres trop maigres : &c.

En Serrurerie; C'est Malfaçon que de se servir de fer aigre, cendreux, pailleux, ou avec d'autres défauts : faire les menus ouvrages trop légers; les ferrures mal garnies; & le tout sans bonne rivure.

En Menuiserie : Employer du bois trop verd : faire des panneaux & parquets trop minces; avec aubier, nœuds vicieux, gales, tampons, futée, &c.

En Vitrerie : Mettre en œuvre du verre moucheté, ondé, casilleux, ou si gauche qu'il soit forcé par les pointes.

Les Jurés-Experts sont obligés, par leurs Statuts & Reglemens, à visiter les atteliers pour réformer les malfaçons & autres abus qui se commettent dans l'art de bâtir. Ils doivent aussi punir les artisans & gens de métier qui en sont coupables : & les obliger à réparer les torts & dommages qu'ils causent frauduleusement; souvent même contre leurs paroles, engagemens, & marchés.

MALI-CORIUM. C'est l'Écorce de Grenade. *Consultez* l'article GRENADIER.

MALIGNITÉ *des humeurs.* Voyez ÉLIXIR *de Citron.* GELÉE *de Corne de cerf.* GELÉE *de Viperes.* DARTRE *Maligne.* FIEVRE, page 534-6-7-8.

Les *Remedes Pastoraux* sont plus utiles que les Cardiaques, dans les occasions où l'on soupçonne de la malignité. Ils purifient toujours le sang, & occasionnent une transpiration.

MALLEOLUS. *Voyez* CROSSETTE.

MALLOW. *Voyez* MAUVE.

MALLOW (*Yellow*). Voyez *Fausse* GUIMAUVE.

Syrian MALLOW. *Voyez* ALTHEA-FRUTEX.

Vervain MALLOW. *Voyez* ALCEA.

MALVA. *Voyez* MAUVE. ALCEA.

MALVA *Verbenaca.* Voyez ALCEA, *n.* 1.

MALVACÉE : *terme de Botanique.* On nomme ainsi toute plante dans laquelle, ainsi que dans la Mauve, les étamines de la fleur sont réunies en un seul corps qui forme une espece de Colonne. C'est pourquoi il y a des Botanistes qui donnent à cette classe de plantes le nom de *Columnifere.*

Quand les plantes de cet ordre ont des feuilles épaisses, leur suc est acide jusqu'à ce qu'un état avancé les rende plus minces.

MALVAVISCUS. *Voyez* ALTHEA-FRUTEX, *n.* 11.

MALUM. Nom Latin du fruit que porte le Pommier.

MALUM ARMENIACUM. C'est le nom Latin de l'Abricot.

MALUM *Cedrium*; } Voyez CITRONIER.
MALUM *Citreum.* }

MALUM TERRÆ. *Voyez* PAIN-DE-POURÇEAU. ARISTOLOCHE *Ronde.*

MALUS. *Voyez* POMMIER.

MALUS-*Cydonia.* Voyez COIGNASSIER.

MALUS *Medica*; } Voyez CITRONIER.
MALUS *Assyria.* }

MALUS *Limonia.* Voyez LIMON.

MAMMELLE. Les mammelles des hommes ont souvent beaucoup de graisse & fort peu de glandes : au contraire celles des femmes sont composées de graisse & d'une très-grande quantité de glandes.

Consultez, sur la description interne & externe de ces parties, M. Winslow dans le *Traité de la Poitrine*, qui fait partie de son *Exposition Anatomique de la structure du Corps Humain* : l'Ouvrage attribué à M. Senac, intitulé L'*Anatomie d'Heister avec des Essais de Physique* : & autres bons Traités d'Anatomie.

Cataplasme pour l'Enflure des Mammelles, lorsqu'il n'y a point grande inflammation.

Prenez une chopine de vin, & de la mie de pain blanc, ou telle autre qu'on pourra avoir ; faites-en une bouillie que vous appliquerez deux ou trois fois par jour chaudement.

Pour faire venir le Bout des Mammelles aux femmes qui n'en ont point suffisamment.

Prenez une petite bouteille de verre qui ait l'embouchure un peu étroite : remplissez-la d'eau chaude ; & bouchez la bien, afin qu'elle s'échauffe, & que l'eau lui communique sa chaleur : jettez cette eau ; & mettez l'embouchure de la bouteille au bout commencé de la mammelle, de sorte qu'il y puisse entrer. Il s'allongera, & y entrera jusqu'à ce qu'il n'y ait plus de chaleur : réitérez jusqu'à ce qu'il soit assez long.

Pour guérir les Fentes, ou Crevasses, des Mammelles.

1. Mettez-y de la poudre fine de feuilles de sauge : & réitérez ce remede autant de fois qu'il sera nécessaire.

2. *Voyez* LEVRE. BLEREAU, *p.* 330. *col.* 1.

3. Faites usage d'un onguent dessiccatif & rafraîchissant ; composé de litharge, huile rosat, & quelques gouttes de vinaigre.

4. Servez-vous de l'huile de jaunes d'œufs.

5. Saupoudrez les fentes avec de la gomme adraganth, en poudre fine.

6. Appliquez-y des feuilles de lierre terrestre, frottées avec un peu d'onguent rosat. Ce topique guérit promptement.

Mammelles Ulcerées.

1. Faites fondre demi-once de térébenthine, avec deux onces d'huile rosat : quand le mêlange sera retiré du feu, vous y ajoûterez demi-once de miel rosat ; & en oindrez les mammelles, plusieurs fois le jour.

2. *Voyez* EMPLÂTRE, *p.* 897. ONGUENT *Divin*. ACHE.

3. Les feuilles d'Herbe à Robert, froissées entre les doigts, & appliquées sur le mal, sont un remede prompt & efficace.

4. *Nota.* La mammelle ulcerée se guérira difficilement, si on ne détourne pas le lait de l'autre.

5. Prenez une pomme de reinette bien mûre, & ôtez-en adroitement tous les pepins sans la diviser : remplissez le trou avec du sain-doux ; & couvrez-le avec le morceau que vous aurez coupé d'abord, pour le creuser. Faites-la cuire devant le feu. Quand elle sera cuite, vous en ôterez la peau. Et après avoir mêlé la pulpe avec le sain-doux, vous en ferez un *Cataplasme* épais ; que vous appliquerez tout chaud sur l'ulcere : vous mettrez par dessus, une vessie de porc. S'il y a quelque dureté qui résiste à ce cataplasme, il faut le réitérer à mesure qu'il séche.

6. *Voyez* CANCER, GRAVELLE, *n.* 36.

Mammelles trop Grosses.

1. Quelques Médecins ont prétendu que la mélisse, pilée & appliquée sur les mammelles, les empêchoit de croître.

2. Pline assure, après l'expérience, qu'en mettant sur les grosses mammelles pendantes le poisson nommé Esquadre, on parvient à les resserrer tellement qu'elles deviennent semblables à celles des jeunes filles.

3. On enseigne beaucoup d'autres remedes, que l'on regarde comme spécifiques dans ce cas : mais ce ne sont que de simples astringens ; qui ne différent que par leurs degrés de vertu.

Mammelles Ridées.

Pour empêcher ce désagrément : faites fondre de la meilleure cire blanche. Ajoûtez-y autant de blanc de baleine : & l'incorporez bien avec la cire. Mettez-y ensuite un peu d'esprit de vin. Trempez-y des linges ; que vous appliquerez chaudement sur les mammelles : & serrez bien avec d'autres linges. Ceux que l'on trempe doivent avoir un trou au milieu, pour laisser passer le mammellon, & qu'il ne soit pas comprimé : une compression trop forte pourroit occasionner de fâcheux accidens. Tous les matins on enduira bien ces linges, de la même cire : & on les renouvellera au bout de huit jours.

MAN

MANCHE. Bâton rond, de trois ou quatre pouces de tour, & de quatre pieds de long ; avec lequel on emmanche, par exemple, une bêche, une fourche, *&c.* Il y a d'autres outils ausquels il faut des manches plus courts ; tels sont les houes, les pioches, les serpes : & d'autres auxquels il en faut de plus menus, comme les ratissoires, serfouettes, couteaux, serpettes, *&c.*

MANDRAGORE : en Latin, MANDRAGORA, ou MANDRAGORAS comme en Grec : & MANDRAKE, en Anglois. Ce genre de plantes peut être regardé comme appartenant à la famille des *Solanum*. Le calyce de la fleur est d'une seule piece, en forme de cloche, dont le bord est divisé en cinq segmens aigus. Il n'y a qu'un pétale ; qui est un tuyau évasé par son extrêmité qui est pareillement découpée en cinq. Dans l'intérieur de ce pétale sont cinq étamines courbes, velues à leur base, & écartées les unes des autres ; derniere circonstance opposée à la situation des étamines dans les *Solanum*. Un embryon arrondi sert de support à un style très-menu un peu incliné, & surmonté d'un stigmate en forme de tête. Le fruit est une espece de baie plus ou moins considérable, séparée intérieurement en deux loges ; qui renferment nombre de semences applaties, ordinairement faites en rein, enveloppées d'une pulpe charnue.

Outre la position des étamines, une autre différence d'avec les *Solanum* est que la fleur & les feuilles des Mandragores sortent immédiatement de la racine.

Les mandragores sont des plantes de pays chauds.

Especes.

1 *Mandragora fructu rotundo* C. B. La Mandragore improprement dite *Mâle*. Elle vient sans culture en Espagne, en Portugal, en Italie, & dans le Levant. Sa racine est comme un long & gros panais, qui

pique dans terre à trois ou quatre pieds de profondeur ; tantôt simple, tantôt branchu ; d'une couleur cendrée noirâtre au dehors, pâle en dedans, & d'une odeur ingrate qui affecte le cerveau. Du haut de cette racine, sort un cercle de feuilles ; qui, de droites qu'elles sont d'abord, s'inclinent en grandissant & enfin s'abattent contre terre : elles sont d'un verd obscur, lisses, ridées, ondées, d'une odeur désagréable, faites à-peu-près en rhombe, longues d'environ un pied sur quatre à cinq pouces de largeur dans leur partie moyenne, sans pédicule, & attachées immédiatement à la racine. Les fleurs, portées sur des pédunculles longs d'environ trois pouces, sortent aussi de la racine même, au milieu des feuilles, dans le mois de Mars : elles sont d'un blanc herbacé. Il leur succede une baie molle, sphérique, grosse comme une muscade : laquelle mûrissant en Juillet, devient alors d'un verd jaunâtre, & repose sur les feuilles.

2. On nomme *Mandragore femelle*, une espece moins forte dans toutes ses parties que la précédente. Elle est représentée dans la 29e. Planche de Barrelier. Ses feuilles sont rudes ; & ses fleurs sont violettes, ou d'un bleu purpurin. Il leur succede de petites baies ovales, un peu terminées en pointe. [*Mandragora foliis asperis ; fructu parvo, ovato, & acuminato* Cor. Inst. R. Herb.]

3. M. Tournefort (*Inst. R. Herb.*) en indique une autre, à fleur bleuâtre ; dont le fruit est petit, arrondi ; & qui ne produit que de petites feuilles.

4. Dioscoride décrit différemment la Mandragore *Mâle*, & la *Femelle* : dans Matthiole, Livre IV. Ch. LXXI.

Culture.

On cultive la Mandragore par curiosité. Sa graine, semée aussitôt après sa maturité dans une terre légere, leve au printems. Tout le soin que demande le jeune plant est d'être tenu net, & mouillé quand il fait sec. A la fin du mois d'Août de la même année, on le leve avec précaution ; pour le transporter à demeure dans une terre légere qui ait beaucoup de fond, & peu d'humidité. Ces plantes subsistent ainsi fort longtems ; en donnant quantité de fleurs & de fruits.

En tirant de terre leurs racines, quelque âge qu'elles aient, on n'a certainement rien à craindre pour sa santé : quoique des gens à mysteres aient autrefois prétendu que l'arracheur en mouroit infailliblement ; & que, pour prévenir cet accident, il étoit à propos de lier un chien à la racine & de le forcer à l'entraîner dehors. Des expériences réitérées démontrent la fausseté de cette supposition.

Usages.

Le fruit du *n.* 1, est très-assoupissant. Il produit même cet effet, en mûrissant, dans les chambres où on le garde.

Selon Boerhaave (*Hist. Plant.*) la plante même tenue dans un endroit clos, procure le sommeil : ce qui peut être utile, entre les mains de personnes prudentes. La racine purge violemment, par haut & par bas. On a prétendu que l'on mouroit d'avoir mangé les baies : des expériences faites en France par des hommes semblent devoir rassurer sur cette crainte. Les feuilles, bouillies dans du lait, forment un cataplasme utile pour toutes les tumeurs scrophuleuses ou skirrheuses.

On a faussement attribué aux mandragores plusieurs vertus magiques : telles que d'inspirer de l'amour, donner de la beauté, opérer des transformations, rendre brave & heureux dans les combats. Du Haillant, *Hist. de Charles VII.* rapporte qu'un des chefs d'accusation contre la Pucelle d'Orléans, fut qu'elle avoit habituellement sur elle une mandragore.

Matthiole (*sur Diosc.* Liv. IV. Ch. LXXI) fait voir que la prétendue figure humaine des racines de mandragore, est une supercherie inventée pour augmenter le merveilleux.

MANGARITIA. *Voyez* GINGEMBRE.

MANGEURES. Ce sont les pâtures des loups & sangliers : bêtes mordantes.

Consultez l'article SANGLIER.

MANIE, ou *Fureur.* Délire perpétuel & furieux, sans fievre. Ceux qui sont attaqués de cette maladie, se jettent sur tout ce qui se présente à eux, brisent, maltraitent, autant qu'ils peuvent ; & rompent même quelquefois les liens ou chaînes dont on est forcé de se servir pour les réprimer.

Les Maniaques ont un regard audacieux, les yeux enflammés, le visage pâle ; sont très-forts ; ne craignent pas le plus grand froid ; se mettent aisément en colere, quoiqu'ils soient habituellement gais ; ont beaucoup d'ardeur pour les femmes ; & sont agités de visions pendant le sommeil.

On distingue assez souvent cette maladie en *Manie Canine*, & en *Lycanthropie.* Celle-ci fait que les maniaques rodent comme des loups, fuient la vûe des hommes, se cachent & épient les moiens pour entrer furtivement dans les maisons, où souvent ils blessent & tuent ceux qu'ils peuvent attraper. Celle-ci est plus ordinaire à de jeunes gens.

L'autre ressemble à ces *chiens*, qui badinent, flatent, mordent en jouant, sautent, trépignent, remarquent ceux qui leur font du bien, & aiment à être en compagnie. Comme celle-ci est douce, l'on juge qu'elle dérive du sang ; & l'autre, qui lui est opposée, de la bile brûlée. Les personnes colériques, mélancoliques, qui ont naturellement le visage pâle & la vûe égarée, y sont plus sujettes que d'autres.

Les signes qui présagent la manie, sont foiblesse de cerveau, avec pesanteur & agitation, tintement d'oreille, un rire sans sujet ; des yeux étincellans, enfoncés, fixes, & arrêtés ; insomnie ; fréquentes pollutions.

La cause prochaine est une extrême sensibilité dans les nerfs : qui les dispose à s'enflammer par la suppression des mois ou des hémorrhoïdes ; les vers ; l'ivresse ; les chagrins subits, & autres violentes passions ; l'usage des liqueurs spiritueuses ; *&c.*

Il y a encore des accidens externes qui peuvent causer la manie ; comme les morsures d'un chien enragé ; le vin à la glace, que l'on aura bû dans la sueur ; des herbes venimeuses que l'on aura mangées ; une trop grande abstinence.

Remedes.

1. On saignera deux ou trois fois au bras ; & au pied, ou même au talon, les femmes ou filles qui ne seront pas réglées ou dans lesquelles cette maladie sera hystérique. On pourra encore saigner au front ou sous la langue : *ou* appliquer un cautere à la nuque, ou des sangsues aux tempes, aux oreilles, aux hémorrhoïdes. L'on frottera ensuite la tête avec de l'huile rosat, de l'huile de nenuphar, & un peu de vinaigre, mêlés ensemble.

On purgera, de fois à autre, avec trois dragmes de senné, une dragme d'agaric, une pincée d'épithyme ; que l'on fera infuser dans un verre de décoction de buglose, de bourrache, & de feuilles de violettes, durant une nuit. Après que cette décoction sera passée, on y dissoudra une once de sirop de de pommes composé, ou une demi-once de diaphœnic, ou de diacarthami. *Sinon* on purgera avec les pilules d'agaric, ou d'aloës.

Les soirs en se couchant, on insinuera dans le vagin un linge trempé dans de l'huile d'aspic, mêlée d'un peu de camphre; ou bien un pessaire fait avec de la cire blanche, enveloppée d'une toile imbibée d'huiles de lis ou d'aspic, & d'un peu de musc & d'ambre. On pourra indiquer encore pour les personnes du sexe, l'*Opiate* suivante :

Prenez de la semence d'*Agnus castus*, & du genievre, trois dragmes de chacun; baies de myrtille, demi-once; & une dragme de graines de pivoine: mettez le tout en poudre : &, avec quatre onces de miel cuit en sirop, composez le remede.

2. On pourra mêler demi-once de cendres de tortue dans une pinte d'eau; & en faire boire aux repas.

3. On fera recevoir par le nez la fumée de graine de pivoine.

4. Les bains froids peuvent être fort utiles.

5. Quand on présume que la manie vient de bile très-aduste, on omet quelquefois la saignée; on se contente de purger fréquemment avec le senné, les tamarins & la manne; & du reste, on emploie ce qui est ordonné ci-dessus.

6. Lorsque la manie vient de l'estomac ou d'autres endroits; on a recours au traitement qui convient aux maladies de chacune de ces parties.

7. La manie occasionnée par la morsure d'un chien, est sans remede; lorsque le malade, avec la fureur, est tombé dans l'hydrophobie : autrement elle pourra se guérir, en suivant les indications de l'article Rage.

8. Pour celle qu'a produit du vin glacé; on donnera des bouillons avec les sucs de buglose & de bourrache, la muscade, la cannelle, & le girofle.

9. Quand la cause sera une suppression des ordinaires; on se servira de thériaque délayée dans un verre d'eau de mélisse, ou d'absinthe. *Ou* l'on fera prendre le bain tiede.

10. On fera avaler de l'huile d'olives; ou du vin d'absinthe; ou un bouillon bien salé; ou de l'émétique : pour faire vomir les herbes dangereuses.

11. La manie qui vient d'avoir souffert trop longtems la faim, est très-difficile à traiter. L'on fera manger souvent des figues avec des amandes sucrées; quelquefois de petites panades; de la gelée de pied de veau; de la bouillie avec du sucre d'orge, & deux grains de safran que l'on y délayera.

Remede spécifique contre la Manie.

12. Il faut prendre une poignée de mélisse; en mettre infuser les feuilles, dans un matras de verre, avec quatre onces d'esprit de vin, pendant douze heures; ayant soin de tenir le vaisseau bouché; passer ensuite la liqueur, sans expression; & y ajoûter demi-dragme de perles préparées. La dose est de deux cuillerées, matin, & soir.

13. *Voyez* Folie.

Quand l'hydropisie, la dysenterie, les hémorrhoïdes, ou des pustules aux jambes ou aux cuisses, surviennent à la manie : ce sont de bons signes.

MANIERS. *Consultez* l'article Marne.

MANNE. *Substance mielleuse* ou *sucrine*, d'un blanc jaunâtre, d'une odeur fade. On a prétendu que c'étoit une rosée qui tomboit du ciel : formée des vapeurs & exhalaisons de la terre, attirées & digérées par la chaleur du soleil dans un air tempéré; qu'étant épaissie & congelée par le froid de la nuit, elle tomboit sur les branches & feuilles des arbres, & même sur les pierres & sur la terre. Dans cette présomption quelques-uns l'ont appellé *Sueur du Ciel; Salive des Astres;* & *Miel aërien*, ou *de rosée*.

On trouve dans les *Mémoires de l'Acad. des Sciences* de Paris, année 1707, un Mémoire dont l'objet est le Suc nourricier des plantes : où M. Reneaulme s'explique fort au long sur l'extravasation des sucs. Il y rappelle ce qui étoit déja connu au sujet de la manne de Calabre, qu'on avoit cru tomber du ciel, & qui n'est que le suc extravasé de *Frênes sauvages*. Il parle aussi d'une espece de manne que jettent certains *Noyers* du Dauphiné; & dont l'extravasation trop abondante fait ordinairement périr ces arbres.

Dans la Calabre, la manne coule naturellement, quand le tems est serein, depuis le milieu de Juin jusqu'à la fin de Juillet : pendant la chaleur du jour on voit alors sortir, du tronc & des branches des frênes, une liqueur très-claire; qui s'épaissit en grumeaux, lesquels deviennent assez blancs. On les ramasse le lendemain matin en les détachant avec des couteaux de bois, pourvu qu'il n'ait pas tombé d'eau : un brouillard humide est suffisant pour les fondre. On les étend au soleil pour achever de les dessécher. C'est ce qu'on appelle *Manne en Larmes*; ou *Premiere Manne*. Les Paysans ajustent quelquefois sur les arbres, durant les mois de Juin & Juillet, des morceaux de paille ou de bois; sur lesquels la manne se fige en forme de stalactites.

Dans les mois d'Août & Septembre, cette liqueur ayant cessé de couler, les paysans font des incisions dans l'écorce des mêmes arbres : ce qui en fait sortir pendant la chaleur du jour une liqueur abondante, laquelle s'épaissit en gros floccons. On les laisse un ou deux jours se dessécher, avant de les serrer. Cette manne, qualifiée de *Seconde*, est plus rousse que la précédente : & c'est probablement la *Manne Grasse*.

La Manne de Calabre lâche le ventre; & purge doucement la bile : c'est pourquoi, on en peut faire prendre aux enfans, en toute sureté jusqu'à une demi-once, dissoute dans un bouillon de poulet, ou dans une décoction d'orge : & ceux qui sont plus âgés, en peuvent prendre depuis une once jusqu'à trois. Elle donne beaucoup de soulagement dans les maladies du poumon, & de la poitrine.

Les personnes délicates qui rebutent les médecines ordinaires, & qui aiment le caffé; peuvent se purger, en substituant la manne au sucre. Il en faut faire fondre une ou deux onces dans une bonne tasse de caffé. C'est une maniere de se purger doucement, & avec une sorte de délices.

Selon des Observations insérées dans les *Transactions Philosophiques* en 1675 (n. 117) la manne, qui se dissout à une légere chaleur & dans l'eau, ne peut soutenir une chaleur plus considérable sans se convertir en longs tuyaux. C'est ce qui lui arrive (dit-on) dans l'estomac & dans les intestins; où elle cause une stimulation, un mouvement contre nature, qui entraîne le chyle avec force & rapidité, & emporte en même tems la matiere que ces tuyaux ont détachée des intestins. Au lieu que, la langue étant humide & légérement chaude, la manne s'y dissout simplement. Une grande chaleur (ajoûte-t'on) la convertit en sirop : & alors il est possible qu'elle ne produise que peu ou point d'effet. [Nous ne croyons pas devoir adopter cette théorie.]

Les Chymistes tirent par la distillation de la manne, un *Esprit*, qui est transparent, & d'un goût piquant & acide; lequel, selon Glaser, est un excellent sudorifique, & peut être employé dans les fievres malignes, & même dans toutes les autres. Sa dose est depuis demi-dragme jusqu'à une, dans quelque liqueur.

Esprit de Manne.

Prenez de la manne la plus blanche & la plus récente; que vous mettrez dans une cornue, de façon qu'il en reste au moins les deux tiers de vuide. Adaptez un grand récipient bien luté avec la cornue; & distillez au très-petit feu de cendres, tant que vous verrez sortir les fumées blanches. Lesquelles ayant cessé, poussez le feu jusqu'à ce qu'il ne sorte plus rien & que la matiere soit fort noire dans la cornue. Vuidez dans une autre cornue ce qui aura passé dans le récipient; & redistillez comme ci-dessus. Répétant l'opération jusqu'à cinq fois, vous verrez l'huile, qui étoit sortie noire, devenir bien rouge. Séparez alors l'esprit d'avec cette huile, par un entonnoir, & le papier gris: puis déflegmez cet esprit comme on déflegme l'esprit de vin. Vous aurez ainsi un menstrue propre à extraire par digestion la teinture des fleurs de soufre & celle du verre d'antimoine; ainsi qu'à divers autres usages.

La MANNE *de Briançon* provient du Melese. Consultez l'article de cet arbre.

Il y a des *Chênes sur lesquels on recueille de la Manne.* M. Otter (*Voyag. en Turq. & en Perse*, T. II. p. 268) dit que l'on en trouve de telle sur les montagnes voisines du Mont Aarar. » Celle du printems est » séche; & se ramasse en secouant les chênes: on » l'appelle *Kiezenguioui.* Celle de l'automne, qui est » liquide, découle des arbres. La premiere se con» serve sans préparation. L'autre se mêle avec de » l'eau, qu'on fait bouillir jusqu'à ce que la liqueur » s'épaississe. Les Kiurds l'appellent alors *Dgezek.* «

Suivant M. Tournefort (*Voyage du Levant* T. I. p. 324, Edit. *in*-4°.) la MANNE *de Perse* est le suc nourricier d'un arbrisseau nommé *Alhagi*; qui differe des Genêts & des *Genista-spartium* par la structure de ses gousses; courbées le plus souvent en faucille, articulées, & dont les articulations sont fort étranglées & se cassent facilement. Cette plante est décrite par M. Tournefort, dans les pages 322 & 323. C'est principalement aux environs de Tauris, que l'on fait la récolte de la manne d'Alhagi, sous les noms de *Trungibin* ou *Terenjabin*, rapportés dans Avicenne & dans Serapion. » Dans les grandes cha» leurs on apperçoit de petites gouttes de miel ré» pandues sur les feuilles & sur les branches. Ces » gouttes s'épaississent, & se durcissent par grains; » dont les plus gros sont du volume des grains de » Coriandre. Les ayant recueillis on en forme des » pains roussâtres tirant sur le brun, pleins de pous» siere & de feuilles qui en alterent la couleur & en » diminuent peut-être la vertu. Il s'en faut bien que » cette manne soit aussi belle que celle d'Italie. On » en vend de deux sortes en Perse: la plus belle, & » la plus chere, est par petits grains; l'autre est » comme en pâte, & contient plus de feuilles que » de manne. La dose ordinaire de l'une & de l'autre » est de vingt-cinq ou trente dragmes, comme on » parle en Levant, où on la fait fondre dans une » infusion de senné. «

MANNE *ou* MANNEQUIN. Ouvrage d'*osier*, fait par le Vanier, soit pour y mettre quelque chose à transporter, soit pour y planter des arbres. On nomme *Mannes* ceux qui sont grands; & *Mannequins* ceux qui sont petits. Ils sont tous ronds: les uns à claire voie, & ceux-là sont de gros osier; les autres sont pleins, & faits avec de petit osier qui remplit l'entre-deux du gros. Les petits ont tantôt neuf à dix pouces de profondeur, tantôt un ou plusieurs pieds; & communément douze à quinze pouces de largeur à leur entrée: cette largeur va en diminuant jusqu'au fond. Les mannes ont quelquefois deux oreilles ou anses sur le bord d'en haut, & l'une vis-à-vis de l'autre, pour les porter plus aisément quand elles sont pleines: on y passe quelquefois un gros bâton pour les transporter de cette maniere. *Voyez* EMMANNEQUINER.

MANŒUVRE. Homme qui sert le compagnon Maçon ou Couvreur, pour gacher du plâtre, nettoyer les calibres, *&c.*

Ce mot se dit aussi de ceux qui servent à porter le mortier, les moilons, les terres, *&c.* On appelle *Goujats* les moindres manœuvres; comme ceux qui portent le mortier sur l'oiseau.

MANOQUE. Voyez l'article *Récolte du* TABAC.

MANTEAU: *terme de Fauconnerie.* Ce sont les plumes de l'oiseau. On dit: *Cet oiseau à un beau Manteau; son Manteau est bien bigarré.*

MANTEAU: *terme de Fleuriste.* Consultez l'article ANEMONE, *pag.* 113, *col.* 1.

MANTEAU *de Cheminée.* C'est ce qui paroît d'une cheminée dans une chambre. Mais ce mot se dit plutôt de la partie inférieure de la cheminée; composée des jambages, du chambranle, & autrefois de la gorge ou Attique, & de la corniche. Cette partie est ainsi nommée parce qu'elle couvre la hotte & le tuyau de la cheminée. C'est ce que les Italiens appellent *Nappa.* Aussi M. de Chambray, dans sa traduction de Palladio, s'est-il servi de *Nape*, pour signifier *le Manteau* d'une cheminée. En Latin on dit *Camini Testudo.*

On appelle MANTEAU *de fer* la barre de fer qui sert à tenir la plate-bande ou anse de panier de la fermeture d'une cheminée.

MANUS DEI (*Emplâtre*). Voyez ONGUENT *Divin.*

MAP

MAPLE-TREE. *Voyez* ERABLE.

MAQ

MAQUE, ou *Macque.* Consultez l'article CHANVRE, *p.* 518.

MAQUEREAU. Poisson de mer, qui est épais, charnu, à-peu-près de forme conique, & dont la tête & l'extrémité du corps près de la queue sont en pointe. Les maquereaux vont toujours en troupe. Les plus grands ont environ un pied & demi de longueur. On les pêche en Avril, Mai, Juin, & Juillet. Consultez le *Corps d'Observations de la Société de Bretagne*, an. 1757, p. 245; & an. 1759, p. 347 & suivantes, *in*-8°.

Les maquereaux sont excellens, quand ils sont bien frais.

MANIERES DE LES APPRÊTER.

Maquereau en Ragoût.

Passez-le au roux dans la casserole avec un peu de farine; quand il aura pris une belle couleur, faites-le cuire avec bon bouillon de poisson, ou purée claire, & champignons, le tout assaisonné de sel & de poivre. Lorsqu'il est cuit, servez-le avec jus de citron.

Maquereau à la sausse Rousse.

Quand vous l'aurez vuidé, lavé, & égoutté; vous l'inciserez un peu le long du dos, & vous l'assaisonnerez avec huile, sel menu, poivre & fenouil. Vous l'envelopperez de fenouil vert, & vous le ferez rôtir. Etant cuit, vous le partagerez en deux par le dos: & l'ayant dressé dans un plat, vous jetterez par dessus, une sausse rousse faite avec beurre frais, sel, poivre concassé, ciboules, persil haché menu, &

un filet de vinaigre. On y ajoûte des groseilles vertes, dans la saison.

D'autres font la sausse rousse simplement avec du beurre qu'ils mettent dans une casserole ou poele : & quand il est roux, ils y jettent une bonne poignée de persil, qu'ils retirent lorsqu'il est frit. Le maquereau étant dressé sur son plat, & assaisonné de sel, de poivre, & d'un filet de vinaigre, ils y versent le beurre roux bien chaud, puis le persil frit; & l'arête, qui a été grillée séparément. En versant le beurre, on doit prendre garde de ne pas mettre le fond de la casserole.

Maquereau au Sec.

Prenez un beau maquereau, faites-le rôtir sur le gril; étant cuit, ouvrez-le en deux tout le long du dos; assaisonnez-le de sel, & de poivre; réunissez ensuite les deux moitiés, pour lui faire prendre l'assaisonnement, & servez-le un moment après.

On sert encore le *Maquereau, à la Sausse au Fenouil & aux Groseilles vertes.* Cette sausse se fait ainsi. Hachez bien menu, de petit fenouil; mettez-le dans une casserole avec un morceau de beurre, une pincée de farine; & assaisonnez de sel, poivre, & muscade. Mouillez avec un peu d'eau ou de jus. Votre sausse étant liée, jettez-y les groseilles que vous aurez fait blanchir. Observez que la sausse soit d'un bon goût.

Il y a beaucoup de personnes qui aiment l'arête du maquereau; & qui la font mettre sur le gril, pour la ramollir, & la rendre plus délicate.

MAQUIGNON. C'est celui qui vend des chevaux; qui les refait; & qui couvre leurs défauts.

Quant aux défauts qui ne peuvent être connus que par l'usage; les Maquignons sont obligés non seulement de les découvrir, lorsqu'on les leur demande; mais aussi lorsqu'on ne les demande pas: si ces défauts exposent l'acheteur à quelque péril, ou lui apportent quelque dommage, les Ordonnances obligent les maquignons à le dédommager, ou à reprendre les chevaux.

Les finesses, ou plutôt les tromperies, des Maquignons sont en si grand nombre, qu'il est comme impossible de les déduire toutes. Voici du moins celles dont on peut s'appercevoir, en y prenant bien garde. 1°. Pour faire paroître la *queue* forte, aux chevaux qui l'ont foible & débile, ils la lient comme on faisoit anciennement aux coursiers; ou bien leur coupent le nerf qui vient de la croupe: & quelques-uns y adaptent au-dedans un fer très-menu. 2°. Si le cheval a les *oreilles* longues, ils les coupent pour les rendre aiguës: & si elles sont abaissées, ils les relevent par le moyen de la têtiere; ou bien même les entaillent un peu, & les recousent ensuite. 3°. Si le cheval est *long*, ils lui approprient une selle haute de siége. 4°. Quand il a la *corne* mauvaise, ils y appliquent divers onguens; & le ferrent à l'avantage: déguisant si bien le défaut, qu'ils le font paroître tout autre. 5°. Lorsqu'il a du *poil* de la couleur duquel on peut tirer de mauvais signes, ils le colorent d'une autre façon; ce qui se peut facilement reconnoître par la différence de la couleur naturelle. 6°. Si le cheval est *ombrageux*, ils le harcelent sans cesse de la main, de la voix & du genouil, lorsqu'il est près d'aborder quelque chose qui peut lui faire peur; ensorte qu'ils le divertissent de l'objet effrayant. [Ceci au reste est moins un artifice qu'un véritable Art; dont il est à propos que tout cavalier soit instruit.] 7°. Lorsque le cheval est *fort en bouche;* avant de le mettre à la carriere, ils ont un homme attitré au bout; lequel, de la voix & de la main, lui fait signe de parer: ainsi il s'arrête par habitude; non par l'effet du mors sur les barres, qu'il a très-peu sensibles. 8°. S'il a la *bouche dure & séche*, ils lui donnent un mors rude; ou même ils y mettent du miel & du sel, afin qu'il jette de l'écume. 9°. Pour faire *qu'il ne s'appuie pas sur son mors*, & qu'il paroisse léger à la main; ils mettent en dedans des lévres une petite chaîne liée à la bride & à la gourmette, & si proprement adaptée que difficilement s'en peut-on appercevoir. 10°. Si le cheval a *difficulté de respirer*, ils lui fendent les nazeaux; & y remédient encore par plusieurs médicamens. 11°. Lorsqu'il est *dur à l'éperon*, ils le tourmentent par les coups & par les menaces; & le plus souvent lui frottent les flancs avec du sel; & de la lessive, ou du vinaigre. 12°. Il faut aussi remarquer que les Maquignons ont accoutumé de faire prendre certaines habitudes aux chevaux en des lieux qu'ils appellent *Montres;* où les chevaux étant accoutumés font ordinairement des merveilles: mais étant montés par quelque ami qui les fasse aller par divers chemins, on verra leurs défauts. 13°. Il faut prendre garde: premiérement aux fers & au mors du cheval: attendu que par ce moyen on découvre souvent des défauts. 14°. Il faut particuliérement lui visiter la bouche; laquelle ne doit pas être déchirée, ni la langue découpée, comme il arrive quelquefois. Après cela, il faut prendre garde que les genoux ne soient pas gros, ni enflés, ni écorchés; & que les flancs ne soient frottés, ni cicatrisés. Il faut considérer encore la tête, les oreilles, la selle, & la queue. 15°. Pour reconnoître si le cheval est fort d'échine & de hanches, il faut observer, après qu'on l'a monté, s'il est ferme; & s'il ne se relâche point en cheminant ou galopant. 16°. Pour s'assurer s'il est fort des jambes, & de poitrine agile, & s'il a le genou délié: il y faut prendre garde en descendant; & le faire aller le pas, en lui laissant la bride sur le col, sans l'exciter des aides, ou de la voix, ni de la main.

MAR

MARAIS. C'est, à proprement parler, un terrein bas & submergé; qui ne peut fournir qu'un mauvais pâturage. *Voyez* DESSÉCHEMENT.

A Paris on nomme MARAIS, un terrein bas mais élevé au-dessus du niveau de l'eau; quelquefois même aride; & dans lequel on cultive des légumes. Ceux qui cultivent ces sortes de terreins, sont appellés MARAGERS; MARAISCHERS; & MARÉCHÉS.

MARASQUE. Espece de Cerisier, dont on fait le MARASQUIN. *Voyez* CERISIER, *n.* 6.

MARATHRUM. *Voyez* FENOUIL.

MARBRE. Sorte de pierre dure & fort solide; qui reçoit un beau poli, & qui est très-difficile à tailler. Sa dureté, supérieure à celle de beaucoup de pierres, est considérablement moindre que celle du porphyre. M. De Buffon (*Hist. Nat.* T. I.) observe qu'il y a dans la plûpart des marbres une si grande quantité de coquillages, productions d'insectes, & autres productions marines, qu'elles paroissent surpasser en volume la matiere qui les réunit.

Les marbres ont peu de lit. Ceux qui en ont le plus d'épaisseur sont les blancs & les noirs.

Il y a plusieurs sortes de marbres: qu'on ne distingue que par les différentes couleurs, & par les pays d'où on les tire. *Voyez* JASPE. VEINES.

Marbre Artificiel.

1. Gâchez du plâtre ordinaire, avec une légere eau de colle de parchemin; lardez-le de beaucoup de fentons, des couleurs que vous voudrez; & formez du tout un massif: que vous polirez. C'est ce qu'on nomme le *Plâtre Dur.*

2. Faites calciner médiocrement du Gypse bien clair & pur : la chaleur même d'un four d'où l'on vient de tirer le pain, pourroit le calciner trop. Mettez-le en poudre ; & le passez par un tamis fin. Garnissez-en des godets, avec différentes couleurs. Gâchez ensuite ce plâtre, avec de l'eau de bonne colle forte, ou de Flandre : il prend lentement & donne ainsi le tems de l'appliquer sur le noyau & de former des veines : la colle entretient la matiere plus longtems souple, que si on gâchoit avec de l'eau seule.

[On peut prendre de l'albâtre calciné, & réduit en poudre impalpable ; au lieu de gypse.]

Cette matiere suffit aux habiles ouvriers, pour imiter les plus beaux marbres.

Quand on veut faire du *Marbre Breche*, (c'est-à-dire de celui qui est rempli de taches rondes diversement figurées & colorées), on laisse bien sécher le mélange coloré : puis on le pile grossiérement, pour en faire comme des fragmens de cailloux ; ou bien on roule les morceaux entre les mains, & on les fourre de différentes couleurs. Ces fragmens, ou ces olives, étant mêlées avec la même composition, l'on passe sur l'ouvrage une petite meule de grais usée, que l'on tient à plat comme quand les Lunetiers s'en servent : puis, tenant d'une main une éponge humectée d'eau, & dans l'autre une pierre ponce, on frotte avec la pierre & on humecte continuellement ; afin de dresser l'ouvrage. Après quoi l'on se sert d'une petite truelle, pour remplir avec la même pâte une multitude de trous que l'on voit à la surface : on y couche la pâte avec un couteau à palette. Quand elle est séche, on l'emporte presque toute avec une pierre à aiguiser, plus douce que le grais ; ou une pierre ponce un peu forte : jusqu'à ce que l'on ait atteint le premier mastic formé en commençant l'ouvrage. Il reste alors encore une grande quantité de trous ; qu'on remplit de même ; en enlevant ensuite le superflu comme ci-dessus, mais prenant par degrés une pierre ponce plus douce. On remet ainsi quelquefois jusqu'à vingt couches, pour de beaux ouvrages. Ces dernieres s'appliquent avec un pinceau : & on les enleve avec une pierre de Levant bien unie. Ainsi on polit ces marbres en remplissant les trous. La superficie étant bien égale ; on finit avec de la potée d'étain bien lavée, & une couche d'huile d'olives bien claire ; qu'on enleve sur le champ. Ces ouvrages bien travaillés imitent parfaitement le marbre, & sont d'un bon service.

Au reste, la longueur de ce travail fait qu'on doit ne l'entreprendre que pour de grands morceaux : sans quoi le marbre naturel pourroit revenir à moins de frais.

3. Ayant fait un massif de plâtre tamisé, puis gâché avec de l'eau de colle forte ; on prend du gypse calciné, pulvérisé, & tamisé fin. Puis on met dans un pot de terre deux pintes d'eau, un verre de bon vinaigre, demi-once de colle forte, & demi-once de litharge d'or enfermée dans un nouet de linge. Ce mélange ayant fermenté pendant trois ou quatre heures, on le fait bouillir jusqu'à diminution d'un tiers ou d'un quart. Il en résulte une colle ; dont on met dans une écuelle, avec une quantité convenable du gypse, pour en former une pâte. Puis on étend un peu de cette pâte sur la main ; on y mêle un peu de rouge, de gris, d'ochre, *&c* ; broyés sur le marbre chacun séparément. Ensuite on procéde comme ci-dessus, *n*. 2 : & on finit en frottant avec un linge trempé dans l'huile, & mettant par-dessus un peu de tripoli en poudre enfermé dans un nouet ; puis frottant bien avec un linge sec, jusqu'à ce que la surface soit très-unie. En dernier lieu, on frotte avec un linge & de la potée, pour donner le brillant.

Pour colorer le Marbre, & l'Albâtre, en bleu ; en violet ; &c.

On trouve dans les Mém. de l'Acad. des Sc. ann. 1728, un Mémoire de M. Du Fay : où, après avoir averti de l'inutilité de diverses préparations indiquées par les Anglois, les Italiens, le P. Kircher, & autres ; ce sçavant Académicien rapporte ses propres expériences, & leurs résultats. On y voit qu'il a été peu content des dissolutions métalliques. L'huile de térébenthine, la cire, quelques gommes, & surtout l'esprit de vin, sont propres à insinuer la couleur dans le marbre. Ne pouvant pas entrer dans un plus grand détail, nous invitons le Lecteur à s'instruire par lui-même dans le Mémoire dont nous venons de tracer une idée.

Pour faire un Jeu de Cartes sur une Table.

Mêlez une livre de noir de fumée, avec douze livres de gypse ; le tout bien tamisé. Ce mélange deviendra grisâtre. Délayez cette poudre avec de l'eau de colle, comme ci-dessus. Faites-en une couche sur une table de plâtre : laissez-la sécher : vous aurez une table de marbre noir : qui sera le fonds de la table. Après quoi étendez un jeu de piquet sur deux ou trois feuilles de papier double ; & calquez toutes les cartes en les piquant. Cela fait, appliquez les feuilles sur la table ; saupoudrez dessus avec un nouet de cérufe ; puis ôtez le papier : vous trouverez vos cartes tracées sur le marbre. Vous les évuiderez avec un burin. Après avoir bien humecté le trou, vous y appliquerez une couleur blanche pour remplir le vuide. Etant séche, appliquez-y encore l'estompe de cérufe ; & saupoudrez avec un nouet rempli de charbon en poudre. Vuidez ce qui doit l'être ; & remplissez-le des couleurs qu'il faut. Pour le rouge vous prendrez du cinabre ou vermillon, pulvérisé, & mêlé avec le gypse sur la main. Pour le jaune, de l'ochre & de l'orpiment. Pour le verd, de l'indigo & de l'orpiment. Pour le bleu, l'azur. Pour le violet, de l'indigo & de la cérufe : toujours avec la pâte de gypse. Le tout étant bien fait & sec, vous polirez votre table comme ci-dessus.

Colle pour les Tables de Marbre Cassées.

Prenez du fromage d'Auvergne, ou autre, du plus gras. Rapez-le ; & faites-le bouillir dans deux ou trois eaux. Lavez-le à chaque fois avec de nouvelle eau, jusqu'à ce qu'il soit insipide. Pilez-le bien dans un mortier, & jettez-y de l'eau où vous aurez fait dissoudre de la chaux en poudre. Il en résultera une pâte : de laquelle vous recollerez votre table.

Pour blanchir le Marbre blanc. Voyez sous le mot BLANCHIR.

Dorer le Marbre. Voyez sous le mot DORER.

Marqueterie de Marbre. Voyez MARQUETERIE.

MARBRÉ : *terme de Botanique.* Se dit des fleurs qui ont un panache irrégulier.

MARBRER. Peindre de maniere à imiter le marbre.

Marbrer le Bois.

Voyez ce mot entre les *Manieres de Teindre le* BOIS, p. 352.

Marbrer l'Yvoire. Consultez l'article TEINDRE.

MARBRIER. *Consultez* l'article CARRELEUR.

MARC. Poids d'or, ou d'argent : composé de 8 onces ; ou 64 gros ; ou 192 deniers ; ou 160 sterlings ; ou 300 mailles ; ou 640 felins ; ou 4608 grains. Chaque once est divisée en 8 gros ; 24 deniers ; 20 sterlings ; 40 mailles ; 80 felins ; 560 grains. Le gros est divisé en 3 deniers ; 2 sterlings & demi ;

15 mailles ; 10 felins ; 72 grains : le denier, en 24 grains : le sterling, en 28 grains, & quatre cinquiemes de grain : la maille, en 14 grains & demi : le felin, en 7 grains, & un cinquieme de grain : & le grain, en demi ; en quart ; en huitieme ; *&c.*

MARC. Sédiment qui reste après que l'on a extrait une liqueur par expression ou par ébullition.

MARC *de Bierre.* Parties de drêche & de houblon, qui se déposent au fond de la chaudiere, à mesure que la bierre s'éclaircit. Ce marc, que l'on regardoit comme inutile, se trouve propre à préparer les cuirs. Consultez les *nn.* 243-4 de l'*Art du Tanneur*, publié en 1764 par M. De la Lande.

MARC *de Graines Huileuses.* Voyez AMENDER, *n.* 16.

MARC *de Mouches.* Consultez l'article CIRE, p. 630.

MARC *d'Olives.* Voyez AMENDER, 19.

MARC *de Pommes.* Voyez AMENDER, *n.* 18.

MARC *de Raisin* ou *de Vin ;* qu'on appelle *Rapé*, en quelques Provinces. C'est ce qui reste du raisin après qu'on l'a foulé.

Voyez Tome I. p. 318 : & l'article AMENDER, *n.* 17.

MARC-LA-LIVRE : *Opération Arithmétique.* Voyez Tome I. p. 179.

MARCASSINS. Ce sont les petits de la Laye.

MARCASSITE. Ce mot a diverses acceptions. 1°. Il signifie une matiere métallique quelconque, qui n'est encore que dans un état imparfait. Voyez Castelli *Lexicon Medicum.* 2°. Lemery (*Cours de Chymie*) dit que » c'est un nom général que l'on a » donné à toutes les matieres métalliques : mais que » l'on appelle le Bismuth, *Marcassite*, par excellence ; » à cause qu'il surpasse les autres marcassites en beauté. » Le Zinck, dit encore cet Auteur, est une autre » espece de marcassite. « 3°. Le terme de marcassite s'emploie assez souvent comme synonyme de celui de *Pyrite.*

On trouve de ces marcassites ou pyrites, dans presque toutes les mines. Dans celles de fer, il y a des marcassites diversement figurées, & en crystaux de différentes formes ; lesquelles sont d'un jaune brillant : frappées avec l'acier, elles donnent beaucoup d'étincelles : elles perdent leur couleur dans le feu, & y deviennent brunes, ou rouges : elles contiennent du fer, du soufre, & souvent beaucoup de cuivre.

MARCHAIS. *Voyez* MARE.

MARCHE. C'est la partie de l'escalier, sur laquelle on pose le pied ; & qui est comprise par sa hauteur & son giron. On la nomme aussi *Degré.*

Marche *quarrée* ou *droite*, est celle dont le giron est contenu entre deux lignes paralleles & droites. Marche d'*angle :* c'est la plus longue d'un quartier tournant. On appelle marches *de demi-angle*, les deux plus proches de la marche d'angle ; marches *gironnées*, celles des quartiers tournans des escaliers ronds ou ovales. On appelle marches *délardées*, celles qui sont démaigries en chamfrain par-dessous, & qui portent leur délardement pour former une coquille d'escalier ; comme aux petits escaliers à vis suspendus, de l'Eglise de Saint Sulpice à Paris : marches *moulées*, celles qui ont une moulure avec filet au bord de leur giron : marches *courbes*, celles qui sont cintrées en devant ou en arriere ; comme la rampe de l'Hôtel de Ville à Paris. Les marches *rampantes*, sont celles dont le giron fort large, est en pente ; & où peuvent monter les chevaux : marches *de gazon*, celles qui forment des perrons de gazon dans les jardins ; & dont chacune est retenue par une piece de bois qui en fait la hauteur.

Hauteur de MARCHE. Voyez sous le mot HAUTEUR.

Double MARCHE. Consultez l'article PALIER.

MARCHE *du Loup.* C'est ce qu'on appelle en vrai terme, *Piste* ou *Voie.* Voyez ANIMAL, p. 122.

MARCHÉ *d'Ouvrage.* C'est une convention par écrit, entre l'Entrepreneur & celui qui fait bâtir ; pour les prix des ouvrages suivant les desseins & devis, dont on fait des copies doubles, & signées de part & d'autre.

Marché à la Toise, est celui qui se fait pour des prix dont on est convenu, par toise de chaque espece d'ouvrage ; comme des murs en fondation, murs de face de pierre, ceux de refend, de moilon, *&c.* pour les gros ouvrages ; & de plâtre pour les légers.

Marché la Clef à la main, est celui par lequel un Entrepreneur s'oblige envers un Propriétaire, pour une somme, de faire un bâtiment, & de fournir tout ce qui en dépend, comme (outre la Maçonnerie) la Charpenterie, Couverture, Menuiserie, Serrurerie, Vitrerie, Pavé, & transport des terres & décombres, suivant les desseins & devis arrêtés entre eux. On le nomme aussi marché *en tâche & en bloc.*

Marché au Rabais, est celui qui se fait sur les desseins & devis de bâtimens neufs ; ou de réparation des quais, ponts, chaussées, & autres ouvrages royaux, ou publics ; en présence d'un Intendant, ou des Trésoriers de France ; & qui est délivré par adjudication au rabais, à un Entrepreneur qui s'oblige avec caution, de les faire conformément au détail de ces desseins & devis, moyennant les payemens faits à certains termes, jusqu'à la perfection & réception de l'ouvrage.

IL se fait ordinairement de deux sortes de marchés : les uns assez peu considérables pour ne pas mériter d'être rédigés par écrit : les autres qui le sont assez pour demander que les conventions en soient réglées par un Acte authentique, lequel puisse servir à celle des parties qui auroit lieu de se plaindre de l'inexécution. C'est proprement le contrat que les Romains appelloient *do ut facias.* L'une des parties s'oblige à faire telle ou telle chose (par exemple, bâtir une maison) : l'autre s'oblige à donner une somme payable de telle ou de telle maniere. Le contrat produit une action de la part de l'ouvrier qui entreprend, pour être payé du prix convenu ; & une autre action de la part de celui qui fait faire l'ouvrage, pour qu'il soit bien & dûment fait & dans le tems porté par le contrat. Il seroit même bien fondé à demander des dommages & intérêts proportionnés à ce qu'il peut souffrir par le défaut ou le retardement de l'Entrepreneur.

Modele d'un Marché d'ouvrage de Maçonnerie.

On doit faire auparavant le devis ; dans lequel il faut énoncer l'ouvrage : & il doit être intitulé de cette maniere : *Devis des ouvrages de Maçonnerie qu'il convient faire pour la construction d'une maison appartenante, &c. sise à tel endroit, &c.* » Fut présent Jean, Maître Maçon à Paris, lequel a reconnu » & confesse avoir fait marché & avoir promis, » comme aussi il promet par ces présentes à François . . . . ici présent & acceptant, de faire & construire de neuf, bien & dûment comme il appartient, au dire d'ouvriers & gens à ce connoissans, » une maison composée d'une salle basse, chambre » haute & grenier au-dessus, *&c.* Et pour ce faire, » promet ledit Entrepreneur fournir toute la pierre » de taille, moilon, chaux, sable, & autres matériaux nécessaires ; payer la peine des ouvriers ; & » rendre la place nette : à commencer de travailler » auxdits ouvrages lundi prochain (ou autre jour) ; » & le tout rendre fait & parfait comme dit est. Ce

» marché fait moyennant & à raison de *tant* pour » chacune toise desdits ouvrages, qui seront toisés » aux us & coutumes de Paris. Sur quoi ledit Entre- » preneur a confessé avoir reçu dudit sieur François, » la somme de..... livres..... & le surplus de ce à » quoi se montent lesdits ouvrages, ledit sieur Fran- » çois promet de le payer audit Entrepreneur à » mesure qu'il travaillera; & le dernier payement » sitôt que lesdits ouvrages seront faits & parfaits, » rendus & reçus comme dit est. «

Marché pour Ouvrages de Charpenterie : après avoir fait le Devis.

» Fut présent Michel, Maître Charpentier, lequel » a confessé avoir fait marché & avoir promis, » comme aussi il promet à Maître Alexandre..... à » ce présent & acceptant, de faire & parfaire bien » & dûment, comme il appartient, tous & chacuns » les ouvrages de charpenterie, nécessaires pour la » construction d'une grange qui sera assise & cons- » truite *sur tel lieu ;* laquelle grange sera composée » de *tant* de toises de long, *tant* de large & *tant* de » haut. Et pour cet effet ledit sieur Alexandre four- » nira tout le bois qu'il conviendra, & autres cho- » ses nécessaires pour le bâtiment de ladite grange, » sans que ledit Michel soit tenu de fournir autre » chose que les outils & la peine des ouvriers : à » commencer de travailler auxdits ouvrages lundi » prochain, & iceux continuer avec nombre d'ou- » vriers suffisant sans discontinuer, jusqu'à la perfec- » tion d'iceux : lesquels ledit Entrepreneur promet » de rendre faits & parfaits comme dit est, dans le » tems.... Le tout suivant le Devis ci-devant écrit, » signé desdites Parties. Ce marché fait moyennant » & à raison de *tant* pour chaque toise desdits ou- » vrages. «

Marché pour façons & entretien de Vignes.

» Fut présent Germain... Vigneron, demeurant... » lequel a confessé avoir fait marché & promis, » comme aussi il promet, à Jacques à ce présent & » acceptant, de labourer, provigner, fumer, culti- » ver, tailler, échalasser, lier, biner & faire toutes » les autres façons nécessaires en tems & saisons con- » venables, en trois arpens de vigne en une piece » appartenante audit Jean, assise au terroir de..... » & icelle vigne entretenir bien & dûment, comme » si c'étoient ses propres vignes, durant *tant* d'an- » nées. Pour quoi faire ledit Jacques lui fournira le » fumier & échalas nécessaires; que ledit Entre- » preneur sera tenu d'aller prendre en la maison du- » dit Jacques, sise audit lieu de..... Ce marché fait » moyennant & à raison de *tant* par chacun arpent » desdites vignes; que ledit Jacques promet de bailler » & payer audit Entrepreneur à mesure qu'il fera » lesdites façons. Car ainsi, *&c.*

Marché pour Voiture de Bois.

» Fut présent Louis, Voiturier, lequel a promis » & promet par ces présentes, à Claude à ce pré- » sent & acceptant, de mener, conduire & voitu- » rer depuis tel lieu jusqu'à tel lieu, *&c.* la quantité » de cent cinquante cordes de bois appartenant au- » dit Claude, & qui sont à présent sur ledit lieu de... » & commencer de faire ladite voiture par ledit en- » trepreneur lundi prochain, avec ses trois che- » vaux & harnois, & continuer sans interruption » jusqu'à ce que ledit bois soit arrivé & voituré audit » lieu de.... Ce marché fait moyennant & à raison » de *tant* par corde dudit bois; que ledit Claude » promet bailler & payer audit entrepreneur à » mesure qu'il fera ladite voiture dudit bois.

Marché pour Vente de Bois.

» Fut présent Honoré Marchand de bois, de- » meurant..... lequel a reconnu & confessé avoir » vendu & promet fournir & livrer à ses dépens sur » le port de, *&c.* à Paris, dans trois mois prochains, » à Hilaire, *&c.* aussi Marchand de bois, à ce présent » & acceptant, la quantité de mille cordes de bois » de chêne; le tout bon, loyal & marchand, franc » & quitte de tout droit & péage : moyennant le » prix & somme de.... pour chacune corde dudit » bois; lequel sera visité si-tôt qu'il sera arrivé à Paris » audit port, en la présence dudit acheteur. Sur le- » quel prix ledit Honoré confesse avoir reçu comp- » tant dudit Hilaire, qui lui a compté & payé, pré- » sens les Notaires soussignés, en écus d'argent & » autre monnoie, le tout bon & ayant cours, la » somme de.... & le surplus dudit prix ledit ache- » teur promet de le payer audit vendeur en cette » Ville de Paris, si-tôt que tout ledit bois sera arrivé » audit Port à Paris. Et à cette fin sera tenu ledit » vendeur de faire avertir ledit acheteur de se trou- » ver sur ledit port.... incontinent que ledit bois y » sera arrivé; car ainsi, *&c.*

Marché de Foin.

» Fut présent François... Laboureur, demeurant » à... lequel a reconnu & confessé avoir vendu, & » promis fournir & livrer à Henri... en sa maison à » Paris, & à mesure qu'il en aura besoin (ou bien » *dans tel tems*) la quantité de huit milliers de bottes » de foin, bon, loyal & marchand, chaque botte » du poids de quinze livres; pour en faire par ledit » Henri ce que bon lui semblera. Ce marché fait à » raison de deux cens livres pour chaque millier des- » dites bottes de foin. Sur lequel prix ledit François » confesse avoir reçu dudit sieur Henri.... qui lui a » baillé & payé par devant les Notaires soussignés » la somme de....... Et le surplus dudit prix ledit » Henri promet de le bailler & payer audit Fran- » çois ou au porteur... à mesure qu'il lui fera ladite » livraison ; & le dernier payement aussitôt que » tout ledit foin lui sera entiérement livré, comme » dit est.

Marché fait avec un grand Seigneur, pour fourniture de sa Maison ; soit rôtisserie, pain, vin, &c.

» Fut présent Barthélemi..... Maître Rôtisseur à » Paris, demeurant rue... lequel a reconnu & con- » fessé avoir fait marché, promis & promet à très- » haut, très-puissant & très-excellent Prince Mon- » seigneur Henri.... à ce présent & acceptant, de » lui fournir & livrer durant deux ans prochains, à » commencer au premier jour de Janvier prochain, » tant pour sa bouche que pour sa maison & suite » de son Hôtel, à Paris & à la campagne, aux Ar- » mées où Son Altesse sera employée pour le service » du Roi, dedans & dehors le Royaume, toutes & » chacunes les viandes, gibier, volailles & poulailles » nécessaires, telles qu'elles sont contenues & men- » tionnées au Mémoire ci-devant écrit en *tant de* » feuillets de papier, & moyennant les prix portés » par ledit Mémoire; que son Altesse a promis & » promet de bailler & payer, ou faire payer par » son Trésorier audit Barthélemi... ou au porteur.... » de mois en mois, sur les extraits de ladite fourni- » ture, laquelle sera écrite sur le Livre dudit Barthé- » lemi par le Maître d'Hôtel ou Contrôleur de la

» maison de Sadite Altesse en tout lieu; & de mener » avec lui un ou deux hommes pour lui aider en son » emploi, lesquels seront nourris avec ledit Barthé- » lemi aux dépens de Sadite Altesse, comme ses au- » tres Officiers du commun; & leur sera encore fourni » aux dépens de Sadite Altesse les chevaux nécessai- » res pour les porter & pour porter lesdites viandes, » gibier & volaille, si besoin est, avec des couver- » tures de charge aux livrées & armes de Sadite Al- » tesse, sans que de tout le tems que ledit Barthé- » lemi sera à la suite de Sadite Altesse, il puisse pré- » tendre pour lui ni pour ses serviteurs aucuns gages » ni appointemens de Sadite Altesse. Et si ledit Bar- » thélemi étoit défaillant de faire ladite fourniture » pour chacun jour en tout lieu, comme dit est, Sa- » dite Altesse la pourra faire prendre ailleurs par ses » Officiers pour le compte & aux frais dudit Barthé- » lemi. « *Nota.* Les marchés pour le pain & le vin se font de la même maniere; ainsi il est inutile d'en rapporter des formules.

MARCHETTE. C'est un morceau de bois qui tient une machine en état; & sur lequel un oiseau (ou autre animal) mettant le pied, se prend à la machine, ou la fait détendre.

MARCOTTE: & MARCOTTER: se disent de la vigne, des figuiers, des coignassiers, *&c.* En couchant des branches d'arbres, à cinq ou six pouces dans la terre, elles y forment des racines: & ces branches ensuite séparées de l'arbre auquel elles tiennent, s'appellent *Marcottes;* & le long du Rhône, des *Barbades.* Voyez CHEVELÉES. CROSSETTE.

Pour avoir beaucoup de marcottes d'un même arbre, les Jardiniers font ce qu'ils appellent des *Meres.* Ayant planté un gros arbre au fond d'une excavation; ou se contentant de décombler la terre tout autour de l'arbre actuellement planté dans un autre endroit; ils coupent le tronc jusqu'au raz de terre. Au printems suivant, la souche pousse quantité de branches. Plus bas elles sortent, mieux elles valent; parce qu'on a plus de facilité à les recouvrir de terre pour en former des marcottes.

Lorsque ces branches ont deux pieds & demi ou trois pieds de longueur; ce qui arrive presque toujours dès la premiere année; on butte la souche: c'est-à-dire, qu'on la recouvre de terre, ainsi que la naissance de toutes les branches. Avant cette opération, il convient de ne pas laisser les branches prendre une direction perpendiculaire; mais les obliger à en suivre une inclinée, & les y assujettir avec des crochets de bois. S'il se fait quelque rupture, ne fût-ce qu'à l'écorce, les racines sortiront plus aisément: on en verra, ci-dessous, la raison. Au bout de deux ans qu'elles ont demeuré en cet état, elles sont ordinairement assez fournies de bonnes racines, pour que l'on puisse les *sevrer*, c'est-à-dire les séparer de la souche; pour les mettre en pépiniere.

A mesure que la souche est soulagée des branches enracinées, elle en produit de nouvelles. Ainsi une mere bien ménagée, donne du plant assez abondamment, pendant douze à quinze années. Plus elle est forte, plus elle est en état d'en fournir.

Si on veut faire servir de Mere une tige qui n'ait que deux ou trois pouces de diametre; on la coupe à un pied & demi ou deux pieds de terre. Ce qui lui reste de longueur se garnit d'une multitude de branches. En automne on fait un décomble tout autour; & une tranchée du côté où il ne se trouve pas de fortes racines. On couche cette tige dans la tranchée; on la retient en cette situation, par un fort crochet de bois; on étend de côté & d'autre toutes les branches; & on les recouvre de terre, ainsi que la tige, ne laissant au dehors que l'extrémité des branches: lesquelles, au bout de deux ans, se trouveront amplement fournies de racines si l'on opere sur des arbres tels que les Tilleuls, les Coignassiers, *&c.* qui ont de la disposition à en produire. Car il y a des arbres qui se refusent à cette production; & quelques-uns seroient en terre sept à huit ans, sans en produire une seule. Dans ce dernier cas il faut que l'art aide la nature: en occasionnant des bourrelets par des ligatures, des incisions, *&c;* on déterminera ces branches à produire des racines. Mais le succès dépend des endroits où on placera ces incisions ou ligatures. Comme les racines sortent plus volontiers de la partie basse; c'est la place qu'il convient de leur assigner. Ainsi, lorsqu'on laisse les branches dans leur situation naturelle, on doit faire les ligatures ou les incisions le plus près qu'on pourra de la souche, de la tige, ou de la branche d'où sort la marcotte. Mais si l'on est obligé, comme cela arrive souvent, de courber la marcotte; il faudra lier la partie la plus basse au-dessous de la naissance d'une branche ou d'un bouton, pour qu'il se forme plus aisément en cet endroit une tumeur ou un bourrelet.

Attendu que les racines poussent principalement aux endroits où les tumeurs sont environnées d'une terre suffisamment humectée; on doit entretenir cette terre toujours un peu humide. Ainsi, dans le cas où on fait les marcottes en pleine terre, il est à propos de les couvrir de litiere, qu'on arrosera de tems à autre. Il y a plus de difficulté pour les marcottes qui passent dans des mannequins, des pots, de petites caisses, des entonnoirs de fer blanc, *&c:* ces vases ne contenant que peu de terre, elle se desséche promptement; & il y a à craindre que les fréquens arrosemens ne la dérangent & n'empêchent la production des racines: on fera bien alors de tendre des paillassons pour garantir du soleil le pot, la caisse, ou le mannequin, & prévenir ainsi le desséchement de la terre; puis, afin d'entretenir la terre dans le degré d'humidité dont elle a besoin, placer un vase plein d'eau au-dessus de celui qui contient la marcotte; & faire passer l'eau dans celui-ci, au moyen d'une lisiere de drap faisant l'office de siphon. Consultez la *Physique des Arbres*, de M. Duhamel, L. IV. Ch. V. Art. III. & les figures qui y ont rapport. *Voyez* aussi le IIIe. Chap. du IIe. Livre du *Traité des Semis & Plantations*, publié par cet habile Académicien.

ON Marcotte encore des fleurs, & sur tout des *Œillets*, en y faisant une petite entaille au-dessous d'un nœud; remplissant cette fente avec un peu de terre fine; & l'entourant de deux ou trois pouces de la même terre; soit dans un cornet de fer blanc attaché en l'air pour les branches qui sont trop hautes pour être couchées; soit dans un pot, ou en pleine terre, quand les branches sont assez basses. Ainsi on dit: *J'ai une douzaine de belles Marcottes à vous donner;* &c. *Voici le tems de* MARCOTTER.

MARDELLE, ou plutôt MARGELLE. C'est une pierre percée; qui, posée à hauteur d'appui, fait le bord d'un puits. Elle est ordinairement ronde, ou à pans; quelquefois ovale: tantôt d'une seule piece, & tantôt de plusieurs.

MARE; ou *Marchais.* Réservoir d'eau de pluie, qui s'amasse dans des terres; qui n'a point d'issue; & qui se séche souvent dans les grandes chaleurs. On voit bien des villages où il n'y a que des mares pour conserver l'eau: comme au pays de Caux en Normandie. Le fauve & le bétail vont s'abreuver aux mares. C'est aussi autour de ces endroits que sont divers arbres, & autres végétaux, aquatiques.

Quand on a des mares où l'eau ne tarit point; on peut s'y procurer plusieurs milliers de *feuille* & d'alvin, en y jettant dix ou douze carpes femelles avec trois ou quatre mâles. Il faut bien veiller qu'il n'y vienne point de brocheton. Ces sortes de mares, qui sont quelquefois des trous de peu de conséquence, peuvent rendre un profit considérable; suivant la qualité de l'eau & du terrein.

Toute mare où l'on veut tenir du poisson, doit avoir un endroit par où l'eau puisse s'écouler quand on le juge à propos. Sinon, l'eau y est habituellement trouble: & le poisson y contracte un mauvais goût. On a coutume de vuider les mares tous les quatre ans, pour en curer le fond. On peut y mettre beaucoup de Cheverneau, médiocrement de Tanches, & moins de Carpillons; ces derniers étant plus sujets, que les deux autres, à sentir la bourbe. [Les *Chevernes*, dont nous parlons, sont des poissons dont la tête est fort grosse, les yeux grands & ronds, & les écailles à-peu-près comme celles du Barbeau mais plus blanches. On peut les accommoder en ragoût, comme le barbeau; surtout lorsqu'ils sont grands. Ils sont encore bons pour les matelottes.]

Dans les commencemens qu'une mare est empoissonée, il est à propos d'en écarter les oyes & les cannes: qui ne manqueroient pas de détruire beaucoup du petit poisson que l'on y a mis. Deux ans suffisent pour qu'un semblable réservoir soit en état de fournir ensuite habituellement la table d'une famille médiocrement nombreuse. Mais on l'auroit bientôt dépeuplé si on y pêchoit pour vendre; comme l'on pêche les étangs.

MARÉCAGEUX (*Terrein*). Voyez ARBRE, *Art.* I. TERRE.

MARECHÉS; *Maraischers*; ou *Maragers*. Ce sont des Jardiniers qui se sont établis autour de Paris, & de la plupart des bonnes Villes, pour n'élever dans leurs jardins que des herbes & des légumes; qu'ils portent tous les jours vendre dans les marchés publics. Leurs jardins s'appellent *Marais*; quoique souvent le terrein ne soit que du sable fort sec.

MARGELLE. *Voyez* MARDELLE.

MARGAUDER: ou MARGOTER. *Voyez* ce mot dans l'article CAILLE.

MARGUERITE. Nom qui est commun à diverses plantes.

Il est parlé de la *grande* MARGUERITE, sous le nom d'ŒIL *de Bœuf*.

La *Petite* MARGUERITE; aussi nommée *Pâquette*, ou *Pâquerette*; est appellée en Latin *Bellis minor*: & *Daisy*, en Anglois. Ce genre de plantes porte des fleurs radiées; dont le péduncule sort immédiatement de la racine, & n'a pour l'ordinaire aucunes branches ni ramifications.

Ce sont toutes des plantes basses; dont les racines sont fibreuses. Les feuilles, grassettes, lisses, arrondies à leur partie antérieure, & dentelées, forment une touffe qui reste près de terre. Ces plantes donnent des fleurs en Avril ou Mai, & durant presque tout l'été. Chaque fleur forme un disque ouvert, porté sur un péduncule plus ou moins haut.

Especes.

1. *Bellis sylvestris minor* C. B. Elle est fort commune dans les prairies; & incommode souvent parmi les herbes des jardins où elle vient sans culture. Ses fleurons sont presque toujours jaunes: & ses demi-fleurons, blancs, quelquefois lavés de pourpre clair. On regarde cette plante comme l'origine de toutes les variétés de son genre que l'on cultive dans nos jardins: sentiment sur lequel M. Miller trouve quelques difficultés.

2. Entre les *Pâquerettes cultivées*; il y en a de rouges, de blanches, de marbrées rouge & bleu, de panachées en autres couleurs, tant simples que doubles. On en voit même qui produisent des monstruosités, formées quelquefois d'une douzaine de petites fleurs doubles au haut du même péduncule; ce qui a un air de parasol.

Culture.

Ces plantes, soit seules, soit mêlées avec d'autres du même port, font un agréable effet.

Le trop grand soleil les desséche & fait périr. Une terre médiocrement grasse, & sans fumier, leur est très-favorable. On peut les replanter en toutes saisons, pourvû qu'on ait soin de ne pas les laisser manquer d'eau; surtout pendant les chaleurs. Le meilleur tems de les transplanter est en Septembre, ou en Février. Comme elles touffent beaucoup, on les multiplie en divisant les pieds.

Usages.

Ces plantes, mises en massif, font un joli émail dans un parterre: & leur effet se soutient longtems.

Quand on les tient de la sorte, ou en bordure; il faut avoir soin de les humecter tous les jours, durant les chaleurs: afin de prévenir le dommage qu'y occasionneroit le soleil.

On les rogne quelquefois lorsqu'elles débordent trop. Pour cela, on tend un cordeau; qui dirige le couteau dont on se sert pour cette opération.

La petite marguerite, non cultivée, entre dans la composition de l'eau d'arquebusade. On l'emploie aussi pour arrêter le sang, consolider les plaies, résoudre les tumeurs; & pour l'inflammation des yeux. On en fait prendre le suc intérieurement pour les blessures. L'herbe, mangée en salade, lâche le ventre: ce qu'elle fait aussi, étant cuite dans du potage gras ou avec du beurre frais. Les fleurs sont bonnes à appliquer sur les écrouelles. Les feuilles, mâchées, guérissent les ulceres de la bouche & de la langue: on les applique fraîches cueillies, pour modérer les inflammations de toute sorte d'ulceres; & pour la sciatique.

Cette plante, pilée seule, ou avec de l'armoise guérit (dit-on) les écrouelles. On l'estime utile pour la goutte des pieds. Quelques-uns l'ont même nommée *Herbe de la Paralysie*: Ruel assure qu'effectivement l'usage continué d'un cataplasme fait avec la pâquerette & l'armoise, fond les tumeurs scrophuleuses, résout celles où il y a inflammation, & soulage les gouteux & les paralytiques. Césalpin recommande cette plante pour les plaies de la tête; & pour celles de la poitrine, qui pénétrent jusques dans la cavité du thorax: pour cela il est bon d'en mêler le suc dans les boissons. Ses feuilles, pilées, amortissent & dissipent les inflammations des parties génitales. Quelques-uns donnent à cette plante le titre de *Petite Consoude*.

MARGUERITE-*Blanche*. Voyez RENONCULE, *n.* 7.

MARGUERITE-*Jaune*. Voyez CHRYSANTHEMUM, *n.* 1.

MARGUILLIER. C'est celui qui a l'administration des affaires temporelles d'une paroisse; qui a soin de la Fabrique & de l'Œuvre. En quelques endroits de la campagne, on appelle *Gagers*, ceux qui prennent soin de l'œuvre; & on donne le nom de *Marguillier* à celui qui sert l'Eglise, & qui est une espece de bedeau.

Les Marguilliers doivent faire un bon & fidele inventaire de tous les titres & papiers concernant leurs Fabriques; tant pour l'acquit des fondations & la décharge de l'Eglise, que pour les revenus: suivant l'*Edit de Melun*, Art. IX.

Les Marguilliers Comptables doivent rendre, chaque année, un compte fidele de leur administration, & de toute la recette & dépense qu'ils ont faite. * *Ordonnance de Louis XIV*, 1667.

Ils ne peuvent accepter aucune fondation, sans y avoir appellé le Curé; l'avoir consulté, & pris son avis. * *Edit de Blois*, Art. LIII.

Il y a eu en 1690, une Déclaration du Roi, portant défenses aux Marguilliers des Eglises, de bâtir sans permission : donnée le 31 Janvier, registrée le 6 Février audit an.

Dans la même année, Arrêt rendu en faveur des Curés, Marguilliers & anciens habitans de la Paroisse d'Argenteuil, contre les Officiers de la Justice dudit lieu; concernant l'élection des Marguilliers, leurs préséances sur lesdits Officiers de Justice, la reddition de leurs comptes, & la qualité des personnes qui doivent avoir voix & assister aux nominations tant des Marguilliers que des Syndics de ladite Paroisse : fait en Parlement au mois d'Avril 1690.

MARIE, ou MARIN. (*Bain*). Voyez l'article BAIN, *terme de Chymie*.

MARIGOLD (*Corn*). Voyez CHRYSANTHEMUM.

MARINADE. Assaisonnement de haut-goût avec du vinaigre, du sel, du poivre blanc & de fines herbes.

Prenez, par exemple, une couple de *Poulets* prêts à larder : mettez-les par quartiers, & les laissez tremper, depuis le matin jusqu'à midi, c'est-à-dire, cinq ou six heures, dans une terrine, avec du vinaigre, du sel, du romarin, des feuilles de laurier sec, & une bonne poignée de graine de fenouil; on y peut ajoûter du poivre. Lorsque la viande a trempé, on la tire à sec; puis on la farine; & on la fait frire dans le sain-doux, ou dans du beurre roux, ou dans de l'huile. Quand elle est cuite, on la tire à sec pour la mettre sur une assiette creuse. On peut mettre par-dessus, un peu de sel menu, & du persil frit dans la poële.

On peut accommoder de la même façon une *Poitrine*, ou une *Longe*, *de Veau*; ou d'autre viande délicate : l'ayant coupée par morceaux. *Consultez* l'article VEAU.

Autre Marinade de Poulets. Faites-les mariner pendant trois heures seulement, avec verjus, sel, poivre blanc, cloux de girofle, ciboule, & laurier. Composez ensuite une pâte claire, avec farine, vin blanc, & jaune d'œuf; trempez-y vos poulets; & faites-les frire, avec du lard fondu, ou du sain-doux, ou du beurre frais. On peut les mettre un peu mitonner dans leur marinade, après qu'ils sont frits. Il faut les servir chauds, avec du persil frit.

Marinade de Pigeons. Les ayant épluché proprement, & fait blanchir, coupez-les en deux; ou fendez-les seulement sur le dos : & les battez afin qu'ils restent en la forme que vous leur aurez donnée. Faites-les ensuite mariner comme il vient d'être marqué pour les poulets. Au bout de trois heures, trempez-les dans une pâte claire, composée de farine, vin blanc, & jaunes d'œufs; ou seulement dans de la farine. Faites-les frire, comme nous avons marqué : & servez-les chauds avec vinaigre à l'ail, & poivre blanc, ou avec une vinaigrette ordinaire.

2. Vous pouvez (pour les *Mariner*) les mettre dans une casserole avec de l'oignon, du persil, du sel, du poivre, des cloux de girofle, du basilic, un morceau de bon beurre, une cuillerée de bouillon du derriere de la marmite, & du vinaigre. Etant cuits, vous les tremperez dans du blanc d'œuf, & ensuite dans de la farine; & les ferez frire sur le champ. Après quoi dressez-les proprement sur une serviette, avec du persil frit : & servez chaud.

Marinades de Poisson; & particulierement de Tortues. Faites-les cuire : & ensuite tremper dans le vinaigre, avec sel, poivre blanc, & ciboules : puis empâtez-les; ou farinez-les; & les faites frire, avec du beurre fondu & affiné. On les sert avec du persil frit; comme les autres marinades : & l'on peut y faire une sausse, avec verjus, ou jus de citron, & poivre blanc.

Voyez *Filets de* TRUITE.

MARINER *la Viande, pour la Conserver*.

Si c'est du VEAU : on coupe le manche de l'*Epaule*; & on pique l'épaule avec du gros lard bien assaisonné de sel, poivre, fines herbes, & fines épices. La *Poitrine* étant coupée en deux, on pique le gros bout avec de petit lard; puis on le saupoudre (ainsi que le bas bout de la poitrine) de sel & de fines herbes. Il faut que les gros os des cuisses ne tiennent point aux *Longes* : on les soutient en l'air sur de la braise, pour les refaire, après quoi on les pique de petit lard. Lorsqu'elles sont piquées on en détache le rognon & toute sa graisse. On fend le *Rognon* en trois ou quatre sans le casser; & on le saupoudre de sel, poivre, fines herbes, & fines épices, modérément. On saupoudre de même la *Longe*. On pare d'abord la *Noix*; c'est-à-dire qu'on en leve la peau, & qu'on l'applatit bien avec le couperet : puis on la pique de petit lard, & on la saupoudre comme ci-dessus. Il faut couper les *Cuisseaux* en rouelles épaisses de deux doigts & sans os; les piquer de gros lard bien assaisonné, & les saupoudrer modérément comme il a été déja indiqué.

Ces différentes parties du veau étant ainsi préparées, on les met dans des tourtieres ou dans des plats de terre qui puissent aller au feu : on les couvre de quelques bardes de lard, & par dessus une quantité raisonnable de beurre avec des feuilles de laurier : ensuite on fait cuire le tout dans un four qui ne soit pas assez chaud pour griller la viande. Etant cuite, on la tire & on la laisse refroidir. Après quoi on prend un barril qui puisse contenir tout cela. On y jette d'abord des cloux de girofle, du sel, du poivre en grain, & des feuilles de laurier. On fait un lit de la viande; & on l'assaisonne comme le dessous : on continue de même jusqu'au haut. Après quoi l'on verse sur le dernier lit, du beurre fondu, simplement tiede; secouant le barril afin que le beurre se mêle bien avec la viande : & on achevé de remplir avec ce même beurre; qu'on laisse refroidir avant de fermer le barril. On garde le tout dans un lieu frais.

Lorsqu'on veut se servir de la *Longe*, on la met à la broche; où on la fait chauffer doucement, enveloppée d'une feuille de papier beurré du beurre susdit. Lorsqu'elle est cuite, on la sert avec une sausse à l'échalote, sel, poivre, & eau, chauffés. La *Noix*, l'*Epaule*, & la *Poitrine*, se servent de même; si l'on n'aime mieux les manger froides. Pour ce qui est des bas bouts de la poitrine, on les coupe en petits morçeaux que l'on fait bouillir quelques instans dans une casserole avec un morçeau de bon beurre, & un oignon haché menu, que l'on aura auparavant passés un moment sur le feu, saupoudrés d'une pincée de farine, & mouillés d'eau ou de bouillon : à la fin, on y met un filet de vinaigre, avec une liaison de jaunes d'œufs. La *Rouelle* doit mitonner quelque tems dans une casserole avec un morceau du beurre où elle aura mariné, lequel sera roussi & mouillé d'eau ou de bouillon. On y mettra une pointe d'ail, & une pincée de capres.

Quand on veut mariner la tête, les pieds, la fraise, & la fressure; on désosse la *Tête* & les *Pieds* : on les fait blanchir, ainsi que la *Fraise*, puis cuire un peu plus qu'à demi; bien assaisonnés de sel, poivre, fines herbes, & cloux de girofle. Etant cuits on les met égoutter, & on les laiſſe refroidir : après quoi on les arrange dans un barril avec toutes les précautions marquées plus haut. Quand on veut les manger, on les fait chauffer dans l'eau bouillante, avec du ſel & du poivre. Ou bien on met un morceau de beurre dans une caſſerole avec un oignon haché bien menu, que l'on fait frire : enſuite on coupe la fraiſe *&c.* en morceaux ou en filets, que l'on met dans la caſſerole ; où, après leur avoir donné quelques tours, il faut les poudrer d'une pincée de farine, les mouiller d'eau chaude, les laiſſer bouillir un peu, les dégraiſſer ; les aſſaiſonner de ſel, poivre, une pointe d'ail ; & y mettre une liaiſon de jaunes d'œufs avec un filet de vinaigre.

Le veau ainſi mariné peut ſe conſerver trois ou quatre mois.

On peut, même en pays chaud, faire de ſemblables proviſions de POISSON : pourvû que l'on ait beaucoup d'huile.

Le *Gras-double*, & les *Foies* & *Pieds de* BŒUF fourniſſent encore de bons plats ſur mer. Voici la maniere de les mariner. On les fait cuire comme font ordinairement les bouchers. Puis on les met dans un barril ; avec des lits de gros ſel, poivre en grain, cloux de girofle entiers, & feuilles de laurier. Puis on acheve de remplir le barril avec du vinaigre. Quand on veut en manger, on les coupe par filets : enſuite on hache un oignon ; que l'on paſſe quelques tours dans une caſſerole avec du beurre ou du lard fondu. Après quoi on y paſſe les filets, on les poudre d'une pincée de farine, on les mouille d'eau ou de bouillon, on y ajoûte une petite pointe d'ail, on laiſſe bouillir le tout durant quelque tems, & on le lie avec des jaunes d'œufs.

MARJOLAINE : en Latin *Majorana* : & MARJORAM, en Anglois. *Voyez* ORIGAN.

MARMANTEAUX ; ou MARMENTEAUX ; (*Bois*). Voyez Tome I, p. 355.

MARMELADE. Confiture à demi-liquide ; faite de la chair des fruits qui ont quelque conſiſtance, comme les prunes, les coings, les abricots, les oranges, les pommes. *Voyez* ABRICOTIER, p. 8.

Marmelade de Pommes.

Pelez des pommes : coupez-les en quatre ; & en ôtez les pepins & parchemins. Coupez-les enſuite en plus petits morceaux : & les mettez dans une caſſerole avec un peu d'eau, du ſucre, de la cannelle en bâton ; & placez le tout ſur le feu. Quand les pommes ſeront toutes briſées & preſque fondues, ce qu'on appelle *Marmelade* ; rapez-y un peu d'écorce de citron verd. Il faut que cette marmelade ſoit d'un bon goût.

Les pommes de reinette ſont les meilleures pour faire de la marmelade.

Tourte de Marmelade de Pommes.

Voyez le mot TOURTE.

MARNE : en Latin *Marga*. Terre compacte, ou ſorte de pierre tendre ; que l'on emploie à fertiliſer les champs, les prés, & les vignes.

Certaines marnes, dans la carriere même, ſont molles & ſuſceptibles d'être paîtries : d'autres ſont dures comme du moëlon.

1. La plupart de celles qu'on rencontre preſque à fleur de terre, ſont rudes au toucher. Auſſi les nomme-t'on *Marnes Graveleuſes*. On en fait ordinairement peu de cas.

2. Dans l'article AMENDER, *p.* 95, nous avons parlé des *Marnes Coquillieres* ; dont le *Falun* de Touraine peut être regardé comme une eſpece. Ces marnes, de bonne qualité, ſe rencontrent à une médiocre profondeur ; & ſont ordinairement *blanches*. On les tire par moëlons.

3. La *Marne Crétacée* ſe trouve fréquemment aſſez près de la ſuperficie. Il y en a de *blanche* ; & de *rougeâtre*. Voyez AMENDER, *p.* 91.

4. Sous les bancs de marne crétacée, on rencontre ſouvent des maſſes de *Marne Argilleuſe*, qui ſont éparſes, & ne forment point de banc continu. Il y en a de *bleue* ; & de *jaune*. [Les Anglois & les Flamands appellent Marne Argilleuſe, ou *Argille Marneuſe* (*Clay Marle*) ; une ſubſtance qui a extérieurement beaucoup de rapport avec l'argile ; mais qui eſt plus graſſe, & quelquefois mêlangée de pierres calcaires.] M. Mills, *Syſt. of Husb.* Vol. I. p. 38, dit qu'on en trouve à trois pieds, ſous du ſable ; ſouvent plus bas, ſous de l'argile.

5. On trouve quelquefois encore d'excellente marne *verdâtre*, ſous des lits de marne crétacée. * *Elémens d'Agricult.* T. I. p. 175.

6. Il y a de la marne *brune, veinée de bleu, & mêlangée de petites pierres calcaires* : que l'on rencontre aſſez ordinairement au-deſſous d'un banc ſoit d'argile ſoit de terre noirâtre, à ſept ou huit pieds de profondeur, & dont l'extraction eſt difficile. M. Miller dit que dans la Province de Cheſter, on déſigne cette ſubſtance par le nom de *Cowshut Marle* : l'Auteur des *Elémens du Commerce* (T. I. p. 205) l'écrit *Cowshult* ; & penſe que ce terme ſignifie *Terre à Bauge*, & dès lors (dit-il) une eſpece de glaiſe.

7. L'on rencontre dans cette même province, près des eaux courantes & ſur le penchant des collines, une marne *plus ou moins teinte de bleu* ; que M Miller regarde comme une ſorte d'*Ardoiſe*. Elle ſe déſunit facilement à la gelée, ou à la pluie. Son nom Anglois eſt composé de ceux d'Ardoiſe & Marne.

[Dans le Ier. Volume des *Elémens du Commerce* (p. 212-3-4) il eſt fait mention d'une glaiſe brune tirant ſur le bleu, appellée indifféremment dans le Comté d'York *Clay* & *Marle* ; c'eſt-à-dire Argile, & Marne. L'Auteur dit que cette glaiſe y eſt d'un très-grand uſage pour amender les terres maigres, légeres, & ſabloneuſes : & qu'elle ſe trouve ordinairement ſur le penchant des collines, ſous une couche de ſable, à la profondeur de quatre à cinq pieds. C'eſt une vraie glaiſe ou argile, dont on fait de très-bonne brique.]

8. Le penchant des collines ; & certains terreins humides ou marécageux mêlés de ſable léger ; contiennent une *Marne brune, compacte, & fort graſſe.* Elle eſt aſſez ordinairement à deux ou trois pieds au-deſſous de la ſuperficie de ces terres marécageuſes. Les Anglois lui donnent pluſieurs dénominations qui indiquent que cette ſubſtance eſt ſolide, & qu'on ne l'obtient qu'en fouillant : *Peat Marle* : *Delving Marle.*

9. Celle qu'ils appellent *Steel Marle* (*Marne Acerine* ; ou *Marne Dure*, ſuivant les *Elémens du Commerce*), ſe tire ſouvent du fond des puits ; & quelquefois ſe trouve à trois pieds au deſſous des terreins ſabloneux, ou à une plus grande profondeur ſous de l'argile. Elle ſe briſe comme d'elle-même en morceaux cubiques. [Je traduis ici MM. Miller & Mills : & l'on peut remarquer que je ſuis en oppoſition avec l'Auteur des *Elém. du Comm.* qui dit que cette marne ſe trouve *à l'entrée des puits.*]

10. Il y a, dans le voiſinage de certaines mines de charbon, une marne qui ſe délite en feuilles minces que l'on ſeroit tenté de prendre pour des feuilles de papier griſâtre. Auſſi les Anglois l'appellent-ils *Paper-Marle.* L'extraction de cette marne donne beaucoup de peine. [Seroit-ce ce que l'Auteur des *Elém. du Comm.* nomme *Ecaille de Savon* ; & qu'il

dit être cendré : Tome I. pages 212 & 215 ?]

11. Outre les couleurs que l'on vient d'indiquer comme propres à indiquer des especes de marnes ; il y en a de grise ; de marbrée ; & peut-être encore d'autres : quelques Auteurs parlent même de marne noire.

Les *Caracteres généraux de la vraie Marne* sont indépendans de la couleur. Nous examinerons dans la suite, si la couleur influe sur la qualité de cette substance & sur ses effets par rapport à la fertilité des terres. 1°. Il faut que l'humidité fasse gerser & fuser la marne ; comme on voit qu'il arrive en pareil cas à la chaux. 2°. Le soleil la réduit en poudre ; principalement lorsqu'il survient une petite pluie après quelques jours de chaleur. 3°. Quand la marne est parfaitement séche, elle ne se tient pas en masse ; en quoi elle est facile à distinguer de l'argile : au contraire elle se montre alors fort tendre & disposée à se désunir. 4°. La gelée l'atténue & divise aussi promptement que l'eau peut le faire. 5°. Elle fermente plus ou moins vivement avec le vinaigre & les autres acides : ce que fait aussi la chaux. 6°. La marne qui a demeuré exposée à l'air pendant quelque tems, paroît ensuite comme couverte de sel blanc, très-fin : ce que l'on observe de même à la surface de la terre où l'on a mêlé de cet engrais, suivant la remarque de M. Mills (*System of Husb.* Vol. I. p. 37). 7°. Plus la marne est pure, plus vîte elle se décompose dans l'eau, & y forme un précipité de poudre impalpable, en envoyant quantité de jets d'air à la surface de la liqueur. 8°. M. Homes indique encore pour caractere de la marne, qu'elle donne un poli brillant aux instrumens dont on se sert pour la fouiller : 9°. qu'au sortir même de la marniere, elle a une saveur douce & onctueuse.

[Au reste le Recueil publié pour l'année 1761, par la Soc. d'Agric. de la Généralité de Tours, rapporte entre les observations du Bureau du Mans (*p.* 34) que » l'eau forte agit sur différentes natures » de pierres qui ne sont pas de la nature des cal- » caires ; & qu'ainsi l'indication du vinaigre pour » connoître la bonne marne, n'est rien moins que » certaine.] Voyez ci-dessous p. 477, col. 1. Au reste, c'est toujours un très-bon moyen de distinguer la marne d'avec la glaise.

M. Duhamel (*Elémens d'Agric.* T. I. p. 170-1) rapporte des expériences qu'il a faites sur deux especes de marne : l'une *verte*, & *grasse*, c'est-à-dire douce au toucher ; l'autre, *blanche*, & *crayonneuse*. Toutes deux ont fusé & se sont réduites en poudre, étant seulement déposées dans un lieu humide ; mais la grasse, plus promptement. Celle-ci s'est encore plus tôt fondue dans l'eau : & M. Duhamel observe qu'elles furent plus vîte dissoutes par ce menstrue, que par la simple humidité. Tous les acides attaquerent vivement ces deux substances : au lieu qu'ils n'eurent sur la glaise qu'une action presque insensible. Enfin, la glaise ayant rougi au feu, & s'étant cuite comme la brique ; ces marnes ne firent que s'y durcir. Mais un feu plus considérable vitrifia la marne grasse, même dans un creuset ; tandis que la crayonneuse ne se vitrifia ni calcina.

Comme ces procédés sont annoncés par un Physicien des plus exacts, & parfaitement véridique ; nous croyons que l'on nous saura gré de rappeller ici que le VIIIe. article des *Preuves* données par M. De Buffon pour sa *Théorie de la Terre*, dans le Ier. Volume de sa savante *Histoire Naturelle*, contient des principes & des observations systématiques destinés à répandre du jour sur l'analyse des substances marneuses & de celles qui y sont plus ou moins analogues. En comparant ce beau morceau de Physique avec les résultats que nous venons de donner des expériences de M. Duhamel ; on sera plus à portée de définir la nature de la marne.

Non seulement M. De Buffon » prétend (p. 399, » 400-1 du premier Vol. Éd. *in*-12.) que les craies, » les marnes, & les pierres à chaux ne sont composées » que de poussiere & de détrimens de coquilles ; » & ... que telle est aussi la composition du marbre, » & de toutes les autres matieres qui sont disposées » par couches horizontales [dans une profondeur » moyenne], & qui contiennent des coquilles & » d'autres détrimens des productions de la mer. « Ce célèbre Auteur ajoûte (*p.* 400) que » les sables » vitrifiables & l'argile sont les matieres dont l'inté- » rieur du globe est composé : avertissant (*p.* 401) qu'il » entend par le mot d'*Argile*, les argiles soit blanches » soit jaunes ; & les glaises bleues, molles, dures, » feuilletées, *&c* ; qu'il regarde comme des scories » de verre, ou comme du verre décomposé. «

Comme il importe de savoir distinguer la marne d'avec la glaise, la craie, le tuf, & d'autres substances avec qui elle a des rapports extérieurs : j'observerai encore que, selon M. De Buffon (*p.* 403), » les *Ardoises* bleues, blanches, grises, rougeâtres ; » & tous les schits ; matieres qui se trouvent ordi- » nairement au-dessus de l'argile feuilletée ; sem- » blent n'être en effet que de l'argile, dont les dif- » férentes petites couches ont pris corps en se des- » séchant, ce qui a produit les délits qui s'y trou- » vent..... Outre le *Tuf* ordinaire, qui paroît troué » & pour ainsi dire organisé ; le nom de Tuf con- » vient à toutes les couches de pierre qui se font » faites par le dépôt des eaux courantes, à toutes » les stalactites, toutes les incrustations, toutes les » especes de pierres fondantes..... On n'apperçoit » aucune couche distincte dans ces amas de matieres » lapidifiques. Cette matiere y est disposée ordinai- » rement en petits cylindres creux, irréguliérement » grouppés, & formés par des eaux gouttieres au » pied des montagnes ou sur la pente des collines » qui contiennent des lits de marne ou de pierre » tendre & calcinable. La masse totale de ces cylin- » dres, qui sont un des caracteres spécifiques de cette » espece de tuf, est toujours ou oblique ou verti- » cale...... On trouve ordinairement dans ce tuf » quantité d'impressions de feuilles d'arbres & de » l'espece de celles que le terrein des environs pro- » duit. On y trouve aussi assez souvent des coquilles » terrestres très-bien conservées ; mais jamais de co- » quilles de mer. « [Nous ne ferons aucune réflexions sur tout ce que nous venons de rapporter de cet éloquent Auteur. Au reste voyez TUF.]

Plusieurs autres Physiciens se sont occupés des moyens de bien analyser la marne. Mais la diversité que présentent les résultats de leurs expériences, semble indiquer une sorte d'équivoque dans les noms des substances soumises aux épreuves chymiques. Ainsi 1°. M. Home dit avoir reconnu que » la marne » en général est composée de chaux & d'argile di- » versement combinées selon les especes ; & que ce » mêlange est ordinairement à-peu-près de trois par- » ties d'argile, sur une de chaux : * *The Principles of Agriculture and Vegetation*, Part. II. Sect. III. [Je me sers de la deuxieme édition, publiée à Londres en 1759 : dans laquelle sont des augmentations considérables, & nommément des procédés sur la Marne ; qui ne se trouvent pas dans la traduction Françoise imprimée à Paris en 1761, sur la premiere édition]. Ce Médecin d'Edimbourg avoit procédé sur de la marne pierreuse, & sur de l'argilleuse : l'une & l'autre nullement propres, selon lui, à faire des briques ; ou à se vitrifier ; la chaux s'opposant à ces deux productions.

2°. M. Duvergé pense que » toutes les marnes

» ont pour base une terre calcaire, dont les molé- » cules sont rapprochées & réunies par un gluten » qui leur est propre ; & que ce Médecin, Membre du Bureau d'Agriculture de Tours, semble dési- gner sous le nom de » matiere grasse, onctueuse, » saline, très-subtile, qui change subitement en verd » la couleur du sirop violat : il ajoûte en note, au même endroit, que » c'est le sel alkali qui rend la » marne grasse au toucher. * *Analyse des Terres de la Touraine ;* dans le *Recueil de la Soc. d'Agric. de Tours*, an. 1761, p. 86-7.

[M. Home insinue (p. 56) que ce sont les par- ties huileuses de l'argile qui se retrouvent dans les analyses de la marne.]

Selon M. Duvergé, (*p.* 88) la *marne pure* ne se durcit pas au feu : & il en conclud qu'elle ne contient point d'argile.

Cet Auteur reconnoît deux especes de *Marne Ar- gilleuse*. L'une qu'il qualifie de *Terrestre*, » est une » Terre grasse, molle, douce au toucher ; qui éclate » au feu, qui *s'y durcit ;* qui se divise dans l'eau, » & s'y débarrasse même singuliérement de toute » autre substance que de la Terre Calcaire avec la- » quelle elle reste toujours intimement attachée. Il » y a des argiles qui sont *blanches ;* d'autres, *grises ;* de *jaunes*, & de *bleues*. La Terre à Foulon est dans la classe des blanches : » l'essence de cette terre est » d'être une argile pure ; mais son mêlange avec » la terre calcaire lui fait acquérir le caractere des » marnes.

La seconde espece de Marne Argilleuse porte le titre de *Sablonneuse*, dans le Mémoire de M. Du- vergé. Il observe qu'elle » n'est pas si grasse ni si onc- » tueuse que la premiere ; qu'elle se durcit aussi moins » au feu ; qu'elle est plus friable, plus légere ; & » qu'elle fait effervescence beaucoup plus vivement » avec les acides. « Cette effervescence est due, dit-il, soit à l'alliage de ces marnes avec le fer, soit aux substances alkalines qui entrent dans leur composi- tion. Consultez la *p.* 95 du Mémoire dont je donne ici des extraits.

Ce que l'Auteur nomme *Marne Pierreuse*, & dont les propriétés ne sont bien sensibles qu'après la calci- nation ; comprend certaines ardoises, le spath, la craie, le marbre. Voyez les *pp.* 96-7-8. Cependant il met dans cette classe (*n.* 17) une marne qui » se » divise facilement ; qui contient du sable, des co- » quilles de toute espece ; & qui, sans être passée au » feu, fait avec les acides une effervescence aussi » vive, que les marnes les plus pures. Aussi dit-il que » c'est la meilleure de ce genre. «

Une autre classe comprend les Faluns, & les Ma- niers. [NOTA. Quoiqu'il semble que Maniers soit une corruption de *Marniers*, terme usité en d'autres provinces ; nous avons cru devoir le conserver, afin de ne pas risquer d'altérer une expression qui peut bien avoir ici un sens propre ; au lieu que Mar- nier signifie ailleurs tout endroit dont on tire de la Marne.] » Les *Faluns* contiennent très-peu de terre, » beaucoup plus de sable, & quantité de débris de » coquilles, dont on distingue très-bien les formes » & les cannelures ; on en trouve même beaucoup » d'entieres : ces substances sont réunies par un gluten » savoneux ; & contiennent en outre un sel qui » paroît tenir beaucoup plus du sel marin que de tout » autre. * *p.* 101-2.

» Les *Maniers* sont composés de sable, de coquil- » lages, de madrépores, de coraux, & de sel dont » la nature paroît être à-peu-près la même que celle » des faluns. * *p.* 100.

Tant les maniers que les faluns, ne se durcissent pas au feu ; & au contraire y deviennent friables : mais alors leur effervescence avec les acides est moindre. * *p.* 102.

3°. M. Mills (*Syst. of Husb.* Vol. I. p. 123-4) suppose que la marne qui se rencontre sous des lits de sable ou de gravier, est formée de parties tant végétales qu'animales, qui anciennement demeurées à la surface du sol, ont pénétré dans son intérieur : mais que d'autres marnes qui sont principalement un mêlange de coquilles soit entieres soit altérées, & de terre extrêmement fine ; proviennent presque toujours d'anciens lits de rivieres ou de grandes masses d'eau stagnante. Pour ce qui est de la marne presque toute calcaire, & où l'on n'apperçoit aucun vestige de coquilles : cet Auteur pense qu'elle est composée d'une terre extrêmement fine, que les pluies ont intimement mêlée avec des particules salines & huileuses émanées des plantes & des ani- maux. Il fonde son opinion sur les routes que l'on trouve souvent dans le sable & le gravier, & qui répondent au lit de marne ; laquelle est toujours plus parfaite à une grande profondeur, qu'à la superficie du lit.

Malgré l'espece de confusion que produit la diver- sité d'opinions sur la nature de la marne : on voit toujours les Auteurs se réunir sur les marques carac- téristiques, indiquées ci-devant, pour distinguer es- sentiellement les marnes d'avec tout autre genre de substance. Lors donc que ces épreuves simples & faciles assurent que l'on a entre les mains une marne quelconque ; il ne s'agit plus que d'examiner à quelle sorte de terre elle sera utile, & dans quelle quantité il convient de l'employer pour que son effet soit sen- sible & durable.

La *Marne crétacée*, soit blanche soit rouge, a or- dinairement un effet prompt ; mais qui ne se soutient pas. * *Elém. d'Agric.* T. I. p. 173.

Entre les Argilleuses, la *bleue* est meilleure que la *jaune ;* & son effet dure plus longtems. * *Elém. d'A- gricult.* T. I. p. 173.

Nous avons déja dit qu'il y a d'excellente marne *verdâtre.*

Toutes les *marnes pierreuses*, employées sans cal- cination, mais seulement exposées à l'action de l'air, à la pluie, & au soleil, plus ou moins de tems à pro- portion de leur degré de caractere de pierre ; sont un engrais qui dure très-longtems. Mais comme leur action est lente, & qu'elle ne remplit pas assez prompte- ment les desirs du Laboureur, souvent il préfere les marnes grasses.

Dans Staffordshire, Province Méridionale d'An- gleterre, on estime beaucoup pour amender les ter- res à grains, une marne *bleue* & moelleuse ; qui se trouve ordinairement aux mêmes endroits & pro- fondeurs que celle que nous avons désignée sous le *n.* 6. Mais on y préfere la marne *grise*, pour les pâ- turages.

L'espece *n.* 6, est regardée comme excellente, par les Anglois de la Province de Chester. * Mills *Husb.* T. I. p. 38.

Attendu que le *n.* 8 est une marne fort grasse & compacte ; on est persuadé dans le Comté de Staf- ford qu'elle est propre à amender les terreins de sable : pourvû que l'on y en répande beaucoup plus que d'autre espece de marne. * Miller, *Gardener's Dictionary.*

M. Mills dit que l'on regarde généralement le *n.* 7 comme la meilleure espece de marne ; & qu'elle a un effet très-durable.

Il rapporte (*p.* 39) d'après M. Markham, que les Anglois du Sussex, qui n'ont que quatre especes de marne, font grand cas de la *bleue ;* puis de la *jaune ;* &, après elle, de celle qui est d'un *gris brun :* regardant la *rouge*, comme un engrais que l'on est obligé de renouveller fréquemment.

[D'autre côté, Evelyn (*Philosophical Discourse*

of Earth, Lond. 1706, *in-fol.* p. 22) préfere la marne rouge à celles qui sont blanches, ou bleues, ou d'un gris brun : pour les sables légers & les terres séches. Il paroît par la suite du discours, qu'il pense que c'est la plus grasse, & la plus prompte à se résoudre.]

Selon M. Mortimer (*Art of Husb.* p. 87, Ed. 6). La marne du Suffex approche beaucoup de la terre à Foulon; & ainsi est très-grasse.

M. Duvergé (dans les *Mém. de la Soc. d'Agr. de Tours*, an. 1761, p. 92) veut que les marnes qui font le moins d'effervescence avec les acides, soient préférées aux autres pour amender les terres légeres, entre autres les sablonneuses & les graveleuses; dont ces marnes rendent les particules plus liées, & dès-là plus susceptibles d'une humidité habituelle. En effet ces sortes de marnes tiennent plus de la nature de l'argile.

Une marne sablonneuse qu'il a tirée des environs de Chinon, est, selon lui, (*p.* 96) » une des bonnes » especes de marne qu'il y ait; parce qu'elle con» tient tout à la fois beaucoup de *gros gravier*, & que » la substance marneuse qu'elle renferme est très» active : ce qui la rend propre à améliorer toutes les » especes de glaise. «

Il dit encore (*p.* 89) que la *marne pure*, essentiellement bonne pour amender les glaises & autres terres froides, détruit aussi la mousse des prés bas & marécageux, & sert à les dessécher quand l'humidité superflue n'y est pas habituelle.

Ce Médecin (*p.* 94) fait observer qu'il y a dans la Touraine quelques argiles qui ont beaucoup d'analogie avec la marne, & qu'on les confond assez souvent avec elle. Il les en distingue parce qu'elles ne fermentent pas avec les acides; qu'elles se durcissent au feu; & même qu'après en être sorties elles font feu avec l'acier. Il indique comme telles, 1°. la *Pierre de Lare*, ou *Pierre Olaire* : qui, étant » grasse » & savonneuse sans être tenace, est dès-là très-pro» pre à donner de la consistance & de l'onctuosité » aux terres légeres & sablonneuses. « Une seconde espece d'argile pure, que l'on prend pour de la marne, » se trouve dans le cœur des rochers à cou» ches : aussi la nomme-t-on *Medulla Saxorum*, » *Moelle de Rochers.* « M. Duvergé ne la définit pas davantage. Mais on trouve dans la seconde édition de l'ouvrage de M. Homes (*p.* 63 & suivantes) un assez grand détail sur un fossile » qui a l'apparence » & plusieurs propriétés de la marne; & que quel» ques Auteurs nomment *Savon de Roche*; tant à » cause de sa ressemblance avec le savon, que de ce » qu'il se rencontre souvent parmi des rochers. M. » Homes dit en avoir beaucoup trouvé ailleurs dans » les terres. Personne, que je sçache, n'en a (dit-il) » encore publié l'Analyse. « C'est aussi pourquoi je vais traduire cet endroit, qui ne se trouve pas dans la Traduction Françoise, faite en 1761, sur la premiere édition du Livre de M. Homes.

» Cette substance est quelquefois *bleuâtre*; & d'au» tre fois, *tirant sur le rouge.* Humectée elle produit » au tact, la même sensation que le savon dur écrasé » entre les doigts. Elle se précipite sous l'eau, comme » la marne. Lorsqu'elle y est bien dissoute, on la voit » distinctement former plusieurs couches de diverses » teintes, & disposées suivant leur ordre réciproque » de gravité. Au bas sont de larges parcelles grises : » celles qui forment la couche supérieure à celle-ci, » ont une couleur obscure : le troisieme lit est d'un » brun foncé : plus haut est une poudre blanche fort » légere, qui demeure ainsi presque toute suspendue » l'espace de vingt heures.

» Le Savon de Roche ne fait aucune effervescence » avec les acides : en quoi il différe de la marne. Sa » solution dans l'eau donne, par l'évaporation, fort » peu de sel marin.

» L'espece bleuâtre ayant été calcinée au plus » grand feu durant quatre heures, demeura toujours » également colorée : l'autre y pâlit. Celle-là conte» noit un petit nombre de particules qui furent atti» rées par l'aiman; il en parut beaucoup moins dans » la seconde. La calcination ne fait pas que l'une ou » l'autre espece arrive moins promptement au fond » de l'eau : & elle n'altere aucune de leurs autres » propriétés.

» Quatre onces de cette substance, distillées à un » feu violent, ne donnent en huit heures qu'une once » de pur phlegme.

» Le savon de roche ne détonne pas avec le nitre » en fusion. L'huile qu'il contient occasionne seule» ment alors quelques étincelles.

» En le faisant bouillir durant plusieurs heures avec » moitié autant de potasse; puis versant de l'esprit » de nitre sur ce mélange; on donne lieu à un pré» cipité d'*huile* rouge & pesante, qui prend feu dans » le nitre en fusion.

» Si on lave quatre onces du savon de roche, pour » en séparer la terre légere; on obtient 1°. dix gros » d'une poudre blanchâtre (que M. Homes croit être de l'argile) : » 2°. une poussiere grise & fine [que cet Observateur soupçonne être du sable] : » enfin » quelques particules plus considérables, mélangées » de blanc & de verd. Ces particules ne fermentent » point avec les acides; & ne teignent pas l'esprit » de vin : elles ont une saveur douce & onctueuse : » & l'huile qu'elles contiennent se sépare & se mon» tre pesante, lorsque l'on y jette de l'esprit de nitre » sur une lessive de cendres du savon dans laquelle » on a fait bouillir ces particules.

M. Homes conclud que » le *Savon de Roche* con» tient près d'un tiers d'argile, beaucoup plus de » sable, & une huile pesante.

Quelques expériences qu'il a faites en petit pour connoître les effets de ce savon relativement à la végétation de l'orge, & à la qualité des terres, lui ont donné pour résultat : 1°. que cette substance, soit seule, soit mêlée avec une terre extrêmement maigre, n'est point favorable à l'orge : 2°. que ce grain réussit dans un mélange d'argile très-forte, avec un tiers de savon de roche.

M. Homes (*p.* 57 &c.) parle encore d'une substance couleur de plomb brunâtre, qui se trouve souvent dans une même couche avec la meilleure marne : & qui rend stériles pendant nombre d'années les terres où on la met, faute de la connoître.

La différente qualité des marnes doit diriger sur la maniere de les employer comme amendement. Quand on a une marne *crétacée*, on peut la répandre par petits tas sur le champ que l'on veut améliorer; aussitôt qu'on l'a tirée de sa mine. Il en est de même de la marne *coquilliere*; & de toute autre *qui se tire en moilon.* * Elémens d'Agric. T. I. p. 174.

Selon M. Duvergé (*Société d'Agricult. de Tours*, an. 1761, p. 90 & 91), non seulement les marnes pures doivent être employées tout de suite, mais encore enfouies par un labour; sans les laisser exposées à l'air. Pour ce qui est des *Faluns*; il observe (*p.* 103) qu'au sortir de la faluniere, on les enfouit de même, dès le mois de Septembre. Les *Maniers*, quoique approchant de la nature du falun, communiquent au vin un goût de terroir si on les emploie tout de suite : c'est pourquoi, lorsqu'on a des vignes plantées dans des terres fortes & froides, les Vignerons Tourangeaux laissent les maniers exposés à l'air durant quelque tems; puis, dans la saison des vendanges, ils les mêlent par couches avec du marc de raisin; & au printems, transportent ce mélange dans les vignes, surtout pour fumer les provins. * p. 100-1.

[Cette pratique est relative à celle que proposent MM. Peltereau & Duvergé; dans le même Recueil, *pp.* 64, 104 & suivantes; pour améliorer en général tous les fumiers. Nous avons déja observé, dans l'article AMENDER, p. 93, col. 2, & p. 96, que MM. Duhamel & Patullo conseillent de semblables mêlanges; où les parties calcaires entrent pour beaucoup.] On voit pareillement dans le premier Volume des *Elém. du Comm.* p. 209, qu'il y a des Cultivateurs qui mêlent une voiture de marne avec deux ou trois soit de fumier soit de vase, ou de terreau; pour les répandre ensuite.

Quand on se sert de marne *argilleuse*, on a coutume de la laisser mûrir à l'air au moins pendant un an, avant de l'enfouir.

Pour ce qui est de la *proportion* ou *quantité de marne*, qu'il convient de mettre sur chaque arpent de terre; plus cet article a paru essentiel, moins on a pu jusqu'à présent se réunir à son égard. » Les uns » croient avoir éprouvé qu'en général une trop » grande quantité de marne brûle les terres, & les » stérilise pour longtems: ce qui peut venir de ce que » l'on en applique mal les diverses especes; car en » Angleterre on ne connoît d'inconvénient à trop » marner, que la dépense, qui va néanmoins en » quelques cantons jusqu'à vingt louis l'arpent: dit M. Pattullo, dans son *Essai sur l'Amélioration des Terres*, p. 21.

On ne peut douter que la considération de diverses especes & natures de marnes doive influer sur la proportion de cet amendement. Nous avons déja indiqué des raisons propres à justifier le choix que l'on fait entre ces substances relativement à l'amélioration des terres chaudes ou de celles qui sont froides. Comme il y a des degrés mitoyens entre ces deux extrêmes; il semble que l'expérience que l'on a sur la qualité d'un sol & sur celle de telle ou telle autre espece de marne, doive déterminer à combiner ensemble la quantité & la qualité de cet amendement avec le plus ou moins de sécheresse ou d'humidité que l'on observe dans le sol.

Nombre de Cultivateurs ne sont pas assez sûrs de leurs connoissances pour hazarder de marner tout d'un coup abondamment, comme M. Pattullo le propose. Ils aiment mieux répandre cet amendement avec retenue, & comme pour l'éprouver; se réservant à en ajoûter si la premiere quantité leur paroît trop foible: Consultez les *Elém. d'Agric.* T. I. p. 175-6. Du moins est-on bien fondé à prendre une semblable précaution lorsque l'on voit que la marne prodiguée d'abord, surtout dans les terres fortes, est très-sujette à priver d'une premiere récolte; que ses effets ne deviennent alors sensibles qu'au bout de trois ou quatre ans: & que pendant l'hiver de la premiere année la terre paroît comme mousseuse (ou peut-être couverte de cette fleur semblable à du sel blanc, dont nous avons parlé, *p.* 475); & est quelquefois cinq à six ans abondante en ponceau, pour toute production. C'est pourquoi l'on trouve des personnes qui, ayant bien réflechi sur les opérations d'Agriculture, donnent pour regles, 1°. de mettre dans une terre légere la quantité de marne qui peut lier suffisamment ensemble les particules de cette terre: 2°. de proportionner la dose de marne, dans les terres fortes, au plus ou moins de cohésion qu'il faut détruire entre leurs molécules. Ainsi l'usage que l'on fait du falun en Touraine est d'en mettre vingt à vingt-cinq tombereaux par arpent dans les pures glaises; & un peu moins, dans des argiles moins froides, plus mêlées de sable ou de gravier, & où l'on reconnoît par des épreuves considérablement de terre capable de se dissoudre dans l'eau: suivant le rapport de M. Duvergé; *pp.* 82-3 & 105 du *Recueil de la Société d'Agric. de Tours*, an. 1761.

M. Mills (*Pract. Husb.* Vol. I. p. 65), cite un M. Lummis qui répand communément deux cent voitures de marne sur la valeur d'un arpent de terre. On demandera quelle est l'espece de la marne qu'il emploie; la qualité de sa terre; & les effets qui en résultent.

Evelyn (*Discourse on the Earth*, pag. 22) dit qu'une terre maigre & appauvrie veut être toute couverte de marne grasse.

L'Auteur des *Elém. du Comm.* dit (T. I. p. 213) que l'espece de glaise dont j'ai fait mention ci-dessus, à l'occasion du *n.* 7, est communément répandue à la quantité de cent voitures par acre (à-peu-près un arpent) de terre légere: qu'elle reste en mottes, à la surface, durant trois ou quatre ans: que dès la premiere année le champ rapporte de belle orge & en quantité, mais qui a une mauvaise couleur: que cet engrais a un effet sensible pendant quarante-deux ans: *&c.*

Suivant l'observation de M. Duhamel (*Elémens d'Agric.* T. I. p. 174), six charriots attelés de quatre bons chevaux, & chargés de marne coquilliere ou autre marne en moilon, suffisent pour fertiliser un arpent de terre: mais il en faut quinze ou vingt, lorsque c'est une marne fort argilleuse. Ce Cultivateur attentif ajoûte que, suivant la qualité des marnes, on répand quelquefois depuis vingt-cinq jusqu'à trente-cinq tombereaux de marne par arpent. *Consultez* la page citée; si vous desirez évaluer la continence de ces tombereaux. Mais il regarde comme très-essentiel de mettre la marne argilleuse dans des terres légeres; & de la marne graveleuse, dans les terres très-fortes.

Le Recueil de la *Soc. d'Agric. de Tours* (an. 1761, p. 64) fait mention d'expériences par lesquelles M. Peltereau est parvenu à obtenir des récoltes abondantes dans une terre blanchâtre, froide, & naturellement compacte; la premiere année même qu'il y a répandu un mêlange de marne & de fumier; après avoir laissé ces deux substances disposées par couches alternatives se perfectionner mutuellement. [Il y a des personnes qui prétendent que si l'on marne avant l'hiver, la premiere récolte de grains est aussi bonne que les suivantes.]

M. Duvergé a encore fourni dans ce même Recueil un tableau d'affinités: où il présente les succès que l'on peut se promettre d'après nombre d'épreuves faites pour s'instruire des qualités & proportions de marne les plus convenables aux diverses sortes de terres de sa Province. Il y conseille beaucoup de combiner la marne avec le fumier; & d'allier souvent une marne avec une autre. Consultez le détail de ces préparations, dans les *pp.* 104-5-6-7-8-9, 110-11. Voyez aussi les moyens indiqués dans le premier Vol. des *Elém. du Comm.* p. 210 & 211, pour tirer parti des terres marneuses en les ensemençant elles-mêmes. Au reste, nous avons désigné dans l'article ARBRE, Art. I. quelques especes d'arbres qu'on peut élever dans la marne & dans des terres qui lui sont analogues.

Quelques Auteurs ont voulu faire entendre que l'Angleterre a sur nous l'avantage de posséder une grande quantité de marne. Cette assertion vague, & dont l'appréciation demanderoit une comparaison presque impossible à exécuter, & d'ailleurs certainement inutile, seroit capable d'occasionner parmi nous une sorte de découragement ou au moins de négligence. Il est cependant notoire que l'Ile de France, la Brie, la Champagne, la Bourgogne, la Flandre, la Picardie, la Normandie, la Beauce, la

Bretagne, la Touraine, le Maine, l'Anjou, sont assez abondamment pourvues de diverses marnes ; pour que les cultivateurs de ces Provinces aient la commodité de marner beaucoup, & de choisir à leur gré entre les especes. Peut-être que l'on en trouve aussi dans les autres Provinces du Royaume ; ou que l'on y en trouveroit en fouillant.

Depuis Pline jusqu'à nos jours on a unanimement vanté avec raison cette substance si propre à fertiliser les terres ; & si commune, qu'il y a très-peu de cantons où l'on ne puisse en trouver d'une ou d'autre espece, à plus ou moins de profondeur. C'est pourquoi sa recherche & ses effets ont été le principal objet d'un Livre aujourd'hui assez rare, & qui a un mérite réel : je veux parler du » Moyen de devenir riche, & » la Maniere véritable par laquelle tous les hommes » de France pourront apprendre à multiplier & augmenter leurs trésors & possessions........, par Bernard Palissy ; Paris 1636, *in*-8°. Cet ouvrage avoit déja paru en 1564, sous le titre de » Recepte » véritable pour multiplier les trésors ; ou Abrégé » de l'Agriculture. « Une seconde édition, faite en 1580, portoit le titre de » Traité de la Marne, » utile pour ceux qui se mêlent d'Agriculture : avec » un discours de la nature des eaux & fontaines. [Ce même Discours, qui peut donner des vûes pour l'embellissement des jardins, fait la seconde partie de l'édition de 1636, que nous avons citée. L'Auteur, qui se qualifioit *Ouvrier de terre, & inventeur des rustiques Figulines du Roi*, propose diverses distributions de grottes, rocailles, *&c.* pour augmenter l'agrément de la jouissance des eaux.] Je connois encore une édition, faite à Paris en 1680, *in*-8°. sous le titre de *Discours admirables de la nature des Fontaines*..... M. De la Salle, p. 111 & 112 de son *Manuel d'Agriculture*, imprimé à Paris en 1764, *in*-12. dit que la marne devient inutile quand on laboure bien : c'est un des modernes qui insistent le plus sur la supériorité des labours exécutés avec soin, & sur l'avantage qu'ils donnent de se passer de tout engrais quand la terre a plus de quatre à cinq pouces de profondeur ; il l'attribue même à la terre argilleuse, p. 118-9. Au reste cet Auteur semble (pag. 218) ne connoître que de la marne d'une qualité opposée à celle qui convient aux terres séches & chaudes.

Nous n'avons que des marques fort incertaines pour juger par la surface des terres si elles renferment de la marne. Le vrai moyen de s'en assurer est de sonder le terrein en différens endroits avec la tariere ou *Sonde* qu'on emploie pour chercher les mines de charbon fossile : Consultez l'*Essai* de M. Pattullo *sur l'Amélioration des Terres*, p. 15, 16, 284 ; & la figure III. Ou bien on peut faire des puits, pour connoître la différente nature des lits que l'on percera. En examinant même celle des différens lits qui se trouvent dans les puits anciennement fouillés, on y acquérera aussi des connoissances utiles à cet égard ; pourvû qu'ils ne soient pas revêtus de maçonnerie.

Il y a de la marne qui est si voisine de la superficie, que le soc l'entame. Quand on rencontre sous la terre fertile une terre grise & sablonneuse, qui a l'apparence de la potasse ; on soupçonne que l'on rencontrera de la marne, à une petite profondeur. L'on en trouve souvent au-dessous d'un banc de glaise bleuâtre & infertile. Enfin il y en a ordinairement dans les endroits où la pierre est calcaire. Mais ces indices, encore incertains, manquent absolument quand la marne existe à douze, quinze, trente, quarante toises de profondeur. * *Elémens d'Agric.* T. I. p. 172. On trouve dans la *Maison Rustique*, T. I. p. 606-7, ce qui concerne l'extraction des marnes.

Suivant la pratique assez générale, qui répand la valeur de trois toises cubes de marne, par arpent ; la fouille peut être estimée sur le pied de quatre livres la toise : que l'on fait voiturer pour quatre livres dix sous, cent sous, ou cent dix sous. Ainsi la dépense de marner un arpent peut aller à vingt-quatre ou vingt-huit livres. Néanmoins ces prix doivent varier suivant la profondeur de la marne, l'éloignement des terres, & le prix des journées.

Dans le premier Volume des *Elémens d'Agriculture*, M. Duhamel fait observer (p. 176-7) que, dans l'usage où l'on est de marner à la fois presque toutes les terres d'une ferme, ce sont les propriétaires qui en font les frais ; attendu qu'un fermier ne risqueroit pas cette dépense considérable, dont le produit est beaucoup plus long que les baux ordinaires : au lieu que l'on pourroit obliger les Fermiers à marner tous les ans un trentieme de leurs terres, en leur accordant quelque diminution sur le prix de la ferme. Par ce moyen ils ne seroient plus dans le cas de supporter une mauvaise récolte qui suit presque toujours la premiere année de marne ; parce qu'on la répand sur toutes les terres ensemble, & qu'on ne fume pas à proportion. Le Fermier qui ne marneroit qu'un petit lot de terre, pourroit le fumer abondamment : & toutes ses terres seroient ainsi entretenues dans un état de fertilité sans interruption.

Consultez encore la p. 178 : & la *Maison Rustique*, T. I. p. 608.

MAROCATO. *Voyez* GRENADILLE, *n.* 1.

MARON. & MARONNIER. } *Voyez* { MARRON. MARRONIER.

MAROUTE, ou *Marroute*. Voyez CAMOMILLE, *n.* 3.

MARQUES, ou *Taches, de Naissance*. Nous en avons parlé sous le mot ENVIE.

Pour les effacer.

1. Faites tremper dans du vinaigre rosat, ou autre encore plus fort, des racines de bourrache, mondées de leurs filets. Laissez-les infuser pendant douze ou quatorze heures. Puis bassinez-en le plus souvent qu'il vous sera possible, les marques que vous voulez effacer : elles disparoîtront à la fin.

2. Prenez vers la fin du mois de Mai, des racines & feuilles de *Caryophyllata* : distillez-les à l'alembic : & frottez souvent les taches avec cette eau.

3. *Consultez* le mot TACHE.

4. Un peu de sublimé corrosif, incorporé dans de la pommade commune, efface les taches rouges naturelles.

MARQUES *de Rousseur*. Voyez l'article TACHE.

MARQUES *de la Petite Vérole*. Voyez VEROLE.

MARQUÉ (*Faux*). Consultez le mot TÊTE : *terme de Chasse*.

* MARQUER *des Arbres*. Consultez l'article FACE.

MARQUETERIE. Ouvrage composé de plusieurs bois durs & précieux, de diverses couleurs, débités par feuilles plaquées sur un assemblage, & séparées par des filets d'ivoire, de métal, *&c.* : qui ornent par compartiment un ouvrage de menuiserie. On estime beaucoup le cabinet de marqueterie fait à Versailles, pour l'appartement de M. Le Dauphin, par le sieur Boule.

Les Latins nommoient *Opera Vermiculata* tous les ouvrages de pieces de rapport ; & les compartimens tracés avec un fer chaud sur du bois dur, *Opera Cerostrata*.

Marqueterie de Marbre : ce sont des marbres de couleur, incrustés dans des panneaux de grands & petits compartimens, pour les lambris & pavés de marbre. Quand ces ouvrages sont fort petits, & de différentes couleurs sur un fond d'une seule couleur, on les appelle *Mosaïques*.

MARQUETTE. *Voyez* PIED-DE-VEAU.

MARRAIN : *terme de Chasse*. Voyez CORS *de la tête d'un Cerf*.

MARRE. Instrument d'Agriculture. Voyez HOUE.

MARRER *une Terre*. C'est la labourer avec la Marre.

MARRON, ou *Maron*. Fruit du Châtaignier *n*. 2, dont nous avons parlé dans le premier Volume, p. 541 : & p. 543, col. 1 & 2.

Marrons en Compote.

Faites rôtir des marrons à la braise ; pelez-les, & les applatissez : puis mettez-les dans un plat avec du sirop d'abricot, ou autre ; & un peu de vin d'Espagne. Faites les bouillir. Lorsque vous voudrez les servir, mettez une assiete dessus ; & les renversez comme un fromage.

Marrons Glacés.

Les ayant entr'ouvert, jettez-les dans de l'eau bouillante ; & prenez garde de les faire trop cuire, ou trop peu. Pour connoître lorsqu'ils le seront comme il faut ; vous prendrez une épingle, & éprouverez si elle y entre facilement : ôtez les alors de dessus le feu ; pelez-les les uns après les autres, le plus chaud que vous pourrez. Vous les mettrez à mesure sur un tamis, à sec. Lorsqu'ils seront tous pelés, vous ferez bouillir de l'eau, & les y mettrez, pour leur faire jetter leur eau rousse (il ne faut pas les mettre sur le feu, mais seulement dans l'eau bouillante). Vous les en tirerez bien promptement avec une écumoire ; & les mettrez dans un sirop léger : les ayant laissé jetter doucement un bouillon, vous les ôterez de dessus le feu, & les laisserez prendre le sucre. Vous les mettrez ensuite égoutter : puis, mêlant avec ce sirop, d'autre sucre clarifié que vous mêlerez pour l'augmenter, vous les ferez cuire à la plume. Vous prendrez après cela vos marrons, que vous mettrez dans le sucre l'un après l'autre le plus légerement que vous pourrez : vous les remettrez sur le feu, & ferez revenir votre sucre à la plume : ensuite vous les tirerez du feu ; les laisserez reposer ; remuerez doucement votre poële pour amasser au milieu l'écume, que vous leverez légerement avec le dos de l'écumoire, ou avec une petite cuiller, avec lesquelles vous frotterez aussi le bord de la poële afin de faire troubler votre sucre de la largeur de la main. Dans ce trouble-là vous tremperez vos marrons, l'un après l'autre ; les tirerez avec deux fourchettes, sur un clayon, ou sur de la paille écartée & bien épluchée, au-dessus d'une terrine ou d'un plat : & s'il y a quelque marron qui se soit brisé dans le sucre, vous tirerez les morceaux de l'écumoire, & les mettrez en forme de rocher sur le clayon : ces morceaux sont recherchés par quelques friands. Tout le sucre qui pouvoit tenir aux marrons, ayant coulé dans le vaisseau posé sous le clayon ; ces fruits se trouvent secs & fermes. On les serre alors au sec, dans des boîtes.

MARRONIER *franc*, ou *commun*. Voyez CHÂTAIGNIER, *n*. 2.

MARRONIER *d'Inde* : que M. Linnæus appelle *Æsculus*, mais que l'on trouve communément sous le nom d'*Hippocastanum*, ou *Castanea-Equina*, dans les Auteurs Latins ; ce qui revient au *Horse-Chesnut* des Anglois, & au nom de *Châtaigne de Cheval*, que son fruit porte dans nombre de Livres François. Ce marronier est un grand arbre. M. Miller dit qu'il fut apporté du Nord de l'Asie en Angleterre vers l'an 1550 ; d'où il passa à Vienne, vers 1588. On regarde comme certain que ce fut un Curieux de Paris, nommé Bachelier, qui en apporta pour la premiere fois en France, à son retour du Levant, en 1615 : M. Tournefort ledit aussi dans le I. Tome de son *Voyage du Levant*, p. 530, Ed. *in*-4°. Cet arbre s'est prodigieusement multiplié depuis ce tems là dans les parcs & les jardins. Il croît de lui-même, non seulement en Asie, mais encore en Amérique vers les Ilinois : on en apporta des fruits à M. le Marquis de la Galissoniere, lorsqu'il étoit Gouverneur du Canada.

Les feuilles de cet arbre sont d'un très-beau verd, opposées deux à deux sur les branches ; & composées de cinq ou six grandes folioles, attachées en forme de main ouverte au bout d'une seule queue. Ces folioles sont longues d'environ huit pouces, larges de deux à trois dans leur partie moyenne, terminées par une pointe isolée, faites en ovale allongée, beaucoup plus étroites vers la queue, creusées de sillons à leur face supérieure, & en dessous relevées de nervures assez saillantes ; lesquelles sont paralleles les unes aux autres, latérales, en angle incliné, & tantôt opposées tantôt alternes. Aux bords des folioles sont de grandes dentelures, entre lesquelles on en apperçoit de plus fines. Il y en a des variétés ; dont les feuilles sont panachées de jaune, ou de blanc.

Au mois de Mai, lorsque cet arbre est bien garni de feuilles, l'extrêmité des branches se garnit d'un grand nombre de fleurs disposées en pyramide. Cet ensemble produit un très-bel effet. Leur calyce est renflé, formé d'une seule piece divisée en cinq. Il y a cinq pétales arrondis, ondés, étroits à leur base, disposés en rose, blancs & lavés de couleur de rose. Dans leur centre est un embryon arrondi, qui porte un long style surmonté d'un stigmate aigu ; & environné de sept étamines aussi longues que les pétales, un peu inclinées, & dont les sommets sont droits. Le fruit est rond, charnu, épineux, jaunâtre : dans l'intérieur se trouvent une ou plusieurs loges destinées à autant de semences ou grosses amandes charnues, très-âcres & ameres ; enveloppées dans une membrane séche, revêtue de duvet ; & recouvertes par une autre enveloppe coriacée, brune, luisante partout ailleurs que dans une espece de disque grisâtre, qui a environ un pouce de diametre.

Le corps de cet arbre est fort droit : il s'étend beaucoup par ses branches : & sa tête prend naturellement une belle forme.

Dès que la fleur est tombée, l'extrêmité des jeunes pousses se garnit de boutons qui grossissent beaucoup jusqu'à l'automne ; & alors se couvrent d'une gomme très-gluante, laquelle sert à les garantir de la gelée & des pluies d'hiver, & qui se liquefiant de bonne heure au printems, laisse aux boutons la liberté de s'épanouir.

Culture.

Cet arbre produit beaucoup d'agrément dans les jardins, par ses fleurs & par l'ombrage épais qu'il forme. Presque la seule chose qui puisse déplaire est que ses feuilles venant à jaunir dans le tems des chaleurs, tombent en partie avec les fruits dès le mois de Juillet, & continuent à salir beaucoup les allées jusqu'à ce que l'arbre soit entiérement nud. Si le chaud est modéré, la fleur dure environ un mois dans toute sa beauté.

On n'a trouvé encore ce marronier nulle part dans les forêts en Europe : & lorsqu'on a voulu l'y planter dans des massifs de bois, il a péri. Il réussit cependant bien en quinconce dans une terre fraîche, sans même être cultivé.

Cet arbre se plaît en général dans des terreins un peu humides : quoiqu'il s'accommode assez de toutes sortes

sortes de terres & d'expositions. Mais il profite à merveille dans un sable humide, & mêlé d'argile. Un terrein frais maintient longtems sa verdure : ce qui arrive aussi dans les autres endroits où cet arbre n'est pas exposé au grand soleil. Il vient assez bien sur les hauteurs, pourvû que la terre ait du fond.

On l'éleve aisément de semence. Il en naît de la sorte naturellement en grande quantité sous les gros arbres. Ses marrons se gardent dans le sable, pour être mis en terre au commencement du printems, peu éloignés les uns des autres. On pourroit les semer dès l'automne : mais ils seroient exposés à pourrir, dans les hivers humides. Dès le premier été, la tige s'éleve à la hauteur d'environ un pied : ensorte qu'ils sont en état d'être transplantés l'automne suivante.

Il est bon de les transporter en pépiniere, pour leur couper le pivot quand ils sont fort jeunes. Ils poussent ensuite des racines latérales ; & reprennent aisément. On les plante dans la pépiniere, à un pied de distance, par rangées espacées à trois pieds. On doit ne les tirer de la pépiniere qu'au bout de ou trois ans. Mais aussi il faut ne pas les y laisser deux trop longtems : quoiqu'il soit vrai que nombre de ceux qui avoient été plantés fort gros, ont bien réussi. Ces gros arbres doivent être soutenus contre le vent ; soit par des cordages ; soit en les arcboutant avec des fourches.

Ce marronier vient très-vite : douze ou treize ans lui suffisent pour qu'il fasse de l'ombre, & qu'il soit bien garni de fleurs.

En transplantant ces arbres, on conserve leurs racines latérales autant entieres qu'il est possible : s'il y en a quelqu'une de beaucoup endommagée, elle nuit à l'avancement de l'arbre. Il n'est pas besoin de racourcir les branches : il suffit de décharger la tête.

On a été longtems persuadé que c'étoit faire un tort considérable à ce marronier, que de couper ses branches, quand il est en place. Nous voyons cependant qu'on l'élague, qu'on le tond au croissant ; & que c'est ce qui a formé les allées & les palissades qu'on admire à Paris dans les jardins des Thuilleries, & du Palais Royal. Au reste, si quelque accident vient à rompre une branche, on fait bien de couper le reste tout près du tronc : l'arbre en est moins difforme : & quand il est vigoureux, la plaie se recouvre.

Cet arbre dure longtems dans un bel état de vigueur, pourvû qu'il se plaise dans l'endroit, & qu'il ait la liberté de s'étendre.

Les hannetons aiment singuliérement ses feuilles : ils le dépouillent quelquefois avant la fin de Mai.

Il y a encore une chenille à grands poils, qu'on nomme *la Chenille du Marronier* ; qui ne manque gueres d'en dévorer les feuilles pendant les mois de Juin & Juillet.

Ces inconvéniens, joints à celui de son prompt dépouillement, font qu'on n'en plante gueres à présent dans les jardins. Mais si on le met dans les bosquets du printems, on n'a pas lieu d'y remarquer les défauts qui le font bannir des bosquets d'été & d'automne.

M. Duhamel du Monceau a élevé de ces marroniers dans de l'eau toute seule & très-pure : ils avoient la couleur, le port, & la saveur qui sont naturels à ces arbres.

Usages.

Le bois de cet arbre est blanc, tendre, mollasse, filandreux, spongieux, léger : exposé à la pluie, il se pourrit fort vîte ; ainsi il ne peut gueres servir qu'à faire des tablettes ou autres menus ouvrages, pour des endroits secs. On l'emploie encore à des sculptures communes, parce que le blanc dont on les couvre avant de dorer, en cache les défauts. Il est bon à brûler, lorsqu'il est très-sec. Consultez le *Traité de l'Exploitation des Bois*, de M. Duhamel, p. 300 & 539.

L'amertume du marron d'Inde a engagé quelques Médecins à en donner (en poudre) pour guérir les fievres. M. Zanichelli a publié les succès avec lesquels il prétend avoir donné pour les fievres intermittentes, l'écorce même de l'arbre, laquelle est très-amere.

Cette poudre se prend encore par le nez comme le tabac ; & fait éternuer & jetter beaucoup de pituite. Elle est bonne pour la migraine, & autres maladies du cerveau : la dose en est de deux ou trois pincées. Les Maréchaux en font avaler aux chevaux, pour la pousse ; ce qui lui a fait donner le nom d'*Hippocastanum*. En Turquie on mêle la farine de ce marron avec la nourriture des chevaux quand ils ont la pousse, ou simplement la toux.

Les daims, moutons, & vaches sont avides de ce fruit. Ces animaux sont souvent auprès des marroniers dans le tems de sa maturité : & si le vent est assez fort pour en abattre, ils cherchent soigneusement tous ceux qui sont à terre, & dévorent ceux qu'ils voient tomber : Consultez la p. 26 des *Additions pour le Traité des Arbres & Arbustes* ; que M. Duhamel a mises à la fin de son *Traité des Semis* : & le *Recueil de la Soc. d'Agric. de Tours*, an. 1761, p. 120 & suivantes.

L'amertume du marron d'Inde n'empêche pas quelques poules d'en manger : mais M. De Reaumur a observé que cette nourriture les maigrit, & fait qu'elles cessent de pondre.

Il y a déja nombre d'années qu'on a trouvé à Anchin le moyen de tirer, des marrons d'Inde, une sorte d'huile empyreumatique, bonne à brûler. On réduit les marrons en une pâte, qu'on fait chauffer sur le feu, & l'on ramasse l'huile qui surnage. Cette huile est peu abondante ; & répand une mauvaise odeur en brûlant. Mais elle a l'avantage de ne se figer jamais, même dans les plus grands froids.

Voyez CHANDELLE ; T. I. p. 510.

M. Bon, de la Société Royale des Sciences de Montpellier, a fait part au public de l'expérience qui suit : Il prit un tonneau ouvert seulement par l'un de ses fonds, il fit à l'autre quelques trous qu'il boucha avec de petites pierres. Il fit sur ce fond une couche de menus sarmens, & par-dessus, une autre couche de paille ; ensuite il mêla une partie de chaux vive qu'il éteignit en versant un peu d'eau dessus, dans trois parties de cendres ordinaires. Il remplit le vaisseau de ce mêlange, jusqu'à un tiers de sa hauteur, pressant de tems en tems le tout avec une grosse pierre ; puis versa sur ce mêlange, une quantité d'eau proportionnée au tems qu'elle mettoit à s'imbiber. Il recevoit dans un autre vase l'eau qui s'écouloit par les trous du fond de ce vaisseau. Cette liqueur, qui parut d'abord d'une couleur brune foncée & d'un goût très-piquant, perdit beaucoup de sa couleur & cessa de piquer si vivement, à mesure que l'on continua à verser de l'eau sur ce mêlange ; ce qui lui fit juger, que tous les sels étant dissous, il falloit cesser, & qu'il avoit une lessive d'une force suffisante.

Il jetta ensuite dans un vieux vaisseau de terre, qu'il avoit rempli à moitié de cette lessive, une quantité de marrons d'Inde (pelés, & coupés en quatre) proportionnée à celle de la lessive ; ensorte qu'ils y trempoient entiérement. Il ne les en retira qu'après quarante-huit heures, lorsqu'il eût vû qu'ils s'étoient teints d'une couleur jaunâtre, qui marquoit que la lessive les avoit pénétrés. Après quoi il les lava, de vingt-quatre en vingt-quatre heures, dans de l'eau pure ; qu'il renouvella à chaque fois ; & qui, après une continuation de dix jours, rendit les marrons de couleur blanche, & sans amertume. Il les fit ensuite bouillir pendant trois ou quatre heures, & les ayant fait piler, on en fit une espece de pâtée, qu'on jetta aux canards, dindons, chapons & autres volailles; qui les mangerent avec beaucoup d'avidité. Ayant continué à les nourrir de la même pâté, ils prirent une graisse ferme & blanche, & une chair tendre, & devinrent d'un goût excellent.

Nota. Afin de conserver les marrons d'Inde pour toutes les saisons, il faut les faire sécher au soleil sur des claies, comme les châtaignes. Et quand on voudra s'en servir, il faudra les faire bouillir; ensuite les lessiver; & leur donner les autres préparations que nous venons de marquer. On croit que les marrons ainsi préparés, pourront servir aussi de nourriture propre à engraisser les cochons, les bœufs, & d'autres bestiaux. Voyez ce qui est rapporté dans le Recueil de l'Académie de Paris, en 1720, p. 460; & en 1721: & les *Mémoires de Trévoux*, du mois de Mars 1709.

Le procédé de M. Bon, décrit ci-dessus, paroît préférable à celui qui a été donné dans le *Journal Œconomique* (Octobre 1751), par un Physicien qui vraisemblablement ne sçavoit pas ce qu'avoit fait M. Bon.

Mais cet anonyme ajoûte une observation judicieuse. C'est qu'il pourroit n'être pas prudent de présenter les marrons passés à la chaux, aux bêtes qui sont pleines ou qui nourrissent. Quoiqu'il n'ait jamais apperçu qu'ils ayent fait le moindre mal à celles que l'on engraisse pour tuer; on est encore si peu avancé dans la connoissance des maladies des bestiaux & des remedes propres à les guérir, qu'on ne peut être trop circonspect pour ne point exposer leur santé, sur tout dans des circonstances critiques.

Au reste, les cendres étant ordinairement cheres; leur prix, joint aux frais de la manipulation ci-dessus, rend cette mangeaille assez dispendieuse.

Beaucoup d'observations & d'expériences faites d'après M. Marcandier, tant sur le marronier que sur le marron d'Inde, tendent à prouver que ce fruit est plein de sucs astringens, détersifs, lixiviels, & savonneux: ce qui annonce qu'il peut être fort utile, soit pour la Médecine, soit en général pour les Arts. M. Marcandier en a fait particuliérement l'application au blanchissage des toiles en 1757. Voici la préparation qu'il donne pour cela au marron d'Inde; & qui n'est ni pénible, ni dispendieuse. Il suffit de peler, & de raper avec une rape à sucre, ces marrons dans de l'eau froide: celles de pluie, & de riviere sont les meilleures pour cela. Ils rendent alors un suc; qui dissout & délayé dans une quantité d'eau proportionnée à celle des marrons, est très-propre à laver, nettoyer, & blanchir, les toiles & les étoffes. Il faut, pour une vingtaine de marrons, environ dix à douze pintes d'eau; & faire chauffer l'eau que l'on veut employer, ensorte néanmoins que la main puisse en soutenir la chaleur. Si l'on ne peut se passer entiérement de savon pour enlever les plus grandes taches, il en faudra certainement beaucoup moins qu'à l'ordinaire. On en frottera seulement les endroits où la crasse sera plus adhérente. M. Marcandier a fait dégraisser & fouler une paire de bas drapés, avec la seule eau de marron d'Inde. Elle donne au linge un petit œil bleu, qui n'est pas désagréable. Lorsqu'il a mis tremper & macérer du chanvre pendant quelque tems dans cette même eau; après un léger frottement, toutes les fibres du chanvre se sont divisées, adoucies, & blanchies, bien mieux que dans celui qui n'avoit été lavé qu'à l'eau pure. L'activité des sels dont le marron est rempli, & les parties onctueuses qu'il contient, ont entiérement enlevé du chanvre la gomme la plus adhérente; & celle qui n'a pu totalement se dissoudre, a été forcée de s'exfolier. Après tout cette eau ne produit pas sur le linge & les étoffes, les mêmes effets que le savon de la meilleure qualité. Mais il faut considérer que ce blanchissage n'est point dispendieux: les enfans les plus foibles peuvent peler & raper les marrons, sans que l'on craigne qu'ils y fassent tort. Et lorsqu'on en a tiré tout le suc par des lotions réitérées; la pâte, qui reste sans amertume & presque insipide, mêlée avec un peu de son, peut servir de nourriture aux volailles & autres animaux de la basse-cour. Enfin les cendres mêmes du marron servent encore à faire de bonnes lessives.

On doit avoir soin que la rapure des marrons soit bien fine. Il faut aussi préparer l'eau, vingt-quatre heures avant de s'en servir: & pendant ce tems la remuer plusieurs fois, afin que la pâte soit mieux infusée. Pour l'employer on la tire de dessus le marc. Il faut qu'elle soit blanche comme une eau de savon. En l'agitant un peu elle écume; on la voit même comme pétiller.

Les marrons peuvent encore donner un excellent amidon.

Si l'on vouloit faire ces mêmes opérations en grand, il faudroit se placer près d'un ruisseau qui pût fournir l'eau nécessaire, & faire jouer des machines propres à broyer promptement les marrons.

Comme ces fruits ne coutent à Paris que la peine de les ramasser, M. Languet, Curé de Saint Sulpice, s'en servoit à chauffer les poëles dans la maison de l'Enfant Jesus.

MARROUTE. *Voyez* MAROUTE.

MARRUBE *Blanc*: en Latin *Marrubium*: & *Horehound*, en Anglois. Les fleurs de ce genre de plantes sont distribuées en anneaux par étages vers le sommet des tiges; & prennent naissance dans les aisselles des feuilles. Ces fleurs sont labiées. Leur calyce, d'une seule piece, est ordinairement terminé par cinq dentelures longues & étroites; dont le nombre va quelquefois jusqu'à dix. La levre supérieure du pétale est longue, relevée, étroite, fendue en deux cornes: la levre inférieure a trois divisions.

Nous ne parlerons ici que de l'espece usitée en Médecine: *Marrubium album vulgare* C. B. Ce Marrube est fort commun dans la campagne, sur le bord des chemins. Plusieurs Botanistes Latins lui ont donné le nom de *Prasium*, ou *Prassium*. Ses tiges, branchues, hautes d'environ un pied, sont couvertes d'un duvet blanc & cottoneux, quarrées, avec des cannelures sur deux de leurs faces: les deux autres faces sont unies. Les feuilles semblent être des prolongemens détachés de la membrane qui revêt ces dernieres faces: ces feuilles, opposées par étages, ensorte qu'une paire croise l'autre, sont ou en fer de pique ou arrondies, larges d'environ un pouce & demi, bordées de dentelures inégales & peu profondes, plus blanchâtres en dessous qu'en dessus, & remplies d'une multitude de veines ramifiées qui forment des traces profondes à la face supérieure & des nerfs saillans à la partie opposée. Leur pédicule est long & garni de longs poils: souvent celles d'en haut sont sans pédicule. Toutes sont très-ameres, & ont une saveur vive, & une odeur pénétrante. Dodonée dit qu'en Flandre cette odeur approche du musc: celle des environs de Paris est plutôt citronée. Les fleurs ont une odeur assez agréable: elles sont en état dans les mois de Juin & Juillet.

Usages.

L'infusion de cette plante a une odeur gracieuse. Cette infusion, ou la décoction des feuilles, est utile pour l'asthme, la phthisie, & la toux: on en fait infuser, où bouillir légérement, une petite poignée de feuilles séches, dans une chopine d'eau. Tant l'infusion que la décoction de cette plante, est apéritive; & très-bonne pour la jaunisse, la passion hystérique, l'affection hypocondriaque. Cette plante est très-fondante; & propre pour les tumeurs du foie, même pour celles qui sont skirrheuses: pour cela, il faut faire infuser une petite poignée de ses feuilles dans un demi-septier de vin blanc; & en prendre tous les matins, pendant plusieurs mois. Voyez *Skirrhes au* FOIE. On ordonne le sirop de marrube pour la suppression des régles: la dose est depuis une jusqu'à deux onces. Pour donner plus de force à ce remede, on y ajoûte ordinairement quelques préparations de Mars.

En général, ce marrube leve les oppilations du foie, & de la rate; & purge la poitrine & les poumons, sur-tout étant pris avec de l'iris séchée.

MARRUBE *Noir*. Voyez BALLOTA.

MARRUBIN. *Voyez* BALLOTA.

MARRUBIUM. *Voyez* MARRUBE.

MARRUBIUM *Hispanicum*, &c. Voyez *Usages* de l'ALYSSON.

MARS. C'est le troisieme mois de l'année qui commence au Mois de Janvier. Il a trente-un jours. Le soleil entre dans le signe du Bélier vers le vingt. C'est alors que commence le printems; & que la durée du jour est égale à celle de la nuit: ce qui s'exprime par le mot d'*Equinoxe*.

Du premier jour de ce mois jusqu'au quinze, les jours durent onze heures vingt-trois minutes: puis jusqu'au trente-un, douze heures dix-sept minutes. Ainsi ils ont cru alors, depuis la fin de Février, d'une heure quarante-huit minutes.

Le mois de Mars est ordinairement en carême: & dans ce tems on peut vendre des beurres fondus & salés, ainsi que le beurre frais. Pour les œufs; s'il est permis d'en manger pendant ce tems, le débit en est encore bon.

Les veaux qui viennent au mois de Mars, peuvent être nourris pour élever, supposé qu'on soit dans un pays où les pâturages le permettent: sinon ils seront laissés sous leur mere jusqu'à ce qu'il soit tems de les envoyer à la boucherie. On peut réserver les veaux qui naîtront depuis ce tems jusqu'au mois de Mai, pour les élever en bœufs, ou vaches, supposé que les pâturages y soient propres; car lorsqu'on manque de ce secours, il faut toujours les vendre.

Cette saison est le véritable tems de vendre de l'aveine, & de l'orge: qui sont toujours cheres dans ce mois, à cause des semailles de ces grains. Les vesces & le chenevi, qu'on seme aussi pour lors, ne rendent pas moins d'argent. Pour les vesces cependant, comme l'on a à nourrir des pigeons, il est à propos de n'en vendre que ce que l'on a de trop, après avoir fait sa provision.

Les pruneaux, raisins, & autres fruits qu'on a fait sécher au four, sont de débit dans ce mois plus qu'en aucune autre saison.

Dans les années où la Fête de Pâques arrive dans ce mois, on pourra vendre de petits poulets sur la fin; si l'on a pris le soin pendant l'hiver de mettre couver des poules: s'ils coutent à élever; la peine & la nourriture qu'on y a mises, sont bien payées par l'argent qu'on en retire. Mais il faut regarder si la situation des lieux où l'on est, autorise à faire cette dépense, & se donner ces soins: car à moins qu'on ne soit proche de quelque Ville où l'on en puisse avoir le débit, ces poulets coutent pour lors à nourrir deux fois plus qu'ils ne vaudroient si on ne les vendoit pas dans ce tems: ce qui est contre les régles de l'œconomie, & ne peut passer que pour une curiosité inutile.

Les bêtes à corne qui sont grasses, sont encore rares en ce tems-là. C'est ce qui fait qu'elles se vendent chérement, pour être tuées dans la Semaine Sainte.

Les agneaux se vendent en ce mois: mais on ne conseille pas de s'en défaire de beaucoup; car alors ces animaux sont, pour ainsi dire, hors de danger; & valent mieux pour nourrir que pour vendre.

L'on peut avoir quelques pigeonneaux des pigeons pattus: l'argent qu'on en retire pour lors, fait plus de profit que si on les mangeoit. C'est pourquoi il faut les vendre; tel pigeonneau suffisant pour avoir de quoi faire un repas de toute une famille: au lieu qu'il ne pourroit suffire qu'à une seule personne, s'il y étoit mangé.

C'est dans ce mois qu'on a coutume de pêcher les étangs.

Dans des années d'inondations, les bleds sont quelquefois couverts de pluviers dorés.

Poires qui se mangent en Mars.

Ceux qui sçavent conserver ces fruits, en ont encore à vendre dans ce mois, & sont bien récompensés des soins qu'ils ont pris.

La poire de muscat l'Allemand; qui va jusqu'en Avril, & quelquefois en Mai.

Poire de Saint Lezin; délicate à garder.

Poire d'Archiduc; fondante.

Poire de Naples: espece de beurré; qui n'est mûre qu'en ce mois. On la mange volontiers cuite.

La Bergamotte de Soulers, beurrée & fondante; dont l'eau est sucrée; se mange en Février, & en Mars.

Le Saint Germain se garde quelquefois jusqu'en Avril.

Poire de Carmelite; musquée: qui se peut servir crue; mais est meilleure cuite.

L'Orange d'hiver: va jusqu'en Avril.

Poire de Double-fleur: excellente à cuire.

Poire de Tibivilliers; ou *Bruta-marna*; plus connue aujourd'hui sous les noms de Colmart, & Poire-Manne: ne se mange quelquefois qu'en Avril.

La maturité du Rousselet-d'hiver est au mois de Mars.

Il y a encore du Bon-Chrétien d'hiver.

On mange jusqu'en ce mois, de la Bergamotte de Pâques, ou d'hiver.

C'est encore la bonne saison de l'Angélique de Rome.

On fait d'excellentes compotes avec la poire de Tonneau.

Poire de Gourmandine; bonne à cuire, dans ce mois.

L'Angélique de Bordeaux; autrement appellée Saint Martial: fruit estimé, que l'on mange crud.

Poire de Florentine; bonne à cuire, en Mars.

Autres Profits & Occupations.

On ôte les couvertures des plantes, après les dix ou douze premiers jours: mais il faut être attentif à les remettre quand il survient des gelées; ce qui est ordinaire.

On éprouve quelquefois de grands vents fort hâleux. On doit alors, pour semer ou planter avec succès, prendre les précautions qui sont d'usage pour prévenir le desséchement. Il y a de ces vents qui sont presque continuels, & entretiennent un air froid & incommode. Il survient quelquefois des ouragans: & si la terre est pénétrée d'eau, les racines n'y sont plus retenues assez fermes, ensorte que de très-gros arbres sont renversés. Les coups de vent endommagent encore beaucoup les couvertures.

L'humidité qui aura regné pendant tout l'hiver; peut avoir tellement pénétré dans l'intérieur des murailles, qu'il y en ait des parties qui tombent au mois de Mars.

On acheve de tailler & de planter dans le cours de ce mois tous les arbres des jardins; & même les groseilliers, framboisiers, &c. Il est fort à propos d'attendre à tailler les arbres vigoureux, jusqu'à ce qu'ils aient commencé à pousser; tant pour leur faire perdre une partie de leur seve, que pour conserver quelques boutons à fruit, qui ne paroissent pas, & qui s'achevent au printems.

On leve en motte le plant des fraisiers, qu'on avoit en pépiniere; pour en faire des planches & des quarrés à demeure; & pour regarnir ceux où il manque quelque chose.

On seme, dans quelque baquet plein de terreau, ou à l'abri en pleine terre, de la graine de passepierre: elle est pour le moins deux mois à lever, & quand elle est assez forte, on en replante au mois de Mai, on attend même quelquefois à l'année suivante.

On seme pour la troisieme fois un peu plus de pois: car il en faut semer dans chaque mois de l'année: & ceux-ci doivent être de gros pois quarrés.

On recueille quelques champignons, soit des couches faites exprès pour cela, soit de quelques endroits bien fumés.

La violette commence à fleurir en Mars.

Les tapis de gazons & les prés prennent un œil de verdure.

On voit défleurir le perce-neige.

Les groseillers blancs épineux commencent à avoir quelques feuilles vertes.

Sur la fin du mois les Narcisses jaunes sont en fleur; ainsi que les Mezereons.

Les abricotiers & les pêchers commencent à fleurir.

Les abeilles commencent à recueillir leurs provisions sur les fleurs de buis, & autres.

On seme dès le commencement du mois un peu de chicorée, fort clair, pour en avoir de blanche à la S. Jean.

Au commencement du mois, on a le tems de replanter ce qu'on veut faire monter en graine; le porreau, l'oignon (& sur-tout le blanc), l'ail, la graine & les têtes d'échalotes, les choux blancs, les pancaliers, &c.

On lie les laitues qui devroient pommer, & ne le font pas: ce lien les fait en quelque façon pommer par force.

Il faut semer la graine de giroflée panachée, sur couche, pour la replanter en Mai; semer les fleurs annuelles, aussi sur couche, pour les replanter à la fin de Mai.

On commence à découvrir un peu les artichaux; & on ne laboure gueres que quand la pleine-lune de Mars est passée: elle est d'ordinaire regardée comme dangereuse, tant pour eux, que pour les figuiers. Ainsi il ne faut pas encore découvrir tout-à-fait les figuiers: c'est assez qu'ils le soient à demi: & on leur ôte le bois mort, soit qu'il ait été gelé, soit qu'il soit mort d'une autre maniere.

A la mi-Mars; ou même avant, si le tems est un peu doux; on commence à semer sur couche sous cloche, du pourpier doré, & on continue d'en semer de verd.

On replante en place les choux pommés, & les choux de Milan; qu'on doit avoir mis en pépiniere à quelque bon abri dès le mois de Novembre: mais on n'en plante aucun de ceux qui commencent à monter.

On seme sur quelque bout de planche en pleine terre, de la graine d'asperges, en pépiniere; pour en avoir sa provision: on les seme comme les autres graines.

On plante les quarrés d'asperges dont on a besoin: prenant pour cela de beau plant soit d'un an, soit de deux.

On fait à la mi-Mars, sans plus tarder, les couches pour replanter les premiers melons.

On seme en pleine terre à quelque bon abri tout ce qui doit être replanté en pleine terre; par exemple des laitues, tant du printems, que pour replanter à la fin d'Avril, & au commencement de Mai. On seme des choux pommés, pour l'arriere saison; & des choux-fleurs, pour en planter en place au commencement de Mai: s'ils sont trop serrés, on en replante en pépiniere pour les faire fortifier, &c.

On seme des raves en pleine terre, parmi toutes les autres semences qu'on fait; elles n'y gâtent rien. Elles sont bonnes à cueillir au commencement de Mai; avant que les oseilles, le cerfeuil, le persil, la ciboule, &c. soient assez forts pour en être incommodés.

On seme de la bonne-dame, en pleine terre.

On seme, à la mi-Mars, des citrouilles sur couche; pour les replanter au commencement de Mai. Il n'y a d'ordinaire rien de bon à replanter en pleine terre au sortir de la couche, que vers la fin d'Avril, ou au commencement de Mai; si ce n'est des laitues: il faut que la terre soit un peu échauffée, pour y mettre ce qui sort de dessus une couche; où les plants avoient encore un peu de chaleur: autrement tout y pourrit.

On acheve de planter les arbres soit en place, soit en mannequin.

On donne le premier labour à toutes sortes de jardins; tant pour les rendre agréables pendant les Fêtes de Pâques, que pour disposer la terre à toute sorte de plants & de semences.

On met en terre les amandes qui sont germées; & on leur rompt le germe, avant de les planter.

On seme, dans les parterres, de la graine de pavots & de pieds d'alouette, qui fleuriront après ceux qui ont été semés en Septembre.

On plante les *Oculus Christi*.

A la mi-Mars on peut replanter, si l'on veut, les plantes fibreuses; comme les violettes de Mars, hépatiques, paquettes ou marguerites, prime-veres, ellébores, matricaires, camomilles, & autres semblables; & aussi les jacintes, & tubéreuses.

En ce même tems, on semera sur couches diverses sortes de graines; comme œillets, giroflées, basilic, œillets d'Inde, marjolaine, belles de nuit, capucines, souci double, volubilis, poivre d'Inde, lentisque, myrthe, carouge, & d'autres que la fraicheur de la terre ne permet pas de semer plus tôt.

Il faut mettre les œillets, giroflées, myrthes, & autres telles plantes qu'on sort de la serre; à quelque abrit, pendant huit ou dix jours: pour les accoutumer au grand air: car dans ce mois il y a des alternatives de chaud & de froid, qui causent quelquefois de grands désordres.

L'on transplante (en les tenant toujours dans la serre) les arbrisseaux qui craignent le froid; comme les jasmins d'Espagne, orangers, myrthes, laurier-rose, cyclamens automnaux.

C'est la meilleure saison pour planter les buis en compartimens; & pour marcotter les alaternes, & autres arbrisseaux.

Il vient quelquefois, pendant la nuit, des gelées qui se fondent le lendemain au soleil, & durent quatre ou cinq nuits de suite: pendant lequel tems il faudra soigneusement couvrir les belles tulipes; ces gelées occasionnant des taches blanches sur les feuilles, & ensuite souvent la mort.

On doit observer la même chose pour conserver les anémones, oreilles d'ours, chamæ-iris, jacintes brumales, & cyclamens printanniers.

On seme du celeri. *Voyez* CELERI, p. 485.

On laboure les pieds des arbres fruitiers; pour avoir achevé ce travail avant qu'ils soient en fleur: car la gelée leur est plus dangereuse dans les terres fraîches labourées, que dans les autres.

On greffe en fente.

Les vignes doivent être toutes taillées en ce mois; & toutes garnies d'échalas.

On soutire les vins.

Tous les instrumens, servant au labourage, ayant été préparés dans le tems convenable, & les charrues étant toutes prêtes à rouler; on tâchera d'employer tout le beau tems de cette saison à semer l'aveine, l'orge, le pastel, le millet, le panis, les pois, les lentilles, & autres menus grains.

On donne aussi la deuxieme façon aux jacheres.

Les gelées, ou les pluies continuelles, retardent quelquefois les ouvrages; ensorte qu'on ne peut commencer à y vaquer que fort avant dans ce mois. Plus les terres sont fortes, plus l'eau y séjourne longtems, & met dans l'impossibilité d'en approcher la charrue. Ces contre-tems font aussi augmenter le prix des grains.

Les MARS, signifie les menus grains qu'on ne seme que depuis le mois de Mars, en continuant pendant le reste du printems. Tels sont les aveines, orges, mays, sarrasins, vesces, pois.

Voyez DÉCHAUSSER: *terme d'Agriculture*.

Lorsque des pluies trop abondantes, ou une sécheresse excessive, empêchent de labourer les terres; & qu'ainsi l'on a quelques champs que l'on ne peut pas préparer pour les ensemencer en froment pendant l'automne: on peut y mettre des Mars, au printems suivant.

MARS: *terme de Chymie & de Pharmacie*. C'est le fer. Delà vient le nom de *Remedes Martiaux*; par lequel on désigne diverses préparations de ce minéral. *Voyez* FER, p. 27 & suivantes.

MARS *Potabilis*. Voyez PIERRE VULNERAIRE.

MARSH-MALLOW. *Voyez* GUIMAUVE.

MARTAGON. *Voyez* LIS.

MARTEAU. Instrument qui sert à frapper; & est composé de deux pieces; dont l'une entre dans le milieu de l'autre, qui est perpendiculaire par rapport à celle-là: ensorte que le marteau a à-peu-près cette forme T. Cet instrument est d'un usage extrêmement multiplié, & dès-là généralement connu parmi nous.

Dans les Forêts, on se sert d'un Marteau qui porte d'un côté une masse où est une empreinte; & de l'autre un tranchant ou espece de hache, qui sert à emporter un zeste d'écorce. La plaie qu'il fait se nomme *Miroir*, dans certains cantons; ailleurs, *Placage*. Après avoir enlevé l'écorce, on frappe avec le côté qui porte l'empreinte: ce qui marque les arbres qui doivent être réservés. *Voyez* FACE.

Les Marchands doivent avoir un Marteau particulier; enregistré au Greffe de la Maîtrise; pour marquer le bois de leur vente.

Consultez le Traité de M. Duhamel sur l'*Exploitation des Bois*, p. 151-2.

MARTELAGE, ou *Martellage*. Opération par laquelle les Officiers des Eaux & Forêts marquent avec un marteau les arbres de réserve. Outre l'endroit cité, du *Traité de l'Exploitation de Bois*; voyez-y encore les pages 256-7, 279, xx.

Le *Garde*-MARTEAU doit faire le Martelage, en personne; & en présence de deux autres Officiers de la Maîtrise. *Voyez* EAUX & FORÊTS, p. 864.

MARTELLÉES. Ce sont des fientes, ou fumées, de bêtes fauves; qui n'ont point d'aiguillon au bout.

MARTELLER: *terme de Fauconnerie*. Se dit des oiseaux de proie, quand ils font leur nid.

MARTIAUX (*Remedes*). Consultez l'article FER.

MARUM. Ce nom est commun à deux plantes de genres différens.

1. *Marum Cortusi* J. Bauh.: que M. Tournefort appelle *Chamædrys maritima incana frutescens, foliis lanceolatis*. C'est un petit arbrisseau qui pousse quantité de brins ligneux, cylindriques, couverts d'une espece de coton blanchâtre. Ses feuilles, un peu plus grandes que celles du thim, sont en fer de lance, terminées en pointe, verdâtres en dessus, blanchâtres à leur face inférieure. Les fleurs, qui sont purpurines, & dont le calyce est velu & blanchâtre, naissent dans les aisselles des feuilles. *Consultez*, pour leur Caractere, l'article GERMANDRÉE. Toute la plante a une odeur très-forte; & un goût âcre, piquant, & amer. Elle croît dans les pays chauds; tels que la Provence: d'où on nous l'apporte séche. On la *Cultive* aussi dans les jardins; en la traitant suivant le rapport du climat, à celui qui lui est naturel.

2. *Marum Syriacum vulgò* Fl. Bat. *Sampsuchus; sive Marum, Mastichen redolens* C. B. *Thymbra Hispanica, Majorana folio* Inst. R. Herb. Cette plante, qui vient sans culture en Syrie & dans le Royaume de Valence, est un sous-arbrisseau dont les branches sont menues; & qui demeure communément assez bas dans les climats opposés au sien. Ses tiges & branches sont seches, menues, cotonneuses. Les feuilles sont petites, ovales, pointues par les deux bouts, à-peu-près du volume des feuilles du thim, vertes à leur face supérieure, velues, blanchâtres en dessous, chargées d'une saveur chaude, & d'une odeur gracieuse, qui est assez vive pour faire éternuer. Dans les mois de Juillet & Août, l'extrêmité des rameaux est garnie d'épis de fleurs verticillées, qui sont blanches, ou d'un beau rouge, & très-garnies de duvet cotonneux. Toute la plante a une odeur forte, aromatique, qui tient de celle du mastic ou de la térébenthine.

On *multiplie* aisément cette plante par des marcottes ou par des boutures: que l'on transplante, durant l'été, dans du sable gras; ayant soin de les bien couvrir avec des cloches, & les garantir du soleil, jusqu'à ce qu'elles aient acquis de nouvelles racines; & de les mouiller quand elles en ont besoin. Après quoi on peut les abandonner à elles-mêmes. Cette plante soutient bien nos hivers en pleine terre, si elle a une exposition chaude & qu'elle soit dans un terrein sec. Mais quand le froid devient rigoureux, il faut l'en garantir avec des couvertures ou paillassons.

On taille ce Marum pour lui faire prendre diverses formes.

Les chats sont sujets à mettre en pieces le *n.* 1: C'est pourquoi il faut le couvrir avec un grillage. M. Miller attribue la même propriété au *n.* 2. Quand il y a beaucoup de ces plantes dans un même endroit, les chats leur nuisent rarement; peut-être parce que l'odeur est alors assez abondante pour qu'ils soient contens de se frotter auprès.

Usages.

Le *n.* 1 est le plus en usage pour les trochisques d'Hedicroum, qui entrent dans la composition de la Thériaque. Cette plante donne une huile essentielle, verte, plus abondante, & plus pénétrante, que celle de la marjolaine. Elle est cordiale, stomachique, céphalique, sudorifique, & hystérique. On la pulvérise: pour en donner demi-gros, en opiate, ou en conserve.

MAS

MASQUE (*Fleur en*): en Latin *Flos Personatus*. C'est une fleur monopétale; dont le tuyau est terminé, à sa partie supérieure, par un musle qui représente comme deux mâchoires. Le Musle de Veau; la Linaire; sont de ce nombre. Le reste du caractere est de même que dans les Labiées. *Voyez* GUEULE.

MASSACRE: *terme de Vennerie*. C'est la tête du cerf, du daim, & du chevreuil.

MASSE: en Latin *Typha*, ou *Typhe*. Plante qui vient dans les lacs & eaux marécageuses. Elle est du genre des graminées. On distingue sur le même individu une fleur mâle, & une fleur femelle: la fleur mâle forme un épi, à l'extrêmité de la tige; & ce sont plusieurs étamines jaunâtres: la fleur femelle est au-dessous, en épi très-serré & comme drapé, ordinairement roux ou jaunâtre; qui contient les germes de la semence. Cette semence est très-velue, & enveloppée d'une substance cotonneuse, dans l'intérieur de l'épi drapé. Cet épi est enfilé par la tige: laquelle est quelquefois haute de huit pieds; elle l'est moins, selon les especes. Cette tige est verte, ronde, très-solide. Son corps est un composé de membranes plus ou moins spongieuses & charnues, roulées les unes sur les autres. Les feuilles sont longues, entieres, vertes, striées: ce sont des especes de membranes qui, cessant d'envelopper la tige, deviennent subitement étroites & fort épaisses, échancrées également aux deux côtés de leur base, & tantôt aiguës tantôt obtuses à leur extrêmité.

En tems de disette on a quelquefois mangé la partie charnue & tendre qui se trouve dans le cœur, vers le bas de la tige: mais quoique d'abord elle soit assez douce au goût, elle laisse ensuite un peu d'âcreté dans le gosier.

Strabon, *Livre* V, dit qu'on faisoit à Rome un grand commerce de cette plante. Mais c'est tout ce que nous en sçavons. On croit que l'on pourroit en faire du papier. L'épi femelle, étant mis en petites pieces, s'applique sur les écorchures des talons, & autres engelures, comme un dessiccatif.

MASSEPAIN. C'est une pâtisserie faite d'amandes, pilées avec du sucre.

Maniere de faire du Massepain commun.

Prenez une livre d'amandes douces, nouvelles & entieres. Mettez-les dans de l'eau presque bouillante: laissez-les tremper environ un quart d'heure hors du feu pour amollir la peau. Puis vous les pelerez. Et à mesure qu'elles seront dépouillées de leur peau, il faudra les mettre dans l'eau fraîche.

Les amandes étant toutes pelées, vous les laverez dans une ou deux eaux: puis les mettrez égoutter sur un clayon ou sur un égouttoir. Ce qui étant fait, vous les pilerez dans un mortier de marbre ou de pierre; ajoûtant, à diverses fois, environ un demi-verre d'eau-rose en les pilant, afin qu'elles ne fassent point l'huile.

Il faut piler les amandes jusqu'à ce qu'elles soient réduites en pâte bien douce, & qu'il ne reste rien à piler; ensorte que si vous maniez de cette pâte entre vos doigts, vous n'y rencontriez rien de dur, ou de rude. Il faut aussi que cette pâte d'amandes soit assez ferme étant pilée: ce qui oblige d'y mettre un peu d'eau-rose en la pilant.

La pâte étant apprêtée de cette sorte, ajoûtez-y du sucre en poudre, à raison d'une demi-livre ou trois quarterons pour livre d'amandes pilées. Mêlez bien ensemble le sucre avec la pâte d'amandes. Ajoûtez-y aussi un blanc d'œuf frais. Puis rebattez bien toutes ces choses ensemble dans le mortier avec le pilon. Et lorsque la pâte sera liée, tirez-la promptement hors du mortier; & la mettez dans une écuelle.

Maniez ensuite cette pâte sur une table bien nette; qu'il faut poudrer de fois à autre avec un peu de sucre en poudre au lieu de farine, pour empêcher que la pâte d'amandes ne tienne sur la table ni à vos mains.

Mettez cette pâte en autant de morceaux, & les façonnez de telle figure qu'il vous plaira. Donnez-leur environ l'épaisseur de sept ou huit feuilles de papier; & posez ces morceaux de pâte sur un papier blanc quand ils seront dressés. Vous les mettrez ensuite sécher plus qu'à demi dans un four, dont la chaleur soit très-douce; car il faut qu'elle soit modérée pour bien sécher du massepain & ne point le brûler: il faut néanmoins que l'âtre soit un peu chaud. On peut donc mettre le massepain au four, après qu'on en aura tiré le pain ou biscuit.

Quand le massepain sera cuit ou séché, tirez-le du four pour le *glacer;* c'est-à-dire, le dorer promptement avec de la glace de sucre, qu'il faut étendre sur les massepains avec le dos d'une cuiller d'argent, ou avec un couteau, & les remettez aussitôt à l'entrée du four pour sécher la glace; ce qui se fera en un demi-quart d'heure ou environ. Après quoi vous les tirerez du four. Et si vous desirez piquer par-dessus du canelas, ou de l'écorce de citron; ce sera à la sortie du four, avant que la glace soit refroidie, afin de ne la pas rompre.

Il faut plus de tems pour sécher du massepain dans une étuve: mais la glace & le massepain, en sont plus beaux & plus blancs.

Massepain Royal.

Il faut prendre une livre d'amandes douces; les échauder, les peler, & les jetter dans l'eau fraîche; puis les égoutter; les bien piler & réduire comme de la pâte à faire du pain, & en les pilant les arroser, de peur qu'elles ne tournent en huile. Lorsqu'elles seront pilées, vous prendrez une demi-livre de sucre pour chaque livre d'amandes; l'ayant concassé, vous le mettrez dans une poële à confitures, & y mettrez de l'eau seulement ce qui sera nécessaire pour le faire fondre: puis vous le mettrez sur le feu; le ferez cuire à la plume; l'ôterez du feu; & le remuerez & retournerez toujours afin de dessécher la pâte, jusqu'à ce qu'elle quitte la poële. Il faut prendre garde de bien remuer par-tout, de peur qu'elle ne s'attache à la poële. Si vous voulez connoître lorsqu'elle sera assez desséchée, & qu'elle quittera la poële, vous y appliquerez le dos de votre main; & si elle se rend unie avec le dos de votre main, sans s'y attacher, ce sera signe qu'elle est desséchée. Vous la tirerez du feu, pour la dresser avec votre spatule; & prendrez du sucre en poudre: dont vous mettrez un peu sur un bout de planche, ou sur une table bien unie & bien propre; sur laquelle vous mettrez du sucre en poudre, & votre pâte desséchée, par-dessus. Lorsque vous aurez tout ôté de la poële, vous remettrez encore par-dessus un peu de sucre en poudre, pour manier votre pâte; & la mettrez en forme de petits pains longs, de telle grosseur que vous voudrez. Si vous y voulez des amandes ameres, vous y en mettrez un quarteron ou une demi-livre, sur une livre de douces. Lorsque votre massepain sera en petits pains, & que la pâte sera froide; si vous voulez vous en servir, vous la mettrez dans un mortier, & lui donnerez une douzaine ou une vingtaine de coups de pilon, pour la rendre maniable. Vous y pouvez mettre la moitié d'un blanc d'œuf, sur une livre ou une livre & demie de pâte; & si elle est trop dure, vous y mettrez tout le blanc d'œuf. Si vous voulez que cette pâte soit liquide, vous pouvez y mêler en la pilant, un peu d'écorce d'orange ou de citron confite: quand elles seront bien pilées & bien incorporées, vous aurez un *Massepain Liquide*. Vous le tirerez du mortier; & le mettrez sur du sucre en poudre pour le réduire en petits pains comme il étoit. Vous le pouvez filer en anneaux, ou en boutons: lorsqu'ils seront filés & préparés, vous aurez du blanc d'œuf battu avec de l'eau de fleur d'orange, pour y tremper vos massepains; les en retirant, & les laissant égoutter, vous les jetterez tout de suite dans du sucre en poudre, qui soit dans un plat ou terrine; & vous les y retournerez & remuerez, comme il a été dit. Quand vous les retirerez de là, vous les dresserez sur des feuilles ou demi-feuilles de papier, pour les mettre au four & les faire cuire: prenez garde que le feu ne soit ni trop grand ni trop petit: il y a à craindre qu'ils ne brûlent, s'il est trop grand; & s'il n'est pas bien conduit, ils sécheront & ne prendront point de couleur: c'est pourquoi il faut avoir soin qu'il soit égal dessus & dessous, aussi bien dans un grand four que dans un petit; car il ne faut pas qu'ils languissent.

Si vous voulez faire du *Massepain Léger*: prenez environ une demi-livre de pâte d'amandes desséchées, & la passez dans le mortier avec un blanc d'œuf & une livre au moins, ou à-peu-près trois quarterons, de sucre en poudre. Vous en ferez une pâte qui sera ferme. Si vous vous trouviez dans un lieu où vous n'eussiez ni lait ni œufs, & que vous voulussiez faire de la crême; il faudroit prendre de la farine bien blanche, la bien délayer avec de l'eau de fleurs d'orange, ou bien une cullerée de marmelade d'orange; les ayant bien mêlé & délayé, les mettre sur le feu, afin qu'elles cuisent & s'épaississent. Lorsque vous jugerez que la pâte sera cuite comme il faut, vous la tirerez du feu, la dresserez sur des assiettes ou porcelaines, & servirez. Vous pouvez la faire même sans marmelade: mais il faut toujours quelque chose qui lui donne du goût: & si vous vous trouviez dans un endroit où vous n'eussiez ni lait, ni farine, ni œufs: vous pouvez en faire avec de la mie de pain bien *frasée*; c'est-à-dire la plus émiée que vous pourrez: vous la passerez au travers d'une passoire ou écumoire; la délayerez avec un peu d'eau chaude, & de sucre en poudre, & ce que vous y voudrez mettre pour y donner du goût. Faites la cuire de même que celle de farine; qu'elle ne soit ni trop ni trop peu cuite. Ainsi, dans un besoin, vous ferez de la crême qui sera belle & bonne; & tout le monde croira qu'il y a des œufs & du lait, quoiqu'il n'y en ait point.

Voyez MERINGUE.

MASSICOT. *Voyez* dans l'article MIGNATURE.

MASSON: Instrument de Cordier. *Voyez* l'article CORDE.

MASTER-WORT. *Voyez* IMPERATOIRE.

MASTIC. C'est une gomme résine, séche & cassante; que l'on retire de plusieurs lentisques. Le mastic nous est apporté du Levant; mêlé de beaucoup d'impuretés: celui de l'Isle de *Chio*, est le meilleur. Pour être bon, il le faut choisir net, en grosses larmes claires, transparentes, & d'une odeur qui ne soit point désagréable.

M. Tournefort, *Voyage du Levant*, T. I. Edit. in-4°. p. 377-8-9: & M. Duhamel, *Traité des Arbres & Arbustes*, Tom. I. p. 355-6-7-8; ont bien détaillé ce qui concerne la récolte du mastic. Ces instructions s'étendent même à la culture des *Lentisques*. C'est pourquoi on fera bien d'y avoir recours pour suppléer à ce que j'ai omis en traitant de ces arbres.

Usages du Mastic.

On l'emploie dans les huiles, les cérats, baumes, & emplâtres, fortifians. Il est anodyn, astringent, & fortifiant. Il contribue à la digestion; arrête le vomissement & le cours de ventre; étant pris intérieurement, en poudre ou en masticatoire. On le donne aussi pour le crachement de sang; & pour prévenir l'avortement; pour la mauvaise haleine. Sa dose est depuis un demi-scrupule jusqu'à deux scrupules. Le mastic entre dans la thériaque, & plusieurs compositions de vernis. L'ayant étendu sur un morceau de taffetas, on l'applique sur la tempe, pour calmer les douleurs de dents. Il se dissout aisément. Les Turcs & les Dames du Serrail en mâchent presque continuellement; pour rendre leur haleine agréable, fortifier leurs gencives, & blanchir leurs dents.

Voyez *Eau de Mastic*, sous le mot ARTICLE. HUILE *de Mastic*.

Autre MASTIC. *Voyez* CHONDRILLE, *n.* 3.

MASTIC. *Composition* faite de poudre de brique, de cire, & de résine. Cette espece de ciment sert à joindre, enduire, & attacher, du bois, des pierres, & autres choses. Lorsqu'on s'en sert pour jointoyer les marbres; on y mêle quelquefois des couleurs pour réparer les fils & terrasses des marbres mêlés. On en fait encore des nolettes ou moules; pour les ornemens des cadres & corniches de plâtre, ou de stuc. Les Menuisiers s'en servent aussi, au-lieu de futée; pour remplir les défauts du bois. Il s'appelle en Latin *Lithocolla* (colle ou glu des pierres.)

On appelle encore MASTIC, une espece de *Ciment* composé de chaux, de sable, & de cailloux: dont on fait le fond des citernes; & dont on garnit des terrasses, des conduites souterraines, *&c.*

Mastic, ou Ciment chaud, *des Fontainiers.*

Il faut prendre des morceaux soit de tuyaux soit de pots à beurre; du machefer; du verre; de la laitance qui sort des fourneaux à gueuse; *&c.* Ces différentes matieres, pilées & tamisées conviennent pour cet objet: les tuiles & briques n'y sont pas propres; à moins que ce ne soient les briques qui ont été longtems exposées au feu, telles que celles des vieilles cheminées.

Les poix & résines y doivent entrer; préférablement à la cire, au miel, & aux huiles & graisses.

Il y a divers sentimens sur le choix des matieres susdites, & sur la proportion en laquelle on doit les employer. On s'accorde néanmoins à mettre la résine pour base de tout; & la mélanger avec d'autres ingrédiens propres à la rendre moins cassante: à quoi la cire & la graisse sont propres. D'autres font un composé de résine, d'une septieme partie de poix, & de goudron, avec la quarantieme partie de cire; & incorporent le tout avec les poudres de tuyaux cassés & de verre pilé. Il y en a qui mettent du suif, de l'huile de noix, de la térébenthine, *&c.* Pour ce qui est de la dose des poudres, on ne la détermine qu'à-peu-près: quoiqu'il y ait des gens qui la mettent en égale quantité avec la liqueur onctueuse; d'autres le double, & même le triple.

Pour faire parfaitement le mélange; les poudres ne doivent pas être trop fines. Mais une condition essentielle est qu'elles soient très-seches. D'un autre côté, la liqueur doit être fondue, & actuellement bouillante. Lorsqu'elle ne se gonfle plus, on verse la poudre peu-à-peu & également sur toute l'étendue de sa surface; en remuant avec un bâton, & continuant à remuer jusqu'à ce qu'il n'y ait plus à craindre que la matiere écume.

Quand on veut l'appliquer, on échauffe le tuyau avec du charbon, ou un fer rouge; & non avec un feu de bois, parce qu'il exhale de l'huile. On remue bien le mastic, pour perfectionner le mélange, qui doit être liquide & médiocrement chaud. On l'applique sur la partie concave du tuyau qui doit recevoir l'autre; & sur la partie convexe de celui-ci. Puis en emboitant le tuyau, on fait deux ou trois tours pour que le mastic qui suit ce mouvement remplisse tout le vuide qui peut s'y trouver. Enfin, avec un morceau de fer, terminé par un bouton, que l'on met tout chaud dans le tuyau; l'on ôte le mastic qui peut avoir coulé dans l'intérieur: & on applatit ce qui s'en rencontre vers les jointures des tuyaux.

Mastic pour coller les morceaux de Verre.

Broyez du blanc de plomb avec de l'huile de lin épaissie. Ce mastic se séche en peu de tems.

Mastic pour les Pots cassés.

1. Réduisez un pot de grès en poudre subtile: mêlez-y un peu de chaux vive: & incorporez-les ensemble, avec des blancs d'œufs.

2. Battez bien ensemble des blancs d'œufs, du fromage, & de la chaux vive.

3. Fondez ensemble, du soufre, de la résine, & de la cire jaune; & ajoûtez-y du ciment bien passé, & bien fin.

Mastic, qui est très-fort.

4. Faites bouillir à petit feu les drogues suivantes: poix résine, une livre; poix grasse, un quarteron; poix noire, deux onces; autant de cire neuve; & une once de suif. Ajoûtez-y une quantité suffisante de ciment bien passé. Si ce mastic est trop sec, il faut y ajoûter un peu de suif.

Autre maniere de faire le même Mastic, qui est pareillement très-fort.

Prenez poudre de résine, ciment bien passé, sang de bœuf passé à la poële, puis pulvérisé, de chacun une once; soufre réduit en poudre, demi-once; verre broyé, une once; cire, deux onces; poix noire, quatre onces; & autant de térébenthine. Faites bouillir le tout ensemble, jusqu'à consistance de mastic.

Mastic qui ne se défait ni dans l'eau ni à la chaleur du feu.

Battez des blancs d'œufs jusqu'à ce qu'ils soient en écume blanche. Laissez-la reposer. Prenez une once de l'eau qui sera dessous, un quart d'once de folle farine, un gros de bol d'Arménie, demi-gros de sang-de-dragon, un peu de chaux ou de brique en poudre très-menue, & un peu d'huile de noix avec sa lie, ou de la poussiere de quelque vieux fromage fort: le tout pilé dans un mortier de marbre, & passé par une étamine. Prenez ensuite des bandelettes de toile; trempez-les dans ce mélange: & en couvrez les vaisseaux rompus. Il faut mettre deux de ces bandelettes, l'une sur l'autre, & les laisser sécher.

Mastic pour coller les récipiens à l'alembic.

Mêlez ensemble parties égales de farine, de blanc de plomb, & de chaux vive réduite en poudre: incorporez-les avec des blancs d'œufs battus en mousse. Trempez-y des bandes le plus promptement qu'il est possible, & les appliquez sur les jointures des vaisseaux: il n'y a que le sel qui puisse dissoudre ce mastic. Si l'on n'y veut pas faire tant de façon, on incorporera de la chaux vive, avec le blanc d'œuf; on y trempera les bandes, & on les appliquera sur les jointures, que l'on aura un peu frottées d'eau. *Voyez* LUT.

Mastic pour coller des Planches.

Vous broyerez bien menu du bol d'Armenie, avec partie égale de brique: & vous y ajoûterez le double de plâtre.

MASTICATOIRES ou *Machicatoires*. Ce sont des médicamens qui, à force d'être long-tems mâchés, ou quelques-uns pour être seulement tenus dans la bouche, attirent & évacuent la pituite du cerveau. D'où les Grecs les appellent *Apophlegmatismata:* Voyez APOPHLEGMATISMES. Ils sont fort bons pour les pesanteurs de tête; la douleur des dents, dépendante du séjour de la limphe & de la salive sur les gencives; pour nettoyer la bouche infecte des scorbutiques, & raffermir les gencives relâchées. Ils conviennent aussi dans les menaces de paralysie sur la langue; dans l'aphonie ou extinction de voix, lorsque la salive vitiée & épaissie ramollit le tissu des fibres, les prive de la tension qui leur est nécessaire, & les met hors d'état de se contracter suffisamment pour mouvoir la langue & le larynx; enfin dans les affections catarrheuses & pituiteuses de la tête, le vertige, les foiblesses de mémoire, les affections soporeuses; & les fluxions sur les yeux, sur les joues, & sur les oreilles: mais ils sont fort contraires dans les cas de fluxions qui tombent sur la gorge & sur les poumons: & dès-là sont souvent nuisibles aux asthmatiques.

Les glandes qui filtrent la salive, sont très-nombreuses: & la sécrétion de cette humeur est très-abondante; surtout quand elle est aidée par les masticatoires. On peut supposer que les rameaux de la carotide externe, qui portent le sang à toutes ces glandes, en reçoivent alors beaucoup plus qu'auparavant; & que par conséquent il s'en distribue moins à la carotide interne & aux autres rameaux de la carotide externe. C'est pourquoi le cerveau, les yeux, les oreilles, & les tégumens de la tête, doivent être dégagés des embarras qui s'y formoient. Et comme les masticatoires font évacuer beaucoup de sérosités, le cerveau en est moins inondé; puisqu'il reçoit moins de sang, & que l'action des masticatoires ôte à ce sang une grande partie de sa sérosité.

Les Anciens avoient donc raison de croire que les masticatoires purgeoient le cerveau. Mais ils s'expliquoient mal. Ces remedes ne portent pas immédiatement leur action sur le cerveau. Les Anciens ne raisonnoient que sur l'effet; & n'indiquoient pas la maniere dont il étoit produit.

Voyez *Usages de l'*ANEMONE. BETEL.

S'il arrive que, dans les maladies soporeuses, le malade ne puisse manger, comme cela est assez ordinaire; il faut lui oindre le palais avec quelque onguent, composé de masticatoires simples, chauds & âcres, comme sont la marjolaine, l'origan, les cubebes, le gingembre, la nielle, la pyrethre, l'hiere picre, la racine de camomille, celle de *Ptarmica* ou ou herbe à éternuer, les feuilles ou branches du *Leucanthemum Canarienſe* ou pyrethre des Canaries; les feuilles de tabac; celles de moutarde; les feuilles & racines du Cran, ou *Cochlearia folio cubitali;* la graine de ſtaphiſaigre, *Delphinium Platani folio;* &c. en y ajoûtant l'oxymel: afin d'exciter par leur chaleur & acrimonie la faculté expultrice extrêmement aſſoupie.

Trochiſques Maſticatoires.

Prenez poudres de racines d'iris, & de ſtaphiſaigre, demi-once de chacune. Ajoûtez-y pyrethre, graine de moutarde, & poivre long, de chacun deux dragmes. Incorporez le tout enſemble, avec quantité ſuffiſante de ſirop de roſes pâles: & faites une pâte dure, que vous formerez en trochiſques, ou en paſtilles. On les fait ſécher; & on les garde pour le beſoin.

MASTICK *Tree.* Voyez LENTISQUE.

MASTIQUER. C'eſt employer du maſtic, de quelque eſpece qu'il ſoit.

MASURES: *terme de Maçonnerie.* On nomme ainſi les ruines des moindres bâtimens qui ne valent pas la peine d'être relevés, & qui doivent par conſéquent reſter ainſi en tas: comme qui diroit: *moles ſic manſuræ;* maſſes ou amas de murailles renverſées & croulées, qu'on n'a pas deſſein de relever. On les appelle en Latin *Parietinæ* (ſous-entendant *ruinæ*), ruines des murs qui compoſoient un édifice renverſé par caducité, par tempête, ou par la guerre.

MAT

MATER. *Voyez* MATTER.

MATÉRIAUX. Ce ſont toutes les matieres qui entrent dans la conſtruction d'un bâtiment; comme pierre, bois, fer, *&c:* en Latin MATERIA, ſelon Vitruve. Au nombre des matériaux ſont la Charpenterie; dont on fait les Devis, & qui eſt employée dans les planchers, cloiſons & pans de bois: la Couverture; dont on fait auſſi les Devis. On en fait encore des Plomberie, Menuiſerie, Ferrure & gros Fer, Vitrerie, Pavé. Il eſt bon que l'Œconome ſe connoiſſe un peu en ces matieres, pour éviter d'être trompé & de prendre mal ſes meſures. Et avant de bâtir, on doit examiner ſi l'on aura facilement les matériaux.

Matériaux qui regardent la Charpenterie.

Quand on fait un *Devis* pour la Charpenterie, on doit y marquer d'abord l'eſpece & la qualité du bois que l'on doit employer: puis commencer par la charpente des combles, & tout ce qui doit y avoir rapport; enſuite les planchers, les cloiſons, les eſcaliers, *&c:* à-peu-près dans le même ordre que l'on fait la charpenterie d'un bâtiment; & faire tout rapporter aux plans & profils du même bâtiment. Il faut auſſi marquer dans chaque eſpece d'ouvrage, la groſſeur des bois qu'on y doit employer; qui doivent être de brin, ou de ſciage. On n'employe gueres de bois de brin, que pour les combles & les planchers. A l'égard des combles, on forme ordinairement de ce bois les tirans, les entraits, les arbalêtriers, les jambes de force, les arrêtiers: les pannes qui paſſent neuf pieds de portée, & tout le feſte, ſont de bois de ſciage. Il faut dire dans ces devis, que tous leſdits bois ſeront ſolidement & proprement aſſemblés, ſuivant l'art de charpenterie. A l'égard des planchers; comme les pieces d'un bâtiment peuvent être de différentes grandeurs, il faut marquer dans chaque piece la groſſeur des ſolives & des poutres qui doivent y être miſes: il faut auſſi marquer la diſtance de ces ſolives. Pour les cloiſons & pans de bois; comme les bois des cloiſons doivent être de différentes groſſeurs, ſuivant la hauteur ou la charge qu'ils ont à porter, il faut ſpécifier dans les devis ſuivant le lieu où elles doivent être miſes, & marquer la groſſeur des poteaux: la plus ordinaire eſt celle de quatre à ſix pouces; le tiers poteau de trois à cinq; & les plus forts, excepté les poteaux corniers, de cinq à ſept. Il faut auſſi marquer leur diſtance ou intervalle: on les prend ordinairement de quatre à la latte. Pour les eſcaliers, il faut auſſi marquer les différentes groſſeurs de tous les bois qui doivent y être employés; comme les pattins, les limons, potelets, noyaux, pieces de pallier, courbes rampantes, marches: marquer ſi elles doivent être pouſſées: ſi la baluſtrade pour les appuis des rampes & palliers eſt de bois, en marquer les groſſeurs, ce qui doit être pouſſé de moulures, la diſtance des baluſtres, *&c.* Il faut enfin expliquer tout ce qui regarde la charpenterie du bâtiment, le plus diſtinctement qu'il eſt poſſible. Les marchés de la Charpenterie ſe font ordinairement au cent, ſoit aux Us & Coutumes de Paris, ſoit des longueurs & groſſeurs miſes en œuvre.

Matériaux de la Couverture.

Pour faire le devis de la couverture des combles, ſoit d'ardoiſe ſoit de tuile, les principales choſes qu'il y a à obſerver, ſont de bien expliquer & ſpécifier les qualités & les grandeurs de l'ardoiſe ou de la tuile & de la latte; bien marquer la maniere dont on doit faire les lucarnes, les égouts, les battellemens, *&c.*

Matériaux & Devis de la Plomberie.

Pour la plomberie de la couverture, il ne s'agit que de marquer les endroits où l'on doit mettre du plomb, ſa largeur & ſon épaiſſeur.

Matériaux de la Menuiſerie: & de la Maçonnerie.

Voyez MENUISERIE. DEVIS.

Matériaux du gros Fer.

Il faut marquer la quantité de chaque eſpece d'ouvrage de gros fer qu'on veut employer; & déterminer la groſſeur ou la peſanteur ſur chaque pied de long, à-peu-près en ces termes: » Sera fait la quantité de *tant* de tirans & ancres de fer: leſdits tirans » auront *tant* de groſſeur, ou peſeront *tant* ſur chaque pied de long: les ancres auront *tant* de long & » *tant* de gros, ou peſeront *tant;* & ainſi du reſte, comme les bandes des tremies, les barreaux, les étriers, les écharpes, les boulons, *&c.* Pour les rampes de fer des eſcaliers, l'on en fait un marché à la toiſe, ſur un deſſein arrêté.

Matériaux de la Vitrerie.

Dans le devis qu'on en fera, il faut marquer la qualité du verre, la quantité de croiſées, celles qui doivent être à panneaux ou à carreaux; qui ſeront mis en plomb, ou en papier.

Matériaux pour le Pavé.

Le pavé que l'on emploie pour les cours, les écuries, les offices, les cuiſines, *&c.* s'appelle *pavé d'échantillon*, ou *pavé fendu.*

Remarquez que dans tous les devis qui regardent les divers matériaux ci-devant mentionnés, il faut bien ſpécifier tous les différens ouvrages du bâtiment que l'on s'est proposé. Et si le marché est général (ce qu'on appelle *rendre un bâtiment la clef à la main*) il faut faire la conclusion du devis à-peu-près de cette maniere : » Pour faire & parfaire tous lesdits » ouvrages de Maçonnerie, Charpenterie, Couver- » ture, &c. conformément au présent devis, l'En- » trepreneur fournira tous les matériaux néces- » saires généralement quelconques pour chaque » espece d'ouvrage, des qualités & conditions mar- » quées audit devis ; fournira toutes les peines » & façons d'ouvriers généralement quelconques » pour l'entiere perfection desdits ouvrages, au dire » d'Experts & gens à ce connoissans ; rendra les » lieux nets & prêts à habiter dans le tems de.... » à peine de tous dépens, dommages & intérêts, le » tout fait & parfait, ainsi qu'il est dit, moyennant » le prix & la somme de... «

En 1720, Ordonnance du Roi, qui défend à tous Propriétaires de maisons, Architectes, Maîtres Maçons & tous autres Entrepreneurs de bâtimens, d'embarrasser la voye publique (c'est un terme d'Ordonnance pour dire *rue*,) de leurs matériaux ou décombres ; portant réglement contenant neuf Articles : faite à Paris le 22 Mars, publiée le 26 dudit mois.

Les matériaux d'un édifice démoli, destinés pour le rebâtir, sont censés immeubles.

MATIERE PREMIERE *des Métaux*. Voyez AZOT.

MATIERE UNIVERSELLE. *Voyez* BLED, *p.* 321.

MÂTIN. Voyez ce mot dans l'article CHIEN.

MATRAS. Vaisseau de verre, ou de terre, dont on se sert pour divers procédés chymiques. Il est fait en forme de bouteille, qui a un cou fort long & étroit. *Consultez* l'article des Vaisseaux pour la DISTILLATION. On enduit le Matras avec de la terre grasse, quand on veut le mettre sur un feu bien ardent. On le scelle hermétiquement, lorsqu'on veut qu'il soit bien bouché.

MATRICAIRE : ou *Espargoute* : en Latin MATRICARIA ; *Parthenium* ; &, selon quelques-uns, *Amaracus* : en Anglois *Feverfew*. Les plantes de ce genre portent des fleurs communément radiées ; dont le calyce est hémisphérique & écailleux. Ces fleurs naissent par bouquets. Les semences sont longuettes, nues, & anguleuses.

Especes.

1. *Matricaria vulgaris* C. B. Cette plante est tantôt vivace, tantôt bisannuelle. Sa racine est un assemblage de fibres qui s'étendent en tous sens. Elle pousse plusieurs tiges droites, hautes de deux pieds à deux pieds & demi, cylindriques, fermes, cannelées, branchues. Les feuilles sont jaunâtres, formées ordinairement de sept lobes découpés en petites parties obtuses : plus larges que ceux de la camomille Romaine. Ces feuilles sont moins considérables que celles de l'armoise : du reste elles ont beaucoup de rapport aux unes & aux autres : aussi Tabernamontaines a-t-il nommé cette Matricaire *Armoise à petites feuilles*. Vers le mois de Juin, les branches sont terminées par des especes d'ombelles écartées ; dont chaque péduncule porte une fleur large d'environ deux tiers de pouce, formée de demi-fleurons courts & très-blancs, qui environnent des fleurons jaune-pâles. Toute la plante a une odeur forte & déplaisante ; & une saveur amere.

Il y en a une variété qui donne quantité de fleurs doubles ; lesquelles se soutiennent longtems.

On nomme *Petits Boutons d'Or* (en Latin *Matricaria flore aphyllo* H. R. Par.) une autre variété ; dont les demi-fleurons avortent, & laissent ainsi la fleur toute composée de fleurons jaunes.

2. On a ci-devant appellé *Tanesie des montagnes*, & *Tanesie sans odeur*, une plante qui portant constamment des fleurs radiées ne peut être une Tanesie, quoiqu'elle ait les feuilles comme celles de la Tanesie vulgaire. M. Van-Royen (Prodr. floræ Leyd. 174) en fait un *Chrysanthemum*. Elle est nommée dans M. Tournefort *Matricaria Tanaceti folio, semine umbilicato*. Cette plante se trouve sur les Alpes, & sur d'autres montagnes du Nord de l'Europe. Ses racines sont vivaces. Elle a des tiges droites, hautes d'environ un pied & demi ou deux pieds ; garnies de feuilles découpées en segmens paralleles, à-peu-près comme les feuilles de Corne-de-Cerf, ou comme celles de la Tanesie vulgaire, & dont la couleur est un verd obscur. Les fleurs sont plus ou moins grandes ; formées de demi-fleurons blancs, & de fleurons jaunes. Toute la plante est dépourvue d'odeur.

3. On trouve en Italie une Matricaire dont les feuilles semblent être frisées ; parce que chaque dentelure est recoupée. On la démontre à Paris, au Jardin du Roi, sous le nom de *Matricaria foliis tenuissimis, Achillææ cæsuris*.

4. Voyez HERBE *à Eternuer*, *n.* 2.

Usages.

Les feuilles, & les fleurs simples, du *n.* 1, sont employées en Médecine ; particuliérement pour les maladies froides & venteuses de la matrice, les autres affections hystériques, la suppression des regles, & pour faciliter les évacuations qui doivent suivre l'accouchement. En général cette plante est céphalique, stomacale, apéritive, & incisive : on croit qu'elle peut même expulser un enfant mort dans le sein de sa mere. On en fait infuser une poignée dans un demi-septier de vin blanc, pendant la nuit ; pour en faire prendre cette infusion à jeûn pendant quelques jours, pour les pâles couleurs. Il y a des personnes qui en appliquent seulement les feuilles sous la plante des pieds ; pour provoquer les regles.

On applique sur la tête, avec succès, un cataplasme de feuilles de matricaire, pour calmer ou même guérir la migraine qui est accompagnée de froid. Il soulage aussi la goute froide. L'infusion de matricaire, dans l'eau commune, fait mourir les vers, & émousse les acides de l'estomac. Les lavemens faits avec la décoction d'une poignée de matricaire & une once de miel commun, soulagent beaucoup les femmes sujettes aux vapeurs. On prépare, pour le même mal, une légere infusion de cette plante, avec un peu d'armoise, & une bonne pincée de fleurs de camomille. On met encore la matricaire au rang des Lithontriptiques.

Culture.

Ces plantes font un bel effet dans un jardin par leurs fleurs doubles : qu'on a soin d'entremêler avec d'autres.

On éleve dans les jardins les fleurs doubles du *n.* 1.

Cette plante aime une terre substantieuse, & un peu humide.

Quand on veut conserver les variétés que l'on a, il faut être soigneux de ne pas les laisser se semer d'elles-mêmes. Mais c'est un bon moyen pour se procurer de nouvelles variétés que d'employer la graine.

On seme communément les matricaires, au mois de Mars, sur une terre bien meuble : & quand la graine est levée, on met le jeune plant en pépiniere, espacé à environ six ou sept pouces. Vers le quinze de Mai on leve les pieds en motte, pour les mettre dans des plates-bandes : où ils fleuriſſent dans les mois de Juillet & Août ſuivans.

Comme la formation de leur graine eſt ſujette à épuiſer les plantes, on a coutume de racourcir juſques près de terre toutes les tiges auſſitôt que les fleurs ſont paſſées. Au moyen de quoi, les racines font de nouvelles productions, & conſervent leur vigueur.

On peut multiplier les matricaires en éclatant le pied avec les racines, ſoit en automne ſoit au printems. Mais il faut ne replanter jamais de racines entieres qui aient deux ou trois ans.

MATRICE. Partie qui, placée dans la cavité du bas ventre, entre la veſſie & l'inteſtin rectum, eſt deſtinée à la conception, & à renfermer le fœtus juſqu'à ſa naiſſance. Sa figure approche de celle d'une poire applatie; dans le tems que la femme n'eſt pas enceinte: & durant la groſſeſſe, elle differe ſuivant les progrès. Dans une femme qui n'eſt pas groſſe, le corps de la matrice eſt communément long de trois pouces, large de deux pouces vers le fond (que l'on nomme ſa partie poſtérieure, ou ſupérieure), & moitié moins vers ſon cou (qui eſt la partie antérieure, & inférieure). Son épaiſſeur eſt d'un bon pouce dans les vierges: & chez elles, la matrice eſt encore d'un moindre volume que dans les femmes. La ſubſtance de la matrice eſt muſculeuſe, en partie; d'un blanc ſale, ou bleuâtre, formée par divers plexus de fibres charnues accompagnées de beaucoup d'arteres & de veines qui s'y entrelacent. Elle eſt ferme dans les femmes qui ne ſont pas enceintes. Dans celles qui ſont groſſes, elle ſe dilate d'une maniere ſurprenante. Par dehors elle eſt revêtue d'une membrane forte & griſâtre, qui vient du péritoine. Sa cavité, qui dans les vierges auroit de la peine à contenir une feve, ſemble être tapiſſée d'une membrane fine.

La partie poſtérieure de la matrice eſt libre. L'antérieure tient par en haut à la veſſie; & par en bas, au rectum. Les parties latérales ſont attachées par quatre ligamens: dont deux (nommés *Ligamens Larges* & *Ailes de Chauveſouris* parce qu'ils ſe déploient à-peu-près comme les aîles de cet animal) ſe joignent aux os des Iſles. Les deux autres ſont appellés *Ligamens Ronds*, à cauſe de leur forme cylindrique: ils viennent de la partie poſtérieure de la matrice; paſſent par les anneaux des muſcles de l'abdomen, de même que le cordon des vaiſſeaux ſpermatiques dans l'homme; & ſe terminent à la graiſſe qui eſt auprès des aines.

Le cou de la matrice eſt terminé par un orifice long & en entonnoir, dont on compare l'extrêmité à la forme du muſeau ſoit d'un lievre ſoit d'une tanche, ou au gland du membre viril. Son ouverture communique avec le vagin. Cet orifice eſt fort petit dans les vierges; enſorte qu'à peine peut-on y introduire une ſonde: il eſt un peu plus large dans les autres, mais fermé par une humeur glutineuſe durant le tems de la groſſeſſe.

Les nerfs qui répondent à la matrice, viennent des intercoſtaux & de l'os ſacrum.

Cet organe de la génération eſt ſujet à diverſes maladies. Nous en avons déja parlé dans les articles FEMME: *Maladie* HYSTÉRIQUE: HERNIE. Conſultez encore les mots VAPEUR; & MOLE.

Maladies de la Matrice, en général.

Voyez Tome I, *p.* 897, *col.* 2.

Bleſſures de la Matrice.

Voyez ſous le mot ULCERE.

Dureté de Matrice.

Voyez FOMENTATION *émolliente & rafraîchiſſante*: p. 108.

Apoſtumes ou *Ulceres de la Matrice.*

1. Prenez quatre poignées de feuilles de millepertuis, & une chopine de vin blanc: faites-les tremper enſemble pendant vingt-quatre heures: puis diſtillez le tout; & gardez la liqueur qui en diſtillera, dans une bouteille de verre. La femme malade en prendra trois travers de doigt dans un verre; chaque matin, pendant huit jours.

2. Faites bouillir du perſil dans du vin; & le buvez.

3. Mettez infuſer des feuilles de tabac, vertes ou ſéches, dans de l'urine; ajoûtez-y de la poudre de cloportes préparés, & des yeux d'écreviſſes: & en injectez.

4. Prenez mie de pain blanc, lait, jaunes d'œufs, opium, ſafran, huile de pavot; un peu de chacun: ce que vous jugerez à propos pour faire un cataplaſme. Après les avoir bien mêlés, faites cuire le tout juſqu'à ce que les jaunes d'œufs paroiſſent à demi-cuits: & mettez enſuite ſur le mal. [Ce remede eſt encore bon pour les abſcès de la verge.]

5. *Conſultez* le mot ULCERE.

Des femmes très-ſages peuvent avoir des ulceres en cette partie, lorſqu'elle n'eſt pas proportionnée à l'état d'un mari vigoureux. Et ſi l'on néglige ces ulceres, ils deviennent fort difficiles à guérir.

On y remédie avec ſuccès, en ſe frottant d'un onguent compoſé de parties égales de litharge d'or pulvériſée, de céruſe, & de corne de cerf calcinée, avec une ſuffiſante quantité de mucilage de pepins de coing qui ait été extrait avec de l'eau de plantain. Après s'en être frottée, on ſe lave de tems en tems avec de l'eau-roſe: & l'on ne tarde pas à être entiérement guérie.

De quelque cauſe que viennent les ulceres de la matrice, on doit n'y employer que des remedes doux & benins; juſqu'à ce qu'on en ait reconnu l'inſuffiſance pour l'état actuel.

Il en eſt de même des *Fentes* ou *Gerſures*, qui ſurviennent quelquefois aux parties naturelles externes des femmes. On éprouve que lorſqu'on a été obligé d'y faire quelque inciſion, il ſurvient aſſez ſouvent une inflammation, de la fievre, des convulſions même. Les plaies de ces endroits ne peuvent ſe réunir qu'avec peine; à cauſe des humidités qui y abordent habituellement: ce qui cauſe des *ulceres ſordides;* ſouvent ſuivis d'une gangrene, qui conduit infailliblement à la mort.

Mal de Matrice. Voyez MAL *de Mere.*

Mal de Tête, provenant de la Matrice. Conſultez l'article TÊTE.

MATRISYLVA. *Voyez* CHEVREFEUILLE, *n.* 1. GRATERON, *n.* 2.

MATTE (*Cannelle*). Conſultez ce mot, dans l'article CANNELLE; *p.* 453.

MATTER; ou *Mater:* terme d'Orfevrerie. Pour Matter l'*Or:* il faut prendre de la ſanguine, du vermillon, & du blanc d'œuf; broyer le tout enſemble; & le poſer avec un pinceau, dans les enfoncemens.

Matter l'*Argent.* Voyez ARGENT, *p.* 167.

MATURATIF. Topique deſtiné à procurer une ſuppuration convenable. Cette ſorte de remede ſeconde la nature dans les efforts qu'elle fait pour ſe délivrer du poids importun du ſang & des humeurs, qui croupiſſent dans quelque partie, &

n'obéissent pas à la loi générale de la circulation.

Quoique la nature seule travaille à la formation du pus, & que les maturatifs ne puissent pas en produire par eux-mêmes une goutte ; la nature cependant a souvent besoin de leur secours, pour éloigner les obstacles qui la gênent dans son travail, & pour modérer & diriger ses efforts. Les maturatifs donnent de la souplesse aux vaisseaux obstrués ; ils en diminuent la résistance ; & atténuent l'humeur concrete : ce qu'ils font en bouchant les pores de la transpiration. En conséquence, les vaisseaux cutanés, & ceux de la tumeur suppurante, sont plus distendus ; ils se contractent & battent avec plus de force. Enfin la chaleur se conserve & augmente dans la partie sur laquelle est appliqué le maturatif. D'où il résulte que l'action des fluides sur les solides doit augmenter. Ainsi l'on peut dire que les maturatifs conservent & entretiennent l'action des vaisseaux libres sur les vaisseaux obstrués ; en même tems qu'ils diminuent la résistance des vaisseaux engorgés, & la tenacité du sang qui forme l'engorgement : qu'ils favorisent la collection du pus dans un même endroit ; & qu'ils le déterminent plus près de la peau, dont ils relâchent le tissu.

Les maturatifs sont émolliens. On les joint aux résolutifs lorsqu'il est nécessaire de ranimer les oscillations des vaisseaux. Et la suppuration étant la voie la plus avantageuse à la nature, après la résolution ; l'usage des maturatifs est assez fréquent pour rappeller la suppuration des plaies, tumeurs, & contusions, qui doivent nécessairement suppurer.

Les *Plantes Maturatives* sont les émollientes ; & outre cela, l'ozeille, le lis blanc, les oignons, les figues grasses.

Voyez ABSCÈS.

MATURITÉ. C'est l'état de bonté d'un fruit. On reconnoit qu'un fruit est *Mûr* (en Latin MATURUS), à sa couleur, son odeur, sa consistance. *Voyez* FRUIT. AOUTÉ.

MAU

MAUDLIN (*Sweet*). } Consultez l'article
MAUDLIN (*White*). } HERBE *à Eternuer.*

MAURETS. *Voyez* AIRELLE.

MAURINE (*Cire*). Voyez CIRE, *p* 629.

MAUVAISES *Herbes.* Voyez sous le mot HERBE.

MAUVE : en Latin *Malva :* & *Mallow*, en Anglois. On remarque dans les plantes de ce genre deux calyces : dont celui de dehors est formé de deux à trois feuilles ; & le calyce intérieur, qui est d'une seule piece, a cinq divisions. Il y a cinq pétales égaux, terminés en bas par un onglet qui les attache par dessous autour d'un centre commun, lequel communique au calyce & aux étamines ; de sorte que ces cinq pieces semblent former un seul pétale découpé jusqu'auprès de sa base. M. Adanson (*Fam.* T. I. p. 393) fait observer que quand ces pétales sont épanouis, la maniere dont ils se recouvrent en grande partie les uns les autres soit à droite soit à gauche, est déterminée par la situation où se trouve la fleur relativement à l'aspect du soleil & aux branches. Dans le centre de la fleur sont une vingtaine d'étamines réunies ensemble par l'extrêmité inférieure de leurs filets, pour former une espece de colonne grenue : de-là vient que quelques Botanistes ont nommé *Colomniferes* les plantes qu'ils ont regardées comme appartenant à ce genre. Voyez M. Guettard *Observ. sur les Pl.* T. I. *f.* C. IV verso, & T. II. Ord. XXVII & XXIX. Les Sommets des étamines sont ovoïdes, sillonés, courbes, & jouent sur les filets auxquels ils sont légerement attachés par dedans leur courbure. Le pistile a un style tubulé, en forme de trompe ; qui se divise en plusieurs branches, dont chacune est terminée par un stigmate cylindrique. Le Fruit est une capsule arrondie, applatie, divisée en autant de loges qu'il y avoit de branches au style. Chaque loge contient une semence à-peu-près ovale, ou courbée en forme de rein de lievre. Le calyce embrasse & accompagne le fruit jusqu'à sa parfaite maturité.

Especes.

1. *Malva Sinensis erecta, floribus albis minimis* Boerh. Ind. Alt. Cette plante, originaire de la Chine, est annuelle. Ses tiges, quoique herbacées, se tiennent droites. Elle ne porte que de petites fleurs, qui sont blanches, & ramassées en paquets dans les aisselles des feuilles. Ses feuilles sont arrondies, & comme divisées en cinq lobes.

2. *Malva sylvestris, folio rotundo* C. B. Celle-ci est très-commune dans nos campagnes. Ses tiges, couchées contre terre, sont garnies de feuilles arrondies, velues, succulentes, légerement divisées comme en cinq lobes, & joliment dentées sur les bords. Les fleurs sont peu considérables ; ou toutes blanches, ou un peu lavées de carmin.

3. *Malva sylvestris, folio sinuato* C. B. La *Grande Mauve ;* qui est d'*usage* en Pharmacie. On la trouve dans les cimetieres & autres endroits incultes. Ses tiges, herbacées, se soutiennent droites. Toute la plante est velue. Ses fleurs sont assez grandes ; tantôt rouges, tantôt blanches.

Ces deux especes (2 & 3) ont de longues racines blanchâtres, un peu visqueuses, & d'une saveur douce. Leurs semences sont blanches, & fades au goût. Elles fleurissent depuis le mois de Mai jusqu'en Août.

4. *Malva sylvestris, foliis crispis* C. B. Celle-ci, que l'on cultive dans les jardins, est annuelle. Elle pousse une tige droite, haute de quatre à cinq pieds. Ses feuilles sont très-frisées. Les Anglois nomment cette plante *Curled*, & *Furbelowed*, *Mallow.*

5. Voyez ROSE *d'Outremer*, ou *Tremier.*

Culture.

Comme les mauves jettent de longues racines, on les seme ou plante à demeure ; contre des murs ou en d'autres endroits où elles trouvent du soutien.

Le *n.* 1 & les suivans se multiplient à l'excès, quand on laisse leur graine tomber d'elle-même.

On peut entretenir les plantes durant plusieurs années de suite, en les coupant jusques au pied dès que les fleurs sont passées ; ou, au plus tard, lorsque l'on en a recueilli la graine.

Cette graine doit être cueillie à demi-mûre. Car s'il survient beaucoup de pluie dans le mois d'Août, elle germe sur la plante.

Pour avoir des fleurs de bonne heure, il faut la semer à la fin de l'été.

Usages.

Les Chinois mangent la plante *n.* 1, comme nous mangeons les épinars. Mais cet aliment n'a point réussi parmi nous.

Les *nn.* 2 & 3 sont d'usage en Médecine : surtout le *n.* 3. Leur vertu presque universelle a donné lieu de les surnommer *Omnimorbia.* On en mâche les feuilles, pour dissiper l'enrouement : on les mange aussi, apprêtées avec du sel & de l'huile ou du beurre frais, pour amollir le ventre. Ces plantes peuvent être employées à presque tous les mêmes usages que la Guimauve. Les jeunes pousses sont particuliérement propres à calmer les maux de reins, & faire uriner : *voyez* MALVACÉE. On applique le suc avec de l'huile sur les piquures de guêpes & d'abeilles. On pile les feuilles avec celles de saule, pour arrêter le progrès des inflammations. La décoction de mauves, lâche le ventre. La raclure des racines est aussi laxative, emmenagogue, & hystérique. L'infusion des fleurs, prise tous les matins à la maniere du thé, mais sans sucre, est un excellent remede contre l'ardeur habituelle d'urine, & pour faire écouler la gonorrhée : la dose est d'une chopine ; qu'il faut prendre à deux fois, le matin à jeûn.

MAUVE-*Rose*. Voyez ALCEA.

MAUVE *de Venise*. Voyez ALTHEA-FRUTEX, *n.* 10.

MAUVIETTE. On nomme ainsi à Paris l'Alouette ; que l'on mange communément rôtie. *Voyez* ALOUETTE.

La *vraie* MAUVIETTE ; que l'on nomme aussi le MAUVIARD, & MAUVIS, ou *Grive de Vigne ;* & que l'on apprête comme l'Alouette ; est une petite Grive, qui a les côtés & le dessous des ailes rougeâtres. Consultez *l'Ornithologie* de M. Brisson, T. II. p. 209, &c.

MAY

MAY. C'est le cinquieme mois de l'année. Il a trente-un jours. Le soleil entre dans le signe des Gemeaux vers le vingt-un.

Du premier, au quinze, le jour dure quatorze heures cinquante-trois minutes ; & jusqu'au trente-un, quinze heures trente-deux minutes : ensorte qu'alors il est plus long, d'une heure vingt-huit minutes, qu'il ne l'étoit à la fin d'Avril.

Ce mois est des plus critiques pour les fruits ; parce qu'il est sujet à de mauvais vents, qui brouissent les arbres précoces. *Voyez* CALEBASSE.

Vers la fin de May, les bleds commencent à avoir à craindre la nielle.

L'alouette & la caille couvent en ce mois : la biche fait ses fans. On croit que c'est le tems favorable pour faire faillir les ânesses. Les cannes continuent à pondre durant tout ce mois. La rosée de May favorise beaucoup la végétation : c'est pourquoi il y a des curieux qui en ramassent pour la garder, & s'en servir dans le reste de l'année.

Durant tout ce mois, on n'enverra ni beurre ni fromage, au marché : ils s'y donneroient à un prix trop médiocre. Ainsi le beurre sera fondu, ou salé ; & les fromages, séchés. Il est cependant certain que le beurre de May a un bon goût, & que généralement on l'estime plus que celui de tout autre tems. Aussi l'emploie-t-on par préférence dans la composition de certains onguents : dont un a même retenu le nom d'*Onguent de May.*

Les œufs serviront pour une partie de la provision de la maison ; ou seront vendus, à quelque bon marché qu'ils puissent être : ceux de cette saison n'étant pas propres à garder.

Dans ce tems commence la vente des dindons, qu'on a eu soin de faire éclore de bonne heure : ils sont extrêmement chers dans ces commencemens ; & l'on peut dire que pour lors, ils dédommagent bien des peines que l'on a prises pour les élever.

Les poulets & les veaux sont encore bons à vendre.

Comme le bétail gras se vend toujours bien, on ne perdra point sa peine d'en avoir dans ce tems-là.

Les pigeonneaux sont abondans en ce mois : & l'on envoie vendre tout le surplus de ceux qu'on laisse pour garnir le colombier.

On doit aller aux foires pour y faire emplette de moutons, outre son troupeau ordinaire ; & de vaches pour engraisser : ce commerce enrichit si l'on s'y entend bien. *Consultez* l'article BÉTAIL ; & les autres indiqués sous le mot ENGRAISSER. Il faut toujours prendre pour cela des vaches qui ne donnent plus de lait. Outre qu'on les a à meilleur marché, il n'y a point à craindre que la nourriture qu'on leur donne, se convertisse en lait, ou en autre substance que la graisse. Il ne faut pas cependant qu'elles soient trop vieilles.

A l'égard des moutons gras : ils ne sont point encore à bon marché dans ce tems : ainsi, qui en aura, pourra les vendre.

Quoique le bled soit quelquefois à plus bas prix dans cette saison, qu'en hiver ; beaucoup de ceux qui font profession de s'entendre en œconomie, se pressent de le vendre. Peut-être appréhende-t-on qu'il devienne difficile à garder ; tant à cause de la multiplication prochaine des insectes, que par le grand nombre de travaux qui ne laissent pas le loisir de remuer le grain assez souvent. Mais en employant les Étuves & les Greniers de Conservation dont nous avons parlé dans le premier Volume, *p.* 315, on auroit beaucoup moins d'inquiétude à cet égard ; & l'on pourroit attendre le moment d'une vente avantageuse.

Si l'on a encore du vin, le mois de May est la vraie saison de débiter le blanc, & le paillet. Ce n'est pas que l'on conseille de le garder jusqu'à ce tems-là, & refuser de le vendre si l'on trouve plus tôt l'occasion : car il y a un ancien proverbe qui dit qu'*il n'est argent que de Marchand :* ce qui signifie qu'il faut profiter des occasions de vendre tout le plus tôt que l'on peut, & que le gain modique est plus assuré que celui que présente l'imagination dans un tems éloigné, où les Marchands ne se rencontreront peut-être pas à propos, ensorte que les circonstances forceront peut-être à perdre considérablement après avoir attendu. Au reste, nous ne disconvenons pas qu'un autre ancien proverbe dit que,

Celui ne sçait qu'est vendre du Vin,
Qui de Mai n'attend la parfin.

On peut en restreindre l'application au vin rouge ; qui ne risque pas comme le blanc & le paillet, dont il s'agit ci-dessus.

On fait aussi de l'argent du miel & de la cire ; qu'on a tiré de ses ruches.

Il y a des cantons où, à la fin de ce mois, la saison est assez tempérée pour tondre les moutons, brebis, & agneaux.

Les ruches commencent à essaimer en May. C'est aussi le tems du pillage parmi les abeilles.

C'est le vrai tems de dépouiller les aunes, les chênes, *&c.* de leur écorce, pour la vendre.

Si l'automne n'a pas été favorable pour rouir le chanvre, on le fait alors. De bonnes ménageres prétendent même qu'on doit toujours attendre à faire ce travail en May.

On vend cher les pois hâtifs.

Les asperges poussent beaucoup en ce mois.

Au commencement de May, l'on met en pleine terre les haricots semés sur couche un mois auparavant.

On fait les dernieres couches, pour les melons.

Les concombres & autres plantes potageres doivent être tirées des couches, & mises en pleine terre.

Les effets de la végétation pendant le mois de Mars, n'ont été que comme les premiers efforts de la nature ; des arbres fleuris ; des feuilles naissantes ;

des bourgeons ouverts, *&c.* L'on a vû ensuite augmenter les forces de la nature dans les productions d'Avril; des fruits noués; les jets allongés; la levée des semences, *&c.* Mais, quand on est au mois de May, la végétation déploie sa vigueur, pour s'y maintenir encore dans les mois de Juin & Juillet: les murailles se garnissent de nouvelles branches; les fruits grossissent; la terre est couverte de verdure: les Jardiniers doivent alors être vigilans, & ne pas épargner leur peine. Sinon, les mauvaises herbes auront en peu de tems étouffé toutes les bonnes semences; les allées deviendront en friche; les arbres tomberont dans la confusion. Il faut donc beaucoup sarcler, labourer, nettoyer, ébourgeonner, palisser. C'est ordinairement vers la mi-May que les espaliers commencent à avoir le plus de besoin d'être palissés.

Vers le sept ou le huit du mois, il faut planter des choux-fleurs, des choux de Milan, des cardes poirées, *&c.*: si on les plante plus tôt, on les voit souvent monter; mais il ne faut pas différer au-delà du quinze; non plus que pour semer les choux d'hiver.

On seme des cardons d'Espagne, au commencement du mois.

On replante des chicorées vers la mi-May.

Au commencement du mois on seme des haricots de couleur.

On acheve le plus tôt qu'on peut d'œilletonner les artichaux qui sont forts, & qui ont besoin d'être déchargés & éclaircis: on acheve aussi d'en replanter de nouveaux. Les œilletons ne laissent pas d'être bons, quoique pas assez gros & blancs: on peut s'assurer que la plupart donneront de belles têtes en automne: & il est à souhaiter qu'ils ne le fassent pas plus tôt; car ceux qui viennent avant ce tems-là sont d'ordinaire chétifs, & pour ainsi dire avortés. Il faut aussi en planter de médiocres, sur-tout à quelque bon abri; pour qu'ils n'y fassent autre chose que se fortifier pendant le reste de l'année, afin de pouvoir de bonne heure donner leurs premieres pommes au printems. Ceux qui en ont donné en automne, ne sont pas si hâtifs que ceux-ci.

A la fin de ce mois les pommes d'artichaux commencent à sortir: & ces plantes demandent alors beaucoup d'arrosement.

Les premiers melons commencent à nouer, si les couches ont été bien conduites.

On range les figuiers en place dans la figuerie, pour les disposer comme on veut; ils commencent alors à pousser leurs feuilles & leurs jets; & leurs fruits grossissent bientôt.

Les nouveaux jets des arbres, qui sont assez forts pour être palissés, doivent l'être presque entiérement avant la fin du mois. Car à la fin de Juin, il faut commencer le second palissage des premiers jets; & continuer ceux qui n'ont pas été plus tôt en état. On doit même pincer les grosses branches qui, après le premier pincement d'Avril, n'ont pas pullulé, & au contraire n'ont fait encore qu'un gros jet; & celles qui auront poussé de gros jets inutiles ou même nuisibles.

Si l'on a des arbres qui doivent monter, il faut disposer pour cela la branche qui paroît propre à le faire.

On lie les greffes, pour leur faire prendre la figure qu'on veut, & empêcher que le vent ne les rompe.

On profite de quelques pluies pour remettre des arbres en mannequin à la place des morts, ou de ceux dont on n'a pas bonne espérance. Il faut faire un trou capable de contenir le mannequin; l'y mettre ensuite; garnir soigneusement de terre tout le tour du mannequin, la presser même avec le pied ou avec la main; & aussitôt verser tout autour deux ou trois cruchées d'eau, pour marier parfaitement les terres de dehors avec celles de dedans, ensorte qu'il n'y reste pas le moindre vuide. Il est nécessaire de recommencer ces arrosemens deux ou trois fois pendant le reste de l'été.

Pendant tout le mois de May, les jets des arbres d'espalier sont assez sujets à se glisser derriere les treillages: & on aura de la peine à les en retirer sans les casser, si on ne les retire de bonne heure; & si, de huit en huit jours, on ne fait une revûe exacte le long des murs, pour remédier à cet inconvénient, contre lequel on ne peut avoir trop de précaution. Beaucoup de jeunes jets se brouissent; & beaucoup deviennent tortus, raboteux, rabougris, & recroquevillés. Il faut de même, vers le quinze, ôter ces feuilles brouies & recroquevillées; rompre le plus bas qu'on peut les jets rabougris, afin qu'il en vienne de meilleurs & plus droits.

On taille les figuiers; sur-tout ceux des caisses.

On seme amplement de la laitue: & on en replante.

On doit replanter jusqu'à la fin de May des crêpes vertes, & des Aubervilliers, pour en avoir tout le mois de Juin, avec les chicons & les impériales. Mais on n'en seme plus d'autres que de la Gênes, passé la mi-May; toutes les autres montant trop aisément.

On lie les laitues qui ne pomment pas comme elles devroient.

On seme de la chicorée, pour en avoir de bonne à la fin de Juillet: celle-ci blanchit en place, si elle est clair-semée, & bien arrosée pendant tout le mois.

On continue à semer un peu de raves parmi les autres semences; comme on a fait pendant les deux mois précédens.

On découvre ce qui est sous cloche, ou sous chassis, s'il survient quelques pluies douces, ou un tems fort couvert; tant pour servir d'arrosement, que pour accoutumer les plantes au grand air.

On replante de la poirée: choisissant pour cela la plus blonde de celle qui est venue des dernieres semences; comme étant plus belle & meilleure, que la verte.

On continue la pépiniere des fraisiers jusqu'à la fin du mois: & alors on connoît parfaitement les bons, par les montans.

Si on a une terre sabloneuse & séche, on tâche de faire écouler par de petites rigoles sur les endroits qui sont en culture, les eaux qui viennent quelquefois par averse & par orage; pour ne les pas laisser inutiles dans les allées. Au contraire, si on est dans une terre trop forte, grasse & humide, on les fait sortir des terres, où elles incommodent; pour qu'elles se perdent dans les allées, ou dans des pierrées qui les portent hors du jardin: pour cela, il faut avoir élevé les terres en dos de bahut.

Il faut faire la guerre aux gros vers blancs, qui, dans ce tems-ci, détruisent les fraisiers & les laitues pommées. Il faut aussi ôter les chenilles vertes qui mangent entiérement les feuilles des groseilliers; & font par-là périr les groseilles.

Il faut, à la fin de May, éclaircir les racines qui levent trop dru; & replanter ailleurs celles que l'on arrache: ces racines sont les betes-raves, panets, *&c.*

On replante des concombres, & même des melons, en pleine terre dans de petites fosses pleines de terreau. On plante aussi des citrouilles dans de semblables trous; éloignés de deux ou trois toises. Elles ont dû être élevées sur couche: & afin qu'elles reprennent plus tôt, on les couvre pendant cinq ou six jours, à moins qu'il ne pleuve; le grand soleil les faisant faner, & souvent périr.

On continue de semer un peu de pois, de la grosse espece. On rame, si on veut, les autres qui sont forts, après les avoir bien serfouis; les pois ramés donnent communément plus de fruit que les autres.

On peut commencer à replanter du pourpier pour graine, vers la fin du mois.

On commence à planter du céleri à la fin du mois; ou même dès le quinze.

A la fin du mois, ou au commencement de celui qui suit, on seme les premiers choux blonds, pour l'automne & pour l'hiver: les plus forts, qu'on replante en Juillet, se mangent en automne; & les plus foibles, qu'on replante en Septembre & Octobre, & sur tout ceux qui sont un peu verds, sont pour l'hiver.

On sort les orangers vers le dix, si l'on commence à être en sûreté contre les gelées: & on encaisse ceux qui ont besoin.

On taille les jasmins en les sortant; c'est-à-dire, qu'on leur coupe toutes les branches, à un demi-pouce de la tige.

A la fin du mois, on commence à faire les premieres tontes des palissades, des buis, des filarias, ifs, épicias.

Sur toutes choses, on arrose amplement, si le soleil est chaud: autrement toutes les plantes rôtissent; & avec des arrosemens, elles profitent toutes à vûe d'œil. On arrose aussi les arbres nouvellement plantés; de la maniere indiquée dans l'article AVRIL: & cela jusqu'à ce qu'on voie que les arbres aient bien repris; après quoi on régale la terre.

Vers la fin du mois, on commence à lier la vigne aux échalas; & palisser les pieds qui sont en espalier; après avoir ébourgeonné tous les jets foibles, inutiles & infructueux. On donne aussi un second labour à la vigne.

Dès le commencement du mois, ou au moins dès qu'on le peut, on épluche les abricots quand il y en a trop; pour n'en laisser jamais deux l'un près de l'autre, & donner le moyen de grossir à ceux qu'on y laisse. On peut faire, à la fin du mois, ce même épluchement aux pêches & aux poires; si elles sont assez grosses, & qu'il y en ait trop.

Dans le courant de May, on recueille la graine d'orme; & on la seme tout de suite.

On transplante les cyclamens automnaux, si on les veut changer de place: sinon, cela n'est pas nécessaire.

La graine d'anémone est mûre: il faut la recueillir, & garder en lieu sec, jusqu'au tems de la semer. On plante des anémones simples.

On éclate le pied des Juliennes doubles; pour les multiplier. *Voyez* JULIENNE.

L'on seme diverses plantes annuelles pour en avoir des fleurs pendant tout l'été: comme souci double; thlaspi de Candie; muscipula; scabieuse veloutée; cyanus, de toutes sortes; pensées de jardins.

On acheve de semer généralement les graines de toutes sortes de fleurs.

On profite de quelques pluies, pour replanter en place les fleurs annuelles.

Les iris bulbeux hâtifs fleurissent vers la fin de ce mois. Lorsqu'ils sont fleuris, on coupe leurs tiges; que l'on met dans des pots pleins de terre, & qu'on tient ainsi en une salle fraîche, où on les arrose tous les jours avec de l'eau fraîche: pour les faire durer plus longtems.

A la fin de ce mois, on commence à déplanter les tulipes les plus hâtives, qui sont desséchées. L'on couvre les autres comme au mois précédent; pour les préserver principalement des pluies trop fréquentes qui les endommagent.

Pendant tout ce mois, il est bon de marcotter les giroflées jaunes; & d'en faire des boutures.

Les Curieux d'œillets, pour en avoir de doubles, sement vers le cinq, six, sept, huit de la lune de May, leurs bonnes graines dans des terrines, ou dans des bacquets, afin qu'au moins elles aient germé avant la pleine lune. Cette lune est quelquefois en Juin, & d'ordinaire en May. Il faut que ce plant devienne assez fort pour être replanté au mois de Septembre en pleine terre; ensorte qu'il ait repris avant l'équinoxe. D'autres se contentent de semer leurs graines avant l'équinoxe. *Consultez* l'article LUNE, p. 446.

On plante des marguerites, des oreilles d'ours, & des narcisses blancs doubles; quoique tout en fleurs: cela ne les empêche pas de bien reprendre.

On plante, vers la fin du mois, les plus fortes amarantes; avec leur motte.

Quelques Laboureurs sement dès ce mois le bled sarrasin.

On seme le lin en quantité de pays.

Sous un climat froid, on seme la navette, le colsat, le millet, le panis.

On plante le safran.

On châtre les veaux.

On va dans les forêts, chercher de jeune feuillage pour les bestiaux.

Les bœufs commencent à aller deux fois le jour à la charrue.

Les Fermiers attentifs à la conservation de leurs troupeaux, commencent à ne point laisser dans les champs durant la grande chaleur les moutons qu'ils engraissent. Ils observent ce qui est marqué dans l'article BREBIS.

On émonde & ente les oliviers. Ils fleurissent alors.

On remplit les tonneaux où est le vin que l'on veut garder.

On a grand soin des mouches à miel; & encore plus des vers à soie.

On empoissonne les étangs.

On pêche les anchois.

MAY-*Weed*. Voyez CAMOMILLE.

Le *Compleat Body of Husb.* (B. I. Ch. II.) dit qu'il y a des cantons où les Anglois donnent ce nom à la *Fumeterre*.

MAYS. *Voyez* FROMENT D'INDE.

MAZ

MAZAGAN-*Bean*. Voyez FEVE, *n.* 3.

MAZOLE. *Consultez* ce mot, entre les maladies du CHEVAL.

MEC

MECHE. *Voyez* CHANDELLE. AMADOU.

MECHE *qui dure sans fin*. Taillez de l'alun de plume, ou encore mieux de l'amianthe, en forme de meche; & mettez-la dans une lampe avec de l'huile.

MECHE ÉTERNELLE *pour les Lampes*. Consultez l'article *Grand* JONC *des Marais*.

Des MECHES *Souffrées* tiennent lieu d'allumettes.

MECHE: *terme de Cordier*. Voyez l'article CORDE.

MECHIOCAN: MECHOACAN: ou *Rhubarbe des Indes*. C'est la racine d'une plante sarmenteuse, de la Nouvelle Espagne. Ses feuilles sont à-peu-près comme celles du nénuphar, un peu aiguës, arrondies, d'un verd obscur; & subsistent toute l'année: dit de Lobel (*Adverf. nova*, p. 457). Elle croît dans l'Isle Mechoacan, d'où elle tire son nom. Il faut la choisir blanche ; & prendre garde qu'elle ne rende pas de la poussiere en la cassant (ce qui marqueroit qu'elle seroit altérée ou cariée) : & qu'elle ne soit mêlée de racine de bryone, comme il arrive assez souvent, à cause de quelque ressemblance qu'il y a entr'elles. Il est cependant aisé d'en faire la différence, en ce que la racine de bryone n'a pas des cercles paralleles depuis le centre jusqu'à la superficie, comme le mechoacan ; & n'est pas d'un goût farineux & insipide comme lui, puisqu'elle pique la langue & le gosier quand elle a été tenue quelque tems dans la bouche.

Nota. Quand on dit qu'il faut choisir les morceaux de Mechoacan qui soient blancs : cela ne se doit pas entendre de ceux qui sont très-blancs en dedans ; & d'une substance rare, légere, trop facile à rompre, & qui n'ont que peu ou point de qualité ; parce qu'ils se carient fort aisément : mais il faut, parmi les blancs, choisir ceux qui sont d'une substance serrée & compacte, les plus pesans, les plus difficiles à rompre ; & au-dedans desquels il paroît des especes de cercles bruns, ou de veines résineuses. Ceux-ci ne se carient point, ou du moins se carient fort rarement ; ce qui doit les faire préférer aux autres.

La couleur grisâtre indique une racine trop vieille pour qu'on puisse l'employer avec confiance.

Vertus ; & *Usage*.

Ce remede est un purgatif des plus doux, & qui évacue sans douleur. De plus il a une belle couleur, une odeur nullement rebutante, une saveur douce ; & au lieu d'affoiblir les parties, comme font d'autres purgatifs, il fortifie. Monardès parle du prompt & heureux succès qu'eut cette poudre avalée dans du vin, pour une fievre continue qui étoit accompagnée d'obstruction & enflure au foie.

Ce purgatif convient très-bien aux hydropiques : il évacue parfaitement la pituite & les humeurs séreuses, mêlées de bile ; & les viscosités de la poitrine & des jointures. Aussi le regarde-t-on comme un puissant remede pour la goute froide. On dit que ce remede, qui seroit nuisible dans les commencemens de la goute chaude, devient utile lorsque des purgatifs ordinaires ayant évacué ce qu'il y a de plus subtil dans les humeurs viciées, il ne reste plus que des matieres tartareuses. En conséquence, on donne le méchoacan pour les maladies des nerfs, les écrouelles, loupes, autres duretés formées de phlegmes, & toutes maladies invétérées. Monardès dit avoir guéri d'anciennes douleurs de tête, des asthmes ou courte-haleine, & des maux de poitrine ; en faisant ainsi évacuer les humeurs grossieres & visqueuses qui les entretenoient. Il recommande beaucoup cette racine pour les obstructions du foie, les suppressions des régles, les affections hystériques, la colique, le mal de côté, la rétention d'urine, la constipation : toujours comme un purgatif benin, quoique très-actif. Il veut même que l'on en donne aux enfans, une dose proportionnée à leur âge. Attendu que ce remede laisse une chaleur sensible après son effet ; ce Médecin dissuade de l'employer pour les fievres ardentes, ou bilieuses ; ainsi que dans tous les cas de grande chaleur, inflammation, ou d'humeur aduste. Mais il dit que l'on en reçoit beaucoup de secours dans les fievres quotidiennes, & les tierces, tant vraies que bâtardes ; & dans les autres fievres occasionnées par un mêlange de phlegme & de bile. Il ajoûte néanmoins que l'on n'a pas à craindre d'échauffer le malade, si on fait infuser pendant une nuit le méchoacan dans de l'eau de chicorée avec très-peu de vin ; & qu'ayant passé cette liqueur le lendemain, on donne à boire la colature.

On le donne pour la toux invétérée, & pour les maladies vénériennes.

Je trouve dans Monardès que ce remede a naturellement de la disposition à faire vomir, même les personnes qui vomissent habituellement : & que l'on corrige ce défaut en mettant un peu de cannelle en poudre dans le vin blanc qui sert de véhicule au méchoacan.

Tantôt on donne un gros & demi ou deux gros de méchoacan en poudre, dans une eau de poulet, ou dans de l'eau de chicorée, quand il n'y a pas de fievre : proportionnant la dose à la liberté de ventre ; ensorte que quelquefois un demi-gros suffit. Tantôt on n'en donne que l'infusion : & alors la dose de la poudre est de deux à trois gros. Sa vertu s'extrait particuliérement bien dans du vin blanc. Quand on le prend en substance, il faut remuer le verre, afin que la poudre passe avec le véhicule.

Après avoir pris de la poudre de méchoacan l'on peut dormir une bonne heure ; ce qui facilite son opération. Mais depuis qu'elle commence à agir, il faut se tenir éveillé. On n'a besoin de prendre ni bouillon sans sel, ni eau d'orge, *&c.* Si même il arrive qu'elle fasse plus évacuer que l'on ne voudroit, on l'arrête en prenant une écuellée de bouillon ou quelque autre aliment.

Il est de la prudence de n'user de ce purgatif qu'après s'être préparé par des lavemens, ou autres remedes incisifs & apéritifs, jusqu'à ce que les matieres paroissent digérées.

Le jour que l'on se purge avec le méchoacan, on doit se garantir du froid & du vent ; manger peu ; se priver des femmes ; & en général s'abstenir de toutes les choses qui peuvent déranger l'action de tout autre purgatif.

Si l'on se sent constipé le lendemain, il faut prendre un clystere, & des alimens capables de fortifier l'estomac.

On peut réitérer l'usage de ce purgatif jusqu'à ce que l'on se sente parfaitement guéri.

Méchoacan Emétique.

Prenez égales parties de verre d'antimoine, de méchoacan, & de tartre, le tout en poudre subtile, (par exemple trois onces de chacun) ; & six onces de nitre bien purifié : mêlez le tout exactement dans un mortier de bronze. Ajoûtez-y de bonne eau-de-vie rectifiée, qui surnage de deux doigts : mettez-y le feu, & remuez bien, tant que la matiere brûlera, avec une spatule de fer. Lorsqu'elle ne brûlera plus, mettez en poudre le résidu : & gardez-le dans une bouteille de verre bien bouchée.

Ce remede se donne au commencement des maladies graves, sur-tout des fievres malignes. Il n'y a guéres de fievre intermittente qu'il ne guérisse, par une seule prise. La dose est de quatre à dix grains ; dans quelque conserve ou opiate.

On le mêle aussi avec le soufre doré d'antimoine.

MECONIUM. *Voyez* ce mot dans l'article ENFANT.

M E D

MÉDAILLES (*Gravure des*) : & *Manieres de les Frapper*. Voyez sous le mot GRAVURE, p. 226.

Médailles de Pâte. Consultez l'article MOULE.

Médailles de Colle de Poisson. Il faut faire tremper de la colle de poisson dans un pot de terre, pendant trois jours : puis, l'ayant fait bouillir jusqu'à la consistance où elle seroit propre à coller du bois, on la passe par un linge bien net. On prend ensuite une Médaille d'étain, ou de quelque autre métal ; qu'on huile ;

huile; & qu'on essuie après, afin qu'elle ne soit qu'un peu grasse. Ayant mis autour un petit cercle de terre, de la hauteur d'un doigt, ou environ; l'on y verse la colle toute chaude, jusqu'à ce que le cercle en soit rempli jusqu'aux bords: lesquels on couvre ensuite avec un quarré de papier, pour les garantir de la poussiere. Quand la colle est bien séche, on leve doucement la médaille, qui s'est imprimée sur la colle: laquelle paroît belle & transparente.

Pour la *Colorer de rouge*, on peut faire trois sortes d'Eaux: l'une, en faisant bouillir des raclures de bois de Fernambouc, ou Brésil, jusqu'à ce que l'eau soit bien teinte; une autre, en prenant une partie de cette eau, & y mêlant une cuillerée de lessive; & une troisieme plus brune, en y ajoûtant un peu d'eau de chaux. Si vous voulez faire des Médailles *Vertes;* vous ajoûterez à votre colle teinte, du verd de gris réduit en poudre fine: lequel vous détremperez, ou ferez bouillir, avec ladite colle, que vous aurez soin de passer ensuite. Pour faire du *Violet*, vous y mêlerez du tournesol en drapeaux, macéré avec de la chaux. Si vous voulez du *Jaune*, vous y mêlerez du safran: & ainsi des autres couleurs.

Enduit Blanc pour les Médailles. Consultez l'article BLANC.

Médailles Odorantes. Voyez sous le mot ODEUR.

MÉDECINE. Art de conserver la santé; ou de la rétablir quand elle est altérée.

Voyez ARCHÉE. REMEDE. ÂGE. MÉDICAMENT.

Explication de certaines dénominations usitées en Médecine.

Lorsqu'on trouve ordonnées dans quelque recette les *cinq racines apéritives;* il faut prendre celles d'ache, asperge, persil, fenouil, & de petit houx.

Les *Herbes Emollientes* usitées, sont la mauve, la guimauve, la branche ursine, le violier, le seneçon, la bete, la mercuriale, l'arroche, la pariétaire, & le lis.

Par rapport aux *Capillaires:* voyez CAPILLAIRE.

Les trois *Fleurs Cordiales*, sont celles de buglose, bourrache, & violette. D'autres y ajoûtent les œillets, & les roses.

Les quatre *Fleurs Carminatives* sont celles de camomille, de mélilot, matricaire, & aneth.

Pour ce qui est des *Semences Chaudes*, & des *Semences Froide:* Consultez l'article SEMENCE.

Les cinq *Fragmens Précieux* sont ceux des hyacinthes, émeraudes, saphirs, grenats, & sardoines. Quelques Auteurs substituent la cornaline à la sardoine.

Les quatre *Eaux Cordiales*, sont celles de bourrache, buglose, endive ou chicorée, & scabieuse.

On leur ajoûte celles d'*ulmaria*, de chardon benit, de scorsonere, de *scordium*, d'ozeille, d'*alleluia;* & autres. *Voyez* CARDIAQUE.

Lorsqu'on trouve divers médicamens de suite dans une même recette; & qu'après quelques-uns il y a le mot de *Ana*, ou le signe *ĀĀ:* il faut entendre que l'on met égales quantité de chacune des choses auxquelles cette indication a rapport, & qui par cette raison n'ont point de dose particuliere.

Par S. A. ou *Ex Arte;* il faut entendre, Suivant les régles de l'Art.

Par Q. S. on doit entendre; Autant qu'il en faut: comme lorsque le Médecin remet à la prudence de l'Apoticaire la quantité de l'eau, du sucre, du miel, des esprits, qu'il faut mettre dans une composition.

Voyez MESURE.

Comme le Pharmacien doit être l'œil du Médecin, aussi bien dans la préparation des remedes ordonnés que dans leur administration; il est très-nécessaire qu'il s'étudie non seulement à bien entendre les recettes & les ordonnances imprimées ou écrites qui peuvent passer par ses mains; mais encore à bien savoir les proportions & les doses de tous les médicamens: afin que si par quelque méprise de l'Imprimeur, ou de celui qui auroit écrit la recette, les doses ne se trouvent pas justes, ou qu'il lui soit difficile de bien déchiffrer quelque ordonnance mal écrite, il puisse lui-même juger des ingrédiens & des doses; les conformer aux préceptes de la Pharmacie, & aux sentimens des Docteurs approuvés; & prévenir les accidens qui peuvent arriver, tant dans la préparation & dans la composition des remedes, que dans leur exhibition.

Mon dessein n'est pas d'insérer ici des listes de divers médicamens; mais seulement de marquer quelle partie de la plante ou de l'animal on doit entendre, lorsque la plante ou l'animal sont ordonnés simplement & sans désigner aucune partie. Par exemple, lorsqu'on marque l'anis, & le fenouil; on doit entendre leurs semences: l'iris, & le jalap, ce sont les racines; les violettes, & les roses, leurs fleurs; le santal, & le gayac, le bois; l'ammoniac, & le galbanum, gommes; la cannelle, & la *cassia lignea*, leurs écorces: & ainsi de plusieurs autres plantes. Lorsqu'on marque simplement le castor, on entend le castoreum; le besoard, la pierre de besoard; la civette, le musc, la substance odorante que l'on trouve dans un endroit particulier du corps de ces animaux: *Voyez* CIVETTE.

Il y a aussi des minéraux, qui n'étant que des especes, retiennent néanmoins par excellence le nom de leur genre. Tels sont le *Lapis Lazuli*, qui doit être entendu sous le nom de *Lapis;* le sel marin, par le seul nom de *sel;* la terre scellée (ou sigillée) de Lemnos, par le seul nom de scellée, ou sigillée: au lieu que les autres pierres, sels, & terres sigillées, ont leurs surnoms particuliers. Ceux qui seront curieux de ces choses, pourront en être davantage éclaircis, en lisant les Auteurs qui en ont fait un grand dénombrement; quoique cela ne soit pas nécessaire, puisque l'usage & l'explication qu'on en trouvera dans les compositions, peuvent suffire. On pourra voir aussi dans les mêmes Auteurs des listes de succédanés (ou substituts); dont la description semble inutile à insérer ici. Mais nous croyons à propos d'avertir que l'on doit éviter, autant qu'il est possible, l'usage de substituts; & qu'on doit ne rien épargner pour avoir les mêmes médicamens qui sont décrits dans les compositions, ou dans les ordonnances des Médecins: & lorsqu'il est tout-à-fait impossible d'avoir tout ce qui est ordonné; il faut être soigneux non seulement de substituer racine à racine, bois à bois, écorce à écorce, herbe à herbe, fleurs à fleurs, semences à semences, suc à suc, fruit à fruit, animal à animal, sel à sel, esprit à esprit, huile à huile, sirop à sirop; mais encore des succédanés qui approchent le plus des qualités & vertus des médicamens dont ils doivent occuper la place. *Voyez* SUBSTITUTS.

ON donne aussi le nom de MÉDECINE aux *Purgations* qu'on prend par la bouche, & qui sont composées de plusieurs drogues convenables à la qualité de la maladie. *Voyez* PURGATIF.

Observations sur le tems & la maniere de Prendre les Médecines.

Lorsque le Médecin a conseillé une médecine laxative, soit en *bol* soit en *potion*, & qu'il n'a pas dit l'heure où il faut la prendre; c'est une régle générale (si le malade n'est pas pressé) de la prendre le matin à jeûn; & de ne boire, manger, ni dormir, que deux ou trois heures après. Si c'est en été & qu'il fasse chaud, il faut la prendre à la pointe du jour; qui est l'heure la plus fraîche.

Si la Médecine a une odeur forte, il faut serrer les narines du malade: ou lui faire sentir des choses de bonne odeur; comme vinaigre rosat, menthe, girofle, écorce de citron, & autres choses semblables.

Si la médecine est amere, ou d'un fort haut goût; il faut donner au malade du cannelat, de l'orangeat, de l'anis, de la coriandre, du sucre rosat, ou autres confitures. S'il n'aime pas la douceur, on peut lui donner à mâcher de la poire, de l'orange, ou d'autre fruit aigre: il faut qu'il prenne garde de n'avaler que le suc; & jetter le marc: il en est de même du pain rôti, qu'on peut lui donner à mâcher, non à avaler. On peut encore se laver la bouche avec un peu d'eau-de-vie, avant de prendre la médecine, & après l'avoir prise.

Cela fait, il faut se tenir la tête haute, sans se remuer; & communément ne rien prendre que deux ou trois heures après: car c'est le tems ordinaire de l'opération des médecines; si ce n'est que la personne eût l'estomac chaud ou bilieux; ou que, dans un tems chaud, elle fût débile: en ce cas on peut lui donner une rôtie de pain trempée dans de bon vin; ou un bouillon de bonne viande; des pruneaux sucrés, ou autres choses semblables; deux ou trois heures après la médecine.

S'il fait froid lorsqu'on donne une médecine, & que le malade ait froid aux pieds, il faudra les lui chauffer avec des linges; y mettre un chauffe-pied; bien couvrir la personne; lui mettre une serviette chaude autour du cou, & une autre sur l'estomac.

Si au contraire le malade a trop chaud, soit par la grande chaleur de l'été, soit par la violence de la fievre: on peut arroser la chambre avec de l'eau fraîche & un peu de vinaigre; y répandre des feuilles vertes, de vigne, de saule, de chêne, de plantain, de nénuphar, ou d'autres herbes aquatiques: on pourra même étendre des draps mouillés devant les fenêtres; & éventer de loin le malade avec un éventail, ou autre chose, si cela est nécessaire.

Régime que doit observer celui qui a pris une Médecine.

Il prendra, s'il en a le moyen, un bouillon où l'on ait fait cuire du veau, une volaille, & du mouton; bien assaisonné de sel, verjus, & bonnes herbes. En cas que la médecine ait beaucoup opéré, on pourra ajoûter au bouillon un jaune d'œuf: & si le malade est en état de manger, on peut lui donner une aile de volaille, ou un peu de veau & de mouton, suivant son appétit; & quelques confitures liquides après son repas: mais il ne doit point boire après ces confitures, ni charger son estomac de quoi que ce soit. Sa boisson sera de bon vin, trempé du moins à moitié d'eau. S'il peut se promener après le repas dans la chambre, il s'en trouvera mieux: s'il ne le peut pas, il se tiendra au lit, ou assis; s'entretiendra avec quelqu'un, pendant une ou deux heures: ensuite il dormira, s'il le peut: & en s'éveillant, s'il est altéré, on lui donnera un peu de pain trempé dans du vin; ou une prise de sirop violat avec de l'eau d'orge ou de réglisse. Pour souper on peut lui donner du mouton, du chapon, du poulet, du pigeon, ou de la perdrix; le tout rôti; avec des câpres dessalées: ou une couple d'œufs frais.

Si le malade est si dégoûté qu'il ne puisse rien manger, il faudra lui faire quelque ragoût desdites viandes; & y mettre un peu de muscade, & du jus d'orange: mais il doit ne pas manger beaucoup à ses repas.

MÉDECINE *Universelle.* Voyez REMEDES *Universels.* ANTIMOINE, p. 132.

MÉDICA. *Voyez* LUSERNE.

MÉDICA-*Malus.* Voyez CITRONIER.

MEDICAGO. *Voyez* LUSERNE.

MÉDICAMENT. C'est tout ce qui peut changer notre nature en mieux; changer les mauvaises dispositions des solides, & en rétablir les fonctions.

On divise les Médicamens en internes & externes; &, tant les uns que les autres, en simples & en composés. On appelle Médicament *Simple*, celui qui est tel qu'il a été produit par la nature; & qu'on emploie sans alliage, altération, ou décomposition. Le *Composé* est celui qui dépend de l'union de plusieurs simples différens en vertus, & mêlés artistement ensemble. On donne aussi quelquefois à un médicament composé le nom de *Simple;* pour le distinguer d'un autre plus composé qui porte le même nom. *Voyez* MÉDECINE. DISTILLATION, *p.* 815.

L'Aliment différe du Médicament, en ce qu'il nourrit & augmente notre substance: au lieu que le médicament ne peut que l'altérer, soit qu'on l'applique extérieurement, soit qu'on le prenne intérieurement. Il y a néanmoins des médicamens qu'on nomme Alimenteux: de même qu'il y a des alimens qu'on nomme Médicamenteux. *Voyez* MACARONS *Médecinaux.* Les Médicamens peuvent devenir Alimens, lorsqu'ils fournissent des parties propres à réparer les pertes que nous faisons continuellement.

Le Venin différe du Médicament, en ce qu'il détruit notre nature. Mais il peut passer pour Médicament, puisque la pharmacie peut corriger & même dompter tout ce qu'il a de mauvais; & le rendre salutaire, tant pour l'appliquer au-dehors, que pour le donner par la bouche. Mais les médicamens produisent en certains cas les mêmes désordres que les venins, lorsqu'on les donne mal-à-propos: & au lieu d'occasionner de bons effets, ils achevent de détruire l'œconomie animale.

Les Médicamens différent entr'eux, ou à raison de leur matiere, ou par leurs facultés. La Matiere des Médicamens est prise des végétaux, des animaux, & des minéraux. Par les Végétaux, on entend les arbres, les arbrisseaux, les sous-arbrisseaux, les herbes; toutes leurs parties; tout ce qui en dépend, ou qui croît dessus; & généralement tout ce qui végéte, qui prend sa nourriture de la terre par quelque espece de racine, & qui a son accroissement au-dehors vers la superficie de la terre, de même que les véritables plantes. On doit donc comprendre sous la dénomination des Végétaux, les racines, les tiges, les écorces, les bois, les rameaux, les feuilles, les fleurs, les fruits, les baies, les gousses, les semences, les gommes, les résines, les sucs, les larmes, les liqueurs distillantes, les pédicules, les calyces, les champignons, les agarics, toutes les plantes parasites, les truffes, toutes les excroissances & tubérosités des arbres, les guis, les mousses, le cotton, les gales, les épines, le sucre, la manne, & quantité d'autres parties de plantes qu'il seroit trop long de déduire.

Par les animaux, on entend les volatiles, les animaux terrestres, les aquatiques, les amphibies, les insectes: & non seulement ceux qui sont employés entiers, comme sont les scorpions, les grenouilles, vers, cloportes, petits chiens, fourmis, cantharides, lézards; mais encore toutes les parties des corps d'animaux, qui peuvent être employées pour la Médecine; sans en excepter leurs excrémens & leurs superfluités, telles que le crane, l'axonge, le sang, les cheveux, la fiente & l'urine, de l'homme; la corne, le priape, les testicules, le suif, la moëlle & l'os du cœur du cerf; le foie & l'intestin du loup; le suif, la rate, les pierres du fiel, & l'os du cœur du bœuf; le pied d'élan; le poumon du renard; le cerveau de passereau; la dent d'éléphant, & de sanglier; la corne de la licorne, & celle du rhinoceros; les furots, l'ongle, l'axonge, & la fiente, de cheval; celles du mulet, & de l'âne; le musc; les bésoards; les perles; les coquillages; les mâchoires de brochet; les pattes, pierres, & suc d'écrevisses; le sang & le suif, du bouc & du chevreau; le cœur, le foie, le tronc, la tête, la queue, l'axonge & la peau, des viperes; l'axonge & le blanc de la baleine; le foie & l'axonge des anguilles; les os de crapaud; la graisse d'ours, la graisse de l'estomac de chapon; les plumes de perdrix, & de becasse; le *castoreum;* la graisse du pourceau, du blereau, de l'oye, du canard, & de plusieurs autres animaux; la fiente de vache, de chien, de souris, de lézard, & plusieurs autres; leurs os, leurs peaux, excroissances, poil, urine, sueur, & généralement tout ce qui dépend du corps des animaux.

Par les Minéraux, on entend tous les métaux, les demi-métaux, & les substances métalliques; toutes les especes de terres & de bols; toutes les pierres, le marbre, les cailloux, les porphyres, les jaspes, les crystaux; les hyacinthes, émeraudes, saphirs, grenats, améthystes, diamans, & pierreries; le soufre, le vitriol, l'alun, le sel gemme: [auxquels plusieurs Auteurs ajoûtent le sel marin, l'eau, la pluie, la neige, la glace, la grêle, la rosée]: les pierres de foudre, la marne, le plâtre, la chaux, la brique, l'huile de pétrole; l'ambre, le jayet, le charbon de pierre, tous les bitumes, le talc, les crayes, le bismuth, toutes les marcassites; la terre ordinaire, le sablon, l'argile; & généralement tout ce qui se tire des entrailles de la terre & de la mer, ou ce qui est descendu de l'air, & qui n'est pas animé.

On auroit bien ici occasion de faire un ample dénombrement des principaux Médicamens simples que les végétaux, les animaux, & les minéraux fournissent à la Pharmacie: mais l'embarras affecté inutile qu'on y a remarqué dans plusieurs pharmacopées, en a détourné.

Nous nous contentons de dire, après M. Chomel (Discours Prélim. sur l'*Abrégé de l'Histoire des Plantes Usuelles*) que, tout bien examiné, entre les médicamens tirés des végétaux, on doit préférer les plus simples & les plus naturels, à ceux qui sont plus recherchés & plus composés; à moins que l'excellence de ceux-ci n'ait été confirmée par un très-grand nombre d'expériences. La terre & le phlegme, que les Chymistes rejettent souvent comme inutiles, sont quelquefois plus capables (en restant unis avec les autres principes ainsi qu'ils le sont naturellement) de produire les bons effets que nous retirons de l'usage des plantes; en modérant l'activité des soufres trop volatils, & en adoucissant l'âcreté des sels: au lieu que ces mêlanges raffinés de quintessences, d'esprits, d'huiles éthérées, d'élixirs, & d'extraits, deviennent très-souvent des poisons par la faute de ceux qui ne sçavent pas les employer avec la mesure & la méthode convenables.

Les Vertus des Médicamens varient par rapport aux personnes; & souvent à certaines dispositions qui se trouvent dans les mêmes personnes. On voit quelquefois les émétiques n'agir que par bas; les purgatifs faire vomir; les diurétiques exciter la sueur; les sudorifiques faire uriner; les apéritifs devenir astringens, & les astringens laxatifs. Un même effet est souvent produit par des remedes qui semblent très-opposés: les apéritifs, par exemple, en incisant & dissipant la matiere qui occasionnoit le relâchement des fibres; & les remédes absorbans, en s'imbibant des sérosités; retablissent également les fibres dans leur ressort naturel.

MÉDICAMENTER: & PURGER: *termes de Pharmacie;* sont des synonymes qui ont la même force.

On parle de la purgation d'un médicament, ensuite de sa lotion; parce que la purgation ôte des superfluités que la lotion n'a pu emporter. On ôte à la coloquinte ses graines; aux dates, aux pruneaux, aux abricots, aux tamarins, & à plusieurs autres fruits, leurs noyaux; aux raisins, leurs pepins; aux semences froides, à celles de carthame & de citron, & à plusieurs autres, leurs écorces; aux racines d'éryngium, de fenouil, de chicorée, d'asperges, & à plusieurs semblables, le cœur & le chevelu; aux noix vertes, l'écorce; aux noix séches, la coquille; de même qu'aux amandes & aux noisettes, ausquelles on ôte aussi bien souvent la membrane qui les revêt; on ôte les superfluités des racines de nard celtique, & de chien-dent. On ne fait cas que du bel épi de la racine du spica-nard. On emploie les sommités, fleuries ou non, de plusieurs herbes; & on en méprise le reste. On ôte les membranes, & les fibres du *castoreum*, lorsqu'on le destine pour être pris par la bouche. On ne prend que le tronc, le cœur, & le foie, de la vipere, séchés pour en faire de la poudre; & l'axonge, pour l'emplâtre *de ranis:* on prend néanmoins quelquefois la vipere toute entiere; comme lorsqu'on l'étouffe, & qu'on la garde ensuite dans l'esprit de vin. On rejette les aîles & les jambes des cantharides. On prend le suc acide des grenades, épine-vinettes, & citrons; pour en faire des sirops; ou pour dissoudre certains minéraux. On séche l'écorce de grenade; l'on confit, l'on séche, l'on distille, & l'on fait du sirop, de celle de citron: on emploie aussi la semence de ce fruit à certains usages; de même que celle d'épine-vinette. On retranche la partie ligneuse & les grains de la casse. On sépare la partie intérieure obscure de la rhubarbe; les cupules & l'écorce des glands: lesquels on peut aussi réserver pour d'autres usages. On ôte l'écorce & la partie ligneuse, de l'agaric; & les terrestréités qui se trouvent dans la scammonée, dans l'aloës, & dans plusieurs autres sucs épaissis: de même que les ordures qui sont ordinairement mêlées parmi plusieurs gommes, qui sont aussi comprises sous le genre des sucs. On sépare l'argent d'avec l'or, par l'inquart; on purge & purifie l'un & l'autre, par la coupelle, & par d'autres voies. On ôte la crasse du mercure: on sépare les impuretés des métaux, des demi-métaux, & des métalliques; de même que celles des sels & des soufres. Il y a enfin très-peu de médicamens, & même d'alimens, qui n'ayent des parties qui doivent être retranchées.

MÉDICAMENTER *les Arbres*. Voyez l'article INSECTES.

MÉDICAMENTEUSES (*Eaux*). Consultez l'article DISTILLATION, p. 814, *&c.*

Pierres MÉDICAMENTEUSES. *Voyez* sous le mot PIERRE.

MÉDICK. *Voyez* LUSERNE.

MÉDIONNER: *terme d'Architecture;* dont se servent les Experts, au lieu de celui de *Compenser*. Il est d'usage, par exemple, lorsque dans les toisés de crépis & d'enduit, on compte trois, quatre, ou cinq toises pour une; quand ce n'est qu'une réfection ou réparation d'un vieux mur.

MEDULLA *Saxorum*. Consultez l'article MARNE.

MEDUSE (*Tête de*). Voyez EUPHORBE, *n.* 5.

M E L

MELAMPODIUM. *Voyez* ELLEBORE NOIR.

MELAMPYRUM. Nom Latin, originairement Grec, qui répond au François *Bled Noir*. On appelle encore ce genre de Plantes *Bled de Vache*, ou de *Bœuf* : & pareillement en Anglois, *Cow-Wheat*. Le Calyce de la fleur est d'une seule piece, découpée en quatre. La fleur est labiée : son tuyau est long, courbe, applati vers le haut : la levre supérieure, applatie & dentelée, présente comme le haut d'un casque : la levre inférieure est relevée, & divisée en trois segmens obtus & égaux. Les quatre étamines, renfermées sous la levre supérieure, sont surmontées de sommets oblongs. A leur centre est un embryon ou ovaire pointu ; dont le style est terminé par un stigmate obtus. Le calyce devient une capsule séche, allongée, dont l'extrêmité est aiguë ; & qui est intérieurement séparée en deux loges ; où sont contenues deux semences ovales, communément assez considérables, & qui ont une forme approchante de celle du froment.

Especes.

1. *Melampyrum luteum latifolium* C. B. Cette plante est annuelle ; & se trouve fréquemment dans les bois. Elle fleurit jaune : quelquefois blanc, avec deux taches jaunes à la levre inférieure.

Ses feuilles se panachent quelquefois de verd & blanc.

2. *Melampyrum luteum angustifolium* C. B. Espece pareillement annuelle ; dont les feuilles sont plus étroites que dans la précédente.

3. *Melampyrum purpurascente comâ* C. B. Outre le nom de *Bled de Vache*, on lui donne encore ceux de *Queue de Loup*, *Queue de Renard*, & *Herbe Rouge*. Elle est annuelle. On la trouve dans des terreins sablonneux, & plus fréquemment parmi le Bled. Ses fleurs sont rassemblées en épi assez considérable, généralement rouge-pourpre, ou d'un beau violet ; opposées par paires qui se croisent : mais chaque fleur a la gorge jaune : elles sont en état dans les mois de Juin & Juillet. La graine qui leur succéde est fort noire.

4. *Melampyrum comâ cœruleâ* C. B. Je n'ose indiquer celle-ci comme une espece particuliere. On prétend néanmoins qu'elle ne se trouve gueres que dans le Nord de l'Europe.

Propriétés.

Clusius dit que le *n.* 3 noircit & rend amer le pain de froment où il se trouve mêlé ; & que ceux qui en mangent éprouvent une sorte d'ivresse. M. Ray assure en avoir souvent fait usage ; sans accident, & sans y avoir apperçu de mauvais goût : il observe aussi que les Paysans n'y soupçonnent aucune qualité nuisible, puisqu'ils ne s'embarrassent pas de le séparer du bled. Tabernamontanus, qui en a mangé fréquemment, & sans incommodité, va même jusqu'à dire que ce grain fait un pain très-agréable.

Au reste, on convient que son herbe plaît beaucoup au bétail ; & qu'elle est très-propre à engraisser les bœufs & les vaches : ce qui la rend un objet de Culture.

Les fleurs des *nn.* 3 & 4 produisent un joli effet.

Culture.

On seme cette graine dès qu'elle est mûre : sans quoi elle est presque toujours un an sans lever. Au printems, on sarcle. Dès qu'elle commence à fleurir, on sépare le champ en plusieurs portions ; où l'on met successivement le bétail, sans livrer le tout à son indiscrétion.

MELANAETOS. Nom Grec d'une espece d'Aigle. *Voyez* AIGLE.

MELANAGOGUES (*Remedes*). Consultez l'article REMEDE.

MÉLANCHOLIE, ou MÉLANCOLIE. C'est une maladie originairement dûe aux obstacles, soit de la sécrétion de la bile, soit de son écoulement. Ce récrément étant intercepté, la digestion se dérange, le chyle se fait mal, le sang séjourne dans la veine porte, les veines hémorrhoïdales se gonflent, on sent au foie une douleur sourde ; & le bas-ventre devient le théâtre de mille affections très-variées, fort inconstantes, & qui éludent souvent la sagacité des habiles Médecins.

C'est de l'assemblage de tant de maux, que naît la mélancholie : espece de délire, qui s'occupe habituellement d'un même objet. Si cette maladie dure longtems, elle dégenere enfin en manie ; ou dans une espece de folie, où le malade rit, pleure, chante, soupire, sans aucun sujet ; & a quelquefois des idées singulieres, merveilleuses, extravagantes.

La mélancholie se distingue de la phrénésie & du délire, en ce qu'elle n'est pas accompagnée de fievre, & qu'elle subsiste longtems sans décider le malade pour la mort ni pour la santé. D'ailleurs on est toujours attaché à un seul objet, sur lequel on délire ; & raisonne sensément sur les autres.

Il y a des mélancholiques qui sont tristes & rêveurs, toujours dans la crainte ; cherchant la solitude, les cavernes, les déserts, le rivage des étangs & des marais ; ils ne sçavent où ils vont, & ne peuvent rester en place. Leur visage est plombé ou jaunâtre ; leur langue, aride comme s'ils avoient toujours soif. Leurs yeux, secs & foibles, ne pleurent jamais. Ces malades ont la peau dure & séche.

Il y a des Auteurs qui distinguent trois sortes de mélancholie, relativement au siége qu'ils prétendent que la maladie occupe. Selon eux, celle qui a son siége dans le cerveau, se manifeste en ce que la peur & la tristesse persévérent longtems sans sujet. Celle qui est un symptôme d'affection de la rate, a pour indications un sang extrêmement noir, épais & grossier ; un visage obscur & bazané ; l'âge déja avancé ; la saison de l'automne, ou la fin de l'hiver, pour l'ordinaire au mois de Février ; un climat chaud & sec ; la maniere de vivre ; la suppression des mois, ou des hémorrhoïdes ; ou la guérison de quelques vieux ulceres. On connoît celle qui vient des hypocondres, par une chaleur interne qui n'occasionne pas de soif : l'on a beaucoup de rapports, & une si grande quantité de vents dans l'estomac & dans les entrailles, que le cœur bat avec violence, & qu'il semble qu'à tout moment on étouffe : quelquefois la rate est même enflée ; & le mésentere, tendu & douloureux.

Quand le corps est plein d'humeur atrabilaire, le pouls est dur, l'urine cruë ; on a des rapports aigres, ainsi que la salive ; on a des tintemens ou des sifflemens, surtout dans l'oreille gauche.

Voyez *Obstruction de la* RATE.

Lorsque l'humeur mélancholique se porte aux ventricules du cerveau, ou aux nerfs, ou aux yeux ; elle excite de fréquens vertiges, & menace de l'épilepsie, de l'apoplexie, de l'aveuglement, de convulsions, de manie.

C'est un bon signe, lorsque les hémorrhoïdes surviennent aux mélancholiques : le sang le plus grossier s'écoule par cette voie.

Il y a des causes extérieures qui rendent mélancholique : comme l'éloignement d'un mari, ou d'une femme ; l'infidélité de l'un ou de l'autre ; l'absence de ce que l'on aime, ou la présence de ce que l'on hait ; un sensible affront ; un déplaisir extrême ; *&c.*

Remedes.

1. Pour la mélancholie qu'on supposera avoir son siége dans le cerveau, il faudra tirer un peu de sang ; plus pour prévenir les autres accidens, que par une nécessité absolue. Après cette saignée, on fera prendre le bain. On purgera avec des pilules d'aloës, ou d'agaric ; ou avec une once de sirop d'ellébore, délayé dans un verre de décoction de polypode, & de deux dragmes de senné.

2. La mélancholie occasionnée par une mauvaise disposition de la rate ou des hypocondres, peut être soulagée en saignant du bras & du pied ; ou en appliquant des sangsues aux hémorrhoïdes ; ou par un cautere derriere la tête ; par des lavemens un peu forts ; des purgations souvent réitérées, composées de six dragmes de confection hamech, dissoute dans une décoction de deux dragmes de senné, de polypode, & d'épithime.

Les jours que l'on ne purgera pas, l'on donnera, le matin à jeûn, une décoction composée d'une once & demie de mirobalans indiques concassés, & de deux douzaines de pruneaux de damas, que l'on fera bouillir dans une pinte d'eau jusqu'à moitié ; laquelle étant coulée, on y ajoûtera une once & demie de manne.

3. On purgera avec les *Pilules* suivantes : Prenez une once & demie d'aloës, cinq dragmes d'ellébore noir, autant de polypode ; agaric, sel gemme, coloquinte, de chacun trois dragmes. Réduisez le tout en poudre ; & faites-en une masse de pilules avec un peu de sirop de roses. La prise sera d'une dragme & demie jusqu'à deux & demie.

4. Il y a quelques remedes extérieurs que l'on dit être souverains, mais que nous ne conseillons pas, comme étant extraordinaires. Ils consistent 1°. à tremper un grand drap dans de l'eau-de-vie ; en envelopper le malade ; & en même tems y mettre le feu : l'empressement que le malade a de se débarrasser, joint à la peur d'être brûlé, le guérit. 2°. D'autres le fouettent vigoureusement avec des verges. 3°. On lui donne des soufflets sur ses joues.

Tisane Purgative, pour la Mélancholie, & l'Opilation de Rate.

5. Prenez six racines d'oseille, bien nettes ; ôtezen le cœur : joignez-y six racines de chicorée sauvage, préparées de même, & une once de polypode. Faites-les bouillir dans six grands verres d'eau de fontaine. Laissez refroidir la décoction jusqu'à tiédeur. Alors vous la verserez dans un vase de terre, où il y aura demi-once de senné, un scrupule de rhubarbe, autant de crystal minéral, une once de sucre, demi-once d'anis verd, une dragme de roses séches, un bâton de réglisse concassé, un peu de feuilles de pimprenelle, un citron coupé en tranches. Vous laisserez infuser tout cela pendant la nuit jusqu'au matin dans le vase de terre. Passez alors la liqueur à travers un linge blanc. Cela fait on en prendra un verre le matin ; & un autre verre le soir. Il ne faut rien manger, deux heures avant ; ni deux heures après : & continuer ce remede trois jours de suite. Cette purgation peut se pratiquer trois ou quatre fois l'an.

6. En général, on doit tendre 1°. à donner au foie plus d'action, ou diminuer son ressort : 2°. procurer plus de fluidité à la bile : 3°. en adoucir l'acrimonie. Ainsi *Consultez* les articles BILE, & FOIE.

7. Les sirops de fleurs de bourrache & de buglose, sont usités dans les affections hypocondriaques & mélancholiques.

8. Le suc de pommes y convient très-bien : particuliérement celui des pommes de reinette. Cette pomme même, mangée à jeûn, apporte un grand soulagement lorsque la mélancholie n'est pas confirmée. Le cidre de ces pommes, seul ou préparé avec des raisins secs, fait une boisson souvent utile.

9. Du Mars, infusé dans le suc de pommes exprimé avant leur parfaite maturité ; est regardé comme un excellent remede.

10. Prenez des pointes d'épithyme, demi-once ; trochisques d'agaric, deux dragmes ; scammonée, deux scrupules ; & une vingtaine de cloux de girofle. Ayant pilé ces drogues séparément, vous mêlerez les poudres ensemble ; & en donnerez une dragme au malade, dans du bouillon, ou avec du sirop de pommes de reinette. On peut donner, plus ou moins souvent, de cette *Poudre ;* & en augmenter ou diminuer la dose ; selon la force du tempérament du malade.

Nota. Avant d'en user, il faut s'y disposer par le bain, les juleps, les bouillons altératifs, & semblables remedes adoucissans & humectans : parce que cette poudre desséche beaucoup ; & que sans cette préparation du malade, elle ne produiroit aucun effet.

11. La poudre de fumeterre, prise souvent, & avec continuité, dans un véhicule liquide ; est très-propre à guérir la mélancholie.

12. *Pour la Mélancholie Hypocondriaque.* Il faut prendre, au tems des vendanges, deux pintes de moût de raisin blanc, avant qu'il ait bouilli ; & les mettre dans une bouteille, avec trois onces de senné, & deux dragmes d'écorce de citron ; laisser la bouteille débouchée ; & ne la boucher que quand le vin aura bouilli, & suffisamment écumé. La dose est d'un demi-verre : qu'il faut prendre le matin à jeûn. On peut faire infuser aussi dans la liqueur, des feuilles d'absinthe ; pour fortifier l'estomac.

Consultez les articles PÂLE-COULEURS. TÊTE. INFUSION. REMEDES *qui purgent la Mélancholie. Purgatif* pour corriger la qualité du SANG, *n.* 2.

MELEAGRIS. *Voyez* FRITILLAIRE.

MELES. *Voyez* BLEREAU.

MELESE, ou MELEZE ; & selon quelques-uns *Mesle :* en Latin *Larix :* & *Larch Tree*, en Anglois.

M. Linnæus a réuni sous un même genre, qu'il nomme *Pinus*, les Sapins, les Meleses, & les Pins, de M. Tournefort. Ces arbres se ressemblent effectivement beaucoup par les parties de la fructification. Mais comme les Sapins & les Meleses sont distingués des Pins par les Jardiniers, par tous les Artistes qui font usage de ces divers bois, & par ceux qui ont quelque connoissance des forêts ; j'ai cru devoir me conformer à la distinction établie.

Le Melese produit des fleurs mâles, & de femelles. Les mâles sont attachées à un filet commun ; & forment de petits chatons, sous les écailles desquels on trouve des étamines surmontées de sommets allongés, qui sont partagés par un sinus longitudinal. Les fleurs femelles paroissent en d'autres endroits du même arbre ; se présentent sous la forme d'un cone oval, écailleux, qui est tantôt blanc tantôt d'un beau pourpre violet : ces écailles couvrent de petits embryons surmontés d'un style. Le fruit du Melese est un corps écailleux, oval ou conique : chaque écaille couvre ordinairement deux semences ; souvent garnies d'une membrane mince & transparente, à leur partie supérieure.

Pour distinguer les Meleses des autres arbres, que cette description caractérise également ; on se sert des feuilles : qui, dans les meleses, sortent en grand nombre & par houppes, d'une espece de tubercule.

Especes.

1. *Larix folio deciduo, conifera* J. B. Le Melese commun. C'est un grand & bel arbre ; qui jette de côté & d'autre des branches flexibles, & panchées vers la terre. Ses feuilles sont étroites, filamenteuses, molles, & nullement piquantes. Il les quitte avant l'hiver. Mais celles qui poussent au printems forment une verdure des plus agréables. Il fleurit à la fin de Mai.

2. L'on trouve dans le Canada un Melese, que l'on y nomme *Epinette Rouge* ; mais nous ne sommes pas en état de le faire connoître particuliérement.

3. *Larix Orientalis, fructu rotundiore obtuso* Inst. R. Herb. Le *Cedre du Liban*. Cet arbre devient un arbre prodigieusement gros. Ses branches s'étendent horizontalement à plusieurs toises du tronc, & pendent jusqu'à terre. Son feuillage forme une ombre si épaisse, qu'on a de la peine à lire en plein jour une lettre sous les branches d'un grand melese de cette espece. Cet arbre conserve ses feuilles durant l'hiver : elles sont d'un verd terne ; moins étroites, & en paquets moins considérables & moins écartés les uns des autres, que celles du *n.* 1. Ses fruits sont de grosses ovales écailleuses, rarement pendantes ; dont l'axe central est fort, ligneux, & si adhérent à la branche d'où il sort, qu'il y demeure presque entier lorsque le fruit parfaitement mûr s'en est détaché par morceaux. Divers Voyageurs attestent l'existence d'un petit nombre de ces arbres, qui subsistent sur le Mont Liban ; & dont le volume est quelquefois prodigieux.

4. M. Miller regarde comme une variété du *n.* 1, un Melese *de Siberie* : quoique ses cones soient plus gros ; que la pousse de ces arbres soit sensiblement différente ; & que celui de Siberie soit sujet à périr durant l'été dans le climat d'Angleterre, surtout si on l'a planté dans un terrein sec.

5. Une autre variété du *n.* 1, vient de l'Amérique septentrionale, & porte le nom de *Melese Noir*.

Culture.

Le *n.* 1 est commun sur les montagnes des Alpes & de l'Apennin. On y en voit des forêts considérables.

Ses semences levent généralement assez bien partout où elles se répandent d'elles-mêmes dans des broussailles.

On prétend que ces arbres deviennent plus beaux quand ils se trouvent sur de vieilles souches pourries ; & que les cones mis entiers en terre, à deux ou trois pouces de profondeur, réussissent mieux que les semences seules.

L'usage ordinaire des bons Cultivateurs est de cueillir les cones, soit à la fin de Novembre pour les conserver séchement jusqu'au printems ; soit de les laisser sur l'arbre jusques vers le commencement de Mars : & alors les exposer au soleil & à la rosée dans des caisses ; les y remuer, agiter, & secouer, de tems à autre : les écailles, en s'ouvrant, laissent échaper la graine, que l'on trouve au fond des caisses. Il faut la semer promptement : & ne la couvrir que d'une légere couche de terre. Mais comme le soleil brûleroit les jeunes plantes qui se trouveroient exposées à son ardeur, il est à propos de semer la graine dans des terrines ; que l'on enterre dans des couches : où l'on a soin de les couvrir de paillassons quand le soleil est un peu vif, & de les laisser au grand air pendant la nuit & en tout autre tems. D'autres sement la graine soit en planche soit dans des terrines, ensorte qu'elle n'ait que le soleil levant.

Tous les Meleses se plaisent dans les pays froids, & sur les revers des montagnes du côté du Nord : ce qui prouve que la grande ardeur du soleil leur est préjudiciable.

M. Miller observe que ceux que l'on a plantés en Angleterre dans des terres froides & compactes, [apparemment trop humides], & à de mauvaises expositions, ont constamment mieux réussi que ceux du même âge plantés en même tems dans une bonne terre de jardin. Les derniers n'avoient acquis en douze ans que la moitié de la hauteur des autres. Mais on doit ne les planter qu'en massif : ils ne font que languir quand ils sont isolés. Au reste, plus ils sont exposés à être battus du vent, plus il faut les planter près-à-près.

Leur végétation est toujours lente dans des terreins très-humides : où leurs jeunes pousses, alors extrêmement tendres, sont endommagées par les gelées un peu fortes qui surviennent dans le mois de Mars après un tems doux qui a hâté ces productions.

Dans une forêt exposée au Nord, dont le sol n'est ni trop sec ni trop humide, & où la neige subsiste longtems, on voit des meleses croître jusqu'à environ quatre-vingt pieds depuis qu'ils ont acquis trois pieds de circonférence par le bas ; s'arrêter ensuite à cette hauteur ; & grossir : après quoi ils tombent en retour, & séchent à la cime. Si on les coupe alors, le cœur est plus rouge que le reste. Mais quand on les laisse sur pied, leur bois s'altere, amortit le tranchant de la coignée (comme fait le Liége), & ne se montre plus résineux. La différence d'âge, influant sur la couleur du bois, peut bien avoir donné lieu à distinguer en quelques endroits le Melese en *Rouge* & *Blanc* : sans qu'il soit nécessaire d'établir deux especes différentes. D'ailleurs comme ce bois, quand il est blanc, contient moins de résine que celui qui a une couleur rouge ; on doit ne pas regarder cette teinte comme un indice de maladie : aussi le melese rouge est-il estimé de ceux qui emploient ce bois. * *Traité des Arbr. & Arbust.* T. I. p. 332-3-4-5.

On doit préserver de la gelée les jeunes plantes même que l'on éleve dans des terrines ; & pour cela les porter dans une serre, ou les couvrir si on laisse les terrines sur couche.

Vers le mois de Mars de la troisieme ou quatrieme année, suivant leur force, on les tire des terrines avec un peu de terre qui tient aux racines, pour les mettre en pleine terre : & on les défend du soleil, jusqu'à ce qu'elles aient poussé. D'autres les transplantent en automne dès qu'elles commencent à perdre leurs feuilles. Après quoi ces jeunes meleses n'exigent plus de soins particuliers, & se gouvernent comme d'autres arbres. Ils reprennent même plus aisément que les Pins & les Sapins. On doit leur donner souvent un peu d'eau quand il fait très-sec, dans la premiere année. Quoique ceux que l'on transplante âgés de plus de quatre ans, n'en souffrent pas, & qu'ils poussent très-bien pendant plusieurs années ; ils sont néanmoins sujets à dépérir au bout de vingt ou trente ans : suivant l'observation de M. Miller.

Ce Cultivateur dit avoir l'expérience que l'on nuit considérablement au progrès des meleses, en labourant à leur pied.

Les meleses donnent quelquefois des rejettons de

leurs racines. Mais on estime mieux ceux qui sont venus de semences.

La culture du *n.* 3 est à-peu-près la même que celle que nous venons d'indiquer. On en apporte les fruits, du Levant. Les semences se conservent bonnes, pendant plusieurs années, tant que les fruits sont entiers. On en éleve beaucoup en Angleterre; où ces arbres deviennent très-beaux. Quand on veut retirer la semence, on met tremper les cones dans de l'eau pendant vingt-quatre heures; ensuite on passe au milieu du fruit, dans sa longueur, une broche de fer pour le briser: ce que l'on fait adroitement & sans trop d'effort, pour ne détruire que le moins de graine que l'on peut.

Il paroît que cet arbre se plaît dans un sable fort maigre, mêlé de gravier, quoique l'on y trouve même le roc à deux pieds de profondeur. Mais ceux du Jardin de Chelsea, près Londres, qui sont dans un pareil sol, peuvent profiter de l'humidité d'une piece d'eau dont ils terminent les angles.

M. Miller avertit que deux de ces cédres ayant été ébranchés, on a depuis reconnu que l'on leur avoit fait un grand tort.

Il remarque aussi que, plus l'hiver est rigoureux, plus les fruits de cet arbre & leurs semences viennent sûrement en maturité en Angleterre: où il paroît qu'il est disposé à se naturaliser.

Le *n.* 4 réussit généralement assez mal en Angleterre: nous en avons indiqué la raison. M. Miller propose de tenter de l'y mettre dans des terreins froids & humides.

Pour ce qui est du *n.* 5, les Anglois sont plus contens des soins qu'ils lui donnent. Il végete très-lentement dans un terrein sec. Au reste, M. Miller pense que la culture de l'espece commune (*n.* 1) sera toujours plus utile.

Usages.

Il y a des Anglois qui font grand cas du *Melese Noir.* On vient de voir ce qu'en pense M. Miller. Je ne connois aucun autre Auteur de cette Nation, qui en ait parlé.

Le *Cédre du Liban* est très-propre à décorer les bosquets d'hiver. Son port singulier produit même en tout tems un bel effet: ses branches pendantes qui présentent tout son feuillage comme un tapis bien uni, offrent surtout un point de vûe charmant lorsque le vent les agite par ondes.

On gâte ce beau coup d'œil quand on force cet arbre à s'élever en pyramide.

Son bois passe pour être d'un bon service. On dit qu'il contient une huile qui le conserve pendant nombre de siecles, & qui garantit les livres & papiers d'être rongés des insectes. M. Miller lui attribue beaucoup de sécheresse, & de disposition à la gersure. Des Voyageurs assurent qu'il en sort un suc résineux dont l'odeur est très-agréable. Ce peut être pourquoi on a indiqué ce bois comme un puissant antiseptique. On prétend même que le grand sécret des Montagnards, qui se mêlent d'embaumer les corps, est d'employer la poudre de ce cédre.

Le *n.* 2 fournit une résine qui, en brûlant, répand une odeur agréable que l'on peut comparer à celle du Benjoin ou du Stirax. Aussi les Missionnaires du Canada en brûlent-ils dans leurs encensoirs. * *Additions au Tr. des Arb.*, p. 16; à la fin du *Traité des Semis*, de M. Duhamel.

Le melese commun peut convenir dans des bosquets du printems; soit à cause de sa verdure, soit pour le bel effet que produisent les cones pourpres de ses fleurs femelles.

Nous avons déja observé que le bois de melese est estimé, lorsqu'il est rouge. Le bois de cet arbre, rouge ou blanc, est bon en général; & fait de très-belle menuiserie: on le préfere, pour cet usage, au Pin & au Sapin. On en fait de bonne charpente: & dans la construction de petits bâtimens de mer on l'emploie pour les dernieres allonges, & pour les bordages des ponts. L'on en construit aussi d'assez grosses barques.

En Suisse, dans les endroits où il y a peu d'autres arbres, on en bâtit des maisons entieres; & la plûpart des meubles en sont faits. On débite aussi ce bois en merrain d'un pied de face en quarré, pour tenir lieu de tuiles: cette couverture, de blanche qu'elle est d'abord, devient noire en peu d'années: ses joints se remplissent de la résine que le soleil exprime du bois même; & qui, durcissant à l'air, forme une couche unie de verni brillant, lequel rend les maisons impénétrables à la pluie & au vent. Mais comme cette matiere est très-combustible, on a soin que toutes les maisons qui en sont formées soient suffisamment éloignées les unes des autres.

Le bois de melese, destiné à la charpenterie, doit être sans nœuds; & avoir le grain fin, & uniforme. * M. Duhamel, *Exploit. des Bois*, p. 304. Consultez le premier Volume de son *Traité des Arb. & Arbust.* p. 338.

Il y a des pays où l'on en fait du charbon: quoiqu'il chauffe peu, les Maîtres des forges ne laissent pas de l'estimer. Voyez le *Tr. des Arb. & Arb.* T. I. p. 338.

Cet arbre peut donc être fort utile pour occuper des côteaux stériles & froids.

Quoiqu'il ne soit point gras comme le Pin, il contient une assez grande quantité de résine liquide & coulante, à laquelle on applique en conséquence le nom de *Térébenthine.* Elle est très-claire, & assez douce; mais rarement aussi fluide, que celle du Sapin. *Voyez* TÉRÉBENTHINE. On la trouve quelquefois rassemblée en grande quantité dans la substance ligneuse du melese, où elle fait des dépôts assez considérables. Consultez le premier Volume du *Tr. des Arb. & Arbust.* p. 335. M. Duhamel; ce laborieux Naturaliste, dont les lumieres se portent sur tous les objets qui peuvent avoir une utilité réelle; a exposé dans ce même endroit les méthodes usitées en divers cantons pour obtenir la résine du melese; & les diverses préparations que cette marchandise subit, ou dont elle seroit susceptible.

La Térébenthine du melese est moins chaude & âcre, que celle du Pin. Quand les paysans des environs de Briançon ont mal aux reins, ou lorsqu'un effort ou une chûte leur font sentir des douleurs internes; ils en prennent une ou deux cuillerées dans un bouillon. L'on dit qu'une dragme de cette térébenthine est un purgatif convenable dans la phthisie; qu'elle peut même guérir, en évacuant les humeurs viciées.

Les fruits & les feuilles du *n.* 1 sont astringens.

L'écorce des jeunes meleses sert, ainsi que celle du Chêne, à taner les cuirs.

On trouve sur cet arbre un agaric blanc, très-amer.

Vers la fin de Mai, & en Juin, après que les feuilles sont développées & dans le fort de la seve, les meleses des Alpes portent de petits grains blancs, dont la grosseur est à-peu-près comme celle des semences de Coriandre; aussi faciles à écraser que des particules de crême fouettée; un peu gluans; & d'un goût fade comme la Manne de Calabre. Les jeunes meleses en sont tout blancs avant d'être frappés du soleil; qui dissipe bientôt tous les grains que l'on n'a pas ramassés. Les Pâtres qui se plaisent à sucer ces grains, en sont purgés. C'est là la *Manne de*

Dauphiné ou *de Briançon*, dont les Historiens du Dauphiné ont fait une merveille, & que l'on connoît en Latin sous le nom de *Manna Laricea*. Quand il s'éleve un vent froid pendant la nuit, & si le ciel est couvert; on ne trouve point de manne sur les arbres: mais, plus la rosée est forte, plus les arbres sont chargés de manne le matin. Elle se trouve plus abondante sur les arbres jeunes & vigoureux: les vieux n'en ont que sur les branches nouvelles qui partent du tronc ou des grosses branches. Néanmoins cette manne ne fait pas un objet de commerce. * *Traité des Arb. & Arb.*

MELICA. *Voyez* SORGO.

MELICEFRIDES. *Consultez* ce mot, entre les maladies du CHEVAL.

MÉLIER. *Voyez* NEFFLIER proprement dit, *n.* 1.

MELILOT. Nom François, & Anglois; qui répond au Latin MELILOTUS, dont l'origine est Greque, & signifie *Lotier Mielleux.*

Le Melilot est un genre de plantes à fleur Légumineuse. Il differe du *Lotier*, en ce que la silique de celui-ci est un cylindre applati, séparé par des cloisons transversales en plusieurs loges posées les unes au bout des autres: celle du Melilot, au contraire, n'a qu'une seule loge.

M. Linnæus a réuni les Melilots de M. Tournefort sous le genre des *Trefles*. Ils différent cependant 1°. par leur silique; qui est cachée dans le calyce du Trefle, & est hors du calyce du Melilot. 2°. Les semences du Trefle sont communément sphériques; & celles du Melilot, applaties.

Du reste, le Melilot ne paroît pas avoir d'autres caracteres propres à le distinguer des autres plantes de cette famille. Seulement on observe que ses graines sont fort adhérentes à la silique; qui est ordinairement courte, & ridée dans l'état de maturité.

Especes.

1. *Melilotus capsulis renisimilibus in capitulum congestis* Inst. R. Herb. Le *Triolet jaune*, du Fuchsius. Pluknet l'a mis au nombre des Luzernes. Cette plante vient dans les prés. Sa racine est vivace, blanche, longue, charnue, & difficile à casser. Il en sort des tiges un peu couchées & écartées; où sont des feuilles oblongues, attachées trois à trois à l'extrêmité d'une queue: & l'aisselle de chaque queue donne naissance à d'autres semblables pédicules. Le bas de chaque pédicule ou queue est accompagné de deux stipules étroites & aiguës. Ses fleurs sont jaunes, rassemblées en petites têtes. Il leur succede, sous pareille forme, des siliques applaties, faites en rein, qui noircissent en mûrissant. Cette plante fleurit successivement depuis le mois de Juin jusqu'en automne.

2. *Melilotus Officinarum Germaniæ* C. B. Le Melilot commun, & d'usage; que l'on trouve dans le Fuchsius sous le nom de *Saxifrage jaune*. D'autres l'appellent TREFLE *Sauvage*; TREFLE *Jaune*; & *Mirlirot*. Cette plante vient d'elle-même presque par-tout; même dans les bleds. Ses longues & fortes racines poussent des tiges branchues, hautes de deux à quatre pieds, suivant la qualité de la terre. Ses feuilles, semblables à celles du *n.* 1, sont ordinairement d'un verd obscur, & bordées de dents fines & aiguës. Les aisselles des branches produisent de longs & menus épis de fleurs jaunes, quelquefois blanches: dans les mois de Juin, Juillet & Août. Il leur succede des siliques extrêmement courtes; ridées; roussâtres; dont chacune contient une semence verdâtre. Cette plante a des stipules, comme la précédente. Toutes deux ont une odeur fade; à-peu-près comme la décoction de miel: & en les mâchant, on éprouve une saveur d'amande amere.

3. *Melilotus major, odorata, violacea* Moris. Le *Lotier Odorant:* le *Faux Baume du Pérou;* dont nous avons dit deux mots, dans la *p.* 434; & que M. Linnæus met au nombre des Trefles, ainsi qu'a fait Dodonée. C'est le *Sweet Trefoil* des Anglois. Cette plante vient sans culture en Boheme & en Autriche. Elle est annuelle. Ses tiges sont grosses, creuses en dedans, cannelées, hautes d'environ un pied, branchues; garnies de feuilles attachées trois à trois, qui sont ovales & finement dentelées. Ses fleurs paroissent en Juin & Juillet, sont d'un bleu plus ou moins pâle, distribuées dans toute la longueur de la plante, en tête allongée, portées par d'assez longs pédoncules. Il leur succede de petites semences jaunes, faites en rein, rassemblées par deux ou trois dans une silique courte. Toute la plante a une forte odeur balsamique, qui tient de celle des especes ci-dessus, & est assez agréable. M. De Combes (*Ecole du Jard. Pot.* T. I. p. 248) l'appelle TREFLE *Musqué.*

Propriétés.

Le *n.* 3 est cultivé dans les jardins, à cause de son odeur. Elle subsiste même lorsque la plante est séche.

On fait infuser ses fleurs & feuilles dans l'huile d'olives; qui acquiert ainsi les qualités d'un baume excellent pour réunir les plaies récentes, nettoyer & cicatriser les vieux ulceres, appaiser l'inflammation des abscès & tumeurs, & guérir les descentes des enfans après que la réduction est faite.

Dodonée dit que cette plante séche, mise parmi les étoffes de laine, empêche que les vers ne s'y mettent.

On prétend que l'infusion de ses graines, dans de l'eau-de-vie, guérit les asthmatiques.

Pluknet dit que le *n.* 1 déplaît aux chevaux.

Aucun des quadrupedes domestiques ne rebute le *n.* 2: selon le *Pan Suecus*, qui fait partie du deuxieme volume des *Amænitates Litterariæ* de M. Linnæus.

Ce *n.* 2 est redouté des Laboureurs: parce qu'on le sépare très-difficilement du bled; que la graine de l'un mûrit à-peu-près en même tems que l'autre; & qu'il ne faut qu'une petite quantité de graines de ce melilot dans un sac de bled que l'on met au moulin, pour donner à la farine & au pain une odeur désagréable & d'emplâtre.

L'odeur de cette plante est plus agréable dans la campagne après la pluie, qu'en un autre tems.

On fait usage de ce melilot pour résoudre les inflammations des yeux, de la matrice, du fondement & des testicules: en l'y appliquant après l'avoir fait cuire soit avec du vin cuit, soit avec de la fleur de farine de froment & de l'eau commune. On y ajoûte quelquefois de la farine de fenugrec; ou un jaune d'œuf rôti.

En général, ce melilot résout, & amollit, comme la camomille; & appaise les douleurs de quelque partie que ce soit.

On fait bouillir légérement dans deux pintes d'eau, une poignée de ses fleurs, avec autant de celles de camomille; pour appaiser les douleurs de la colique, adoucir les ardeurs d'urine, & calmer les inflammations du bas-ventre. On emploie les fleurs & feuilles de ces deux plantes ensemble, dans les lavemens carminatifs, émolliens, & adoucissans: & dans la colature, on met quelques gouttes d'huile d'anis. On emploie ces mêmes plantes dans les bains, pour la néphrétique; aussi bien que dans les cataplasmes émolliens; pour les inflammations du bas-ventre, & des parties qui l'avoisinent. Dans la colique venteuse,

teuse; il faut tremper du drap dans la décoction de ces plantes; &, après l'avoir un peu exprimé, l'appliquer sur le ventre : ayant soin de renouveller cette fomentation, de deux en deux heures, & de mettre des linges chauds par-dessus, pour entretenir la chaleur. Ce remede est fort utile aussi dans l'hydropisie tympanite; & dans la tension & l'inflammation du bas ventre. On peut ajoûter à la fomentation, d'autres plantes qui ont à-peu-près la même propriété.

MELIS. *Voyez* BLEREAU.

MELISSE : en Latin, MELISSA : & *Baum*, en Anglois. Les plantes de ce genre ont un calyce anguleux, cannelé, d'une seule piece, dont l'orifice supérieur est divisé en deux levres. Le pétale de la fleur est aussi d'une seule piece, en tuyau terminé par deux levres : dont celle d'en haut, communément la plus courte, est droite; souvent plus ou moins échancrée : celle d'en bas, fendue en deux ou en trois; quand il y a trois divisions, celle du milieu est en cœur, & plus large que les autres. Dans l'intérieur du pétale sont deux Etamines courtes, & deux longues. Le Pistile est formé de quatre Embryons ou Ovaires, rapprochés autour d'un style commun très-menu, qui s'éleve en s'inclinant jusques vers l'extrémité de la levre supérieure, & est terminé par un double stigmate. Le calyce sert d'enveloppe commune à quatre semences ovales.

Especes.

1. *Melissa hortensis* C. B. La melisse commune des jardins : aussi nommée *Citronelle*; & en Latin *Citrago*. C'est la *Fausse Melisse* du Fuchsius. On la trouve sauvage dans quelques endroits aux environs de Paris. Elle vient aussi naturellement sur des montagnes voisines de Genève, & en plusieurs cantons de l'Italie. Sa racine est vivace. Elle s'éleve à la hauteur de deux ou trois pieds, en formant une espece de buisson; composé de tiges branchues, & quarrées, qui périssent tous les ans. Les feuilles y naissent opposées par paire, attachées à de longs pédicules : elles sont presque triangulaires, obtuses à leurs angles, un peu en cœur par la base; bordées de dentelures à-peu-près rondes; larges d'environ un pouce & demi par le bas, & un peu plus longues. Vers le haut des tiges, les aisselles des feuilles produisent de gros anneaux de fleurs blanches, dans les mois de Juillet & Août; & forment ainsi plusieurs étages verticillés. Toute la plante a une odeur citronée, agréable.

2. *Melissa humilis, latifolia, maximo flore purpurascente* Inst. R. Herb. Quelques Auteurs prétendent que c'est la *Vraie Melisse*; d'autres, la *Melisse Bâtarde*. Gaspard Bauhin l'appelle *Lamium montanum, Melissæ folio* : & Fuchsius, *Melissophyllum verum*; en quoi il a été suivi par M. Vaillant. Cette plante se trouve dans les bois, & sur des endroits un peu élevés : on la nomme *Melisse des Bois*. Elle n'a point l'odeur gracieuse de l'espece précédente. On apperçoit, aux tiges, des cannelures sensibles sur les deux faces d'où ne sortent pas les feuilles : & comme les feuilles sont opposées par paires qui se croisent alternativement; l'ordre des cannelures suit cette variation. Les feuilles sont d'un verd pâle, minces, ovales, terminées en pointe par les deux bouts, bordées de dentelures aiguës (toutes dirigées vers la pointe de la feuille); garnies de poils assez longs; & remplies de nervures très-ramifiées en tout sens, qui sont fort sensibles dessus & dessous. Leur pédicule est velu; & creusé en gouttiere. Vers le haut des tiges, l'aisselle de chaque feuille donne naissance à des paquets de petites feuilles, d'entre lesquelles sortent, en Mai & Juin, des fleurs blanches ou purpurines, tout au plus au nombre de trois, portées chacune par un pédicule : leur nombre augmente de un à trois, à proportion qu'elles approchent de l'extrémité de la tige. La levre inférieure du calyce a tantôt deux divisions, tantôt trois. La levre supérieure du pétale est quelquefois entiere; & d'autres fois échancrée en cœur.

Culture.

On multiplie la Melisse des jardins, en éclatant ses racines au mois d'Octobre. Il est à propos que chaque éclat ait trois ou quatre yeux. On espace les plantes à deux pieds les unes des autres. Il ne faut à cette plante qu'une terre commune de jardin. Toute sa culture se borne au sarclage; à couper les tiges qui ont péri durant l'automne, & en même tems donner un léger labour autour des racines.

Usages.

On fait, avec les feuilles du *n.* 1, des décoctions & infusions hystériques & céphaliques. Pour les piqures d'animaux vénéneux, & la morsure de chien enragé; on avale les feuilles de cette plante avec du vin; on les applique sur le mal; on lave aussi l'endroit avec leur décoction. On fait encore avec ces feuilles, des clysteres qui soulagent les tranchées, & la dysenterie.

Pour retenir les mouches à miel & empêcher qu'elles n'abandonnent leurs ruches; ainsi que pour les faire revenir, si elles s'en sont allées; on frotte les ruches avec des fleurs de melisse.

Le *n.* 2 est regardé comme un bon diurétique chaud.

Eau de Melisse; simple, & composée.

Voyez sous le mot DISTILLATION, *p.* 815.

On peut y rapporter les deux préparations suivantes; connues sous le nom d'*Esprit de Melisse*.

1. Prenez des feuilles de melisse : que vous ferez infuser à la cave dans de l'eau-de-vie; qui surnagera les feuilles, de deux doigts. Après huit jours de fermentation, vous distillerez le tout au bain-marie, pour avoir l'esprit de melisse : qui fortifie le cerveau, & consume son humidité superflue.

2. Au lieu de l'eau-de-vie & du vin blanc, indiqués (T. I. *p.* 815) dans la description de l'Eau de Melisse composée, entre les ingrédiens qui y sont indiqués : laissez macérer le tout pendant trois jours dans une pinte d'esprit de vin rectifié, & une chopine d'eau de melisse simple distillée au bain marie. Distillez ensuite le tout au bain marie.

Extrait de Melisse.

Exprimez fortement par un linge ce qui reste dans l'alembic, après la distillation de l'eau de melisse; & laissez reposer l'expression. Filtrez-la ensuite; & en faites évaporer l'humidité à une chaleur lente, dans un vaisseau de terre, jusqu'à ce qu'il reste un extrait en consistance de miel épais.

C'est un bon remede pour les maladies qui viennent de corruption d'humeurs : il les évacue par la transpiration & par les urines. La dose est depuis un scrupule jusqu'à une dragme; délayé dans l'eau même dont il étoit le résidu.

MELISSE *de Constantinople*; Melisse *du Levant*; ou *de Turquie*. Cette plante, rangée par la plûpart des anciens Botanistes au nombre des Melisses, a été mise par M. Tournefort dans le genre particulier auquel il a donné le nom de *Moldavica*; adopté depuis par plusieurs Modernes. Mais M. Linnæus (*Hort. Cliff.*) réunit les Moldavica aux *Dracocephalon*.

La plante Orientale, dont nous parlons, a une forte odeur citronée. Elle pousse plusieurs tiges branchues, hautes d'environ un pied & demi, quarrées, cannelées, purpurines, fermes, & couvertes d'un duvet très-fin. Ses feuilles, opposées par paires, sont longuettes, à-peu-près ovales, d'un verd pâle, profondément dentelées jusques vers leur extrêmité; & dont les dents sont imparfaitement en scie. MM. Tournefort & Amman comparent ces *feuilles* à celles *de la Bétoine*. Leurs pédicules sont verds, & creusés en gouttiere. Leurs aisselles donnent naissance à des rameaux. Au haut de la plante sont plusieurs étages de fleurs par anneaux, soit purpurines, soit violettes, soit d'un bleu clair, soit blanches; labiées: dont la levre inférieure est séparée en trois, & la levre supérieure est en cuilleron: elles sont en état dans les mois de Juin, Juillet, Août. Le nom Anglois de cette plante est *Moldavian Balm*. Elle est annuelle.

Culture.

On seme la graine en place, par pincées, au printems (ou dès l'automne dans un climat chaud). Quand elle est levée, on éclaircit le plant. Tout le reste de la culture se borne au sarclage.

M. Miller dit que les graines produisent constamment des fleurs dont la couleur est la même que celle dont elles sont provenues.

Il paroît que les racines peuvent subsister deux ans dans un terrein sec.

Usages.

Depuis quelque tems, pour les rhumes opiniâtres, on prend ses feuilles en infusion; qui est agréable.

On attribue à cette plante les mêmes vertus qu'à la vraie Melisse. Son suc, insinué dans une plaie récente, la consolide & guérit promptement.

MELISSOPHYLLUM. *Voyez* MELISSE, *n.* 2.

MELOÉ. *Consultez* l'article ESCARBOT.

MELON; en François, & en Anglois: en Latin MELO. Genre de plantes qui appartiennent à la famille des Cucurbitacées: dont le fruit, charnu, ordinairement agréable au goût & à l'odorat, est plus ou moins approchant de la forme ovale. Il contient des semences applaties, longuettes, menues, ovales, terminées en pointe.

En général les feuilles sont plus arrondies que celles du Concombre.

Les Especes du Melon varient beaucoup. Voici quelques-unes de celles qui réussissent le mieux dans notre climat.

1. Le *Melon François*; ou *Melon Maréché*. La peau du fruit est plus ou moins brodée à sa circonférence extérieure, sans côtes marquées: & le dedans est bien plein. Sa chair est rouge, & a beaucoup d'eau. Son goût est vineux & sucré, dans les annés seches & chaudes: la pluie & trop d'arrosement le rendent insipide.

2. Les *Melons des Pays Chauds* ont des côtes sensiblement distinctes par de profonds sillons, & la peau fort épaisse; sont souvent à-peu-près autant vuides que pleins; & par conséquent ont peu de chair: mais qui est délicieuse.

3. Le *Melon des Carmes* Déchaussés. Celui qu'on surnomme *Long*, vient originairement de Saumur. Il est ovale, de moyenne grosseur, médiocrement brodé, sans sillons, & bien plein en dedans. Sa chair est aqueuse, plus ou moins rouge, sucrée, de bon goût, mais quelquefois un peu molle & pâteuse. Sa peau est mince; & jaunit un peu en mûrissant. Il y en a qui dégénerent; ensorte qu'ils brodent peu, ou même sont légerement sillonnés au-dehors; mais leur bonté intérieure n'est pas alors sensiblement altérée.

Celui que l'on qualifie de *Rond*, est petit, rond; du reste semblable à tous égards au long. Il est aussi originaire de Saumur; & mûrit dans le même tems. Mais sa forme se reproduit par les semences; sans que celles du Rond ou du Long donnent indistinctement des fruits de l'une ou l'autre formes.

Il y en a un autre, dont l'extérieur est *Blanc* & lisse. Ce fruit, un peu ovale, est d'une médiocre grosseur; & mûrit en même tems que le Rond & le Long dont nous venons de parler.

4. Le *S. Nicolas* est allongé, un peu verdâtre, réguliérement sillonné, d'une grosseur médiocre; & a la peau très-mince. Sa chair est ferme, rouge, pleine d'eau, sucrée, vineuse.

Celui qu'on nomme *Melon d'Avignon*, paroît n'en différer que par sa forme, un peu plus pointue.

5. *Melon de Langeais*. Sa forme est un peu allongée. Il a des cannelures sensibles & régulieres. Le verd foncé qui le colore dans les commencemens, se change en jaune doré, à mesure que sa maturité avance. Sa grosseur & sa broderie varient beaucoup. Il a la chair ferme, rouge, sucrée, vineuse, très-fondante; & est bien plein.

6. Le *Melon à Graine Blanche*; ainsi nommé à cause de sa graine, qui est de cette couleur; ressemble beaucoup à ceux du *n.* 3. Il est ovale; de moyenne grosseur; plein d'une eau sucrée, mais douceâtre. Sa peau est lisse, & toujours assez verte.

7. On nomme *Melon à Graine Rouge*, un fruit de moyenne grosseur, assez rond; dont la chair est ferme, rouge, sucrée, vineuse; & la graine d'un jaune doré presque rouge.

8. Le *Melon Morin*, paroît tenir beaucoup du *n.* 1. Il est rond, un peu applati, gros, bien brodé; & très-plein en dedans. On apperçoit comme une couronne autour de l'*œil*; c'est-à-dire à l'extrêmité opposée à la queue. Sa chair est ferme, rouge, sucrée, vineuse. Le peu de fond qui se montre sous les mailles de la broderie extérieure, est d'un verd noir.

9. Le *Cantalupi*; *Cantaleupe*; ou *Melon de Florence*; originaire d'Arménie, n'a passé dans les jardins des Curieux des différentes parties de l'Europe, qu'après avoir été longtems cultivé comme précieux à Cantaleupe, Maison de plaisance du Pape, à environ quatorze milles de Rome. Ce melon a la côte sillonnée; est très-plein en dedans, & des plus hâtifs. On en distingue quatre sortes.

Le *Verd* est petit, un peu allongé. Sa peau est verte, peu brodée, chargée de quelques verrues; & jaunit un peu du côté du soleil, en mûrissant. Il a la chair rouge, & sucrée.

Le *Noir* est d'un verd plus foncé; rond, petit, aussi chargé de verrues; mais ne change pas de couleur en mûrissant. Comme il est très-sucré & très-vineux, les Italiens lui donnent un nom qui signifie *Melon des Saints*.

L'*Orangé* est long; sans verrues; d'un goût moins relevé. Il brode un peu; & jaunit en mûrissant.

Le *Blanc* est rond, & à côtes; plus gros que les précédens. Sa peau épaisse fait qu'il a moins de chair. Cette chair est blanche, remplie d'eau, & fort sucrée.

Il y en a dont la *chair est verdâtre*. Mais M. Miller dit que leur goût lui a toujours paru inférieur aux quatre sortes précédentes.

10. Le *Gros Sucrin de Tours* est de la grosseur du *n.* 1, extrêmement brodé, & un peu sillonné. Sa

chair est ferme, rouge, d'un goût sucré & relevé, pleine d'eau.

Le *Petit* (ou *Moyen*) *Sucrin* a tout au plus la moitié de la grosseur de celui-ci. Il est rond; applati; verd, même dans sa maturité; bon; bien rempli; & d'un goût relevé.

11. J'omets un plus grand détail de melons étrangers, dont la qualité est en général inférieure à tous ceux que j'ai indiqués, en assez grand nombre pour pouvoir contenter les diverses sortes de palais délicats. Au reste, on peut consulter sur ces especes, dont le principal mérite ne consiste pas dans une saveur exquise, l'*Ecole du Jardin Potager*, Tom. II. p. 228-9, 231 : & le *Gardener's Dictionary*, de M. Miller.

Propriétés.

La graine de Melon est adoucissante, apéritive, l'une des quatre semences froides majeures. On ne l'emploie en Médecine, dans les émulsions ou autrement, que mondée de son écorce.

Cette amande, couverte de sucre, est un bon diurétique, propre à tempérer la chaleur des reins. L'huile qu'on en tire par expression est anodyne; bonne pour les âcretés des reins & de la poitrine, remplir les cavités que laisse la petite vérole, & effacer les taches & rides de la peau.

Le *Gazophylacium Linguæ Persarum*, rapporte que dans toute la Perse on conseille aux malades l'usage des melons.

Nos Médecins disent que ces fruits sont froids, extrêmement humides, un peu astringens; utiles aux maladies de la vessie & des reins, comme faisant beaucoup uriner. Quelques-uns ajoûtent que le trop grand usage des melons éteint presque la vertu spermatique : ce que la graine fait encore mieux que le fruit. Les melons sont réellement contraires à certains estomacs, & causent quelquefois un *cholera morbus*. On assure que pour obvier aux accidens que peuvent occasionner les melons, il faut manger après eux des choses bien nourrissantes.

Ces fruits se mangent cruds, lorsqu'ils ont atteint leur maturité.

Le melon *Long*, du *n*. 3 est bon en Juin, si on l'a avancé. Il faut prendre garde qu'il ne mûrisse trop sur pied. Celui qui est *Blanc* est très-estimé des Connoisseurs.

Le *n*. 4 mûrit en Juillet. Sa saveur est extrêmement fine.

Le Langeais est constamment meilleur dans le climat de Langeais en Touraine, où on le cultive dans une terre qui lui est propre; qu'ailleurs où il ne vient que sur couche. Il mûrit en Juin & Juillet.

Le *n*. 6, qui mûrit en Juin, n'a pas beaucoup de partisans.

Le *n*. 7 est bon en Juillet.

Le 8e mûrit en Juillet & Août; ordinairement quinze jours plus tôt que le *n*. 1. C'est une des bonnes especes.

Entre les melons du *n*. 9, le Verd & le Noir sont sujets à se fondre. Ce sont d'excellens fruits quand ils atteignent leur parfaite maturité : ce qui est assez rare dans le climat de Paris. Leur vraie saison est la mi-Juin. Celle de l'Orangé est plus tardive, de quinze jours. Le Blanc ne mûrit que dans le cours de Juillet.

Le Gros Sucrin *n*. 10, est excellent. On le mange pour l'ordinaire en Août. Le petit mûrit dans le même tems.

Comme le froid est contraire à tous les melons, un climat chaud, ou dans nos climats un été où la chaleur domine, sont les circonstances favorables pour la perfection de ses fruits. Trop peu mûrs ils sont insipides, sans parfum, & lourds sur l'estomac.

On assure qu'un morceau de melon, mis dans le pot ou dans la casserole, hâte la cuisson de la viande.

Nous faisons confire au vinaigre, à la maniere des cornichons, les melons gros comme de belles olives; que l'on cueille pour éclaircir, dans le mois de Mai.

Les chats sont très-friands de melons plus que mûrs. Dans cet état, ces fruits engraissent les mulets & les ânes.

Culture.

On peut suivre ce que nous avons indiqué pour la culture des concombres, T. I. p. 675 & suivantes. Nous ajoûterons seulement ici quelques observations particulieres aux melons.

M. De la Quintinye veut que, quand les melons sont noués, on n'en laisse que deux sur chaque pied; & qu'on les choisisse dans la meilleure place, & le plus près que l'on peut, de la premiere & principale tige. Par ce moyen, dit-il, on peut espérer de n'en avoir que de beaux. Il ajoûte que dans ceux que l'on choisit pour laisser, il faut toujours préférer ceux dont la queue est courte & épaisse; le pied court, bien attaché, & peu éloigné de la terre : parce que les melons dont la tige est longue, & dont la feuille a aussi une queue trop longue & trop mince, ne deviennent jamais vigoureux & ne valent rien : au lieu que le pied du melon étant court & bien attaché, par conséquent vigoureux, & voisin du lieu qui fournit la nourriture; il y a toujours des feuilles qui couvrent les branches & les fruits même, & qui les garantissent de l'ardeur du soleil, jusqu'à ce qu'ils soient près de mûrir.

Voyez BRAS. TRAPPE. MAILLE.

Ils ont moins besoin d'être arrosés, que les concombres. Il est même important à la bonté du fruit, que ni l'eau de pluie ni celle des arrosemens ne tombent jamais dessus, jusqu'à sa parfaite maturité; ainsi qu'on l'observe même en Provence, malgré la secheresse du terrein, & la chaleur du climat. *Voyez* BASSINER. C'est pourquoi les Jardiniers des environs de Marseille tiennent habituellement, à cinq ou six pouces au-dessus de chaque fruit, un pot de terre renversé, supporté par trois fourchettes; afin que ce pot recevant l'eau, l'écarte en même tems hors du fruit. Leur attention va même jusqu'à éloigner du pied de la plante l'eau des arrosemens; ce qu'ils font en la répandant dans les sentiers : d'où filtrant dans la terre des planches, qui sont bombées (& ne sont pas des couches), elle n'humecte que les racines. Ils n'arrosent que quand les feuilles se fannent beaucoup. On y voit aussi des curieux ôter les fourchettes, aux approches de pluie ou d'orage, & abaisser les pots pour couvrir totalement les fruits. Au reste, l'effet des pots supportés en l'air est encore de garantir les melons contre les coups de soleil, & pour que leur maturité ne se fasse qu'avec la progression mesurée que suit ordinairement la nature dans ses productions. * *Ecole du Jard. Pot.* T. II. p. 260 & suivantes.

M. De Combes (au même endroit, p. 266-7) avertit que l'usage de reposer les melons sur des morceaux de tuile n'a un avantage réel que quand ces fruits ne se trouvent pas mûrs à la fin d'Août. Si l'on prétend que ce soit un moien de faire échaper le fruit aux courtillieres, il propose d'y substituer un de ces petits paniers longs de quelques pouces qui ont un rebord d'un pouce, l'emplir de menue paille, & le mettre ainsi à fleur de la couche pour arrêter & détourner l'animal.

Quand on s'apperçoit que quelque pied languit, il faut en visiter la racine; &, si elle se trouve chancie, enfoncer le pied plus avant. Les racines qui repousseront du collet, rétabliront la plante. * *Ecole du Jard. Pot.* p. 279.

Il arrive quelquefois des grêles qui cassent toutes les cloches. C'est pourquoi l'on en a de faites avec du fouarre, pour couvrir celles de verre, en cas que l'on voie venir quelque orage, & pendant la nuit pour éviter un pareil accident.

Quelques-uns font faire des cloches de terre. Mais le soleil ne la penetre pas comme le verre. Si elles ne sont destinées que pour la nuit seulement, & contre la grêle; leur usage est plausible.

On ne peut en général se dispenser de se promener dans la melonniere, le matin, à midi, & le soir; pour examiner les progrès, & ce qu'il y a à faire.

DEPUIS qu'un melon est noué, il ne faut communément que quarante jours pour le mûrir. Un melon qui mûrit trop vîte, n'est jamais bon : sa racine est ou malade ou défectueuse.

Pour connoître qu'il est à son point de maturité, il faut voir que la queue se fende, ou semble se vouloir détacher du fruit; qu'il commence à jaunir par dessous; que le petit jet qui est au même nœud, se desséche; & qu'en flairant le melon on y trouve assez d'odeur. Il faut que cette odeur ne soit pas trop forte : car alors elle indique moins la vraie maturité, que le défaut d'être trop fait. Ceux qui ont coutume d'être dans les melonnieres, en jugent à l'œil; remarquant un changement de couleur. Cependant il est bon de laisser passer encore un jour avant de cueillir le melon quand on s'apperçoit qu'il jaunit un peu, & prend cet air de maturité.

Les melons qui *s'ouvragent*, ou *brodent*, sont ordinairement douze ou quinze jours à se façonner avant d'être mûrs.

La cueillette se fait à mesure qu'ils *tournent*, ou se *frappent* (mûrissent). Si c'est pour envoyer loin, on les cueille dès qu'ils commencent à tourner; car ils achevent de mûrir en chemin. Si c'est pour manger promptement, on les laisse plus mûrir. On laisse volontiers, sur-tout pour des envois, à chaque melon le nœud qui tient à la queue, avec deux ou trois feuilles, pour l'ornement : & l'on se garde bien d'arracher la queue; car le melon s'éventeroit.

Il faut être soigneux de visiter la melonniere au moins quatre fois le jour, dans le tems que les melons mûrissent : autrement ils passeroient leur véritable point de maturité, & seroient mollasses & trop pleins d'eau.

Pour *choisir un bon* melon; il faut qu'il ne soit ni trop verd ni trop mûr; qu'il soit bien nourri; que sa queue soit grosse & courte; qu'il provienne d'une plante vigoureuse; qu'il ne soit point hâté par la trop grande chaleur; qu'il soit pesant à la main, ferme sous le doigt, & vermeil en dedans. Il doit être plein, sans aucun vuide : ce que l'on connoît en frappant dessus. Il faut qu'il ait la chair assez seche; & qu'il n'en sorte point d'eau abondante, mais seulement une petite rosée bien vermeille. Un melon ne doit communément être mangé, qu'au moins vingt-quatre heures après qu'on l'a cueilli. Et durant ce tems on le tient dans un endroit qui ne soit ni trop chaud ni trop froid; & où il n'y ait aucune odeur soit bonne soit mauvaise.

Il y a des gens qui, aussitôt après avoir cueilli les melons prêts à manger, les mettent dans un seau d'eau fraîchement tirée du puits; & les laissent rafraîchir comme l'on fait le vin, parce qu'en sortant de la couche ils sont échauffés du soleil, & seroient désagréables à manger. Les autres que l'on cueille à mesure qu'ils mûrissent, se gardent sur des planches en lieu frais; pour être servis selon l'ordre de leur maturité.

On réserve les graines de ceux que l'on trouve bons; & des plus hâtifs. Il ne faut garder que celle qui se trouve dans la partie qui étoit exposée au soleil. En même tems qu'on mange le melon, on nettoie les graines, & on les essuie avec un linge, ensorte qu'elles soient bien nettes & bien seches. Puis on les garde dans un endroit convenable; jusqu'au tems de les semer. On a été longtems à ne regarder comme bonnes que les graines de melons qui venoient d'Italie : mais on a cru pouvoir s'en passer sans inconvénient, depuis que l'application au jardinage a appris à bien gouverner les melons, ensorte qu'ils mûrissent parfaitement dans nos climats. Il est cependant vrai que l'art ne nous en donne toujours que d'assez médiocres : si nous n'avions pas l'attention de ramasser les graines de nos meilleurs melons, bientôt nous n'en aurions plus que de très-mauvais.

La graine de melon est bonne pendant sept à huit ans; & même davantage : on prétend que, plus elle est vieille, plus son fruit a de qualité. Cependant elle peut être semée dès la premiere année. Il est important de ne pas réserver la graine d'un melon qui ait été rafraîchi dans l'eau où à la glace : cette graine se trouve altérée; & l'espece dégenere. Voyez l'*Ecole du Jard. Pot.* T. II. p. 288.

DANS les Pays Méridionaux on éleve les melons en pleine terre, comme d'autres légumes. Nous avons ci-devant observé que c'est l'usage de Provence & même de Langeais.

On voit dans le quatrieme volume du *Traité de la Culture des Terres*, que M. De Châteauvieux a élevé des melons, aux environs de Genève, » sans aucun » fumier, sans couche, sans cloches, & sans chassis » de verre. Cet habile Cultivateur les avoit semés par » planches, comme du bled. Les plantes sont venues » très-belles, les fruits ont été très-gros, délicats, » d'un goût fin, & d'une eau abondante : à tous » égards, ils pouvoient prétendre au-delà de l'égalité » avec ceux de son jardin. «

Diarbekir (l'ancienne Forteresse d'Amid) a des jardins délicieux, le long du Tigre; sur les bords duquel on seme des melons quand l'eau décroît. On en mêle la graine avec de la fiente de pigeon, puis on l'enterre dans le gravier : & le fruit est excellent. * Otter, *Voyage en Turquie & Perse*, Tome II. p. 274.

Cet Auteur observe aussi, dans le T. I. p. 271, que les melons de Kazvin, dans l'Irakadgem, sont en réputation.

MELON D'EAU; ou *Pasteque* : en Latin, *Anguria; Citrulus* : & en Anglois *Water-Melon*; & CITRUL. Ce genre de plantes differe réellement des Concombres & des Citrouilles; quoiqu'il y ait des Auteurs, tant François que Latins, qui lui donnent l'un ou l'autre nom. M. Tournefort établit la distinction de ce genre sur la découpure de ses feuilles : au lieu que celles des autres Cucurbitacées, sont entieres. La graine de ces melons est ovale, large, plate, également épaisse par-tout, longue d'environ six lignes, sur quatre de large; noire ou rouge.

Especes : ou *Variétés*.

1. *Anguria Citrulus dicta* C. B. Ses feuilles sont profondément découpées en plusieurs lobes : à chacun desquels sont des découpures médiocrement arrondies comme à la feuille de chêne; d'un verd qui tire sur celui de mer; larges comme la main quand elles sont ouvertes, & de forme presque triangulaire. La tige rampe assez loin; & est fort délicate : ensorte que si on l'écrase en marchant, le fruit meurt,

& qu'il s'échaude pour peu qu'on la froisse. Ce fruit est à-peu-près *rond ;* & de différentes grosseurs : y en ayant qui pesent plus de trente livres. La plupart pesent au moins dix livres.

2. Il y en a de *Longs :* qui sont moins estimés.

3. Plusieurs ont la peau extérieure, verte & lisse ; la chair, d'un rouge cramoisi ; & la graine noire.

4. Le *Melon d'Amérique* a la feuille communément divisée en trois lobes. Son fruit est toujours plus petit que les précédens, & a extérieurement plusieurs cordons de taches jaunes rangées en forme de côtes qui aboutissent toutes à la tête du fruit. Sa graine est rouge.

5. Le *Melon d'eau, de la Louisiane*, a la côte d'un verd pâle, mêlé de grandes taches blanches. La chair voisine de cette côte, est blanche, crue, & d'une verdeur désagréable. L'intérieur est rempli par une substance d'une blancheur éclatante, avec une légere teinte de couleur de rose. Cette pulpe est très-fondante ; & laisse dans la bouche le goût de l'eau de gelée de groseilles. Cette espece est très-grosse, & a communément un pied & demi de longueur.

6. Il en vient de très-beaux *en Afrique ;* dans les Indes Orientales, & en d'autres endroits de l'Asie.

7. Une autre espece qui vient *en Amérique*, a les feuilles larges & rudes ; le fruit gros comme un œuf & de la même forme, pâle quand il est mûr, & garni de tubercules armés d'épines peu piquantes. Ce fruit se mange ainsi que les autres.

Au reste, ces plantes varient presque tous les ans, quoiqu'on seme leurs graines séparées.

Propriétés.

Les Pasteques de Kazvin, dans l'Irakadgem, sont en réputation : selon M. Otter, *Voyage en Turquie & en Perse*, T. I. p. 272.

M. Le Page (*Histoire de la Louisiane*), rapporte que celles d'Afrique & des Indes sont regardées à la Louisiane comme moins délicieuses que celles de cette Colonie Américaine.

Le Melon d'Amérique (*n.* 4) ne s'y mange que confit ; & est excellent de cette maniere : dit M. Le Page.

Il ajoûte que le *n.* 5 est très-rafraîchissant ; & que, de quelque maladie qu'on soit attaqué, on peut en manger tant que l'on veut, sans en être incommodé.

Pour ce qui est du *n.* 1 : M. De Combes dit qu'il n'est pas mangeable dans un climat tel que celui de Paris : & à peine même en Provence & en Italie, pour ceux dont le goût n'y est pas accoutumé de jeunesse : quoique ce soit le véritable climat de cette plante. Le principal mérite de ce fruit est d'avoir beaucoup d'eau ; qui rafraîchit, mais est fade & n'a rien qui flatte ni qui réveille.

On en fait de très-belle Confiture.

Culture.

Ces plantes se cultivent comme les melons. Elles demandent néanmoins d'être plus aërées : sans quoi elles languissent & fondent. On les arrose souvent ; mais peu à la fois.

Leur graine, semée moins âgée que de trois ou quatre ans, produit de belles plantes. Mais des plantes médiocres, telles que celles venues de graine plus vieille, donnent plus de fruit.

On cultive en Angleterre une espece *à petit fruit rond*, venue *d'Astracan ;* laquelle réussit mieux dans cette partie du Nord de l'Europe, que tous les autres melons de ce genre. L'on remarque que plus ce fruit y acquiert de grosseur, moins il est susceptible de maturité.

Le *n.* 4 réussit fort bien dans le climat de Paris ; & y rapporte beaucoup. M. De Combes recueillit (en 1751) vingt-un de ces melons sur quatre pieds ; & tous bien conditionnés. Cette espece arrête tard. Ce n'est qu'à l'extrêmité des branches que le fruit noue : mais il grossit à vue d'œil, dès qu'il est une fois arrêté. Il demande beaucoup de place, & peu de taille.

Pour ceux de la Louisiane : selon M. Le Page, il faut semer de la graine noire ; comme étant la plus sûre pour donner de bon fruit. Si on la mettoit en terre forte, cette graine dégénéreroit ; & porteroit du fruit qui auroit de la graine rouge. La terre qui lui convient est une terre légere ; comme pourroit être celle d'un côteau bien exposé. On y fait des trous de deux pieds & demi ou trois pieds de diametre ; éloignés, en tout sens, de quinze pieds, les uns des autres. On met cinq ou six graines dans chacun. Lorsque les tiges naissantes ont cinq à six feuilles, on choisit les quatre plus belles plantes de chaque trou ; & l'on arrache les autres : afin qu'elles ne s'affament pas mutuellement par le grand nombre. Ce n'est que jusqu'à ce tems qu'il faut avoir soin de les arroser. Après cela on est dispensé de toute culture ; même de les tailler. On connoît leur vrai point de maturité, à la côte verte qui commence alors à jaunir.

Les autres especes se cultivent de même. Seulement pour celles qui tracent moins, on laisse une moindre distance entre les trous.

M E M

MEMBRANEUX (*Fruits*). Voyez FRUIT, p. 145.

MEMBRE *Génital du Bœuf.* Voyez NERF *de Bœuf.*

MEMBRE. Se dit de toute partie *d'Architecture :* comme d'une frise ; d'une corniche, *&c.*

Membre s'y prend aussi pour *Moulure.* Et l'on appelle *Membre Couronné*, toute moulure accompagnée d'un filet au-dessus ou au-dessous ; ce qui passe dans le toisé pour un pied sur sa hauteur.

MEMBRON : *terme d'Architecture.* C'est une baguette qui sert d'ourlet à la bavette d'un bourseau.

MEMBRURE. Piece de bois, ordinairement de trois pouces de gros sur sept ; qui sert à former les bâtis de la plus forte menuiserie, comme ceux des portes cocheres, & à en recevoir les panneaux assemblés à rainures & languettes.

Il y a aussi des membrures de Charpenterie ; qui sont encore appellées *Limandes :* & qui étant plus épaisses, servent à divers usages dans les machines.

Les Latins nomment les membrures *Asseres ;* ainsi que toutes pieces de bois de sciage.

MEMOIRE. C'est une des principales facultés de l'ame : qui retient & conserve ce que l'imagination lui a imprimé.

Les vieillards ont peu de mémoire : celle des enfans est quelquefois étonnante. Les adolescens, & les hommes à la fleur de leur âge, en doivent avoir beaucoup ; à moins qu'elle ne soit affoiblie par l'excès de chaleur & de secheresse, ou par une abondance de pituite.

Le défaut de mémoire causé par la chaleur, ou par la secheresse, n'arrive ordinairement qu'ensuite de quelque fievre ardente, aiguë, ou maligne, ou pestilentielle ; ou après une longue maladie ; ou d'un coup reçu à la tête ; ou d'un exercice immodéré ; ou de beaucoup de soin & d'étude ; ou pour avoir veillé, ou avoir été trop saigné. De fortes attaques d'apoplexie ôtent encore la mémoire. La peste décrite par Thucydide, effaçoit tout souvenir du passé, dans ceux qui en échapoient. *Consultez* sur plusieurs de ces accidens, la *Médecine de l'Esprit*, par M. Le Camus, Livre I. Ch. V.

Les personnes en qui le défaut de mémoire vient d'humidité, ont une grande pente au sommeil, mouchent beaucoup, & ont la bouche inondée de salive.

Celles dont la secheresse du tempérament est le principe du défaut de mémoire, dorment peu, crachent rarement, ne mouchent pas beaucoup, ont les yeux enfoncés, & sont sujets à devenir chauves. Si c'est le froid qui domine dans leur tempérament, elles ont le visage pâle, les yeux languissans, les veines presque imperceptibles, peu de chaleur à la tête, & une grande facilité à s'endormir. Au contraire si c'est la chaleur qui surpasse les autres qualités, le visage est rouge brûlant; les yeux sont vifs, & se fixent peu; les vaisseaux sont apparens, les cheveux forts & frisés, & le sommeil de courte durée.

Remedes.

1. Pour le défaut de mémoire, provenant ou du trop grand froid, ou de la trop grande abondance de sérosité; les anciens Médecins prescrivoient les purgations, les exercices, les frictions, les fomentations, les gargarismes, & les fumigations. Ils conseilloient encore d'habiter des logemens élevés & bien éclairés; d'éviter de demeurer près des rivieres & des étangs. Ils recommandoient les aromats indiqués ci-dessous. Ils en composoient des poudres, des opiats, des bols, des huiles, *&c*, pour en user plus commodément dans l'occasion. On trouve grand nombre de ces recettes dans l'ouvrage de Gratarole, intitulé *De Memoriâ reparandâ, augendâ, conservandâque:* au reste, il ne faut en user qu'avec discernement. Gratarole renvoie encore au Traité Latin de la composition des Médicamens, fait par Antoine Fumanelle, Médecin de Verone.

2. Etmuller dit qu'étant jeune, lorsqu'il avoit de la peine à retenir les leçons de ses maîtres, il avaloit trois ou quatre cubebes: & que cela lui donnoit une merveilleuse facilité pour apprendre & pour retenir. Il attribue la même propriété aux grains de cardamome.

3. Lorsque le défaut de mémoire étoit produit par l'excès de chaleur ou de secheresse, les Anciens avoient recours au jus de citron, au nénuphar, à la buglose, la bourrache, la pariétaire, aux amandes douces, & autres remedes pris dans les classes des tempérans, des nitreux, & des rafraîchissans. Ces remedes ne peuvent que produire de bons effets, quand ils sont sagement administrés. On peut y joindre les bains, une abondante boisson d'eau commune; & l'usage du lait, après avoir consulté un Médecin.

4. Les grandes évacuations que l'on a faites pendant une maladie, venant à affoiblir la mémoire; il ne faut y employer d'autre remede qu'un régime restaurant. De bons bouillons, de bons consommés, des viandes de facile digestion, de bon vin vieux, les promenades, le sommeil un peu prolongé, la gaieté, rétabliront tout.

[*Nota.* Les Recettes suivantes doivent être employées avec choix; relativement à la cause de l'indisposition. Ce que nous avons dit de ces différentes causes peut diriger à cet égard.]

5. On mangera souvent de la cervelle de poule; des œufs de perdrix: & on usera de la moutarde à ses repas.

6. On mâchera, à l'entrée & au sortir du dîner & du souper, de la melisse: ou l'on en mettra infuser dans son vin.

7. Dans une pinte d'eau-de-vie, mettez infuser une poignée de graines d'orvale, une poignée de melisse, demi-once de gingembre, demi-once de muscade, une once d'écorce de citron, demi-livre de sucre. On prendra de cette liqueur, le matin à jeûn, & en se couchant, une cuillerée ou deux.

8. On se frottera, une ou deux fois par semaine, les tempes avec du fiel de perdrix; ou de l'huile de castor; ou de l'huile de brique; ou de l'eau distillée de feuilles de lierre.

9. Prenez des racines d'*acorus*, de valeriane, de buglose, & cynoglosse; & des feuilles de rue: de chacun une dragme. Tout cela étant bien séché & pulvérisé, & délayé avec une once d'huile de muscade, & deux onces d'huile de noisettes; faites-en une sorte de baume: & en frottez les tempes, deux ou trois fois par semaine.

10. On se lavera la tête & les pieds avec la décoction suivante: prenez des feuilles de lierre, romarin, laurier, bétoine, melisse & sureau; une poignée de chaque; & faites bouillir le tout ensemble dans une suffisante quantité d'eau.

11. On pourra se servir d'une *Pomme artificielle*, qui fortifiera bien le cerveau toutes les fois qu'on la sentira. Prenez du bois d'aloës, de l'encens, de la noix muscade, des cloux de girofle, de la racine de pivoine, & de l'angélique, de chacun une dragme; du stirax, demi-once; du labdanum, une once; de l'ambre gris, & du musc, de chacun un grain: mêlez le tout ensemble; & en faites une masse. Plus elle sera échauffée, en la portant sur soi, ou la tenant à la main; plus elle aura de senteur.

12. On observera, qu'après le repas, il ne faut marcher ni s'endormir aussitôt; mais s'exercer à quelque chose qui divertisse honnêtement.

13. On s'abstiendra, autant que l'on pourra, de boire beaucoup de vin; & de manger de la chair de porc, ni oies, ni canards, poissons, fromage, pâtisserie, choux, laitues, ni autre chose indigeste.

14. Faites infuser, l'espace de trente heures, une bonne quantité de baies de genievre, dans une chopine d'eau-de vie, ensorte qu'elle surnage un peu. Ayant ensuite retiré vos graines, mettez-les entre deux papiers, pour les faire secher au soleil. Etant seches, faites-les infuser une seconde fois dans de nouvelle eau-de-vie, pendant vingt-quatre heures: puis une troisieme fois, pendant vingt heures; ayant soin de les faire secher, à chaque fois, comme il est marqué ci-devant. Il en faut prendre tous les jours, dix ou douze grains, matin & soir; & particuliérement après les repas.

15. Consultez la *Médec. de l'Esprit*, ouvrage de M. Le Camus, T. II. p. 223-236.

16. Prenez des eaux de bétoine, buglose, & de fleurs de tilleul, une livre de chaque; eau-de-vie à l'épreuve, demi-livre; fleurs de romarin, roses rouges, marjolaine, fleurs de buglose, de chacun une poignée; des especes qui entrent dans la composition de la Confection alkermès, deux onces. Ayant grossiérement pilé les fleurs, vous les mettrez infuser dans lesdites liqueurs mêlées; & les tiendrez pendant un mois au soleil. Ensuite vous les distillerez au bain marie. On en prend tous les matins, une cuillerée: & l'on en frotte la nuque du cou & les tempes.

Pour recouvrer la Mémoire perdue.

17. Prenez souci, & sauge franche, égales parties: mêlez-les dans du vin blanc, après les avoir broyées: & donnez-en à boire durant six jours, soir & matin.

18. *Voyez* ÉLECTUAIRE *Cephalique.*

Pour la Mémoire prompte, mais infidèle.

Un régime nourrissant & incrassant, joint à un exercice extraordinaire; & la boisson d'eau pure; y remédieront.

Mémoire lente & infidèle.

Cet accident est très-difficile à traiter, par rapport aux contrindications ausquelles il faut avoir égard si l'on veut parvenir à une cure radicale. Les alimens humectans, les boissons adoucissantes, les bains, l'air tempéré, le sommeil plus long, peuvent remédier à la rigidité des fibres qui en est la cause. Mais en même tems on diminue l'activité du fluide animal. Il faut donc ne pas tellement compter sur ces moyens, qu'on néglige de fournir au sang une sorte de quintessence spiritueuse. Le vin pris sobrement, la décoction de caffé, les infusions théiformes des plantes ameres & aromatiques, mises en usage avec prudence, rempliront cette indication sans nuire à la premiere.

MEN

MENDICITÉ. *Voyez* HÔPITAL. GUEUX. AUMÔNE.

MENEAUX: *terme d'Architecture.* Ce sont les montans & traverses de bois, de fer, ou de pierre, qui servent à séparer les jours & guichets dans des croisées.

On appelle *Faux Meneaux* ceux qui, n'étant pas assemblés avec le dormant de la croisée, s'ouvrent avec le guichet.

MENÉE: *terme de Venerie.* C'est la droite route du cerf fuyant. On dit, *Suivre la menée; Etre toujours à la menée.*

On dit qu'une bête est *Mal*-MENÉE; lorsqu'elle est lasse, pour avoir été longtems poursuivie & chassée, & qu'elle se laisse approcher. *Voyez* dans l'article VENEUR, le titre *Maniere de mettre les relais* pour le Cerf.

MENER *les chiens courans à l'ébat.* C'est les promener: ce qui se doit faire deux fois le jour.

MENON. L'on nomme ainsi en quelques Provinces un bouc châtré.

MENSTRUE. Dissolvant humide, qui pénétrant dans les plus intimes parties d'un corps sec; sert à en tirer tout ce qu'il y a de plus subtil & de plus essentiel.

La solution qui se fait par les menstrues de la Chymie, est toujours transparente: au lieu que celle qui se fait comme mécaniquement par l'eau bouillante, est d'abord trouble; parce que l'eau désunit les particules terrestres, & les mêle avec les autres principes.

Consultez la fin de l'article ELIXIR *de propriété*, n. II.

MENSTRUEL (*Flux*): ou MENSTRUES. Ce sont les purgations ordinaires des femmes. On donne à ces purgations différens noms; comme ceux de *Males semaines*, *Regles*, *Mois*, *Tems*, *Fleurs rouges.* Voyez MOIS.

MENTHE, ou *Baume:* en Latin MENTHA: en Grec Μίνθη; & Ἡδύοσμος, c'est-à-dire, Bonne Odeur: en Anglois *Mint.* Genre de plantes qui appartient à la famille des fleurs Labiées. La levre supérieure est souvent entiere, (Voyez les *nn.* 5 & 10) & voutée; l'inférieure est divisée en trois: mais leur disposition réciproque présente comme quatre pieces ou pétales formant une fleur réguliere.

Especes.

1. *Mentha aquatica, Satureiæ folio* Inst. R. Herb. nommée par J. Bauhin *Pulegium Cervinum angustifolium.* Le *Pouliot des Pays Chauds:* Pouliot *des Cerfs.* Cette plante vient sans culture dans nos Provinces Méridionales, & en Italie. Elle croît dans des endroits marécageux. Ses tiges, droites, hautes d'environ deux pieds, branchues dans toute leur longueur, blanchâtres, quarrées comme celles de toute cette famille; sont garnies de feuilles épaisses, longues, fort étroites, & opposées par paires, ainsi que le sont toujours les feuilles des plantes labiées. Ses fleurs sont rougeâtres, ou blanches; & disposées par gros anneaux, vers le sommet de la plante. Toute cette plante a une saveur chaude; & une odeur forte aromatique, qui n'est pas agréable.

2. *Mentha aquatica; seu Pulegium vulgare* Inst. R. Herb. Le *Pouliot ordinaire.* Cette plante, fort commune dans les prés où l'eau séjourne durant l'hiver, a des racines fibreuses & vivaces: dont il sort des tiges lisses, foibles, qui n'ont qu'environ six pouces de longueur, s'étendent sur la terre, & s'y enracinent par leurs traces. Chaque nœud a deux petites feuilles, d'un verd obscur, ovales, & peu dentelées. Les fleurs, qui viennent en Juin, Juillet, & Août, sont comme dans l'espece précédente. L'odeur & le goût sont aussi à-peu-près les mêmes. Fuchsius nomme cette plante *Pulegium Femina;* & De Lobel, *Pulegium Regium.*

Les Anglois appellent celle-ci, & la précédente, *Penny-Royal;* & *Pudden-Grass.*

3. *Mentha aquatica, Pulegium Mas dicta* Inst. R. Herb. Ce *Pouliot* a les tiges très-velues, & en conséquence blanchâtres. Ses feuilles, trois à quatre fois plus larges & longues que celles du *n.* 2, sont ovales, dentelées en scie, un peu aiguës à leur extrêmité, mollettes, couvertes d'un léger duvet, sensiblement marquées de plusieurs nervures transversales en-dessous. De leurs aisselles sortent d'autres feuilles plus petites. Cette plante se couche sur terre; & a l'odeur forte & la saveur âcre & aromatique, des précédentes.

4. *Mentha arvensis, verticillata, hirsuta* J. B. Le *Pouliot-Thym:* Le *Baume des champs:* nommé *Pouillot sauvage*, dans le Fuchsius. Cette plante, haute d'environ un pied, très-velue, a l'odeur des especes ci-dessus; mais moins forte. Ses feuilles sont ovales; terminées en pointe un peu allongée, légérement dentelées, longues d'environ un pouce, mollettes, assez minces, d'un verd pâle. Ses fleurs sont blanches; ou légérement teintes de bleu, ou de pourpre: & sont disposées par gros anneaux. On la trouve dans les champs; & dans les bois. Il y a des Auteurs qui l'ont regardée comme appartenante au genre de *Calamintha:* & M. Miller dit que, dans les boutiques de Pharmacie Angloises, on la connoît sous le nom de *Water Calamint.* Cependant il n'indique que les terres labourées, comme les endroits où elle se trouve; sans faire mention de lieux aquatiques; que suppose la dénomination Angloise.

5. *Mentha rotundifolia palustris; sive aquatica; major* C. B. Celle-ci se trouve dans des fossés, & autres lieux humides. Sa tige est droite, assez ferme; très-garnie de longs poils, & branchue vers le haut. Ses feuilles, longues d'environ neuf lignes, sont comme en fer de pique, inégalement allongées par leurs deux extrêmités; forment deux angles obtus à leur partie moyenne; ont des dentelures aiguës; sont tendres, minces, faciles à écraser entre les doigts, médiocrement velues; âcres, ameres; & portées par des pédicules velus, à moitié aussi longs

qu'elles. Leurs aisselles donnent naissance à de longues queues, terminées par des paquets de petites feuilles. L'odeur & le goût de cette plante tiennent beaucoup de ceux des autres Pouliots. C'est le *Baume Aquatique*; la *Menthe Aquatique*. Ses fleurs forment une tête, gris de lin, à l'extrêmité des branches, en Juillet & Août. M. Vaillant (*Bot. Par.*) observe que la levre supérieure est quelquefois fendue en deux; & que chaque fleur a en tout à-peu-près trois lignes de longueur.

6. On appelle *Baume d'Egypte*, une plante que j'ai vue démontrer à Paris au Jardin du Roi, sous le nom de *Mentha Ægyptiaca seu Niliaca, incana, spicis brevioribus, angustifolia*. Ses tiges sont fermes, hautes, velues, garnies de longues branches. Leurs feuilles sont à-peu-près comme celles du *n.* 5; mais de moitié moindres, à tous égards; & très-garnies d'un duvet cotonneux. De leurs aisselles, naissent les fleurs, en épis fort lâches, courts, mais nombreux. Cette plante a une odeur poivrée, agréable.

7. *Mentha spicis brevioribus & habitioribus; foliis Menthæ fuscæ, sapore fervido piperis* Raij Synops. Elle vient d'elle-même en Angleterre; particuliérement dans la Province de Surrey, sur le bord des eaux. C'est une des *Pepper-Mint* des Anglois. Ses tiges sont purpurines, & lisses. Ses feuilles sont d'un verd très-obscur, longues d'un peu plus d'un pouce, larges de six à huit lignes à leur partie moyenne, dentelées en scie, faites en fer de pique; un peu velues en dessous, où leurs nervures transversales sont pourprées, & très-sensibles. D'entre les aisselles des feuilles, sortent de longues branches; garnies de petites feuilles; & terminées par des épis de fleurs pourpre-foncées, dont les étamines sont plus longues que le pétale. Ces épis sont serrés, larges d'environ une ligne, longs de douze à quinze; & accompagnés de deux autres beaucoup plus courts, à leur base. Toute cette plante a une odeur gracieuse; & une saveur chaude, poivrée, très-piquante.

8. Une autre *Pepper-Mint* des Anglois, beaucoup moins poivrée, est encore facile à distinguer de la précédente, en ce que ses fleurs viennent en forme de tête, à l'extrêmité des branches.

On en trouve une variété, qui a l'odeur de Pouliot.

9. *Mentha hortensis verticillata, Ocimi odore* C. B. Cette espece, que l'on cultive dans les jardins, a les feuilles tantôt arrondies tantôt allongées; une odeur approchante de celle du Basilic; & les fleurs disposées par anneaux. Le bord des feuilles est très-peu dentelé; mais fort velu. Cette plante vient abondamment sans culture en Angleterre, dans la Province d'Essex.

10. *Mentha sylvestris, rotundiore folio* C. B. Le *Baume Sauvage* de nos bois. Il a l'odeur un peu citronée. Ses tiges sont très-velues, assez roides, & ont environ un pied de haut. Les feuilles ont un pédicule presque insensible: leur forme n'est rien moins que réguliere; une même plante en a d'ovales, de triangulaires, de pointues par les deux bouts, *&c*: leur face supérieure est brune & ridée; l'inférieure est blanchâtre. Toute cette plante est velue, & a une odeur forte qui approche de la Melisse. On dit qu'elle a la feuille arrondie: par opposition à une autre espece sauvage, que G. Bauhin désigne par *Longiore folio*; qui effectivement a sa feuille souvent une fois aussi longue, terminée en longue pointe; pas plus large, à sa partie moyenne, que la précédente; blanche, & velue. (Voyez la VI. *Herbor.* de M. Tournefort). L'une & l'autre plantes ont leurs tiges terminées par des épis serrés, tantôt longs de deux bons pouces, tantôt d'à peine six lignes (sur une même branche). Ces épis sont composés de fleurs purpurines plus ou moins foncées ou claires, longues d'environ deux lignes; & que M. Vaillant (*Bot. Par.*) dit être à cinq divisions. Les sommets des étamines débordent le pétale.

11. *Mentha rotundifolia spicata altera* C. B. Elle vient dans des endroits humides. Son odeur est forte, mais assez agréable. Sa tige couverte d'un duvet cotonneux, & haute d'un à deux pieds, porte des feuilles privées de pédicule, en forme d'ovale allongée, terminées par une pointe médiocrement longue, dentelées en scie, fort blanches par-dessous, un peu moins blanches à leur face supérieure qui laisse appercevoir une couleur verte obscure, gravées, longues de deux bons pouces, & larges d'environ un pouce à leur partie moyenne. D'entre leurs aisselles naissent des rameaux: qui se terminent par des épis nombreux, qui n'ont gueres qu'un pouce de long.

12. *Mentha crispa, Danica aut Germanica, speciosa* Parkins. Le *Baume Frisé*, du Nord. M. Linnæus assure que cette plante ne vient point naturellement en Dannemark; mais en Siberie. Elle porte des tiges velues, hautes d'environ douze à dix-huit pouces. Ses feuilles sont échancrées en cœur à leur base qui embrasse la tige, profondément dentelées, terminées par une pointe assez longue, ondées, frisées, & d'un verd gai. Le haut des tiges & des branches est terminé par des fleurs purpurines, rangées sur des épis composés d'especes de verticilles.

13. *Mentha rotundifolia rubra, Aurantii odore* Moris. Hist. La *Menthe Orangée*. Elle a une odeur approchante de celle de l'écorce d'Orange: ce qui fait qu'on la cultive dans les jardins. Sa tige est simple, droite, lisse, haute d'environ un pied. Ses feuilles sont des plus larges de ce genre, profondément dentelées, & terminées par une pointe aiguë. Le haut de la plante est garni de plusieurs épis de fleurs pâles, qui sont comme composées de verticilles.

14. *Mentha aquatica, sive Sisymbrium hirsutius* J. B. Les Anglois lui donnent un nom qui signifie *Menthe Aquatique Gracieuse*; parce que son odeur est plus supportable que celle de la plupart des autres especes qui viennent dans des endroits humides. Ses tiges, hautes d'un bon pied, sont velues. Ses feuilles sont ovales, très-velues, dentelées en scie. La partie supérieure des tiges est garnie de plusieurs étages de fleurs pourpres disposées par gros anneaux.

15 On trouve en Angleterre, au bord des eaux, entre Rochester & Chatham, une Menthe dont les tiges sont menues, velues, à-peu-près hautes de deux pieds; garnies de feuilles dentelées, faites en fer de pique, & aiguës à leur extrêmité. Des fleurs purpurines sont distribuées sur presque toute la longueur des tiges, ensorte que chaque tige a souvent dix ou douze verticilles. Leur odeur est aromatique, & fort agréable.

16. Le *Baume Verd* des Jardins trace entre deux terres: & comme ses racines sont garnies de nœuds d'où il sort des fibres qui forment de nouvelles racines & des tiges; le terrein en est bientôt garni. Ses tiges sont velues, vertes, rouges du côté du soleil. Les feuilles sont ovales, légérement dentelées, d'un verd obscur, plus velues en dessous qu'en dessus, & chargées d'une odeur aromatique assez forte. Les fleurs sont purpurines, & en épi.

17. Nos Jardiniers appellent *Baume Violet*; ou *Menthe Rouge*; une espece dont la feuille est un peu plus pointue, & plus dentelée, que celle du *n.* 16; mais violette. Cette feuille est presque toute rouge depuis

depuis que la plante leve jusqu'à ce qu'elle ait environ un pied de haut.

18. On cultive encore un *Baume Citronné*, ou *Baume à feuilles d'Ortie;* dont l'odeur, assez foible, tient de celle du citron. Ses fleurs sont en épi. La plante est verte dans toutes ses parties. Ses feuilles qui sont crépues ont assez la forme & la couleur de celles de l'Ortie grièche.

19. La feuille du *Baume Panaché* de nos jardins est presque sans dentelure, douce au toucher, légérement jaspée de violet. Sa tige est violette en partie. Son odeur est médiocrement vive, & assez gracieuse.

Les Botanistes en connoissent une autre sorte de *Panaché:* qui, fleurissant pareillement en épi, a les feuilles arrondies, frisées, & dont le jaspe est mêlé de blanc & de cendré ou de verd.

20. *Menthe Crêpue, Aquatique:* nommée par G. Bauhin *Mentha rotundifolia, crispa, spicata.* Sa tige, cottoneuse, droite, & haute d'un à deux pieds; porte des feuilles arrondies, légérement festonnées sur les bords, épaisses, très-cottoneuses dessus & dessous. Les fleurs sont de couleur de chair; disposées en assez longs épis.

Culture.

Nous avons observé qu'il y a de ces plantes qui tracent par leurs racines sous la terre, & forment ainsi de nouvelles pousses: qui, séparées ensuite, font autant de plantes qu'il y avoit de nœuds enracinés.

D'autres se multiplient d'elles-mêmes en étendant à la superficie leurs tiges articulées. L'humidité habituelle dont elles y jouissent, fait sortir des racines de leurs nœuds: ensorte qu'en les coupant auprès de ces endroits qui ont bien pris possession de la terre, en y introduisant & établissant leurs racines, on se procure de jeunes plantes.

Si on coupe vers la fin de l'automne, à fleur de terre, les tiges des especes cultivées, les racines en repoussent de nouvelles. Un pouce de terreau, jetté sur le pied de chaque plante, ne peut que lui être utile.

On trouve quelque avantage à déplacer tous les ans, au mois de Mars, chaque plante. Il semble que ce changement serve à lui donner plus de vigueur.

Le sarclage & les arrosemens, faits à propos, sont utiles à ces plantes; comme aux autres. En général une humidité habituelle, mais modérée, les maintient dans un très-bon état. On voit même tous les jours, des branches de baume jetter des racines dans l'eau; & continuer d'y végéter puissamment. M. Tull (*Horse-Hoing Husbandry* Lond. 1733, *in-fol.* p. 5, 6, 7) rapporte plusieurs expériences qui découvrent combien les menthes sont avides d'humidité.

D'autres expériences de ce Gentilhomme Anglois, devenu célebre par son systême de Cultivation, servent à faire voir que nombre de sels sont destructeurs des plantes de ce genre (*p.* 5 & 6): il avoit fait ses essais avec du sel marin, seul, ou étendu dans de l'eau; & avec de l'encre, où l'on sçait qu'il entre de la couperose.

En Janvier & Février l'on peut planter du baume avec d'autres fournitures de salade, sur la même couche où l'on met des laitues pour pommer. On les consomme ensemble, mais ce baume périt après avoir fourni pendant une quinzaine. C'est pourquoi il est à-propos d'en replanter en différens tems, de sorte que l'on en ait qui se succede pendant toute cette saison de primeurs.

On ne multiplie gueres de semence les diverses especes de ce genre. Les boutures, & le plant enraciné, sont des voies plus abrégées.

En les plantant, il faut les espacer à un pied.

Usages.

Les jeunes pousses des especes qui ont une odeur agréable, font partie des fournitures de salade, pendant toute l'année. Les personnes qui en aiment l'odeur & le goût, emploient de même les feuilles & sommités, quoique les tiges soient fortes.

Le *n.* 5 est usité en Médecine; comme stomachique échauffant, propre à chasser les vents de l'estomac, & soulager la colique venteuse. Le sel volatil huileux aromatique, qui est contenu dans cette plante, la rend encore très-diurétique: & l'on peut s'en servir à la maniere du thé; selon M. Tournefort, *Herb.* III.

Le *n.* 11 est encore bon pour les maux d'estomac.

On trouve dans plusieurs Dispensaires, le *n.* 14 au nombre des Plantes Usuelles. Il paroît cependant que cette espece est négligée.

M. Tournefort (*Herb.* VI.) dit que le *n.* 10 est bon pour les vapeurs.

En général on regarde toutes les plantes de ce genre comme antiseptiques. Leur odeur est propre à donner du ton aux fibres du cerveau. Elles sont si salutaires, qu'à Minorque leur nom est *Herba Sana.*

Le suc des *nn.* 16 & 17, mêlé avec du vinaigre, & pris intérieurement, arrête le flux de sang, guérit le dégoût & l'inappétence pour les alimens, & fait mourir les vers.

On met ensemble autant de poignées de menthe rouge (*n.* 17) à demi-séches, que de pots de vin sortant du pressoir: & on laisse épurer cette liqueur dans un tonneau. C'est un bon remede pour les poisons froids; pour préserver des maladies contagieuses, guérir la colique; fortifier l'estomac, le cerveau, *&c.*

Le suc des Menthes sauvages aquatiques, facilite l'évacuation nécessaire aux femmes nouvellement accouchées. On fait boire la décoction de ces plantes pour l'orthopnée, & la plupart des circonstances où la respiration est contrainte; pour la jaunisse; pour empêcher les pertes de semence durant le sommeil. On prétend que leur parfum, ou ces plantes mêmes éparses, chassent les puces: je n'ai pas fait l'épreuve du parfum: mais me trouvant fort incommodé de ces insectes à la campagne, & ayant mis les plantes récentes en différens endroits de la chambre pour que leur odeur se répandît par tout; ensuite en ayant mis dessous & dessus le lit, & même dedans; il me parut que tout cet appareil, au lieu de contribuer à ma tranquillité, favorisoit beaucoup la multiplication des insectes. On verra, ci-dessous, quelle est l'espece particuliere de menthe que j'aurois dû employer, & qui effectivement ne se rencontra point entre celles dont je fus à portée d'éprouver alors la vertu.

Quelqu'un s'est servi avec succès, des menthes aquatiques, pour les écrouelles: en ayant exprimé le suc, on le faisoit tiédir à chaque fois que l'on vouloit étuver ces ulceres.

Quelque menthe que ce soit, pilée avec du sel, est très-bonne à appliquer sur les morsures d'animaux enragés. Ces plantes peuvent presque indistinctement être employées dans les recettes que l'on indique comme Préservatives pour le bétail, dans les contagions. Elles entrent dans l'eau vulnéraire; les baumes anti-apoplectiques; divers remedes pour la rage. Cueillies vers les mois de Juin &

Juillet, elles ont plus de force qu'en d'autres tems. On les pile, pour les mettre en cataplasme sur un estomac débile & qui ne digere que difficilement. En les flairant souvent, on peut recouvrer l'odorat affoibli. Les feuilles séches, pulvérisées, & bues avec du vin, font mourir les vers des enfans. Si l'on met de la menthe dans un bassin plein d'eau froide, bien couvert; il s'amasse au couvercle une vapeur abondante: laquelle on dit être excellente pour ôter les taches du visage, les lentilles, & le hâle. La menthe entre dans la composition d'un *Baume*, qu'on dit être *souverain* pour la gangrene, la brûlure, la colique, la foiblesse de nerfs, *&c.* Voyez aussi le BAUME *Artificiel pour plusieurs maladies:* & SIROP *de Menthe.*

La menthe, appliquée sur le front, appaise assez souvent la douleur froide de la tête. Pilée, & appliquée sur les mammelles trop tendues & pleines de lait, elle les amollit, & empêche que le lait ne s'y grumele. Nombre d'Auteurs conseillent de mâcher des feuilles de menthe aussitôt après avoir bu du lait, pour empêcher qu'il ne se caille dans l'estomac: ils prétendent même que l'on préserve le fromage de toute corruption & pourriture, si on l'arrose de jus ou de décoction de menthe. J'ignore si la recette suivante regarde le *n.* 20, ou le 12: Jettez environ demi-once de feuilles séches de *Menthe Frisée*, dans trois mesures d'eau [peut-être trois pintes]: vous aurez une eau excellente (dit-on) pour la foiblesse d'estomac, les nausées, les vents, la colique, la disposition à la diarrhée & à la dysenterie.

Le *Pouliot* (*n.* 2), est un bon vermifuge pour les enfans. Son suc est recommandé pour les coqueluches & autres toux convulsives des enfans: on le leur donne par cuillerées. La décoction de cette plante, avec du miel & de l'aloës, évacue la bile recuite; nettoie les poumons; calme les tranchées, & les douleurs de la matrice: on s'en lave aussi la bouche, pour guérir les ulceres de cette partie. Tant le suc, que l'eau distillée, sont indiqués pour éclaircir la vue, guérir les démangeaisons & gratelles, chasser les vents, faire uriner; procurer les évacuations périodiques, & celles qui doivent suivre l'accouchement: on insinue de ces liqueurs dans les yeux; & on les en lave extérieurement; tant pour éclaircir la vue, que dissiper la chassie. On fait bouillir cette plante dans du vin blanc, pour les fleurs blanches, & les pâles couleurs. On peut user de l'infusion simple du pouliot, en forme de thé, pour toutes les maladies ci-dessus. Cette infusion calme la toux invétérée, facilite le crachement, & soulage les asthmatiques. On assure que le pouliot, appliqué sur la goute la plus invétérée, en calme beaucoup les douleurs. » Palmer, Médecin Anglois, a assuré à M. » Rai que cette plante récente, enfermée dans un sa» chet, & mise dans le lit, *chasse les Puces;* en la » renouvellant dès qu'elle est séche. Il paroît que les » Anciens ne lui ont donné le nom de *Pulegium*, que » parce que sa fleur récente brûlée, tue ces insectes » par son odeur. « * Garidel, *Plantes d'Aix.*

Plusieurs Auteurs préferent le *n.* 1 au *n.* 2.

Les Pharmaciens Anglois font usage de l'eau distillée du *n.* 7. On l'estime beaucoup pour la pierre & la gravelle: & bien des gens préferent cette eau à celle des menthes ordinaires, pour tous les cas où celle-ci est indiquée.

MENTHE *Greque.* } Voyez PANACES
MENTHE *Sarrasine.* } *Chironien.*

Petite MENTHE *Corymbifere.* Consultez l'article HERBE A ÉTERNUER, p. 273.

MENTONNIERES. *Voyez* ce mot dans l'article FLAMBE, p. 90.

MENU-*Cens.* Consultez l'article CENS.

MENUS-*Droits:* terme de Venerie. Ce sont les oreilles d'un cerf; les bouts de sa tête, quand elle est molle; le mufle; les dintiers; le franc boiau; & les nœuds qui se levent seulement au Printems, & dans l'été. C'est le Droit du Roi.

MENUISAILLE, *ou* MENUISE *d'Etang.* C'est le goujon, & tout le menu fretin d'un étang: ce qu'on nomme *Alevin*, en Bourgogne. Quelques-uns y comprennent aussi les grenouilles, & les écrevisses.

MENUISERIE. C'est l'art de travailler & assembler le bois pour de menus ouvrages: tels que cloisons, parquets, portes, croisées, lambris, meubles. *Voyez* BOIS, p. 349: & le *Traité de l'Exploitation des Bois*, de M. Duhamel, L. V. Ch. IV. Art. III. & Préface, p. xj.

La *Menuiserie d'Assemblage*, est celle qui consiste en bâtis & panneaux, assemblés à tenons & mortoises, rainures & languettes; collés & chevillés. Cette menuiserie est de deux sortes: *Dormante*, comme toute sorte de lambris; ou *Mobile*, comme toutes les fermetures.

On nomme *Menuiserie de Placage*, celle qui se fait de bois dur & précieux, débité par feuilles; & qui est plaquée par compartimens & saillies sur la menuiserie d'assemblage: comme le pratiquent les *Ebenistes.*

Remarques touchant les Devis de Menuiserie.

Il faut bien spécifier dans les Devis de la Menuiserie, toutes les choses que l'on y doit observer. Les principales sont la qualité des bois, leur épaisseur dans chaque espece d'ouvrage, les grandeurs des portes & des croisées, la maniere dont elles doivent être faites: ce qui doit être réglé par un dessein; aussi bien que pour les cheminées, les lambris d'appui & en hauteur, & même pour le parquet quand c'est pour les appartemens considérables. Le Devis doit être conçu en cette maniere.

» Tous les bois en général seront de bois de » chêne, vif, sain, sans aubier ni pourriture, sans » nœuds, sec au moins de cinq ans; sans futée, » tampons ni mastic; bien proprement dressés, » corroyés & rabotés jusqu'au vif, ensorte qu'il n'y » reste aucun vestige des traits de sciage: le tout » purement assemblé à tenons & à mortoises, lan» guettes, rainures, selon que l'art le requiert dans » l'espece de chacun de ces ouvrages.

» Seront faits la quantité de *tant* de croisées de » *telle* grandeur, suivant le dessein; dont les chassis » dormans auront *tant* de largeur sur *tant* d'épaisseur; » les meneaux, *tant* de grosseur; les réverseaux, faits » de *telle* maniere. Les battans de chassis à verre au» ront *tant* d'épaisseur sur *tant* de largeur (si c'est » de chassis à carreaux, les petits bois auront *tant* » sur *tant*, & seront élégis d'un astragale & d'un » demi-rond entre deux quarrés): les bâtis des vo» lets auront *tant* d'épaisseur sur *tant* de largeur; les » panneaux, *tant* d'épaisseur: le tout bien assemblé, » *&c.* Sera fait *tant* de portes à placard, à deux ven» teaux & à doubles paremens, suivant le dessein; » dont les battans & les traverses auront *tant* d'é» paisseur sur *tant* de largeur, les cadres *tant* sur *tant* » (s'ils sont élégis dans les battans, il faut l'expli» quer): les panneaux auront *tant* d'épaisseur. Les » chambranles desdites portes auront *tant* d'épaisseur » sur *tant* de largeur, avec les gorges, cadres & cor» niches au-dessus, aux embrasemens ou revêtemens » des murs desdites portes. Les bâtis auront *tant* de » largeur sur *tant* d'épaisseur; dans lesquels bâtis se» ront élégies les moulures pour les cadres en com» partiment: les panneaux auront *tant* d'épaisseur.

» (Si l'on fait des portes à placard simple, il faut les » expliquer par leurs dimensions comme ci-devant ; » & si l'on fait des portes à carreaux de verre, il faut » aussi les marquer.)

» Sera fait la quantité de *tant* de portes simples » unies, qui auront *tant* de largeur sur *tant* de hau- » teur & *tant* d'épaisseur; dont les ais seront assem- » blés avec goujons, & proprement collés les uns » aux autres, emboités par en haut & par en bas à » languettes, avec des traverses qui auront six pou- » ces de largeur.

S'il y a d'autres portes, comme celles des offices, des caves, & autres lieux ; il les faut expliquer comme ci-dessus, par leur quantité, leur grandeur, leur épaisseur, *&c.*

» Plus seront faites les cheminées de *telle* cham- » bre *ou autres lieux*, suivant les desseins. Seront » faites les cloisons d'ais de sapin (ou autre bois) de » *tant* d'épaisseur, avec rainure & coulisse par haut » & par bas, dans des frises de *tant* d'épaisseur. Sera » faite la porte cochere suivant le dessein ; dont les » battans auront *tant* de largeur sur *tant* d'épaisseur, » les cadres, *&c.* « Consultez l'*Architecture Pratique* de Bullet, p. 475-6.

Le *Bois* que l'on emploie pour la menuiserie doit être ordinairement du chêne, de la meilleure qualité, sec au moins de cinq ans, de droit fil, sans nœuds, ni aubier, ni aucune pourriture.

Dans un bâtiment considérable, l'on fait des portes de diverses manieres; sans parler des portes cocheres : il y en a de grandes, de moyennes, & de petites.

Les *Petites Portes*, sont pour les passages, dégagemens, lieux communs, & autres où l'on n'a pas besoin de grande force, ni d'ornement. L'on fait ces portes de deux pieds de large, ou deux pieds & demi au plus, sur six pieds ou six pieds & demi de haut. Elles doivent avoir au moins un pouce d'épaisseur, même quatorze ou quinze lignes, arrasées, collées & emboitées par haut & par bas.

Les *portes Moyennes*, sont pour des chambres, & l'on les fait dans un attique. On ne leur donne gueres que depuis deux pieds & demi jusqu'à trois pieds de large, sur six ou sept pieds de haut. Quand on veut un peu les orner, on les fait d'assemblage. On donne aux *battans* un pouce & demi d'épaisseur; dans lesquels on fait une moulure en forme de cadre des deux côtés, & une autre moulure au bord extérieur du côté dont elles ouvrent. Les *panneaux* doivent avoir un pouce d'épaisseur, & être ravalés. L'on fait à ces sortes de portes, des chambranles de cinq à six pouces de large sur deux pouces d'épaisseur, ornés de moulures; & des embrasemens avec des bâtis, bouemens, & panneaux dans l'épaisseur du mur. L'on met aussi au-dessus de ces portes, des gorges, des corniches, & des cadres, quand il se trouve de la hauteur. L'on peut comprendre dans cette grandeur les portes d'offices, de cuisines, & celles des caves, qu'on fait tout unies, mais bien fortes, comme de deux & de deux pouces & demi d'épaisseur, collées & emboitées comme ci-devant.

Les *Grandes Portes*, sont celles dont on se sert pour les principaux appartemens; comme salles, antichambres, chambres, & cabinets. On les fait souvent à deux ventaux, & d'une même grandeur, quand elles sont dans une enfilade, ou qu'elles se répondent l'une à l'autre dans une même piece. On fait ces sortes de portes de différentes grandeurs, depuis trois pieds huit ou neuf pouces, jusqu'à six pieds de large, pour les grands Palais : c'est-à-dire qu'il faut proportionner la grandeur des portes aux appartemens où elles doivent être mises. On doit leur donner en hauteur au moins le double de leur largeur. Consultez l'*Archit. Pratiq.* de Bullet, p. 341-2.

Les *Portes Cocheres*, de grandeur ordinaire, ont huit pieds, & même neuf pieds, de largeur entre deux tableaux : on leur donne en hauteur le double de leur largeur, & quelquefois plus, selon l'ordre d'architecture dont elles sont ornées. *Voyez* comme ci-dessus.

Pour les Croisées : on les fait de différentes grandeurs, selon que les maisons sont plus ou moins grandes. Les plus communes ont quatre pieds de large : les autres quatre pieds & demi; & jusqu'à cinq & six pieds, pour les Palais : mais elles ne passent gueres cette largeur. On donne de hauteur aux croisées, au moins le double de leur largeur; on le leur donne même jusqu'à deux fois & demi : cette proportion leur convient assez, & donne beaucoup de grace aux appartemens. Pour empêcher que l'eau ne passe au droit de l'appui & du meneau de la croisée, on fait la traverse d'en bas du chassis à verre assez épaisse pour y faire des reverseaux : cette piece est faite par-dessus en quart de rond, & a par-dessous une mouchette pendante pour rejetter l'eau assez loin sur l'appui, afin qu'elle n'entre point dans les appartemens.

Les croisées sont mesurées au pied selon leur hauteur, sans avoir égard à la largeur. C'est le prix du pied qui en fait la différence; selon qu'elles sont plus ou moins fortes, grandes ou ornées : comme, si une croisée a douze pieds de hauteur, on la compte pour douze pieds à *tant* le pied, sans avoir égard si elle a cinq ou six pieds de largeur : c'est l'usage. *Voyez* CROISÉE. Consultez aussi l'*Architecture Pratique*, de Bullet, p. 343-4.

Les *Lambris d'appui* sont pour les lieux que l'on veut tapisser. On les fait ordinairement de deux pieds ou deux pieds huit pouces de haut; qui est à-peu-près la hauteur des appuis de croisées. L'on donne un pouce d'épaisseur aux bâtis des lambris d'appui les plus simples, dans lesquels on élégit un bouvement ou petite moulure. Les panneaux sont de merrain; & l'on met un socle par bas & une plinthe par haut, ornée de petite moulure. Le plus beau lambris d'appui est fait à cadres & à pilastres en façon de compartiment, suivant le dessein qu'on en fait. On donne un pouce & demi aux bâtis. Il faut faire les cadres & les pilastres fort doux, afin que la trop grande saillie n'incommode point dans les appartemens. *Voyez* LAMBRIS.

Aux *Lambris en Hauteur*, les plus simples, que l'on fait pour la place des miroirs & autres endroits où l'on ne met point de tapisserie, on donne un pouce & demi d'épaisseur aux bâtis dans lesquels on fait un bouvement; & l'on fait les panneaux de merrain. Aux lambris ornés de cadres, en compartiment, on donne un pouce & demi d'épaisseur aux bâtis, surtout quand il y a une hauteur & largeur; & l'on fait les bois des cadres & des panneaux, forts à proportion.

L'usage est de *mesurer les lambris* d'appui, à la toise courante; en les contournant par-tout, sans avoir égard à la hauteur. Et on mesure les lambris en hauteur à la toise quarrée de trente-six pieds pour toise, en multipliant le contours par la hauteur.

Dans de grands bâtimens, l'on fait souvent *les Cabinets* de menuiserie, & quelquefois même d'autres pieces : on doit faire des desseins pour ces sortes d'ouvrages. Pour ce qui est de l'épaisseur que les bois doivent avoir, cela dépend du dessein & du lieu.

On fait ordinairement de trois différentes épaisseurs de *Parquet*. Le plus simple est d'un pouce, ou de quatorze lignes : le moyen, d'un pouce & demi : & le plus épais, de deux pouces. On n'emploie le plus simple qu'aux appartemens hauts, ou dans les maisons qui ne sont pas de grande conséquence : car quand on veut que le parquet soit bon, il lui faut donner un pouce & demi; & on fait les panneaux de merrain, & les frises d'un pouce. Le parquet d'un pouce & demi est fort bon, pourvû qu'il n'y ait pas d'humidité par-dessous. Aussi dans les grandes maisons, l'emploie-t-on aux étages supérieurs. Les frises ont quinze lignes; & les panneaux, un pouce d'épaisseur. Le parquet de deux pouces doit être emploié aux appartemens bas, où il faut de la force pour résister à l'humidité. Il faut même que les panneaux soient à-peu-près de même épaisseur que les bâtis, ou qu'ils aient au moins un pouce & demi: car quand le bois du panneau n'a pas assez d'épaisseur, l'humidité entrant par-dessous dans les pores du bois, le fait enfler & bomber. Quand le parquet a deux pouces, l'on donne un pouce & demi aux frises. Le tout doit être assemblé à languettes, cloué avec clous à tête perdue, & les troûs remplis avec de petits quarrés de bois proprement joints & rabotés. Les Lambourdes que l'on emploie pour poser le parquet sur les planchers ne doivent pas avoir autant d'épaisseur que sur les aires des étages bas: les planchers deviendroient trop épais en dessus. Ayant regardé les plus hautes solives, on donne environ un pouce & demi d'épaisseur à ces endroits; & l'on fait ensorte que les lambourdes n'ayent pas plus de deux pouces & demi aux solives basses. C'est ordinairement du bois de quatre à six pouces, refendu en deux. Pour le parquet posé sur les aires des étages bas, il faut que les lambourdes aient au moins trois pouces d'épaisseur: elles sont ordinairement de trois à quatre pouces de gros.

On fait de deux sortes de parquet, relativement à son assemblage: l'une a les panneaux en équerre sur les bâtis; on l'appelle *Parquet quarré*: l'autre a les panneaux en diagonale sur les mêmes bâtis; c'est-à-dire, qu'ils sont mis en lozange. Celui de vingt panneaux est toujours plus beau, & meilleur, que celui de seize.

On pose aussi le parquet de différentes manieres: l'un est parallele aux murs, c'est-à-dire, posé en quarré; l'autre est posé en lozange, c'est-à-dire, diagonal à l'égard des murs. On trouve cette derniere maniere plus agréable: & l'on s'en sert à présent plus que de l'autre. Consultez l'*Archit. Pratiq.* de Bullet, p. 347-8.

Au reste, le parquet est un ouvrage auquel les Menuisiers doivent prendre beaucoup de soin; car l'on y est fort délicat.

On *mesure le parquet* à la toise quarrée, de trente-six pieds par toise, à l'ordinaire: l'on rabat les places des cheminées, & autres avances contre les murs; mais on compte les enfoncemens au droit des croisées & des portes. Dans le toisé du parquet, l'on comprend les lambourdes, qui sont fournies par le Menuisier: le tout ne doit faire qu'un même prix.

Aux endroits où l'on ne veut pas faire la dépense de parquet, on fait des planchers d'ais; sur-tout aux étages bas. Mais afin que ces planchers soient bons, il faut que les ais aient au moins un pouce & demi, & pas plus de huit ou neuf pouces de largeur; à cause qu'ils se courberoient, par le gonflement occasionné par l'humidité. Le tout doit être assemblé à languettes & cloué sur des lambourdes, comme le parquet. Si l'on fait de ces sortes de planchers aux étages hauts, on peut y mettre du bois d'un bon pouce ou de quinze lignes; mais les ais ne doivent point avoir plus de huit pouces de large. A ces sortes de planchers l'on pose les ais de différentes façons, ou quarrément, ou à épi, ainsi qu'on le juge à propos.

On toise les planchers d'ais, comme le parquet; c'est-à-dire, à la toise superficielle.

On ne fait gueres de *Cloisons* de menuiserie, que pour des séparations légeres; quand on veut faire des corridors, ou qu'on veut diviser une grande piece en deux ou trois parties. Les cloisons sont ordinairement de planches de sapin d'un pouce ou d'un pouce & demi, assemblées à languettes l'une contre l'autre, & par les deux bouts dans des coulisses (faites de bois de chêne; qui est ferme & dur, & ne se déjette pas facilement): dans ces coulisses on fait une rainure pour passer le bout des ais. L'on *mesure* ces sortes de cloisons à la toise quarrée.

On nomme MENUISIER, l'Ouvrier qui travaille ces ouvrages en bois. Il doit savoir dessiner.

Voyez BADIGEON. MONTANS.

MEO

MEON. *Voyez* MEUM.

MEP

MEPLAT (*Bois*). Voyez BOIS, p. 349.

MER

MERCURE; ou *Vif-Argent*. Substance minérale, que sa fluidité empêche d'être malléable, & qu'en conséquence on met dans la classe des Demi-Métaux. Après l'or, c'est le plus pesant de tous les corps naturels connus: sa pesanteur spécifique est à celle de l'or presque comme trois à quatre; ou, plus exactement, comme le nombre 14019 à celui de 19636.

Sa couleur imite celle de l'argent. On le lie & amalgame avec l'argent, & avec l'or: *Voyez* AMALGAMER.

On en trouve en Espagne, en Hongrie; en France même, ainsi que l'annonce M. Hellot (*Etat des Mines du Royaume*, p. 7, 52, 68.)

Suivant des traditions populaires, répandues parmi les ouvriers qui travaillent aux mines; les plantes qui croissent sur les montagnes qui contiennent du mercure, paroissent plus hautes & plus vertes qu'ailleurs: mais les arbres qui en sont voisins, produisent rarement des fleurs & des fruits; leurs feuilles même sont tardives.

Le Mercure est un des meilleurs remedes que la médecine emploie pour résoudre les humeurs les plus concentrées. 1°. Il emporte radicalement la vérole & les autres maladies vénériennes. Le mercure qu'on a fait entrer dans le corps, ou par la bouche, ou par des frictions d'onguent mercuriel, se distribuant dans toutes les parties, pénetre le virus vénérien; & la circulation des humeurs enleve ce mêlange de mercure & de venin jusqu'à la tête, qui s'enfle; les gencives, la langue, le palais, s'ulcerent, & les vaisseaux salivaires se relâchent: & tous ces accidens sont accompagnés d'une salivation abondante & involontaire. Ce flux de bouche dure jusqu'à ce que toute l'humeur virulente & mercurielle aient été évacués. Au reste, il faut convenir que le mercure peut bien, par lui-même, remédier au mal vénérien qui est encore récent & peu considérable. Mais son usage est quelquefois suivi de grandes incommodités; telles que la chute des dents & des cheveux, les maux de tête, le vertige, l'épilepsie, la paralysie, le rhumatisme, la goute, la décoloration du visage, les suffocations. Ces accidens sont occasionnés par le défaut des préparations ordinaires, qui ne le privent pas assez de sa volatilité pour qu'il ne retourne point à son état naturel. Aussi ces préparations sont-elles insuffisantes pour la maladie vénérienne quand elle est bien formée, ou un peu invétérée. Le mercure fixe semble plus propre à la guérir: dépouillé de tout le phlegme qui en fait le danger; & réduit à l'impossibilité de s'exhaler soit au feu de fusion soit à celui de reverbere, il fait plus de bien en un jour, que les préparations communes en plusieurs années.

Le mercure fait rarement saliver, si l'on met quarante-huit grains de camphre sur vingt-quatre grains de mercure, dans la composition de l'*onguent*, dont nous donnerons la composition, dans l'article *Maladie* VÉNÉRIENNE.

2°. Le Mercure tue les poux, les puces, & autres insectes qui s'attachent à notre corps. 3°. On donne la décoction de vif-argent à boire, pour tuer les vers des intestins : on le fait bouillir dans de l'eau; & quoiqu'elle ne retienne qu'une très-légere impression du mercure, quelque longtems qu'on la laisse sur le feu, elle produit un fort bon effet. Le vaisseau dans lequel on fait bouillir l'eau & le mercure doit être de terre ou de verre; & non pas de métal. 4°. Quelques femmes renferment du vif-argent dans de petits tuyaux de verre fort, qu'elles couvrent de toile, & pendent au cou des jeunes enfans, pour les garantir du mauvais air. 5°. Il est fort bon pour les dartres, & la gratelle. 6°. Soit qu'on l'emploie extérieurement, soit intérieurement, il dissipe les glandes, les tumeurs; & leve les obstructions. Il dissout même & détruit les tumeurs des os. 7°. Il entre dans la composition de plusieurs onguens & emplâtres. 8°. Enfin dans le *miserere*, on en fait avaler une livre : afin que par sa pesanteur il étende les fibres des intestins, qui sont plissés dans cette maladie. Il y a même des praticiens qui disent que non seulement on peut faire prendre alors une livre de mercure au malade; mais qu'il est souvent à propos de lui en faire avaler jusqu'à deux ou trois livres; & qu'en général, il vaut mieux en donner plus que moins : parce qu'une dose bien forte s'ouvre facilement le passage; au lieu qu'une petite dose peut s'embarrasser, & rester dans les plis ou circonvolutions des intestins; & y produire un effet mortel. M. Baron (*Chymie de Lemery*, p. 188-9), combat tout l'effet que l'on attribue à ce remede; qu'il assure être dangereux dans un cas comme celui du Miserere, qui est toujours inflammatoire : consultez sa Note (*h*).

Le Mercure doit n'être administré qu'avec précaution, & après avoir subi les préparations convenables pour modérer son action, & le diviser dans le plus grand nombre de particules où l'art puisse le réduire. Nous avons déja parlé de son ébullition dans l'eau. Voici quelques autres méthodes de *Purifier* ou *préparer* cette substance métallique.

On coule d'abord le Mercure à travers un linge, pour enlever ce qu'il pourroit avoir de plombagine : on l'éteint ensuite avec la salive d'un homme à jeûn & bien sain; ou avec du suc de limon, ou de jusquiame; pour le faire entrer dans la composition de l'onguent Napolitain. Du Renou le fait éteindre, pour en composer les pilules de mercure (dites *Pilulæ de hydragyro*), premiérement dans le suc de limon; puis dans le suc de sauge.

2°. *Voyez* ANTIMOINE, p. 128, col. 2.

3°. Le mercure se purifie par une lessive de chaux vive, ou de clavelée, où on le fait passer du moins six ou sept fois : ensuite de quoi on le lave avec du vinaigre & du sel commun, jusqu'à ce qu'il devienne de couleur céleste. Etant dans cet état, il est prêt à sublimer.

4°. Après avoir fait passer plusieurs fois le vif-argent par un linge; s'il reste à chaque fois beaucoup de saleté dans le linge, & qu'on y apperçoive une espece de peau sur la superficie du vif-argent, c'est une marque qu'il y a encore du plomb, ou quelque autre matiere minérale, qui y est mêlée. Alors il faut le mettre dans une cornue avec poids égal de limaille de fer, ou avec trois fois autant de chaux vive; & y appliquer un récipient qui contienne de l'eau : ayant soin que le tiers de la cornue (qui doit être de grès ou de verre), demeure vuide. Le tout ayant été bien luté & laissé en repos pendant vingt-quatre heures, on en fera la distillation de la maniere suivante.

Donnez le feu par degrés; & sur la fin augmentez-le beaucoup : le mercure coulera goutte à goutte dans le récipient. Continuez le feu jusqu'à ce qu'il ne sorte plus rien. L'opération est pour lors achevée en six ou sept heures. Vous rejetterez l'eau du récipient : & ayant lavé le mercure, pour le nettoyer de quelque petite quantité de terre, vous le dessécherez avec des linges, ou avec de la mie de pain.

5°. Une bonne maniere de purifier & dégraisser le mercure, est de l'arroser avec un peu d'eau forte & d'eau commune; &, après avoir bien agité le tout ensemble, y mettre plusieurs fois de l'eau commune pour le laver en l'agitant longtems chaque fois, jusqu'à ce qu'elle devienne noirâtre; ensuite on fait passer ce vif-argent plusieurs fois par un linge, pour le bien sécher.

Mercure Sublimé Corrosif.

Il faut mettre égal poids de mercure bien pur, & d'esprit de nitre dans un vaisseau de verre, ou de grès. Après que le mercure sera dissout, & que la liqueur sera devenue claire, il faudra la mettre dans une terrine de grès pour en faire évaporer toute l'humidité au feu de sable. Retirez de cette terrine la masse blanche qui reste au fond; & la mettez en poudre dans un mortier de verre : puis la mêlez avec égal poids de vitriol calciné à blancheur, & autant de sel marin décrépité ou calciné dans un pot rougi au feu. Il faut mettre ensuite le tout dans un matras assez grand pour qu'environ ses deux tiers demeurent vuides : plonger ce matras dans le sable jusqu'à la hauteur de la matiere qu'il contient; l'échauffer par un petit feu pendant quelques heures; ensuite l'augmenter assez fortement pendant environ six heures; enfin casser le matras quand il est refroidi. On trouve ce Sublimé Corrosif, en masse blanche attachée au haut.

Il faut se donner bien de garde d'en goûter; c'est un poison très-dangereux.

Nota. Ce procédé varie dans les descriptions qu'en font les divers Dispensaires & Chymistes. Leur désunion nous a autorisé à laisser subsister l'opération ci-dessus; dont les autres ne sont pas essentiellement différentes.

Sublimé Doux.

Le Sublimé doux est le Sublimé corrosif, corrigé & adouci par la préparation suivante. On le donne intérieurement : & il produit de très-bons effets dans plusieurs maladies.

On le prépare en broyant dans le mortier de marbre six onces de sublimé corrosif; y ajoûtant quatre onces de mercure bien purifié : on triture le tout ensemble jusqu'à l'extinction du mercure : & on le met dans une fiole ou matras sur un bain de sable; donnant le feu par degrés durant dix heures, jusqu'à ce que le mercure soit sublimé & monté au haut du vaisseau. On casse ensuite le vaisseau; & on sépare le mercure sublimé en une substance crystalline; on le broye derechef; on le sublime pour la seconde fois : & on continue ainsi jusqu'à la troisieme.

On en donne aux enfans depuis quatre grains jusqu'à sept ou huit ; & aux grandes personnes, depuis vingt jusqu'à vingt-quatre grains, dans de la conserve liquide, ou dans la moelle d'une pomme cuite.

[Si ce mercure n'a été sublimé que deux fois, il agit par les selles. Mais celui qui a subi trois sublimations, est plus diaphorétique que purgatif. * Lemery, *Chym.* p. 216.]

Panacée Mercurielle.

Consultez le mot PANACÉE.

Mercure Violet : ou *Panacée Mercurielle Noire.*

Consultez l'article PÂLES-COULEURS.

Mercure Précipité Rouge.

Mêlez ensemble une once de Mercure crud, & deux onces d'eau forte. La dissolution du mercure faite, versez, par inclination, la liqueur dans un petit matras : & la faites évaporer à siccité, au feu de sable si lent, qu'il paroisse au fond du matras une matiere fixe & vermeille comme du cinabre, & à la surface une substance volatile de couleur jaune. Retirez pour lors le matras ; rompez-le ; & séparez la matiere la plus fixe qui est au fond du matras : & gardez la plus vermeille pour l'usage de la Médecine.

Consultez la *Chymie* de Lemery, avec les Notes de M. Baron, p. 241 & suivantes.

Ce précipité est un bon escarrotique. On s'en sert à consumer les chairs baveuses. On le mêle avec de l'alun calciné, de l'Egyptiac, & du suppuratif, pour ouvrir les chancres. Mais on ne peut, sans risquer beaucoup, donner ce précipité comme un remede interne.

Précipité Blanc.

Ayant fait dissoudre une once de mercure crud dans deux onces d'eau forte ; on y verse de l'eau salée filtrée. Il se précipite au fond du vaisseau, une poudre blanche. On vuide l'eau par inclination : l'on y en remet d'autre, sans sel, mais qui est chaude : & on en change ainsi trois ou quatre fois. La précipitation étant faite, on agite la matiere ; qu'on filtre, édulcore, & desséche bien à l'ombre : pour la garder.

Consultez la *Chymie* de Lemery, & les Notes de M. Baron.

Ce précipité est un peu vomitif ; & sert à exciter la salivation : sa dose est de quatre à quinze grains en pilules. On en mêle aussi depuis demi-dragme jusqu'à deux dragmes par once, dans des pommades pour les dartres & gratelles.

Mercure de Vie : selon M. Delorme.

Prenez autant de sublimé corrosif, que de régule d'antimoine. Pilez & pulvérisez-les séparément. Ensuite mettez-les l'un après l'autre dans une cornue de verre ; que vous placerez sur un fourneau. Adaptez-y un récipient de terre, dans lequel vous mettrez un bon verre d'eau. Versez dans une terrine ce qui aura passé dans le récipient. Le lendemain, versez l'eau par inclination : & y en remettez d'autre. Au bout de deux jours vous ôterez cette seconde eau, & laisserez sécher la matiere dans la terrine.

Ce mercure peut être combiné avec le safran des métaux, comme le Mercure *Préparé.* Consultez l'article ANTIMOINE, p. 128.

Charas & Lemery observent que la *Poudre d'Algaroth*, est improprement appellée Mercure de Vie ; puisqu'il n'y entre point de mercure.

Fixer le Mercure.

1. Prenez du Mercure, à volonté : mettez-le dans un vaisseau de marbre, ou de verre, à cause que les mortiers de métal ôtent ou diminuent sa vertu purgative. Mêlez peu-à-peu de bonne térébenthine avec le mercure ; & continuez à les mêler ensemble pendant cinq ou six heures, jusqu'à ce qu'on ne voie plus le mercure. Il est (dit-on) fixé pour toujours.

2°. Pilez du soufre, & le réduisez en poudre ; que vous mettrez sur une tuile : portez cette tuile dans un jardin, ou dans une cour : mêlez du mercure avec la poudre de soufre ; & mettez-y le feu. Quand le soufre sera brûlé & consumé, vous trouverez le mercure fixé. S'il en reste quelque peu qui ne soit pas encore entiérement fixe, remettez du soufre : le feu achevera de le rendre fixe. Après quoi vous l'amasserez ; & l'enfermerez pour le besoin.

3. Mettez du verd de gris en poudre, au fond d'un creuset ; & faites une fosse dans cette poudre, pour y placer un nouet de mercure qui soit humecté de blanc d'œuf. Couvrez le nouet avec du borax : mettez encore du verd de gris par dessus ; &, par dessus le verd de gris, du verre pilé, à la hauteur d'un ou deux doigts. Ayant luté le couvercle du creuset, donnez un feu assez fort, pendant deux heures, mais par degrés.

Avec ce mercure, on peut guérir un vérolé, sans qu'il ait besoin de garder la chambre ; pourvû qu'il ne boive point de vin, ou qu'il en boive fort peu.

4. Prenez pour trois ou quatre sous de mercure : mêlez-le avec le blanc & le jaune d'un œuf, jusques à ce qu'on ne voie plus le mercure. Alors mettez le tout dans un morceau d'étoffe, plié & cousu en forme de ceinture : qui séjournant sur les reins d'un *galeux*, le guérira. [Vaine prétention d'Alchymiste.]

5. *Mercure fixé en or.* Prenez du verdet en poudre, & du sel commun bien sec, de chacun six onces ; vif argent, quatre onces ; mettez de l'eau de forge dans une poële ou marmite de fer ; faites-y fondre le sel sur le feu : puis mettez le verdet : remuez continuellement avec une verge de fer : faites cuire & bouillir doucement. Ajoûtez-y ensuite le mercure ; & continuez de faire cuire pendant une demi-heure. Enfin séparez l'eau, qui sera rouge : lavez votre mercure ; congelez-le dans de l'eau fraîche plusieurs fois : puis mettez-le sur une assiette ou écuelle de bois ; & l'exposez à l'air froid, pour durcir.

Prenez de ce mercure durci, curcuma, & tuthie d'Alexandrie, parties égales ; stratifiez chacune de ces matieres successivement : mettez-les au fourneau, d'abord à feu doux, le creuset bien clos & luté ; donnez ensuite bon feu pendant une heure avec le soufflet, & que tout soit en bonne fonte : puis laissez refroidir. Cette matiere dorée sert à plusieurs usages. On en fait nommément des plaques, pour appliquer sur les ulceres & les tumeurs.

Pour Chasser le Mercure du corps ; & réprimer sa malignité.

1. Prenez racine d'*enula campana*, deux onces ; & racine de fenouil, une once & demie : faites-les bouillir avec deux livres & demie, soit d'eau de fontaine, soit de vin, jusqu'à la diminution de la troisieme partie de l'eau. Coulez cette décoction : & donnez-en un verre au malade fréquemment, en le tenant dans le lit ; où il doit attendre la sueur.

2. L'expérience a fait voir que l'or fulminant est un remede spécifique pour chasser le mercure du corps ; & pour dégager les parties dans lesquelles il s'étoit cantonné après les frictions, & qu'il rendoit tout-à-fait paralytiques : qui ont été dégagées en très-peu de jours, & ont repris le mouvement & le sentiment qu'elles avoient perdu ; sur un homme âgé de plus de soixante-cinq années. Ce remede va s'attacher au mercure : ou pour mieux dire, le mercure s'attache à ce remede ; qui le chasse du corps par la transpiration & par la sueur.

3. Une personne accoutumée à manier du mercure, devint sujette à de violens maux de tête ; dont elle se guérit en portant une calotte d'or bien battu.

4. *Voyez* POISON.

ON tire (dit-on) du MERCURE *de certaines Plantes* : lequel on conjecture être exalté en parties très-subtiles dans ces végétaux, & ainsi naturellement débarrassé des impuretés dont on a besoin de purifier par le chamois le mercure minéral. D'où l'on présume que les plantes qui fournissent le plus de mercure végétal seroient utilement, sinon substituées au minéral, du moins employées à augmenter son action dans les cas où il n'est pas assez fort pour procurer la salivation. * *Lettres Edif. & Cur. des Jes. miss.* Voyez POURPIER.

MERCURIALE : en Latin MERCURIALIS ; & MERCURY, en Anglois. Ce genre de plantes porte communément des fleurs mâles sur des individus différens de ceux des fleurs femelles. Le calyce des unes & des autres est d'une seule piece, découpée en trois ou cinq portions concaves. Il n'y a point de pétales. Dans les fleurs mâles sont neuf à dix étamines droites & velues. Les fleurs femelles contiennent deux nectariums terminés en pointe ; & deux embryons arrondis, applatis, sillonés en vive arrête de chaque côté & terminés chacun par deux stigmates ciliaires & courbes. A ce double embryon succedent deux capsules réunies, qui ont quelque apparence de testicules. Chaque capsule est séparée en deux loges : chacune desquelles contient une semence à-peu-près ronde.

Especes.

1. *Mercurialis Dioscoridis & Plinii* C. B. La *Foirolle*. Cette plante est annuelle ; & fort commune dans les jardins & à la campagne. Sa tige, branchue, haute de douze à dix-huit pouces, porte des feuilles faites en fer de pique, longues d'environ un pouce & demi, dentelées ; communément d'un verd jaunâtre dans les plantes mâles, & d'un verd foncé, dans les femelles. Les fleurs mâles viennent en longs épis lâches, de couleur herbacée, vers le haut de la tige & des rameaux. Les fleurs femelles naissent dans les aisselles des branches.

2. *Mercurialis montana* C. B. La *Mercuriale Sauvage ; de Montagne ;* ou *Rampante* : le *Chou de Chien* : le *Cynocrambe* des Latins & des Grecs : en Anglois, *Dog's Mercury*. (Consultez ci-après, ce qui est dit de ses *Usages*). Cette plante est vivace par ses racines qui tracent beaucoup. Elle vient sur les endroits montagneux, à l'ombre, ou dans les bois. Sa tige ne pousse pas de branches. Ses feuilles sont rudes, opposées par paires, dentelées en scie, terminées par une longue pointe, & d'un verd foncé dans l'un & l'autre individus. Les fleurs mâles y naissent aussi en épis.

3. *Mercurialis fruticosa incana* Inst. R. Herb. Le *Phyllon* de G. Bauhin. Celle-ci est une plante de nos Provinces Méridionales ; d'Espagne ; & d'Italie. Sa tige branchue, haute d'environ un pied & demi, forme une espece de buisson. Ses feuilles, ovales, opposées par paires, sont soyeuses & argentées dessus & dessous. Les fleurs mâles naissent dans les aisselles des tiges, en épis courts. Les fruits sont velus. Les Grecs & les Latins, ayant égard à la forme des fruits, ont regardé comme mâles les individus femelles. C'est pourquoi ils ont qualifié *Arrhenogonon* l'individu qui porte les fruits de cette espece ; & l'autre, *Thelygonon*.

4. Il y a, en Amérique, une mercuriale qui déroge à l'ordre commun de ce genre : ses fleurs mâles & ses fruits naissent sur le même individu. Pluknet la nomme *Mercurialis hermaphroditica tricopos, sive ad foliorum juncturas ex foliolis cristatis Iulifera simul & fructum ferens.*

Usages.

On met bouillir le *n.* 1 avec les herbes ordinaires ; pour lâcher le ventre. Sa décoction entre dans des clysteres. Si on le fait cuire dans du bouillon de chapon ou de poule, ce bouillon sert de médecine, fort utile dans les fievres & dans la jaunisse. Au lieu des feuilles en substance, on peut en exprimer le suc, & en mêler dans le bouillon ; depuis quatre onces, jusqu'à six. Ce remede convient aux personnes qui ont le ventre serré, & qui ne veulent pas s'assujettir aux lavemens. Trois onces de ce suc, mêlées avec deux ou trois gros de teinture de mars, provoquent les regles. On prétend que ce remede convient aux femmes stériles. Le miel préparé avec ce suc, est utile pour les suppressions de regles, & pour soulager les femmes en couche : la dose est de deux onces. Si on prend la feuille en poudre, par le nés, elle purge le cerveau. On distille de l'eau de cette plante, pour les mêmes effets, au commencement de Juin.

Les chiens broutent le *n.* 2, pour se purger fortement. Cette plante, donnée en lavement, cause des tranchées.

Des gens s'étant hazardés d'en faire cuire au printems ; cet aliment leur a causé des convulsions : dont les enfans sont morts, ainsi que plusieurs adultes.

A Salamanque on fait boire le suc du *n.* 3 à ceux qui ont été mordus de chiens enragés.

Ces plantes pullulant beaucoup d'elles-mêmes, on est dispensé du soin de les semer ni cultiver. Si on veut en semer, il faut que ce soit dès que les graines seront mûres. Le *n.* 3 veut une exposition chaude ; un sol sec, même de pierrailles & décombres ; & être garanti du grand froid dans les pays Septentrionaux.

MERDE *du Diable*. Voyez ASSA FŒTIDA.

MERE (*Mal de*). Voyez *Maladie* HYSTÉRIQUE.

MERE *de Famille*. Consultez les articles FEMME. NOURRICE. LAIT, *p.* 379, *col.* 1.

MERE : *terme de Jardinier*. Voyez l'article MARCOTTE : & MEURIER, *p.* 529. *col.* 2.

MERE : *terme de Chasse*. C'est l'entrée ou le trou de la taniere d'un renard ou d'une autre bête.

MERE *de Clou de Girofle*. Voyez ANTOLFLE.

MERE *de Perles*. Voyez NACRE.

MERE-BRANCHE. Voyez BRANCHE-*Mere*.

MEREGOUIA. *Voyez* LIANE.

MERIDIEN : *terme d'Astronomie*. L'on nomme ainsi un grand cercle, qui divise le globe en deux parties égales ; l'une vers le levant, l'autre vers le couchant : & lequel va directement du nord au sud, & passe par les poles de l'équateur. Le méridien n'est pas un point fixe. C'est proprement l'endroit du ciel où le soleil se rencontre à l'heure de midi : ce qui varie sans cesse dans tout le globe, selon que l'on est plus ou moins vers le levant ou vers le couchant. Mais il passe toujours également du nord au sud. Il y a ordinairement vingt-quatre méridiens, ou demi-cercles, tracés sur le globe ; qui vont se terminer aux poles, & que l'on peut multiplier autant qu'on le souhaite. Les Géographes ont pris l'usage de déterminer arbitrairement un premier méridien : d'où ils comptent les longitudes des lieux, tant du côté de l'orient que de l'occident.

MÉRIDIENNE. *Ligne*, dont la trace marque exactement l'heure de midi. *Voyez*, dans l'article CADRAN, la maniere d'en tracer une.

MÉRIDIENNE. *Sommeil* que l'on prend après avoir dîné. La plupart des Médecins conseillent de s'en priver ; ou du moins de ne s'y livrer que pour quelques instans. On accuse la méridienne d'occasionner la fievre, la lenteur dans les mouvemens internes & externes, des maux de tête, & des fluxions.

MERINGUE. Sorte de Pâtisserie.

Il faut prendre quatre blancs d'œufs frais ; fouettez-les bien avec des verges, jusqu'à ce qu'il n'y ait plus de liqueur, & qu'ils soient tous en mousse ; puis vous prendrez quatre cuillerées de sucre en poudre bien fine, que vous incorporerez & mêlerez bien avec ces blancs d'œufs, & très-peu d'eau de fleurs d'orange, un peu de musc & d'ambre préparé, si vous y en voulez, comme pour la pâte à faire du massepain. Vous la mettrez sur une table ou planche ; pour la rouler avec un rouleau de l'épaisseur d'un ou deux écus, & la réduire en abaisse : vous la couperez de la grandeur que vous voulez ; & la ferez cuire à moitié, ou un peu plus. L'ayant retiré du four, vous ferez une glace forte avec du blanc d'œuf, de l'eau de fleurs d'orange, du sucre en poudre, &, selon la quantité, un peu de jus de citron pour blanchir la glace ; & l'épaissirez, avec du sucre en poudre, comme de la bouillie cuite. Vous en glacerez le massepain, d'un ou des deux côtés, que vous glacerez l'un après l'autre, & que vous ferez sécher avec le couvercle du four, & du feu par dessus.

Si vous voulez faire du Massepain *de Cannelle* ou *de Chocolat* : vous n'avez qu'à prendre un morceau de cette pâte (ou de celle de chocolat) bien desséchée ; le piler dans un mortier avec un blanc d'œuf, du sucre en poudre, de la cannelle en poudre bien tamisée, proportionnant les doses suivant la quantité que vous voulez faire, & selon que vous souhaitez de rendre la pâte ferme ou maniable. Vous l'étendrez avec le rouleau ; la couperez de la forme que vous voulez, & la glacerez étant cuite. Si vous voulez que le masse-pain ne soit pas trop sec, ne le faites cuire que d'un côté ; & le glacez de l'autre avec une simple glace d'eau de fleur d'orange & de sucre en poudre. Vous le mettrez sécher avec le couvercle du four, sur une table ; prenant garde que le feu que vous y mettrez ne soit point trop grand, parce qu'il feroit souffler la glace : lorsqu'elle est séche bien à propos, elle est claire & transparente comme une glace de miroir.

En carême, pour accommoder votre masse-pain sans qu'il y ait des œufs, vous pouvez prendre de la gomme adraganth, la bien éplucher, & la mettre tremper dans un grand verre ou gobelet, avec de l'eau pure & un peu d'eau de fleur d'orange. Vous remplirez votre verre ou gobelet, lorsque la gomme sera fondue ; puis vous la passerez à travers un linge ou une étamine. Vous en prendrez ensuite, avec un morceau de pâte d'amandes desséchée, suivant la quantité que vous en voulez faire, & du sucre en poudre : vous pilerez bien le tout ensemble ; & en ferez du massepain ; que vous rendrez ferme & maniable. Vous le glacerez avec de la glace d'eau de fleur d'orange : & si vous voulez lui donner du goût, vous y pouvez mettre de la rapure de citron desséchée.

MERISIER ; ou *Cerisier Sauvage* : en Anglois *Black Cherry*. Cet arbre a tout le caractere de Cerisier. Nous n'avons donc rien à ajoûter à ce que nous avons dit là-dessus dans le premier volume. Le Merisier est un grand arbre, bien droit, qui vient dans les bois. On en distingue deux *Variétés* parmi nous.

1. *Cerasus major ac sylvestris ; fructu subdulci, nigro colore inficiente* C. B. Son fruit est petit, douçâtre, & noir.

2. Il y en a qui donnent des fleurs doubles.

On en trouve encore à fruit rouge ; & à fruit blanc.

M. Miller indique quatre ou cinq autres variétés, mais qui sont peu intéressantes.

Culture.

On cultive le merisier comme le cerisier. Il a l'avantage de subsister dans les plus mauvaises terres.

Le *n.* 2 se multiplie par ses greffes sur le *n.* 1 : qui sert aussi de sujet aux greffes de divers cerisiers.

Consultez le Tome I. *p.* 495, *col.* 1.

Usages.

Attendu que cet arbre porte bien ses branches, & qu'il conserve ses feuilles jusqu'aux gelées, il peut convenir aux bosquets de l'arriere-saison.

Le *n.* 2 produit de grandes fleurs ; qui, dans le mois de Mai, forment de belles guirlandes : ce qui lui assigne une place dans les bosquets du printems.

On leve de jeunes merisiers dans les bois, pour les planter en pépiniere, & ensuite en faire des allées : où l'on greffe toute sorte de cerises, si on le souhaite.

Trois ou quatre ans après les avoir tenus en pépiniere, on les arrache pour les transplanter en place dans des trous larges de trois pieds, sur deux de profondeur, & espacés à neuf pieds ; observant, en les plantant, après avoir jetté de bonne terre dans le fond, de ne les pas mettre dans ces trous plus avant que d'un pied ; puis les recouvrir de pareille terre : si pendant trois ou quatre ans, on a soin de les labourer deux ou trois fois l'année, en peu de tems ils acquierent une très-belle tige.

Le bois de merisier est employé dans la construction des clavessins & d'autres instrumens de musique ; parce qu'il est sonore. Les Tourneurs le recherchent aussi. On fait de bons cercles pour les barils, avec du jeune merisier.

En Angoumois, Poitou, & Dauphiné, la Merise porte le nom de Cerise. Ce fruit, quoique très-inférieur au goût de nos cerises, plaît aux gens de la campagne : les oiseaux en consomment aussi ; & les noyaux qu'ils transportent en mangeant la merise, contribuent à multiplier les merisiers en diverses parties des bois.

Nous trouvons du partage entre les opinions concernant l'effet qui résulte de l'usage interne des merises. Selon beaucoup de Médecins, les merises sont utiles dans les maladies du cerveau, l'apoplexie, la paralysie : & l'on conseille de manger ces fruits frais, à jeûn, & après le repas. On en tire une eau au bain-marie ; & un esprit ; qui ont la même vertu, dans un plus haut degré. On estime beaucoup ces fruits contre les convulsions des enfans. On prétend aussi que les merises sont utiles contre la vérole & les autres maux vénériens, parce qu'elles purgent & adoucissent le sang. Mais, selon la *Bibliotheque Raisonnée* (T. 35, p. 276) l'*Eau de Cerises noires*, ou Merises, dont on use beaucoup surtout en Angleterre, est un remede dangereux : & » il ne

» manque

» manque à cette eau, pour être mortelle, que » d'être un peu plus forte. Ce qu'il y a de singulier, » est que les convulsions des enfans, pour lesquelles » cette eau est le plus souvent employée, sont l'acci- » dent qu'elle est le plus capable de produire. Au reste les Auteurs de cette Bibliotheque ajoûtent » qu'il est très-possible que les convulsions soient » calmées par certaine quantité de cette eau, & » excitées par une plus forte dose; & que l'opium » produiroit de même ces deux effets opposés.

Petit MERISIER *du Canada*. Voyez CERISIER, *n.* 3.

Autre MERISIER *du Canada*. Voyez BOULEAU, *n.* 4.

MERITE (*Terre*). Voyez sous le mot TERRE.

MERLE. Oiseau, gros environ comme une pie, ordinairement noirâtre. Il a le bec long, pointu, convexe en dessus, aussi épais que large à sa base, & jaune. Ses pieds & ongles sont noirs. Ses plumes changent quelquefois de couleur; selon l'âge qu'il peut avoir, & selon les climats. La femelle a plus de brun, que de noir: son plumage est même varié de gris, & de roussâtre, en quelques endroits. Elle a le bec noirâtre.

Le mâle siffle; & chante.

Cet oiseau se trouve ordinairement dans les bois épais, & autres lieux remplis d'arbres. En hiver, il se tient souvent caché dans les haies, ou dans les détroits des montagnes à l'abri du vent.

Il se nourrit de baies de laurier, de myrthe, & de cyprès, lorsqu'il en trouve. Dans les champs il mange des vers, des raisins, différentes graines; & surtout de celles de sureau, & des pepins de pommes. En cage il mange volontiers de la chair.

La femelle fait son nid dans des brossailles épineuses. Elle pond quatre ou cinq œufs de suite; & commence avant la fin de l'hiver.

Consultez, pour la description d'une quarantaine d'espèces de merles, l'*Ornithologie* de M. Brisson, T. II. p. 227 & suiv.; 274 *jusqu'à* 301, 308, *&c.*

On emploie la chair du merle commun, en *Médecine*, pour la dysenterie & autres cours de ventre.

Blanchir le plumage du Merle. Consultez ce titre, sous le mot BLANCHIR.

Araignée pour prendre les Merles.

Ce filet doit être fait de mailles à lozanges, & non quarrées; d'un pouce de large chacune; de fil bien delié, retors en deux brins, & teint en couleur. La levûre se fera, comme il est enseigné à l'article FILET, de soixante & dix ou quatre-vingt mailles. On le fera de la hauteur de sept à huit pieds: afin qu'étant étendu, il se trouve avoir cinq à six pieds; plus ou moins, selon la hauteur des lieux où l'on veut s'en servir. Vous pouvez faire cette araignée avec des bouclettes, dont la maniere est aussi enseignée à l'article FILET. Sinon il faudra passer une ficelle bien unie dans toutes les mailles du dernier rang d'en haut, ainsi qu'il paroît par la figure ci-jointe (*Pl.* I.); où vous voyez que la ficelle A B passe dans les mailles du dernier rang de l'araignée.

Pour prendre les Merles pendant le jour.

On peut ordinairement aller les guêter vers la fin d'Avril.

Cette sorte de chasse se fait dans un tems de brouillard, à cause que les merles volent bas & toujours au long des haies. On se sert, pour les prendre, du filet appellé araignée; qui vient d'être décrit. Pour vous en servir, voyez la figure ci-jointe.

Il faut premiérement faire provision d'un bâton D F, long de six pieds; un peu fendu par le petit bout D; & pointu par l'autre, F: le porter avec votre filet sous le bras; & un couteau dans la poche pour vous en servir au besoin: puis vous promener le long

PLANCHE I.

des haies où vous croyez qu'il peut y avoir des merles. S'il y en a quelqu'un il volera devant vous, suivant toujours la haie E : & se posera à trente, quarante, ou cinquante pas de vous. Pour lors, ayant remarqué l'endroit, vous irez à vingt pas proche du lieu où il s'est jetté ; & tendrez le filet de cette sorte :

Supposé que le lieu où le merle s'est jetté soit au long d'un chemin, où il y a des haies de deux côtés, par exemple E, I : choisissez quelque branche d'arbre qui avance un peu sur le chemin ; comme par exemple, celle qui est marquée de la lettre C ; & qui soit élevée de terre à environ six pieds. Faites-y une petite fente A avec un couteau. Vous y ficherez légerement le petit coin de bois, qui est attaché à la ficelle de l'araignée : & de là vous passerez à l'autre côté F I, du chemin, pour ajuster une autre branche d'arbre de même façon, & à l'opposite de la premiere ; y fichant pareillement le petit coin qui est attaché à l'autre bout de la ficelle du filet, de sorte que la ficelle soit comme bandée, & le filet tendu au niveau de la haie où est l'oiseau. Cela étant fait, prenez le tout ; allez à trente pas au dessus du lieu où s'est jetté le merle : & approchez-vous de lui. Il s'élevera pour fuir & pour s'échaper ; en fuiant le long de la haye il donnera dans le filet, qu'il fera tomber sur lui & où il s'envelopera. Vous l'en retirerez pour continuer votre chasse après d'autres.

Si par hazard il ne se rencontre point d'autre haie que celle où s'est jetté le merle, il faudra y suppléer avec le bâton D F, que vous piquerez à l'opposite de l'arbre E A, éloigné de la haie de six ou huit pieds selon la longueur de votre filet ; & vous vous en servirez comme d'une haye.

Quoiqu'on n'ait vû qu'un merle partir & se remettre dans la haie, il s'en leve souvent plusieurs lorsque le filet est tendu, & à mesure qu'on avance du côté du filet. Alors la chasse n'est que meilleure, & donne plus de plaisir.

En fichant les coins du filet, on doit surtout avoir attention de les mettre de maniere qu'à la moindre secousse qu'y donnera l'oiseau, le filet tombe sur lui.

PLANCHE 2.

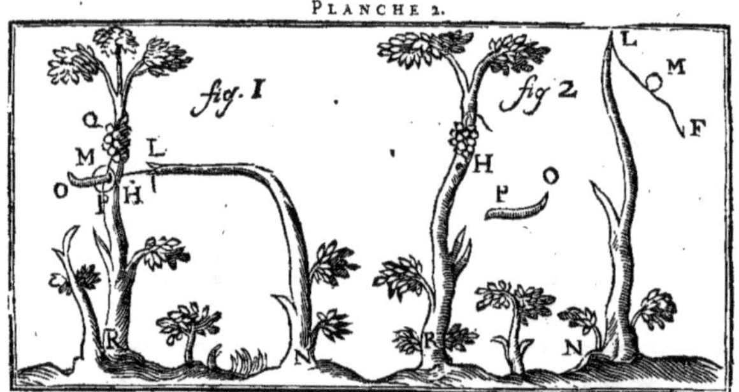

Autres moyens pour prendre des Merles & des Grives.

Les jeunes paysans qui demeurent dans des pays de vignes, prennent quantité de merles, grives, tourterelles, & autres sortes d'oiseaux qui mangent les raisins ; & principalement sur la fin des vendanges, que les chasseurs les contraignent de se retirer dans les bois. Si vous desirez vous divertir quelquefois à la chasse de ces oiseaux avec des repuces, repenelles, ou rejets, instruisez-vous par la démonstration de la *Planche* 2.

Cherchez dans les bois qui sont le long des vignes, des endroits où se retirent ces oiseaux ; & y tendez des *rejets* en plusieurs lieux, de cette sorte. Choisissez un brin de taillis R, *Figure* 2, qui soit droit & haut. Coupez-en les petites branches qui se rencontrent autour, depuis le bas jusques à quatre ou cinq pieds de haut. Puis avec un fer rouge, ou un vilbrequin, faites-y un trou à l'endroit marqué de la lettre H ; qui soit de la grosseur d'une plume à écrire. Prenez un autre brin de taillis, N, éloigné du premier d'environ quatre pieds : coupez-en toutes les petites branches qui se trouveront autour ; & attachez au bout L une petite ficelle longue de demi-pied, à laquelle vous nouerez un collet de crin de cheval M qui aura une boucle F au bout. Il faut avoir aussi un bâton P O, long de quatre doigts ; qui aura comme un crochet au bout O, & de l'autre bout il sera un peu pointu en arrondissant. Vous ferez plier le brin de taillis N où est attaché le collet ; vous passerez ce collet dans le trou H ; & tirerez jusqu'à ce que le nœud M soit aussi passé, comme vous voyez en la premiere *Figure*. Vous passerez ensuite légerement le bout P du petit bâton dans le trou H ; & laisserez tirer le brin de taillis qui sera arrêté par le nœud M, à cause du bâton P O qui bouchera le trou & empêchera qu'il ne passe. Il faut étendre légerement le collet, & l'ouvrir en rond, posé à plat sur la marchette ou petit bâton P O. Puis vous attacherez une grappe de raisin au-dessus, à l'endroit marqué de la lettre Q (*Fig.* 1) : de sorte qu'un oiseau ne puisse toucher au raisin sans se poser sur la marchette, qui tombera aussitôt qu'il s'y posera ; & par ce moyen donnera la liberté au nœud M de passer. Ce nœud, en passant, fera que le brin de taillis N emportera le collet qui tiendra l'oiseau pris par les jambes.

On a dessiné exprès deux figures pour en mieux faire comprendre la forme & les pieces particulieres : la premiere est tendue ; la seconde est détendue. On y peut remarquer les pieces particulieres cottées des mêmes lettres dans l'une & dans l'autre.

MERLUCHE. *Voyez* MORUE *Séche.*

MERRAIN *ou* MERREIN ; & *Mairain* : que l'on nomme aussi *Bois Douvain* ; *Bois Traversin* ; *Bois d'Enfonçures*. C'est du bois de chêne, ou autre, fendu en petites planches minces. *Voyez* DOUELLE. On en lambrissoit autrefois les cintres des Eglises ; on en revêtoit extérieurement des pignons, des murs, des clochers. Aujourd'hui on en fait des panneaux de menuiserie, des tonneaux, *&c.*

Consultez le *Traité de l'Exploitation des Bois*, de M. Duhamel, Liv. IV. Ch. III. §. 9 & 10 : & l'*Art du Tonnelier*, publié en 1763, par M. Fougerou De Bondaroy, dans la Collection d'Arts que donne l'Académie des Sciences, de Paris.

MERVEILLE DU PEROU *Voyez* JALAP, *n.* 2.

MES

MÉSANGE. Oiseau qui a le bec en alesne; les narines couvertes par les plumes de la base du bec; trois doigts en devant, & un en arriere. Il y a des mésanges bleues, à longue queue; de hupées; de chaperonées; des mésanges de montagne, de marais, de forêts; *&c.* Les noirâtres sont appellées *Charbonniers*, & *Nonnettes*. Consultez le troisieme Volume de l'*Ornithologie* de M. Brisson, *p.* 538 & suivantes.

Ces oiseaux se plaisent sur les arbres; & sont rarement à terre. On les voit quelquefois sur des arbustes. En Allemagne & en France on en trouve toute l'année : en Angleterre, ce n'est gueres que sur la fin d'Octobre qu'on commence à en voir.

Les mésanges fond leur nid dans le creux des arbres; & donnent plusieurs petits. Elles vivent de vers; font la guerre aux abeilles, qu'elles attrapent en volant; & aiment beaucoup le chenevi & les noix.

Elles ne sont point rusées : c'est pourquoi l'on n'a pas grande peine à les prendre. *Pour en prendre*, ayez-en quelques-unes en cage, & les portez dans un endroit où il y ait beaucoup de ces oiseaux : posez la cage à bas; garnissez-la de gluaux bien enduits; & retirez-vous à l'écart, ensorte que vous n'en soyez pas apperçu. Il s'y en prendra bientôt plusieurs.

2. Il y a des chasseurs qui contrefont la voix des mésanges; & se cachent dans une loge faite de feuillards, sur laquelle ils mettent des gluaux.

3. Les mésanges se prennent aussi à la répenelle, comme les geais. Alors il faut que l'arrêt qui est au bout du bâton, soit pointu; afin de l'ajuster dans une noix à demi-cassée, ou dans un bout de chandelle : & que la machine soit plus foible, à proportion.

MESENTERE (*Obstruction du*) Voyez OBSTRUCTIONS. BOUILLON, *p.* 379.

MESLE. *Voyez* MELESE.

MESMARIAGE. *Voyez* FORMARIAGE.

MESPILUS. *Voyez* NEFFLIER.

MESURE. C'est ce qui sert de regle pour connoître & déterminer l'étendue, la longueur, la quantité, de quelque chose. On distingue plusieurs sortes de mesures : la toise; la lieue; l'arpent; l'aune; le muid; *&c.*

La *Toise* de Roi est une étendue en longueur qui contient six pieds de Roi. Ce pied contient douze pouces; le pouce douze lignes : & chaque ligne est divisée en six points; qui font la grosseur d'un grain d'orge. *Voyez* TOISE.

Le Pied du Rhin, ou Rhinlandique, ou de Leyden en Hollande; que Snelius croit être le pied des anciens Romains; a onze pouces sept lignes. Le pied Romain, du tems de Vespasien, étoit d'onze pouces, huit lignes. *Voyez* VERGE.

La *Lieue* est une certaine étendue de chemin que l'on compte par Pas Communs; ou par Pas Géométriques.

Le *Pas* Commun est de deux pieds & demi : le Pas Géométrique comprend deux pas communs; ou cinq pieds.

La grande lieue de France est de trois mille pas géométriques; la petite, de deux mille; & la commune, de deux mille quatre cens pas géométriques. L'ancienne lieue Gauloise étoit de quinze cens pas géométriques.

La lieue d'Espagne contient trois mille quatre cens vingt-huit pas géométriques.

Celle de Suede, Dannemarck, & Suisse, cinq mille pas géométriques.

Le *Mille* est différent, selon les pays.

En Italie, en Turquie, & en Angleterre, il contient mille pas géométriques : en Allemagne il en contient quatre mille : en Ecosse & en Irlande, quinze cens : en Pologne trois mille : & six mille en Hongrie.

Le *Woerst*, de Moscovie, contient sept cens cinquante pas géométriques.

Le *Farsangue*, de Perse, est de trois mille pas géométriques.

Le mille se divise ordinairement en huit stades ou mille pas géométriques; un stade, en cent vingt-cinq pas géométriques.

La *grande Coudée* se divise en treize pieds, six pouces; ou neuf coudées simples. La *Coudée simple*, en un pied six pouces.

L'*Embrassée*, ou *Brassé*, comprend environ cinq pieds de Roi. C'est la longueur de deux bras étendus.

La *Démarche* est de deux pieds six pouces.

L'*Arpent* est une superficie de cent perches en quarré, dix perches de longueur. On le divise ordinairement en quatre quartiers. *Voyez* ARPENT. ACRE.

La *Perche* varie beaucoup, selon les pays. Autour de Paris la perche quarrée contient ordinairement neuf toises; ou trois cens vingt-quatre pieds quarrés : & par conséquent la perche en longueur ou linéaire comprend trois toises, ou dix-huit pieds. *Voyez* ACRE. JOURNAL. ARPENT. PERCHE.

La *Chaine*, dans les pays d'Anjou, Poitou, Maine, Touraine, *&c.* vaut vingt-cinq pieds de long, & six cens vingt-cinq en quarré. En Bretagne elle contient vingt-quatre pieds; & en quarré, cinq cent soixante-seize. Il y a plusieurs Provinces, où cent chaînes quarrées, de vingt-cinq pieds de long chacune, sont comptées pour un arpent; & par conséquent les vingt-cinq pour un quartier. Dans la Généralité d'Amiens, la chaine est de vingt pieds, à douze pouces par pied : dans le Ponthieu on la compte de vingt-deux pieds; mais le pied n'a qu'environ onze pouces.

La *Saumée*, de Languedoc & de Provence, contient quatre Setérées, ou seize cens Cannes quarrées. Chaque *Canne* a huit pans de longueur. Le *Pan* est d'environ neuf pouces.

Voyez JOURNAL. ARURE. BICHERÉE.

L'*Aune* de Paris contient trois pieds, sept pouces, huit lignes. *Voyez* AUNE.

Le *Muid* sert à *Mesurer les corps secs*; ou à *Contenir les liqueurs.*

Ces corps secs sont les grains, le sel, le charbon, & autres.

Le *Muid* de bled, d'orge, & autres grains, contient douze septiers mesure de Paris; & est souvent évalué au poids de deux mille huit cens quatre-vingt livres. Le *Septier* se divise en deux mines, ou douze boisseaux, ou quatre minots; & pese deux cent vingt à trente ou quarante livres : la *Mine*, en deux minots, ou en six boisseaux : le *Minot*, en trois boisseaux : le *Boisseau*, en quatre quarts, ou seize litrons : le *Litron* comprend deux demi-litrons, ou trente-six pouces cubiques. *Voyez* LITRON. A Pethiviers, le septier de bled contient trois mines; & chaque mine, quatre boisseaux. *Voyez* BOISSEAU. Cette mine pese pour l'ordinaire quatre-vingt livres.

Le septier de froment ou de seigle, pese en Champagne cent quarante livres selon l'Auteur des *Prairies artificielles*, p. 65, Ed. de 1756.

En conséquence de l'Ordonnance du 28 Octobre 1682; l'*Aveine* que l'on distribue aux troupes doit se mesurer au septier double de celui du bled: & se diviser en vingt-quatre boisseaux; le boisseau, en quatre picotins; le picotin en deux demi-quarts, ou quatre litrons: le demi-quart, en deux litrons. Cette regle pour le septier d'aveine n'est pas uniforme par toute la France. A Abbeville, par exemple, il ne contient que seize boisseaux; que l'on mesure *hachés*, c'est-à-dire qu'au lieu de rouler on éleve de tems en tems le rouleau pour former comme des sillons, ensorte que le grain excede la mesure d'environ un demi-pouce ou même un pouce. Ce septier pese communément cent quarante-neuf livres poids de marc: & on prétend que ses seize boisseaux équivalent à treize boisseaux de Paris roulés. Consultez le mot AVEINE, dans le *Dictionnaire de Commerce*.

Du côté de Bayeux, l'aveine se mesure comble. * *Cult. des Terr.* T. III. p. 45.

Consultez la *Descript. du Ventilateur* de M. Hales, *n.* 112.

Le *Muid de Sel* contient douze septiers. Le *Minot* de sel contient quatre boisseaux, ou soixante-quatre litrons: il pese cent quatre livres, lorsqu'on le mesure à la pelle; mais il pese moins de quatre, de six ou de huit livres, lorsqu'on le mesure par la tremie.

Le *Muid* de *Charbon de bois* contient vingt mines pour les Bourgeois; & seize pour les Marchands. La *Mine* fait deux minots. Le *Minot* contient huit boisseaux. Le *Boisseau* se divise en deux demi-boisseaux; le *Demi-boisseau*, en deux quarts de boisseau; & le *Quart* de boisseau, en deux demi-quarts.

Le Muid de charbon de bois se mesure ordinairement avec le minot, *charbon sur bord*; c'est-à-dire, que l'on laisse quelques charbons au dessus du bord du minot, & sur toute la superficie, sans cependant l'encombler entiérement: à la différence du plâtre & de diverses autres denrées, grains, &c, dont on rade les mesures.

A l'égard du charbon qui se vend par les regrattiers au boisseau, demi-boisseau, quart & demi-quart de boisseau: il se mesure comble; par Arrêt du Parlement du 24 Juillet 1671, inséré dans l'Ordonnance générale de la ville de Paris, au mois de Décembre 1672.

Le *Muid* de *Pierre* de S. Leu, contient sept pieds cubes de pierre. Deux muids font le *Tonneau*. Voyez TONNEAU.

La *Voie*, ou *Muid* de *charbon de terre* contient trente demi-minots: le Demi-minot, trois boisseaux; le Boisseau, quatre quarts.

Le *Muid* de *Plâtre* est de trente-six *Sacs*; contenant chacun deux boisseaux radés.

Le *Muid* de *Chaux* contient six *futailles* ou demi-muids, faisant ensemble quarante-huit minots; le *Minot*, trois boisseaux; le *Boisseau* se divise en deux demi-boisseaux, ou quatre quarts, ou seize litrons.

MESURES DES LIQUEURS. Le *Muid* de juste jauge doit contenir trois cens pintes, mesure de Paris; mais en *Vin* clair, il n'est compté que pour trente-six septiers, ou deux cens quatre-vingt huit pintes. Le *Septier* par rapport au muid, contient huit pintes. La *Pinte* se divise en deux chopines: la *Chopine*, en deux autres petites mesures qu'on appelle *Demi-septiers*; & le demi-septier, en deux *Poissons* ou *Roquilles*. Le *Demi-poisson* est la derniere, & la moindre de toutes les petites mesures. *Voyez* TONNEAU. SEPTIER. PINTE. CHOPINE.

En Médecine, où l'on admet le *Demi-poisson*, cette mesure contient deux onces & une demi-dragme d'eau. Le *Verre*, ou *Gobelet*, contient environ six onces. La *Cuiller*, contient demi-once.

Le *Demi-muid* contient deux quartauts; & le *Quartaut*, soixante-douze pintes à Paris. *Voyez* QUARTAUT.

La *Queue de Bourgogne* & celle d'*Orleans* valent un muid & demi de Paris. La queue de *Champagne* vaut un muid & un tiers de Paris.

Pour connoître la capacité ou le contenu des vaisseaux qui servent à renfermer les vins, eaux de vie, & autres liqueurs; on se sert d'une Mesure qu'on appelle Jauge: *voyez* ce qu'on en dit sous le mot JAUGE.

On peut remarquer ici que les mesures, qui contiennent les corps liquides, comme vin, huile, miel & autres, s'appellent en général à Paris *Muid*; à Orleans, Montargis, dans le Blaisois & la Touraine, *Poinçon*; dans le Poitou, l'Anjou, & ailleurs, *Pipe* (*voyez* PIPE); dans le Lyonnois, *Anée* (voyez ANÉE); à Bordeaux, *Tonneau*: qui est composé de quatre *Barriques*, faisant trois muids: *voyez* TONNEAU. Toutes ces mesures tiennent plus ou moins les unes que les autres; comme aussi les petites qui sont la *Quarte*, la *Pinte*, & le reste à proportion.

Voyez encore DEMI-QUEUE. FEUILLETTE. QUART DE MUID. TONNE.

Le Poids est une autre sorte de Mesure. *Voyez* POIDS. QUINTAL. ONCE.

Il y a encore en Médecine d'autres Mesures pour les bois, herbes, fleurs, & semences. Ces mesures sont le fascicule, la poignée, & la pincée. Le *Fascicule* est ce que le bras plié en rond peut contenir. On le marque par *fasc. j.* Il équivaut à douze poignées.

La *Poignée*, ou *Manipule*, est ce que la main peut empoigner. On la désigne par *man. j.* ou *m. j.* La *Pincée*, ou *Pugille*, est ce qui peut être pris avec les trois doigts: on la désigne par *pug. j.* ou par *p. j.*

La mesure de plusieurs fruits, & de plusieurs animaux, se fait par le Nombre, désigné par *n°.*; ou par Paires, désignées par *par.*

Ana, ou *aa*, signifie autant de l'un que de l'autre; Q. S. quantité suffisante; *f. a.* ou *ex arte*, suivant l'art; B. *m.* Bain-marie; B. *v.* Bain de vapeur.

Comme les mesures ne sont point les mêmes dans les différens pays, & qu'elles varient dans les provinces ou dans les Etats étrangers; il est nécessaire de connoître le rapport qu'elles ont les unes avec les autres, afin de ne se point tromper dans l'achat ou le débit des marchandises: voici le moyen de trouver ce rapport.

Rapport des Mesures, en étendue, & en continence.

Pour faire le rapport des mesures considérées seulement par leur longueur, & de celles de continance comparées entre elles; il faut se servir d'une Regle de trois, en mettant au troisieme terme la quantité donnée des aunes, des cannes, des brasses, des toises, des perches, des verges, des muids, des septiers de grains, des pipes, des demi-queues, ou des autres mesures de quelque dénomination qu'elles soient. On posera aussi au premier terme de la même regle de trois, une petite quantité connue des mêmes mesures que celles qui sont au troisieme terme. L'on écrira enfin au deuxieme terme un autre petit nombre de mesures semblables à celles qu'on cherche: & ce deuxieme terme doit être équivalent au premier terme, sans excès ni défaut. Ce qui sera rendu plus sensible par les exemples suivans:

Exemple sur les Mesures en longueur.

Un particulier de Paris ayant fait acheter pour son compte à Londres dix pieces de moleton de 23 $\frac{3}{4}$ verges la piece, faisant ensemble 237 $\frac{1}{2}$ verges, il veut savoir combien ces dix pieces lui rendront d'aunes de Paris; par la connoissance qu'il a de la juste convenance & de l'égalité de 9 verges avec 7 aunes de Paris: cette supposition posée pour fondement, on dira par une regle de trois:

Si 9 verges de Londres, font 7 aunes de Paris, combien 237 $\frac{1}{2}$ verges de Londres? R. 184 $\frac{1}{2}$ aunes & un peu plus de Paris.

On opérera de la même maniere à l'égard des autres mesures de quelque pays que ce soit; on en peut voir la pratique fort au long dans l'abrégé des changes étrangers par M. Irson, & autres.

Exemple sur les Mesures en continence.

Un particulier de Paris ayant fait acheter pour son compte 113 demi-queues de vin à Orleans, veut savoir combien elles lui rendront de muids & parties de muid de Paris; en supposant que quatre de ces demi-queues sont égales en continance à trois muids de Paris: ce qui se connoît par une regle de trois, de cette maniere. Si 4 demi-queues d'Orleans rendent 3 muids mesure de Paris, combien 113 demi-queues d'Orleans? R. 84 $\frac{3}{4}$ muids: & ainsi des autres mesures qui servent à contenir les liqueurs, de quelque nature qu'elles soient.

MESURER *un Cercle*, &c. Consultez l'article ARPENTAGE.

MET

MÉTAIL. On nomme ainsi une composition de plomb avec l'alliage d'un cinquieme d'étaim. Ce métail sert à faire des figures, des chapiteaux, des bas-reliefs, *&c*: auxquels on donne ensuite la couleur d'or, de bronze, ou autre.

MÉTAIRIE. *Voyez* FERME.

MÉTAL. Minéral dur, fusible au feu, & malléable. *Voyez* MINE.

On compte six Métaux: dont deux sont parfaits, & quatre, imparfaits. Les métaux parfaits sont l'Or & l'Argent. Les autres sont le Cuivre, l'Étaim, le Plomb, & le Fer. Quelques Chymistes ont admis un septieme métal, sçavoir le Vif-Argent: mais comme il n'a pas la malléabilité, le plus grand nombre l'a considéré comme un corps métallique d'un genre particulier.

Les Anciens Chymistes, ou plutôt les Alchymistes, qui supposoient une analogie entre les métaux & les corps célestes, ont donné aux sept métaux, en y comptant le Vif-Argent, les noms des sept planetes anciennes; suivant l'ordre d'affinité qu'ils ont cru avoir découvert entre ces différens corps. Ainsi, chez eux, l'Or s'appelle Soleil; l'Argent, Lune, tant à cause de sa couleur qui a rapport avec celle qui paroît en la Lune, qu'à cause des influences qu'on croit qu'elle reçoit de cet astre. L'Étaim porte le nom de la planete de Jupiter; le Plomb, celui de Saturne; ils ont nommé le Cuivre, Venus; le Fer, Mars; & le Vif-Argent, Mercure.

Pour Adoucir divers Métaux.

Prenez parties égales de borax, de mercure sublimé, de sel ammoniac (&, dit-on, d'euphorbe); le tout en poudre: jettez-en sur le métal que vous voulez adoucir; lorsqu'il est en fusion.

Voyez *Adoucir le* FER.

Substance saline qu'on peut substituer au Borax, pour Adoucir les Métaux.

Faites dissoudre parties égales de salpêtre & de camphre, dans une lessive faite de deux parties de cendres de chêne, & d'une de chaux vive; filtrez la dissolution, par le papier gris: ensuite vous la ferez évaporer à un feu lent. Ce qui restera est le sel: que vous jetterez sur vos métaux, dans le tems de la fusion.

Il est bon de savoir que le fer est plus dur que le cuivre; & le cuivre jaune, plus dur que le cuivre rouge.

Matieres qui pénétrent & traversent les Métaux sans les fondre.

Pour pénétrer & percer une plaque de *fer* rougie au feu, il n'y a qu'à poser dessus un morceau de soufre.

Pour percer une plaque d'*argent* aussi rougie au feu; il faut mettre dessus, un morceau de sublimé corrosif. Cette matiere y pénétre avec bruit; & fait un trou de deux ou trois lignes de profondeur.

Proportion du poids des Métaux entre eux.

Cube.		Onces.	Gros.	Grains.
Un pouce d'or	pese	12.	2.	52.
Un pouce de mercure		8.	6.	8.
Un pouce de plomb		7.	3.	30.
Un pouce d'argent.		6.	5.	28.
Un pouce de cuivre		5.	6.	36.
Un pouce de fer		5.	1.	24.
Un pouce d'étaim.		4.	6.	17.

Par la proportion de ces poids, on peut calculer celle de leur volume.

Dorer les Métaux. Voyez DORER.

Graver sur Métaux. Consultez l'article GRAVURE.

MÉTEIL. Bled mêlé de froment, & de seigle. Il y a deux sortes de Méteil; le gros, & le petit: le gros Méteil, est celui où il y a plus de froment que de seigle: on appelle petit Méteil, celui où il y a plus de seigle que de froment. Le méteil réussit fort bien dans des terres trop légeres pour le froment pur.

On le nomme en quelques endroits, *Bled Moitié*.

MÉTIER (*Petit*). Consultez l'article PAIN.

MÉTIF (*Canard*). Consultez l'article GANARD.

Chien MÉTIF. Voyez ce mot, entre les *Différentes espèces de* CHIEN.

MÉTIVIERS. On nomme ainsi en quelques Provinces les ouvriers que l'on prend pour faire les récoltes de foin & autres, & pour battre les grains.

METOPE: *terme d'Architecture*. C'est l'espace quarré qui sépare les triglyphes de la frise Dorique, d'avec l'extrêmité de chaque entrevoux des solives d'un plancher; dont les triglyphes représentent les bouts. On appelle *Demi-Metope* l'espace, un peu moindre que la moitié d'un metope, qui est à l'encognure de la frise Dorique.

Le *Metope barlong* est non seulement celui qui, dans la distribution d'une frise Dorique, est plus large que haut; mais aussi celui qui, dans l'entablement composé d'une corniche de dedans, est entre les consoles, & orné de sculpture ou de peinture.

METOPION *ou* METOPIUM. *Voyez* GALBANUM. AMMONIAC (*Gomme*).

MÉTOYERIE. Terme destiné à signifier toute limite qui sépare deux héritages contigus appartenans à deux ou plusieurs Propriétaires. Ainsi on dit que deux voisins sont en métoyerie, lorsque le *mur* qui partage leurs maisons est *métoyen*; s'il n'y a titre contraire. Voyez MUR *Mitoyen*.

METTRE *au Carreau.* Voyez CHOU, *p.* 613.

METTRE *à Fruit:* terme de Jardinier. Il se dit d'un arbre qui, après avoir été longtems sans donner de fruit, commence à en produire. Le Robine-sur-franc, les Bourdons-sur-franc, & quelques autres especes de Poirier sont très-difficiles à mettre à fruit (ou à *se* mettre à fruit). Le beurré, & le poirier d'orange d'été, au contraire, se mettent aisément à fruit.

MEU

MEULE: *terme d'Agriculture.* Voyez CHAUMIER.

MEULE; ou *Mule:* espece de *Couche.* Voyez l'article CHAMPIGNON.

MEULE: *terme de Venerie.* C'est le bas de la tête d'un cerf, d'un daim, d'un chevreuil; ce qui est le plus proche du massacre: la fraise; & les pierrures. Voyez sous le mot TÊTE, *terme de Chasse.* Quelques-uns se servent du terme de *Bosse*, au lieu de celui de meule, par rapport au chevreuil.

MEULIERE. Ce terme se dit de tout moilon de roche mal fait & plein de trous, comme le tuf; mais beaucoup plus dur.

C'est aussi la Carriere d'où l'on tire les MEULES *à Moulin.* De-là vient l'étymologie de ce mot. Cependant, quoique *Meuliere* vienne de *Meule*, on prononce plus ordinairement *Moliere*; & alors il faut imaginer que *Moliere* vient du Latin *Mola*; comme qui diroit *Lapidicina Molaria*, Carriere de meules de moulin.

La pierre meuliere étant rude & spongieuse; l'on s'en sert dans les grottes: & même on en met des morceaux au feu, pour leur faire prendre une couleur plus rouge. On en rend d'autres verdâtres, avec du verd de gris, des eaux fortes & du vinaigre fort, qui leur impriment diverses couleurs; avec lesquelles, bien ménagées & disposées, on produit des effets assez agréables à la vue.

MÉUM. Dénomination Françoise & Latine, d'un genre de Plantes Ombelliferes; que l'on appelle encore *Athamanta*, en Latin; & *Spignel*, en Anglois. Le Méum (ou *Méon*) a en général beaucoup de rapport au Fenouil: ce qui l'en distingue principalement est son odeur, qui tient de la drogue.

L'espece qui est d'usage en Médecine, & que J. Bauhin nomme *Radix Ursina*, est le *Meum folio Anethi* de G. Bauhin; le *Meum Athamanticum* des boutiques. Cette plante vient sur des montagnes élevées; telles que les Alpes, & les montagnes du Westmoreland. Dans cette Province Angloise, on la nomme *Bald Money; Bawd Money*; & MEU. Elle est vivace. Sa racine, charnue, partie pivotante & partie horizontale, brune en dehors, a une odeur très-forte & comme musquée, & un goût âcre & aromatique. Le collet de cette racine est surmonté d'une espece d'aigrette grisâtre, roide, & considérable: d'entre laquelle naissent quelques feuilles composées de plusieurs étages de nerfs attachés par paires au bout d'une longue queue. Chaque feuille est formée d'une multitude de lobes courts, extrêmement fins, qui sont d'un verd gai. La tige, qui s'éleve d'entre ces feuilles, est cannelée; a environ un pied, ou quelquefois un pied & demi, de haut; & est terminée par une ombelle de fleurs blanches: auxquelles succedent des semences longuettes.

2. L'on en trouve, au plus haut des Alpes, dont la racine a une odeur de Rat, & que pour cette raison l'on nomme *Radix Mutellina.* Ses fleurs sont purpurines.

Usages.

On se sert de l'une & l'autre plantes: qu'on nous apporte de Languedoc, Dauphiné, Auvergne, Provence, Bourgogne; des Alpes, & des Pyrenées. On doit choisir leur racine, longue, assez nourrie, entiere, récemment séchée, de couleur noirâtre en dehors, blanchâtre en dedans, d'une odeur aromatique, d'un goût âcre un peu amer.

Elle est apéritive; bonne pour l'asthme, & pour la passion hystérique. On s'en sert en poudre; ou en décoction. Elle entre dans la composition de la thériaque.

Quand le lievre trouve du méum, il le broute avec avidité: mais sa chair en contracte un goût déplaisant.

MEUNIER. Celui qui gouverne un moulin à farine; fait moudre le grain qu'on y porte; & prend pour sa peine, soit une somme modique, soit une petite mesure qu'on appelle assez souvent *Mouture.*

Il est d'un usage presque général, de ne pas donner d'argent à celui qui mout le bled; mais de le laisser se payer par ses mains. On peut lui contester, dans plusieurs Provinces, ce qu'il retient au de-là du seizieme du grain qu'on lui a donné à moudre: & il doit rendre en farine non blutée un & demi pour un, en mesurant de même qu'on a mesuré le grain.

En 1573 il y eut un Edit portant réglement général pour les Meuniers; donné à Villers-Coterets le 20 Octobre; registré le 18 Novembre audit an. *Voyez Fontan.* T. I. p. 969.

MEUNIER. *Maladie* de quelques plantes. Voyez BLANC, *terme de Jardinage.* CONCOMBRE, *p.* 678.

MEURE; ou *Mûre.* Fruit du Mûrier.

MEURGER. *Voyez* MEURJER, p. 530. col. 2.

MEURIER; ou *Mûrier:* en Latin, *Morus*: & *Mulberry Tree*, en Anglois. Il est assez commun de voir les arbres de ce genre porter des fleurs mâles sur le même individu, que les fleurs femelles. D'autres fois, on ne trouve qu'un seul sexe, mâle ou femelle, sur un mûrier. Peut-être faut-il réduire cette variation à ce que les fleurs mâles, ou les fleurs femelles, sont respectivement plus abondantes en certaines années: auquel cas, si ce sont les fleurs mâles qui dominent, l'arbre donne peu ou point de fruits. M. Adanson dit positivement (*Fam. des Pl.* T. II. p. 369) que » les fleurs stériles qu'on » regarde ici comme mâles, sont de vraies herma» phrodites dont l'ovaire avorte. « Suivant ce système, les fleurs réputées simplement femelles, dans le mûrier, seroient-elles donc aussi des hermaphrodites dont les étamines avortent; ou observées seulement après le dépérissement des étamines? L'une & l'autre prétention souffriroient de grandes difficultés.

N'ayant pas encore découvert de vraies hermaphrodites sur le mûrier, nous continuerons à distinguer ses fleurs en mâles & femelles.

Les unes & les autres n'ont point de pétales: & elles sont attachées en forme d'épi, sur un filet; qui ne porte que l'un ou l'autre sexe. Leur calyce est divisé en quatre pieces.

Dans chaque fleur *mâle* sont quatre étamines assez longues; qui partent du fond, & répondent au milieu du vuide que forme chaque découpure du calyce.

Les fleurs *femelles* ont un embryon oval, surmonté de deux styles recourbés & assez longs. Le calyce subsiste pour former, avec l'embryon, un fruit succulent, espece de baie; qui contient une semence ovale, terminée en pointe. Comme les embryons étoient attachés en épi sur un filet commun, les fruits conservent la même disposition: ils sont rassemblés sur un poinçon, & forment une espece de tête plus ou moins allongée, qu'on nomme *Mûre*.

Dans les arbres de ce genre, les feuilles sont constamment alternes.

Especes.

1. *Morus fructu nigro* C. B. Le Mûrier ordinaire de nos jardins: le *Mûrier Noir*. On dit qu'il vient originairement de Perse. Cet arbre ne devient pas fort haut. Ses mûres sont d'un rouge noir. Ses feuilles sont couvertes de longs poils; qui font que l'une s'attache aisément à l'autre. Leur forme ordinaire est ovale, terminée en longue pointe, échancrée à la base, & profondément dentelée: elles sont d'un verd obscur, brillantes, blanchâtres, fermes, & comme gravées en dessous. Il est assez commun de voir sur une même branche, de ces feuilles avec d'autres presque découpées en feuilles de vigne.

2. Attendu que j'ai observé cette singularité particuliérement sur un mûrier qui est dans l'École des Arbres du Jardin Royal de Paris; on peut, ce semble, regarder comme une simple variété ce que M. Tournefort a désigné sous le nom de *Morus fructu nigro minori, foliis eleganter laciniatis* (Inst. R. Herb.) Néanmoins M. Miller applique cette phrase à une espece qui vient sans culture en Sicile; d'où il en a reçu des graines, qui lui ont produit des mûriers à feuilles laciniées: arbres plus bas que le mûrier noir commun; & dont le fruit est petit & insipide. Ces circonstances, jointes à la forme des feuilles, l'autorisent à décider que c'est une espece particuliere. Au reste le sauvageon de mûrier, tant noir que blanc, est sujet à donner des feuilles comme laciniées.

3. *Morus fructu albo* C. B. Ce mûrier, dont les fruits sont à-peu-près blancs, ou gris, est assez communément regardé comme une variété du *n.* 1.

4. *Morus fructu albo minori insulso* H. Cath. Les mûres de celui-ci sont petites, blanches, & sans goût.

5. *Morus fructu albo minore, ex albo purpurascente* Inst. R. Herb. Son fruit est d'un blanc qui tire sur le purpurin.

Les *nn.* 3, 4, 5, ci-dessus; sont appellés *Meuriers blancs.*

Leurs feuilles sont à-peu-près en cœur, comme celles du *n.* 1, minces, mollettes, d'un verd plus gai, pas cendrées en dessous: les nervures des feuilles du *n.* 5 sont argentées & très-sensibles en dessous.

On remarque aussi que l'écorce extérieure des mûriers blancs a un œil de blancheur, qu'on n'observe point dans celle des mûriers noirs. D'ailleurs ceux-ci poussent lentement; & portent des jets gros & courts: au lieu que ceux du blanc sont plus menus, beaucoup plus longs, & profitent extrêmement vîte.

6. *Morus Hispanica, foliis amplissimis nunquam laciniatis.* Le *Meurier d'Espagne.* Sa feuille, grande, assez épaisse, & toujours entiere, est plus ferme & plus succulente que celle des autres mûriers; d'ailleurs tendre, & presque aussi inégale que celle de laitue. Ses mûres sont grises, & beaucoup plus grosses que celles de tout autre mûrier blanc.

Usages.

On cultive le *n.* 1, à cause de ses fruits qui sont bons à manger & que l'on regarde comme très-sains. Le fruit des autres mûriers n'est nullement estimé: quoiqu'il y ait des mûres blanches un peu sucrées.

La mûre noire est appellée par les Apothicaires *Mora Celsi.* Mangée à jeûn, dans sa pleine maturité, elle passe pour être laxative & adoucissante. Elle humecte, rafraîchit, appaise la soif, réveille quelquefois l'appétit, mais est peu nourrissante. S'il arrive qu'elle demeure trop longtems dans l'estomac, & qu'elle y rencontre quelque mauvais suc; ou si on la mange après les autres viandes, elle se corrompt en peu de tems: c'est pourquoi nous avons dit de la manger à jeûn. Elle est propre à rafraîchir l'estomac & le foie.

On fait, avec les mûres rouges, de très-bon vinaigre; qui se conserve long-tems, pourvû qu'on ait ensuite la précaution de le tenir à l'ombre & bien bouché. *Voyez* VINAIGRE.

On en fait aussi avec ce qu'on nomme des Mûres de Ronces: mais il est moins bon.

Les mûres domestiques, n'ayant pas encore atteint leur maturité, rafraîchissent & desséchent; sont puissamment astringentes, & fort bonnes contre les inflammations de la bouche & de la gorge.

On en fait un sirop; qui arrête les diarrhées, facilite l'expectoration, *&c.* Voyez SIROP. Consultez aussi l'article ROB.

Ratafia de Meures. Voyez sous le mot RATAFIA.

Les feuilles des mûriers blancs sont précieuses, parce qu'elles sont presque la seule bonne nourriture des Vers à soie: le mûrier noir rendant leur soie grossiere. Cette espece d'arbre enrichit le Piémont, presque toute l'Italie, la Sicile, l'Espagne, & nos Provinces méridionales. Un ancien préjugé a empêché de le multiplier dans des climats plus tempérés. Les Gentilshommes de Provence & de Dauphiné qui, après avoir porté les armes en Sicile sous Charles IX, en apporterent l'espece en France, eurent un semblable préjugé à combattre, même dans leur climat. Mais ces arbres y eurent un succès égal à ceux d'Italie. Henri IV ordonna, dans la suite, de planter des mûriers dans tout le Royaume: le Languedoc, la Provence, le Dauphiné, & le Vivarez, furent les seules Provinces qui obéirent; ces arbres y réussirent bien. Le reste de la France, toujours prévenu de la répugnance du climat, se contenta d'en planter quelques-uns comme par curiosité. Les environs de Paris & la ville de Tours se distinguerent néanmoins à cet égard: & les Thuilleries furent plantées en mûriers blancs, ainsi que le Parc du Plessis-lez-Tours. M. Isnard, appellé de Provence par M. Colbert pour tirer parti de ces arbres, reconnut que ceux des environs de Paris étoient beaux & bons; que la terre, presque par-tout douce & légere, y étoit favorable à leurs progrès; & que le climat répondoit pareillement à l'éducation des vers à soie. La Touraine, le Poitou, le Maine, l'Anjou, l'Orléanois, le Gatinois, le Berry, *&c.* cultivent aujourd'hui le mûrier avec beaucoup de succès.

Consultez les *pp.* xj & xij de l'*Art de Cultiver les Mûriers Blancs*, &c. imprimé à Paris en 1754 *in-8°.*

On assure que trente mûriers blancs, âgés de cinq à six ans, plantés autour d'un arpent de terre, sont plus que suffisans pour nourrir en abondance les vers à soie qui proviennent d'une once de graine: sans que l'ombrage de ces mûriers soit pernicieux, ni la racine nuisible, au fonds où ils auront été plantés; d'autant que la racine du mûrier ne s'étend point à fleur de terre, comme celle d'autres arbres, mais pénétre vers le fond de la terre. Voyez les *pp.* xviij & xix de l'*Art de Cultiver les Mûriers blancs.*

Au reste nous avertissons que, tout calcul fait, il y a plus de gain à mettre en menus grains les terres des environs de Paris, qu'à y planter des mûriers pour élever des vers à soie.

Consultez l'article de ces VERS.

Les couchettes, qui sont faites de bois de mûrier, ne sont point (dit-on) sujettes aux punaises, ni autres insectes. Ce bois, qui est jaune & dur, sert encore à divers ouvrages de menuiserie, charronnage, *&c.*

Les bourgeons des mûriers, cueillis lors de la pousse, au printems, sont très-utiles pour la pierre, ou la gravelle : si dans ce tems-là, ou dans une autre saison où l'on en a de réserve qu'on ait fait sécher, on en prend en poudre bien fine dans du vin blanc, le poids d'un gros, le matin à jeûn; & que l'on continue pendant quelques jours : cette poudre fait uriner, & rendre du sable en abondance.

Culture.

Le Mûrier s'accommode assez bien de toute sorte de terrein. Voyez la *p.* xij de l'*Art de Cultiver les Mûriers blancs.* Le sol le plus favorable à son accroissement, est une terre chaude & légere qui ait beaucoup de fond. L'on prétend que les terres absolument maigres occasionnent dans la feuille une sécheresse, qui fait que les vers n'en sont pas assez nourris : mais n'en seroit-il pas alors, par rapport à leur soie, comme de la laine; qui est plus fine lorsque le bétail est habituellement dans une pâture maigre? En effet on observe que les mûriers plantés en terre humide & grasse, fournissent aux vers une nourriture grossiere; qui influe sur leur santé, & sur la qualité de la soie.

Il est vrai qu'il y a des endroits où les plantations de mûriers blancs n'ont pas réussi. Mais la cause de ce contretems venoit de ce que les graines semées dans la plupart des provinces, étoient presque toutes de l'espece qu'on nomme *petite feuille.* D'habiles Cultivateurs prétendent même qu'il ne suffit pas d'avoir des graines de bonne espece; qu'il faut encore greffer les mûriers pour les rendre plus fertiles. Au reste on assure que les mûriers nains ont très-bien réussi en Languedoc : & l'on prétend qu'ils donnent plus de feuilles que les autres.

Dans les bons terreins le mûrier ne demande pas plus de soin & de culture que d'autres arbres; avec cette différence néanmoins, qu'on peut se promettre de le voir croître beaucoup plus vîte. On en a vû, dans le Maine, avoir communément vingt-un pouces de tour à l'âge de treize ou quinze ans; tandis que des ormeaux & des noyers avoient à peine quinze pouces, au même âge & dans le même terrein.

Pour avoir promptement, & en peu de tems, des Mûriers blancs : il est plus certain de semer de la graine, que de les élever de boutures ou de marcottes.

Si vous voulez semer de la graine, il faut commencer par bien labourer, & assez profondément; séparer ensuite la terre par planches ou carreaux qui ayent quatre à cinq pieds de large; & dont la longueur soit de l'étendue de la terre. Dans ces planches, il faut faire de petits rayons de la profondeur d'environ deux pouces, & à huit pouces les uns des autres; bien arroser toutes les planches; & les laisser reposer trois ou quatre heures : après quoi semer au fond des rayons, assez épais. Il est à propos que la graine ait trempé pendant vingt-quatre heures; afin qu'elle leve plus promptement. L'ayant tirée de l'eau, prenez du sable, ou de la terre bien fine, environ autant qu'il y aura de graine : vous les mêlerez ensemble, parce que cette terre ou sable rend la graine plus facile à semer & qu'elle se partage plus également dans les rayons. Après avoir semé, servez-vous d'un rateau ou quelque chose de semblable pour remplir les rayons, & applanir la terre; en sorte que les graines soient entiérement couvertes.

On seme cette graine en Avril, Mai, Juin, Juillet, & Août, sans aucune attention aux phases de la lune : plutôt dans des rayons, que sur des planches; parce que la levée des mûriers est ordinairement accompagnée d'une infinité de mauvaises herbes, qui ne se peuvent sarcler sans gâter les mûriers : étant semés en ligne droite, & par rayons, on les discerne facilement d'avec ces herbes; dont l'ombre fait même que la graine n'est pas si-tôt sujette à être séchée par le hâle. Vous arroserez cette terre trois ou quatre jours après que vous aurez semé la graine : si vous voyez que le tems soit au sec, il faut l'arroser plus tôt : mais auparavant il est nécessaire de faire deux ou trois claies de paille de la plus longue, (comme de froment, seigle, ou autre), pour couvrir les planches ou carreaux; parce que ces especes de claies empêchent que l'eau ne batte la terre, n'emporte la graine, & ne la mette en tas; ce qui l'empêcheroit de lever si bien.

Deux ou trois de ces claies de paille suffiront pour arroser telle quantité de graine qu'on aura semé; en les changeant d'un endroit à l'autre, tandis qu'on arrosera.

D'abord que vos mûriers commenceront à paroître hors de terre, il faudra être soigneux d'arracher & sarcler doucement les mauvaises herbes, arroser les mûriers comme il a été dit ci-dessus avec les claies en versant l'eau avec un arrosoir, & vous servir ainsi de claies jusqu'à ce que vos mûriers soient un peu forts. Voilà tout ce qu'il faut faire jusqu'à l'hiver : pendant laquelle saison il ne faut point y toucher.

Quand ils auront poussé plusieurs jets longs d'un ou deux doigts, vous n'en laisserez sur chaque pied qu'un ou deux des plus vigoureux; & couperez tout le reste, afin que l'arbre se dresse, & profite mieux. Cela fait, il ne les faut pas émonder la premiere année qu'ils auront été plantés, jusqu'à la seconde année sur la fin du mois de Février, ou au commencement de Mars; & à mesure qu'ils croîtront, & qu'ils pousseront des jets, vous les émonderez toujours.

Lorsqu'ils seront parvenus à une grosseur & hauteur raisonnables pour les mettre en place & les transplanter aux champs; si vous les replantez en bonne terre, il faut les espacer à cinq toises les uns des autres; parce qu'ils viennent fort grands & larges dans un terrein de cette qualité.

En terre sabloneuse, il ne les faut planter qu'à deux toises les uns des autres. On les plante dans les mois de Février, Mars, Avril, Septembre, Octobre, Novembre. Il faut bien tailler les racines qui peuvent être gâtées; & rafraîchir les autres.

Le mûrier a réussi dans des terreins sabloneux, maigres, & assez arides pour que la bruyere même eût de la peine à y croître. Pour l'y planter il ne faut pas fouir le terrein aussi profondément que les bons qui ont du fonds; parce qu'il arrive souvent que plus on y fonce, plus on le trouve mauvais : & quelque maigre que soit la superficie, elle a toujours plus de sucs que de tels fonds; c'est pourquoi l'on doit y planter presque à fleur de terre. Pour cet effet l'on l'on ouvre une fosse de cinq à six pieds en quarré, observant de jetter sur un des côtés ou bords de la fosse toute la superficie, c'est-à-dire le premier cours de pelle ou de bêche. On jette sur un autre côté le second cours de pelle; & le troisieme, qui est la plus mauvaise terre, sur les autres côtés. Ensuite on bêche le fond à gros gueret avec la bêche ou la pioche. La fosse étant faite, on y rejette la terre du second cours; puis celle du premier. Si ces terres ne font pas une hauteur suffisante, on pourra y suppléer en pelant à l'entour la superficie. Ayant brisé & foulé cette terre avec le tranchant de la bêche, on pose l'arbre dans sa place, & dans son alignement: puis on couvre les racines avec la terre de la superficie du contour de la fosse, observant qu'il n'y ait ni paille, ni herbe, ni bois, ni bruyere, qui puisse toucher les racines: on arrange ces terres avec la main dans l'interstice des racines, de sorte qu'il ne se trouve aucun vuide au dessous ni au dessus d'elles. Lorsqu'elles sont couvertes de trois à quatre doigts de terre, on foule un peu avec les pieds; & on laisse l'arbre dans cette position, pour aller faire de même aux autres fosses. Pendant que le planteur continue ce travail, un ouvrier couvre de feuilles la fosse qui vient d'être remplie: ces feuilles doivent avoir été ramassées & apportées auparavant; il n'importe de quelle espece elles soient: il en faut quatre à cinq doigts d'épais à chaque fosse. Un autre ouvrier, qui suit celui-ci, jette au pied de l'arbre la mauvaise terre qui est sortie du fond de la fosse: il le butte au moins d'un pied & demi, au dessus du niveau du terrein, en le foulant légerement, pour l'assurer contre les vents. Si les bestiaux vont paître dans ces endroits, il faut armer d'épines les arbres nouvellement plantés: mais le mieux est de conduire les troupeaux ailleurs, pour éviter la dépense de cette opération, ainsi que de son entretien.

S'il se trouve des bruyeres dans le canton, elles pourront servir à améliorer le terrein; en y mettant le feu par un tems sec, soit en été, soit en hiver.

Il est à-propos de faire les fosses six mois ou un an avant de planter, ou même plus tôt encore. Puis, trois ou quatre mois avant d'y mettre les arbres, on les comblera des deux premieres terres, comme il a été dit ci-dessus.

Il y a des personnes qui, *au lieu de ces fosses*, forment des tranchées paralleles, larges de quatre pieds. Pour cela, on jette sur un des bords le premier cours de bêche; puis le second, sur le même côté mais au delà, en sillon. Le troisieme cours se jette sur le côté opposé. Ensuite on bêche à la pioche, de bout en bout, le fond de la tranchée. Cela étant fait, on jette le second cours de terre dans toute la longueur de cette tranchée; on marque à-peu-près la distance que l'on veut laisser entre chaque arbre: puis on jette la terre du premier cours sur chaque endroit où devra être un arbre, ensorte qu'elle y fasse une plate-forme de six pieds de long, qui ait toute la largeur de la tranchée, & dont le haut soit à six pouces plus bas que le niveau du terrein. On y plante les arbres, de la maniere décrite ci-devant; & l'on recouvre les racines & le pourtour de l'arbre avec la premiere terre de la superficie que l'on n'a pas employée aux plattes-formes: s'il n'y en a pas assez, on prend le sillon sur lequel on l'avoit déposée. On jette le surplus de ce sillon dans la tranchée. Et il est à propos de ne la remplir pas entiérement; afin qu'elle reçoive mieux les pluies, & que la fraîcheur & l'humidité s'y conservent. Les racines des arbres, en s'allongeant, en profiteront, ainsi que du labour de ces terres remuées: cet effet subsistera pendant plusieurs années, surtout si l'on a soin d'y brûler des bruyeres.

On n'étête jamais le mûrier déja fort de tige, en le plantant. Il faut même ne pas tailler les branches de la tête avant de le planter: on se contente de retrancher celles qui sont inutiles. Et l'on en conserve trois ou quatre, bien disposées; qu'il suffit de rabaisser ensuite au mois de Mars sur le dernier rejet, à quatre doigts du précédent. Autant qu'il est possible on observe que le dernier œil ou bourgeon soit en dessus, plutôt qu'en dessous; afin d'empêcher que l'arbre ne pousse horizontalement. Car lorsqu'il ne part pas vivement, il incline plus à pousser de cette façon, qu'en hauteur.

C'est assez de dix-huit pieds d'intervalle entre les tranchées: ils y feront moins de progrès que dans un bon terrein. Il est vrai qu'alors ces arbres ne portent pas quantité de feuilles: mais comme ils sont plantés près-à-près, leur nombre supplée à ce qui leur manque d'ailleurs; & ainsi leur produit revient au même. D'ailleurs un avantage, attaché aux mûriers plantés dans ces mauvais terreins, est (ce semble) que leurs feuilles beaucoup plus délicates que les autres, sont une nourriture plus fine pour les vers, & procurent une meilleure qualité de soie.

On nomme *Pourette* le jeune plant de mûrier qui n'a qu'un ou deux ans.

Ayant transplanté les jeunes mûriers, il les faut arroser la premiere année jusqu'à ce qu'ils ayent bien repris. Dans l'hiver, on fait porter une ou deux hôtées de fumier consommé, ou de terreau, au pied de chaque mûrier.

Afin qu'ils poussent promptement l'année suivante, il faut choisir un beau carré de terre bonne & douce, de la grandeur que vous jugerez à propos pour la quantité de vos arbres; les arracher de leurs planches ou carreaux pour les transplanter dans ce carré que vous aurez préparé; &, avant de les planter, rogner le pivot, racourcir la tige à deux ou trois doigts de terre, & les planter en alignement au cordeau.

Le mûrier se multiplie aisément de Boutures; qui doivent être sevrées à la fin de Janvier ou au commencement de Février: observant de choisir un tems humide; attendu que le hâle, par exemple celui de Mars, leur feroit préjudiciable. On a remarqué que ces boutures font de meilleures racines lorsqu'en les sevrant on a eu soin d'enlever avec elles une partie de la plus grosse écorce du tronc. Si ce sont des rejettons de la pousse précédente, & qu'en les coupant on y laisse du vieux bois; ces boutures reprennent encore très-bien. * *Transact. Philos.* an. 1670, n. 68.

Pour multiplier cet arbre, de Marcottes, on choisit de jeunes & vigoureux mûriers, qui aient les plus belles feuilles, plantés dans le meilleur terrein, & dont la tige ait près de terre quatre à cinq pouces de diametre: on les coupe à cette hauteur. Les souches poussent, au printems suivant, quantité de branches; que l'on ménage avec soin. Quand elles ont un bon pied de hauteur, on transporte près de ces souches une suffisante quantité de bonne terre franche; pour en couvrir la naissance de toutes les jeunes branches, qu'on étend de tous côtés en les assujettissant avec des piquets & des crochets de bois. Après avoir bien foulé la terre, on laisse ainsi pendant deux ans ces souches ou *Meres*. On les déchausse, à la troisieme année: les jeunes branches ont alors ordinairement assez poussé de racines pour être mises en pépiniere. C'est un moyen sûr pour avoir des arbres de Bonne feuille; sans être obligé de les greffer. * *Tr. des Arb. & Arbust.* T. II. p. 39.

Nombre de Livres d'Agriculture disent que l'on peut greffer le mûrier sur l'orme. Voyez le *Tr. des Arbr. & Arbust.*, de M. Duhamel, T. II. p. 34: & le *Recueil de la Soc. d'Agric. de Paris*, 1761, p. 43.

Nous greffons les mûriers, les uns sur les autres; en fente; ou en écusson. Les mûriers d'Espagne se greffent en sifflet, sur nos mûriers à petite feuille. Consultez les pp. 23-4, *&c.* de *l'Art de Cultiver les Mûriers Blancs.*

Je ne sçai sur quel fondement on a dit que l'on peut greffer des poiriers & autres arbres à fruit, sur le mûrier; particuliérement des coignassiers, nefsliers, pruniers; & que leurs fruits ont intérieurement une teinte de rouge, lorsqu'on a pris des greffes sur des arbres de même espece, qui avoient été greffés sur mûrier. C'est ce que l'on trouve, entr'autres, dans les *Transact. Philos.* an. 1670, *n.* 68.

Maniere de cueillir la feuille de Mûrier.

La seconde ou la troisieme année après que les mûriers auront été plantés, selon qu'ils seront beaux, l'on pourra cueillir de la feuille pour la nourriture des vers à soie. Mais il faut bien prendre garde qu'en la cueillant, l'on ne rompe ni écorche les branches de l'arbre; ce qui se peut facilement faire, à cause que son bois est fragile. S'il se rompt quelque branche, il faut promptement la couper avec une petite hache; & bien unir & arrondir la taille: parce qu'autrement l'arbre en recevroit un grand dommage.

Si dans trois ou quatre ans, les mûriers poussent de grandes branches, qui égalent en grosseur quelquefois le pied de l'arbre, & qui le chargent, ensorte qu'au moindre vent les branches se rompent, & déparent l'arbre; il faut couper entiérement toutes ces branches: le pied de l'arbre grossira ensuite, & se fortifiera. D'ailleurs, il reviendra de nouvelles branches qui embelliront l'arbre.

Lorsque l'on a greffé un mûrier, il faut, pendant six ou sept ans, lui donner trois cultures, chaque année, en bêchant à deux pieds autour de lui: 1°. à la fin de Février, ou au commencement de Mars; 2°. au mois de Juin; puis à la fin de Septembre.

Si l'on plante tout à la fois dix mille mûriers, on se procure au bout de deux ou trois ans de quoi nourrir une grande quantité de vers. Pour cela il faut planter les jeunes mûriers aussi épais qu'une haye, & à la maniere des groseilliers. Outre l'abondance & la prompte pousse des feuilles de ce jeune plant, on a l'avantage d'une grande facilité pour les cueillir; & l'on trouve dans son propre fonds habituellement quantité de jeunes arbres & de tendres rejettons, propres à transplanter. Ces haies peuvent être taillées comme d'autres.

Il y a encore un grand avantage à semer quelques portions de terres, en graines de mûrier; & en couper les plantes avec la faulx, pour les tenir toujours basses. Ce sont des prairies artificielles, d'une espece singuliere.

Ainsi l'on peut exécuter avec confiance ce qui est indiqué dans le *Journal Œcon.* du mois de Novembre 1751, p. 58. » Pour multiplier la feuille du mûrier, » & en accélérer l'usage pendant qu'on forme des plan- » tations de mûriers à haute tige, à qui il est impor- » tant de laisser le tems de se fortifier; on peut, dit » l'Auteur, en planter en basses tiges, en buissons, » en espaliers, en haies sur les jettées des fossés, & » même en rideaux qui imitent ceux de la charmille, » & en ont à-peu-près l'agrément, mais sont plus » utiles. Les espaliers ou les buissons ont même l'a- » vantage de montrer au printems un bourgeon plus » précoce, qui sert de premiere nourriture aux vers » dès qu'ils sont éclos. Et pendant qu'ils fournissent, » on ménage les feuilles des arbres en plein vent: ce » qui leur donne lieu de s'épanouir, & d'acquérir » toute leur maturité. «

Consultez le *Recueil de la Société d'Agriculture*, de Paris, 1761, p. 55. le *Corps d'Observ. de la Soc. de Bretagne*, 1757, *in-8°.* p. 151-2-3, *&c*: le *Journal Œconomique*, Février 1754, pag. 158, & suivantes.

Quant à de plus amples instructions sur la Culture & les Usages des Mûriers; on fera bien de voir le *Traité des Arbres & Arbustes*, de M. Duhamel, T. II: le *Journal Œcon.* Octobre 1753, p. 68-9; Décembre, même année, p. 141, &c: *L'Art de Cultiver les Mûriers blancs*...... Paris, Lottin, *in-8°*: un *Mémoire pour servir à la Culture des Mûriers*; imprimé à Poitiers en 1754, *in-12.*

On lit, à la p. 77 de la *Concorde de la Géographie des différens âges*, (Ouvrage posthume de M. Pluche, Paris, Estienne, 1764, *in-12.*) qu'à la Chine on taille avec soin les mûriers blancs; parce que le jeune bois, ou les branches provenues sur les branches taillées & rajeunies, donnent une soie plus parfaite.

MEURJER: ou *Meurger.* On trouve ce terme dans quelques Livres, pour signifier des tas considérables de pierres, qui sont en pleine campagne.

MEURTE. *Voyez* MYRTE.

MEURTRISSURE. Amas de sang extravasé dans une partie du corps, offensée par quelque chûte ou par un coup; & qui rend la peau livide.

Remedes.

1. On doit, autant qu'on peut, travailler à résoudre la meurtrissure, en y mettant des tranches de chair de boeuf, & les renouvellant souvent; *ou bien* en y appliquant des linges trempés dans de l'esprit de vin où a infusé du safran.

2. Faites tremper dans de l'eau bouillante un nouet plein de sel; & en fomentez les meurtrissures.

3. Il faut prendre trois onces de cire; deux livres de galbanum; poix-résine, storax, huile laurin, de chacun une demi-livre; baies de laurier, une once; suif de bouc, une livre; ammoniac, cinq onces; poivre blanc, en poudre, deux onces; salpêtre, une once: & en faire un onguent.

4. On peut y appliquer aussi un emplâtre fait de cire, bitume, & vinaigre, bien battus ensemble.

5. *Autre, éprouvé pour les Meurtrissures du Visage.* Faites dissoudre demi-once de gomme adraganth blanche dans de l'eau-rose: ajoûtez-y quatre scrupules de racine de sceau de Salomon, réduite en poudre subtile; & deux scrupules de camphre pulvérisé. Il en faut faire un liniment sur la partie meurtrie; & l'y laisser jusqu'à ce qu'il soit sec.

Voyez CHUTE. CONTUSION. ROUGEUR.

MEUTE; ou *Moquette*: terme d'Oiselerie. *Voyez* VERGE *de Meute.* ENTE, *terme de Chasse.*

MEUTE *de Chiens.* Consultez les articles CHIEN, & VENEUR.

M E Z

MEZANINE. Terme employé par quelques Architectes, au lieu de celui d'*Entre-sol.*

M I C

MI-COTE. *Ma Maison*, ou *mon Jardin, est à Mi-côte.* Ces termes signifient l'endroit qui marque à-peu-près le milieu d'une colline aisée; c'est-à-dire, une colline peu roide ou peu difficile, soit à monter, soit à descendre: de sorte que cet endroit pourroit passer pour une plaine, s'il ne se trouvoit plus haut que beaucoup de terres voisines, sur lesquelles il commande. Il fournit le plaisir d'une vûe belle & étendue. Ce sont ces sortes de situations qu'on souhaite le plus, quand elles ont sur tout l'avantage d'une bonne exposition.

MIEL. Substance dont la saveur est douce, & que l'on peut comparer avec la saveur du sucre. C'est un suc que les abeilles recueillent de différentes parties des végétaux, & principalement des fleurs odorantes. Ainsi il est de bonne, ou mauvaise, qualité; suivant les plantes que les abeilles ont à leur portée. Il faut qu'il soit blanc; ou bien de couleur dorée; fort odorant, & très-aromatique; doux, & d'une bonne consistance. Il est tel, quand on l'a récemment tiré de la ruche: alors, quoique liquide & transparent, il est un peu épais; de sorte qu'au bout de quelque tems, on le trouve tout congelé, dur, & assez difficile à tirer du vaisseau dans lequel on l'a mis; quoiqu'il soit facile de lui redonner sa premiere forme, en le mettant sur le feu. C'est pourquoi on ne doit point rebuter le miel dur & congelé, pourvû qu'il ait les marques de bonté mentionnées ci-dessus.

Voyez l'article MOUCHE-A-MIEL.

Le *Miel Vierge*, est celui que l'on croit être recueilli par les jeunes abeilles; lequel est d'un jaune, tirant sur le blanc. Il est estimé le meilleur de tous: mais il faut qu'il soit employé fort récent; de crainte qu'une partie de son odeur subtile & aromatique ne se dissipe en le gardant trop longtems; qu'il ne s'aigrisse, & qu'enfin il n'acquiere quelque espece de corruption par l'humidité de l'air, qui est capable de le ramollir, & même de le dissoudre avec le tems; ce qui arrive d'ordinaire au miel gardé d'une année à l'autre. Swammerdam pense que le vrai Miel Vierge est celui que les abeilles ont déposé dans des cellules uniquement réservées à cet usage, & qui n'ont jamais servi que de magasin: il ajoûte que, pour l'avoir pur, il faut le faire couler de lui-même des alvéoles, sans le presser en aucune sorte: * Dans la *Collect. Académique*, T. VII. p. 248; cette signification est adoptée en nombre d'endroits.

La seconde qualité de Miel est le *Miel Blanc*. Il y a ensuite le Miel *Commun*, ou *à Lavemens*. On tire de beau miel blanc, en pressant de beaux gâteaux où il n'y a ni couvain ni miel brut. Le miel à lavemens est exprimé de tous les gâteaux, sans choix.

Miel Brut. Voyez CIRE, p. 629.

Le Miel est chaud & sec, fort déterſif, pectoral; excite les crachats, aide la respiration, raréfie la pituite grossiere. *Voyez* HYDROMEL. Crud, il lâche le ventre, & engendre des ventosités; mais après qu'on l'a fait bouillir dans de l'eau jusqu'à ce qu'il soit bien écumé & bien cuit, il nourrit plus qu'il ne lâche; il se digere mieux, & n'est plus venteux, & même provoque l'urine. Ce miel cuit est bon aux vieillards & à toutes personnes de tempérament froid; mais il est contraire & nuisible aux jeunes gens, d'autant que dans les corps chauds il se convertit en bile. Il a une propriété singuliere pour préserver de corruption les sucs des plantes, les racines, les fleurs, les fruits; la viande même: ensorte que les Bedas, habitans de Ceylan, coupent les animaux par morceaux, qu'ils mettent avec du miel dans le trou d'un arbre, à une brasse au-dessus de la terre; & bouchent ce trou avec une branche du même arbre, dont ils font un tampon: ils laissent ainsi pendant un an: après quoi elle est d'un très-bon goût; selon Ribeyro, Auteur de l'Histoire de cette Isle.

Pour le *préparer*, c'est-à-dire, le rendre pur, beau, & tel qu'on l'emploie dans les compositions considérables, comme la thériaque, & le mithridat: on le met sur le feu dans une bassine, sans aucune addition d'humidité; on ne lui donne qu'une légere ébullition: après laquelle on le tire du feu: & l'ayant laissé un peu reposer, on l'écume bien soigneusement avec une cuillier percée; on le passe ensuite par un tamis de crin: après quoi il devient fort beau, très-pur, & d'une bonne consistance. La raison pour laquelle on ne lui donne qu'une légere ébullition, est qu'étant seul il a moins besoin d'une forte cuite, que si on y avoit ajoûté de l'eau, qu'il faudroit ensuite faire consommer, pour réduire le miel en bonne consistance: & s'il restoit longtems sur le feu, une partie de son odeur & de sa vertu ne manqueroit pas de se dissiper. Mais quand il est fort impur, les uns ajoûtent autant d'eau qu'il y a de miel; les autres, le double; ou même, le triple: & si, après la consomption de l'humidité qu'on y a mise, il ne paroît pas encore tout-à-fait pur & clair, il faut avoir recours au blanc d'œuf pour le clarifier. Mais cette sorte de dépuration n'est point approuvée de *Conradus Kunrats*; pour les raisons ci-dessus alléguées: aimant beaucoup mieux qu'on prenne du miel vierge, qui n'ait point encore été au feu; & qu'on le mette tout en coupeaux dans une manche (ou chausse) suspendue dans un lieu entretenu tiede par la chaleur du soleil, ou par le moyen des vapeurs d'eau chaude: afin que le miel puisse couler aisément à travers de la manche.

Confiture au Miel. Voyez CONFITURE.

Il y a ordinairement de deux sortes de miel dans les boutiques: sçavoir, le miel simple & ordinaire; & le miel mixtionné ou médecinal. Celui-ci est de quatre sortes; le Violat, l'Anthosat, le Rosat, & le Mercurial. Il s'en trouve encore d'autres dans les dispensaires: lesquels se doivent préparer sur le champ, si la nécessité le requiert: comme le Buglosat, qui se fait de buglose; le Passulat qui se fait de la décoction & expression des raisins de damas; l'Anacardin, qui se fait d'anacardes; le Scillitique, fait de squille; *&c.*

Distillation du Miel.

On le met dans une cucurbite de grès, sur un feu de sable modéré: lorsqu'on s'apperçoit que le phlegme se colore beaucoup, on ôte le feu: & on garde l'eau distillée, dans une bouteille. Cette liqueur est presque jaune; d'une odeur de miel, assez douce & agréable; & d'un goût un peu acide.

Elle est propre pour fortifier le cœur & la poitrine; & pour faire pousser les urines. On en donne deux onces, deux ou trois fois par jour, aux nourrices à qui l'on veut faire perdre leur lait. Elle est fort recommandée pour les inflammations des yeux; & en conséquence employée dans les collires & les fomentations.

Si l'on pousse davantage la distillation, l'eau est suivie d'un peu d'huile légere. En augmentant le degré du feu, l'on obtient un Acide très-coloré; & une petite quantité d'huile fétide. Le résidu est une substance noire, qui paroît spongieuse; & qui étant pulvérisée laisse échapper des particules qui s'élevent pour s'attacher à des barreaux aimantés que l'on y présente.

Ce Résidu fait une excellente poudre pour les dents.

On emploie extérieurement l'Huile Empyreumatique, dans les cas où d'autres huiles fétides sont d'usage.

L'Acide coloré, qui passe avant elle dans le récipient, est propre à faire croître les cheveux: on en humecte la racine avec une éponge; ou bien l'on en frotte le peigne: on peut même faire l'un & l'autre, pour le mieux. Cet acide est apéritif & diurétique, de même que les autres acides végétaux.

Consultez l'article DISTILLATION, *p.* 820.

Esprit de Miel : que l'on annonce comme pouvant servir à la *Volatilisation du Sel de Tartre.*

Il faut que cet esprit soit tiré d'un miel de jeunes abeilles, & récent. Après avoir distillé le miel, & en avoir séparé les principes, il faut séparer l'huile de l'esprit par le papier gris ; & rectifier cinq fois cet esprit, à une fort douce & lente chaleur du bain-marie. Prenez ensuite cinq onces de cet esprit bien rectifié ; mettez-le sur une once de sel de tartre bien purifié par de fréquentes dissolutions, filtrations, coagulations & légeres calcinations, jusqu'à ce qu'il soit bien blanc ; le tout dans un alembic de verre : distillez & cohobez tant de fois, que le sel de tartre passe quasi tout en distillation avec le susdit esprit. Vous aurez alors un remede presque universel : duquel on peut prendre tous les matins sept à huit gouttes, dans du bouillon ou autre liqueur convenable.

Il sera bon & même nécessaire de faire, avant chaque cohobation (lorsque vous aurez remis l'esprit sur le sel), une digestion de quelques jours, au bain-marie ou au fumier.

MIEL *de Rosée.* } Voyez MANNE.
MIEL *Aërien.* }

M I G

MIGNARDISE. *Voyez* l'article ŒILLET.

MIGNATURE, *ou* MINIATURE. Ce qui distingue la mignature des autres peintures, est que 1. elle est plus délicate ; 2. qu'elle veut être regardée de près : 3. qu'on ne la peut faire aisément qu'en petit. 4. L'on n'y travaille que sur du vélin ou sur des tablettes. 5. Les couleurs ne sont détrempées qu'avec de l'eau gommée.

Pour y bien réussir, il faudroit sçavoir parfaitement dessiner. Mais comme la plûpart des gens qui s'en mêlent, le sçavent peu ou point du tout, & qu'ils veulent avoir le plaisir de peindre sans se donner la fatigue d'apprendre le dessein, qui est en effet un art dans lequel on ne devient sçavant qu'avec beaucoup de tems, & que par un continuel exercice ; on a trouvé des inventions pour y suppléer, par le moyen desquelles on dessine sans avoir appris le dessein.

La premiere est de *calquer :* c'est-à-dire, que si l'on veut faire en mignature une estampe, ou un dessein, il en faudra noircir le dessous, ou un autre papier, avec du crayon noir, en le frottant bien fort avec le doigt enveloppé d'un linge. Ensuite on passera légerement un linge par dessus, afin qu'il n'y reste point de poudre noire qui puisse gâter le vélin où l'on veut peindre : & sur lequel on attachera l'estampe, ou le dessein, avec quatre épingles, pour empêcher qu'il ne change de place. Si c'est un papier que l'on ait noirci, on le mettra entre le vélin & l'estampe ; le côté qui sera noirci, sur le vélin : puis avec une épingle ou une éguille dont la pointe sera émoussée, on passera par dessus tous les principaux traits de l'estampe, ou du dessein, les contours, les plis des draperies, & généralement sur tout ce qu'il faut distinguer l'un d'avec l'autre ; appuyant assez, pour que les traits soient marqués sur le vélin qui sera dessous.

II. La *réduction au petit pied*, est une autre maniere propre pour ceux qui sçavent un peu dessiner, & qui veulent copier quelque tableau, ou autre chose, que l'on ne sçauroit calquer. Elle se fait ainsi : on divise sa piece en plusieurs parties égales, par petits carreaux ; que l'on marque avec du fusain, si elle est claire, & que le noir y puisse paroître ; ou avec de la craie blanche, si elle est trop brune. Après cela l'on en fait autant & de pareille grandeur sur du papier blanc, où il le faut dessiner : parce que si on le faisoit d'abord sur le vélin, comme on ne réussit pas tout d'un coup, on le saliroit par de faux traits ; mais lorsqu'il est au net sur le papier, on le calque sur le vélin, comme j'ai dit ci-dessus. Quand l'original & le papier sont ainsi reglés, on regarde ce qui est dans chaque carreau de la piece que l'on veut dessiner ; comme une tête, un bras, une main, & le reste ; & où cela est placé : & on le met sur le papier, de même. De cette sorte on trouve où mettre toutes ses parties ; & il ne reste qu'à les bien former, & les joindre ensemble. On peut aussi de cette maniere réduire une piece en aussi petit, ou la mettre en aussi grand que l'on voudra ; faisant les carreaux de son papier plus petits ou plus grands, que ceux de l'original. Mais il faut toujours que le nombre en soit égal.

III. Pour *copier* un tableau ou autre chose de même grandeur, on peut encore se servir d'un papier huilé & sec, ou d'une peau de vessie de cochon fort transparente : on en trouve chez les Batteurs d'or. Le talc fait aussi le même effet. Si l'on met une de ces choses sur la piece, on verra au travers tous les traits ; que l'on y tracera avec un crayon ou pinceau. Ensuite on l'ôtera : on attachera cela sous du papier ou du vélin ; on exposera le tout contre une vître ; & l'on marquera sur ce que l'on aura mis dessus, avec un crayon ou une aiguille d'argent, tous les traits que l'on verra tracés sur ce dont on s'est servi, & qui paroîtront au travers de la vître.

On peut de même se servir de la vître, ou d'un verre exposé au jour, pour copier toutes sortes d'estampes, de desseins, & autres pieces en papier ou vélin ; les mettant & attachant dessous le papier ou le vélin, sur lequel vous le voudrez dessiner. Cette invention est très-bonne, & très-facile, pour faire des pieces de même grandeur.

Si l'on veut faire regarder les pieces d'un autre côté, il n'y a qu'à les retourner, mettre le côté imprimé ou dessiné dessus la vître, & attacher le papier ou vélin au dos.

C'est encore un bon moyen pour copier juste un tableau en huile, que de donner un coup de pinceau sur tous les principaux traits, avec de la laque broyée à l'huile, & appliquer sur le tout un papier de même grandeur ; puis passant la main par dessus, les traits de laque s'attacheront, & laisseront le dessein de la piece marquée sur le papier ; que l'on peut calquer de même que les autres. Il faut se souvenir d'ôter avec de la mie de pain, ce qui sera resté de laque sur le tableau, avant qu'elle soit seche.

On peut encore se servir de la ponce faite avec du charbon pilé, mis dans un linge ; dont l'on frottera la piece que l'on voudra copier, après qu'on en aura piqué tous les principaux traits, & attaché dessous du papier blanc ou du vélin.

IV. Un moyen plus sûr & plus facile que les précédens pour une personne qui ne sçait point dessiner, est le *Compas de Mathématique.* Il est ordinairement composé de dix pieces de bois en forme de regles, épaisses de deux lignes, larges d'un demi-pouce, longues d'un pied ou davantage, selon que l'on en veut tirer des pieces plus ou moins grandes. Pour en faciliter l'usage, j'en mettrai ici une figure ; avec un éclaircissement de la maniere dont on s'en doit servir.

Le petit ais marqué A doit être de sapin, couvert de toile ou de quelque autre étoffe ; parce qu'il faut attacher dessus, ce que l'on copie, & le vélin sur lequel on veut copier. On y plante aussi le compas avec une grosse épingle par le bout du pre-

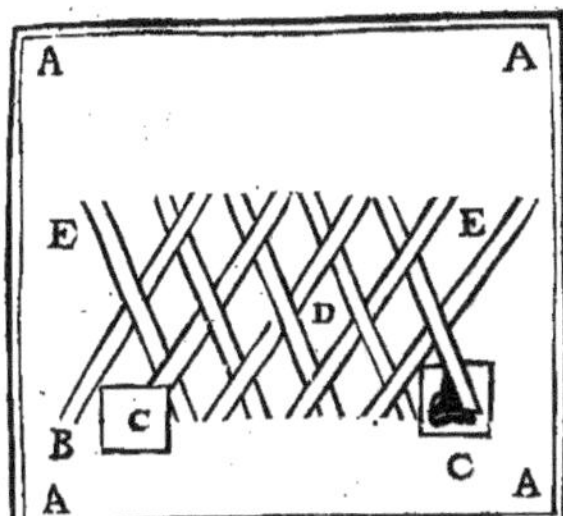

mier pied B, assez avant pour qu'il soit ferme, sans que cela l'empêche de tourner aisément. Lorsqu'on veut tirer du grand au petit, l'on met son original vers le premier pied marqué C; & le vélin ou papier sur lequel on veut dessiner, du côté du dernier pied marqué B; éloignant ou approchant le vélin à mesure qu'on voudra faire plus grand ou plus petit.

Pour tirer du petit au grand, il n'y a qu'à faire changer de place à son original, & à sa copie; mettant celle-ci vers le C, & l'autre du côté de B.

En l'une & l'autre maniere, il faut mettre un crayon ou une aiguille d'argent dans le pied sous lequel on place son vélin, & une épingle un peu émoussée dans celui de l'original; avec laquelle il faut suivre tous les traits, la conduisant d'une main, & de l'autre appuyant doucement sur le crayon ou sur l'aiguille qui marque le vélin. Quand elle porte assez, il n'est pas même besoin d'y toucher.

On peut aussi tirer de grandeur égale. Mais pour cela il faut planter le compas d'une autre sorte sur l'ais. Il y doit être attaché par le milieu marqué D; & il faut mettre l'original & la copie des deux côtés, éloignés de ce pied du milieu de la même distance, ou de coin en coin, c'est-à-dire du C, à l'E, quand les pieces sont grandes. L'on peut même tirer plusieurs copies à la fois, de diverses & égales grandeurs.

Voilà à-peu-près toutes les facilités qu'on peut donner à ceux qui n'ont point de dessein. Pour ceux qui le possedent, ils n'ont que faire de tout cela.

Quand votre piece est marquée sur le vélin, il faut passer avec un pinceau du carmin fort clair par dessus tous les traits; afin qu'ils ne puissent pas s'effacer en travaillant. Puis vous nettoyerez votre vélin avec de la mie de pain, afin qu'il n'y reste point de noir, & fort doucement de peur de l'écorcher.

Il faut que votre vélin soit collé sur une petite planche de cuivre ou de bois, de la grandeur que vous voulez faire votre piece. Pour le tenir plus ferme & plus étendu, on peut se servir d'une tablette bien unie, avec une presse, prenant pour coller le vélin d'Angleterre ou autre, de la colle de farine & d'eau. Vous laisserez votre vélin plus grand d'un doigt tout autour, que votre planche; pour le coller par derriere: car jamais il ne faut coller sous ce qu'on peint, parce qu'outre que cela lui feroit faire quelque grimace, c'est que si on le vouloit ôter, on ne le pourroit pas. Après cela, on en coupe les petits coins; on le mouille avec un linge trempé dans l'eau, du beau côté; & l'on met l'autre contre la planche avec un papier blanc entre deux: & ce qui déborde, on le colle sur le dos de la planche, en tirant également & assez fort pour le bien étendre. Au lieu de mouiller, il vaudroit peut-être mieux humecter à la cane, ou entre des linges mouillés.

Les *Couleurs* dont on se sert pour peindre en mignature sont:

Le Carmin.
L'Outremer.
La Laque de Venise, & de Levant.
La Laque Colombine.
Le Vermillon.
La Mine de plomb.
Le Brun-rouge.
La Pierre de fiel.
L'Ocre de rut.
Le Stil de grain.
La Gomme gutte.
Le Jaune de Naples.
Le Massicot pâle.
Le Massicot jaune.
L'Inde.
Le Noir d'ivoire, ou d'os.
Le Noir de fumée.
Le Bistre.
La Terre d'Ombre.
Le Verd-d'Iris.
Le Verd de vessie.
Le Verd de montagne, ou de terre.
Le Verd de mer.
Les Cendres vertes, & bleues, d'Angleterre.
Le Blanc de Céruse de Venise. *Voyez* BLANC *pour la Mignature.*

Ces couleurs se trouvent toutes broyées à Paris, chez divers Marchands.

Comme toutes les couleurs de terre & d'autre matiere lourde sont toujours trop grossieres, quelque bien broyées qu'elles puissent être, particuliérement pour des ouvrages délicats, à cause d'un certain sable qui y reste; on peut en tirer le plus fin, en les délayant avec le doigt en grande eau dans un godet: & après qu'elles sont bien détrempées, les laissant reposer un peu; puis versant par inclination, dans un autre vaisseau, le plus clair qui vient dessus. C'est le plus fin; qu'il faut laisser sécher. Et pour s'en servir, on le délaye avec de l'eau gommée: sur-tout pour le blanc de céruse, où il y a de la craye ou blanc d'Espagne, qui demeure (de même que ce qui est de plus grossier & de plus pesant dans les autres couleurs) au fond du godet où on les a détrempées.

Si vous mêlez un peu de fiel soit de bœuf, soit de carpe ou d'anguille, particuliérement de ce dernier, dans toutes les couleurs vertes, noires, grises & jaunes; vous leur donnerez un lustre & un éclat qu'elles n'ont pas d'elles-mêmes. Il faut tirer le *fiel des anguilles*, quand on les écorche, & le pendre à un clou pour le faire sécher: & quand vous voulez vous en servir, il le faut détremper avec de l'eau-de-vie, & en mêler un peu dans la couleur que vous devez déja avoir délayée. Cela fait aussi que la couleur s'attache mieux au vélin; ce qu'elle fait difficilement quand il est gras. De plus ce fiel l'empêche de s'écailler.

Il y a des couleurs qui se purifient par le feu; comme l'ochre jaune, le brun-rouge, l'outremer, & la terre d'ombre. Toutes les autres s'y noircissent. Mais si vous faites brûler lesdites couleurs avec un feu ardent, elles changent: le brun-rouge devient jaune; l'ochre jaune devient rouge; la terre d'ombre se rougit aussi; la céruse y prend la couleur de citron, & c'est ce qu'on appelle *Massicot*.

L'ochre jaune, brûlé, devient beaucoup plus tendre qu'il n'étoit, & plus doux que le brun-rouge pur. Le brun-rouge cuit devient plus doux que l'ochre jaune pur. L'outremer le plus beau & le plus fidele, cuit sur une pelle rouge, devient beaucoup plus brillant : mais il se diminue ; & est plus grossier & plus dur à travailler pour la mignature, s'il est rafiné de cette façon.

On délaye toutes ces couleurs dans de petits godets d'ivoire faits exprès, ou dans des coquilles avec l'eau dans laquelle on met de la gomme arabique & du sucre candi. Par exemple, dans un verre d'eau, il faut gros comme le pouce de gomme, & la moitié de sucre candi. Ce dernier empêche les couleurs de s'écailler, quand elles sont appliquées ; ce qu'elles font ordinairement quand il n'y en a pas, ou lorsque le vélin est gras.

Il faut tenir cette eau gommée dans une bouteille bouchée & propre ; & n'en jamais prendre avec le pinceau, quand il y aura de la couleur, mais avec quelque tuyau, ou chose semblable.

L'on met de cette eau dans la coquille avec la couleur que l'on veut détremper ; &on la délaye avec le doigt jusqu'à ce qu'elle soit bien fine. Si elle étoit trop dure, il faudroit la laisser amollir dans la coquille avec ladite eau, avant que de la délayer ; ensuite la laisser sécher : & faire ainsi de toutes, excepté des verds d'iris & de vessie, & de la gomme gutte, qu'il ne faut détremper qu'avec de l'eau pure. Mais l'outremer, la laque, & le bistre, doivent être plus gommés que les autres couleurs.

Si vous vous servez de coquille de mer, il faut auparavant les laisser tremper deux ou trois jours dans l'eau chaude, pour ôter un certain sel qui sans cela y demeureroit, & qui gâte les couleurs que l'on y met.

Pour connoître si les couleurs sont suffisamment gommées, il n'y a qu'à donner un coup de pinceau sur votre main après qu'elles seront délayées ; ce qui seche aussitôt. Si elles se fendent & s'écaillent, il y a trop de gomme : si elles s'effacent en passant le doigt dessus, il n'y en a pas assez. On peut le remarquer aussi, quand les couleurs sont appliquées sur le vélin, & qu'elles sont seches, en passant le doigt dessus : si elles s'y attachent comme une poudre, c'est marque qu'il n'y a pas assez de gomme ; & il en faudra mettre davantage dans l'eau avec laquelle vous les détrempez. Prenez garde aussi de n'en pas trop mettre ; car cela fait extrêmement sec & dur. On le peut connoître à ce qu'elles seront gluantes & luisantes. Ainsi plus elles sont gommées, plus elles font brun. Et lorsqu'on veut donner plus de force à une couleur qu'elle n'en a d'elle-même, il n'y a qu'à la gommer beaucoup.

Il faut avoir une palette d'ivoire, fort unie & grande comme la main ; sur laquelle on arrange d'un côté les couleurs pour les carnations, de cette maniere. On met au milieu beaucoup de blanc bien étendu, parce que c'est la couleur dont on se sert le plus : & sur le bord on place, de gauche à droite, les couleurs suivantes, un peu éloignées du blanc.

Du Massicot.
Du Stil de grain.
De l'Orpin.
De l'Ochre.
Du Verd ; qui est composé d'Outremer, & de Stil de grain, autant de l'un que de l'autre.
Du Bleu fait d'Outremer, d'Inde, & de blanc, en sorte qu'il soit pâle.
Du Vermillon.
Du Carmin.
Du Bistre.
Et du Noir.

De l'autre côté de la palette, on étend du blanc tout de même que pour les carnations. Et lorsqu'on veut faire des draperies, ou autres choses, on met auprès du blanc la couleur dont on les veut faire.

Il importe beaucoup qu'on se serve de bons *pinceaux*. Pour les bien choisir, il faut un peu les mouiller : & en les tournant sur le doigt, si tous les poils se tiennent assemblés & ne font qu'une pointe, ils sont bons ; mais s'ils ne s'assemblent pas, qu'ils fassent plusieurs pointes, & qu'il y en ait de plus longs les uns que les autres, ils ne valent rien, particuliérement pour pointiller, & sur-tout pour les carnations. Quand ils sont trop pointus, n'y ayant que quatre ou cinq poils qui passent les autres, quoique d'ailleurs ils se tiennent assemblés, ils ne laissent pas d'être bons ; mais il les faut émousser avec des ciseaux, & prendre garde de n'en pas trop couper. Il est bon d'en avoir de deux ou trois sortes : dont les plus gros seront pour faire des fonds, les moyens pour ébaucher, & les plus petits pour finir.

Pour faire assembler les poils du pinceau, & lui faire une bonne pointe, il le faut mettre souvent sur le bord des levres en travaillant, le serrant & l'humectant avec la langue ; même quand on a pris de la couleur. Car s'il y en a trop, on l'ôte ainsi, & il n'en demeure que ce qu'il faut pour faire des traits égaux & unis. L'on ne doit pas craindre que cela fasse aucun mal : toutes les couleurs à mignature, l'orpin même (que l'on confond avec l'arsenic jaune : *voyez* ORPIMENT), n'ont ni mauvais goût, ni mauvaises qualités, quand elles sont préparées. Il faut sur-tout se conformer à cet usage, pour pointiller, & pour finir, particuliérement les carnations ; afin que les traits soient nets, & pas trop chargés de couleur. Car pour les draperies & autres choses, tant pour ébaucher que pour finir, on peut se contenter d'assembler les poils de son pinceau, & de le décharger lorsqu'il y a trop de couleur, en le passant sur le bord de la coquille, ou dessus le papier qu'il faut mettre sur son ouvrage pour y poser la main ; donnant quelques coups dessus, avant que de travailler sur la piece.

Pour bien travailler, il faut se mettre dans une chambre où il n'y ait qu'une fenêtre ; & s'en approcher fort près, ayant une table & un pupitre presque aussi haut que la fenêtre ; & se placer de maniere que le jour vienne toujours du côté gauche, & non par-devant ni à droite.

Lorsque l'on veut coucher quelque couleur également forte par tout, comme un fond ; il faut faire les mélanges dans des coquilles, & en mettre assez pour ce que l'on a dessein de peindre. Car si elle finit trop tôt, il est très-difficile d'en faire qui ne soit ou plus brune, ou plus claire.

Travail.

I. Quand on veut faire quelque piece, soit carnation, soit draperie, ou autre chose ; il faut commencer par *ébaucher* : c'est-à-dire, coucher sa couleur à grands coups le plus uniment que l'on peut, comme font ceux qui peignent en huile ; & ne lui pas donner toute la force qu'elle doit avoir pour être achevée : je veux dire, faire les jours un peu plus clairs, & les ombres moins brunes qu'elles ne doivent être ; parce qu'en pointillant dessus, comme il faut faire après que l'on a ébauché, on fortifie toujours sa couleur, qui seroit à la fin trop brune.

II. Il y a plusieurs manieres de *pointiller* : & chaque Peintre a la sienne. Les uns font des points tout ronds ; d'autres un peu longs : & d'autres hachent par petits traits, en croisant plusieurs fois de tous sens, jusqu'à ce que l'ouvrage paroisse comme si on avoit pointillé ou travaillé par points. Cette derniere méthode est la meilleure, la plus hardie & la moins longue à faire : c'est pourquoi l'on conseille à ceux qui voudront peindre en mignature, de s'en servir, & de s'accoutumer d'abord à faire gras, moëlleux & doux ; c'est-à-dire, que les points se perdent dans le fond sur lequel on travaille, & qu'ils ne paroissent qu'autant qu'il faut pour que l'on voie que l'ouvrage est pointillé. Travailler dur & sec, est tout le contraire ; & dont il se faut bien garder : cela se fait en pointillant d'une couleur beaucoup plus brune que n'est le fond, & lorsque le pinceau n'est pas assez humecté de couleur ; ce qui fait paroître l'ouvrage rude.

III. Attachez-vous aussi à perdre & noyer vos couleurs les unes dans les autres, sans que l'on en voie la séparation ; & adoucissez vos traits avec les couleurs qui seront des deux côtés, de telle sorte qu'il ne paroisse pas que ce soit vos traits qui les coupent & les séparent. Par ce mot de *coupé*, j'entends une chose qui tranche net, qui ne se confond point avec les couleurs voisines, & qu'on ne pratique gueres qu'aux lizieres des draperies.

IV. Quand les pieces sont finies, les *rehausser* un peu fait un bel effet : c'est-à-dire, donner sur l'extrêmité des jours, de petits coups d'une couleur encore plus pâle, que l'on fait perdre avec le reste.

V. Quand les couleurs sont devenues seches sur la palette ou dans les coquilles ; pour s'en servir, on les délaye avec de l'eau : & lorsqu'on s'apperçoit qu'elles sont dégommées, ce qui se voit quand elles se détachent aisément de dessus la main ou le vélin, si l'on passe quelque chose dessus, comme j'ai déja dit ; on les détrempe avec de l'eau gommée, au lieu d'eau pure, jusqu'à ce qu'elles soient en bon état.

VI. Il y a diverses sortes de fonds pour les tableaux & les portraits. Les uns sont tout-à-fait bruns ; composés de bistre, de terre d'ombre, ou de terre de Cologne, avec un peu de blanc. D'autres, plus jaunes ; où l'on mêle beaucoup d'ochre : & d'autres gris, où l'on met de l'Inde, pour les peindre. Faites un *lavis* de la couleur ou du mêlange que vous les voudrez faire, ou selon que sera le tableau ou le portrait que vous copierez : c'est-à-dire, une couche fort légere, dans laquelle il n'y ait quasi que de l'eau ; afin d'emboire le vélin. Ensuite, repassez une autre couche plus épaisse, & l'étendez fort uniment à grand coups, le plus vîte que vous pourrez, ne touchant pas deux fois en un même endroit avant qu'il soit sec, parce que le second emporte ce que l'on a mis au premier, particuliérement quand on appuie un peu trop le pinceau.

L'on fait encore d'autres fonds bruns d'une couleur un peu verdâtre. Ceux-ci sont le plus en usage, & les plus propres à mettre sous toutes sortes de figures & de portraits ; parce qu'ils font paroître les carnations très-belles, & se couchent fort aisément sans qu'il soit besoin de pointiller, comme souvent l'on est obligé de faire les autres, qui rarement se font d'abord unis, au lieu qu'en ceux-ci l'on ne manque gueres de réussir dès le premier coup. Pour les faire, vous mêlerez du noir, du stil de grain, & du blanc ensemble, plus ou moins de chaque couleur, selon que vous voudrez qu'ils soient bruns ou clairs ; vous en ferez une couche fort légere, puis une plus épaisse, comme j'ai dit des premiers fonds. L'on en peut faire encore d'autres couleurs si l'on veut, mais voilà les plus ordinaires.

VII. Quand vous peignez quelque Saint sur un de ces fonds, & que vous voulez faire une *Gloire* autour de la tête de votre figure ; il faut mettre en cet endroit la couleur la moins épaisse, ou même n'en mettre point du tout, particuliérement où cette gloire doit être plus claire ; mais coucher pour la premiere fois du blanc & un peu d'ochre mêlés l'un avec l'autre, assez épais : & à mesure que vous vous éloignerez de la tête, mettez un peu plus d'ochre. Pour faire mourir cette couleur avec le fond, on hache avec le pinceau à grands coups, & en suivant le rond de gloire, tantôt de la couleur dont elle est faite, & tantôt de celle du fond, mêlant un peu de blanc ou d'ochre parmi cette derniere, quand elle fait trop brun, pour travailler avec cela jusqu'à ce que l'une se perde dans l'autre insensiblement, & que l'on ne voie point de séparation qui coupe.

Pour faire un fond entier de gloire, on ébauche le plus clair avec un peu d'ochre & de blanc, ajoûtant davantage de ce premier à mesure que l'on approche des bords du tableau. Et lorsque l'ochre n'est plus assez fort (car il faut toujours faire de plus brun en plus brun), on y mêle de la pierre de fiel, ensuite un peu de carmin, & enfin du bistre. Il faut faire cette ébauche la plus douce qu'il est possible ; c'est-à-dire, que les nuances se perdent sans couper. Ensuite l'on pointille par-dessus ; des mêmes couleurs, pour faire noyer le tout ensemble ; ce qui est assez long & un peu difficile, particuliérement lorsqu'il y a des nuées de gloire dans le fond. Il faut en fortifier les jours à mesure qu'on s'éloigne de la figure, & finir de même que le reste en pointillant, & arrondissant les nuées, dont il faut confondre le clair avec l'obscur imperceptiblement.

VIII. Pour un *Ciel de jour*, on prend de l'outremer & beaucoup de blanc, que l'on mêle ensemble, dont on fait une couche la plus unie que l'on peut, avec un gros pinceau, & à grands coups comme les fonds, l'appliquant de pâle en plus pâle à mesure que l'on descend vers l'horison ; qu'il faut faire avec du vermillon ou de la mine de plomb, & du blanc de la même force que finit le Ciel, & même un peu moins ; faisant perdre ce bleu dans le rouge, que l'on fait descendre jusques sur les terrasses, y mêlant sur la fin, de la pierre de fiel & beaucoup de blanc, ensorte que le mêlange soit encore plus pâle que le premier, sans qu'il paroisse de séparation entre toutes ces couleurs du Ciel.

IX. Lorsqu'il y a des *nuages* sur le Ciel, l'on peut épargner les endroits où ils doivent être : c'est-à-dire, qu'il n'y faut pas mettre du bleu ; mais les ébaucher (s'ils sont rougeâtres) de vermillon, de pierre de fiel, & de blanc, avec un peu d'Inde. S'ils sont plus noirs, il faut mettre beaucoup de ce dernier ; faisant les jours des uns & des autres, de massicot, de vermillon, & de blanc, plus ou moins de l'une ou l'autre de ces couleurs, selon la force dont on les veut faire, ou selon celle de l'original que l'on copie ; arrondissant le tour en pointillant : car il est difficile de les coucher bien unies en les ébauchant. Et si le Ciel n'est plus assez égal, il faudra le pointiller.

L'on peut aussi ne pas épargner la place des nuages : mais les coucher sur le fond du Ciel, rehaussant les clairs en mettant beaucoup de blanc, & fortifiant les ombres. Cette maniere est la plus tôt faite.

X. Le Ciel de *nuit* ou *d'orage* se fait avec de l'Inde, du noir, ou du blanc, mêlés ensemble ; que l'on couche comme le Ciel de jour. Il faut ajoûter dans ce mêlange, de l'ochre, du vermillon, ou du brun rouge, pour faire les nuages ; dont les jours doivent être de massicot, de mine de plomb, & de blanc, tantôt plus tantôt moins jaunes à discrétion. Lorsque c'est un Ciel d'orage, & qu'en certains endroits on voit des clairs, soit de bleu, soit de rouge ; on les fait comme au Ciel de jour, perdant le tout ensemble en ébauchant & finissant.

XI. Pour faire une DRAPERIE *bleue*, mettez de l'outremer auprès du blanc qui est sur votre palette : mêlez une partie de l'un & de l'autre ensemble, de telle sorte que le tout soit pâle & ait du corps. De ce mélange, vous ferez les endroits les plus clairs. Puis vous y ajoûterez davantage d'outremer, pour faire ceux qui sont plus bruns : & continuerez de cette maniere jusqu'aux plis les plus enfoncés, & les ombres les plus fortes; où il faudra mettre de l'outremer presque pur : & tout cela en ébauchant, c'est-à-dire, le couchant à grands coups; faisant néamoins le plus uni que vous pourrez, perdant les clairs & les bruns avec une couleur qui ne soit pas si pâle que les jours, ni si brune que les ombres. Vous pointillerez ensuite avec la même couleur dont vous aurez ébauché; mais tant soit peu plus forte, afin que les points soient marqués. Il faut que tout se fonde l'un dans l'autre, & que les plis ne paroissent pas coupés. Lorsque l'outremer n'est pas assez brun pour faire les ombres les plus fortes quelque gommé qu'il soit, on y mêle de l'Inde pour les finir. Et quand l'extrêmité des jours n'est pas assez claire, on les releve avec du blanc & fort peu d'outremer.

Une *Draperie de Carmin* se fait de même que la bleue. Excepté qu'aux endroirs les plus bruns, on met une couche de vermillon pur, avant que d'ébaucher de carmin; que l'on appliquera, sans blanc par-dessus; & dans les ombres les plus fortes, on le gommera beaucoup. Pour le foncer davantage, mêlez-y un peu de bistre.

Il se fait aussi une autre *Draperie rouge*, que l'on ébauche toute de vermillon, y mêlant du blanc pour faire les clairs, le mettant tout pur pour les endroits les plus bruns; & ajoûtant du carmin pour les grandes ombres. L'on finit ensuite avec les mêmes couleurs, comme dans les autres draperies. Et quand le carmin avec le vermillon ne fait pas assez brun, on travaille avec ce premier tout pur; mais seulement dans le plus fort des ombres.

Une *Draperie de Laque* se fait de même que celle de carmin; y mêlant beaucoup de blanc aux endroits clairs, & fort peu dans les bruns. On l'acheve de même en pointillant : mais l'on n'y fait point entrer de vermillon.

Les *Draperies Violettes* se font aussi de cette sorte, après avoir fait un mêlange de carmin & d'outremer; mettant toujours du blanc pour les clairs. Si vous voulez que votre violet soit colombin, il faut qu'il y ait plus de carmin que d'outremer. Mais si vous le voulez plus bleu & plus foncé, mettez plus d'outremer que de carmin.

L'on fait une *Draperie couleur de chair* en commençant par mettre une couche composée de blanc, de vermillon, & de laque très-pâle; & faisant les ombres avec les mêmes couleurs, y mettant moins de blanc. Il faut faire cette couleur fort pâle & fort tendre, parce qu'elle n'est propre qu'aux étoffes légeres. Les ombres n'en doivent pas même être obscures.

Pour faire une *Draperie jaune*, il faut mettre une couche de massicot par-tout; puis une de gomme gutte par-dessus : à la réserve des endroits les plus clairs; où il faut laisser le massicot pur. Ensuite on ébauche avec de l'ochre mêlé d'un peu de gomme gutte & de massicot; mettant plus ou moins de ce dernier selon la force des ombres. Lorsque ces couleurs ne sont pas assez brunes, on y ajoûte de la pierre de fiel. On travaille avec la pierre de fiel toute pure dans les ombres les plus fortes, y mêlant du bistre. S'il est besoin de faire encore plus brun, on finit avec les mêmes couleurs qui ont servi à ébaucher; en pointillant, & faisant perdre les clairs dans les bruns.

Si vous mettez du jaune de Naples, ou du stil de grain, au lieu de massicot & de gomme gutte; vous ferez une *autre sorte de jaune.*

La *Draperie verte* se fait en mettant une couche générale de verd de montagne : avec lequel, si on la trouve trop bleue, on mêle du massicot pour les jours, & de la gomme gutte pour les ombres. Ensuite on ajoûte à ce mêlange, du verd d'iris ou de vessie, pour ombrer : & à mesure que les ombres sont fortes, on met davantage de ces derniers verds, & même tout purs où il faut faire extrêmement brun. On finit avec les mêmes couleurs, un peu plus brunes.

Mettant plus de jaune ou de bleu dans ses couleurs, on fera comme on voudra des verds de différentes nuances.

Pour faire une *Draperie noire*, on ébauche avec du noir & du blanc : & l'on finit avec la même couleur; y mettant plus de noir à mesure que les ombres sont fortes. Dans les plus brunes, on mêle de l'Inde; sur-tout quand on veut que la draperie paroisse veloutée. On peut donner toujours de certains coups d'une couleur plus claire, pour relever les jours de quelque draperie que ce soit.

Pour une *Draperie blanche* de laine, il faut mettre une couche de blanc où il y ait tant soit peu d'ochre, d'orpin, ou de pierre de fiel; afin qu'elle paroisse un peu jaunâtre : puis ébaucher & finir les ombres avec du bleu, un peu de noir, de blanc, & du bistre.

Le *Gris blanc* s'ébauche avec du noir & du blanc. Et l'on finit avec la même couleur, mais plus forte.

Pour une *Draperie minime*, on met une couche de bistre, de blanc, & un peu de brun rouge : & l'on ombre avec ce mêlange, mais plus brun.

Il y a d'autres *Draperies* que l'on appelle *Changeantes;* parce que les jours sont d'une autre couleur que les ombres. L'on s'en sert le plus souvent pour habiller les Anges, & les figures sveltes & jeunes; pour des écharpes, & autres habillemens légers qui souffrent quantité de plis, & qui doivent aller au gré des vents. Les plus ordinaires sont violettes : & l'on en fait de deux sortes l'une dont les jours sont bleus; & l'autre qui les a jaunes.

Pour la premiere, on met une couche d'outremer & de blanc fort pâle, sur les clairs : & l'on ombre avec du carmin, de l'outremer, & du blanc; de même qu'à une draperie toute violette. De sorte qu'il n'y a que les plus grands jours qui paroissent bleus. Encore les faut-il pointiller avec du violet, où il y aura beaucoup de blanc; & les faire perdre insensiblement dans les ombres.

L'autre se fait en mettant sur les jours seulement, au lieu de bleu, une couche de massicot; & faisant le reste de même qu'à la draperie toute violette: excepté qu'il faut pointiller & fondre les clairs dans les bruns (c'est-à-dire le jaune dans le violet) avec un peu de gomme gutte, de jaune de Naples, & de blanc mêlé avec le violet.

La *Rouge de carmin* se fait comme cette derniere: c'est-à-dire, que l'on fait les jours, de massicot; & les ombres, de carmin. Et pour faire perdre les uns dans les autres, l'on se sert de gomme gutte.

La *Rouge de laque*, comme celle de carmin.

La *Verte*, de même que celle de laque : mêlant toujours du verd de montagne avec ceux d'iris ou de vessie, pour faire les ombres qui ne sont pas fort brunes.

L'on en peut faire encore de plusieurs autres sortes à discrétion : prenant garde néanmoins à l'union des couleurs, non seulement dans une étoffe, mais encore dans un groupe de figures; évitant autant que le sujet le permettra, de mettre du bleu auprès de la la couleur de feu, du verd contre du noir, & ainsi des autres qui tranchent & dont l'union n'est pas assez douce.

L'on fait des *draperies de couleur sale*, comme de brun rouge, de bistre, d'Inde; de la même maniere que celles ci-dessus qui y ont le plus de rapport. Les changeantes servent aussi de regle pour les *couleurs rompues* & *composées :* entre lesquelles il faut toujours observer l'accord, afin que leur mêlange ne fasse rien de trop dur à la vûe. Il faut connoître, par l'expérience & l'usage, la force & l'effet des couleurs; & travailler d'après cette connoissance.

XI. Les *Linges* se font ainsi. Après en avoir dessiné les plis, comme ceux d'une draperie, l'on met une couche de blanc par tout. Ensuite on ébauche; & on finit les ombres avec un mêlange d'outremer, de noir & de blanc; plus ou moins de ce dernier, selon que les plis sont tendres : & dans les enfoncemens les plus bruns, on met du bistre mêlé avec un peu de blanc; donnant seulement quelques coups de ce mêlange, même de bistre tout pur, dans l'extrêmité des plus grandes ombres, où il faut marquer les plis; & les faisant perdre avec le reste.

On peut encore faire une couche générale de ce mêlange d'outremer, de noir, & de blanc fort pâle; & ébaucher, comme j'ai dit ci-dessus, avec la même couleur, mais un peu plus forte: & quand les ombres sont pointillées & finies, on releve les jours avec du blanc tout pur; les faisant perdre avec le fond du linge.

De quelque sorte qu'on les fasse, il faut, lorsqu'ils sont achevés, y faire quelques teintes jaunâtres d'orpin & de blanc en certains endroits; les couchant légerement & comme une eau : ensorte que ce qui est dessous, tant ombres que pointillage, ne laisse pas de paroître.

On fait les linges jaunes en mettant une couche de blanc mêlé avec un peu d'ochre. Ensuite on ébauche & on finit les ombres, de bistre mêlé avec du blanc & de l'ochre: & dans le plus fort des ombres, de bistre pur. Avant que de finir, on fait d'espace en espace, des teintes d'ochre & de blanc, & d'autres de blanc & d'outremer, tant sur les ombres que sur les jours, mais fort clair; & l'on fait perdre le tout ensemble en pointillant, ce qui fait un bel effet. En finissant, on rehausse l'extrêmité des jours avec du massicot & du blanc.

On peut mettre à ces linges, aussi bien qu'aux blancs, certaines barres d'espace en espace, comme aux écharpes d'Egyptienne; c'est-à-dire, de petites rayes bleues & rouges d'outremer & de carmin, une rouge entre deux bleues; fort claires sur les jours, & plus fortes dans l'ombre. L'on coëffe assez ordinairement les Vierges avec ces sortes de voiles. On en fait aussi des écharpes autour des gorges couvertes; parce qu'elles vont fort bien au tein, & que les couleurs pétillantes sur une carnation, en amortissent la vivacité.

Quand on veut que les uns & les autres soient transparens, & que l'étoffe ou autre chose qui sera dessous paroisse au travers, il faut en faire la premiere couche fort claire; mêler dans la couleur à ombrer un peu de celle qui sera dessous, particuliérement sur la fin des ombres; & ne faire que l'extrêmité des jours (seulement pour les jaunes) de massicot & de blanc; & pour les blancs, de blanc tout pur.

On peut le faire encore d'une autre façon, surtout lorsqu'on veut qu'ils soient tout-à-fait clairs comme de la mousseline de Lyon, ou de la toile de soie. Pour cet effet, il faut ébaucher & finir ce qui doit être dessous, comme si on ne vouloit rien mettre dessus; ensuite marquer les plis qui sont clairs, avec du blanc & du massicot; & les ombrer avec du bistre ou du noir, du bleu, & du blanc, selon la couleur dont on les voudra faire : faisant tant soit peu le reste; encore cela n'est-il nécessaire que pour les moins clairs.

XIII. Le *crêpe* se fait de même : excepté qu'on marque les plis des ombres & des jours, & les bords, par de petits filets de noir pur, sur ce qui est dessous; que l'on doit avoir aussi fini.

XIV. Quand on veut *tabiser une étoffe*, il faut y faire des ondes avec une couleur un peu plus claire ou plus brune, sur les clairs & dans les ombres.

XV. Il y a une maniere de *Toucher les draperies :* qui distingue celles de soie d'avec celles de laine. Celles-ci sont plus grossieres & plus sensibles; celles-là plus légeres & plus fuyantes. Mais il faut remarquer que c'est un effet qui dépend en partie de l'étoffe, & en partie des couleurs. Pour les employer d'une maniere convenable aux sujets & aux éloignemens, je dirai ici un mot de leurs différentes qualités.

Nous n'avons point de couleur qui participe davantage de la lumiere, ni qui soit plus approchante de l'air que le *blanc :* ce qui fait voir qu'elle est légere & fuyante. On peut néanmoins la retenir sur le devant, & la faire approcher par quelque autre couleur voisine plus pesante & sensible, ou en les mêlant ensemble.

Le *bleu* est la couleur la plus fuyante. Aussi voyons-nous que le Ciel & les lointains sont de cette couleur. Mais elle deviendra d'autant plus légere qu'elle sera mêlée avec du blanc.

Le *noir* tout pur est la couleur la plus pesante & la plus terrestre de toutes: & plus vous en mêlerez avec les autres, plus vous les rendrez approchantes. Néanmoins les différentes dispositions du blanc & du noir en rendent aussi les effets différens. Car souvent le blanc fait fuir le noir, & le noir fait approcher le blanc; comme aux reflets des Globes qu'on veut arrondir; ou aux autres figures, où il y a toujours des parties fuyantes qui trompent la vûe par l'artifice de l'art. Sous le blanc, sont ici comprises toutes les couleurs légeres; comme sous le noir, les couleurs pesantes.

L'outremer est donc une couleur douce & légere.

L'ochre ne l'est pas tant.

Le massicot & le verd de montagne sont fort légers.

Le vermillon & le carmin en approchent.

L'orpin & la gomme gutte approchent un peu moins.

La laque tient un certain milieu, plus doux que rude.

Le stil de grain est une couleur indifférente; qui prend aisément la qualité des autres. Ainsi vous la rendrez terrestre en la mêlant avec les couleurs qui le sont; & au contraire, des plus fuyantes, en la joignant avec le blanc ou le bleu.

Le brun rouge, la terre d'ombre, les verds bruns, & le bistre, sont les couleurs les plus pesantes & les plus terrestres après le noir.

Les habiles Peintres qui entendent la perspective & l'harmonie des couleurs, observent toujours de placer les couleurs sensibles & brunes, sur le devant de leur tableau; & les clairs & les fuyantes, dans les lointains. Quant à l'union des couleurs; les différens mêlanges que l'on en peut faire, apprendront le rapport ou l'opposition qu'elles ont entr'elles. Et sur cela vous prendrez vos mesures pour les placer avec un accord qui plaise à la vûe.

XVI. Pour faire des *dentelles*, points de France, & autres; on met une couche de bleu, de noir & de blanc, comme aux linges. Puis on releve les fleurons avec du blanc pur. Ensuite on fait les ombres par-dessus avec la premiere couleur ; & on les finit de même. Quand ils sont sur de la carnation ou autre chose que l'on veut faire paroître au travers, on finit ce qui est dessous, comme si l'on n'y vouloit rien mettre ; & par-dessus l'on fait les points ou dentelles avec du blanc pur, les ombrant & finissant avec de l'autre mêlange.

XVII. Si vous voulez peindre quelque *fourrure*, il faut ébaucher comme une draperie : si elle est brune, avec du bistre, & du blanc ; faisant les ombres de la même couleur, avec moins de blanc : si elle est blanche, avec du bleu, du blanc, & un peu de bistre. Et lorsque votre ébauche est faite, au lieu de pointiller il faut tirer de petits traits en tournant tantôt d'une façon, & tantôt d'une autre, du sens que va le poil. L'on releve les jours de la brune avec de l'ochre & du blanc ; & ceux de l'autre avec du blanc & un peu de bleu.

XVIII. Pour faire une *architecture* : si elle est de pierre, on prend de l'Inde, du bistre, & du blanc ; dont on fait l'ébauche. Et pour l'ombrer on met de ce dernier, & plus de bistre que d'Inde, selon la couleur des pierres que l'on veut faire. On y peut mêler aussi de l'ochre pour ébaucher, & pour finir. Mais pour la faire plus belle, il faut d'espace en espace, sur-tout quand ce sont de vieilles mazures qu'on veut représenter, faire des teintes jaunes & bleues, les unes d'ochre & les autres d'outremer ; y mêlant toujours du blanc, soit avant que d'ébaucher (pourvû qu'elles paroissent au travers de l'ébauche) soit par dessus, en les faisant perdre avec le reste lorsqu'on finit.

Quand l'architecture est de bois : comme il y en a de plusieurs sortes, on la fait à discrétion. Mais la plus ordinaire méthode est d'ébaucher avec de l'ochre, du bistre & du blanc, & finir sans blanc ou fort peu ; & si les ombres sont fortes, avec du bistre tout pur. En d'autres, on y ajoûte tantôt du vermillon, tantôt du verd ou du noir ; en un mot, selon la couleur qu'on veut lui donner : & l'on finit en pointillant, comme les draperies, *&c.*

XIX. Il y a dans les *Carnations*, tant de différens coloris, qu'il seroit mal-aisé d'en donner des regles générales ; aussi n'en fuit-on point, quand on a acquis par l'usage l'habitude de travailler aisément. Ceux qui sont arrivés à ce degré, s'attachent à copier les originaux ; ou bien ils travaillent sur leurs idées sans sçavoir comment : de sorte que les plus habiles, qui le font avec moins de réflexion & de peine que les autres, en auroient aussi davantage à rendre raison de leur talent en fait de peinture, si on leur demandoit de quelles couleurs ils se servent pour faire tel ou tel coloris, une teinte ici, & là une autre.

Cependant comme les commençans, à l'utilité desquels ce petit traité est destiné, ont d'abord besoin de quelque instruction, je dirai ici en général de quelle maniere il faut faire diverses carnations.

Premiérement, après avoir dessiné sa figure avec du carmin, & mis l'ordonnance convenable ; on applique pour les femmes, les enfans, & généralement pour tous les coloris tendres, une couche de blanc, mêlé avec tant soit peu de bleu : mais si peu qu'il ne paroisse presque pas. Pour les hommes, au lieu de bleu, on met dans cette premiere couche un peu de vermillon : & lorsqu'ils sont vieux, on y mêle de l'ochre.

Ensuite, on recherche tous les traits avec du vermillon, du carmin, & du blanc, mêlés ensemble : & l'on ébauche toutes les ombres avec ce mêlange ; ajoûtant du blanc, à proportion qu'ils sont foibles, & n'en mettant gueres aux plus bruns, & quasi point dans de certains endroits où il faut donner des coups de force ; par exemple, dans les coins des yeux, sous le nez, aux oreilles, sous le menton, dans la séparation des doigts, dans toutes les jointures, au coin des ongles, & généralement par-tout où l'on veut marquer quelque séparation dont les ombres soient obscures. Il ne faut point craindre aussi de donner à celles-là, toute la force qu'elles doivent avoir, dès la premiere ébauche ; parce qu'en travaillant dessus avec du verd, il affoiblit toujours le rouge que l'on y a mis.

Après avoir ébauché de rouge, l'on fait des teintes bleues avec de l'outremer & beaucoup de blanc, sur les parties qui fuyent ; c'est-à-dire, sur les tempes, au-dessous & au coin des yeux, aux deux côtés de la bouche, dessous & dessus, & un peu sur le milieu du front, entre le nez & les yeux, à côté des joues, au cou, & aux autres endroits où la chair a un œil bleu.

L'on fait encore des teintes jaunâtres, avec de l'ochre ou de l'orpin & un peu de vermillon mêlé de blanc, au-dessus des sourcils, aux côtés du nez vers le bas, un peu au-dessous des joues, & sur les autres parties qui approchent. C'est particuliérement pour ces teintes qu'il faut observer le naturel, afin de le prendre. Car la peinture étant une imitation de la nature, la perfection de l'art consiste en la justesse & vérité de cette représentation ; sur-tout pour le portrait.

Lorsque vous avez fait votre premiere couche, votre ébauche, & vos teintes, il faut travailler sur les ombres, en pointillant avec du verd pour les carnations, y mêlant (selon la regle que j'en ai donnée pour les teintes) un peu de bleu pour les parties fuyantes, & au contraire faisant un peu plus jaune pour celles qui sont plus sensibles ; c'est-à-dire, qui approchent. Dans la fin des ombres, du côté du clair, il faut confondre sa couleur imperceptiblement dans le fond de la carnation, avec du bleu, puis du rouge, selon les endroits où l'on peint. Si ce mêlange de verd ne fait pas assez brun, il faut repasser plusieurs fois sur les ombres, tantôt avec du rouge tantôt du verd, & toujours en pointillant, jusqu'à ce qu'elles soient comme il faut.

Si l'on ne peut, avec ces couleurs, donner aux ombres toute la force qu'elles doivent avoir, l'on finit dans le plus obscur avec du bistre mêlé d'orpin, d'ochre, ou de vermillon ; & quelquefois tout pur ; selon le coloris que vous voulez faire : mais légerement, mettant votre couleur fort claire.

Il faut pointiller sur les clairs avec un peu de vermillon ou de carmin mêlé de beaucoup de blanc & de tant soit peu d'ochre, pour les faire perdre dans les autres imperceptiblement ; prenant garde, en pointillant ou hachant, de faire que vos traits suivent les contours des chairs. Car bien qu'il faille croiser de tout sens, ce contours doit paroître un peu davantage, parce qu'il arrondit les parties.

Comme ce mêlange pourroit faire un coloris trop rouge, si l'on s'en servoit toujours, on travaille aussi par-tout à fondre les teintes & les ombres avec du bleu, un peu de verd, & beaucoup de blanc, de sorte que ce mêlange soit fort pâle : excepté pourtant qu'il ne faut point mettre de couleur sur les joues, ni sur l'extrêmité des clairs ; non plus que de l'autre mêlange sur ces derniers, qu'il faut laisser avec tout leur jour, comme certains endroits du menton, du nez & du front, & au-dessus des joues ; lesquelles, & le menton, doivent néanmoins être plus rouges que le reste, aussi bien que les pieds, le dedans des mains, & les doigts des uns & des autres.

Remarquez que ces deux derniers mêlanges dpivent être si pâles, qu'à peine en puisse-t-on voir le travail : n'étant que pour adoucir l'ouvrage, & faire l'union des teintes les unes dans les autres, des ombres dans les clairs ; & faire perdre les traits. Il faut prendre garde aussi de ne pas trop travailler du mêlange rouge sur les teintes bleues, ni du bleu sur les autres ; mais changer de tems en tems de couleur, quand on voit que l'on fait trop bleu ou trop rouge, jusqu'à ce que l'ouvrage soit fini.

Les prunelles des *yeux* se font avec le mêlange d'outremer & de blanc, un peu plus fort ; y faisant entrer un peu de bistre, si elles sont jaunâtres ; ou un peu de noir, si elles sont grises. On fait le petit rond noir qui est au milieu (appellé crystallin), & l'ombre des prunelles, avec de l'Inde, du bistre, ou du noir, selon la couleur dont elles sont ; donnant aux unes & aux autres un petit coup de vermillon pur à l'entour du crystallin, que l'on fait perdre avec le reste en finissant : cela donne de la vivacité à l'œil.

Il faut ombrer le blanc des *yeux* avec ce même bleu, & un peu de couleur de chair ; & faire les coins du côté du nez, avec du vermillon & du blanc, y donnant un petit coup de carmin. L'on adoucit tout cela avec le mêlange de vermillon, de carmin, de blanc, & tant soit peu d'ochre, plus tendre que fort.

On fait de bistre & de carmin le tour des yeux ; c'est-à-dire, les fentes & paupieres quand elles sont fortes ; particuliérement celles de dessus, qu'il faut ensuite adoucir avec les mêlanges de rouge, ou de bleu, dont j'ai parlé ci-devant, afin qu'elles se perdent & que rien ne paroisse coupé.

Quand cela est fait, on donne un petit coup de blanc tout pur sur le crystallin du côté du jour. Ce point fait briller l'œil, & lui donne la vie.

On peut aussi relever le blanc de l'œil du côté du jour.

La *bouche* s'ébauche de vermillon mêlé de blanc ; & se finit de carmin, que l'on adoucit comme le reste. Et lorsque le carmin ne fait pas assez brun, on y mêle du bistre : cela s'entend pour les coins, dans la séparation des lévres, & particuliérement à de certaines bouches entr'ouvertes.

Les *mains* & tout le reste des carnations, se font de même que le visage : en observant que le bout des doigts soit un peu plus rouge que le reste. Après que tout l'ouvrage est ébauché & pointillé, il faut marquer toutes les séparations des parties par de petits coups de carmin & d'orpin, mêlés ensemble ; tant dans les ombres que dans les clairs, mais plus que dans les premiers ; & les faire perdre dans le reste de la carnation.

Les *sourcils* & la *barbe* s'ébauchent comme les ombres des carnations ; & se finissent avec du bistre, de l'ochre, ou du noir, selon la couleur dont ils sont : les tirant par petits traits, comme ils doivent aller, c'est-à-dire, qu'il faut leur donner le tour naturel du poil. On en releve les jours avec de l'ochre, du bistre, un peu de vermillon, & beaucoup de blanc.

Pour les *cheveux*, l'on fait une couche de bistre, d'ochre, de blanc, & d'un peu de vermillon. Quand ils sont fort bruns, il faut du noir au lieu d'ochre. Ensuite on ébauche les ombres avec les mêmes couleurs, y mettant moins de blanc ; & l'on finit avec du bistre pur ou mêlé avec de l'ochre ou du noir, par petits traits fort déliés, & proche les uns des autres ; les faisant aller par ordre & par boucles, selon la frisure des cheveux. Il faut aussi relever les clairs par de petits traits avec de l'ochre ou de l'orpin, du blanc, & un peu de vermillon. Après quoi l'on fait perdre les jours dans les ombres en travaillant, tantôt avec la couleur brune, & tantôt avec la pâle. Pour les cheveux qui sont autour du front, au travers desquels on voit la chair : il faut ébaucher avec la couleur de la carnation ; ombrant & travaillant dessous, comme si l'on n'en vouloit point faire. Puis on les forme & finit avec du bistre ; & l'on en releve les jours comme des autres.

L'on ébauche les cheveux gris avec du blanc, du noir, & du bistre ; & on les finit de la même couleur, mais plus forte ; rehaussant le clair des cheveux aussi bien que celui des sourcils & de la barbe, avec du blanc & du bleu fort pâle, après les avoir ébauchés comme les autres avec de la couleur de chair, travaillés de verd, & finis de bistre.

Un des points les plus importans est d'adoucir son ouvrage, & de mêler ses teintes les unes dans les autres ; aussi bien que la barbe, & les cheveux qui sont sur le front, avec les autres cheveux & la carnation : prenant garde sur tout de ne pas faire sec & dur, & que les traits des contours des carnations ne soient pas coupés.

Il faut aussi s'accoutumer à ne mettre du blanc dans les couleurs, qu'à proportion que l'on fait clair ou brun. Car il faut que la couleur dont on travaille la seconde fois, soit toujours un peu plus forte que la premiere, à moins que ce ne soit pour adoucir.

Les différens coloris se peuvent aisément faire en mettant plus ou moins de rouge, ou de bleu, ou de jaune, ou de bistre, soit pour l'ébauche, soit pour finir. Celui des femmes doit être bleuâtre, celui des enfans un peu rouge, l'un & l'autre frais & fleuris ; & celui des hommes plus jaune, particuliérement lorsqu'ils sont vieux. Voyez *Carnations*, dans l'article COULEUR.

XX. Pour faire un *Coloris de Mort*, il faut donner une premiere couche de blanc & d'orpin, ou d'ochre fort pâle ; ébaucher avec du vermillon & de la laque au lieu de carmin, & beaucoup de blanc ; & travailler ensuite par-dessus, avec un mêlange verd, dans lequel il y aura plus de bleu que d'autre couleur, afin que la chair soit livide & pourpreuse. Les teintes se font de même qu'à un autre coloris ; mais il faut qu'il y en ait beaucoup plus de bleues que de jaunes, particuliérement aux parties qui fuyent, & autour des yeux, & que ces dernieres ne soient qu'aux parties qui approchent le plus. On les fait mourir les unes dans les autres, selon la maniere ordinaire, tantôt avec du bleu fort pâle, tantôt avec de l'ochre & du blanc, & peu de vermillon ; adoucissant le tout ensemble. Il faut arrondir les parties & les contours avec les mêmes couleurs.

La bouche doit être quasi toute violette. On ne laisse pas de l'ébaucher avec un peu de vermillon, d'ochre & de blanc ; puis on la finit avec de la laque & du bleu. Et pour y donner les coups de force, on prend du bistre & de la laque, dont on fait aussi ceux des yeux, du nez & des oreilles.

Si c'est un *Crucifix*, ou quelque *Martyr*, où l'on doit faire paroître du sang ; après que la carnation sera achevée, il faudra l'ébaucher de vermillon, & le finir de carmin ; faisant aux gouttes de sang, un petit reflet qui les arrondisse.

Pour la couronne d'épines, il faut faire une couche de verd de mer & de massicot ; l'ombrer de bistre, & de verd ; & rehausser les clairs, de massicot.

XXI. Le *Fer* s'ébauche avec de l'Inde, un peu de noir & de blanc ; & se finit avec de l'Inde pur, le rehaussant avec du blanc.

XXII. Pour faire du *Feu* & des flammes, on fait les jours de massicot & d'orpin. Et pour les ombres, on y mêle du vermillon & du carmin.

Une fumée se fait de noir, d'Inde & de blanc, & quelquefois de bistre. On y peut ajoûter aussi du vermillon ou de l'ochre, selon la couleur dont on la veut faire.

XXIII. L'on peint les *Perles* en mettant une couche de blanc, & un peu de bleu. On les ombre & on les arrondit avec la même couleur, plus forte. L'on fait un petit point blanc, presque au milieu du côté du jour; & de l'autre côté, entre l'ombre & le bord de la perle, on donne un coup de massicot pour faire le reflet. Sous les perles, on fait une petite ombre de la couleur du fond sur lequel elles sont.

XXIV. Les *Diamans* se font de noir, tout pur; puis on les rehausse par de petits traits de blanc du côté du jour.

C'est la même chose pour telles pierreries qu'on veuille peindre; il n'y a qu'à changer de couleur.

XXV. Pour faire quelque figure d'*Or*, on met une couche d'or en coquille, & on l'ombre avec de la pierre de fiel: *l'Argent* tout de même; excepté qu'il faut l'ombrer avec de l'Inde.

XXVI. J'ai spécifié ainsi plusieurs petites choses en particulier, pour aider les commençans; parce que la maniere de faire celles que j'ai dites, & les couleurs qu'on y emploie, aideront même pour celles que je ne dis pas, en attendant la connoissance & la facilité qu'ont accoutumé de donner le tems & l'expérience à ceux qui s'appliquent à cet art. Un grand moyen d'en acquérir la perfection, est de copier d'excellens originaux: on jouit avec plaisir & avec tranquillité du travail & de la peine des autres; il faudroit en prendre beaucoup pour en avoir d'aussi beaux effets; & il vaut mieux être bon Copiste, que mauvais Inventeur.

Les enseignemens que j'ai donnés des mêlanges, & des différentes teintes dont il faut colorer les carnations & autres choses, peuvent servir particuliérement, lorsqu'on travaille d'après les estampes; où l'on ne voit que du blanc & du noir. Et ils ne sont pas inutiles lorsqu'on commence à copier des tableaux, sans sçavoir manier les couleurs, & sans connoître leur force & leurs effets. Car il y a cette différence entre la mignature, & la peinture à l'huile, qu'en la derniere, les couleurs ont été prises sur la palette, comme elles vous paroissent dans le tableau, où elles s'appliquent tout d'un coup; de sorte qu'il n'y a qu'à prendre la peine de chercher un peu, pour trouver ce qui fait un tel jour, & une telle ombre. Mais ce n'est pas la même chose pour la mignature: où assez souvent la derniere couche qu'on applique ne conserve pas sa couleur; mais en prend une autre des premieres dont on a travaillé dessous: ou plutôt les unes & les autres en composent une derniere, qui fait l'effet qu'on prétendoit. Et quoique ce soit de blanc, de verd, de carmin, de bleu, d'orpin, de bistre, &c. que ce coloris soit composé; ces couleurs ne le composeroient pas néanmoins, si on ne les mêloit ensemble. Car ce n'est qu'en travaillant de l'une, puis de l'autre, que l'on y parvient: & quand on le voit fait, sans l'avoir vû faire, il faudroit être, comme dit le Peuple, sorcier pour en deviner l'ordre & la maniere, supposé qu'on n'ait eu ni maître ni livre. C'est pourquoi je me suis attaché à particulariser dans celui-ci, tant de petits enseignemens; & je m'assure que l'expérience fera connoître à ceux qui sont en état de s'en servir, que pour être simples, ils n'en sont pas moins utiles.

[*Nota.* L'on a ici copié un petit Livre *in*-12. assez rare, réimprimé à Lyon en 1679, sous le titre de *Ecole de la Mignature, dans laquelle on peut aisément apprendre à peindre sans Maître*, &c.]

XXVII. *Des Paysages.* C'est particuliérement pour les paysages qu'il faut faire valoir l'article de la nature, & des diverses qualités des couleurs: parce que l'ordre & la distribution qu'on en fait, sert beaucoup à faire paroître les fuites & les éloignemens qui trompent la vûe. Et les plus grands Paysagistes ont toujours observé de placer sur les premieres lignes de leurs paysages, les couleurs les plus terrestres & les plus sensibles; réservant les plus légeres pour les lointains.

Mais afin de ne pas m'écarter de mon dessein; au lieu des préceptes généraux, je m'arrêterai à donner aux Commençans quelques instructions particulieres pour la pratique.

Premiérement, après avoir ordonné l'œconomie de votre paysage, comme de vos autres pieces, il faut ébaucher vos terrasses les plus proches, quand elles doivent paroître brunes, avec du verd de vessie ou d'iris, du bistre, & un peu de verd de montagne. Pour donner du corps à votre couleur, il faut ensuite pointiller avec ce mélange, mais un peu plus brun; y ajoûtant quelquefois du noir.

Pour celles qui sont claires, on fait une couche d'ochre & de blanc. Puis on ombre & on finit avec du bistre. On mêle quelquefois un peu de verd, particuliérement pour les ombres, & pour finir.

Il y a quelquefois sur les devans, certaines terrasses rougeâtres. Elles s'ébauchent avec du brun-rouge, du blanc, & un peu de verd; & se finissent de même, y mettant un peu plus de verd.

Pour faire des herbes & autres feuillages sur les terrasses les plus proches; il faut, après qu'elles sont finies, les ébaucher de verd de mer ou de montagne, & un peu de blanc; & pour celles qui sont jaunâtres, y mêler du massicot. On les ombre ensuite avec du verd d'iris ou du bistre, & de la pierre de fiel, si l'on veut qu'elles paroissent mortes.

Les terrasses qui sont un peu plus éloignées, s'ébauchent avec du verd de montagne. On les ombre & acheve avec du verd de vessie; y ajoûtant du bistre pour donner des coups, de côtés & d'autres.

Celles qui s'éloignent encore davantage se font avec du verd de mer, & un peu de bleu; & s'ombrent de verd de montagne.

Enfin plus elles fuyent, plus il les faut faire bleuâtres. Et les derniers lointains doivent être d'outremer & de blanc; y mêlant en quelques endroits de petites teintes de vermillon.

XXVIII. On peint *les Eaux* avec de l'Inde & du blanc. On les ombre de la même couleur, mais plus forte. Pour les finir, au lieu de pointiller, on ne fait que des traits sans croiser, leur donnant le tour des ondes, quand il y en a. Il faut quelquefois mêler un peu de verd dans certains endroits, & relever les clairs avec du blanc tout pur; particuliérement où l'eau bouillonne.

Les *Rochers* s'ébauchent comme l'Architecture de pierre: excepté qu'on y mêle un peu de verd pour l'ébauche & pour les ombres. L'on y fait des teintes jaunes & bleues, qu'il faut faire perdre avec le reste en finissant: & lorsqu'il y a de petites branches avec des feuilles, de la mousse, ou des herbes; quand tout est fini, on les releve par-dessus avec du verd & du massicot. On en peut faire de jaunes, de vertes & de rougeâtres, pour paroître seches, de même qu'aux terrasses. On pointille les rochers comme le reste; plus ils sont éloignés, plus on les fait grisâtres.

XXIX. Les *Châteaux*, les *vieilles Masures*, & autres bâtimens de pierre & de bois, se font de la maniere que j'ai dite en parlant des architectures, lorſqu'ils ſont ſur les premieres lignes. Mais quand on les veut faire paroître éloignés, il y faut mêler du brun-rouge & du vermillon, avec beaucoup de blanc; & ombrer fort tendrement avec ce mélange. Plus ils s'éloignent, moins il faut que les traits ſoient forts pour les ſéparations. Comme les couvertures ſont ordinairement d'ardoiſe, on les fait un peu plus bleues que le reſte.

XXX. On ne fait les *Arbres*, qu'après que le ciel eſt fini. On peut néanmoins épargner les places, quand ils en tiennent beaucoup. De quelque façon que ce ſoit, il faut ébaucher ceux qui approchent, avec du verd de montagne, y mêlant quelquefois de l'ochre; & les ombrer des mêmes couleurs, y ajoûtant du verd d'iris. Il faut enſuite feuiller là-deſſus, en pointillant, ſans croiſer : car ce doivent être de petits points longuets, d'une couleur plus brune & aſſez nourris, qu'il faut conduire du côté que les branches vont, par petites touffes d'une couleur un peu plus brune. Après cela on rehauſſe les jours avec du verd de montagne ou de mer, & du maſſicot, en feuillant de la même maniere. Et lorſqu'il y a des branches ou des feuilles ſeches, on les ébauche de brun-rouge, ou de pierre de fiel, avec du blanc. On les finit de pierre de fiel ſans blanc, ou de biſtre.

Le tronc des arbres doit être ébauché avec de l'ochre, du blanc, & un peu de verd pour les clairs. Pour les bruns, on fait un mélange de noir & d'ochre; avec lequel on ombre les uns & les autres, y ajoûtant du biſtre & du verd. On y fait auſſi des teintes jaunes, & de bleues; & on y donne de côtés & d'autres quelques coups de blanc ou de maſſicot.

Les branches qui paroiſſent entre les feuilles ſe font avec de l'ochre, du verd de montagne, & du blanc; ou du biſtre & du blanc : ſelon le jour où vous les faites. Il faut les ombrer de biſtre, & de verd d'iris.

Quand les arbres ſont un peu éloignés, on les ébauche avec du verd de montagne & du verd de mer. On les ombre & finit avec les mêmes couleurs, mêlées de verd d'iris. Pour ceux qui paroiſſent jaunâtres, on les couche d'ochre & de blanc, & on les finit avec de la pierre de fiel. On ébauche avec du verd de mer ceux qui ſont dans les lointains : pour finir, on y mêle de l'outremer. Le jour des uns & des autres ſe releve avec du maſſicot, par petites feuilles ſéparées.

C'eſt une des choſes les plus difficiles du Payſage, & preſque de toute la Mignature, que de bien feuiller un arbre. Pour l'apprendre, & y rompre un peu ſa main, il faut en copier de bons. Car la maniere de les toucher eſt ſinguliere : & elle ne peut s'acquérir qu'en travaillant aux arbres mêmes.

On obſervera de faire paſſer autour des arbres, de petits rameaux qu'il faudra feuiller; pour couvrir tout ce qui ſe rencontre deſſous, & le ciel.

Des Fleurs.

XXXI. Il eſt agréable de peindre les fleurs, non ſeulement à cauſe de l'éclat de leurs différentes couleurs, mais auſſi pour le peu de tems & de peine qu'on emploie à les faire. Il n'y a que du plaiſir, & preſque point d'application. Vous eſtropiez un viſage, ſi vous faites un œil plus haut ou plus bas que l'autre, un petit nez avec une grande bouche, & ainſi des autres parties : mais la crainte de ces diſproportions ne gêne point pour les fleurs. Car à moins qu'elles ne ſoient tout-à-fait remarquables, elles ne gâtent rien. Auſſi la plus grande partie des perſonnes de qualité qui ſe divertiſſent à peindre, s'en tiennent-elles aux fleurs. Il faut néanmoins s'attacher à copier juſte. Et pour cette partie de la Mignature, comme pour le reſte, je vous renvoie au naturel : car c'eſt le meilleur modéle que vous puiſſiez vous propoſer. Travaillez donc d'après les fleurs naturelles; & cherchez-en les teintes & les diverſes couleurs ſur votre palette : un peu d'uſage vous les fera trouver aiſément. Pour vous les faciliter, je dirai d'abord la maniere d'en faire quelques-unes. Auſſi ne peut-on pas toujours avoir des fleurs naturelles; & l'on eſt ſouvent obligé de travailler d'après les eſtampes, où l'on ne voit que la gravure. En ce cas, ſervez-vous de celles de Nicolas Guillaume La Fleur, & de Meſſieurs Robert & Baptiſte : elles ſont toutes très-bonnes.

C'eſt une regle générale que les fleurs ſe deſſinent & ſe couchent comme les autres figures. Mais la maniere de les ébaucher, & de les finir eſt différente : car on les ébauche ſeulement par de gros traits, que l'on fait tourner d'abord du ſens que doivent aller les petits, avec leſquels on finit; ce tour y aidant beaucoup. Et pour les finir, au lieu de hacher ou de pointiller, on tire de petits traits bien déliés & fort proches les uns des autres, ſans croiſer; repaſſant pluſieurs fois, juſqu'à ce que les bruns & les clairs ayent toute la force qu'on veut leur donner.

XXXII. *Des Roſes.* Après qu'on a calqué, puis deſſiné avec du carmin la roſe rouge, on applique une couche fort pâle de carmin & de blanc. Enſuite on ébauche les ombres de la même couleur, y mettant moins de blanc; & enfin avec du carmin pur, mais très-clair d'abord, le fortifiant de plus en plus, à meſure que l'on travaille & que les ombres ſont brunes : cela ſe fait à grands coups. On finit en travaillant deſſus avec la même couleur, par petits traits que l'on fait aller comme ceux de la gravure, ſi c'eſt une eſtampe que l'on copie; ou du ſens que tournent les feuilles de la roſe, ſi c'eſt d'après une peinture ou le naturel : faiſant perdre les ombres dans les clairs, & rehauſſant les plus grands jours & le bord des feuilles les plus éclairées, avec du blanc & un peu de carmin. Il faut toujours faire le cœur des roſes & le côté de l'ombre plus brun que le reſte, & mêler un peu d'Inde en ombrant les premieres feuilles, particuliérement quand les roſes ſont épanouies, pour les faire paroître fanées. L'on ébauche les étamines qui ſont au dedans de cette fleur avec de la gomme gutte; dans laquelle on mêle un peu de verd de veſſie, pour ombrer.

Les roſes panachées doivent être plus pâles que les autres, afin que l'on voie mieux les panaches; qui ſe font avec du carmin, un peu plus brun dans les ombres, & très-clair dans les jours, en hachant toujours par traits.

Pour les blanches, il faut mettre une couche de blanc, & les ébaucher & finir comme les rouges; mais avec du noir, du blanc, & un peu de biſtre, & en faire les étamines un peu plus jaunes.

On fait les jaunes en mettant par-tout une couche de maſſicot, & les ombrant de gomme gutte, de pierre de fiel, & de biſtre; relevant les clairs avec du maſſicot & du blanc.

Les queues, les feuilles, & les boutons, de toutes ſortes de roſes, s'ébauchent de verd de montagne, dans lequel on mêle un peu de maſſicot & de gomme gutte. Pour les ombrer, on y ajoûte du verd d'iris, mettant moins des autres couleurs quand les ombres ſont fortes. Le deſſous des feuilles doit être plus bleu que le deſſus : c'eſt pourquoi il faut l'ébaucher de verd de mer, & y mêler du verd d'iris pour l'ombrer; faiſant les veines ou côtes de ce côté-là, plus claires que le fond, & celles de la face ſupérieure plus brunes.

Les épines qui sont sur les queues & sur les boutons des roses, se font de petits coups de carmin, que l'on fait de tous côtés. Pour celles qui sont aux tiges; on les ébauche de verd de montagne & de carmin, & on les ombre de carmin & de bistre; faisant aussi les bas des tiges plus rougeâtres que le haut: c'est-à-dire, qu'il faut mêler avec le verd, du carmin & du bistre, pour les ombrer.

XXXIII. *Des Tulipes.* Comme il y a une infinité de tulipes différentes les unes des autres, on ne peut pas dire de quelle couleur elles se font toutes. Je parlerai seulement des plus belles, qu'on appelle panachées: dont les panaches s'ébauchent avec du carmin fort clair en des endroits, & plus brun en d'autres; finissant avec la même couleur par petits traits, qu'il faut conduire comme les panaches. En d'autres on met une premiere couche de vermillon, puis on ébauche en mêlant du carmin, & on finit de carmin pur. En quelques-unes on met de la laque de Levant dessus le vermillon, au lieu de carmin.

Il s'en fait aussi de laque & de carmin, mêlés ensemble, & de la laque seule, ou avec du blanc pour les ébaucher: on y emploie indifféremment la laque colombine, ou celle du Levant.

Il y en a de violettes; qu'on ébauche d'outremer, de carmin, ou de laque, tantôt plus bleues, & tantôt plus rouges. La maniere de faire les unes & les autres est égale: il n'y a que les couleurs qui soient différentes.

Il faut en certains endroits (comme entre les panaches de vermillon & de carmin, ou de laque), mettre quelquefois du bleu fait d'outremer & de blanc; & quelquefois de violet fort clair; qu'on finit par traits comme le reste, & qu'on fait perdre dans les panaches. Il y en a aussi qui ont des teintes fauves, que l'on fait de laque, de bistre & d'ochre, selon qu'elles sont. Cela n'est qu'entre les tulipes fines & rares, & non pas dans les communes.

Pour en ombrer le fond, on prend ordinairement, pour celles dont les panaches sont de carmin, de l'Inde & du blanc: pour celles de laque, du noir & du blanc, où l'on mêle en quelques-unes du bistre, & en d'autres du verd.

On en peut aussi ombrer de gomme gutte, & de terre d'ombre; & toujours par des traits qui répondent au tour qu'ont les feuilles.

On en fait encore d'autres, qu'on appelle bordées; c'est-à-dire, que la tulipe n'est point mêlée, à la réserve de l'extrêmité des feuilles, où il y a quelquefois une bordure; qui est blanche à la violette, rouge à la jaune, jaune à la rouge, & rouge à la blanche.

La violette se couche d'outremer, de carmin & de blanc; l'ombrant & la finissant de ce mélange. La bordure *s'épargne :* c'est-à-dire, qu'on n'y met qu'une légere couche de blanc, qu'on ombre d'Inde fort clair.

La jaune s'ébauche de gomme gutte; & s'ombre de la même couleur, y mêlant de l'ochre & de la terre d'ombre ou du bistre. La bordure se couche de vermillon, & se finit avec tant soit peu de carmin.

La rouge s'ébauche de vermillon, & se finit de la même couleur, y mêlant du carmin ou de la laque. Le fond & la bordure se font de gomme gutte. Et pour finir on y ajoûte de la pierre de fiel, & de la terre d'ombre, ou du bistre.

La blanche s'ombre de noir, de bleu & de blanc. L'encre de la Chine est fort bonne pour cela: les ombres en sont tendres; elle fait toute seule l'effet du bleu & du blanc, mêlé avec du noir. La bordure de cette tulipe blanche se fait de carmin.

A toutes ces sortes de tulipes, on laisse une nervure au milieu des feuilles, plus claire que le reste; & l'on fait noyer les bordures dans le fond, par de petits traits de travers, en tournant; car il ne faut pas qu'elles paroissent coupées comme les panaches.

On en fait encore de plusieurs couleurs. Quand il s'en trouve dont le fond de dedans est comme noir; on l'ébauche & on le finit d'Inde, aussi bien que les étamines qui sont autour du pistile. Si le fond est jaune, il s'ébauche de gomme gutte; & se finit, en y ajoûtant de la terre d'ombre ou du bistre.

Les feuilles & la tige des tulipes s'ébauchent ordinairement de verd de mer. Elles s'ombrent & se finissent de verd d'iris, par grands traits le long des feuilles. On en peut faire aussi quelques-uns de verd de montagne, y mêlant du massicot; & pour les ombres, du verd de vessie, afin qu'elles soient d'un verd plus jaune.

XXXIV. *De l'Anémone.* Il y en a de plusieurs sortes, tant doubles que simples. Ces dernieres sont ordinairement sans panaches. Il s'en fait de violettes avec du violet & du blanc; les ombrant de la même couleur; les unes plus rouges, & les autres plus bleues, tantôt fort pâles, & tantôt fort brunes.

D'autres s'ébauchent de laque & de blanc; & se finissent de même, y mettant moins de blanc; quelques-unes sans blanc.

D'autres s'ébauchent de vermillon; & s'ombrent de la même couleur, y ajoûtant du carmin.

On en voit aussi de blanches & de couleur de citron. Ces dernieres se couchent de massicot. Les unes & les autres s'ombrent & se finissent quelquefois de vermillon, d'autres fois de laque fort brune, surtout proche des étamines dans le fond, qui est aussi souvent d'une couleur comme noire; que l'on fait d'Inde, ou de noir & de bleu, mêlant en quelques-unes un peu de bistre, *&c.* travaillant toujours par traits bien fins, faisant perdre les bruns dans les clairs.

Il y en a d'autres, qui ont le fond plus clair que le reste, & même quelquefois tout blanc, quoique le reste de l'anémone soit brun. Les étamines de toutes ces anémones se font d'Inde & de noir, avec fort peu de blanc; ombrant d'Inde pur à quelques-unes. On releve de massicot cette partie dans quelques-unes; laissant l'intérieur des feuilles plus clair que le reste, quelquefois même plus blanc.

Les anémones doubles sont de plusieurs couleurs. Les plus belles ont les grandes feuilles de la fleur panachées. Les panaches se font avec du vermillon, auquel on ajoûte du carmin pour les finir, ombrant le reste des feuilles avec du bleu d'Inde. Pour les petites du dedans, on met une couche toute de vermillon mêlé de carmin, faisant par-ci par-là, des endroits forts, particuliérement dans le cœur, proche les grandes feuilles du côté de l'ombre. On finit par petits traits, comme tournent les panaches & les feuilles, avec du carmin.

On ébauche & finit les panaches de quelques autres, de carmin pur, aussi bien que les petites feuilles; laissant néanmoins au milieu de ces dernieres, un petit rond où l'on couche de violet brun, le faisant perdre avec le reste. Et après que tout est fini, on donne des coups de cette même couleur autour des petites feuilles, sur-tout du côté de l'ombre; les faisant noyer dans les grandes, dont le reste s'ombre, ou d'Inde ou de noir.

A quelques-unes on fait les petites feuilles de laque & de violet, quoique les panaches des grandes soient de carmin.

Il y en a d'autres dont les panaches se font de carmin, par le milieu de la plûpart des grandes feuilles, mettant en quelques endroits du vermillon dessous, & faisant perdre ces couleurs avec les ombres du fond, qui se font d'Inde & de blanc. Les petites feuilles se couchent de massicot, & s'ombrent de carmin très-brun du côté de l'ombre, & très-clair du côté du jour; y laissant presque le massicot pur, & ne donnant seulement que quelques petits coups d'orpin & de carmin, pour séparer les feuilles; qu'on peut ombrer quelquefois avec un peu de verd fort pâle.

Il se fait des anémones doubles toutes rouges, & de toutes violettes. Les premieres s'ébauchent de vermillon & de carmin, & très-peu de blanc, & s'ombrent de carmin pur bien gommé, afin qu'elles soient fort brunes.

Les anémones violettes, se couchent de violet & de blanc, & se finissent sans blanc.

Enfin il y en a, des doubles, comme des simples, de toutes couleurs, & qui se font de la même maniere.

Le verd des unes & des autres, est de montagne, dans lequel on mêle du massicot, pour ébaucher. Il s'ombre & se finit de verd de vessie. Les queues en sont un peu rougeâtres; c'est pourquoi on les ombre de carmin mêlé de bistre, & quelquefois de verd, après les avoir couchées de massicot.

XXXV. *De l'Œillet.* De même que des anémones & des tulipes, il y a des œillets panachés, & d'autres d'une seule couleur.

Les premiers se panachent tantôt de vermillon & de carmin, tantôt de laque & de carmin, tantôt de laque pure, ou mêlée de blanc; les uns fort bruns, & les autres pâles, quelquefois par petits panaches, & quelquefois par de grands.

Leurs fonds s'ombrent ordinairement d'Inde & de blanc.

Il y a des œillets de couleur de chair fort pâle, & panachés d'une autre un peu plus forte, que l'on fait de vermillon & de laque: d'autres de laque & de blanc, qu'on ombre & panache sans blanc: d'autres tout rouges, qui se font de vermillon & de carmin, le plus brun qu'il se peut: d'autres tout de laque, *&c.*

Le verd des uns & des autres est de mer, ombré de verd d'iris.

XXXVI. *Des Martagons.* Ils se couchent de mine de plomb, s'ébauchent de vermillon; & dans le plus fort des ombres, avec du carmin: les finissant de cette même couleur, par traits en tournant comme les feuilles. On rehausse les clairs, de mine de plomb & de blanc. Les étamines se font de vermillon & de carmin.

Les verds se font de verd de montagne, ombré de verd d'iris.

XXXVII. *Des Hemerocales.* Il y en a de trois sortes: de gris-de-lin un peu rouge, de gris-de-lin fort pâle, & de blanches.

Pour les premieres, on met une couche de laque & de blanc. On ombre & on finit avec la même couleur plus forte, y mêlant un peu de noir pour l'éteindre, surtout aux endroits les plus bruns.

Les secondes se couchent de blanc, mêlé de fort peu de laque & de vermillon, de sorte que ces deux dernieres couleurs ne paroissent presque pas. Ensuite l'on ombre avec du noir & un peu de laque; faisant plus rouge dans le cœur, les feuilles proche des tiges; qui doivent être, aussi bien que les étamines, de la même couleur particulierement vers le haut, & en bas un peu plus vertes.

Le bas des étamines se couche de massicot; & s'ombre de verd de vessie.

Les autres hemerocales, se font en mettant une couche de blanc tout pur, & les ombrant & finissant de noir & de blanc.

La tige de ces dernieres, & les verds de toutes, se font de verd de mer, & s'ombrent de verd d'iris.

XXXVIII. *Des Jacinthes.* Il y en a de bleues un peu brunes, d'autres un peu plus pâles, de gris-de-lin, de blanches.

Les premieres se couchent d'outremer & de blanc. On les ombre & on les finit avec moins de blanc.

Les autres se couchent & s'ombrent de bleu plus pâle.

Les gris-de-lin s'ébauchent de laque, de blanc, & tant soit peu d'outremer; & se finissent de la même couleur, un peu plus forte.

Enfin aux dernieres, on met une couche de blanc; puis on les ombre de noir, avec un peu de blanc; & on les finit toutes par des traits qui suivent les contours des feuilles.

On fait le verd & les tiges, de celles qui sont bleues, de verd de mer & d'iris fort brun. Et dans la tige on peut mêler un peu de carmin, pour la faire rougeâtre.

Les tiges & feuilles des autres s'ébauchent de verd de montagne, avec du massicot; & s'ombrent de verd de vessie.

XXXIX. *De la Pivoine.* Il faut mettre une couche partout de laque de Levant & de blanc, assez forte; ombrer ensuite avec moins de blanc; & point du tout dans les endroits les plus bruns. Après quoi l'on finit de laque pure, par traits & en tournant comme à la rose; gommant beaucoup dans le plus fort des ombres; & relevant les jours, & le bord des feuilles les plus éclairées, avec du blanc & un peu de laque. On fait aussi de petites veines, qui vont comme les traits de la hachure, mais qui paroissent davantage.

Le verd de cette fleur est de mer, & s'ombre avec celui d'iris.

XL. *Des Primeveres.* Il y en a de violettes fort pâles, de blanches, de jaunes, & de gris-de-lin.

La violette se fait d'outremer, de carmin & de blanc; y mettant moins de blanc pour l'ombrer.

La gris-de-lin se couche de laque colombine, & de tant soit peu d'outremer, avec beaucoup de blanc; & s'ombre de la même couleur plus forte.

Pour les blanches, il faut mettre une couche de blanc, & les ombres de noir & de blanc; les finissant comme les autres par traits.

On fait le cœur de ces trois primeveres, de massicot, en forme d'étoile; que l'on ombre de gomme gutte, faisant au milieu un petit rond de verd de vessie.

Les jaunes se couchent de massicot, & s'ombrent de gomme gutte & de terre d'ombre.

Les queues, les feuilles, & les boutons, s'ébauchent de verd de montagne, mêlé d'un peu de massicot; & se finissent de verd d'iris: faisant de cette même couleur les côtes & les veines, qui paroissent sur les feuilles; rehaussant les jours des plus grosses avec du massicot.

XLI. *Des Renoncules.* Il y en a de plusieurs sortes. Entre les plus belles sont la pivoine & l'orangée. Pour la premiere, on met une couche de vermillon, avec tant soit peu de gomme gutte; & l'on y ajoûte du carmin pour l'ombrer; la finissant avec cette derniere couleur, & un peu de pierre de fiel.

A d'autres on peut mettre de la laque de Levant, au lieu de carmin, surtout dans le cœur.

L'orangée se couche de gomme gutte, & se finit de pierre de fiel, de vermillon & un peu de carmin; laissant de petits panaches jaunes. Le verd des tiges est de montagne, & de massicot fort pâle; y mêlant du verd d'iris pour les ombrer. Celui des feuilles est un peu plus brun.

XLII. *Des Safrans.* Il s'en trouve de deux couleurs : de jaunes, & de violets. Les jaunes s'ébauchent de massicot & de pierre de fiel, & s'ombrent de gomme gutte & de pierre de fiel; après quoi sur chaque feuille en dehors, on fait trois rayes séparées l'une de l'autre en long avec du bistre & de la laque pure, les faisant perdre par petits traits dans le fond. On laisse le dedans des feuilles tout jaune.

Les violets se couchent de carmin mêlé d'un peu d'outremer & de blanc fort pâle. On les ébauche & finit avec moins de blanc, faisant aussi des rayes de violet fort brun comme on a fait aux jaunes; & à d'autres, rien que de petites veines. Pour faire la queue, on met une couche de blanc; & on ombre de noir, mêlé avec un peu de verd. Le verd de cette fleur s'ébauche de verd de montagne fort pâle, & s'ombre de verd de vessie.

XLIII. *Des Iris.* Les iris de Perse se font en mettant aux feuilles du dedans, une couche de blanc, & les ombrant d'Inde & de verd mêlés ensemble, laissant une petite séparation blanche au milieu de chaque feuille : & à celles de dehors, on met au même endroit une couche de massicot; que l'on ombre de pierre de fiel & d'orpin, faisant de petits points bruns & longs par-dessus toute la feuille, un peu éloignés les uns des autres. Au bout, on fait de grandes taches de bistre & de laque à quelques-unes, & à d'autres d'Inde tout pur, mais fort noires. Le reste & le dehors des feuilles s'ombrent de noir.

Le verd s'ébauche de verd de mer & de massicot fort pâle, & s'ombre de verd de vessie.

Les iris de Suse se couchent de violet & de blanc; y mettant un peu plus de carmin que d'outremer : & pour les ombrer, sur tout au milieu, on met moins de blanc, & au contraire plus d'outremer, que de carmin ; faisant les veines de cette même couleur, & laissant au milieu des feuilles du dedans une petite nervure jaune.

Il y en a d'autres, qui ont cette même nervure aux premieres feuilles, dont le bout seulement est plus bleu que le reste.

D'autres s'ombrent & se finissent d'un même violet plus rouge. Elles ont aussi la nervure du milieu aux feuilles de dehors, mais blanche, & ombrée d'Inde.

Il y en a de jaunes ; qui se font en mettant une couche d'orpin & de massicot; les ombrant de pierre de fiel; & faisant des veines de bistre, par dessus les feuilles. Le verd des unes & des autres est de mer, mêlant un peu de massicot pour les queues : il s'ombre avec du verd de vessie.

XLIV. *Du Jasmin.* Il se fait avec une couche de blanc, ombrée de noir & de blanc. Et pour le dehors des feuilles, on y mêle un peu de bistre, en faisant la moitié de chacune, de ce côté-là, un peu rougeâtre avec du carmin.

XLV. *De la Tubereuse.* Pour la faire, on met une couche de blanc, & on l'ombre de noir, avec un peu de bistre en quelques endroits. Au dehors des feuilles, on mêle un peu de carmin, pour leur donner une teinte rougeâtre, particuliérement sur les bouts.

La graine se fait de massicot, & s'ombre de verd de vessie. On en couche le verd, de verd de montagne; & on l'ombre de verd d'iris.

XLVI. *De l'Ellebore.* La fleur de l'ellebore se fait quasi de même : c'est-à-dire, qu'elle se couche de blanc, & s'ombre de noir & de bistre; faisant le dehors des feuilles par-ci par-là, un peu rougeâtre.

Les étamines se couchent de verd brun, & se relevent de massicot. Le verd en est sale; & s'ébauche de verd de montagne, de massicot, & de bistre, finissant de verd d'iris avec du bistre.

XLVII. *Du Lys.* Il se couche de blanc; & s'ombre de noir & de blanc. La graine se fait d'orpin & de pierre de fiel : & le verd, de même qu'aux tubereuses.

XLVIII. *Du Perceneige.* Il s'ébauche & se finit de même que le lys. Le verd se fait de verd de mer, & d'iris.

XLIX. *De la Jonquille.* Elle se couche de massicot & de pierre de fiel; & se finit de gomme gutte & de pierre de fiel.

Le verd s'ébauche de verd de mer; & s'ombre de verd d'iris.

L. *Des Narcisses.* Tous les narcisses jaunes, doubles ou simples, se font en mettant une couche de massicot. Ils s'ébauchent de gomme gutte; & se finissent en y ajoûtant de la terre d'ombre ou du bistre: à la réserve du godet, que l'on fait d'orpin & de pierre de fiel, & que l'on borde de vermillon ou de carmin. Les blancs se couchent de blanc, & s'ombrent de noir & de blanc; excepté le godet, qui se fait de massicot & de gomme gutte. Le verd est de mer, ombré de verd d'iris.

LI. *Du Soucy.* Il se fait en mettant une couche de massicot, puis une de gomme gutte; ombrant avec cette même couleur, dans laquelle on aura mêlé du vermillon. Pour le finir, on y ajoûte de la pierre de fiel, & un peu de carmin.

Le verd se fait de verd de montagne, ombré de verd d'iris.

LII. *De la Rose d'Inde.* Pour faire une Rose d'Inde on met une couche de massicot, & une autre de gomme gutte. Puis on ébauche y mêlant de la pierre de fiel. On finit avec cette derniere couleur; y ajoûtant du bistre, & tant soit peu de carmin dans le plus fort des ombres. Voyez le *n.* LIII.

LIII. *De l'Œillet d'Inde.* On le fait en mettant une couche de gomme gutte ; l'ombrant de cette derniere couleur, dans laquelle on mêle beaucoup de carmin & un peu de pierre de fiel; & laissant autour des feuilles une petite bordure jaune, de gomme gutte, fort claire dans les jours, & plus brune dans les ombres. Les étamines s'ombrent de bistre. Le verd, tant de la rose que de l'œillet, s'ébauche de verd de montagne, & se finit de verd d'iris.

LIV. *Du Tournesol.* Il s'ébauche de massicot & de gomme gutte; & se finit de pierre de fiel, & de bistre.

Le verd se couche de verd de montagne, & de massicot; & s'ombre de verd de vessie.

LV. *Le Passerose* se fait comme la rose; & le verd des feuilles aussi : mais on en fait les veines de verd plus brun. Voyez le *n.* XXXII.

LVI. *Les Œillets de Poëtes & les Mignardises*, se font en mettant une couche de laque & de blanc; les ombrant de laque pure; avec un peu de carmin pour les mignardises : que l'on pointille ensuite partout, de petits points ronds, séparés les uns des autres. Et l'on rehausse de blanc les petits filets qui sont au milieu.

Les verds sont de verd de mer; & se finissent de verd d'iris.

LVII. *Des Scabieuses.* Il y en a de rouges, & de violettes. Les feuilles des rouges se couchent de laque de Levant, où il y a un peu de blanc; & s'ombrent sans blanc. Pour le milieu, qui est un gros bouton où sont les étamines & les graines, il s'ébauche & se finit de laque pure, avec un peu d'outremer ou d'Inde, pour le faire plus brun : ensuite on fait par dessus, de petits points blancs un peu longs, assez éloignés

éloignés les uns des autres, plus clairs dans le jour que dans l'ombre; les faisant aller de tous côtés.

Les violettes se font en mettant une couche de violet fort pâle, tant sur les feuilles que sur le bouton du milieu; ombrant l'un & l'autre de la même couleur, un peu plus forte. Au lieu de petits coups blancs, on fait les filets violets: & autour de chacun, on marque un petit rond; & cela sur tout le bouton.

Le verd s'ébauche de verd de montagne & de massicot; & s'ombre de verd d'iris.

LVIII. *Le Glayeul* se couche de laque colombine; & de blanc fort pâle; s'ébauche & se finit de laque pure & très-claire en des endroits, & fort brune en d'autres; y mêlant même du bistre dans le plus fort des ombres. Le verd est de montagne, ombré d'iris.

LIX. *De l'Hépatique.* Il y en a de rouge, & de bleue. Celle-ci se fait en mettant par-tout une couche d'outremer, de blanc, & d'un peu de carmin ou de laque; ombrant le dedans des feuilles avec ce mêlange, mais plus fort; excepté celles du premier rang, pour lesquelles & pour le dehors de toutes, on y ajoûte de l'Inde & du blanc, afin que la couleur soit plus pâle & moins belle.

La rouge se couche avec de la laque de montagne, & du blanc fort pâle; & se finit avec moins de blanc.

Ce qu'il y a de verd se fait de verd de montagne, de massicot, & d'un peu de bistre; & s'ombre de verd d'iris & d'un peu de bistre, sur-tout au dehors des feuilles.

LX. *De la Grenade.* La fleur de grenadier se couche de mine de plomb; s'ombre de vermillon & de carmin; & se finit de cette derniere couleur.

Le verd se couche de verd de montagne, & de massicot, ombré de verd d'iris.

LXI. *De la fleur des Feves d'Inde.* Elle se fait avec une couche de laque de levant, & de blanc; ombrant les feuilles du milieu avec de la laque pure; & ajoûtant un peu d'outremer, pour les autres. Le verd est de verd de montagne, ombré d'iris.

LXII. *De l'Ancolie.* Il y a des ancolies de plusieurs couleurs. Les plus ordinaires sont les violettes, les gris-de-lin, & les rouges. Pour les violettes, il faut coucher d'outremer, de carmin & de blanc; & ombrer de ce mêlange plus fort.

Les gris-de-lin se font de même; y mettant bien moins d'outremer que de carmin.

On fait les rouges, avec de la laque & du blanc; finissant avec moins de blanc.

Il s'en fait aussi de panachées de plusieurs couleurs; qu'il faut ébaucher & finir comme les autres; mais plus pâle; faisant les panaches d'une couleur un peu plus brune.

LXIII. *Des Pieds d'Alouette.* Il y en a aussi de differentes couleurs, & de panachés. Les plus communs sont le violet, le gris-de-lin, & le rouge. Ils se font comme les ancolies.

LXIV. *Des Violettes, & des Pensées.* On fait de même pour la violette & les pensées: excepté qu'à ces dernieres, les deux feuilles du milieu sont plus bleues que les autres; c'est-à-dire, les bords, car le dedans est jaune. L'on y fait de petites veines noires, qui partent du cœur, & qui meurent vers le milieu.

LXV. *Des Muscipula:* especes de Lychnis. L'on en voit de deux sortes: de blanc & de rouge. Celui-ci se couche de laque & de blanc, avec un peu de vermillon; & se finit de laque pure. Pour les boutons, c'est-à-dire les tuyaux des feuilles, on les ébauche de blanc & de tant soit peu de vermillon; y mêlant du bistre ou de la pierre de fiel pour les finir.

Les feuilles des blancs se couchent de blanc; y ajoûtant du bistre & du massicot sur les boutons, que l'on ombre de bistre pur; & les feuilles, de noir & de blanc. Le verd de toutes ces fleurs se fait de verd de montagne, & de massicot; & s'ombre de verd d'iris.

LXVI. *Des Impériales.* Il y en a de deux couleurs: la jaune, & la rouge ou orangée. La premiere se fait en mettant une couche d'orpin; & l'ombrant de pierre de fiel & d'orpin avec un peu de vermillon.

L'autre se couche d'orpin & de vermillon, & s'ombre de pierre de fiel & d'un peu de vermillon; faisant le commencement des feuilles proche la queue, de laque & de bistre fort brun; & aux unes & aux autres, des veines de ce mêlange le long des feuilles.

Le verd se fait de verd de montagne, & de massicot; & s'ombre de verd d'iris & de gomme gutte.

LXVII. *Des Cyclamens*, ou *Pains de Pourceau.* Le rouge se couche de carmin, d'un peu d'outremer, & de beaucoup de blanc; & se finit de la même couleur plus forte; ne mettant quasi que du carmin dans le milieu des feuilles, proche le cœur: & dans le reste on ajoûte un peu plus d'outremer.

L'autre se couche de blanc; & s'ombre de noir. Les tiges de l'un & de l'autre doivent être un peu rougeâtres: & le verd, de montagne, & d'iris.

LXVIII. *Des Giroflées.* Il y a des giroflées blanches; de jaunes; de violettes; de rouges; & de panachées de différentes couleurs.

Les blanches se couchent de blanc; & s'ombrent de noir & d'un peu d'Inde dans le cœur des feuilles. Les jaunes avec du massicot, de la gomme gutte & de la pierre de fiel.

Les violettes s'ébauchent de violet & de blanc; & se finissent avec moins de blanc: faisant la couleur plus claire dans le cœur, & même un peu jaunâtre.

Les rouges, de laque & de blanc; les achevant sans blanc.

On couche les panachées, de blanc: & on fait les panaches tantôt de violet où il y a beaucoup d'outremer & d'autres où il y a plus de carmin, tantôt de laque, & tantôt de carmin; les unes avec du blanc, & les autres sans blanc; ombrant d'Inde le reste des feuilles.

L'endroit des étamines, dans toutes, s'ébauche de verd de montagne & de massicot; & se finit de verd d'iris.

Les feuilles & les queues se couchent du même verd, en y mêlant du verd d'iris pour les finir.

LXIX. Je ne finirois point, si je voulois mettre ici toutes les fleurs qu'on peut faire. En voilà assez pour donner l'intelligence des autres. Et même une douzaine auroit suffi, si l'on travailloit toujours sur les naturelles: car dès-là il n'y a qu'à faire ce que l'on voit. Mais j'ai pensé que l'on copie plus souvent des estampes; & que l'on ne seroit pas fâché de trouver ici les couleurs, dont on fait plusieurs différentes fleurs.

LXX. Je n'ajoûterai point ici d'instruction particuliere, pour une infinité d'autres sujets. Elle n'est pas nécessaire: & ce petit traité étant déja moins succint, que je ne me l'étois proposé, je dirai seulement en général, que les *fruits*, les *poissons*, les *serpens* & toutes sortes de reptiles, doivent être couchés de la même maniere que les figures; c'est-à-dire, hachés ou pointillés.

Les *oiseaux* & tous les *autres animaux* se font par traits, comme les fleurs.

LXXI. *Voyez* ENLUMINER.

LXXII. N'employez à aucune de ces choses du blanc de plomb: il n'est propre qu'en huile; & noircit comme de l'encre, n'étant détrempé qu'à la gomme. C'est ce qui arrive particuliérement si vous mettez votre ouvrage dans un lieu humide, ou avec des parfums. La céruse de Venise est aussi fine; & d'un aussi grand blanc. N'en épargnez pas l'usage; sur-tout en ébauchant: & faites-en entrer dans tous vos mélanges, afin de leur donner un certain corps qui empâte votre ouvrage, & qui le fasse paroître doux & moëleux.

Le goût des Peintres est néanmoins différent en ce point. Les uns en emploient un peu; d'autres point du tout: mais la maniere de ceux-ci est maigre & séche. Les autres en mettent beaucoup; & c'est sans contredit la méthode la meilleure & la plus usitée parmi les habiles gens: car outre qu'elle est prompte, c'est que l'on peut par ce moyen (ce qui feroit presque impossible autrement) copier parfaitement toutes sortes de tableaux; nonobstant le sentiment contraire de quelques-uns, qui disent qu'en mignature l'on ne peut pas donner la force & toutes les différentes teintes qu'on voit dans les pieces en huile. Les effets prouvent assez le contraire. Car on voit des figures, des paysages, des portraits, & toute autre chose, en mignature; touchés d'une aussi grande maniere, aussi vraie & aussi noble, & en même tems plus délicate, qu'en huile.

LXXIII. Au reste la peinture en huile a ses avantages: quand ce ne feroit que celui de consommer moins de tems: elle se défend mieux aussi contre ses injures. Et il faut encore lui céder le droit d'aînesse, & la gloire de l'ancienneté.

Mais la Mignature a aussi les siens. Sans répéter ceux que j'ai déja allégués; elle est plus propre, & plus commode: l'on porte aisément tout son attirail dans sa poche: vous travaillez par-tout, quand il vous plaît, sans grands préparatifs: vous pouvez quitter & reprendre quand & autant de fois que vous voulez; ce qui ne se fait pas quand on peint en huile, où l'on ne doit guere travailler à sec.

Mais il est de l'une & de l'autre, comme de la Comédie; dans laquelle la plus grande ou la moindre perfection des Acteurs ne consiste pas à faire les hauts ou les bas rôles; mais à faire extrêmement bien ceux qu'ils font. Car si celui qui aura le dernier personnage, s'en acquitte mieux qu'un autre de celui de Héros; il méritera sans doute plus d'approbation & de louange.

C'est la même chose dans l'art de peindre: son excellence n'est pas attachée à la noblesse d'un sujet, mais à la maniere dont on le traite. Avez-vous du talent pour celui-ci: ne vous jettez pas inconsidérément dans celui-là. Et si vous avez reçû du Ciel quelque étincelle de ce beau feu, connoissez pourquoi il vous est donné; & faites-vous-y un chemin facile. Les uns prendront bien les différens airs de tête; les autres réussiront mieux en paysage: ceux-ci travaillent en petit, & ne le pourroient faire en grand; ceux-là sont bons coloristes, & ne possedent pas le dessein: d'autres enfin n'ont du génie que pour les fleurs. Les Bassans mêmes se sont acquis un nom par les animaux; qu'ils ont touché de très-bonne maniere, & mieux que toute autre chose.

C'est pour dire que chacun doit se contenter de sa verve, sans vouloir se revêtir du talent d'autrui, & prendre un vol au-dessus de ses forces. Aussi bien il est inutile de vouloir contraindre la nature à nous donner ce qu'elle nous refuse. Et il est de notre prudence, aussi bien que de la modestie, de ne se point mettre en tête de faire paroître un avantage qu'on n'a pas. Car c'est découvrir les défauts qu'on a; & travailler à sa honte. Au contraire, ce n'en est point une, que vous ne possédiez pas vous seul toutes les parties qui ont donné de la réputation aux grands Peintres. Chacun d'eux a eu son fort & son foible: chacun de nous aussi doit se contenter de ce qu'il a reçû en partage: l'importance est de le cultiver avec soin.

Quoique ce petit Traité sur la Mignature y puisse assurément contribuer, néanmoins je ne vous le présente que comme un supplément à de meilleurs moyens. L'on apprendra sans doute plus avantageusement sous un excellent Maître, duquel on recevra les préceptes de toutes les bonnes regles, & des plus belles maximes de l'Art, & par lequel on les verra mettre en pratique. Et quoique les inventions de dessein que j'ai données au commencement soient infaillibles, il vaut pourtant beaucoup mieux le posséder par une science acquise. Car si vous n'avez, pour y suppléer, un génie tout particulier & une extraordinaire justesse d'œil & de main, vous aurez beau dessiner vos pieces correctement; ce sera un grand hazard si elles ne sont à la fin strapassées, sans proportion & sans beauté: parce que dans l'applicatiou des couleurs, vous en perdrez fort aisément les traits; & plus mal-aisément encore les pourrez-vous retrouver, si vous n'avez un peu de dessein. J'exhorte donc autant que je puis les amateurs de peinture, d'apprendre à dessiner, de copier les originaux avec une persévérance infatigable, & à toute rigueur; en un mot, de monter par les degrés ordinaires, à la perfection de ce bel Art: duquel, comme de tous les autres, les préceptes sont bientôt appris; mais ce n'est pas assez, il faut l'exécuter; la théorie est inutile sans la pratique; & la pratique sans la théorie est un guide aveugle, qui nous égare au lieu de nous conduire où nous voulons aller. Savoir bien ce que l'on veut faire, & bien faire ce que l'on fait, est le vrai moyen d'en faire & d'en savoir beaucoup avec le tems, & de se rendre de bon écolier excellent maître.

Maniere de faire les couleurs pour la Mignature.

Rien n'est plus sûr ni plus facile que cette maniere de faire les couleurs. Elles ont un éclat & une vivacité qu'on ne peut exprimer: elles ne changent jamais; & se font à si peu de frais, qu'on a pour un Louis ce qui en coute sept ou huit à Florence. Mais l'épreuve en fera plus connoître que tout ce que l'on en pourroit dire. Il suffit d'en donner la méthode.

Le Carmin. Ayez une pinte, ou trois chopines, d'eau de fontaine, qui n'ait pas passé par des canaux de plomb; versez-la dans un pot de terre vernissé: étant prête à bouillir, mettez-y une demie ou un quart d'once (environ trois pincées) de graine de rocou, bien pulvérisée; puis laissez-la bouillir environ trois quarts d'heure, c'est-à-dire, jusqu'à ce que la quatrieme partie de l'eau soit diminuée (mais ayez soin que le feu soit de charbons ardens): après quoi coulez cette eau par un linge dans un autre vase vernissé, & faites-la chauffer jusques à ce qu'elle commence à bouillir; alors ajoûtez-y une once de cochenille & un quart d'once de rocou; le tout mis en poudre à part: puis faites bouillir cette matiere jusques à la diminution de la moitié, ou pour mieux dire, jusqu'à ce qu'elle fasse une écume noire, & qu'elle soit bien rouge; car à force de bien bouillir elle devient colorée: sortez-la du feu, & semez-y demi-once ou trois pincées d'alun de roche pulvérisé ou de l'alun de Rome, qui est rougeâtre & meilleur; & un demi-quart d'heure après passez-la par un linge dans un vase vernissé, ou bien distribuez-la dans plusieurs écuelles de fayance ou vernissées, où vous la laisserez reposer durant douze ou quinze jours. Il se fera au-dessus une peau moisie, qu'il faudra ôter avec une éponge, & laisser la matiere du fond exposée à l'air; & quand l'eau qui surnage, sera évaporée, vous ferez bien sécher la matiere qui reste au fond, & la broyerez sur un marbre ou porphire bien dur & bien uni, & ensuite vous la passerez par un tamis bien fin. Cette méthode a été donnée par *un Italien* digne de confiance.

Remarquez que la dose de ces drogues n'est pas si bien déterminée, qu'on ne les puisse mettre à discrétion, selon la couleur relevée ou plus tirant sur le cramoisi qu'on souhaite. Si on veut faire le carmin plus rouge, on met plus de rocou; si on le desire plus cramoisi on met plus de cochenille; mais tout se doit pulvériser à part, & le rocou doit bouillir le premier tout seul, & les autres drogues toutes ensemble comme il est marqué ci-dessus.

2. *D'autres* ne laissent jetter au rocou, qu'un ou deux bouillons: puis mettent dans la colature cinq onces de cochenille bien pulvérisée, la laissent bouillir environ un quart d'heure sans rocou; dont ils y ajoûtent alors trois pincées bien pulvérisées, & lui laissent faire trois ou quatre bouillons. Ensuite ils y jettent l'alun, immédiatement avant de retirer le pot du feu. La liqueur étant passée, ils la laissent reposer pendant trois semaines: après quoi ils la coulent.

3. Faites tremper trois ou quatre jours dans un bocal de vinaigre blanc, une livre de bois de Bresil de Fernambouc, de couleur d'or; après l'avoir bien rompu dans un mortier. Faites-le bouillir une demi-heure. Passez-le par un linge bien fort. Remettez-le sur le feu. Ayez un autre petit pot, dans lequel seront détrempées huit onces d'alun dans du vinaigre blanc. Mettez cet alun détrempé, en cette autre liqueur; & remuez-le bien avec une spatule. L'écume qui en sortira sera votre carmin. Recueillez-la, & la faites sécher. On peut se servir de cochenille, au lieu de bois de Bresil.

Voyez CARMIN.

Outremer. Consultez le mot OUTREMER.

Laque.

Voyez LAQUE. COULEUR.

Manieres de faire une Laque fine, pour la Mignature.

1. Prenez une livre de bon bois de Brésil; que vous ferez bouillir avec trois chopines d'une lessive faite de cendres de sarment de vigne, jusqu'à ce que la liqueur soit diminuée de moitié: laissez-la reposer; & la passez: faites rebouillir la colature avec de nouveau Brésil, de la cochenille, & de la *terra merita;* c'est-à-dire seulement demi-livre de Brésil, & demi-quarteron de cochenille; y mettant encore une chopine d'eau claire: qu'il faut faire bouillir de même jusqu'à la diminution de la moitié, & la laisser rasseoir, puis la passer: pour la *terra merita*, il n'en faut qu'une once. En retirant cette liqueur du feu, il y faut verser une once d'alun calciné, & pilé bien menu; l'y faire fondre en le remuant avec un bâton: & y ajoûter demi-gros d'arsenic. Ensuite, pour lui donner du corps, prenez deux os de seiche; mettez-les en poudre, & les jettez dans la liqueur: laissez sécher ce mélange, à loisir; puis le broyez avec beaucoup d'eau claire; dans laquelle vous le laisserez tremper; puis le passerez par un linge: après quoi vous en ferez de petites tablettes; que vous ferez sécher sur de la carte. Si vous voulez de la laque *plus rouge*, mettez-y du jus de citron: pour qu'elle soit *plus brune*, ajoûtez-y de l'huile de tartre.

2. Prenez des tontes d'écarlate; & mettez-les bouillir dans une lessive de cendres gravelées, ou de tartre calciné. Quand elle aura bouilli assez longtems pour être devenue rouge, ôtez-la, & mettez-y de la cochenille, du mastic en poudre, & un peu d'alun de roche: faites encore cuire le tout; puis le passez tout chaud, par la chausse, deux ou trois fois. A la premiere il faut presser la chausse avec un bâton, du haut en bas; ensuite ôter le marc, & bien laver la chausse. En passant de nouveau cette liqueur exprimée, vous trouverez aux côtés de la chausse une pâte; que vous étendrez sur un carton, ou que vous disperserez en petites portions sur du papier, & la laisserez sécher. *Voyez* les articles COULEUR: & LAQUE.

Laque Violette. } Consultez l'article COULEUR.
Laque Liquide. }

Dans l'article LAQUE, nous avons indiqué la préparation de la *Laque Colombine.*

Pour faire une belle couleur de pourpre avec le carmin, qui serve à l'huile & à la détrempe; prenez le marc ou sédiment de cette laque; laissez-le sécher, & broyez-le. Si vous le voulez mêler avec la laque, vous donnerez plus de force à la laque même.

Verd.

Consultez ce mot, dans les articles COULEUR; & VERD.

Verd de Vessie. Voyez au mot NERPRUN.

Stil de Grain, ou de Grun.

On le fait communément avec du blanc de Troye, ou blanc d'Espagne, & de la graine d'Avignon: mais il change. C'est pourquoi il vaut mieux le faire avec du blanc de plomb ou de céruse; qu'il faut broyer bien fin en détrempe sur le porphyre: dont il le faut lever avec une spatule de bois; & le laisser sécher dans une chambre à l'ombre. Ensuite prenez de la graine d'Avignon; mettez-la en poudre dans un mortier de marbre avec un pilon de bois; & faites-la bouillir avec de l'eau dans un pot de terre plombé, jusqu'à ce qu'elle soit consommée environ du tiers ou davantage. Passez cette décoction dans un linge; & mettez-y la grosseur de deux ou trois noisettes d'alun: pour l'empêcher de changer de couleur. Quand il sera fondu, détrempez le blanc avec cette décoction; & réduisez-le en forme de bouillie assez épaisse: que vous paîtrirez bien entre les mains. Vous en ferez des trochisques; que vous mettrez sécher dans une chambre bien aërée. Quand ils seront bien secs, vous les détremperez de même jusqu'à trois ou quatre fois avec ladite décoction, selon que vous voudrez que le stil de grain soit clair ou brun; & vous le laisserez bien sécher à chaque fois. Remarquez qu'il faut que ce suc soit chaud, quand vous détrempez la pâte; & qu'il faut faire d'autre décoction, lorsque la premiere est corrompue: prenant garde de ne pas y mettre ni y faire toucher, du fer ou de l'acier; mais de se servir d'une spatule de bois.

Pour bien se servir de l'Alun.

Le meilleur moyen de se servir de l'alun dans les compositions de couleurs qui changeroient sans ce minéral, est de le concasser assez menu, & le mettre dans un peu d'eau sur le feu; car autrement il ne fondroit jamais bien: puis en arroser les fleurs ou sucs. Mais le moins qu'on peut mettre d'alun, est le meilleur; parce qu'il brûle quand il y en a trop.

Purifier le Vermillon, ou Cinnabre.

Broyez-le avec de l'eau pure, sur le porphyre; puis mettez-le dans un vaisseau de verre ou de fayance; & laissez-le sécher: mettez-y ensuite de l'urine, & mêlez-les, ensorte qu'il en soit tout pénétré & qu'elle surnage. Laissez reposer le tout: puis le cinnabre étant au fond, ôtez l'urine, ajoûtez-en de nouvelle; laissez-les ainsi toute la nuit; & continuez à changer d'urine pendant quatre ou cinq jours, jusqu'à ce que le cinnabre soit bien purifié. Après cela versez sur le cinnabre, du blanc d'œuf bien battu, avec de l'eau claire, en telle quantité qu'elle surnage : mêlez le tout avec un bâton de noyer ; & laissez reposer le cinnabre : changez de liqueur deux ou trois fois, comme il est dit ci-dessus ; tenez toujours le vase bien fermé, pour éviter la poussiere qui feroit changer le cinnabre : & quand vous voudrez vous en servir, détrempez-le avec de l'eau gommée.

2. Broyez le cinnabre déja en poudre sur un porphyre, avec de l'urine d'enfant, ou avec de l'eau-de-vie ; & le faites sécher à l'ombre.

Si vous voulez lui ôter son obscurité, & le faire d'un rouge plus clair, faites infuser dans l'eau-de-vie ou de l'urine, un peu de safran ; & broyez le cinnabre avec cette liqueur.

Il s'employe avec le blanc d'œuf, battu.

Consultez l'article CINNABRE.

Blanc.

Voyez l'article BLANC.

Fiel de Bœuf.

Voyez sa préparation, dans l'article FIEL.

Vernis pour la Mignature.

Consultez l'article VERNI.

SI on veut se servir de l'*or*, ou de l'*argent* : il faut consulter les articles OR ; ARGENT.

MIGRAINE. Douleur aiguë qui n'occupe qu'un endroit de la tête ; le côté droit, ou le gauche ; d'autres fois le devant, le derriere, ou le sommet. Ce mal est presque toujours accompagné de foiblesse d'estomac, souvent d'envie de vomir, de pulsations très-vives dans la tête. Les suppressions de regles, d'hémorrhoïdes, ou d'évacuations artificielles dont on a fait habitude, la vie trop sédentaire & trop occupée, peuvent occasionner la migraine.

Elle peut encore venir de l'action trop forte du soleil ; ou d'un coup donné sur la tête ; ou de l'odeur de charbon allumé.

Remedes.

1. Si la migraine vient d'avoir été frappé par l'ardeur du soleil ; on s'exposera à un air frais : & on pourra frotter la tête avec de l'huile rosat.

2. Quand on suppose que le mal est occasionné par un coup reçu à la tête, on peut craindre qu'il y ait un contre-coup : une diéte assez rigoureuse, jointe à ce que nous avons indiqué sous le mot COUP, pourra soulager considérablement.

3. Pour ce qui est de l'odeur du charbon : il faut prendre un vomitif, & respirer un air extrêmement frais. Ce vomitif pourra être du tabac, ou de la semence de souci. *Voyez* T. I. *p.* 138.

4. En général, pour la migraine, on fera un peu chauffer du baume du Levant, sur une assiette ; pour en frotter les tempes, le plus chaudement qu'il se pourra.

5. Il faut prendre trois verres d'eau ; & après les avoir avalés, se promener quelque tems : la douleur cessera.

Boire à jeûn, tous les matins, un grand verre d'eau froide, est un très-bon préservatif. Quelques personnes prétendent que son effet est plus certain si on boit l'eau pendant que l'on urine.

6. Pilez des feuilles de lierre : & du jus qui en sortira, mettez-en dans un peu d'huile rosat ; mêlez le tout ensemble : trempez-y un linge ; & en frottez le front, les narines, & les tempes.

7. Mêlez des feuilles de roses rouges, & un peu de farine de froment, avec du vinaigre : puis, ayant fait bouillir ce mêlange jusqu'à consistance d'emplâtre, étendez-le sur un linge, & appliquez-le sur les tempes.

8. Il faut prendre le blanc d'un œuf, y mêler une pincée de poivre : puis les bien battre ; étendre le tout sur un linge, & en faire un frontal.

9. Il faut piler une poignée de guimauve sauvage, avec deux blancs d'œufs ; & en former un cataplasme, qu'on appliquera aux tempes.

10. Faites bouillir une bonne poignée de feuilles de patience dans une pinte de bierre, jusqu'à diminution de moitié. Le malade en prendra demi-septier le matin à jeûn ; & autant le soir, en se mettant au lit. [Ce remede est très-utile contre toutes sortes de maux de tête, inflammations & fluxions des yeux, la jaunisse, toux ; la plûpart des maladies du poumon, de la rate, & des reins ; & en général pour toutes sortes d'obstructions.]

11. Servez-vous des *Remedes Pastoraux.*

12. Prenez un peu de salpêtre pulvérisé : mêlez-le avec du miel, & de la ruë pilée : & appliquez le tout sur le front.

13. L'École de Salerne conseille de se frotter le front avec une décoction chaude de morelle.

M I J

MIJO. *Voyez* FROMENT *d'Inde.*

M I L

MIL ; ou *Millet* : en Latin *Milium* : & *Millet*, en Anglois comme en François. Genre de plantes Graminées ; dont les fleurs disposées en grappes ou panicules étagés, produisent des semences arrondies & brillantes, dont l'ensemble conserve la même disposition de panicule.

Le Millet commun : *Milium* J. B. ; a des tiges, hautes d'environ un pied, grosses comme le petit doigt, & velues ; qui se terminent par de longs panicules qui se courbent en arc. La graine est petite, luisante, ferme ; blanche jaunâtre, & d'autres fois rouge, presque noire.

On cultive ce millet dans les campagnes. Sa graine sert de nourriture à quelques volailles, & aux serins. On en fait du pain ; qui est assez croquant, mais peu nourrissant. On en compose une espece de mets, comme avec le riz. Voyez le *Traité de la Cult. des Terres*, T. III. p. 194-5. Ce grain, cuit avec du lait, resserre un peu le ventre, & fait uriner. Rôti, il sert à fomenter des parties qu'il faut dessécher, sans occasionner de mortification. On l'applique encore rôti, & saupoudré de sel, pour dissiper les ventosités. Les médicamens, & même la viande fraîche, se conservent mieux dans le millet qu'ailleurs. *Voyez* BLED, p. 313. La décoction de graine de millet, mêlée avec un peu de vin blanc, & bue chaude, guérit les fievres tierces, par l'urine & les sueurs ; & étanche la soif.

Culture.

Le millet semble réussir mieux dans une terre douce, & un peu sablonneuse, que dans toute autre ; pourvû que la quantité d'engrais, ou la situation du sol, fournissent aux racines une humidité suffisante. Après deux labours, on fume, si cela est nécessaire : puis on seme, en Avril, Mai, ou Juin. La plante ne vient ordinairement à bien, dans une terre humide, que quand elle a été semée dru : il vaut mieux la répandre clair, dans un terrein léger & sablonneux. On la recouvre avec la charrue, ayant attention de détruire toutes les mottes. *Consultez* le troisieme Volume du *Traité de la Culture des Terres*, pag. 190 & suivantes, & pag. 211 ; & les pp. 89 & 90, du IIe. Volume des *Elémens d'Agri-*

culture. Comme les jeunes plantes de millet sont fort susceptibles de la gelée, on se regle sur les circonstances du printems pour semer plus tôt ou plus tard, relativement au climat.

Un mois après la levée, on éclaircit les plantes, & en même tems on sarcle à leur pied. La distance convenable entre elles, est de six à huit pouces.

On n'a plus d'autre soin à donner au millet jusqu'à ce que le grain soit formé. Mais il faut alors être attentif à en écarter les oiseaux: qui pilleroient presque toute la récolte.

Le tems de la récolte répond à celui des semailles. Il faut généralement compter sur quatre mois pour le séjour de ces plantes dans la terre. Au reste, on doit être prévenu que le millet, semé assez tard pour ne mûrir qu'en automne, est souvent frappé par les fraîcheurs de cette saison; qui influent sur la quantité & la qualité des graines.

Pour faire cette moisson, l'on coupe les panicules avec un couteau, près du nœud d'en haut: & à mesure on les met dans des paniers ou des sacs; que l'on transporte ensuite à la maison, pour les vuider soit dans la grange, soit dans le grenier. Là, on les met en tas, que l'on couvre de draps. Au bout de cinq ou six jours, on les bat légerement avec le fléau: & les graines étant nettoyées, de même qu'on nettoye le froment, on les fait extrêmement sécher au soleil avant de les serrer: pour peu qu'il y restât d'humidité, ce grain se corromproit fort vîte: mais aussi lorsqu'il est une fois bien sec, il se conserve longtems & aisément, & n'est pas sujet aux charansons. Il suffit de le remuer quelquefois.

Voyez les *Elém. d'Agricult.* T. II. p. 92-3-4-5: & le IIe. Volume *du Traité de la Culture des Terres*, p. 254.

M. Miller (*Syst. of Pract. Husb.* Vol. I. p. 87-8) rapporte qu'il y a des Anglois qui, pour améliorer leur terre, préferent d'y semer du millet; qu'ils y retournent en verd: attendu que ce sont des plantes plus succulentes que la plupart des autres, qu'on employe ordinairement à cet usage.

Nous parlons du *Grand Millet*, ou *Millet d'Inde*, sous le nom de SORGO.

MILE; *ou* MILLE. Mesure des chemins. *Consultez* l'article MESURE.

MILFOIL. *Voyez* MILLE-FEUILLE.

MILIAIRE (*Dartre*). Voyez DARTRE.

MILITARIS *Herba.* Voyez MILLE-FEUILLE.

MILIUM. *Voyez* MIL.

MILIUM *Solis.* Voyez GREMIL, *n.* 2.

MILK *Thistle.* Voyez CHARDON *Marie.*

MILLEFEUILLE, ou *Herbe Militaire*: en Latin MILLEFOLIUM, *Achillæa* ou *Achillea*, *Stratiotes*: & en Anglois *Milfoil; Yarrow; Nose-bleed.* Les plantes comprises sous ce nom générique ont quantité de feuilles assez courtes, découpées très-menu, composées de plusieurs pinules ou lobes étroits, terminés en pointe, & rangés assez confusément le long d'un nerf. Leurs fleurs naissent comme en ombelle, au sommet des tiges garnies de quelques paquets de feuilles. Chaque fleur est communément radiée; composée de plusieurs fleurons hermaphrodites; qui forment le disque: les fleurons femelles sont proprement des demi-fleurons, arrangés en cercle autour du disque, formés en langue, & renfermés dans un calyce commun qui est écailleux, & presque cylindrique. Chaque fleuron hermaphrodite a cinq étamines courtes & menues, qui accompagnent un petit embryon; lequel est dans le fond, & pose sur une espece de duvet. Cet embryon devient ensuite une semence unique, ovale, menue; garnie d'une très-petite aigrette.

Nous avons dit que les fleurs de ce genre sont *ordinairement* radiées: parce que MM. Tournefort & Linnæus en reconnoissent une espece qui produit beaucoup de fleurs en bouquets, mais laquelle est nue & sans rayons. C'est le *Millefolium Orientale altissimum luteum Abrotani folio*, Cor. Inst.: *Achillea foliis pinnatis suprà decompositis, laciniis linearibus distantibus*, Floræ Leyd. Prodr. 175.

Au reste, ces deux célébres Botanistes ne sont pas d'accord sur toutes les especes qui appartiennent à ce genre. M. Linnæus met au nombre des *Achillea* plusieurs plantes qui sont nommées *Ptarmica* par M. Tournefort.

Especes.

1. La *Millefeuille* qui semble avoir donné le nom au genre est *très-commune* dans toutes les campagnes, & sur les bords des chemins, où elle trace beaucoup, & se multiplie outre cela par ses semences. Aussi les Laboureurs & les Jardiniers la redoutent-ils. Ses pinules sont dentelées, d'un verd obscur, & d'une saveur un peu âcre. Elle pousse plusieurs tiges hautes d'environ un pied & demi, roides, anguleuses, velues, rougeâtres, branchues vers leur cime. La racine est ligneuse & fibreuse. Les Botanistes distinguent ordinairement cette espece par le nom de *Millefolium vulgare album.* C. B. Sa fleur, qui paroît en Mai & jusqu'en Août, est effectivement presque toujours de cette couleur: on en trouve aussi de couleur pourpre; mais ce n'est qu'une variété, qui au reste fait plaisir par la couleur de ses demi-fleurons.

2. *Millefolium tomentosum luteum* C. B. La Millefeuille *de Montpellier*, & qui est commune en Languedoc. Elle a de l'odeur. Ses feuilles sont dentelées, découpées finement, & couvertes d'une espece de duvet. Ses fleurs sont d'un beau jaune, & durent longtems. Cette plante ne s'éleve gueres qu'à la hauteur de huit ou neuf pouces.

3. La Millefeuille *Noble* de Tragus; que Dioscoride nomme *Achillæa*, & G. B. Petite *Tanésie* blanche ayant l'odeur du camphre: a beaucoup de ressemblance avec la millefeuille commune. Mais ses feuilles sont plus courtes, moins laciniées, & d'un verd pâle. Quand on les frotte entre les doigts, elles exhalent une odeur de drogue, approchante du camphre, & assez agréable. Cette espece vient sur les Alpes.

Usages.

La millefeuille commune est vulnéraire, résolutive, rafraîchissante, dessiccative, légérement astringente. On fait entrer ses feuilles dans la composition de l'eau vulnéraire. Ses vertus, pour la guérison des plaies, lui ont fait donner le nom d'*Herbe du Charpentier.* Effectivement, hachée menue, & mise sur les plaies récentes, elle ne tarde pas à les guérir. On l'emploie pour les ulceres, tant récens qu'invétérés; les fistules; les pertes rouges, & blanches; la gonorrhée; toutes les especes d'hémorrhagies. On en fait passer le suc autant qu'il est possible dans les endroits mêmes d'où se fait l'écoulement. On en donne des clysteres. On bassine les plaies avec la décoction. La feuille séchée & mise en poudre se prend intérieurement avec de l'eau de consoude ou de plantain: pour les mêmes circonstances.

Pour le flux de sang, simple, on fait prendre intérieurement trois onces de suc de millefeuille avec autant de suc d'ortie; & l'on réitere la même dose, une heure après: il faut aussi donner au malade un ou deux lavemens, d'une forte décoction de ces deux plantes. On fait, pour les mêmes accidens, des biscuits astringens; en mêlant deux gros de millefeuille en poudre, avec de la pâte.

Le suc de cette plante est très-propre à déterger & nettoyer entiérement les ulceres intérieurs, particuliérement ceux du poumon, aussi bien que les matieres purulentes qui coulent après la taille. On fait infuser une petite poignée de ses feuilles; & l'on prend cette infusion comme le thé: c'est un fort bon remede pour arrêter l'incontinence d'urine, les cours de ventre, les hémorrhagies, & l'écoulement trop abondant des hémorrhoïdes. Les femmes & filles qui y sont sujettes, ne doivent pas user de ce remede trop longtems; parce qu'il pourroit causer la suppression des regles, qui seroit un mal encore plus fâcheux.

On tire, par la distillation de cette plante, une eau qui est utile pour l'épilepsie.

Le *n.* 2 est employé comme vermifuge.

Le *n.* 3 est d'usage dans les montagnes, pour arrêter la gangrene.

Culture.

La millefeuille du *n.* 1 est si commune, qu'on ne la cultive gueres dans les jardins. Les campagnes en fournissent assez pour la Médecine.

Celle du *n.* 2 réussit par la culture en pleine terre, dans des endroits secs, & au grand soleil. On la multiplie en séparant ses racines, dans les mois de Mars ou Octobre.

Celle du *n.* 3 vient aussi aisément que la premiere, & presque sans culture.

MILLEGRANA. *Voyez* HERNIOLE.

MILLEPERTUIS: en Latin MILLEFORA; *Perforata*, &c. Dénominations appliquées à des plantes dont les feuilles semblent toutes criblées quand on les oppose entre les yeux & la lumiere. Ces trous apparens sont des vésicules remplies d'une liqueur diaphane qui est balsamique. La forme des feuilles est une espece d'ovale, plus ou moins allongée; quelquefois terminée en pointe, & alors plus large à sa base que dans tout le reste de son épanouissement: elles n'ont point de pédicule; & sont opposées par paires.

M. Linnæus réunit toutes les especes de ces plantes sous un même genre; qu'il appelle *Hypericum*: & qui comprend les *Hypericum*, *Ascyrum*, & *Androsæmum*, de M. Tournefort.

Les uns & les autres ont le Calyce divisé en cinq parties ovales, creusées en cuilleron; & ce calyce subsiste jusqu'à la maturité du fruit. Ils ont cinq pétales disposés en rose; presque ronds, & pas plus grands que les échancrures du calyce, dans les *Androsæmum*; de forme ovale, oblongs, obtus, & beaucoup plus grands que les divisions du calyce, dans les *Ascyrum* & *Hypericum*. On apperçoit dans le disque de la fleur, un grand nombre d'étamines; qui se réunissent par le bas en cinq corps distincts: au milieu desquels est le pistil; composé d'un Embryon arrondi ou oblong: lequel est surmonté de deux à cinq styles, dans l'*Hypericum* & l'*Ascyrum*; & seulement de deux stigmates, dans l'*Androsæmum*. L'embryon de l'*Androsæmum* devient une capsule assez courte, arrondie, succulente, qui a extérieurement la figure de trois côtes de melon réunies, & dans l'intérieur de laquelle sont trois placentas chargés de semences ovales. La capsule des autres especes est terminée en pointe; & séparée en autant de loges qu'il y avoit de styles: leurs semences sont assez menues, & plus allongées que celles de l'*Androsæmum*.

Les Anglois nomment *S. Johns-Wort*, ce que nous appellons *Hypericum*; & *S. Peter's-Wort*, notre *Ascyrum*. Pour ce qui est de l'*Androsæmum*, il a deux dénominations Angloises: *Park-Leaves*; & *Tutsan*, qui répond au mot *Toute-saine*, qui sert à désigner cette plante dans notre langue.

Especes.

1. *Hypericum Nummulariæ folio* C. B. Cette espece demeure ordinairement basse. Elle vient sur des rochers, ou des montagnes escarpées. On en trouve sur les Alpes. Elle est très-chargée d'une odeur forte. Ses feuilles sont arrondies.

2. *Hypericum vulgare* C. B. Elle est fort commune à la campagne, dans les bois, les prés, &c. Sa racine est vivace. Elle produit nombre de tiges cylindriques, hautes d'environ un pied & demi, ou deux pieds, très-branchues. Ses feuilles sont petites & longuettes. Tout le haut de la plante donne quantité de fleurs jaunâtres, dans les mois de Juin & Juillet. Les semences sont menues & brunes.

3. *Hypericum* ASCYRON *dictum, caule quadrangulo* J. B. Cette plante vient dans des endroits humides. Ses tiges sont quarrées, à-peu-près hautes comme celles du *n.* 2, mais moins fournies de branches. Ses feuilles, plus courtes, & plus larges, ne laissent appercevoir qu'une petite quantité de ces vésicules qui ont l'apparence de trous. Elle fleurit jaune, en Juin, Juillet & Août.

4. *Hypericum fœtidum frutescens* Inst. R. Herb. La Sicile, l'Espagne, & le Portugal, sont des pays où elle vient sans culture. Elle forme une espece de buisson, haut d'environ trois pieds, dont les tiges sont accompagnées de beaucoup de rameaux. Ses feuilles sont pâles, & du nombre de celles que nous avons dit être allongées, & terminées en pointe. Elle fleurit jaune, en Juin & Juillet. Toute la plante a une odeur désagréable: qui l'a fait nommer *Herbe au Bouc*. M. Duhamel en a donné la figure, dans le premier Volume du *Traité des Arbres & Arbustes*.

5. *Hypericum Canariense frutescens multiflorum* H. Amstel. Cette plante, quoique originaire des Canaries, soutient bien en pleine terre des hivers rigoureux, dans le climat de Londres. Elle forme un arbrisseau, de six à sept pieds de hauteur, branchu, & dont les feuilles sont oblongues. Ses fleurs sont jaunes, & disposées en grappes considérables. [M. Miller dit que cette plante a une forte odeur de bouc, comme la précédente.]

6. *Hypericum Pulchrum Tragi* J. B. Cette plante, que l'on trouve aux environs de Paris & ailleurs, dans les bois, n'est pas grande. Sa tige se tient droite, n'est branchue qu'à sa partie supérieure, est cylindrique, sans taches rouges comme l'on en voit souvent dans les autres especes, & sans aucunes feuilles dans les aisselles des branches. Ses feuilles sont larges, nullement tachées, & entourent la tige par leur base. Les divisions du calyce sont finement dentelées. On apperçoit beaucoup de petits points noirs à la circonférence de ses pétales, qui sont d'un jaune très-orangé. Les étamines & les styles sont d'un beau rouge.

7. ASCYRUM *Balearicum foliis crispis; sive Myrto-Cistus Pennæi* Clus. Arbuste des Isles Mayorque & Minorque: dont les feuilles sont petites, frisées, & teignent les doigts en rouge quand on les écrase. Il est toujours verd; & donne une résine jaunâtre.

8. ASCYRUM *magno flore* C. B. Cet arbuste porte de très-grandes fleurs d'un beau jaune; dans les mois de Juin & Juillet. Sa racine trace comme celle du chiendent. Ses tiges sont menues & penchées.

9. ANDROSÆMUM *maximum frutescens* C. B. La *Toute-saine*. Cette plante se trouve en divers endroits de France, & du reste de l'Europe, dans les bois. Elle forme un arbuste haut de deux à trois pieds: dont les tiges sont cylindriques, & branchues vers le haut. Ses feuilles, échancrées à leur base qui em-

brasse la tige, sont terminées en pointe, beaucoup plus considérables que celles des especes précédentes; d'abord d'un verd foncé, puis, d'un rouge obscur, en automne. Ses fleurs sont jaunes. Il leur succede une espece de baie qui noircit en mûrissant. Sa racine est vivace, longue, ligneuse. Toutes les parties de cette plante ont une saveur résineuse.

Culture.

La plupart de ces plantes se multiplient d'elles-mêmes par leurs graines. Quand on les seme, il est à propos de le faire en automne.

On peut encore les multiplier de drageons enracinés, qu'on leve au printems, ou en automne.

Les *nn.* 4 & 5 aiment une terre légere & seche. On les multiplie aussi de bouture, au mois de Mars.

On éclate les racines du *n.* 8, au mois d'Octobre: afin qu'étant fortifié avant le printems, il donne beaucoup de fleurs.

Le *n.* 9 se plaît à l'ombre, & dans une terre forte.

Usages.

Les plantes ci-dessus produisant d'assez jolies fleurs, on peut les employer dans les bosquets d'été. Le *n.* 8 réussit particuliérement bien sous les arbres.

Toutes les plantes ci-dessus sont employées comme de bons vulnéraires, & comme des apéritifs.

La graine du *n.* 4 a une vertu purgative: mais les feuilles sont déterfives, & desséchent. Toute la plante, prise dans de l'eau miellée, est bonne contre la sciatique; il en faut user jusqu'à ce qu'on soit guéri. On applique ses feuilles pour guérir les brûlures; & cuites dans du vin fort, pour les blessures, & pour soulager les gouteux.

Le *n.* 9 passe pour être résolutif, lithontriptique, vermifuge, alexitere, & un préservatif de la rage. On l'emploie intérieurement, & extérieurement. Sa graine est employée pour toutes les hémorrhagies.

On tire, par expression des étamines du *n.* 2, un suc rouge pour la peinture: mais cette couleur passe très-vîte.

La graine de cette plante, avalée dans du vin, est utile contre les venins; pour faire sortir le gravier; pour arrêter le crachement de sang. Ses fleurs sont bonnes aussi pour cette derniere indisposition. (*Voyez* ALUN). Son eau distillée sert pour la sciatique, l'épilepsie, & la paralysie. Toute la plante, broyée & mise sur les morsures vénimeuses, les guérit. Cette plante est la base du BAUME *de Vie;* dont on trouve la composition ci-dessus dans l'article BAUME. Elle est vulnéraire, hystérique, & nervale. C'est pourquoi on en met dans l'*Eau d'Arquebusade*, & dans presque tous les baumes destinés aux plaies. M. *De la Haye* la fait entrer dans une recette contre la Rage; dont la composition est décrite en son lieu: il indique de la cueillir pour cela, aux mois de Juin ou Juillet. L'Abbé Rousseau en a aussi mis sur les fleurs dans son *Baume Tranquille*; à cause, dit-il, que cette plante a une vertu constellée. On les voit encore employées dans le *Baume de Pommes de Merveille*, & dans une recette du *Baume du Commandeur.* On dit que si on frotte bien ses mains avec le millepertuis, on peut prendre les serpens avec la main sans qu'ils fassent aucun mal.

Le suc de ses feuilles & fleurs consolide les plaies: sa graine, bue avec du vin blanc, guérit la fievre tierce. Ses fleurs & sommités sont principalement en usage pour faire un baume propre à guérir les plaies.

Baume de Millepertuis.

1. Prenez les boutons de Millepertuis: il vaut mieux comme cela, que quand il est épanoui. Otez-en le verd. Quand vous aurez ainsi une demi-livre de fleurs, mettez-les dans une phiole avec une livre d'huile d'olives, & les y laissez tremper durant six ou sept semaines. Puis mettez le tout dans un drap neuf & très-propre; & le coulez avec forte expression, afin que toute la plante s'unisse bien avec l'huile. Puis remuez l'huile dans la phiole, qui doit être bien nette. Prenez ensuite une demi-once de gomme élémi, en poudre; jettez-la dans cette phiole; & bouchez avec de la cire bien gommée, & de la peau par-dessus, que vous lierez bien serrée. Plus ce baume vieillit, meilleur il est. Il faut le laisser au soleil, pendant quinze jours, & le remuer tous les jours afin de bien mêler la gomme avec l'huile. On doit avoir la précaution de n'emplir la phiole que jusqu'à cinq bons doigts au-dessous de son ouverture: car cette gomme y étant, l'huile bout très-fort; & elle pourroit briser la phiole qui seroit pleine.

Ce baume est bon pour toutes sortes de plaies, surtout si elles sont récentes. S'il faut une tente, on doit la tremper toute entiere dans ce baume. S'il n'en est pas besoin, mettez-y de la charpi, ou du cotton, que vous y tremperez: la liqueur doit être appliquée aussi chaude que le malade peut la soutenir.

2. Prenez des fruits d'orme, fleurs de millepertuis, & boutons de roses; mettez le tout ensemble dans une bouteille de verre; & les exposez au soleil, jusqu'à ce que vous voyiez que le tout soit tellement consommé, qu'il semble être pourri: puis passez-le par un linge; & réservez-le pour l'usage.

3. *Voyez* HUILE *d'Hypericum.*

Eau-de-Vie de Millepertuis.

Remplissez une bouteille, de feuilles & sommités de cette plante. Versez-y ensuite autant d'eau-de-vie qu'il y en pourra tenir: & laissez infuser le tout, pendant un an.

Cette eau est spécifique pour la colique. La dose est d'une cuillerée.

MILLET. *Voyez* MIL. SORGO.

MILLOCO. voyez SORGO.

MILTWAST. *Voyez* SCOLOPENDRE *Vraie.*

MIN

MINE: *Mesure.* Voyez l'article MESURE.

MINE. Partie de la terre, où se forment les métaux & les minéraux.

Les Minéraux en général sont des corps produits dans le sein de la terre, ou à sa surface: qui n'ont rien d'organisé; ne sont nullement susceptibles de putréfaction; & dont toutes les parties, quelque extrêmement divisées qu'elles soient, sont parfaitement semblables les unes aux autres.

Les Naturalistes ont disputé, & disputent encore, pour déterminer si les minéraux prennent de l'accroissement, & s'ils se régenerent. Au lieu d'entrer dans cette discussion, nous croyons devoir indiquer aux Lecteurs la *Minéralogie* de Wallerius, T. I. p. 1, 2, 3, de l'Édition Fr. *in*-8°. Paris 1753.

On distingue ordinairement les minéraux d'avec les métaux parfaits, en ce que les minéraux ne s'étendent pas sous le marteau, & que les métaux ont cette propriété. *Voyez* METAL.

Les autres substances minérales sont les métaux imparfaits, les cailloux, les diverses pierres communes, le marbre, le porphyre, le granit, les pierres précieuses, les sels fossiles, le sel gemme, l'asphalte & autres bitumes, le charbon minéral, le soufre, *&c. Voyez* MARNE. PIERRE. CHARBON. ROUILLE. ALUN. AMBRE. ARSENIC.

Séparation & Extraction des Métaux contenus dans les Mines, soit marcassites, soit sables, ou terres.

Il y a plusieurs méthodes pour venir à bout de cette extraction : nous en remarquerons ici deux ou trois des plus assurées, par l'expérience qui en a été faite très-souvent, par ceux qui ont travaillé aux mines.

La premiere méthode (pour des essais en petit) consiste à bien piler la mine ou marcassite, en poudre la plus fine que l'on pourra ; & la passer au plus fin tamis de soie.

Mettez cette poudre dans de grands vases de verre ou de terre vernissés ; versez-y par-dessus de l'eau commune, qui surnage au moins un demi-pied & soit un peu chaude, en remuant bien ; puis la laissant tant soit peu reposer & affaisser la matiere métallique. Versez ensuite, par inclination, la matiere terrestre, safreuse, argileuse, sablonneuse, ou pierreuse ; & réitérez ces lotions, jusqu'à ce qu'il ne se souleve plus de ces matieres non-métalliques.

Les métalliques tombent d'abord à fond, & après quelques lotions, quoiqu'en remuant bien, elles se soulevent quelque peu ; sans presque troubler l'eau : car tant qu'elle se troublera, & qu'elle restera trouble pendant le moindre espace de tems, c'est marque qu'il y a encore de la terrestréité. Ces lotions, ainsi faites & achevées toujours avec de l'eau chaude, l'on desséche la poudre du fond au soleil ou à feu doux, sur des vases larges de verre ou de terre qui aille au feu, vernissée ou non, en remuant bien jusqu'à ce qu'elle ne fume plus.

Puis on y verse du plus fort & plus récent vinaigre distillé, qui y surnage d'un ou deux pouces, en un vase de verre couvert, sur un feu de sable à une chaleur de mollification de cire ; & on y laisse le vase bien couvert huit ou dix heures, pour qu'il en dissolve le plomb & l'étaim, s'il y en a. On vuide la liqueur par inclination dans une bouteille de verre. On y en remet même quantité ; & la laisse derechef digérer à même feu : le même tems après on la verse par inclination comme la premiere fois. On réitere ces digestions avec de nouveau vinaigre, jusqu'à ce que l'on voie que la dissolution ne se trouble plus ; ce qui marque qu'il ne mord plus sur le saturne, qui pour lors a été entiérement dissout & enlevé par le dissolvant.

Pour achever d'en extraire l'étaim, il faut dissoudre dans une livre dudit vinaigre distillé, deux à trois onces de beau nitre pur, dans un vase de verre bien bouché, placé sur un feu doux, & remuer de tems en tems.

Il faut verser ce vinaigre ainsi aiguisé sur la matiere de la mine restante ou terre métallique ; & procéder en tout pour l'extraction de l'étaim, comme on a fait ci-dessus pour l'extraction du plomb ; & garder les dissolutions dans d'autres bouteilles séparées.

Pour la séparation du cuivre & du fer, s'il y en reste, on dissoudra dans une livre de ce vinaigre distillé & aiguisé, deux à trois onces de salpêtre bien purifié, & deux onces du plus bel alun de roche en poudre fine, dans un grand vase de verre & bien bouché, qui doit rester les trois quarts vuide, sur un feu doux en remuant ; on y ajoûtera une once de vitriol romain en poudre, & environ une once de sel armoniac aussi en poudre fine : on versera ce dissolvant ainsi préparé, sur la poudre métallique restée après les dissolutions du plomb & de l'étaim, en procédant comme on a fait aux premieres extractions, & on gardera ces dissolutions dans des bouteilles séparées.

Ensuite, on versera sur la résidence de la poudre métallique, de bonne eau forte commune, pour en séparer l'argent, si elle en contient, par la même voie & les mêmes opérations réitérées comme ci-dessus ; & on gardera de même les dissolutions en une bouteille séparée.

On desséchera à feu lent, le reste de la poudre métallique, & on y versera de bonne eau régale ; & on y procédera comme pour la séparation & dissolution des autres métaux.

Puis on desséchera à la retorte ou à l'alambic de verre, toutes ces dissolutions séparées, l'une après l'autre, à feu de sable ; & on en détachera la poudre restante, que l'on pesera chacune à part. Pour les réduire en corps, on fera une pâte d'une once de chaque poudre, une dragme de borax, demi-dragme de nitre fixé par le charbon & purifié, demi-dragme de sel de tartre, deux dragmes de verre bien pilé, deux dragmes de charbon de chêne ou de saule, cinq ou six dragmes de savon rapé, & quelques gouttes d'huile d'olives ; pilant & mêlant bien le tout, & le réduisant en pâte, puis en petites boulettes, que l'on jettera dans un creuset qui sera bien rouge, dans un fourneau de reverbere : & on lui donnera un feu de fonte pendant un quart d'heure, plus ou moins, suivant le métal plus ou moins dur, que l'on veut ranimer & qui demande aussi plus ou moins de violence de feu. Après quoi on tire du feu le creuset, que l'on doit avoir tenu couvert pendant l'opération, & au moins un tiers vuide : on le met proche la porte du fourneau ou du cendrier, & avec des pincettes, on frappe doucement par-dessus & aux côtés dudit creuset, pour faire descendre le régule au fond. Etant refroidi, on casse le creuset, & on en sépare le noyau attaché au fond ; que l'on pese pour en sçavoir la quantité : pour cela, il faut avoir eu la précaution de peser les marcassites, terres, ou sables, avant que de les mettre en poudre ; pour sçavoir au juste ce qu'elles contiennent de chaque métal.

Si les marcassites contiennent beaucoup de soufre ou d'antimoine, vous les connoîtrez en ce que l'eau forte, appliquée extérieurement, n'y mordra point.

[On se propose ici de tirer séparément les métaux qui feroient contenus dans un minéral. Mais les acides qui dissolvent certains métaux, ne les attaquent pas quand ils ne sont point régulisés.]

Autre maniere de séparer l'Or & l'Argent des Mines.

Il faut prendre la poudre métallique bien lavée & séchée comme ci-dessus, la mettre toute chaude dans un mortier de marbre chauffé ; y verser pardessus autant pesant de mercure commun aussi chaud ; & broyer le tout avec un pilon de verre ou de buis, toujours en rond & du même côté, y jettant de tems en tems quelques gouttes d'esprit de nitre. Le mercure s'y éteindra & amalgamera. Pour lors on le passera par le chamois ; & en le pressant bien, l'or ou l'argent qu'il aura attiré, restera sur le chamois. On pourra le ranimer en le fondant avec le borax & le salpêtre rafiné.

Ou bien on mêlera à cet amalgame de mercure avec les métaux, le tiers de son poids de nitre fixé, (à qui on aura fait boire la moitié de son poids, de son esprit, dans un vase de verre couvert, à feu lent) huit ou dix fois autant pesant de bol d'Arménie, & un peu d'eau commune ; pour réduire le tout en pâte ; de laquelle on formera des boulettes comme des noisettes : que l'on fera sécher à feu doux ou au soleil, pour les calciner ensuite, dans de grands creusets couverts, un tiers vuides, & bien lutés autour des couvercles, à feu de roue bien gradué pendant

dant dix ou douze heures. Ou bien on les distillera à la retorte, lutée avec un grand récipient plein d'eau; pour y recevoir le mercure; on détachera ensuite la masse qui restera, que l'on lavera bien & réduira en poudre. On séchera bien, & réduira cette poudre en corps par la fusion avec borax, nitre, verre, charbon, & savon.

Si la mine contient de l'or & de l'argent, ils se trouveront encore confondus dans cette fonte. Pour en faire la séparation, il les faut grenailler & les dissoudre avec l'eau forte, & ensuite avec l'eau régale. S'il reste à l'argent quelque mêlange de cuivre ou autre métal, on le séparera par la coupelle: & par ce moyen on sçaura au juste ce que les marcassites contiendront.

Autre méthode pour séparer seulement l'Or & l'Argent des Marcassites ou Mines.

Faites un dissolvant avec trois livres du meilleur vinaigre distillé, dans lequel vous dissoudrez (dans un vase de verre qui doit rester les trois quarts vuide) du sublimé corrosif bien choisi, du verdet & de beau sel commun, environ trois onces de chacun, l'un après l'autre; le sel commun bien pilé, le premier; puis le verdet bien pulvérisé; puis le sublimé de même; en remuant souvent le vase, qu'il faut bien boucher, sur un feu doux, en évitant autant qu'il se pourra, la vapeur. Lorsque le tout sera presque dissout, on laissera refroidir le vase jusqu'à ce que la liqueur soit presque claire. On la versera pour lors par inclination dans un autre vase, sans troubler le fond.

Ensuite on aura un grand mortier de marbre avec un pilon de buis bien rond & large: au fond l'on y mettra la poudre métallique préparée comme il a été dit, & échauffée; & sur icelle on versera de ladite liqueur un peu claire peu-à-peu, en remuant bien jusqu'à ce qu'elle soit en consistance d'onguent, que l'on roulera en rond continuellement, l'humectant & entretenant en la même consistance, ou un peu plus molle, pendant trois ou quatre heures; après lesquelles on y versera par-dessus du mercure coulant, qui la couvre bien tout autour, & qu'il y en ait au moins son double volume: & on le broyera bien pendant deux ou trois heures sans y rien ajoûter.

Pour lors l'amalgame des métaux parfaits avec le mercure sera fait. Et il faudra séparer le mercure, de la matiere terrestre, par un crible, sans presser; y recueillant bien les parcelles du mercure: qu'ensuite on passe au travers d'un chamois; & l'argent ou l'or reste sur le chamois. On le ranime ensuite avec la pâte enseignée ci-dessus, par la fonte.

Pour ne rien perdre, il faut mettre la poudre qui a passé par le tamis, dans un grand creuset avec le même mercure qui a passé par le chamois; & lui donner un feu doux de sable en remuant avec une longue aiguille de fer pendant une ou deux heures, en évitant la vapeur tant qu'il se pourra; donnant sur la fin le plus fort feu de sable pendant un quart d'heure pour faire presque rougir le fond du creuset, & remuant de tems en tems avec l'aiguille de fer. Après que tout sera refroidi, on le passera dans un large tamis pour en séparer adroitement la terrestréité d'avec le mercure, que l'on repassera & pressera bien par le chamois: s'il y a encore quelques parties d'or ou d'argent, on les trouvera dessus. On les ranimera comme il a été dit.

Notez que dans cette opération il faut ménager adroitement le feu, afin que sa trop grande violence ne fasse pas exhaler en fumée tout le mercure, qui emporteroit avec lui le métal fin. Il faut qu'il reste dans le creuset pour le moins les deux tiers du mercure.

Pour sçavoir s'il y a du Métal dans une Mine; Quel est ce Métal: Et en faire la séparation.

Prenez une once de sel ammoniac fixe, ou de nitre fixe, ou de sel de tartre. Jettez-la dans huit livres d'eau commune, dans laquelle vous ferez digérer de vos marcassites en poudre, à discrétion, pendant deux ou trois jours. Après, faites-les dessécher & calciner. Ensuite mettez-les dans un creuset, à feu de fusion. S'il reste deux métaux au fond; un parfait, & un imparfait: il faut faire un petit trou au fond du creuset, & y en joindre un autre pardessous: mettre fondre les matieres dans celui qui est le plus haut. S'il y a du métal parfait mêlé, il tombe par la fusion dans celui du dessous; & l'imparfait reste dans l'autre avec les scories: que l'on sépare ensuite avec le marteau ou par la fusion.

Séparer par la fusion l'Or, l'Argent, & le Cuivre.

Prenez soufre d'antimoine, & cendres de plomb, parties égales: mêlez-les. Et quand votre métal sera bien fondu, jettez-y peu-à-peu de cette poudre. Les métaux se précipiteront, & se sépareront l'un de l'autre. Le creuset étant froid, l'or & l'argent seront en bas, & le cuivre dans les scories.

Verdet pour séparer des Mines le pur d'avec l'impur.

Prenez une livre de minium, autant de sable détrempé, lavé & séché, une once de verdet, & onze onces de quelle mine que ce soit. Mettez le tout en poudre subtile; mêlez-le bien: & mettez-le dans un creuset, à feu de fusion. Dans deux heures il se précipitera un petit regule, que vous passerez par la coupelle.

Bon Fondant pour l'Or & l'Argent des Mines.

Prenez du nître & du tartre, de chacun une livre; que vous ferez détonner ensemble. Dissolvez le sel dans six onces de vinaigre distillé; filtrez & coagulez-le. Stratifiez le sel bien sec dans un creuset avec la mine d'or ou d'argent: & tout fondra dans très-peu de tems. Ce fondant fond le fer comme si c'étoit du beurre.

Pour dessoufrer les Mines trop chargées de Soufre.

Mouillez vos mines avec de l'urine. Mettez-les ensuite à un feu doux jusqu'à ce qu'elles soient bien séches. Pilez-les. Elles seront alors prêtes à fondre. Si elles sont difficiles à fondre, metez-y du plomb brûlé, & fondez le tout dans un creuset: le métal ira à fond.

Si elles sont de facile fusion, il faut mettre une petite terrine deux doigts au-dessous du souflet d'une forge; & y mettre du charbon; & quand il sera bien allumé, y jetter de votre mine en poudre. Elle formera une masse; & le métal tombera en petits grains. Il faudra alors les piler & laver: le métal restera au fond.

Pour faire le *Plomb Brûlé*, il faut en faire fondre dans un creuset, & jetter une pincée de soufre commun par-dessus, avec autant de sel commun; le tout en poudre: & le faire bouillir jusqu'à ce qu'il s'éleve une crasse; que l'on ramasse avec quelque morceau de fer. Lorsque tout est bien écumé, on refait la même chose quand le plomb est bien fondu, jusqu'à ce que l'on ait assez de cette crasse, qui est le plomb brûlé.

Pour fondre tout Métal qui est encore en roche.

Faites recuire votre roche à un four; quand elle est bien rouge, pilez-la; & lorsqu'elle sera en poudre fine, ajoûtez-y du savon & du salpêtre, repilez-le tout derechef; & mettez-le en pelotons. Suivant le feu que vous aurez, couvrez ces pelotons de papier que vous mouillerez, jettez-les dans le feu, & les couvrez de charbon. Il faut que le fond de votre fourneau soit de bonne terre qui puisse bien tenir le métal fondu qui coulera au fond. Pour voir s'il tient du fin, vous le passerez à la coupelle.

Consultez la *Pyritologie* de Henckel : le *Journal Œconomique*, Janvier & Juin 1751; Février & Mars 1754: les *Elémens de Chymie*, de M. Macquer.

MINE *de Plomb*. On donne ce nom à la mine dont on retire le plomb ; & encore improprement au Plumbago, dont nous parlerons ci-dessous.

On appelle aussi de la sorte, le *Minium* ou *Sandix* ; qui est du Plomb pulvérisé tel qu'on l'a tiré de la mine, puis rougi par une longue calcination : selon Lemery *Dictionnaire des Drogues*.

M. Macquer (*Elém. de Chym. Theor.* p. 125) dit que le minium est de la chaux de plomb, qui ayant subi une longue calcination, est devenue successivement blanche, jaune, & d'un beau rouge. Mais il ajoûte que ce minium est très-difficile à faire, & ne réussit bien que dans les travaux en grand.

Le Minium est dessicatif & astringent. On l'emploie dans des onguens : on s'en sert aussi pour la peinture ; & pour vernir les poteries de couleur rougeâtre.

MINE *de Plomb Noire ; Plomb de* MINE; *Plomb de Mer ; Plombagine ; Potelot :* en Latin *Plumbago*, & *Molybdæna*. C'est un minéral, que l'on nous apporte d'Angleterre & de Hollande, & dont il y a de deux sortes. La plus belle espece est nommée *Crayon ;* sert à dessiner ; & doit être légere, unie, médiocrement dure, luisante, & de couleur argentée. Cette mine vient d'Angleterre, & ne contient pas de plomb. L'autre espece sert à polir le vieux fer, & à donner couleur aux planchers. On la tire de Hollande, en morceaux de différentes grosseurs, tantôt dure, tantôt tendre.

MINEL. *Voyez* CERISIER, *n.* 3.

MINERAL *Aurifique*. Voyez sous le mot VOMISSEMENT.

MINERAL *Métallique*. Consultez l'article MERCURE.

MINERALE (*Eau*). Voyez EAU.

MINETTE. C'est la même chose que *Boisseau*.

MINIUM. *Voyez* MINE *de Plomb*.

MINOT. *Consultez* l'article MESURE.

MINT. *Voyez* MENTHE.

MIO

MIOUGRANIER. *Voyez* GRENADIER.

MIR

MIRABOLAN. *Voyez* MYROBALAN.

MIRÉ (*Sanglier*). Voyez au mot SANGLIER.

MIRER *les Œufs*. Consultez l'article ŒUF.

MIRLICOTON. C'est une sorte de grosse pêche jaune & de pavie jaune qui mûrit sur la fin de l'automne. Ce mot est un terme des Jardiniers de Gascogne. * La Quintinye, T. I. *p.* 68.

MIRLIROT. *Voyez* MELILOT, *n.* 2.

MIROBOLAN. *Voyez* MYROBALAN.

MIROIR. Surface polie, brillante ; & qui n'ayant point de couleur particuliere, représente fidélement toutes celles des objets que son étendue peut embrasser.

On fait des miroirs avec des alliages de métaux ; ou avec de l'acier ; ou avec du verre plus ou moins épais, au dos duquel on applique un corps capable d'arrêter les rayons de la lumiere & les obliger à se réfléchir.

Les miroirs sont ou plats, ou concaves, ou convexes ; & leurs formes sont arbitraires.

Pour bien appliquer l'Etaim aux Miroirs de Verre ; que l'on nomme *Glaces*.

Il faut avoir une table qui soit bien unie & polie ; & plus grande que la glace ; puis mettre dessus cette table une ou plusieurs feuilles d'étaim d'Angleterre du plus fin, épaisses comme une feuille de papier ; de maniere qu'il n'y ait aucun pli, ni raie, ni macule : autrement votre miroir auroit un défaut. Cela étant fait, prenez de beau mercure ; & versez-le dessus la feuille d'étaim, ensorte qu'elle en soit toute couverte. Etant bien imbibée de mercure, vous coulerez votre glace dessus ; & elle s'y attachera. Alors retournez votre glace ; & mettez des feuilles de papier fin bien unies sur l'étaim, que vous presserez doucement pour en faire sortir le superflu du mercure. Ensuite vous ferez sécher cet étaim au soleil ou à un feu très-lent ; & il sera parfait.

Pour faire un Miroir Concave, ou Ardent.

Prenez des lamines de cuivre : & les ayant coupées, mettez-les dans un creuset, & imbibez-les d'huile de tartre. Prenez ensuite de l'arsenic en poudre (il en faut un quarteron pour une livre de lamines) ; stratifiez-en alternativement avec vos lamines, jusqu'à ce que le creuset soit plein. Adaptez-y après cela un couvercle, qui soit de même terre ; lutez bien ce couvercle ; & quand le lut sera sec, placez le creuset dans le sable, ensorte qu'il soit tout couvert, excepté le couvercle. Cela fait, donnez un feu gradué, jusqu'à ce que le feu soit assez fort pour faire évaporer l'huile, laquelle étant évaporée, ôtez votre creuset, & quand il sera refroidi, vous le casserez & vous trouverez votre cuivre teint de plusieurs couleurs. Il seroit encore plus varié si au lieu d'arsenic, vous vous serviez d'orpiment.

On prend une partie de ce cuivre, & deux parties de léton. On fait fondre d'abord celui-ci à feu violent, puis on y jette le cuivre préparé, & quand le tout est bien fondu, on jette ce métal dans une terrine pleine d'eau tiede. En le jettant, il faut le faire passer sur un balai de bouleau, afin de le réduire en grenaille. Ce métal, ainsi préparé, est blanc ; il résiste à la lime, n'est point cassant, a les qualités de l'acier, & est très-propre à recevoir le poliment parfait. Il faudra fondre d'abord trois parties de ce métal, comme ci-devant, puis y jetter une partie d'étaim de Cornouaille sans plomb. Le tout étant en bonne fonte, on le versera dans le moule convexe, pour faire le miroir concave ; ou dans le moule concave, pour faire le miroir convexe.

MIROIR : *terme d'Architecture*. C'est, dans le parement d'une pierre, une cavité causée par un gros éclat quand on la taille.

On nomme aussi *Miroirs* des ornemens en ovale, qui se taillent dans les moulures creuses, & sont quelquefois remplis de fleurons.

MIROIR : *terme de Forêt*. Consultez l'article MARTEAU.

MIROIR *du Tems*. Voyez MOURON *à fleur rouge*.

MIROIR *de Venus ; ou des Dames*. Voyez CAMPANULA, *n.* 2.

MIROTON : *terme de Cuisine*. Garnissez de bardes de lard, le fond d'une casserole qui ne soit pas trop grande : mettez par dessus, des tranches de veau minces, battues sur une table avec le couperet : étendez sur ces tranches une farce, faite de rouelle de veau hachée avec du lard, de la moëlle de bœuf, des champignons, morilles, mousserons, quelques truffes, fines herbes, & bon assaisonnement. Vous-y ajoûterez deux jaunes d'œufs ; couvrirez le tout, du reste des tranches ; puis avec les bardes du lard. Couvrez la casserole : & faites cuire, à feu doux dessus & dessous. Le miroton étant cuit, on le dégraisse ; puis on le dresse : & on le sert chaudement, le dessus dessous.

MIROTON *en Maigre*. Ratissez, lavez, & fendez le long du ventre, cinq ou six merlans : ôtez-en l'arrête & la tête. Puis les ayant garnis d'une bonne farce de chair de poisson, roulez-les en filets. Ayant ensuite fait une omelette avec un peu de farine, ensorte que cette omelette couvre tout le fond de la casserole, rangez-y vos poissons farcis ; & ayez soin de mettre un peu de beurre sous l'omelette. Ajoûtez aux poissons farcis, des truffes, champignons, morilles, mousserons, & bon assaisonnement : couvrez le tout, d'une autre omelette qui garnisse entiérement la casserole : & faites cuire à petit feu dessous & dessus. Le miroton étant cuit, égouttez-en le beurre ; puis dressez-le sur une assiette le dessus dessous, comme il est dit ci-devant. Vous pouvez y ajoûter un coulis de champignons ; que vous ferez entrer par un petit trou, que vous boucherez ensuite de la même piece que vous aurez levée.

M I S

MISERERE (*Colique de*) ; ou *Passion Iliaque*. L'une des plus douloureuses & des plus terribles coliques. Un vomissement impétueux vuide alors tout ce qui est dans l'estomac & dans les intestins, même jusqu'aux excrémens. Rien de ce que l'on prend par la bouche ne descend dans l'estomac. Le pouls est vif & serré. On sent des douleurs aiguës & sans relâche, dans les intestins ; qui font beaucoup de bruit. Cet état affreux est encore accompagné de foiblesse, de sueur froide ; & souvent suivi d'une prompte mort.

Le miserere peut être occasionné par une hernie, lorsqu'il y a quelque intestin engagé dans l'anneau, ou dans le scrotum. Une autre cause ordinaire est la présence de matieres bilieuses fort âcres, qui mettant les intestins dans une contraction violente, y produisent un étranglement dont s'ensuivent les effets ci-dessus. Quelquefois tout le désordre vient d'une tumeur inflammatoire formée dans les intestins ; ou même d'une excessive paresse de ventre.

Remedes.

1. Lorsqu'il y a hernie, le principal & le plus pressant remede est la réduction de l'intestin.

2. Dans toute colique de miserere, il faut saigner plusieurs fois au bras : & en même tems tâcher de faire avaler des délayans aqueux, en petite dose très-fréquemment réitérée ; tels que l'eau de poulet, le petit lait, les eaux de graine de lin, d'orge, de gruau.

3. Les lavemens adoucissans & huileux peuvent beaucoup soulager.

4. On fera de fréquentes frictions sur le ventre avec un liniment, composé d'une once d'huile d'amandes douces, demi-once d'onguent *Populeum*, & un gros de baume tranquille.

5. Après ces frictions on pourra préparer un lavement en la maniere suivante : prenez deux onces de racine de guimauve, une poignée de mercuriale, autant de feuilles de mauve, une demi-poignée de fleurs de nénuphar, & une laitue coupée en quatre ; faites bouillir le tout dans une chopine d'eau & un demi-septier de vinaigre, pour réduire à chopine : passez la liqueur : & ajoûtez-y deux onces d'huile, & deux grains d'opium.

MISLETO. *Voyez* GUI.

MISY. Excrément métallique, qui se forme sur le chalcitis comme le verdet sur le cuivre. Il est de couleur d'or : & on y voit des paillettes d'or, quand on le rompt.

M I T

MITHRIDAT ; MITRIDAT ; ou MITHRIDATE. Électuaire, composé de quarante-quatre à quarante-sept ingrédiens ; sans compter le vin & le miel. Il a pris son nom de son Auteur Mithridate, Roi de Pont & de Bithinie.

Ces ingrédiens sont la myrrhe, le safran, l'agaric, le gingembre, la cannelle, le spica-nard, l'oliban, les semences de thlaspi & de seseli de Marseille, l'opobalsamum, le carpobalsamum, le jonc odorant, le stœchas Arabique, le costus blanc, le galbanum, la térébenthine, le poivre long, le castoreum, le suc d'hypocistis, le storax calamite, l'opopanax, le *Folium Indum*, la casse odorante, le polium de montagne, le poivre blanc, le scordium, la semence du *daucus* de Crete, les trochisques de Cyphi (ou Cypheos), le bdellium, le nard Celtique, la gomme Arabique, le persil de Macedoine, l'opium (*tinctura Thebaica*), le petit cardamome, la semence de fenouil, la racine de gentiane, les roses rouges, le dictame de Crete, la semence d'anis, les racines d'*acorus verus*, d'arum & de phu, le sagapenum, le meum *Athamanticum*, l'*acacia vera*, le ventre de stinc, & la semence de millepertuis.

Pour faire leur mélange, Bauderon dit qu'il faut premiérement faire infuser sur les cendres chaudes dans du vin de Falerne, ou dans de la malvoisie, ou dans d'excellent vin vieux, chacun à part, l'opium coupé par petites pieces, le galbanum, le sagapenum, l'opopanax, le bdellium, l'hypocistis, l'acacia, la gomme Arabique, la myrrhe, & le storax ; pendant que l'on travaillera à la poudre qui se fait (selon le même Auteur) en trochisquant l'agaric avec du vin, le faisant sécher, & ensuite le pulvérisant à part. Cela fait, il veut qu'on mette au premier rang de trituration les racines de gentiane incisées, le meum, l'acorus, la valériane (phu), le gingembre, le costus, & le spica-nard incisé ; puis le nard Celtique, le castoreum, le folium Indum, la cannelle, la casse odorante, le stœchas, toutes les semences, & les trochisques de Cyphi ; & au troisieme rang, les herbes & les roses.

Il veut qu'on pulvérise à part l'encens, le safran, & la gomme Arabique si elle est seche ; dont les poudres subtiles & mêlées seront gardées pour les mêler avec les autres. Cela fait, il veut qu'on coule les liqueurs, gommes dissoutes, & sucs ; & qu'on les cuise jusqu'à la consomption (ou à-peu-près) du vin qu'on y aura mis : qu'ensuite on prenne du miel blanc de Provence ou de Languedoc, le triple du tout ; qu'après qu'il sera écumé & cuit, on y mêle peu-à-peu les gommes, liqueurs, & sucs ; qu'enfin, la bassine ôtée de dessus le feu, on y ajoûte les poudres & la térébenthine.

Il veut aussi que l'on continue à remuer le tout avec un pilon de bois, jusqu'à ce qu'il soit froid ; & qu'on le garde dans un pot de terre vernissé, en sorte qu'il ne soit pas tout plein ; de crainte qu'en fermentant il ne s'en aille par dessus les bords.

Verni est du même sentiment : sinon qu'il dit que pour les gommes, les larmes, & autres sucs, bien purs, chacun sera mis en son rang dans la poudre, pour être le tout passé par un tamis ; à la réserve de la térébenthine & de l'opobalsamum, qui seront liquefiés sur un petit feu dans un vaisseau convenable, où on les versera & mêlera exactement ; le mélange des poudres avec le miel encore chaud, étant fait,

Vertus & Propriétés du Mithridat.

Il est singuliérement propre aux maladies froides du cerveau, de tous les viscéres, & même des jointures; comme aussi contre la peste, les poisons, & les morsures des bêtes venimeuses : en quoi cependant il cede à la Thériaque.

Mithridat pour les maladies contagieuses du Bétail à cornes.

Prenez rue, millefeuille, sauge, mélisse, scabieuse, fleurs ou sommités de romarin, une poignée de chaque : mettez le tout en poudre : faites-le bouillir dans du vin : passez-le : ensuite ajoûtez à la décoction une livre de miel ou de sucre royal; panicaut, gingembre, semence de moutarde, une once de chacun; graine de genievre, & *semen contra*, demi-livre de chaque : mettez les graines en poudre, & mêlez-les avec le miel cuit, dans ladite décoction. Quand ce mêlange sera froid, mettez-y quatre onces de regule d'antimoine bien pulvérisé; & agitez-les bien, pour qu'ils s'incorporent exactement. La dose de ce remede est une once; délayée dans du vin.

MITONNAGE. Espece de Bouillon qui sert pour toutes sortes de Potages.

Mitonnage en gras.

Prenez un morceau de tranche, ou de quelqu'autre endroit du bœuf; proportionnant la quantité à la grandeur de la marmite & à la quantité de potage que vous avez à faire. Si donc vous n'avez que deux potages qui se tirent d'un mitonnage; prenez huit à dix livres de tranche, ou sept à huit livres de trumeau de bœuf. Mettez cette viande dans la marmite que vous emplirez de bouillon jusqu'à la moitié, & le surplus avec de l'eau. Quand elle sera écumée, assaisonnez-la de sel, & y ajoûtez une douzaine de racines, avec des oignons, du girofle, un bon paquet de céleri, une poule; & quelque tems après, un jarret de veau, que vous ne laisserez pas trop cuire. Vous pourrez le mettre ainsi que la poule sur vos potages, en les ficelant. Vous pouvez encore faire cuire dans le mitonnage toutes les garnitures de potages, comme céleri, chicorée, porreaux, laitues, & volailles.

Ce bouillon ne peut cependant pas servir pour les potages aux choux, & aux navets : on met sur ceux-ci des garnitures particulieres.

Mitonnage pour toutes sortes de potages maigres.

Mettez le soir une marmite au feu avec de l'eau, de gros pois secs en quantité proportionnée à la grandeur de la marmite, des carottes, des panais, du céleri, des choux, porreaux, navets, oignons, & quelques cloux de girofle. Faites bouillir le tout : puis le laissez devant le feu jusqu'au lendemain matin, que tout sera cuit. Retirez alors la marmite, & la laissez reposer. Coupez ensuite des carottes en deux; & les mettez dans une casserole avec des panais & des oignons entiers, & un morceau de beurre. Mettez la casserole sur un fourneau allumé; & la couvrez. Ayez soin de remuer de tems en tems. Quand les racines auront pris une belle couleur, vous les mouillerez du bouillon de pois. Ensuite vous les mettrez dans une marmite avec leur bouillon, & acheverez de la remplir avec du bouillon de pois. Faites-la bouillir tout doucement; & l'assaisonnez : mettez-y un paquet de céleri, un de porreaux, un de racines de persil, une mignonette. Vous pouvez y joindre des carcasses de poissons, qui ne sentent pas la bourbe.

MOCHLIQUE. Vomitif célebre, que l'on regarde comme un remede souverain pour les coliques des Peintres, des Potiers de terre, & des Plombiers. Nous avons décrit, sous le mot COLIQUE, la maniere d'administrer ce remede. En voici la préparation.

1. M. Dubois, dans une These soutenue à Paris le 2 Décembre 1751, dit qu'il faut pulvériser très-fin du verre d'antimoine, bien laver cette poudre, la faire sécher au soleil, puis la mêler avec deux fois autant de sucre bien pulvérisé. Après quoi on y verse, goutte à goutte, de l'eau de fleur d'orange; & on paîtrit le tout jusqu'à ce qu'il forme une espece de pâte. Alors on en fait des tablettes ou des pastilles : dont la dose est d'un scrupule, jusques à quarante-huit grains.

2. Dans le septieme volume de l'Abrégé d'Allen, page 300, on prescrit de faire un sirop d'autant pesant d'eau que de sucre; ce sucre au double de la dose de verre d'antimoine pulvérisé. Quand le sucre est bien écumé, on y mêle le verre : & on laisse cuire le tout ensemble, remuant continuellement, jusqu'à ce qu'il ait quelque consistance. Puis on le verse sur une feuille de papier frottée d'huile. La dose de cette composition est depuis quinze grains jusqu'à trente; ou même quarante pour les plus robustes.

Le terme de *Mochlique* a été employé par les anciens pour désigner certains médicamens, qu'ils regardoient comme agissant avec la force d'un levier. Tel étoit l'ellébore : qui purge violemment par haut & par bas.

[Au reste nous croyons devoir avertir que ce remede n'est plus en usage depuis quelque tems, à l'Hôpital de la Charité. On lui a substitué des purgatifs moins dangereux : celui-là laissant souvent les malades attaqués de contractions dans les membres.]

MOD

MODELE *d'un bâtiment.* C'est un essai pour faire connoître en petit l'effet du bâtiment réel en grand; autant à ceux qui le commandent, qu'aux ouvriers qui le doivent exécuter. Ces modeles sont plus intelligibles que les simples desseins sur le papier ou parchemin; parce que dans les plans superficiels, quoique perspectifs & même ombrés, il faut suppléer par l'imagination aux parties profondes & à toutes les dimensions sous-entendues. Au lieu que dans les modeles l'ame & l'œil ont des sensations pleines & complettes. On peut par ce moyen faire plus précisément les prix pour les Entrepreneurs, Architectes, Maçons; faire leurs marchés; corriger les Devis qu'on leur propose; & prendre de bonnes & exactes mesures en tout ce qui concerne le bâtiment ou l'ouvrage : les ouvriers enfin comprennent bien plus facilement ce qu'ils ont à faire. Ces modeles se font de bois mince, ou de carton. On y colle les desseins chantournés, ombrés & colorés, pour juger de l'ensemble de l'édifice. Les modeles de pierre tendre, ou de plâtre, servent pour quelque partie difficile à appareiller; comme lorsqu'on veut représenter un escalier un peu extraordinaire, ou d'une forme nouvelle & remarquable.

Le *Modele en grand* est celui qui se fait de maçonnerie, de la grandeur de tout l'ouvrage.

Il se fait encore des modeles de quelques parties; comme d'une figure, d'un chapiteau, d'un entablement, *&c.* qu'on fait aussi en diverses manieres : pour donner à choisir; pour juger du point de vue le plus avantageux; & pour les augmenter, diminuer ou changer, suivant les regles de l'Architecture moderne & du meilleur goût, & selon celles de l'Optique.

Du mot *Modele* vient MODELER. C'est faire en petit, avec de la cire ou de la terre, la représentation des ouvrages réels.

Cire à Modeler. Voyez sous le mot CIRE.

MODERNE: *terme de Forêts.* On nomme ainsi tout Baliveau qui a depuis quarante jusqu'à soixante ou quatre-vingts ans. Au de-là ce sont des *arbres de haute futaie.*

MODERNE. *Terme d'Architecture:* qui se dit improprement de la maniere de bâtir à l'Italienne dans le goût de l'Antique. Les ouvriers se trompent aussi, lorsqu'ils l'attribuent à l'Architecture purement Gothique. La véritable signification de *Moderne* se doit entendre seulement de l'Architecture qui participe de la Gothique, dont elle retient quelque chose pour la délicatesse & la solidité; & de l'Antique, dont elle emprunte les membres & les ornemens, sans proportion ni bon goût de dessein: comme on le peut remarquer dans les châteaux de Chambor, de Chantilly, *&c;* dans l'Eglise de saint Eustache à Paris, & autres bâtimens du siecle passé.

MODILLON. Selon Daviler les modillons, sont de petites consoles renversées sous les plafonds des corniches Ionique, Corinthienne, & Composite; qui doivent répondre sur le milieu des colonnes. Ils sont affectés à l'ordre Corinthien; où ils sont toujours taillés de sculpture avec enroulemens. Les Ioniques & Composites n'en ont point, si ce n'est quelquefois une feuille d'eau par dessous. En Latin on les appelle *Mutuli.* Il y a quatre sortes de modillons.

Les *Modillons en Console*, sont ceux qui ont moins de saillie que de hauteur; & dont l'enroulement d'en-bas en forme de console passe sur les moulures de la corniche, & se termine à la frise: comme on le pratique quelquefois aux corniches des appartemens.

Modillons à Plomb. Ce sont ceux qui étant de biais, ne sont pas d'équerre avec la corniche rampante d'un fronton, comme on les fait ordinairement, & ainsi qu'ils se trouvent pratiqués dans les bâtimens antiques.

Modillons Rampans. Ce sont ceux qui sont non seulement d'équerre avec la corniche de niveau d'un entablement, mais aussi avec les deux rampantes d'un fronton; parce qu'ils représentent les bouts des pannes qui suppléent aux chevrons.

Les *Modillons à Contre-sens* sont ceux qui représentent de front le grand enroulement; comme à la Maison quarrée de Nismes en Languedoc: ce qui est un abus en Architecture.

MODULE; du Latin *modulus:* petite *Mesure.* C'est, *en Architecture*, une grandeur arbitraire pour mesurer les parties d'un bâtiment: laquelle se prend ordinairement du diametre inférieur des colonnes ou des pilastres. Le module de *Vignole*, qui se mesure au demi-diametre de la colonne, est divisé en douze parties pour les Ordres Toscan & Dorique; & en dix-huit pour les trois autres Ordres. Le module de *Palladio*, celui de *Scamozzi* & du Parallele de M. *de Chambray*, & des Antiquités de Rome du sieur *Desgodets*, se mesurent aussi au demi-diametre de la colonne, & sont divisés en trente parties.

Chaque Architecte a son module; ou se propose une certaine grandeur déterminée ou premiere grandeur, pour régler les proportions des colonnes, & la symmétrie ou la distribution de l'édifice. Le module une fois déterminé, on le subdivise en *Minutes.*

MOELLE. Substance molle & grasse, renfermée dans les cavités que l'on observe intérieurement au milieu des os longs. Cette substance est contenue dans un amas de plusieurs vesicules qui se communiquent les unes aux autres & où elle est filtrée par les vaisseaux du sang. Ces vesicules sont réunies par une membrane qui leur est commune & qui est adhérante à la surface interne de l'os.

Nous n'avons rien de certain sur l'usage de la moëlle. On croit que, étant reprise par les veines, elle sert à adoucir l'acrimonie des sels du sang; & que passant à travers la substance de l'os, elle amollit les fibres qui le composent, & les rend par conséquent plus propres à recevoir le suc dont elles ont besoin.

Les anciens ont présumé que la moëlle même servoit de nourriture aux os. On a prétendu, jusqu'au siecle dernier, que les os étoient pleins de moëlle, lorsque la lune étoit pleine; & qu'ils étoient vuides lorsqu'elle étoit en décours. Des personnes fort exactes ont assuré avoir observé que les os se trouvoient indifféremment tantôt pleins, & tantôt vuides dans tous les tems de la lune.

Les animaux dont la moëlle est en usage en Médecine sont le bœuf, le chien, le cerf, le chevreau, & le veau.

Les moëlles, prises lorsque les os sont bien pleins, & préparées ensuite avec soin; c'est-à-dire, fondues à feu lent, bien passées, & mises dans un pot de terre; peuvent se garder pendant deux ans. La meilleure de toutes est celle de cerf: après laquelle est celle de veau; c'est pourquoi, au défaut de la premiere, on emploie l'autre. Voyez *Moëlle de* CERF.

La *Moëlle*, aussi bien que la *Graisse*, *de veau*, sont adoucissantes, émollientes & résolutives.

Vertus des Moëlles en général. Elles échauffent, amollissent, raréfient; & remplissent les cavités des ulceres: d'où vient que leur usage est dans les tumeurs dures, skirrheuses & autres semblables. La moëlle de bœuf, & celle de bouc, sont plus âcres & plus seches que celles de cerf & de veau; & par conséquent moins propres pour amollir. Voyez BŒUF, *p.* 344.

On donne encore le nom de MOELLE à une substance molle, rare, & légere, qui se trouve dans l'intérieur *des Végétaux.* Consultez la *Physique des Arbres*, de M. Duhamel, L. I. Ch. III. Art. III.

MOELLE *de Rochers.* Consultez l'article MARNE.

MOI

MOIGNON: *terme de Jardinage.* C'est une branche assez grosse, que l'on a taillée un peu loin de la principale branche. Ces moignons fournissent ordinairement plusieurs jets. Un bon élagueur ne laisse pas de moignons.

MOILON. C'est la moindre pierre qui vient d'une carriere. Il y en a aussi de roche, qu'on nomme *Meuliere*, ou *Moliere.* Le moilon s'emploie aux fondemens, aux murs médiocres, pour le garni des gros murs, *&c.* Le meilleur est le plus dur; comme celui qui vient des carrieres d'Arcueil. Tous les moilons sont nommés par Vitruve *Cæmenta;* de *cædere*, tailler, mettre en pieces.

Il y a plusieurs sortes de moilons: savoir Moilon *Brut*, le moilon tel qu'il vient de la carriere: Moilon *Gisant*, celui qui a le plus de lit, & où il y a moins à tailler pour le façonner & l'employer: Moilon *de Plat*, celui qui est posé sur son lit dans les murs qu'on éleve à plomb: Moilon *en Coupe*, celui qui est posé de champ dans la construction des voûtes:

Moilon *Piqué*, celui qui après avoir été ébouziné, est piqué jusques au vif avec la pointe du grelet ou marteau de maçon ; il sert pour les voûtes & les puits. Moilon *d'Appareil*, est celui qui est proprement piqué & équarri comme un mur de face.

On appelle *Moilon* en général, ou *Blocage*, cette sorte de pierre à bâtir qui se tire des carrieres en médiocres morceaux, mais moindres que les pierres de taille. Le moilon le plus propre à bâtir est celui qui est ferme, âpre, plat & de bonne assiette. On bâtit les maisons bourgeoises, de moilon & de plâtre. On emploie le plus gros pour les fondemens.

MOINEAU : *Moineau Franc ; Passereau :* en Latin *Passer*. Oiseau grisâtre, fort commun à la campagne : où il est un de ceux qui occasionnent le plus de dégât, soit en s'introduisant dans les greniers & les granges, soit en attaquant un peu avant la maturité, & même lors des semailles, les grains & graines de presque tout ce qui est destiné annuellement à nos récoltes. Il bequete aussi divers fruits sur les arbres. Consultez sa description, dans l'*Ornithologie* de M. Brisson, T. III. p. 72 & suivantes.

On croit que cet oiseau est utile pour la gravelle. *Voyez* GRAVELLE, *n*. X.

M. Mortimer (*Art of Husb.* Vol. I. p. 322) dit qu'un bon moyen d'obvier au tort que fait le moineau dans les grains nouvellement semés, est d'y répandre de la chaux vive, ou de la suie. *Voyez* CHOU. BLED, *p*. 314.

MOINSSINE. *Voyez* MOISSINE.

MOIS. C'est la douziéme partie de l'année. Tout le monde sait que l'année est divisée en douze mois; qui sont Janvier, Février, Mars, Avril, Mai, Juin, Juillet, Août, Septembre, Octobre, Novembre, & Décembre. Chaque mois n'a pas le même nombre de jours : les uns en ont trente ; les autres, trente-un : & Février n'en a que vingt-huit ; excepté dans les années bissextiles, qu'on lui en donne vingt-neuf. Voici quatre vers qui comprennent le nombre des jours de chaque mois.

Trente jours ont Novembre

Avril, Juin, & Septembre.

De vingt & huit il en est un.

Tous les autres en ont trente-un.

Voici une autre maniere de trouver les mois qui ont trente & trente-un jours : ayant la main ouverte, abaissez deux doigts, savoir l'*indice* & l'*annulaire :* comptez les mois sur les doigts de la main, commençant par Mars sur le pouce, Avril sur l'indice, & ainsi de suite : tous les doigts levés marqueront les mois de trente-un jours ; & les autres marqueront les mois de trente jours. Il faut se souvenir que Février n'a que vingt-huit jours dans les années communes, & vingt-neuf dans les bissextiles.

Le mois comprend quatre semaines & quelques jours.

Ce qu'on vient de dire regarde le mois civil ou commun. On peut encore en distinguer deux autres avec les Astronomes : le mois solaire ; & le mois lunaire.

Le Mois *Solaire* est le tems que le soleil emploie à parcourir, par son mouvement propre, un signe du Zodiaque, ou trente degrés de l'Écliptique : ce qu'il fait à-peu-près en trente jours & demi.

Le Mois *Lunaire*, qu'on nomme *Synodique*, est tout le tems compris depuis une nouvelle lune jusqu'à l'autre. Il s'acheve en vingt-neuf jours & douze heures. C'est ce qui fait qu'on a déterminé le mois lunaire civil à être alternativement de vingt-neuf & de trente jours : de sorte qu'au mois de Janvier, on donne trente jours à la lune ; au mois de Février vingt-neuf; au mois de Mars, trente ; au mois d'Avril, vingt-neuf ; & ainsi de suite jusqu'à la fin de l'année. On compte donc six mois lunaires de trente jours ; & six autres de vingt-neuf. Tous les jours de ces mois, ajoûtés ensemble, font trois cent cinquante-quatre jours : ce qui est le nombre des jours de l'année lunaire civile. Les mois de trente jours sont appellés mois *Pleins* : & les autres, qui ne sont que de vingt-neuf jours, sont nommés *Caves*.

Les MOIS. Se dit de la perte de sang qui arrive aux filles adultes, & aux femmes, environ tous les mois. C'est ce qu'elles appellent leurs *Ordinaires* ou *Regles ;* & les Médecins, *Fleurs ; Menstrues ; Purgations Menstruelles*.

Les personnes du sexe ayant naturellement une constitution plus molle & plus lâche, que les hommes ; & leurs vaisseaux prêtant beaucoup à l'abord des liqueurs : les oscillations en sont plus foibles ; & les liqueurs s'y meuvent plus lentement. D'où il suit que les femmes transpirent beaucoup moins que les hommes ; & que toutes leurs sécrétions sont moins abondantes. Car pour que les sécrétions se fassent en grande quantité, il faut que les liqueurs se présentent souvent & avec vîtesse aux orifices des tuyaux sécrétoires : & comme les liqueurs circulent plus lentement dans les femmes, & qu'elles se présentent plus rarement & avec moins de célérité à ces orifices ; il s'en fait une dissipation moins considérable.

Le corps resteroit constamment dans le même état, si la quantité des évacuations égaloit celle qu'ajoûtent les alimens. Mais les nouveaux sucs & les alimens surpassant dans les femmes la quantité des évacuations journalieres, il s'en fait nécessairement un amas : qui produit, au bout de certain période, une évacuation précédée de symptômes lesquels annonçent la gêne où le corps se trouve dans cette disposition à une crise. L'évacuation étant finie, la sérénité revient ; la fraîcheur du visage se renouvelle ; les douleurs de reins, les maux de tête, les étourdissemens, se dissipent ; le corps paroît plus léger. D'où l'on peut conclure que la pléthore seule causoit le dérangement dont l'évacuation a été précédée.

La matiere de cette évacuation est un sang vermeil : & non pas, comme l'ont cru les anciens, un sang excrémentiel ni corrompu.

Voici comme on peut expliquer la maniere dont la pléthore du sang produit les mois. La force & la quantité de mouvement est le produit de la masse par la vîtesse ; selon tous les Physiciens. Si l'on augmente la masse, tandis que la vîtesse est la même ; la force augmente à raison du produit de la partie ajoûtée à la masse, par sa vîtesse. Il en est de même, si la vîtesse est augmentée sans rien changer à la masse. Dès que la pléthore augmente la masse des fluides, le mouvement augmente aussi à proportion : & la force & l'impulsion qu'elle exerce sur les solides & sur les vaisseaux, deviennent plus considérables. L'effort que les fluides font en général contre les vaisseaux, est aussi plus vif & bien plus grand sur les vaisseaux de la matrice. Car 1°. l'aorte inférieure a beaucoup plus de capacité dans les femmes, que dans les hommes : 2°. la matrice a en général une situation perpendiculaire : 3°. ce viscere, eu égard à son volume, reçoit beaucoup de sang : 4°. les vaisseaux y sont moins soutenus que partout ailleurs ; & ne sont pas enveloppés de graisse : 5°. ces vaisseaux sont très-repliés, & font mille contours en forme de serpenteaux : 6°. les veines qui reportent le sang de la matrice, sont destituées de valvules : enfin il y a des vaisseaux excrétoires lymphatiques, en quantité, qui partent de l'extrêmité des vaisseaux capillaires artériels san-

guins; & s'ouvrent dans la cavité de la matrice. Le trajet de ces vaisseaux est très-court : & ils laissent passer continuellement une liqueur lymphatique, plus ou moins épaisse suivant l'âge & le tempérament.

Ces faits, constans & fondés sur l'Anatomie, démontrent clairement que l'impulsion du sang, dans la pléthore, est plus considérable sur les vaisseaux de la matrice; que ce sang distend avec force les vaisseaux artériels; que la difficulté qu'il trouve à vaincre les contours des vaisseaux & à remonter par les veines, augmente encore plus l'impulsion & l'effort qu'il fait sur les orifices des tuyaux excrétoires lymphatiques de la matrice. Ces orifices, une fois dilatés, admettent les globules sanguins. Le sang s'ouvre ainsi un passage dans la cavité de la matrice: & il continue de s'écouler par cette voie jusqu'à ce que son impulsion ne soit plus supérieure à la résistance que ces vaisseaux lymphatiques opposent à leur dilatation; & que la quantité de sang, qui est portée à la matrice, puisse être reprise toute entiere & avec facilité par les veines : c'est-à-dire, jusqu'à ce que le volume du sang soit proportionné à la force des vaisseaux, & que son mouvement soit ralenti.

Nous ne nous arrêterons pas à expliquer pourquoi les mois paroissent aux personnes du sexe, vers l'âge de quatorze ans ; pourquoi ils cessent environ à celui de quarante-cinq ; pourquoi les femmes grosses, les nourrices, les femmes qui s'occupent à des exercices très-laborieux & très-violens, n'y sont pas sujettes. Il suffit d'avoir établi la cause de cette évacuation.

Voyons maintenant ce qui peut empêcher les mois de couler quoiqu'il y ait pléthore.

Leur éruption ne peut se faire si la vîtesse du sang est considérablement diminuée ; si les fibres sont relâchées, & leurs oscillations trop foibles ; enfin si les vaisseaux de la matrice sont obstrués. C'est ce qui s'explique facilement par ce qui a été détaillé ci-dessus.

Les remedes destinés à faire venir les mois, doivent lever tous ces obstacles.

Dans leur action le pouls s'éleve, & devient plus fréquent; la chaleur naturelle augmente; la couleur du visage est plus rouge & plus vermeille; les forces se raniment. Enfin les plantes usitées en ces cas, sont résolutives lorsqu'on les applique extérieurement. Toutes ces observations dénotent que les remedes emménagogues agitent la masse du sang; le raréfient; divisent & atténuent les globules sanguins; détruisent le mucilage trop visqueux qui embarrassoit & unissoit trop intimement les parties fibreuses du sang.

L'action de ces remedes est la même que celle des apéritifs. Aussi les apéritifs sont-ils emménagogues : & ils ne different qu'en ce que les parties des emménagogues sont un peu plus massives. Car il suffit, pour provoquer les mois, que les globules sanguins soient décomposés & atténués, ensorte qu'ils pénétrent plus aisément les vaisseaux excrétoires de la matrice. Ainsi les parties des emménagogues agissent plus sur le sang, que sur la limphe : au lieu que celles des apéritifs portent leur action au de-là des globules sanguins.

L'action des emménagogues se soutient plus longtems que celle des cardiaques & des alexiteres : ce qui vient de ce que leurs parties ne se développent que peu-à-peu. Aussi la plupart des plantes emménagogues sont-elles très-résineuses.

Plusieurs emménagogues agissent immédiatement dans le corps sur d'autres fluides que le sang ; & ils les dissolvent. Tous agissent sur les solides, par voie d'astriction ; en les dépouillant des humidités qui les abreuvent & les relâchent : ce qui leur donne lieu de se rapprocher & se resserrer.

Ces remedes sont encore *hystériques*, (ou *utérins*), & soulagent beaucoup dans les accès de vapeurs; soit qu'elles dépendent de l'état de la matrice, soit qu'elles viennent de toute autre cause. Ils aident aussi à détacher le placenta ou arriere-faix ; à pousser au dehors le fétus privé de vie ; à faire couler les vuidanges. On les nomme *aristolochia*, parce qu'ils procurent l'évacuation des lochies : & parce qu'ils font sortir tout ce qui est retenu dans la matrice.

Ils ne conviennent que dans les cas d'un sang engourdi, qui circule avec beaucoup de peine, & dont le mouvement est très-lent. Il faut les éviter lorsqu'il y a inflammation ou disposition inflammatoire à la matrice ; & lorsque le sang est extrêmement échauffé & raréfié.

Les *plantes emménagogues* sont l'armoise, la tanésie, la matricaire, la fraxinelle (ou dictame blanc), le dictame de Crete, la mélisse, la cataire, le pouliot, le romarin, le serpolet, la rhue, l'absinthe, la camomille, l'aristoloche, le safran, le giroflier jaune, le souci, le *chenopodium fœtidum*, le *ballote*, la berle, les racines apéritives (indiquées dans l'article DIURÉTIQUE). La sabine est très-vive, amere, & un peu corrosive : c'est pourquoi on ne l'emploie que pour des personnes dont le tempérament est fort & robuste.

En général il y a trois classes de Remedes pour procurer les mois. La premiere comprend tout ce qui peut procurer cette plénitude & pléthore qui dispose à l'évacuation. La deuxieme classe comprend tout ce qui peut déterminer le sang vers la matrice. La troisieme comprend les topiques apéritifs & utérins.

Il est donc à propos qu'un Médecin qui est appellé pour traiter une femme dont les mois sont supprimés, s'informe d'abord s'il y a chez elle cette abondance de sang. S'il n'y en a pas, il faut la procurer: autrement les médicamens de la deuxieme & troisieme classes feroient plus de mal que de bien. Les bons & succulens alimens contribuent dans ce cas autant que les remedes.

Prenez, dit M. Boerhaave, gomme ammoniac, galbanum, sagapenum, & myrrhe, de chacun un scrupule ; de l'eau distillée de succin rectifiée, ce qu'il en faut pour former des *Pilules*. Elles conviennent, toutes les fois que le chyle est empêché de pénétrer dans les veines lactées, par des mucosités épaissies contre les parois ou la surface interne des intestins.

Pour déterminer ce sang à couler dans la matrice, il faut employer des remedes qui relâchent ces vaisseaux. Tels sont tous les bains tiédes, pris seulement jusqu'au nombril. Toute chaleur externe, appliquée aux parties inférieures, sert à ce même relâchement. On ordonne l'usage des plantes *utérines*, ou *emménagogues* pour la même intention : parmi lesquelles on désigne le genievre, la marjolaine & autres nommées ci-dessus : dont on prépare plusieurs formes de médicamens ; comme sont les bains faits avec lesdites plantes, des cataplasmes, des onguens, des emplâtres, des parfums ou fumigations.

On emploie immédiatement après les précédens remedes, ceux de la troisieme classe : qui sont, ou les vapeurs chaudes de l'eau simple appliquée aux parties inférieures ; ou des fomentations faites aux aines, au périnée, à l'hypogastre, avec des éponges ou linges trempés dans des liqueurs & décoctions appropriées. Il faut mettre aussi au même rang les cataplasmes, les emplâtres, les pessaires, & autres remedes composés de relâchans.

Pour procurer les Mois.

1. Pilez de la cataire pour en exprimer le suc : & donnez-en à boire.

2. Prenez de l'eau où l'on a laissé tremper du levain de segle : & faites-en boire.

3. Faites bouillir dans du vin blanc, telle quantité de persil qu'il vous plaira. Et buvez de cette décoction trois fois le jour : le matin ; à midi ; & le soir.

4. La plupart des remedes hépatiques, spléniques, & diurétiques, sont très-utiles en ce cas ; à titre d'apéritifs.

5. Prenez de la fiente de poule, séchée & réduite en poudre : avalez-en une dragme dans un verre de vin blanc : & réitérez, deux ou trois jours de suite.

6. On dit qu'une gousse d'ail écrasée, & appliquée sur le nombril, peut déterminer l'évacuation.

7. Faites bouillir une vingtaine de feuilles de petite sauge, dans autant de cuillerées de vin rouge, jusqu'à ce que le vin soit réduit à la valeur d'environ six cuillerées. Le soir, la malade étant au lit, prendra par intervalle une cuillerée de ce vin ; jusqu'à ce qu'elle commence à suer. Il faut laisser trois ou quatre minutes d'intervalle, d'une cuillerée à l'autre.

8. Il faut saigner au pied : puis prendre un gros d'aristoloche ronde coupée menu, & la mettre infuser dans un verre de vin blanc pendant une nuit. La malade avalera tout ensemble, le matin.

9. Purgez-vous avec les *Remedes Pastoraux :* & trois jours de suite, après la purgation, prenez le matin deux cuillerées de ce qui est nommé *Drogue*, dans leur article ; & un bouillon au bout de deux heures. Il est bon d'user aussi de la tisane ; qui est composée de deux cuillerées de la même drogue sur une pinte de tel breuvage que l'on jugera convenable : jusqu'à parfaite guérison. De plus on se purgera de même tous les mois, au décours de la lune, jusqu'à ce qu'on soit bien réglée.

10. Faites bouillir des pois chiches dans l'eau : coulez cette décoction : & donnez-en à boire à la malade un verre, pendant trois jours de suite, le matin.

11. Prenez des feuilles, de l'écorce, ou de la graine de frêne : que vous pilerez & ferez infuser pendant vingt-quatre heures dans du vin blanc. Faites prendre deux ou trois doigts de cette infusion, pendant trois jours de suite, le matin.

Autre remede, que l'on qualifie de très-expérimenté, & très-souverain.

12. Coupez aux branches de frêne le bois de deux ans ; rejettez-en le bois d'un an, & celui de trois : il est facile de les connoître par les nœuds. Faites brûler à part ce bois de deux ans, pour en conserver les cendres ; vous mettrez une partie des cendres dans le pot de chambre de la malade : & toutes les fois qu'elle voudra uriner, soit de jour soit de nuit, elle fera chauffer ce pot avec les cendres sur des cendres chaudes ; après quoi elle y urinera. Ce reméde, continué de jour & de nuit, guérit (dit-on) en deux ou trois jours : ainsi la sujettion n'est pas longue.

13. Manger des pruneaux cuits, y dispose souvent assez bien.

14. Faites dégorger trois écrevisses, pendant cinq ou six jours dans de l'eau claire. Ensuite écrasez-les entre deux assiettes. Mettez-les alors infuser le soir dans un demi-septier de vin blanc : que vous passerez le matin par un linge, & ferez boire à la malade. *C'étoit le grand remede de M. Delorme.*

15. *Voyez* ACHE. ABSINTHE. ANÉMONE. BAUME *Tranquille*, de l'Abbé Rousseau. ARMOISE. ASPIC, *ou Nard d'Italie.* BEZOARD. CAMOMILLE. CAFFÉ. ASPHODEL. BERLE. ASARUM. CAILLELAIT.

MOISES : *terme d'Architecture & de Charpenterie.* Ce sont des pieces de bois en maniere de platteformes, faites ordinairement d'une poutre sciée en deux sur sa longueur. Les deux parties s'échancrent, & sont jointes ensemble par leur épaisseur avec des mortoises, tenons, & chevilles, ou avec des boulons. Elles servent à entretenir les pieces qui sont à plomb dans un assemblage de charpente, les palées ou fils des pieux des ponts, & les principales pieces des grues, gruaux, & autres machines. Les pieux des ponts de bois sont affermis par plusieurs moises. Les pieces d'une grue, d'un engin, sont liées par deux ou trois moises. Les moises doivent être travées dans le corps des poinçons, chevillées avec chevilles quarrées, contre-coignées, par les deux bouts, ou bien boulonnées avec des boulons de fer. On nomme Moises *Coupées*, celles qui pour se croiser, & accoler un poinçon au-dessous de son bossage, ne sont pas entaillées, mais délardées de leur demi-épaisseur, pour se pouvoir loger dans l'assemblage. Les Moises *Circulaires* sont celles qui servent dans la construction des moulins à élever les eaux ; & à d'autres usages.

Voyez LIERNE.

MOISER. Retenir avec des moises.

MOISI, ou MOISISSURE. Maniere de *l'ôter d'un pot de fer.* Consultez ce titre, dans l'article FER.

Pour en corriger le goût *dans le Vin :* voyez le mot VIN.

Cet accident survient aux ruches, & préjudicie beaucoup aux abeilles. *Consultez* l'article MOUCHE-A-MIEL.

MOISSINE ; ou *Moinssine.* Terme usité dans quelques Provinces, pour signifier un pampre ou sarment de vigne garni de feuilles & de grappes.

MOISSON. *Voyez* RECOLTE.

MOITIÉ (*Bail à*). Voyez ce mot, dans la suite de l'article BAIL ; après les FORMULES.

Bled MOITIÉ. C'est le Meteil.

MOL

MOLDAVIAN *Balm.* & MOLDAVICA. } Voyez MELISSE *de Constantinople.*

MOLE ; ou *Fardeau.* Sorte de Fausse Grossesse, dans laquelle ordinairement le corps devient maigre, la couleur se ternit, l'appétit manque, les hypocondres s'enflent, l'épine du dos est douloureuse, les mois sont arrêtés, les mammelles grossissent, le ventre est tendu & élevé, mais rien n'y remue.

Tous ces symptômes, dans les commencemens, font soupçonner de la grossesse ; mais on en est détrompé, lorsque le terme de l'accouchement passe, & qu'ils ne laissent point de continuer.

D'ailleurs, quand une femme porte une mole, elle a le sein moins dur & moins plein de lait. La masse qui est renfermée dans le ventre, suit le mouvement du corps, & tombe pesamment du côté qu'il est panché. La femme se sent plus grosse & plus incommodée, que si elle avoit conçu un enfant.

La mole ou masse charnue étant sortie, on y trouve intérieurement pour l'ordinaire une humeur jaune & corrompue, souvent semblable à de la bouillie.

Dans les contrées Méridionales, les femmes sont plus sujettes que dans le Nord, non seulement à faire des moles, mais encore des monstres.

Remedes.

Remedes.

Si on négligeoit cette maladie, après en avoir reconnu toutes les vraies marques ; elle deviendroit incurable, & dans la suite causeroit l'hydropisie. Pour en prévenir les accidens, on se fera aussitôt tirer du sang du pied, en cas qu'il y ait beaucoup de plénitude, & que l'âge & les forces le puissent permettre. On usera ensuite d'un régime échauffant & humectant ; pour ouvrir & ramollir : à cet effet, on aura recours aux remedes qui sont propres à la rétention des mois ; sans toutefois négliger ceux qui sont ici indiqués.

2. Prenez demi-once d'euphorbe bien pulvérisée : composez-en des *pilules* avec un peu de sirop d'armoise, ou de son suc, partagez-les en quatre prises, d'une dragme chacune ; & faites en prendre une, tous les matins à jeûn.

3. L'on se servira, de fois à autre, de pilules d'hiere simple ; ou de trochisques de myrrhe, ou d'agaric, ou d'hermodactes ; & d'injections faites avec des mauves, de la pariétaire, de l'origan, de la calamenthe, de la camomille, du mélilot, du romarin, de la sauge, de l'armoise, de l'anis, & du fenouil.

4. On pourra prendre les bains : dans lesquels on ajoûtera une bonne partie des herbes susdites. Au sortir du bain, on frottera les reins & le ventre, d'huile de lis & de camomille, ou avec de la graisse d'oie.

5. Les *pessaires*, & les parfums reçus par en bas, aideront beaucoup à détacher & attirer dehors la mole. Il faudra composer les premiers avec une dragme de poudre d'iris, demi-dragme de myrrhe, vingt grains de castor ; semence de rue, & térébenthine, autant qu'il en sera nécessaire. *Sinon :* Prenez deux onces d'huile de muscade, mêlée avec deux dragmes de poudre de gentiane, & du cotton ; & en faites un pessaire, ainsi que vous le jugerez à propos. A l'égard du parfum, on se servira de la myrrhe.

6. *Voyez* ARRIERE-FAIX. MOIS. ACCOUCHEMENT. STERNUTATOIRE.

Il faudra se servir de ferremens pour arracher les moles, si les remedes ne peuvent pas en délivrer.

En général, on supprimera la cause des moles, en corrigeant l'intempérie des entrailles de la femme ; purifiant son sang ; & évacuant les mauvaises humeurs qui font de mauvaise semence.

Assez souvent, avec la mole charnue, il se mêle quantité de vents, ou de matieres aqueuses, qui en augmentent les accidens & les symptômes.

Les gonflemens chroniques du ventre, produits par des vents ou par des amas de sérosités, sont improprement appellés MOLES. Ces maladies arrivent aux filles, ainsi qu'aux femmes ; par une suppression de leurs ordinaires.

Pour celle de sérosités, on emploiera les mêmes remedes que ci-dessus : & outre cela, des pessaires faits d'ellébore blanc, opopanax, & fiel de bœuf ou de taureau.

Pour la Mole Venteuse, ce seront les mêmes remedes que pour l'hydropisie timpanite : & s'il y a lieu de pratiquer les pessaires, on les composera de suc de rue, de miel, & de nitre ; ou avec le bdelium, l'huile de nard, le suc d'armoise.

MOLÊNE. *Voyez* BOUILLON-BLANC, *n.* 2.

MOLETTE : *terme de Botanique.* M. Tournefort compare à une molette d'éperon la disposition des pétales, dans les fleurs que l'on nomme plus ordinairement *Fleurs en Rose*, ou *en Rosette.*

MOLETTE : *terme d'Artiste.* Espece de cône de pierre, tronqué ; dont la base seule est fort plate en dessous, & le reste est irrégulier & rustique. Le plus grand usage des molettes de pierre, est pour broyer à la main, des terres, des couleurs, & autres matieres qui s'écrasent & pulvérisent facilement.

Il paroît que c'est en faisant allusion à ces molettes, que quelques *Jardiniers* nomment MOLETTE un Melon ou un concombre mal fait, difforme, & approchant de la figure susdite.

MOLETTES : *Maladie.* Voyez ce mot, entre les maladies du CHEVAL.

MOLLAINE, MOLLENE ; & *Molene.* Voyez BOUILLON-BLANC.

MOLLUGO. *Voyez* GARANCE. CALLELAIT.

MOLON. *Voyez* FILIPENDULE.

MOLY. *Consultez* l'article AIL.

Dioscoride & les Anciens ont donné ce nom à différentes especes d'ail. Mais la maniere dont ils les décrivent, est si peu propre à nous instruire, qu'il est impossible de désigner telle ou telle espece, comme étant un de ces Moly. On prétend néanmoins à Padoue & à Boulogne, donner la préférence à celui dont voici la description : & que M. Tournefort appelle *Allium angustifolium umbellatum, flore albo.*

Ce Moly a les feuilles comme le chiendent, mais larges, & couchées à terre. Ses fleurs sont blanches, & à-peu-près de la grandeur de celles de violette. La racine est petite, & bulbeuse.

Il naît dans l'Arcadie autour de Phénée & dans le Mont Cylléné. Il fleurit en Avril.

Propriétés.

Sa racine est astringente : étant mêlée avec de la farine d'ivraie, elle resserre la matrice. Selon les Anciens, on s'en servoit en Grece contre toutes sortes de maladies.

On donne au NARCISSE *Sphérique*, selon Ferrari, le nom de *Très-grand* MOLY *des Indes.*

MOLYBDÆNA. *Voyez* MINE *de plomb noire.*

MOM

MOMIE. On donne ce nom en Pharmacie, à l'axonge humaine.

Outre ses usages pour la Médecine, on l'emploie aussi à la composition de quelques appâts pour le poisson. *Consultez* l'article CARPE.

MOMIE *Minérale.* Voyez l'article CHANDELLE, p. 511.

MON

MONDER les grains, amandes, &c. *Voyez* GRUER. CASSE. L'article AMANDIER.

Bald. ou *Bawd.* } MONEY. *Voyez* MEUM.

MONEY-*Wort.* Voyez MONNOYERE.

MONGETA. L'on nomme ainsi en Languedoc, dans l'Isle de Minorque, & peut-être ailleurs, une sorte de haricot, très-bonne à manger ; qui est blanche & large.

MONK'S-HOOD. *Voyez* ACONIT.

MONNOIE. Piece de métal, marquée aux armes d'un Prince ou d'un État ; qui lui donnent cours pour servir de prix commun aux choses d'inégale valeur, & faciliter le commerce.

La Monnoie est ordinairement plate, & arrondie dans son pourtour.

Nous avons des pieces de trois, & de six deniers. D'autres valent un, deux, six, douze sous. Il y en a d'une livre quatre sous ; trois, six, douze, vingt-quatre, quarante-huit livres. La livre tournois se divise en vingt sous tournois : ce sou, en douze deniers aussi tournois : le denier en douze mailles, ou oboles ; l'obole, en deux pites.

MONNOYERE: *Herbe à cent Maladies ; Herbe aux Ecus ; Nummulaire :* en Latin *Nummularia ; Centimorbia ;* & selon M. Tournefort, *Lysimachia humifusa, folio rotundiore, flore luteo.* Le nom Anglois est *Money-Wort ;* ou *Herb two Pence.* Cette plante vient sans culture dans des prés, & autres lieux humides. Elle est vivace. Ses tiges sont menues, abondantes, couchées sur terre tout autour d'elle ; s'étendent à une assez grande distance, & se fixent par les racines qui naissent de leurs nœuds : au moyen de quoi elle se multiplie fort vite & en grande quantité. A chaque nœud sont deux feuilles aigrelettes, styptiques, minces, un peu plissées, arrondies, à-peu-près larges de neuf lignes, opposées, & attachées par un court pédicule. De leurs aisselles naissent, en Mai, Juin, & Juillet, d'assez grandes fleurs jaunes à un seul pétale découpé en cinq, de même que le calyce. Dans l'intérieur sont cinq étamines. A cette fleur succede une capsule arrondie ; qui s'ouvrant en dix loges, laisse appercevoir quantité de semences menues & anguleuses.

Usages.

Ses feuilles sont vulnéraires, astringentes : on les pile pour les appliquer sur les blessures récentes ; ou bien on y met des compresses imbibées du suc de cette plante, ou de sa décoction. On fait avaler la poudre de la plante entiere avec de l'eau ferrée ; pour les hernies des enfans. Bue dans du vin, elle guérit la dysenterie, & autres flux ; fortifie les intestins ; & est un bon remede pour le crachement de sang, les ulceres des intestins ou des poumons.

ON trouve dans les bois une plante du même genre, qui differe principalement de celle-là en ce qu'elle a les feuilles un peu plus longues & plus pointues. Elle fleurit aussi jaune. C'est ce qu'on nomme le *Mouron jaune des Bois.* M. Tournefort l'appelle *Lysimachia humifusa, folio subrotundo acuminato, flore luteo.*

Voyez une *autre* plante nommée MONNOYERE ; dans l'article THLASPI.

MONOCHROMA. *Voyez* CAMAYEU.

MONTAGNE *d'Eau.* Espece de rocher artificiel, de figure pyramidale ; d'où sortent plusieurs jets, bouillons, & nappes d'eau : comme la montagne d'eau du Bosquet de l'Etoile, à Versailles.

MONTANS. Ce sont des corps ou saillies aux côtés des chambranles ; qui servent à porter les corniches & frontons qui les couronnent. Il y en a de simples ; & de ravalés. On appelle Montans *d'Embrasure*, des especes de revêtemens de bois ou de marbre, avec compartimens arasés ou en saillie, dont on lambrisse les embrasures des portes & croisées : Montans *de Lambris*, des pilastres longs & étroits, le plus souvent ravalés, avec chute de festons, & qui servent à séparer les compartimens d'un lambris. Les Montans *de Menuiserie*, sont, dans l'assemblage des portes & croisées, les principales piéces de bois à plomb, sur lesquelles croisent quarrément les traverses. On nomme Montans *de Serrurerie*, des especes de pilastres, composés de divers ornemens contenus entre deux barreaux paralleles, pour séparer & entretenir les travées des grilles de fer. Montans *de Charpenterie :* sont, dans les machines, les pieces de bois à plomb retenues par des arc-boutans : comme il y en a à une sonnette, *&c.*

Montant se dit, chez les Ouvriers, de tout ce qui monte en haut ; par opposition à ce qui croise ou traverse. Ainsi on dit le *Montant* d'une Croisée ; d'une Porte : pour signifier les pieces de bois qui s'élévent à plomb ; dans lesquelles les traverses sont emboîtées. On dit aussi les *Montans* d'un Métier. On appelle *Montant*, dans la construction d'un Vaisseau, certaines pieces de bois droites, de médiocre grosseur ; qui servent à soutenir le bout de l'arriere du vaisseau. *Montant* se dit encore de toutes les pieces de bois droites, que l'on emploie dans les ouvrages du dedans des Vaisseaux ; comme aux cuisines, & aux soutes. On appelle *Montant du bâton de Pavillon*, une piece de bois droite, à laquelle il y a une tête de More où passe le bâton d'enseigne de poupe.

Les Jardiniers appellent *Montant d'une plante* ou *d'une tige*, le bout que pousse une plante ; sa principale tige qui s'éleve toute droite.

Voyez DARD. MONTER. ASPERGE.

MONTÉE. On appelle ainsi vulgairement un escalier ; parce qu'il sert à monter aux étages d'une maison.

Montée *de Voûte :* c'est la hauteur d'une voûte, depuis sa naissance ou premiere retombée, jusqu'au dessous de sa fermeture. On la nomme aussi *Voussure :* en Latin on l'appelle *fornicis curvatura.* Montée *de Voussoir*, ou *de Claveau :* c'est la hauteur du panneau de tête d'un voussoir ou d'un claveau ; considérée depuis la douelle jusqu'à son couronnement. Les *Claveaux* ordinaires des portes & croisées doivent, si leur plate-bande est arasée, avoir au moins quinze pouces de montée, à plomb, & non pas suivant leur coupe.

Montée *de Pont :* c'est la hauteur d'un pont considéré depuis le rez-de-chaussée de sa culée, jusques sur le couronnement de la voûte de sa maîtresse arche : le Pont Royal des Thuileries a sept pieds & demi de montée, sur trente-trois toises ; qui font la moitié de la longueur qu'il a entre deux quais. En Latin on la nomme *Acclivitas.*

MONTÉE : *terme de Fauconnerie.* Se dit du vol de l'oiseau qui s'éleve à angles droits, par carrieres, & par degrés, lorsqu'il poursuit sa proie.

MONTÉE *d'Essor.* C'est quand l'oiseau se guinde si haut en l'air pour chercher le frais, qu'on le perd de vûe.

MONTÉE *par fuite.* C'est lorsque l'oiseau s'échappe par tirades & gambades, pour échapper à la poursuite d'un autre oiseau plus fort que lui.

MONTER : *terme de Jardinage.* On dit, des laitues, des choux, & de plusieurs autres légumes, qu'ils ne sont plus bons à manger quand ils montent en graines : c'est-à-dire lorsqu'ils poussent leur tige. *Voyez* MONTANT.

On dit aussi, *en Agriculture*, que les bleds Montent en épi ; que la séve Monte dans les arbres, au sarment ; *&c.*

MONTER *un Filet.* C'est y mettre les bâtons, cercles, & cordes nécessaires pour qu'il soit prêt à servir.

MONTER. C'est, *en Maçonnerie*, élever avec des machines les matériaux taillés. *En Charpenterie, & Menuiserie*, c'est assembler des ouvrages préparés ; & les poser en place.

M O O

MOONFERN. *Voyez* HEMIONITE.

M O Q

MOQUETTE. *Voyez* ENTES, *terme de Chasse.*

MORA *Celsi.* C'est le nom Latin de la Mûre noire ordinaire.

MORCES. On appelle ainsi les pavés, qui commencent un revers & font des especes de harpes, pour faire liaison avec les autres pavés.

MORELLE: en Latin *Solanum:* & en Anglois *Nightshade.* Les fleurs de ce genre de plantes ont un calyce d'une seule piece, découpée en cinq parties aiguës, & qui subsiste jusqu'à la maturité du fruit; un seul pétale, dont les cinq divisions longues & pointues représentent assez bien une étoile; cinq étamines, surmontées de sommets assez longs qui se rapprochent les uns des autres en forme de pyramide; dans l'axe de laquelle est le pistile, formé d'un embryon arrondi & d'un style terminé par un stigmate obtus. Cet embryon devient une baie succulente, arrondie, lisse, terminée par un petit bouton; & dans l'intérieur de laquelle sont beaucoup de semences, ordinairement arrondies & plates.

Les feuilles ont des formes très-variées, non seulement dans les différentes especes, mais encore sur le même individu. Elles sont en général posées alternativement sur les branches.

Especes.

1. *Solanum Officinarum, acinis nigricantibus* C. B. La Morelle commune: qui vient sans culture, à la campagne, & dans les jardins. Elle forme une plante touffue, très-garnie de branches cannelées, qui traînent souvent contre terre. Ses feuilles sont ovales, terminées en pointe, presque toutes alternes, quelquefois comme opposées (mais alors l'une est plus petite que l'autre), d'un verd obscur, dentelées de loin à loin, souvent comme frisées sur les bords, un peu allongées vers le pédicule. Ce pédicule est assez long. Les fleurs naissent dans les aisselles des feuilles; sont blanches; & ont les sommets des étamines, jaunes. Le fruit, d'abord verd, devient noir, ou rougeâtre, ou même jaune.

Il y en a une variété dont les feuilles sont découpées assez profondément.

2. *Solanum Officinarum, acinis luteis* C. B. M^r. Miller en a reçu des graines de l'Amérique. Cette plante est commune dans nos campagnes & jardins. Elle est toute garnie de longs poils, qui la rendent assez blanche. Ses fruits sont d'un jaune triste & mat. Le reste de la plante imite le *n.* 1.

3. *Solanum scandens, sive Dulcamara* C. B. Le nom Anglois, *Bitter-Sweet*, répond à Dulcamara. Nos Jardiniers appellent cette plante *Vigne de Judée.* Elle jette quantité de longs sarmens anguleux, un peu velus, & d'un verd foncé. Ses feuilles sont tantôt simples, tantôt composées de deux ou trois ou même quatre lobes inégaux & aigus qui leur donnent une apparence de fer de hallebarde. Les fleurs forment de jolies grappes. Le pétale est pourpre. Les sommets des étamines sont jaunes. La base intérieure de chaque division du pétale est marbrée de noir & blanc. Les fruits sont jaunes, ou rouges; & allongés.

On en voit à feuilles panachées.

D'autres portent des fleurs doubles.

Il y en a qui fleurissent blanc; & que l'on regarde comme une simple variété. M. Miller en doute, parce qu'il observe qu'alors les feuilles sont constamment couvertes de duvet.

4. *Solanum bacciferum, vulgari simile, maximum, Surinamense* Prodr. Parad. Bat. Cette espece, originaire de Surinam, & qui forme une plante considérable, ressemble à la Morelle ordinaire.

5. *Solanum Bonariense, arborescens, Papas floribus* Dillen. Sa tige, ligneuse, haute de dix à douze pieds, couverte d'une écorce purpurine & assez lisse; porte, à son sommet, des branches verticales. Ses feuilles sont grandes, ondées, & faites en coin. Dans les mois de Juin, Juillet, & Août, cet arbre est couvert de grandes fleurs blanches; qui ressemblent à celles de la Truffe Rouge, & forment des especes d'ombelles. Les fruits sont de petites baies, qui jaunissent en mûrissant.

6. *Solanum fruticosum bacciferum* C. B. L'*Amomum.* Joli arbrisseau; qui vient sans culture, à Madere. Il s'éleve à quatre ou cinq pieds de haut, & jette quantité de branches assez menues mais fermes. Ses fleurs sont blanches: tantôt comme en petites ombelles; tantôt solitaires, le long des branches: & sont en état dans les mois de Juin, Juillet, & Août. Les sommets des étamines sont jaunes. Les fruits, gros comme des cerises médiocres; & tantôt jaunâtres, tantôt d'un beau rouge; mûrissent en automne. Quelques Jardiniers les appellent *Cerises d'hiver.*

7. *Solanum pomiferum frutescens Africanum spinosum nigricans, Borraginis flore, foliis profundè laciniatis* H. Lugd. Bat. Il y a des Jardiniers qui l'appellent *Pomme d'Amour.* Cette plante, du Cap de Bonne-Espérance, formé un arbrisseau; dont la tige, grosse & ferme, s'éleve à la hauteur d'environ trois pieds, & jette des branches assez courtes; garnies, sur leur longueur, d'épines jaunes & bien piquantes. Les feuilles, longues de deux à quatre pouces, sur un à deux pouces de largeur, sont découpées jusqu'auprès de la nervure longitudinale en segmens obtus, assez réguliers, qui sont ondés sur leurs bords. Le dessus & le dessous des feuilles sont armés de quelques épines semblables à celles des branches. Les fleurs sont bleues, assez grandes, disposées en petits bouquets, & en état dans les mois de Juin & Juillet. Il leur succede des baies jaunâtres, quelquefois grosses comme de petites noix: elles mûrissent en hiver.

8. *Voyez* TRUFFE *Rouge.* ÉPINARS *de la Chine.* BELLADONA. SOLANUM.

Culture.

Si l'on veut élever les *nn.* 1 & 2, on en seme la graine aussitôt après sa maturité. Il y a des gens qui en réservent quelques pieds dans des pots, qu'ils transportent dans une serre, au commencement de l'automne: les fruits subsistant ainsi jusqu'au printems, font un agrément de plus en hiver: on soutient ces plantes avec des bâtons, qui les redressent.

On multiplie aisément les Morelles Grimpantes (*n.* 3) par des drageons enracinés qui se trouvent au bas des gros pieds. On peut aussi en faire des marcottes, & des boutures; que l'on sevre au printems, pour les planter dans un terrein humide: elles s'y enracinent fort vîte. Après quoi on les transplante où l'on juge à propos. Ces Morelles viennent bien dans presque toute sorte de terre. On en met des boutures dans des caraffes d'eau, que l'on tient dans une chambre: elles y poussent des feuilles & des branches; & conservent longtems leur verdure.

Les *nn.* 5 & 6 demandent à être retirés dans l'Orangerie, pendant le froid. M. Duhamel (*Traité des Arbres & Arbustes*) en a eu qui ont passé l'hiver de 1753 en pleine terre, n'ayant que de la litiere pour toute couverture. Le *n.* 5 ayant perdu ses tiges durant l'hiver de 1754, dans les jardins de ce curieux & habile Cultivateur; il en repoussa de nouvelles au printems suivant.

On peut multiplier l'un & l'autre, soit de semence, soit de boutures; qui, plantées à l'ombre, durant l'eté, en pleine terre, poussent aisément des racines. Quand on les seme, il faut que ce soit dans une bonne terre: on place les pots ou terrines sur une couche médiocrement chaude, pour hâter la levée; on doit aussi arroser souvent. Les plantes étant sorties de terre, on prépare une couche tempérée, que l'on couvre d'environ six pouces de bonne terre, où on les espace à six pouces, puis on met des cerceaux & paillassons pour les garantir du froid & du soleil: & on arrose fréquemment. On les transplante ensuite quand on les trouve assez fortes; ayant soin de les accoutumer par degrés au grand air. Mais on doit toujours compter que ces plantes, dans quelque état qu'elles soient, ne réussissent qu'à proportion du soin que l'on a de les humecter. Pour qu'elles soutiennent, en pleine terre, les hivers de notre climat, il faut qu'elles soient placées au midi: & il est à propos de leur donner des abris proportionnés au degré du froid.

Le *n.* 7 ne peut rester en pleine terre: il lui faut, dans notre climat, soit un vitrage aëré, soit une serre un peu chaude, pour l'hiver.

Usages.

Le *n.* 1 est employé en Médecine; comme adoucissant. Il dissipe l'inflammation des érésipeles. Son eau distillée, ou sa décoction, calment un peu les douleurs des cancers.

Le suc des feuilles, ou du fruit, mêlé avec de l'huile rosat & un peu de vinaigre, est fort utile dans les douleurs chaudes de la tête, particuliérement celles qui sont causées par la phrénésie, ou par l'inflammation du cerveau: on applique sur le devant de la tête, un linge imbibé de ce mélange. Le suc, exprimé dans les oreilles, en ôte promptement les douleurs. Cette plante rafraîchit, excite le sommeil; & est utile dans les inflammations de la poitrine, & les fievres ardentes. Ses feuilles & ses fruits sont émolliens & adoucissans: on les emploie pour relâcher les fibres trop tendues; & pour dissiper les hémorrhoïdes, sur lesquelles il faut les appliquer en cataplasme, ou seulement pilées & écrasées. Le suc, exprimé, & remué quelque tems dans un mortier de plomb, produit le même effet: on en bassine les hémorrhoïdes, ou bien on l'applique dessus, par le moyen d'un linge qui en est imbibé. On s'en sert de la même maniere pour l'érésipele, les dartres, les boutons, & autres maladies de la peau. Pour le cancer, il est bon de mêler avec ce suc, un peu d'esprit de vin, ou d'eau-de-vie; afin d'en corriger la grande froideur, qui le rend trop repercussif.

Le *n.* 2 est une plante assoupissante.

Dans les Indes on emploie le fruit du *n.* 4, pour teindre en noir.

Les especes du *n.* 3 étant des plantes sarmenteuses; elles conviennent pour garnir des terrasses basses, & des cabinets. Leurs fleurs & leurs fruits plaisent à la vue. Elles ne peuvent que bien faire dans des remises. Celle dont les feuilles sont panachées, a ce mérite au-dessus des autres. On se sert des branches desséchées de ces morelles, pour faire une tisane dont on se trouve assez souvent bien dans les toux opiniâtres. Mais cette plante ayant en général une saveur chaude accompagnée d'âcreté; on doit ne pas la substituer au *n.* 1.

MORESQUES; ou *Arabesques.* Ce sont des feuilles & feuillages imaginaires; dont on se sert dans les frises & panneaux d'ornemens. Ces termes viennent de ce que les Mores, Arabes, & autres Mahométans, emploient ces ornemens: attendu qu'ils ne peuvent mettre dans leurs mosquées ni figures humaines ni celles d'aucuns autres animaux.

MORFONDEMENT: & MORFONDURE. *Voyez* entre les *Maladies du* BŒUF, & du CHEVAL; l'un ou l'autre de ces mots.

MORETS. *Voyez* AIRELLE.

MORGELINE: en Latin *Alsine*, nom originairement Grec: & en Anglois *Chick-Weed*, c'est-à-dire *Herbe de Poulet.* (Voyez ci-dessous, *n.* 13.)

Les plantes de ce genre ont pour caractere une fleur en rose, dont le nombre des pétales varie: ces pétales sont tantôt entiers, tantôt séparés en deux. La fleur est ordinairement évasée; ainsi que le calyce: qui est formé de cinq pieces. Dans l'intérieur de la fleur sont depuis trois jusqu'à dix étamines: qui accompagnent le pistil; lequel devient un fruit membraneux, tantôt arrondi, tantôt fait en cône; dont le sommet s'ouvre en plusieurs parties: & qui n'a intérieurement qu'une seule loge: où sont plusieurs semences menues, rouges, brunes, ou noires; de forme irréguliere.

M. Vaillant, en conservant (*Botanicon Parisf.*) la dénomination d'Alsine, prétend néanmoins que les especes qui ont les pétales entiers ne sont pas de vraies Morgelines.

Especes principales.

On trouve dans les *Observations* de M. Guettard *sur les Plantes* (T. II. p. 276-277), le nom de SAGINA appliqué à deux Alsines, dont la fleur a seulement quatre pétales. Ces pétales sont entiers.

La premiere de ces especes est *Alsine verna glabra* Bot. Monsp.: ou *Alsine tetrapetalos Caryophylloïdes, quibusdam* HOLOSTEUM *minimum* Raij; que Dillenius appelle ALSINELLA *foliis Caryophylleis.* Toute cette plante est d'un verd de mer. Sa fleur est petite & blanche. Ses quatre pétales sont terminés par les deux bouts en pointe obtuse, & placés dans les *cantons* ou angles du calyce. Leur centre est occupé par un pistil oval, entouré de quatre étamines à sommets blancs qui sont surmontés d'une espece de houpe de la même couleur, partagée en croix. Le calyce est composé de quatre feuilles vertes, taillées en balle de bled, & bordées d'un feuillet blanc. Les pétales sont si étroitement pressés par le calyce, qu'ils ne tombent pas; ensorte qu'on les trouve encore lorsque le fruit est sec. Ce fruit est comme une petite urne cylindrique, transparente comme de la corne fine, dentelée de huit pointes par le haut. Il ne déborde point le calyce. Les semences sont tannées, presque rondes, un peu applaties, entassées autour d'un placenta pyramidal qui occupe le centre du fruit.

M. Vaillant, de qui nous avons emprunté cette description, en a donné la figure dans le *Botanicon Parisiense.*

Cette petite plante annuelle est commune, & en fleur dès la fin d'Avril & en Mai, dans les landes sablonneuses. On la trouve nommément autour de Belleville près Paris, à Versailles; du côté d'Etampes, dans les landes de Jouy, dans les bois de La Barre, & sur la montagne de Saint-Martin de la Roche.

2. L'autre Sagina est l'*Alsine minima, flore fugaci*, de M. Tournefort; selon M. Vaillant: qui lui donne pour synonymes des phrases que M. Tournefort emploie à désigner d'autres, soit especes, soit variétés. M. Vaillant ne doute pas que ce soit le CARYOPHYLLUS *minimus muscosus nostras*, Parkinf.; & l'HYSSOPUS *Salomonis Oviedi Montalbani.* Il la nomme aussi KNAWEL, page 9 du *Bo-*

tanicon Parisiense, in-folio. Elle ne s'éleve gueres qu'à la hauteur de quatre pouces. Sa racine, menue, blanche, chevelue, & longue quelquefois de trois pouces, jette communément une vingtaine de tiges foibles, branchues, entrecoupées de petits nœuds, un peu couchées. Les feuilles d'en bas sont lisses, insipides, longues d'un demi-pouce sur demi-ligne de large. A chaque articulation des tiges sont deux feuilles épaisses, succulentes, longues de trois ou quatre lignes, & terminées par une petite pointe blanche. De leurs aisselles & des extrêmités des tiges, naissent des péduncules très-déliés: qui ne soutiennent ordinairement qu'une seule petite fleur composée de quatre pétales blancs ovales, entiers, terminés en pointe. Le calyce est à quatre feuilles, vertes, creusées en cueilleron, un peu plus grandes que les pétales de la fleur. Il y a quatre étamines fort courtes, dont les sommets sont blancs. Le pistil, terminé par une espece de trompe blanchâtre, a quatre branches en croix, devient un fruit membraneux, de figure conique: lequel s'ouvre en quatre parties, quelquefois en cinq, & répand plusieurs semences noirâtres fort menues. La fleur passe très-vîte: ensorte que les feuilles du calyce qui restent, peuvent être prises d'abord pour elle. * *Tournef.* Herb. VI. en partie.

Voyez ci-dessous, *n.* 12.

Cette plante vient dans les cours des maisons un peu grandes. On la trouve aussi autour de presque toutes les petites mares de Versailles, & de Bondy. Elle fleurit en Avril, Mai, *&c.* Cette plante trace. Aussi M. Guettard observe-t-il que chaque nœud des tiges est fort souvent accompagné d'un petit corps oblong & sale, qu'on pourroit prendre pour une glande ou pour quelque stipule; mais qui n'est qu'un commencement de racine.

Ces deux Alsines sont mises par cet Académicien dans la classe des plantes grasses & épaisses, qui n'ont point de filets.

3. L'*Alsine Plantaginis folio* J. B. que Dillenius met au nombre des *Spergula;* & qui est une *Arenaria* de M. Linnæus: a la feuille ovale, terminée en pointe, garnie de nervures longitudinales comme le *Plantain*, portée par un pédicule assez long, plus claire en certains endroits de sa surface qu'en d'autres, & quelquefois longue d'un pouce. Sa fleur est petite, fort peu évasée; composée de cinq pétales blancs entiers, à-peu-près de forme ovale, & débordés par les pieces du calyce. Il y a dix étamines blanches; qui ont des sommets de même couleur. L'embryon est surmonté de trois styles blancs. Les semences sont noires & luisantes. La fleur existe en Mai & Juin.

Il y a des filets coniques à valvules, assez longs, sur toutes les parties de la plante; excepté sur les pétales, les étamines, & le pistil. Ils sont plus longs à l'origine des feuilles, qu'ailleurs.

Cette plante est vivace, & se trouve dans les bois. M. Garidel dit qu'elle est très-rare aux environs d'Aix. M. Guettard l'a trouvée fort communément dans les bois de Villeneuve-sur-Auvers. Il y en a beaucoup dans les bois des Capucins de Meudon, près Paris. On la trouve pareillement dans les bois de Meudon, Versailles, Saint-Germain, Montmorency, Fontainebleau.

4. L'*Alsine tenui folio* J. B. porte deux feuilles très-étroites, jamais davantage, à chaque articulation des tiges. En Mai & Juin elle donne, au sommet des tiges, beaucoup de petites fleurs blanches, à cinq pétales entiers: où il y a dix étamines; & un pistil à trois styles. Les étamines posent sur un corps verdâtre.

Cette petite plante vivace est garnie de filets blancs qui sont d'une moyenne grandeur.

Il y a des Auteurs qui la nomment *Alsine Polygonoides; Arenaria; Linum silvestre, Chamælinum;* &c. Consultez la IV. Herborisation de M. Tournefort.

Autour de Paris, on la trouve sur les murailles, à Gentilly & Arcueil. Elle est très-commune sur les friches sablonneuses de la plaine de Sevre. On la trouve encore à Meudon, Versailles, S. Germain.

M. Vaillant en a donné une figure, dans le *Botanicon Parisiense.*

5. L'*Alsine verna glabra, floribus umbellatis albis*, Inst. R. H. n'est pas absolument glabre: elle est parsemée de petits filets, (que M. Guettard nomme Glandes à cupules) sur-tout au bas des tiges & sur les premieres feuilles. Les péduncules des fleurs, particuliérement quand elles sont passées, sont visqueux, & hérissés de quelques poils fort courts. Ses feuilles sont deux à deux. Quoique la fleur soit ordinairement blanche, il s'en trouve d'un peu lavées de purpurin. Cette fleur paroît dès la fin de Février: & il y en a encore quelquefois au mois d'Avril. Elle est à cinq pétales entiers, ou seulement dentelés de deux ou trois dents presque toujours inégales: ainsi J. Bauhin devoit ne pas comparer cette fleur à celle de *Myosotis*. Les pétales de notre Alsine sont, outre cela, creusés en coulisse. Il n'y a que trois étamines: leurs sommets sont blanchâtres. Le pistil a trois styles, qui s'étendent horizontalement en triangle. Le fruit s'ouvre par le haut en cinq ou six parties égales. Les semences sont rousses, & d'une figure singuliere.

Consultez la II. Herborisation de M. Tournefort.

Cette plante est commune aux environs d'Aix. On la trouve dans ceux de Paris, à Belleville, à Meudon, & au Bois de Boulogne. Elle se rencontre aussi au printems dans les jardins, les masures, & les champs, aux environs d'Étampes.

Il y a des Auteurs qui la rangent au nombre des *Arenaria;* & d'autres avec les *Caryophyllus;* ou entre les *Holosteum.*

6. L'espece que l'on nomme spécialement *Alsine* ARENARIA, vient dans des sables humides. Aussi la trouve-t-on appellée dans les Auteurs *Saxifraga palustris; Arenaria palustris.* D'autres, ayant égard à sa forme, la comparent à la *Spergula*, au *Polygonum*, & à l'*Erica*. C'est une *Spergula*, selon M. Linnæus. Cette petite plante a des feuilles très-étroites, placées par paquets, aux articulations nombreuses des tiges. Sa fleur a environ cinq lignes de diametre; composée de cinq pétales entiers, égaux, & fort blancs. De ses dix étamines, cinq sont longues, les autres sont courtes. Le pistil est surmonté d'un petit corps blanc, coupé en étoile à cinq rayons. Ses semences ne sont point bordées; comme celles d'une autre *Alsine*, dont nous parlerons sous le *n.* 9, & qui d'ailleurs lui ressemble beaucoup.

Elle fleurit en Juillet & Août.

Elle est très-commune sur les bords d'un fossé en entrant dans le bois de Bondy, par le village; autour des mares qui sont à l'entrée de ce bois; de même qu'autour de celles qui se rencontrent, tant sur les friches des environs, qu'entre Bondy & le Château de Raincy. Elle naît encore à Versailles, à la tête de la piece des Suisses.

Consultez le *Botan. Paris.* de M. Vaillant.

7. L'*Alsine saxatilis & multiflora, capillaceo folio*, Inst. R. H. est aussi comparée par quelques Auteurs au *Polygonum;* & ses feuilles à celles de l'*Arix*. M. Vaillant en a donné la figure, & une description détaillée, dans son *Botanicon Parisiense;* auquel nous renvoyons le Lecteur: il faut aussi y remarquer ce qui précéde la description.

Cette petite plante subsiste deux ou trois ans. Sa

fleur est très-blanche, à cinq pétales entiers. Le fruit s'ouvre en trois. Elle est en état depuis le mois de Mai jusqu'à la fin de l'été.

Boccone l'indique dans le Bois de Boulogne; & à Chantilly. M. Vaillant l'a trouvée sur les pentes pelées des rochers de Fontainebleau. Elle est assez commune aux environs d'Aix.

8. M. Vaillant a donné la figure (dans le *Bot. Par.*), d'une *Alsine segetalis, gramineis foliis unum latus spectantibus.* Cette plante, annuelle, singuliere par la disposition de ses feuilles, fleurit en Mai & Juin. Sa fleur est à cinq pétales blancs entiers, obtus à l'extrêmité; débordés par les pointes du calyce. Il y a cinq étamines, dont les sommets sont d'un blanc sale. Les semences sont brunes & très-menues. M. Guettard fait de cette plante une *Spergula*.

L'explication de la figure dessinée par M. Vaillant, suppose que cette plante avoit été observée par M. Sherard, & indiquée par M. Ray, sous le nom d'*Alsine segetalis, gramineo folio glabro, multiflora.* Nous trouvons dans M. Tournefort que cette derniere plante vient dans les haies de Roussigny. M. Guettard dit qu'elle est fort commune aux environs de Baville, du côté d'Étampes, & autour de la forêt de Dourdan. Voyez ses *Observations*, T. II. p. 299, 300.

9. L'*Alsine Spergulæ facie, minima, seminibus marginatis* de M. Tournefort, est mise par Ruppius au nombre des *Arenaria*.

M. Vaillant l'a trouvée dans la forêt de Fontainebleau sur les rochers des environs de Franchard. M. Guettard (*Observ.* T. II. p. 300), l'indique en plusieurs endroits des environs d'Étampes & d'Orléans: il en fait une *Spergula;* ainsi que Morison & d'autres bons Auteurs.

On la nomme en François *Petite-Espargoutte.* Elle est annuelle. Ses feuilles sont cylindriques; ses fleurs, blanches, à cinq pétales entiers. Son fruit est une capsule ovale, qui contient des semences noires, bordées d'un feuillet blanc. Cette espece fleurit & graine en Mai. Elle s'éleve quelquefois autant que la suivante.

Voyez ci-dessus, *n.* 6.

10. G. B. nomme *Alsine* SPERGULA *dicta, major*, celle que Ruppius appelle ARENARIA *arvensis vulgatior.* M. Linnæus la nomme SPERGULA *foliis verticillatis, pedunculis dichotomis.* C'est la *Grande-Espargoutte:* plante commune, foible, annuelle; dont la racine est blanche, menue, & accompagnée de beaucoup de fibres. Ses tiges sont noueuses, cylindriques, menues, ont huit à dix pouces de long; & se distribuent en quantité de branches un peu inclinées, tendres, & d'un verd pâle. Les feuilles sont longues, molles, extrêmement étroites: il y en a plusieurs ensemble autour de chaque articulation des tiges, comme dans le *Gallium.* Au sommet des branches sont de petites fleurs, très-apparentes à cause de leur couleur qui est d'un blanc de lait; lesquelles n'ont que quelques lignes de diametre; & sont composées d'un calyce à cinq pieces ovales, obtuses, & bien ouvertes; de cinq pétales blancs, entiers, de forme à-peu-près ovale; dix étamines à sommets jaunes & presque ronds, plus courtes que les pétales; (Voyez *Elém. d'Agric.* T. II. p. 151) un pistil oval, surmonté de cinq styles fort courts, disposés en étoile. Les feuilles, & le haut des tiges, sont chargés de poils très-fins, & doux au toucher. Les fleurs & les graines sont en état dans les mois d'Avril & Mai. Comme cette plante vient naturellement parmi les grains dans des terres sablonneuses, c'est ce qui fait qu'elle se trouve dans quelques Auteurs sous le nom d'*Arenaria arvensis vulgatior*, ainsi que nous l'avons dit. Elle est fort commune dans les bois des environs de Paris.

11. G. Bauhin nomme *Alsine Spergulæ facie, minor*, une autre espece; que plusieurs Auteurs mettent dans la classe des *Polygonum*, ou parmi les *Arenaria.*

Cette espece comprend deux variétés: l'une a les fleurs blanches; dans l'autre elles sont mêlées de pourpre bleuâtre, c'est-à-dire tirant sur le gris de lin.

M. Tournefort l'indique comme très-commune autour de S. Clair, surtout vers Chamesson. Sa fleur a environ trois lignes de diametre; cinq pétales entiers, un peu terminés en pointe, posés sur les cantons du calyce; dix étamines blanches, à sommets jaunes; le pistil surmonté de trois stigmates en triangle. Ses semences sont brunes. Cette plante fleurit en Mai, Juin, & Juillet. Ses feuilles sont menues comme des fils, opposées deux à deux, & comme engaînées dans des stipules membraneuses. Toutes les parties de la plante, excepté les pétales, les étamines, & le pistil, exsudent une liqueur gluante. Cette espece se trouve dans les terres sablonneuses ensemencées, & dans d'autres endroits arides.

12. M. Vaillant appelle *Alsine tenui folio pediculis florum longissimis*, une plante qui a le port de celle du *n.* 2, mais qui s'éleve plus haut; jamais cependant au-delà de quatre pouces. Elle pousse ordinairement de sa racine plusieurs tiges qui se couchent d'abord sur la terre, & sont droites dans le reste de leur longueur. Ces tiges sont ordinairement brunes. Les feuilles sont lisses, vertes, roides, & ressemblent assez bien à celles du *n.* 2. Toute la plante n'a qu'un goût d'herbe. Les fleurs sont portées par de longs péduncules ordinairement bruns. Elles sont fort petites; à cinq pétales blancs entiers, ronds, qui ne débordent point le calyce, & opposés à ses cantons. L'embryon est à-peu-près oval, d'un verd pâle; surmonté de cinq styles blancs, courts, disposés en étoile. Il y a dix étamines, blanches, ainsi que leurs sommets. Le calyce est parsemé de poils très-courts, & découpé en étoile à cinq parties égales. Le fruit s'ouvre ordinairement en quatre parties, quelquefois en cinq, de la pointe à la base. Les semences sont noirâtres, & fort menues.

Cette plante commence à fleurir vers la fin de Mai; & continue en Juin & Juillet.

Elle se trouve aux environs de Paris dans les friches qui sont au-delà de S. Léger, entre la forêt & le village de S. Lucien, le long du chemin.

13. L'*Alsine media* C. B. est nommée par d'autres *Alsine minor; Hippia minor; Alsine genuina;* ou simplement *Alsine.* On l'appelle encore *Morsus Gallinæ:* ce qui répond au nom de Morgeline. Dorsenius lui donne celui d'*Anagallis.* Il est pareillement appellé à Paris *Mouron blanc; Mouron des petits Oiseaux.* C'est la *Grande Morgeline* du Fuchsius: le *Papardo* des Provençaux; qui au reste nomment de même quelques autres Alsines.

Sa racine est menue, fibreuse, blanche, peu longue. Il en sort plusieurs tiges minces, tendres, succulentes, noueuses, très-branchues, d'un verd agréable, velues, plus ou moins étendues & colorées selon la qualité du terrein, & toujours trop foibles pour se soutenir à certaine hauteur, ensorte que la plante est souvent couchée. Le long des tiges & des branches, à chaque articulation, sont des feuilles simples, opposées deux à deux, fort tendres & succulentes, lisses, & du même verd que les tiges, faites en ovale, terminées en pointe, longues de trois à six lignes sur deux ou trois lignes de large à leur partie moyenne, & dont les pédicules sont velus à leur face supérieure. Aux sommets des branches naissent de petites fleurs, à cinq pétales blancs fendus en deux presque jusqu'à la base. Trois étamines, dont les sommets sont doubles & d'un pourpre rouge, entourent un embryon oval; surmonté de trois styles blanchâtres, qui sont garnis de gros filets courts & vermiculaires. Le calyce est très-velu. Toute la plante a un goût d'herbe un peu salé: son odeur est peu agréable, & tient de celle du concombre. Cordus y trouvoit quelque chose de nitreux.

Consultez la premiere Herborisation de M. Tournefort. *Voyez* encore le *n.* 15, ci-après.

Cette plante est très-commune à la campagne & dans les jardins. Elle fleurit presque toute l'année, depuis le printems; & se plaît beaucoup à l'ombre.

M. Vaillant en indique une *variété:* dont la feuille est frisée (*crispus*), plus petite & plus aiguë. *Voyez* le *n.* 15.

14. Ce sçavant Botaniste & M. Tournefort, indiquent dans les environs de Paris l'*Alsine maxima Solani folio* de Mentzelius. C'est une grande plante, vivace: dont les feuilles sont ondées. M. Vaillant observe que Mentzelius & M. Tournefort ont mal-à-propos attribué des crenelures aux bords de cette plante: vû qu'on n'en trouve dans aucune des especes qui appartiennent à ce genre.

Sa fleur est blanche, à cinq pétales échancrés, c'est-à-dire, divisés en deux.

Cette plante se trouve dans la prairie de Gentilli, vers l'endroit par où l'on se détourne pour aller au village.

M. Rai croit que c'est une variété de la suivante.

15. L'*Alsine altissima nemorum*, aussi vivace, se trouve pareillement au fond du pré de Gentilli; & on la rencontre dans plusieurs autres endroits marécageux, tant de la forêt de Montmorency, que d'ailleurs. Aussi est-elle nommée par quelques Botanistes *Alsine aquatica; palustris; marina.* Voyez la IV. *Herborif.* de M. Tournefort.

Elle est moins haute que la plante *n.* 14. Elle touffe beaucoup.

Ses feuilles ont un pouce ou un pouce & demi de long. De même que celles du *n.* 13; elles ont une échancrure ou un sinus, qui forme un angle curviligne dont la pointe s'unit au pédicule. Celles de l'*Alsine altissima nemorum* sont plus allongées en pointe par le haut: ce qui dispose M. Guettard à distinguer cette plante d'avec l'*Alsine media:* deux especes sur la réunion ou séparation desquelles M. Linnæus a beaucoup hésité. D'ailleurs, quoique toutes deux aient les poils placés aux mêmes endroits, il y a des individus de l'*Alsine altissima*, sur lesquels ces filets sont très-courts & en fort petit nombre.

M. Guettard observe que quand les feuilles de cette Alsine ne sont pas développées, il suinte de leur surface une liqueur limpide.

Cette plante a plus de corps que l'*Alsine media:* ses feuilles sont moins pénétrées de suc, & par conséquent plus de durée.

Elles sont très-ondées sur leurs bords: ce qui y fait une espece de crenelure; qui en a imposé à Mentzelius & à M. Tournefort, suivant la judicieuse remarque de M. Vaillant. Au reste, les ondes peuvent n'être qu'une variété dans cette espece; comme dans le *n.* 13: quoique nous n'en ayons pas encore observé de feuilles sans ondes.

La fleur est généralement de deux tiers plus large que celle de l'*Alsine media.* Du reste, les pétales sont aussi blancs, & échancrés jusque vers leurs bases.

M. Linnæus lui attribue cinq styles. M. Guettard n'y en reconnoît que trois.

16. On trouve assez communément dans les prairies de S. Léger, & autres endroits aquatiques des environs de Paris, l'espece que M. Vaillant a nommée *Alsine Hyperici folio.* Sa feuille est longue. Dans les mois de Mai & Juin cette plante donne une petite fleur blanche: dont les pétales sont terminés en pointe; & posés immédiatement sur les segmens du calyce, qu'ils couvrent de maniere que leurs cantons sont vis-à-vis les siens. Il y a dix étamines. Le pistil est surmonté de trois styles, qui forment un triangle.

Il y a, sur cette plante, une contestation remarquable, entre d'habiles Botanistes. D'un côté Jean Bauhin dit que la fleur a dix pétales: ce qui revient à ce que disent MM. Ray & Morison, meilleurs observateurs, que ces pétales ne sont qu'au nombre de cinq, mais fendus en deux très-bas. Au contraire, M. Vaillant soutient que ces cinq pétales sont entiers.

17. Il se trouve, soit dans les prés soit dans les endroits marécageux, diverses *Alsines à feuille étroite semblable à celle de Gramen.* Ces plantes sont vivaces.

Leurs feuilles sont petites, opposées deux à deux le long des tiges, dont elles embrassent étroitement les nœuds par leur base sans pédicule. Au sommet des tiges, sont, depuis le mois de Mai, jusqu'en Juillet, des fleurs blanches, à cinq pétales échancrés en deux, d'environ un demi-pouce de large: qui portent dix étamines.

Dans les prés ordinaires, les haies, & les bois; ces plantes sont fort basses; & forment par la multitude de leurs tiges des gazons très-touffus. Celles qui naissent dans des endroits humides, s'étendent davantage: leurs fleurs ont quelquefois près d'un pouce de diametre. Telle est celle que M. Ray surnomme *Caryophillus holosteus arvensis medius.* On trouve celle-ci dans les prairies de S. Léger; autour des lacunes qui sont entre S. Clair & Roussigny; de même qu'entre Arcueil & Gentilli, dans le pré où vient le *Clymenum Parisiense flore cæruleo.*

M. Tournefort (*Herb.* II.) avertit que les *Alsine Pratensis gramineo folio angustiore*, sont appellées par G. Bauhin *Caryophyllus arvensis glaber, flore minore;* & par J. Bauhin *Gramini Fuchsii Leucanthemo affinis & similis planta;* enfin que Tabernamontanus en a donné une bonne figure, sous le nom de *Gramen floridum minus.*

Il y en a une espece, des endroits marécageux, cottée par M. Vaillant, comme *ne portant que des fleurs stériles.* Elle fleurit en Juin & Juillet. Sa fleur est petite, & à cinq pétales échancrés. Reste à sçavoir comment cette espece se perpétue; ou si M. Vaillant n'a rencontré qu'un individu soit réellement mâle soit dont toutes les fleurs aient été altérées.

18. Dans le Fuchsius on nomme *Dent de Chient*, une plante que Tragus appelle *Euphrasia Gramen*, & qui est l'*Alsine pratensis gramineo folio ampliore* de M. Tournefort. *Voyez* ci-après, ce qui est dit de ses usages.

Elle touffe & gazonne beaucoup, tout près de terre, par quantité de tiges longues, entrelacées, menues, striées, roides: aux nœuds desquelles sont des feuilles très-roides, sans pédicule, opposées deux à deux, séches, d'un verd foncé, longues d'environ un pouce & demi, terminées par une pointe très-affilée, faites à-peu-près en lame à trois quarres, larges d'une ligne ou une ligne & demie à leur base. Sur leurs bords, & leur nervure, ainsi que sur les côtes des tiges, sont de très-courts filets; qui forment des especes de pointe, dont l'effet est de rendre ces endroits rudes au tact comme une scie. Le dessus des feuilles est glabre. La fleur est grande; & à cinq pétales échancrés en deux : ce qui a fait ranger la plante au nombre de celles qui semblent être des Œillets. *Consultez* la II. Herborisation de M. Tournefort.

Cette plante est assez commune dans les haies & dans les bois. On la trouve dans des taillis à Versailles, Meudon, S. Germain, Montmorency, Fontainebleau, *&c.*

19. M. Guettard a trouvé assez communément sur les bords de la mer, aux environs de La Tranche, une *Morgeline vivace*, qui gazonne beaucoup. C'est l'*Alsine littoralis, foliis Portulacæ* de G. Bauhin : une *Arenaria* de M. Linnæus. Ses feuilles sont ovales, glabres, épaisses, roides, terminées en pointe, bordées d'un filet membraneux ondulé, & opposées deux à deux le long des tiges, dont elles embrassent chaque nœud par leur base.

20. On rencontre aux environs de Bourges & d'Angers l'espece que M. Tournefort nomme *Alsine Alpina, subhirsuta, Linariæ folio.*

21. Il y a une *Alsine* très-commune autour de Paris : qui s'éleve peu au-dessus de trois pouces ; jette quantité de tiges menues & très-branchues. A chaque articulation se trouvent deux feuilles : de l'aisselle d'une des deux, sort souvent une branche. Au sommet de la plante naissent grand nombre de petites fleurs à cinq pétales entiers. Quand elle est séche, ses fruits membraneux frappent la vûe par leur couleur de paille. On nomme cette espece *Alsine minor multicaulis* C. B.

22. On appelle ALSINOÏDES *annua verna ;* ou ALSINEFORMIS *paludosa tricarpos ; flosculis albis inapertis ;* une plante que divers Auteurs placent parmi les *Alsine.* Elle ressemble assez au Pourpier d'eau, pour que Camerarius & d'autres l'appellent PORTUCALA *exigua, sive arvensis.* D'autres encore la nomment CAMERARIA. *Consultez* M. Vaillant, *Botanic. Paris.* in-folio. Il en a donné la figure.

La fleur est blanche, très-petite, composée de cinq pétales & d'autant d'étamines ; & s'épanouit au soleil de midi. Le fruit est une capsule presque ronde, mais relevée de trois coins arrondis : qui s'ouvre en trois parties égales, avec beaucoup d'élasticité. Dans l'intérieur de chaque coin est une semence noire. Cette plante fleurit en Mars, Avril, & Mai.

Elle naît en quantité dans les endroits où l'eau a croupi l'hiver. On la trouve nommément autour de Versailles, sur l'Otie, à Fontainebleau, & autour de l'étang d'Hollande en allant à S. Léger.

23. Le *Compleat Body of Husbandry*, indique deux especes qui viennent *sur les côtes d'Angleterre.* L'une est petite, & à *fleur bleue.* L'autre a le port, les feuilles, & les fleurs, de la Grande-Espargoutte (*n.* 10) ; mais est plus basse, se soutient plus droite, & a les tiges plus fortes.

Usages.

Il y a peu de ces plantes qui servent en Médecine.

Le suc de celle du *n.* 18 ; son eau distillée ; ses feuilles & ses fleurs pilées ; sont propres à calmer l'inflammation des yeux : dit M. Tournefort. C'est pourquoi Tragus l'appelle *Euphrasia Gramen.*

La plûpart des Médecins d'aujourd'hui craindroient de se voir tourner en ridicule, s'ils faisoient usage de l'Alsine *n.* 13. On est cependant assez d'accord de la regarder comme adoucissante, hystérique, antiphthisique, pectorale, vulnéraire, détersive, humectante, & rafraîchissante, en ce qu'elle rétablit la vîtesse ordinaire du sang. Etmuller prétend qu'on se guérit de la gale en se frottant avec cette herbe : du moins pouvons-nous assurer, qu'appliquée sur la gale, elle occasionne un écoulement très-abondant, enleve l'épiderme, & fait paroître la peau de dessous très-nette & fraîche ; mais j'ai vu des occasions où la gale reparoissoit ensuite aux mêmes endroits. Etmuller conseille aussi de piler cette plante pour l'appliquer sur les mammelles où le lait s'est coagulé, & en dissiper la trop grande abondance. J. Bauhin assure que l'eau distillée, ou le vin dans lequel cette Morgeline a infusé, rendent l'embonpoint à ceux qui sont fort exténués après de grandes maladies. On donne un gros de sa poudre aux enfans attaqués d'épilepsie, ou de mouvemens convulsifs. Solenaander veut que l'on en saupoudre les hémorrhoïdes, pour arrêter leur flux immodéré, & en appaiser la douleur. Pour le crachement de sang, on fait manger des omelettes où on a haché cette herbe, au lieu de persil. Enfin on prétend qu'elle a toutes les vertus du pourpier, & de la pariétaire.

On prend le suc dépuré de cette Morgeline, dans un petit bouillon, à la dose d'une once ; ou la poudre des feuilles séchées à l'ombre, à la dose d'une dragme. On peut prendre aussi les feuilles en décoction : la dose est d'une poignée, dans une chopine d'eau. On se sert encore du suc dépuré de cette plante pour nettoyer les plaies & les vieux ulceres.

On se sert communément de cette herbe pour rétablir l'appétit des Serins de Canarie, des Chardonnerets, & autres oiseaux que l'on nourrit dans des cages. Cet usage n'est pas nouveau : Tragus, Anguillara, & plusieurs autres Auteurs en ont parlé.

Les especes de Morgeline qui gazonnent peuvent être utiles dans les jardins, au bord des canaux & des bassins, *&c ;* suivant les circonstances du local ; & des qualités de la terre.

Au reste, comme la plûpart jettent quantité de semence, il est à propos d'arracher de bonne heure les pieds superflus, afin de s'opposer à leur multiplication excessive.

La Spergule, Espargoutte, ou Espargoule du *n.* 10 & les plantes maritimes du *n.* 23, méritent attention dans l'usage œconomique : attendu qu'elles donnent un fourrage dont les vaches sont très-friandes, & qui leur procure beaucoup de lait, sans y communiquer aucun désagrément. On le leur donne en verd, dans les rateliers. Ce fourrage est encore bon pour engraisser toute sorte de bétail. On prétend qu'il augmente la ponte des poules : toujours est-il vrai que ces animaux l'aiment beaucoup, & l'on n'a jamais vu qu'il leur en soit survenu aucun accident. En Flandre, en Hollande, & en Angleterre, on ne s'est encore principalement attaché qu'à la culture de la Grande Espargoutte. On en donne la graine pour nourriture aux poules & aux pigeons : & l'herbe sert de fourrage. Les especes *n.* 23, dont il y a quantité sur les côtes d'Angleterre, peuvent devenir très-utiles pour le même objet.

S'il est vrai que les unes & les autres ne donnent pas un fourrage aussi abondant que le Ray-grass, le Tremeine, *&c :* on peut néanmoins en sentir le mérite lorsqu'on a besoin de suppléer au défaut des autres. D'ailleurs ces plantes ont l'avantage de mettre en valeur des terreins maigres & arides, où l'on ne voudroit pas risquer de semer du grain ni des prairies artificielles. L'Espargoutte Marine résiste à la salure de l'air & de l'eau de la mer ; qui faisant périr les plantes destinées par la nature à d'autres expositions, laissent incultes une prodigieuse quantité de terres.

Les Œconomes, déja habitués à convenir des profits considérables que rendent les prés salés, auront

ront moins de peine à ſuppoſer que des plantes cultivées ſur les bords de la mer doivent être une ſource de richeſſes réelle & abondante.

On les aſſure que cette ſorte d'eſpargoutte, auſſi ſaine pour le bétail que la grande eſpece, eſt plus ſucculente, & par conſéquent plus propre à le bien nourrir.

On peut la mettre encore dans des terreins trop mouvans & où il y a trop de ſable pour des plantes qui font beaucoup de racines, telles que celles des prés ſalés.

Culture.

L'eſpece du *n.* 10 réuſſit ſupérieurement dans une terre fine, mêlée de beaucoup de ſable. Elle vient même dans des endroits découverts, & dans les plus ſtériles. Quoiqu'en général elle ne ſoit pas délicate ſur la nature du terrein, il faut toujours qu'elle y trouve un peu d'humidité.

On peut la ſemer au mois de Mai, ou dans le commencement de l'automne. Cela eſt indifférent pour ſes progrès, qui ſont toujours très-prompts. Il faut cependant convenir que la graine ſemée en automne pouſſe dans une circonſtance qui la rend précieuſe; vû que le bétail a pour lors à-peu-près conſommé toute l'herbe des prés, laquelle ne repouſſe que lentement.

Il eſt aiſé d'en tirer de la graine de Hollande, ou d'ailleurs, à très-bas prix. Selon le *Compleat Body of Husbandry*, dix livres de graine ſuffiſent pour environ un arpent & demi. On la ſeme à la volée; puis on herſe légérement. Après quoi ces plantes ne demandent aucun ſoin juſqu'au tems de leur récolte; qui ſe fait au bout de trois mois.

M. Duhamel (*Elém. d'Agric.* T. II. p. 152) obſerve deux ſaiſons pour ſemer le *n.* 10. On s'y prend de bonne heure, quand on veut faner l'herbe; ou pour en recueillir la graine. Mais on n'eſt gueres dans l'uſage d'en faire du foin. Il eſt plus ordinaire d'en répandre la graine ſur les chaumes de froment, immédiatement après la récolte. Quand on ſeme l'eſpargoutte au mois de Mai, l'on commence par donner pluſieurs labours; puis on herſe; on ſeme ſur le herſage: & on paſſe le dos de la herſe ſur la totalité du champ; ce qui ſuffit pour enterrer cette graine qui eſt très-fine.

On fauche cette premiere eſpargoutte lorſque les ſemences ſont mûres, & avant que les capſules s'ouvrent. Ayant laiſſé faner l'herbe, on la met à couvert avant qu'elle ſoit parfaitement ſéche: ſans quoi les ſemences ſe perdroient. On la bat enſuite ſur des draps; & quand on a ramaſſé la ſemence, on donne le reſte au bétail pendant l'hiver.

L'autre ſaiſon de ſemer cette plante, eſt au mois de Juillet. Ayant donné un labour auſſitôt après la récolte que l'on vient de faire ſur le terrein, on herſe; ſeme; & recouvre avec le dos de la herſe; comme nous l'avons dit: puis les plantes ayant acquis une certaine hauteur; ou on les arrache pour les donner en verd au bétail; ou on les lui fait paître ſur le champ même. Cet herbage eſt très-nourriſſant. Mais il faut le conſommer de bonne heure: car ces plantes ſont fort ſuſceptibles de la gelée.

La graine de Grande Eſpargoutte, quoique ancienne de pluſieurs années, leve très-bien. * *Elém. d'Agric.* T. II. p. 153.

L'Eſpargoutte maritime (*n.* 23) donne quantité de graine qui eſt mûre au mois de Juillet. On peut s'en pourvoir les premieres fois par ſoi-même ſur les Côtes d'Angleterre, où nous avons dit que cette eſpece eſt fort commune. En battant les plantes, la graine tombe aiſément. On l'étend ſur un plancher pour qu'elle ſe ſéche un peu; & une ſemaine après, elle eſt en état d'être ſemée. Pendant ce tems on peut labourer un grand eſpace de terrein. C'eſt aſſez d'un ſeul labour, pourvû qu'il ſoit profond. Enſuite on herſe. Puis on ſeme à la volée. Enfin on bat la terre, en y faiſant paſſer un rouleau.

Les terres propres à cette culture ne ſont point chères. Les frais de labour & de ſemaille ſont ſenſiblement peu conſidérables: & on eſt sûr d'en tirer, dans la même année, une abondante récolte. * *Compl. B. of Husb.*

MORILLE: en Latin *Boletus eſculentus.* C'eſt une eſpece de champignon, dont l'extérieur eſt percé de grands trous en forme de rayons de miel, ou à-peu-près comme une éponge. Sa couleur eſt blanchâtre; ou jaunâtre; ou d'un blanc qui tire un peu ſur le rougeâtre; quelquefois auſſi noirâtre.

Elle croît dans les bois, aux pieds des arbres, dans les prés, & dans les endroits humides où il y a de l'herbe en abondance. Conſultez M. Guettard, *Obſ. ſur les Pl.* T. I. p. 18.

On dit qu'elle eſt reſtaurante, & qu'elle excite l'appetit. On l'emploie dans les ſauſſes comme faiſant un ragoût délicieux.

Manieres d'apprêter les Morilles ſeules.

1. On les lave bien, à cauſe du gravier qui reſte toujours dans les trous: puis on les paſſe à la poële, avec du beurre ou du lard fondu, après les avoir coupées. Cela fait, on y met du perſil & du cerfeuil hachés bien menu; aſſaiſonnés de ſel, poivre, & muſcade; avec un peu de bouillon: dans lequel on les fait cuire dans une caſſerole ou dans un pot. Etant bien cuites & bien mitonnées, on les ſert avec un jus d'orange.

2. Après avoir bien lavé, & coupé en long les morilles, vous les paſſerez au roux avec beurre, ou lard fondu, perſil haché menu, & bon aſſaiſonnement. Vous y ajoûterez un peu de bouillon; & les laiſſerez cuire à petit feu. Etant cuites, vous y jetterez une ſauſſe liée avec jaunes d'œufs, & jus de citron, ou verjus.

Morilles Frites.

3. Après les avoir lavées en pluſieurs eaux, & coupées comme ci-deſſus; vous les ferez bouillir à petit feu, avec un peu de bouillon: lequel étant conſommé, vous les ferez frire avec lard fondu, ou ſain-doux. Puis, vous ferez une ſauſſe avec du même bouillon, aſſaiſonnée de ſel & de muſcade; & les ſervirez chaudement avec du jus de mouton.

Conſerver & ſécher les Morilles. Voyez FRUIT, p. 148.

MORS. Piece de fer, que l'on met dans la bouche du cheval, & qui fait partie de ſon harnois. On y diſtingue l'embouchure, le tranchefil, les branches, les chainettes, les anneaux, les tourets ou tourettes, la gourmette, les crochets qui tiennent la gourmette; *&c.* Conſultez le *N. Parfait Maréchal* de M. De Garſault, *p.* 130, *&c.*

Pouſſer le MORS. Voyez ce mot, dans l'article CHEVAL, p. 555.

MORS *de Diable*, ou *du Diable:* en Latin *Morſus Diaboli; Succiſa: Devil's Bit*, en Anglois. Les Botaniſtes modernes reconnoiſſent cette plante pour être une Scabieuſe: & M. Tournefort l'appelle *Scabioſa folio integro, glabro, flore cæruleo.* Elle eſt encore nommée en François, REMORS. On la trouve dans les prés, & dans les endroits humides des bois. Sa racine eſt pivotante, noire, amere, ſtyptique, toujours comme mordue ou déchirée vers le haut. Elle a des feuilles douces au toucher, longues d'environ quatre à huit pouces ſur deux à quatre de large à leur partie moyenne, faites à-peu-près en fuseau, & entieres. Ses tiges, écartées pour faire une espece de buisson évuidé par le milieu, sont longues d'environ deux à trois pieds; & ont à chaque nœud deux feuilles opposées, souvent un peu dentelées sur leurs bords; ou même découpées assez profondément. D'entre les aisselles de chacune des feuilles qui sont à l'extrêmité des tiges, naît un péduncule qui porte une fleur d'un assez beau bleu, en Juin, Juillet & Août. Les tiges périssent en automne, chaque année. *Consultez* le Caractere général de SCABIEUSE.

Il y en a une variété dont les feuilles sont plus velues & moins douces.

Voyez la II. *Herboris.* de M. Tournefort.

On attribue à ces plantes les propriétés de la Scabieuse ordinaire. Leur suc a été d'un grand secours dans des maladies épidémiques de la gorge. On fait bouillir toutes les parties de ces plantes dans du vin, que l'on donne ensuite à boire pour guérir le Charbon, & autres maladies contagieuses. La racine, mise en poudre, est un assez bon vermifuge.

MORSURE. Plaie faite par la dent d'un animal.

Remedes.

1. *Voyez* RAGE. ONGUENT *Divin.* CHEVAL, *p.* 575. CHIEN, *p.* 598. VIPERE. LOTION.

2. Buvez du jus de quinte-feuille.

3. Un des plus assurés remedes, est d'emporter sur le champ avec un coup de ciseau ou de rasoir la partie mordue; pour éviter que le venin ne se communique dans la masse du sang par la circulation: & laisser ensuite bien saigner la plaie.

4. Il faut appliquer une ventouse pour sucer le sang de la plaie: ensuite y mettre un sel volatil urineux; & en prendre intérieurement.

5. L'on se servira de la plante appellée *Buglossum Echioïdes*, ou *Echium*; de la même maniere que nous venons de dire du bouillon blanc.

Pour la Morsure faite par un homme. Il faut d'abord presser la plaie, pour en faire sortir le sang; ensuite la laver de fort vinaigre, aussi bien que les endroits qui en sont proche. Après cela, il faut la couvrir d'un morceau de linge, ou d'un gros floccon de coton, imbibés d'eau-de-vie où l'on aura fait dissoudre de la thériaque. Enfin il faut envelopper toute la partie affligée, avec un linge en double trempé dans l'eau & le vinaigre. On réitere ce pansement, deux ou trois fois le jour.

MORSUS *Diaboli.* Voyez MORS *de Diable.*

MORSUS *Gallinæ.* Voyez MORGELINE, *n.* 13.

MORT. Maladie du Safran. *Consultez* l'article SAFRAN.

MORT-*au-Chien*; ou *Tue-Chien*: en Latin *Colchicum*: & *Meadow Saffron*, en Anglois. Nous avons déja dit quelque chose de ce genre de plantes, sous le mot COLCHIQUE. Nous nous bornerons ici à l'espece commune; appellée en Latin *Colchicum commune* C. B. Cette plante pousse sept à huit feuilles d'abord fort courtes, & qui s'allongent ensuite. Elles sont engaînées les unes dans les autres, larges de deux à trois pouces, sur à-peu-pres dix de long, terminées en pointe mousse, luisantes, molles, d'un tissu fort, plissées, striées, marquées d'une seule nervure longitudinale, & presque aussi lisses dessous que dessus. Ces feuilles sortent de terre au mois de Mars. Au haut de leurs gaînes, au milieu des bases des dernieres feuilles, sont placés les fruits, qui ne paroissent qu'au printems. Mais en Septembre, la racine produit immédiatement, sans aucunes feuilles, plusieurs fleurs en lys; dont le tuyau est évasé par le haut & divisé en six pieces, quelquefois blanches, quelquefois d'un pourpre lavé. Du fond de la fleur, s'élevent fort au-dessus des étamines, trois stigmates, dont l'extrêmité est courbe & purpurine. Les étamines, au nombre de cinq, sont surmontées de sommets jaunes. Lorsque la fleur est passée, le pistil devient un fruit allongé, triangulaire, à trois loges, qui contient des semences arrondies, menues, noirâtres: ce fruit, comme il a été dit, ne paroît qu'au printems suivant. La racine est un bulbe couvert de plusieurs membranes brunes, où sont enfermés deux tubercules: dont l'un est gros, charnu, en forme de cœur, & embrasse l'autre; qui est beaucoup plus petit, garni de fibres à sa base, & donne naissance à la tige. Cette plante vient assez ordinairement dans des prairies humides.

Usage.

On regardoit autrefois sa racine comme très-dangereuse. On reconnoît présentement qu'elle est bonne pour les maladies de la gorge: & on l'emploie beaucoup en amulete & en gargarisme, pour les enfans. Il peut être vrai que si on la mange en substance, elle se gonfle comme une éponge dans l'estomac, de sorte qu'on en soit suffoqué. Aussi en fait-on une pâte, qui étant donnée à manger aux chiens, les fait promptement mourir. Si quelqu'un en a mangé inconsidérément, les remedes qu'on emploie contre les champignons, sont également utiles en ce cas. Ou bien on boira beaucoup de lait. Au reste, cette racine a assez bon goût. Elle est encore utile contre la goute & les rhumatismes, si on l'applique extérieurement.

MORT *aux Vers.* Voyez BARBOTINE.

MORT-BOIS: & BOIS MORT. *Voyez* sous le mot BOIS, p. 355, col. 1 & 2.

MORT-GAGE. *Voyez* dans l'article GAGE.

MORT-TAILLABLE. C'est celui à qui l'on a donné des terres, à condition de les cultiver. Il ne peut les abandonner, sans la permission du Seigneur donateur: qui, dans ce cas, auroit droit de suite contre lui. Cela est particuliérement d'usage en plusieurs endroits de la Bourgogne.

MORTAISE. *Voyez* MORTOISE.

MORTARIUM. *Consultez* l'article BASSIN *à chaux.*

MORTIER. Mêlange de chaux & de sable, ou de chaux & de ciment; destiné à liaisonner les pierres. On dit que le mortier est *gras*; lorsqu'il y a beaucoup de chaux.

Voyez BASSIN *à Chaux.* GRAIS.

MORTOISE; ou *Mortaise.* Entaille en long, creusée quarrément de certaine profondeur, dans une piece de bois de charpente ou de menuiserie; à l'effet de recevoir un tenon. Elle doit être aussi juste en gorge, qu'en about; ni trop refuyante, ni trop peu profonde.

MORUE. Poisson de mer, assez connu. On nous l'apporte salé, de Terre-Neuve, qui est une Isle de l'Amérique Septentrionale, auprès de laquelle on fait la pêche de ce poisson. C'est un bon aliment; & pour ainsi dire, le bœuf des jours maigres.

La morue fraîche est meilleure & plus estimée.

Nous ne parlerons ici que des manieres d'apprêter celle qui est salée: faisant choix de ce qu'on a inventé pour flatter le goût, en rendant ce poisson plus délicat.

Morue en Ragoût.

Après l'avoir écaillée, faites-la cuire avec eau & vinaigre, citron verd, laurier, sel & poivre. Lorfqu'elle est cuite, dressez-la, & faites-y une sausse rousse avec un peu de farine frite, huitres, câpres, & poivre blanc.

Morue Frite.

Prenez une queue de morue bien dessalée; faites la cuire, sans faire bouillir l'eau. Etant cuite, laissez-la égoutter: & l'ayant farinée, faites-la frire avec du beurre affiné, puis la servez avec jus de citron, ou d'orange, ou avec verjus, & poivre blanc concassé; *ou* bien vous la servirez séche, avec persil frit: *ou* encore, à la sausse Robert.

Morue en Filets: ou *Queue de Morue en Casserole.*

Ecaillez une queue de morue; détachez-en la peau, & la faites descendre en bas. Ensuite tirez-en des filets, & remplissez leur place d'une bonne farce de poisson; puis remettez la peau par-dessus la morue pour la couvrir. Après cela faites fondre du beurre frais, jettez-le par tout sur votre morue; panez-la, & faites la cuire *au four* dans une tourtiere, jusqu'à ce qu'elle ait pris une belle couleur.

On peut aussi la faire cuire hors du four, en mettant du feu dessus & dessous la tourtiere.

On la sert chaudement sans sausse; ou bien avec un ragoût de truffes, morilles, & champignons.

Autre Morue au Four.

Faites-la cuire dans du lait frais. Etant cuite; frottez-la de beurre fondu; & panez-la comme il est marqué ci-dessus; faites-la cuire ensuite dans une tourtiere, feu dessous & dessus, ou au four. Quand elle aura pris une belle couleur, vous la servirez chaudement, avec un ragoût de champignons, truffes, & morilles.

Tourte de Morue.

Voyez sous le mot TOURTE.

Morue à l'Italienne.

Ayez de la morue bien blanche, & bien dessalée. Ecaillez-la: & la faites cuire à grande eau; un bouillon suffit. Mettez dans une casserole un morceau de beurre, de la ciboule hachée, du persil, de l'ail, & de fines herbes: & par-dessus, la morue bien égouttée. Ajoûtez-y un verre de bonne huile, une pincée de poivre concassé, & le jus d'une orange. Le tout étant sur le feu, remuez continuellement afin que la sausse se lie. Après quoi servez.

MORUE *séche:* ou *Merluche.* Il faut la choisir de moyenne grandeur, mince, transparente, étroite, & allongée. Elle est beaucoup meilleure lorsqu'il y a au moins un an qu'elle a été pêchée, & qu'elle n'a pas été trop salée: ce qui se connoît en ce qu'elle paroît brune, & comme saupoudrée de poivre; surtout vers le milieu, du côté de la chair.

Il n'y a gueres qu'en Bretagne (& particuliérement à S. Malo), à Bordeaux, & la Rochelle, qu'on la sçache bien choisir, dessaler, faire cuire, & apprêter.

Voici *leur Maniere de Dessaler la Merluche; & la faire Cuire.*

Mettez-la tremper dans de l'eau de riviere, de pluie, ou de neige, pendant deux ou trois jours, sans la changer: deux jours suffisent en été. Ensuite lavez-la bien; coupez-la par morceaux; & la mettez cuire dans beaucoup de nouvelle eau, qui soit tiede, & de même qualité que celle qui l'a dessalée: il n'est pas mal d'y mettre une poignée de cendres, enveloppée dans un linge. Lorsqu'elle aura bouilli pendant un demi-quart d'heure, tirez-la promptement, & l'enveloppez d'un linge en double. Otez l'eau où elle a cuit; & renversez le vaisseau où elle étoit, sur la merluche: cela contribue beaucoup à l'attendrir. Laissez-la ainsi couverte & étouffée, pendant une bonne heure ou deux.

L'eau où la merluche a dessalé, contracte dès la premiere fois une espece de corruption, & une fort mauvaise odeur. Elle vaut cependant beaucoup mieux que de nouvelle eau, pour y mettre tremper d'autre merluche. Et la même peut servir ainsi vingt ou trente fois de suite. Plus elle paroîtra corrompue & de mauvaise odeur à force d'avoir servi, meilleure elle sera pour cet usage.

Manieres de l'Apprêter.

1. Lorsqu'elle sera demeurée étouffée, comme il a été dit, prenez une bonne quantité de beurre frais; que vous roulerez dans un peu de farine, mettrez dans une casserole, & applatirez un peu. Ajoûtez-y de la ciboule, du persil haché, du poivre concassé, quelques oignons cuits sous la cendre; puis la merluche. Faites mitonner le tout, pendant environ un demi-quart d'heure, en remuant de tems en tems. Mettez-y de la moutarde, & un filet de vinaigre. Frottez d'ail le plat où vous voulez la servir: & y mettez cette merluche avec son ragoût.

2. *A la Provençale.* La merluche étant cuite comme ci-dessus, mettez dans une casserole un verre de bonne huile, du persil, de la ciboule hachée, un demi-verre de vin blanc, deux gousses d'ail, le jus de deux citrons, & un peu de mie de pain. Coupez la merluche en petits morceaux; & la mettez sur le feu, dans cet appareil.

3. On la mange avec une remolade.

MORVE. *Maladie* dangereuse des chevaux; & autres animaux. *Voyez* CHEVAL, p. 575-6. BREBIS, p. 396.

MORVE: *en fait de Jardinage.* C'est 1°. une substance glaireuse qui se trouve dans certains fruits avant leur maturité. Ainsi l'on dit: » Les Cerneaux; » les Féves; ne sont point encore en état d'être man» gés, ils ne contiennent que de la Morve. «

2. On appelle aussi Morve certaines extravasations, qui s'épaississant deviennent glaireuses. Cet état fait périr les Laitues; les Chicorées; *&c.* Les Jardiniers disent: » nos Laitues morvent; *ou* ont la » morve. «

MORUS. *Voyez* MEURIER.

MOS

MOSAÏQUE. On donne ce nom à un ouvrage composé de petits morceaux de verre diversement colorés, taillés quarrément, & mastiqués sur un fonds de stuc. Ces mosaïques imitent les teintes & dégradations de la peinture; & représentent toutes sortes de sujets & de compartimens. On en voit de cette maniere aux pendentifs & aux coupes rondes & ovales de l'Eglise de S. Pierre à Rome.

Il y a une autre sorte de Mosaïque, faite de petites pieces de rapport, prises de différens marbres. Elle est employée à des compartimens de lambris & de pavé. Vitruve appelle ce pavé, *pavimentum sectile.* Voyez MARQUETERIE.

Les Mosaïques de verre durent très-longtems: elles résistent, comme le marbre, à toutes les injures de l'air. En quoi elles ont l'avantage sur tous les genres de peinture. Le tems, qui efface & consume ceux-ci, embellit au contraire la mosaïque. Ces différens morceaux doivent être joints avec beaucoup d'art, pour conserver les nuances de la peinture, & imiter le tableau. Quand ils sont pris par le mastic, on polit tout l'ouvrage : ce qui est très-long & pénible. M. Ciampini a fait graver ce qu'il a trouvé de plus belles mosaïques en Italie. La mosaïque vient originairement de Grece. Elle passa en Italie avant le regne d'Auguste.

Vitruve en parle sous les noms d'*Opus sectile*, ouvrage fait avec des fragmens ; *Opera musæa* & *musiva*, ouvrages des Muses, c'est-à-dire, où il paroît beaucoup de génie & d'art; *Tessellatum opus*, ouvrage composé de petites surfaces quarrées ou de petits cubes, qui se joignent, se suivent, & se rapportent pour former des ornemens & des figures, par leur union.

MOSS. *Voyez* MOUSSE.

MOT

MOTH-*Mullein.* Voyez HERBE *aux Mittes.*

MOTHERWORT. *Voyez* AGRIPAUME.

MOTS (*Sonner un ou deux*) : terme de Chasse. *Voyez* SONNER.

MOTTE *d'un arbre.* C'est une certaine quantité de terre qui tient en pelotte aux racines, ensorte qu'elles ne sont pas découvertes. *Lever en Motte*, soit un arbre, soit toute autre plante ; c'est les tirer de terre avec précaution, pour que les racines restent engagées dans une motte de terre. Quand cette motte est trop considérable, on la diminue ; surtout pour les plantes que l'on met dans des caisses ou dans des pots. Voyez le *Traité des Semis & Plantations*, p. 162.

En Agriculture, on appelle motte, une pelotte de terre qui se tient en masse sans se séparer, lorsqu'on laboure. Il importe de bien briser ces mottes dans les terres compactes. Le chanvre, le lin, les carrottes, demandent une terre absolument exempte de mottes. *Voyez* LABOURER. EMOTTER. HERSE. HERSER.

MOTTE : *terme de Chasse*, & *de Fauconnerie.* Prendre motte, se dit d'un oiseau qui au lieu de se percher sur un arbre, se pose à terre.

MOU

MOU : ou *Trippe-molle.* C'est la même chose que le poumon. Cette partie du bétail est regardée comme un assez bon aliment, & qui se digere sans beaucoup de peine. *Consultez* les articles VEAU. COCHON. AGNEAU. ANIMAL, p. 123.

MOUCERON. *Voyez* MOUSSERON.

MOUCHE. Insecte ailé : dont il y a plusieurs genres & especes ; telles que la mouche commune ou des maisons, les mouches à miel ou abeilles, les guêpes, *&c.*

La mouche commune est de couleur grise ou noirâtre, a le ventre formé de quatre anneaux, cinq bandes sur son corcelet : & une de ces bandes en occupe le milieu.

Elle produit des œufs blancs; qui éclosent en été, & font paroître de petits vers qui deviennent ensuite mouches. On peut distinguer ces mouches, de tous les autres insectes : 1°. parce qu'elles ont trois yeux lisses : 2°. parce que leur tête est garnie de deux antennes, formées par une palette plate & solide ; du milieu ou du bas de laquelle part latéralement un poil ou espece de soie : 3°. la mouche n'a ni dents ni mâchoires ; sa bouche est une simple trompe nue, molle, flexible, ouverte par le bout, qui lui sert à sucer & pomper les liqueurs dont elle se nourrit. Ses aîles, au nombre de deux, sont membraneuses. *Consultez* le sçavant détail que M. Geoffroy a donné sur cet insecte, depuis la *p.* 484 jusqu'à la 538 du II. Volume de son *Histoire abrégée des Insectes qui se trouvent aux environs de Paris* : 1762, *in-4°.*

Usages des Mouches communes.

Elles servent à ramollir, résoudre ; à faire croître les cheveux. On en tire, par la distillation, une eau, qui est bonne contre les maladies des yeux. Ces insectes sont fort incommodes durant la chaleur.

Moyens pour chasser les Mouches.

1. Mettez de l'ellébore avec de l'orpin dans du lait ; & en arrosez le lieu occupé par les mouches : vous les chasserez toutes ; ou les tuerez par ce moyen.

2. Broyez de l'alun avec de l'origan & du lait : tout ce que vous frotterez avec ce mêlange ne sera point atteint de mouches.

3. *Voyez* ARTICHAUT, p. 195.

4. Prenez telle quantité que vous voudrez de feuilles de citrouille ou de courge, pilez-les pour en exprimer le jus ; lavez de ce jus les murailles, ou ce que vous voulez préserver des mouches : elles n'en approcheront pas. On peut en frotter les cuisses & le ventre des chevaux. *Voyez* CHEVAL, p. 577, col. 1. BŒUF, 337, col. 2.

Pour détruire les Mouches, qui gâtent le Raisin.

Pendez à la vigne, des phioles d'eau miellée.

Du reste, *consultez* l'article VIGNE.

Pour chasser d'une maison les Mouches, les Araignées, les Scorpions, & autres semblables animaux.

1. Brûlez (dit-on) dans la chambre, des plumes de hupes, en suffisante quantité, pour qu'ils en sentent la fumée : ils s'enfuiront, & ne reviendront plus.

2. Mettez de l'herbe aux Foulons (ou Savoniere); & de l'opium, parmi la chaux dont vous blanchirez la maison : les mouches n'y entreront plus.

3. Il y a des gens qui pendent deux ou trois harangs aux solives.

4. Attirez des guêpes, au moyen d'un morceau de viande suspendu à la fenêtre. Par tout où il y a des guêpes, on ne voit plus aborder de ces grosses mouches bleues qui déposent sur la viande leurs œufs d'où sortent des vers qui la font corrompre plus vîte. *Voyez* l'*Hist. des Ins.* de M. Bazin, T. II. p. 60.

5. Brûlez dans la chambre un peu de soufre, soir & matin. Cette fumée tue aussitôt les mouches, & *beaucoup des insectes* qui s'y trouvent : & l'odeur se conserve assez pour en éloigner la plûpart des autres, pendant plusieurs jours. Au reste, une heure suffit souvent pour la dissiper, ensorte qu'on n'en soit pas incommodé. [Cet expédient est douteux.]

6. Mettez du tabac en feuilles dans un pot, & faites-le infuser dans de l'eau pendant vingt-quatre heures. Après cela, ajoûtez-y du miel, & faites-les bouillir une heure ; & mettez-y de la farine de froment en forme de sucre : cela attire les mouches; & toutes celles qui en boivent, meurent infailliblement.

Consultez la *Collect. Acad.* T. VII. p. 543.

Pour empêcher que les Mouches ne s'attachent sur les Tableaux.

On dit avoir l'expérience, qu'en lavant un tableau avec l'eau où l'on a fait infuser des porreaux pendant cinq ou six jours, on empêche les mouches de s'y attacher. Il faut mettre deux bottes de porreaux dans un seau d'eau.

Il est ordinaire de mettre sur les tableaux un blanc d'œuf, que l'on ôte à la fin de l'Été avec une éponge & de l'eau, pour en mettre de nouveau.

MOUCHE-A-MIEL. Insecte qui fait le miel & la cire. On lui donne encore le nom d'*Abeille*: & elle a porté anciennement celui d'*Avette*.

Plusieurs Naturalistes ont réuni au genre des Abeilles celui des GUÊPES: qui comprend les Guêpes proprement dites; & les *Frêlons*. Elles ont effectivement en commun plusieurs caracteres qui les distinguent des autres insectes avec qui elles semblent avoir d'ailleurs beaucoup de rapport. Ces caracteres sont 1°. leurs *antennes* (ou especes de petites cornes mobiles, placées à leur tête comme à celle de tous les insectes), lesquelles sont coudées par le milieu. 2°. Leur aiguillon ne paroît qu'une simple pointe, comme une alêne; mais le microscope le fait voir un peu hérissé.

Comme l'œil suffit aux personnes même les moins versées dans l'Histoire Naturelle, pour distinguer ordinairement les abeilles d'avec les guêpes; nous suivrons cette regle de séparation: qui consiste principalement en ce que les guêpes ont le corps ras & lisse, & que celui des abeilles est plus ou moins velu. Celles qui le sont davantage sont souvent nommées *Bourdons*: ainsi que les mâles des vraies abeilles, de celles qui sont médiocrement velues. *Voyez* M. Geoffroy *Hist. des Inf.* T. II. p. 416, *&c*; la *Collect. Académ.* T. VII. p. 370. (Nous parlerons ci-dessous, de la forme particuliere de ces mâles). D'ailleurs le corps des guêpes est sensiblement séparé en deux par un filet: & les abeilles sont brunes; les guêpes, rayées & tachées de jaune & de noir.

La tête de toute *Abeille* & *Guêpe* porte deux antennes, qui sont coudées comme nous l'avons dit, & dont le premier anneau est fort long. Pour ce qui est des yeux: Consultez la *Collection Académique*, T. VII. p. 250, 369; M. Maraldi, *Mémoires de l'Académie des Sciences*, 1712, pag. 316; M. Bazin, *Histoire Naturelle des Abeilles*, Tom. I. p. 56-7-8-9, 61, *&c*, 89. La bouche de cet insecte a deux mâchoires, ou especes de serres; qui s'ouvrant & se fermant de droite à gauche, servent à prendre la cire, à la pêtrir, à bâtir & polir les alvéoles (ou cellules que nous décrirons bientôt), & transporter en dedans ou au dehors de la ruche tout ce qui leur est nécessaire. Voyez l'*Hist. Nat. des Ab.* T. I. p. 68-9. Audessous des mâchoires on voit une langue blanchâtre se darder en avant, & se retirer en arriere par un mouvement extrêmement vif, lequel est plus ou moins répété à proportion que l'exige l'usage actuel auquel l'animal l'applique: durant le travail des abeilles, cette partie change souvent de forme; tantôt plus aiguë, tantôt plus large & plus applatie, tantôt plus ou moins concave: elle fournit aux mâchoires la matiere propre à la construction des alvéoles; aussi une partie de cette langue est-elle quelquefois cachée par une liqueur mousseuse, & d'autres fois par une espece de bouillie, que les diverses agitations de la langue aident à sortir de la bouche, & qui étant séche se trouve être la cire que nous employons. (Voyez M. Bazin, *Hist. Nat. des Ab.* T. I. p. 91, 409; T. II. p. 6. & 7). Plus bas que la bouche est une trompe, formée de cinq branches; dont celle du milieu est distinguée dans sa longueur en plusieurs anneaux, chacun desquels est garni d'une quantité de poils plus longs vers l'extrêmité de la trompe que vers sa racine: cet organe sert à recueillir le suc miellé & le faire passer dans le gosier de l'abeille. Consultez les *Mémoires de l'Acad. des Sc.* an. 1712, p. 303-4, 324; M. Bazin *Hist. Nat. des Ab.* T. I. p. 90-1; T. II. p. 20-1-2-3, 101 & suivantes; le *Spect. de la Nat.* T. I. p. 161.

Au *Corcelet* des abeilles (c'est-à-dire à cette partie qui est proprement la poitrine, placée entre la tête & le ventre), tiennent deux grandes Ailes membraneuses; dont chacune en a une inférieure, qui est plus petite: c'est avec ces quatre ailes qu'elles font des sons pour s'avertir mutuellement. Voyez la *Collect. Acad.* T. VII. p. 251; l'*Hist. Nat. des Ab.* T. II. p. 176; M. Simon, *Républ. des Ab.* p. 55. Nous aurons dans la suite occasion de parler de quelques-uns de ces sons.

Les Abeilles ont six pattes ou Jambes: dont deux, assez près de la tête, sont plus petites que les autres. Les deux suivantes, placées vers le bas du corcelet, sont un peu plus longues. Fort près d'elles, sont les deux dernieres, encore plus grandes. Toutes sont distinguées par plusieurs articles inégaux. Voyez la *Collect. Acad.* T. VII. p. 251-2, 369. L'articulation du milieu des deux jambes de derriere est beaucoup plus large que celles qui l'accompagnent; & son côté extérieur porte une petite cavité en forme de cuiller, environnée d'un grand nombre de poils. Voyez l'*Hist. Nat. des Ab.* T. I. p. 81-2-3. C'est dans cet enfoncement que les abeilles ramassent peu-à-peu les particules de cire qu'elles cueillent sur les fleurs. Comme les faux bourdons & l'Abeille-Mere ne vont pas à la recherche de la cire, leurs jambes n'ont point cette espece de corbeille. A l'extrêmité de chaque patte sont des especes de crocs adossés les uns aux autres; avec lesquels les mouches s'attachent ensemble aux parois de leurs rayons ou de la ruche & forment ainsi un cône, un plan, une guirlande ou autre figure: consultez la 1e. planche & les *pp.* 19, 23, du I. Volume de l'*Hist. Nat. des Ab.*; la 10e. planche du T. II; & les *Mém. de l'Acad. des Sc.* 1712, p. 313. Du milieu de ces crochets sort un petit appendice mince; qui, ordinairement plié en deux sur sa largeur, se développe quand l'abeille doit se tenir sur des corps polis, tels que le verre. Voyez la *Collect. Acad.* T. II. p. 252. M. Maraldi (*Mém. de l'Acad.* 1712, p. 305 & 306), croit que l'insecte se sert encore de cette partie, comme d'une main, pour saisir sur les fleurs les particules de cire, & les faire passer successivement aux pattes de derriere: usage auquel les crocs lui paroissent peu convenables. Voyez le *Spect. de la Nat.* Tom. I. pag. 154.

L'abeille a deux Estomacs: l'un, destiné à préparer la cire; l'autre, à convertir en miel le suc des fleurs. Voyez M. Bazin *Hist. Nat. des Ab.* T. II. p. 106-7-8, 158-9. Quand celui-ci est bien plein de miel, il a la forme d'une vessie. Les enfans qui vivent à la campagne la connoissent bien; & en sont friands. C'est surtout dans le corps des gros bourdons velus que se trouvent les plus grosses de ces vessies.

Le Ventre de l'Abeille est attaché au corcelet par un filet presque imperceptible; & est distingué en plusieurs anneaux.

L'Aiguillon est situé à l'extrêmité du ventre. Il entre & sort avec beaucoup de vitesse, par le moyen de muscles fort courts. Il a environ deux lignes de long; est terminé en pointe (*Voyez* ci-dessus, dans la 1ere colonne); a la consistance de corne; est une espece de tuyau, par où passe une liqueur venimeuse qui sortant proche de la pointe, s'insinue à l'instant dans la plaie que forme la piquure de l'insecte. Cette liqueur vient d'une vessie placée dans le ventre, près de la racine de l'aiguillon. Voyez les *Mém. de l'Ac. des Sc.* 1712, pag. 306. l'*Hist. Nat. des Inf.* Tom. I. p. 96-7-8, 100-1, 123-4-8-9, 130; la *Collection Académ.* T. VII. p. 370-1.

Il y a des Abeilles *Domestiques*; & de *Sauvages*. Quoique la description de la forme particuliere & du travail des différentes especes des unes & des autres devienne fort intéressante pour la curiosité, la nature de ce livre exige que nous nous bornions à ne parler que des abeilles domestiques, & le plus succinctement qu'il sera possible.

Ces Abeilles, si dignes des soins que nous prenons pour les élever, ont été d'abord sauvages comme les autres. On en trouve encore quelquefois de domiciliées dans des troncs d'arbres au milieu des bois, ou dans des creux de rochers & des trous d'anciens murs. L'utilité qu'on en retire les a fait placer dans des ruches; pour être à portée de recueillir leur miel & leur cire. Mais il est toujours plus sûr d'avoir des abeilles de race domestique, que de sauvages.

Dans toute une ruche, composée de huit ou dix mille abeilles, il n'y en a peut-être qu'une seule qui ponde les œufs dont sort une si nombreuse famille. Cette *Abeille-Mere*, ou *Reine*, est médiocrement grosse, plus longue, & d'une couleur plus vive & plus rougeâtre, que les autres. Sa démarche est grave & posée. Ses ailes sont fort courtes. Pline, Liv. XI. Ch. XVI. dit qu'elle a sur le devant de la tête une marque blanche. L'extrêmité de son ventre est armée d'un plus long aiguillon que celui des autres abeilles; & un peu recourbé vers le ventre: mais elle se sert peu de cette arme; n'ayant presque jamais occasion de sortir de la ruche. *Voyez* M. Geoffroy *Hist. des Inf.* T. II. p. 386-7; la *Républ. des Ab.* p. 19; l'*Hist. Nat. des Ab.* T. I. p. 41-2, 39, 218-9, *&c.* Comme l'on observe quelquefois deux, ou même davantage de ces Abeilles-Meres dans une ruche; on a présumé qu'elles pouvoient alors partager le privilége de la génération: consultez l'*Hist. de l'Acad. des Sc.* 1712, p. 10; l'*Hist. Nat. des Ab.* T. I. p. 27, 162-6, *&c.* 210; la *Collect. Acad.* T. VII. p. 254.

On pense aujourd'hui communément que les Mâles sont ce qu'on nomme les *Bourdons* ou *Faux-Bourdons*; qui sont au nombre de soixante, cent, ou deux cents, ou même huit cents, plus ou moins. On croit avoir observé que leur nombre répond aux circonstances du tems; ensorte que dans certaines années très-pluvieuses, les abeilles en jettent dehors considérablement de couvain, où l'on observe quelquefois des bourdons prêts à naître. Au reste, voyez la *Rép. des Ab.* p. 46; l'*Hist. Nat. des Ab.* T. I. p. 26, 44, 164; le *Spect. de la Nat.* T. I. p. 143; la *Collection Academ.* T. VII. p. 360-2-7. Il n'y a presque pas de ruche où l'on n'en trouve: voyez l'*Histoire Nat. des Abeilles*, T. I. p. 181. Ils sont ordinairement plus courts, & à proportion plus gros que l'Abeille-Mere; mais d'un tiers plus longs & plus gros que les abeilles communes, dont nous parlerons dans un moment: ils n'ont pas les mâchoires saillantes. Leurs yeux sont fort gros. Leur tête est plus ronde & plus chargée de poils, leur corcelet plus velu, & leur ventre plus lisse, que ceux des Abeilles communes. *Voyez* M. Geoffroy *Hist. des Ab.* T. II. p. 387; la *Coll. Acad.* T. VII. p. 250-1, 324 & suivantes; l'*Hist. Nat. des Ab.* T. I. p. 48-9. M. Maraldi a quelquefois trouvé des faux-bourdons, qui n'étoient que de la taille des autres abeilles: *Mém.* de 1712, p. 333. Voyez aussi la *Républ. des Ab.* p. 25-6, 40; le *Spect. de la Nat.* T. I. p. 148. Les faux-bourdons n'ont pas d'aiguillon: mais si on leur presse l'extrêmité du ventre, il en sort aisément une espece de corps charnu accompagné de deux crochets. Voyez la *Républ. des Ab.* Titre 3. Cette espece ne tient rien du caractere laborieux des autres: elle est absolument oisive, comme les mâles de tous les insectes; sort même très-peu, si ce n'est par un beau tems; rentre bientôt dans la ruche; & n'y apporte rien. Voyez l'*Hist. de l'Acad. des Sc.* 1712, p. 11; l'*Hist. Nat. des Ab.* T. I. p. 47. Ce qui fait croire que ce sont les mâles, est que vers la fin de l'été la troisieme espece d'abeilles, qui est comme le Peuple de la Ruche, leur fait la guerre à toute outrance jusqu'à les tuer ou les chasser absolument, de sorte qu'on ne sçait plus ce qu'ils deviennent: & la raison de cet événement semble être qu'ils deviennent alors inutiles; ne s'agissant plus de génération en hiver. Voyez la *Républ. des Ab.* p. 45-7; l'*Hist. Nat. des Ab.* T. I. p. 45, 158, 355, 366; le *Prædium Rust.* p. 260; le *Spect. de la Nat.* T. I. p. 148-9. La fureur des abeilles s'étend jusques sur les vers qui feroient par la suite faux-bourdons: elles rompent les couvercles qu'elles-mêmes avoient mis aux alvéoles où ils sont enfermés; & les en tirent pour les tuer, & jetter leurs cadavres hors de la ruche. *Voyez* Swammerdam, dans le VIIe. Vol. de la *Coll. Acad.* p. 238, 254; la *Républ. des Ab.* p. 20, *&c*; M. Geoffroy, T. II. p. 394-5; le *Prædium Rust.* p. 267-8. M. Maraldi doute que cette espece d'abeille soit destinée à féconder la Mere; parce qu'il a vû quelques ruches sans faux-bourdons, en été, & dans un tems où les alvéoles étoient bien garnis de vers; qui sont le premier état des abeilles. *Voyez* p. 332-3. Au reste consultez la *Rép. des Ab.* p. 40-1; l'*Hist. Nat. des Ab.* T. I. p. 64 & suivantes, 175-6-7-8-9, 183, *&c.* 192-3, 229, 230-1-2-3. M. Geoffroy (*Hist. des Inf.* T. II. p. 387) pense que les crochets que nous avons dit tenir la place d'aiguillon, à l'extrêmité du ventre des faux-bourdons, sont les parties de la génération; & que le corps charnu du milieu est la vraie partie mâle: à laquelle les crochets doivent arrêter & fixer la femelle pendant l'accouplement. Voyez la *Collect. Acad.* T. VII. p. 253, & 632; l'*Hist. Nat. des Ab.* T. I. p. 163-4-5, 175, *&c*; M. Maraldi, p. 327-8-9, 330-1-2-5.

La troisieme & derniere espece dont la ruche est peuplée, est ce qu'on nomme plus précisément *Abeille*; & qui est la plus connue & observée, à cause de son activité & de ses allées & venues. Ces Abeilles sont qualifiées de *Mulets*, parce qu'elles n'ont point de sexe. Voyez l'*Hist. Nat. des Ab.* T. I. p. 177-8. Leur nombre est de plusieurs milliers. Ce sont les *Ouvrieres*. Elles vont recueillir la cire sur les fleurs: elles la paitrissent, & en forment les rayons & les alvéoles. Ce sont encore elles qui apportent le miel, & le déposent dans les rayons. Une autre de leurs occupations est de fournir aux jeunes abeilles qui sont sous la forme de vermisseaux, la nourriture proportionnée à leur âge respectif; & de contribuer à exciter une chaleur convenable pour conduire l'essaim à l'état de perfection. Voyez le *Mém.* de M. Maraldi, p. 324; la *Républ. des Ab.* p. 40-1; le *Spect. de la Nat.* T. I. p. 182. Ce sont enfin elles qui tiennent la ruche propre, & en expulsent tout ce qui peut y nuire. Toutes ont un aiguillon. Leur grandeur n'est pas absolument égale. Mais elles sont toujours plus courtes & plus menues que l'Abeille-Mere, & que les faux-bourdons. Leurs antennes sont composées d'autant d'anneaux, ou articulations, que celles de la Mere; à qui elles ressemblent encore par le nombre des anneaux qui composent la longueur de leur ventre. En dedans de leurs cuisses postérieures on observe de grandes brosses; qui sont moins apparentes dans les faux-bourdons, & dont les Meres sont dépourvues. Voyez l'*Histoire Naturelle des Abeilles*, T. I. p. 76, 80-1-2-3, & Planche 2; M. Palteau, p. 245; les *Mémoires de l'Académie des Sciences* 1712, p. 318. La Trompe des abeilles ouvrieres est plus longue, que celles des faux-bourdons. *Voyez* encore ce que nous avons dit de leurs jambes, ci-dessus *p.* 573, col. 2: & par rapport aux anneaux, la *Collect. Acad.* T. VII. p. 250-2; M. Geoffroy *Hist. des Inf.* T. II. p. 386-8.

Le nombre des abeilles d'une ruche varie suivant la grandeur de cette ruche. Il y en a de petites où l'on compte huit à dix mille abeilles : on en trouve souvent jusqu'à dix-huit mille, dans de grandes. Voyez le *Spect. de la Nat.* T. I. pag. 147. Chaque bonne ruche produit communément tous les ans, au moins un *Essaim*, à-peu-près aussi nombreux qu'elle. Dans des années favorables, elles jettent plusieurs *essaims* semblables. Ce sont comme des colonies, formées de jeunes abeilles, avec d'autres de différens âges, qu'on envoie former de nouvelles habitations. Une partie des anciennes demeurent dans la leur, avec des jeunes, & d'autres d'un âge moyen. Voyez l'*Hist. Nat. des Ab.* T. I. p. 203-4-7; la *Collect. Acad.* T. VII. p. 360-4-6.

Les premiers essaims, ceux qui sortent à la fin de Mai, ou au commencement de l'été, sont ordinairement les plus nombreux & les plus forts; & en donnent eux-mêmes quelquefois un autre, avant la fin de l'été. Consultez la *Nouv. Const. de Ruches de bois*, p. 235-6.

Lorsque l'essaim est près de partir, on apperçoit une sorte de trouble & de confusion dans la ruche : les abeilles ne sortent pas comme à l'ordinaire. Vers le chaud du jour, entre dix heures du matin & trois heures après midi, [voyez néanmoins la *Nouvelle Const. de Ruch. de bois*, p. 203] l'essaim part, voltige d'abord par pelotons, ensuite sous la forme d'un gros nuage; & s'élevant en l'air, va s'attacher à quelque arbre, ou ailleurs.

La sortie de l'essaim est si rapide, que l'endroit de la ruche par où il a passé, demeure longtems noir & comme brûlé. C'est ce qui avertit quand une ruche a essaimé sans que l'on s'en soit apperçu; comme on y est sujet pour peu que l'on manque de vigilance.

Il y a toujours une jeune femelle dans l'essaim. Voy. l'*Hist. Nat. des Ab.* T. II. pag. 171, 184-5, 196; T. I. p. 27-8, 30-1, 201; que vous comparerez avec les *pp.* 42-3. Cette femelle est déja fécondée : voyez l'*Hist. Nat. des Ab.* T. I. p. 207. Elle est toujours avec le gros de l'essaim : & lorsqu'elle s'est arrêtée avec lui dans quelque endroit, le reste des mouches vient bientôt rejoindre la troupe.

Dès qu'elles sont arrêtées, on leur offre une nouvelle ruche toute préparée, dont le dedans est frotté de miel, & de plantes aromatiques, *&c.* Nous parlerons de tout cela plus en détail dans la suite.

Une des premieres occupations des abeilles, quand l'essaim adopte une ruche, est d'y former des *Rayons* ou *Gâteaux* composés d'alvéoles. Elles commencent par mettre sur toute la face intérieure de la ruche une couche de matiere résineuse & odorante, qui en séchant devient plus ferme & plus dure, que la cire, & à qui les Modernes ont donné le nom Grec de *Propolis*. Voyez le quatrieme Livre des *Géorgiques*, vers 40-1; le *Spect. de la Nat.* T. I. p. 169; M. Palteau, p. 242-3; l'*Hist. Nat. des Ab.* T. I. p. 379, 380, *&c.* Cette substance est brune, noire, rouge, verte, ou jaune, selon les endroits d'où elle vient. L'enduit est vraisemblablement nécessaire pour boucher les plus petites ouvertures qui peuvent se trouver à la ruche, & pour la mettre à l'abri du froid & des insectes. Voyez le *Spect. de la Nat.* T. I. p. 170; la *Nouv. Const. des Ruches de bois*, p. 60; l'*Hist. Nat. des Ab.* T. I. p. 381-2-3-7. On croit que les abeilles trouvent cette matiere dans l'espece de résine que fournissent le sapin, les ifs, diverses écorces, les jeunes bourgeons du peuplier, du saule, & de plusieurs autres arbres, avant que les bourgeons soient épanouis. Voyez l'*Hist. Nat. des Ab.* T. I. p. 378. M. Simon (*Rép. des Ab.* p. 85) en a vû souvent piller les especes de mastics dont on recouvre les pouppées des greffes : que, par cette raison, il est à propos de garantir par de la mousse, du linge, des écorces de saule, *&c.* Virgile (*Georg.* IV. *v.* 159, 160-1, dit :

. . . . . Pars intra septa domorum,
Narcissi lacrymam & lentum de cortice gluten,
Prima favis ponunt fundamina.

[*Nota.* Les Anciens, Grecs & Latins, nommoient *Propolis*, une sorte d'ouvrage fait de matiere résineuse différente de la cire; mais que les abeilles établissoient par dehors la porte de leur ruche, surtout en été. L'espece de glu (dont nous allons parler) qui attachoit un gâteau à un autre, & dont les parois intérieures étoient revêtues, se nommoit *Erythace.* Voyez Varron, L. III. Ch. XVI.]

L'enduit étant achevé, les Abeilles établissent une espece de pied sur l'endroit le plus solide du faîte de la ruche, pour attacher & suspendre l'édifice de cire; qu'elles continuent à travailler presque perpendiculairement de haut en bas, & de côté & d'autre. Selon M. Maraldi (p. 317); afin de l'attacher plus solidement, elles se servent *quelquefois* de Propolis, qu'il qualifie (p. 307) de cire qui est une espece de glu : *Voyez*-y la p. 319. L'Auteur de l'*Hist. de l'Acad. des Sc.* 1712, suppose (*p.* 8) que c'est *toujours* de cette glu qu'elles font usage. M. Simon le dit aussi (*Républ. des Ab.* p. 85). Swammerdam dit que cette premiere base est de vraie cire : *Collection Académ.* T. VII. p. 367. L'Historien de l'Académie ajoûte que les Abeilles s'apperçoivent bien si le haut de la ruche est un couvercle qu'on puisse enlever; & qu'alors elles n'y attachent pas leur rayon. M. Maraldi (*p.* 322) dit seulement que dans ce cas elles laissent des rayons vuides dans la partie supérieure, & placent vers le milieu de la ruche le miel qu'elles destinent pour leur nourriture d'hiver. Voyez la *Nouvelle Const. de Ruches de bois*, de M. Palteau, pag. 12, 60-1; l'*Hist. Nat. des Ab.* T. I. p. 387.

En même tems que l'on commence le premier gâteau, l'on se prépare à en faire un second qui lui est parallele : & leur distance réciproque est ordinairement celle qui est nécessaire pour que deux abeilles y passent ensemble. *Voyez* M. Bazin, *Hist. Nat. des Ab.* T. II. p. 73-6-7-8; & la figure qui y a rapport.

Comme il faut que toutes les parties de la ruche puissent communiquer ensemble, les abeilles ne donnent pas alors à leurs rayons toute la hauteur de la ruche : & laissent, entre deux rayons voisins qui sont à-peu-près dans le même plan, un intervalle où deux abeilles peuvent marcher de front. Elles laissent aussi quelques ouvertures dans un même rayon, pour se dispenser de faire de grands détours. *Consultez* le Tome II. de l'*Hist. Nat. des Ab.* p. 74, & la 2e fig. de la 9e planche; M. Palteau, *N. Constr. de Ruches de bois*, p. 11, 60-1.

La position verticale & suspendue fait qu'il y a des gâteaux qui se détachent, & se brisent en tombant, lorsque le poids du miel est trop fort. Les Abeilles prévoyantes y obvient autant qu'elles peuvent par des attaches latérales, de même matiere, qui arrêtent les rayons les uns aux autres & aux parois de la ruche. *Voyez* ce que M. Bazin dit des Guêpes souterraines, *Hist. des Inf.* T. II. p. 38-9. Quand nous préparons des ruches pour y loger les abeilles, nous avons aussi l'attention d'y disposer des bâtons en croix; qui par la suite servent de supports, empêchent la destruction des rayons, & épargnent aux abeilles le travail des attaches. Voyez la *Républ. des Ab.* p. 216-7; la *Collect. Académique*, T. VII. p. 359, 368.

Chaque gâteau eſt compoſé d'alvéoles adoſſés l'un à l'autre : ce qui forme deux faces garnies d'alvéoles. Chaque *Alvéole* ou Cellule eſt une cavité formée de ſix pans ; & dont le fond eſt pyramidal, & fait de ſorte que chaque pyramide s'engraine avec celle de la face oppoſée. On a eu raiſon d'admirer le génie de cette ſtructure ; dont il réſulte 1°. une ſituation commode pour l'abeille, 2°. une œconomie conſidérable ſur la matiere & ſur l'emplacement. Conſultez l'*Hiſt. de l'Acad. des Sc.* an. 1712, p. 6 & 7 ; les *Mémoires* de la même année p. 308 & ſuivantes, & p. 334 ; Swammerdam, dans le VIIe. Vol. de la *Collect. Acad.* p. 242-3-6-7, 256 ; M. Bazin, *Hiſt. Nat des Ab.* T. II. p. 27 juſqu'à la 48. Au reſte M. Geoffroy (*Hiſt. des Inſ.* T. II. p. 389) obſerve que chaque alvéole n'ayant pour parois que des lames de cire fort minces ; des cylindres de cette nature qui ſe comprimeroient mutuellement comme le font les alvéoles, ne pourroient manquer de devenir héxagones : & c'eſt toujours un art dans l'abeille que de donner à ſes alvéoles cette forme préciſe. Il faut convenir que l'exactitude de ces ouvrieres ne va pas juſqu'à ne ſe méprendre jamais : elles font des fautes ; mais elles ſçavent les corriger; comme elles ſçavent ſurmonter les obſtacles, & courber leurs rayons quand les circonſtances du lieu l'exigent : voyez M. Bazin *Hiſt. Nat. des Ab.* T. II. p. 52-3-4-5-6-7-8-9, 60-1-2, 88-9 ; la *Collect. Académique*, T. VII. p. 359, 360.

Celles qui élevent les cellules ne ſont point les mêmes qui en ôtent le ſuperflu, qui poliſſent l'ouvrage & le finiſſent en rendant les angles plus réguliers, uniſſant & applaniſſant certains endroits, &c. Conſultez l'*Hiſt. N. des Ab.* T. II. p. 62-3-4. M. Bazin y examine auſſi, p. 65, &c. les dimenſions exactes des alvéoles ; & le nombre qu'il peut y en avoir dans une ruche. *Voyez* encore M. Maraldi, *Mém. de l'Acad. des Sc.* an. 1712, p. 308-9 ; la *Collect. Academ.* T. VII. p. 359.

Il y a des alvéoles d'une plus grande capacité que les autres : ils ſont deſtinés ſoit aux vers d'où ſortiront les faux-bourdons, ſoit à ſervir de magaſins pour le miel. Voyez l'*Hiſt. des Ab.* T. II. p. 71-2 ; M. Maraldi, p. 309, 333 ; la *Collect. Acad.* T. VII. p. 344-5, 360-2, 371.

Les alvéoles dans leſquels doivent être élevés des vers qui deviendront Mouches-Reines, ne ſont point héxagones ; mais arrondis, oblongs, à-peu-près en cône : leur ſurface extérieure eſt couverte de groſſes éminences & de cavités ; & la cire n'y eſt pas employée avec œconomie comme par-tout ailleurs. *Voyez* M. Maraldi p. 309 ; la *Collect. Acad.* T. VII. p. 243-8, 361 ; l'*Hiſt. des Ab.* T. I. p. 244, 270 ; II. p. 82-3-4, &c. M. Bazin rend raiſon (T. II. p. 89) de ce qu'il y a telle ſaiſon où l'on peut ne point retrouver dans des ruches les cellules Royales qui y étoient au printems.

Ces inſectes travaillent avec une célérité prodigieuſe. Voyez l'*Hiſtoire Naturelle des Abeilles*, T. II. p. 159, 161-2-3-4-6 ; la *Collect. Acad.* T. VII. p. 365-7. Un gâteau qui a un pied de long & ſix pouces de large, & qui contient près de quatre mille alvéoles ; eſt l'ouvrage d'un jour quand il n'y a point de circonſtances qui s'oppoſent à l'activité des ouvrieres. M. Geoffroy dit même (*Hiſt. des Inſ.* T. II. p. 389 & 390) avoir vû un eſſaim qui, en une ſeule nuit, avoit fait quatre ou cinq gâteaux, chacun grand comme la main. Conſultez l'*Hiſt. Nat. des Ab.* T. I. p. 161.

Nous renvoyons à l'article CIRE, pour ce qui concerne cette ſubſtance qui eſt la matiere des gâteaux. La maniere dont les abeilles la ramaſſent ſur les fleurs, l'apportent à la ruche, & la perfectionnent dans leur eſtomac, eſt un article de pure curioſité : dont nous laiſſons aux Lecteurs à apprendre l'agréable détail, dans M. Geoffroy, T. II. p. 390-1 ; M. Bazin, *Hiſt. des Ab.* T. I. p. 76 & ſuivantes, 384, 400-1-2 ; T. II. p. 3 & ſuivantes juſqu'à la 26 ; & p. 146-7-8, 156-7 ; M. Simon, *Républ. des Ab.* p. 87 ; les *Mém. de l'Acad. des Sc.* 1712, p. 317-8-9 ; Swammerdam, *Biblia Naturæ*, dont la traduction forme le VIIe. Volume de la *Collect. Acad.* (c'en ſont les *pp.* 237-8-9, 240-1-2-9, que j'indique ici) ; le *Spect. de la Nat.* T. I. p. 154 ; M. Palteau, *Nouv. Conſt. de Ruches*, p. 245, &c.

Je ferai de même pour ce qui concerne leur récolte du Miel, la rectification qu'il reçoit dans leur eſtomac, & la maniere dont elles le dépoſent dans les alvéoles : autres articles curieux, traités par M. Bazin, dans ſon *Hiſt. Nat. des Ab.* T. II. p. 9, 94 & ſuivantes ; 114, &c. 154-5. *Voyez* auſſi la *Collect. Acad.* T. VII. p. 259 ; M. Palteau, p. 269, &c.

J'ai dû caractériſer les Abeilles, comme je caractériſe les Plantes & quelques animaux ; en ſuivant les contours eſſentiels, ſans m'aſſujettir à tout ce qui n'étant que de détail, rentre dans le genre d'occupation deſtiné à donner une Hiſtoire Naturelle complete. Il me ſuffit d'avoir exprimé la reſſemblance, au point que l'on ne confonde pas telle choſe avec telle autre, dont la différence eſt d'abord preſque inſenſible ; & qu'ayant bien étudié la copie, on ſoit en état de diſtinguer sûrement l'original, & le montrer du doigt dans la multitude. Mon objet eſt rempli quand j'ai atteint ce caractere de vérité : & je ſuis diſpenſé de tout acceſſoire qui ne feroit que l'embellir. N'étant point de ces heureux Génies à l'art deſquels il eſt réſervé de peindre ſçavamment les merveilles de la Nature, je me bornerai dans la ſuite à décrire le moyen d'élever les abeilles : détailler les précautions qu'il convient de prendre pour augmenter leur population, & ramaſſer les eſſaims : expliquer comment on rogne les gâteaux, pour s'approprier une partie du travail des abeilles, ſans leur faire un tort conſidérable ; l'art de les tranſporter d'une ruche dans une autre pour enlever leur cire & miel ſans les faire périr : ſuggérer les moyens d'exciter au travail ces utiles inſectes ; de les garantir de leurs ennemis ; de les guérir quand ils ſont malades ; &c.

Pour les autres détails, infiniment curieux : je continuerai à indiquer ſeulement les Écrivains que je ſçais en avoir le mieux traité : ſans prétendre donner l'excluſion à ceux que j'ignore. C'eſt pourquoi je cite en général actuellement le IVe. Livre des Géorgiques de Virgile ; le *Prædium Ruſticum* de Vaniere, L. XIV. Swammerdam, dont le *Biblia Naturæ*, traduit en François, avec des notes, fait le VIIe. Vol. de la *Collect. Acad.*, le Ve de la partie Etrangere ; un Mémoire de M. Maraldi, inſéré en 1712 dans les *Mém. de l'Acad. Royale des Sc.* de Paris : le Ve. Volume de l'*Hiſtoire des Inſectes*, publiée par M. De Reaumur ; d'après qui nous avons l'*Hiſtoire Naturelle des Abeilles*, (par M. Bazin) Paris, Guerin, 1744, *in*-12. deux Volumes, & l'*Abrégé de l'Hiſtoire des Inſectes* (du même Auteur), Paris, Guerin, 1747, *in*-12 : M. Geoffroy, *Hiſtoire abrégée des Inſectes qui ſe trouvent aux environs de Paris*, in-4°. Paris, 1762, (tant ſon judicieux & ſçavant Diſcours préliminaire, nommément *p.* vij, que depuis la p. 362, du Tome ſecond) ; *Le Gouvernement admirable, ou la République des Abeilles*, par M. Simon, 3 édition, Paris, 1758, *in*-12 ; la *Nouvelle Conſtruction de Ruches de Bois*, inventée par M. Palteau, Metz, 1756, *in*-8° ; le premier Volume de la *Maiſon Ruſtique* : Palladius ; Varron ; Columelle ; Pline ; parmi les Anciens : un *Mémoire* de de M. Duhamel, publié dans le Recueil *de l'Académie des Sciences* de Paris, année 1754; le *Spectacle de la Nature*, Entret. VI. & VII, & T. III. p. 36-7.

ENVIRON six jours après que l'essaim a pris possession d'une ruche, quelquefois même dès le lendemain, la jeune Reine commence sa ponte dans les alvéoles nouvellement construits. Suivant quelques observations, elle est si pressée de pondre, & si prompte, qu'elle ne s'embarrasse point si une cellule est achevée: pourvû seulement que le fond en soit fait, elle y dépose son œuf; après quoi les ouvrieres qui ne la quittent pas d'un moment, achevent leur ouvrage à loisir. * *Coll. Acad.* T. VII. p. 254-5, 284, 363-5; *Hist. Nat. des Ab.* T. I. p. 173, 242-3. T. II. p. 142; M. Maraldi, p. 332. Elle en dépose ainsi plusieurs centaines dans un seul jour; selon M. Geoffroy, *Hist. des Inf.* T. II. p. 392. *Voyez* cependant les *Mémoires de l'Acad. des Sc.* 1712, p. 314: M. Maraldi y décrit aussi (*p.* 313), les autres circonstances de la ponte. *Voyez* pareillement l'*Hist. Nat. des Ab.* T. I. p. 213-4, *&c.* 225-6-7-9, 230, 243; la *Collect. Académ.* T. VII. p. 363-7-8.

Chaque œuf est blanc, quatre ou cinq fois plus long que gros, un peu recourbé, clair & limpide; plus gros par un bout que par l'autre, qui est celui qui repose sur le fond de l'alvéole. Consultez les *Mém. de l'Acad.* 1712, p. 314, 332; la *Collect. Acad.* T. VII. p. 255-6, 367; l'*Hist. Nat. des Ab.* T. I. p. 170, 238-9, 240-1.

L'œuf demeure quatre ou cinq jours dans la même forme & situation. Après ce terme, il en sort un petit ver, qui paroît couché & appliqué sur la même base où étoit l'œuf: il y est tortillé en rond, de sorte que ses deux extrêmités se touchent. *Consultez* M. Geoffroy, *Hist. des Inf.* T. II. p. 392; la *Coll. Acad.* T. VII. p. 256, 261-2-3-4-5-6-7, 367; les *Mém. de l'Acad.* 1712, p. 334, & les figures qui y ont rapport.

Le ver nouvellement éclos est environné d'un peu de liqueur que les abeilles ouvrieres ont soin de mettre en ce tems dans l'angle solide de la base. Je ne sçai si l'on a bien réussi à découvrir de quelle nature est cette liqueur; attendu qu'elle est en trop petite quantité. Ce qui peut faire douter si c'est du miel destiné à la nourriture de l'embryon, ou bien quelque autre matiere propre à féconder le germe; c'est qu'elle est plus blanchâtre, moins liquide, & moins transparente que le miel. Mais on s'est assuré que par la suite les abeilles portent du miel à l'embryon. A mesure qu'il croît, elles lui fournissent une plus grande quantité d'aliment, jusques vers le huitieme jour depuis sa naissance, qu'il est augmenté, de maniere à occuper toute la largeur de l'alvéole & une partie de sa longueur. * *Mém. de l'Acad. des Sc.* 1712, p. 314. *Voyez* aussi la *Collect. Acad.* T. VII. p. 258-9, 260-1, 361-7.

Alors les abeilles ne continuent plus gueres les soins qu'elles avoient donnés à ces petits. Depuis leur naissance ils changent plusieurs fois de peau: & quand ils ont atteint certaine grosseur, ils se préparent à se métamorphoser. Voyez la *Collect. Acad.* T. VII. p. 261. Cette préparation consiste à s'élever tout droits dans l'alvéole pour filer une soie fine dont l'alvéole sera intérieurement tapissé. *Voyez* M. Geoffroy, *Hist. des Inf.* T. II. p. 393; la *Coll. Acad.* T. VII. p. 267-8-9, 272-3, 361. En même tems les abeilles ouvrieres ferment l'alvéole avec un couvercle de cire: voyez la *Collect. Acad.* p. 268-9; la *Républ. des Ab.* p. 40. Nous ne décrirons point ce qui se passe ensuite dans l'alvéole ainsi bouché: Consultez la *Coll. Acad.* p. 258, 269, 270-1-2-4-5-6-7-8-9, 280-1, 361; M. Maraldi, *Mém. de l'Acad. des Sc.* 1712, p. 315-6, 324, 334, & les figures; la *Républ. des Ab.* pag. 254. L'animal ayant resté pendant environ douze jours, dans l'état de nymphe, il coupe avec ses mâchoires le couvercle, pour sortir sous la forme d'insecte parfait. Voyez la *Collect. Acad.* T. VII. p. 281-2-3, 362; M. Maraldi, p. 316; la *Rép. des Ab.* p. 42; le *Spect. de la Nat.* T. I. p. 182.

Dans ce premier moment, la jeune abeille paroît toute humide, & un peu endormie. Les autres plus âgées la lêchent avec leur trompe; elle-même s'essuie; & au bout de quelques minutes qu'elle s'est tenue au soleil à l'entrée de la ruche, elle prend son essor, va travailler dans la campagne, & souvent rapporte de la cire dès sa premiere sortie, sans se tromper de chemin, & sçachant retrouver la ruche qu'elle sembleroit ne devoir pas encore connoître.

On distingue ces jeunes abeilles par leur couleur un peu plus foncée; & leurs poils plus blanchâtres: d'ailleurs il semble qu'elles n'aient que deux ailes; la supérieure de chaque côté étant comme collée avec l'inférieure, pendant la premiere année. (*Républ. des Ab.* p. 54). Voyez la *Coll. Acad.* T. VII. p. 363.

L'on connoît pareillement les abeilles, dans la vieillesse, par leurs ailes si déchiquetées, que les bords tombent par lambeaux: *Hist. Nat. des Ab.* T. I. p. 184. Voyez-y aussi les *pp.* 203-4; & la *Collect. Acad.* T. VII. p. 287, 363.

Dès qu'elles ont quitté l'état de nymphe, & qu'elles sont sorties de leur cellule, de vieilles ouvrieres vont la nettoyer & réparer: une retire le couvercle, & va vraisemblablement pêtrir & employer ailleurs la cire dont il est composé: une autre travaille à raccommoder l'entrée de l'alvéole, que la jeune abeille a rendue ronde ou inégale; elle lui restitue la figure héxagone, la fortifie avec le rebord ordinaire, en ôte une partie des dépouilles de la nymphe. (*Voyez* M. Maraldi *p.* 317; & M. Geoffroy, *p.* 394). Il y reste toujours une portion étrangere aux parois de l'alvéole. Les abeilles y déposent quelquefois dès le même jour un nouvel œuf; ou elles y mettent du miel: Voyez le *Spect. de la Nat.* T. I. p. 165. M. Maraldi a observé un alvéole qui servit cinq fois de berceau à de jeunes abeilles, dans l'espace de trois mois: *p.* 317. Un alvéole se rétrécit à chaque fois, parce que les abeilles ne le nettoyent jamais absolument. Dans ce cas, M. Maraldi en a détaché jusqu'à huit pellicules qui étoient appliquées les unes sur les autres: *p.* 317. *Voyez* aussi la *Coll. Acad.* T. VII. p. 255; le *Spect. de la Nat.* T. I. p. 165. M. Maraldi pense que c'est à ces pellicules qu'on doit attribuer le changement de couleur des alvéoles, & la différence de couleur que l'on observe entre les rayons d'une même ruche: ceux, dit-il, où il n'y a eu que du miel sont d'un jaune clair; & ceux d'où sont sorties les abeilles, sont d'un jaune obscur. Au reste, consultez l'artile CIRE; & le *Spect. de la Nat.* T. I. p. 165.

Nous avons dit que la vie des faux-bourdons finit forcément quelques mois après leur naissance. Mais la durée de la vie des autres abeilles nous est inconnue. *Voyez* M. Bazin *Hist. Nat. des Ab.* T. I. p. 191, & T. II. p. 409; la *Coll. Acad* T. VII. p. 364; *Georg.* IV. 206-7. Quelques Naturalistes les font vivre pendant un grand nombre d'années. On est sûr qu'il en périt tous les ans une quantité considérable; ensorte qu'il y a telle ruche qui doit se renouveller presque toute entiere dans le cours de deux ans. Voyez la *Mais. Rust.* T. I. p. 407; la *Collect. Acad.* T. VII. p. 363.

Utilités des Mouches à Miel.

Deux ou trois au plus, prises en poudre dans du vin blanc, poussent promptement par les urines: c'est pourquoi on les donne avec succès dans l'ischurie, ou suppression d'urine.

Voyez BOURDON.

On les fait sécher pour les réduire en poudre, qu'on mêle dans l'huile de lézard, pour faire une espece de liniment dont on se frotte la tête à dessein de faire croître les cheveux.

Le gouvernement de ces mouches a toujours fait une des agréables & utiles occupations de la campagne. Les Anciens les élevoient avec soin, pour en recueillir le miel; qui étoit alors aussi estimé, que le sucre l'est aujourd'hui en Europe & en Amérique.

Les Orientaux, & d'autres gens très-sensés, regardent le miel comme un des plus précieux alimens dont on puisse faire provision. Il dispense des embarras de la cuisine; & l'on en fait usage sans avoir besoin de se détourner du travail & de ses autres occupations pour le cuire & préparer. Quoique l'on fasse moins de cas du miel depuis que nous lui avons substitué le sucre, on doit toujours convenir de sa salubrité. *Voyez* Miel: & M. Bazin, *Hist. des Ab.* T. II. p. 124 & suivantes, jusqu'à 135.

La cire, autre production des abeilles, fait encore un objet si considérable par rapport au commerce, qu'elle suffiroit presque seule pour engager à soigner ces insectes.

On évalue le produit annuel d'une ruche, compensation faite de plusieurs années, & tout déduit, au moins à six livres: souvent il monte à dix. Il s'en trouve souvent de foibles, qui n'essaiment pas, & qui ne rendent que peu de cire & de miel. Mais on a aussi des ruches qui donnent plusieurs essaims dans une même année; & d'où l'on tire plus d'une livre de cire, & environ trente livres de miel. Les différentes saisons, plus ou moins favorables aux abeilles, empêchent de déterminer avec précision la certitude de leur produit ordinaire. Au reste, Consultez l'*Hist. Nat. des Ab.* T. II. p. 346-7-8-9, 350; la *Rép. des Ab.* p. 333; ci-dessous, *pp.* 579 col. 2, 580 col. 1 & 2, 583 col. 2; l'*Art du Cirier*, p. 9; le *Spect. de la Nat.* T. I. p. 189; la *Coll. Acad.* T. VII. p. 363.

Il y a eu autrefois en France une si grande quantité de ces mouches; que les Princes ont fait des Loix pour leur conduite: témoin ce qu'en disent les Coutumes, entr'autres celles d'Anjou & du Maine. Solon en fit aussi, pour Lacédémone, des Loix; que l'on voit dans Plutarque.

Ceux qui ont traité de l'Œconomie Rurale ont généralement dit que l'imposition connue sous le nom de Taille a fait périr en France ces utiles insectes: on les a exécutés, vendus, & soufrés hors de saison: pour emporter les ruches en sûreté, les Sergens brûlent les mouches. » Depuis que les François sont » Taillés, dit un ancien Poëte Gaulois, » les Tailles » les ont dépouillés de tous biens & franchises. «

Nous invitons à lire (dans le *Mercure de France*, Avril, 1758, IIe. Vol. p. 205-6-7) une Ordonnance, en date du 15 Novembre 1757, par laquelle feu M. Feydeau de Brou, Intendant de Rouen, diminuoit, supprimoit même s'il étoit nécessaire, la Capitation de quiconque auroit dix ruches garnies de mouches au mois d'Avril de chaque année; taxoit, outre cela, d'office à la taille les possesseurs de vingt-cinq ruches; & déclaroit expressément que ces diminutions d'impôt ne feroient point rejettées sur d'autres habitans, mais qu'elles passeroient en décharge dans les comptes des Receveurs. *Voyez* aussi le *Corps d'Observations* de la Société de Bretagne, an. 1757-8, *p.* 166-7, *in-8°*; l'*Hist. Nat. des Ab.* T. II. Entret. XVIII; la *Républ. des Ab.* p. 322-3.

La Société établie à Londres depuis 1753, pour le progrès des Arts *&c.* a proposé en 1764, des Médailles d'or & d'argent, & des récompenses pécuniaires, proportionnées au nombre de Ruches bien garnies de mouches vivantes que chacun de ceux qui se présenteront en 1764-5-6, possédera, provenant de ses soins annuels pour les multiplier & faire prospérer. Ces récompenses vont jusqu'à quatre-vingt livres sterlings pour quatre cents ruches.

Si on est dans un pays où il y ait des ruches, ensorte qu'on puisse amasser une grande quantité de ces mouches; après le premier achat, le reste n'est presque d'aucune dépense: il ne coute que quelque chose pour les ruches, quand elles sont usées, s'il y en a quantité; & quelques journées d'hommes pour ramasser les essaims, & retirer la cire & le miel.

Quelqu'un a mis en doute si les abeilles ne pouvoient pas nuire à la production des fruits. M. Simon, qui a développé cette objection, y a aussi répondu: *p.* xxij, xxiij, xxiv, de la 3e édition de son ouvrage intitulé: *Le Gouvernement admirable; ou la République des Abeilles, & les Moyens d'en tirer une grande utilité*, Paris, 1758, *in-12.* *Voyez* aussi l'*Hist. Nat. des Ab.* T. I. p. 88-9.

Maniere d'Elever les Abeilles.

Pour bien gouverner les Abeilles il faut connoître leurs besoins: & par conséquent, être instruit de leur maniere de vivre; de la température d'air qui leur convient; de la situation où elles se plaisent; des alimens propres à les fixer dans un endroit, à les maintenir en santé, & à faire qu'elles travaillent & produisent beaucoup.

Quoiqu'il soit vrai qu'elles rendent en général davantage sous un climat chaud qu'ailleurs; il se rencontre néanmoins, dans beaucoup de régions Septentrionales, assez de positions où ces insectes peuvent être à l'abri du grand froid: & alors ils se trouvent presque dans une zone tempérée. Souvent même dans des vallées dont les montagnes sont couvertes de glace pendant plusieurs mois, les abeilles font un miel exquis; ayant dans leur voisinage des plantes délicates & aromatiques. Mais la courte durée de la saison des fleurs dans les pays froids, & l'espece de disette qu'occasionne nécessairement le long séjour des neiges ou de la glace, font un obstacle à l'abondance de miel & de cire, & à la production réitérée des essaims: en quoi néanmoins consiste la richesse du possesseur des abeilles.

Pour qu'elles réussissent à tous égards, il leur faut de bons prés, des bois, des arbres fruitiers; & quantité de fleurs de toute espece. Le tems qu'elles emploient à aller chercher au loin leurs provisions, quand elles habitent des pays maigres ou incultes, influe sur l'état & la population des ruches.

La *Ruche*, ou habitation d'une famille d'abeilles, est susceptible de diverses formes: & elle peut être faite d'ozier, de troëne, de viorne, de bourdaine, de paille, de jonc, de planches, *&c.* pourvû que l'on y observe les attentions capables de déterminer les abeilles à y rester; & de leur donner une aisance suffisante. Voyez la *Maison Rustique*, T. I. p. 410, *&c*; la *Républ. des Ab.* p. 203-4-5, *&c.* On dit que dans les Barbades on donne pour ruches aux abeilles, des canons placés horizontalement: au lieu que les autres ruches ont ailleurs une position droite.

En Espagne, où il y a des arbres de buis gros comme nos chênes; on scie ces buis, de deux en deux pieds, pour les creuser, & y mettre les mouches. On prétend que ce bois a une vertu particuliere pour les attirer, retenir, contribuer à leur santé & fécondité. Quoi qu'il en soit, nous devons observer ici que l'on a eu tort de traduire *Buis*, dans la *Républ. des Ab.* p. 228, le *Taxus* de Virgile. C'est constamment l'*If* que le Poëte veut qu'on éloigne des ruches. D'ailleurs, il est constant que les abeilles vont cueillir des provisions sur les buis en fleurs: Consultez le *Traité de la Cult. des Terres*, T. II. p. 204.

La curiosité a suggéré l'invention de Ruches Vitrées : Voyez la *Maif. Ruft.* T. I. p. 455-6 ; le *Spect. de la Nat.* T. I. p. 143 ; & ci-deffous p. 583 col. 1. Mais elles ne font jouir qu'imparfaitement du plaifir de voir ce qui fe paffe dans l'intérieur ; les gâteaux préfentant un obftacle impénétrable, dans la plus grande partie de la ruche. Confultez les *Mém. de l'Acad. des Sc.* 1712, p. 313 ; l'*Hift. Nat. des Ab.* T. I. p. 10, 17, 199 ; la *Rép. des Ab.* p. 78-9, 80-1, 156-7. Bien des gens difent que le verre, naturellement fort fufceptible de froid & d'humidité, l'eft encore plus en hiver ; que les mouches y deviennent malades, meurent au printems, ou du moins languiffent en été ; fans Jetter, ni achever de remplir leur ruche. Néanmoins on garantit de ces accidens les ruches de verre en les tenant, depuis la Touffaints jufqu'au premier d'Avril, dans un lieu où l'on faffe du feu tous les jours, enforte que l'eau n'y géle pas ; obfervant auffi que chaque ruche porte jufte fur une planche de bois bien unie, pour que les mouches ne puiffent fortir : & par ce moyen on peut, durant tout l'hiver, voir ce qu'elles feront jour & nuit : une chambre occupée fuffit pour les échauffer. *Voyez* ci-deffous, p. 583.

Quelques Anciens avoient des ruches garnies de lames de corne tranfparente ; & de pierres affez minces pour laiffer entrevoir ce qui fe paffoit en dedans. * *Hift. Nat. des Ab.* T. I. p. 10 ; *Maif. Ruft.* T. I. p. 410.

On a imaginé des ruches de terre cuite ; auxquelles on reproche de ne pas tenir les abeilles affez féchement, & de s'échauffer trop : inconvéniens auxquels peut remédier un enduit extérieur de bouze de vache.

Si l'on ne prépare point de ruche à un effaim forti, ou que celle qu'on a préparée ne lui convienne pas, il fe loge foit dans un arbre creux, foit dans quelque trou de mur, ou même fous terre : il s'y établit & y travaille comme dans nos ruches.

Ces obfervations font voir que les abeilles n'affectent pas une forme déterminée pour leur logement ; mais qu'elles s'accommodent à la fituation de celui qui leur convient d'ailleurs. On peut donc conftruire des ruches cylindriques, quarrées, triangulaires, pyramidales, &c. Voyez l'*Hift. Nat. des Ab.* T. II. p. 393-4 ; la *Républ. des Ab.* p. 215-8-9.

Les ruches de paille de feigle font des meilleures, & certainement peu couteufes ; chaudes, faciles à remuer & tranfporter, capables de réfifter au grand chaud & à toutes les injures du tems, peu fujettes aux infectes & autres animaux que peuvent redouter les abeilles ; cependant acceffibles aux fouris. D'ailleurs les abeilles les occupent volontiers ; peut-être parce que ces ruches ne s'échauffent & fe refroidiffent qu'avec une forte de lenteur. Ces ruches peuvent durer quatre ou cinq ans, fi l'on a foin de les garantir de la pluie avec un chaperon de paille.

Elles font même fi bien tiffues, que le vent ni la pluie n'y pénétreront point, quand on les laifferoit un an fans couverture ; pourvû que l'on revête feulement de cire & de miel en dedans le haut de la ruche où eft placée la cheville, qui eft la clé de la voûte de tout ce bâtiment. Confultez la *Républiq. des Ab.* Tit. XXI & XXII.

Il ne faut pas les enduire de chaux, de plâtre, ni d'autre matiere, comme celles d'ofier : car cela les rend lourdes & pefantes, quand elles font pleines, enforte qu'on les remue difficilement lorfqu'il s'agit de les tailler. Outre cela, fi la pluie tombe fur quelque endroit caché de cet enduit, elle pénétre dans l'intérieur, le rend humide, fait pourrir la cire & le miel, & tue les mouches.

On croit que l'ofier engendre de petits vers que l'on nomme *Artifons*, & qui gâtent le miel.

Il y a des gens qui prétendent que l'odeur de marécage déplaît aux abeilles ; & que c'eft une raifon pour ne pas faire des ruches de jonc ni de rofeau : qui d'ailleurs font difficiles à employer, & d'un mauvais fervice. * *Répub. des Ab.* p. 210.

Quelque matiere que l'on emploie, même la paille, on doit avoir attention qu'elle n'ait point une odeur de fouris ni de relan.

Des ruches de Liége font fort légeres. Palladius en fait grand cas.

On en fait de Bois mince, parfaitement fain & fec ; pour lefquelles on choifit du chêne, du hêtre, du châtaignier, du noyer, ou du fapin. Les planches doivent en être fi bien jointes, qu'il ne puiffe y entrer ni vent ni pluie. Voyez le *Journ. Œcon.* Juin 1758, p. 254.

En général, les ruches ordinaires de planches ne font pas fi commodes que celles de paille ; coutent plus, & font plus difficiles à manier : la pluie y pénétre plus aifément à travers les jointures ; & elles s'échauffent plus tôt au foleil : ce qui fait couler le miel, & périr les mouches.

M. Palteau a publié à Metz, en 1756, une *Nouvelle Conftruction de Ruches de bois* ; formées de plufieurs hauffes par étage. Nous n'en ferons point la defcription, parce que ce Livre eft commun. Toutes les pieces y font décrites, & leurs ufages indiqués, depuis la *p.* 7 jufqu'au IIe. Entretien ; puis *p.* 66-7-9, 70-1-2-3.

L'Auteur les fait de bois de pin, par préférence à tout autre ; comme étant fort léger, & chargé d'une odeur qui (dit-il) fait fuir les poux, punaifes, & autres vermines qui défolent les abeilles : (*p.* 20). Au défaut de ce bois, il confeille le fapin ; puis le peuplier, quoique moins avantageux. Il exclud abfolument le chêne ; qu'il réferve pour le furtout qui doit couvrir chacune de fes ruches, & pour le pied fur lequel elle fera placée & affurée avec des goupilles & crampons : il rend raifon de ce choix, dans les *pp.* 18-9, 20-1.

Comme l'Auteur (*p.* 17 & 54) propofe de ne pas releguer fes ruches dans un endroit écarté ; mais de les diftribuer en différens endroits pour fervir d'ornement ; M. Simon (*Répub. des Ab.* p. xiij) fait obferver, qu'élevées de terre, & ifolées, elles feront plus expofées aux coups de vent, qui renverfent quelquefois des arbres, & même des édifices folides. Au refte M. Palteau (*p.* 53-4-5) prévient qu'un demi-arpent de terre, occupé par cent cinquante de pareilles ruches, doit être cenfé en bonne valeur. *Voyez* p. 42, *&c.* 72-3.

On pouvoit reprocher aux ruches de M. Palteau, d'être difpendieufes. A quoi il a oppofé que les frais de conftruction font furabondamment compenfés par le produit qui réfulte de cette méthode d'entretenir les abeilles. Nous aurons occafion d'examiner dans la fuite quels peuvent en être les avantages. Mais attendu que l'on a plufieurs fois rebattu ces frais comme étant au-deffus de la portée du payfan & de plufieurs particuliers ; je crois devoir dire ici que l'Auteur (*p.* 61), confeille aux gens peu aifés, de commencer par deux ruches ; dont le produit donnera des fonds pour en établir d'autres. Pour cela, il fuppofe (*p.* 41), que deux *bonnes* ruches donneront au moins entr'elles un bon effaim, dans l'année ; & (*p.* 44) que fur ces deux ruches on pourra recueillir par fa méthode affez de cire & de miel pour équivaloir à la moitié de ce qu'elles ont couté : prétentions affurément modérées. Ses calculs ont pour bafe le prix de *huit livres*, auquel il met chacune de fes *ruches achetée avec l'effaim.* Voyez *p.* 43. Pour un particulier en état de faire les premiers frais de fix ruches, & de garder celles qui en proviendront ; on rend fenfible (*p.* 42 & fuivantes) qu'au bout de fix ans il aura pour le moins cinquante-fept ruches de profit ; fur lefquelles il aura encore recueilli annuellement en cire & en miel, la valeur de quarante-une ruches : ces deux produits, mal-aisés à contester, font une somme de 784 liv. laquelle, réduite même si l'on veut, est toujours un revenu supérieur à celui de tout argent placé soit en rente soit en fonds de terre. *Voyez* les *pp.* 49, 50-1-2-3. Au reste, ces calculs monteroient bien plus haut si l'on admettoit la supposition avantageuse de MM. Bazin & Simon : Voyez la *Répub. des Ab.* p. xiv, 332-3-4; l'*Hist. Nat. des Ab.* T. II. p. 344-5; M. Palteau, p. 46-7-8-9. D'ailleurs M. Palteau fait observer que moyennant quelques attentions peu couteuses ses ruches peuvent durer plus de quarante ans; & que les ruches communes ne vont gueres au-delà de quatre : outre qu'un possesseur de soixante-trois ruches, comme il vient de supposer un homme au-dessus de l'indigence, a un Rucher de maçonnerie ou de charpente. Les frais & les produits de l'un, balancés avec ceux de l'autre, semblent décider en faveur de M. Palteau. Ajoûtons que les ruches de cet ingénieux Inventeur pouvant être inaccessibles aux souris, qui dans l'intervalle de douze ou quinze ans, détruisent à-peu-près la moitié de l'espérance des ruches communes; c'est un surcroît de profit. Cela étant, quand on voudra se donner la peine de faire une somme de mise & de recette, on reconnoîtra au bout de dix ou vingt ans, que les ruches de M. Palteau sont plus œconomiques que celles qui paroissent être les moins couteuses.

Le *Corps d'Observations* de la Société de Bretagne fait mention de ruches analogues à celles de M. Palteau : Je veux dire celles de M. De Gélieu, & de M. De la Bourdonnaye. *Consultez* l'année 1757, p. 157, *&c.* édit. *in*-8°.; & le Volume de 1759, p. 257 & suivantes. On y voit que, le prix des ruches de M. De Gélieu étant presque de vingt-quatre livres, M. De la Bourdonnaye en fit faire de semblables en paille. Mais on ne tarda pas à reconnoître que le fil de fer que MM. Palteau & De Gélieu, faisoient passer horizontalement entre la hausse supérieure & celle de dessous pour en recueillir le miel & la cire, produisoit beaucoup de mal & une perte considérable. C'est ce qui donna lieu à M. De la Bourdonnaye d'employer des ruches de paille, construites à-peu-près comme l'étoient en bois des ruches exécutées en Écosse, dans le siecle dernier. Voyez la *Coll. Acad.* T. IV. de la partie Etrangere, p. 39 & 40. Chaque hausse y étant séparée de la suivante par une espece de diaphragme, il paroît qu'on peut l'enlever sans faire aux gâteaux une solution de continuité qui occasionne l'épanchement de beaucoup de miel, *&c.* Néanmoins comme ces ruches sont de paille, elle ne se trouvent point défendues contre les souris. La suite de cet article nous ramenera à examiner plus particuliérement l'effet qui résulte de ces diverses dispositions des ruches. L'invention du Curé de Tillay-le-Pelieux, est assez conforme à celle des Ruches Écossoises : nous en parlerons ci-dessous, p. 595. Au reste, consultez la *Répub. des Ab.* p. 219 & suivantes, jusqu'à 223; la *Maison Rustique*, Édit. de 1755, T. I. p. 412-3, 440-1-4-5-6-7, & les fig. 4, 5, 8 (relatives à la pag. 456), 18, 19, 20-1-4-5-7-8, de la planche qui est vis-à-vis de la pag. 412; M. Palteau, *Nouvelle Construction de Ruches de Bois*, pag. 31-2.

On a l'expérience qu'en général les ruches médiocres valent mieux, que de grandes : les mouches ne jettent point, avant que la ruche soit pleine. Quelque fort que soit l'essaim; si l'année n'est pas extraordinairement bonne, il ne remplira qu'en deux ans ces grandes ruches d'ozier que l'on emploie autour de Paris; & il ne jettera qu'à la troisieme. Au lieu que si vous lui donnez un plus petit vaisseau, & que l'année soit bonne, cet essaim en jettera peut-être deux ou trois dès la même année. Quand il n'en jetteroit qu'un, ces deux essaims l'année d'après, en donneront au moins chacun un : en voila quatre : & la troisieme année, quand ces quatre ne jetteroient aussi que chacun le leur, on en aura huit contre un, que jettera une grande ruche. D'ailleurs, ces grandes ruches de Paris se vendent pleines dix ou douze livres au plus, en trois ans. Vous ne tirerez donc avec l'essaim, que vingt ou vingt-quatre livres : au lieu qu'un essaim, placé dans une moyenne ruche, produira en trois ans huit essaims : à raison de quatre francs ou cent sous chacun, ce sont trente-cinq à quarante livres.

Ajoûtez à cela, que le changement de logis, & une maison neuve, les excitent au travail; comme le changement de viande & de pâturage excitent l'appétit des hommes & des animaux. Il est généralement d'observation que l'on perd courage quand on se voit de la besogne taillée au-delà de ses forces; & qu'au contraire on travaille avec plaisir, plus gaiement & plus promptement, quand on n'en a qu'à proportion de ce qu'on en peut faire. Aussi, dans ces grandes ruches à demi-pleines, la premiere année & celle d'après, les mouches ne commencent à faire de nouvelle cire que fort tard; ensorte que les essaims de la même année ont presque rempli leurs ruches, si elles sont médiocres, avant que ceux des grandes aient commencé la continuation de leur édifice.

Voyez la *Répub. des Ab.* p. 206, *&c.*

Achat de Ruches Garnies.

La Ruche est garnie ou d'un jeune Essaim, ou d'Abeilles anciennes.

Quand c'est un jeune essaim, il faut qu'il soit tout nouvellement rassemblé, & qu'il n'ait pas encore eu le tems de travailler : sans quoi, ses gâteaux, trop peu nombreux, seroient ébranlés dans le transport; & il y a tout lieu de présumer qu'il abandonneroit ensuite bientôt une ruche où on l'auroit troublé.

Pour les autres ruches, il faut 1°. choisir des abeilles de bonne espece : entre lesquelles on préférera celles qui sont petites de corsage, longuettes, peu velues, luisantes, d'un jaune aurore, & d'ailleurs très-vives, & peu ou point farouches. Aussi Virgile dit-il, IV. *Georg. v.* 98-9, 100.

. . . *Elucent aliæ, & fulgore coruscant*
Ardentes auro, & paribus lita corpora guttis.
Hæc potior soboles.

[Au reste, consultez l'*Hist. Nat. des Abeilles*, T. I. p. 345-6.]

M. Palteau (*Nouv. Construct. de Ruches de Bois*, p. 77) les qualifie, avec raison, de » très-bonnes » ouvrieres, fort aisées à apprivoiser, & qui conservent leurs bonnes qualités plus longtems que » ne font les autres abeilles. Dans les Trois-Évêchés & en Lorraine, où elles sont fort communes, on les appelle *Petites Hollandoises*, ou *Petites Flamandes*; parce qu'elles y ont été apportées de Flandre & de Hollande. Virgile dit que leur miel est coulant, & d'une saveur agréable : *Vers* 101-2.

Les meilleures après celles-là sont d'une grosseur médiocre, & d'une couleur foncée tirant sur le noir. On a quelque peine à les apprivoiser.

Il y en a de plus grosses & plus grandes, pareillement de couleur très-obscure; qui sont extrêmement laborieuses : en quoi elles surpassent même celles de Virgile. Mais elles consomment une partie considérable de leur miel. D'ailleurs, le goût décidé pour le pillage les rend ennemies nées les unes des autres; & elles font déserter toutes les ruches voisines. Leur voracité & leur caractere destructeur font aussi qu'elles jettent peu d'essaims. M. Palteau (*p.* 76) conseille de garder seulement les essaims que l'on en trouve; afin de profiter de leurs provisions abondantes, en les faisant périr l'année suivante, avant la saison du pillage, & lorsque leurs ruches seront pleines. Mais pour les anciennes, il faut les tuer dès qu'elles ont essaimé. Voyez la *Maif. Rust.* T. I. p. 416; la *Républ. des Ab.* p. 313.

Il y a des especes qui donnent quantité de petits essaims. Les bons Œconomes s'en défont le plus tôt qu'ils peuvent; préférant celles qui jettent moins fréquemment, mais dont les essaims sont assez forts pour donner un produit passable sans exiger la vigilance qui est nécessaire pour faire prospérer des essaims foibles.

En général, le produit des ruches dépend beaucoup du choix que l'on aura fait des abeilles. Pour les connoître & examiner quelque tems, il faut en faire sortir en frappant doucement de la main contre la ruche, ou en la renversant à-demi sur le côté, ainsi que nous l'expliquerons dans un moment.

On peut en acheter durant toute l'année. Mais comme il seroit dangereux de les transporter en été ou en automne, il vaut mieux ne point en acquérir dans ces deux saisons. En été sur-tout, que les ruches sont pleines ou à-demi-pleines, la chaleur entretient la cire dans une grande souplesse; & le miel n'est qu'imparfaitement retenu dans les alvéoles: ainsi l'on ne peut entreprendre alors de les déplacer, sans hazarder de faire tomber l'édifice, écouler le miel, & périr les mouches. *Voyez* M. Palteau, p. 78; la *Maif. Rust.* T. I. p. 414-7; la *Rép. des Ab.* p. 316.

La plupart ne voient aucun inconvénient à les transporter depuis la Toussaints jusques vers la mi-Mars; comme une saison où les mouches sont engourdies, & le miel fixé dans les alvéoles. Mais il est toujours préférable d'attendre à la fin de l'hiver, ou au commencement du printems. *Voyez* M. Palteau, *p.* 80; la *Républ. des Ab.* Titre XL. Si on est libre de différer aussi l'achat jusques alors, l'avantage sera complet. Mais on doit toujours ne les acheter que bien pleines de mouches & de cire, avec assez de miel. M. Chomel indiquoit ci-devant dans ce Dictionnaire, que quand on se propose d'acquérir beaucoup de ruches, on peut envoyer dans les villages pour y faire publier à la fin des Grande-Messes que ceux qui en ont à vendre donnent leur nom pour qu'on aille les visiter.

Si on ne peut pas les enlever sur le champ, on doit après le marché conclu les peser exactement, & y mettre un cachet de cire d'Espagne; laissant le vendeur garant de cette marque & du poids. Au reste, la mauvaise foi n'étant que trop commune, l'on a encore à craindre que le vendeur ne trouve des prétextes pour colorer le vol qu'il aura fait adroitement durant l'intervalle; ou qu'il allégue d'autres mauvaises raisons dont l'effet soit toujours de priver réellement d'une jouissance sur laquelle on comptoit. Cette même marque, mise sur la poignée, pourra servir à désigner le devant de la ruche: qu'il est important de bien reconnoître, afin de ne pas être obligé de remuer la ruche quand une fois on l'aura mise en place. * *Républ. des Ab.* p. 327-8.

Nous avons dit qu'il falloit acheter les ruches pleines. Cet article est essentiel. L'ignorance ou la malice suggerent quelquefois de séparer en deux ou trois un fort essaim; supposant qu'alors un petit essaim remplit sa ruche aussitôt qu'un essaim considérable, parce qu'il se hâte de travailler: prétention chimérique; & manœuvre dont il suit nécessairement que la portion de l'essaim où il n'y aura pas de mere, ne travaillera presque point, & périra de langueur; si même il n'abandonne pas sa ruche.

On a plusieurs moyens de *s'assurer de l'état des Mouches.* 1°. Une personne se mettant derriere la ruche, en souleve le devant à la hauteur de deux ou trois doigts; afin que l'acheteur, panché tout près de terre, observe par dedans quelle quantité de provisions elles ont faite.

2°. L'on juge encore de cette quantité par la pesanteur, en soulevant la ruche. Mais on ne peut pas absolument compter sur cette indication. Voyez la *Républ. des Ab.* p. 314, 321.

M. Bazin suggere, d'après M. de Réaumur, des moyens de peser soit un essaim seul, soit une ruche; dans son *Hist. des Ab.* T. II. p. 214-5-6-7-9, 220.

M. Simon voudroit qu'on perdît l'habitude de laisser soulever & peser les ruches par tous les acheteurs qui se présentent. *Voyez* ce qu'il dit à ce sujet, dans le *Titre* XLII. & encore *p.* 274.

3°. Pour voir plus librement l'intérieur de la ruche, on peut enfumer les mouches avec un bouchon de foin allumé dans un pot de terre; au-dessus duquel on tient la ruche pendant quelque tems. Cette fumée, peu durable, suffit pour les obliger à gagner le haut de la ruche. Celles même qui sortiroient alors seroient incapables de piquer. Le lendemain elles sont aussi vives qu'auparavant.

D'autres soulevent la ruche le soir, & la supportent avec des pierres ou des morceaux de bois, à la hauteur d'un demi-pied: ce qui donne l'aisance de bien voir, le lendemain à la pointe du jour. Voy. la *Maif. Rust.* T. I. p. 415.

Quand on ne redoute pas les piquures, on y regarde en plein jour, sans aucune précaution.

Consultez la *Répub. des Ab.* p. 150.

4°. Comme l'on présume que les abeilles qui ont trois ans sont presque incapables de jetter, & que de telles ruches ne font ordinairement que dépérir; on se servira des indications que nous avons données ci-dessus (*p.* 377, col. 2.) pour discerner leur âge.

Une cire qui est belle & blanche, passe encore pour être l'indice d'une jeune ruche, dont les abeilles sont pleines de vigueur. La cire jaune, ou seulement brune, ne doit pas la décréditer: mais celle qui est noire, moulue, ou moisie, est raisonnablement censée appartenir à des abeilles languissantes de vieillesse, ou malades, ou que les souris ont fatiguées: voyez la *Républ. des Ab.* p. 319. Au reste, la beauté de la cire ne dénote pas le nombre de mouches dont la ruche est composée: leur jeunesse & leur vigueur ne peuvent pas même être sûrement présumées de ce signe imposant: car beaucoup de vendeurs ont soin de dégraisser leurs abeilles à la fin de l'hiver, c'est-à-dire rogner ou couper tous les gâteaux qui déparent la ruche. Quant à la *Moisissure*: son goût ne pouvant qu'augmenter durant le transport, par la chaleur des mouches agitées dans une ruche en partie privée d'air; il est rare que l'infection ne fasse point périr toutes celles qu'on aura eu l'indiscrétion d'y exposer.

Pour que le couvain réussisse, & que l'essaim s'anime & travaille beaucoup, il faut que la cire soit bien saine, & nouvelle. Les gâteaux dont l'extrêmité inférieure est blanche, sont pour l'ordinaire l'ouvrage de l'année: ceux de deux ans sont jaunes par le bas: & plus ils tirent sur le brun plus ils sont éloignés de cet âge. Voyez la *Collect. Acad.* T. VII. p. 367.

5°. Il est fort dangereux de se déterminer par la seule inspection de l'extérieur de la ruche. On a pu faire passer des mouches vieilles ou malades, dans une ruche neuve: auquel cas leur travail sera imparfait à tous égards.

6°. Des gâteaux prolongés jusques tout au bas

de la ruche, prouvent inconteſtablement que la ruche eſt bien approviſionnée de miel. Mais on ne peut pas toujours en conclure que les mouches y ſoient en grand nombre. Voyez la *Rép. des Ab.* p. 317.

Leur multitude eſt cependant un article eſſentiel. Car elles ne jettent point d'eſſaim, tant que leur nombre n'excede pas la capacité de la ruche. D'ailleurs, toute ruche foible eſt dans le cas de ſuccomber au pillage & à la violence des plus fortes; & par contre-coup les victorieuſes ſe gorgeant du miel des vaincues, périſſent de dyſenterie : ce qui double les pertes du poſſeſſeur.

M. Palteau a raiſon de propoſer les moyens ſuivans, comme sûrs & fort ſimples. 1. Pour diſtinguer ſi une ruche eſt bien peuplée, dit-il, cognez le ſoir contre la ruche avec le doigt plié. Si ce coup produit un bruit ſourd en deux ou trois tems, & qu'il continue ; c'eſt ſigne qu'il y a beaucoup de mouches : au lieu que ce bruit ceſſe promptement, quand elles ſont en petit nombre. 2. Un autre moyen de parvenir à cette connoiſſance eſt de ſoulever à deux ou trois pouces la ruche ; & conſidérer la place qu'elle couvroit : cet endroit eſt toujours propre dans une bonne ruche ; & plein d'ordures quand les mouches ſont trop peu nombreuſes ou pas aſſez vives pour avoir le courage & la force de vaquer à la propreté, en même tems qu'aux autres travaux. 3. En frappant ſous une ruche mal approviſionnée, tant en cire qu'en miel, on entend un ſon aigu & perçant : dans le cas oppoſé, l'on n'y occaſionne qu'un bruit ſourd. *Voyez* les *pp.* 82-3 de la *Nouv. Conſt. des Ruches de bois.* [Ceci eſt relatif aux ruches ſingulieres de M. Palteau.]

Conſultez encore la *Maiſ. Ruſtiq.* T. I. p. 414-5-6.

Quant aux Eſſaims : les médiocres ſont ſouvent préférables à ceux qui paroiſſent très-nombreux. Voyez l'*Hiſt. Nat. des Ab.* T. II. p. 218-9 ; qu'il eſt à propos de comparer avec les pp. 143-9 du I. Vol. du *Spect. de la Nat.* Conſultez auſſi M. Palteau, p. 227-8.

En général, les premiers eſſaims de l'année feront toujours préférables aux autres. Conſultez la *Répub. des Ab.* p. 307-8-9, 310.

M. Simon y avertit auſſi, p. 319 & 320, que l'on riſque beaucoup en achetant des mouches à la ſuite d'un été où il y a eu aſſez de grêle pour nuire aux productions de la campagne.

Voyez ce qu'il dit relativement à d'autres circonſtances de l'achat, dans les *pp.* 320, 333 ; & par rapport à la *Vente*, p. 331, *&c.*

Tranſport des Ruches.

La veille de l'enlevement, un peu avant la nuit, on détache la ruche de deſſus ſon ſiége : on marque la partie antérieure, ſur la poignée. (*Voyez* ci-devant *p.* 581, col. 1) : & toutes les mouches que cette opération aura fait ſortir, étant rentrées & calmées, on étend à terre une grande nappe ; ſur laquelle on poſe doucement la ruche qu'on a enlevée, ſans ébranler celles d'à côté : auſſitôt on releve les coins de la nappe ; on les aſſujettit par pluſieurs révolutions de corde, d'ozier, ou de liens de paille autour du corps de la ruche, & on acheve par un nœud ſolide. La nappe doit être bien tendue ſur l'ouverture de la ruche. Après quoi on la replace ſur le rucher, pour qu'elle ne prenne point d'humidité.

Si le trajet n'eſt pas long, il ſuffit d'envelopper ainſi chaque ruche dans une toile claire : quelques-uns même en couvrent ſimplement l'ouverture avec une toile de crin, qu'ils aſſujettiſſent autour du bord, au moyen d'une corde bien ſerrée. Un homme peut alors porter la ruche ſur ſa tête : ou bien deux hommes vigoureux en porteront pluſieurs ſur les épaules, ayant fait paſſer un fort & long bâton dans les nœuds de la nappe qui enveloppe chaque ruche.

M. Simon conſeille de charger chaque ruche, l'ouverture en haut, ſur une hotte étroite, dont le fond ſoit garni de foin ou de paille : Voyez-le, pag. 326.

Comme les mouches ont beſoin d'air : dans le cas où on ne ſe ſert pas de toile de crin ; & où la ruche n'eſt pas renverſée ; il faut que la ruche, qui porte ſur une planche plus large qu'elle, ſoit ſoulevée à la hauteur d'un pouce par deux petites tringles de bois.

De quelque maniere que ce ſoit, il faut toujours les voiturer fort doucement. Voyez la *République des Ab.* p. 325-6-7.

Si le tranſport eſt une affaire d'un ou pluſieurs jours, on charge les ruches ſur des chevaux ou des ânes, que l'on fait aller au petit pas ; plus à la fraîcheur qu'en d'autre tems. Voyez la *République des Ab.* p. 327. On peut mettre alors chaque ruche dans un panier percé par-deſſus, enſorte que l'air, le vent même, puiſſe y pénétrer. La toile de crin ne ſuffiroit pas pour garantir pendant un ſi long tems les mouches contre les injures de l'air.

Des eſſaims nouvellement raſſemblés peuvent demeurer ainſi enfermés pendant deux ou trois jours. Voyez ci-deſſous, p. 584.

Pour ce qui eſt des ruches pleines de cire, de miel, & de mouches ; que l'on ne tranſporte que durant le froid : on peut les charrier à deux cent lieues ; enveloppées comme nous avons dit ; & chargées à dos de cheval, ou ſur des vaiſſeaux ou batteaux : obſervant que ces ruches demeurent acceſſibles au vent. *Voyez* ci-deſſous p. 587. *Conſultez* auſſi la *Maiſ. Ruſtique*, T. I. p. 417 ; la *Répub. des Ab.* pag. 329.

La *place que l'on deſtine aux Ruches*, eſt communément un jardin ; dont la clôture les met en ſureté contre les voleurs : outre que les fleurs, les arbres, & l'eau, s'y trouvent à leur portée.

La ſituation d'une ruche qui contient un jeune eſſaim nouvellement recueilli, doit être à l'ombre ; ou regarder le ſoleil couchant. Voyez *Georg.* IV. *v.* 19, 20-1-2-3 ; *République des Ab.* p. 224-5-9 ; & ce que nous dirons ci-deſſous, des ruches pleines, p. 583, col. 1. Faute de mieux, il y a des gens qui ſe contentent de mettre au-devant de la petite ouverture qui ſert d'entrée & de ſortie aux abeilles, une tuile, une ardoiſe, ou une petite planche, pour faire au moins une ombre vis-à-vis de cette porte, & la garantir de l'ardeur du ſoleil. Voyez ce qui eſt dit de la *Propolis*, p. 575, col. 2. Aux approches de l'hiver on porte la jeune ruche à l'expoſition du Levant, ou du Midi, ſelon le degré de température du climat. L'endroit doit auſſi être abrité du vent, autant qu'il eſt poſſible : Voyez *Georg.* IV. *v.* 9, 10.

En arrivant on place donc cette nouvelle ruche dans le lieu où elle doit paſſer l'été. On l'y tient élevée d'un demi-pied, ou même davantage, ſur des pierres, des morceaux de bois, ou autre choſe convenable. Chaque ruche doit être à deux pouces, de celles qui ſe trouvent à ſes côtés.

Le ſoleil étant couché, & toutes les mouches des ruches du voiſinage rentrées ; on peut délier la nappe. En la retirant on la ſecoue ſur une autre auprès de la ruche. Quoiqu'il en ſorte d'abord un grand nombre, on n'a pas lieu d'en être inquiet : toutes ne tardent pas à ſe raſſembler & rentrer. Voyez la *Répub. des Ab.* p. 328-9.

La plupart étant raſſemblées, à l'exception de quelques-unes qui continuent peut-être de voltiger, on met deux morceaux de bois ou d'autre matiere, hauts d'environ ſix lignes, à l'endroit où doit être la porte de la ruche : ne laiſſant à la porte entiere qu'un pouce d'ouverture ſur la longueur, avec cette hauteur d'un demi-pouce : voyez *Georg.* IV. *v.* 35-6. Après quoi l'on enduit tout le reſte du pourtour de la ruche avec de la chaux, du plâtre, de l'argile, ou de la bouze de vache; tant pour en interdire l'entrée à des mouches étrangeres & pillardes, que pour fixer l'essaim même. *Consultez* les *pp.* 234-5-6, 280, 329, 330, de la *République des Abeilles;* l'*Histoire Naturelle des Ab.* T. II. p. 394.

M. Maraldi (*Mém.* de 1712, p. 322) dit que la glu que les abeilles recueillent, & qu'il nomme Propolis (*Voyez* ci-dessus p. 575, col. 1 & 2) leur sert à mastiquer le tour des vitres dont quelques ruches sont composées; & qu'elles en mastiquent aussi la ruche même autour du piédestal ou siége.

Afin de garantir la ruche contre la pluie & le grand soleil, surtout lorsqu'elle est très-exposée aux injures de l'air, on y met un chaperon épais de paille, de jonc, de genêt, ou d'autre matiere qui se prête à cet usage. Voyez *Georg.* IV. *v.* 46. L'on a coutume de faire descendre ce chaperon jusques sur le siége, la premiere année; pour prévenir le pillage. Au reste, voyez la *Répub. des Ab.* p. 236-8.

Ce siége, que quelques-uns nomment *Tablier*, ou *Gradin*, est de bois, de pierre, ou de plâtre; rond ou quarré; mais toujours un peu en pente par devant. En général, le bois vaut mieux; parce qu'il est plus sec que la pierre. Voyez la *Républ. des* Ab. p. 143, 234-5-6-7; le *Spectacle de la Nature*, T. I. p. 159. Quand on cherche à épargner, on se contente de pierres; qui souvent coutent moins & sont indifférentes par le succès, si on a l'attention de tenir alors les ruches plus élevées, ensorte que pendant l'hiver elles ne contractent pas d'humidité.

Quant aux *Ruches pleines;* dont nous avons dit que le transport se fait généralement dans une saison froide: on les place tout de suite à demeure. L'exposition du Levant leur convient dans les pays chauds; & celle du Midi, dans les climats où le raisin a de la peine à mûrir. A la rigueur, on peut les mettre dans une autre situation: mais celles que nous venons d'indiquer, & que l'on observe généralement, sont plus sûres. *Voyez* ci-dessus, p. 582, col. 2, & les Auteurs qui y sont indiqués. Du reste, on pratique tout ce que nous avons dit par rapport aux ruches d'essaims.

On peut très-bien, pour ménager le terrein, distribuer ses ruches sur quatre ou cinq rangs de planches; à-peu-près comme sont rangés les livres d'une Bibliothéque.

Voyez la *Républ. des Ab.* Titres XXIII & XXIV; l'*Hist. Nat. des Ab.* T. II. p. 395; la *Mais. Rust.* T. I. p.417-8; la *Nouv. Constr. de Ruch. de bois*, p. 55-6 7.

M. Palteau observe judicieusement (*p.* 80) que le mouvement du voyage réveille les mouches; qu'il les dégourdit, & leur donne de l'appétit. C'est pourquoi il est d'avis qu'on ne les transporte qu'à la fin de l'hiver, ou au commencement du printems; afin qu'après leur arrivée elles puissent librement se répandre dans la campagne. Sans quoi, dit-il, on les expose à consommer leurs provisions; & l'on est obligé de les nourrir jusqu'au retour du beau tems. *Voyez* aussi la *Répub. des Ab.* p. 315-6-7, 321; & ci-dessous, p. 586-7.

Maniere de Recueillir les Essaims.

On feroit riche si on étoit assuré de ramasser tous ses essaims. Dans un petit espace on pourroit en tirer quatre ou cinq cent livres de profit tous les ans: les bonnes ruches jettent souvent trois essaims: quand elles n'en donneroient qu'un; cela iroit loin, dans les pays chauds. Une ruche pleine y vaut neuf à dix livres; au moins trois ou quatre dans les pays froids. Les riches qui donneroient de grands enclos, & des milliers de ruches, en tireroient des milliers de pistoles: dans la moindre maison de campagne, on peut aussi en avoir une grande quantité. *Voyez* ci-dessus, p.578-9.

Il y a des signes qui indiquent qu'une ruche essaimera dans peu de jours: & d'autres annoncent plus positivement la sortie prochaine de l'essaim. Les faux-bourdons allant & venant hors de la ruche désignent qu'il y a un essaim nouvellement formé; car nous avons dit que probablement il n'en restoit plus des anciens. On croit donc pouvoir en conclure que la ruche *jettera* bientôt. 2°. Lorsqu'en soulevant la ruche on apperçoit des abeilles sur le siége, & d'autres amoncelées, attendu le grand nombre qui s'en rencontre actuellement dans la ruche; selon M. Palteau, *p.* 208, elle essaime ordinairement sous deux ou trois jours. *Voyez* cependant la *Républiq. des Ab.* p. 251, 266; l'*Hist. Nat. des Ab.* T. II. p. 171. Enfin la veille du départ on entend dans la ruche un bourdonnement considérable, & des sons aigus: voyez l'*Histoire Nat. des Ab.* T. II. p. 172-3-4; la *République des Ab.* p. 260. Le lendemain, quelque beau que soit le tems, on voit les mouches presque dans l'inaction; parce que l'instant de la séparation approche: celles qui vont au butin, demeurent avec leur charge auprès de la ruche, à leur retour, sans y entrer. Voyez la *République des Ab.* p. 251. Le moment décisif étant arrivé, le bourdonnement qui depuis la veille avoit toujours augmenté, cesse subitement; la ruche garde un profond silence; & l'essaim part, à plusieurs reprises. *Voyez* ci-dessus, *p.* 575.

Pour en acquérir la possession, il faut de l'art & beaucoup de vigilance. Il s'agit d'arrêter au plus tôt le vol impétueux de la troupe; & de faire ensorte qu'elle se fixe dans un endroit, d'où l'on puisse commodément la détacher pour la mettre dans une ruche.

C'est communément depuis neuf à dix heures du matin jusqu'à trois ou quatre du soir, que l'essaim sort: & cela, dans presque toute la France, depuis le mois de Mai jusques en Juillet ou même au delà. Voyez la *Mais. Rust.* T. I. p. 419, 420-1; l'*Hist. Nat. des Ab.* T. II. p. 180; la *Rép. des Ab.* p. 249, 250. Comme il est important de n'en perdre aucun, il faut être attentif & vigilant durant tout ce tems-là; & ne pas s'en rapporter à des enfans, ou à d'autres que le goût des amusemens peut distraire de ce soin.

Au reste, on doit moins viser à la multitude des essaims, qu'à en avoir une certaine quantité de vigoureux. Ceux qui sont foibles deviennent embarrassans, inutiles, dispendieux même; lorsqu'on n'est pas exact à observer tout ce que nous indiquerons pour les conserver: au lieu que les autres prosperent sans notre participation.

Les Ruches Écossoises, décrites dans la *Collection Académique*, & les autres ruches inventées depuis à l'instar de celles-là (*Voyez* ci-dessus, p. 580), ont l'avantage de retenir l'essaim; qui se loge quelquefois volontiers dans la ruche vuide qu'il trouve au-dessous de celle où il est né. Voyez la *Mais. Rust.* T. I. p. 436; M. Palteau, p. 204-5-6-7.

Pour ce qui est des ruches ordinaires, d'où l'essaim s'échape sans que rien s'y oppose; on court risque de perdre ces mouches, sujettes à s'élever fort haut. (Voyez la *Rép. des Ab.* p. 263). Mais on en réprime le vol en leur jettant soit de l'eau avec un balai, ou autrement, soit à pleines mains du sable ou de la terre en poudre bien fine. Au moyen de quoi l'essaim s'abbaisse pour se poser sur quelque branche à notre portée. Voyez l'*Hist. Nat. des Ab.* T. II. p. 191-2; la *Mais. Rustiq.* T. I. p. 425; M. Palteau, p. 208. Ou bien on leur présente au bout d'une perche un gros paquet de matricaire ou de camomille; dont l'odeur est censée leur déplaire. D'autres se servent de chauderons ou de poêles, *&c.* qu'ils frappent jusqu'à ce que l'essaim soit descendu & rassemblé. Voyez l'*Hist. Nat. des Ab.* T. II. p. 189, 191-2; la *Maison Rustique*, T. I. p. 424-5; la *République des Abeilles*, pag. 251; M. Palteau, p. 209.

Mais il est assez ordinaire que des arbres plantés en allées ou autrement dans le voisinage des ruches, suffisent pour arrêter l'essaim presque dès l'instant de sa sortie. Voyez l'*Hist. Nat. des Ab.* T. II. p. 193-4-5; la *Mais. Rust.* T. I. p. 424; Virg. *Georg.* IV. 20, *&c.*

Une autre bonne maniere d'arrêter les essaims, est de planter des perches au-devant des ruches, si elles sont sur des tablettes; ou entre chaque rangée, si elles sont à terre: y ajoûter par en haut d'autres perches, ou des cordes qui les lient: & y attacher quelques poignées de paille, de jonc, de genêt, de bouleau ou d'autre matiere, liées en balai. On peut jetter par-dessus tout cela, un vieux filet à prendre du poisson; qui pendra jusqu'à terre; & couvrira tout le jardin, s'il est petit.

Quand on a beaucoup de ruches, il n'est pas rare de voir un essaim fixé grossir prodigieusement par la jonction de plusieurs autres. Comme ils n'en feroient plus alors qu'un seul, & que ce seroit une perte dans le cas où ce seroient des premiers jettons de l'année; on les sépare soit en leur jettant de l'eau ou du sable; soit en faisant au-dessous d'eux un feu de foin, de paille, d'herbes, *&c.* dont la fumée les atteigne. On tient deux ruches renversées au-dessous de la pelote que forment ces essaims: la fumée y en fait tomber à-peu-près autant dans l'une que dans l'autre. Consultez la *Maison Rustique*, T. I. p. 428-9; la *Répub. des Ab.* Tit. XXXIV; M. Palteau, p. 220, 230. Mais pour qu'elles y restent, il faut que chacune ait une Mere ou Reine. Elle se place quelquefois sous une feuille, à peu de distance du gros de l'essaim. Quand on peut la découvrir, il faut la prendre & la mettre dans la ruche que l'on veut faire habiter.

Dès qu'un essaim seul est fixé, on l'abrite avec un drap ou avec des branchages verds; de crainte que la chaleur ne le fasse se détacher avant que la ruche soit prête: Voyez la *Rép. des Ab.* p. 273, 281. Il faut donc se hâter de nettoyer soigneusement (voyez la *Rép. des Ab.* p. 273, & ci-dessous p. 592 col. 2), puis frotter de miel, l'intérieur de la ruche; particuliérement vers le haut, qui est la partie où les abeilles se portent d'abord. Ce miel est plus propre à les arrêter dans la ruche, que la crême, les feuilles & fleurs de grosses feves, ni les herbes odoriférentes, telles que la Mélisse, ou le Baume verd de nos jardins, dont on a coutume de frotter la ruche par dedans. Voyez l'*Histoire Nat. des Ab.* T. II. p. 206. On présente tout de suite aux abeilles la ruche ainsi préparée, pour s'en assurer: ce que l'on fait 1°. en secouant la branche pour qu'elles tombent dans la ruche: voyez M. Palteau, pag. 214-5. 2°. L'on coupe la branche où l'essaim est attaché (Voyez la *République des Ab.* p. 277); on met ensuite cette branche à terre sur un drap; & on place au-dessus, la ruche élevée de trois ou quatre doigts, ensorte qu'aucune abeille ne puisse être écrasée: au reste voyez M. Palteau, p. 215-6. 3°. Si l'essaim est arrêté à une hauteur d'où l'on ne puisse pas commodément transporter la branche que l'on couperoit; un homme, monté sur une échelle appuyée contre la tige de l'arbre, tient la ruche renversée au-dessous de l'essaim; tandis qu'un autre homme grimpé sur le même arbre, secoue la branche, ou fait tomber les abeilles dans la ruche avec un balai dont le manche a une longueur suffisante. 4°. Si l'essaim est trop près de l'extrémité des branches, & qu'on ne puisse y appliquer l'échelle, on attache la ruche à une longue & forte perche, au moyen de laquelle on l'éleve renversée jusqu'à la portée de l'essaim; & alors on se sert d'un long houssoir, pour y faire tomber les mouches. Les différentes circonstances suggerent encore d'autres expédiens. Voyez la *République des Ab.* p. 258-9, 276-8-9; M. Palteau, p. 215-6. C'est toujours un grand avantage lorsqu'on peut attendre que le soleil soit couché: les mouches étant devenues moins vives par la fraîcheur du soir, on scie doucement une branche haute où l'essaim est demeuré; & l'ayant descendue avec précaution, l'on emmene en même tems tout l'essaim, que l'on n'a pas alors beaucoup de peine à faire entrer dans la ruche.

Quelque moyen que l'on prenne, & qui ait réussi pour recueillir une partie considérable de l'essaim; on place la ruche au-dessous de l'arbre même. Les autres viennent rejoindre le gros. S'il y en a beaucoup qui restent sur la branche, on la secoue encore jusqu'à ce qu'elles l'abandonnent: voyez l'*Hist. Nat. des Ab.* T. II. p. 108; la *Républ. des Ab.* p. 276; M. Palteau, p. 217.

Tout l'essaim étant rassemblé, à la réserve de quelques-unes qui peut-être voltigent, on enveloppe la ruche comme nous avons dit ci-dessus au sujet du Transport (*p.* 582). Le petit nombre des voltigeuses ne s'en écarte point. On porte l'essaim ainsi enveloppé, à l'ombre dans un endroit frais: où on le suspend en l'air; ou du moins on le place ensorte qu'il y ait une pierre ou autre chose qui souleve d'un côté la ruche à la hauteur d'un demi-pied, pour que la nouvelle colonie n'étouffe pas. Voyez l'*Hist. Nat. des Ab.* T. II. p. 208-9; la *République des Ab.* p. 276-7; M. Palteau, p. 219, 220-1.

Comme il est rare que les mouches abandonnent une ruche où elles ont commencé à travailler; vû aussi qu'elles se mettent au travail dès qu'elles adoptent la ruche qu'on leur a donnée: ce sont des raisons pour les y tenir enfermées au moins pendant vingt-quatre heures. Elles peuvent même y subsister pendant deux ou trois jours sans avoir besoin de nouvelles provisions: & peut-être en ont-elles emporté de la ruche-mere. Voyez la *Mais. Rust.* T. I. p. 427; la *Républ. des Abeilles*, p. 261-2; M. Palteau, *Nouv. Constr. de Ruches de bois*, p. 57, 254.

Avant de les laisser sortir, on les place à demeure; & on les accommode ainsi que nous l'avons indiqué dans l'article du Transport des Ruches.

Pendant la premiere année, les essaims doivent être un peu éloignés des ruches-meres, quand on a un certain nombre de celles-ci; attendu que le grand bruit que produisent les allées & venues de toutes ces mouches, est capable de faire sortir à la fois un essaim entier; qui se perdroit. L'hiver suivant on peut transporter les nouvelles ruches parmi les anciennes.

Lorsque l'on a plusieurs essaims, il est de la prudence de ne pas les tenir au grand soleil. Si l'un d'eux, trop échauffé venoit à prendre la fuite, tous les autres pourroient le suivre. Cet accident n'est pas rare. *Voyez* M. Palteau, p. 57.

Il y a des essaims qui retournent à la ruche où ils ont pris naissance. Voyez la *République des Ab.* p. 256, 270-3; l'*Histoire Nat. des Ab.* T. II. p. 212. Faute d'en bien connoître la cause, nous ne pouvons suggérer de préservatif pour cet accident. Ce sera toujours une précaution utile, que de placer ces essaims le plus loin qu'on pourra de leur Mere; ou même de transporter celle-ci fort loin, & lui substituer aussitôt une autre ruche préparée à l'ordinaire. Voyez *République des Ab.* p. 271-2.

D'autres sont paresseux à abandonner leur Ruche-Mere. Voyez la *République des Ab.* Tit. XXX-I; & l'*Histoire Nat. des Ab.* T. II. p. 196. On connoit leur retard à ce qu'ils se tiennent autour de l'entrée des

des ruches, amoncelés sous différentes formes. Pour les obliger à partir on les enfume plusieurs fois de vieux linge, ensorte qu'il ne fasse point de flamme; on frotte l'endroit où ces mouches se tiennent, avec des choses dont l'odeur leur déplaise : voyez *Républ. des Ab.* p. 266-7-9. On réussit encore quelquefois en faisant tomber tout le peloton dans une ruche frottée de miel & autres choses propres à attirer & retenir les abeilles : voyez *République des Ab.* p. 268 : consultez aussi l'*Histoire Nat. des Ab.* T. II. p. 196, jusqu'à 204; la *Maison Rust.* T. I. p. 423-4. Mais en général un essaim ne travaille pas quand il n'a point de Reine avec lui dans la ruche: Voyez l'*Hist. Nat. des Ab.* T. I. p. 333; ce que nous avons dit p. 584, col. 1; & ci-dessous, p. 596.

Bien des gens prétendent qu'un essaim peu considérable travaille autant qu'un plus fort, pour se hâter de remplir sa ruche. C'est un avantage que l'on ne peut espérer que dans des années extrêmement favorables. Dans ce cas l'essaim jette quelquefois, au bout de trois ou quatre semaines. On en voit même donner ainsi plus d'un essaim: & ces jeunes abeilles en jettent encore d'autres avant la fin de l'été. Voyez l'*Histoire Nat. des Ab.* T. II. p. 223. Mais, je le répète, ce sont des especes de prodiges, sur lesquels on ne doit nullement compter. Dans l'ordre commun, qui suppose les années médiocrement bonnes, un essaim ne jette qu'au bout d'un an: & s'il est foible, il n'emplit pas sa ruche, n'amasse point assez pour se nourrir pendant l'hiver, devient ainsi malade, & périt: voyez l'*Histoire Nat. des Ab.* T. II. p. 299, 300-2-3-4-8-9, 310-5-8, 320-1. Ou s'il passe heureusement cette saison, la ruche foible ne manque gueres d'être pillée au printems par une forte. C'est pourquoi, afin de remplir une ruche ordinaire, on Couple ou *Marie ensemble plusieurs petits essaims*. Consultez l'*Hist. Nat. des Ab.* T. II. p. 219, 220-1, 213 & suivantes, 304, 320; & ci-dessous, p. 595, col. 2. Voici la maniere de procéder à cette Union. Le soir, une ou deux heures après le soleil couché, on enfume un peu avec du linge ou du foin la ruche dont on veut augmenter le peuple; afin qu'il ne tue pas celui qu'on va y joindre: on étend près de-là une nappe sur la terre: on y apporte doucement la ruche où est un essaim nouvellement pris; on l'enfume, puis on la secoue rudement; & toutes les mouches en étant tombées ou descendues sur la nappe, on les couvre promptement de la ruche qu'on veut fortifier: elles y montent; puis y restent, & travaillent avec les autres dès qu'elles ont passé une nuit ensemble. On replace & rétablit la ruche dès le même soir, ou le lendemain avant le lever du soleil. Voyez la *Mais. Rust.* T. I. p. 429, 432-3; la *Rép. des Ab.* p. 284-5; les *Mémoires de l'Acad. des Sciences* 1754, p. 336; M. Palteau, p. 232-3-4. Assez souvent chaque Colonie se cantonne, & travaille pour elle seule. Voyez la *Rép. des Ab.* p. 35, 71, 180-1; M. Palteau, p. 207, 231; l'*Hist. N. des Ab.* T. I. p. 338-91, 357. La société subsiste pour l'ordinaire tant que l'été fournit une récolte abondante : mais souvent à la fin de cette saison les anciens habitans tuent les derniers venus; ou vraisemblablement les foibles périssent sous les coups des plus forts. C'est pourquoi en général il est préférable de donner à chaque essaim, une ruche proportionnée à son nombre. *Voyez* ci-dessus, *p.* 580, & 596, col. 2; M. Palteau, p. 13, 33-4-5, 234; l'*Histoire Nat. des Ab.* T. I. p. 139; T. II. p. 376, *&c.*

Nourriture des Mouches à Miel.

Comme la Cire & le Miel ne sont que des extraits qu'elles font de Végétaux, il est important de faire ensorte qu'elles aient à leur portée ceux qui sont les plus capables de leur en fournir. Elles vont bien chercher au loin ces provisions; voyez la *République des Ab.* p. 74; le *Spectacle de la Nat.* T. I. p. 191-2: mais l'éloignement consomme un tems précieux, & les empêche de recueillir & travailler autant que si les matieres qu'elles recherchent se trouvoient dans le voisinage des ruches. D'ailleurs, pour aller au loin chercher leur nourriture, elles ont besoin d'un beau tems & fort calme.

Nous avons déja indiqué (*p.* 575) les végétaux où elles trouvent leur *Propolis.*

Les feuilles d'un grand nombre d'arbres & de plantes fournissent à ces insectes la matiere de la Cire. Elles parcourent donc les prés, les bois, les campagnes, les jardins. Les étamines de la plupart des fleurs sont aussi mises à contribution pour donner la cire. M. Maraldi (*Mém. de l'Acad. des Sc.* 1712, p. 317) dit qu'elles en ramassent une grande quantité sur les fleurs de Roquettes; & encore plus sur celles des Pavots simples, qui ont une multitude d'étamines. *Purpureosque metunt flores :* dit Virgile, Georg. IV, 54. On les voit toutes couvertes de poussiere jaune, quand elles ont été travailler sur des Lys; dont les étamines ont leurs poussieres de cette couleur. Consultez l'*Hist. Nat. des Ab.* T. II. p. 146-7. Virgile dit encore, *v.* 180-1, qu'elles en trouvent une abondante récolte sur le Thym.

Pour ce qui est du Miel; qu'elles puisent le plus souvent dans des especes de vessies ou de glandes qui sont des reversoirs de liqueur diversement placés sur les fleurs de différentes especes; *voyez* NECTAR : on observe qu'elles cherchent par préférence les fleurs de Saule, de Jonc-marin, Pois, Lavande, Tussilage, Cerisier, Bruyere, Safran, Jonquille, Tubéreuse, Jasmin, de nos Ronces de haie, du Sarrazin, des grosses Feves, Serpolet, Marjolaine, Bourrache, Marum, Rosier, Conyze, Mélilot, Romarin, Genêt, Sauge, Origan, Sainfoin, Luzerne, Navette, Chevre-feuille, Aubépin, Vesce, *&c.* Voyez *Georg.* IV, 29, 30, 63, 181-2-3 : & les sçavans Commentaires publiés en Anglois sur ce Poëte, *Lond.* 1741. *in*-4°. par M. Martyn. La fleur de Tournesol est d'un grand secours aux abeilles, dans l'arriere-saison. Elles sont très-avides de la fleur du Tilleul : & on prétend qu'elles s'y gorgent, au point de contracter une dysenterie mortelle: mais on croit que la Nature les a instruites à y remédier, & que c'est pourquoi elles se tiennent, surtout dans la saison de cette fleur, fréquemment dans des endroits humectés d'Urine : voyez la *Rép. des Ab.* p. 86; l'*Hist. Nat. des Ab.* T. I. p. 16 & 17.

Le *Prædium Rusticum*, p. 256, associe le Chêne au Tilleul, pour l'abondance du suc mielleux.

La liqueur mielleuse s'épanche quelquefois sur le fond de la fleur, & même sur les feuilles des plantes. Ainsi au printems on voit nombre d'arbres, & en particulier des Érables, dont les feuilles sont enduites d'un suc doux qui y forme comme une couche de verni luisant. Les Abeilles profitent alors de ce suc.

On a observé dans le Gâtinois qu'elles tirent un bon parti de l'Herbe qu'on y appelle *Cheneviere bâtarde;* connue des Botanistes sous le nom de *Virga Aurea Virginiana annua* Zannoni.

Nous ne pouvons douter que les divers arbres à fruit, distribués dans nos jardins, dans les bois, & ailleurs, ne fournissent encore du miel aux abeilles; ainsi que les fleurs des belles prairies, & celles qui servent à décorer nos jardins & flatter nos sens. Il est donc à propos d'en ménager une abondance suffisante. Voyez la *République des Ab.* p. 230-1, 307-8.

Le Sarrazin leur fournit beaucoup. Voyez le *Spectacle de la Nat.* T. I. p. 191-2.

Quoique M. Bazin (*Histoire des Ab.* T. II. p. 355) insinue qu'elles trouvent peu de ressource sur le Bled, il convient (p. 398), que les fleurs de nos bleds de toute espece, de nos légumes, de nos arbres fruitiers, donnent un miel qui, moins agréable pour l'odeur, n'est pas moins capable de nous servir d'aliment salutaire que le miel des plantes aromatiques; si même, ajoûte cet Auteur, il n'est meilleur à cet égard. Voyez la *Maison Rust.* T. I. p. 407.

Il paroît que les Abeilles font peu de distinction entre les plantes qui peuvent avoir des effets nuisibles par rapport à nous; & qu'il leur suffit d'y trouver la matiere de leur récolte. Vraisemblablement certains sucs dont nous n'avalons pas impunément le miel, ne causent aucune altération dans l'état de ces insectes. M. Bazin (*Histoire des Ab.* T. II. p. 399) soupçonne que la Jusquiame, les Tithymales, la Cigue, & autres plantes dont le suc est reconnu pour dangereux, peuvent communiquer leur malignité au miel qui en seroit extrait. En conséquence il seroit d'avis que l'on n'en souffrit aucune dans le voisinage des abeilles. Au reste Dioscoride, Pline, Xenophon, Diodore de Sicile, & le P. Lambert Missionnaire Théatin, parlent des effets pernicieux de certains miels de Grece : & leurs observations, comparées avec les connoissances de la Botanique, & avec des opinions vulgaires, ont donné lieu à M. Tournefort d'en attribuer la cause au suc de certaines especes de Lauriers-roses, mis à contribution par les abeilles. Consultez son *Voyage du Levant*, T. II. p. 228-9, 230-1, édit. *in*-4°. Voyez aussi la *Maison Rust.* T. I. p. 409, 440.

La commodité de l'Eau est un article essentiel pour le soin des ruches.

> . . . . *Flumina libant*
> *Summa leves :* dit Virgile, *Georg.* IV : 54-5.

Voyez aussi les *vers* 18 & 19. Nous ne prétendons pas qu'il faille être voisin de rivieres, de grands courans d'eau, de bassins dont les bords soient élevés, d'étangs, *&c.* Des eaux ainsi amassées en grand volume sont dangereuses pour les abeilles : qu'un orage ou un coup de vent y précipite; que des vagues ou des bords escarpés entraînent & font noyer; & à qui il suffit d'effleurer l'eau. Il vaut mieux avoir un très-petit ruisseau dans la prairie voisine, mais dont l'eau toujours vive ne tarisse jamais. Virgile conseille de faire des especes de ponts avec des pierres ou avec des arbres couchés dans les étangs & les eaux courantes; pour leur commodité: & que l'on y joigne même des délices pour les attirer en ces endroits :

> *In medium, seu stabit iners, seu profluet humor,*
> *Transversas salices & grandia conjice saxa;*
> *Pontibus ut crebris possint consistere, & alas*
> *Pandere ad æstivum solem, si fortè morantes*
> *Sparserit, aut præceps Neptuno immerserit Eurus*, &c.
> *Georg.* IV. 25.

Quand on ne se propose que de pourvoir au besoin des abeilles, on peut les mettre à portée de puiser de l'eau sans danger, en plaçant auprès des ruches quelques assiettes à demi-pleines d'eau; dont les bords en talus feront que les mouches y seront toujours à sec. * *Histoire des Ab.* T. II. p. 354-5. J'ai vû pareillement une longue pierre où l'on avoit creusé divers sillons d'un pouce de profondeur & de diametre, dont l'entre-deux étoit plat & avoit une pareille largeur : on entretenoit de l'eau fraîche dans ces rigoles : & je ne sçache pas qu'aucune abeille y ait jamais péri. D'autres ont de petites auges remplies d'eau, où ils laissent flotter des planches minces, sur lesquelles se posent les mouches.

Lorsqu'on est privé d'eau, & d'une suffisante quantité de plantes propres à ces insectes; on doit ne pas prétendre à tenir un rucher considérable. Dans cette branche d'Œconomie, ainsi que dans les autres, il y a plus de gain à ne garder qu'un petit nombre d'animaux bien nourris, qu'à les multiplier sans égard à la disette d'alimens. On est sans cesse à portée de se convaincre que la Nature n'a pas également favorisé tous les cantons. La prudence dicte donc de sçavoir se borner à une demi-douzaine de ruches, auxquelles on peut suffire; plutôt que d'en tenir une fois autant, qui ne trouveront pas assez de provisions dans le pays: celles-ci ne feront que languir; & celles-là réussiront.

M. Maillet, dans le IIe. Volume de sa *Description de l'Egypte*, s'est plu à décrire l'ingénieuse pratique des Egyptiens, qui chargeant leurs ruches sur des batteaux les conduisent le long des rives du Nil pour que les abeilles y jouissent successivement des fleurs à mesure que la saison plus ou moins avancée devient favorable pour un canton, après avoir avantagé celui qui le précédoit. Ce voyage dure trois mois: pendant lesquels la partie d'Egypte d'où on les embarque est dans un état d'épuisement & d'aridité. J'abrége ce curieux détail; que l'on verra avec satisfaction dans l'ouvrage même de M. Maillet. L'on peut aussi consulter l'*Histoire Nat. des Ab.* T. II. p. 358-9, 360-1-2.

Il y a pareillement une saison où les Riverains du Pô voiturent sur ce fleuve leurs ruches jusqu'auprès des montagnes de Piémont. On dit que ces voyages par eau sont aussi d'usage à la Chine. Tel est l'avantage d'être voisin d'une grande riviere : on peut par ce moyen réunir en faveur de ses abeilles le printems d'un pays sec, avec l'automne d'un pays gras & ombragé, & suppléer abondamment à la disette naturelle du canton que l'on habite. Voyez l'*Hist. Nat. des Ab.* T. II. p. 366; la *Mais. Rust.* p. 439.

Au défaut de navigation, l'on peut même faire voyager par terre ses abeilles. Nous lisons dans Columelle, que les Grecs de l'Achaïe voituroient ainsi les leurs en Afrique; où la saison des fleurs étoit tardive. On assure que certains habitans du pays de Juliers ont adopté le même usage, pour que leurs mouches eussent à discrétion les herbes odoriférantes des montagnes. * *Histoire Nat. des Ab.* Tom. II. p. 367. M. De Réaumur, dont les sçavans Ecrits présentent continuellement une admirable sagacité, un génie fait pour les observations, & l'heureux talent de diriger vers l'utile des connoissances qui semblent n'être que curieuses; ce célebre Académicien a éternisé dans son *Histoire des Inf.* T. V. l'habileté avec laquelle feu le Sr. Prouteau sçavoit entretenir parfaitement une multitude de ruches, aux dépens des provinces voisines du Gâtinois où étoit sa résidence, dans le voisinage de Pethiviers. Ce canton, assez bien pourvû de fleurs au printems, en est presque entiérement privé après la récolte des sainfoins. Mais les bords de la forêt d'Orléans jouissant plus longtems des fleurs, le Sr. Prouteau y faisoit charrier ses mouches, quelquefois à une distance de sept lieues, suivant que les pluies avoient prolongé l'état de vigueur des plantes. Ce canton se trouvoit-il peu disposé à fournir une abondante récolte aux abeilles de l'Œconome attentif; il les transportoit dans la Sologne : où elles trouvoient beaucoup de farrazin en fleur depuis le commencement du mois d'Août jusques vers la fin de Septembre.

N'étant pas instruits des précautions avec lesquelles d'autres ont voituré leurs ruches par terre, où elles ne sont pas tranquilles comme sur l'eau; nous ne pouvons parler que des soins avec lesquels le Sr. Prouteau assuroit le succès des siennes contre les agitations inévitables de la route. Il faut commencer par visiter toutes les ruches; pour connoître leur état respectif, & les distribuer en plusieurs classes que l'on séparera les unes des autres. Le S^r. Prouteau avoit des charrettes qui pouvoient tenir depuis trente jusqu'à quarante-huit ruches, posées deux-à-deux de front dans toute la longueur. L'inégalité du nombre dépendoit du volume des ruches & de la quantité de leurs provisions. Celles qui étoient suffisamment garnies se posoient le haut en bas, pour qu'elles fussent plus stables & que leurs gâteaux courussent moins de risque. Par ce moyen on pouvoit en faire deux étages; celles du second lit se trouvant placées dans l'entre-deux des premieres. Avant tout, on doit assujettir les uns contre les autres, & contre les parois de la ruche, avec de petits bâtons, les gâteaux que l'ébranlement de la voiture pourroit briser ou déplacer. Chaque ruche étant en état de soutenir le voyage, on l'enveloppe d'une serpilliere ou grosse toile claire; comme nous avons dit ci-dessus, pag. 582. Puis on la place dans la voiture: observant que toutes jouissent de l'air que cette toile doit leur procurer, afin de tempérer la grande chaleur qui existe alors nécessairement dans la ruche par l'agitation où sont les abeilles: les ruches qui n'ont que peu de cire sont mises ensemble, dans leur position ordinaire; mais enveloppées de même que les autres. Lorsque le tems est chaud, on ne marche que de nuit: & l'on profite des journées fraîches, pour avancer. L'on a soin que les chevaux aillent toujours un très-petit pas, & sur les endroits les plus unis. On séjourne en faveur des abeilles dont les provisions sont courtes: les ayant descendues à terre, on abat la toile, on ménage au bas de chaque ruche une ouverture pour les laisser sortir. Le soir, quand elles sont rentrées, on enveloppe de nouveau leur ruche; & l'ayant replacée dans la voiture, on continue sa route. Etant arrivé au lieu que toutes ces ruches doivent habiter en commun durant quelque tems, le S^r. Prouteau les faisoit distribuer dans des jardins ou ailleurs, à la portée des paysans qui se chargeoient d'y veiller moyennant un très-modique salaire.

La plupart des habitans du pays font toujours en petit ce qu'il exécutoit en grand.

On pourroit se dispenser de ces voyages, en semant en différentes saisons, des feves, du sarrazin, & d'autres plantes; de maniere que les unes sortant de fleur, d'autres du même genre y entrassent. Une semblable succession fait partie de l'art du jardinage par rapport au Potager. D'ailleurs, les graines de ces mêmes plantes feroient un produit considérable, auquel les mouches ne porteroient pas de préjudice notable en mettant les fleurs à contribution.

Il y a d'autres circonstances où l'intelligence de l'œconomie apprend que l'on doit pourvoir à la subsistance des abeilles sans les déplacer; si on veut en retirer le profit.

1°. Si un jeune essaim qui n'a pas encore eu le tems d'amasser des provisions, est retenu dans sa ruche par le froid ou par la pluie; durant lesquels il ne peut s'exposer à sortir sans courir le risque de mourir: on doit lui porter de petites assiettes dont le fond soit garni de paille hachée & de miel. Dès que le tems permettra aux abeilles d'aller dehors, on retirera ce secours qui étoit nécessaire jusqu'alors. On peut encore attacher en dedans de la ruche des gâteaux garnis de miel, (*Républ. des Ab.* p. 148-9, 150; *Maison Rust.* p. 435): ou faire sur cette assiette un mélange de miel, de sucre, & d'eau-de-vie; ou enfin, de bonne aveine bien nette & sans odeur, avec du miel commun ou un morceau de sucre: voyez la *Républ. des Abeilles*, p. 292-3-4-5, 152-3. L'expérience assure bien que les mouches se nourrissent volontiers de miel, de sucre, & d'aveine. Mais on verra dans la suite de cet article, que le miel doit ne leur être donné qu'avec une sorte de retenue, pour ne pas les exposer à une maladie mortelle. Le sucre ne devenant dans leur estomac qu'un miel imparfait (Voyez l'*Hist. Nat. des Ab.* T. II. p. 133-4.); on peut craindre qu'en certaine quantité il ne leur porte quelque préjudice. M. Simon dit que l'aveine seule suffit pour entretenir des abeilles en vigueur pendant un tems considérable. Voyez la *Rép. des Abeilles*, p. 146-7.

M. Duhamel, à qui rien n'échappe de ce qui peut être utile, observe (*Art du Cirier*, p. 7.) que la cire brute faisant partie de la nourriture des abeilles, & cette cire étant un mêlange de substance mielleuse avec la poussiere des étamines des fleurs, comme nous avons déja eu occasion de le dire; on imite ce mêlange en joignant à du miel une purée épaisse de feves de marais, lorsqu'on est dans le cas de nourrir les mouches. Il avertit encore qu'on les nourrit très-bien avec la composition suivante: Miel, six livres; purée de lentilles, un quart de litron; vin blanc, un poisson.

2°. Pendant l'hiver, ces insectes ont besoin d'être garantis du froid jusqu'à certain degré: & comme ils demeurent éveillés & actifs tant que cette saison est douce, plus le tems doux continue, plus ils consomment de provisions; en sorte qu'à la longue ils peuvent en manquer, & languir. On doit donc les visiter tous les jours, depuis le mois d'Octobre, tant que dure le froid; & si on s'apperçoit que les mouches soient trop engourdies, ou les ruches devenues légeres, les secourir promptement. L'usage commun est d'introduire sous la ruche pénétrée de froid un pot de terre, où il y a un peu de braise allumée, couverte de cendre chaude. Consultez l'*Histoire Naturelle des Abeilles*, T. II. p. 293, jusqu'à 319. Dans le cas où les provisions de miel sont épuisées, on a coutume de mettre au bas de la ruche une terrine pleine de miel, sur lequel est une feuille de papier piquée de petits trous, ou une toile claire, afin que les mouches puisent le miel sans s'empâter. Voyez l'*Hist. Nat. des Abeilles*, T. II. p. 403 & 9; M. Palteau, p. 13; la *République des Abeilles*, Tit. XIV. XV.

M. Duhamel indique encore un très-bon moyen d'approvisionner les abeilles sans les exposer à aucun risque. C'est de mêler le miel avec de la paille hachée ou de l'aveine sur une assiette, qu'on pose le soir sous les ruches qui manquent de nourriture. Le lendemain les mouches travaillent avec toute l'activité possible, à monter ce miel dans les alvéoles; & le soir la paille ou l'aveine est aussi séche que celle qu'on tireroit de la grange. La précaution de ne leur donner ce miel que le soir, fait que les mouches voisines ne se présentent pas pour y avoir part, ce qui occasionneroit des querelles. On proportionne le secours aux besoins de chaque ruche; que l'on connoît en la pesant à la main: on lui donne plus ou moins, suivant sa légereté; l'habitude suffit pour juger à-peu-près de ce qui leur est nécessaire. * *Mém. de l'Acad. des Sc.* 1754, p. 337. Consultez la *Maison Rust.* p. 438. En donnant aux abeilles cette provision en automne par un beau tems, elles en emplissent leurs alvéoles, auxquels elles ont recours dans le besoin.

Comme il est généralement plus sûr de prévenir les accidens, que de les attendre; on peut mettre les abeilles à l'abri des plus grands froids, & en même tems leur faire trouver à propos un supplément de nourriture sans sortir de leur ruche: au moyen de la disposition simple & peu couteuse, que voici. On leur y conserve même l'avantage de pouvoir sortir quand les beaux jours les y inviteront ; & de ne point passer la saison dans un air étouffé qui leur est très-préjudiciable. Il s'agit de défoncer par en haut un vieux tonneau ; & l'ayant mis de bout, jetter sur le fond quatre à cinq pouces de terre bien séche, que l'on pressera fortement. Ensuite on la couvrira de planches : sur lesquelles posera une terrine pleine de quatre, cinq ou six livres de miel, plus ou moins à proportion du besoin ; & la ruche au-dessus. On pratiquera au tonneau une petite ouverture précisément vis-à-vis la porte de la ruche, & on y introduira un canal de bois qui touchant à la porte des abeilles sorte de quelques pouces au-delà du tonneau. Enfin on emplira de terre, pareillement desséchée & pressée, tout le vuide qui se trouvera dans l'intérieur du tonneau jusqu'à ses bords supérieurs.

Pour aller plus à l'épargne, lorsque l'on a beaucoup de ruches, on réuniroit les mêmes avantages en substituant aux tonneaux soit de longues planches soit des claies à mailles étroites, un peu plus hautes que les ruches. On en fera des especes de cloisons paralleles, soutenues de piquets, & dont l'espace intérieur soit un peu plus large que le diametre des ruches. Dans cet intervalle on asseoira une couche de terre, puis un plancher, & les ruches par ordre avec chacune leur terrine de miel & un canal de communication pour le dehors : puis on comblera le vuide avec de la terre séche & bien pressée, jusqu'au haut des cloisons ; de même que l'on eût fait pour des tonneaux. On mettra enfin sur le tout un petit toît de chaume, qui débordera assez pour écarter la pluie.

Consultez sur ces expédiens utiles l'*Hist. Nat. des Ab.* depuis la page 319 jusqu'à 329, puis page 332 & 336-7 ; la *République des Abeilles*, Tit. XV ; & pag. 137-8 : où M. Simon ajoûte qu'il a très-bien conservé dans les plus grands froids ses ruches entortillées de cordons de foin. Il y suggere encore d'autres bons expédiens, & peu couteux ; tels que de substituer la paille d'aveine, les feuilles séches, ou le foin, à la terre. La *Mais. Rust.* (p. 435) conseille même de faire passer l'hiver aux ruches, dans des tas d'aveine.

Au reste, les tonneaux garnis de leur fond paroissent plus propres à garantir encore les ruches contre les mulots, que les cloisons dont le bas pose sur la terre ; que le mulot peut fouiller. En effet on voit dans l'*Hist.Nat.* de M. De Buffon, (T. VII. p. 328 de l'Édit. *in*-4°.) que cet animal, qui aime la terre séche, y fait des trous dont la profondeur va ordinairement au-delà d'un pied. Les plaques de fer blanc dont M. Bazin environne l'ouverture des canaux de communication, peuvent bien empêcher le mulot de pénétrer par là : voyez l'*Hist. des Abeilles*, T. II. p. 329, 330-1. Mais il semble que le grillage dont nous allons parler suffiroit & seroit plus sûr ; outre qu'il empêcheroit que les abeilles, accoutumées à l'air tempéré de cette habitation, ne s'exposassent indiscrettement à l'air extérieur qui pourroit les faire périr. Voyez les *Ruches* de M. Palteau, p. 26-7-8, 33 ; la *République des Abeilles*, p. 146-7-8.

3°. L'on voit périr de froid au printems, des abeilles qui ont très-bien passé l'hiver. Quittant trop tôt en Mars ou Avril leur ruche où elles avoient bien chaud, elles entrent dans un air dont elles ne peuvent soutenir le degré de froid qui les saisit subitement. Pour obvier à cet accident meurtrier, capable de ruiner les plus solides espérances, on met à l'entrée de chaque ruche un petit grillage de fil de fer ; ou autre chose semblable, dont les ouvertures soient assez serrées pour empêcher la sortie des mouches sans les priver d'air : ce grillage doit être placé solidement, mais de façon qu'il puisse se fermer & s'ouvrir comme une fenêtre. Au printems, lorsque l'air semble doux, on introduit dans la ruche le bas d'un bon thermometre, tel que ceux de M. De Reaumur ; pour s'assurer de l'effet que cet air est capable de produire sur les mouches : & on n'en laisse sortir aucune si le thermometre, après y avoir séjourné, s'arrête au degré de la congélation de l'eau ; au lieu qu'on peut les mettre en liberté s'il marque la température des caves de l'Observatoire de Paris. * *Hist. Nat. des Abeilles*, T. II. p. 305-6-7, 311-2, 333-4-5. Voyez les *Ruches* de M. Palteau, p. 33-4, 57 ; la *Répub. des Abeilles*, p. 146.

M. Simon (*Républ. des Abeilles*, p. 146) dit qu'au premier printems les abeilles languissantes reprennent leurs forces sur la fleur de Tussilage. En conséquence il veut qu'on ne les lâche que quand elle est épanouie.

Diverses causes de leur Dépérissement.

Outre le froid & la disette de vivres ; que nous avons vû être des accidens capables de détruire les meilleures ruches, & en grand nombre ; les abeilles ont entre elles des *Combats* meurtriers : tantôt d'une abeille contre une autre, tantôt de plusieurs ruches ensemble. Deux essaims ont-ils sujet de se regarder comme ennemis, ils s'entre-battent jusqu'à ce que le plus foible succombe & périsse.

Consultez la *Mais. Rust.* p. 433-4 ; l'*Hist. Nat. des Ab.* T. I. p. 125 jusqu'à 133 ; p. 138-9, 140-1-2 ; la *Collect. Acad.* T. VII. p. 185 ; l'*Abrégé de l'Hist. des Insectes*, T. I. p. 66-7 ; la *Républ. des Abeilles*, p. 256-7, 362, *&c* ; *Georg.* Liv. IV. *v.* 67, *&c.*

Virgile (*vers* 86 & suivants) avertit de jetter de la poussiere sur les combattantes : ce qui les oblige à se séparer, & met fin au désordre. Après quoi il veut que l'on tue la Reine qui paroît être d'une espece inférieure ; pour que l'autre réunisse seule les deux troupes sous ses loix. C'est effectivement un moyen de bien peupler une ruche. Mais le peuple dont la Reine étoit de mauvaise espece, ne tiendra-t-il pas des défauts de sa race : sera-t-il aussi propre au travail, que l'espece dominante : la différence d'inclinations & d'aptitude ne fera-t-elle pas naître des inimitiés, qui occasionneront encore des meurtres ? Peut-être est-ce pourquoi l'on voit assez souvent beaucoup d'abeilles tuées, qui ont été jettées dehors des ruches. Au reste consultez la *Républ. des Abeilles*, p. 69, 71, 256-7, 181-2 ; l'*Histoire Nat. des Abeilles*, T. I. p. 328-9, 330-1, 344-5 ; & ci-dessous, p. 589 col. 1.

Quelques Auteurs disent que quand un essaim se bat contre un autre, il faut leur jetter du vin cuit ; ou du vin miellé ; ou quelque autre liqueur chargée de miel, & que l'on voit bientôt leur fureur s'appaiser.

C'est ordinairement vers le mois de Juillet que commence la saison où les ruches ont le plus d'assauts à soutenir contre d'autres abeilles qui cherchent à en dévorer les provisions : ce que font aussi les frelons & les guêpes. Dès le printems même, les ruches peu nombreuses se trouvent quelquefois exposées au *Pillage* des plus fortes : celles-ci négligent d'aller à la récolte sur les fleurs, & viennent se gorger de miel dans une ruche étrangere ; d'où on les voit sortir le ventre extrêmement gonflé. Elles voltigent tumultuairement en grand nombre autour de cette ruche, le soir quand les bonnes ouvrieres sont rentrées, & le matin avant qu'elles sortent. Enfin elles les obligent à déserter ou à mourir de faim. Voyez la *Républ.*

des Abeilles, p. 38. Dans ces circonstances plusieurs Auteurs sont d'avis que l'on fasse périr au plus tôt avec la fumée du soufre toutes les mouches au pillage desquelles d'autres sont acharnées : attendu que ces pillardes viennent encore souvent les chercher dans les endroits où on les a mises à l'ombre & à l'abri. Et en même tems on veut que les ruches des pillardes soient grillées ; pour les tenir enfermées deux ou trois jours quand elles témoignent avoir la fantaisie d'aller de nouveau en dérober d'autres. Mais ne feroit-il pas mieux de faire périr ces perturbatrices ; & donner aux bonnes ouvrieres de quoi réparer leur perte ? Car l'on a toujours à craindre que l'inclination malfaisante des autres ne se réveille. Voyez la *Républ. des Abeilles*, p. 364-5-6, 135. M. Palteau (*Nouv. Construct. de Ruches de bois*, p. 24-5-6-7-8) assure qu'en ne laissant que l'espace suffisant pour une seule mouche à la porte de chaque ruche pour laquelle on appréhende le pillage, on obvie à cet accident ; parce que les pillardes ne pouvant s'y présenter qu'une à une, la troupe du dedans se trouve toujours assez nombreuse pour la repousser. Comme le miel est l'appas qui attire ces malfaiteurs, M. Simon (*Républ. des Abeilles*, pag. 363) pense que l'aveine & le sucre donnés aux abeilles pour subvenir à leur indigence ne les exposeroient pas comme cette nourriture exquise. Il seroit à souhaiter que l'on s'en assurât par l'expérience.

Les *Guêpes* & les *Frelons*, quoique très-avides de miel, ne vont pas porter la guerre dans le sein d'une ruche. Ce sont des pillards qui attaquent à forces inégales : plusieurs fondent ensemble sur une abeille qui revient des champs : ou bien ils l'attaquent seul à seule, par surprise, ensorte qu'elle succombe presque toujours. Ces ennemis redoutables ne font donc pas périr un assez grand nombre d'abeilles pour que l'on s'attache sérieusement à détruire tous les guêpiers ; comme quelques Auteurs le conseillent. Voyez l'*Hist. Nat. des Abeilles*, T. II, p. 230-1-2-3 ; la *Rép. des Abeilles*, p. 189, 190.

Entre les endroits que nous avons indiqués, où M. Simon traite des moyens de terminer les guerres des abeilles ; nous devons rappeller ici les pages 256-7 : où cet Auteur conseille de détruire les alvéoles surnuméraires de l'espece Royale, afin que ne restant qu'une seule Reine, tous les sujets lui soient soumis & qu'il n'y ait point de factions. Cette pratique peut servir d'une autre maniere à l'œconomie ; en enlevant une femelle avec une partie des abeilles à mesure que chaque alvéole de race royale se garnit de couvain. Au moyen de quoi on se procure beaucoup d'essaims. C'est ainsi qu'en éclaircissant un semis, & repiquant ailleurs ce qu'on arrache, on tire meilleur parti de ses plantes que ceux qui rejettent ce superflu. Voyez la *Collect. Academ.* T. VII. p. 286 : où Swammerdam donne des instructions circonstanciées sur cette méthode. Nous indiquerons encore ci-dessous (p. 595-6) le moyen de tirer avantage de la multiplicité des femelles ; au lieu de les détruire.

Des *Saisons trop séches ou trop pluvieuses* étant absolument contraires à la récolte du miel ; & la *grêle* détruisant beaucoup de fleurs (voyez l'*Hist. Nat. des Ab.* T. II. p. 94 ; la *Rép. des Abeilles*, p. 92-3) : elles périssent de disette, si l'on n'est pas attentif à les observer de bonne heure pour les sustenter.

Virgile (*Georg.* IV. *v.* 35-6-7) fait remarquer que le grand froid durcit le *Miel*, & que le grand chaud le fait écouler en le rendant trop liquide ; ensorte que ce suc précieux n'est plus d'aucun usage pour les abeilles, dans l'un & l'autre cas. Il regarde comme une précaution suffisante, de ne laisser à chaque ruche qu'une seule ouverture fort petite. M. Simon (*République des Abeilles*, p. 144) ajoûte que le froid détruit aussi la consistance de la cire ; qu'il la rend trop séche, cassante, friable ; & que d'un autre côté l'excessive chaleur peut fondre cette substance. Au reste, on ne peut contester qu'une grande chaleur, sans trop de sécheresse, ne soit la plus favorable circonstance pour recueillir le miel ; & qu'en même tems les abeilles ont l'art de l'assujettir dans les alvéoles à mesure qu'elles y en apportent dans cette même saison, de maniere que la liqueur ne s'épanche pas au dehors quoique les alvéoles soient toujours dans une position horizontale. *Voyez* M. Palteau, p. 274-5. Une ruche bien garnie de mouches & bien approvisionnée, est intérieurement assez chaude pendant l'hiver pour donner au miel une liquidité convenable. Il ne s'agit donc que d'empêcher l'air trop chaud de pénétrer dans la ruche en Été ; & de la garantir de l'air froid durant l'hiver. Souvent elles y emploient leur Propolis, comme nous l'avons dit (p. 575, col. 2.). C'est à nous, qui voulons profiter de leur travail, à les seconder par nos attentions. Quelques Auteurs (Voyez la *République des Abeilles*, p. 143) assurent que des sieges de plâtre, de tuile, ou de toute autre matiere susceptible d'une chaleur brulante, sont pernicieux aux abeilles ; dont beaucoup sont suffoquées ou rôties en s'y posant pour entrer dans la ruche ; & qu'elles trouvent en hiver un autre genre de mort sur ces mêmes matieres, également susceptibles de gelée & d'un extrême degré de froid : on ajoûte que le bois paroît seul exempt de ces deux extrêmités dangereuses. Il y a néanmoins des chaleurs assez fortes pour que le bois exposé au soleil fît beaucoup de mal à quiconque voudroit y tenir la main : on peut présumer que les abeilles n'y seront pas moins sensibles.

Il y a des mouches que l'amour du travail emporte, & qui meurent *Excédées de Fatigue* avant l'hiver. M. Duhamel (*Mém. de l'Acad. des Sciences*, 1754, p. 338) observe qu'ayant pesé des ruches de mouches très-vigilantes, on en a trouvé qui en vingt-quatre heures avoient augmenté de six livres, tant en cire qu'en miel. Ne pourroit-on pas les obliger à prendre du repos, en introduisant de tems à autre un air assez froid dans la ruche pour qu'elles craignent d'en sortir ; ou en dirigeant vers elles la plus fine pluie d'un jet d'eau, pour imiter la pluie naturelle ?

Il y en a qui, au contraire, sont dans l'*Inaction* : c'est ce qu'on appelle en quelques endroits, des ruches qui *Dégénerent*. Ces abeilles ne travaillent presque que pour vivre. On doit donc visiter de tems en tems les ruches, pour s'assurer de l'activité du travail. Afin d'exciter ces abeilles paresseuses qui se contentent de leurs provisions, on les changera souvent de panier : ou l'on rognera beaucoup leurs gâteaux, en les réduisant à quatre ou cinq pouces, qui restent au haut de la ruche. Si le travail ne se ranime pas après cette opération, l'on pourra présumer que la mere ou Reine est morte (*Georg.* IV. 213-4.) : auquel cas on en fournira une aux mouches oisives. Nous en indiquerons le moyen lorsque nous parlerons du transport des mouches d'une ruche dans une autre.

D'autres abeilles s'épuisent à force d'*Essaimer*. Le fait rapporté par Swammerdam, d'une ruche qui jetta trente fois en une même année (*Collect. Acad.* T. VII. p. 287.) est un de ces phénomenes destinés à être mis au nombre des plus rares prodiges. Mais je parle des ruches dont il sort quatre ou cinq essaims de suite. Ce qui prouve que la ruche s'est forcée, est qu'elle périt ordinairement dans l'hiver qui suit une si nombreuse production. * *Républ. des Abeilles*,

p. 248, 301-2. Comme il est à propos de modérer cette ardeur dans des ruches qui risquent de succomber, M. Simon (p. 280 & 306) conseille de mettre une marque aux ruches, à chaque fois qu'elles essaiment. Cet Auteur pose pour principe (Tit. XXXVI. & p. 301-3-7, *&c.*) qu'en général il faut se borner à deux essaims ; les autres étant presque toujours foibles : à moins que l'on ne soit dans des pays gras & où les fleurs abondent. Le moyen d'empêcher la sortie d'essaims qui contribueront avantageusement à fortifier la ruche en y restant, est de donner alors aux mouches un plus grand espace pour se loger. Les hausses dont nous avons fait mention (pp. 579, 580) produisent presque toujours heureusement cet effet ; que l'on restreint ou étend comme l'on juge à propos. Consultez la *République des Abeilles*, p. 297-9, 300-6-7. Le peuple étant plus nombreux, il y aura plus de travail soutenu ; on fera plus de gâteaux, & on y amassera du miel. Ainsi le profit sera double à tous égards. Voyez les *Mémoires de l'Acad. des Sciences*, 1754, p. 340 ; M. Palteau, p. 43, 200-1, 223-9 ; la *Maiſ. Ruſt.* T. I. p. 422-3, 434-6.

Pour empêcher que le second essaim ne sorte trop tôt, l'on conseille de donner de l'air à la ruche dès le lendemain de la premiere jettée ; en fourant par-dessous ses bords, aux deux côtés de la porte, des coins de bois ou des pierres qui l'élevent d'un bon pouce. Voyez la *Républ. des Abeilles*, p. 298-9 ; la *Nouv. Constr. de Ruch. de Bois*, p. 221-2 ; la *Maiſ. Ruſt.* p. 423.

Si l'on en croit Swammerdam, on s'oppose au jet très-prochain d'une ruche en y détruisant tout le couvain mâle & femelle. Voyez la *Collect. Acad.* T. VII. p. 287-8.

M. Palteau (*Nouv. Construct. de Ruch. de Bois*, pag. 224 & suivantes) indique comme une pratique avantageuse pour une ruche qui s'épuise à force de jetter ; que recueillant un essaim foible qu'elle vient de donner, on le mette à la place de cette ruche mere, & qu'on oblige les abeilles de celle-ci à se refugier avec l'essaim. Consultez la maniere dont il détaille cette opération, & les raisons qu'il en donne.

Il y a aussi des *Ruches qui ont besoin d'être excitées pour essaimer :* ce repeuplement étant nécessaire pour conserver l'espece, dont il périt annuellement une si grande quantité. D'ailleurs le nombre des bons essaims multiplie le bénéfice du propriétaire. M. Palteau (*Nouv. Construct. de Ruch. de Bois*, p. 201) avertit de ne pas y employer un trop fort degré de chaleur extérieure. Il conseille plutôt de faire en sorte que toutes les ruches soient bien garnies de peuple & de provisions en hiver ; & qu'au printems elles trouvent de quoi faire une récolte abondante. Peut-être aussi qu'en réduisant par la suppression d'une hausse, la capacité de la ruche tardive, & gênant ainsi les abeilles, on les forceroit à se séparer. Ou bien on les tiendra enfermées, tous les deux ou trois jours. Voyez la *Maiſ. Ruſt.* p. 435-6.

Nous adoptons de préférence le conseil suivant ; que donne M. Duhamel (*Mém. de l'Académie des Sciences*, 1754, p. 339, 340). Les mouches qu'on laisse deux ou trois ans parfaitement tranquilles dans la possession de la même ruche, étant sujettes à devenir paresseuses à tous égards ; » on ne doit » pas manquer de changer les mouches qui n'ont » point fourni d'essaims. Car y ayant ordinairement » parmi elles beaucoup d'ouvrieres, elles tuent le » couvain & vuident les alvéoles pour les remplir » de miel. En changeant de panier les abeilles, » & ménageant le couvain, ainsi que nous le dirons » ci-après, on conserve ces victimes de leur activité : » car la colonie s'occupe à réparer le tort qu'on lui a » fait ; & elle laisse subsister le couvain, qui lui sera » bientôt nécessaire pour les grands travaux qu'elle » a à exécuter. Voyez la *Maiſ. Ruſt.* T. I. p. 432.

Une autre cause destructrice des ruches, est l'usage trop fréquemment adopté, de les *Boucher* entiérement pour empêcher que le froid n'y pénétre. Les abeilles y contractent des maladies pernicieuses. L'air trop renfermé se corrompt de jour en jour, & est infecté de l'odeur des abeilles. Leur transpiration le rend excessivement humide : & l'air humide les tue, & les pourrit dans la ruche même, où tout se *moisit*. C'est ce qui fait que, malgré les dangers auxquels on expose celles qu'on laisse en plein air pendant cette saison rigoureuse, plusieurs Œconomes croient que le meilleur parti est de les y laisser. Au reste, des ruches fortes courent moins de risque dans un jardin, que les foibles : & on peut, sans boucher celles-ci, les transporter dans une serre. Voyez encore ce que nous avons indiqué ci-dessus, p. 579 col. 1 ; la *Rép. des Ab.* p. 88, 95, 103, 164.

M. Simon y conseille, avec raison (p. 173-4-5), d'ôter de la ruche les rayons qui paroissent le plus infectés de moisissure ; essuyer les autres avec un linge blanc tortillé sur une latte mince, passant dans les entre-deux des rayons sans blesser les abeilles : à qui on fait changer de place, en les enfumant un peu à mesure que l'on a besoin de les faire retirer. Cette fumée sert aussi à ôter l'odeur de moisi & à sécher toute la ruche, en la tenant quelque tems exposée au-dessus. Après quoi l'on frotte le siege avec des herbes aromatiques & tant soit peu d'eau-de-vie : on replace la ruche, la tenant soulevée pardevant avec des coins de bois, seulement pendant le jour ; veillant aussi pour qu'il n'y entre point d'insectes. L'ayant ainsi tenue élevée durant quelques beaux jours ; & abaissée chaque nuit ; on la fixe quand on la croit suffisamment purifiée. Mais il est bon de la situer de sorte qu'elle panche en devant.

On prétend que ces insectes sont susceptibles de nos maladies contagieuses, telles que la peste ; & que le plus sûr remede est de les transporter fort loin.

Au moins Virgile semble-t-il reconnoître qu'il arrive parmi elles des mortalités, dont on ne peut assigner la cause : *Georg.* IV. 251, *&c.* Il indique dans ces cas (*v.* 263 & suivans) certaines fumigations ; de présenter du miel aux mouches dans des roseaux fendus sur leur longueur ; de leur donner aussi des roses séches, du vin doux cuit, certains raisins séchés, *&c.* Il ajoûte de mettre à leur portée quantité de racines d'Aster Etoilé bouillies dans du vin d'agréable odeur. Nous traduisons ainsi vaguement le nom d'*Amellus*, auquel Virgile avoit pris soin de joindre une description un peu circonstanciée de la plante qu'il souhaitoit de faire connoître. *Consultez* la Note Angloise de M. Martyn sur le 271e vers du IVe Livre des Georgiques ; & De Lobel, *Stirp. Adv. nova*, p. 147.

Le *Flux de ventre* ou *Dévoiement*, est une maladie funeste, contagieuse, & malheureusement trop commune parmi ces insectes, surtout au printems. Quelques-uns l'attribuent au miel nouveau dont les abeilles se nourrissent en cette saison, & lorsqu'il fait encore froid. D'autres croient que le principe de cette maladie vient de ce que les abeilles ont été trop longtems réduites à ne vivre que du miel de leur ancienne récolte, ayant manqué de cire brute ; que l'on suppose être pour elles un aliment propre à tempérer l'autre. Voyez *l'Hiſt. Nat. des Abeilles*, T. II. p. 402-3 & suivantes. On y voit (p. 404-5) que ce long usage de miel seul les affoiblit extrêmement : desorte que celles d'en haut ne pouvant plus même se détourner pour que leurs déjections ne tombent point sur leurs voisines ; celles-ci sont humectées par l'écoulement qu'elles reçoivent d'une matiere gluante, qui bouche les organes de leur respiration. L'Auteur ajoûte (p. 405) que » celles qui ne seroient pas encore » atteintes de cette maladie, périssent par l'attou» chement des malades.

On y remédie en présentant aux abeilles une assiette sur laquelle est un mêlange composé d'une demi-livre de sucre, autant de bon miel, une chopine de vin rouge, & environ un quarteron de fine farine de feves. 2°. Un remede sûr & plus simple, est de tirer d'une autre ruche un gâteau dont les cellules soient remplies de cire brute, & le donner aux abeilles malades. * *Histoire Nat. des Abeilles*, T. II. 406-7.

Il y a des personnes qui disent que les mouches qui sont affamées à la sortie de l'hiver se jettent avidement sur les fleurs de Tithymale & sur la graine d'Ormeau à peine formée ; & que l'excès qu'elles en font leur donne le flux de ventre. On confirme cette observation par celle du prompt dépérissement des abeilles dans les cantons où l'ormeau est très-multiplié. En supposant la réalité de cette cause ; on y remédie en mettant à portée des malades, dans de petites auges ou rigoles de bois, soit un mêlange de miel avec des écorces ou pepins de grenade pulvérisés & tamisés, le tout arrosé de bon vin qui ait une saveur douce : soit 2°. des raisins de Damas, ou de Languedoc & Provence, secs, pilés, & mêlés avec du vin tel qu'on vient de l'indiquer : 3°. de l'hydromel, où on a fait bouillir du romarin : 4°. des figues de Marseille, qui ont longtems bouilli dans de l'eau.

M. Simon (*République des Abeilles*, p. 161) dit que la fleur d'Orme est moins dangereuse aux abeilles que celle de Tilleul. Il ajoûte que la fleur d'Ellebore leur nuit ; comme celle de Tithymale. Il regarde l'Urine comme un remede spécifique pour le flux de ventre de ces insectes : consultez-le, p. 170. Voyez aussi quelques-autres remedes fortifians, qu'il indique p. 170-1.

Au reste, il seroit bon d'observer si toutes ces prétendues mauvaises qualités de certaines plantes ne dépendroient pas de l'exposition où elles croissent. Car je remarque, dans un Mémoire de M. Duhamel (*Mém. de l'Acad. des Sc.* 1754, p. 338), que les abeilles sont attaquées de dévoiemens qui les font périr si elles se trouvent dans des lieux ombragés & aquatiques pendant une saison humide.

Quelques Auteurs ont dit que les mouches que l'on forçoit à changer de panier, se gorgeoient de miel avant de sortir ; & contractoient ainsi un flux de ventre, en moins d'un quart d'heure.

Les abeilles pillardes sont encore sujettes au dévoiement, occasionné par le miel dont elles se remplissent avec excès.

La plupart des Auteurs œconomiques parlent de la *Rougeole* des abeilles. C'est, selon les uns, une espece de miel sauvage ; une matiere rouge, épaisse, qui n'emplit que la moitié des alvéoles, plus amere que douce, laquelle devient jaunâtre, & engendre des vers qui font périr les mouches. D'autres disent que cette substance rouge est ou une cire recueillie sur les fleurs de Buis, de Tilleul, ou d'If, (*République des Abeilles*, p. 162-3) ; ou un miel ramassé sur ces fleurs, » ou produit par l'intempérie » de l'air trop pluvieux (*République des Abeilles*, » pag. 162) : qu'en jaunissant, ce miel prend la » consistance de cire ; que venant ensuite à se cor» rompre dans les alvéoles, il occasionne de l'infec» tion & la contagion dans la ruche, & y engen» dre des vers, au moyen de quelque semence de » papillons ou d'autres insectes, qui dégoûtent & » font périr les abeilles (p. 162). « M. Bazin, que je cite souvent, comme un habile interprete de M. De Réaumur, affirme (*Hist. Nat. des Ab.* T. II. p. 401-2) que ce prétendu miel sauvage n'est que la cire brute, nécessaire à la nourriture & aux ouvrages des abeilles : & que cette cire conservant la couleur des étamines des fleurs dont elle a été formée, elle est tantôt jaune, jaunâtre, ou blanche, quelquefois verte, & rouge en d'autres. D'où il conclud que ce qu'on appelle Rougeole n'est que de la cire brute rouge, ou jaune, nullement capable d'occasionner des maladies parmi les abeilles. D'un autre côté, M. Simon (*République des Ab.* p. 163) dit n'avoir jamais trouvé cette matiere, en châtrant les ruches, que dans celles qui étoient mal saines ; & qu'elles se rétablissoient quand il leur avoit ôté toute la cire rouge. Aussi avertit-il (p. 171-2-3) de faire en sorte qu'il ne reste aucun alvéole marqué de rouge, dans les ruches que l'on châtre ; ou si le nombre de ces alvéoles est trop grand, de faire passer les abeilles dans une autre ruche, à la fin de Juin sans attendre plus tard.

Nous parlerons bientôt des vers qui désolent les ruches.

Virgile, en prescrivant de ne pas laisser d'If auprès des ruches (*Georg.* IV. *v.* 47) n'en donne point de raison. Ainsi son précepte ne peut confirmer ce que nous venons d'alléguer de M. Simon. Le Poëte dit immédiatement après, que l'on doit éviter de faire rougir des écrevisses sur le feu nud, dans le voisinage des abeilles ; & que leurs ruches seroient mal placées à côté d'un marais profond, ou d'un endroit dont la fange exhale une *Odeur* insupportable. Dans le *v.* 183, il fait mention du Tilleul, comme d'une plante qui fournit aux abeilles : & ne dit pas qu'elles en reçoivent aucun dommage.

Il paroît qu'en général il y a des odeurs ingrates qui leur sont nuisibles ; & d'autres qui les irritent, peut-être parce qu'elles peuvent en recevoir du préjudice. Ainsi elles attaquent (dit-on) avec fureur quiconque les approche avec une haleine vineuse, ou après avoir mangé de l'ail, de l'oignon, de la ciboule * *Républ. des Abeilles*, p. 124 : Voyez la *Mais. Rust.* T. I. p. 410. Des tas d'herbes arrachées qu'on laisseroit près des ruches, infectent les abeilles par l'odeur qu'elles contractent en pourrissant. Les fumiers, les égouts, & autres immondices fétides, doivent donc être loin de ces insectes ; dont la conservation & la santé nous intéressent si fort.

L'urine n'est point une de ces substances dont l'odeur vive, & déplaisante pour nous, révolte les abeilles. Au contraire nous avons eu occasion de dire en deux endroits (p. 585, col. 2, & dans la colonne ci-contre) qu'elles y séjournent pour réparer leurs forces & pour se guérir. Les Naturalistes modernes observent aussi que l'urine la plus corrompue ne transmet aucune putridité dans notre sang ou dans nos humeurs.

M. Simon (p. 232) dit que les *Cantharides* infectent l'air des endroits où elles séjournent, & que cet air est mortel pour les abeilles. En conséquence il avertit de ne point souffrir de frênes dans le voisinage des ruches ; attendu que cet arbre attire les cantharides, qui le dépouillent quelquefois de toutes ses feuilles au printems.

On a vû ci-devant (p. 591, col. 1.) que le prompt dépérissement des abeilles étoit attribué dans certains cantons à la multitude des *Ormes* : qui leur fournissent un suc dont l'excès & la mauvaise digestion les dévoie. M. Simon (*Rép. des Ab.* p. 232) dit que l'ombre de ces arbres est fort nuisible aux ruches.

» Je ne connois point de fleurs que les abeilles

» refusent, que celles de Sureau & de Rue : je n'en » connois point qui les empoisonne : dit M. Bazin, » *Histoire Nat. des Abeilles*, T. II. p. 397.

Les abeilles ont des *Ennemis destructeurs parmi les Animaux*.

Comme il faut qu'elles meurent de faim quand elles sont privées des substances où elles trouvent à vivre & s'approvisionner ; on conçoit aisément la sagesse du précepte que donne Virgile (*Georg.* IV. 9, 10, 11) d'être attentif à ce que les bêtes à laine & les chevres ne broutent pas les fleurs ; que le gros bétail, en errant dans la campagne, ne secoue point la rosée de dessus les plantes, & qu'il ne foule pas les herbes qui conviennent aux abeilles.

La plupart des *Oiseaux*, nommément les Mésanges, les Guêpiers (voyez l'*Ornithologie* de M. Brisson, T. IV. p. 532, *&c.*), les Moineaux, les Poules, les Canards, les Oies, guettent les abeilles pour les prendre à la volée, ou lorsqu'elles boivent, ou sur les fleurs ; & pour s'en nourrir, ou leurs petits. Voyez l'*Histoire Nat. des Abeilles*, T. II. p. 229 ; la *Républ. des Ab.* p. 12.

M. Bazin croit (T. II. p. 229) que l'on a eu tort de dire que les Hirondelles détruisoient beaucoup de nos mouches.

Le Pic-verd perce le côté d'une ruche avec son bec : & y insinuant sa langue, la retire chargée d'abeilles, qu'il dévore. Voyez la *Républ. des Ab.* pag. 36-7 ; le *Spect. de la Nat.* T. I. p. 295-6. M. Palteau regarde ses ruches comme une garantie contre cet oiseau : attendu qu'il les revêt d'un surtout de chêne, dont elles sont séparées par un intervalle. Voyez la *Nouv. Construct. de Ruches*, p. 29 : qu'il est à propos de comparer avec les pages xiij, xiv, & 131 de la *Répub. des Abeilles*.

Le lezard, le crapaud, la grenouille, compris par les Anciens dans le rang des animaux destructeurs d'abeilles, en sont disculpés par M. Bazin (*Hist. Nat. des Abeilles*, T. II. p. 229) : c'est-à-dire par M. De Réaumur.

Quant à l'*Araignée*, cet agréable Ecrivain fait bien sentir (p. 234) qu'elle ne fait pas beaucoup de tort aux ruches, dans le cours d'une année. Mais la propreté exige toujours que l'on ôte ses toiles dès qu'on les apperçoit. Voyez la *Républ. des Ab.* pag. 191. M. Bazin observe aussi, d'après M. De Reaumur, p. 234 & suivantes, que les *Fourmis* naturellement friandes de miel semblent y être indifférentes quand il est dans une ruche habitée. C'est un fait qu'attestent des observations que l'on lit avec plaisir dans l'ouvrage de l'illustre Académicien, & dans celui de son Abbréviateur : & dont il résulte non seulement que la fourmi n'est point à craindre pour l'abeille, mais qu'elles vivent de bon accord dans un très-proche voisinage, tant que les mouches sont vigoureuses. Au reste voyez la *Rép. des Abeilles*, p. 148, 175, 190-1 ; la *Mais. Rust.* p. 453.

Les mouches à miel étant amies d'une propreté, qui paroît essentielle à leur santé comme à leur travail ; ceux qui les soignent feront bien de nettoyer le bas des ruches avec une aile d'oie, soit au printems soit à la fin de l'été. M. Palteau trouve ses ruches plus commodes pour cela, que toute autre : *N. Const. de Ruch.* p. 10. Il est constant que les abeilles sont exactes à porter dehors les cadavres, & toutes les ordures qu'elles peuvent expulser. Voyez la *Républ. des Ab.* pag. 95. Pour ce qui est des excrémens, qu'il n'est pas rare de trouver sur le siege quand on remue une ruche ; M. Chomel, premier Auteur de ce Dictionnaire, pensoit que l'on n'en rencontre que dans des ruches malades : selon lui, les abeilles » en » santé ne fientent jamais dans leurs ruches ni à » leurs portes, mais en l'air seulement. « Il paroît qu'il s'étoit décidé à cet égard sur ce qu'il ajoûte qu'il en avoit tenu enfermées durant quatre mois d'hiver, qui n'avoient point fienté dans leurs ruches. Si elles avoient passé tout ce tems dans l'état d'engourdissement qui les dispense de manger, il étoit naturel qu'elles n'eussent rien rendu. Consultez l'*Hist. Naturelle des Abeilles*, T. II. p. 404.

Nous disons que la propreté est une partie essentielle du soin que demandent ces insectes : parce qu'ils sont exposés à être en proie à des poux, des teignes, & peut-être à d'autre vermine. C'est pourquoi en préparant une ruche l'on fera toujours bien de la passer sur la flamme d'un feu clair ; afin de détruire la vermine qui peut s'y être réfugiée, faute d'avoir conservé & serré assez proprement les ruches neuves. Par la même raison l'on doit ne jamais laisser les ruches vuides, dans un lieu où peuvent aller librement les volailles : que tout le monde sçait être fort sujettes à avoir des poux, *&c.* M. Simon (*Républ. des Abeilles*, p. 143) dit que les sieges de sapin que l'on met sous les ruches, y attirent des araignées & des vermines.

L'espece de *Pou* la plus ordinaire aux abeilles est rougeâtre, luisante, à-peu-près grosse comme la tête d'un très-petite épingle. Cet insecte s'attache fort rarement aux jeunes abeilles. Aussi regarde-t-on comme de vieilles ruches celles dont la plupart des mouches ont de ces poux. Consultez l'*Hist. Nat. des Abeilles*, T. II. p. 239, 240-1, & les figures qui y ont rapport ; la *Républ. des Abeilles*, pag. 165-6, 176-7. Ces deux Auteurs sont d'avis contraires par rapport à l'effet que produisent les poux sur l'état des abeilles. Comme ils ne s'attachent qu'à la vieillesse, peut-être indolente à cet égard, ou dont les mouvemens ne sont point assez agiles pour se débarrasser de leur importunité ; ces petits animaux indiquent toujours un dépérissement dans les mouches, s'ils n'y contribuent pas. Outre les remedes indiqués par M. Simon dans les endroits que nous venons de citer, il y a encore des Auteurs qui conseillent de parfumer les mouches avec une branche soit de grenadier soit de figuier sauvage, où l'on aura mis le feu. Voyez la *Mais. Rust.* p. 453.

Un adversaire redoutable pour les ruches, & qui détruisant la cire même, nous frustre des abeilles & de tout leur produit, est ce qu'on nomme la *Teigne de la Cire*. Dix ou douze de ces petits animaux, souvent moins, suffisent pour mettre en pieces tous les gâteaux d'une ruche ; dont ils s'approprient les décombres ; & forcent les abeilles à leur céder la place. Ce n'est pas une Teigne proprement dite, mais une Fausse Teigne, puisqu'elle se fait des galeries qui lui tiennent lieu des vêtemens & des logis ambulans que les vraies Teignes se fabriquent. Sa Chenille a seize jambes ; est rase, blanchâtre, médiocrement grosse ; & a la tête brune & écailleuse : elle conduit son logement dans l'épaisseur des gâteaux, en perçant le fond qui communique aux alvéoles opposés ; puis l'étend en différentes directions tortueuses : enfin la ruche étant ainsi ravagée, les abeilles y renoncent. M. Bazin a élégamment décrit la conduite de cet insecte, dans son *Histoire Nat. des Ab.* T. II. depuis la p. 241 jusqu'à 264. Consultez la *République des Ab.* p. 164-5 ; la *Maison Rustique*, p. 451 ; Virgile, *Georg.* IV, 243-6.

Lorsqu'on s'apperçoit de ces galeries, ou que l'on voit sortir de la ruche quelque papillon, des Auteurs conseillent de faire promptement pénétrer dans la ruche, la fumée d'une branche soit de grenadier soit de figuier sauvage. M. Simon, (*p.* 175-6) préfere la fumigation des feuilles de frêne ; & quelques autres remedes. Lorsque les teignes se sont tellement multipliées que les mouches soient foient bientôt forcées de déserter, on se trouvera bien de faire passer les mouches dans une ruche saine, chargée d'odeurs aromatiques, & où l'on aura attaché contre les parois quelques gâteaux suffisamment garnis de miel: pourvû que ce soit dans une saison où les abeilles puissent trouver à faire des récoltes dans la campagne. Voyez la *Maison Rust.* p. 451.

Comme les papillons des teignes sont de ceux qui volent la nuit, on peut les attirer en mettant le soir auprès de la porte des ruches un vase haut & étroit, avec une lumiere dans le fond. Le pot ne leur laissant point d'espace pour éviter la flamme, ils se brûleront. Cependant consultez la *Rép. des Ab.* p. 187-8.

M. Pluche (*Spect. de la Nat.* T. I. p. 165, 189) dit que les alvéoles qui ont servi pendant six ou sept ans à élever du couvain, contractent une graisse ou huile, qui attire les vermisseaux & teignes, dont l'art destructeur les perce. Les ruches de cet âge étant actuellement affoiblies, il regarde comme une bonne pratique de les détruire nous-mêmes, avant que les teignes s'y soient établies. Le transport de ces mêmes mouches dans une ruche neuve & bien préparée seroit plus avantageux. Au moyen de ces transports réitérés à propos, on garde quelquefois pendant plus de trente ans une même famille; parce que la population, entretenue annuellement & excitée par le changement de ruche, sert à la renouveller sans interruption : voyez l'*Histoire Nat. des Ab.* T. II. p. 279, 280-1; la *République des Ab.* pag. 154-9, 309, la *Collection Acad.* Tom. VII. pag. 236-7.

Les *Renards* & les *Putois*, sont mis au nombre des grands destructeurs d'abeilles; dans la *Nouvelle Construction des Ruches de Bois*, p. 38 : d'où l'on prend occasion de faire sentir que ces nouvelles Ruches de M. Palteau sont bien plus de défense que les ruches ordinaires.

Il n'est que trop vrai que les *Souris* font beaucoup de dégât dans les ruches : *Voyez* M. Palteau, p. 62, M. Simon (*République des Ab.* p. 234), dit même en avoir vû qui y avoient fait leur nid. Quelques observations donnent lieu de présumer que ces animaux ne s'introduisent avec avantage, que dans une ruche déja foible par elle-même. Quand ils y sont soufferts, ils rongent la cire, mangent le miel, tuent une partie des mouches & font fuir les autres. L'aveine que M. Simon donne aux abeilles comme un restaurant, est très-capable d'attirer les souris. C'est pourquoi, dans ce cas & en tout autre, il est utile de se servir des divers expédiens, tels que les grillages, *&c.* propres à rétrécir beaucoup la porte des ruches. C'est un avantage de celles de M. Palteau. Car ces animaux se logent quelquefois sous le chaperon des autres ruches; & pénétrent ainsi dans l'intérieur par le haut. Il faut donc découvrir souvent les ruches, pour voir s'il n'y a point de souris. On devroit encore élever les ruches sur des pilliers; ensorte que les siéges excédassent de plusieurs pouces : & tâcher qu'elles fussent à une hauteur où les souris ne pussent sauter. Voyez le *Corps d'Observations* de la Société de Bretagne, année 1759, p. 263, & la figure. Mais l'on aura toujours à craindre que ces animaux n'y aient accès en sautant d'un mur voisin, ou d'un arbre. Au reste, des souricieres tendues avec des noix, au pied des ruches, pourront en prendre une partie; & les chats, une autre.

Les grillages serviront aussi à défendre l'entrée des ruches au *Mulot*, autre ennemi fort dangereux; qui n'attaque les mouches qu'en hiver parce que l'état d'engourdissement où elles sont, les met hors de défense. Voyez l'*Histoire Nat. des Ab.* Tom. II. p. 329, 330-1. Nous avons parlé (ci-dessus, p. 588, col. 1.) des expédiens proposés par M. Bazin, contre cet animal. Voyez la *Maison Rustique*, Tom. I. p. 451; l'*Histoire Naturelle*, de M. De Buffon, T. VII. de l'édit. *in*-4°. p. 329; & ce que nous venons de dire pour les souris.

On a raison de reprocher à *ceux qui élévent les Abeilles*, de les faire mourir sans nécessité; comme nous le verrons ci-dessous, en parlant de la maniere de nous approprier la cire & le miel: où l'on reconnoîtra sans peine que leur destruction, & encore la mauvaise maniere dont on taille les ruches qui contribue à leur dépérissement, sont opposées à nos véritables intérêts.

Enfin, il y a nombre d'accidens auxquels succombent pendant le cours d'un an quantité d'abeilles, qui ne peuvent s'y soustraire : voyez la *République des Ab.* p. 158-9. D'autres encore désertent les ruches qui leur déviennent odieuses: voyez la *Républ. des Ab.* p. 167-8-9, 179, 180-4.

Maniere de faire passer les Mouches d'une Ruche dans une autre.

Ce changement se fait ou lorsque le corps de la ruche est trop vieux, & presque détruit par le tems; ou quand les fausses teignes se sont tellement emparées d'une ruche, que les véritables propriétaires se trouvent sur le point de la leur céder; ou encore pour donner aux abeilles un logement proportionné à leur nombre; enfin pour rassembler plusieurs essaims dans une même ruche. M. Duhamel dit (*Mémoires de l'Acad. des Sc.* 1754, p. 333) que plusieurs habitans du Gâtinois changent aussi de panier leurs mouches dès le commencement de Juillet, pour s'approprier toute la cire & tout le miel qu'elles ont ramassés en grande quantité sur les fleurs du printems : ils ne tiennent point compte des petits essaims que ces ruches pourroient donner durant ce mois; quoique leur conservation soit intéressante, & que l'on puisse y parvenir sans embarras, comme nous l'expliquerons dans un moment.

Une des pratiques communes est de renverser la ruche, le haut en bas; la placer solidement dans cette situation; & la couvrir d'une autre ruche vuide, que l'on pose sur elle, base contre base. Mais comme il est difficile que deux ruches soient appliquées exactement par leurs bords inférieurs, & qu'on ne peut pas empêcher qu'il ne reste toujours dans la circonférence de leur jonction beaucoup de trous par où les mouches s'échaperoient : les uns enduisent promptement tout ce contour d'une couche de terre détrempée avec de la bouze de vache; & pour plus de solidité & de sûreté, environnent cet enduit d'une toile un peu ample, pliée en bandes & bien arrêtée, en forme de ceinture, qui assujettit les ruches : d'autres se contentent d'envelopper les deux ruches ensemble dans une serpilliere, que l'on assujettit avec une corde. Après quoi on frappe de chaque main avec une petite baguette sur les deux côtés de la ruche inférieure. Les abeilles, troublées par ce bruit, bourdonnent beaucoup, & enfin passent dans la ruche d'en haut. Si l'Abeille-Mere est des premieres à monter, cette ruche se trouve bientôt remplie : ce qu'on reconnoît au grand bruit que l'on doit entendre dans la nouvelle habitation. Mais il n'est pas rare que le chef de la troupe laisse frapper longtems sans vouloir se déplacer : auquel cas les abeilles ne prennent point possession de la nouvelle ruche. Alors si on agite à force de bras les deux ruches, de maniere cependant à ne pas les désunir, on détermine un nombre suffisant d'abeilles à quitter la place, pour que les autres les suivent; surtout si l'on sépare les deux ruches; & que sur le champ on porte celle qu'on vient d'emplir, au même endroit où étoit celle qu'on veut vuider : ce qui est une circonstance essentielle. La ruche y étant placée, on étend à terre un drap accompagné d'une planche qui, posée dessus, communique à la porte de la nouvelle ruche : ensuite on secoue rudement l'ancienne sur le drap. Le reste des mouches en tombe en tas ; & reconnoissant l'endroit qu'elles avoient coutume de fréquenter, elles gagnent promptement la planche pour se rendre à la ruche. Il peut arriver que quelques mouches résistent à ces secousses, & se cramponnent dans leur demeure : on les oblige alors à faire comme les autres, en les balayant au-dessus du drap, après avoir coupé les gâteaux.

D'autres regardent comme plus simple & plus commode d'enfumer les abeilles pour les faire monter dans la ruche qu'on veut qu'elles occupent. Pour cela, on pose verticalement la ruche pleine sur le dos d'une chaise de paille, qu'on couche pour l'appuyer sur un banc. On pratique au haut de la ruche une ouverture d'un ou deux pouces de largeur ; & on la couvre de la ruche vuide, ensorte que les deux soient disposées comme des cornets mis l'un dans l'autre. Ayant enveloppé les ruches avec une serpilliere, comme nous avons dit ; un homme introduit sous le dos de la chaise un pot de terre garni de quelques charbons allumés & de vieux linge, pour occasionner beaucoup de fumée & qu'elle se répande dans le panier plein. Mais cet expédient est presque toujours funeste à un grand nombre ; qui se précipitent dans le feu ; ou qui sont brûlées par la mal-adresse de celui qui conduit la fumée. On peut obvier à ces inconvéniens, au moyen d'une planche un peu plus large que la base de la ruche, & percée d'une multitude de petits trous par lesquels les abeilles ne puissent passer. Cette planche, étant posée sur un baquet, on y asseoit la ruche dont on veut faire sortir les abeilles : on bouche soigneusement tous les endroits par où les mouches pourroient s'échaper ; ne laissant ouverts que ceux de la planche. Ensuite on troue le sommet de la ruche ; & l'on y présente aussitôt la ruche où on veut faire passer les abeilles. Puis on met au fond du baquet, de vieux linges allumés, qui fument beaucoup. La fumée, montant à travers les trous de la planche, forme dans la ruche un nuage épais, dont les abeilles ne tardent pas à se débarrasser en s'élevant au haut de leur ruche : & y trouvant une issue, elles entrent volontiers dans la ruche qu'elles rencontrent vuide. Comme l'abeille-mere occupe ordinairement le haut de la ruche, elle en sort des premieres : ce qui est très-avantageux pour déterminer les autres à changer de demeure. Quand on juge que toutes sont passées, on souleve doucement le nouveau panier pour le poser à terre ; & on se hâte d'emporter celui dans lequel sont les gâteaux. Il est facile de fixer ensuite les abeilles dans leur nouvelle ruche, par quelqu'un des moyens dont nous avons parlé en plusieurs endroits de cet article. * *Hist. Nat. des Ab.* T. II. p. 384 & suivantes : *Mém. de l'Acad. des Sc.* 1754, p. 333.

L'on peut connoître qu'elles sont montées dans la nouvelle ruche, en y frappant avec les doigts : car le coup excitera entr'elles un grand bruit.

Dans les pays où on se sert de ruches d'ozier, ou faites d'autres branchages ; si l'on n'a pas des raisons qui empêchent de conserver la ruche qu'on veut évacuer, on y forme une ou deux ouvertures en haut, en coupant les oziers qui sont en travers dans le tissu ; ménageant le plus qu'on peut ceux qui regnent sur la longueur : & quand le panier est vuide, on rétablit ces paniers en y repassant de nouveaux oziers.

Quelques-uns enlevent du haut de la ruche pleine une espece de calotte, avec un couteau bien tranchant ; & appliquent à cette ouverture un cercle de paille tortillée, & par-dessus, une planche entretaillée, qui sert de support à la ruche vuide : le tout bien clos, pour qu'aucune mouche ne s'échape.

M. Simon (*République des Ab.* p. 172), ne veut pas que l'on fatigue les mouches en frappant leur panier : mais il conseille de laisser pendant quelques jours les deux ruches opposées base contre base, & bien closes par les bords ; puis, sans les déranger, déboucher seulement la porte afin qu'elles puissent aller & venir librement : jusqu'à ce qu'on voie les abeilles au retour des champs monter dans la ruche supérieure. Comme l'on peut alors présumer qu'elles y établissent des logemens, on la transporte où elle doit demeurer, profitant pour cela de l'entrée de la nuit.

Il y a des gens qui, au lieu d'enfumer la ruche avec du linge posé sur des charbons allumés, y soufflent de la fumée avec ce qu'on nomme vulgairement des *Camouflets* de papier. Elles ne tardent pas (dit-on) à gagner le haut de la ruche. Si cet expédient est sûr, on aura raison de le préférer à ceux dont nous avons fait mention.

Consultez encore la *Mais. Rust.* T. I. p. 464-5. En général, pourvû que l'on fasse peu de feu & beaucoup de fumée, il est assez indifférent de s'y prendre d'une maniere ou d'une autre.

On a obligation à M. Duhamel de ce que son zele pour tout ce qui peut contribuer aux progrès des Arts, & au Bien en général, l'a engagé à nous faire part d'une opération œconomique, très-propre à retenir les Abeilles dans la Nouvelle Ruche, & à les animer au travail. Voici comme cet Habile Homme s'en explique dans son *Mémoire* publié en 1754, entre ceux de l'*Académie des Sciences* de Paris, p. 334 & suivantes. » On sçait, à n'en pou- » voir douter, quand on a pris plaisir à répéter les » observations de M. de Réaumur, que la propagation » de l'espece, le soin d'élever les petits, est ce qui » intéresse le plus les abeilles qui n'ont pas dégé- » néré : ôtez-leur les provisions qu'elles ont eu tant » de peine à amasser, elles sçauront en faire de nou- » velles ; il semble qu'elles redoutent peu les torts » qui peuvent se réparer par le travail : mais si on » leur ôte leur couvain, le découragement est sen- » sible ; & il n'y a que l'espérance de voir la mere » faire une nouvelle ponte, qui puisse les détermi- » ner à se remettre à l'ouvrage. Aussi remarque-t- » on que quand *on ménage le couvain en changeant* » *les paniers*, l'activité est bien plus grande que si les » mouches s'en trouvent privées. « Le changement fait au commencement de Juillet détruiroit tout le couvain, toutes les nymphes, qui seroient nées dans ce mois. En le conservant, on conserve donc aussi les abeilles plus âgées. Consultez l'*Hist. Nat. des Ab.* T. I. p. 357.

» La fumée qu'on a employée pour faire sortir » les mouches des gâteaux, leur cause une sorte » d'ivresse dont elles ne reviennent que peu-à-peu. » L'on profite de ce tems pour tirer les gâteaux du » panier dont on vient de faire sortir les mouches : » le propriétaire met à part tous les rayons où il » apperçoit du miel, c'est son profit ; mais il mé- » nage soigneusement ceux où il y a du couvain, pour » les replacer dans une ruche neuve, en les y sou- » tenant tout au haut avec des baguettes placées en » croix : on reporte vîte cette ruche auprès de celle » où on a déposé les mouches ; & après les avoir » étourdi de nouveau avec la fumée, on frappe » fortement l'ouverture de la ruche contre terre » pour faire tomber les mouches, qu'on recouvre

» avec la ruche où est attaché le couvain. Bientôt, » revenues de leur ivresse, elles y montent: & trouvant leur couvain, elles s'occupent avec une activité incroyable à tout réparer..... & à former » de nouveaux gâteaux..... Incessamment le couvain forme de nouvelles mouches, qui augmentent le nombre des ouvrieres, & laissent quantité » d'alvéoles vuides, lesquels ne tardent pas à être » remplis de miel ou de nouveau couvain. «

La méthode de conduire ces abeilles dans des endroits bien pourvûs de fleurs qui leur conviennent, devient alors très-avantageuse. » Si la saison est belle, » & que les fleurs soient abondantes, les ruches » qu'on a changées les premieres, sont très-bien » remplies vers la fin du mois d'Août. Quand cela » est, on les vuide une seconde fois; ayant toujours » grand soin de ménager le couvain.

» Quelque adresse, quelque précaution qu'on apporte dans les opérations que nous venons de » détailler, il y périt nécessairement un certain » nombre de mouches: & comme il est de la plus » grande importance que les ruches en soient toujours le mieux fournies qu'il est possible, on est » souvent obligé de fortifier les bons paniers avec » les petits essaims qui seroient trop foibles pour » passer l'hiver. *Voyez* ci-dessus, p. 582.

» Si-tôt que les paniers ont été changés pour la » seconde fois, on les transporte ailleurs où elles » puissent faire une troisieme récolte: & si la saison » est favorable au travail, qu'il ne fasse ni pluie ni » vent, & que les fleurs s'épanouissent bien: une » partie des ruches est assez remplie, à la fin de » Septembre, pour qu'on puisse rogner les gâteaux » de près d'un demi-pied.

Nous parlerons bientôt de cette autre opération.

» Il est presque superflu d'avertir qu'on ne doit » changer de Panier les abeilles, que quand les ruches sont très-pesantes & bien fournies d'ouvrieres. «

Au reste, le nombre des changemens doit être réglé sur la température des saisons. Il y a telle année extrêmement défavorable, où les abeilles ne sont en état d'être changées de ruches qu'une seule fois au plus. » C'est au propriétaire intelligent, à » juger du travail que peuvent faire ses abeilles relativement à l'état de la saison, au nombre d'ouvrieres, & à leur activité. Il perdroit son fonds si, » après qu'il a mis ses abeilles dans des paniers vuides, » il survenoit de grands vents ou des pluies assez » abondantes pour empêcher les mouches de travailler; ou s'il négligeoit de les transporter dans » des endroits abondans en fleurs. Si la saison est » humide, on évitera de les placer dans des lieux » ombragés & aquatiques; elles n'y feroient que de » mauvais miel, & y seroient attaquées de dévoiemens qui les feroient périr. Au contraire, ces situations sont préférables dans les années séches, » où les plantes sont brûlées dans les terres arides. » Mais les subites & imprévues alternatives des saisons trompent quelquefois les plus attentifs & intelligens Œconomes, qui ont le chagrin de voir » les mouches nouvellement changées de panier, » hors d'état de faire de nouvelles provisions.

Si, nonobstant les avantages de la saison, l'on apperçoit de l'inaction dans une ruche nouvellement habitée par des mouches qui auparavant étoient laborieuses, on peut croire que l'abeille Reine est morte. Auquel cas, » supposé que la ruche soit foible, il faut étourdir les mouches avec de la fumée » pour les joindre à un fort panier: ou bien si le » panier dégénéré est bien fourni de mouches, on » lui joindra une ruche foible dans laquelle il y ait » une Mere. Quelquefois aussi on enfume une petite » ruche pour *chercher la Mere*; qu'on met dans le » fort panier dégénéré: voici en quelle circonstance cela se fait dans le canton où sont placées » les Terres de M. Duhamel. Si quelqu'un, après » avoir changé toutes ses abeilles, & distribué ses » petits essaims pour fortifier les autres, s'apperçoit » qu'il a des ruches dégénérées, il demande une ou » plusieurs Meres à son voisin qui n'a pas encore » changé toutes ses mouches. Celui-ci cherche, » par la méthode que nous venons d'expliquer, des » meres dans les petits essaims qu'il se propose de » joindre à d'autres; & il les vend à celui qui en a » besoin, depuis douze jusqu'à vingt sous. Le possesseur des Meres tire ainsi un petit profit de leur » vente, sans se désaisir de ses mouches; qui n'en » sont que meilleures pour être jointes aux forts » essaims: & celui qui manquoit de Mere, remet » l'activité dans ses ruches pour un prix fort modique.

» Les mouches qu'on laisse deux ou trois ans dans » le même panier, étant sujettes à dégénérer, pour » l'une ou l'autre des causes susdites; & le but de » l'œconomie étant de tirer un profit du travail des » abeilles: on doit exciter l'activité du grand nombre d'ouvrieres qu'on a eu l'industrie de se procurer. C'est pourquoi nous avons dit ci-devant » qu'il est comme nécessaire de changer les mouches, » qui n'ont pas donné d'essaims.

» En changeant de panier, on nettoie les ruches » pour détruire plusieurs insectes qui mangent le » miel & font périr le couvain. Et comme le propriétaire prend tous les rayons pleins de miel, il » retire le plus grand profit possible, sans perdre ses » ruches, si l'abondance des fleurs & la douceur de » la saison permettent aux abeilles de se livrer au » travail avec toute l'activité dont elles sont capables.

» Mais (ajoûte M. Duhamel) les hausses me paroissent préférables quand on craint une disette » de fleurs ou des tems pluvieux & orageux, qui » forceroient les mouches de rester oisives. Si, ayant » mis des hausses, les circonstances devenoient plus » favorables qu'on ne croyoit devoir l'espérer, on » ne laisseroit pas de retirer un profit assez considérable de ces ruches. « En voici une preuve: dont j'ai simplement fait mention ci-dessus (*p.* 580, col. 1.) à propos de la construction des Ruches. » Le Curé de Tillay-le-Pélieux, dans le voisinage » de M. Duhamel, plaça un fort panier de mouches sur le fond d'un cuvier renversé, auquel il » avoit fait un trou. Les mouches remplirent tellement le cuvier de gâteaux épais, dont les alvéoles profonds ressembloient à des tuyaux de plume, que celui qui l'acheta du Curé en retira cinq » à six livres de cire & quatre cents vingt livres de » miel. Un bon panier, tel que ceux du Gâtinois, » pese quatre vingt à cent livres: on en retire deux » livres & un quart ou deux livres & demie de cire, » & soixante-dix livres de miel, dont la plus grande » partie est ferme, blanc & de très-bonne qualité. *Voyez* la *Collection Acad.* T. VII. p. 360; l'*Histoire Nat. des Ab.* T. I. p. 360-1-2; la *République des Ab.* p. 122.

Attendu que le couvain n'est jamais au haut de la ruche; les hausses deviennent effectivement commodes pour sa conservation, en ne privant la ruche que de sa hausse supérieure. *Voyez* M. Palteau, p. 226-7; le *Corps d'Observations* de la Société de Bretagne, année 1757, p. 162, de l'édit. *in*-8°. Mais le miel que l'on fait épancher dans cette séparation quand il n'y a pas un plancher qui ait fait une division de gâteaux par étages, englue beaucoup de mouches qui se trouvent plus bas dans la ruche: & cet accident les fait périr. *Voyez* le même *Corps d'Obferv.* année 1759, p. 259, 260; le *Journal Œconomique*, Juin 1758, p. 254; *Nouvelle Conftruction de Ruches de Bois*, p. 30-1-2-3.

Maniere de retirer la Cire & le Miel des Ruches.

Les Abeilles ayant un fuperflu qui tomberoit en pure perte; & ces animaux fçachant renouveller leur cire autant de fois qu'on leur en retranche: la nature femble nous inviter à nous approprier une partie de ces biens. Nous en acquérons même le droit par l'induftrie que nous mettons à les faire profpérer. Voyez l'*Hiftoire Nat. des Ab.* Tom. II. pag. 278.

Mais prenons garde que la cupidité du gain ne nous porte à occafionner des difettes parmi les ruches: beaucoup d'abeilles y périroient. Notre propre intérêt & une forte d'équité doivent nous engager à épargner la vie de ces précieux infectes. *Voyez* M. Palteau, p. 290 & fuivantes.

La crainte des aiguillons dont les abeilles font armées, détermine la plupart de ceux qui ont des ruches, à étouffer avec la vapeur du foufre ces utiles ouvrieres dans le tems où ils veulent s'en approprier le travail: voyez l'*Hiftoire Nat. des Ab.* T. II. p. 278-9. D'autres, pour conferver les mouches, les font paffer dans une ruche vuide: & afin qu'il n'en refte aucune dans l'ancienne, ils la tranfportent promptement à l'écart, & la placent fur un trou fait en terre, où ils brûlent du foufre. Dans le Gatinois, où l'on eft encore plus attentif à ne point perdre d'abeilles; fitôt qu'on les a obligées prefque toutes à évacuer leur ruche, on la tranfporte dans une falle baffe, ou dans une cave: les mouches qui reftent dans la ruche, n'ayant plus leur reine, fe retirent vers le haut du panier: où on les trouve raffemblées en peloton, comme un petit effaim. On a ainfi tout le tems de retirer les gâteaux. La ruche étant vuide, on la porte auprès d'une fenêtre vitrée: & là, avec un plumeau, on détermine les mouches à fortir de la ruche: elles en fortent effectivement affez volontiers; car étant féparées de leur couvain, de leurs provifions, & de leur Reine, elles femblent manquer de courage. Elles montent le long des vitres; & fe raffemblent au haut des croifées, en forme d'effaim. Ce qu'il y a de bien fingulier, eft qu'aucune de ces mouches ne s'avife de s'attacher au miel qui eft à leur portée; au lieu que celles du dehors s'y jettent avidément, & en ramaffent le plus qu'elles peuvent pour le porter à leur ruche. Quand le propriétaire des mouches voit les pelotons attachés aux croifées fuffifamment groffis, après les avoir un peu enfumés, il les fait tomber dans un pot qu'il a foin de recouvrir; & fans perdre de tems il le porte auprès de fes ruches: où les abeilles retrouvant leurs camarades, fe mettent auffitôt à travailler avec ardeur. Si, en mettant les mouches dans le pot, on apperçoit une Mere, on la fépare, & on l'enferme dans un cornet de papier: elle fert enfuite à ranimer l'activité du travail dans les ruches qui manquent de reine. Dans le cas où le paquet de mouches feroit fort gros, on le mettroit feul dans une ruche avec une Mere; & par-là on fe procureroit un bon effaim. *Voyez* ci-deffus, p. 589.

[*Nota.* Il eft facile de s'appercevoir, fans que je cite M. Duhamel, que ces nouveautés ingénieufes, dues à l'induftrie des Habitans du Gatinois, nous ont été tranfmifes par ce célebre Académicien; qui obferve en bon Citoyen & en Naturalifte éclairé tout ce que l'Art & la Nature ont d'intéreffant. Je viens de copier le commencement de l'*Art du Cirier*, publié en 1762, par M. Duhamel, au nom de l'Académie Royale des Sciences. On a eu lieu de reconnoître, dans les divers endroits que j'ai cités de fon Mémoire de 1754, intitulé *Diverfes Obfervations Œconomiques fur les Abeilles*, combien fes vûes font fupérieures à celles de la plûpart des Auteurs anciens ou modernes qui ont le mieux écrit fur cette matiere. Il femble que fon génie doive conftamment faifir le fimple & le folide, qui caractérifent les vraies notions de la fublime Nature. Un ftyle net & concis, qui lui eft propre, met fes idées fous un jour fi naturel & fi habilement proportionné aux yeux de tous les Lecteurs; que je n'ai garde de diffimuler l'emploi que je fais des expreffions mêmes de ce Grand Homme, prefque par-tout où j'ai l'avantage de pouvoir rendre fes penfées.]

On cherche en vain à juftifier les procédés malhabiles & cruels, qui ne font que trop fréquemment employés contre les abeilles. Tantôt l'on dit qu'on ne fait périr que de vieilles mouches de qui il n'y a plus à attendre d'effaims, & qui confommeroient pendant l'hiver une grande partie du miel qu'elles ont amaffé. Mais une ruche formant une fucceffion habituelle de vivans & de mourans, comme nous avons déja eu occafion de l'obferver; on ne peut prefque jamais dire exactement que toutes les abeilles qui la compofent foient incapables de fournir une nouvelle génération. Voyez l'*Hiftoire Nat. des Ab.* T. II. p. 279, 280-1, & T. I. p. 322. D'ailleurs, en convenant qu'elles confommeroient la plus grande partie de leur miel, ou même fa totalité fi l'on veut, car après tout elles ne l'ont amaffé que pour elles; pourquoi ne pas fe contenter d'en retrancher une portion en différentes années, & en différentes faifons de la même année: au lieu de vouloir tout enlever à la fois? On fe porte à foi-même un préjudice notable, en fe privant de ces utiles infectes. Auffi parle-t-on d'une Loi de Tofcane qui défend fous peine de punition arbitraire, de faire ainfi mourir les abeilles. Il y a longtems que le bien public fait hautement des plaintes fur un abus fi commun parmi nous. C'eft dans la vûe d'ôter tout prétexte à la perfévérance du mal, que je me fuis appliqué à donner ici des moyens sûrs, & commodes, pour tirer la cire & le miel en confervant les mouches.

Outre la pratique ci-deffus, qui confifte à les changer de panier; on peut fouvent fe contenter de couper en différens tems, quelques portions des gâteaux de chaque ruche: ce qu'on appelle les *Châtrer*, ou *Tailler*; & *Rogner les gâteaux*. Cet ufage eft déja ancien dans plufieurs pays. Les habitans des climats chauds en prennent un tiers au printems, un fecond tiers en été; & un troifieme à la fin de l'automne, fi la ruche eft alors fuffifamment pleine de nouvelle cire. Le tems de cette opération doit varier fuivant le climat, & fuivant les circonftances des faifons plus ou moins avantageufes. Nos récoltes ne fe font point par-tout dans les mêmes mois: & pareillement la naiffance plus tardive ou plus hâtive des fleurs avance ou retarde l'ouvrage des abeilles. Auffi y a-t-il de nos Provinces où l'on ne taille les ruches qu'en Juillet ou en Août: Confultez la *Maif. Ruft.* T. I. p. 461. L'induftrie du S[r]. Prouteau (*Voyez* p. 586-7) peut multiplier l'avantage de ce retranchement, pour ceux qui profiteront de fon exemple pour fuppléer au défaut des faifons du canton qu'ils habitent.

A la fin de Février, ou en Mars, on peut, fans faire tort aux mouches, ôter une grande partie de leur cire, & en même tems du miel qui refte de leur provifion d'hiver. Il fuffit de leur en laiffer une quantité convenable pour les jours rigoureux qui peuvent furvenir jufqu'au mois de Mai. On peut auffi ôter alors plufieurs des gâteaux qui font vuides de miel, & furtout ceux dont la cire a beaucoup bruni. Ce qu'on enleve de la forte aux abeilles, dans un tems où elles peuvent le remplacer affez vîte, eft un fuperflu ; dont le retranchement les met plus à l'aife, leur donne lieu de faire de nouvel ouvrage ; & peut-être même contribue à leur fanté. Voyez la *République des Ab.* p. 88, 91-5, 341-2-3, 358-9, 360-1 ; l'*Hift. Nat. des Ab.* T. I. p. 360-1-2 ; Virgile *Georg.* IV. 241 & fuivans ; M. Palteau, p. 290, *&c.*

A l'égard de l'heure propre à cette opération : les uns veulent qu'on prenne celle de midi ; d'autres le matin, avant le lever du foleil. Confultez l'*Hiftoire Nat. des Ab.* T. II. p. 286-7 ; M. Palteau, pag. 239.

Il paroît qu'en général le matin eft plus sûr, parce que les abeilles engourdies font moins difpofées à fe défendre : voyez la *République des Ab.* p. 344-5-6. Peut-être que la nuit feroit encore plus avantageufe. Pour peu qu'on les enfume, lorfqu'elles font dans l'état du repos, on les cantonne au haut de la ruche foulevée pour cet effet : & on profite du moment pour la renverfer & la coucher fur une chaife ou fur un banc, à une hauteur qui facilite l'opération que l'on veut faire.

Un coup d'œil, jetté dans la ruche, aprend quels font les gâteaux qu'il convient de couper ; foit totalement, foit en partie. Alors, avec un couteau dont la lame eft un peu courbe comme celle des ferpettes, & qui coupe bien, on taille & retranche ce que l'on juge à propos. Voyez la *République des Ab.* pag. 350-1-2-3 ; M. Palteau, p. 302-3.

On doit épargner abfolument tous les endroits où il y a du couvain. Pour diftinguer fes alvéoles d'avec ceux qui contiennent du miel, on peut rompre un petit morceau du gâteau dont on voit les alvéoles bouchés. Confultez la *République des Ab.* pag. 344, 350 ; M. Palteau, p. 305.

C'eft auffi le tems de faire la réferve des gâteaux garnis de miel que l'on gardera pour approvifionner certaines ruches ; comme nous l'avons dit, *p.* 593, col. 1. Confultez la *Républ. des Ab.* p. 361.

Plufieurs Auteurs prefcrivent de ne couper que les gâteaux qui font vers le derriere de la ruche ; tant à caufe de la qualité de leur miel, que parce que le couvain eft fouvent fur le devant. On peut s'en tenir à choifir ceux qui font le mieux pourvus de miel. En ne faifant la taille qu'après l'hiver, on voit que les abeilles ont débouché fucceffivement leurs alvéoles, de bas en haut ; peut-être parce que le miel du haut eft plus de garde. Confultez l'*Hiftoire Nat. des Ab.* T. II. p. 298 ; la *République des Ab.* pag. 100, 142, 351-7-8. Mais M. Duhamel (*Art du Cirier*, p. 4), obferve avec fon exactitude ordinaire que, dans le mois de Juillet, lorfque les mouches travaillent le plus à ramaffer du miel, auffitôt qu'elles arrivent des champs, elles dépofent le plus coulant dans les rayons d'en-bas ; & qu'elles le tranfportent, vers le foir dans ceux du haut de la ruche ; où il acquiert plus de folidité. Puis il ajoûte que fi dès la pointe du jour on change les paniers, on trouve les rayons d'en-bas vuides : fi on le fait vers les onze heures, ils font remplis d'un miel très-coulant & qui s'échappe par gouttes avant qu'on ait eu le tems de mettre les gâteaux fur le canevas ou autre chofe propre à recevoir le miel ; ce qui caufe une perte, attendu que ce miel très-coulant eft fort bon, & qu'il fe cryftallife dans les pots. Voyez la *Collection Acad.* T. VII. p. 236 ; & ce que nous avons obfervé d'après Virgile, ci-deffus *p.* 581, col. 1.

Il eft de la prudence, de conferver le linge fumant pendant toute l'opération, & d'en diriger la fumée vers le fond de la ruche, pour contenir les abeilles. Voyez la *République des Ab.* pag. 350. On parlera des autres précautions, ci-après, en traitant des *Piquures* que font ces infectes. On doit auffi tremper de tems à autre fon couteau dans de l'eau fraîche : voyez la *Rép. des Ab.* p. 338-9, 340-1.

[Virgile, *Georg.* IV. 229 & 230, femble confeiller de tenir dans fa bouche de l'eau pour en arrofer les abeilles, en même tems qu'on les enfume avec la main. Dans le *v.* 241, il dit que l'on faifoit la fumigation avec du thym.]

La ruche étant fuffifamment taillée, on la remet en place ; tournant en devant le côté d'où on a le plus ôté : parce que les abeilles travaillent de préférence dans la partie que le foleil échauffe davantage. Confultez la *République des Ab.* pag. 353-4-6.

Nous le répétons, parce que nous le croyons néceffaire : la taille doit être dirigée avec beaucoup de prudence. Il vaut mieux laiffer aux mouches trop de provifions, que de s'expofer à la néceffité de leur en fournir enfuite : car elles fe reffentent infailliblement de la difette où on les a réduites. On eft à-peu-près convenu qu'il y a une forte d'équité, de néceffité même, à leur laiffer toujours environ la moitié de leur miel. Confultez le *Journ. Œcon.* Avril 1764, p. 187.

Pour ce qui eft des effaims de l'année, le mieux eft de ne point toucher aux gâteaux qu'ils ont faits ; & rafraîchir feulement un peu ceux de l'année précédente, fuppofé que les ruches foient bien remplies. Souvent même on ne leur ôte abfolument rien. Dans l'un ou l'autre cas, on doit toujours avant l'automne examiner fi tout y eft en bon état ; & les nettoyer. *Voyez* M. Palteau, p. 237-8.

On doit également avoir attention de ne pas rogner les ruches foibles : on courroit rifque de les perdre, pour un profit affez modique ; le miel que les abeilles ramaffent fur le farrazin (qui eft la principale fleur qu'elles affectent dans l'arriere-faifon) étant toujours jaune & de peu de valeur.

Les ruches de M. Palteau, ou autres qui y font analogues, compofées de hauffes, font très-commodes pour recueillir la cire & le miel. Voyez la *Nouv. Conft. de Ruch. de bois*, p. 313, *&c.*

A mefure qu'on ôte les rayons des ruches, on met à part ceux qui ne font point noirs ; ainfi que ceux où il n'y a ni cire brute ni couvain. On diftribue féparément les uns & les autres fur un van, ou fur un linge étendu. Le couvain fe fond en une liqueur blanchâtre ; qui donne un mauvais goût au miel, l'empêche de fe durcir, le fait fermenter & aigrir, & en diminue la vente. Mais on ne voit rien qui empêche de fondre avec le refte de la cire les rayons où il y a du couvain ; fi on ne veut pas le conferver.

On a raifon de tranfporter promptement ceux qui contiennent du miel, dans une falle fraîche, dont les croifées foient exactement fermées avec des chaffis garnis de canevas, qui puiffe, en donnant paffage à la lumiere, interdire l'entrée aux mouches du voifinage. Car lorfque quelques-unes trouvent moyen d'y pénétrer, elles font fi friandes de miel, que tout ce lieu s'en trouve bientôt rempli ; elles fe plongent dans le miel au rifque de s'y noyer ; & il n'eft pas aifé de travailler librement. M. Simon (*République des Ab.* p. 361), dit avoir vû des abeilles defcendre par la cheminée dans une chambre où il y avoit des gâteaux encore pleins de miel. On fera bien, s'il s'y en introduit quelques-unes, d'enfumer la falle avec du chiffon ou du foin mouillé, pour éloigner les autres ou étourdir celles-là de forte qu'elles ne puiffent piquer les ouvriers. On doit auffi prendre de bonnes mefures contre le pillage des fourmis.

C'eft ordinairement le long des parois de la ruche, que se trouve le plus beau *Miel.* Celui des rayons du centre est moins parfait.

On passe légerement un couteau sur les rayons pleins de beau miel, pour rompre les couvercles des alvéoles & emporter le miel épais qui se trouvant immédiatement sous cette cire, empêcheroit le miel liquide de s'écouler. On brise ensuite les gâteaux; on les arrange dans des vaisseaux de terre percés par en bas, ou dans des corbeilles à claire-voie, ou bien sur des claies d'ozier, ou sur du canevas tendu par un chassis. Consultez la *Maison Rustique*, T. I. pag. 466-7. Le plus beau miel, celui qu'on nomme *Miel Vierge*; le plus blanc, qui sort des gâteaux les plus parfaits; coule peu-à-peu de lui-même, comme de l'huile, dans les vases de terre vernissés qu'on a soin de poser pour le recevoir. Comme le miel se trouve figé quand il fait froid; & qu'il faut un certain degré de chaleur pour le rendre plus fluide; il seroit à propos de tenir les corbeilles dans un air tempéré, lorsqu'on fait cette opération par un tems froid. D'un autre côté, cette précaution est également utile quand il fait bien chaud: parce qu'alors sans cela le miel deviendroit trop liquide, & l'on en perdroit une partie.

Quand on a retiré le premier miel, on brise encore les gâteaux avec les mains, sans les pêtrir; & on y joint ceux qui sont moins parfaits. Tout cela produit du miel d'une qualité inférieure, dont la couleur jaune est occasionnée par une petite quantité de cire brute mêlée d'un peu de miel, dont plusieurs alvéoles se trouvent remplis.

Quelques-uns, pour obtenir ce second miel, passent légerement les gâteaux à la presse. Mais ce miel est moins pur; & il contracte un goût de cire, que n'a pas le miel blanc qui a été retiré par instillation. M. Duhamel fait observer (*Mémoires de l'Académie des Sciences*, 1754, p. 341), que dans les années séches on ne peut gueres le retirer autrement qu'à la presse.

On met ces différens miels dans des pots, que l'on tient dans un lieu frais. Ils y fermentent, & jettent une écume mêlée de la poussiere des étamines des fleurs qui produit la cire brute. Cette écume, à cause de sa légereté, se porte à la surface: & on a soin d'enlever avec une cuiller ces substances étrangeres. Lorsque l'on est attentif à bien trier les gâteaux, ce second miel est assez bon.

Enfin, on pétrit entre les mains les gâteaux vieux & nouveaux, même ceux qui contiennent de la cire brute; prenant seulement bien garde de n'y pas mettre les rayons où il y a du couvain. On met cette espece de pâte sous la presse, pour en tirer un miel grossier, où se trouve allié beaucoup de cire brute. C'est ce qu'on nomme *Miel Commun*, ou *Miel à Lavement.* Pour déterminer ce miel à couler, on humecte quelquefois la pâte avec de l'eau chaude, en assez petite quantité pour ne pas noyer le miel. Si cette eau étoit bouillante, elle pourroit tellement attendrir la cire, qu'une partie se mêleroit avec le miel commun, & causeroit une perte considérable; ce miel ne valant gueres que trois ou quatre sous la livre; au lieu que la cire la plus commune, & qui n'est pas propre à être mise au blanc, se vend vingt sous, quelquefois même trente à trente-cinq.

Il y a une grande différence entre la qualité de ces miels. Si le blanc vaut douze sous, le miel de la seconde qualité ne se vend que huit; & le miel le plus commun ne vaut, comme nous venons de le dire, que trois à quatre sous.

On dépose ces différentes sortes dans de petits barrils, ou dans des pots de grès, pour les vendre aux débitans.

Le miel nouveau est préféré au vieux; parce que celui-ci tombe en sirop, & que souvent il devient aigre. De plus on veut qu'il soit blanc, grené, & qu'il ait naturellement une odeur aromatique. Mais il y a des marchands qui sçavent l'aromatiser avec des plantes odorantes, telles que les fleurs de romarin, *&c.*

Le bon miel bien grené se conserve parfaitement dans un endroit aëré, qui ne soit point trop chaud ni trop humide. Il s'aigrit, & prend un goût de moisi, dans l'humidité. M. Simon en a ainsi gardé pendant plus de trois ans: *République des Abeilles*, p. 118. Il avertit que l'on doit aussi être attentif à n'y laisser tomber aucunes mies de pain; vû qu'elles y occasionnent de la fermentation.

Quelques-uns, pour blanchir leur miel, le mettent dans des terrines, & le battent avec des palettes, comme on bat des blancs d'œufs: il acquiert effectivement un œil blanc; mais ne devient point grené. D'autres y mêlent de l'amidon, ou de la fleur de farine: il est facile de reconnoître cette fraude en faisant fondre le miel dans de l'eau bien claire; comme la farine ne se dissout pas dans l'eau, elle la rend laiteuse.

C'est un assez mauvais usage que celui de jetter les gâteaux brisés, dans une poële de cuivre rouge posée sur un petit feu, jusqu'à ce que le miel soit tiede; puis de les mettre à la presse, dans un sac de grosse toile. Le miel y contracte toujours de l'âcreté. D'ailleurs, à moins que le feu ne soit extrêmement doux, il fond une certaine quantité de cire qui se mêle avec le miel & cause les pertes dont nous avons fait mention.

Nous avons donné, dans le I. Tome (*p.* 629 & suivantes), diverses observations sur les qualités qui rendent la cire plus ou moins avantageuse pour la vente; sur la maniere de la Démieller, Purifier, Blanchir, *&c.* Nous croyons devoir répéter ici l'avis important de n'employer qu'un feu modéré pour la fusion de la cire.

M. Simon (*République des Abeilles*, p. 362) conseille de laisser devant le rucher, jusqu'au soir & même le lendemain jusqu'à la nuit, la cire dont on a tiré le miel: parce (dit-il) que les mouches sucent le peu qu'il y en reste, & l'emportent dans leurs alvéoles. C'est pour elles une occupation, qui les dispense de toucher aux provisions qu'on leur a laissées, ensorte même qu'elles sont suffisamment nourries pour quelque tems.

Piquures des Abeilles.

Les abeilles de race domestique sont naturellement plus douces que d'autres. Nous avons fait mention (ci-dessus *p.* 581) de quelques especes que l'on rend aisément privées. Il y en a qui demeurent toujours farouches.

Celles qui ont de la disposition à devenir familieres y parviennent à force d'être fréquentées, s'y présentant d'abord avec prudence; & demeurant ensuite par degrés plus longtems & plus souvent parmi elles. L'avantage de cette docilité influant beaucoup sur le profit & l'agrément de cette occupation œconomique, on doit tâcher de n'acquérir que des mouches déja privées.

M. Pluche a parlé (*Spectacle de la Nat.* T. III. pag. 36-7) d'abeilles accoutumées à obéir au coup de sifflet, comme un troupeau de bétail entend le son, par lequel on a coutume de l'appeller. Sans traiter d'impossible cette sorte d'éducation; l'on est fondé à regarder comme vraisemblable que ce coup de sifflet étoit un signal donné aux Bateliers du Nil par celui qui commandoit l'espece de caravane que l'on faisoit faire aux abeilles sur ce fleuve; & que nous avons rappellée ci-dessus, pag. 586. Voyez l'*Hist. Nat. des Ab.* T. II. p. 383-4-5.

Quand une mouche naturellement douce se pose sur quelque endroit de notre peau, l'on n'a rien à craindre si on ne fait aucun mouvement qui l'empêche de s'y promener comme elle veut : *Histoire Nat. des Ab.* T. I. p. 13. Celui que ces insectes voient habituellement, passe entre les rangs de ruches en toute sureté. Il faut les laisser voltiger en liberté ; & quand on est obligé de le remuer, le faire doucement & tranquillement.

Mais pour peu que l'on inquiete les abeilles, elles s'irritent, & font des piqures souvent très-douloureuses & cuisantes, auxquelles succedent l'enflure, la rougeur, & l'inflammation, & dont on se ressent quelquefois après vingt-quatre heures : il n'est pas rare que la tête soit étonnée d'une piqure faite dans une autre partie. Nous avons dit (*p.* 573-4) que ces piqures étoient accompagnées d'un venin qui s'insinuoit en forme de liqueur. On a vû aussi que la configuration même de l'aiguillon contribue à augmenter la sensibilité. Car les barbes dont il est hérissé, le retenant par force dans une plaie profonde, l'abeille l'y laisse en s'enfuyant : & lors même qu'elle est déja loin, l'aiguillon continue de se donner des mouvemens, & s'enfoncer davantage dans la chair ; comme l'on voit un épi barbu faire successivement des progrès en arriere le long du bras où on l'a introduit entre le linge & l'étoffe, dans la même direction qu'a eue l'aiguillon de la mouche en pénétrant dans la peau, ensorte qu'il ne peut sortir de lui-même par où il est entré.

La mouche, en nous piquant avec vigueur, reçoit une terrible & mortelle blessure ; à laquelle il ne paroît pas qu'elle puisse survivre longtems. L'aiguillon ne reste dans notre plaie, qu'en arrachant diverses dépendances du ventre de l'abeille : soit muscles, soit ligamens, soit entrailles : car on n'est pas bien sûr du nom que l'on doit donner à ces parties dont l'insecte est privé. Voyez l'*Histoire Nat. des Ab.* T. I. p. 99 ; le *Spect. de la Nat.* T. I. p. 156 ; M. Geoffroy, *Histoire des Inf.* Tom. II. pag. 399 ; la *Républ. des Ab.* p. 67, 122 ; les *Mémoires de l'Acad. des Sc.* an. 1712, p. 306.

Si l'on ne s'agite pas beaucoup, de sorte que l'abeille puisse retirer lentement son aiguillon, la souffrance que sa piqure occasionne est beaucoup moindre. * *Spectacle de la Nat.* T. I. p. 156 ; M. Geoffroy, *Histoire des Inf.* T. II. p. 399 ; l'*Histoire Nat. des Ab.* T. I. p. 111.

Toutes choses d'ailleurs égales, il y a des tems où les piqures d'abeilles sont plus sensibles qu'en d'autres. L'insecte engourdi de froid cause en général peu de douleur & d'accidens. Voyez l'*Histoire Nat. des Ab.* T. I. p. 109, 110.

La sensibilité & les autres effets de cette piqure dépendent encore des dispositions particulieres de chaque personne. Plus on est d'un tempérament délicat, plus on en est susceptible. Nous voyons des gens pour qui les piqures des mouches ne sont absolument rien ; & d'autres, qui y font très-peu d'attention. Voyez l'*Hist. Nat. des Ab.* T. I. p. 107-8, 110-1-2-3, 120. C'est pourquoi il y a des paysans qui vont en chemise, les mains nues, & le visage découvert, recueillir des essaims, changer ou tailler des ruches ; enfin exécuter avec assurance toutes les opérations pour lesquelles la plupart de nous risqueroient beaucoup sans s'être précautionnés suffisamment contre les piqures.

Une troisieme cause qui rend certaines piqures moins douloureuses, est lorsqu'une même mouche les réitere de suite : les dernieres ne sont rien en comparaison des premieres. Voyez l'*Histoire Nat. des Ab.* T. I. p. 111 ; M. Bazin y dit aussi (*p.* 107-8) que l'irritation est plus aiguë ou plus modérée, selon la quantité de liqueur venimeuse dont la plaie a été mouillée. *Consultez* néanmoins la *Républ. des Ab.* p. 120.

M. Geoffroy (*Histoire des Insectes*, T. I. p. 399) observe que les accidens causés par la piqure de l'abeille ressemblent en petit à ceux du venin de la vipere. Du moins ne peut-on pas contester qu'une forte piqure de mouche étonne le cerveau ; & que différentes parties offensées de la sorte ensemble sont capables de produire par leur irritation & inflammation, une sorte de fievre à laquelle l'homme le plus robuste succomberoit. Voyez l'*Histoire Nat. des Ab.* T. I. p. 106-7-8, 113-4.

Au reste, l'abeille est toujours un dangereux ennemi. Elle attaque hardiment & avec vigueur tout ce qui l'incommode. Plus on lui résiste, plus elle s'obstine à vaincre ; poursuivant même à une grande distance celui qu'elle a pris en haine. C'est ordinairement à la tête qu'elle s'attache pour y imprimer les marques de sa fureur. Une abeille en courroux fait un bourdonnement aigre, qui rassemble bientôt la multitude de ses compagnes : & l'affaire leur devient commune. A peine aucune sorte d'animal peut-elle alors tenir quelque tems contre cette armée formidable. Celles qui périssent dans le combat exhalent encore une odeur qui donne à toute la troupe une vigueur sans bornes.

On a donc raisonnablement sujet de redouter la colere de cet insecte. Mais pour ne point la craindre à l'excès, il est à propos d'être instruit des moyens de s'en garantir ; de sçavoir remédier aux piqures quand on n'a pu les éviter ; enfin de connoître les choses qui peuvent déterminer les abeilles à nous faire la guerre.

Dans le détail des diverses opérations qu'exige le soin des ruches, nous avons souvent dit que l'on contenoit les mouches en les jettant dans une espece d'étourdissement au moyen de la fumée. Les personnes timides doivent outre cela se bien couvrir le visage, les mains, & les jambes ; ne travailler aux ruches que la tête garnie d'un bon camail ou capuchon, avec un masque de crin ou de gaze éloigné du visage, & les mains défendues par de forts gants, &c. Voyez la *République des Ab.* p. 129, 130, 349 ; & ci-dessus, p. 597 col. 2.

Nombre d'expériences semblent attester ce que l'on dit que les abeilles haïssent les personnes qui ont une chevelure rousse. Voyez la *Républ. des Ab.* p. 122.

Ces insectes témoignent encore de l'aversion pour des haleines vineuses, ou qui sont chargées de l'odeur d'ail ou oignon.

Quiconque risque de soufler dans une ruche avec sa bouche ; qu'il ait l'haleine bonne ou mauvaise, n'importe ; il est aussitôt environné de la multitude des habitans, qui l'en font repentir.

Pour peu que l'on fréquente les abeilles farouches, il n'est guéres possible d'éviter absolument d'en être piqué. Mais lorsqu'on se trouve assailli par la multitude, le plus sage parti est de fuir promptement & aussi loin que l'on peut. Divers Auteurs assurent que si on se réfugie dans une bergerie, on est à l'instant délivré de leur persécution. L'on a vû quelquefois des animaux y réussir en se jettant à l'eau.

Nous ne manquons pas d'indications de REMEDES comme spécifiques pour parer aux accidens qui suivent la piqure. Mais, dans l'usage on trouve que la plupart de ces remedes sont ou peu efficaces, ou même incapables de soulager. Le mieux seroit-il donc de prendre courageusement son parti, & attendre patiemment que le venin s'amortisse de lui-même ? Voici néanmoins un précis de ce qui paroît mériter que l'on en fasse de nouvelles épreuves : car après tout, comme nous l'avons dit, une piqûre n'est pas toujours aussi maligne qu'une autre ; tant à cause de la quantité du venin introduit, que relativement aux autres circonstances dont nous avons fait mention ci-dessus.

M. Geoffroy (*Histoire des Insectes*, T. II. p. 399) dit que la douleur passe vîte, si l'on a soin de frotter la plaie avec un alkali fort & pénétrant.

Un des meilleurs expédiens est de retirer aussitôt l'aiguillon qui est resté dans la plaie, ou le faire tirer par quelqu'un. La tumeur & la douleur sont ensuite peu considérables. Outre cela il est à propos de presser les levres de la plaie, afin d'exprimer ce que l'on pourra de venin ; puis sucer l'endroit ; & enfin y appliquer de l'argile délayée avec un peu de salive.

M. Simon (*Républ. des Abeilles*, p. 127) dit avoir souvent éprouvé avec succès, sur divers personnes & sur lui-même, de bien laver la plaie avec de l'eau fraîche & nette, après avoir retiré l'aiguillon ; puis y assujettir des compresses humectées de pareille eau, que l'on en imbibe de tems en tems. *Voyez* M. Palteau, p. 279.

Nous avons déja fait observer qu'il y a des personnes plus susceptibles des effets du venin, que d'autres : ensorte que les endroits piqués deviennent promptement très-enflés. L'huile d'amandes douces, & celle d'olives, ne sont nullement propres à arrêter dans ces personnes les progrès du mal : quoiqu'elles puissent réussir sur d'autres. Voyez l'*Hist. Nat. des Ab.* T. I. p. 115-6-7-8-9, 120-1.

Les sucs de différentes plantes, indiqués par divers Auteurs ; l'urine, beaucoup vantée ; le vinaigre ; ont pareillement des succès très-variés.

Il en est de même de la plupart des autres topiques. En général leur application diminue ou appaise la douleur, pour un instant : ce que fait encore l'eau seule.

Le persil pilé opere quelquefois une sorte de soulagement ; mais trop foible pour que l'on doive y compter. * *Hist. Nat. des Abeilles*, T. I. pag. 122 ; la *Républiq. des Abeilles*, pag. 127. On met encore dans ce rang l'usage des feuilles de mélisse pilées.

La bouze récente de vache peut soulager.

M. Simon atteste (p. 128) que l'application d'une lame de couteau ne produit qu'un bien être momentané.

Nous avons l'expérience que la douleur diminue lorsqu'on frotte l'endroit avec le suc laiteux du pavot. Le Laudanum, qui en est extrait, & si calmant dans d'autres occasions, pourroit y être employé vraisemblablement avec succès.

Nous voyons des Auteurs conseiller l'application de mouches-à-miel pilées avec un peu de sauge.

Plusieurs disent que le suc de mauve, ou de guimauve, dont on se frotte le visage & les mains, soit seul soit avec de l'huile d'olives, garantit d'être piqué par les abeilles.

MOUCHE CANTHARIDE. Insecte dont le genre comprend au moins huit especes bien connues : dont les unes se trouvent dans les prairies, dans les bois, sur les fleurs de nos jardins ; d'autres sur les rosiers, les peupliers, les frênes, les lilacs, les chevrefeuilles, *&c.* à qui elles font beaucoup de tort en dévorant les feuilles. Voyez M. Geoffroy, *Hist. Abr. des Insect.* T. I. p. 339 & suivantes.

Nous ne parlerons ici que de l'*Espece communément employée en Pharmacie.* Elle affecte particuliérement le frêne ; où elle s'accouple vers le mois de Juin. Cet insecte varie beaucoup en grandeur. Tout son corps est d'un beau verd doré ; à l'exception de ses antennes, qui sont noires par tout ailleurs que sur leur premier anneau. Ces antennes sont menues ; placées audevant des yeux, un peu sur le dessus de la tête. Les mâchoires sont saillantes, & couvertes d'une petite lame, comme dans les scarabés. Le corcelet, ferme & solide, est fort étranglé proche la tête ; se dilate ensuite, & forme de chaque côté une pointe mousse : vû à la loupe, il paroît un peu pointillé ; ainsi que la tête. Il y a quelques poils au-dessous de la poitrine. Au corcelet tiennent deux écailles luisantes, d'un beau verd, un peu molles, flexibles ; comme chagrinées, à cause de petits sillons irréguliers qui se joignent & se confondent : on distingue sur chaque écaille deux raies longitudinales assez apparentes : ces écailles servent de fourreaux ou étuis, aux ailes. Les ailes sont brunes, fortes & nerveuses.

Lorsque les cantharides sont quelque part en grand nombre, elles répandent une odeur désagréable que l'on sent quelquefois d'assez loin. On est étonné que ces insectes étant communs dans notre climat, personne n'ait encore réussi à découvrir leur métamorphose.

Propriétés.

On s'en sert à titre de vésicatoires ; parce qu'elles ont éminemment la faculté, qui se trouve encore dans d'autres insectes, d'occasionner des vésicules, & de ronger les endroits de la peau où elles séjournent. On les applique donc, pour détourner les fluxions en évacuant des sérosités, derriere les oreilles, à la nuque, entre les épaules & ailleurs ; sous une forme emplastique. Ce remede soulage souvent les douleurs de rhumatisme, & de sciatique ; les fluxions des gencives, du nez, des yeux ; l'apoplexie, paralysie même. Quelquefois il en résulte une trop grande effervescence dans le sang & les humeurs.

Ces mouches, prises intérieurement, sont diurétiques. Mais leur usage doit être extrêmement réservé : car elles agissent si vivement sur les organes destinés à l'urine, que le poids de deux ou trois grains occasionne dans la vessie une chaleur prodigieuse, dont l'irritation peut faire rendre par les conduits de l'urine jusqu'au sang.

Le lait est fort propre à remédier en général aux accidens qui peuvent survenir à l'usage interne ou externe des cantharides.

Maniere de les Préparer.

On les fait mourir à la vapeur du vinaigre chaud ; puis sécher au soleil. Les meilleures sont celles qui sont entieres, nouvelles, & bien séches. Elles peuvent demeurer en bon état pendant deux ans. Les vieilles se réduisent en poudre.

MOUCHET. *Voyez* ÉPERVIER.

MOUCHETTE : *terme d'Architecture.* On nomme ainsi quelquefois le larmier d'une corniche. Lorsqu'il est refouillé, ou creusé par dessous en forme de canal, on l'appelle *Mouchette Pendante.* C'est ce que Vitruve nomme *Corona alveolata.*

MOUCHETTE : *terme de Menuiserie.* C'est une espece de rabot, dont le fer & le fût sont taillés en rond & échancrés : pour faire des quarts de rond ; dégager des baguettes ; & faire d'autres ornemens ou moulures.

MOUCHETURE : *terme d'Agriculture.* C'est une poussiere noire, qui sortant des grains de bled niellés, lorsqu'on bat les gerbes, s'attache fortement au bon grain, & en salit principalement la houpe ; où il laisse une tache noire. Cet inconvénient est purement extérieur ; & il n'en résulte aucun

aucun préjudice pour la santé. Mais le grain ainsi moucheté déplaît aux yeux : & le pain qui en provient n'est pas parfaitement blanc. D'ailleurs il est très-bien prouvé que cette tache, toute superficielle qu'elle est, rend le grain très-disposé à produire du grain charbonné. Aussi le grain moucheté baisse-t-il communément d'un cinquieme, ou même d'un quart, du prix courant lorsqu'on l'expose en vente.

Consultez l'article NIELLE.

MOUCHOIR *de Vénus*. Consultez l'article VISAGE.

MOUÉE. Mélange fait du sang de la bête que l'on a prise à force ; avec du lait, ou du potage, selon les saisons. On y doit mettre force pain en petits morceaux : que l'on donnera aux chiens courans, en faisant la curée.

MOUFLE : *terme de Mécanique*, servant à l'Architecture, &c. C'est un instrument composé de deux ou plusieurs poulies enchassées séparément, & retenues avec un boulon dans une main de bois, de fer, ou de bronze, appellée *Echarpe* ou *Chape*. Cette main est proprement la moufle. La multiplication de ces poulies augmente considérablement les forces mouvantes. Par le moyen des cables la moufle éleve les plus pesans fardeaux, dans les bâtimens.

MOUILLER : *terme de Jardinage*. C'est arroser.

Une bonne MOUILLURE est un ample arrosement. Quand le tems est disposé à l'orage, il faut arroser ainsi ; pour que l'eau qui survient, inonde ou pénétre la terre.

MOUILLETTES. *Voyez* APPRÊTES.

MOULE. C'est un creux fait de telle maniere qu'il sert à donner la figure des choses qu'on veut faire ou représenter ; comme des canons, des chandelles, des statues.

Maniere de jetter en creux (ou *Mouler*) *des figures de métal.*

Il faut avoir un moule creux de plâtre ; & y jetter la piece en cire qui ne soit ni chaude ni froide, en faisant couler la cire de tous côtés, ayant auparavant enduit le moule avec de la graisse de porc. Vous viderez le superflu de la cire versée dans le moule. Quand il sera bien refroidi, vous y jetterez encore de la cire fondue, que vous coulerez comme auparavant ; & réitérerez ainsi jusqu'à ce que votre moule de cire ait l'épaisseur que vous desirez. Vous reparerez très-bien cette figure, comme si elle devoit être la vraie que vous desirez avoir ; en y mettant des broches en travers, du même métal ou matiere que vous jetterez en fonte ; d'argent, si la figure doit être jettée en argent ; ou de léton, si elle doit être jettée en léton ; ou en étain, si c'est en étain : parce que ces broches ou verges s'unissent avec la fonte. Au reste elles peuvent être de fil de fer ; quelque métal qu'on emploie, il sera aisé de les retirer ensuite. Il faut les ficher à des endroits où elles gâtent moins les muscles ou parties de la figure ; & les souder ensuite proprement.

Après cela préparez du sable & du sel ammoniac détrempé avec de l'eau gommée, mêlant de l'argile avec le sable pour lui donner plus de corps : & laissez une grande ouverture en haut & en bas de la figure de cire, pour y verser le sable coulant & délayé dans de l'eau ; dont le jet couvrira de tous côtés le moule de cire, allant rechercher tous les endroits du creux de la figure, que vous aurez mise auparavant dans un étui de carton ou de fer blanc pour retenir le sable en dehors de la figure ; & l'eau s'écoulera par l'ouverture d'en bas, laissant seulement le sable comme une croute séche, qui fera toute l'épaisseur de la figure creuse, que vous devez jetter. Cette croute étant bien séche vous ferez bien chauffer tout le moule, ensorte que la chaleur fasse fondre toute la cire, & qu'elle sorte du moule par le trou d'en bas. Par ce moyen, il restera entre les parois du moule & le sable, un espace vuide, dans lequel vous ferez couler le métal, qui prendra la figure du moule. Quand le métal sera refroidi ; vous en ferez sortir la croute de sable en la brisant avec une verge de fer : ce qui fera que votre figure sera creuse en dedans.

En faisant chauffer le moule de sable, qui doit être soutenu en l'air & appuyé seulement par les chevilles qui traversent la figure de cire, il doit devenir tout rouge, par la force du feu. Alors toute la cire sortira fondue par en bas ; & le moule étant ainsi bien chaud, vous y verserez votre fonte. A côté du large trou qui est sur la tête, il doit y en avoir un autre pour servir de soupirail, afin que l'air puisse sortir ; & pour empêcher qu'il ne se fasse point de flaches à la fonte.

A l'endroit du jet, ou embouchure ; ainsi qu'en bas ; vous souderez bien proprement une piece ; & vous reparerez ce qui aura besoin de l'être.

Maniere de Jetter le Fer en Moule.

En faisant couler ce métal rendu fluide, dans des moules préparés pour le recevoir ; on lui fait prendre, à peu de frais, des formes que sans cela on ne pourroit lui donner qu'avec des dépenses considérables. C'est une opération fort courte que de jetter en moule des marmites, qui couteroient presque autant que celles d'argent, si on vouloit les exécuter en fer forgé de la même épaisseur & aussi réguliérement contournées.

Le travail de mouler le fer se réduit toujours à faire couler le métal dans des moules creux. Mais ces moules varient pour la matiere, & pour la disposition. Les boulets se font dans des coquilles de métal. Pour la plupart des autres pieces d'ouvrages ; on forme les moules avec du sable ou avec de la terre.

Quand il s'agit de pieces plates qui n'ont des ornemens que d'un côté ; comme sont les contre-cœurs de cheminées, les plaques qui forment les poëles quarrés, &c ; on peut en couler plusieurs à la fois, sur une aire *de sable* fin, humectée, & battue. Pour cela on prépare une piece de bois parfaitement semblable à celle que l'on veut couler en fer ; & le Sculpteur forme sur ce bois tous les ornemens qui doivent se trouver sur la piece de fer fondue. Ayant imprimé ce modele dans le sable, on l'en retire doucement : le creux qu'il y a formé est le moule. On ménage ensuite un petit canal depuis la gueuse jusqu'à ce moule, afin que le métal s'y rende en coulant à découvert. Consultez, entre les Arts publiés par l'Académie des Sciences de Paris, la 4e partie de la 3e Section de l'*Art des Forges & Fourneaux à fer* : où M. le Marquis de Courtivron & M. Bouchu détaillent cette opération, qu'ils rendent plus sensible par des figures.

Les Canons veulent aussi être coulés dans des moules de sable, mais que l'on cache en terre.

La 3e Section de l'*Art des Forges*, que nous venons de citer, contient depuis la *p.* 124, un Mémoire de M. Deparcieux sur la *Maniere de faire les Tuyaux de fer coulé ou fondu.*

Toutes les pieces creuses, & celles qui sont terminées de tous côtés par des surfaces convexes ou concaves, demandent un appareil de moules assez composé. Il faut que tout ce qui est solide dans la piece se trouve en creux dans le sable, & entouré de sable dans sa totalité ; de sorte que, pour faire le moule, on forme dans le sable un vuide semblable au solide de la piece & qui en égale toute la surface : mais on y ménage seulement quelques ouvertures pour laisser échaper de l'air ; & une autre pour le jet par où doit couler le métal. Ces moules de sable servent à faire des pots, des marmites, *&c* ; au moyen de modeles en cuivre fondus bien réguliérement, & qui ont l'épaisseur qu'on se propose de donner à chaque piece fondue en fer. Il faut que le sable soit contenu bien serré dans un chassis de bois, dont les planches ont une hauteur & une largeur proportionnées au volume de la marmite, *&c*. L'intérieur du modele se remplit de sable pur. Mais, afin de pouvoir retirer le modele sans que ce sable se joigne à celui du chassis, on saupoudre ce dernier avec du charbon. On voit avec plaisir tout ces procédés décrits avec le détail, l'exactitude, & la précision ordinaires à M. Duhamel ; depuis la p. 94 de la 3e Section de l'*Art des Forges* que nous avons déja cité. En même tems on doit ne pas négliger de remonter à la pag. 88, où MM. De Courtivron & Bouchu ont aussi traité cet objet.

La fonte en sable est bien plus expéditive que la fonte *en terre*. Mais celle-ci rend ordinairement les pieces plus propres & moins raboteuses : & le fer en sort moins aigre.

On tourne sur un axe de bois une torche de paille filée : puis on y met de la terre paîtrie. Ce noyau se couvre d'un enduit d'eau de craie ; qui fait que par la suite on le détache aisément de la chape de terre grasse, dont on le recouvre & qui a toute la forme extérieure que l'on veut donner à la piece. La chape étant séchée à certain degré de feu, on retire le noyau : qui répond exactement à tout l'intérieur de la piece qui va être fondue. Entre le noyau & la chape, étoit une couche de terre qui avoit toute l'épaisseur qu'aura le métal : on l'ôte : puis on remet la chape sur le noyau : & par conséquent l'espace qui étoit occupé par la terre, se trouve vuide. On empêche qu'ils ne se touchent en aucun endroit, au moyen de petites balles de plomb que l'on place entre eux à certaines distances, & qui par la suite font corps avec la piece de métal. Cet exposé succinct auquel nous sommes restreints, est mis dans un grand jour par MM. De Courtivron, Bouchu, & Duhamel, dans la 3e Section de l'*Art des Forges* ; pages 81-2-3-4-5-6-7-8, 101 & suivantes jusqu'à 109.

Comme le fer jetté en moule se trouve en général fort aigre, nous avons fait mention, dans l'article FER (p. 21), de la maniere dont M. De Réaumur a réussi à donner au métal fondu une douceur qui fait qu'ensuite il devient traitable au foret, à la lime, un peu même au marteau.

Mouler toute matiere fusible : & en faire tel ouvrage qu'on voudra.

Prenez de la limaille d'acier, ou de fer, la plus menue qui se trouvera. Lavez-la bien, & la nettoyez de toute ordure & poussiere. Faites-la bien sécher ensuite. Puis la mettez dans un creuset avec du soufre en poudre, jusqu'à ce que le creuset en soit plein. Couvrez-le d'un autre creuset ; & lutez bien les jointures. Quand le lut sera bien sec, mettez le creuset dans un four à potier, pendant vingt-quatre heures ; ou bien faites-lui un feu de roue gradué, que vous continuerez jusqu'à ce que le creuset soit bien rouge. Alors laissez-le refroidir ; pilez le tout en poudre impalpable ; & passez-le par un tamis de soie très-fin. Broyez-le ensuite sur le porphyre, en l'arrosant d'eau commune dans laquelle vous aurez dissout du sel ammoniac, autant qu'elle en aura pu boire. Lorsque le tout aura été bien broyé (en quoi consiste le secret & la beauté des moules) vous le garderez dans des boîtes bien fermées, pour vous en servir.

Notez qu'il faut tant soit peu humecter cette poudre, seulement pour empêcher qu'elle ne s'en aille en poussiere.

Pour vous en servir, il faut avoir des chassis de fer propres à mouler, & les garnir bien fort de cette matiere. Si elle étoit trop séche, il faudroit l'arroser de tant soit peu de ladite eau imprégnée de sel ammoniac. Après que les deux parties du moule seront bien séchées doucement à chaleur lente, il faudra les mettre à un fourneau de reverbere sous une mousle de terre ou de fer ; & y donner le feu comme quand on veut émailler, c'est-à-dire, doux au commencement, & continuer jusqu'à ce que la mousle soit toute rouge, que le moule fonde, & que le fer ou acier se révivifie de l'épaisseur d'une piece de douze sols en véritable *Acier* très-net & très-propre à rendre une infinité de choses, jusqu'à un cheveu.

Fondre & Mouler le Crystal de roche.

Prenez du savon blanc : que vous raclerez fort délicatement. Dissolvez-le dans de bonne eau-de-vie : & mettez la solution dans une cornue, où vous la distillerez à petit feu : vous aurez une huile dans laquelle vous éteindrez plusieurs fois le crystal de roche rougi au feu. Faites-le ensuite fondre ; & il deviendra aussi liquide que l'or & l'argent, & prendra toute sorte de figures si vous le jettez dans les moules. [Mais alors ce ne sera plus qu'un vrai verre ; privé de la dureté & de l'éclat, propres au crystal de roche.]

Mouler de la Corne. Voyez sous le mot CORNE *de Bœuf*.

Mouler des figures de Marbre.

Prenez des écorces d'orme bien battues, & des bourgeons de peuplier. Faites-les bouillir avec de l'eau de fontaine. Lorsqu'elle bouillira, mettez-y de bonne chaux vive, jusqu'à ce qu'elle ressemble à du lait caillé : puis vous y mettrez du marbre bien broyé & bien tamisé. Portez ensuite cette matiere dans les moules.

Pour faire des Moules.

Prenez du plâtre bien recuit, & qui ne soit point éventé ; détrempez-le de sorte qu'il ne soit ni trop clair ni trop épais. Quoique le plâtre suffise seul, on peut y mêler un quart, ou un tiers, de poudre fine de brique toute récente, & qui n'ait jamais été mouillée ni employée ; avec autant de poudre fine d'alun de plume, ou plutôt d'amiante, recuit rouge & broyé sur le marbre. Il faut détremper le tout avec de l'eau, où l'on aura fait dissoudre du sel ammoniac. On met quatre onces de ce sel sur une livre d'eau. L'alun de plume calciné au rouge, tout seul ; le safran de Mars ; l'albâtre calciné ; l'alun calciné, & réduit en poudre, arrosé de sel ammoniac ; & beaucoup d'autres matieres ; peuvent servir au même usage ; & principalement la poudre fine de tuile, ou de brique, mêlée avec du soufre fondu.

Jetter des Figures de Plâtre en moule.

Il faut détremper dans l'eau claire, du plâtre & autant de poudre fine de tuile ou de brique ; & y ajoûter de l'alun de plume, & autant de sel ammoniac en poudre ; on en met une once de chacun, sur une livre de plâtre. Votre plâtre étant ainsi préparé, il faut le jetter dans le moule, que vous aurez eu la précaution de frotter d'huile de lin, & de faire sécher, afin que le plâtre ne s'y attache pas.

Si vous voulez jetter une figure bien blanche,

vous préparerez une pâte un peu liquide avec des coquilles d'œufs, & de l'eau de gomme Arabique.

Mouler des Poissons sur le naturel.

Après avoir lavé & bien essuyé le poisson, il faut l'oindre légérement d'huile d'olives; & le couvrir de plâtre, pour mouler la moitié du poisson couché sur le côté. Le plâtre étant affermi, il faut le tourner dessus dessous, & faire des repaires; puis coucher les jointures du moule, avec de l'ochre détrempée dans de l'eau; & faire de même pour mouler l'autre moitié du poisson. Le plâtre étant sec, il faudra le redresser & unir avec un couteau, le long des jointures.

Pour *Faire un poisson en carton*, il faut avoir une pâte de papier pilé, & la mettre dans les deux moitiés du moule, auparavant frotté d'huile, comme nous l'avons marqué ci-dessus. On aura soin de bien presser cette pâte avec un linge & une éponge, pour en tirer toute l'humidité. Quand elle sera séche. On la retirera; & l'on joindra les deux moitiés du poisson moulé, avec de la colle forte; puis, lui ayant donné une couche de colle à peindre, on le couchera de blanc, que l'on unira avec la prêle. *Voyez* CREUX.

Colorer le poisson moulé.

Si c'est une carpe, il faut la coucher d'or en feuilles, à l'huile, avec une assiette d'or couleur, aux endroits où la carpe paroît dorée; le reste doit se peindre avec des couleurs qui imitent les naturelles. La peinture de votre carpe étant séche, vous la vernirez de vernis siccatif, fait d'huile d'aspic: lui en donnant plusieurs couches; comme on a coutume de vernir. Vous donnerez une seconde couche legere de ce vernis sur la tête du poisson, ou même plus avant sur le corps; & quand vous verrez que la tête sera presque séche, de maniere pourtant qu'en y touchant avec le doigt il y tienne un peu, il faudra aviver sur les endroits qui veulent être dorés, en y couchant avec le pinceau, de l'or en coquilles détrempé dans de l'eau. Vous tirerez aussi avec le pinceau, un rehaut d'or sur chaque écaille; & les écailles de dessus le dos, avec la lavûre des coquilles, afin que l'or ne paroisse pas tant. Cela fait, vous glacerez le ventre, de lavûre d'argent en coquilles avec un gros pinceau: puis vous vous servirez d'un petit pinceau, avec de l'argent en coquilles, pour les écailles. Le poisson étant sec, vous lui donnerez encore une couche de vernis.

Pour imiter les yeux, il faut faire souffler à la verrerie, ou chez un Emailleur, de petits globes de verre creux, de la grosseur de l'œil du poisson. Les ayant séparés en deux parties, vous peindrez dans chacune, avec de l'or & de l'argent, les couleurs naturelles de l'œil du poisson: & quand ils seront secs, vous les placerez, avant d'assembler les deux moitiés du poisson.

Pour faire le poisson argenté, il faut coucher d'abord d'or couleur, & aviver d'un gros pinceau sur les endroits qui veulent être argentés, avec de l'argent en coquilles détrempé dans de l'eau pure. Après cela vous coucherez les autres couleurs suivant qu'elles seront dans le naturel; & finirez par le vernis, comme il est dit ci-dessus.

Si vous voulez que votre poisson soutienne l'eau, vous vous servirez du *Vernis* suivant, qui ne s'y altere point. Il est composé de quatre parties d'huile de lin très-pure, & d'une partie de résine. Ayant mis ces drogues dans un pot plombé, on les fait bouillir doucement sur un rechaud plein de braise; continuant jusqu'à ce que l'huile n'écume plus, & qu'elle file comme le vernis. Alors il faut la retirer pour s'en servir; mais si ce vernis étoit trop clair, il faudroit y ajoûter de la résine, & faire bouillir doucement jusqu'à ce qu'il fût parvenu à sa perfection. Après qu'on a étendu ce vernis, il faut le faire sécher à la plus grande ardeur du soleil.

Outre l'usage de ce vernis, il faut encore que les couleurs qu'on emploie pour peindre le poisson soient broyées avec de l'huile de lin; dans laquelle on aura incorporé sur le feu, du mastic en larmes pulvérisé, lequel doit fondre à petit feu: & ce mélange étant froid, il faut que l'huile paroisse aussi épaisse que du vernis liquide.

Mouler des Médailles de Pâte, &c.

Paitrissez avec le rouleau, de la mie de pain blanc sortant du four, jusqu'à ce qu'elle soit maniable & souple comme de la cire échauffée. Imprimez-la dans le moule, que vous aurez frotté d'huile de lin. Quand elle sera séche, vous la tirerez du moule, & la laisserez sécher encore: elle deviendra dure comme du bois. Pour empêcher que les mittes ne s'y forment, il est bon de mêler un peu d'aloës avec la pâte.

Vous pouvez faire une *Pâte de différentes couleurs*, en paîtrissant de la poudre d'azur, de craie, d'émail, de plomb, & d'autres matieres colorées, avec de l'eau dans laquelle vous aurez fait détremper de la gomme adraganth, pendant huit jours, ou même davantage.

On peut préparer de même, une pâte de folle farine de tan; & après avoir jetté les médailles, & les avoir ôtées du moule, les polir avec la dent de loup.

Consultez l'article MÉDAILLE.

MOULE ou Anneau *pour Mesurer le Bois*: & BOIS DE MOULE. *Voyez* sous le mot BOIS, p. 349.

MOULE *de Chandelier.* C'est une espece d'auge de bois de noyer, assemblée exactement; où l'on verse du suif fondu, pour y plonger les chandelles à la baguette.

Pour faire des *Chandelles Moulées*, le moule est tantôt une auge de métal, longue d'environ un pied, soudée au haut de plusieurs tuyaux unis ensemble, dont l'extrêmité inférieure est assez étroite pour ne laisser de passage qu'à la méche & empêcher la sortie du suif fondu que l'on y verse par l'auge: tantôt c'est un seul tuyau.

Consultez l'article CHANDELLE.

MOULE *à Cire.* Voyez l'article BARBE. CIRE, p. 632: où l'on a mis par mégarde *Mouler*; au lieu de *Moules*. Voyez aussi l'*Art du Cirier*, publié en 1762, par M. Duhamel du Monceau, p. 20 & 39.

MOULE *à Mailler des Filets.* Il est de bois: *consultez* l'article FILET, p. 73.

MOULE *de Plombier.* Table faite de grosses pieces de bois bien jointes, longues quelquefois de dix-huit pieds, & larges de trois ou quatre; que l'on couvre de sable fin, bien uni; pour y couler le plomb fondu, destiné à des couvertures.

MOULE *de Potier.* Morceau de chêne, de neuf pouces en quarré, sur un pouce d'épais.

MOULE: *terme d'Architecture.* Voyez sous le mot PANNEAU.

MOULE. Sorte de petit *Poisson* longuet, enfermé entre deux coquilles brunes au dehors, & en dedans blanchâtres & brillantes. On trouve les moules sur le bord de la mer, contre les rochers, ou sur la gréve.

Il y en a aussi dans les rivieres.

Voyez REGIME *de vivre en maigre*.

Moules en Ragoût à la Sausse blanche.

Il faut les bien ratisser, & les battre au fond d'une casserole ou d'un chauderon, avec un peu d'eau; les faisant sauter & retomber avec force dans le vaisseau, pour leur faire jetter la boue qu'elles pourroient avoir prises: ensuite les mettre sur le feu, sans eau. Quand elles seront ouvertes, vous les séparerez de leurs coquilles; & les passerez à la casserole, avec beurre frais, persil, & fines herbes hachées menu, & assaisonnées de sel, poivre & muscade: puis vous y jetterez l'eau qu'elles ont rendue; & vous les ferez cuire. L'eau étant consommée, vous les lierez avec des jaunes d'œufs, & du jus de citron, ou du verjus.

On peut aussi les passer au beurre roux, avec un peu de farine; sans y mettre de jaunes d'œufs.

Ordinairement on fait bouillir les moules dans leur eau, avec persil & oignons hachés, & quand elles sont cuites, on les mange avec un filet de vinaigre, ou avec du verjus. Ou bien on les tire de leurs coquilles, & on les déguise comme on veut.

MOULÉE. *Voyez* CIMOLE.

MOULER. C'est jetter dans des creux ou moules de plâtre ou de terre cuite, des figures, modillons, consoles, masques, festons, bas-reliefs & autres ornemens postiches de plâtre, de stuc, ou de métal; pour ensuite les sceller ou arrêter en place, ou pour en faire d'autres usages.

Voyez MOULE.

MOULER, ou *Tirer, en Carton.* Voyez CREUX.

MOULEUR *de Bois.* Voyez BOIS *de Corde.*

MOULIERE. *Voyez* MOYE.

MOULIN: Ouvrage de Mécanique. Ce mot, selon son étymologie qui est latine, (*Mola*, meule) se dit particuliérement des machines qui servent à moudre. Mais l'usage a voulu qu'on l'entendît de la plupart de celles dont l'action dépend d'un mouvement circulaire qui est le principe des autres. On en fait plusieurs différences: qui se tirent ou de la force qui les fait agir, comme Moulin *à vent*, Moulin *à eau*, Moulin *à bras*, &c; ou de leur usage, comme Moulin *à farine*, *à tan*, *à poudre*, *à papier*, *à huile*, *à foulon*, *à forge*, *à refendre*, &c; ou enfin de leur construction, comme Moulin *vertical*, Moulin *horizontal*; Moulin *à volets*, que l'eau pousse par dessous; Moulin *à auge*, que l'eau fait agir en tombant dessus.

Tous les susdits Moulins, ainsi que diverses Ecluses, & autres Machines qui regardent la Mécanique, dessinés d'après nature, & gravés en cuivre avec exactitude par des personnes entendues en ces matieres, ont été publiés en trois Volumes *in-fol.* forme d'Atlas, par Jean Côvens, & Corneille Mortier, à Amsterdam.

Moulin Banal. C'est le moulin d'un Seigneur; où les habitans sont obligés de faire moudre leur bled, moyennant certain droit anciennement fixé, ou accoutumé d'être payé.

En construisant un moulin neuf, il n'est point permis d'endommager le cours de l'eau du moulin supérieur.

Le propriétaire d'un moulin ne peut empêcher le Seigneur de concéder le droit d'en faire un autre.

Les moulins sur bateaux se doivent décreter; quoique par la Coutume ils fussent réputés meubles.

Les moulins sur la riviere ne doivent point empêcher la navigation: autrement il est permis de les déplacer; & le déplacement se fait aux fraix de celui qui n'a pas laissé la distance nécessaire, qui est ordinairement de huit toises.

Moulin à Foulon. Voyez sous le mot FOULE.

Bail d'un Moulin à Papier. Voyez T. I. p. 246.

MOULINÉ: ce qui est réduit en poudre comme si on l'eût brisé avec un moulin.

Le *Bois* Mouliné est celui qui est vermoulu; percé ou piqué par les vers.

Les Fleuristes appellent *Terre* Moulinée celle que les vers ont criblée.

MOULINET *à Chocolat.* Voyez CHOCOLATIERE.

MOULINET *à Retordre le Fil.* Voyez FILET, pag. 72.

MOULUES (*Fumées bien*). Voyez DÉLIÉES.

MOULURE. C'est une saillie au-delà du nud d'un mur, ou d'un parement de menuiserie; dont l'assemblage compose les corniches, chambranles, & autres membres d'architecture.

Il y a différentes moulures: Moulure *lisse*, telle qui n'a d'autre ornement que la grace de son contour: Moulure *ornée*, celle qui est taillée de sculpture de relief ou en creux: Moulure *inclinée*, toute face qui n'étant pas à plomb, penche en arriere par le haut pour gagner de la saillie; comme il s'en voit à une corniche architravée antique dans *Philibert de Lorme*, Liv. V. Chap. XXII. & à l'entablement du petit ordre Corinthien de l'Eglise de l'Oratoire rue S. Honoré à Paris.

Voyez CHAPITEAU: *terme d'Architecture.* FILET, p. 89.

MOURON: en Latin *Anagallis*; & en Anglois *Pimpernel.*

Les plantes de ce genre ont un calyce profond, divisé également en cinq parties aiguës & creusées en gouttiere. La fleur est une espece de tuyau très-court, évasé par en haut, & découpé en cinq parties disposées en rosette, & faites en ovale arrondie. Il y a cinq étamines ou filets, qui se tiennent droits, plus courts que la fleur, velus par en bas. A leur centre est placé un embryon sphérique, surmonté d'un style très-menu, un peu incliné, & dont l'extrêmité est obtuse. Cet embryon devient une capsule arrondie, qui s'ouvre transversalement; dans l'intérieur de laquelle est une seule loge, remplie de semences anguleuses: le calyce demeure toujours attaché à la partie postérieure de la capsule.

Especes principales.

1. *Anagallis Phœniceo flore* C. B. Le *Mouron Mâle*, ou *à Fleur Rouge.* Il y a des endroits où on l'appelle *Menuet rouge*, & *Menuchon rouge.* Il est très-commun dans les champs. Cette plante est annuelle. Ses tiges sont anguleuses, & plus ou moins penchées vers la terre. On en trouve à deux, à trois, & à quatre feuilles placées sur une même ligne autour de la tige. Ces feuilles sont petites, d'un verd obscur, en ovale assez réguliere, terminées en pointe; & sans pédicule. Les fleurs commencent à paroître au mois de Mai; & se succedent les unes aux autres jusqu'aux approches de l'hiver. Elles s'ouvrent quand il fait sec, & se ferment quand il doit pleuvoir. Cette observation a donné lieu à quelques paysans d'Angleterre de donner à la plante le nom de *Weather-Glass*: c'est-à-dire *Miroir du Tems.* Leur rouge est mat: le calyce est verd; & chacune des pieces qui le divisent est bordée de blanc.

2. *Anagallis cœruleo flore* C. B. Le *Mouron Femelle*, ou *à Fleur Bleue*: également annuel; mais un peu plus rare. Quelques Auteurs l'ont regardé comme une simple variété du rouge: néanmoins M. Miller a constamment eu des deux especes, de leurs graines particulieres. D'ailleurs, l'espece *n.* 2 a les feuilles comme cendrées: ce qui la distingue, indépendamment de la fleur, qui est d'un bleu azuré.

Ce sçavant Curieux en a cultivé pendant trois ans, une dont la fleur est d'un bleu foncé: elle lui venoit de Nice.

3. L'espece que Clusius nomme *Anagallis tenui*

folia Monelli, est vivace. Elle se soutient bien droite. Cette jolie plante, toute petite qu'elle est, produit un effet agréable par la quantité de ses fleurs d'un beau bleu, qui paroissent en Avril & Mai. Les feuilles de la plante sont par deux ou trois ensemble.

4. M. Miller a eu lieu de reconnoître que les plantes de ce genre, *à fleur blanche*, & *à fleur de couleur de chair*, ne se reproduisent pas constamment par leurs semences. Il les regarde comme de simples variétés du *n.* 1.

5. Le *Mouron blanc* des Parisiens, ou *Mouron des petits Oiseaux*, est d'un genre différent. *Voyez* MORGELINE, *n.* 13.

Culture.

On peut laisser les *nn.* 1 & 2 se multiplier d'eux-mêmes par leurs semences.

Celles du *n.* 3 doivent être mises en terre aussitôt après leur maturité. Il est à propos que cette plante soit à l'abri du grand froid.

Usages.

Le Mouron Rouge est de la classe des plantes vulnéraires astringentes. On l'emploie pour la peste & autres maladies de malignité : ayant fait bouillir une poignée de ses feuilles écrasées, dans un verre de bon vin, on exprime bien le tout ; & le malade demeurant très-couvert après avoir bû l'expression, ce remede fait sortir le venin. On se sert du suc de cette plante, ou de son eau distillée, contre la morsure des chiens enragés : en même tems qu'on l'applique sur le mal, il faut en prendre intérieurement : il y a quelque tems que l'on a indiqué ce remede comme une nouveauté : & dans l'ancienne édition de ce Dictionnaire, où il en étoit fait mention, on lisoit que les Chasseurs s'en servent par la même raison pour panser leurs chiens mordus de bêtes fauves. On se gargarise avec le suc, pour calmer la douleur de dents : on en met aussi dans la narine opposée au côté douloureux. On l'aspire par le nez, pour décharger le cerveau trop humide. Ce même suc est bon pour l'hydropisie. Il entre dans le mondificatif d'ache. Mêlé avec du miel, il consolide les plaies. On pile la plante pour l'appliquer sur les yeux, ou y en introduire le suc, dans les cas d'inflammation, obscurcissement, & ulceres de cet organe. On la pile encore pour la mettre sur des plaies récentes ; & sur les verrues, après qu'on les a fendues en quatre.

Le Mouron Bleu est volontiers substitué au rouge dans tous les cas. Il y en a cependant où il semble que l'on fasse principalement usage du bleu. Ainsi on le fait cuire avec du sel dans de l'eau ; dont ensuite on se lave souvent les mains pour en ôter la gratelle & les cirons. La décoction des feuilles, ou leur suc dépuré, sont d'usage contre la manie, la phrénésie, l'épilepsie, les maladies hypocondriaques, & les fievres continues. On use principalement, dans l'épilepsie, de la teinture des fleurs bleues ; faite avec l'esprit de vin & l'extrait de toute la plante, mêlé avec celui des fleurs de millepertuis. Le suc de la même plante est utile pour lever les obstructions du foie & des reins. Son eau distillée appaise les tranchées des enfans ; & provoque les regles. Ce mouron, bouilli dans de l'urine, & appliqué en cataplasme sur les parties attaquées de la goute, appaise l'inflammation, & calme la douleur.

On dit que les poules aiment beaucoup l'une & l'autre espece de Mouron.

MOURON *Jaune.* Voyez MONNOYERE.

MOURON *Violet.* Voyez MUFLE *de Veau*, n. 1 & 2.

MOURRIDE. *Voyez* PIED-DE-VEAU.

MOUSSE ; en Latin *Muscus* : & *Moss*, en Anglois. Genre de plantes que M. Guettard a mises dans la classe de celles qu'il nomme *Fausses Parasites*. En effet l'on voit des mousses sur des rochers très-durs, & qui ne semblent pas devoir leur fournir d'aliment : il y en a d'autres qui végetent sur des morceaux de bois pourri. L'écorce des arbres sur pied n'est encore que trop souvent garnie de semblables plantes. C'est ce qui a fait longtems regarder les mousses en général comme de vraies parasites, qui vivoient aux dépens des arbres. Il paroît qu'elles fatiguent ceux auxquels elles s'attachent. Mais, ainsi que l'observe judicieusement M. Duhamel (*Physique des Arbres*, T. II. p. 218), on peut mettre en question si elles ne s'attachent pas de préférence aux vieux arbres malades, qui ont leur écorce morte & galeuse. D'ailleurs, on conçoit aisément que les mousses peuvent devenir très-incommodes aux arbres, qui en sont chargés, soit en fournissant des retraites à divers insectes, soit en retenant l'humidité.

Nous n'appercevons pas communément les organes de la reproduction des Mousses. Cependant M. Tournefort, dans ses *Inst. R. Herb.* caractérise fréquemment les especes de ce genre par leurs capsules. On voit quelquefois d'une maniere sensible, au fort de l'été, la graine de Mousse s'échaper dans l'air sous une apparence de farine. C'est surtout dans les régions Septentrionales que l'on peut être témoin de ce phénomene ; ainsi que de la floraison des mousses. M. Miller (*Gard. Dict.* Art. MOSS), dit que c'est en hiver qu'elles fleurissent. Nous trouvons dans notre climat ces plantes garnies de leurs capsules depuis le mois de Septembre jusqu'en Avril, plus fréquemment que dans le reste de l'année. Je ne sçache pas que l'on ait encore réussi à multiplier aucune mousse, par ses semences.

En général, les Mousses sont des plantes basses ; dont toutes les parties sont délicates. Leurs formes varient. Nous n'indiquerons ici que quelques *Especes* utiles.

1. *Muscus capillaceus major, pediculo & capitulo crassioribus* Inst. R. Herb. La PERCE-MOUSSE : que G. Bauhin nomme *Polytrichum aureum majus* ; & qui est l'*Adiantum aureum* Tabern. Icon. Cette plante se trouve dans plusieurs bois aux environs de Paris, sur les roches, & parmi les bruyeres. Elle est vivace ; & trace par des racines longues & spongieuses, qui poussent des tiges droites, ligneuses, quelquefois hautes d'un demi-pied ; dont tout le pourtour est couvert de feuilles dont le verd est mat, & qui sont étroites, longues de quatre à cinq lignes, très-pointues, assez semblables à celles du Genevrier. De l'extrêmité de chaque tige s'éleve une grosse soie purpurine, longue de deux ou trois pouces ; d'où pend, en Mai & Juin, une espece d'urne à quatre angles, qui sort d'une enveloppe conique, rousse, velue, longue de trois ou quatre lignes. Il y a une Variété de cette mousse, décrite dans le *Botanic. Paris.* n. 18, p. 131, *in-folio.* Consultez les *Observ.* de M. Guettard, T. I. p. 83-4 : & la VIe. *Herborisation* de M. Tournefort.

2. *Muscus arborea, Usnea officinarum* C. B. Cette espece est fort commune, particuliérement sur les chênes. Ses feuilles, aussi fines que des cheveux, sont molles & blanchâtres.

3. *Muscus amarus, Absinthii folio* J. B. Elle est encore des plus communes sur de vieux arbres de différens genres ; tels que Chênes, Peupliers, Chênes-verds, Ormes, Bouleaux, Pommiers, Poiriers, Pins, Melezes, Sapins, *&c.*

4. *Muscus Islandicus* Bartholin. Sibbald. Prodrom. H. Nat. Scot.

5. *Muscus cranio humano innatus* Raij. L'*Usnée* des Alchymistes.

6. *Muscus squamosus vulgaris repens clavatus* Inst. R. Herb. Dodonée & Tabernamontanus l'ont nommée en Latin *Lycopodium* & *Pes Lupi*. Tragus l'appelle *Pes Leonis*. Cette plante rampe dans nos bois. C'est la *Mousse Terrestre*; le *Pied de Loup*; la *Patte*, ou *Griffe*, *de Loup*. Ses tiges, rampantes & branchues, quelquefois longues de plusieurs toises, sont garnies de petites feuilles, & s'attachent sur la terre en traçant. Toute cette plante est séche & rude au toucher; & d'un verd jaunâtre. *Consultez* le mot LYCOPODIUM, dans le *Botanicon Parisiense*, in-folio. Plus cette mousse a un terrein meuble, tel que peut être celui d'une côte sablonneuse, plus elle s'étend.

Usages.

La plupart du commun des Médecins attribuent à toutes les especes de Mousse la même vertu astringente. Il est néanmoins vrai que leurs propriétés varient beaucoup.

M. Tournefort rapporte, d'après M. Rongeard, habile Médecin de Laigle, que le *n.* 1 est très-sudorifique; & que l'on en a vû des effets surprenans dans la pleurésie. Pour l'ordinaire on en prend la décoction. M. Rongeard estime beaucoup plus l'Esprit qu'on tire par la distillation de cette plante: voyez la VIe. *Herboris.* de M. Tournefort, T. II. p. 447, de l'édition de 1725.

Les *nn.* 2 & 3 font la base de la *Poudre de Chypre* grise & odorante, que l'on prépare à Montpellier, & dont Zwelfer a donné la description dans sa Pharmacopée. Voyez l'*Histoire des Plantes d'Aix*, pag. 320. Ces deux especes de mousse sont fort astringentes. Il y a des Praticiens qui en emploient la poudre, pour arrêter l'hémorrhagie des plaies. On s'en sert intérieurement pour arrêter le cours de ventre, & toute sorte de flux. Plusieurs préférent la mousse qui croît sur les vieux Pins, le Sapin, le Meleze; à cause du suc résineux qu'elle tire de l'arbre sur qui elle se nourrit: outre qu'elle calme toute sorte de flux, elle est anodyne, & procure le sommeil; ce que ne fait pas celle qui vient sur les chênes. D'ailleurs, la mousse de Meleze est très-odorante. On en donne pour la difficulté d'uriner, une demi-dragme, dans un verre de vin blanc. Il y a eu tel hydropique qui a vuidé une prodigieuse quantité d'eau, après avoir pris trois dragmes de cette mousse. Voyez *Matthiole*, sur Diosc. L. I. Ch. XX. Selon cet Auteur, il est avantageux de broyer la mousse des arbres, puis la faire bouillir dans de l'eau, & en faire un cataplasme sur les endroits attaqués d'inflammation & de douleurs chaudes; telles que la goute. Il dit encore que si on suspend de la mousse dans du vin tourné, elle le rétablit.

Le *n.* 4, nouvellement cueilli, est purgatif.

On vante beaucoup le *n.* 5 pour arrêter le sang. Cette mousse entre dans l'*Unguentum armarium*. Elle n'est commune que dans les pays où on laisse exposés les cadavres des criminels.

Olearius (*Voyage de Moscovie*) rapporte que les Moscovites emploient, sous le nom de *Plaven*, dans les feux d'artifice une poudre jaune & inflammable qui couvre la plante *n.* 6. *Consultez* ce que Matthiole, sur Dioscor. L. I. Chap. XX. dit du feu de la mousse de meleze. Cet Auteur ajoûte que notre Lycopodium est utile pour la gravelle; & qu'on a l'expérience qu'en buvant le vin où cette plante a bouilli, on force le gravier à se détacher des reins & sortir par la voie des urines.

On dit qu'en général la décoction de mousse est bonne pour la lassitude; qu'elle arrête le vomissement, & remédie aux défaillances & soulevemens de cœur.

Comme la Mousse est incorruptible, & qu'elle retient longtems l'humidité, elle convient parfaitement à envelopper des plantes & des semences que l'on veut entretenir fraîches durant les fatigues d'un voyage de long cours. *Consultez* un petit ouvrage de M. Duhamel du Monceau, dont la deuxieme édition a été faite en 1753, à l'Imprimerie Royale, sous le titre de, *Avis pour le transport par Mer des Arbres, Plantes vivaces, semences, & de diverses autres Curiosités d'Histoire Naturelle.*

Il paroît que les animaux de Suede ne sont pas d'un goût différent des nôtres par rapport aux Mousses; & qu'ils les traitent avec beaucoup d'indifférence: Linn. *Amœnit. Acad.* T. II. p. 262. Cependant quelque Auteur moderne a dit que: « L'on a reconnu » en Finlande, qu'on peut donner de la mousse aux » bœufs & brebis, en hiver, dans une disette de » foin. Pour cela, on ramasse la mousse vers la S. » Michel: & on la met en monceaux dans la campagne; sans la serrer: parce qu'attirant beaucoup » d'humidité, & la conservant longtems, elle pourriroit dans les greniers. On n'en apporte chez soi, » qu'autant que l'on peut en consommer pendant huit » jours. Après l'avoir bien nettoyée du sable qu'elle » peut contenir, on la lave dans de l'eau bouillante, » la veille du jour que l'on doit en donner aux bestiaux. Ils ont de la peine à s'y accoutumer: mais » on jette un peu de sel ou de farine dans l'eau chaude » dont il faut l'humecter dans le tems qu'on la leur » donne. Par-là on releve le goût de la mousse; & » on excite l'appétit des animaux. On leur en fait » manger le matin: & lorsqu'ils ont été abreuvés, » on leur donne comme à l'ordinaire du foin & de » la paille. On a remarqué que cette nourriture » rend leur chair plus succulente, & leur fumier de » meilleure qualité. Mais on ne peut en faire usage » que pendant l'hiver: au printems, la trop grande » humidité qu'elle contient, nuiroit à la santé du » bétail. «

La Mousse est favorable à la végétation de certaines plantes délicates: à qui elle fournit un abri; ainsi qu'à certaines semences, pour lever. Elle garantit encore de la gelée les plantes & la terre qui en sont couvertes.

Mais la mousse qui croît d'elle-même sur les arbres leur porte toujours du préjudice. Aussi doit-on être soigneux de l'en ôter le plus qu'il est possible: choisissant pour cela un tems humide, & passant un couteau de bois sur l'écorce assez rudement pour enlever la mousse, mais ensorte que l'on n'entame pas l'écorce jusqu'au vif. Quand ce sont de jeunes arbres, il suffit de les bien frotter avec de gros drap de laine.

Il y a des MOUSSES *de couleur blanche*: au lieu que les Mousses proprement dites sont vertes. Les Botanistes ont fait de ces mousses blanches, un genre particulier; sous le nom de *Lichen*. Nous en avons parlé ci-dessus, p. 412. Nous avons aussi rappellé des especes, dans les *pp.* 267 & 275.

MOUSSE *d'eau*, ou *Lin d'eau*; qu'Imperati nomme *Lin Maritime*; & que l'on reconnoît en Botanique pour être le *Conserva* de Pline. *Voyez* ALGUE. C'est une espece de réseau, très-abondant, & d'un verd foncé; qui se trouve sur les bords de la mer, mais beaucoup plus communément dans les mares, étangs, bassins de jardins, & en quelques endroits des rivieres même. Les filamens dont cette plante est tissue, sont soyeux & très-fins. Tant qu'elle est mouillée, elle a une flexibilité qui semble nous avertir d'en tirer parti pour les arts. Ses fibres sont effectivement entrelacées de façon qu'il en résulte une espece d'étoffe, de gros bourracan. Aussi a-t-on entrepris de filer cette plante. Mais elle devient très-cassante, lorsqu'elle a été quelque tems hors de l'eau. M. Guettard l'a traitée avec succès pour en faire du papier.

Si on la tient longtems dans la main, on se sent la main échauffée.

En se gâtant, elle donne mauvais goût à l'eau.

MOUSSERON; ou *Mouceron:* que M. Tournefort appelle *Fungus pileolo rotundiori*. M. Vaillant le met au nombre des champignons dont le pédicule est plein & nud, & le chapeau feuilleté en dessous. C'est ce que J. Bauhin nomme *Fungi verni & esculenti*. C'est un champignon qui a une bonne odeur, & que l'on trouve au printems parmi de la mousse, dans des endroits ombragés d'arbres ou d'épines, & dans des prés. On remarque qu'il croît volontiers sur une terre grise. On en retrouve tous les ans au même lieu où on a commencé à en cueillir. Ce champignon n'est gueres plus gros qu'un petit pois.

Usages.

Son odeur & sa saveur agréables, le font regarder comme un mets exquis. On lui attribue d'être fort nourrissant, & restaurant; d'aider la digestion, & exciter la semence. Il est excellent dans les ragoûts.

Manieres d'apprêter les Mousserons.

1. Les ayant épluchés comme les champignons, on les fait cuire avec du vin blanc, du verjus, de la ciboule, du sel, du poivre, du citron, & quelques fines herbes. Etant cuits, on les tire; pour les servir avec un peu de la sauce, où on les a fait cuire; dans laquelle on met de la crême douce.

2. Les mousserons se mangent aussi en friture, de même que les champignons.

Mousserons en Ragoût.

3. Nettoyez-les bien; lavez-les de même; secouez-les dans une serviette, comme on fait la salade: faites-les cuire dans une casserole avec du beurre; mettez-y de fines herbes; assaisonnez-les de sel, poivre, & muscade: & avant que de les servir, liez la sauce avec des jaunes d'œufs, ou de la farine, ou des chapelures de pain.

4. On les fait *sécher* de même que les fruits. *Consultez* la *p.* 148 de ce Volume.

MOUST, *ou* MOUT. Le vin doux se nomme ainsi. *Consultez* l'article VIN.

On s'en sert, entr'autres usages, pour faire des confitures de fruits. *Voyez* CONFITURE.

Lie de Moust. Consultez l'article VINAIGRE.

MOUSTILLE. *Consultez* l'article BELETTE.

MOUTARDE; ou *Sénevé:* en Latin *Sinapi:* & *Mustard*, en Anglois. Ce genre de plantes porte des fleurs en croix; dont les pétales sont arrondis. Entre chaque étamine courte & le style, est placé latéralement un nectarium de forme ovale: & il y en a deux autres pareils entre les étamines longues & les parois du calyce. Le fruit est une silique longue, à deux panneaux, un peu applatie sur son extrêmité, & souvent rude vers sa base. Les semences sont sphériques, & chargées d'une saveur âcre.

Especes.

1. *Sinapi Apii folio, sive album* C. B. La *Moutarde blanche* des jardins: le *Sénevé jaune* de Fuchsius. Cette plante est annuelle. Sa tige est velue, rameuse, haute d'environ deux pieds. Les feuilles sont rudes, découpées profondément; & n'ont pas un goût bien piquant: celles d'en bas imitent plus que les autres, la feuille de l'Ache. Les fleurs sont jaunes pâles, & disposées en épi lâche, à l'extrêmité des branches: elles paroissent en Juin & Juillet. Il leur succede des siliques velues, terminées par une longue pointe applatie & courbe. Chaque silique renferme ordinairement quatre graines, qui sont d'un blanc de lait, & qu'on peut recueillir au mois d'Août.

Aux environs de Paris on ne trouve cette plante, fort commune dans la campagne, qu'avec les graines noires. *Consultez* la Ire. *Herborisation* de M. Tournefort: & le *Botanicon Parisiense*, in-folio.

2. *Sinapi Rapi folio* C. B. La *Moutarde commune*. Elle pousse une tige branchue, quelquefois haute de quatre à cinq pieds. Les feuilles d'en bas sont grandes, rudes, semblables à celles des grosses Raves: les feuilles du haut de la tige sont plus petites, & moins découpées. A l'extrêmité des branches, naissent en Juin & Juillet, des épis de petites fleurs jaunes: auxquelles succedent des gousses unies, marquées de quatre angles. Les semences sont noires.

3. *Sinapi arvense præcox, semine nigro* Moris. La *Sanve*. Elle vient d'elle-même dans les terres labourées. On en trouve des pieds dont les feuilles sont oblongues & entieres; & d'autres qui les ont découpées comme celles de Raves, & ondées: ils sont pêle-mêle dans les champs. Ces feuilles sont rudes. Les tiges, hautes d'environ deux pieds, donnent en Avril & Mai, des fleurs d'un beau jaune. Il leur succede des gousses renflées, anguleuses, terminées par un long bec. Les semences sont mûres en Juin: leur couleur est rouge noirâtre. Consultez le *Botanicon Parisiense*, in-folio, *nn.* 1 & 3: M. Tournefort *Herbor.* I. p. 65-6, de l'édit. de 1725: les *Observations* de M. Guettard *sur les Plantes*, Tome II. pag. 155.

Usages.

L'Herbe du *n.* 3 est bonne pour nourrir les vaches. Sa graine est celle qu'on vend à Londres sous le nom de *Moutarde de Durham*.

M. Tournefort (*Herb.* I.), avertit que les Apothicaires emploient souvent la graine du *n.* 1, dans les compositions où l'on demande la graine de Navet. On seme cette plante dans les jardins, pour les petites salades d'hiver.

Le *n.* 2, fournit le mets ou assaisonnement que l'on appelle Moutarde; dont nous donnerons la préparation, ci-dessous. On y emploie les graines des autres especes, quand on ne se propose pas de faire une moutarde dont le goût soit délicat. Les autres ont en général plus ou moins d'âcreté.

Un cataplasme de graine de Moutarde bien écrasée, rappelle la goute de la poitrine aux parties extérieures. On en met derriere les oreilles, pour détourner les fluxions qui occasionnent les douleurs de dents, de tête, & souvent celles des yeux. Quelques-uns font prendre intérieurement, de cette graine entiere, pour les fievres quartes intermittentes. Pilée & mise dans du vin nouveau, elle l'empêche de bouillir; & ainsi il conserve longtems sa douceur. On la fait avaler dans du vin, à ceux qui ont mangé de mauvais champignons. Mâchée, elle fait cesser la douleur de dents. Elle est utile aux asthmatiques; purge les flegmes; provoque l'urine & les mois. Détrempée avec de l'eau, elle ôte les taches & affections de la peau. Elle est fort utile aux vieillards & pituiteux, pendant l'hiver; singuliérement bonne pour le scorbut, comme on le reconnut par expérience au siege de la Rochelle en 1628.

Pilée & appliquée avec du miel, elle ôte les marques de contusion; & guérit la teigne. Appliquée avec du vinaigre, elle guérit les morsures venimeuses. Mise dans les alimens, elle excite l'appétit, fortifie l'estomac, & empêche les indigestions. Voyez ANDOUILLE, p. 110, col. 2.

La graine est utile à bien des personnes vaporeuses; & sujettes aux affections léthargiques ou hypocondriaques. Elle soulage ceux qui ont la tête pesante & chargée de pituite. Dans ces cas on la prend en errhine; ou en *masticatoire*, en la pilant un peu, & la renfermant dans un petit nouet, qu'on tient dans la bouche, & qui fait cracher du flegme en abondance. Ce masticatoire est très-propre aux malades menacés d'apoplexie, ou de paralysie; & aux personnes du sexe qui ont les pâles couleurs, ou qui sont sujettes aux vapeurs hystériques. La moutarde préparée à l'ordinaire; & approchée du nez des personnes sujettes aux vapeurs, ou à la léthargie, les réveille & les soulage beaucoup.

Distillée avec du vin blanc & des clous de girofle, elle guérit presque infailliblement la migraine provenant de cause froide.

Cataplasme de Graine de Moutarde.

1. Coupez & hachez menu des porreaux: faites-les frire avec de fort vinaigre. Etant cuits, saupoudrez-les avec votre graine pilée; & appliquez le tout sur les parties affligées de rhumatisme, de goute sciatique, ou de tumeurs skirrheuses. Ce cataplasme est pénétrant, & très-résolutif, & l'on pourroit en faire un vésicatoire assez caustique, en y ajoûtant une plus grande quantité de moutarde.

2. Prenez égales quantités de graine de moutarde en poudre, & de farine d'aveine: & mêlez le tout avec une suffisante quantité de vinaigre.

Ce mélange, appliqué sur la goute, cause une chaleur & une irritation, suivies de transpiration & de soulagement réel. Il est bon d'employer auparavant, la saignée & la purgation, proportionnément à la douleur.

Manieres de Faire de la Moutarde.

1. Il faut bien monder & nettoyer la graine de moutarde; & la cribler; puis la laver en eau froide, & la laisser une nuit entiere dans l'eau; ensuite l'ôter: quand vous l'aurez pressée avec la main, mettez-la dans un mortier neuf ou bien net; & la broyez avec de fort vinaigre: puis vous la coulerez; & la passerez.

2. Ayez deux onces de graine de moutarde, & demi-once de cannelle: broyez-les bien fines, avec miel & vinaigre: faites-en une pâte; dont vous formerez de petits pains; que vous ferez sécher au soleil ou au four. Quand vous en voudrez user, faites dissoudre un de ces pains dans du vinaigre, verjus, ou autre liqueur.

3. Prenez de la graine de moutarde bien pilée; mêlez-y un peu de farine; & détrempez le tout avec un peu de bon vinaigre.

Maniere de faire la Moutarde, comme celles d'Anjou & de Dijon.

4. On ôte premiérement l'acrimonie de la Moutarde, en trempant la graine dans du moût durant les vandanges; & la préparant comme ci-dessus. Puis on la met dans de petits tonneaux, tels que ceux où on met la moutarde d'Anjou. Les Dijonnois la façonnent par petits pains, & quand ils en veulent user, ils la font dissoudre dans du vinaigre. La moutarde de Dijon a pris le dessus de presque toutes les autres; à cause de la bonne qualité de la graine, à laquelle le climat est particuliérement favorable.

5. Quand on veut faire de la Moutarde qui dure huit jours, pour mêler dans les sauses & les viandes; on peut mettre de la graine dans un pot avec du vin bien miellé: elle ne peut servir que le lendemain. Deux ou trois jours après, mêlez-y un peu de vin pour la rafraîchir mieux: elle pourra alors durer huit jours.

Culture de la Moutarde.

Les graines des deux premieres especes se sement par rangées.

On seme le *n.* 1 à une exposition chaude; ou, s'il fait bien froid, sur une couche tempérée, avec le cresson & autres petites salades qui sont ordinairement bonnes à couper au bout de dix ou quinze jours. Car il ne faut pas donner aux feuilles de cette plante le tems de devenir rudes & fermes. Pour en avoir de la graine, on en seme un canton au printems: & lorsque les plantes ont quatre feuilles, on les sarcle comme les navets & les raves; on les éclaircit en même tems. Environ un mois après, on sarcle de nouveau pour détruire les herbes qui ont repoussé: & alors on éclaircit encore le plant, laissant huit à neuf pouces d'intervalle autour de chaque pied. Dès que les siliques brunissent, on coupe les plantes; pour les mettre sécher pendant deux ou trois jours, étendues sur des draps: puis on les bat.

Le *n.* 2 devenant beaucoup plus fort, on en espace les pieds à environ dix-huit pouces. Comme la graine tarde davantage à se former & à mûrir, il est souvent à propos de donner un troisieme sarclage.

M. Mills (*Syst. of pract. Husb.* Vol. II. p. 7), rapporte que M. Tull a eu un pied de Moutarde au sommet duquel il ne pouvoit atteindre; ensorte que cette plante avoit presque l'apparence d'un petit arbre.

MOUTARDE *du Diable*. Consultez ce mot; dans l'article AIL.

MOUTON. C'est un agneau qu'on a châtré afin qu'il s'engraisse. Les moutons de Berry & de Beauvais sont les plus estimés à Paris.

Consultez l'article BREBIS.

Les meilleures chandelles sont faites de *Suif* de mouton. Ce suif est aussi employé dans les pommades, & les onguens. Il est bon contre la dysenterie; & en général il est résolutif, & adoucissant.

Le *Fiel* de mouton est déterſif: on s'en sert principalement pour nettoyer les ulceres des yeux.

La *Chair* de mouton qui est jeune, nourri de bons alimens, médiocrement gros, & qui a respiré un air pur & sec, se digére facilement, & fait un bon chyle; étant pleine d'un suc propre à toutes sortes d'âges & de tempéramens.

On double des habits avec des *Peaux* de mouton; contre les rhumatismes & autres humeurs froides, aussi bien que pour fortifier les nerfs foulés, & les garantir de l'impression de l'air. Les personnes qui se sont disloqué ou cassé, quelque membre; ou qui ont fait quelque chute fâcheuse; préviennent les fluxions qui se jettent sur ces parties, en enveloppant la partie affligée, avec une peau de mouton fraîchement levée de dessus l'animal.

OS *de Pieds de mouton*. Voyez NOIR.

MANIERE D'APPRÊTER LES DIFFÉRENTES PARTIES DU MOUTON.

Langue.

Consultez l'article LANGUE.

Pieds.

1. On les fait cuire dans un pot avec eau, sel; poivre, clous de girofle, & un peu de thim: & aussitôt qu'ils sont bien cuits, on les mange à la *vinaigrette*; c'est-à-dire, avec du vinaigre assaisonné de sel & fort peu de poivre; le tout garni de persil.

2. On

2. On en met en *Fricassée*; après qu'ils sont cuits au pot : les ayant coupé par morceaux, on les passe à la poële avec du beurre ; on y met un peu de verjus ; assaisonné de sel, d'un paquet de ciboules que l'on retire ensuite, & d'autres épices : & lorsque la cuisson paroît achevée, on y met des jaunes d'œufs délayés avec du verjus : puis on sert.

3. On prend des pieds de mouton bien échaudés; qu'on fait cuire dans du bouillon avec un peu de persil & de ciboulettes, observant qu'ils ne soient pas trop cuits : puis ôtant l'os de la jambe, on en étend toute la peau sur une table : après cela on prend d'une farce composée de ris de veau hachés, blanc de chapon, & champignons, le tout bien assaisonné ; qu'on étend sur chacune de ces peaux : ensuite on les roule pour les mettre dans un plat : & on les saupoudre de mie de pain, après les avoir arrosés d'un peu de graisse. On les met ainsi dans un four ; où on leur fait prendre couleur. Puis on en fait égoutter ce qu'il peut y avoir de graisse : & avant de les servir, on met dessus une sausse de champignons. On sert ce ragoût chaud.

Cou, ou Collet.

Cette partie est aussi celle que l'on nomme *Bout-Saigneux*. Elle se mange pour l'ordinaire bouillie au pot ; & est excellente.

2. L'on en met en *Haricot* avec des navets : ou bien en *Pâte*, ainsi que les poulets ; en y faisant une sausse aux œufs délayés avec du verjus.

Carré.

1. Il faut le parer proprement ; le piquer de persil ; & le faire rôtir à la broche : étant cuit, on le pane avec de la mie de pain, du sel égrugé & du poivre blanc ; & on le sert avec du jus de citron, ou du verjus, ou du jus à l'échalote.

2. Faites cuire votre carré dans un pot avec de bon bouillon. Lorsqu'il est cuit, passez-le dans une pâte claire ; & le faites frire dans du lard fondu : puis servez-le avec jus de citron, ou verjus de grain, sel, & poivre blanc.

Carré d'en haut : nommé *Collet* dans quelques Livres anciens ; tels que *Les Délices de la Campagne.... suite du Jardinier François.*

On le sert rôti à la broche, ou sur le gril, après qu'on l'a dépecé en cotelettes; observant, en l'une & l'autre maniere, avant de le faire rôtir, de le saupoudrer avec une sausse au verjus, du sel & du poivre blanc.

Cotelettes de Mouton, en Haricot.

Coupez-les en deux ; & les ayant passées au roux avec du lard fondu, mettez-y une pincée de farine, & les navets en même tems. Quand le tout aura pris une belle couleur, ajoûtez-y un peu de bon bouillon, avec sel, poivre, & clou de girofle. Il faut laisser cuire doucement jusqu'à moitié de cuisson : alors vous y jetterez un verre de vin : & votre haricot étant bien cuit, vous le servirez chaud.

Cotelettes Grillées.

Parez un carré de mouton, & le coupez en cotelettes, entre-deux une sausse ; applatissez-les ; & les mettez dans une casserole avec un morceau de beurre, du sel, du poivre, du persil, de la ciboule, de fines épices. Passez-les quelques tours sur le feu, pour qu'elles prennent du goût. Puis tirez-les, panez-les de mie de pain, & les faites griller. Etant grillées, dressez-les dans le plat avec une sausse à l'échalotte ; & servez chaudement pour entrée.

Pâté de Cotelettes, à l'Angloise.

Dressez le pâté avec une pâte brisée, & lui donnez quatre pouces de hauteur. Vous pouvez ensuite mettre un godiveau dans le fond. Puis, votre carré de mouton étant coupé en cotelettes comme pour les grillades, vous les arrangerez dans le pâté, & les assaisonnerez de sel & de poivre. Les ayant couvertes de beurre, mettez l'abaisse sur votre pâté ; dorez-le d'œufs battus ; & le laissez au four environ quatre heures. Mettez un morceau de beurre dans une casserole avec une bonne pincée de farine ; & les faites roussir sur le feu en remuant avec une cuiller de bois. Lorsqu'il sera d'une belle couleur, mouillez-le de jus ou de bouillon, & l'assaisonnez de sel & de poivre. Lorsque votre pâté sera cuit, & tiré du four, découvrez-le, dégraissez-le, & y mettez la sausse ci-dessus avec un jus de citron : & servez chaud.

On peut encore manier un morceau de beurre dans du jus, le faire bien cuire, & le mettre dans le pâté avec un jus de citron : *ou* y mettre un bon coulis, *ou* une essence de jambon.

Epaule.

1. Elle se mange simplement rôtie si l'on veut : observant, pour la rendre agréable au goût, d'y passer du persil avec la lardoire ; & sur la fin de la cuisson, y jetter de la mie de pain & du sel.

On la sert avec une *sausse au pauvre homme* ; composée d'eau, sel & poivre blanc ; avec une pointe de rocambole, écrasée dans le plat.

2. On prend une épaule de mouton à moitié rôtie ; qu'on écorche jusqu'au manche : on en ôte la chair, qu'on hache : on la passe à la poële avec de fines herbes, du poivre, de la muscade, des champignons & du bouillon, pour cuire le tout ensemble. Cela fait, on met le hachis dans la peau : & on colore au feu cette peau avec un peu de mie de pain & du sel; prenant garde que le tout soit fait proprement. Puis on sert.

Quartier de Mouton, farci.

Levez proprement la peau qui est sur la fesse : & en ayant ôté la chair, hachez-la, & faites une farce, de laquelle vous remplirez le vuide que vous avez laissé. Recouvrez la farce avec la peau, de même qu'à l'aloyau farci. Panez ensuite votre quartier de mouton avec de la mie de pain & du sel menu : & mettez-le au four jusqu'à ce qu'il ait pris couleur.

Voyez RÔT *de Bif.*

Queue.

1. Il est à craindre que la queue de mouton ne donne un goût de suif au potage, si l'on n'a soin d'en ôter la plus grande partie de la graisse. Lorsqu'elle est ainsi dégraissée, on la met au pot pour la faire cuire : afin d'être mangée bouillie ; ou rôtie sur le gril, après avoir été saupoudrée de mie de pain & de sel. Avant de servir cette grillade, on y met un filet de vinaigre, & de l'ail, avec un peu de poivre blanc.

2. Faites bien cuire la queue : ôtez-en la peau : trempez le reste dans de la pâte claire, faite avec de la farine, des jaunes d'œufs, du sel, du poivre, & du bouillon : passez-la à la poële avec de bon beurre : & lorsqu'elle sera assez cuite, servez-la avec du poivre blanc, du persil frit, & du verjus de grain.

Queues de Mouton à la Sainte-Menehout.

Garnissez le fond d'une marmite, de bardes de lard, de quelques tranches de veau, & de rouelles d'oignons. Rangez les queues de mouton sur ce premier lit; & les couvrez d'un second, fait de la même maniere: assaisonnez le tout de sel, poivre, fines herbes & fines épices; & faites bien cuire au four, ensorte néanmoins que les queues ne se rompent pas. Après les avoir tirées, panez-les bien; faites-les rôtir sur le gril; & les servez chaudement avec une rémoulade dessous.

Eclanche. Voyez GIGOT.

Longe.

Lardez de gros lard une longe bien mortifiée. Faites-la rôtir à la broche: & faites une marinade avec oignons, sel, poivre, tant soit peu d'écorce d'orange ou de citron; bouillon, & vinaigre. Etant cuite vous la ferez mittonner avec une sausse liée avec de la farine passée à la poële dans du lard fondu: garnissez-la de câpres & de quelques anchois.

Rognons.

Blanchissez-les bien dans l'eau fraîche; & après en avoir ôté les peaux, coupez-les par tranches fort minces. Passez-les à la poële avec beurre, ou lard fondu: mettez-y un bon assaisonnement; & faites-les mitonner avec champignons & jus d'éclanche.

MOUTON: *Machine.* C'est un bout de poutre freté d'une frette de fer; retenu par des clefs au-devant de deux montans; & levé par des cordes à force de bras, pour enfoncer en retombant les pieux & pilotis. Il y a apparence que ce mot fait allusion à une machine qu'on appelloit autrefois *Belier*, (*Aries.*)

Le mouton differe de la *Hie*, en ce qu'il n'est pas si pesant; & qu'on éleve la hie avec un engin par le moyen d'un moulinet, pour la laisser ensuite tomber en lâchant la déclique, & ainsi faire un plus violent effort que le mouton.

Le mot *Fistuca* signifie, dans *Vitruve*, toute machine pour enfoncer les pieux & les pilotis.

Dans l'exploitation des Bois, les MOUTONS sont des pieces de sciage; qui ont six pieds sept à huit pouces de long, cinq à six pouces de large, & trois ou quatre pouces d'épais.

MOUTURE. *Voyez* au mot MEUNIER.

MOUVER *la Terre* d'un pot, ou d'une caisse. C'est y faire une maniere de petit labour avec quelque outil de fer ou de bois; afin que cette terre étant rendue meuble, l'eau des arrosemens y puisse facilement pénétrer.

MOUVERON. Sorte de spatule, dont se servent les Raffineurs. *Voyez* l'article SUCRE.

MOUVOIR: Instrument de Chandelier. *Consultez* l'article CHANDELLE.

MOY

MOYE; ou *Mouliere.* C'est, dans une pierre dure, un tendre qui suit son lit de Carriere; qui la fait déliter: & qui se connoît à ce que la pierre ayant été quelque tems hors de la carriere, elle n'a pu résister aux injures de l'air.

On dit MOYER une pierre; pour la fendre selon la moye de son lit.

MOYEN JUSTICIER. C'est un Seigneur qui a le droit de MOYENNE & *Basse* Justice; & qui n'a pas la *Haute.*

MOX

MOXA. *Voyez* ARMOISE.

MUC

MUCE: *terme de Chasse.* C'est l'endroit par où un animal traverse, ou perce même, une haie afin de passer dans un champ, une vigne, ou un jardin.

MUCILAGE. Liqueur gluante, qui file quand on la verse, & qui est émolliente. On peut la regarder comme une espece de colle, obtenue par infusion ou ébullition de certaines substances: telles que les racines de Guimauve & Grande-Consoude; les graines de Lin, Fenugrec, & Herbe aux puces; les pepins de Coing; les gommes Adraganth & Arabique, celles de Cerisier & de Prunier, la colle de Poisson, &c.

Voyez ADRAGANTH. HERBE *aux Puces.*

Mucilage ordinaire; propre pour Amollir les Duretés; & pour adoucir & calmer les Douleurs.

Coupez par morceaux, & concassez, quatre onces de racines de Guimauve: mettez-les dans un pot de terre vernissé, avec une once de graine de lin; & autant de fenugrec: versez deux pintes d'eau chaude par-dessus; & placez le pot couvert sur des cendres chaudes, ou sur un feu très-doux, pour entretenir seulement la chaleur, pendant dix ou douze heures. L'infusion étant achevée, faites bouillir la liqueur jusqu'à diminution de moitié, ou jusqu'à ce qu'elle soit réduite en mucilage; & passez-la avec expression.

Autre Mucilage Emollient.

Mettez dans un pot de terre vernissé, une once de colle de poisson, coupée par petits morceaux; versez par-dessus, une chopine d'eau commune chaude; & ensuite mettez le pot couvert infuser sur les cendres chaudes, ayant soin de remuer de tems en tems avec une spatule de bois ou d'ivoire, jusqu'à ce que la colle soit entiérement fondue dans l'eau. Ce mucilage est propre pour amollir les duretés: on le fait entrer dans plusieurs emplâtres.

Mucilage de Peau de Bélier; propre pour ramollir & pour fortifier.

Prenez une peau de bélier toute fraîchement levée; coupez-la par petits morceaux, avec la laine: faites-la bouillir dans une quantité d'eau suffisante, jusqu'à ce qu'elle soit entiérement fondue. Coulez alors la dissolution, en exprimant fortement la laine qui reste. Pour rendre ce mucilage plus épais, quand il ne l'est pas assez, il n'y a qu'à faire évaporer une partie de l'humidité superflue. Ce mucilage entre dans la composition de l'emplâtre pour les hernies.

Mucilage pour arrêter l'Hémorrhagie.

Mettez dans un pot de terre vernissé une demi-once de semence de coing: & autant de celle de *Psyllium*; versez par-dessus, un demi-septier d'eau de plantain, & autant d'eau-rose. Couvrez le pot; & faites infuser pendant dix ou douze heures, comme ci-dessus. Faites ensuite bouillir l'infusion, jusqu'à diminution d'un tiers, ou jusqu'à ce qu'elle soit réduite en mucilage. Il faut avoir soin de la remuer pendant l'ébullition. Après cela vous la passerez par l'étamine, ou par un linge, avec forte expression. On emploie ce mucilage, avec parties égales de sirop de coing, ou de roses séches: la dose est d'une cuillerée.

Mucilage Pectoral; propre pour calmer la violence de la Toux, & rafraîchir les Poumons.

Prenez demi-once de la plus belle *gomme Adraganth*, que vous pourrez trouver; concassez-la, &

la mettez dans un pot de fayance, ou de terre bien vernissé. Versez par-dessus six onces d'eau commune; ou pour le mieux trois onces d'eau distillée de plantain, avec autant d'eau-rose. Ayant couvert le pot, placez-le au bain-marie chaud, & laissez infuser pendant deux ou trois heures, ou jusqu'à ce que la gomme soit entiérement fondue dans l'eau. Passez alors le mucilage par un tamis, & conservez-le pour l'usage. On le mêle avec les sirops pectoraux; la dose est d'une cuillerée.

C'est aussi un bon remede pour guérir les fentes & crevasses des mains, des levres, & du sein; en l'appliquant sur la partie malade.

MUE

MUE. Changement de poil ou de plumes; qui arrive tous les ans aux animaux, ou seulement dans certains âges de leur vie. On le dit encore du changement de cornes; & de celui de la voix, des bêtes ou des hommes.

Ainsi l'on nomme MUE, un côté de la tête d'un cerf, d'un daim, & d'un chevreuil; qu'ils mettent bas lorsqu'ils muent en Février & Mars: ce qu'ils font (dit-on) tous les ans: mais le chevreuil ne mue pas réglément dans cette saison.

Les vieux cerfs jettent plus tôt leur tête, que les jeunes. Quand leur tête est tombée, il se forme sur le massacre une peau fine, couverte d'un poil gris de souris. Les meules paroissent ensuite. C'est ce qu'on appelle la *Tige de la Tête:* elle se fait dans l'espace de six jours. Les cerfs de dix cors, & ceux de dix cors jeunement, ont poussé leurs têtes à demi vers le 15 de Mai; & entiérement à la fin de Juillet: les jeunes, dans le 8 ou le 10 du mois d'Août.

A la troisieme année, le cerf doit avoir six ou huit cornettes; à la quatrieme, huit ou dix; à la cinquieme, dix ou douze; à la sixieme, douze, quatorze, ou seize. Dans la septieme, sa tête est marquée & semée de tout ce qu'elle portera jamais; & n'augmente plus qu'en grosseur.

Au reste, consultez l'*Histoire Naturelle*, de MM. De Buffon & Daubenton, T. VI. de l'édit. *in-4°.* p. 72-3, 144-5, *&c;* 171-6-7, 196; 204-5-6-7, 214-5, 242.

MUETTE: *terme de Chasse.* C'est l'endroit où les animaux sont tranquilles; & à la portée duquel on se met pour les prendre. Voyez *Prendre les* ALOUETTES *au Miroir*, p. 71, col. 2.

MUF

MUFFLE, *ou* MUFLE. Extrêmité du bas de la tête de quelques animaux; comme d'un bœuf, d'un veau, d'un lion, des bêtes fauves.

MUFLE. *Ornement de Sculpture:* qui représente la tête de quelque animal; & particuliérement celle du lion. On l'emploie pour gargouille, à une cimaise; pour goulette, à une cascade, ou à un bassin de fontaine. On l'introduit aussi sous les consoles des corniches de chambres, & d'autres endroits.

MUFLE *de Veau*, ou de *Bœuf*, ou de *Lion;* qu'on nomme encore *Gorge*, ou *Gueule*, *de Lion; Gueule de Loup; Tête de Cochon:* en Latin *Antirrhinum;* & *Cynocephalus:* en Anglois *Snap-Dragon*, ou *Calf's-Snout.*

Ce nom est commun à plusieurs plantes, dont le caractere générique est dans la classe des fleurs en masque de M. Tournefort. Leur calyce est d'une seule piece, découpé en cinq parties; les deux d'en haut plus longues que les autres. La fleur est un tuyau oblong: dont l'extrêmité est divisée en deux levres; la supérieure est droite & échancrée; l'inférieure, appliquée contre celle-là, est en trois parties obtuses. Le nectarium qui est au fond de la fleur, n'a pas beaucoup de saillie. Il y a quatre étamines, renfermées dans la levre supérieure, surmontées de sommets courts: & deux de ces étamines sont plus courtes que les deux autres. L'embryon est arrondi, & porte un seul style: il devient une coque de forme irréguliere, à-peu-près ronde, obtuse, dure; & en qui on croit trouver la ressemblance d'une tête de cochon ou de chien. Elle est intérieurement séparée en deux loges, remplies de petites semences applaties & anguleuses.

Voyez ASARINA. LINAIRE.

Principales Especes.

1. L'espece *Vulgaire* de J. B. est très-commune sur les murs & sur les vieilles maisons. C'est une plante presque ligneuse; dont les feuilles sont longuettes, d'un verd obscur, pleines de suc, terminées en pointe. Elle jette plusieurs tiges droites: au sommet desquelles naissent des épis de fleurs qui se succedent depuis le mois de Juin fort avant dans l'été. Ces fleurs ont un calyce court: elles varient beaucoup; il y en a de rouges bordées de blanc, d'autres bordées de jaune, de toutes blanches, de jaunes bordées de blanc, *&c.* La racine est assez grosse, remplie de fibres, & traçante. La petite *Histoire des Plantes* de Lyon appelle cette plante *Mouron violet*, & *Œil de chat.*

Il y en a une variété dont la fleur est blanche mêlée de pourpre clair. On la cultive dans les jardins, à cause de ses feuilles qui sont bordées de blanc argentin.

2. L'*Histoire des Plantes* que je viens de citer donne encore les noms d'*Œil de chat* & *Mouron violet* à une autre grande espece de ce genre, qui vient communément dans la campagne: *Antirrhinum arvense majus* C. B.; que Dodonée appelle *Phyteuma.* La fleur est ou blanche ou purpurine, d'environ un demi-pouce de longueur. Les pointes du calyce la débordent sensiblement.

3. Il y en a une belle espece, commune & naturelle dans les Isles de l'Archipel: *Antirrhinum latifolium, pallido amplo flore*, Bocc. Ses feuilles, fleurs, & épis, sont considérables. Les fleurs varient beaucoup.

Usages.

La 1. espece est une plante vulnéraire résolutive; que l'on substitue à la Linaire d'usage.

Les autres servent à décorer les jardins. On prétend néanmoins que le *n.* 2 est spécifique contre la piquure de scorpion; & qu'un cataplasme des feuilles, fleurs, & fruits des *nn.* 1 & 2, avec du miel & de l'huile rosat, est utile pour les suppressions de regles & la suffocation de matrice.

Culture.

On les multiplie de semence, de marcottes, & de boutures. Pour se procurer des variétés, il faut semer. On peut laisser les graines se semer d'elles-mêmes quand elles sont mûres.

Ces plantes viennent aisément, ne demandent aucun soin extraordinaire, & soutiennent bien le froid de nos climats.

On remarque que plus elles sont dans une terre maigre & séche, plus longtems elles subsistent. Ainsi on peut en mettre à semence perdue dans des coins négligés ou destinés à recevoir les pierrailles, & autres rebuts ou immondices: elles en masqueront les défauts, & garniront agréablement des trous de mur,

MUGUET; ou *Muguet Blanc; Petit Muguet; Lys des Vallées*: en Latin *Lilium convallium*: à quoi répond la dénomination Angloise de *Lilly of the Valley*. M. Linnæus l'appelle *Convallaria*.

La fleur est d'une seule piece, faite en cloche ou espece de grelot, dont la partie antérieure se sépare en six segmens obtus & égaux qui s'écartent pour se renverser. Il n'y a point de calyce. Six étamines, qui tiennent au-dedans du pétale, sont surmontées de sommets oblongs & droits. A leur centre est un embryon à-peu-près sphérique; dont le style est menu, communément plus long que les étamines, & terminé par un stigmate marqué de trois angles. Le fruit est une baie arrondie, partagée intérieurement en trois loges; dont chacune contient une semence rondelette.

Especes.

1. *Lilium convallium album* C. B. Ce Muguet, commun dans les bois, presque dans toute l'Europe, est aussi cultivé dans les jardins. Sa racine, brune, rude, & très-garnie de fibres, trace fort près de la superficie de la terre, & multiplie ainsi abondamment. Il en naît une espece de tige purpurine, menue, cannelée; d'où sortent deux ou trois feuilles alternes, d'un verd de mer, minces, lisses, luisantes, longues de quatre à cinq pouces, sur environ deux pouces de largeur à leur partie moyenne, terminées en pointe, fort élargies vers les deux tiers antérieurement, puis diminuant par degrés pour se terminer postérieurement à une assez longue gaîne membraneuse qui entoure la tige: la gaîne de la feuille supérieure s'engage dans celle de la feuille d'au-dessous. Sur la longueur de ces feuilles sont quantité de nervures sensibles, mais qui ne font ni saillie ni cavité. A côté des feuilles, sort de la racine en Avril, Mai, & Juin, un péduncule nud, haut d'environ cinq pouces; dont le sommet porte un long bouquet de petites fleurs pendantes, blanches, dont l'odeur agréable se fait sentir assez loin. Les Anglois lui donnent volontiers le nom qui répond à celui de *Lis de Mai*: sa dénomination Allemande signifie pareillement *Fleur de Mai*.

Il y en a dont les feuilles se trouvent plus étroites dans les bois; mais qui égalent l'espece décrite ci-dessus, quand elles ont subsisté quelque tems dans un jardin. * *Gard. Dict.*

2. M. Miller dit avoir constamment cueilli des fleurs rouges ou incarnates pendant plus de trente ans sur les mêmes plantes. Mais comme il n'en a pas élevé de graine, il ne décide point si c'est une espece particuliere. Il remarque néanmoins que ces fleurs sont petites, les tiges plus rouges que celles des plantes qui fleurissent blanc, & les feuilles d'un verd plus foncé. L'odeur de ces fleurs est plus considérable que celle du *n.* 1.

3. *Lilium convallium latifolium, flore pleno variegato* Inst. R. Herb. Cette plante, qui donne des fleurs doubles panachées, peut être regardée comme une variété du *Lilium convallium latifolium* C. B. qui se trouve sur les Alpes; & qui ne dégénere point étant cultivée pêle-mêle avec l'espece commune de nos bois. Les fleurs doubles sont grandes, & bien panachées de pourpre & de blanc.

Culture.

Ces plantes aiment un sable léger, & l'ombre des arbres. Souvent on les voit sortir d'entre des monceaux de pierres, où leurs tiges & racines sont à l'abri du soleil. Il paroît que l'espece à fleurs doubles reprend avec peine, quand on l'a transportée un peu loin.

On les multiplie en séparant les traces des racines. Cette opération & celle de les transplanter doivent se faire en Automne. Il est à propos de les espacer suffisamment pour que les traces puissent s'étendre. Quand elles sont dans un terrein & à une situation qui leur conviennent, elles couvrent quelquefois un canton considérable, dans l'intervalle d'une année à l'autre. Elles tracent prodigieusement dans une terre substantieuse: mais elles y donnent moins de fleurs.

Il faut en arracher les herbes nuisibles. On doit aussi lever le plant tous les trois ou quatre ans, pour démêler les paquets qu'ont faits les racines: sans quoi les fleurs deviennent moins abondantes, & sont toujours petites.

Usages.

L'odeur du Muguet est propre à fortifier le cerveau, & prévenir les syncopes. On en donne la poudre en sternutatoire, seule ou avec le caffé en poudre. On emploie la fleur, comme apéritive, dans la paralysie, l'épilepsie, les convulsions, le vertige; soit en infusion, soit en conserve: on en donne aussi l'eau distillée. Cette eau est conseillée pour les inflammations des yeux, & pour les morsures venimeuses. Les Allemands en font une eau composée, à laquelle ils donnent le nom de *Aqua Aurea*; en conséquence de ses excellentes propriétés.

Consultez la VIe. *Herborisation*, de M. Tournefort.

On donne encore le nom de *Petit*-MUGUET, au CAILLELAIT, & à notre GRATERON *n.* 2.

Ce même Grateron est aussi appellé MUGUET *des Bois.*

MUGWORT. *Voyez* ARMOISE.

MUI

MUID. *Consultez* l'article MESURE.

MUL

MULBERRY-*Tree. Voyez* MEURIER.

MULE: Animal. *Voyez* l'article MULET.

MULE *de Fumier; de Foin;* &c: qu'on nomme proprement & plus ordinairement *Meule*. Voyez CHAUMIER. AMENDER, *n.* 25.

MULES *aux Talons.* C'est une espece d'engelure, qui vient aux talons, quand on a enduré un grand froid.

Remedes.

1. Faites bouillir de la sauge avec du plus gros vin; & trempez-y soir & matin (s'il se peut) les talons: *ou bien* étuvez-vous-en, durant une demi-heure, aussi chaudement que vous pourrez. [Ce remede peut également être employé pour tout ce qui est engelure, aux pieds ou aux mains.]

Le vin peut servir quatre ou cinq fois.

2. Si ces engelures sont entamées, mettez-y de l'onguent ou emplâtre noir.

3. Les figues brulées & réduites en poudre, mêlées avec un peu de cire, font un onguent souverain pour les mules aux talons.

4. *Voyez* ENGELURE.

MULET. Quadrupede ordinairement engendré d'un Âne & d'une Jument; quelquefois d'un Cheval & d'une Ânesse. *Voyez* ÂNE, p. 112. La croupe du mulet est effilée & pointue. Sa queue & ses oreilles tiennent beaucoup de celle de l'âne. Il ressemble assez au cheval, pour le reste. *Voyez* les *Quadrupedes* de M. Brisson, p. 403-4. On nomme *Mule*, sa femelle: on croit que l'un & l'autre sont incapables d'engendrer. Consultez M. De Buffon, *Histoire Nat.* Edit. *in*-4°. T. V. p. 62-3.

Ils tiennent de l'âne la bonté du pied, la sûreté de la jambe, & la santé. Leurs reins sont très-forts; & ils portent beaucoup plus pesant, que le cheval ne peut faire. On peut les mettre au labour.

On gouverne en général le mulet, à-peu-près comme le cheval. Voyez le *Nouveau Parfait Maréchal*, de M. De Garsault, p. 83, 436-7.

Une bonne Mule doit être grosse & ronde de corsage; avoir les pieds petits, & les jambes menues & séches, la croupe pleine & large, la poitrine ample & mollette, le cou long & vouté, la tête séche & petite. Le Mulet au contraire doit avoir les jambes un peu grosses, & rondes; le corps étroit; la croupe pendante vers la queue. Les mulets sont plus forts, plus puissans, plus agiles, & vivent plus longtems, que les mules. Mais les mules sont plus faciles à traiter, & plus aisées à conduire.

Tous deux sont *Lunatiques*. Pour leur ôter ce vice, il faut leur faire boire souvent du vin.

S'ils sont *difficiles à sceller*, liez leur un pied de devant à la cuisse; afin qu'ils ne puissent ruer du derriere.

Lorsqu'ils sont *difficiles à ferrer* du pied droit de derriere, il faut leur lier le gauche de devant.

Quand cet animal a la *fievre*, il faut lui donner à manger des choux cruds.

Quand il souffle souvent & a l'*haleine courte*, il faut le saigner; puis lui faire avaler trois demi-septiers de vin avec demi-once d'huile, & autant d'encens, & trois poissons de jus de marrube.

Quand il est *lassé* & *échauffé*, on lui jette de la graisse & du vin dans la gorge.

Pour la plupart des autres maladies que le mulet peut avoir communes avec le cheval, on le traite comme lui.

Mais pour la *Maigreur*, on lui fait avaler une chopine de vin rouge où l'on a mis une demi-once de soufre pulvérisé, un œuf crud, & une dragme de myrrhe. Ce breuvage étant réitéré, l'animal reprend de la chair.

Ce remede le guérit aussi des *Tranchées*; & de la *Toux*.

La Jument dont on se sert pour avoir des mulets, doit être au-dessus de dix ans. Si elle est en chaleur dans l'intervalle de la mi-Mars à la mi-Juin, le poulain naîtra dans une saison où les pâturages sont abondans. Le Poulain Mulet se gouverne comme d'autres. Comme il cause ordinairement beaucoup de douleur aux mammelles de sa mere vers l'âge de six mois, on doit alors le donner à allaiter à une autre jument; ou bien le sevrer, & l'envoyer pâturer avec sa mere.

On prétend que les femmes doivent éviter de sentir l'odeur de la sueur ou de l'urine de mule ou mulet; parce que cette odeur rend (dit-on) les femmes stériles, attendu que ces animaux sont stériles de leur naturel.

On assure que la fumée de l'ongle de mulet, mise sur de la braise enflammée, est si odieuse aux rats & aux souris, qu'aussitôt qu'ils en sentent l'odeur, ils s'enfuient d'une maison.

MULETTE: *terme de Fauconnerie.* C'est le gésier des oiseaux de proie; où la mangeaille descend du jabot pour se digérer. Quand cette partie est embarrassée des curées, qui y sont retenues par une humeur visqueuse & gluante, on dit que l'oiseau a la *Mulette Empelotée*. Alors il se forme quelquefois une peau qu'on appelle *doublure*, ou *double mulette*: qu'on purge par le moyen des pilules qu'on lui fait avaler. *Consultez* l'article OISEAU.

MULLEIN. *Voyez* BOUILLON-BLANC.

MILLEIN (*Moth*). Voyez HERBE *aux Mittes*.

MULOT. Quadrupede plus petit que le Rat; & plus gros que la souris: auxquels il ressemble. Il ronge les racines des bleds, & les bulbes & racines tendres des plantes, dévore les fruits & les graines; pille la cire & le miel des ruches; & en général fait beaucoup de tort dans la campagne.

Consultez les *Quadrupedes* de M. Brisson, p. 174; le VIIe. Volume *in*-4°. de l'*Histoire Naturelle du Cabinet du Roi*: & MOUCHE-A-MIEL, pag. 593.

Pour les détruire.

1. Faites une petite hute de paille, semblable à la couverture d'une ruche: mettez dessous, une terrine pleine d'eau jusqu'à quatre doigts près du bord; & jettez dessus l'eau un peu de paille d'aveine pour la cacher. Les mulots viendront y chercher quelques grains; & s'y noieront.

2. Prenez un picotin de gruau d'orge, une livre de racine d'ellébore blanc en poudre, & quatre onces de poudre de staphisaigre. Mêlez bien le tout. Passez-le au gros tamis de crin. Ajoûtez-y une demi-livre de miel, & autant de lait qu'il faut pour en former une pâte: que vous romprez en petits morceaux, dont vous répandrez une partie dans les endroits où les mulots ont coutume d'aller, & vous en mettrez dans leurs trous. Ils en mangeront, & périront certainement.

3. *Voyez* ARTICHAUT, p. 195-6.

4. L'on en prend dans des souricieres.

5. Faites en terre un trou; au fond duquel vous mettrez sur une tuile, soit des pommes cuites soit des fruits ou des graines, chargées d'arsenic: couvrez cette tuile avec un pot renversé; dont les bords posent sur trois petits supports de bois ou de pierre: chargez le pot avec une grosse pierre: & mettez un peu de menue paille dans le trou. Les mulots, attirés par cette paille, entrent sous le pot: où trouvant un appât qui les tente, ils le mangent & s'empoisonnent. Ces précautions empêchent le gibier, la volaille, & même les enfans, d'y aller.* *Physique des Arbres*, Tome II. pag. 357.

6. M. De Buffon (*Histoire Nat.* p. 329, du T. VII. Edit. *in*-4°.), dit avoir reconnu par expérience que la noix grillée est un excellent appât pour prendre des mulots dans des piéges.

MULTICAULIS. *Voyez* CESPITOSA.

MULTIPLICATION: Regle d'Arithmétique. *Voyez* ARITHMÉTIQUE.

MULTIPLICATION *des Plantes*. Elle se fait par les semences, les boutures, les marcottes, les drageons enracinés qui poussent au pied des arbres: quelquefois en éclatant ou séparant les racines enterrées; ou encore en sevrant du maître pied les brins qui ont jetté des racines en traçant sur la terre.

Il y a certaines especes que l'on ne multiplie que par la greffe: au moyen de quoi l'on est sûr qu'elles ne dégénérent point.

Voyez Tome I. pag. 161, col. 1; & pag. 320 & suivantes.

MUR

MÛR (*Fruit*). *Voyez* MATURITÉ.

MUR *ou* MURAILLE. Corps de Maçonnerie, de certaine épaisseur, & d'une hauteur proportionnée; pour renfermer & séparer des lieux servant à divers usages dans les bâtimens.

Mur de Face: ce terme s'entend de tous les murs extérieurs d'une maison sur les rues, cours, & jardins. Les murs de face de devant & de derriere sont nommés *Antérieurs* & *Postérieurs*; & ceux des côtés sont nommés *Latéraux*. Il s'en fait de pierre de taille, de moilon, de brique & de caillou. Les gros murs sont ceux de *Face*, & de *Refend* : le dernier est celui qui partage les appartemens. On appelle aussi murs de *Refend*, ceux qui séparent deux ou plusieurs maisons à un même propriétaire, & des Chapelles dans des Eglises. On les nomme en Latin *Paries intergerinus*. Voyez REFEND.

Le *Mur de Pignon* est celui qui finit en pointe, & où le comble va se terminer.

Mur Orbe, du Latin *Orbus*, privé de lumiere ; se dit d'un mur de maison où l'on n'a percé aucune porte ni fenêtre ; & où l'on en feint par des enfoncemens, ou par des naissances d'enduit & de crépi, pour faire symétrie avec d'autres qui leur sont respectives, ou seulement pour la décoration.

Mur en Ailes : c'est celui qui s'éleve depuis le dessus d'un mur de clôture, & va en diminuant jusques sous l'entablement plus bas, pour arc-bouter le mur de face & le pignon d'un corps de logis qui n'est pas appuyé d'un autre. Voyez l'*Architect.* de Bullet, p. 141.

Mur Mitoyen ou *Métoyen*, qu'on appelle aussi mur *commun* : c'est celui qui est également situé sur les limites de deux héritages qu'il sépare. *Voyez* MÉTOYERIE. Il est construit aux frais communs de deux propriétaires. On peut bâtir contre ce mur, & même le hausser s'il a suffisamment d'épaisseur ; en payant les charges à son voisin, c'est-à-dire, de six toises une. Les marques du mur mitoyen sont des filets de maçonnerie de deux côtés ; & le chaperon à deux égouts. Voyez la *Coutume de Paris*, Art. 194.

Mur sans Moyen, selon la Coutume de Paris, est un mur de Maison Seigneuriaule ou de Monastere, qui par un privilege spécial ne peut jamais devenir commun ; ensorte que les propriétaires des héritages qui lui sont contigus ne peuvent bâtir qu'à une certaine distance.

Mur de Clôture, celui qui renferme une cour, un jardin, un parc, *&c.* Quand il sépare deux héritages & qu'il vient à tomber, l'un des propriétaires peut (suivant la *Coutume de Paris*, Art. 209.) contraindre l'autre à contribuer pour l'édifier ou réparer jusqu'à la hauteur de dix pieds depuis le rez-de-chaussée au-dessus de l'empatement de la fondation, y compris le chaperon.

Mur Crénelé ; celui dont le chaperon est coupé par créneaux & merlons, en maniere de dents : comme on en voit aux vieux murs, plutôt pour ornement ou marque d'une Maison Seigneuriale, que pour servir de défense. En Latin, *Paries pinnatus.*

Mur de Terrasse. C'est tout mur de maçonnerie, qui soutient les terres d'une terrasse ; & qui est d'une épaisseur proportionnée à sa hauteur, avec talus en dehors, & contreforts ou recoupemens audedans.

Mur Planté, celui qui est fondé sur un pilotage, ou sur une grille de charpente.

Mur de Douve, le mur de dedans d'un réservoir ; qui est séparé du vrai mur par un courroi de glaise de certaine largeur, & fondé sur des racinaux & des plates-formes.

Mur de Parpain, celui dont les assises de pierre en traversent l'épaisseur, & qui sert pour les échifres & pour porter les cloisons & pans de bois. En Latin *Paries frontatus.*

Mur Circulaire, est celui dont le plan est en rond, comme le chevet d'une Eglise, la Tour d'un Dôme, un Puits.

Mur d'Appui, petit mur d'environ trois pieds de haut, qui sert d'appui ou de gardefou à un pont, quai, terrasse, balcon, *&c* ; ou de clôture à un jardin : on le nomme aussi *Mur de Parapet.*

Mur en Talus, est celui qui a une inclinaison sensible pour arc-bouter contre des terres, ou résister au courant des eaux.

Mur Recoupé, celui qui étant bâti sur le penchant d'une colline, a ses assises par retraites & empatemens, pour mieux résister à la poussée des terres.

Mur Crépi, est celui qui étant de moilon ou de brique, est recouvert d'un crépi. En Latin, *Paries arenatus.*

Mur Enduit, est un mur de maçonnerie ; ravalé de mortier ou de plâtre dressé avec la truelle. Il est dit mur *Hourdé*, lorsque les moilons ou les platras sont grossiérement maçonnés. En Latin, *Paries ruderatus.*

Mur Blanchi, celui qui étant de pierre, est regratté avec des outils ; ou qui étant de maçonnerie, est imprimé d'un lait de chaux, & d'une ou plusieurs couches de blanc.

Mur de Pierres séches, espece de contre-mur qui se fait à sec & sans mortier, contre les terres ; pour empêcher que l'humidité ne pourrisse le vrai mur : comme il a été pratiqué derriere l'Orangerie de Versailles. Les pierrées & puisards sont ordinairement construits de ces sortes de murs, qui se pratiquent aussi dans le fond des puits pour faciliter le passage de l'eau. En Latin, *Maceria.*

Mur en Décharge, est celui dont le poids est soulagé par des arcades bandées d'espace en espace dans la maçonnerie ; comme le mur circulaire de brique du Panthéon à Rome. Il s'appelle en Latin, *Paries fornicatus.*

Mur en l'Air, est le mur qui ne porte pas de fonds, mais à faux, comme sur un arc ou poutre en décharge ; & qui est érigé sur un vuide pratiqué pour quelque sujétion en bâtissant, ou percé après coup. Mur *en l'air*, se dit aussi d'un mur porté sur des étayes, pour une refection par sous-œuvre. Il se dit en Latin, *Murus pensilis.*

Mur Dégradé, est celui dont quelques moilons sont arrachés, & les petits blocages & le crépi tombés en tout ou en partie.

Mur Déchaussé, celui qui est dépéri ou ruiné à son rez-de-chaussée ; ou celui dont il paroit du fondement, le rez-de-chaussée étant plus bas qu'il ne devroit être.

Mur Bouclé, celui qui fait ventre avec crevasse.

Mur en Surplomb, ou *Déversé*, celui qui penche en dehors ; on le nomme aussi Mur *Forjetté.*

Mur Pendant, ou *Corrompu*, celui qui est en péril éminent. S'il est mitoyen, on peut (suivant la *Coutume de Paris*, Art. 205) contraindre son voisin, en Justice, pour le faire réédifier, en payant chacun sa part selon son héberge.

Mur Coupé, Celui dans lequel on a fait une tranchée pour y loger les bouts des solives ou poteaux de cloison de leur épaisseur ; en bâtissant, ou après coup : ce que la *Coutume de Paris*, Art. 206, permet, s'il est mitoyen : & ce qu'un meilleur usage défend, en se servant de sablieres portées sur des corbeaux de fer.

Remarques générales & importantes sur la Construction des Murs.

On fait communément de trois manieres de construction de murs, tant à l'égard de la pierre, que du mortier ou du plâtre. La meilleure construction est, sans difficulté, celle de pierre de taille, avec mortier de chaux & de sable. La moyenne construction, est celle qui est faite en partie de pierre de taille, & le reste de moilon, avec mortier de chaux & sable. La moindre est celle qui est faite simplement de moilon, avec mortier ou plâtre. Il y en a encore une que l'on fait avec moilon & terre pour les murs de clôture; qui durent longtems quand les pierres sont bien callées, liaisonnées, & qu'il y en a une partie qui font parpin. La meilleure terre est celle qui ne gonfle pas à la gelée : il y a des tufs blancs & graveleux qui y font excellens. Il est bon de crépir ces murs, un an après qu'ils sont faits, avec de bon mortier de chaux & de sable, à pierre apparente. Les murs faits tout de pierre de taille, sont pour les faces des grands bâtimens : & l'on doit mettre celle qui est dure, par bas aux premieres assises, au moins jusqu'à la hauteur de six pieds. On en met aux appuis, aux chaînes sous-poutres, aux jambes-boutisses; & le reste est de pierre de Saint-Leu pour la meilleure : ceux qui ne peuvent pas en avoir, employent de la pierre de Lambourde, qui se trouve aux environs de Paris; mais cette pierre n'approche, ni en beauté ni en bonté, de celle de Saint-Leu. Ces murs doivent être construits avec bon mortier, & point du tout de plâtre, par la raison qui sera dite ci-après. Ce mortier doit être fait d'un tiers de bonne chaux, & deux tiers de sable de riviere ou de sable équivalent, comme il s'en trouve à Paris au Fauxbourg Saint Germain, & en d'autres endroits, où il est presque aussi bon que celui de riviere. Après la chaux éteinte, ce mortier doit être fait avec le moins d'eau qu'on pourra. L'on fait les joints de la pierre dure avec mortier de chaux & grais; & ceux de la pierre tendre avec mortier de *badigeon*, qui est de la même pierre cassée avec un peu de plâtre.

Les murs des faces des maisons que l'on veut faire solides, doivent avoir au moins deux pieds d'épaisseur par bas, sur la retraite des premieres assises. On leur donne quelquefois moins d'épaisseur pour épargner la dépense; mais ils n'en sont pas si bons. Il faut qu'un mur ait une épaisseur proportionnée à la portée qu'il a. Il est nécessaire de donner un peu de talus par dehors, en élevant les murs : ce talus doit être au moins de trois lignes par toise. Il faut outre cela faire une retraite par dehors sur chaque plinte, d'un pouce pour chaque étage; ensorte qu'un mur qui aura deux pieds par bas sur la retraite, s'il a trois étages, qui fassent ensemble par exemple sept toises, il se trouvera à-peu-près vingt pouces sous l'entablement : car il faut que les murs de face soient élevés à plomb par dedans œuvre.

Les murs de moyenne construction, dont on se sert pour les faces des maisons bourgeoises, & pour les murs de refend & mitoyens des bâtimens considérables; sont faits partie de pierre de taille, & partie de moilon. Les meilleurs sont construits avec mortier de chaux & de sable. Ceux qui sont construits avec du *plâtre*, ne valent pas grand'chose; parce que le plâtre reçoit l'impression de l'air, & qu'il s'enfle ou diminue à proportion que l'air est humide ou sec : ce qui fait corrompre les murs qui en sont construits.

Aux murs *de refend* de cette construction, l'on met une assise de pierre dure au rez-de-chaussée; & l'on fait les pieds-droits & plattes-bandes des portes, & autres ouvertures, de pierre de taille : le reste est de moilon maçonné de mortier, comme ci-devant. On enduit lesdits murs, des deux côtés avec du plâtre; & on donne vingt pouces au moins d'épaisseur aux murs de refend dans les grands bâtimens, & dix-huit pouces dans les moindres. Il s'en fait beaucoup auxquels on ne donne qu'un pied d'épaisseur : mais ils ne peuvent pas être approuvés par gens qui se connoissent en solidité; à moins qu'on ne les fasse de parpins de pierre de taille; car c'est une mauvaise construction, que de faire ces murs de peu d'épaisseur avec du plâtre; & c'est ce qui cause presque toujours la ruine des maisons.

On éleve d'ordinaire les murs de refend, à plomb sur chaque étage; mais on peut laisser un demi-pouce de retraite de chaque côté sur chacun des planchers : cela diminuera un pouce d'épaisseur à chaque étage, & l'ouvrage en sera meilleur. L'on ne peut point encore approuver, sous quelque prétexte que ce soit, les linteaux de bois que l'on met au-dessus des portes & des croisées, au lieu de plattes-bandes de pierre : l'expérience fait assez connoître que la perte des maisons vient de cette erreur; parce que le bois pourrit, & ce qui est dessus doit alors tomber. Si l'on examinoit bien la différence qu'il y a du coût de l'un à l'autre, on ne balanceroit pas à prendre le parti le plus sûr.

Outre ce qui a été dit dans les Articles précédens, on doit observer que les fondemens des murs de face & de refend, doivent être assis & posés sur la terre ferme : il faut prendre garde qu'elle n'ait point été remuée. L'aire sur laquelle les murs seront assis, doit être bien dressée de niveau; & l'on met les premieres assises à sec : ces assises seront de libage, ou des plus gros moilons. Pour faire de bon ouvrage, l'on doit mettre une assise de pierre de taille dure au rez-de-chaussée des caves. On met aussi des chaînes de pierre de taille sous la naissance des arcs que l'on fait pour les voûtes des caves. Les jambages & plattes-bandes des portes, doivent aussi être de pierre de taille; & le reste, de moilon piqué : le tout maçonné avec mortier de chaux & sable, & point du tout de plâtre, par la raison qui a été dite. Tous les murs de fondemens doivent avoir plus d'épaisseur que ceux du rez-de-chaussée, pour avoir des empatemens convenables; principalement les murs des faces, auxquels il faut au moins quatre pouces d'empatement par dehors, & deux pouces par dedans : ensorte qu'un mur de face doit avoir au moins six pouces de plus dans le fondement qu'au rez-de-chaussée, sans compter le talus qui est dans terre. Pour les murs de refend; il faut seulement qu'ils ayent deux pouces de retraite de chaque côté, & ainsi quatre pouces de plus dans la fondation qu'au rez-de-chaussée.

Les murs *de clôture* pour les parcs & jardins : les plus simples, sont faits avec moilon ou cailloux maçonnés avec mortier de terre; comme il a été dit. Ceux que l'on veut faire de meilleure construction sont faits avec des chaînes, de douze en douze pieds; lesquelles sont maçonnés avec moilon, & mortier de chaux & sable. Le chaperon doit être aussi de même mortier; & le reste avec terre : le tout jointoyé de même mortier que celui de leur construction. Lesdites chaînes doivent avoir deux pieds & demi à trois pieds, de largeur sur l'épaisseur du mur; qui est ordinairement de quinze à dix-huit pouces : outre l'empatement des fondations, qui doit être de trois pouces de chaque côté.

Voyez REPRENDRE *un Mur.* REPRISE *d'un Mur.* TÊTE *de Mur.* PAN *de Mur.*

Dans les Villes de Hollande, on blanchit tous les ans la façade des maisons, pour l'embellir. Dans les pays chauds, on blanchit le dedans des maisons, afin de conserver les tapisseries & rendre les lieux plus frais.

Voyez BLANC. BLANCHIR.

Pour connoître si un mur nouvellement fait est encore humide : Attachez-y avec des épingles un morceau de taffetas. Vingt-quatre heures après; si le taffetas n'est imbibé d'aucune humidité, on ne doutera pas que le mur soit parfaitement sec.

MURE. *Voyez* MEURE.

MURGÉ, *ou* MURGER. C'est la même chose que *Meurjer*. Consultez l'article ÉPIERRER.

MURIER. *Voyez* MEURIER.

MURIR. Point de perfection des fruits. *Voyez* MATURITÉ.

MURUCUIA. *Voyez* LIANE.

MUS

MUSC. Les Naturalistes varient sur l'animal qui fournit la drogue odorante du même nom. M. De la Peyronie a décrit sous le nom d'*Animal du Musc*, dans les *Mém. de l'Acad. des Sc.* an 1731, un quadrupede que MM. De Buffon & Daubenton croient être celui qu'ils ont appellé *Zibet*. Voyez leur *Hist. Nat. du Cab. du Roi*, T. IX. *in-4°. pp.* 300 & suivantes, & 323-4. M. Brisson, dans son Traité sur les *Quadrupedes*, *pp.* 256-7, 97-8-9, distingue le Zibet d'avec le Musc; & les place dans deux genres très-différens.

Selon cet Académicien (*p.* 97, *&c.*) le Musc est un *Chevrotain* de la Chine : Quadrupede Ruminant, qui n'a point de cornes ; dont le pied est fourchu, le museau pointu, les oreilles longues de quatre pouces, & ressemblant à celles de nos lapins, la queue fort courte, & toute la longueur du corps est d'environ trois pieds. Cet animal a vingt-six dents : sçavoir, à la mâchoire inférieure huit incisives & huit molaires ; à la mâchoire supérieure, même nombre de molaires, point d'incisives, mais deux canines. Tout le dessus du corps est varié de jaune, marron, & blanc. Le ventre & le dessous de la queue sont blancs : la tête & les jambes brunes. Auprès du nombril est une espece de bourse, longue de trois pouces, sur deux de large, & qui forme sur le ventre une saillie d'environ un pouce, couverte de poils ; & dont l'intérieure est une pellicule glanduleuse, où se trouve un suc brun & épais, qui a une odeur extrêmement subtile, dont l'impression distribuable presque à l'infini, subsiste très-longtems ; ensorte qu'un papier foiblement musqué a conservé son odeur plus de six mois, quoique exposé sur une croisée à double chassis durant un de nos plus rigoureux hivers.

Propriétés de cette Drogue.

Le Musc, donné dans les maladies convulsives à une dose au-dessus de six grains, produit des effets extraordinaires ; c'est le plus grand antispasmodique qu'il y ait en Médecine. Son efficacité dans le hoquet, causé par quelque action des nerfs, & non par une plaie ou une inflammation, est surprenante & subite. Entr'autres preuves, en voici une que rapporte M. Mackensie, dans les *Transact. Philos.* an. 1744.

» Une jeune Demoiselle, extrêmement affoiblie » par une fievre lente, accompagnée d'un grand » appauvrissement d'esprits animaux ; avoit, lorsque » je la vis la premiere fois, le hoquet le plus fré- » quent que j'aie jamais vû. Il revenoit à chaque ins- » piration. Je lui ordonnai un bol avec six grains de » musc. L'Apothicaire resta pour le lui faire pren- » dre. Au moment qu'elle l'eut pris, elle jetta les » plus hauts cris..., elle tomba ensuite dans un accès » de rire ; bientôt après elle fut tranquille & dormit » pendant plusieurs heures. Le hoquet cessa dès » qu'elle eut pris le bol : il revint quelques semai- » nes après, parce qu'elle s'étoit exposée au froid ; » mais il fut promptement arrêté par le même re- » mede. «

Le Musc produit peu d'effet, & le plus souvent aucun, lorsqu'on le donne à une dose au-dessous de six grains. Il réussit beaucoup mieux, à dix & au-dessus.

Il excite toujours une douce transpiration, sans chaleur, & sans incommodité pour le malade, lorsqu'on en prend de fortes doses ; (quoiqu'il ait été décrié à cet égard par quelques Ecrivains). Au contraire, il réveille les esprits & calme les douleurs. Après la sueur qu'il excite, on tombe ordinairement dans un doux sommeil. Quelques personnes qui en avoient pris, ont observé que leur sueur sentoit le musc.

Les Chinois ont pour la rage un remede qu'ils regardent comme infaillible, & dont le musc est la base. Le musc est de la plus grande efficacité dans les fievres malignes ; il appaise en peu d'instans le délire le plus furieux, & met le malade dans un calme parfait. On a imaginé, d'après ses bons effets, qu'on pourroit l'employer dans la folie : & deux ou trois de ces malades, à qui on l'a administré en Angleterre, ont été guéris.

Le Musc ne produira pas ces effets, s'il n'est excellent. M. Wall rapporte, dans les *Transf. Philos.* an. 1744, qu'il l'a ordonné une ou deux fois sans succès, même en doublant les doses ; & qu'après un mûr examen, il s'apperçut que le musc étoit sophistiqué : car en ayant envoyé chercher chez un Apothicaire dont il étoit sûr, la premiere dose produisit l'effet qu'il en attendoit. Il est fâcheux, ajoûte le même M. Wall, qu'un remede de conséquence soit si capable d'altération ; & qu'il soit si difficile de reconnoître le bon d'avec le mauvais. Il seroit à souhaiter que quelque personne habile voulût se donner la peine de l'analyser, & de nous indiquer le moyen de connoître celui qui est naturel d'avec celui qui est sophistiqué : car si celui qu'on employe n'est pas pur, on n'obtiendra aucun des effets ci-dessus.

On prétend qu'il chasse les vents ; & qu'il excite puissamment à l'acte conjugal : on en donne pour cela depuis un demi-grain jusqu'à quatre grains. On en met dans l'oreille avec un peu de cotton, pour la surdité. On en applique quelquefois vers la matrice, pour abattre les vapeurs : quoique la plupart des femmes délicates hystériques tombent par son odeur dans de violens accès. En général, il occasionne une grande tension dans le cerveau.

Voyez LIQUEUR, *p.* 426.

Une bonne maniere d'employer le musc, est de le piler avec le double ou le triple de sucre : ce mêlange est très-odorant. On peut encore le faire dissoudre avec une huile distillée ; qui augmentera extraordinairement son odeur & son efficacité.

Lorsque le musc perd son odeur, on le suspend durant quelques jours au haut d'une chausse d'aisance : alors il se répare, & reprend son odeur.

On *Falsifie le Musc*, en joignant à cette liqueur le sang en grumeaux, qui se rencontre sous la peau de l'animal quand on l'écorche.

Pour Contrefaire du Musc, qui sera jugé aussi exquis que le naturel Oriental.

Vous aurez une voliere ou petit colombier bien exposé au soleil levant, dans un lieu gai : vous y mettrez six pigeons patus, des plus noirs que vous pourrez avoir, & tous mâles. Vous commencerez aux trois derniers jours de la lune, à leur donner de la semence d'aspic, au lieu d'autre graine qu'on donne ordinairement aux pigeons ; & au lieu d'eau commune, vous leur donnerez à boire de l'eau-rose. Puis, au premier jour de la nouvelle lune, vous les nourrirez en la maniere suivante : Vous aurez une pâte composée de fine farine de féves, environ du poids de six livres ; que vous paîtrirez avec de l'eau-rose, & les poudres ci-dessous spécifiées : sçavoir, des fleurs de *spica nardi*, de *calamus aromaticus*, de chacun six dragmes ; bonne cannelle, bons clous de girofle, noix muscade, & gingembre, de chacun six dragmes ; le tout réduit en poudre fine : vous formerez de cette pâte des grains de la grosseur d'un pois chiche ; & les ferez sécher au soleil, de peur qu'ils qu'ils ne se moisissent. Vous en donnerez quatre fois par jour à vos pigeons ; six à chaque fois : & continuerez l'espace de dix-huit jours : & les abreuverez d'eau-rose. Vous aurez grand soin de les tenir proprement, en nettoyant bien leur fiente. Au bout de ce tems, vous aurez un vaisseau de terre vernissé : & coupant le cou à chaque pigeon, vous ferez couler le sang dans ce vaisseau ; que vous aurez pesé auparavant, afin de sçavoir au juste combien il y aura d'onces de sang. Après que vous aurez ôté avec une plume l'écume qui se trouvera sur le sang, vous y joindrez de bon Musc Oriental dissout dans un peu de bonne eau-rose ; il en faut au moins une dragme pour trois onces de sang ; avec six gouttes de fiel de bœuf sur le total. Vous mettrez cette mixtion dans un matras à long cou, bien bouché ; & la ferez digérer durant quinze jours dans du fumier de cheval, bien chaud. Il seroit encore mieux de faire cette digestion au grand soleil d'été. Quand la matiere sera bien desséchée dans le matras, vous l'en tirerez pour la mettre avec du cotton dans une boîte de plomb neuve. Le musc se trouvera si fort & si bon, qu'il pourra aussi bien servir à en faire d'autre, que si c'étoit du vrai musc d'Orient. On peut faire un gain considérable en faisant fréquemment cette opération : puisque la multiplication ira à plus de trente onces pour une.

Graine de MUSC. } *Voyez* ALTHEA-
Herbe au MUSC. } FRUTEX, *n.* 3.

MUSCADE. *Voyez* NOIX-MUSCADE.

MUSCAT (*Raisin*). Consultez l'article VIGNE.

MUSCATE (*Ivette*). Voyez IVE, *n.* 2.

MUSCICAPA. *Voyez* ALOUETTE.

MUSCLE. *Voyez* CHAIR *des animaux.*

MUSCOVY. *Voyez* GERANIUM, *n.* 5.

MUSCUS. *Voyez* MOUSSE. NOSTOC.

MUSHROON. *Voyez* CHAMPIGNON.

MUSQUÉ (*Cerfeuil*). Voyez sous le mot MYRRHIS.

MUSTARD. *Voyez* MOUTARDE.

MUSTELA. *Consultez* l'article BELETTE.

MUT

MUTELLINA *Radix*. Voyez MEUM.

MUTILER. *Voyez* CHÂTRER.

MUTOILE. *Consultez* l'article BELETTE.

MUTULES. Espece de Modillons quarrés, dans la corniche Dorique ; qui répondent aux Triglyphes ; & d'où pendent (à quelques-uns) des gouttes ou clochettes. En Latin ils s'appellent *Mutuli*. Nous les appellons *Corbeaux* en François : les Italiens les nomment *Modigloni*. Cependant il peut être mieux de distinguer les *Mutules*, des *Modillons* ; & de ne pas les confondre ou regarder comme synonymes : les mutules étant seulement pour l'Ordre Dorique ; & les modillons pour les autres Ordres. M. Blondel, habile Architecte, ne s'astreint point à cette distinction ; & confond les noms de *Mutule*, *Modillon*, *Corbeau*, & *Console*. La même raison qui a fait représenter des triglyphes dans la frise de l'Ordre Dorique, pour marquer le bout des poutres ou solives qui portent sur l'architrave ; a fait mettre des mutules sous la corniche du même Ordre, pour figurer le bout des chevrons, ou plutôt des jambes de force qui sortent en dehors courbées par l'extrêmité ; comme l'explique M. Perrault, sur Vitruve.

MUZ

MUZER. C'est lorsque les *Cerfs*, commençant à sentir leur chaleur pour entrer en rut, vont pendant quelques jours la tête basse, le long des chemins & des campagnes. On dit alors qu'ils commencent à *Muzer*.

MYR

MYROBALANS, souvent nommés *Myrobolans*, ou *Myrabolans*. Fruits qui proviennent de divers genres de plantes. On en distingue ordinairement cinq sortes.

1. Le Myrobalan *Citrin*, ou couleur de citron : que le Chevalier Hans Sloane dit être le fruit d'un Prunier appellé Monbin. Mais M. Adanson (*Fam. des Pl.* T. II. p. 442) croit que c'est une variété du suivant.

2. L'*Indien* ou *Noir* : qui, selon M. Adanson pag. 442 & 580, est le fruit encore petit, & alors de forme allongée, du Panel ou Tani des Malabares.

3. Le Myrobalan *Chebule*, *Quebule*, *Chepule*, *Cebule*, ou *Kiabule*, est encore une variété du même fruit ; selon M. Adanson, p. 442 : qui ajoûte que ce sont des faits récemment vérifiés dans les Indes par un Botaniste.

4. Cet Académicien très-studieux, dit aussi que le Myrobalan *Belleric*, ou *Belliric*, est le même fruit dans sa maturité, mais oblong ; au lieu que les 2 & 3 précédens sont des variétés plus raccourcies & presque sphériques.

5. On lit pareillement, au même endroit de son sçavant ouvrage, que le Myrobalan *Emblic* appartient à la famille des Tithymales : & je croi qu'à la p. 510, il compte la plante qui donne ce fruit, parmi celles que l'on ne connoît encore qu'imparfaitement.

Usages.

Les Myrobalans Citrins sont plus communément employés que les autres en Médecine ; pour la dysenterie, & autres cours de ventre. Ils rafraîchissent, purgent la bile, & resserrent ensuite le ventre ; & fortifient l'estomac. On les donne en décoction depuis deux gros, jusqu'à demi-once, dans six onces de liqueur. Il faut les concasser, & les faire infuser pendant douze heures, ou les faire bouillir légérement. On les donne aussi en substance réduits en poudre : la dose est depuis demi-gros, jusqu'à un gros.

On dit que les Indiens nomment *Arares* les myrobalans citrins.

Wild MYRRH. *Voyez* MYRRHIS.

MYRRHE. Gomme résineuse qui sort par les incisions qu'on fait à un grand arbre épineux. On nous apporte cette gomme de l'Arabie Heureuse, de l'Egypte, & de l'Ethiopie ; mais celle qui vient (dit-on) du pays des Troglodites, est la meilleure de toutes. Pour la faire entrer dans le Mithridate, & dans la Thériaque ; on se contente, sans autre préparation, de la choisir récente, un peu verdâtre, tirant sur le rouge, grasse, odorante, âcre, piquante, amere, légere, pure, nette, & en quelque façon transparente. Lorsqu'elle est rompue, elle a en dedans, des marques blanchâtres comme des coups d'ongle : & néanmoins elle est fort égale dans sa couleur. Mais celle qui est comme de la poix, ou tout-à-fait noire, & d'ailleurs pesante, est entiérement à rejetter.

La Myrrhe désopile, ramollit, consolide ; & ouvre tellement la matrice, qu'elle provoque les mois, & fait sortir promptement l'enfant hors du ventre de sa mere. Etant mâchée, elle rend l'haleine agréable.

Huile de Myrrhe.

Voyez HUILE, p. 302.

Teinture de Myrrhe.

Choisissez la plus belle myrrhe que vous pourrez trouver ; réduisez-la en poudre ; & l'ayant mise dans un matras, versez par-dessus de l'esprit de vin, ensorte qu'il surpasse de quatre doigts. Remuez bien la matiere ; & mettez-la en digestion sur le sable un peu chaud, pendant quelques jours, jusqu'à ce que l'esprit de vin se soit chargé des parties huileuses de la myrrhe. Alors il faudra verser cette teinture par inclination ; & la garder dans une phiole bien bouchée.

Elle est sudorifique ; & apéritive. On l'emploie dans les accouchemens difficiles, & pour provoquer les mois ; dans la léthargie, l'apoplexie, la paralysie ; & généralement dans toutes les maladies qui proviennent de corruption d'humeurs. On en donne dans une liqueur appropriée, depuis six gouttes jusqu'à douze, ou quinze. Appliquée extérieurement seule, ou mêlée avec la teinture d'aloës, sur les tumeurs froides, elle les resout ; & fait fondre les tumeurs gypseuses des nodus. Elle est aussi excellente pour arrêter la gangrene.

MYRRHE *Liquide :* ou *Myrrha Stacte.* Espece de baume ou liqueur gommeuse, odorante ; qu'on ramassoit autrefois de dessus les jeunes arbres qui portent la myrrhe ; & qui en sortoit sans aucune incision. Soit que cette myrrhe se durcisse promptement, soit qu'on la néglige, on ne nous en apporte point.

Elle est aussi recommandable pour ses bons effets, que par son odeur qui est très-agréable. On pourroit la substituer à l'opobalsamum. Elle est stomacale, fortifiante ; empêche la pourriture ; & est utile dans plusieurs maladies qui proviennent du cerveau, ou de la matrice.

Au défaut de la vraie Stacte, ou *Stacten ;* on vend quelquefois un mélange de cire avec de la myrrhe dissoute dans de l'huile : ce mélange a une consistance d'onguent.

MYRRHIS. *Voyez* CERFEUIL, *nn.* 3, 4, 6.

Les MYRRHIS *proprement dits* (en Anglois *Wild Myrrh*) sont distinguées des *Chærophyllum* par M. Tournefort, en ce que leurs semences sont cannelées.

Nous ne parlerons ici que de l'espece connue sous le nom de *Myrrhis major, vel Cicutaria odorata* C. B : l'*Anis Musqué ; Cerfeuil Musqué ; Cerfeuil d'Espagne.* M. Linnæus l'appelle *Scandix seminibus sulcatis angulatis :* H. *Cliff.* Selon M. Miller, on lui donne en Anglois les noms de *Sweet Cicily ; Great Sweet Chervil ;* & *Sweet Fern.* Cette plante, qui vient naturellement en Allemagne, est cultivée depuis longtems dans nos jardins, & comme naturalisée dans notre climat. Sa racine est vivace, composée de plusieurs grosses fibres ; & a un goût anisé agréable. Les premieres feuilles sont grandes, blanchâtres ; & ont quelque apparence de fougere : ce qui a donné lieu à une des dénominations Angloises. D'entre ces feuilles, s'élevent plusieurs tiges velues, fistuleuses, hautes de quatre à cinq pieds, branchues : & garnies de feuilles semblables à celles d'en bas, mais moins considérables. A l'extrêmité des branches, naissent des ombelles de fleurs blanches. Leurs pétales sont inégaux : deux petits, deux moyens ; & un cinquieme plus large que les autres. Ces fleurs, qui paroissent communément vers la fin de Mai, sont suivies de longues semences très-cannelées sur leur dos, assez ressemblantes à un bec d'oiseau, anguleuses, dont le goût & l'odeur sont anisés, & qui sont mûres environ six semaines après la fleuraison. En général toute la plante a une odeur aromatique agréable.

Cette plante se multiplie beaucoup d'elle-même par ses semences : qui levent aisément quand elles sont récentes. On peut les transplanter où l'on veut : car toute terre & toute exposition sont à-peu-près indifférentes pour cette plante, & elle n'exige aucun soin particulier.

On lui attribue les propriétés Médicinales du Cerfeuil. Cependant elle est peu d'usage. M. Chomel (*Pl. Us.*) ajoûte que ses feuilles, fumées comme le tabac, soulagent les asthmatiques.

Il y a des personnes qui en mettent les jeunes feuilles dans les fournitures de salades. Les Allemands en employent même dans la soupe.

MYRTE ; ou *Mirte ;* qu'on nomme aussi *Meurte :* en Provençal, *Nerto :* & en Latin *Myrtus : Myrtle,* en Anglois.

La fleur des Myrtes porte un calyce d'une seule piece divisée en cinq segmens aigus, & qui subsiste jusqu'à la maturité du fruit. Il y a cinq pétales un peu creusés en cuilleron, entiers, & à-peu-près de forme ovale : nombre d'étamines, ordinairement assez longues, & terminées par de fort petits sommets. Entre ces étamines est le pistile ; composé d'un embryon qui fait partie du calyce, & d'un style plus court que les étamines : ce style se termine par un stigmate obtus. L'embryon devient une baie ovale, terminée par un ombilic recouvert des bords du calyce. Cette baie contient plusieurs semences dures, qui ont la figure d'un rein.

Dans les plantes de ce genre, les feuilles, tantôt petites & ovales, tantôt plus allongées, quelquefois pointues & plus grandes, suivant les différentes especes ; sont unies, luisantes : la plupart ont outre cela une odeur gracieuse, & subsistent durant l'hiver.

Especes.

1. *Myrtus latifolia Romana* C. B. Le Myrte Romain, ou commun, à feuille large ; le *Myrte fleuri.* C'est un arbuste : dont les feuilles ont environ un pouce de large, sur un pouce & demi de long, faites en fer de pique, odorantes, attachées à des pédicules courts. Ses fleurs, portées par d'assez long péduncules, sont communément plus grandes & plus nombreuses que celles des autres especes ; & paroissent en Juillet & Août. Les baies qui leur succedent, sont d'un pourpre foncé.

2. *Myrtus Bœtica latifolia domestica* Clus. Ses tiges & branches sont fortes & longues. Leurs feuilles, ovales, en fer de pique, & que l'on compare à celles de *Laurier* ou d'*Oranger*, sont plus larges que les précédentes, d'un verd obscur ; entourent quelquefois les branches assez confusément, & sont serrées les unes près des autres. Cet arbrisseau, originaire d'Andalousie, porte des fleurs médiocrement grandes, & qui sortent clair semées d'entre les feuilles.

3. *Myrtus media* Clus. Le *Myrtus latifolia Belgica* de G. Bauhin. Ses feuilles, beaucoup moindres que celles du *n.* 1, sont plus pointues, plus pressées entr'elles, d'un verd très-foncé, & presque sans pédicule apparent : leur nerf longitudinal est purpurin en-dessous. Cet arbuste ne fleurit communément qu'assez tard dans l'Été : & ses fleurs sont petites, & attachées à des péduncules assez courts.

4. *Myrtus foliis minimis & mucronatis* C. B. Ses branches ont une direction presque verticale. Les feuilles n'ont qu'un pédicule très-court ; sont petites, étroites, terminées en pointe aiguë, & brillantes : on les compare aux feuilles de *Romarin*, & à celles de *Thym.* Quand elles sont écrasées, elles donnent beaucoup d'odeur. Les fleurs de cet arbuste sont petites & tardives.

5. On trouve des Myrtes dont la feuille est *panachée* de jaune ; & d'autres, de blanc.

6. Il y en a aussi *à fleur double.* Voyez Garidel, *Hist. des Plantes d'Aix.*

7. *Myrtus arborescens, Citri foliis glabris, fructu racemoso, caryophyllato sapore* Plumerii. Le *Bois d'Inde*; la *Toute-Epice*: le *Pimento*, ou *All-Spices*, des Anglois. Cet arbre vient sans culture, à la Jamaïque; & se trouve particuliérement en abondance dans la partie septentrionale de cette Isle. Sa tige s'éleve droite à la hauteur de trente pieds, ou même davantage; & a l'écorce brune & unie. Sa tête est formée de branches opposées par paires. Les feuilles, opposées de même, sont allongées; & ont la forme, la couleur, & la consistance, de celles du Laurier de cuisine. En les cassant, ou écrasant, on sent une odeur aromatique très-suave. Vers le haut, & à l'extrêmité des branches, naissent de gros bouquets lâches de petites fleurs dont la couleur est herbacée. M. Miller (article CARYOPHYLLUS) distingue ces fleurs en mâles, & femelles; & dit qu'elles affectent des individus différens. Suivant la description que lui en a faite le plus riche possesseur de ces arbres, dans la Jamaïque; les *Fleurs mâles* ont des pétales fort petits; accompagnés d'un grand nombre d'étamines, dont la couleur est herbacée comme les pétales, mais leurs sommets sont divisés en deux, & de forme ovale. Dans les *Fleurs femelles* est un embryon oval, placé dessous la fleur; surmonté d'un style menu, que termine un stigmate, où sont deux semences faites en rein. La fleuraison de cet arbre arrive ordinairement en Juin, Juillet, & Août. Ses fruits étant mûrs ont l'odeur des feuilles.

Culture.

Le *n.* 1 est un des Myrtes qui soutiennent le mieux nos hivers.

Le *n.* 2 est plus sensible au froid.

Il faut beaucoup de chaleur à la fin de l'été & en automne, pour que les fruits des *nn.* 3 & 4 viennent en maturité.

Ces arbrisseaux se multiplient de semences, de marcottes, & de boutures.

Ils subsistent en pleine terre dans nos Provinces maritimes, non seulement en Provence & en Languedoc, mais même en Bretagne, Normandie, *&c.* Pour ce qui est de l'intérieur du Royaume, ailleurs que dans les Provinces méridionales, on ne peut les conserver qu'en caisses ou en pots; afin de les serrer avant l'hiver dans une orangerie: où encore ils perdent leurs feuilles, si on ne les tient pas assez près des portes & des fenêtres pour qu'ils jouissent de l'air dans des tems doux & humides.

Les *nn.* 1 & 3, exposés au midi, dans un terrein sec, subsistent plusieurs années en Angleterre même; avec la précaution de les abriter de paillassons, eu égard à l'intensité du froid, & de couvrir la terre ensorte que la gelée n'y pénétre pas. Bien plus, dans les provinces de Cornwall & Devonshire, où les hivers sont communément très-doux, on voit de belles & vigoureuses palissades de myrtes, dont quelques-unes ont plus de six pieds de haut. C'est pourquoi M. Miller pense que l'on pourroit planter & conserver de même les especes à fleurs doubles, dans des positions aussi heureuses.

On peut greffer chaque espece sur les autres. C'est surtout par la greffe que les especes panachées, & celles à fleur double, se multiplient.

Les boutures se font au commencement de Juin ou de Juillet. Elles doivent être de jeune bois, bien droites & vigoureuses, longues d'environ quatre à huit pouces: on les éfeuille par le bas jusques vers la moitié, & l'on tord le pied avant de le mettre en terre. Ayant mouillé la terre pour qu'elle s'en approche, on place les pots à l'ombre, & abrités de maniere que la terre ne se desséche point. Pendant la chaleur du jour on y étend des paillassons; & on arrose tous les deux ou trois jours. Six semaines suffisent ordinairement pour que ces boutures aient fait des racines, & commencent à pousser. Vers la fin d'Août, on les place à l'abri des vents froids; jusqu'à la fin d'Octobre, qu'on les porte dans la serre.

Il faut y mettre le *n.* 2, & les panachés, derriere les autres; parce qu'ils sont plus délicats. On doit aussi les rentrer plus tôt.

Durant l'hiver on les arrose souvent; mais peu à chaque fois. Il faut avoir soin de ne pas laisser croître d'herbes dans les pots; & d'ôter les feuilles qui viennent à se dessécher.

Quand on transplante les myrtes, on doit toujours les lever en motte. Il ne leur faut pas trop d'eau; ni le plein soleil, quand ils ne sont point en pleine terre.

A mesure qu'ils profitent, on les change de pots: observant que leurs racines soient toujours un peu gênées pour leur progrès; ce qui affoibliroit les plantes. Il suffit même souvent de renouveller la terre qui est à quelque distance autour du pied; & en même tems remuer avec beaucoup de précaution celle qui est entre les racines, afin d'empêcher qu'elle ne devienne trop compacte: puis on recouvre le tout avec de nouvelle terre: & on arrose. Ces changemens se font en Avril, ou en Août.

Quand on a bien conduit ces arbrisseaux pendant leur jeunesse, ils deviennent vigoureux; & souffrent sans peine d'être tondus en boules, en pyramides, *&c.* Mais la tonte les empêche de fleurir. C'est pourquoi il vaut mieux laisser les myrtes à fleurs doubles prendre une forme peu réguliere.

M. Adanson (*Fam. des Pl.* T. I. p. ccvj.) dit expressément que si l'on est soigneux « d'ôter les rejettons qui croissent au pied du myrte, il s'éleve à la hauteur des grands arbres. »

Les *nn.* 2 & 6 sont sujets à reprendre difficilement de boutures.

On est plus sûr de réussir quand on a choisi de jeunes brins, vers la fin de Juin; & qu'on tient leurs pots sous des vitrages, dans une couche de tan qui ait perdu toute sa chaleur.

On dit que le Myrte & le Grenadier non seulement peuvent être greffés l'un sur l'autre; mais qu'ils se fécondent même réciproquement, lorsqu'ils sont voisins.

Le *n.* 7 se multiplie de semences. M. Miller allégue des raisons qui lui font présumer que ces grains ont besoin d'avoir passé par un état de fermentation, pour bien lever. Dans nos climats ces plantes doivent passer l'hiver dans une serre chaude. Il est à propos de leur donner de nouvel air quand le tems est doux: afin de les garantir & débarrasser soit d'insectes soit d'autres choses nuisibles, qu'elles contractent ordinairement dans la serre: mais si l'air se soutient humide ou froid, il suffit de les laver de tems à autre avec de l'eau & une éponge; ce qui contribue même à les faire pousser.

M. Miller n'a jamais pû réussir à multiplier ce myrte par boutures ni par marcottes; & il observe que quoique ces deux moyens soient d'usage pour quantité de plantes en Amérique, il n'a jamais oui dire qu'on les ait employés pour celles-ci: que l'on y cultive néanmoins comme fort utiles, & qu'il est intéressant de multiplier beaucoup.

M. Miller dit que ce myrte réussit dans des terreins qui ont très-peu de fond, & qui ayant du roc assez près de la superficie ne peuvent convenir pour des plantations de sucre.

Usages.

Dans les pays où l'on peut élever les myrtes en

pleine terre, ils font un bel effet dans les bosquets d'hiver par leurs feuilles toujours subsistantes; & dans ceux d'été par leurs fleurs.

Le *n.* 7, qui conserve aussi ses feuilles en hiver, orne bien nos serres dans quelque saison que ce soit. L'odeur que répandent ces feuilles quand on les frotte, fait un surcroît d'agrément. D'ailleurs la disposition réguliere des branches donne à cet arbre un beau port. A la Jamaïque il forme un couvert charmant autour des habitations: & fournit un objet considérable de commerce; qui consiste dans le fruit, que l'on cueille avant sa maturité, pour le vendre comme un substitut général de toutes les épices. Il réunit effectivement l'odeur & le goût de plusieurs de celles des Indes Orientales: ensorte que l'on assure que ces fruits, achetés à un modique prix en Angleterre, puis battus & pulvérisés par les Hollandois, ont été revendus aux Anglois pour du girofle. Aussi M. Miller, fondé sur le grand rapport qu'il y a entre ce myrte & le vrai arbre du girofle, propose-t-il d'essayer si le fruit de Toute-épice nouvellement formé, ou les fleurs ramassées dans le tems qu'elles tombent, ne pourroient pas être substitués au girofle des Indes, en les faisant sécher de même que lui. Comme cet arbre n'intéresse encore par son utilité que les Cultivateurs de la Jamaïque; & qu'il seroit inutile de traduire pour eux des instructions écrites en leur langue: nous avertissons simplement que la maniere de cueillir & sécher le fruit, est rapportée par M. Miller dans son *Gardener's Dictionary*, article CARYOPHYLLUS.

Les feuilles & les baies des autres Myrtes sont astringentes; & recommandées pour affermir les dents qui ont été ébranlées par le scorbut. Les baies entrent, sous le nom de *Myrtilles*, dans plusieurs emplâtres & onguens. On dit qu'elles sont utiles pour la lipothymie: on les mange pour cet effet. On les emploie en Allemagne pour faire une teinture ardoisée; qui a cependant peu d'éclat. Les feuilles entrent dans les sachets d'odeurs, & dans les pot-pourris. Elles servent à tanner les cuirs, dans le Royaume de Naples, particuliérement en Calabre. La graine, mâchée & avalée avant le repas, empêche (dit-on) de s'enivrer. Le suc des feuilles & des fruits est administré intérieurement pour faire uriner; & pour arrêter le crachement de sang. La décoction des feuilles est indiquée pour noircir les cheveux: on en fait aussi un bain pour les dislocations; & l'on en fomente les parties fracturées. L'huile d'olives dans laquelle on a fait infuser les baies est bonne pour les contusions; & pour les débilités de cerveau, d'estomac, *&c.*: on en frotte la région des parties qui ont besoin d'être fortifiées. L'eau distillée de fleurs de myrte a une odeur agréable; qui réjouit le cœur & le cerveau. Elle est détersive, astringente; propre à fortifier les gencives, & autres parties trop molles. On l'emploie utilement aussi en gargarisme, pour les maux de gorge. Le sirop fait avec le suc des myrtilles (ou baies de myrte) s'emploie dans les pertes de sang des femmes, dans le saignement de nez, le flux excessif des hémorrhoïdes, les cours de ventre, & la dysenterie: la dose est depuis demi-once jusqu'à une once, dans des juleps rafraîchissans & astringens. Le rob de myrtilles se donne aussi dans les mêmes maladies: la dose est depuis deux gros jusqu'à une demi-once.

MYRTILLE & MYRTILLUS. } *Voyez* AIRELLE: & l'article *Usages* du MYRTE.

MYRTLE. *Voyez* MYRTE.

MYRTO-*Cytisus*. Voyez MILLEPERTUIS, *n.* 7.

MYRTUS. *Voyez* MYRTE.

N

NACELLE: *Terme de Botanique*. Voy. Carina.

NACELLE: *terme d'Architecture*. On appelle ainsi, dans les profils, tout membre creux en demi-ovale, que les Ouvriers nomment *Gorge*. Mais *Nacelle* se dit plus particuliérement de la Scotie.

NACRE: Coquille épaisse, ronde par le bas, d'un gris jaunâtre en dehors, en dedans unie, luisante, tant soit peu verdâtre, & ayant vers le milieu la marque du poisson qui en a été détaché. On appelle ces coquilles *Nacre de Perles*, ou *Meres de Perles*, soit parce que l'on trouve quelquefois des perles dans l'huitre qui les habite, soit parce qu'elles ont en dedans la couleur & la beauté des perles Orientales. *Voyez* Perle.

On réussit à donner à l'extérieur de ces coquilles, le poli & la beauté du dedans, en enlevant, par le moyen d'un touret de Lapidaire, les premieres feuilles qui servent d'enveloppe.

On fait de très-beaux ouvrages de marqueterie, & de vernis de la Chine, avec la Nacre: mais on l'employe principalement à faire des tabatieres, des manches de couteaux. La Nacre est mise au nombre des alkalis fixes, employés en Pharmacie.

On nomme Nacrées, des *Coquilles* qui ont en dedans les couleurs des Perles Orientales.

NAG

NAGER: *terme de Fauconnerie*. On dit: *Cet oiseau Nâge entre les nuées*.

NAI

NAIN: *terme de Jardinage*. C'est un arbre fruitier qui ne profite pas beaucoup en hauteur, & que l'on tient en buisson ou en espalier. Les arbres nains portent de beaux fruits: mais ils ne durent pas long-tems. On ne leur laisse que cinq ou six pouces de tige, & sans aucune branche, en les transplantant. *Voyez* Buisson.

NAISER. Voyez *Rouir*, dans l'article Chanvre.

NAISSANCE: *terme de Botanique*. Voyez Base.

NAISSANCE: *terme d'Architecture*. Voyez Harpes.

Naissance de Voûte. C'est le commencement de la curvité d'une voûte, formée par les retombées ou premieres assises, qui peuvent subsister sans cintre par leur propre position & pesanteur.

Naissance de Colonne. C'est la partie de la colonne, qu'on a appellée *Congé*, ou le lieu d'où elle semble partir.

NAN

NANA. *Voy*. Ananas.

NANTIR. Signifie 1°. Inscrire dans un Registre public, pour avoir hypotheque sur les biens d'un débiteur. 2°. Il signifie *Payer*: comme dans ces phrases, *Nantir un Cens*; *Nantir un Relief*: lorsqu'on fournit & paye les droits & devoirs.

NAP

NAPE. *Voyez* NAPPE.

NAPELLUS. *Voy*. Aconit.

NAPHEW. *Voyez* Navet.

NAPHTHE; ou NAPHTE: que l'on nomme aussi *Maltha*. Sorte de Bitume qui est comme de la poix liquide, ordinairement noir, & de très-mauvaise odeur. On en trouve dans plusieurs Provinces de France, principalement en Auvergne; où il y en a grande quantité, vers le lieu nommé à cause de cela *Puy de Pege*.

Le Naphthe d'Italie, est une espece de Pétrole qui découle d'un rocher du Duché de Modene. Sa couleur n'est pas toujours la même: en certains tems ce Napthe se trouve rouge ou jaune; en d'autres on le ramasse blanc; quelquefois il est noir, ou verd. Le blanc est le plus estimé.

Le Naphthe des Anciens se tiroit du lieu où étoit l'ancienne Babylone; des environs de Raguse; de la Comagene; & de plusieurs autres endroits. Le Naphthe dont on fait aujourd'hui le plus d'usage, est celui de France ou d'Italie.

Le Naphthe, de quelque endroit qu'il vienne, est vulneraire, résolutif, fortifiant, pénétrant, détersif, & incisif.

NAPO-BRASSICA. *Voy*. Chou, *n*. 5.

NAPPE: *terme de Venerie*. C'est la peau des bêtes fauves; & principalement celle du cerf: qu'on étend quand on veut donner la curée aux chiens.

NAPPE: *terme d'Oiseleur*. C'est la partie la plus déliée d'un filet. Dans un Tramail, la Nappe est la toile du milieu, qui a de petites mailles de fil fin; qui entre dans les grandes mailles, & sert à y engager le gibier qui a donné dedans.

NAPPE *pour les Alouettes*. Voyez *Prendre les* Alouettes *au Miroir*.

Nappes à prendre des Canards. Consultez l'article Canard.

NAPPE: *terme d'Architecture*. *Voyez* Manteau.

NAPPE *d'Eau*: terme d'Hydraulique. C'est une cascade d'eau qui se dégorge d'un bassin naturel, ou de pierre, de plomb, ou d'autre matiere; par une embouchure unie & large; dans un autre bassin inférieur.

Cette eau y tombe en forme de nappe ou de surface mince & étendue; & en tombant elle se recourbe tout le long de ses bords, à raison de sa pesanteur qui surmonte la force mouvante du jet ou saillie. Cette nappe est quelquefois sur une ligne droite; quelquefois sur une ligne circulaire, comme le bord d'un bassin rond. Les plus belles nappes sont les plus garnies: mais elles ne doivent pas tomber d'une grande hauteur; car alors les bords du tour de la nappe ne font pas une belle chute; les eaux se divisant & ne faisant plus qu'une chute frangée & irréguliere, chaque ligne d'eau tombant séparément: c'est ce que l'on appelle Nappe qui se déchire dans sa chute ou retour.

NAPUS. *Voyez* Navet.

NAR

NARCISSE: en Latin *NARCISSUS*. Plante

que l'on cultive dans les jardins, à cause de sa fleur. Les feuilles sortent de terre en faisceau, comme plusieurs lames appliquées les unes contre les autres; & sont d'un verd pâle, épaisses, fermes, longues & étroites, un peu creusées en gouttiere (ce qui est plus sensible en dessous), & mousses à leur extrémité. D'entr'elles s'éleve une tige plus ou moins haute, cannelée, creuse, & succulente; que l'on nomme *hampe*: au sommet de laquelle est une membrane, d'où sort une fleur pannachée, qui est de la classe des fleurs en lys. Le bas du tuyau est renflé, & pose sur une espece de bouton, de couleur verte: son extrémité est campaniforme; & divisée en six parties. Le centre est rempli par un godet, dont les bords sont découpés. Il fait partie du tuyau de la fleur. La fleur de la plûpart des Narcisses a une odeur gracieuse. Il y a six étamines. Lorsque la fleur est passée, il lui succéde un fruit allongé en poire, anguleux, dont la partie supérieure s'ouvrant laisse paroître intérieurement trois loges remplies de semences noires, arrondies & longuettes. La racine de cette plante est bulbeuse.

Usages.

La fleur de Narcisse est un peu narcotique. La racine, soit qu'on la mange cuite, soit qu'on en boive la décoction, fait vomir. Elle est excellente contre la brûlure, pourvû qu'on l'applique promptement avec du miel. Elle guérit la coupure des nerfs, en la mettant sur la partie affligée. La mêlant avec du miel, on en fait un emplâtre souverain pour rétablir les entorses, les dislocations, les douleurs invétérées que l'on ressent dans les jointures. Mêlée avec du vinaigre & de la graine d'ortie, elle efface les taches & rougeurs du visage. Elle nettoye la pourriture des ulceres; & fait mûrir les apostumes. En la paîtrissant avec du miel, & de la farine d'ivroye qui croît dans le froment, elle fait sortir toutes les mauvaises humeurs qui se sont amassées dans le corps. La fleur de l'espece dite *Jonquille* sert à parfumer des poudres, pommades, eaux, essences, &c.

Diverses Especes de Narcisse.

M. Tournefort donne la liste de près de cent especes ou variétés: & il est vrai qu'il y a une grande diversité dans ces fleurs. Il y en a de blancs; de jaunes; de citronés; de simples; de doubles; de grands; de petits; de médiocres; de hâtifs; de tardifs, &c.

Celui *de Constantinople* ou *de Bizance*, que l'on appelle encore *Calcédonien*, produit à l'extrémité de sa tige, une gaîne membraneuse & arrondie; qui venant à s'ouvrir, laisse sortir pour l'ordinaire dix ou douze pétales blancs, très-serrés entr'eux; & ceux du milieu, entrecoupent confusément, & en grand nombre, les sinuosités du godet, qui est jaune. Il y a des Narcisses de cette espece qui sont hâtifs; & d'autres tardifs.

La tige est nue, cannelée, de couleur herbeuse, environ grosse comme le doigt, & haute d'un pied: les feuilles sont d'un beau verd, un peu creusées en gouttiere, & plus souples que celles du Narcisse simple. Elles environnent la tige. L'oignon est blanc intérieurement; & les tuniques qui l'enveloppent sont noires: il est rond. Celui du Narcisse tardif est plus gros que l'autre. Le Narcisse de Constantinople ne donne pas de graine.

Le *Boncore* ne differe du précédent, qu'en ce qu'il est plus grand, & que son godet est crêpu & plissé. On lui a donné le nom de Boncore, parce que celui qui l'a trouvé le premier, s'appelloit ainsi. Ce Narcisse avorte souvent.

Celui de *Raguse*, au lieu de godet, a un petit cercle jaune crêpu, avec plusieurs tours qui le remplissent. Parce qu'il est venu de Raguse, le nom lui en est demeuré.

Le *Crenelé* ou *Cornu* est de deux sortes: le grand; & le petit.

Le grand produit des fleurs en quantité: mais il en avorte plusieurs. Les pétales en sont blancs; & au milieu de quelques-unes de ces fleurs s'étend une petite ligne jaune fort élevée: sa tige a un pied ou un pied & demi de haut.

Le petit ne porte que quatre ou cinq fleurs, qui sont petites, blanches, disposées en rond; du milieu desquelles sort un godet jaune, & crêpu: d'où s'élevent six étamines, qui forment une étoile couleur d'or. La tige qui porte ces fleurs ensemble, est plus foible & plus courte que celle du Narcisse précédent. Les feuilles sortent immédiatement de la racine; & sont longues, minces, tendres, & pâles. L'oignon est un peu plus court que celui du Narcisse commun.

Les *Narcisses jaunes* varient entr'eux. Cependant tous ont les pétales & le godet couleur d'or. Leurs variétés se prennent de la grandeur, & du jaune plus ou moins coloré. Ils ont moins de feuilles que les Narcisses blancs. Leur oignon est en poire; & sa tunique extérieure n'est pas de couleur obscure.

La plus petite espece de ce genre a un petit bulbe rond & un peu noir qui pend à sa fleur.

Plus il y a de pétales de couleur dorée à des Narcisses jaunes, plus ils sont estimés.

Nous mettrons ici au nombre des Narcisses la JONQUILLE; nommée en Latin *Narcissus Juncifolius*. Ses feuilles sont longues, étroites, flexibles, douces au toucher. Ses fleurs ont une odeur gracieuse: & sont souvent jaunes; d'autres fois, blanches, ou mélangées d'autres couleurs. La racine est un bulbe assez petit.

Il y a des Jonquilles simples; & de doubles. La plûpart fleurissent depuis Mars jusqu'en Mai.

Celles que l'on nomme *Trombons* ou *Trompettes d'Espagne*, parce que leur fleur est comme en Trompe; se nomment en Latin *Narcissus Juncifolius, oblongo calyce, luteus, major.* Elles fleurissent en Mars.

On cultive encore des Jonquilles blanches, & vertes, d'Automne; la Jonquille de Lorraine, qui est d'une couleur vive, & qui dure long-tems; &c.

Les Jonquilles d'automne poussent leur tige avant de produire aucunes feuilles.

Le Narcisse *Sauvage Etoilé*, a l'oignon petit & de couleur pâle. Ses feuilles sont semblables à du jonc, étroites, longues, creusées en gouttiere, & d'un verd pâle. Sa tige est menue, & à peu près haute de six pouces. La fleur est composée de quantité de pétales disposés en étoile, & qui sont d'un jaune de paille.

Le petit sauvage *en forme de rose* est plus coloré que le précédent. Son oignon & sa fleur sont aussi un peu plus grands. Il a encore le nom de *Narcisse Frisé*; parce que ses feuilles sont crêpues & ridées comme un chou ou une laitue. Il est fort sujet à avorter.

Le grand en forme de rose, que l'on nomme aussi *Septentrional*, ou *sauvage Ultramontain*; ne produit qu'une fleur. Il pousse dans le milieu, au lieu de godet, quantité de feuilles redoublées, dont les unes sont d'un jaune clair & les autres vertes.

Quand elles s'ouvrent, & qu'elles se développent peu à peu, il semble que ce soit une rose jaune : mais quelquefois la neige & la pluie le font crever. Il est fort ordinaire qu'il ne fleurisse que par parties; ensorte que, dans le tems que les pétales extérieurs se séchent, ceux du milieu se développent, & forment insensiblement plusieurs petites fleurs. La tige de ce Narcisse est forte, anguleuse, haute d'environ un pied : l'oignon est presque rond; & ses tuniques extérieures sont de couleur ferrugineuse.

Le *Montagnard tardif* ou *Musart*, a l'oignon blanchâtre à l'extérieur, moyennement gros, un peu étranglé à ses extrémités, oblong, avec un col médiocre assez semblable à celui du Narcisse nommé *Cou de Chameau, blanc, simple*. Aux approches du printems il en sort des feuilles longues, étroites, molles, semblables à celles des autres Narcisses. Sa tige est ronde, & haute d'un pied. A son sommet il naît, en Mars, trois ou quatre fleurs; chacune composée de six pétales très-blancs, plus mous & plus grands que ceux du Narcisse commun, & disposés en étoiles; le godet est large, couleur de citron, & bordé d'orangé. Ce Narcisse a beaucoup d'odeur.

Le Narcisse de Narbonne jette une ou plusieurs fleurs, beaucoup plus petites que celles des autres Narcisses. Il a le godet jaune & grand, qui s'élargit en forme de cloche. Il fleurit à la fin de Mars, ou au commencement d'Avril. Son oignon est allongé, de moyenne grosseur, extérieurement de couleur obscure. Ses feuilles sont étroites, & se tiennent droites. Ses fleurs sont blanches, plus serrées que celles du Narcisse Nompareil dont nous traiterons ci-après. Les tiges ont six pouces de haut.

L'*Anglois* fleurit aussi à la fin de Mars, ou au commencement d'Avril. Son oignon est plus grand, ventru, terminé à sa partie supérieure par une espece de cou, & revêtu d'une membrane de couleur ferrugineuse. Ses feuilles sont courtes & larges. Sa fleur est plus grande que celle du Narcisse de Narbonne. Le godet est jaune, & également renflé par tout.

Leur Culture.

Toutes les especes qu'on vient de nommer, veulent être cultivées de la même maniere : c'est-à-dire, médiocrement exposées au soleil; & avoir la plûpart une terre maigre, légere, sabloneuse. Beaucoup naissent effectivement d'elles-mêmes dans les sables & sur les montagnes. On plante ces Narcisses dans les parterres, ou en planches, sur des alignemens tirés au cordeau; & toujours à cinq ou six doigts en terre, laissant entr'eux un demi-pied de distance. Si l'on n'a pas une terre sabloneuse, il faut rendre très-meuble celle qu'on leur prépare. On les multiplie de cayeux, qu'on leve à la fin de Juin, & qu'on replante en Octobre.

Au bout de trois ans, il les faut lever pour en ôter les cayeux qui s'y sont multipliés.

Les *Narcisses simples* ne donnent que très-peu de variétés : ainsi il est fort inutile de les multiplier de semence. Quand on veut en semer, on le fait au mois d'Août.

Le *Narcisse de Constantinople* ne s'épanouit pas aisément : le froid & le brouillard flétrissent l'enveloppe qui couvre sa fleur. C'est ce qui fait qu'on ne le plante que vers la fin de Janvier. Quand sa tige est sortie de terre, il faut avoir soin de le couvrir pendant la nuit; & de le découvrir le matin, lorsqu'il y a apparence de beau tems. Si l'on veut aider la fleur à éclore, il faut fendre son enveloppe avec dextérité.

Pour ce qui est du *Boncore*, il faut en couvrir soigneusement l'oignon à la fin de Janvier. Lorsqu'on voit pousser la tige, on la couvre tous les soirs pour la garantir du brouillard & autres impressions de l'air pendant la nuit : & le lendemain on la découvre s'il fait beau & doux. Il est quelquefois à propos de fendre avec dextérité la membrane qui s'oppose trop long-tems à la sortie de la fleur. Tous les ans on doit lever les oignons, & les garder dans un endroit très-sec.

Le *Grand en forme de Rose* demande une bonne terre, telle que peut être celle d'un potager. Mais il ne faut pas que ce soit une terre trop grasse : le bas de l'oignon s'y pourriroit aisément. Depuis que la membrane de la fleur commence à se remplir, il faut la garantir de la pluie autant qu'il est possible; de crainte que la surabondance des sucs ne fasse crever les fleurs, qui aussi s'abbattroient prodigieusement. C'est pourquoi il vaut mieux le mettre dans des pots, qu'en planche.

Il en est de même du *Petit en forme de Rose*; & du *Sauvage Etoilé*.

Selon Ferrari, on doit cultiver le *Narcisse de Narbonne*, & l'*Anglois*, comme le Cou de Chameau; attendu qu'ils fleurissent tard. *Voyez* COU DE CHAMEAU.

Les *Jonquilles* veulent être garanties du soleil, par des paillassons, ou autrement. On les arrose légerement dès que la terre paroît se sécher. Soit à la fin d'Août, soit en Septembre, on les leve pour en ôter du chevelu; & on les replante aussitôt. Si néanmoins on a quelque raison pour ne pas les remettre, on les enveloppe de papier, puis on les serre dans des boëtes. Ces plantes se multiplient par leurs cayeux : que l'on ne détache que tous les trois ans, & vers la fin de Juin. On peut encore les multiplier de semence, quand on est moins pressé de jouir.

La Jonquille blanche, & la jaune double, font mieux dans les pots, qu'en pleine terre.

En plantant les jonquilles, il est à propos de les coucher un peu; afin d'empêcher que l'oignon ne s'allonge trop : défaut auquel ils sont sujets. Un bon oignon de jonquille est presque rond.

Grand Narcisse, nommé *le Nompareil.*

Outre les especes de Narcisses, dont nous avons déja fait le détail, il y en a encore d'une autre sorte; lesquels pour être plus grands & plus étendus, ont été nommés *Incomparables* ou Nompareils.

Ce sont le jaune doré, le jaune pâle, & le couleur de citron bordé d'orangé; le grand-blanc, le petit-blanc; le couleur de citron double, &c.

Le *Jaune Doré* a six pétales d'un jaune éclatant, bien unis entr'eux & bien ouverts; le godet s'élargissant dans le fond, s'enfle presque à la grosseur d'un doigt. Il ne perd point sa couleur, en séchant. Sa tige est de moyenne grosseur; & haute d'un pied. Les feuilles sont molles, longues, blanchâtres. Son oignon est remarquable par son col, qui est un peu de travers.

Le *Jaune Pâle* ne differe du précédent, qu'en ce qu'il a les pétales plus étroits, séparés, & frisés; & que sa couleur, qui est jaune en naissant, change peu-à-peu, & devient pâle & à peu-près comme celle du soufre : son godet est allongé.

Le *Couleur de Citron bordé d'orangé* ressemble mieux au jaune doré; parce qu'il fleurit d'abord jaune pâle; & qu'en croissant, il se maintient toujours dans la même couleur. Il a le godet plus grand, & bordé d'une couleur orangée. Son godet & ses pétales sont plus larges, & moins désunis, que dans le précédent.

Le *Grand-Blanc* a ses pétales écartés; le *Petit* les tient plus serrés & plus unis. Ainsi le grand Narcisse blanc, qui a le godet jaune, ne differe du petit qu'en ce que celui-ci a les pétales plus larges & plus courts; la tige un peu moins haute; & la couleur du godet plus vive : au lieu que la tige du grand est foible, & à peu près haute d'un pied, & ses pétales minces & étroits. L'un & l'autre ont un très-gros oignon, en forme de poire, dont le col est médiocrement allongé.

Le *Couleur de Citron, double*, a jusqu'à trois rangs de pétales très-serrés entr'eux. Dans les intervalles de ces rangs, naissent quantité de pétales plus petits, qui sont d'un jaune très-brillant; & cependant pâle. Lorsque cette fleur est toute épanouie, elle fait un si bel effet, que c'est à juste titre qu'on peut lui donner les noms de *Grand Narcisse*, & d'*Incomparable*; parce qu'elle renferme elle seule les beautés qui se trouvent séparément dans toutes les autres.

Ces Narcisses demandent médiocrement de soleil, & une terre semblable à celle des potagers. Ils veulent être enterrés à la profondeur de quatre doigts; & avoir quatre pouces d'intervalle. Il faut les lever au bout de trois ans, pour les décharger de la nombreuse quantité de cayeux. Le grand soleil abbat leurs fleurs.

Narcisses d'Inde.

Il y a encore six autres sortes de Narcisses, que que l'on appelle Narcisses d'Inde, parce qu'ils ont été apportés de ce pays-là; comprenant dans ce nombre celui de Virginie. Comme ceux-ci sont différens dans leurs fleurs & dans leurs couleurs, aussi veulent-ils être diversement cultivés.

Voici le dénombrement de ces Narcisses. Le premier est le Narcisse de Virginie; le second, le Narcisse de Jacob; le troisieme, le Narcisse Rouge; le quatrieme, le Narcisse Vineux; le cinquieme, le Narcisse Sphérique; le sixieme & dernier, le Narcisse Écaillé, à fleur double.

Narcisse de Virginie. D'abord qu'il fleurit, il est d'un blanc sale : mais peu à peu changeant de couleur, il devient enfin d'un beau rouge clair. Il étend ses pétales comme une tulipe de Perse; mais un peu plus grandes; & ne les ouvre jamais entiérement. La tige est d'un verd pâle, & haute de six pouces. Ses feuilles sont plus longues & d'un plus beau verd que celles du Narcisse Sauvage Étoilé; du reste assez semblables : l'oignon est presque blanc à l'extérieur, de grosseur moyenne, & allongé.

Il vient mieux dans les pots, qu'en pleine terre : & ne veut pas être enfoncé plus avant que de deux doigts. Il faut lui donner peu de soleil; & ne le pas lever souvent de terre. Il ne demande presque que du sable, ou du moins une terre de potager fort légere.

Narcisse de Jacob : *Lis S. Jacques; Croix S. Jacques; Croix de Calatrava* : que Morison nomme *Lilio-Narcissus Jacobæus latifolius Indicus, rubro flore*. C'est un Lis-Narcisse, qui produit ordinairement quatre fleurs composées de six pétales; de couleur de pourpre languissante, par le haut. Chaque fleur ressemble par sa forme au Lis blanc ou commun : elle a six étamines blanchâtres, dont les sommets tirent sur le jaune : & le style est rougeâtre. Cette fleur précede les feuilles.

Ce Narcisse doit être dans un pot. Il veut une terre maigre & sabloneuse. On l'y enfonce de deux ou trois doigts. Il demande de l'eau & du soleil, jusqu'à ce que les premiers froids ayent séché les feuilles, alors il le faut serrer dans un lieu ouvert & bien aéré, où cependant la pluie & la gelée ne pénétrent point. On l'y laissera sans y toucher, jusqu'au milieu du mois de Mai; auquel tems il faudra soigneusement ôter la terre de dessus, jusques à ce que l'oignon soit découvert; prenant garde de n'en point offenser les racines ou fibres, qui tiennent toujours à la terre. Cela fait on détache délicatement les cayeux de l'oignon, que l'on recouvre de terre. On l'arrose jusqu'à ce que la terre soit bien détrempée; ou bien on laisse tremper le pot dans de l'eau. Puis on expose la plante au soleil & à la pluie, ne laissant pas pour cela de l'arroser quand il en est besoin. On ne leve l'oignon que pour le décharger des cayeux; qu'il faut planter dans d'autres pots à part.

Il y a un autre *Narcisse approchant de celui-ci*; que Ferrari nomme *Narcissus Indicus è rubro croceus flore liliaceo*. Sa fleur paroît à la fin de Mai, ou au commencement de Juin, avant que la plante ait produit des feuilles.

La tige est lisse, à peu près grosse comme le doigt, & quelquefois haute d'un pied. A son sommet naissent plusieurs gaînes membraneuses, qui venant à s'ouvrir, donnent naissance à des fleurs, dont il y a souvent quatre dans chaque gaîne. Les péduncules qui les soutiennent, sont gros, & disposés en sautoir. Chaque fleur a six pétales cannelés, qui se renversent en arriere, & de couleur safranée; six étamines blanchâtres, terminées par des filets jaunes assez longs; & à leur centre est un style rouge, plus long que les étamines. Quand la fleur tombe, la plante demeure garnie de deux ou trois feuilles plus larges, & d'un plus beau verd que celles du Narcisse Marin, souvent tachées de petits points rouges, peu longues, rougeâtres à leur extrémité, & qui subsistent jusqu'à l'hiver. L'oignon est d'un beau rouge, & ressemble à ceux des Jacinthes.

Narcisse Rouge : autrement appellé *Narcisse Madame*; & *Belladone des Isles*. C'est un vrai *Lis-Narcisse*, non un Narcisse simplement. Il donne une vingtaine de fleurs semblables à celles du lis commun; lesquelles ne s'épanouissent que successivement, sont pendantes, & très-serrées les unes contre les autres. Les pétales sont peu écartés; & leur extrémité, moins renversée que dans le Lis. D'abord ils sont d'un blanc mêlé de rouge; & ils acquierent journellement plus de couleur. Cette fleur paroît en Septembre.

Son godet est jaune en dedans & au dehors. Elle a six étamines inégales, blanches par le bas, rougeâtres en haut, & terminées par des filets en forme de croissant, dont la couleur est d'un verd tirant sur le jaune. Les péduncules qui soutiennent les fleurs, sont assez forts, longs de deux ou trois doigts, d'un verd très-foncé, les uns couchés, les autres droits, tantôt pendants en rond, tantôt confus entr'eux. La tige est ronde, grosse comme le doigt, à peu près haute d'un pied; & sa couleur verte se change en rouge obscur. Les feuilles sont de la couleur de celle du Lis, grandes comme celles des Narcisses, & naissent le long de la tige; sur laquelle elles restent couchées, après le desséchement de la fleur. L'oignon est presqu'aussi gros que celui de la Squille dans les pays chauds; pâle au dehors, couvert de duvet sous la premiere enveloppe; & il ne porte fleur que quand il est gros comme une grenade. Ce Narcisse ne donne que peu de de graine. On trouve dans Ferrari une figure exacte de la Plante.

Narcisse Vineux clair. Cet autre Lis-Narcisse, que l'on surnomme *Fausse Madame*, & qui est le *Lilio-Narcissus indicus, saturato colore purpurascens*, de Morison, differe du précédent, en ce qu'il a la tige plus foible & tortue. Il pousse moins de fleurs, plus petites, & d'une couleur moins chargée. L'oignon est moins gros.

Ferrari a donné une belle figure de cette plante.

Ces deux especes sont mieux dans de grands pots, qu'en pleine terre. Elles veulent le grand soleil, une terre maigre & légere. Il faut les y enfoncer de deux ou trois doigts, & point davantage. On les leve très-rarement.

Narcisse Sphérique, aussi nommé la *Girandole*, le *très-grand Moly des Indes*, l'*Ornithogal sphérique*; & dont il est parlé dans l'article Lis-Narcisse. C'est la *Brunswigia* du Docteur Heister.

L'oignon de cette plante est presque rond, & beaucoup plus gros que celui de Squille; revêtu d'une membrane déliée, cependant très-dure, & couleur de fer; très-large à sa base; garni de longues fibres grosses comme le petit doigt, & qui subsistent bien des années.

La gaîne qui doit produire les fleurs, est d'abord au commencement de Septembre, faite en fer de lance, large de trois doigts, longue de cinq, & très-rouge. En dix jours elle est poussée à la hauteur de six pouces par la tige qui se forme. Et alors elle est si renflée, qu'elle s'ouvre en deux, & fait une espece de gueule de serpent. Il en sort premiérement une masse de fleurs très-pressées entr'elles; qui se développant ensuite, semble être une forêt de fleurs éparses de tous côtés. La tige augmente alors d'environ six pouces: & elle est large de deux doigts, applatie, & d'un verd mêlé de rouge: la partie exposée au soleil, est la plus colorée. A son sommet paroît une espece de tête, garnie de quantité de filets rouges, assez longs: entre lesquels il croît encore de petites tiges de la longueur d'un demi-pied, larges d'un doigt, de figure triangulaire, vertes & rouges, avec de petites têtes comme des fruits de tulipe. Quelques-unes de ces tiges sont pendantes: & d'autres se tiennent droites. De leur extrémité sort une fleur à six pétales, de couleur cramoisy. L'on voit au milieu six étamines de cette même couleur, dont les sommets sont d'un rouge brun. Le style est long, gros, cannelé des deux côtés de sa longueur; & courbé à son extrémité, qui est purpurine.

Ces fleurs sont éloignées les unes des autres l'espace de trois doigts, ou un peu davantage. Elles fleurissent l'une après l'autre: & aucune ne se passe, que toutes ne soient disposées à s'épanouir. Elles durent tout le mois de Septembre. Après quoi elles changent de couleur, & périssent. Il leur succede des capsules triangulaires; la plupart entiérement vuides; quelques-unes contenant des semences presqu'avortées; ce qui peut venir du froid qui saisit la fleur. Enfin ces capsules & les tiges périssent. Mais il renaît de nouvelles feuilles vers la fin d'Octobre quand la plante n'a pas donné de fleurs le mois précédent: sinon elles ne paroissent qu'à la fin de Novembre. Il y en a toujours six qui précédent la naissance de la fleur. Elles sont larges de six pouces, longues d'un pied, épaisses d'un demi-doigt, obtuses à leur extrémité, d'un beau verd, bordées de rouge obscur, couchées contre terre; & subsistent jusqu'aux chaleurs du mois de Mai.

Ferrari a donné de belles figures de cette plante.

On doit lui donner la même culture qu'aux deux précédens; prenant seulement garde qu'il lui faut plus de chaleur, & moins d'humidité. C'est pourquoi il en faut avoir plus de soin que des autres. Il réussit très-difficilement en France.

Narcisse Ecaillé. Outre le nom d'Écaillé il s'appelle encore *Suertio*, du nom d'un Hollandois qui le cultivoit avec célébrité; & *Très-grand Colchique des Indes.* Son oignon ressemble à une pomme de Pin; & est oblong, écailleux; garni de fibres grosses & longues, comme celles du Muscari. Au mois de Septembre il en sort une tige grosse comme le doigt, bombée sur deux de ses faces & plate sur les deux autres, blanche, rouge à sa partie supérieure, & tachée de sang, ce qui la rend comme une peau de serpent. A son sommet est une gaîne; d'où sort une fleur semblable à une Balauste: composée pour le moins de six pétales cramoisis, d'épaisseur médiocre. En dedans sont beaucoup de fleurons un peu écartés, d'un rouge pâle, soutenus par de courts pétioles blanchâtres. De chaque fleuron sortent trois étamines presque rouges, dont les sommets sont jaunes ou pâles. Quand les fleurons sont tombés, les têtes qui étoient à leur base, produisent de petites feuilles qui sont d'un rouge très-vif, divisées en trois ou quatre lobes, grandes comme des feuilles d'olivier, & ramassées en grappe de raisin. Elles servent d'enveloppe à trois ou quatre graines noirâtres, qui ont la figure & le volume d'un petit haricot. La fleur étant totalement périe, & la tige étant mollasse & en graine, il pousse à sa base deux feuilles de figure ovale, longues d'environ un pied sur six pouces de large, épaisses comme celles de Squille, d'un verd très-foncé; d'abord droites, puis couchées contre terre.

Ferrari a donné les figures de cette plante.

Ce Narcisse réussit très-difficilement en Europe. Il faut le mettre dans un grand pot, à trois doigts de profondeur dans une terre maigre & [illegible]neuse, & exposé au soleil. Il est moins bien en planches. Comme il s'amasse beaucoup d'humidité entre les écailles de l'oignon, il faut laisser sécher la terre qui l'environne, quand les feuilles sont tombées. Ensuite, s'il est en planche, on le couvre de nouvelle terre bien seche, afin que la pluie & la chaleur ne lui fassent point de tort. S'il est dans un pot, on le serre à l'abri de la pluie, mais exposé au soleil. Puis au commencement de Septembre, on défait la motte dont on l'avoit couvert sur la planche; ou on sort le pot au grand air: & on arrose une seule fois, mais abondamment, pour faciliter la germination.

Narcisse nommé *Campanula*, (ou *Clochette*); & *Faux Narcisse de Montagne.* Cette espece a l'oignon presque rond, accompagné de quantité de fibres menues. Elle a peu de feuilles, étroites, semblables à du jonc, & un peu courbées. Sa tige est souple. Il en sort trois ou quatre fleurs, qui ont six pétales ordinairement étroits, de couleur jaune ou blanche. Le cône qui est au milieu du godet, est allongé en clochette, & souvent accompagné d'une bordure. C'est ce qui a fait donner à cette fleur le nom de clochette. On l'appelle aussi le *petit Calice jaune*; & la *Violette jaune de Mars.* L'oignon est petit, rond, blanc en dedans, & presque noir par dehors.

Cette espece est commune sur les montagnes de Portugal & d'Andalousie. On la cultive dans les jardins. Elle fleurit en Mars, ou en Avril. Elle réussit mieux dans des pots, qu'en planches. Il lui faut beaucoup de soleil; & une bonne terre de potager : en sorte cependant que l'oignon soit entouré immédiatement d'un doigt de terre maigre; sans quoi il feroit beaucoup de cayeux, donneroit peu de fleurs, & se gâteroit par l'humidité. Il est besoin de l'arroser souvent, & à propos, tant que la fleur dure.

La racine est dessicative. Etant mangée ou bûe, elle fait vomir. Pilée & bue (ou seulement mâchée, comme Clusius l'a expérimenté) elle consolide les plaies intérieures. On l'applique extérieurement pour les hernies.

Narcisse dit *Totus Albus*. Cette fleur est rare & très agréable par sa forme & son odeur. Il sort de son oignon, une tige qui se garnit d'un grand nombre de petites fleurs blanches, en paquets, dont l'odeur est très-gracieuse.

On en fait venir les oignons de Provence. Ils doivent être plantés au mois de Septembre, ou même dès la fin d'Août, suivant le climat; à quatre doigts l'un de l'autre, dans des trous faits avec un petit bâton, à quatre doigts de profondeur : on les couvre de deux doigts de bonne terre. Quand cette fleur est à l'abri de la gelée, elle donne pendant tout l'hiver. Mais pour la conserver, il faut la couvrir avec des paillassons, ou autrement.

NARCOTIQUES. Remedes qui provoquent au sommeil. Aussi les nomme-t-on *Assoupissans; Somniferes; Soporatifs*; *Hypnotiques*.

Ces remedes calment la douleur des parties, sur lesquelles on les applique. On suppose que leurs molécules les plus spiritueuses & les plus volatiles, pénétrent jusques dans les moindres vaisseaux, & y raréfient le sang. Ces vaisseaux, distendus par la raréfaction & l'expansion du sang, compriment les fibres nerveuses : qui alors ne pouvant plus admettre le liquide, occasionnent du relâchement dans les nerfs. Et la partie n'ayant plus dès-là de commerce avec le cerveau, la douleur cesse.

Quoi qu'il en soit de cette théorie, on emploie les assoupissans, pour calmer les douleurs insupportables. Mais il faut prendre garde que l'humeur du dépôt ne soit pas trop épaisse. Car venant à se raréfier dans l'action des assoupissans, elle augmenteroit encore plus l'embarras.

Ils sont en général d'un grand secours dans tous les cas où il y a douleur aiguë. Ils tempérent les esprits agités; calment la chaleur des visceres & des humeurs, dans la fievre même; atténuent & corrigent l'humeur qui se jette sur les yeux, soit que cette humeur soit acide, soit qu'elle soit âcre. Ils ôtent quelquefois la douleur, sans causer de sommeil.

Ces remedes peuvent être employés intérieurement & extérieurement dans les maladies des yeux. On peut commencer par les appliquer : & on a recours à l'usage interne, si cela ne produit pas assez d'effet. Pourvû qu'on n'en donne pas trop, il n'y a jamais de danger; & ils réussissent presque toujours. Les Anciens en faisoient grand usage. Ils nous ont laissé des collires composés d'opium, de jusquiame, de mandragore, & de *psyllium*.

Dans les autres maladies on doit n'employer les Narcotiques, qu'avec beaucoup de prudence & de ménagement : prudence pour distinguer les cas; & ménagement pour la dose. Car si l'embarras du sang dans les plus petits vaisseaux sanguins, ainsi que la compression du cerveau & des nerfs, sont portés à un degré considérable; cet état ne différe pas de l'apoplexie & des affections soporeuses : maladies non-seulement dangereuses, mais souvent même mortelles.

On doit donc ne pas les conseiller aux personnes pléthoriques, & d'un tempérament sanguin, dans les dispositions & affections soporeuses; & encore moins pour arrêter les évacuations critiques. Il faut encore s'en abstenir lorsque l'estomac & les premieres voies regorgent de matieres crues & mal digérées.

On ne doit point les donner aux personnes qu'ils réveillent & agitent, au lieu de les assoupir; non plus qu'aux vieillards, ni à ceux qui sont foibles, ou exténués par de longues maladies. On n'en doit point user non plus à l'égard des malades qui ont eu des suppressions d'urine, ou qui suent facilement : ni à l'égard des femmes enceintes, ou qui sont nouvellement accouchées, ou qui ont leurs regles; à moins que ces regles ne dégénerent en perte.

Il faut s'en abstenir dans les accès de migraine, & autres maladies accompagnées d'engourdissement dans les membres; dans les vertiges, ou tournoyemens de tête; dans l'yvresse; dans les petites véroles & rougeoles; hydropisies de poitrine, & du bas-ventre; dans les bouffissures, l'apoplexie, la léthargie, les catarrhes suffoquans; & dans les fluxions de poitrine, où les crachats sont visqueux, abondans, & teints de sang. Si quelques-uns de ces maux étoient néanmoins si violens, qu'on fût obligé de recourir aux Narcotiques, il faudroit les associer à des remedes chargés de parties volatiles; comme le castoreum, la poudre de cœur & de foye de vipere, l'ambre gris, la cannelle, le girofle, le macis, & autres semblables remedes capables de diviser les parties glutineuses & résineuses des Narcotiques.

Enfin s'il y avoit du péril à faire prendre les Narcotiques par la bouche, on pourroit les mêler en petite quantité, dans les décoctions dont les lavemens qu'on donneroit au malade seroient composés.

Il faut bien prendre garde de ne point donner à un malade aucun remede Narcotique, que quelques heures après qu'il aura pris de la nourriture, & lorsqu'on pourra juger que la digestion est à-peu-près faite.

Il faut observer aussi de ne lui donner ni lavemens, ni autres remedes purgatifs, que huit ou dix heures après la derniere prise de Narcotique.

Si l'on est obligé d'employer l'opium pur, ou le laudanum, au défaut de Narcotiques plus doux, il faut se restraindre à n'en donner d'abord qu'un quart de grain aux personnes les plus robustes; se réservant d'en augmenter la quantité (s'il est nécessaire) mais avec beaucoup de discrétion : ces remedes pouvant être très-nuisibles s'ils sont placés mal-à-propos, ou employés à une dose trop forte. Il pourroit même arriver qu'*ils jetteroient le malade dans une léthargie* qui seroit suivie de la mort.

Pour remédier à ce danger, il faudroit faire avaler promptement au malade, un demi-septier de jus de citron, ou de fort vinaigre; non pas tout-à-la-fois, mais par deux ou trois cuillerées, & de quart d'heure en quart d'heure. On peut faire prendre ces liqueurs pures, ou mêlées avec un peu d'eau. Il faudroit cependant faire flairer sans cesse l'esprit volatil de sel ammoniac; & doucher la tête en même-tems avec de l'eau fraîche. Si ces secours ne réussissoient pas, il faudroit nécessairement recourir à l'émetique, ou à quelque autre purgatif.

L'abus des Narcotiques est ordinairement suivi d'hydropisie, de tremblement, d'engourdissement, de perte de mémoire, de stupidité.

Ces remedes font néanmoins utiles, non-seulement dans les cas de douleurs aiguës; mais aussi dans la veille immodérée, l'hémorragie, le dévoyement, la dysenterie, & le vomissement : sur-tout si l'on fait précéder les remedes généraux. Ils servent encore à diminuer & arrêter (comme nous l'avons dit) les sécrétions & évacuations ordinaires, devenues trop abondantes.

On emploie en Médecine deux especes de Narcotiques. Les uns ne procurent le sommeil que par accident; comme la jusquiame, le laudanum, le philonium, le diascordium, les émulsions des quatre semences froides, le sirop de nénuphar, les pilules de cynoglosse, les pilules de Starkey, la thériaque, la teinture anodyne de Sydenham, la mandragore, & autres semblables. Il y en a d'autres qui procurent le sommeil par eux-mêmes, en agissant immédiatement sur les esprits; tels sont l'opium, & les décoctions de pavot blanc.

L'habitude des Asiatiques & des Africains qui usent abondamment de Narcotiques, fait qu'ils en éprouvent des effets violens, & deviennent sujets à des especes de phrénésies ou de transports passionnés : au lieu que ces mêmes drogues n'excitent dans les Européens que l'engourdissement, l'insensibilité, ou au moins une grande tranquillité de tous les sens, souvent même une sorte de chatouillement agréable.

Teinture de Corail, anodyne.

Coupez une once d'opium par tranches très-minces, que vous ferez sécher à l'étuve lentement. Puis les ayant réduites en poudre, vous les arroserez peu à peu avec seize onces de teinture de corail. Ayant fait digérer la matiere pendant deux fois vingt-quatre heures, au bain-marie, dans un matras débouché afin que les parties sulphureuses de l'opium se dissipent, vous la retirerez, & la laisserez refroidir. Quand elle sera froide, vous y ajoûterez camphre, castoreum, bois de sassafras, safran, & reglisse, de chacun un gros; sel volatil de tartre, & fleurs de benjoin, de chacun deux gros; miel de Narbonne, une once; huiles de cannelle & d'anis, de chacune trente gouttes. Le tout étant bien mêlé ensemble, vous le laisserez digérer au bain-marie, à une chaleur très-douce, l'espace d'un mois, dans un matras bouché avec une vessie mouillée. Il faut avoir soin de remuer & agiter de tems en tems le matras. La digestion étant achevée, il faut filtrer la teinture; & la conserver dans une bouteille bien bouchée.

Seconde opération pour la Teinture de Corail.

Il faut mêler ensemble & calciner jusqu'à rougeur, deux livres de vitriol blanc, avec autant de vitriol en marcassite. Les ayant distillés à la retorte, & ayant fait la séparation de l'esprit d'avec l'huile, on prend huit onces de cet esprit, & deux onces de corail rouge en poudre : on les mêle ensemble; & l'on fait digérer ce mélange au bain de sable, pendant six jours. La digestion étant faite, on verse la teinture par inclination; & après avoir ajoûté huit onces d'esprit de vitriol sur le marc, on procéde comme nous venons de marquer ci-dessus. Puis on distille cette teinture, jusqu'à siccité; & ayant versé seize onces d'esprit de vin rectifié, sur le résidu, on fait digérer le tout, jusqu'à ce que la teinture soit d'un beau rouge.

Poudre de Corail, anodyne.

Pour rendre la teinture moins susceptible d'altération, on peut la réduire en poudre; en faisant évaporer au bain-marie, jusqu'à siccité, toutes les parties humides dont elle est chargée. Cette opération étant faite, on prend une once de la poudre, avec une once de corail rouge, demi-once de cannelle, une once d'yeux d'écrevisse, deux gros de cloux de girofle, & douze onces de sucre royal. On réduit toutes ces drogues en poudre. Les ayant mêlées exactement, on les passe par le tamis de soie : & on les conserve dans un lieu bien sec.

La teinture, ou la poudre de corail, dont nous venons de donner les préparations, sont des Narcotiques des plus assurés. En les employant avec précaution, on s'en sert toujours avec succès, non-seulement dans les insomnies, mais encore dans toutes les maladies où le sommeil est troublé par des douleurs plus ou moins aiguës; dans celles où la fievre est si fort allumée, qu'elle jette le malade dans l'épuisement; dans les coliques d'estomac, hépatiques & néphrétiques; dans les pertes & convulsions hystériques; le flux trop abondant des hémorrhoïdes, les vomissemens & crachemens de sang; les superpurgations, crispations, frémissemens des nerfs; les toux violentes & convulsives; la phrénésie, & transport au cerveau; la pleurésie; la goute; les sciatiques, rhumatismes; & généralement dans toutes les maladies qui ne laissent prendre aucun repos, par la vivacité de la douleur qu'elles causent.

Pour donner ce remede avec prudence, il faut avoir égard à l'âge du malade, & à la nature de sa maladie. Si le malade est avancé en âge; on peut lui donner quinze gouttes de la teinture, ou quinze grains de la poudre. S'il est d'un âge tendre, on lui en donne moins. La regle ordinaire est de donner deux gouttes, ou deux grains, à un enfant de 2 ans; trois gouttes ou trois grains à un enfant de trois ans; & ainsi des autres à proportion. Dans les coliques, vomissemens & crachemens de sang, & autres maladies semblables, il est à propos de faire précéder la saignée, & de donner ensuite au malade quelques lavemens purgatifs, ou carminatifs & anodyns : puis on lui fait prendre la teinture, ou la poudre, à la dose proportionnée à son âge. Si ce remede n'appaise pas les accidens dans l'espace d'une heure ou environ, il faut mêler le double de ce même remede, avec six onces de tisanne appropriée, & faire prendre une cuillerée de ce mélange bien remué, de quart d'heure en quart d'heure, ou de demi-heure en demi-heure, jusqu'à ce que la douleur soit calmée, & que le malade puisse dormir. Si les douleurs se font encore sentir après son réveil, on continuera l'usage du mélange, d'heure en heure seulement, ou de deux en deux heures; jusqu'à ce que le mal soit entiérement calmé.

Dans les douleurs aiguës causées par la dysenterie, par des hémorrhoïdes extrêmement enflammées, par des cancers, ou des ulceres, ou par de grandes opérations de Chirurgie; il faut donner au malade la dose marquée ci-dessus, deux ou trois heures après qu'il aura soupé : ayant soin d'augmenter ou diminuer cette dose, de trois ou quatre grains, selon les différens effets qu'elle produira.

Comme les vertus du sirop d'opium sont à peu près les mêmes que celles de la teinture ou de la poudre de corail anodynes, & qu'il peut servir dans les mêmes occasions; il est à propos d'en donner ici la préparation.

Sirop d'Opium.

Prenez deux gros de poudre d'opium préparée avec le karabé. Faites-les bouillir dans une pinte de vin rosé, l'espace d'un demi quart d'heure : puis vous ajoûterez deux pintes d'eau, & ferez bouillir encore le tout ensemble, pendant un quart d'heure. Ayant filtré la décoction par le papier gris, vous y ajoûterez deux livres de sucre royal ; & ferez bouillir le tout encore une fois, jusqu'à consistance de sirop qui ne soit ni trop clair ni trop épais. Ensuite vous le clarifierez avec le blanc d'œuf, & le laisserez refroidir, pour le conserver dans des bouteilles de verre bien bouchées.

Ce sirop se donne depuis deux gros, jusqu'à une demi-once, ou même une once ; observant d'en donner plus, ou moins, selon l'âge du malade, ou l'état de la maladie.

Préparation de l'opium avec le karabé.

Il faut mettre dans une petite terrine neuve vernissée, deux onces de karabé en poudre subtile ; & le faire fondre à un feu doux. Etant fondu, vous y ajoûterez deux onces d'opium coupé par tranches fort minces. Puis ayant soin de bien remuer le tout avec une spatule de fer, jusqu'à ce qu'il s'épaississe, vous en formerez une masse noire ; que vous réduirez en poudre. Laquelle étant refroidie, vous la passerez par le tamis de soie : & la conserverez dans une bouteille de verre. Il faut observer, en faisant cette opération, de ne pas en respirer l'odeur & la fumée.

L'opium n'entre pas seulement dans les Narcotiques, qu'on prend intérieurement : on s'en sert aussi dans la composition des onguents, emplâtres, cataplasmes, & autres topiques ; qu'on peut employer pour calmer la douleur qu'on ressent dans les bras, les jambes, & autres parties affligées. Il arrive assez souvent qu'il produit lui seul cet effet, en l'employant en fomentation.

Fomentation d'Opium.

Coupez menu une once d'opium. Faites-le bouillir dans trois chopines de vin, jusqu'à réduction d'un tiers. Puis ayant retiré le coquemar, trempez dans la décoction un morceau de molleton, ou d'autre étoffe douce & moëleuse ; & appliquez-le sur la partie affligée. Pour la colique, il faut l'appliquer sur le bas-ventre. Pour conserver plus long-tems la chaleur de la décoction, aussi-bien que son humidité, il faut couvrir le molleton avec un morceau de parchemin ou de vessie mouillée ; & par-dessus, une serviette chaude, en plusieurs doubles. On peut aussi verser la décoction dans la vessie, & l'appliquer sur la partie affligée. Il faut réitérer ce remede jusqu'à ce que la douleur soit calmée. Il est bon aussi de faire respirer au malade la vapeur de cette décoction.

NARCOTIQUES PLUS DOUX ; dont l'usage est fréquent.

Emulsion pour la toux violente, & les maux de poitrine.

Pilez dans un mortier de marbre, deux gros des quatre grandes semences froides bien épluchées, un demi-gros d'amandes douces, autant d'amandes ameres pelées, & un gros de pistaches : Réduisez le tout en pâte fine, en y versant peu à peu une ou deux cuillerées d'eau commune. Délayez ensuite cette pâte dans dix ou douze onces d'une décoction d'orge, ou de quelque eau distillée, & appropriée à la maladie ; puis ayant passé la liqueur par l'étamine, vous y ajoûterez une once de sirop de nénuphar : & la partagerez en trois prises. Vous en ferez prendre au malade le soir, à l'heure du sommeil ; réitérant le remede jusqu'à deux ou trois fois. S'il ne réussissoit pas, il faudroit ajoûter une demi-once, même une once, de sirop de pavot blanc ; & faire prendre au malade une prise de ce mélange, de quatre en quatre heures ; & un bouillon entre chaque prise, au cas qu'il ne dormît point.

Potion Narcotique pour la Toux violente.

Mêlez ensemble eaux de coquelico, de nenuphar, & de tussilage, de chacune deux onces ; sirop de diacode, six gros ; yeux d'écrevisse préparés, vingt grains. Faites prendre ce mélange au malade, le soir à l'heure du sommeil.

Autre potion Narcotique & Diurétique ; pour les douleurs de colique néphrétique, & autres.

Mêlez ensemble eaux d'anis, de saxifrage, & de fenouil, de chacune deux onces ; eau de cannelle orgée, deux gros ; sirop de pavot blanc, une once ; esprit de nitre, ou de sel, dulcifié, quinze gouttes. Faites prendre ce mélange au malade, trois heures après son repas. Si ce remede ne réussit point, il faut le réitérer ; & ajoûter quantité égale de sirop d'*althea* de Fernel, ou de celui des cinq racines apéritives.

Décoction de tête de Pavot blanc.

Prenez depuis un gros, jusqu'à deux gros ; d'écorce de tête de pavot blanc, séche, & coupée par morceaux. Faites bouillir cette écorce dans une chopine d'eau, jusqu'à réduction de moitié. Passez par l'étamine avec légere expression ; & faites-en prendre au malade : la dose est de quatre cuillerées, dans un bouillon, ou dans un verre de tisanne, le soir à l'heure du sommeil. On peut réitérer ce remede à diverses fois, pendant la nuit, en cas qu'il n'opere pas d'abord, & qu'il ne rende pas la tranquillité au malade.

Ceux qui ont de l'aversion pour le pavot peuvent user du diacordium ; *ou* des pilules de cynoglosse ; *ou* de la thériaque récente ; ou enfin des autres Narcotiques que nous venons d'indiquer ci-dessus.

Voyez BUIS. DORMIR. INSOMNIE. AGE, n. IV. PLANTES *Assoupissantes. Soufre de* VITRIOL. SOMMEIL. APPAS.

NARD. Les Anciens ont donné ce nom à plusieurs plantes fort différentes les unes des autres, même par l'odeur : qui néanmoins est forte & aromatique dans toutes.

Sans entrer, à cet égard, dans un détail de Botanique étranger à l'objet de ce Dictionnaire, nous ne nous attacherons ici qu'à ce qui peut être utile & de pratique.

Nard Celtique, ou *Gaulois*. Cette plante croît sur les Alpes. On la trouve aussi dans les montagnes du Tirol, & sur la côte de Gênes. De Lobel s'appelle en Latin *Saliunca* ; & dit que c'est par analogie au nom de *Selliga*, qu'on lui donne dans le Pays de Vaud. M. Tournefort la met dans la classe des Valerianes, & l'appelle *Valeriane Celtique.*

C'est une plante basse, dont la racine est amere, répand une odeur aromatique, s'étend horizontalement comme celle des Flambes; & est écailleuse, jaunâtre, menue, & garnie de longues fibres noires & velues. De cette racine sortent plusieurs feuilles étroites à leur base, larges dans leur partie moyenne, un peu aiguës à leur extrémité, oblongues & étroites dans la totalité, un peu ameres; & qui, de vertes qu'elles sont, deviennent d'un jaune tirant sur le rouge en se desséchant. Du milieu de ces feuilles, s'éleve une tige menue, mais ferme, haute d'environ un demi-pied; vers le sommet de laquelle est un bouquet composé de plusieurs petites fleurs pâles, semblables à celles des Valerianes.

La racine seule est d'*Usage*; comme alexitere, stomachique, & carminative. Elle entre dans la thériaque: Mais il faut la mettre long-tems à la cave, afin qu'elle s'humecte, & qu'on puisse la monder, quand une fois elle est séche. *Voyez* Appas *pour le Poisson*, n. II.

Faux Nard. *Voyez* Aspic.

Nard *Indique*. Voyez Aspic *d'outremer*.

Nard *d'Italie*. Voyez Aspic.

Nard *de Montagne*; à longue racine, ou dont la racine est en forme d'olives. C'est ce que G. Bauhin nomme *Petite Valeriane des Alpes*. Voyez l'article des *Plantes qui ressemblent aux* Orchis. Son port est semblable à celui des autres Valerianes: mais la racine a une odeur forte & pénétrante.

Nard *Sauvage*. Voyez Asarum.

NARINES. *Consultez* l'article Nez. *Voyez* aussi Obstruction.

Gangrene des Narines.

On ne la guérit que très-difficilement.

NAS

NASITORT. *Voyez* Cresson *proprement dit*.

NASSE. Ce Filet, qui sert à prendre du poisson, est fait de brins d'osier, soutenus par des cerceaux qui vont toujours en diminuant. Sa figure est ronde. Son ouverture est d'une moyenne grandeur: son autre extrémité, qui est fermée, se termine en pointe. Il est formé de telle maniere, que le poisson étant entré, n'en peut sortir; à cause des brins d'ozier, qui avancent en dedans à l'endroit des cerceaux & ferment le passage, n'y laissant qu'une médiocre ouverture, par laquelle il est très-difficile ou plutôt impossible au poisson de s'échaper. On le jette dans la riviere; & on le laisse aller au gré de l'eau: mais on l'arrête avec une corde attachée sur le bord, qui sert à le retirer quand on veut voir s'il y a du poisson pris. Consultez l'article Anguille.

NASTURTIUM. *Voyez* Herbe *aux Cuillers*, n. 9. Cardamine. Talitron. Cresson *Aquatique*, n. I. Cresson *proprement dit*.

NAT

NATRUM. *Voy.* Anatron.

NATTER-WURTZ. *Voy.* Pied de Veau.

NATURELLES (*Choses non*). Les Médecins appellent ainsi l'Air, les Alimens, le Sommeil, la Veille, l'Exercice, le Repos, les Secrétions, les Excrétions, & les Passions de l'Ame: comme étant des choses dont une dose ou proportion modérée, contribue à fortifier notre tempérament naturel, & conserver la santé. L'excès de ces mêmes choses produit des effets tout contraires.

Consultez les *Institutiones Medicæ*, de Boerhaave, commentées par M. le Baron de Haller; la *Médecine de l'Esprit*, ouvrage de M. le Camus, Paris 1753, 2 volumes *in-12*; Gui de Chauliac; Ambroise Paré; &c.

On appelle *Choses* Naturelles les Élémens, le Tempérament, les Solides, les Fluides, les Esprits vitaux, & les Fonctions des diverses parties: du bon état desquelles choses dépend l'entretien de l'harmonie qui constitue la nature de l'homme; & leur dérangement tend à la détruire.

NAV

NAVEAU; *ou* NAVET: en Latin *Napus*: & *Turnep*, ou *Turnip*, en Anglois. La grande ressemblance des parties de la fructification dans les Raves (en Latin *Rapa*) & les Navets a déterminé d'habiles Botanistes modernes, à réunir sous un seul genre les *Rapa* & les *Napus*. M. Linnæus les associe même au Chou; n'assignant pour toute différence que la couleur verte du calyce, dans le Chou; le calyce des Rapa, de la même couleur que les pétales; & le port des Napus, très-peu distinct de celui des Rapa. Au contraire, M. Adanson sépare les Rapa des deux autres genres: les caracteres distinctifs qu'il indique, sont que le calyce des Rapa est serré & rouge; au lieu que celui des Brassica & des Napus est verd & évasé: 2°. Ceux-ci ont les pétales écartés & jaunes; & ceux des Rapa sont droits, & rouges ou blancs: 3°. La silique des Rapa est toujours cylindrique; & celle des autres, tantôt cylindrique, tantôt applatie: 4°. Enfin il y a dans chaque loge des Brassica & des Napus, douze à vingt semences ovoïdes, ou sphériques; & seulement dix à quinze, qui sont toujours sphériques, dans chaque loge des Rapa.

Ces divers caracteres étant établis arbitrairement, leurs Auteurs sont maîtres d'y ramener telles ou telles plantes ci-devant placées sous l'un ou l'autre des trois genres. Pour ce qui est du signe distinctif, auquel M. Linnæus reconnoît le Chou, j'ai vû le calyce jaune pâle, & les pétales blancs; sur des plantes dont les feuilles avoient eu certainement les mêmes forme, odeur, couleur & goût, que celles des especes généralement reconnues pour Chou: & je les ai pris pour des Choux Blonds. On peut dire qu'en général tous ces objets varient beaucoup.

Ayant traité fort au long ce qui regarde le Chou dans le Ier. Tome; nous parlerons ici de quelques especes de Navets, dont la connoissance intéresse le plus grand nombre des Cultivateurs: on trouvera sous la lettre R, ce qui concerne les *Raves*.

Tous les *Navets* poussent de grandes feuilles oblongues, rudes au toucher, d'un verd généralement foncé; qui se tapissent par terre, ont une saveur piquante qui leur est propre, & sont généralement découpées plus ou moins profondément, quelquefois même jusqu'à la nervure du milieu. D'entr'elles s'élevent des tiges, quelquefois hautes de quatre à cinq pieds, & fort branchues: qui produisent beaucoup de fleurs, portées par un pédoncule long & menu: Il leur succede des siliques, pareillement menues & longues; qui contiennent des semences à peu près sphériques. Les racines sont des tubercules, charnus; & ont différentes formes.

Especes.

1. Ce que G. Bauhin nomme *Napus sativa*, jette en terre une racine plus ou moins allongée; tantôt blanche, tantôt grise, jaunâtre, brune, &c.; & de différentes grosseurs.

Les Navets de *Freneuse*, de *Saulieu* en Bourgogne, de S. *Jôme de Rougemont* en Gâtinois, sont exquis quand ils sont venus dans la veine de terre qu'ils affectent par préférence; mais sont inférieurs, & dégenerent, quand on les a cultivés ailleurs.

On cultive aux environs de Paris, sous le nom de Navet *de Berlin*, un Navet fort menu, blanc, plus long que rond, très-hâtif, fort tendre à manger, & de bon goût.

Le *Navet de Vaugirard* est de médiocre grosseur, un peu allongé, d'un blanc sale, tirant sur le gris vers la tête, tendre, & de bon goût.

Le *Navet* commun de Paris est, ou long, ou rond. L'un & l'autre ont la peau fort blanche, la chair tendre & douce, & un assez bon goût. Le rond devient plus gros que le long.

Nous appellons Navet *gris* celui qui a la peau grise, une forme allongée, & le goût un peu plus relevé que les autres.

Le Navet *de Meaux*, cultivé dans les environs de la Ville de ce nom, vaut mieux que lorsqu'il est venu dans les terres d'autour de Paris. Il est assez gros, à peu près cylindrique, communément long de huit à dix pouces, d'un blanc jaunâtre, tendre, très-blanc en dedans, & d'une saveur agréable.

Il y a encore de *petits Navets*, faits à peu-près en poire, fort blancs en dehors comme en dedans, & dont le goût est délicat & sucré. Je crois que c'est ce que les Anglois nomment *French Naphew:* dénomination qui suppose que c'est nous qui le leur avons fait connoître.

2. *Napus sativa altera, maximâ radice* H. R. Par. Ce *gros Navet* est cultivé dans les champs: & comme sa racine est considérable, on le cultive, soit pour la cuisine, soit pour le bétail; au lieu que les précédens ne sont destinés qu'au service des tables.

3. *Napus sylvestris* C. B. Sa tige n'a gueres que deux pieds de hauteur: & est accompagnée de feuilles entieres & dentelées; qui, destituées de pédicule, entourent la tige par leur base: la fleur est jaune: la graine, qui est menue, est appellée *Navette*, ou *Rabette*.

4. Nous parlerons, dans le mot RAVE, du *Turnep*, devenu fameux dans les ouvrages modernes d'agriculture.

Usages.

Les Médecins conviennent assez généralement que les Navets sont un aliment venteux, & qui nourrit peu. Leur suc avalé avec du jus d'orange ou de limon, fait mourir les vers: on en boit dans de l'oxymel & de l'eau chaude, pour évacuer les crudités de l'estomac. Les Navets cuits, appliqués extérieurement, diminuent les douleurs de la goute. La décoction de leur graine avec le *capillus veneris*, les figues & les lentilles, est un préservatif dans la petite vérole; fait sortir la galle & les pustules: enfin une cuillerée de cette décoction dans du vin, y ajoûtant une dragme de graine de lin, est propre à faire uriner.

La décoction de racine de Navet est très-estimée en Médecine contre l'asthme, la toux opiniâtre, & les autres maux de poitrine. On en fait aussi un *sirop* excellent, que l'on prépare de la maniere suivante: prenez une quantité suffisante de Navets; après les avoir bien ratissés vous les couperez par rouelles, & en remplirez un pot de terre bien net. Couvrez ce pot & le bouchez exactement avec de la pâte: puis le mettez au four après qu'on en a tiré le pain; & l'y laissez douze ou quinze heures. Enfin tirez votre pot; & prenez le suc des Navets, qui se trouve au fond: mettez une once de sucre candi sur quatre onces de ce jus; & en faites prendre une cuillerée au malade. On peut donner ce sirop pur, ou mêlé avec un verre d'eau simple un peu chaude, ou avec un verre de tisanne, ou enfin dans quelque autre liqueur appropriée.

On peut faire une potion fort apéritive avec deux gros de graine de Navet concassée, & infusée pendant douze heures dans une chopine de vin blanc.

Bouillon de Navets pour le rhume.

Mettez une demi-douzaine de Navets bien épluchés & coupés par morceaux, dans une petite marmite ou dans un pot de terre, avec deux pintes d'eau; que vous ferez réduire à une, en bouillant. Passez ensuite le bouillon dans un tamis, pressez-y bien les Navets; & y mettez une once & demie de sucre (plus ou moins, selon la quantité). Faites-les bouillir trois à quatre bouillons; & les écumez bien, pour tirer la crasse du sucre & bien clarifier le bouillon, puis repassez le tout dans un tamis de soie.

Ce bouillon se prend bien chaud, & ordinairement le soir; le matin aussi, si l'on veut.

On peut y ajoûter une livre de figues séches, que l'on fait cuire avec les Navets.

Pour la Table, on recherche généralement les plus petits Navets. Outre ce que nous avons dit ci-dessus, du mérite de quelques especes; M. de Combes (*Jardin Potager*, tom. 2. pag. 311) fait un cas singulier du petit Navet de Berlin. Il observe aussi que le Navet gris n'est pas ordinairement bien tendre; & qu'il est assez souvent verreux. Comme le Navet de Meaux est long & gros, il fait du profit dans les cuisines œconomes. C'est aussi le cas du n. 2.

Ces racines se mangent. 1° apprêtées comme les salsifix: 2°. fricassées à la poêle avec du beurre ou du lard, & un peu de verjus; assaisonnées de sel, poivre, & moutarde. Troisiemement, on les sert en potages maigres, & en potages gras. Enfin on les met dans différens ragouts.

On moud la graine du *n. 3.* pour en exprimer une *huile*; qui sert à brûler; & dont on fait usage pour les laineries communes. Lorsqu'elle est bien écrasée, on la met dans une chaudiere dressée sur un fourneau de pierre ou de brique: & à mesure qu'elle s'échauffe, on y verse une écuellée d'eau pour l'empêcher de brûler; l'on a soin de ne pas y mettre trop d'eau, & de remuer souvent, afin d'exciter l'huile à sortir. Toute l'eau étant à peu près absorbée par la graine, on la met sous une presse ou un pressoir, pour tirer l'huile. Quand il n'y a eu qu'une juste quantité d'eau, cette huile brule bien.

On peut s'en servir pour l'apprêt des alimens: l'ayant choisie bien nouvelle, on la fait cuire dans une poêle avec une croute de pain & un oignon haché; jusqu'à ce que l'on n'entende plus de pétillement; alors on la garde pour s'en servir quand on le juge à propos.

Si l'on a trop de graine des autres especes, on

peut la mêler avec celle-ci, & celle de colsat, pour en tirer de l'huile.

La Navette sert encore de nourriture à quelques petits oiseaux de voliere; tels que les linotes & les serins. En général les oiseaux des champs en sont très-avides; ainsi que de celles des autres Navets. C'est pourquoi on doit être vigilant pour se garantir de leur pillage.

La racine des Navets, séchée & brûlée, puis lessivée, fait une lotion que l'on dit être propre à fortifier le cerveau & guérir des maux de tête. On parle d'un bain (vraisemblablement diurétique ou sudorifique) préparé avec des Navets & beaucoup de genêt que l'on fait bien bouillir dans l'eau du bain.

Dans le Commerce, les Navets se mesurent comble.

Culture.

Ces plantes viennent bien dans des sables arides, même dans des terres caillouteuses. En général il leur faut une terre douce, extrêmement fine, un peu humide. C'est pourquoi les engrais abondans ne suppléent point aux labours nécessaires, pour ameublir la terre qu'on destine aux Navets: le fumier, ainsi que trop d'humidité, les rend même insipides, & sujets à être verreux.

Les Navets sont des plantes annuelles: dont on seme la graine depuis le mois de Mars jusqu'en celui d'Août: selon les dispositions du climat & des saisons. Les premieres semailles se font, soit pour recueillir la graine la même année; soit pour jouir des Navets durant l'Été. Mais quand on ne se propose que d'avoir des Navets pour l'hiver, on en seme depuis la fin de Juin jusques dans le mois d'Août; profitant d'un tems de pluie, comme d'une circonstance nécessaire pour que la graine leve. En quelque mois que l'on en seme, le succès dépend beaucoup de la nature du terrein, & des circonstances de la saison. Si le tems est trop pluvieux, la graine creve, & ne germe point; c'est pourquoi voyant qu'une semaille aura manqué, l'on donnera un nouveau labour & on semera d'autre graine.

Plus le terrein est chaud, plus il faut attendre que l'Été soit avancé pour y semer des Navets: sans quoi ils montent en graine avant d'avoir perfectionné leur racine. Autrement il vaut mieux s'y prendre plus tôt.

Si l'on étoit sûr qu'il dût tomber de la pluie incessamment, il seroit à propos de faire ensorte que la semence ne fût pas profondément en terre. Mais dans le cas où il ne surviendroit pas d'eau, il vaudroit mieux qu'elle fût un peu plus avant; parce qu'elle y trouveroit assez d'humidité pour germer & sortir. Si donc l'on est obligé de semer par un tems fort pluvieux, il faut n'enterrer la graine que fort peu: elle levera plus tôt & plus sûrement. De la graine semée le même jour en deux champs voisins, dans cette circonstance; on apperçut les premieres feuilles de celui où l'on s'étoit contenté de répandre la graine sans la couvrir, deux jours avant celui qui avoit été hersé. Il ne peut qu'être avantageux d'en mettre des graines à différentes profondeurs; afin que celle qui est à la superficie leve la premiere; & que lorsqu'il fait sec, la graine qui est semée plus avant, sorte de terre avant l'autre.

On peut encore se procurer quatre levées de Navets dans un même champ; en semant de la graine de la derniere récolte, & de celle de deux ans: celle-ci est plus long-tems à paroître.

Ces pratiques sont aussi des précautions utiles contre les mouches, tiquets, & pucerons; qui mangent les Navets dès qu'ils sont levés, ou même lorsqu'ils ont deux ou quatre feuilles, & que le tems est trop sec. Ils détruisent souvent jusqu'aux racines. Ces insectes viennent quelquefois par nuées: mais aussi ils disparoissent alors précipitamment; ensorte que les Navets qui levent quelques jours après n'en sont point du tout endommagés. Le tems le plus critique est celui où les Navets n'ont que leurs feuilles séminales. Ils sont presque sauvés quand ils ont poussé leurs grandes feuilles.

Un des meilleurs moyens pour garantir les Navets, de ces insectes, est de faire passer sur toute la terre un gros & pesant rouleau: qui comprime tellement la terre, que les insectes périssent nécessairement, ne pouvant y entrer ni en sortir. Mais cette compression seroit très-nuisible aux Navets, si la terre n'avoit pas été labourée profondément; & si elle étoit bien humide, forte, & aisée à comprimer. On remédie néanmoins en partie à ces inconvéniens, en éclaircissant à propos, sarclant & donnant un léger labour entre les plantes, aussi-tôt qu'elles ont poussé leurs grandes feuilles; car alors il n'y a plus rien à craindre des insectes: ce labour acheve même de les faire périr.

M. de Combes (*Jard. Pot.* t. 2. pag. 315) avertit qu'il n'a jamais trouvé que la cendre, ou la suie de cheminée, répandues sur les jeunes Navets lors de la rosée du matin; qui empêchassent le dégât des tiquets (ou lisettes). Il remarque aussi que les années séches y sont particuliérement sujettes: mais que, comme cet insecte commence à se retirer après la mi-Août, les Navets qui levent alors sont plus en sûreté.

Pour garantir les Navets contre les insectes en général, il y a des gens qui mêlent ensemble égales quantités de chaux, & de suye de bois: ensuite font chauffer un peu d'urine, qu'ils jettent dans une autre quantité suffisante d'urine, pour que le mélange ait ensuite la consistence de bouillie épaisse; toute l'urine doit être au degré de lait tiede: on la mêle peu à peu avec la chaux & la suye. La chaux ne tarde pas à se fuser; & le tout forme une espece de poudre: que l'on répand, lorsqu'elle est froide, sur la graine de Navets; & on seme au bout de vingt-quatre heures. Cette préparation réussit souvent: selon le *Compleat Body of Husbandry.*

Pour être bons, il ne faut pas que les Navets soient plus de six semaines ou deux mois en terre; autrement ils deviennent verreux, se dessechent; & sont désagréables à manger, étant pleins de filets: *Voyez* CORDE, pag. 697. Les mulots attaquent aussi les Navets qu'on néglige d'enlever à propos.

Les ayant arraché à la main, ou avec une serfouette s'ils sont gros, on tord la fane; & on les garde dans la serre ou autre lieu, pour les consommer à mesure que l'on en a besoin. Ceux de la semaille d'Août se conservent tout l'hiver, soit dans du sable, soit entassés de maniere qu'ils ne s'échauffent ni ne soient exposés à l'humidité ni à la gelée: Consultez l'article RAVE; & *l'Ecole du Jard. Pot.* t. 2. p. 316. Quelques-uns les gardent liés en bottes par le collet.

Pour recueillir la graine, d'une année à l'autre: on choisit les plus belles racines, & les mieux conditionnées à tous égards; & on les plante au Printems, espacées à un pied. Elles ne tardent pas à pousser leur tige: & la graine est mûre dans le mois d'Août. Lorsqu'on voit une partie des siliques s'ouvrir, on arrache les plantes encore couvertes de la rosée du matin ; on les laisse sécher pendant quelques jours sur un drap : puis on les bat, ou on froisse les gousses entre les mains, pour que la graine tombe sur le drap. L'ayant laissée tout un jour dessécher au grand soleil, on la nettoye & vanne, pour la serrer dans un lieu tempéré. Elle ne conserve ordinairement toute sa vertu végétative, que pendant deux ans.

En Bourgogne on laboure profondément aussitôt après la récolte du bled : & on seme la *Navette* ; qui ainsi a le tems d'acquérir assez de force pour résister communément aux plus grandes gelées. Elle fleurit après l'Hyver. On en vanne la graine : ou bien on la passe au crible de crin. Il est bon qu'il reste un peu des siliques, mêlées parmi la graine, pour la *nourrir*. Afin que la graine ne se ride ni diminue, on la garde dans des tonneaux : & ensuite lorsqu'on l'en tire pour en faire de l'huile, on la vanne ; afin d'ôter la poussiere qu'elle peut avoir contractée.

NAVEAU *Fou. Voyez* COULEVRÉE.

NAVEL-WORT (*Water.*) *Voyez* HYDROCOTYLE.

NAVET. *Voyez* NAVEAU.

Chou-NAVET. Voyez CHOU, n. 5.

NAVETTE. *Voyez NAVET*, n. 3.

NAVRER *une perche* ou *un échalas*. C'est leur donner un coup de serpe à l'endroit qui n'est pas assez droit. Ce coup de serpe entrant un peu avant dans la perche ou l'échalas, fait qu'ils obéissent au Jardinier pour les planter de la maniere qu'il veut, soit en long, soit en ovale, ou en rond.

NAUSÉES. Envies de vomir, très-incommodes, qui occasionnent quelquefois de fréquentes secousses dans l'estomac, & ne se terminent pas toujours par le vomissement. *Voyez VOMISSEMENT.*

Diverses causes des Nausées.

Œufs de brochet.
Antimoine.
Alun.
Cervelle.
Moëlle.
Graisse.
L'air de la mer.
Les Vapeurs.

Remedes.

Voyez MENTHE, p. 514. *VOMISSEMENT.*

Pour les nausées que cause l'Antimoine : *Voyez Pâte Médicinale*, dans l'article des *REMEDES PASTORAUX.*

Pour celles de l'Alun : *Consultez* l'article ALUN.

Les Nausées sur mer peuvent se calmer si l'on mange du coing. Quelques personnes proposent comme de souverains remedes, 1°. d'appliquer un morceau d'ivoire sur le creux de l'estomac, 2°. de manger rôti un poisson qui aura été trouvé entier dans le ventre d'un autre poisson. Il n'y a peut-être rien de mieux, que de se forcer pour manger une bonne tranche de gigot avec du pain ; & recommencer chaque fois que l'on aura vomi.

NAZ

NAZILLONNEMENT. *Voyez* sous le mot NÉS.

NEC

NECTAR, ou *NECTARIUM* : Terme de Botanique. C'est dans les fleurs, une partie qui n'est ni pétale, ni étamine, ni pistile ; & qui n'est point essentielle à la fructification, puisqu'elle manque dans beaucoup de fleurs qui ne laissent pas de donner de bonnes semences. Ce sont quelquefois des filets ; d'autres fois des écailles, ou des cornets, ou des mammelons glanduleux, ou des cavités. Comme ces parties se rencontrent assez souvent imbibées de la substance mielleuse que les abeilles recueillent avec soin, & que les Botanistes appellent *Nectar* ; on leur a donné le nom de *Nectar* ou *Nectarium* : que l'on a aussi attribué à des parties qui ne contiennent aucun suc particulier.

Consultez la *Physique des Arbres*, L. 3. *ch.* 1. *art.* 8.

NEF

NEFFLE. Fruit du Nefflier.

NEFFLIER : en Latin *Mespilus*. Ce genre d'Arbres a beaucoup de rapport, quant aux parties de la fructification, avec l'alizier & le poirier. M. Miller trouve que le Nefflier a moins d'affinité avec ces deux autres genres, que ceux-ci n'en ont entr'eux : parce qu'il dit avoir observé que l'alizier réussit très-bien greffé sur le poirier, & de même le poirier sur l'alizier ; au lieu que leurs greffes ont coutume de ne l'unir qu'imparfaitement avec le Nefflier, ou que du moins elles ne s'y soutiennent pas long-tems. Ces faits ne s'accordent pas avec notre expérience. *Voyez*, ci-dessous, le §. *Culture.*

M. Tournefort distingue l'alizier du Nefflier, en ce que les noyaux de l'alizier sont dans des loges comme les pepins de poires ; au lieu que les noyaux du Nefflier sont dans la chair même du fruit. M. Duhamel ne juge pas que cette différence soit assez frapante ni assez constante.

Le genre des Neffliers est très-nombreux dans M. Tournefort. Une partie de ces especes a été transportée par M. Linnæus au genre des aliziers. Le célebre Botaniste François établit sur le nombre des semences ou noyaux toute la différence de ces deux genres : appellant aliziers ceux qui en ont deux ; & Neffliers ceux où l'on en trouve cinq. M. Duhamel a observé que le nombre des semences varie, depuis un jusqu'à cinq, dans les différentes especes de Neffliers & d'Aliziers ; & même jusqu'à dix dans quelques Neffliers. C'est pourquoi ce sçavant Naturaliste conserve le nom de Mespilus à toutes les especes indiquées par M. Tournefort : ce qui comprend les Neffliers proprement dits, les amelanchiers, les azeroliers, & les aubépins.

Le caractere générique de ces Mespilus est d'avoir, 1°. un calyce formé d'une seule piece : qui supporte cinq pétales arrondis & creusés en cuilleron. Il se rencontre plusieurs especes où le calyce donne naissance à dix, & même jusqu'à vingt, étamines assez longues : au milieu desquelles on apperçoit un embryon, qui fait partie du calyce & sert de support à cinq styles terminés par des stigmates arrondis. Cet embryon devient un fruit charnu, ou baie, terminé par un ombilic : lequel est profond, & bordé des découpures du calyce qui y forment une espece de couronne. Dans l'intérieur de ce fruit sont des noyaux de figure irréguliere ; au nombre de un, deux, trois, cinq, &c ; tantôt fort durs, & tantôt n'ayant que la consistance de pepins.

Les feuilles de toutes les especes de Neffliers, sont posées alternativement sur les branches. Mais leur

leur figure est différente, suivant les especes. Celles des Nefliers proprement dits, sont assez grandes, simples, entieres, un peu ovales, longues, terminées en pointe, & légerement velues. Dans les Azeroliers, les feuilles sont tantôt découpées, plus ou moins profondément; tantôt entieres. Celles des Aubépins sont plus découpées & plus luisantes, que la plupart des Azeroliers ne les ont. Les feuilles des Amelanchiers sont ovales, presque rondes, d'une médiocre grandeur, finement dentelées sur les bords, & d'un verd terne.

Les pédicules des feuilles de toutes ces différentes especes, sont garnis de deux stipules.

Nefliers proprement dits.

Leurs fleurs ont une vingtaine d'étamines; & les fruits ordinairement cinq noyaux durs. Les stipules des feuilles sont communément deux petites feuilles glabres.

1. Le Neflier des bois, que quelques-uns nomment *Mêlier*, donne un fruit nommé *Nefle*, bon à manger, & dont le goût est plus relevé que celui des autres especes. G. B. le nomme *Mespilus Germanica, folio Laurino non serrato, sive Mespilus silvestris.* Son calyce est pointu.

2. Un autre, plus grand, donne de très-gros fruits; que l'on mange également.

3. Une troisiéme espece a l'avantage de donner des fruits sans noyaux, & dont le goût est très-relevé & gracieux.

4. Il y a une grande espece dont le fruit est précoce, oblong; & la chair, délicate.

5. Une autre grande ne porte que de petits fruits, mais délicats.

6. La couronne est rabatue sur l'ombilic du fruit d'un autre Neflier proprement dit. Ce fruit est de médiocre grosseur, à peu près oval, d'un goût âpre & du reste insipide.

7. Le *Buisson-Ardent*, ou *Pyracantha*, est un Neflier épineux. M. Tournefort en compare les feuilles à celles de l'Amandier: elles sont entieres, luisantes, & finement dentelées. Leurs stipules sont deux petits filets. Ses fleurs ont les pétales arrondis; & beaucoup d'étamines. Il donne quantité de petits fruits rouges, portés par des calyces obtus: chacun de ces fruits contient cinq noyaux fort petits. Ses fleurs paroissent au mois de Mai, & produisent un bel effet. Mais ses fruits, d'un rouge clair, & rassemblés par gros bouquets, font encore mieux en automne; faisant paroître cet arbuste comme tout en feu.

Amelanchiers.

Leurs fleurs contiennent beaucoup d'étamines. Les fruits ont, tantôt trois pepins tendres, tantôt dix. Nous avons décrit les feuilles, ci-dessus. Ajoûtons que leurs stipules sont deux petits filets.

1. Il y a dix pepins dans l'*Amelanchier des bois*; le *Mespilus folio rotundiori, fructu nigro subdulci*, de M. Tournefort. Ses tiges sont velues. M. Linnæus en fait pareillement un *Mespilus*. Mais il est mis au nombre des Aliziers par M. Vaillant, (*Bot. Par.*): qui l'indique comme se trouvant dans la forêt de Fontainebleau. C'est un arbuste assez joli. Les pétales de la fleur sont longs & étroits.

2. L'Amelanchier *de Canada*, à petites fleurs, n'a point de poils au revers de ses feuilles: qui du reste ressemblent beaucoup à celles du n°. précédent. Cet arbuste est plus joli que celui-là. Ses fleurs, rassemblées en bouquets, font un effet agréable: leurs pétales sont arrondis.

3. L'*Amelanchier velu*, que quelques-uns nomment *Cotonastier*, est un très-joli arbuste, originaire des Alpes. Sa feuille est à peu près ronde: & son fruit, très-rouge. Il renferme trois semences.

Azeroliers.

Leurs fruits se nomment *Azeroles*.

1. L'*Azerolier Epineux de Virginie* a la feuille du Poirier; entiere, finement dentelée, très-luisante. Son fruit est d'un beau rouge: & contient deux gros noyaux fort durs. C'est un Alizier, selon M. Linnæus. Ses épines sont grosses & longues.

2. Il y en a d'autres qui ont de semblables feuilles, & dans le fruit desquels il y a aussi pour l'ordinaire deux noyaux.

3. L'espece que M. Tournefort nomme *Mespilus Canadensis Sorbi Torminalis facie*, est un Alizier, selon M. Linnæus. Ses feuilles sont larges, dentelées, sans poils, assez ressemblantes à celles de l'Alizier. Cet Azerolier *du Canada* est épineux. Il porte un gros fruit qui est d'un très-beau rouge.

4. M. Linnæus met pareillement au nombre des Aliziers une espece d'Azerolier originaire de Virginie, fort agréable par ses fleurs blanches & solitaires qui se montrent parmi le verd très brillant des feuilles. La plupart de ces Azeroliers ont de longues épines fort menues; & d'autres n'en portent point. Les feuilles sont ovales, en forme de coin, du reste fort ressemblantes à celles de l'Aubépin, velues en dessous, & très-brillantes en dessus, comme nous venons de le dire. Le fruit a beaucoup de l'air d'une Nefle sauvage. Les découpures du calyce, qui se conservent vertes jusqu'à l'entrée de l'hiver, sont grandes; & forment une couronne très-marquée. Ce fruit n'est pas bon à manger; du moins en France, où ce peut être défaut de maturité. Il ne rougit point: & est fortemennt attaché aux branches, comme la Nefle des bois. La forme des épines (qui, étant longues & menues, ont assez l'air d'épingles) fait qu'en Angleterre on donne volontiers à cet arbre le nom de *Pinshow*.

56. Il y a d'autres Azeroliers à feuilles découpées, qui offrent bien des variétés. On en trouve qui n'ont que huit ou dix étamines: & entre leurs fruits, les uns ont deux noyaux; il y en a trois dans d'autres.

Du nombre de ces Azeroliers sont 1°. Celui des bois: *Mespilus Apii folio laciniato*, C. B: que les Anciens nommoient *Aronia*; & que M. Linnæus appelle *Cratægus foliis obtusis, bitrifidis, subdentatis.* Ses fleurs viennent par bouquets, & comme en grappes. 2°. Une autre espece, qui donne un gros fruit très-rouge, & d'une saveur agréable. 3°. L'*Azerolier à fruit long*, blanc jaunâtre, & un peu fait en poire.

6°. M. Tournefort (*Cor. Inst.*; & *Voyage au Levant*, Tome 2. page 418) parle d'un Azerolier qui forme un arbre aussi gros que le Chêne. Ses branches se répandent de côté & d'autre. Les feuilles sont d'un verd pâle, légerement velues des deux côtés, découpées jusques vers la nervure du milieu en trois parties, dentelées sur les bords comme celles de la *Tanaisie*. Les fruits naissent deux ou trois ensemble, & paroissent comme de petites pommes; d'un pouce de diametre, partagées en cinq côtes comme celles de melon. Les Arméniens mangent ce fruit, quoiqu'il soit moins bon que les Azeroles. Voyez-en la figure dans le Voyage au Levant.

Aubépins.

Leurs ftipules font cannelées, & découpées comme les feuilles.

La plupart des fruits ne contiennent qu'un noyau dur.

1. L'*Aubépin des hayes* eft un Alizier, felon M. Linnæus. G. Bauhin l'appelle *Mefpilus Apii folio, filveftris, fpinofa, five Oxyacantha*. Elle porte un petit fruit très-rouge. Les Provençaux appellent ce fruit, & l'arbre même, *Poumetos de Paradis*. La fleur eft blanche, & fent très-bon.

2°. Il y en a une variété, à fleur double; que l'on cultive dans les jardins. Ses fleurs ont plufieurs piftiles: & il en noue quelques fruits, qui contiennent plufieurs noyaux.

Voyez AZEROLE.

Culture.

Toutes les efpeces de Neffliers peuvent s'élever de graine. Comme ces graines font ordinairement un an fans germer, attendu leur dureté, on peut en hâter la levée en plufieurs manieres: foit en mettant les fruits dans un pot ou dans une caiffe avec de la terre ou du fable, en automne, & les confervant ainfi dans un lieu frais, ou même à l'air; foit en enterrant ces pots à deux ou trois pieds de profondeur, où on les laiffera un an entier, pour les femer en planches au printems fuivant. M. Duhamel a éprouvé qu'en mettant, dès la fin de Septembre, les fruits auffi-tôt qu'ils font mûrs, lits par lits, avec de la terre un peu humide, & les femant au printems fuivant, dans des terrines fur couche, les femences levent dès la premiere année: ce qui eft une pratique avantageufe pour les efpeces rares. Le *Pinshow* eft cependant plufieurs années à lever, nonobftant ces précautions.

On peut auffi multiplier les Neffliers par des Marcottes: & en greffant les efpeces rares fur les communes.

On a coutume de greffer les Neffliers proprement dits fur l'Aubépin. On les greffe encore fur le Poirier fauvage, fur eux-mêmes, & fur l'Alizier. On prétend que le Nefflier greffé fur Poirier franc donne de bien plus groffes Neffles, & qui font de meilleur goût; & que celui qui eft greffé fur Aubépin, demeure bas pendant plufieurs années, & que fon bois devient extrêmement dur.

Ces arbres fe greffent en fente, au mois de Mars. On prend la greffe à l'extrémité des branches.

Celle de deux feves eft préférable à celle de la premiere pouffe.

Trois ans après avoir greffé le Nefflier, on le tranfplante à demeure, au mois de Novembre.

Les Azeroliers réuffiffent mieux à une expofition chaude, qu'ailleurs.

On les greffe en fente, ou en écuffon; fur Aubépin, Poirier fauvage, & Nefflier proprement dit. Pour avoir de plus gros fruits, plus hâtifs, & en abondance, on les greffe fur Coignaffier.

On peut planter des Azeroliers en efpalier. On les choifit pour cela, depuis deux pouces & demi jufqu'à quatre de groffeur par bas. Cette derniere proportion eft la plus avantageufe. Qu'ils foient greffés nouvellement, ou depuis trois ans: c'eft égal.

La plupart des efpeces de Neffliers peuvent fervir de fujets pour y greffer des poiriers qui reftent nains. Le fruit vient alors plus tôt que quand on a greffé fur des poiriers fauvageons. Des poiriers de Virgouleufe en efpalier, greffés fur Aubépin, ont donné du fruit quoiqu'affez jeunes.

Toutes les efpeces de Neffliers s'accommodent affez de toutes fortes de terres. Cependant elles ne font que languir dans un terrein trop fec. Il eft fort avantageux de leur donner trois labours, chacune des trois premieres années.

Ufages.

Les Neffles ne tombent point d'elles-mêmes de l'arbre. Il faut les cueillir vers la fin de Septembre; & les laiffer mollir fur la paille, avant de les manger. Comme elles molliffent d'abord par le cœur, il arrive fouvent que cette partie eft pourrie avant que le deffus foit en état d'être mangé. Il faut donc, quelque-tems avant qu'elles molliffent, les fecouer dans un van pour meurtrir le deffus: on le fait plufieurs fois, à quelques jours de diftance; ce qui mûrit le deffus auffi promptement que le dedans. Au refte, ce fruit eft toujours d'un goût médiocre. On le mange crud. Quelques fois on le met en compote avec du beurre frais, du vin, & du fucre.

Les Médecins regardent la Neffle comme un bon aftringent: on en mange pour arrêter le cours du ventre. L'école de Salerne l'indique comme faifant beaucoup uriner. On en fait une décoction pour arrêter les fluxions qui tombent fur la gorge, le gozier, les dents, & les gencives; on s'en lave la bouche. Si les femmes fe tiennent quelque-tems affifes dans cette décoction, elle arrête la trop grande abondance des menftrues. Avec les Nefles feches, incorporées avec du fuc de rofe, & y ajoûtant des clous de girofle, du corail rouge, & un peu de noix mufcade, on fait un cataplafme, que l'on applique fur l'orifice de l'eftomac, pour appaifer le vomiffement.

Le noyau du Nefflier n°. 1 fait la bafe de l'*Onguent de la Comteffe*: qui eft très-aftringent.

Au défaut de Cormier, on fait des chevilles & des fufeaux pour les moulins avec du Nefflier, de l'Alizier, & autres bois de ce genre. C'eft pourquoi, lorfqu'on en rencontre dans les ventes, il faut les débiter pour cet ufage.

En général c'eft une fort bonne pratique que de répandre beaucoup de fruits de Buiffons-Ardens, d'Azeroliers, & d'Aubépins, dans les femis de bois. Ces arbriffeaux ne font aucun tort au Chêne ni au Châtaignier; couvrent la terre; & font périr l'herbe, enforte que le grand bois n'en vient que mieux. On peut encore en femer dans des remifes que l'on plante: ils contribuent beaucoup à les garnir; & cette attention n'occafionne aucuns frais: au refte il eft bon d'être prévenu que les jeunes Neffliers pourront n'y paroître fenfiblement qu'à la troifieme ou quatrieme année.

Les *Azeroles* font aigrelettes: leur chair, jaunâtre & un peu pâteufe. Ces fruits ont la queue menue, courte; & la partie où elle pofe eft enfoncée. On les confit, foit au fucre, foit au vinaigre, quand on ne veut pas les manger cruds. On leur attribue de fortifier l'eftomac, & d'arrêter le vomiffement & le flux de ventre.

On voit affez généralement une année abondante en Prunes, l'être auffi en Azeroles.

Les Azeroliers dont nous avons donné la lifte, font de fort jolis arbres dans le mois de Mai, quand ils font en fleur. Ils conviennent donc aux bofquets de printems. Leurs fruits, dont les uns font rouges & les autres blancs, produifent encore un affez bel effet en automne: c'eft dommage qu'alors leurs feuilles n'ayent prefque plus d'éclat. Les efpeces qui portent de gros fruits peuvent être cultivées dans les potagers. Celle du n°. 1 mérite fur tout d'être cultivée, à caufe du brillant de fes feuilles, & de l'éclat de fon fruit.

On fera bien de mettre des Azeroliers dans les remises : parce que leur fruit attire le gibier. Ils sont moins épineux que les Aubépins, croissent plus vîte, & deviennent plus grands.

On prétend que la fleur de l'*Aubépin* fait corrompre le poisson.

Le bois & le fruit de ces arbrisseaux sont astringens : propres à arrêter les pertes de sang & le flux de ventre.

Les Aubépins sont très-agréables dans le mois de Mai, tems auquel ils sont en fleur. Plusieurs especes répandant une odeur fort gracieuse, on peut en mettre dans les bosquets du printems : sur tout l'Aubépin à fleur double ; qui est charmant dans le tems de sa fleur.

Les especes privées d'odeur, ont les feuilles plus brillantes que les autres.

C'est une bonne œconomie que d'élever des pépinieres d'Aubépin : que l'on vend, à trois ou quatre ans, pour former des haies. On peut ainsi occuper utilement un coin de terre négligé. Si cette terre est légere & exposée au midi, le plant devient très-beau. Comme l'Aubépin a de grandes épines, & qu'il souffre le ciseau & le croissant, les haies que l'on en fait ont le double avantage d'être fortes & très-jolies quand on a soin de les tondre. *Consultez l'article* HAIE.

NEG

NEGA. *Voyez* CERISIER, n°. 3.

NÉGOCIANT. *Voyez* COMMERCE.

Une des principales qualités qu'on doit avoir dans le négoce, est celle d'homme de bien. Elle consiste, 1°. à être de bonne foi. 2°. A ne tromper personne ; c'est-à-dire à ne point vendre à faux poids & à fausse mesure, qui soient moins pesans ou plus petits que ceux & celles portées par les Ordonnances ; en pesant, ne point, par artifice & subtilité de la main, faire pancher la balance du côté où est la marchandise, afin qu'il s'y trouve davantage de poids. 3°. A observer la justice, & donner plutôt plus de poids, que moins. 4°. Enfin à ne point vendre une marchandise pour l'autre : quand même elle seroit aussi bonne, ou même meilleure que celle que l'on demande ; en un mot, de quelque sorte & qualité de marchandises que ce puisse être, ne les jamais vendre pour autres que pour ce qu'elles sont.

Le bonheur & la fortune des Négocians procedent ordinairement de la connoissance parfaite qu'ils ont du commerce ; de la grande expérience qu'ils ont acquise en servant d'autres Marchands avant de faire leur établissement ; du bon ordre qu'ils ont à tenir leurs livres ; de la prévoyance & prudence qu'ils ont de ne se point charger de trop de marchandises, & de ne point prêter au-dessus de leurs forces ; du soin & de la vigilance qu'ils ont de solliciter leurs dettes ; de l'assiduité à demeurer dans leur maison, & examiner la conduite de leurs Facteurs & Domestiques ; de l'épargne & de l'œconomie dans toute leur dépense ; de la réputation qu'ils s'acquierent d'être gens de bonne-foi, & de tenir leur parole l'ayant une fois donnée, quand même ils devroient perdre sur les marchés qu'ils ont faits ; de la fermeté & du courage qu'ils ont pour surmonter toutes les difficultés & disgraces qui leur arrivent, & qu'ils n'ont pû prévoir.

Il est certain que si un Négociant a toutes les qualités ci-dessus, il fera une bonne maison, pour peu de fortune qu'il ait ; ou du moins, s'il n'amasse pas de grands biens, il se maintiendra toujours avec honneur dans le commerce.

NEI

NEIGE. Eau gelée qui tombe par legers floccons.

La Neige préserve les plantes d'être endommagées par les fortes gelées. Comme elle fond peu à peu, son eau pénetre bien avant dans la terre ; ce qui fait dire qu'elle l'engraisse. *Voyez* AMENDER, n. 41.

NEIGE (*Œufs en*). Consultez l'article ŒUF.

Arbre de NEIGE. *Voyez* CHIONANTHUS.

NEN

NENUPHAR ; ou *Lis d'Eau* ; qu'en quelques endroits on appelle *Pyrote*, peut-être à cause de la forme de son fruit qui imite celle de la Poire (en Latin *Pyrus*). Le nom Latin du Nenuphar est *Nymphæa*. Les Anglois lui donnent celui de *Water-Lily*.

Dans les plantes de ce genre la fleur a un calyce formé de quatre ou cinq divisions colorées ; ordinairement cinq pétales disposés en rose ; & des étamines sans nombre, qui sont courbées, & dont les sommets sont allongés, & semblent être des fils. Au milieu de la fleur est un gros embryon à peu près oval ; terminé par un stigmate orbiculaire, applati, & crénelé sur les bords. Le fruit est tantôt arrondi & comme écailleux, tantôt uni & allongé en poire, ferme, charnu ; toujours garni du stigmate ci-dessus, à son extrêmité, à peu près comme une tête de pavot ; & séparé intérieurement en dix à quinze loges, dont la pulpe contient des semences arrondies, & plus ou moins allongées.

Especes.

1. *Nymphæa alba major* C. B. Le *Blanc d'Eau* ; le *Lis d'Etang*. Il vient dans des eaux tranquilles. Ses feuilles sont larges, presque rondes, charnues, fermes, d'un verd blanchâtre en dessous, plus brunes à leur face supérieure ; elles flottent sur l'eau, soutenues par de longues & grosses queues rougeâtres & succulentes. Ces feuilles ont un goût herbacé & fade. A leur base sont deux oreilles arrondies. Les fleurs sont pareillement hors de l'eau ; assez considérables, blanches, & sans odeur. Il leur succede un fruit à peu près sphérique ; rempli de semences noirâtres & luisantes. La racine est longue, charnue, environ grosse comme le bras, noueuse, brune au dehors, blanche en dedans, spongieuse, amere, remplie de suc visqueux, & attachée à la terre du fond de l'eau par des fibres.

2. *Nymphæa lutea major* C. B. Cette espece a les feuilles plus oblongues que celles de la précédente. Elle fleurit jaune ; & a les pétales très-courts. Ses fruits ont une forme allongée presque en poire. Sa racine est comme écailleuse, & extérieurement verte. Du reste la plante ressemble au *n.* 1 : & elle croît aux mêmes endroits.

Usages.

On substitue les racines du *n.* 2 à celles du *n.* 1 qui est plus d'usage pour la Médecine, en beaucoup d'endroits. Ces racines sont fort adoucissantes, rafraîchissantes & humectantes : ainsi que les fleurs. On fait prendre intérieurement leur décoction pour l'inflammation des reins & des autres visceres, pour le rhume, les fievres ardentes, l'ardeur & l'âcreté de l'urine, & dans les autres cas où il convient d'adoucir le sang : on s'en sert aussi extérieurement pour les inflammations ; & pour décrasser & adoucir la peau.

On prépare avec les fleurs, un sirop un peu somnifere; qu'on emploie dans les juleps & potions rafraîchissantes; sa dose est d'une once: *Voyez* l'article SIROP. On se sert aussi de l'Eau distillée de ces fleurs: la dose en est depuis trois jusqu'à six onces. On prépare avec les calyces, ou les étamines, des mêmes fleurs, un miel qui est d'un excellent usage dans les lavemens adoucissans & émolliens.

On prétend que la racine seche, étant avalée dans du vin, est utile pour le dévoiement, la dysenterie, l'enflure & les obstructions de rate. On en fait des cataplasmes pour les maux d'estomac & pour ceux de la vessie. On la mêle avec de l'eau, pour effacer les rousseurs & autres taches de la peau. Appliquée avec de la poix, elle guérit la teigne. On attribue à la graine les mêmes effets.

Culture.

L'une & l'autre especes se cultivent de même. On les tient dans de grands pots, garnis de bonne terre, & où l'on a soin qu'il y ait toujours une suffisante quantité d'eau.

On ne les déplante, que pour séparer les rejets: ce qui se fait en automne. On remet aussi-tôt les racines en place.

Pour multiplier ces plantes en grand, on cueille leurs fruits quand ils sont près de s'ouvrir; & on en répand la graine sur des eaux tranquilles. Elle descend au fond: & l'on voit au printems les feuilles à la surface de l'eau, & les fleurs paroître dans les mois de Juin & Juillet de la même année.

Quand elles sont une fois établies dans un endroit, elles s'y multiplient abondamment.

NEP

NEPA. *Voyez* JONC-MARIN.

NEPENTHÈS. Les Grecs ont autrefois nommé ainsi une potion qui faisoit oublier les maux. On ne peut déterminer aujourd'hui ce que c'est. Quelques Pharmaciens ont appliqué cette dénomination à une espece d'Opiate. Consultez le *Lexicon Medicum* de Castell.

De nos jours on a donné le nom de Nepenthès à un Ratafia, dont nous parlerons sous le mot RATAFIA.

NÉPHRÉTIQUE. (*Bois*) Voyez BOIS, p. 349.

Colique NÉPHRÉTIQUE. *Voyez* au mot COLIQUE.

Remedes NÉPHRÉTIQUES. *Voyez* DIURÉTIQUES *Chauds*.

NER

NERFS. Especes de fibres blanches & très-fortes; qui, distribuées dans tout notre corps, y sont les organes du sentiment; mais dont la structure, l'expansion, & la maniere d'agir, n'ont pas encore pû être déterminées. Si on coupe les Nerfs qui se tendent à un muscle, à un tendon, à une aponevrose; qu'on excite ensuite ces parties, soit avec le scalpel, soit avec des acides ou des alkalis, &c.: ces parties se montrent dépourvues de sentiment & d'action. On observe la même chose sur le périoste, les ligamens, les os, & la moëlle même. Les visceres & les glandes, privés de leurs Nerfs, ne sentent plus, n'opérent plus aucun changement sur les humeurs; les sécrétions & la nutrition cessent de s'y faire.

Plus les Nerfs sont nuds, plus ils sont sensibles. Les papilles nerveuses, dépouillées de l'épiderme, sont si sensibles, que le moindre corps qui les touche cause de la douleur. C'est ce qu'on éprouve bien plus manifestement encore sur les papilles que recouvrent les ongles, &c. L'extrémité de quelques Nerfs a une structure particuliere, qui les rend plus sensibles: & en ces endroits ils sont plus garnis d'artérioles.

Moins les Nerfs sont éloignés de leur origine, plus ils en viennent directement sans être empêchés ni embarrassés par d'autres parties; plus aussi l'impression qu'ils reçoivent est portée promptement au cerveau.

Plus il y a de filets nerveux dans une partie, plus elle est sensible. C'est pourquoi la vessie & l'estomac le sont plus que d'autres parties du tronc.

La débilité dans le genre nerveux est en partie la cause de ce que nous voyons les enfans exposés aux maladies scrophuleuses & à d'autres maladies des glandes.

Les Nerfs sont exposés à des maladies & à divers accidens.

Pour Ramollir les Nerfs racourcis, ou endurcis.

1. Prenez deux pieds de Bœuf, & deux poignées de sauge; faites-les bouillir ensemble, jusqu'à ce que la chair se sépare des os: ensuite coulez la liqueur avec expression; battez ce jus avec demi-livre de beurre frais; & conservez cette gélée dans un vase de terre. Frottez-en chaudement les jointures des parties racourcies ou endurcies, deux fois le jour.

2. Prenez une chopine d'huile d'olives, & une chopine de vin clairet: faites-les bouillir jusques à l'entiere consomption du vin. Frottez-en les parties malades, chaudement soir & matin; enveloppez-les ensuite avec des linges chauds.

Ce topique est encore bon pour les chevaux qui ont les jambes roides.

3. Prenez une chopine d'huile d'olives, & une demi-chopine de vin clairet; faites-les bouillir jusqu'à ce que le vin soit consommé. Après cela ajoutez-y du tabac & des feuilles d'armoise, de chacun une bonne poignée: faites bouillir encore le tout pendant long-tems; passez-le à travers un linge blanc, avec expression: & gardez ce baume pour le besoin. Pour vous en servir, mettez-en sur une feuille de chou rouge, ou autre; appliquez-la sur la partie, chaudement, deux fois le jour; & continuez jusqu'à guérison.

Nota. L'usage de ces trois remedes convient particuliérement dans les cas où, après de longues maladies qui ont fait garder le lit ou demeurer sédentaires, les Nerfs s'endurcissent ou se retirent, ensorte que l'on est exposé à rester boiteux.

4. M. Delorme a constamment fait appliquer avec succès, de l'huile de romarin mêlée avec un demi-gros de sel essentiel de tabac; devant un bon feu: puis coucher le malade chaudement.

5. Au reste on ne doit pas présumer de faire allonger un nerf naturellement court.

Pour fortifier les Nerfs des jambes d'un enfant; qui ne peut pas marcher, ou qui tarde trop à le faire.

Prenez des feuilles d'hieble, de marjolaine & de sauge, une quantité suffisante, & autant des unes que des autres; pilez le tout ensemble: tirez-en autant de jus qu'il en faut pour remplir une bouteille de verre: bouchez bien cette bouteille avec de la pâte; enveloppez même toute la bouteille avec de ladite pâte assez épais: mettez la bouteille ainsi disposée, cuire dans un four, aussi longtems qu'il faudroit pour cuire un gros pain: tirez-l'en ensuite; laissez-la refroidir; rompez la pâte dont elle est environnée; cassez la bouteille; & prenez la matiere qui sera dedans; qui aura une consistance d'onguent; & que vous conserverez pour vous en servir en la maniere suivante.

Prenez de cet onguent & de la moëlle de jarret de bœuf, autant de l'un que de l'autre; faites-les fondre ensemble; frottez-en chaudement & souvent le derriere des cuisses & des jambes de l'enfant : il marchera bien-tôt. *Notez* que ce remede est bon aussi pour les *adultes, qui boitent parce qu'ils ont les nerfs racourcis ou endurcis.*

Voyez *Foiblesse des* Reins.

Contraction de Nerfs ; Spasme ou Retirement des Nerfs.

Le Spasme est pris en général pour toute convulsion : mais on l'applique particuliérement à cette espece de contraction qui arrive à certaines personnes qui ont le nez, & quelquefois la moitié du visage, de travers ; ce qui les rend plus ou moins difformes, selon que les muscles & les nerfs ont souffert dans leur principe.

Cette convulsion se traite comme la paralysie : c'est pourquoi l'on y remédiera dès le commencement, de peur qu'elle ne dégénere en une maladie plus fâcheuse.

Pour les Nerfs retirés ou Enflés.

☞ 1. Prenez des limaces rouges, & des vers de terre (ceux des terres grasses, & particuliérement des cimetieres, sont les meilleurs) : lavez-les bien, & faites-les dégorger dans de l'eau. Puis les ayant essuyé doucement entre deux linges, faites-les cuire à petit feu avec six onces de cire vierge, & de l'huile d'olives à proportion. Il faut avoir soin de bien remuer. Quand la matiere aura pris la consistance d'onguent, vous la passerez par un linge net ; & la conserverez dans des pots. Lorsque vous voudrez vous en servir, il faudra en frotter, auprès du feu, la partie affligée ; & mettre un linge par dessus, le plus chaud qu'on pourra le souffrir. Ce remede occasionne d'abord une grande rougeur sur la peau, & une tension fort douloureuse : mais cette crise est bientôt suivie du bon effet désiré.

Voyez Huile *de Vers.* Gouttes *Céphaliques d'Angleterre.* Foulure. Douleur.

Pour rejoindre des Nerfs coupés.

Prenez des yeux d'écrevisse en poudre bien fine, sur un petit linge ; mettez-le sur les Nerfs ; & liez bien avec des bandes toutes seches, de peur que quelque humidité n'y pénetre : laissez-y la ligature l'espace de vingt-quatre heures. Voyez ensuite si les Nerfs sont rejoints ; liez-les avec des ligatures chaudes, comme si c'étoit quelque autre plaie récente ; & un jour ou deux après, ôtez les ligatures.

Le même remede guérit l'Entorse des Nerfs ; étant appliqué médiocrement chaud. C'est encore un souverain remede contre la difficulté d'uriner, si on l'applique chaud depuis les reins, le long des vertebres avec un linge chaud, & qu'on boive ensuite du vin blanc.

Il est excellent contre la sciatique ; appliqué chaud sur la partie. Il guérit de même les morsures envenimées des chiens enragés, & d'autres bêtes : mais avant d'y mettre de ce baume, il faut faire saigner la plaie, & la panser avec du vin & de la charpi.

2. *Voyez* Plaies des *Nerfs*, entre les maladies du Cheval. Onguent *Divin.* Douleur.

Piqûre des Nerfs.

Prenez deux poignées d'ers, ou orobe, cuit dans une lessive de sarment de vigne ; un peu de vinaigre ; un peu de miel ; un peu de farine d'orge ; un peu de farine de feves. Mêlez tout cela ensemble : mettez-le sur le feu dans un pot ; & faitez-en un onguent dont vous vous servirez en l'appliquant sur le mal.

Voyez Douleur.

Nerfs Foulés.

Prenez des fleurs de bouillon blanc, de millepertuis, de camomille, de chacun une poignée. Faites bouillir toutes ces fleurs dans une chopine de vin blanc jusqu'à la réduction de la moitié. Après avoir coulé cette décoction, vous y tremperez un linge ; que vous appliquerez sur le mal.

Lorsque la foulure des nerfs est accompagnée de quelque *plaie*, & que la peau est *écorchée* ou emportée : prenez des blancs d'œufs, & de l'huile rosat ; battez-les ensemble, pour en étuver la partie foulée : mettez par-dessus un linge trempé dans cette liqueur.

Lorsque la douleur sera appaisée, vous laverez avec de gros vin chaud ; & vous mettrez une compresse trempée dans ce vin.

Mais si le Nerf est simplement froissé, & que la peau ne soit point entamée, vous bassinerez souvent avec des huiles chaudes & diaphorétiques : telles que sont les huiles de sauge, de lavande, de romarin, &c.

Voyez Contusion. Douleur *de Nerfs.* Onguent *Divin.*

Douleurs de Nerfs.

Voyez Douleur. Consultez aussi le mot *Nerfs* ; entre les Maladies du Cheval.

Nerf Ulcéré.

Voyez sous le mot *Remedes pour les plaies des Nerfs* ; dans l'article Cheval.

NERFS, ou NERVURES : *terme d'Architecture.* Ce sont les Moulures des arcs doubleaux, des croisées d'ogives & formerets, qui séparent les pendentifs des voutes gothiques. En latin on les nomme *Thoreumata.*

On donne *encore* ce nom à des Côtes qui, dans des feuillages & des rinseaux d'ornemens, s'élevent de chaque feuille, & représentent les Nerfs des plantes naturelles.

Ce sont *aussi* des Moulures rondes, sur le contour des consoles.

NERFS ; ou NERVURES : *terme de Botanique.* Ce sont les filets qui font éminence sur le revers de la plûpart des feuilles.

Quelques personnes appellent encore Nerfs, les queues ou pédicules des feuilles.

NERPRUN ; *Noir-Prun ; Bourg-Epine ; ou Bouc-Epin* : en Latin *Rhamnus*, & *Lycium* : que les Anglois appellent *Buckthorn*, ou *Boxthorn.*

Les plantes de ce genre ont leur fleur contenue dans un calyce d'une seule piece, fait en entonnoir, coloré en dedans, & assez ordinairement découpé en cinq par les bords. A chaque division est un pétale, en forme de petite écaille, qui se renversant vers le centre de la fleur, couvre une étamine qui est insérée sous ce pétale. Au milieu des étamines est un embryon arrondi ; qui sert de support à un style terminé par un stigmate obtus, lequel est divisé en trois lanieres. L'embryon devient une baie ronde, divisée intérieurement en plusieurs parties ; & qui contient des semences applaties d'un côté, & bombées de l'autre.

Especes.

1. *Rhamnus Catharticus* C. B. Le Nerprun pur-

gatif; d'usage dans la Pharmacie. Cet arbrisseau vient de lui-même dans les bois. Quand on le laisse croître, il forme une tige assez grosse qui s'éleve à huit & quelquefois jusqu'à quinze pieds de haut; d'où partent des branches sans ordre. Les jeunes pousses ont une écorce douce & d'un gris brun: en vieillissant, l'écorce devient rude, & prend une couleur très-foncée. Les feuilles, tantôt opposées; tantôt alternes; ovales, longues d'environ deux pouces & demi, sur à-peu-près un pouce & demi de largeur, terminées par une pointe mousse qui excede d'environ deux lignes l'extrêmité de l'ovale, légerement dentelées sur leurs bords, d'un verd foncé à leur face supérieure, beaucoup moins vertes sur la face opposée, marquées d'une nervure longitudinale qui en occupe le milieu, & d'où en partent de latérales qui forment des portions de cercles. Ces feuilles ont des pédicules menus, longs d'à-peu-près un demi-pouce. Vers le mois de Juin les aisselles des feuilles donnent naissance à des bouquets de fleurs; auxquelles succedent des baies noires, pulpeuses, arrondies, un peu applaties à leur extrêmité, & dont le diametre est de deux ou trois lignes: elles mûrissent en Septembre & Octobre. Chaque baie contient trois ou quatre semences: & son suc teint en verd le papier blanc que l'on en a frotté.

2. *Rhamnus Catharticus minor* C. B. La *Graine d'Avignon*; le *Granetto* des Provençaux. Cette espece, moins considérable dans toutes ses parties, est une plante de nos Provinces Méridionales: qui ne s'éleve gueres qu'à la hauteur de trois, quatre ou six pieds; ses feuilles sont fermes, luisantes, & d'un verd foncé. Elle a quelquefois de petites épines accouplées. Ses fleurs sont solitaires, d'un jaune herbacé; & paroissent dans le mois de Juin. Au reste on observe quelques variétés par rapport aux feuilles & aux fleurs: Voyez M. Tournefort, *Inst.* R. *Herb.* Le bois de cet arbrisseau est jaunâtre, & couvert d'une écorce très-brune. Les baies, d'abord vertes, noircissent en mûrissant, sont remplies d'un suc noir verdâtre; & sont mûres en automne.

3. *Rhamnus Hispanicus saxatilis, capillaceo folio, rupibus innascens*, Inst. R. Herb. Ses feuilles sont fort étroites.

4. *Rhamnus Hispanicus, Buxi folio, minor* Inst. R. Herb. Ce Nerprun ressemble au Buis, par ses feuilles.

Culture.

Les Nerpruns s'élevent très-facilement de semence; & de drageons enracinés qui se trouvent auprès des gros pieds. On en fait aussi des marcottes en automne; & des boutures au printems, avant la pousse. Pour que la graine leve promptement, il faut la semer aussi-tôt après la maturité des baies.

Ces arbrisseaux résistent bien aux alternatives des saisons dans notre climat. Ils ne sont nullement délicats sur le terrein.

Voyez la cinquieme *Herborisation* de M. Tournefort.

Usages.

Comme les Nerpruns sont d'assez jolis arbrisseaux, quoique leurs fleurs soient peu apparentes; ils ne figurent pas mal dans des bosquets d'Eté. Il convient d'en mettre dans les remises, pour y attirer les oiseaux qui en mangent le fruit.

On en fait des clôtures ou haies; mais inférieures à celles d'Aubépin, ou même de Pomier sauvage.

Les baies des deux premieres especes sont purgatives. Celles du *n.* 1 sont très-utiles dans les maladies chroniques où il faut détacher de vieux levains qui rendent le sang trop séreux; telles que la goute, la paralysie, la cakéxie, la gale, & autres affections de la peau, le rhumatisme, les pâles couleurs, la sciatique. Consultez M. Tournefort *Herbor.* v. L'usage le plus ordinaire est de faire un sirop de ces baies: mais il faut manger un potage après en avoir pris la dose convenable. *Voyez* l'article Sirop. Les feuilles de cet arbrisseau passent pour être déte rsives.

Après avoir concentré & dépuré le suc des baies mûres, on le met dans des vessies avec un peu d'alun dissout dans de l'eau; & on pend ces vessies au plancher d'un endroit chaud. Quelque-tems après on délaie dans de l'eau une matiere gommeuse qui se trouve mêlée avec le marc; on la passe ensuite par un linge; & on la fait évaporer: ce qui produit un fort beau verd, que les Enlumineurs & les Peintres en Mignature nomment *Verd de Vessie*.

M. Miller (*Gard. Dict.*) censure M. Duhamel, pour avoir dit, dans le *Tr. des Arbr. & Arbust.* » que les fruits du *n.* 2 étant cueillis verds, se » nomment *Graine d'Avignon*. L'Auteur Anglois dit qu'ayant connu une personne qui avoit longtems résidé dans nos Provinces Méridionales, & qui lui assura que cette graine étoit le fruit bien mûr de l'*Alaterne à feuilles étroites*, il en cueillit une certaine quantité pour la présenter à deux Marchands bien au fait: qui après en avoir fait l'essai, lui dirent que c'étoit de la graine d'Avignon, & que s'il en avoit beaucoup à leur fournir, ils l'acheteroient. Cependant M. Garidel, dans son *Histoire des Plantes, qui naissent aux environs d'Aix & dans plusieurs autres endroits de la Provence*, dit positivement que cette espece de Rhamnus, appellée *Granetto* par le vulgaire, fournit la graine d'Avignon, qui sert » pour tein» dre la soie de couleur jaune, ou de couleur d'or. D'ailleurs ce fait est notoire dans le Comtat d'Avignon. [*Nota.* Je remarque M. Miller donne le nom de *Rhamnus Catharticus minor*, à un arbrisseau qui differe de celui de Provence, en ce qu'il porte des feuilles minces, & dont la couleur est un verd jaunâtre.]

Cette graine ou baie fait aussi vomir. Nous avons déja dit qu'elle est purgative: on en mange depuis six jusqu'à vingt. On prend aussi la décoction de vingt à cinquante de ces baies. Les ayant fait sécher, on les met en poudre; dont on incorpore une dragme avec de la conserve de fleurs d'orange, ou autre semblable. De quelque maniere que l'on en use, il est à propos de manger une soupe immédiatement après.

On en fait souvent le *Stil de grain*. Consultez l'Article Mignature.

La graine du *n.* 3 sert en Espagne, à teindre en jaune le cuir dont on couvre les livres.

Le *n.* 4 fournit aussi une teinture jaune.

NERTO. *Voyez* Myrte.

NERVEUX: *Terme de Botanique*. Se dit des vaisseaux qui s'étendent tout droit dans les fruits ou les feuilles sans former de ramifications, & que l'on compare aux nerfs du corps animal.

Le Plantain, la Gentiane, l'Elleborine, le Muguet, la Bistorte, la Pyrole, ont des feuilles Nerveuses.

NERVURE. *Voyez* Nerfs: *terme d'Architecture*.

NÉS

NÉS; ou NEZ. Partie éminente du visage de l'homme, & qui termine antérieurement la tête de plusieurs quadrupedes, tels que le chien. C'est où réside l'organe de l'odorat. On présume que cet organe consiste dans le velouté qui revêt intérieurement les anfractuosités de nos narines; membrane composée d'un grand nombre de vaisseaux & de fibres : que l'on nomme *Membrane Muqueuse* ou *Pituitaire*. Les trous de l'os Ethmoïde livrent passage à des filamens nerveux, qui descendant du cerveau, pénetrent les gaînes que leur fournit la dure-mere, vont se répandre dans toute l'étendue de la membrane muqueuse, & en suivent tous les replis. On n'apperçoit en aucune autre partie du corps, des nerfs plus découverts ni si délicats. La lymphe mucilagineuse, qui enduit toute l'étendue de la membrane pituitaire, empêche que le passage continuel de l'air ne la desséche, & n'affoiblisse ainsi l'organe de l'odorat.

Cette membrane devient fort épaisse & boursoufflée, dans les fontes ou catarrhes. Un de ses principaux usages est la filtration de la *Pituite* : liqueur sans goût & sans odeur, mais qui se mêle facilement avec l'eau, se convertit en une espece de plâtre quand on la fait sécher, & rend très-glissante la surface interne du nés. On suppose que la concrétion que cette liqueur produit en se séchant, est la réunion des parties huileuses, dont la chaleur a détruit le mêlange avec les parties aqueuses. Le rhume fait couler cette liqueur en abondance. On croit pouvoir expliquer ce fait, en observant que si l'on est saisi de froid, les vaisseaux externes de la tête se trouvent subitement resserrés, & suppriment la transpiration; tandis que la chaleur qui est dans les parties internes, s'oppose à ce resserrement. La liqueur cessant alors de couler dans les vaisseaux qui vont à la tête, elle reflue abondamment vers le nés, occasionne une légere inflammation à la membrane pituitaire; & la quantité de sang qui s'y rencontre, & le gonflement des vaisseaux, produisent une grande filtration de cette humeur.

La chaleur excessive produit aussi un écoulement par le nés : parce que les parties externes de la tête ayant été fort raréfiées par l'action du chaud, le sang s'y porte en plus grande quantité, & y cause un engorgement; dont la suite est le reflux du sang dans les arteres de la membrane pituitaire. Cet écoulement arrive sur-tout, lorsqu'ayant chaud, on se découvre la tête dans un endroit froid.

Dès que l'humeur cesse de couler, on ne peut se moucher que difficilement. Les membranes qui s'étoient gonflées, la retiennent alors dans leurs détours; la partie aqueuse s'exhale; & il reste une matiere épaisse, qui bouche le nés en descendant.

Les anciens Médecins, plusieurs même d'entre les Modernes, ont cru que la pituite descendoit immédiatement du cerveau. Mais il n'y a point de passage du cerveau dans le nés. Pour ce qui est de la glande pituitaire, placée sur la selle sphénoïdale : il est certain qu'elle ne se décharge pas dans le nés; puisque les liqueurs qu'on injecte dans cette glande, se rendent dans les veines jugulaires. La pituite ne passe pas davantage par les trous de l'os cribreux : les nerfs & les petits vaisseaux qui accompagnent ces nerfs, y entrent seuls; & c'est par ces petits vaisseaux que le sang peut venir quelquefois du cerveau, dans les hémorrhagies.

Il n'y a aucun passage qui puisse conduire dans le cerveau les poudres qu'on prend par le nés.

Le nés est composé de chairs ou muscles, d'os, & de cartilages. Le tout est revêtu de la peau audehors; & au dedans, de la membrane dont on vient de parler.

L'os Ethmoïde, placé au bas du crâne, a des lames spongieuses, des cellules, & des cornets. Plus les animaux ont l'odorat vif, plus ces cornets sont considérables. Dans les lievres, ils forment beaucoup de replis.

En général on remarque que plusieurs animaux, tels que les chiens, les lievres, les renards, les porc-épis, &c. ont plus de lames osseuses que l'homme; qui en a le moins de tous. C'est ce qui fait croire, que c'est pour cela qu'ils ont aussi l'odorat meilleur; à cause que cette membrane dont nous avons parlé, ayant beaucoup d'étendue dans un petit espace, elle reçoit en plus de parties les impressions des particules écoulées des corps odorans.

On appelle *Racine du Nés*, sa partie supérieure, qui se trouve entre les deux yeux; *Dos du Nés*, celle qui est osseuse & immobile, dont la partie la plus pointue se nomme l'*Epine*. On donne le nom de *Globe* ou *Bout du Nés*, à sa partie inférieure, qui est mobile & cartilagineuse; celui d'*Alles* ou *Allerons*, aux parties latérales. Enfin cette partie charnue, qui sépare intérieurement les deux narines, s'appelle *Colomne du Nés*.

Les narines sont dilatées par six muscles, trois de chaque côté; sçavoir, le *pyramidal*, l'*oblique ascendant* ou *myrtiforme*, & l'*oblique descendant* : qui tous sont doubles. La figure de chacun des os du nez est plutôt quarrée que triangulaire. Leur connexion entre eux est par suture; aussi-bien qu'avec le coronal; les os maxillaires supérieurs, & l'ethmoïde.

Les poils qui sont à la partie inférieure des narines, empêchent que la mucosité ne coule involontairement; & que les insectes n'entrent dans le nés.

Personne n'ignore que le nés sert à la respiration, & donne passage à une sorte d'excrémens qu'on nomme la *Morve*.

Le nés est exposé à quelques incommodités; comme sont les ulceres, les chancres, la puanteur, l'hémorrhagie ou saignement, & le polype.

Chancre du Nés.

Voyez sous le mot CHANCRE.

Ulcere interne du Nés, ou Ozane.

1. Prenez quatre à cinq cuillerées de jus de poirée, avec autant de bouillon du pot avant qu'il soit salé, ou de l'eau de veau : & tous les matins, versez-en dans le creux de la main, & le tirez par le nés.

2. Prenez de la décoction de gayac, ou de celle de buis, ou de l'eau de fleurs d'orange, ou du jus de feuilles de lierre, ou de la décoction de romarin, ou du jus de feuilles de tabac verd ou sec infusé dans du vin blanc : & tirez-en par le nés.

3. Prenez de la noix de galle, de la céruse de Venise, de chacun une once; de l'amidon, de la gomme adraganth, de chacun demi-once : réduisez le tout en poudre, & faites-en un liniment avec trois onces de graisse de poule.

4. Pulvérisez séparément litharge d'or, céruse, plomb brûlé, pierre calaminaire; deux gros de chaque. Puis mêlez-les ensemble dans le mortier, avec une cuillerée d'huile rosat : ajoûtez-y une cuillerée des sucs de géranium, morelle, & joubarbe, mêlés ensemble auparavant en égales quantités. Puis mettez une autre cuillerée d'huile rosat, & une des mêmes sucs, & ainsi alternativement, jusqu'à ce que tout le mêlange ait acquis une consistance d'onguent. Il faut en imbiber des tentes, & les mettre dans les narines.

5. Mettez-y des tentes imbibées d'onguent de tabac.

6. On emploie aussi les fomentations vulnéraires & balsamiques.

Voyez OZÆNE. AVRINE, pag. 224, col. 2.

Odorat perdu.

Consultez l'article ODORAT.

Ulceres externes au Nés.

1. Pilez des pommes de cyprès, avec autant de figues; & appliquez-les sur le nés.

2. Prenez demi-once de cire blanche, une once de moëlle d'os de veau, demi once d'huile d'amandes douces, trois à quatre cuillerées de mucilage de semence de coing ou de gomme adraganth; faites fondre le tout ensemble jusqu'à ce qu'il ne reste plus d'humidité; & frottez-en l'ulcere deux ou trois fois le jour.

3. Mêlez dix grains d'orpiment avec deux onces d'huile rosat; & vous-en frottez deux fois le jour. Mais il faut que l'ulcere soit bien malin pour appliquer ce remede.

4. Prenez du suc de tabac; faitez-le bouillir avec autant d'huile d'olives: après que l'humidité sera tellement consommée qu'il n'y reste que l'huile, frottez-vous-en soir & matin.

5. On se purgera assez souvent avec la confection hamec; ou avec le diaphœnic; ou de la rhubarbe; ou des tamarins.

Polypes. Consultez le mot POLYPE.

Puanteur du Nés. Voyez PUANTEUR.

Inflammation externe.

Prenez une once d'aloës; faites-la fondre dans quatre onces d'eau; & bassinez-en souvent la partie malade.

Enchifrenement. Voyez ce mot dans le T. I, p. 901.

Nazillonnement: ou lorsqu'on parle du nés.

C'est quelquefois une indisposition accidentelle. On peut la guérir par le long usage d'eau-de-vie camphrée, mêlée avec partie égale d'eau tiede; qu'on respire par le nés: ce remede est agréable.

Saignement de Nés.

Voyez HÉMORRHAGIE.

Lorsqu'il vient d'une crise, c'est-à-dire, dans les accès des fievres continues; il ne faut pas inconsidérément l'arrêter: si l'on ne voit à-peu-près que le malade tombe en défaillance.

Il y a un *saignement* de nés, que l'on nomme improprement *externe*: causé par l'ardeur du soleil, ou par quelque chûte, ou quelque coup; ou qui vient de trop boire, de trop danser ou crier, ou de quelque exercice ou action violente.

Il y en a un autre, dit *interne*: qui vient d'une veine ou d'une artere rompue, ou ouverte, ou rongée.

S'il vient d'une artere, le sang est subtil & jaune, & pétille en sortant.

S'il vient d'une veine, il est plus épais, & plus rouge; & sort sans sautiller.

Si l'hémorrhagie dure long-tems, elle menace d'une longue ou mortelle maladie.

Quand les femmes n'ont pas leurs ordinaires; s'il leur arrive un saignement par le nés, elles sont soulagées.

Pour le saignement, tant externe qu'interne; les *jeunes-gens qui y seront sujets*, se feront ouvrir la veine tous les trois mois, au commencement de la Lune. Ils boiront peu de vin; éviteront les exercices immodérés; dormiront plus long-tems que les autres; mangeront de la salade, des fruits, & du potage assaisonné d'herbes rafraîchissantes, comme oseille, pourpier, laitue, chicorée, cerfeuil, & verjus. Leur boisson sera de cidre, ou de petite bierre, ou de tisanne, ou de limonade.

Pour les filles qui passeront quinze ans, on leur procurera les ordinaires; & elles useront d'alimens un peu moins rafraîchissans.

Quant aux personnes d'un âge avancé: on leur fera venir les hémorrhoïdes, si elles étoient supprimées. On saignera du pied les femmes.

Si ces remedes, tant aux uns qu'aux autres, n'arrêtent pas le saignement; on leur appliquera, pour le plus sûr, un cautere sous la plante des pieds; *ou* on leur fera prendre par le nés, de la poudre d'encens, ou de mastic, ou de poil de lievre brûlé, ou du vitriol pulvérisé, ou du jus d'orties, ou de menthe, ou du bol, ou du corail, ou de la coque d'œuf brûlée en poudre. On pourra tremper les pieds & les mains dans de l'eau de plantain, ou d'oseille; mettre une poignée de sel grillé entre deux linges, & l'appliquer autour du front & de la tête: & en même-tems baigner les pieds dans de l'eau tiéde, se faisant faire des frictions depuis les genoux jusqu'à la cheville. *Ou bien* on fera distiller dans l'oreille opposée au côté qui saignera, deux ou trois gouttes de vinaigre.

Pour le *saignement habituel*: prenez un bâton de sureau verd; ôtez-en la premiere écorce, qui est grise, & prenez la grosseur d'un poids de l'écorce verte; & mettez-la dans le nés.

On réussit à arrêter le saignement de nés assez vîte, en respirant fortement un linge trempé dans de l'encre, & appliqué sous le nés.

Voyez POUDRE DE SYMPATHIE.

Crevasses du Nés.

Voyez POMMADE *très-propre pour les maladies de la peau*, &c.

NÉS *Fin*: *terme de Chasse.* C'est quand un chien a le sentiment bon, & qu'il chasse bien dans la poussiere & pendant la chaleur.

NÉS *Dur.* C'est lorsque le chien entre malaisément dans la voye.

NÉS *Haut*: *ou Chien de haut Nés.* C'est lorsque le chien va requérir sur le haut du jour.

NET

NETTOYER la *poix*, ou le *cambouis*, *qui tiennent aux mains*, ou à d'autres parties du corps. Il faut y laisser tomber une vingtaine de gouttes d'huile d'olives, & s'en bien frotter; ou se frotter de beurre; réitérant la même chose autant de fois qu'on le juge nécessaire. Après cela on acheve de se décrasser avec du savon; ou avec du son bien sec: & enfin on se lave plusieurs fois dans l'eau claire.

L'urine, au sortir du corps, enleve souvent ce qu'aucuns corps gras n'ont pû ôter de parties résineuses.

Si les doigts & les ongles sont *marqués après avoir mangé des cerneaux*: on les nettoye facilement avec des végétaux acides; tels que le verjus, le vinaigre, le jus de citron, &c.

Nettoyer la Peau; en général. *Voyez* l'article VISAGE.

Nettoyer les Dents. Voyez sous le mot DENT.

Nettoyer des Estampes. Voyez *Eclaircir* une ESTAMPE.

Nettoyer l'Argenterie. Voyez ARGENTERIE.

Nettoyer la vieille crasse, &c. *d'un Pot de fer.* Voyez ce titre, dans l'article FER; pag. 23.

Nettoyer l'Acier. Consultez le mot ACIER, pag. 25.

Nettoyer des Tuyaux ou Canaux. Consultez l'article DÉCHARGE *d'eau.*

Nettoyer & lustrer le Velours, & autres Etoffes. Voyez sous le mot TACHE.

N I A

NIAIS : *terme de Fauconnerie.* Se dit d'un oiseau qu'on prend dans le nid, & qui n'en est pas encore sorti.

N I C

NICOTIANE. *Voyez* TABAC.

N I E

NIELLE. En Latin *Nigella*; & *Melanthium*: que les Anglois appellent *Fennel Flower*, & *Devil in a Bush.*

La fleur des plantes de ce genre est souvent accompagnée de feuilles étroites; que quelques Botanistes ont prises pour un calyce : mais il n'y a point de calyce à cette fleur. Elle est formée par plusieurs pétales écartés, disposés en rose, irréguliers, communément de forme à peu près circulaire, mais terminés par une pointe détachée. Entre les pétales & les étamines, sont huit nectarium, qui se coupent mutuellement à angles droits; & chacun de ces nectarium, semblable à une espece de corne, est terminé par une bifurcation. Les étamines sont en grand nombre, surmontées de sommets applatis & obtus, qui ont une direction verticale. Au centre de la fleur sont cinq à dix embryons longuets, convexes à leur face externe; lesquels se terminent par de longs styles, pointus, anguleux, un peu tortillés. Il leur succede un fruit membraneux, tantôt allongé, tantôt plus ou moins sphérique, dont la partie supérieure est accompagnée de plusieurs cornes assez longues & menues : le corps du fruit est marqué extérieurement de côtes ou angles, qui répondent aux cellules dont l'intérieur est composé. Les semences sont en assez bon nombre, anguleuses, & de formes inégales.

Especes.

1. *Nigella arvensis cornuta* C. B. La Nielle *sauvage.* Cette plante est fort commune dans les champs. Mais elle incommode beaucoup moins que la Nielle *Bâtarde*, dont nous parlerons ci-après; & avec qui on pourroit la confondre, à cause de la ressemblance de nom. Ses tiges sont fort menues, quelquefois branchues seulement vers le bas; accompagnées de fort peu de feuilles, qui sont finement découpées & assez semblables à celles de l'aneth. Chaque plante est terminée par une fleur, dont la couleur est d'un bleu pâle, ou simplement blanche : à laquelle succede un fruit terminé par cinq cornes; & rempli de semences rudes & noires. Consultez la 73e Planche de l'*Hist. des Plantes des environs d'Aix.*

Il y en a une variété, qui donne des *fleurs doubles.*

2. *Nigella Cretica* C. B. La *Poivrette* : l'*Epicerie*, dont parle M. de Combes, dans le second Volume de l'*Ecole du Jardin Potager*, pag. 188, &c. & que l'on a autrefois nommée *Cumin.* Elle a à-peu-près le port de l'espece précédente. Sa fleur est d'un blanc bleuâtre, & sans odeur. Ses semences sont anguleuses, couleur de noisette; & ont une saveur vive, & une odeur très-aromatique.

3. *Nigella angustifolia; flore majore, simplici, cæruleo* C. B. l'*Araignée* de nos jardins. Elle vient d'elle-même en Espagne & en Italie parmi le bled. Sa tige, droite & branchue, s'éleve à la hauteur d'environ un pied & demi. Ses feuilles, assez longues, sont très-finement découpées. Elle porte de grandes fleurs, qui sont blanches, ou d'un bleu pâle; environnées de longues feuilles vertes & fort étroites. Ses fruits sont gros, renflés, terminés par des cornes.

Il y en a une variété à *fleurs doubles.*

Culture.

Toutes ces plantes sont annuelles; & périssent après avoir perfectionné leur graine : qui tombant à terre, produit ensuite de nouvelles plantes semblables, sans soins.

Elles aiment un terrein sec, & une exposition chaude.

Quand on se charge de les semer, il est mieux de le faire aussitôt après leur maturité, que d'attendre au printems. Levant de bonne heure, elles se fortifient durant l'hiver, & donnent en suite beaucoup de fleurs. On peut s'en procurer la jouissance pendant une durée successive de presque tout l'Été, en en semant tous les six ou huit jours.

Il est fort rare que ces plantes réussissent quand on les a transplantées.

On peut les entremêler dans un parterre avec d'autres plantes qui fleurissent en même-tems. Alors il est à propos de mettre à chaque endroit une pincée de graine. On se contente ensuite d'y laisser trois ou quatre plantes de celles qui auront bien levé.

La graine étant mûre, on la fait sécher à l'air : puis on la frotte entre les mains; & on la conserve dans un lieu sec.

Usages.

La semence du *n.* 1 est d'usage en Médecine. Mais il faut ne pas l'employer récente : Voyez la pag. 328 de l'*Histoire des Plantes d'Aix.* Après l'avoir lavée, on la torréfie doucement, pour corriger son humidité nuisible. Elle incise & fait sortir les mucosités arrêtées dans les sinus des narines. *Voyez* ENCHIFRENEMENT. La décoction de cette semence est bonne pour étuver les plus mauvaises plaies. On en fait avaler de concassée, dans du vin blanc, au bétail attaqué de maladies contagieuses : on lui en souffle aussi la poudre dans le nés.

On cultive aujourd'hui beaucoup dans les jardins, l'espece *n.* 2 : dont la graine fait une épice pour les Traiteurs, sur-tout en Italie. Elle réunit les goûts de la muscade, du girofle, de la cannelle, & du poivre. Cette graine est aussi de quelque usage en Médecine.

Bûe dans du vin elle soulage l'asthme; résout & chasse les vents; provoque l'urine & les mois; augmente le lait des femmes, si elles en boivent pendant plusieurs jours. Bûe avec du vin ou de l'eau, ou appliquée sur le nombril, elle tue les vers & les fait sortir du corps. Bouillie avec de l'eau & du vinaigre, & tenue dans la bouche, elle appaise la douleur des dents. Le parfum de cette graine arrête les catarrhes, desséche le cerveau, & fait revenir l'odorat perdu.

Le n. 3 sert à parer nos jardins en Été, par la singularité de ses fleurs.

NIELLE *Bâtarde*; ou simplement NIELLE; ou *Gasse* : En Latin *Nigellastrum*; *Nigella sylvestris*; *Pseudomelanthium*; *Lychnis segetum major* : & en Anglois *Corn Campion.* M. Linnæus la met, avec un petit nombre d'autres *Lychnis*, dans le genre à qui il a donné le nom d'*Agrostemma.* Quelques Auteurs appellent cette plante *Githago*.

La plante nommée Nielle par les Paysans, qui n'est que trop commune dans les champs ensemencés *de bled*, s'éleve presqu'aussi haut que le bled même. Sa tige est ronde, ferme, genouilleuse, velue. De ses nœuds sortent deux feuilles opposées, sans pédicules, étroites, longues d'environ deux pouces, à demi pliées en deux sur la longueur, terminées en pointe, & velues ainsi que toutes les autres parties de la plante. Ces poils sont de longs filets couchés de bas en haut; dont les plus grands sont un peu élevés. Vers le sommet, la tige se partage en plusieurs autres; qui sortent d'une articulation commune, & se tiennent droites. A leur sommet, chacune porte une seule fleur, d'un rouge pourpre: dont le calyce est en godet, cannelé, oblong, découpé à sa partie supérieure en cinq segmens longs & étroits, & garni de poils plus longs que les autres qui sont ailleurs sur la plante. Dans ce calyce est enfermée une fleur en œillet, composée de cinq pétales entiers. A leur centre est un embryon ovale; qui porte cinq styles menus, droits, surmontés d'un stigmate, & garnis de filets vermiculaires, décrits par M. Guettard dans le second Volume de ses *Observations sur les Plantes*. Les styles sont accompagnés de dix étamines inégales. L'embryon devient une coque ovale, oblongue, couverte du calyce, & où sont des semences anguleuses, très-noires, & ameres. Cette plante fleurit vers le mois de Juin: & sa graine mûrit en même-tems que le bled.

Comme il y en a ordinairement plus qu'on ne veut dans les champs, on ne s'avise pas de la cultiver.

Propriétés. Elle est atténuante, résolutive, & apéritive. On mêle la graine dans quelque liqueur, pour faire mourir les vers; & comme un remede diurétique, & emménagogue. Cette graine, infusée dans l'eau-de-vie, lui communique la propriété de raffermir & nettoyer les dents. On employe sa poudre, mêlée avec du miel, pour ôter les lentilles & autres taches de la peau. Un gros de cette même poudre, donnée dans un bouillon ou dans de l'eau, trois matins de suite, est excellente pour les vapeurs. Simon Pauli assure que Sennert & lui se servoient utilement de la racine, pour les hémorrhagies, celles même qui surviennent aux fievres continues: ils la faisoient mettre sous la langue du malade, & l'y laissoient quelque tems.

Cette plante est une de celles que les Laboureurs redoutent le plus. Comme sa graine est noire, & d'ailleurs à peu près de la grosseur du froment, il n'est pas aisé de l'en séparer par le crible; elle noircit le pain.

NIELLE: *Maladie* qui attaque la substance farineuse *des grains*.

Beaucoup d'Auteurs nomment en général, *Niellé*, le froment qui a quelqu'une des maladies que l'on distingue en France sous les noms de *Rouille*, *Charbon*, froment *Echaudé*, froment *Coulé*, &c. *Voyez* ROUILLE. ECHAUDÉ. AVORTER. CHARBON. Blé CARIÉ. MALANDRE. MOUCHETURE.

Nous nommons *Nielle* une maladie particuliere qui noircit, ou la substance intérieure du grain, ou seulement son extrémité. Les grains dont la substance farineuse est devenue noire, sont petits, fort tendres; & la poudre noire qu'ils contiennent, a une mauvaise odeur. Ceux qui n'ont que ce qu'on appelle *le Bout*, sont des grains dont la substance n'est pas absolument altérée; mais dont la houpe garnie de poils, qui termine une des extrémités du froment, est chargée d'une poussiere noire, laquelle peut bien ne venir que des grains charbonnés qui ont été écrasés.

Tout grain charbonné est incapable de germination. Ceux qui ont le Bout produisent du charbonné.

Quoique le pain fait de blé charbonné ait une couleur violette, un goût peu agréable, & une odeur approchante de l'œuf couvé; on ne voit pas qu'il ait encore été préjudiciable à la santé.

Ce que les gens de la Campagne nomment *Charbon* ou *Bosse*, n'est pareillement qu'une Nielle incomplete. Les épis qui en sont attaqués, deviennent d'un verd brun après la fleur; puis ils prennent une couleur blanchâtre. Les enveloppes extérieures ou communes des grains, sont presque toujours assez saines; & seulement plus blanches & plus arides que dans les épis sains. L'enveloppe propre du grain (ou la balle & le son) n'est pas détruit comme dans la Nielle proprement dite: il a assez de consistance, pour que le grain conserve à peu près sa forme naturelle, & qu'il paroisse blanchâtre. On peut néanmoins le rompre facilement avec l'ongle: & alors le dedans paroît d'un brun tirant sur le noir; avec cette différence que ce n'est pas une poussiere comme dans la Nielle, mais une substance moins désunie.

On fera toujours bien d'éviter de semer du blé où il y ait du charbonné ou de la Nielle.

La *Nielle proprement dite* détruit totalement le germe & la substance du grain. Toute la plante en est aussi infectée, lorsque le mal a fait de grands progrès: en sorte qu'il est très-rare que les talles qui dépendent d'un pied niellé, contiennent quelque épi qui en soit exempt. Quand l'épi attaqué sort des enveloppes que lui forment les feuilles, il paroît menu & maigre; les enveloppes, tant communes que propres des grains, sont tellement altérées & amincies, que la poussiere noire se manifeste à travers: & dès-lors on ne trouve à la place du grain, qu'une poussiere noire & de mauvaise odeur, qui n'a nulle consistance. Comme les particules de cette poussiere ont peu d'adhérence entr'elles, & que les enveloppes sont détruites, cette poussiere est facilement emportée par le vent, & lavée par la pluie; de sorte qu'on ne serre dans les granges, que le squelette de la plûpart des épis. S'il reste quelque impression de cette poussiere, elle est aisément emportée par le crible. M. Duhamel dit, qu'il ne lui a point paru que cette poussiere fût contagieuse, comme celle du *Charbon*: mais il ne décide rien là-dessus. Le haut de la tige des pieds niellés, n'est pas communément bien droit, à un demi-pouce au-dessous de l'épi: si on presse la tige en cet endroit, elle résiste & ne s'affaisse pas: si on la coupe à deux ou trois lignes au-dessous de l'épi, on la trouve presque entiérement remplie de moëlle; de sorte qu'on n'apperçoit au cœur de cette tige qu'une très-petite ouverture, au lieu que cette ouverture est large dans les tiges saines.

Consultez les *Elémens d'Agriculture*, de M. Duhamel, Tome 1, page 304, 305, 306.

On ne connoît pas encore bien la cause de la Nielle. Les uns l'attribuent aux brouillards & aux fraîcheurs qui surviennent tandis que le blé est en fleur: & ils conseillent de secouer la rosée, au moyen d'une corde grosse d'un pouce, & longue de six à sept toises; qu'avant le lever du soleil, ils passent & repassent sur les épis de froment en la tenant bien tendue & élevée d'environ un pied & demi: ils ajoûtent qu'on a lieu de craindre cet accident, s'il survient beaucoup de pluies froides dans le tems que l'épi se forme. *Voyez* M. Duhamel, *Traité de la Culture des Terres*, Tome I, pag. 237, Sec. édit. D'un autre côté M. Tull, qui semble n'être pas contredit par M. Duhamel (Tome I. page 236, 237, & Tome II, page 164.) prétend qu'une année chaude & séche empêche qu'il n'y ait beaucoup de blé charbonné.

Cependant le sentiment de l'illustre Académicien n'est pas que cette maladie soit occasionnée par la pluie, le brouillard, ou les coups de soleil: *Culture des Terres* Tome II. page 164. D'habiles Observateurs, tels que M. Aimen, croient être bien fondés à dire que la cause de la maladie est une espece d'ulcere qui attaque le support des étamines, & qui détruit leur organisation dans les deux sexes, long-tems avant la fécondation nécessaire pour que le grain soit formé: ce qui est confirmé par des observations rapportées dans le IIe. Tome du *Traité de la Culture des Terres*. page 161, 162, 163. (Voyez aussi la page xviij de la Préface de son troisieme Volume; & les *Elémens d'Agriculture*, Tome I, pag. 307, &c.

M. Tillet, dont les recherches sur cette matiere ont acquis beaucoup de célébrité, crut pendant quelque tems être parvenu au terme de la vérité, lorsqu'il eut découvert des animaux toujours très-petits, & presque imperceptibles quand ils sont jeunes; lesquels appartiennent à la classe des Staphilins, & vivent sur le froment: mais, sans prévention pour une découverte si spécieuse, M. Tillet reconnut ensuite que ces insectes n'étoient pas la cause de la Nielle. Cet exact & laborieux Observateur remporta, en 1755, le prix de l'Académie de Bordeaux, par sa *Dissertation sur la cause qui corrompt & noircit les grains de bled dans les épis; & sur les moyens de prévenir ces accidens.* Il dit qu'on ne doit pas être surpris de l'obscurité où nous sommes à l'égard des maladies des végétaux: leur mécanisme se dérobe presqu'entiérement à nos yeux: On ignore (&, selon les apparences, on ignorera encore long-tems) mille particularités qui concernent leur configuration intérieure, le jeu de leurs parties, & leur accroissement successif: après avoir allégué des raisons très-fortes, & ses propres expériences, M. Tillet montre que les causes ausquelles on avoit ci-devant attribué la corruption du grain, laissent subsister des difficultés sans nombre, & dont plusieurs semblent inexplicables.

Le systême de M. Wolf, qui a cru que la Nielle venoit d'une monstruosité de l'embryon, se trouve adopté & détaillé dans le *Journal Œconomique*, (Septembre 1751). Il y en a une critique dans la Dissertation de M. Tillet; & encore une, par M. Aymen, rapportée dans les *Elémens d'Agriculture*, Tom. I, p. 310.

Dans le même Tome du *Journal Œconomique*, est un autre Mémoire, qui semble fournir quelque probabilité, pour présumer que des insectes peuvent occasionner la Nielle. Il sera bon de le comparer avec le 4e Chapitre de la *Dissertation* de M. Tillet.

Le sentiment de M. Tull, qui résulte de ses expériences (rapportées dans le premier Tome du *Traité de la Culture des Terres*, pag. 238), est que les feuilles & les épis pénétrés d'eau, ne causent pas ce dommage au grain; mais que c'est la trop grande humidité de la terre. M. Duhamel lui objecte qu'il a trouvé quelquefois beaucoup de pieds charbonnés sur les sommieres, sans qu'il en parût sensiblement davantage dans le bas des mêmes pieces de terre. Il convient néanmoins que ce systême est favorisé par la nouvelle culture, qui a presque entiérement exempté de noir les fromens de M. Tull: lesquels sont dégagés de l'humidité superflue & productrice de la maladie, au moyen des labours réitérés & des sillons que l'on forme auprès des rangées. On peut y joindre un fait rapporté par M. Duhamel, Tome II, pages 173 & 174: & les blés tardifs de M. de Saint-Hilaire, *ibid.* pag. 175.

Après un mûr examen, & des observations & expériences réitérées avec une scrupuleuse exactitude, M. Tillet s'est décidé pour soutenir que le germe du noir (ou de la carie) ne réside pas dans l'intérieur même du grain; mais que la cause du mal est extérieure, & dépend de quelques particules de poussiere répandues sur l'écorce. Ainsi une terre ensemencée de grain, ou moucheté ou noirci de carie, est constamment frappée de la maladie du noir.

Les pailles même de blé carié, en partie converties en fumier, & ensuite mêlées avec d'autre fumier, ont produit le semblable effet de contagion, sous les yeux de M. Tillet; moins toutefois que lorsqu'il les a employées seules & séches. Parfaitement converties en fumier, elles ne lui semblent plus nuisibles. Il croit pouvoir avancer, d'après quelques expériences, qu'une grande quantité de chaume restée dans un champ qui a porté beaucoup de noir, n'est pas funeste au froment qu'on y fémeroit aussi-tôt après la moisson, & sans laisser à ce chaume le tems de pourrir dans la terre (pag. 131.) Cette confiance, au reste, pourroit souffrir quelque difficulté par rapport à ce qui est dit des planches 67 & 68, dans les pages 112 & 113: si l'on n'étoit rassuré par une observation alléguée dans la page 38 de la *Suite des Expériences*. M. Tillet présume (p. 142) que les racines du blé, parvenues une fois à certain point de vigueur, se défendent de la contagion du noir; mais qu'elles en sont susceptibles, tant qu'elles sont encore tendres & délicates.

Consultez le *Journal Œconomique*, Juin 1764, pag. 271. col. 2; pag. 272, 273, 275; pag. 277, col. 1; & pag. 278.

Préservatifs contre la Nielle en général.

1°. On passe le blé à la chaux. Ce remede n'est pas certain. Consultez le Tom. II. du *Traité de la Culture des Terres*, depuis la page 170 jusqu'à la page 176.

2°. Une forte saumure de sel marin, substituée à la chaux, a plusieurs fois réussi.

3°. M. Tull combine ensemble ces deux remedes. Voyez le *Traité de la Culture des Terres*, Tome I. pag. 241. Cependant ayant semé du blé de Mars, partie ainsi préparé, partie sans préparation, j'ai eu autant de Noir d'une part que d'autre. Il est vrai que l'année fut fort humide. Il est aussi à remarquer que j'avois divisé mon champ en quatre lots: dont deux furent semés à l'ancienne maniere, & deux suivant la nouvelle culture; & dans chaque genre il y avoit autant de blé préparé que de non préparé. Le Noir fut égal par-tout. Mais il faut avouer que le terrein où ce blé étoit semé, n'a qu'environ quatre pouces de bonne terre au-dessus de l'argile: ce qui y entretient habituellement l'humidité que M. Tull dit être la principale cause de la Nielle. Les circonstances de la saison, jointes à ce désavantage, contribuerent peut-être à rendre le mal plus général.

4°. D'autres prétendent que le meilleur moyen de se garantir du Noir, est de changer de semence tous les ans, & de préférer toujours celle qui vient des terres fortes. Cependant les blés qui rapporterent du Noir, chottés ou non chottés, mentionnés dans le second Tome du *Traité de la Culture des Terres*, pag. 170 & suivantes, étoient venus de deux ou trois lieues.

5°. M. Duhamel (Préface du troisieme Volume du même *Traité*) dit que l'on a beaucoup vanté une poudre, qui n'est cependant presque que de l'arsenic tout pur. Cette poudre (ajoute-t-il) est très-dangereuse pour le semeur & pour le gibier, & ne paroît pas plus efficace que les sels, la chaux, &c.

6. Dans le *Journal Œconomique*, au mois de Mai 1751, on propose la pratique suivante, comme ayant constamment réussi depuis huit ou dix ans dans un endroit où le blé ne manquoit jamais d'être niellé. » Pour six boisseaux de semence, prenez environ la » neuvime partie d'un boisseau de chaux vive, trois » poignées de suie de four ou de poêle, & au- » tant de sel. Répandez le tout bien mêlé ensem- » ble, sur le blé; qu'on remuera en même-tems » avec une pele. Arrosez ensuite ce blé avec de » l'égoût de fumier; en prenant un plein arrosoir » pour chaque boisseau de grain: c'est-à-dire assez » pour humecter le blé, ensorte qu'il puisse être » semé dans le tems où on se propose de le faire. » On remue encore le blé pendant qu'on l'ar- » rose. Le blé étant bien humecté, on le met » en tas, & on le laisse ainsi durant la nuit, si » c'est la veille du jour qu'on doit semer. Le » blé se séche assez pour pouvoir être semé le » lendemain dans la matinée. Quand on seme l'a- » près midi, on ne prépare le grain que le matin; » car il se saliroit, étant un peu trop gardé: mais » comme il n'a pas alors assez de tems pour sécher » beaucoup d'eau, on lui en donne un tiers de moins.

7°. Le premier de deux mémoires qui se trouvent dans ce même *Journal*, au mois de Septembre de la même année, confond sous le nom de *Nielle*, différentes maladies du froment, que Mrs. Duhamel & Tillet distinguent avec soin. L'on observe néanmoins, entr'autres choses judicieuses, dans le premier Mémoire, que l'on donne lieu à l'échauffaison & à la moisissure, (ausquelles l'Auteur attribue la cause de la Nielle); si le froment étant lavé ou chotté suivant l'usage avant la semaille, on ne le laisse pas ensuite sécher suffisamment; ou que pour semer on prenne des sacs & des napes salies par la poussiere de la Nielle, qui occasionnent quelques grains à se coler les uns contre les autres. Consultez les *Elémens d'Agriculture*, Tome I, pag. 311, & le *Traité de la Culture des Terres*, Tome IV.

Selon le *Journal Œconomique*, la Nielle affecte souvent le grain semé trop dru; & celui qui a resté trop long-tems en terre sans pousser, par un tems froid & humide.

Voici les précautions que l'on y propose. Le froment étant coupé, laissez-le bien sécher sur la terre. Ne liez ni serrez vos gerbes tant qu'elles seront humides. Serrez dans un grenier bien sec les grains destinés pour la semence. Etendez-les-y: & laissez-les bien sécher & refroidir. Vous pourrez après cela les mettre en tas & les y laisser, pourvû que vous ayez l'attention de les remuer souvent. Si vous craignez que la semence ne renferme encore de l'humidité, ou que la cosse des grains ne soit déja disposée à la putréfaction; servez-vous des *préparations* suivantes. On réduit un Poirier en cendres: & après y avoir ajoûté un peu de sel, on y verse de l'eau; dont on arrose les grains avant de les semer. D'autres mettent le grain en tas sur l'aire; l'arrosent beaucoup avec de l'eau de fumier, si la terre qu'ils veulent ensemencer est fort maigre; sinon avec de l'eau commune: ils répandent ensuite par dessus le tas une bonne quantité de chaux vive, de cendres de sarment, & autant de poignées de sel marin qu'il y a de boisseaux de blé: & on remue souvent le tas. Cet arrosement se réitere pendant plusieurs jours, & pour le moins de deux jours l'un; jusqu'à ce que le grain ne séche plus. On assure qu'il n'y a aucun danger à le laisser pendant huit jours dans cette trempe. Enfin on le desséche: il se trouve comme enveloppé d'une croute, & l'on est sûr de le jetter sec en terre. L'Auteur du même Mémoire, prétend que cette trempe doit être capable de sauver & de rétablir des grains déja beaucoup disposés à cette putréfaction qui conduit (selon lui) à la Nielle. Cette façon d'encrouter les grains donne encore l'avantage de les semer clair; ce qui fait une épargne de semence.

Au reste il ne nie pas absolument que la Nielle puisse encore survenir, ou tandis que le grain est dans la terre, ou lorsqu'il est en épi, soit par le tems, soit par des vapeurs ou rosées nuisibles, &c. quoiqu'il n'y apperçoive aucune probabilité.

8°. On voit, par le résultat des expériences de M. Tillet, que le sel marin & le nitre joints à la chaux pulvérisée, ont toujours empêché sensiblement l'effet de la poussiere des grains cariés sur des grains sains; & que ce remede produit le double effet de favoriser la végétation, & en même-tems d'obvier à la maladie contagieuse.

Les *préparations* qui ont réussi à M. Tillet, & auxquelles on doit avoir une entiere confiance, sont 1°. De laver le grain dans l'eau de lessive commune, telle qu'on la fait chez les Blanchisseurs & dans les ménages: 2°. De verser sur le grain une eau de chaux, presque bouillante, sans autre ingrédient: 3°. De le tremper dans l'eau de lessive commune, & le saupoudrer de chaux: 4°. L'humecter avec l'eau de lessive de cendres de bois neuf; & immédiatement après, le saupoudrer de chaux: 5°. L'humecter avec une lessive de cendres gravelées; & immédiatement après, le saupoudrer de chaux. Cette lessive se fait avec une livre de cendres gravelées, mise dans deux pintes d'eau qui, après avoir bouilli environ une demi-heure, se trouvent réduites à trois demi-septiers: on passe alors la liqueur à travers un linge. Comme cette lessive contient une onze sept gros & demi de sel, qu'elle rend par l'évaporation; elle a trop d'action sur le grain, & en altere le germe. C'est pourquoi il faut en tempérer l'effet, en y mêlant de l'eau, la valeur d'un neuvieme; c'est-à-dire le tiers d'un demi-septier d'eau sur trois demi-septiers de lessive: quantité proportionnée à un boisseau de grain. 6°. On peut substituer la lessive de soude à celle de cendres gravelées; y mêlant un cinquieme d'eau: & ensuite saupoudrer avec de la chaux: 7°. User de la lessive de potasse (grise ou blanche) avec moitié eau commune: & toujours la chaux pulvérisée. Ces lessives se font de même que celle de cendres gravelées. Les divers essais de M. Tillet l'ont amené au point sûr d'empêcher leurs sels détersifs & mordicans, de détruire l'organisation du grain: c'est de faire bouillir la soude ou la potasse pendant environ une demi-heure, dans une quantité d'eau suffisante, pour que, l'ébullition finie & l'eau clarifiée, il s'en trouve environ cinq pintes de Paris pour chaque livre de soude ou de potasse qu'on aura lessivée. 8°. M. Tillet a trouvé de l'avantage à humecter le grain avec de l'eau soulée de sel marin; ou de nitre, encore mieux; & ensuite le saupoudrer de chaux. 9°. Tremper le grain dans de l'urine de vache, putréfiée & employée un peu chaude. Il paroît à peu près égal de l'employer seule, ou d'y joindre la chaux en poudre. 10°. C'est le même résultat avec l'urine humaine, employée semblablement, sur tout seule : mais il faut ne pas la verser trop chaude sur le grain : cet excès de chaleur est toujours dénoté par l'enlevement de l'épiderme de la semence ; ce qui altere ordinairement le germe. 11°. L'eau de fumier fort épaisse, & employée un peu chaude à humecter le grain, qu'ensuite on peut saupoudrer de chaux ou ne pas le faire, produit un bon effet. 12°. Il semble encore plus avantageux de laver le grain à froid dans un mélange composé d'une partie d'esprit de nitre, & de neuf parties d'eau de riviere. Si on lave à chaud le grain dans un mélange où il entre un peu plus d'esprit de nitre, & qu'ensuite on le saupoudre de chaux ; le succès est moins grand.

Voyez Brouir, Brouissure. Les *Élémens d'Agriculture*, Tome I. page 313. Le quatrieme Volume du *Traité de la Cult. des Terres*, page 539, 540, 541, 542.

Lorsque le blé a *le bout*, ce que l'on appelle aussi être *Moucheté*, il faut avoir soin de le laver, pour empêcher que la farine ne devienne noire, ce qui arriveroit, si on l'envoyoit au moulin sans cette précaution.

On a inventé une sorte de Bluteau pour ce blé. Il est composé de lames de fer blanc piquées & percées comme une rape : la surface rude & mordante est tournée en dedans : On agite le blé dans cette machine ; & on emporte ainsi les taches noires.

NIG

NIGELLA. *Voyez* Nielle. Nielle *Bâtarde*.

NIGELLASTRUM. *Voyez* Nielle *Bâtarde*.

NIGHTSHADE. *Voyez* Morelle.

Climbing Nightshade Voyez Epinars *de la Chine*.

Dealdy Nightshade. Voyez Belladona.

NIP

NIPPLEWORT. *Voyez* Lampsane.

NIT

NITRE. *Voyez* Salpêtre.

Magistere Nitreux. *Voyez* Panacée *Nitreuse*.

Panacée Nitreuse. *Voyez sous le mot* Panacée.

NIV

NIVEAU. Instrument qui sert à faire connoître si un point est plus élevé qu'un autre par rapport au centre de la terre ; à tracer une ligne parallele à l'horison ; poser horisontalement des assises de maçonnerie ; dresser un terrein ; régler les pentes ; conduire les eaux ; &c.

Voyez Jalon. Dresser.

On nomme *aussi* Niveau la ligne parallele à l'horizon : & l'on dit dans ce sens, *Poser de Niveau* ; *Araser de Niveau*.

Les Maçons se servent de quelques instrumens qu'ils appellent *Niveau*, pour poser horisontalement les pierres ; ou pour tirer des lignes horizontales sur les murailles.

Les Arpenteurs, pour le nivellement des grandes distances ; ou les Ingénieurs, pour la conduite des eaux ; ont des Niveaux plus considérables. On y joint quelquefois des lunettes d'approche, pour distinguer plus facilement les points éloignés.

On a inventé de plusieurs sortes de niveaux.

Niveau à Phioles : ou *Niveau d'Eau*.

Figure I.

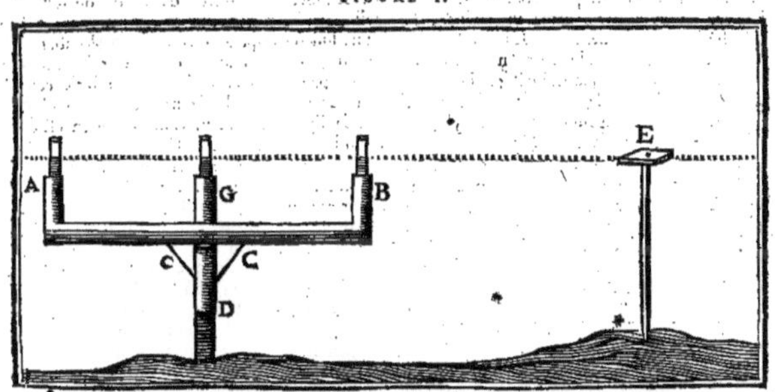

Ce niveau est fait d'un tuyau de fer blanc, recourbé à angles droits vers ses deux extrémités AB ; & soutenu dans son milieu par des liens de fer CC attachés à une douille D, que l'on place sur un bâton ou piquet quand on veut s'en servir. Ce tuyau doit être gros d'un pouce, & long d'environ quatre pieds. Au milieu, sur le dessus, on soude quelquefois un tuyau G ; qui a communication avec les deux autres A & B ; & qui, étant hors de leur alignement, & écarté d'environ deux lignes, sert de pinnule, & dirige mieux le rayon visuel. Dans ces trois tuyaux AGB, on met des fioles ou tuyaux de verre, à peu près de mêmes diametres, qui surpassent ceux de fer blanc, de trois ou quatre pouces, & que l'on arrête avec du mastic ou de la cire molle. Ces tuyaux sont ouverts des deux côtés ; & l'on a soin de mettre du papier sur l'ouverture supérieure, de peur que le vent n'agite l'eau qu'on met dedans, & qui peut être colorée en y mêlant du vinaigre.

Cet instrument rempli d'une liqueur teinte, à quelques pouces près, marquera une ligne de niveau par le moyen des tuyaux de verre, si on observe de le tourner, en sorte que sa longueur AB soit dirigée vers l'objet E, dont on veut savoir l'élévation, & que le rayon visuel passe par la superficie de la liqueur entre les tuyaux AB, & celui du milieu G : alors on est assuré que l'objet, où le point E, est dans le même niveau que le point du milieu des deux tuyaux.

Voyez son usage, dans l'article FONTAINE.

Autres Niveaux d'Eau Dormante.

1. Si l'eau est d'une grande étendue, comme seroit celle d'un grand lac ou étang, on peut en prendre les bords pour ligne de niveau, particuliérement aux points distans de la décharge : ce qui avancera beaucoup le nivellement.

2. Dans les mares, réservoirs & autres amas d'eau qui n'occupent qu'un médiocre espace; on peut planter quelques bâtons à certaines distances, lesquels soient également élevés sur la surface de l'eau. Leurs extrémités étant de niveau, le rayon qu'ils conduiront le sera aussi. Et pour mieux les distinguer, il est utile de mettre du papier blanc ou autre marque visible à l'extrémité de ceux qui seront plus éloignés de la vûe.

3. On enferme l'eau dans un tuyau de verre ou de bois, dont les deux extrémités soient relevées en angle ; avec quelque marque propre à indiquer la hauteur de l'eau; laquelle marque doit être mobile, pour répondre à la superficie de la liqueur.

4. D'autres mettent l'eau dans une espece de petit canal : lequel étant par tout également plein, donne le niveau propre à diriger le rayon visuel. On y ajoûte quelquefois des pinnules. Il y a des personnes qui n'approuvent pas cette méthode; parce que la surface d'une telle eau est toujours un peu convexe; que le mouvement de l'air empêche qu'elle ne soit parfaitement tranquille; & qu'il lui faut un trop long tems pour devenir bien dormante depuis qu'on l'a mise dans le canal.

Niveau d'Air.

On nomme ainsi celui qui marque la ligne de niveau par le moyen d'une petite bulle d'air, renfermée avec quelque liqueur dans un cylindre de verre scellé hermétiquement par ses extrémités; c'est-à-dire, bouché avec le verre même. Cette bulle s'arrêtant à une marque qui désigne le milieu du cylindre; le plan ou la régle sur lequel il est posé, est de niveau. On peut enchasser le cylindre de verre dans un tuyau de cuivre qui ait une ouverture au milieu, d'où l'on découvre la bulle d'air. On le remplit ordinairement d'eau seconde, ou d'huile de Tartre : parce que ces liqueurs ne sont point sujettes à la gelée, comme l'eau; ni à la dilatation, raréfaction, ou condensation, comme l'esprit de vin. On attribue l'invention de ce niveau à M. *Thevenot*, de l'Académie Royale des Sciences.

Niveau à Pendule. C'est celui qui marque la ligne horizontale par le moyen d'une autre ligne, qui est perpendiculaire à celle que son plomb ou pendule donne naturellement. Il consiste dans une boëte de fer ou de bois, en forme de croix; qui a dans sa traverse une lunette, dont le foyer du verre oculaire est traversé d'un cheveu ou d'un brin de soie, qui détermine le point du niveau, lorsque le plomb qui pend à un autre cheveu de la longueur de la tige de cette boëte, arrête sur le point fiduciel qui y est marqué. Ce niveau a deux anses en portion de cercle au-dessous de sa traverse, qui servent à le mouvoir & à le dresser sur son pied qui est semblable à un chevalet de Peintre. Il s'en est fait plusieurs autres de cette espece : entre lesquels celui du sieur Chapotat faiseur d'instrumens de Mathématique, passoit pour un des meilleurs, ayant eu l'approbation de l'Académie Royale des Sciences.

Niveau à Lunette. C'est celui qui a une ou deux lunettes, perpendiculaires à son à-plomb; qui ont chacune un cheveu ou un brin de soie mis horizontalement au foyer du verre oculaire. Il sert à prendre & déterminer exactement un point de niveau fort éloigné. Ce niveau est construit de maniere qu'on peut le renverser en faisant faire un demi-tour à la lunette: & si pour lors son cheveu rencontre ou coupe le même point, l'opération est juste. L'invention en est attribuée à M. Huygens de l'Académie Royale des Sciences.

On peut ajuster des lunettes à toute sorte de niveaux, en les appliquant sur ou parallelement à leur base; lorsqu'on veut prendre des points de niveau fort éloignés.

Niveau à Pinnules. On nomme ainsi tout niveau qui au lieu de lunettes a deux pinnules égales, & posées sur & parallelement aux deux extrémités de sa base; par lesquelles on bornoye le point qui est de niveau avec l'instrument, mais qu'on ne peut pas déterminer si précisément qu'avec des lunettes; parce que, quelque petite que soit l'ouverture de chaque pinnule, l'espace qu'elle découvre est toujours trop grand pour prendre exactement un point.

Niveau de Réflexion. C'est celui qui se fait par le moyen d'une superficie d'eau un peu longue; représentant renversé le même objet que l'on voit droit avec les yeux : en sorte que le point où ces deux objets paroissent s'unir, est de niveau avec le lieu où est la superficie de l'eau. Il est de l'invention de M. Mariotte, de l'Académie Royale des Sciences.

Il y a un autre *Niveau de Réflexion*, qui se fait par le moyen d'un miroir d'acier ou de fonte bien poli, posé un peu au-devant du verre objectif d'une lunette suspendue comme un plomb. Ce miroir doit faire un angle de 45 degrés avec la lunette, pour changer la ligne à-plomb de cette lunette en une ligne horizontale, qui est la même que la ligne de niveau. L'invention en est de M. Cassini, de la même Académie.

Niveaux réglés par le filet à-plomb. La perfection du filet à-plomb consiste, 1°. A avoir une ligne directrice marquée, laquelle soit parfaitement à angle droit, & perpendiculaire à la ligne ou surface de niveau. 2°. Etre fin, pour marquer une ligne avec plus de précision; assez fort pour soutenir le plomb; flexible, afin d'en suivre la direction; poli & ciré. 3°. Il doit être placé dans une concavité, & à l'abri du vent; & en même tems en rapport avec la ligne directrice. Pour l'y disposer plus sûrement, on peut mettre dessous le fil une piece d'ivoire blanche, marquée de la ligne directrice; & dessus, un verre qui grossisse les objets: afin d'appercevoir la moindre inégalité qui pourroit se trouver dans la chute du fil le long de la ligne. Plus le filet est long, mieux on reconnoît sa convenance avec la ligne, parce qu'il décrit un plus grand arc. Il faut, autant qu'il est possible, n'en faire usage qu'en tems calme & sans vent.

Voici un de ces niveaux, que l'on peut faire à peu de frais. C'est une carte sur laquelle on a fait

FIGURE 2.

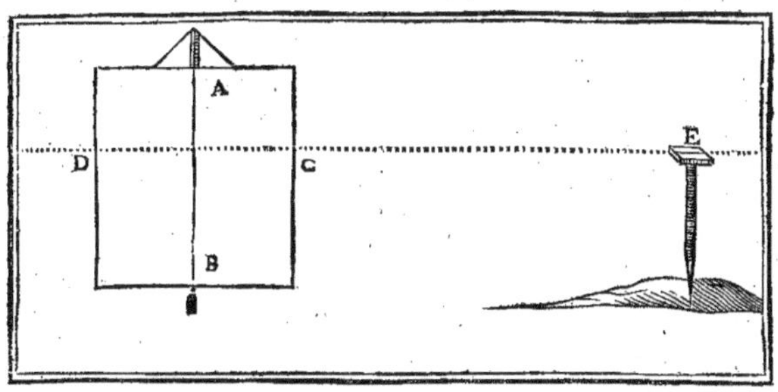

FIGURE 3.

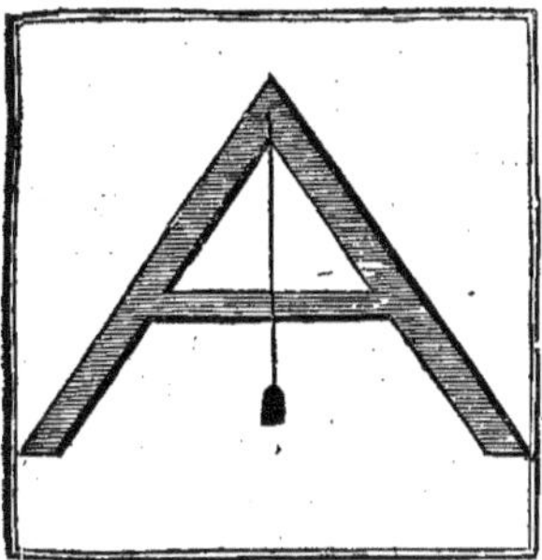

un trait quarré avec un plomb AB qui sert à mettre la ligne DC de niveau (*Figure* 2.) On le suspend à quelque bâton; & en se reculant vers D, on vise par la ligne DCE le point E, qui est de niveau avec la ligne DC. Cet objet E est ce qu'on appelle l'objet de visée.

Lorsqu'on regarde le but à travers des pinnules; il est bon d'en avoir l'œil un peu éloigné.

Niveau de Poseur. On nomme ainsi celui qui est composé de trois regles assemblées, qui forment un triangle isoscele & rectangle, comme un A Romain, & à l'angle du sommet duquel est attachée une corde où pend un plomb, qui passant sur une ligne fiducielle tracée au milieu, & d'équerre à la base, marque la ligne de niveau. Voyez la 3e. *Figure* représentant l'*Equerre des Maçons.*

Niveau de Paveur. Longue regle : au milieu & sur l'épaisseur de laquelle est assemblée à angles droits une autre plus large; au haut de laquelle tient un cordeau, avec un plomb qui pend sur une ligne fiducielle tracée d'équerre à la grande regle, & qui marque, en couvrant exactement cette ligne, que la base est de niveau.

Ces deux derniers niveaux, quoique communs, sont estimés les meilleurs pour la pratique dans l'art de bâtir. On ne peut cependant s'en servir que pour de courtes opérations.

Niveau de Jardinier. C'est ordinairement l'équerre des Maçons.

On dit qu'un Terrain ou une Allée est *de Niveau*, lorsqu'ils ne sont pas plus hauts en un endroit qu'en l'autre. On dit aussi qu'il faut dresser une allée suivant son *Niveau de pente*, lorsqu'on fait ensorte que la pente soit égale par-tout dans toute la longueur de l'allée: de maniere qu'elle paroisse unie d'un bout à l'autre, quoiqu'elle ne soit point horisontale.

Autre sorte de Niveau.

M. Dulin, habile Architecte, a inventé un niveau très-commode, & qui peut suppléer à tous les autres. Il est simple, & composé seulement de quatre pieces de bois, dont les deux principales sont des regles assez minces, mais longues & larges à volonté, qui se croisent en forme de croix de saint André, ensorte que des quatre angles qui se forment de leur union, les deux collateraux sont obtus, & les deux autres qui font aux extrémités, sont aigus. Une traverse joint les deux branches d'en haut par leur extrémité, & une plus petite unit les deux d'en bas, environ dans le milieu du triangle qu'elles forment. Ces quatre branches sont coupées d'équerre, ou, comme l'on dit, retournées d'équerre l'une sur l'autre. Enfin une ligne perpendiculaire tombant du milieu de la traverse d'en haut, sur le milieu de la traverse d'en bas, & coupant l'endroit où les regles sont jointes, sert à diriger le plomb & sa corde, qui passe par un trou percé sur la ligne de la traverse supérieure.

La commodité de ce niveau consiste en ce que sans le changer de situation, il sert à niveler les superficies par ses branches inférieures, & les pieces par ses branches supérieures, & qu'il tient lieu de plomb par ses côtés, en les appliquant de bout contre le bois qu'on veut poser perpendiculairement.

NIVELER. C'est connoître, par le moyen du niveau, si plusieurs points de différens objets sont dans une même ligne parallele à l'horison.

Voyez, BUTER.

N O B

NOBLE (*Levrier*). C'est ainsi qu'on qualifie un lévrier qui a la tête petite & longue, l'encolure longue & déliée, & le rable large & bienfait.

NOBLE-EPINE. *Voyez* AUBEPIN.

N O C

NOC. On nomme ainsi en Bretagne les tuyaux de bois par où l'eau passe. Ce qui y est particuliérement appellé *Noe-Sousgravier*, est un gros tuyau mis au fond de l'eau d'un moulin.

N O D

NODOSITÉ. *Voyez* GLANDE, p. 196. col. 2.

N O E

NŒUD *Coulant*. C'est ordinairement une boucle faite au bout d'une corde, d'un fil, &c. laquelle boucle n'est pas serrée, mais son nœud est lâche & coule le long du fil par-tout où on le conduit: l'autre bout du fil ayant été introduit dans ce nœud. Lorsque le nœud rétréicit la boucle, il forme un collet qui serre autant que l'on veut, & que l'on peut aussi relâcher à son gré.

Nœud de Tisserand. Voyez FILET, p. 75. col. 1.

NŒUD *de fil, très-solidement fait. Voyez* FILET, *n.* IX.

NŒUD *de la Gorge. Voyez* ce que c'est, dans l'article GORGE.

NŒUDS: *Terme de Venerie*. Ce sont des morceaux de chair qui se lévent aux quatre flancs du Cerf.

NŒUDS. *Défauts dans le Bois* d'assemblage; qui coupent la piece, lorsqu'ils sont vicieux; mais qui font une beauté dans le bois de placage, parce qu'ils en font la variété, comme dans le Noyer de Grenoble.

Nœuds de Marbre. Ce sont des duretés par veines ou taches, dans les Marbres. On appelle aussi *Emeril*, celles de couleur de cendre dans le Marbre blanc, qui sont fort difficiles à travailler: & les Ouvriers nomment encore *Cloux*, celles des autres Marbres.

N O G

NOGAT; ou *Nouga*. Composition ou espece de Confiture, fort commune en Provence. On la fait avec les amandes, ou les noix, & le miel cuits ensemble, jusqu'à certain degré. Elle est d'une couleur tirant sur le rouge. On ne sert pas ordinairement ce Nogat aux tables délicates; mais on en prépare un *autre*, qui est fort délicat, & *blanc comme neige*, de la maniere suivante.

Il faut blanchir les amandes à la maniere accoutumée, les mettre ensuite dans une bassine de cuivre, pêle-mêle avec beaucoup de gros son, sur un fourneau avec un petit feu, & remuer continuellement les amandes avec une cuillere, jusqu'à ce qu'elles soient cuites; il faut pour le moins huit heures de tems pour en cuire dix ou douze livres, & ne point discontinuer de les remuer: lorsque vos amandes seront cuites, mettez-les avec le son dans un sac que vous laisserez auprès du feu, afin qu'elles conservent leur chaleur.

Prenez ensuite du plus beau miel, & mettez-le dans la même bassine, sur un bon feu; faites-le cuire pendant deux heures, pendant lesquelles il ne faut absolument jamais discontinuer de remuer le miel avec un assez gros pilon de bois, afin qu'il ne bouille point, c'est-à-dire, qu'il ne fasse point d'ondes, quoiqu'il y ait bon feu au-dessous, & capable de le faire bouillir à grosses ondes, si on ne le remuoit pas continuellement; autrement si on le laisse bouillir en discontinuant de le remuer, le miel ne seroit plus bon que pour faire du Nogat rouge, car il ne se blanchiroit point: après deux heures de cette cuite, il faut bien secouer vos amandes, en les passant par un gros crible pour en séparer tout le son; & sur quatre livres de miel, vous mettrez huit livres d'amandes préparées comme ci-dessus; tirez la bassine du feu & remuez bien; mêlez bien le tout ensemble, & étendez le tout chaud le plus promptement qu'il se pourra, sur un ais mouillé, avec des oublis dessus & dessous, & passez par dessus, un rouleau de bois bien rond pour unir le tout: lorsqu'il sera refroidi, vous le couperez à votre fantaisie. Gardez-le dans un lieu frais & sec.

On fait aussi de bon Nogat avec le sucre, qu'on cuit au caramel.

N O I

NOIER. *Voyez* NOYER.

NOIR. Couleur assez connue & qui sert à plusieurs usages. Ce n'est qu'improprement & pour s'accommoder aux idées du Vulgaire, qu'on donne au Noir le nom de couleur, puisqu'il n'est que la simple privation de toutes les couleurs.

Très-beau Noir fait d'Os de Pieds de Mouton.

Calcinez des os de pieds de mouton dans un creuset; ou dans un linge mouillé, que vous enterrerez dans le feu. Quand ils seront bien brûlés, éteignez-les dans un autre linge mouillé; ensuite broyez-les avec de l'eau; & enfin mêlez-y de la gomme. Ce Noir est en usage pour la mignature; en le mêlant avec la laque, & la terre d'ombre; pour les carnations. On le nomme quelquefois *Noir de Velours.*

Noir d'Os.

Voyez le mot *Os*, dans l'article BOEUF, p. 344.

Ce Noir se fait, comme celui d'yvoire, avec des os brisés en petites pieces.

Noir d'Yvoire, parfaitement beau, pour la Mignature.

Calcinez dans un creuset, ou dans un pot de terre plombé, de la raclure ou de petits éclats d'yvoire. Pour faire cette opération, il faut que le pot soit couvert, & bien bouché tout autour avec de la terre glaise, ou avec un linge roulé. En cet état, on le met au milieu d'un grand feu, ou brasier ardent: quand on juge que l'yvoire est réduit en charbon, on tire le pot du feu, & l'ayant tout couvert de cendre on le laisse refroidir. On pourroit aussi le laisser refroidir dans de la terre: cela doit s'entendre aussi du creuset. Le pot étant refroidi, on renverse l'ivoire sur une pierre; on l'éteint promptement avec un linge mouillé, pour empêcher qu'il ne blanchisse en refroidissant. Pour faire usage de cet ivoire calciné, il faut premiérement le broyer sur le porphyre ou le marbre, avec de l'eau simple, jusqu'à ce qu'il soit réduit en poudre impalpable: puis on le fait sécher par petits monceaux, sur une feuille de papier: & quand on est prêt de s'en servir, on le broye une seconde fois avec de l'eau de gomme arabique. Ce Noir est très-beau, & très-propre pour représenter le velouté, & le satiné noir: on s'en sert aussi pour le gris; en le mêlant avec du blanc fin. Voyez *Noir*, dans l'article COULEUR.

Autres Noirs très-beaux.

1. Mêlez dans l'eau commune, de la litharge en poudre bien fine, & de la chaux qui ne soit pas éteinte.

2. Faites rougir de la limaille de fer; & mettez-la toute rouge dans le vinaigre; bouchez bien le vaisseau; remuez & agitez fortement la matiere; ensuite servez-vous-en.

Noir

Noir pour Teindre.

Prenez de la décoction de feuilles de noyer, mêlez-y de la chaux vive; faites bouillir dans ce mélange le bois, ou quelque autre matiere, elle sera d'un beau noir.

Voyez TEINTURE.

Beau Noir pénétrant.

Toutes sortes de bois qui, excepté la noirceur, ressemblent à l'ébene, se peuvent teindre en noir; mais les bois durs & solides, comme le buis, & autres semblables, sont meilleurs & même plus luisans; sur-tout le bois de mûrier noir & blanc: le noyer, & encore mieux le poirier, y sont les plus propres.

Il faut mettre le bois, pendant trois jours, dans de l'eau d'alun, au soleil ou un peu loin du feu, jusqu'à ce que l'eau devienne un peu chaude: puis prendre de l'huile d'olives avec un peu de vitriol & autant de soufre; les mettre dans une poêle avec les pieces de bois; & les faire bouillir quelque tems. Plus le bois bouillira, plus il deviendra noir; mais le trop d'ébullition le rend fragile & le fait fendre.

Quand on le retire de l'eau, il faut ne pas l'exposer au grand air avant qu'il soit sec.

Autre maniere plus facile.

Il faut frotter, à plusieurs reprises, le bois avec une infusion de noix de galles. Cette infusion fait relever les fibres du bois: on les polit avec la prêle; puis on engalle de nouveau, jusqu'à ce que les fibres ne se relevent plus. On frotte ensuite le bois avec une solution de vitriol verd; on polit à la prêle; on remet de l'eau de vitriol, jusqu'à ce que le bois soit noir comme de l'ébene. On finit par polir avec le tripoli: si les bois sont poreux, on les cire, & on les polit comme les meubles. Mais il ne faut point de cire pour l'aune, le noyer; ni pour le poirier, qui est le meilleur de tous.

Noir de Fumée.

Il y a différens procédés pour faire ce noir. Voici celui qu'Actius rapporte comme étant usité dans la Thuringe.

On bâtit un cabinet exactement fermé de toutes parts; excepté au milieu de la partie supérieure, où l'on fait quelques ouvertures, que l'on couvre d'un cône ou espece de cornet de toile. A quelque distance de ce cabinet, est un four dont la bouche est très-petite & dont l'intérieur communique avec le dedans du cabinet, par un tuyau de cheminée rampant. Un enfant allume une petite quantité des immondices qu'on a retirées des chaudieres qui ont servi à préparer la poix, & dont nous détaillons le travail dans l'article SAPIN: il l'introduit dans le four. A mesure que cette résine se consume, le même enfant y en ajoûte un peu de nouvelle; & continuant ainsi de moment en moment, le cabinet se remplit de fumée dont une bonne partie passe dans le cône & s'y rassemble en forme de suie. Quand on juge que le cône est bien chargé de fuliginosités, des enfans battent la toile avec des baguettes pour faire tomber le Noir de fumée sur la partie supérieure du cabinet, & l'on ramasse ce Noir pour en remplir des barils. M. Duhamel, de qui nous empruntons ce procédé, y a joint de très-bonnes figures, dans le premier volume de son *Traité des Arbres & Arbustes*; article ABIES.

Noir Fin de Fumée.

Il faut remplir une lampe, ou quelqu'autre vaisseau, d'huile de noix; y mettre tremper une grosse mèche de cotton; l'allumer; & tenir un plat renversé, & soutenu par des pierres, ou quelqu'autre chose, au-dessus de la lumiere. La fumée s'attachera tout autour du plat, en forme de poudre noire; que vous aurez soin de ramasser, pour vous en servir au besoin.

Pour Calciner le Noir de fumée, & le rendre plus fin.

Il faut faire rougir une pele au feu, mettre le Noir dessus, & lui laisser jetter la fumée. On l'employe avec de l'eau gommée: il ne convient pas pour peindre en huile.

NOIR *d'Espagne*. Voyez LIEGE.

NOIR-PRUN. *Voyez* NERPRUN.

NOIRCIR *les Cheveux*. Voyez au mot CHEVEU.

NOISETTE: *Fruit*. Voyez NOISETTIER.

NOISETTIER: ou *Coudrier*: en latin *Corylus*: que les Anglois nomment *Hazel*; *Filbert-Tree*; *Hazel-Nut-Tree*.

Ce genre de plantes porte des fleurs mâles, & de femelles, sur un même individu. Les fleurs mâles, grouppées sur un filet commun, forment des chatons écailleux; dont les écailles couvrent de fort petites étamines. A d'autres endroits du même arbre, s'ouvrent des boutons presque sphériques, qui contiennent les fleurs femelles; formées d'un calyce découpé par les bords, d'où sort une houpe de filets ordinairement purpurins, qui se réunissant forment le pistil dont la base devient le fruit appellé *Noisette*, & *Noix* ou *Petite Noux* en quelques Provinces: qui est un noyau. Il repose sur une substance charnue assez épaisse; d'où part une enveloppe membraneuse, qui n'est point fermée par le haut, mais assez profondément découpée. La forme de ce noyau varie. On trouve dans son intérieur une amande bonne à manger. L'enveloppe membraneuse, & la substance charnue d'où elle part, & sur laquelle repose le noyau, sont formées par le calyce, qui croît avec le fruit.

Especes.

1. *Corylus sylvestris* C. B. Le Noisettier *des bois*. Arbrisseau dont les feuilles sont posées alternativement sur les branches, imitant beaucoup celles de l'aune, presque rondes, terminées par une pointe assez grande, minces, couvertes d'un duvet très-fin qui les fait paroître comme veloutées quand on les touche, dentelées sur les bords par de grandes dentelures, qui sont elles-mêmes plus finement dentelées. Son fruit est à peu-près rond; enveloppé d'une membrane assez courte, & dont toutes les dentelures sont fines. L'écorce des tiges & branches est fine, rougeâtre, marquetée de blanc.

2. *Corylus nucibus in racemum congestis* C. B. Au lieu que les fruits du précédent naissent dans les aisselles des feuilles sur le corps des branches; celui-ci porte ses fruits par gros bouquets à l'extrémité des branches. C'est le *Cluster Nut* des Anglois. Quelques-uns prétendent que ce n'est qu'une variété du *n.* 1.

3. *Corylus sativa, fructu rotundo maximo* C. B. C'est un *Avelinier*; originaire du Levant. Son fruit est rond, & fort gros.

4. *Corylus Hispanica, fructu majore angulosso* Pluk. L'*Avelinier d'Espagne*; dont le fruit est rond, gros, & anguleux.

5. *Corylus sativa, fructu albo minore; sive Vulgaris* C. B. Le *Noisettier Franc* de nos jardins; dont le fruit est petit, blanc, oblong; & revêtu d'une enveloppe plus longue & moins finement dentelée, que celle des especes précédentes. C'est l'*Avellanier* de Provence.

6. *Corylus sativa; fructu oblongo.* C. B. Autre Noisettier franc, dont le fruit est long; couvert d'une pellicule tantôt blanche, tantôt rouge. En général cet arbrisseau pousse plus droit que les autres especes. Quelques-uns nomment son fruit *Cornulie*.

7. *Corylus Byzantina.* C. B. Le Noisettier *du Levant*. Ses fruits sont fort gros, à-peu-près ronds: & leur enveloppe, qui les couvre presque entiérement, est profondément découpée.

Culture.

Le *n.* 1. se plaît, parmi nous, dans des terres humides, soit un peu fortes, soit legeres. C'est pourquoi l'on peut douter si c'est la même espece que l'on trouve à la Louisiane, le long de la mer; & qui, selon M. le Page (*Hist. de la Louis.* t. II. p. 26) ne réussit que dans un terrein maigre & graveleux. En général cet arbrisseau veut un sol qui ait du fond. Le panchant d'une colline lui est assez favorable.

Tous les Noisettiers peuvent se multiplier en semant les noisettes en Février; après les avoir tenu durant l'hiver dans du sable & un endroit frais, hors de la portée des mulots & autres animaux destructeurs: mais si elles étoient absolument privées d'air, elles contracteroient une moisissure préjudiciable. Assez souvent elles ne levent qu'à la seconde année.

Comme les branches produisent bientôt des racines quand on en fait des marcottes; & que même la plûpart des pieds tracent, & fournissent des drageons enracinés: on les multiplie ordinairement de cette maniere: qui d'ailleurs est plus sûre pour conserver chaque espece.

Les Noisettiers sont des arbrisseaux de médiocre grandeur. Au bout de quelque tems, les tiges qui ont porté du fruit périssent; & la plante se rajeunit par des brins gourmands qui poussent de sa souche. C'est pourquoi il faut, de tems en tems, abbattre les tiges qui commencent à dépérir.

Pour garnir une côte en Noisettier, on peut arracher du plant autour des grosses souches; le mettre en pépiniere dans une bonne terre; &, quand au bout de trois ans il a produit de belles racines, le transplanter à l'endroit que l'on y a destiné. Ce plant réussit ensuite ordinairement très-bien; & fournit un petit taillis, qu'on peut abbattre tous les sept ou huit ans.

Les couchis de Noisettiers fourrent avantageusement des taillis.

On cultive dans les jardins les *nn.* 3 & suivans. Mais leurs fruits ne mûrissent parfaitement que dans les pays méridionaux.

Des labours donnés de tems en tems aux Noisetiers, les font pousser très-vîte; en quelque endroit & de quelque espece qu'ils soient.

Usages.

Les Noisettiers sont propres à garnir des potagers, & des endroits humides, dans un parc; à former des bosquets qui donnent beaucoup d'ombre. Comme toutes les especes subsistent sur des côteaux, dont la terre est d'une médiocre qualité, & où beaucoup d'arbres périssent; cette ressource n'est pas à négliger; particuliérement pour des remises.

Leurs feuilles ne tombent que fort tard; mais elles jaunissent de bonne heure: ce qui fait que, pour l'agrément, on n'en met que dans des bosquets d'Eté.

Le fruit des *nn.* 4, 5, & 6, est fort bon à manger, & très-délicat. Ceux des *nn.* 3 & 7, également bons, flattent moins le goût, mais ont l'avantage de la grosseur.

On prétend que la plûpart des Noisettes sont fort indigestes. Aussi remarque-t-on qu'elles occasionnent souvent des douleurs de cerveau, particuliérement quand on les mange séches. Leur excès peut produire une dysenterie. On assure qu'il est utile d'en manger de seches, soit à jeun, soit au commencement du repas, pour la gravelle & les maux de reins.

On tire par expression, de ces fruits, une huile qu'on emploie à peu près aux mêmes usages que celle d'Amandes douces.

Beurre de Noisettes. Consultez l'article Beurre, page 298, col. 2.

Biscuits d'Avelines. Voyez Biscuits *d'Amandes ameres*, page 306.

Deux dragmes d'*Eau distillées d'Avelines nouvelles*, sont un bon remede interne pour la colique, & les tranchées.

On cueille les Noisettes *n.* 6, encore vertes, pour les mettre dans de l'eau avec du sel, comme des olives: on donne de cette confiture à des malades, pour leur rafraîchir la bouche. Lorsqu'elles paroissent d'un rouge écarlatte, elles sont parfaitement mûres; bonnes à manger crues.

Le bois du Noisettier est tendre, pliant, & presque sans Nœuds. C'est pourquoi l'on en fait de bons cercles pour des muids, des demi-muids, des quarts, &c. Ces cercles étant débités dans les bois se mettent par bottes de cinquante. Beaucoup de vin de Bourgogne que l'on envoye à Paris est relié en Noisettier. Les Vanniers l'emploient aussi pour faire l'espece de charpente de leurs petits ouvrages. On en fait des baguettes pour les Chandeliers; & des faussets pour les futailles. Les petites branches, étant brulées, font un charbon léger; dont on se sert en quelques endroits pour la composition de la poudre à tirer. Les copeaux de Noisettiers sont du nombre de ceux qui servent à clarifier le vin.

Voyez Baguette *Divinatoire.*

NOISOLLE. Consultez ce mot, dans l'article *Prendre les* Alouettes *au miroir.*

NOIX. Fruit de l'arbre qu'on appelle Noyer. *Voyez* Noyer.

Noix *d'Areca*, ou *d'Areque.* Semence ou amande oblongue, quelquefois arrondie mais avec une base plate; & pour l'ordinaire à peu près grosse comme une muscade, à qui elle ressemble assez par dehors, & dont elle a aussi les veines blanchâtres intérieurement. Les Indiens, grands & petits, en font généralement un usage habituel en masticatoire. On prétend que son suc étant avalé, comme font la plûpart des Indiens, fortifie l'estomac. Une autre vertu qu'on attribue à ce remede, c'est d'empêcher tout ce qu'il peut y avoir de corruption dans les gencives. On mêle l'areca avec des feuilles de betel, & un peu de chaux rouge tirée de coquillages calcinés, & on en fait des especes de dragées; que l'on mâche ensuite, comme on mâche en France le cachou. La salive qu'il attire, aussi bien que le suc qui sort de ce masticatoire, sont d'un rouge brun, dont les levres & les dents prennent la couleur. Ce fruit, lorsqu'il est mûr, est d'une grande dureté, jaunâtre, fort amer, mais sans dégoût. Il naît dans un brou uni extérieurement, gros comme une belle noix, raboteux & velu en dedans à peu près comme le brou du cocos. Ce fruit vient sur une espece de Palmier assez menu, mais dont l'écorce n'est point écailleuse; à en juger par la figure qu'en a donnée Pomet dans son *Histoire générale des Drogues*, planche des Poivres.

NOIX *de Galle*. Production d'insectes, à-peu-près ronde, dure, communément d'environ neuf lignes de diametre, dont la superficie est souvent semée de petites éminences anguleuses que l'on compare à des épines. Elle se trouve sur divers arbres; particuliérement sur le chêne. M. Duhamel a représenté dans le premier volume de son *Traité des Arbres & Arbustes*, un *Quercus* (n. 10.) avec des galles grosses comme de petites noix, les unes solitaires, les autres accouplées. On voit encore des chênes assez bas, qui n'ont pas moins de deux galles sur chaque feuille, & où il en vient souvent plus de trois qui se tiennent. Il y a beaucoup de galles sur les chênes de nos Provinces Méridionales; & dans le Levant. Consultez le second volume du *Traité des Arbres & Arbustes*, p. 210. M. Guettard, *Observ. sur les Plantes*, tome I. p. 216. M. Garidel, *Histoire des Plantes d'Aix*, p. 590 & 591.

La Noix de Galle resserre le ventre. On la donne en poudre, ou en bol, dans la fievre intermittente, au commencement de l'accès; ou pendant l'intermission, de quatre en quatre heures: mais avant que d'en prendre, il faut mettre en usage les remedes généraux qui sont les purgations & les saignées; & accompagner cet usage, de lavemens, pour modérer sa vertu astringente. C'est avec la Noix de galle qu'on fait l'encre; & que les teinturiers font le noir écru.

NOIX *Muscade*; en Latin *Nux Moschata*. Comme la Muscade est connue de tout le monde, pour ce qui est du fruit, la description en seroit inutile. L'arbre est presque semblable à nos pêchers, excepté que sa feuille est plus étroite & plus courte. Le *Macis* environne la Noix avant qu'elle soit mûre, comme une fleur en façon de rose ouverte, & lui sert d'enveloppe quand elle est mûre. La Noix étant seche, le macis s'ouvre: & perdant la rougeur qu'il avoit, il devient d'un jaune doré. Les bonnes Muscades doivent être nouvelles, pesantes, grasses & pleines d'huile, de sorte qu'en y enfonçant une épingle, l'huile sorte: il faut prendre garde qu'elles ne soient point vermoulues.

Cette Noix vient des Indes Orientales.

Elle est astringente; rend l'haleine bonne; fortifie le foie, l'estomac, la vûe; fait rendre des urines louches, un peu huileuses, & leur donne une odeur de violette; arrête la diarrhée; chasse les vents; & est recommandée pour les maladies hystériques. Une Muscade ayant cuit dans six onces de miel rosat, & deux onces d'eau de vie, jusques à ce que l'eau soit toute consommée; on passe par un linge la liqueur restante: qui sert à guérir le mal d'estomac, en prenant à jeun trois cuillerées, surtout si le mal vient de cause froide.

On dit que la Muscade amollit les duretés de la rate & du foie, occasionnées par une cause froide; & qu'elle guérit les dartres.

L'*Huile* de Muscade a beaucoup de vertu contre les douleurs des jointures & des nerfs. Le *Macis* fait venir les ordinaires, si l'on en donne en infusion avec du vin & un peu de sucre. En général l'un & l'autre sont utiles pour toutes les maladies froides.

Voyez HUILE *de Muscade*.

On rencontre quelquefois chez les Droguistes une espece de Noix Muscade, appellée *Muscade Mâle*; qui différe de la commune en ce qu'elle est plus longue & moins forte. C'est la Muscade sauvage.

On appelle NOIX le fruit du Cyprès.

NOIX: *terme de Jardinage*. Consultez l'article DRAGEONS, p. 842.

NOL

NOLI-ME-TANGERE. Terme Latin qui signifie *ne me touchez pas*. Il sert à désigner le Cancer ulceré du nez, de la bouche, du menton, ou d'autres parties du visage, qu'il ronge profondément; attendu qu'en voulant le guérir on ne fait souvent que l'irriter, & avancer ainsi la mort du malade.

Tant que ce cancer est *occulte*, on doit bien se garder d'y faire aucune opération avec le fer.

Lorsqu'il est *ouvert*, on peut diminuer l'intensité du mal par les topiques suivans.

1. Pilez des feuilles de *Dulcamara* (Voyez MORELLE, n. 3.); & appliquez-les en cataplasme: que vous changerez toutes les douze heures.

2. Pendant l'hiver lorsque ces feuilles manquent, on prend de l'eau de vie, où l'on a fait infuser du romarin: on en bassine le cancer, de tems en tems.

3. *Voyez* ONGUENT *Divin*.

NOM

NOMBRE D'OR. Voyez *Cycle Lunaire*.

NOMBRIL ou *Ombilic*. Ligamens qui ayant servi de communication au fœtus avec la matrice, sont réduits lors de l'accouchement par un nœud sur le ventre de l'enfant.

Pour le mal du nombril des petits enfans.

Prenez de l'herbe aux Puces que vous appliquerez en liniment avec un peu de vinaigre, sur le nombril.

Pour empêcher que le nombril des enfans n'avance trop.

Prenez des feuilles fraîches de Perce-Feuille; broyez-les, & les incorporez avec du vin & de la farine de froment; & faites-en un cataplasme que vous mettrez sur le nombril. [Ce remede ne peut avoir lieu que quand l'avance du nombril n'est pas un défaut occasionné parce que la Sage-Femme a lié le cordon ombilical trop loin du ventre.]

NOMBRIL: *terme de Botanique*. On appelle ainsi certaines cavités sensibles qui sont à l'extrémité des fruits, tels que la poire, du côté opposé à la queue. Les Jardiniers donnent à cet enfoncement le nom d'*Œil*.

On appelle *Feuille à Nombril*, ou *Ombiliquée*, celle dont toutes les nervures partent d'un même point pris dans le corps de la feuille: comme dans celle de Capucine.

NOMBRIL *de Venus*: Plante. *Voyez* JOUBARBE, n. 3.

NOMBRIL *de Venus*, *Aquatique*. Voyez HYDROCOTYLE.

NOMPAREIO. *Consultez* l'article NARCISSE.

NON

NON-COLORANTES (Drogues) *Voyez* sous le mot COLORANTES.

NON-NATURELLES (*Choses*). Voyez NATURELLES.

NOS

NOSEBLEED. *Voyez* MILLEFEUILLE.

NOSTOC, ou NOSTOCH. Espece de Mousse, de Lichen, ou de Fucus; dont on distingue plusieurs especes ou variétés. Consultez le *Botanicon Parisiense* de M. Vaillant; les *Familles des Plantes*, de M. Adanson, Tome II, page. 13; les *Mémoires de l'Académie des Sciences*, an. 1708.

Nous ne parlerons ici que du Nostoc, auquel les Chymistes ont donné de la célébrité: celui que l'Histoire des Plantes de Paris appelle *Nostoch Ciniflonum*: le *Muscus fugax membranaceus pinguis* Botan. Monspel. Paracelse, outre le nom de Nostoch, lui a encore donné celui de *Cœrafolium*. D'autres l'ont appellé *Sputum Lunæ*; *Cælifolium*; *Flos Terræ*.

La plûpart des Disciples de Paracelse disent que c'est un excrément jetté sur la terre par les étoiles. D'autres veulent que ce ne soit qu'une vapeur qui s'exhale du centre de la terre, & s'épaissit à sa surface par la fraîcheur de l'air. Mrs Magnol, Tournefort, & autres Botanistes exacts Observateurs, ont reconnu que c'est une vraie plante: & M. Geoffroy a développé les progrès de sa végétation, dans les *Mémoires de l'Académie des Sciences*, an 1708.

Sa substance est une lame ou membrane muqueuse, ou peu onctueuse, d'un verd pâle, insipide, à-peu-près large comme la main, plissée & ondée irréguliérement, que l'on trouve étendue à la superficie de la terre: le long des chemins, dans les prés; & sur tout où il y a du gravier ou du sable; entre l'équinoxe du printems & celui d'automne: & fort commune aux environs de Paris. *Voyez* M. Tournefort, *Herb.* VI; & *l'Histoire des Drogues* de Lemery.

Les Chymistes disent que l'art est capable de tirer du Nostoc, un dissolvant universel, qui dissoudroit même les pierres dans la vessie. D'autres se contentent de dire que c'est un bon dissolvant. Il est certain que son analyse offre beaucoup d'acide, une huile fétide, un esprit volatil urineux, & d'autres principes actifs, qui ne peuvent que donner à sa liqueur distillée beaucoup d'énergie pour dissoudre certains mixtes soit animaux soit végétaux. Prise intérieurement, elle peut calmer les douleurs & guérir des ulceres invétérés. Un Médecin Suisse donnoit deux ou trois grains de la poudre de Nostoc, pour calmer les douleurs internes: il employoit aussi cette même poudre extérieurement, pour guérir des ulceres. Cette plante, infusée dans de l'eau chaude, s'y dissout presque entiérement, & se corrompt très-vite, selon M. Lemery; qui ajoûte que le Nostoc est émollient, adoucissant, vulnéraire, résolutif, & que son application externe calme les douleurs.

Quelques Chymistes confondent le Nostoc avec le *Flos Cœli*: d'autres les distinguent: nous n'entrerons pas dans cette discussion. Voyez ELIXIR *des Philosophes*; & *l'Hist. des Pl. d'Aix*, de M. Garidel, p. 322.

Les Philosophes qui font tant de cas de cette plante, recommandent de la cueillir vers le tems des équinoxes, avant le lever du soleil. Ils appellent Nostoc *mâle*, celui que l'on trouve depuis le 21 de Septembre jusqu'au 21 d'Octobre; & *femelle*, celui qui paroît du 21 Mars au 21 Avril.

La couleur du Nostoc a donné lieu à quelques Alchymistes de l'appeller leur *Vitriol*.

Pour en tirer ce qu'on nomme *l'Elixir des Philosophes*: on le lave & nettoie bien dans de l'eau de fontaine; on l'essuie avec un linge très-blanc; on le pile dans un mortier de verre ou de marbre; puis on le met dans un vaisseau de terre vernissé ou de verre exactement bouché: où il reste pendant quarante jours. Après quoi on l'exprime. Il en sort alors, dit-on, une liqueur rouge, dont la quantité excede la moitié de ce que pesoit le Nostoc avant d'être mis dans le vase. Ayant mis cet extrait dans un alembic de verre, que l'on lute bien avec de la farine & du blanc d'œuf, on tient l'alembic au grand air, jour & nuit, jusqu'à ce que l'on n'y apperçoive plus qu'une eau très-limpide: qui ne fera que la dixieme partie de ce que l'on y avoit mis. (Cet esprit est qualifié de médecine universelle: surtout si on le fait crystalliser au feu de lampe très-doux.) Nous nous abstiendrons de garantir la vérité de tout ce qui a été dit des vertus du Nostoc.

NOU

NOUAILLEUX, (*Bois.*) Voyez BOIS MADRÉ, p. 349.

NOVALE. Terre mise en labour; qui étoit auparavant en friche, & sur laquelle on ne perçoit la dixme tout au plus que depuis quarante ans. Les bois & garennes défrichés & mis en vigne ou en grains, sont des Novales.

Elles doivent la dixme au Curé, quand même le Seigneur auroit les dixmes inféodées.

Un Seigneur qui a droit de prendre les dixmes inféodées dans un territoire, peut prescrire les Novales par l'espacée de quarante ans: c'est-à-dire, que s'il a toujours joui des dixmes des terres défrichées avant quarante ans, il sera maintenu dans sa possession. Les Religieux exempts de dîmes perçoivent les Novales ès lieux de leur exemption, mais non pas ès lieux où ils sont seulement Gros Décimateurs par privilege. *Du Fresne, liv. 8. chap. 12.*

NOUE: *Terme d'Agriculture.* On s'en sert en quelques Provinces pour désigner un endroit noyé d'eau, qui y forme de petites mares.

Dans l'Art de bâtir, on appelle Noue, l'endroit où se joignent deux combles en angle rentrant; & qui fait l'effet contraire de *l'Arretier*. La *Noue Corniere* est celle où se joignent les couvertures de deux corps de logis. On appelle aussi NOUE, la piece de bois qui porte les empanons. Vitruve nomme les Noues *Colliquiæ*; parce que les pluyes (ou liqueurs) confluent de deux ou de plusieurs côtés (toits ou pentes de couvertures) dans un canal commun. Le mot de *Noue* peut venir de *nouer*: pour dire simplement joindre & unir ensemble: parce que les toits ou couvertures de plusieurs pieces & appartemens se joignent & se continuent sans intervalle vuide entre deux. *Voyez* NOULETS.

NOUE *de Plomb.* C'est une table de plomb, au droit du tranchis, & de toute la longueur de la Noue d'un comble d'ardoise.

NOUÉ (*Enfant*). Voyez NOUEURE.

NOUÉ: *Terme de Jardinage & de Botanique.* On appelle *fleur nouée*, une fleur soit femelle, soit hermaphrodite, qui surmonte l'embryon: telles sont les fleurs femelles des Cucurbitacées.

On dit que des *Fruits* sont noués, lorsqu'ils grossissent après que la fleur est passée. On connoît que les fruits à noyau sont noués, à ce que leur style s'allonge au-delà des petales; ou qu'il semble s'allonger, les étamines se racourcissant pour lors. *Voyez* COULER.

NOUÉES: *Terme de Venerie.* C'est la fiente que les cerfs jettent depuis la mi-Mai jusques à la fin d'Août.

NOVEMBRE. L'onzieme Mois de l'année. Il a trente jours; & le soleil entre dans le signe du Sagitaire vers le 22. Au 30, le jour ne dure que huit heures quarante-neuf minutes; ce qui fait une heure trente minutes de moins qu'au trente-un d'Octobre.

On commence dans ce mois à prévenir le printems, par le moien des couches; sur lesquelles on seme de petites salades: c'est-à-dire, des laitues à couper, du cerfeuil, du cresson.

C'est proprement le mois du grand travail pour éviter la disette, compagne ordinaire de la saison morte, pour ceux qui ont manqué de prévoyance. Car le froid ne manque pas de faire de grands ravages dans les Jardins des Paresseux. Ainsi dès le commencement du mois, quelque beau qu'il fasse, on doit conduire de grands fumiers secs dans le voisinage des chicorées, artichaux, poirées, celeris, porreaux, racines, &c. pour avoir la facilité de les répandre en peu d'heures, sur tout ce qui en aura besoin: & même dès que le froid commence à se déclarer, il faut commencer à couvrir les figuiers.

Pendant tout ce même tems, on met des arbres & arbustes dans des mannequins; qu'on place en quelque endroit particulier, & sur-tout du côté du Nord: on y en met de tige, aussi bien que de nains; & on tient un bon mémoire, pour l'ordre des especes. Ces mannequins doivent être à demi-pied l'un de l'autre, & si bien enterrés qu'il n'en paroisse au plus que le bord d'en haut. On couche dans ces mannequins les arbres qui sont destinés pour les espaliers, de même que si on les y plantoit actuellement; & on plante tout droit & dans le milieu du mannequin, ceux qui sont destinés à être en plein air.

Dès que les gelées se font sentir, on commence à employer le grand fumier qu'on a eu soin de porter aux endroits où il en falloit. Par exemple, pour les artichaux, on peut le tenir un peu plus élevé du côté du Nord, afin de servir d'un petit abri, en attendant qu'on les couvre entiérement: ou bien quand on est d'ailleurs fort pressé d'ouvrage, on les couvre d'abord; bien entendu qu'avant de les couvrir, on leur coupe toute la fane. Peu de ce fumier suffit d'abord contre les premieres attaques; & on redouble ces couvertures à mesure que le froid augmente; ceux qui n'ont point de ces sortes de fumiers secs, peuvent se servir de feuilles ramassées dans les bois voisins.

Il est bon de laisser les artichaux ainsi couverts, jusques à ce que la pleine Lune de Mars soit passée: elle est d'ordinaire fort dangereuse; & beaucoup de jardiniers sont cause de la perte de leurs artichaux, quand, se laissant tromper à quelques beaux jours du mois de Mars, ils ôtent entiérement les couvertures, & labourent les artichaux. Au moins, si on les découvre, ce ne doit être qu'un peu; & il faut toujours laisser le fumier tout proche, pour le remettre si la gelée revient.

Dès le commencement du mois, & avant que les gelées soient venues, on acheve de lier les chicorées qui sont assez fortes pour cela; & on les couvre de ce qu'on peut: on couvre aussi de même les autres chicorées qu'on n'a pas pu lier: elles blanchissent ainsi toutes également: & il est fort à propos, si on a une serre, d'y replanter en motte tout ce qu'on peut des plus fortes.

On coupe les montans des asperges, lorsque la graine est mûre, on prend soin de la serrer, si on en veut semer le printems suivant. Il seroit dangereux de couper plus tôt ces montans: la graine périroit, & le pied pourroit avorter & ne pousser que de méchans petits jets nouveaux.

Ceux qui sont proche des bois, font bien de faire ramasser des feuilles, non-seulement pour s'en servir à couvrir, comme on a dit, mais aussi pour les faire pourrir dans quelque trou: le fumier en est fort bon, & sur-tout pour servir de terreau.

On replante encore des laitues d'hiver. Dès que les gelées blanches commencent à s'opiniâtrer, il faut couvrir celles qui sont plantées à de bons abris; & ce ne doit pas être, avec des fumiers secs, comme les autres plantes, de peur qu'il ne reste de l'ordure dans le cœur de celles qui pomment; mais avec de la paille longue, bien nette, sur laquelle on met quelque perche de longueur pour l'entretenir en place, & empêcher que le vent ne la dérange.

On conserve en place, ou plutôt on replante en motte, en quelque endroit, les choux pommés dont on veut avoir de la graine: & si au mois d'Avril il paroît qu'ils aient de la peine à pousser, on y fera par en haut une entaille en croix, assez avant; par ce moyen le montant percera mieux. On fait la même chose en Mai à l'égard de certaines laitues pommées qui ont de la peine à monter.

Il faut préparer des couvertures pour les plantes à fleurs qui sont sujettes au froid; afin de les couvrir lorsqu'on jugera le tems être disposé à la gelée.

On plante les rosiers, l'*althea frutex*, le lilac, le syringa, le rosier de Gueldre, le cytise, & généralement tous les arbres & arbrisseaux qui perdent leur verdure, & ne sont pas sujets à la gelée; comme aussi les pivoines & les autres plantes robustes.

On peut planter & semer encore les plantes fibreuses, & les graines marquées au mois de Septembre.

Voyez & observez ce qui est dit au mois de JANVIER.

Ce mois est la meilleure saison pour planter les belles tulipes panachées: principalement dans les petits jardins, renfermés de hautes murailles, & qui n'ont guere de soleil.

En pays froid on met les anémones dans des pots, que l'on transporte dans la serre.

On fait des trous dans les places où l'on veut mettre des arbres. On plante les arbres. On fouille le pied de ceux qui paroissent languissans: pour leur ôter la vieille terre; retailler une partie de ce qu'ils ont de mauvaises racines, & mettre ensuite de bonne terre neuve. *Voyez* ARBRE, *n. 6.*

Ceux qui ont de fort grands plants d'arbres, doivent commencer à tailler les moins vigoureux.

On emploie les grands fumiers secs dont on doit avoir fait provision pendant l'Été, pour couvrir les figuiers; tant ceux qu'on a en espalier, que ceux qui sont en buisson: à l'égard des derniers, on lie avec de l'ozier, le plus que l'on peut ensemble, toutes les branches, pour les envelopper plus aisément de cette couverture: pour ce qui est des espaliers, on tâche de laisser sur les côtés autant qu'on peut, les branches hautes; & d'en lier plusieurs ensemble aux perches ou crochets qui doivent les soutenir; par ce moyen on les couvre plus aisément & à moins de frais: on y laisse cette couverture jusqu'après la pleine lune de Mars; auquel tems on ôte seulement une partie, en attendant que la pleine lune d'Avril soit passée. Les gelées de ces deux derniers mois sont dangereuses pour le jeune fruit qui commence pour lors à sortir; comme les fortes gelées sont dangereuses pour le bois, qui est moëlleux.

Ceux qui ont des Tigres à leurs poiriers, font bien, non-seulement de ramasser les feuilles qui en sont attaquées pour les faire brûler sur le champ, mais aussi de ratisser les branches avec le dos d'un couteau, pour nettoyer les restes de cet insecte qui y demeure attaché tout l'hiver ; si on ne parvient pas à faire tout périr par-là, au moins est-ce toûjours autant d'ennemis détruits.

Comme les journées sont fort courtes, les habiles jardiniers travaillent, à la chandelle, jusqu'à l'heure du souper ; soit à faire des paillassons ; soit à préparer des arbres qu'ils doivent planter dès que le froid le permettra ; soit à dessiner.

On met par rayons en terre, les arbres qu'on n'a pas pu planter ; & on en couvre soigneusement le pié, de même que si on les mettoit en place ; sans laisser aucun vuide autour des racines : autrement les fortes gelées les gâteroient.

Il faut visiter assidument les serres & fruiteries.

En bien des endroits, on donne la premiere façon aux jacheres, vers la Saint Martin. C'est aussi vers ce tems que l'on fait le premier labour des terres à menus grains.

On seme du froment, & de l'orge.

On continue de faire le cidre.

On lie, taille, plante, provigne, & déchausse la vigne. On rapporte & serre les échalas.

On amasse les olives, quand elles commencent à changer de couleur : & on en tire les premieres huiles.

Ce mois est le vrai tems de casser les noix pour en faire de l'huile.

Quand le mois de Novembre est arrivé, un pere de famille ou un Laboureur doit avoir soin de faire amasser du gland, pour la nourriture des cochons.

S'il y a des raves & gros navets en terre, destinés à nourrir le bétail, on les arrache, pour les transporter dans un lieu propre à les garantir des gelées.

On ramasse & fait sécher tout ce que l'on peut d'herbes pour les bestiaux.

On charie les fumiers & la marne.

On coupe des branches de saule ; pour ensuite les tiller ou les fendre.

On émonde les arbres.

En pays chaud on met les beliers dans le troupeau ; & on lâche le bouc aux chevres.

On peut commencer à transporter les ruches pleines. *Voyez* cependant l'article MOUCHE-A-MIEL.

Il est tems de garantir celles que l'on a, ensorte qu'il n'y puisse entrer ni souris ni autres animaux nuisibles. *Consultez* le même article.

On nettoye & taille aussi les ruches en ce mois.

On commence à la Saint Martin à abbattre les futayes ; & autres bois, soit de charpente, soit de chauffage.

On fait la récolte des marrons & châtaignes ; & celles de la garence & des oziers.

Profits à faire au mois de Novembre.

On continue de vendre de la volaille.

C'est le véritable tems de vendre des cochons de lait. On peut encore débiter les veaux ; qui sont pour lors très-bons à envoyer à la boucherie.

On se défera des bêtes grasses ; elles se vendent bien, & sont fort recherchées.

Le beurre, les fromages, & les œufs, seront tous portés au marché.

Dès ce tems si on trouve des Marchands qui veuillent acheter le vin, on conseille de n'en point laisser échaper l'occasion ; l'argent qu'on en retirera servira plus si l'on commerce, que si l'on gardoit son vin, dans l'espérance de le vendre plus cher dans un autre tems, où le plus souvent on se trouve trompé.

On fait aussi dans ce mois un bon débit de fruits : tels que la Virgouleuse, l'Ambrette, la Marquise, le Caillorrosat, la Poire d'épine, la Louise-bonne, le Martinsec, le Citron musqué, le Bon-chrêtien d'Espagne, la Bergamote-cressane ; toutes poires fines, dont on ne sauroit avoir un jardin assez garni.

Si les pigeons pattus ont produit quelques pigeonneaux, on fera bien de les vendre.

NOUER *la Longe* : Terme de Fauconnerie. C'est mettre l'oiseau en mûe, & l'empêcher de voler, pendant quelques mois.

NOUEURE : en Latin *Rachitis*, du mot *Rachis*, lequel désigne l'épine du dos. On regarde en effet cette partie, & la moelle épiniere, comme le principal siége de la maladie nommée Noueure, & qu'en Anglois on appelle *Rickets*. On lui donne quelquefois en françois le nom de *Chartre*.

Les enfans ne naissent pas avec cette maladie. Elle ne se montre gueres avant qu'ils soient parvenus au neuvieme mois : & quand ils en sont préservés jusqu'à deux ans accomplis, ils n'en sont presque jamais attaqués dans la suite ; mais elle leur arrive entre ces deux termes. Glisson, un des grands Médecins & Philosophes d'Angleterre, en a fait un Traité fort exact. Les signes de la Noueure sont le relâchement & la mollesse de quelques parties ; leur foiblesse ; leur engourdissement : la nourriture des parties se fait inégalement dans cette maladie : la tête a trop de volume dans toutes ses dimensions, à proportion du reste du corps : les parties qui sont au-dessous de la tête, dans le progrès de la maladie, s'exténuent chaque jour de plus en plus : il survient des élévations & des nœuds aux environs de quelques jointures ; qui se remarquent principalement aux poignets : on voit aussi de semblables tumeurs aux extrêmités des côtes, où elles se joignent aux os du sternum. Il y a de plus, des os qui se courbent ; principalement ceux des jambes & de l'avant-bras ; quelquefois aussi les os des cuisses & des épaules. On remarque encore des os plus courts ; faute de n'avoir pas pris leur accroissement entier selon leur longueur. On apperçoit à la tête une éminence irréguliere, principalement à l'os du front ; qui se jette en devant. L'éruption des dents est tardive & fâcheuse ; elles vacillent au moindre effort ; elles deviennent noires, & tombent par morceaux.

Dans le progrès de la maladie, la poitrine s'étrécit par les côtés, & s'éleve en pointe sur le devant : le ventre paroît un peu tuméfié ; & il y a tension aux hypochondres : la toux devient fréquente ; la respiration difficile : & les poumons sont attaqués de plusieurs maux. Souvent ceux qui sont atteints de cette maladie ne peuvent se coucher ; mais se mettent tantôt sur un côté, tantôt sur l'autre : à cause de l'adhérence du poumon avec la plevre ; ou parce qu'il y a une tumeur à l'un des côtés, qui empêche le malade de pouvoir reposer sans douleur.

On observe tous les jours, que les enfans rachitiques ont l'esprit plus mûr à cinq ans, que d'autres à quinze.

Les remedes qui conviennent à ce mal, sont toutes les plantes capillaires : sur-tout le polytric ; la racine d'osmonde, la fougere mâle, la scolopendre, la véronique mâle, le tussilage ; les bois de salsepareille, de squine, & de gayac ; la gomme de gayac ; l'acier ; le blanc de baleine ; les vers de terre ; les cloportes. La rhubarbe tient (selon Glisson) le premier rang sur tous les autres médicamens simples; parce que c'est un remede modérément chaud & sec, qui anime sans aucune violence, affermit les parties que leur mollesse pourroit rendre trop lâches, corrige en quelque façon leur trop grande lubricité intérieure, rappelle la pulsation des arteres vers tous les membres, augmente la chaleur des parties extérieures, entretient la vigueur & l'activité des parties internes, & particuliérement de celles qui servent à la nutrition, & est enfin un remede pour ce mal en toute sorte d'âge.

Les purgatifs appropriés à cette maladie, & sur tout ceux que la rhubarbe fournit, produisent de très-bons effets.

L'application des cauteres & des vésicatoires y est utile. Le *Lavement* qui suit est d'un très-bon usage: Prenez de la fiente d'un cheval entier, une dragme & demie; semences d'anis, de fenouil, de mauve, broyées, de chacune une dragme & demie; fleurs de camomille, une pincée. Faites bouillir le tout dans ce qu'il faut de petit-lait: & dans quatre onces de cette décoction, dissolvez dix dragmes de syrop violat; du sucre roux, & de l'huile rosat, de chacun une once & demie: mêlez le tout pour un lavement. Il faut user de frictions: observant que dans les frictions qu'on fait aux parties malades, l'on doit s'abstenir de frotter la partie du côté de sa courbure, mais du côté qu'elle laisse une cavité; & ne pas pousser la friction au-delà d'une légere rougeur qu'elle fait naître sur la partie.

Voyez HUILE *de Giroflée jaune.* FOUGERE.

POUDRE IMPERIALE *de la Chartreuse.*

FOUGERE FLEURIE. Consultez aussi le *Journal Œconomique*, Octobre 1762, pag. 468: & ci-devant CORPS *Baleinés.*

NOUEUX (*Bois*). Voyez BOIS, p. 349.

Consultez aussi la *Physique des Arbres*, de M. Duhamel, Liv. 4. Ch. 3, Art. 4: & son *Traité de l'Exploitation des Bois*, Liv. 5. Ch. 5. Art. 13.

NOULETS. Petits Chevrons qui forment les chevalets & les noues ou angles rentrans, par lesquels une lucarne se joint à un comble, & qui forment la fourchette.

NOURRICE. Femme qui allaite.

Nous ne répéterons pas ce que nous avons dit, dans l'article LAIT, page 379, sur ce qui concerne cette fonction dans les meres. Comme on est dans l'usage de donner d'autres nourrices qu'elles, aux enfans; nous croyons devoir faire ici quelques observations relatives à ces Nourrices étrangeres. Après quoi nous donnerons des conseils qui leur seront communs avec les meres qui allaitent leurs propres enfans.

Dans les femelles de toute espece, la nature augmente par degrés la consistance du lait, selon l'âge du nourrisson. Il faudroit donc toujours une nourrice nouvellement accouchée pour un enfant nouveau né.

On doit souhaitter que la Nourrice soit aussi saine de cœur, que de corps. L'intempérie des passions peut, comme celle des humeurs, altérer son lait. De plus s'en tenir uniquement au physique, c'est ne voir que la moitié de l'objet. Le lait peut être bon, & la nourrice, mauvaise: dans le sens qu'un bon caractere est aussi essentiel qu'un bon tempérament. Si l'on prend une femme vicieuse, je ne dis pas que son nourrisson contractera ses vices; mais on peut être sûr qu'il en pâtira. Ne lui doit-elle pas, avec son lait, des soins qui demandent du zêle, de la patience, de la douceur, de la propreté? Si elle est gourmande, intempérante; elle aura bientôt gâté son lait: si elle est négligente ou emportée, que va devenir à sa merci un pauvre malheureux qui ne peut ni se défendre ni se plaindre de paroles?

Aussi plusieurs Peres de l'Eglise veulent-ils que les Meres nourrissent leurs enfans; ou que, si quelques-unes sont dans l'impuissance de le faire, soit pour n'avoir pas de lait, soit pour d'autres bonnes raisons, elles prennent garde à choisir des nourrices babillardes, ni de mauvaise vie.

Autant qu'il est possible, il faut choisir une Nourrice âgée d'environ vingt-cinq ans. On donne communément la préférence aux brunes, & à celles qui ont les dents blanches, & les gencives vermeilles. Il est à propos qu'elles ne sentent pas le gousset; & qu'elles ayent fait au moins une nourriture. On examinera, comme une chose importante, si la Nourrice a le teton bien arrondi, & finissant comme en poire; si elle a le mammelon bien formé; & si tout le reste de sa personne est bien proportionné.

Le *Devoir d'une Nourrice* est d'avoir bien soin de son enfant; le tenir toujours propre en linge; ne lui point donner de couches relavées; ne le pas laisser crier la nuit ni le jour, faute de lui donner à teter; de lui faire sa bouillie soir & matin, sitôt qu'il est éveillé; & dès qu'il commence à sommeiller, le porter coucher.

En donnant l'enfant à une Nourrice, on lui met entre les mains sa layette, qui consiste en tout ce dont il peut avoir besoin; suivant sa qualité & son âge: quand il est un peu plus grand, on lui donne d'autres hardes & d'autre linge à proportion. C'est de quoi la Nourrice doit avoir bien soin, pour en rendre ensuite bon compte quand on le lui demande.

Assez souvent on lui donne aussi une servante pour bercer l'enfant; & pour lui aller querir toutes les choses dont elle peut avoir besoin.

Quand elle remue l'enfant, il faut qu'elle prenne garde qu'il ne soit ni trop au large, ni trop serré; & que les épingles qui sont autour de lui ne le puissent piquer: quand elle le couche, que ce soit adroitement, afin qu'il ne coure aucun risque de se blesser, & ne se trouve incommodé d'aucune autre maniere.

Il n'est jamais nécessaire de bercer les enfans; cet usage leur est même souvent pernicieux. La pratique du maillot s'abolit de jour en jour en Angleterre. Consultez ses inconvéniens dans l'*Histoire Naturelle du Cabinet du Roi*, Tome II. *in*-4°. pag. 457. & suivantes; & Tome IV. de l'éd. *in*-12, pag. 192: La Loubere, *Voyage de Siam*: le sieur Lebeau, *Voyage de Canada*: M. Hales, *Descript. du Ventilateur*, n. 100.

M de Buffon donne encore divers préceptes fort sages sur la maniere de soigner les enfans de cet âge: dans le même endroit de son *Histoire Naturelle*; édit. *in*-4°. Tome II, pag. 459, 460, 461, 462, 463, 464, & 465, jusqu'à la 475. Les pages suivantes contiennent aussi des observations dont on pourroit tirer avantage relativement à cet objet. *Consultez* notre article ENFANT: la *Descr. du Ventilateur*, n. 101: le *Journal Œconomique*, Avril 1758, pag. 164, &c; Mai, pag. 217 & suivantes; Octobre 1762, pag. 463, 464; Mars 1752, pag. 154, 155, & 156; Janvier 1754, pag. 113 & suivantes: l'*Essai sur la maniere de nourrir & élever les enfans*, imprimé à la suite de l'*Essai* du Docteur Huxham, *sur les différentes especes de fievres*, Paris, d'Houry 1764, *in*-12: les pages

30 & 68, d'un autre bon ouvrage, que nous avons déja eu plusieurs fois occasion de citer, intitulé *Dissertation sur ce qu'il convient de faire pour diminuer & supprimer le lait des femmes*; par M. David; Paris 1763 *in-12*: le *Journal Œconomique*, Octobre 1753, p. 136, 137, 138; Juillet 1764, page 310, 311, &c. Lorsque l'enfant est malade, la Nourrice doit se purger doucement.

Au lieu de changer la nourriture ordinaire des Nourrices, il suffit de la leur donner plus abondante, & mieux choisie dans son espece. Se pourroit-il que, le régime végétal étant unanimement reconnu le meilleur pour l'enfant, qui ne vit que de lait & de bouillie; le régime animal fût le meilleur pour la Nourrice, accoutumée à se bien porter en mangeant peu de viande? D'ailleurs il est constant que c'est dans les végétaux qu'elle trouve une abondante source de lait.

On donne des pot-au-feux aux Paysanes qui ont des nourrissons bourgeois; persuadé que le potage & le bouillon de viande leur font un meilleur chyle, & fournissent plus de lait, que le régime végétal. L'expérience apprend que les enfans ainsi nourris, sont plus sujets à la colique & aux vers que les autres. En effet, la substance animale en putréfaction, fourmille de vers; ce qui n'arrive pas de même à la substance végétale.

Le lait des femelles herbivores est plus doux & plus salutaire, que celui des carnivores; les farineux font plus de sang que la viande; ils doivent donc aussi faire plus de lait. Un enfant qu'on ne févreroit qu'avec des nourritures végétales, & dont la Nourrice ne vivroit aussi que de végétaux, pourroit bien n'être jamais sujet aux vers.

Il faut que la Nourrice, *pour entretenir son lait*, déjeune le matin, & goûte l'après-dîné; qu'elle boive peu de vin à ses repas; & qu'elle s'abstienne de voir son mari pendant qu'elle nourrit. Il faut d'ailleurs qu'elle soit toujours joyeuse, & de bonne humeur; & qu'elle chante & rie souvent, pour amuser & divertir l'enfant.

Pour augmenter le lait de la Nourrice.

1. Faites-lui boire de l'eau d'orge, dans laquelle on aura fait cuire de la graine de fenouil.
2. Donnez-lui des bouillons de pois chiches.
3. *Voyez* ANIS.

NOUVEAUTÉ; ou *Primeur*. Se dit de toutes sortes de fruits & légumes, qui, par le soin & l'industrie du Jardinier, viennent à leur perfection ou maturité avant la saison ordinaire; sur-tout en hiver & au printems. Ainsi ce sont des Nouveautés que des fraises ou des concombres au commencement d'Avril; des pois, au commencement de Mars; des asperges vertes, en Novembre, Décembre, Janvier, Février, Mars; des cerises précoces, à la mi-Mai; des laitues pommées, au mois de Mars; &c. Un bon Jardinier doit avoir une sorte de passion pour les Nouveautés.

NOUVEAUX ACQUETS. Héritages qui, appartenans à gens de main-morte, n'ont point été amortis; c'est-à-dire, pour raison desquels les Ecclésiastiques qui les possédent n'ont point payé une certaine finance dûe au Roi. *Voyez Baquet*, *Tome II*. Consultez l'article FIEF.

NOUVELLETÉ. Signifie *Nouveauté*. C'est un mot consacré dans les matieres de complainte. On se plaint *en cas de saisine & de Nouvelleté*; c'est-à-dire, en cas que l'on soit troublé dans la possession.

NOY

NOYAU: en Latin *Nucleus*; & *Officulus*. Boëte ligneuse, qui renferme une ou plusieurs amandes. *Voyez* FRUIT, page 145: & la *Physique des Arbres*, Liv. 3, chap. 2, art. VII & VIII.

Dans un sens figuré, on se sert du terme de NOYAU, pour signifier une partie qui est entourée par d'autres; comme quand on dit que » les » écailles des cônes s'attachent toutes sur un Noyau » ligneux.

Eau de Noyau. Voyez RATAFIA *Blanc*.

NOYAU: Dans l'Art de bâtir, & dans la Sculpture; signifie la *Maçonnerie* qui sert de grossiere ébauche, pour former une figure de plâtre ou de stuc, & qu'on nomme aussi *Ame*. Ce mot se dit encore de toute saillie brute d'Architecture, particuliérement de celles de brique, dont les moulures lisses doivent être traînées au calibre, & les ornemens postiches scellés. Les Italiens appellent *Ossatura*, l'un & l'autre de ces Noyaux.

Noyau d'Escalier. Cylindre de pierre, qui *porte de fond*; c'est-à-dire, qui est construit depuis le rez-de-chaussée jusqu'à l'extrêmité de sa hauteur; & qui est formé par les bouts des marches gironnées d'un escalier à vis. On appelle *Noyau Creux*, celui qui étant d'un diametre suffisant, a un puisard dans le milieu, & retient par encastrement les collets des marches, comme aux escaliers de l'Église des Invalides à Paris. On appelle aussi *Noyau creux*, celui qui étant en maniere de mur circulaire, est percé d'arcades ou de croisées pour donner du jour; comme aux escaliers en limace de l'Église de S. Pierre de Rome, & à celui du Château de Chambor. Il y a encore de ces Noyaux qui sont quarrés; & qui servent aux escaliers en arc de cloître à lunettes & à repos: comme à celui du bout de l'aîle des Princes du côté de l'Orangerie, à Versailles.

Noyau de Bois. Piece de bois qui, posée à plomb, reçoit dans ses mortoises les tenons des marches d'un escalier de bois; & dans laquelle sont assemblés les limons & appuis des escaliers à deux ou à quatre Noyaux. On appelle *Noyau de Fond*, celui qui porte dès le rez-de-chaussée jusqu'au dernier étage: *Noyau Suspendu*, celui qui est coupé au-dessous des paliers & rampes de chaque étage: *Noyau à Corde*, celui qui est taillé d'une grosse moulure en maniere de corde, pour conduire la main; comme on les faisoit anciennement.

NOYER: ou *Goguier*: en Latin, *Nux*, & *Juglans*: & en Anglois, *Walnut*.

Ce genre de plantes porte des fleurs mâles, & de femelles, sur un même individu. Les fleurs *mâles* rassemblées sur un filet commun, forment de gros chatons, assez longs, & écailleux: ces écailles sont formées par les échancrures des calyces. Sous chacune d'elles est un pétale divisé en six, & attaché au filet que forme le chaton. L'on y apperçoit aussi une douzaine d'étamines fort courtes, dont les sommets sont longs & pointus. Les fleurs *femelles* sont ordinairement rassemblées par deux ou trois. Leur calyce, qui tombe avant la maturité du fruit, est petit, & divisé en quatre: il renferme un pétale, qui n'est guere plus grand que le calyce, & qui est de même divisé en quatre. Le pistile est formé d'un embryon ovale, qui fait partie du calyce; deux styles fort courts; & deux stygmates qui ont la figure de clou, & qui sont ce qu'il y a de plus apparent dans la fleur, dont la chair se nomme *Brou*; qui renferme un noyau, dans lequel est une amande ordinairement divisée en quatre lobes par des cloisons dites *zestes*; qui sont plus ou moins ligneuses, selon les especes. C'est ce fruit qu'on appelle *Noix*, ou *Gogue*.

Tous les Noyers ont leurs feuilles placées alternativement sur les branches.

Especes.

1. *Nux Juglans, sive Regia vulgaris* C. B. Notre Noyer commun. Il forme un bel arbre, dont la tête est considérable. Ses feuilles sont conjuguées; composées de grandes folioles qui sont rangées par paires sur un filet commun, terminé par une foliole seule. Son fruit est longuet: la surface du noyau est assez unie; & l'amande, délicate & fort blanche. Il y en a une variété, qui porte ses *fruits en grappe*; & dont le noyau est tantôt dur, tantôt facile à briser.

2. *Nux juglans, fructu maximo* C. B. La *Noix de Jauge*. Le fruit de cette espece, que l'on trouve en plusieurs endroits de la Haute-Provence, est fort gros; & égale quelquefois le volume d'une pomme.

3. *Nux juglans, fructu tenero, & fragili putamine* C. B. La Noix *Mesange*; son fruit se casse aisément.

4. *Nux juglans, fructu perduro* Inst. R. Herb. La *Noix Angleuse*. M. Garidel (*Histoire des Plantes d'Aix*) ne doute point que ce soit la Noix appellée en Provence *Estrechano*: & le *Nux nodosa* de Palladius; qui indique plusieurs moyens pour corriger le vice de cet arbre, dont le fruit est extrêmement dur.

4. *Nux juglans fructu serotino* H. R. Par. Le *Noyer de la St. Jean*; nommé de la sorte, parce que son fruit ne commence à pousser que vers le milieu du mois de Juin.

5. *Nux juglans bifera* C. B. Ce Noyer donne du fruit, deux fois dans l'année. M. Garidel croit que c'est l'*Aoustenque* des Provençaux.

6. *Nux juglans Virginiana, foliis vulgari similis, fructu subrotundo, cortice duriore lævi* Pluk. Le *Noyer Blanc* de Canada. Ainsi que l'espece *n.* 1, celle-ci a ses feuilles composées de cinq folioles assez larges. Son fruit est à-peu-près rond; & le noyau en est très-dur, uni, & beaucoup plus blanc que celui de nos noix ordinaires.

On en distingue à gros, & à petits fruits: à amandes ameres, & à amandes douces; les unes & les autres peu propres à être mangées.

Les Anglois de l'Amérique septentrionale nomment cet arbre *Hickery Nut*.

7. *Nux juglans Virginiana alba minor, fructu Nucis Moschatæ simili; cortice glabro, summo fastigio veluti in aculeum producto* Pluk. Le *Pacanier* de la Louisiane. Ses noix, dites *Pacanes*, sont fort petites: on les compare aux Olives, aux Glands, ou aux Muscades, pour leur forme & grosseur. M. le Page (*Hist. de la Louisiane* Tom. II.) dit qu'à l'œil on les prendroit pour des noisettes; dont elles ont la couleur, la forme allongée, & la coque unie & aussi tendre: mais leurs amandes décident à les reconnoître pour noix. Les folioles sont dentelées, très-veinées en tout sens, & au nombre de trois ou cinq sur chaque feuille: celle qui est au bout du filet ou de la nervure qui les porte, est plus grande que les autres.

8. *Nux Virginiana nigra* H. L. Bat. Son noyau est quelquefois profondément & irréguliérement sillonné, à-peu-près comme celui des Pêches; toujours d'un brun noir; tantôt long, tantôt arrondi. Les folioles sont petites, étroites; & souvent au nombre de onze à dix-sept sur une même nervure. C'est un bel arbre.

9. Les Noyers de France se multipliant par leurs semences ou noix, il en naît beaucoup de Variétés.

Culture.

L'usage ordinaire est de semer des Noix, pour multiplier les Noyers. Quoiqu'il ne paroisse pas que les greffes en couronne, en fente, ou en écusson, soient propres à multiplier ces arbres; on ne nie pas absolument la possibilité de leur réussite. M. Miller dit qu'il n'y a que la greffe en approche, dont on doive attendre du succès: * *Gard. Dict.* Castanea, col. 4.

On cueille les noix en automne, avec leur brou, pour les déposer ainsi dans du sable sec, jusques vers la fin de Février; qu'on les seme à environ deux pieds & demi les unes des autres, pour élever les arbres en pépiniere. Soit que l'on se propose de former de grands Noyers pour avoir du bois de service, soit qu'on vise à avoir des arbres qui chargent beaucoup en fruit; l'on trouvera un avantage constant à retrancher la radicule que les Noix peuvent avoir poussée dans le sable; parce que le pivot dont elle est l'origine, ne favorise point l'accroissement de l'arbre en hauteur, à proportion de l'étendue qu'il prend lui-même en descendant. Quand on retranche ces radicules, afin de ne point avoir de pivot, l'on donne lieu à la production d'un empatement de racines rampantes, qui s'étendant à proportion que la terre est meuble, pourvoient abondamment à la subsistance de l'arbre.

Les jeunes arbres peuvent être transplantés à demeure, à l'âge de deux, trois, ou six ans. En les déplaçant on retranche fort peu de leurs racines, & de leurs grosses branches.

Il vaut mieux les transplanter jeunes, que plus âgés. On a cependant réussi sur des Noyers de huit à dix ans: mais on choisissoit alors le tems où ils commencent à perdre leurs feuilles; on les levoit avec précaution; on leur ménageoit le plus qu'on pouvoit de belles racines, & on ne faisoit que leur rafraîchir la tête. Au reste ces vieux arbres ne prenoient jamais une aussi belle étendue, & devenoient plus tôt sur le retour, que les autres: ce qui indique qu'ils avoient un peu souffert. Pour ce qui est des jeunes Noyers, ils réussissent généralement bien, étant transplantés au printems.

Les Noyers communs ne viennent pas en massifs de bois. Ceux qui sont en quinconce se soutiennent, lorsqu'on a soin d'en labourer le pied.

Ces arbres se plaisent singuliérement dans les vignes, & le long des terres labourées. Leurs racines pénétrent dans la craie, le tuf blanc, & autres mauvais fonds: où elles descendent quelquefois jusqu'à sept pieds de profondeur. Mais un terrein très-humide leur est contraire. Les côteaux y sont propres.

Les Noyers pour fruit doivent être espacés au moins à trente ou quarante pieds. Quant à ceux dont on veut faire du bois de service, ils deviennent plus grands quand ils sont plus près les uns des autres, mais toujours à portée de profiter des labours.

Il est d'expérience qu'un Noyer transplanté, donne plus de fruit, & qui est d'un volume plus considérable, que celui qui a resté dans l'endroit où il avoit levé: à quoi contribue encore, ainsi que pour tous les autres arbres à fruit, le retranchement du pivot; soit en semant, soit en transplantant. *Voyez* le *Traité* de M. Duhamel, sur les *Semis & Plantat.* pag. 211.

La Taille du Noyer se réduit à un élaguage; & doit se faire au commencement de Septembre, ou même durant les chaleurs; supposé qu'elle soit néceſſaire : jamais au printems : & il faut toujours couper les branches au raz du tronc.

Le *n.* 8 a une ſinguliere diſpoſition à s'élever bien droit ; & ſoutient auſſi bien nos hivers, que le Noyer commun.

Il eſt à propos de garantir de bonne heure les jeunes Noyers étrangers, en ſorte que les fortes gelées ne puiſſent endommager leurs pouſſes délicates.

M. Miller obſerve que le *n.* 8 réuſſit particuliérement dans une terre douce, un peu argilleuſe, médiocrement ſeche, & qui ait beaucoup de fond.

Le *n.* 6 pouſſe fort vîte.

Les autres eſpeces ſe cultivent comme le Noyer commun.

On doit être exact à ne point ſouffrir d'herbes dans une pépiniere de Noyers ; & à béchoter la terre autour de leur pied, enſorte qu'elle n'ait pas le tems de durcir.

A meſure que ces jeunes arbres croiſſent, les labours doivent être plus profonds : on leur en donne au moins quatre par an.

Quand on les met en place, au ſortir de la pépiniere, il faut encore les ſecourir par trois labours, chaque année, juſqu'à ce qu'ils ayent pris un accroiſſement qui faſſe préſumer qu'ils ſont hors de danger.

Uſages.

Les Noyers ne conviennent pas dans des boſquets. Il n'y a gueres que la vigne qui puiſſe profiter auprès d'eux. Leurs racines abſorbent beaucoup de ſuc de la terre ; & l'ombre des branches entretient au pied de l'arbre une humidité habituelle, qui devient préjudiciable à beaucoup de plantes.

On en forme de grandes avenues. On en borde des pieces de terre labourée : &, comme nous l'avons dit, on en plante dans les vignobles.

Les plus groſſes noix, quoique de fort bon goût, ne ſont jamais bien abondantes. Les médiocres, & longues, chargent ordinairement beaucoup.

La Pacane, *n.* 7, a une ſaveur très-délicate ; & ſi peu graſſe, qu'à la Louiſiane on en fait des pralines qui égalent celles que l'on fait ici avec des amandes.

L'amande du *n.* 8 eſt aſſez bonne à manger : mais le noyau en eſt ſi dur, que l'on en fait peu d'uſage. Cependant les Naturels de la Louiſiane convertiſſent en pain la ſubſtance farineuſe qui ſe précipite au fond de l'eau où ils ont jetté les noyaux pilés avec les amandes : dont l'huile & la partie ligneuſe ſe portent à la ſurface de l'eau. *Voyez* le *Journal Œconomique*, Octobre 1751, pag. 144. Quelques François de la Louiſiane conſervent ces Noix pendant toute l'année, dans un état où on peut les manger en cerneaux.

Ce que nous appellons *Cerneaux*, ſont les noix cueillies avant leur maturité, & lorſque le noyau n'eſt pas encore parfaitement ligneux. C'eſt un manger agréable : que l'on aſſaiſonne de ſel & de verjus. Ils teignent les mains de ceux qui les dépouillent : Ainſi *conſultez* le mot NETTOYER.

Les noix, mûres, mais cueillies nouvellement, ſont fort bonnes à manger. On en fait ſécher pour les manger en hiver : alors elles prennent une âcreté, qui en diminue beaucoup le mérite. Au reſte, ſi on met tremper durant quelques jours dans de l'eau ces amandes ſeches, elles ſe gonflent, quittent facilement leur peau ; & on en trouve la chair aſſez douce.

Voyez NOGAT.

On confit les noix avant leur maturité ; avec, ou ſans, leur enveloppe ou *brou* : comme nous le dirons ci-après. On dit que celles où l'on a conſervé le brou fortifient l'eſtomac. Mais les autres ont un goût plus agréable.

Vers le milieu de Juin, on fait un *Ra[illegible]a de noix vertes* ; qui paſſe pour très-ſtomachal, ſur-tout quand il eſt bien vieux. Pour faire cette liqueur, on met dans une pinte de bonne eau-de-vie, douze noix, avec leur brou, un peu concaſſées : trois ſemaines après, on décante la liqueur ; & l'on y ajoûte plus ou moins de ſucre, ſuivant le goût. Cette liqueur, conſervée dans des bouteilles bien bouchées, devient rouge en vieilliſſant.

Voyez encore, ci-après, *Eau de Brou de Noix : Eau des Trois-Noix*, Tome I. page 816 ; EAU *de Noix vertes*, page 862. ROB *de Noix vertes*.

Les Médecins ne ſont pas d'accord ſur les effets que produiſent ſur la ſanté les noix mangées crud. Conſultez l'*Hiſtoire des Plantes d'Aix*, de M. Gaidel.

Un uſage très-général que l'on fait des noix ſeches, eſt d'en *exprimer de l'huile*. Pour cela on ôte la coquille, & les cloiſons intérieures qu'on appelle *zeſtes* : ayant fait un peu ſécher les amandes dans un four qui ne ſoit gueres chaud, on les broie ſous une meule verticale : & la pâte que cette opération produit, eſt miſe dans des ſacs de toile forte, que l'on porte ſous la preſſe. L'huile qui coule de cette expreſſion, s'appelle *Huile tirée ſans feu* : & il y a des gens qui la préferent au beurre, & à l'huile d'olives, pour faire les fritures ; & qui s'en ſervent pour l'apprêt de tous les alimens des domeſtiques à la campagne. On retire enſuite cette pâte des ſacs, pour la mettre dans de grandes chaudieres ſur un feu lent, avec un peu d'eau bouillante : puis on la remet à la preſſe dans les ſacs, pour retirer une ſeconde huile qui a une odeur déſagréable ; mais qui eſt bonne pour les lampes, pour faire du ſavon ; & excellente pour les Peintres, ſur-tout quand on a ſoin de l'engraiſſer, en la faiſant cuire avec de la litharge ou quelqu'autre préparation de plomb. Pour avoir l'*huile graſſe* plus belle, on expoſe l'huile au grand ſoleil dans des vaſes de plomb, de forme applatie comme une ſoucoupe ; & quand elle y a pris la conſiſtance de ſyrop épais, on la diſſout avec de l'eſſence de térébenthine : on peut alors en faire un vernis gras, qui fait aſſez bien ſur les ouvrages de menuiſerie ; ou la broyer avec différentes couleurs, qu'elle rend fort brillantes, & promptement ſiccatives. *Voyez* HUILE, *pag.* 199. col. 2.

L'huile de noix tirée ſans feu eſt plus dorée, d'une odeur plus agréable, & de meilleur goût, quand on n'y emploie pas des noix abſolument vieilles. Il eſt vrai que celles qui ont un an rendent toujours une plus grande quantité [illegible]uile. Mais il eſt raiſonnable de ne pas rebuter [illegible]oût de ceux pour les alimens de qui on la deſtine. On peut donc conſommer de la ſorte ſeulement une certaine quantité de noix, encore aſſez nouvelles, & réſerver pour un tems plus avancé, le reſte qui doit fournir de l'huile à brûler, &c.

Cette huile tirée ſans feu, acquiert de la vertu en vieilliſſant. Elle entre dans pluſieurs onguents, dans des cataplaſmes contre la ſquinancie ; dans des lavemens adouciſſans : M. Boyle aſſure que, mêlée avec l'huile d'amandes douces, & priſe à la doſe de deux ou trois onces, elle eſt ſpécifique pour calmer les douleurs de la colique rénale, & faire écouler le gravier. On en fait une omelette, qu'on applique chaudement ſur le ventre des petits ensans, pour guérir leurs tranchées. Cette huile est encore employée à fortifier les nerfs, à appaiser les tranchées des suites de couches, &c.

La poudre des chatons de Noyer est utile dans la dysenterie.

On emploie les coquilles de noix dans les tisannes sudorifiques, avec la squine, la salsepareille, & autres ingrédiens. Les zestes, réduits en poudre, sont bons pour la colique venteuse. La dose de cette poudre est d'un demi gros délayé dans un verre de vin rosé (ou rouge). On prétend que ces zestes séchés, & pris avec du vin blanc, guérissent la gravelle. On fait un excellent remede pour la colique venteuse, en éteignant à huit ou dix réprises dans un verre de vin rosé, des noix allumées. Un lavement fait avec un quarteron d'huile de noix, un verre de vin & demi-setier d'eau de son, ou de quelque décoction émolliente, soulage & guérit souvent ceux qui sont tourmentés de cette même maladie. Pour guérir de la brûlure, on graisse des feuilles de Noyer avec un onguent composé de parties égales d'huile de noix, & de cire jaune, & on applique ces feuilles sur le mal.

Les noix entrent dans une préparation Antidotale que voici : Prenez des vieilles noix bien mondées de leur peau ; sel & feuilles de rue, de chacun la sixieme partie de la quantité des noix ; figues trempées dans du vinaigre ou dans du vin, autant qu'il en faudra pour lier tout le reste : le tout étant pilé & bien mêlé, gardez-le pour l'usage. On en prend la grosseur d'une noisette commune ; on boit ensuite un peu de vin blanc, pour résister aux venins & aux maladies contagieuses.

La premiere écorce du Noyer est (dit-on) vomitive ; ainsi que l'infusion de ses feuilles. Il y a des gens qui mangent à jeun des noix toutes vertes, pour s'exciter à vomir. On tire de la coquille, une huile distillée ; que l'on dit être propre à empêcher le poil de tomber, & à le faire renaître.

Pour arrêter le vomissement, on fait prendre depuis un scrupule jusqu'à une dragme, de seconde écorce de Noyer réduite en poudre.

On prétend que la feuille de cet arbre, appliquée sur les plaies & ulceres, y produit les mêmes effets que le tabac. Il y a des gens qui en fument par la bouche : mais cette fumée est très-vive ; & l'odeur ni la saveur n'ont rien d'agréable.

La décoction de ces feuilles dans de l'eau simple, déterge les ulceres, surtout en y ajoûtant un peu de sucre. Les Maréchaux prétendent qu'elle fait pousser les crins, & prévient la gale : son amertume empêche que les mouches ne tourmentent les chevaux que l'on en a bouchonnés.

L'Extrait du Brou, dans lequel on met un peu d'alun, fournit une substance brune & gommeuse, dont se servent les Dessinateurs, pour laver leurs Plans.

On assure que dans le Mirebalais, les Paysans font des especes de chandelles avec le marc des noix pressurées.

Les Teinturiers employent les racines & le brou, pour faire des teintures brunes très-solides. Le brou pourri dans de l'eau, sert à donner aux bois blancs une belle couleur de Noyer.

Le bois de notre Noyer ordinaire est liant, assez plein, facile à travailler ; les Menuisiers & les Sculpteurs le recherchent : & c'est un des meilleurs bois de l'Europe pour toutes sortes de meubles. On le débite en poteaux, en planches & en membrures : & toutes ces pieces doivent être sans gersures ni roulures, car le Noyer y est sujet comme le chêne. Ces pieces de sciage ont environ douze pouces de large, & treize lignes d'épais, franc-sciées. Quand la tige d'un Noyer est grosse & parfaitement saine, on la débite volontiers en tables, épaisses de deux bons pouces. On fait encore des sabots, & des bois de galloches, avec le Noyer. Ses racines, débitées par tronçons, se vendent bien ; surtout lorsqu'elles sont brunes & bien jaspées. C'est aussi de racines de Noyer que l'on fait les meilleurs écousses pour le lin.

Le bois des Noyers noirs (*n.* 8.) est plus coloré que le nôtre ; quelquefois même presque noir : mais il a les pores très-larges.

M. Reneaulme a parlé d'une espece de manne que jettent certains Noyers du Dauphiné, & dont l'extravasation trop abondante les fait ordinairement périr. * *Mém. de l'Acad. des Sc.* de Paris, an. 1707.

Il y a en Canada une espece de Noyer qui fournit, mais en petite quantité, une liqueur aussi épaisse & aussi sucrée qu'un sirop. Les Canadiens conviennent que le sucre que fournit cette liqueur, est moins gracieux que celui d'Erable. * *Tr. des Arbr. & Arbustes*, T. II. p. 55.

Le bois du Noyer, *n.* 6. est blanc ; & fort liant quand l'arbre est jeune, ensorte que l'on en fait des bâtons qui sont estimés. Au contraire quand ce noyer est gros, on fait peu de cas de son bois ; qui devient très-sujet à s'éclater.

Confiture de Noix.

1. Il faut prendre des noix tendres & vertes, avant que l'écorce s'endurcisse ; & ôter (si on veut) le brou jusqu'au blanc, avec un couteau, & en même-tems, afin qu'elles ne se noircissent pas, les jetter dans de l'eau claire : puis les faire cuire jusqu'à ce qu'elles deviennent molles. Ensuite on les larde de cannelle & gérofle. Enfin on les met dans le sucre réduit en sirop cuit parfaitement ; ils doivent y soutenir trois ou quatre bouillons ensemble, & pour leur faire prendre le sucre, on les y laisse tremper trois ou quatre jours. Attendu que le sucre devient liquide, & se décuit, à cause de l'humidité dont les noix étoient abreuvées ; faites-le recuire à part ; & réitérez deux ou trois fois.

2. Il y a des personnes qui, ayant pelé les noix, les font d'abord bouillir dans de l'eau un peu de tems, tandis qu'il y en a d'autre qui bout pour les y jetter après qu'elles auront été tirées de cette premiere : & étant cuites, avant que de les tirer, on y mêle une poignée d'alun calciné. On les laisse un peu bouillir ensemble ; puis on tire les noix pour les jetter dans de l'eau fraîche, où on met deux fois autant de cuillerées de sucre en poudre qu'il y a de cuillerées d'eau, après avoir arrangé proprement les noix dans une terrine. On les laisse ainsi jusqu'au lendemain ; que l'on en tire tout le sirop seul, pour le mettre sur le feu & l'y faire jetter cinq ou six bouillons : on y ajoûte un peu de sucre : & quand il a bouilli, on le verse sur les noix tenues toujours hors du feu. Le jour suivant, on fait bouillir le sirop encore seul, le double de ce qu'il a bouilli la veille : & le surlendemain on le fait cuire de sorte qu'en y trempant le bout du doigt, l'appliquant ensuite sur le pouce, & les ouvrant aussi-tôt un peu, il se fasse de l'un à l'autre un petit filet, qui se sépare à l'instant & demeure en goutte sur les doigts. Le sirop ainsi fait, & après avoir toujours été augmenté de sucre, on le jette sur les noix ; de maniere qu'elles trem-

pent toutes également : on les laisse passer la nuit à l'étuve : & on les dresse le lendemain dans des pots.

Avant que leur cuisson soit parfaite, on les larde d'écorce de citron; ce qui leur donne un relief fort agréable.

3. *Voyez* CONFITURE, p. 682. col. 2.

Eau de Brou de Noix.

Au mois de Septembre on prend le brou, soit qu'il se détache de lui-même, ou non : & l'ayant coupé en petits morceaux, on le distille.

L'eau qui en provient passe pour être un bon remede contre les maladies contagieuses : on en prend une petite quantité, avec un tiers de vinaigre; il faut se faire saigner auparavant. Cette eau est aussi un excellent gargarisme pour les ulceres de la bouche. On en fomente les pieds des gouteux. On s'en sert encore pour teindre les cheveux en noir.

Eau de Feuilles de Noyer.

Cette eau, dont la distillation se fait à la fin de Mai, est utile pour dessécher & cicatriser les ulceres. On les lave soir & matin, avec un linge trempé dans cette liqueur : & on y laisse une compresse qui en est imbibée.

Extrait & *Sel fixe* } *Des trois Noix.* Voyez l'article DISTILLATION, p. 816.

NOYER DES INDES; ou *de Malabar.* M. Herman a fait graver, dans sa description Latine du *Jardin de Leyde*, cette plante qui vient dans l'île de Ceylan, où on l'appelle *Adhatoda*; nom que M. Herman lui a conservé. Ce Sçavant croit que c'est l'*Ecbolium* des Grecs.

Les Anglois le nommoient autrefois *Beetle Nut.* M. Linnæus a substitué la dénomination de *Justicia* à celle d'*Adhatoda*.

Cette plante forme un arbre haut de huit à dix pieds, & dont les branches s'étendent beaucoup. Il a la feuille de notre Noyer naissant. Ses folioles sont opposées deux à deux, le long d'un nerf qui n'est pas bien rond. Sa fleur est blanche, & en masque; le calyce est à quatre ou cinq divisions : la levre supérieure du pétale est relevée, & faite en faucille : la levre inférieure est partagée en trois : & la partie moyenne est un peu plus longue que les deux autres. Il y a deux étamines. Le fruit est un peu applati; intérieurement séparé en deux loges, qui contiennent quantité de semences longuettes.

On attribue à cet arbre la propriété de faire sortir le fœtus mort dans le sein de la mere.

2°. Une autre Adhatoda, dont la feuille ressemble à celle du saule, forme un arbrisseau, de trois à quatre pieds de hauteur, branchu du haut en bas, toujours verd : & qui donne de petites fleurs blanches. C'est le *Snap Tree* des Anglois : ainsi nommé, de ce que son fruit s'ouvre avec beaucoup d'élasticité.

3°. Il y en a une espece, qui donne une très-petite fleur bleuâtre; & est annuelle. Mais elle a de l'odeur. Ses feuilles sont ovales, & sa tige anguleuse.

Une quatrieme espece, moins haute que celle du *n.* 2, est vivace, & donne une très-grande fleur; dont la levre supérieure est fort étroite, contournée & ordinairement rejettée en arriere.

Culture.

Le *n.* 1 subsiste bien dans nos climats; en le gouvernant comme l'Oranger. Mais il lui faut plus d'eau.

On le multiplie de boutures, & de marcottes.

Le *n.* 2 qui se multiplie de boutures, est plus délicat. Il veut être en hiver dans une serre un peu chaude; & en Été, exposé au soleil, & à l'abri du vent & d'une trop grande humidité.

NOYÉS. Personnes submergées & suffoquées par l'eau. Il faut les secourir, lors même qu'on soupçonne qu'il n'y a plus à espérer de leur rendre la vie.

Le Docteur Mead (*Account on Poisons*) conseille de faire passer de la fumée de tabac dans leurs intestins, réchauffer & agiter leur corps : en un mot tâcher de remettre leur sang en mouvement.

Quoique les signes de vie tardent à paroître pendant une ou deux heures, il est bon de persister; de donner vers la fin quelques esprits ou quelques sels volatils, & de saigner dès que le sang recommencera à couler.

Voyez les Mémoires de l'Acad. des Sc. de Paris, années 1719, 1725, 1741 : le dixieme *Mémoire* du cinquieme tome de M. de Reaumur, *sur les Insectes.* La *Dissert.* de M. Bruhier, *sur l'incertitude des signes de la mort* : les Mémoires de Trévoux, 1723, p. 78; & année 1729, p. 1980 : *Feriæ Groninganæ*, de M. Engelhard, tome II. sect. 1 : Joh. Conradi Beckeri *de Submersorum morte sine potâ aquâ*, paradoxon medico-legale, Giessæ, 1704, in-4°: Le *Journal Œconomique*, Avril 1753.

Le conseil ci-dessus, d'introduire de la fumée de tabac dans les intestins des noyés, est vraisemblablement venu originairement de l'Acadie : où les Sauvages sont très-sujets à se noyer. Pour rendre la vie à ceux qu'ils ont retiré de l'eau, ils emplissent de fumée de tabac la panse d'un animal, ou un gros & long boyau, leurs vaisseaux ordinaires pour conserver les huiles de poisson & de Loup-Marin. Après quoi, l'un des bouts étant bien lié, ils appliquent à l'autre un morceau de calumet ou de pipe, pour servir de canule; l'introduisent dans l'anus des noyés, & compriment avec les mains le vaisseau où est la fumée. Quant il est vuide, ils suspendent par les bras les noyés, au premier arbre qu'ils trouvent; les y observent; & les détachent quand ils les voyent remuer les jambes; ce qui ne tarde pas à arriver pour l'ordinaire.

On a inséré dans le *Journal de Médecine* (Novembre 1758); & dans celui *de Verdun* (Décembre même année) l'événement d'une fille qui, s'étant noyée à Cluny près Macon, fut rappellée à la vie par l'application de cendres de végétaux. On l'avoit étendue devant le feu, lorsqu'un Médecin représenta que c'étoit le moyen d'occasionner une atonie complette dans les vaisseaux de tout le corps, déja affaissé par le poids de l'eau; ce qui ôteroit toute espérance de la sauver. Il se fit apporter des cendres qui n'avoient pas servi à la lessive; les mit quelque tems sur le feu dans de grandes chaudieres, parce que l'air étoit très-humide; puis en fit étendre quatre doigts d'épais sur un lit, y coucher la noyée toute nue, & la couvrir d'une pareille quantité de ces mêmes cendres; lui garnit le col & la tête avec un bas & un bonnet qui en étoient remplis, & on étendit sur elle un drap & une couverture. Au bout d'une demi-heure la malade cria qu'elle geloit. On lui fit prendre une cuillerée d'eau clairette; & on la laissa ensevelie dans la cendre, pendant près de huit heures. Après quoi elle se trouva très-bien. Il lui resta seulement une lassitude jusqu'au troisieme jour, toutes les eaux qu'elle avoit avalées, sortirent par la voie des urines. Depuis cet accident, elle a eu trois enfans. C'est aux sels des cendres que cet effet est dû.

Il y a une infinité d'expériences qui assurent que les insectes noyés revivent si on les enveloppe de cendre ou de sel. Par conséquent le sel pourroit agir sur l'homme noyé au défaut de cendre.

NUA

NUANCE : *terme de Jardinage*. Mêlange naturel des couleurs de certaines fleurs. On dit : » Cette fleur charme par sa nuance. »

NUC

NUCAMENTUM. *Voyez* AMENTUM.
NUCLEUS. *Voyez* NOYAU.

NUD

NUD : *terme de Botanique*. se dit des parties qui ne sont point couvertes par d'autres. Ainsi on appelle *Tige* nue, une tige qui n'est pas garnie de feuilles ; *Fleur* Nue, celle qui n'a point de calyce ; *Feuille* Nue, celle qui n'est ni nerveuse ni veinée : *Voyez* FEUILLE, pag. 43. col. 1. On dit que des *Semences* sont nues, lorsqu'elles n'ont pas d'enveloppe particuliere.

NUD *de mur*. C'est la surface d'un mur, laquelle sert de champ aux saillies.

NUI

NUILLE. Espece de rouille jaune qui se met sur le pié & sur les feuilles des Melons, quand il est tombé sur eux quelque humidité froide. Cette rouille les fait entiérement périr. Elle se met aussi sur les Laitues, Chicorées, &c. Il vient encore une autre maniere de rouille blanche aux plantes cucurbitanées. Elle s'appelle *le Blanc*. On dit : *nos concombres ont le blanc* : c'est-à-dire, qu'ils périssent. *Voyez* BLANC : *terme de Jardinage*.

NUM

NUMENIUS. *Voyez* BARGE.
NUMMARIA. *Consultez* l'article THLASPI.
NUMMULAIRE & NUMMULARIA. *Voyez* MONNOYERE.

NUT

NUT *Tree* (*Hazel*.) *Voyez* NOISETTIER.

NUTANS (*Flos*). Les Botanistes Latins désignent ainsi une fleur qui présente son disque vers la terre. Dans ces fleurs, le pistil est plus long que les étamines.

Voyez *Cardius Nutans*, Tome I. pag. 1528.

NUTATION *des Plantes*. Consultez l'article HELIOTROPE.

NUTRITION *des Plantes*. Distribution du suc nourricier, qui se répand dans toutes les parties, & qui les gonfle. Le flegme se dissipant au moyen de la transpiration, le suc nourricier se fige, s'épaissit, & augmente le volume des parties solides, ou répare celles qui se sont dissipées.

NYM

NYMPHE : & NYMPHE *Dorée*. *Voyez* CHRYSALIDE.
NYMPHEA. *Voyez* NENUPHAR.

O

AK *Voyez* CHÊNE.

OAT

OATS. *Voyez* AVEINE.

OBE

OBELISQUE. Pyramide haute & étroite, souvent faite d'un seul morceau, & qui sert d'ornement dans un lieu public.

On nomme *Obélisque d'Eau*, une espece de pyramide, à jour & à trois ou quatre faces, posée sur un piédestal, laquelle a ses angles de métal doré, & dont le nud des faces paroît d'un crystal liquide, par le moyen de napes d'eau à divers étages: comme les quatre Obélisques de l'arc de triomphe d'eau, à Versailles.

OBÉSITÉ: ou *Embonpoint excessif*; qu'on appelle aussi *Corpulence*. C'est quand le ventre & les autres membres se sont accrus jusqu'à un tel volume, qu'ils empêchent totalement ou très-notablement les mouvemens du corps, & gênent sur-tout la respiration. Voyez Etmuller, dans sa *Pratique de Médecine*, traduite en François. Sennert rapporte l'exemple d'une femme qui pesoit 450 liv. & d'un homme qui en pesoit 600. Schenkius cite plusieurs exemples de gens qui ont été suffoqués par cette mauvaise disposition. Le Docteur J. Allen, Anglois, fait mention d'un plus énorme embonpoint. » Il n'y eut » jamais, dit-il, en fait d'obésité, d'exemple pareil à » celui dont les nouvelles publiques ont fait mention en l'année 1725; d'un homme peu avancé » en âge, pesant 1700 livres: qui mangeoit par » jour 80 livres de viande; & mourut quatre jours » après être venu saluer le Roi d'Angleterre, qui » le dispensa de se mettre à genoux selon l'usage » ordinaire, en considération de son énorme grosseur «.

La curation de cette maladie est difficile & réussit rarement. Ces personnes ne vieillissent gueres & sont étouffées par cette plénitude de vaisseaux, & la grosseur exorbitante des muscles dont leurs membres sont composés. Les efforts que l'on fait pour se délivrer de cette indisposition, jettent dans d'autres aussi dangereuses. Cependant Allen & Etmuller prétendent que pour diminuer cet embonpoint excessif, c'est un très-bon remede que le *Vinaigre scillitique*.

2. La semence de frêne, ou son fruit, pris dans du vin au poids d'une dragme, sont estimés comme de puissans diurétiques: au moyen dequoi ils peuvent guérir à la longue cette indisposition: ce remede guérit souvent les hydropisies.

3. Borel, recommande de mâcher des feuilles de tabac.

4. Outre les remedes diurétiques, la diete doit être d'alimens secs, & qui ne donnent pas trop de nourriture.

5. On peut dire que cette maladie est un funeste effet d'une bonne cause: car elle vient d'un sang louable, abondant, gras, balsamique, temperé & peu salin. C'est sur la considération de cette cause, que le Médecin doit prendre sa regle & ses indications; employant des alimens & des remedes d'une qualité contraire; sçavoir, en diminuant peu à peu la quantité des alimens; évitant les alimens gras; & leur préférant les maigres, grillés, rotis.

6. L'usage du sel est bon pour cette incommodité.

7. Ces personnes doivent éviter tout ce qui contribue à l'Obésité, c'est-à-dire, tout ce qui tempere le sang, & le rend graisseux & moins âcre.

8. Le défaut d'exercice est aussi cause de la même indisposition. Il faut se procurer quelque mouvement pour aider la transpiration; aller beaucoup à cheval; ou dans des chariots qui secouent & ébranlent; éviter la vie oisive & sans souci, le sommeil trop long, & les alimens trop copieux & d'un trop bon suc.

L'Obésité étoit infâme chez les Lacédémoniens: on peut facilement conjecturer quelles étoient les raisons de ce sentiment. Ce mot vient du Latin *obesus*, de *edere*, manger; comme qui diroit, *homme trop nourri, qui a trop mangé*.

Voyez GRAS.

OBI

OBIER: en Latin, *Opulus*: que les Anglois nomment *Marsh Elder*, & *Guelder Rose*.

M. Linnæus, après avoir adopté (dans son *Genera Plantarum*) le nom d'*Opulus*, pour établir un genre particulier; a réuni les Opulus aux *Viburnum*, dans son *Species Plantarum*.

Les Obiers sont des arbrisseaux dont les fleurs sont en fausses ombelles; c'est-à-dire, que les rayons sont irréguliérement fourchus, & ne partent pas d'un même point. *Voyez* CYMA. Consultez aussi la vignete qui est à la page 89 du IIe volume du *Traité des Arbres & Arbustes*. Ces ombelles sont plates, & même concaves dans la plûpart des especes. Chaque ombelle contient ordinairement des fleurs hermaphrodites & de stériles: celles qui forment la circonférence sont stériles, & beaucoup plus grandes que les autres. Dans toutes les especes d'Obier, l'ombelle sort d'une enveloppe qui est composée de plusieurs feuilles. Chaque fleur a un calyce particulier: ce calyce est petit, d'une seule piece divisée en cinq; & subsiste jusqu'à la maturité du fruit. Il supporte un pétale à cinq divisions en rosette; & cinq étamines chargées de sommets arrondis. Le pistil sort du milieu de la fleur: il est composé d'un embryon oval, obtus, & qui fait partie du calyce: un corps glanduleux, chargé de trois stigmates obtus, tient lieu de style. L'embryon devient une baie succulente presque ronde, qui rougit en mûrissant; & dans laquelle est une semence dure, applatie, & faite en cœur.

Les feuilles des Obiers sont simples, découpées comme celles du Groseillier à grappes, relevées de nervures en-dessous, assez profondément sillonnées en dessus, & opposées sur les branches: qui sont pareillement opposées les unes aux autres.

Especes.

1. *Opulus Ruellii*. L'Obier *des Bois*. Plusieurs

Auteurs l'ont appellé *Sambucus aquatica*. Il vient de lui-même dans des endroits marécageux, & sur le bord des eaux. Son écorce est grisâtre.

Il y en a une variété dont les feuilles sont panachées.

2. *Opulus flore globoso* Inst. R. Herb. L'Obier à fleurs doubles, disposées en boule; la *Rose de Gueldre;* le *Sureau Royal;* l'*Obier Stérile;* la *Pelote de Neige;* le *Pain Mollet;* le *PainBlanc;* le *Caillebotte;* &c.: en Anglois, *Snowball Tree*. Ses feuilles sont moins grandes que celles de l'espece commune; dont il n'est qu'une variété. Cet arbrisseau s'éleve quelquefois à dix-huit ou vingt pieds de hauteur. Ses fleurs sont d'un blanc de neige, toutes stériles, disposées comme en boule, de trois à quatre pouces de diametre; & paroissent en Mai & Juin.

Il y en a qui donnent des fleurs purpurines.

On en voit à Trianon, dont les feuilles sont aussi panachées.

3. Le *Pimina* des Canadiens est nommé par M. Duhamel (*Tr. des Arbr. & Arbust.*) *Obier précoce de Canada, à grandes fleurs*. Quand ses fruits sont en maturité, ils forment des grappes de baies rouges, assez considérables. Ses fleurs stériles sont grandes: & il fleurit avant les autres especes.

Culture.

Les Obiers se multiplient de semences, de boutures, de drageons enracinés, & de marcottes. Pour conserver les variétés panachées, on les greffe par approche sur des pieds non panachés.

En général les Obiers ne sont point délicats; & s'accommodent de toutes sortes de terreins. Cependant, comme ce sont des arbrisseaux aquatiques, une terre seche & trop exposée au soleil, fait qu'ils perdent de bonne heure leurs feuilles.

Le *n.* 2 réussit singuliérement bien dans une terre forte & humide. On le taille au mois de Mars; seulement pour ôter le bois mort.

Les semences des Obiers tardent beaucoup à lever; quand on ne les seme pas aussi-tôt qu'elles sont mûres. Il est toujours plus expéditif d'employer pour multiplier ces arbres, les autres moyens que nous avons indiqués.

Usages.

Les baies du *n.* 1 sont regardées comme purgatives, & vomitives. On parle de l'eau distillée des fleurs, pour faire passer les urines, & vuider le gravier. Consultez la IIIe *Herborisation* de M. Tournefort.

Ces baies attirent les oiseaux: ainsi on fait bien de mettre des Obiers dans les remises.

Les *n.* 2 & 3 font un très-bel effet dans les jardins, pendant tout le tems qu'ils sont en fleur. Ainsi ils conviennent bien pour les bosquets du printems.

O B L

OBLIQUE: ou Qui s'incline d'un côté. Les Fleurs des plantes héliotropes sont qualifiées d'Obliques; parce qu'elles se panchent du côté du soleil.

Les Botanistes disent, d'une tige qui sort de la ligne perpendiculaire, qu'elle est Oblique.

OBLONG; ou *Allongé*. Ce qui est plus long que large: tels que sont l'Ovale; le Quarré dont deux côtés paralleles sont plus longs que les deux autres.

O B O

OBOLE. Consultez l'article GRAIN, page 212. col. 2.

O B S

OBSTRUCTION: ou *Oppilation*. Maladie qui est elle-même la cause de presque toutes les autres maladies. Les fievres aigues, les fievres lentes, les inflammations, les érysipeles, les skirrhes, & en général toutes les tumeurs, en tirent leur origine. Le foie, la rate, les amygdales, & les autres parties où il se fait une séparation d'humeurs épaisses & gluantes, sont plus faciles à s'obstruer; que le cerveau & les reins, destinés à des secrétions d'humeurs bien plus fluides. Mais l'extrême ténuité des liqueurs qui se filtrent par les glandes lacrymales, & à travers le poumon, n'empêchent pas que ce viscere & les glandes lacrymales, soient fréquemment obstrués. Les humeurs les plus épaisses ne font point d'obstruction, tandis qu'elles subsistent dans leur état naturel, qui a toujours assez de fluidité pour leur circulation.

De l'Obstruction des pores du *cerveau* naissent toutes les especes de maladies soporeuses; la léthargie, l'apoplexie.

Si l'obstruction arrive dans les nerfs du même viscere (le cerveau), elle produit la paralysie & l'engourdissement.

L'Obstruction dans les *narines* cause le polype & la perte de l'odorat.

Celle des *yeux* produit la goute serene, la Suffusion, & un grand nombre d'autres maladies. *Voyez* AMAUROSE.

Dans l'organe de l'ouie, elle occasionne la surdité, la dureté d'oreille, les tumeurs, les ulceres, &c. *Voyez* CHANVRE, page 513, col. 2.

Si l'Obstruction arrive dans le *gosier*; de-là vient la squinancie, & toute déglutition vicieuse.

Dans les bronches du *poumon*, l'Obstruction cause l'asthme, & des catarrhes suffocans.

Si l'Obstruction se forme dans le *cœur*; de-là viendront le polype, la syncope, la défaillance, la palpitation, & autres incommodités.

Si c'est dans le *foye*, il en arrivera la jaunisse, &c.

Dans la *rate*, il en proviendra le scorbut, des skirrhes, des vapeurs, des vents.

Celle des *intestins*; fait naître la colique, le *miserere* (ou Passion Iliaque) & la constipation.

Si l'Obstruction arrive dans le *mesentere*, il en naîtra toute affection hypocondriaque, & la tumeur ou enflure du ventre dans les enfans.

La difficulté d'uriner, ou la suppression de cet excrément, viennent d'Obstruction dans les *reins*, ou dans la *vessie*.

Si l'Obstruction arrive dans la *Matrice*, il en naîtra plusieurs fâcheuses indispositions & maladies, comme sont la suppression des mois, les pâles couleurs, la stérilité dans les femmes mariées, l'enfantement difficile, &c.

Dans la *Partie virile*, l'Obstruction cause la caroncule ou carnosité, maladie très-dangereuse.

L'Obstruction dans les pores de la *peau*, occasionne la gale, la gratelle, & diverses incommodités qui viennent d'embarras dans la transpiration.

Le jugement ou pronostic sur ces différentes especes d'Obstructions, dépend de leurs qualités: on considérera donc si elles sont légeres, ou fortes; nouvelles & récentes, ou vieilles & invétérées; partielles, ou universelles; mobiles & changeantes, ou fixes & immobiles; cachées, ou manifestes.

Remedes.

La matiere qui bouche les canaux obstrués, est encore molle dans les commencemens. Ainsi elle coulera facilement; pourvû que l'humeur que le sang fournira dans la suite, soit plus fluide & plus coulante qu'auparavant. Vous remplirez cette indication, en prévenant le transport des crudités qui passant des premieres voies dans le sang, occasionnent des Obstructions. Vous en viendrez à bout par la diete; par la purgation; & par l'usage de quelques légers apéritifs. Si vous voulez guérir, par exemple, de légeres obstructions, comme sont celles qui ont accoutumé de se faire au printems & en automne; vous ordonnerez dans ces saisons une saignée: après quoi vous purgerez plus ou moins fortement suivant l'âge & le tempérament du malade; & vous ferez user, pendant cinq ou six matins, d'un demi-verre de vin d'absinthe: ce qui suffira presque toujours, pourvû que le malade soupe légerement & soit sobre dans son régime de vie. Si les embarras sont plus considérables, & que la matiere arrêtée commence à s'endurcir; vous aurez plus de peine à la délayer: & par conséquent vous devez employer des remedes plus efficaces. Pour lors, après la saignée & la purgation, vous ferez user (pendant neuf matins) de *Bouillons apéritifs*, tels que le suivant.

Ce bouillon se fait avec un morceau de veau, & avec une once de limaille de fer rouillé suspendu dans un nouet; qu'on laisse bouillir ensemble jusqu'à ce que le bouillon soit fait. Trois quarts-d'heure avant de retirer le pot du feu, vous y jetterez des racines de chicorée, de petit houx, & d'asperges, de chacune demi-once. Un quart d'heure après, vous y ajoûterez une poignée de chicorée amere, autant de bourrache, & vingt grains de rhubarbe coupée menu & enfermée aussi dans un nouet. Il faut purger le malade au milieu & à la fin de l'usage de ces bouillons. *Voyez* l'article BOUILLON.

Si cela ne suffit pas pour guérir ces Obstructions, c'est une marque qu'elles sont fort grandes. Alors il faudra donner des Eaux Minérales apéritives. *Nota*: Vous préférerez les froides aux chaudes, lorsque le malade sera d'un tempérament chaud & sec: mais s'il est d'un tempérament flegmatique, & que les premieres voies soient farcies de crudités gluantes, vous préférerez les chaudes aux froides. Vous devez considérer toutes les circonstances, & examiner s'il n'y a pas de contre-indication pour les remedes que vous prétendrez employer: car pour lors il en faudroit changer, & leur en substituer qui ne soient pas sujets aux mêmes inconvéniens.

Lorsque la matiere qui fait l'Obstruction est entiérement endurcie, & dégénere en skirrhe; c'est inutilement que vous tenterez de la dissoudre. On doit alors s'appliquer uniquement à vuider les excrémens retenus, à prévenir les désordres qu'ils pourroient faire dans les parties & dans le sang, & à rétablir celui-ci dans son état naturel. Les légers purgatifs, les délayans, les diurétiques tempérés, sont très-propres à remplir cette indication.

On se sert avec succès, des opiates chalybés, lorsque le sang a encore des crudités: car quoique ces opiates soient inutiles pour dissoudre les matieres pétrifiées, elles délayent du moins celles qui sont encore molles; & par conséquent elles diminuent les Obstructions, & préviennent leur accroissement. Si le sang a changé de nature, & que de cet état de crudité qui a été la source des Obstructions, il soit passé dans un état muriatique; ce qui arrive assez souvent par l'action des excrémens retenus; les opiates chalybés sont très-nuisibles, parce qu'ils achevent de détruire la partie sulphureuse & balsamique du sang: qu'il est très-important de rétablir. Alors les légers purgatifs, les délayans, & les incrassans, sont les seuls remedes que vous puissiez mettre en usage: entr'autres, le lait & le bain conviennent parfaitement. Il ne faut pas craindre qu'ils contribuent à augmenter les Obstructions: car outre que le sang a changé d'état; le lait, qui est le remede contre lequel on crie davantage, n'épaissit jamais le sang, tandis qu'il ne contracte point de mauvaise qualité dans les premieres voies. Ainsi vous ne balancerez point à vous en servir dans les Obstructions, lorsque le sang aura changé d'état, & que les premieres voies ne seront plus farcies de crudités: vous pourrez même l'employer, quoique l'estomac soit foible; lorsque vous jugerez qu'il sera absolument nécessaire pour rétablir la partie sulphureuse & balsamique du sang; à l'effet d'éviter que la matiere trop endurcie ne dégénere en skirrhe, ou même en cancer.

2. *Voyez* AMMONIAC. ARMOISE. ABSINTHE. *Huiles* D'AMANDES, douces, & ameres; Tom. I. pag. 83. col. 1 & 2. ASPIC. ANIS. PEAU. CERFEUIL. AUNÉE. CRESSON *Alenois*. VOMISSEMENT. APÉRITIFS. ABSCÈS *dans le corps*. APPETIT *perdu*. BAUME *de Genevieve*. BALEINE. BENOITE. BERLE. ARISTOLOCHE. CAFFÉ. VESSIE. ACIER. ANTISEPTIQUE. ASARUM. ASPERGE. ASPIC *d'outremer*. ASTHME. ESSENCE *métallique*. ACHE. GANGRENE, *n.* IV. ANTIHECTIQUE *de Poterius*. PALES-COULEURS. RATE.

Obstruction du Foie.

Celui qui est attaqué de cette maladie a le corps enflé & bouffi de toutes parts, & le ventre plus tendu du côté droit que du côté gauche; il a de la peine à respirer; son pouls est inégal; & ses urines sont claires & abondantes.

Cette maladie est ordinaire aux vieillards: & ils en guérissent plus souvent que les enfans. Les jeunes filles délicatement nourries, sédentaires & oisives, y sont fort sujettes; ainsi que celles qui ne sont pas réglées.

Les vieillards *remédieront* à cette maladie, 1°. par l'usage fréquent de la décoction de gayac, & de salsepareille; 2°. En prenant après leurs repas un peu d'eau de cannelle avec un peu de sucre; ou buvant du vin pur; & usant de biscuit, pain d'épice, girofle, muscade, & d'un peu de poivre, dans l'apprêt de leurs viandes: 3°. En se purgeant avec une dragme d'aloës, & demi-dragme de rhubarbe & de mastic; en forme de bol, qu'ils prendront le soir en se couchant.

4°. L'usage de la thériaque, & de tous les vins de liqueur, est encore bon.

Quant aux enfans, on les fera un peu jeûner; & dans leur bouillie, on mêlera tantôt un peu de poudre de cannelle, tantôt du fenouil, & tantôt de la rhubarbe, dix ou douze grains chaque fois; ou une pincée de fleurs de sureau; ou un peu de muscade. 2°. On leur donnera, de tems en tems, du vin blanc mêlé avec de la tisanne de bétoine; ou une cuillerée de la décoction de racine d'iris, mêlée avec autant de sirop de capillaire, ou autre semblable.

Lorsque

Lorsque l'on verra que tous les remedes précédens n'auront pû opérer, & que le malade sera comme désespéré ; on pourra lui faire user des *pilules* suivantes, dont on a vû de surprenans effets. Prenez de la rhubarbe, de la gomme laque, du gingembre, de chacun demi-once ; de l'orpiment, trois grains : formez-en une masse avec un peu de sirop de roses : & donnez-en une dragme à jeun tous les matins ; ou deux fois le jour, en se levant, & en se couchant, demi-dragme à chaque fois.

Voyez TISANNE. BOUILLON.

O B T

OBTUS : *Terme de Botanique.* Se dit de ce qui est arrondi à son extrêmité.

Angle OBTUS : ou Angle fort ouvert. Consultez le mot ANGLE.

O C H

OCHRE. Minéral jaune, ou rouge ; ordinairement assez riche en Fer pour bien payer les frais de l'exploitation. Il brunit quelquefois par son mêlange avec d'autres terres ; dont les différentes proportions occasionnent alors une variété dans son poids. Cette matiere est unie à une terre grasse : Elle se trouve indistinctement dans les endroits secs, & dans ceux qui sont marécageux. Beaucoup d'eaux de source en charrient : c'est ce qu'on nomme *Ochre de Ru.* Il y en a presque partout ; tantôt avec les marnes, les glaises, & les bols ; tantôt par fillons ou gangues, & par couches.

L'Ochre rouge des Peintres est cette même substance, calcinée au feu, jusqu'à ce qu'elle ait acquis une couleur rouge.

On emploie l'un & l'autre dans la peinture. On doit les choisir nets, friables, & hauts en couleur.

O C I

OCIMUM. Consultez les articles BASILIC. ACINOS.

O C T

OCTOBRE. Dixieme mois de l'année qui commence en Janvier. Il a tente-un jours : Le soleil entre dans le Scorpion vers le 23.

Du 1 au 31, le jour diminue d'une heure quarante-huit minutes : de sorte que le 31 ne dure que dix heures dix-neuf minutes.

Ce mois est assez ordinairement sec, & d'une chaleur modérée : mais les soirées sont froides. C'est un des meilleurs tems de l'année, pour voyager. Les chemins sont alors communément bons ; & il n'y a pas encore eu assez d'humidité pour les gâter.

Tant que les chemins seront bons, continuez de voiturer les choses dont vous aurez besoin en hiver. Et lorsque vos voitures iront aux marchés, rapportez tous les engrais que vous pourrez y amasser.

Répandez de la paille dans les chemins fréquentés ; afin qu'elle se pourrisse, & qu'elle puisse servir d'engrais pour les terres fortes.

Tout le beurre, les fromages, & les œufs, qu'on amassera pendant ce mois, seront portés au marché.

Le pere de famille se donnera alors de grands mouvemens pour débiter tout le bétail qu'il ne voudra point garder en hiver. Tels sont les moutons bien gras, les vaches ou bœufs qu'il a engraissés depuis le mois d'Avril.

Les fruits sont encore d'un bon débit. Le Messire-Jean, les diverses Bergamottes, le Petit-Oin, l'Adotte, la Dauphine, & autres Poires, sont recherchées. Il ne faut plus songer à en faire sécher au four ; tous les fruits se vendant mieux cruds que d'autre maniere : à la reserve cependant de certaines prunes dont on peut faire encore des pruneaux. L'on n'oubliera pas, dans ce mois, de faire sécher au four des raisins ; qui se vendent bien pour le Carême.

Il est encore tems de chercher des sources.

On fait vendange dans les endroits tardifs.

On recueille les graines de tilleul, de sicomore, de frêne, d'érable, de bouleau, &c.

On ramasse le gland, le marron d'Inde, les châtaignes, les noisettes, les faînes de hêtre.

On confit les olives blanches.

Ceux qui ont carrosse peuvent se tenir alors à leur campagne ; pour que leurs chevaux y labourent pendant les semailles : cela épargne d'en tenir d'autres.

Les bécasses arrivent dans nos climats, vers le milieu d'Octobre.

On taille les ruches.

Les hiébles poussent alors fortement dans les terres nouvellement labourées.

On arrache les plantes de lupin avant les gelées.

On recueille le sarasin.

On acheve la récolte du safran.

On seme du froment, du seigle, l'hivernage, les lupins, l'orge quarrée ; & des féverolles, & pois, en quelques endroits : on peut mettre des féverolles & pois dans la houbloniere.

On brûle les bruyeres que l'on veut défricher.

On seme la vesce dans les pays où l'on n'a pas à craindre un rude hiver.

On commence, vers la fin de ce mois, à provigner la vigne ; on la ruelle aussi, dans les endroits où c'est l'usage.

On fait le cidre, & le réfiné : & l'on brasse la bierre ; qui est alors excellente & de garde.

On plante des oliviers : & on déchausse ceux qui ont déja passé l'année en terre.

On accommode les houblonieres cueillies depuis peu : on en coupe les tiges à un ou deux pouces de la butte ; & on répand sur chaque butte, deux ou trois pouces de bonne terre bien fine, légere & très-séche. Quelques-uns plantent aussi de nouveau houblon.

On fait les mêmes ouvrages qu'au mois de Septembre, dans les jardins : à la réserve des greffes, dont la saison est passée. Sur toutes choses on prépare le céleri, & les cardons.

On peut cueillir des cardes d'artichaux, quinze jours ou trois semaines après les avoir liées, si on l'a fait en Septembre.

On plante beaucoup de laitues d'hiver, à de bons abris, & même sur des couches pour les y pouvoir rechausser & en avoir de bonnes vers la S. Martin. A l'entrée du mois, jusqu'au 10 ou 12, on seme des épinars ; pour en avoir aux Rogations. On seme aussi le dernier cerfeuil ; ensorte qu'il leve avant les fortes gelées, & qu'il graine de bonne heure l'année suivante.

On finit de préparer la terre qu'on destine à faire une pépiniere.

On seme des pois verds en côtiere, ou ados, à quelque bon abri ; afin qu'ils fleurissent en Avril.

On plante des choux blonds.

On plante encore beaucoup de laitues hâtives,

à de bons abris; à six ou sept pouces les unes des autres : il en périt assez pour empêcher qu'on ne dise qu'elles sont trop drues.

Il faut faire les derniers labours des terres fortes & humides, pendant ce mois; soit afin de faire périr les mauvaises herbes, & donner un air de propreté aux jardins pendant cette saison-ci, que la campagne est plus fréquentée, soit pour faire prendre, pour ainsi dire, toutes ces sortes de terres, de maniere que les eaux d'hiver n'y puissent pas si aisément pénétrer, & qu'au contraire elles puissent couler vers les endroits qui sont dans une situation plus basse.

On continue de faire la guerre aux guêpes qui détruisent les figuiers, les raisins, les bonnes prunes, les bonnes poires.

On coupe le vieux cerfeuil, afin qu'il repousse.

On peut, jusqu'à la mi-Octobre, semer diverses graines potageres, & graines de fleurs.

On met les pots de tubéreuses sur le côté, pour les égoutter, & empêcher que les oignons ne pourrissent.

Vers la mi-Octobre les fleuristes plantent leurs tulipes, anémones, renoncules, & tous les autres oignons qui ne sont pas encore en terre.

On leve de terre l'angélique; pour en ôter le peuple.

On leve de même l'absinthe, pour en ôter le peuple, qu'on replante sur le champ.

On commence à planter de toutes sortes d'arbres, si-tôt que les feuilles sont tombées. On en plante dans les haies, si la terre est seche & légere : sinon l'on attend au printems.

Continuez de transplanter des rosiers, & autres arbustes à fleurs.

Faites des boutures de jasmin & de chevrefeuil, dans des bordures à l'ombre & bien bêchées : enterrant tout-à-fait au moins deux yeux de chaque bouture.

On peut semer les graines de houx, d'if, & d'autres arbres toujours verds; qui ont reçu une préparation dans la terre ou dans le sable.

Il faut mettre dans la serre, par un beau tems, sur la fin de ce mois (ou dès le commencement, suivant le climat) les arbrisseaux qui craignent la gelée; comme orangers, myrtes, jasmins, laurier-roses, & autres semblables; en laissant toutes les portes & fenêtres ouvertes, jusqu'aux gelées : on les ferme le soir : & on les calfeutre soigneusement aux approches des gelées. En serrant les plantes, on leur donne un peu de terre nouvelle, sans déranger les racines; on lie les branches qui ne sont pas disposées réguliérement. Les plantes les plus vigoureuses doivent être derriere les autres : mais celles qui sont délicates, sur le devant de la serre, à la plus grande exposition du soleil.

Les gradins où sont les Plantes étrangeres, doivent n'occuper que le tiers de la serre : pour que la serre soit moins exposée à la moisissure. Car il faut autant de distance entre la fenêtre & les plantes, qu'entre les plantes & le fond de la serre. Par ce moyen il y a assez d'air pour entretenir les plantes, quand même la serre seroit fermée presqu'un mois de suite.

Quand on arrose les plantes dans la serre, c'est le matin pendant que le soleil y donne.

Après le milieu d'Octobre, on ne donne plus d'eau aux plantes grasses; de crainte qu'elles ne pourrissent.

OCU

OCULUS. *Voyez* BOUTON.

ODE

ODEUR : ou *Senteur*. M. Grew a publié des choses très-curieuses, concernant les Odeurs. Voici quelques-unes de ses expériences.

1. *Expérience* : suivant laquelle deux corps, dont l'un n'a aucune odeur, & l'autre en a une qui n'est aucunement agréable, mêlés ensemble rendent une odeur de musc. L'Auteur fit cette expérience en jettant une bonne quantité de petites perles toutes entieres, dans de l'esprit de vitriol; la dissolution s'en fit en quelques heures. Mais en approchant de tems en tems le nez de l'orifice du verre où se faisoit cette dissolution, on sentoit une odeur de musc.

2. *Expérience* : par laquelle on peut donner à l'esprit de vin une odeur très-agréable & aromatique, en y ajoûtant une liqueur, dont le peu d'odeur qu'elle a n'est nullement agréable. J'ai pris, (dit-il) de bon esprit de vitriol bleu : & ayant versé peu-à-peu sur cette liqueur un égal poids d'esprit de vin bien rectifié; & laissé ce mêlange en digestion pendant trois semaines : quand ensuite je suis venu à distiller ce mêlange, il a produit une liqueur si subtile, qu'encore que nous la distillassions dans de grands vaisseaux exactement lutés, elle ne laissoit pas de pénétrer les jointures des vaisseaux, & de remplir mon Laboratoire d'un parfum dont chacun étoit étonné.

3. *Expérience* : qui fait voir qu'on peut augmenter les bonnes odeurs, par la composition. C'est une chose connue de tous les Parfumeurs, que l'ambre gris ne rend lorsqu'il est seul, qu'une odeur si foible, qu'à peine mérite-t-elle d'être nommée agréable. Mais si on mêle avec un peu de cet ambre une quantité de musc en certaine proportion, cette bonne odeur qui étoit comme emprisonnée, se manifeste aussi-tôt, & augmente considérablement. Ce n'est donc pas tant, comme on le croit communément, l'abondance des ingrédiens les plus précieux; qu'une juste proportion & mêlange; qui fait le parfum le plus agréable, le plus exquis, & le plus durable. L'Auteur dit avoir fait sur cela diverses expériences : & il a observé qu'une beaucoup moindre quantité de musc & d'ambre que n'en employent ordinairement des Parfumeurs ignorans, a produit des parfums qui, à cause de leur odeur, étoient préférés à d'autres, où le musc & l'ambre avoient été employés en plus grande quantité. Je ne rapporterai point ici toutes les diverses proportions & mêlanges qui ont le mieux réussi suivant les desseins de M. Grew. Il suffira d'en communiquer une, qui pourra en faire découvrir encore de meilleures.

Prenez huit parties d'ambre gris, deux de musc, & une de civette : & mêlez-les bien exactement ensemble. Vous aurez une composition, avec laquelle vous pourrez parfumer le benjoin, le storax, les fleurs, *&c.* pour en faire des pâtes, des pastilles, des parfums, des pommades.

On mêle encore certaine proportion de vinaigre avec des choses odorantes, pour en augmenter & conserver plus long-tems la bonne odeur.

Odeur remarquable d'une essence, de Grew.

Cet Auteur prend telle quantité de bon musc qu'il lui plaît; & sans le réduire en poudre, il y verse seulement environ la hauteur d'un travers de doigt d'esprit de vin bien rectifié. Il le laisse ensuite dans le verre bien bouché, en digestion à froid. Au bout de quelques jours cet esprit fait une dissolution des parties les plus subtiles du musc, & acquiert une espece de teinture. Si l'on examine l'odeur de cette premiere essence ou teinture seule, on ne la trouve ni forte ni agréable, & à peine pourroit-on imaginer qu'elle contienne du musc. Cependant si l'on en verse une seule goutte dans une chopine ou une pinte de vin d'Espagne, ou de quelqu'autre bon vin; tout ce vin prend d'abord une telle odeur de musc, que le goût & l'odorat de ceux qui en goutent, s'en trouvent parfumés.

Voyez SENTEUR. ESSENCE. ODORANT.

ODEUR (*Mauvaise*). Voyez PUANTEUR.

ODO

ODONTALGIE. *Voyez* MAL *de* DENTS.

ODONTALGIQUES (*Remedes*). Voyez sous le mot DENT.

ODORANT: & ODORIFÉRANT. Ces deux mots different peu dans leur signification. *Odorant*, selon M. *de Furetiere*, est plus de la Poësie; & *odoriférant*, plus de la Prose. Tous les deux signifient, *qui produit* ou *exhale une bonne odeur*. Voyez ODEUR. Voici quelques-unes des différentes formes artificielles que l'on donne, ou qu'on peut donner, aux corps qui sont odoriférans par leur nature.

1. *Poudres pour les cheveux*. Telles sont la poudre de roses communes; la poudre de roses musquées; la poudre de fleurs d'orange; les poudres de jasmin, de jonquille, d'ambrette; poudre purgée à l'eau-de-vie; poudre de mousse de chêne, autrement dite poudre *de Cypre*; poudre de Frangipane, en plusieurs façons; poudre de parfums, comme on la fait à Montpellier; poudre fine à la Maréchale, propre à faire aussi des pâtes pour des chapelets & des médailles.

2. *Savonnettes de Senteur*, tant communes que plus précieuses: Savonettes de Neroly; de Bologne; Savonettes bien parfumées, de plusieurs façons. *Voyez* SAVONETTE.

3. *Lait Virginal*. Voyez ci-dessus, page 387.

4. *Eponges préparées*, pour le visage, pour les dents.

5. *Essences & Huiles parfumées aux fleurs*: sçavoir, essence de mille-fleurs; huile d'olives parfumée aux fleurs; huile d'amandes douces parfumée; essence de Neroly; essence de cedra ou de bergamotte; essence d'orange forte, ou de petit grain; essence de citron. *Voyez* ESSENCE. HUILE. PARFUM.

6. *Cires parfumées*; blanche, noire, grise. *Voyez* CIRE, page 634. BARBE.

7. *Pommades*. Pommade parfumée aux fleurs; pommade pour rafraichir le teint, & ôter les rougeurs du visage; pommades pour les levres.

8. *Pâte d'amandes*, liquide; pour laver les mains sans eau. *Voyez* sous le mot PÂTE.

8. *Opiates*. Opiate en poudre pour nettoyer les dents; opiate liquide. *Voyez* OPIATE.

9. *Parfums pour la bouche*. Essence d'ambre; essence d'hypocras; cachou ambré, pour la bouche; Pastilles de bouche, parfumées; Hypocras excellent & parfumé; Rossolis, ou liqueurs parfumées; plusieurs bons chocolats.

10. *Eaux de Senteur*, ou *Eaux Odoriférantes*: comme sont; l'eau d'Ange; eau de mille-feuilles; eau d'œillet; eau de cannelle; eau de fleurs d'orange; eau rose; eau de la Reine d'Hongrie. *Voyez* l'article EAU.

11. *Odeurs en Pastilles*: telles sont, pastilles de roses; pastilles d'Espagne; pastilles de Portugal. *Voyez* PASTILLE.

12. *Odeurs en Poudre*, *Voyez* POUDRES.

13. *Odeurs en fumée*; ou *Fumées odorantes*; autrement dites Parfums. *Voyez* PARFUM.

Poudre odorante de Fleurs d'Orange.

Dans une caisse où il y aura vingt-cinq livres de poudre d'amidon, vous mêlerez une livre de fleurs d'orange; faisant ensorte qu'elles soient également distribuées par-tout; & ayant soin de les remuer au moins deux fois le jour, pour empêcher qu'elles ne s'échauffent. Au bout de vingt-quatre heures vous sasserez ces fleurs, & en remettrez de fraîches en même quantité: & ferez ainsi pendant trois jours. Si l'odeur ne vous en paroît pas assez forte, vous en pourrez remettre encore une fois. Il faut toujours tenir la caisse fermée; aussi-bien quand les fleurs y sont, que lorsqu'elles n'y sont plus.

Pommade odorante, pour rafraîchir le teint, & ôter les rougeurs du visage.

Il faut prendre une demi-livre de panne de porc mâle; & la mettre tremper dans l'eau pendant plusieurs jours, la changeant souvent d'eau. Lorsque vous aurez bien fait blanchir cette panne, vous la mettrez dans un pot de terre neuf vernissé; avec deux pommes de reinette coupées par morceaux sans les peler; & une once des quatre semences froides; pilées. Vous mettrez le pot devant le feu, & ferez cuire ladite pommade l'espace d'un quart d'heure: ensuite vous la retirerez du feu, & vous y mêlerez une once d'huile d'amandes douces; puis vous la passerez par un linge bien serré, & laisserez tomber la colature dans de l'eau claire: vous remuerez la pommade avec une spatule de bois, jusqu'à ce qu'elle soit prise & congelée dans l'eau.

Chocolat odorant & de bon goût.

1. Il faut prendre vingt livres de cacao (brulé comme le caffé), dix livres de sucre, quatre onces de cannelle, cinquante vanilles. Il y en a qui ajoûtent à cela demi-once de poivre d'Inde, & une dragme de musc.

2. On peut faire aussi de bon chocolat odorant, lorsque sur vingt livres de cacao l'on met vingt-cinq livres de sucre; & pour chaque livre de cacao, une vanille & demie. Pour vingt-cinq livres de chocolat on peut mettre jusqu'à quatre gros de poivre rouge, ce qui le rendra plus piquant; demi-livre de cannelle, & quatre onces & un gros de musc.

3. Prenez dix livres de cacao, cinquante vanilles, six onces de cannelle, deux gros de poivre rouge, douze livres de sucre; musc & ambre gris, de chacun vingt grains.

4. Consultez le *Voyage* du P. Labat *aux Isles de l'Amérique*, Tome VI. page 61: & *l'Histoire Naturelle du Cacao*, page 102 & 103.

Oiselets odorans: Et Pastilles de Roses.

Vous pilerez & passerez au tamis de crin une livre du marc de l'eau d'Ange. Etant réduit en poudre, vous le mettrez dans le mortier; y ajoûtant une poignée de feuilles de roses fraîchement cueillies, & une écuellée de gomme adraganth detrempée avec de l'eau rose. Vous pilerez le tout ensemble assez long-tems. Pour bien former la pâte, vous l'applatirez avec un rouleau; & la couperez avec un couteau par *tablettes*, comme vous voudrez.

Pour faire les *Oiselets odorans*, vous en prendrez des morceaux que vous roulerez dans les mains, longs comme le doigt; ausquels vous ferez un bout un peu large, pour les faire tenir droits : & les mettrez secher. Ces sortes de pastilles s'allument comme une chandelle, brûlent jusqu'à la fin sans s'éteindre, & produisent une fumée de très-bonne odeur.

Chapelets, & Médailles odorantes.

Prenez de la poudre fine à la Maréchale; & en faites une pâte avec des gommes adraganth & arabique, détrempées avec de l'eau de mille-fleurs. Si votre pâte se trouve trop molle, vous y ajoûterez de la poudre; & si elle se trouve trop ferme ou qu'elle ne se puisse lier, vous y mettrez de la gomme. Il faut un peu frotter les moules avec de l'essence de fleurs; afin que la pâte ne s'y attache pas. Cette pâte est couleur de caffé. *Ou bien* prenez du parfum à parfumer les autres poudres, & en faites une pâte avec de la gomme qui aura été détrempée avec de l'eau de fleurs d'orange, dans laquelle vous aurez mis un filet d'essence d'ambre. Cette pâte sera blanche : en y ajoûtant du vermillon, vous la ferez aussi rouge que vous voudrez. Pour la faire jaune ou blonde, il y faut ajoûter de l'ochre jaune passé bien fin. Il sera aisé de rendre toutes ces sortes de pâtes d'aussi bonne & d'aussi forte odeur que l'on voudra; en augmentant l'ambre, le musc & la civette, soit dans les poudres, soit dans les eaux avec lesquelles on détrempe la gomme.

Sachet odorant pour porter sur soi.

Vous prendrez de l'étoffe de soye; & vous ferez vos sachets de la grandeur de quatre doigts, un peu plus longs que larges. Vous frotterez ensuite l'envers de l'étoffe avec un peu de civette assez légerement : puis vous les emplirez de grosse poudre à la Maréchale, ou telle autre poudre que vous voudrez; à laquelle vous ajoûterez un peu de cloux de girofle, & un peu de bois de santal citrin, bien pilés, parce que cela réveille bien l'odeur. Puis vous acheverez de coudre vos sachets. *Voyez* SENTEUR.

Boëtes odorantes pour les perruques, &c.

Vous ferez faire la boëte à perruques, d'un bois qui ait l'épaisseur d'un écu; longue d'une demi aune ou environ, ronde par les bouts, & étroite à proportion d'une perruque. Pour faire la garniture, vous étendrez sur un métier à broder un morceau de tafetas; & sur ce tafetas un lit de coton parfumé d'une bonne odeur, bien mince & bien égal. Sur ce coton vous semerez de la meilleure poudre à la Maréchale, & dont les morceaux ne seront pas trop gros; & par-dessus cette poudre, un peu de bois de santal citrin pilé bien menu. Vous couvrirez ensuite le tout avec un morceau de tabis du plus beau, qui aura été frotté par l'envers avec la composition suivante; & vous piquerez votre étoffe par carreaux, que vous taillerez ensuite à proportion de la boëte. Voici la composition odorante pour frotter l'envers du tabis : vous ferez chauffer le fond d'un petit mortier; & ferez fondre par sa chaleur dix grains d'ambre, en le remuant avec le pilon, & y versant un filet d'eau de fleurs d'orange : vous y verserez deux cuillerées d'eau de mille-fleurs, dans laquelle vous aurez fait détremper gros comme un pois de gomme arabique. Le tout étant bien mêlé, vous en frotterez l'envers de votre tabis bien légerement avec un petit morceau d'éponge.

On peut faire ainsi des boëtes odorantes & parfumées pour mettre le linge : car ces boëtes se garnissent & se couvrent de la même maniere & avec les mêmes matieres que les boëtes à perruques. Il n'y a de différence que la façon de la boëte, qui est faite en maniere d'un petit coffre : & pour la grandeur, on les fait d'ordinaire capables de renfermer tout le menu linge d'une personne de qualité.

Vin ODORANT. Consultez l'article VIN.

ODORAT. Pour rétablir l'*Odorat Perdu* : il faut aspirer une dragme de suc de marjolaine; le matin à jeun, & le soir une heure avant le souper.

2. Si l'on est privé de l'Odorat par quelque paralysie; ou qu'il soit dépravé par un rhume de cerveau; accident auquel on doit être fort attentif à remédier : Etmuller recommande la marjolaine, de quelque maniere qu'on l'employe, comme le remede le plus efficace pour rétablir l'odorat.

3. Il s'agit de déboucher l'os cribreux; & de donner issue à quelque humeur qui croupit dans les organes.

L'eau chaude nitreuse est bonne pour cela.

4. *Voyez* sous le mot *Maladies des* CHIENS.

5. L'on conseille encore de bien piler une once de graine de nielle (*Nigella*); puis la mêler avec deux onces de vieille huile d'olives; & en tirer par le nez, tous les matins. Durant l'usage de ce remede, il faut se purger de tems en tems avec deux onces de manne; ou une once & demie de sirop de roses, délayé dans une infusion de trois gros de senné.

6. Mêlez ensemble quatre à cinq cuillerées de suc de poirée, avec autant de bouillon non encore salé, ou d'eau de veau : & tous les matins versez-en dans le creux de votre main, pour l'aspirer par le nez.

7. Aspirez de même la décoction de gayac, ou celle de buis;

L'eau de fleurs d'oranges;
Le suc de feuilles de lierre;
La décoction de romarin;
Le vin blanc où ont infusé des feuilles de tabac, vertes, ou seches.

ODORIFÉRANT. *Voyez* ODORANT.

OEC

ŒCONOME; ou *Économe*. Celui qui régit, gouverne, administre, avec l'ordre & l'intelligence convenables, soit une maison, soit des biens, &c. *Voyez* FERMIER; & ses renvois. RECEVEUR.

L'ŒCONOMIE est l'habile & sage conduite qui caractérise le bon Œconome.

Ce ne seroit pas avoir une juste idée de l'Œconomie, que de croire qu'elle consiste positivement à épargner l'emploi de l'argent & la consommation des autres matieres utiles. L'épargne peut être aussi opposée à l'Œconomie, que la prodigalité. La vertu dont nous parlons, & qui est placée entre ces deux extrêmes, est un emploi convenable de ses fonds; un moyen industrieux de les perpétuer, pour être toujours à portée de ne pas diminuer sa dépense, & même de l'augmenter en multipliant sans interruption le produit des sommes que l'on fait circuler avec honneur. Son grand art est de tirer avantage de tout ce qui est entre ses mains, & de ne rien dissiper.

Les effets d'une Œconomie soutenue sont rapides & étonnans. On peut en voir un bel exemple dans la 41e *Note* de M. Thomas sur son *Eloge du Duc de Sully*, Paris 1763.

L'Agriculture est une des plus belles & plus heureuses occasions d'exercer les talens Œconomiques. C'est-là qu'un Noble, né pour être le Chef de ses Vassaux, peut pourvoir à leur subsistance; & en leur fournissant de l'occupation, les maintenir dans l'ordre & la subordination légitime: le bien être qu'il leur procure les lui attache par de nouveaux devoirs. *Voyez* SEIGNEUR.

C'est encore par l'Agriculture que l'on jouit réellement de cette précieuse liberté qui ne connoît au-dessus d'elle que les loix & la vertu; & qui dispense de rendre forcément des devoirs à de simples titres dépourvus du mérite auquel est affectée la vraie dignité de l'homme.

Il n'est pas nécessaire d'être riche pour obtenir de l'Œconomie un succès propre à remplir de grande vûes. Souvent même la pauvreté est un avantage accordé par la fortune à celui pour qui elle destine beaucoup de biens par cette conduite.

La médiocrité de biens est une raison pour Œconomiser. Car la vraie Noblesse fait une juste différence, de l'Or à l'Honneur: Elle sent qu'une pauvreté honnête, loin de l'avilir, peut la rendre plus respectable. En effet, comme l'indigence porte fréquemment à des actions honteuses, elle ne se rencontre avec une vertu constante que dans une ame pleine de force & de grandeur. L'exactitude des mœurs anciennes assortit bien la Noblesse avec un habit simple & une maison peu apparente. Cincinnatus & Caton, après avoir généreusement servi leur patrie dans les plus éclatantes dignités, s'estimoient heureux de reprendre la simplicité rustique.

Plus tôt on commence à être Œconome, plus on affermit & étend par la suite son domaine. Le Grand Sully auroit vraisemblablement été moins capable de mettre en réserve dans les coffres de son Roi, par une Œconomie de quinze années, plus de quarante-un millions, après avoir payé trois cens dix millions de dettes antérieurement contractées par l'État, & cependant avoir beaucoup réduit la Taille & autres impositions; si dès l'âge de seize ans ce Génie d'un ordre sublime n'eût réglé sa propre maison, de maniere à trouver dans son Œconomie, de puissantes ressources pour faire des dépenses considérables. *Voyez* la cinquieme *Note* de M. Thomas.

Les qualités dont l'ensemble forme un Œconome digne de ce titre sont le génie du Grand, l'esprit de Détail, la Profondeur, l'Étendue des lumieres, la Sagesse, l'Activité. Il doit régir ses entreprises par des principes simples, & invariables autant qu'il le peut; disposer l'ordre général, ensorte que les détails en deviennent une suite nécessaire; combiner l'effet respectif des distributions particulieres, tant entr'elles que relativement à leur centre; & obtenir que celles qui, séparément, seroient foibles, perdent leurs défauts, en se réunissant & se fortifiant par leurs rapports mutuels; bien considérer la marche des fonds, soit qu'ils sortent, soit qu'ils rentrent; employer le moins de forces qu'il est possible, pour chaque opération; ne multiplier les moteurs qu'avec choix, & prendre garde que l'action des uns ne rallentisse point celle des autres; tendre constamment à son but sans trop voir les obstacles, & ne pas s'écarter de ses principes généraux à cause de quelques inconvéniens de détail; sçavoir distinguer les choses qui ont besoin de son attention directe, & celles qui doivent aller d'elles-mêmes, ou être conduites par des gens de confiance; ne rien forcer, mais entretenir tout dans l'état naturel; connoître quand il lui convient de perdre, pour ne pas risquer de sacrifier ce qu'il a de meilleur & de plus solide, à un intérêt passager; resserrer ou étendre à propos sa dépense; connoître les avantages ou les obstacles de chaque entreprise; choisir les circonstances les plus favorables pour l'exécuter; varier ses opérations selon l'occurrence; être par-tout sur les pas des travailleurs & des domestiques, lorsque cela est nécessaire; suppléer par l'intelligence & l'activité à tout ce qui manque du côté de l'art & des connoissances; &c.

Un Œconome habile, ou destiné à le devenir, examine le climat des endroits qu'il fréquente, les différentes especes de terre, de culture, de production; les non-valeurs réelles ou supposées, leurs causes passageres ou constantes; la proportion entre les frais & le revenu; la qualité & le prix commun des denrées; celles dont la consommation est la plus étendue & la plus prompte; le nombre & le caractere des habitans, la valeur de chaque homme; les ressources du Pays; l'étendue & la qualité du Commerce, les choses dont l'acquisition coûte le moins, & rapporte le plus; les travaux qui s'accordent le mieux avec le climat, le sol, & l'industrie des habitans; les occupations qui seroient plus onéreuses qu'utiles.

Ainsi qu'un habile Architecte met en œuvre quelque pierre que ce soit, en l'examinant bien & la façonnant un peu, pour qu'elle occupe convenablement une place dans l'édifice; un Œconome intelligent s'étudie à tirer parti de tous les hommes qui sont à sa disposition; destinant à chacun le poste qu'il peut remplir, il lui donne des ordres précis, & veille à ce qu'ils soient bien exécutés.

Les talens éclairés & l'activité du travail, après avoir formé l'Œconome, le soutiennent, & couronnent son entreprise. Ce n'est pas assez que d'établir une harmonie de grands mouvemens qui doivent agir pour seconder ses vûes: il faut y avoir toujours l'œil; & ne pas négliger de faire à propos sentir sa présence jusques dans des parties de détail confiées aux petites attentions d'un instinct laborieux.

Ce qui semble n'être qu'un méchanisme d'ordre & d'inspection, est réellement une science sublime: où l'ame s'aggrandit par l'exercice vigoureux de toutes ses facultés. Après avoir sçu s'approprier la source des richesses, l'Œconome sent qu'il est destiné à la diriger & distribuer pour le bien de l'humanité. Il encourage de nouveaux cultivateurs, à défricher des terres; qui bientôt augmentent ses revenus, donnent plus d'aisance au Paysan laborieux, & deviennent des especes de conquêtes pour l'État. Les ressorts de son industrie acquérant par degrés plus d'action & de vigueur, il reçoit des mains de l'Artisan diverses productions; qui servent à répandre & multiplier dans le Peuple, d'autres moyens de l'occuper, de le faire subsister, & de ranimer par le reflux des richesses, l'intensité de ce premier mobile. Jamais les eaux d'une source si précieuse ne tarissent; jamais leur cours n'est indignement suspendu: le sage Propriétaire, ne réservant que la quantité de fruits nécessaires à l'entretien & à l'aisance de sa maison, distribue l'excédant. Plus il concourt à faire des heureux, plus sa terre devient fertile: & le nombre des vassaux & des ouvriers ne peut croître autour de lui, sans étendre sa prospérité.

Oui : l'Œconomie rurale est digne d'une ame généreuse, & qui se plaît à faire du bien. Moins occupée des richesses pour elles-mêmes, que pour subvenir aux besoins de nécessité ou de convenance, la vertu pense à répartir les effets de sa propre industrie sur les hommes qui y ont contribué de leur travail : elle regarde comme une justice de mettre à l'abri des dangers & des horreurs de la disette le Laboureur, le Journalier, l'Artisan, & en général le Peuple de ses Terres.

Je ne puis me refuser au plaisir de transcrire ici la trente-quatrieme *Note* de M. Thomas, sur son *Éloge du Duc de Sully*. « Une des maximes de » Sully étoit que le labour & le pâturage sont les » deux mammelles d'un État. Telle fut la base » de son systême, & le principe de ses opérations. » Il fit un grand nombre de réglemens utiles pour » encourager l'Agriculture ; mais tous avoient pour » but de procurer de l'aisance au cultivateur. En » effet, c'est là le principal ressort. Il seroit bien » digne d'un siecle aussi éclairé que le nôtre, de » tirer enfin cette classe d'hommes si utile, de » l'état vil & malheureux où elle a été jusqu'à » présent. L'ancienne Grece, de ses cultivateurs, » fit des Dieux. Il seroit à souhaiter que parmi » nous on les traitât seulement à-peu-près comme » des hommes. Quoi ! faut-il être à la fois nécessaire & avili ? Ce seroit aux Grands à donner » l'exemple ; car ils peuvent donner l'exemple » en tout, principalement dans une Monarchie. Une vérité effrayante pour eux, c'est qu'ils » ne peuvent subsister sans le Laboureur ; au lieu » que le Laboureur peut subsister sans eux. C'est » une coutume assez générale par-tout, de placer des bataillons sur le passage des Rois. Un » Roi d'Angleterre, en traversant son pays, vit » un autre spectacle : deux cens Charrues, que les » habitans d'une campagne vinrent ranger sur son » passage. Ce trait est d'une éloquence sublime, » pour qui sçait l'entendre. Il s'en faut bien que » dans notre Europe, avec toutes nos sciences & » notre orgueil, nous ayons poussé la véritable » science du Gouvernement, aussi loin que les » Chinois. On sçait que leur Empereur, pour donner aux Citoyens l'exemple du respect qu'on doit » au labourage, tous les ans, dans une fête solemnelle, manie la charrue en présence de son Peuple. Nulle part l'Agriculture n'est aussi honorée. » Il y a même des places de Mandarins pour les » Paysans qui réussissent le mieux dans leur Art. » Par-tout les hommes sont les mêmes ; on les » menera toujours par les distinctions & les récompenses. Mais avant qu'un Paysan sçache ce que » c'est que l'honneur, il faut qu'il sçache ce que » c'est que l'aisance. Un cœur flétri par la pauvreté, » n'a d'autres sentimens que celui de sa misere. Consultez encore l'*Éloge* même, Édit. in 8°. pages 37, 38, 39, 40, 42, & 48 ; le *Traité de la Culture des Terres*, T. V. p. j & ij ; & T. VI, p. ij, iij, & iv ; notre article LABOUREUR.

L'Œconomie domestique peut être regardée comme parallele à l'Œconomie Politique ; deux lignes dont la direction est la même ; & dont l'une ne differe de l'autre qu'en ce qu'elle est relative à une plus grande étendue. Quelque sublimes que soient les objets qu'embrasse le systême politique des Etats : Un pere, dans sa famille ; un Seigneur à la tête de son domaine ; un Souverain sur le trône ; représentent également les soins d'un Chef attentif, qui dirige les membres & leur donne de l'activité, en entretenant dans leurs forces un juste équilibre. Consultez *l'Éloge du Duc de Sully*, in-8°. pag. 44, 51. Un homme qui souvent est inutile à » Versailles, pourroit être dans sa Terre le Bienfaiteur de la Nation. Et croyez-vous que, loin » du manége & des intrigues, son ame n'eût point » quelque chose de plus vigoureux & de plus mâle ? Croyez-vous que dans les combats il eût » moins de sang à verser pour la Patrie ? .... » Henri IV...... qui avoit plus de vûes politiques, que sembloit n'en promettre d'abord sa » gaieté franche & militaire, déclara aux Nobles qu'il vouloit qu'ils s'accoutumassent à vivre » chacun de leur bien, & à faire valoir leurs Terres par eux-mêmes. Il rioit de ceux qui venoient » étaler à la Cour des habits magnifiques, & *qui* » *portoient* (disoit-il) *leurs moulins & leurs bois de* » *haute futaye sur le dos*. Le luxe insolent & dédaigneux a fait un nom ridicule de ce nom de » Gentilhomme de campagne ; mais ces Gentilshommes de campagne, respectables en effet, » seroient alors respectés ; parce que tous seroient » utiles, & que plusieurs seroient grands. L'Honneur François se ressusciteroit dans leurs châteaux ; les ames, en redevenant plus simples, » deviendroient plus fortes ; les terres seroient » mieux cultivées, les villages plus riches, l'agriculture plus en honneur, les fortunes des » grandes maisons plus assurées, les revenus de » l'État plus considérables. En moins de cinquante » ans peut-être, un pareil changement feroit une » révolution dans nos mœurs : & l'on ne verroit » plus des hommes sourire avec pitié au nom de » vertu, d'héroïsme, & de dévouement pour la » Patrie. * *Note* 38 de M. Thomas.

Dans la pratique de l'Œconomie Rurale, la Noblesse qui n'inspire que de la vanité aux petites ames, est très-capable d'inspirer l'orgueil des grandes choses. Une ame pleine de force, auprès de qui le vice & la fainéantise trouvent une rigueur inflexible, est au contraire sensible & compâtissante pour les malheureux disposés à avoir des mœurs & à s'occuper. Bon Citoyen, bon Époux, bon Pere de famille, bon Maître ; le Noble assidu dans ses Terres, devient à l'égard de tous ceux qui lui sont subordonnés, un frein pour le mal, & un encouragement pour le bien. La grandeur de son ame se répand sur tout ce qu'il exécute. Plus il agit dans ce genre, plus il devient habile : l'habitude perfectionne cette activité d'esprit qui donne presque toujours les succès ce coup d'œil, qui saisit distinctement tous les objets dans la multitude, & qui est une des principales perfections de notre ame. Ceux à qui il commande ne tardent pas à lui donner l'ascendant qu'un homme de génie sçait prendre sur les ames d'un ordre inférieur, & dont l'homme vertueux sçait profiter pour soutenir leur foiblesse.

Quelque habile que soit réellement un Œconome qui est parvenu à cet état de supériorité, & qui sent ses forces, il doit être assez judicieux pour sentir qu'il a encore besoin de conseils. Il consultera donc souvent ceux qu'il a chargés de certaines parties d'administration. Mais il retiendra toujours le droit de décider ; attendu que les gens en sous ordre sont souvent incapables d'appercevoir, encore moins de saisir, son plan général, & qu'ils ne font que tourner dans le cercle étroit de leurs préjugés. Il profitera des lumieres de leur expérience ; & son génie en appréciera l'utilité.

Nous avons dit qu'il est de son intérêt d'employer le moins de forces qu'il est possible pour ses opérations. Il veillera donc à ce que les gens qu'il payera pour travailler, ne demeurent pas oisifs.

En donnant à ses gens l'exemple d'une vie active; en se montrant à eux, malgré la rigueur de la saison & les incommodités du tems, par-tout où ils sont occupés, on les rend exacts & diligens; & l'on a besoin de moins de monde pour faire la même quantité d'ouvrage, que si on les abandonnoit à eux-mêmes.

Mais (je dois le répéter) on est incapable de cette noble vigilance, on n'est jamais vraiment Œconome si, l'on aime le luxe; si on n'a pas ce courage qui réprime la nature, & se refuse à tout ce qui peut énerver l'ame. C'est un grand bonheur que d'adopter ces vertus autant par caractere que par principe; de conserver la frugalité, lorsqu'on est parvenu à l'opulence; d'aimer à remplir ses journées par un travail assidu, ensorte que chaque portion de tems soit distribuée entre les diverses fonctions de l'Œconomie; de mettre par goût jusques dans ses délassemens je ne sçai quoi de mâle qui tienne toujours de la vertu, & qui soit un repos sans indolence, du plaisir sans mollesse.

Quant à un Œconome Roturier: les avis offerts au Noble, lui sont applicables; du plus au moins. Il peut être aussi grand dans sa sphere, & aussi respectable pour ses subalternes & ses égaux. La Noblesse sçaura même lui témoigner la considération qu'il mérite.

Ce Pere de famille, ce Chef de maison, doit avoir une suffisante connoissance de toutes les choses nécessaires au labour: il seroit même à propos qu'il eût mené autrefois la charrue; il connoîtroit mieux les tems convenables aux différens ouvrages de la campagne. Quoi qu'il en soit; il doit donner toute son application à l'agriculture & aux choses qui regardent le ménage & l'Œconomie: car s'il les ignore, il faut de nécessité qu'il s'en rapporte à la bonne foi d'un fermier; qui ne manquera point de le tromper, de dégrader ses terres ou sa ferme, & de lui attirer une infinité de procès qui le ruineront. S'il se fie à quelqu'autre personne; comme à un solliciteur, un receveur, &c.: il ne s'en trouvera pas mieux. Tous ces gens le plus souvent s'entendent avec les fermiers, & font accroire au Pere de famille tout ce qu'il leur plaît.

Nous lisons dans l'histoire des anciens Romains, que la terre ne fut jamais si fertile, que lorsqu'elle étoit cultivée par les plus illustres citoyens, & délivrée de la main tyrannique des paysans grossiers; lesquels nous voyons devant nos yeux, encore qu'ils soient ignorans, s'enrichir à nos dépens, & quelquefois au grand dommage de la terre qu'ils cultivent. Il n'est rien tel que l'œil & la présence du Maître bien entendu dans l'agriculture; & qui faisant valoir, a la principale charge qui est la vigilance, & le soin de ses gens: ne donnant à ferme ou à rente, que ce qu'il ne veut gouverner que de l'œil: peut-être même seroit-il à propos que le Pere de famille ne s'engageât par aucun écrit, & ne passât aucun marché pardevant Notaire: car par ce moyen il se prive de la liberté de choisir les hommes qui lui sont propres, ou de connoître leur naturel; ainsi que les bêtes qu'il employe, & les terres qu'il cultive. En un mot il seroit à souhaiter qu'il n'y ait aucun ouvrage, que lui-même en un besoin ne sçût faire; ou fort bien commander. Il faut pour le moins qu'il entende les tems, les saisons, & les façons accoutumées: les ouvriers ne travaillent qu'à regret, & ont accoûtumé de se mocquer de ceux qui commandent, lorsqu'on exige d'eux des choses à contre-tems; lesquelles après cela il faut refaire, ou qui ne sont de nul profit: c'est ce qu'a observé Caton; qui ajoûte qu'un champ est très-mal traité, & pour ainsi dire griévement puni, lorsque son maître ne sçait enseigner ou commander ce qu'il y faut faire, mais s'attend & remet du tout à son fermier: *Male agitur cum Domino quem Villicus docet.*

Le Pere de famille doit avoir la surintendance de toutes choses. Il gardera les principales clefs de sa maison; il en aura aussi de toutes les portes par où il pourra sortir & rentrer, lorsqu'il le voudra: par ce moyen il tiendra tous ses gens dans leur devoir, ils appréhenderont d'être surpris; surtout s'ils sçavent qu'il est vigilant & qu'il se trouve dans le lieu où on l'attend le moins.

L'héritage du Pere de famille doit être sa demeure ordinaire; & il doit ne la quitter que pour des affaires bien pressantes: s'il va à la Ville, il faut que ce soit pour des raisons indispensables, & lorsque sa présence est absolument nécessaire. A l'égard de ses procès, il ne peut se dispenser de les donner à gouverner à un fidele solliciteur; à qui il donnera seulement le double de ses principales pieces, autant que faire se pourra. Enfin s'il est obligé de quitter sa maison; qu'il ne le fasse que vers l'hiver; & au tems que la moisson est faite, & les semailles & premiers labours achevés: afin qu'un même voyage lui serve à avancer la décision de son affaire, & au recouvrement de ses dettes.

On désire qu'il soit doux & courtois avec ses gens, & qu'il ne leur commande rien en colere. Qu'il leur parle familiérement; qu'il rie & raille même quelquefois avec eux, & leur permette ou donne occasion de rire: car leurs continuels travaux sont en quelque façon soulagés, quand ils connoissent le gracieux caractere de leur Maître.

Cependant il ne faudroit pas qu'il se rendît trop familier, de crainte de mépris: ni qu'il leur découvrît ses entreprises: sinon quelquefois pour leur en demander avis; & paroître à propos agir selon leur conseil, quoiqu'il l'eût ainsi prémédité: car ils travaillent de meilleur courage, quand ils pensent ne faire qu'à leur fantaisie.

Il faut qu'il entretienne ses voisins sans rien entreprendre sur eux; & les secoure lorsqu'ils en ont besoin: ne prêtant toutefois que bien à propos, & ce qu'il aime autant perdre que de le demander deux fois; ce qui n'exclud pas le don ou prêt gratuit qui est dû à l'extrême indigence. Il doit souffrir l'importunité & le mauvais caractere de ceux qu'il connoîtra lui porter envie; ne quereller jamais avec eux, & ne leur donner aucune occasion de mécontentement: mais dissimulant ce qu'il connoît de leur naturel, leur faire plaisir autant qu'il pourra, & qu'il sera nécessaire; quoiqu'il sçache n'en avoir jamais d'autre reconnoissance: il pourra ainsi acheter la paix & le repos.

Il doit prendre ses domestiques avec précaution; veiller sans cesse sur eux; & ne les renvoyer jamais mécontens, à moins qu'il n'ait un légitime sujet de se plaindre de leur conduite.

Il ne faut pas qu'on puisse dire que les domestiques sortent de chez leur Maître, faute d'être suffisamment nourris, ou parce qu'ils n'étoient point payés de leurs gages, ou à cause des travaux excessifs qu'il exigeoit. En ces cas on n'en trouveroit point de bons.

Tous domestiques yvrognes, larrons, ou adonnés au libertinage, seront mis dehors, comme une peste qui infecteroit la maison.

Comme il y a de l'injustice à donner un salaire trop modique; il est contraire à l'Œconomie d'avoir cet excès de bonté qui porte à payer trop cher ses domestiques, & les nourrir trop bien: ils regardent leur Maître comme peu entendu; le servent négligemment, s'amollissent, & deviennent insolens. Mais lorsqu'ils ont précisément ce qui leur convient, tant en gages qu'en nourriture, & qu'ils sont payés exactement; ils sentent la bonne conduite du Maître, & le respectent.

Un Maître doit prendre garde que ses domestiques n'ayent entr'eux des querelles, dont ses intérêts puissent souffrir, ou qui soient capables de lui faire perdre dans la suite ses meilleurs sujets. Il préviendra souvent ce mal, en ne mettant entr'eux aucune autre distinction que celle de leurs emplois: ce qui empêchera la jalousie, d'où procede presque tout le reste. Un autre moyen de conserver la paix parmi eux, est de les tenir sans cesse occupés. C'est pourquoi on doit ne point prendre trop de domestiques. Qu'un seul d'entr'eux soit dans l'inaction, c'en est assez pour faire murmurer les autres, & les décourager.

Il faut que chaque domestique ait son emploi particulier: tant pour éviter la confusion, que pour obvier à ce que se reposant les uns sur les autres, la plus grande partie de l'ouvrage ne reste pas sans être faite.

Tout bien compensé, l'on trouve souvent moins son compte à avoir beaucoup de domestiques, qu'à faire seconder un petit nombre par des gens de journée, lorsque les ouvrages presseront, ou seront accumulés.

C'est un trésor qu'un valet & une servante fideles. Ils sont bien difficiles à trouver: c'est pourquoi lorsqu'on est assez heureux pour en posséder de tels, on doit bien les garder. On évitera soigneusement d'avoir trop de familiarité avec eux: cette maniere de les traiter les rend insolens, & bien souvent jusqu'à se persuader qu'on ne peut se passer d'eux. Pour peu qu'on soit content d'un domestique, principalement d'un valet bon laboureur; qu'on se donne de garde de le changer: car il en est des terres comme des enfans, qui n'en valent jamais mieux lorsqu'on les fait changer de nourrice: ainsi un valet qui a connu la nature de la terre qu'il laboure, la rend bien plus féconde, que celui qui en ignore la portée.

Bien des gens disent avoir l'expérience que, quand de jeunes ouvriers ou domestiques pensent à se marier, le Maître doit tâcher que la chose se termine promptement: sans quoi ses travaux en souffriront: mais qu'aussi il ne doit pas les garder dans sa maison après leur mariage, quelque bons sujets qu'ils puissent être. Il n'en manquera point, dit-on: les domestiques se présentent en foule dans un endroit où leurs pareils se marient.

Il faut qu'un Pere de famille gouverne avec beaucoup de douceur, & que jamais il ne parle à ses valets avec injure; ce qui est toujours messéant à un honnête homme. Qu'il sçache l'art de se faire craindre sans les maltraiter. S'il a à les reprendre, que ce ne soit jamais en colere; & quand il leur reprochera leurs fautes, qu'il n'use jamais de rudesse: cela leur donneroit plus de confusion, que d'envie de mieux faire. C'est ce qui fait bien souvent qu'un caractere doux évite les vengeances que le malheur de ces ames foibles leur suggere.

Et comme la plupart de nos domestiques sont nos plus grands ennemis, parce qu'ils nous voyent plus heureux qu'ils ne sont; un Pere de famille sera avec eux d'une grande circonspection: en ne s'ouvrant jamais devant eux de ce qu'il a dessein d'entreprendre, que pour en tirer adroitement des lumieres, comme nous l'avons dit.

Un Pere de famille, avant de se mettre à la tête de sa maison, fera bien d'examiner s'il a les qualités nécessaires pour l'entreprendre; & si son âge, ses forces, & son tempérament, lui permettent de supporter toutes les peines qui y sont attachées.

Heureux si le Ciel a voulu qu'il ait épousé une femme sage, capable de le seconder & de se conformer à ses vûes!

Supposé qu'il ait ces avantages, il doit d'abord établir un ordre pour le reglement de sa maison; tant pour ce qui regarde le travail, que pour la nourriture.

Il aura un livre journal sur lequel il écrira soigneusement le jour que ses domestiques seront entrés chez lui, & ce qu'ils ont de gages: il n'oubliera point d'écrire l'argent, à mesure qu'il leur en donnera; cette regle étant un véritable moyen de ne faire tort ni à soi-même, ni à ceux qui nous servent.

Il fera voir sa prudence, en proportionnant l'ouvrier à l'ouvrage, & en traitant avec charité ses domestiques, chacun conformément à leur humeur.

Qu'il ne se figure pas d'avoir des valets diligens, si lui-même ne sçait les rendre tels. Il est bien sûr que s'il dort trop tard, ses domestiques ne se leveront pas trop matin; au lieu que, s'imposant une loi d'être levé le premier, & de les conduire lui-même le premier à l'ouvrage, il aura le plaisir d'avoir des gens qui le serviront à souhait.

Il sera d'une très-grande exactitude à se faire payer de ce qui lui sera légitimement dû.

Son étude principale & toute son application ne consisteront qu'à user de ménage en toutes choses; sans néanmoins tomber dans l'avarice: qui est un défaut considérable en quelque sujet qu'il se trouve, & une passion capable d'arrêter le cours de toutes les vertus, lorsqu'une fois on s'y est laissé emporter; comme l'excès d'une profusion & d'une libéralité déreglée, peut déranger tout un ménage.

Il faudra qu'il s'occupe à se former une espece de commerce des choses qui seront renfermées dans son domaine, n'y rien laisser perdre, & faire argent de tout; point d'entêtement dans son commerce, ni d'opiniâtreté à vouloir qu'une chose soit d'une maniere toute contraire à la raison.

Il aura soin de pourvoir aux besoins de la maison pour ce qui le regarde; laissant à sa femme à soigner ce qui lui convient. Il haïra la débauche; fuira le mauvais commerce des femmes, comme une peste capable de détruire la fortune la mieux établie; & abhorrera le jeu, comme une passion qui se livrant à tout pour se satisfaire, trouble l'ordre d'une maison, & la ruine entiérement.

Avant de se coucher, le Pere de famille donnera ses ordres à chacun de ses domestiques; afin que le lendemain ils sçachent ce qu'ils doivent faire, & qu'ils s'y disposent.

L'heure de leurs repas doit être réglée diversement suivant les tems. En hiver depuis la mi-Octobre jusqu'à la moitié du mois de Février, il est bon que leur dîné soit prêt avant le jour; afin que quand il commence à paroître, chacun se rende au travail qui lui est destiné. Et comme ces jours-là sont fort courts, il ne faut pas souffrir qu'ils retournent de leur ouvrage qu'il ne soit presque nuit; qu'ils rentreront à la maison pour souper: incontinent après quoi chacun d'eux ira soigner le bétail

bétail dont il est chargé. Durant ce tems, le Pere de famille ne dédaignera pas d'aller, en se promenant, voir si ce bétail est pansé comme il faut; tenant toujours pour maxime sûre, que l'œil du maître engraisse le cheval: & ensuite jusqu'à ce qu'il soit tems de s'aller coucher, les valets & servantes, pendant ces quatre mois, seront employés à passer le reste de l'après soupé à des ouvrages qu'on leur donnera: ouvrages que, pour bien ménager son tems, on ne doit faire que de nuit, ou lorsque l'on ne peut pas travailler dehors.

Comme il y a des ouvrages plus nécessaires les uns que les autres, c'est n'entendre qu'imparfaitement le ménage des champs, que de ne pas profiter des tems de pluie, de neige, ou de frimats, pour faire mettre en bon état, par ses valets, généralement tous les instrumens qui sont à l'usage, soit du labour, soit du jardin; & avoir une bonne provision d'outils, toujours prêts à être mis en usage: afin que quand les jours sont beaux, on ne consomme point son tems inutilement à ces occupations. Les outils & instrumens seront soigneusement serrés en un lieu destiné à cet effet; de crainte qu'il ne s'en perde, ou qu'on n'en dérobe.

Le mauvais tems est aussi celui qu'on choisit pour faire curer les étables, tondre les haies après que la pluie est passée, arracher les épines qui nuisent dans les prés, &c.

La vigilance du Pere de famille se fera encore voir, aux soins qu'il aura de bien entretenir tout ce qui dépendra de son domaine; prévenant par-là, les inconvéniens qui en pourroient arriver. Et son esprit ne brillera jamais plus dans l'exercice de son emploi, que lorsqu'on lui verra faire un juste discernement des ouvrages, pour les bien exécuter, chacun suivant leur ordre; préférant toujours néanmoins ce qui est utile, à ce qui n'est que de plaisir.

Quoique je n'aie encore parlé que du Pere de famille; entre les devoirs d'Œconomie qui lui sont indiqués, il y en a qui regardent également la *Femme* pendant l'absence de son mari, & d'autres qu'elle peut suivre même lorsque son mari est à la maison; comme, par maniere de promenade, prendre garde à tout ce qui se passe chez elle, de crainte que chaque domestique ne s'acquitte de son devoir avec nonchalance: étant aussi en droit que son mari de les reprendre, s'ils manquent de se comporter comme il convient.

Il faut qu'elle sçache que ses devoirs particuliers sont d'avoir l'œil sur ses servantes; veiller que le dedans de la maison, qui est ordinairement commis à sa vigilance, soit dans un très-bon ordre; qu'on n'y voie rien traîner; que toutes choses y ayent leur place sans confusion; & que la propreté, qu'on peut véritablement appeller la marque d'une ame bien née, y brille par-tout; sçavoir tellement disposer de toutes les denrées que le Pere de famille aura fait apporter par ses soins dans la maison, qu'on ne puisse lui reprocher en cela aucun défaut d'œconomie; & s'appliquer à apprendre l'art de ce ménage, si d'abord elle l'ignore. Elle veillera sur ce qui regarde le bétail: son œil n'y est pas moins nécessaire que celui du maître.

Elle s'appliquera à rendre sa basse-cour abondante: afin de ne point manquer de marchés, qu'elle n'y envoye porter, suivant la saison, ou de la volaille, ou de toute autre sorte de choses qu'elle en pourra tirer par son industrie & sa vigilance.

Elle ne se fiera pas entiérement à ses servantes pour tout ce qui les regarde ordinairement: comme de laisser pétrir le pain, sans examiner si elles ne mêlent point de la farine du maître avec celle qui est destinée pour les domestiques; ou si elles ne font pas quelques pains ou gâteaux à son insçu.

Elle ne dédaignera pas de gouverner elle-même son laitage; qui sera toujours beaucoup plus propre, pour peu qu'elle veuille en prendre la peine, que si une servante qui ne craindra pas tant de le salir, en avoit seule le soin.

Elle tiendra un journal exact, écrit sur un livre, du linge qu'elle mettra à la lessive, & des denrées qu'elle envoyera vendre. Elle sçaura le compte de tout son linge, de son étaim, de sa batterie de cuisine, &c. pour que les servantes lui en répondent, au cas que par leur faute il s'en perdît quelque piece. Enfin elle veillera sur tout, de telle maniere qu'aucune perte ne lui puisse causer du déplaisir dans tout le gouvernement de son ménage.

Quand l'on consent de se livrer à tous ces soins, on peut en sûreté entreprendre de faire valoir son bien par soi-même; & remplir sa maison de volailles & de toutes sortes de bétail, autant qu'on aura dequoi en nourrir & élever.

Il faut tenir la main à ce que tout soit constamment en bon ordre. Sans regle, rarement une maison se soutient-elle long-tems: c'est ce qui fait que nous voyons bien souvent des personnes prendre des peines incroyables pour amasser des richesses, & manquer leur but, faute d'apporter chez elles un certain ordre, absolument nécessaire au ménage. Car il est sûr qu'on a beau combler une maison de biens, tout s'y dissipe insensiblement si l'on ne sçait les ménager: ce qui dépend ordinairement d'une certaine regle qu'on doit s'y prescrire; & sans laquelle un pere de famille & sa femme, travaillent inutilement. A proprement parler, ce soin regarde beaucoup la mere de famille; comme disposant de tout le dedans de la maison. L'ordre qu'elle doit y tenir, consiste en grande partie dans la nourriture; c'est-à-dire par rapport aux maîtres, aux domestiques, aux chevaux, à tout le bétail, à la basse-cour, & au colombier.

Le grand secret de l'Œconomie rurale est de ne rien laisser perdre; acheter peu; & vendre beaucoup.

On voit presque tous ceux dont la fortune est au-dessous de la médiocrité, négliger les petits profits, parce qu'ils sentent l'impossibilité où ils sont d'en faire de grands. Tel s'imagine même que c'est élévation d'esprit, & noblesse de sentimens; quoiqu'au vrai ce ne soit que l'effet du chagrin que lui cause l'envie, & une suite de sa paresse. Il est certain que la négligence des petits gains qui se présentent sans cesse à la campagne, produit journellement une vraie perte qui augmente par degrés l'indigence. La raison dicte qu'avec peu de fonds on doit se contenter de gagner peu; mais que le grand nombre de ces petits gains, faciles à multiplier par le travail, devient bientôt un objet considérable. L'expérience en offre tous les jours à nos yeux la confirmation; par la décadence ou la prospérité de nos voisins. Et c'est un grand malheur que de s'aveugler volontairement sur leurs véritables causes, & d'y substituer celles que suggerent la malice ou l'indolence.

Le principal objet de l'Œconomie en général, est de ménager avec discrétion le bien que l'on a amassé; & ne le dépenser qu'avec prudence. Souvent on prodigue en un jour ce que l'on a gagné dans un mois: & l'on ne pense point à l'avenir; ou bien l'on n'y compte que pour trouver des ressources fort hazardeuses, ou pour œconomiser lorsqu'on se sera livré à une jouissance imprudente. Il est bon de ne pas ainsi compter sur l'avenir, mais s'occuper utilement lorsque les circonstances le permettent; & amasser dans tout le tems favorable, prévoyant que l'hiver succede infailliblement à l'Eté.

C'est ainsi que Virgile, en parlant des Abeilles, dit:

Venturæque hyemis memores æstate laborem
Experiuntur.

En effet, sans prévoyance, elles manqueroient de vivres durant cette saison rigoureuse qui ne leur permet pas de sortir. Elles ne touchent à leur provision de miel, que quand elles ne peuvent plus en trouver dans la campagne.

Consultez les articles ABONDANCE. ACHETER. COMMERCE. ARITHMÉTIQUE. ARRIÉRER. BANQUEROUTE. BAIL. ARCHITECTURE. ARRHER. JANVIER. FÉVRIER. MARS. AVRIL. MAI. JUIN. JUILLET. AOUST. SEPTEMBRE. OCTOBRE. NOVEMBRE. DÉCEMBRE. JARDIN. CULTURE. CULTIVATEUR. BLED. FRUGALITÉ. FRUIT. BÉTAIL. BREBIS. CHEVRE. AGNEAU. ASNE. BŒUF. VACHE. CHEVAL. COCHON. VOLAILLE. ARAIGNÉE. ACHÉE. VERS *à soie*. MOUCHE-A-MIEL. AUMÔNE. HÔPITAL. ARBRE. BOIS. ALLÉE. ETANG. CHANDELLE. CIRE. CHARBON. CHARRUE. CHASSIS. MARNE. AMANDER. CHEPTEL. BATARDIERE. PEPINIERE. CHANVRE. LIN. BEURRE. GARENCE. GARENNE. FROMENT. GRAMEN. FROMAGE. FROMENT D'INDE. CANARD. CORNEILLE. COLOMBIER. DINDE. GREFFE. ABANDONNEMENT. FIEF. ALLUMETTE. ACIER. FER. FOUR. RENOUÉE. TOURBE. PRÉ. HOUILLE. PAIN. BOISSON. BEURRE. SEMER. PLANTER, &c. &c. &c. &c. &c.

OED

ŒDEME. Tumeur molle qui cede à l'impression du doigt, & en retient long-tems la marque. Ces tumeurs sont froides, indolentes, & blanchâtres. Elles arrivent le plus souvent aux jambes. Tout le corps devient aussi quelquefois œdemateux.

L'Œdeme succede ordinairement à d'autres maladies: particuliérement aux maladies chroniques ou de longue durée; aux affections soporeuses & convulsives; plus souvent encore à la grossesse.

On voit des gens d'une constitution pléthorique & adonnés à la crapule, qui vivent long-tems avec des jambes œdemateuses.

L'Œdeme joint à l'hydropisie ou à la phthisie, est une marque bien sensible du défaut de chaleur naturelle.

L'Œdeme qui tend à suppuration, est dangereux: quand il s'endurcit, il a coutume de dégénérer en skirrhe.

Les tumeurs œdemateuses ont divers noms, selon leurs différentes natures. Ainsi l'on appelle *Phlyctaines*, des pustules remplies d'une sanie tenue, jaunâtre, & dont l'acrimonie saline picote & ronge; *Emphyseme*, tumeur avec flatuosité; *Ranule*, sous la langue, & pleine d'eau glaireuse; *Bronecocele* ou *goitre*, à la gorge; *Ganglion*, tumeur dure sur quelque nerf ou tendon.

Remedes.

On y emploie des linimens, fomentations, cataplasmes, emplâtres; & l'on doit compter beaucoup sur les remedes internes; diaphorétiques, sudorifiques & purgatifs: soutenus d'un bon régime.

Les fomentations se font, avec de l'hieble mise par paquets dans le four chaud, après que le pain est cuit; on l'arrose de vin, on la tire toute fumante, on coupe les liens, & ouvrant le paquet, on en enveloppe la partie œdemateuse; mettant par-dessus un linge chaud: on réitere: & on fait ainsi évacuer l'humeur par la sueur.

Les cataplasmes se composent avec la camomille, le mélilot, le mille-pertuis, la sauge, la pariétaire, la racine de coulevrée, les oignons; le tout doit bouillir dans du vin blanc avec du miel; & on y ajoûte, si on veut, un peu de semence de cumin, ou de fenouil, battue. On fait aussi des cataplasmes avec des crottes de cheval, & des semences de cumin battues; qu'on fait bouillir dans de fort vinaigre: & on y mêle de la farine d'orge, jusques à la consistence de bouillie.

Les emplâtres se préparent avec une once de diapalme, demi-once de *martiatum*, une livre d'huile de lis, une demi-once de semences de cumin en poudre, une demi-dragme de sel ammoniac, & une once de cire jaune pour donner du corps. S'il y a de la dureté, on prend l'emplâtre de mucilage; ou celui qu'on fait avec les gommes de bdellium, ammoniac, & galbanum, dissoutes dans le vinaigre.

Il ne faut pas oublier les purgatifs de jalap, au poids d'une dragme, dans un verre de vin blanc; ou demi-once de tablettes de citron, ou de diacarthami: lesquels épuisent heureusement le fond des humeurs pituiteuses & séreuses qui nourrissent les Œdemes.

Selon M. *de S. Hilaire*, dans son livre des *Remedes des Maladies du Corps humain*, *chap.* 7; où il dit que l'Œdeme vient d'une chylification dépravée: Après avoir donné intérieurement les stomachiques, comme l'élixir de propriété, on donnera des sudorifiques internes, capables de purifier le sang en débarrassant les obstructions. Enfin on appliquera les résolutifs externes, composés tantôt d'alkalis, tantôt d'aromates tempérés. A l'égard des remedes extérieurs, on se servira de tout ce qui est propre à fondre la lymphe, comme les fomentations de soufre, de salpêtre, d'absinthe; les mauves, &c. On bassinera la partie avec ces liqueurs médiocrement chaudes: ou bien on la tiendra plongée dans ces liqueurs; ce qui est beaucoup meilleur. Il faut avoir soin de bien bander la partie, afin de diminuer le volume des vaisseaux & qu'ils se réduisent peu à peu à leur premier diametre.

Le Dr. Allen conseille sur-tout les stomachiques, & les aromates: & par intervalles les sudorifiques, & les diurétiques. Il fait appliquer extérieurement sur ces tumeurs, des fomentations discussives; & des cataplasmes résolutifs composés d'absinthe, romarin, camomille, mélilot, sauge, pouliot, fleurs de sureau, baies de genievre, bouillis dans de la lessive & du vin. On peut encore, dit cet Auteur, y ajoûter du soufre durant l'ébullition.

Les fientes de quelques animaux, avec l'urine humaine, sont encore un bon remede.

Suivant le Dr. Wiseman, les remedes intérieurs doivent être les mêmes que ceux qui conviennent à l'hydropisie & à la cachexie. A l'égard des topiques, il ordonne les résolutifs; & conseille d'user de bandages, sur-tout aux jambes.

OEI

ŒIL. *Voyez* ŒUIL.

ŒILLET. *Voyez* ŒUILLET.

ŒILLETON. Jeune pied qui part de la tige d'une ancienne plante, & qui est garni de racines. *Voyez* DRAGEON. ARTICHAUT.

ŒILLETONER. *Voyez* CHATRER.

OEN

ŒNANTHE. Nom Grec, adopté par les Latins; & qui signifie *Fleur de Vigne*. Les Auteurs disent que son étymologie vient de ce que les fleurs des Œnanthes paroissent dans le même tems que celles de la *vigne*; ou parce que l'on croyoit appercevoir la même odeur dans les unes & les autres: le nom Anglois de l'Œnanthe est *Water Dropwort*. La fleur de ce genre de plantes consiste en une ombelle générale peu garnie d'ombelles partiales; mais chacune de celles-ci est bien fournie de rayons, ordinairement assez courts. Les ombelles secondaires ou partiales ont à leur base une couronne de feuilles simples. Les pétales, au nombre de cinq, sont échancrés & disposés en rose. Il y a cinq étamines. Le pistile est composé d'un embryon, & de deux styles fort menus. Chaque fleur produit un fruit oval; composé de deux semences longuettes, cannelées, terminées comme par deux petites cornes, & bombées sur leur face extérieure.

Especes.

1. *Œnanthe Charophylli foliis* C. B. Elle vient dans des endroits aquatiques; & est vivace. Sa racine est composée de plusieurs longues & grosses cuisses, qui ont une saveur âcre, & dont la couleur & la forme approchent beaucoup de celles des Panais. Ses feuilles sont assez grandes, d'un verd pâle, découpées en plusieurs lobes à-peu-près de même que le cerfeuil: d'entr'elles s'élevent plusieurs tiges droites, branchues, hautes d'environ trois pieds, & garnies de feuilles semblables à celles de la racine. Ces feuilles ont un goût âcre & déplaisant; & elles rendent un suc laiteux, qui jaunissant ensuite devient infect & très-corrosif. La racine donne un semblable suc. Les fleurs sont jaunâtres, mêlées de verd.

2. *Œnanthe Apii folio* C. B. Cette espece, commune dans les prairies des environs de Paris, a les feuilles découpées presque comme celles du persil. Sa racine est composée de fibres d'où pendent des tubercules, comme à la Filipendule. Ses feuilles d'en bas sont découpées en lobes de forme ovale: celles d'en haut sont entieres, longues, & fort étroites.

3. *Œnanthe aquatica* C. B. Celle-ci, qui se trouve volontiers dans des prairies un peu humides, fleurit au mois de Mai. Ses racines sont comme celles du *n.* 2. Le bord de ses feuilles est crénelé.

4. *Œnanthe aquatica triflora, caulibus fistulosis* Moris. Elle vient dans des endroits fort marécageux. Ses tiges & branches sont creuses.

Propriétés.

Nous avons observé dans l'article CIGUE, page 627, col. 2. qu'il est difficile de bien distinguer les *Œnanthe*, d'avec les *Ciguës aquatiques*, sur ce que les Anciens en ont dit. Il est malaisé de retrouver les *Œnanthe* des Modernes, dans les plantes que les anciens nommoient *Œnanthe*: & les Botanistes récens ne sont gueres plus d'accord à cet égard. Consultez les *Adversaria Nova* de De Lobel, page 325, 326; M. Tournefort, *Herborisation* IV.

En supposant que l'espece *n.* 1 est celle dont a parlé De Lobel sous le nom de *Œnanthe Cicutæ facie, succo viroso crocante*; dont cependant la description & la figure, insérées dans ses *Adversaria nova*, ne ressemblent pas au cerfeuil: les uns ont dit que cette plante étoit pour le moins aussi dangereuse que la ciguë; ensorte que sa racine, soit bouillie, soit mangée autrement, occasionne toujours le délire, des convulsions, & une prompte mort. Les *Transact. Philos.* an. 1746, n°. 480, art. 11, rapportent même qu'en dessinant d'après nature la plante, que M. Watson reconnoissoit pour être celle de De Lobel, M. Ebret éprouva des inquiétudes universelles, & un vertige violent. D'autres, & De Lobel même, (page 326) admettent l'usage interne de cette racine pour la difficulté d'uriner, l'épilepsie, le vertige, & pour faire sortir l'arriere-faix.

Dans le *n.* 238 des *Transactions Philosophiques*, M. Vaughan parle d'un *Œnanthe aquatica succo viroso*, dont les feuilles ressemblent à l'Ache de marais (ce qui revient à ce qu'en dit De Lobel): il observe que les Irlandois l'appellent *Tahow*: & ajoûte que de jeunes garçons en ayant mangé beaucoup le long d'un ruisseau, prenant ses racines pour celles du *Sium aquaticum*, plusieurs en moururent en peu d'heures dans des convulsions; mais que l'un d'entr'eux effrayé courut fortement pour retourner chez lui, & but sur la route quantité de lait nouvellement tiré: ce qui le fit suer, & chassa tout le venin. M. Vaughan rapporte aussi qu'un Hollandois fut empoisonné pour avoir mangé dans du potage les sommités de cette plante. Les Anglois lui ont donné le nom de *Hemlock Water Dropwort.*

Plusieurs assurent que les racines du *n.* 2 sont bonnes à manger.

Le *n.* 3 passe pour être dangereux.

Je ne sçais à laquelle de ces deux dernieres especes, ou peut-être à quelqu'autre (nommée *Filipendula*) De Lobel attribue la propriété de faire sortir le gravier des reins, & les muccosités de la vessie. *Adv. Nova, pag.* 326.

OES

ŒSOPHAGE. Canal qui commence à l'épiglotte, & finissant à l'estomac, conduit dans ce viscere les choses, tant liquides que solides, qui sont entrées dans la bouche & sont arrivées à son fond. Ce canal est entre la trachée-artere, & les vertebres du cou & du dos sur lesquelles il se trouve comme couché. L'aorte lui donne un peu de courbure dans la poitrine. En général il a assez la figure d'un entonnoir. Sa partie supérieure se nomme *Pharinx*. *Consultez* l'article GORGE.

La substance de l'Œsophage est membraneuse & musculeuse. Il est composé de plusieurs tuniques. Dans le col & au dessus de la poitrine, il n'a pour tunique commune que la continuation du tissu cellulaire des parties voisines. Son enveloppe externe dans la poitrine, est une duplicature de la portion postérieure du médiastin. La seconde tunique de l'Œsophage est musculeuse, composée de différentes couches de fibres charnues: dont les plus externes sont la plupart longitudinales, & ne sont pas toutes continuées d'un bout à l'autre. Les autres couches de fibres de cette tunique sont successivement, 1°. Obliquement transversales, 2°. Plus transversales, 3° Les internes biaisent à contre-sens. Toutes se croisent en plusieurs endroits fort irréguliérement, sans être spirales ni annulaires. On voit par-là une grande ressemblance entre l'Œsophage & l'estomac: dont il peut effectivement n'être qu'une continuation. Dans les Bœufs, cette tunique est faite de deux lames spirales; qui se croisent & servent à resserrer le canal. La troisieme tunique de l'Œsophage de l'homme a beaucoup de rapport à celle de l'estomac & des intestins. Elle est diversement plissée en long, beaucoup plus ample que la tunique musculeuse; & environnée d'un tissu filamenteux blanchâtre, mollet & fin, comme une espece de coton; lequel se gonfle & s'épaissit dans l'eau. On la nomme (assez improprement) *Tunique nerveuse*. On y découvre beaucoup de vaisseaux. On a même crû y entrevoir des glandes., auxquelles on attribuoit l'office de séparer une liqueur acide, qui tombant dans l'estomac y imprimoit le sentiment de la faim quand il étoit vuide d'alimens. Au reste cette tunique nerveuse est continue avec les membranes de la bouche & celles du ventricule. D'autres l'appellent *Tunique celluleuse*: & il y a apparence que c'est la *Membrane Cellulaire* de Ruisch. La quatrieme tunique de l'Œsophage, ou la plus interne, est une espece de velouté, formé par des mammelons très-petits & très-courts, qui expriment une lymphe visqueuse, laquelle rend très-lisse la surface de cette tunique.

On remarque dans l'Œsophage des arteres, des veines, des nerfs. Les arteres viennent des carotides, de l'aorte, des intercostales, & de la cœliaque. Les veines sortent des jugulaires, de l'azygos & de la veine coronaire du ventricule. Les nerfs sont dépendans de la paire vague.

L'Œsophage & son sphincter sont sujets à des spasmes: qui sont sensibles dans les rots & le vomissement.

Le hoquet peut être causé par quelque vice de l'Œsophage, comme par celui de l'estomac ou de quelqu'autre partie, ou une convulsion du diaphragme.

L'Œsophage souffre moins de lui-même que par son rapport avec d'autres parties; comme il arrive dans la phrénesie, la léthargie, les ulceres de la bouche, la convulsion des mâchoires, la squinancie. Il est de plus exposé à la chûte des catarrhes; à des abscès, des ulcères; à une pituite épaisse; aux impressions d'un air froid, de quelque chose dure ou piquante que l'on auroit avalé; &c.

Lorsque son action est blessée, on sent une douleur le long du dos, & dans la gorge; les alimens sont long-tems à descendre dans l'estomac. S'il souffre par la chaleur, elle se rend sensible autour du cou & de la gorge; & on se trouve soulagé en bûvant froid. Si le mal vient de froideur, il y a crachement continuel. Une tumeur ou une blessure qui participe d'une inflammation, ou d'un érysipele, excite altération, douleur, fievre, & beaucoup de peine à avaler.

Un ulcere qui vient d'un vaisseau rompu, ou d'une humeur maligne, fait éprouver une compression, un picotement; on ne peut souffrir rien de salé, d'aigre, d'acide. Lorsqu'il y a une pituite épaisse; on avale plus volontiers les viandes solides & seches, que celles qui sont douces ou grasses.

L'on pourra employer avec sûreté, pour presque tous les accidens de l'Œsophage, des *Remedes* doux & faciles à couler.

S'il y a grande *Inflammation*, avec chaleur d'entrailles; on commencera par les lavemens communs & les saignées autant que les forces & l'âge le permettront: & si la purgation est nécessaire, (d'autant qu'il peut se rencontrer des corps remplis d'humeurs) on n'employera que la casse avec le syrop violat, ou la manne dans un bouillon sans sel; ensuite on graissera le cou avec de l'huile rosat, & celles de lis & de camomille. On usera pour boisson ordinaire de tisanne d'orge, raisins & figues; & de fois à autre quelque émulsion avec les quatre semences froides: on se gargarisera d'une décoction de racines de guimauves, pourpier, laitues, en y mélant du syrop violat.

S'il y a *Suppuration*, on composera un cataplasme avec une décoction d'hysope, dans laquelle on détrempera de la farine de fenugrec, & des poudres d'absinthe, melilot & camomille; sur la fin, lorsque le tout sera réduit en bouillie, on y ajoûtera un peu de beurre, ou de la graisse de poule. On usera aussi d'un gargarisme que l'on pourra avaler peu-à-peu; composé d'orge, feuilles d'ache & d'hysope, adouci avec un peu de sucre rouge ou blanc.

Pour la *Pituite* épaisse qui se seroit attachée à l'Œsophage, l'on n'aura qu'à manger des porreaux cuits avec du vinaigre; ou de la moutarde avec la viande; & exciter le vomissement avec une plume, avec l'oxymel scillitique, ou avec le suc de rave, en y mélant du miel.

ŒSYPE, ou *Suint*. Espece d'Axonge, ou de graisse qui est adhérente à la laine des moutons & des brebis; mais particuliérement à celle qui est sous la gorge, ou entre les cuisses. Cette graisse ou transpiration sort avant le tems de la tonte. Quand on lave la laine, cette graisse surnage; & l'on a soin de la ramasser, & de la conserver dans des pots ou dans de petits barils. Il faut auparavant la passer par un linge. Quand l'eau seule ne suffit pas pour emporter le suint, on fait bouillir la laine dans de l'urine. Mais il y a des suints très-adhérens, qui alterent toujours la blancheur de la laine.

L'œsype, pour être bon, doit être nouveau, bien net, d'un gris de souris, d'une consistance moyenne, & d'une odeur supportable. Etant vieux il a la consistance du savon, & une odeur insupportable; à force de vieillir, il perd cette puanteur; & acquiert une odeur qui approche de celle de l'ambre gris. On mêle l'œsype avec l'huile de lys & celle de camomille, pour appaiser les maux de gorge. On le substitue à la laine même. Il est émollient, digestif, & résolutif.

OEU

ŒUF, en latin *Ovum*. C'est cette partie qui se trouve dans les femelles des animaux, laquelle étant fecondée par le mâle, produit un autre animal.

Les oiseaux couvent leurs œufs après qu'ils sont pondus.

A l'égard des Œufs *de Poules*: les plus propres à garder, sont ceux du mois d'Octobre; ils peuvent aller sans se gâter, bien avant dans l'hiver. Il faut vendre tous ceux qui seront pondus en Eté; n'en réservant que pour la provision journaliere de la maison. Ceux qui viennent depuis la mi-Août jusques vers le 15 de Septembre, passent pour être singuliérement bons à garder.

Moyens de Garder des Œufs pendant un assez long tems.

1. Les uns prennent du son, du sel, ou des sciures de bois de chêne; les autres, des cendres ou du millet: & y mettent les œufs.

2. Quelques-uns se servent de paille, ou de foin. *Voyez* ci-dessous, *nn.* 9 & 11.

3. D'autres mettent doucement les Œufs dans des caisses de bois, qui ne sont remplies d'aucune chose; puis ont soin de porter ces caisses dans un lieu frais en Eté & chaud en hiver; prenant garde sur-tout que l'humidité n'y regne point: on a l'expérience que ces Œufs se gardent autant que leur nature le peut permettre.

4. La méthode ordinaire des gens de la campagne pour conserver les Œufs frais, est de les mettre dans une terrine ou autre vaisseau, & de verser de l'eau par-dessus, ensorte qu'elle surnage. On renouvelle cette eau tous les jours, ou au moins tous les deux jours.

5. On fait cuire les Œufs à la maniere ordinaire, comme pour les manger à la coque; ensuite on les garde: & quand on veut les manger, on les fait seulement réchauffer dans l'eau: ils conservent parfaitement tout leur lait; & sont aussi frais que s'ils étoient nouvellement pondus.

6. Selon d'autres personnes, il faut faire cuire les Œufs à-demi; puis les mettre dans de l'eau fraîche, & les laisser refroidir: après quoi, mettre dans un baril un lit de sel & un lit de ces Œufs alternativement, prenant garde de les casser. Quand on veut les manger, on les met dans de l'eau bouillante, hors du feu.

7. On peut, sans les faire cuire, les mettre par lits dans un baril avec de bonne cendre tamisée. En cas qu'il s'en casse quelqu'un, la cendre en bouche aussitôt l'ouverture, & empêche que le reste ne se gâte.

8. D'autres font premiérement un lit de sel, puis un lit d'Œufs; ensuite une autre couche de sel, & une d'Œufs; & ainsi alternativement; sans que les Œufs aient eu aucun degré de cuisson.

9. On conseille encore de mettre les Œufs dans de la paille de seigle durant l'hiver; & en Eté dans du son: mais la paille ne les empêche point de se gâter: il est même d'expérience qu'ils s'y échauffent quoiqu'il fasse froid. *Voyez n.* 11.

10. Il y a des gens qui les mouillent avec de l'eau, puis les couvrent de sel pilé: ce qui revient à un des moyens proposés par M. de Reaumur.

11. D'autres, avant de les mettre dans de la paille ou dans du son, les laissent trois ou quatre heures dans de la saumure tiéde.

12. Pour conserver longtems des Œufs, qui soient toujours aussi frais que s'ils venoient d'être pondus; il n'est question que d'arrêter leur transpiration, en leur ôtant la communication de l'air extérieur. C'est ce qu'on peut faire avec un enduit de vernis: ou en les frottant simplement de quelque matiere grasse; comme huile, beurre, suif, une couene de lard, &c. le même jour qu'ils ont été pondus. Ou bien ayant rempli des pots, d'Œufs nouvellement pondus, versez-y de la graisse de mouton fondue, ensorte qu'elle garnisse tous les vuides jusqu'au haut des pots: ayez attention que cette graisse ne soit pas assez chaude pour cuire les Œufs. Vous les conserverez ainsi pendant deux ans, & même davantage. Consultez la *Pratique de l'Art de faire éclore & d'élever en toute saison des Oiseaux domestiques*, par M. de Reaumur, 2e. Part. Chap. 6; & l'*Histoire Naturelle des Abeilles*, de M. Bazin, T. I. p. 307, 308, 309 & 310.

Dans *l'Art de faire éclore*, &c. T. II. 4e. Mem. p. 287 & suivantes, M. de Reaumur a fait des observations curieuses concernant les Œufs non fécondés; lesquels, sans enduit, demeurent longtems frais.

13. Les résines cuites avec de la térébenthine peuvent faire un très-bon enduit.

Entre les expériences de M. Pringle, sur les substances antiseptiques, la 17e. montre que les *Œufs gâtés peuvent être rétablis* dans leur premier état de bonté & de salubrité, si on les laisse fermenter avec une forte infusion de fleurs de camomille.

On ne prend tant de soins qu'à l'égard des Œufs de poule, qui sont bons à manger. Les autres ne sont réellement utiles que pour renouveller la basse-cour ou pour la multiplier: tels sont les Œufs d'oye, de cane & de poule d'Inde; qui ne sont presque point d'usage dans la cuisine.

Les Œufs d'oye & ceux de cane, étant cuits dans l'eau pour être mangés mollets comme ceux de poule; le blanc ou glaire ne devient point laiteux: mais il acquiert une consistance de colle de gant, avec une couleur bleue pâle; ce qui est commun à toute sa masse. *Voyez* DINDE, p. 797. col. 1 & 2.

Pour connoître si les Œufs sont frais.

Il faut les approcher un peu du feu: s'ils jettent une petite humidité, c'est marque qu'ils sont frais.

On le peut connoître aussi lorsqu'ils paroissent transparens en les mirant à la lumiere, & posant la main en travers sur le bout de l'Œuf qui tourne en haut. Plus l'Œuf paroît plein, plus il est frais.

Les meilleurs Œufs ont la coquille claire & mince, la forme allongée, & le bout presque pointu. En *les mirant*, il faut que le blanc soit clair, & que le jaune flotte réguliérement dans le milieu.

Consultez l'article VOLAILLE.

Différentes manieres d'Apprêter les Œufs.

Nos cuisiniers ont trouvé tant de manieres d'accommoder les Œufs, que c'est aujourd'hui une des plus grandes fournitures de table. *Voyez* ALOSE. ANDOUILLETTE *n.* 3.

On fait des *Œufs Brouillés aux Anchois.*

Une Bisque de poisson se sert avec une *Sausse aux Œufs.*

Œufs au Verjus.

Délayez les Œufs avec du verjus; mettez-y du sel & de la muscade; faites-les cuire avec un peu de beurre; & lorsqu'ils seront cuits, servez-les.

Œufs au Verjus de grain.

Ecrasez des grains de verjus; délayez des Œufs dans le suc: & les ayant assaisonnés de sel & de muscade, faites-les cuire avec un peu de beurre.

Œufs au Jus.

Mettez du jus de bonne viande dans un plat, (le jus de mouton est le meilleur): ensuite vous y mettrez des Œufs, que vous brouillerez, après les avoir assaisonnés de sel, muscade, & jus de citron. Vous les ferez cuire sur un réchaud; en remuant toujours; & les servirez chauds.

Œufs au Jus d'Ozeille.

Cassez les Œufs, & faites-les cuire dans l'eau bouillante. Quand ils seront cuits, jettez dessus une sausse liée, faite avec du jus d'ozeille, dans lequel vous aurez délaié quelques jaunes d'œufs avec sel & muscade, & que vous aurez fait un peu cuire sur le feu.

Œufs à l'Ozeille.

Prenez une quantité suffisante d'ozeille avec un peu de poirée; coupez ces herbes menu, après les avoir bien lavées; jettez-les dans une casserole, où vous aurez fait fondre un morceau de bon beurre; & quand vos herbes seront amorties assaisonnez-les de sel & de poivre. Etant cuites, jettez-y deux ou trois jaunes d'Œufs cruds; puis ayant bien mêlé le tout ensemble, vous remettrez la casserole un moment sur le feu. Ensuite vous dresserez votre farce dans un plat, & vous rangerez dessus des Œufs durs coupés par quartiers, ayant soin de raper dessus un peu de muscade.

Œufs Farcis.

Prenez le cœur de trois ou quatre laitues, que vous aurez fait blanchir auparavant; ajoûtez-y persil, cerfeuil, ozeille & champignons; puis ayant haché le tout, avec des jaunes d'Œufs durs assaisonnés de sel & de muscade, vous le passerez à la casserole, avec du beurre frais; & le tout étant cuit, vous y mêlerez de la crême douce. On les mange chauds.

Œufs à l'Orange.

Prenez autant d'Œufs que vous le jugerez à propos. En même-tems que vous les fouetterez, pressez-y du jus d'orange. Mettez du beurre dans une casserole, si c'est un jour maigre, ou un peu de jus si c'est un jour gras; vous y verserez les Œufs après qu'ils auront été bien battus & assaisonnés d'un peu de sel. Pendant qu'il seront sur le feu remuez-les toujours, de crainte qu'ils ne s'attachent au fond. Quand ils seront cuits, il faut les dresser sur un plat ou une assiete; les garnir d'Œufs frits; & les servir chaudement.

Œufs à l'Allemande.

Il faut casser des Œufs dans un plat où il y ait un peu de bouillon de purée: mettre ensuite deux ou trois jaunes d'Œufs dans un peu de lait, & les passer à l'étamine: puis ôter le bouillon où les Œufs ont cuit, y mettre les jaunes d'Œufs avec du fromage rapé, & leur donner couleur avec une pelle rouge.

Œufs Pochés.

On les fait cuire sans les brouiller & sans écraser le jaune: en les jettant dans de l'eau bouillante, ou dans du vin chaud, ou dans du beurre roussi.

Œufs Pochés à l'Eau.

Délayez huit jaunes d'Œufs dans quatre cueillerées d'eau: ajoûtez-y un peu de sel & de sucre, & gros comme un petit Œuf de beurre frais. Délayez le tout dans une pinte d'eau; puis ayant mis le plat sur le feu, remuez toujours jusqu'à ce que l'eau bouille: alors ôtez le plat, couvrez-le & mettez-le sur la cendre chaude, & quand vous verrez que le tout sera pris, vous glacerez avec une pelle rougie au feu, & vous raperez du sucre dessus, y ajoutant quelques gouttes d'eau de fleurs d'orange.

Œufs au Lait.

On les fait en mettant du lait dans un plat, dans lequel on casse la quantité d'Œufs qu'on souhaite; puis on y met du beurre: & on les laisse cuire au bain-marie, ou à petit feu sur un rechaud: étant cuits, on y rape encore du sucre dessus, puis on les sert, après leur avoir fait prendre couleur avec une pelle rouge.

Œufs à la Crême.

On les fait pocher dans une casserole avec du beurre; après cela on les dresse sur une assiete, puis on y joint pour sausse, de la crême douce, avec un peu de sel & de sucre.

Œufs en Neige.

Prenez une chopine de lait, un quarteron de sucre & un peu de sel. Concassez-y bien deux massepains d'amandes ameres. Mettez le tout ensemble sur le feu. Ajoûtez-y le quart d'un poisson d'eau de fleurs d'orange. Le tout ayant bouilli passez-le: puis fouettez bien six blancs d'Œufs, jusqu'à ce qu'ils soient tout en mousse: mettez-y un peu d'eau pour qu'ils se battent mieux. Prenez deux cueillers, dont l'une vous servira à emplir l'autre avec cette mousse, que vous mettrez cueillerée à cueillerée dans le lait bouillant. Cette mousse y devient solide. Tirez-la ensuite: & pendant que le lait continue de bouillir, mettez-y une liaison composée de trois jaunes d'Œufs: puis le reste du poisson d'eau de fleurs d'orange, & ne la laissez chauffer qu'un instant. Ces Œufs se servent froids.

Œufs à la Tripe.

Faites-les durcir. Après les avoir coupés par rouelles, passez-les au beurre: cela fait, mettez-y du vin; assaisonnez de sel & de poivre; n'oubliez pas d'y mettre des oignons coupés aussi par rouelles, & passés de même à la poële au beurre: laissez le tout cuire ainsi. Etant cuit délayez des jaunes d'œufs durs, que vous aurez laissés exprès pour cela, jettez-les dans vos Œufs, laissez-les bouillir, & sitôt que votre fricassée sera assez tarie, servez-la après y avoir mis de la moutarde.

Autrement. Après avoir fait durcir les Œufs, on les pelle, & on les coupe par rouelles; puis on les passe à la casserole avec un morceau de beurre frais, & on les assaisonne de sel & de poivre, avec du persil haché menu: ensuite les ayant humectés de crême douce, on les dresse & on les sert chaudement. Si l'on n'y veut pas mettre de crême, on peut ajoûter une ou deux ciboules hachées, en les passant par la poële: puis on délaie deux jaunes d'Œufs avec du verjus pour faire liaison.

Omelette.

Cassez des Œufs dans une terrine ou autre vaisseau: assaisonnez-les de sel égrugé, poivre & muscade; ajoûtez-y un peu d'eau, & si vous voulez un peu de persil & de ciboule hachés menu: battez bien le tout ensemble. Faites fondre d'excellent beurre dans une poële sur un feu vif: si vous vous servez de beurre déja fondu, il faut qu'en fondant de nouveau dans la poële il devienne bien chaud. Mettez-y vos Œufs. A mesure qu'ils acquerreront de la consistance remuez-les avec une spatule de bois, ou tournez la poële de côté & d'autre, jusqu'à ce que l'omelette soit cuite & ait pris de la couleur. Alors coulez-la dans le plat: renversez-la dans la poële, le dessus dessous, en tournant & remuant la poële deux ou trois tours. Puis servez.

Omelette à la Turque.

Prenez de la chair d'un rable de lievre ou d'autre venaison; hachez-la menu avec un peu de lard gras, des pistaches ou pignons, amandes ou noisettes pelées, ou des marrons ou chataignes roties & pelées, ou de la croute de pain coupée par morceaux en guise de chataignes: assaisonnez ce hachis de sel, épices & de quelque peu de fines herbes.

Si la chair est crue, il faut faire fondre du beurre, ou de la moëlle, ou de bonne graisse coupée bien menu: quand cela sera fondu dans la poële, versez-y la chair hachée & assaisonnée des ingrédiens susdits; & faites-la cuire. Puis faites fondre du beurre dans une autre poële, & faites une omelette: quand elle sera cuite, ajoûtez-y le hachis, & retirez-la de la poële avec une écumoire ou une assiete, sans rien rompre; mettez-la dans un plat, ensorte que le hachis paroisse dessus : puis arrosez l'omelette avec du jus de mouton ou d'autre viande rôtie, & rapez-y de la muscade. On peut ajoûter des mouillettes de pain frites, & des tranches de citron découpées.

Si la chair du lievre ou d'autre venaison est cuite, il n'y a qu'à la hacher, l'assaisonner, & faire ensuite l'omelette. Quand elle sera cuite à demi, ajoûtez-y le hachis, & achevez de la faire cuire.

Œufs Durs.

Coupez des Œufs durs par quartiers; & rangez-les dans un plat. Ensuite ayant fait fondre dans une casserole un morceau de bon beurre, assaisonné de verjus, sel & poivre, délayez-y trois ou quatre jaunes d'Œufs durs. La sauce étant bien liée, versez-la dans le plat, sur les Œufs; & rapez par-dessus de la muscade & de la croûte de pain.

Les Œufs *de Poule* ne servent pas seulement de nourriture: ils sont aussi fort souvent d'usage en Médecine. Chacun sçait leur excellence, particuliérement lorsqu'ils sont frais, & qu'on les mange mollets: de cette sorte, ils sont de meilleure digestion, & plus nourrissans. Ceux qui ne sont gueres cuits, nourrissent moins que ceux qui sont cuits convenablement; mais ils passent plus aisément dans les premieres voies, & servent à adoucir la gorge. Les Œufs durs sont plus difficiles à digérer, & d'un suc grossier. On dissout des jaunes d'Œufs dans les lavemens. A peine peut-on dissoudre la térébenthine sans leur aide. On avale plusieurs médicamens dans un Œuf mollet; pour faciliter leur action, en même-tems qu'il leur sert de véhicule.

Les jaunes d'Œufs servent à modérer l'appétit excessif, mûrir les apostumes: &c.

De ces jaunes durcis on tire une huile excellente, non seulement pour adoucir les douleurs, & pour les brûlures de feu ou d'eau bouillante; mais pour une infinité d'autres usages.

Pour tirer l'Huile d'Œufs.

On prend des Œufs qui ayent au moins sept à huit jours, mais qui ne soient gueres plus vieux. Ces Œufs étant bien durs, on pile les jaunes dans un mortier; puis on les met sur un feu doux dans une poële à frire, ou dans une terrine, où on les remue continuellement, jusqu'à ce qu'ils se tournent en huile. Alors on les met dans un sac de forte toile, & on les presse entre deux plaques bien chaudes.

Outre les vertus indiquées ci-dessus, cette huile a encore celles de guérir promptement les plaies, noircir le poil, ôter la douleur des hémorrhoïdes, & guérir les crevasses du sein. On lui attribue presque toutes les propriétés de l'huile de myrrhe.

L'analyse du jaune d'Œuf, démontre que l'huile y domine. Cette huile est semblable à celles qui sont exprimées des végétaux. Mais elle a une odeur empyreumatique; qu'on lui ôte en l'exposant à l'air, durant quarante jours. Elle se *blanchit* aussi, & perd son empyreume, si on la tient exposée à l'air pendant une quinzaine de nuits, du mois de Mai; ayant soin de la remuer de tems à autre. On la blanchit encore avec l'huile de tartre: dont on met environ trois ou quatre cuillerées sur la quantité d'huile qui est provenue de quarante Œufs; ayant bien mêlé ensemble ces deux huiles, on les expose au soleil: qui y occasionne un sédiment épais. On coule ensuite dans une autre phiole l'huile qui surnage, pour la laisser encore exposée au soleil & au serein, jusqu'à ce qu'elle devienne parfaitement blanche.

L'Electuaire, connu sous le nom Latin d'*Electuarium ab ovo*, est réputé excellent contre la peste.

Les Œufs entrent dans des remedes pour la morsure d'animaux enragés.

Les Blancs d'Œufs, appellés en Latin *Albumina Ovorum*, ne sont gueres moins d'usage que les jaunes. Etant cruds, ils sont rafraîchissans & très-astringens. Le blanc d'Œuf battu avec de l'encens, du mastic & de la noix de galle, réduits en poudre; fournit un cataplasme qu'on applique sur le front, pour arrêter le saignement de nés. Le blanc d'Œuf appliqué sur une plaie récente, l'empêche de se tuméfier. Appliqué sur les yeux, il en appaise les inflammations. Durci, & dépouillé de sa membrane, puis exposé à l'air, il en attire l'humidité, & se résout en une liqueur claire; laquelle agit puissamment sur les résines & les gommes résineuses. Quatre onces six dragmes de blanc d'œuf, distillées au bain-marie, donnent en phlegme les neuf dixiemes de leur poids; & le résidu est d'un jaune clair, & transparent: le phlegme ne donne aucun signe d'huile acide ou alkaline: le résidu, poussé à grand feu, donne une huile volatile & spiritueuse, un peu de sel volatil, & de l'huile noire & épaisse. Cette analyse confirme l'expérience que l'on a que le blanc d'œuf ne fermente, ni avec les acides, ni avec les alkalis. On lui trouve exactement les mêmes principes & propriétés, qu'à la lymphe. De même que la partie séreuse du sang, & la salive, il est lent à se corrompre. Non-seulement il a beaucoup moins de disposition à se putréfier, que le jaune; mais quand il l'est, l'odeur qu'il exhale est considérablement moins fétide. L'eau simple dissout le blanc d'œuf: au lieu qu'il se coagule étant mêlé avec l'esprit de vin tout pur, ou avec les esprits de sel ou de vitriol.

Il entre dans la préparation de l'alun succarin. Il peut en partie tenir lieu de pâte pour certaines fritures: *Voyez* ANCHOIS *en Alumettes* On l'emploie à beaucoup de pâtisseries & d'ouvrages pour les desserts.

Le blanc & le jaune d'Œuf, bien battus avec le suc ou l'eau de plantain & de morelle, forment un cataplasme pour guérir les brûlures.

Le Germe d'Œuf, pris intérieurement, provoque (dit-on) la sueur. On le nomme aussi l'*Œil de l'Œuf*. Ce n'est qu'un faisceau de vaisseaux qui communiquent du blanc au jaune: les vertus qu'on lui attribue peuvent bien être hazardées.

La membrane déliée, ou petite peau, qui est immédiatement sous la coquille, & qui enveloppe le blanc & le jaune de l'Œuf, est (dit-on), fort bonne pour la rétention d'urine. Il y a des gens qui l'employent aussi dans les fievres intermittentes: au commencement de l'accès, ils enveloppent le bout du petit doigt avec cette peau, ce qui cause une douleur vive, dans le fort de la fievre; & ils prétendent la guérir par ce moyen.

Le lait qui se trouve à l'ouverture des Œufs frais à demi-cuits est pectoral, adoucissant, restaurant, rafraîchissant.

La Coquille d'Œuf réduite en poudre, bûe dans un demi-verre de vin, est propre pour arrêter le crachement de sang. Selon Serenus, la coquille d'Œuf brûlée, puis avalée dans du vin, est très-utile à arrêter le flux de ventre invétéré. On prétend que la coquille d'où le poussin est sorti, étant réduite en poudre, & bûe avec du vin blanc, est excellente pour dissoudre la pierre des reins, ou de la vessie. La dose de cette poudre est d'une demi-dragme. On fait une préparation de coquilles d'Œufs pour la fievre quarte. L'huile ne sçauroit dissoudre la coquille d'Œuf: le soufre en vient aisément à bout. Cette coquille sert à faire des figures & des vases. *Voyez* FIGURE.

Eau d'Œufs.

Voyez DISTILLATION *des animaux*, p. 821.

ŒUF *Philosophique*. Petit vaisseau de verre, assez épais, ayant la figure d'un Œuf, mais avec un cou délicat & court. Les Alchymistes s'en servent pour conduire leur matiere à une parfaite maturité & fixité. *Consultez* la Planche neuvieme de l'article DISTILLATION.

ŒUIL: *Terme d'Agriculture*. Il signifie quelquefois le bouton des arbres & des arbrisseaux. Ainsi on dit Écussonner à Œil Poussant; &c. *Voyez* GREFFER.

ŒUIL: *Terme de Jardinage*. Voyez NOMBRIL; *Terme de Botanique*.

ŒIL *de Bœuf*: Terme de Forêt. Les Bucherons appellent ainsi des trous ronds & assez petits, qu'on apperçoit sur les tiges des arbres, & qui annoncent qu'une partie du corps ligneux est pourrie. Ces plaies ne se ferment presque jamais. Les Jardiniers se servent aussi de cette expression dans le même sens. *Voyez* la *Physique des Arbres*, L. 4. chap. 3. art. 5.

ŒIL *de Chat*: Plante. *Voyez* MUFLE *de Veau*, *n.* 1, 2.

ŒIL *d'un Œuf*. C'est la même chose que le germe.

ŒUIL ou ŒIL. Organe de la vûe. Sans entrer ici dans le détail anatomique de cette partie très-composée, nous nous en tiendrons à un petit nombre d'observations propres à guider en quelque chose les personnes qui veulent traiter à la campagne les accidens de l'Œil.

On y découvre quantité de vaisseaux sanguins. Les arteres viennent des carotides tant internes qu'externes; & il y en a beaucoup qui deviennent enfin arteres lymphatiques. Les veines se rendent en partie au sinus de la dure-mere, & en partie aux veines jugulaires. Il y a un grand nombre de nerfs qui fournissent à l'Œil: ils viennent des troisieme, quatrieme, cinquieme, sixieme paires de la moëlle allongée. Le petit nerf sympathique vient de la portion dure de l'auditif. Le grand sympathique, ou sympathique universel, improprement nommé intercostal, coopere aussi à l'organe de la vûe.

Le globe de l'Œil a plusieurs tuniques plus ou moins fermes. L'assemblage de ces différentes couches membraneuses forme une espece de coque, dans laquelle sont contenues les humeurs, avec les capsules membraneuses. Les tuniques qui constituent la coque, sont la sclérotiqne (ou cornée), la choroïde, & la rétine. La *Sclérotique* est la plus externe: & fait seule toute la convexité du globe. Elle est remplie de vaisseaux sanguins; est fort dure; devient transparente, à sa partie antérieure; & prend alors le nom de *Cornée* proprement dite, ou celui de cornée transparente. Le tissu de la cornée transparente se gonfle par la macération dans de l'eau froide. Il est percé d'un grand nombre de pores imperceptibles, d'où suinte continuellement une sérosité très-fine, qui s'évapore aussi-tôt. Cette espece de rosée produit sur les yeux des moribonds une sorte de pellicule glaireuse qui se fend quelquefois peu de tems après. *Voyez* les Mémoires de l'Académie des Sciences de Paris, année 1721.

Toute la sclérotique est extérieurement revêtue d'une membrane, que l'on appelle la *Conjonctive*. Cette membrane est attachée sur la partie opaque, par une cellulosité qui lui permet de flotter, & qui est remplie de vaisseaux, lesquels reçoivent tantôt de la sérosité tantôt du sang. Elle est plus fixe sur la partie transparente: & son tissu y est si délicat, que l'on peut le blesser en le frottant légerement. Au-dessous de cette expansion qui couvre la cornée transparente, sont aussi des vaisseaux qui peuvent recevoir du sang: puisque l'on a vû des inflammations couvrir absolument tout le globe de l'Œil; mais ce cas est rare. La conjonctive est humectée par une liqueur qui découle habituellement de la glande lacrymale, posée à l'angle externe de l'Œil, sous un petit creux qui est dans la voûte de l'orbite vers les tempes. De cette glande partent plusieurs petits conduits qui se distribuent dans la membrane qui revêt le dedans de la paupiere supérieure. La partie moyenne du globe de l'Œil, est encore environnée d'une expansion tendineuse, placée entre la conjonctive & la sclérotique. C'est ce qu'on nomme la tunique *Albuginée*. Elle couvre l'Œil, jusqu'à la Cornée transparente; & fait ce qu'on appelle communément le *Blanc* de l'Œil. Après la sclérotique, vient la tunique nommée *Choroïde*: qui sert de seconde enveloppe à tout le globe. Lorsqu'elle est parvenue antérieurement à environ deux lignes des bords de la cornée transparente, elle s'y attache fortement: ce qui fait une bande circulaire blanche, appellée *Ligament Ciliaire*. Puis elle forme au milieu de cette bande une ouverture, dont la circonférence se nomme l'*Iris*. Tout cet espace est diversement coloré. Ce trou s'élargit & se retrécit, au moyen des fibres charnues, qui bordant le contour de la prunelle en racourcissent le diametre; tandis que des fibres rayonnées produisent un effet contraire, en marchant entre les plis ciliaires & l'iris. La choroïde contient des vaisseaux très-distincts. Elle est noirâtre depuis le nerf optique jusqu'au ligament ciliaire: & il en suinte une liqueur qui tache un peu la surface interne de la sclérotique, & teint promptement l'eau dans laquelle on trempe la choroïde.

Ce que l'on nomme *Uvée* est la portion antérieure ou cloison percée, de la choroïde. les Anciens appelloient ainsi la choroïde même entiere. La *Prunelle* ou *Pupille*, est le trou qui occupe à peu près le centre de l'uvée. *Consultez* l'article UVÉE.

La troisieme tunique de l'Œil, ou la plus interne, est la *Rétine*: substance assez épaisse, mais fort délicate, que l'on soupçonne d'être une expansion du nerf optique. Elle paroît sortir de ce nerf par des filets insensibles dépouillés de leur membrane, lesquels forment une pulpe médullaire, dont tout le fond de la cavité oculaire est tapissé. Il est certain que l'extrêmité du nerf optique produit des vaisseaux sanguins, qui vont se ramifier de côté & d'autre dans l'épaisseur de la rétine.

Outre ces trois tuniques, il y en a deux qui sont particuliérement capsulaires, & contiennent les humeurs de l'Œil: l'une se nomme vitrée, l'autre crystalline. Il y a trois humeurs: la crystalline, la vitrée & l'aqueuse. L'*humeur Vitrée* remplit la partie postérieure de l'Œil, presque tout l'espace qu'embrasse la la rétine; c'est-à-dire, plus des trois quarts de la capacité du globe de l'Œil. La *Membrane Vitrée* qui la renferme, présente une masse dont la surface antérieure est une cavité elliptique. L'humeur ressemble au blanc d'un œuf frais.

Le *Crystallin* est logé dans la cavité de la tunique précédente. Le contenu de cette tunique est plutôt une masse gommeuse, qu'une humeur. La membrane ou capsule crystalline est une espece de lentille, plus convexe à sa face postérieure; & sa masse interne est d'une consistence médiocre, & transparente à peu près comme le crystal. Heister a vû un vaisseau sanguin traverser le crystallin d'un cheval. La couleur & la consistence du crystallin varient naturellement, suivant les différens âges. M. Petit le démontra à l'Académie des Sciences sur un grand nombre d'yeux humains: *Consultez* les Mémoires de l'Académie, années 1726 & 1727. Le résultat de ses Observations, est que le crystallin est presqu'également mollasse par-tout jusqu'à l'âge de vingt-cinq ans: & qu'ensuite il acquiert plus de consistence dans le milieu de sa masse. Pour ce qui est de la couleur, il s'y fait une dégradation suivant les différens âges; ensorte qu'il est transparent jusques vers l'âge de trente ans; il commence alors à jaunir, & ce jaune devient plus foncé par degrés. Le crystallin se désséche & s'applatit par l'âge. C'est pourquoi les rayons de lumiere qui peignent les objets, vont s'unir au delà de la rétine: & les *vieillards* ne voyent distinctement que les objets qui sont éloignés. Pour obvier à cet inconvénient, on plie les rayons pour les disposer à se réunir plus tôt: c'est l'effet des *verres convexes* des lunettes. D'un autre côté lorsque le crystallin ne se dilate pas assez, sa convexité rapproche trop la réunion des rayons: rassemblés avant de parvenir à la rétine, ils ne peuvent y former d'image. C'est ce qui se trouve dans ceux qui ont la *vue courte*. Les *verres concaves* y remédient, en écartant les rayons de même que s'ils venoient d'un objet plus éloigné.

L'*Humeur Aqueuse* est une liqueur très-limpide, fort coulante, & comme une lymphe ou sérosité un peu visqueuse. Elle n'est contenue dans aucune capsule particuliere: mais elle occupe & remplit l'espace qui est entre la cornée transparente & l'uvée, de même que le trou de la prunelle, & l'espace qui est entre l'uvée & le crystallin. Il n'y en a ordinairement dans l'Œil de l'homme, que depuis trois grains & demi jusqu'à quatre grains & demi.

MALADIES DE L'ŒIL.

Les Maladies qui attaquent cet organe ne different pas essentiellement de celles qui arrivent aux autres parties du corps: & elles demandent les mêmes secours & précautions. Ces maladies sont ou des inflammations, ou des tumeurs skirrheuses, œdémateuses: relâchement de vaisseaux; obstructions; sécrétions trop abondantes.

L'acrimonie y cause des tiraillemens. Trop d'humidité amollit les yeux.

Lorsqu'ils deviennent malades & douloureux, la fievre survient ordinairement; les forces s'abattent; & tout le corps devient malade.

On voit quelquefois des points noirs, ou des especes de *Mouches*, qui voltigent devant les yeux, & cachent une partie des objets. Ce ne sont point des taches du crystallin. Il y a même eu des personnes qui n'appercevoient point ces mouches, quoiqu'une partie de leur crystallin fût très-opaque: cet accident est l'effet des arteres, qui étant trop gonflées en certains endroits de la rétine, empêchent les nerfs de recevoir certains rayons de lumiere.

Le mouvement de l'axe des yeux peut nous faire *appercevoir les objets* tantôt *doubles*, tantôt *simples*. Si les axes regardent le même point, nous ne voyons qu'un seul objet. Mais quand ils sont tournés vers deux points différens, nous voyons le même objet dans deux endroits. Lorsqu'on est yvre, les battemens des arteres dérangent le mouvement des yeux, en poussant inégalement le suc nerveux dans les muscles: c'est ce qui fait voir plusieurs objets. La paralysie & la convulsion produisent souvent ce même effet.

L'*Ophthalmie* est une inflammation plus ou moins considérable qui affecte la conjonctive, la cornée, ou la tunique albuginée. Elle est quelquefois légére: & se guérit alors d'elle-même: c'est ce que les Grecs nomment Τάραξις. D'autres fois cette inflammation est accompagnée de larmoyement; d'enflure des paupieres; & souvent la cornée transparente devient ulcérée: on sent de la douleur & des élancemens dans l'Œil; en sorte qu'on ne peut être vis-à-vis du grand jour ou de toute autre lumiere, sans éprouver des douleurs fort vives. Plus on a le tempérament humide, plus cette ophthalmie se montre rebelle. Lorsque l'ophthalmie ne fait qu'exciter de la démangeaison dans l'Œil, avec suintement d'une humeur visqueuse qui colle les paupieres durant la nuit; cet accident doit n'être regardé que comme léger: souvent il est une suite du rhume de cerveau. Il y a des cas où l'inflammation occupe tout le globe de l'Œil, & les parties voisines. Tantôt l'ophthalmie est accompagnée d'une chassie seche; tantôt de bourgeons sur le globe de l'Œil; de petits abscès sur la cornée & sur la conjonctive; d'érysipele. Il y en a une très-violente, appellée *Chemosis*; l'inflammation fait alors paroître la conjonctive comme fort élevée, ce qui gêne beaucoup la prunelle.

La cause de l'ophthalmie est souvent externe; telle que la fumée, le vent, le soleil, un coup, des ordures, la poussiere, la vapeur des oignons, &c. Les différentes dispositions des humeurs peuvent en être des causes internes. Hippocrate admet des ophthalmies symptomatiques; & de critiques. Il y en a de tabides, de malignes qui sont épidémiques, de périodiques, de vénériennes, &c. On nomme ophthalmie *seche* celle qui cause de la rougeur, sans écoulement de larmes ni de matiere purulente: la paupiere n'est point gonflée; & l'on ne sent de douleur ni à l'Œil, ni dans la tête; il n'y a même de rougeur que dans une partie de la conjonctive.

Les yeux deviennent malades par l'usage excessif des bains, du vin, & des femmes. Le poivre, l'ail, le porreau, les feves, les lentilles, la moutarde, nuisent encore beaucoup à cet organe: ainsi que les pleurs abondantes, l'ardeur du soleil & celle du feu, le trop grand travail. Les veilles y sont encore plus nuisibles: disent les Auteurs de l'École de Salerne.

Ces mêmes Docteurs conseillent d'aller le soir au bord des ruisseaux, & le matin sur quelque colline d'où l'on découvre de la verdure; & de se regarder souvent dans un miroir: comme de bons moyens de conserver la vue.

L'usage du tabac doit être modéré, sur-tout de celui qui est bien fin: car il tombe dans le gosier, & fait des ébranlemens trop forts dans le cerveau, capables d'occasionner des fluxions & des chutes abondantes d'humeurs vers les parties intérieures. Il faut aussi éviter tous les alimens venteux. On doit se tenir les pieds nets; éviter de dormir pendant le jour; regarder des choses vertes; ne pas se tenir le vis[illegible] baissé trop long-tems ; user de viandes de bonne & facile digestion ; & mâcher souvent du fenouil.

L'usage quoique modéré, du grand persil, ou celeri, & l'usage excessif du vin d'absinthe, affoiblissent avue : ce que M. *Boyle* dit savoir par sa propre expérience.

La délicatesse de l'Œil a fait choisir particulierement pour lui, certains remede dont l'effet est modéré, & soutenu par l'usage & l'expérience. *Voyez* Plantes *Ophthalmiques*.

Les remedes qu'on applique sur les yeux, ou à l'entour, doivent être appliqués tiédes, pour les faire pénétrer. J'en ai vû plusieurs, dit Paré, à qui la vue est demeurée trouble à faute de ce faire.

Les *Eaux Ophthalmiques*, ou utiles à la vue, doivent être préparées avec de l'eau de neige ou de pluie, plutôt qu'avec celle de fontaine ou de riviere. Elle est impregnée d'un air ou esprit éthéré, qui l'anime & la divise en parties très-fines ; au lieu que l'eau vulgaire ayant pris beaucoup de parties terrestres & limoneuses en coulant sous terre, ces parties l'empêchent de pénétrer dans la substance & les tuniques de l'Œil. Pour appliquer utilement les eaux ophthalmiques, Etmuller dit qu'il faut observer ce qui suit. On se mettra sur le lit à la renverse, & la tête basse : on mettra de ces eaux dans une cueiller, ou on en prendra quelques gouttes avec le bout du doigt, & on les fera couler dans l'Œil par l'endroit le plus proche du nez ; puis ayant fermé les paupieres, on tournera de côté & d'autre l'Œil malade, pour faire répandre l'eau par tout : deux ou trois gouttes ainsi appliquées, feront plus d'effet que cent que l'on aura mises étant debout. On réitérera plus ou moins souvent cette application, selon le besoin.

Les répercussifs, les résolutifs, & les détersifs, peuvent occasionner du désordre dans les maladies des yeux.

Presque tous les remedes huileux & graisseux sont dans le même cas. Bouchant les pores des membranes, ils s'opposent à la transpiration des humeurs âcres. Ils ferment aussi les conduits lacrymaux, & le conduit nazal ; ce qui empêche les larmes de couler. L'huile de vipere, & autres huiles pénétrantes, ne sont point de ces remedes nuisibles.

Voyez Amaurose. Amblyopie. Argemon. *Maladies des Yeux*, entre celles du Cheval ; & du Boeuf.

Remedes Universels pour les Yeux.

1. On assure qu'il y a très-peu de maladies de cet organe, que la Pierre Divine ne guérisse ; qu'elle fait des cures si promptes & si surprenantes, qu'on les eût prises volontiers pour des miracles. M. de Cicé, Evêque de Sabule, communiqua la composition de cette pierre, à son retour des Indes. Il la tenoit d'un Médecin Arabe, qui exerçoit la Médecine à la Chine.

Préparation de la Pierre Divine.

Prenez quatre on[illegible] de vitriol de Chypre ; quatre onces de nitre, ou salpêtre ; & quatre onces d'alun de roche. Il faut mettre ces trois choses en poudre ; & les faire fondre dans un pot neuf vernissé, d'abord à petit feu ; puis l'augmenter jusqu'à ce que tout soit fondu, avec de l'eau chaude. Ensuite jettez dans cette matiere encore très-chaude, un gros de camphre, mis en petits morceaux & même en poudre si vous pouvez : remuez bien tout cela avec une spatule de bois : & lorsque le camphre sera bien fondu & incorporé avec les autres matieres, couvrez le pot avec son couvercle, & lutez-le avec de la pâte de farine : laissez refroidir le tout durant vingt-quatre heures : puis vous casserez le pot ; où vous trouverez une pierre verte, qu'il faudra séparer des morceaux du pot. On conserve cette pierre dans une phiole de verre, pour empêcher qu'elle ne s'évente.

Usage.

Il faut en mettre un demi-gros en poudre dans un demi-septier d'eau de fontaine : & toutes les fois que l'on veut s'en servir, faire tiédir l'eau, & en laisser tomber une goutte dans l'Œil ; ou dans les deux Yeux, s'il y a mal à tous deux. Il en faut user trois fois par jour ; le matin en se levant, à midi, & le soir en se couchant. Cette eau éclaircit la vue, la fortifie, nettoye les Yeux, en mange les tayes naissantes, guérit les suffusions, enleve la rougeur, &c.

2. Voyez *Pierre trouvée dans la Vésicule du fiel de* Boeuf. Rue. Aubifoin. Ache. Eclaire. Eau *souveraine pour beaucoup de maux.* Baume *du Commandeur de Perne.* Obstruction. Ani, T. I. p. 112.

3. Mettez dans une bouteille de verre deux onces de tuthie préparée : un gros de couperose blanche : & une once de macis : le tout réduit en poudre subtile. Versez par-dessus ces poudres, des eaux distillées de plantain, de roses, & de fenouil, demi-livre de chacune. Bouchez bien la bouteille ; exposez-la six ou sept jours à l'ardeur du soleil, pendant l'Été.

Ce remede nettoye, fortifie, éclaircit, les Yeux ; & en desseche les ulceres.

Douleur des Yeux.

Quoique dans les maladies ordinaires on ne doive pas d'abord s'attacher à détruire la douleur, qui n'est qu'un symptôme ; elle demande la principale attention dans les maladies de l'Œil. C'est pourquoi il faut se hâter d'y employer les anodyns & les narcotiques, faire des saignées copieuses, appliquer des fomentations, attirer en bas par des clysteres l'humeur mordicante, & la tempérer par d'autres remedes : employer comme topiques les remedes de moutarde, & les vessicatoires, derriere les oreilles & aux deux côtés de l'épine du dos, entre les épaules ; & se servir de sétons.

Prenez tuthie préparée, trois gros ; aloës hépatique, trois gros ; sucre candi, deux gros : pulvérisez bien toutes ces drogues ; ensuite mêlez-les avec du vin blanc & de l'eau rose, cinq onces de chaque : mettez cette composition dans une bouteille de verre bien forte ; exposez-la au soleil pendant un mois, pour vous en servir au besoin. Frottez-en les Yeux : & faites-en instiller quelques gouttes au dedans.

Collyre Céleste, ou Eau Bleue ; pour toutes les maladies des Yeux.

4. Prenez une livre d'eau, dans laquelle on a éteint de la chaux vive : filtrez-la avec soin ; & l'ayant mise sur le champ dans une bassine de cuivre, avec un gros de sel ammoniac, réduit en poudre subtile, laissez infuser pendant la nuit. Quand l'eau aura pris une belle couleur bleue, vous la filtrerez : & la garderez dans une grande phiole, ou dans une bouteille, pour en mettre quelques gouttes dans les yeux.

On peut préparer cette eau, d'une autre maniere On fait infuser d'abord l'eau de chaux, pendant vingt-quatre heures, dans trois pintes d'eau de fontaine; ensuite l'ayant coulée par inclination, sans remuer le fond, on la met dans une bassine de cuivre, avec deux onces de sel ammoniac; & environ pour vingt-cinq sous de liards, qu'il faut bien laver auparavant: puis avec une spatule, ou une cuiller de cuivre, on remue les liards, pendant quatre ou cinq heures, ou jusqu'à ce que l'eau ait pris une belle teinture. *Voyez* ci-après, *Inflammation*; n. VI. Consultez encore le mot *Yeux Malades*, dans l'article Bœuf.

Yeux Nubileux.

Voyez ce mot, entre les maladies du Cheval. Aubifoin.

Lorsqu'on a perdu la vûe sans que rien paroisse dans l'Œil.

C'est ordinairement une Goute sereine incurable: on peut néanmoins essayer le remede qui suit. Prenez deux tiers d'eau commune & un tiers de vinaigre: mêlez-les ensemble. Ajoûtez-y de la farine de féves, autant qu'il en faut pour en faire comme de la bouillie. Mettez cette bouillie sur des étoupes en forme de cataplasme; que vous appliquerez sur le front du malade, lorsqu'il ira se coucher. Il faut l'appliquer chaudement; mettre un linge sur les étoupes, de peur qu'elles ne tombent; & continuer long-tems cette application tous les soirs.

La *Goute Sereine* est un aveuglement qui arrive par l'obstruction ou l'embarras du nerf optique. Il faut tâcher de provoquer la sortie des humidités trop abondantes qui sont dans le fond de l'Œil, & qui bouchent le nerf optique. Pour cela, prenez du miel de romarin, écumé & liquide; du gingembre pulvérisé; des clous de giroffle en poudre; du sel; demi-once de chacun: incorporez le tout avec le miel; & mettez la grosseur d'un grain de moutarde de ce mêlange dans l'Œil.

2. Prenez des cloportes; faites-les infuser dans du vin, après que vous les aurez fait secher: & prenez tous les matins un verre de cette liqueur. C'est le remede spécifique de *Boyle*.

Eaux excellentes, pour Rétablir la vûe éteinte par quelque mauvaise odeur, ou autre cause externe.

1. Prenez thym, serpolet, lavande, marjolaine, & romarin (feuilles & fleurs), de chacune parties égales: faites les macérer dans de l'hydromel; & distillez-les ensuite, au bain de sable: ayant soin de bien conserver l'huile essentielle, & de rectifier la liqueur, sans en séparer l'huile.

On conserve cette liqueur, qui est fort spiritueuse, dans une bouteille de verre bien bouchée. La dose est de deux ou trois cuillerées; qu'il faut prendre intérieurement, de quatre en quatre heures.

Cette même eau appliquée aux oreilles avec du cotton, guérit promptement la surdité; principalement celle qui est causée par la migraine, & autres maux de tête, ou par de grandes fluxions. En même-tems qu'on l'applique au dehors, il faut en user intérieurement, comme ci-dessus. [Cette eau est encore vulnéraire, céphalique, cordiale, & propre à rétablir des estomachs gâtés par de mauvais alimens.]

2. Faites infuser quelques cloux de girofle dans de l'eau-de-vie: & bassinez-en les yeux.

Eau pour rétablir la vue affoiblie par maladie, ou par quelqu'autre accident.

Prenez tuthie & bois d'aloës, l'un & l'autre réduits en poudre fine, de chacun trois dragmes; sucre fin, deux dragmes. Mettez ces drogues dans une bouteille de verre bien nette; versez par-dessus eau rose, & vin blanc qui n'ait pas trop de piquant, de chacun six onces. Bouchez la bouteille, & exposez-la au grand soleil d'Eté, pendant un mois; ayant soin d'agiter tous les jours la bouteille, deux ou trois fois. Vous garderez cette bouteille toujours bien bouchée. Et quand vous voudrez vous servir de la liqueur, vous en ferez entrer quelques gouttes dans les Yeux; continuant le même remede, tous les jours, jusqu'à ce que votre vue soit entiérement rétablie.

Voyez *Tayes*, ci-dessous, n. III. Aubifoin. Anémone.

Selon M. Thierry, (*Médecine Expérim.*), une personne dont les Yeux sont affoiblis ou mal constitués, ne peut rester quelques années à Florence, sans courir risque de perdre la vue. Aussi y voit-on beaucoup de gens assujettis à porter des lunettes, même en marchant dans les rues. Ce Médecin Observateur croit qu'il en seroit de même sous le ciel de l'Egypte, ou à Guayaquil, ville du Perou, où les cataractes sont extrêmement communes.

Pour Fortifier la vue.

Pulvérisez quatre onces d'eufraise, & une once de macis. Mêlez ensemble ces poudres: & en prenez une cueillerée avant votre repas.

2. L'odeur de la marjolaine passe pour fortifier la vue.

3. M. de Lorme conseilloit de mettre, le matin, de l'urine sur les sourcils; & de n'user que de bougie quand on avoit cinquante-cinq ans.

Collyre fortifiant.

Mêlez ensemble deux onces d'eau d'eufraise, autant d'eau de fenouil, & deux autres onces d'eau-de-vie: & bassinez-en les yeux, matin & soir.

Vûe Louche.

Cette indisposition de l'Œil fait qu'on regarde les objets de travers; en regardant, la prunelle n'est jamais vis-à-vis de l'objet, mais toujours tournée à droite ou à gauche.

Dans les adultes cette maladie est presque toujours incurable, parce que les muscles de l'Œil, ou raccourcis ou relâchés, se sont endurcis dans cette situation oblique.

Les enfans deviennent quelquefois louches après des accès d'épilepsie, où les yeux se trouvent ainsi contournés durant un tems considérable; les fibres des nerfs, à cet âge, n'ayant point le ton d'élasticité qu'il faudroit pour se remettre. En ce cas, il faut leur frotter le cou & l'épine du dos, avec de l'eau de la Reine d'Hongrie: le desséchement que cela procure est sans danger, & directement utile pour fortifier les nerfs.

2. Il y en a qui font des onctions & frictions avec de la graisse de vipere. Il ne seroit peut-être pas mal de les employer alternativement avec les précédentes.

3. Voici une bonne pratique pour les enfans, quand même ils seroient restés louches longtems: c'est de leur donner des besicles, ou petites

machines faites de telle sorte qu'ils ne puissent voir que par un petit trou situé bien naturellement: alors ils s'efforcent de tourner la prunelle située obliquement, vers le trou direct, s'ils veulent voir les objets & ne pas rester dans l'obscurité; & peu à peu le globe de l'Œil, ou simplement la prunelle, reprend sa situation naturelle.

4. On assûre que le jeu de volant rend les yeux d'accord, en les obligeant à se diriger vers un même point.

Yeux Blessés.

1. Prenez blancs d'œufs, eau rose, suc de grande joubarbe, lait de femme; de chacun parties égales. Battez le tout ensemble avec un peu de saffran: & appliquez-en sur l'Œil, avec de l'onguent rosat.

2. Voyez *Yeux Larmoyans*, entre les maladies du CHEVAL.

3. Battez bien deux blancs d'œufs, avec deux cuillerées d'eau rose ou d'eau de plantain. Frottez le tout avec un morceau d'alun, gros comme le pouce, jusqu'à ce que la liqueur s'épaississe. Puis appliquez-en sur les yeux, entre deux linges.

Pour les *Yeux Meurtris & Blessés*. Faites un cataplasme avec de la mie de pain blanc, du jus d'ache, & du vin blanc; & appliquez ce cataplasme sur les Yeux.

Pour les *Yeux Enflés & Meurtris*. Prenez sel, miel, & vin rouge; faites-les bouillir pendant un demi-quart-d'heure: & bassinez les yeux avec cette liqueur.

Pour empêcher que l'Œil ne demeure Noir ou Rouge, après avoir reçu quelque coup.

Il faut sur le champ y instiller du sang de l'aîle d'un pigeon ou d'une tourterelle: & réitérer plusieurs fois par jour.

On trempe aussi des compresses dans du vin chaud, où l'on a mêlé quelques gouttes de baume du Commandeur: & on les applique sur les paupieres. On saigne, suivant l'exigence du cas.

Trois fois par jour on bassine l'Œil avec un mêlange d'une cuillerée d'eau vulnéraire dans cinq cuillerées d'eau distillée d'eufraise.

[M. Tauvry regarde comme des remedes équivoques les adoucissans, tels que le sang de pigeon, chaud; le lait de femme, où l'on dissout quelquefois tant soit peu d'encens mâle. Tout cela adoucit à la vérité, dans le moment où l'on s'en sert. Mais (ajoûte-il) l'on peut dire que ce qui fait qu'on employe ces remedes, c'est qu'on n'en a point d'autres. Car si on se servoit des répercussifs, on craint la mortification de la partie malade: si on employoit des résolutifs, on appréhende l'inflammation qui en peut arriver par accident, contre notre attente & intention: on craint que les suppuratifs n'occasionnent une trop grande perte de substance, & une trop grande fonte des humeurs de l'Œil; même étant onctueux, ils ne peuvent point servir à cette partie. Bien plus, selon cet Auteur, le sang & le lait, venant à fermenter & à se corrompre dans la playe, ils peuvent l'entretenir; & même y attirer des fluxions, le lait s'aigrissant, & le sang venant à se corrompre.]

Enflure des Yeux.

Ayant fait cuire un œuf frais sous la braise, vous en prendrez le blanc, & l'appliquerez tout chaud sur les Yeux, dans le tems que le malade se mettra au lit. Si l'enflure ne se dissipe pas à la premiere fois, il faudra réitérer.

Voyez *Fievre*, & *Yeux Malades*, dans l'article BŒUF.

Enflure des Yeux, avec douleur.

Faites bouillir des feuilles de laurier dans du vin, pilez-les, & les appliquez sur les yeux.

2. Prenez un blanc d'œuf; & la grosseur d'une amande, d'alun de roche: agitez fortement le blanc d'œuf dans une écuelle avec l'alun, qui deviendra en écume comme une pommade. Alors vous y mêlerez demi-dragme d'aloës succotrin, en poudre bien fine: le tout deviendra jaunâtre, & rendra un peu de liqueur rousse de couleur d'aloës; de laquelle vous instillerez une ou deux gouttes dans l'Œil malade: puis vous mettrez de ce blanc en forme de pommade sur un linge; que vous appliquerez sur l'Œil, pour en tirer l'ordure, apostume, ou autre chose sale: & la douleur s'appaisera.

Sang Épanché sur les Yeux par une fluxion.

Appliquez sur les Yeux un cataplasme fait avec des sommités d'absinthe, pilées & mêlées avec le blanc d'un œuf frais. Il faut appliquer ce remede, le soir, avant de se mettre au lit; & l'ôter le lendemain matin.

Voyez AUBIFOIN. CAFFÉ.

Rougeur des Yeux.

I. La rougeur des Yeux est tempérée par l'application de linge, ou d'étoupes, que l'on trempe dans des blancs d'œufs bien agités avec de l'eau rose ou de celle de plantain.

II. Faites cuire une pomme de malingre, ou autre qui ne soit aucunement aigre: prenez-en la moëlle; & mêlez-la avec du lait de nourrice: puis faites-en un liniment sur les paupieres rouges.

Cependant vous pourrez appliquer sur les temples un frontal fait avec des roses de Provins, ou de la conserve de roses, & autres choses astringentes; afin d'arrêter la défluxion du cerveau, qui cause cette rougeur.

III. D'autres font tremper dans du lait de femme, des tranches fort minces de chair de veau ou de cou de bœuf fraîchement tué; & les appliquent sur les Yeux avec des étoupes de lin par-dessus.

IV. D'autres font uriner des enfans dans un vaisseau de cuivre; remuent l'urine tout autour du bassin; puis la jettent aussitôt, couvrent le bassin avec un linge net, & le laissent ainsi vingt-quatre heures. Ils trouvent du verd de gris au fond & à l'entour; l'amassent, & le dissolvent avec de l'eau rose: puis gardent cette eau dans une phiole bien bouchée; & en instillent soir & matin dans les Yeux que l'on tient bien ouverts.

V. Plusieurs se servent de tuthie préparée.

VI. *Voyez* AUBIFOIN.

VII. Prenez une larme d'encens. Allumez-la: puis la jettez dans quatre onces (deux cuillerées) d'eau rose. Réitérez cela jusqu'à trois fois. Ajoûtez-y ensuite une cuillerée de lait de femme: & coulez l'eau par un linge blanc. Injectez quelques gouttes de cette liqueur dans les Yeux, avant que le malade se mette au lit. Dès le lendemain matin, il sera presqu'entiérement guéri.

Rougeur invétérée.

VIII. Prenez gros comme une petite noix de

rence, & autant d'alun de glace : faites-en une poudre, que vous mêlerez avec une chopine d'eau de fontaine. Ou bien, faites bouillir le tout ensemble, jusqu'à ce que l'eau devienne claire. Instillez dans l'Œil trois ou quatre gouttes de l'une ou l'autre eau.

On peut encore faire un liniment par-dessus avec du marc d'huile de lin, des gommes Arabique & adraganth, du mastic & du camphre.

Ophthalmie.

Pour l'*Optharmie Seche*; on se servira pendant quelques jours d'un collyre fait avec les eaux de rose & de plantain, deux onces de chacune; dans lesquelles on délayera douze grains de tuthie préparée; on animera le tout avec une cuillerée d'esprit de vin : pour en laver le dedans de l'Œil trois fois dans la journée. Le soir il faut mettre sur l'Œil une compresse trempée dans du vin, dans lequel on aura fait jetter deux bouillons à une pincée de véronique, une autre de thym, & autant de roses de provins, sur la quantité d'un demi-setier.

Comme cette espece d'ophthalmie n'est point dangereuse, il y faut peu de remedes : souvent même la saignée seule la guérit, étant réitérée suivant la plénitude du malade.

L'*Ophthalmie Humide* est quelquefois très-difficile à guérir. Outre les remedes généraux, réitérés selon le besoin, on est souvent obligé de recourir à la saignée du pied, ou de la gorge.

On appliquera d'abord un collyre fait avec des eaux distillées d'eufraise, de fenouil, & de plantain, deux onces de chacune; dans lesquelles on délayera deux grains de sel de saturne.

On est quelquefois contraint de se servir du seton; du cautere; & de l'emplâtre véficatoire; entretenus pendant quelque tems. A l'égard des véficatoires, on observera que pour peu que leur usage incommode les reins ou la vessie, on doit les cesser, & employer d'autres moyens.

Si le premier collyre, qui n'est qu'adoucissant, ne réussit pas après quelques jours d'usage, on lui en substituera un qui resserrant les pores, s'opposera au trop grand écoulement des larmes dans l'œil. C'est pourquoi, on retranchera le sel de saturne; & on délayera dans les eaux susdites un demi-gros de trochisques de blanc Rhasis. Quand la fonte des eaux a cessé, s'il reste quelque ulcere sur la cornée transparente, comme il arrive assez souvent, on doit employer la solution de pierre divine dans de l'eau commune. On pourra ajoûter dans cette solution deux gros de sucre candi, avec une cuillerée d'eau-de-vie, lorsque l'ulcere sera cicatrisé.

Si ce remede ne détruit pas assez promptement la cause, on se servira d'une poudre faite avec l'os de seche & le sucre candi, mêlés ensemble; dont on fera tomber gros comme une lentille, tous les matins, sur l'endroit où est le siége du mal.

L'*Ophthalmie qui suit le rhume*, & qui est accompagnée d'un suintement d'humeur épaisse qui colle les paupieres pendant la nuit, demande peu de tems pour sa guérison. Après les remedes généraux, on se servira tous les soirs de pommade de tuthie; dont on mettra en se couchant, gros comme une lentille au coin de l'Œil, du côté du nez, en sorte qu'elle entre dans l'Œil.

Il faut laver l'Œil quatre fois par jour avec dix parties d'eau tiede, & une partie d'eau-de-vie.

Comme il arrive souvent que les angles des paupieres sont ulcerés; si ces ulceres ne guérissent pas par la pommade de tuthie, on se servira de la solution de pierre divine dans l'eau commune.

L'*Ophthalmie accompagnée de chassie*, se guérit après les remedes généraux, par l'usage du sel ammoniac & du sel de saturne, sept grains de chacun; que l'on dissoud dans des eaux de rose & de plantain, quatre onces de chacune : pour en baigner l'œil trois ou quatre fois dans la journée.

Pour l'*Ophthalmie qui occupe le globe, du côté des angles* : il faut se servir d'un collyre fait avec le vitriol blanc & l'iris de Florence, un gros de chacun : le tout infusé dans trois chopines d'eau, ou deux pintes, selon que l'on la souhaite plus ou moins forte.

L'*Ophthalmie accompagnée de bourgeons*, se guérit par l'usage de la dissolution de la pierre divine dans l'eau commune, lorsque les bourgeons ne se trouvent que sur la conjonctive. Mais s'ils avancent sur la cornée transparente, & qu'il paroisse du pus répandu entre les tuniques de la cornée, on use des remedes qui servent aux abscès de l'Œil.

La guérison de *Ophthalmie Erysipélateuse* est longue & difficile. On doit d'abord mettre sur la partie, de l'eau distillée de fleurs de sureau, mêlée avec une dixieme partie d'eau-de-vie; que l'on fera tiédir pour en bassiner l'Œil, & même les paupieres. On aura aussi recours au seton, & à la saignée, tant du bras que du pied & de la gorge. On mettra dans la suite en usage la purgation, & les emplâtres véficatoires, si on les juge nécessaires.

L'*Ophthalmie Vénérienne* demande de la diligence. On fera prendre au malade la panacée mercurielle; & on le saignera du pied, pour détourner l'humeur qui se porte à l'Œil.

2. On mettra le malade dans le bain domestique, soir & matin, & on le purgera dès le premier jour du bain : ce que l'on est obligé quelquefois de réitérer plusieurs jours de suite, en donnant la panacée tous les soirs.

3. On lavera les Yeux à tout moment avec un mêlange d'eau-de-vie & d'eau commune.

4. On aura toujours sur les yeux, des compresses trempées dans le vin qu'on va décrire. Par ce moyen on guérira cette maladie en peu de tems, si on s'y prend de bonne heure : autrement les Yeux périront; ou n'auront que peu de vue après la guérison. Voici la description du *Vin* dont il est question : Prenez du romarin, de la sauge, de l'hyssope, & des roses de provins, une pincée de chacune : que vous ferez bouillir trois ou quatre bouillons dans un demi-setier de vin rouge : dans lequel vous tremperez des compresses pour les mettre sur l'Œil, prenant garde de ne pas trop le presser dans le bandage.

L'*Ophthalmie qui suit la petite Vérole*, se traite comme l'ophthalmie humide.

Nous ajoûterons que pendant le cours de la petite-vérole, on doit se servir d'un collyre fait avec le saffran & les eaux de plantain & de rose.

L'eau distillée du camphre prévient tous ces accidens, lorsqu'elle est appliquée dans les commencemens : il suffit d'avoir soin d'en mettre quelques gouttes dans l'Œil, quatre ou cinq fois par jour; & d'empêcher en même-tems que les paupieres ne se collent : cela est de grande conséquence. Pour cet effet on trempe la barbe d'une plume dans cette liqueur, & on la passe entre les deux paupieres plusieurs fois, de tems en tems, dans la journée & pendant la nuit. *Voyez*, ci-dessous, *Union des paupieres.*

Inflammation.

I. C'est un bon remede que d'appliquer sur l'Œil le poumon tout frais d'un mouton, ou d'une brebis.

II. On peut appliquer un cataplasme fait de chair de pomme douce, cuite sous les cendres ; de farine d'orge, lait de femme, eau rose, & blancs d'œufs.

III. L'eau de souci y est souveraine.

IV. *Voyez* ANEMONE, page 115. BAUME *du Commandeur de Perne*. FROMENT, page 141. *Yeux malades* ; dans l'article BŒUF. AUBIFOIN. CAMPHRE.

Collyre de Vitriol.

V. Prenez huit onces d'eau de fontaine, & dix grains de vitriol blanc : battez-les ensemble & en faites un collyre.

Ce mélange est rafraîchissant ; & peut être employé à discrétion dans les inflammations des Yeux, & dans les fluxions qui surviennent en cette partie avec picotemens : pourvû qu'on ait fait précéder la saignée & les vésicatoires. Afin de rendre ce remede encore plus efficace, il seroit bon de faire intérieurement usage des diurétiques.

VI. Prenez eau rose, & vin rouge, de chacun une chopine ; eaux d'eufraise, de chelidoine, & de fenouil, de chacune deux onces ; fleur de romarin, & cloux de gérofle, de chacun trente grains ; sucre candi, conserve de roses, demi-once de chaque ; vitriol romain, & aloës succotrin, de chacun trois dragmes ; tuthie préparée & réduite en poudre, deux dragmes ; & autant de camphre. Mettez toutes ces drogues dans un matras à long cou ; & l'ayant bien bouché, faites-les digérer au bain-marie, pendant cinq à six jours. Ensuite exposez-le au plus grand soleil d'Été, pendant un mois ; puis coulez la liqueur, par un linge bien net & bien serré, sans expression : & conservez-la dans une bouteille de verre bien bouchée ; pour en user dans le besoin. [Cette *Eau* est encore bonne pour toutes les autres maladies des Yeux.]

Autres Eaux pour les inflammations des Yeux.

VII. Faites bouillir trois chopines d'eau de riviere, dans un petit chauderon, ou dans une bassine de cuivre. Lorsque l'eau bouillira, prenez une once de couperose blanche réduite en poudre, que vous aurez mise dans un corn & que vous jetterez peu à peu, sur une pèle rouge que vous tiendrez inclinée au dessus du chauderon. L'eau étant diminuée d'un tiers, vous l'ôterez de dessus le feu, & la laisserez refroidir. Puis l'ayant passée par un linge blanc, vous la garderez dans une bouteille bien bouchée.

VIII. *Voyez* GANGRENE, n. VI.

IX. Pelez tout chaud un œuf dur. Coupez-le en deux ; & en ôtez le jaune, pour le remplacer par du sucre candi. Rejoignez les deux parties, & les liez avec de la soie. Faites dissoudre un peu de sel de saturne dans un verre d'eau rose. Mettez-y l'œuf, & l'y laissez vingt-quatre heures. Lavez ensuite les Yeux avec cette eau.

X. *Voyez* ALUN, page 78.

Autre Eau ; pour les Inflammations, Tayes , & Cataractes.

XI. Prenez sommités de romarin, grande éclaire, grande consoude, fenouil, & anis verd, feuilles & racines, de chacun deux poignées ; racine d'iris, une poignée ; eufraise, deux poignées. Pilez bien toutes ces choses ; mettez-les à l'alembic ; & les distillez avec suffisante quantité de vin blanc, au bain de sable.

XII. Les inflammations, les tayes, & (dit on) les cataractes, ont été plusieurs fois guéries par l'usage du lait de femme que l'on faisoit entrer chaud dans les Yeux. Toutes les expériences que j'ai vûes pour les tayes, étoient accompagnées d'une circonstance sur laquelle je n'ose rien dire : c'est qu'on choisissoit une femme qui allaitât un enfant d'un autre sexe, que celui de la jeune personne malade.

XIII. *Voyez* CATARACTE.

XIV. L'eau de chicorée & celle d'aubifoin, mêlées ensemble, sont un bon remede pour appliquer alors sur les yeux.

XV. Battez un blanc d'œuf avec de l'eau de fray de grenouilles : & l'appliquez sur les yeux.

XVI. Solenander guérissoit toutes les inflammations des Yeux avec la décoction des feuilles de coignassier ; dont il bassinoit les yeux, de tems en tems.

XVII. La joubarbe, pilée avec des feuilles de fenouil, & appliquée sur les yeux, est un excellent remede.

XVIII. Si l'inflammation est considérable, on aura recours aux saignées, principalement celle du pied ; pour procurer une plus forte révulsion.

XIX. L'on employe les vésicatoires à la nuque, & derriere les oreilles.

XX. Les purgations de jalap, depuis demi-gros jusques à un gros, infusé à froid dans le vin blanc, sont utiles après la saignée.

XXI. M. Thierry (*Médecine Expérim.* p. 216) dit avoir observé que, dans un grand corridor destiné aux Enfans Trouvés de Paris, l'atmosphere étoit si remplie des sels pénétrans de l'urine qui s'exhaloit des langes qu'on exposoit à l'air pour les sécher ; que les enfans, les nourrices, & les femmes de service, ne manquoient gueres d'éprouver au bout de certain tems un grand picotement, suivi de rougeur dans les yeux : qui, selon la constitution de l'organe, dégéneroit souvent en ophthalmie très-opiniâtre. Il ajoûte que ces accidens sont devenus moins communs, depuis que l'on a transporté une partie de ces enfans à la campagne.

XXII. On prétend que les répercussifs sont d'un bon usage : tels sont l'eau de plantain, le crystal minéral, le nitre purifié, & plusieurs autres, qui agissent en resserrant les pores, & en coagulant les matieres qui en fermentant ont causé l'inflammation. Cependant, (dit M. Tauvry) ces remedes ont un mauvais effet dans quelques occasions : ils diminuent d'abord l'inflammation, mais souvent la font durer plus long-tems. Ainsi on ne s'en doit jamais servir quand cette indisposition survient en hiver, ou par un vent froid, ou dans un tempérament extrêmement phlegmatique : mais seulement dans les autres rencontres ; sçavoir, quand le mal est venu par des sels acres, ce qu'on peut connoître par la démangeaison, l'âcreté des larmes ; enfin lorsque la fumée ou le feu ont produit cet effet en affoiblissant le ressort de la partie.

XXIII. Quand l'abondance du sang produit l'inflammation, ou s'il est engorgé par coagulation ; après avoir purgé & saigné, Hippocrate n'ordonne point de répercussifs : mais prescrit le vin, & même le vin pur, afin de ranimer & de donner assez de mouvement au sang pour qu'il puisse entraîner ces humeurs par la circulation.

XXIV. Lorsqu'on s'apperçoit que le sang est

grossier, & que le malade est pituiteux, il faut se servir intérieurement d'absorbans, & de remedes qui donnent de la fluidité au sang; tels que sont les sudorifiques; pourvu qu'ils n'excitent qu'une fermentation modérée dans les humeurs. Les absorbans agissent en se chargeant des acides qu'ils rencontrent; & les autres qui font fermenter donnent au sang une fluidité convenable.

Tayes.

I. Prenez un ou plusieurs œufs frais pondus le même jour: faites-les durcir dans les cendres chaudes: puis coupez-les en quartiers égaux, & ôtez leur le jaune; au lieu duquel vous mettrez autant de sucre candi pulvérisé, le plus blanc que vous pourrez trouver. Exprimez bien le tout ensemble par un linge bien net mis en double. La liqueur qui en sortira est fort bonne pour instiller goutte à goutte dans l'Œil malade, le soir quand on se va coucher; ou même à toutes les heures du jour.

II. Il y a une autre *Eau* fort bonne pour le même mal; qui se fait de couperose blanche, sucre candi, & eau rose, avec des blancs d'œufs durs. Le tout étant passé par un linge, il sort une liqueur de laquelle on doit mettre dans l'Œil après dîner, & le soir en se couchant.

III. D'autres se servent avec succès, d'une autre *Eau*: dont voici la composition.

Prenez tuthie préparée & mise en poudre, une once; macis, demi-once. Faites infuser le tout ensemble en eau rose & vin blanc, de chacun une chopine, pendant l'espace de six semaines, dans une bouteille bien bouchée; que vous mettrez au soleil quand il luira, & que vous rentrerez quand il ne luira point; ou que la nuit viendra, ou qu'il pleuvra. Remuez la bouteille tous les jours deux ou trois fois. [Ces remedes servent aussi aux Yeux rouges, chassieux & foibles].

IV. Pulvérisez extrêmement des coques d'œufs: & en soufflez dans l'Œil avec une plume. Il coulera quantité d'eaux; & le mal se dissipera.

V. Prenez de l'ambre gris en poudre. Jettez-le sur un rechaud de feu: & en recevez la vapeur, par un entonnoir.

Pour les Tayes nouvelles.

VI. Faites durcir un œuf frais, sous la cendre chaude, ensuite coupez-le par la moitié, sans en lever la coque; ôtez le jaune des deux moitiés, & remplissez le vuide de sucre candi, & d'autant de couperose blanche, réduits en poudre; rejoignez les deux moitiés. Et les ayant liées & assujetties avec du fil de peur qu'elles ne se séparent, & que la poudre n'en sorte, mettez-les tremper dans moitié d'eau de fontaine, & d'eau rose, ensorte que la liqueur surnage de deux doigts. Vingt-quatre heures après versez-la dans une phiole de verre que vous boucherez bien. On instille dans l'Œil quelques gouttes de cette liqueur, soir & matin.

VII. Prenez chelidoine, verveine, bétoine, eufraise, rue, fenouil, toutes récentes, de chacune deux poignées. Pilez-les ensemble en les arrosant d'une demi-livre de vin blanc: exprimez-en le suc; dans lequel vous ferez tremper du poivre, & du gingembre pulvérisés, de chacun une demi-once; du safran trois dragmes; de la myrrhe, de l'aloës, de la sarcocolle, de chacun une once; de bon miel une livre. Faites distiller le tout dans un alembic de verre, à petit feu: & réservez-en l'*Eau*, pour l'usage susdit.

VIII. Les taches de la Cornée (ou tayes récentes) ne peuvent être guéries que par de bons résolutifs; comme l'infusion de *crocus metallorum*, d'aloës, de sucre candi dissout: selon M. *Tauvry*.

Poudre pour ronger & dissiper les Tayes.

IX. Prenez des limaçons gris qui se trouvent dans les vignes. Les ayant mis dans un pot, faites-les sécher au four, quand il n'est pas trop chaud. Ensuite réduisez-les en poudre avec leurs coquilles: & soufflez de cette poudre sur les tayes, le plus souvent qu'il sera possible.

X. Voyez ci-dessus *Inflammation*, n. XI. & XII. Propriétés de la CAILLE, Tome I. page 435. CHARDON *Etoilé*; page 528 col. 2. Maladies des yeux du CHEVAL.

XI. Un collyre fait avec du sang de coq & du miel, est fort bon.

XII. Selon M. de Saint-Yves, on doit avoir deux intentions dans la cure de cette maladie: la premiere, de s'opposer aux progrès de la tache; la seconde, de détruire l'obstruction qui est déja formée. On satisfera à la premiere intention, par une diete exacte; faisant usage tous les matins d'une eau de veau mêlée d'herbes rafraîchissantes; ou à son défaut, d'une chopine de petit-lait mêlé avec une once de sirop violat. Il ne faut pas manger beaucoup de viande; usant pour boisson ordinaire d'une tisanne simple. Outre la saignée, le bain domestique sera fort utile; aussi-bien que les vésicatoires appliquées à la nuque du cou, que l'on entretiendra pendant quelque tems.

On satisfera à la seconde intention, par l'usage des topiques spiritueux & résolutifs; tels que l'infusion de l'anis & du fenouil dans de bonne eau-de-vie; dont on versera une cuillerée dans les eaux distillées d'euphraise, de fenouil & de plantain, deux cuillerées de chacune; évitant soigneusement (dit cet Auteur) les eaux vitrioliques, comme très-pernicieuses & propres à faire dégénérer cette maladie en abscès ou en ulcere. Lorsque l'inflammation est passée, il faut se servir de quelque eau ophthalmique, qui achevera d'éclaircir parfaitement la vue; en faisant couler plusieurs fois le jour quelques gouttes sur l'endroit de la blancheur.

Démangeaison des Paupieres.

1. Mêlez ensemble eau rose & vin blanc; de chacun une once & demie; & délayez bien dans ce mélange, une dragme d'aloës hépatique réduit en poudre. Trempez des linges fins dans cette liqueur, & appliquez-les sur les paupieres.

2. Prenez le blanc d'un œuf frais, cuit sous la cendre; & l'ayant bien pilé dans un mortier de marbre, ajoûtez-y quatre onces d'eau de plantain, ou de celle de roses; coulez la liqueur par un linge; & conservez-la dans une bouteille, pour l'usage. On fait entrer quelques gouttes de cette eau dans les yeux; ou bien on s'en bassine doucement les paupieres.

3. Prenez un œuf frais; vitriol blanc, vingt grains; eau de rose, ou de plantain, quatre onces: faites durcir l'œuf, ôtez-en le jaune, broyez le blanc dans un mortier avec le vitriol; ajoûtez-y ensuite l'eau rose ou celle de plantain: coulez le tout par un linge blanc: mettez quelques gouttes de cette eau dans les yeux, ou en bassinez les paupieres avec un peu de cotton, plusieurs fois le jour.

Ulceres qui viennent sur le bord des paupieres.

Les eaux ophthalmiques en général y sont utiles;

mais n'ont pas une entiere efficacité. En touchant adroitement avec la pierre infernale ces sortes d'ulceres, ils se cicatrisent aisément : il faut avoir soin de tempérer l'ardeur aussi-tôt qu'elle les a touchés, en faisant baigner l'Œil plusieurs fois dans un petit verre plein d'eau. On les touchera ainsi une ou deux fois la semaine, jusqu'à ce que l'on juge que ce soit assez : & on mettra sur ces endroits, soir & matin, de la tuthie en poudre très-fine, qui achevera de les cicatriser.

Quand ces ulceres sont profonds, ils sont plus long-tems à guérir que ceux dont la substance est fongueuse.

Gale des Paupieres.

Mêlez dans de l'onguent rosat, un peu de tuthie préparée ; ensuite étendez un peu de ce mélange sur de petits linges fins ; & appliquez-les doucement sur les paupieres.

Anthracose, Anthrax, ou Charbon des Paupieres.

On nomme ainsi une tumeur d'un rouge livide, qui cause une tension considérable aux paupieres & aux parties voisines ; accompagnée de fievre, douleur, pulsation, dureté, & d'une si grande chaleur, qu'il s'y forme une croute noire, une vraie escarre, comme si le feu y eût passé. L'érysipèle de la face, & la tuméfaction des glandes parotides, sont souvent des accidens de cette maladie.

On attribue la cause de l'anthrax des paupieres à un sang grossier, brûlé & dépouillé de son véhicule. Il n'arrive gueres qu'en Été, aux pauvres gens de la campagne mal nourris & continuellement exposés à des travaux fatigans & aux injures de la saison. On a observé que cette maladie est plus commune, quand les sécheresses sont trop grandes ; & qu'elle affecte particuliérement les personnes qui passent les jours entiers à scier les bleds.

La cure de cette maladie ne demande point de délai. Dès qu'on s'apperçoit de la formation de la pustule, il faut saigner le malade, lui donner des lavemens rafraîchissans, & lui faire boire des émulsions. On applique dans le commencement sur la partie malade, des compresses trempées dans de l'eau de sureau, où l'on fait fondre un peu de nitre.

Si l'inflammation ne s'appaise pas, & que l'escarre se forme, on l'incise avec une lancette ; & on lave avec une lotion faite d'onguent égyptiac dissout dans le vin & l'eau-de-vie. Si la tumeur est considérable, on scarifie les parties tuméfiées à la circonférence de l'escarre, & l'on applique des cataplasmes émolliens & résolutifs. Ces secours secondés de la saignée, qui est le spécifique de toutes les maladies inflammatoires, bornent les progrès de l'escarre, dont on prévient la chute avec des onguens digestifs : on travaille ensuite à mondifier & cicatriser l'ulcere. Il faut avoir soin, dans les pansemens de cet ulcere, de tenir la peau étendue ; pour que la cicatrice ne fronce pas la paupiere & ne cause point de difformité. Le Chirurgien doit aussi prendre toutes les mesures convenables, pour que l'Œil ne soit point éraillé ; ce qui est assez difficile, lorsque l'escarre a été grande, & qu'elle s'est formée près du bord de la paupiere.

Voyez Onguent *Divin*. Emplâtre *de Suye*.

Poils des Paupieres, entrant dans les Yeux.

On doit les arracher avec de petites pinces, en assujettissant avec un doigt ou deux la paupiere.

On prétend qu'on fait aussi tomber ce poil en frottant le bord des paupieres avec du sang de grenouilles vertes, ou avec celui de chauve-souris : on vante ce remede comme un spécifique.

Pour tirer le poil avec plus de facilité, il faut auparavant toucher les bords des paupieres d'où naissent les poils, avec la seconde eau de chaux.

Callosités des Paupieres.

Ces callosités sont de petites duretés, qui viennent au bord des paupieres.

Pour les guérir, il faut les adoucir & amollir avec du lait de femme.

L'eau de la Reine d'Hongrie, ouvrant extrêmement les pores, peut en discuter la matiere en la dissolvant : aussi est-elle plus efficace ; mais il faut que l'Œil soit garanti en dedans.

Si les duretés ne s'amollissent pas ainsi, il les faut percer, en faire sortir la matiere, & appliquer sur l'Œil des compresses trempées dans l'esprit de vin ou l'eau-de-vie camphrée, & ensuite quelques petits emplâtres pour attirer la matiere : le *Diachylum*, qu'on trouve tout prêt chez les Apothicaires, sera bon pour cela.

Ces remedes extérieurs ne sont pas fort efficaces, à moins que le malade n'ait été purgé, & qu'il n'observe un régime rafraîchissant. Qu'il prenne donc souvent des bouillons faits avec le veau, la volaille, & la chicorée. Il se purgera avec le jalap, depuis demi-gros jusqu'à un gros ; qu'il fera infuser dans un verre de vin blanc, à froid.

Union des Paupieres.

Il y a une union des paupieres casuelle & par accident, qui vient d'un pus épais de quelque ulcere caché sous la paupiere. Cette union, qui ôte la vue, se dissipe en mettant du baume de soufre sur l'Œil ; & ensuite un emplâtre d'onguent divin.

[Dans beaucoup de maladies des Yeux, il faut avoir attention de laver souvent avec de l'eau rose, ou de l'eau bien pure ; pour prévenir cette union. *Voyez*, ci-dessus, *Ophthalmie qui suit la petite vérole.*]

Fluxions sur les Yeux.

☞ Incorporez un peu de fleur de soufre avec de l'onguent rosat ; & appliquez-en le soir sur toute la paupiere. Ce remede cause une douleur assez vive, mais qui ne dure pas long-tems. On a guéri par ce seul remede une jeune fille qui n'étoit pas encore en âge d'avoir ses regles ; & dont les deux yeux étoient couverts d'abscès qui la faisoient beaucoup souffrir : les paupieres ne s'ouvroient que très-difficilement : elle ne pouvoit dormir que très-peu : & on avoit inutilement employé les remedes indiqués par tous les Oculistes de Paris, & par d'autres gens de l'art. Dès le troisieme jour, ce remede produisit un effet sensible : & les symptômes diminuerent ensuite par degrés.

Onguent pour les fluxions, inflammations, démangeaisons, chassie, & pustules des Yeux.

Faites cuire à petit feu une livre de beurre bien frais, dans une bassine, ou autre vaisseau de cuivre. Lorsque votre beurre fondu ne pétillera plus, versez-y, peu à peu, quatre onces de vinaigre rosat du plus fort ; continuez à faire cuire jusqu'à ce que le mélange ne fasse plus de bruit. Alors retirez-le, passez-le par un linge, & versez-le dans un mortier de bronze, ou dans quelque vaisseau de cuivre, où vous aurez mis auparavant quatre onces de tuthie préparée réduite en poudre

poudre: brouillez bien le tout ensemble, avec un pilon, ou une spatule; & ne cessez d'agiter la matiere, jusqu'à ce qu'elle soit entiérement refroidie.

Cet onguent est un bon remede. Il en faut mettre la grosseur d'un pois dans le coin de l'Œil le soir en se couchant; & le laisser fondre tout doucement. On peut aussi s'en frotter les paupieres & les autres endroits malades.

Voyez ARGEMONE. CAFFÉ. ANE. *Usage* du FROMENT. *Tayes*, ci-dessus, n. 3.

Œil blessé par l'Eau Forte.

Une goutte d'eau-forte ayant rejailli sur la paupiere d'un Chymiste lorsqu'il travailloit, causa douleur, inflammation, & tumeur à l'Œil, avec grand danger. Les *Ephémérides de Leipsic* rapportent que ce Chymiste se guérit parfaitement, en y appliquant des linges trempés dans une solution de sel de Saturne faite en eau commune; qu'il changeoit souvent: ce que le Chymiste a déclaré lui-même.

Chaux rejaillie dans l'Œil.

Un jeune homme s'étant approché trop près de gens qui faisoient du mortier avec la chaux & le sable, il réjaillit de ce mortier dans ses yeux; d'où vinrent bientôt, sans qu'on pût le préserver, comme deux mailles qui couvrirent ses prunelles. On lui rendit la vue en appliquant sur ses yeux un cataplasme de feuilles récemment cueillies, de trefle des prés tachées de blanc. Delobel a remarqué que l'on fait entrer ce trefle dans les décoctions & les collyres qu'on prépare pour les yeux, avec autant de succès que l'eufraise.

2. Lorsqu'il entre dans les yeux, de la chaux, du plâtre, ou du mortier dans lequel il y a de la chaux, il ne les faut point laver avec de l'eau; mais y faire entrer de l'huile d'olives: qui a la propriété d'éteindre la chaux & de l'amortir; au lieu que l'eau, & toute liqueur aqueuse, rend la chaux plus pénétrante, en lui servant de soutien & de véhicule.

Corps étrangers, entrés dans l'Œil.

Etmuller rapporte qu'il a fait une expérience très-efficace pour remédier à tous les accidens de quelques corps étrangers, tombés dans les yeux; tels qu'ordures, poussieres, &c. Il dit qu'on retire commodément ces ordures avec les pierres ou yeux d'écrevisses, qu'on met entieres (deux ou trois en nombre) dans les yeux malades, ensorte que la partie cave touche le globe de l'Œil: on ferme ensuite les paupieres, & on fait glisser çà & là ces pierres dans l'Œil: par ce moyen les corps étrangers qui s'attachent, en sont tirés.

2. La semence d'orvale, tant cultivée que sauvage, mise dans les angles des yeux lorsqu'on se couche, roule sur le globe de l'Œil: comme elle est un peu gluante, les corps étrangers s'y attachent, & sortent avec elle.

3. S'il tombe dans l'Œil un fétu ou une paille, on prendra un morceau d'ambre jaune, ou de la cire d'Espagne bien frottée contre du drap; & on l'approchera de la paille, qui s'y attachera.

4. Les paillettes de fer ou d'acier, tombées dans les yeux, en sortent d'abord qu'on approche un bon aimant de l'Œil ouvert.

Ulceres internes des Yeux.

Je ne vois point de remede plus puissant, dit M. du Bé, pour guérir les ulceres des yeux, que le fiel des animaux, mêlé avec l'eau d'eufraise, de rue, ou de fleurs de souci, à proportion de la qualité de la partie affligée, & du fiel qui sera employé: car celui de poisson est assez doux; celui des animaux à quatre pieds est plus mordicant; comme celui des oiseaux est plus âcre, & sur-tout le fiel de perdrix.

2. Il faut appliquer de l'eau distillée de camphre; & aussi-tôt que l'ulcere commencera à percer, y mettre une solution de pierre divine dans de l'eau commune, afin de nettoyer & cicatriser l'ulcere.

3. Ces ulceres doivent être mondifiés, détergés & desséchés. On peut employer les résolutifs, parce qu'ils se chargent des acides: dit M. Tauvry. Il faut pourtant prendre garde de ne pas irriter, à cause de la sensibilité des parties; ni mettre des adoucissans, tels que le lait & les choses grasses & butyreuses, qui empêchent la transpiration & la mondification de l'Œil. Mais on peut user d'une décoction d'aigremoine, de racine d'iris de Florence, de semence de fenouil; où l'on ajoûte un peu de tuthie préparée, ou de pompholyx, ou d'antimoine crud. Tous ces remedes absorbant les acides, empêchent la viscidité de ces matieres. Ainsi l'ulcere n'ayant plus ces matieres visqueuses & aigres qui l'entretiennent, peut facilement se guérir.

Verrues proche de l'Œil.

Voyez sous le mot *Verrues*, entre les maladies du CHEVAL.

Pour arrêter les Larmes & autres humeurs qui coulent des Yeux.

I. Faites une décoction avec des feuilles de betoine, de la racine de fenouil, & très-peu d'encens fin; dont vous vous servirez en collyre.

II. Il faut se laver souvent les yeux avec une décoction de cerfeuil.

III. On peut instiller dans les yeux, de tems en tems, du jus de rue, mêlé avec du miel bien écumé.

IV. On instille dans l'Œil, de l'eau distillée d'éclaire, & de fiel d'homme.

V. Il faut frotter le bord des yeux avec de la suye de beurre brûlé à la lampe. Ce topique guérit encore très-promptement les *Fistules lacrymales*, & les érosions de l'ophthalmie.

VI. Voyez GANGRENE, n. VI. AUBIFOIN. *Yeux larmoyans*; entre les maladies du CHEVAL.

Fistule Lachrymale.

C'est un ulcere étroit, dur & calleux, situé au grand angle de l'Œil proche du nez. Les larmes ne pouvant entrer dans la narine, coulent le long de la joue; & si l'on presse le coin de l'Œil, il en sort un pus âcre & séreux.

Il faut s'abstenir d'alimens froids & acides; parce qu'ils épaississent la lymphe qui est la cause de cette maladie.

2. On mettra sur l'Œil une compresse trempée dans de l'eau de la Reine d'Hongrie; ou dans de l'esprit de vin camphré: & l'on maintiendra la compresse sur l'Œil avec un mouchoir en biais.

3. Si ces remedes ne guérissent pas la fistule, il en faut faire l'ouverture avec une lancette, en prenant garde de couper l'union des paupieres. Si l'on apperçoit que l'os soit carié, on le touchera légérement avec un fer rouge, ce qu'on appelle *cautere actuel*: on remplira la playe de charpi seche, & l'on

mettra par-dessus un petit emplâtre. Après qu'on aura levé l'appareil, on fera suppurer la tumeur avec un onguent suppuratif, jusques à ce que la plaie soit belle. Puis on continuera de la panser jusqu'à la fin avec l'onguent mondificatif. On entretiendra le canal lacrymal ouvert, au moyen d'une bougie, ou d'une petite cannule de plomb.

Pour conserver les Yeux, dans la Petite Verole.

Prenez de l'eau de plantain; éteignez-y plusieurs fois de suite une piece d'or rougie au feu; & mettez de tems en tems quelques gouttes de cette eau dans les yeux du malade.

2. Bassinez plusieurs fois par jour les yeux avec une cueillerée de vinaigre & six cueillerées d'eau, que vous mêlerez ensemble, & que vous ferez chauffer. Ce remede a été éprouvé plusieurs fois. Mais prenez garde de bassiner le reste du visage avec cette eau; la petite Verole rentreroit, & feroit peut-être mourir le malade: ou bien elle jetteroit la fluxion sur la gorge, & étoufferoit le malade.

ŒUIL *d'un Arbre*. Voyez BOUTON. On dit, Écussoner à *Œuil Poussant*, &c. *Voyez* GREFFER.

ŒUIL: *Terme de Jardinage*. Voyez NOMBRIL; Terme de Botanique.

ŒUIL *de Concombre*, & *de Melon*. C'est l'endroit d'où sortent les bras. Il se nomme aussi *Maille*.

ŒUIL *d'une Poire*; *d'une Pomme*. C'est l'extrémité opposée à la queue. Cet Œil est fait comme une petite couronne; qui est enfoncée aux unes & non aux autres.

ŒUIL *Dormant*. } Voyez GREFFER *en Écusson*.
ŒUIL *Poussant*. }

Gagner un ŒUIL. Voyez sous le mot GAGNER.

ŒUIL DE BŒUF: en Latin, *Buphthalmum*. Ce genre de Plantes porte des fleurs radiées; dont le centre est large. Les semences ne sont point aigrettées.

L'espece la plus commune dans les Pays chauds, est celle que G. Bauhin nomme *Buphthalmum Tanaceti minoris folio*: sa fleur est tantôt jaune, tantôt blanche.

II. Il y a des gens qui nomment ŒUIL DE BŒUF la *Grande Marguerite*, ou *Reine Marguerite*: Plante annuelle, originaire de la Chine; qui s'est bien naturalisée parmi nous, ensorte qu'elle décore nos Jardins par des fleurs très-doubles dont les couleurs varient prodigieusement. C'est *l'Aster Chenopodii folio, flore ingenti specioso*. H. Eltham. Chaque plante forme une espece de buisson, haut d'environ deux pieds. Les feuilles sont à peu près ovales, anguleuses, dentelées profondément. Les fleurs naissent à l'extrémité des rameaux; sont larges, jaunes à leur centre: & leur calyce est grand, & composé de beaucoup de feuilles.

Culture.

Les Reines Marguerites se multiplient par leurs graines. On peut se contenter de les semer en pleine terre, où elles réussissent bien, étant semées dans l'automne. D'autres les sement sur couche, & les transplantent de bonne heure. Plus la terre est substancieuse, mieux ces plantes répondent à l'agrément qui est le motif de leur culture. Elles ont plus ou moins besoin d'eau, selon le dégré de chaleur & de sécheresse de la saison. En les levant pour les transplanter, il faut leur laisser une bonne motte; & avoir préparé les trous où on veut les mettre. Leurs fleurs paroissent en été, & subsistent encore assez avant dans l'automne.

On laisse parfaitement mûrir les graines sur pied.

ŒUIL *de Bœuf*: Terme de Forêt. Les Bucherons appellent ainsi des trous ronds & assez petits, qu'on apperçoit sur les tiges des arbres, & qui annoncent qu'une partie du corps ligneux est pourrie. Ces plaies ne se ferment presque jamais.

Les Jardiniers se servent aussi de cette expression, dans le même sens.

Consultez la *Physique des Arbres*, de M. Duhamel; l. 4. ch. 3. art. 5.

ŒUIL DE CHAT: Plante. *Voyez* MUFLE DE VEAU, n. 1 & 2.

ŒUIL *d'un Œuf*. C'est la même chose que le Germe.

ŒUILLET; ou *Œillet*: en Latin *Caryophyllus*, & *Dianthus*: que les Anglois nomment *Clove Gilly flower*; *Pink*; &c. La fleur de ce genre de plantes a un calyce cylindrique, strié, écailleux à sa base, & communément découpé en cinq à sa partie supérieure. Il y a cinq pétales, dans les fleurs simples: chacun d'eux a sa partie inférieure aussi longue que le calyce, & étroite; la partie qui est hors du calyce forme un épanouissement dont les bords sont crénelés. Dans l'intérieur sont dix étamines; dont les sommets sont applatis, & présentent une ovale allongée. L'embryon ou ovaire est à-peu-près de forme ovale; surmonté de deux styles très-menus, à l'extrêmité desquels sont des stigmates aigus & courbes. A cette fleur succéde une capsule plus ou moins cylindrique, environnée du calyce; laquelle s'ouvre par en-haut en quatre parties, & n'a intérieurement qu'une seule loge: où sont quantité de semences rondelettes, & un peu applaties.

Les tiges sont cylindriques, trop foibles pour se soutenir sans appui quand elles ont environ dix pouces de hauteur; & garnies de nœuds: à chacun desquels est une feuille étroite, longue, & terminée en pointe.

Especes.

1. *Caryophyllus maximus ruber*, C. B. L'*Œuillet à Ratafia*; appellé *Tunica* dans les dispensaires. Il a l'odeur & le goût du gérofle.

2. *Caryophyllus altilis major*. C. B. L'Œuillet double, de différentes couleurs; que l'on cultive dans les jardins.

Il s'éleve souvent à plus de deux pieds de haut. Toute la plante est de couleur cendrée. Les feuilles sont fermes. C'est cette plante & ses variétés, que les Anglois nomment *Carnation*.

3. *Caryophyllus pleno flore, minor*, C. B. L'*Œuillet des Dames*. La plante demeure toujours assez basse: elle ne donne que de petites fleurs, & dont l'odeur est douce. Ces fleurs sont doubles.

4. *Caryophyllus multiplex laciniatus*, C. B. L'*Effilé*. Ses pétales sont découpés en lanieres. On cultive cet Œuillet dans les Jardins. Il donne beaucoup de fleurs.

5. *Caryophyllus simplex minor, flore punctato*, C. B. Cet Œillet, piqueté, est simple. Il vient sur des endroits élevés; & forme des gazons qui subsistent toute l'année.

6. *Caryophyllus barbatus hortensis latifolius*, C. B. C'est le principal *Sweet William* des Anglois: l'*Œuillet Poëte*, étranger. Ses fleurs varient beaucoup, ainsi que ses feuilles. Il donne des fleurs doubles; & de simples.

Les Jardiniers Anglois nommoient anciennement *Sweet Johns*, la variété dont les feuilles sont étroites.

On regarde comme une variété du précédent, l'*Œuillet d'Espagne*, que nous cultivons à cause de ses fleurs très-doubles. C'est le *Caryophyllus barbatus, flore multiplici*, C. B.

7. *Caryophyllus montanus, umbellatus, floribus luteis ferrugineis*, Barrel. L'*Œuillet d'Italie*. Ses fleurs

font ramassées en tête, jaunes & orangées sur un même pied, crénelées à leurs bords; & ont un calyce roide & barbu. Cette plante est vivace. Sa tige s'éleve à la hauteur d'environ un pied & demi. Ses feuilles sont fermes, d'un verd pâle, opposées des deux côtés de chaque articulation. Les fleurs sont en état vers le mois de Juillet. Les racines reproduisent pendant plusieurs années de suite, des plantes qui fleurissent & portent graines. Les jeunes plantes qui ont deux ans fleurissent mieux que les autres.

8. *Caryophyllus barbatus sylvestris*, C. B. L'*Œuillet Poëte*, de ce pays. Il est annuel. On le trouve souvent dans les prairies. Ses fleurs, rouges, ont un calyce à longues barbes, & viennent en bouquets serrés.

9. *Caryophyllus Sinensis supinus, Leucoïifolio, flore unico:* Tourn. Act. Ac. R. Par. 1705. L'*Œuillet de la Chine*. Il n'a point d'odeur: mais ses fleurs donnent une grande variété de couleurs vives.

Il y en a qui fleurit très-double, & dont les couleurs sont magnifiques.

La plante est branchue; & n'a gueres que huit ou dix pouces de haut. Chaque branche est terminée par une seule fleur. Depuis le mois de Juillet, les fleurs s'y succédent sans interruption, jusqu'aux gelées.

Usages.

Les fleurs des *nn.* 1 & 2 ne sont pas seulement l'objet de la curiosité des Fleuristes, comme celles des autres especes: elles ont encore un usage particulier dans la médecine. On les y employe pour la paralysie, les vertiges, l'épilepsie; pour exciter la transpiration, résister au venin; enfin à titre de cordiales & céphaliques. On choisit les Œuillets simples; & parmi les simples, les rouges; & entre ceux-ci, les plus odorans. La décoction des fleurs d'Œuillet est un excellent cordial, & un remede éprouvé contre les fievres malignes: elle fait sortir les mauvaises humeurs par la transpiration, ou par les urines; fortifie le cœur des malades, & appaise leur soif. On prépare un syrop de ces mêmes fleurs; qu'on emploie avec l'eau distillée d'alleluia, dans les potions cordiales tempérées. On prépare aussi un excellent Ratafia, avec les fleurs d'Œuillet; en les faisant infuser dans l'eau-de-vie avec un peu de sucre: cette liqueur est très-utile contre les vents & les indigestions. *Voyez* RATAFIA. SIROP. Souvent on augmente l'aromat de l'Œillet, avec quelques cloux de girofle.

La semence, la fleur, & la plante entiere, sont bonnes pour les piquûres de scorpion. La semence, prise à la quantité de deux dragmes, purge les humeurs chaudes & bilieuses.

Conserve d'Oeuillets.

Prenez des Oeuillets rouges cramoisis; coupez-les de sorte qu'il n'y reste point de blanc; pesez-en un quarteron; & pilez-les dans un mortier de marbre jusqu'à ce qu'il n'y ait plus d'apparence de fleurs. Faites cuire une livre de sucre, comme pour faire de la conserve. Quand le sirop sera cuit, vous le retirerez de dessus le feu; alors vous y jetterez les Oeuillets peu-à-peu, en remuant toujours. Après que le tout sera refroidi, vous le dresserez sur du papier en petits morceaux.

Cette conserve s'ordonne depuis demi-once, jusqu'à une once & demie. C'est un excellent cordial, & très-propre dans les fievres malignes, même les plus violentes.

CULTURE DE L'ŒUILLET.

Il se multiplie de semence, ou par marcottes.

La graine se seme au mois de Mars, ou en Octobre; sur planches, sur couches, ou dans des pots. Si on la seme sur planches, on doit y répandre l'épaisseur d'un bon doigt de terreau: si c'est sur couches, le terreau qui y est, suffit: enfin si c'est dans des pots, ou terrines, ou bacquets, il faut remplir le fond avec moitié terreau, moitié terre à potager bien criblée; & la couvrir d'un bon doigt de terreau. Quelques-uns se contentent de mettre dans le fond la seule terre à potager bien criblée.

Si on veut se donner la peine de semer les Œuillets, il faut que ce soit en grande quantité; parce qu'entre plusieurs milliers de pieds, il s'en trouve très-peu qui méritent d'être gardés. Au reste on doit donner à ces semences une bonne exposition.

Les Œuillets qui auront été semés en Octobre, seront transplantés à la fin d'Avril ou au commencement de Mars; & ceux qui auront été semés en Mars, seront transplantés au mois de Juin. On les mettra en planches bien labourées, & amandées d'un peu de terreau; on les alignera au cordeau; & on les plantera à quatre doigts de distance. Ces Œuillets ainsi plantés demeurent en terre jusqu'à l'année suivante, sans donner de fleurs.

On *marcotte* les Œuillets en y faisant une petite entaille au-dessous d'un nœud; remplissant cette fente avec un peu de terre fine; & l'entourant de deux ou trois pouces de la même terre; soit dans un cornet ou entonnoir de fer blanc suspendu en l'air, pour les rameaux qui sont trop hauts & trop fermes pour être couchés; soit dans un pot, ou en pleine terre, quand les rameaux sont assez bas. *Voyez* MARCOTTE.

Au commencement d'Avril, il faut les replanter dans une nouvelle terre, composée de deux tiers de vieux terreau de fumier de vache consommé, où l'on mêlera moitié sable gras & noir s'il se peut, & autant de terre commune du jardin pour l'autre tiers. Il faut seulement mettre un demi-pouce de terre par dessus les racines des marcottes en les plantant; les arroser & les mettre à l'ombre durant cinq ou six jours, s'ils sont dans des pots: sinon les couvrir de quelque chose, quand ils sont en pleine terre.

Vous pouvez faire un lit de huit pouces de profondeur en pleine terre, de la qualité marquée ci-dessus; & y planter vos marcottes en tel endroit de votre jardin qu'il vous plaira: si vous n'aimez mieux vous contenter de faire des fosses rondes, de six pouces de profondeur & de huit de large; ou quarrées, de la longueur d'une tuile, que vous entourerez de tuiles mises de champ autour des parois de ces fosses quarrées, que vous paverez aussi de tuiles. Vous remplirez toutes ces fosses de cette terre composée; & y planterez vos Œuillets: qui seront aussi bien que dans des pots; peut-être encore mieux.

Il y en a qui veulent que les pots à Œuillets soient peu profonds, comme de cinq à six pouces seulement, sur sept à huit de largeur par le haut. Ils disent que de cette sorte, les Œuillets ayant peu de profondeur pour pousser leurs racines en bas, donnent toute leur nourriture à la tige, & conséquemment font leurs fleurs plus grosses & plus larges. Mais on peut sûrement mettre plusieurs pieds d'Œuillets dans un même pot, quoiqu'il soit grand & creux; ils n'auront point alors autant de nourriture que s'il n'y avoit qu'un seul pied. Ou bien on peut faire un second fond dans les grands pots, avec une tuile arrondie & taillée à la serpe : par ce moyen on rend les pots aussi peu profonds que l'on veut. Cela fait on remplit ces pots jusqu'en haut, avec de la terre composée.

Pour avoir commodément de cette terre, il faut en remplir une fosse en quelque lieu du jardin, & l'y laisser passer l'hiver : au printems vous en emplirez vos pots, fonds, ou fosses rondes ou quarrées, dont on a parlé ; & vous y planterez vos marcottes, comme il a été dit. En automne vous viderez cette terre dans la même fosse, après que vous en aurez pris de reposée, pour replanter vos marcottes : vous en userez ainsi tous les ans, au printems & en automne.

Il y a des cultivateurs qui plantent les marcottes dans de la terre de vieux saules, mêlée avec un quart de sable gras : cette terre est fort bonne ; ainsi que le terreau tout pur, de cheval, pourri à l'air, & hiverné de cinq à six ans. Il en est de même des excremens de latrine, exposés & hivernés ainsi durant le même espace de tems.

Les crotins tiennent la terre des Œuillets meuble & légere, en sorte que les eaux avec lesquelles on les arrose, y passent comme par une éponge ; ce qui rafraîchit extrémement les Œuillets, & les fait grossir & élargir prodigieusement.

Au lieu de crotins, vous pouvez y mettre des sciures de bois : ainsi que dans toutes les caisses & pots des arbustes, des anemones, renoncules, & autres fleurs.

Il y a des lieux où les Fleuristes laissent toujours leurs Œuillets dans les mêmes pots, sans les renouveller de terre, ni labourer cette terre : ils prétendent que leurs Œuillets ayant rempli de leurs racines tout le pot ; leurs tiges, & leurs fleurs en tirent plus de nourriture, & conséquemment en deviennent plus larges.

Ces Fleuristes marcottent leurs Œuillets en l'air ; pour ne point labourer la terre.

Il y a un arrosement général, qui se doit faire avec prudence, comme une ou deux fois la semaine, toujours d'eau nette, échauffée au soleil, si cela est à propos.

Il y a un arrosement particulier qui se fait au tems que les Œuillets commencent à fournir. Pour cela vous émietterez de la fiente de vache, ou des crotins de cheval, éteints & séchés depuis deux ou trois mois : & ayant donné un leger labour à la terre de vos Œuillets, vous laisserez hâler ce labour pendant un jour ; le soir suivant vous y mettrez de ces crotins émiétés, l'épaisseur d'un pouce. Arrosez tous les jours ; & n'oubliez pas d'*ardillonner* les Œuillets, lorsque les seconds boutons sont déja bien gros : c'est-à-dire, que vous jetterez bas quantité de boutons qui viennent à côté des gros, dont ils consomment la nourriture.

Vous retrancherez aussi dans le même tems, aux pieds d'Œuillets, la moitié de leurs Œuilletons ; par exemple s'il y a pour faire quatre ou six marcottes, vous en supprimerez deux ou trois, que vous couperez proprement & tout près de leurs tiges.

Ce retranchement donne de la vigueur aux fleurs, & fait qu'elles deviennent plus grosses. Ces Œuilletons retranchés peuvent servir de boutures ; comme on le fait à l'égard des giroflées, des jacintes, &c. Il y a des curieux qui ne laissent que trois ou quatre Œuillets sur chaque pied, pour les avoir extraordinairement gros ; & rejettent tous ceux qui sont sujets à crever.

Durant les sécheresses de Juillet & d'Août, tems où les Œuillets sont en fleur ; on peut délayer une ou deux fois de la bouze de vache fraîche dans de l'eau claire ; & lorsqu'on l'aura laissé épurer un jour ou deux, le marc étant descendu au fond, arroser les Œuillets avec cette eau claire, pour les rafraîchir & leur donner de la force.

Leur *beauté* ne consiste pas seulement dans la netteté & variété de leurs couleurs & panaches, mais aussi dans la grosseur qui doit être au moins de trois pouces de diametre, qui font neuf pouces de tour : ils viennent quelquefois si gros, qu'on est obligé de les aider à s'ouvrir ; ce qui se fait adroitement avec un canif, pour empêcher qu'ils ne crevent.

Si nonobstant cette opération, ils se disposent encore à crever, ce qui arrive quelquefois ; en ce cas, on fait avec un fil de laine, un cordon autour du calyce.

Pour aider les Œuillets à devenir encore plus larges, on coupe avec des cizeaux bien proprement les écailles du calyce qui serrent ordinairement beaucoup vers le collet : par ce moyen les feuilles (ou pétales) d'en bas ayant lieu de s'étendre à leur aise, donnent place aux autres, pour se bien étaler. On favorise encore le développement des pétales au moyen d'une carte trouée au milieu pour y faire passer le bouton de l'Œuillet ; cette carte doit être fendue depuis son bord jusqu'à l'ouverture, & taillée en rond : cette espece de plateau soutient les pétales fermes & bien droits : c'est ce qu'on nomme *Ajuster* un Œuillet.

Il est bon de mettre les Œuillets, quand ils sont en fleur, à l'ombre d'une muraille qui les garantisse du soleil de midi ; cela les conserve plus longtems, & les aide à devenir plus gros.

Il faut garantir leurs fleurs des grandes pluyes, qui les feroient trop tôt passer : c'est pourquoi en ce cas, il faut les mettre à couvert, pour empêcher même qu'ils ne crevent ; & à cet effet, on peut leur faire un abri, qui les en préserve.

Durant l'hiver, on peut laisser à l'air les marcottes qu'on a levées en automne, & qui sont dans des pots : ou les mettre dans la serre. On doit les y arroser deux ou trois fois durant l'hiver, & ne les sortir qu'au beau tems, au mois de Mars, observant de les tenir pour lors à l'ombre ; & s'il fait trop de pluye, les mettre à couvert. S'il ne pleut point durant ce mois, on les arrose avec discrétion : ce que l'on fait encore pour ceux qui sont en pleine terre.

Les Œuillets qu'on met à couvert durant l'hiver, sont sujets à être mangés des souris : c'est pourquoi il faut y remédier. Quand les Œuillets demeurent en plein air, ils ne sont point sujets à cet inconvénient ; & ils se conservent tout aussi bien qu'à couvert, peut-être même encore mieux ; les gelées & les neiges ne les font point mourir : ce qu'il y a de plus à craindre, ce sont les taupes.

Le soleil le plus favorable pour les Œuillets, est celui qu'ils reçoivent depuis cinq à six heures du matin jusqu'à dix ou onze heures avant midi : les autres expositions leur sont bonnes, ils viennent assez bien par-tout. Au couchant ils sont à merveille, tant pour leur verdure que pour leurs fleurs. Au surplus il leur faut le grand air. Les lieux humides, sombres & aquatiques, sont plus propres à les ensevelir qu'à les entretenir ; quoique pendant quelque tems leur feuillage y paroisse beau, jamais néanmoins ils n'y portent des fleurs, ou que de très-petites, & fort pâles en couleur.

L'expérience a appris, qu'exposant cette fleur au grand soleil, & l'arrosant soigneusement tous les jours, on la fait visiblement croître & profiter davantage dans huit jours, qu'elle ne feroit autre part dans deux mois : mais si l'on cesse de l'arroser, & qu'on la laisse au grand soleil deux ou trois jours, il est certain qu'elle périt.

Les *Perce-oreilles* sont leurs destructeurs. Il faut leur faire une guerre vigilante; les prenant tous les matins au moyen des coquilles de limaçons; ou des ongles de pieds de porc, de mouton ou d'autres animaux; ou avec des cornes; ces coquilles, ongles, ou cornes, se mettent au bout des roseaux ou baguettes ausquelles sont attachés les Œuillets. On peut encore mettre les Œuillets dans des pots, dont les bords, larges d'environ un pouce & demi, soient creusés en canal, que l'on tient pleins d'eau.

Cette derniere précaution peut bien empêcher les insectes qui viennent de dehors; mais pour ceux qui peuvent s'engendrer de la terre même des pots, on les prend plus sûrement, par les autres moyens ci-dessus.

Pour avoir de la graine de ses Œillets, il faut qu'ils soient en pleine terre; les manier le moins qu'on peut; couper les écailles & les pointes de leurs boutons, comme il a été dit; & les garantir des perce-oreilles.

Si vous voulez *avoir des Œillets rares & extraordinaires*, il faut en semer tous les ans; l'année d'après ils portent tous; on choisit alors les meilleurs, & on rejette les moindres.

Pour avoir des Œillets Doubles extrêmement beaux.

Il faut (dit-on) planter les Œillets dans une terre composée de plusieurs lits de farine de fèves, & de fumier, ensorte que l'on commence par mettre une couche de fumier, ensuite une de farine, puis une autre de fumier, & ainsi alternativement.

ŒUILLET (ou ŒILLET) D'INDE : en Latin *Tagetes* : & en Anglois, *African*, ou *French*, *Marigold*. Ce genre de Plantes porte des fleurs radiées. Leur calyce commun est simple, d'une seule piece, allongé, divisé à son extrémité en plusieurs dentelures plus ou moins profondes. Les fleurons, qui font au disque de la fleur, sont découpés en cinq segmens obtus. Chaque fleuron a cinq étamines fort menues; terminées par des sommets cylindriques; & un embryon allongé, qui supporte un style menu, avec deux stigmates courbes. Il leur succede une semence applatie, oblongue, fort étroite, terminée par une couronne de feuilles ou écailles, plus ou moins nombreuses.

Especes.

1. *Tagetes maximus, rectus, flore simplici ex luteo pallido.* J. B. Cette espece, originaire du Mexique, s'est bien naturalisée dans nos jardins. Il y en a de jaune pâle, ou soufre; de jaune foncé; d'orangée : les unes & les autres donnent des fleurs simples, & de doubles. Leur odeur n'est point agréable. Les fleurs sont en état vers le mois de Juillet; & l'on en a jusqu'aux gelées. C'est le *Grand Œuillet d'Inde.*

2. L'on en voit qui portent des fleurs blanches.

3. *Tagetes Indicus minor, flore simplici; sive Caryophyllus Indicus, sive flos Africanus* J. B. Le *Petit Œuillet d'Inde.* Il est moins considérable que le *n.* 1 dans toutes ses parties. Vers le mois de Mai, il commence à donner des fleurs jaunes veloutées, mêlées de roux & de couleur safranée. Ces fleurs subsistent pendant tout l'Été.

4. Il y en a une espece, ou variété, dont l'odeur est agréable.

Usages.

Il y a des gens qui disent que l'Œillet d'Inde est un poison. D'autres prétendent que le suc de ses feuilles dissipe le froid des fievres intermittentes, si l'on s'en frotte un peu avant l'accès; & qu'il est bon pour les convulsions, la cachexie, & l'hydropisie. Au lieu du suc, on peut se servir des feuilles, écrasées, & prises avec du vin ou de l'eau. Sa racine est un bon remede vermifuge.

Culture.

Ces plantes se multiplient de semence.

On peut les semer sur une couche tempérée, pour les transplanter quand elles sont suffisamment vigoureuses.

Elles ne demandent pas une terre excellente. En hiver, on les abrite de la gelée. Du reste il leur faut peu de soins.

ŒUILLET-DIEU, d'Éthiopie. *Voyez* CELASTRUS, *n.* 4.

ŒUILLETON, ou ŒILLETON. Rejetton, ou jeune plante, qui pousse tous les ans au printems, autour du pied d'anciennes plantes, & qui est accompagné de racines. *Voyez* DRAGEON.

ŒUILLETONNER, ou ŒILLETONNER. C'est séparer les Œilletons de la grosse racine; & planter en place ou en pépiniere, ceux qui en sont susceptibles. *Voyez* ARTICHAUT, CHATRER, *n.* 2.

ŒUVRE (*Levrier*). C'est un chien levrier, qui a le palais noir.

ŒUVRES. *Voyez* ÉCHALAS.

OIG

OIGNON; ou *Bulbe* : Terme de Botanique. *Voyez* BULBE.

OIGNON : en Latin *Cepa*, & *Cepe*. Plante potagere; dont les feuilles ont environ un pied de longueur, & sont creuses intérieurement, pointues, presque triangulaires, concaves à leur surface interne. Leur odeur est forte, & leur saveur âcre. Lorsque l'Oignon est jeune, ses feuilles sont plus cylindriques que triangulaires; mais leur surface interne est toujours plus ou moins concave, sur-tout vers la base. La tige qui sort du milieu des feuilles est ronde, creuse, plus grosse vers le milieu qu'ailleurs; nue, droite, haute de trois à quatre pieds; & porte à son sommet une tête assez grosse qui soutient un bouquet de fleurs disposées en rond : qui sont du genre des liliacées : & composées de six pétales. Chacune a six étamines; & un pistil qui se change ensuite en un fruit à peu-près arrondi, partagé en trois loges, remplies de graines anguleuses, noires à l'extérieur, & blanches en dedans. La racine, à laquelle on donne communément le nom d'Oignon, est une bulbe ronde, mais un peu applatie; composée de plusieurs tuniques, dont celles du dedans sont charnues, & les extérieures membraneuses; garnie à sa base, de fibres blanches; & remplie d'un suc subtil & très-âcre, qui se porte aux yeux, & les fait pleurer. L'odeur de l'Oignon est forte & désagréable.

Especes.

Il y a de l'Oignon *blanc*, de *pâle*, & de *rouge*. Les fleurs, & les tuniques, tant internes qu'externes, sont blanches dans les uns; & rouges, dans les autres. On en voit, des mêmes couleurs, dont la bulbe est oblongue, & renflée au milieu.

Usages.

L'*Oignon rouge* est un des plus généralement cultivés en Europe; parce qu'il est gros, qu'il a beaucoup de force, & qu'il se conserve long-tems. Sa forme est ronde, un peu applatie; sa chair blanche, veinée de rouge : & sa couleur extérieure, d'un rouge tirant sur le purpurin. Comme il devient violet en cuisant, il y a des personnes à qui cette couleur déplaît. Cependant on le préfere pour les jus : & les chaircuitiers l'employent par préférence pour apprêter leurs marchandises.

L'*Oignon pâle* est plus usité à Paris, où l'on n'aime pas le goût trop relevé dans les alimens. Il est plus applati que le rouge. Il y en a dont l'extérieur est de couleur de paille, tirant sur le citron; & d'autre, d'un rouge pâle. Le premier est le plus doux. Mais le second est plus de garde: & c'est celui dont il s'y consomme davantage en hiver.

L'*Oignon Blanc* est estimé à cause de sa douceur. On en fait beaucoup d'usage depuis le mois de Mai jusqu'à l'Automne. On l'aime particuliérement à la grosseur d'une bonne aveline, pour garnir les soupes & différens ragouts.

En général il y a peu de mêts, où l'on ne fasse entrer au moins le jus d'Oignon, si l'on n'y en employe pas la substance même; & quoiqu'il se trouve des personnes qui le craignent; son goût, étant adouci par son mélange avec les viandes ou les légumes, est supportable pour ceux qui y ont le plus de répugnance. Constamment l'Oignon entre dans presque toutes les bonnes sauces; dans les jus de viande; & dans les potages, où il donne bon goût au bouillon. On le mêle avec les salades vertes. Il se mange en salade, cuit à la braise; ou seul, ou avec la béterave, les câpres & les cornichons. On le mange crud avec du pain en plusieurs pays, & en quelques Provinces de France. Enfin c'est une des plantes potageres dont il se consomme davantage. Une personne qui mangera tous les jours des Oignons fort tendres avec du miel à jeun, vivra sainement; pourvû qu'ils ne soient pas tout nouveaux : car les secs sont plus sains que les verds; les cuits, plus que les cruds; les confits, meilleurs que les secs. C'est pourquoi les secs doivent être choisis pour en user en salades, fricassées, & autres usages.

Galien interdit l'Oignon aux tempéramens bilieux; & le conseille beaucoup aux phlegmatiques.

Asclepius au contraire suppose que cet aliment convient également à toutes sortes de personnes : il le regarde sur-tout comme très-bon pour l'estomac, & propre à donner une belle couleur à ceux qui en mangent. Cet aliment semble ne convenir qu'aux Païsans qui travaillent beaucoup : les autres qui le mangent crud, en contractent souvent des maux de tête, parce que le cerveau en est offensé; leur vûe devient trouble & foible; on peut même tomber, en conséquence, en léthargie. L'Oignon excite la semence. Il cause des vents. Il occasionne des agitations pendant le sommeil.

On croit avoir fait un assez grand nombre d'observations, pour pouvoir avancer que généralement ceux qui font un usage habituel de l'Oignon sur mer, y sont exempts de scorbut. D'ailleurs des expériences certaines font voir que la soupe aux choux & aux Oignons, guérit le scorbut accidentel; qui n'est encore qu'à son premier période; sur mer comme sur terre.

Les personnes qui ont beaucoup de répugnance pour les gros oignons, peuvent en prendre de jeunes; confits avec du vinaigre, du sel, &c.

Le jus d'Oignon fait revenir le poil; nettoie les oreilles purulentes; ôte les taches livides, tant du visage que du reste du corps; aspiré par le nez, il purge le cerveau. En mettant dans l'oreille un coton imbibé de ce suc, on en dissipe le brouissement. L'Oignon mangé avec du fenouil, guérit l'hydropisie commençante. Mêlé avec la graisse de poule, ou frit dans du saindoux, il est diurétique; desséche les mules aux talons & les engelures. Appliqué avec du linge sur les blessures, il appaise & ôte la douleur, & calme l'irritation. Mêlé avec de fort vinaigre, il arrête le flux de sang par le nés : il le faut instiller dans les narines avec un plumaceau.

On compose un puissant diurétique, avec six onces du suc de la bulbe & des feuilles, & du sucre candi : il faut appliquer en même-tems sur la région de la vessie, un cataplasme fait avec les feuilles de pariétaire & de mauve, & des Oignons cuits, & passés par le tamis pour les réduire en une pulpe ou bouillie épaisse. Ce remede peut réussir pour l'hydropisie : le cataplasme s'applique en ce cas sur le nombril. L'Oignon, infusé dans du vin, est diurétique, emménagogue, & vermifuge. On sera presque sûr de guérir l'hydropisie, si le malade prend pour toute nourriture des Oignons cuits sous la cendre, avec un peu de vinaigre & d'huile; & qu'il mange peu de pain, & boive beaucoup de vin blanc. On prétend qu'en tenant des Oignons suspendus dans une chambre, en tems de peste, la contagion s'y attache; ce qui purifie l'air de tout l'appartement.

L'Oignon cuit dans la braise, & mangé avec du sucre, de l'huile, & quelquefois même un peu de vinaigre; guérit la toux, & est propre aux asthmatiques, & à ceux qui ont courte haleine : il fortifie la poitrine.

Pilé & mêlé avec du beurre frais, il appaise les douleurs des hémorrhoïdes. Cuit sous la cendre, écrasé, puis appliqué sur la région de la matrice, après un accouchement laborieux, il fait quelquefois vuider une matiere purulente & les restes de l'arriere-faix d'un enfant qui a été tiré par morceaux. Un Oignon pilé crud avec un peu de sel, & appliqué sur une brûlure toute récente, non entamée, en appaise la douleur, & empêche qu'il ne s'y forme des cloches. On peut y en substituer un second cuit sous la cendre, & paitri en forme d'onguent: on en enveloppe avec un linge la partie brûlée. Le cœur d'un petit Oignon blanc cuit sous la cendre, appliqué chaud sur une dent gâtée, en appaise assez souvent la douleur.

On guérit sûrement la colique néphrétique, en faisant prendre aux personnes qui y sont sujettes, un demi-septier de vin blanc, dans lequel on aura fait infuser pendant dix ou douze heures, un Oignon coupé par rouelles : ce remede se prend à jeun les trois derniers jours de la Lune. L'Oignon cuit sous la braise, & mangé en salade, est diurétique; & soulage beaucoup le rhumatisme qui est tombé sur les reins. On peut encore l'amortir sous la braise, & le manger avec de l'huile & un peu de sucre. On soulage, & l'on guérit même souvent, la migraine; en appliquant sur la tête, des Oignons partagés en deux, ou hachés menus, & imbibés d'esprit de vin.

Otez le cœur de l'Oignon, remplissez-le de graine de cumin pulvérisée; bouchez le trou; & faites cuire l'Oignon ainsi accommodé, sous les cendres chaudes; quand il sera cuit, exprimez-le: ce jus est singuliérement bon, pour les bruits d'oreille & la surdité, s'il est mis dans l'oreille. La tunique grossiere de l'Oignon, brûlée ou rôtie sous les cendres ardentes, appaise les douleurs invétérées de tête, & la migraine; si l'on en met un petit morceau arrosé d'huile rosat & d'huile laurin dans l'oreille du côté où le mal se fait sentir. Pilé avec du miel & du sel, l'Oignon est souverain pour les morsures des chiens enragés & autres bêtes semblables. Mêlé avec de la graisse de poule, il ôte toutes les taches du visage. Cuit en vin ou en eau, puis pilé & fricassé dans de l'huile commune, & appliqué en forme de cataplasme sur le nombril, il appaise les tranchées des femmes accouchées; après avoir cuit dans la braise, enveloppé d'un linge mouillé, étant ensuite mêlé avec du vin & de l'huile de lis, il ammene à supuration les tumeurs.

Otez le cœur de l'Oignon; remplissez la cavité avec de la thériaque ou du mithridat dissout & pétri avec du jus de citron; bouchez le trou avec la rouelle qu'on aura coupée; faites-le cuire sous les cendres chaudes, ou au foier, ou sous une tourtiere, jusqu'à ce que le tout soit bien incorporé, & mêlé ensemble: puis pressez l'Oignon ainsi cuit, & donnez à boire ce qui sera exprimé à celui qui sera frappé de maladie contagieuse: faites-le aussi-tôt coucher, & bien couvrir, afin qu'il sue. Ce remede est très-efficace, pourvû que la sueur survienne incontinent. Il faut appliquer en même-tems sur le bubon un semblable Oignon écrasé, mais sans expression. Il faut tâcher que le malade boive deux cueillerées de ce suc; ou au moins une.

On use d'Oignon en medecine comme d'un remede attractif. *Voyez* ABSCÈS.

Les Oignons qui ont la tête un peu longue, sont les moins âcres.

Solion dit qu'en mangeant de l'Oignon à jeun avec du miel, on est exempt de toute maladie.

Voyez *faim causée par le froid*, dans l'article APPETIT. *Remedes curatifs généraux* pour le BETAIL.

L'Oignon se *mesure* au boisseau comble.

Culture.

Toutes les especes se multiplient de graine; & se cultivent de la même maniere.

On les seme toutes dans le même tems: à la fin de Février dans les terres légeres; à la fin de Mars, ou au plus tard en Avril, dans celles qui sont fortes. Si l'on seme de l'Oignon au mois d'Août, pour le repiquer en Octobre, il vient plus vîte; mais il se conserve moins longtems.

Il y a des personnes qui en sement en Septembre & ne le replantent qu'au mois de Mars suivant: par ce moyen on en a de tout formé dès le mois de Juillet; que l'on cueille alors, & que l'on serre séchement après l'avoir laissé deux ou trois jours exposé hors de terre au grand soleil.

On peut même en avoir de bon en Mai, si après en avoir semé dans la saison ordinaire une planche plus ou moins grande, assez épais pour que toutes les plantes s'entretouchent, on ne les éclaircit & ne les mouille pas, quelque besoin qu'elles paroissent en avoir. Il faut simplement sarcler. Cet Oignon demeure aussi petit qu'une noisette: lorsqu'il est à son point, on l'arrache pour le laisser exposé à toutes les températures de l'air, jusqu'à l'automne, qu'on le retire au sec; pour le replanter en Février. Après quoi, à mesure qu'il pousse son montant (c'est-à-dire le tuyau qui porteroit la graine, on le coupe au niveau des dernieres feuilles. Au moyen dequoi il se trouve avoir acquis sa perfection dès le mois de Mai suivant. Ces expériences n'ont encore été faites avec succès, qu'à l'égard de l'Oignon rouge.

On prétend (peut-être sans fondement) que pour avoir de gros Oignons, il faut en mettre la graine dans celle de courge, & la semer ainsi.

En général la terre où l'on met de l'Oignon, doit être bien amendée. Plus le fond est gras, mieux cette plante réussit. Elle profite peu dans les sables arides. Mais un sable gras lui est extrêmement favorable. On doit avoir l'attention de ne pas fumer, immédiatement avant d'en semer: le plant s'échauderoit. Une terre qui a porté des choux l'année précédente, est très-propre à porter de l'Oignon.

Il faut que la terre ait eu un bon labour à la Toussaint; & un second un mois avant d'être ensemencée. Car la graine d'Oignon ne demande pas une terre fraîchement remuée.

On la seme à la volée, par un beau jour, lorsque la terre n'est ni trop humide, ni trop seche, ni trop raffermie. Il vaut mieux en mettre plus que moins: parce qu'il en périt souvent une bonne partie. La régle ordinaire est d'en mettre deux onces sur chaque planche de quinze toises de longueur sur six de large: on peut se régler à proportion.

Lorsqu'on seme de l'Oignon en plein champ, il faut le semer plus clair: parce qu'on n'a pas la facilité de l'éclaircir, comme sur des planches. On doit toujours tâcher de le répandre bien également; & choisir un tems calme.

La maniere d'enterrer la graine, varie suivant la qualité de la terre. Dans une terre douce, que l'on ne peut couvrir de terreau, il faut marcher à pieds joints les planches lorsqu'elles sont dressées, semer ensuite, & herser légérement avec la fourche. Si l'on a du terreau, il n'est pas besoin de marcher la terre. Mais la graine étant semée, & la terre hersée avec la fourche; on y passe le rateau fort légérement, ensorte qu'on ne déplace pas la semence: puis on y répand le plus également qu'il est possible un travers de doigt de terreau. En terre forte, on seme d'abord sur le labour grossier; on la marche ensuite en traînant un peu les pieds; on herse après. Et soit qu'on terreaute ou non, il ne faut pas y passer le rateau: les pluies & les arrosemens battent trop ces sortes de terres lorsqu'elles sont unies; & il s'y forme des fentes. Il est cependant à souhaiter de pouvoir y mettre du terreau ou du fumier court, surtout si ces terres sont grasses & argilleuses. Cela les empêche de contracter une dureté qui s'oppose aux progrès de la plante. D'ailleurs le terreau, en entretenant la terre meuble, lui ménage plus de fraîcheur; ensorte que les arrosemens y font beaucoup plus de bien, que quand il n'y en a pas qui couvre la terre.

L'Oignon commence à lever au bout de trois semaines.

Quelque tems après on le sarcle, & l'on mouille ensuite la terre, pour la rasseoir. Au cas qu'elle soit un peu seche, on la mouille aussi avant de sarcler; afin de mieux arracher les mauvaises herbes. Après cela, on l'entretient d'eau; & on sarcle encore autant de fois qu'il en est besoin. Les pluies fréquentes dispensent de l'arroser.

L'Oignon étant un peu fort, on l'éclaircit; ensorte qu'il y ait environ trois pouces de distance entre chaque plante. Cela se fait ordinairement en Mai ou en Juin. Le plant qu'on arrache alors, peut être piqué ailleurs: ce qui est un nouvel avantage.

Au cas qu'il ne profite pas beaucoup, il sert au moins de ciboule. M. de Combes dit avoir fait avec succès une autre œconomie : il a étendu fort clair ce plant dans un lieu bien aëré, d'autres fois aussi en plein air sur une platebande, & l'y a laissé exposé à toute l'action des météores, jusqu'à l'automne; alors il l'a mis à couvert; la fane en sechant n'avoit pas empêché l'Oignon d'acquérir la grosseur d'une aveline, par son propre suc qui ne recevoit aucun nouvel aliment de la terre : au mois de Novembre, ou même après l'hiver, cet Oignon étant enterré a pris racine, & a grossi de maniere à être bon à la fin de Mai. C'est un bon moyen d'en avoir pendant tout l'Été. Mais l'Auteur de cette découverte avertit qu'on ne peut pas compter sur cet Oignon pour l'hiver. Quant à ce que l'on a conseillé ci-dessus, de replanter aussitôt le plant qui a été arraché pour éclaircir : il y a des terreins où il réussit: & d'autres où il reste en ciboule. Ce même habile Cultivateur dit aussi avoir fait usage de cette pratique; mais que sa terre & beaucoup d'autres y étoient contraires: ce qu'il qualifie de caprice, dont il seroit bien difficile de rendre raison. Il ajoûte qu'il connoît des terres où l'Oignon ne réussit qu'étant replanté, & beaucoup d'autres où il ne veut qu'être semé. Ainsi chacun doit consulter sa terre, & se conformer aux indications qu'elle donne. [D'habiles Cultivateurs disent que l'Oignon ne ciboule que lorsqu'il est trop avant en terre.]

L'Oignon qui n'a pas été replanté, en quelque terre que ce soit, devient moins gros, & sort plus tôt de terre dans la saison.

Quand l'Oignon commence à s'arrondir (ce qu'on nomme *tourner*), on ne l'arrose plus, si ce n'est qu'il fasse une chaleur extrême. Car trop d'eau le rend tendre, & empêche qu'il ne soit de garde. Il y a même des terreins qui permettent qu'on ne l'arrose en aucun tems: tels sont ceux où subsiste une fraîcheur habituelle.

Cette plante étant à peu-près au point de grosseur qu'elle peut avoir, & montrant sa bulbe hors de terre, vers le mois d'Août, on abbat la fane; & on la tord avec les mains tout près de terre; ou l'on appuie dessus avec le pied. D'autres roulent un tonneau vuide sur toute la planche. Il y en a aussi qui foulent la fane en frapant dessus avec une planche. Ces divers moyens tendent également à interrompre le cours de la séve; qui étant ensuite concentrée dans la racine, la fait profiter davantage. On voit peu de terrein où l'on puisse se dispenser de donner cette façon: ce n'est que dans ceux qui sont absolument favorables à la production des légumes.

Lorsqu'on n'abbat pas la fane, il vient un tems où elle commence à tomber sur le côté : ce qui avertit d'arracher l'Oignon; de même que quand celle qu'on a abbatue commence à jaunir. Il faut alors le tirer de terre, sans différer. Car il se conserve mieux, étant tiré un peu verd: particuliérement l'Oignon blanc. A mesure qu'on arrache les Oignons, on coupe la fane deux bons pouces au dessus de la bulbe, plutôt plus que moins : si on la coupe plus près, cela fait pousser le cœur. Comme tous les Oignons ne sont pas mûrs ensemble, on le fait en deux tems différens; pour que les plus hâtifs ne mûrissent pas trop, & que les autres mûrissent suffisamment. A la fin on remue la terre avec la binette, pour chercher jusqu'aux plus petits. L'Oignon étant arraché, on l'étend clair sur l'endroit même où il a crû; & on l'y laisse pendant huit ou dix jours, afin qu'il acheve de s'aoûter. Si cependant l'on craint qu'il ne soit volé pendant la nuit, il faut l'étendre où dans une cour ou sous un hangar, de maniere qu'il soit aëré, & qu'il seche bien. Il est même mieux de le mettre tout de suite à couvert, quand on en a la commodité. Car si la saison se trouve pluvieuse, l'humidité lui fait grand tort, & empêche qu'il ne se conserve. Lorsqu'il est bien sec, on le porte à l'endroit où on veut le garder. Puis au bout de quinze jours, on l'*épluche* : c'est-à-dire qu'on en ôte toute la terre, les pellicules qui se détachent, & les racines; tout cela pourroit l'échauffer & le gâter. On doit continuer de le remuer tous les mois; & ôter ceux qui commencent à germer ou à se pourrir : cela lui donne de l'air, & l'entretient sec. *Voyez* GLEINE *d'Oignons*.

Aux approches des grandes gelées, il faut ramasser le tout en un tas; & le couvrir de paille seche assez épaisse, ou même y mettre des couvertures. Si l'on a négligé cette précaution, & que l'Oignon vienne à être gelé, il ne sera pas perdu pour cela: en le couvrant ensuite, il se dégelera; sinon il le fera de lui-même au printems. Mais il ne faut pas y toucher jusqu'à ce qu'il soit revenu à son premier état. Au reste il est vrai que cet accident lui ôte toujours une partie de sa force.

Dans les montagnes de l'Apennin dépendantes de la Toscane, on met l'Oignon dans des fours jusqu'à ce que le germe soit desséché. Après quoi l'on ne craint plus qu'il se gâte.

DANS d'excellens terreins, dont on est sûr, on seme l'Oignon en plein champ, labouré simplement à la charrue. A Aubervilliers près de Paris, où cette pratique réussit parfaitement, on met dans chaque arpent une livre de graine d'Oignon rouge, deux de pâle, une de blanc, & une de porreau, le tout mêlé ensemble. On se contente de sarcler au besoin : & l'on ne mouille jamais. Dans la saison, l'on arrache d'abord l'Oignon blanc, qui mûrit le premier; ensuite le rouge; puis le pâle. On laisse le porreau jusqu'à la Saint Martin, qu'on fait des tranchées où on le conserve pendant l'hiver.

C'est une mauvaise méthode que de semer du persil, des raves, ou des carottes, pêle-mêle avec l'Oignon. La fane de ces plantes s'écarte beaucoup, & étouffe l'Oignon dans sa jeunesse. Mais on peut y semer de la laitue; que l'on leve ensuite pour repiquer ailleurs.

On peut planter de l'ail, en bordure, autour des planches d'Oignon.

Il y a des personnes qui sement à la main, au mois d'Octobre, sur planche labourée & par rayons, tous les petits Oignons qu'elles ont tirés de terre, en même tems que les gros; & les couvrent de deux doigts de terreau. Cela fournit du verd que l'on coupe habituellement. Et il est d'expérience que ces Oignons résistent assez bien au froid.

La belle venue de l'Oignon dépend en grande partie de la qualité des graines. Souvent elles ont mal mûri, & sont vuides. D'autres fois elles sont trop vieilles, ce qu'on ne peut pas distinguer. Il est plus sûr d'en recueillir soi-même.

Pour avoir de la semence d'Oignons, vous choisirez les plus gros que vous avez réservés; & les gelées étant passées, vous les planterez en bonne terre bien fumée, & épierrée : sillonnant la planche où vous voulez les mettre; non en long, mais en travers, & assez profondément. Puis vous poserez vos Oignons au fond de la raye à deux pouces de profondeur, & à un bon demi-pied l'un de l'autre, & vous les recouvrirez en faisant un second rayon, & un troisieme, continuant de même jusqu'au bout de votre planche.

Six bons Oignons suffisent pour la fourniture

d'une maison : & alors on les met à un pied & demi les uns des autres.

L'on peut en planter avant ou après l'hiver. Cependant il est plus sûr d'attendre à la fin de Février, pour des terres humides.

Il faut que les Oignons soient, s'il est possible, sur une côtiere exposée au midi ou au levant.

Beaucoup de Jardiniers les plantent à fleur de terre. Mais alors ils courent plus de risque. Il est cependant vrai que l'Oignon qu'on plante avant l'hiver demande à être moins enterré que l'autre ; parce que l'humidité le feroit périr.

L'Oignon planté commence à pousser sa tige au mois de Mai. Sur la fin de Juin, quand il est à peu-près à sa hauteur, & que sa tête est formée, il est fort sujet à être renversé des vents, à cause de sa charge, & de la foiblesse de son tuyau, qui se rompt & se courbe facilement, laissant pancher sa tête à terre, ce qui pourrit la graine. C'est pourquoi on fait comme une petite barriere tout autour de la planche ; ou bien on met de petits pieux d'espace en espace, à chacun desquels on lie quatre ou cinq tuyaux, les approchant & penchant doucement pour ne pas les rompre. Si l'on n'a point de commodité pour les soutenir, on doit au moins lier cinq ou six têtes ensemble avec de la paille ou du jonc. On doit sur-tout avoir l'attention de ne pas les lier en tête avant qu'ils soient parvenus à leur hauteur : sans quoi la tige qui seroit arrêtée, ne pouvant pas s'élever, créveroit par le milieu & périroit ensuite.

Il faut les sarcler & arroser quelquefois dans les grandes chaleurs, sur-tout lorsqu'ils sont plantés le long d'un mur.

En Août ou Septembre, la tige étant seche, & la tête laissant paroître la graine à découvert, ce sont des indices de sa maturité. C'est pourquoi vous l'arracherez : & après avoir coupé tous les tuyaux à la longueur d'un pied, vous les lierez en paquets, pour les suspendre au plancher ou contre un mur bien sec, la tête en haut pour que la graine ne tombe pas en sechant. Mais au préalable, il faut les laisser secher au soleil pendant quelques jours, étendus sur une nappe ; & mettre à part la graine qui tombera d'elle même sur la nappe ; comme la meilleure, & la mieux conditionnée. Quand le tout sera bien sec, vous le froisserez dans vos mains, en retirant avec patience & à force de secher, le plus que vous pourrez de cette graine.

Si vous ne la voulez pas froisser à l'heure même, vous lierez les têtes par bouquets, & les pendrez dans la serre ; elle se conservera & augmentera en bonté, n'en prenant qu'à votre besoin.

Cette graine broyée dans les mains, doit ensuite être vannée, puis serrée dans un sac en lieu sec.

Il ne faut pas attendre qu'elle seche sur pied : c'est assez qu'elle y mûrisse.

Celle que l'on n'a pas fait sortir de ses enveloppes s'y conserve jusqu'à quatre ans : au lieu qu'étant une fois vannée elle est rarement bonne après deux ans.

Il est prudent d'en avoir toujours d'une année d'avance : car elle manque souvent par les nuilles qui s'attachent à sa tige & la font périr.

Elle est meilleure pour semer, la seconde année, que la premiere. Elle leve plus tôt ; & le fruit tourne mieux. Quand elle est nouvelle, il en reste beaucoup en ciboule. Pour connoître la bonne, il en faut mettre une pincée dans une écuelle, y verser de l'eau, & la faire infuser sur de la cendre chaude un peu de tems ; elle germera si elle est bonne ; sinon il la faudra rejetter.

Culture particuliere de certaines Especes.

L'*Oignon Blanc* tardif a la fane beaucoup plus grosse que le hâtif. Du reste ils se ressemblent parfaitement. Ils sont d'ordinaire plus petits que l'Oignon rouge. Quoique le hâtif & le tardif demandent une même culture, on les seme en des tems différens. Celui de l'espece *hâtive* se seme depuis le mois de Juillet jusqu'à la mi-Septembre, quand c'est en terre légere comme celle des Marchés. On le replante en Octobre, à trois pouces de distance. Il résiste bien à l'hiver ; sur-tout si l'on le couvre d'un peu de litiere ou de feuilles seches, pendant les grandes gelées, & en tems de neige. Les beaux jours lui font prendre un prompt accroissement : & il se trouve bon au mois de Mai ; l'on regarnit de celui de Mars les places où il en a péri pendant l'hiver. On le sarcle quand il en a besoin. On lui prodigue aussi l'eau : parce que n'étant pas destiné à être gardé, on ne doit chercher qu'à l'avancer & le faire grossir. Il fournit pendant tout l'Eté. Mais il est sujet à germer ou à se pourrir aux approches de l'hiver. Alors il est de l'œconomie de planter à des côtieres, en Novembre & Décembre tous ceux qui commençent à monter. Ils soutiennent bien tous les mauvais tems, donnent leur graine plus tôt que ceux qu'on ne plante qu'après l'hiver, & poussent plus de montans.

Celui qu'on a semé en Juillet & en Août, ne doit plus être arrosé depuis qu'il est levé : trop d'humidité y engendre des vers.

Le premier qui a été semé en Juillet, ne tourne pas si bien que celui du mois suivant. Mais il a l'avantage d'être plus tôt en état de servir. Il faut au reste se régler suivant les qualités de la terre ; & le presser moins dans les terres légeres, que dans celles qui sont fortes.

L'Oignon *blanc tardif*, se seme en Février & Mars. Sa bulbe se conserve tout l'hiver. Celui qui est hâtif, dureroit presqu'aussi long-tems, s'il étoit semé au mois de Mars.

Du reste on les cultive & récolte de même qu'il a été indiqué ci-dessus dans la culture générale.

Pour avoir l'Oignon blanc, gros comme une bonne aveline, on le seme très-épais. Quoiqu'en cet état il rende moins au boisseau, l'on ne perd rien ; parce qu'étant fort recherché il se vend toujours le double & quelquefois le triple du gros.

L'*Oignon Long* est très commun dans quelques Provinces. Il y en a qui vient gros comme le poing, & qui porte jusqu'à huit pouces de longueur. Il est également gros à ses extrémités & au milieu. Le blanc est plus estimé que le rouge. L'un & l'autre ne sont foncièrement bons qu'en salade. Les Provençaux les mangent encore avec du sel.

Cet Oignon se seme au printems, & se cultive comme l'Oignon commun. Mais il lui faut un terrein sec & léger, & beaucoup de chaleur. On le conserve tout l'hiver.

L'*Oignon de Catalogne*, *d'Espagne*, & *d'Artois*, est pointu du côté de la racine & de celui du cœur. Il y en a de blanc & de rouge. L'un & l'autre sont doux, & valent mieux cruds que cuits. Il faut les planter très-au large, parce qu'ils grossissent beaucoup. Du reste on les cultive comme les autres. Ils ne se gardent pas long-tems.

L'*Oignon de Florence* est un petit Oignon blanc, gros comme une noisette, extrémement doux & tendre. On le mange en verd, durant tout l'Eté, dans la salade de laitue : on le refend en deux, avec une partie de sa fane. Cet Oignon plaît beaucoup. Il a l'avantage de ne laisser presqu'aucun goût à la bouche.

On le seme en plusieurs tems, pour en avoir toujours de nouveau : & on le seme fort dru. Il ne demande rien de particulier pour la culture, si ce n'est d'être souvent mouillé.

Animaux & Accidens nuisibles à l'Oignon.

Toutes les especes d'Oignon sont attaquées par le *Ver-à-Rossignol;* & par un *autre petit Ver Blanc*, assez commun dans les terres légeres & dans les années seches. Ces insectes sucent & rongent le pied. Ils font quelquefois périr des planches entieres. On n'y sçait point de remede.

La *Taupe* fait de grands ravages dans les planches, lorsqu'elle s'y adonne dans les premiers tems de la levée de l'Oignon. Il faut la guêter, pour la détruire.

La *Nuille* est un accident très-commun ; dont on ne sçait encore ni préserver ni guérir l'Oignon. La précaution que l'on croit la plus propre à faire qu'on n'en manque pas absolument, est d'en semer plus que moins, & en différens endroits.

Oignons en Ragoût.

On prend de gros Oignons, qu'on fait cuire entre les cendres. Il faut ensuite les dépecer ; & les mettre dans un plat sur le réchaud avec du beurre frais, du sel, du poivre, & de la muscade. On laisse mittonner le tout. Puis on y met un peu de vinaigre : & on sert ce ragoût tout chaud.

Oignons en Salade.

Prenez des Oignons cuits dans le potage, ou sous la cendre : assaisonnez-les d'huile, de sel, & de vinaigre; on peut y ajoûter du poivre.

Il semble inutile d'avertir qu'on met les *Oignons dans le Potage :* & qu'il faut leur ôter la premiere peau, soit qu'on les mette dans le potage, soit qu'on veuille les manger en ragoût.

Maniere de conserver les Oignons.

Les ayant bien épluchés & coupés par tranches, mettez-les dans une casserole avec de bon beurre sur un fourneau bien allumé. Il ne faut pas en mettre beaucoup à la fois : le jus pouvant les faire attacher au fond de la casserole. On a soin de les remuer incessamment avec une cueiller de bois, jusqu'à ce qu'ils ayent pris une belle couleur tirant un peu sur le brun. Ensuite on les met égoutter sur de grands tamis de crin, ou sur des vannettes. On ne risque rien de mettre beaucoup de beurre dès le commencement. Après cela on peut mettre ces Oignons secher au soleil, ou dans un four après que le pain est tiré. Etant secs, on peut les mettre dans des boëtes ou autre chose: & il faut les tenir sechement.

Ils peuvent se garder de la sorte six ou sept mois: & ils portent leur beurre avec eux lorsqu'on s'en sert en potage, dans de la purée, à des Sauces-Robert.

OIGNON *Gallois:* ou *Welch Onion.* Voyez CIBOULE.

OIN

OING. *Voyez* COCHON. GRAISSER. AXONGE.

OIS

OISEAU. Animal à deux pieds, dont le corps est couvert de plumes ; qui a des aîles, & un bec dont la substance est analogue à la corne. Tous les Oiseaux ont du sang, respirent par les poumons, ont deux ventricules au cœur ; & leurs femelles produisent des œufs, qui étant ensuite couvés & éclos, donnent naissance à des Oiseaux de même espece. La plupart font des nids, avec beaucoup d'art. Nous n'entrerons point dans les distinctions que les sçavans établissent entre les Oiseaux. Consultez la Préface que M. Brisson a mise à la tête de son ORNITHOLOGIE, *ou Méthode contenant la division des Oiseaux en ordres, sections, genres, especes, & variétes ; à laquelle est jointe une description exacte de chaque espece, avec les citations des Auteurs qui en ont traité : les noms qu'ils leur ont donnés ; ceux que leur ont donnés les différentes Nations ; & les noms vulgaires :* Ouvrage écrit en Latin & François ; qui contient plus de deux cent cinquante planches bien gravées en taille douce : six volumes in-4°. Paris, Bauche 1760. A la suite du sixieme volume est un Supplément, de soixante-huit pages.

OISEAUX *de Proye.* Ce sont ceux qui vivent de rapine. On les dresse pour la chasse. Il y en a de plusieurs sortes.

On parle de plusieurs, dans la suite de cet article. *Voyez* aussi AIGLE.

OISEAUX *de Riviere.* Ce sont ceux qui se plaisent dans les eaux ; comme les canards, les sarcelles, &c.

Voyez CANARD. OYE.

Tous les Oiseaux de Riviere *s'apprêtent* de même que le canard : & on doit les vuider tous.

OISEAUX *de Bois.* Ce sont ceux qui habitent les bois. Tels sont les faisans, les gélinotes.

OISEAUX *Passagers*; ou *de Passage.* Ce sont ceux qui ne restent que pendant un certain tems dans un même climat. Les cailles, les bécasses, les grives, les alouettes, les ortolans, les canards & oyes sauvages, les pluviers, herons, & autres Oiseaux de marécage, ainsi que les Oiseaux de Fauconnerie ; sont des Oiseaux de passage.

OISEAUX *de Pays*; ou *Domiciliés.* On nomme ainsi ceux que l'on voit en tout tems dans un Pays. Tels sont les faisans, perdrix, poules d'eau, merles, &c.

OISEAUX *de Voliere.* Ce sont ceux qu'on éleve dans une cage ou dans une voliere pour avoir le plaisir de les entendre chanter ; comme sont les serins, les rossignols, les chardonerets, les breans.

Les Pigeons pattus, romains, &c. s'élevent aussi dans des volieres. Aussi portent-ils le nom de *Pigeons de Voliere*, chez les Rotisseurs.

Petits OISEAUX. Ce sont tous les Oiseaux de la petite espece. Tels sont les moineaux, les becfigues.

Ceux qui sont à la campagne peuvent se divertir à la chasse de tous ces Oiseaux, dans les différentes saisons de l'année : on va mettre ici quelques manieres de les chasser. Il faut consulter encore les articles particuliers de chaque Oiseau.

Blanchir le plumage des Oiseaux.

Consultez ce titre, sous le mot BLANCHIR.

Empêcher les Oiseaux de détruire certaines plantes lorsqu'elles commencent à lever.

Voyez CHOU, p. 607, col. 1. MOINEAU.

Pour Enyvrer des Oiseaux, & les prendre à la main.

1. Prenez de la lie de vin & du jus de cigue. Mêlez-les ensemble, & y mettez tremper du froment pendant une nuit. Jettez ce froment dans l'endroit où les Oiseaux viennent manger : après qu'ils en auront mangé ils tomberont yvres morts.

2. Mêlez de l'ellebore blanc, avec la nourriture ordinaire des Oiseaux.

3. Faites tremper du froment dans du jus de serpentaire : & mettez-le dans les endroits où les Oiseaux vont manger.

[Entre ces recettes, toujours dangereuses, & défendues par les Loix; les unes peuvent empoisonner le gibier; & les autres ne lui feront presque rien.]

Chasse des petits Oiseaux.

Voyez Rafle. Pipée. Pinsonnée.

Rets saillant, pour prendre de petits Oiseaux.

Les rets saillans ne se font jamais qu'en mailles à lozanges, à cause qu'il faut les cacher en terre. On ne les doit pas faire de plus de six ou sept toises de longueur; ni aussi plus courts que de trois toises.

Pour en faire un qui puisse servir à prendre de petits Oiseaux appâtés : vous n'avez qu'à faire la levûre, ainsi qu'il a été montré dans l'article Filet, & le commencer de cinquante mailles larges de neuf lignes, qui font les trois quarts d'un pouce. C'est une grandeur de maille sortable pour arrêter le plus petit Oiseau. Il faut faire ce filet, de fil bien délié, retors en deux brins. Quand il sera fait, vous l'enlarmerez, afin d'y passer une corde cablée de grosseur convenable, selon la grandeur du filet, & l'éloignement de la loge. Le tout étant fait, il faudra le teindre avec une des couleurs approchantes de la terre où vous tendrez ce filet.

Voyez Filet, *n.* XII.

Maniere de prendre les Oiseaux à l'Abreuvoir avec un filet (ou rets) saillant.

Il faut choisir, pendant la canicule, un endroit fréquenté par les petits Oiseaux, & où il y ait quelque ruisseau propre pour les désaltérer; le long duquel on prendra l'endroit le plus commode & le plus propre, pour y faire un petit abreuvoir, de la longueur du filet qu'on veut tendre, & large environ d'un pié, ou d'un pié & demi au plus. Le bas des collines & autres endroits bas, sont ceux où ces Oiseaux se plaisent davantage. On y prend ainsi des linotes, des chardonnerets, des pinsons, des moineaux francs, &c. Il faut disposer tellement cet abreuvoir, que le côté où l'on doit tendre le filet, soit élevé de sorte que les Oiseaux ne puissent pas s'y placer pour boire : au contraire le côté opposé doit s'abbaisser en glacis, afin que les Oiseaux ayent plus de facilité pour s'approcher de l'eau. Il faut avoir soin aussi de bien nettoyer l'abreuvoir; & de couvrir l'eau qui y est, au-dessus, & au côté, jusqu'à une certaine distance avec du chaume, du jonc, ou des herbes, afin que les Oiseaux n'appercevant de l'eau qu'à l'endroit de l'abreuvoir, soient obligés d'y aller pour boire, ce que l'on fait quelques jours auparavant, pour ne pas les effaroucher, & pour les accoutumer à y venir boire sans crainte. Le lieu

Figure 1.

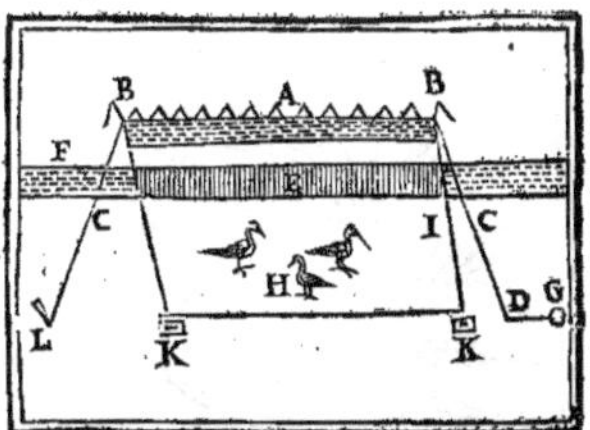

étant ainsi disposé, vous tendrez votre filet de la maniere suivante. Ramassez le filet A (*Figure 1*), selon sa longueur; & à chaque bout B, fichez en terre un crochet, ou un piquet, pour le retenir : par derriere, vous en mettrez aussi un autre, ou même plusieurs le long de ce côté qui est arrêté, à proportion de la longueur du filet; afin que les Oiseaux ne passent point par-dessous, quand ils seront pris. Attachez ensuite la corde C du devant du filet, laquelle tient au bout du filet opposé à celui où est attachée la grande corde qui doit faire agir le filet; attachez, dis-je, cette premiere diagonalement à un piquet L, pour tenir le filet en état, quand il sera élevé par les quenouilles, guèdes ou guides. Attachez à l'autre bout la grande corde C, laquelle passera par le crochet D, & ira aboutir à une loge ou à un buisson G, duquel le Chasseur se couvrira pour n'être pas apperçû des Oiseaux. Ce buisson, ou la loge, doit être à quarante ou cinquante pas du filet. Pour faire agir le filet quand il est nécessaire, on se sert de bâtons menus, de la longueur de deux ou trois pieds, plus ou moins selon la largeur du filet; on n'en met ordinairement que deux; mais si le filet étoit fort long, on pourroit en mettre jusqu'à trois, & même davantage. Ces petits bâtons qui sont marqués I, dans la figure, s'appellent *guides*, ou *quenouilles*. Ils doivent être cochés, ou un peu fourchus par le haut, pour recevoir la corde BB, qui tient le devant du filet, & ils doivent être retenus à l'autre extrémité par de petites palettes faites de morceaux de douves, ou par des pierres plattes, fichées en terre; qui les empêchent de glisser ou de reculer quand on tire le filet. Au reste il faut observer, que ces palettes ne soient pas trop élevées; parce qu'elles empêcheroient le mouvement des guides, ou les feroient trébucher de côté. K sont les palettes; & le ruisseau où les Oiseaux vont boire; & F le bord qui doit être couvert de chaume, ou d'herbages, comme nous l'avons marqué plus haut. Quand il y a une troupe d'Oiseaux qui se sont posés sur les buissons, ou sur les arbres qui sont proche de l'abreuvoir, si quelqu'un de la troupe se détache pour venir boire, il ne faut pas tirer d'abord le filet sur lui; mais il est à propos d'attendre que les autres soient descendus, afin d'en envelopper un plus grand nombre.

Autre maniere de prendre les petits Oiseaux à l'Abreuvoir.

Aussi-tôt après que les petits Oiseaux ont cessé de faire leurs nids, ce qui arrive à la fin du mois de Juillet, vous en pouvez prendre une grande

PLANCHE 2.

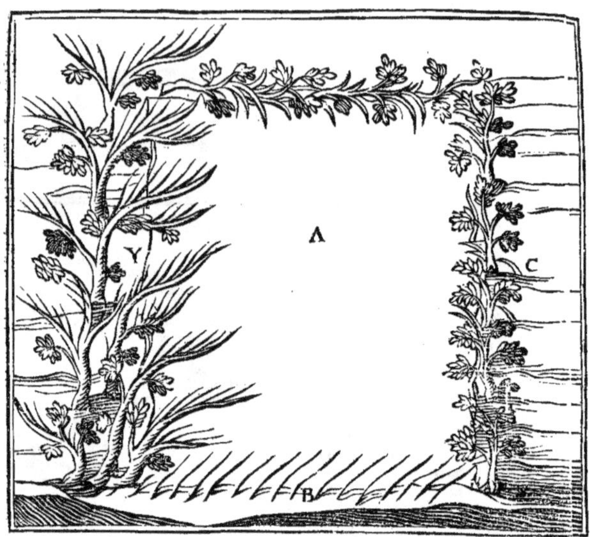

tiré, lorsqu'ils vont par bandes boire au long des ruisseaux, autour des fontaines & des fossés ou mares, qui sont dans les campagnes & les bois. Voyez la Planche deuxieme.

Supposez que l'endroit marqué de la lettre A, soit le milieu d'une fosse ou mare pleine d'eau, où les Oiseaux vont boire. Choisissez un abord où le soleil donne le moins, comme du côté de B. Otez-en toutes les ordures, afin que les Oiseaux puissent facilement approcher pour boire. Ayez plusieurs petits gluaux longs d'un pied, lesquels vous couvrirez de glu jusqu'à deux pouces proche du bout le plus gros, que vous couperez en pointe pour les piquer de rang au long du bord B, de sorte qu'ils soient tous couchés à deux doigts de terre, avançant les uns sur les autres, ou de côté, & qu'ils ne se touchent point : comme ils sont représentés dans la figure. Quand vous aurez fermé cet abord, coupez quelques petites branches ou des herbes ; & mettez-en tout autour de l'eau, aux côtés de la fosse C Y, où les Oiseaux pourroient boire ; cela les obligera de se jetter où vous avez mis les gluaux, dont ils ne s'apperçoivent pas : & ne laissez aucun endroit découvert tout autour de l'eau, où un Oiseau puisse boire, que le lieu B préparé ; autrement tous s'y jetteroient. Après cela retirez-vous à l'écart, & vous cachez dans un endroit d'où vous puissiez avoir la vûe sur tous vos gluaux : quand il y aura quelque Oiseau pris, vous courrez l'ôter, & remettrez des gluaux où il en manquera.

Les Oiseaux qui vont pour boire, aussi-tôt qu'ils arrivent considerent l'endroit où ils pourront aborder ; car ils ne se jettent pas à bas d'un plein abord, mais ils se posent sur les grands arbres, s'il y en a, ou à la cîme des taillis, & y ayant été quelque tems ils vont se poser sur d'autres branches plus basses, où ils demeurent un peu de tems, puis ils descendent à terre ; c'est pourquoi ayez trois ou quatre grandes branches, comme celles qui sont représentées au bord Y, lesquelles vous piquerez toutes droites au plus bel abord de la fosse, éloignées de l'eau environ d'une toise : ébranchez-les depuis le milieu jusques en approchant de la cîme, & faites que la partie ébranchée penche du côté de l'eau, afin d'y faire des entailles avec un couteau, de trois en trois doigts, pour y mettre plusieurs petits gluaux, comme vous les voyez dans la figure. Il faut les coucher à deux doigts proche de la branche ; & les avancer les uns à côté des autres jusqu'à la moitié, ensorte qu'un Oiseau ne puisse se poser dessus sans se gluer. Il est constant que si vous prenez six douzaines d'Oiseaux, tant aux branches gluées qu'à terre, il s'en sera pris les deux tiers sur les branches qui seront sur le bord Y.

La vraie heure de tendre à l'abreuvoir est depuis deux heures du matin jusques au soir, demi-heure avant le soleil couché ; mais le meilleur tems est vers les dix heures jusqu'à onze, & depuis deux heures jusqu'à trois, & enfin une heure & demie avant le coucher du soleil, lorsqu'ils y viennent tous en foule, à cause que l'heure les presse de se retirer pour reposer la nuit.

Plus la chaleur est grande, meilleure est la chasse. Ce n'est pas la peine de s'y arrêter quand il pleut, ni même quand il a tombé quelque rosée le matin ; parce que les Oiseaux boivent l'eau qui s'est arrêtée sur les feuilles des arbres. Il n'y fait point bon non plus, quand il y a de l'eau dans les chemins, après une grande pluie ; tellement qu'il faut attendre quelquefois huit jours ou plus, que les chemins soient essuyés : autrement on perdroit son tems.

Les endroits où il y a beaucoup de sources, & trop voisines les unes des autres, ne sont pas propres à cette chasse. Car il arriveroit souvent que les Oiseaux ne viendroient point boire où l'on auroit tendu des gluaux.

On prend ainsi beaucoup d'Oiseaux de diverses especes, & grosseurs : tels que sont les ramiers, tourterelles, geais, pies, picvers, grives ou *tourets*, merles, gros-becs, verdiers ou *paillettes*, linotes, chardonnerets, pesses-marines, *pesses-communes* (autrement gros moineaux) *petites-pesses* ou moineaux communs, prées ou *coquedries*, ortolans ou *benaris*, de cinq sortes de mesanges, des rossignols, *guadrilles* ou gorges-rouges, pouliots ou *œuils de bœuf*, moucheris, de trois sortes de *trepilles* ou fauvettes, bouvreuils, rossignols, morets, roitelets.

PLANCHE 3.

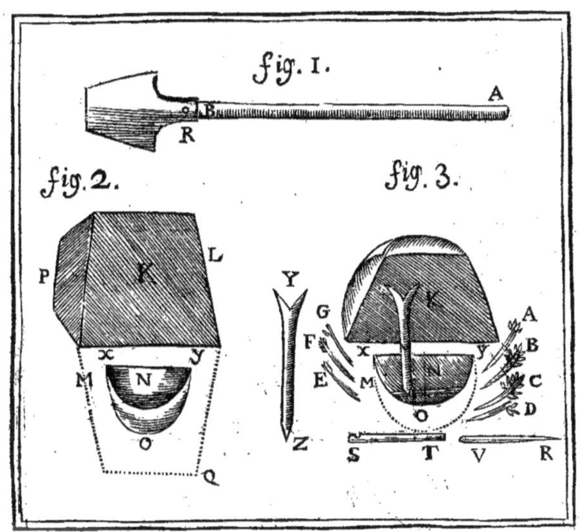

Comment les Paysans prennent grand nombre d'Oiseaux aux Fossettes.

Les Paysans qui gardent leurs bestiaux dans les bois, prennent quantité de merles, de grives & d'autres Oiseaux, qui mangent des vers de terre ; avec certains trous qu'ils font en terre, lesquels trous sont vulgairement appellés fossettes. La saison de cette chasse est depuis le commencement de Novembre, jusqu'au mois de Mars. On en prend ainsi quelquefois deux douzaines en un jour, de diverses especes.

Si vous voulez passer quelque tems à cette chasse, jettez les yeux sur les figures qui sont représentées dans la troisieme planche. La prémiere est un instrument nécessaire pour ce dessein : c'est une petite pelle de fer, large de trois ou quatre doigts, ayant une douille R, avec un petit trou pour y mettre un clou, afin d'y faire tenir un manche ou bâton A B, long de trois ou quatre pieds. Ces fossettes se doivent faire à l'abri des vents de *galerne* ou du Septentrion, & d'*amont* ou d'Orient ; parce qu'ils sont toujours froids, & par conséquent gelent la terre. C'est pourquoi les Oiseaux ne s'y amusent pas pour y chercher des vers : ils vont aux autres côtés où le soleil donne toujours. Vous les devez donc faire le long des haies, ou dans des bois de futaye ; parce que les Oiseaux grattent & rangent les feuilles, sous lesquelles ils trouvent les vers.

Faites une petite fossette en terre, comme elle est représentée dans la deuxieme figure ; large depuis X jusqu'à la lettre Y, de sept à huit pouces ; & du côté O, de quatre ou cinq, & profonde de cinq ou six.

Ayez un petit bâton coupé de biais, & pointu ; que vous ficherez au bord de la fossette par le dedans ; mais pour ne vous y point tromper, réglez-vous sur les pieces particulieres qui sont dessinées dans la troisieme figure. Prenez donc un petit bâton V R, moins gros que le petit doigt, long de cinq pouces : coupez-le en biais par le bout V ; & que le reste aille en diminuant vers R. Fichez-le en terre, au bord du dedans de la fossette, au lieu marqué M ; & que le bout qui est coupé de biais, soit à fleur de terre. Ayez un autre petit bâton S T, un peu plus gros qu'une plume à écrire, long de quatre pouces, plat des deux côtés : faites une petite coche au bout S. Vous aurez encore une petite fourchette de bois Y Z, un peu plus grosse que les deux autres bâtons, longue de cinq ou six pouces, coupée par le bout Z comme un coin à fendre du bois; prenez le *landais* ou bêche (*figure premiere*) & vous en allez en quelque endroit lever un gazon, marqué des lettres P K L, qui soit plus grand de trois doigts que le tour de la fossette, épais de quatre à cinq pouces, & taillé de façon qu'il soit plus petit de trois doigts tout autour par le côté L, que celui qui est marqué K, & qui est herbu. Portez ce gazon proche de la fossette; & posez le côté le plus large, à trois doigts du bord aussi le plus large de la fossette, qui est marqué des petites lettres X Y; prenez le bout S du petit bâton, & posez son bout plat sur le bout M de celui qui est piqué en terre; puis mettez le bout de la fourchette dans la coche S, & renversez le gazon dessus, de sorte que le bout fourchu Y soit sous l'endroit marqué K. Approchez ou reculez le petit bâton qui porte la fourchette, jusqu'à ce que le tout tienne si peu, qu'un petit Oiseau marchant sur le bout T du bâton, fasse tomber le gazon, qui l'enfermera dans la fossette. Cette machine est ce qu'on appelle un *Quatre de Chiffre*. On peut se servir d'une tuile, au lieu de gazon.

La troisieme figure vous représente la machine tendue en l'état qu'elle doit être.

Pour y attirer les Oiseaux, ayez des vers de terre & de longues épines en guise d'épingles. Prenez une de ces épines; & passez-la au travers du milieu des corps de trois ou quatre de ces vers, que vous piquerez ensuite dans la fossette entre Y & X, à la lettre N, de façon qu'ils puissent être vûs de ces Oiseaux. De crainte que les Oiseaux n'aillent par les côtés prendre les vers, il faut y piquer de petits brins de bois A B C D E F G, afin qu'ils soient contraints d'y aborder par le devant à la lettre O, où ne pouvant atteindre les achées, ils seront forcés de se poser sur la marchette ou petit bâton T, qui tombe tout aussi-tôt, & les renferme dans la fossette.

Quelques-uns fichent en terre un petit bâton, où ils attachent par le pied un merle ou autre Oiseau; qui sert comme à appeller les autres pour venir manger en cet endroit.

Quand il géle bien fort, il faut dès le matin gratter un peu la terre au-devant de la fossette pour y faire aller les Oiseaux, qui cherchent la terre fraîchement remuée pour y trouver à manger.

PLANCHE 4.

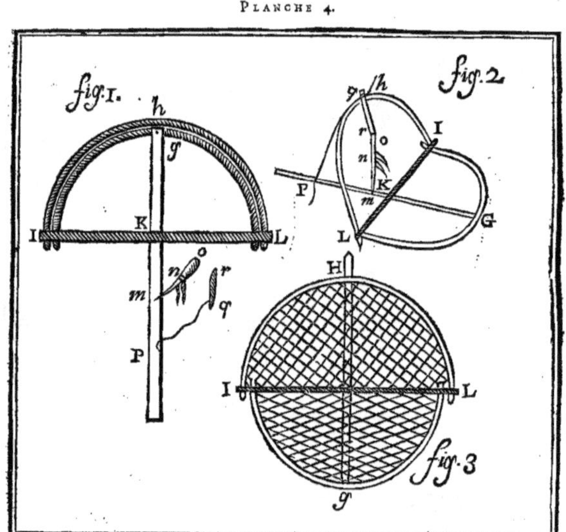

Filet Volant, pour tendre en tous lieux.

Vous pouvez, au lieu de fossettes en terre, vous servir d'un petit filet, qui se peut tendre en tous lieux au long des haies, dans les bois & jardins, au soleil & à l'ombre, & en tout tems; sans avoir l'embarras de tous les petits morceaux de bois qu'il faut avoir à l'autre sorte de fossette, ni creuser la terre, qui quelquefois est trop dure ou trop mouvante, & que les racines des arbres empêchent quelquefois de bêcher. Il arrive aussi que l'on ne rencontre pas toujours des lieux où l'on puisse lever le gazon.

Si cette chasse vous plaît, faites de ces fossettes volantes; ainsi que le montrent les figures ci-jointes. Pour les faire, réglez-vous sur la premiere figure de la quatrieme planche.

Prenez un bâton de houx, d'osier, de saule, ou de coudrier, (I K L); gros comme le doigt, ou plus; long d'un pied & demi: & un autre, de deux pouces plus court: lesquels vous plierez en arc; & les tiendrez en état, avec une grosse ficelle en double, dans laquelle vous passerez un bâton plat P m K h, long d'un pied & demi; que vous tournerez pour faire bander ces arçons, comme on fait pour bander une scie. Attachez le bout au milieu du plus petit arçon g; lequel étant ainsi arrêté, tenez d'une main le bâton P, & de l'autre levez tout droit le grand arçon h. Si, en le laissant aller, il s'en retourne avec vitesse, c'est une marque qu'il sera bandé comme il faut. Attachez au quart du manche, en le prenant depuis K, une ficelle, P q, longue d'environ neuf pouces: qui ait à son extrémité un petit bâton q r, long de trois pouces, gros comme une plume à écrire: puis entre cette ficelle P & l'autre, K, environ au milieu m, attachez un fil en double, m n o. Ensuite couvrez les deux arçons avec un petit rêts ou filet, qui soit lâche dans le milieu, & que le tout s'ouvre ainsi qu'un siége ployé; comme il se voit par la deuxieme figure, qui montre aussi la maniere de tendre l'arc sans le filet.

Supposez que la machine soit en état d'être tendue; prenez le grand arçon h, levez-le en haut, & rapportez par-dessus, le petit bâton q r. Puis passez au travers du filet, le fil double m n o, où doit être attaché l'appas au milieu n. Ouvrant le bout o, posez-le sur le bout r du bâton; pour lors la machine sera tendue en l'état qu'elle doit être.

La premiere figure est dessinée pour montrer comment il faut faire cette machine. La deuxieme enseigne à la tendre: & la troisieme la fait voir toute complete & tendue. Elles sont cottées toutes trois des mêmes lettres, pour les faire mieux comprendre.

Quand vous en tendrez une en quelque endroit, mettez quelques feuilles dessus le bas; & par le derriere du dessus q; afin que les Oiseaux ne la puissent détendre que par le devant.

Les appas que vous y mettrez seront des laiches ou vers de terre, attachés d'un fil par le milieu du corps. Si vous voulez prendre des rossignols, vous y mettrez pour appas des *tignes*, qui sont des vers jaunes qu'on trouve dans des endroits où on serre la farine. Pour les Oiseaux qui vivent de grain, appâtez-les d'un épi de blé, ou d'un brin de chanvre avec sa graine.

PLANCHE 5.

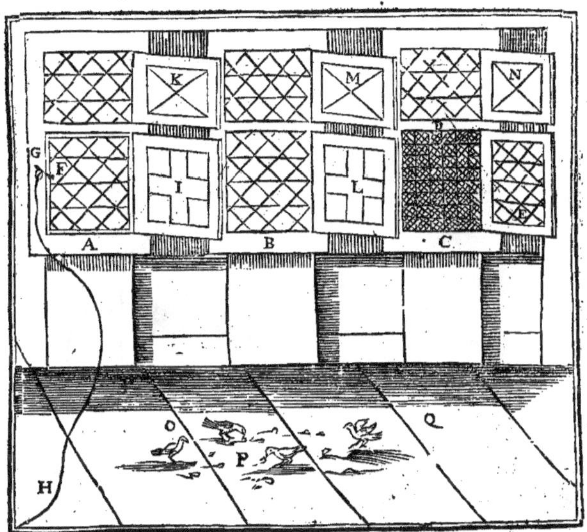

Prendre les Oiseaux qui vont dans les Greniers.

Les moineaux, autrement *pesses* ou *passereaux*, sont fort importuns, & comme domestiques, principalement l'hiver, & une partie du printems; ils vont dans les chambres, où ils croyent trouver à manger, mais plus souvent encore dans les greniers où on serre le grain: & y font beaucoup de dégât.

Supposé que les croisées ABC Planche 5e. soient les fenêtres du lieu où les Oiseaux vous incommodent: fermez-les toutes; & laissez les volets I K L M N ouverts, & une des fenêtres par laquelle vous croyez qu'ils entreront plus facilement (par exemple, celle qui est marquée de la lettre A): à laquelle vous attacherez le bout d'une ficelle au milieu F, qui passera dans une boucle au trou G du chassis. Il faut que l'autre bout H aille rendre à la porte de la chambre, ou qu'il touche à terre par le dehors, selon la commodité du lieu, & que vous le jugerez à propos. Ouvrez encore une autre fenêtre (comme celle qui est marquée de la lettre E); & fermez la croisée C avec un filet contre-maillé C D; qu'il faudra faire tenir tout autour du chassis avec de petits cloux, de six en six pouces. Jettez un peu de mie de pain sur le bord de la fenêtre, & dans le milieu O P Q de la chambre, afin d'y attirer les Oiseaux. Quand le tout sera ajusté, retirez-vous, retournez voir de tems en tems par le trou de la serrure ou quelque autre, s'il y a des Oiseaux dans la chambre: & s'il s'y en rencontre, tirez la ficelle H, qui fermera la fenêtre A; puis étant entré, fermez tous les volets, & ne laissez ouvert que la fenêtre où le filet est tendu: des moineaux iront tous se jetter dedans, d'où vous les retirerez; vous remettrez les fenêtres en état pour en prendre d'autres, n'oubliant pas de jetter d'autres miettes de pain sur le bord de la fenêtre.

Si la corde qui doit fermer la croisée A, va par dehors, il faut guetter quand les Oiseaux entreront; mais il est plus à propos & plus commode qu'elle soit à la porte de la chambre; car ils pourroient s'épouvanter la voyant pendre par dehors.

S'il n'y a qu'une croisée dans la chambre, & qu'elle s'ouvre à deux battans; il faut les ouvrir tous deux, tendre le filet à un, & attacher la ficelle à l'autre pour le fermer comme il vient d'être dit.

Si la fenêtre n'avoit qu'un seul volet, le plus commode seroit de la fermer par une claye, ou un taillis de fil d'archal.

Si cependant on veut se donner le plaisir de prendre des moineaux, il faut mettre en travers de la croisée & au milieu, un bâton qui sépare la croisée en deux ouvertures, & tienne un peu ferme; attacher au haut de la fenêtre avec deux courroyes ou autre chose, une planche, de telle maniere que n'étant point retenue, elle ferme l'ouverture d'en haut jusqu'à ce bâton; & mettre une poulie au haut de la croisée. Faites passer sur cette poulie une ficelle que vous aurez attachée au milieu de la planche: cette ficelle doit être assez grande pour s'étendre jusqu'à la porte. Elle servira à tenir la planche levée, pour donner passage aux Oiseaux; & toute prête à tomber à l'instant qu'il faudra.

A la moitié inférieure de la fenêtre, il faut tendre un filet comme ci-dessus: puis attirer les Oiseaux par quelque appât mis sur le bord de la fenêtre; le retirer ensuite; les guetter par un trou. Quand ils seront entrés, vous laisserez tomber la planche, qui fermera l'ouverture d'en haut: & les Oiseaux épouvantés se jetteront dans le filet, & s'y prendront.

Voyez Filet, n. XXVIII.

Planche 6.

Pour prendre les Oiseaux qui mangent le grain dans les Granges.

Depuis la Toussaint jusqu'au Carême, les petits Oiseaux, principalement les passereaux, les pinsons & les verdiers, vont aux portes des granges pour y chercher à manger, à cause qu'ils y voyent des pailles semées. Et comme d'ordinaire ces portes ne ferment pas si juste par-dessous qu'il n'y ait toujours quelque vuide, ils entrent facilement. C'est par ces ouvertures qu'on peut les prendre.

Supposé donc que la figure de la sixieme planche soit une grange; le côté marqué de la lettre O, le pignon, où est la porte P; & l'endroit marqué Q, le dessous de la porte mal jointe par où peuvent passer les Oiseaux: s'il y a une fenêtre, mettez-y audedans une nasse d'osier avec laquelle on pêche du poisson, de sorte que la gueule ou plus grande ouverture soit en dedans de la grange, & le bouton S en dehors; qui doit être fermé d'un bouchon de paille, que vous ficherez au fond. Jet-

tez des pailles à la porte, & un peu de grain dans le milieu de la grange; tous les Oiseaux y voleront: & lorsqu'approchant de l'ouverture Q, ils appercevront la paille & le grain au dedans, ils entreront insensiblement pour manger. Vous irez de tems en tems faire du bruit à la porte, & en même-tems vous l'ouvrirez pour entrer promptement, & la fermerez après vous, contraignant les Oiseaux qui seront dans la grange de fuir par l'ouverture de la nasse; car ils n'auront garde d'aller chercher l'ouverture de dessous la porte pour sortir pendant qu'ils y verront vous, votre chapeau, ou votre mouchoir que vous y laisserez exprès. Ils aimeront mieux chercher la fenêtre nonobstant la nasse qui y sera, ou bien le filet, si vous y en mettez un, comme on dit au discours précédent. Si par hazard il n'y avoit point de fenêtre, ni de trou à la grange, faites-en un en quelque endroit éloigné de la porte; il sera bien aisé à reboucher, quand vous n'en aurez plus que faire: vous y tendrez la nasse ou le filet. S'il n'y a pas aussi d'ouverture sous la porte, il ne faut que gratter un peu à terre, & y en faire. Vous aurez du plaisir à cette petite chasse, qui se fait lorsqu'on ne peut se promener ni guères travailler. Les Oiseaux qui sont une fois entrés dans le bouron S de la nasse, ne peuvent en sortir, si vous ne les en retirez par le dehors en arrachant le bouchon de paille marqué T.

Planche 7.

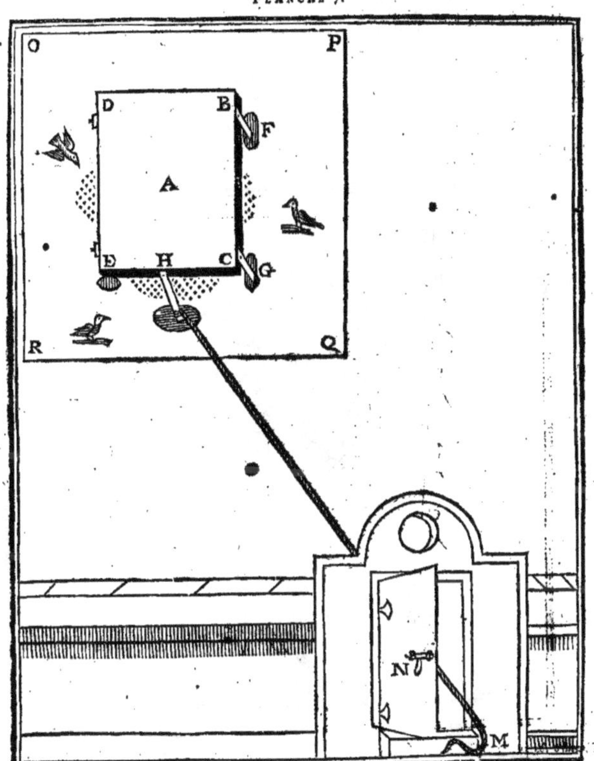

Prendre les petits Oiseaux dans un lieu appâté, en tems de neige.

Quand la terre est couverte de neige, les petits Oiseaux sont en peine pour trouver à manger, & cherchent par tout quelque lieu qui soit découvert; ils entrent même jusques dans les logis. Plusieurs paysans, qui ne peuvent travailler pendant ce tems-là, s'amusent à les prendre de plusieurs manières. En voici une des plus communes: *Voyez* la septième planche.

Choisissez un endroit, dans votre cour ou jardin, qui soit à la vûe des Oiseaux, & à vingt ou trente pas de quelque fenêtre ou porte, d'où vous puissiez les voir sans être vû d'eux, afin de ne les pas épouvanter. Rangez la neige de cette place, nettoyez environ six ou sept pieds de large, & six ou sept de long: comme l'espace du quarré marqué des lignes O P Q R le montre. Posez dans le milieu une table de bois A, ou une porte; à laquelle vous aurez attaché par les côtés B C D E, de petits morceaux de douelles de tonneau, longs chacun de six pouces, & larges d'un pouce. Il faut avant que de les clouer, y faire un trou plus grand que la grosseur du clou, afin qu'il puisse tourner à l'aise autour de chaque clou. On mettra sous les quatre bouts qui ne sont pas cloués, quatre morceaux de tuile ou d'ardoise, pour les empêcher d'entrer en terre; comme vous voyez en F & en G. De cette sorte la table ne sera point assurée; & pour peu qu'on la remue, elle tombera. Il faudra faire une petite coche ou entaille, ou bien un petit arrêt, au bout de la table, au lieu marqué de la lettre H: pour y mettre le bout d'une autre douelle qui doit être longue de sept pouces, & large d'un; & l'autre bout se doit poser sur un morceau de tuile ou d'ardoise, en sorte que la porte ou table panche dessus, prête à tomber vers la maison, si elle n'étoit retenue par ce morceau de bois, qui sera percé vers le milieu pour y passer & attacher le bout d'une petite corde dont on portera l'autre bout à la fenêtre ou porte N M, destinée pour cela.

Après quoi mettez un peu de paille sur la table pour la couvrir; jettez du grain dessous, & un peu à l'entour. Aussi-tôt que les Oiseaux affamés appercevront la paille, & la terre découverte, ils y voleront; & quand ils auront mangé le grain autour de la table, ils voudront manger celui qui sera dessous. Vous irez voir de tems en tems par quelque trou de la porte, ou bien vous la laisserez entr'ouverte: & lorsque vous appercevrez les Oiseaux dessous la machine, tirez promptement la corde M: Vous arracherez la douve du point H, qui laissera tomber la table sur les Oiseaux; que vous irez ôter aussi-tôt: & vous retendrez comme auparavant.

Si la table ne tombe pas assez promptement, les Oiseaux pourront s'échapper; c'est pourquoi, si elle n'est assez pesante d'elle-même, vous la chargerez de terre, ou de quelqu'autre chose qui ne fasse guéres de montre, de crainte de les épouvanter.

D'autres personnes se contentent de mettre sous cette table un bâton incliné, qui pose sur une tuile ou sur une pierre plate bien unie; puis tirent ce bâton par le moyen d'une corde attachée presqu'à l'extrêmité d'en bas. Cette maniére réussit aussi bien que la précédente.

PLANCHE 8.

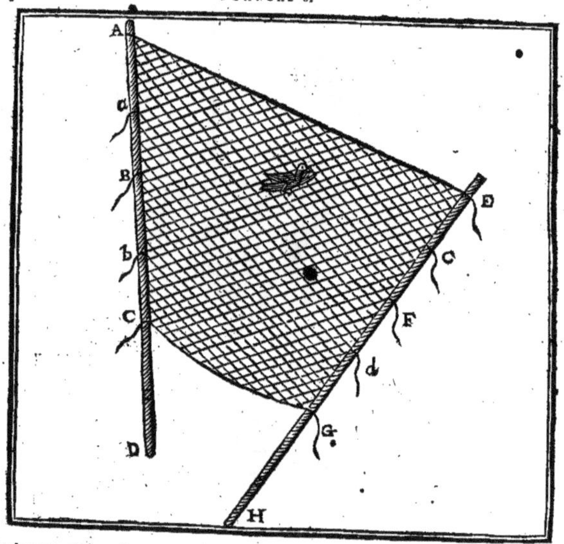

A
a
B
b
C
D
E
c
F
d
G
H

Prendre les petits Oiseaux la nuit, avec feu & filets.

Voyez RAFLE.

Ces Oiseaux se retirent l'hiver dans les bois taillis, les hayes & les buissons, à cause du grand froid & des vents qui les incommodent. Alors les paysans les y prennent de diverses manieres. Entr'autres ils se servent d'un filet qu'on appelle en plusieurs lieux *Écladouere*; qui n'est autre que le filet vulgairement nommé *Carrelet*, avec lequel on pêche le poisson. Pour vous en servir, voyez la figure de la huitieme planche.

Ayez deux bâtons A B C D, E F G H, droits & légers, environ gros comme le bras, & longs de dix ou douze pieds; afin de pouvoir lever le filet bien haut, pour prendre les Oiseaux qui seront dans les touffes bien garnies de feuilles. Attachez le carrelet à ces deux bâtons; commençant à lier les deux bouts A E. Vous nouerez les deux autres coins CG, le plus loin que vous pourrez vers les deux gros bouts des perches D H. Attachez les deux côtés tout au long avec des ficelles en deux ou trois endroits de chaque côté, comme vous les voyez marqués des grandes & petites lettres *a* B *b* & *c* F *d*. On accommode ainsi ce filet ou à la maison, ou lors seulement qu'on est arrivé à l'endroit où l'on sçait qu'il y a des Oiseaux. Il faut être trois ou quatre. Une personne porte ce piége, & le tend dans l'occasion. Une autre prend des torches de grande paille non battue, appellée vulgairement *gluis* en certains endroits. Une troisieme porte une longue perche.

Aussi-tôt qu'il sera nuit, allez-vous-en où vous croirez qu'il peut y avoir des Oiseaux retirés. Et d'abord que vous rencontrerez un beau buisson où le vent ne donne point, il faudra que celui qui porte le filet le déploye, & le tienne étendu en l'état qu'il paroît dessiné, justement à la hauteur du buisson ou de la touffe; & si faire se peut, du côté que le vent souffle; parce que les Oiseaux ne dorment jamais, qu'ils n'ayent la tête tournée du côté du vent. Une autre personne éclairera derriere le milieu du filet avec une torche de paille allumée. Et la troisieme ira par derriere le buisson ou la touffe, droit vis-à-vis celle qui tient le feu, & frappera de la perche sur les branches pour faire fuir les Oiseaux; lesquels sortent tout épouvantés, & pensant se sauver, veulent aller au feu qu'ils voyent, croyant que c'est le jour; & donnent dans le filet. La personne qui le tient, approchera promptement les bâtons l'un de l'autre, y enfermera les Oiseaux, & fera faire un tour au filet, de peur qu'ils n'échappent. Puis on les ôtera, & on poursuivra la chasse comme auparavant.

Il y a des chasseurs qui retirent promptement le filet un peu en arriere quand les Oiseaux ont ainsi donné dans le piége; & le laissant tomber tout à plat contre terre, frappent dessus avec leur chapeau, pour tuer ou étourdir tout ce qui s'y trouve pris.

On va ainsi de buisson en buisson, proche les grosses hayes, & dans les bois de futaye, où il y a du houx, parce que les Oiseaux aiment fort à s'y retirer.

Remarquez que cette chasse est d'autant meilleure, qu'il fait plus froid & noir.

Quoique nous ne parlions que de trois ou quatre personnes, comme étant nécessaires pour cette chasse, rien n'empêche qu'il y en aille un plus grand nombre; soit comme simples spectateurs, soit pour aider à ramasser les Oiseaux qui sont pris.

Il faut garder le silence; de crainte d'éveiller les Oiseaux; & qu'avant que le filet soit tendu, ils ne prennent leur essor & s'en volent dans les champs ou ailleurs.

PLANCHE 9.

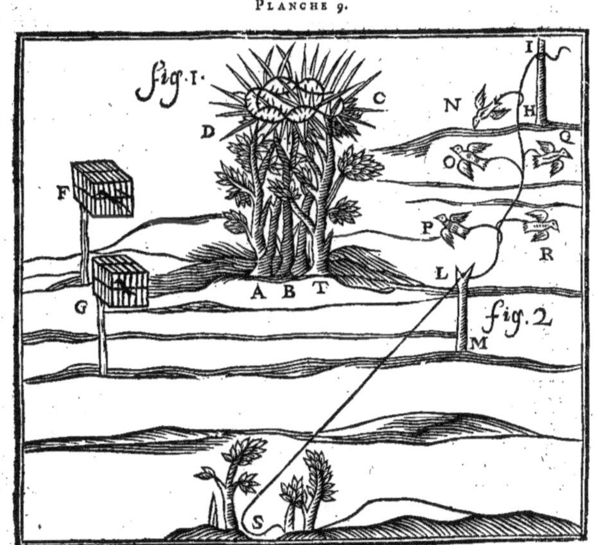

Autre Chasse de petits Oiseaux dans le milieu d'une campagne.

Depuis le mois de Septembre jusqu'à celui d'Avril, on peut se divertir à prendre toutes sortes de petits Oiseaux avec un *arbret* ou *arbrot*. Cette chasse s'appelle en quelques lieux *Brêteri*.

Trouvez-vous de bon matin dans une piece de

bois, & choisissez un endroit qui soit éloigné des grands arbres & des hayes ou buissons : piquez en terre trois ou quatre branches de taillis A B T, (*Planche neuvieme*) hautes de cinq ou six pieds; & entrelacez leurs cimes les unes dans les autres, afin qu'elles s'entretiennent fermes comme un buisson. Prenez deux ou trois branches d'épines noires C D, les plus touffues & pressées que vous pourrez trouver; & mettez-les dessus le haut de ces branches de taillis, les y faisant tenir par force en frappant dessus avec un bâton. Ayez provision de quatre ou cinq douzaines de gluaux, longs de neuf ou dix pouces chacun, & les plus délicats que vous pourrez trouver; gluez-les tout du long, à la réserve de deux pouces proche du gros bout, que vous fendrez avec un couteau. Vous les mettrez d'espace en espace sur le buisson; & les ferez tenir en posant légérement le bout fendu sur une pointe d'épine, & appuyant un peu le milieu sur quelqu'autre épine plus élevée, afin qu'ils se tiennent panchés sans toucher l'un à l'autre. Vous les arrangerez de telle façon qu'un Oiseau ne se puisse poser sur le buisson sans se gluer. Vous devez toujours avoir un ou plusieurs Oiseaux en vie, de l'espece dont vous en voulez prendre; & les nourrir dans de petites cages légeres & portatives; ces Oiseaux ainsi nourris se nomment *appeaux* ou *appellans*. Il faut poser ces cages sur de petites fourchettes de bois F G, élevées de terre de dix pouces, & piquées au côté de l'arbret, à la distance d'une toise, comme aux endroits marqués F G. Puis vous vous retirerez à trente pas de là vers le lieu cotté S, où vous piquerez deux ou trois branches avec beaucoup de feuilles, pour faire une maniere de loge qui serve à vous cacher.

Quand vous aurez pris trois ou quatre Oiseaux de quelque espece que ce soit, il faudra tendre une lignette qui est représentée par la deuxieme figure; prenez un petit bâton I H, long de deux pieds, & piquez-le tout droit en terre, à deux toises plus loin, & au côté de l'arbre; attachez une petite ficelle au bout I, laquelle vous passerez sur une fourchette L M, qui sera de deux pieds de haut, & piquée à quatre toises de l'autre bâton I H. Vous porterez le tout à la loge, puis vous attacherez les quatre ou cinq Oiseaux que vous avez pris, à cette ficelle entre le bâton I H, & la fourchette L M : ils y seront liés par les pieds, ainsi qu'ils paroissent dessinés par les lettres N O P Q R, avec un fil de deux pieds de longueur attaché à la ficelle, qui doit être lâche, afin que les Oiseaux qui y sont attachés, soient tous à terre. Après cela retirez-vous dans la loge; lorsque vous verrez voler quelque Oiseau, tirez un peu la ficelle S; ceux qui y seront attachés voleront, par ce moyen vous pourrez prendre un grand nombre d'Oiseaux dont vous n'avez pas les appellans, car tous ceux qui passeront en l'air, appercevront voler les vôtres, & croiront qu'ils mangent en ce lieu là : ce qui les fera abbaisser & s'asseoir sur les gluaux, d'où vous les ôterez promptement.

Le bitume, la résine, & autres matieres semblables, peuvent produire le même effet que la glu; pourvû qu'elles soient un peu liquides.

Il ne faut point oublier de dire ici qu'on prend les Oiseaux au *Trebuchet*. C'est une petite cage séparée en deux par une cloison. On renferme dans la partie inférieure un Oiseau de la même espece que celui qu'on veut prendre. On met dans la partie supérieure du grain, & on l'ouvre de telle maniere, que pour peu qu'un Oiseau vienne se poser sur une piece qui est au-dedans, elle se ferme, & l'Oiseau se trouve pris. C'est principalement en hiver qu'on réussit à cette sorte de chasse, lorsque les Oiseaux ne trouvent pas facilement dequoi manger.

On pourroit encore rapporter ici plusieurs manieres de chasser les Oiseaux : car on les prend à la pipée, à la *pinsonnée*, avec la raffle, avec les repuces, &c. Mais nous en parlons dans des articles particuliers, chacun selon son ordre. Il faut encore voir le mot APPROCHER, où l'on a donné la maniere d'approcher les Oiseaux aquatiques. Consultez aussi les différentes especes d'Oiseaux.

OISEAUX DE PROIE. *Voyez* FAUCONNERIE.

Pour prendre les Oiseaux passagers servant à la Fauconnerie.

Tous les Oiseaux qui reposent la nuit, sont ennemis de ceux qui dorment le jour : comme du duc, de l'orfraye, de l'effraye ou fresaye du hibou, de la cheveche, de la hulote, &c. Dès qu'ils en voyent un, pendant le jour, sa présence les agite : les petits Oiseaux se perchent autour de lui, & font un cri pour s'assembler; & les gros se jettent dessus pour le battre. C'est pourquoi l'on se sert du *duc* pour prendre les Oiseaux de proye passagers, parce qu'ils le connoissent comme leur grand ennemi.

On peut se servir aussi d'un *chat-huant*, & le dresser comme le duc, pour le divertissement seulement : parce qu'on ne peut prendre avec le chat-huant, que de petits éperviers, des émerillons, des corneilles, des pies & des geais, qui ne sont point passagers; mais avec l'autre, on prend des faucons, vautours, laniers, sacres, faux-perdreaux, éperviers, & généralement les mêmes Oiseaux qu'on prendroit avec le chat-huant.

Parlons maintenant de la maniere dont il faut s'y prendre pour *Instruire les Oiseaux nocturnes*. La premiere chose qu'il faut apprendre au duc, c'est de venir manger sur le poing. Lorsqu'il y est accoutumé, on le met dans une chambre, ou dans une galerie; en laquelle il faut mettre deux billots de bois, hauts de deux pieds, qui soient coupés par le haut en dos d'âne, afin que l'Oiseau puisse se percher dessus. L'un de ces billots sera à un bout de la chambre ou galerie, & l'autre à l'autre bout. On attachera d'un bout une corde grosse comme le petit doigt, à un billot, & elle ira se rendre jusques par-dessus l'autre. On y passera auparavant une boucle ou anneau, de fer, de cuivre ou d'autre matiere; pour lier une autre cordelette ou courroie longue de trois pieds, qui tiendra le duc par les jambes, ainsi qu'un Oiseau de Fauconnerie. Cette boucle doit avoir la liberté de se mouvoir le long de la corde, d'un billot à l'autre, pour soulager l'Oiseau quand il voudra s'ébattre & changer de place.

Quand vous commencerez à dresser cet Oiseau, il ne faudra pas éloigner les billots plus d'une toise l'un de l'autre : puis vous pourrez les reculer peu à peu, de jour à autre, afin de le mieux apprendre & ne le pas rebuter. Il ne faut point souffrir qu'il se pose à terre. C'est pourquoi vous lui accourcirez la courroie selon la hauteur des billots; & pour l'accoutumer à voler d'un lieu à l'autre, vous ne lui donnerez jamais à manger sur le billot où vous le trouverez perché; mais vous approchant de l'autre, vous lui montrerez la pâture, sans la lui donner s'il ne quitte sa place pour l'aller querir ; quand il en aura un peu mangé, retournez à l'autre bout de la corde pour se faire suivre, & faites-lui voir la chair. S'il est bien instruit, il y sera aussi-tôt que vous. Tout cela se doit observer aussi pour l'instruction du chat-huant.

PLANCHE 10.

De quelle façon on doit préparer le lieu où l'on veut tendre avec le duc.

Le duc étant bien accoutumé, faites provision de cinq ou six livres de corde, grosse comme la moitié du doigt ; d'une serpe à couper du bois ; & d'une échelle double. Puis allez dans une campagne où il y ait fort peu de grands arbres : choisissez-en un qui soit éloigné des autres, de deux ou trois cens pas pour le moins, & bien fourni de branches tout autour ; tel que seroit un noyer de moyenne hauteur.

Ayant trouvé un arbre propre pour tendre, ajustez-le ainsi qu'il se voit dans la dixieme Planche, en sorte que depuis le bas du tronc A jusques à la lettre E, il n'y ait aucune branche traînante ; & que les autres soient également élevées de terre tout autour, d'environ deux toises. Il faut que les branches qui se trouveront par dessous soient ôtées, & le tout bien uni, afin que rien n'accroche les filets. Vous prendrez garde aussi que dans la touffe de l'arbre il ne paroisse point d'espace vuide par lequel un Oiseau puisse se jetter sur le duc, lorsqu'il sera sous l'arbre ; mais que les branches & les feuillages se trouvent à peu près également espacés, ou éloignés. Il sera bon qu'il y ait quelques branches basses qui avancent plus que les autres ; pour en effeuiller les bouts, afin que l'Oiseau qui passera s'y perche, & puisse voir le duc sur le billot au pied de l'arbre. Cela fait, ramassez toutes les branches & feuilles qui se trouveront à bas, & portez-les bien loin à l'écart, de crainte qu'elles n'épouvantent les Oiseaux pour lesquels vous dressez le piége. Choisissez trois branches de dessous l'arbre qui soient disposées en triangle ; c'est-à-dire, qu'elles soient de trois côtés éloignées également les unes des autres, comme le représentent celles qui sont marquées des lettres T V, & l'autre que je suppose être derriere l'arbre. Faites une fente avec la serpe dans le bout de chacune de ces trois branches ; cette fente doit être éloignée du tronc de l'arbre, d'environ neuf à dix pieds : elle servira pour ficher un petit coin de bois attaché au filet, comme je le dirai en son lieu : on peut faire deux fentes à la branche de derriere. Ensuite prenez deux billots : dont vous ajusterez un, H, sous l'arbre à quatre ou cinq pieds du tronc, bien ferme en terre ; & l'autre, I, sera mis à cent pas de là, aussi-bien arrêté en terre. Piquez après cela trois ou quatre branches R S, à trois pieds plus loin, pour servir de loge à retirer les Chasseurs. Enfoncez bien avant en terre derriere chaque billot, un gros piquet M, auquel vous attacherez la corde.

De quelle maniere il faut tendre les filets, dits Araignées, pour prendre les Oiseaux de leurre avec le Duc.

Quand le lieu est ainsi préparé, allez-y de bon matin avec le duc, la corde, & l'échelle double, que vous dresserez pour monter aux branches, où vous avez fait des fentes. Prenez le coin de bois attaché au bout de la ficelle d'un des bouts des filets, & fichez-le légérement dans la fente V.

Portez ensuite l'échelle sous la branche de derriere; fichez dans une des fentes le petit coin de bois qui est attaché à l'autre bout de la ficelle du même filet. Au moyen dequoi ce filet sera tendu. Puis prenez un des coins du second filet, & mettez-le dans une autre fente de la même branche de derriere; portez encore l'échelle sous la branche T; & fichez légérement l'autre coin attaché à l'autre bout de ficelle du filet dans la fente T. Alors les deux filets seront tendus en triangle. Otez ensuite l'échelle & liez la corde au tronc de l'arbre ou à un piquet; ayant soin de la faire passer par le milieu du dessus du billot; portez-la aussi par dessus l'autre billot I. Attachez-la au piquet M, de sorte qu'elle soit bien tendue. Il faut auparavant y avoir fait passer une boucle de fer ou de cuivre, à laquelle la courroie qui tient les deux jambes du duc, doit être attachée. Tout cela étant observé, mettez le duc sur le billot I, & faites-lui tourner la vûe du côté de l'arbre.

Le duc étant ainsi placé, vous vous cacherez dans la loge, & vous l'observerez toujours pour prendre garde s'il n'apperçoit pas quelques oiseaux; car la vûe des oiseaux de proie est plus perçante que celle de l'homme, & il est impossible de découvrir aussi loin & aussi haut qu'ils le font. Vous connoîtrez que le duc s'apperçoit de quelque chose, lorsqu'il penchera la tête ayant toujours les yeux en l'air. Alors vous le pousserez par derriere, pour l'obliger à quitter le billot: il s'en ira d'un vol pesant tout le long de la corde se poser sur l'autre, qui est auprès de l'arbre. Pendant ce tems là l'oiseau l'ayant apperçu, fondra sur lui pour le battre; & trouvant un arbre il s'y perchera pour se reposer. Après s'être délassé & avoir considéré son ennemi, il se jettera dessus; mais il rencontrera le filet; qu'il fera tomber, & s'enveloppera de plus en plus. Il faudra courir aussi-tôt pour l'en retirer, de peur qu'en se débattant il ne se casse une aîle. Vous pourrez après cela retendre le filet, & faire la même manœuvre.

Autres manieres de prendre les Oiseaux de Leurre, ou de Proie.

1. Ayez un pigeon blanc. Entourez-le de ramilles enduites de glu, ensorte que l'oiseau de proie ne puisse en approcher sans toucher à la glu. Ensuite mettez-vous dans une loge où il ne vous apperçoive pas; au-dessus de laquelle soit placé le pigeon, sur une raquette de paume; attachée avec une ficelle, que vous tiendrez pour faire remuer le pigeon quand vous le jugerez à propos. Dès que l'oiseau de proie sera englué, ne tardez pas à le prendre: en se débattant il pourroit se casser une aîle. Pour le dégluer, saupoudrez de sable & de cendre bien nets & secs les endroits où la glu s'est attachée: laissez-le une nuit dans cet état: puis battez bien deux jaunes d'œufs, & mettez-en sur ces endroits avec une plume. Après que l'enduit y aura passé vingt-quatre heures, vous ferez fondre du lard & du beurre la grosseur d'une prune; graisserez ces endroits avec ce mélange; & laisserez l'oiseau en cet état, encore pendant une nuit. Le lendemain, lavez-le avec de l'eau tiede; & servez-vous d'un linge bien net, pour le nettoyer jusqu'à ce qu'il ne reste plus de glu.

2. Les fauconniers ont toujours en réserve deux ou trois pelottes de laine, grosses comme des perdreaux, & toutes couvertes de plumes de perdrix qui y sont attachées. A ces pelottes tiennent aussi des lacets de crin. Le tout est ajusté proprement. Ils portent avec eux d'autres oiseaux aux pieds desquels ils attachent une de ces pelottes. Ils les abandonnent les uns après les autres, & quelquefois tous ensemble. Dès que l'oiseau de leurre les apperçoit, il vole à eux pour s'emparer de leur proie: & liant la pelotte comme si c'étoit une perdrix, il ne manque pas de s'embarrasser dans quelqu'un des lacets; au moyen de quoi il tombe à terre avec l'autre oiseau. Le fauconnier accourant aussitôt, prend l'oiseau de leurre par le milieu du corps sans le presser; & le débarasse: puis il dénoue la pelotte de l'autre oiseau, qu'il ne fait voler de rechef que long-tems après, à cause qu'il est tout effarouché d'avoir été pris.

PLANCHE II.

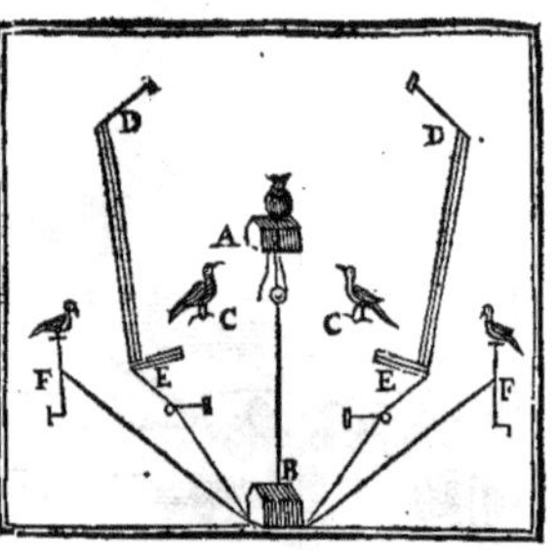

Maniere de prendre les Oiseaux de Proie avec des retz saillans.

Il faut choisir une campagne spacieuse & située sur une hauteur bien découverte; ensorte que la place que vous choisirez pour tendre vos filets, soit éloignée de trois ou quatre cent pas des hayes & des arbres. Cette place étant ainsi disposée, vous y tendrez les mêmes filets dont on se sert pour prendre les pluviers; avec cette différence qu'au lieu de les verser d'un même côté, vous tirerez l'un d'un côté & l'autre de l'autre.

Les deux filets, D E, D E planche onzieme, étant ainsi tendus, plantez un billot A au milieu des deux formes; & un autre, B, au côté d'une loge que vous y ferez. Par dessus ces billots, il faudra passer la corde pour l'attacher aux deux piquets; puis poser le duc de la même maniere qui a déja été marquée; & le tenir sur le billot B, pour le pousser, & le faire aller sur l'autre.

Lorsque, selon les marques données ci-dessus, vous jugerez que le duc apperçoit quelque Oiseau de passage, il faudra faire mouvoir & agiter le duc, pour attirer l'Oiseau de proie qui est dans l'air; lequel appercevant le duc, fondra sur lui en biaisant. Il est bon d'observer le côté d'où vient l'Oiseau C; afin de le faire donner dans le filet, qui est du même côté, ou plutôt afin de tirer ce filet sur lui, & de l'envelopper.

Pour obliger l'Oiseau à descendre, il seroit bon d'attacher des geais, ou des pies, pour servir de verges de meutes, F F.

Cette pratique est plus sûre & plus aisée que la précédente. On n'y a point d'arbre à ajuster. Les Oiseaux ne trouvant point à se percher, fondront d'abord sur le duc, & seront pris sans avoir le tems de chercher à se sauver. Ils ne pourront pas découvrir le piège, comme quand ils sont à portée de se percher auprès. D'ailleurs s'il vient plusieurs Oiseaux à la fois, & que le piége soit sous un arbre; tous y étant posés, il n'y a que le plus hardi qui se prenne en se jettant le premier sur le duc: les autres le voyant pris s'enfuient aussi-tôt, ensorte que celùi qu'on a, n'est pas quelquefois le meilleur de la bande. Au lieu que s'il n'y a point d'arbres ils fondront tous à la fois; & l'on pourra en prendre plusieurs ensemble, & choisir le meilleur.]

Maniere d'Instruire les Oiseaux de Proie pour la chasse.

Avant de donner la maniere d'élever & d'instruire les Oiseaux de proie (qu'on appelle aussi *Oiseaux de Leurre*, parce qu'ils se laissent instruire au leurre, ou parce qu'ils ne descendent ou ne reviennent pas sur le poing, s'ils n'y sont conviés par le leurre) il est à propos de remarquer qu'on en éleve de plusieurs sortes en Fauconnerie, que l'on comprend sous le nom général de Faucon. Les plus ordinaires sont le faucon proprement dit, le sacre, le lanier, le gerfaut, le merillon ou émerillon, & le hobereau.

Le *Faucon* a la tête noirâtre, le dos cendré & tacheté, les jambes & les pieds jaunes. On doit choisir un faucon qui ait la tête ronde, le cou rond, le bec court & gros, les épaules larges, les pennes des aîles menues & déliées, les cuisses longues, les jambes courtes; & les mains longues, larges & grandes. A toutes ces marques, on reconnoit un excellent faucon.

Cet Oiseau est le plus estimé des Oiseaux de proie, & celui qui a le plus beau vol.

Le mâle de faucon se nomme *Tiercelet*. On l'appelle ainsi, parce qu'il est un tiers moins gros que la femelle. Les meilleurs tiercelets viennent d'Espagne. Ils volent si haut, qu'ils se perdent dans les nues. Ils ne vont jamais au change; tiennent longtems sur aîle; sont très-sûrs & justes en leur remise: & servent au vol des courlis & des cannepetieres.

Le *Sacre* est une espece de faucon femelle, dont le mâle s'appelle *Sacret*. Cet Oiseau, à qui on donne le troisieme rang parmi les Oiseaux de proie, a les plumes d'un roux enfumé; le bec, les jambes, & les doigts, bleus. Il est excellent & courageux pour la volerie des champs, mais difficile à traiter. Il est propre au vol des Oiseaux de montée; tels que sont le heron, le milan, les buses, &c. Le sacre est un Oiseau de passage. Les meilleurs viennent de Grece.

Le *Lanier* a le bec & les pieds bleus; & les plumes de l'estomac mêlées de noir & de blanc. Il est plus petit que le faucon. C'est la femelle du *Laneret*. On s'en sert pour la perdrix & le lievre.

Le *Gerfaut* est très-beau, fier, hardi, & le plus fort Oiseau après l'aigle. Son plumage est de couleur fauve. Il a le bec & les jambes bleues & vertes; les serres de couleur fauve, bien ouvertes; & les doigts longs. Il est propre au même vol que le lanier: mais il est plus fort à la montée. Il est excellent pour le vol de l'outarde, du héron, du milan, & autre gros gibier. Les meilleurs viennent de Norwege & de Dannemarck.

Le *Merillon* ou *Emerillon*, est un Oiseau de poing; le plus vif, le plus bigarré, & le plus petit de tous les Oiseaux de proie. Il est de la grosseur d'un pigeon, & son plumage est comme celui du faucon. Il est hardi & courageux. Il poursuit la perdrix, la caille, l'alouette hupée, le menu gibier, la corneille, la pie & beaucoup d'autres Oiseaux plus grands que lui. De tous les Oiseaux de proie, l'émerillon est le seul dont le mâle & la femelle se ressemblent. On n'en voit que de passagers; & point de niais.

Le *Hobereau* vole fort haut. Il a le bec bleu, les jambes & les doigts jaunes, le ventre marqueté, le dos & la queue noirâtres, les plumes de dessus & les yeux noirs, & le haut de la tête entre noir & fauve. Il est propre au vol des petits Oiseaux, & particuliérement des alouettes. C'est le plus petit des Oiseaux de proie, après l'émerillon.

Il faut remarquer ici qu'en prenant le nom de faucon en général, & entant qu'il se donne à tous les Oiseaux de leurre, on en distingue de plusieurs sortes. On appelle *Faucon Pelerin*, celui qui vient des pays étrangers, dont on ne trouve point l'aire, & qu'on a pris depuis le mois d'Octobre jusqu'en Janvier. *Le faucon Gentil de passage* est celui qui vient des pays circonvoisins; & est le plus facile à dresser. On le prend au mois d'Août, ou en Septembre. *Le Faucon Niais* est celui qui n'a jamais été à soi, c'est-à-dire, qui n'a jamais joui de sa liberté; & qui a été pris au nid ou dans le roc, lorsqu'il étoit encore tout petit. On le nomme aussi *Faucon Royal*, parce qu'on le nourrit & instruit aisément. *Le faucon Sor* est celui qui a encore son premier plumage, & les pennes du premier an; c'est-à-dire qui est de l'année. *Le faucon Hagard* est celui qui est fier & bizarre; qui n'est plus for quand on le prend; qui a mué & changé de plumes: on l'appelle aussi *faucon de Repaire* ou *faucon Branchier*.

Il y a des Oiseaux qui sont *hagards à la chambre*; & d'autres *au jardin*, c'est-à-dire aux champs. Quoiqu'on ait perdu de vûe ces derniers, pendant quelque tems; s'ils sont bien assûrés, ils attendent lorsqu'on va à eux: ce qu'ils ne feroient pas, s'ils n'étoient affaités qu'à la chambre.

Ainsi il est essentiel de bien donner l'assurance à un Oiseau. Sinon il ne peut avoir de créance à son maître; & sans créance, un Oiseau ne devient jamais de bon affaitage; son vol n'est point réglé quand il est question de le rappeller.

Comment il faut Choisir les Oiseaux de Proie.

Pour choisir un Oiseau de proie, il faut avoir égard au pays, au pennage, au vol, au balay ou à la queue, aux mains, aux serres, à la pesanteur, &c.

Les faucons de Suisse & de Russie sont toujours de meilleure affaire & plus gracieux que ceux qu'on nous apporte des autres pays. Ceux des Alpes, surtout du côté de Verone & de Trente, sont aussi très-estimés.

Il y a deux sortes de pennage: le blond, ou fauve; & le noir. Le premier est garni d'égalures, & l'autre tout d'une piece. Mais comme on peut être trompé dans l'un & l'autre pennage, il vaut mieux s'arrêter aux remarques suivantes. Il faut toujours choisir l'Oiseau qui a le plus large devant & derriere; dont les mahuttes sont relevées, de sorte qu'il semble que cet Oiseau ait la tête entre les deux épaules: celui dont le vol est affilé, & qui ne croise point, dont le balay est très-court, les mains déliées, & les serres fort longues & fermes: l'Oiseau le plus pesant sur le poing est toujours le meilleur; c'est-à-dire celui qui, parmi les Oiseaux de cette espece, pese le plus: un lanier, par exemple, est plus lourd que son laneret. L'oiseau de proie doit être plein: cette plénitude est une marque de son bon tempérament. Si on le fait prendre dans l'aire, il faut le choisir tout noir; & qu'il n'ait poussé que la moitié de son balay: parce qu'alors il commence à connoître son gibier; il ne crie point, & peut par-là devenir Oiseau de bon air. Cette précaution prise, on se le fera apporter au plus tôt.

Lieu où l'on doit instruire les Oiseaux de Proie.

Il faut avoir un cabinet où il y ait deux ou trois fenêtres assez larges, grillées en saillie par dehors, afin que les Oiseaux y puissent prendre le soleil. Ces fenêtres doivent être garnies d'une petite perche posée en travers, & de gazon sur l'appui, afin que les Oiseaux puissent s'y reposer. Il faut encore mettre d'autres perches dans le cabinet, & un baquet plein d'eau, ayant de profondeur environ un pied & demi. Il faut renouveller au moins tous les deux jours l'eau qui est dans ce baquet: & garnir le fond de sable de riviere, & de petites pierres ou cailloux. Ces choses sont nécessaires pour rendre les Oiseaux propres à la volerie. Si les faucons sont jeunes, il faut les armer avant de les mettre dans ce cabinet. Tout étant ainsi disposé, on paît les Oiseaux deux fois le jour: le matin à sept heures; & le soir à cinq. Il faut autant qu'il est possible, leur donner le pât en les tenant sur le poing; afin qu'ils se familiarisent, & qu'ils connoissent l'homme.

En prenant de tels soins, ils seront à demi dressés, quand on voudra leur donner les instructions nécessaires pour les rendre parfaits, & les faire voler de bonne action.

On doit les nourrir de petits chats, ou chiens de lait, de pigeonneaux & de poulets hachés menu. Au défaut de ces sortes de viandes, il faudra leur donner du bœuf ou du mouton, haché avec un œuf: cela contribue beaucoup à leur faire avoir un beau pennage.

Choix des Oiseaux de Proie instruits.

Pour choisir sûrement un Oiseau, il faut d'abord lui ôter le chaperon, pour voir s'il a les yeux clairs & nets; lui ouvrir le bec, & observer s'il a le bec & la langue rouges; & s'il n'a point quelques chancres, à quoi les Oiseaux de proie sont fort sujets. Ensuite on lui tâte la mulette, pour connoître s'il ne l'a point empelotée. Puis on le fait curer: & on le porte au vent, pour éprouver s'il y est ferme & s'il le chevauche constamment; s'il a les émeus reglés, sans être épais; & si après la digestion, il rend son pât gluant, & non sec; s'il se tient tranquillement sur son bloc; si avec son bec, depuis la partie de dessous jusqu'au bout, il nettoye ses aîles, qui doivent être luisantes & comme ointes de quelque liqueur; s'il se tient également sur ses deux jambes, sans vaciller d'un côté ni d'un autre; si les deux veines qui sont aux racines des aîles, ont un mouvement moderé; s'il n'a point la langue tremblante; s'il ne pantoise, ou ne frissonne point: alors on a des indices de sa bonne santé. Si les émeus qu'il rend, sont verds, c'est signe de mort: comme lorsqu'il ne peut se lever de son bloc, à l'aide du vol.

Maniere de Dresser parfaitement les Oiseaux de Proie.

On dresse presque tous les Oiseaux de proie d'une même maniere; si vous en exceptez les faucons, qu'on ne veille pas si long-tems que les passagers.

Après les avoir mis dans le cabinet, dont nous avons fait la description ci-dessus, & lorsqu'ils sont prêts à être affaités, on les transporte dans un lieu obscur, pour les rendre dociles: ou bien on leur *sille* les yeux; ce qui se fait de cette maniere. Vous faites tenir l'Oiseau par le bec, puis vous lui passez avec une aiguille fine, un fil très délié à travers la paupiere de l'œuil droit, à un endroit un peu éloigné du bec, afin qu'il voye devant; & vous conduisez ce fil à la paupiere de l'œuil gauche, laquelle vous percez de la même maniere: puis ayant noué les deux bout du fil sur le bec, vous coupez le fil près du nœud; le tordant de maniere que les paupieres soient élevées si haut, que l'Oiseau ne puisse voir que devant lui.

Nota. En faisant cette opération, donnez-vous bien de garde de prendre la toile qui est sous la paupiere.

Il faut avoir soin que le bloc sur lequel l'Oiseau se pose, ne soit pas trop gros, mais soit proportionné à ses mains, ensorte qu'il puisse seulement les remplir, & que les avillons puissent se joindre & se fermer avec les serres. Ce bloc doit être garni de drap, afin que l'Oiseau ne devienne pas gouteux. L'Oiseau doit être attaché au bloc par le pied, à une longe un peu lâche, qui ait un pied & demi de longueur; afin que volant d'un endroit à un autre, il puisse retourner aisément sans se blesser. Si vous mettez ensemble plusieurs Oiseaux sur le même bloc, il faut qu'il y ait entr'eux un pied & demi, ou même deux pieds, de distance; pour les empêcher de se donner des griffades, sur-tout quand ils sont affamés. Toutes ces précautions étant prises, vous portez l'Oiseau sur le poing de la main droite, le matin dès la pointe du jour, ou le soir sur la brune; afin de l'assurer, & l'empêcher de s'effrayer à la vûe du monde.

Maniere d'Affaiter les Oiseaux.

Un faucon bien instruit doit sçavoir obéir à l'homme; souffrir volontiers qu'on lui mette le chaperon; du bout de la filiere revenir de son plein gré sur le poing; être prêt au besoin à enfoncer le gibier pour lequel on l'a dressé; enfin il faut qu'il s'accoutume peu à peu à faire tour ce que le Fauconnier lui demande.

Si le faucon est docile, & qu'on puisse le rendre de bonne affaire, celui qui le gouverne s'en apperçoit sensiblement d'un jour à l'autre. On est communément un mois, quelquefois moins, à faire que l'Oiseau ne soit plus hagard. Si ce tems ne suffit pas pour le dresser à la volerie, on n'a rien de bon à en attendre: & alors on l'abandonne comme quinteux.

Tout faucon, soit niais, soit gentil, soit de passage, se dresse à peu près de même. Le niais n'a pas besoin d'être veillé aussi long-tems que les autres.

Aussi-tôt qu'un Oiseau est dans le cabinet, il faut l'armer de sonnettes, d'un chaperon, & de jets: ensuite le porter trois jours & trois nuits continuellement; & pendant qu'on le veille, tâcher de le paître tout chaperoné. Quand à force de veiller & d'être fatigué, il commence à prendre le pât, il faut le poivrer: outre que par ce moyen on le rend plus familier & plus docile, on le garantit encore de la vermine, des mittes, & de plusieurs infirmités ausquelles les Oiseaux de proie sont sujets.

Après qu'on a poivré l'Oiseau, on le fait sécher au

en feu. Puis on lui met un chaperon un peu large, pour lui faire la tête; ce qu'on réitere de tems en tems, afin de l'accoutumer à se tenir chaperonné.

Aussi-tôt qu'on s'apperçoit qu'il a envie de quitter le bloc pour voler sur le poing, ce qui est une grande avance, il faut l'y inviter en lui présentant le leurre; sur lequel il ne faut pas manquer de lui faire prendre son pât. Lorsqu'il commence à se faire au leurre, on le porte à la campagne avec la longe attachée à la filiere, & on lui donnera autant de leçons qu'on le juge à propos. Il faut aussi lui faire connoître les hommes, les chevaux & les chiens; afin qu'il s'y accoutume, & qu'il ne s'effarouche point quand on lui ôtera le chaperon.

Quand l'Oiseau commence à venir au branle du leurre, de la longueur de la filiere, il faut le porter le matin dans le jardin, & le poser sur la pierre froide: c'est ce qu'on appelle *Jardiner l'Oiseau*. Alors, avant de lui ôter le chaperon, il faut lui donner une bécasse, & une autre après l'avoir déchaperonné. Ensuite on s'étudie à le bien assurer, avant de le mettre hors de filiere: ce que l'on fait, en s'éloignant de tems en tems, & se rapprochant ensuite peu à peu de lui. Quand on est sur le point de l'abandonner à lui-même, on lui fait tuer une poule, à peu près du même pennage que la volerie pour laquelle il est destiné. S'il pantoise & donne du bec, il faut l'en corriger; & l'acharner pour cela sur le tiroir. On se sert de ce même moyen, quand l'Oiseau est difficile à affaiter, & qu'on est obligé de lui siller les yeux, de la maniere que nous avons marquée ci-dessus. Il est aussi quelquefois à propos de lui dessiller les yeux pendant une nuit, afin qu'il voye la lumiere; ensuite lui remettre le chaperon comme auparavant: par ce moyen on les dresse; & les empêchant de dormir la nuit, & les affriandant par de bon pât, on les rend bon chaperonniers, accoutumés à quitter & à reprendre le chaperon toutes les fois qu'il est nécessaire.

Il y a des faucons qui veulent être veillés bien plus long-tems que d'autres, parce qu'ils sont d'un naturel quinteux & farouche. Alors si une nuit ne suffit pas pour le leur faire perdre, on peut en employer jusqu'à quatre; les affriandant toujours, soit avec le tiroir, soit avec le pât. Fatigués de ne pas dormir, ils cessent enfin de se rendre hagards, & se soumettent volontiers au chaperon, qu'on leur ôte & remet souvent.

Après avoir affaité l'Oiseau pendant quatre jours, & remarqué que s'étant dépouillé de son naturel sauvage, il commence, pressé par la faim, à se paître lui-même, on lui apprend à connoître la voix, ou le réclame de celui qui le gouverne. Pour cela on se sert d'un poulet vivant, qu'on met dans quelque endroit obscur, où il y ait cependant un peu de lumiere pour faire ensorte que le faucon le voye. On retient l'Oiseau sur le poing, en lui donnant ce poulet en proye; & dans le même tems on siffle ou on lui parle comme on le juge à propos. Puis lui ayant remis le chaperon, on lui donne les parties les moins charnues de ce poulet, pour les lui faire tirer & le mettre par ce moyen en appétit.

Mais il ne suffit pas qu'un faucon connoisse le réclame de celui qui le dresse, il faut encore qu'il connoisse le pât dont on a coutume de le nourrir: afin que sitôt qu'il s'en appercevra, il fonde promptement dessus. C'est pourquoi on prend l'Oiseau sur le poing de la main gauche; & de la droite on lui présente le pât, qu'on éleve & abaisse de tems en tems; pour l'exciter à le prendre, en lui parlant ou sifflant.

Quand il en a pris deux ou trois gorgées, on cesse, puis on recommence de la même maniere, quelque tems après: ce qu'on doit pratiquer tous les jours. Et quand on croit que l'Oiseau s'est induit suffisamment la gorge pendant le jour, on lui donne sur le soir une *cure*: qui est un petit peloton de coton, de plume, ou de filasse, de la grosseur d'une feve ou environ; afin de le faire vuider, & le purger doucement.

Le meilleur moyen d'affaiter & d'encourager un faucon, est de lui faire tirer un poulet, en lui parlant ou le sifflant, comme nous venons de le dire, en élevant & abaissant de tems en tems la proye & chaperonnant & déchaperonnant de tems en tems l'Oiseau. Pour l'animer davantage, on lui présente le poulet deux ou trois fois, à chacune desquelles on le déchaperonne, & on lui jette ce pât à terre, afin qu'il fonde dessus. On l'en retire dès qu'il commence à s'y acharner: pour cela on crie fort; ensuite on reprend l'Oiseau & on l'enchaperonne le plus promptement & adroitement qu'il est possible.

PLANCHE II.

Maniere de Leurrer l'Oiseau, ou de l'accoutumer au leurre.

Après avoir accoutumé l'Oiseau à se paître dans un lieu obscur, & à fondre sur sa proye à trois ou quatre pas d'éloignement, il faut le leurrer; c'est-à-dire, l'instruire à connoître le leurre; pour cela on y attache de la chair: & entrant dans l'endroit obscur où est l'Oiseau, on lui lâche un peu le chaperon, ensuite on s'en éloigne à trois ou quatre pas; & prenant le leurre on le jette deux ou trois fois en l'air, à la moitié de la longueur de la longe qui le tient attaché: ce que l'on fait en tournant toujours, appellant fortement l'Oiseau, & lui ôtant quelquefois le chaperon. Enfin on lui jette le leurre d'un peu loin. Quand on s'apperçoit qu'il commence à bien faire, & qu'il obéit à la voix en même-tems qu'on lui jette le leurre, on l'anime à la maniere ordinaire, à s'élever & à fondre dessus. Pour cela il est nécessaire de lui ôter le chaperon, en cas qu'il ne soit pas encore fait à se déchaperonner lui-même. Si le faucon fond avec courage sur le leurre, & qu'il s'acharne au gibier qu'on y a attaché, il faut le lui abandonner; & l'animer avec plus de force; puis le prendre avec la chair qui tient au leurre, & le mettre au tiroir afin de le rendre plus gracieux.

Ensuite il faut l'appeller, pour le prendre sur le poing, & lui remettre son chaperon.

En dressant un Oiseau, il faut d'abord parler bas : car il est très-peureux dans le commencement, & une voix rude & éclatante l'effraye & l'effarouche encore davantage. On hausse le cri peu-à-peu, d'un jour à l'autre.

Il est d'expérience aussi que les Oiseaux aiment à sentir une bonne odeur aux gants dont on se sert pour les paître ou les porter. Ils ont de la répugnance pour l'odeur de l'ail, de l'oignon, & autres de cette nature.

Le faucon étant dressé à connoître le leurre dans un lieu obscur, & à fondre indifféremment sur le gibier, mort ou vivant ; on doit le porter dans une plaine où il n'y ait point d'arbre. Là ayant attaché le gibier au leurre, & le faucon à la longe, on desserre un peu le chaperon ; on présente la chair à l'Oiseau ; & en lui parlant fortement, on l'excite à la tirer. Quand on voit qu'il s'y acharne avec courage, on s'éloigne de lui à quatre ou cinq pas ; & l'on fait en sorte qu'il se déchaperonne, en lui criant fortement ; puis on jette le leurre en l'air, & on l'excite à fondre dessus, en lui parlant avec encore plus de force. Si le faucon fond dessus, il faut le laisser se paître de la cervelle du poulet, à laquelle cet oiseau s'attache d'abord ; & si le cœur & le foie sont restés entiers & qu'ils soient sains, il faut lui en faire prendre bonne gorgée, en lui parlant & l'animant à la maniere ordinaire.

Quand on aura leurré le faucon au grand air, en pleine campagne, & que par le moyen du pât attaché au leurre, on l'aura accoutumé à revenir sur le poing ; il faudra, les jours suivans, attacher un petit oiseau au leurre, & s'éloigner du faucon de dix à douze pas ; augmentant tous les jours la distance, à mesure que l'Oiseau profitera des instructions.

Lorsqu'il sera parfaitement instruit à fondre indifféremment sur toute sorte de gibier de la volerie pour laquelle on le destine, on le portera à cheval en pleine campagne, après l'avoir laissé un peu jeûner. Là, étant attaché seulement à la filiere afin que son vol soit plus libre, on s'éloignera de lui à vûe ; puis on lui criera, pour l'animer, & pour l'exciter à se déchaperonner un peu. Cela fait on jettera le leurre en l'air en criant fort haut ; & quand l'Oiseau se sera tout-à-fait déchaperonné, & volera sur celui qui l'observe à environ huit pas de distance, on jettera le leurre une seconde fois. Si le faucon vient à fondre dessus, on ne le retirera point, mais on le laissera s'y acharner : & l'on descendra de cheval pour l'encourager à déchirer la proye, & à faire parfaitement son devoir.

Après l'avoir exercé de cette maniere pendant plusieurs jours, & l'ayant façonné à fondre sur le leurre en rondon ; on l'affame, & on continue les jours suivans, à lui donner des leçons, en le tenant libre & entiérement dégagé de la filiere, le matin en pleine campagne. Comme on se fie alors à ce faucon, & qu'on ne craint plus qu'il s'envole, on le regarde comme un Oiseau de créance ; & on lui jette le leurre dans l'air, afin qu'il fonde dessus, en présence des chasseurs, sans craindre qu'il en soit effarouché : on l'y laisse prendre telle gorgée que bon lui semble. Quand il est parvenu à ce point de perfection, c'est un Oiseau pleinement instruit ; *un Oiseau de bonne affaire*, comme on parle en Fauconnerie : ce peut être l'ouvrage d'un mois.

L'Émerillon veut être leurré & assuré comme les autres Oiseaux. Il faut lui faire curée du gibier auquel on veut le mettre. Il vole fillé pour le pigeon, le perdreau, la caille, l'alouette & le merle. On le tient en hiver dans un lieu chaud : & on lui met une peau de lievre sur le bloc, pour que le froid ne lui endommage pas les mains.

Maniére de Jetter le Faucon, & de l'obliger à de terre.

Le faucon étant bien affaité, il faut l'armer de sonnettes, plus ou moins grosses, à proportion qu'il est plus ou moins fort & courageux. Il vaut mieux au commencement lui en donner d'un peu plus fortes, que de trop foibles ; jusqu'à ce qu'on ait bien connu son courage. Etant ainsi armé, on le porte à cheval, dans une plaine, & là on l'excite, de la maniere que nous avons marquée ci-dessus. A ces cris l'Oiseau s'anime, & commence à battre des aîles & se mouvoir sur le poing. Alors sans perdre de tems, il faut lui ôter le chaperon, le laisser libre, & lui mettre le bec au vent ; afin que le prenant aisément, il fasse sa montée avec plus de facilité. Il arrive quelquefois que l'Oiseau branle en haut sur la tête du Fauconnier, & qu'il rode de bonne action ; il faut alors jetter le leurre à contre-vent, & rappeller son Oiseau à haute voix ; & s'il venoit à chevaucher le vent, il faudroit descendre de cheval, laisser paître le Faucon de ce gibier ; & le rendre gracieux & de bonne humeur, en l'acharnant sur le tiroir.

Il peut arriver quelquefois que les faucons, sur tout ceux qui sont niais, ne veulent point s'élever en l'air, en quittant le poing du Fauconnier ; & qu'au contraire ils volent à terre & y prennent motte. Pour les en faire partir, & les obliger à revenir sur le poing, il faut avancer à cheval devant eux, & les effaroucher avec une baguette ; cela les oblige à revenir au leurre, où il ne faut pas manquer de les affriander, en leur en laissant prendre quelques gorgées. Si malgré tous les soins qu'on se donne, un faucon est toujours indocile, il faut le porter dans quelque endroit de la plaine, où il y ait des Oiseaux qui vont en troupe, tels que sont les étourneaux & les corneilles : & lorsqu'on en est à certaine distance, il faut desserrer un peu le chaperon, afin qu'il les apperçoive ; puis dans le moment que ces Oiseaux s'envolent, il faut le déchaperonner tout-à-fait ; & le jetter promptement dessus afin qu'il leur donne la chasse, & qu'il fasse une montée assez étendue. Pendant ce tems-là, on prend un canard, qu'on a apporté exprès de la maison : & après lui avoir joint les grandes aîles sur les paupieres, on le prend de la main droite, par la partie de l'aîle qui est au dos ; & on le présente au faucon, dans l'endroit le plus commode, en lui criant, & le rappellant, pour l'obliger à fondre dessus. Lorsqu'on juge qu'il peut l'appercevoir, on le jette en l'air du côté que vole le faucon ; & s'il arrive que cet Oiseau l'avillonne, on lui permet de s'en paître à loisir, en l'animant de la voix. Ensuite on lui donne gorgée chaude, de la cervelle du canard, puis de la langue, du cœur, & du foie. Et quand il s'est repû, on prend la cuisse, pour la lui faire tirer, & assouvir pleinement sa faim, quand il sera revenu sur le poing. On ne lui donne de ce pât qu'avec modération, afin qu'il induise mieux sa gorge. Il faut pratiquer ce même moyen pendant plusieurs jours, & jusqu'à ce que l'Oiseau battant des aîles sur le poing du Fauconnier, fasse connoître qu'il veut s'efforcer, & fondre sur la proye.

Il y a des Oiseaux qui prennent le bouton au premier ou au second saut qu'ils font. Dans ce cas il faut avoir deux ou trois albrans, & se mettre deux ou trois personnes en différens endroits, de maniere qu'on puisse faire voler le faucon. Celle vers qui l'Oiseau prend son essor, lui jette aussi-tôt un albran. S'il fond dessus, c'est signe qu'il se corrige. Pour lors on le laisse s'en paître à son gré, en l'y animant toujours de la voix.

Si après ces soins & ces précautions, un faucon ne s'affaite pas au bout de trois ou quatre jours; il faut l'abandonner, comme un Oiseau qui n'est bon à rien. *Voyez* ASSURANCE.

La *Figure 13* représente l'attitude où doit être le Fauconnier, quand il jette l'Oiseau; de quelle maniere le faucon doit être posté; & comment il fond en l'air sur sa proie.

PLANCHE 13.

Observations sur les Oiseaux qu'on a dressés

Le faucon étant dressé, il est bon de le curer, pour l'induire au leurre, l'y attacher, & l'obliger à revenir sur le poing sans y être convié par le réclame. On y réussit en le prenant sur le poing, après qu'il a fait deux ou trois montées & autant de descentes; & lui présentant la chair d'un poulet qu'il aura tué lui-même. Plus l'Oiseau sera quinteux & hagard, plus souvent il faudra le rappeller après qu'il aura pris son essor, & l'affriander afin de le rendre gracieux & de bonne humeur. Il faut avoir soin sur-tout d'empêcher qu'il ne prenne le change, & ne se jette sur quelque gibier au lieu de revenir au leurre.

Comme il y a des faucons trop chargés de graisse, il faut avoir soin de les *essimer*: ce qui se pratique de cette maniere. Dans le tems qu'ils se jettent sur le gibier & qu'ils l'avillonnent, il faut prendre le cœur d'un veau, avec du foie de poulet froid; puis fendre en quatre un poulet, ou quelqu'autre Oiseau, & imbiber de son sang encore tout chaud, ce cœur & ce foie; que vous donnez ensuite au faucon dans le tems qu'il s'acharne à la cervelle, & l'empêcher de s'acharner aux entrailles du gibier qu'il a pris. Pour l'essimer vous enveloppez ce cœur & ce foie dans de petites plumes qui se trouvent autour du cou du poulet; & vous le lui présentez ainsi, avant qu'il ait déchiré son gibier. Cette cure est parfaitement bonne pour dessécher le flegme de l'Oiseau de proye.

Il y a des Oiseaux qui sont sujets à faire des fuites; & en particulier les gerfauts, & les faucons. Ils vont peu à l'essor: au lieu que les laniers & les sacres y sont naturellement accoutumés, à moins qu'on ne les ait rendus de mauvaise humeur. Pour les empêcher de faire ces fuites, & de dérober leurs sonnettes, il faut les suivre à la montée, & les rappeller au leurre, aussi-tôt qu'on s'apperçoit qu'ils veulent s'écarter: & lorsqu'ils sont revenus de bon gré sur le poing, on les affriande avec de bon pât; & pour les rendre encore de meilleure humeur, on les acharne au tiroir.

Pour rappeller plus sûrement l'Oiseau quinteux, on reste à l'endroit où il a fait sa fuite, pour voir s'il fera sa rentrée: & aussi-tôt qu'il rentre, les Fauconniers piquent du côté que l'on veut le rappeller, en lui présentant du vif, qu'il ne faut pas manquer de lui abandonner dès qu'il est descendu. Si l'Oiseau a été bien affaité, il rentrera après avoir fait plusieurs feintes. C'est pourquoi un des chasseurs doit se tenir au même endroit où il a fait suite, afin de le leurrer, & de l'engager à faire sa descente.

Il y a des faucons qui charient leur gibier après l'avoir pris, & dès qu'on s'approche d'eux. Ce défaut leur vient d'être affamés, ou d'un naturel gourmand; ou encore par la faute des chiens, de qui ils ont reçu quelque déplaisir. C'est pourquoi on ne sçauroit alors trop prendre de précautions pour contenir ces chiens dans leur devoir. Et pour empêcher que les faucons ne charient, il faut leur jetter un poulet, ou une perdrix morte, attachée à la filiere. Aussi-tôt ils quitteront leur gibier, & se laisseront prendre aisément. Alors il ne faudra pas manquer de leur donner bonne gorgée, de la proye qu'on leur aura jettée.

Il y a aussi des faucons qui sont si gourmands, que dans le moment qu'on les leve pour les paître, ils baissent aussi-tôt la tête, & se jettent hors du poing pour fondre sur le pât. On les corrige de ce défaut en les faisant paître à terre, sur leurs curées. Il faut leur desserrer un peu le chaperon, afin qu'ils puissent paître plus aisément. Par ce moyen ils se corrigeront bien-tôt de ce défaut.

Il y a des Oiseaux qui n'étant pas bien affaités, ne veulent voler que dans la plaine & dans le beau païs. On les corrige de ce défaut, en leur faisant prendre plusieurs fois le pât dans quelque lieu couvert d'arbres, ou dans le fort d'un bois.

Il n'y a peut-être pas d'Oiseau de proye plus libertin ni plus volontaire que le hobereau. C'est ce qui rend son affaitage plus difficile que celui des autres faucons. En l'affaitant, on suit les mêmes maximes.

Oiseau Dépiteux. C'est celui qui ne veut pas revenir quand il a perdu sa proye.

Oiseau Apre à la proye. C'est celui qui est bien armé du bec & des griffes.

Oiseau trop en Corps. C'est celui qui est trop gras.

Oiseau de bon Guet. C'est celui qui sçait bien

veiller sa proye & prendre son tems pour fondre dessus quand elle part.

Oiseau de bonne Compagnie. C'est celui qui n'est pas sujet à dérober ses sonnettes.

Oiseau d'Echappe. C'est celui qui nous vient d'ailleurs que ceux que nous élevons.

Oiseau de Leurre. C'est celui qui a les mahutes hautes, & les reins larges; qui est bien croisé, bien assis, court jointé, & qui a les mains longues.

Instruction pour le Vol des Autours.

Il est vrai que ces Oiseaux ne donnent pas tant de plaisir que les autres: mais on est bien dédommagé par la quantité du gibier qu'ils abbattent. Et ceux qui aiment plus l'utile que l'agréable, comme sont les simples Gentils-hommes, trouvent mieux leur compte à chasser avec l'autour, qu'avec les autres Oiseaux de leurre; qui ne conviennent qu'aux Princes & aux grands Seigneurs, lesquels sont en état d'entretenir grand nombre de valets, de chiens & de chevaux. L'autour n'est pas de grande dépense: il est aisé de l'élever & de l'instruire. Quand on le fait chasser, tout son exercice consiste en finesse & en ruse: ce qui doit faire beaucoup de plaisir à ceux qui sont entendus dans l'art de la Fauconnerie; & quand l'autour a besoin d'aide, il peut être secouru par des valets, ou autres gens à pied; ainsi on épargne les chevaux. Cet Oiseau convient encore aux personnes âgées: elles peuvent aller à cette chasse dans une chaise ou sur un cheval, sans se fatiguer.

Il y a bien des gens qui, vivant noblement à la campagne, ignorent l'avantage que l'on peut tirer des autours, qu'on éleve pour le vol. Ils se persuadent que c'est une dépense considérable, & que ce n'est qu'à force de grands soins que ces Oiseaux deviennent propres à la chasse: Préjugés dont on reviendra aisément en lisant cet article.

Cet Oiseau est le plus grand de la Fauconnerie, après le gerfaut. Il est généralement de couleur fauve, & semé de taches jaunes: il a les aîles courtes, la tête petite, les yeux noirs & très-enfoncés, le bec gros & recourbé, les serres noires, les jambes hautes & jaunes, la queue longue & large.

Les autours sont distingués par leur âge, par leur pennage, par leurs yeux, ou par le lieu d'où on les tire.

1°. Par rapport à l'âge, on appelle *autour niais*, celui qui a été pris dans le nid, & qui n'a pas encore volé; *autour branchier*, celui qui a commencé à voler, & qu'on a pris sur les branches des arbres; *autour passager*, celui qu'on a pris en passant ou avec le filet ou autrement; *autour fourcheret*, celui qui est de moyenne taille, entre *formé* & *tiercelet*: & qu'on appelle aussi quelquefois *second*.

2°. Par rapport au pennage, il y en a de roux, de blonds, de fort bruns, de blonds & bruns, & d'autres d'une couleur toute différente: en sorte que sans une longue pratique, on s'y trouveroit souvent trompé; tant est grande la différence du pennage de ces Oiseaux.

3°. Par rapport aux yeux, la plupart les ont noirs. Mais on en trouve quelques-uns, qui les ont d'un brun clair; d'autres comme de couleur d'ambre jaune; d'autres tirant sur le roux, &c.

4°. Par rapport aux lieux où ils prennent leur origine: ceux qui naissent dans nos climats sont de taille médiocre; mais ceux qui nous viennent des autres païs, sont ou beaucoup plus grands, ou beaucoup plus petits, selon la différence de l'air qu'ils ont respiré, ou des alimens dont ils ont été nourris.

Au reste, toutes les différences que nous venons de marquer, ne constituent point différentes especes d'autours. C'est toujours la même espece, qui n'est diversifiée qu'accidentellement.

Les autours font leur nid dans les forêts & dans les montagnes.

Comment il faut Choisir les Autours.

On ne doit jamais enlever les autours *niais*, de leur aire, qu'ils n'ayent commencé à noircir, & qu'ils n'ayent la queue au moins à la moitié de sa juste longueur; car plus ils sont forts, plus on les estime. C'est pourquoi l'on doit faire encore plus de cas des autours *branchiers* que des *niais*. Les *fourcherets* valent mieux que tous les autres. Les *tiercelets* sont moins estimés que les *formés*; parce qu'ils ne sont pas de si longue garde, & qu'ils sont sujets à se débattre: quoiqu'au reste ils soient beaucoup plus légers pour le plaisir. Les autours de passage sont d'excellens Oiseaux, sur-tout pour les païs de montagnes, où il y a des arbres; parce qu'ils suivent leur proye, & se branchent fort à propos: il faut les choisir d'une mûe, ou d'un an, pour pouvoir les bien instruire & affaiter. Cet Oiseau devient excellent quand il est pris hors de connoissance.

Un bel autour doit être court, bien curé, bas assis; & avoir les mahutes larges.

Instructions pour Nourrir & Dresser les Autours.

On tient ordinairement les autours à la cuisine, parce qu'ils se plaisent dans les endroits chauds. C'est aussi afin de les faire au bruit du monde & des chiens.

Pour les bien dresser, il faut les nourrir à la main, & les paître de vif & de bonne viande, comme de chair de volaille; prenant garde qu'ils ne s'empelottent point, lorsqu'on leur donne de la plume, qu'ils ne peuvent pas encore digérer. Il faut pourtant avoir l'attention de ne leur pas faire connoître la volaille, ni les pigeons; autrement ils dépeupleroient la basse-cour. Ainsi quand on les paîtra de vif, il faudra leur donner de petits Oiseaux, ou des perdreaux, ou des perdrix, ou des tourterelles; ayant soin d'arracher auparavant la queue à ces différentes sortes de gibier.

On dresse aisément les autours, en pratiquant à peu près les mêmes leçons que nous avons données ci-dessus pour les autres Oiseaux de la Fauconnerie. Les autours se rendent sans peine sur le poing, par le moyen du tiroir; & ils ne s'écartent point, pour peu qu'on les traite avec douceur. On peut chaperonner les passagers; & ils en valent mieux; mais les niais ne s'accommodent point du chaperon.

Aussi-tôt qu'ils commencent à se percher, on doit les accoutumer sur le poing. C'est le moyen de les rendre de bon affaitage & de bonne créance: on ne doit pas différer aussi de les accoutumer au bruit des chevaux & des hommes: sans quoi ils se rebutent dans leur vol, quoi qu'on fasse pour les ramener.

Si vous avez un autour passager, d'une mûe; votre premiere attention doit être de le rendre gracieux, & de l'affaiter; ce qui vous réussira parfairement, en le traitant avec douceur. Comme il vient très-bien au leurre, il faut avoir soin de l'y dresser. Appliquez-vous à l'assurer & le rendre gracieux, en lui faisant perdre de son naturel sauvage le plus qu'il sera possible.

Les autours passagers ne partent pas du poing, comme les niais; c'est pourquoi l'on doit les accoutumer à suivre. Mais quand ils sont dressés, il faut avoir toujours l'œil sur eux, & s'en méfier, parce qu'ils se paissent de guet, & prennent souvent la perdrix à la dérobée, ce qui fait qu'ils se perdent. Pour remédier à cet inconvénient, il faut dans les commencemens ne les laisser gueres suivre; & ne les faire voler que modérément, afin qu'ils ne viennent pas à se reconnoître, & à devenir sauvages comme auparavant.

Maniere de dresser les Autours pour le Vol.

Il ne faut jamais faire voler un autour, que dans un tems propre; c'est-à-dire, qui ne soit ni trop froid ni trop chaud.

Il ne faut pas l'exposer quand il fait du vent, sur-tout quand il n'est pas encore accoutumé à voler.

Dans les commencemens, il faut toujours chercher à lui faire plaisir, soit qu'il mette la perdrix au pied, soit qu'il la remette au buisson.

Il ne faut pas non plus lui en faire voler plus d'une ou de deux, jusqu'à ce qu'il soit animé. Et quand il est revenu, on doit lui laisser reprendre haleine, & se secouer, avant de le laisser aller une seconde fois: sinon il se rebute, devient poltron, & ne fait rien qui vaille.

Les autouriers ou autres qui aiment la chasse des autours, feront bien d'avoir toujours deux ou trois de ces Oiseaux préparés pour voler, tandis que d'autres voleront. C'est le moyen qu'ils ne se rebutent pas, & qu'ils donnent beaucoup de satisfaction.

On doit donner à un autour que l'on dresse, tout l'avantage possible: jusques à le tenir du côté que l'on présume que doivent passer les Oiseaux pour qui il vole: ce qui peut se pratiquer aisément dans des côteaux.

Il y a des personnes qui ne veulent pas qu'on fasse voler les jeunes autours aux perdreaux; parce, disent-elles, qu'ils leur tourneroient la queue.

D'autres disent qu'il est très-avantageux de les faire voler de bonne heure: attendu qu'à mesure que les perdreaux se fortifient, les jeunes autours prennent aussi des forces & du courage; pourvû qu'on ne leur fasse voler qu'un perdreau par jour, qu'on les en paisse, & que ce soit pendant tout le mois d'Août. En Septembre on leur en fera voler deux, ou trois tout au plus; & par un tems frais, car le chaud les rebute souvent. Si on veut chasser un plus grand nombre de perdreaux, on pourra risquer un autour de peu de conséquence; & garder les bons pour l'hiver.

Quand on veut commencer à éprouver des autours au vol, & qu'ils sont prêts à voler, il faut chercher des perdrix; & les ayant trouvées & bien remarquées, déchaperonner les Oiseaux, pour les laisser aller sur quelque arbre où ils puissent être postés avantageusement. Alors on met les chiens en chasse, pour faire repartir les perdrix. Si elles passent sous les autours, ils ne manqueront pas de fondre dessus.

On doit ne pas songer à faire voler un autour jusqu'à ce qu'il soit accoutumé au bruit des chiens: il s'épouventeroit d'abord, & se rebuteroit. Huit ou dix jours suffisent pour l'y accoutumer.

Maniere de Jetter, ou Lâcher, les autours.

Il n'y a pas d'Oiseaux plus propres à prendre beaucoup de perdrix, soit en plaine, soit en païs de montagnes. Pour cela on en a deux: on en place un à chaque bout des aîles de la quête, à trois ou quatre cent pas de celui qui la conduit. Au moyen dequoi les perdrix ne peuvent se retirer d'aucun côté, sans trouver en tête un autour; qui les surprend lorsqu'elles n'ont plus de force. Mais il faut prendre garde que les autours ne soient point pillards. Car fondant tous deux sur une perdrix, ils pourroient s'entretuer par avidité. Alors il faut courir à eux promptement, pour les en empêcher.

Ils ne se rebutent point d'être retenus. Mais il faut se donner de garde de les lâcher de rabat; c'est-à-dire de les tenir trop long-tems sans les lâcher: cela les rend paresseux, & de mauvais affaitage. Cette observation est particulièrement nécessaire pour la seconde fois qu'ils volent. Il y auroit moins d'inconvénient à les retenir tout-à-fait, que de les lâcher après qu'ils ont tenté inutilement de voler. Il ne faut pas leur faire voler une perdrix, lorsqu'elle est trop éloignée ou qu'elle a l'aîle trop forte; parce que cela les rebute. Mais il faut la suivre pour la faire repartir, afin que les autours la voyent de plus près, & fondent dessus avec moins de peine & plus de promptitude.

Il ne faut jamais aller à la chasse que la rosée du matin ne soit passée: parce qu'elle ôte le sentiment aux chiens; & que, mouillant le pennage des autours quand ils descendent à tire, ils sont obligés de se mettre sur des arbres pour s'éplucher. La rosée blanche d'hiver est encore plus dangereuse pour les autours: Il ne faut les faire voler pendant ce tems-là, qu'avec beaucoup de précaution.

Quand ils sont en chasse, il faut toujours leur donner le tems de guetter les perdrix à la remise, afin de les empiéter mieux, & qu'ils ne les manquent pas. Plus on leur en donne le tems, plus on leur fait de plaisir; parce qu'ayant l'œil vif ils saisissent le moindre mouvement de la perdrix. D'ailleurs ils en reprennent haleine plus à loisir, & sont mieux disposés pour le repart. Au reste cette maxime regarde les tiercelets d'autours, comme les autours même.

Si on les fait voler par un tems trop chaud, ils montent en essor; ou gagnent les arbres; d'où ils ne descendent que pressés par la faim.

Pour faire descendre les autours des arbres où ils se sont perchés; il faut pendre une perdrix morte, par l'aîle à une filiere longue de quatre ou cinq toises, & la traîner ainsi à la vûe des Oiseaux; qui partiront aussi-tôt pour fondre dessus.

Il est nécessaire de secourir les autours à la remise. Pour cela il faut s'en approcher doucement; & éloigner d'eux les chiens & les chevaux qui pourroient les épouvanter. C'est pourquoi il est bon de ne mettre que quatre couples de chiens à la volerie, & de les tenir toujours en crainte. Les grands chiens sur-tout épouvantent les autours, & principalement les tiercelets comme plus timides.

Il faut autant qu'il est possible, chasser à l'abri du vent: ce qui n'est pas difficile dans un païs de montagnes, où se trouvent ordinairement les perdrix rouges, dont on a plus de plaisir que des autres. Si l'on chasse en plaine, & que le vent incommode trop, il vaut mieux remettre la partie à un autre jour. Mais s'il n'est que médiocre, on peut continuer; pourvû que l'on observe de ne pas chasser dans le fil du vent: pratique toute contraire à celle que l'on tient avec les laniers & les faucons.

Étant à la chasse il faut tenir à la main une baguette; qu'on fourre dans les buissons, pour en faire sortir la perdrix quand elle se met au crû.

Les autours qui volent bas, entrent beaucoup mieux au vent, que ceux qui relevent: & par conséquent sont meilleurs; parce qu'on est souvent dans le cas de chasser en plaine.

Si l'on a un *autour passager nouvellement pris*, il faut ne pas le laisser trop long-tems sans voler; quoiqu'il y ait de la difficulté pour l'assurer, ou que le tems ne soit pas propre pour la volerie. Quand le tems ne permet pas de le faire voler, on le porte de trois jours en trois jours dans une plaine ou autre endroit convenable: & là, ayant attaché une perdrix vivante au bout d'une filiere longue de douze à quinze toises, & l'autour à l'autre bout; faites partir la perdrix du côté de l'Oiseau: qui fondra aussi-tôt dessus. Il faut l'en laisser paître & prendre une bonne gorgée.

Les autours sont naturellement larrons, & se paissent volontiers couchés sur leur perdrix. Pour remédier à cet inconvénient, on leur coud une petite sonnette sur les deux couvertes de la queue. Par ce moyen, ils ont beau se dérober, on les découvre, à moins que ce ne soit par un tems de neige: car alors la neige venant à remplir la sonnette, l'empêche d'avertir. C'est pourquoi il faut dans cette circonstance veiller davantage sur cet Oiseau.

Vol pour le Canard.

Pour instruire un autour & le bien dresser à ce vol, il faut lui faire connoître des canards domestiques, & l'en laisser paître quelquefois. Il faut choisir pour cette chasse l'autour le plus ardent & le plus courageux. Quand il est affaité, on le porte sur le poing, vers quelque fossé bien creux, ou un canal, où il y ait des canards. Plus les fossés sont étroits & profonds, plus ils sont commodes pour cette chasse. Lorsqu'on a remarqué l'endroit où sont les canards, on prend les devans le long du fossé, avec l'autour sur le poing. Étant arrivé vis-à-vis, on va doucement droit à eux; & l'on se montre tout à coup sur le bord. Alors les canards prennent la volée. Et l'autour partant aussi-tôt du poing à la toise, (c'est-à dire, tout d'une haleine & d'un seul trait d'aîle) ne manque pas de fondre sur quelqu'un d'eux.

Vol pour le Lapin.

On choisit un autour propre à voler le poil: ce qu'il est aisé de connoître en présentant un lapin vif à plusieurs de ces Oiseaux; car on voit celui qui paroît avoir plus d'ardeur à se jetter dessus. On affaite ensuite cet Oiseau. Et quand on veut le faire voler, on le porte aux endroits où il y a des lapins, aux heures qu'ils sortent de leurs clapiers.

L'autour, qui est naturellement vorace, se fait bientôt à ce gibier. Il s'y anime même, & devient enfin aussi propre à cette volerie, qu'à aucune autre: de maniere qu'on peut s'en servir pour aller, soir & matin, prendre des lapins dans les garennes en se promenant. Il est bon d'avoir aussi chez soi des clapiers, afin d'y prendre des lapins pendant toute l'année pour accoutumer les autours à ce gibier, sur-tout pendant leur muë.

Quelques Regles particulieres, pour Instruire les Oiseaux de proye aux différens Vols.

On instruit les Oiseaux pour sept différens vols, qui sont le vol pour les champs, pour la riviere, pour la pie, pour la corneille, pour le héron, pour le milan, & pour le lievre.

Le Vol pour les Champs est celui qui demande le plus de soin. Ce vol se fait de deux manieres:

On se sert ordinairement pour la premiere, de faucons, de tiercelets de faucons, de sacres, de laniers, & de lanerets. Il faut instruire ces Oiseaux de maniere qu'ils ayent créance, non-seulement à l'homme, mais encore aux chiens & aux chevaux: parce qu'ils ne voyent rien en partant, lorsqu'ils soutiennent; & c'est pour cela qu'ils sont nommés *Oiseaux legers*.

Ces Oiseaux étant parfaitement affaités, bien induits au vol, & mis hors de filiere; on leur cache le leurre, en les leurrant; on leur fait tuer un poulet, du pennage approchant de celui d'une perdrix; & on leur en laisse prendre de bonnes gorgées. Le lendemain on prend une perdrix vivante, qu'on attache à une filiere, & on la tient cachée sous le chapeau; puis on la fait partir à propos, dans le tems que les Oiseaux sont bien tournés, & qu'ils commencent à connoître leur gibier.

Lorsqu'on est arrivé au lieu où l'on croit pouvoir jetter les Oiseaux, on fait partir des perdrix; on les fait suivre; & on les relance. Pendant ce tems-là, on fait prendre aux faucons, de bonnes gorgées d'une autre perdrix, que l'on a portée exprès toute vivante.

Comme il arrive quelquefois que les perdrix ne partent point; si les faucons volent de bonne action, il faudra les jetter du poing, sur d'autres perdrix qui feront plus éloignées; afin que les faucons fassent leur montée, & soutiennent de plus haut. Pendant ce tems, il faut se dépêcher de préparer un bon pât pour l'Oiseau: à qui il ne faut jamais laisser prendre qu'une perdrix, à moins qu'on ne le connoisse pour être fort courageux, & bien à la chair.

A l'égard de la seconde maniere du vol des champs, les sacres & les laniers y sont propres. On y peut employer aussi les Oiseaux de passage, auxquels on fait rendre le double de la mulette.

On instruit ces Oiseaux en leur faisant tuer une perdrix qu'on porte sous le chapeau; & comme ils peuvent voler du poing en fort, on tâche de faire partir des perdrix auprès de quelque remise, afin qu'ils volent de leur gré & de bonne action. Pour les rendre plus vifs & plus généreux, il est à propos de les jardiner le matin, & de les baigner souvent.

Quelques Oiseaux que l'on ait, on doit ne pas aller voler les perdrix sans avoir des remarqueurs. Et on ne peut en avoir trop, dans des païs de côteaux.

On fera bien de n'aller jamais voler, que lorsqu'il y a du soleil. Par un tems couvert, les perdrix sentent approcher les chasseurs; & s'en vont d'ouie. De plus, on perd de vûe tout-à-coup l'Oiseau & la perdrix: enfin les Oiseaux gagnent un arbre ou un roc, pour s'éplucher, dès qu'ils sentent un peu d'humidité.

Vol pour Riviere. Avant toutes choses, il faut bien affaiter l'Oiseau que vous destinez à cette sorte de vol. Vous lui ferez la tête avec un vieux chaperon, ou avec un chaperon un peu large. Vous le porterez sur le poing; vous lui donnerez créance; & n'oublierez rien pour le faire à la chair. Ensuite le plaçant sur quelque chose d'élevé, vous vous retirerez de lui si doucement & si adroitement, qu'il ne puisse pas vous appercevoir. Après cela vous lui ôterez le chaperon doucement, & lui laisserez prendre une gorgée, en le leurrant, avant qu'il se reconnoisse, & en lui parlant. Puis, si vous le trouvez assez affaité, vous le prendrez pour le leurrer sur le poing. Ayant continué cet exercice pendant quelques jours, vous le porterez le matin sur la pierre, pour le jardiner: il faut alors lui ôter le chaperon, puis le tourner; & à chaque tour lui donner une gorgée; enfin vous le retirerez jusqu'à ce qu'il tire à la longe pour venir à vous. Après cela vous vous éloignerez de lui, sans qu'il s'en apperçoive; & vous reviendrez en lui parlant, ou le sifflant. S'il vous attend le lendemain, il faudra le paître sur le leurre: ensuite le paître encore entre deux hommes; & quand vous le verrez partir au branle du leurre, vous lui donnerez un poulet à tuer: & lui en laisserez prendre quelques gorgées. Deux ou trois jours après, vous monterez à cheval pour le leurrer; & vous lui ferez tuer encore un poulet, en lui criant, & frappant du gant sur la botte, pour l'encourager. Si alors il ne s'effraye point, vous le laisserez ensuite sur sa foi.

Étant bien dressé aux exercices précédens, vous le porterez dans un endroit où il y ait un ruisseau ou une mare: & l'ayant placé sur l'un des bords, vous passerez de l'autre côté, pour branler & tourner le leurre, tandis qu'un autre Chasseur frappera dans l'eau avec une baguette, & tiendra de l'autre main un Oiseau de riviere. Aussi-tôt que le faucon partira au branle du leurre, vous lui jetterez cet Oiseau; & lui en laisserez prendre bonne gorgée. Il sera pourtant à propos de lui abandonner le leurre au commencement; & de lui faire faire trois ou quatre tours, en lui parlant; puis, quand il sera bien tourné, vous lui jetterez l'Oiseau de riviere, en criant *la*, *la*, *la*, *la*, *la*, *la*, *&c*: vous continuerez ainsi, pendant trois ou quatre jours.

Lorsque vous voudrez voler pour bon; il faudra avoir deux faucons, affaités de la maniere que nous venons de marquer. Vous jetterez d'abord le mieux instruit après l'Oiseau de riviere, afin de servir de guide, pour chasser le change, & conduire à la volerie le second; qui doit suivre le premier. Dès que celui-ci aura remis l'Oiseau de riviere, s'ils sont quinteux, vous prendrez en main l'Oiseau de riviere; & le jetterez en criant, quand l'occasion sera belle. Vous continuerez ainsi, jusqu'à ce que les faucons reconnoissent bien leur gibier.

Quand ils seront bien à la chair, jettez d'abord l'Oiseau le plus assuré; & l'autre incontinent après. S'ils volent en rond, & lient la proye, il ne faut pas leur permettre de s'en paître; mais il faut la leur ôter d'abord, & les jetter une seconde fois au vol. S'ils y retournent de leur gré, & volent de bonne action, vous pouvez compter qu'ils sont de bonne affaire, & excellens voleurs. A cette épreuve vous pourrez décider de la bonté de tous Oiseaux legers, & autres.

Pour les tenir en état, il ne faut pas manquer de leur faire rendre la mulette, avant de les mettre hors de filiere.

Vol pour la Pie. Les tiercelets de faucon sont les plus propres à ce vol. Après les avoir instruits à l'affaitage, comme les précédens, on prend à la main une pie; & après leur avoir fait faire deux ou trois tours, on la leur jette quand ils sont bien tournés. Il faut leur donner adroitement une gorgée de pigeon, que l'on mettra sous l'aîle de la pie; & faire ensorte qu'ils ne soient pas trompés par le pennage, parce qu'ils prendroient le change dans la suite. On leur fait cette curée deux ou trois fois: & lorsqu'on veut voler pour bon, l'on jette d'abord le tiercelet le plus sage & le mieux instruit; pour conduire les autres à la chasse du change. Quand le premier tiercelet a fait deux ou trois tours, on lui montre la pie; & après l'avoir remise on jette les autres Oiseaux, auxquels il faut aussi la faire voir auparavant. Quand ils l'ont prise, on leur fait curée d'un pigeon, sous l'aîle de la pie, comme ci-dessus Après le premier vol, on jette une seconde fois le premier tiercelet; & quand il a fait trois ou quatre tours, on le fait suivre des autres, en leur montrant auparavant la pie. Quand ils sont revenus, on les prend pour leur donner trois ou quatre curées de pigeons; & ensuite on les remet au vol, de la même maniere que nous venons d'expliquer.

Vol pour la Corneille. Les faucons sont propres pour cette volerie. On y employe aussi quelquefois le tiercelet de gerfaut: lequel doit être accompagné de deux faucons. La premiere chose qu'on doit faire, pour instruire ces Oiseaux, est de les poivrer; & de leur faire la tête avec un vieux chaperon, ou avec un chaperon large, pour les y accoutumer plus facilement. Quand ils sont dressés au leurre, & qu'ils commencent à y venir avec la filiere, on leur donne le pât, deux à deux, afin qu'ils se connoissent, & qu'ils ne s'effarouchent pas l'un l'autre quand ils voleront ensemble. Car il est essentiel dans le vol, qu'il n'arrive aux Oiseaux aucune surprise: ce qui leur est ordinaire, manque de cette précaution; de maniere que venant à abandonner leur gibier, il arrive un désordre auquel on ne sçait comment remédier.

Ces Oiseaux étant de bonne créance, on leur fait tuer une poule du pennage d'une corneille; & on leur donne bonne gorgée de cette poule, pour commencer à les mettre en chair. Il faut remarquer ici, qu'on ne doit jamais leur présenter cette poule, que le soir à l'heure du paître. Le lendemain on se contente de les acharner au tiroir; puis si l'on a une corneille en vie, on la leur présente attachée à une filiere: aussi-tôt que les faucons ont lié leur proye, on leur met une poule noire à la main; & on leur en laisse prendre une bonne gorgée.

Lorsqu'on veut voler pour bon, il faut aller dans un endroit où il y ait des corneilles. Pour les y attirer, on se sert du duc, ou d'un laboureur avec ses chevaux ou ses bœufs. Et quand le Chasseur est près des corneilles, il leur jette dans le vent les Oiseaux destinés à voler. On a plus de plaisir; & l'on réussit beaucoup mieux, quand il n'y en a qu'une seule. Le Fauconnier se met derriere le Laboureur; dont la corneille a coutume de se laisser approcher de fort près. Ce vol est le plus facile de tous. Mais si l'on veut en dresser un qui soutienne, on pourra instruire les Oiseaux à poursuivre la corneille d'arbre en arbre, & à la faire partir, en soutenant toujours; ce qui donne beaucoup de plaisir, & le fait durer long-tems.

Vol pour le Héron. On affaite les Oiseaux pour ce vol, de la même maniere que pour celui de la corneille: excepté qu'au lieu d'une poule noire, on en prend une à peu près du pennage du héron; & qu'on les laisse se paître de la chair du héron même, qui est très-saine, & contribue beaucoup à les maintenir en bon état. Pour les bien affaiter dans ce vol, il faut ne les faire voler que de deux jours l'un; & ne leur rien donner dans le jour de repos; mais en revanche, il faut les laisser se bien paître du héron, faisant ensorte qu'ils le prennent de bonne guerre. Et pour les y encourager, on leur en laisse faire gorgée autant qu'ils veulent, quand ils l'ont pris.

Remarquez qu'il ne faut jamais attaquer le héron, que dans le vent. Et quand il prend motte, il faut lui jetter un hausse-pied, afin de le faire monter; puis un attombisseur, & ensuite un teneur. On peut aussi, pour le faire monter plus haut, tirer quelques coups de fusil: par ce moyen le vol dure plus long-tems, & donne plus de plaisir.

Vol pour le Milan. On instruit les Oiseaux pour le vol du milan, de la même maniere que pour celui de la corneille: observant toujours de leur faire tuer une poule, d'un pennage ressemblant à celui du milan; & de leur en donner bonne gorgée. Le lendemain, on prend un milan; on lui émousse le bec & les serres, pour empêcher que les Oiseaux n'en soient blessés; on l'attache à une filiere, & on le leur présente à terre. Quand ils ont fondu dessus, on le leur retire, & on leur présente une poule, de la même couleur; de laquelle on leur laisse prendre bonne gorgée: car la viande du milan ne leur est pas bonne. Ensuite pour leur faire mieux connoître leur gibier, on monte sur un arbre; d'où on leur lâche le milan à propos: s'ils fondent dessus, & le lient, on peut s'assurer qu'on a des Oiseaux de créance & propres à voler pour bon.

Les Oiseaux qu'on instruit pour ce vol, sont ordinairement les gerfauts, parce qu'ils sont plus courageux & plus hardis que les autres. On peut se servir aussi des sacres, quand ils sont de bonne affaire.

Il faut ne jamais attaquer le milan, que dans le vent.

Vol pour le Lievre. Les gerfauts sont fort propres pour ce vol. Il faut les prendre bien affaités; & leur faire tuer une poule, ou un poulet, dont le pennage tire sur la couleur du lievre. Après qu'ils ont connu le vif par ce moyen, on prend un lievre auquel on a cassé une jambe; ou la peau d'un lievre, laquelle est remplie de paille & armée de chair sur le dos: on attache l'un ou l'autre à la sangle d'un cheval avec une longue ficelle: aussi-tôt que les gerfauts apperçoivent cette peau qui suit, ils ne manquent point de fondre dessus. Il faut descendre alors de cheval, & leur faire bonne curée de l'Oiseau qu'ils ont tué auparavant, ou d'un autre que l'on a tout prêt.

Soins & Précautions qu'il faut prendre pour Tenir les Oiseaux en Santé.

1°. Il ne faut jamais donner aux faucons, gorgée sur gorgée, ni trop grasse gorgée; sur-tout des bêtes qui sont en rut. Mais il faut attendre qu'ils ayent passé la premiere gorgée non-seulement par haut, mais encore par bas, avant de leur en donner une seconde: autrement on leur cause une indigestion capable de leur donner plusieurs maladies, & même de les faire mourir.

Pour les Purger, quand ils en ont besoin, on met quatre ou cinq poignées d'absinthe, & vingt-cinq ou trente cloux de gérofle, dans une pinte de bon vin blanc. On y ajoûte autant de filasse, ou de cotton, qu'il est nécessaire. Et après avoir bien cousu le tout dans un linge blanc, on le fait bouillir à petit feu dans le vin, jusqu'à ce qu'il soit presque consommé. Alors prenant la filasse ou le coton, on l'étend, pour le faire sécher à l'ombre, dans un lieu sec, & l'on conserve cette cure, pour s'en servir dans le besoin: la dose en est de la grosseur d'une petite féve. Cette cure est excellente pour le rhume, les filandres, les aiguilles, & autres maladies. Le gérofle & l'absinthe peuvent servir une seconde fois. On regle la quantité du remede sur le nombre des Oiseaux.

2°. Il faut toujours hacher la viande dont on nourrit les Oiseaux de proye; & l'humecter avec un peu d'eau froide l'Été, & d'eau tiede en hiver. Si c'est de la viande de boucherie, il faut en ôter les nerfs & la graisse. A l'égard de la volaille, on peut la leur présenter telle qu'elle est: particuliérement le poulet, qui est pour eux une excellente nourriture. Le pigeon, sur-tout quand il est vieux, est une nourriture trop forte & trop chaude; qui les rend trop grands voleurs, & trop glorieux: il ne faut point leur en donner, si ce n'est en tems de mûe, ou lorsqu'il fait trop froid. Il ne faut jamais non plus leur donner la chair de bœuf toute seule; mais la leur mêler avec moitié de celle de mouton.

3°. La journée des Faucons commence le soir. C'est alors qu'il faut les mettre au tiroir de la curée séche, après leur avoir donné une ou deux gorgées de bon pât.

4°. Il faut les placer sur une perche, qui soit vis-à-vis le feu; afin qu'ils puissent s'allonger, & faire large, le matin quand ils voyent la lumiere. S'ils s'en acquittent comme il faut, c'est marque qu'ils sont en bon état, & qu'ils se portent bien. On les met ainsi sur la perche dans un lieu tempéré: on les découvre quand la chandelle est allumée; pour les accoutumer avec le monde, & leur faire connoître les chiens.

5. Celui qui a soin des Oiseaux, doit relever les cures; & les presser avec le doigt, pour voir si elles ne sont point imbues d'une eau rousse. Il doit aussi les porter au nez, pour sentir si elles n'ont point contracté de mauvaise odeur: & examiner si les émeus ne sont point chargés d'une humeur jaunâtre. Quand il s'en apperçoit, il faut qu'il purge doucement les Oiseaux, en humectant leur pât d'un peu d'eau de rhubarbe. Il fera bien même de le tremper tous les huit jours dans cette eau, quoiqu'il n'apperçoive pas de changement dans les émeus; afin de le prévenir.

6°. Le soir, & le matin, il levera les Oiseaux sur la perche; & les mettra au tiroir, leur laissant prendre quelques gorgées jusqu'à ce qu'il les paisse tout-à-fait. Le jour qu'ils doivent voler, on les fait jeûner, afin de leur donner plus d'ardeur pour la proye.

7°. Une autre attention qui contribue à la santé des Oiseaux, est de tremper toujours en hiver la chair qu'on leur donne, dans une décoction de chiendent, de racine de persil, de chicorée, de scabieuse, ou d'autre plante de cette nature.

Au reste, on doit observer que les Oiseaux niais sont plus forts que les passagers; & que plus ils ont demeuré libres en leur naturel, moins ils sont vigoureux pour résister aux *purgations* qu'on leur donne. Il y a aussi dans chaque espece, des Oiseaux

ſeaux naturellement plus ou moins forts que d'autres. Par exemple, le gerfaut niais eſt le plus robuſte de tous les Oiſeaux dont nous parlons en cet article. Après lui, c'eſt ſon tiercelet; qui, à cet égard, va de pair avec le gerfaut paſſager ſor. Le ſacret peut être mis au troiſieme rang; & être traité comme le tiercelet de gerfaut mué, ou le lanier de paſſage. Le lanier niais eſt comme le ſacre. Le faucon niais eſt plus délicat que tous ceux-là. Le faucon paſſager pris ſor, eſt moins robuſte; ſur-tout lorſqu'il eſt mué. Il en eſt de même de ſon tiercelet. Le réſultat de ces connoiſſances eſt de proportionner la doſe des purgatifs aux forces reſpectives de l'Oiſeau malade.

Pilules de Campagne : qui ne conviennent qu'aux Sacrets & Laniers paſſagers.

Faites un ſirop avec du ſucre & du vinaigre. Prenez-en deux dragmes, un demi-gros de clou de gérofle en poudre; & en faites une maſſe, avec autant de ſucre candi qu'il peut s'y en incorporer : il y faut au moins les deux tiers de ſucre. Ces pilules ſe donnent en hiver une demi-heure avant de faire voler les Oiſeaux : on ne les donne qu'une à une par jour; & pas plus groſſes qu'un grain de froment.

Dans toutes ſortes de préparations on doit ne ſe ſervir que d'un mortier de marbre. Ceux de cuivre & de bronze ſont pernicieux aux Oiſeaux.

Pilules Blanches, & Pilules Douces; pour les Oiſeaux robuſtes.

Pour les *blanches* : faites tremper du lard pendant quelques jours, dans de l'eau fraîche; puis prenez-en le plus net, & le faites fondre peu-à-peu avec autant de moëlle de bœuf. Enſuite paſſez-le dans un linge blanc, enſorte qu'il n'y reſte aucune ordure ni rien d'épais. Cela fait, prenez autant peſant de ſucre candi en poudre; battez & mêlez le tout, de maniere que le ſucre s'incorpore bien dans toute la graiſſe : faites-en les pilules, & les mettez dans des boëtes. Elles s'y conſerveront juſqu'à trois ans ſans altération, même de couleur, pourvû que vous les teniez au ſec & au frais, & que vous ayez bien fait le mêlange du ſucre.

Les pilules *douces* ſe font en incorporant dans les blanches un tiers de conſerve de roſes en roche, faite au ſucre. On s'en ſert en Été, parce qu'elles ſont plus fermes. Il faut obſerver que le jus de limon rend cette conſerve plus belle; mais préjudiciable aux Oiſeaux. Les pilules douces agiſſent plus que les blanches. Les unes & les autres ſont bonnes en hiver pour faire rendre la mulette.

MALADIES DES OISEAUX DE PROYE : ET REMEDES.

Fievre.

Quand les Oiſeaux ont la fievre, ils tremblent; on ſent, en les touchant, une chaleur extraordinaire; leur tête & leurs pennes ſont abaiſſées, les petites plumes qui ſont ſous le menton, paroiſſent recoquillées; enfin ils ſont de mauvaiſe humeur, & ne veulent point manger. Ils en meurent, ſi l'on n'y prend pas garde.

Quand on apperçoit ces ſymptômes, il faut nourrir ces Oiſeaux avec des foyes de poulet, ou de la chair de poulet tendre, ou d'autres petits Oiſeaux; laquelle on laiſſe macérer, avant de la leur donner, dans de l'eau de bugloſe ou de chicorée ſauvage. Il faut en Été mouiller les pieds des Oiſeaux malades, & le bloc ſur lequel ils repoſent, avec les ſucs de plantain, laitue, & quelquefois de juſquiame ou d'autres plantes rafraîchiſſantes. On aura l'attention de les faire percher dans un endroit frais un peu obſcur, & éloigné du bruit.

Si l'Oiſeau qui a la fievre eſt maigre, on lui donne le pât deux fois le jour, en quantité modérée.

Si ces ſoins ne ſuffiſent pas pour guérir la fievre, on doit ne pas héſiter à purger avec une *cure* compoſée de filaſſe, ou de cotton, de la groſſeur d'une petite feve, & toute ſaupoudrée de rhubarbe pulvériſée.

Friſſon.

On le connoît à ce que l'Oiſeau ferme les yeux, qu'il leve les pieds l'un après l'autre, & que les pennes de ſon dos ſont hériſſées.

Si l'on remarque qu'*il ne tienne ni par haut, ni par bas*, on lui fait prendre une *pilule* de la groſſeur d'une petite feve, dont voici la compoſition. Pulvériſez enſemble dans un mortier de marbre, une once de manne, une dragme d'aloës, & autant de myrrhe; une demi-dragme de ſafran, & autant d'agaric & de rhubarbe; avec ſix clous de gérofle. Le tout étant réduit en poudre & bien mêlé, vous le conſerverez dans une boëte, pour vous en ſervir au beſoin. Il faut incorporer cette poudre avec un peu de pât, & en faire prendre, ſelon la doſe marquée ci-deſſus. Cette recette eſt fort bonne auſſi quand les Oiſeaux ont le rhume, les filandres, ou les aiguilles; & lorſqu'ils ont fait effort, en heurtant trop rudement contre la proye.

Mûe.

On diſtingue trois ſortes de mûes. 1°. Celle des faucons, & des laniers de paſſage. 2°. Celle des gerfauts. 3°. Celle des niais, ſoit faucons, ſoit laniers.

Pour mettre les premiers en mûe, il faut d'abord les poivrer, & leur faire rendre la doublure. Puis on leur met un baquet plein d'eau pour s'y baigner. Cette mûe ſe fait ſur la perche, dans la chambre; & à la chandelle, parce que s'ils mûoient au jour, la graiſſe pourroit les ſuffoquer à force de ſe débattre. On les paît à ſept heures du matin, & à cinq heures du ſoir, pendant tout le tems de la mûe.

Celle des gerfauts ſe fait dans un lieu frais. On commence par les poivrer; mais on ne leur fait point rendre la doublure. On les couvre d'un chaperon un peu large, afin qu'ils puiſſent paître plus aiſément. On les attache à un pieu; & l'on place devant le pieu, deux petits gazons, afin qu'ils puiſſent s'y repoſer. On ne leur donne par jour qu'une groſſe gorgée; & on les fait jeûner une fois la ſemaine. Ce jour là, on les déchaperonne, & l'on obſerve ſoigneuſement s'ils n'ont point de mal aux yeux, ou à la bouche.

Leur pât ordinaire doit être de petits chiens de lait, de rats, ou de ſouris. Si on leur donne de la viande de boucherie, c'eſt toujours du bœuf ou du mouton; & il faut la hacher, en ôter les nerfs & la graiſſe; & enſuite y mêler quelques jaunes d'œufs. Quand le cerceau leur vient, il faut avoir la précaution de laver leur viande, afin qu'ils ne se dégoûtent pas. Faute de viande, on peut faire leur pât de jaunes d'œufs durs trempés dans du lait, & réduits en bouillie.

La mûe des niais, soit faucons soit-laniers, se fait comme il est marqué ci-dessus. Mais il faut observer de faire macérer leur viande dans l'huile d'amandes douces, ou dans l'huile d'olives battue & lavée dans trois ou quatre eaux fraîches, pour lui faire perdre toute espece de goût. On continue ainsi jusqu'à ce qu'ils soient hors de mûe.

Apoplexie.

Cette maladie vient de trop de sang, ou de repletion. Elle attaque le cerveau; & bouchant les conduits, cause assez souvent la mort. On croit que cet accident peut encore être occasionné par la grande ardeur du soleil, à laquelle ces Oiseaux sont quelquefois exposés; ou par le vol trop opiniâtre avec lequel il leur arrive de poursuivre pendant un jour entier, & au plus grand chaud, un faisan ou autre Oiseau.

Si l'apoplexie vient de repletion, il faut paître les Oiseaux avec du cœur de veau, d'agneau, ou de jeune chevreau; l'on nettoye bien cette viande avec un linge; & après l'avoir hachée, on la trempe dans de l'eau tiede. On peut les paître aussi de la chair de jeunes poulets, ou de petits Oiseaux, imbibée de même. Pour ôter la cause du mal, il faut ensuite les purger avec une cure de filasse ou de cotton, préparée avec de l'aloës en poudre, & saupoudrée d'un peu de sucre; continuant à leur faire prendre ce remede, deux ou trois matins de suite. S'il leur ôte l'*appetit*, on trempe leur pât dans un peu d'urine chaude: ce qui le leur rend promptement.

Abscès qui se forment dans la tête des Oiseaux de proye.

Cet accident se découvre par l'enflure des yeux; par une humeur purulente qui découle des narines; & par la lenteur avec laquelle ces Oiseaux se remuent.

1°. Pour guérir ce mal, il faut purger le ventre des faucons: ce qui se fait, en leur faisant prendre le matin, pendant trois ou quatre jours, une *pilule* de la composition suivante. Vous prenez un quarteron de lard, avec autant de moëlle de bœuf: après avoir coupé le lard en lardons, vous mettez le tout tremper dans l'eau fraîche, l'espace de vingt-quatre heures; ayant soin de changer d'eau, de six heures en six heures. Ensuite ayant tiré le lard & la moëlle, vous les faites fondre à petit feu dans une casserole de terre. Étant fondus, vous les passez par un linge blanc; puis vous y ajoûtez peu à peu un quarteron de sucre candi réduit en poudre; avec une dragme de safran battu, quand la liqueur est figée & presque froide. Après cela vous incorporez le tout ensemble, en le remuant avec un bâton plat, ou une spatule de bois: & vous le conservez dans un pot de terre bien net & bien couvert. Cette composition peut se garder trois ou quatre ans, sans se gâter; ni changer de couleur: & l'on sçait par expérience, qu'elle est meilleure, la quatrieme année, que la premiere, pourvu qu'on ait soin de ne pas la laisser moisir. La dose en est de la grosseur d'une petite feve. Quand ils l'ont prise, il faut les porter sur le poing jusqu'à ce qu'ils l'ayent rendue.

2°. Pour leur guérir tout-à-fait la tête, il faut réduire en poudre un gros de semence de rue, demi-gros d'aloës hépatique, & un gros de safran battu. Le tout étant pulvérisé ensemble, & incorporé avec suffisante quantité de miel rosat, vous en faites prendre une pilule, de la grosseur d'une petite feve, pendant quelques jours: observant de les porter sur le poing, & de leur donner une gorgée chaude.

Maladies des Yeux.

Pour guérir les *fluxions* qui surviennent aux yeux des Oiseaux, lorsqu'ils se sont trop échauffés à la poursuite de leur proye, ou qu'ils ont été trop tôt mis au frais, ou enfin lorsqu'ils ont été exposés à quelques pluyes froides; il faut les purger comme il est dit ci-dessus, avec les cures de filasse ou de cotton décrites sous le *n.* 1. des *Soins & Précautions* ci-devant; & leur soufler dans les narines, par le moyen d'une plume ou autre petit tuyau, la poudre composée de parties égales de poivre, de poudre d'œuillet, & de *semen-contra*. Il faut aussi leur frotter le palais avec un peu de moutarde. Et si vous appercevez qu'il sorte un peu de sang corrompu par les narines, vous y instillerez quelques gouttes de vinaigre, où vous aurez fait tremper dans un linge blanc du miel rosat séché, & réduit en poudre.

Tayes.

Il est de la derniere conséquence de ne point négliger les tayes qui se forment aux yeux des Oiseaux: autrement elles deviennent incurables. Un des meilleurs remedes pour les dissiper, est de soufler sur les cataractes deux fois par jour, de l'aloës & du sucre candi réduits en poudre, & mêlés ensemble. L'urine d'un enfant bien sain, instillée dans les yeux, est encore un fort bon remede: aussi-bien que le lait qu'on tire d'un œuf frais, que l'on fait cuire comme pour le manger: on passe ce lait dans un linge, ensorte qu'il ne donne qu'une liqueur claire; dont on distille deux ou trois fois par jour une goutte dans l'œil malade, jusqu'à ce qu'il soit parfaitement guéri. Le suc de la racine de chelidoine, bien ratissée, nettoyée, & exprimée, peut de même produire un effet très-favorable. Avant de donner ces remedes aux Oiseaux, il faut les purger, avec une cure de filasse, ou de cotton: Voyez ci-devant au *n.* 1 des *Soins & Précautions.*

Rhume.

Le rhume est ordinairement causé par une pituite ou humeur âcre, qui tombe du cerveau. Pour guérir cette indisposition, il faut premiérement curer les Oiseaux à l'ordinaire: puis les faire vivre de régime; & leur donner le matin dans l'espace de six jours, une fois leur pât trempé dans l'huile d'amandes douces, & deux autres fois imbibé de rhubarbe. Si le mal est opiniâtre, vous le guérirez en faisant prendre le soir aux Oiseaux dans la cure seche, une pilule composée d'aloës, de safran, & d'*hiera picra*, réduits en poudre.

Nazeaux bouchés par le Rhume.

Ceux qui prétendent les ouvrir avec un fer chaud, rendent l'Oiseau difforme, & augmentent souvent l'obstruction ; ce qui peut devenir mortel.

Il est mieux de commencer par ôter le rhume, en le faisant sucer par un valet avec la bouche, lorsque l'Oiseau aura tiré sur le tiroir. Après quoi on lui donne le reste de sa gorge, par morceaux trempés dans de l'eau. L'Oiseau se lave & se rafraîchit les nazeaux, de cette maniere.

Ce sont de mauvaises méthodes que d'instiller du vinaigre dans les nazeaux avec de la moutarde ; ou du jus de concombre sauvage, de graine de roquette, de staphisaigre, & autres choses fortes, pour exciter le cerveau à se décharger. Il se décharge assez de lui-même, & souvent plus qu'il ne faut. On a tué plus d'une fois les Oiseaux avec des recettes mal entendues ; faute de connoître la maladie, ou l'effet des remedes : dont les uns sont destinés à prévenir le mal, & les autres à le guérir.

Quand les Oiseaux sont enrhumés, il faut ne les laisser tirer que modérément ; quelques coups de bec suffisent : après quoi on doit tremper leur pât dans de l'eau rose tiede ; ou encore mieux dans de l'eau de sauge. S'ils refusent la chair ainsi trempée, on la leur fera avaler en leur ouvrant doucement le bec, sans les abattre.

On a employé avec succès l'étuve d'eau de mer pour le rhume des Oiseaux. L'eau salée pourroit y servir.

Un remede qui réussit encore, est d'appliquer entre les yeux du cotton bien trempé dans du blanc d'œuf battu avec des roses & des fleurs de sauge. On l'y tient assujetti au moyen d'un grand chaperon. Ce cataplasme doit rester trois bonnes heures. On peut le réitérer.

La saignée du palais est utile, dans les commencemens que l'Oiseau devient enrhumé.

S'il est besoin de se servir de cautere, on prendra un fer rond qui ait un petit bouton à son extrêmité : & l'ayant fait rougir on en donnera le feu au sommet de la tête ; ensuite, avec un autre fer qui soit tranchant par le bout, on donnera aussi le feu entre le bec & l'œil, en tirant en bas. Ce cautere peut soulager beaucoup : mais on y prépare l'Oiseau par des pilules d'hiera-picra, qu'on lui fait prendre pendant trois jours.

Pour empêcher les nazeaux de se boucher entiérement, on fera bien d'y insinuer quelques gouttes de vin blanc, une fois par semaine.

Barbillons.

Les barbillons viennent d'un rhume chaud, qui descend du cerveau sur la langue ; autour de laquelle se forment de petites glandes, qui font que l'Oiseau ne mange qu'avec peine.

Il faut extirper ces glandes avec un canif bien tranchant & aigu. Ensuite on trempe le pât dans de l'eau de plantain, ou de cerfeuil ; ou dans de l'huile battue, où on mêle la chair avec du beurre frais.

Pepie.

La pepie vient, ou d'avoir trop enduré la soif, ou de rhume qui tombant du cerveau sur la langue occasionne de l'altération.

On abbat l'Oiseau : & on le tient en cet état, pendant qu'avec une aiguille bien pointue une autre personne ôte la pepie qui est attachée par-dessus la langue. Ensuite on frotte la langue avec de l'huile rosat. Deux heures après, on donne le pât dans de l'eau tiede où il y a du suc de menthe rouge.

Fourmi.

Le fourmi est un mal qui vient au bec : soit par la négligence du Fauconnier ; soit par un coup que l'Oiseau aura reçu en volant ; soit ensuite du rhume, qui fait souvent qu'un Oiseau change de bec.

On y remédie en coupant avec de bonnes pinces les crochets & bouts du bec, lorsqu'on voit qu'il y en a plus qu'il ne faut ; principalement à l'entrée & à la sortie de la mûe.

Baillement.

Il y a des Auteurs qui prétendent qu'un Oiseau qui baille a des filandres. D'autres assurent que ce signe est équivoque ; & que souvent l'Oiseau ne baille que pour tirer les humeurs qui coulent du cerveau sur la langue par le conduit du palais, lorsqu'il est enrhumé.

On fera bien de le faire tirer plusieurs matins de suite : & lui donner des pilules d'hiera-picra, dans sa cure ; ou des clous de gérofle avec sa gorge ; ou des sommités de sauge.

Il est à observer que les pilules d'hiera-picra sont plus convenables en hiver ; & les autres, le reste de l'année.

Rhumatisme ou *Rhume qui descend aux épalettes & entre les aîles.*

Cette indisposition fait que l'Oiseau tient la tête entre les mahutes ; & le bec haut & presque immobile. Et lorsqu'il est sur le poing, il ouvre les aîles & serre le poing, dans la crainte de tomber, au moindre mouvement que l'on fait.

L'Oiseau en est attaqué, lorsque s'étant perdu il a passé la nuit au serein ; ou qu'en dormant il a reçu les rayons de la lune : ce qui fait plus de mal que la pluie.

Il faut le fomenter avec du vin extrêmement violent : puis le porter au soleil ; ou le tenir auprès du feu, en lui mouillant les *épalettes* (l'épine du dos) avec ce vin, ou avec de l'eau-de-vie. On prendra garde que le trop de chaleur ne lui gâte le pennage. Il suffit qu'elle puisse pénétrer la partie malade. Cette fomentation se fait le matin, pendant deux heures. Le reste du jour on tient l'Oiseau dans un endroit où il soit bien à l'abri du froid. L'eau-de-vie est très-convenable à ce pansement, au lieu de vin.

Haut-Mal.

Le rhume est sujet à occasionner le haut-mal.

Pour le connoître de bonne-heure, afin d'y remédier : parfumez l'Oiseau avec de la naphte ; s'il est attaqué du haut-mal, cette odeur le fera tomber aussi-tôt dans un accès.

On y remédie en lui brûlant le haut de la tête jusqu'à l'os. Ensuite on mêlera dans son pât, durant quelque tems, de l'eau de figues seches, du lait de chevre, de la chair & du sang de belette, de la cervelle de renard, de la chair de tortue terrestre : & après qu'il aura passé sa gorge, on lui mettra du fiel de tortue dans les nazeaux. On lui fera prendre aussi des pilules composées d'une certaine dose d'agaric, autant de semence de rue, la moitié d'oxymel, avec le tiers de pierre spéculaire : ces pilules se donnent le soir dans la cure seche.

On peut encore utilement, le soir après qu'il a digéré son pât, l'étuver avec du galbanum.

La décoction de quintefeuille, mêlée de tems en tems avec le pât, est propre à soulager ce mal.

Un Médecin à qui on a communiqué ce traitement du haut mal, a dit avoir employé avec succès le couvercle d'une marmite, rougi au feu, pour guérir des hommes attaqués du même mal : il leur brûloit le sommet de la tête ; ce qui détruisoit les humeurs qui, supposées froides & visqueuses, étoient regardées comme la cause de ces accidens.

Au reste, en brûlant la tête des Oiseaux, il faut la couvrir d'un morceau de marroquin ou d'autre cuir ; appliquer le fer dessus, non pas absolument rouge ; & l'y tenir autant que les Oiseaux peuvent le supporter sans mourir, & sans que leur pennage se gâte.

Mal aux Oreilles.

Les humeurs du cerveau prennent quelquefois leur cours par les oreilles ; ensorte que, souvent sans que l'on s'en apperçoive, il s'y forme une glande chancreuse dont les suites sont à craindre.

Quand donc l'on verra les oreilles d'un Oiseau pleines de crasse, on les nettoyera le mieux qu'il sera possible ; prenant bien garde de les écorcher ou égratigner : on pourra les nettoyer avec de l'huile tiede. Si le mal augmente, on purgera l'Oiseau avec des pilules d'hiera-picra & d'agaric : puis on lui donnera un bouton de feu au sommet de la tête, jusqu'à l'os. Si le mal résiste encore, faites rougir la pointe d'un couteau ; & vous en servez pour fendre l'oreille, de haut en bas : cette ouverture rendra le pansement plus commode. Supposé que vous découvriez dans l'oreille une glande ou un chancre, tâchez de l'emporter avec le cure-oreille. Pansez ensuite soir & matin, avec de l'huile & du vin, tiedes & bien mêlés ensemble : ou avec de l'eau tiede, chargée de couperose & de verd de gris.

Asthme : maladie qui rend l'Oiseau Pantois de la mulette.

Ce mal est causé par des humeurs âcres, qui tombant du cerveau sur le poûmon le font enfler, le dessechent, & alterent les organes de la respiration. *Pour remédier à ce mal* (toujours accompagné d'une chaleur excessive), il faut purger l'Oiseau avec de l'huile d'olives, battue, & blanchie dans une ou deux eaux : ce qui se fait de cette maniere. Vous prenez une écuelle, ou quelqu'autre vaisseau, percé ; vous bouchez le trou avec le doigt ; vous versez dans le vaisseau de l'eau bien nette, & ensuite l'huile ; après avoir bien remué & battu les deux liqueurs avec une spatule, jusqu'à ce que l'eau devenue trouble paroisse chargée de ce que l'huile avoit de plus grossier, vous retirez le doigt, & laissez couler l'eau, ayant soin de retenir l'huile dans le vaisseau. Vous en faites prendre à l'Oiseau : & le portez sur le poing, jusqu'à ce qu'il ait rendu son remede avec ses émeus. Une heure, ou une heure & demie après, vous lui donnez du cœur de veau, ou du foie de poule, humectés. Si l'Oiseau est bien à la chair, vous pouvez faire macérer sa viande dans l'eau de rhubarbe ; la saupoudrer d'un peu de sucre ; & lui en donner passablement, après l'avoir bien nettoyé. Vous continuez de la sorte, l'espace de six ou sept jours : observant de le purger avec une cure de filasse ou de cotton, le quatrieme jour.

2. On indique comme souverain remede, de donner trois jours de suite des pilules blanches à l'Oiseau, le matin à jeun : en proportionnant la dose à ses forces. Et au cas que l'on croie devoir continuer à le purger ; le quatrieme matin on lui donne une pilule *de tribut* : qui lui fait jetter beaucoup de matieres visqueuses. Après quoi, trois autres matins de suite, encore des pilules blanches si l'Oiseau est en chair.

3. L'aile d'un pigeonneau trempée dans de bon vin, est un remede singulier pour ce mal.

4. Si l'Oiseau est assez plein, on le purge avec de la manne. Puis on mêle dans son pât, de la décoction de réglisse : on lui donne deux gouttes d'huile de talc, & on ne l'appâte qu'au bout de trois heures.

5. Il est utile de donner souvent des poûmons de renard à l'Oiseau malade : ou d'en faire cuire au four sur une tuile, & en jetter la poudre sur la viande qu'il mangera. Ensuite on prendra des choux rouges, du *capillus veneris*, des jujubes, de l'aunée, de l'hysope, de la scabieuse, des raisins de damas, des figues seches, de l'anis, du fenouil, du marrube, & des poûmons de renard hachés ; pour en faire une décoction, dont on trempera son pât.

6. On mettra de l'huile d'amandes douces avec la chair qu'on lui donnera ; ou du beurre frais : toujours en coupant la chair par morceaux.

7. Une décoction très-recommandée pour y tremper le pât des Oiseaux asthmatiques, est celle qui se fait de quatre dattes, douze figues de Marseille, autant de grains de raisin de damas, de la cannelle long comme le doigt, une poignée de réglisse, une once de poûmon de renard, & autant de sucre fin.

En hiver la chair purgative qu'on donne à ces Oiseaux, doit être de pigeonneaux ; & de poulets, en Été.

Les décoctions ci-dessus ne peuvent se garder que trois jours pendant l'hiver ; & un seul en Été : c'est pourquoi il vaut mieux en faire souvent, & tâcher de la donner toujours chaude aux Oiseaux malades.

8. On tiendra ces Oiseaux à l'abri du froid & de la poussiere : on prendra garde qu'ils n'ayent occasion de se débattre ; & on aura soin de ne pas les porter au bain avant qu'ils soient guéris, & même pleins s'il est possible.

Le pantois se connoît particuliérement à ces signes : 1°. L'oiseau a de fréquens battemens de poitrine. 2°. Il fait mouvoir son balay tantôt bas, & tantôt haut. 3°. Il ne peut émeuter : ou ses émeus sont petits, ronds, & secs. 4°. L'Oiseau ayant toujours le bec ouvert, baille, & ferme le bec en haut. Ce dernier signe est mortel.

Nazeaux bouchés par l'Asthme.

Les efforts que les Oiseaux asthmatiques font pour respirer, leur desséchent quelquefois les nazeaux, ensorte que les humeurs qui coulent du cerveau ne trouvant plus cette issue, les Oiseaux sont contraints d'ouvrir beaucoup le bec pour respirer : ce que nous avons dit être un des signes de l'asthme. On s'apperçoit encore de l'obstruction des nazeaux, à ce que les Oiseaux enflent l'entre-deux de l'œil & du bec lorsqu'ils respirent.

On y remédie par les remedes que nous indiquons pour les *nazeaux bouchés par le rhume*.

Mal Subtil.

Le mal subtil est une espece de phthisie : souvent

occasionnée par des humeurs catarrheuses, qui tombant dans la mulette, y forment un amas de sérosités froides & gluantes : d'où s'ensuit le défaut de digestion, lequel est accompagné d'une faim continuelle. C'est pourquoi l'Oiseau s'abaisse par degrés, & meurt enfin n'ayant que la peau sur les os.

Cette indisposition est particuliérement dangereuse en automne.

Il faut y pourvoir de bonne heure par des remedes convenables; en mettant les Oiseaux dans un lieu chaud & sec, particuliérement durant l'hiver. S'ils se mouillent à la volerie par la pluie, la neige, ou autrement, on les fera bien sécher au soleil, ou au feu. Les soirs on leur donnera dans leur cure trois ou quatre clous de gérofle. Au cas qu'un Oiseau ait fait quelqu'effort dont il puisse être morfondu, on le purgera pendant trois ou quatre jours avec des pilules douces : & le quatrieme jour, au soir, on mettra une pilule *de tribus*, dans sa cure seche; prenant bien garde que la mulette soit alors entiérement vuide.

Quand cette maladie est invétérée, il est à propos de réitérer plusieurs fois la purgation. Voici des remedes qui ont souvent réussi.

1. Il faut commencer par donner pour pât, de petits Oiseaux, & sur-tout de jeunes passereaux : ou des pigeonneaux : ou de petites souris vivantes.

2. On peut mêler du lait d'ânesse avec de la viande.

3. Quand l'Oiseau sera plein & en bon état, on réitérera la purgation ci-dessus.

4. La manne est fort utile à ce mal; en la donnant avec de la viande trempée & coupée en morceaux.

De la Craye : que quelques-uns nomment Gravelle.

C'est une dureté des émeus, si extraordinaire, qu'il s'y forme de petites pierres blanches, de la grosseur d'un pois, lesquelles venant à boucher le boyau, ou le faisant sortir, causent souvent la mort aux Oiseaux, si l'on n'a soin d'y remédier. Comme ce mal est causé par une humeur seche & épaisse, il faut l'humecter & l'atténuer, en trempant la viande des Oiseaux dans du blanc d'œufs, & du sucre candi, battus & mêlés ensemble : ou dans du lait & du sucre : ou de l'huile battue avec du sucre.

On trouvera un prompt soulagement, en donnant deux pilules de manne grosses comme un pois, deux heures avant le pât.

Le beurre & le sucre candi sont particuliérement utiles quand l'intestin sort par le fondement.

Cette maladie est dangereuse en hiver, sur-tout aux Oiseaux mués qui n'ont pas été purgés souvent au sortir de la mûe.

Pour prévenir la craye il faut prendre garde aux émeus. Pour être de bonne qualité, ils doivent être d'un blanc de lait, grands, assez liquides, & marqués d'une petite tache noire. S'ils sont altérés, il faut donner à l'Oiseau quelque chose qui lui lâche le ventre : cela est sur-tout nécessaire au gerfaut.

Filandres : & Aiguilles.

Il y a deux sortes de filandres; les premieres sont de petits filamens, ou filets aigus, qui proviennent d'un sang caillé & desséché, par la rupture de quelque veine, ou pour avoir mangé de la viande puante, ou trop grasse, ou trop grossiere. Quand les Oiseaux sont attaqués de ce mal, ils sont maigres & atténués; ils ont les plumes hérissées sur le dos, & on les entend crier, comme pour se plaindre. Alors il faut les curer avec la filasse, ou le cotton préparés.

Les autres filandres, ou *Aiguilles*, sont de petits vers qui se forment dans le corps du faucon.

Pour le soulager de ce mal, qui est aussi dangereux que le précédent, il faut prendre une gousse d'ail, en ôter le germe, & remplir le vuide de safran, ensuite lui faire avaler le tout en guise de bolus. Il faut recommencer quarante jours après, parce que ce remede ne tue pas les vers; mais les étourdit seulement, pour la premiere fois.

Les lupins, la chicorée, les baies de genievre, l'ail, l'absinthe, l'herniole; les poudres de menthe, de rhubarbe, d'écorce d'orange; les eaux distillées d'absinthe ou d'herniole; peuvent être utilement mêlés avec la chair dont on fait son pât.

On lui donnera aussi des pilules de musc, d'aloës, de poivre, d'*hiera picra*; *de tribus*.

Ces vermisseaux, destinés par la nature à détruire les ordures & superfluités qui s'amassent dans les intestins des Oiseaux & contre leurs reins, sont comme nécessaires, tant que les Oiseaux sont en bon état : mais quand ils sont maigres & décharnés, ils ne reçoivent que du préjudice de ces reptiles qui faute de superfluités à dévorer, attaquent la chair & le sang même.

Les faucons y sont plus sujets que les autres Oiseaux.

Vers.

On connoît que les Oiseaux ont des vers, lorsqu'ils sont paresseux; qu'ils dressent leurs pennes sur le dos; que leurs émeus ne sont ni purs ni blancs; & qu'ils remuent leur balai de côté & d'autre. Ces vers qui sont extrêmement déliés s'attachent au gosier, autour du cœur, du foye, & des poûmons. Pour les faire mourir, faites prendre aux Oiseaux un bolus gros comme une feve, de poudre d'agaric, ou d'aloës, mêlée avec de la corne de cerf brûlée, & du dictame blanc; incorporant le tout ensemble, avec quantité suffisante de miel rosat. Quand les Oiseaux ont pris ce médicament, il faut les porter sur le poing; & ne les pas quitter, qu'ils n'ayent rendu leurs émeus; après quoi on leur donne un pât bon & bien préparé.

Poux.

Un Oiseau qui a des poux en peut donner aux autres. Cette vermine les désole. Le vrai remede est de les *poivrer*.

Pour cela il faut que l'Oiseau ne soit ni trop plein ni trop décharné. On commencera par le purger; même un faucon : & on purgera plus fort les laniers & les sacres; parce que le bain tiede où on doit les mettre, émeut les humeurs. L'Oiseau que l'on veut poivrer, doit aussi être vuide de sa mulette; ne tenant ni du haut ni du bas. Le bain sera préparé dans un bassin haut d'un pied sur deux de diametre. On mettra dans de l'eau tiede une once de poivre, deux onces de staphisaigre, autant de cendres de romarin; & une pinte de vin blanc, si on le veut. Après y avoir trempé, retrempé, & manié l'Oiseau; on mettra du poivre sec sur sa tête, en épargnant les yeux & les nazeaux. Ensuite on le retirera du bassin : & on le mettra sécher sur la perche, au soleil, ou près du feu; le gardant de trop de chaud ou de froid. On poivrera de la même eau les gants de la perche. La nuit suivante on mettra une peau de lapin ou de lievre sous les mains de l'Oiseau, & du cotton à la cornette de son chaperon; pour attirer les poux. L'Oiseau étant bien sec, on se servira d'un poinçon garni de cire gommée, afin d'ôter les poux que l'on verra courir sur le pennage. Le lendemain on le portera au ruisseau: & s'il ne veut pas de lui-même prendre le bain, on retournera au logis pour l'abattre & le baigner au même bassin que le jour précédent, avec de l'eau tiede toute seule: car il faut ôter le poivre qui tient à la peau, & qui tourmente souvent davantage que les poux.

Si les poux gagnent les nareaux, on y insinuera doucement une petite goutte d'huile d'aspic.

Il y a des Oiseaux si délicats & si peu vigoureux, qu'ils ne peuvent soutenir d'être poivrés. Mais la faute en étant faite, si on voit qu'ils chancellent & se couchent, on les trempera promptement dans de l'eau tiede.

Goute.

Les Oiseaux de proye sont sujets à la chiragre, ou podagre, qui est une espece de goute causée par une humeur âcre & épaisse, laquelle s'attache aux jointures des mains; & y cause de petits nœuds, qui en empêchent le libre mouvement, ensorte que les Oiseaux ne peuvent avillonner le gibier. On connoît qu'ils sont attaqués de ce mal, quand ils s'appuyent tantôt sur un pied & tantôt sur un autre; & qu'ils ont les doigts enflés. Cette maladie est particuliérement dangereuse au printems.

La goute se nomme *Chiragre* dans les Oiseaux de Fauconnerie; & *Podagre*, dans les Autours.

On connoît encore l'attaque de la goute, à ce qu'un Oiseau a alors les mains plus chaudes que de coutume, particuliérement si c'est au printems. L'indice est encore plus certain, quand la main paroît rouge & altérée; cependant sans bouton, enflure, ni pustule. Mais si l'on en apperçoit quelqu'un sur-tout après un grand froid, c'est marque de teigne; ou de chiragre formée.

La goute ne peut se guérir sans beaucoup de repos.

On feroit bien de n'user d'autres remedes que ceux du repos & de la patience: si ce n'est qu'on voulût purger l'Oiseau avec de la manne toute seule, qu'on lui donneroit par morceaux avec la chair. De huit en huit jours, on pourroit encore le tenir sans jets ni longe, en liberté sur un quarreau de marbre, ensorte qu'il pût s'y coucher s'il lui en prenoit envie.

Il ne sera pas indifférent de mettre sur son gazon beaucoup de branches de fenouil, ou de feuilles de chou.

Quand l'Oiseau s'agite, il faut le tenir couvert, ou dans un lieu obscur.

On en voit de si abattus par le mal, qu'ils demeurent couchés tout le jour. Dans ce cas il faut leur retrancher les vivres, quoiqu'ils témoignent de l'appetit. L'abstinence est bonne pour la goute, quand l'Oiseau est en mûe; sinon elle peut lui nuire.

Pour guérir les doigts malades, on peut les frotter avec du vinaigre & de l'eau où l'on aura délayé & battu auparavant du blanc d'œuf. On peut encore faire un mêlange de vinaigre & d'eau rose; & y ajoûter quatre dragmes de poudre d'acacia, avec autant de poudre de cire d'Espagne.

D'autres se servent de vieille huile d'olives. Ou bien on prend égales doses de naphte, d'huile de lis blanc, de sang de pigeon, & de suif; on fait chauffer le tout, & on en frotte les mains des Oiseaux.

En mouillant les mains trois ou quatre fois par jour, avec de l'eau de plantain, & de fort vinaigre; on soulage le mal.

Il faut éviter les remedes qui peuvent gâter le pennage.

Si les mains sont ouvertes en dessus, on tiendra l'Oiseau sur un sachet rempli de plantain battu dans un mortier avec du sel, & humecté de vinaigre. Lorsqu'il paroîtra quelque enflure, on y donnera le feu jusqu'à ce qu'on parvienne au séjour de la matiere: le feu est un remede souverain pour ce mal. Mais on se gardera bien d'ouvrir la main d'un Oiseau par-dessous; la plaie seroit dangereuse, & long-tems à guérir: il faut l'ouvrir à côté, ou en dessus, & y mettre le feu, si l'on veut qu'il guérisse promptement. On doit en même-tems être attentif à ne pas toucher aux nerfs. Quand un Oiseau a la main maigre, on doit n'y appliquer jamais de cautere.

Quoique les mains demeurent engourdies après que la douleur a cessé entiérement, cela n'empêche pas l'Oiseau de voler.

Les sacres & les laniers, sont très-sujets à la goute.

On dit avoir constamment remarqué que les Oiseaux n'ont plus de goute, passé le mois de Septembre.

Teigne.

La teigne des Oiseaux vient assez souvent de ce qu'ils ont enduré trop de froid sur la perche, ou dans la campagne. Elle attaque communément les Oiseaux que l'on tient bas & maigres: qui dès-là ne profitant point, laissent pendre leurs aîles pour garantir leurs mains où ils sentent le plus de froid. Au moyen dequoi la gelée attaque & les mains & les aîles.

Ce mal vient quelquefois de ce qu'un Oiseau s'est beaucoup débattu. Le sang, soit ému, soit extravasé par la violence du mouvement dans les aîles & les mains, produit des boutons de teigne aux mains, & de petites vessies aux aîles. Lorsque l'Oiseau creve ces vessies avec son bec, le bout de l'aîle ressemble à du fer rouillé.

La teigne est particuliérement à craindre quand un Oiseau se trouve déchamé, en hiver. C'est mal entendre ses intérêts, que d'épargner la dépense pour tenir les Oiseaux en bon état, & ainsi les mettre à l'abri de plusieurs accidens; qui venant à les faire périr, mettent dans le cas d'une dépense bien plus considérable.

Quand un Oiseau a la teigne, il faut commencer par le remonter: car il ne guérira point, tant qu'il sera bas. On doit lui donner des viandes chaudes; telles que pigeonneaux, passereaux, & autres petits Oiseaux: qu'on lui donnera vivans, autant qu'il sera possible. En même-tems on le tiendra habituellement dans un lieu où il ne puisse avoir froid. Quand il commencera à se remonter, il guérira facilement au moyen du régime que voici. Par-tout où l'on appercevra de la rouillure, des vessies, ou des pustules, on mettra d'un onguent fait avec du bol d'Arménie, du vinaigre, du sang de dragon, & du salpêtre. Le lendemain on préparera un bain de vin blanc, & de romarin: on ôtera toutes les peaux mortes; & une demi-heure après on baignera dans cette liqueur les endroits qui paroîtront écorchés: se servant pour les bassiner, de cotton trempé dans de l'eau où l'on aura mis autant de poudre d'aloës que d'alun. Si l'Oiseau n'est pas guéri dans dix jours par ce premier traitement, vous réitérerez. Et au cas que tout le mois de Mars se passe sans qu'il y ait un mieux considérable, n'en espérez rien.

La teigne des mains dégénere souvent en goute.

Du Crac.

Pour remédier à cette maladie, il faut purger les Oiseaux avec une cure de filasse ou de cotton; ensuite les paître avec des viandes macerées dans l'huile d'amandes douces, & dans l'eau de rhubarbe alternativement; puis leur donner encore une cure, comme auparavant.

On peut lier la cure avec de la rue, ou de l'absinthe. Et si l'on remarque que le mal soit aux reins, & en dehors, il faudra faire tiédir du vin, & en étuver ces parties.

Ulceres qui viennent à la Bouche des Oiseaux.

Pour guérir ces sortes d'ulceres, qui sont très-dangereux, on se sert du miel rosat; ou de poudre, soit de fruit de tithymale, soit de coque de noix. Pour les réduire en poudre, on les concasse, & les ayant enveloppé dans un linge mouillé, on les met sous la cendre chaude. Étant ainsi réduites en poudre très-subtile, on en applique sur l'ulcere deux fois le jour. On peut se servir aussi de suc de citron, & en laver l'ulcere: & quand il est bien net, & presque tout-à-fait guéri, on étuve l'endroit avec du sirop de mûres. Il ne faut pas oublier de curer l'Oiseau à l'ordinaire, avant de lui faire aucun remede.

Excroissances de chair, qui viennent à la Bouche.

Pour enlever ces excroissances, qui sont de petites carnosités blanchâtres ou noirâtres, de la grosseur d'un petit pois, & qui empêchent l'Oiseau de paître à l'ordinaire; on se sert de ciseaux; & on les retranche le plus adroitement qu'il est possible. Si l'endroit où elles sont placées ne permet pas l'usage des ciseaux, il faut les ronger en y appliquant de l'alun brûlé, ou une goutte d'huile de soufre distillée. On se sert pour cela d'un petit linge, d'un peu de cotton, ou d'un poinçon.

Mulette Empelotée.

Voyez MULETTE.

Pour guérir les Oiseaux qui ont la mulette empelotée par une humeur visqueuse & gluante, laquelle retient les cures, il faut les purger avec la filasse ou le cotton, nourris de sel ammoniac, & d'une fois autant de sucre candi. Ensuite on les porte sur le poing, jusqu'à ce qu'ils ayent rendu leur cure: & on les jardine, mettant un baquet plein d'eau auprès d'eux; puis on leur desserre le chaperon, le lâchant presque tout-à-fait; & on ne les quitte point qu'ils ne commencent à tirer du collier. Alors ils ne tardent gueres à rendre la doublure. Deux heures après, on leur fait demi-gorgée d'une cuisse de poulet toute chaude, ou d'une aîle de pigeon bien trempée. Il faut donner aux laniers & aux sacres, une dose plus forte de sel ammoniac, qu'aux tiercelets & aux faucons.

Si un Oiseau a mangé ou avalé quelque chose qu'il ne puisse digérer ni rendre, on l'abbat à la renverse; & lui ayant écarté doucement les cuisses, on lui tond le menu plumage & le duvet, à l'endroit de la mulette; qu'on fend en long avec un couteau pointu, & qui coupe bien, en la tenant avec des pincettes à bec. L'ouverture faite, on se sert d'un fer crochu pour vuider la mulette: puis on la recoud promptement avec de la soie cramoisie, de même que la fente, conduisant l'aiguille avec précaution. Après quoi on se contente de frotter la couture avec de l'huile d'olives. Et on ne donne qu'un tiers de gorgée pour pât; lequel est du cœur de mouton, mêlé avec un peu de terre sigillée. On donne ainsi un pât leger, pendant quinze ou vingt jours: & point de cure.

Il est quelquefois arrivé que des Oiseaux perdus ont tombé entre les mains de Paysans; qui, par ignorance, ou faute d'autre pât, leur ont donné de la chair salée: dont ils sont morts.

Pour faire évacuer un Oiseau qui a Trop mangé.

Prenez douze ou quinze grains de poivre entier, (suivant les forces de l'Oiseau): rompez-les chacun en deux. Enveloppez le tout dans une peau très-mince. Et la lui faites avaler.

Cette recette est également bonne *pour Affamer un Faucon niais.*

Les Oiseaux se dégoutent des autres choses qu'on employe pour les faire rendre; telles que l'aloës, l'alun, la chélidoine, l'antimoine, le vitriol, &c.

On peut encore les faire rendre en les bridant avec un crin de cheval, que vous leur passez dans le bec, & liez derriere la tête.

En faisant avaler la vessie de poivre à un Oiseau, il est à propos de le tenir abattu; conduire cette vessie avec le doigt dans le gosier, aussi loin que l'on peut, observant de ne la pas rompre. On fera bien de lui donner aussi une gorgée d'eau. Lorsqu'il aura rendu, on sera trois heures sans lui donner de pât. Ce pât sera seulement de trois ou quatre morceaux de viande, bien trempés dans l'eau. Le soir, on l'appâtera sobrement, sans lui donner de cure. Le lendemain on lui présentera le bain; ou un verre avec de l'eau, si le tems est couvert.

Quand les Oiseaux sont libres, ils se font rendre en prenant de la terre, ou de l'eau salée, ou de petites pierres au bord de la mer, ou du salpêtre.

On peut faire rendre un Oiseau en l'amusant avec un tiroir d'une poule d'Inde, ou d'une aîle d'Oye.

Si cela ne suffit pas, on amollira de la manne, on la mettra en masse, par la chaleur de la main; on en fera une pilule, grosse comme une balle de fusil: on y mettra ensuite six cloux de gérofle, chacun rompu en trois; & trois grains de sel, chacun de la grosseur d'un grain de froment. Ensuite on fera avaler à l'Oiseau une gorgée d'eau claire, puis la pilule, & une autre gorgée d'eau. Ce remede fait rendre le double de la mulette; & même quelquefois des abscès.

On peut de même se servir de manne, mêlée avec du poivre, du sel, & de la suie.

Lorsque l'Oiseau aura rejetté beaucoup de pourriture, on le fera encore rendre au bout de huit jours, pour achever de le nettoyer.

Pour mettre les Oiseaux en Appetit.

Prenez de la rhubarbe, de l'agaric, de l'aloës, du safran, de la cannelle, de l'anis, & du sucre candi, de chacun une dragme : vous battrez toutes ces drogues, & en ferez une poudre. Donnez-leur de cette poudre le soir dans la cure, autant qu'il en pourroit tenir sur un sou. Cela leur fait sortir beaucoup d'humidité du cerveau ; & la cure se trouve pleine d'eau le matin si on la presse.

Il faut donner de cette poudre, quand l'Oiseau est plein, on qu'on lui veut faire faire merveilles.

Pour purger les Oiseaux, & les mettre en appetit, on se sert de deux pilules de vieille conserve de roses de Provins liquide, de la grosseur d'un pois.

Autres Accidens qui surviennent aux Oiseaux.

Il arrive quelquefois, que les faucons sont *Blessés*, en attaquant le milan, ou le héron. Si la blessure qu'ils ont reçue, est légere, vous la guérirez avec le remede suivant. Mettez dans un pot verni une pinte de bon verjus. Faites-y infuser pendant douze heures, pimprenelle & consoude, de chacune une poignée, avec deux onces d'aloës, & autant d'encens, une quantité suffisante d'origan, & un peu de mastic. L'infusion étant faite, passez le tout par un linge, avec expression ; & gardez ce remede, pour le besoin. On se sert de cette colature pour étuver doucement la blessure, qui se guérit par ce moyen fort aisément.

Si la blessure est considérable, il faut couper d'abord la plume, pour empêcher qu'elle ne s'y attache ; & y mettre une tente imbibée de baume ou huile de millepertuis.

Si la blessure est interne, ayant été causée par l'effort qu'a fait le faucon en fondant sur sa proye, il faut prendre un boyau de poule, ou de pigeon ; vuider & laver bien ce boyau ; puis mettre dedans, de la momie ; & faire avaler le tout à l'Oiseau. Il vomira sur le champ le sang qui sera caillé dans son corps ; & peu de tems après, il sera parfaitement guéri.

Si la blessure de l'Oiseau est considérable, mais extérieure, & que les nerfs soient offensés, il faudra premiérement la bien étuver, avec un liniment fait avec du vin blanc, dans lequel on aura fait infuser des roses seches, de l'écorce de grenade, un peu d'absinthe & d'alun ; ensuite on y appliquera de la térébenthine.

Pour Guérir les Oiseaux Blessés.

Plumez doucement l'endroit où est le mal ; ou bien coupez la plume ; & appliquez-y un emplâtre de Villemagne sur du cuir doux.

Un Coq d'Inde ayant reçu un coup de bâton qui lui *découvrit le crâne* ; la grandeur de la plaie, l'hémorrhagie, & la foiblesse, dans laquelle il tomba, faisoient croire qu'il étoit près de mourir. On le dansa en le soutenant sous l'estomac, ensorte qu'à chaque secousse ses ongles battoient contre terre. Bientôt il rouvrit les yeux, & l'on sentit son gozier élastique. On lui fit alors avaler plusieurs cueillerées de suc de groseilles rouges ; ce qui acheva de le ranimer, & il marcha seul. La plaie fut lavée avec la même liqueur, puis pansée avec la racine de grande consoude. Après avoir dormi à l'ombre, il mangea & parut n'avoir aucun reste de son accident, qu'une enflure à la partie gauche de la tête. Quand le premier appareil tomba de lui même, l'Oiseau fut entiérement guéri.

Un Autour, animé à la poursuite d'une perdrix, fut blessé à l'œil par une épine qui entra jusques dans la prunelle. Il fut parfaitement guéri par le remede suivant. On mit dans une phiole une once de tuthie préparée, un demi-quarteron d'eau rose, autant de vin blanc, & une poignée de rue : on fit bouillir le tout au bain-marie, jusqu'à réduction de moitié : & l'on instilla de cette décoction dans l'œil. Ce remede est très-bon pour *toutes les blessures & les taches des yeux*. La poudre du blanc des émeus de l'Oiseau malade, peut encore suffire pour guérir ces accidens : on lui en souffle dans l'œil avec un tuyau.

Mains enflées ; froissées ; écorchées.

Si les mains deviennent enflées à cause des jets & porte-sonnettes, ou parce que cet Oiseau a battu sa proye, ou qu'il s'est trop agité : servez-vous du sachet de plantain, indiqué ci-dessus pour la goute.

Quand les jets ont trop pressé, ou écorché, les mains de l'Oiseau, cet accident se guérit en les frottant de beurre, ou de graisse de poule. Ce remede est encore bon pour un *Oiseau qui a perdu un de ses ongles*. Si le sang coule, on l'arrêtera avec un cautere. Les onctions doivent être faites avec précaution, pour ne pas gâter le pennage.

Fractures.

Si l'Oiseau se casse une jambe, ou une cuisse, il faut la lui remettre le plus promptement & le plus adroitement qu'il est possible ; ensuite on y met une carte, ou une petite éclisse, pour la tenir en état ; puis on y applique un emplâtre de poix noire fondue, dans laquelle on mêle de la farine. On purge aussi l'Oiseau, pour détourner l'humeur ; & on le tient dans un lieu chaud, surtout si le tems est froid. On laisse l'emplâtre jusqu'à ce qu'il tombe de lui-même.

Accidens qui arrivent au Pennage des Oiseaux.

Voyez Albrené. Cleragre.

Il arrive quelquefois aux Oiseaux courageux, de se tordre & se froisser les pennes, en battant leur proye trop rudement.

Si les pennes ne sont que torses, on les redresse facilement en les mouillant dans de l'eau un peu plus que tiede. Si elles sont torses & pliées, on les remet dans leur premier état, en les étendant entre des côtes ou troncs de chou fendus en long, que l'on aura fait chauffer entre deux braises ; ou bien en appliquant dessus, en forme de cataplasme, de l'aveine cuite & réduite en consistance de bouillie.

Si la penne est rompue, de sorte qu'elle ne tienne plus qu'au nerf de dessus ; il faudra la coudre, ou la cheviller adroitement, avec une aiguille fine, enfilée de soie déliée, ou de fil très-fin ; faire entrer l'aiguille par la tête entiérement dans un des deux morceaux rompus, ensuite ajuster l'autre morceau vis-à-vis ; puis avec le fil y amener l'aiguille par la pointe. Quand on a passé le fil plusieurs fois en long, de l'une à l'autre partie de la penne, de maniere qu'elle paroisse ferme & dans son état naturel, on fait des nœuds, & l'on coupe tout auprès le fil qui reste.

Si la penne est tellement rompue qu'il faille absolument la couper ; il faudra faire cette opération dans le tuyau de la penne, & prendre une autre penne de quelque Oiseau semblable, laquelle vous couperez

couperez au même endroit, puis vous insérerez le tuyau de celle-ci, dans le tuyau de la premiere, & vous collerez l'endroit de l'insertion avec de bonne colle de poisson. C'est ce qu'on appelle *Enter une penne au tuyau*. Il faut pour lors abattre l'Oiseau. Et afin d'avoir toujours la facilité d'enter les pennes, il est bon de conserver celles des Oiseaux qui meurent.

On peut *Enter* encore à l'aiguille ; en coupant la penne au-dessus du tuyau, & y en ajustant une autre par le moyen d'une aiguille à trois carres, & pointue par les deux bouts ; que l'on fait entrer jusqu'à moitié, de part & d'autre, dans les deux plumes. Il faut auparavant faire tremper cette aiguille, l'espace d'une heure, dans du vinaigre, du sel, & du poivre ; ou dans du jus de citron, ou de limon : à leur défaut, on peut l'enfoncer dans un oignon, ou dans plusieurs gousses d'ail, selon sa longueur.

Quand le tuyau est entiérement sorti de l'aîle, on met un grain d'orge dans le trou, pour qu'il ne se ferme pas, & que la penne ne vienne point à s'éteindre.

Si un faucon s'étoit démonté une serre (comme il lui arrive quelquefois en voulant trop avillonner un Oiseau), il faut incorporer de la crotte de chevre ou de brebis, avec de la térébenthine de Venise ; ensuite mettre de ce mêlange dans une petite chausse de cuir, qui sera faite exprès pour le doigt de l'Oiseau qui est démonté. Quelque tems après, il se trouvera par ce moyen remonté comme auparavant.

Oiseaux trop Légers ; ou *trop Pesans.*

Un Oiseau trop Léger est tellement embarrassé de son long pennage, qu'il ne peut branler & remuer ses aîles, ni daguer que lentement, quelque effort qu'il fasse ; de sorte qu'il papillonne en avançant son vol. On voit des alphanets & des tagarots, Oiseaux très-légers & de pennage fort long, qui ne peuvent presque pas voler dès qu'il fait du vent ; ou s'ils vont à vent, ils sont emportés contre leur gré : ainsi que de trop grandes voiles sont quelquefois embarrassantes pour un navire, & le portent contre des écueils. Il est vrai que ces Oiseaux peuvent avoir un pennage proportionné à leur nature, eu égard à leur climat originaire ; mais que la disproportion se manifeste dans un pays où il fait plus de vent.

De même que les Marins changent de voile quand ils passent des mers du levant & du midi dans celles du ponent ou du nord : on a l'expérience que, si l'on rogne les aîles & la queue de ces Oiseaux étrangers, ils deviennent plus vîtes & plus roides.

Un Oiseau trop court de pennage, est Pesant. Pour y remédier on s'est avisé de lui allonger les aîles.

On a encore éprouvé qu'un faucon à qui l'on a mis du pennage de lanier, devient plus léger. Des Autours volent très-bien avec du pennage de Faucon. Mais en tout cela il faut observer un milieu, par rapport à la longueur & à la largeur.

Pour mettre une Queue de Lanier à un Faucon, ou à un autre Oiseau.

Fendez une grande carte à jouer. Passez-y les douze grandes pennes de l'Oiseau. Prenez de semblables pennes, & les entez par ordre à la place de celles que vous couperez, en commençant par celles des côtés ; & coupant toujours de biais, ensorte que la pointe des cinq pennes qui précédent les couvertures se trouvent en dehors chacune de leur côté. Pour les deux couvertures : coupez-les toutes rondes par le bout. Ayez soin que les tuyaux ne se fendent pas en entrant les uns dans les autres. Après cela collez chaque penne séparément avec de la colle de poisson.

Précautions pour Abattre un Oiseau ; & pour lui mettre des Jets & Sonnettes.

Les Oiseaux niais ont les os tendres ; c'est pourquoi il faut les manier doucement.

Quand on prend des Oiseaux pour les essimer ; après les avoir garnis, on doit leur mettre une entrave du même cuir que celui des Jets, laquelle prenne d'un porte-sonnette à l'autre, & ait trois à quatre doigts de long. Cette entrave les empêche de se déchapperonner en se gratant, soit à la perche soit sur le poing : ce qui arrive souvent aux Oiseaux que l'on commence à essimer ; de maniere que plusieurs s'estropient, ou même se tuent. Il faut encore mettre un tournet à chacun, pendant quelques jours, pour qu'ils ne s'empelottent pas. On aura soin de garder à vûe ces Oiseaux, attendu que dans les commencemens ils ont tant d'impatience, qu'il y en a qui se pendent à la perche. Elle doit être dans un lieu obscur ; afin que les Oiseaux n'ayent pas occasion de se débattre.

Oiseaux Perdus.

Tous les Oiseaux sont sujets à s'écarter & se perdre. Il arrive souvent qu'en voulant venir retrouver son maître, un Oiseau s'en éloigne davantage. On en voit qui sçavent revenir à l'endroit où ils ont coutume de faire leurs leurrés, ou bien à leur volerie. C'est pourquoi lorsqu'un Oiseau s'écarte, quelque route qu'il prenne, il est à propos de laisser un homme à l'endroit où on l'a perdu.

Soins particuliers qu'il faut prendre, pour tenir les Autours en bon état.

1°. Il faut armer de cotton (plutôt que d'étoupe) les cures qu'on donne aux autours, pour les obliger à les mieux prendre.

2°. Il faut acharner tous les matins les autours au tiroir, dans un endroit qui ne soit point exposé à l'ardeur du soleil, ni trop près du feu.

3°. Après qu'ils ont tiré, il faut les tenir dans un endroit qui ne soit ni trop froid ni trop humide, & qui soit à l'abri du vent : autrement on leur causeroit des indigestions très-dangereuses.

4°. Quand on présente le tiroir aux autours, il est à propos de le tremper quelquefois dans du vinaigre & de l'eau où l'on aura mis un peu de sucre candi ; si c'est en Été, & dans l'arriere saison, pourvû que le tems soit doux.

5°. Pour ne pas rebuter les autours, on ne doit jamais les abattre que dans la derniere nécessité.

6°. Pour les accoutumer à obéir, il faut toujours leur présenter le tiroir quand on veut qu'ils se tiennent sur la perche, ou dans quelque autre endroit que ce soit.

7°. Il faut jardiner tous les matins les autours, dans un lieu exposé au soleil & où le vent ne donne point du tout, après qu'ils ont pris leur pât,

On les laisse pendant deux heures en cet état, sur une perche, ou sur un bloc.

8°. Il ne faut pas manquer de les baigner une fois par semaine. Le jour qu'ils ont pris le bain, il ne faut pas les faire voler. Il y a même des Chasseurs, qui les laissent reposer encore le lendemain, de peur que l'agitation qu'ils se donnent en volant, ne rende inutile le rafraîchissement qu'ils ont pris. Quoique les autours passagers n'aiment pas communément à se baigner, il est bon de leur présenter quelquefois le bain; on en voit qui le prennent: & ils en valent mieux.

9°. Comme les autours sont d'un tempérament délicat, qui demande à être ménagé; on observera de ne les point faire voler deux jours de suite, & de ne pas les purger aussi souvent que les autres Oiseaux de fauconnerie.

10°. Pour les délasser d'avoir été sur la perche où ils se sont débattus, on les met ordinairement dans un petit cabinet, sans être attachés.

11°. Quand on purge les autours, il ne faut jamais les abattre. Il faut les purger trois jours de suite au commencement de l'année, & avant de les mettre en mûe. On les purge avec de la chair & de la manne: ou, on leur donne des pilules blanches, ou de rouges. Le quatrieme jour, on leur fait avaler une pilule d'aloës dans un morceau de chair, pour les exciter à rendre.

En hiver, on les purge avec six grains de poivre blanc, qu'on enveloppe aussi dans un morceau de chair. Cette cure doit se réitérer de vingt jours en vingt jours.

12°. Pour déterger les humeurs visqueuses qui se forment dans la mulette & autres parties du corps des autours, il faut leur donner deux fois l'année, une ou deux prises de l'herbe qu'on appelle vulgairement *Eclaire*.

13°. Quand ils commencent la mûe, c'est un remede singulier pour eux, que de leur faire prendre un blanc d'œuf, battu avec du sucre candi; ou seulement de l'huile battue: on doit leur réitérer cette cure tous les dix jours. Le lait leur est bon aussi dans ce tems.

14°. Lorsqu'on veut paître un autour, il faut commencer par l'acharner au tiroir sec; puis lui donner de la chair coupée par petits morceaux, & que l'on aura fait tremper dans de l'eau de fontaine tiede, où sera dissout du sucre candi ou de la manne. C'est le moyen de les garantir de la craye, de la gravelle, du susbec (qui est une maladie mortelle pour les autours), du chancre, & de certaines petites glandes qui leur viennent dans la bouche, enfin de beaucoup d'autres maladies qui sont causées par l'altération ou par la constipation. Cette maniere de paître les autours, les garantit encore de l'obstruction des nazeaux, qui empêche le flegme de couler du cerveau. Enfin elle les garantit de la pepie, & des barbillons; & les entretient en appetit, dans une netteté de corps & une santé parfaites.

Accidens qui peuvent arriver aux Autours, faute d'être bien gouvernés.

Il ne faut pas s'imaginer qu'on puisse laisser jeûner les autours, comme les autres Oiseaux de proye, le jour qu'ils doivent voler, afin de les rendre plus ardens & plus âpres à la volerie. Au contraire il faut avoir soin de les paître: autrement ils tombent dans une défaillance, qu'on nomme *boulimie*; qui les met en danger de mourir. Cette maladie vient d'humeurs qui tombent du cerveau dans la mulette; particuliérement pendant l'hiver, durant les grands froids, lorsqu'on n'a pas soin de donner aux autours une nourriture abondante, & toujours fort propre.

Il arrive quelquefois, qu'en chassant dans un tems trop chaud, les autours s'enlevent si haut qu'on ne les apperçoit plus; ce qui leur arrive surtout quand ils ont beaucoup de plumes. Pour ne les pas perdre, il faut se coucher par terre, & attendre avec patience qu'ils fassent leur entrée, & qu'ils descendent. C'est ordinairement sous le vent, & sur les arbres voisins de l'endroit d'où ils se sont élevés. On doit avoir toujours l'œil attentif, pour appercevoir leur entrée. Et on les fait descendre de dessus les arbres, en leur présentant du vif, ou une perdrix morte attachée à une filiere, comme nous l'avons marqué ci-dessus.

Nous ferons observer, en finissant cet article, que l'on guérit les diverses maladies des autours, à peu près comme celles des autres Oiseaux de proye.

OISELER: *Terme de Fauconnerie*. On dit: *Oiseler un Faucon*; pour dire, le dresser, & le bien affaiter.

OISELETS *Odorans*. Consultez l'article ODORANT.

OISON: Terme usité dans la récolte du Lin. *Consultez* l'article LIN.

OISON. On donne ce nom aux *Oyes* qui sont jeunes. *Consultez* l'article OYE.

OLA

OLAIRE (*Pierre*). Consultez l'article MARNE.

OLE

OLEA. *Voyez* OLIVIER.

OLEASTER. *Voyez* OLIVIER. *n.* 13.

OLEUM. Nom Latin de toute sorte d'*huile*.

OLEUM *Rhodium*. Voyez sous le mot BOIS DE RHODES, Tome I. pag. 350.

OLI

OLIBAN: ou *Encens Mâle*; & comme qui diroit par abbréviation, *Oleum Libani*. Suc résineux, lequel découle d'un arbre qui croît particuliérement dans l'Arabie Heureuse. On fait des incisions au tronc de cet arbre, pour en obtenir le suc; qui se durcit bien-tôt après, & acquiert la consistance de gomme. Il est propre à l'asthme, la pleuresie, &c. *Consultez* l'article ENCENS. La maniere de le *préparer*, est de le réduire d'abord en poudre, & d'en mettre une dragme dans une pomme que l'on a creusée exprès, & qu'on fait cuire au feu; puis on la fait manger au malade, pour exciter une sueur abondante. Au reste, il faut que le malade paroisse disposé à la sueur; & qu'on l'ait préparé par deux ou trois saignées.

Ce qu'on nomme en Latin *Manna Thuris*, est de l'Oliban choisi en petits grains, bien ronds & bien nets, ayant la couleur de la belle manne.

L'écorce de l'arbre d'où découle l'encens, s'appelle *Encens des Juifs*; parce que les Juifs s'en servent dans leurs parfums: elle doit être choisie épaisse, résineuse, unie, récente, de bonne odeur. Elle est détersive, résolutive, & dessicative.

OLIVE: Fruit de l'Olivier. *Voyez* OLIVIER.

OLIVE. Ornement de Sculpture; que l'on

taille en grains oblongs, comme enfilés en chapelets, sur les astragales & baguettes.

OLIVIER: En Latin *Olea*: & *Olive*, en Anglois. La fleur de ce genre de plantes a un petit calyce d'une seule piece, divisée en quatre par les bords, & qui tombe avant la maturité du fruit. Ce calyce porte un pétale qui a la forme d'un tuyau très-court, & dont l'extrêmité est divisée en quatre parties ovales & écartées. On trouve dans l'intérieur deux petites étamines, surmontées de sommets droits; & un pistil, formé d'un embryon arrondi, & d'un style fort court qui est chargé d'un stigmate assez gros & partagé en deux. Cet embryon devient un fruit charnu, presque oval, plus ou moins allongé suivant les especes; dans lequel se trouve un noyau de même forme, très-dur, & dont la superficie est raboteuse. Ce noyau est divisé intérieurement en deux loges; dans une seule desquelles se trouve ordinairement une amande unique, parce que l'autre avorte.

Les feuilles des Oliviers sont entieres, sans dentelures, unies, épaisses, fermes, opposées deux à deux sur les branches: elles ne tombent point en hiver: il y en a de fort longues, & d'autres qui sont très-courtes; suivant les différentes especes.

Ces arbres ne réussissent bien que dans des climats chauds; ils subsistent passablement dans les régions tempérées. Leurs fleurs paroissent en Avril & Mai.

Especes.

1. *Olea fructu maximo* Inst. R. Herb. l'Olivier à gros fruit; ou *Olivier d'Espagne*. Cet arbre est principalement cultivé en Espagne, où il devient très-fort. Ses feuilles sont larges, presque blanches en dessous. Le fruit est très-gros; mais chargé d'une odeur forte & désagréable.

2. *Olea fructu oblongo minori* Inst. R. Herb. C'est une des meilleures especes que l'on cultive dans nos Provinces Méridionales. Cet arbre est moins considérable, dans toutes ses parties, que le précédent. Son fruit est longuet; & porte le nom d'*Olive Picholine*.

On regarde comme des variétés de cette espece, les Olives qui sont d'un verd foncé; & d'autres qui sont presque blanches. *Voyez* Garidel, *Hist. des Plantes d'Aix*, page 335.

3. *Olea fructu minore & rotundiore* Inst. R. Herb. Cet Olivier donne de très-petits fruits bien amers, dont la surface est unie, plus ronds que longs, & dont le noyau est fort menu. C'est ce qu'on nomme à Aix l'*Aglandeau*, ou la *Glandou*; & *Caianne*, à Marseille.

4. *Oliva fructu majusculo & oblongo* Inst. R. Herb. On l'appelle en Provence *Laurinne*. Ce fruit est un peu plus gros que le précédent, moins amer, inégal à sa surface, & comme relevé de bosses; son noyau est assez gros.

5. *Olea fructu majori, carne crassâ*. Inst. R. Herb. L'*Olivier Royal*: dont le fruit est gros, & très-charnu. Voyez Garidel, *Histoire des Plantes d'Aix*.

6. *Olea sativa major, oblonga, angulosa, Amygdali formâ* H. R. Monspel. l'*Amelou*, de Languedoc. Ses fruits sont anguleux, & ont la forme d'une amande.

7. *Olea media, oblonga, fructu Corni* H. R. Monsp. Le fruit de cette espece ressemble à celui du cormier. On l'appelle *Cormeau*, en Languedoc.

8. *Olea maxima subrotunda*, H. R. Monsp. Cette Olive est arrondie, fort grosse. On la nomme en Languedoc, *Ampoulan*.

9. *Olea media, rotunda, præcox* H. R. Monsp. Olivier précoce, à fruit rond & moyennement gros: le *Moureau* des Languedociens.

10. *Olea media, rotunda, viridior* H. R. Monsp. Cette Olive differe de la précédente, en ce qu'elle est très-verte. On l'appelle *Verdalle*, en Languedoc.

11. *Olea minor, rotunda, racemosa* H. R. Monsp. Olivier dont les fruits sont petits, ronds, & par grappes: on le nomme en Languedoc *Bouteillo*. Voyez Garidel, *Histoire des Plantes d'Aix*.

12. *Olea minor, rotunda, ex rubro & nigro variegata* H. R. Monsp. Le *Pigau*. Ses Olives sont petites, rondes, panachées de rouge & de noir.

On peut regarder comme des variétés les *Saliernes* de Languedoc; dont le fruit est d'un rouge noirâtre.

13. *Olea silvestris, folio duro subtùs incano* C. B. L'*Olivier sauvage*: nommé aussi *Oleaster* par les Latins. Il a les feuilles courtes, très-fermes, bien blanches en dessous, & terminées par une espece d'épine fort courte.

Usages.

Entre ces Oliviers, les uns donnent des fruits propres à confire; tels que les *nn.* 2, 4 & 6. D'autres Olives fournissent l'huile la plus fine, comme les *nn.* 3, 4, 7, 8, 9. Il y a aussi de ces arbres, que l'on cultive parce qu'ils rendent une plus grande quantité de fruits.

Dans un climat comme celui des environs de Paris, les Oliviers ne chargent pas assez abondamment, pour que l'on doive se proposer d'en obtenir de l'huile, ni même d'en confire au sel les Olives. Leur utilité se borne donc ici à mettre quelques pieds dans les bosquets d'hiver; ou, par simple curiosité, en espalier.

Dans les climats plus tempérés, on cueille les Olives qui sont parvenues à leur grosseur, quoiqu'elles soient encore vertes, avant leur maturité; pour les confire, comme nous allons en détailler le procédé: d'après M. Duhamel, *Traité des Arbres & Arbustes*, Tome II, page 63 & c.

L'art de *Confire les Olives* se réduit à leur faire perdre une partie de leur amertume, & les imprégner d'une saumure de sel marin aromatisé, qui leur donne un goût agréable. On emploie pour cela différens moyens.

1. Le plus expéditif est de mettre dans des *jarres*, ou vases de terre vernissée dont la forme est à-peu-près ovale, un lit de plantes aromatiques, telles que le fenouil, l'anis, le thim, &c. un lit d'olives fraîchement cueillies, auxquelles on a donné deux coups de couteau en croix jusqu'au noyau, pour faciliter l'introduction de la saumure; puis une couche de sel; un autre lit de plantes aromatiques; un lit d'Olives; & ainsi, jusqu'à ce que le vase soit presque rempli. Alors on y verse assez d'eau bouillante, pour que les Olives y flottent. Le lendemain on les met dans de l'eau fraîche; qu'on a soin de changer tous les deux ou trois jours, jusqu'à ce qu'elles soient suffisamment adoucies: & l'on finit par verser dessus une saumure chargée de quelques épices. Selon cette méthode il faut très-peu de tems pour qu'elles soient en état d'être mangées: quelques personnes même les trouvent fort agréables, parce qu'elles ont alors plus de goût. Mais la plûpart ne trouvent pas qu'elles soient suffisamment adoucies: en ce cas on a recours aux moyens que nous allons rapporter.

2. Les olives sont meilleures quand elles n'ont

point été échaudées ; mais aussi la préparation en est plus longue.

Vers la fin de Septembre, ou dans les premiers jours d'Octobre, on choisit de belles olives, bien charnues : on les met dans des jarres ; & l'on verse de l'eau par-dessus pour leur faire perdre leur amertume. On change cette eau tous les deux jours, & l'on goûte de tems en tems les olives, pour s'assurer si elles sont suffisamment adoucies ; car quand elles le sont trop, elles deviennent insipides. Lorsqu'elles sont assez douces on les met dans une forte saumure ; où elles restent jusqu'à Pâques : on en prépare alors une seconde, moins forte : on sépare les olives qui peuvent avoir changé de couleur ; car cet accident arrive pour l'ordinaire à celles qui sont au-dessus du vase ; & on jette les autres dans la nouvelle saumure. Quelques jours après, elles se trouvent bonnes à manger.

3. Pour préparer les olives *à la Picholine*, on les met dans une lessive faite avec une livre de chaux vive & six livres de cendre de bois neuf, tamisée. Au bout de six, huit, dix ou douze heures, & suivant la force de la lessive ; si en coupant l'olive avec un couteau, le noyau se sépare de la chair, on retire ces fruits de la lessive ; on les lave bien dans de l'eau fraîche, que l'on renouvelle toutes les vingt-quatre heures pendant neuf jours ; on les met lit par lit avec du sel, des herbes aromatiques, & des épices, dans des jarres, que l'on emplit d'eau ensuite. Si l'on a soin de placer ces vases dans un lieu frais & sec, & de les entretenir exactement fermés, & les olives toujours couvertes de saumure ; on peut les garder deux ou trois ans : il se forme seulement à la superficie une croute, qui sert à leur conservation, & que l'on jette quand on entame les jarres. Pour éviter la fermentation de cette croute, on met quelquefois un lit d'étoupes qui baigne dans la liqueur, au-dessus des olives.

Il y a des personnes qui, au lieu des cendres dont nous avons parlé, ne mettent avec la chaux qu'une simple lessive de bois neuf ; & prétendent que les olives en sont plus agréables au goût, & moins malfaisantes.

4. On croit qu'en Espagne on mêle un peu de vinaigre avec la saumure.

5. Quelque moyen que l'on emploie pour adoucir les Olives : il faut quand elles sont adoucies, les pénétrer de saumure, pour les rendre plus agréables au goût. Afin que la saumure pénetre plus vîte, les uns écachent un peu les olives avec un maillet de bois ; d'autres leur font des incisions avec un couteau ; d'autres enfin, qui ne veulent rien précipiter, les laissent entieres : en cet état elles ont peut-être moins de goût ; mais elles sont plus belles.

Une précaution absolument nécessaire, pour que les Olives conservent leur verdeur, est de les mettre dans l'eau, aussi-tôt qu'elles sont cueillies ; & toutes les fois qu'on les change de liqueur, il faut en les tirant de l'ancienne, les plonger sur le champ dans la nouvelle ; sans quoi elles noircissent, & perdent beaucoup de leur mérite.

6. Quelques Provençaux retirent au bout d'un tems leurs Olives de la saumure ; ôtent promptement le noyau, comme quand on veut les employer dans des ragoûts ; mettent en sa place une capre ; & conservent ces Olives dans d'excellente huile.

7. On prépare encore, en Provence, des Olives pour son usage particulier ; en les écrasant, les jettant dans de l'eau fraîche que l'on renouvelle au bout de vingt-quatre heures, & encore après un pareil tems ; puis le troisieme jour on les met dans une forte saumure aromatisée. Ces Olives sont excellentes : mais elles ne peuvent se garder que pendant un mois.

8. On prépare aussi des olives assez *mûres* pour être noires ; en ce cas on les met secher dans un bâtiment, les fenêtres ouvertes, afin qu'elles soient exposées au vent. Pendant qu'elles perdent une partie de leur humidité, on fait un mêlange de miel, huile d'olives, sel marin, & jus de citron ; que l'on assaisonne de poivre, gérofle, coriandre, anis, &c. & l'on verse cette liqueur sur les Olives, après les avoir mises dans des vases de verre, ensorte néanmoins que la liqueur surnage le fruit. Voyez Garidel, *Histoire des Plantes d'Aix*, page 336.

En hiver, quand les Olives sont parfaitement mûres & molles, on les mange sans aucune préparation ; les assaisonnant seulement avec du poivre, du sel, & de l'huile.

Les feuilles des Oliviers sont fort astringentes. Pilées, elles sont bonnes pour le feu Saint-Antoine, & les ulceres qui rampent. Le suc qui en est tiré, mêlé avec du vinaigre, est bon contre les charbons & la gangrene. Ces mêmes feuilles étant mâchées, servent à guérir les ulceres de la bouche ; leur décoction a le même effet. Leur suc appliqué arrête le sang, & les trop grandes purgations des femmes.

Les feuilles de l'Olivier sauvage (*n.* 13) sont plus astringentes, & produisent tous les effets susdits avec plus de force.

L'*Huile* est, sans contredit, le revenu le plus certain qu'on puisse se promettre de l'Olivier. Sa perfection, dépend de la nature du terrein, de l'espece d'olives qu'on exprime, & des précautions que l'on prend pour la récolte & pour l'expression de ces fruits. Quand on se propose de faire de l'huile fine pour la salade & pour les autres usages de la cuisine, ainsi que pour les préparations médicinales ; il faut être dans une position favorable pour la qualité de la terre. Mais si l'on ne vise qu'à des huiles communes pour les savonneries, ou de l'huile à brûler dans les lampes, on doit tâcher d'obtenir une grande quantité d'huile, sans trop s'embarrasser de la qualité.

Les Oliviers qu'on cultive dans un terrein graveleux, maigre, & sec, donnent moins de fruit que ceux qui sont plantés dans une terre grasse & bien fumée : ceux-ci donnent beaucoup d'huile, mais qui est d'une qualité inférieure.

Il est d'expérience que les petites Olives qu'on trouve sur les Oliviers sauvages, lesquels viennent naturellement sur les montagnes, fournissent une huile très-fine. Mais ces Olives sont rares ; & elles rendent si peu d'huile, qu'elles ne méritent aucune attention.

Les especes qui sont généralement estimées pour fournir l'huile fine, aux environs de Marseille, sont celles des *nn.* 3, 4, 7, 8, & 9. L'huile du *n.* 3 a l'odeur & le goût amer du fruit ; & se conserve bien, pourvû qu'on y ait apporté les précautions convenables.

M. Garidel avertit que les olives des *nn.* 7, 8 & 9, doivent être cueillies avant qu'elles soient trop mûres, si l'on souhaite d'en tirer une bonne huile. En général il importe beaucoup pour la qualité de l'huile, de cueillir les Olives dans leur vraie maturité. Elles peuvent cependant achever de mûrir après avoir été cueillies ; mais l'huile en est d'autant plus mauvaise, qu'elles restent plus long-tems en cet état. Le degré de maturité qu'elles doivent avoir, varie suivant la qualité des Olives; & l'on connoît principalement leur parfaite maturité à la couleur de la peau; les unes devant être presque noires, d'autres d'un rouge foncé, d'autres enfin d'un jaune pâle; celles-ci sont trop mûres quand elles noircissent. L'usage seul peut apprendre ces détails. En général les Olives ne parviennent point à cet état de maturité avant la fin d'Octobre; & toutes sont trop mûres à la mi-Décembre. Celles qui sont noires donnent plus d'huile, mais qui est moins fine.

Pour faire d'excellente huile, il faudroit pouvoir les mettre sous la meule & au pressoir, (ou, comme on dit en Provence, les *détriter*) aussi-tôt qu'elles sont bones à cueillir. Celles qui ne sont pas mûres laissent à l'huile une amertume insupportable qui, cependant, contribue à sa conservation; & ces huiles se dépurent difficilement. Le tems corrige néanmoins une partie de cette amertume. Les Olives trop mûres fournissent de l'huile qui a une saveur piquante, quelquefois même un goût de moisi: & cette huile s'engraisse promptement.

Quand on ne peut pas écraser les Olives aussitôt qu'elles sont cueillies, on les dépose dans des greniers: où elles sont entassées plus ou moins épais, selon la capacité du lieu. Plus il y en a épais, plus souvent il faut les remuer. Ceux qui préferent d'avoir une grande quantité d'huile, les laissent quelque tems dans le grenier; & deux ou trois jours avant de les écraser, ils les rassemblent en tas, dans la vûe d'exciter encore la fermentation; ce qu'on nomme en Provence, les faire *rebouillir*. C'est cette cupidité qui fait que l'huile fine est toujours très-rare. Voyez Garidel, *Histoire des Plantes d'Aix*, page 337.

Les Olives qui sont trop desséchées, de même que celles qui sont pourries, donnent bien moins d'huile que les autres.

Consultez, pour la façon de cueillir les Olives, de les mettre au moulin & à la presse, & d'en obtenir & serrer l'huile; *le Traité des Arbres & Arbustes*, Tome II. page 68, & suivantes: la *Maison Rustique*, Tome I, page 848, 849, 946, &c.

L'huile d'Olives entre dans quantité de baumes, d'onguents, d'emplâtres, & de linimens, destinés à adoucir & relâcher. On la substitue à celle d'amandes douces; & on l'emploie avec quelque sirop pour calmer la toux, & les douleurs de colique: dans les grandes constipations, on la fait prendre en lavemens.

Cette huile ne vaut rien pour la peinture, parce qu'elle ne seche jamais parfaitement.

L'huile d'*Olives sauvages*, tenue dans la bouche, est utile aux gencives pourries, ou qui ont des humeurs corrompues; elle raffermit les dents quand on s'en lave la bouche; & elle fait devenir les dents blanches. Quand on s'en frotte le corps, elle empêche de suer: empêche aussi le poil de tomber; nettoye la tête, & guérit les ulceres & la gratelle.

Le bois des gros Oliviers est d'une dureté fort inégale: mais il est très-bien veiné, & prend un beau poli; ce qui le fait rechercher par les Tabletiers & les Ebénistes. On ne peut pas en faire de bons assemblages de menuiserie: consultez la page 74 du *Traité des Arbres & Arbustes*. La résine dont il est chargé, le rend propre à brûler, même étant verd. M. Duhamel fait encore observer, (*page 74*) que cet arbre pousse quantité de racines; qu'elles subsistent en terre pendant des siecles entiers; & que dans l'hiver de 1709, ces racines fournirent plus de bois que les tiges & les branches de leurs arbres; ensorte que plusieurs Provençaux en vendirent alors pour plus que leur fonds ne valoit.

Voyez SAVON, SALADE *d'Olives*, AMURCA, AMENDER, *n.* 19.

Culture.

Nous avons dit, en parlant des *Usages*, que l'on peut tenir des Oliviers en espalier dans nos jardins: ils y supportent les hivers ordinaires, sans avoir besoin de couvertures. Lorsqu'on veut élever de ces arbres en buisson, il faut mettre un peu de litiere sur les racines, aux approches du froid: au moyen dequoi les souches repousseront de nouveaux jets, si des gelées trop fortes font périr les branches.

L'Olivier vient très-bien dans le voisinage de la mer, dans les lieux où la plûpart des autres arbres réussissent mal. Sur nos côtes occidentales de Normandie & de Bretagne, où l'air froid est toujours tempéré par celui de la mer, cet arbre ne gele point; mais il y donne peu de fruit, & qui ne mûrit jamais assez pour que l'on puisse en tirer de l'huile.

Quoique les Oliviers s'accommodent de toutes sortes de terreins, l'on doit compter qu'ils réussissent mieux dans les terres légeres & chaudes, que dans celles qui sont fortes & froides. Ils deviennent beaux & vigoureux dans une terre substantieuse: mais leurs fruits sont de meilleure qualité, lorsque la terre est maigre. Comme le fumier rend les terres légeres, & que cet état des terres est favorable à l'Olivier, on éprouve que le secours des fumiers contribue beaucoup au succès de cet arbre. On convient généralement en Provence que les meilleurs plants d'Oliviers sont ceux dont le terrein est mêlé de cailloux; l'huile qu'ils fournissent est beaucoup plus fine, & plus de garde, que celle des terres grasses, fumées, ou arrosées. Tel est le désavantage de l'huile des environs de Salon: elle est grasse, & s'altere promptement quelques précautions que l'on prenne pour la conserver.

Quand on a la curiosité d'élever des Oliviers dans les climats un peu froids, il est à propos d'en faire venir de jeunes des pays plus chauds. Voici la terre dont il faut se servir alors. Prenez moitié de bonne terre de potager, un quart de terreau, & un quart de platras: mêlez bien le tout ensemble; remplissez-en les caisses destinées aux Oliviers, après avoir mis au fond quatre doigts épais de pur platras: ce qui sert à écouler l'eau des arrosemens. Quand vous aurez planté ainsi quelque Olivier, il faudra l'arroser aussitôt. On doit avoir une bonne serre pour les renfermer pendant l'hiver; mais en Eté on les expose au midi. On les arrose quelquefois dans les plus grandes chaleurs, ou lorsque la terre se desseche trop.

On pourroit multiplier les Oliviers en semant des noyaux d'Olives; en marcottant, ou même en faisant des boutures. Mais on trouve plus expéditif de lever des drageons enracinés, au moins gros comme le bras, au pied des vieux Oliviers. Souvent les paysans se servent de la pioche pour éclater de vieilles souches qui se trouvent dans des lieux abandonnés; & ce plant, quoique mal pourvu de racines, réussit ordinairement bien. De quelque façon qu'on ait acquis le plant, on le met aussitôt en place dans des trous qui ont environ trois pieds de profondeur. Les racines étant couvertes de terre, on y met une couche de fumier; & on acheve d'emplir le trou, ensorte que le pied de l'arbre se trouve butté; on l'entoure aussi quelquefois de fumier, pour prévenir les effets de la gelée. Comme ces drageons enracinés, pris sur des arbres greffés, poussent toujours au-dessous de la greffe, on ne peut se dispenser de greffer les arbres plantés de la sorte. Quand ils sont dans un bon terrein, ils commencent à donner du fruit, au bout de huit à dix ans.

On a coutume d'écussonner les Oliviers à la pousse, quand ils sont en fleur; c'est-à-dire, que des écussons cueillis durant l'hiver & conservés à l'ombre, s'appliquent sur des sujets qui sont dans la grande force de la seve du printems.

Si l'on fait cette opération sur de jeunes arbres; sitôt qu'on a appliqué les écussons, on coupe la tête de l'arbre deux travers de doigt au-dessus de l'écusson le plus élevé. Mais lorsqu'on greffe des arbres qui sont déja à fruit, on se contente d'enlever au-dessus du plus haut écusson, un anneau d'écorce, large de deux doigts. Dans ce cas les branches ne périssent point cette premiere année; elles mûrissent leur fruit; & on ne les retranche qu'au printems suivant.

Il y a des gens qui plantent leurs Oliviers, dans les mois de Janvier & Février. D'autres prétendent que cette opération réussit mieux quand on la fait au printems; fondés sur ce qu'on suit en général cet usage pour tous les arbres qui conservent leurs feuilles en hiver, & pour ceux qui craignent les fortes gelées, attendu qu'une gelée qui endommage un arbre nouvellement planté, ne fait pas de tort à celui qui a bien repris.

On plante ordinairement les Oliviers comme en quinconce, ou par rangées fort éloignées les unes des autres. On peut planter de la vigne entre ces rangées; ou y semer du grain: les cultures qu'on donne à ces plantes sont fort utiles aux Oliviers. Comme la charrue ne peut pas approcher tout près du pied de ces arbres, on laboure à bras cette partie du terrein, deux fois l'année.

Outre ces labours généraux, on a coutume d'enlever encore, tous les deux ans, quatre pouces ou un demi-pied d'épaisseur de terre, suivant la force des arbres, autour de chaque Olivier; on coupe le chevelu qui se rencontre; & l'on comble la fosse avec la même terre qu'on a tirée, & dans laquelle on mêle du fumier. Cette opération augmente beaucoup leur vigueur. Cependant, comme le fumier altere la qualité de l'huile, les Cultivateurs attentifs préferent le terreau, ou les terres brûlées.

On observe que les Oliviers, ainsi que beaucoup d'autres arbres fruitiers, ne donnent abondamment de fruit que tous les deux ans. De plus, on a remarqué que l'année de fertilité est presque toujours celle où la terre qui est sous les Oliviers, reste en jachere: l'usage de Provence & de Languedoc, étant souvent de laisser une année de repos absolu à la terre qui vient de porter du froment, & d'y remettre l'année d'après. On regarde donc comme assez vraisemblable que le froment prive les Oliviers d'une partie de leur nourriture. S'il étoit bien prouvé que cette raison influât sur l'abondance de leur fruit, on pourroit se procurer tous les ans une récolte d'olives à-peu-près égale; en ensaisonnant ses terres, de façon que tous les ans la moitié fût en rapport de froment, & l'autre en jachere. Nombre de Cultivateurs suivent cet usage. Mais on voit l'alternative de fertilité des Oliviers subsister dans les terres cultivées en vigne, à-peu-près comme dans celles où on met du froment.

La taille des Oliviers n'est pas fort sçavante. On retranche les branches trop basses & pendantes, qui empêcheroient de faire passer la charrue sous les arbres; on coupe les branches languissantes; enfin on supprime une partie des branches, quand l'arbre devient trop touffu. Comme les Oliviers nouvellement taillés ne donnent que peu de fruit, on a soin de faire cette opération dans l'année où ils se reposent.

O L U

OLUSATRUM. *Voyez* MACERON, *n.* 1.

O L Y

OLYMPIQUE (*Feu*). Voyez ce mot sous celui de FEU, page 35.

O M B

OMBELLE: *Terme de Botanique.* Disposition de fleurs qui naissent à l'extrêmité de branches fort menues, lesquelles assemblées par leur base autour d'un point commun, s'écartent en forme de rayons, & comme les branches d'un parasol. *Voyez* FLEUR, page 93.

OMBELLIFERES (*Plantes*). Ce sont celles dont la fleur est en ombelle, proprement dite. Leurs graines doivent être cueillies le matin, dans le tems que la rosée y subsiste encore. Les ayant ensuite laissé exposées au soleil pendant quelques jours, on les vanne; & on les enferme aussitôt.

OMBILIC. *Voyez* NOMBRIL.

OMBILICALE (*Hernie*). Voyez sous le mot DESCENTE.

OMBRAGÉ. Se dit d'une plante qui est privée du soleil par une montagne, un mur, ou de grands arbres. Entre les plantes qui croissent ainsi à l'ombre, il y en a beaucoup qui y deviennent étiolées.

O M E

OMELETTE. *Consultez* l'article ŒUF.

O M N

OMNIMORBIA. *Voyez* MAUVE (Usages de la).

O M P

OMPHALODES. Entre les especes de ce genre de plantes, j'ai choisi, pour insérer dans ce livre, celle qui est cultivée dans nos jardins; à cause des gazons qu'elle fait. C'est l'*Omphalodes pumila, verna, Symphyti folio*, de M. Tournefort. D'autres Naturalistes lui ont donné les noms de *Petite Consoude à l'air de Bourrache; Consoude basse & rampante; très-petite Bourrache*, &c. Ses racines sont fibreuses, & peu étendues. Il en sort plusieurs feuilles ovales, un peu allongées, & très-aigues, d'un verd clair, un peu velues, garnies de plusieurs nervures transversales fort sensibles, qui tendent obliquement du nerf principal vers les bords. Le nerf qui les partage dans leur longueur, y forme une cavité bien sensible: puis, de leur base jusqu'à la racine, il forme un pédicule qui a deux fois leur longueur, creusé en gouttiere, rougeâtre, plat, velu, & qui devient plus large & garni de plus longs poils à proportion qu'il approche de la racine. D'entre les feuilles, s'éleve une tige succulente, un peu velue, anguleuse, de couleur obscure, haute de quelques pouces, dont le sommet porte des feuilles solitaires, & alternes: des aisselles de qui sortent un ou deux péduncules courts, velus, purpurins, surmontés d'un petit épi de fleurs bleues, un peu mêlées de rouge pâle. Ces fleurs sont d'une seule piece découpée en cinq parties, en rosette; le pistil devient un fruit fait en tasse, panier ou *Nombril*. C'est cette forme ombilicale qui a fait donner à la plante le nom Grec d'Omphalodes. C'est aussi un caractere qui la distingue principalement des autres Plantes Borraginées.

La fleur paroît au premier printems, & dure environ trois semaines.

ONÇ

ONCE. *Voyez* POIDS.

ONCE, est aussi une *Mesure*: la douzieme partie du *Palme Romain*; ou huit lignes quatre dixiemes du pouce de Roi.

L'Once, chez les Romains, étoit une mesure de longueur: on divisoit le pied en douze Onces; qu'on nommoit aussi *Doigts* ou *Pouces*.

OND

ONDIN. *Voyez* ANDAIN.

ONG

ONGLE. Espece de corne qui vient à l'extrêmité de chaque doigt. On y distingue communément trois parties: la racine, le corps, & l'extrêmité. La racine est blanche, faite en croissant, & presque toute cachée sous un repli sémilunaire que forme la peau; de sorte que le croissant de l'Ongle & ce repli, sont à contresens l'un de l'autre.

La *peau se prolonge* quelquefois sur ce croissant, le cache, & l'éclipse tout-à-fait. Il faut, avec un instrument tranchant, enlever cette excroissance cutanée; qui défigure l'Ongle en le rapetissant.

Les Sibarites, peuple voluptueux, cirent leurs Ongles pour les rendre luisans, & les entretenir dans ce brillant qui frappe agréablement les yeux.

Les Ongles sont ordinairement de la couleur de la peau. Les personnes qui ont la peau vermeille, ont aussi les Ongles de même. Les negres les ont noirs. On les voit jaunes dans les personnes qui ont la jaunisse: & les Ongles deviennent livides, lorsqu'on est près de la mort.

La rapure des Ongles est un puissant vomitif: Mettez-en infuser pendant la nuit dans du vin; coulez l'infusion le matin; & donnez-en à boire. Ce vomitif est bon pour des personnes robustes, comme les paysans & les soldats.

Dans les animaux on nomme Ongle, une espece de corne qui termine leurs doigts ou leurs pieds.

Ongles Amollis. Cet accident fait boiter le bétail. *Voyez* BREBIS *boiteuses*.

Pour faire pousser les Ongles des hommes & des animaux.

Voyez sous le mot *Corne*, entre les maladies du CHEVAL.

1. Paul Eginete recommandoit la cire, mêlée avec une égale portion d'orpiment, pour *Faire revenir les Ongles*.

2. Mancini approuvoit beaucoup l'onguent fait avec deux gros d'orpiment, un gros de manne, autant d'encens & d'aloës, & six gros de cire vierge. Cet onguent étant appliqué sur le doigt on l'enveloppe d'un doigtier, & on ne le laisse pas prendre l'air.

3. Mancini faisoit encore bouillir de l'encens, & des racines de roseaux dans du vin blanc; & faisoit tenir long-tems le doigt dans cette décoction.

4. *Voyez* OISEAU *qui a perdu un de ses ongles*.

DANS le *n.* 29 de l'article AMENDER, nous avons parlé de l'usage des ongles de bœuf, &c. pour servir d'engrais dans les terres.

ONGLE, ou ONGLET, *dans les Fleurs*. C'est l'endroit par lequel un pétale s'attache au calyce ou au fond de la fleur: cet endroit est souvent d'une consistance épaisse, dure, & à peu près blanche.

ONGLE se dit *en Fauconnerie*, d'une taye; qui se forme dans l'œuil des oiseaux de proye, quand le chaperon les serre trop, ou qu'ils sont enrhumés.

ONGLÉE. *Panaris*: *Mal d'aventure*, que quelques-uns nomment *Puce maligne*. C'est un mal qui cause une douleur très-sensible à l'extrêmité du doigt; & fait souvent tomber l'ongle, dont il a affecté le côté ou la racine. Ce mal commence le plus souvent par une petite élévation dure, sans grande douleur & sans aucun changement de couleur; mais qui dans la suite s'enflamme, devient fort rouge, & cause des accidens plus ou moins fâcheux suivant les parties qui renferment l'épanchement.

Le Mal d'Aventure, ordinaire, vient d'une cause externe, comme par une piquure d'aiguille, ou d'épine; au lieu que le Panaris vient d'une cause interne. Quelquefois ce mal est vague, & passe d'un doigt à un autre; de maniere qu'un premier doigt étant guéri, le doigt voisin se trouve atteint du même mal, jusqu'à ce que tous les doigts en ayent été successivement (& même conjointement) attaqués. La douleur en est quelquefois si grande, qu'elle se communique à tout le bras.

Cette tumeur est causée par une humeur acre & très-corrosive, qui attaque le périoste & les tendons qui y sont attachés. Elle est bien-tôt suivie d'une inflammation qui tend à former un abscès; mais la gangrene y survient souvent, avant qu'elle puisse suppurer. *Dionis* soutient qu'il est impossible que la quantité de matiere que l'on voit sortir des panaris, puisse être contenue entre l'os & le périoste; cet espace n'ayant pas deux lignes de largeur: elle est toujours, selon lui, entre la peau & le périoste; & toute l'extrémité du doigt en est abbreuvée: cet Auteur ajoûte que si l'on trouve souvent l'os découvert, c'est que l'âcreté de la matiere a rongé non-seulement le périoste, mais encore les ligamens qui attachent l'os de la troisieme phalange à la seconde, ce qui fait que ce dernier os tombe par suppuration. Le panaris vient aussi *au pied*. Cette maladie est très-fâcheuse; elle arrive surtout aux gros orteils, & tourmente les malades par de très-cruelles douleurs. Ce mal n'est en rien différent de l'espece de panaris qui attaque les doigts de la main; mais il est bien plus dangereux: étant bien-tôt suivi de la gangrene, du sphacele; & enfin de la mort du malade. Ce panaris est produit par la même cause, & doit être traité de même. Quand les accidens augmentent à un certain excès, le plus court & le plus sûr remede est de couper le doigt.

Il y a en général deux especes de panaris: le panaris *bénin*, & le *malin*. Celui de la premiere espece suppure aisément; & la matiere blanche & louable qu'il contient, ayant son issue libre, il est bien-tôt guéri. L'autre espece est un mal très-dangereux, & ne guérit gueres qu'après une incision faite presque jusqu'à l'os.

Il y a encore des panaris; à la peau; à la chair;

& à l'os. Ceux qui viennent sous le périoste, s'ils sont négligés, causent mortification à la partie; qu'il faut ouvrir promptement en long, & couper le périoste. L'on connoît que la matiere est maligne, par une petite tache violette qui paroît sur la peau : il faut alors appliquer des remedes sans délai.

Remedes.

1. Riviere, dans ses *Observations Médicales*, rapporte que si on met le doigt malade dans l'oreille d'un chat, le panaris est guéri en deux heures.

2. Plus tôt l'humeur parvient à sa maturité, & moins il y a de danger que l'os ne se carie. C'est donc pour l'avancer, que quelques-uns y appliquent de la fiente humaine; qui appaise promptement la douleur, & résout la tumeur. Mais quand le panaris a jetté de plus profondes racines, il faut en faire l'ouverture, qui est une voye de guérison sûre : elle se fait même jusqu'à l'os. Il faut, après l'incision faite, appliquer sur le doigt la thériaque dissoute dans l'esprit de vin.

3. Après les remedes généraux, on frotte les parties malades avec l'huile de pétrole; qui sert de remede tant pour préserver que pour guérir.

4. On vante beaucoup l'onguent rosat, mêlé avec l'huile de térébenthine & le suc de rave.

5. M. Le Clerc dans sa *Médecine aisée*, annonce ce remede fort simple. Pour résoudre, dit-il, le panaris; mettez-y de l'excrément de l'oreille, avec lequel vous mêlerez un peu d'huile de noisette. Si la tumeur ne se résout point, il la faut ouvrir par le bout du doigt avec une lancette, & la faire suppurer avec quelque onguent approprié.

6. Ayant ouvert le panaris, appliquez-y l'herbe appellée en Latin *Caryophyllatà*; après l'avoir pilée. Elle a réussi en plusieurs occasions.

7. Tirez un ver de terre dans un endroit humide, comme sous une gouttiere : entortillez-le tout vivant autour du doigt, arrêtez-l'y avec un linge, & l'y laissez jusqu'à ce qu'il meure : ce qui arrive au bout d'une heure : dit Jean-Baptiste Porta, qui assure ne connoître point de remede meilleur pour dissiper la tumeur & la douleur.

8. Les habitans de l'Isle de Java n'ont point de remede plus efficace pour le panaris, que de tremper à diverses reprises dans l'eau bouillante le doigt malade : remede que M. Homberg, né dans cette Isle, assure avoir éprouvé sur lui-même.

9. Pour amortir le panaris, tenez votre doigt pendant un *Miserere* dans l'esprit de vitriol ou de soufre, le plus chaud que vous le pourrez souffrir.

10. Voici un *onguent excellent*, éprouvé par un Médecin habile & charitable. Prenez beurre frais de Mai, ou autre non lavé, quatre onces; cire jaune neuve en morceaux, une once & demie; grand diachylum, ou même du commun, deux onces & demie; & poix résine en poudre, une once & demie. Ayant fait fondre le beurre à petit feu dans une terrine, faites fondre aussi sans bouillir, en remuant toujours avec une spatule de bois, les autres drogues l'une après l'autre, dans l'ordre marqué ci-dessus, ensorte que le tout soit bien incorporé ensemble : retirez le vaisseau du feu, & continuez de remuer avec la spatule jusqu'à ce que l'onguent soit froid : que vous conserverez pour vous en servir dans la cure du panaris. Il est encore bon pour la guérison des playes, des ulceres même les plus vieux des jambes, les brûlures & les apostumes.

11. Faites une forte lessive de cendres de sarment, & trempez-y souvent le doigt. Il faut la faire chauffer; en verser dans un vase commode pour y tremper la partie malade; &, afin de conserver toujours le même degré de chaleur, verser de nouvelle lessive chaude de momens en momens. On en voit promptement de bons effets : & l'expérience a prouvé que ce remede, quoique simple, est préférable à beaucoup de médicamens plus composés.

Si, après avoir ouvert le panaris, on trempe le doigt dans une lessive de sarment de vigne bien chaude; il en sort une sérosité épaisse très-abondante; on doit y laisser le doigt, jusqu'à ce que l'écoulement s'arrête.

12. *Voyez* Hépatique. Emplâtre *Minime*. Onguent *Blanc*. Onguent *de Mrs. le Prieur*.

13. Hachez bien menu de la pariétaire; & la mêlez avec une quantité proportionnée de saindoux. Enveloppez le tout de plusieurs papiers les uns sur les autres. Mettez-le dans la cendre chaude; qui, sans être assez brûlante pour griller le papier, ait cependant la chaleur suffisante pour cuire la pariétaire, & la bien incorporer avec le saindoux. Étendez de cet onguent sur du papier brouillard. Enveloppez-en la partie malade : & renouvellez-le au moins deux fois par jour. Il faut mettre l'onguent un peu épais, afin que l'effet soit plus prompt. Les douleurs se calment aussi-tôt : & le mal est guéri en peu de tems. Si on l'applique dès le commencement, il hâte la suppuration, & empêche les élancemens.

14. On appaise encore la douleur du panaris, en y appliquant de l'huile de violette, mêlée avec du blanc d'œuf.

Onglée se dit aussi d'une espece d'*Engourdissement* douloureux, qui prend aux doigts, & qui est causé *par le froid*.

Le remede à ce mal, est de se chauffer doucement, en approchant peu-à-peu les mains du feu.

Si ce mal étoit violent, il faudroit s'échauffer les mains, dans de l'eau un peu plus que tiede.

ONGLET. *Voyez* Ongle *dans les Fleurs*.

ONGLET : *Terme d'Art*. En Charpenterie & en Menuiserie, on dit, *Assemblage en Onglet*; c'est-à-dire, en anglet ou petit angle. C'est particulierement, en Menuiserie, l'assemblage qui se fait en diagonale sur la largeur du bois, & qu'on retient par tenon & mortaise : le *tenon* est une petite avance du bois, d'une part; & la *mortaise* est une ouverture dans l'épaisseur du bois, d'une autre part, pour recevoir le tenon & former un fort assemblage de deux pieces de Menuiserie ou de Charpenterie. Il y a deux especes de retour dans les Moulures : l'une est simplement appellée *à Angles*, qui est commune à toutes les moulures des corniches; l'autre est appellée *à Onglet*, qui est le retour des chambranles & des quadres.

ONGUENT : que la plûpart des Paysans nomment *Graisse*. C'est une composition dont on se sert pour panser les plaies. L'huile, ou l'axonge sont la base des Onguents : la cire y est employée pour leur donner une certaine consistance; on y fait entrer des parties des plantes, des animaux, & des minéraux; à cause de leurs vertus. Cette composition, selon qu'elle a de consistance, reste plus ou moins long-tems sur les plaies; & par ce moyen les parties qui la composent, ont le tems de se développer peu à peu & d'agir insensiblement.

Il y a plusieurs sortes d'Onguents; nous allons rapporter la maniere de faire quelques-uns des principaux; avec leurs propriétés.

Voyez

Voyez EMPLÂTRE.

Lorsqu'on se sert d'Onguent onctueux, dont il est nécessaire de conserver l'onctuosité, il faut couvrir la plaie avec de la vessie de porc, ou au moins du vieux papier froissé.

Onguent Admirable.

Il faut incorporer deux onces de myrrhe, autant d'aloës, & autant de sarco-colle, le tout en poudre, dans une livre de miel écumé & bien épuré. Ensuite ajoûtez-y sept ou huit onces de bon vin blanc; & faites bouillir à petit feu, en remuant avec un bâton ou une spatule de bois, jusqu'à consistance d'onguent. On peut ajoûter encore aux ingrédiens marqués ci-dessus, une once de colcothar. On met cet Onguent dans les plaies, avec de la charpie; il les nettoye; agglutine les chairs; cicatrise; & résiste à la corruption.

Onguent Alabastrin: pour le mal de dents, celui de la tête; & les chûtes & contusions.

Laissez en digestion, pendant trois jours, dans un pot de terre vernissé, six onces de pierre d'albâtre réduite en poudre bien fine, quatre onces de fleurs de camomille, deux poignées de sommités de ronces, une pincée de feuilles de rue, une once & demie de cire blanche, deux livres de vin blanc, & une livre d'huile rosat. La digestion étant achevée, faites bouillir le tout ensemble jusqu'à ce que le vin soit consommé. Ensuite ayant retiré le pot du feu, & la matiere étant refroidie, vous y ajoûterez & mêlerez exactement quatre blancs d'œufs, que vous aurez battus auparavant; puis vous passerez le tout par un linge clair, & l'exprimerez.

Onguent, ou Baume, ou Emplâtre, d'André de la Croix.

Il faut prendre quatre onces de gomme élémi, douze onces de résine, deux onces d'huile de laurier, & deux onces de térébenthine de Venise: briser la résine & la gomme élémi; les faire fondre ensemble sur un fort petit feu; y ajoûter ensuite la térébenthine & l'huile de laurier. Le tout étant bien incorporé, vous en séparerez les ordures en le passant par une toile; & quand cet Onguent sera refroidi, vous le roulerez pour le garder.

On emploie cet Onguent dans les plaies de la poitrine. Il est propre pour mondifier & consolider les plaies & les ulceres: il dissipe les contusions; & fortifie les parties fracturées ou disloquées: enfin il aide à la transpiration des humeurs séreuses.

Onguent, ou Pommade, d'Aunée; pour la Gale.

Prenez pour sept ou huit sols de racine d'aunée: ratissez-la; & la coupez par petits morceaux; que vous laverez, pilerez dans un mortier, & ferez bouillir dans de l'eau jusqu'à ce que tout soit réduit en marmelade. Il est à propos de remettre un peu d'eau, à mesure qu'elle se tarit. La racine étant bien en bouillie, & n'y ayant presque plus d'eau, jettez dans le même poëlon une livre de sain-doux: faites bouillir le tout, pendant environ un quart d'heure; remuant toujours avec une cuiller ou spatule. Puis versez-le dans des pots.

Quelques-uns, pour en augmenter l'action, mettent autant de racine de patience que d'aunée.

Si on y ajoûte un peu de fleur de soufre, l'effet en est plus sûr.

On s'en frotte tout le corps, trois soirs de suite, devant le feu, avant de se coucher. Chaque fois on tire du pot à-peu-près la quantité nécessaire pour se frotter; on la met dans une assiette sur des cendres chaudes; & quand la pommade est fondue, on s'en frotte avec le bout des doigts. Avant de se coucher, il faut mettre des caleçons & des bas & gants de fil; on s'enveloppe les jambes, cuisses, mains, & bras, avec du linge; afin que la pommade reste sur la peau pendant la nuit, & ne se répande pas dans le lit. Il faut garder la même chemise pendant neuf jours; on peut en mettre une autre par-dessus, pour plus de propreté. On peut laver ses mains tous les matins.

Onguents Blancs.

1. Il faut prendre un pot de terre vernissé; & y faire fondre à petit feu deux livres de cire blanche en morceaux, dans deux livres d'huile rosat. La cire étant fondue, on la retire du feu, en agitant avec une spatule de bois, jusqu'à ce que la matiere commence à s'épaissir. Alors on y mêle, peu-à-peu, huit onces de ceruse de Venise en poudre, qui aura été lavée plusieurs fois dans de l'eau commune, puis laissée tremper pendant cinq ou six heures dans de l'eau rose, & séchée à l'ombre entre deux papiers. Il faut bien remuer avec la spatule; & ne point cesser jusqu'à ce que l'Onguent soit presque froid. Alors il faudra ajoûter un gros de camphre dissout dans un peu d'huile rosat, en remuant toujours jusqu'à ce que l'Onguent ait pris consistance.

Cet Onguent rafraîchit & consolide les plaies légeres; guérit les brûlures, dartres, érysipeles, démangeaisons, & autres maladies de la peau. Il est propre pour les contusions, les écorchures, & les rougeurs enflammées, qui arrivent aux cuisses des enfans, &c.

☞ 2. Prenez bétoine, verveine, pimprenelle (ou à son défaut, du mouron à fleurs rouges), & aigremoine; une bonne poignée de chaque, fraîchement cueillie. Après les avoir bien lavés, broyez-les ensemble dans un mortier. Mettez ensuite le tout dans un grand pot de terre, neuf: versez-y trois pintes du meilleur vin blanc; couvrez bien le pot; & faites bouillir jusqu'à ce que le vin soit réduit à trois chopines. Alors retirez le pot; laissez-le reposer jusqu'au lendemain: que vous prendrez une once de mastic, net, purifié, & mis en poudre bien fine; huit onces de cire blanche vierge; une livre de poix blanche bien nette; vous ferez fondre la poix seule, & la passerez par une toile. Alors vous remettrez l'autre pot sur le feu; & quand la décoction sera près de bouillir, vous la passerez dans une forte toile ou une étamine neuve. Vous la verserez dans une poële bien nette, placée sur un feu vif. Quand la décoction commencera à bouillir, vous y jetterez la cire coupée par petits morceaux, puis la poix, & remuerez bien. Enfin vous mettrez le mastic. Au bout d'un *Miserere*, ôtez de dessus le feu le mélange tout bouillant; puis ajoûtez une livre de térébenthine: & remuez jusqu'à ce que l'onguent soit bien froid. Vous le conserverez dans une peau de chevrotin passée en blanc. Cet Onguent guérit promptement les plaies, même invétérées; fait tomber les chairs mortes, & en produit de nouvelles. Il tire les épines de la chair, & le venin des morsures. Il mûrit les abscès, panaris, fistules, charbons, &c. Il a opéré des prodiges dans des plaies à la tête, & dans d'autres blessures profondes.

Onguent du Bon Pied, pour les Chevaux.

Prenez deux livres d'huile d'olives, une livre de miel commun, quatre onces de térébenthine, une demi-livre de poix de Bourgogne; *Populeum*, poix navale, gomme élémi, de chacun deux onces; seconde écorce de sureau, nombril de Venus, vermiculaire, cigüe, & plantain d'eau, une grosse poignée de chaque; & trois ou quatre blancs de porreaux. Faites bouillir les herbes dans l'huile d'olives, jusqu'à ce qu'elles soient bien molles. Puis passez le tout, avec forte expression. Mettez ensuite les drogues dans la colature, & les faites bouillir jusqu'à ce que la liqueur soit épaissie. Mettez le tout dans un pot neuf, pour vous en servir au besoin.

Onguent Brun.

Mettez dans un bassin, sur un feu médiocre, une livre & demie d'huile d'olives, quatre livres de beurre frais, & autant de sain-doux. Le tout étant fondu, ajoûtez-y quatre livres de suif, & autant de cire blanche, coupées par morceaux; & lorsque ce mêlange commencera à s'élever, vous y jetterez quatre livres de litharge d'or en poudre. S'il s'éleve une seconde fois, il faut avoir soin de bien remuer, jusqu'à ce que la matiere se soit abbaissée & ait pris consistance d'Onguent: ce que l'on peut connoître, en mettant un peu de cette matiere sur une assiette; car si elle durcit en se refroidissant, c'est marque qu'elle est assez préparée. Au reste il faut observer d'employer à cet usage un bassin qui soit grand & haut de bord, afin que la litharge venant à s'élever, ne soit pas en danger d'être brûlée, aussi-bien que les autres ingrédiens. Cet Onguent est très-propre pour faire mûrir & suppurer les abscès superficiels, & les tumeurs des mammelles.

Onguent Citreum de Lemery: propre pour remplir les Cavités & dissiper les cicatrices que laisse la pétite vérole, pour adoucir la peau, & en emporter toutes les taches: en s'en frottant souvent.

Mettez dans un pot de terre vernissé, deux livres de la graisse qui se trouve aux intestins des oyes; il faut la laver auparavant dans plusieurs eaux de fontaine: ajoûtez-y quatre oignons de lys nettoyés, lavés, & coupés menu; deux citrons sans leurs écorces; une demie livre de maigre de veau, coupée par petits morceaux; trois onces des quatre grandes semences froides, mondées, concassées, & pilées ensuite dans un mortier de marbre avec autant de semence de pavot blanc, préparée de la même maniere; demi-once de borax, & autant d'alun en poudre. Le tout étant mêlé ensemble dans le pot, vous le ferez bouillir au bain-marie, pendant dix ou douze heures. Ensuite ayant tiré le pot du feu, coulez la matiere avec expression; laissez-la reposer; & l'ayant séparée de la crasse & de l'humeur aqueuse qui se sera précipitée au fond, vous mettrez fondre dans cet Onguent, à une chaleur très-lente, deux onces de blanc de baleine; & le garderez pour le besoin.

Onguent pour les Contusions, Enflures, Inflammations, Loupes, Apostumes.

Voyez *Toile & Onguent* &c. dans l'article CONTUSION, TUMEUR.

Onguent de Courges; d'Oviedo; propre pour rafraîchir & humecter; & particuliérement pour tempérer la chaleur des reins, & autres inflammations.

Prenez courges, pourpier, & morelle, de chacun demi-livre; exprimez-en le suc à la maniere ordinaire; mêlez ce suc avec huit onces d'huile d'amandes douces, & autant d'huile violat: faites bouillir ce mêlange à petit feu, dans un pot de terre vernissé. Toute l'humidité aqueuse étant consumée, vous coulerez l'huile par un linge; & y ferez fondre quatre onces de cire blanche coupée par morceaux bien minces. Vous aurez soin de bien agiter cette matiere avec un bistortier, ou une spatule, afin que le tout s'incorpore exactement. On garde cet Onguent: & dans le besoin, on en frotte les parties affligées.

Onguent pour la Courte Haleine. Voyez COURTE-HALEINE.

Onguent de Cynoglosse: pour dissoudre le sang caillé; & pour les Contusions, Dislocations, &c.

Coupez par petits morceaux, & concassez, une demi-livre de racines de cynoglosse, quand elles sont bien rouges, & dans leur plus grande vigueur. Faites-les bouillir à feu lent, dans un pot vernissé; avec une livre & demie de beurre frais, & quatre onces de vin rouge, jusqu'à consomption du vin. Alors retirez le pot du feu; & ayant laissé refroidir la matiere, séparez-la du sédiment, & la gardez pour le besoin.

Onguent ou *Emplâtre Divin*: aussi appellé, *MANUS DEI.*

1°. Prenez le galbanum, le plus sec & le plus jaune: le roussâtre n'est pas si bon.

2°. La gomme ammoniac, non en masse, mais en graine, & moyennement grosse: elle doit être de couleur rouge-brun.

3°. L'opopanax, non en masse, mais aussi en graine; le plus jaune est le meilleur, & il est blanchâtre en dedans.

4°. Le vinaigre blanc, le plus fort & le plus blanc, & sans mêlange.

5°. L'huile d'olives vierge.

6°. La litharge d'or, la plus haute en couleur, la plus rouge, argentée, la moins brune.

7°. Le verd de gris, le plus beau en couleur verte.

8°. La myrrhe choisie, qu'on appelle communément myrrhe Onglée; la plus transparente.

9°. L'aristoloche longue, la plus vive & la plus nette. Il faut la ratisser & couper par rouelles, ensuite la faire sécher sur le four avant de la piler & tamiser. Celle qui est la plus jaune en dedans, est la meilleure.

10°. Le mastic en larmes, net, le plus transparent, & de couleur d'ambre un peu pâle.

11°. Le bdellium, non en masse, mais en graine, de couleur d'orange.

12°. L'oliban ou encens mâle, bien net, jaune; & très-sec, afin qu'il se puisse piler & tamiser.

13°. La pierre d'aimant, qui attire au moins une médiocre aiguille à coudre; celle qui n'attire point le fer, ne vaut rien.

14°. La cire jaune neuve, la plus jaune & la plus nouvelle; la blanche vierge est encore meilleure.

Tout ce qui est spécifié ci-dessus & qui peut être pulvérisé, doit être aussi passé au tamis de soie; & le poids s'y doit trouver tout passé, à bonne mesure.

Si l'on ne juge pas à propos de se conformer scrupuleusement aux doses indiquées ci-après dans l'*ancienne Préparation*, on peut prendre pour regle de mettre, 1°. trois onces de chaque gomme, séchée par une douce chaleur entre deux papiers; 2°. une once & demie de chacun des ingrédiens suivans, mis séparément en poudre; verd de gris, aristoloche, mastic, myrrhe, & oliban; 3°. une demi-livre de poudre impalpable d'aimant préparé; 4°. une livre & demie de litharge d'or, préparée; 5°. trois livres d'huile; 6°. huit onces de cire.

Quelques-uns y ajoûtent quatre onces de térébenthine.

Lemery met trois onces de pierre calaminaire, au lieu de l'aimant.

Ancienne préparation de cet Onguent.

Prenez de galbanum, une once deux dragmes; ammoniac, trois onces trois dragmes; & opopanax, une once: il faut prendre le poids un peu fort des trois gommes ci-dessus, à cause du déchet qu'il peut y avoir en les passant après avoir été infusées.

2. Concassez grossiérement ces trois gommes dans un mortier de bronze, chacune séparément; & chauffez de tems en tems le pilon, qui doit être de fer. Mettez ensuite le tout dans une terrine vernissée, avec quatre livres de vinaigre blanc, ou de vin; & les y laissez tremper deux jours & deux nuits; les remuant chaque jour deux ou trois fois avec une spatule de bois. Si ce tems ne suffit pas pour les fondre, il faut les y tenir davantage. Ou bien pour le faire en vingt-quatre heures, vous ferez un fort petit feu que vous renouvellerez trois ou quatre fois pendant ce tems-là sous la terrine où tremperont les gommes; & vous les remuerez autant de fois que vous mettrez du feu, pour les faire mieux dissoudre & incorporer avec le vinaigre. Après que vos gommes auront ainsi trempé, & qu'elles seront dissoutes dans le vinaigre, mettez le tout dans une poële de cuivre, plus grande que n'étoit la terrine; afin de ne rien répandre en remuant, comme il le faut souvent faire: & les placez sur un petit feu de charbon, où elles bouilliront jusqu'à ce que le vinaigre soit diminué d'environ la moitié. Ce qui étant fait, vous coulerez ces gommes, qui seront fort bien dissoutes, par une étamine ou toile forte, en les pressant bien; de sorte qu'il ne reste dans le couloir aucune substance gommeuse.

3. Après que vous aurez passé le tout, remettez-le de rechef sur le feu dans la même poële ou dans une autre; & remuant toujours avec la spatule, faites encore bouillir jusqu'à ce que le vinaigre soit tout consumé, & que les gommes prennent corps: ce que vous connoîtrez être, en laissant tomber quelques gouttes avec la spatule sur une assiette ou autre chose. Si, lorsqu'elles sont refroidies, elles s'épaississent & deviennent comme du miel, ce sera fait. Alors ôtez votre poële du feu, & laissez refroidir vos gommes.

4. Puis prenez de la meilleure huile d'olives, deux livres & demie; & mettez-les dans une autre poële de cuivre, qui soit suffisamment grande & profonde. Prenez ensuite une livre & une once, (ou selon Lemery, une livre & demie) de litharge d'or passée par le tamis, & broyez-la sur le marbre dans l'huile, remuant continuellement avec une longue & large spatule de bois; prenez aussi du verd de gris passé par un tamis fin, une once, que vous jetterez dans la poële, toujours remuant comme dessus: puis mettez votre poële sur un fourneau de fer ou autre, n'y mettant qu'un fort petit feu de cinq à six charbons, ensorte que la poële ne s'échauffe gueres; en remuant sans cesse & diligemment le tout ensemble avec la spatule de bois (car autrement la litharge s'amasseroit en un monceau), jusqu'à ce que les drogues soient bien dissoutes, liées & incorporées ensemble avec l'huile. [En mettant en ce tems le verd de gris, l'Onguent acquiert une couleur rougeâtre: au lieu qu'il est verd, lorsqu'on ne le met que sur la fin. mais la premiere méthode paroît meilleure, attendu que cet ingrédient a plus de tems pour se cuire. Cette observation peut guider dans le choix de cet Onguent, lorsqu'on l'achete tout fait.]

5. Notez que pour cette opération, il faut au moins trois heures de tems; au bout d'une heure ces drogues deviennent de couleur verdâtre.

Alors vous mettrez encore trois charbons dessous la poële, & continuerez à remuer jusqu'à ce que ces drogues deviennent jaunes, & commencent à petiller; ce qui se fait encore au bout d'une heure.

6. Pour lors il faut faire un feu un peu plus fort qu'auparavant, & remuer aussi plus fort. Le mélange deviendra d'une couleur pâle, tirant sur la feuille morte, au bout d'un quart d'heure: remuez fortement jusqu'à ce qu'il devienne d'un rouge brun. Il en faut alors prendre un peu avec la spatule, & le mettre sur une assiette; pour voir s'il prend corps, & ne tient plus aux doigts.

7. S'il tient encore aux doigts, il le faut mettre sur le feu, lui faire jetter encore un bouillon ou deux, & toujours remuer & l'essayer de moment en moment, jusqu'à ce qu'il ne tienne plus à l'assiette, ni aux doigts.

8. Quand il ne tiendra plus aux doigts, il le faudra ôter du feu; & pour lors vous y mettrez la moitié de la cire, qui sera coupée ou plutôt raclée comme de petits coupeaux, les plus déliés qu'il se pourra; vous n'en mettrez que peu à peu en remuant toujours; ensuite vous remettrez le tout sur un feu médiocre, & y mettrez encore peu à peu l'autre moitié: il ne faut mettre qu'une livre de cire, ce que quelques-uns prennent pour seize onces, d'autres pour vingt.

9. La cire étant fondue, & un peu cuite avec les drogues; vous ôterez la poële de dessus le feu, & laisserez un peu refroidir le tout: sans quoi il se formeroit une écume abondante, qui le jetteroit dehors. Ensuite vous prendrez votre poële où sont les gommes déja cuites & froides; que vous mettrez sur un petit feu, pour les faire fondre doucement, en remuant toujours avec la spatule; & quand elles seront bien fondues, vous les verserez dans l'autre poële, qui est hors du feu, & un peu refroidie; en remuant toujours avec la spatule, le tout ensemble, jusqu'à ce que les gommes soient bien dissoutes avec les drogues. Puis vous prendrez de l'aimant fin du levant, broyé en poudre subtile, passé par le tamis de soie, & broyé sur la pierre afin qu'il soit plus délié, deux ou quatre onces que vous mettrez dans une feuille de papier; vous le verserez fort doucement dans les drogues, en l'incorporant & mélangeant avec la spatule, la poële étant retirée de dessus le feu; car si vous y mettiez cet aimant, lorsque la composition est sur le feu, il feroit à l'instant enfler & écumer toutes les drogues, ensorte que vous en perdriez une bonne partie. Après que vous aurez bien in-

corporé l'aimant seul hors du feu, vous remettrez la poële sur le fourneau à feu médiocre; continuant toujours à remuer avec la spatule.

10. Cependant vous aurez les poudres suivantes; sçavoir: myrrhe fine, une once & deux dragmes; aristoloche longue, une ou deux onces; mastic en larmes, une once (ou deux, selon quelques-uns); bdellium, autant que de mastic; encens pur & net, deux onces: & selon d'autres une once, & deux dragmes. Toutes ces matieres étant donc mises en poudre, passées par le tamis séparément sans les mêler ensemble, & les ayant mises chacune séparément dans une feuille de papier, vous les verserez doucement l'une après l'autre, en l'ordre qu'elles sont décrites ci-dessus, dans la poële qui sera sur un très-petit feu; tandis qu'un autre remuera incessamment pour les incorporer: & quand vous aurez versé toutes vos poudres, vous continuerez sur le même feu, de remuer toujours avec la spatule jusqu'à ce que les drogues enflent de la hauteur de trois doigts; aussi-tôt qu'elles auront enflé, retirez votre poële hors du feu, & continuez de les remuer diligemment avec la spatule, jusqu'à ce qu'elles s'épaissent entre le mou & le dur, en telle sorte que vous puissiez manier facilement votre Onguent, sans vous gâter les doigts. Alors retirez cet Onguent par morceaux avec la spatule; mettez-les sur une table de noyer bien nette & unie, mouillée de vinaigre blanc, ou sur une table de marbre, & pétrissez-les ou corroyez-les, les uns après les autres, avec les mains mouillées du même vinaigre; puis formez-en des rouleaux, lesquels vous rangerez sur quelques ais aussi arrosés de vinaigre ou d'huile; les laisserez s'essuyer à l'air, sans soleil; puis vous les envelopperez de papiers, ensorte qu'ils ne se touchent pas entr'eux.

Changemens qu'y ont faits quelques Modernes.

Outre ceux qui ont été rapportés plus haut, Lemery met deux livres d'eau de fontaine, pour faire cuire la litharge. Il veut que la liqueur soit très-chaude, avant qu'on y mette les gommes; sans cela, dit-il, elles se grumelent. Il fait sécher le galbanum & l'opopanax, & les mêle avec les autres gommes: prétendant que ces deux drogues seroient très-difficiles à pulvériser autrement.

Il y en a qui disent que, si le bdellium est récent, ou qu'il ne soit pas assez sec pour pouvoir être mis en poudre; on peut, sans conséquence, le faire fondre dans le vinaigre avec le galbanum, l'ammoniac, & l'opopanax.

Maniere de se servir de l'Onguent Divin.

Premiérement il faut sçavoir que cet Onguent se peut conserver fort long-tems, même cinquante ans, en sa bonté; & qu'il n'est pas en sa perfection, qu'il n'y ait deux ou trois mois qu'il soit fait. Pour l'appliquer sur quelque plaie, ou autre mal; il faut le pâter ou amollir avec les doigts mouillés d'un peu de vinaigre ou de vin, ou de salive; puis l'étendre sur du cuir mince & noir, du taffetas, ou de la futaine; & non sur du linge, parce qu'il le perceroit.

2. Il n'est nécessaire de mettre ni tente, ni charpie dans la plaie. Ce n'est pas néanmoins qu'il ne soit bon, quand la plaie est profonde, d'y mettre quelque tente ou charpie entourée & fort couverte dudit Onguent: de même que quand la plaie se referme, ou que la chair croît excessivement.

3. Le premier emplâtre qu'on met, ne se doit lever qu'au bout de vingt-quatre heures; & celui qu'on met ensuite, de douze en douze heures: si ce n'est que le mal presse de le relever plus souvent, par la quantité de boue qui en pourroit sortir.

4. En relevant l'emplâtre, il faut essuyer doucement avec un linge net s'il y a du pus, & repasser l'Onguent avec un peu de vin ou de vinaigre; en remettant de l'Onguent s'il y en manque: & ainsi un emplâtre peut servir plus d'une fois, enforte qu'au bout de cinq ou six fois, si l'on racle ce qui reste d'onguent sur l'emplâtre, & qu'on le lave dans du vinaigre, il peut encore servir pendant huit jours.

5. Lorsque vous vous en servirez pour les mammelles des femmes, ou pour quelque ulcere; ne mettez ni tente ni charpie, mais un simple emplâtre. Et *si le mal n'est pas percé*, pilez ensemble six poignées d'ozeille & un oignon de lys, & les faites cuire dans un petit pot, avec du beurre (gros comme un œuf), une cueillerée de verjus, & du levain la grosseur d'une noix. Le tout étant bien cuit; mettez-le dans un autre pot, pour le garder. Il faut en prendre un peu, pour mettre soir & matin en forme de cataplasme, en le faisant tiédir, & continuer jusqu'à ce que, le mal étant percé, on y applique l'emplâtre.

6. Il faut noter que le malade ou blessé ne doit manger ni ail, ni oignon; car il sera guéri plûtôt en huit jours, qu'en deux mois s'il en mangeoit.

Vertus & Propriétés principales de cet Onguent.

Il guérit promptement & sans douleur, toutes sortes de plaies & d'ulceres.

Il nettoye bien les plaies; & y fait revenir la chair, sans donner lieu à aucune corruption.

Il réunit les nerfs coupés ou cassés en quelque maniere que ce soit: il en guérit aussi les foulures.

Il guérit toute enflure: si quelqu'un avoit la tête extrêmement enflée, il faut la raser avant que d'y mettre l'emplâtre.

Il guérit les arquebusades, & autres blessures d'armes à feu: il fait sortir le plomb, le fer, & tous corps étrangers, qui peuvent y être.

Il guérit aussi les coups de fléche; & attire les os rompus, s'il y en a dans le corps.

Il guérit toute morsure de bêtes venimeuses & enragées; il en attire subitement le venin.

Il mûrit & guérit toute sorte d'apostumes & de glandes, le chancre, la fistule, les écrouelles, les humeurs froides, la teigne, les cloux, l'anthrax, & toutes apostumes de la tête, tant internes qu'externes. Il faut raser, pour la teigne.

Il est bon pour toutes sortes d'ulceres, récens ou invétérés, même les plus malins. Il les déterge, en absorbe la pourriture, les cicatrise, & y fait revenir de nouvelle chair.

Il résout les tumeurs, & dissipe les contusions.

Il est bon aussi pour les fistules, qui sont restées après que l'on a été taillé pour la pierre.

Il est excellent pour le farcin des chevaux, en faisant percer le bouton avec un fer chaud, & raser le poil de la largeur du bouton, y versant dudit Onguent fondu: il est aussi excellent & indubitable pour les cloux de rue des chevaux, en le faisant un peu fondre dans une cuiller après que le mal aura été découvert.

Il est bon pour les hémorrhoïdes tant internes

qu'externes, en relevant l'emplâtre pour ses nécessités, puis le remettant. Il fait fluer les hémorrhoïdes rébelles.

Plusieurs personnes s'en sont servi avec succès pour le mal de dents; en l'appliquant sur les tempes, ou derriere l'oreille du côté malade.

D'autres ont été guéris du rhumatisme en l'appliquant sur la nuque du cou, & même sur les épaules, ou sur les bras malades.

Il sert aussi aux autres douleurs du corps, en l'appliquant sur le mal.

Quand on se trouve menacé de paralysie; si on se sert de cet emplâtre, on sera bientôt guéri; car il fortifie les nerfs affoiblis.

On peut aussi, par cette raison, l'employer pour la sciatique, & pour les rhumatismes naissans.

On s'en sert utilement contre les maladies contagieuses, & il arrête les progrès du bubon ou charbon, si on l'y applique de bonne heure.

Il est bon pour les fistules qui viennent au coin de l'œil; & ailleurs: il faut l'y laisser long-tems.

Il est bon pour les tayes, & tous autres maux des yeux. On ferme les paupieres, & on applique l'emplâtre par dessus; l'espace de quinze jours, ou davantage s'il est besoin.

Il arrête aussi-tôt le sang d'une coupure, en essuyant bien le sang, & appliquant cet emplâtre bien chauffé au feu.

Il est bon pour les loupes; en laissant longtems cet emplâtre dessus.

Il est aussi excellent pour la brûlure. Il faut d'abord laver la brûlure avec du vinaigre & du sel, puis mettre un emplâtre de cet Onguent: il faut mettre dans deux cuillerées de vinaigre, six grains de sel écrasé, & le faire un peu tiedir pour fondre le sel.

Il fait cesser les douleurs des goutes, en appliquant un emplâtre sur les parties affligées.

Il est bon pour la surdité.

Il guérit tous maux de tête, migraines, vertiges, folies; en mettant un emplâtre sur le haut de la tête, de la largeur de la couronne d'un Prêtre; & purgeant avec les remedes Pastoraux.

Plusieurs ont été guéris du mal caduc, & d'autres maux invétérés & opiniâtres; en faisant ce qui est marqué ci-dessus. Au moins ce remede soulage-t-il considérablement tous les maux indiqués dans cet article, lorsqu'ils sont invétérés.

Il fait perdre le lait des nouvelles accouchées; & est utile pour les tumeurs & ulceres qui surviennent aux mammelles des femmes. *Voyez* le n. 5, dans la *Maniere de se servir de cet Onguent.*

Enfin il est encore bon à d'autres maux, comme on l'éprouve tous les jours; & il y a eu plusieurs personnes ausquelles on étoit près de couper les jambes, les mains, ou quelque autre membre; qui par l'application de cet Onguent, sans faire autre chose, ont été entiérement guéris.

Avertissement. Dans les Provinces, il faut se servir de personnes intelligentes & charitables, pour faire cet Onguent, & qu'elles l'ayent vû faire s'il se peut à Paris: car si, par ignorance, par avarice, ou par malice pour le décrier, on ne le faisoit pas comme il est dit; il pourroit produire plus de mal que de bien.

Onguent pour la Dureté des Mammelles.

Prenez égales parties de *Flos Cœli* & de fleurs de genêt, les unes & les autres séchées à l'ombre. Tirez-en une forte teinture avec de l'huile d'olives bien douce, par cinq ou six infusions différentes, toutes faites avec la même huile qui aura servi à la premiere infusion. Vous la ferez toujours un peu bouillir, & l'exprimerez bien fort. Prenez ensuite de l'extrait de storax & de benjoin mêlés ensemble; cet extrait fait avec l'esprit de vin, ou avec la lessive de tartre: prenez-en quatre onces, huit onces de cire jaune, & autant de minium purifié avec le vinaigre. Sur une livre desdites infusions, faites dissoudre premiérement ledit extrait, puis le minium, & sur la fin la cire. Vous en réduirez une partie en forme de cerat, pour fondre des duretés: & l'autre partie en Onguent, approchant de l'emplâtre, pour dessécher.

Voyez CATAPLASME *Maturatif.*

Onguent pour les Enclouûres, Chicots, ou Clous de rue; des Chevaux.

Prenez de la gomme de pin, concassée; & de la gomme élémi; de chacune une once: mettez-les dans un pot sur le feu; laissez fondre ces gommes lentement en les remuant. Lorsqu'elles seront fondues, mettez-y neuf onces de cire jaune concassée; que vous ferez fondre & incorporer avec les gommes: enfin ajoûtez-y trois onces de térébenthine de Venise. Quand toutes ces drogues seront bien mêlées, vous les retirerez de dessus le feu; vous y ajoûterez une once de sang de dragon en larmes, & deux onces d'aristoloche ronde en poudre très-fine. Vous remuerez toujours ces matieres jusqu'à ce qu'elles soient refroidies à demi. Alors, après avoir eu soin de frotter une table avec de l'huile d'olives ou d'amandes douces, vous y verserez votre composition; & en formerez des rouleaux avec les mains, que vous aurez aussi frottées d'huile. Enfin vous envelopperez ces rouleaux, de papier; & les garderez pour le besoin.

Voyez *Enclouûre*, entre les Maladies du CHEVAL.

Onguent pour la Gale.

Voyez GALE, *n.* I. III: ci-dessus, *Onguent d'Aunée.* SCROPHULAIRE. TEIGNE. Ci-après, *Onguent Napolitain*: *Onguent Nutritum.*

Onguent pour la Gangrene.

Voyez sous le mot GANGRENE.

Onguent ou *Baume de Genevieve.*

Consultez le mot BAUME.

Onguent Gris.

1°. Prenez huile rosat, une livre; céruse pulvérisée, quatre onces; litharge d'or bien lavée, pulvérisée, & séchée à l'ombre, quatre onces; cire neuve, neuf onces; sain doux de porc mâle, deux onces. Vous mettrez l'huile rosat dans un pot de terre vernissé, sur un petit feu, jusqu'à ce qu'il ne pétille plus; puis la céruse, par inclination, avec un cornet de papier; remuant toujours, pour qu'il ne se fasse pas de grumeaux. Jettez ensuite de la même maniere la litharge avec un cornet, & remuez toujours. Après quoi vous y mettrez le sain doux, puis la cire en petits morceaux; il faut toujours remuer. Faites cuire cet Onguent à petit feu, empêchant qu'il ne bouille; car il sortiroit dehors, & la litharge demeureroit au fond. Il faut toujours remuer pendant cinq heures, jusqu'à ce qu'on voie qu'ayant mis quelque goutte de l'Onguent sur du papier, il ne tache pas le papier & qu'il ait la consistance d'Onguent. Alors retirez le pot du feu, & remuez encore jusqu'à ce qu'il soit presque froid. L'on en fait enfin des magdaleons : ou bien on le met dans des pots vernissés. Cet Onguent n'est bon que lorsqu'il a fermenté quatre mois.

[Il est dessiccatif.]

2. L'on connoît sous le nom d'*Onguent Gris* l'Onguent Mercuriel qui sert pour les frictions. Voyez ci-dessous, *Onguent Napolitain*.

Onguent pour les Hémorrhoïdes.

Voyez HÉMORRHOÏDES *ulcérées*, n. 8, 9, 13, 14. *Guérison des* HÉMORRHOÏDES, n. 10, 14.

Onguent de Mai.

Prenez du beurre de Mai, deux livres, sans être lavé; du *diachylum* gommé, une livre & quatre onces; de la cire neuve, & de la poix résine, de chacune deux onces; & environ un demi verre de jus de citron.

Faites fondre le beurre dans une poële de cuivre; étant fondu, vous y jetterez le *diachylum* coupé par petits morceaux, que vous ferez fondre aussi avec le beurre, à très-petit feu. Le tout étant fondu, vous y jetterez de même la poix - résine coupée par très-petits morceaux, que vous ferez fondre avec le reste. Lorsqu'elle sera fondue, vous y jetterez la cire coupée en petits morceaux; il faut faire bouillir le tout ensemble pendant une demi-heure, & remuer continuellement avec un bâton de pommier, dont vous aurez ôté l'écorce. Il faut que ce mêlange soit toujours à un degré de chaleur où l'on puisse tenir le doigt sans se brûler. Ayant retiré la poële de dessus le feu, ajoûtez le jus de citron; remuant avec une spatule, jusqu'à ce que tout soit bien incorporé. Ce qui étant fait, vous le mettrez dans un pot de terre, ou dans quelque autre vaisseau bien propre.

Cet Onguent est fort bon pour toutes sortes d'ulceres & blessures. Il est anodyn, amene bientôt à suppuration toute espece de tumeur, & fait tomber en peu de tems l'escarre du charbon. Avant de l'appliquer, il faut bien bassiner la plaie avec du vin & de l'huile d'olives qu'on fait bouillir ensemble, & on s'en bassine aussi chaud qu'on peut le souffrir.

Onguent de la Mere : inventé par la Mere Thecle, Religieuse de l'Hôtel-Dieu de Paris.

Prenez beurre frais, sain-doux de porc, suif de mouton, cire blanche, litharge d'or, de chacun une once; huile d'olives, deux onces. Faites fondre la cire & les graisses avec l'huile; & mêlez peu à peu la litharge en poudre déliée dans la fusion, en remuant. Otez de dessus le feu: & remuez jusqu'à ce que l'Onguent soit froid. Il est excellent sur les panaris, les froncles, les abscès, & pour toutes les tumeurs qu'on veut faire mûrir, amollir, suppurer, & percer. Il est aussi spécifique pour les duretés des mammelles.

Onguents pour Mondifier les ulceres.

Voyez CHARBON, *Terme de Médecine.*

Onguent Napolitain simple : ou Onguent Gris : pour les poux, puces, punaises, morpions, galle, gratelle, démangeaisons, & autres maladies de la peau.

Remuez, pendant six heures, & agitez fortement, dans un grand mortier de marbre, six onces de mercure (ou vif argent) avec quatre onces de bonne térébenthine de Venise. Ensuite ajoûtez-y, peu-à-peu, quatre livres de sain-doux, en remuant toujours jusqu'à ce que le tout ait pris consistance d'Onguent. On peut appliquer cet Onguent sur toutes les parties du corps; excepté sur la poitrine, que le vif argent pourroit altérer.

Onguent Noir : ou Emplâtre Noir, contre toute sorte de plaies : ou Onguent de Ricome, qu'on dit l'avoir inventé, & avoir gagné trente mille écus en le vendant trois livres l'once.

Prenez huile d'olives, sept livres; charpie de vieille toile, deux livres; cérusé pulvérisée; une livre; litharge d'or, cinq quarterons; cire neuve, demi-livre; myrrhe pulvérisée, une livre; aloës pulvérisé, deux onces : le tout de douze onces à la livre.

Mettez les deux livres de charpie de vieille toile fine, dans un grand bassin de cuivre; versez-y par dessus, les sept livres d'huile d'olives, de sorte que la charpie soit abreuvée par-tout : puis mettez le tout sur un feu de charbon, qui ne soit pas trop grand, de peur que le feu ne prenne à l'huile & ne brûle toute la charpie. Il faut remuer toujours avec une verge ou spatule de fer, jusqu'à ce que la charpie soit toute consumée : ce que vous connoîtrez, lorsqu'en en mettant quelque peu sur une assiette, vous ne remarquerez plus le fil de la charpie. Cela fait, il faut retirer le vase de dessus le feu : & quand il cessera de bouillir, mettez-y peu-à-peu, en remuant toujours, la livre de céruse; & le remettez sur le feu une minute de tems; puis vous le retirerez, & vous y mettrez aussi en remuant toujours, les cinq quarterons (c'est-à-dire quinze onces) de litharge d'or, ayant premiérement bien pulvérisé la céruse & la litharge. Il le faut ensuite faire un peu rebouillir, y mettre la demi-livre de cire coupée en petits morceaux, & lui faire jetter encore un bouillon. Ensuite vous le retirerez & y mettrez peu-à-peu, comme dessus, (en remuant toujours) la livre de myrrhe pulvérisée, & le ferez encore un peu bouillir. Il faut le retirer du feu, & ajoûter en remuant continuellement, les deux onces d'aloës bien pulvérisé; & remettre le bassin sur le feu, lui laissant prendre deux ou trois bouillons. Cela fait, vous en mettrez un peu sur une assiette, pour voir s'il se prendra. S'il est trop mou, il faudra le faire bouillir encore doucement, jusqu'à ce qu'il soit en sa consistance.

Quand il sera fait, il faudra le tirer du feu & le mettre sur une table, ou planche, le versant dessus avec une cuiller à pot; le laisser refroidir; & lorsqu'il sera froid le mettre en rouleaux.

Si par hazard en faisant bouillir les drogues, le feu y prend; il faut avoir une couverture, ou serpiliere toute prête, que vous aurez trempée dans de l'eau : vous la tordrez bien, afin qu'il n'y en reste point & qu'elle ne soit qu'humide, pour couvrir d'abord le vase; & par ce moyen vous étoufferez le feu dedans. Afin qu'il ne se perde rien, il faut mettre ce vase dans un autre plus grand.

On doit toujours composer cette préparation dans un endroit où l'on n'ait pas à craindre d'occasionner d'incendie.

[Cet avertissement doit servir pour tous les autres remedes de cette nature.]

Maniere de s'en servir.

Si la plaie est à fleur de peau, il faut mettre un emplâtre dessus, l'essuyant tous les soirs, & continuant ainsi jusqu'à ce qu'elle soit guérie.

S'il paroît quelque excroissance de chair, il la faut panser comme vous avez commencé; car elle se rabaisse naturellement.

S'il y a de la chair morte, & que la plaie soit vieille, il faut prendre un rouleau de l'emplâtre, le mettre dans un pot avec six cuillerées d'huile rosat; ou à son défaut, d'huile d'olives; & faire fondre le tout ensemble; puis prendre de la charpie à proportion, la mettre dedans, & la faire toute imbiber. Ensuite vous mettrez cette charpie dans un autre pot, que vous couvrirez avec soin pour en conserver la vertu. Quand vous voudrez vous en servir, vous en prendrez un peu, le mettrez dans la plaie, & ferez ensorte que la plaie soit entiérement couverte de charpie, que vous y mettrez fort légérement, sans qu'elle soit pressée, ni entortillée; afin que l'humeur sorte à son aise. Il faut changer de charpie soir & matin; mais le même emplâtre peut servir un jour, quand même les os seroient découverts; vous mettrez la charpie ainsi préparée par dessus; & en cas que la plaie soit noire, elle ôte toute noirceur, sans que les os tombent.

Il est à remarquer premiérement, que si le trou de la plaie est trop petit & profond, il y faut mettre une petite tente de linge, de peur qu'on ne puisse pas retirer la charpie; ayant auparavant trempé la tente dans l'Onguent fondu; il faut prendre garde qu'elle n'y soit pas pressée; à cause de l'humeur qui en doit sortir.

Secondement, que la tente ne doit pas aller jusqu'au fond; à cause de la chair qui revient. Si le trou étoit trop petit, ou que le blessé fût incommodé de la tente; il faudroit verser dans la plaie, de l'Onguent fondu dans de l'huile, & mettre l'emplâtre par dessus.

Troisiémement, qu'il faut changer tous les jours d'emplâtre; ou l'essuyer tous les soirs.

Quatriémement, qu'on peut faire une plus grande ou moindre quantité de cet emplâtre, en augmentant ou diminuant à proportion la doze de chaque drogue.

Onguent Noir, ou Suppuratif.

Prenez deux livres d'huile commune; cire blanche, & cire jaune, graisse de mouton qui se trouve proche des reins, résine pure, poix navale, térébenthine de Venise, de chacune une demi-livre; mastic pulvérisé très-fin, deux onces: faites fondre le tout avec l'huile; excepté la poudre de mastic, que vous y ajoûterez quand tout sera fondu.

Cet Onguent fait percer toutes sortes d'apostumes, & les bubons tant pestilentiels que vénériens. On continue d'appliquer un emplâtre de cet Onguent, après l'ouverture des abscès, jusqu'à leur parfaite guérison.

Onguent Nutritum: rafraîchissant, & dessicatif.

Prenez six onces de litharge d'or, réduite en poudre subtile. Agitez-la dans une bassine de cuivre; & versez par dessus, peu-à-peu, huit onces de vinaigre très-fort, & environ une livre & demie d'huile d'olives. On verse d'abord un peu de l'un, & ensuite un peu de l'autre, continuant ainsi alternativement, jusqu'à ce que le tout soit bien mêlé & ait acquis la consistance d'Onguent.

Cet Onguent est propre pour les ulceres causés par une humeur âcre & pituiteuse; pour les cicatrices, les inflammations des plaies, la galle, les dartres, démangeaisons, &c.

Onguent d'Or.

Voyez au mot *Abscès*.

Onguent pour toutes Plaies, ulceres, maux de sein des femmes (quand ils seroient presque tout pourris), chancres, & Noli me tangere.

Prenez quatre livres d'huile d'olives de la plus excellente, une livre de céruse de Venise; litharge d'or, & poix de Bourgogne, de chacune quatre onces; deux onces de myrrhe choisie, de la plus transparente; & trois ou quatre livres de cire jaune nouvelle, pour l'avoir plus ou moins liquide.

Prenez une terrine vernissée en dedans & par dehors: mettez-y les drogues les unes après les autres: Premiérement l'huile, qu'il faut faire bouillir à feu modéré pendant une demi-heure, jusqu'à ce qu'elle commence à noircir; pour lors retirez-la du feu, & ajoûtez-y la céruse; faites-la bouillir une heure: mettez-y ensuite la litharge, pendant une demi-heure. [Il faut que la céruse & la litharge soient en poudre impalpable]. Cela fait, ajoûtez la poix de Bourgogne; que vous ferez aussi bouillir pendant une demi-heure: ensuite la cire neuve, demi-heure; & la myrrhe en poudre bien fine, que vous mettrez doucement dans la terrine lorsqu'elle sera hors du feu, parce qu'autrement tout se perdroit. Remuez toujours avec une spatule de bois, jusqu'à ce que la myrrhe s'incorpore, & que tout se refroidisse. Il faut aussi, dans la cuite & mélange des autres drogues, remuer de tems en tems, de crainte qu'elles ne s'attachent au fond.

Usage. Il s'applique sur du linge: il en faut peu; & l'on ne met ni tente, ni charpie.

Onguent pour les Plaies des Chevaux.

Il faut prendre de la fariete une poignée; des feuilles d'aristoloche longue, de sauge, de véronique, de chacune une poignée & demie; de la racine de guimauve & de grande consoude séchées à l'ombre, de chacune une once. Quand ces racines auront été coupées en petits morceaux, on les mettra dans un poêlon avec une chopine de crême de lait; on les laissera sur le feu pendant un quart d'heure, on y ajoûtera ensuite les feuilles hachées fort menu. Il faut encore faire cuire le tout jusqu'à ce qu'il ne reste que le beurre, qu'aura produit la crême en cuisant. Alors on versera ce beurre dans un pot, & l'on remettra dans le poêlon un quarteron de lard gras coupé par tranches. Après qu'on aura laissé le tout sur le feu pendant un quart d'heure, on coulera ce lard fondu dans le même pot où l'on a versé le beurre. On mettra ensuite dans le poêlon deux onces d'huile d'olives qu'on fera cuire pendant un demi quart d'heure avec les herbes & racines restées, puis on versera encore l'huile du poêlon dans le pot où l'on aura mis le beurre & le lard fondus. Enfin on pressera les herbes & les racines pour en exprimer le suc: pendant qu'il sera encore chaud, on y mettra une once

& demie d'alun brûlé & une once de goudron fondu. On mêlera bien cette composition, & on la remuera jusqu'à ce qu'elle soit froide. Quand on voudra se servir de cet Onguent, on en fera fondre dans une cuiller, & on en frottera la plaie avec un pinceau.

Voyez sous le mot *Blessures d'épines*, dans l'article Cheval.

Onguent de Mrs. Le Prieur, pour les Panaris, &c.

Prenez six livres de suif de bélier, & quatre livres de cire vierge; le tout en morceaux gros comme le pouce : les ayant fait fondre ensemble, mettez-y quatre livres de bonne huile; & faites bouillir doucement. Durant l'ébullition, ajoûtez-y quatre livres de poix de Bourgogne, & remuez de tems en tems pendant environ une heure. La poix étant fondue, jettez-y quatre livres de bonne térébenthine, hors de dessus le feu : & faites bouillir doucement le tout, pendant une bonne demi-heure.

Cet Onguent, qui est très-renommé à Paris pour les panaris, maux d'aventure, cloux, & toutes sortes de plaies qui ont besoin de suppurer; peut guérir beaucoup de maux invétérés : on dit même que la gangrene ne lui résiste pas. Il est doux, & rafraîchissant : ensorte que plusieurs personnes se sont bien trouvées d'en mettre sur des yeux échauffés. On l'étend sur un linge fin & bien blanc de lessive. On le change, toutes les vingt-quatre heures, jusqu'à parfaite guérison.

Onguent Rafraîchissant & anodyn, pour les inflammations, les douleurs, & intemperies chaudes.

Prenez les feuilles de grande & petite joubarbes, nombril de Venus, morelle, jusquiame, sureau, patience; de chaque une poignée. Pilez le tout dans un mortier; & faites-le bouillir avec deux livres d'huile d'olives, jusqu'à ce que les herbes soient bien cuites. Après cela passez le tout dans un linge blanc; & ajoûtez-y cinq onces de cire jaune, pour y donner la consistance d'Onguent : duquel vous vous servirez en le faisant fondre sur une assiette; & quand vous en aurez oint les parties affectées, vous appliquerez un papier par dessus, & un linge sur le papier.

Voyez, ci-dessus, *Onguent Nutritum*.

Onguent pour la Rogne.

Consultez l'article Brebis, page 396.

Onguent Rosat.

1. Prenez six livres de sain-doux épuré & lavé dans plusieurs eaux, avec autant de roses pâles broyées. Faites infuser le tout, pendant sept jours, en Été, à la chaleur du soleil, dans un vaisseau de terre vernissé; ayant soin de remuer de tems en tems. Après cela faites cuire cette matiere pendant deux heures, à un feu lent. Ensuite passez-la par un linge, avec forte expression; faites infuser dans la colature, pareille quantité de roses pâles; puis passez encore par un linge avec expression, comme auparavant. Pour lui donner une belle couleur rouge, on y fait tremper, près du feu, ou au soleil, trois onces de racine d'orcanette. [On peut y substituer celle de garence].

Cet Onguent résout les tumeurs & abscès; adoucit les inflammations; calme les douleurs des jointures; guérit les hémorrhoïdes, érysipeles, dartres, maux de tête excessifs; tempere la chaleur excessive de l'estomac, du foie, & des reins; dissipe les sérosités & inflammations des parties naturelles. Il faut en frotter seulement les parties malades.

2. Prenez de l'axonge de porc mâle, bien purifiée & lavée plusieurs fois; des roses rouges nouvellement pilées; & des roses pâles, de chacun quatre livres. Otez la petite membrane qui se trouve sur la graisse de porc; coupez cette graisse en petits morceaux; & après l'avoir bien lavée dans de l'eau fraîche, faites-la fondre sur un fort petit feu dans un pot de terre vernissé.

Prenez la premiere graisse qui sera fondue, & après l'avoir bien lavée, & passée par un linge, mêlez-la avec autant de gros boutons de roses bien écrasés. Mettez le tout dans un pot de terre vernissé, qui soit étroit par le haut; couvrez-le bien; faites-le bouillir au bain-marie modéré, pendant une heure; coulez ensuite, & exprimez fortement le tout.

Prenez quatre livres de roses pâles nouvellement épanouies; & les ayant bien écrasées vous les mêlerez avec la premiere composition, dans un pot : que vous boucherez bien; & que vous tiendrez pendant six heures dans de l'eau entre tiede & bouillante : coulez encore, & exprimez fortement le tout. Après avoir séparé le sédiment, laissez refroidir l'Onguent, & gardez-le pour le besoin.

Si vous voulez donner à cet Onguent une couleur de rose; un quart d'heure avant de le couler la derniere fois, jettez-y deux ou trois onces de racine d'orcanette, que vous agiterez dans l'Onguent.

Si vous voulez lui conserver sa couleur blanche & lui donner une odeur de roses, jettez-y des roses de damas, sans orcanette.

Enfin si vous voulez lui donner la consistance de liniment, vous y ajoûterez une sixieme partie de son poids d'huile d'amandes douces.

Cet Onguent est bon pour toutes les inflammations externes; principalement les dartres, érysipeles. Il est aussi employé pour les douleurs de tête, & les hémorrhoïdes.

Onguent de Tabac.

1. Prenez une livre de feuilles récentes de cette plante : pilez-les, & les mettez avec de la cire neuve, de la poix résine, de l'huile d'olives, de la graisse de mouton, de chacun trois onces. Faites bouillir le tout ensemble, jusqu'à ce que le jus de l'herbe soit consumé. Alors passez le tout par un linge bien fort. Remettez la colature dans la poêle avec trois onces de bonne térébenthine. Ne les faites pas bouillir ensemble : mais remuez beaucoup. Le tout étant refroidi, mettez-le dans des pots, pour le garder.

Cet Onguent doit être fait au bain-marie. Il faut toujours remuer pendant l'ébullition, jusqu'à ce que l'humidité soit évaporée entiérement.

2. Prenez une livre de belles feuilles de tabac, bien fraîches & bien gluantes. Nettoyez-les bien avec un linge, sans les mouiller; afin d'en ôter la terre, la poussiere, ou autre ordure. Pilez-les dans un mortier de bois ou de marbre, avec un pilon de bois. Puis faites fondre dans une poêle de cuivre une demi-livre de sain-doux, sans aucune pellicule. Versez-y le marc & le jus du tabac. Faites

Faites bouillir le tout, soit à petit feu de charbon, soit au bain-marie, jusqu'à ce qu'il ait acquis la consistence d'Onguent.

Cette seconde préparation vaut mieux que l'autre pour les plaies simples, ulceres chancreux, dartres, gales, rougeurs de visage; étant plus détersif & résolutif.

La premiere est plus propre à incarner & consolider toutes sortes de plaies, résoudre les tumeurs, calmer les douleurs, &c.

Onguent Verd.

1. Prenez deux bonnes poignées de bétoine, deux poignées d'aigremoine, deux de verveine, deux de pimprenelle, deux de mouron à fleur rouge: de toutes ces herbes, il ne faut rien ôter que la racine, & y laisser les côtes, les bien laver & nettoyer avec de l'eau claire, les essuyer avec un linge blanc, les mettre tremper toutes ensemble dans un pot de terre ou une terrine nette, qu'on emplit de bon vin blanc; ou, à son défaut, de bon vin clairet: desorte que lesdites herbes trempent toutes dans le vin. Ayant couvert le vaisseau, on laisse tremper l'espace de vingt-quatre heures. Vous mettrez ensuite cuire ces herbes toutes ensemble, avec le même vin, dans un grand chauderon; & quand elles seront bien cuites, il faudra les retirer & les laisser un peu refroidir, puis les exprimer entre les mains, les bien piler dans un mortier de pierre, & les passer dans une étamine ou serviette neuve, ensorte qu'il ne demeure point de jus dans le mortier, ni dans la serviette ou étamine. Après cela vous remettrez ce jus sur le feu, dans le vin où elles auront cuit & dans le même chauderon. Il faut prendre garde que le vin soit bien net, qu'il n'y demeure point d'herbes, ni aucune autre ordure: puis étant sur le feu, vous y mettrez un grand verre de jus de tabac pilé, & passé par la serviette. Vous laisserez un peu cuire cette décoction; puis vous y mettrez une livre de poix blanche, (autrement dite poix résine), pilée & mise en poudre & passée par l'étamine. Lorsque cette poix sera fondue, vous y mettrez huit onces de cire vierge, blanche: cette cire étant fondue, vous y mettrez une once de mastic bien épluché & mis en poudre: il faut toujours remuer avec une petite palette de bois, les drogues qui sont sur le feu; les laisser ainsi bouillir à petit feu environ un bon demi-quart d'heure; & prendre bien garde qu'elles ne montent, & que tout ne s'en aille par-dessus. Il faut enfin descendre le chauderon de dessus le feu, pour le laisser refroidir en remuant toujours.

Quand il sera assez froid pour que l'on y puisse tenir le doigt, il faut avoir une livre de térébenthine de Venise, de la meilleure; la laver dans un bassin d'airain, la battre avec une petite palette de bois, & changer l'eau jusqu'à ce qu'elle devienne blanche comme du lait; l'ayant bien égouttée, vous la mettrez dans la décoction en remuant toujours, pour la bien incorporer; puis vous remettrez le chauderon sur le feu, & ferez bouillir jusqu'à ce que l'Onguent ne file plus: il faut, avec la palette, en mettre dans l'eau froide, ou du vin; & étant refroidi, le broyer entre les doigts; s'il ne file point, ce sera un signe qu'il est cuit. Alors il faudra l'ôter du feu, & le laisser refroidir seulement autant qu'il sera nécessaire pour qu'on le puisse aisément toucher; le mettre en petits rouleaux, & les envelopper de papier blanc.

Il guérit les plaies tant vieilles que nouvelles; en ôte la mauvaise chair, & fait venir la bonne, en peu de jours.

Il fait sortir toutes épines, & toutes autres pourritures, des plaies.

Il guérit la morsure des bêtes venimeuses, attire le venin & guérit la plaie.

Il guérit tous les apostumes; les cors des pieds, les plaies de la tête. Si le crâne même étoit rompu, il le peut raccommoder & joindre: c'est une chose éprouvée. Il guérit les écrouelles en quelle part qu'elles soient, & les apostumes qui viennent entre les côtes & les flancs.

Cet Onguent se doit faire sur la fin du mois de Mai, pour avoir les herbes meilleures & de plus grande vertu.

2. Il faut prendre un quarteron de beurre & le faire fondre, jusqu'à ce qu'il soit à demi cuit: une once de poix résine: une once de poix de Bourgogne: une once de cire jaune. Il faut mettre toutes ces poix en petits morceaux, les jetter dans le beurre lorsqu'il est à demi cuit, & les faire fondre sur un peu de feu, en les remuant jusqu'à ce que le tout soit fondu. On y jette ensuite pour un liard de verd-de-gris pulvérisé bien fin: & on remue bien le tout, afin qu'il se mêle. Vous versez ensuite votre Onguent dans un pot de terre pour le conserver, & vous en servir dans l'occasion. Cet Onguent guérit toutes sortes de blessures, tumeurs, maux qui viennent à la poitrine des femmes, peste, charbons, ulceres, & toutes sortes de maux, excepté la brûlure & la galle.

Onguent de Villemagne.

Prenez quatre onces de gomme élémi, trois onces de poix résine, une once d'aristoloche longue, demi-once du meilleur sang de dragon: incorporez le tout sur le feu avec douze onces de térébenthine de Venise de la meilleure, quatre onces de baume du Pérou ou de baume naturel. Le tout étant à demi refroidi, vous y ajoûterez demi-once de bon aloès en poudre; avec autant de myrrhe: & ferez vos bâtons.

Cet Onguent est très-bon pour tous les maux qui viennent aux pieds des chevaux. Il conserve bien leurs pieds. Il est excellent pour les blessures & écorchures. On peut également l'employer avec succès pour les hommes.

Onguent pour les Ulceres.

Voyez *Onguent pour la* GANGRENE, page 164; & , ci-dessus, *Onguent pour Mondifier.*

Onguent pour les Yeux.

Consultez l'article ŒUIL.

ONO

ONOBRYCHIS. *Voyez* SAINFOIN. CAMPANULA, *n.* 2.
ONOSELINUM. *Voyez* CERFEUIL, *n.* 6.

OPA

OPALE. Pierre précieuse, polie, luisante, resplendissante, qui participe des couleurs de l'escarboucle, de l'améthyste & de l'émeraude. Elle naît en l'Isle de Ceylan aux Indes. Plusieurs Lapidaires l'estiment la plus belle de toutes les pierres précieuses, à cause de l'admirable mêlange des belles couleurs qui s'y rencontrent. Il y a des gens qui s'imaginent qu'étant portée, elle est propre pour réjouir & fortifier le cœur & la vûe, résister au venin, & chasser la mélancolie.

Avec du verre on fait de fausses Opales qui imitent assez bien les fines.

OPALUS. *Voyez* ERABLE, *n.* 8.

OPH

OPHIOGLOSSUM. *Voyez* LANGUE DE SERPENT.

OPHIOSCORDON. *Voyez* ROCAMBOLE.

OPHRIS. *Voyez* HERBE *à deux Feuilles.*

OPHTHALMICA. *Voyez* EUFRAISE.

OPHTHALMIE. *Consultez* l'article ŒUIL.

OPHTHALMIQUES. *Terme de Médecine*, qui sert à désigner les remedes, sur-tout simples, qui conviennent aux diverses maladies des yeux. *Consultez* l'article ŒUIL.

OPI

OPIAT; ou OPIATE. C'est un remede qu'on prend intérieurement, & qui est composé de différentes drogues; comme de liqueurs, de poudres, de pulpes, de miel ou de sucre réduits en consistence molle. On donne encore ce nom aux antidotes, électuaires, & confections.

Opiate Confortative.

Voyez ce titre, dans l'article CARDIAQUE.

Opiate pour les Catarrhes. Consultez l'article CATARRHE.

Opiate pour la Gangrene.

Voyez GANGRENE, *n.* I.

Opiate pour la Palpitation de cœur.

Voyez l'article de cette maladie, *n.* 9.

Opiate pour le Skirrhe de la rate.

Voyez sous le mot RATE.

Opiate pour le Crachement de sang.

Voyez sous le mot SANG.

Opiate pour la Toux.

Consultez l'article TOUX.

Opiate pour Rafraîchir le Foye; & purifier le sang.

Prenez racine de chicorée, deux dragmes; racine de patience, polypode, raisins de Damas, réglisse & chiendent, de chacun une dragme; des quatre capillaires, bourrache, endive, bétoine, aigremoine, houblon, pimprenelle, scabieuse, de chacune une poignée; quatre semences froides, marjolaine, fenouil, anis, de chacune deux onces. Faites-en une décoction; puis prenez six onces de sené mondé; que vous ferez bouillir dans la décoction. Mettez-y ensuite infuser deux onces d'agaric blanc, deux dragmes de cannelle, & une pincée de fleurs cordiales: ensuite faites cuire la liqueur avec une livre de sucre, puis y ajoûtez quatre onces de casse mondée, conserve de bourrache, de celles de buglose & de violette, de chacune deux onces. De toutes ces drogues faites une opiate: la dose est une dragme & demie, deux heures avant le repas, une fois la semaine, ou deux fois le mois.

Opiates pour Nettoyer les Dents.

1. Il faut prendre une demi livre de brique, une demi-once de cannelle; piler le tout ensemble; & le passer par un tamis bien fin, ou (encore mieux) dans de l'eau.

2. Pilez, & passez par un tamis bien fin, deux gros d'alun calciné, deux gros de cannelle, demi-once de croute de pain brûlé, demi-livre de brique, une once de corail: à quoi vous ajoûterez une once de conserve de roses.

Voyez ODORANT. DENT.

Opiate de Quinquina. Consultez ce mot, entre les *Diverses préparations* de QUINQUINA.

Opiate pour les obstructions des Femmes.

On prendra de la crême de tartre, & du crystal minéral, de chacun deux dragmes; limaille d'acier préparé, demi-once; senné, une demi-once; turbith, sel de sabine, de chacun deux dragmes; trochisques d'absinthe & de capres, de chacun une dragme. Il faut passer toutes ces poudres par un tamis très-fin, & les mêler avec une quantité suffisante de sirop de capillaires pour leur donner une consistence molle. On fera prendre de cette Opiate le poids de deux gros; & l'on donnera aussi-tôt un bouillon, ou un verre de petit lait. Avant de prendre cette Opiate, la malade doit avoir été purgée suffisamment. On continuera son usage pendant quinze jours. Si ce remede ne fait point d'effet après ce tems-là, il faut encore se purger; laisser passer un intervalle de quinze jours; & en prendre encore pendant quinze autres jours: avant & après ce tems, on aura soin de se purger.

Voyez MANIE.

OPIUM. Suc épaissi du pavot. L'*Opium* & le *Meconium* sont deux sucs qui sortent du pavot appellé *Papaver hortense, nigro semine.* Le *Meconium* est le suc exprimé de toute la plante, filtré & épaissi: & l'*Opium* est le suc qui découle de lui-même des têtes du pavot, par de légeres ouvertures & incisions qu'on y fait lorsqu'elles sont mures, lequel se desséchant & se coagulant par la chaleur du soleil, devient noirâtre. Il y a trois sortes d'opium: le *blanc*, le *noir* & le *jaune*; qui peuvent être tous mis en usage. Le noir est le plus usité. L'Opium est un remede très-considérable en Médecine, dont plusieurs sçavans ont écrit; tels que Winclerus, Freitagius, Hartman, Sala, Doringius, le Chancelier *Bacon*. Ce dernier, dans son *Histoire de la Vie & de la Mort*, dit beaucoup de belles choses touchant l'Opium, & ses facultés. Hartman en parle fort exactement; & Doringius très-au long. Ces trois derniers méritent d'être lûs. La maniere de ramasser l'Opium est rapportée par Schroder; qui a raison de dire que nous ne recevons du levant, que le *meconium*, encore bien sophistiqué

& rempli d'ordures : ce qui porte à penser que nous ferions beaucoup mieux de nous servir de notre Opium (à l'imitation de Quercetan,) c'est-à-dire du suc de notre pavot, préparé de la maniere que Schroder nous enseigne en l'article 237. de la premiere Classe, sur le mot *Papaver sativum*.

Les sentimens sont partagés touchant l'usage de l'Opium : qui est estimé par les uns, & blâmé par les autres. Zwelpher, dans sa *Pharmacopée Royale*, page 153. & suivantes, fait un long catalogue des auteurs qui rejettent l'Opium, & un fort petit de ceux qui l'admettent. Les modernes néanmoins depuis Platerus estiment beaucoup l'Opium : il rapporte une infinité d'exemples de l'utilité de cette drogue. Celui-ci a beaucoup de Modernes dans son parti, & spécialement Sylvius del Boë, qui mêle l'Opium à tous les remedes dans toutes sortes de cas. Quoi qu'il en soit, c'est un bon remede, lorsqu'il est bien employé & bien préparé. Il agit par son sel volatil, acre, huileux ; en quoi consiste sa vertu narcotique anodyne. C'est de-là qu'il reçoit la vertu d'arrêter tous les mouvemens déréglés des esprits, les effervescences & le flux, tant du sang que des autres humeurs. De cette vertu générale dérivent tous les autres effets particuliers ; comme le sommeil & la cessation de la douleur, puisque les veilles s'ensuivent du trouble des esprits, ou de l'effervescence des humeurs. A raison de cette vertu générale, l'Opium est un fébrifuge universel, propre aux fievres continues, intermittentes, bénignes & malignes. Brendelius, dans sa *Considération & Consultation* 104, dit avoir guéri plusieurs fievres ardentes, tant bénignes que malignes, par le moyen du laudanum. L'Opium excelle dans les fievres malignes, en qualité de sudorifique ; puisque le point principal de toute la cure, consiste dans une louable & légitime sueur : témoin Walleus dans son livre *de la Méthode de guérir*, où il dit que l'Opium fait la base de la Thériaque, qui en reçoit sa vertu spécifique & sudorifique. Voyez aussi Hartman, *sur l'Opium*, *theoreme* 5. L'Opium convient sur-tout dans les fievres où les malades sont inquiets, se tourmentent dans le lit ; & où leurs forces diminuent ; ce qui les empêche de dormir & de suer : car dès qu'on leur a donné de l'Opium, les inquiétudes & les mouvemens cessent, puis le sommeil & la sueur surviennent. De ce que l'Opium modere l'effervescence des humeurs, il est aisé de conclure qu'il convient aux hémorrhagies, soit du nez, soit des hémorrhoïdes, ou de la matrice ; & aux flux d'humeurs ; soit diarrhée, soit dysenterie. Il est pareillement spécifique (& la thériaque à cause de lui) dans les superpurgations qui suivent les remedes trop violens, & dans les flux de sang & d'humeurs, même epidémiques. L'Opium est salutaire pour prévenir le paroxysme du mal hypocondriaque, & particuliérement la suffocation de matrice & les accès épileptiques ; en y ajoûtant le camphre à l'égard des deux dernieres affections. Bartholin, *Cent.* 5. *Histoire* 85. rapporte l'exemple d'une fureur utérine guérie par le moyen de l'Opium ; qui est recommandé par Riviere contre la même maladie. Il appaise les douleurs de sciatique, celles de la tête, & généralement toutes les douleurs ; en modérant le mouvement déréglé des esprits. Rumelius donne dans la podagre les *pilules* suivantes, qu'il appelle *Veni amice*, *surge & ambula* ; Prenez de la masse des pilules asœphangines, deux dragmes ; laudanum opiatum, demi-dragme : mêlez le tout pour en faire les pilules. Quoique Van Helmont nous ait fait prendre garde que la qualité narcotique & stupéfiante de l'Opium cause des songes turbulens, ce qui est assez ordinaire ; il ne faut pas pour cela refuser l'Opium à ces sortes de malades qui ont des dispositions à la mélancolie : il suffira pour éviter tout inconvénient, qu'il soit bien préparé, & donné à propos. On peut voir sur la matiere de l'Opium & de ses vertus, Pomet, *Histoire des Drogues* : *le Dictionnaire* de Lemery : Le *Traité des Médicamens* de Tauvry ; & autres Auteurs récens.

Voyez ÉLIXIR de santé. NARCOTIQUE. EXTRAIT.

OPO

OPOBALSAMUM. *Voyez* BAUME *du Levant.*

OPP

OPPILATION. *Voyez* OBSTRUCTION.

OPU

OPUNTIA. Consultez l'article COCHENILLE.

OR

OR. Métal dont les parties sont plus étroitement liées ensemble que celles des autres métaux. De-là vient qu'il est le plus compacte & le plus pesant. On le trouve en Asie, en Afrique, en Europe ; mais particuliérement dans le Pérou, d'où on l'apporte en barres, ou en lingots, ou en poudre. On a coutume d'exprimer par le mot de *carat*, les degrés de pureté de l'Or. Le carat est la vingt-quatrieme partie de quelque quantité que ce soit d'Or pur : Par exemple le carat d'une once d'Or aussi purifiée qu'elle peut l'être, est d'un scrupule, ou vingt-quatre grains. Quand l'Or est tout-à-fait pur & qu'il ne diminue point à l'épreuve, on dit que c'est de l'Or à vingt-quatre carats ; mais s'il diminue d'une vingt-quatrieme partie, c'est de l'Or à vingt-trois carats ; s'il diminue de deux vingt-quatriemes parties ou d'un douzieme, on dit que c'est de l'Or à vingt-deux carats ; & ainsi de suite. On croit communément qu'il n'y a point d'Or à vingt-quatre carats ; parce qu'on ne peut pas si bien le purifier, qu'il ne reste encore quelque portion d'argent.

On purifie l'Or par la coupelle ; & par le départ : ces purifications sont les mêmes que celles de l'argent. Consultez ce qu'on en a dit dans l'article ARGENT.

Voyez aussi MINE.

Purification de l'Or par l'Antimoine.

Après avoir pesé la quantité d'Or que vous voudrez purifier, mettez-le sur un grand feu dans un creuset où vous le ferez rougir, vous y jetterez alors quatre fois autant d'antimoine en poudre, qui fera bien-tôt fondre votre Or. Les matieres impures se sépareront en scories. Quand vous verrez que la matiere qui est dans le creuset, fumera & jettera des étincelles, vous la verserez dans un culot de fer graissé & chauffé, ayant soin de frapper tout autour, afin de faire tomber au fond le regule. Lorsque le tout sera refroidi, renversez le culot, & séparez avec un marteau le regule d'avec les scories. Pesez ce regule, mettez-le fondre à grand feu dans un creuset, & jettez à peu près trois fois autant de salpêtre pour purifier l'Or de quelque portion d'antimoine. Poussez le feu avec violence autour du creuset, jusqu'à ce que les fumées étant passées, l'Or demeure clair & net en belle fusion. Alors vous le verserez encore dans un culot; après qu'il sera refroidi, vous le séparerez d'avec les scories; enfin vous le laverez & l'essuyerez avec un linge.

Pour affiner l'Or & l'argent ensemble, puis tirer chacun à part l'un de l'autre pour s'en servir à ce que l'on voudra.

Il faut premiérement préparer un vaisseau que l'on appelle communément une *casse*; laquelle est composée d'une jatte ou vaisseau de terre, selon sa grandeur, à proportion que l'on a de matiere; & l'emplir de cendres, sçavoir, un tiers de cendres d'os de cheval, un tiers & demi de cendres de lessive que l'on appelle *charrées*. Après les avoir bien fait recuire en boules, vous les passerez par un tamis avec un demi-tiers de cendres communes du feu. Délayez médiocrement toutes ces matieres avec de l'eau, ensorte qu'elles puissent se lier & s'incorporer ensemble; puis mettez-les dans la jatte ou vaisseau de terre, & frappez-les doucement jusqu'à ce que les cendres tiennent ferme par-dessus la jatte. Faites encore un creux au milieu pour y mettre ce que vous voulez affiner. Il faut bien sécher le vaisseau, à petit feu, au commencement sur les cendres; puis pousser le feu jusqu'à ce qu'elles soient bien seches; ensuite enfoncer le vaisseau dans des cendres jusqu'au bord, & l'entourer de briques, afin de le tenir ferme; puis y faire un bon feu de charbon, & le couvrir d'un vieux morceau de chêne; mettre du plomb par dedans à proportion de la quantité que vous avez de matiere, & selon qu'elle est basse d'aloi; car plus elle est basse & plus il faut de plomb, mais le plus ordinaire est d'une livre de plomb pour un marc d'argent, ou d'argent doré. Echauffez le plomb avec un soufflet jusqu'à ce qu'il soit tout découvert: alors mettez-y ce que vous voulez affiner, & continuez de souffler en dedans jusqu'à ce que le plomb soit tout évaporé. Vous le connoîtrez, à ce que vous verrez une nuée venir tout-à-coup couvrir l'argent qui reste, & qu'aussitôt il deviendra dur. Si vous appercevez quelque boursouflement par-dessus; c'est qu'il n'y a pas assez de plomb: auquel cas il y en faut remettre, & le réchauffer comme auparavant; & alors ce qui demeure d'Or & d'argent, est fin; mais ils sont tout en un corps: c'est pourquoi il faut les séparer; & pour cela refondre le tout dans un creuset, & quand il est si chaud qu'il rougisse, le jetter dans un chauderon plein d'eau. L'argent se met tout en grenailles; que vous ferez sécher sur le feu: puis vous mettrez cette grenaille dans un pot de grez avec deux fois autant de bonne eau de départ, (ou esprit de nitre) que vous aurez de grenaille; ce qui fait deux onces pour une once. Il le faut mettre sur un petit trepié de fer, sur le feu; boucher le pot avec un creuset, & le laisser bouillir jusqu'à ce que la fumée soit toute blanche; alors retirez le pot de dessus le feu, & aussi-tôt coulez l'eau dans une jatte ou vaisseau de grès, de grandeur proportionnée à la quantité de matiere; rinsez le pot plusieurs fois avec de l'eau, & versez toujours par-dessus la premiere eau doucement, jusqu'à ce que vous apperceviez votre Or bien net. Vous le verserez avec de l'eau dans une écuelle de grès; & vuiderez cette eau avec la premiere, parce qu'elle peut encore tenir de l'argent: vous jetterez l'Or dans un creuset, & le ferez secher, puis recuire; alors il sera fort bon à dorer. Pour l'eau que vous avez versée dans la jatte de grès pour en tirer l'argent, il faut y mettre une bonne planche de fin cuivre rouge selon la quantité que vous avez d'argent; car il faut que le cuivre pese toujours le double; & le laisser reposer vingt-quatre heures: puis couler l'eau doucement dans quelque pot de grès. Cette eau sert à dérocher l'Or. On en vend aussi aux Chirurgiens. Après cette opération, il faut faire tomber l'argent qui est attaché au cuivre, dans un creuset, le faire secher; puis le fondre avec du salpêtre ou du verre. Alors vous le pouvez travailler. Le billon ou bas argent s'affine de même; mais au sortir de la casse, il ne faut pas se servir d'eau forte; il faut seulement le résoudre pour en user quand on voudra.

Colorer l'Or.

Consultez l'article GRAVURE *sur métaux*.

Ravaler l'Or. Voyez sous le mot RAVALER.

Tirer de l'Or des Cailloux.

Si on calcine les cailloux blancs, ronds, & unis, qui se trouvent le long des rivieres; à un feu fort: on trouvera (dit-on) dans lesdites pierres, de petites plaques d'or fort minces, de la largeur de l'ongle.

Si on les met cruds en poudre fine, & qu'on mette cette poudre dans un creuset avec de petites plaques d'argent de la grandeur de l'ongle & fort subtiles, couche sur couche, & que la poudre soit de l'épaisseur d'un demi-travers de doigt; qu'ensuite l'on lutte bien le creuset que le lut étant sec, on donne un feu de roue pendant deux heures, en approchant les charbons de tems en tems: que sur la fin on couvre tout le creuset, de charbons allumés; & qu'on laisse le tout jusqu'à ce qu'il soit froid: lorsque l'on ouvrira le creuset, on trouvera l'argent augmenté de poids. On le trouvera aussi changé en espece d'or blanc, pourvû que l'on réitere quelquefois cette opération avec le même argent & de nouvelle poudre. Sur quatre onces d'argent on en peut séparer une dragme d'or, qui est à toute épreuve.

Séparer l'Or qui est dans le Mercure.

Prenez (dit-on) au mois de Mai quantité de rosée: Mettez-en dans un pot de terre qui soutienne le feu, telle quantité que vous voudrez. Jettez-y une livre & demie de mercure; (*notez* qu'il faut choisir le mercure qui participe de l'or: ce que vous reconnoîtrez, en en évaporant tant soit peu sur une cuiller d'argent, sur laquelle il doit rester une tache jaune). Cela fait mettez ce pot sur le feu; & faites-le bouillir en remuant toujours la rosée & le mercure avec un bâton de bois. Lorsque vous verrez que la rosée sera presque consumée, remettez-y-en d'autre, & remuez toujours avec le bâton pendant qu'elle bouillira. Remettez-y de la rosée, tant de fois que bon vous semblera: & à la derniere fois, laissez-la consumer presque toute. Avant qu'elle soit toute consumée, vuidez tout ce qui sera dans le pot, sur un peu de toile neuve avec une terrine au-dessous ; & pressez pour faire sortir tout ce qui voudra passer : ce qui restera sur la toile sera de l'or très-pur.

Donner au Cuivre la couleur d'Or.

Consultez l'article CUIVRE.

Mercure fixé en Or.

Consultez l'article MERCURE.

Dorer l'Argent.

1. Consultez l'article ARGENT.

2. Il faut avoir un demi-gros d'or le plus fin, réduit en petites pieces ; le mettre dans un petit creuset : & quand il se veut fondre, il y faut jetter une fois autant de mercure bien purifié & bien chaud, qu'il y a d'or. Le tout se mettra en pâte : de laquelle vous frotterez la piece, que vous aurez auparavant frottée avec de l'eau forte, avec une plume ou pinceau. Après quoi mettez votre piece sur du charbon allumé ; que vous soufflerez jusqu'à ce que le mercure soit évaporé ; & à l'instant vous la jetterez dans l'urine, & réitérerez, jusqu'à ce que la couleur vous plaise. Cette dorure est très-belle ; & bonne pour de la vaisselle, & pour des vases d'Église.

On peut argenter de même les métaux imparfaits ; en mettant de l'argent de coupelle à la place de l'Or.

Eau Excellente pour les Tireurs d'Or ; & pour Dorer avec l'Or moulu.

Prenez deux onces de colcothar de vitriol romain ; sel ammoniac, une once ; demi-once de verdet ; deux onces de tuthie ; une once d'orpiment. Pulvérisez le tout à part, aussi subtilement qu'il se pourra : mêlez bien le tout ensemble ; & faites-le dissoudre dans de bon vinaigre distillé. Faites-le infuser deux fois vingt quatre heures en remuant souvent ; afin que le vinaigre en tire bien toutes les teintures. Ensuite faites-le bouillir : & trempez votre lingot d'argent tout rouge dans ce bouillitoire, trois ou quatre fois. Polissez toujours votre lingot après l'avoir trempé ; & appliquez ensuite vos feuilles d'or à la maniere ordinaire. Après la premiere couche desdites feuilles, on peut encore le tremper dans le bouillitoire : qui est un tire-poil merveilleux, lequel attire le soufre de l'Or sur la superficie.

L'OR réduit en feuilles & appliqué sur plusieurs couches de couleur, sert à enrichir le dedans & le dehors des bâtimens. On appelle Or *Mat*, celui qui étant mis en œuvre n'est pas poli : Or *Bruni*, celui qui est poli avec la dent de loup ; & qui est employé en peinture pour détacher les chairs, des draperies ; & les ornemens, de leur fond : Or *Sculpté*, celui dont le blanc a été gravé de rinceaux & d'ornemens de sculpture : Or *Repassé*, celui qu'on est obligé de repasser avec du vermeil au pinceau, dans les creux de sculpture, ou pour cacher les défauts de l'or, ou pour lui donner un plus bel œil : Or *Brételé*, celui dont le blanc a été haché de petites bretures : Or de *Mosaïque*, celui qui dans un panneau est partagé par de petits carreaux, ou losanges, ombrés en partie de brun, pour paroître de relief : Or *Rougeâtre* ou *Verdâtre*, celui qui est glacé de rouge ou de verd, pour distinguer des bas-reliefs & ornemens d'avec leur fond : Or *à Huile*, l'or en feuilles appliqué sur de l'or couleur, aux ouvrages de dehors, pour mieux résister aux injures du tems, & qui demeure mat : Or *Moulu*, celui dont on dore au feu le cuivre & le bronze : Or *en Coquille*, celui qui ne sert que pour les desseins, & que l'on tient toujours dans des coquilles.

*Brunir l'*OR. *Voyez* l'article BRUNIR.

Pour faire l'Or Bruni sur le velin, aussi beau qu'on le faisoit anciennement : trouvé par De Fary [ou De Jary].

Prenez une once de bol fin, avec deux dragmes de sanguine fine, une dragme de pierre de mine de plomb, une demi-dragme de pierre noire, & autant de blanc de plomb. Le tout étant broyé, mêlez-le ensemble avec du blanc d'œuf battu en mousse, & reposé du jour au lendemain ; prenez ce qui en coule, & mettez-y tremper quatre ou cinq pepins de coing d'un jour à l'autre : cela étant un peu épais, laissez-le secher. Pour s'en servir, il faut le délayer avec de l'eau commune & bien broyer tout ensemble : il faut y racler, avec un couteau, un peu de savon, & si vous y mettez gros comme une noisette de bol, mettez gros comme un pois de savon ; il faut écrire avec une plume, & laisser secher l'écriture ; puis passer le pinceau par-dessus avec de l'eau claire seulement, & y appliquer l'Or en feuille, ou l'Or en coquille ; & quand il sera bien sec, le polir avec la dent de loup : observez qu'il doit être bien sec, avant de l'y passer, il faut plutôt attendre au lendemain. Prenez un papier blanc qui soit bien lissé ; mettez le côté lissé sur l'Or ; puis vous polirez pardessus le papier, l'Or qui sera en-dessous, afin qu'il soit fort uni : levez enfin le papier ; & lissez sans papier ; l'Or sera très-beau.

Pour faire de très-bel Or bruni.

Il faut que le bois des bordures ou autres pieces qu'on veut dorer, soit extrêmement uni : & afin de le polir davantage, passer l'oreille de chien de mer partout. Ensuite il faut l'encoler deux ou trois fois, de cole faite de rogneures de gants blancs ; & mettre neuf ou dix couches de blanc. Quand il sera bien sec, passez la prêle par dessus, afin qu'il soit plus doux. Après cela vous ferez tiédir sur le feu un peu de cole avec de l'eau, dans laquelle il faut tremper un linge fort délié, que vous épurerez, & le passerez encore sur le blanc. Ensuite il faut appliquer deux ou trois couches de l'Assiette dont nous parlerons dans un moment ; & davantage s'il n'a pas assez de couleur. Lorsqu'il sera bien sec, vous passerez dessus un linge sec, fortement, jusqu'à ce qu'il soit luisant. Vous aurez de l'eau-de-vie, la plus forte qu'il se pourra trouver ; & vous passerez sur l'Assiette un gros pinceau trempé dans l'eau-de-vie. Mais il faut que votre Or en feuille soit coupé tout prêt sur le coussinet ; afin de l'appliquer aussi-tôt que vous aurez passé le pinceau. Quand il sera sec, vous le polirez avec la dent de chien.

Consultez le mot DORER.

Pour faire le Blanc.

La cole étant faite, prenez du blanc de craye,

Rapez-le avec un couteau, ou broyez-le sur le marbre. Faites fondre & chauffer votre cole fort chaude : tirez-la de dessus le feu; & mettez-y du blanc suffisamment pour la rendre épaisse comme de la bouillie. Laissez-la infuser un demi-quart d'heure : & ensuite remuez-la avec une brosse de poil de cochon.

Prenez de ce blanc : & mettez-y encore de la cole, afin de le rendre plus clair, pour la premiere & seconde couche, qu'il faut appliquer en battant du bout de la brosse.

Observez de laisser bien secher chaque couche avant d'en mettre une autre. Si c'est du *bois*, il en faut bien douze : & si c'est du *carton*, six ou sept suffisent.

Cela fait, prenez de l'eau; trempez-y une brosse douce, égouttez-la entre vos mains, & frottez-en votre ouvrage pour le rendre plus uni. Aussi-tôt que votre brosse est pleine de blanc, il faut la relaver; & même changer d'eau lorsqu'elle est trop blanche.

On peut se servir quelquefois d'un petit linge mouillé; comme de la brosse.

Votre ouvrage étant bien uni, laissez-le secher. Lorsqu'il est sec, prenez de la prêle, ou un morceau de toile neuve; & frottez-l'en, pour le rendre doux.

Pour faire l'Assiette de l'Or & de l'Argent; propre à dorer d'une autre maniere.

Prenez un quarteron de bol fin bien choisi, qui s'attache à la langue, & soit gras sous la main. Mettez-le tremper dans l'eau, pour le faire dissoudre : puis broyez-le, en y ajoûtant gros comme une aveline, de crayon de pierre de mine; & gros comme un pois, de *suif de chandelle* : que vous préparerez ainsi. Faites-le fondre; puis jettez-le dans de l'eau fraîche, & maniez-le dedans, pour vous en servir. La grosseur d'un pois suffit à chaque broyée.

En broyant on peut jetter un peu d'eau de savon parmi le bol. Cette composition étant broyée, vous la mettrez dans de l'eau claire; que vous changerez de tems en tems, pour la conserver.

Lorsque vous voudrez vous en servir, détrempez-le avec de la cole fondue, un peu tiede : & si elle est aussi forte que celle dont vous avez blanchi, vous mettrez le tiers d'eau, & vous le mêlerez avec le bol, que vous rendrez de l'épaisseur de crême douce; puis vous l'appliquerez avec un pinceau sur votre ouvrage, en mettant trois ou quatre couches, que vous laisserez bien secher avant que d'en appliquer une autre. Lorsqu'il est bien sec, avant que de dorer ou argenter, frottez un peu avec un linge doux.

Quand on veut faire servir cette assiette à l'or, il y faut ajoûter un peu de sanguine.

Pour appliquer l'Or & l'Argent.

Mettez en pente la piece que vous voulez dorer, ou argenter; mouillez-en un endroit avec un gros pinceau trempé dans de l'eau claire : puis appliquez votre Or, que vous aurez coupé sur le coussin de cuir. Il faut le prendre avec du cotton, ou une palette de petit gris. Tout étant doré, laissez-le secher, sans l'exposer au soleil ni au vent. Étant suffisamment sec, brunissez-le avec la dent de chien.

Pour voir s'il est sec, éprouvez-le en passant la dent en de petits endroits. Si elle ne coule pas aisément, & qu'il s'écorche, c'est une marque qu'il n'est pas sec.

D'ailleurs, prenez garde qu'il ne le soit pas trop; car il donne plus de peine à brunir, & n'a pas tant d'éclat. Dans les grandes chaleurs trois ou quatre heures suffisent pour le secher; mais quelquefois il faut bien un jour & une nuit. Voyez sous le mot *Eau pour dorer*..... entre les *Manieres de teindre le* Bois.

Pour Mater l'Or.

Faites un vermeil avec de la sanguine, un peu de vermillon, & du blanc d'œuf bien battu : broyez le tout ensemble sur le marbre; & mettez-en dans les renfoncemens, avec un pinceau fort délié.

Liqueur de couleur d'Or pour mettre sur le bois, le fer, &c.

Consultez l'article Verni.

Pour faire prendre l'Or sur toutes sortes d'ouvrages.

Il faut prendre un fiel de bœuf que vous mettrez dans un petit pot avec la moitié d'un demi-septier de vinaigre & du sel une pleine coquille de noix, & faire bouillir le tout ensemble l'espace d'une demi-heure. Lorsqu'on veut s'en servir, on y trempe fort peu un linge pour frotter l'ouvrage sur lequel on veut appliquer l'Or.

Cette composition est aussi fort bonne pour des couleurs sur lesquelles on voudra appliquer un verni blanc; par exemple, pour le faire prendre sur un tableau déja peint, il le faut auparavant nettoyer avec la cendre d'azur, ou avec l'émail, ensuite le bien frotter avec un oignon & de l'eau, & après qu'il sera bien sec, y passer le fiel de bœuf préparé pour le verni.

Pour Dédorer toutes sortes d'ouvrages d'Argent sans les fondre; & en avoir l'Or, à son profit.

Si vous avez un marc d'argent doré, il faut faire dissoudre huit ételins de sel ammoniac que vous aurez cassé par petits morceaux, comme en poudre, dans un pot ou autre vaisseau de grès, avec trois onces d'eau forte à départir : quand le sel ammoniac est bien dissous, & que l'eau bout, il faut y mettre le marc d'argent doré; le laisser bouillir jusqu'à ce que cet argent soit tout noir; puis le retirer, & le jetter tout rouge dans l'eau forte : vous le remplirez d'eau douce; & y ajouterez trois onces de vif argent : faites tout rebouillir jusqu'à ce que l'eau soit claire; & le laissez reposer une heure, puis passez-le dans un linge : votre Or y demeurera seul. Ensuite vous renverserez l'eau doucement, & vous aurez votre vif argent, aussi bon à en faire ce que vous voudrez, qu'auparavant.

Pour Ressouder une piece d'Argent doré.

Voyez l'article Souder.

Donner au Bois la couleur d'Or.

Consultez ce mot entre les *manieres de teindre le* Bois.

Pour faire une belle Couleur d'Or.

Voyez ce titre, dans l'Article Couleur.

Faire paroître en Or les figures d'une Estampe.

Voyez sous le mot Estampe.

Or Couleur.

Voyez *Dorure à l'huile*; dans l'Article Dorer.

Or Potable des Philosophes : qui guérit la ladrerie, le mal caduc, la paralysie, l'hydropisie, &c.

1.

Mettez en cémentation sept vieux doubles ducats stratifiés avec une demi-dragme de sel gemme bien préparé, dans un creuset bien luté; ne leur donnant qu'un feu doux. Puis vous les laverez, dessécherez, & ferez rougir à grand feu, dans un creuset bien net & tout neuf. Etant bien rouges, éteignez-les dans de l'huile d'olives. Réitérant sept fois tout le procédé, les ducats seront calcinés, & en poudre qui teindra en couleur de saffran les doigts entre lesquels on l'étendra. Après quoi prenez une livre de sucre candi en poudre bien fine : & en faites alternativement des lits avec la chaux d'or susdite, dans une retorte de verre bien fermée; que vous ensevelirez dans un pot plein de sablon d'Étampes. Couvrez ce pot, pour conserver la chaleur; & lui donnez un feu léger de charbon, tant dessus que dessous, de chaleur semblable à celle du four quand on cuit le pain, sans être excessive, pendant vingt-quatre heures. Puis retirez-le, broyez la matiere dans un mortier de marbre, & la mettez dans une vessie trois fois aussi grande que son chapiteau. Ajoûtez-y une chopine d'eau-de-vie bien rectifiée; & laissez-les bien enfermés vingt-quatre heures durant sur un bon feu, de sorte que l'eau du bain-marie bouille toujours : & lorsque vous verrez au fond du récipient une substance blanche, qui est la chaux solaire, ce sera une marque que l'Or potable sera fait. Vuidez alors par inclination l'eau où est la teinture violette tirant sur le rouge & le jaune : dont un seul grain par jour ne tardera pas à guérir la ladrerie, & autres maladies abandonnées, & jugées incurables.

Or Potable d'un Italien : ou *Or Potable sans addition : dont les effets sont les mêmes que ceux du précédent.*

2.

Fixez le salpêtre rafiné avec le charbon, selon l'art; couvrant à chaque projection le pot qui doit être de fonte de fer, comme quand on fait le regule. Ce salpêtre étant fixé, pilez-le chaudement; & mettez-le résoudre à la cave, jusqu'à ce qu'il soit comme une bouillie. Pour lors mettez-le dans une cornue; versez par dessus une quantité égale de bonne huile de vitriol bien rectifiée, la versant goutte à goutte, de crainte d'ébullition; posez la cornue sur un feu de sable; & distillez par degrés. Quand le flegme sera sorti, & que les esprits commenceront à venir; augmentez un peu le feu; & continuez-le ainsi jusqu'à ce qu'il ne sorte plus rien. Alors augmentez encore le feu, pour en faire sortir tous les esprits; puis laissez-le refroidir; & enfin cassez la cornue : vous trouverez votre matiere blanche, que vous conserverez; qui sera le salpêtre fixé.

Mettez huit ou dix parties de ce sel, & une partie d'Or dans un creuset; que vous passerez au fourneau entre quatre ou cinq charbons allumés. Votre sel se mettra tout en huile. Continuez ainsi le feu jusqu'à ce que la matiere devienne ferme & dure, au fond du creuset. Pour lors augmentez le feu, comme si vous vouliez donner un feu de fusion; & laissez-le ainsi environ une demi-heure. Cependant vous tremperez de tems en tems un fil d'archal dans la matiere; qui deviendra jaune de couleur de citron, ensuite noire, puante, & enfin rouge. Lorsque la matiere sera en cet état, vous la renverserez dans un mortier chaud; & d'abord qu'elle sera refroidie elle deviendra noire, & se résoudra en liqueur verte comme une émeraude. Quand elle est en cet état, l'on s'en peut servir pour la santé. Mais pour la mettre dans sa perfection, il faut aussi-tôt que vous l'avez versée dans le mortier, la piler chaudement; & verser dessus peu à peu de l'eau de pluie ou de rosée : l'eau devient noire, & puante comme une charogne. Mettez votre vaisseau à digestion pendant quatre ou cinq jours; puis filtrez la matiere par le papier gris; votre eau sera verte. Retirez l'eau au sable par distillation jusqu'à siccité : il vous restera un sel jaune; qui sera aussi fusible que le beurre. Vous le prendrez & mettrez dans un fourneau avec un peu de charbon : il fondra comme de la cire. Continuez le feu jusqu'à ce ce que vous voyiez la matiere rouge au bout d'un fil d'archal. Alors vous la renverserez dans un mortier chaud, comme auparavant; vous la pilerez chaudement; & la jetterez dans de bon esprit de vin : qui deviendra d'abord rouge comme un rubis. Vous l'y laisserez en digestion quatre ou cinq jours. Puis filtrez l'esprit de vin; retirez-le ensuite par distillation : & au fond il vous restera une belle liqueur rouge, dont vous vous servirez comme s'ensuit.

Nota. On prétend que mettant une platine d'argent dans cet Or, ainsi réduit en liqueur & en Or potable, elle se trouvera convertie en Or : mais après cela cet Or potable ne pourra plus servir pour la santé.

Usage dudit Or potable, ou Médecine universelle pour toutes especes de maladies naturelles de vieillards, jeunes hommes & enfans : donnant au corps ce dont il a besoin, en humectant le sec & sechant l'humide, refroidissant le chaud, échauffant le froid, ouvrant ce qui est bouché, & endurcissant ce qui est mou. Il supplée à tous défauts; en purgeant; restraignant par sueurs, par crachats, ou par urine; & sur-tout en réparant l'humide radical consumé, soit par vieillesse, soit par excès.

Voyez Age, *n.* V.

La dose est depuis une goutte jusqu'à neuf ou dix, dans du bouillon chaud, vin, bierre, eau, ou lait; suivant la commodité du malade.

Si on donne cette dose, l'opération est insensible; il fortifie l'humeur radicale, & ôte la racine de toutes sortes de maux, par une opération merveilleuse; en le prenant tous les jours, ou de deux en trois jours. C'est un préservatif contre toutes maladies accidentelles; & un correctif de tous venins, & de toutes infections de l'air.

Si la dose est plus grande, l'opération sera plus forte par les sueurs, crachats, urines, & selles. Que celui qui usera de ce remede ou médecine universelle, prenne garde de ne pécher, ni par excès, ni par défaut; mais qu'il observe un milieu, & se tienne chaudement. Voici les circonstances

& la maniere dont il faut en user en toutes sortes de maladies.

Dans la peste ou fievre contagieuse, l'on en donne une petite goutte à un enfant; aux plus grands deux petites gouttes; aux grands & vigoureux deux ou trois gouttes. Durant la peste il faut doubler & tripler aux hommes; & couvrir les malades pour les faire suer copieusement. Cette maniere doit être observée dans toutes les maladies contagieuses, & toutes sortes de fievres quelles qu'elles soient.

L'on n'a besoin que de ce seul remede, aux douleurs de côté, & autres : chaque dose peut être alors jusqu'à neuf gouttes. Pour les convulsions des enfans, il faut aussi-tôt après l'accouchement en donner la plus petite goutte qu'on puisse, avec du lait ou du beurre frais; & le troisieme jour une petite goutte: & si après quelque tems on voit le paroxisme, on en redonnera encore autant. Les plus grands en peuvent prendre jusqu'à six gouttes, s'ils peuvent s'assujettir à en prendre tous les jours; mais au moins, de quatre jours l'un, jusqu'à parfaite guérison.

Cette porion guérit la lepre, la galle, la grosse vérole; pourvû qu'on augmente la dose, ensorte que l'on provoque la sueur, le vomissement & les selles. Et les malades en prendront de deux jours l'un, jusqu'à parfaite guérison: qui arrivera infailliblement à la cinquieme prise. Elle guérit la goute, l'hydropisie; pousse par une insensible transpiration tous les retours d'humeurs. Elle guérit toutes les obstructions du foye & de la rate; dont le sang se corrompant, envoye tant de maladies, comme le scorbut, la crampe, les érysipéles, les douleurs de tête, la foiblesse des membres, la mauvaise odeur de la bouche, la suffocation, la retention des regles, la palpitation de cœur, les défaillances, les syncopes, & les vertiges; si la maladie est d'un mois, elle sera guérie dans dix à douze jours; & si elle est fort inveterée elle sera emportée dans un mois au plus tard.

Nota. Il y a assez de Naturalistes, qui soutiennent que malgré les puissans effets que les Chymistes attribuent à l'Or potable, ses préparations ne peuvent être d'aucune utilité : attendu, disent-ils, que l'Or étant un métal très-compacte, il est impossible de le résoudre dans ses premiers principes; & dans la dissolution qui s'en fait par le moyen de l'eau régale, on ne fait que le diviser, & le raréfier en parties insensibles; qui recouvrent bien-tôt leur premier état par la fusion. D'ailleurs on dit avoir remarqué que quand on avoit pris de l'Or par la bouche, on le rendoit au même poids par les selles.

Voici donc en quoi l'Or peut avoir probablement quelque vertu par rapport à la Médecine; c'est que comme l'expérience nous montre que l'Or s'amalgame aisément avec le mercure, il est fort propre pour ceux qui ont pris une trop grande quantité de mercure. On peut encore l'employer utilement dans les coliques qus sont causées par la vapeur du plomb, comme il arrive aux Vitriers & aux Plombiers. Si on veut se servir de l'Or dans quelque composition, il faut employer les feuilles, qui servent aux Doreurs, parce qu'elles embellissent la composition en y paroissant en forme de paillettes.

Or de Vie.

Broyez-bien dans un mortier de marbre bien chaud douze onces de mercure purifié, avec deux dragmes de limaille d'or; y ayant jetté de l'eau froide par-dessus, vous les laisserez reposer. Lavez bien le tout à deux différentes fois; faites-le dissoudre dans l'esprit de vitriol, où vous le laisserez digérer pendant huit jours : après quoi vous le distillerez cinq fois; & la derniere jusqu'à siccité. Mettez cette matiere en poudre, faites-la rougir dans un plat verni; puis vous l'ôterez & la ferez secher. Conservez-la dans un bouteille.

La dose est de six grains pour les jeunes gens; & dix grains, pour les robustes; dans un véhicule.

Propriétés. Cet Or guérit les maladies vénériennes, la lepre, l'hydropisie, & les plus terribles maladies. Si on le mêle avec l'onguent, ou baume ci-dessous, il guérit promptement les chancres & les ulceres.

Baume d'Or.

Faites digérer dans du fumier, pendant un mois, deux dragmes d'Or en poudre, & six onces d'huile de mastic : séparez ensuite l'huile; & faites digérer l'Or avec de l'esprit de vin, pendant douze jours; distillez ensuite à feu doux : le baume reste au fond de la cornue.

Usage. Si vous oignez un chancre ou un ulcere avec ce baume, il guérira promptement. C'est encore un bon remede pour les convulsions, la foiblesse des membres, & l'apoplexie.

Teinture d'Or. Voyez CARDIAQUE. TEINTURE.

Menstrue pour tirer l'essence de l'Or. Voyez *Élixir de Saradec.*

Pour Désanimer l'Or.

Prenez quatre onces de bonne huile de vitriol; douze onces d'eau forte; six onces de sublimé corrosif: mettez le tout dans une cornue pour qu'il s'y dissolve : mettez dans la dissolution, une once d'or en chaux : distillez, & cohobez par trois fois. Après, vous retirerez votre dissolvant; & le mettrez dans un vase bien bouché : pour vous en servirà la même opération. Après cela vous verserez sur votre or qui sera resté dans la cornue, de bon esprit de vin ou de l'esprit d'urine; & vous mettrez le tout bien bouché en digestion, jusqu'à ce que l'esprit soit chargé. Les scories demeurent dans la retorte, blanches comme neige. Vous distillerez vos esprits pour en tirer la teinture : & vous aurez l'ame de votre Or, ou son véritable soufre; pour vous en servir dans les grandes maladies; & pour dorer.

[Nous n'avons garde d'adopter ces prétendus remedes tirés de l'Or. On fera sans doute très-bien d'employer ce qu'on aura de ce métal, à acheter ou préparer des remedes plus certains. Nous avons conservé les recettes ci-dessus, plutôt pour engager les lecteurs à se défier des promesses des Alchymistes, que pour suggérer la moindre confiance en des préparations qui, quoique faites avec un métal qualifié de précieux, ne valent pas les remedes que produit le fer].

ORA

ORACH. *Voyez* ARROCHE.

ORANGÉ (*Abricot*). *Voyez* au mot ABRICOTIER.

ORANGEAT. *Voyez* dans l'Article ORANGER.

ORANGER : en Latin *Aurantium* : en Anglois *Orange-Tree.* Ce genre de plantes porte des fleurs en rose, dont les pétales sont fermes, épais, oblongs; enfermés dans un calyce court, qui est d'une seule piece, dont le bord a cinq dents. Dans l'intérieur sont nombre d'étamines, souvent séparées nées en paquets à leur base : leurs sommets sont oblongs. L'embryon ou ovaire, est arrondi ; & sert de support à un style cylindrique, terminé par un stigmate en forme de tête. Le fruit, nommé *Orange*, est charnu, arrondi, applati par ses deux extrêmités. Les semences contenues dans les loges qu'environne la pulpe, sont à peu près ovales, & couvertes d'une enveloppe coriacée.

Les feuilles des Orangers sont simples, fermes, luisantes ; & ont à leur base un appendice ou talon. Les fleurs sont blanches, & chargées d'une odeur gracieuse & pénétrante.

Especes.

1. *Aurantium Ulyssiponense Ferrarii.* L'Oranger *de Portugal.* Cet arbrisseau originaire de la Chine, est commun en Portugal, où il conserve le nom d'Oranger de la Chine. Son fruit a une saveur douce.

2. *Aurantium acri medullâ, vulgare* Ferrar. La *Bigarade ; l'Oranger Aigre ;* que les Anglois nomment *Seville Orange.* Les branches sont épineuses, quand l'arbre n'a pas été greffé. Les appendices en forme d'aîles, qui sont à la base des feuilles, sont considérables. Les fruits ont une odeur vive & assez agréable : leur pulpe est chargée d'un suc acide & amer, qui néanmoins est agréable avec la viande.

3. M. Garidel (*Hist. des Plantes d'Aix*) croit que le nom de *Bigarrats*, convient à l'espece nommée par M. Tournefort, *Aurantium virgatum angustifolium :* que d'autres pensent être l'*Oranger Turc.* Sa feuille étroite, que quelques-uns comparent à celle du Saule, est terminée par une espéce de fort petit croissant.

Cet Auteur ajoûte que le n° 2 est l'*Arangi coumun* de Provence ; & que la pulpe en devient assez douce par la maturité, sans néanmoins se dépouiller jamais de toute acidité.

4. *Aurantium sylvestre medullâ acri* Inst. R. Herb. L'Oranger *sauvageon ;* qui vient de pepins semés indistinctement. Cet arbrisseau a de fort longues épines. Ses feuilles, souvent un peu plus étroites que celles du n°. 3, leur ressemblent pour le reste. Les fruits qu'il donne sont fort âcres. *Voyez* M. Garidel p. 52.

5. *Aurantium fructu multiplici* Inst. R. Herb. La *Riche Dépouille.* Ses fruits viennent par bouquets. Sa feuille est frisée ; & tombe aisément.

6. *Aurantium fructu maximo Indiæ Orientalis.* Le *Pumpelmoes* des Chinois. Ses feuilles sont fort larges ; & ses fruits bien arrondis, très-gros, & d'un beau jaune.

7. *Aurantium maximum* Ferrar. Le grand *Shaddock* ou *Schaddeck : la Pomme d'Adam ;* selon quelques-uns. Ses fruits ont l'écorce fort épaisse.

8. *Aurantium Sinente* Ferrar. L'*Oranger Chinois.* Il y en a dont le fruit est médiocrement gros ; & d'autres dont les Oranges sont fort petites, mais d'une saveur plus fine. * Garidel.

9. *Aurantium fructu suavissimo, Bergamium dicto.* La *Bergamote.* Ce fruit est exquis. Il a la forme, l'odeur, & la couleur d'une Poire : mais l'intérieur est constamment d'orange.

10. *Aurantium pumilum, subacri medullâ* Bartol. L'*Oranger Nain*, dont le fruit est gros comme une *Muscade.* Ses feuilles fort petites, viennent par paquets ; & les fleurs sont si près les unes des autres, qu'elles couvrent les branches.

11. Il y a grand nombre d'autres especes ou variétés. Ainsi M. Otter rapporte que l'on cueille dans les Jardins de Sus, des *Oranges qui ont la figure des doigts de la main.* Il y a des Orangers dont les feuilles son panachées de jaune & blanc ; d'autres, dont le fruit a des éminences irrégulieres, assez ressemblantes à des cornes ; ceux qui donnent des *fleurs doubles* ; &c.

Usages.

On mange communément crues les Oranges douces. On les coupe aussi en travers par tranches minces, que l'on assaisonne de sucre & d'eau-de-vie : on les mêle encore de la sorte avec des pommes de calvil. Leur écorce qui est fort aromatique passe pour indigeste : mais on la donne confite au sec, comme un stomachique agréable, & propre à corriger les ventosités & à consumer les flegmes.

Voyez sous le mot CONFITURE.

Plus l'écorce est épaisse, plus elle est propre à confire : ce qui compense en partie l'avantage qui manque alors au fruit du côté de la délicatesse de la chair.

L'écorce du *n.* 7 est particuliérement bonne à confire.

En général les Oranges douces adoucissent la poitrine, & entretiennent la liberté du ventre. Le jus de celles qui sont aigres rafraîchit beaucoup, tempére l'ardeur de la bile, excite l'appétit, & est très-utile dans l'espece de scorbut qui demande des remedes rafraîchissans & tempérans. Ermuller préfére les Oranges douces, aux autres, pour le scorbut : M. Garidel soupçonne que les Oranges douces, en faisant fermenter les humeurs, feroient moins utiles que celles qui sont aigres ; & en conséquence, il propose au moins de ne faire usage que du syrop des Oranges douces, pour le scorbut, quand on sera d'un avis contraire au sien.

Des gens qui passent pour connoisseurs prétendent que les meilleures Bigarades sont celles dont l'écorce est la plus remplie d'inégalités, en maniere de cornes. L'écorce de ces fruits est très-âcre, & fort aromatique ; fébrifuge, propre à corriger l'acidité des humeurs, à inciser & atténuer les viscosités qui produisent la colique ; bonne contre les vers, & utile dans la cachexie, la jaunisse, & les affections scorbutiques : on peut en mêler la poudre dans des opiates. On en tire, par la distillation, une huile qu'Etmuller vante beaucoup pour la suppression d'urine ; soit qu'on en prenne intérieurement, soit qu'on en fasse une onction sur la région ombilicale.

On prétend que les semences ou pepins d'Oranges sont un bon remede vermifuge. M. Garidel dit que l'on s'en sert avec succès en émulsion, pour les fievres malignes.

L'*Eau* distillée *de fleurs d'Orange*, est recommandée en Médecine. *Voyez* le Tome I. pp. 824 & 856.

L'Essence des mêmes fleurs est alexitere, & plus cordiale que l'eau distillée.

Voyez CONSERVE *de fleurs d'Orange.* CONSERVE *de rapure . . . . d'Orange.* CRÊME *à la fleur d'Orange. Poudre* ODORANTE *de fleurs d'Orange,* ŒUFS *à l'Orange.* RATAFIA *de fleurs d'Orange.*

Pour faire de la fleur d'Orange en feuille ou en bouton ; même en petite branche.

Il faut prendre quatre ou cinq livres de fleur d'Orange : & afin que tout devienne profitable, les mettre dans un alembic avec huit pintes d'eau : vous luterez bien : & distillerez jusqu'à ce que vous en ayez tiré deux pintes d'eau de fleurs d'Orange. Alors ôtant l'alembic de dessus le feu, vous le déluterez ; & mettrez égoutter sur un tamis la fleur d'Orange, qui sera cuite. Quand elle sera égouttée, vous la jetterez promptement dans de l'eau fraîche, & par-dessus un peu de jus de citron, qui la blanchira. Vous y pouvez mettre non-seulement des boutons, des bouquets entiers, mais encore des feuilles. Vous mettrez ensuite ces substances dans un syrop fort léger, qui ne doit être que tiéde; & les y laisserez prendre sucre. Quand ils seront froids, vous égoutterez le sucre, le plus que vous pourrez; lui ferez jetter trois ou quatre bouillons; le tirerez de dessus le feu; le laisserez refroidir; & quand il sera tiéde, vous le mettrez sur vos fleurs d'Orange, & les remuerez afin qu'elles se réchauffent: le lendemain vous les mettrez égoutter; puis vous ferez cuire votre sucre en syrop; & ensuite l'ôterez de dessus le feu. Puis, lorsqu'il sera encore plus chaud que tiéde, vous le verserez dans le vaisseau où seront vos fleurs, & le remuerez afin qu'elles prennent bien le sucre. Quand elles seront froides, vous les mettrez égoutter; & les dresserez sur des ardoises, feuilles de fer blanc, ou petites planches; mettrez par-dessus du sucre en poudre, au travers d'une toile de soye; les porterez ensuite à l'étuve; & les ferez sécher, ayant soin de les retourner. Lorsqu'elles seront seches, vous les mettrez sur un tamis, & y secouerez du sucre en poudre avec la toile de soye; puis les mettrez à l'étuve pour les faire sécher parfaitement.

Si vous voulez faire de la marmelade de fleurs d'Orange, avec les pétales des fleurs distillées, vous les presserez bien dans une serviette pour en ôter toute l'eau, après les avoir bien lavé autant que vous pourrez; puis vous les mettrez dans un mortier, où vous les ecraserez & pilerez à moitié: pour les blanchir vous les arroserez de jus de citron plus ou moins selon la quantité que vous aurez de ces fleurs: pour une livre de cette marmelade, vous prendrez trois livres de sucre bien clarifié, que vous ferez cuire à la plume, & y jetterez ensuite les fleurs. Lorsque le sucre sera un peu reposé, vous remuerez avec une spatule, afin que le tout s'incorpore avec le sucre; puis vous le mettrez dans des pots, le laisserez refroidir, & le boucherez bien.

Si vous voulez la faire sans qu'elle ait passé à l'alembic, vous la mettrez cuire dans une poële à confitures, en grande eau: lorsqu'elle sera cuite, vous la jetterez dans de l'eau fraîche, (ou dans d'autre eau bouillante; elle en sera plus blanche) avec un jus de citron par-dessus; vous la mettrez égoutter, & la ferez de même que ci-devant. Vous pouvez la garder liquide, de la même façon.

Orangeat.

L'orangeat se fait comme la limonade: on y emploie les Oranges douces. Si les Oranges sont bonnes, & qu'elles ayent bien du jus, il n'en faut que trois ou quatre, avec huit ou dix zests pour lui donner du goût; & y mettre du sucre comme à la limonade. Quand on aime l'odeur, on peut y mettre un peu de musc, & d'ambre préparé: mais il en faut si peu, qu'il ne paroisse pas qu'il y en ait.

Culture des Orangers.

Soit qu'on éleve des Orangers en semant les graines ou pepins, soit qu'on cultive ceux qu'on fait venir des pays éloignés; on fera bien de leur donner une *terre préparée*, dont voici la composition. Prenez un tiers de crotin de brebis ou de mouton, réduit en poudre, & consommé pendant trois ou quatre années; un tiers de terre grasse & forte, telle que seroit la terre d'un pré ou d'une chéneviere; enfin un tiers de terreau de vieille couche, & de marc de raisin, ou de feuilles d'arbres pourries: mêlez le tout ensemble, & passez ce mélange à la claie. Il est bon de ne point exposer cette terre à la pluie; c'est pourquoi il la faut composer dans un lieu couvert.

On doit ici éviter également les deux extrémités: si l'on ne donne que du terreau ou de la poudre, comme font quelques Jardiniers, cette terre n'ayant point assez de corps, ne suffit pas pour la nourriture des Orangers. Ajoûtez à cela qu'elle ne peut faire de motte; & que par conséquent il est très-difficile d'encaisser un arbre, lorsqu'on est obligé de le faire. Si au contraire on joint à la terre commune les boues qu'on tire des égouts, ou qu'on ramasse dans les rues; des curures de mares; de la poudrette; du marc de vin; de la fiente de pigeon; & autres choses semblables: l'expérience a montré que ce mélange nuisoit beaucoup à l'accroissement des Orangers. C'est ce qui fait qu'on doit s'en tenir à la terre dont on vient d'indiquer la composition: le crotin fournit de la chaleur, la terre grasse qui est remplie de sels fait pousser de beaux jets, & le terreau donne de la légereté.

Lorsqu'on n'a pas la commodité de préparer ainsi la terre, on peut se servir de l'espece de terreau qui se fait de la boue des rues; mais il faut qu'il ait passé deux ou trois années au grand air, afin qu'il soit bien mûr: & quand on veut s'en servir, on le passe à la claie. Ce terreau est fort propre pour les Orangers, & autres arbres qui sont en caisse.

Nota. Quoique les Orangers demandent généralement un terrein un peu sec, M. le Page observe qu'ils ont réussi à la Louisiane dans le terrein plat & humide de la Nouvelle Orléans.

Pour semer, on choisit ordinairement de belles bigarrades bien mûres; & on en prend les pepins, qu'on seme au mois de Mars dans des caisses ou pots pleins de terre préparée. On met ces pepins deux ou trois doigts avant dans la terre, & à trois pouces environ de distance l'un de l'autre. Lorsqu'ils poussent en trop grande quantité, on les éclaircit en arrachant les plus gênés. Au bout de deux ans, ces pepins forment des sauvageons qui sont bons à replanter séparément avec leur motte, soit dans des pots de terre, soit ailleurs où ils se trouvent plus à l'aise. Quand on en a eu grand soin pendant leur jeunesse, on peut les greffer au bout de cinq ou six ans.

Pour cela il faut pendant ces premieres années, les sarcler, leur donner des labours, & les arroser de tems à autre. On doit aussi enfoncer les pots où ils sont, dans des couches chaudes; & pendant l'hiver les tenir dans une serre bien close & chaude.

On greffe ordinairement l'Oranger sur l'Oranger. Cette greffe se fait en écusson; ou en approche. La premiere se fait à œil poussant, dans le mois de Mai; & à œil dormant, aux mois de Juillet, Août & Septembre. Cette maniere de greffer est la même que pour les autres arbres fruitiers: il est cependant à remarquer que l'écusson, dans l'Oranger, doit avoir la pointe en haut; on doit faire ensorte, quand on le taille, que l'œil se trouve dans la même situation, le bouton & le jet dressés vers le ciel. Il y a encore une chose à observer, c'est que l'incision sur le franc doit être coupée différemment; sçavoir, la fente de travers, en bas, comme un ⊥ renversé. Ceci se pratique de la sorte à l'égard des Orangers; afin que l'eau, qui leur est pernicieuse, n'entre point par la grande ouverture.

La greffe en approche se fait aux mois de Mai & Août, dans les deux seves: On approche les deux arbres qu'on veut greffer, l'un près de l'autre; on coupe la tête du sauvageon (qui, pour cela, doit être passablement gros); on y fait une fente pour recevoir la branche de l'Oranger que l'on suppose être d'une longueur convenable: on entaille cette branche, & on la fend en long par la moitié, ce qui forme un bout long d'environ un pié. On aiguise ce bout pour le faire entrer dans le milieu de l'entaille, comme on le pratique à la greffe en fente. Si le sauvageon est vieux, on fait entrer cette greffe dans l'entre-deux du bois & de l'écorce, de même qu'on le fait à la greffe en couronne.

Un Oranger qui n'a que six mois, & que l'on éleve dans un très-petit pot, peut être greffé en approche à cet âge par une personne fort adroite & capable d'opérations délicates. Six mois après, cette jeune plante, toujours bien soignée, peut donner des fleurs.

Les *Caisses* des Orangers doivent être proportionnées à la grandeur & à la grosseur de ces arbrisseaux. Si elles sont trop larges & trop profondes, l'arbre ne poussera qu'en racines, & ne s'occupera qu'à remplir sa caisse. Si elles sont trop petites, il sera gêné; & manquant de nourriture, bien loin de croître, il dépérira.

Lorsque les Orangers sont d'une grosseur considérable, il faut que leurs caisses puissent s'ouvrir par les deux côtés, moyennant deux barres de fer & des crochets; ce qui facilite de leur donner un demi-change, quand on le juge nécessaire; & de nettoyer le fond de la caisse, de la boue qui s'y forme, & qui pourrit peu à peu les racines. Pour l'ôter, il faut pencher la caisse, tirer la boue, & mettre de bonne terre à la place.

Si l'on croit que la terre d'une caisse soit usée, il faut mettre l'Oranger dans une autre caisse, garnie de terre neuve, & bien préparée.

Le fond des caisses doit être de bois de chêne; pour être plus solide, & n'être pas exposé à se pourrir par les arrosemens.

Pour rencaisser un Oranger, vous mettrez d'abord des briques, pierres, ou platras de la grosseur du poing, au fond de la caisse; pour laisser du jour entre la terre & le fond, donner à l'eau un passage sous la caisse, & empêcher par ce moyen qu'il ne se forme du mortier au fond. Ensuite vous la remplirez de terre, que vous aurez soin de bien plomber, & presser fortement avec les pieds. Après cela vous taillerez la motte de l'Oranger, ensorte qu'elle soit proportionnée à la caisse. Mais avant que d'y placer l'Oranger, vous ferez rafraîchir sa motte dans de l'eau, pendant environ un demi-quart d'heure, ou autant de tems que vous le jugerez nécessaire. Puis l'ayant posé dans la caisse, vous aurez soin de bien plomber la terre que vous mettrez tout autour de la motte, par le moyen d'un gros bâton; afin d'affermir l'arbre, & qu'il ne puisse être ébranlé par le vent. Il faut prendre garde qu'il ne s'enfonce pas trop dans la terre, & que le haut des racines soit à découvert. Cela fait, vous *lessiverez* l'Oranger; c'est-à-dire, que vous l'arroserez assez abondamment pour que l'eau découle par dessous la caisse: c'est ainsi qu'il faut toujours arroser les Orangers; mais il faut bien observer de ne les arroser jamais, que quand ils en ont besoin.

Si vous avez encaissé de petits Orangers qui soient venus de loin, & que vous remarquiez qu'ils ayent beaucoup de peine à pousser; vous connoîtrez aisément ceux qui doivent périr, en les mettant avec leurs caisses, dans une couche de fumier chaud. Cela se pratique ordinairement au mois de Mai; & on les laisse ainsi enterrés, pendant huit ou dix jours. Ceux qui pourront reprendre pousseront des feuilles & de nouveaux jets; les autres au contraire sécheront sur pied. Il faudra retirer les premiers aussi-tôt qu'ils se seront déclarés; parce que si on les laissoit sur la couche, ils seroient bientôt brûlés par la chaleur du fumier. Il faut observer de ne pas les exposer à l'ardeur du soleil; mais de les mettre dans un endroit où ils ne puissent recevoir ses rayons que deux ou trois heures par jour.

Il ne faut pas attendre que les caisses soient pourries & rompues, pour donner un *demi-change* aux Orangers. Il le faut faire tous les trois ou quatre ans; ou aussi-tôt qu'on remarque que leur terre est usée: car alors il faut fouiller autour de leurs racines, en ôter toute la mauvaise terre, & en mettre de bonne à la place; ayant soin de la bien plomber avec un gros bâton comme nous l'avons enseigné ci-dessus. Ce changement donne de la vigueur aux arbres; nourrit & fait reverdir les feuilles, qui auparavant étoient maigres & recoquillées; & fait produire des fleurs beaucoup plus larges & plus vives que les années précédentes.

Comme on cultive les Orangers pour l'ornement, on doit se proposer dans leur taille, de leur procurer une belle tête; qui soit ronde, & approchante de la figure d'un champignon. *Voyez* AVACHIR. Il ne faut pas leur laisser trop de bois, mais les bien décharger, surtout par dedans; ne laissant jamais plusieurs jeunes branches ensemble, parce que cela donne à l'Oranger un air de prunier. Plus vous déchargerez les Orangers, plus ils seront vigoureux.

Quand *on cueille la fleur*, il en faut laisser peu, & seulement sur les branches fortes; afin que les fruits soient plus beaux. Si vous voulez qu'un Oranger fleurisse pendant l'hiver, il faut le pincer au mois de Septembre: & si vous voulez lui faire pousser des jets & des feuilles, il faut couvrir le dessus de la caisse avec du crotin de mouton; l'y laisser pendant six semaines seulement: & ensuite l'ôter, de peur qu'il ne brûle les racines de l'arbre.

Pendant l'hiver on a soin de tenir les Orangers renfermés dans une serre pour les garantir du froid. Mais à la mi-Mai on les en fait sortir; pour les ranger dans le plus bel ordre qu'il est possible. L'exposition qui leur convient le mieux, est le Levant ou le Midi. On les laisse dans le jardin, ou dans l'Orangerie, jusqu'à la mi-Octobre; qu'on les renferme dans la serre. *Voyez*, ci-dessous, ORANGERIE.

MALADIES DES ORANGERS.

Lorsqu'un Oranger est malade, il faut le mettre dans quelque endroit à l'ombre, où il ne reçoive les rayons du soleil que deux ou trois heures par jour.

Quand la *Punaise* se met aux Orangers, elle forme sur l'écorce une crasse, qui tire tout le suc du bois, & fait secher l'arbre, ou le rend tout rabougri. Pour chasser cette vermine, il faut frotter les branches qui en sont infectées, avec une forte brosse, trempée dans de bon vinaigre; ou mettre tremper dans un tonneau, ou autre vaisseau plein d'eau, de l'hysope, de la rue, de la sauge, du thim, du romarin, de la lavande, de l'aurone, & autres herbes odoriférantes; & arroser de cette infusion les endroits de l'arbre qui sont attaqués de la punaise. Il est sûr que cet arrosement la fera mourir. Un bon moyen est de délayer beaucoup de fiel de bœuf dans plusieurs seaux d'eau, & y bien tremper & laver la tête des Orangers.

Pour faire mourir les *Fourmis*, vous frotterez à un demi-pied de terre, environ la longueur de six pouces de la tige, avec du tartre. Cette drogue les empoisonnera; & les empêchera de monter. *Consultez* l'article FOURMI.

ORANGERIE. C'est une galerie, de plain pied à un jardin ou à un parterre, exposée au midi, & bien close de chassis; destinée à serrer les orangers pendant l'hiver. L'Orangerie de Versailles, avec aîles en retour, & décorée d'un Ordre Toscan, est une des plus magnifiques que l'on ait bâties.

On appelle *aussi* Orangerie le parterre où l'on expose les Orangers durant la belle saison.

Orangerie se dit *encore* des Orangers même, enfermés dans des caisses. Ainsi l'on dit qu'une personne a vendu son Orangerie : c'est-à-dire, tous ses Orangers.

ORC

ORCANETTE. *Voyez* l'article BUGLOSE.

ORCHIS. Ce nom désigne un genre singulier de plantes, dont les especes varient beaucoup; les unes par leurs racines, les autres par les éperons, le nectarium, & par la fleur elle-même; ou par les feuilles.

Les caracteres génériques, communs à toutes les especes, sont, 1°. d'avoir pour racine deux tubercules charnus, (quoique diversement figurés), qui souvent ne sont unis que par leur partie supérieure, & garnis de fibres en cet endroit. 2°. Le microscope découvre des pores circulaires dans les feuilles; & au milieu de leur volume, un bout de vaisseau, ouvert circulairement. 3°. Les fleurs sont à six pieces irrégulieres & de la famille des liliacées. La disposition des cinq pétales supérieurs, forme une espece de casque : & celui d'en bas varie beaucoup en figure.

Toutes ces plantes (hors peut-être une seule) fleurissent depuis le mois de Mai jusqu'en Juillet. Ce mois passé, on ne les trouve qu'en graine; & elles passent entiérement bientôt après. L'espece connue sous le nom d'*Orchis Spiralis alba odorata*, J. B. qui a la feuille longue & étroite; fleurit en Août & Septembre.

On compte au moins cent différentes especes d'Orchis; dignes de l'attention des curieux. Il y en a dont le pétale inférieur forme une tête d'animal; une queue; un homme nud; un papillon; un bourdon; un singe; un lézard; un pigeon; un perroquet; une mouche, une araignée; &c. Celles qu'on nomme *Orchis Militaris*, représentent l'ancien habit militaire, espece de rhedingote; dont on n'y voit que le capuchon, les bras, & les pans de devant. Le calyce des Orchis est ordinairement un tuyau cylindrique : il devient un fruit ou vase garni de trois ouvertures; dont chacune est formée par une valvule, à laquelle sont attachées les semences qui sont menues comme de la poussiere. Les racines des Orchis sont communément coniques, en forme de glandes ou de testicules (Orchis est un mot Grec, qui signifie *Testicule*); d'autres sont des especes de mains, dont les extrêmités sont distinguées comme en doigts. La forme de testicule a donné le nom au genre, comme nous venons de l'observer : & de plus, on a appellé certaines especes *Testicules de Chien; de Bouc; de Renard.* Des deux testicules, l'un est plein & frais, l'autre fongueux, ridé, flétri, & plus petit. On voit quelques especes qui ont trois tubercules allongés : telle est l'*Orchis Spiralis, alba, odorata*, de J. Bauhin. Il y en a une qui vient aux environs de Rouen, laquelle a un seul tubercule; & que pour cela on nomme *Monorchis*, comme les précédentes sont dites *Triorchis.* Une autre même, dont la fleur appartient constamment à ce genre, n'a qu'une racine en navet : ce qui fait qu'on l'appelle *Orchis Castrata; & Satyrium eunuchum.*

La tige des Orchis est communément haute d'environ un pied, ronde, striée. A son sommet est pour l'ordinaire un épi de fleurs, plus ou moins serré, tantôt court, tantôt long, tantôt formant une espece de tête. La couleur de ces fleurs varie beaucoup; & en diversifie les parties. Quelques Orchis n'ont que deux feuilles; il y en a davantage en d'autres; mais toujours alternes. On en voit dont les feuilles sont tachées réguliérement de points rougeâtres, ou presque noirs.

Usages.

Outre la singularité des fleurs; les Orchis ont l'avantage d'être utiles en Médecine. On attribue aux *Orchis Militaris*, & à plusieurs autres, la propriété de guérir les ulceres de la bouche; par leurs racines qu'on y applique avec du miel, après les avoir fait cuire dans du vin. Ces mêmes racines, confites, échauffent (dit-on) la matrice, & contribuent à procurer la fécondité aux femmes. On présume en général que tous les testicules d'Orchis sont propres à augmenter la semence, & fortifier les parties de la génération, dans les deux sexes. Leur poudre se prend pour cet effet, à la dose d'une demi-dragme, dans un verre de bon vin. L'on en fait aussi un électuaire, dit *de Satyrio*; mais dont l'effet peut dépendre des ingrédiens chauds, âcres, spiritueux, & volatils, que l'on joint aux racines d'Orchis. On met ces racines au nombre des plantes alexiteres & cordiales.

Les especes les plus usitées en Médecine, sont, 1°. l'*Orchis Militaris major* (Instit.) : dont la racine, étant récente, a une odeur de bouquin; mais cette odeur se dissipe, ensorte qu'on peut manger la racine sans répugnance, lorsqu'elle est seche. La feuille de cet Orchis imite celle de l'*Ophris*; & se plie en deux. La seconde espece dont on se sert, porte une fleur blanche, pointillée légérement dans l'intérieur. Elle vient dans des bruyeres. C'est l'*Orchis Palmata montana*, de G. Bauhin.

Les noms de *Satyrias*, *Serapias*, &c. n'appartiennent pas plus réellement à une espece qu'à une autre. Ce sont des dénominations arbitraires.

Culture.

Les Curieux s'occupent principalement à cultiver les especes dont la fleur représente une abeille, une mouche, un lézard, &c. On aime encore une espece plus commune, qui est pourpre, & se trouve dans des prairies.

Il faut les transplanter avec toute la motte de terre qui environne les racines : & choisir pour cela précisément le tems où leur fleur commence à paroître.

En général les Orchis se plaisent dans une terre humide, légere, & exposée au nord. On les trouve souvent dans les bois, les parcs, les prés, les montagnes humides. Leur racine demande communément à être au moins à cinq doigts de profondeur en terre. On en met dans des pots. Ceux que l'on plante en pleine terre, doivent avoir quatre bons doigts de distance entr'eux.

On les multiple de cayeux, que l'on leve en Septembre pour les replanter aussi-tôt.

Il y a des *Plantes qui ressemblent aux Orchis*. On voit dans Breynius une *grande Jacinthe d'Afrique*, qui pousse deux feuilles comme celles d'Orchis & tachées de même; & dont la fleur est irréguliere, & imite un peu celle d'*Orchis spiralis alba, odorata*. Mais on n'y trouve que le caractere des fleurs de Jacinthe.

Il vient sur les Alpes, une petite Valériane; que l'on nomme aussi *Nard de Montagne*, à cause des racines qui sont odorantes. Ces racines sont deux tubercules comme ceux des Orchis, & garnis de filamens. Mais tout le reste de la plante appartient au genre des Valérianes. *Voyez* Nard *de Montagne*. Consultez encore l'article Herbe *à deux Feuilles*.

ORD

ORDINAIRES *des Femmes*. Voyez Mois.

ORDRE : *Terme d'Architecture*. Arrangement régulier des parties saillantes (dont la colonne est la principale) pour composer un bel ensemble. L'Architecture n'a que cinq Ordres qui lui soient propres; sçavoir, le *Toscan*, le *Dorique*, *l'Ionique*, le *Corinthien*, & le *Composite*. L'Ordre *Toscan* est le plus simple & le plus solide; sa colonne a la hauteur de sept diametres; son chapiteau & sa base sont sans ornement, & avec peu de moulures; ainsi que son entablement. Sa base n'a qu'un tore. Le *Dorique* est le second Ordre, & le plus proportionné selon la Nature. Il ne doit avoir aucun ornement sur sa base, ni dans son chapiteau; la hauteur de la colonne est de huit diametres; sa frise est distribuée par triglyphes & métopes. L'Ordre *Ionique* tient la moyenne proportion entre la maniere solide & la délicate. Sa colonne a neuf diametres de hauteur; son chapiteau est orné de volutes, & sa corniche de denticules. L'ordre *Corinthien* est le plus riche & le plus délicat; inventé par *Callimachus*, Sculpteur Athénien. Son chapiteau est orné de deux rangs de feuilles, & de huit volutes qui en soutiennent le tailloir; sa colonne a dix diametres de hauteur, & sa corniche est ornée de modillons. L'Ordre *Composite* est ainsi nommé, parce que son chapiteau est composé de deux rangs de feuilles du Corinthien, & des volutes de l'Ionique. On l'appelle aussi *Italique* ou *Romain*, parce qu'il a été inventé par les Romains. Sa colonne a dix diametres de hauteur; & sa corniche est ornée de denticules ou modillons simples.

Voyez Chapiteau. Architrave.

Ordre Composé, se dit de toute composition arbitraire & différente de celles qui sont réglées par les cinq Ordres ci-dessus : comme l'Ordre du dedans de l'Église de S. Nicolas du Chardonnet à Paris; & comme il s'en voit dans les ouvrages d'Architecture du Cavalier *Boromius* à Rome.

Il y a d'autres sortes d'Ordres diversement nommés. Tels sont l'Ordre *Rustique*; qui est avec des refends ou bossages, comme ceux du Palais d'Orléans, dit *Luxembourg*, à Paris : L'Ordre *Attique*; petit Ordre de pilastres de la plus courte proportion, avec une corniche architravée pour entablement; comme celui du Château de Versailles au-dessus de l'Ionique, du côté du jardin. L'Ordre *Persique* est celui qui a des figures d'Esclaves Persans au lieu de colonnes, pour porter un entablement: On voit dans le Livre du *Parallele* de M. de Chambray, un de ces Esclaves qui porte un entablement Dorique; & qui est copié d'après l'une des deux statues antiques des Rois des Parthes, lesquelles sont aux côtés de la porte du Salon du Palais Farnese à Rome. L'Ordre *Caryatique* ou des *Caryatides*, est celui qui a des figures de femmes à la place des colonnes; comme il s'en voit au gros Pavillon du Louvre, lesquelles sont de *Jacques Sarasin*, Sculpteur du Roi. L'Ordre *Gothique* est si éloigné des proportions & des ornemens antiques, que ses colonnes sont ou trop massives en maniere de piliers, ou aussi menues que des perches, avec des chapiteaux sans mesures, taillés de feuilles d'acanthe épineuse, de choux, de chardons, &c. L'Ordre *François* est celui dont le chapiteau est composé des attributs convenables à la Nation, comme des têtes de coq, des fleurs de lys, des pieces des Ordres militaires, & qui a des proportions Corinthiennes; comme l'Ordre *François* de la grande Gallerie de Versailles, du dessein de M. le Brun, Premier Peintre du Roi.

Les Ordres dans l'Architecture, sont donc divers ornemens, mesures & proportions des colonnes & pilastres, qui soutiennent ou qui parent les grands bâtimens. Parmi les cinq Ordres, le Toscan & le Composite sont Romains : les trois autres sont Grecs, & représentent les trois différentes manieres de bâtir; la solide, la délicate, & la moyenne. Les deux Ordres Italiens sont des productions imparfaites des trois autres Ordres. Quelques-uns ne comptent que trois Ordres; le Toscan & le Composite s'éloignant si peu du Dorique & du Corinthien, qu'ils ne méritent pas de faire deux ordres différens.

On doit disposer tous ces Ordres, ensorte que le plus gros & le plus fort se trouve toujours au-dessous du plus foible; parce qu'ainsi le bâtiment se soutiendra mieux, ayant un fondement d'autant plus assuré. Ainsi l'Ordre Dorique portera toujours l'Ionique, l'Ionique le Corinthien, & le Corinthien le Composé. *Voyez* Architecture.

ORE

ORÉE. On appelle souvent ainsi le bord d'un bois. » Les braconiers se mettent à l'affut à l'O- » rée du bois, pour observer s'il n'y a pas de gar- » des qui les attendent au débouché.

OREILLE. Organe de l'Ouie. La partie extérieure des Oreilles de l'homme est presqu'entiérement formée d'un cartilage très-ample & très-façonné, qui est comme la base de toutes les autres parties.

Lorsque les Oreilles n'ont pas été contraintes par des bandes durant l'enfance, elles se courbent presque toujours en devant. Elles sont bordées d'une espece d'ourlet, qui fait le contour de la grande portion. C'est de la belle forme de cet ourlet, de la régularité de la conque, & du contraste singulier des éminences & des cavités, que les Oreilles tirent leurs principaux agrémens.

Le *Lobe* de l'Oreille, c'est-à-dire la portion molle qui est au-dessous de la conque, est simplement composé de peau & d'un tissu graisseux.

La partie interne des Oreilles est située dans l'os pierreux; l'on y apperçoit quatre petits trous : le premier est rond, étroit & oblique, au bout duquel est une membrane déliée, claire & seche, fort sensible & fort tendue, pour recevoir le son; le second sert à discerner les sons, c'est dans cette cavité que se rencontrent les trois osselets, qui, à cause de leur figure, ont été nommés le *Marteau*, l'*Enclume*, & l'*Etrier*; le troisieme trou sert à rendre l'air plus pénétrant & subtil: & le dernier reçoit & communique au sens commun la différence du son. Sous les Oreilles, il y a des glandes qui servent à filtrer la salive; des arteres, & des veines, qui ont le même usage que dans toutes les autres parties du corps.

La propreté exige qu'on nettoye exactement le conduit qui transmet les sons au tympan. Il s'y filtre une matiere jaunâtre & épaisse, à laquelle on donne le nom de *Cire*. Cette cire, après certain tems, paroît à l'extérieur; n'offre rien que de dégoûtant; & annonce une personne mal propre, ou du moins négligente.

L'accident le plus ordinaire aux Oreilles, est la surdité; causée par une inflammation, ou un ulcere, ou une fluxion, ou par quelque douleur ou blessure, ou quelquefois par des tumeurs extérieures appellées *Parotides*.

En général les maladies qui affectent les Oreilles, ne sont pas essentiellement différentes de celles qui affectent les autres parties du corps: & elles demandent les mêmes secours & précautions. Ce sont, ou des inflammations, ou des tumeurs skirrheuses, œdémateuses; ou relâchement des vaisseaux, obstruction, sécrétion trop abondante. La délicatesse de cet organe a fait choisir certains remedes modérés soutenus par l'usage & l'expérience. Tels sont l'absinthe, la rhue, le marrube blanc, la matricaire, le *Peucedanum*, la semence d'anis, le mélilot, la bétoine, la morelle, le millepertuis. *Voyez* OBSTRUCTION.

Oreilles Humides.

Frottez-les avec de la poudre d'alun brûlé; ou avec de la poudre de vitriol, ou de romarin; ou bien avec de l'aristoloche, longue ou ronde, il n'importe.

Pour empêcher que les humeurs gluantes, qui tombent du cerveau, ne se communiquent dans les Oreilles.

1. Buvez le matin un verre d'eau tiede mêlée avec un peu d'huile d'Olives; un moment après frottez-vous le palais avec le haut d'une plume, elle excitera le vomissement de cette humeur gluante, & vous donnera un grand soulagement. Après les vomissemens, prenez un œuf à l'heure du déjeuné; & au lieu de sel, mettez-y deux fois autant de sucre: continuez jusqu'à guérison.

2. Deux gouttes de graisse d'anguille rôtie, avec autant d'huile de la Noblesse (ci-dessus, p. 302), & autant d'esprit de vin, instillés tiedes le soir dans les Oreilles, font aussi très-bien.

Bruit & Tintement d'Oreilles.

Le tintement est souvent une maladie chronique, & très-incommode; & se termine quelquefois en surdité complette. On guérit rarement ce mal. Ou bien il reparoît après un court intervalle. Une longue privation de nourriture, un coup, une chute, le vomissement, l'yvresse & le froid, peuvent produire le tintement d'Oreille.

Après que l'on aura tiré du sang au malade, & qu'on l'aura purgé très-souvent, soit avec l'agaric, soit avec des pilules d'aloës; on prendra du suc de tabac, & du suc de renouée, que l'on mêlera ensemble avec tant soit peu de tuthie, & l'on en mettra une goutte dans l'Oreille, réitérant de fois à autre.

2. Battez quatre figues crûes, dans un mortier avec une pincée d'hysope verte; pressez-les dans un linge; & mettez deux ou trois gouttes de l'expression dans l'Oreille.

3. Prenez une ou deux gouttes d'eau-de-vie, dans laquelle on aura fait tremper du romarin (la feuille, ou la fleur, il n'importe); & instillez-les dans l'Oreille.

4. Faites couler dans l'Oreille quelques gouttes d'huile d'amandes de pêcher.

5. Faites recevoir par un entonnoir la vapeur du vinaigre.

6. Prenez un petit pain tout chaud. Après en avoir ôté la croute de dessus, trempez-le dans l'esprit de vin: & appliquez-le chaudement sur l'Oreille.

7. Il faut boire, le matin, deux heures avant de manger, durant quatre ou cinq jours, trois onces d'eau de fenouil: après ce tems-là, vous prendrez des pilules cochées, ou fétides. Ensuite prenez huile de rue; huile de castor, ou huile d'aspic; jus de porreaux; autant de l'un que de l'autre: Mêlez bien ces liqueurs ensemble; faites une petite tente propre à mettre dans l'Oreille; imbibez-la de ces liqueurs, & l'insinuez dans l'Oreille.

8. Prenez radis, ou raiforts, ou raves, telle quantité que vous voudrez; huile d'amandes (douces, ou ameres), coloquinte, vin blanc, autant de l'un que de l'autre: Otez les feuilles des raves, & pilez les racines, prenez du jus qui en sortira, & mêlez-le avec les autres liqueurs: cela fait vous en ferez distiller dans les Oreilles, que vous boucherez bien avec du cotton.

9. Le suc d'oignon, instillé dans les Oreilles, y est souverain.

10. Exprimez le suc du mouron que l'on donne aux petits oiseaux. Instillez-le dans l'Oreille: & bouchez-la avec le marc.

11. La mie de pain d'orge, appliquée toute chaude, produit quelquefois l'effet désiré.

12. L'épreuve des remedes généraux ayant été faite; le parfum de succin, d'oliban, & de gomme animé, est un excellent remede.

13. L'esprit de sel ammoniac, introduit dans l'Oreille avec du cotton, produit un bon effet; selon Lindanus, cité par Etmuller: aussi-bien que (14) le fiel du poisson Lucius; & la civette; dont on fait un assez fréquent usage.

15. Le remede suivant est une expérience de Rondelet. Prenez de l'ellebore blanc, trois dragmes; feuilles de laurier, feuilles de rue, feuilles de frêne, demi-poignée de chacune: faites cuire le tout dans de l'huile d'amandes douces ou ameres, ou dans celle de noix, avec du vin blanc, jusqu'à la consomption du vin: instillez l'expression dans l'Oreille.

16. Mettez dans l'Oreille les huiles de fourmis & de cloportes.

17. L'huile des noyaux de pêche, mêlée avec le castoreum, est un excellent remede.

18. L'esprit d'urine mis avec du cotton musqué dans l'Oreille, convient dans le tintement invétéré.

19. L'infusion suivante est vantée par quelques-uns. Prenez de l'ellebore blanc & du castoreum,

de chacun deux dragmes; une dragme & demie de costus, deux scrupules de rue; demi-dragme d'euphorbe, une once d'amandes ameres; faites cuire le tout dans de l'huile de rue au bain-marie, durant une heure: on instille cette huile tiede dans l'Oreille.

20. Dans le tintement d'Oreille, occasionné par une chute, avec la perte presque entiere de l'ouïe; Platerus, après les remedes généraux, employa, avec succès, celui-ci: Prenez une cuillerée d'eau-de-vie, une cuillerée de suc d'oignon, quatre gouttes d'huile distillée de spica-nard: mêlez le tout; & en instillez dans l'Oreille.

21. Le tintement des Oreilles vient quelquefois par *des vents* qui y sont. Il faut alors prendre un peu d'aloës dans un peu de vin blanc; qu'on fera chauffer: & en instiller ensuite quelques gouttes dans les Oreilles, que vous boucherez avec du cotton. Il est à propos de mettre aussi un peu d'euphorbe en poudre dans le nés pour exciter à éternuer.

22. Dans les maux de tête & dans les accès de fievre, les tintemens & bourdonnemens d'Oreille sont fréquens; parce que le sang est extraordinairement agité, & que les petites arteres battent plus fort qu'à l'ordinaire. De-là vient aussi que l'hémorrhagie du nez dans les fievres est souvent précédée par le tintement d'oreille, qui est alors causé par le gonflement & l'effervescence du sang ramassé dans les parties voisines de l'Oreille, & qui heurte fortement contre l'Oreille interne.

Si le tintement survient dans des maladies aiguës, des fievres ardentes, &c. le sang en est la cause. Ce tintement n'est pas dangereux. Il cesse ordinairement de lui-même. Dans la fievre ardente, avec l'éblouissement des yeux & la pesanteur de tête, il prédit l'hémorrhagie du nez.

Otalgie, ou Douleur d'Oreille.

La cause de l'Otalgie est ordinairement l'inflammation: quelquefois une humeur âcre; & pour lors elle n'est pas accompagnée d'une si grande ardeur & d'une pulsation si violente.

La fumée de tabac, introduite dans le conduit de l'Oreille par le moyen d'un tuyau approprié, est très-propre pour en appaiser la douleur: ainsi que (2) les cloportes infusés dans l'huile commune, ou dans l'huile d'amandes douces.

3. L'huile de scorpion est encore un bon remede.

4. Prenez un oignon cuit sous la cendre, une once de beurre frais, une once d'huile rosat, autant d'huile de camomille, un gros de safran en poudre; mettez le tout ensemble & l'appliquez. Ce seul remede fera vuider doucement l'abscès, s'il y en a.

5. Instillez dans l'Oreille, du jus de mauves; ou du jus de feuilles de lierre; ou du jus de plantain; ou du jus de marrube: mêlez les uns ou les autres avec un peu de miel, & jettez-en deux à trois gouttes dans l'Oreille.

6. Prenez (dit-on) du lait de chienne, avec autant de miel; & l'appliquez sur le côté malade.

7. Appliquez-y du pain chaud sortant du four; & réitérez souvent.

Les *Vers* dans l'Oreille sont quelquefois la cause de la douleur d'oreille. Alors on ressent une douleur d'élancement vague; l'érosion de ces insectes se rendant sensible tantôt dans un endroit, tantôt dans un autre.

1. Il faut les attirer au dehors: ou les faire périr dans le lieu même. Le lait tiéde, séringué dans l'Oreille, attire (dit-on) les vers au dehors par sa douceur; de telle maniere qu'on les voit sortir du conduit de cet organe. L'huile d'absinthe les tue ou les suffoque par son amertume & son oléaginosité. On se sert aussi d'huile des noyaux de pêches, ou de celles d'amandes ameres. L'extrait de coloquinte de Quercetan, avec quelques grains de mercure doux, contribue au même effet. La décoction de vif argent & l'elixir de propriété y sont convenables. *Voyez* Surdité: & consultez l'article *Maladies des* Chiens; & celui des Oiseaux.

2. Il faut instiller dans l'Oreille où l'on croit qu'est le ver, soit du suc de centaurée, soit du lait de figuier.

3. Prenez du bois de frêne verd; du suc de pain de pourceau; du suc de scille; du suc de rue; autant de l'un que de l'autre. Mettez en travers du feu le bois de frêne, & deux assiettes aux deux bouts de ce bois, pour recevoir l'écume ou l'eau qui en sera sortie; mêlez-la avec autant de chacun des sucs marqués ci-dessus; & mettez-en chaudement dans les Oreilles.

Les violentes douleurs d'Oreille, avec fievre continue, sont dangereuses; d'autant qu'elles peuvent en blessant le cerveau, causer un délire, & la mort plutôt aux jeunes gens qu'aux vieillards. Comme elles ne sont causées que par une bile subtile & enflammée, il n'y faudra pas aussi dès le commencement épargner les saignées tant du bras que du pied. En cas qu'il y eût suppression d'hémorrhoïdes, ou des ordinaires, l'on tempérera les entrailles par des tisannes, & des lavemens composés de toute sorte d'herbes fort rafraîchissantes, comme pourpier, laitue, chicorée, concombre, melon & racine de nénuphar. Après que les violentes douleurs seront appaisées, (car on se donnera de garde d'appliquer aucune chose aux Oreilles durant ce tems-là) l'on purgera avec le petit lait & la casse; ou avec une once de catholicon double; ou avec deux onces de manne; ou avec six gros de tablettes de *succorosarum*, détrempées dans un bouillon, ou dans une décoction de racine de chicorée. Après cela on pourra mettre dans les Oreilles un peu de lait de femme, dans lequel on aura battu un jaune d'œuf avec tant soit peu de safran en poudre: ou bien l'on prendra deux cueillerées de bouillie, dans laquelle on délayera un grain d'opium, & autant de castoreum, tant soit peu dégourdi. On en insinuera deux à trois gouttes dans l'Oreille. Sinon l'on prendra des têtes de pavots; des fleurs de melilot, de camomille; des semences de lin, & de guimauve; de la farine d'orge; environ une pincée de chacun: de la graisse d'oye, de l'huile rosat, & de l'huile de rue, demi-once de chacune. On battra bien tout ensemble, & l'on en fera un cataplasme que l'on appliquera sur les Oreilles.

On peut encore les frotter avec une once d'huile violat, autant d'huile rosat, & trois grains d'opium: ou bien on se servira d'un cataplasme fait avec une livre de décoction de racine de guimauve, deux onces de farine de lin, & de fleurs de camomille en poudre, trois onces de beurre frais, avec cinq jaunes d'œufs: ou l'on prendra des trochisques de blanc rhasis, que l'on délayera avec du lait de femme; & l'on en jettera quelques gouttes, de fois à autre dans l'Oreille,

Sinon prenez des larmes de vigne, & mettez-en quelques gouttes un peu tiedes.

Pendant que l'on fera pratiquer ces ordonnances, l'on defendra les légumes vaporeux; se contentant d'assaisonner le potage d'ozeille, pourpier, chicorée, concombre, buglose, bourrache & cerfeuil, & des viandes avec des capres, du jus de citron ou d'orange, ou du verjus. On mangera des fruits cruds avant le repas · on usera de pain de froment, on ne se couchera que deux heures après avoir soupé, & la tête un peu haute: on évitera l'usage des femmes, & tout ce qui pourroit chagriner.

Fluxion aux Oreilles.

Instillez deux à trois gouttes de suc de lierre.

Pour toutes sortes de fluxions d'Oreilles, & autres Tumeurs.

Prenez un oignon blanc: faites-le cuire sous la cendre. Étant cuit, fendez-le en quatre: & l'ayant couvert d'un peu de thériaque, appliquez-le tout chaud sur l'Oreille, & une serviette chaude par-dessus. Lorsque l'Oignon sera froid réitérez jusqu'à ce que la tumeur s'ouvre, ou que la fluxion découle. [Ce remede est excellent pour toutes sortes de tumeurs: & en particulier pour celles qui naissent aux aînes, & qui sont des suites de débauche].

Inflammation & Apostume ou Ulcere des Oreilles.

L'inflammation & l'ulcere des Oreilles sont accompagnés d'une grande ardeur en cette partie, de douleur, tension, pulsation violente, avec rougeur: quelquefois la fievre, le délire, & les mouvemens convulsifs s'y joignent. Cette inflammation & cet ulcere se résolvent insensiblement; ou bien viennent à suppuration. La saignée & les sudorifiques conviennent en cette occasion, comme dans tous les autres cas inflammatoires. Il ne faut employer les topiques qu'avec beaucoup de réserve. Les fomentations émollientes & résolutives sont pourtant d'un bon usage. Mais si l'inflammation ne peut se dissiper & la matiere se résoudre, il faut en venir aux suppuratifs; comme sont l'oignon cuit sous la cendre avec la poudre de racines de lys blancs; les figues grasses; les huiles de camomille & d'amandes ameres. Quand l'abscès est ouvert, si le pus qui en sort est blanc, sans mauvaise odeur, & bien conditionné; il est meilleur que s'il est sordide, sanieux, & de mauvaise odeur. Il suffit alors de tenir bien net le conduit de l'Oreille; il ne faut pour cela que le laver avec de l'urine. Si ce conduit est fort sale, on peut ajoûter à l'urine le suc d'oignon, & le miel rosat.

Autres Remedes.

1. Prenez des feuilles d'orties; pilez-les un peu dans un mortier avec du sel; & les appliquez dessus.

2. Scribonius recommande la suye de poix, instillée chaude dans l'Oreille avec un peu d'huile rosat; pour dissiper l'inflammation.

3. L'ulcere qui ne pénetre pas tout-à-fait dans l'Oreille, est plus aisé à guérir que celui qui va jusqu'aux nerfs & jusqu'à l'os; & duquel (comme nous avons dit) le pus ou la sanie sentent mauvais.

4. Après la saignée & la purgation, lavez la plaie avec le suc de mercuriale, ou de lupins, ou de la décoction de bétoine dans du vin; ou avec de l'eau miellée, où l'on aura fait infuser de la racine d'ellébore blanc; soit encore avec de la décoction de feuilles de saule & d'aigremoine. Ou bien prenez cinq dragmes de miel, & une once de vinaigre; faites-les bouillir; & écumez ensuite: ajoûtez-y deux dragmes de verd de gris; trempez dedans un linge en forme de plumaceaux, & le mettez dans l'Oreille.

5. Prenez une dragme de safran, demi-dragme de castoreum, autant d'aloës & de myrrhe: mêlez le tout ensemble, avec une cuillerée de miel & autant d'huile rosat; puis instillez-en une goutte ou deux dans l'Oreille.

6. Prenez du jus d'oignon cuit dans la cendre, avec autant pesant de lait de femme; & instillez-en dans l'Oreille. Prenez un porreau; découpez-le bien menu avec une demi-douzaine de vers de terre; & faites-les cuire dans une once d'huile d'Olives, à petit feu, jusqu'à ce que l'huile ne pétille plus: après quoi coulez-la; & mettez-en dans l'Oreille.

8. On peut se servir du lait de chienne; ou de fiel de pourceau; avec autant pesant de miel, bouillis ensemble.

Pour les ulceres du conduit de l'Oreille, il faut commencer la cure comme on feroit celle d'un phlegmon de quelque autre partie que ce soit; par des remedes qui ôtent les obstructions: afin de disposer les humeurs à sortir par les sueurs. Ensuite on se servira de topiques convenables: comme sont l'huile d'amandes ameres, mêlée avec le mucilage de semence de lin; le camphre; &c. L'huile d'œufs instillée dans l'Oreille adoucit d'abord l'inflammation. Quand l'inflammation veut suppurer, il faut faire un cataplasme avec la mie de pain, les jaunes d'œufs, les oignons cuits sous la braise, la camomille & le mélilot. Une injection qui nettoie parfaitement bien les ulceres de l'Oreille, est celle d'aristoloche, d'ellebore, de coloquinte, de lait de vache, & de miel; qu'on instille dans les Oreilles. A même fin on fait injection avec la teinture d'aloës faite avec l'esprit de vin. L'onguent Egyptiac, ou le baume verd, mêlés avec du vin ou de l'urine de petits enfans, sont des remedes efficaces pour les ulceres invétérés & profonds. La cicatrice de l'ulcere se fera par les remedes ordinaires. Il ne faut pas se presser de guérir les ulceres de l'Oreille, dans ceux qui sont d'un tempérament humide; comme les femmes & les enfans; parce qu'en arrêtant ces suppurations il en peut arriver des accidens. C'est pourquoi il vaut mieux laisser quelque tems ces ulceres suppurer: on doit les regarder comme des cauteres qui purifient le sang, des matieres âcres qui pourroient causer (si elles étoient arrêtées) des fievres malignes.

Blessures d'Oreilles.

1. Appliquez-y de la poix noire, mêlée avec autant d'encens en poudre.

2. Prenez demi-once de myrrhe en poudre avec autant de beurre frais, & mettez-le sur la plaie.

3. Pilez demi-once de soufre, & une dragme de bol avec deux cuillerées de vin; & appliquez ce remede.

Dureté d'Oreille.

1. Prenez un oignon blanc; ou d'autre couleur, s'il ne s'en trouve point de blanc; creusez-le du côté de la racine, emplissez-le de poudre de cumin, bouchez le trou avec une ou deux peaux d'oignon; & mettez-le sous de la cendre, pour le faire cuire lentement: lorsqu'il sera cuit, pressez-le; & instillez dans les Oreilles le suc qui en sortira.

2. On prétend que l'urine de chat entier, instillée dans l'Oreille, est un remede efficace.

3. Prenez deux onces de fleur de soufre, & une once de sel de tartre: mêlez bien le tout, & manipulez-le exactement, jusqu'à ce qu'il ait acquis une couleur de pourpre foncé, tirant sur le noir: laissez-le alors refroidir un peu; pulvérisez ensuite la matiere;

matiere ; mettez-la dans une phiole avec quatre onces d'huile de térébenthine ; & la tenez au bain de sable pendant trois heures. Quand tout sera froid, vous séparerez le clair ; dont vous mettrez soir & matin trois ou quatre gouttes dans l'Oreille avec du cotton ; & continuerez quelque tems.

4. Mettez dans l'Oreille un morceau de lard rance, aiguisé par le bout.

Surdité.

La surdité, & la dureté de l'ouie, ne different que du plus au moins. Le siége du mal est intérieur ou extérieur. Le conduit de l'Oreille est quelquefois bouché par la cire qui s'y engendre, ou par d'autres ordures. Dans l'intérieur de l'Oreille, le mal peut être causé par les humeurs qui s'amassent dans les détours de sa cavité ; qui sont le plus souvent des humeurs pituiteuses. Souvent aussi l'on occasionne la surdité, à force de mettre des médicamens dans les Oreilles ; qui étant ainsi tamponnées, ne permettent pas aux sons de parvenir jusqu'au tympan : dans ce cas le vrai remede de la surdité, est d'injecter de l'eau chaude ; jusqu'à ce que les Oreilles se débouchent.

Il est assez ordinaire que l'obstruction extérieure des Oreilles se manifeste à la vûe, quand on expose au grand jour leur cavité. Pour *la nettoyer*, on se sert d'une décoction de sauge & de fleurs de romarin, faite dans du vin blanc ; que l'on seringue adroitement dans l'Oreille.

2. Un remede des plus efficaces contre la surdité de cause interne (même après avoir tenté une infinité de remedes), est d'engager le malade à recevoir sur sa tête la douche des eaux sulphureuses, après s'être servi des remedes généraux.

3. Les œufs de fourmis, écrasés dans du jus d'oignon, & introduits dans l'Oreille, guérissent, (dit-on) la surdité la plus invétérée.

4. Lorsque cette maladie est tout-à-fait rebelle, après avoir tenté inutilement des remedes, on réussit quelquefois en procurant la salivation par les frictions mercurielles.

5. Entre les remedes extérieurs qu'on peut employer pour guérir la surdité, Etmuller recommande fort un grain de musc, ou d'ambre, ou de civette, introduit dans l'Oreille avec du cotton, en se mettant au lit : ce petit & facile remede, dit le même Auteur, prévaut sur tous les autres dont on pourroit user en pareil cas, sur-tout pour les vieillards.

6. On compte aussi beaucoup, selon Lindanus, sur l'application du fiel d'anguille & du fiel de perdrix.

7. Il y en a qui vantent beaucoup la fumée du soufre, reçue dans l'Oreille par un tuyau approprié à cet usage.

8. Prenez deux grosses anguilles ; coupez-les par morceaux ; prenez de toutes sortes d'herbes fines, comme thim, romarin, lavande, hysope, serpolet, laurier, & autres, de chacun une poignée : mettez le tout dans une cucurbite ; sçavoir un lit au fond, épais de deux doigts, & par dessus un lit de vos tronçons d'anguilles ; & continuez à faire les lits alternatifs d'herbes & d'anguilles ; semez sur ces lits une once de gérofle & autant de muscade concassée, & versez sur le tout une pinte d'eau-de-vie déphlegmée : lutez & adaptez un vaisseau de rencontre, & mettez circuler à feu de cendres ou au soleil pendant trois jours, ou au bain-marie (qui sera le meilleur). Après quoi il faut ôter la rencontre, & y mettre une chape à bec. Vous distillerez, & n'en retirerez que le tiers.

Delutez ; versez ce qui sera resté dans la cucurbite dans un linge sur une terrine ; faites-en un nouet, que vous mettrez à la presse, jusqu'à siccité ; & jettez ce qui restera dans le nouet ; laissez refroidir ce qui sera passé à travers le linge ; prenez la graisse qui se trouvera au-dessus ; mettez-la dans un pot ou bouteille, pour vous en servir en la maniere suivante.

Usage. Vous prendrez autant de graisse que d'esprit, mêlez-les bien ensemble, & mettez-en dans une cuiller d'argent une quantité suffisante ; faites-la un peu chauffer, trempez du cotton dans la liqueur, & faites-en tomber deux ou trois gouttes dans l'Oreille que vous boucherez avec le même cotton : & continuez soir & matin jusqu'à guérison.

Il faut purger avant & durant l'usage de ce remede, & frotter le côté de l'Oreille malade avec l'esprit de vin.

Autrement. Il faut prendre une des plus grosses & grasses anguilles, la dépouiller, la larder partout de feuilles de sauge & de romarin, la lier à la broche, & la faire rôtir jusqu'à ce qu'elle ne rende plus de graisse. Il faut prendre autant de jus de deux oignons & de porreau, que de graisse, & encore autant du meilleur esprit de vin que de graisse ; vous ferez bouillir le tout ensemble dans un plat jusqu'à la consomption desdits sucs ; puis vous réserverez cette graisse dans un vaisseau bien bouché, lorsqu'elle sera froide.

Usage. Vous en mettrez soir & matin une goutte ou deux dans l'oreille du malade, en les faisant entrer avec un morceau de paille fendue par moitié, ou un tuyau de plume fendu, & un peu de cotton trempé dans cette graisse.

9. Faites tremper un peu de safran fin dans de l'eau-de-vie, jusqu'à ce qu'elle ait pris la teinture ; mettez trois gouttes de cette liqueur dans l'Oreille ; & bouchez-en l'entrée avec un peu de cotton ; le soir avant le coucher.

10. Il faut instiller dans les Oreilles du jus d'oignon, ou de couleuvrée ; mêlé avec du miel, ou de l'huile, dans lesquels on aura fait cuire des racines d'asphodele.

11. Mettez dans les Oreilles du jus d'écorce de raves, mêlé avec de l'huile rosat ou de la graisse d'anguille, & de l'huile d'amandes ameres.

12. Prenez de la sauge sauvage blanche ; & la faites bouillir dans du vin blanc jusqu'à la diminution de la moitié ou plus : recevez-en la vapeur chaude, avec un petit entonnoir, par l'Oreille ; & continuez.

13. Prenez fiel de lievre, & du lait de femme : & les ayant mêlés, mettez-les chauds dans l'Oreille avec du cotton.

14. Prenez deux onces d'eau-de-vie, une once d'eau rose, gros comme la moitié d'une noix de pulpe de coloquinte, gros comme une feve d'aloës succotrin ; mettez le tout dans une phiole de verre. Quand vous en aurez besoin, il faudra en mettre dans l'Oreille une ou deux gouttes un peu tiedes avec du cotton. Plus vous garderez ce remede, plus il sera bon.

15. Prenez ce que vous voudrez d'huile rosat ; & du vinaigre, à proportion. Battez-les ensemble ; & faites-en distiller quelques gouttes dans les Oreilles : mettez par dessus un sachet rempli de mélilot & de camomille.

16. Creusez un gros oignon rouge, par le milieu ; & l'ayant rempli de poudre de souchet, de

graines d'anis, de cumin & de laurier, de chacune une dragme, ajoûtant autant d'huile de rhue qu'il pourra y en entrer, faites-le cuire dans la braise; ensuite exprimez-en le suc, & conservez-le dans une phiole. Quand vous voudrez vous en servir, vous ferez tiédir la liqueur, & en instillerez soir & matin quelques gouttes dans les Oreilles; qu'il faudra boucher ensuite, avec un peu de cotton musqué.

17. Prenez parties égales d'huile de succin, & de fiel de perdrix, mêlés ensemble; faites-en entrer quelques gouttes dans les Oreilles; & réitérez le même remede, pendant quatre ou cinq jours.

18. Creusez un gros oignon que vous aurez auparavant laissé tremper pendant quelque tems dans de l'eau-de-vie; enveloppez-le dans du papier; & faites-le cuire sous la cendre: étant cuit, exprimez-en le jus; & servez-vous-en comme ci-dessus.

On peut encore se servir du suc d'un oignon, qu'on aura creusé avant de le faire cuire sous la cendre, & rempli de graisse d'anguille.

19. Prenez gros comme un pois, de la seconde écorce de viorne, qui est verte; enveloppez-le dans un petit morceau de linge fin; mettez-le dans l'Oreille; & couchez-vous dessus.

20. Broyez dans un mortier, du crottin de cheval avec du suc de porreau; passez la liqueur par un linge un peu épais; & faites-en couler quelques gouttes dans les Oreilles. Ce remede passe pour être excellent.

21. Faites infuser de la cannelle en poudre, dans de l'huile d'olives, ou d'amandes douces; & instillez dans les Oreilles quelques gouttes de ce mêlange.

22. Les organes de l'ouie se trouvent blessés, ou par leur propre foiblesse, ou par dépravation, ou par abolition.

Si c'est par leur propre foiblesse, la surdité est imparfaite. Elle arrive par *dépravation*, lorsqu'un grand bruit, ou un vent extraordinaire, ou un sifflement, ou un tintement, en interdit les fonctions.

La surdité par *abolition*, est naturelle, ou succede à une maladie, ou arrive dans une fievre violente: celle-ci se guérit, lorsqu'il survient un cours de ventre, ou un saignement de nés.

Selon l'Ecole de Salerne, la surdité peut encore être occasionnée par l'habitude de dormir aussi-tôt après le repas; ou par l'excès d'exercice pris trop tôt, lorsque la digestion se fait; ou par l'yvrognerie.

La surdité *naturelle*, ou celle qui arrive un peu après la naissance; est incurable. Celle qui est invétérée est difficile à guérir. Celle qui est causée par la bile, par une pituite crasse ou crue, ou par une humeur froide, ou par des vents ou des vapeurs, se peut aisément guérir. On connoît à une pesanteur de tête du côté où est le mal, que ce sont des *humeurs crûes*; à un tintement ou sifflement, que c'est du *froid*, ou des *vents*; à une grande douleur avec chaleur piquante accompagnée de fievre, que c'est une *bile* enflammée, qui souvent fait abscès: lorsqu'elle vient à suppuration, elle soulage extrêmement; mais si la suppuration se fait hors les jours de crise, elle est à craindre.

Si la surdité est causée par une humeur crasse, ou crûe, ou par des vents, l'on pourra se servir du remede suivant: premiérement on se purgera avec demi-once de tablettes de diacarthami, détrempée dans un bouillon; ou avec deux onces de manne; ou avec des pilules dorées, ou *sine quibus*, ou celles d'agaric. Après cela on appliquera soir & matin un cataplasme fait avec un oignon cuit sous la cendre, battu avec deux onces de beurre frais, une once d'huile de camomille, autant d'huile rosat, & une dragme de safran en poudre.

2. Prenez demi-once d'huile de castor, deux dragmes d'huile d'amandes ameres, demi-once d'eau-de-vie: mettez tout ensemble sur un peu de feu: & l'y laissez jusqu'à ce que l'eau-de-vie soit consumée: mettez ensuite quelques gouttes de la liqueur dans l'Oreille, avec un peu de cotton musqué ou ambré.

3. Faites infuser une dragme de coloquinte; deux dragmes d'origan, une feuille de laurier, dans deux onces d'eau-de-vie: au bout de vingt-quatre heures l'on s'en servira avec du cotton.

4. Mettez dans l'Oreille un peu de suc de tabac: ou faites-en recevoir la fumée par un entonnoir, bouchant aussi-tôt l'Oreille avec du coton.

5. Quelques-uns conseillent de faire marcher le malade par un beau tems, dans un chemin tout de sable, & en même-tems lui crier fortement aux Oreilles.

6. Le P. Felix, Capucin, faisoit prendre de la couperose, qu'on mettoit dans un plat de terre sur du feu; & en faisoit recevoir la fumée dans l'Oreille.

7. On peut prendre de l'alun, du sel brûlé, de la poudre de sauge, des roses de provins, des racines d'aristoloche ronde, & des noix muscades; parties égales: en emplir un sachet de toile en maniere de coussinet, & l'appliquer sur l'Oreille.

8. Prenez du suc de feuilles de tabac, une once; tuthie préparée, une dragme: mêlez-les ensemble, & en faites couler deux ou trois gouttes dans l'Oreille.

9. *Nota*. On doit prendre garde à ne rien mettre dans les Oreilles, qui ne soit un peu chaud; & ne pas l'y laisser plus de trois heures.

10. Pilez des feuilles de concombre sauvage; prenez du suc qui en proviendra; mettez-y tant soit peu de vinaigre; mêlez-les bien ensemble; instillez-en quelques gouttes dans l'Oreille: & bouchez-la avec du cotton.

11. Prenez des feuilles vertes de noyer: mêlez-les, après que vous les aurez bien pilées, avec un peu de vinaigre; & appliquez-en sur l'Oreille.

12. Prenez des aulx; pilez-les bien; & en mettez le suc, avec un peu de graisse d'oie, dans l'Oreille.

13. Le safran appliqué sur l'Oreille y est très-bon.

14. Pour les douleurs & surdités d'Oreille, invétérées, prenez du suc de marrube blanc; incorporez-le avec du miel; & instillez-en dans les Oreilles.

15. Le suc des feuilles de lierre, mis dans les Oreilles, y est souverain.

16. Prenez du jus de chou, ce que vous voudrez; & autant de vin blanc: faites chauffer le vin; mettez-y ensuite le jus de chou; mêlez bien le tout; & insinuez de cette liqueur dans les Oreilles, en les bouchant avec du cotton.

17. Prenez de la menthe sauvage qui se trouve dans les prés; broyez-en trois ou quatre feuilles dans la main; mettez-les ensuite dans l'Oreille; & changez-les, de deux en deux heures: parce que ce topique attire beaucoup.

Parotides.

On nomme ainsi des tumeurs qui surviennent aux glandes des Oreilles; & qui sont formées d'humeur bilieuse, pituiteuse, ou autrement viciée. Quand elles ont la bile pour cause, les glandes sont enflées, rouges, dures, douloureuses. L'humeur mélancolique produit moins de douleur; & la tumeur est souple. Si les parotides viennent de pituite, elles sont douces, presque indolentes, & terminées comme en pointe.

Il y a des parotides qui succédent à des fievres mal terminées. Quelquefois ce sont des symptomes de crise. Mais le plus souvent ces tumeurs sont des dépôts d'humeurs provenant du cerveau.

1. Il faut travailler à faire résoudre, mûrir & suppurer les parotides: n'y appliquer jamais aucuns rafraîchissans ou répercussifs, pour ne pas faire rentrer l'humeur en dedans, ce qui seroit très-dangereux. On doit donner intérieurement des remedes volatils, pour débarrasser les glandes; comme l'antimoine diaphorétique, les sels volatils de corne de cerf, & de vipere. On pourra aussi donner des diurétiques; parcequ'ils déterminent les sérosités salines à couler par les urines. A l'extérieur on appliquera le liniment suivant: Prenez deux onces de beurre frais, huile de camomille & de lis, de chacune une once; onguent d'*althea*, demi-once; & un peu de cire; & en faites un liniment, dont vous appliquerez avec de la laine sur la parotide. Le cataplasme suivant est aussi fort bon à cette même fin: Prenez racine d'*althea* & de brioine, de chacune deux onces; feuilles de rhue, de pouliot & d'origan, de chacune une poignée; fleurs de camomille & de melilot, de chacune une pincée. Faites cuire le tout dans de l'hydromel: puis vous le pilerez & passerez à travers le tamis, y ajoûtant ensuite des farines de fenugrec, d'orobe, de camomille, & de melilot, de chacune deux dragmes: d'huile d'aneth & de rhue, de chacune une once. Ce cataplasme procure la résolution de la parotide.

A l'égard de la maturation & suppuration de la même tumeur, vous employerez utilement le cataplasme suivant: Prenez racines de lis, & des oignons cuits sous la cendre, de chacun trois onces; deux jaunes d'œufs; axonge de porc, & onguent *basilicon*, de chacun une once; farine de semence de lin, une once & demie.

Il faut amener à suppuration, le plus tôt qu'il est possible, les parotides qui succédent à des fievres; & les traiter comme les bubons & les autres inflammations suppurables.

Quant à celles qui sont causées par un sang bouillant & bilieux, il ne faut d'abord appliquer aucun astringent, ni repercussif, ni rien qui puisse refroidir trop subitement. Au contraire l'on commencera par des lavemens, qui rafraîchissent & humectent les entrailles, & par des saignées autant que les forces & l'âge le permettront. Ensuite l'on mettra sur la tumeur, un liniment composé de deux jaunes d'œufs, une once & demie de beurre frais, deux onces d'huile d'olives, quatre onces de mucilages de lin & de fenugrec, mêlés ensemble, & que l'on fera un peu chauffer toutes les fois que l'on en appliquera. Si l'on remarque beaucoup de plénitude dans les humeurs, l'on purgera doucement avec une once & demie de casse dissoute dans deux verres de petit lait; ou avec deux onces de sirop de roses dans une décoction de tamarins; ou avec des tablettes *de succo rosarum*, dans un bouillon assaisonné de bonnes herbes rafraîchissantes; ou pour les femmes deux onces de sirop de fleurs de pêcher délayées dans une legere infusion d'un gros de rhubarbe, & d'une demi-dragme de cannelle.

Si la tumeur a de la peine à abouti, l'on se servira de ventouses; appliquant si-tôt qu'elles seront ôtées, le cataplasme suivant: Prenez deux onces de folle farine, une once & demie de farine de lin, autant de fenugrec, trois onces de graisse de porc, demi-once de figues grasses; faites cuire tout ensemble dans une décoction de mauve, ou de guimauve, ou de camomille, en consistence de bouillie; étendez-le ensuite sur du linge, & l'appliquez tout chaudement.

Pour celles qui viennent d'un sang pituiteux, & mélancolique; on les frottera avec de l'huile de lis & de camomille. Sinon on prendra du vieux oing, de la graisse d'oie & de poule, de chacune deux onces; de l'huile de lis demi-once, avec autant de miel: ayant mêlé le tout ensemble, on en frottera chaudement avec du coton. Ou bien l'on prendra trois onces d'oignons cuits sous la cendre, demi-once de farine de fenugrec, autant de celle de lupin, deux à trois onces d'huile de lin: pour faire un cataplasme, que l'on renouvellera souvent.

L'on pourra encore prendre deux onces de fiente de chevre; que l'on fera bouillir dans deux verres de vin avec demi-once d'huile de lin & autant de miel. Après que l'humidité sera consumée, l'on appliquera sur le mal cette espece de pommade. Ensuite l'on purgera avec deux onces de manne, fondue dans une décoction de deux dragmes de sené, ou dans un bouillon: Sinon l'on fera user de pilules cochées, ou de celles d'angelique.

2. On peut faire un cataplasme de farine d'orge, cuite dans de l'hydromel, en y ajoûtant du mucilage de graine de *psyllium*, & de l'huile de lis.

3. Le cataplasme fait de fiente de chevre, beurre frais, & lie d'huile de noix, digere les parotides.

4. Les parotides se guérissent par la farine de feves appliquée avec le miel; la fiente de chevre de montagne, cuite avec vin & vinaigre, appliquée en cataplasme; le plantain appliqué avec de vieille graisse, après avoir été bien pilé.

5. La vervaine appliquée après avoir été pilée, est aussi très-bonne pour la guérison des parotides.

6. Voici encore un bon remede: Faites médiocrement durcir deux ou trois œufs; mêlez leurs jaunes avec autant de sain-doux, & les appliquez. Ce topique est excellent, selon Arnaud de Villeneuve, pour résoudre la matiere, & empêcher la douleur qui ordinairement est très-vive. Réitérez cette application autant qu'il en sera besoin.

7. Un très-bon remede, selon Etmuller, est de faire mûrir les parotides avec un emplâtre de diachylon seul.

Pour tirer ce qui peut être dans les Oreilles des Chevaux.

Il faut y mettre de vieille huile avec du nitre, autant de l'un que de l'autre, & y fourrer un peu de laine.

S'il y avoit quelque petit animal, il faudroit y introduire une tente attachée au bout d'un bâton & trempée dans la résine gluante, & la tourner en divers sens pour l'arracher.

Si c'est autre chose, il faut, avec un instrument, ouvrir l'Oreille, & tirer avec le fer ce corps nuisible.

Il suffit quelquefois d'y jetter de l'eau avec une seringue.

Faites mâcher au cheval des racines d'anemone.

Attachez à la bride un sachet plein de poudre de racine de staphisaigre: & jettez dans les naseaux quelque poudre pour faire éternuer. Mais comme le cerveau court risque de s'enflammer, il est nécessaire de tirer du sang des veines adjacentes aux ulceres; user de clysteres pour donner liberté au ventre; & purger avec des pilules d'agaric & d'hiérepiere.

Lorsqu'il y a abscès aux Oreilles, il faut (lorsqu'il est mûr) l'ouvrir avec le fer; puis le panser avec du miel & de l'alun.

S'il dégenere en ulcere, il faut le laver avec du vin & de l'huile, puis jetter dans l'Oreille du suc de porreaux avec de l'huile, & la laver d'eau chaude. Quelques-uns mettent dans l'Oreille du fiel de terre, après l'avoir bien lavé dans du vin.

Douleur d'Oreille.

Il faut bien nettoyer les Oreilles, de crainte que le cheval ne devienne fou, puis jetter en dedans du miel, du salpêtre, & de l'eau bien nette, le tout mêlé ensemble; y mettre un linge, pour attirer l'humidité: & continuer jusques à guérison, avec de l'eau & du salpêtre.

OREILLE; OREILLETTE; ORILLON: termes de Jardinage. C'est chaque feuille séminale d'une plante. Ainsi les *Oreilles des melons, des concombres, des laitues, &c.* sont les deux premieres feuilles qui sortent de la graine semée: elles sont différentes de celles qui viennent ensuite. On dit: *les Bras qui sortent des Oreilles des melons, ne valent rien.* On peut replanter en pepiniere de petites laitues, dès qu'elles ont les Oreilles un peu grandes.

En Botanique on nomme OREILLE chaque appendice qui se trouve à la base de certaines feuilles; de quelques pétales; ou de calyces. *Voyez* CARDAMINE, *n.* 3. FEUILLE. p. 42.

OREILLE *d'Ane*: Plante. *Voyez* CONSOUDE.

OREILLE *de Charrue.* Voyez CHARRUE, n. 7.

OREILLE *d'Homme*: Plante. *Voyez* ASARUM.

OREILLE *de Lievre*, (Greffe en). *Voyez* GREFFER *en approche.*

OREILLE *d'Ours*; ou *Auricule*: en latin *Auricula Ursi*: & *Bear's Ear*, en Anglois. M. Linnæus a réuni ce genre de plantes à celui des Primeveres. Elles différent néanmoins en ce que les feuilles des Oreilles d'Ours, avant leur développement, sont concaves, en sorte que l'extérieure couvre les autres: & que celles des Primeveres sont alors roulées des deux côtés sur le dos, & appliquées de face par le ventre.

Les Oreilles d'Ours sont des plantes vivaces par leurs racines. Elles naissent d'elles-mêmes sur les Alpes, les Pyrenées, & autres Montagnes, à l'ombre, & quelquefois dans des endroits un peu humides. On les cultive dans les jardins, où elles sont un objet de curiosité.

Leurs feuilles, presque couchées à plat contre terre, sont charnues, arrondies, dentelées ou sans dentelure, les unes minces, les autres épaisses & fermes, quelques-unes bordées, tantôt velues, tantôt lisses: d'entre elles s'éleve, à la hauteur de quelques pouces, une tige cylindrique, dont le sommet porte un bouquet de fleurs, qui ont leur calyce d'une seule piece, ordinairement découpée en cinq; dans lequel est renfermé un tuyau plus ou moins court, divisé en cinq, six ou sept par les bords. Au dedans est un pareil nombre d'étamines, qui répondent aux divisions du pétale, & sont alternes par rapport à celles du calyce. L'embryon ou ovaire placé à leur base, est surmonté d'un style cylindrique, qui se termine par un stigmate hémisphérique velouté. A chaque fleur succede une capsule à-peu-près ovale ou arrondie, qui s'ouvrant en plusieurs valves, laisse appercevoir des semences fort menues.

Especes.

Auricula Ursi, flore luteo, J. B. C'est celle que G. Bauhin nomme *Sanicula montana, flore luteo.* Ses feuilles sont épaisses; le tuyau de sa fleur est très-court, & jaune.

2. *Auricula Ursi Alpina angustifolia.* Inst. R. Herb. Cette plante est vivace. Elle porte de petites fleurs bleuâtres ou purpurines.

3. Les graines produisent une infinité de variétés dans les fleurs & dans les feuilles.

4. *Voyez* BOUILLON-BLANC, *n.* 4.

Usages.

Les feuilles du *n.* 1 sont vulnéraires. On s'en sert beaucoup intérieurement & extérieurement en Allemagne pour les blessures, les descentes, les plaies de la poitrine, & autres plaies.

On dit que la décoction du *n.* 2 est apéritive, & fort utile pour la gravelle & pour la pierre. On ajoûte que les Espagnols en distillent une eau dont ils se servent pour la toux.

Les fleurs de la plupart des Oreilles d'Ours, ont une odeur douce & agréable. On peut en faire de jolis bouquets.

Culture.

Les Oreilles d'Ours viennent de semence, ou d'œuilleton.

Comme cette plante se plaît à l'ombre & dans des prairies, il faut lui donner une terre substantieuse, & qui se tienne long-tems fraîche. On en prépare d'artificielle. Pour cela on prend les buttes des taupes dans des endroits où le débordement des eaux a charié du limon. S'il ne s'y rencontre pas de terre remuée par les taupes, on prend celle qu'on trouve en ces mêmes endroits, & on la passe au crible. Quand on est voisin d'une riviere non sujette à déborder, on prend de la vase de fossés. Mais l'une & l'autre terres qui n'ont point été affinées par le travail des taupes, doivent ne pas être neuves; & avoir passé à l'air au moins deux hivers. Au défaut de ces limons, on cherche dans quelque vallée, une terre franche, & propre au froment. Sur six paniers de quelqu'une de ces terres on en met un de terreau qui ait deux ou trois ans. Une plus grande quantité de terreau feroit dégénérer les fleurs, & en altéreroit les panaches. On peut en mettre une fois autant, pour les pures & pour les bizarres. Ces deux sortes de terres composées se passent où crible; où on les met séparément.

Les curieux estiment les Oreilles d'Ours panachées, les veloutées, les lustrées, les bizarres, les doubles, les triples.

On distingue en général les Oreilles d'Ours en Pures ou Couleurs, en Panachées ou Tracées, & en Bizarres.

Pour qu'une Oreille d'Ours soit belle, il faut 1°. que la fanne soit verte, médiocrement grande, & plutôt courbée que droite. Si les feuilles étoient ou trop grandes ou trop droites, elles cacheroient la tige de la fleur; & quelquefois la fleur même. Une feuille jaunâtre ou farinée, est moins propre à détacher les couleurs, que celle qui est verte. Au reste il y en a de différens verds: & un curieux sçait en tirer parti pour distinguer ses plantes, & les reconnoître au cas que leurs étiquettes vinssent à être déplacées. La diversité de la fanne peut aussi y contribuer. 2°. La tige doit être forte, & capable de soutenir le bouquet quand il sera entiérement épanoui. Cependant si l'on a quelque fleur extraordinaire, dont la tige soit foible, on la garde : & pour la soutenir, on l'embrasse avec de petits crochets de fil de fer peints en verd; que l'on pose derriere le bouquet. 3°. Les fleurons, ou cloches, doivent être ronds, plats, & avoir au moins six pieces ou divisions égales; lesquelles ne forment pas un moulinet, & ne rendent la fleur ni pointue ni étoilée. 4°. On demande que chaque fleuron ait au moins un pouce de diametre : & que ses pieces soient étoffées, veloutées, satinées, lustrées. La queue (ou le péduncule) doit n'être ni trop foible ni trop longue : celle qui est trop longue, quoique forte, donne lieu aux fleurs de s'écarter les unes des autres; ce qui fait des bouquets trop évuidés, & desagréables. 5°. Le fond de la fleur doit être grand & bien proportionné, rond, net, sec, *bien arrêté*, c'est-à-dire, ne pas s'imbiber & ne point participer dans la couleur. La ligne de chaque division doit ne pas entrer dans le fond. 6°. Il est à propos que le fond des pures & des panachées soit sans poudre. On en voit qui la perdent au bout de deux ou trois jours. Cela arrive plus certainement quand on les fait épanouir au soleil ou à la pluie. Quelques curieux enlevent même cette poussiere avec un pinceau bien doux, trempé dans de l'eau nette. 7°. Une fleur dont les étamines, ou *paillettes*; que l'on nomme encore *pénicules*, & *rosettes*; ne sont pas bien conditionnées, doit être mise au rebut. Des Fleuristes imparfaitement instruits de la nature ont rejetté les fleurs prétendues femelles; où au lieu de paillettes ils n'appercevoient que le pistil, nommé par quelques-uns *Picot*, *Pilon*, *Javelot*, *Dard*. Les étamines doivent être à fleur de l'œil, couchées sur les bords, & le remplir. Celles qui sont vertes remplissent mieux l'œil, que ne font les citronées : mais elles sont moins agréables à la vûe. C'est un défaut quand elles ne durent qu'un ou deux jours. Il leur arrive souvent d'être emportées par les mouches. 8°. Il faut que la fleur conserve sa couleur jusqu'au tems où elle doit se faner. Quand elle ne la conserve pas, on dit qu'elle *crasse*, ou qu'elle *grille*. 9°. On exige encore que la fleur ne gaudronne, ni se replie. Elle *gaudronne* quand elle frise ses bords. Elle *se replie* quand les feuilles trop ouvertes se renversent en arriere, de sorte qu'on ne voit presque plus que le fond. Les fleurs étoffées sont sujettes à se replier comme les autres. 10°. Enfin les curieux veulent que l'œil ne soit pas trop ouvert. Plus il est petit, plus il est beau, & bien rempli par les paillettes. Ce qu'on nomme *l'Œil*, est le trou où sont placées les paillettes. Le *Fond*, que l'on doit ne pas confondre avec l'œil, est la couleur blanche, dorée, citrine, ou chamoisée, qui forme autour de l'œil un cercle ou un hexagone.

On nomme *Pures* les Oreilles qui n'ont qu'une couleur outre celle de leur fond : c'est-à-dire qui sont rouges, cramoisi, violettes, feu, pourpre, &c.; car celles qui sont toutes blanches, ou toutes jaunes, sont dégénérées. Beaucoup de curieux préferent ces Oreilles pures, aux panachées & aux bizarres. Elles sont effectivement presque toujours plus grandes & plus veloutées. Il y en a de rembrunies vers le fond; ce qui le rend net & tranché : on les appelle *Transparentes*, *Nuancées*, *Lactées*. Celles-ci sont estimées. Elles ne dégénerent pas. On souffre qu'elles ayent le fond hexagone. Entre ces mêmes Transparentes, il s'en trouve dont le fond est arrêté par un cercle noir, ou brun; si sensible & si bien détaché de la couleur, qu'on en fait comme une espece distincte. Mais pour les voir long-tems dans leur état de perfection, on doit n'entretenir à leur pied qu'une médiocre humidité : sinon, le contour qui en fait le mérite, se confond & s'imbibe. Ces fleurs sont ordinairement plus petites & moins étoffées que les autres Pures. Les curieux nomment *Ombrées*, les pures qui sont nuancées, & d'un velours très-fin, dont la nuance noire ou brune se réunit au milieu de chaque division du tuyau; ce qui par conséquent en éclaircit le bord. De ce genre sont le Feu Ombré, le Feu Tingresse, le Pannebrouk, le Pannerok ou la Reine Elizabeth, &c. Ces ombrées sont d'un petit volume.

Les *Panachées* sont estimées lorsqu'elles sont veloutées ou lustrées, & que leurs panaches sont nets & bien coupés depuis le fond jusqu'au bord. Ces panaches sont, ou blancs, ou jaunes. Plus le blanc est blanc de lait, plus il est beau. Plus le jaune est doré, plus on en fait cas. On veut que le fond soit absolument rond : s'il étoit hexagone, ou gaufré, le panache en partant d'un ou de deux angles, rendroit le fond imbibé. On voit beaucoup d'Oreilles d'Ours panachées, aussi grandes que les Pures, ou même davantage.

Les *Bizarres* ont le fond d'une autre couleur que celle dont elles panachent. Les fonds blancs sur un panache jaune ou doré, sont les plus ordinaires. Les Oreilles d'Ours bizarres sont grandes comme les panachées : & sujettes de même à dégénérer.

Il y a d'autres bizarres, venues d'Angleterre, ou de semence d'Angloises. Elles sont très-variées. On y apperçoit quantité de couleurs très-opposées, dans la même fleur. Ces especes sont communément assez petites; couvertes d'une poudre blanche très-fine, qui étant plus abondante dans le fond, le distingue très-bien, & lui donne de l'éclat. On estime particuliérement les plus rondes; parce qu'elles sont rares. Un autre avantage qui leur donne le prix, est qu'elles ne sont pas sujettes à dégénérer. De plus elles réunissent toutes les qualités des belles, soit pures, soit panachées; elles sont ordinairement veloutées & lustrées; leur panache est régulier; elles ont le fond grand, rond, & éclatant; & leur pétale est très-étoffé. On voit de ces bizarres, qui ont le fond citron, ou chamois, sans poudre.

Les *Doubles* n'ont pas de fond. C'est pourquoi il y a des curieux qui les méprisent. Car le fond est une des principales beautés de l'Oreille d'Ours. D'ailleurs il n'est gueres possible de distinguer les couleurs de chacune de ces cloches, doubles, ou *Triples* : la premiere cache nécessairement les autres. Et en supposant qu'on les distingue toutes également, elles ont le défaut de manquer de paillettes.

Il faut semer pour être sûr d'avoir du beau. La nature varie à l'infini dans ce genre de plantes; & rarement une espece produit-elle sa semblable. Il est néanmoins de la prudence de prendre toujours la graine des plus belles fleurs, plus veloutées, plus foncées, plus grandes. Pour ne pas se méprendre, on casse les tiges de toutes celles dont on ne veut pas avoir de graine, en les ôtant du théâtre. Celles dont on souhaite de recueillir la graine, doivent être mises hors du théâtre, & exposées au grand air, dès que le premier ou le second fleuron, sont passés. Il faut aussi avoir attention de ne les entretenir que dans une médiocre humidité : sans quoi la semence grossissant trop, la coque se creve avant la maturité, & la graine ne mûrit plus. C'est pourquoi on fera bien de mettre les plantes à couvert de la pluie, dès que les coques seront formées.

On connoît que la graine est mure, quand la coque est seche & commence à s'ouvrir. Alors on la coupe avec des cizeaux; pour la mettre dans une boëte qui ferme bien : & on laisse la graine dans sa coque jusqu'au tems de la semer.

Il y a nombre d'Auteurs qui conseillent de semer au mois de Septembre. Mais si l'hiver est tardif, la graine leve en grande partie; & les gelées qui surviennent la détruisent. On ne risque pas cela en différant jusqu'en Décembre, ou même en Février, ainsi qu'on fait en Flandre.

La graine semée en Juillet, leve parfaitement au bout de quinze jours. Quoique ce plant soit fort quand la gelée vient, il a encore bien de la peine à s'en défendre. D'ailleurs ces Oreilles d'Ours ne fleurissent pas plus tôt que les autres.

Pour semer on met dans des terrines, caisses, ou baquets, de la terre préparée comme ci-dessus; on l'unit bien, sans la presser : on y seme la graine également, en se mettant à l'abri du vent. Puis on met dans un gros sas de crin, de la même terre un peu seche, que l'on tamise sur la semence, pour la recouvrir seulement de l'épaisseur d'un liard tout au plus.

On seme avec succès sur deux ou trois pouces de neige : & on tamise de la terre par dessus.

Si l'on ne recouvre pas la semence, elle leve bien; mais les arrosemens & les pluies entraînent le jeune plant au bord des terrines, où il est étouffé. Et si on le prive d'eau, il périt de secheresse.

Il faut exposer les terrines ensemencées aux pluies assez ordinaires dans les mois de Décembre & Février. A leur défaut, on les mouille avec un arrosoir très-fin. On les met à l'abri des grosses pluies. Et on les tient toujours humides; à l'ombre; & hors des fortes gelées qui, faisant bomber la terre du milieu, jetteroient la graine sur les bords.

Pour les garantir des chats, on peut enfermer ces terrines dans une cage en pente, dont le dessus soit garni de gros fil de fer, sans traverse.

C'est une mauvaise méthode que de mettre du fumier à demi-pourri, dans le fond des terrines, à l'intention de faciliter l'écoulement des eaux : à mesure qu'il acheve de se pourrir, la terre s'affaisse, & forme dans le milieu un creux où les arrosemens & les pluies entraînent la graine & la terre des bords, ensorte que la graine y est étouffée.

La graine leve à la fin de Mars, ou au commencement d'Avril. Il faut alors sarcler souvent.

Dès que les plantes ont six feuilles, on les repique dans de grandes caisses, à deux pouces de distance réciproque. On les met dans des pots, à mesure qu'elles fleurissent.

Pour les grosses Oreilles d'Ours, on a des pots, de cinq à six pouces d'ouverture & de profondeur; troués par le bas; & soutenus par un double fond, haut d'environ un pouce, à peu près semblable au double fond des mesures d'étaim pour le vin. Pour la propreté & la durée il convient que ces pots soient bien plombés en dehors : l'humidité s'y conserve mieux aussi. Avant d'empoter la plante, on met au fond du pot une écaille d'huitre, la partie convexe en haut; pour faciliter l'écoulement des eaux. Ensuite, y ayant mis un peu de terre, on rafraîchit les racines, on en ôte tout ce qui paroît gâté, & on les arrange en patte. Puis on ajoûte d'autre terre que l'on presse doucement contre les parois du pot, & autour des racines.

Pour soutenir les Plantes nouvellement empotées, & empêcher qu'elles ne soient tourmentées par le vent, on se sert de deux petits bâtons qui se croisent. On ne les arrose qu'avec un entonnoir à pomme, & très-fin. On arrose beaucoup d'abord. Ensuite on tient la plante à l'ombre, durant quinze jours sans la mouiller; à moins qu'il ne fasse extrêmement chaud. Au reste cette pratique ne regarde strictement que les plantes qui n'ont été changées de pot, ou sevrées de leur pied, que depuis un jour au plus. Pour celles qui ont demeuré plusieurs jours hors de terre, ou qui viennent de loin : un célebre curieux prétend que, telles flétries qu'elles paroissent, il faut ne les arroser qu'au bout de trois jours qu'elles sont empotées; & cela légérement : sauf à recommencer tous les deux ou trois jours, jusqu'à ce qu'elles aient bien repris.

L'Oreille d'Ours n'a besoin *d'être renouvellée* que tous les trois ans. Si on le faisoit plus souvent, on s'exposeroit à ne pas avoir de belles fleurs : attendu qu'elle ne réussit qu'à proportion que le collet de la racine s'éleve hors de terre. Ce renouvellement se fait au commencement de Mars.

On choisit aussi ce tems pour donner à toutes les Oreilles d'Ours un *demi-renouvellement* : qui consiste à ôter environ un pouce de terre de la superficie, & y en substituer de nouvelle. Le pot n'a pas besoin d'être absolument plein. Il est même à propos qu'il ne le soit qu'à un bon demi-pouce du bord. Sans quoi l'on n'auroit plus la facilité de regarnir le collet de la plante, qui monte toujours vers la surface : & il se trouveroit découvert à cause des fannes mortes ou gâtées, qu'on lui auroit ôtées.

On enterre tout le navet; & on a soin de le regarnir de terre, quand il se trouve découvert par la pluie, les arrosemens, ou la suppression des fannes seches.

Il est à propos de raccourcir le navet, quand il s'allonge trop. Si on ne l'arrêtoit pas, on seroit exposé à n'avoir jamais de belles fleurs.

Il y a des curieux qui renouvellent leurs Oreilles d'Ours tous les ans, à la fin d'Août, ou au commencement de Septembre; afin, disent-ils, que ne pouvant fleurir en Automne, elles fleurissent mieux au Printems. D'autres les désapprouvent. Au reste, on ne voit pas que l'on perde rien au printems, pour avoir laissé paroître les fleurs d'Automne.

On n'est pas d'accord sur la maniere dont se doit faire le renouvellement. Tantôt l'on secoue toute la terre des racines. Tantôt l'on coupe avec un bon couteau une motte grosse comme une orange; ensorte qu'on change la plante sans déplacer les racines. Mais pour avoir les œilletons, on ne peut se dispenser de secouer toute la terre; afin de ne laisser aucun de ceux qui sont en état d'être sevrés.

Comment on doit Œuilletonner les Oreilles d'Ours.

1°. Lorsque les Oreilles d'Ours n'auront jetté que des œuilletons purs, il ne faut point y toucher; elles ne valent pas la peine d'être œuilletonnées.

2°. Si une Oreille d'Ours a poussé deux œuilletons, & que l'un soit panaché & l'autre pur ; on doit conserver le panaché, & ôter le pur.

3°. Quand vous voulez détruire un œuilleton, arrachez l'Oreille d'Ours feuille à feuille, jusqu'à ce que vous n'en puissiez plus tirer ; ensuite vous y remarquerez une petite partie en forme de cœur, que vous couperez, en prenant garde de ne point endommager le collet de la plante.

4°. Si l'Oreille d'Ours, que vous aurez choisie comme la plus belle, a jetté plusieurs œuilletons panachés ; il faut attendre que la fleur soit passée, pour œuilletonner. Alors vous découvrirez le pied, en agitant le pot, & renversant la terre réduite en poussiere : vous le séparerez ensuite en autant de parties, qu'il y a d'œuilletons. Mais si les œuilletons ne se séparent pas aisément, vous les couperez avec un coin, ou un couteau de buis ou d'autre bois dur. Ne dépotez pas la plante pour en avoir les œuilletons : détachez-les seulement avec le doigt, tout près du navet.

Le tems qu'on choisit pour œuilletonner les Oreilles d'Ours est lorsque la fleur commence à se passer. Tout œuilleton est bon à planter, pourvû qu'il ait un peu de racines. Pour cela mettez-le dans la terre préparée, jusqu'au collet, de sorte qu'il n'y ait que les feuilles qui passent ; arrosez-le d'abord amplement, donnez-lui de l'ombre pendant un mois avec des paillassons s'il ne peut point être transporté ; & continuez de l'arroser souvent.

Pendant l'hiver on peut laisser les Oreilles d'Ours à l'air sur les treteaux, en couchant les pots. Mais le mieux est de les serrer dans un endroit sec : sans examiner s'il y gele, ou non ; car elles ne craignent pas la gelée. Le froid leur est même avantageux, en ce qu'il retarde les boutons.

En les serrant on doit regarder que les fannes soient bien seches. Si elles étoient humides, la plupart des plantes périroient insensiblement.

S'il y en a quelqu'une qui ait besoin d'eau, pendant cette saison, on a l'attention de ne pas mouiller les fannes, & de ne pas arroser quand il gele actuellement, ou que le tems annonce une gelée prochaine. On ne donne toujours que peu d'eau à la fois en hiver.

Au sortir de l'hiver, il est à propos de mettre toutes les plantes au soleil, sur des planches soutenues de treteaux, à trois pieds de terre ; tant pour leur donner beaucoup d'air, que pour empêcher les vers d'entrer dans les pots, & de déraciner les plantes.

On peut y laisser fleurir les Bizarres nouvelles, en les garantissant de la pluie. Les couleurs des Pures deviennent fortes quand elles fleurissent sur ces treteaux. Mais il faut mettre à l'abri du soleil les pures tendres, & les panachées : Le soleil mangeroit leurs couleurs. Au reste ces regles générales ont des exceptions : que les curieux apprennent par l'usage ; & par les avertissemens de ceux qui leur donnant des especes singulieres, sont intéressés à ce qu'elles ne dégénerent pas.

Comme les gelées du mois de Mars font grand tort aux boutons des Oreilles d'Ours, qui paroissent alors ; il faut, tous les soirs sans manquer une une seule fois, couvrir toutes ces plantes avec des paillassons ou avec une forte toile.

Transport des Oreilles d'Ours.

Le printems est la saison la plus convenable pour cela : ou depuis le quinze d'Août jusqu'au commencement d'Octobre.

On transporte, ou de grosses plantes, ou des œuilletons.

Les uns & les autres doivent avoir leurs racines enveloppées de terre modérément humide dans un sac de papier, que l'on noue vers le collet de la plante ; laissant sortir le reste, pour qu'il ne se froisse pas, ce qui occasionneroit de la pourriture. On met à chaque sac le nom de la fleur, sur du carton ou du parchemin ; ou un numero relatif à la note que l'on met à part sur un registre : il est bon de spécifier la couleur, l'espece, & la forme, de la fleur.

La terre que l'on met au pied des Oreilles d'Ours qu'on envoye, doit ne pas être une terre forte : encore moins faut-il la presser autour.

On ne peut se dispenser d'envelopper les racines, que lorsqu'il ne fait point de chaleur, & que les plantes ne seront que fort peu de tems hors de terre.

Les sacs étant bien accommodés, on les range dans une boëte ou dans une manne. Et l'on garnit tous les vuides avec des bouchons de papier, pour que le mouvement ne déplace point les plantes, & ne leur donne pas occasion de se froisser mutuellement. Quelques-uns garnissent d'herbe cueillie en plein soleil : mais il y reste toujours assez d'humidité pour faire pourrir les plantes si elles restent long-tems en chemin. Le foin bien sec est préférable. On peut encore se servir de mousse : qui garnit très-bien, & forme des especes de matelas pour les plantes. Mais il faut que cette mousse ait été cueillie long-tems auparavant : Trop nouvelle, elle s'échauffe ; & brûle les plantes.

Maladies des Oreilles d'Ours.

Il arrive quelquefois que la pourriture attaque ces plantes : alors, il est nécessaire de couper les feuilles pourries, afin qu'elles ne gâtent point le reste de la plante. Cela est sur-tout à observer en hiver.

Quand on s'apperçoit qu'une plante qu'on empote, a de la pourriture en quelque endroit de la racine ; il faut couper jusqu'au vif, tant que l'on voit quelque tache rouge. Et pour garantir la plaie contre les impressions de l'humidité, on y met de la cire ou un *mastic*, composé d'une demi-livre de cire jaune, un quarteron de térébenthine, & un quarteron de poix blanche ; bien fondus & mêlés ensemble. On peut aussi exposer la plaie au soleil ; pour qu'il s'y forme une croute : remede le plus simple pour les plantes qui ont bien repris, & qui sont fortes en racines. Il est encore bon de mettre du plâtre en poudre sur la plaie, pour arrêter la pourriture.

Un *instrument* presque nécessaire pour la culture des Oreilles d'Ours, est une espece de petite truelle, un peu plus coudée que celle des Maçons, & arrondie en forme de spatule. On s'en sert dans les demi-renouvellemens ; pour ôter la mousse de dessus la terre ; pour donner de légers labours ; régaler la terre après avoir empoté une plante ; bien garnir le collet de cette plante, sans casser les fannes ; &c.

La surface de la terre se trouve quelquefois couverte de *mousse* : que des curieux ont grand soin d'ôter, pour ménager la propreté du coup d'œil. D'autres la laissent jusqu'après les chaleurs, parce qu'elle empêche que la terre ne soit fatiguée par la trop grande sécheresse.

Les panachées & les anciennes bizarres sont sujettes à *dégénérer* ; & l'on ne s'en apperçoit, que lorsqu'elles fleurissent. La marque qu'elles ont dégénéré, est qu'elles sont entiérement de la couleur dont elles panachoient ; ou toutes blanches, ou toutes jaunes. Il y a des fleuristes qui prétendent qu'elles peuvent revenir à leur premier état. C'est dequoi l'on ne doit pas se flatter. S'il n'y a qu'un ou deux œuilletons qui soient atteints de ce mal, il faut les séparer du pied ; pour tâcher de sauver le reste.

On doit avoir soin d'ôter les limaçons, chenilles, & autres insectes ; qui rongent les Oreilles d'Ours jusques dans le cœur.

Quand on voit des fannes se recroqueviller, ce peut être une marque de chancre & de pourriture. Il faut dépoter la plante ; &, si le navet est malade, le couper jusqu'à l'endroit où il sera ferme & blanc. Mais il y a des Oreilles d'Ours qui ont ainsi la feuille naturellement : on les distingue aisément des autres, en qui ce n'est qu'accidentel, & dont la fanne étoit auparavant bien étendue.

Maniere de Ranger les Oreilles d'Ours.

Une quantité de pots d'Oreilles d'Ours bien fleuries, rangés de façon que les mêmes couleurs & les mêmes especes ne se trouvent pas ensemble, forme un coup d'œil agréable, non-seulement pour les connoisseurs, mais encore pour tout autre.

On nomme *Théâtre*, ou *Buffet*, l'endroit où on les met quand elles sont fleuries. Ce sont des planches posées en gradins, de quatre pouces de largeur, élevées de trois pouces les unes au-dessus des autres, & couvertes d'un toît assez exhaussé, pour que les plantes y ayent beaucoup d'air. Ce toît doit être plus haut de deux pieds sur le devant. Le plus bas gradin se met à quatre pieds au-dessus de la terre ; le devant du théâtre regarde toujours le nord ; afin de conserver long-tems les fleurs, dans leur beauté. On en peint quelquefois le fond en noir, pour que les couleurs sortent mieux. Les tasseaux sur lesquels posent les gradins, doivent prendre dans le fond du théâtre : cela donne moyen d'avancer ou reculer les gradins quand on le juge à propos ; & d'y ranger ensuite des Œillets, qui sont dans des pots plus larges que ceux des Oreilles d'Ours.

C'est ordinairement depuis le 20 d'Avril jusqu'au 10 de Mai, que les théâtres d'Oreilles d'Ours attirent les curieux.

A mesure que les plantes fleurissent, on les arrange sur le théâtre. Celles dont les tiges sont un peu foibles doivent être au plus haut gradin ; pour que ce défaut soit moins sensible.

Quand il n'y a plus de fleurs, on tient les plantes à l'ombre : & si on ne peut se dispenser absolument de leur laisser du soleil, on préfere l'exposition du levant. On les y arrose modérément.

Les grandes chaleurs étant passées, on remet les plantes sur les treteaux, comme au sortir de l'hiver. Si la saison est pluvieuse, & que les plantes paroissent avoir trop d'humidité, on couche les pots, desorte que les plantes soient tournées vers le soleil. On ne les tient pas toujours sur le même côté : les racines courroient risque d'y pourrir.

OREILLE DE SOURIS. Plusieurs nomment ainsi la *Piloselle*.

OREILLE DE SOURIS : en Latin & en Grec *Myosotis* : à quoi répond la dénomination Angloise, *Mouse-Ear* ; ou *Mouse-Ear Chickwed*. M. Linnæus appelle ce genre de Plantes *Cerastium*.

Le calyce de la fleur est d'une seule piece, découpée en cinq jusques fort près de sa base. Il y a communément cinq pétales, divisés chacun en deux ; dix étamines ; un embryon oval, qui supporte cinq styles très-menus : le fruit est une capsule cylindrique allongée, colorée, qui représente assez bien une corne de bœuf ; & dont l'extrêmité s'ouvre en plusieurs quartiers : dans l'intérieur sont quantité de semences menues, la plupart presque rondes.

Especes.

1. *Myosotis arvensis hirsuta, parvo flore* Inst. R. Herb. Elle est fort commune dans nos campagnes, aux endroits sabloneux ; & est vivace. Ses tiges sont purpurines, & ses feuilles longues, velues, & d'un verd assez foncé. Depuis le mois d'Avril, & pendant tout l'Été, elle porte de petites fleurs blanchâtres ; dont les étamines ont leurs sommets jaune-pâles. Sa capsule est longue & menue. Cette plante donne un suc visqueux.

2. *Myosotis arvensis, Polygoni folio* Inst. R. Herb. Elle est vivace ; & forme des gazons considérables, dans la campagne : elle fleurit blanc, dans le mois de Mai. Ses feuilles, longues d'environ six lignes, & fort étroites, embrassent la tige par leur base, se terminent en pointe, sont d'un verd assez foncé en dessus, & couvertes d'un duvet court.

3. *Myosotis arvensis subhirsuta, flore majore* Inst. Herb. Celle-ci, très-commune le long des chemins, y forme de gros paquets de gazon, mêlés de fleurs blanches, dans les mois d'Avril & Mai.

4. *Myosotis incana repens* Inst. R. Herb. Cette plante est toute blanche. Elle gazonne beaucoup ; & fleurit blanc.

5. *Myosotis hirsuta altera viscosa* Inst. R. Herb. Elle est annuelle ; & fleurit en Avril & Mai. Elle pousse plusieurs tiges ; dont celles de la circonférence s'inclinent ordinairement un peu sur les côtés, pendant que celles du milieu, qui sont toujours les plus longues, restent droites. Ces tiges sont fistuleuses, tantôt d'un verd pâle, tantôt rougeâtres, garnies de nœuds, & parsemées de poils blanchâtres qui les rendent un peu rudes. De chaque nœud sortent deux feuilles opposées, longues de sept à huit lignes, sur quatre à cinq de largeur dans leur plus grand diametre, d'un verd pâle & mat en dessus, blanchâtres en dessous, & marquées d'une côte longitudinale. Les fleurs sont blanches ; ou bleues : elles naissent par bouquets. Consultez le *Botanicon Parisiense*, in-folio, page 142.

Usages.

Les *nn.* 2 & 3 gazonnant beaucoup, ils peuvent servir à couvrir divers endroits dans des jardins.

On se sert beaucoup du *n.* 4, pour garnir des bordures.

La plante *n.* 5 appliquée en liniment, guérit, (dit-on) les fistules du grand angle de l'œil. Pline dit qu'elle est corrosive, & ulcérante. Les anciens Egyptiens assuroient que, si au commencement du mois d'Août, on se frottoit de cette herbe le matin *sans parler*, on n'auroit pas, de la même année, les yeux chassieux.

OREILLER : *Terme d'Architecture*. C'est la pierre qui couronne un pied-droit, dont le lit de dessous est de niveau, & celui de dessus en coupe, pour recevoir la premiere retombée d'un arc ou d'une volute.

Voyez

Voyez Coussinet.

Oreillette : Plante. *Voyez* Asarum.

Oreillette : *Terme de Jardinage*. Voyez sous le nom d'Oreille.

OREILLONS: *Terme d'Architecture*. Voyez Crossette.

Les Menuisiers nomment *Oreillons* ou *Orillons*, les rognures des cuirs ou peaux de bœufs, vaches, veaux, moutons, &c, dont on se sert pour faire la colle forte.

ORELLANE. *Voyez* Rocou.

ORF

ORFRAYE. Sorte d'Aigle. *Voyez* au mot Aigle.

ORG

ORGE; ou HORGE: en Latin *Hordeum*: & *Barley*, en Anglois. Genre de Plantes qui appartient à la famille des Graminées. Les fleurs sont rassemblées en épi; qui sort de la gaîne d'une feuille, au haut de laquelle sont deux crochets. Chaque calyce est composé de cinq à six balles; dont la plus extérieure est terminée par une arrête environ quatorze fois aussi longue qu'elle, & que l'on trouve fort rude en y passant le doigt à rebours : lors même que cette arrête devient insensible par la culture ou autrement, il en subsiste toujours un vestige. Le grain de l'orge est à peu près de figure rhomboïde : on ne le dépouille ordinairement de ses balles qu'avec beaucoup de peine : il paroît retenir à sa partie supérieure le pétale de la fleur qui l'a produit.

Dans les épis sains, le grain d'Orge bien conditionné est réuni par sa base à deux autres faux grains, qui avortent toujours, & aux dépens desquels celui du milieu se nourrit. Ces trois grains sont toujours détachés les uns des autres.

Especes.

1. *Hordeum distichum*, J. B. L'Orge à deux rangs; ou *Petite Orge*: qu'en Limosin & en Angoumois on appelle *Baillarge*: La *Pamelle* de Picardie. Son épi est plat, long; & n'a que deux rangées de grains. Ses barbes sont fort rudes. Sa tige est rude au toucher.

Il y en a une variété, dont l'épi est court, large, applati, & très-fourni de grains. Voyez le *Botanicon Parisiense*, in folio. C'est la *Tenelle* du Cotentin: ce que les Anglois nomment *Sprat*, & *Battledore Barley*.

2. *Hordeum Polystichum* J. B. L'*Escourgeon* ; la *Grosse Orge*. Il y en a de barbue & d'autre sans barbes. L'épi est composé de trois ou quatre rangées de grains. Aussi l'appelle-t-on *Orge quarrée* ; *ou Orge à quatre quarres*.

3. Il y a une orge barbue, dont le grain se dépouille constamment de ses enveloppes, de même que le froment. J'en ai semé plusieurs années de suite, & dans des terreins de qualités différentes; sans que cette propriété ait souffert d'altération. Ce grain est assez blanc, & rend peu de son. Sa farine a une saveur délicate. On l'appelle *Ris* dans quelques endroits : & je crois que c'est l'espece nommée par G. Bauhin *Zeocryton*, *sive Oryza Germania*.

Usages.

En général le grain des diverses especes d'Orge passe pour être astringent, & bon pour le cours de ventre. *Voyez* Pain *d'Orge*.

Quoique le grain du *n.* 1 rende beaucoup de son, & qu'il soit difficile à conserver; on le cultive parce qu'il fournit abondamment, qu'il mûrit de bonne heure, qu'il est bon à donner aux volailles & même aux chevaux, & que les Brasseurs l'employent volontiers. Sa paille est bonne pour les vaches: *Voyez* les *Élémens d'Agriculture*, T. 2. p. 405. On coupe la plante en verd, pour l'usage des chevaux qu'on veut rafraîchir, & pour nourrir les ânesses dont on fait prendre le lait à des malades.

La tisanne d'Orge est utile dans les maladies aiguës & bilieuses. Elle fait revenir le lait, sur-tout si on y met un peu de fenouil : elle est bonne pour les étiques & les phthisiques, parce qu'elle nourrit & qu'elle est aisée à digérer; outre qu'elle n'est point toujours aussi venteuse que quelques-uns ont pensé.

Maniere de faire la Tisanne d'Orge.

Prenez une poignée d'Orge, nettoyée de toute ordure; & après l'avoir lavée, faites-la un peu bouillir. Il faut jetter cette premiere eau; & faire bouillir le grain dans une seconde, avec le chiendent, & les autres racines ou herbes qu'on juge à propos d'y ajoûter. Il ne faut pas attendre que l'Orge soit crevée; mais seulement qu'elle soit bien renflée. Alors on retire la tisanne; que l'on peut passer par un linge bien net, & ensuite on en fait usage. Cette tisanne est rafraîchissante, émolliente, un peu détersive, & légérement apéritive. On s'en sert particuliérement dans les maux de gorge, dans lesquels on peut l'employer aussi pour délayer les remedes qu'on ordonne en gargarisme.

La farine d'Orge est maturative; étant cuite avec du vinaigre, & appliquée en cataplasme, chaude, elle guérit la gratelle. Les Brasseurs employent le grain pour faire la bierre; après l'avoir fait germer, pour en corriger la viscosité. *Voyez* Bierre.

On appelle *Orge Mondée* les grains d'Orge dont on a séparé l'écorce. Une des meilleures est celle qui vient de Vitry-le-François. Celle qui est apportée de Souabe & d'autres endroits d'Allemagne, est dure, presque ronde, blanche, assez polie; & guéres plus grosse que du millet, à cause que le moulin l'a comprimée & arrondie. On l'appelle *Orge Perlée*. Comme l'écorce ne subsiste plus, ce grain ne communique point d'âcreté aux Tisannes que l'on en fait. On le mange aussi comme du ris.

Tisanne d'Orge Mondée.

Faites cuire de ce grain pendant assez longtems dans une suffisante quantité d'eau; coulez-la tout de suite; & ajoûtez-y un peu de sucre. On donne à cette tisanne le nom de *Crême d'Orge*.

Il faut avoir soin d'écumer l'Orge, quand elle bout. On a coutume de n'en mettre qu'une cuillerée, sur une pinte d'eau. On la retire quand elle est diminuée d'une sixieme partie ou environ. Cette tisanne est plus nourrissante & plus adoucissante que la tisanne commune d'Orge. Pour la rendre encore plus nourrissante, on y met partie égale de lait. L'usage ordinaire de cette tisanne est d'en boire une chopine; dans laquelle on fait dissoudre environ une once de sucre : on prend cette quantité, en une ou plusieurs fois, à volonté. Ce remede est excellent pour rafraîchir la poitrine, & les entrailles échauffées. On fait entrer aussi quelquefois la tisanne simple d'Orge mondée, dans les émulsions des quatre semences froides.

Comme cette préparation d'Orge est adoucissante & émolliente, elle sert à provoquer le sommeil, à exciter les crachats, & à tempérer les âcretés qui tombent dans la poitrine.

Sucre d'Orge. *Voyez* Sucre.

L'ORGEAT est une liqueur dont on use en Eté,

autant à cause de sa délicatesse, que parce qu'elle contribue à la santé en rafraîchissant. Il y a plusieurs manieres de préparer l'Orgeat.

1. Lavez trois onces d'Orge bien choisie. Ensuite faites-la bouillir dans une livre & demie d'eau commune, l'espace d'un demi quart-d'heure. Jettez cette premiere eau; remettez l'Orge dans une seconde, & faites bouillir doucement jusqu'à ce que l'Orge soit crevée. Alors retirez la décoction; & l'ayant laissée refroidir à demi, vous écraserez l'Orge, avec l'eau qui reste, & passerez le tout par un tamis; ou, à son défaut, par un linge bien net de lessive. Puis ayant ajoûté autant de sucre qu'il est nécessaire, vous ferez mitonner ce mélange, sur un petit feu, jusqu'à consistance de panade claire; que vous prendrez à l'heure du sommeil. Ce remede nourrit, en rafraîchissant & humectant. Il est spécifique pour les inflammations de poitrine, & pour les toux invétérées. Si l'on veut le rendre plus nourrissant, on peut y ajoûter un quart de lait frais bien écumé. On ajoûte quelquefois à l'Orge, les semences de melon & de concombre, & les amandes douces pilées. Pour rendre cette boisson encore plus agréable, on y peut mêler quelques gouttes d'eau de fleurs d'orange, ou autre semblable. [Cette méthode est beaucoup moins d'usage que la suivante; où on n'emploie pas d'Orge].

2. Prenez une once de graine de melon bien mondée; que vous mettrez sur une pinte d'eau: vous y pouvez aussi ajoûter deux ou trois amandes ameres pilées, & autant de douces; ces amandes lui donnent bon goût. Vous pilerez bien le tout dans un mortier, & le réduirez en pâte: de peur qu'elle ne tourne en huile en la pilant, vous l'arroserez de deux ou trois gouttes d'eau. Lorsque votre graine & vos amandes seront bien pilées, vous y mettrez trois onces ou un quarteron de sucre, ou environ; que vous pilerez bien avec la pâte. Après cela vous mettrez cette pâte dans de l'eau, & l'y délayerez bien; vous y mettrez ensuite sept ou huit gouttes d'eau de fleurs d'orange, ou à-peu-près une demi-cuillerée; & passerez le tout par une étamine ou un linge bien blanc; mais plutôt par l'étamine que par le linge, parce qu'il lui donne quelquefois un mauvais goût. Cela fait, vous passerez bien le marc, afin qu'il n'y reste rien; vous ajoûterez, si vous voulez, un poisson de bon lait de vache; vous mettrez le tout rafraîchir dans une bouteille; & la remuerez bien, avant d'en donner à boire.

Culture de l'Orge.

Il y a de l'escourgeon, (*n.* 2.) que l'on seme en automne, comme le froment, dans une terre bien labourée & bien amendée: on l'appelle alors *Orge Prime.* D'autre se seme au printems. Cette saison est celle des autres especes.

L'Orge passe pour fatiguer les terres, plus qu'aucun autre grain.

On a l'expérience constante, qu'elle épuise plus la terre pour le bled qu'on voudroit y mettre ensuite, que ne fait l'aveine. Si on mettoit de l'Orge dans une terre aussi-bien préparée, on en feroit plus certain d'avoir une excellente récolte: Voyez le *Traité de la Culture des Terres*, Tome IV, pages 80, & 81. Mais comme ce grain n'est pas si précieux que le froment, & qu'il n'exige pas tant de culture, on le seme dans une terre qui n'a eu qu'un ou deux labours. Il faut cependant qu'il en ait au moins deux, pour venir bien dans une terre qui n'est ni légere ni forte.

Toutes les especes produisent quantité de grain quand on les seme dans un bon fond bien cultivé & bien fumé. Elles se plaisent mieux dans les terres douces, que dans celles qui sont argilleuses. Mais nous n'avons garde d'adopter le préjugé, qui veut qu'une terre forte & humide *change en aveine l'Orge* qu'on y a semée. L'étude de la Physique est aujourd'hui trop éclairée pour suivre de telles erreurs, dictées par le défaut d'observation. D'autres Laboureurs s'imaginent aussi que le *bled de Mars peut se convertir en Orge*: ce qui est également contraire à l'expérience des Naturalistes: Consultez le *Traité de la Culture des Terres*, Tome VI, page 390; & le *Journal Œconomique*, Novembre 1753, p. 149.

L'Orge vient très-bien dans un sable gras, mêlé de gravier: & sa farine est alors d'un beau blanc.

Quand on seme de l'Orge en automne, on doit le faire aussi-tôt qu'on le peut; afin qu'elle acquiere assez de vigueur pour résister aux gelées. Voyez le *Traité de la Culture des Terres*, Tome VI, page 389; Tome V, pages 451, 452, 453. Cette Orge est mûre à la fin de Juin, ou au commencement de Juillet.

Comme les Orges sont susceptibles de froid, c'est une raison pour ne pas se presser de semer celles que l'on ne met en terre qu'au printems. Mais aussi il faut ne point trop tarder. De-là vient le Proverbe: *A la S. George semes ton Orge; à la S. Marc il est trop tard*: pour dire qu'il faut avoir fini cette semaille avant le 25 d'Avril.

L'Orge a très-bien réussi, & le grain étoit de bonne qualité, dans des années où après un hiver doux & fort sec, le printems étoit froid & médiocrement humide, le mois de Juin & une partie de Juillet abondans en pluie, la fin de Juillet très-chaude, & le mois d'Août assez beau quoique sans chaleur.

M. Tillet regarde comme certain, que l'Orge commune n'est pas sujette à la carie, même dans le cas où ses grains seroient noircis avec la carie du froment; mais que d'un autre côté, ce grain est fort sujet au charbon. Ce curieux & exact Observateur, soupçonne que la poussiere des grains charbonnés est dangereuse pour les grains qui en sont noircis; & que le nitre & la chaux, qui en préservent si bien le froment, n'ont aucun effet à l'égard de l'Orge. La rouille attaque quelquefois ce grain.

Un Anonyme qui a donné un mémoire sur la nielle, dans le *Journal Œconomique*, mois de Novembre 1751, a observé que lorsqu'il survient un tems chaud, quand l'Orge *n.* 1 commence à pousser, c'est-à-dire un mois après qu'on l'a semée, elle est beaucoup charbonnée. Il explique ce fait par la trop prompte & trop abondante végétation qu'occasionne la chaleur: d'où s'ensuivent des engorgemens, & l'extravasation & déperdition des sucs. C'est aussi à ces effets qu'il attribue toujours la nielle.

Il est constamment bon de semer l'Orge par un tems sec; l'humidité étant nuisible à cette semaille.

Comme l'Orge talle plus que le froment, on peut dans la Nouvelle Culture en espacer les grains à neuf pouces les uns des autres. (*Culture des Terres*, Tome II, page 94). Voyez le cinquieme Volume du même Ouvrage, page 113 & suivantes.

Le boisseau d'Orge, mesure de Paris, pese vingt à vingt-quatre livres. Ce grain est difficile à conserver. Voyez le *Traité de la Culture des Terres*, Tome V, page 302, 303, 307.

M. Mills (*System of practical Husbandry*, vol. III, p. 99) dit que la balle de ce grain se détache aisément sous le fléau, quand on en a laissé les javelles se charger de rosée avant de les serrer. Il femble ajoûter que cette précaution fait auffi que l'on peut en toute fûreté laiffer les gerbes d'Orge en tas une année entiere, fans les battre.

ORGÉE (*Eau de Cannelle*). Voyez ce titre, dans l'article CANNELLE.

ORGEOLET : Maladie. *Confultez* l'article TRACHOMA.

ORGUEIL : *Terme de Mécanique*. C'eft une groffe cale de pierre, ou au moins de bois ; que les ouvriers mettent fous le bout d'un levier ou d'une pince, pour fervir de point d'appui ou de centre au mouvement circulaire d'une pefée ou d'un abattage. Vitruve l'appelle *Hypomochlion*. Ce centre de mouvement fert pour lever ou pour baiffer. Les ouvriers lui ont donné ce nom (felon Nicot) à caufe que cette pierre fait mouvoir une maffe cent fois plus pefante, & l'oblige à changer de place. Mais la vérité eft qu'*Orgueil* machine, & *Orgueil* vice, viennent du Grec Ὀρέω (*je m'éleve*) ; parce que l'Orgueil vice, éleve & enfle le cœur de l'homme, comme l'Orgueil machine fert à élever des fardeaux & à les faire changer de place.

ORI

ORIGAN : en Latin *ORIGANUM* : & en Anglois. ORIGANY. Ce genre de Plantes porte des fleurs labiées : dont la levre fupérieure eft droite, échancrée & arrondie ; & celle d'en bas, découpée en trois parties longuettes, dont la moyenne pend plus bas que les autres. Le calyce eft une efpece de cornet, terminé par quatre ou cinq dentelures pointues & égales, qui ne s'évafent point ; enforte que la fleur étant paffée, ce calyce repréfente une capfule ovale, dont l'ouverture eft fermée par le rapprochement des pointes, & bouchée par des poils difpofés en rayons. Ces fleurs naiffent en épis quadrangulaires ; dont chaque rang eft compofé d'écailles qui fe croifent par paires.

Efpeces.

1. *Origanum vulgare fpontaneum* J. B. Cette plante eft fort commune dans les bois, & ailleurs à la campagne, fur des hauteurs, dans les Pays chauds. On la nomme marjolaine *Sauvage* ; marjolaine *Bâtarde*. Elle porte plufieurs tiges droites, quelquefois purpurines, très-velues, fermes, hautes d'un à deux pieds. De leurs nœuds fortent, par paires, des feuilles blanchâtres en deffous, garnies d'un duvet doux & court, faites en fer de pique, très-légérement dentelées, marquées de plufieurs nervures paralleles qui font angle avec celle du milieu, & font faillantes par deffous. Les pédicules de ces feuilles font très-velus, & blanchâtres. D'entre les aiffelles naiffent plufieurs étages de feuilles oppofées, dont une paire croife l'autre. C'eft le *Pot Marjoram* des Anglois.

2. *Origanum fylveftre humile* C. B. Cette efpece eft la plus commune dans nos cantons : quoique la précédente s'y trouve auffi. Sa tige s'éleve peu, & eft comme rampante. Ses feuilles font velues. Toute la plante a un air de bafilic.

3. *Origanum Creticum latifolium tomentofum* ; *five Dictamnus Creticus* Inft. R. Herb. Le *Dictame de Crete*, C'eft une plante baffe ; dont les feuilles font oppofées par paires, & en ovale, un peu terminées en pointe, toutes blanches de duvet à travers lequel perce une couleur verte, fort aromatique ; & ont une odeur de thim, avec une faveur vive & piquante fans âcreté. Les tiges & branches font feches, ligneufes, menues, couvertes de duvet. Il y a quelques feuilles étroites, au bas des branches : mais c'eft principalement à leur partie fupérieure qu'elles exiftent.

4. *Origanum Heracleoticum*, *Cunila Gallinacea Plinii*, C. B. Les Anglois l'appellent aujourd'hui *Winter Sweet-Marjoram* : & lui donnoient anciennement le même nom qu'à l'efpece *n.* 1. Ses tiges, hautes d'environ un pied & demi, font velues, & purpurines. Les feuilles font ovales, obtufes, velues, & portées fur de courts pédicules. Les épis des fleurs ont environ deux pouces de long : les fleurs font petites & blanches ; & paroiffent dès le mois de Juillet. Cette plante, quoique originaire du Levant, & de l'Europe méridionale, s'eft bien familiarifée avec les climats moins chauds.

5. *Origanum foliis ovalibus obtufis ; fpicis fubrotundis compactis, pubefcentibus*, Horti Clift. La *Marjolaine* ordinaire. Ses tiges font menues, très-fermes, couvertes d'un duvet abondant. Les feuilles, portées par un pédicule court, font en ovale irréguliere, anguleufes, terminées par une pointe ; blanchâtres, cotonées, longues d'environ un pouce. De leurs aiffelles naiffent beaucoup de petites feuilles oppofées par paires, dont les pédicules font longs. La plante entiere a une odeur agréable, qui tient de celle du marum. Les fleurs naiffent en épis courts, & peu confidérables. Cette efpece forme quelquefois une efpece de fous-arbriffeau.

6. *Origanum foliis carnofis tomentofis* Linn. Sp. Plant. C'eft le *Marjorana rotundifolia fcutellata exotica* H. R. Par. Cette plante, Africaine, eft vivace ; & forme un arbufte communément haut d'environ un pied & demi. Ses branches font garnies de feuilles arrondies, épaiffes, velues, creufées en cuilleron ; & qui ont à-peu-près l'odeur agréable de celles du *n.* 5, mais très-vive Les fleurs font en état dans les mois de Juillet & Août.

7. Il y a une marjolaine qu'on furnomme *Mufquée* ; d'autre *Citronée*. La marjolaine à petites feuilles eft qualifiée de *Gentille* : elle a beaucoup d'odeur.

Culture.

Le *n.* 1 fe multiplie naturellement beaucoup par fes femences. On peut auffi le multiplier en éclatant fes racines, durant l'automne. Pourvû que le fol ne foit pas trop humide, toute terre & toute expofition lui conviennent.

Il en eft de même du *n.* 2.

On fait des boutures, & des marcottes, du *n.* 3, pendant l'Été. Après les avoir féparé de la plante, on les tient dans des pots, à l'ombre, & couvertes de cloches de verre, pour que l'air ne les frappe point. On les humecte un peu, de tems à autre. Quand elles ont bien repris, on les leve pour les mettre chacune féparément dans des pots garnis de terre légere : & on les tient à l'ombre, jufqu'à ce qu'elles ayent produit de nouvelles racines. Alors on les expofe au grand air. En automne on les place fous les chaffis d'une couche chaude ; ayant foin de leur donner de l'air quand il fait doux. Au printems fuivant, on peut les mettre en pleine terre, qui foit feche, & près d'un mur expofé au grand foleil. Ces plantes y fubfifteront bien dans les hivers qui ne feront pas rigoureux. Mais il fera toujours prudent de n'en rifquer ainfi qu'un certain nombre.

Le *n.* 4 fe plaît dans un terrein fec. On le multiplie & cultive comme le *n.* 1.

La culture des *nn.* 5 & 7, fe borne à mettre les plantes à une belle expofition. On les multiplie aisément de drageons enracinés. Si on les laisse passer l'hiver en pleine terre, il faut les butter bien ferme jusqu'à leur sommet. La marjolaine citronée n'exige pas même ce soin. Il suffit d'en planter les drageons au mois de Septembre ; elle pousse ensuite avec vigueur. Pour que ces plantes deviennent belles, il faut souvent les baigner & leur labourer le pied, pincer l'extrêmité des rameaux à mesure qu'elle grandit : on leur fait prendre ainsi telle forme que l'on veut.

On multiplie de boutures & de marcottes, le *n.* 6, que l'on traite en plante exotique.

Usages.

Les *nn.* 1 & 2 sont d'usage en Médecine. Ces plantes sont aléxipharmaques. Leurs fleurs, mêlées dans les salades, fortifient l'estomac, ôtent le mal de cœur, aiguisent l'appetit ; & passent pour être fort utiles quand on a mangé des champignons dangereux. En général, l'Origan cuit dans du vin, & mis sur les reins, ôte la difficulté d'uriner. Cuit dans du vin, & avalé ensuite, il est bon contre les morsures des bêtes venimeuses, les piquûres de scorpion, &c. Un cataplasme fait d'Origan & de farine d'orge cuits ensemble, résout les parotides. Sa décoction est bonne pour fortifier les nerfs & autres parties lasses & débiles. Les fleurs & feuilles de l'Origan, sechées au feu sur une brique, puis enveloppées bien chaudement dans un linge, & appliquées sur la tête, guérissent le rhume.

La décoction d'Origan dans de l'eau est bonne pour les douleurs d'estomac, & la cardialgie. Cette plante, prise avec de l'hydromel, lâche le ventre fort doucement, purge par bas la mélancolie, & provoque le flux des regles. Mangée avec des figues, elle est utile à l'hydropisie & aux convulsions.

Les Anciens vantoient beaucoup la racine du dictame de Crete, pour remédier aux venins & poisons.

La décoction du *n.* 4 dans du vin, prise en breuvage, est bonne contre les morsures des serpens, le poison de la ciguë ; & pour faire évacuer le meconium. La poudre de cette plante, bûe avec de l'hydromel, purge par bas les humeurs mélancoliques. La fomentation de sa décoction est bonne contre la gratelle, les dartres, & la jaunisse.

La marjolaine, *n.* 5, est vulnéraire, céphalique, hystérique, carminative, pectorale, stomachale, sternutatoire, & utile aux nerfs. On se sert ordinairement de ses feuilles, soit en masticatoire, soit en gargarisme ; & même en errhine ou sternutatoire, tant pour jetter dehors ce qui incommode le cerveau, que pour le fortifier : on se sert aussi de sa graine pour les mêmes effets. On n'emploie que les sommités, dans les trochisques d'Hedicroum. Sa décoction, prise en breuvage, est utile à ceux qui commencent à devenir hydropiques, à la difficulté d'uriner, & aux tranchées de ventre. Les feuilles seches appliquées avec du miel, guérissent les meurtrissures : appliquées en liniment, avec de la poudre de griotte seche, elles diminuent l'inflammation des yeux. On mêle aussi la marjolaine dans les médicamens qui servent à délasser ; & dans les emplâtres échauffans.

Errhine ou *Sternutatoire*, *de marjolaine*. Faites bouillir deux pincées de marjolaine, avec demi-dragme d'ellebore blanc, dans six onces d'eau, jusqu'à réduction d'un tiers. Ensuite passez la liqueur ; & respirez-en par le nés. Ce remede est excellent contre le rhume du cerveau.

La simple décoction de cette plante, ou son eau distillée, peuvent en certaines occasions produire le même effet ; aussi-bien que ses fleurs, & les boutons de ses fleurs, réduits en poudre. On croit que cette décoction est propre à dissiper les vents, provoquer les regles, & calmer les tranchées de la colique. On tire de cette plante une huile essentielle ; qui entre dans les préparations propres à fortifier les nerfs, & à faciliter la circulation du sang & des autres humeurs. On incorpore la poudre de marjolaine avec la marmelade d'abricots, & avec la conserve de fleurs d'orange ; pour soulager les personnes épileptiques, ou sujettes au tremblement.

ORILLON. *Voyez* Oreille, *Terme de Jardinage.* Oreillon.

ORINE. J'ai conservé en quelques endroits ce mot employé ci-devant par M. Chomel. Il signifie *Race.* Consultez ce mot dans le Dictionnaire de l'Académie Françoise.

ORL

ORLE : *Maladie.* Voyez Enflure *des Cochons.*

ORLÉANE. *Voyez* Rocou.

ORM

ORMAYE ; ou ORMOYE. Terrein planté en ormes.

ORME : en Latin *Ulmus* : & *Elm* ; en Anglois. Dans ce genre de plantes la fleur est destituée de calyce ou de pétale : on ne détermine pas lequel des deux y manque. Soit l'un, soit l'autre, est d'une seule piece, épaisse, figurée en cloche, divisée en quatre ou cinq par les bords, verte à l'extérieur, colorée au dedans. Cette partie subsiste jusqu'à la maturité du fruit. En dedans de la fleur sont quatre ou cinq étamines, communément assez longues, terminées par des sommets qui sont divisés en quatre. Le pistil est formé d'un embryon, ou ovaire, arrondi ; de deux styles ; & de stigmates velus. Cet embryon devient un fruit membraneux, applati en feuillet, presque oval, ordinairement échancré par le haut ; & dont le milieu est relevé en bosse, & contient une capsule membraneuse, plus ou moins approchante de la forme d'une poire : où est renfermée une substance arrondie & un peu applatie. Ces fruits tombent lorsque les feuilles de l'Orme commencent à se développer.

Tous les Ormes fleurissent vers le mois de Mars. Les fleurs naissent par petits pelotons, au milieu de quelques écailles qui leur servent comme de calyce commun.

La feuille d'Orme est entiere, ovale, divisée à sa base en deux especes d'arcs, dont l'un est plus haut que l'autre ; terminée par une longue pointe un peu contournée ; dentelée & surdentée sur les bords, ferme, plus ou moins rude, suivant les especes ; sillonée à sa face supérieure, & relevée de nervures saillantes en dessous. Ces feuilles sont alternes sur les branches.

Especes.

1. *Ulmus folio latissimo scabro* Gerardi Emac. L'*Orme-Teille* ; l'*Ypreau* apporté d'Ypres par François I. Sa feuille est médiocrement rude ; mais fort large. Cet arbre devient très-grand. Il est commun dans les Pays du Nord. C'est le *Witch-Hazle* des Anglois.

2. *Ulmus folio glabro* Ger. Emac. Celui-ci a les feuilles lisses.

3. *Ulmus campestris & Theophrasti* C. B. Les feuilles de cet Orme sauvage, qui est très-commun, sont larges & rudes. C'est un grand arbre.

4. *Ulmus major Hollandica; angustis & magis acuminatis samarris; folio latissimo scabro variegato* Pluk. Cet Orme que nous tenons des Hollandois, a les feuilles rudes, & panachées. Ses semences sont étroites, & fort aiguës. Son écorce est fongueuse.

5. On nomme improprement *Orme-Mâle* (puisque tout Orme est hermaphrodite), un Orme à petites feuilles, qui s'éleve fort haut, & dont les branches sont rassemblées près de la tige.

6. Ce qu'on appelle aussi improprement *Orme-Femelle*, a de très-grandes feuilles, & les branches écartées du tronc.

7. *Ulmus minor, folio angusto scabro* Ger. Emac. L'*Ormille*; le *Petit-Orme*; l'*Ormeau*; ou Orme-Nain, qui a les feuilles rudes & petites.

Il y en a dont les feuilles sont panachées de jaune, ou de blanc.

Le sol, ou le climat, occasionnent plusieurs variétés dans les especes d'Ormes.

Culture.

La graine d'Orme, en tombant à terre lors de sa maturité, en Mars ou en Avril, se seme d'elle-même; & produit bien-tôt un plant très-considérable; pourvû qu'elle se trouve défendue du hâle, & promptement recouverte d'une petite quantité de terre.

En labourant & hersant bien la terre sous les Ormes, dans la saison où cette graine tombe, on leur donne lieu d'être fixées par les pluies & par la rosée, & ainsi de lever en cet endroit. On a vû de jeune plant, venu de la sorte, avoir huit à douze pieds de hauteur, au bout de trois ans.

On peut, aussi-tôt que les graines sont tombées, les répandre sur une terre bien labourée. Après quoi on les recouvre de l'épaisseur d'un doigt, de terreau ou d'autre terre légere; & on a soin de les défendre du hâle, jusqu'à ce que les jeunes arbres sortent de terre.

Les Ormes qu'on éleve de semence, fournissent une quantité prodigieuse de variétés. On voit les uns porter des feuilles qui ne sont presque pas plus larges que l'ongle, & d'autres, en avoir de plus grandes que la main: tantôt les feuilles sont très-rudes, ou plus molles; tantôt ces Ormes s'élevent à des hauteurs fort inégales: Il s'en trouve qui rapprochent leurs branches les unes tout près des autres, ou qui les étendent plus ou moins en tout sens.

Par rapport aux différens usages qu'on se propose de faire de ces arbres, il est souvent avantageux d'avoir une certaine quantité d'Ormes de la même espece. C'est pourquoi l'on greffe sur les autres, celles que l'on veut multiplier. Cette greffe se fait, pour l'ordinaire, en écusson à œil dormant.

On peut en élever de drageons; & de rejets. Voyez ce qu'en dit M. Duhamel, dans son *Traité des Semis & Plantations*, page 77, 78.

Ces arbres aiment à être en société: ils y parviennent à une belle hauteur, & ne se dérobent point mutuellement la nourriture, pourvû qu'ils soient suffisamment espacés, & que la terre se prête aux diverses extensions des racines. Ils réussissent dans des endroits fort graveleux ou caillouteux: ils deviennent même alors plus propres au charronage. Quoiqu'ils se plaisent dans une terre humide, ils ne réussissent point dans celles qui sont froides & spongieuses. Le sol d'une prairie leur est très-convenable. Plus la terre est meuble, mieux ils profitent. Voyez le *Traité de la Culture des Terres*, de M. Duhamel, Tome I. pag. 6 & 7.

Un Orme qu'on laisse croître sans l'étêter, subsiste un siecle, sans que sa tige se creuse. Mais son tronc se pourrit fort vîte, quand on en fait des têtards. Le retranchement répeté des branches & des rameaux, fait donc un tort sensible à ces arbres quand ils sont grands. Mais le fréquent élagage les rend fort beaux.

Le *n.* 7 souffre volontiers d'être tondu aux ciseaux & au croissant.

On risqueroit de faire périr une allée entiere d'Ormes, si on faisoit à une petite distance un large fossé, dans l'intention peut-être d'empêcher que les racines n'endommageassent la terre voisine. Dans le cas où ensuite il s'écroulera de la terre dans le fossé, leurs racines pourront s'y étendre: ensorte qu'à la longue elles remonteront de l'autre côté, & se distribueront dans la terre labourée. Alors on verra sensiblement les Ormes reprendre leur premiere vigueur.

Usages.

Nous avons déja observé que l'Orme sert au charronage; sur-tout lorsqu'il a crû dans un terrein pierreux, ce qui le rend plus sec, & d'un grain plus serré. Pour cela on le débite en moyeux, essieux, empanons, fleches, jantes & armons; que l'on vend & charrie en grume: & en lissoirs, moutons, & timons, qui sont des pieces de sciage.

Il sert encore à faire des bois de galloches.

On forme de superbes avenues d'Orme femelle, (*n.* 6). L'Orme mâle (*n.* 5) réussit merveilleusement en lizieres. Les Ormes à très-petites feuilles, servent pour l'ordinaire à faire de belles palissades: on peut les élever pour les tondre en boule: on en forme encore des salles, des tapis ou massifs sous de grands arbres en quinconce, en les tenant à trois pieds de hauteur.

En plantant des allées d'Ormes, on espace chaque arbre à trois toises les uns des autres, ou même à trois toises & demie, & quelquefois jusqu'à quatre.

La plupart des Ormes viennent bien dans les forêts.

Les anciens Anglois se sont servi du *n.* 1 pour faire de grands arcs. Cet arbre ne pousse point de rejets sur le tronc ni sur les grosses branches. Son bois est tendre, & presque aussi doux que le noyer.

Le *n.* 5 branche beaucoup; & fournit quantité de bois tortu, dont les courbes sont d'un grand service pour les charrons: c'est pourquoi on le surnomme *Tortillars*. Ce bois n'est cependant pas aussi dur que celui du *n.* 6, qui est chargé de nœuds, & fort bon pour des moyeux de roues.

On fait des tuyaux d'Orme, pour les conduites d'eaux: & quoique ce bois soit sujet à se fendre, il se conserve néanmoins lorsqu'il est assis dans des terres humides & marécageuses; & il se pourrit promptement dans les autres.

Les feuilles des Ormes sont un peu mucilagineuses; & sont regardées comme vulnéraires, astringentes. Le mucilage que rend l'écorce des jeunes branches froissées dans l'eau, est un des meilleurs remedes qu'on puisse employer contre la brûlure.

Les feuilles, pilées & mêlées avec du vinaigre, sont utiles pour la gravelle : on les applique sur le bas-ventre. La seconde écorce, mise en poudre, & qu'on appelle *Teille*, est excellente pour bander les blessûres. L'écorce extérieure, bûe dans du vin, ou dans de l'eau froide, au poids d'une once, purge les flegmes. Si on fomente les os rompus, avec la décoction des feuilles, de l'écorce, ou de la racine de l'Orme, ils reprennent bientôt, après la réduction.

Il se forme souvent sur les feuilles des Ormeaux, certaines vésicules ou galles creuses, dans lesquelles on trouve des insectes, & quelques gouttes d'une liqueur épaisse, à qui on donne le nom de *Baume d'Ormeau*; que l'on employe quelquefois pour nettoyer & embellir la peau, mais dont l'usage le plus constant, est de hâter la guérison des plaies récentes. *Voyez* Baume, page 270. La seve tirée par la térébration de l'Orme, est (dit-on) spécifique contre les fievres. Les feuilles les plus tendres se peuvent mettre en potage, comme les herbes. Ces feuilles (sur-tout celles du *n. 6*), plaisent beaucoup au bœuf & à la vache : & on leur en donne quelquefois en Été, au défaut de foin ou d'herbe fraîchement cueillie ; mais cette nourriture les soutient peu. Il vaut mieux couper les jeunes branches vers le mois d'Août, y laisser secher les feuilles, & en affourer le bétail durant l'hiver. *Consultez* l'article Luserne, page 448, col. 2.

Si on donne aux cochons les feuilles nouvelles de l'Orme, ils engraissent promptement. Dans le tems que l'Orme est en graine, les abeilles la mangent avec avidité : ce qui leur cause souvent le flux de ventre.

Les feuilles d'Orme, pilées toutes vertes, avec du suif, font un mastic dont les Tonneliers se servent utilement pour étancher leurs futailles.

On donne, *dans nos Isles*, le nom d'Orme, à une plante qui a les feuilles semblables à celles de notre Orme, & devient un arbrisseau ; que l'on connoît en Europe sous le nom de *Turnera*, à cause de M. Turner, Anglois, qui nous l'a apporté.

ORMEAU.
ORMILLE. } *Voyez* Orme, *n.* 7.

ORMIN ; ou HORMINON : en Latin *Horminum* : & *Clary*, en Anglois. Ce genre de plantes appartient à la famille des labiées. Les parties de sa fructification ont beaucoup de rapport à celles de la sauge, & de l'orvale ; mais la levre supérieure de la fleur est courte, & ne forme pas un arc ou une faucille. Le pistil n'excede pas aussi la fleur.

Especes.

1. *Horminum Napi folio* Moris. Cette plante a une odeur de bouc. Elle est velue. Ses feuilles sont comme chagrinées, dentelées fort inégalement, terminées en pointe, divisées à leur base par deux longues barbes.

2. *Horminum sylvestre latifolium verticillatum* C. B. Cette espece, commune dans les Pays chauds, a ses feuilles plus minces que celles du *n.* 1 ; mais plus évasées à leur base, & plus triangulaires. Les barbes ou appendices de la base, sont plus arrondies. Les fleurs viennent par anneaux, autour de la tige, & sont très-abondantes.

3. *Horminum sativum* C. B. Ses feuilles, ordinairement longues de trois à quatre pouces, sur environ deux de largeur, sont un peu rudes, blanchâtres en dessous, dentelées irrégulièrement, faites en ovale, fort allongées, & terminées en pointe, sans barbes ou appendices à leur base : qui cependant a un côté déchiqueté, & plus bas que l'autre le pédicule est creusé en gouttiere, à-peu-près aussi long que la feuille. Les fleurs sont d'un pourpre violet, & paroissent vers la moitié de l'Été.

4. *Voyez* Orvale, *n.* 2.

Usages.

La décoction des feuilles du *n.* 2 dans de l'eau, est emménagogue, & procure la sortie de l'arriere-faix : pour cela on s'assied au-dessus, pour en recevoir la vapeur bien chaude. On fait macérer ses feuilles dans du vinaigre, pour les appliquer, soit seules, soit avec du miel, sur les froncles & autres tumeurs que l'on veut résoudre.

On cultive dans les jardins le *n.* 3, à cause de sa graine ; qui étant arrondie & très-lisse, roule facilement dans l'œil, & entraîne avec soi les ordures qu'elle y rencontre, & les charrie dehors. Cette plante est résolutive, & atténuante.

Le vin où elle a bouilli, réchauffe l'estomac refroidi, consume les phlegmes, & est utile aux femmes stériles, & à celles qui ont des fleurs blanches : le trop grand usage de ce vin fait pourtant mal à la tête. La poudre des feuilles, prise par le nés, fait éternuer ; & purge le cerveau.

ORMOYE. *Voyez* Ormaye.

ORN

ORNEMENT (*Bois d'*). Voyez sous le mot Bois.

ORNITHOGALE : en Latin *Ornithogalum* : que les Anglois appellent *Star-Flower*, & *Star of Bethlehem*.

Ce genre de plantes est de la classe de celles qui ont leur fleur en Lys. L'Ornithogale ressemble à l'asphodel, par ses feuilles. Mais il en differe par ses racines, qui sont bulbeuses : au lieu que celles d'asphodel sont en botte de navets.

La signification littérale du mot Ornithogale, dérivé du Grec, est une fleur blanche semblable au plumage de la colombe ou d'autre oiseau blanc.

M. Tournefort fait l'énumération de près de soixante Ornithogales.

Le caractere générique de ces plantes ne peut se prendre dans la feuille, qui varie beaucoup : mais dans la racine & la fleur. Du milieu des feuilles, qui sortent immédiatement de la racine, s'éleve une tige, au sommet de laquelle naissent des fleurs liliacées, soutenues par d'assez longs pédicules, & inclinées ; qui sont à six pieces. Au milieu est un pistil, qui devient un fruit allongé en poire, anguleux, divisé en trois loges remplies de semences arrondies & longuettes. Nous avons déja dit que la racine d'Ornithogale est un oignon ou tubercule.

Il y a de plusieurs sortes d'Ornithogales : mais l'*Arabique*, que l'on appelle autrement *Lys d'Alexandrie* ; & l'*Étranger*, que l'on appelle aussi *Ornithogale d'Inde*, sont des plus estimés.

Le premier produit à l'extrémité de sa tige comme une grosse grappe de fleurs, lesquelles s'ouvrant chacune avec six petites feuilles blanches, entourent un bouton verd-brun, que plusieurs, par je ne sçai quelle raison, appellent *Larmes de Notre-Dame*. Elles commencent à fleurir par le bas ; & à mesure que les unes fleurissent, les autres se passent.

L'*Étranger* que l'on appelle Ornithogale d'Inde,

est encore plus beau & plus estimé que le précédent. A l'extrêmité de sa tige, il porte un épi pointu, long d'un demi-pied; autour duquel s'épanouissent des fleurs blanches, qui en s'ouvrant découvrent le pistil verd qui est au milieu.

Culture.

L'Ornithogale demande du soleil, une terre de potager, quatre doigts de profondeur, & cinq à six pouces de distance. On le leve tous les ans; parce qu'il multiplie beaucoup. C'est au mois de Septembre que l'on en plante les cayeux; on ne les enfonce pas en terre plus de deux doigts. Au défaut de terre de potager, on peut mettre deux tiers de terre légere avec un tiers de terreau.

L'Ornithogale d'Inde veut aussi du soleil: mais il faut le mettre dans des pots pour le serrer en hiver, d'autant qu'il craint beaucoup le froid. Il lui faut une bonne terre, deux doigts de profondeur seulement. Il vaut mieux en mettre un seul dans un pot, que plusieurs ensemble. On le leve rarement. Quand la graine en est mûre, on la seme, & on replante aussi-tôt l'oignon, parce qu'alors il reprend bien plus facilement.

Propriétés.

La racine d'Ornithogale, bouillie, lorsqu'on en a mêlé l'eau avec du bouillon, modere les ardeurs de l'urine; & quand on en boit plusieurs matins à jeûn, elle fortifie l'estomac. C'est pour cela qu'à Verone, on en mange (dit-on) fort communément.

Cependant on assure que les chiens meurent après avoir mangé la racine de l'espece qui ne s'épanouit que vers le milieu du jour, & que par cette raison l'on nomme à la campagne *la Dame d'onze heures*. C'est ce que G. Bauhin appelle *Ornithogalum spicatum album*; qui vient originairement d'Espagne.

ORNITHOGALE *Sphérique*. Voyez NARCISSE *Sphérique*, pag. 625.

ORNITHOGLOSSA. *Voyez* FRÊNE.

ORNUS. *Voyez* FRÊNE, *n.* 4.

ORO

OROBANCHE. Dénomination Grecque, Latine, & Françoise; qui désigne un genre de plantes parasites.

Il y en a qui s'attachent au chardon à bonnetier. Voyez dans le Tome I, page 532. D'autres se nourrissent sur la racine du chanvre, sur celles de la bénoite, & de divers arbres, arbrisseaux, & autres plantes.

Leurs semences germent enterre, vont ensuite chercher une racine, & s'y attachent pour en tirer leur nourriture. Elles poussent hors de terre une tige spongieuse, molle, velue, visqueuse; terminée par des fleurs en masque, dont la levre supérieure est entiere & en cuilleron; & l'inférieure partagée en trois. Le calyce est découpé irréguliérement en quatre ou en cinq. La tige est nue & écailleuse: le bas est renflé, ensorte qu'il forme comme une bulbe écailleuse; d'où partent des racines courtes, & peu nombreuses, qui communiquent à la racine dont elle tire sa nourriture.

Especes.

1. *Orobanche major, Caryophyllum olens* C. B. On apperçoit sur toutes ses parties, des glandes dont les cupules sont jaunes & jettent une liqueur très-visqueuse; d'où procede vraisemblablement l'odeur de gérofle qu'on remarque dans cette plante. Ses fleurs paroissent dans les mois de Mai & Juin.

2. *Orobanche major fœtidissima, sylva Bononiensis.* Inst. R. Herb. Celle-ci peut bien n'être qu'une variété de la précédente; & son odeur devenir disgracieuse par sa trop grande force.

3. *Orobanche ramosa* C. B. Cette espece, très-commune dans les champs ensemencés de chanvre, & parmi les bleds, a sa tige terminée par des especes de rameaux, où sont distribuées des fleurs; tantôt purpurines, tantôt bleuâtres, quelquefois presque blanches. Elle est moins visqueuse, que le *n.* 1. Ses racines très-nombreuses ont sur leur longueur, en divers endroits, des especes de ventouses ou mammelons, qui s'ouvrent comme un sphincter, & dont l'enveloppe extérieure s'épanouit sur la racine étrangere qui nourrit l'Orobanche; pendant que celle-ci étend des fibres longitudinales qui pénetrent cette même racine, & occasionnent une tumeur en cet endroit. Consultez un Mémoire fort curieux, de M Guettard, sur ces plantes; dans le recueil de l'Académie des Sciences, de Paris, en 1746.

Propriétés.

On ne peut pas douter que les Orobanches soient préjudiciables aux plantes, dont elles sucent une partie de la seve. C'est pourquoi il y a des endroits où on leur donne les noms de *Herbe de Loup*; *Tue-Ers*; &c. On les appelle encore *Herbe de Taureau*, parce qu'on prétend que les vaches n'en ont pas plutôt mangé, qu'elles entrent en chaleur. Il y a des Paysans qui mangent crues les Orobanches. D'autres disent qu'elles hâtent la cuisson des plantes avec lesquelles on les mêle.

On a cru anciennement qu'il suffisoit de planter du laurier rose aux quatre coins d'un champ, pour empêcher qu'il n'y vînt des Orobanches.

OROBE. *Voyez* ERS.

ORP

ORPIMENT, *ou* ORPIN. Minéral jaune, qui se trouve tout formé dans les entrailles de la terre; dont la masse est disposée par couches & lames, ou feuilles, appliquées les unes sur les autres, comme les feuilles du talc, ou celles de l'ardoise.

Les Peintres s'en servent pour donner une belle couleur d'or.

On ne confond que trop souvent l'Orpiment, appellé en Latin *Auripigmentum*, avec l'arsenic jaune. *Voyez* ARSENIC. RÉALGAR.

ORPIN; *Reprise; Feve épaisse; Grassete; Joubarbe des vignes*: en latin *Anacampseros; Telephium; Fabaria; Faba inversa; Crassula; Scrophularia media*, &c. Ce genre de plantes a beaucoup de rapport avec les Joubarbes: ensorte qu'il est difficile de leur assigner un caractere different, pris dans les organes de la fructification.

M. Rai assigne pour différence de l'Orpin & de la joubarbe, que celui-là forme une tige dès qu'il commence à pousser; au lieu que l'autre produit d'abord une sorte d'artichaut, ou de petit globe de feuilles qui ressemble assez à un œuil de bœuf.

Especes.

1. *Anacampseros, vulgo Faba crassa* J. B. Cette

plante produit dès sa racine plusieurs tiges droites, rondes, vertes, lisses, qui s'élevent à la hauteur d'environ un pied. Le long des tiges il sort par paires, des feuilles sans pédicule, charnues, longues de deux à trois pouces sur un de large, obtuses à leur extrêmité, à dentelures aiguës sur leurs bords, blanches en dessous, pâles dans leur totalité, & de forme ovale; à l'exception de leur base, qui est un prolongement de nerf, bordé d'un feuillet membraneux, lequel se termine à rien vers la tige. Ces feuilles se tiennent toujours dans une direction presque verticale. M. Guettard ajoûte que les dentelures sont pourpres, & plus épaisses que le reste; & que les feuilles sont bosselées. La fleur est en ombelle; ou blanche, ou purpurine, ou jaune. La racine est composée de plusieurs petites glandes blanches, insipides.

Sa fleur subsiste environ un mois. Elle paroît vers le tems de la récolte des grains.

2. *Anacampseros purpurea* J. B. Elle a les feuilles moins épaisses; & veinées de pourpre. Sa fleur est purpurine. On soudivise cette espece, en Grande & Petite. La feuille de la petite espece est étroite.

Les feuilles de cette plante ont une acidité gluante. On en trouve beaucoup dans les bois, aux environs de Paris. Voyez M. Tournefort, *Histoire des Plantes des environs de Paris*, Herb. VI.

3. Il y a un Orpin distingué des autres par sa *feuille, qui ressemble à celle du Pourpier.*

4. L'*Orpin de Portugal* (Anacampseros Lusitanica *Hæmatodes*) a plusieurs variétés, dont une est à fleur blanchâtre. Les feuilles de ces Orpins sont communément arrondies, d'un verd obscur, & veinées d'un rouge vif. La tige est aussi rouge.

5. La *Rhodia Radix* est aussi une espece d'Orpin. *Voyez* RACINE SENTANT LES ROSES.

Culture.

L'Orpin *n.* 1 vient entre des rochers dans les bois; dans des terres cultivées; à l'ombre dans des lieux arides; contre des murailles; dans des bois humides.

Quand on replante des Orpins, il faut que ce soit en terre grasse bien meuble, à l'ombre; & toujours à l'abri du vent : car ces plantes se trouvent ainsi à l'abri, par-tout où elles croissent naturellement. On les multiplie, ou de semence, ou de plant garni de racines, que l'on met en terre au mois de Mars.

Propriétés.

Les feuilles du *n.* 1, appliquées en emplâtre pendant six heures, guérissent la gratelle blanche, ou mal de saint Mein; mais il faut ensuite faire un liniment de farine d'orge. Elles produisent le même effet, ayant macéré au soleil avec du vinaigre; dont on frotte bien les endroits, en les tenant exposés au soleil : & lorsque ces parties sont seches, on les lave avec de l'eau. Le suc, ou la décoction des feuilles toutes seules, est un remede souverain pour consolider les plaies, & en arrêter le sang; & pour les plaies & ulceres internes. Aussi entrent-elles dans l'Eau Vulnéraire. On se servoit autrefois de cette plante dans les remedes secrets, dont on se servoit pour ranimer l'amour. Les feuilles, appliquées sur les tumeurs, en avancent la suppuration. Elles sont humectantes; utiles pour le panaris, & le mal d'aventure; en les y appliquant après les avoir amorties sur la braise, & écrasées ensuite. On les emploie aussi en cataplasme pour les hernies. Elles entrent dans des décoctions astringentes & rafraîchissantes. On s'en sert pour déterger, & pour effacer les taches de la peau. On met cette plante dans la classe des remedes repercussifs. Cette plante, donnée en décoction dans des lavemens, est bonne pour la dysenterie & le flux de ventre : on en boit aussi la décoction. Mais il faut que les remedes généraux ayent précédé : alors cette plante est utile pour consolider les ulceres des intestins. On y joint souvent la grande consoude, & d'autres vulnéraires pour opérer plus sûrement ce même effet.

Les racines, cueillies au commencement du printems, & pilées avec de l'huile rosat (dans un mortier de plomb, s'il y a inflammation ou ardeur; sinon dans un mortier de marbre, ou de quelqu'autre matiere) s'appliquent avec succès sur les hémorrhoïdes enflammées, douloureuses, ou accompagnées de quelqu'autre symptôme. Ou bien on écrase ces racines : & les ayant fait cuire dans du beurre frais, & réduire en onguent, on en fait un cataplasme. Il y a même des personnes qui assurent qu'il suffit de suspendre les racines toutes seules, entre les deux épaules. Au reste l'onguent ci-dessus soulage plus que celui qui est fait avec la joubarbe.

Le *n.* 2. est détersif, astringent, vulnéraire; avance la suppuration des tumeurs, sur lesquelles on l'applique.

Le *n.* 4 est particuliérement employé pour le crachement de sang.

ORPIN : Minéral. *Voyez* ORPIMENT.

ORS

ORSEILLE. *Consultez* l'article TOURNESOL.

ORT

ORTHOPNÉE. *Voyez* COURTE-HALEINE.

ORTEIL. On nomme ainsi les doigts des pieds.

ORTIE : en Latin *Urtica* : & *Nettle*, en Anglois. Ce genre de plantes produit des fleurs mâles & de femelles, tantôt sur un même individu, tantôt sur des pieds différens.

Les fleurs *mâles* n'ont point de pétale; mais simplement un calyce ouvert en quatre : au centre duquel est un nectarium, accompagné de quatre étamines.

Dans les fleurs *femelles*, le calyce est oval, concave, & à deux panneaux. Il subsiste jusqu'après la maturité des semences : le pistil est un embryon oval, terminé par un stigmate velu. Le calyce sert ensuite d'enveloppe à une seule semence; qui est ovale, obtuse, applatie, & brillante.

Especes.

1. La *Grande Ortie piquante*, vivace, & commune dans les chemins, nommée en Latin *Urtica urens maxima* C. B. pousse des tiges hautes de trois pieds, quelquefois plus; quarrées, cannelées, couvertes de poils piquans, creuses, rameuses, & garnies de feuilles opposées deux à deux. Ces feuilles sont oblongues, larges, pointues, dentelées à leurs bords, garnies de poils qui font une piquûre brûlante, & attachées à des queues un peu longues. Les fleurs naissent au sommet des tiges & des rameaux, dans les aisselles des feuilles; disposées en grappes de couleur herbacée, & ne laissent

laissent aucune graine. La graine est d'une couleur brunâtre.

La couleur de la tige & des feuilles n'est pas toujours verte. Elle varie ; & alors on l'appelle *Ortie Rouge*, *Ortie jaune*, *Ortie Panachée*.

Cette Ortie fleurit en Juin : & sa graine meurit en Juillet & Août. Ses feuilles se flétrissent aux approches de l'hiver : mais la tige résiste à la rigueur de la saison, & en pousse de nouvelles au printems.

2. *Urtica urens minor* C. B. L'*Ortie Griéche* ; ou *Ortie Noire*. Elle s'éleve rarement à un pied de hauteur. C'est une plante menue, d'un verd clair, très-piquante ; dont les feuilles sont petites, arrondies, profondément dentelées, dont les dents sont de larges découpures. Elle est très-commune à la campagne, & dans les jardins.

3. *Urtica urens Pilulas ferens, prima Dioscoridis, semine lini*. C. B. L'*Ortie Romaine*. Elle a le port du *n.* 1 ; mais est moins haute. Les dentelures de ses feuilles sont plus profondes, les capsules de ses graines sont ramassées en forme de tête, velue ; que l'on compare à de petites boules.

4. *Voyez* Fil.

Usages.

Ces plantes sont incisives, & apéritives. Elles brisent (dit-on) la pierre contenue dans les reins ou dans la vessie. Elles arrêtent les progrès de la gangrene ; si on les écrase, & qu'on les applique sur la partie malade. L'eau de la feuille & de la fleur, distillée au mois de Juillet ; bûe le matin, à midi, & le soir, au poids de trois onces ; est bonne pour la colique, pour la pierre, la toux invétérée, les vers, & les ventosités : c'est un bon remede pour les ulceres sales, & pour la morsure des chiens enragés ; appliquée au dehors avec du linge : aussi-bien que pour les chancres, les fistules, la goute, l'enflure des pieds. On prétend qu'elle guérit le polype du nés ; & arrête le sang du nés, étant appliquée sur le front avec un linge.

Comme les racines & les fleurs de l'Ortie sont apéritives, on les employe avec succès dans les tisannes & les apozemes qu'on ordonne pour la gravelle, & la rétention d'urine. Le suc des deux premieres especes est un remede éprouvé pour les hémorrhagies, & le crachement de sang : la dose est depuis deux onces, jusqu'à quatre, dans un bouillon. On peut aussi le donner seul, en le faisant un peu tiédir auparavant. Les feuilles d'Ortie, prises en infusion comme le thé, purifient le sang, dissipent la goute, les rhumatismes, & l'enflure de ventre. Elles sont bonnes dans la toux invétérée. Les racines confites au sucre sont spécifiques pour faciliter l'expectoration, dans l'asthme ; & pour la pleuresie, sur-tout si on applique encore les feuilles en cataplasme sur le coté. Le suc pris comme il est marqué ci-dessus en même-tems a la même vertu. L'infusion des feuilles est très-bonne dans les fievres malignes, la rougeole, & la petite vérole. Selon l'École de Salerne, l'Ortie est propre à exciter le sommeil aux malades agités ; & elle arrête le vomissement : sa graine, mangée avec du miel, guérit la colique.

Les feuilles & les fleurs sont très-utiles pour les pertes de sang, & les fleurs blanches : on en fait bouillir une poignée dans un bouillon de veau. Les fleurs infusées au soleil dans l'huile d'olives, font un baume excellent pour les blessures des tendons.

L'espece *n.* 1, récemment cueillie, conserve la viande & la volaille qu'on en enveloppe. On en tiroit autrefois un fil dont on faisoit de la toile qu'on disoit être propre à guérir la ladrerie, indépendamment des mêmes usages que ceux de la toile de chanvre ou de lin.

Le suc du *n.* 2 est d'usage pour les maladies de la poitrine.

L'une & l'autre plantes, hachées menu, & mêlées avec du son, donnent de la vigueur aux dindonneaux.

Ortie Puante ; que quelques-uns nomment aussi Ortie Morte. M. Tournefort appelle cette plante *Galeopsis procerior fœtida spicata*. Cette plante, commune dans les bois, porte de grandes tiges assez menues, rudes, cannelées, quarrées ; dont les nœuds donnent naissance à des feuilles opposées par paires, échancrées en cœur à leur base, longues d'environ deux pouces, terminées en pointe, très-velues, rudes, dentelées sur leurs bords, d'un verd jaunâtre, & attachées à des pédicules velus & creusés en gouttiere. De leurs aisselles sortent d'autres feuilles ; & des rameaux. Le sommet des tiges est garni de plusieurs rangs de fleurs, tantôt purpurines, tantôt de teintes graduellement plus claires. Le calyce de chaque fleur a cinq divisions presque égales. Le pétale a la levre supérieure droite, entiere, creusée comme en casque ; où sont quatre étamines à sommets jaunes, très-apparentes. La levre inférieure est partagée en trois : sa partie moyenne est allongée, & un peu échancrée. Toute la plante a une odeur bitumineuse, quand on la froisse entre les mains.

Ses feuilles sont quelquefois tachées de blanc.

Usages.

On emploie sa tige & ses racines extérieurement pour résoudre les tumeurs scrophuleuses. A la campagne on se sert avec succès de l'infusion de ses feuilles & de ses fleurs, intérieurement pour la colique néphrétique, les tumeurs scrophuleuses, & la pleurésie.

Ses feuilles, sa tige, son suc, & sa graine, résolvent toute sorte de duretés, de chancres, d'apostumes ; & les parotides : il faut les appliquer tiedes deux fois le jour, en maniere de cataplasme, les incorporant avec du vinaigre. Appliquées avec du sel, ces diverses parties sont bonnes aux ulceres pourris, corrosifs ; & aux chancres.

Les feuilles, les racines pilées, & mises sur le nés, en arrêtent l'hémorrhagie. Si on en boit le suc, il fait uriner. Un liniment préparé avec des feuilles de cette Ortie, du sel, & de l'huile, garantit de toute froidure & même du frisson ; on en frotte l'épine du dos, la plante des pieds, & les poignets. Le suc de cette Ortie, mêlé avec bien peu d'onguent populeum, & appliqué sur les poignets, appaise la grande ardeur de la fievre : aussi-bien que les feuilles pilées, mêlées avec de l'huile violat ou de l'huile de pavot ; appliquées sur les poignets. La vapeur de la décoction de la graine désobstrue les narines.

L'Ortie Blanche *de Paris*, est aussi nommée Ortie Morte. M. Tournefort désigne cette plante par le nom de *Lamium vulgare album ; sive Archangelica flore albo* Park.

Cette plante jette beaucoup de tiges hautes de six à huit pouces, où sont attachées à des pédicules assez longs, des feuilles opposées par paires, ovales, terminées en pointe, dentelées sur les bords, d'un verd pâle ainsi que toute la plante. Des aisselles des feuilles sortent des fleurs blanches, de la famille des labiées. Leur levre supérieure est creufée en cuilleron : l'inférieure a sa partie moyenne fort large & séparée en deux.

Consultez la 2e *Herborisation* de M. Tournefort.

Usages.

Cette plante est d'un grand usage pour la rétention d'urine, les maladies de viscosités, les maux de poitrine, &c. On ne se sert communément que des pétales, qu'on sépare des calyces & des étamines ; & dont on fait des décoctions ou des infusions.

ORTIE BLEUE. *Voyez* GANTELÉE.

ORTOLAN : ou *Hortolan*. Oiseau de passage : plus petit que l'alouette. Il a le bec, les jambes, & les pieds rouges ; ou jaunes. Ses aîles sont mêlées de brun & de jaune. Le reste de son plumage varie. On en voit qui ont le ventre orangé ; la tête, le cou, & la poitrine, jaunes avec des mouchetures orangées. Consultez l'*Ornithologie* de M. Brisson, Tome III, page 270 & suivantes ; où cet Académicien en décrit nombre d'especes & de variétés.

L'Ortolan se nourrit de millet.

Cet oiseau est délicieux à manger. Sa chair est tendre, délicate, succulente & d'un goût exquis ; sur-tout quand il est jeune & gras. Il fortifie, nourrit, augmente la semence, se digere très-vite, engendre un bon suc, & ne produit de mauvais effet que par l'excès. Sa chair provoque (dit-on) les regles : sa graisse est résolutive & adoucissante.

On *prépare* les Ortolans dans l'Isle de Chypre, à peu près comme les anchois ; c'est-à-dire, avec une saumure de vinaigre & de sel.

Apprêt des Ortolans.

Les Ortolans se mangent rôtis. Pour cela on les épluche bien ; on leur ôte les yeux, & les bouts des Ongles. Quand les Ortolans sont sur le hatelet, on les attache à une broche ; on les couche sur le feu, on les flambe légérement. On fouette plus d'à moitié une demi-douzaine de blancs d'œufs avec quelques plumes de canard ou autres qui soient fermes, avec lesquelles on jette ces blancs d'œufs dessus & dessous les Ortolans, & que l'on tient pendant ce tems là à grand feu. D'abord qu'ils ont une couleur d'or, on les tire, & on les sert promptement.

Maniere de prendre les Ortolans.

Ces Oiseaux arrivent au mois d'Avril comme les cailles ; & s'en vont aussi au mois de Septembre. La saison de les prendre est dans les mois de Juillet, Août & Septembre. On en pourroit bien prendre quelques-uns quand ils arrivent ; mais l'on ne s'y amuse guere, parce qu'étant extrêmement fatigués, ils ne sont pas gras ; & que la graisse fait leur mérite. Les lieux qu'ils habitent le plus, & où ils se plaisent, sont ordinairement les vignes & les aveines qui en sont proche. On les prend avec des filets qui se nomment *nappes*, tels que vous les voyez représentés dans la figure ci-jointe.

Il faut toujours avoir cinq ou six Ortolans en cage pour appeller ; à cause qu'il en meurt, lorsqu'ils muent. Tous les ustenciles nécessaires pour cette chasse, sont figurés ici : on peut y jetter les yeux en lisant leur description. Vous aurez, 1°. Un grand panier haut de trois pieds, & large de vingt pouces, pour mettre tout le bagage : ce panier doit

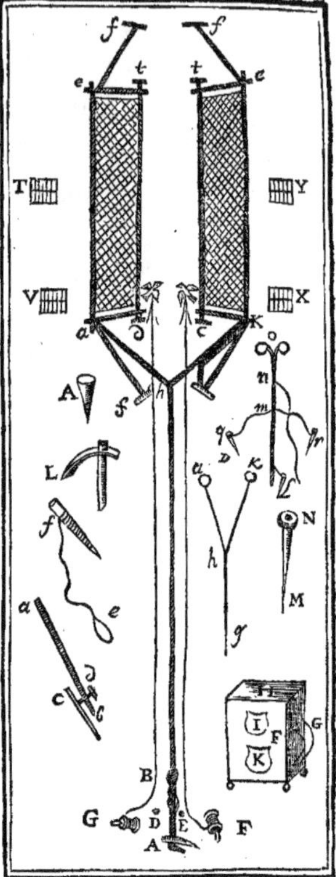

être couvert de toile, avec quelques pochettes aux côtés, marquées des lettres I K, pour mettre beaucoup de petites choses nécessaires. Il sera, si vous voulez, couvert par le dessus H ; & aura quatre petits pieds, hauts de trois ou quatre doigts chacun, afin qu'il ne se gâte pas contre terre. Il faudra mettre dans le milieu de la hauteur, aux endroits F G, deux sangles, courroyes ou cordes, pour le porter en façon de hotte ou *butet*.

2°. On aura quatre bâtons comme celui qui est marqué des petites lettres *ab* ; bien droits & légers, gros comme le bois d'une pique : deux seront longs de quatre pieds neuf pouces ; & les deux autres, de cinq pieds. Ils seront tous cochés par les bouts *a b* ; à l'un desquels *b* sera attaché d'un côté un piquet *c*, long d'un pied, & de l'autre côté une cheville ou petit morceau de bois *d*, long de deux ou trois pouces.

3°. Il faudra avoir quatre autres piquets marqués de la lettre *f* ; longs d'un pied chacun, lesquels auront chacun une corde *ef*, longue de deux pieds, qui sera attachée au gros bout de chaque piquet. Faites ensorte que deux de ces cordes ayent neuf pieds & demi de longueur, les deux autres neuf pieds, & que toutes les quatre ayent chacune une boucle au bout *e*, pour les mettre à l'extrêmité de chaque bâton, quand vous tendrez les nappes. Ayez une autre corde *a k h g*, laquelle aura deux branches *a h k h*; dont l'une aura neuf pieds & demi, & l'autre dix, avec une boucle à chaque bout; & le reste de la corde depuis *h* jusques vers *g*, sera long de dix ou douze toises. Toutes les cordes, tant la grande que celles des piquets, doivent être cablées, de la grosseur du petit doigt.

4°. Ayez un *bâton* MN, long de trois pieds & demi ou quatre pieds, ferré & pointu par le bout M: & mettez à l'autre, une *roulette* de bois N, pour poser le panier dessus, quand vous voudrez vous charger ou vous décharger, ou bien vous reposer.

5°. Portez aussi deux ou trois petits vaisseaux A, faits en forme d'entonnoir; pour les piquer en terre, & y mettre à boire & à manger pour les oiseaux qui seront en meute. Il faut encore 6°. avoir une petite *tranche* ou aissette de fer L, qui ait la tête forte, pour coigner les piquets, & égaler la terre lorsqu'il sera nécessaire. Vous aurez deux petites verges de bois, comme celle qui paroît marquée des lettres *l m n o*, fort menues, longues d'un pied & demi, ayant au gros bout *l*, un petit piquet attaché d'une ficelle, presque au niveau de la verge. Vous lierez à neuf pouces plus loin, à l'endroit marqué *m*, une petite ficelle en double, dont chaque brin doit avoir un pied de long, avec un piquet à chaque bout, *q r*.

Il faut mettre au bout de cette verge un fil en quatre doubles: ce qui fera comme deux boucles *o*, pour les mettre au pied d'un petit oiseau qui servira de meute. Faites deux petits travouillets F G, pour y devider la ficelle, qui servira à faire voler les meutes. La maniere de les faire se peut voir dans l'article PLUVIER. On peut se servir d'un peloton si on veut, mais le travouillet est plus aisé.

Quand la saison des Ortolans sera venue, il faudra vous préparer pour en prendre; & disposer tous les ustenciles comme on va dire. Mettez au fond du panier toutes les cages où sont les appellans, ou oiseaux pour appeller; & les filets, avec les cordes par-dessus: ensuite les piquets, la tranche, les verges de meutes, les travouillets, ficelles, & mangeoires, dans une des pochettes IK; la bouteille, le pain, & autres provisions, dans une autre poche, avec du grain & de l'eau pour les oiseaux privés. Les aiguilles ou grands bâtons seront attachés le long du panier. Chargez le tout à votre cou; ayant dans votre main le *bâton à repos ou à roulette*: & partez à la pointe du jour, afin de tendre du matin, qui est la bonne heure.

Cherchez une piece de terre, qui ne soit gueres éloignée des vignes ou des pieces d'aveine. Choisissez un lieu écarté des grands arbres & des hayes, pour le moins de cent pas. Égalisez une place, de la grandeur des filets: & faites que le vent vienne de derriere vous, ou qu'il vous donne dans le nés; car s'il donnoit par les côtés, il empêcheroit les filets de faire leur effet. Quand vous aurez bien uni la place, déployez les nappes, & les étendez de long, ainsi que le montre la figure: & du côté que le filet est le plus large & le plus long, mettez les plus longs bâtons; par exemple, le filet qui se voit à gauche, est le plus large, mettez-y les aiguilles qui se trouveront les plus longues; prenez la tranche, & avec la tête de cet instrument, coignez en terre le piquet *f*; passez le bout *a* du bâton, dans la boucle d'une des cordes du filet, & la cheville *d* dans l'autre boucle du même bout; & portez l'autre bâton pour l'ajuster de même au bout *c* K. Mais avant de coigner le piquet, tirez la corde *d c*, du bas du filet, autant que vous pourrez pour la faire roidir. Après cela vous prendrez deux des piquets, ausquels sont attachées des cordes à demeure, comme celui qui est marqué des petites lettres *f e*; l'un avec une corde de neuf pieds & demi de longueur; & l'autre avec une de neuf pieds: mettez la boucle *e* de la plus longue, au bout du bâton le plus éloigné; & vous reculant en arriere, coignez le piquet *f* en terre, vis-à-vis des deux piquets *d*, & revenant à l'autre bout, passez le bâton *a* dans une des cordes plus courtes, & coignez pareillement le piquet vis-à-vis des autres piquets *d t f*; mais il faut le tirer de toute votre force avant de le coigner, pour faire bander ou roidir la corde *a e* de la nappe. Cette nappe étant tendue, il faudra ajuster l'autre de même; de sorte qu'étant toutes deux renversées sur l'espace qui est entre-elles, l'une avance de demi pied sur l'autre.

Quand elles seront comme il faut, prenez la grande corde qui doit faire jouer le filet; mettez la branche la plus longue, que l'on suppose être *a* au bout du bâton aussi marqué *a*; & l'autre branche *K*, au bâton *k*: puis arrêtez le nœud *h*: ensorte qu'il se rencontre dans le milieu: & portez le bout à la loge. Tirez-le un peu; & arrêtez-le avec un piquet A. Faites une poignée à la corde, à l'endroit marqué B, pour la tirer plus ferme, afin qu'elle ne coule pas entre les mains; & à l'endroit de cette poignée, deux trous D & E en terre, pour y mettre les *talens*. Posez du chaume dessous la corde, pour vous asseoir. Ce qui étant fait, ajustez les verges de meute à l'entrée de l'espace qui est entre les filets; de sorte que l'oiseau attaché en puisse être couvert.

Pour les mettre il faut premiérement enfoncer le petit piquet *l*: & tenant le bout de la verge élevé de demi pied de haut, vous ficherez en terre les deux autres piquets *q r*, l'un à droite & l'autre à gauche, vis-à-vis de l'endroit *m* de la verge où la ficelle des mêmes piquets est attachée. Nouez après cela le bout de la ficelle d'un des travouillets à trois ou quatre pouces au-dessus de *m*, au lieu cotté *n*; & portez le travouillet ou peloton F à la loge, faisant la même chose à l'égard de l'autre verge. Attachez au bout O de chaque verge, un oiseau vivant, (soit Ortolan, verdier, linot, bruant, soit un autre oiseau approchant de la grosseur & du plumage de l'Ortolan) qu'il faut nourrir exprès pour ce sujet. Vous le lierez par les deux pieds séparément. Et quand les meutes seront posées, vous tirerez les cages où sont les appellans, pour les mettre sur de petites fourchettes hautes d'un pied & demi, ou de deux pieds; & vous les disposerez comme elles paroissent par les lettres T V X Y, qui sont aux deux côtés des nappes. Portez ensuite le grand panier derriere la loge: & mettez-vous sur le siége.

Cette loge doit être faite de branches de taillis. Il faut y mettre du chaume tout autour, ensorte que la loge soit comme une petite haye qui vous environne des deux côtés, & non pas par devant, parce qu'il faut avoir de l'espace pour faire jouer les meutes & les nappes. Il ne faudra pas non plus que la loge soit couverte, afin que vous ayez la liberté de regarder de côté & d'autre. Étant assis sur le siége, lorsque vous verrez ou entendrez un Ortolan, ou que les vôtres appelleront, tirez un peu les ficelles des meutes pour les exciter au vol. Les autres voyant ces oiseaux attachés, viendront passer par dessus les filets; qu'il faudra tirer, quand les Ortolans seront à une bonne hauteur; & courir les prendre; puis renverser & remettre les nappes en l'état où elles étoient auparavant. N'oubliez pas de donner à boire & à manger aux meutes dans les petits vaisseaux A, qu'il faut piquer en terre assez proche d'eux pour qu'ils puissent y atteindre. Mettez les oiseaux que vous prendrez, dans une grande cage environnée de toile, afin qu'ils ne se débattent pas; comme ils feroient, s'ils voyoient quelqu'un.

Maniere de faire les Nappes; pour les Ortolans, & pour les Alouettes.

Ces nappes ne se font que de mailles à lozanges. Elles doivent être faites de bon fil bien délié, & rondement retors en deux brins.

Si on les veut pour prendre des Ortolans, la maille n'aura que les trois quarts d'un pouce de largeur.

Et si on les fait pour prendre des alouettes, il en faudra faire les mailles d'un pouce de large chacune.

La levûre de ces nappes se fait de soixante-dix ou quatre-vingt mailles; & l'on travaille jusqu'à ce que la nappe se trouve avoir huit ou neuf toises. Etant faites, on les enlarme des deux côtés, parce qu'elles fatiguent dans toute leur étendue. Quand les deux filets sont enlarmés, on passe une corde de chaque côté dans les grandes mailles; cette corde doit être cablée: & l'on fait une boucle à chaque bout des cordes, pour les passer dans des bâtons. Il faut aussi passer, sur la largeur, une ficelle dans toutes les mailles du dernier rang; & la lier d'un bout à la corde; laissant l'autre en liberté, afin de pouvoir étrécir ou élargir le filet quand on voudra, suivant la longueur des bâtons.

Les Ortolans se prennent encore comme les pluviers. On pourra consulter leur article, aussi-bien que celui des alouettes.

ORV

ORVALE; ou *Toute-Bonne*: en Latin *Sclarea*: & *Clary*, en Anglois. Ce genre de plantes ressemble beaucoup à ceux de la sauge, & de l'ormin, par ses fleurs. Mais il differe de l'un & l'autre, en ce qu'il n'a que deux étamines, qui ne sont pas contournées comme dans la sauge; & que sa levre supérieure est longue & en faucille, ce que n'a pas l'ormin. Les semences d'Orvale sont lenticulaires, & très-lisses.

Especes.

1. *Sclarea Tabernamontani.* Elle est bisannuelle; vient naturellement dans des endroits secs; & est cultivée dans les jardins. Ses feuilles, fort larges, imitent celles de la sauge commune; sont ovales, échancrées en cœur à leur base, un peu ondées sur les bords; garnies de filets dont l'extrêmité donne presque toujours naissance à un long fil blanc: le nombre & la viscosité de ces fils, font qu'ils s'entremêlent, & qu'ils forment un duvet. Entre les glandes qui tapissent le dessous des feuilles, il y en a qui sont d'un verd doré. De la touffe de ces feuilles, sort une tige quarrée, haute d'environ deux pieds, velue, & branchue; qui, dans les mois de Juin & Juillet, produit des fleurs en épi, de couleur pourpre pâle. Outre Orvale & Toute-Bonne, on la nomme *Toute-Saine.*

2. *Sclarea pratensis, foliis serratis, flore cæruleo.* Inst. R. Herb. L'Orvale, ou Ormin, de nos prairies. Cette plante porte une tige haute d'environ deux pieds, presque grosse comme le petit doigt, quarrée, velue, remplie de moëlle blanche, divisée en rameaux opposés les uns aux autres. Ses feuilles sont larges, velues, blanchâtres, ridées, rudes, larges à leur base, & diminuent peu-à-peu jusques en pointe obtuse, légérement crenelées à leurs bords, attachées à de longues queues, principalement celles d'en bas qui sortent de la racine: les autres sont opposées deux à deux le long de la tige & des branches. Ses fleurs naissent au sommet, verticillées & en longs épis, de couleur tantôt bleue tantôt pourpre, dont les calyces sont gluans. Quand ces fleurs sont tombées, il leur succede des semences assez grosses, presque rondes, lisses, polies, roussâtres, enfermées dans des capsules qui ont servi de calyces aux fleurs. Sa racine est simple, ligneuse, garnie de fibres, de couleur obscure, d'un goût qui n'est point désagréable, mais qui échauffe la bouche. Toute la plante a une odeur forte, & un goût amer. Elle fleurit à la fin de Mai, & jusqu'en Juillet.

Lorsque la fleur est d'un blanc purpurin, la plante est ordinairement plus velue, pâle, & très-odorante. Consultez les *Observations* de M. Guettard, *sur les plantes*, Tome II, pages 262, 263.

Usages.

On mange dans les salades l'espece *n.* 1, quand elle est tendre; elle est alors d'assez bon goût. Cette plante fortifie l'estomac, & donne de l'appetit. Ses feuilles macerées dans du vinaigre, & appliquées seules ou avec du miel, résolvent les froncles, avant même qu'ils jettent leur tête. On met la graine dans l'œuil, pour l'éclaircir s'il y a quelque nuage: Il faut frotter un peu l'œuil, quand on veut qu'elle opere sur le champ, & mettre une ou deux graines; & la retirant le matin, elle paroît pleine d'humidité qu'elle a tirée.

On applique avec succès les feuilles fraîches sur les yeux, pour en ôter l'inflammation. Leur infusion dans de l'eau, est apéritive & hystérique. La décoction est désiccative; & très-utile dans les gonorrhées invétérées. Il faut se donner de garde de mettre les feuilles, ou la fleur de cette plante, dans le vin, la bierre, & autres liqueurs, pour leur donner le goût de muscade; parce que ces liqueurs ainsi préparées portent d'abord à la tête, & enyvrent aisément.

ORVIETAN. Antidote ou contrepoison, devenu fameux à Paris, parce qu'il a été distribué par un Opérateur venu d'Orviete; qui en fit des expériences extraordinaires en sa personne sur un théâtre public. Dans la Pharmacopée de Charras il y a une maniere de faire l'Orvietan: où l'on voit que la Thériaque est une des principales drogues qui y entrent. Voici cette préparation.

Prenez 1°. des racines de scorsonere, de carline, d'impératoire, d'angelique, de bistorte, d'aristoloche ténue, de contrayerva, de dictame blanc, de galanga, de gentiane, de costus, du vrai acorus, de semence de persil de Macédoine; des feuilles de sauge, de romarin, de galega, de chardon benit, de dictame de Crete; des bayes de laurier & de genievre; de chacun une once. 2°. De cannelle, de gérofle & de macis, de chacun demi-once. 3°. Des troncs, foyes & cœurs de viperes desséchées, & de la vieille thériaque; de chacun quatre onces. 4°. Huit livres de bon miel écumé. Composez votre antidote de tous ces ingrédiens selon les regles de la Pharmacie.

Toutes les racines & les feuilles doivent être séches; & on doit les pulvériser ensemble dans le grand mortier de bronze, de même que les viperes séches, & les autres drogues, en commençant par les plus solides; comme on a dit pour la préparation des autres poudres. On les passera par le tamis de soie couvert, & après avoir écumé le miel sans aucune addition d'humidité (comme on a dit pour de semblables opiates), & avoir délayé la thériaque dans une portion du miel, on y ajoûtera une partie des poudres; & on continuera d'y mêler alternativement tantôt du miel, & tantôt des poudres, jusqu'à ce que le tout soit bien incorporé & réduit en une bonne consistance d'électuaire mou; qu'on laissera refroidir dans un vaisseau de fayance bien couvert, pour s'en servir au besoin.

La proportion du miel se trouve ici plus grande que pour la thériaque des Anciens: à cause qu'il n'y entre ni huile de noix muscades, ni baume, ni térébenthine, ni aucun suc qui puisse en quelque façon tenir lieu & place de miel; & que s'il y en avoit moins, l'aridité des poudres prévaudroit bientôt sur le miel, en absorberoit l'humidité, & en desséchant l'électuaire donneroit entrée à l'air qui s'insinuant dans la masse, ne manqueroit pas de la corrompre en peu de tems.

L'ORVIETAN ainsi préparé sera bon contre toute sorte de poisons; contre la petite vérole, la rougeole, & toutes maladies épidémiques. Il est utile dans les maladies froides du cerveau & de l'estomac; & dans les coliques venteuses: la dose est depuis un scrupule jusqu'à une dragme, & même jusqu'à deux pour les personnes robustes. On le prend sur la pointe d'un couteau, ou enveloppé en façon de bol, ou dissout dans du vin ou dans quelque liqueur cordiale.

ORY

ORYZA. *Voyez* RIZ.

OS

OS. C'est la plus dure & la plus solide partie du corps d'un animal; formée de l'assemblage de plusieurs fibres couchées les unes sur les autres. Comme les Os sont pour ainsi dire la charpente & le soutien du corps animal, on a beaucoup cherché à en expliquer le développement, l'accroissement, & la maniere dont ils réparent leurs pertes. Nous n'entrerons pas dans le détail des diverses opinions proposées à ce sujet: occupés par goût à l'étude des substances végétales, nous ne présenterons ici que l'esquisse d'un sentiment puisé dans cette même étude, & qui paroît démontrer une grande analogie entre la formation & les progrès des Os des animaux, & le corps ligneux des arbres. Cette découverte est dûe aux observations & expériences de M. Duhamel; qui les a publiées dans les Mémoires de l'Académie des Sciences, Paris 1739, 1741, 1742, 1743, 1746. La force de ces preuves lui a attiré d'illustres Partisans; tels que Mrs Schwenke, Monroo, Hunauld, la Sône, Petit, &c.: ausquels nous devons expressément joindre M. Fougeroux, dont on a imprimé à Paris en 1760 plusieurs *Mémoires sur les Os*, pour appuyer le sentiment de M. Duhamel, contre Mrs de Haller & Bordenave. Nous nous faisons même honneur d'avertir que les Mémoires de M. Fougeroux font la base de ce qu'il y a de mieux dans cet article.

Pour bien saisir le sentiment de M. Duhamel, il est à propos de faire attention que les Os sont recouverts d'une membrane appellée *Périoste*; qui, proportionnément aux différens Os, est plus épaisse dans les jeunes sujets, que dans les vieux; & qu'on peut la séparer en plusieurs lames par la macération, principalement quand cette membrane a été tuméfiée sur une fracture, ou à la suite d'une contusion violente. Les lames intérieures paroissent alors plus approcher de la nature du cartilage, que celles qui sont extérieures.

Le périoste s'étend sur le corps de l'Os; se prolonge entre ce corps & l'épiphyse, pour former le cartilage intermédiaire; & jette beaucoup de fibres dans l'épiphyse. Le cartilage de l'articulation est continu avec lui; ainsi que les cartilages nommés semilunaires. [Les Anatomistes nomment *Épiphyse* un corps tenant de la nature de l'Os, à l'extrêmité duquel il est adapté, & dont il est séparé par un cartilage.]

On n'apperçoit aucun Os dans l'embryon: ce qui doit former les Os, s'y présente comme une substance cartilagineuse; qui est d'autant plus molle, que l'embryon est plus petit. Cette substance, qu'on a peine à distinguer du périoste, & que l'on pourroit soupçonner d'être toute périoste, acquiert successivement de la fermeté, puis la dureté.

Tant qu'un Os est entiérement mou, il s'étend dans toute sa longueur. La propriété de s'étendre diminue à mesure que l'endurcissement fait du progrès. Il cesse même aux endroits parfaitement endurcis; & continue dans ceux qui n'ont qu'une dureté incomplete: dans un embryon, le cartilage qui doit devenir Os, s'étend donc dans toutes ses parties. Quand la partie moyenne de ce cartilage est endurcie, il ne laisse pas de continuer à croître, parce que l'endurcissement n'est qu'imparfait: mais il s'allonge moins en cet endroit que dans ceux qui n'ont pris aucun endurcissement. Ainsi l'extension de l'Os ne cesse, que quand toutes ses parties sont devenues absolument dures.

L'endurcissement des Os longs commence à leur partie moyenne, & dans leur intérieur sous le périoste. La partie moyenne d'un tibia, par exemple, perd successivement la faculté de s'allonger, tandis que cette faculté continue de subsister vers les extrêmités.

L'observation de ces faits indique naturellement que les lames intérieures qui enveloppent la moelle, sont celles qui s'ossifient les premieres; & qu'elles sont fortifiées par de nouvelles lames intérieures du périoste, qui en s'ossifiant augmentent l'épaisseur des Os.

Ainsi les Os augmentent en longueur par l'allongement des lames qui s'étendent autant qu'elles conservent de la ductilité: & la grosseur des Os se fait par l'aggrégation de lames osseuses qui s'ajoûtent les unes sur les autres. C'est pourquoi l'on apperçoit quelquefois des lames qui sont osseuses à la partie moyenne d'un Os, & cartilagineuses vers les extrêmités du même Os. Mais ce qui montre (selon nous) incontestablement la maniere dont se fait l'accroissement des Os, est une épreuve digne d'un habile Physicien, telle que l'a exécutée M. Duhamel. Sçachant que la racine de garance ne colore en rouge aucune partie molle du corps animal, pas même celles qui doivent se convertir en Os; & que la partie des Os qui s'endurcit pendant qu'un animal vit de garance, est la seule qui se colore; M. Duhamel fit nourrir des porcs, tantôt avec de la garance, tantôt sans garance, & par-là occasionna dans leurs Os une alternative de lames colorées & non colorées: ensorte que la coupe de ces Os sciés transversalement, offroit un mêlange décidé de lames rouges & de blanches. Le nombre d'animaux que ce Naturaliste a soumis à une pareille expérience, pour les faire tuer dans différens âges, l'a mis à portée de suivre dans l'animal vivant le progrès des Os, presque avec autant de certitude, que s'ils eussent été exposés à sa vûe.

Nous avons dit que les lames intérieures des Os longs étant les premieres qui s'endurcissent, celles qui les recouvrent continuent de s'allonger, lorsque les autres ont perdu cette propriété. C'est pourquoi l'on observe que les Os s'élargissent par leurs extrêmités; les lames qui continuent à s'allonger, s'écartent toujours de plus en plus de l'axe de l'Os, à mesure qu'elles s'éloignent de la partie moyenne: & cet écartement des lames est ce qui forme la partie réticulaire ou alvéolaire des Os.

Ayant établi des principes si lumineux, d'après des observations constantes, M. Duhamel déduit par une conséquence presque démontrée, la formation des épiphyses. Guidé par ces belles expériences, on peut suivre dans un fort grand détail les différens centres d'ossifications qui se prolongent & se distribuent dans le cartilage intermédiaire, jusqu'à l'entiere formation de l'épiphyse, dont il fait la communication avec l'Os. On sent facilement pourquoi dans les enfans, où il y a beaucoup de substance cartilagineuse, les épiphyses ne sont point adhérentes aux parties ossifiées; & au contraire pour quelle raison ces épiphyses placées à l'extrêmité des Os ne font plus qu'une piece avec eux dans les vieillards, où toute la matiere cartilagineuse a pris la consistance d'Os. Ce que nous avons dit de la maniere dont les Os croissent en longueur & en diametre, est prouvé par l'observation journaliere qui démontre que le cartilage intermédiaire, qui est si considérable dans les enfans, s'efface avec l'âge: & réciproquement ces faits attestent la vérité du sentiment de M. Duhamel. On reconnoît la solidité de cette physique très-simple, quand on voit que la substance spongieuse des Os est continue avec celle des épiphyses dans les animaux âgés; qu'il y a des éminences plus considérable aux Os des vieillards, qu'à ceux des enfans; &c. Enfin toutes les notions que nous avons données ci-dessus, comme nécessaires à l'intelligence du nouveau systême, sont confirmées par les observations répétées & variées sur des animaux que M. Duhamel fit nourrir avec une pâtée, dans laquelle entroit la garance en poudre. Il demeura peur constant, 1°. Que tous les Os, même les plus menus, en étoient devenus rouges; mais que le bec & les ongles, qui sont d'une nature différente de celle des Os, n'avoient pris aucune couleur: 2°. Que toutes les parties qui n'étoient point Os, avoient conservé leur couleur naturelle: 3°. Que les cartilages qui devoient s'ossifier ne prenoient le rouge qu'à mesure qu'ils s'endurcissoient ou qu'ils s'ossifioient: 4°. Que tous les Os dans un même animal, & les Os semblables dans différens animaux, n'avoient pas pris également la couleur rouge: les uns étoient d'un rouge pâle, tandis que d'autres étoient aussi rouges que le carmin le plus vif; 5°. Que les Os des vieux animaux ne prenoient la couleur qu'après un tems considérable; encore étoit-elle toujours foible: 6°. Qu'au contraire les Os des jeunes animaux, qui sont peu de tems à prendre toute leur croissance, avoient rougi fort promptement; de sorte qu'un pigeonneau eut, au bout de vingt-quatre heures, ses Os couleur de rose: 7°. Que les Os qui étoient naturellement les plus durs & les plus épais, étoient ceux qui ordinairement avoient pris un rouge plus foncé: 8°. Enfin qu'ayant remis aux alimens ordinaires un animal dont les Os étoient rouges, la couleur disparut simplement, mais ne fut point détruite. Voyez les *Mémoires de l'Académie*, année 1739. M. Fougeroux a aussi obtenu tous ces résultats par des épreuves qui lui sont propres; & qu'il a exposées dans ses *Mémoires sur les Os*.

Non-seulement il résulte de ces faits une belle théorie sur la formation des Os, mais encore une sorte de démonstration de la maniere dont ils se réparent après avoir été entamés ou fracturés. Pour s'assurer de ce second procédé, M. Duhamel s'est encore servi de la garance. En Physicien habile il a sçu combiner les expériences & les répéter, ensorte que ses conjectures se sont trouvées parfaitement d'accord avec la marche de la nature. L'ordre qui a conduit M. Duhamel à la démonstration de cette découverte, est décrit dans les *Mémoires de l'Académie* en 1741. Il nous a paru qu'il n'est pas possible d'en faire la lecture avec attention, sans être convaincu que les Os se réparent précisément, de la même maniere dont ils sont produits d'abord, & dont ensuite ils prennent de l'accroissement. Nous souhaiterions que la nature de cet Ouvrage nous permît de justifier cette proposition par un exposé des nombreuses expériences de M. Duhamel, & de leurs résultats, ainsi que de celles de M. Fougeroux. Au reste, en les consultant dans la source même, on doit se souvenir que pour arriver au vrai, il faut examiner la formation du cal dans tous les états où il passe depuis le moment de la fracture jusqu'à son parfait endurcissement.

Voici quelques notions que nous croyons devoir donner comme préliminaires à cette étude. Ces notions ne sont que des faits, tels que l'œil les découvre, & ausquels nous n'ajoûtons aucun raisonnement.

Peu de jours après la réduction d'un Os fracturé, si on disseque le membre, on voit que le périoste s'est gonflé sur l'endroit de la fracture: elle est couverte par une tumeur qui tient de la nature du cartilage: en disséquant cette tumeur, on reconnoît qu'elle n'est pas par tout également épaisse, & qu'elle aboutit au périoste; qui, à certaine distance de la fracture, n'a que son épaisseur naturelle: on apperçoit dans l'intérieur de cette tumeur, une lymphe sanguinolente. La tumeur devenant ensuite moins considérable, elle acquiert de la fermeté: & lorsqu'on la disséque avec précaution, les bouts d'Os ne sont plus sensibles. La fracture est alors recouverte d'un feuillet osseux, formé par des grains durs qu'on peut enlever avec la pointe d'un scalpel. Ces premieres productions osseuses se prolongent quelquefois entre les bouts d'Os, quand ils ne se touchent pas exactement. Si l'on veut détruire cette couche osseuse, on retrouvera l'ancien Os, distingué des nouvelles productions par sa couleur, sa densité; &c. Plus une fracture est ancienne, plus le premier feuillet osseux qui la couvre devient uni, ferme, & épais; la tumeur cartilagineuse diminue à proportion; & quand le cal est ossifié, le périoste qui le recouvre n'est pas alors plus épais en cet endroit que sur les autres parties du même Os.

Enfin si, avec un trépan perforatif, l'on fait un trou à un Os; ce trou est rempli quelques jours après par un mammelon qui émane visiblement du périoste, & qui s'enleve avec lui. Ce mammelon s'endurcit par degrés; & le trou de l'Os se trouve exactement fermé par le tampon qui émanoit du périoste. C'est précisément ce qui arrive quelquefois, lorsque les productions du périoste s'interposent entre les bouts d'un Os rompu.

Nous le répétons, tout cela ne s'exécute que dans les animaux âgés. Quant aux jeunes animaux, comme leurs Os sont tendres & traversés par beaucoup de vaisseaux, ces parties peuvent s'étendre & se cicatriser avec les productions du périoste, & avec celles de l'autre extrémité du même Os, qui est aussi capable de s'étendre. C'est de quoi chacun peut se convaincre en examinant la formation du cal sur les Os de jeunes sujets sains; tels qu'étoient les jeunes agneaux ausquels M. Duhamel avoit rompu l'Os de la jambe, pour être à portée de vérifier des faits intéressans. Le flambeau des expériences & des observations a donc servi à confirmer la découverte de cet Académicien, & à démontrer que le cal est aussi organisé que les Os. D'où il est naturel de conclure que la réunion des Os fracturés ne se fait point par l'effusion d'un *suc osseux* qui suintant de l'Os rompu, couleroit dans les interstices de la fracture, & en joindroit les deux bouts, à-peu-près comme de la colle réunit deux morceaux de bois : car il ne pourroit en résulter qu'une masse privée d'organisation.

Au reste, quand M. Duhamel a regardé les couches osseuses, comme étant formées par celles du périoste; il n'a pas prétendu que toutes les lames de cette membrane fussent également propres à produire des couches osseuses. Quoique toute l'épaisseur du périoste puisse s'ossifier; de même qu'une partie de la plevre, la dure-mere, un bout d'artere, une portion de tendon; M. Duhamel croit que certaines lames du périoste sont destinées, dès leur premiere formation, à devenir des feuillets osseux, & que d'autres différemment organisées doivent rester toujours périoste. Consultez le *Journal de Médecine*, Septembre 1757.

Suivant M. Duhamel, le cartilage acquiert la consistance d'Os par l'endurcissement de la lymphe qui l'abreuve, & par le dépôt d'un suc tartareux. Les recherhes de M. Hérissant sont venues à l'appui de celles de M. Duhamel : ce que celui-ci n'avoit avancé que comme une probabilité, se trouve aujourd'hui établi d'une maniere incontestable par M. Hérissant. Le tartre osseux, dont parle M. Duhamel, est une matiere crétacée; & ce qu'il avoit cru appercevoir en suivant pied à pied la formation des Os, a été très-solidement prouvé par leur décomposition. Si-tôt que M. Hérissant est parvenu à retirer la partie crétacée d'un Os formé, le cartilage a reparu : ce qui prouve bien l'existence du cartilage dans les Os même les plus durs. Les procédés de M. Hérissant furent lûs à l'Académie des Sciences, de Paris, en 1759. Cet Académicien met un Os dans une liqueur acide affoiblie; & procure ainsi une décomposition : l'acide s'empare de la terre qui donnoit de la solidité à l'Os; & la substance cartilagineuse ou membraneuse reparoît avec l'état de mollesse qui lui est propre. Alors M. Hérissant précipite la terre dont s'est chargé l'acide; en employant un alkali plus analogue à cette terre : puis il la lave, la fait sécher; & ajoûtant à son poids celui du cartilage sec du même Os, il retrouve la pesanteur qu'avoit l'Os avant qu'il l'eût soumis à cette épreuve. Les expériences de MM. Duhamel, Hérissant & Fougeroux, montrent que la garance ne colore que la partie crétacée; qui fait principalement la dureté des Os.

La décomposition des Os prouve encore qu'ils sont formés par couches. M. Fougeroux mit dans de l'esprit de nitre affoibli, un gros Os de bœuf, scié en long. Cet Os y perdit sa dureté, & se montra sous la forme d'un cartilage transparent & flexible. Plongé un instant dans l'eau bouillante, ce cartilage qui d'abord paroissoit être tout d'une piece, se divisa aussi-tôt en un grand nombre de lames semblables aux feuillets d'un Livre : * Premier *Mémoire sur les Os*, pages 44, 56.

On trouve dans les *Transactions Philosophiques*, année 1754, un fait qui semble pouvoir aussi confirmer le sentiment de M. Duhamel. Il y est dit qu'en disséquant le cadavre de Marie Hayes, on trouva tous ses Os plus ou moins altérés, mais que très-peu résistoient au scalpel. Ceux de la tête, du thorax, du bassin, de l'épine du dos, étoient à peu près également mous; mais ils avoient plus de consistance que ceux des parties inférieures : on coupoit ceux-ci dans toute leur longueur, sans que l'instrument fût émoussé. L'on ajoûte que l'on y trouva moins de résistance que n'en feroit une chair ferme & musculeuse. La substance de ces derniers Os sembloit être un parenchyme analogue à des tranches de foie noirâtres : & l'on y observoit par intervalles quelques lames osseuses qui n'avoient pas plus d'épaisseur qu'une coque d'œuf. En général les Os qui, dans l'état naturel, ont le plus de solidité, & qui contiennent le plus de moëlle, étoient ceux dont l'altération étoit plus complete; ensorte néanmoins que leurs extrêmités s'en ressentoient moins que leur corps. Les Anatomistes, témoins de ces faits (est-il dit dans les *Transactions Philosophiques*) en conjecturerent qu'un tel changement fait dans les Os, avoit commencé par les couches internes, comme étant plus à portée de participer au vice qu'on suppose avoir existé d'abord dans la moëlle. On observa que tout ce qui restoit de lames qui conservoient la consistance d'Os, se trouvoit auprès du périoste; & que cette membrane étoit tuméfiée & plus épaisse qu'elle ne l'est ordinairement. D'ailleurs les cartilages, quoiqu'un peu minces, n'étoient pas autant dissous que les Os.

Je n'insisterai pas sur le rapport qu'il y a entre ces observations & le sentiment de M. Duhamel : il faut laisser au Lecteur la satisfaction de les comparer.

Nous parlons en plusieurs endroits, des *Maladies des Os*. Voyez DISLOCATION. SCORBUT. CONTUSION. CARIE. DENT. EXFOLIATION.

Comme substance animale, les Os servent à engraisser la terre.

Voyez AMENDER, *n.* 30. ÂNE.

Os de la jambe du bœuf. Voyez son usage, sous ce mot, dans l'article BŒUF.

Usage des *Os d'Ane*. Voyez ÂNE, page 112.

Noir d'Os de pieds de Mouton, & autres. *Voyez* NOIR.

Pour Amollir les Os.

I.

Il faut prendre de l'alun de glace & le faire fondre sur le feu, puis y mettre de l'eau rose, & de la cendre tamisée bien fin : & y laisser tremper les Os, ou l'*ivoire*, l'espace de vingt-quatre heures.

En les faisant bouillir dans de l'eau claire, ils reviendront en leur premier état.

2.

Distillez à la cornue, parties égales de vitriol & de sel commun, bien pilés. Mettez ensuite tremper les Os, dans l'esprit que cette distillation a donné : ils deviendront mous comme de la cire.

3.

Faites macérer du raifort & du marrube avec du vinaigre : mettez-y ensuite les Os, & enfouissez-les dans de la fiente de cheval.

4.

On dit que les sucs d'ache & de millefeuille amollissent les Os.

5.

En général les liqueurs acides produisent cet effet. *Consultez* ce que nous avons dit ci-dessus, concernant le systême de M. Duhamel. Outre ce qui y est dit de l'esprit de nitre fumant, affoibli par six parties d'eau commune ; on lit encore dans les *Mémoires de l'Académie des Sciences*, que du petit lait aigri a amolli de l'yvoire.

6.

Après avoir fendu en long les gros Os de bœuf, présentez-les au feu sans ôter la moëlle : ils deviennent alors souples, ensorte qu'on peut les applatir & les étendre sous une presse.

Pour Endurcir les Os qui ont été amollis.

Mettez dans un vaisseau de verre, parties égales de sel commun décrépité, de gomme, de sel ammoniac, d'alun de plume, d'aloës succotrin, d'alun de roche, & d'alun écaillé. Il faut que le tout soit réduit en poudre. Ensuite enterrez le vaisseau dans du fumier chaud, de cheval; & l'y laissez jusqu'à ce que ces poudres soient réduites en eau : laquelle vous ferez congeler sur les cendres chaudes. Puis vous remettrez cette matiere dans le fumier, jusqu'à ce qu'elle soit réduite en eau une seconde fois : & pour affermir les Os, & rétablir en corps la chaux, le plâtre & autres choses semblables, vous vous servirez de cette liqueur.

Pour Blanchir les Os.

1. Faites bouillir dans un pot neuf, avec quantité suffisante d'eau, une poignée de son, & de la chaux vive à proportion : puis jettez-y les Os : & les y laissez jusqu'à ce qu'ils soient devenus blancs.

2. Les Os deviennent très-blancs, si on les fait cuire avec de l'eau de chaux, en les écumant toujours.

[Mais il faut agir avec ménagement : l'eau de chaux & les sels alkalis détruisent les Os.]

3. Après avoir percé un Os par les deux bouts, pour en tirer toute la substance graisseuse, exposez-le à la rosée. Il y blanchit bien.

Pour donner de la Couleur aux Os.

Prenez de très-fort vinaigre ; mettez-le dans un vaisseau de verre, avec les Os. Ajoûtez-y demi-livre de cuivre ; du vitriol Romain, de l'alun, de chacun autant qu'il faut : mêlez le tout, & le laissez ainsi durant un jour. Puis faites-le bouillir au feu dans un vaisseau où vous aurez mis les Os, [ou même le bois] : ajoûtez-y un peu d'alun ; & leur donnez telle couleur que vous voudrez.

Pour teindre les Os en Rouge, & en faire divers ouvrages au Moule.

Faites bouillir dans un grand pot neuf, avec suffisante quantité d'eau, douze livres de chaux vive, & une livre d'alun calciné. L'eau étant diminuée d'un tiers, vous y ajoûterez encore deux livres de chaux vive ; puis vous ferez bouillir encore, jusqu'à ce que l'eau puisse soutenir un œuf, sans qu'il y enfonce. Alors, ayant retiré & laissé reposer la liqueur, vous la filtrerez. Ensuite vous prendrez douze livres de cette eau, & demi-livre de brésil rapé, avec quatre onces de tontures d'écarlate ; & ferez bouillir le tout, un petit demi-quart d'heure, à un feu lent. Après cela vous ôterez ce qui sera clair & net, & le mettrez dans un vaisseau à part. Ensuite vous remettrez de l'eau, comme auparavant, mais un tiers de moins, sur l'écarlate & le brésil ; & ayant fait bouillir comme la premiere fois, vous mettrez cette seconde teinture avec la premiere, & continuerez de la sorte, jusqu'à ce que l'eau ne prenne plus de couleur. Ensuite vous prendrez des rapures d'Os, qui ayent bouilli auparavant dans l'eau de chaux vive, & qui soient bien nettes ; vous les mettrez dans un matras, avec quantité suffisante de la liqueur teinte ; & poserez le matras sur le sable à petit feu ; jusqu'à ce que l'eau soit entiérement évaporée : ce que vous réitérerez jusqu'à ce que les rapures d'Os soient réduites en pâte molle ; laquelle vous jetterez en moule, & lui donnerez telle forme que vous jugerez à propos. Vous la laisserez secher pendant un jour, ou autant que vous le jugerez nécessaire ; & ensuite, pour la raffermir, & la rendre solide, vous la ferez bouillir dans une eau d'alun & de salpêtre, puis dans l'huile de noix.

Si l'on veut faire des figures d'une autre couleur ; au lieu de brésil & d'écarlate, on se servira d'autres matieres : & l'on fera de cette maniere des figures très-belles.

Consultez l'article ROUGE.

Pour Teindre les Os en Verd.

Broyez ensemble dans un mortier, trois onces de limaille de cuivre jaune, autant de verd de gris, & une poignée de rue bien fraîche. Mettez le tout dans un vaisseau de verre ; & versez pardessus une pinte de fort vinaigre : bouchez le vaisseau & le portez à la cave au frais, où vous le laisserez pendant quinze jours ou trois semaines.

Voyez l'article TEINDRE : où il est aussi parlé de la maniere de *Teindre les Os en Noir*.

Maniere de Calciner les Os.

Il ne s'agit que de les faire brûler jusqu'à ce qu'ils deviennent aisément friable, & très-blancs. On peut en remplir tout four ou fourneau, où l'on fera du feu jusqu'à ce qu'ils soient suffisamment calcinés : ce qui n'est pas long ; & le fera néanmoins proportionnellement à la quantité d'Os que l'on calcinera à la fois. Mais on ne craindra pas de les brûler trop.

On

On ne sçauroit les faire brûler, sans qu'ils répandent une odeur désagréable.

OS : *Terme de Venerie.* Ce sont les ergots qui sont derriere le pied du cerf, du dain, & du chevreuil.

OSC

OSCHA. *Voyez* HOUSCHE.

OSE

OSEILLE. *Voyez* OZEILLE.
OSERAYE. *Voyez* OZERAYE.

OSI

OSIER. *Voyez* OZIER.

OSP

OSPREY. *Voyez* ce mot dans l'article AIGLE.

OSS

OSSELET : en Latin *OSSICULUS.* On appelle ainsi certains noyaux fort durs, & qui, par leur forme ne semblent pas être une boëte comme celle des noyaux. On dit : les Osselets de la Neffle.

OSM

OSMONDE ; & OSMUNDA. } *Voyez* FOUGERE FLEURIE.

OST

OSTEOCOLLE, ou *Pierre d'Os rompus.* Incrustation crétacée, faite sur des plantes que la pourriture a détruites, & qui avoient servi de moule à cette incrustation. Lorsque ce sont des Iris, l'incrustation a, comme elles, une forme allongée & pointue ; ensorte que l'on y trouve volontiers l'apparence d'os anciennement fracturés, sur-tout à cause de la multitude de pores qui font une partie du caractere de ces incrustations. On ne les trouve gueres que dans des terreins légers & aquatiques. Les unes sont pesantes, graveleuses, inégales, assez rondes ; d'autres, légeres, & moins raboteuses. Leur forme varie suivant celle des plantes qu'elles affectent. On en trouve beaucoup dans les environs de Spire, d'Heidelberg, & de Dermstadt, & en d'autres endroits d'Allemagne. Leur nom en Allemand, est *Benbru.* Nous en avons aussi en plusieurs endroits de France ; & nommément un lit considérable aux environs d'Etampes.

Consultez le *Dictionnaire Rais. d'Histoire Naturelle* de M. de Bomare, Tome IV, page 101 : & notre article COLLE.

On prétend que l'Ostéocolle a la vertu de rétablir les fractures des Os ; soit qu'on en use intérieurement, soit qu'on l'applique au-dehors : mais elle n'a point d'autres vertus que celles de la craie. Dans l'usage interne, elle peut faire les fonctions de remede absorbant. Quant à sa propriété d'aider à la réunion des os, elle paroît fondée sur ce que la plupart des ostéocolles ressemblent assez à des os rompus, ainsi que nous l'avons fait observer. D'ailleurs ces incrustations pierreuses assujettissant l'os dans une même situation, elles facilitent sa réunion, de même que les éclisses : mais il y a à craindre qu'en comprimant trop la partie on ne gêne la circulation des liqueurs.

OSTRYA. *Voyez* CHARME.

OTA

OTALGIE. Douleur d'oreille. Consultez l'article OREILLE.

OVA

OVALE ; *en Architecture.* C'est une figure curviligne, qui a deux diametres inégaux. Il y a diverses especes d'Ovales ; comme sont l'Ovale *ralongée*, *rampante*, &c. Celle qu'on appelle *Ralongée*, est celle qui est la plus longue : c'est aussi la cherche ralongée de la coquille d'un escalier Oval, faite de la section oblique d'un cylindre. Cette *Cherche* ou *Cerce* (de l'Italien *Cerchio*) est le trait d'un arc surbaissé ou rampant, ou de quelque autre figure tracée par des points cherchés, laquelle cherche est ou *surbaissée* ; (qui a moins d'élévation que la moitié de sa base) ; ou *surhaussée*, qui est au-dessus de cette précédente proportion, comme la plupart des arcs Gothiques. L'Ovale *Rampante* est celle qui est biaise, ou irréguliere par quelque sujettion ; comme il s'en trace pour trouver des arcs rampans dans les murs d'échifre d'un escalier : on appelle *Echifre* un mur rampant par le haut, qui porte les marches d'un escalier, & sur lequel on pose la rampe de pierre, de bois ou de fer : il est ainsi nommé, parce que pour poser ces marches, on les chifre le long de ce mur. *Vitruve* appelle les échifres & timons, *Scapi scalarum.*

Dans le Jardinage, on trace des Ovales. Il y a une *Maniere de les tracer* par le moyen d'un cordeau, dont la longueur doit être égale au plus grand diametre de l'Ovale, & qui est attaché par ses extrêmités à deux piquets aussi plantés dans le grand diametre, pour former cet Ovale, d'autant plus ralongé que les deux piquets sont plus éloignés : on le nomme aussi *Ellipse* ; & cette maniere de le tracer est très-géométrique & parfaite. De ce que nous venons de dire, on peut voir que l'Ovale se fait d'une seule ligne courbe, & qui n'est point parfaitement ronde ; car alors ce ne seroit pas un Ovale ou sorte d'ellipse ; mais un cercle : qui n'est que d'une sorte ; au lieu que les Ovales & autres ellipses sont très-diversifiées.

Le plan de l'Ovale est divisé par deux diametres inégaux, l'un grand & l'autre petit, qui le partagent en quatre parties égales. Les Ovales sont plus ronds les uns que les autres, selon que leur petit diametre est plus long ou plus petit. L'Ovale est ou *commun*, ou *mathématique.* L'Ovale *commun* est une figure irréguliere, à cause qu'elle est moins large par un bout que par l'autre ; & en cela elle differe de l'ellipse, qui est l'*Ovale mathématique* régulier & également large par les deux bouts. Le vulgaire les confond ordinairement. Les Géometres appellent l'Ovale commun, *Fausse Ellipse.* L'Ovale mathématique est plus long que large ; il est décrit de deux centres ou foyers, qui sont deux points pris sur son grand diametre.

En Architecture, on appelle *Colomne Ovale*, celle dont le fût est applati, son plan étant Ovale pour éviter de la saillie.

On peut, sans figures, imaginer facilement la naissance & l'origine des Ovales & ellipses: par exemple, si vous voulez couper un cône (ou pyramide ronde) vous le pouvez faire horizontalement; mais alors vous ne ferez que des cercles qui seront plus ou moins grands, ou plus petits, à mesure que la section parallele à la base en sera plus ou moins éloignée vers le haut. Mais si les sections, au lieu d'être horizontales sur le cône, sont obliquement, alors les plans de ces sections seront des ellipses imparfaites: & si ces sections obliques arrivoient sur un cylindre, ce seroient des ellipses véritables.

OUB

OUBLIES. *Voyez* dans l'article PAIN.

OVE

OVES. Ornemens d'Architecture, qui ont la forme d'un œuf renfermé dans une coque, imitée de celle d'une châtaigne; & qui se taillent dans l'Ove ou quart de rond. On appelle *Oves Fleuronnés*, ceux qui paroissent environnés & enveloppés par quelques feuilles de sculpture. Il s'en fait aussi en forme de cœur: & c'est pour cette raison que les Anciens ont introduit parmi les Oves, des dards, pour symboliser avec l'amour.

Ove ou *Œuf*, est encore ue *moulure* ronde, dont le profil est ordinairement d'un quart de cercle. Les ouvriers l'appellent *Quart de Rond.* M. Perrault dit qu'on l'appelle *Échine*; qui en Grec signifie *Hérisson*: parce que ce membre, lorsqu'il est taillé en sculpture, a quelque chose qui approche de la châtaigne à-demi fermée dans son écorce piquante, laquelle ressemble à un hérisson.

OVI

OVICULE: *Terme d'Architecture.* Ce mot se dit d'un petit Ove: & Balde croit que c'est l'Astragale Lesbien de Vitruve.

Quelques-uns nomment encore *Ovicule*, l'ove ou moulure ronde des chapiteaux Ionique & Composite; laquelle est le plus souvent taillée de sculpture.

OUILLANT. & OUILLE. } *Voyez* PIOCHE.

OUL

OULAME: & *Sauto*-OULAME. } *Voyez* CHONDRILLE, *n.* 3.

OULICE: *Terme de Charpenterie.* On appelle *Tenons à Oulice*, des tenons coupés en quarré & en about, auprès des paremens de bois, pour les revêtir après coup & quand l'ouvrage est fini.

OULVARI. *Voyez* OUVARI.

OUR

OURDIR: en *Terme de Maçonnerie*; se dit d'un enduit grossier qu'on fait de chaux ou de plâtre, sur un mur de moilon; par-dessus lequel on en met un autre de plâtre fin, qu'on unit proprement avec la truelle. » Ce mur n'est pas encore » bien *enduit* (dit-on), il est seulement *ourdi.*

OURDIR *une Corde.* Voyez sous le mot CORDE.

OURLE. *Voyez* ORLE, Maladie.

OURLET: *Terme d'Architecture.* C'est la jonction de deux tables de plomb sur leur longueur: laquelle jonction se fait en recouvrement, par le bord de l'une repliée en forme de crochet sur l'autre.

On appelle aussi *Ourlet*, la levre repliée en rond d'un chêneau à bord, ou d'une cuvette de plomb.

C'est un diminutif d'*Orle*, qui est le bord de quelque chose qui se redouble, ou qui est plus épais, qui lui tient lieu de lisiere. La patte d'un verre de fougere a un Ourlet, ou Orle. Les Lingeres, les Couturieres, font des Ourlets au linge, aux étoffes, pour empêcher qu'elles ne s'éfilent.

Quelques Architectes appellent l'Orle, *Ceinture*; lorsqu'il est en haut ou au bas du fût de la colonne.

L'*Orle*, en *terme de Blason*, est un filet qui est vers le bord de l'Écu; il est de moitié plus étroit que la bordure qui contient la sixieme partie de l'Écu, & celui-ci la douzieme seulement. En général, dans les Armoiries l'Orle est une espece de ceinture, qui ne touche point les bords.

OUROUCOU. *Voyez* ROCOU.

OURVARI. *Voyez*. OUVARI.

OUT

OUTARDE. Oiseau dont le plumage est varié de blanc, de noir, de brun, de gris, & de couleur de rose. Le bec est long de trois pouces, fait en cône courbé, & d'un gris brun; ses jambes & la moitié des cuisses, sont couvertes de petites écailles grises, héxagones, & revêtues d'une membrane délicate. On trouve des Outardes qui ont trois pieds de haut, depuis le bec jusqu'aux ongles; ensorte qu'on peut regarder cet oiseau comme l'un des plus grands qui nous soient connus.

Consultez, pour une ample & très-exacte description de l'Outarde, ainsi que pour ses especes ou variétés, l'*Ornithologie* de M. Brisson, Tome V, page 18, & suivantes.

L'Outarde ne peut soutenir long-tems son vol, parce qu'elle a les aîles fort courtes à proportion de la grosseur de son corps. Elle est fort timide; & se laisse mourir de langueur, pour peu qu'elle ait été blessée. Elle ne se perche jamais sur les arbres: mais elle repose à plate terre dans les campagnes, où elle se plaît uniquement. On ne trouve point les Outardes dans les eaux, si ce n'est lorsqu'il a plu, & que les campagnes où elles vivent, sont inondées; ou bien quand elles vont dans les marécages pour se désaltérer.

Il y en a beaucoup en Angleterre, en Flandre, & en Hollande. Ces oiseaux y arrivent par bandes vers l'automne.

Les Outardes font leur nid à terre. Elles couvent pendant un mois: & s'il arrive qu'en leur absence quelqu'un touche leurs œufs, elles les abandonnent aussi-tôt, & vont ailleurs faire une nouvelle ponte. Elles vivent de grains & de fruits. On dit que le renard leur fait la guerre, en se couchant à terre, & tournant sa queue en forme de long cou d'un oiseau. Les Outardes trompées par la ressemblance y accourent; & deviennent la proye de leur ennemi.

Maniere de Chasser aux Outardes.

Il faut monter à cheval, & s'approcher tout

doucement ; comme elles aiment naturellement cet animal, elles ne s'effarouchent point, & l'on peut les tirer aisément avec le fusil. Pour en approcher de bien près, il faut se tenir à terre, à côté du cheval; ou se servir de la vache, comme pour les perdrix. Il faut bien se garder de mener des chiens à cette chasse; parce que le moindre aboyement qu'elles entendent les épouvante, & les fait fuir pour se cacher dans les hayes & les buissons, ou dans quelqu'autre endroit à l'écart.

Maniere de prendre les Outardes.

1. On peut les prendre à la course; sur-tout si on les poursuit à cheval; car comme elles sont fort pesantes, il faut qu'elles courent quelquefois deux ou trois cens pas avant de pouvoir s'élever; & comme elles ont les aîles fort courtes, on peut aisément aller les faire repartir, & les fatiguer de maniere qu'on les puisse prendre à la main. Le véritable tems pour cela est lorsqu'il plent, parce qu'étant déja pesantes d'elles-mêmes, l'eau qui tombe les embarrassant encore, fait qu'elles se fatiguent beaucoup, & qu'on les prend aisément.

2. Il faut avoir une charette couverte de paille, pour pouvoir approcher ces oiseaux. On se met plusieurs dedans, avec des fusils : & le Chartier guide la voiture directement où il sçait que sont les Outardes. Lorsqu'on juge être plus qu'à portée du fusil, c'est-à-dire, bien près de ces oiseaux, on tire dessus; & l'on en tue plusieurs si l'on est habile tireur.

Maniere de prendre les Outardes au filet, sur le bord d'une riviere ou d'un étang.

Vous allez à cheval à cette chasse. Vous prenez un filet, & quelques perches si vous en avez besoin pour le dresser. Si vous tendez votre piége en pleine campagne où il n'y ait point d'arbre, vos perches vous servent : au lieu que si c'est dans quelque lieu marécageux, & qu'il y ait des arbres pour y tendre votre piége, vous n'en avez pas besoin.

Cela supposé, & que les lignes A représentent une riviere ou un étang, vous prenez vos perches B, qui doivent être pointues & longues de huit à neuf pieds, & grosses à peu près comme le bras : vous les fichez en terre un peu panchées & en droite ligne, en descendant vers l'eau, & également éloignées les unes des autres; vous aurez autant de perches que la longueur de votre filet le demandera. Si vous trouvez des arbres, & qu'ils soient disposés comme il faut, vous vous passerez de perches; ou vous vous servirez de quelques-unes, au cas que tous les arbres ne soient point rangés ainsi que vous le souhaiteriez.

Vos perches plantées, & supposé que les Outardes soient du côté C, il faudra dresser votre filet vis-à-vis, & faire ensorte qu'il descende jusques sur le bord de l'eau & qu'il soit lâche : il doit contenir une bonne longueur; & les perches être fichées fortement en terre. On met ordinairement deux filets, l'un au bout de l'autre; & dans le milieu de ces filets un étroit passage pour un homme à cheval.

Tout cela observé, & ayant remarqué l'endroit où sont les Outardes, vous montez à cheval, vous allez directement devant elles en panchant le corps sur le cou du cheval; vous vous en approchez à vûe; & ces Oiseaux n'apperçoivent pas plus tôt le cheval, qu'ils courent à lui, aîles déployées.

Pour lors marchez droit au filet; observez si les Outardes vous approchent de trop près, c'est-à-dire, de plus de dix pas : si cela est, pressez un peu votre cheval, & passez à travers l'endroit F, laissé exprès.

Après cela, remontez vîte environ à quinze pas

le long de votre filet, gagnez le derriere D de vos oiseaux : & avec quelques personnes qui seront de votre compagnie, poussez-les dans le piége. Tenant chacun un bâton à la main, assommez celles que vous trouverez prises. Lorsqu'on est plusieurs on en fait bonne chasse.

Propriétés de l'Outarde.

La chair de l'Outarde est assez nourrissante ; mais plus dure que celle d'oye. Elle ne laisse pourtant pas d'être d'un bon goût ; & même délicate, quand l'Outarde est jeune. On y trouve différens goûts exquis. Il la faut prendre en automne, ou en hiver. Comme elle est difficile à digérer, il faut la laisser mortifier assez long-tems ; & ne la mange qu'en ragoût. Les estomacs foibles doivent s'en abstenir, ou n'en pas faire grand usage.

On estime la fiente d'Outarde pour la gale. Ses œufs servent à noircir les cheveux ; & sa graisse, à résoudre les tumeurs, & tempérer les ardeurs & inflammations.

OUTERON. *Voyez* AOUTERON.

OUTRE. Peau de bouc : qui étant encore garnie de son poil, cousue & préparée d'une certaine façon, sert comme de baril pour renfermer les liqueurs, afin de pouvoir les transporter avec plus de facilité. On l'appelle aussi simplement *Bouc*. En Provence & en Espagne on met le vin dans des Outres, pour le transporter. En France on s'en sert assez fréquemment pour les huiles. Il faut faire quelque préparation aux Outres, avant de s'en servir aux usages ci-dessus mentionnés. Sans quoi ils communiqueroient quelque mauvaise odeur, ou goût, aux liqueurs : & après tout, il n'est gueres possible d'en garantir absolument les liqueurs mises dans des Outres neuves.

Outre se dit des mêmes peaux de bouc qu'on emplit de vent ; qui servent de grosses *Calebasses*. En Orient on ne passe la plupart des grandes rivieres qne sur des Outres. On ne navige sur l'Euphrate qu'avec des radeaux portés sur des Outres.

OUTREMER. Sorte de couleur bleu-céleste, dont se servent les Peintres ; & que l'on a reçue du Levant par le commerce de la mer. *Voyez* AZUR.

Pour faire de l'Outremer aussi beau que celui du Levant.

1. Faites rougir dans un creuset, du lapis, le plus brun que vous pourrez trouver ; jettez-le deux ou trois fois dans du vinaigre. Etant calciné, broyez-le dans un mortier, le plus fin que vous pourrez ; passez cette poudre : & broyez-la sur le porphyre, avec parties égales d'esprit de vin, & d'huile de lin, qu'il faut faire digérer ensemble auparavant, dans un matras sur la cendre chaude. Ayez soin de les bien agiter, avant de les verser sur votre poudre de lapis. Quand vous aurez réduit le tout en poudre impalpable, il faudra l'incorporer avec le ciment, dont voici la composition.

Prenez deux onces d'huile de lin, trois onces de térébenthine de Venise, demi-once de mastic, deux onces d'assafœtida, deux onces de colophone, demi-once de cire, trois onces de résine de pin. [Selon une autre recette, il ne faut que que deux onces de térébenthine, mais autant de résine.] Faites bouillir le tout dans un pot plombé, pendant un quart d'heure ; puis passez-le par un linge, le faisant couler dans de l'eau claire : retirez-le de l'eau ; & prenez une partie de ce ciment & une partie de votre lapis : broyez & incorporez ensemble dans une terrine plombée ; puis jettez par-dessus de l'eau nette & chaude, & laissez reposer pendant un quart d'heure. Ensuite agitez la matiere, avec une spatule de bois ; & dans un quart d'heure, vous verrez l'eau toute [illegible]ée. Versez cette eau dans une terrine plombée ; reversez d'autre eau chaude sur votre matiere ; & continuez à faire comme la premiere fois, jusqu'à ce que l'eau ne paroisse plus teinte. Ensuite faites évaporer toutes ces eaux que vous avez mêlées ensemble ; il vous restera un Outremer parfaitement beau ; quatre onces pour livre, & le surplus en cendres d'azur.

2. Prenez quatre onces d'huile de lin, quatre onces de cire neuve, quatre onces d'arcançon, une once de résine, une once de mastic en larmes, quatre onces de poix de Bourgogne, deux gros d'encens, & un gros de sang de dragon ; & concassés chaque drogue à part dans un mortier. Puis faites chauffer l'huile de lin dans une terrine sur le feu jusqu'à ce qu'elle frémisse. Alors mettez-y vos drogues l'une après l'autre, de sorte que le sang de dragon soit le dernier infusé ; en remuant toujours le tout avec un bâton. Vous connoîtrez que votre pâte sera faite, quand elle sera gluante aux doigts : alors vous y mettrez le lapis azuli, que vous aurez fait rougir dans le feu de charbon, puis éteint tout ardent dans du vinaigre blanc, broyé sur le marbre après l'avoir laissé secher, & passé dans un tamis des plus fins. Le tout étant bien incorporé, & ayant demeuré vingt-quatre heures sans y toucher ; pour en faire sortir l'Outremer, prenez de l'eau de fontaine & non d'autre, & paîtrissez bien avec cette eau votre pâte ; vous verrez sortir la premiere teinture de bleu qui est la plus fine & la plus belle ; vous ferez de même jusqu'à trois fois en paîtrissant toujours avec ladite eau : enfin pour la derniere opération, faites chauffer de la même eau jusqu'à ce qu'elle soit tiede, pour vous en servir à paîtrir le reste de la matiere ; dont vous tirerez les cendres.

Il y en a qui paîtrissent leur pâte tout d'un coup dans un vaisseau plein d'eau tiede, dans lequel va l'Outremer, qu'ils laissent reposer vingt-quatre heures & plus ; ils vuident ensuite doucement l'eau : & l'Outremer se trouve au fond. Ils le font secher au soleil ; laissent aussi l'espace d'un mois le lapis s'incorporer dans la pâte avant d'en tirer l'Outremer ; & mettent dans la pâte, au lieu d'huile de lin & de térébenthine, seulement de l'huile de térébenthine, & de la poix noire au lieu de poix de Bourgogne. Pour le lapis, ils le font cuire, éteindre, & broyer de la même façon que ci-dessus.

3. *Voyez* COULEUR, page 710. LAVIS.

4. Broyez & réduisez en poudre trois onces de verd de gris, avec six onces de sel ammoniac. Broyez encore cette poudre, & en même-tems abreuvez-la d'huile de tartre, jusqu'à ce que vous en ayez fait une pâte assez liquide. Mettez-la ensuite dans un matras de verre, & ensevelissez-le dans du fumier : au bout de cinq jours cette matiere sera convertie en une couleur bleue, un peu semblable à l'azur.

5. Pulvérisez bien fin quatre onces de verd de gris, trois onces de chaux vive, une once de craie

blanche, une once de sel ammoniac. Le tout étant bien mêlangé, mettez-le dans du fumier chaud; & l'y laissez environ quinze jours.

6. Dissolvez deux onces de sel ammoniac en poudre, dans une livre de vinaigre distillé, le plus fort que vous pourrez trouver: joignez-y une livre de chaux très-blanche, d'écailles d'œufs, avec une once de limaille de cuivre: mettez le tout dans un vaisseau de cuivre, qui ferme si juste que l'air ne puisse pas y entrer, & qu'aucune partie de la matiere n'en sorte; enterrez ce vaisseau dans du fumier de cheval: au bout d'un mois vous aurez un très-bel azur.

7. Prenez dix onces d'huile de lin. Mettez-les dans un plat de terre, avec sept ou huit gouttes d'eau commune. Mettez cela sur le feu jusqu'à ce qu'il commence à bouillir. Jettez-y une livre de cire blanche vierge; rompue en petits morceaux. Quand la cire sera fondue, mettez-y une livre de poix Greque. Mêlez-y quatre onces de mastic en poudre, qui ait été fondu auparavant dans un pot à part, avec deux onces de térébenthine: & laissez cuire le tout une heure durant. Après quoi laissez tomber cette drogue dans l'eau froide: quand elle se trouvera molle comme du beurre, elle sera cuite. S'il s'y trouve encore de petits durillons, ce sera une marque que le mastic ne sera pas assez fondu: alors il faudra remettre la drogue au feu. Le tout étant cuit, mettez du lapis blanc dans un creuset, au feu, jusqu'à ce qu'il soit tout rouge comme le feu même: puis jettez-le dans du vinaigre blanc. Il boit ce vinaigre jusqu'à satiété; creve, & se réduit en petits morceaux, lesquels il faut broyer en poudre, puis incorporer cette poudre avec un peu de la drogue susdite, dont il faut prendre le moins qu'il se peut. Gardez cela ainsi environ quinze jours. Après quoi mettez un ais un peu en penchant sur le bord d'une table (il faut qu'il y ait une petite trace ou rigole à cet ais); & sous cet ais un petit vase de verre. Mettez votre pâte bleue au haut de cette rigole; & au-dessus de la pâte, mettez un vase d'eau qui distille sur la pâte goutte à goutte. Alors avec le petit bout d'un bâton poli, vous aiderez à l'eau à détremper cette pâte en la remuant un peu, & fort doucement. Le premier azur qui s'écoule goutte à goutte est le plus beau. Quand il en vient du moins beau après celui-là, il faut changer pour recevoir un second bleu; après lequel il en vient encore un troisieme, qui ne laisse pas de servir. Laissez secher ces trois sortes d'Outremer: puis les ramassez, & les mettez séparément en de petits sacs de cuir blanc.

OUTRE-PASSE: *Terme de Forêt.* Délit par lequel un Marchand a coupé en dehors des pieds corniers & limites de sa vente.

OUV

OUVARI; *Ouvrari*; ou bien *Oulvari; à moitié à haut.* Ce terme est pour obliger les chiens à retourner, & trouver les bouts de la ruse d'une bête, lorsqu'elle a fait un retour.

OUVERTES (*Têtes*). Ce sont les têtes de cerf, de daim & de chevreuil; dont les perches sont fort écartées: une des plus belles qualités que puisse avoir une tête.

OUVERTURE: *Terme d'Architecture.* C'est un vuide ou une baye dans un mur; laquelle se fait pour servir de passage, ou pour donner du jour dans un bâtiment.

C'est aussi une fraction, causée dans une muraille par mal-façon ou caducité.

C'est encore le commencement de la fouille d'un terrein pour une tranchée, rigole, ou fondation.

On appelle Ouverture *d'angle*, *d'hémicycle*, &c. ce qui fait la largeur d'un angle, d'un hémicycle.

En général l'Ouverture est une fente, un trou, un espace vuide dans ce qui est continu, dans ce qui étoit d'ailleurs plein ou clos de toutes parts.

Ce terme s'applique aux bâtimens bien percés & bien éclairés; où il y a de belles fenêtres, des portes & d'autres Ouvertures bien disposées & pratiquées.

Les Ouvertures & fenêtrages des Anciens étoient d'une autre façon que les modernes, sur-tout Italiques: elles étoient petites, maigres, & trop uniformes. Les Ouvertures à la moderne sont plus amples. Mais les bâtimens ou murs s'en trouvent souvent affoiblis & moins solides: au lieu que ceux des Anciens étoient plus durables, & avoient d'autant plus de solidité qu'ils avoient peu d'agrément. Toute leur ressource étoit dans le grand usage des colonnes; qui donnoient aux édifices des ouvertures à leur guise, quoique le dedans en fût obscur & sans gayeté.

En *termes de Marine*, on appelle OUVERTURE, un petit Détroit entre deux terres ou rivages fort élevées. C'est aussi l'espace entre deux montagnes ou éminences: mais pour avoir le nom d'Ouverture, cet espace ne doit point être vaste & à perte de vûe.

A l'égard de l'OUVERTURE *des lignes*, dont on a fait mention ci-devant: elle se mesure, non par la hauteur & longueur des lignes qui les enferment, mais par leur distance réciproque. La premiere mesure pour juger d'un angle grand ou petit, c'est l'étendue d'un arc ou quart de cercle compris entre deux lignes qui partent d'un même point: cette Ouverture fait un angle droit, dont l'arc est de quatre-vingt-dix degrés, c'est-à-dire un quart de cercle; ou un angle aigu, qui est moins ouvert que le droit; ou un angle obtus, qui est plus ouvert.

OUVRAGE: *Terme d'Architecture.* Ce mot se dit de toutes les sortes de travaux qui entrent dans la composition des bâtimens; comme de maçonnerie, de charpenterie, de serrurerie, &c. Il y a de deux sortes d'Ouvrages dans la maçonnerie. Les *gros* sont les murs ou fondations; ceux de face & de refend; ceux avec crépis, enduits & ravalemens; & toutes les especes de voûtes de pareille matiere. Les autres sortes d'Ouvrages qu'on appelle *legers* & *menus* Ouvrages, sont les plâtres de différentes especes; comme tuyaux, souches & manteaux de cheminées, lambris, plafonds, panneaux de cloisons, & toutes sortes d'architecture en plâtre. Il y a encore d'autres Ouvrages qu'on appelle *Ouvrages de sujettion*; tels que sont les Ouvrages qui sont cintrés, rampans ou cercés par leur plan ou élévation; & dont les prix augmentent à proportion du déchet notable de la matiere, & de la difficulté qu'il y a de les exécuter.

Dans les forêts on nomme *Bois d'*OUVRAGE, ceux que l'on y travaille en petits Ouvrages. *Voyez* BOIS, page 349.

Menus OUVRAGES. Consultez ce mot dans l'article FER.

Bois OUVRÉ. C'est celui que l'on a travaillé.

OUVRIR *un trou*: Terme de Carrier. Consultez l'article CARRIER.

s'OUVRIR. *Voyez se* FENDRE.

OUY

OUYE. *Voyez* OREILLE.

OXA

OXALIS. *Voyez* OZEILLE.

OXY

OXYACANTHA. *Voyez* NEFFLIER *Aubépin*, *n.* 1.

OXYCRAT. Mêlange d'eau & de vinaigre. On ne met qu'une partie de vinaigre, sur cinq, six, & quelquefois quinze, d'eau.

On emploie l'Oxycrat, dans les fomentations, dans les gargarismes, & dans les lavemens. Consultez l'article EMPLÂTRE *pour la chaleur des Reins. Voyez* aussi ÉRÉSIPELE, *n.* III.

OXYMEL. C'est un mêlange de deux parties de miel, avec une de vinaigre. Il est propre à incifer les humeurs visqueuses. On le mêle dans les gargarismes.

Oxymel simple.

Mêlez deux livres de miel avec une chopine de vin blanc; & les faites bouillir dans un vaisseau de terre vernissé, jusqu'à consistance de sirop. Il faut avoir soin d'écumer le miel en bouillant. On mêle cet Oxymel dans les gargarismes & dans les loochs. On peut aussi le prendre seul; la dose est d'une demi cuillerée. Ce mêlange contribue beaucoup à entretenir la santé dans toutes sortes de complexions & d'âges.

L'*Oxymel Scillitique* est d'un grand usage en Médecine. *Voyez* SQUILLE.

OXYRRHODIN. *Consultez* l'article EMBROCATION.

OXYS: & OXYTRIPHYLLON. *Voyez* PAIN-A-COUCOU.

OYE

OYE. Gros oiseau, dont il y a de deux sortes; le domestique, & le sauvage. On donne le nom de *Jars* au mâle.

On doit nourrir des Oyes dans les maisons de campagne, où il y a beaucoup d'eau. Si l'on manque d'eau courante, on fera une mare, ou un vivier: car cet oiseau aime à nager, se rafraîchir, plonger, & toujours barbotter. Il est de grand profit, mais de grand dommage, en même tems.

Il est de grand profit, parce qu'il ne faut pas se donner de forts grands soins pour le nourrir; il est de bon guet & même meilleur en cela que le chien: les Oyes du Capitole de Rome éveillerent les soldats & le corps de garde, qui furent cause que l'ennemi fut repoussé. Cet oiseau donne de la plume pour les lits deux fois l'année. Il fournit aussi des plumes pour écrire, & pour empenner les fleches; dans le printems & dans l'arriere saison.

C'est un oiseau de dommage, parce qu'il lui faut un conducteur: sans quoi il broute indifféremment les scions des arbres, les herbes des jardins, les rejettons des vignes; & fait tort aux bleds, quand ils commencent à entrer en tuyau, de sorte que dans les endroits où les Oyes sauvages qui sont des oiseaux de passage, font leur séjour ordinaire, (comme dans la Hollande, le Haynaut, l'Artois, & ailleurs) on trouve quelquefois des pieces de bled toutes détruites en moins d'un demi-jour. Les Oyes domestiques n'en feroient pas moins, si on les laissoit faire: car elles déracinent tout-à-fait le bled.

Pour ce qui est de sa fiente; on a depuis longtems un préjugé contre elle; de sorte qu'on la qualifie de destructrice du froment & de l'herbe, & que l'on dit communément qu'un champ ou un pré où les Oyes ont fienté, demeure plusieurs années sans rien produire. On a des expériences du contraire; ensorte même que la terre a paru sensiblement être fertilisée par le séjour des Oyes qui en avoient dévoré l'herbe ou les grains. M. Mills (*Pract. Husb.* Vol. I. page 109) rapporte à cet égard plusieurs faits décisifs. Voyez aussi l'*Agriculture Complete*, traduite de l'Anglois de Mortimer, Paris 1765, Tome I, pag. 257, 258.

La graisse d'Oye est en usage dans la Médecine; parce qu'elle a plus de chaleur que celle de porc, & qu'à raison de sa subtilité, elle pénetre & résout plus promptement. Elle est anodyne, & aide à la suppuration, particuliérement celle d'Oye sauvage. Son principal usage est dans la chûte du poil & des cheveux; dans le tintement d'oreilles; dans les convulsions; & lorsque les nerfs sont trop tendus. Elle lâche le ventre, particuliérement celui des enfans, en l'appliquant chaudement sur toute l'étendue de l'abdomen.

Le sang de l'Oye résiste au venin: la dose en est de deux ou trois dragmes.

La langue d'Oye, mise en poudre, est propre contre la rétention d'urine. L'excrément de l'Oye est incisif, & attractif; il attenue les humeurs, excite la sueur, les urines, les mois aux femmes; & hâte l'accouchement. Il faut le réduire en poudre, la dose est d'une dragme. La premiere peau des pieds est astringente; la dose, en poudre, est d'une demi-dragme: on peut en donner jusqu'à une dragme, dans un bon verre de vin blanc. C'est un remede utile pour la jaunisse & pour faire venir les regles. La chair de l'Oye est assez agréable. Elle est nourrissante & de bon suc; mais difficile à digérer.

Dans le choix de ces animaux on se reglera moins sur la couleur du plumage, que sur la grande taille & l'œil gai; qui sont des indices toujours avantageux. Bien des gens veulent que dans l'achat d'une femelle on préfere celle qui a le pied, & l'entre-deux de jambes, bien larges.

La femelle fait trois pontes dans l'année, si on l'empêche de couver ses œufs; ce qui vaut beaucoup mieux que de la faire couver: car les poules ont coutume de couver & soigner ces œufs, aussi-bien que les Oyes même. Quelques-unes à chaque ponte en font douze ou même plus; d'autres n'en donnent pour la premiere que cinq, puis quatre, puis trois.

C'est depuis le commencement de Mars, jusqu'à la fin de Juin que les Oyes commencent à faire leurs œufs. Elles n'oublient jamais l'endroit où vous les aurez menées pondre la premiere fois: si bien que où elles auront pondu leur premier œuf, elles pondront tous les autres; & couveront dans le même endroit si vous voulez: mais il n'est pas à propos de les laisser pondre hors de leur parc. C'est pourquoi il faut les tenir renfermées, lorsqu'on connoît qu'elles veulent pondre. Si vous ne levez pas les œufs, elles ne manqueront pas de couver si-tôt qu'elles auront leur couvée entiere : mais si vous les ôtez à mesure qu'ils seront pondus, elles ne cesseront de pondre jusqu'à cent, ou deux cens œufs; & même jusqu'à *s'entre-ouvrir* à force de pondre, comme quelques-uns disent.

Lorsqu'on fait couver une Oye, on la nourrit d'orge détrempée dans de l'eau. Cette nourriture doit être près de son nid, afin qu'elle ne le quitte que le moins qu'il sera possible. Sinon, il faut être rigoureusement exact à lui donner à manger toujours au même endroit & à la même heure. En manquant une seule fois, on exposeroit les œufs à se refroidir, ou la mere à se dégoûter & défaillir, ensorte que la couvée seroit perdue.

Les poules communes que l'on destinera à couver des Œufs d'Oye, doivent être choisies entre les plus grosses, & les meilleures couveuses. On donne quelquefois huit de ces œufs à chaque poule : mais il vaut mieux se borner à cinq ou six.

Les poules d'Inde peuvent en couver jusqu'à onze.

Les Oisons sont un mois à éclore.

Quand ils sont sortis de l'œuf, on les tient enfermés à l'étroit avec leur mere, pendant huit à dix jours; ayant soin de les bien nourrir, avec du son humecté & de l'orge bouillie. Après ce tems on profite d'un beau jour pour les lâcher. Il faut sur-tout éviter de les laisser sortir par la pluie; qui leur est dangereuse dans les premiers jours de leur liberté, quoiqu'ils aiment dès-lors à nager sur l'eau. On doit aussi prendre garde qu'ils ne se mêlent avec les Oyes, jusqu'à ce qu'ils soient assez forts pour se bien défendre des coups ausquels ils sont exposés comme nouveaux venus. Outre l'orge, on leur donne encore des criblures de bled. On continue de nourrir de cette maniere, jusqu'à la mi-Octobre, ceux que l'on veut engraisser ensuite.

La nourriture des autres peut être toute sorte de légumes détrempés avec du son dans de l'eau tiede. Plusieurs personnes ne leur donnent que du son un peu gras, des laitues, de la chicorée, & du cresson alenois, pour les mettre en appetit; & leur présentent cette nourriture le matin, le soir, & sur le midi, & le reste du jour les envoient aux prés & à quelque étang, sous la conduite d'un petit valet qui les empêche d'entrer ou de voler dans les lieux défendus, & de manger des orties & des ronces, & sur-tout de la jusquiame que l'on nomme la *Mort aux Oisons*; ainsi que de la ciguë, qui les endort tant qu'ils en meurent.

Pour Engraisser les Oisons & Oyes.

On leur plume le ventre; & on les renferme dans un endroit chaud, étroit, & obscur. On peut leur crever les yeux, au lieu de les renfermer dans des endroits obscurs; cela ne les empêche ni de boire, ni de manger : pour lors il faut avoir soin de les faire manger une fois; après quoi ils vont chercher leur nourriture, qui doit être abondante. Ce sera de l'aveine bouillie dans de l'eau. Il y en a qui leur mettent à part du charbon broyé. Les vieux Oisons sont un mois à engraisser : mais pour les jeunes, il ne faut pas plus de quinze jours, ou trois semaines.

Consultez l'article VOLAILLE.

Les Anciens ne donnoient que trois Oyes à chaque jars; mais on peut leur en donner six. On ne met gueres moins de trente Oisons en chaque toît, quoique les Anciens n'y en missent que vingt. Comme les grands battent les plus jeunes, & les blessent, il faut mettre ceux-ci à part dans l'étable ou toît, & les séparer avec des clayes. Il faut leur donner souvent de la paille fraîche, nette, & fine; car le toît doit toujours être sec, & souvent nettoyé, de peur de la vermine. Les Oyes sont sujettes aux mêmes maladies & accidens que les poules : c'est pourquoi il leur faut aussi semblables commodités.

Tems d'ôter les plumes des Oyes.

Les Oyes n'ont pas plutôt deux mois, qu'on les plume pour la premiere fois : pour la seconde, c'est toujours au commencement du mois de Novembre, mais avec plus de modération; à cause du froid, qui approche & qui les morfondroit.

Lorsqu'on ôte la plume aux jeunes Oyes, il en faut faire autant à leurs meres. Les parties du corps qu'on leur plume ordinairement, sont le ventre, le cou, & le dessous des aîles : ces parties ne sont jamais couvertes que de ces plumes fines, dont on se sert pour faire des lits.

La plume d'Oye morte n'est pas si bonne que celle de l'Oye vivante; non plus que la toison des moutons tués, ou morts d'eux-mêmes.

On doit aussi tirer les grosses plumes à écrire, dans les mois de Mars & Septembre. On les choisit dans les aîles. Il faut passer ces plumes légerement dans la cendre chaude, avant de les employer; ce qui les dégraisse.

Manieres d'apprêter les Oyes.

Les Oyes de Gascogne sont excellentes pour manger.

Une des maximes de l'École de Salerne, porte que l'Oye morte veut du vin; de même que vivante, il lui falloit de l'eau.

La chair d'Oye n'est jamais meilleure au pot que quand elle est salée : ce qui fait que les bons Œconomes de campagne, lorsqu'ils ont des Oyes, ne manquent point d'en saler une petite provision, après qu'ils les ont fait engraisser; pour les mettre au pot : où l'on peut dire qu'elles deviennent un manger excellent.

On en sert aussi à la *daube*; ainsi que des Oisons : & pour lors on les apprête de la même maniere que les Chapons.

La petite Oye, qui comprend le cou, la tête, le foie, les pates, & les aîles; se met dans le pot pour bouillir, & être servie sur le potage; dans les campagnes.

Le mois de Décembre ou celui de Janvier, lorsque ces animaux sont engraissés, est le tems ordinaire où on les sale.

Maniere de les Saler.

Les ayant tués, on les plume; & on les écorche pour en tirer la graisse, qu'on met par morceaux, pour la fondre de même que le sain-doux; on la met dans des pots de terre, après l'avoir un peu saupoudrée de sel : & en cet état elle se conserve long-tems. Elle est d'un grand secours à la cuisine : elle differe de celle du porc, en ce qu'elle est bien meilleure & plus délicate; qu'elle ne s'affermit jamais; & que quoique toujours liquide, elle demeure transparente comme de l'huile, lorsqu'elle est cuite à propos. On sale ensuite la chair comme celle du cochon.

Autre maniere de Conserver la viande d'Oye.

Les Oyes étant épluchées bien proprement & flambées, on leve les cuisses, & on en tire le gros os. On leve aussi l'estomac, de maniere que la chair des aîles y tienne. On coupe l'estomac en deux tout du long, & on en tire les os. Ensuite on coupe le croupion, & on ôte le sang qui peut être dans les reins. On ôte toute la graisse des Oyes pour la faire fondre. On saupoudre de sel fin toute la chair; & on la laisse ainsi pendant cinq à six heures, afin qu'elle puisse prendre sel. Ensuite on la fait presque cuire dans la graisse d'Oye; on l'en tire pour la laisser égouter & refroidir. Etant froide, on l'arrange lit par lit dans un baril, avec quelques grains de poivre, clous de gérofle, & feuilles de laurier. Le baril étant plein, on le remplit de graisse d'Oye & de saindoux fondu: & on ne le ferme que quand tout est bien froid. On le garde dans un lieu frais.

Pour ce qui est des Abatis (ou la *petite Oye*): on échaude d'abord les pattes, on fend les gésiers, & on les nettoye bien; on ôte l'amer des foies, & on les fait blanchir dans l'eau bouillante. Les foies étant blanchis, on met des bardes de lard dans des tourtieres, avec du sel, du poivre, de fines herbes & épices, on met un foie sur chaque barde; & par-dessus on l'assaisonne comme il vient d'être dit. Ensuite on l'enveloppe tout autour avec la barde. On les met ainsi cuire au four. Quand ils sont froids on les arrange dans un pot de terre, que l'on remplit de sain-doux simplement fondu; & quand il est bien refroidi, on bouche le pot avec un morceau de liége & du parchemin par-dessus. Les gésiers, croupions, & pattes, étant bien nettoyés; on les fait cuire dans un petit assaisonnement. Quand ils sont cuits & froids, on les arrange dans un pot de terre ou dans un petit baril, avec du sain-doux fondu.

Quand on veut manger des cuisses ou aîles marinées comme ci-dessus, on les fait griller ou frire; & on les sert avec une sausse à l'échalote ou une rémoulade.

Oyes Rôties.

On choisit des Oyes grasses; qu'il faut vuider & habiller proprement: ensuite on les flambe avec du lard: & quand elles sont cuites, on les sert au sel, ou à la poivrade, ou à l'orange.

Oisons farcis.

On farcit des Oisons, soit qu'on veuille les manger rôtis, soit en potage. On prend le foie & le cœur de ces animaux; qu'on hache bien menu avec du lard, de la ciboule, du persil, de la muscade, du sel, du poivre, & des fines herbes: on y joint une omelette de quatre œufs, ou une mie de pain trempée. Le tout étant bien battu ensemble, & assaisonné comme il faut: si c'est pour manger les Oisons *rôtis*, on fait cuire cette farce, puis on la met dans le corps, pour être servie lorsqu'ils sont cuits. Si on veut en faire un *potage*, il n'est pas besoin de faire cuire la farce; on se contente d'en farcir l'Oison, pour la mettre ensuite au pot.

L'OYE SAUVAGE n'est pas si grosse que l'Oye domestique. Elle a aussi le bec plus petit. C'est un oiseau de passage que l'on trouve par bandes ordinairement le matin & le soir, dans les bleds verds où il s'abbat pour pâturer. Presque tout le jour il se tient dans les prairies, le plus loin qu'il peut des hayes & des arbres; craignant toujours quelque piége.

On chasse ces Oyes avec les collets, de même que les canards; ou avec la machine décrite sous le mot APPROCHER.

* *Maniere d'apprêter les Oyes sauvages.*

On les choisit grasses, autant qu'il se peut. Elles se plument au sec; & se vuident. On a soin de les larder, lorsqu'elles ne sont pas grasses; & on ne les larde point quand elles le sont. Lorsqu'elles sont bien rôties & qu'elles ont pris une belle couleur, on les saupoudre de sel; puis on les mange chaudes à la poivrade. Ces animaux se servent encore d'autres manieres, comme les Oyes.

OZA

OZÆNE; *ou* OZENE; qu'on écrit aussi *Osene*. Ce mot dérivé du Grec Ὄζαινα, signifie un ulcere profond, très-difficile à guérir; qui se forme à l'intérieur des narines, & répand une très-mauvaise odeur. *Consultez* l'article NÉS.

Cet ulcere devient quelquefois cancéreux.

OZE

OZEILLE, ou *Oseille*: en Latin *Acetosa*, & *Oxalis*. Les Anglois l'appellent *Sorrel*. M. Linnæus range les Ozeilles dans la classe des *Lapathum*, & en fait une espece particuliere, à qui il donne le nom de *Rumex*. Toutes les Ozeilles portent des fleurs mâles & des fleurs femelles sur des individus différens. Les mâles ont un calyce composé de trois feuilles, qui renferme six étamines surmontées de sommets plats & longs: il n'y a point de pétales; les fleurs femelles ont un calyce semblable à celui des fleurs mâles: & il contient un embryon à trois faces, placé dans le centre, & surmonté de trois stigmates. Cet embryon devient ensuite une graine triangulaire, luisante, brune, pyramidale.

L'Ozeille est une des principales plantes du potager. Elle a un suc aigrelet, qui la rend d'un grand usage pour la cuisine.

Especes.

1. La *Grande* Ozeille, ou Ozeille *Vierge*, Ozeille *à la Méquenne*, Ozeille *à la Paresseuse*; produit de grandes feuilles, dont une seule peut suffire pour un potage médiocre, quelques-unes ayant dix-huit pouces de long sur six ou sept de large. Cette espece venue de Flandre, & originairement de Moscovie & du Nord, est d'un verd herbacé: sa racine est jaune: elle fleurit rarement; & ne porte point de graine, quoiqu'elle fasse quelques montans. La feuille est plus douce que celle des autres Ozeilles: cependant plus dure, & moins abondante en suc. Les pédicules de ses feuilles sont très-courts. Il y a assez de gens qui lui donnent la préférence sur les autres Ozeilles: tant parce qu'elle ne monte pas en graine, qu'à cause qu'elle fournit toute l'année.

2. L'Ozeille *Ronde*, ou *Franche*, est originaire des pays chauds. Mais elle réussit bien dans nos jardins. Sa racine est menue, & court entre deux terres. Sa feuille varie: elle est quelquefois presque

que ronde, tantôt pointue & à oreilles, tantôt sans oreilles. Elle est communément plus aigrelette que l'Ozeille longue. Sa couleur est d'un verd de mer. Les tiges sont par touffes, basses, garnies de feuilles, & rampantes. Cette plante gazonne beaucoup. La variation que nous venons d'observer dans ses feuilles, d'après M. de Combes, pourroit faire conjecturer que l'*Acetosa rotundifolia hortensis*, de C. B, nommée par M. Miller *Acetosa foliis cordato hastatis radice repente, Round leaved or French Sorrel*; & l'*Acetosa montana maxima*, de C. B, *Greatest Mountain Sorrel* (*Acetosa foliis latissimis ad basim auriculatis* de M. Miller); appartiennent à une même espece. On pourroit même y joindre l'*Acetosa montana lato Ari rotundo folio* de Boccone; qui gazonne comme les précédens. Mais M. Miller assure que l'*Acetosa rotundifolia hortensis* & l'*Acetosa montana maxima*, sont deux especes absolument distinctes, qui ne varient jamais, & dont les graines produisent toujours leurs semblables. Elles sont très-communes en Italie.

3. *Acetosa arvensis lanceolata* C. B: que les Anglois appellent *Common Sheep's Sorrel.*

On la connoît en France sous les noms d'*Ozeille de Bélier*, ou *Ozeille de Brebis*; ce qui répond à la dénomination Angloise. C'est une petite Ozeille dont la feuille est en fer de fleche, assez large à sa base, avec des talons souvent médiocrement marqués. Cette plante est commune dans nos campagnes, surtout dans les terres sabloneuses: où elle fleurit en Mai & Juin. Elle porte un épi rouge. On en voit quelquefois qui n'ont que deux ou trois pouces de tige, & sont totalement rouges. Sa racine est rampante.

4. L'Ozeille *Jaune vivace* a la feuille assez grande, très-blonde, & plus ronde que longue. Elle est moins acide que l'Ozeille ronde, ni que la longue.

5. *Acetosa pratensis* C. B. L'Ozeille *Longue*, des prés; que l'on cultive dans les jardins. Il y en a deux variétés: dont l'une a la feuille beaucoup plus grande & plus blonde que l'autre; & est nommée à Paris *Ozeille de Belleville*. Du reste l'une & l'autre ont la feuille allongée, terminée en pointe, à-peu-près ovale, échancrée à sa base, avec des talons assez longs, d'un verd herbacé, bordée de rouge quand elle commence à pousser au printems; avec une queue longue & menue. La racine est fibreuse, longue, jaunâtre, & amere. Elles fleurissent en Juin, Juillet, &c. Lorsque cette Ozeille monte en graine, à la seconde année & aux suivantes, elle produit une tige longue de trois pieds, cannelée, & branchue; dont le sommet est environné de quantité de fleurs.

Depuis quelques années il en paroît une *troisieme variété*, qui a la forme & la grandeur de celle de Belleville, mais qui est beaucoup plus blonde.

L'Ozeille longue est nommée *Vinette* en plusieurs endroits.

La *Petite Vinette* a la feuille en fer de pique, avec deux talons qui excédent les côtés de sa base. Elle est veinée de rouge, & très-remplie de suc. Cette espece vient naturellement dans les vignes, & dans des endroits incultes. Elle fleurit au mois de Juillet.

Usages.

L'Ozeille est un bon antiscorbutique, excite l'appétit, & modere la bile.

L'Ozeille sauvage qui vient sur les montagnes, est particuliérement bonne pour les fievres ardentes.

Toute Ozeille diminue la fermentation du sang. Mêlée dans les bouillons de cresson & de cochléaria qu'on fait pour le scorbut, elle en augmente l'effet. Appliquée toute crue avec de l'huile rosat ou du safran, elle fait résoudre les apostumes. Sa décoction lâche le ventre. La feuille, cuite entre les cendres chaudes, a une vertu singuliere pour résoudre ou faire apostumer les humeurs des yeux, en l'y appliquant par forme de cataplasme. Un cataplasme de feuilles d'Ozeille, avec deux fois autant de vieux oing, ou de levain, le tout bien battu & mêlé ensemble, puis mis dans une feuille de chou sous les cendres chaudes, est souverain pour faire suppurer toutes apostumes froides. Cette plante est aléxipharmaque; & fait mourir les vers. Trempée dans le vinaigre, & mangée le matin à jeun, elle sert de préservatif contre les maladies contagieuses. Pour la morsure des chiens enragés; on donne à boire de sa décoction tous les jours plusieurs fois; on en lave la plaie, & on la couvre de ses feuilles: il faut continuer jusqu'à ce que la plaie soit guérie. En général cette plante est bonne pour les piquûres ou morsures venimeuses.

Elle est extrêmement rafraîchissante. Sa décoction fait passer la jaunisse, par les urines: il faut en boire une pinte par jour. Ses feuilles battues avec un peu de vinaigre, ôtent le feu volage, & appaisent les inflammations: si on les applique sur le mal, après l'avoir bien bassiné. Pilées, & appliquées sur le poignet, elles temperent l'ardeur de la fievre.

La racine est apéritive; atténue la bile; & provoque les urines. Comme elle teint en rouge l'eau où elle a infusé, on peut s'en servir pour tromper des malades qui veulent du vin. Elle entre dans beaucoup d'apozemes & de tisannes rafraîchissantes. On la regarde comme propre à ranimer la circulation du sang.

La graine pulvérisée, & bûe avec de l'eau ou du vin, est propre à la dysenterie, & à la passion céliaque ou dévoyement d'estomac.

Le suc d'Ozeille ôte les taches d'encre de dessus le linge. Il dérouille le cuivre & le fer, & polit celui-ci. Employé avec le sablon, ce suc décrasse parfaitement le verre. On frotte avec les feuilles les parquets neufs, pour leur donner une couleur. On nettoye de même des lambris peints à l'huile.

Eau *Extrait* *Sel fixe* *Sel essentiel*	*d'Ozeille.*	Voyez, sous le titre *Eau d'Ozeille*, dans l'article DISTILLATION.

On emploie le plus communément pour la nourriture, & en Médecine, aux environs de Paris, l'Ozeille jaune vivace, & l'Ozeille longue.

L'espece sauvage qui se trouve dans les hauts prés, pourroit servir au défaut des autres: quoique plus seche, plus dure, & plus aigre.

L'Ozeille longue & la jaune vivace sont employées dans les potages, avec la poirée & d'autres herbes. On en fait une farce; qui se mange sous les œufs, sous les fricandeaux, & sous différens poissons. On s'en sert aussi pour colorer les purées.

Farce d'Ozeille.

Épluchez & lavez bien l'Ozeille; faites-la bouillir; passez-la au beurre dans la casserole; mettez-y de la crême; assaisonnez-la de sel; laissez-la cuire ainsi; & pour rendre la sausse liée, délayez-y quelques jaunes d'œufs: puis servez.

L'Ozeille s'apprête encore *Entre deux plats* avec de bon beurre, du sel & du poivre; après qu'on lui a laissé rendre son eau.

Œufs à l'Ozeille. } Consultez l'article ŒUF.
Œufs au jus d'Ozeille. }

Pour Confire l'Ozeille.

1. Étant bien épluchée & lavée, jettez-la dans l'eau bouillante, & sur le champ dans l'eau fraîche. Puis lorsqu'elle est égouttée, vous la mettez dans un baril, le remplissez de saumure, le fermez bien, & le tenez en lieu frais.

2. D'autres, sur la fin d'Août ou de Septembre, cueillent égale quantité de poirée, de laitue, d'épinars, de pourpier, de persil, & de cerfeuil; assez d'Ozeille pour faire le tiers ou au plus la moitié de cette quantité totale; & un peu de ciboule. Le tout épluché, & lavé à plusieurs eaux, on le laisse égoutter & secher. Ensuite on le hache grossiérement. Puis on le fait cuire sans eau dans une marmite, qu'on remplit jusqu'aux bords en pressant bien les herbes: il ne faut qu'un très-petit feu, pour que les herbes ne brûlent pas. On les remue de tems à autre. Quand elles sont suffisamment cuites, on les met dans des pots, qu'on emplit à un pouce près, & qu'on transporte sur le champ dans l'endroit où ils doivent rester. Lorsqu'ils sont en place on coule du beurre fondu ou de l'huile d'olives au-dessus, pour achever de remplir les pots à l'épaisseur d'un doigt. Elles se conservent ainsi tout l'hiver. Il est cependant à observer que le beurre fait qu'elles s'éventent, aigrissent facilement dès que le pot est entamé; & qu'il faut les consommer tout de suite. Par cette raison l'on doit préférer l'huile: qui surnageant toujours, entretient les herbes dans le même état aussi long-tems qu'on le souhaite.

Culture de l'Ozeille.

Cette plante peut être cultivée dans toute sorte de fonds; particuliérement l'Ozeille longue. On peut en semer en pleine terre, depuis le mois de Mars, jusqu'à celui d'Août. Mais elle est sujette à périr par les gelées du printems, ou à être mangée par les loches, quand on l'a semée trop tôt, principalement dans les terres fortes: c'est pourquoi il vaut mieux différer jusqu'au commencement de Mai. On la seme, soit en planche dans des rayons espacés à quatre bons doigts, soit en bordure autour des quarrés à une exposition où le soleil ne donne pas beaucoup. Ayant plus d'air & d'espace en bordure, elle s'y soutient plus longtems. Si, après l'avoir élevée en bordure, on la repique ailleurs à l'ombre en bordure également à huit ou dix pouces de distance, elle subsiste davantage, & devient plus belle.

L'Ozeille Ronde peut se multiplier de graine. Mais communément on la multiplie par les rejettons qu'on détache des vieux pieds, & qu'on plante à deux pieds pour le moins les uns des autres. Elle soutient très-bien toutes sortes d'expositions.

Comme la Grande Ozeille ne donne point de graine, elle ne se multiplie que des vieux pieds qu'on partage en plusieurs, soit au printems, soit en automne.

Pour semer l'Ozeille, il faut une terre bien préparée, & bien meuble; car la semence est si menue, que quand elle rencontre des mottes & de la pierraille, elle ne leve pas; ensorte qu'on voit des places entiérement vuides. En bordure comme en planche, on fait de petits rayons creusés légérement; où l'on répand la graine fort clair & le plus également qu'il est possible: ensuite on recouvre d'un demi-pouce de terre, tout au plus; & par dessus, un peu de terreau, ou du crotin bien brisé. La graine leve au bout de quinze jours. On la sarcle dès qu'il paroît de mauvaises herbes. Si le tems est au sec, il faut la mouiller tous les jours jusqu'à ce qu'elle soit bien levée.

Quand elle est un peu forte, on l'éclaircit pour qu'elle profite mieux. Ce qu'on en ôte peut être mis tout de suite dans d'autres planches. On doit avoir l'attention de serfouir l'Ozeille à proportion qu'elle en a besoin. Elle est bonne à couper lorsqu'elle a six semaines. Plus on la coupe souvent, plus sa feuille est tendre: mais il faut la couper tout près de terre; il est même mieux d'arracher la feuille, si on a le tems. Cette plante produit sans discontinuer jusqu'aux gelées. Au mois de Décembre il faut la couper tout à fleur de terre, & la couvrir entiérement de terreau, ou de crotin de poulailler; elle en vient beaucoup plus belle, & plus tôt, au printems suivant: & comme il est bien plus aisé de couvrir celle qui est en planches, il est à propos d'en avoir ainsi, de même qu'en bordure.

On fera bien de donner à l'Ozeille chaque année trois labours; dont le dernier se fera immédiatement avant de la couvrir.

Quand on veut réchauffer l'Ozeille longue pour en jouir pendant l'hiver, on dispose des planches exprès, qui n'ont que deux pieds de large, aux côtés desquelles on fouille des tranchées de douze à quinze pieds de largeur sur deux pieds de profondeur, qu'on remplit de fumier chaud, qui se renouvelle tous les quinze jours depuis la mi-Novembre jusqu'à la fin de Janvier. Dans les tems de gelée ou de neige on tient les planches couvertes de fumier sec; que l'on retire dès que le tems s'adoucit, ou que le soleil se montre.

Si l'on en replante sur couche après la Toussaint, elle produit encore plus promptement & plus abondamment. On destine à cet effet une couche élevée de trois pieds, & chargée de huit à dix pouces de terreau: sur laquelle on peut en mêmetems repiquer du persil & d'autres plantes qui ont de fortes racines. On réchauffe cette couche dans le besoin, comme celle dont nous venons de parler; & on la couvre de même. Quelques-uns se contentent d'y couvrir l'Ozeille avec des paillassons soutenus sur un treillage, qu'ils chargent de litiere seche à proportion de la rigueur du tems: d'autres la mettent sous cloche. Cette derniere façon est plus sûre, tant pour l'avancer que pour la conserver. Laquelle qu'on suive de ces manieres, il faut donner de l'air à l'Ozeille autant que l'on peut: sans quoi la feuille pousse blanche, & n'a pas de goût.

Pour celle qu'on a laissée en place: il est à propos de la couvrir de paille seche, quand elle commence à pousser au mois de Février; sans quoi la gelée la brûle. Et si l'on est dans le cas de ne pouvoir toucher aux perdrix, qui ont coutume de venir alors la manger; il faut répandre beaucoup de sarment par-dessus; ou tendre un filet qui repose sur des cerceaux piqués en terre de toise en toise par les deux bouts, & liés ensemble dans le milieu par une latte courante. Cet expédient peut servir pour garantir de même les épinars.

La feuille se trouvant enfin bonne à cueillir au mois de Février, un peu plus tôt ou plus tard suivant les années, il faut alors l'arracher avec sa queue, & non la couper : elle fournit jusqu'au mois de Mai, que sa tige commence à monter. Si l'on ne se soucie pas d'en recueillir la graine, on coupe la plante autant de fois qu'elle en jette. Elle repousse ensuite de nouvelles feuilles, dont on se sert comme des premieres. Mais comme elle a beaucoup plus de force dans cette saison, il en faut une bien moindre quantité pour les usages auxquels on l'emploie. Cette opération se fait au commencement de Juillet à l'Ozeille ronde : les feuilles qu'elle repousse ensuite sont fort tendres, & beaucoup meilleures que les précédentes, pour les usages de la cuisine.

L'Ozeille longue & la ronde durent dix à douze ans, pourvû qu'on ait l'attention de leur couper la tête quand elles commencent à vieillir ; ce qui fait qu'elles poussent de nouveaux drageons qui les rajeunissent. Il faut aussi détruire soigneusement les mauvaises herbes qui s'entrelacent dans les racines ; particuliérement les chiendents. Du reste ces deux especes d'Ozeille se plantent & cultivent l'une comme l'autre.

La graine de l'Ozeille longue se recueille au mois de Juillet. On coupe la tige quand la capsule a passé du verd à un rouge brun ; & on l'étend au soleil sur un drap pendant quelques jours, pour que la graine se perfectionne. D'autres la tirent à poignée avec la main tout autour de la tige, sans la couper : cette maniere est moins expéditive ; mais la graine en seche plus aisément, & occupe moins de place. Étant vannée sur le champ, elle se conserve bonne pendant deux ans : elle en dure quatre, si on la laisse dans sa capsule. Les oiseaux sont très-friands de cette graine ; & il faut l'en défendre le mieux qu'on peut, tandis qu'elle est sur pied.

En achetant cette graine on est souvent trompé, parce qu'on vend sous ce nom de la graine de Parelle, recueillie dans les prés.

Les autres especes d'Ozeille ne sont gueres cultivées. Si cependant on veut en prendre soin, on prendra des inductions de ce que nous venons de dire sur la culture de l'Ozeille longue.

OZEILLE *de Tours*. Voyez PIÉ d'OISON, *n*. 3.

OZENE. *Voyez* OZÆNE.

OZERAYE, ou *Oseraye*. Terrein planté en Oziers.

OZI

OZIER : ou *Osier*. Voyez SAULE.

P

PACAGE. *Voyez* Pâturage.

PACANIER. *Voy.* Noyer, *n.* 7.

PAD

PADOUANT; *ou* PADOUENT. Mauvais pâturage; tel qu'une Lande.

PADUS. *Voyez* Cérisier.

PAG

PAGESIE. Dans la Coutume de quelques Provinces de France, c'est une solidité que l'on exerce sur les censitaires appellés *Copagénaires.*

PAI

PAILLASSON. C'est une invention des jardiniers pour faire, en hiver, à peu de frais, avec de la paille longue & quelques échalas, une couverture & des brise-vents à leurs couches; afin de les défendre du froid qui pourroit gâter leurs plantes printanieres. Pour faire ces Paillassons, ils mettent à plate terre trois échalas longs de six à sept pieds, & les espacent en parallele de deux à trois pieds l'un de l'autre. Ensuite ils mettent en travers de ces échalas une maniere de lit de paille longue, de l'épaisseur d'un bon pouce, de la hauteur de cinq à six pieds, & de la longueur des échalas. Après cela ils remettent trois autres semblables échalas sur ce lit de paille, ensorte qu'ils se rencontrent vis-à-vis des trois premiers. Et avec de l'ozier ils lient ceux de dessus avec ceux de dessous. Enfin ils ajoûtent encore deux autres échalas en diagonale, & encore aux deux bouts de cet ouvrage de paille, pour tenir le tout plus ferme & plus solide: si bien que le tout ensemble fait une maniere de table; qui se mettant debout sur le côté de sa largeur, & étant arrêtée avec des pieux fichés en terre, fait une espece de petite muraille qui défend les couches contre les vents froids; & pour lors s'appelle *Brise-vent*, c'est-à-dire abri contre le vent, parce que cela brise le vent ou le rompt, en empêchant de donner sur les couches, & y fait en même-tems une reflexion des rayons du soleil, qui échauffe cet endroit. Ou bien l'on met le Paillasson à plat sur les couches qu'on a garnies de quelques autres échalas mis en travers, & soutenus de petits pieux à la distance de quatre à cinq pouces de hauteur, pour empêcher que ces Paillassons n'approchent de trop près la superficie des couches. Ces Paillassons ainsi mis conservent le plant élevé sur les couches; en empêchant que les neiges & le froid ordinaire des nuits ne tombent dessus: par exemple sur de petites salades, des raves printanieres, des fleurs naissantes, &c.

Il y a des Paillassons dont les pailles ne sont assujetties que par des entrelacemens de ficelle. Comme ces Paillassons peuvent se rouler, ils sont fort commodes à serrer & à étendre.

On en fait encore avec des roseaux; au lieu de paille.

PAILLE. C'est le tuyau & l'épi des bleds qui ont été battus.

On employe les Pailles pour faire la litiere des chevaux & des autres bestiaux: de-là proviennent les fumiers qui servent à fumer les terres. Dans les baux qu'on fait aux fermiers, on a soin de les obliger à laisser les Pailles & pailliers dans les métairies. On donne la *Paille de froment* aux bestiaux pour leur servir de fourage. On leur donne aussi de la *Paille d'orge*; quelques-uns cependant prétendent qu'elle n'est bonne ni aux chevaux, ni aux vaches, à cause de la balle qui entre dans leurs dents, & qui empêche les bestiaux de manger. Cette observation n'est pas généralement approuvée: & bien des gens ne se sont pas encore apperçu que les épis de la Paille d'orge causassent cette incommodité aux chevaux ou aux vaches.

La *Paille de seigle* étant la plus longue, on en fait des gluis, ou de la grande Paille; pour lier les gerbes, accoler les vignes, & pour d'autres choses qui concernent l'agriculture & le jardinage.

La paille sert à égoutter les fromages, les amandes vertes en compote. Elle entre dans des compositions de mortiers ou enduits pour les greniers & les aires de grange: *Voyez* Aire. Enfouie dans la terre, elle y sert d'amendement. Palissy (*Moyen de devenir riche*, premiere Partie, page 20) parle de Laboureurs qui brûloient le chaume pour ensemencer la terre deux années de suite, au moyen de l'amendement que ces cendres lui procuroient. On se sert aussi de paille dans les feux d'artifice: Voyez, sous le mot Artifice, l'article *Poudre qui sert tantôt sous l'eau, & tantôt dessus.*

On fait plusieurs ouvrages de Paille; comme des nattes, des chaises, des paillassons, des cordons, des chapeaux, des lits, de la broderie.

Pour Teindre les Pailles, de toutes couleurs.

Quoique toutes sortes de Pailles soient bonnes à teindre, il y en a qui sont meilleures les unes que les autres: par exemple la paille de seigle est meilleure que celle de froment; étant plus longue & moins épaisse: celle d'orge peut être la meilleure de toutes, ses canons ou tuyaux étant plus longs, moins épais, & plus larges. Un Trinitaire habile aux ouvrages de Paille, préferoit celle d'aveine à toutes les autres. Il faut faire ensorte que la Paille n'ait point été à la pluie: elle en est plus belle, & moins tachée. Il faut garder la plus blanche, pour servir de blanc dans la nuance.

Exceptés le gris de lin & le verd monté, les autres couleurs ne s'attacheront jamais à la Paille, sans alun. Ainsi il faut commencer par pulvériser de l'alun, & le faire bouillir dans l'eau, jusqu'à ce qu'il soit entiérement dissout: puis verser cette eau sur les pailles, que vous aurez mises dans une terrine; & les y laisser tremper jusqu'à ce qu'elles soient bien pénétrées; ensuite les mettre dans la couleur.

Le pot à couleur doit être vernissé, & neuf; & avoir trempé vingt-quatre heures dans l'eau: sans quoi il retiendroit toute la couleur.

Pour teindre les Pailles en Rouge.

Il faut prendre du Brésil, le mettre en petits morceaux, le faire bouillir dans l'eau l'espace d'une demi-heure, jusqu'à ce que l'eau en ait tiré toute la teinture; puis verser cette teinture dans un pot vernissé, qui puisse souffrir le feu, y faire tremper les Pailles, & mettre infuser le pot sur les cendres chaudes, jusqu'à ce que les Pailles ayent bien pris la teinture. On les fait plus ou moins rouges, selon le tems qu'on les y laisse; plus elles infusent dans la couleur, plus elles la prennent. Il faut prendre garde qu'en séchant elles ne perdent la couleur; ainsi il vaut mieux les laisser plus que moins dans la teinture.

Autre couleur rouge. Comme le rouge ci-dessus est plûtôt ponceau ou de feu que beau rouge, il est fort peu usité quoique fort facile.

Pour faire donc un beau rouge, il faut prendre de la cochenille; la mettre en petits morceaux; la faire bouillir dans l'eau, jusqu'à ce que la teinture en soit toute tirée; puis la mettre dans un pot vernissé; mettre la paille dedans; faire infuser le tout sur des cendres chaudes l'espace de cinq ou six jours; & en tirer tous les jours quelques pailles, pour en avoir de différentes nuances: ne pas oublier qu'il faut qu'elles soient préparées dans l'eau d'alun pour toutes les couleurs.

Pour le Rouge Écarlate.

Il faut prendre de la bourre de ratine; ou mettre de l'écarlate en charpie. Ensuite la faire tremper dans l'eau-de-vie, jusqu'à ce qu'elle ait bien pris la teinture: puis y mettre tremper les Pailles autant de tems qu'il est nécessaire.

Pour le Rouge Clair.

Faites infuser du Brésil, pendant vingt-quatre heures, dans de l'eau tiede; ensuite faites-y tremper vos Pailles: elles seront d'un rouge clair fort agréable.

Couleur de Rose.

Il faut mettre de la laine rouge dans un pot de terre qui n'ait servi à aucune autre couleur; y mettre de l'eau à proportion de la quantité de laine; & les faire bouillir jusqu'à ce que la laine ait perdu toute sa couleur. Vous la retirerez alors avec un bâton; & mettrez les pailles dans l'eau: y ajoûtant immédiatement après, un peu de verjus, ou de jus de citron. Sans cela, la couleur pourroit ne pas s'attacher à la Paille. Remuez souvent la Paille, afin qu'elle baigne de toutes parts.

Couleur de Chair.

Faites bouillir une seconde fois la laine qui a servi à donner la teinture couleur de rose. Et du reste faites comme pour cette même couleur.

Pour le Pourpre.

Prenez de l'orseille; faites-la bouillir à gros bouillons; mettez-y tremper les Pailles, pendant vingt-quatre heures: elles seront teintes d'une belle couleur de pourpre.

Pour la couleur de Fleur de Pêcher.

Prenez de l'orseille, & la faites infuser dans l'eau tiede; ensuite mettez-y tremper vos Pailles, jusqu'à ce qu'elles ayent pris la couleur de pêcher.

Pour le Gris de Lin.

Il faut prendre du suc de mûres; y faire tremper les pailles préparées dans de l'eau d'alun, comme ci-dessus. Il n'est pas nécessaire de faire infuser ladite couleur; les pailles la prennent facilement froide. Et comme l'on ne peut pas trouver des mûres par-tout, ni en tout tems, le vin doux sortant du pressoir fait fort bien. A faute de vin doux, il faut prendre du gros vin, couleur de sang de bœuf: celui-ci fait assez bien, mais non comme le suc de mûres, qui teint mieux les Pailles que le vin doux; & ce dernier, mieux que le gros vin.

Ceux qui veulent avoir des Pailles de plusieurs nuances d'une même couleur, n'ont qu'à en tirer tous les jours quelques-unes. Et comme il faut laisser les Pailles dans la teinture pendant cinq ou six jours, pour qu'elles la prennent en perfection; il est bon d'en tirer tous les jours quelques-unes: c'est le moyen de bien réussir.

Pour le Jaune.

1. Il faut prendre de la graine d'Avignon; la faire bouillir dans de l'eau, jusqu'à ce que la teinture en soit toute tirée; la mettre dans un pot vernissé; y faire infuser les Pailles: le tout sur des cendres chaudes.

2. Faites bouillir du safran, jusqu'à ce que la teinture en soit tirée; c'est-à-dire l'espace d'une petite demi-heure (& ainsi de toutes les autres couleurs qu'il faut faire bouillir dans l'eau). Mettez cette teinture dans un pot vernissé, & les Pailles dedans; faites ensuite infuser le tout sur des cendres chaudes.

Il faut remarquer que les Pailles étant préparées, comme on l'a dit, lorsqu'elles sont jettées dans la lessive commune, faite avec des cendres communes à chaud, prennent un très-beau jaune, qui change pourtant quand on cole ces Pailles. Ainsi cette couleur ne peut servir que lorsqu'on en fait des chiquets travaillés à l'aiguille avec de la soye.

3. Faites bouillir durant un quart d'heure, dans de l'eau, de la *terra merita* bien broyée: & laissez-y tremper vos Pailles, jusqu'à ce qu'elles ayent pris la couleur.

Pour la couleur Violette.

Cette couleur se fait avec du bois d'Inde: qu'il faut mettre en petits morceaux, & faire bouillir dans l'eau jusqu'à ce que la teinture en soit tirée. On la met ensuite dans un pot vernissé, avec les Pailles préparées; pour faire infuser le tout sur des cendres chaudes. Quand on les laisse long-tems dans la teinture, elles deviennent noires; ainsi elle peut servir pour cette couleur. Elles deviendroient aussi toutes noires, en peu de tems, si l'on y mettoit beaucoup de ce bois. C'est pourquoi il faut avoir soin de n'en mettre que peu-à-peu, jusqu'à ce qu'on soit parvenu à faire une teinture violette.

Mettre *Infuser* les Pailles *sur des cendres chaudes*, n'est autre chose que mettre des cendres rouges dans un réchaud; puis mettre le pot où sont les Pailles, dessus. Il est nécessaire de renouveller ces cendres trois ou quatre fois le jour. Cette maniere d'infuser est pour toutes les couleurs. Si le pot dans lequel vous mettez infuser les Pailles n'est pas assez haut pour qu'elles y puissent entrer, il faut chaque jour les tourner, si cela se peut, à la même heure, afin que l'un des bouts ne soit pas plus teint que l'autre.

Pour le Noir.

1. Mettez des Pailles déja teintes en violet, tremper dans la teinture verte.

2. Consultez, ci-devant, la *Couleur Violette*.

3. Concassez du bois de campêche. Faites-le bouillir jusqu'à ce que l'eau soit bien colorée. Après quoi vous y mettrez un peu de couperose: puis les Pailles.

Pour la couleur Bleue.

Cette couleur ne peut point absolument se faire, parce que les Pailles prenant la teinture au-dedans du tuyau, elles deviennent plutôt vertes que bleues, à cause du mêlange de la couleur de la Paille. Mais ceux qui veulent prendre la peine de faire de belles nuances, prennent les Pailles qui sont teintes de la maniere que j'expliquerai ci-après; les humectent un peu avant de les ouvrir; les lissent avec une dent ou un polissoir de bois, ou avec le manche d'un coûteau, du côté qu'elles sont le plus égales; ôtant avec un canif qui doit bien couper, la superficie raboteuse du dedans de la Paille, pour y passer le polissoir: mais comme l'autre côté de la Paille, c'est-à-dire le dehors, étant extrêmement luisant de sa nature, ne pourroit pas tenir quoique colé sur du papier, & s'en iroit lorsqu'on couperoit la Paille; il faut encore ôter cette superficie luisante de la Paille avec le canif: pour cela il faut que ce soit de la Paille la plus épaisse. Ensuite on la met dans une teinture composée de cette maniere.

Il faut prendre de l'indigo; le mettre en poussiere; faire infuser dans l'eau fraîche, jusqu'à ce qu'il soit bien dissout; (la grosseur de deux noix sur une chopine d'eau) & y faire tremper les Pailles préparées: le tout sur les cendres chaudes. Cette couleur fait un assez beau verd lorsqu'on y fait tremper des Pailles qui ont déja pris la teinture jaune.

Il faut prendre garde de ne faire bouillir les Pailles dans aucune teinture; parce qu'elles se refronceroient, de maniere que vous ne pourriez plus vous en servir. Il ne faut pas même tenir la teinture trop chaude.

Pour faire un très-beau Verd.

1. Il faut prendre du verd de gris; le faire fondre dans du vinaigre; puis y ajoûter la valeur d'un petit verre d'esprit de vin, ou d'eau-de-vie commune; y mettre les Pailles préparées; faire infuser le tout sur des cendres chaudes. Si vous faites un peu bouillir les Pailles dans cette teinture, elles seront pipées de *verd foncé*, ce qui produira un très-bel effet. Il faut prendre garde de ne les faire point bouillir. Il sera bon de boucher le pot dans lequel sera la teinture: de crainte que l'esprit de vin ne s'évapore.

2. Faites infuser dans du vinaigre, un peu de tartre de Montpellier. Après la premiere infusion, ajoûtez quantité proportionnée de verd de gris; & laissez-le encore infuser. Ensuite mettez tremper vos Pailles dans cette seconde infusion, au moins pendant un mois.

3. Voyez cy-dessus, la *Composition de la Teinture Bleue*.

Verd Monté.

Faites tremper les Pailles dans la teinture destinée pour le noir: & lorsque vous les en tirerez, jettez-les dans un vase où vous aurez fait dissoudre du verd de gris.

PAILLE *du Chanvre*. Voyez ce mot, dans l'article CHANVRE, page 513, col. 1.

PAILLE *Marine*. Voyez ALGUE.

PAILLETTE: *Terme de Fleuriste*. C'est la même chose qu'Étamine. Consultez l'article OREILLE D'OURS.

PAILLEUX. *Consultez* ce mot, dans l'article FER.

PAILLOT. On nomme ainsi dans quelques vignobles, le dos d'âne qui est entre les ceps.

PAIN. On appelle proprement & ordinairement Pain un composé de farine, & de levain, ou de levure de bierre; qu'on pétrit, & qu'on fait cuire dans un four, principalement pour la nourriture de l'homme.

Diverses sortes de Pain, par rapport aux bleds dont on le fait.

Le meilleur de tous les Pains est celui qu'on fait avec le pur *froment*: il est le plus délicat. Le *Pain Meteil* est celui qu'on fait avec de la farine de bled meteil. On fait encore du Pain avec le *Seigle*, *l'Orge*, *le Mays* ou *bled de Turquie*, *le Sarazin* ou *bled noir*, *l'Aveine*, & le *Millet*. Il y a des Peuples qui en font avec le *Panic*, le *Riz*, les *Châtaignes*, les *Dattes*, la *Casave* (ou le *Manihot*), l'*Écorce* & la *Moëlle de certains arbres*, avec des *glands* de chêne, & de la *faine* de hêtre, avec des *poissons sechés* au soleil, & avec la *chair* de plusieurs sortes d'animaux. En général, on en pourroit faire avec presque tous les alimens qui peuvent être desséchés & ensuite réduits en poudre. Mais ces sortes de Pains ne sont en usage, que dans les climats où la terre ne produit point de bled, ou pas suffisamment: & c'est la nécessité qui les substitue aux Pains ordinaires qui nous servent de nourriture. *Voyez* ASPHODEL.

Propriétés des différentes especes de Pain.

Le Pain de *Froment* est le meilleur de tous: surtout quand il a été fait avec de bonne farine, dans laquelle il est resté un peu de son: & lorsqu'il a été bien pétri, bien fermenté, & cuit à propos.

La bonne farine de froment se tire de grain sec, pesant, bien nourri, bien moulu, & qui ne soit ni trop vieux, ni trop nouveau: un grain trop vieux fournit une farine seche, difficile à pétrir & à lever, & qui ne nourrit pas; & le grain trop nouveau donne la diarrhée. Il ne faut pas laisser beaucoup de son parmi la farine : le Pain n'en seroit ni si nourrissant, ni si agréable ; mais il faut en laisser un peu, afin que le Pain ne soit pas lourd sur l'estomac, & qu'il puisse se digérer plus facilement. Quoique cette pratique soit très-vraisemblable, il y a cependant de bons Médecins qui prétendent que le Pain avec tout le son, est meilleur pour la santé ; soit froment, soit segle, soit orge : avec cette différence, que les deux derniers sont plus rudes au goût. Au reste on s'y accoutume en peu de jours. Et les malades, disent-ils, en reçoivent bien du soulagement.

Tel a toujours été le Pain que l'on faisoit à Senlis ; malgré l'acharnement avec lequel les Boulangers de Paris poursuivirent la proscription du Pain où il entroit un peu de recoupes. Eux-mêmes furent contraints d'en mettre dans le Pain qu'ils vouloient rendre réellement bon au goût, & salutaire à l'estomac : mais ils se garderent bien d'avouer qu'ils eussent reconnu leur erreur à cet égard. Le Ministere, éclairé sur leur conduite, ne laissa pas de soutenir l'inexécution des loix & défenses qui n'avoient été portées que sur le rapport ignorant & intéressé de ces Boulangers, qui ensuite n'eurent pas la bonne foi d'en solliciter la révocation, comme ils avoient fait instance pour obtenir leur promulgation, sous prétexte de la santé des Citoyens.

Le sieur Malisset a trouvé depuis quelques années le moyen de supprimer absolument les recoupes, & de faire avec de pure farine, mais plus ou moins fine, du Pain que l'on dit exempt des inconvéniens que l'on a ci-devant reprochés au Pain qui n'étoit composé que de farine. Pour y parvenir, il donne aux meules des moulins ordinaires, une disposition, au moyen de laquelle on en tire plus de farine, & on exécute ce qu'il nomme une *mouture par œconomie*. On met à part la farine du premier bluteau, qu'il nomme *farine de bled*. A mesure que le son demi-gros sort du second bluteau, on le porte dans la trémie d'un bluteau tournant, pour en extraire tout ce qui y reste de gruau. Quand tout le grain est moulu, on met dans la trémie du moulin les premiers gruaux rendus par le second bluteau, & ceux des cinq premieres gazes du bluteau tournant. On met à part la farine, dite *premiere des gruaux*, que rend le premier bluteau ; & on remet dans la trémie du moulin, les seconds gruaux sortis du même bluteau, avec ceux de la sixieme gaze du bluteau tournant. Ces gruaux étant tous moulus, on met à part la farine, dite *deuxieme de gruaux* rendue par le premier bluteau ; & on reverse dans la trémie du moulin, les troisiemes gruaux sortis du même bluteau, avec ceux de la septieme gaze du bluteau tournant : on peut traiter de même la troisieme & la quatrieme farine de gruaux. Enfin on met dans la trémie du moulin les quatriemes gruaux sortis du premier bluteau. On garde le son fin, qui sort du bluteau pendant la mouture des gruaux qui n'ont pas repassé à la trémie. On sépare de même le son sec ou gros son qui sort du bluteau tournant.

Cette mouture, comparée avec la méthode ordinaire que le sieur Malisset qualifie de *Mouture à la grosse*, paroît avoir plusieurs avantages : comme la mouture par œconomie blute la farine en mêmetems qu'elle mout le bled, le Boulanger gagne beaucoup de tems ; & son travail de la main d'œuvre est considérablement moindre. On tire plus de farine : cette farine est presque toute blanche ; il n'y reste plus de son ; elle prend beaucoup d'eau, & ainsi fournit plus de Pain que la farine moulue à l'ordinaire. On peut consulter, pour ces détails, un *Procès-verbal fait à Valenciennes* en Septembre 1764, sur deux Essais de Mouture, l'un par œconomie, l'autre à la grosse : imprimé *in folio* : à Paris en 1764, chez J. Th. Herissant.

Le Pain doit n'être ni trop dur, ni trop tendre. On ne doit pas le manger trop tendre ; de crainte qu'il ne gonfle l'estomac ; ni trop rassis, parce qu'il seroit difficile à digérer : ce qui arriveroit aussi s'il étoit trop cuit. Il y a des Médecins qui prétendent que le Pain encore chaud donne des vents, & occasionne la colique : & que vieux & trop dur, il augmente l'humeur mélancolique ; effet que produisent aussi la croute de Pain, & le biscuit de mer. Lorsqu'on a du Pain mal cuit, ou qui est cuit depuis long-tems ; on le rend plus sain, en le faisant rôtir. Il faut ne pas manger de Pain entiérement moisi ; à moins de l'avoir coupé par tranches, & fait rôtir à petit feu.

Le Pain paîtri avec du lait, cause beaucoup d'obstructions.

Le Biscuit de mer n'est ni si bon, ni si nourrissant que le Pain ; parce qu'une seconde cuisson enleve ce qu'il y a de plus spiritueux, & ne laisse que les parties les plus terrestres.

Il ne faut pas se nourrir de Mie de Pain toute seule ; elle se digere trop difficilement : ni de Croute seule, parce qu'elle constipe beaucoup.

Voyez RÉGIME *de vivre en maigre*.

Il faut éviter de manger trop de Pain : comme il contient un acide dominant, l'excès qu'on en feroit produiroit des crudités âcres, qui épaissiroient le sang, & en retarderoient la circulation. Le Pain de froment contient cependant moins d'acide que les autres ; c'est pourquoi l'excès qu'on en peut faire, n'est pas si dangereux ; mais il faut toujours l'éviter. Locke (*Éducation des enfans*) dit que les enfans qui mangent trop de Pain sec, deviennent maigres & mal sains.

Ce que nous venons de remarquer au sujet du Pain de froment ; dont l'usage, ou la maniere dont on en use, peut quelquefois produire de mauvais effets ; doit s'entendre à plus forte raison, des autres Pains.

Le Pain de froment échauffe les brebis, les poules, les chevaux ; leur donne de la vivacité, & de la force. Les poissons en mangent aussi volontiers : de même que les oiseaux, & tous les animaux domestiques.

Voyez FROMENT. BLANC-MANGER. ARMAND. Les 1 & 2 manieres d'*Apprêter les Artichaux*, page 196, col. 2. *Sausse verte pour l'*AGNEAU. ALIMENT.

On prétend que le Pain empêche les autres alimens de se corrompre, de gâter l'estomac, & de rendre par conséquent l'haleine mauvaise.

En faisant l'analyse du Pain, l'on y trouve outre la partie végétale, une substance gélatineuse, qui tient de la nature de la chair. *Voyez* ce qu'en dit M. Beccari, dans les *Mémoires de l'Institut de Bologne*.

Le Pain, rôti & arrosé d'huile & de sucre, est bon pour appaiser la faim excessive causée par le froid. Les rôties au vin & au sucre, fortifient bien l'estomac. On met des rôties seules sous les beccasses qu'on fait rôtir.

Le Pain *de méteil* ; c'est-à-dire, le Pain fait de farine de seigle & de froment ; a un goût agréable : mais il est moins nourrissant que celui de froment. Comme le seigle est rafraîchissant, le Pain de méteil tient le ventre libre.

Le Pain *de seigle* est encore plus rafraîchissant que celui de méteil. Mais il est moins-sain & moins nourrissant. Il convient aux bilieux : parce qu'il tient le ventre fort libre : & nullement aux mélancoliques ; étant rempli de sucs grossiers, qui épaississent beaucoup le sang. Il empâte les dents ; & est fort lourd sur l'estomac. Cependant il y a des personnes qui en aiment l'usage ; sur-tout dans les endroits où l'on sçait le bien préparer, comme dans le Gâtinois, & en Poitou : où le Pain de seigle est fort bon, & fort estimé, même des personnes les plus délicates. On peut en user, sur-tout à la fin du repas, pour se tenir le ventre libre. *Voyez* Seigle.

Le Pain d'*orge* est beaucoup moins nourrissant que les précédens. Il contient quantité d'acides ; & est fort lourd sur l'estomac. Il est très-rafraîchissant : mais il cause beaucoup de vents ; & ne convient qu'à des tempéramens robustes. On dit que l'usage de ce Pain occasionne la pâleur. *Voyez* Orge.

Le Pain *de bled Sarrazin* nourrit peu ; mais cependant un peu plus que celui de seigle : dont il approche fort. Il n'est pas si lourd ; & il se digère facilement.

Le Pain d'*aveine* passe pour être lourd, peu agréable ; mais beaucoup nourrissant.

Quelques-uns disent que le Pain de *millet* est encore plus lourd & moins agréable ; mais il est croquant & fort nourrissant.

Le Pain qui se fait avec des *châtaignes* qu'on a sechées sur des claies, & réduites ensuite en farine ; est très-lourd, & très-difficile à digérer. Il n'y a gueres que les naturels du Limousin, & les montagnards, qui puissent s'en accommoder.

En Angleterre, on dit avoir observé, que ceux d'entre les pauvres qui se nourrissent principalement du Pain fait avec la farine de *pois*, ou seule, ou mêlée avec celle d'aveine, sont très-sujets au scorbut.

Le *Pain de Cuisson* ou *de Ménage* est celui qu'on cuit dans la maison, soit à la ville, soit à la campagne.

Les Pains qu'on fait pour les domestiques, sont appellés *Pains de Brasse*. Ce sont de grands Pains ronds, faits de farines de blé méteil ou de seigle pur. Cette sorte de Pain est nourrissante & rassasiante : elle convient fort aux gens de travail, qui sont robustes & qui ont besoin de force.

Le Pain de Boulanger est différent du Pain de cuisson. On en fait à Paris de différentes sortes ; tels que sont les *Pains Mollets*. Sous ce nom sont comprises toutes les sortes de Pains délicats, que l'on fait avec du lait, du beurre, de la crême, des levures de bierre ; comme le Pain à la Reine, le Pain à la Ségovie, le Pain à la *Montauron*, le Pain de Gentilli, le Pain de Condition, le Pain Cornu, & quelques autres. Il est néanmoins arrivé quelquefois, sur-tout dans des tems de cherté, spécialement en 1436, 1437, & 1709, que le Parlement ou les Officiers de Police ont réduit le Pain des Boulangers de Paris à deux sortes ; le bis blanc ; & le bis : ordonnant que le bis blanc seroit composé de la pure fleur de farine, de moitié de la farine blanche après la fleur, & de la moitié de fin gruau ; & que le bis seroit de moitié de la farine blanche d'après la fleur, & de moitié de fin gruau, & tous les gruaux avec les recoupettes ; le tout à peine de confiscation, de 1000 l. d'amende, d'interdiction de la maîtrise & de la profession ; même de plus grande peine, s'il y échéoit.

On vend encore à Paris du Pain de *Ménage* ou de pâte ferme, blanc, & bis blanc ; du Pain de Gonesse ; du Pain de seigle.

Les Boulangers sont tenus par leurs Statuts, de marquer leurs Pains, du nombre de livres qu'ils pesent : & le poids doit répondre à la marque ; à peine de confiscation & d'amende.

L'article 10 du ch. 6 de l'Ordonnance de la Ville de Paris, donnée en 1672, concernant la marchandise de grains, défend aux Boulangers de gros & de petit Pain, d'enlever de dessus les ports par chaque jour, une plus grande quantité que deux muids de bled, & un muid de farine. Par la Déclaration du Roi, du premier Septembre 1699, il leur est pareillement fait défense, d'acheter des bleds ni des farines dans l'étendue de huit lieues de Paris ; si ce n'est aux ports & halles de cette Capitale, & au marché de Limours : avec permission néanmoins d'en acheter au-delà des huit lieues, en rapportant des certificats des mesureurs des lieux où ils auront fait leurs achats, contenant la quantité de bleds & farines qu'ils auront achetés ; à peine de confiscation, & de 300 liv. d'amende.

Méthode pour faire de bon Pain.

Non-seulement les bons bleds sont préférables aux moindres ; mais encore il est nécessaire que le moulin, les eaux, le four, & la façon y contribuent.

Quant aux *Bleds* : le pur froment bien net, bien nourri, & de belle couleur, est celui que nous devons estimer par-dessus les autres grains ; comme seigle, aveine, orge, pois, féves, vesces, & autres grains que les pauvres gens mettent dans leur Pain pour le bon marché. Le bled qui croît sur les terres un peu séches qu'on nomme *blanches*, & où son tuyau devient gros & fort, se trouve être bien meilleur à faire du Pain, que celui des terres argilleuses, ou très-fumées ; dont le bled est sujet à verser, & qui a le tuyau long & gresle. Le bled nouveau fait toujours un Pain plus agréable en couleur, plus croquant & de meilleur goût, que le bled vieux : mais aussi il rend plus de son ; à cause que le bled vieux, à force de le remuer dans le grenier, use son écorce qui s'en va en poudre.

Pour le *Moulin* : il n'importe qu'il soit à eau, ou à vent. Mais vous choisirez celui qui moudra le plus promptement ; d'autant que cette précipitation écache mieux le bled, sans moudre le son ; que ne fait celui qui est lent à travailler. Le moulin rebattu de nouveau, pourvû qu'il y ait passé seulement un setier de bled avant le vôtre, fera encore mieux que quand il est vieux rebattu. C'est pourquoi si vous avez cette commodité-là, mettez au moulin autant de bled que votre famille en peut consommer en un mois. Car la farine vieille moulue fait beaucoup plus de profit que celle qui est moulue de nouveau. Vous aurez des huches & des futailles, où vous la serrerez & couvrirez bien ; tant pour la propreté que pour la garantir de l'évent : & dans les grandes chaleurs de l'Eté, vous la mettrez dans un lieu frais, & non-humide ; elle s'y conserve parfaitement bien. *Consultez* l'article Farine.

Pour les *Eaux* ; leur bonté est si nécessaire, que c'est une des principales parties qui rend le pain excellent

excellent. Nous en voyons l'expérience à Paris, où le Pain qui se fait à la façon de Gonesse, quoiqu'il soit travaillé par de mêmes Boulangers, & avec du même bled, est néanmoins bien moindre en beauté & bonté, que celui qui se fait sur ce lieu même. C'est pourquoi il y a tout lieu de croire que les eaux du pays y contribuent considérablement.

Il y a de quatre sortes d'eau : sçavoir de riviere; de fontaine; de puits; & de pluie, qui se conserve dans les mares & citernes. Vous peserez une pinte de chacune, & prendrez la plus légere comme la meilleure. Si toutefois vous en voulez faire l'essai par le Pain; ce sera le moyen le plus assuré de juger de sa bonté.

Pour le *Four*, il est besoin que le bâtiment en soit épais, & ait un bon corps de maçonnerie, tant dessus que dessous; qu'il soit étroit d'entrée, bas de chapelle (qui est la voûte); & qu'il soit chauffé bien également, & de longue main, afin que la chaleur pénetre dans les murs. Les éclats de gros bois sec, & particuliérement ceux de hêtre, sont beaucoup meilleurs que le fagot, ou autre menu chauffage, qui font trop de cendres, qu'il faut souvent ôter de dessus l'âtre pour le chauffer bien également comme le reste. L'âtre du four vaut mieux, quand il est fait de terre franche, que d'être pavé ou carrelé. *Consultez* l'article FOUR. ÂTRE.

Pour la *Façon du Pain* : nous parlerons premiérement du Pain du commun; que l'on fera d'autant meilleur qu'il y aura plus de froment. Néanmoins si vous voulez faire une bonne sorte de *Pain pour les Valets*, vous mettrez au moulin quatre minots de bled, & un minot d'orge; & les ferez bluter au gros bluteau. De cette farine vous prendrez environ un minot sur les dix heures du soir, & la mettrez en levain; que vous couvrirez bien avec la même farine. Pour la détremper, il faut qu'en hiver l'eau soit la plus chaude que vous la pourrez souffrir à la main : en Été il suffira qu'elle soit un peu tiede; & ainsi à proportion dans les deux autres saisons tempérées. Le lendemain au point du jour vous mettrez le reste de votre farine en levain; & paîtrirez le tout, brassant long-tems votre pâte en la tenant assez ferme: car plus elle seroit molle, plus vous auriez de Pain; mais aussi il dureroit moins de tems, d'autant qu'on en mange beaucoup plus quand il est léger, que quand il est ferme. Votre pâte étant bien paîtrie, vous la retournerez dans la huche, mettant le dessus dessous; enfoncerez votre poing dans le milieu de la pâte jusqu'au fond de la huche, en deux ou trois endroits; & la couvrirez bien de sacs & couvertures. Quand au bout de quelque tems (plus en hiver, & moins en Été) vous regarderez à votre pâte, & que vous verrez vos trous entiérement bouchés, c'est marque que la pâte sera assez revenue. Alors vous ferez chauffer le four par une autre personne; car il est presque impossible qu'une seule puisse être occupée au four & à la pâte; vous diviserez votre pâte en morceaux d'environ seize livres de poids chacun, ou un peu plus. Puis vous tournerez cette pâte en pain; & la coucherez sur une nappe : y faisant quelques plis entre chaque Pain, de crainte qu'ils ne se baisent en se parant.

En frottant un bâton contre la chapelle, ou contre l'âtre du four, si vous voyez qu'il sorte de petites étincelles, c'est une marque qu'il est chaud. Alors vous cesserez de le chauffer; & ôterez les tisons & charbons; rangeant quelque peu de brasier à un des bords près la bouche du four. Vous le nettoyerez avec la patouille, qui sera faite de vieux linge, que vous mouillerez dans de l'eau claire; & la tordrez avant de patouiller. Puis vous le boucherez pour lui laisser abattre son ardeur, qui noirciroit le Pain. Peu de tems après, vous l'ouvrirez, pour enfourner le plus promptement que vous pourrez; en rangeant vos plus gros Pains au fond & au côté du four; finissant d'enfourner par le milieu.

Celui ou celle qui chauffera le four, prendra garde de ne pas brûler son bois par-tout en même tems : on le chauffera tantôt d'un côté, tantôt de l'autre; nettoyant continuellement les cendres, en les attirant avec le fourgon. Le Pain étant enfourné (*Voyez Enfourner*, dans l'article FOUR), vous boucherez bien le four & étouperez la porte tout autour avec des linges mouillés, pour bien conserver sa chaleur. Quatre heures après, ce qui est environ le tems nécessaire pour cuire le gros Pain; vous en tirerez un, pour voir s'il est assez cuit, & particuliérement par-dessous, ce que l'on appelle *Avoir de l'âtre :* vous le frapperez du bout des doigts; s'il résonne, & qu'il soit assez ferme, il sera tems de le tirer : sinon vous le laisserez encore quelque tems, jusqu'à ce que vous le voyiez cuit; l'expérience vous y rendra bien-tôt connoisseur. Si vous le laissiez au four plus qu'il ne faut après la parfaite cuisson, il rougiroit en dedans, & seroit désagréable.

Quand vous aurez tiré votre Pain, vous le poserez sur la partie la plus cuite, afin qu'il se ramollisse en se refroidissant. S'il a trop de chapelle, (ce qui vient de n'avoir pas ôté la cendre en chauffant le four) vous le rangerez en mettant le dessus dessous. S'il est également bien cuit, vous l'appuyerez contre le mur, le posant sur le côté qui est plus cuit. Vous laisserez bien refroidir votre Pain, avant de l'enfermer dans les huches; où vous le poserez toujours sur le côté, afin qu'étant rangé il ait également de l'air par-tout. En été vous mettrez les huches à la cave, ou ailleurs au frais, pour entretenir le Pain souple : mais s'il prenoit de l'humidité, il moisiroit. Vous ferez toujours manger les premiers, ceux qui seront les plus mal faits & les moins cuits; car les plus cuits se ramollissent avec le tems. L'œconomie veut qu'on ait toujours une demi-fournée, ou même une fournée entiere, de Pain rassis, quand l'on en fait de nouveau.

Pour faire le Pain Bourgeois, ou Pain des Maîtres.

Vous mesurerez de la farine, ce que vous en voudrez cuire. Vous en prendrez une sixieme partie; que vous mettrez en levain : & vous ferez un trou à la pâte avec le poing, ainsi qu'au Pain du commun. Quand il sera revenu, vous le rechargerez d'autant de farine, que vous détremperez avec ce levain; & le laisserez encore revenir, & apprêter comme on a dit ci-dessus. Lorsqu'il sera prêt, vous y mettrez le reste de votre farine avec de l'eau à proportion; vous laisserez encore revenir le tout; puis vous tournerez le Pain, & le gouvernerez comme le précédent.

Pour ce qui est du tems & de la maniere de tirer ce Pain, du four : *Voyez* ce qui en est dit dans l'article FOUR.

Notez que la plus belle fleur de froment fait le meilleur Pain; que le plus nouveau fait est le plus agréable; que plus la farine est blanche, plutôt il perd sa bonté; & que plus il est paîtri ferme, plus aussi il conserve sa bonté.

A Rouen & aux environs, on fait du Pain de très-bon goût avec le pur froment moulu, sans être bluté. Il semble d'abord rude à ceux qui n'ont pas accoutumé d'en manger : mais on s'y habitue facilement ; car il fortifie le corps & fait bon estomac. *Voyez* ce qui a été dit ci-dessus, concernant les *Propriétés de diverses sortes de* PAIN.

Cette pâte qu'on a dit qu'il falloit réserver, doit servir de *Levain* pour la cuisson suivante. Il en faut mettre une quantité proportionnée à la masse qu'on paîtrit ; afin que ce levain puisse exciter la fermentation dans la pâte sans la rendre aigre. Si l'on mêle du levain bien aigre avec de la pâte, le Pain que l'on en fait sent l'aigre. Au lieu de levain, on peut se servir de levure de bierre : qui est plus en usage pour le petit Pain, & particuliérement pour le *Pain à la Reine* & pour celui *à Caffé* ; ce qui les rend amers, quand il y en a trop. *Voyez* LEVAIN.

J'ai vû faire d'excellent Pain avec de la farine blutée & tamisée, puis paîtrie avec de l'eau très-chaude où l'on avoit laissé des feuilles de laurier cerise jusqu'au moment de retirer le chauderon de dessus le feu ; & dans le même instant on plongeoit dans l'eau quelques morceaux de fer, puis on commençoit à paîtrir. Si on employoit du froment, cette eau devoit être bouillante ; mais seulement très-chaude, pour de l'orge.

Pain très-substantiel, & dont la quantité augmente d'un quart.

Mettez le levain, à l'ordinaire. Reblutez la farine ; & avant de paîtrir, la veille au soir, voyez ce qu'il faut d'eau pour la pâte que vous voulez employer. Faites-la bouillir ; & toute bouillante jettez-la dans un chauderon où sera le son que vous aurez tiré de la farine. Laissez-les ainsi toute la nuit, couverts d'un drap pour y entretenir la chaleur. Le lendemain, servez-vous de cette eau pour paîtrir. Vous pourrez d'abord couler cette infusion sans la presser : & vous paîtrirez avec la colature. Si vous ne coulez pas, le Pain en sera plus blanc & plus beau. Mais on en a davantage lorsqu'on a coulé la liqueur. Si même on presse le linge, soit en coulant, soit après, on augmente encore la quantité du Pain : qui alors devient plus bis.

Le son qui a servi à cette préparation, peut être donné au bétail ; si on le fait sécher, & qu'on le mêle ensuite avec d'autre qui n'ait pas bouilli.

Pain qui est excellent, & se garde un mois plus que le Pain ordinaire.

Prenez des citrouilles ; faites-les cuire entiérement dans l'eau, jusqu'à ce que l'eau soit pâteuse. De cette eau de citrouille cuite, paîtrissez votre farine : & faites-en du Pain. Il sera excellent ; augmentera d'un quart ; & se gardera un mois plus que le Pain commun.

Pain de Citrouille.

Voyez dans l'article CITROUILLE.

Pain, dont un morceau peut (dit-on) substanter huit jours un homme, sans qu'il mange autre chose.

Prenez quantité de limaçons, & leur faites vuider leur mousse ; puis faites-les sécher ; & réduisez-les en poudre fine ; de laquelle vous ferez le Pain.

Renouveller le Pain Rassis.

Tout Pain Rassis, étant mis au four, répare en quelque façon le déchet de bonté qu'il a perdue depuis qu'il a été cuit. Pourvû qu'il soit mangé promptement, après qu'il aura été repassé au four, il semblera qu'il soit nouveau fait : mais si l'on le gardoit long-tems, il se trouveroit bien moindre qu'il n'étoit auparavant.

Méthode pour faire les différentes sortes de Pain des Boulangers.

Le *Pain de Chapitre* se fait de la même pâte que le Pain Bourgeois, ci-dessus ; & se paîtrit toujours ferme & long-tems. Il y a même quelques Boulangers qui mettent leur pâte sous une broyoire. De cette même pâte aussi se font les *Pains Hauts*, qui s'enfournent fort pressés ; qui sont le chef d'œuvre des Boulangers de petit Pain ; & ceux que l'on coupe par moitié, & autres de diverses formes, gros & petits.

Pain de Gonesse. Il s'en fait de bis & de blanc, & aussi de toutes grandeurs. Vous prendrez six boisseaux de farine : desquels vous en mettrez un en levain sur les huit heures du soir. Vous y mettrez encore autant de farine (cela s'appelle *Rafraîchir le levain.*). Le lendemain au point du jour vous ferez la pâte ; y ajoûtant le reste de la farine, que vous paîtrirez fort molle. Puis vous tournerez le Pain ; & le mettrez dans des sebiles ou jattes de bois, poudrées de farine : de crainte qu'elle ne s'y attache, quand le Pain sera réparé. Pour l'enfourner vous le renverserez dans une autre sebile, afin qu'en le versant sur la pelle la parure soit dessus.

Le *Petit Pain* & le plus leger, se fait en prenant la sixieme partie de la farine que vous voulez cuire ; la mettant en levain avec de la levure de bierre bien nouvelle. Quand le levain sera prêt, vous le mouillerez, ou remanierez en le chargeant de farine comme le Pain bourgeois : & vous le laisserez parer pour la seconde fois. Puis vous paîtrirez le tout bien mollet ; tournerez les Pains, & les mettrez sur la couche : que vous plisserez entre deux, de crainte qu'ils ne se baisent. Vous les enfournerez quand ils seront prêts.

Le *Pain à la Montauron* se fait en prenant un boisseau de farine la plus blanche que vous pourrez : dont vous détremperez le quart, pour faire le levain. Vous y mettrez deux fois plein la main de levure nouvelle, ou moins si elle est vieille & ferme ; une poignée de sel fondu dans l'eau chaude ; & trois chopines de lait. Une heure après, ajoûtez-y le reste de la farine, que vous paîtrirez bien molle. Vous tournerez le Pain : & le mettrez revenir dans de petites écuelles de bois. Puis vous l'enfournerez. Quand il sera cuit, vous le tirerez & le mettrez refroidir sur le côté. Une heure suffit pour le cuire.

De ce Pain & de celui de Gonesse, l'on en fait sécher : que l'on appelle *Biscuit*. Pour ce faire, on l'ouvre par moitié, on en ôte la mie, & on le met au four ; l'ayant arrosé avec de l'eau-de-vie. Quelques-uns y mettent du fenouil battu dans la farine, & l'eau-de-vie, en la détrempant. Ce Pain est bon à manger en bûvant le vin muscat, ou autres vins de liqueur.

Le *Pain d'Esprit* se fait avec de la plus fine farine de seigle : & se façonne comme le Pain de Chapitre.

Le *Pain de Gentilli* se fait comme le Pain à la Montauron ; y ajoûtant un peu d'excellent beurre frais.

Il est à propos de *Remarquer* qu'il ne faut pas chauffer le four si chaud pour le Pain délicat, que pour le Pain ordinaire ; parce qu'il faut une chaleur beaucoup moins forte, pour perfectionner la cuisson des premiers, que celle des autres.

Pour faire Pain Benit, & Brioches.

Il faut avoir un boisseau de la plus belle fleur de froment : de laquelle vous prendrez le quart pour faire le levain; que vous détremperez avec de la levure de bierre & de l'eau chaude. Vous le laisserez revenir dans une jatte de bois que vous aurez fait chauffer, & qu'il faudra bien couvrir en hiver. Pendant qu'il reviendra, vous détremperez les autres trois quarts de farine avec de l'eau fort chaude, où cependant vous puissiez tenir la main. Vous y mettrez un quarteron de sel, une livre de beurre frais & un fromage mou. Deux heures après vous rafraîchirez le levain avec cette derniere pâte, ainsi que j'ai dit du Pain. Vous le mettrez encore une fois reposer dans la jatte : & quand il sera revenu, vous mêlerez le tout, & le froisserez long-tems. Vous le façonnerez sur la pelle avec laquelle vous le voulez enfourner : & l'y laisserez bien revenir. Lorsqu'il sera prêt, vous le dorerez & l'enfournerez; bouchant bien le four, comme pour le Pain. Quand il sera cuit, & que vous le tirerez, il faudra le poser doucement sur quelque rond de bois ou sur un clayon, pour le porter refroidir; de crainte de le rompre.

La dorure se fera simplement avec des œufs battus sans eau. Quelques-uns par ménage y mettent un peu de miel bien liquide : mais cela oblige à lui donner le four plus doux.

Pour faire le plus délicat que l'on appelle du *Coussin* : il faut d'un boisseau de fleur, n'en prendre que le demi-quart pour le levain; & que le reste de la pâte soit détrempé avec trois livres de bon beurre, deux fromages mous, & demi-quarteron d'œufs; si la pâte est trop liée, y mettre de bon lait, faire le levain à deux fois, & le gouverner comme ci-devant. Si vous voulez travailler avec certitude, faites toujours des essais de ce que vous voudrez faire : c'est-à-dire mettez-en quelque petit morceau au four; afin que s'il y manque quelque chose, vous y puissiez suppléer avant de façonner le tout.

Petit Métier; & Oublies.

La composition de la pâte se fait avec une livre de farine, une livre de sucre, deux œufs, & une chopine d'eau. Il faut fondre le sucre dans l'eau à froid; délayer la farine un peu ferme, avec l'eau sucrée : puis y mettre les œufs : & bien battre le tout, y mêlant le reste de l'eau peu à peu. Après quoi vous ajoûterez une once de bon beurre frais, que vous ferez fondre avec un peu d'eau, & le verserez bien chaud dans votre pâte; mêlant le tout bien promptement ensemble. Vous en ferez essai dans vos fers, préparés comme pour le Pain à chanter. (*Voyez ci-dessous*). Si elle est trop foible, vous y ajoûterez de la farine : & si elle est trop forte, de l'eau. Pour les lever, il faut les rouler sous la paume de la main, en la retirant à vous avec promptitude; & les serrer séchement.

Les Oublies se font de la même façon : à la réserve que, pour épargner le sucre, on y employe de bon miel.

Pain à célébrer la Messe, ou Pain à Chanter.

Il ne faut que détremper de la plus belle fleur de froment avec de l'eau froide, en telle consistance que vous la jugerez bonne par l'essai que vous en ferez dans les fers; lesquels vous chaufferez plus vers les branches que par le bout, à cause de l'épaisseur du fer. Vous les retournerez souvent, afin qu'ils chauffent également. Pour empêcher que la pâte ne s'attache au fer, il faudra le frotter légerement avec de la cire & l'essuyer avec un linge blanc, avant de verser la pâte dessus avec une cuiller. Vous observerez de retourner votre fer des deux côtés, à chaque cuisson; & que ce soit sur un petit feu clair, en changeant de côté chaque fois. Quand il sera cuit, vous le leverez & le poserez proprement dans une manne sur une serviette blanche pour le serrer en lieu sec. Quand vous le voudrez couper, il faudra le mettre ramollir à la cave sur une nappe, à terre. Et pour le couper, il y a des compas & outils particuliers, dont vous vous servirez.

Voyez AZYME.

Outre l'usage que l'on en fait à l'Église, ce Pain sert à prendre des pilules, des bols, &c. On l'emploie quelquefois aussi à cacheter des lettres. On en enveloppe le nogat.

Petits Pains de Citron.

Voyez sous le mot CITRONIER.

Pain des Lapons.

En Laponie & dans la Bothnie occidentale, on fait ordinairement du Pain avec l'écorce de Pin : dont il y a des forêts dans le pays. Quoique cette nourriture paroisse d'abord mauvaise, ceux qui en usent ne laissent pas d'être vigoureux. * *Journal Œconomique*, Juin 1751.

Pain dont on se sert dans les Indes.

Il se fait avec les racines d'une plante particuliere au Païs, & que G. Bauhin nomme *Yucca à feuilles de Chanvre.*

Le P. Plumier fait mention d'un autre Manihot propre à l'Amérique; lequel est très-épineux, & dont les feuilles imitent celles de la vigne : ses piquûres sont fort cuisantes. L'un & l'autre arbres ont la feuille très-découpée, en main ouverte. Celui des Indes est garni de nœuds qui semblent être des épines émoussées. Pour le planter, on creuse des fosses; où l'on met cinq ou six morceaux de son bois, longs d'environ deux pieds, & dont la moitié est enterrée. En moins de quatre mois chaque morceau produit une racine longue d'à-peu-près un pied & demi, & grosse comme la jambe : elle l'est même beaucoup plus, lorsque le terrein est favorable. Il est vrai que communément le manihot commence à jetter ses racines, du soir au matin : tant le sol convient à sa production.

On a coutume de laisser croître ces racines dans leurs fosses, dix à douze mois; pendant lesquels on y sarcle de tems en tems, & on arrache les arbrisseaux ou les herbes que la terre produit; afin que ces racines croissent & pullulent mieux. Si on les laisse plus long-tems, elles deviennent ligneuses, se pourrissent, & jettent du bois & des feuillages, qui servent à transplanter ailleurs. Alors on les arrache avec les houes; & on en amene le bois. Les femmes prennent les racines, & en font le Pain, qu'on appelle *Cassava*; les hommes n'y travaillent point; ils s'occupent seulement à la pêche, à la chasse, & à la guerre.

Premiérement, ayant arraché & fait amas de

ces racines, il les faut grater & ratisser, comme des navets, pour ôter l'écorce, avec des coquilles tranchantes, que l'on prend le long de la mer, & qui servent comme de couteaux: après cela les raper, comme du sucre, pour les mettre comme en farine, & en faire épurer le jus, ou eau: qui est une espece de lait, & qui est plus venimeux que tout ce qui croît en ces contrées. Il les faut mettre ensuite dans des *Couleuvres* (especes de sacs qui ont la forme de ces animaux) afin d'en faire sortir & épurer le suc, par la presse. Ces sacs sont faits ordinairement de feuilles de palmier. On fricasse le marc, ou la matiere dont on a exprimé le suc; on la remue & on la tourne dans une poële de côté & d'autre, afin de la faire épaissir. Quand elle est cuite autant qu'il le faut, on en forme des gâteaux fort minces, qu'on fait secher au soleil ou sur le feu. Ce Pain est très-nourrissant: & il se conserve fort long-tems sans se gâter. Avant de le manger, il faut avoir soin de le détremper dans de l'eau ou dans du bouillon. Sans cette précaution on est en danger d'être étranglé; à cause que ce Pain resserre extrêmement le gosier par son âpreté. Mais étant trempé dans l'eau, il devient doux, & assez agréable. Les Negres en consomment beaucoup.

Le suc qu'on exprime de ces racines, est un poison très-violent. On empêche son effet pernicieux, en le faisant bouillir & consommer jusqu'à la moitié. Alors c'est une liqueur qui a le même goût & le même usage que le vinaigre.

Il y a encore le MAÏS, ou *Mijo*; que nous appellons ici Bled de Turquie; que les Indiens pilent bien fort dans des roches, ou pierres creuses, qui sont des especes de mortiers. Quand il est pilé, ils le roulent en forme de saucisses; & l'enveloppent dans des feuilles de balisier. Ils le font ensuite cuire dans de l'eau bouillante: & l'on mange ce Pain, qui substante très-bien.

Voyez GAUDES. FROMENT *d'Inde.*

Essence de Pain & de Vin. Voyez sous le mot ESSENCE.

PAIN *Blanc*: Plante. *Voyez* OBIER, *n.* 2.

PAIN A COUCOU, ou *Alleluya*: en Latin *Oxytriphillon*; *Oxys*; *Trifolium acetosum.*

Les fleurs de ce genre de plantes sont à cinq pétales réguliers, disposés en rose; dont le calyce est en cinq parties. Le pistil devient un fruit membraneux, pyramidal, à cinq faces; qui s'ouvre en cinq quartiers avec élasticité; & contient des semences arrondies, que son élasticité jette de côté & d'autres.

Especes.

L'espece commune dans nos montagnes; *Oxys lutea* C. B; forme une espece de sous-arbrisseau; sa tige principale est menue, rougeâtre, & assez ferme. Les fleurs naissent vers le sommet, dans l'aisselle de quelques feuilles. Des queues assez longues pour porter la fleur au-delà des feuilles des rameaux, soutiennent chacune deux péduncules droits; à l'extrêmité desquels est la fleur, *d'un jaune pâle.* Elle paroît en Mai & Juin, dans le climat de Paris. Ses feuilles sont réunies par trois à l'extrêmité d'un pédicule, se replient en deux naturellement, sont faites en cœur, tendres, & aigrelettes au goût.

2. Le PAIN-A-COUCOU *ordinaire*, & le plus d'usage en Médecine (*Oxys flore albo* Inst. R. Herb.) a la fleur, d'un blanc de lait. Il vient dans les bois; & toujours à l'ombre.

Usages.

Les feuilles & les racines du *n.* 1, sont employées en infusion; comme adoucissantes & cordiales.

On emploie le *n.* 2 dans les tisannes purgatives; en partie à cause de son agréable acidité. Toute la plante est rafraîchissante, comme l'ozeille; éteint la soif, & les ardeurs de l'estomac; rafraîchit le foie; & fortifie le cœur. L'eau distillée de toute la plante est bonne à boire dans les fievres chaudes. Le suc, bû avec du sucre, est encore plus efficace. Ce remede arrête le vomissement de l'estomac. Les feuilles, appliquées en emplâtre, sont bonnes aux inflammations & aux fluxions chaudes. Cette plante est excellente dans les potages, farces, & salades. Elle est très-utile dans les fievres malignes, & pour toutes sortes d'inflammations internes. On en fait des tisannes, des infusions, des bouillons avec du veau, des juleps, & des conserves. *Voyez* SYROP *d'Alleluya.* Elle entre dans l'Onguent *Martiatum.*

PAIN DE LIEVRE. *Voyez* PIÉ DE VEAU; Plante.

PAIN *Mollet*: Plante. *Voyez* OBIER, *n.* 2.

PAIN DE POURCEAU: en Latin *Cyclamen*; *Cyclaminus*; *Panis Porcinus*; *Arthanita*; *Rapum terræ*; *Umbilicus terræ*; *Malum terræ*; *Tuber*, *&c.* en Anglois *Sowbread.* Genre de plantes assez étendu, & que l'on dit être fort recherché des pourceaux, à cause de sa racine: qui est grosse, charnue, & ronde: cette derniere qualité lui a vraisemblablement fait donner la plûpart de ses dénominations Latines. Celle de *Cyclamen* a passé en usage dans le François: ensorte que les Fleuristes n'en connoissent point d'autre, communément.

M. Tournefort donne la liste de plus de trente especes de Cyclamen.

La plus commune, par rapport à son usage en Médecine (*Cyclamen orbiculato folio infernè purpurascente* C. B.) est une plante basse: dont la racine produit immédiatement plusieurs queues foibles, longues de quelques pouces; chacune desquelles porte, à son extrêmité, une feuille ou ronde ou terminée en pointe comme celle de la violette, luisante & d'un verd obscur à sa face supérieure, d'un rouge purpurin en-dessous. Ces feuilles sont en petit nombre. D'autres queues, ou péduncules, soutiennent chacune une fleur rouge, dont l'odeur approche un peu de celle d'une rose fannée. Elle est d'une seule piece, en rosette; formée par un tuyau très-court, dont le bord est découpé en cinq parties qui se replient vers le péduncule; avec cinq étamines; & un calyce qui a cinq divisions très-courtes. Le fruit est une capsule, qui renferme plusieurs semences, communément oblongues & anguleuses. La racine est grosse, large, ronde, de couleur obscure au dehors, blanchâtre en dedans, garnie de fibres noirâtres. On en trouve abondamment sur les montagnes de S. Claude, dans le Comté de Bourgogne. Cette plante y est en fleur au commencement d'Août.

Usages.

La racine est un peu purgative, détersive, apéritive, digestive, & attractive. On en donne un scrupule dans de l'eau miellée, à ceux qui ont la jaunisse: ce qui les fait suer; dissipe les humeurs visqueuses; & désopile le foie & la rate. Ce remede est encore utile pour l'hydropisie, & la colique. Le suc de la racine, tiré par le nés, est bon pour la migraine, & le mal de tête invétéré; & pour les maladies froides de la tête. *Consultez* l'article APOPLEXIE.

On écrase cette racine; & l'ayant saupoudrée de sel ammoniac, on l'applique sur les tumeurs scrofuleuses, skirrheuses, plâtreuses; pour en fondre & faire couler l'humeur.

Son eau distillée, attirée par le nés, arrête bientôt l'hémorrhagie. La même eau, bûe à la quantité de six onces avec une once de sucre, arrête aussi-tôt le sang qui coule de la poitrine, ou du ventricule, ou du foie; & consolide les vaisseaux, si quelques-uns sont rompus. Le suc de la plante, bû au poids de deux dragmes avec de l'oxymel, lâche le ventre, & délivre des opilations du foie & de la rate. C'est pourquoi il est recommandé pour les hydropiques & héthiques; mais il y faut mêler un peu de mastic, ou de muscade, ou de rhubarbe; afin de corriger sa violence. Il est incroyable quel soulagement apporte aux coliques & autres tranchées, ce jus, quand on le mêle dans les clysteres. On l'emploie dans plusieurs sortes d'onguents, de linimens, & de cataplasmes, que l'on ordonne pour les duretés & tumeurs de la rate & du foie. Si vous faites tremper ses racines hachées menu dans de l'huile rosat, ou de camomille, ou d'amandes douces, & bouillir avec un peu de vin; vous en exprimerez une huile, dont deux ou trois gouttes instillées dans les oreilles, guérissent les brouissemens & la surdité, principalement si dessus les oreilles vous appliquez le marc de ses racines, le soir en se mettant au lit. Ou bien hachez menu ces racines; pilez-les avec des amandes de pêches & des amandes ameres: faites tremper le tout dans de l'eau-de-vie; puis l'exprimez; instillez-en quelques gouttes dans les oreilles: & vous serez guéri de la surdité.

On prétend que l'odeur du Cyclamen est contraire à la génération: & qu'il est dangereux pour une femme enceinte, d'en frotter la feuille entre ses mains.

On cultive les cyclamens à cause de leur fleur. Il y en a de printems, d'Été, d'automne & d'hiver.

Ceux *d'Afrique* donnent des fleurs presque toute l'année; lesquelles sont de couleur pourpre. Nous en avons *de Perse*, qui fleurissent en hiver & au printems. Leur fleur est grande, purpurine à sa base, & blanche ou de couleur de chair: ils ont la feuille anguleuse.

Au Printems on voit fleurir le *Cyclamen Oriental*; celui d'*Antioche* à fleur blanche bordée de pourpre; & quelques autres.

En Été le *Cyclamen Romain*, le *Cyclamen Odorant* (l'un & l'autre à feuille tachetée); ceux *de Verone*, de Constantinople, ou *Byzantin*; &c.

L'Automne en fournit plusieurs. Tels sont les *Hugueteaux*, ou *Cyclamens de Syrie*; celui *de Corfou*; celui *de Poitiers*, ou de M. de Bertinieres; celui *du Mont Liban*; un *d'Antioche* à fleur pourpre, double.

Les Cyclamens d'Hiver sont principalement celui de *Chio*, que l'on nomme aussi *Coüs*; & les *Cyclamens de Perse*. Ces derniers sont encore en fleur au printems. *Voyez* COÜS.

Culture générale des Cyclamens.

On les multiplie de semence, en Septembre & en Mars. Il faut les semer dans de grands pots remplis de terre fort légere, mais substantieuse, & mêlée de terreau. La semence est mûre, & en état d'être cueillie, lorsque les feuilles sont tombées, & que le péduncule qui soutient le fruit, se contourne en spirale & s'abaisse contre terre. Au printems on seme les Cyclamens de cette saison; & en automne, ceux d'automne: il suffit que la semence soit couverte d'un ou tout au plus deux doigts de terre.

Les beaux Cyclamens reçoivent beaucoup de dommage du froid.

Ceux d'automne réussissent très-bien à l'ombre, & dans des endroits où ils n'ont que peu de soleil.

Ceux de printems demandent une exposition plus chaude.

On arrose les uns & les autres, quand ils en ont besoin.

Ce n'est que trois ans après qu'ils ont été semés, qu'on les transplante, communément. L'indice qui peut servir de regle pour cela, est lorsqu'on voit que la plante a jetté quantité de feuilles, qui excedent le pot où on l'a semée. En les transplantant, l'on doit avoir soin d'enlever la terre voisine où se sont distribués les chevelus. On ne les met qu'à deux doigts de profondeur. Ceux d'automne se transplantent au mois de Mai; & les printaniers, à la fin de Juin.

Une autre maniere de multiplier ces plantes, est de faire plusieurs morceaux d'une seule racine. On attend, pour cela, que les feuilles soient tombées. En séparant la racine, on a soin que chaque morceau ait un œuil sain & entier. Après quoi on les conserve séchement dans un lieu frais; jusqu'à ce qu'il se forme une membrane épaisse, sur les endroits qui ont été découverts par l'opération. Alors on y applique un enduit de cire & de térébenthine. Puis on dépose cette racine dans un pot avec la terre, lorsque la saison est venue: observant toujours de la mettre inclinée, du côté de la plaie; afin que l'humidité ne l'obsede pas. On ne met aussi de ce côté que de la terre fort aride & maigre: que l'on environne ensuite de bonne terre.

On n'arrose la plante que dans le tems qu'elle commence à pousser.

PAIN *de Rosot*. Voyez ce mot, dans l'article ROSIER.

PAIN *de Sucre*: Plante. Voyez ANANAS, *n.* 2.

Tournesol en PAIN. *Voyez* sous le mot TOURNESOL.

PAINTELADA. *Voyez* HOUX, *n.* 1.

PAISCEAUX, ou *Paisseaux*. Voyez ÉCHALAS.

PAISSELAGE & PAISSELER, sont dérivés de ce mot, & expriment l'action d'employer les Paisseaux.

PAISSET. *Voyez* CHANVRE, page 518.

PAISSON: *Terme de Forêt*. C'est la même chose que *Brout*; tout ce que les bestiaux ou le fauve paissent ou broutent, principalement dans les forêts.

PAIS *de Franc salé*. Consultez l'article GABELLE.

PAITRE. Se dit des animaux qui se nourrissent d'herbe, qu'ils coupent ou arrachent avec leurs dents, soit dans les prés, soit ailleurs dans la campagne & dans les bois.

PAL

PALAIS *Enflé*. Consultez ce mot, dans l'article BŒUF.

Palais *de Bœuf en Ragoût*. Voyez ce mot, dans l'article Bœuf.

PALE. Espece de petite Vanne, qui sert à ouvrir & fermer la chaussée d'un étang ou d'un moulin. On la nomme aussi *Bonde*. Consultez l'article Étang.

Pale. Planche qui se termine en pointe, & qui sert à faire des palissades.

De ce mot vient le terme de Pale-*Planche*, qu'on emploie en Architecture, pour signifier des planches ou des membrures terminées en pointe, lesquelles servent à faire des encaissemens quand on a fait des ouvrages dans l'eau. *Voyez* Palis. Palée.

PALES-COULEURS : que l'on confond quelquefois avec la Jaunisse.

Cette maladie est propre aux filles; & est rare dans les femmes mariées. On croit même communément que le remede le plus efficace contre cette maladie des filles est le mariage, si elles se trouvent nubiles.

Les signes de Pâles-couleurs, & leurs principaux symptômes, sont les lassitudes de tout le corps, le serrement des parties voisines du cœur, la difficulté de respirer, l'abattement des forces, la pâleur du visage, le pouls lent & débile; les urines épaisses, leur couleur jaune tirant sur le rouge, & qui teint en couleur de safran un linge qui en est imbibé. Il y a quelquefois un vomissement bilieux, des déjections blanches, une démangeaison universelle, une couleur jaune sur toute la peau, & jusques au blanc des yeux.

Cette maladie est quelquefois une suite de la colique : & la colique étant guérie, les Pâles-couleurs & la Jaunisse se passent. Mais lorsque cette indisposition est une maladie primitive, il faut donner aux malades les cholagogues ou remedes contre la bile; qui évacueront cette humeur par les selles. Sydenham conseille les eaux ferrugineuses, celles de Tunbridge sur-tout; mais bûes sur le lieu même.

Les remedes qui levent simplement les obstructions, sont meilleurs ici que ceux qui irritent trop. On doit purger avant de venir aux désobstruans ou apéritifs. Voici une *potion purgative* appropriée. Prenez de la racine de persil, de fenouil, de réglisse, deux dragmes de chacune; des semences d'anis & de coriandre, une dragme de chacune; quatre scrupules de crême de tartre; demi-once de feuilles de senné mondé; trois dragmes de pulpe de tamarins. Faites cuire le tout. Ajoûtez à la colature l'infusion de quatre scrupules de rhubarbe, faite à part dans de l'eau de fumeterre; avec demi-dragme de santal citrin : réduisez le tout à une juste dose; & dissolvez-y de la manne de Calabre, du sirop de roses pâles composé avec l'agaric, une once de chacun : mêlez le tout pour une potion à prendre de grand matin, trois heures avant le bouillon. Au bout d'un jour ou deux, la purgation sera réiterée. Et si l'estomac n'a pas été suffisamment purgé, s'il reste des crudités ou quelque plénitude, il sera bon de faire vomir la malade avec une dragme de vitriol blanc dépuré, ou deux onces de vin émétique : ensorte qu'entre la purgation & le vomitif, on travaille pendant deux jours à inciser les humeurs visqueuses & tenaces, en donnant chaque jour deux ou trois cuillerées d'oxymel ou de sirop violat, avec l'esprit de vitriol, loin des repas. Mais si la purgation a été assez copieuse, on s'abstiendra du vomitif. Alors on passera aux apéritifs, qu'on mêlera avec les purgatifs : ou bien on les donnera seuls.

L'acier fait la base de tous les désopilans. Voici des *pilules* à cette fin. Prenez deux dragmes de bon aloës, de l'hiere-picre, de la rhubarbe, de l'agaric, demi-dragme de chacun; deux dragmes de safran de Mars; un scrupule de safran; quantité suffisante d'eau de mélisse, pour former une masse de pilules : la dose est d'un scrupule ou demi-dragme; plusieurs jours de suite.

Autres Pilules.

Prenez une once & demie de limaille d'acier : mettez-la dans une cuiller ou poche de fer; faites-la bouillir avec de bon vinaigre, jusqu'à ce qu'elle devienne toute rouge, & qu'elle soit réduite en cendres. Pilez ensuite cette cendre dans un mortier avec une ou deux noix confites, & du safran pour dix-huit deniers. Mêlez le tout ensemble; ajoûtez-y un peu de sucre : & faites neuf pilules de cette composition. Il en faut prendre une, tous les matins pendant neuf jours; & boire aussi-tôt deux doigts de vin blanc. Après chaque prise, & particuliérement après la premiere, on doit faire beaucoup d'exercice; comme monter & descendre un escalier, se promener, & s'exciter à vomir.

S'il n'est plus nécessaire de purger, il faudra donner les *tablettes* suivantes, où il n'entre point de purgatifs. Prenez deux onces & demie de safran de Mars apéritif; demi-once de confection d'alkermes; du magistere de perles & de corail, des yeux d'écrevisses préparés, deux dragmes de chacun; de l'écorce de citron & d'orange séche ou confite, une dragme & demie de chacune; six dragmes de râpure de corne de cerf de la premiere tête; de la cannelle, trois dragmes; deux onces de sucre. Faites du tout une poudre; que vous incorporerez avec du mucilage de mauve tiré dans de l'eau de cannelle : pour faire une pâte à former vingt tablettes égales, pour vingt jours. On les prend quatre ou cinq heures avant le dîner : on boit un peu de vin d'absinthe par-dessus : puis on se promene. Voyez *d'autres tablettes*, dans la suite de cet article.

Ceux qui ne veulent point user d'acier, feront les remedes suivans.

Bouillon.

Prenez des racines de persil, de fenouil, d'asperge, demi-once de chacune; de la râpure de corne de cerf, deux dragmes; des raisins de Corinthe, des capres dessalées, une cuillerée de chacun; des semences d'alkekengi & de *milium solis*, deux dragmes & demie de chaque. Renfermez le tout dans le ventre d'un poulet, pour le faire bouillir avec un morceau de veau. Ajoûtez sur la fin de la coction, des feuilles de bourrache, buglose, *cariophyllata*, *adiantum* ou *capillus veneris*, *salvia vitæ*, une pincée & demie de chacune; des fleurs de souci, véronique rouge, primevere, violettes, deux pincées de chacune; une poignée de pelures de pomme de reinette. Réduisez le tout à vingt-quatre onces pour trois doses; à prendre le matin : dissolvez dans chacune deux scrupules de crême de tartre vulgaire. On ne dîne que quatre heures après.

Boisson ordinaire, pendant le régime de la cure de cette maladie.

Prenez huit onces de salsepareille, des racines

de fougere femelle, & de patience, douze onces de chacune; trois onces de sassafras, avec l'écorce; feuilles d'aigremoine, de mélisse, des capillaires, deux poignées de chacune; fleurs de genêt & de sureau, trois pincées de chaque; une once de noix muscade: renfermez le tout dans un sachet de toile claire, que vous tiendrez dans six pintes de bierre nouvelle non houblonnée; pour servir de boisson ordinaire.

Selon Etmuller: les vomitifs, les martiaux, & les amers, font tout l'effet qu'on en peut attendre: & la saignée & les purgatifs n'ont guere lieu dans cette maladie.

Willis observe que les eaux minérales ferrugineuses, après beaucoup de remedes, guérissent souvent les malades.

Doleus commence la cure de cette maladie par l'*apozeme* suivant: Prenez de la racine de dent de lion & de grande chélidoine, de chacune une once; de la chicorée & du fraisier, de chacun une poignée & demie; du marrube blanc, une demi-poignée; du tartre blanc, & des feuilles de senné, de chacun une dragme. Faites infuser le tout dans parties égales de vin blanc & d'eau de fontaine. Réduisez cela à une pinte: coulez le tout; & donnez-en un verre, matin & soir.

On peut guérir les Pâles-couleurs avec la rouille de fer, ou d'acier; mais sa teinture vaut beaucoup mieux. On tire cette *teinture*, en faisant bouillir la limaille, pendant douze ou quinze heures, avec le tartre crud. Elle tire beaucoup plus aisément & d'une maniere plus salutaire, sans feu, avec les sucs de citron, de raisin verd, d'orange douce ou aigre; avec les décoctions d'écorce de grenade, de balaustes, de noix de galle, de sumach, de mirabolans, & de plusieurs autres matieres de même nature. On tire encore fort bien cette teinture, avec de l'eau où l'on a fait fondre du sel végétal.

D'autres mettent de la limaille d'aiguilles, dans une poële bien nette; y ajoûtent du vinaigre de vin, & de l'esprit de soufre, autant de l'un que de l'autre; & font bouillir le tout jusqu'à ce qu'il ne reste qu'une espece de rouille: qui étant grattée & pulvérisée, peut ensuite être blanchie en l'exposant à l'air. On en donne depuis dix grains jusqu'à quinze.

Nota. Il ne faut pas cependant en faire un usage habituel. Quoique les remedes martiaux ayent une vertu apéritive, qui contribue à guérir les Pâles couleurs: ils ont aussi des parties astringentes qui, à la longue, resserrent les parties de la génération, ensorte qu'elles se refusent à l'usage du mariage.

Tablettes pour les Pâles-Couleurs.

Prenez un demi-septier d'eau commune, quatre onces de sucre fin, & une demi-once de limaille d'acier. Après que le sucre sera fondu dans l'eau, vous y jetterez la limaille d'acier, & vous mettrez le tout sur le feu; d'où vous ne le retirerez point qu'il ne soit épaissi. Alors vous le jetterez sur une table pour le laisser refroidir, puis vous le couperez en tablettes, du poids de deux dragmes chacune, ou environ.

Il faut que la malade prenne tous les matins une de ces tablettes, & un bouillon deux heures après; elle se promenera quelque tems avant & après le bouillon; & continuera pendant vingt jours: on doit observer de la faire purger avant & après l'usage de ce remede.

Voyez ci-devant d'*autres Tablettes*.

Remede excellent & souvent éprouvé contre les Obstructions, Pâles couleurs, & Jaunisses.

Il faut, 1°. saigner la malade; & la purger ensuite avec vingt grains de mercure violet; neige de Mars, (& à son défaut, safran de Mars apéritif) scamonée & résine de jalap, de chacun vingt grains; (plus ou moins, suivant l'âge, les forces & le tempérament de la malade) antimoine diaphorétique, un scrupule; dans un peu de conserve de violette.

La malade usera ensuite de la décoction suivante.

Prenez limaille d'acier le plus fin, une once; tartre blanc, deux onces; faites-les bouillir dans quatre pintes d'eau. Lorsqu'elle aura diminué d'un quart, ajoûtez-y fleurs & feuilles de souci une bonne poignée. Demi-heure après, vous coulerez la liqueur. On en boira trois verres à jeun; distans d'un quart d'heure l'un de l'autre, en se promenant: Et deux heures après avoir soupé, on usera de l'*Opiate apéritive* suivante.

Prenez myrrhe fine, aloës, safran, cloportes, neige de Mars (ou à son défaut safran de Mars apéritif), fleurs de sel ammoniac, gui à baye blanche, yeux d'écrevisses, mercure violet; de chacun deux dragmes. Incorporez le tout avec de l'extrait de genevre. La dose est demi-dragme, jusqu'à une dragme; buvant par-dessus un peu de la susdite décoction pendant un mois: & purgeant tous les huit jours. On acheve rarement de prendre cette quantité d'opiate: qui guérit ordinairement dans dix ou douze jours. [Le même remede est aussi très-*hypocondriaque* des hommes.]

Mercure Violet, ou Panacée Mercurielle Noire; qui est un très-bon diurétique.

Il faut faire fondre dans un plat de terre qui aille au feu, deux onces de fleur de soufre. Sur lesquelles fondues, vous ajoûterez une once de mercure crud, & une once de cinabre commun en poudre fine & bien mêlée avec le mercure. Mêlez bien le tout avec une spatule de fer. Otez pour lors le plat de dessus le feu: & le mettez sur un tabouret bien haut au-dessous d'une cheminée basse. Mettez-y le feu avec une allumette: & remuez bien jusqu'au fond avec votre spatule de fer, jusqu'à ce que le soufre soit sur le point de s'éteindre. Mettez-y pour lors encore deux onces de fleur de soufre; que vous brûlerez comme le premier. Sur la fin, remettez-y encore deux onces de fleur de soufre; remuant toujours jusqu'au fonds, jusqu'à ce que tout le soufre soit brûlé. Tout étant refroidi, vous détacherez la matiere violette, du fond. En remuant bien, vous aurez eu soin de ne la point laisser attacher au fond du plat. Vous la pilerez en poudre impalpable: & la ferez bouillir dans un petit pot de terre bien vernissé plein de bon vin pur, bien fortement, en remuant souvent le fond, pendant une heure. Lorsqu'il sera tiede, vous le passerez par le papier gris double ou triple. La poudre restant séche sur le papier, vous la ferez encore bouillir comme la premiere fois: & vous ferez cette opération trois ou quatre fois de suite. La poudre étant bien filtrée & séche, faites-y brûler par-dessus dans un plat de terre de la meilleure eau-de-vie, qui surnage de deux doigts: faites dessecher à feu lent l'humidité restante : & réitérez deux ou trois fois. Alors le mercure violet sera fait. Il est bon pour les maladies vénériennes & scrophuleuses ; & celles ausquelles il faut lever les obstructions, & pousser par les urines.

Pour le rendre encore meilleur, on en peut tirer la teinture en le faisant bouillir, une partie sur vingt de bonne lessive de cendres d'herbes aromatiques, pour en tirer la teinture & la réduire en extrait après l'avoir bien filtrée. Vous tirerez cette teinture avec l'esprit de vin ; comme celles de l'antimoine ou du cuivre. La dose est de cinq à trente gouttes du liquide : & de l'extrait, de trois à quinze grains.

PALÉE : *Terme d'Architecture.* C'est un rang de pieux employés de leur grosseur, espacés assez près les uns des autres, liernés, moisés & boulonnés de chevilles de fer ; qui, plantés suivant le fil de l'eau, servent de piles pour porter les travées d'un pont de bois. *Voyez* PALISSADE.

PALETTE : *Terme de Chasse.* Les Paysans, qui chassent aux oiseaux marécageux, nomment ainsi un morceau de bois plat, fait en forme de Palette à jouer.

PALFRENIERS. Leur devoir consiste à avoir bien soin des chevaux qu'on leur met entre les mains & qu'ils doivent panser ; commençant toujours par ceux que monte le Seigneur, & continuant par les autres que montent les gens de sa suite. Le cheval de monture a besoin d'être particuliérement bien pansé : puisque souvent en dépend la perte ou le bonheur de celui qui le monte. Il faut donc le panser soir & matin. Ils doivent aussi tenir l'écurie bien propre & bien nette ; faire la litiere le soir, & la relever le matin ; faire boire les chevaux, leur donner l'aveine aux heures qu'ils ont accoutumé, les mettre au mastigadour, bien secouer leur foin avant de le mettre au ratelier, leur bien frotter les jambes quand ils reviennent de dehors, prendre garde qu'ils soient toujours bien ferrés, leur faire les crins quand ils en ont besoin, les bien couvrir de leur caparasson, bien nettoyer les montures des brides, bien écurer les mords de peur qu'ils ne se rouillent ; prendre garde qu'il ne manque rien aux selles, qu'elles ne blessent point les chevaux, & si elles ont besoin de quelques réparations en avertir l'Ecuier ou ceux dont ils dépendent. Quand un Palfrenier est à quelque personne de moindre qualité, son devoir est toujours le même : cela ne change en rien ce qui lui est prescrit ci-dessus.

PALIER ; ou *Repos d'Escalier :* Terme d'Architecture. C'est un espace entre les rampes & aux tournans d'un escalier. Le *Demipalier* est celui qui est quarré de la longueur des marches. Philibert de Lorme nomme *Double-Marche*, un palier triangulaire, dans un escalier à vis. Les paliers sont appellés par Vitruve *Retractiones graduum :* & ceux des Amphithéatres qui sont circulaires, *Diazomata.*

PALIER *de Communication.* C'est celui qui sépare & communique deux appartemens de plain-pied. Selon Vitruve, il se nomme en Latin *Summa Coaxatio.*

Il y a aussi le PALIER *Circulaire* : qui se pratique dans la cage ronde ou ovale d'un escalier en limace. Vitruve le nomme *Præcinctio.*

PALIS. Clôture qu'on fait avec des pales, des perches, ou des claies séches ; pour défendre un terrein, du bétail ou du fauve. On en fait grand usage dans les forêts, pour protéger les semis. *Voyez* PALE. PALISSADER.

PALISSADE. Espece de barriere de pieux fichés en terre à claire voye ; qu'on fait au-lieu d'un petit fossé aux bouts d'une avenue nouvellement plantée, pour empêcher que les charrois n'endommagent les jeunes arbres. On s'en sert aussi pour enclore un héritage.

Voyez PALE. PALIS. PALISSADER.

Si on peint à l'huile une palissade, elle dure fort long-tems.

PALISSADE *de Jardin.* C'est un rang d'arbres feuillus dès le pied, & taillés en maniere de mur, le long des allées ou contre les murailles d'un jardin. Les *grandes Palissades* se plantent d'ifs, de buis (*Voyez* BUIS *panaché*), de tilleul, d'orme, de hêtre, d'érable ; le plant le plus estimé & le plus en usage est le charme, connu sous le nom de Charmille. On fait des Palissades de différentes hauteurs : il y en a qui vont jusqu'à cinquante & soixante pieds de haut.

Les *Palissades d'appui* se font de jasmin commun, de filaria, de chevrefeuil, &c. pour revêtir le mur d'appui d'une terrasse. On appelle *Palissades crenelées*, celles qui sont ouvertes d'espace en espace en maniere de creneaux, au-dessus d'une hauteur d'appui : comme il s'en voit autour de la Piece d'eau appellée l'*Ile Royale*, à Versailles.

Dresser ou *Tondre* une Palissade : c'est la dresser avec le *Croissant*, qui est une espece de faulx.

On tond ainsi au mois de Juin, & même dès la fin de Mai ; puis une seconde fois au mois d'Août.

PALISSADER. Former une clôture avec des Pales ; ce qui fait une Palissade seche.

PALISSER. C'est attacher au treillage d'un espalier ou d'un contre-espalier les branches des arbres plantés à cet effet ; & les attacher si proprement à droit & à gauche, que le treillage en soit également tout couvert. En certains endroits on dit, *Plier les branches* : au lieu de Palisser.

Voyez ACCOLAGE.

C'est ordinairement à la mi-Mai, que les espaliers commencent à avoir besoin d'être palissés.

On palisse pour la seconde fois en Juillet ; afin que les fruits soient plus exposés au soleil, & que l'espalier ait une forme plus agréable.

Avant de commencer à palisser un arbre, il faut lui laisser pousser tous ses jets la premiere année, sans le tailler ni ébourgeonner, jusqu'au mois de Février ou de Mars de l'année suivante ; qu'on retranchera tout le bois inutile ; & les branches qui ne peuvent se coucher contre le mur ou le treillage. Et dèslors on commencera par placer toute droite la maîtresse branche qui doit faire le corps de l'arbre ; observant qu'elle ne panche ni d'un côté ni d'un autre. Puis on l'arrêtera par le haut. On arrangera ensuite à ses côtés les autres branches, en les conduisant comme les bâtons d'un éventail étendu ; & baissant les dernieres jusqu'à un demi-pied de terre, s'il se peut, pour couvrir le pied de la muraille.

Il faut bien prendre garde de ne pas trop contraindre les branches ; ni de les courber en dos de chat. Cette courbure en arrêtant la seve, feroit pousser à l'endroit de ce coude un faux jet qui affameroit la branche. C'est pourquoi on doit toujours faire ensorte que l'extrêmité d'une branche s'éleve en droiture, depuis l'endroit d'où elle sort.

Le grand art est de ranger par ordre à droite & à gauche les branches qui peuvent venir à chaque côté ; ensorte qu'il n'y ait rien de confus, de vuide, ni de croisé. Mais comme le vuide est le plus grand défaut, on ne doit pas balancer à croiser quand on ne peut l'éviter autrement.

Il faut recommencer à palisser, autant de fois qu'il paroît des branches assez longues pour pouvoir être liées, & qui courroient risque de se rompre si on ne les attachoit.

On conserve particuliérement toutes les belles branches que les pêchers font en Été; à moins que leur abondance n'occasionne de la confusion: ce qui, après tout, est assez rare dans un arbre bien conduit. En tout cas, si la nécessité y oblige, on arrachera ou coupera avec bien de la précaution tout près de la tige quelques-unes des plus grandes, afin d'empêcher que celles qui sont cachées ne s'allongent trop, & ne deviennent mauvaises.

C'est ordinairement avec des liens d'ozier ou de jonc, que l'on attache les branches.

PALISSON : *Terme de Forêt.* Bois refendu dont on se sert pour garnir les entrevoux des solives; & quelquefois pour barrer des futailles. On le fait avec du bois blanc.

PALLIATIF. Adjectif, qui se joint, en Médecine, à ces mots, *Cure*, *Guerison*, *Remede*. La *Cure Palliative* est celle qui ne fait qu'adoucir le mal, ou le guérir seulement en apparence, & suspendre son action pour peu de tems. On appelle *Guérison Palliative*, celle qui ne soulage qu'imparfaitement, & adoucit seulement les paroxismes ou accès, de sorte qu'ils sont plus supportables & moins violens. Les *Remedes Palliatifs* ne font que flatter le mal; au lieu d'aller à la source & à la cause pour l'ôter, & par-là parvenir à une guérison parfaite, sans danger de rechute.

Pallier le mal, ce n'est pas le guérir, mais le couvrir & le cacher. Ce mot vient de *Palliare*, mot Latin qui vient de *pallium*, manteau; parce qu'il sert à cacher & couvrir. C'est le propre des Charlatans de pallier seulement les maux qu'ils semblent guérir; & de laisser un levain du mal, qui reparoît de nouveau & reproduit après quelque tems les mêmes mauvais effets. Ainsi c'est un grand abus que commettent les Médecins qui usent de palliation dans les maux : & c'est une marque qu'ils ignorent les vraies causes de nos maux; sans la connoissance desquelles ils ne peuvent obtenir une réelle guérison.

PALMA. *Voyez* PALMIER.

PALMA CHRISTI. *Voyez* RICIN.

PALME : du Latin *Palma*; l'étendue de la main. Mesure Romaine, qui étoit anciennement de deux sortes : le *Grand Palme*, de la longueur de la main, contenoit douze doigts, ou neuf pouces du pied de Roi : le *Petit Palme*, long du travers de la main; quatre doigts, ou trois pouces. Selon Maggi, le Palme antique Romain n'étoit que de huit pouces six lignes & demie. *Voyez* DODRANS. Le Palme est différent aujourd'hui, selon les lieux où il est en usage; comme il paroît par ceux qui sont rapportés dans Vignole.

Le *Palme Romain* moderne est de douze onces, qui font huit pouces trois lignes & demie. Le *Palme de Naples* est, selon Riccioli, de huit pouces sept lignes.

[Quelques-uns donnent au Palme de Naples, environ dix pouces de notre pied de Roi; ensorte qu'en supprimant la sixieme partie d'un certain nombre de Palmes, on en fait des pieds : par exemple, soixante Palmes font cinquante pieds; soixante-douze Palmes font soixante pieds. * *Journal Œconomique*, Décembre 1751, page 47.]

Le *Palme de Palerme* en Sicile, est de huit pouces six lignes. Le *Palme de Genes* est, selon M. Petit, de neuf pouces deux lignes. Le Palme appellé *Pan* ou *Empan*, dont on se sert en plusieurs endroits de Languedoc & de Provence, est pareil à celui de Genes. Voyez *Saumée*, dans l'article MESURE.

PALME (*Huile de*). Voyez dans l'article PALMIER.

PALMETTES. Petits Ornemens en maniere de feuilles de Palmier, qui s'entaillent sur quelques moulures.

PALMIER : en Latin *Palma*. Genre de Plantes, dont les especes varient totalement; mais qui sont réunies sous le caractere de leurs fleurs disposées en grappe, les unes mâles, d'autres femelles, & d'autres hermaphrodites : tantôt sur un même pied, tantôt sur des individus différens. Pour ce qui est des fruits; on en voit d'arrondis en forme de prunes; ou d'allongés en doigt, que l'on nomme *Dattes*; & d'autres qui forment une coque considérable. C'est à cette derniere classe que se rapporte l'*Areca*, qui se mâche avec le Betel. *Voyez* NOIX *d'Areca*. Consultez encore ci-dessous *Huile de Palme*.

On nomme *Dattier*; & en Latin *Palma major*, C. B. un grand arbre dont la tige est droite, couverte d'écailles, & comme tuberculée par le bas. Ses rameaux ne croissent qu'à la cime; disposez en rond; & ayant leur extrémité recourbée vers la terre. Leurs feuilles sont rangées alternativement, longues, étroites, & assez semblables à celles de roseau. Les racines de cet arbre sont ligneuses. Il produit quantité de fleurs blanches, à trois ou à six pieces, soutenues par des péduncules très-foibles; ses fruits se nomment *Dattes*. Ils sont en cone, charnus, un peu plus gros que le pouce, assez agréables au goût : & ont un noyau très-dur, long, gris, enveloppé d'une pellicule blanche.

Usages.

Ce Palmier est astringent dans toutes ses parties. Les *Dattes* fraîches resserrent plus que celles qui sont gardées : elles font mal à la tête, & causent une sorte d'ivresse. L'usage des séches est bon en aliment pour ceux qui crachent le sang; & pour la dysenterie & le vomissement. *Voyez* DATTE. Ce fruit fait presque la base de l'électuaire purgatif, connu sous le nom de diaphénic. Les noyaux de dattes sont astringens. On fait du pain de dattes.

Les meilleures *Dattes* sont celles de Tunis. Elles sont grosses & charnues. Ainsi on les distingue aisément de celles de Salé, qui sont maigres & seches. Les Dattes de Provence sont grosses, charnues, blondes au dehors, & blanches en dedans : mais elles sont sujettes aux vers, pour peu qu'on les garde; & à se rider & sécher, ensorte qu'il n'est plus possible d'en manger.

Autres Especes de Palmier.

1. Le *Chou Palmiste*, que G. B. nomme *Palma dactylifera*, *fructu globoso*, *minor*. Nous en parlons sous le nom de *CHOU-Arbre*.

2. Il vient au Mexique un *Palmier toujours bas*; dont les feuilles sont larges, & portées par des pédicules un peu épineux.

3. Les Isles de l'Amérique produisent des *Palmiers à Éventail*, ou *Palmiers Étoilés* : qui portent des dattes. Leurs rameaux sont des especes d'éventail, plus ou moins considérables; dont les feuilles sont longues, étroites, aiguës à leur extrémité, pliées en deux sur leur longueur, & fen-

dues depuis le sommet jusques vers le tiers. Toutes ensemble se réunissent à leur base sur une espece de nacelle qui termine leur pédicule commun ; lequel est fort ligneux, sans écailles, mais armé de fortes épines dans quelques especes. Le *Latanier* n'a point de ces épines.

Son écorce est très-noueuse & rude ; son bois n'est pas plus dur que la tige d'un de nos choux : & le tronc est si mol, que le moindre vent suffit pour le coucher. Aussi n'en voit-on gueres qui soient droits. Il est très-commun dans la basse Louisiane.

Les bœufs sauvages sont très-friands de latanier : & cette nourriture les engraisse beaucoup. Les feuilles servent aux femmes Espagnoles à faire des chapeaux qui ne pesent qu'une once ; des capotes ; & d'autres jolis ouvrages.

4. La seule espece de Palmier que l'on ait en Europe, est encore un Palmier à éventail, nommé *Petit Palmier* : & en latin, *Palma minor ; Palma humilis ; Chamæriphe*. C'est le *Cesaglione* des Italiens. On en voit en Sicile & auprès de Sienne. Ce Palmier n'a ordinairement qu'une coudée de haut. Ses fleurs sortent d'une touffe chevelue, à côté du pédicule de l'éventail. La tige est tuberculée auprès de la racine : & renferme en cet endroit une pulpe environnée de plusieurs membranes ; qui se mange avec du poivre & du sel, comme les artichaux.

On se sert de ses feuilles pour faire de petites corbeilles, des nattes & des balais.

5. Matthiole nomme *Palma Musa*, un arbre haut de cinq ou six coudées ; qui n'appartient pas au genre des Palmiers. C'est le *Bananier* ; le *Plaintain Tree* des Anglois. Les Bananiers ont des fleurs hermaphrodites, mêlées de fleurs mâles & de fleurs femelles, sur un même individu : si cependant on ne doit pas dire que les mâles & femelles sont avortées, & que toutes devroient être hermaphrodites. Quoi qu'il en soit, les fleurs mâles se trouvent placées à l'extrêmité supérieure de l'axe qui les rassemble toutes ; & les femelles sont plus bas. Les unes & les autres, réunies comme nous venons de le dire, ont une enveloppe commune, qui s'en détache. Ces fleurs sont comme labiées : la levre inférieure n'est qu'un Nectarium. Cinq étamines sont enfermées dans le pétale qui fait l'autre levre ; & une sixieme est dans le nectarium, & beaucoup plus allongée que ses compagnes. L'embryon est marqué de trois angles mousses ; le style, terminé par un stigmate arrondi. Le fruit est charnu, à trois côtes, revêtu d'une écorce épaisse, divisé en trois loges, de la forme d'un petit melon, ou rallongé comme un concombre, & il jaunit en mûrissant. On le pele pour le manger. Dans l'intérieur sont des graines rondes & menues.

Ce fruit paroit fade d'abord au goût ; mais dans la suite on le trouve si agréable qu'on ne peut s'en rassasier. Il ne nourrit pas beaucoup. Il est bon pour rafraîchir la vessie & les poumons, quoique d'ailleurs il provoque l'urine, & excite (dit-on) à la luxure. Il lâche le ventre ; mais si on en mange trop, il nuit à l'estomac, & obstrue le foie. Pour le corriger il faut user après, d'eau miellée ou de gingembre verd.

Le Bananier est très-commun en Chypre & en Egypte.

Il y en a particuliérement beaucoup à Surinam.

C'est ce qu'on appelle communément *Figuier d'Adam*. Ses fruits sont en grappe, quelquefois assez longue & pesante pour que deux hommes ayent de la peine à la porter.

Le Bananier produit des feuilles presque comme celles du roseau ; mais plus larges, moins pointues, & plus longues ; il s'en trouve de longues de trois coudées & demie, & qui ont une coudée & demie de large. La côte qui est au milieu, est large & épaisse ; & ces feuilles ressemblent à une espece de parchemin très-fort. Elles sont satinées, & engaînées les unes dans les autres. Deux suffisent souvent pour ensevelir un homme. Les feuilles de l'espece dont le fruit est long, & comme un petit melon, sont vertes des deux côtés. Elles sont blanchâtres en dessous, dans l'espece qui produit ce qu'on nomme proprement la *Figue Banane* ; dont le fruit est moins long.

Ces feuilles tombent en Septembre, & ne se renouvellent qu'au Printems. L'écorce de l'arbre est toute chargée de grosses écailles. Au reste ce n'est qu'un tronc qui n'a point de branches. A sa cime est un germe tendre, de la longueur d'une coudée ; d'où sortent d'autres petits rejettons par intervalles, éloignés environ de trois doigts l'un de l'autre. Ils produisent les fleurs & fruits décrits ci-dessus.

Il y a beaucoup de Palmiers en Asie & en Afrique. Ces arbres demeurent toujours verds ; & fleurissent au Printems.

Voyez Palmiferes.

Culture des Palmiers à Dattes.

Ces arbres ont besoin d'un climat chaud. Ils croissent naturellement dans des terres légeres, sablonneuses, & nitreuses. On en plante de plants enracinés, en Avril ou en Mai. On seme aussi en place, au mois d'Octobre, les noyaux tirés des Dattes toutes fraîches. Il est bon de mêler de la cendre avec la terre où on les met ; & de les arroser souvent de lie de vin, ou plutôt de saumure.

C'est une erreur de croire que les Dattiers ne portent pas de fruit, à moins que les fleurs mâles ne soient tout près des femelles. Celles-ci donnent du fruit lors même qu'elles se trouvent seules. Mais une seule fleur mâle suffit pour féconder plus de cent femelles. Au reste cela ne peut se faire sans le secours de l'Art. Les Arabes nomment *Lakkah* les hommes qui ont cette occupation. Dès que les étamines & les embryons sont formés, ces hommes attachent au tronc des Palmiers une corde qui embrasse aussi leur corps ; à l'aide de laquelle ils montent sur les arbres, coupent les étamines des mâles, fendent avec un couteau les gaines ou embryons des femelles, & y inférent les étamines. Leur poussiere, qui est blanche, féconde les embryons. Les Dattes se forment bien jusqu'à certain point sans cette fécondation : mais elles ne mûrissent pas, & n'acquierent point leur juste grosseur. D'ailleurs elles ont alors une amertume insupportable.

Comme il y a beaucoup de Palmiers en Andalousie, M. de Tournefort y alla pour vérifier ce que l'on disoit depuis long-tems des amours du mâle & de la femelle de ces arbres. Il ne put en rien apprendre de certain.

Dans les Pays où le Bananier croît naturellement, c'est toujours dans une bonne terre. Il y pleut ordinairement pendant six mois consécutifs ; & pendant les six autres mois de l'année, il ne tombe que très-peu de pluie, quelquefois même point du tout. Cette plante commence à fleurir après une grande sécheresse. Elle aime l'abri des orages & des vents. Faute de ces observations, on la garda près de cent ans dans les jardins de Hollande, sans avoir jamais pû la faire fleurir. M. Linnæus mit la sienne, en bonne terre dans la serre, pendant l'automne de 1735 ; ensuite il fut long-tems sans lui donner d'eau : après quoi il lui en fit donner abondamment ; & eut grand soin que la serre fût toujours chaude & bien fermée: au moyen de quoi son Bananier fleurit au commencement de l'année, & porta du fruit. Dès l'année suivante on prit les mêmes précautions en Angleterre & en Hollande; avec cet agréable succès. Le Bananier a aussi fructifié à Trianon: où vraisemblablement M. Richard n'a épargné aucun des soins dont est capable un homme qui cultive par goût & avec intelligence.

ENTRE les *Palmiers dont le fruit est une Coque*, il y en a un du Sénégal & du Bresil, dont l'amande fournit par décoction ou par expression une huile connue sous les noms d'*Huile de Palme, Huile du Senegal, Huile de Pumiçin*. Cette huile est une liqueur butyreuse, d'un jaune doré, & qui a une odeur de violette ou d'iris. Les Africains la mangent, comme l'on mange du beurre en d'autres Pays: mais ils brûlent dans leurs lampes celle qui est trop vieille. A mesure que cette huile vieillit, elle se rancit & devient blanche. On la contrefait avec un mélange de cire, d'huile d'olives, & de *terra merita*. Mais il faut observer que le grand air n'altere point la couleur de cette huile contrefaite; & que la véritable, étant devenue blanche par le laps du tems, reprend sa couleur naturelle si on la fait fondre sur un petit feu. Ces deux marques servent à distinguer sûrement une huile d'avec l'autre.

On se sert de l'huile de Palme en France, pour calmer la goute & les rhumatismes, fortifier les nerfs, & atténuer les humeurs froides: en l'appliquant extérieurement.

PALMIFERES (*Plantes*). Cette classe a beaucoup fourni aux Indiens, aux Asiatiques, aux Américains, pour leurs habillemens; & pour les cordages, les voiles des navires, & autres usages. On s'est servi de presque toutes les parties de ces arbres, sans néanmoins prendre indistinctement toutes les parties du même arbre. Dans les uns on a choisi la spathe qui enveloppe le régime des fruits avant leur maturité, ou celle qui soutient les jeunes feuilles. Dans d'autres on a employé la bourre qui entoure le fruit. Les feuilles jeunes & tendres ont été préférées à cette bourre, dans d'autres especes où elle n'étoit pas considérable. On s'est enfin servi de l'écorce lorsque toutes ces parties ne pouvoient lui être comparées pour la bonté ou la quantité.

La bourre du fruit du Cocotier, le spathe, les feuilles, l'écorce, ont été mises en usage. Rumphius en dit autant du Calapa. Le Pinanga, le Lontarus sauvage, le Tetum, l'Hakum, le Wanga (toutes especes de Palmiers), fournissent par leurs feuilles un fil plus ou moins fin, dont ces peuples font des étoffes. Ils ont même préparé les feuilles de l'Hakum & du Soribi; & s'en sont servi au lieu de papier.

Ray dit, d'après quelques Auteurs, dans son *Histoire des Plantes*, que le Cocotier renferme à la place de la moëlle, une main de papier, de cinquante à soixante feuilles sur lesquelles on peut écrire. Il en est de ce livre du Cocotier, comme de celui qu'on trouve dans le milieu d'un fruit du Pérou, dont parle M. Fraizier Auteur du *Voyage de la Mer du Sud*. Tout ce merveilleux, réduit à sa juste valeur, selon M. Guettard, veut dire que la moëlle du Cocotier & la pulpe du fruit du Pérou, peuvent aisément se mettre en feuillets; de même que celle du Sureau de la Chine, dont on fait ces belles fleurs artificielles qu'on nous apporte de ce Pays-là; ou que ces livres sont faits de racines d'une espece de Mauve, qui ne demandent pour toute préparation que d'être séchées avec art & détachées ensuite par feuillets. Le Musa, ou Bananier, a été employé à des usages qui sont les mêmes, ou peu différens. * *Journal Œconomique*, Août 1751, page 101.

PALO *de Aguillà*. Voyez ALOES: *Bois*.

PALO *de Calenturas*. *Voyez* QUINQUINA.

PALONID. Consultez l'article des *maladies du* BÉTAIL.

PALPITATION *de Cœur*. Dans cet accident les arteres battent avec violence par tout le corps; & particuliérement vers la tête, où il se forme souvent des anévrismes. Les mélancoliques sont sujets à cette palpitation; dont la cause se rencontre assez ordinairement dans les hypochondres. Ce désordre a quelquefois des retours périodiques. D'autres fois il commence lorsqu'on s'y attend le moins & finit de même. La palpitation est toujours accompagnée de difficulté de respirer.

Si la palpitation dure long-tems, elle menace d'une mort prochaine. Elle est dangereuse lorsque ses accès sont fréquens, à la suite d'une maladie; & lorsqu'elle occasionne des nausées, des vomissemens bilieux, sur-tout si le vomissement ne fait pas cesser les nausées & la palpitation. Ceux qui sont sujets à des palpitations dont les retours se font avec quelque régularité après plusieurs mois, ou même tous les ans, meurent subitement avant de parvenir à la vieillesse: ou ils sont emportés par une fievre violente; ou une syncope leur ôte la vie en peu de momens. Les personnes de quarante à cinquante ans, qui sont sujettes à la mélancolie venteuse, & dont la rate est gonflée, sont aussi sujettes aux palpitations de cœur.

La syncope précede ou suit communément la palpitation.

Il est rare de voir des palpitations de cœur dans les pauvres: soit qu'ils ne s'en plaignent point, à cause que cet accident n'est pas douloureux: soit que, selon le sentiment de Galien, on n'y soit presque jamais exposé lorsqu'on vit sobrement & qu'on use d'alimens peu nourrissans.

En général la palpitation est un mouvement convulsif du cœur. Ce mouvement est quelquefois d'une si grande violence, que non-seulement on le sent avec la main, mais qu'on peut aussi l'appercevoir des yeux, & l'entendre même à certaine distance. Il y a des Auteurs qui attestent que dans des enfans ou autres personnes très-délicates, les côtes en ont été rompues, & repoussées avec impétuosité au dehors des chairs.

Outre les vapeurs atrabilaires, il peut y avoir d'autres causes de la palpitation. Telles sont des excroissances verrucales adhérentes au cœur; l'ossification de la grande artere, proche du cœur; des vers qui se rencontreront dans le cœur même, ou dans le péricarde; un abscès formé dans ce viscere; la trop grande quantité de sang; la mauvaise conformation du cœur; des excroissances polypeuses; des pierres; enfin des dispositions organiques, qui mettent les esprits animaux dans un mouvement violent & habituel. Dans les personnes du sexe, cet accident peut aussi être occasionné par les pâles couleurs, & par la suppression des ordinaires. On voit des personnes en qui la palpitation est l'effet d'une pituite froide & surabondante: & alors elles ont le visage pâle, & le pouls lent & serré. Le mauvais air, une morsure venimeuse, la joie, la tristesse, la crainte, la colere, toute passion violente, le trop d'exercice, l'excès du vin, les bains pris imprudemment, & le commerce des femmes, sont encore des causes de palpitation.

Remedes.

1. Le repos seul suffit souvent pour faire cesser cet accident.

2. Appliquez sur le cœur un nouet de safran & de camphre.

3. Toutes les essences & infusions de plantes aromatiques, faites avec du vin, sont utiles pour la palpitation. On prend de tems à autre un verre de ces infusions. Pour ce qui est des essences, consultez l'article des *Remedes contre les* VAPEURS.

4. Les indications curatives sont de désobstruer puissamment les visceres, purger les humeurs grossieres, dissiper les ventosités, fortifier toutes les parties naturelles, décharger les parties vitales par voie de révulsion & de dérivation, user de cardiaques rafraîchissans & de styptiques modérés; sans oublier les antiscorbutiques, d'autant que la palpitation est souvent un signe de scorbut dans le cœur ou dans les parties voisines.

5. Pour abattre la malignité de l'humeur mélancolique, dissiper les vapeurs, & satisfaire à la plûpart des indications; on usera efficacement de remedes martiaux: tels que le mars en substance, le sel de mars, le vitriol de mars, le mars potable.

6. S'il y a plénitude de sang, il en faudra tirer suivant l'âge, les forces, le sexe & la saison.

7. Si les fumées ou les mauvaises vapeurs viennent de chaleur, ou d'obstruction; l'on saignera non-seulement du bras, mais encore du pied.

8. Si le battement est extrêmement violent: d'abord l'on appliquera une ventouse seche sur le cœur; & la ventouse étant ôtée, on mettra à sa place deux dragmes de thériaque, avec dix grains de safran en poudre, étendus sur un petit morceau de drap. Ensuite l'on fera prendre les bains: sinon l'on donnera des lavemens composés de son, de pourpier, de laitues, de concombres avec un peu de vinaigre; & on se servira de la même décoction, en fomentation deux à trois fois le jour.

L'on fera user d'une tisanne faite avec des pommes & des pruneaux. Ceux qui aimeront la douceur, y pourront ajoûter du miel de Narbonne, ou du sucre, ou de la reglisse. Après avoir pratiqué quelques jours ces petits remedes, l'on purgera pour la premiere fois avec une once & demie de casse mondée, ou avec une once de *catholicon* double, dissout dans deux verres de petit lait; que l'on prendra à une heure de distance l'un de l'autre. Deux à trois jours après l'on purgera derechef: ajoûtant dans la médecine une once de sirop de fleurs de pêcher, ou deux cuillerées de jus de violettes.

Les bouillons seront assaisonnés de pourpier, de laitues, d'ozeille, ou de jus d'orange. En hiver à la place des herbes, l'on mettra du verjus, ou des câpres, ou un gros de crême de tartre.

L'on défendra de manger ni trop salé, ni épicé, ni de viandes grossieres & indigestes; & l'on trempera le vin.

L'on permettra l'usage du fromage mou, du lait, de la crême, du caillé; comme aussi les pêches, les pavies, les pommes, les cerises, les poires, les melons & les concombres. L'on conseillera de plus de ne pas serrer le cou, ni les reins, ni les jambes, ni les cuisses.

9. Si la palpitation venoit d'une abondante & froide pituite, l'on fera prendre une dragme de pilules d'aloës avant souper; ou le matin à jeun avec deux onces de manne fondue dans un bouillon, ou avec demi-once de tablettes *de succo rosarum*. L'on ordonnera l'usage de la thériaque, ou de l'orvietan, ou un peu de vin d'absinthe, ou de vin d'Espagne, ou du rossolis. Sinon l'on composera l'*Opiate* suivante:

Prenez quatre onces de conserve de fleurs de buglose: mêlez-y demi-once de corail préparé, avec deux dragmes de poudre de santalcitrin, autant de santal rouge, & un peu de vin d'Espagne, ou de rossolis. La prise sera d'une demi-once soir & matin.

On pourra encore prendre tous les matins quatre cuillerées de jus de buglose, ou de bourrache.

L'on fera un exercice modéré, beaucoup d'abstinence: & on interrompra le dormir du midi, en s'exerçant à quelque chose d'honnête & de divertissant.

10. Si la palpitation du cœur étoit causée par le poison, ou par un air empesté, ou qu'elle vînt d'une morsure de quelque bête; de joie, de crainte, de tristesse, ou de quelqu'autre passion excessive: les unes se guériront par le contrepoison; & les autres en modérant les passions qui en sont les causes.

11. Si elle procede du consentement des poumons, de l'estomac, de la rate, de la matrice, des intestins, ou du ventre; en soulageant ces parties, l'on en retranchera la cause.

12. Flairez souvent des cloux de gérofle.

13. Usez de tems en tems, d'une décoction d'aigremoine. Ou, cette plante étant séche, prenez-en à la maniere du thé.

14. Appliquez sur la région du cœur un cataplasme de mie de pain imbibée de bon vin: y ajoûtant de la poudre de roses, de marjolaine, de noix muscade, & de gérofle.

15. Prenez deux onces de suc de buglose ou de bourrache, clarifié au feu, & deux dragmes de sucre. Mêlez le tout: & le buvez tiede tous les soirs en vous mettant au lit.

16. Portez une demi-once de camphre, suspendue à votre cou, dans un morceau de taffetas cramoisi: dit l'Auteur de la *Médecine & Chirurgie des Pauvres*.

17. La saignée est un bon remede pour les palpitations violentes. Galien assure qu'elle lui a toujours réussi.

18. Emplissez un sachet, de mélisse fraîche, avec partie égale de feuilles de bourrache. Trempez-le dans de l'eau rose & du vinaigre: & l'appliquez sur le cœur.

19. La palpitation occasionnée par le scorbut, ou par l'affection hystérique, peut se guérir: mais celle qui vient d'autres causes, est ordinairement incurable; selon Etmuller.

20. Quoique le propre de l'opium soit de calmer tout mouvement violent; il n'a point lieu dans les palpitations. Il cause alors des défaillances très-dangereuses.

21. Tous les autres antispasmodiques peuvent être d'un grand secours.

22. Quand la maladie tire en longueur après l'usage des remedes, il y a tout lieu de craindre que le malade n'y succombe.

23. Fonseca faisoit prendre intérieurement trois ou quatre gouttes d'huile distillée de succin, dans de l'eau de fleurs d'orange.

24. *Voyez* CŒUR. VAPEURS. APÉRITIFS. BAIN *domestique*. BAUME *de Paracelse*. BENOÎTE. BÉZOARD. ARSENIC. ALKERMES; *Confection*.

PALPITATION *en d'autres parties du corps*.

Si cet accident survient *aux Mains* pendant la fievre, il dénote qu'elle durera long-tems.

Hippocrate prétend que c'est un indice de mort prochaine, dans les maladies accompagnées de signes funestes.

La palpitation du *Ventre*, avec tension & gonflement des hypochondres, présage une hémorrhagie.

Dans une fievre, les palpitations d'*Entrailles* causent le délire.

La mort suit promptement la palpitation de *tout le corps*, lorsque ce symptôme est accompagné du défaut de parole.

PALUDAPIUM. *Voyez* ACHE *des Marais*.

PAM

PAMELLE. *Voyez* ORGE, *n.* 1.

PAMELLEUSE. Mêlange de trois boisseaux d'aveine sur cinq de pamelle. On seme la Pamelleuse, au printems, comme grain de Mars.

PAMPRE. *Consultez* l'article VIGNE.

PAMPRE, *en Architecture*. C'est un feston de feuilles de vigne & de grappes de raisin; ou un ornement en maniere de sep de vigne: qui sert à décorer la colonne torse. On en voit sur les corinthiennes de la porte du chœur, à Notre-Dame de Paris.

PAN

PAN. C'est le côté d'une figure rectiligne; réguliere, ou irréguliere: en Latin *Latus*.

Pan de Mur. C'est une partie de la continuité d'un mur. Quand quelque partie d'un mur est tombée, on dit qu'il y a un Pan de mur de *tant* de toises à construire, ou à réparer.

Pan Coupé. C'est l'encognure rabattue d'une maison; que l'on rabat ainsi pour y mettre une ou deux bornes, & faciliter le tournant des charrois. C'est *aussi*, dans une Église à dôme, la face de chaque pilier de sa croisée: où sont les pilastres ébrasés, & d'où naissent les pendentifs.

PAN *de Bois*: en Charpenterie. Assemblage de charpente, qui sert de mur de face à un bâtiment. Il se fait ordinairement de sablieres, de poteaux à plomb, d'autres poteaux inclinés & posés en décharge, linteaux, appuis, potelets, guettes, guetterons, poteaux corniers, &c. Le Pan que l'on nomme *à brins de fougere*, consiste en petits potelets assemblés diagonalement à tenons & mortoises, dans les intervalles de plusieurs poteaux à plomb: cet ouvrage ressemble à des branches de fougere. Le Pan *de Lozanges entrelassées* est formé par des pieces posées en diagonale, entaillées de leur demi-épaisseur, & chevalées. Les panneaux de ces deux sortes de Pans, sont remplis avec des briques ou de la maçonnerie, qu'on enduit d'après les poteaux, ou que l'on recouvre & lambrisse sur un lattis.

Les Pans de bois se nommoient autrefois *Cloisonage*, & *Colombage*.

Dans les endroits où la pierre est commune, c'est une faute considérable que de faire de ces Pans sur les faces des rues. On n'y trouve point de ménage réel par rapport à la place: car un Pan de bois, recouvert des deux côtés, doit avoir au moins huit pouces d'épaisseur; & un mur bâti de pierres de taille, peut suffire à dix-huit pouces: on ne gagne donc que dix pouces; qui ne font pas grand' chose dans la profondeur. À l'égard de la dépense: on ne balancera pas, si l'on examine bien la comparaison qu'il y a de l'un à l'autre pour la solidité & pour la beauté.

Les principaux poteaux, que l'on appelle poteaux corniers, & qui sont posés sur un angle saillant (comme à l'encognure d'une rue) doivent être plus forts que les autres. Ils portent ordinairement depuis le dessus du premier plancher, s'il se peut, jusqu'à l'entablement; & doivent avoir au moins neuf à dix pouces de gros: parce qu'il faut que les sablieres soient assemblées dedans à chaque étage. Quand on est obligé de mettre des guettes ou des croix de S. André sur des vuides, elles doivent avoir au moins six à huit pouces; & il faut que tous les poteaux des Pans de bois soient assemblés à tenons & mortoises, par le haut & par le bas, dans des sablieres. Ces sablieres doivent être posées à la hauteur de chaque étage; & avoir au moins sept à neuf pouces de gros, posées sur le plat. Si elles saillent un peu les poteaux en dehors, c'est pour faire la saillie des plinthes; que l'on fait ordinairement au droit de chaque plancher.

Quand on pose un Pan de bois d'une hauteur considérable sur un poitrail, pour de grandes ouvertures, il faut, 1°. que ce poitrail soit porté sur de bonnes jambes boutisses & étrieres. C'est à quoi l'on doit bien prendre garde: car presque toutes les faces des maisons à Pans de bois manquent par-là. Les poitrails doivent, 2°. être d'un bois de bonne qualité, & de grosseur convenable. Il faut ne pas leur donner trop de portée; c'est-à-dire, que le vuide de dessous ne soit point trop grand. Il faut outre cela les bien asseoir sur la tablette de pierre dure qui doit les porter; & ne point mettre de calles dessous, comme font la plûpart des Charpentiers. Pour peu qu'un poitrail soit mal posé, il déverse en dehors où est toute la charge. Et quand il déverse d'un quart de pouce, cela fait surplomber le Pan de bois, quelquefois de plus de six pouces.

Une autre précaution nécessaire, pour les grandes hauteurs, est que tout le Pan soit lié ensemble avec des équerres & des bandes de fer; ensorte que tout ne fasse, s'il se peut, qu'un même corps.

Voyez *Bois* APPARENT.

PAN *de Comble*. C'est l'un des côtés de la couverture d'un comble. On appelle *Long Pan*, le plus long côté.

PAN: ou *Empan*. Voyez PALME; *Mesure*.

PAN: *Filet*. Voyez au mot PANNEAU.

PANACÉE. Ce mot signifie en Grec, remede Universel ou propre à guérir toutes sortes de maladies. On a prodigué ce nom à beaucoup de préparations chymiques, tirées principalement du regne minéral.

Les Quatre Panacées, ou *Arcanes Généraux* des Chymistes, sont des remedes agréables. On prétend que la substance métallique s'y trouve fixe & parfaite. Ces remedes, étant bien préparés, guérissent par les sueurs, sans causer aucunes nausées. *Voyez* ALKAEST. QUINT-ESSENCE.

Panacée Antimoniale, ou *Panacée Universelle*.

Cet émétique, très-foible par l'aveu même de M. Lemery, est dès-là inutile: car l'on risque presque toujours de manquer l'effet que l'on s'en promet; & on ne fait que fatiguer le malade, sans lui procurer de soulagement. Aussi M. Baron le bannit-il entiérement de la pratique de la Médecine; dans une note sur la préparation de cette Panacée, telle que l'a décrit M. Lemery. C'est pourquoi on supprime ici cette description, qui étoit anciennement dans le Dictionnaire.

Panacée Mercurielle.

Prenez telle quantité que vous voudrez de Sublimé doux. Réduisez-le en poudre dans un mortier de marbre ou de verre; & mettez-le dans un matras dont vous aurez coupé le cou au milieu de sa hauteur. Laissez les trois quarts de ce matras vuides. Placez-le ensuite dans un fourneau, au bain de sable; & faites dessous un petit feu pendant une heure, pour échauffer la matiere. Augmentez-le peu-à-peu, jusqu'au troisieme degré; & continuez-le dans cet état, environ cinq heures, pour donner le tems à la matiere de se sublimer. Quand le vaisseau sera refroidi, vous le casserez; & rejetterez comme inutile un peu de terre légere, de couleur rougeâtre, qui se trouvera au fond: vous séparerez du verre tout le sublimé. Vous le remettrez en poudre & le sublimerez dans un matras, comme ci-devant. Réiterez la même opération sept autres fois, changeant toujours de matras, & rejettant la terre légere. Broyez ce sublimé, sur le marbre ou porphyre, jusqu'à ce qu'il soit réduit en poudre impalpable; & mettez-le dans une cucurbite de verre; dans laquelle vous verserez de l'esprit de vin alkoolisé, jusqu'à la hauteur de six doigts. Après avoir couvert la cucurbite, de son chapiteau, laissez la matiere en digestion pendant quinze jours; l'agitant de tems en tems avec une spatule d'ivoire. Placez ensuite la cucurbite au bain-marie ou au bain de vapeur. Adaptez un récipient au bec de l'alembic: lutez exactement les jointures avec de la vessie mouillée; & faites distiller l'esprit de vin à un feu modéré. Lorsque les vaisseaux seront refroidis, vous les deluterez: & vous trouverez la Panacée au fond de la cucurbite. Si elle n'est pas assez séche, vous la ferez secher par un petit feu de sable en remuant avec une spatule d'ivoire ou de bois, dans la cucurbite même, jusqu'à ce que la Panacée soit en poudre. Vous la mettrez dans un vaisseau de verre, pour la garder.

Cette Panacée est un excellent remede pour toutes les maladies vénériennes, les obstructions, les rhumatismes invétérés, le scorbut, les écrouelles, les dartres, la galle, la teigne, les vers & ascarides, les vieux ulceres, &c. La dose est depuis six grains jusqu'à deux scrupules, dans un peu de conserve de roses, en bol.

On peut aussi faire des pilules de cette Panacée, avec le mucilage de gomme adraganth: ce qui la rend très-facile à avaler.

Il faut dans le commencement la donner en petite quantité; & en augmenter peu à peu la dose.

Ce remede donné à propos peut épargner quelques frictions à celui qui est attaqué de la verole: si on lui en donne les mêmes jours qu'on le frotte, il procure plus tôt le flux de bouche, & plus doucement. On entretient aussi ce flux, & on l'augmente, par le même remede: que l'on conduit selon les circonstances, en le donnant en dose plus forte ou plus foible.

Pour exciter le flux de bouche par le moyen de la Panacée seule, on purge le malade; on le saigne; & on le baigne. Après quoi on lui donne d'abord dix grains de Panacée le matin & autant le soir. Le jour suivant on en donne quinze grains à pareilles heures; le troisieme jour vingt grains. On continue d'augmenter de cinq grains, chaque jour, jusqu'à ce que le flux de bouche vienne abondamment. Alors on l'entretient en donnant, de deux ou trois jours l'un, douze grains de Panacée. La salivation excitée par ce remede, n'étant pas aussi forte que celle que procurent les frictions, il est bon de la faire durer plus long-tems. Ainsi pour une parfaite guérison, il seroit nécessaire de la continuer environ trente jours. *Voyez* l'article *Maladies* VÉNÉRIENNES.

Nota. De bons Chymistes ne font pas distiller l'esprit de vin, comme M. Lemery vient de l'enseigner. Ils se servent d'esprit de vin aromatisé; qu'ils laissent en digestion avec le mercure qui a subi tant de sublimations. Et au bout de huit ou quinze jours, plus ou moins, ils versent l'esprit de vin par inclination; & font sécher ce qui reste: qui est la Panacée.

Panacée Mercurielle Noire.

Consultez l'article PALES-COULEURS.

Panacée Nitreuse: ou Magistere Nitreux.

Prenez de l'eau-mere de salpêtre, la plus vieille & la plus déchargée que vous pourrez avoir, qui soit du moins d'une année (la quantité que vous souhaiterez): mettez-en une pinte dans un pot de terre neuf, qui tienne au moins deux à trois pintes, & qui soit garni d'un bon lut jusqu'aux oreilles. Faites-en consumer à un petit feu de charbon environ les deux tiers: mettez à la place environ un quart de pinte de ladite eau, que vous aurez fait chauffer prête à bouillir; mettez-la avec une cuiller de bois; & remuez toujours afin qu'elle ne verse point. Vous la ferez encore consumer petit à petit. Vous en ferez consumer ainsi dix ou douze pintes, ou tout ce que vous aurez; jusqu'à ce que tout soit devenu sel dans le pot.

Augmentez pour lors le feu peu à peu, en mettant le pot dans un grand feu de charbon, dans un bon fourneau à vent, où il en sera bien entouré jusqu'à ce qu'il ne rende plus de fumée, que le sel qui est dedans soit devenu bien rouge, que le soufre qui y est contenu s'enflamme, & qu'il pâlisse. Pour lors il faut augmenter le feu jusqu'à ce que la matiere soit en fusion, & qu'elle devienne blanche & fluide comme du lait. Continuez le feu pendant une heure, jusqu'à ce qu'il n'exhale plus rien.

Ayez pour lors une grande terrine neuve bien vernissée: dans laquelle vous mettrez sept à huit pintes d'eau filtrée, qui soit bouillante. Versez-y votre matiere aussi bouillante, pour faire fondre le sel lixiviel. Si par hazard il ne se fondoit point, il faudroit en séparer l'eau par inclination; faire sécher le sel, & le mettre en poudre. Après quoi vous le remettrez dans la terrine; & verserez encore par-dessus, autant d'eau bouillante qu'à la premiere fois. Remuez bien le tout avec un bâton blanc de saule, pendant une bonne heure. Cela fait, couvrez la terrine avec une serviette; & laissez reposer pendant vingt-quatre heures. Tirez-en ensuite par inclination l'eau; qui sera très claire: & réservez-la dans un pot séparément. Faites bouillir encore la même quantité d'eau bien claire; & jettez-la toute bouillante sur votre poudre blanche dans la terrine: remuez encore avec le même bâton pendant une heure. Après quoi vous la laisserez reposer pendant vingt-quatre heures, couverte de la même serviette. Vuidez-la ensuite par inclination. Et si elle n'a point de goût salé, jettez-la comme inutile. Lorsqu'elle viendra blanche ou trouble, vous ne la tirerez plus.

Faites rebouillir encore la même quantité d'eau bien claire; & jettez-la sur votre poudre blanche de la terrine: laquelle vous brouillerez avec le même bâton. Après quoi laissez-la reposer encore vingt-quatre heures. Vuidez toute ladite eau: & faites sécher votre poudre au soleil dans la même terrine. Elle ressemblera à de très-bel amidon. Mettez-en un peu sur la langue; si vous y trouvez quelque goût de sel, relavez-la encore une ou deux fois avec de l'eau froide; & vous aurez une poudre très-parfaite. Laquelle après avoir été bien séchée, vous conserverez dans un pot de verre, ou une bouteille, bien fermée. La dose est de deux dragmes.

Faites évaporer la premiere eau que vous aurez conservée: vous aurez un sel bien blanc & très-apéritif.

Notez qu'en travaillant cette Panacée, il faut donner un feu très-lent. Autrement la matiere se gonfle si fort, qu'elle s'éleve par-dessus le pot, & qu'on ne peut l'empêcher de verser. On peut la faire avec plusieurs pots. Toute la difficulté est à bien ménager le feu, & toujours remuer, afin qu'elle ne verse pas; & de la bien fondre; qu'elle soit blanche comme du lait, avant de la jetter dans l'eau bouillante.

En la préparant, il s'éleve une grande quantité de beau soufre doré qui s'évapore en fumée, & teint la cheminée.

Ce remede se donne aux enfans à la mammelle; & aux femmes enceintes. Il n'y a point de verole, goute sciatique, ni maladies chroniques, que cette poudre ne guerisse (dit-on) dans dix, vingt, trente ou quarante jours: comme vous verrez ci-après.

Ce remede convient généralement à toute sorte de maladies. Cette poudre est inaltérable au feu; auquel elle résiste comme l'or: ce qui peut la faire regarder comme une véritable médecine universelle, qui tend à chasser toutes les crudités qui sont l'ame des maladies.

Elle purge les humeurs qui font la fievre; & resserre le flux de ventre: en poussant par les urines, la cause qui les produit.

Elle guérit les fievres ardentes, & les malignes. On peut faire une ou deux saignées, suivant le besoin, avant de la donner.

Dans les fievres pestilentielles & malignes, & dans d'autres maladies pressantes, on la donne de six en six heures; laissant au malade la liberté de boire & manger avec modération. On la donne dans du bouillon ou dans du vin chaud, avec un peu de sucre; ou dans de l'eau de fontaine, chaude, avec un peu de sucre. Si le malade est constipé, on en met dans un lavement deux prises. On en use de même pour les fievres ardentes & putrides; qu'il guérit dans cinq ou six jours, & tout au plus en neuf.

De même pour les pleurésies & érysipeles. Et sur ceux-ci on applique des linges trempés dans cette poudre dissoute dans de l'eau rose; jusqu'à parfaite guérison.

Pour la pleurésie & squinancie, il faut s'en servir dès le commencement.

Pour les fievres d'accès, on donne une dose de cette poudre matin & soir, dans du bouillon ou du vin chaud, pendant trois ou quatre jours de suite, une ou deux heures avant de manger. On continue ce remede un peu plus long-tems pour les fievres quartes. Quelquefois dès le commencement la fievre augmente: & c'est une marque certaine de guérison.

Ce remede guérit en sept ou huit jours les catarrhes, si on en prend matin & soir une prise, pendant quinze jours. Il appaise les douleurs de la goute: on en prend matin & soir; après quoi l'on cesse d'en prendre pendant six jours; & on le reprend encore pendant quatre jours de suite matin & soir. A la premiere attaque les douleurs seront fort légeres; & si on en prend une dose tous les jours pendant quelque tems, les douleurs seront si légeres qu'à peine on s'en appercevra. Pour la gravelle & la néphretique, il en faut prendre soir & matin pendant trois jours: il chasse les matieres qui les causent; & si on en prend encore quatre jours, on sera entierement guéri.

Pour la rétention d'urine, même avec du sang, carnosité, pierre, mucosité, chaude-pisse: il en faut prendre soir & matin jusqu'à guérison. On en seringue pour la chaude-pisse plusieurs fois par jour, une dose dissoute dans l'eau rose: & dans trente jours pour le plus tard on est guéri sans aucune incommodité.

Il convient à toutes les maladies chroniques, douleurs d'estomac, obstruction, douleur de tête, migraine, fluxion sur les yeux, rhume, toux, hémorrhoïdes, galle, flux de sang, &c. dysenterie. Il en faut prendre pour chacune de ces maladies pendant six jours de suite, matin & soir. S'il arrive que dans les premiers jours le mal soit plus violent, le malade ne doit point s'en allarmer: au contraire, c'est la marque la plus certaine de guérison, en continuant d'en user.

Il est spécifique pour la phthisie & l'hydropisie. On doit en prendre matin & soir pendant deux mois, sans discontinuer. S'il s'en trouve qui ne soient pas entiérement guéris, ils avoueront du moins qu'ils seront considérablement soulagés.

Il est très-assuré pour toutes les maladies vénériennes avec douleurs, pustules, nodus; prenant cette poudre réguliérement pendant deux mois matin & soir: si dans huit ou dix jours les douleurs augmentent, c'est une bonne marque: & si les malades continuent encore, ils seront infailliblement guéris. Ceux en qui le mal ne sera pas invétéré, seront bien plus tôt guéris, & n'auront pas de douleurs.

Ceux qui ont la sciatique invétérée se trouveront absolument guéris, s'ils en prennent pendant deux mois de suite matin & soir, quoiqu'ils ressentent de plus fortes douleurs les premiers jours; c'est une marque que la poudre attaque le mal, & qu'ils seront guéris.

Ceux qui ont une plaie jugée incurable, causée par quelque maladie que ce puisse être, doivent prendre cette poudre comme nous venons de dire; & laver leur plaie dans du vin chaud, dans lequel on aura fait infuser une prise de ladite poudre; & ils seront parfaitement guéris.

Si on donne matin & soir, pendant cinq jours consécutifs, de cette poudre à un sourd, pourvû que la maladie ne soit point invétérée, mettant trois fois par jour dans son oreille de l'eau-de-vie de la plus forte, dans laquelle on aura fait infuser une prise de cette poudre; il guérira certainement, quoique dans les premiers jours la surdité paroisse augmenter.

Cette poudre est souveraine pour les inflammations des yeux. Il faut en prendre pendant cinq jours matin & soir; & se baigner très-souvent les yeux avec de l'eau rose, dans laquelle on aura fait infuser une prise de cette poudre.

Ceux qui ont quelque veine ouverte dans le corps ou un continuel crachement de sang, doivent prendre cette poudre matin & soir pendant trois jours, si la maladie est récente; & pendant quinze, si elle est invétérée. Si la maladie augmente aux premiers jours, cela ne doit pas étonner le malade: au contraire il doit continuer; & il sera guéri.

Pour une blessure en quelque partie du corps,

qu'on se fasse panser, & qu'on prenne matin & soir une dose de cette poudre : elle détournera le concours des humeurs, empêchera la putréfaction de la plaie; & l'on n'aura aucune fievre.

Une prise de cette poudre une heure avant le manger, facilite la digestion, & remédie à l'indigestion causée par les divers alimens. Quiconque en prendra tous les jours réguliérement, s'en trouvera parfaitement bien; parce qu'elle fortifie la nature, la rend plus vigoureuse, conforte l'estomac foible, donne de l'appetit, augmente la chaleur naturelle, délivre le cœur des mauvaises vapeurs, éveille les esprits vitaux, conserve l'homme sain, & l'exempte de toute corruption.

Elle est bonne contre la peste & le mauvais air; étant prise comme ci-dessus.

Elle est un bon remede contre toutes les maladies qui peuvent arriver aux femmes enceintes, avec certitude qu'elle ne peut nuire à leur grossesse; & elle les guérit de quelque maladie qu'elles ayent.

Une dose de cette poudre facilite l'accouchement d'une femme qui seroit en péril. Si dans l'espace de quatre heures elle n'accouche pas, il faut lui en donner encore une prise; & peu de tems après, elle accouchera heureusement; elle sera aussi préservée de toutes les maladies qui peuvent arriver après l'enfantement, si elle prend de cette poudre six jours de suite matin & soir.

Elle est très-utile pour une femme qui n'est pas reglée ou qui perd trop abondamment: étant prise six jours de suite matin & soir, elle guérira ces indispositions.

C'est un remede indubitable pour la petite verole. Il en faut prendre une dose matin & soir, pendant neuf jours de suite. Les cinq premiers jours, elle fera sortir les pustules, & calmera la fievre; qui diminuera jusqu'au neuvieme : & le malade sera hors de danger. Pour conserver les yeux, il faut les laver souvent avec l'eau rose où cette poudre aura infusé.

Enfin toutes crudités susceptibles de coction sont évacuées au moyen de cette poudre, d'une maniere bénigne & par les voies auxquelles la nature incline; par les selles, les urines, la sueur, & très-rarement par le vomissement. Son effet est de remédier aussi à tous les mouvemens symptomatiques, & de changer l'ordre des évacuations naturelles, quand il en est besoin pour une plus prompte & plus sûre guérison.

Comme cette poudre contient manifestement la vertu de dessécher & de consumer l'humidité superflue, on peut la donner avec assurance aux constitutions humides. Et en même-tems il est très-certain qu'étant donnée à ceux qui ont une fievre ardente & la langue séche & âpre, elle l'humecte & la blanchit, & éteint la soif: d'autant qu'elle passe à la racine du mal, & attaque l'humeur putride qui causoit la fievre & les autres accidens.

Des malades, à qui elle a procuré une seule évacuation, ont été guéris de fievre violente accompagnée de grande douleur de tête & d'estomac.

Cette poudre peut être donnée à toute heure & en tout tems; avant & après le manger; pour toute sorte de maladies. Les personnes en santé en peuvent user pour leur conservation.

Elle est d'autant plus facile à prendre, qu'elle n'a aucune odeur ni saveur : ce qui fait qu'elle convient parfaitement aux personnes qui abhorrent toute sorte de remedes. Elle n'assujettit à aucun régime; & n'oblige pas même à la diete. On permet dans quelque fievre que ce soit, de manger ce que l'on trouvera de son goût, & l'usage du vin avec modération : ce qui marque que cette poudre n'a en soi aucune qualité mauvaise ni altérante; & qu'on en peut mettre dans l'œil avec aussi peu de danger que si c'étoit de l'eau pure & nette.

Si le malade a besoin ou s'il souhaite de se faire tirer du sang au commencement de sa maladie, & avant de commencer ce remede; il le peut: l'effet de la poudre en sera plus prompt. Cependant la saignée n'est pas absolument nécessaire.

Autre Panacée Nitreuse.

Cette Panacée se fait avec l'eau mere de salpêtre : dont voici la préparation. On réduit en poudre grossiere, des pierres, ou des terres qui contiennent du salpêtre; puis on fait bouillir cette poudre dans l'eau. Le salpêtre étant dissout, on met la dissolution sur le feu, dans une chaudiere ou autre vaisseau: & l'on fait évaporer la liqueur, jusqu'à ce qu'elle s'attache à une écumoire que l'on y trempera, & qu'elle paroisse en consistence d'huile, de couleur jaunâtre, ou un peu brune. C'est cette liqueur épaisse & graisseuse qu'on appelle communément *Eau de mere*, ou plutôt *Eau Mere, de salpêtre*. (*Voyez* ci-dessous, *Magnesie blanche Nitreuse*; & SALPÊTRE).

Vous prendrez cette eau Mere; & la ferez évaporer sur le feu, dans un vaisseau de terre vernissé, jusqu'à ce qu'elle paroisse en consistence de miel, ou d'extrait épais; que vous aurez soin de bien remuer & écumer pendant tout le tems de l'opération. Ensuite vous mettrez cet extrait dans un creuset, que vous placerez entre les charbons ardens : & par un feu gradué, vous ferez évaporer tous les esprits acides que cette matiere contient; jusqu'à ce qu'elle ne fume plus. Alors vous augmenterez le feu : & quand elle sera en fusion, vous l'entretiendrez jusqu'à ce qu'elle devienne blanche. Vous la jetterez ensuite dans de l'eau chaude. Cette eau qui se charge de tous les sels fixes de cette matiere, devient laiteuse; & quelque tems après, elle dépose au fond du vaisseau cette matiere alkaline qui est très-blanche, & qu'il faut exactement laver dans plusieurs eaux, jusqu'à ce qu'on ne sente au goût, qu'elle soit dépouillée de tous ses sels. Cette matiere se réduit en poudre.

Elle absorbe les acides, dissout les glaires, & les évacue par les selles, sans causer aucune tranchée. Elle aide à la transpiration: & convient dans toutes les maladies chroniques causées par le vice des acides, ou par toutes sortes d'obstructions des intestins; elle provoque les mois, guérit la jaunisse, & les maladies de la peau; & est spécifique pour le scorbut. La dose en est depuis une demi-dragme, jusqu'à deux dragmes. Il faut en user pendant plusieurs jours de suite, pour s'appercevoir de son effet; parce qu'elle agit peu à peu, & sans aucune violence. On la prend, ou dans un lait d'amandes fort clair, ou dans une eau minerale. Si on aime mieux la prendre dans une tasse de thé, on y peut mettre un peu de sucre. On la prend le matin à jeun, ou le soir deux heures avant le repas. Toutes sortes de personnes en peuvent faire usage; même les femmes enceintes.

Nota. Un Philosophe, grand Partisan de la poudre qui provient de l'eau mere de salpêtre, dit que c'est une » parfaite composition, d'une eau seule & » très-pure; d'une terre minerale parfaite, qui » approche de la substance de l'or; produite par » la nature : & nommée par les anciens *Véritable*

» *Terre*

» terre philosophique, terre bénite, poudre blanche,
» aymant blanc, argent calciné, &c. Et Hermes
» parlant de cette poudre, dit qu'elle ressemble
» à l'or dans une terre blanche, qui a la propriété
» de recevoir l'humide des métaux.

» La véritable perfection de cette matiere se
» prouve par le feu. Il est évident que de toutes
» les choses du monde, il n'y en a point qui y
» résiste comme l'or & l'argent : ce qui provient
» de leur nature homogène, de leurs parties sub-
» tiles, comme dit Geber dans son Parfait Ma-
» gistere. Ce qui marque donc la perfection d'une
» chose, c'est lorsqu'elle se défend au feu. Cette
» poudre par conséquent est très-parfaite, puis-
» qu'elle y résiste & se garantit de sa violence :
» qu'on l'y laisse autant de tems que l'on voudra,
» elle ne se consumera en aucune maniere, ni ne
» perdra son humide radical; ce qui fait qu'elle
» s'enflamme sans fumée & sans changer de cou-
» leur; elle en montre seulement une citrine très-
» belle & très-éclatante, semblable à l'air, & re-
» tourne ensuite à sa premiere blancheur : ce qui
» prouve sa subtilité, pureté & perfection, &
» qu'en icelle sont contenues les quatre premieres
» qualités élémentaires, tellement pures, unies &
» homogenes, que le feu n'y peut trouver aucune
» qualité heterogêne & capable d'en être séparée.

La *Magnesie Blanche Nitreuse* a beaucoup de rapport avec la Panacée ci-dessus.

Pour faire cette Magnesie, (dit M. Malouin, dans sa *Chymie Médicinale*) il faut prendre de *l'eau mere du salpêtre*; c'est-à-dire, l'*eau grasse de la fabrique du salpêtre, dans laquelle il ne peut plus se former de crystaux*. On la fait évaporer doucement dans une cucurbite de terre. Lorsque la matiere reste séche au fond, on l'en retire avec une spatule; & on la met par parties dans un creuset rougi entre les charbons ardens. Quand on y a tout mis, on le laisse au feu; que l'on entretient jusqu'à ce qu'il se soit formé à la surface de la matiere, de petites étoiles, qui disparoissent en fulminant. Il faut faire bien doucement l'évaporation de l'eau mere : autrement elle bouillonne, & sort du vaisseau. On doit choisir pour cela une cucurbite, dont le fond soit large & l'ouverture étroite. Il ne faut mettre que peu-à-peu dans le creuset ce qui reste après l'évaporation de l'eau mere; & le faire lentement : si on agissoit avec impatience, & qu'on en mît trop, elle s'enflammeroit, il se feroit une détonation, & elle sauteroit en l'air.

Cette magnésie est nommée en Allemagne Panacée *Solutive*; & M. Malouin dit positivement que la *Poudre de Sentinelli* n'est pas autre chose.

La magnésie blanche est différente, selon les terres qui entrent dans la composition du salpêtre. Les *Eaux-Meres* du salpêtre de Paris ne sont pas les meilleures pour faire cette opération. Celles des Salpêtriers de Provence y conviennent mieux.

Cette poudre a la propriété d'absorber les âcretés & aigreurs des humeurs. Elle fond les obstructions formées par des acides; & purge sans échauffer & sans irriter. C'est pourquoi elle convient aux femmes vaporeuses, & aux hommes hypocondriaques. On la prend depuis un demi-gros jusqu'à deux gros & demi. Le plus souvent on en prend trois prises par jour; une le soir, une autre le lendemain matin, & la troisieme l'après-dîné. Quand on la prend comme correctif des humeurs, on en continue l'usage plusieurs jours. C'est un purgatif très-commode; parce qu'on peut sortir après l'avoir pris; il ne presse point; de sorte qu'on peut, sans se retenir, en remettre l'effet, pour ainsi-dire, à sa commodité.

M. Malouin a employé extérieurement, quelquefois avec succès, l'eau-mere du salpêtre pour des maladies de la peau, comme vieilles dartres, & gales.

Autre Panacée.

Consultez l'article Arcanum Duplicatum.

Panacée Universelle pour toutes sortes de maladies, & principalement pour les fievres malignes.

Voyez Essence Solaire.

Panacée Vitriolique.

Voyez sous le mot Vitriol.

Panacée du Duc d'Holstein.

Voyez Arcanum Duplicatum.

Panacée Végétable.

Prenez, dit-on, de la miniere du *Premier Végétable* (qui est une miniere vitriolique, laquelle a tout-à-fait le goût du vitriol, & une couleur jaunâtre; & est d'ailleurs très-friable). Calcinez-la dans un creuset, à feu très-modéré, jusqu'à ce qu'elle ait pris un rouge semblable à celui du coquelicot. Dissolvez de cette matiere dans du vin blanc, autant qu'il pourra en dissoudre. Desséchez cette solution. Dissolvez-la de nouveau dans du vin blanc, sur les cendres tant soit peu chaudes : & ramassez la substance huileuse qui surnagera.

Il faut faire cette opération dans une cucurbite de verre un peu grande.

Dix ou douze gouttes de cette huile, dans du sirop d'ivette arthritique, ou dans l'extrait de cette plante, prises de trois en trois jours, purgent doucement les gouteux; & dans la suite emportent entiérement la goute, ou en suspendent pour longtems les attaques. Ce remede opere de même dans toutes les maladies qui arrivent aux jointures; & contre les rhumatismes. On le regarde comme spécifique pour évacuer les eaux des hydropiques.

On trouve de cette miniere dans des veines de terre noire stérile, le long des ruisseaux. Il y en a beaucoup en Dauphiné & en Provence; sur-tout près des sources minérales vitriolées.

[Cette huile, obtenue d'un Colcothar, peut être de quelque effet; à raison de la substance vitriolique ferrugineuse.

Mais en général, excepté les Panacées Mercurielles, on ne doit pas avoir confiance dans les autres Panacées comme dans des remedes universels. Ce qui se nomme Panacée, devant être propre à guérir sans exception toutes les maladies, il est fort naturel que les Alchymistes & autres personnes occupées de l'art de guérir, se soient appliqué à trouver de pareils remedes. Mais on n'y est pas encore parvenu.]

PANACÈS. Cette dénomination a été attribuée par les Botanistes à des plantes de genres très-différens; mais qui ont paru avoir des propriétés relatives à presque toutes les maladies. *Voyez* l'Angelique, *n.* 7.

Le Panacès *Asclepien* est une espece de Férule : que M. Tournefort appelle *Ferula minor, ad singulos nodos umbellifera*. D'autres Botanistes lui donnent les noms de *Libanotis*; de plante qui ressemble à une des especes de Libanotis; *Panax*

Asclepium, *Ferulæ facie*. Sa fleur est jaune ; & a beaucoup d'odeur. Chaque nœud des tiges de cette plante produit des branches, lesquelles portent des ombelles garnies de fleurs. *Voyez* FÉRULE.

PANACÈS *Carpimon*. Voyez ARALIA, *n.* I.

PANACÈS *Chironien* : en Latin *Panax Chironium*. C'est ici un des cas où l'on est forcé d'avouer l'obscurité où sont les Botanistes modernes à l'égard de certaines dénominations données par les anciens à quelques plantes.

Théophraste dit que quelques Auteurs ont appellé ainsi une espece d'*Helianthemum*, à fleur jaune ou blanche. C'est à quoi le nom de Panacès Chironien étoit aussi déterminé ci-devant dans ce Dictionnaire, en copiant la petite *Histoire des Plantes*, *in-12*, imprimée à Lyon.

Dodonée (*Pempt.* 2. *L.* 4. *c.* 27.) dit que, selon d'autres, ce Panacès est la plante qu'il nomme *Balsamita major* ; la *Menthe Grecque* de Mathiole ; & que d'autres appellent *Sauge Romaine*, *Menthe Sarrasine*, *Herba D. Mariæ*, & *Costus hortensis*. Puis il ajoûte que cette plante ressemble effectivement au Panacès Chironien de Pline & de Théophraste ; lequel a les feuilles de lapathum, & les fleurs couleur d'or.

Il est vrai que Théophraste dit que ce Panacès a la feuille comme celle du lapathum ; mais plus grande, plus épaisse, & plus velue ; la fleur de couleur d'or ; & la racine longue : & qu'il se plaît dans les terreins gras. Pline s'explique à-peu-près de même ; avec cette différence que, selon lui, la racine est petite, & non pas longue.

Dioscoride, Apulée, & d'autres, assurent que le Panacès Chironien a la feuille de marjolaine ; la fleur couleur d'or ; la racine menue, peu profonde, & d'un goût âcre.

La diversité de sentimens que l'on apperçoit à cet égard, fait supposer par Dodonée deux Panacès Chironiens : l'un à feuille de marjolaine ; l'autre à feuille de lapathum ; & il croit que celui-ci est l'*Aunée* : ce que pensent aussi Apulée, Anguillara, &c.

Mais il faut observer que le même Dodonée (*Pempt.* 2. *L.* 5. *c.* 12. & *Pempt.* 3. *L.* 1. *c.* 11). admet comme probable, le sentiment qui établit deux autres Panacès Chironiens ; l'un à larges feuilles ; l'autre à petites feuilles : qui sont la Grande & la Petite Centaurées.

Il y a tant d'obscurité dans tout cela & dans les autres opinions, qu'un plus grand détail seroit inutile.

PANACÈS *Heraclien* : en Latin *Panax Heracleum*. Nombre de bons Auteurs disent que c'est le *Sphondylium majus* de J. Bauhin. Mais un bon Commentateur de Théophraste (*Bodæus à Stapel*) prétend que c'est un *Panax* ; qu'il décrit *Olusatri aut Pastinacæ folio*. Quelques-uns pensent que l'espece de Sphondylium ci-dessus donne l'opopanax qui entre dans la thériaque. C'est une chose encore très-obscure.

PANACHE : *Terme d'Architecture*. On nomme ainsi une portion triangulaire de voute, qui aide à porter la voute d'un dôme. *Voyez* PENDENTIF.

PANACHE *de Sculpture*. Ornement, de plumes d'Autruche, qu'on peut quelquefois substituer aux feuilles d'un chapiteau composé ; & que l'on a introduit dans le chapiteau de l'Ordre François.

PANACHÉ ; en Latin *Variegatus*. Une fleur, une feuille, un fruit, panachés, sont variés de différentes couleurs.

Voyez BROUILLÉ.

Les Fleuristes se servent du terme de *Panaché*, quand ils parlent de tulipes, d'anémones, de roses, d'oreilles d'ours, & autres fleurs, qui ont le fond de leur couleur naturelle rayé de blanc & de jaune. On dit, *une Tulipe Panachée* ; *une Tulipe qui commence à Panacher* ; *&c.* Voyez TULIPE. OREILLE d'OURS.

PANACHURE. Variété de couleurs sur une feuille, une fleur, ou un fruit.

Lorsqu'un pétale se trouve chargé de différentes couleurs, ensorte que chacune conserve toute sa pureté & son intensité ; cette Panachure produit souvent des effets admirables. C'est ce qui engage à cultiver avec tant de soin & de dépense les Oreilles d'Ours, les Primevères, les Jacintes, les Tulipes, les Anémones, les Renoncules, les Œillets, & quantité d'autres plantes dont les couleurs varient à l'infini.

Cette facilité des plantes de certains genres pour changer de couleur, a détourné les Botanistes d'établir leurs méthodes sur un fondement si peu stable.

M. Lawrence, Anglois, dit que si on greffe un jasmin panaché, ou à feuilles panachées, sur un autre dont les feuilles sont toutes vertes ; celui-ci produit des branches dont les feuilles sont panachées. Cela peut être, parce qu'on regarde la Panachure des feuilles comme une maladie ; & il n'en résulte aucune preuve que la greffe puisse changer l'espece du sujet : dit M. Duhamel, dans sa *Physique des Arbres*, Tome II. page 410.

PANADE. *Voyez* RÉGIME *pour les enfans*.

Panade pour les convalescens, & pour ceux qui n'ont point d'appétit.

Mettez une cuillerée de bon bouillon dans une casserole, avec de la mie de pain blanc la grosseur de la moitié d'un œuf. Faites-les bien mitonner. Pilez un blanc de chapon, ou de poularde ; puis le mettez avec la mie de pain mitonnée ; & passez le tout par l'étamine. Prenez garde que la Panade ne soit trop épaisse, ou trop claire.

Voyez BOUILLON *pour les personnes qui n'ont point d'appétit.*

PANAGE. Droit ou permission de mettre des porcs dans une forêt, pour s'y nourrir de gland & de faîne. Le tems est fixé, & lorsqu'on l'excede, cela s'appelle *Arriere-Panage*. On dit : mettre des porcs en Panage. Consultez le *Traité des Semis & Plantations*, de M. Duhamel, page 333.

PANAIS ; *Panet* ; ou *Pastenade* : en Latin *Pastinaca* ; & *Parsnep*, en Anglois. Ce genre de plantes porte ses fleurs en ombelle. Les pétales sont en fer de pique, & courbes. Les semences sont en ovale allongée, plates des deux côtés, bordées, rayées sur la longueur, un peu convexes au milieu de leur planisphere.

Especes.

1. *Pastinaca sylvestris altissima* C. B. Cette plante s'éleve à la hauteur de sept ou huit pieds. Ses feuilles sont grandes, empennées, fort rudes, & d'un verd assez obscur : soit que l'on casse les feuilles ou les tiges, elles rendent un suc jaune. Les fleurs paroissent au mois de Juillet : & les semences sont mûres en automne.

2. *Pastinaca sylvestris latifolia* C. B. C'est une plante bisannuelle ; que l'on trouve dans des endroits arides. Elle produit d'abord des feuilles aîlées, qui s'étendent sur la terre, & dont les folioles sont velues & irréguliérement découpées. A la

seconde année, elle pousse des tiges hautes de quatre à cinq pieds, cannelées, velues, garnies de feuilles semblables à celles du bas, mais plus petites. Chaque branche est terminée par une grande ombelle de fleurs jaunes, qui sont en état dès le mois de Juin. Les semences sont mûres au mois d'Août.

3. *Pastinaca sativa latifolia* C. B. On cultive cette espece : dont les segmens des feuilles sont larges, profondément découpés, d'un verd gai ou jaunâtre. Ses fleurs sont d'un jaune foncé; ou blanches. Ses racines sont charnues, blanches, grosses; & ont une saveur douce, jointe à une odeur assez agréable.

Propriétés.

La racine du *n.* 2 est comme ligneuse, & par conséquent peu propre à être mangée. Sa graine est fébrifuge; & utilement employée dans la jaunisse & les diverses maladies du foie.

On dit que le *n.* 1 donne l'opopanax.

On se sert des *nn.* 2 & 3, comme de plantes vulnéraires apéritives; pour les vapeurs, les vents, la colique; pour faire uriner & pour faire venir les écoulemens périodiques.

On prétend que leur graine, prise intérieurement dans du vin ou de l'oxycrat, est un antidote contre la piquûre des scorpions. On en pile les feuilles pour les appliquer sur les plaies des jambes.

Le *n.* 3 est d'un fréquent usage dans nos cuisines. L'École de Salerne dit que ce Panais est peu nourrissant: mais qu'il dispose beaucoup à l'incontinence.

Les Auteurs Anglois disent que les Panais sont à tous égards une bonne nourriture pour le bétail. En Bretagne on en nourrit les cochons pendant tout l'hiver. Si, dans la disette de fourage, on donne des Panais aux vaches, elles rendent plus de lait, & qui fait de meilleur beurre. Mais on prétend que les chevaux qui mangent de ces racines deviennent mous; qu'ils fondent; & que leur vûe & leurs jambes sont bientôt ruinées. *Corps d'Observations de la Société de Bretagne*, 1757, page 86, *in-8°*. Voyez-y aussi les *pp.* 87 & 88.

Culture.

Ces plantes se cultivent de même que les carottes: & on peut les semer ensemble dans un même terrein. Il leur faut une terre substantieuse, telle que celle d'un potager ou autre terre propre à porter du froment. Plus cette terre a de fonds, mieux elles réussissent; c'est pourquoi il est à propos de la creuser à deux fers de bêche, ou de la labourer avec deux bonnes charrues qui se suivent. Consultez le *Corps d'Observation de la Société de Bretagne* 1757, pages 85, 86, 87.

Les Panais perdent leurs feuilles à-peu-près dans le même tems que les carottes. C'est alors que l'on tire de terre leurs racines; pour les enterrer dans du sable sec dans un endroit où elles ne contractent point d'humidité. Au moyen dequoi elles se conservent, & on les consomme à son aise, à mesure que l'on en a besoin.

On laisse sur pied certain nombre de plantes de Panais pour avoir de la graine l'année suivante. On cueille cette graine lorsqu'elle est mûre; & on ne la serre qu'après l'avoir laissée un peu sécher au soleil.

Elle peut être semée aussi-tôt après sa maturité. Bien des gens different jusqu'au printems.

Cette graine réussit rarement quand elle a été gardée plus d'un an.

Pour conserver des Panais.

Observez la même chose que pour les OIGNONS, ci-dessus, page 696.

PANARIS. *Voyez* ONGLÉE.

PANAX. *Consultez* l'article PANACÈS.

PANCALIER; ou *Pancalier*. Espece de chou qui a pris son nom de la Ville de Pancaliers en Piémont, d'où il a été apporté. *Voyez* CHOU, *n.* 21.

PANCHYMAGOGUES. *Voyez* REMEDE.

PANEAU. *Voyez* PANNEAU.

PANET. *Voyez* PANAIS.

PANETIERE. *Voyez* FILET, *n.* XI.

PANIC; ou *Panis*; que l'on nomme aussi *Millasse*: en Latin *PANICUM*. On distingue ce genre de plantes d'avec celui du millet, en ce que les grains des millets viennent par grappes, ou panicules très-lâches; & que ceux des Panis sont disposés en longs épis composés de plusieurs petits épis appliqués les uns contre les autres.

Especes, ou Variétés.

1. *Panicum vulgare* J. B. Cette plante, que l'on cultive, s'éleve quelquefois jusqu'à la hauteur de six pieds. Ses feuilles & sa tige sont comme celles du millet. A l'extrêmité de la tige, est un épi long d'environ six à dix pouces sur huit à quinze lignes de diametre, dont les grains sont fort serrés, menus comme ceux du millet, un peu velus; tantôt blancs, tantôt jaunes, ou roux.

2. Dans les champs on trouve deux variétés de Panic qui croissent sans culture: l'une a l'*épi mollet*; celui de l'autre est *rude*, & s'attache aux habits des passans.

3. *Panicum Indicum, spicâ obtusâ cæruleâ* C. B. Ce Panic, des Indes, forme un épi considérable, de couleur bleue, & dont l'extrêmité est plus obtuse que dans le *n.* 1.

4. Il y a des épis, du *n.* 3 & du *n.* 1, qui sont branchus: ce qui en augmente le produit. Mais on ne peut les regarder que comme des choses accidentelles.

Culture.

La culture des Panis est la même que celle du millet.

Au reste, consultez les *Élémens d'Agriculture*, Tome II, page 93, 94, 95.

Usages.

Les propriétés des uns & des autres leur sont communes.

On fait, avec la graine de Panic, du pain qui resserre; & que par cette raison l'on donne à ceux qui ont la dysenterie.

Il y a des endroits (en Guyenne, par exemple) où les Paysans font, avec de l'eau & du Panic, une bouillie qui leur paroît un mets exquis.

Les oiseaux mangent de ce grain, comme du millet.

PANICAUT. *Voyez* CHARDON ROLAND.

PANICULE; que l'on fait tantôt masculin tantôt féminin: en Latin *Panicula*. Sorte d'épi qui contient beaucoup de fleurs ou de semences; mais qui differe de l'épi proprement dit, en ce qu'il forme plusieurs corps séparés à-peu-près comme une grappe. Les fleurs mâles du Maïs sont en Panicules, ainsi que les Fruits de la plupart des millets.

PANIER. Vaisseau creux, fait d'ozier; auquel on adapte, soit une anse, soit des mains ou poignées. On s'en sert pour porter plusieurs choses.

PANIER: *Terme de Sculpture.* Il differe de la Corbeille, en ce qu'il est plus étroit & plus haut. Rempli de fleurs ou de fruits, il sert d'amortissement sur les colonnes ou les piliers de la clôture d'un jardin. Les Termes, les Persans, les Caryatides, & autres figures propres à soutenir quelque chose, portent de ces paniers. C'est pourquoi elles sont appellées *Canifera* ou *Cistifera*. On voit dans la cour du Palais *de la Valle* à Rome deux Satyres antiques de marbre d'une singuliere beauté, qui portent de ces paniers remplis de fruits.

PANIS. Voyez PANIC.

PANNE. Piece de bois, qui portée sur les tasseaux & chantignoles des forces d'un comble, sert à en soutenir les chevrons. Il y a des Pannes qui s'assemblent dans les forces, lorsque les fermes sont doubles. On nomme *Panne de Brisis*, celle qui est au droit du brisis d'un comble à la Mansarde. Les Pannes sont appellées *Templa*, par Vitruve.

PANNEAU; ou *Paneau*. En Architecture; c'est l'une des faces d'une pierre taillée. On appelle *Panneau de Douelle* celui qui fait en dedans ou en dehors la curvité d'un voussoir; *Panneau de Tête*, celui qui est au-devant; & *Panneau de Lit*, celui qui est caché dans les joints. *Voyez* REIN DE VOUTE. On appelle encore *Panneau* ou *Moule*, un morceau de fer blanc ou de carton, levé ou coupé sur l'épure, pour tracer une pierre.

PANNEAU *de Maçonnerie*. C'est, entre les pieces d'un pan de bois ou d'une cloison, la maçonnerie enduite d'après les poteaux. C'est aussi dans les ravalemens des murs de maçonnerie, toute table entre des naissances, platebandes & cadres.

PANNEAU *de Menuiserie*: qu'on nomme aussi *Panneau de Remplage*. C'est une table faite d'ais minces collés ensemble, dont plusieurs remplissent le bâti d'un lambris ou d'une porte d'assemblage de menuiserie. On appelle *Panneau Recouvert*, celui qui excede le bâti, & est ordinairement moulé d'un quart de rond; comme il s'en voit à quelques portes cocheres.

On nomme encore *Panneau*, le *Bois* de chêne quand il est fendu & débité en planches de différentes grandeurs, de six à huit lignes d'épaisseur, dont on fait les moindres panneaux de menuiserie.

PANNEAU *de Sculpture*. C'est un morceau d'ornement, taillé en bas-relief; où sont quelquefois représentés des attributs ou des trophées, pour enrichir les lambris & placards de menuiserie. On fait de ces Panneaux à jour pour les clôtures de Chœur, dossiers d'Œuvre d'Église, & pour servir de jalousies à des Tribunes.

PANNEAU *d'Ornemens*. C'est une espece de tableau de grotesques, de fleurs, de fruits, &c. peint ordinairement à fond d'or, pour enrichir un lambris, un plafond, &c.

PANNEAU *de Glaces*. C'est, dans un placard, un compartiment de miroirs, pour réfléchir la lumiere & les objets, & faire paroître un appartement plus long. On en met aussi dans les lambris de revêtement, &c.

PANNEAU, ou *Pan*. L'on nomme ainsi un *filet* qui, étant tendu, semble faire un pan de mur.

PANNEAU, espece de *Selle*. Voyez BARDE.

PANNEAUX. On se sert de ce terme, en Botanique, pour exprimer les parties de certains fruits, qui ont quelque rapport aux Panneaux de menuiserie; & particuliérement pour désigner les deux battans ou valves qui forment les siliques.

PANSE; *Herbier*; ou la *Double*. On nomme ainsi tantôt le premier estomac du bœuf, & autres animaux ruminans: celui auquel l'œsophage aboutit; & tantôt les deux premiers estomacs, attendu, que le second (nommé *Réseau*, ou *Bonnet*) n'est qu'une continuation du premier. Ces deux premiers estomacs ne forment qu'un même sac, dont la capacité est fort grande; ensorte que l'animal peut sans inconvénient, prendre à la fois beaucoup d'herbe & l'emplir en peu de tems, pour ruminer ensuite & digérer à loisir. En observant dans le bœuf le produit successif de la digestion, & sur-tout la décomposition du foin, on voit qu'au sortir de la partie de la panse qui forme le second estomac, le foin est réduit en une espece de pâte verte, semblable à des épinars hachés & bouillis.

La panse est plus grande que les autres estomacs. C'est où se forment les égagropiles. Elle occupe principalement la partie gauche de l'abdomen. M. Daubenton l'a décrit avec soin dans l'*Histoire Naturelle du Cabinet du Roi*.

Le bœuf mange vîte, & prend en assez peu de tems toute la nourriture qu'il lui faut. Après quoi il cesse de manger; & se couche pour ruminer. [M. de Buffon, *Histoire Naturelle du Cabinet du Roi*, observe que cet animal se couche ordinairement sur le côté gauche; qu'il dort d'un sommeil court & leger, & se réveille au moindre bruit; & que le rein ou rognon de ce même côté gauche est toujours plus gros & plus chargé de graisse, que celui du côté droit.]

PANTEINE. *Voyez* PANTIERE VOLANTE.

PANTIERE. Filet qui sert à prendre les Oiseaux, principalement les bécasses. Ceux qui s'occupent à cette sorte de chasse ont soin de faire ébrancher dans une clairiere deux arbres A & B (*Planche* I.) & d'y ajuster deux branches ou perches C G, & D H, de maniere qu'elles tiennent assez ferme, pour soutenir la Pantiere. Ces perches doivent être garnies à leurs extrêmités G & D, de deux poulies ou boucles de verre qui servent à passer les cordes Q M & Q N, afin d'avoir la liberté de descendre commodément la Pantiere suspendue à ses cordes, lorsque quelque oiseau se sera jetté dedans. Consultez l'article BÉCASSE, où il est parlé de la maniere de tendre la Pantiere. Nous allons encore en dire quelque chose, pour un plus grand éclaircissement.

Quand la saison de tendre les Pantieres approchera, vous devez avoir soin de faire nettoyer la place où doit tomber le filet; & renouveller les perches qui sont au haut des arbres, si elles sont pourries: sinon les faire relier avec de nouveaux liens, & remettre d'autres poulies ou boucles de verre, parce que les cordes qui passent dedans, les usent à la longue, & que les cordes avec lesquelles elles sont pendues, se pourrissent. Il faut aussi accommoder la loge; remettre un autre crochet en terre; & visiter le filet pour voir s'il n'y a rien de rompu, ou mangé des rats & souris; & le rhabiller. Ayez aussi deux ou trois livres de cordes, qui seront fortes, moins grosses que le petit doigt; certains Cordiers les appellent de la *Bablue*. Quand tout sera en état vous irez sur le lieu aux heures de la volée; c'est-à-dire, le matin au point du jour, & le soir au soleil couché, & vous rendrez la Pantiere en cette sorte.

Déployez la corde au milieu de la place nette:

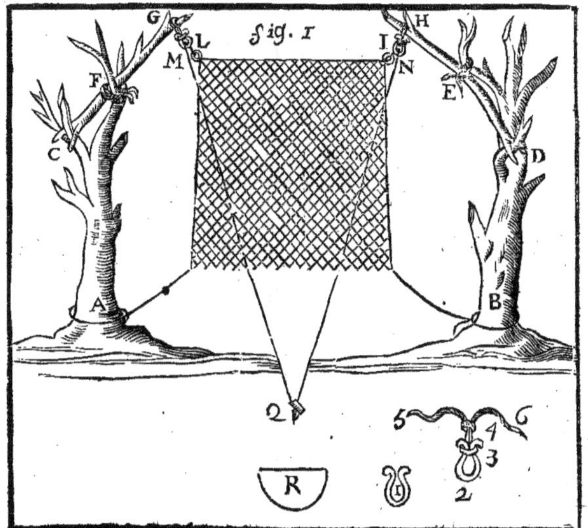

faites une boucle au bout d'une de vos ficelles qui pend aux arbres; tirez-la jusqu'à ce que la corde soit passée dans la poulie: & lorsque vous en aurez le bout, attachez-y une pierre pesant quatre ou cinq livres, & laissez-la au pied de l'arbre. Puis prenez l'autre bout de la corde; portez-la au crochet R; coupez-la d'une longueur convenable; faites-y une boucle comme à l'autre bout; & passez-la au crochet, comme vous le voyez dans la premiere figure; ajustez l'autre de même. Cela fait, déployez le filet dans le milieu de la place nette, entre les deux arbres; portez-en un bout au côté A, & liez-le à la pierre où est attachée la corde; l'autre bout du filet sera lié pareillement à la pierre du côté B. Après quoi vous irez proche le crochet Q, & tirerez les deux cordes ensemble, sans ôter les bouts qui sont passés au crochet: & quand le filet avec les pierres, qu'on suppose être aux extrêmités MN, sera remonté jusques aux poulies, (comme on le voit dans la premiere figure) vous tournerez les deux cordes ensemble trois ou quatre tours sur le crochet, pour empêcher que le filet & les pierres ne tombent à bas: puis vous attacherez chaque ficelle qui pend à chaque coin du bas du filet, au pied des arbres A & B, afin de le tenir en état, & empêcher que le vent ne le fasse aller de côté & d'autre.

Le filet étant bien tendu, il faut détourner les cordes dessus le crochet; vous asseoir dans la loge R; les tenir fermes des deux mains, & prendre garde qu'elles ne soient embarrassées l'une avec l'autre, ni autour du crochet, ni à vos pieds; autrement il se pourroit faire qu'une bécasse venant à donner dans le filet, s'échapperoit, s'il y avoit quelque chose qui empêchât les cordes de couler.

Pendant que vous tiendrez les cordes, & que vous serez dans la loge, prêt à laisser couler à propos la machine; ayez toujours la vûe sur le filet, afin d'ouvrir les deux mains & de lâcher les cordes si-tôt qu'une bécasse frappera contre la Pantiere; où elle s'enveloppera incontinent, & tombera avec le filet sur la terre. Il faudra promptement lui rompre une aîle, & avec le pouce lui crever la tête. Puis sans vous amuser à la vouloir ôter du filet; courez au crochet, reprendre les deux cordes ensemble, remontez le filet, & vous retirez dans la loge comme auparavant. Quelquefois on n'a pas le tems de remonter le filet, qu'il en passe par-dessus; & d'autres donnent dedans qu'il n'est qu'à demi monté. Vous pouvez juger par-là, que plus la personne est prompte à tendre & remonter la Pantiere, plus elle prend de gibier.

Il arrive assez souvent qu'il s'y prend une compagnie de perdrix tout d'un coup; principalement quand il y a quelque piece de terre ou de vigne proche de-là, & que la clairiere a pour avenue un chemin, ou en est traversée. Lorsqu'elle est sur un chemin un peu à l'écart, on y prend par rencontre des lievres, des renards, & des loups. C'est par cette raison que vous devez toujours porter quelque bâton ferré pour les tuer: ils ne s'y prennent pourtant pas si aisément, que les bécasses. Quoique nous donnions ailleurs différentes manieres de prendre les *bêtes à quatre pieds*, nous ajouterons ici leur chasse à la Pantiere.

Il ne faut pas que la loge soit alors placée dans le chemin, ni que le filet traîne à terre; il en doit être élevé de quatre pieds. Si l'animal vient devant vous, il faudra le laisser passer; & si-tôt qu'il aura passé, laisser tomber le filet; en même-tems faire du bruit pour l'épouvanter. Voulant retourner sur ses pas, il s'enveloppera dans la Pantiere, & vous le tuerez & retirerez promptement pour remonter le filet. Si par hazard l'animal venoit de derriere vous, il faut attendre qu'il soit avancé jusqu'à une ou deux toises du filet, que vous laisserez tomber, & l'épouvantèrez en même instant. Il voudra retourner sur ses pas, lorsqu'il appercevra la Pantiere; mais vous voyant il fuira du côté du filet; & se jettera dedans.

Si la Pantiere est tendue proche d'un étang ou des prairies aquatiques où les canards fréquentent; vous y en prendrez; mais il faut que la loge soit si bien faite, qu'ils ne puissent vous appercevoir.

Il y a deux *moyens pour tenir les cordes de la Pantiere sans vous faire mal aux mains*, & *pour vous garantir du froid.*

PLANCHE 2.

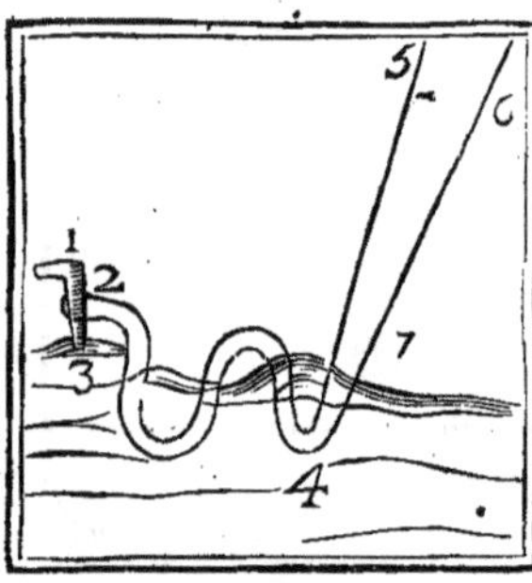

Le premier moyen est représenté dans la Planche deuxieme. Supposé que le crochet R, de la figure précédente soit marqué ici par le chiffre 1. les bouts des deux cordes 2. 3; & que les deux lignes 5. & 6. soient les cordes bandées, qui tiennent le filet tendu: lorsque vous serez assis dans la loge, tenez bien fort d'une main l'endroit marqué 7. & de l'autre main passez les deux cordes ensemble redoublées, au chiffre 4. entre vos jambes, & rapportez-les par dessus la cuisse: puis les tenant bien ferme quittez l'endroit 7. & avec l'une ou l'autre main, vous tiendrez ainsi les cordes sans peine. Mais soyez bien prompt à ouvrir la main, & écartez les genoux quand la bécasse donnera dans le filet.

L'autre maniere pour tenir le filet sans avoir froid ni se blesser les mains, est représentée dans la troisieme Planche. Supposé que le siege de la loge soit vers la lettre R: coignez-y un piquet H, gros deux fois comme le pouce, élevé de terre de quatre doigts. A un pied & demi de ce piquet en allant vers la Pantiere, aux endroits marqués K & M, mettez en terre deux autres gros piquets I L, qui soient élevés de terre environ un pied tout au plus; ils doivent être percés à deux pouces près du bout d'en haut, d'un trou à mettre le doigt. Ayez un morceau de bois N *d* O, qui soit tourné: & que les deux bouts N O ne soient pas plus gros que le petit doigt, afin qu'ils tournent facilement dans les deux trous des piquets I L, où vous les ferez entrer. Il faudra faire un trou au milieu

PLANCHE 3.

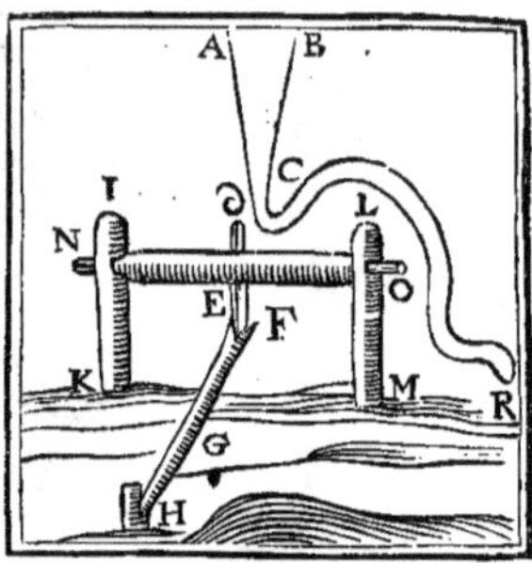

de ce bois tourné, qui soit assez grand pour y mettre une cheville grosse comme le doigt, & longue de cinq ou six pouces. Ce morceau de bois doit être fiché dans les trous avant de coigner les deux piquets.

Ayez outre cela un morceau de bois H G F, qui soit plat, comme quelque morceau de douve de tonneau; & l'entaillez par les deux bouts en forme de croissant, afin qu'il se puisse tenir joignant le piquet H. La machine ainsi faite, quand vous aurez tendu & monté le filet, supposez que les deux lignes A B en soient les cordes; levez-les toutes deux d'une même main, & de l'autre les doublant à la lettre C, tournez-les un tour sur le bout *d* de la cheville du milieu. Puis en poussant l'autre bout E, du côté du filet, vous ferez faire au moulinet ou au morceau de bois rond N O, deux tours; & l'arrêterez en posant l'un des bouts de la marchette H, contre le piquet H, & l'autre F, contre le bout E de la cheville; si bien que le poids de la Pantiere fera que le moulinet voulant tourner, sera arrêté par la marchette. Vous pouvez donc par ce moyen tenir les mains dans vos poches, sans avoir crainte que le filet tombe; mais ayant toujours le bout du pied sur le milieu G de la marchette. Et d'abord qu'une bécasse donnera dans la Pantiere, donnez du pied; le filet tombera aussi promptement, que si vous le teniez avec les mains.

Pour faire une Pantiere en Tramail, ou contre-maillée.

Les Pantieres triples, ou contre-maillées, servent principalement pour les passées qu'on a faites autour des forêts; elles sont commodes en ce qu'une même personne en peut tendre plusieurs, sans être obligée d'y guetter: car les beccasses s'y prennent d'elles-mêmes. Vous en avez un modele dans la quatrieme planche.

Pour y travailler, vous devez prendre la mesure de la largeur & hauteur du lieu où elle doit servir, & l'attacher à un clou pour faire l'aumé en mailles quarrées, comme on l'enseigne dans l'article FILET; où il est parlé de la maniere de *faire un filet fermé comme un sac.* Cet aumé sera de bon gros fil retors en quatre brins; & les mailles de dix ou douze pouces de large. La toile doit

PLANCHE 4.

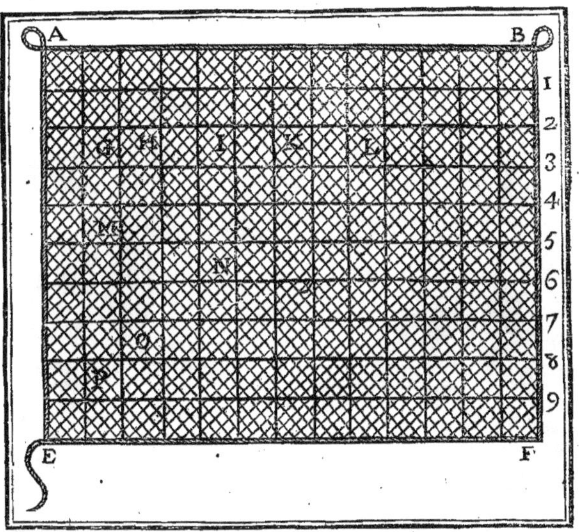

être de fil bien délié, retors en deux brins, & la maille de deux pouces de largeur, ou deux pouces & demi. On prendra cette toile deux fois ou deux fois & demie aussi longue & large que l'aumé, afin qu'elle ait beaucoup de poche: il la faut mettre entre deux aumés, & monter tout le filet en cette sorte.

Étendez un des aumés à terre dans une grande place bien unie, & nette de brins de bois, & autres choses qui pourroient vous nuire. Attachez-le des quatre coins A B E F, avec des piquets; puis passez une ficelle bien unie & sans aucun nœud, dans le dernier rang de mailles qui fait tout le tour de la toile. Ce qui étant fait, il faudra attacher le bout de cette ficelle, & le coin de la toile au coin A, de l'aumé: puis menant la ficelle tout au long du bord A B, vous la lierez pareillement avec un coin de la toile, au coin B de l'aumé: & continuant de mener la ficelle, vous attacherez un autre coin de toile à la lettre F, & enfin le dernier coin à E. Après quoi, vous disperserez la toile également, ensorte qu'elle fronce & poche par-tout. Puis vous passerez l'autre aumé par dessus cette toile, pour lier aussi ses quatre coins avec ceux de l'autre A B F E. Quand la toile sera ainsi renfermée entre ces deux aumés, il faudra prendre de bon fil; attacher le bord des deux aumés, & la ficelle qui passe dans le bord de la toile, ensemble, comme vous le voyez par les brins de fil, qui paroissent marqués des chiffres 1, 2, 3, 4, 5, 6, 7, 8, 9: & faire de même tout autour du filet; pour n'en faire qu'un des trois qui sont les uns sur les autres. Il faudra aussi dans toute son étendue en certains endroits, comme de trois pieds en trois pieds, lier avec un brin de fil les deux aumés ensemble; comme vous le voyez par les endroits marqués des lettres G H I K L M N O P, & autres lieux où il y a de petits nœuds; afin que le filet étant tendu en l'air, la toile ne descende pas dans le bas: ce qu'elle feroit, si les aumés n'étoient ainsi liés ensemble; & il se trouveroit quelquefois plus de poches en un endroit qu'en l'autre.

Ayant ainsi ajusté toute la Pantiere, vous prendrez une corde de la grosseur du petit doigt; & la coudrez tout autour pour la border; laissant aux deux coins A B deux boucles de la même corde, longues chacune de demi-pied. Et aux deux autres coins E F, vous laisserez pendre deux autres bouts de corde longs d'une toise, pour lier le filet aux arbres, & le tenir en état pendant les grands vents; & afin que les bécasses s'y prennent mieux.

Il faudra teindre cette Pantiere en couleur brune, parce qu'elle paroîtroit trop.

Pour faire des Pantieres dans les grandes forêts.

Dans les grandes forêts où le bois est également fort & haut, il est bien difficile de faire des clairieres à moins d'abbatre quantité d'arbres; & encore ne seroit-on pas assuré que la Pantiere y fût bonne, si ce n'étoit qu'il y eût quelque place de dix ou douze arpens, ou plus, qui fût sans arbres, & que la clairiere y aboutît. Si cela ne se peut, faites usage de l'invention qui est représentée dans la planche cinquieme. On suppose que vous sçavez ou que vous avez lû ce qui est dit touchant le vol de la bécasse, dans son article.

Choisissez au bord de la forêt un endroit net de

Planché 5.

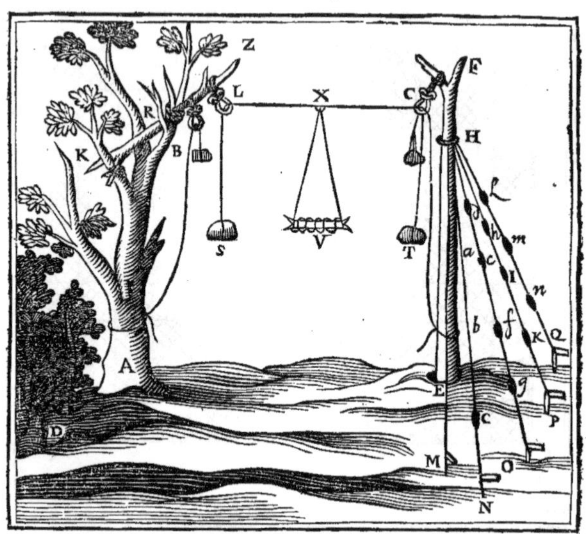

tout ce qui pourroit nuire à cette chasse. Par exemple, je suppose les arbres, A D, pour la forêt; & l'espace entre l'arbre A & la lettre E, la place nette, qui doit avoir cinq ou six toises de largeur pour pouvoir bien tendre le filet & laisser prendre la volée aux bécasses. Remarquez un arbre haut & droit au bord du bois, comme seroit celui marqué A; afin de l'ébrancher du côté de la place nette, & attacher au haut une forte perche marquée des lettres K R Z, comme on l'a enseigné dans l'article de la bécasse. Cherchez dans la forêt un arbre médiocrement gros E F, qui soit le plus haut & le plus droit qu'il sera possible. Après l'avoir ébranché d'un bout à l'autre, & y avoir laissé comme un petit crochet à l'extrêmité d'en haut, transportez-le sur le lieu de la Pantiere: & faites un trou en terre à l'endroit E, qui soit profond de trois, quatre, ou cinq pieds, & éloigné de six ou sept toises du bord de la forêt A. Posez dans ce trou, le gros bout de l'arbre coupé; élevez-le, & l'arrêtez tout droit, ayant arrêté auparavant à deux ou trois pieds du bout F, plusieurs liens de branches attachées bout à bout les unes des autres, comme vous le voyez par les lettres *a*, *b*, *c*, *d*, *e*, *f*, & les autres, afin de les tenir ferme avec des crochets de bois mis en terre tout autour. Ils doivent être à une toise & demie d'E, & disposés comme le sont les cordes qui tiennent le mât d'un navire, ou d'un bateau. Il faudra pourtant prendre garde de n'en point mettre qui aillent dedans la clairiere ou espace A E, de crainte que le filet ne s'y embarrasse. Vous aurez soin de planter si bien votre arbre coupé, que la pointe F soit panchée d'environ deux pieds sur la passée vers la forêt; & d'y attacher de bonne heure une poulie C au petit bout avec une corde ou ficelle passée par dedans, de même qu'à l'arbre A, où se voit la poulie L.

Il est aisé de voir que le poids du filet, quelque fort qu'on le suppose, ne sçauroit entraîner l'arbre qui est assujetti comme il est marqué. La pente qu'on lui donne sur la clairiere fait que la Pantiere ne s'embrasse point. Les pierres attachées aux cordes servent de poids pour les abaisser sans avoir besoin de monter sur l'arbre. Tout cet appareil une fois dressé, on le laisse dans le bois, & par ce moyen on s'épargne la peine de tendre la Pantiere toutes les fois que l'on veut chasser.

Vous y pourriez bien laisser les grosses cordes. Mais parce que les voleurs pourroient les prendre, n'y laissez que des ficelles courtes, y attachant quelque petite ficelle B à un bout, & l'autre au tronc de l'arbre, en un endroit où l'on ne puisse toucher sans monter, principalement à celle de l'arbre coupé E H. Si vous voulez encore mieux faire, portez avec vous une échelle légere, de six ou huit pieds de haut, pour frustrer entiérement les larrons; & vous exempter la peine de monter au haut de l'arbre, quand on auroit pris les cordes.

Voici une *autre invention*. Ayant détaché le filet des pierres, après que la volée est finie, prenez les deux cordes ensemble, & remontez les pierres jusqu'aux poulies: puis ayant fait un nœud X, vous le laisserez monter seulement deux ou trois toises, selon la hauteur des poulies. Ayez aussi un bâton V long de deux pieds, fendu par les deux bouts; sur lequel vous ploierez tout le reste de la corde. Vous ferez après cela passer ces deux brins dans les deux fentes des bouts du morceau de bois, & laisserez

laisserez aller le tout en haut : ainsi les pierres S T baisseront jusqu'à la moitié de la hauteur des arbres, à cause que les cordes sont nouées ensemble à la lettre X ; & le reste pendra avec le bâton V ; si bien que pour les avoir, il faudra prendre une longue perche avec un crochet au bout pour accrocher le morceau de bois V, & le tirer. Ou bien il faut avoir une ficelle ; & attacher au bout une pierre grosse comme un œuf, pour la jetter entre les deux cordes par-dessus le bâton V, & le tirer par ce moyen comme avec le crochet.

Pour le surplus de la Pantiere, on observera tout ce qui a été dit dans le commencement de cet article. On peut faire nombre de ces Pantieres tout autour d'une forêt : & une personne en peut tendre dix ou douze, si les filets en sont triples ou contre-maillés comme dans la planche quatrieme ; d'autant qu'on n'est pas obligé d'y avoir les yeux quand elles sont tendues, & que les bécasses s'y prennent d'elles-mêmes.

Planche 6.

Pantiere Volante.

La Pantiere volante, ou *à Bouclettes*, que quelqu'uns appellent *Pantine* & *Panteine*, est utile en tous lieux, principalement aux pays où il n'y a que des bois taillis & des forêts, dont les propriétaires ne voudroient pas souffrir qu'on abatît les arbres & les branches nécessaires pour construire les autres Pantieres.

Ayez deux perches E B D C (sixieme *Planche*), grosses comme le bras, longues de trois toises & demie, bien droites & légeres, coupées en pointe par le gros bout. Vous attacherez à chaque petit bout B D une boucle de fer, ou de cuivre, ou de quelque autre matiere, propre à servir de poulie. Vous passerez dans les bouclettes de la Pantiere une corde grosse comme le doigt qui soit unie, & longue de douze toises. Cette ficelle est marquée des lettres B G D F. Vous la plierez, afin qu'elle ne se mêle pas avec le filet.

Ayez pareillement un crochet de bois, F, long d'un pied ; & liez-le avec tout le bagage, pour vous en servir au besoin.

Cette Pantiere ne se tend que sur le bord d'un bois taillis, proche d'une piece de terre ou de vignes, dans les grands chemins, dans les allées d'une forêt ou d'un parc ; principalement quand ces endroits aboutissent sur des campagnes ou placiers qui se rencontrent dans le milieu des bois. L'on peut encore la tendre au long d'un ruisseau à la queue d'un étang, ou bien d'une coulée de prés à l'avenue d'une forêt ; en un mot dans tous les lieux où l'on croit qu'il passe des bécasses.

Pour tendre cette Pantiere, supposez que l'arbre L soit l'abord du bois, ou autre endroit où vous désirez tendre ; déployez le filet ; prenez un bout de la grosse ficelle qui passe dans les bouclettes, & l'attachez au bout de la perche, à la lettre B. Passez une petite ficelle E K, dans la boucle qui est au bout B, & la nouez à la premiere bouclette B de la Pantiere, afin de la tirer comme un rideau de lit. Cette ficelle s'attache bien ferme au bas de la perche ; afin d'empêcher que le filet ne fronce, ou soit agité du vent. Piquez ensuite la perche B E, tout au bord du bois L, de sorte qu'elle soit un peu panchée vers l'arbre H : de même que la perche D I doit pancher vers l'arbre L. Il faut encore observer d'enfoncer si bien l'une & l'autre perche en terre, que le poids du filet ne puisse pas les entraîner. Il doit y avoir cinq à six toises de distance entr'elles. Prenez l'autre bout F de la grosse ficelle, & passez-le aussi dans la boucle D, qui est liée à la pointe de la perche DC, que vous piquerez pareillement en terre, à cinq ou six toises loin du bois. Après cela, retirez-vous à sept ou huit toises du filet, au pied de quelque buisson ou arbre, ou de quelque branche que vous aurez piquée exprès vis-à-vis de la Pantiere; comme aux lieux marqués Z ou F. En cet endroit il faudra ficher le crochet, y lier le bout de la grosse ficelle; & ensuite la tirer toute, jusqu'à ce que le filet soit monté. Alors vous tournerez la corde deux ou trois fois autour du crochet, afin de la tenir arrêtée pendant que vous irez tirer la petite ficelle E K, pour étendre le filet. Ce qui étant fait, retournez au crochet, détournez la corde, & asseyez-vous auprès du buisson sans remuer; ayant toujours la vûe du côté de la Pantiere, afin de la laisser tomber quand la bécasse donnera dedans. Si-tôt qu'elle sera prise, il faudra la tuer, remonter promptement le filet, tirer la petite ficelle pour le tendre, & faire comme la premiere fois. Si vous mettez une petite ficelle à la derniere bouclette D du filet, comme à l'autre côté, la Pantiere sera plus aisée à ajuster. Ceux qui tendent ordinairement cette sorte de filet, portent avec eux une longue perche avec laquelle ils étendent le filet sur la grosse ficelle: mais ces deux petites ficelles valent mieux.

Vous tendrez votre filet une ou deux heures avant le coucher du soleil, pour qu'il soit en état lorsque les bécasses rentreront dans le bois. Vous pourrez le laisser tendu toute la nuit; & n'y retourner que le lendemain matin, pour emporter celles qui s'y seront prises d'elles-mêmes. Ayez soin alors d'y aller de grand matin, pour que personne ne vous les enleve.

Observations sur les Pantieres Volantes ou à Bouclettes.

Cette sorte de Pantieres ne se fait que de mailles en lozanges, parce qu'il faut qu'elle coule au long d'une corde, ainsi qu'un rideau de lit. Elle ne doit pas avoir plus de cinq ou six toises de large, & deux & demie ou trois toises de hauteur. Les mailles auront deux pouces de largeur. On peut, si on veut, les faire de deux pouces & demi, ou trois pouces de largeur; & non davantage. Il faut que ce filet soit de fil bien délié, mais fort. L'on attache des bouclettes de cuivre à toutes les mailles du dernier rang d'en haut B D: *Voyez* dans l'article Filet, la maniere d'ajuster ces bouclettes, & de commencer ce filet. On en fait la levûre deux fois aussi longue, qu'on veut que la Pantiere ait d'étendue. Puis lui ayant donné le quart de plus que la mesure de sa hauteur, on accommode les bouclettes; lesquelles étant ajustées en l'état qu'elles doivent être, on passe une corde médiocre, ou bien une ficelle grosse comme une plume à écrire, par dedans toutes ces bouclettes.

On aura deux autres petites ficelles BEDC, qu'on passera par le dernier rang des mailles des deux côtés, dont l'une sera attachée à la bouclette B, & l'autre à la bouclette D pour tenir la Pantiere en état, quand on s'en servira. C'est pourquoi on laissera les deux bouts E & C, libres, & plus longs de dix ou douze pieds que la hauteur du filet. On fera bien de teindre cette Pantiere en couleur brune, ainsi que les autres.

Pour faire les Pantieres de toutes façons de Mailles.

On fait ordinairement les Pantieres en mailles lozanges, parce qu'il se rencontre peu de personnes qui sachent les faire autrement. On conseille toujours de les faire, tant qu'on pourra, de mailles quarrées. Étant de cette sorte, & étendues dans la passée, elles ne paroissent presque point: & quand il s'y mêle quelque brin de bois, on les en ôte facilement, ce qui ne se fait qu'avec beaucoup de peine lorsque le filet est à mailles en lozanges. D'ailleurs ces lozanges font souvent froncer les filets en certains endroits, & rendent un espace obscur, qui épouvante la bécasse, & la fait retourner en arriere, ou passer par-dessus.

Il y a encore à redire aux Pantieres à lozanges, en ce qu'il faut plus de fil & de travail, qu'aux filets en mailles quarrées, qui sont plus tôt faits, & auxquels il n'y a pas une maille superflue.

Si vous faites la Pantiere de mailles à lozanges, prenez la mesure de la largeur du lieu où vous la voulez tendre, & faites la levûre deux fois aussi longue que cette mesure. Sa hauteur sera depuis la branche où est la poulie, jusques à deux pieds proche de la terre. Pour le mieux comprendre, consultez la premiere figure de cet article (page 821.) La largeur se prend depuis la lettre A, jusques à la lettre B, qui sont les endroits où doivent tomber les pierres quand le filet sera tendu. La hauteur doit être prise à la poulie L, jusqu'en descendant proche de la Lettre A. Vous ferez donc le filet, d'un tiers plus long que cette hauteur; parce qu'étant étendu en large, il s'accourcit du tiers. Lorsque tout le filet sera maillé, vous passerez une corde un peu moins grosse que le petit doigt, dans toutes les mailles du dernier rang M N; & vous arrêterez les deux côtés, attachant les six premieres mailles du rang ensemble à la corde, ensorte qu'elles ne puissent couler; & vous en ferez autant à l'autre côté. Ces deux espaces seront éloignés suivant la largeur de la passée. Laissez le reste des mailles du haut de la Pantiere, libre; afin de pouvoir couler d'un côté & d'autre, ainsi qu'un rideau de lit. Après cela, il faudra attacher à chacune de ces cordes une ficelle, que vous ferez passer dans le dernier rang de mailles des côtés, afin de lier le filet en état aux deux arbres AB. Vous laisserez pendre un pié ou deux de la corde à chaque bout du filet, pour attacher la Pantiere aux pierres, lorsqu'il la faudra tendre.

Si vous voulez que la Pantiere soit en mailles quarrées, prenez la largeur & la hauteur, ainsi que l'on vient de dire; & travaillez comme il est enseigné dans l'article Filet.

Le filet étant achevé, bordez-le par en haut, avec une corde assez forte; & passez deux ficelles par les mailles des deux côtés, de même qu'à celle qui est faite en lozanges, y laissant aussi deux bouts de la corde pour la lier aux pierres.

PANTINE. *Voyez* Pantiere *Volante*.

PANTOIS. Maladie à laquelle les Oiseaux de proie sont sujets. *Voyez* Oiseau, page 724.

PANTOMETRE. Instrument de Géométrie propre à prendre les angles rectilignes, soit faillants soit rentrants, angles plans mixtes, angles plans curvilignes soit rentrants, soit saillants; mesurer les distances accessibles, & les inaccessibles; arpenter, diviser toutes sortes de figures; tracer des plans sur le terrein, &c. Ces opérations se font au moyen du Pantometre, avec beaucoup de facilité & de justesse, & en très-peu de tems. L'invention de cet instrument est dûe à M. Bullet, Architecte & Ingénieur du Roi & de la Ville de Paris : lequel publia à Paris en 1675, *in*-12. un Traité de l'usage de cet instrument. On le trouve cité en plusieurs endroits de ce Livre, à cause de l'utilité & commodité de sa pratique. Le Pantometre est composé de trois regles de bois ou de cuivre également grandes : deux desquelles appliquées l'une sur l'autre, & retenues au milieu par un clou rivé, peuvent se croiser & se mouvoir comme les deux branches des ciseaux. La regle de dessous a une rainure un peu en queue d'aronde, depuis un pouce près du centre où elles sont assemblées, jusqu'à environ deux pouces de l'extrémité d'une de ses moitiés : l'autre extrémité est taillée en angle, sur ses côtés seulement ; & la pointe de cet angle répond au centre de cette regle. Dans la rainure est mobile un piton ou pivot, qui reçoit le bout de la troisieme regle. Ces regles ont des pinnules à leur extrêmité. Nous renvoyons au Livre ci-dessus, pour une description plus circonstanciée de cet instrument.

Consultez l'article FAUSSE-COUPE.

PAO

PAO-D'AQUILA. *Voyez* ALOES : *Bois.*

PAON. Oiseau fort connu à cause de la beauté de sa queue, qui est magnifiquement parée de différentes couleurs, & qui semble représenter de grands yeux.

M. Brisson a décrit, avec son exactitude ordinaire, le Paon & ses variétés ou différentes especes, dans le premier volume de son *Ornithologie*, depuis la page 281 jusqu'à 298, & y a joint de belles figures.

Il y a de ces oiseaux que l'on nourrit dans les basses-cours, soit par curiosité, soit pour avoir des Paonnaux (ou jeune Paons), qui sont un bon manger. Mais la chair du Paon se digere avec peine. La femelle du Paon est nommée *Panne* & *Paonnesse*.

Les Paons montent sur les lieux les plus élevés, pour se jucher ; tels que les maisons & les grands arbres : & il n'est pas nécessaire de les renfermer sous quelque couvert.

Ce n'est qu'à trois ans que les Paonnesses commencent à pondre. Elles vont faire leurs œufs dans des endroits écartés.

Ponte des Paonnesses.

Si on veut que la Paonnesse fasse trois pontes, il faut donner ses œufs à couver aux poules les plus grandes, les plus adroites & les plus vieilles, au commencement de la lune ; & laisser la Paonnesse achever sa ponte. Quand elle couve, elle se retire & se cache du mâle dans un lieu le plus secret qu'elle peut ; car il ne cesse de la chercher ; & s'il la trouve, il la bat pour la faire dénicher ; & casse ses œufs.

Lorsqu'on a eu soin de ramasser les œufs pour les faire couver par une poule, on lui donne cinq de ces œufs le premier jour, avec neuf de poule ; puis le dixieme jour, on ôte les neuf de poule, & on en remet neuf autres aussi de poule : par ce moyen au bout de 30 jours, ils éclosent tous ensemble. On peut en donner ainsi à plusieurs poules en même-tems : & parce que l'œuf de Paonnesse, à cause de sa grosseur, ne peut être aisément remué par la poule, on les remue doucement, quand la poule sort pour manger ; & l'on marque avec de l'encre, le dessus, afin que quand on veut, l'on puisse voir si elle en aura remué & retourné quelqu'un : autrement ce seroit du tems perdu. Quand tout est éclos, il faut donner tous les poulets à une seule poule, & les Paonneaux à une autre. Prenez garde que celle qui mene les poussins, ne voie ou hante celle qui mene les Paonneaux : car elle laisseroit aussi-tôt les siens ; par jalousie, dit-on, à cause de la grandeur & beauté des autres.

Au bout de trente jours, lorsque les petits sont éclos, & la mere ayant été nourrie avec soin dans son couvoir, comme on le fait à l'égard de la poule ; on les met avec elle sous la cage en un endroit où le Paon ne puisse venir ; car il fait mal à ses petits jusqu'à ce qu'ils ayent la crête. Lorsqu'elle leur vient, il faut les tenir bien chaudement ; car ils sont alors très-malades, & en meurent souvent.

Le Paon se nourrit des mêmes grains que la Poule. Il aime surtout l'orge. Un mâle peut suffire à six femelles. C'est lorsqu'il en manque qu'il va troubler celle qui couve.

Chaque couvée est de douze œufs, excepté la premiere, qui n'est que de six. Ces œufs ont la coque dure, grisâtre, & joliment rachetée.

Communément un Paon & une Paonnesse dont le plumage est doré, produisent des Paons qui leur ressemblent : & de même les Paons blancs font des petits dont le plumage est blanc. Mais deux Paons dorés, provenus d'un mâle ou d'une femelle de couleur différente, donnent des Paons blancs ; & un mâle & une femelle tous deux blancs, dont le pere & la mere étoient, l'un blanc, & l'autre doré, font des Paonneaux les uns dorés & les autres blancs.

PAON *d'Inde*. Voyez DINDE.

PAP

PAPAROI. *Voyez* GRENADIER, *n.* 4.

PAPARUDO. *Voyez* MORGELINE, *n.* 13.

PAPAVER. *Voyez* PAVOT.

PAPAVER *Heracleum. Voyez* AUBIFOIN, *n.* 4.

PAPAW. *Voyez* ASSIMINIER.

PAPERO. *Voyez* PAPIER.

PAPIER, en latin *Papyrus*, & que les Egyptiens appellent *Berd*. Plante dont on se servoit anciennement pour y écrire, comme nous faisons aujourd'hui sur notre Papier.

Un préjugé assez répandu en Europe, a fait croire que cette plante est aujourd'hui perdue. Cependant il n'y a pas encore deux cens ans que Guilandin & Prosper Alpin l'observerent sur les bords du Nil. Les changemens survenus dans le terrein de l'Egypte, & les soins des habitans pour profiter des terres susceptibles de culture, ont pû effectivement rendre cette plante moins commune. Mais étant naturellement aquatique, elle est à l'abri d'une entiere destruction. Nous allons donner l'abrégé d'une sçavante Dissertation composée par M. le Comte de Caylus en 1758, où cet illustre Académicien, aidé par M. B. de Jussieu, répand des lumieres toutes nouvelles sur ce qui concerne le *Papyrus*. Nous invitons les Sçavans & les Curieux à y avoir recours pour de plus grands détails, & pour la preuve des faits que nous exposons ici simplement.

Les Botanistes anciens avoient mis le Papier au nombre des plantes graminées ; ignorant à quel genre il devoit appartenir. Ils établirent deux especes de *Papyrus* ; l'une d'Egypte, l'autre de Sicile.

Les Modernes ont cru reconnoître que ces deux plantes étoient une seule & même espece de *Cyperus*. Morison (*Hist. Oxon.* 3. 239. sect. 8. tab. II. fig. 41.) décrivant cette plante, dit que l'on conserve à Oxford un grand morceau de la tige dans le Cabinet de Médecine. Ce morceau a environ six pieds de long ; il est léger, lisse ; sa surface est dure ; intérieurement il est plein de moëlle poreuse semblable à celle du jonc ou du roseau. M. Van Royen, Professeur de Botanique, a inséré le *Papyrus* dans le catalogue des plantes du jardin de Leyde (*Flora Leyd. prod.* p. 569.) ; & le nomme *Cyperus culmo triquetro nudo, umbellâ simplici foliosâ, pedunculis simplicissimis distichè spicatis.* C'est sous cette même dénomination qu'on le trouve dans le *Species plantarum* de M. Linnæus.

M. Lippi trouva sur les bords du Nil, en 1704, deux sortes de *Cyperus* ; dont il semble que l'un soit le *Papyrus*, & l'autre le *Sari*, conformément aux descriptions qu'en ont donné les Anciens : cependant plusieurs Botanistes ont confondu ces deux plantes, & les ont regardées comme ne faisant qu'une même espece. M. de Caylus (p. 24.) remarque une inadvertence considérable de Guilandin à ce sujet. Et dans les pages 30, 31 & 40, l'on trouve les caracteres du *Sari* & du *Papyrus*.

Le papier d'Egypte a une racine tortueuse, grosse comme le poing, souvent très-longue, & accompagnée de rameaux moins considérables. Il sort immédiatement de la racine plusieurs tiges hautes de six ou sept, quelquefois même dix, coudées ; polies, dures, fort droites, sans nœuds ; triangulaires en bas, mais moins anguleuses & presque rondes dans leur partie intermédiaire. Toute la plante a le port du Souchet. Les feuilles sont comme celles du *Typha* de marais ; mais obtuses à leur extrémité. Elles ne sont qu'au bas des tiges, & ont six à sept coudées de long. Au sommet des tiges sont les fleurs, qui forment un panache composé d'un grand nombre de péduncules menus, en maniere d'une chevelure épaisse, mais égale & saillante par son extrémité supérieure. Le fruit s'en trouve au bas des tiges. Nous ne pouvons en dire davantage, n'étant pas sûrs que les *Papyrus* dont nous avons des descriptions modernes, soient exactement les mêmes que celui d'Egypte.

Théophraste dit que le *Papyrus* qui croissoit dans le milieu des eaux, ne donnoit point de graine ; que son panache étoit composé de péduncules foibles, très-longs, semblables à des cheveux. Cette particularité se rencontre également dans le *Papyrus* de Sicile ; & dans une autre espece apportée de Madagascar par M. Poivre, Correspondant de l'Académie des Sciences de Paris. Au reste de telles variations ne sont point rares dans les plantes aquatiques.

Le *Papyrus de Madagascar* croît dans la riviere de Tartas ; & les Malgaches le nomment *Sangasanga* : ils en employent l'écorce à faire des cordes, des cordages, des voiles, & des nattes travaillées avec goût, & dont les compartimens sont très-bien exécutés.

Lorsque ce *Papyrus* croît dans l'eau, il porte un panache composé d'une touffe considérable de péduncules très-longs, foibles, menus & délicats, comme de simples filets, terminés le plus souvent par deux ou trois petites feuilles très-étroites, mais entre lesquelles on n'apperçoit aucuns épis ou paquets de fleurs : ainsi le panache est stérile. La base de chacun de ces péduncules ou filets est garnie d'une gaîne membraneuse assez longue, dans laquelle ils sont, pour ainsi dire, emboîtés : & ils naissent tous du même point de division, en forme de parasol. Le panache est, à sa naissance, environné de feuilles disposées en rayons, en maniere de couronne. La tige est haute de deux pieds & plus, étant dans l'eau à la profondeur d'environ deux pieds, & de forme triangulaire, mais à angles fort mousses. Par sa grosseur elle imite assez bien un bâton que la main peut entourer plus ou moins exactement. Sa substance intérieure est blanche, moëlleuse, & cependant pleine de fibres, & solide ; ce qui rend la tige assez forte pour qu'on puisse la ployer sans la rompre ; & encore s'en servir en guise de canne, attendu qu'elle est très-légere. Cette tige n'est pas également grosse dans toute sa longueur ; elle diminue insensiblement vers le haut : elle est sans nœuds, & fort lisse. Quand cette plante croît hors de l'eau dans les endroits simplement humides, elle est beaucoup plus petite, ses tiges sont fort basses, & le panache qui les termine est composé de filets ou péduncules plus courts, dont l'extrêmité supérieure est partagée en trois feuilles très-étroites, & un peu plus longues que celles qui sont à l'extrêmité des filets du panache de la plante qui a cru dans le milieu des eaux. De la base de ces trois feuilles, sortent de petits paquets de fleurs rangées de la même façon que celles du souchet : mais ces paquets ne sont pas élevés sur des péduncules ; ils occupent immédiatement le centre des trois feuilles entre lesquelles ils sont placés, & y forment une petite tête. Les feuilles qui naissent de la racine, & au bas des tiges, ressemblent à celles du souchet.

Ces deux variétés de la même plante, ainsi que celles du *Papyrus* de Sicile, sont gravées avec beaucoup de soin, à la fin de la Dissertation que nous abrégeons.

Le *Papyrus de Sicile*, de la Calabre & de l'Apouille, est nommé *Papero* en Italie ; & selon Césalpin, *Pipero*. On en trouve la description sous le nom de *Papyrus Nilotica*, dans les *Adversaria* de Lobel : il en parle assez au long. Il trouva cette plante dans le jardin de Pise, où Césalpin lui en donna des tiges garnies de leurs panaches. Delobel a eu tort de la qualifier *Papyrus Nilotica*, puisque Césalpin même dit qu'elle avoit été apportée des marais de Sicile. Ses panaches sont des touffes ou assemblages d'une très-grande quantité de longs pédicules fort menus, qui naissent d'un même point de division, disposés en maniere de parasol, & ne sont point épars comme ceux du souchet. A l'endroit d'où naissent ces pédicules, on voit, de même que dans le souchet, une couronne de feuilles disposées en forme de rayons, & beaucoup plus petites que celles du bas des tiges. Ces pédicules portent à leur extrêmité supérieure trois feuilles longues & étroites, du milieu desquelles sortent d'autres pédicules plus courts, chargés de plusieurs paquets ou épis de fleurs vers le haut. C'est ainsi qu'on les voit dans la seconde partie du *Museum* de Boccone. Pour la figure qu'en a donnée de Lobel, elle ne représente que des pédicules avortés : aussi dit-il que cette plante ne donnoit point de graine. Micheli (dans ses *Nova plantarum genera* imprimés à Florence en 1728) a fait graver de grandeur naturelle un de ces longs pédicules féconds : il est d'abord enveloppé à sa base par une gaîne qui a un pouce & plus de longueur ; ensuite vers son extrêmité supérieure, il supporte trois feuilles longues & étroites, & quatre pédicules où sont attachés les paquets de fleurs : ce qui se voit à la Planche 19 ; chaque pédicule des fleurs a aussi une très-petite graine à sa base.

Au moyen de ces observations exactes, on a

lieu d'espérer qu'il sera plus facile de retrouver le véritable *Papyrus* d'Égypte, par la comparaison des especes; & que l'on pourra même le découvrir dans d'autres climats: Voyez l'article *Grand* JONC *des Marais*.

Attendu que les racines rampent au fond de l'eau, & produisent des tiges dans toute leur longueur, on pourroit multiplier la plante au moyen de ses racines, pourvû qu'on la tînt dans l'eau. On les couperoit par tronçons: de même que les racines d'Iris (qui ont à-peu-près une semblable forme), étant ainsi divisées s'allongent & produisent des jets.

Le Papier croissoit dans des marais voisins du Nil; ou même au milieu des eaux dormantes que le Nil laissoit après son inondation, pourvû qu'elles n'eussent pas plus de deux coudées de profondeur: selon Pline, il en venoit encore dans l'Euphrate aux environs de Babylone; dans l'Inde; & peut-être ailleurs.

Usages.

Ce Papier est propre à faire ouvrir les fistules: on le lie avec du fil; après l'avoir trempé, on le laisse secher; étant mis ainsi sec dans la fistule, il se remplit d'humidité, & en même-tems il s'enfle; ce qui ouvre la fistule. La cendre de la plante sert à resserrer les ulceres corrosifs, particuliérement ceux de la bouche. En général le Papier est d'un grand usage quand il est sec.

Les habitans des bords du Nil, mâchent la partie inférieure & succulente de la tige, crue ou cuite; & n'en avalent que le suc, qui est abondant & gracieux. Pour rendre ce mets plus délicat, ils le font rôtir au four.

Nous avons déja insinué que les Anciens se servoient pour écrire, de l'écorce mince de cette plante. Ils avoient trouvé l'art de la séparer, & de lui donner diverses préparations. L'écorce grossiere donnoit aussi du Papier pour envelopper des marchandises. Selon Varron, ce fut dans le tems qu'Alexandre fit bâtir Alexandrie, qu'on trouva cet usage en Égypte. Mais son opinion est mal fondée; *Voyez* la Dissertation de M. de Caylus.

On couvroit ce Papier avec des feuilles de citronier, quand c'étoit quelque livre précieux; pour empêcher qu'il ne fût endommagé des vers. Voyez *Pline*, L. 13.

Les Égyptiens, du tems de Pline, employoient les racines du Papyrus, à faire différens vases pour leurs usages. La tige, entrelassée en forme de tissu, leur servoit à la construction des barques: qui ressembloient à de grands paniers.

Ils faisoient des voiles, des nattes, des habillemens, des couvertures de lit, & des cordes, avec l'écorce intérieure ou le *Liber*.

Nous ignorons si le Papyrus de Sicile a été de quelque usage chez les Romains.

Au défaut des feuilles que l'on tiroit du Papier d'Égypte, les Modernes ont imaginé d'en faire d'une *autre sorte*. On prétend qu'il fut apporté de Galice à Basle; d'où il se répandit en Allemagne, vers la fin du quatorzieme siecle. Il peut bien être qu'on en soit originairement redevable aux Orientaux. Car beaucoup d'anciens manuscrits Arabes ou des autres Langues Orientales, semblent être de cette espece de Papier. Les Sarasins l'auront vraisemblablement apporté d'Orient en Espagne, lorsqu'ils vinrent s'y établir. *Consultez* les pages 4 & 5 de l'*A t de faire le Papier*, publié par M. de la Lande, dans la Collection des Arts, donnée sous le nom de l'Académie des Sciences de Paris.

Pour le fabriquer on amasse une grande quantité de vieux linges, chifons & morceaux de toile; que les Manufacturiers nomment *Drapeaux*, *Peilles*, *Chiffes*, *Drilles*, & *Pattes*. Après les avoir lavé, on les met tout mouillés dans des especes de cuves, d'où on ne les tire que quand ils sont bien pourris. Ensuite par le moyen de plusieurs pilons, on les réduit en bouillie ou pâte: que l'on fait passer successivement par plusieurs mortiers, pour en former diverses sortes de Papiers plus ou moins beaux & bons. La pâte ayant acquis le degré que l'on veut, on la met dans de grandes cuves pleines d'une eau très-claire & un peu chaude; où on la remue & brasse, pour qu'elle s'y distribue bien. Elle prend ensuite dans des moules, la forme & consistence de Papier. Consultez l'Ouvrage de M. de la Lande.

Ce Sçavant y réunit l'érudition, les connoissances Physiques, & une sçavante théorie de l'Art. Il entre dans de grands détails, circonstancie chaque opération, rapproche les pratiques des diverses Provinces & celles des Étrangers, indique des vûes utiles & œconomiques; en un mot il instruit le fabriquant & l'ouvrier, & satisfait ses Lecteurs.

On Colle presque toujours le Papier, afin qu'il ne boive point. Le Papier gris, ou celui qu'on nomme *Fluent*, n'est point collé; & il est ordinairement fait des drapeaux les plus grossiers.

Propriétés Médicinales du Papier de Chiffons.

Ce Papier étant humecté, est employé pour arrêter le sang, & adoucir l'âcreté des playes. On le brûle & on en porte la fumée au nés des femmes qui sont attaquées de vapeurs, ou de la passion hystérique.

Papier de la Chine.

Ce Papier est si fin, que bien des gens croyent qu'on le fait avec de la soie. Le Papier ordinaire des Chinois est formé de la seconde écorce du bambou, & d'autres arbres en qui elle se trouve également molle & blanche. On l'enleve avec des formes longues & larges; ensorte qu'on en voit des feuilles qui ont dix ou douze pieds de long. On trempe chaque feuille dans de l'eau d'alun: qui tient lieu de colle, & donne à la feuille un éclat vernissé & argentin; mais qui la rend en même-tems plus susceptible d'humidité, & d'être rongée par les vers.

On fait aussi du *Papier de Cotton*. Celui-ci est plus blanc, & exempt des inconvéniens susdits. Voyez M. de la Lande, pages 3, 4, 5, 115, &c.

Outre le bambou, selon le P. Duhalde, les Chinois font aussi du Papier avec l'écorce des meuriers; avec la paille de bled ou de riz; & avec du chanvre. Kæmpfer dit qu'au Japon on se sert de la seconde écorce *d'une espece* de meurier: qu'il nomme » Papyrus, dont le fruit est semblable à » celui du *Meurier*, les feuilles comme celles de » l'ortie, & l'écorce propre au Papier. Le P. Duhalde dit qu'avant de destiner au feu les branches de meuriers, dont les feuilles ont nourri les » vers à soie, quelques Chinois dépouillent ces » branches, & font avec l'écorce intérieure, un » Papier assez fort, pour couvrir les parasols ordinaires, sur-tout quand il est huilé & coloré. Kœmpfer parle encore d'une autre plante en usa-

» ge au Japon, mais qu'il ne sçait sous quelle classe » ranger. Il l'appelle Papyrus qui se couche sur ter- » re, qui donne du lait; & dont les feuilles sont en » lame; & l'écorce, bonne pour le Papier.

Voyez M. de la Lande, page 121, &c.

Selon M. de la Loubaire, les *Siamois* font le Papier avec de vieux linges de cotton, ou avec l'écorce d'un arbre qu'ils nomment *Tancoe*.

Flacourt décrit la maniere dont les habitans de Madagascar fabriquent le leur avec une espece de Mauve, qu'ils appellent *Avo*.

Autres matieres propres à faire du Papier.

Tous ceux qui ont voyagé tant aux Indes qu'en Amérique, s'étendent beaucoup sur les avantages des palmiers pour les étoffes: dont sans doute il seroit aisé de faire du Papier lorsqu'elles sont usées.

L'Algue marine, qui est composée de filamens longs, forts & visqueux, y seroit propre.

Il en est de même des *Mattes* de Moscovie; en les préparant comme les Japonois font leur arbre.

En général la plupart des plantes dont on s'est servi jusqu'ici pour le Papier, semblent n'être qu'un tissu de longues fibres longitudinales, plus ou moins serrées, & recouvertes d'une substance qui en remplit les intervalles. Telles sont les Palmiferes, les Graminées, les Liliacées.

Voyez *Plantes* PALMIFERES. CHANVRE. JONC. ALOES, *n.* 23.

Consultez un Mémoire de M. Guettard, inséré dans le Journal Œconomique, Juillet & Août 1751.

Pour faire de beau Papier Rouge.

Prenez une demi-livre de safran bâtard, ou carthame; que vous laverez dans un sac, à grande eau, jusqu'à ce qu'il ne rende quasi aucune teinture. Mettez le marc dans un bassin; le saupoudrant avec une once de soude: versez-les dans un seau d'eau tiede; & remuez toujours. Après avoir passé l'eau, ajoûtez-y un peu de jus de citron, pour donner la couleur rouge. Il faut que ce soit du Papier de cotton, & le tremper dans le bassin.

[Nous ne garantissons pas le succès de cette recette. Le marc seul paroît insuffisant pour donner une belle couleur.]

Pour Blanchir le Papier collé sur le verre, & en Chassis; afin de ne le point recoller tous les ans.

1. Prenez du blanc de plomb, broyé à l'eau. Étant sec, rebroyez-le à l'huile; & peignez-en le Papier.

2. Pour le mieux, il faut y mêler un peu d'huile grasse; ce qui le fera résister davantage à la pluie; & pour qu'il soit plus de durée, donnez-y deux couches. [Mais la transparence diminuera.]

Coller le Papier.

Voyez sous le mot COLLE.

Verni pour le Papier. Voyez sous le mot VERNI.

Oter les Taches du Papier.

Voyez TACHE.

Dorer le Papier. Voyez au mot DORER: & l'article PARCHEMIN.

Nettoyer le Papier gras, ensorte que l'on puisse y écrire. *Voyez* ECRIRE.

PAPILIONACÉE (Fleur). *Voyez* LEGUMINEUSE.

PAPPI & PAPPUS. } *Voyez* AIGRETTE.

PAPULÆ. *Voyez* DARTRE.

PAPYRUS. *Voyez* PAPIER.

PAQ

PÂQUERETTE; ou PÂQUETTE, & *Pasquerette.* Voyez *Petite* MARGUERITE.

PÂQUES. Fête solemnelle, que les Chrétiens célébrent chaque année en mémoire de la résurrection de JESUS-CHRIST. Cette fête est Mobile; parce qu'elle n'arrive pas tous les ans le même jour du mois, ni dans un même mois. Les autres fêtes qu'on nomme Mobiles dépendent de celle de Pâques, pour être célébrées dans l'Eglise. Avant de donner la méthode de connoître le jour & le mois auxquels doit tomber la Fête de Pâques, il est à propos de faire quelques observations.

1°. La fête de Pâques ne se célébre que le Dimanche après la pleine lune de Mars.

2°. La pleine lune de Mars est celle qui est la plus proche après l'Equinoxe du printems; que l'on a déterminé arriver le 21 de Mars.

Méthode pour sçavoir en quel jour on doit célébrer la Fête de Pâques dans une année proposée.

A l'Epacte de l'année proposée, ajoûtez 1: ôtez cette somme, de 30: le reste marquera le jour du mois de Mars, après lequel arrivera le premier jour de la lune. Si de ce jour trouvé, vous comptez quinze jours, ce sera le jour de la pleine lune; & le Dimanche suivant est le jour où l'on doit célébrer la Fête de Pâques.

Exemple. L'épacte de 1719. est 9: à laquelle si vous ajoûtez 1. la somme sera 10. Ce nombre étant ôté de 30; il reste 20: qui marque le jour du mois de Mars, après lequel vous devez compter quinze jours; dont le dernier tombera au 4. du mois d'Avril. Ce jour sera la Pleine Lune de Mars: & le Dimanche suivant 9. d'Avril, est le jour auquel on solemnisera la Fête de Pâques.

Si on avoit choisi pour exemple l'année 1718, la Pleine Lune seroit tombée avant le 21 Mars: ce qui est contre la premiere remarque. Il auroit fallu alors transporter le calcul dans le mois d'Avril.

PAR

PARACENTESE, ou *Ponction.* A consulter son étymologie, ce terme signifie piquûre; étant dérivé du Grec παρακεντειν. C'est effectivement une piquûre, qui se fait en deux ou trois principales occasions. Le plus ordinairement on entend par *Paracentese* cette petite ouverture qu'on fait au bas du ventre, lorsqu'il y a des eaux dans sa capacité ou entre les tégumens. Les Anciens se servoient de la lancette: mais les Modernes se servent d'un instrument appellé *Trocart*, qui est un poinçon accompagné de sa canule. L'ouverture se fait trois ou quatre doigts au-dessous du nombril, & à côté, pour éviter la Ligne Blanche. On tire les eaux à diverses reprises, afin de ménager les forces du malade qui se dissiperoient par de trop fortes évacuations; & on fait une nouvelle piquûre toutes les fois qu'on en veut tirer. Cette sorte de Paracentese réussit rarement: parce qu'en vuidant les eaux par son moyen, on n'emporte pas la cause du mal.

On fait aussi la Paracentese du thorax ou de

poitrine, pour la phthisie. Elle réussit plus souvent. On fait l'ouverture dans les muscles intercostaux, pour faire des injections vulneraires; dont le parenchyme spongieux des poumons s'imbibe, & les rejette immédiatement par en haut. Il ne faut rien injecter d'amer; & ne pas attendre que les forces du malade soient trop diminuées: pour éviter quelque mortelle & irrémédiable syncope. Si par hasard le poumon se trouvoit adhérent aux côtes à l'endroit de l'ouverture (ce qu'on connoît en y approchant une lumiere, pour voir si l'air n'en sort point), alors on feroit une nouvelle ouverture en un autre endroit: la raison de cela est, que la substance du poumon étant adhérente aux côtes par dedans, elle bouche le passage à l'air qui devroit sortir par une ouverture qui pénétreroit dans la capacité de la poitrine librement & sans obstacle; & conséquemment la liqueur de l'injection n'y peut entrer pour les fins que l'on se propose dans cette opération.

La Paracentese dans l'*Empyeme* ne réussit pas si bien; tant parce que la poitrine contient les visceres les plus délicats; que parce qu'on n'entreprend pour l'ordinaire cette opération que par force & lorsqu'il n'y a presque rien à espérer. Cependant elle ne manqueroit presque jamais de réussir, si on la faisoit avant cette grande extrêmité. Pour la pratique, on ouvre le côté entre les cinquieme & sixieme côtes, en commencant par en bas, au-dessous de l'angle du muscle pectoral, à l'endroit où le *grand Dentelé* & l'*Oblique externe* de l'épigastre joignent leurs dentelures. On se sert souvent d'un scalpel aigu enveloppé d'un linge, mais un peu loin de la pointe: on coupe hardiment la péau & les parties d'au dessous, suivant la direction des fibres du muscle *Intercostal*; puis on enfonce la pointe du scalpel vers la partie superieure de la cinquieme côte. Il vaut mieux faire l'incision un peu plus vers le sternum que vers l'épine du dos; parce qu'on peut moins blesser en cet endroit le diaphragme & les poumons. Le Chirurgien observe pour faire l'incision, le moment de l'expiration. L'opération étant faite, & l'abscès étant vuidé, on a recours aux injections vulneraires, détersives, puis à de dessiccatives & consolidantes. Pour opérer prudemment, il faut s'assurer de l'existence de l'Empyeme.

Projet pour perfectionner l'opération de la Paracentese.

Ayant remarqué que l'eau de Bristol & le vin rouge faisoient cailler la lymphe, on en a conclu que si ces liqueurs pénétroient jusqu'aux vaisseaux lymphatiques, elles pourroient en resserrer les orifices dilatés, y produire de petits caillots, & prévenir le retour de la lymphe & de la maladie. M. Warrick, Chirurgien de Truzo en Cornouaille, appellé chez une femme hydropique, lui tira plus de vingt pintes de lymphe, & injecta ensuite à différentes reprises une égale quantité d'un mélange d'eau de Bristol & de vin rouge. La malade eut quelques défaillances pendant l'opération; mais elles cesserent, dès que son ventre fut aussi tendu par la liqueur injectée, qu'il l'étoit auparavant par la lymphe épanchée. Quoique M. Warrick crût que le mélange astringent devoit avoir pénétré jusqu'aux vaisseaux lymphatiques; cependant comme il se trouvoit confondu avec un reste de lymphe, & qu'il pouvoit avoir perdu une partie de sa vertu, il répéta promptement toute l'opération. Les premiers symptômes ne furent pas favorables, quoique le ventre de la malade fût rempli de deux tiers de vin sur un tiers d'eau minérale. A une douleur violente qu'elle sentit dans la poitrine & les visceres, succéderent une respiration embarrassée, un pouls intermittent, la perte de la parole, & enfin un évanouissement complet. Il étoit tems de la dégager. Aussi, dès que l'injection fut retirée, la malade revint à elle; & dans peu de tems elle recouvra la santé. Dix-neuf mois après l'opération, & quoiqu'elle vécût ans un pays où l'on fait beaucoup d'usage de liqueurs spiritueuses, elle n'avoit aperçu aucun retour de son mal.

Pour prévenir l'évanouissement, qu'une évacuation & une injection trop subites occasionnent, le D[r]. Hales a conseillé d'appliquer un trocart à chaque côté du ventre; l'un pour tirer la lymphe; & l'autre pour injecter autant qu'il faut de liqueur, & entretenir le ventre dans le même degré de tension. A l'effet de se regler, on peut observer à quelle hauteur la lymphe montera dans un tube fixé à l'un des trocarts, & faire ensorte que la liqueur de l'injection soit en une quantité un peu inférieure. * *Transactions Philos.* année 1744.

On peut trouver en France des eaux minérales qui ont la même propriété que celles de Bristol.

PARAPHIMOSIS. Maladie qui consiste dans le retirement du prépuce, ensorte qu'on ne peut le ramener à couvrir le gland comme c'est son état naturel. On en attribue la cause à une trop grande sécheresse survenue au prépuce.

Remedes.

1. Pilez & broyez bien, telle quantité d'escargots, qu'il vous plaira, dans un mortier de marbre, avec leurs coquilles; sur la fin ajoûtez-y quantité suffisante de sain-doux; battez & mêlez bien le tout ensemble, pour en faire une espece d'onguent, que vous appliquerez sur la partie. Il faut réiterer le même remede soir & matin, jusqu'à parfaite guérison.

2. Frottez-le avec l'*onguent* dont voici la composition: Vous prendrez deux livres de beurre frais, de Mai, & une pinte de suc d'hieble; vous les mettrez dans un chaudron, ou autre vaisseau de cuivre, sur le feu; & aussi-tôt que le beurre sera fondu, vous y jetterez un plein plat de vers de terre avec une douzaine & demie de gros limaçons rouges; que vous aurez nettoyés, & bien lavés dans du vin blanc. Vous ferez bouillir le tout, jusqu'à ce que l'onguent soit d'un beau verd. Alors il faudra le couler, sans exprimer fortement: & le conserver pour l'usage. Quand on s'en sert, on en fait fondre autant qu'il est nécessaire; & on en frotte la partie, comme nous avons marqué ci-dessus. Puis on la couvre d'un linge chaud; qui doit toujours servir jusqu'à parfaite guérison.

3. On a souvent expérimenté qu'on guérit fort promptement cette maladie avec le Baume du Commandeur de Pernes; dont on frotte la partie.

PARALYSIE. Relâchement des nerfs; perte de sentiment ou de mouvement dans quelque partie, & quelquefois de l'un & l'autre ensemble. L'obstruction des nerfs, lorsqu'elle produit le même effet, est nommée *Paraplégie* par Etmuller.

Les Anciens ont pensé que toute Paralysie venoit de cause froide; mais on est obligé de reconnoître qu'il y a deux sortes de Paralysie; l'une qui vient d'une constitution froide; & l'autre, d'un tempérament plus chaud. C'eſt pourquoi il faut employer des remedes de différentes qualités.

Cette maladie eſt toujours de longue durée, & ſuccede ſouvent à d'autres qu'elle termine; comme à l'apoplexie, la colique, de longues fievres, d'indiſcretes ſaignées, le ſcorbut, la ſuffocation de matrice. Elle eſt plus ordinaire en hiver qu'en d'autres ſaiſons. Les vieillards en guériſſent très-difficilement; ſur-tout lorſqu'ils la ſupportent depuis long-tems. Les jeunes gens en guériſſent aiſément, pourvû que la cauſe du mal ne ſoit pas entiérement froide & humide.

Les cauſes externes de la Paralyſie peuvent être un coup à la tête, une contuſion négligée; avoir dormi dans une cave, ſur la terre, après midi; avoir habité un lieu humide, ou une maiſon nouvellement bâtie, particuliérement à Paris à cauſe du plâtre; s'être trop exercé auſſi-tôt après avoir mangé; l'habitude de boire par excès, ſur-tout de l'eau-de-vie ou du vinaigre. Quant aux cauſes internes, la Paralyſie peut être occaſionnée par le ſang vicié, la mélancolie; & plus ordinairement par l'abondance d'une pituite épaiſſe qui deſcendant du cerveau pénetre juſques dans la ſubſtance des nerfs.

Ceux qui habitent les pays ſeptentrionaux, ou méridionaux, ſont plus ſujets que d'autres à devenir Paralytiques; ainſi que les foulons, les pêcheurs, les marins, & autres qui ſont habituellement environnés d'eau. L'uſage des narcotiques, affoibliſſant, diminuant, ou éteignant le mouvement & la chaleur des eſprits animaux; il peut procurer la même maladie, plus ou moins forte, ſelon l'abus plus ou moins grand de ces ſortes de remedes.

Lorſque l'apoplexie eſt foible, elle dégénere en Paralyſie: que l'on nomme quelquefois alors auſſi *Paraplégie*. La Paralyſie eſt parfaite, ou imparfaite. Quand elle n'eſt précédée d'aucune maladie, elle n'attaque ſouvent qu'une ſeule partie; comme la langue, un œil, la mâchoire, une levre, un bras, une jambe, &c. Elle commence alors par une ſtupeur, qui dégénere enfin en Paralyſie. Mais celle qui ſuit l'apoplexie, eſt d'autant plus dangereuſe, qu'elle a coutume de la rappeller: au lieu que ſi elle vient d'elle-même, elle dure aſſez long-tems; mais eſt plus guériſſable. Dans l'une & l'autre Paralyſies, le ſentiment périt quelquefois, ſans intéreſſer le mouvement de la partie; & quelquefois au contraire, le ſeul mouvement eſt ôté à la partie, mais non pas le ſentiment. Quand le mal eſt à ſon comble, l'un & l'autre ſe perdent.

Pendant qu'un côté paralytique eſt froid, l'autre ſe trouve avoir une plus grande chaleur.

Le pouls des Paralytiques eſt languiſſant, petit, rare, tardif, mou; quelquefois fréquent, inégal, & d'une intermittence irréguliere. Leur urine eſt preſque toujours claire & aqueuſe: ou bien elle eſt rouge; & c'eſt alors un indice de la foibleſſe des reins.

L'urine verte eſt un avant-coureur de la Paralyſie, ou du tremblement.

Quoique la Paralyſie n'occupe quelquefois qu'une partie de la langue; qu'un bras; qu'une main; ou la moitié du corps: il ne faut pas laiſſer d'y apporter les mêmes ſoins, que ſi elle étoit parfaite. Car en la négligeant elle devient générale, & ſe tourne enſuite en apoplexie.

Lors même que l'on eſt quitte de ces accidens, il ne faut pas ſe négliger.

La ſaiſon propre pour en eſſayer la guériſon, eſt ſur la fin du printems: on la tenteroit inutilement en automne ou dans l'hiver. Les membres Paralytiques ſont peſans & aiſément refroidis; les chairs en ſont lâches & molles, & emmaigriſſent ſenſiblement. Cette maigreur ôte toute eſpérance de guériſon; ſur-tout lorſque la partie eſt entiérement immobile, & que la couleur eſt différente de celle du reſte du corps. Toute Paralyſie, encore qu'elle ſoit légere, ne ſe guérit que très-difficilement, bien loin que la forte cede aux remedes. Elle n'eſt pas moins incurable quand elle vient d'un nerf coupé ou rompu.

Rien n'ôte mieux la Paralyſie, que la fievre, ou un tremblement qui ſurvient.

Curation.

1. Lorſque la Paralyſie paſſe un an, elle eſt très-difficile à guérir. Pour ſoulager les vieillards, on les purgera ſouvent avec des pilules d'agaric, ou d'aloës; la priſe ſera une dragme, & pour les plus robuſtes, une dragme & demie. On leur fera un cautere au bras, ou à une jambe; & tous les matins, on leur donnera une priſe de thériaque, ou d'orvietan.

On leur frottera l'épine du dos avec un *baume* ainſi compoſé: Prenez une livre & demie d'huile de noix, une pinte de gros vin, une poignée de camomille, une poignée de ſauge, une poignée de rue, une poignée d'abſinthe. Ayant fait bouillir le tout enſemble juſqu'à ce que le vin ſoit conſommé, vous le coulerez; & en même-tems vous y jetterez trois onces de térébenthine de Veniſe, avec trois muſcades bien pulvériſées.

Au lieu de ce Baume, on pourra leur faire uſer de ce *liniment*, qui eſt un peu cher, mais très-ſouverain. Prenez huile de renard, deux onces; huile d'œuf, une once; huile de muſcade, une once; moëlle de cerf, une once; autant d'huile de térébenthine: fondez le tout enſemble ſur un feu lent, en remuant toujours, hors du feu. Ajoûtez enſuite quatre onces d'huile de noix tirée ſans feu. Prenez deux pots pleins de bonne graiſſe de mouton; faites-la cuire juſques à conſomption de la moitié; ajoûtez-y un pot d'huile roſat; faites cuire derechef le tout juſques à réduction de la moitié: & frottez-en les parties affligées.

2. En ſuppoſant que la Paralyſie a coutume d'être cauſée par la pituite qui obſtrue les nerfs, & empêche les eſprits d'y couler, il faut tâcher de lever cette obſtruction, pour redonner aux eſprits leur cours libre par les nerfs dans toutes les parties du corps. Pour cela, on commencera par bien purger le malade; que l'on tiendra à un régime atténuant & deſſéchant. Il uſera de rôti, piqué de ſauge & de romarin.

3. On recommande fort la *décoction* ſuivante, comme ayant produit de fort bons effets. Prenez quatre onces de bonne ſalſepareille blanche; de la racine de ſquine, de la rapure de bois de romarin, trois pincées de chacune; huit pincées de fleurs de primevere. Mettez infuſer le tout, durant quatre heures dans huit livres d'eau de fontaine, ſur les cendres chaudes. Après quoi vous ferez cuire le tout juſques à la conſomption de la moitié; & ajoûterez ſur la fin une once de ſemence de coriandre. Partagez la colature en huit parties égales; que vous mettrez dans huit phioles bien bouchées, pour huit doſes, à prendre chacune à ſix heures du matin, à l'effet de provoquer la ſueur qui eſt très-ſalutaire en cette maladie.

ladie. On couvre bien le malade ; & on l'environne de bouteilles pleines d'eau chaude couvertes de linges pour ne pas le blesser.

Après la purgation, on appliquera un grand véficatoire sur la nuque : & on tiendra long-tems ouvertes les vessies qu'il aura excitées ; en mettant par-dessus des feuilles de chou, chauffées, & enduites de beurre. On frottera la nuque, l'épine du dos, & principalement l'origine des nerfs qui sont distribués à la partie Paralytique, avec le *Baume* suivant, le plus long-tems qu'on pourra, ayant les mains bien chaudes, & en y ajoûtant un peu d'esprit de vin rectifié. Voici la recette de ce baume : Prenez de la moëlle de l'os de la cuisse de bœuf & de cerf, trois onces de chacune ; quatre onces de suif ; demi-livre de vers de terre lavés dans du vin blanc ; du labdanum, du storax calamite, du benjoin, une once de chacun ; des bayes de genevre, de l'écorce extérieure de citron & d'orange, des fleurs de lavande, une once & demie de chaque. Renfermez le tout dans le ventre d'une oye grasse ; recousez le ventre ; & faites rôtir l'oye à la broche. Prenez quatre onces de la graisse qui en tombera, une once de gomme tacamahaca, huile de noix muscade & de laurier faites par expression, demi-once de chacune : mêlez le tout pour faire un baume : & servez-vous-en comme il est dit ci-dessus.

4. On conseille aussi à ceux qui se plaisent à fumer du tabac, une *Composition pour mettre dans leur pipe*. Prenez des feuilles séches de sauge, de marjolaine, de romarin, deux dragmes de chacun ; six dragmes d'écorce de pistaches ; une dragme de noix muscade : faites-en une poudre, pour fumer avec une pipe, en guise de tabac. Ajoûtez-y dans le tems de l'usage, une goutte ou deux de l'*Huile* qui suit : composée d'huile distillée de sauge & de romarin, une dragme de chacune ; & deux dragmes d'huile de succin ; qu'on mêle ensemble.

5. La Cure de la Paralysie consiste dans les sudorifiques, les purgatifs, les clysteres âcres, les vomitifs, les topiques, les bains &c. Il faut commencer par les *Vomitifs* ; les suivans y sont fort bons : Le tartre émétique, depuis quatre jusqu'à huit grains : le syrop émétique, depuis demi-once jusqu'à deux onces ; le foie d'antimoine, ou le safran des métaux, depuis deux jusqu'à huit grains ; les fleurs d'antimoine, depuis deux jusqu'à six grains. Vous donnerez celui qu'il vous plaira de ces vomitifs, dans quelque liqueur, soit vin ou bouillon. A chaque fois que le malade vomit, il faut lui donner une cuillerée de bouillon pour faciliter le vomissement ; qui doit continuer jusqu'à une évacuation convenable, & selon les forces du malade. On peut donner aussi le vomitif suivant : Prenez des rognures d'ongles (plus il y en aura, & plus le vomitif sera fort) : faites-les infuser pendant une nuit sur les cendres chaudes ; coulez ; & donnez de cette colature au malade un petit verre à boire : c'est un remede dont Knellius se servoit fort avantageusement à l'Armée. Les *Purgatifs* seront ensuite employés, quelquefois même au lieu de vomitifs ; & un des meilleurs purgatifs dont on puisse faire usage, est de prendre de tems à autre de la rhubarbe : par exemple, faire infuser une dragme de rhubarbe toute une nuit sur les cendres chaudes. On donnera aussi des *Clysteres âcres*. Pour les faire, prenez de la sauge, de l'origan, de la petite centaurée, une poignée de chacun ; & la pulpe d'une pomme de coloquinte : faites une décoction de ces drogues, pour en donner en lavement.

6. On fait une grande estime, dans cette maladie, de la décoction de bayes de laurier & de genevre ; dont on donne quelques verres à boire au malade : & on le couvre pour le faire suer.

7. En certains cas on frotte pendant trois ou quatre heures la partie paralytique, avec de l'esprit de vin dans lequel on a fait dissoudre du camphre : c'est un excellent remede, mais dont il ne faut point user si la partie étoit fort amaigrie. Alors on doit s'abstenir de tous les remedes qui sont subtils & pénétrans ; sur-tout dans les frictions : ainsi la friction précédente n'a de vertu, que lorsque la main Paralytique, par exemple, est molle & paroît pleine de suc & bien nourrie.

8. Les *Bains artificiels* ne sont pas à négliger dans cette maladie. Voici comme ils se font. Prenez du soufre vif, des bayes de laurier, demi-livre de chacun ; racine de gentiane, trois poignées ; *enula campana*, & aristoloche longue, deux poignées de chacune : hachez le tout, & le mettez bouillir dans de l'eau ; pour verser dans votre bain.

Le malade doit faire une diete exacte : usant de pain bien sec, & d'alimens de même qualité ; user aussi d'une décoction de bois de buis avec un peu d'écorce de citron, pour sa boisson ordinaire.

9. Les sudorifiques, pris le matin & le soir durant trois semaines, sont tellement nécessaires, qu'il est bien difficile de guérir la Paralysie sans cela.

10. On dit que quelques-uns ont heureusement rappellé le sentiment à la partie Paralytique, en la touchant souvent & doucement avec des feuilles d'ortie verte : en la piquant de la sorte, ils ont réveillé la faculté assoupie.

11. On pourroit aussi avec succès appliquer sur la partie, de vieux levain mêlé avec la poudre de graine de moutarde, & un peu de vinaigre ; que l'on laisseroit jusqu'à ce que la partie eût pris seulement de la rougeur ; mais pas assez long-tems pour que cette application excitât des pustules.

12. A l'égard de la saignée ; il ne faut jamais, ou que très-rarement, en user dans la Paralysie. Elle pourroit rendre la guérison plus difficile.

13. Etmuller conseille d'user seulement de purgations douces, avec le mercure doux ; les espéces de diaturbith, & la rhubarbe : après quoi user de sudorifiques ; de remedes où entrent la vipere, le succin, les antimoniaux & les martiaux.

14. Il est bon de mettre la partie malade, dans le marc de l'orge qui a servi à brasser la biere ; ou dans le ventre ou la poitrine d'un animal nouvellement tué ; enfin dans les bains naturels qui ont des propriétés contre ce mal : parmi lesquels il n'y a gueres de meilleur remede que les bains de Bath, en Angleterre ; & en France, ceux de Barrege.

15. Allen observe que la cure de la Paralysie ne s'éloigne pas beaucoup de celle du mal vénérien ; de maniere que les remedes mercuriels, les mêmes décoctions des bois, &c. sont très-salutaires à l'une & l'autre maladies.

16. Quand vous appliquerez, dit Waldschmidius, des onctions confortatives & des remedes spiritueux & pénétrans ; il ne faudra pas se contenter de les appliquer sur la partie malade seulement, mais aussi sur l'épine du dos.

17. Il faut frotter l'endroit Paralytique avec de l'huile de renard, de l'huile laurin, ou de celle de castor ; en y mêlant de l'eau-de-vie.

18. Usez souvent d'eau de cannelle, ou de mille-pertuis ; ou des conserves de sauge, de romarin, d'ivette arthritique, de mélisse ; & de mithridat.

19. Faites recevoir au membre paralysé la vapeur d'une décoction de lavande, ou d'autres plantes telles que mentecoq, hieble, sauge, marjolaine.

20. Prenez une poignée de blancs de porreaux avec leurs racines, & une écuelée de lait. Coupez les porreaux en morceaux, & les jettez dans le lait: faites-les cuire jusqu'à ce qu'ils soient réduits en pâte. Mettez de cette pâte sur des étoupes; & appliquez-en sur la partie attaquée, le plus chaudement que vous pourrez.

21. Après avoir rempli le ventre d'un canard bien gras, de clous de gerofle, faites-le rôtir à la broche; ramassez-la graisse qui en tombera, & que vous garderez pour en frotter la partie Paralytique. [Selon quelques-uns, le chevreau vaudroit mieux que le canard.]

22. Prenez des oignons blancs, hâchez-les bien menu; & les ayant mis dans un pot de terre, vous les ferez cuire au four, jusqu'à ce qu'ils soient bien mous. Vous aurez soin, pendant la cuisson, de tirer de tems en tems le pot, & remuer les oignons, afin qu'ils ne s'attachent pas au fond, & qu'ils cuisent également. Étant cuits, vous les appliquerez sur toutes les parties Paralytiques; réitérant le même remede d'heure en heure, jusqu'à ce que le malade soit guéri.

Remede d'un fameux Apothicaire de Toulouse, pour la Paralysie.

23. Prenez huit onces de gros tartre de Montpelier. Faites-le calciner en blancheur: mettez-le dans un mortier de marbre; & réduisez-le en poudre avec un pilon de bois. Faites bouillir deux pintes d'eau de fontaine dans un pot de terre non-vernissé: versez-la bouillante sur votre poudre de tartre calciné; & remuez bien avec le pilon, jusqu'à ce qu'elle soit refroidie. Coulez l'eau par le papier gris; & gardez-la dans une bouteille de verre bien bouchée. Prenez ensuite quatre onces de cristal de tartre, ou bien deux onces de cristal minéral. Versez par-dessus, dans un pot de terre sans vernis, quatre grands verres d'eau bouillante; & remuez avec un pilon de bois, jusqu'à ce que l'eau soit refroidie & le cristal dissout. Prenez ensuite un verre de l'eau de tartre: versez-la peu-à-peu sur l'eau de cristal minéral; & remuez toujours jusqu'à ce que votre eau de tartre soit finie, & que les deux eaux soient intimement mêlées ensemble: & gardez-les dans des bouteilles bien fermées.

On donne de ce mélange trois ou quatre verres par jour, pendant douze ou quinze jours, avec trois onces d'eau de mélisse; sçavoir, le matin à jeun dans le lit un ou deux verres, & autant le soir en se couchant loin des repas: on couvre le malade pour le faire suer; & on le fait agir autant qu'il peut pendant le jour.

Peut-être que, si à la place du cristal de tartre ou du cristal minéral, on se servoit du sel ammoniac pour la seconde eau, le remede seroit encore plus efficace. Mais en ce cas il faudroit garder les deux dissolutions dans des bouteilles séparées; & n'en faire le mélange que lorsqu'on voudroit donner le remede: ou bien faire prendre un verre d'une de ces dissolutions au malade, & immédiatement après un verre de l'autre; & le bien couvrir.

[L'exposé ci-dessus fait voir que ce prétendu fameux Apothicaire n'étoit pas grand Chymiste. Tout ce grand procédé se réduit à mêler un peu de dissolution de nitre avec une solution de sel de tartre.]

Sirop pour la Paralysie.

24. Prenez deux onces de scammonée en poudre très-fine, cinq quarterons du meilleur sucre aussi en poudre, & passés par le tamis fin; & environ quatre gros de bonne rhubarbe bien pulvérisée. Vous délayerez & mêlerez le tout dans un demi-setier d'eau cordiale, composée avec le chardon bénit & le chardon rolland; & dans cinq demi-setiers de la meilleure eau-de-vie. Vous mettrez ensuite la terrine qui contient ces ingrédiens, & qui doit être vernissée, sur un réchaud plein de feu. [Au lieu d'eau-de-vie, on pourroit mettre de l'esprit-de-vin, à proportion.] Lorsque le tout commence à s'échauffer un peu, on met le feu à l'esprit de vin, ou à l'eau-de-vie; & l'on a soin de remuer toujours avec une spatule, ou une cuillier, jusqu'à ce que le sirop soit fait. Étant refroidi, on le garde pour l'usage. La dose est depuis deux cuillerées jusqu'à trois. Il faut donner immédiatement après la prise, environ un tiers de bouillon au malade; & trois heures après, un bouillon entier.

25. *Voyez* APOPLEXIE. RHUMATISME. EMBROCATION. REMEDES PASTORAUX. *Petite* MARGUERITE. OR *Potable.*

PARALYSIE *du Gosier.* C'est une difficulté d'avaler: qui vient du relâchement des muscles qui servent à son mouvement. Cette sorte de Paralysie met le malade dans un danger dont il se tire rarement.

Il faut pour guérir ce mal, appliquer des topiques, tant extérieurs qu'intérieurs. Quand la voix est perdue, les gargarismes & les loochs produisent de grands effets; principalement le suc de sauge, mêlé avec la noix muscade & le castoreum, tenu long-tems & souvent dans la bouche. On s'est aussi quelquefois servi du *Cataplasme* suivant: Prenez de la pulpe de raves cuites, quatre onces; deux poignées de rhue bien broyée; de la graine de moutarde, une once; *album græcum* & euphorbe, de chacun deux dragmes; soufre vif, trois dragmes; huile de succin, cinq scrupules; onguent nervin, ce qu'il en faut: mêlez le tout pour un cataplasme, qui sera appliqué au cou.

PARALYSIE *de la Langue:* ou *Parole perdue.* Le seul suc de sauge suffit pour rétablir l'action de cet organe.

2. L'on se sert avec succès du *Gargarisme* suivant: Prenez une poignée de sauge, & de romarin; hysope & pouliot, de chacun une demi-poignée; semences de staphisaigre & de moutarde, demi-once de chacune: faites bouillir tout cela dans une quantité suffisante d'eau de fontaine: ajoûtez à la colature deux onces de suc de sauge purifié, de l'oxymel scillitique, & de l'eau de la Reine d'Hongrie, de chacun une once; du sirop de stœchas, trois onces: mêlez le tout pour un gargarisme; dont le malade tiendra deux cuillerées dans sa bouche pendant quelque tems, & qu'il rejettera ensuite; réitérant la même chose plusieurs fois dans la journée.

3. Faites bien infuser du clou de girofle dans du jus de menthe; ajoûtez-y un peu de vin; & le donnez à boire au malade.

4. Gargarisez la bouche avec la décoction de sauge & de roquette en parties égales.

5. Ruland ordonne d'avaler une once d'esprit de vin, dans lequel on aura fait infuser de la lavande.

6. Broyez ensemble parties égales de sauge & de persil; faites-les cuire dans du vin blanc: gar-

garisez de cette décoction, & appliquez les herbes cuites, sur la gorge.

PARALLELE. Terme emprunté des Mathématiques, pour signifier des allées d'arbres avec leurs contre-allées, bien plantées, ensorte que les largeurs de chacune soient toujours égales & bien observées d'un bout à l'autre.

PARASITE (*Plante.*) On nomme ainsi toute plante qui végete sur d'autres, & qui se nourrit de leur substance. Tels sont le Gui, la Cuscute, l'Orobanche, l'Hypociste, la Clandestine, l'Orobanchoïde, &c.

Les Mousses, les Lichen, les Agarics, sont de *Fausses Parasites.*

Consultez la *Physique des Arbres*, de M. Duhamel, Liv. 5. chap. 1. art. 5 : Son *Traité de la Culture des Terres*, Tome II, page 113, &c : Un *Mémoire* du même Auteur, dans le Recueil *de l'Académie des Sciences* en 1728 : & dans la même collection (année 1756) un *Mémoire* de M. Guettard.

PARC : *Terme de Chasse.* C'est un endroit où on fait la courre pour faire venir les bêtes noires, quand on les a mises & enfermées dans les toiles.

PARC : *Terme d'Œconomie Rurale.* C'est un grand terrein enclos de murs ou de haies, planté de bois ; où l'on éléve des animaux pour la chasse, & dont on fait un lieu de promenade. *Voyez* ARBRE, article I.

On fait aussi des Parcs avec des *Claies*, pour y renfermer le bétail pendant la nuit.

PARCHASSER. C'est chasser une bête avec les chiens courans, lorsqu'il y a deux & trois heures qu'elle est passée. C'est encore ce que l'on nomme *Raprocher.*

PARCHEMIN. Peau préparée ; dont le principal usage est de servir à écrire. On emploie, pour faire le parchemin, la peau de mouton ; celle du belier ; & quelquefois celle de chevre. Quand il est fait d'agneau, on l'appelle *Parchemin Vierge.*

Voyez VELIN.

Colle de Parchemin. Voyez sous le mot COLLE.

M. de la Lande a publié, en 1762, l'*Art de faire le Parchemin* : au nom de l'Académie des Sciences, de Paris.

Pour bien Dorer le Parchemin, & le papier.

Il faut broyer du bol avec de l'eau de gomme adraganth ; & en mettre deux couches sur le papier ou Parchemin, la premiere fort claire, l'autre un peu plus épaisse. Lorsqu'elle sera seche, on prendra avec un pinceau, de l'eau de vie, & de l'eau de pepins de coing, qui se fait en mettant dans un verre certaine quantité d'eau & assez de pepins pour que leur séjour donne à l'eau un peu de viscosité. Avec un pinceau on passera de cette eau sur les couches qu'on a mises ; & on mettra aussi-tôt l'or dessus. Quand il est sec, il faut le brunir avec la dent ou autre polissoir.

PARDALIANCHES (*Aconitum*). *Voyez* l'article RENONCULE.

PAREIRA-*Brava. Voyez* PARERA.

PARELL : Mot Minorcain ; signifiant *Albâtre. Voyez* l'article intitulé *Comment on doit gouvenrner les* VINS *fins*, &c.

PARELLE, ou *Patience* : en Latin *Lapathum* ; & *Rumex* : & *Dock*, en Anglois.

Ce genre de plantes porte des fleurs dont le calyce est composé de trois pieces obtuses & renversées. Ce calyce subsiste avec le fruit. Il y a trois pétales, peu sensibles. Au dedans sont six filets d'étamines, surmontés chacun de deux sommets droits. L'embryon est à trois faces ; & sert de support à autant de styles fort menus, qui sont courbes, au haut desquels sont de grands stigmates découpés. L'embryon devient un fruit triangulaire, enfermé entre les pieces du calyce.

Especes.

1. *Lapathum aquaticum, folio cubitali.* C. B. que Muntingius croit être la véritable *Herba Britannica* des Anciens. Cette plante vient dans des endroits aquatiques. Elle jette immédiatement de sa racine des feuilles à peu près taillées en fer de pique, longues d'environ deux pieds, larges de quatre à six pouces à leur partie moyenne. Sa racine est grosse ; & entre profondément en terre. Les fleurs sont herbacées, & paroissent en Juin, au haut d'une tige qui a quelquefois quatre pieds de hauteur.

2. *Lapathum hortense, folio oblongo, 2m. Dioscoridis.* C. B. Il y a eu un tems où on cultivoit beaucoup cette espece dans les jardins. Elle vient aussi dans les cimetieres. Sa racine est grosse, très-branchue, & pique fort avant dans la terre : au dehors elle est brune, mais jaunâtre & veinée de rouge en dedans. Ses feuilles, longues & très-pointues, ont des pédicules rougeatres. Sa tige monte à trois ou quatre pieds de haut, & jette des branches latérales : le sommet est garni de longs épis de fleurs, vers le mois de Juin. C'est la *Patience* des Anglois ; qui l'appellent encore *Patience Rhubarb* ; parce qu'anciennement on s'en servoit au lieu de la Rhubarbe des Moines.

3. *Lapathum folio acuto crispo* C. B. Ses feuilles sont pointues, longues, ondées, & comme frisées. Elle est fort commune à la campagne. Sa tige s'éleve à deux ou trois pieds de haut.

4. *Lapathum folio minùs acuto* C. B. La *Patience sauvage* : que les Anglois nomment *Butter-Dock.* Cette espece, encore très-commune dans les champs, a les feuilles plus larges que celles des especes précédentes : elles sont communément terminées en pointe fort mousse, longues d'environ un pied, larges de quatre à cinq pouces vers leur base, & garnies de quantité de nervures sensibles. Les épis de fleurs sont très-épais, & environnent la tige & les branches.

5. *Voyez* RHAPONTIC.

6. *Lapathum folio acuto, rubente* C. B : que les Anglois nomment *Bloody Dock*, & *Blood-Wort.* Elle a aussi parmi nous les noms de *Lapathum Cruentum* ; *Parelle Rouge* ; *Sang de Dragon.* Ses feuilles sont très-veinées de rouge purpurin, avec des taches de même couleur. Ses tiges sont pareillement rouges.

Usages.

Le *n.* 1 est d'usage en Médecine ; comme antiscorbutique.

On se sert du *n.* 2, à titre de laxatif.

Les semences de ces deux especes sont astringentes. Celle du *n.* 3 est réputée l'être davantage.

L'eau distillée des racines du *n.* 4 est bonne contre les dartres, élevures de la peau, gratelle, & pour ôter toutes les taches du visage. Sa décoction dans du vin, quand on s'en sert pendant quelques jours, fait passer la jaunisse. La Tisanne de cette Parelle est propre pour les dartres, la galle, & autres maladies de la peau : elle a plus de vertu, si l'on y ajoûte égale quantité de racine d'aunée. Ces deux racines font la principale vertu de l'*Onguent pour la galle*, duquel voici la composition :

prenez quatre onces de racines de Parelle bien ratissées, & autant de celles d'aunée; coupez-les bien menu; faites-les bouillir dans un peu d'eau, avec suffisante quantité de beurre. Etant cuites, passez-les par un tamis: & sur six onces de pulpe, mettez une once & demie de fleur de soufre. Quand vous voudrez vous servir de cet onguent, saignez & purgez une ou deux fois le malade.

La racine de Parelle, infusée dans de la biere, est spécifique pour le scorbut. Sa décoction faite avec la fiente de poule, est très-bonne contre la galle: on en bassine les parties galleuses. La poudre, mêlée dans du vinaigre, éteint le feu volage. Cette racine s'emploie dans les décoctions & bouillons apéritifs: on peut ajoûter un demi-gros de tartre Martial soluble, sur chaque bouillon.

Elle lâche doucement le ventre. Mais on la regarde comme un peu nuisible à l'estomac.

La feuille, pilée & appliquée sur les ulceres des jambes, & sur les loupes, y fait beaucoup de bien.

M. Miller dit qu'autrefois en Angleterre on cultivoit le *n.* 2 comme plante potagere, pour l'usage commun de la table.

Il ajoûte que le *n.* 4 servoit anciennement beaucoup pour envelopper le beurre.

On prétend que tout est astringent dans le *n.* 6.

PAREMENT *de Fagot.* Ce sont les branches qui forment le pourtour d'un fagot.

PAREMENT *de Pierre.* C'est le côté de la pierre taillée, qui doit paroître en dehors du mur; les autres côtés étant cachés par les pierres latérales ou surbâties. *Voyez* AMAIGRIR.

PARERA-BRAVA: ou *Pareira-Brava. Consultez* le mot DIURÉTIQUE.

PARESSEUX-HENRY. *Consultez* l'article DISTILLATION, page 810.

PARFAIT *Amour*: Ratafia. *Consultez* l'article CITRONIER.

PARFUM. En général c'est une fumée, évaporation, exhalation ou raréfaction des parties volatiles & odorantes d'un corps que l'on expose à la chaleur. Ces fumées sont destinées ou à la délicatesse & au plaisir de l'odorat, ou à la guérison des maladies.

Parfums pour le plaisir.

1. *Voyez* ODEUR. ODORANT. SAVONETTE. POUDRE.

2. Prenez une dragme de musc, quatre cloux de gérofle, quatre onces de graine de lavande, civette une dragme & demie, ambre gris demi-dragme: faites chauffer le pilon & le mortier. Prenez le musc, le clou & la lavande, & environ pour un sol de sucre blanc, avec un plein verre d'eau d'ange, ou d'eau rose: broyez le tout; prenez une poignée de cette poudre, & incorporez-les bien ensemble. Puis les passez par le tamis, jusqu'à ce que vous tiriez de la force & senteur qui vous plaise. Vous y pourrez ajoûter jusqu'à deux ou trois livres de poudre; même davantage. Pour la civette, il la faut mettre au bout du pilon, en brassant & broyant bien cette poudre; après cela, il faut prendre le poids de six livres de cette poudre, que vous mettrez peu à peu dans le mortier, en incorporant la poudre & la civette, & les broyant bien avec le pilon. Puis il faut la repasser au tamis de crin, pour l'incorporer avec l'autre poudre musquée. Pour l'ambre, il le faut très-bien piler dans le mortier; & y mettre peu à peu environ deux livres de la poudre, soit blanche, soit grise, ci-dessous décrite, jusqu'à ce que l'ambre soit tout à fait pilé; ensuite la passer par le tamis de crin, & incorporer les trois poudres ensemble.

Vous prendrez un petit sac de peau de mouton blanche, bien cousu, avec des nervures aux coutures. Etant accommodé vous y mettrez ces poudres & parfums pour les conserver; & en mettrez tant & si peu que vous voudrez, selon que vous souhaiterez que les poudres soient parfumées.

Poudre Blanche, qui entre dans la composition du parfum précédent.

Prenez une livre d'iris, douze os de seiche, huit livres d'amidon, une poignée d'os de bœuf ou de mouton brûlés jusqu'à la blancheur: pilez le tout ensemble dans un mortier; puis passez-le par un sas de crin assez fin.

Poudre Grise.

Prenez le marc qui reste de cette poudre blanche; rebatrez-le & mêlez-le avec un peu d'amidon, un peu d'ochre jaune (pour lui donner de la couleur), & du charbon de bois blanc, ou de la braise de Boulanger. Mêlez bien toutes ces choses ensemble dans le mortier. Vous pouvez leur donner telle couleur qu'il vous plaira. Enfin il faut passer le tout par le sas de crin; rebattre le marc; & le tamiser jusqu'à ce que tout soit passé.

Parfum de Poudres communes.

Prenez de l'iris de Florence, une livre; roses seches, une livre; benjoin, deux onces; storax, une once; santal citrin, une once & demie; clous de gérofle, deux dragmes; un peu d'écorce de citron. Réduisez le tout en poudre dans un mortier; & mettez-y vingt livres d'amidon, ou bien de la poudre grise ou blanche, que vous incorporerez bien ensemble, & colorerez comme il vous plaira; puis vous passerez le tout par un tamis.

Parfum, ou Cassollette des Parfumeurs.

Mêlez ensemble les poudres d'iris, de storax, de benjoin, & d'autres aromates; incorporez-les ensemble avec de l'eau de fleurs d'orange. Mettez cette pâte dans un petit vaisseau d'argent, ou de cuivre étamé en dedans. Quand vous voudrez vous servir de ce parfum, vous mettrez la cassolette sur un petit feu, ou sur des cendres chaudes: elle exhalera une odeur des plus agréables.

Voyez CASSOLETTE.

Les Prêtres d'Égypte avoient coutume de brûler de la résine, le matin; de la myrthe, à midi; & le soir, un mélange de plusieurs choses odoriférantes.

Parfum pour les liqueurs. Voyez au mot LIQUEUR.

Parfumer les Peaux. Consultez l'article *Teindre les* PEAUX.

PARFUMS POUR LES MALADES.

Il y a deux especes de parfums pour les malades; les uns sont secs; & les autres, liquides ou humides. De ces parfums secs ou liquides, les uns sont agréables, & les autres d'une odeur qui ne plaît pas.

De Mayerne est fort porté pour la guérison par le moyen des parfums, parce que ces remedes agissent par leur partie la plus subtile, & conséquemment efficace par elle-même.

Parfums Secs.

Voyez ODEUR.

Pour Fortifier le cerveau d'un malade. Faites brûler dans sa chambre, des poudres céphaliques.

Dans une intempérie froide & humide du cerveau, dans les catarrhes, &c. Prenez deux dragmes de labdanum; styrax, jonc aromatique, une dragme & demie de chacun; benjoin, encens, & bois d'aloës, trois dragmes de chaque; ambre & musc, deux grains de chacun: faites-en une poudre, que vous jetterez sur des charbons ardens, pour parfumer les couvertures de tête du malade. Il en attirera aussi les vapeurs par le nez & par la bouche, en se mettant au lit. Pour former des trochisques, vous incorporerez cette poudre avec de la gomme adraganth, que vous aurez fait fondre dans l'eau-rose: on se sert de ces trochisques comme de la poudre. Quand on fait ce parfum pour les Femmes, il en faut ôter le musc & l'ambre.

Parfum pour la Douleur de tête.

Prenez de la pelure de pommes de court-pendu, & de coings, une once de chacune; écorces de citron & d'orange, une dragme & demie de chacune; bois qui sent les roses, santal citrin, rapure de racine de genevrier, six dragmes de chaque; roses rouges, & fleurs de lavande, demi-once de chacune; storax calamite, & benjoin, dix dragmes de chaque; eau rose & eau de fleurs d'orange, une livre de chacune; demi-livre d'eau de l'herbe basilic; deux onces de vinaigre rosat; deux scrupules d'ambre gris; un scrupule de musc: mêlez le tout pour en faire un parfum céphalique, dans une cassolette.

Pour fortifier le cœur. Faites brûler des poudres cordiales.

Pour fortifier le cœur & le cerveau des Mélancoliques, on leur fait des sachets; ou bien on parfume leurs habits avec des aromates.

Pour Fortifier la poitrine, & empêcher que les sérosités ne tombent dessus. Il faut brûler des poudres astringentes.

Pour l'Asthme.

1. Les asthmatiques sont bien soulagés par ce parfum. Prenez deux dragmes de soufre, demi-once d'encens mâle ou oliban, trois dragmes de succin. Pilez le tout en alcohol; & le broyez avec deux jaunes d'œufs, sur le porphyre, comme les couleurs des Peintres. Etendez cette mixtion sur des feuilles de tussilage: laissez sécher le tout; puis le réduisez en poudre grossiere, pour parfumer le lit du malade un peu avant qu'il se couche. On fera le même parfum dans sa chambre le matin, environ à neuf heures; suivant que le malade le pourra supporter, & sans rien outrer, afin qu'il s'y accoutume peu à peu.

2. On brûlera des pastilles composées de labdanum, storax, benjoin, encens, mastic, charbon de saule, &c.

Pour soulager la Toux.

Prenez du mastic, du sandarac, demi-once de chacun; trois dragmes de roses rouges; du storax calamite, du benjoin, une dragme de chacun; de la coriande préparée, de la semence de nigelle, deux dragmes de chacune: mêlez le tout, pour faire une poudre grossiere, dont vous parfumerez les bonnets & les coëffes du malade, matin & soir.

Pour appaiser les Vapeurs Hystériques.

Il faut brûler du papier; de vieux linges; de vieux souliers; des poudres hystériques, &c.

Le parfum ou la suffumigation, faite de quatre onces de crottes de brebis, & demi-once de saffran, y est fort efficace.

On fait aussi des parfums de castoreum; de plumes de perdrix; d'assa-fœtida; seuls ou mêlés, pour présenter au nez dans les suffocations de matrice.

Contre les Vapeurs Mélancoliques, & les maladies Hypocondriaques.

Prenez une once & demie de racine de souchet; une once d'iris de Florence; du santal citrin, du bois qui sent les roses, demi-once de chacun; de l'écorce externe d'orange & de citron, cinq dragmes de chacune; du storax calamite, du benjoin, six dragmes de chacun; trois dragmes de gerofle; deux dragmes de fleur de lavande; de l'eau-rose & de l'eau de fleurs d'orange, une livre & demie de chacune; quatre onces de vinaigre rosat: mêlez le tout pour en exciter la vapeur, dans un plat.

2. Prenez une once de labdanum très-pur; du storax calamite, du benjoin, six dragmes de chacun; dix dragmes de baume blanc sec; demi-once de bois d'aloës; du bois qui sent les roses, du santal citrin, deux dragmes de chacun; trois dragmes d'écorce de citron; une de fleurs de lavande; une dragme & demie d'ambre gris; un scrupule de musc; le poids du tout, de charbon soit de saule soit d'aune. Faites-en une poudre très-subtile, que vous incorporerez avec le mucilage de gomme adraganth fait dans de l'eau d'angelique ou de fleurs d'orange: pour former des pastilles, qu'on fera brûler dans la chambre lorsque les vapeurs monteront au cerveau.

3. Les pastilles du marc seul de l'eau d'angelique servent au même usage.

Pour procurer les Mois.

On jette des crottes de brebis sur des charbons allumés.

Nota. On peut faire des parfums, des infusions, des électuaires, des pessaires, avec les matieres suivantes; toutes propres à pousser les Mois, sous quelque forme qu'on les donne.

Aristoloche ronde, dictamne de Crete, racine de gentiane, racine de garance, armoise, matricaire, pouliot royal, thue, sabine, baies de genevrier, hysope, saffran, fleurs de camomille, bétoine, laurier, mélisse, marrube blanc, scordium, calament, semence de *daucus* de Crete.

Pour les Fleurs Blanches.

Prenez du mastic, du sandarac, deux onces de chacun; du bois qui sent les roses, du santal citrin, trois dragmes de chacun; trois onces de labdanum très-pur; cinq onces de charbon de saule: mêlez le tout avec du mucilage de gomme adraganth tiré dans de l'eau d'angelique: pour faire des pastilles grosses & longues comme le doigt; que vous ferez brûler en parfum.

Pour le Cancer de la Matrice.

Prenez une once de mastic; du sandarac, de l'encens, demi-once de chacun; du baume blanc sec, de la térébenthine séche, trois dragmes de chacun; deux onces de labdanum; une once & demie d'antimoine; une once de cinnabre; du storax calamite, du benjoin, trois dragmes & demie de chacun; le poids égal au tout, de charbon de saule. Faites du tout une poudre en alcohol; que vous incorporerez dans du mucilage de gomme adraganth tiré dans des eaux de roses & de mélisse : pour faire des pastilles, dont la malade recevra la fumée dans une chaise percée.

Pour l'Épilepsie.

Faites parfumer les bonnets ou coëffures des malades le matin & le soir, avec la poudre suivante, sans les trop chauffer : prenez de l'encens, du mastic, de l'oliban, du bois de roses, (c'est-à-dire, qui sent la rose) six dragmes de chacun; des roses rouges, des fleurs de lavande, de la rapure de bois de genevrier, cinq dragmes de chacun; de la semence de nigelle romaine, de l'écorce de pistache, trois dragmes de chacune : mêlez le tout, pour faire une poudre grossiere. On y ajoûte quelquefois du sandarac, du benjoin, du storax calamite, du succin & du bois de gayac.

Parfum pour l'Empyeme.

Prenez demi-once d'orpiment sublimé, avec des cendres de sarment, ou des fleurs de soufre; trois dragmes de bon tabac de Bresil; tussilage, racine d'*enula campana*, *calamus aromaticus*, quatre scrupules de chacun; bois d'aloës, benjoin, gomme naturelle de gayac, une dragme & demie de chacun. Faites du tout une poudre très-subtile; que vous incorporerez avec une quantité suffisante de térébenthine de Venise, ou de baume du Pérou, pour faire douze trochisques pour brûler. On en reçoit la fumée par un entonnoir renversé.

Pour la Fistule de l'anus : & les Ulceres putrides.

Prenez une once de mercure; six dragmes de pierre à fusil; mastic, encens, sandarac, trois dragmes de chacun; trois dragmes & demie de labdanum; storax calamite, benjoin, deux dragmes de chacun; demi-dragme de gomme de gayac : réduisez le tout en poudre d'alcohol (c'est-à-dire très-subtile); que vous incorporerez avec ce qu'il faut de térébenthine de Venise; pour faire des trochisques du poids de deux dragmes. On en recevra la fumée dans une chaise percée, avec un entonnoir renversé; une fois le jour; & on continuera, suivant qu'il sera nécessaire pour un entier soulagement. On peut y ajoûter de la gomme animé, & du benjoin.

Pour exciter le Flux de Bouche. Faites brûler des poudres mercurielles.

Pour dessécher les Ulceres Véroliques de la bouche & du gosier. Prenez du styrax, de la myrrhe, & de l'encens mâle, deux dragmes de chacun; du benjoin, trois dragmes; du cinnabre, une dragme : avec du mucilage de gomme adraganth : faites-en des trochisques; & en jettez un sur les charbons ardens; dont le malade recevra la fumée par la bouche.

Pour faire Suer dans l'archet ou *dans le pavillon.* Prenez une once & demie de cinnabre; de styrax & de myrrhe calamite, une dragme de chacun, résine de pin, deux dragmes; de térébenthine, ce qu'il en faut pour former des trochisques pour un parfum.

Pour procurer la Conception.

Il faut vers le milieu de l'intervalle des mois, se purger, ou prendre le bain : employer aussi ce parfum, que l'on recevra durant un quart-d'heure. En voici la formule. Prenez une once de labdanum très-pur; une once & demie de benjoin; demi-once de storax calamite; trois dragmes de bois d'aloës; bois qui sent les roses, genevrier, santal citrin, deux dragmes de chacun; écorce d'orange, & fleurs de lavande, une dragme & demie de chaque; gérofle, cannelle, macis, une dragme de chacun; mastic, oliban, trois dragmes de chaque; de la gomme animé, du baume du Pérou sec, demi-once de chacun. Faites du tout une poudre; en y ajoûtant le poids égal au tout, de charbon de saule. Après ce parfum, la Dame se servira de l'*Électuaire* suivant; dont elle prendra tous les matins la grosseur d'une châtaigne jusqu'à ce que les mois paroissent; buvant par-dessus un peu d'hypocras fait avec le sucre & la cannelle seule; se promenant ensuite doucement; & ne dînant que trois heures après. Voici la formule de l'Électuaire qui doit suivre le parfum : Prenez la racine de satyrion confite, & des mirobalans confits, une once de chacun; du gingembre verd confit, de la noix muscade confite, demi-once de chacun; six dragmes de confection d'alkermes : six dragmes de pulpe de noix muscade; de l'écorce d'orange & de citron confite séche, trois dragmes & demie de chacune; des cervelles de moineau, & des testicules de cocq, desséchés, trente-quatre de chacun; trois dragmes de priape de cerf bien desseché, coupé au tems que l'animal est en rut & va couvrir sa femelle; deux reins bien sains du petit animal nommé *Sink*; deux dragmes de magistere de perles préparé avec l'huile de sel; trois dragmes de nitre naturel; une dragme d'ambre gris; deux dragmes de la poudre de l'électuaire diambra. Mêlez le tout avec du sirop de vin de Malvoisie ou d'Espagne, pour faire un Électuaire.

Conduite qu'on doit tenir après la Conception.

Le régime de vivre sera reglé; les alimens, de bon suc & de facile digestion. La boisson sera ou une biere houblonnée bien dépurée, ou du vin leger & vieux; point de boissons chaudes & fortes, ni de liqueurs qui échauffent le sang & rendent les humeurs âcres & trop fluides; d'où s'ensuivroient les hémorrhagies dans l'enfantement, & les fievres continues après l'enfantement.

Quoique les parfums ci-dessus soient composés de choses fortes, il y a une grande différence entre les prendre en parfums ou vapeurs qui se dissipent : ils font une impression passagere qui excite la chaleur & la vigueur de la Nature; & n'étant pas pris en substance, mais en odeur, ils ne causent qu'une chaleur commencée, qui diminue peu à peu, après avoir donné un mouvement leger.

Pour purifier l'Air.

On fait brûler des pastilles; des bayes, ou graines de genievre. On peut aussi brûler le bois de genévrier, & autres dont l'odeur est agréable, ou propre à chasser la corruption.

Parfum des Pauvres.

L'odeur de ce Parfum n'est pas agréable; mais elle est très-salutaire. Prenez quatre livres de cristal de cheminée, ou de cette suye qui est solide & luisante comme la poix; réduisez-la en poudre : prenez aussi deux livres de soufre, & autant de poix-résine, avec une livre de salpêtre, & demi-livre d'huile d'olives. Vous ferez fondre ces drogues, & y mêlerez peu-à-peu votre poudre de suye, en remuant toujours, afin de les bien incorporer ensemble. Ensuite vous laisserez refroidir & conserverez ce parfum. Pour s'en servir, on en casse quelques morceaux; que l'on fait brûler sur une pêle rougie au feu, ou sur des charbons ardens. Ce Parfum est excellent contre la corruption de l'air.

Parfums Liquides.

Ce sont les vapeurs de quelque liqueur, comme de vinaigre, de vin, d'eau-rose, d'eau de naphe que l'on fait échauffer dans un pot. Pour les indispositions de Matrice, l'on reçoit ces parfums par une chaise percée, ou un entonnoir: Pour les maux d'Oreille, par un tuyau fait en forme d'entonnoir. On s'en sert pour arrêter les Mois; ou pour les procurer. Dans la Dysenterie, on en fait d'astringens; aussi-bien que dans la Descente du fondement; pour arrêter les Hémorrhoïdes & en appaiser les douleurs: à quoi le parfum suivant sera bon. Prenez des feuilles de pain à coucou, & des racines de porreaux, une poignée de chacun; de la graine de lin, une once: faites-les bouillir dans de l'eau; dont vous recevrez la vapeur tiede par le bas, dans une chaise percée.

Turquet de Mayerne propose de bassiner l'anus avec une décoction de renouée, pervenche, pimprenelle, dans de l'eau chalybée; puis saupoudrer la partie avec de la corne de cerf calcinée. Le parfum humide de la même décoction, avec moitié de vinaigre, & de mâchefer rougi au feu, se reçoit utilement par une chaise percée. On peut appliquer sur les lombes, en même-tems, un cataplasme d'argile paîtrie avec les sucs de plantain & de pourpier, & le vinaigre rosat. Si le flux immodéré ne s'arrête pas dans les hémorrhoïdes internes où les parfums ne peuvent atteindre; on introduira par le moyen des injections, les liqueurs, ou la matiere des parfums liquides ou électuaires, ci-devant énoncés.

Les hémorrhoïdes qu'on nomme *Aveugles*, ne s'adoucissent point par de simples parfums. Elles causent de la douleur jusqu'à la fureur: mais voici dequoi les calmer. Après les parfums, prenez quatre onces d'émulsion de semence de pavot blanc, faite avec une décoction de feuilles de bouillon blanc; une once de mucilage de semences de fenugrec & de psyllium, tiré dans l'eau de morelle; demi-once d'onguent *populeum* dissout avec un jaune d'œuf: mêlez le tout, pour faire une injection tiede deux fois par jour; qu'on retiendra le plus long-tems qu'on pourra.

Quand les hémorrhoïdes sont externes, on employe les précédens remedes en parfums humides; qui appaisent presque subitement la douleur.

Pour Parfumer agréablement la Chambre d'un Malade. Il faut remplir d'eau de fleur d'orange, ou de quelque autre eau qui ait une odeur douce, une petite fiole dont le cou soit extrêmement étroit; & la mettre dans un réchaud sur les cendres chaudes: afin que la vapeur en sorte doucement, & qu'elle se répande avec plus de lenteur & de suavité.

Pour parfumer un hôpital, ou quelque autre lieu infecté du mauvais air. Faites chauffer un poêlon de fer, & versez-y de l'esprit de vin; ou de l'esprit de sel ammoniac; ou simplement du vinaigre.

Pour Parfumer toute une Maison, & en chasser le mauvais air. Prenez une racine d'angélique; faites-la amortir au four, ou près du feu: puis l'ayant écrasée, faites-la infuser pendant quatre ou cinq jours, dans de bon vinaigre. Quand vous voudrez vous en servir, vous ferez rougir une brique, & mettrez la racine dessus: la fumée qui en sortira sera un parfum excellent contre la corruption de l'air. Il faut réitérer plusieurs fois.

Pour soulager les Pulmoniques.

Versez peu-à-peu, un mêlange d'esprit de vin & de soufre sur une pêle chaude, ou sur un poêlon de fer chaud, & faites-en respirer la vapeur aux malades.

Pour l'Asthme.

Prenez lavande, thim, hysope, basilic, gérofle, écorce jaune de citron: macerez-les dans de bon vin blanc, & un peu de vinaigre; & en recevez la vapeur échauffée par le feu.

Pour la Goute Serene.

Prenez demi-livre de paille d'aveine, hachée; feuilles de mauve, pariétaire, violette, sureau, bétoine, deux poignées de chacune; rhue; grande chélidoine, verveine, fenouil, laurier, pivoine mâle, trois pincées de chaque; fleurs de camomille, mélilot, sommités de thin, deux pincées de chacune; semence d'anis, de fenouil, de nigelle romaine, bayes de genevrier, une once de chacune; une poignée & demie de son sec. Hâchez le tout; & faites-en cuire la moitié dans une quarte d'eau, une quarte de vin, & une pinte de vinaigre; pour un parfum, que le malade recevra le matin durant demi-heure, ayant la tête couverte & baissée, & les yeux ouverts.

Pour les Fleurs Blanches.

Faites une décoction de bois qui sent les roses, de rapure de genevrier, de storax, de benjoin; dans du vin blanc; avec des gérofles, de la muscade; &c. & recevez-en la fumée dans une chaise percée.

Pour le Cancer de la Matrice.

Prenez des feuilles d'aigremoine, de chevrefeuil, d'herbe à Robert, une poignée de chacune; deux poignées de grande chélidoine; demi-poignée d'ache; trois pincées de roses rouges; fleurs de sureau, de mille-pertuis, de camomille; de mélilot, deux pincées de chacune; deux pincées & demie d'orge entiere: faites cuire le tout dans trois livres d'eau jusqu'à la consomption du tiers: dissolvez dans la colature, du miel de chevrefeuil, & du syrop de roses seches, deux onces de chacun; & demi-livre de vin d'Espagne dans lequel aura infusé de la réglisse. Mêlez le tout; pour faire des évaporations, à recevoir dans une chaise percée; ou des injections: ou des lotions externes.

PARFUM *pour les vers à soie en tems de pluie.* Consultez l'article VERS A SOYE.

PARFUMER. *Voyez* PARFUM. TABAC.

PARIÉTAIRE: en Latin *Helxine*; PARIETARIA: & *Pellitory*, en Anglois. Ce genre de plantes porte des fleurs hermaphrodites, & de femelles sur le même pied; supposé que les fleurs femelles ne soient pas des fleurs avortées. Deux fleurs hermaphrodites sont renfermées ensemble entre six pieces. Chacune de ces fleurs a un calyce découpé en quatre parties. Il n'y a point de pétales. Quatre étamines fort menues; surmontées de doubles sommets, accompagnent un embryon oval, dont le style est menu & terminé par une espece de pinceau. Il succede une semence ovoïde, à laquelle le calyce sert d'enveloppe. En tourmentant un peu les étamines avec une épingle, on les force à répandre leur poussiere avec élasticité.

Nous ne parlerons que de l'espece qui est d'usage parmi nous en Médecine. *Parietaria officinarum & Dioscoridis* C. B. Elle croît abondamment entre les joints des pierres qui composent les murs. On la trouve aussi dans les vignes, les haies, &c. Ses feuilles sont alternes, ovales, terminées des deux côtés par une pointe, ensorte que celle de l'extrémité est fort longue : elles sont un peu rudes, luisantes en dessus, mates en dessous, marquées très-sensiblement de plusieurs nervures qui se courbent suivant la direction du corps des feuilles. Leurs pédicules sont velus, & rougeâtres. De leurs aisselles naissent des rameaux cylindriques, velus, du même rouge que les pédicules. Les tiges sont d'un rouge obscur, velues, succulentes, à-peu-près cylindriques. Consultez les *Observations* de M. Guettard, *sur les Plantes*, Tome II, page 22 & 23. Comme les calyces sont revêtus de filets crochus, & qu'ils n'abandonnent point les graines, de-là vient que ces graines s'attachent à nos habits.

Usages.

Cette plante est détersive, astringente, repercussive, un peu froide & séche. Fraîche & à demi-pilée, puis appliquée sur une blessure nouvelle, elle la guérit sans y appliquer autre chose. Elle est bonne pour les inflammations. Trois onces de son jus, ou sa décoction, prises en breuvage, guérissent la rétention d'urine, la gonorrhée, & la toux ; & appaisent les douleurs de dents, quand on s'en lave la bouche. On s'en sert encore pour remettre la luette, & remédier à l'inflammation du gosier. Son eau distillée embellit le tein. On se sert de la décoction de cette plante, en clystere, pour la colique néphrétique, & pour provoquer l'urine : pour les mêmes effets, on l'applique aussi sur le bas-ventre après l'avoir frite dans la poële.

Sa décoction, ou son eau, mêlées avec du vin blanc & de l'huile d'amandes douces, font uriner, & jetter beaucoup de sable. Son suc, mis dans l'oreille, en appaise la douleur. Il guérit les fistules du fondement. Si on mêle un peu de sel avec sa décoction, elle fait fluer les hémorrhoïdes.

Le cataplasme de Pariétaire & de graisse de chevre, est un bon remede pour la goute ; & pour les chûtes. Les feuilles, fricassées avec du beurre frais ou de la graisse de chapon, & mises en cataplasme sur le ventre, appaisent la colique bilieuse. Le suc, mêlé en pareille quantité avec du vin blanc & de l'huile d'amandes douces récemment faite, soulage les douleurs de la pierre. Un cataplasme de Pariétaire fraîche, pilée avec de la mie de pain, & de l'huile soit de lys, soit rosat, soit de camomille, résout les apostumes qui surviennent aux mammelles. On se sert encore de cette plante dans les clysteres émolliens ; & pour les bains détersifs.

PARITI. *Voyez* ALTHEA FRUTEX, *n.* 4.

PARK *Leaves. Voyez* MILLE-PERTUIS.

PARMESAN. *Consultez* ce mot, dans l'article FROMAGE.

PAROLE (*Perte de la.*) Voyez PARALYSIE *de la Langue.*

PAROTIDES. *Consultez* l'article OREILLE.

PARPAIN. On dit qu'un Mur fait *Parpain* ; lorsque les pierres dont il est construit le traversent, & en font les deux paremens. Vitruve dit que les Grecs nommoient ces pierres à deux paremens *Diatonous.*

PARQUET : *Terme d'Architecture & de Menuiserie.* Ce qu'on appelle *Feuille de Parquet*, est un assemblage de menuiserie, d'environ trois pieds & un pouce en quarré ; composé d'un chassis, & de plusieurs traverses croisées quarrément ou diagonalement, qui forment un bâti appellé *Carcasse*, qu'on remplit de carreaux retenus avec languettes dans les rainures de ce bâti ; le tout à parement arrasé. *Voyez* CARREAU *de Parquet.* MENUISERIE.

PARQUETER. C'est mettre du parquet en quelque lieu, pour le rendre plus propre & plus beau. De-là vient PARQUETAGE, ouvrage de parquet.

PARSLEY. *Voyez* PERSIL.

Cow-PARSLEY. *Voyez* CERFEUIL, *n.* 4.

Fools-PARSLEY. *Voyez* CIGUE, *n.* 1.

PARSNEP. *Voyez* PANAIS.

Cow-PARSNEP. *Voyez* BRANCHE-URSINE *Bâtarde.*

PARTEMENT (*Fusée de*). Sorte de fusée volante. Il y en a de différentes grosseurs. Voyez leur composition, dans l'article ARTIFICE ; sous le titre *Dose pour les fusées volantes.*

PARTERRE. C'est dans un jardin, une partie découverte, voisine de la maison ; & décorée, soit de broderie de buis nain, soit de découpures de gazon ; avec des fleurs & même des arbustes dans les plate-bandes qui la bordent, & du sable dans les intervalles des desseins de broderie ; ainsi qu'entre ces desseins ou le gazon, & les plate-bandes.

Voyez BOULINGRIN. GAZON. BRODERIE. CARREAU, *Terme de Jardinier.*

On nomme *Parterres en Broderie*, ceux où il y a de grands rinçeaux, des fleurons, en un mot des figures faites avec du buis nain. Ils n'ont gueres de fleurs que dans les plate-bandes du tour.

Il y en a d'autres qu'on appelle des *Découpés.* Ainsi on dit : *ce Parterre est un beau découpé* ; &c. Ce sont des Parterres dans lesquels il y a plusieurs pieces quarrées, ou quarrées longues, ou ovales, ou rondes, ou de quelque autre figure ; séparées par des sentiers, & où l'on met des fleurs. *Voyez* sous le mot VOLUTE.

Le *Parterre d'eau* est un compartiment, formé ; ou par plusieurs bassins de diverses figures, avec jets & bouillons d'eau ; comme à *Chantilli* : ou par un ou deux grands bassins ; comme au-devant du Château de *Versailles.*

Il y a long-tems qu'on a renoncé, dans les broderies des Parterres, aux figures trop composées, & aux desseins chargés. On a senti la vraie beauté des ornemens simples. Consultez les desseins qu'en a donnés M. Pluche, *Spectacle de la Nature*, Tome II, pages 26, 29, 30, 93, 94, 97. Il y en a d'autres modernes, de le Blond, dans *la Theorie & la Pratique du Jardinage*, 1. partie, ch. 4 : mais ils sont plus composés que ceux de M. Pluche. L'Auteur (M. d'Argenville) en a même donné de très-chargés & approchans de l'antique, dans le chapitre 3. Un Ouvrage si estimé nous sert de garant pour conserver ici les desseins de Parterre qui étoient ci-devant dans ce Dictionnaire : d'autant que nous croyons que ceux qui seroient curieux de comparer le goût des Anciens avec le nôtre, auroient de la peine à trouver ces desseins rassemblés ailleurs.

ANCIENNES

ANCIENNES FIGURES DE PARTERRES pour les Jardins.

STYLE POUR DRESSER LES CORDES; pour faire un compartiment simple, sans bordure. Il faut laisser les cordes tendues, jusqu'à ce que le compartiment soit parfait.

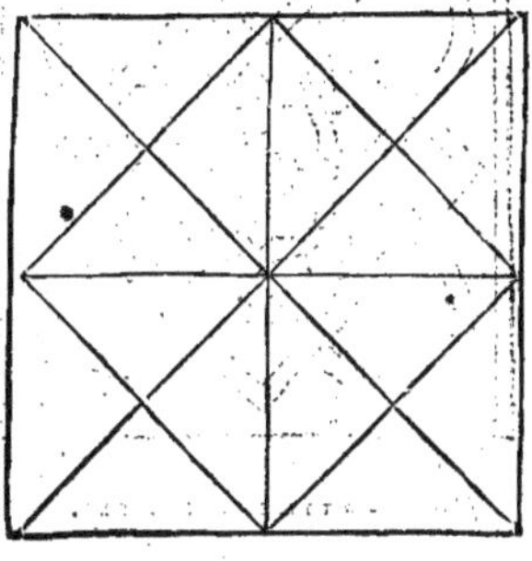

Style des Cordes Tendues sur le compartiment simple.

Autre Style des Cordes Tendues sur le compartiment simple.

Compartiment Simple.

Compartiment Simple.

Compartiment Simple.

COMPARTIMENT SIMPLE.

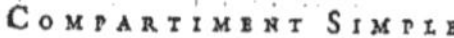

COMPARTIMENT SIMPLE.

COMPARTIMENT SIMPLE.

COMPARTIMENT SIMPLE.

COMPARTIMENT SIMPLE.

COMPARTIMENT SIMPLE.

STYLE POUR TENDRE LES CORDES à faire un Compartiment avec Bordure, & pour faire une Bordure de carreaux rompus avec le milieu.

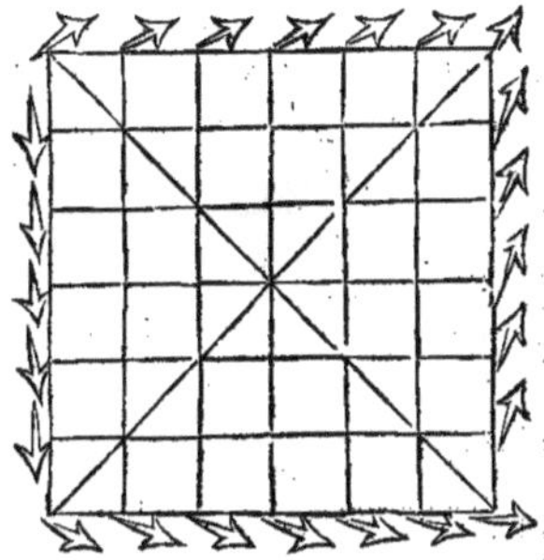

STYLE DES CORDES TENDUES sur la Bordure & le Compartiment du milieu.

BORDURE AVEC SON COMPARTIMENT du milieu.

BORDURE DES CARREAUX ROMPUS avec son milieu, & cinq petits Compartimens.

STYLE POUR TENDRE LES CORDES pour faire un Parterre de Carreaux rompus. Laissez les cordes jusqu'à ce que vous ayez achevé les compartimens. Prenez les mesures des fiches de la croisée & des coins, soit en carré, soit en rond, qui seront aussi grandes que l'espace de la terre pourra porter. Et au cas qu'au milieu de ces Compartimens, vous veuilliez planter quelque chose, servez-vous des courans, avec leurs fiches, pour planter ce que vous voudrez, sans ficher, ni détendre les autres cordeaux qui sont déja tendus.

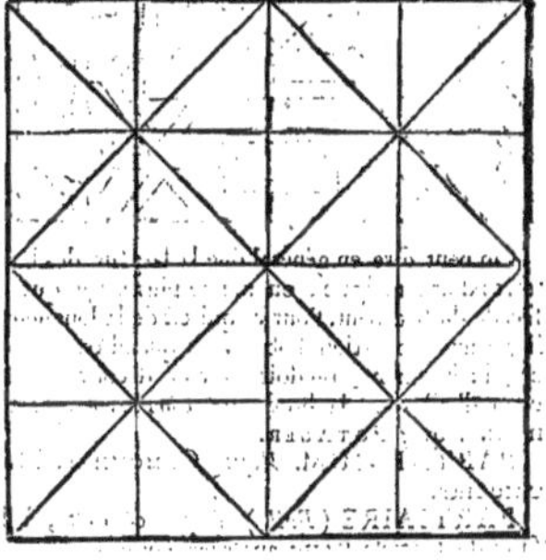

STYLE DES CORDES TENDUES sur le Parterre des carreaux rompus.

BORDURE DES CARREAUX rompus avec son milieu.

On peut dire en général que la largeur des Parterres doit être égale, ou même plus large que la façade du bâtiment. Pour ce qui est de la longueur, il y a une proportion à observer ; quand on est proche du bâtiment, on doit pouvoir découvrir d'un coup d'œil toute la broderie, tous les compartimens. *Voyez* POTAGER.

PARTHENIUM. *Voyez* CAMOMILLE. MATRICAIRE.

PARTIAIRE (*Bail.*) Voyez ce mot, à la suite de l'article BAIL; après les *Formules*.

PARTIES *Aliquantes* de quelque Entier que ce soit. Ce sont celles qui étant plusieurs fois répétées, ne font jamais le Tout dont elles sont parties. Par exemple, $\frac{2}{5}$, $\frac{3}{11}$, $\frac{2}{7}$, &c. sont parties aliquantes ; soit d'un Marc, soit d'une Livre, soit d'une Toise, soit d'un Muid, soit d'une Aune, &c.

Les PARTIES *Aliquotes* sont celles qui sont précisément comprises une certaine quantité de fois dans le Tout dont elles sont Parties. Ainsi dix sols font une partie aliquote d'une livre, entant qu'ils en font la demi-partie ; cinq sols en font le quart ; deux sols six deniers en font la huitieme Partie ; ainsi des autres parties de quelque Entier que ce soit.

PARURE. *Voyez* COLLE *des Cartonniers.*

PAS

PAS : *Mesure*. Le Pas *Commun* est composé de deux pieds & demi.

Le *Pas Géométrique* a cinq pieds de Roi.

PAS : *Terme d'Architecture* ; qui a plusieurs significations. On appelle *Pas*, de petites Entailles en embrevement, faites sur les plateformes d'un Comble, pour recevoir les pieds des chevrons.

PAS *de Porte*. C'est la pierre qu'on met au bas d'une porte entre ses tableaux : & qui differe du Seuil, en ce qu'elle avance au-delà du nud du mur en maniere de marche. En Latin on l'a appellé (dit-on) *Lapis Liminaris*.

PAS *de Vis*. C'est une partie de la ligne spirale d'une vis qui fait la circonférence de son cylindre : ensorte que chaque tour entier que fait cette vis, se nomme un *Pas*. On donne aussi quelquefois ce nom à chaque distance qui est entre les arrêtes des circonvolutions d'une vis. *Notez* que, dans le Pas de vis, il y a deux sortes de spirale : la ligne spirale en Ecrou ; & la ligne spirale en Relief. Celle-ci entre dans l'autre, en quelques sortes de vis. C'est ce relief qui s'appelle l'Arrête de Circonvolution, dans une vis.

PAS-D'ÂNE : ou *Tussilage* ; en Latin *Bechium* ; *Farfara* ; *Tussilago*. On l'appelle aussi PAS DE CHEVAL ; & en quelques endroits *Taconai*. Son nom Anglois est *Colt's Foot*. Nous ne connoissons en France qu'une seule espece de ce genre de Plantes. Elle est commune à la Campagne ; sur-tout dans les endroits un peu humides & frais, & dans les terres glaises. Les Laboureurs la redoutent beaucoup. Elle se multiplie en effet par ses semences, par ses racines qui s'étendent en trainasse, & même par les tronçons de ses racines qu'on coupe en labourant la terre.

Ces racines sont blanches, succulentes, cassantes, garnies de quantité de fibres dans toute leur longueur. Il en sort au premier printems, sans feuilles, une tige simple, cotoneuse, basse, comme écailleuse à cause de plusieurs membranes purpurines & presque triangulaires qui y sont disposées alternativement jusqu'au sommet : qui se termine par une fleur radiée, d'un jaune d'or, évasée d'environ un pouce. Le disque de cette fleur est composé d'un petit nombre de fleurons découpés en quatre ou cinq pointes ; autour desquels sont plus de trois cens demi-fleurons, qui n'ont pas un quart de ligne en largeur, & ne sont point découpés sur le bout, mais terminés en arcade gothique. Le calyce est simple, & découpé jusqu'à la base en une vingtaine de languettes, dont la couleur est mêlée de verd & de pourpre. Les demi-fleurons posent à leur base sur des embryons qui deviennent autant de semences aigrettées ; la fleur étant passée, les feuilles paroissent : elles sortent de la racine ; & sont grandes, larges, anguleuses, quoiqu'à-peu-près rondes, vertes en-dessus, blanches & cottoneuses en-dessous. La fleur est appellée par quelques Auteurs, *Filius ante patrem*, à cause qu'elle précede les feuilles. Elle ne subsiste gueres plus de deux jours : sa tige disparoît aussi en peu de tems.

Propriétés. Cette plante est bonne pour exciter le crachement ; déterger & adoucir les ulceres de la poitrine, & purifier le sang. Les feuilles & la racine étant récentes, sont d'une qualité tempérée ; en se séchant, elles deviennent âcres & chaudes.

Toute la plante est adoucissante & pectorale : & son principal usage, contre la toux, & le vomica du poumon, est de la prendre en forme de fumée qui se doit recevoir par la bouche. Son suc, bû durant neuf jours, chasse la fievre quarte. Les feuilles appliquées vertes guérissent les ulceres chauds & les inflammations. La décoction des feuilles & des fleurs cuites dans du vin avec du mastic, de la myrrhe & de la litharge, empêche la gangrene des jambes ulcérées des hydropiques. On emploie sa racine, ses feuilles, & ses fleurs, dans les tisannes que l'on fait pour les pulmoniques, asthmatiques, & phthisiques : on met deux ou trois pincées de ses fleurs dans une pinte d'eau ; & l'on y ajoûte un morceau de réglisse. On en fait aussi un sirop & une conserve ; qui sont fort utiles dans la toux, & autres maux de poitrine. La dose du *sirop simple* est d'une once. Le *sirop composé* se fait avec la racine, les feuilles & les fleurs de cette plante ; on y ajoûte les capillaires : on le donne aux malades, à une once ; ou pur, ou mêlé dans quelque liqueur appropriée. *Voyez* l'article SYROP. La dose de la *conserve* des fleurs de Pas-d'âne est depuis une demi-dragme jusqu'à trois. (*Voyez* sa composition, dans l'article CONSERVE. L'*eau* qu'on en distille se donne depuis quatre onces, jusqu'à six. On se sert des tiges ou pédicules, comme des fleurs même. Cette plante est sur-tout spécifique pour la toux occasionnée par un mucilage grossier & visqueux. On l'emploie avec succès dans la pleurésie & dans l'empyeme, en forme d'oxymel, de décoction, &c.

Au lieu de recevoir par la bouche la fumée de Pas-d'âne, comme il a été dit ci-dessus, on peut en hacher les feuilles, & les mettre avec du succin en poudre, & de la graine d'anis, dans une pipe, & fumer ainsi. On peut encore y mêler la fleur de soufre. Ce remede est très-utile aux asthmatiques, & aux phthisiques.

On fait cuire les feuilles de cette plante, avec le beurre & la farine ; & on en fait la nourriture ordinaire des enfans héthiques ; lesquels sont rétablis en peu de tems par ce remede, qui est éprouvé. La racine de Tussilage, même lorsqu'elle est séche, s'employe utilement dans les décoctions, ou tisannes : beaucoup de personnes l'estiment autant que les feuilles & les fleurs.

PAS *de Souris*. Voyez RETRAITE.

PASQUERETTE, que l'on prononce *Paquerette*. Voyez *Petite* MARGUERITE.

PASSANTE (*Solive*.) Voyez SOLIVE.

PASSÉ (*Biais*). Voyez BIAIS.

PASSÉE. C'est la même chose que Clairiere.

PASSE-FLEUR. *Voyez* COQUELOURDE : *Pulsatille*. CELASTRUS, *n.* 4.

PASSE-PIERRE. *Voyez* CRISTE *Marine*.

PASSE-RAGE : en Latin *Lepidium* : en Anglois *Dittander*, & *Pepper-wort*. Ce genre de Plantes est du nombre de celles dont la fleur est en croix. Les pieces du calyce & les pétales sont ovales. L'embryon est, à-peu-près, fait en cœur : & son style est terminé par un stigmate obtus. La silique est applatie, faite en lance, séparée de haut en bas par une cloison, & garnie de semences longuettes.

Especes.

1. *Lepidium latifolium* C. B. Cette plante, que l'on cultive quelquefois dans les jardins, vient d'elle-même en beaucoup d'endroits humides. Ses racines sont blanches, & tracent beaucoup, ensorte qu'elles font de grands progrès en peu de tems, & qu'on ne peut que difficilement en nettoyer un terrein. Les premieres feuilles sont ovales, faites en fer de pique, longues de trois à quatre pouces, & larges de deux à trois à leur base, d'un verd jaunâtre, cendrées, finement dentelées, & portées par de longs pédicules. D'entr'elles, s'élevent une ou plusieurs tiges hautes de deux à trois pieds, lisses, branchues ; garnies de feuilles plus longues, plus étroites, plus aiguës, que celles d'en-bas, & souvent sans dentures. Vers l'extrêmité des branches naissent de petites fleurs blanches en bouquets serrés, dans les mois de Juin & Juillet. Toute la plante a une saveur très-vive & comme poivrée. Quelques-uns nomment ce Passerage *Spatula putrida*.

2. *Lepidium gramineo folio*, *sive* IBERIS Inst. R. Herb. Sa racine est longue, pivotante, & charnue. Il en sort des feuilles oblongues dentées en scie, & couchées à plat contre terre. D'entr'elles s'élevent des tiges menues, fermes, hautes d'environ deux pieds, branchues ; où sont des feuilles, entieres, longues d'environ trois quarts de pouces, & larges tout au plus d'une ligne. Au haut des branches naissent de très-petites fleurs blanches, en Juin & Juillet. Cette plante a une saveur piquante.

Culture.

Ces Passerages peuvent se multiplier par leurs graines, sans nos soins.

Le *n.* 1 jette abondamment du pied. C'est pourquoi on le multiplie encore, en séparant ces rejets durant l'automne.

Les racines du *n.* 2 subsistent pendant nombre d'années dans un terrein sec.

Usages.

En Médecine on se sert du *n.* 1, comme d'un remede vulnéraire, résolutif, astringent, fort chaud & attractif. Toute la plante concassée, puis appliquée sur une partie, la fait rougir. Si on en met dans les chaussons sous les pieds, en marchant, elle guérit les fluxions des yeux par la révulsion des humeurs en bas. Elle est bonne pour la gale, & les dartres farineuses.

La racine, pilée avec de la graisse de porc ou avec de la racine d'*enula campana*, & appliquée en forme de cataplasme sur la goute sciatique, la guérit entiérement. Elle ôte les grandes taches, & les lentilles du visage.

On fait, avec les feuilles, des décoctions excellentes pour le scorbut ; propres à pousser les urines, & à lever les obstructions hypocondriaques. Ces feuilles, tenues dans la bouche, font couler beaucoup de lymphe ; & soulagent ainsi les tumeurs scrophuleuses du gosier. Séchées à l'ombre, ou au four, & réduites en poudre ; elles soulagent beaucoup les hydropiques : la dose est d'un demi-gros, dans un verre de vin blanc ; que l'on doit prendre le matin à jeun, pendant huit jours. On fait infuser ces feuilles dans l'eau commune ; qui sert ensuite de boisson ordinaire aux scorbutiques. On fait avec ces mêmes feuilles, un onguent qui est très-propre pour les tumeurs érysipélateuses. On les applique aussi en cataplasme avec du saindoux, sur les parties affligées de la goute sciatique ; pour en calmer la douleur.

La plante, distillée avec du miel, donne une essence, ou liqueur spiritueuse & inflammable; que l'on dit être spécifique pour les vapeurs hystériques & hypocondriaques: la dose en est d'une cuillerée; on la donne, soit pure, soit mêlée avec de l'eau où elle a infusé.

Il y a des gens de la campagne qui mettent de ce Passerage dans leurs alimens, en guise de poivre; d'où lui est venu le nom de *Poivre du Pauvre homme*.

Le *n.* 2, pilé avec du saindoux, soulage la sciatique. Aussi le trouve-t-on appellé *Cresson Sciatique*.

PASSE-ROSE. *Voyez* ROSE. *d'Outremer*. CELASTRUS, *n.* 4.

PASSE-VELOURS. *Voyez* AMARANTHE.

PASSEMENT ou *Gallon*. Pour *remettre un Passement d'or* ou *d'argent, en sa premiere beauté*. Prenez un fiel de bœuf, & un fiel de brochet; que vous mêlerez avec de l'eau nette: & frottez-en l'or, ou l'argent.

2. *Pour Blanchir le galon d'argent*: faites fondre de l'alun dans une poële. Lorsqu'il sera bien fondu, frottez-en le galon; après l'avoir bien frotté de son.

PASSER *à la Claie*. Opération usitée pour les terres qui, étant trop pierreuses, ne pourroient faire un bon jardin. On a une claie qu'on soutient par derriere avec quelques échalas; & le Jardinier prenant la terre avec sa pelle, la jette à force contre cette claie; la bonne passe au travers, & les pierres tombent en bas du côté du Jardinier. Ensuite on les ôte de là, pour continuer à passer ainsi toute la terre dont on a besoin. *Voyez* ÉPIERRER.

PASSER *les Peaux*. Voyez PEAU.

PASSEREAU. *Voyez* MOINEAU.

PASSIFLORA. *Voyez* GRENADILLE.

PASSION-*Flower*. Voyez GRENADILLE.

PASSION *Iliaque*. Voyez MISERERE.

PASTEL. *Voyez* GUEDE.

PASTEQUE. *Voyez* MELON D'EAU.

PASTENADE. *Voyez* PANAIS. CAROTTE, *n.* 1.

PASTENAILLES. On nomme ainsi les carottes & panais.

PASTILLES *excellentes*. Prenez benjoin deux onces, storax demi-once, bois d'aloës une dragme, & charbon de saule à discrétion. Mettez le tout en poudre subtile. Ajoûtez vingt grains de bonne civette, & du sucre fin à discrétion. Mêlez ces drogues; & les mettez dans un pot, avec suffisante quantité d'eau-rose, qui y surnage; faites bouillir jusqu'à ce que la pâte soit cuite, remuant toujours avec un bâton, de peur qu'elle ne se brûle. Alors, si vous désirez faire vos Pastilles meilleures, ajoûtez douze grains d'ambre; que vous aurez auparavant broyé sur le marbre, avec un peu de sucre: & jettez-le dans le poëlon. Quand la pâte sera cuite, & le tout bien mêlé, formez vos Pastilles.

Pastilles faites autrement, & plus précieuses. Prenez du benjoin, quatre onces; storax, deux onces; bois d'aloës, une dragme & demie: faites bouillir le storax & le benjoin dans un poëlon bien net, avec de l'eau rose, l'espace de demi-heure; puis mettez-y le bois d'aloës en poudre subtile. Cela fait, mettez le tout dans un mortier chaud, avec deux dragmes d'ambre gris, & une dragme de civette; puis faites vos Pastilles lorsque ces drogues seront encore chaudes.

Pastilles de Roses. Voyez page 567.

PASTINACA. *Voyez* PANAIS. CAROTTE.

PAT

PATAGON. *Voyez* HYDROCOTYLE.

PATATE. *Voyez* TRUFFE *rouge*.

PÂTE. Espece de farine, ou substance pulvérisée; puis liée en forme plus ou moins solide, par son mêlange intime avec certaine quantité de liquide. *Voyez* PAIN. PÂTISSERIE. PASTILLES. AMBRE. MARINADE. TOURTE. PÂTÉ. ABAISSE. ORGEAT. BISCUIT. ABRICOTIER, page 8. PARFUM.

Pâte pour faire & dresser toutes sortes de Pâtés chauds.

Pour une livre & demie de farine, prenez trois quarterons de bon beurre, une pincée de sel fin, & une couple d'œufs. Mouillez la farine, ensorte cependant que la Pâte soit un peu ferme pendant que vous la faites. Prenez garde de ne pas trop la manier à sec: elle pourroit brûler. Rafraîchissez-la donc de tems en tems. Si elle est ferme, le Pâté sera plus facile à dresser. Il ne faut pas tant manier la Pâte en Été qu'en hiver.

Pâte Brisée, pour toutes sortes de Tourtes chaudes de viande, & poisson.

Pour douze livres de farine, mettez huit livres de beurre, & six œufs. (On se regle ainsi à proportion, quand on en fait moins.) Si le beurre est salé, n'y mettez point de sel. Ayant fait un trou dans le milieu de la farine, cassez-y les œufs, & mettez le beurre tout autour de la farine par morceaux. Détrempez-la ensuite avec de l'eau fraîche, & la brisez un peu. Prenez garde de la trop manier à sec; crainte de l'émietter. Ramassez ensuite votre Pâte en peloton, & la laissez reposer. Quand vous voudrez vous en servir pour des abaisses, coupez-en un morceau selon la grandeur de votre tourte; tournez-le, étendez le, & foncez-en la tourtiere.

Votre Pâte sera plus fine, si vous y mettez dix livres de beurre au lieu de huit.

Si vous détrempez la Pâte à l'eau chaude, il n'est pas besoin d'y mettre tant de beurre; & le Pâté se soutient mieux: mais la Pâte n'est pas si fine, & même est coriace.

Pâte Feuilletée: pour toutes sortes de Crêmes, de Tourtes de Confitures, &c.

Prenez douze livres de farine; faites un trou dans le milieu, cassez-y six œufs, & y mettez environ une livre de beurre; si le beurre n'est pas salé, ajoûtez-y six onces de sel. Détrempez ensuite la farine avec de l'eau fraîche; & la laissez reposer: il faut que la Pâte soit aussi ferme qu'étoit le beurre. Après cela maniez douze livres de beurre, pour en faire sortir l'eau: étendez la pâte; & le beurre par-dessus. Pliez le tout; c'est-à-dire enfermez le beurre dans la Pâte, & lui donnez quatre tours. Quand la Pâte sera reposée, vous lui donnerez un cinquieme tour pour la travailler.

Feuilletage de Graisse de Bœuf.

Hachez bien menu de la graisse de bœuf; faites-la fondre, ensorte qu'elle ne roussisse pas: puis passez-la, mettez-la dans l'eau fraîche, & la paîtrissez comme du beurre, ou la pilez dans un mortier. En faisant votre Pâte, mettez-y autant de cette graisse que si c'étoit du beurre.

Ce feuilletage sert dans les païs chauds, où l'on n'a pas du beurre aisément. On peut l'employer à toutes sortes de pâtisseries. Il faut que la graisse de bœuf soit nouvelle; & que la pâtisserie qu'on en fait, soit servie chaude. Lorsqu'on en fait de la pâte brisée, pour des pâtés chauds ou froids, on nourrit le dedans des pâtés avec de la graisse de bœuf fondue & pilée.

Feuilletage à l'Huile.

Faites fondre un morceau de graisse de bœuf. Passez-la, & la mettez dans une bonne quantité d'eau fraîche. L'en ayant tirée, paîtrissez-la bien pour en faire sortir l'eau. Puis pilez-la bien avec un peu de bonne huile d'olives. Lorsque la graisse & l'huile seront bien liées ensemble, mettez-y encore de l'huile, & pilez-les de nouveau; après quoi vous recommencerez de la sorte, jusqu'à ce que la graisse devienne aussi maniable que de bon beurre. Il faut observer de ne pas mettre beaucoup d'huile à la fois: cela empêcheroit que le mêlange ne se fît bien.

Quand la graisse est en bon état, prenez votre farine, faites-y un trou au milieu, & y cassez une couple d'œufs: ajoûtez-y une pincée de sel; & un verre de bonne huile. Après cela, détrempez la farine avec de l'eau fraîche: & observez que votre pâte soit de la même consistence que votre mêlange d'huile & de graisse. La Pâte étant reposée, vous l'étendrez avec le rouleau, & y mettrez de votre mêlange presque aussi gros qu'il y a de Pâte. Puis redoublez la Pâte; étendez-la encore; redoublez-la de nouveau; & faites de même jusqu'à cinq fois.

Cette Pâte est très-utile dans les endroits où le beurre est rare. Elle peut servir à toutes sortes de petites pâtisseries, pourvû qu'on les serve chaudes.

On peut aussi employer du saindoux, au lieu de graisse de bœuf; & y mettre pareillement de l'huile.

Autre feuilletage à l'huile.

Prenez environ trois livres de farine; faites un trou au milieu, cassez-y deux œufs; & y mettez un verre de bonne huile. Ensuite détrempez la farine avec de l'eau fraîche. Étant détrempée, laissez-la un peu reposer. Puis étendez-la bien mince; & y mettez de l'huile, peu à la fois, ensorte cependant qu'elle s'étende sur toute la Pâte. Après quoi doublez la Pâte, couvrez-la légérement d'huile; redoublez encore, de même jusqu'à six fois: tâchant d'y faire entrer environ deux livres d'huile.

Cette Pâte peut servir pour toutes sortes de pâtisseries, tant grasses que maigres; tourtes de confitures, &c.

Pâte pour la Dysenterie, &c. *Voyez* DYSENTERIE, *n.* 41.

Pâte Médicinale.
Pâte Noire.
Pâte Jaune.
} Voyez l'article REMEDES PASTORAUX.

Pâte pour des Bouillons.

Voyez RÉGIME *pour les convalescens épuisés.*

Pâte d'Amandes, pour gâteau, & office. *Consultez* l'article AMANDIER.

Pâte d'Amandes, seche; pour se nettoyer la peau.

Pilez des amandes douces & ameres, telle quantité qu'il vous plaira; & y versez un filet de vinaigre, pour qu'elles ne tournent pas en huile. Mettez-y ensuite deux gros de storax en poudre très-fine, deux onces de miel blanc, & deux jaunes d'œufs durs. Pilez & mêlez bien le tout: & si la Pâte est trop épaisse, jettez-y un peu plus de vinaigre.

Lorsqu'on se sert de cette Pâte, on en prend un peu, qu'on délaye dans le creux de sa main avec de l'eau; on s'en frotte les bras & les mains: qu'on lave ensuite dans de l'eau.

Quelques-uns y ajoûtent un peu de céruse, ou de sucre de saturne; pour donner plus de fraîcheur à la peau.

Pâte d'amandes liquide, pour laver les mains sans eau.

Prenez une livre d'amandes ameres, que vous pelerez à l'eau chaude. Après les avoir laissé sécher, vous les pilerez assez long-tems dans un mortier de marbre, en y versant un peu de lait, afin de les lier en Pâte, & empêcher qu'elles ne tournent en huile. Vous pilerez ensuite, gros comme le poing de mie de pain blanc, en la détrempant avec du lait pour la bien réduire en Pâte. Vous mettrez dans le mortier la Pâte d'amandes avec celle de pain. Vous y ajoûterez dix jaunes d'œufs, dont vous aurez ôté les germes; & vous pilerez bien le tout ensemble en y versant peu-à-peu du lait, en remuant toûjours & délayant la pâte. Vous y mettrez ainsi trois chopines de lait. Vous verserez ensuite le tout dans un chaudron, & le mettrez sur le feu pour le faire bien bouillir. Vous remuerez cette pâte, & la tournerez toujours, jusqu'à ce qu'elle soit cuite. Elle ne sera guere moins d'une heure à cuire: & vous connoîtrez qu'elle sera cuite, quand elle s'épaissira.

Autres Pâtes pour les Mains.

1. Amandes douces une livre, vinaigre blanc, eau de fontaine, eau-de-vie, de chacun demi-septier; mie de pain un quarteron; deux jaunes d'œufs.

Il faut peler & piler les amandes; les arroser avec le vinaigre, pour que la Pâte ne tourne pas en huile; ajoûter la mie de Pain, qu'on humectera d'eau-de-vie, en la mêlant avec les amandes & les jaunes d'œufs. Faites cuire le tout à petit feu en remuant continuellement, de peur que la Pâte ne s'attache au fond de la bassine.

2. D'autres la font ainsi. Prenez amandes douces & ameres, de chacune deux onces; pignons & quatre semences froides, une once de chaque. Pilez le tout ensemble: & ajoûtez ensuite deux jaunes d'œufs, & une mie de pain blanc. Humectez avec le vinaigre blanc, & mettez dans la bassine. Faites chauffer à petit feu. Lorsque la Pâte quitte la bassine, elle est suffisamment cuite.

3. Prenez amandes pelées une livre, pignons quatre onces. Pilez le tout ensemble. Ajoûtez deux onces de sucre fin, une once de miel blanc, une

once de farine de feves, & deux onces d'eau-de-vie.

4. Pilez une livre d'amandes avec une once de santal citrin & d'iris, deux onces de *Calamus Aromaticus*. Versez-y deux verres pleins d'eau rose; puis ajoûtez une pomme de reinette coupée en petits morceaux, & un quarteron de mie de pain blanc bien séche & tamisée. Paîtrissez le tout avec deux onces de gomme adraganth dissoute dans de l'eau rose: & réservez cette Pâte pour votre usage.

5. Pilez dans un mortier de marbre des pommes de courpendu, dont vous aurez ôté la peau; arrosez-les avec eau rose & vin blanc; ajoûtez la mie d'un pain blanc, des amandes broyées avec du vin, & un peu de savon blanc. Faites cuire le tout à feu lent: & vous en servez.

6. Faites infuser pendant deux ou trois heures dans du lait de chevre, ou du lait de vache, des amandes pilées. Passez à travers un linge; & exprimez fortement. Mettez la colature sur le feu: & ajoûtez une demi-livre de vin blanc, deux gros de borax, & autant d'alun de roche calciné. Sur la fin mettez une once de blanc de baleine. Remuez bien avec une spatule; & laissez cuire à propos.

PÂTÉ. Viande ou Poisson, que l'on cuit au four, enveloppés de pâte.

Pâté au Vent; que l'on fait en Été.

Prenez environ une livre & demie de farine; mettez-y quatre blancs d'œufs, gros comme un œuf de beurre, & du sel fin. Ensuite paîtrissez la pâte; & prenez garde qu'elle ne soit trop ferme, car elle doit être moëlleuse. Quand elle sera étendue bien mince, coupez-la en onze ou douze morceaux. Puis prenez une tourtiere, & l'arrosez de beurre. Faites avec le rouleau un rond d'un de vos morceaux de pâte, & qu'il devienne aussi mince qu'il sera possible. Élargissez-le dans vos mains, & rendez-le aussi fin que du papier. Après quoi vous le mettrez dans la tourtiere, & continuerez ainsi jusqu'à la sixieme feuille. Alors vous y mettrez des confitures; ayant soin d'arroser les bords avec un jaune d'œuf. Puis couvrez les confitures comme vous avez fait par-dessous: continuant d'arroser chaque couche avec de bon beurre. Il faut chauffer le couteau pour façonner les bords de la pâte.

On peut faire de pareilles tourtes avec du lard, de la graisse de bœuf ou autre, & même avec de l'huile; au lieu de beurre.

Pâté chaud de Godiveau.

Vous le ferez d'une pâte un peu plus fine que les autres; qui néanmoins se soutienne. Prenez une livre de veau, trois quarterons de graisse de bœuf, & un morceau de lard, le tout crud. Hachez-le bien fin; & l'assaisonnez de persil, ciboules, échalotes, sel, poivre, & épices douces. Le tout étant bien haché, vous y mettrez une couple d'œufs cruds, & un peu de farine, & pilerez bien. Ensuite vous l'amollirez avec du lait ou de la crême. Vous foncerez votre Pâté avec cela, & acheverez de l'élever. Il se dresse ordinairement oval; & le couvercle découpé comme une tourte de confiture. La garniture est composée de ris de veau, foies gras, champignons, truffes, mousserons, crêtes, morilles, petites andouillettes, de ce même godiveau, de persil, ciboules, échalotes, & autres assaisonnemens ordinaires. On met une barde par-dessus. On le laisse au four une heure & demie. Étant cuit, on le dégraisse bien; on y met une bonne essence ou un coulis blanc, & un jus de citron. On le sert très-chaud.

Voyez l'article TOURTE.

Pâté chaud à la Ciboulette.

Vous dresserez un Pâté, de la hauteur de deux bons doigts, & ferez une farce crue de veau, graisse de bœuf, & lard, comme celle de godiveau; excepté qu'on n'y met ni œufs ni farine, & qu'on ne la pile point. On l'assaisonne de même. Ensuite on y concasse un rognon de bœuf; puis sur la fin on y met une cueillerée d'essence froide, & un jus de citron; ensuite on amollit la farce, on en emplit le Pâté; & par-dessus on jette un peu de ciboule hachée; on le couvre; & on le met au four, où on le laisse une heure & demie. Avant de le servir, dégraissez-le bien, & y mettez une essence, ou un coulis blanc, & un jus de citron.

On peut le faire entre deux abaisses d'une pâte fine brisée, le couvercle découpé comme une tourte de confiture.

Pâté en Croustades chaud.

Il est ordinairement composé de cotelettes de mouton, ou de cotelettes de veau. Il se fait d'une pâte très-fine brisée. Les cotelettes étant parées, foncez votre abaisse d'un peu de farce, & y arrangez les cotelettes; que vous garnirez de champignons, truffes, persil, ciboules, échalotes; & autre assaisonnement & nourriture ordinaires. Bardez-le, & le couvrez d'une autre abaisse, que vous vuiderez à l'entour. Étant fini, mettez-le au four, où il sera quatre ou cinq heures. Après quoi vous le dégraisserez bien, & y mettrez une bonne essence & un jus de citron.

Faux Pâté de Venaison.

Prenez les cuisses de derriere de plusieurs lievres & ôtez-en les os; hachez la chair comme pour un Pâté de veau, & en faites une couche dans un plat de la hauteur de deux doigts: après cela mettez une couche de lard, puis une de veau ou de mouton, & ainsi alternativement; assaisonnées de laurier, épiceries, sel: finissez par une couche de lievre hachée; & mettez-le en pâte. *Voyez* PÂTISSERIE.

Petits Pâtés au jus.

Faites un morceau de pâte brisée, & la laissez reposer. Prenez ensuite de la rouelle de veau, gros comme le poing, avec autant de lard, & autant de graisse de bœuf. Coupez le tout en petits morceaux; mettez-le dans une casserole; & assaisonnez de sel, poivre, fines herbes, & fines épices; & le passez quelques tours sur le feu. Hâchez ensuite le tout, & y mettez quelques champignons; puis arrosez-le d'un peu de crême ou de lait: mêlez bien, & élevez le tout sur une assiette. Étendez votre pâte brisée; & formez-en de petites abaisses. Dressez vos petits Pâtés, d'un pouce de haut: remplissez-les ensuite de farce; couvrez-les, & les dorez d'un œuf battu. Lorsqu'ils seront cuits, vous les ouvrirez par le haut; y mettrez du coulis d'essence de jambon; & les servirez chauds.

Autres Petits Pâtés.

Mettez environ deux livres de farine; faites un

trou

trou dans le milieu ; & y cassez une couple d'œufs : mettez-y du beurre la grosseur d'un œuf, & une pincée de sel si le beurre n'est point salé. Détrempez ensuite le tout avec de l'eau fraîche, prenant garde que la pâte ne soit ni trop dure ni trop molle ; & la laissez reposer pendant une demi-heure. Faites une petite farce, composée d'un morceau de cuisse de veau gros comme un œuf, autant de lard, & deux fois autant de graisse de bœuf ; le tout bien haché, puis assaisonné de sel, poivre, fines herbes, fines épices, une pointe de rocambole, & mouillé d'un peu de lait ; ensuite haché de nouveau ensemble. La farce étant élevée sur une assiette, étendez la pâte ; mettez-y du beurre, presqu'aussi gros que ce qu'il y a de pâte ; & l'étendez par-dessus : ramenez les deux bouts de votre pâte l'un sur l'autre, & la tournez de travers pour la rétendre ; continuez de même jusqu'à trois ou cinq fois. Ayez soin qu'elle ne s'attache pas au tour à pâte, ni au rouleau : pour l'empêcher, il faut les poudrer de tems en tems avec de la farine. Quand votre pâte est bien étendue en tous sens, servez-vous du coupe-pâte, pour couper de petites abaisses ; & foncez-en les moules, remplissez avec votre godiveau ; mettez dans chaque petit Pâté un grain de verjus, dans la saison : couvrez d'une autre petite abaisse, & dorez avec de l'œuf battu. Lorsqu'ils sont cuits, on les sert chauds, pour hors d'œuvre, ou pour garnir des pieces de bœuf ou autres.

Les *Petits Pâtés maigres* se font de même : lorsqu'on se sert de chair d'anguilles, de carpes, ou autres poissons, qui ne sentent point la bourbe ; qu'on met du beurre au lieu de lard ; de la mie de pain cuite dans du lait, & quelques jaunes d'œufs. Il faut que le tout soit bien assaisonné, & d'un bon goût.

Pâté de Carpe.

Consultez ce mot, dans l'article PÂTISSERIE.

Pâté de Chapon.

Voyez sous le mot CHAPON.

Pâté de Culotte de Bœuf.

Voyez sous le mot CULOTTE.

Pâté de Dindon.

Consultez l'article DINDE.

Pâté d'Esturgeon.

Voyez ESTURGEON.

Pâté de Gigot.

Consultez le mot GIGOT.

Pâté de Cerf.
Pâté de Lievre. } Consultez l'article PÂTISSERIE.

Pâté de Turbot.

Voyez TURBOT.

Pâté de Truites.

Consultez le mot TRUITE.

Pâté de Macreuse.

Voyez MACREUSE.

Pâté de Côtelettes.

Voyez *Côtelettes de* MOUTON.

DANS les *Pâtés froids*, principalement quand le couvercle est levé, il faut toujours observer que la viande soit plus haute que les bords.

Le beurre est aussi bon que le lard pilé, pour les nourrir.

Si un Pâté froid vient à crever au four, il faut le nourrir de nouveau, pour le maintenir blanc.

PATENS. *Voyez* ÉVASÉ.

PÂTER. Lorsqu'un lievre emporte la terre avec ses pieds dans les lieux humides, on dit : *ce lievre a pâté, à cause de la pluie qui est tombée.*

PÂTEUX. Ce terme se dit de certains fruits qui communément sont trop mûrs, & ont pour ainsi dire, une chair de pain à demi-cuit. Voilà pourquoi on dit de quelques poires d'Épine, ou de quelques pêches mal conditionnées, qu'elles ont la chair Pâteuse : c'est-à-dire, peu fondante.

PATIN ; *en Architecture*. Piece de bois, posée de niveau sur le parpain d'échifre d'un escalier ; dans laquelle sont assemblés à plomb les noyaux & potelets. En Latin, selon Vitruve, *Calx scapi.*

PATINS sont aussi ; en Architecture, les pieces de bois qu'on couche sur un pilotage, & sur lesquelles on pose les plateformes pour fonder dans l'eau.

PATIENCE. *Voyez* PARELLE.

PÂTIS. Lieu où on met paître les bestiaux. Ce terme est synonyme de *Pâturage* : quoique ce dernier indique quelque chose de mieux, que *Pâtis*.

PÂTISSERIE. *Consultez* les mots DORURE. ÉPICE *douce*. ABAISSE. CHOU. PÂTE. PÂTÉ. Et leurs renvois.

Gâteaux Mollets.

On prend un fromage mou, une demi-livre de beurre, avec un litron de farine, & du sel à proportion. Cela étant mêlé, on mouille le tout avec de l'eau froide ; & lorsqu'on juge qu'il est assez façonné, on le met sur du papier beurré, puis au four.

Autres Gâteaux.

Prenez une demi-quarte de farine du plus pur froment, deux livres & demie de beurre, huit œufs dont vous ôterez le blanc ; détrempez le tout avec de l'eau & du sel ; formez-en une pâte douce ; pliez-la par la moitié ; paîtrissez-la ; étendez-la avec le rouleau ; repliez-la encore ; & continuant ainsi jusqu'à quatre fois, étendez-la pour en former vos gâteaux : puis mettez-les au four.

Quand je dis une demi-quarte de farine, je suppose qu'on n'ait besoin que de cette quantité ; ou qu'il en faille moins. Cela étant, on proportionnera le beurre au nombre des gâteaux qu'on voudra faire.

Si l'on veut faire ces *Gâteaux Verollés* : on se servira de la même pâte que dessus ; sur laquelle on étendra des morceaux de fromage fort, avec du beurre.

Voyez GÂTEAU.

Tartes.

Pour les faire, on commence d'abord à former la *Pâte pour les Croutes* : elle se compose ainsi. On prend quatre pintes de fleur de farine, une livre & un peu davantage de beurre, quatre ou cinq œufs, du sel raisonnablement ; on détrempe le tout ensemble à l'eau froide. Cela fait on étend la pâte, à laquelle on donne telle forme & telle grandeur qu'on souhaite qu'ayent les tartes. Après cela on y met de la farce, ou au fromage, ou à la crême. Si c'est au fromage, voici comment elle se fait.

Tarte au Fromage. On prend du fromage mou, du beurre frais, des œufs & un peu de farine, le tout mêlé ensemble & détrempé à l'eau froide avec du sel : & si, dès la premiere dose de tout ce qui y entre, on trouve la farce bonne, on s'en sert ; sinon on l'augmente de ce que l'on juge lui manquer : après cela on l'étend sur la pâte qu'on a préparée. *Voyez* TARTE.

Tarte à la Crême. Voyez au mot TARTE.

Tourtes.

Pour faire toutes sortes de tourtes, il est question d'abord de sçavoir former une *pâte* qui y soit propre. Voici comment on la prépare. On prend de la farine : sur trois livres, la coutume est de mettre deux livres & demie de beurre, & ainsi du reste à proportion. On assaisonne de sel ; auquel on joint quelques jaunes d'œufs : on détrempe le tout à l'eau froide. Lorsque la pâte est bien paîtrie & maniable, on l'étend avec le rouleau ; puis on la couvre d'une épaisseur de beurre aussi forte qu'elle est épaisse : quand elle est étendue ; & ayant plié cette pâte par la moitié, renversé les bouts l'un sur l'autre, & mis le beurre nouvellement étendu dedans ; on l'étend une seconde fois ; puis on la plie, & replie, jusqu'à cinq ou six fois. Cette pâte ainsi préparée, est mise dans la forme qu'on veut qu'ait la tourte. Puis on y met telle farce ou confiture que l'on veut. Après quoi on la fait cuire ; & on la sert chaude. *Voyez* TOURTE.

Tourte d'Epinars.

Avec la pâte ci-dessus étendue, voici comment il faut mêler une farce d'épinars. Ayez des épinars bien épluchés : lavez-les ; & les ayant tiré de l'eau, pressez-les bien : hachez-les menu ; mettez-y du beurre raisonnablement, des œufs, de la crême en farce, ou pour le mieux de la pâte de macaron, de l'écorce de citron confit hachée, un peu de sel & d'épices. Faites cuire le tout ensemble dans un poëlon, observant de le tourner souvent, de crainte qu'il ne se brûle ; cela fait, vuidez cette farce dans un plat, laissez-la refroidir, puis étendez-en l'épaisseur d'un pouce sur votre pâte dans une tourtiere ; faites-la cuire : ensuite poudrez-la de sucre, & la glacez avec la pele rouge : servez-la chaude pour entremets.

Tourte d'Amandes.

Voyez au mot TOURTE.

Tourte d'Anguilles.

Voyez l'article TOURTE.

Tourte de Béatilles.

Votre pâte étant préparée, rangez les béatilles dans la tourtiere ; mettez des champignons, des riz de veau, quelques culs d'artichaux, de la moëlle de bœuf ; assaisonnez le tout de sel, poivre, muscade, & d'un peu de lard broyé ; couvrez votre tourte ; faites-la cuire : avant de la servir, dorez-la ; & mettez-y des jaunes d'œufs délayés.

Tourte de Champignons, &c.

Consultez l'article TOURTE.

Pâté de Lievre.

Pour faire une pâte propre à renfermer toute sorte de *Venaison*, on prend trois livres de farine, une livre de beurre, & du sel raisonnablement ; & le tout ainsi mêlé, on le détrempe, & on fait une pâte d'une bonne consistence : la pâte faite on larde le lievre de moyen lard, & on l'assaisonne de sel, de poivre, de muscade, de clous de gérofle, de basilic, & de laurier, avec quantité de bardes au fond du pâté, & un peu de beurre : l'assaisonnement fait de cette maniere, on met le lievre dans une abaisse qu'on accommode artistement, & qu'on met cuire au four, après l'avoir dorée avec des jaunes d'œufs. Si c'est un vieux lievre, on le laisse au four pendant trois heures.

Pâté froid de Lievres, Lapins, & Tranches de Bœuf.

Les lievres & lapins étant dépouillés & vuidés ; vous en ôtez toute la chair, que vous hachez avec à-peu-près égale quantité de tranches de bœuf. Quand le tout est bien haché, mettez-y du lard, & de la graisse de veau & de bœuf ; & hachez de nouveau. Ensuite assaisonnez de sel, poivre, épices douces, un peu de fines herbes, une pointe d'ail, du persil, de la ciboule, des échalotes, des truffes & champignons : hachez bien le tout ; puis liez-le avec une cueillerée d'essence. Mettez sur une grande abaisse un lit de votre farce ; puis y arrangez des lardons de lard & de jambon, avec des pistaches ou des cornichons fendus en long : faites un second lit de farce, un autre de lardons, &c ; & ainsi successivement. Mettez sur le dernier lit un peu de lard pilé ou de beurre, & quelques feuilles de laurier ; bardez & couvrez d'une autre abaisse. Il faut observer que ces sortes de pâtés ne se dressent gueres ; étant sujets à bouffer : & qu'il ne faut point, par cette raison, les serrer de pâte, afin qu'il y ait de la place en cas qu'ils bouffent. Ce pâté est cinq heures à cuire ; s'il est gros.

Pâté de Cerf.

Ayant laissé mortifier le cerf, désossez-le, lardez-le de gros lard, & le laissez au moins un jour dans une forte marinade. Lorsque vous l'en retirerez, vous le laisserez bien égoutter dans une nappe. Puis vous dresserez votre abaisse, d'une pâte assez forte ; vous la foncerez de farce, ou de lard & graisse de bœuf pilés ensemble & assaisonnés. Arrangez-y la viande, & l'assaisonnez dessus & dessous avec sel, poivre, muscade, gérofle, basilic, épices douces, & quelques feuilles de laurier.

Puis vous nourrirez le pâté avec du beurre, ou du lard & graisse de bœuf pilés, & le barderez & couvrirez bien. Laissez-le cinq heures au four. Etant cuit, & bien nourri, vous le laisserez refroidir; & servirez pour entremêt.

Les *Pâtés de Sanglier & de Chevreuil*, se font de même.

Pâté de Carpe.

Quand on veut faire un Pâté d'une carpe, on commence par l'écailler & la vuider; puis on la larde d'anguilles; on l'assaisonne de bon beurre, de sel, de poivre, de clous de gérofle, de muscade, & de feuilles de laurier; cela ainsi apprêté, on fait une abaisse que l'on fonce d'une farce de carpes, ou de la farce de poisson décrite dans l'article FARCE. Ensuite on y met cette carpe tout de son long, avec des champignons, truffes, morilles, & mousserons: on assaisonne le tout de sel, poivre, fines herbes, fines épices; & on le couvre de bon beurre. Puis on met le couvercle de pâte; que l'on dore avec des œufs battus. On fait cuire ce pâté à petit feu: il peut rester au four pendant deux heures. Lorsqu'il est à demi cuit, on y verse par un trou fait exprès dessus, un verre de vin blanc; après quoi on le tire quand il a pris sa cuisson. D'autres n'y mettent rien jusqu'à ce qu'il soit cuit: & pour lors ils le découvrent, le dégraissent dans son plat, & y mettent un coulis maigre, ou une sauce hachée, avec un jus de citron. Ce pâté se sert *chaud*.

On en fait aussi pour manger *froid*. Alors on prépare tout de la même maniere que ci-dessus, mais on le nourrit de beurre & tranches de citron avant de le finir; & on n'y touche point quand il est cuit, on se contente de le laisser refroidir lorsqu'il est tiré du four. Si l'on veut faire en gras ce pâté froid, le godiveau doit être gras; on le nourrit de lard pilé, & on le barde: on fait aussi la pâte plus forte.

Pâté de Godiveau.

Voyez au mot TOURTE.

PATOUILLE; PATROUILLE; ou *Ecouvillon*; que quelques-uns prononcent *Ecrouvion*. Voyez *Patrouille*, sous l'article *Maniere de chauffer le* FOUR.

PÂTRE. Homme chargé de garder les bestiaux. La négligence des Pâtres cause de grands dommages aux forêts; & occasionne souvent des incendies.

PATRON: *Terme de Jurisprudence Canonique.* C'est celui qui a fondé ou doté une Église ou un Bénéfice, & qui s'est réservé le droit qu'on appelle PATRONAGE. Le Patron a les droits honorifiques; c'est-à-dire, le premier rang à la Procession, à l'Église, à l'Encens, à l'Eau bénite, au Pain-bénit; & s'il tombe en pauvreté, l'Église doit le secourir: car on présume que les biens acquis à l'Église par la charité de ses ancêtres, lui sont dûs préférablement, en guise de fruit des bonnes & pieuses œuvres de ses peres. La sépulture dans le Chœur, la litre ou la ceinture funebre, appartiennent au Patron. Par une *Ordonnance de* 1531, le Châtelain & le Haut-Justicier ne peuvent jouir des droits honorifiques au préjudice du Patron. On ne peut conférer ni résigner un Bénéfice, sans le consentement ou la nomination du Patron Laïque. Ce droit appartient aux femmes aussi-bien qu'aux hommes; à l'usufruitier; au mari comme administrateur des biens de la femme; au Tuteur, & au Procureur de tous ceux à qui ce droit est échu.

PATRONAGE. En France, c'est le droit de présenter à l'Ordinaire, des personnes capables pour le gouvernement de l'Église: ce qui n'a été accordé aux Laïcs du consentement des Évêques avec les autres honneurs & prérogatives, qu'en considération de ce qu'ils ont ou fondé ou fait bâtir l'Église, ou bien de ce qu'ils en ont augmenté les revenus. *Voyez* PATRON.

Les Patrons Laïcs ont de grands privileges: ils ne peuvent être prévenus ni par l'Ordinaire, ni même par le Pape: ils ont quatre mois pour présenter; & peuvent varier dans leurs nominations. Les Patrons Ecclésiastiques ont six mois; ils ne peuvent varier, mais ils peuvent être prévenus. *Voyez* SEIGNEUR.

PATRON *de Charrue.* Voyez CHARRUE, *n.* 8.

PATTE. *Voyez* CHIFFE.

PATTE: *Terme de Chasse.* C'est le pied du loup: qui consiste au talon, doigts, ongles, & la fossette qui est dans le milieu; qui en forment les connoissances sur la terre. Voyez le mot ANIMAL; vous y trouverez les *figures de différentes Pattes* d'animaux.

Le mot *Patte*, se dit proprement des animaux qui ont plusieurs divisions à leurs pieds; comme si c'étoient des doigts ou des ongles. On dit Patte de renard; Patte de chien: mais on dit pied de bœuf; pied de cerf. En Fauconnerie, on dit des *Mains*; en Autourserie, des *Pieds*.

PATTE: *Terme de Jardinage.* Il ne se dit que pour les anémones & les renoncules; dont l'oignon ou la racine ressemble en quelque façon à la Patte d'un petit animal: c'est ce qu'en Botanique on nomme *Racine d'Asphodel; Racine en Botte de Navets; Grumosa Radix.* Voyez ANÉMONE.

Les Ouvriers nomment PATTE, un morceau de fer, long de trois ou quatre pouces, plus ou moins selon l'usage auquel on le destine; pointu par un bout comme un gros clou, & applati à l'autre en queue d'aronde; percé de trois ou quatre trous, avec un collet vers ce dernier bout pour donner prise au marteau: on la fait entrer à force dans du bois ou dans un mur par le bout pointu, pour y attacher quelque lambris (ou autre chose) qu'on y cloue par l'autre bout. On appelle celles-ci *Pattes en Bois.* Il y a aussi des *Pattes en Plâtre.* Ces dernieres n'ont point de collet vers le bout applati: & l'autre bout n'est nullement pointu, mais plûtôt fendu en pied de cochon, ou de chevre; afin de mieux tenir dans le plâtre, dans lequel elles sont scellées.

PATTE-DE-LION. *Voyez* PIÉ-DE-LION.

PATTE-DE-LOUP. *Voyez* MOUSSE, *n.* 6.

PATTE D'OYE. Genre de Plantes. *Voyez* PIÉ D'OISON.

PATTE D'OYE: *Terme de Jardinage.* Ce sont plusieurs Allées ou Avenues, plantées de façon qu'elles arrivent toutes à un même endroit, en n'occupant que la moitié de la circonférence d'un cercle; comme la Patte d'Oye de *Versailles.* Si les allées qui se réunissent ainsi à un centre commun, occupoient toute la circonférence; ce seroit une *Etoile.*

En Charpenterie, la PATTE D'OYE est une enrayure formée de l'assemblage des demi-tirans qui retiennent le chevet d'une vieille Église; comme celles des Églises des Chartreux, Cordeliers, &c. à Paris. Ce mot se dit aussi d'une maniere de marquer par trois hoches les pieces de bois avec le traceret.

PATTE D'OYE *de Pavé*. C'est l'extrémité d'une chaussée de pavé, qui s'étend en glacis rond, pour se raccorder aux ruisseaux d'enbas.

PATTES D'OYE: *Terme d'Agriculture*. Voyez CULTIVATEUR, *Instrument*.

PÂTURAGE; *Pacage; Padouant; Pâtis*. Lieu où l'on fait paître les bestiaux, &c. *Voyez* PÂTIS. PADOUANT. PRÉS.

Les Riverains des forêts prétendent avoir Droit de Pâturage dans les ventes qui ont plus de trois bourgeons.

On observe que l'herbe de certains pacages est amere sous les futayes, & qu'alors le gros bétail préfere l'herbe des prairies, laquelle étant exposée aux rayons du soleil est beaucoup plus savoureuse.

Pâturages trois fois plus utiles que ceux qu'on a ordinairement.

Pour augmenter les Pâturages en Été, & les fourages en hiver, & faire qu'un arpent de terre donne deux fois plus qu'à l'ordinaire : premiérement, il faut clorre les Pâturages d'Été: si vous êtes dans un pays, où la terre soit liante, il faut élever des fossés; si la terre est séche, il y faut planter des haies d'épines; si elle est humide & aquatique, il y faut planter des saules.

Pour faire cela à peu de frais, & tirer de ces fossés, hayes d'épines & de saules, plus de profit qu'il ne vous aura couté; au lieu de faire les fossés avec la bêche seulement, suivant l'usage commun, servez-vous de la charrue pour remuer la terre, & que deux hommes la suivent, avec de grandes pelles de bois, ferrées par le bout, comme on en a pour remuer le sel. Ils jetteront la terre sur le fossé; où deux hommes la rangeront, & la battront avec de gros pilons de bois, comme en ont les Paveurs pour enfoncer les pavés, & les unir : & deux autres hommes par le dehors, avec des bêches, comme celles des Jardiniers, tailleront le fossé, ou la levée, pour lui donner le glacis, & le battront avec le dos de la bêche, pour lier la terre. Par ce moyen dix hommes en feront plus que cent, suivant l'usage commun. On aura encore le plaisir de voir sa besogne bien-tôt faite, & de tirer le double en Pâturage. La seule charrue leve plus de terre en un jour, que ne feroient cent hommes. Quand la terre remuée par la charrue est enlevée, on repasse la charrue au fond de la tranchée, pour en remuer d'autre; jusqu'à ce que le fossé soit assez profond. Il faut atteler à la charrue les bêtes, à la suite l'une de l'autre. On doit encore observer de donner au fossé beaucoup de talus, du côté du champ.

Vous pouvez planter ces fossés & levées, depuis le bas jusques sur la crête ou couronne, de deux pieds en deux pieds, en tout sens, avec certains pommiers sauvages dont les hommes ni les pourceaux ne sçauroient manger le fruit, tant il est amer; qui néanmoins est excellent, quand il est gardé jusqu'à Noël, pour faire du cidre pour l'arriere saison; & même dès le mois d'Octobre, une sorte de verjus qui sert à assaisonner les potages, & les navets & panais qu'on fricasse pour les ouvriers, avec un peu d'huile, ou de beurre, du sel & du poivre, ce qui est un ragoût pour eux.

D'ailleurs la fleur de ces pommiers sauvages est plus belle, & plus odoriférante, que celle des autres pommiers; & elle fournit une nourriture abondante aux mouches à miel. C'est une tapisserie & un parfum, pour les maisons de campagne; dont les avenues sont plantées de pommiers; comme sont celles du Comte de Pont-Briano entre autres, en Bretagne, & du château de la Meilleraye en Poitou.

On observera de faire planter en talus dans les fossés, & non pas à plat; afin que la pluie aille à la racine.

Les fossés plantés & les levées durent beaucoup plus que les autres: car les racines des arbres lient la terre, & la soutiennent; au lieu que quand la terre est nue, le soleil, la pluie, & la gélée, la mangent & l'éboulent.

Dans les terres qui ne sont point liantes, il faut planter des hayes vives d'épine blanche; qui ne trace pas comme la noire, & qui vaut mieux, vient plus tôt, dure davantage, & donne plus de fleurs pour la nourriture des mouches à miel. Pour faire ces hayes à peu de frais, & qu'elles soient belles & agréables; labourez en alignement avec la charrue deux pieds de large autour de la terre que vous voulez clorre; levez du premier coup de charrue toute la bonne terre, qui est au-dessus, & jettez-la d'un côté à la droite avec ces peles de bois ferrées dont nous venons de parler. Du second coup de charrue, levez un pied de mauvaise terre; & la jettez à la gauche. Si vous avez de vieux terreau, des curures de vieux fossés, d'étangs, ou de mares, qui en soient proche; mettez-en un lit dans le fond de la tranchée. Si vous n'en avez pas, mettez-y la moitié de votre bonne terre, & couvrez de l'autre moitié la racine de votre plant. Vous acheverez de remplir la tranchée, de votre mauvaise terre, qui deviendra bonne lorsqu'elle aura été exposée au soleil & imbibée de la pluie.

Vous planterez votre tranchée des deux côtés, en quinconce: l'essentiel est d'avoir de bon plant d'épine blanche, pour gagner du tems.

Si on n'en peut point trouver dans le pays, & qu'on n'ait pas la patience d'en semer, & d'attendre deux ans; il faut prendre de l'épine noire la plus grosse qu'on trouvera dans les bois taillis, pourvû qu'elle puisse reprendre; la planter courbée l'une sur l'autre; & plier, l'hiver suivant, ses rejettons, comme l'on plie ceux de la blanche, jusqu'à ce qu'on l'ait conduite à la hauteur que l'on désire. On peut aussi la tondre comme le buis; ce qui est agréable à la vûe. Mais cette épine ne fait jamais que de la brossaille, trace beaucoup, & est fort incommode.

Pour la décoration des jardins, vous pouvez encore tailler des fenêtres dans ces hayes d'épines, de distance en distance; & des colonnes & autres figures, en forme de galerie; principalement si votre jardin a par ce moyen une vûe agréable sur quelque beau lieu, prairies, rivieres, &c.

Pour achever la décoration de ces hayes, mettez-y des rosiers, de trois en trois pieds; que vous entrelacerez avec les épines. Quand celles-ci sortiront de fleur, les roses y entreront; mêlez-en de primes, & de tardives; vous aurez des fleurs quasi tout l'Été, & dequoi faire beaucoup d'eau rose, de sachets, & de conserves, dont vous tirerez de l'argent. Mais comme l'épine blanche ne tarde pas à tuer les rosiers, il pourroit être plus avantageux de faire des hayes toutes de rosiers.

Dans les terres aquatiques, vous ferez des hayes de fuseau, de saules, ou autre bois blanc; que vous planterez au cordeau; taillant en pied de biche le bout que vous mettrez en terre; le saule reprendra ainsi, sans racine ; & ces hayes n'ont pas besoin d'être doubles. Vous l'entrelacerez & couberez comme on a dit ci-dessus : vous pourrez l'émonder tous les quatre ans. Les branchages serviront à brûler ou à faire divers outils ; les rejetons d'une année de l'épine blanche, servent de liens comme l'ozier.

L'ombre de ces hayes fournit durant l'Été, au bétail, un abri qui lui vaut mieux que le Pâturage ; & qui fait que les vaches donnent plus de lait que si elles pâturoient. On les voit quitter l'herbe la plus tendre, pour se mettre au frais, pendant la grande chaleur.

Les Pâturages étant séparés, vous pourrez laisser mûrir l'herbe tant & si peu que vous voudrez.

Si l'herbe est trop tendre, elle est plus tôt mangée ; comme le pain chaud, elle profite moins. Elle donne le cours de ventre au bétail ; dont le lait est alors moins succulent, & rend moins de beurre. Si l'herbe est trop mûre, elle a peu de suc, & dégoûte le bétail ; comme le pain trop vieux & trop dur dégoûte les hommes : elle diminue aussi le lait & le beurre des animaux.

Vous ferez coucher dehors, pendant tout l'Été, votre bétail. Sa fiente & ses urines engraissent la terre, & font pousser l'herbe. Le pâtre, avec la tête d'un petit rateau de bois, éparpillera dans le champ la fiente des brebis, vaches, & chevaux : car l'herbe qui croît à l'entour, quand cette fiente n'est pas éparse, devient haute & grossiere ; le bétail la foule aux pieds, & ne pâture pas ; ce qui est une perte réelle. Le Pâtre doit de même éparpiller les taupinieres.

Après les vaches, faites paître le même champ aux brebis : elles aiment l'herbe courte ; faites-les parquer au même lieu la nuit : leurs crottes & leurs urines engraissent encore plus que celles des vaches.

Si vous avez la commodité de l'eau, faites de petits réservoirs ; amassez-y l'eau tout le jour, & toute la nuit ; & le soir en Été, levez l'écluse, & arrosez le champ achevé de pâturer. Par ce moyen un arpent de terre sous Pâturage vaudra mieux que deux en prés pour faucher.

Il est d'observation que le bétail aime le changement de Pâturage ; comme l'homme le changement de viande. Dans les pâtures qui ne sont pas closes, la moitié de l'herbe se perd ; le bétail va à la plus tendre, & laisse la plus dure, qui seche & se perd, il la foule aux pieds : & dans les endroits où l'herbe est délicate, il pâture de si près, & la tient si courte, qu'elle profite peu, tendre comme elle est.

Pour bien ménager ses Pâturages, on doit donc les séparer à proportion du nombre du bétail que l'on a ; de sorte que chaque enclos ne contienne que pour trois ou quatre jours de pâture. Alors l'herbe repousse plus vîte, & plus forte, que quand elle est toujours pâturée & foulée aux pieds : & on la laisse mûrir, tant & si peu que l'on veut. Tout se mange à la fois ; à cause de la petite étendue du lieu : & le bétail la trouve meilleure, à cause du changement.

Autre Avis Œconomique.

Ne faites point pâturer vos chevaux ou cavales dans les mêmes pâturages avec les vaches. Mettez-les dans ceux qui sont les moins succulens, & même dans les landes & sur les collines. Une bête chevaline mange plus que trois vaches ; parce qu'elle ne rumine pas ; aussi digere-t-elle peu ; comme on le voit par ses excrémens, où les grains d'aveine sont souvent tous entiers. Au contraire les bêtes bovines ruminent beaucoup ; c'est-à-dire, qu'après avoir mangé, elles attirent du premier sac de l'estomac, ce qu'elles ont avalé, le mâchent long-tems, & l'avalent une seconde fois ; en sorte qu'elles digerent parfaitement : & l'on remarque que celles qui ruminent le plus, s'engraissent plus tôt, & donnent plus de lait & de beurre.

PÂTURE *Grasse*. Prés & pâturages fertiles.

PÂTURE (*Vaine*). Mauvais pâturages ; que l'on nomme encore *Pâtis*.

PAU

PAU. *Voyez* PIQUET.

PAU-*Forceau* : Terme de Chasse. C'est un piquet bien fort, sur lequel on tend le filet, à force.

PAVÉ. Se dit autant de l'aire pavée sur laquelle on marche, & où l'on voiture des fardeaux ; que de la matiere qui l'affermit, comme est le caillou ou le gravois, avec mortier de chaux & sable, ou le grais, la pierre dure, &c.

Voyez RANGE. RECHERCHE. REMANIER. REVERS. ROSE. MATÉRIAUX. PATTE-D'OYE.

PAVÉ *de Terrasse*. C'est celui qui sert de couverture en plateforme, sur une voûte ou sur un plancher de bois. Ceux qui sont sur les voûtes, sont ordinairement de dales de pierre, à joints quarrés qui doivent être coulés en plomb. Les Pavés sur bois sont de grais avec couchis, pour les ponts ; de carreaux, pour les planchers des chambres : on en fait aussi d'aires ou couches de mortier composé de ciment & de chaux avec des cailloux, ou de briques posées de plat, comme on en voit sur les maisons dans l'Orient & dans les pays méridionaux.

PAVÉ *Poli*. C'est tout pavé bien assis & bien dressé de niveau, cimenté ou mastiqué, & poli avec le grais.

PAVEMENT. L'action de Paver.

Anciennement on le disoit encore d'un espace pavé en compartiment de carreaux de terre cuite, de pierre, ou de marbre : En Latin *Stratura*.

PAVER. C'est asseoir le pavé ; le dresser avec le marteau ; & le battre avec la demoiselle. On dit *Paver à Sec* ; lorsqu'on asseoit le pavé sur une forme de sable de riviere : comme dans les rues ou sur les grands chemins. *Paver à Bain de Mortier* : c'est lorsqu'on se sert de mortier de chaux & de sable, ou de chaux & de ciment, pour asseoir & maçonner le pavé, & en mettre de nouveau à la place de celui qui est cassé. Le mot Paver vient du Latin *Pavere* ; battre la terre pour la condenser & l'affermir.

Pour bien Paver, il faut que le pavé soit de grais dur ; mis bout sur bout, & non de plat. Avec cela, il doit être si bien paré de ses quatre côtés, avec le petit marteau nommé *épinçoir*, qu'ils se joignent tous par le haut. Le pavé durera alors deux fois davantage.

PAVEUR (*Niveau de*). Voyez sous le mot NIVEAU.

PAVIE. Sorte de Pêche. *Consultez* l'article PÊCHE.

PAVILLON : *Terme de Botanique*. Il signifie, 1°. La partie évasée d'une fleur en entonnoir. 2°. On nomme Pavillon, ou *Etendart*, en Latin *Vexillum*, le pétale supérieur des fleurs légumineuses.

PAUMELLE : *Terme de Chasse*. C'est une machine composée de plusieurs pieces, sur laquelle on met un oiseau en vie, pour mouter ; lorsqu'on ne peut s'en servir aux verges, parce qu'il n'a point de queue.

PAVOT: en Latin *Papaver*, & *Poppy* en Anglois. Ce genre de plantes porte des fleurs à quatre pétales larges, arrondis, & écartés; dont le calyce est formé de deux pieces presque ovales, obtuses, dentelées, qui périssent avec les pétales. Au milieu de chaque fleur sont des étamines sans nombre, surmontées de sommets droits, allongés, & applatis. Elles environnent un gros embryon arrondi, terminé par un stigmate plat & rayonné; cet embryon ou ovaire, devient une capsule considérable, à laquelle sert de couronne le stigmate aplati, au-dessous duquel on apperçoit souvent des ouvertures, qui répondent à autant de feuillets, distribués verticalement dans l'intérieur de la capsule, & qui servent de placenta à une multitude de petites graines ordinairement arrondies.

Especes.

1. *Papaver hortense, semine albo; Sativum Dioscoridis; Album Plinio* C. B. Le Pavot *Blanc*. Il jette de fortes tiges lisses, quelquefois hautes de cinq à six pieds & branchues. Ses feuilles sont grandes, d'un gris blanc, dentelées fort irrégulièrement: elles embrassent la tige, par leur base. Quand ses fleurs sont en bouton, elles panchent; mais elles se redressent lorsqu'elles sont près de s'ouvrir. Les pétales durent fort peu. Ces fleurs doivent être simples, pour que la graine qui est la partie utile, se forme & mûrisse. Elles sont en état vers les mois de Juin, Juillet, & Août. Il leur succede des têtes allongées, qui ont au moins deux pouces de diametre: dont les semences sont blanches.

Il y en a plusieurs *variétés*: qui different par la couleur & le nombre des pétales. On préfere, pour l'ornement des jardins, celles qui donnent les fleurs les plus doubles.

2°. *Papaver hortense, nigro semine; Sylvestre Dioscoridis; Nigrum Plinio* C. B. Le Pavot *Noir*. C'est sur-tout dans la partie méridionale de l'Europe, que vient sans culture cette espece, dont les fleurs simples produisent de bonne graine pour l'usage de la Médecine. Elle s'éleve à la hauteur d'environ trois pieds. Ses feuilles sont grandes, lisses, profondément dentelées & comme déchiquetées, attachées immédiatement à la tige qu'elles embrassent par leur base. Les quatre pétales de la fleur sont pourpre, avec du noir à leur pied. Les coques ou têtes sont rondes; & les semences, noires.

Cette espece a encore beaucoup de *variétés*. On en voit dont les fleurs sont très-larges, doubles, panachées; les unes de rouge & de blanc, d'autres de blanc & de pourpre: quelques-unes sont aussi agréablement marquées que de beaux œuillets. Elles font l'ornement de nos jardins. C'est dommage qu'elles passent fort vîte, & que leur odeur affecte désagréablement l'odorat.

3. *Papaver erraticum majus; Rhæas Dioscoridi, Theophrasto, & Plinio*, C. B. Le Pavot *Rouge*; le *Coquelicot*; le *Ponceau*; le *Pavot Sauvage*; que quelques-uns appellent *Mahon*. Il vient parmi les bleds. Ses tiges, rudes & souvent branchues, s'élevent à la hauteur d'environ un pied ou dix-huit pouces. Leurs feuilles, longues de cinq ou six pouces, sont très-profondément dentelées & comme découpées, sur-tout vers le bas de la plante: ces découpures sont opposées, & donnent une apparence de feuilles conjuguées. Les pieces du calyce des fleurs sont velues, & périssent promptement. Les quatre pétales sont d'un rouge très-vif, étroits par le bas, larges & arrondis à leur épanouissement, fort écartés comme en cercle. C'est vers le mois de Juin que ces fleurs sont en état. Il leur succede des têtes longuettes, dont le chapiteau est percé en-dessous à la maniere que nous avons indiquée dans le caractere générique. Les semences sont purpurines.

Il y en a des *variétés*, qui fleurissent double. On les cultive dans les jardins. On en voit de tout blancs; de rouges bordés de blanc; de panachés; &c. Nous en connoissons aussi un qui est vivace, & dont la fleur est très-grande; mais elle n'est ni double ni panachée.

Usages.

On emploie en Médecine les têtes, capsules, ou coques du Pavot *n.* 1; dont on doit choisir les plus nourries, & les plus récentes. On les prend en décoction, en infusion, & en sirop, qui se nomme *Diacode*. Elles sont bonnes pour arrêter le cours de ventre, calmer les douleurs, adoucir la toux, abattre les vapeurs; en un mot elles sont narcotiques & somniferes. Il seroit dangereux de prendre une dose trop forte de têtes de Pavot. *Voyez* NARCOTIQUE. On les rompt par morceaux, & on les fait bouillir dans une chopine d'eau, pour les lavemens anodyns qu'on donne pour la dysenterie, la colique néphrétique, & les inflammations du bas ventre.

Ceux qui ne peuvent pas user du Pavot intérieurement, prennent un petit bain, en mettant les jambes dans un chaudron plein d'eau, dans laquelle on a fait bouillir trois ou quatre têtes de Pavot. Ce bain provoque le sommeil.

En général, le Pavot blanc procure un sommeil doux. Au lieu que celui que procure le Pavot noir, est toujours inquiet.

On a long-tems cru que l'Opium du levant étoit tiré seulement des têtes de Pavot blanc. Mais on en est aujourd'hui dissuadé: il est sûr que des incisions faites aux têtes de nos différens Pavots, produisent des larmes dont l'effet est supérieur à celui de l'Opium du Levant. M. Miller dit avoir reçu de Turquie, des têtes du Pavot qui fournit cette drogue; & qu'elles ont une forme différente de celle de notre Pavot blanc.

Le Syrop de Pavot est contraire à ceux, qui sont sujets à la migraine & aux vapeurs; car il les augmente, cause des étourdissemens & des nausées, sur-tout si l'on n'a pas la précaution de s'abstenir de manger deux heures avant de le prendre, & deux heures après.

Les Fleurs de Pavot sont pectorales; & propres dans la toux, la pleurésie, & autres maladies semblables. On les fait infuser dans l'eau chaude, comme le thé: la dose en est d'une pincée, sur huit onces d'eau. On peut faire aussi une tisanne pour les mêmes maladies, avec une tête de Pavot, coupée par morceaux, & bouillie dans deux livres d'eau.

La Graine de Pavot blanc n'est pas narcotique. Il y a néanmoins des gens qui prétendent que, mise dans le pain & dans les autres alimens, elle fait dormir ceux qui en mangent. Nous ne contestons pas qu'elle puisse faire du bien à ceux qui sont sujets aux vertiges. Elle est capable d'adoucir, & épaissir le sang; comme les autres semences rafraîchissantes, avec lesquelles on peut la mêler, à la même dose, pour faire des émulsions. Il n'est pas rare de voir des enfans & d'autres personnes manger cette graine par friandise, sans en être endormis. En Italie, & sur-tout à Genes, les femmes la mangent à poignées, couverte de sucre, & autrement : ce qui persuade que cette graine n'est pas soporifique.

C'est de la graine de Pavot noir que l'on tire par expression l'huile dite d'*Œuillette*; qui sert très-bien pour la peinture.

On ne se sert point intérieurement des têtes du Pavot noir. On l'emploie en décoction pour bassiner les endroits enflammés.

Pour ce qui est du *n.* 3. Consultez l'article Coquelicot.

Culture.

Les Pavots se sement d'eux-mêmes, & se multiplient à l'excès, si on ne s'y oppose pas.

On en seme la graine, au mois de Septembre, dans les terres chaudes & séches : & ailleurs, depuis Janvier jusqu'en Mars. Les belles especes ornent les plates-bandes d'un parterre. Quand on cultive les fleurs simples, pour l'usage de la Médecine, on les seme volontiers parmi les choux.

Plus la terre est chargée de sels, mieux ces plantes réussissent.

PAVOT Épineux; ou *Argemon*; ou *Figuier d'Enfer* : en Latin *Argemone*; & en Anglois *Prickly Poppy*. Ce genre de plantes donne des fleurs en rose, composées de quatre à cinq pétales arrondis & évasés. Leur calyce est à trois pieces. Un embryon oval, à cinq côtes, terminé par un gros stigmate divisé en cinq, est environné d'une multitude d'étamines, dont les sommets sont oblongs & droits. Le fruit est une capsule ovale, marquée de cinq angles, séparée intérieurement en cinq loges; où il y a quantité de petites semences rudes, noires, presque rondes.

Nous ne parlerons que d'une seule espece : *Argemone Mexicana* Inst. R. Herb. C'est une plante annuelle, commune au Levant, & dans l'Amérique méridionale. Ses premieres feuilles, sont oblongues & étroites : les autres sont déchiquetées, lisses, fermes, armées en leurs bords de pointes jaunâtres fort aigues, vertes en-dessus, avec leurs nervures très-blanches; elles embrassent la tige par leur base : le dessous des nervures est garni de petites épines. La tige est haute de plus d'un demi-pied, branchue, & très-fournie de petites épines.

La fleur est jaune, & d'une odeur ingrate. Il lui succede un fruit épineux. Cette plante donne un suc jaunâtre, comme notre chardon bénit : ce qui a contribué à la faire appeller *Chardon bénit des Isles*.

Usages.

Sa tête & ses semences sont pectorales, anodynes, somniferes. Les feuilles, employées extérieurement, diminuent l'inflammation des yeux; consolident les plaies; & sont résolutives.

Culture.

Cette plante aime une terre légere. On l'espace à environ quatre pouces. Elle se multiplie d'elle-même par ses semences.

PAUPIERES (*Maladies des*). Consultez l'article Œuil.

PAUVRES. Ceux qui se trouvent en cet état pourront se soutenir avec une demi-livre de pain, ou une livre, sans autre nourriture; par le moyen des potages suivans.

Bouillons & potages à peu de frais, pour les Pauvres.

Moyen d'en faire cent, de trois demi-chopines de bouillon chacun, & de huit onces de pain de seigle ou de froment.

1. Prenez quatre-vingt cinq pintes d'eau, ce qui peut faire quatre bons seaux, mettez-les dans une chaudiere scellée sur un fourneau, tel que sont ceux des Teinturiers de Lyon ou des Brasseurs de bierre à Paris; c'est-à-dire, qu'il faut faire maçonner & mettre votre chaudiere ou chauderon sur un fourneau fait de pierre, &c. Prenez garde que le trou par où l'on doit mettre le bois, n'ait que quatorze pouces en hauteur au plus, sur dix de large; plus le trou où on le met est large & haut, plus il en faut. Il faudra par ce moyen les deux tiers moins de feu. Le bois qui fait un feu clair, est le meilleur : & il faut que ce bois soit mis sur une grille de fer; car s'il étoit sur les cendres & sur les carreaux, le feu venant à s'éteindre & s'étouffer, il faudroit plus de bois.

2. Mettez un gros robinet, si vous voulez, au bas de ce chaudron, pour en tirer le potage aisément & promptement.

Si l'on n'a pas la commodité de ce chaudron maçonné, rien n'empêche de faire cette sorte de bouillon dans une grande marmite, mise devant le feu, à l'ordinaire.

3. Jettez-y trois quarterons ou une livre & demie de sel, quand l'eau sera tiede.

4. Lorsqu'elle sera bien chaude, jettez-y quatre livres de farine (celle d'aveine est la meilleure) bien rôtie au four, avant que d'être moulue; ou bien quatre livres de gruau, ou d'orge mondée : cela épaissit la soupe, & lui donne bon goût.

5. Le plus qu'on y mettra d'herbes sera le mieux. On les fera cuire en la façon qui suit. Prenez cinq quarterons ou deux livres & demie de beurre salé, de graisse ou de lard; faites-les fondre dans une marmite à part, de telle grandeur que les herbes la remplissent toute : elles sont de meilleur goût, cuisent mieux & plus vîte.

6. Faites bien roussir votre beurre : il en faut moins alors, & il a meilleur goût. On fait aussi fondre la graisse, &c. on la laisse bien cuire. Le lard doit être coupé par tranches, & fondre de même que la graisse.

7. Jettez dans cette graisse, ou dans ce beurre, vos herbes peu à peu; remuez & concassez-les jusqu'à ce que le tout soit bien cuit. Il est bon d'y mettre tout ensemble de l'ozeille, de la poirée, des laitues, du cerfeuil, des chicorées; le tout en quantité proportionnée, & nettoyé, lavé, & coupé menu. On les remuera souvent, afin qu'elles cuisent également.

8. Si les herbes ne rendent pas assez de jus pour pouvoir être cuites avec si peu de beurre, ou de graisse, mettez-y de l'eau tiéde du grand chaudron, la quantité qu'il faudra.

9. Vous ferez cuire les oignons de la même maniere. Pour les choux, les navets, les porreaux, les concombres, les citrouilles, &c. les pois, les lentilles, le riz, l'aveine gruée, l'orge mondée, les féves, vous les ferez cuire aussi à part, & y mettrez d'abord de l'eau tiéde la quantité qu'il faudra, pour les tenir toujours un peu couvertes seulement.

10°. Quand vous voudrez mettre des pois ou des féves dans vos potages, prenez-en huit pintes, (ou un demi boisseau, ou trois litrons) : s'ils ne sont pas tendres, faites-les moudre après les avoir fait bien sécher au four, ils cuiront en un quart d'heure; & c'est le mieux de les faire moudre; car autrement huit pintes étant partagées en cent portions, il y en aura où il ne s'en trouvera pas. Les légumes ci-dessus, c'est-à-dire les graines, moulues, ou battues dans un mortier, (le riz même) se cuisent en un quart d'heure, comme la bouillie; au lieu qu'il faut beaucoup de tems & de façons pour les faire cuire, lorsqu'elles sont entieres.

11. Vous couperez aussi par petits morceaux, les choux, porreaux, navets, oignons, & autres légumes; afin que cela se puisse séparer plus également en cent portions.

12. Il y a des oignons doux & des aigres, de même que des pommes; les aigres donnent meilleur goût à la soupe, & il en faut moins. Un peu d'ail, de ciboules, ou d'échalottes, mêlées dans le bouillon, lui donnent un goût relevé.

13. Quand les herbes ou légumes sont cuits dans le petit chaudron, on les jette dans l'eau bouillante du grand, & on fait bouillir le tout un quart d'heure, plus ou moins jusqu'à ce que le potage soit bien assaisonné. Si on les faisoit cuire dans le grand chaudron, il faudroit une heure & demie; ce qui diminueroit le bouillon, & il faudroit plus de feu.

14. Quand on est près de tremper, on y jette une ou deux petites cuillerées de poivre : c'est-à-dire deux cueillerées à bouche.

15. On tire ce bouillon en diverses marmites, & on y jette promptement cinquante livres de pain, coupé par petits morceaux, gros comme la moitié du pouce, & non pas par petites soupes.

16. Si le pain s'émiette ou se réduit en bouillie, il est bon de ne le mettre qu'à proportion qu'on trempe le potage, pourvû qu'il soit bouillant.

17. Néanmoins plus le pain est trempé, & plus la soupe est chaude quand on la mange, plus elle fortifie, rassasie & désaltere; c'est pourquoi il sera bon, si cela se peut faire commodément, de faire bouillir le pain avec la soupe un *Miserere*.

Distribution du Potage. Il est bon d'avoir une cueiller d'une demi-chopine, & en donner trois cuillerées à dîner, & trois à souper; à chaque Pauvre au-dessus de quinze ans. Cela ne reviendra gueres qu'à deux sols par jour. Beaucoup de mendians se contenteroient à moins.

Si l'on veut rendre ce bouillon plus nourrissant, on peut y ajoûter deux cœurs de bœuf; ou un foie de bœuf, coupé & haché très-menu.

Pour faire de ces potages à un homme seul.

1. L'hiver on en peut faire pour trois ou quatre jours à la fois; il sera meilleur & de meilleur goût, étant réchauffé : il en coutera moins de tems & de bois. L'Été on en peut faire pour deux ou trois jours.

2. A raison de chaque potage de trois demi-setiers, prenez pour un sol d'herbes assorties, demi-once de beurre ou de graisse ou de lard, deux gros de sel, quatre cueillerées de farine, avec une pincée de poivre. Il faut pour cela trois chopines d'eau, qui se réduisent à moitié en bouillant. Comme la valeur des herbes n'est pas une quantité certaine, il vaut mieux se fixer à deux poignées, que l'on épluchera, lavera, & coupera menu; un ou deux oignons blancs coupés par morceaux, & le blanc de deux porreaux. Au lieu de farine on peut mettre quatre cueillerées à bouche de riz battu, de gruau, ou d'orge mondée. On fait bouillir le tout, jusqu'à ce que l'eau soit réduite à moitié.

Il y a une façon d'*assaisonner* le *Beurre*, la *Graisse*, l'*Huile* : qui fera qu'il en faudra moins, & qui donnera au potage le goût de telles herbes qu'on voudra, sans y en mettre; ce qui est commode en hiver, où on en manque souvent dans les petites Villes.

1. Au mois de Mai, ou de Septembre, qu'on fasse la provision de Beurre; qu'on le sale bien fort; qu'on prenne du thin, de la marjolaine, de la sauge, de la sarriette, de l'angélique, des ciboules, ou de l'oignon; on coupe le tout le plus menu qu'on peut, on le paîtrit bien avec le beurre en le salant. Le beurre donnera le goût de ces herbes au potage. Voilà pour les Pauvres.

2. Pour les délicats; faites à la mode de Lorraine, fondre le beurre lorsqu'il est tout frais, faites-y cuire les herbes dont on vient de parler, salez-le bien fort, quand il sera à demi-froid, & mettez-le en des pots de terre, ou des vaisseaux de bois blanc. Ce beurre après être cuit, ne devient point fort, il est bon pour les potages & fritures.

3. Prenez de la graisse de pourceau fraîchement tué, faites-la fondre, & bien cuire avec les herbes ci-dessus, salez le tout, épicez-le, & conservez-le comme le beurre. Cette graisse sert aussi pour les fritures qu'on fait à la graisse. *Voyez n. 6.*

4. Si on ne veut pas que les herbes y restent, mais seulement le goût, il faut les mettre dans un nouet de toile, & quand elles seront bien cuites les tirer, & en exprimer le jus, qu'on fera bouillir encore dans le beurre, ou la graisse, jusqu'à sa parfaite coction.

5. Pour l'huile, dans les lieux où elle est bonne, & à bon marché, on en fait du potage, qu'on assaisonne comme celui au beurre, dont j'ai parlé ci-dessus.

6. Pour *Empêcher l'Huile de devenir forte* : quand elle est nouvelle, on la fait bouillir : & aussi pour la rendre plus douce, on la fait bouillir avec un quart ou un tiers de beurre ou de graisse. On sale le tout & on l'épice, comme il est dit ci-dessus : mais la graisse de porc sera de meilleur goût, & il en faudra moins; si on y met un quart de graisse de mouton.

*Maniere dont Madame de ** faisoit les potages pour les Pauvres; & ce qu'il en coûtoit pour cent portions suivant ses imprimés.*

Ayez un demi boisseau de pois, mettez-les tremper dès la veille dans une marmite ou un chaudron, avec un seau d'eau, vous ferez un peu chauffer l'eau avant que d'y mettre tremper les pois.

Le jour de la distribution du potage, il faut faire cuire ces pois dans la même eau, & dans la même marmite.

On mettra trois autres grands seaux d'eau, chacun d'environ seize pintes mesure de Paris, dans une autre marmite ou chaudiere propre, que l'on mettra sur le feu sur un trépié.

Lorsque l'eau bouillira, on y jettera une livre & demie de sel; une livre & demie de graisse de rôti, ou de beurre aux jours maigres. On y ajoûtera beurre aux jours maigres. On y ajoûtera des choux, porreaux, navets, carotes, racines de persil, oignons : de toutes ces choses, ou seulement d'une partie, environ pour cinq ou six sous.

On laissera cuire le tout une heure & demie, ou deux heures.

Quand tout cela sera cuit, on y jettera les pois, qui sont cuits devant le même feu : on y ajoûtera environ pour deux liards de poivre, & l'on mêlera bien le tout.

Ensuite il faut couper seize livres de pain en soupe, & les mettre dans les pots des pauvres avant que d'y verser le bouillon : on mettra le bouillon par-dessus, tout bouillant. Une livre de pain sert à peu près pour six portions ; il faut que le pain soit rassis.

Il faut avoir une cueiller de mesure, qui tienne une bonne chopine.

Il faut du bois pour cinq ou six sols.

Toute cette dépense peut monter environ à 4 l. 3 f. 6 d.

Au lieu de pois on pourroit mettre trois livres de riz ; mais il le faut faire revenir dans de l'eau un peu chaude ; & le faire cuire avant que de le mettre dans la grande marmite.

En donnant aux Pauvres la nourriture corporelle, on pourroit pourvoir à la spirituelle, principalement si la distribution se peut faire à une même heure. Il faudroit leur faire lecture de la feuille de l'Exercice du Chrétien, & leur réitérer cette lecture, afin qu'ils apprennent ainsi les principes de la foi & les Prieres ordinaires des Chrétiens.

S'il se trouvoit quelqu'un qui voulût leur en expliquer quelque article, ce seroit un moyen facile de détruire l'ignorance qui regne parmi les Pauvres.

Autre bouillon pour les Pauvres, soit malades, soit en santé.

Prenez une livre de beurre, frais, ou salé ; faites-le bien roussir dans une poële ou poëlon bien écuré ; ajoûtez-y ensuite une livre de fleur de farine : remuez avec une cueiller de bois, jusqu'à ce que la farine soit bien cuite & rousse. Après quoi vous la verserez dans seize pintes d'eau bouillante. Vous ferez bouillir le tout ensemble, pendant un demi-quart d'heure ; ensuite vous l'ôterez du feu, & le garderez dans un pot de grès. Cette composition peut fournir de quoi faire plusieurs potages.

Si l'on veut n'en faire qu'un seul ; pour une personne avancée en âge, quatre gros de beurre & autant de farine suffiront : il n'en faudra que la moitié pour un enfant.

On donne de ce bouillon aux malades, de trois en trois heures, ou de quatre en quatre heures ; comme du bouillon ordinaire.

Pour les gens en santé, on fera bouillir dans les seize pintes d'eau une suffisante quantité d'oignons blancs ou d'autres légumes, racines, & herbes potageres ; on les coupera menu, pour en faciliter la cuisson ; on les laissera cuire parfaitement, avant d'y mêler la farine cuite dans le beurre : pour lors, on y ajoûtera un peu de sel & de poivre.

On peut délayer quelques jaunes d'œufs dans ce bouillon. Il est aisé d'en faire des potages mitonnés, auxquels on joindra si l'on veut un filet de vinaigre ou quelques cueillerées de vin : on versera le bouillon bien chaud sur des tranches de pain fort minces ; & on laissera mitonner.

Cette nourriture est très-convenable pour les Pauvres & pour les soldats. On peut même en donner aux enfans, au lieu de bouillie ; observant néanmoins d'en retrancher le vinaigre. (*Voyez* Régime : pour plus grande commodité, on y a décrit & dosé toute la préparation *pour les enfans des Pauvres.*) Les Communautés indigentes peuvent s'en servir en Carême, & les autres jours maigres.

Il faut avoir soin de préparer ce bouillon tous les jours en Eté, & tous les deux jours seulement en hiver.

Chaque fois qu'on en voudra donner, on le remuera avec la cueiller à pot ; pour y mêler une bouillie qui se dépose au fond.

Autres Potages d'Orge Mondée ; de Froment grué ; de Feves ; de Pois ; de Blé de Turquie ; de Riz, de Millet.

Toutes ces sortes de potages nourrissent beaucoup. Il y a un ménage considérable à s'en servir, il n'y faut point de pain, & il n'en coute que quatre ou six deniers pour chaque potage.

Potage de Millet.

La livre de millet vaut environ deux sols six deniers ; & cette livre peut faire six écuellées. Il est à remarquer que ce potage remplit l'estomac, mais il ne nourrit pas comme les autres ; cependant un Conseiller de Lyon ne donnoit pas d'autre nourriture pour soutenir tous les Pauvres de ses terres, & il y trouvoit bien son compte.

On doit faire secher ce grain avant que de le faire gruer, & quand on le grue on n'y met point d'eau, non plus qu'aux feves dont je parlerai ci-après : ce qu'il y a de bon & de commode dans ce potage, c'est qu'il foisonne extraordinairement, & qu'il ne faut qu'un moment pour le faire cuire.

Potage de Blé de Turquie.

On ne grue point ce blé, mais il faut qu'il soit mis en farine par le moyen des moulins à eau ou des moulins à vent, puis on vane bien la paille & la poussiere : on en doit ôter soigneusement le son. La livre coute environ un sol neuf deniers ; cette livre fera dix écuellées de potage.

Le blé de Turquie en farine, & celle de millet, jointes ensemble, font bien. Le potage de bled de Turquie sans millet, paroît trop fort.

Potage de Riz.

Il y a des endroits où la livre de ce grain coute trois sols six deniers ; elle fera huit potages : ces potages sont bons, délicats, & bien nourrissans : c'est un ménage que de le faire mettre en farine, il ne faut qu'un moment pour le cuire. [Le riz n'est pas à aussi bon marché par-tout. Moulu, il coute communément à Paris dix sols la livre ; & huit sols en grain.]

M. Duhamel du Monceau, toujours occupé des vûes réellement utiles, a publié à Paris en 1759, chez Guerin & Delatour, un Volume *in-12* intitulé *Moyens de conserver la santé aux Equipages des Vaisseaux* : où il conseille l'usage du riz. » Dans

» certaines années de disette, on a distribué (dit-il, » page 152 & suivantes) dans les Campagnes, du » riz qui a été presque perdu, par la raison que les » Paysans qui ne sçavoient pas faire crever à pro- » pos ce mets, ni l'assaisonner convenablement, ne » pouvoient le manger ainsi mal apprêté. Mais » dans les endroits où les Seigneurs se donnoient la » peine de le faire apprêter avec soin, les Pau- » vres s'en accommodoient très-bien. Voici com- » ment nous avons fait préparer le riz, dans ces » tems de calamité. On faisoit bouillir long-tems » dans une grande chaudiere, des têtes, des pieds, » des cœurs de bœuf, coupés par morceaux, avec » les os concassés : on mettoit cuire en même-tems » dans le bouillon, de tous les légumes qui se » trouvoient alors dans le potager; comme radis, » grosses raves, porreaux, choux, &c. Pendant » ce tems on faisoit crever le riz, à petit feu, » dans un pot séparé; & lorsqu'il étoit suffisam- » ment crevé, on le versoit dans la chaudiere avec » du sel, du piment, du laurier. Nos Paysans trou- » voient cette soupe excellente. D'abord, quoiqu'ils » en mangeassent à leur appétit, ils craignoient de » n'être pas assez nourris; parce qu'ils ne sentoient » pas leur estomac chargé. Mais ils firent eux-mê- » mes l'observation que, quand dans les jours mai- » gres ils n'usoient que de feves & de pois, ils » avoient l'estomac très-gonflé, & néanmoins ne » pouvoient ces jours-là se passer de souper; au » lieu qu'ils alloient se coucher sans songer à sou- » per, les jours où on leur donnoit le riz.

» Je suis donc persuadé (ajoûte ce zélé Inspec- » teur Général de la Marine) que, si l'on faisoit » cuire dans une chaudiere, des choux salés & » des racines, de l'oignon, des échalotes, de l'ail, » &c. & qu'après avoir fait crever le riz à part, » & à petit feu, on le mît dans la chaudiere avec » quelques morceaux de viande salée, & des assai- » sonnemens de peu de valeur, tels que des feuil- » les de laurier, du gingembre, de la pyrethre, du » piment confit au vinaigre, des feuilles d'ache » desséchées; on feroit une très-bonne soupe, dont » les *Equipages* s'accommoderoient mieux que de » celle qu'on leur présente ordinairement, & » qu'elle seroit beaucoup plus saine. Comme il faut » quelque tems pour s'accoutumer aux alimens ex- » traordinaires, & que j'ai vû des Paysans qui, » dans les commencemens, ne mangeoient leur riz » qu'avec répugnance, mais qui bientôt en deve- » noient très-friands, j'aurois l'attention de n'en » donner d'abord qne de fois à autres; & je ren- » drois les rations de riz plus fréquentes à me- » sure qu'ils y prendroient goût. &c.

Potage de Feves.

Il est bon de les faire gruer, il n'est pas pourtant nécessaire de les mettre en farine, à moins que ce ne soit pour lier & épaissir les potages.

Les feves noires, vieilles & dures, sont les meilleures pour être gruées; s'il y avoit des pois parmi, il faudroit les ôter par le moyen du crible.

Avant de faire gruer les feves, ou même de les faire moudre, il faut les mettre dans la chambre chaude du four pendant six jours. Quand on les veut faire moudre, il ne faut point les bassiner d'eau; autrement elles s'aplatiroient entiérement sous la meule. Les feves rondes sont les meilleures, à quelque usage qu'on les mette. Un bichet & demi de feves sera mis en trois fois sur la meule. Au bout d'un demi-quart d'heure, il est tems de commencer à les cribler, de crainte qu'elles ne se mettent en farine; on les crible pour ôter la pelure, ou pellicule. Après les avoir criblées, on met celles qui sont cassées ou brisées dans une berme ou autre vaisseau; & celles qui se trouvent entieres sont remises sur la pierre, jusqu'à ce que toutes soient brisées & rompues. Une écuellée de feves qui, avant d'être gruée, pese ordinairement une livre, étant gruée fera cinq gros potages; outre cela, elle fera une plus belle purée, & il faudra moins de tems pour les faire cuire.

Froment Grué pour des potages.

Ces potages sont plus nourrissans que tous les autres, & sont presque aussi délicats que ceux de riz; il ne faut qu'un moment pour les faire cuire: il y faut un peu de lait non écrêmé: on en connoîtra le ménage & l'œconomie par le poids du bled & son prix; par exemple, si le bichet de bled vaut soixante sols, le bichet pese soixante livres, c'est un sol la livre de bled; si la livre de pain vaut un sol, il en faut deux livres au moins pour nourrir une personne: une livre de froment grué fera cinq bons potages, & il n'en faudra que deux pour nourrir une personne, il s'en trouvera même plusieurs qui se contenteront d'un seul.

Pour faire ces potages il faut faire tremper le bled grué comme l'orge, c'est-à-dire qu'il faut le faire mettre dans de l'eau qui bouillira, ou sera prête à bouillir: par exemple, si je veux avoir douze potages, je mets deux pintes d'eau dans un pot, je fais chauffer l'eau jusqu'à ce qu'elle soit prête à bouillir, & pour lors je jette deux livres d'orge, ou de bled, dans cette eau chaude, ensuite mettant le pot sur des cendres chaudes pour y tremper toute la nuit; le lendemain lorsqu'on veut le manger, on fait cuire le bled pendant un quart d'heure; lorsqu'il est grossi, & qu'il ne paroît point d'eau on le croît, c'est-à-dire, qu'on y ajoûte de l'eau, & on continue à le faire cuire; on y met un peu de lait & un peu de sel, quand on est prêt de s'en servir.

Pour gruer le bled; si on n'a point de moulins à gruer, on peut se servir de moulins à huile, qui sont aussi très-propres pour cet usage; pourvu qu'après avoir ôté l'huile, on nettoye bien la meule, en passant du son par-dessus. Quand on n'a point de ces moulins, il faut se servir de quelque autre expédient.

Pour gruer un bichet & demi, c'est-à-dire, quatre-vingt-dix livres, un pot ou une pinte d'eau suffit: cette eau étant jettée sur le bled qui est sur la meule, le cheval tournera la roue environ une demi-heure, pour ôter la premiere pellicule de ce bled. On ôtera ensuite le bled de dessus la meule pour le vaner, puis on le remettra sur la meule encore une demi-heure, après quoi on le vanera; ces deux façons suffisent pour que le bled soit assez grué.

On le mettra ensuite à l'air sur des ais, comme sur un ciel de lit, ou autre lieu sec, où les chats & autres bêtes ne le puissent salir. En hiver il ne se gâte jamais en quelque lieu qu'on le puisse mettre.

On se souviendra que dans toutes sortes de grains qu'on fait gruer, toutes les fois que le cheval tourne, il faut qu'une personne suive le cheval, & remette sous la roue le grain, qui en a été écarté.

Potage d'Orge.

Avant que de faire cuire l'orge, il faut dès le soir auparavant faire chauffer l'eau, en mettre moins qu'il n'en faut pour les potages, mais toujours il en faut suffisamment pour le faire tremper.

Quand l'eau est presque bouillante ou au moins tiede, vous y mettrez votre orge, c'est-à-dire une livre pour six personnes, quatre livres pour vingt-huit ou trente personnes.

Une écuelle d'étain de grandeur raisonnable en tient pour l'ordinaire, une livre.

Il faut laisser ce grain tremper pendant la nuit dans l'eau tiede qu'on laisse sur les cendres chaudes: on y met dès le soir ou le matin le beurre qu'on juge à propos: pour une livre, on en met gros comme une noix, cela suffit.

Le sel ne se met que quand on veut servir, & il doit être pilé bien menu, parce qu'il ne fondroit pas facilement; si on le met en un autre tems, il fait tenir l'orge au pot: le matin sur les six heures, ou plus tôt, on fait du feu pour la cuire, on la remue souvent sur-tout quand on voit que le tout s'épaissit; & alors on y ajoûte de l'eau de tems en tems; si elle est chaude, il en sera meilleur; mais si on n'y prend garde, & qu'on n'ait pas le soin de remuer l'orge, elle brûlera & tiendra au pot. Il faut qu'elle cuise cinq ou six heures. Si on est pressé, le grain pourra être cuit plus tôt en faisant bon feu; mais pour lors il faut être bien soigneux de le tourner.

Il est à remarquer que dans tous les potages d'orge, de bled, de riz, de feves, &c. Il faut avoir un grand soin de remuer toujours le bas de la marmite: si on en fait une quantité dans un grand vaisseau, on doit se servir de quelque pele de fer qui soit même aiguisée, & racler toujours le fond de la chaudiere; car quand il n'y auroit que dix ou douze grains attachés à cette chaudiere, ils en feront attacher deux ou trois pouces d'épaisseur, si on a négligé de tourner & remuer le bas de ce vaisseau.

Ceux qui veulent que le grain soit cuit en peu de tems, doivent le faire gruer bien menu. Vous connoîtrez qu'il est cuit, lorsqu'il sera comme fondu, & qu'il ne sera plus entier, ni dur.

Quand il est cuit, si on veut on y met un peu de lait, & en ce cas-là il n'est pas nécessaire d'y avoir mis du beurre.

Ces potages ne sont pas pour les Pauvres seulement, les personnes riches & considérables s'en servent beaucoup.

Il n'y faut point de pain non plus que dans ceux de bled, de feves, de riz, &c.

Voyez Régime *de vivre pour les Pauvres.* Boisson. Tisanne *pour les Pauvres.* Thériaque *Diatessaron.* Thériaque *des Paysans.*

Parfum des Pauvres.

Voyez ce titre, dans l'article Parfum.

PAY

PAYER. *Voyez* Nantir.

PAYS *de Bocages.* Voyez Bocage.

PAYSAGE. *Consultez* l'article Mignature.

PAYSAN. *Voyez* Villain.

PEA

PEA. *Voyez* Pois.

Painted Lady Pea. *Voyez* Gesse, *n.* 3.

PEACH *Tree.* Voyez Pêcher.

PEAGE: *Terme de Coutume.* C'est un Droit Seigneurial, qui se prend sur le bétail ou sur la marchandise qui passe. Les Enfans de France & les Princes du Sang sont exempts du Péage. On ne peut imposer aucun Péage sans la permission du Roi. Voyez Ragueau, *des Droits Royaux;* & Le Maître, *sur les Arrêts portans suppression de Péage.* Ce droit se prend aussi sur les personnes & les voitures qui passent par certains endroits. Il se leve ordinairement pour la réparation des ponts & chaussées, des bacs de passage, & du pavé des Villes. En quelques lieux les droits de Péage sont du domaine du Roi; en d'autres, ils appartiennent aux Villes ou aux Seigneurs. En quelques Provinces, ce sont des droits de Coutume; en d'autres, des droits de Prévôté. Sur quelques frontieres on les nomme *Droits de Visite; de Travers;* ou *de Traverse:* ce qui se fait souvent en tems suspect, pour avoir un prétexte d'examiner les allans & venans. On appelle *Péages* ou *Payages*, les droits qui se levent, soit pour le Roi, soit pour les propriétaires des canaux, aux passages des écluses qui y sont établies: comme au Canal pour la jonction des deux Mers; au Canal de Briare; à celui de Montargis, &c.

On donne aux droits locaux des noms différens, suivant la différence des passages où ils sont dûs & où ils se perçoivent. A l'entrée des bourgs fermés & des Villes, on appelle ces droits *Barrage;* à cause des barrieres qui s'ouvrent & se ferment pour arrêter ou laisser passer les voituriers: aux passages des ponts, on les appelle *Pontenage:* aux passages qui sont en pleine campagne, on les appelle *Billette*, & *Branchiere; Billette*, à cause du billot de bois qui marque l'endroit du Péage; & *Branchiere*, parce que ce billot est attaché à quelque branche d'arbre.

Ordonnances sur le fait des Péages.

En 1662. Déclaration du Roi, portant que tous les droits de Péage & de traverse, tant par eau que par terre, concédés à tems, demeureroient pleinement éteints & supprimés après le tems porté par les concessions; voulant qu'il fût procédé extraordinairement contre ceux qui continueroient la levée desdits droits après ledit tems: donnée le 6 Mai, registrée le 10 Juin. Il paroît par cette Déclaration, que les Péages à tems ne passent pas ordinairement le tems préfix, quoique souvent de nouveaux cas les fassent prolonger, & même augmenter.

Déclaration du Roi, portant réglement pour la levée des droits de Péages tant par eau que par terre, dans tout le Royaume; & pour arrêter les abus qui s'y étoient commis jusqu'alors: contenant quatorze articles, qu'il seroit trop long de rapporter ici. Elle fut donnée le dernier Janvier 1663, registrée le 19 Février suivant. Vous pouvez voir cette Ordonnance contre les abus, dans le neuvieme Volume des *Ordonnances de Louis XIV. fol.* 240.

En 1664 le Roi donna un Édit sur les droits des mêmes Péages: on le voit dans le même Recueil, sous ce titre: *Édit du Roi, portant réglement général pour les Eaux & Forêts*, contenant trente-deux titres, entre autres, sur les droits de Péages, passage, traverse, &c. donné à Saint-Germain-en-Laye au mois d'Août, registré au Parlement de Paris le 13 dudit mois.

Dans le Recueil de Viret Imprimeur à Rouen, de l'année 1683; on trouve, page 291, une Déclaration du Roi portant autre réglement général pour les Péages qui se levoient tant par eau que par terre, contenant quatorze articles, donnée à Paris le dernier Novembre 1670, registrée au Parlement de Rouen le 10 Mars 1671.

En 1680. Ordonnance de Louis XIV. sur le fait des Gabelles, contenant vingt articles, Titr. 12. *Des Péages & autres droits prétendus sur le sel:* faite à S. Germain-en-Laye, au mois de Mai, registrée en la Cour des Aides le 11 dudit mois.

Lorsque les Péages sont augmentés, doublés, quadruplés, par les Edits & Déclarations du Roi ou des Arrêts du Conseil, cette augmentation est censée ne regarder que ceux qui sont du domaine de Sa Majesté, ou qui tournent à son profit. C'est de ce doublement qu'il est parlé dans la *Déclaration du Roi* en 1711, portant reglement pour la levée des droits de Péages par doublement, établie par celles des 29 Décembre 1708, & 30 Avril 1709, pour cinq ans trois mois, à commencer après l'expiration des sept années portées par lesdites Déclarations: elle fut donnée à Versailles le 15 Décembre 1711.

En 1714 il y eut un Édit du Roi, portant suppression du doublement des Péages & autres droits, donné à Versailles au mois d'Août, registré le premier Septembre suivant.

Quelquefois on supprime ou l'on modere les droits des Péages, pour attirer abondance de bleds étrangers, quand on prévoit qu'on en aura besoin. Ainsi en 1686 fut donné un Arrêt du Conseil d'Etat, qui déchargea les bleds, fromens, méteils, & autres grains, qui descendroient sur les rivieres de Saone & du Rhône, jusqu'au 1 Avril 1687, de la moitié des droits & Péages qui se levoient sur les mêmes rivieres: fait au Conseil le 7 Octobre 1686.

PÉAGER. Fermier du péage; ou le Commis établi pour exiger & faire payer le droit ou péage. Les Péagers sont obligés de faire mettre des billettes de bois en des lieux apparens près de leurs Bureaux, pour marquer, que le droit est dû; & des tableaux ou pancartes contenant le tarif du droit. Et comme il y a d'autres personnes que les susdits Commis qui ont rapport aux droits de Péage, le Roi Louis XIV. a donné des reglemens pour ces Officiers & autres ayant maniement desdits droits.

En 1668 il y eut un Arrêt du Conseil d'État, portant que les détenteurs des droits de péage, passages sur les rivieres, qui étoient ou leurs enfans, en possession au-delà de cent années, payeroient le vingtieme denier du revenu, pour être maintenus en la jouissance d'iceux: fait au Conseil le 12 Mars.

En la même année, Déclaration du Roi, portant, que les possesseurs & détenteurs des droits de péage, passages sur les rivieres navigables & autres y affluentes du Royaume, qui en étoient, ou leurs auteurs, en possession au-delà de cent années, payeroient annuellement le vingtieme denier du revenu, pour être confirmés & maintenus à perpétuité, en la jouissance d'iceux: donnée à Saint-Germain-en-Laye au mois d'Avril.

En 1683 Déclaration du Roi, portant confirmation en la propriété, possession & jouissance des droits des péages, passages des rivieres navigables du Royaume, en faveur des propriétaires d'iceux, qui rapporteroient titres autentiques faits avant l'année 1566, moyennant finance, donnée à Versailles en Avril, registrée au Parlement le 21, & en la Chambre des Comptes le 28 Mai suivant.

En 1712, Déclaration du Roi, portant prérogative de neuf mois de délai accordé par ci-devant aux Adjudicataires du doublement des droits de péage & autres portés par les précédentes Déclarations: celle-ci fut donnée à Versailles le 22 Mars, registrée le 20 Avril suivant.

Voyez PÉAGE.

PEAU *des Fruits*. C'est la superficie qui enveloppe la chair de ces fruits. Les uns l'ont plus douce; les autres, plus rude. Il y en a dont elle est lisse; comme les cerises, les prunes, les pêches violettes, les pêches cerises, les brugnons: dans d'autres elle est un peu velue; comme toutes les autres pêches, les coings; &c. Tantôt elle est moëlleuse & douce au toucher, comme dans les pêches mûres; tantôt elle est plus ferme comme celle des pêches qui ne sont pas encore mûres, & des pavies.

PEAU *du Corps humain*. Notre Peau est extérieurement percée d'une infinité de petits trous, nommés pores; qui paroissent être des extrêmités de vaisseaux lymphatiques artériels.

Il s'échappe continuellement par ces pores une humeur, sous la forme de vapeur imperceptible: c'est l'insensible transpiration. Si cette évacuation devient sensible, au point de former des gouttes & de petits ruisseaux à la surface de la Peau; on l'appelle *Sueur*.

La matiere de la transpiration & de la sueur, est la sérosité du sang, chargée des parties les plus ténues & les plus broyées du sang & de la lymphe.

Cette sérosité est nécessaire pour entretenir la fluidité des humeurs: & il est important qu'elle ne se dissipe pas avec excès. Mais si le corps ne transpire pas, la Peau devient aride; elle perd sa souplesse: les vaisseaux cutanés sont obstrués: la circulation devient difficile dans les vaisseaux capillaires: il y a péthore. *Voyez* OBSTRUCTION.

Un homme sain doit donc nécessairement transpirer. Mais il ne sue qu'à l'occasion de quelque dérangement. Car la sueur dénote, ou la dissolution des fluides, ou trop d'action & d'oscillation dans les solides, qui donnent lieu à l'expression de ce qu'il y a de plus fluide dans la masse du sang.

La transpiration insensible fait la plus considérable évacuation du corps humain. Les expériences de Sanctorius, de M. Dodart, &c. le prouvent incontestablement. On ne doit pas même en être surpris, lorsque l'on considere l'étendue de l'organe des sécrétions, le prodigieux nombre des vaisseaux qui vont se perdre à la Peau; & que de la surface interne de la trachée-artere, des bronches, & des vésicules du poumon, il suinte continuellement une humeur, que l'air en sortant du poumon entraîne avec lui.

Puisque cette évacuation est si grande, on conçoit aisément combien il importe à la santé, qu'elle ne soit pas supprimée, & de quelle conséquence il est de la rétablir. Pour que la transpiration se fasse: il faut que les pores de la Peau soient ouverts; qu'il y ait dans le sang la matiere qui doit fournir à cette évacuation; que cette matiere puisse s'en dégager aisément; enfin que l'action des solides soit en état de la préparer, & de la porter jusques dans les plus petits vaisseaux cutanés. Lorsque la sérosité qui fait la matiere de la transpiration est trop abondante, que par la dissolution elle s'en sépare trop aisément, & que l'oscillation des solides est trop vive; cette matiere doit s'échapper de toutes parts, & produire une sueur abondante. Au contraire, lorsque les vaisseaux de la Peau sont obstrués, que le tissu en est trop serré, que le sang est fort épais & ses parties trop grossieres, & que ses fibres manquent de ressort pour donner assez de mouvement aux fluides; il ne se fait aucune évacuation par la Peau. Ainsi les sudorifiques & diaphorétiques ne doivent produire leurs effets qu'autant que le tissu de la peau se prête, & que ses pores se dilatent. Et il est nécessaire que les parties actives des sudorifiques divisent le sang, dégagent la sérosité, atténuent la limphe, augmentent l'action des solides, & hâtent la circulation.

Voyez VISAGE. TEIN. ONGUENT *Citreum*. ONGUENT *Napolitain*. TRANSPIRATION. SUDORIFIQUE. DIAPHORÉTIQUE. HUMEURS *Cutanées*, NETTOYER *la peau*.

PEAU *luisante* : maladie des vers à soye. *Consultez* l'article VERS A SOYE.

PEAU *des bêtes*. Voyez ÂNE, BŒUF. MUCILAGE, page 610. ANGUILLE. MOUTON. CHEVROTIN.

Passer en Chamois les Peaux de Chevres, & autres.

Il faut les mettre tremper dans l'eau, un jour ou deux; ensuite les laver, & les rendre bien nettes. Après cela vous mettez de l'eau & de la chaux dans une cuve; il faut un seau d'eau sur quatre livres de chaux : quand l'eau est refroidie, vous y mettez les Peaux une à une, & vous les y laissez pendant trois jours. Avant que de les y mettre, il faut bien mêler & brouiller la chaux avec l'eau. Le troisieme jour vous tirerez les Peaux de la cuve, & les laisserez égoutter, ayant soin de recevoir dans quelque vaisseau l'eau qui en dégouttera, afin de la remettre avec l'autre dans la cuve. Les Peaux étant bien égouttées, vous les y ferez encore tremper pendant cinq ou six jours, ou jusqu'à ce que le poil tombe ou puisse se détacher facilement.

Alors vous les pelerez sur le chevalet, avec le dos du couteau : puis ayant encore brouillé l'eau & la chaux, vous y remettrez les Peaux, & les y laisserez pendant trois jours : après quoi vous les retirerez par les oreilles & par les jambes; & les accrocherez de même. Les ayant secouées dessus & dessous, vous les laverez bien dans l'eau fraîche, & en mettrez ensuite sur le chevalet, le côté du poil de dessus; pour achever de les peler, avec une côte de bœuf, plutôt qu'avec le dos du couteau, de peur de les déchirer. D'autres se servent d'un couteau qui ne coupe pas par le milieu, mais dont les extrémités sont tranchantes & propres à couper les parties les plus dures de l'épiderme, quand cela est nécessaire. Cela fait vous aurez une cuve toute prête, dans laquelle vous détremperez du son de froment, avec l'eau de chaux qui a découlé des Peaux; faisant ce mêlange de maniere qu'il soit épais à-peu-près comme le moût de raisin nouvellement foulé. Vous mettrez les Peaux dans cette cuve, & les y laisserez pendant vingt-quatre heures; puis vous les retirerez, les laisserez égoutter, & les laverez plusieurs fois dans l'eau qui en a dégoutté. Ensuite vous les foulerez avec les pieds, & les paîtrirez bien; ayant soin de les laver dans de l'eau claire, à chaque fois : laquelle vous ferez sortir en les pressant bien; & continuerez ainsi, jusqu'à ce qu'elle en sorte claire. Ensuite vous mettrez de l'eau dans une chaudiere, ou chaudron, autant qu'il en faut pour couvrir les Peaux; il faudra peser cette eau, & sur chaque livre, y mettre une once de sel commun, & deux onces d'alun de roche; vous la ferez chauffer pour fondre les sels; après quoi vous la retirerez, & quand elle sera tiede vous la mettrez dans une cuve, & étendrez les Peaux l'une après l'autre pour les y laisser tremper pendant vingt-quatre heures. Après cela vous les retirerez : & les laisserez sécher à l'ombre, si c'est en été; & au soleil, si c'est en hiver. Quand elles seront à moitié séches, vous les détirerez de tous côtés, afin qu'elles soient bien étendues. Ensuite prenez l'eau qui en aura dégoutté ci-devant, pesez-la; & sur chaque livre ajoûtez une once d'huile; faites chauffer ce mêlange, & l'ayant retiré aussi-tôt, délayez-y environ gros comme une noix de levain, pour chaque livre d'eau, avec autant de fleur de farine ou un peu plus, ensorte que le mêlange soit épais comme un bouillon aux œufs. Laissez-le ainsi environ une heure de tems : puis ajoûtez-y le reste de l'eau un peu tiede; & pour chaque livre d'eau, une demi-once de farine & un œuf : mouvez bien, & étendez les Peaux dedans, en les y maniant, & foulant bien; & afin que l'apprêt les pénetre encore mieux, laissez-les deux jours en cet état.

Ensuite retirez-les; & les étendant de la maniere que nous avons marquée ci-dessus, laissez-les bien sécher. Quand elles seront séches, trempez-les dans une tinette ou cuve pleine d'eau claire; lavez-les bien. Ensuite étendez-les sur une table humide; maniez-les bien; & les étendez encore pendant une heure; enfin frottez-les bien, & les corroyez. De cette maniere vos Peaux seront parfaitement passées en chamois.

Au reste nous invitons à prendre des instructions plus détaillées, dans l'*Art du Chamoiseur*, que M. de la Lande a publié en 1763, comme faisant partie des Arts que traite l'Académie des Sciences de Paris.

On dit avoir reconnu que la cervelle de chaque animal suffit pour passer sa *Peau en Blanc*.* Le Page, *Histoire de la Louis.* Tome II. page 169.

Secret des Maroquiniers pour Teindre en Noir les Peaux passées en chamois.

Faites bouillir quatre onces de noix de galle écrasées & pilées, dans trois chopines d'eau de feuilles de figuier, ou de noyer, jusqu'à la diminution du tiers. Alors retirez le vaisseau du feu; laissez reposer la liqueur; ensuite prenez-en ce qu'il faudra, pour donner une premiere couche à la Peau, étendue pour cela sur une table : n'épargnez point la liqueur; donnez-en avec la brosse autant que la Peau en pourra recevoir. Vous la laisserez sécher; puis vous la manierez, & frotterez bien. Ensuite vous mêlerez deux onces de vitriol romain dans le marc de la couleur, qu'il faudra faire chauffer auparavant; vous en donnerez une couche à la Peau, que vous laisserez ensuite sécher; l'ayant maniée & frottée bien rudement, vous lui donnerez la même façon à quatre reprises diffétentes; & quand elle sera teinte, séche, & bien frottée pour la derniere fois, vous la frotterez avec un mêlange composé de quantités égales d'huile d'olives, & de lessive commune, battues ensemble : ce qui donnera une couleur vive à la Peau. Enfin vous la laisserez sécher; puis vous la frotterez & la manierez en tout sens autant qu'il vous sera possible.

Mêlange des différentes Couleurs pour Teindre les Peaux.

Pour la Couleur d'Or, mêlez beaucoup de jaune, avec un peu de rouge.

Pour la Couleur de Paille; beaucoup de jaune, fort peu de rouge & de blanc, & beaucoup de gomme.

Pour la Couleur de Bois, beaucoup de jaune, un peu de blanc, peu de terre d'ombre; & la moitié autant de rouge que de jaune.

Pour la Couleur de Chair; un peu de jaune, un peu plus de rouge que de jaune, & un peu de blanc.

Pour la Couleur d'Ambre, beaucoup de jaune, peu de rouge, & un peu de blanc.

Pour la Couleur de Noisette, beaucoup de terre d'ombre brûlée, fort peu de rouge, un peu de blanc, & de jaune.

Pour la Couleur de Noisette plus Brune, beaucoup de terre d'ombre brûlée, un peu de jaune, & de rouge, & un peu de pierre noire.

Pour la Couleur de Noisette Claire, terre d'ombre brûlée, presqu'autant de jaune, un peu de rouge, & de blanc.

Pour l'Isabelle Pâle, beaucoup de blanc, la moitié autant de rouge, & la moitié d'autant de jaune.

Pour l'*Isabelle vif*, beaucoup de blanc, la moitié d'autant de jaune, & la moitié d'autant de rouge.

Pour la Couleur de Frangipane, peu de terre d'ombre, deux fois autant de rouge, & trois foi autant de jaune.

Pour la Frangipane Claire, beaucoup de jaune, presque autant de rouge, peu de blanc, & peu de terre d'ombre.

Pour la Couleur de Musc, terre d'ombre brûlée, très-peu de pierre noire, un peu de blanc & de rouge.

Pour la Couleur Brune, terre d'ombre brûlée, beaucoup de pierre noire, un peu de noir.

Pour le Brun Clair, terre d'ombre brûlée, un peu de rouge, & un peu de noir.

Pour la Couleur d'Olive; terre d'ombre non brûlée, peu de jaune, le quart de rouge & de jaune.

Pour teindre ainsi des Peaux qui doivent être parfumées, il faut broyer les couleurs avec de l'huile parfumée d'eau de fleurs de jasmin, ou d'orange; & après les avoir rangées, sur un coin du marbre, vous broyerez autant de gomme adraganth, que vous aurez de couleurs, en la détrempant d'eau de jasmin, ou d'orange. Ensuite vous broyerez les couleurs avec la gomme; & les mêlerez bien ensemble; puis vous mettrez cette pâte dans une terrine, versant autant d'eau qu'il en faudra pour la détremper. Etant suffisamment délayée, vous en chargerez vos Peaux, avec un gros pinceau à poil, ou avec la brosse; puis vous les mettrez à l'air, pour les faire sécher. Quand elles seront séches vous les frotterez bien. Ensuite vous les chargerez une seconde fois de la même couleur mêlée de gomme adraganth; puis vous les ferez sécher, les frotterez, & les dresserez de la maniere que vous le jugerez à propos. On peut Teindre les Gants, de la même maniere : & l'on se sert d'un petit bâton pour les frotter, & les dresser.

Faire des Taches Noires sur des Peaux blanches.

Voyez dans l'article TACHE.

PEC

PEC (*Harang*). *Voyez* sous le mot HARANG.

PECE ou *Pessé*. Consultez l'article SAPIN.

PÊCHER. Prendre du poisson. *Voyez* POISSON. APPAS. ANGUILLE. FILET. CARRELET. ÉTANG. BARBEAU. ANCHOIS. BROCHET. CARPE. CHABOT. ÉCREVISSE. GOUJON. GRENOUILLE. PERCHE. SAUMON.

PÊCHER: en Latin *Persica; Malus Persicus: Peach Tree*, en Anglois. Genre de Plantes, dont la fleur a un calyce d'une seule piece, formé en godet, divisé par les bords en cinq parties arrondies. Ce calyce tombe avant la maturité du fruit. Il soutient cinq pétales arrondis en ovale, plus ou moins considérables, un peu creusés en cuilleron, & disposés en rose. Au milieu de la fleur sont une trentaine d'étamines assez longues, qui partent du calyce, & dont les sommets sont faits en olives. Elles environnent un embryon arrondi, surmonté d'un style assez long, & d'un stigmate en forme de trompe. L'embryon devient un fruit charnu, succulent, divisé sur sa longueur par une gouttiere, & terminé par une éminence charnue : dans l'intérieur de ce fruit est un noyau rustiqué (gravé de profonds sillons); qui contient une amande composée de deux lobes.

La plûpart des Pêches ont leur peau velue. Celles qu'on nomme PÊCHES-VIOLETTES sont très-lisses.

Il y a des Pêches velues qui quittent le noyau; & d'autres, dont le noyau est adhérent à la chair: celles-ci se nomment *Pavies*. On voit aussi des Pêches violettes, qui quittent le noyau : d'autres, qui ne le quittent pas, sont appellées *Brugnons*.

M. Linnæus ne fait qu'un seul genre du Pêcher & de l'amandier. Ils confinent réellement beaucoup. *Voyez* AMANDIER. D'ailleurs certaine espece de Pêcher a les feuilles unies, d'un verd blanchâtre, & presque semblables à celles de l'amandier; ses fleurs, aussi grandes que celles de l'amandier, & d'un rouge très-pâle : le noyau du fruit n'est pas silloné, mais uni & percé de plusieurs trous : enfin il y a des amandes douces, au lieu que toutes celles des Pêchers sont ameres : ces mêmes fruits sont quelquefois peu charnus, & presque secs; d'autres fois, gros, succulens, d'une amertume désagréable, mais bons à faire des compotes. En un mot, ces fruits qu'on nomme PÊCHE-AMANDES sont un composé des qualités de ces deux genres. Il est vraisemblable qu'ils proviennent originairement d'Amandier fécondé par Pêcher.

Les feuilles du Pêcher se terminent en pointe; sont longues, entieres, placées alternativement sur les branches; pour l'ordinaire, plus ou moins profondément dentelées; & la plûpart plissées vers l'arrête du milieu.

Especes ou Variétés.

1. *Persica molli carne, & vulgaris; viridis &*

alba. C. B. La Pêche *de vigne*; nommée à Paris, Pêche *de Corbeil*. Le dehors & le dedans du fruit sont d'un verd blanchâtre : ce fruit est d'un très-bon goût. Il y en a qui *fleurit double*; mais qui n'est qu'une curiosité : le fruit étant médiocrement bon.

2. Mr. Duhamel indique une espece dont les fleurs, le fruit, la chair, les feuilles, & le bois de l'arbre sont *blancs*. Tr. des Arbr. & Arbust.

3. Cet habile observateur avertit que le *Persica Africana nana*, *flore incarnato*. Inst. R. Herb. & H. L. B. » semble devoir être rapporté au genre des » Pruniers; attendu que ses feuilles sortent du » bouton, roulées l'une dans l'autre, au lieu d'être » l'une à côté de l'autre, comme le sont en gé- » néral celles du Pêcher.

4. *Persica præcoci fructu*, *Præcoqua dicta*. Inst. R. Herb. L'*Avant-Pêche Blanche*. Ses fleurs sont grandes : & son fruit, petit, longuet, & abondant, ne prend point de rouge. On l'estime à cause de sa primeur : on le mange au commencement de Juillet, il est un peu musqué; & lorsqu'il est de bonne espece, son eau est sucrée. L'arbre ne devient pas plus considérable qu'un chou : & dans le tems de sa fleur, il fait un très-joli bouquet.

5. L'*Avant-Pêche de Troye*, qu'on nomme aussi *Avant-Pêche Rouge*, est un peu ronde, d'un rouge vif, d'un goût relevé & musqué, mûre à la fin de Juillet, plus grosse que le *n.* 4. Ses fleurs sont assez grandes.

6. La *Double de Troyes* : *Petite Mignonne*; *Madeleine rouge*; la *Paysane*; ou *Pêche de Saint Jean*. Son fruit, assez ressemblant à l'abricot, est arrondi, un peu plat, de médiocre grosseur, d'un goût semblable à celui du *n.* 5, mûr à la fin de Juillet & au commencement d'Août dans le climat de Paris : il prend beaucoup de rouge.

7. L'*Avant-Pêche jaune*; *Alberge jaune*; ou *Petite Alberge*. Voyez ALBERGE.

8. *Madeleine Blanche*. Cette Pêche, qui mûrit au commencement d'Août dans le climat de Paris, est ronde, d'une bonne grosseur, presque point rouge. Son eau est sucrée & vineuse. Son noyau est petit. L'arbre donne de grandes fleurs : & la moëlle de son bois est noirâtre.

9. La *Pourprée hâtive* est assez grosse, ronde, d'un beau rouge foncé. Son goût est fin & délicat. Elle est bonne à manger au commencement d'Août.

10. La *Grosse Mignone* est mûre vers le 15 d'Août, un peu plus longue que ronde, satinée, fort belle en couleur, d'une chair fine & bien fondante, mais presque toujours d'une eau très-sucrée : elle a ordinairement un côté plus renflé que l'autre; & le noyau assez petit.

11. La *Chevreuse hâtive*, ou *Belle Chevreuse*, mûrit dans le même tems. Elle est d'une bonne grosseur, plus longue que ronde, d'un rouge vif, d'une chair fine & fondante; remplie d'une eau douce & sucrée. L'arbre charge beaucoup. Ses fleurs sont petites.

12. La véritable *Madeleine rouge* est grosse, assez ronde, d'un beau rouge. Elle mûrit à la fin d'Août. Son eau est sucrée, & relevée. Sa chair est rougeâtre. On la nomme aux environs de Paris, *Madeleine de Courson*. Les feuilles de l'arbre sont profondément dentelées. Il donne de grandes fleurs.

13. La *Pêche-Cerise* est petite, ronde, lisse, d'un blanc clair, mais d'un rouge vif du côté du soleil. On la mange à la fin d'Août. Sa chair est un peu sêche.

14. La *Belle-Garde*, ou *Gallande*, est fort grosse, assez ronde, d'un rouge foncé tirant sur le pourpre; & a la chair jaunâtre & sucrée. Elle provient de petites fleurs. On la mange à la fin d'Août, & au commencement de Septembre.

15. La *Petite* (ou *Moyenne*) *Violette Hâtive* est lisse, de moyenne grosseur, assez ronde, très-fondante & très-vineuse, d'un beau violet du côté du soleil. Elle mûrit au commencement de Septembre.

16. La *Grosse Violette Hâtive* ressemble à la précédente; mais elle est une fois plus grosse, aussi fondante, moins vineuse, cependant bonne. Elle mûrit au commencement de Septembre.

17. La *Bourdine*, excellente Pêche, est d'une bonne grosseur, d'un beau rouge, assez ronde, vineuse; & bonne à manger en même-tems que la précédente.

18. Le *Tetton de Venus*, ainsi nommé parce que le tetton qui termine le fruit, est plus long & plus gros que celui de la plûpart des autres Pêches. Celle-ci n'est ni bien grosse ni bien ronde : elle prend assez de rouge; & mûrit vers la fin de Septembre.

19. La *Royale* n'est pas un excellent fruit. Elle est grosse, ronde, bien colorée de rouge noirâtre; & mûrit en même-tems que le *n.* 18.

20. La *Persique* devient très-grosse sur de vieux pieds. Elle est plus longue que ronde, d'un beau rouge, d'une saveur délicate. Le corps de ce fruit est parsemé de petites bosses; & terminé vers la queue par une éminence charnue. L'arbre est beau, & très-vigoureux; il charge beaucoup. Ses pêches sont bonnes à manger à la fin de Septembre & au commencement d'Octobre. Il y a des Provinces où on l'appelle *Poire-Coupe*.

21. La *Violette Tardive*, ou *Marbrée*, est moyennement grosse, un peu plus longue que ronde, fouettée de rouge & de violet. Quand la saison est chaude & sêche, ce fruit acquiert un goût vineux; & est bon à manger au commencement d'Octobre.

22. *Persica fructu duro* Inst. R. Herb. Le *Pavie*; la *Presse* : que quelques-uns nomment *Pêche Mâle*; *Poire-Coupe*; *Auberge*. Ce fruit ne quitte point le noyau : & sa chair est ferme. [Ceux qui les appellent Pêches Mâles, disent que les Pêches qui quittent le noyau, sont des *femelles*.]

Le *Pavie Rouge de Pomponne*, dit *Monstrueux*, est rond, d'un beau rouge incarnat, d'une saveur sucrée & musquée. Son noyau est assez petit, pour la grosseur du fruit; qui a communément douze à quatorze pouces de circonférence. On mange cette Pêche à la fin de Septembre, & au commencement d'Octobre. Elle provient de grandes fleurs.

Le *Pavie Blanc*; aussi appellé *Pavie Madeleine*, parce que les feuilles, les fleurs, & les fruits ressemblent à l'espece nommée *Madeleine Blanche*. Mais cette Pêche ne quitte point le noyau. Elle est bonne à manger à la fin d'Août. Il faut qu'elle soit bien mûre.

On appelle *Rossanes* les Pavies dont la chair est *jaune*. Ces Pêches se colorent d'un rouge très-foncé.

[Dans nos Provinces Méridionales on donne volontiers le nom de *Rossane* à toute Pêche dont la chair & la peau sont jaunes, sans aucune teinte de rouge; en qualifiant de *Mirlicoton*, ou *Merlicoton*, les grosses Rossanes tardives. On y appelle aussi *Pavies* les especes qui, quoique jaunes en dedans & par dehors, ont du rouge près le noyau; & *Pêche*, ce qui est mêlangé de rouge & de jaune, tant au dehors qu'en dedans.]

23. *Pêche Jaune Tardive*; ou *Abricotée*; que l'on nomme aussi *Admirable Jaune*; *Pêche d'Abricot*; *Sandalie*; &c. Son fruit est gros, rond, & assez rouge. Sa chair est jaunâtre & un peu pâteuse. Au reste elle a assez bon goût. On la mange vers la mi-Octobre.

24. L'*Admirable* ordinaire ressemble à la précédente. Mais sa chair est ferme: son eau est sucrée, & délicate. C'est une des bonnes Pêches. Elle se mange au commencement de Septembre.

25. Le *Brugnon Musqué* a beaucoup d'odeur tirant sur le musc; & sa peau est lisse.

Celui qu'on nomme *Violet* ressemble au *n.* 16; mais est plus arrondi: & il ne quitte pas le noyau. Ce fruit devient excellent quand on le laisse mûrir jusqu'à ce qu'il se détache de l'arbre. Il mûrit dans le mois de Septembre.

26. La *Pêche de Pau* (*Persica Palensis* Inst. R. Herb.) est d'une moyenne grosseur, arrondie, un peu rouge, assez bonne pour le mois d'Octobre. On trouve souvent son noyau ouvert.

27. La *Sanguinole*; *Bete-Rave*; ou *Cardinale*; est ronde, fort rouge, & teinte de la même couleur en dedans. Mais elle n'est excellente qu'en compote.

Nous croyons être dispensés d'entrer dans un plus grand détail; ayant rappellé les principales Pêches connues & estimées.

Voyez PERSET.

Propriétés.

Les feuilles de Pêcher sont très-bonnes contre les vers; on les pile pour les appliquer sur le ventre des enfans. Il est utile d'y ajoûter de la suye de cheminée, & lier le tout avec de bon vinaigre. Il faut avoir soin de choisir les feuilles les plus jeunes & les plus tendres.

La gomme qui sort de l'arbre, détrempée dans du vin blanc, passe pour rompre la pierre de la vessie. Elle arrête le crachement de sang. Pour rendre son effet plus certain, il y a des personnes qui la font dissoudre dans de l'eau de plantain ou de pourpier. On fait un syrop de fleurs de Pêcher, qui est très-bon pour purger la bile & les sérosités. *Consultez* l'article SYROP. Une petite poignée de ces fleurs dans un bouillon de veau, qu'on fait infuser légérement sur un feu modéré; ou leur infusion dans l'eau simple, faite du soir au matin, & prise ensuite avec du sucre comme le thé; est un purgatif très-doux, propre aux personnes d'un tempérament pituiteux, & sujettes aux fluxions dans la tête. Il convient aussi aux enfans qui ont des vers. Cette infusion simple dans l'eau chaude se fait avec demi-once de ces fleurs, si elles sont fraîches; mais il en faut un dragme, si elles sont séches. Les fleurs d'un Pêcher qui a été enté sur le prunier, sont (dit-on) beaucoup plus purgatives que les autres; parce que le fruit du prunier est naturellement purgatif. On dit aussi que les fleurs des Pêchers plantés dans les vignes, sont plus purgatives que d'autres; & l'on ajoûte que celles qui ne sont pas encore tout-à-fait écloses ont plus de vertu que celles qui sont épanouies.

Les Pêches sont apéritives, utiles à ceux qui ont des vers, & aux personnes sujettes à des sérosités qui tombent de la tête; mais il en faut manger sobrement, & à l'entrée du repas, parce qu'on prétend qu'elles corrompent les viandes, & qu'elles ont alors de très-mauvais effets. Il y en a qui les trempent dans le vin: il faut que ce soit toujours avec modération. Les Pêches bien mûres lâchent un peu le ventre; mais les vertes & les séches resserrent, & engendrent des flegmes. Voici un remede que l'on dit être souverain pour la pierre: Prenez une livre de noyaux de Pêches, & autant de ceux de griottes; concassez-les ensemble, & laissez-les ensuite digérer dans un pot de terre, l'espace de dix ou douze jours, dans du fumier chaud: après quoi vous les distillerez. On prend avant le repas quatre onces de l'eau obtenue par cette distillation. Il est à propos d'en continuer l'usage trois ou quatre fois par mois.

L'huile exprimée des noyaux de Pêches est recommandée pour les hémorrhoïdes, les tumeurs des ulceres, les embarras de langue, & les douleurs d'oreilles.

Selon une Note insérée dans la Nouvelle Maison Rustique (Ed. de Paris, 1755. T. 2. p. 162), la Pêche étoit en Perse un poison dangereux. Mais lorsqu'on la cultiva en Occident elle changea tout-à-fait de nature. (Au reste cette Note, ainsi que les autres de la même page, se trouvent imprimées en 1719, encore comme Notes, dans le Traité de Dahuron sur la *Taille des arbres fruitiers.* Ce même Traité ressemble beaucoup à celui qui est dans la *Maison Rustique.*)

Qualités que les Pêches doivent avoir pour être Bonnes.

La premiere est d'avoir la chair un peu ferme, & cependant fine: ce qui doit paroître quand on en ôte la peau, laquelle doit aussi être fine, intérieurement luisante & jaunâtre, sans aucune tache verte. Elle doit s'ôter fort aisément; si la Pêche est mûre, sa maturité paroît encore, quand on la coupe avec le couteau; alors on voit tout le long de l'entaille qu'a fait le couteau, une infinité de petites sources. Ceux qui ouvrent autrement les Pêches perdent souvent la moitié de ce jus; qui fait tant estimer de tout le monde ce fruit exquis.

La seconde qualité de la Pêche est que sa chair fonde dès qu'on la presse dans la bouche. Il faut que l'eau qu'elle répand en fondant se trouve douce & sucrée; que le goût en soit relevé & vineux, & même en quelques-unes musqué. Souvent l'on veut aussi que le noyau soit fort petit; & toujours que les Pêches qui ne sont pas lisses, ne soient que médiocrement velues: le grand poil est une marque assez certaine du peu de bonté de la Pêche; ce poil tombe presque tout-à-fait aux bonnes, & particuliérement à celles qui sont venues en plein vent.

On pourroit compter pour une des principales qualités de la Pêche, d'être grosse; si nous n'en avions pas de petites qui sont excellentes: telles que les Pêches de Troyes, Alberges rouges, les Pêches violettes. Du moins est-il vrai que si les Pêches n'approchent pas de la grosseur respective qui leur convient, ou qu'elles la passent de beaucoup, elles sont constamment mauvaises: peut-être a-t-on dit assez à-propos, que celles-ci étoient hydropiques; & les autres éthiques. Les éthiques ont beaucoup plus de noyau, & moins de chair, qu'elles

les n'en devroient avoir; & les hydropiques ont le noyau ouvert, & du vuide entre ce noyau & la chair : outre que leur chair est grossiere, coriace, & d'une eau aigre ou amere.

Il n'y a véritablement que les Pêches de plein vent, qui ayent toutes ces bonnes qualités au souverain degré; avec un certain goût relevé, qu'on ne sçauroit décrire. Les Pêches d'espaliers en ont bien quelque chose, mais rarement au même point que les Pêches de plein vent.

Mauvaises qualités des Pêches.

Elles consistent premiérement à avoir la chair molle, & presque en bouillie : les *Blanches d'Andilli* sont fort sujettes à ce défaut.

En second lieu, à avoir la chair pâteuse & séche; comme la plûpart des Pêches jaunes, & la plûpart des autres qu'on a trop laissé mûrir sur l'arbre.

En troisieme lieu à l'avoir grossiere; comme les Druselles, les Pêches Beteraves, & souvent les Pêches de Pau ordinaires.

En quatrieme lieu à avoir l'eau fade & insipide, avec un goût de verd & d'amer. Telles sont d'ordinaire ces mêmes Pêches de Pau venues en espalier, les Narbonnes, les Pêches à Double Fleur, les Pêches communes dites Pêches de Corbeil & de Vigne.

En cinquieme lieu, c'est un défaut que d'avoir la peau dure; comme les Pêches à Tetin.

C'est encore un défaut que d'être quelquefois si vineuses, qu'elles tirent sur l'aigre.

7°. C'en est un que d'être trop mûres; ou de l'être trop peu. Les Pêches, pour avoir leur juste maturité, doivent très-peu tenir à la queue : celles qui y tiennent trop, & qui quelquefois emportent la queue avec elles, ne sont pas assez mûres; celles qui y tiennent trop peu, ou point du tout, & qui peut-être étoient déja detachées d'elles-mêmes & tombées à terre ou sur l'échalas, sont trop mûres; elles sont *passées*, comme on dit en terme de Jardinier. Il n'y a que les Pêches lisses, tous les brugnons, & tous les pavies, qui ne sauroient presque avoir trop de maturité : ainsi à leur égard ce n'est pas un défaut que d'être tombés d'eux-mêmes.

Celles qui viennent sur des branches jaunissantes & malades; & celles qui mûrissent fort long-tems avant toutes les autres du même arbre, ou fort long-tems après; les unes & les autres de toutes celles-là sont sujettes à être mauvaises, c'est-à-dire, à avoir toutes les mauvaises qualités que nous avons marquées, ou à en avoir une partie.

Au reste il est certain qu'on ne trouve pas toujours parfaites toutes les Pêches d'une certaine espece, qui le devroient être; & que même toutes les Pêches d'un arbre ne sont pas d'égale bonté.

La petite *Avant Pêche Blanche*, qui mûrit au commencement de Juillet, peut durer tout le mois si les arbres sont situés en diverses expositions.

M. de Combes (*Cult. des Pêchers*, p. 9) dit que la Pêche Violette Hâtive surpasse le mérite de toutes les autres, quand le terrein est propre à perfectionner le goût & la grosseur de celle-ci. On lisoit pareillement dans l'ancienne édition de ce Dictionnaire, que cette Pêche » est bien véritablement la meilleure de toutes »; que c'est elle qui a la chair la plus agréable & la plus parfumée, celle qui a le goût le plus vineux & le plus relevé.

La Pêche *Admirable* a presque toutes les bonnes qualités qu'on peut souhaiter, & n'en a point de mauvaise. Elle fait un très-bel arbre. Ses fleurs sont petites. Cette Pêche est néanmoins des plus grosses & des plus rondes. Elle a le coloris beau, la chair ferme, fine & bien fondante, l'eau douce & sucrée, le goût vineux & relevé. Elle a le noyau petit; n'est point sujette à être pâteuse; & fournit beaucoup.

La *Belle Chevreuse* succede à la Mignone, & devance un peu la Violette; comme l'Admirable succede à la Violette, & devance un peu la Nivette : ensorte qu'avec ces cinq Pêches & quelques autres, on peut avoir pendant six semaines une suite des plus belles & des meilleures Pêches.

La Chevreuse n'a guerés d'autre défaut que celui d'être quelquefois pâteuse; mais ce n'est que quand on la laisse trop mûrir, ou qu'elle a été nourrie dans un terrein froid & humide, ou qu'elle a eu un Eté peu chaud & peu sec.

La Pêche Nivette autrement dite la Veloutée, est encore une très-belle & très-grosse Pêche; elle a ce beau coloris du dedans & du dehors, qui rend ce fruit si agréable à voir. Elle a toutes les bonnes qualités intérieures, soit de la chair & de l'eau, soit du goût & du noyau : elle charge beaucoup : elle n'est pas tout-à-fait si ronde que les Mignones, & les Admirables; mais elle l'est assez quand l'arbre ou au moins la branche qui l'a produite se porte bien. Dans le cas où l'arbre étoit malade, elle est un peu cornue, & longuette. Elle mûrit vers le 20 de Septembre; lorsque les Pêches Admirables commençent à finir.

La Persique est d'un très-bon rapport. Elle a toutes les bonnes qualités qu'on peut souhaiter, quand l'arbre se porte bien, & lorsqu'il est en bon fonds, & bien exposé.

L'arbre du *n.* 5 est souvent désolé des fourmis. Il est presque toujours d'une stature inférieure à celle des autres Pêchers.

La Pêche *n.* 21 a le défaut de ne pas bien mûrir, & de se crevasser par-tout, quand la fin de l'été & de l'automne sont trop humides ou trop froides. Son arbre est beau. Il donne tantôt de grandes fleurs, tantôt de petites.

Lorsque le Pêcher *n.* 17 est un peu vieux, si on diminue le nombre de ses fruits ce qui en reste grossit beaucoup. Quand il est nouvellement planté, il est un peu tardif. Mais dès qu'il se met à fruit, il charge extrêmement; & pour lors ses pêches sont moins grosses qu'elles ne devroient être. Cependant, en prenant soin de les éplucher à la Saint Jean, pour n'en laisser que raisonnablement sur chaque branche, on se met à portée de les avoir suffisamment grosses.

Le Pavie jaune rapporte beaucoup. Son fruit est de bon goût, & n'a d'autre défaut que d'avoir un peu de penchant au pâteux. On le prévient en le laissant beaucoup mûrir.

La Madeleine Rouge, *n.* 6, est sujette à devenir jumelle; ce qui n'est pas agréable.

L'arbre du *n.* 14 n'est pas beau.

C'est un spectacle ravissant que de voir un bel espalier de Pavie rouge, par un beau tems, lorsque ses fruits sont bien mûrs.

Culture.

Pour planter des Pêchers, il faut toujours choisir les meilleures especes.

Les champs de France sont pleins de Pêchers; principalement les vignes. Ils viennent en tous lieux; mais ils croissent plus beaux, & produisent des Pêches plus grosses & de plus longue durée, dans un climat chaud.

Les Pêchers sur Amandiers réussissent mieux dans les terres séches & légeres, que dans celles qui sont fortes & humides: au lieu que ceux qui sont greffés sur prunier, se plaisent dans celles-ci. *Voyez* M. de Combes, *Tr. de la Cult. des Pêchers*, p. 23 & 24.

En general un Pêcher planté dans une mauvaise terre occupera tout au plus douze pieds d'espalier; & l'on en a vû qui en occupoient trente-cinq, dans une terre excellente.

Cet arbre meurt bien-tôt dans les lieux exposés aux vents froids, s'il n'a quelque abri qui le défende.

Le Pêcher se multiplie par la greffe, & en semant les noyaux. On seme ceux-ci l'année même de leur maturité, dans un terrein défoncé; où on les met à deux pieds les uns des autres, à deux ou trois doigts de profondeur. Les jeunes plantes ont besoin de fréquens labours, & d'être tenues nettes d'herbes. Au bout de deux ans, on les leve en motte pour les tenir en pépiniere, couchées par rigoles assez près les unes des autres pour qu'elles s'abritent mutuellement du soleil. On les couche, de maniere qu'il ne sorte hors de terre qu'une seule pousse; qui forme ensuite la tige: & on a soin de couper la plus longue branche qui s'éleve droit par-dessus les autres. Cette disposition fait que l'arbre dure long-tems, à cause de la multitude de racines qu'il produit.

Les Pêchers de basses tiges, pour bien faire à la *Greffe*, doivent premiérement être greffés en écusson, & rarement en fente; au moins dans nos climats. Consultez la *Physique des Arbres*, de M. Duhamel, Tome II. page 76. En second lieu les Pêchers doivent être greffés à œuil dormant, dans les tems propres & convenables, comme nous avons dit dans l'article GREFFER; & il faut que ce soit sur des pruniers de saint Julien, ou de damas noir; ou sur des abricotiers déja greffés; ou sur des amandiers à coquille dure & de l'année. On prétend qu'il n'en réussit gueres sur des noyaux de Pêchers; & qu'ils sont fort sujets à la gomme, & à vieillir promptement. Voyez la *Physique des Arbres*, Tome II. pages 32 & suivantes, puis 91 & 93. M. De Combes, en cela d'avis contraire à plusieurs des cultivateurs qui l'ont précédé, dit que la greffe sur abricotier réussit assez bien; mais qu'on ne la pratique pas, à moins d'avoir trop d'abricotiers, ou lorsqu'au défaut d'autres sujets on veut greffer quelque espece de Pêche dont on est curieux & dont on veut voir promptement le fruit. Cet habile maître conseille de greffer en fente au mois de Mars, en prunes ou en abricots, les tiges qu'on retire des espaliers suffisamment garnis par leurs basses tiges. Voyez-le *page* 37. On se procure ainsi des arbres à mi-vent, d'un très-prompt rapport; & qui ont assez de corps pour se bien défendre des vents. Les Pêchers greffés à la pousse au mois de Juin, sont sujets à tromper l'espérance du Cultivateur. Car, ou l'écusson périt de la gomme sans avoir poussé; ou souvent il périt, même après avoir poussé; ou enfin, comme il ne pousse d'ordinaire que fort foiblement pendant ce premier Eté, il périt l'hiver suivant par les frimats & les glaces: ainsi il n'en faut gueres greffer que par occasion, & sur des sujets qui demeureroient inutiles sans cela.

On doit principalement avoir soin de ne pas greffer le Pêcher trop bas, dans la crainte que quand on vient à le transplanter on ne soit obligé d'enterrer la greffe pour bien placer les racines.

On ne doit point planter des Pêchers greffés sur de vieux amandiers gros de quatre ou cinq pouces, ou qui ayent plus d'un an de greffe: le vieux bois sur lequel ils sont greffés, ne peut leur fournir assez de seve. Si, ayant deux ans de greffe, ils n'ont point été récépés par bas; on doit de même compter qu'ils ne pousseront sur le vieux bois qu'avec bien de la peine. Il faut aussi rebuter ceux qui ont par en bas plus de trois pouces de grosseur, & moins de deux: ou ceux qui sont greffés sur de vieux arbres.

On ne prendra jamais de Pêcher pour planter; à moins que dans le bas de la tige, auprès de la greffe, il n'ait les yeux beaux, sains, & entiers.

Lorsqu'on laboure les Pêchers, au mois de Novembre, il peut être utile de ne pas enterrer les feuilles au pied; plusieurs personnes ont dit que la terre tirant l'amertume de la feuille, elle la communiqueroit au fruit.

Si on a soin d'arroser les Pêchers, ils produisent de plus grosses Pêches. Cet arbre veut être assidument arrosé, principalement en Été. Nous avons l'expérience que tel Pêcher, que l'on a déchaussé au moins une fois par semaine pour y verser un seau d'eau & y rejetter aussi-tôt toute la terre, a donné des fruits plus fondans & plus délicieux que ceux de même espece qui avoient été privés de ce secours. *Voyez* ARROSER, *n.* 5.

Nombre d'Auteurs conseillent d'arroser les Pêchers le soir dans les tems de chaleur, avec de l'eau fraîche, principalement quand l'on s'apperçoit que ces arbres se flétrissent & commencent à dépérir. Pour les conserver, lorsqu'ils sont en danger de se sécher; il faut en ôter une partie des rameaux, & les décharger en les ébourgeonnant: ils se rétablissent & deviennent plus beaux & aussi garnis qu'auparavant.

Consultez l'article FRUIT, page 147, col. 1.

La Pêche Admirable s'accommode assez des expositions médiocres; & encore mieux des bonnes. C'est pourquoi, afin de bien ménager les places, il vaut mieux planter cette espece de Pêche, près de l'exposition du Nord qu'à aucune autre. Et même toutes les fois que l'on en pourra planter deux ou trois, il sera bon de les partager pour en mettre une à chaque exposition, & faire toujours en sorte qu'il y en ait quelqu'une dans un bon endroit, pour tirer avantage de tout ce qu'elle est capable de faire.

La Chevreuse demande surtout le levant, ou le midi: & même dans les fonds médiocrement humides, elle ne s'accommode pas mal du couchant.

Attendu que, dans les petits jardins, il faut particuliérement viser à l'abondance; on ne mettra au Couchant que des Pourprées & des Bourdines: celles-ci y rapportent cependant moins que les pourprées. Il ne faut à cette exposition aucune Madeleine, parce qu'elles n'y réussissent pas; non plus que les Mignones, les Bellegardes, les Andillis, &c. étant toutes sujettes à devenir pâteuses.

Les Pêchers poussent quantité de gourmands; & si on ne les tailloit pas, les branches qui devroient donner du fruit se trouvant épuisées par ces branches gourmandes, elles périroient immanquablement. C'est pourquoi les Pêchers ont grand besoin d'être taillés avec plus d'attention que les autres arbres. *Voyez* l'article TAILLE.

L'*Ebourgeonnement* est essentiel à la culture du Pêcher. Il facilite les autres opérations, assure la fruit, & en augmente la beauté & la bonté. Rien de plus facile, en apparence, que d'ôter les bourgeons: mais il faut beaucoup d'intelligence pour les ôter à propos & avec choix. C'est au mois de Mai, que l'on ébourgeonne; les bourgeons sont alors assez formés pour fixer notre choix, & encore assez tendres pour se détacher aisément par la seule action du pouce sans le secours d'aucun instrument. Cette opération est souvent confondue avec deux autres qu'on nomme *Pincer*, & *Arrêter*; qui toutes trois se font à-peu-près dans le même tems. Ebourgeonner, c'est retrancher des branches qui ont poussé depuis le printems, lorsqu'elles sont touffues, en trop grande quantité, & mal placées: les bourgeons qui auroient produit simplement du bois, étant supprimés, la seve se porte aux fruits placés plus bas. On régle ce retranchement sur le nombre de fruits que l'on veut conserver, relativement à la vigueur de l'arbre. Chacun suit, là-dessus, son goût; qui est le même que celui qui dirige la taille. On peut principalement consulter le *Traité* de M. de Combes, *de la Culture des Pêchers*; (Paris, Leprieur 1750 *in*-12): ouvrage où l'on reconnoît l'expérience d'un habile Maître.

Remedes aux Maladies du Pêcher.

S'il semble *languir*, il le faut déchausser, ratisser les racines chancies; arroser avec de l'eau de fumier de vache; emmonceller souvent la terre au pied, sur-tout après l'arrosement; l'arroser le soir; & donner de l'ombre au Pêcher, s'il séche par l'ardeur du soleil.

Pour le garantir de la *Bruine*, il faut mettre du fumier au pied; ou encore mieux, dit-on) de l'eau où l'on aura fait cuire des feves.

Les *Pucerons* & les *Fourmis* sont encore des ennemis à redouter pour cet arbre. *Voyez* FOURMI. INSECTE. PUCERON.

On nomme *Cloque*, une maladie qui fait recoquiller les feuilles de l'arbre; qui ensuite s'épaississent; & deviennent jaunes, rouges, & galeuses. Il faut ôter toutes ces mauvaises feuilles; & couper jusqu'au-dessous du mal les branches qui en sont infectées, & qui forment une espece de toupe hideuse. *Voyez* le *Tr. de la Cult. des Pêchers*, p. 101. BROUIR.

Quand une branche est attaquée de la *Gomme*, on coupe à un pouce au-dessous de l'épanchement de ce suc épaissi. Il ne tarde pas à repousser une ou deux branches au-dessous; & alors le dommage est souvent peu considérable.

Il en est de même pour le *Blanc*; espece de rosée farineuse, qui tombant durant les mois de Juin & Juillet, fatigue beaucoup les arbres.

Si les Pêches deviennent *ridées* ou *pourries*: Pallade veut qu'on coupe l'écorce au pied du tronc; & qu'après qu'il en sera sorti quelque humidité, on recouvre la plaie avec de l'argile, ou du torchis fait de terre & de paille.

Marmelade de Pêches.

Prenez quatre livres de Pêches bien mûres, ôtez-en tout ce qui est gâté; coupez-les par morceaux dans une poêle à confiture, que vous aurez eu soin de peser auparavant: mettez la poêle sur le feu, & réduisez les Pêches à deux livres en les faisant dessécher; ce que vous connoîtrez en pesant la poêle. Etant ôtées de dessus le feu, jettez-y deux livres de sucre en poudre; que vous mêlerez le plus que vous pourrez avec une spatule: puis vous remettrez le tout sur le feu pour faire fondre & incorporer le sucre; vous l'y laisserez l'espace de deux minutes: enfin vous mettrez votre marmelade dans des pots. Vous auriez pû la dresser sur des ardoises ou dans des moules de fer blanc.

Pêches Confites, au sucre ou au miel.

Suivez tout ce qui est enseigné pour confire des Abricots, dans l'article ABRICOTIER.

Pêches Confites au Vinaigre.

On met ainsi les Pavies, dans de la saumure & de l'oxymel.

On fait encore *sécher* des Pêches, de même que les Prunes. Consultez l'article FRUITS SECS.

Tourte de Pêches.

Prenez une pomme cuite ou deux, que vous mêlerez avec deux ou trois cuillerées de la marmelade qu'on vient de décrire. Au lieu de pommes, on peut se servir de poires cuites à la braise. Mettez le tout entre deux abaisses feuilletées.

Tourte de Pêches grillées.

Faites griller les Pêches sur de la braise bien ardente. Ensuite mettez-les dans de l'eau: & les pelez proprement: changez-les d'eau fraîche: Otez-en les noyaux. Puis faites cuire les Pêches en pâte.

Eau de Pêches.

Prenez six ou huit Pêches, suivant leur grosseur; coupez-les par morceaux, que vous mettrez dans une pinte d'eau; & faites-leur jetter un bouillon. Otez-les ensuite de dessus le feu; & quand elles seront refroidies, mettez-y un quarteron ou cinq onces de sucre. Lorsque le sucre sera fondu, passez le tout à la chausse jusqu'à ce que l'eau soit claire. Faites-la rafraîchir pour la donner à boire. Si vous augmentez le nombre des Pêches, il faut aussi augmenter la quantité de sucre, suivant que vous le jugerez à propos.

PÊCHER (*Couleur de Fleurs de*). Consultez l'article PAILLE.

PECTORAL (*Remede*). C'est un remede propre pour les affections de la poitrine. *Voyez* POITRINE. MUCILAGE.

PED

PÉDICULAIRF. (*Maladie*) Voyez POUX.

PÉDICULAIRE: en Latin *Pedicularis*: en Anglois *Rattle*; *Cock's Comb*; *Louse-wort*. Ce genre de Plantes est du nombre de celles que M. Tournefort dit avoir leurs fleurs en masque. Le calyce est d'une seule piece, à cinq dentelures. Le pétale est un tuyau allongé, dont la partie antérieure se sépare comme en deux levres: celle d'en haut est entiere, & creusée en cuilleron: celle d'en bas est presque toujours divisée en trois, & sa partie moyenne est un peu aiguë. Il y a quatre étamines. Le fruit est applati; à deux loges; & contient des semences tantôt longuettes, tantôt applaties & bordées.

Especes.

1. *Pedicularis serotina, purpurascente flore* Inst. R. Herb. que G. B. nomme *Euphrasia pratensis rubra*. C'est une plante menue, droite, assez ferme, un peu tortueuse, fort branchue, haute d'environ un pied. Ses feuilles, peu nombreuses, sont courtes, étroites, & la plûpart disposées en paquets pyramidaux. L'extrêmité des rameaux est rougeâtre, & terminée en automne par des fleurs.

2. *Pedicularis pratensis lutea, vel Crista Galli* C. B. Elle fleurit en Juin. Ses fleurs sont jaunes; par paquets considérables. Il leur succede des semences larges, applaties, & bordées d'un feuillet membraneux très-apparent. Ses feuilles sont opposées, longues de douze à quinze lignes, étroites, en fer de pique; dentelées en scie, & attachées à la tige par leur base. De leurs aisselles naissent des pédicules menus, qui portent des paquets de feuilles plus courtes & plus étroites. Sa tige est verte, séche, anguleuse. Cette plante vient dans les prés.

On en trouve, dans des prés fort humides, une variété qui est toute teinte de rouge obscur.

3. Lemery (*Dictionnaire des Drogues*) rapporte à ce genre la plante connue dans la Nouvelle Espagne, sous le nom de *Cevadilla* ou *Cebadilla*; qu'il dit être appellée parmi nous *Petite Orge*; en Latin *Hordeolum*. Sa semence est menue, & a une forme approchante de celle de l'orge.

Propriétés.

La poudre du *n.* 3 fait beaucoup éternuer. J'ai l'expérience qu'une pincée répandue sur les cheveux d'une jeune personne, a suffi pour en détruire les poux, sans que cette personne ait ensuite éprouvé aucun accident, même en n'usant d'aucune précaution. Lemery dit que cette poudre est fort caustique; propre à consumer les chairs baveuses, & diminuer la gangrene. Consultez cet Auteur.

On regarde les *nn.* 1 & 2, comme capables d'occasionner des poux aux animaux, dans le foin desquels ces plantes se trouvent. Au contraire, De Lobel prétend qu'elles tuent ces insectes.

Le *Compleat Body of Husbandry*, observe que ces plantes ayant des effets très-prompts, en ce qui est d'agiter prodigieusement le sang, la brebis la plus saine en devient toute couverte de gale, déguenillée, & mangée de vermine, en moins de quinze jours, après avoir brouté dans un endroit où il y a eu beaucoup.

En général c'est une plante fort incommode dans les prés; elle s'éleve peu, devient ligneuse & branchue, gêne les herbes voisines; & n'a que de petites feuilles, qui étant séches ne fournissent point de substance aux animaux.

PÉDICULE. Les Botanistes nomment ainsi la queue des feuilles. Ce terme a eu encore une signification plus étendue; il désignoit même les filets qui servent de support au sommet des étamines, & en general tout ce qui tient lieu de pied aux organes de la fructification. Mais on convient aujourd'hui assez généralement de nommer *Pédoncule* l'espece de queue où sont attachés la fleur & le fruit.

PEDILUVE. Bain des pieds & des jambes.

Outre la propreté qui résulte du Pédiluve, & qui est nécessaire pour ne pas donner à ceux avec qui l'on se trouve le désagrément de l'odeur qu'exhale la sueur des pieds mal propres; cette sorte de bain est très-utile pour la santé. La révulsion qu'il occasionne dans les humeurs, suffit souvent pour dégager la tête, la poitrine, les reins & les parties qui sont dans leur région. On a vû de grands maux de tête & de vives douleurs de dents, cesser promptement par l'effet d'un pédiluve aromatique, qui occasionnant une sueur abondante, dégorgeoit les vaisseaux, diminuoit la tension des fibres, & dès-là ne pouvoit manquer de dissiper la douleur.

Voyez BAIN *Aromatique*. BAIN *de Plantes Antiscorbutiques*. LASSITUDE. DORMIR.

PÉDUNCULE. *Voyez* PÉDICULE.

PEH

PEHUAMA. Plante qui croît au Méxique, & dont les feuilles ont la figure d'un cœur. Ses fleurs sont purpurines: sa racine est longue, grosse, couverte d'une écorce rougeâtre; elle est acre, odorante, & chaude. Les Sauvages s'en servent pour guérir la toux invétérée, dissiper les vents, briser les petites pierres dans les reins & dans la vessie. Hernandes l'appelle *Phehuama*, seu *Aristolochia Mexicana*.

PEI

PEIGNE *pour les Cheveux*. Celui d'Yvoire glisse sur les cheveux. Celui de Buis est beaucoup meilleur pour peigner à fond. L'Écaille fait de très-bons Peignes. Comme on passe au feu la Corne dont on veut faire des Peignes, elle est quelquefois trop chauffée; ce qu'on reconnoît à la couleur rousse brûlée: alors les Peignes se cassent aisément. Il y en a dont la corne est mollasse; & par cette raison les dents sont sujettes à se fendre. La corne très-blanche est ordinairement une corne morte, qui fait de fort mauvais Peignes. Il faut toujours choisir un Peigne qui ait les dents bien évuidées, & dont les refend soient réguliers.

PEIGNE: *Gratelle* farineuse qui attaque les chevaux, & qui leur vient aux pâturons près de la couronne. Le poil en devient hérissé & défuni; & la couronne, enflée. Il y a deux sortes de Peignes; l'une est humide, l'autre est séche: celle qui est humide n'est point dangereuse, elle se séche si on fait travailler le cheval dans un pays sec. L'autre qui est séche & ne jette jamais, est plus difficile à guérir. Voici quelques *remedes* pour pallier ce mal, s'il n'est pas possible de le guérir tout-à-fait.

Après avoir rasé le poil fort près, on oindra le mal avec *l'onguent* dont voici la composition: prenez demi-livre de mercure, une once d'ellébore noir, une once d'euphorbe, quatre onces de staphisaigre, deux dragmes de cantharides, deux onces de vitriol verd, une once de nitre. Mettez tout cela en poudre: & l'incorporez avec deux livres de graisse de porc. Afin que cet onguent pénetre mieux, on fait chauffer une pele; que l'on approche ensorte cependant que l'on ne brule point le cheval. Il faut aussi, avant l'application du remede, laver & frotter l'endroit jusqu'au sang avec de l'urine de vache.

2. Il faut prendre deux onces de tabac de Brésil; le hacher menu; le mettre tremper pendant douze heures dans un demi-septier de bon esprit de vin, & le remuer de tems en tems: ensuite frotter les Peignes en prenant garde de ne pas les écorcher; & mettre dessus, une poignée de ce tabac. Commencez par ce remede: & s'il ne suffisoit point, vous vous servirez du suivant.

3. Trempez du coton dans de l'esprit de vitriol

& mouillez-en les Peignes légerement, après les avoir frottées avec un bouchon de foin sans les écorcher. Au lieu d'esprit de vitriol, on peut se servir de l'esprit de sel.

Les chevaux qui ont les Peignes diminuent beaucoup de leur valeur. On peut s'en servir pour tirer dans la campagne ; mais on ne doit point les mettre au carrosse dans la ville.

PEIGNE pour le Chanvre. *Voyez* CHANVRE, page 519.

PEILLE. *Voyez* CHIFFE.

PEINDRE. Mettre sur quelque chose un enduit colorant. *Voyez* MIGNATURE.

Peindre à l'Huile sur une Muraille.

Il faut que la muraille soit bien seche. Cela supposé, vous y mettrez plusieurs couches d'huile bouillante, ensorte que l'enduit soit bien gras. Ensuite pour le dessécher, vous y mettrez une impression de craye, ou d'ochre, broyés un peu ferme ; ou d'autres terres ou couleurs siccatives. Cette couche étant séche, vous ferez sur le mur tel dessein qu'il vous plaira ; & vous peindrez avec des couleurs dans lesquelles il faudra mêler du vernis, pour n'être pas obligé d'en mettre après avoir fini l'ouvrage.

2. On peut préparer le mur, *d'une autre maniere*, afin qu'il soit bien sec, & que l'humidité n'en fasse pas détacher les couleurs par écailles. Faites un premier enduit avec du mortier de chaux, du ciment de brique, & du sable. Couvrez cet enduit, d'un second composé avec parties égales de chaux, de machefer, & de ciment bien sassé. Il faut battre & incorporer le tout avec des glaires d'œufs, & de l'huile de lin. Quand vous aurez une fois commencé à mettre cet enduit, il faut aussi-tôt le frotter avec le dos de la truelle, jusqu'à ce qu'il soit parfaitement poli ; autrement il se fendroit en plusieurs endroits, & vous vous seriez donné une peine inutile.

3. *Autre Enduit.* Faites cet enduit avec de la chaux & du ciment de briques bien battu ; ou de la poudre de marbre. Rendez-le bien uni avec la truelle ; & imbibez-le d'huile de lin, avec la brosse. Ensuite couvrez le mur avec une composition de poix greque, de mastic, & de gros vernis ; & pour l'étendre & unir mieux, servez-vous d'une truelle chaude. Puis, avant de dessiner, vous y mettrez une impression de craye, ou d'ochre, comme nous l'avons marqué plus haut.

Peindre à l'Huile sur le Bois.

Imbibez d'abord le bois avec une ou deux couches de colle de gants. Quand elle sera séche, mettez une impression à l'huile. Ensuite vous crayonnerez votre dessein ; & peindrez.

Peindre à l'Huile sur Toile.

Il faut choisir une toile bien unie ; &, après l'avoir bien tendue sur un chassis, lui donner une couche d'eau de colle de gants, pour en coucher les petits fils & remplir les petits trous. On passe par-dessus cette couche, un pierre ponce, pour ôter les nœuds de la toile. Etant séche, on y met une impression de quelque couleur simple, qui ne fasse pas mourir les autres couleurs : tel est le brun rouge ; avec lequel on peut mêler un peu de blanc de plomb, pour le faire sécher plus promptement. Il faut broyer cette couleur avec de l'huile de lin ou de noix, qui sont les plus propres pour la peinture : on la couche avec un grand couteau de bois, fait exprès, afin qu'elle ne soit pas plus épaisse à un endroit qu'aux autres. Ensuite on y passe la pierre ponce, pour la rendre plus unie. L'on peut faire encore une seconde impression, avec du blanc de plomb & du noir de charbon, pour rendre le fond grisâtre. Il faut que ces couches soient les plus légeres qu'il est possible ; afin que la toile ne se casse pas, & que les couleurs que l'on y couche ensuite se conservent mieux. On prétend que si l'on faisoit l'impression seulement en détrempe, les couleurs paroîtroient beaucoup plus vives, parce que cette couche boiroit l'huile qu'on mêle dans les couleurs, & qui ôte beaucoup de leur éclat : mais il y a à craindre qu'elle ne s'écaille. Les couleurs se conserveroient peut-être mieux encore, si elles étoient couchées sur la toile nue ; mais il faudroit choisir pour cela une toile extrêmement serrée & unie. Au reste, comme on est ordinairement obligé de broyer les couleurs avec de l'huile, il en faut mettre le moins qu'il est possible ; & tenir les couleurs fermes, en y mêlant un peu d'huile d'aspic, qui s'évapore facilement & ne sert qu'à rendre les couleurs plus coulantes & plus maniables. Le Peintre doit avoir aussi attention de ne point tourmenter les couleurs, en travaillant ; car étant brouillées, il s'en trouve qui alterent les autres, & en ternissent l'éclat & la vivacité. C'est pourquoi il faut les employer proprement ; & coucher les teintes, chacune à sa place, sans les mêler trop avec le pinceau, ni détremper ensemble les couleurs qui sont ennemies. Celles-ci doivent être employées à part : & si l'on veut donner plus de force à un tableau, il faut attendre qu'il soit sec, pour le retoucher avec les couleurs fortes, qui pourroient corrompre les autres & en ôter la vivacité.

Couleurs avec lesquelles on peut Peindre en Huile.

On peut y employer toutes les couleurs qui servent à Peindre à fresque ; excepté le blanc de chaux, & la poudre de marbre. On employe aussi les autres couleurs qui suivent :

Le Blanc de Plomb. C'est un blanc fort beau. Vous trouverez la maniere de le préparer au mot BLANC, *n.* 2.

Le Massicot.

La Mine de Plomb. C'est une couleur ennemie qui corrompt les autres couleurs ; & dont on ne fait pas grand usage.

Le Noir de Fumée. C'est encore une mauvaise couleur ; mais facile & coulante. On s'en sert pour les draperies noires. *Voyez* NOIR.

Les Noirs d'Os ; & d'Yvoire. Voyez COULEUR. NOIR.

Le Verd de Gris. C'est une fort belle couleur, mais qu'on peut regarder comme la peste des autres. Il faut corriger sa malignité, par la calcination ; & l'employer seul. Il est fort siccatif ; c'est pourquoi on le mêle avec les noirs qui ne séchent jamais seuls. Il faut bien faire attention, à ne se point servir des pinceaux qui ont couché le verd de gris ; parce qu'ils gâteroient les autres couleurs.

Le Cinnabre, ou Vermillon. C'est un très-beau rouge, qui se tire du vif-argent. Il ne subsiste pas à l'air. *Voyez* CINNABRE.

La Lacque. Cette couleur ne subsiste pas à l'air. *Voyez* LACQUE.

Le Stil de grain. Il se fait en partie avec de la graine d'Avignon, que l'on fait tremper, & ensuite bouillir. Pour lui donner du corps, on y jette de la craye blanche, & des cendres de farment; puis on passe le tout par un linge bien fin. *Voyez* MIGNATURE, page 547.

L'Inde. On s'en sert à faire des ciels & des draperies. Il subsiste à l'air, & conserve longtems son éclat. Il faut le charger en le couchant, & l'employer un peu brun, parce qu'il se décharge. Il ne faut pas lui donner beaucoup d'huile. *Voyez* INDIGO, page 351.

Les Cendres Bleues; & les Cendres Vertes. On ne les employe ordinairement que pour les paysages.

Huiles qu'on peut employer pour la Peinture.

Les meilleures sont celles de lin, de noix, & de pavot ou d'œuillette [que quelques-uns nomment aussi *d'olivette.*] On y ajoute quelquefois un peu d'huile d'aspic. Cette huile fait couler les couleurs, & boire les autres huiles; elle est propre à nettoyer les tableaux, qu'elle rend aussi plus faciles à retoucher. L'huile essentielle de térébenthine est encore très-bonne pour retoucher: on l'employe particuliérement dans l'outremer, & dans les émaux; parce qu'elle sert à les faire couler & à les étendre, & qu'elle s'évapore au moins aussi promptement que l'huile d'aspic. Il faut mêler bien peu d'autre huile, avec l'huile de térébenthine; autrement elle deviendroit jaune. L'huile qu'on retire de la térébenthine du mélese & de la résine du pin a les mêmes qualités; mais dans un degré inférieur.

Les Huiles *Siccatives*, qui servent à faire sécher plus promptement les autres, se font de plusieurs manieres. Voici les plus ordinaires. Prenez de l'azur en poudre; faites-le bouillir dans l'huile de noix; ensuite tirez le vaisseau du feu; & laissez reposer votre huile. Le dessus de cette huile vous servira à détremper le blanc & les autres couleurs dont vous voudrez conserver l'éclat & la vivacité.

2. Faites bouillir de la litharge d'or, & un oignon pelé, dans de l'huile de noix: l'oignon sert à dégraisser l'huile, & à la rendre plus claire & plus coulante.

Peindre à Fresque.

Les Anciens peignoient à fresque sur le stuc: & l'on voit dans Vitruve les soins qu'ils prenoient à bien faire les incrustations ou enduits de leurs bâtimens, pour les rendre plus beaux & plus durables. Les modernes ont trouvé que les enduits de sable & de chaux sont plus commodes pour peindre; parce qu'ils ne séchent pas si-tôt que le stuc. Cet enduit se fait avec du sable bien fin détrempé avec de la chaux bien éteinte: à Rome on se sert de Pozzolane, qui est une espece de sable.

Si l'ouvrage à fresque est exposé à l'air, il faut que le mur soit maçonné de briques, ou de moëlon bien sec: mais si le mur sur lequel on veut peindre est dans un lieu couvert; il peut être de pierre, ou d'autres matériaux ordinaires. De quelque matiere que le mur soit fait, il faut commencer par le crépir de plâtre, ou de mortier composé de sable & de chaux. Ensuite vous lui donnerez un enduit composé de sable de riviere, & de chaux éteinte & vieillie à l'air; l'un & l'autre passés au tamis. Comme on ne peut peindre à fresque que sur un enduit frais & encore humide, vous observerez de n'enduire qu'autant d'espace [illegible] vous en pourrez peindre dans un jour.

Avant de commencer l'ouvrage, il faut en avoir le dessein tracé sur des cartons, ou sur du papier; & le poncer sur l'enduit, environ une demi-heure après qu'il a été uni avec la truelle.

Couleurs dont on se sert pour Peindre à fresque.

On n'y emploie ni les couleurs artificielles, ni la plupart des minéraux; mais seulement les terres qui peuvent subsister à l'air & défendre leur couleur de la brûlure de la chaux. Pour conserver leur vivacité, il faut les coucher pendant que l'enduit est encore humide, & le plus promptement qu'il est possible: observant aussi de ne jamais retoucher à sec, avec des couleurs détrempées de jaunes d'œufs, de colle, ou de cette gomme; parce ces endroits retouchés noirciroient, & s'en iroient bien-tôt par écailles.

Les couleurs qu'on employe pour peindre à fresque sont, le *Blanc* qui se fait avec la chaux éteinte & vieillie à l'air mêlée avec partie égale de poudre de marbre blanc. Quelquefois on ne met qu'un quart de celle-ci; parce qu'une plus grande quantité pourroit noircir la couleur. L'expérience seule peut apprendre la maniere de faire ce mêlange.

L'Ochre, ou le Brun Rouge.

L'Ochre Jaune.

L'Ochre de Ru, ou *Jaune obscur*: qui se trouve dans les ruisseaux d'eau minérale ferrugineuse. Cette terre étant calcinée prend une fort belle couleur.

Le Jaune de Naples. C'est une espece d'écume, ou de crasse, qu'on trouve autour des mines de soufre. Cette couleur est inférieure à celle qu'on fait avec le blanc, & l'ochre jaune.

La Terre d'Ombre. On la rend plus brune, plus belle, & d'un plus bel œuil, en la calcinant dans une boëte de fer.

Le Noir de Terre, ou *le Noir d'Allemagne.* C'est un mêlange de lie de vin ou de tartre, avec une calcination, soit d'os, soit de noyaux de Pêches. Voyez Pomet, *Histoire des Drogues*, L. 7.

Le Noir Bleuâtre: Qui est une autre sorte de noir, qu'on nous apporte d'Allemagne; & qui pourroit bien n'être que du *Noir de Charbon.*

Le Noir de Lie brûlée. Il n'est gueres en usage que pour l'encre des Imprimeurs en Taille-douce. [Au reste il peut y avoir de la confusion sur ce qui vient d'être dit de ces Noirs. On fera bien d'examiner l'endroit de Pomet que nous avons cité.]

Le Rouge Violet. On employe cette terre au lieu de lacque. On la tire d'Angleterre.

L'Email: Couleur bleue, dont on se sert pour les paysages; elle est bonne, & subsiste à l'air.

L'Outremer, ou Lapis Lasuli. C'est une sorte de pierre, dont nous avons donné la préparation, au mot OUTREMER. Elle subsiste à l'air plus longtems qu'aucune autre couleur. Elle ne se broye point sur le marbre avec l'huile; on la détrempe à l'huile sur la palette. Dans la Fresque, l'émail fait le même effet que l'outremer.

La Terre verte de Verone. Il y en a de deux sortes. L'une est fort obscure; l'autre est un peu plus claire.

La Terre de Cologne. C'est un noir roussâtre, qui est sujet à se décharger & à rougir.

Toutes ces couleurs, excepté l'outremer, se broyent & se détrempent à l'eau. On y mêle assez souvent de la coquille d'œuf, broyée & tamisée. La plûpart s'éclaircissent à mesure que la fresque vient à sécher; exceptés le rouge violet, le brun rouge, l'ochre de ru, & les noirs, particuliérement ceux qui ont passé au feu.

Peindre sur le Taffetas.

Il faut d'abord préparer le taffetas, avec une

Gomme dont voici la composition : Prenez gros comme une petite feve, de colle de poisson ; coupez-la par morceaux bien petits, & faites-la tremper pendant douze heures, dans un verre d'eau. Ensuite faites-la fondre sur le feu, jusqu'au premier bouillon; puis coulez-la, & la laissez refroidir. Quand vous vous en servirez, vous la ferez chauffer bien chaude, & l'appliquerez avec une éponge par tout également, sur le taffetas, qui doit être bien tendu. Quand il sera sec, vous y coucherez vos couleurs : il les recevra sans les imbiber, ni les étendre plus qu'il ne faut.

Voyez ENCRE *pour Peindre*, &c. page 905.

Peindre avec des Couleurs qui résistent aux injures du tems.

Il faut broyer vos couleurs avec du mastic fondu, & les incorporer avec l'huile de lin. Pour bien faire ce mêlange, on choisit du plus beau mastic en larmes ; on le broye avec l'huile de lin : puis on fait chauffer de la même huile dans un pot vernissé ; & l'on y jette peu à peu le mastic broyé, pour le faire fondre. Il faut avoir soin de bien remuer, afin d'incorporer le mastic avec l'huile. Après quoi on laisse refroidir la matiere ; & on la garde pour l'usage.

Cette huile de mastic est très-propre pour les couleurs qui servent à peindre les poissons : elle empêche que l'eau dont ils sont souvent baignés ne les efface.

Peindre des Estampes.

Voyez ENLUMINURE.

Verni propre à Peindre les Tailles-Douces.

Mettez dans un pot de fayance, ou de terre vernissée, un quarteron de térébenthine ; autant d'huile d'aspic ; & environ la hauteur d'un doigt d'esprit de vin ; dans un verre : délayez le tout avec un pinceau, gros comme le pouce, & le plus doux que vous pourrez trouver, jusqu'à ce qu'elle soit épaisse comme une glaire d'œuf. Frottez l'Estampe par derriere avec ce verni ; & aussi-tôt par le dessus : puis laissez-la sécher, en l'étendant de tout son long. Vous pourrez l'arroser d'un peu d'esprit de vin, pour la faire sécher plus promptement.

Pour la peindre, il faudra l'humecter avec de l'eau ; puis la coller par les bords, avec de la colle de farine, sur un chassis de pareille grandeur ; & la laisser sécher. Il y en a qui la collent d'abord sur le chassis, & appliquent ensuite le verni dont nous venons de parler : c'est aussi la meilleure maniere.

Pour appliquer les couleurs derriere la Taille-Douce.

Il faut détremper vos couleurs sur la palette, avec un peu d'huile de noix ou de lin ; & les coucher les unes après les autres, selon les différens coloris que demande l'ouvrage pour imiter le naturel. Par exemple, pour la couleur de chair, vous vous servirez de blanc de plomb, mêlé avec du carmin ou du bleu, ou du jaune de Naples, ou du vermillon, suivant les différentes nuances de carnation ; pour le beau verd, vous employerez le verdet, ou verd de gris, ou bien le bleu de Prusse avec quatre fois autant de stil de grain clair ; pour le verd moins clair, tel qu'est celui des feuillages, vous coucherez du verd de montagne ; pour colorer le bois & les troncs d'arbres, vous vous servirez de terre d'ombre ; ou d'orpin ou d'ochre pour les ciels & les nuages, vous employerez du bleu de Prusse, avec du blanc de plomb ; & pour varier le ciel, vous composerez différens bleus, par le différent mêlange que vous ferez de ces deux couleurs : pour les éloignemens, vous prendrez du jaune avec du blanc de plomb : &c.

Pour faire paroître une Taille Douce, comme si c'étoit un tableau à l'huile.

Il faut d'abord humecter votre taille-douce avec de l'eau bien claire ; & la coller sur le chassis, comme ci-dessus. Ensuite vous la frottez d'huile de térébenthine, ou autre qui ne soit pas jaune : & quand elle est bien séche, vous appliquez vos couleurs broyées à l'huile, sur le revers de la taille-douce, à plat ; & sans ombrer, parce que les traits du burin qui représentent les ombres suffisent & font leur effet. Votre peinture finie, & le tout étant bien sec, vous frottez le côté de l'impression avec du verni de Venise qu'on appelle communément *Verni blanc*, ou *Verni siccatif clair*. Il faut avoir soin de coucher sur le revers de la taille douce, la carnation, à peu près comme sur la toile ; à cause de la sujettion du coloris, qu'il faut exprimer comme la couleur de chair.

Pour Laver, Eclaircir, & Délustrer, de vieilles Peintures.

1. Prenez un quarteron de soude grise, en poudre ; ajoûtez-y gros comme une muscade, de savon de Genes, rapé, ou coupé par petits morceaux : faites-les bouillir dans l'eau commune, l'espace d'environ un demi-quart d'heure. Ensuite tirez cette lessive du feu ; laissez-la un peu refroidir ; & quand vous verrez qu'elle sera tiede, lavez-en votre tableau : puis l'ayant essuyé, passez-y de l'huile d'olives, & l'essuyez bien encore : il paroîtra beau comme s'il étoit neuf.

2. Enveloppez environ une tassée de cendres de sarment dans un linge. Faites-les bouillir, environ une heure, dans un pot de terre vernissé. Ajoûtez-y gros comme une muscade, de bon savon rapé, ou coupé fort mince. Tirez votre lessive ; passez-la par un linge : & quand elle sera tiede, servez-vous en.

3. Faites bouillir parties égales de gravelée, & de soude blanche (une once de chaque), dans une pinte d'eau commune, jusqu'à réduction de moitié. Vous vous servirez de cette lessive, quand elle sera tiede & passée au clair ; en frottant promptement le tableau avec un linge, ou une éponge, imbibés de cette eau : ensuite vous le laverez avec de l'eau commune, bien claire, bien nette, & tiede : puis vous l'essuyerez.

4. Prenez deux pintes de la plus vieille lessive, avec une chopine de vin blanc : ajoûtez-y un quarteron de savon de Genes, rapé, ou coupé bien menu : faites-les bouillir environ un demi-quart d'heure. Ensuite passez cette lessive par un linge ; & quand elle sera refroidie, frottez-en le tableau avec une brosse ou avec une éponge. Puis laissez-le sécher, pour le frotter encore une autre fois ; ce que vous réitérerez de la même maniere, autant de fois que vous le jugerez nécessaire pour le bien délustrer. Après cela vous lui donnerez une légere couche d'huile, avec un linge ou avec du cotton ; puis l'ayant laissé sécher, vous l'essuyerez avec un linge chaud.

5. Il faut détacher le tableau de sa bordure ; puis, l'ayant couvert d'une serviette, ou d'une nape blanche, l'arroser continuellement d'eau commune

bien claire & bien nette, pendant quinze jours, ou jusqu'à ce que le linge ait attiré toute la crasse du tableau. Ensuite vous frotterez votre tableau, d'huile de lin dépurée pendant long-tems au soleil. On applique cette huile, avec une petite éponge, ou avec le bout du doigt.

6. Il y en a qui se servent d'une pomme de reinette, coupée en deux; mais comme ce fruit est extrêmement chargé de sels, il mange beaucoup les couleurs: ce qui arrive aussi lorsqu'on frotte les tableaux avec des lessives trop fortes. C'est pourquoi, si l'on veut conserver long-tems une Peinture, il faut se contenter de la laver avec l'eau tiede seulement, ou l'arroser de la maniere que nous venons de marquer en dernier lieu.

7. La Peinture d'impression à l'huile se nettoye très-bien, en la frottant avec de l'ozeille, puis la lavant avec de l'eau claire.

Pour enrichir des Encastillures ou Cadres de tableaux.

Si votre encastillure est argentée d'argent bruni, vous lui donnerez une couche d'eau de colle, avec une brosse douce ou gros pinceau; ce que vous pourrez faire plusieurs fois, si vous le jugez nécessaire: ensuite vous passerez le vernis sur la colle, afin de la conserver, & de rendre par ce moyen l'encastillure plus lustrée. Si vous voulez l'enrichir davantage; il faut, avant de mettre le vernis, peindre sur la colle, soit à l'huile, soit en détrempe, des figures d'oiseaux, ou d'autres animaux, de fleurs, de fruits, de feuillages, & autres choses que vous jugerez à propos: ensuite vous les encollerez, si ces figures sont à détrempe; puis vous les vernirez. Les figures à l'huile se vernissent aussi.

Pour faire l'eau de Colle.

Faites chauffer de l'eau; mettez-y de la colle de raclure de parchemin; après le premier bouillon, jettez l'eau, puis en remettez d'autre, & faites-la bouillir, jusqu'à ce qu'un peu de cette eau, que vous verserez sur une assiette, ou sur quelqu'autre chose, se fige étant froid. Alors passez toute l'eau par un linge bien net; quand elle sera reposée, passez-là une seconde fois. Vous pourrez ensuite vous en servir, comme il est marqué ci-dessus.

Pour enrichir une Encastillure, de Feuillages Verds.

Il faut d'abord frotter votre encastillure avec de la prêle; & la coucher de blanc, comme si vous vouliez la dorer d'or bruni. Ensuite prenez de l'inde, & un peu d'orpin broyé à l'eau, tirant sur le verd brun: ajoûtez-y un peu de jaune d'œuf; il en faut environ plein une écaille de moule, sur une tassée de couleur. Pour la faire tenir, vous mêlerez de la colle à proportion. Vous la coucherez seulement sur les frises; & vous réserverez les moulures, pour les dorer d'or bruni. Ensuite vous tracerez au moyen d'un poncif, ou autrement, & colorerez vos feuillages ou autres figures, avec de l'inde seul broyé avec un peu de colle, & une goutte de jaune d'œuf: vous les ombrerez, & les adoucirez en ombrant; & ensuite les rehausserez de verd, en mettant de l'orpin bien broyé avec le verd brun de la premiere couche; puis rehausserez encore d'orpin pur, broyé à l'eau & à la colle, & une petite goutte de jaune d'œuf. Ensuite vous brunirez l'ouvrage: qui sera après cela, plus beau, & plus luisant, que s'il étoit verni. On met très-peu de jaune d'œuf dans les couleurs, afin qu'on puisse brunir plus facilement; car si l'on en mettoit beaucoup, il s'en iroit par feuilles ou écailles en brunissant. Si l'on veut enrichir l'encastillure, de figures à huile; il faut brunir la premiere couche en verd brun; & peindre ensuite avec de l'huile siccative, dans laquelle vous ferez bouillir auparavant de la litharge d'or.

Pour enrichir avec du Jaune.

Vous commencerez par mettre une couche de blanc, sur votre encastillure; puis vous broyerez à l'eau, du jaune de Berri, & y mettrez une petite goutte de jaune d'œuf, & ensuite de la colle: vous donnerez une couche avec cette couleur. Quand la couche sera séche, vous tracerez votre dessein avec un peu de sanguine broyée à l'eau, & un peu de jaune d'œuf; ayant soin d'y mêler aussi un peu de colle. Pour les ombres, vous employerez de la terre d'ombre, ou de l'eau de suye; & pour le rehaut, vous employerez l'ochre & la craie mêlées ensemble, ou de l'orpin & un peu de craie, avec une ou deux gouttes de jaune d'œuf. Vous en ferez un essai, avant de coucher vos couleurs: après les avoir couchées, vous brunirez l'ouvrage avec la dent de loup. Si vous voulez le vernir, vous lui donnerez auparavant une couche de colle; sur laquelle vous pourrez peindre vos figures à l'huile, lesquelles vous vernirez, sans vernir le champ.

Pour enrichir une encastillure avec le Blanc.

Vous mettrez d'abord une couche du plus beau blanc; que vous polirez bien avec la prêle; vous mettrez par-dessus, une autre couche d'un beau noir; que vous composerez avec du noir à noircir, broyé avec quelques gouttes de jaune d'œuf, & un peu de colle, pour le faire tenir: il en faudra faire l'essai avant de l'appliquer, pour voir s'il brunit bien luisant. Quand votre couche de noir sera séche, vous brunirez avec la dent de loup; puis, vous servant d'une regle vous tirerez des filets, avec un canif cassé par la pointe, ou quelqu'autre petit instrument aiguisé par le bout comme un petit ciseau, & de la largeur que vous voudrez donner à vos filets; découvrant le noir jusqu'au blanc.

Vous pourrez encore tracer telles autres figures qu'il vous plaira, par le moyen d'une ou de plusieurs pointes. Il faudra hacher dans les feuillages, & dans le rehaut. Si vous avez de la peine à rechercher le jour, vous aurez un petit instrument mousse, avec lequel vous raclerez vos figures jusqu'à ce qu'il n'y paroisse plus de noir; lequel ayant ôté adroitement, & votre ouvrage étant bien blanc & uni, vous le brunirez avec la dent; puis vous tirerez les traits, & hacherez les ombres.

Pour enrichir une encastillure de Noir.

Il faut lui donner d'abord une bonne couche de colle bouillante: vous mettrez ensuite sur cette couche, cinq ou six couches de beau noir à noircir bien broyé à l'eau, & collé comme nous avons dit ci-dessus du blanc, afin qu'il tienne; puis vous prêlerez. L'ouvrage étant poli, vous lui donnerez une ou deux couches de ce blanc broyé avec un peu de jaune d'œuf: vous laisserez sécher; & brunirez avec la dent de loup. Cela fait vous découvrirez avec le petit ciseau, ou avec la pointe,

pointe, le blanc jusqu'au noir: & tracerez, comme ci-dessus, telles figures qu'il vous plaira. Pour faire que votre blanc ressemble mieux à l'yvoire; il faudra en le broyant y mêler un peu d'ochre jaune, ou un peu de massicot pâle.

Pour enrichir une encastillure d'Émaux.

Couchez-la de blanc, sept à huit fois. La derniere couche étant séche, polissez l'ouvrage avec la prêle; ensuite donnez une ou deux couches de noir broyé à l'eau, avec quelques gouttes de jaune d'œuf, & très-peu de safran; y ajoûtant un peu de colle, pour faire tenir la couleur. Il ne faut pas trop mettre de jaune d'œuf; parce que le noir ne prendroit pas un poli luisant, & s'en iroit par écailles. Quand vous aurez poli le noir avec la dent de loup, en long & en travers, vous tracerez en ponçant telle figure qu'il vous plaira. Après cela, vous mêlerez un peu de blanc avec du même noir, pour faire un gris; dont vous vous servirez pour tirer avec le pinceau les traits de votre ouvrage, & ainsi empêcher que la couleur à l'huile ne se sépare sur le champ noir: puis vous tracerez vos figures avec du blanc de plomb à l'huile, & ombrerez de noir & de blanc, le plus doucement & le plus nettement qu'il vous sera possible. Si vous voulez que les ombres tirent sur le bleu, vous n'aurez qu'à mêler un peu d'azur parmi votre noir. Le noir & le blanc pour les ombres doivent être broyés avec de l'huile siccative; parce que cette huile ne s'emboît pas, & imite parfaitement le vernis. Si l'ouvrage ne vous paroît pas assez luisant, mettez une couche de vernis siccatif sur les figures seulement; vous servant pour cela de la pointe d'un pinceau fin, laquelle pourra aussi vous servir à appliquer l'or moulu, si vous en voulez mettre en quelques endroits. Il faudra le gommer bien peu, pour le brunir. Si vous voulez appliquer l'or sur le blanc, ou le noir, il faut qu'ils commencent à être secs; mais il ne faut pas qu'ils le soient trop, ni trop peu, car l'or ne tiendroit pas. Il en est de même, pour l'appliquer sur le vernis.

Pour faire des figures d'Or ou d'Argent moulu, sur un fond noir.

Le bois étant noirci comme nous l'avons enseigné ci-dessus, vous appliquerez l'or ou l'argent moulu, & vous le rehausserez & ombrerez de la même maniere que nous avons marquée. Il faut coucher l'or ou l'argent, bien épais; & ensuite brunir avec la dent de loup.

Peindre des Fleurs sur un champ d'or bruni, ou à l'huile.

Dorez votre encastillûre d'or bruni, ou à l'huile; ensuite, avec de belles couleurs à l'huile ou en détrempe, peignez les fleurs sur la frise.

Imiter le relief de la Broderie.

Consultez l'article Relief.

Pour coucher l'Or en feuilles sur des Vases de Terre recuite & émaillée.

Couchez avec le pinceau sur un vase de terre bien émaillé, de l'or couleur bien broyé & bien gras. L'assiette se couche ensuite comme nous l'avons enseigné plus haut, en donnant la maniere de coucher l'or à huile sur un fond noir. Il faut avoir grand soin de bien dessiner les figures, les ombrer de noir, & les hacher le plus adroitement & le plus nettement qu'il est possible. *Voyez* au mot Dorer.

Peindre en Or sans or.

Consultez ce titre, sous le mot Encre, p. 905.

PEINTURE. *Voyez* ci-dessus l'article Peindre.

Peinture a Détrempe. Cette maniere de peindre employe des couleurs qui lui sont propres; à l'exception du blanc de chaux. L'azur & l'outremer doivent toujours être mis en œuvre avec la colle de gants ou de parchemin: car les jaunes d'œufs font verdir les couleurs bleues; & cela n'arrive pas quand on se sert de colle. Soit qu'on travaille sur des murs, soit sur du bois, il faut y donner deux couches de colle toute chaude, avant d'y appliquer les couleurs. On peut détremper les couleurs avec de la colle seule: la composition qui se fait avec des œufs & du lait de figuier, n'est nécessaire que pour retoucher commodément, & n'être pas obligé d'avoir du feu qui est nécessaire pour tenir la colle chaude. Quand on veut peindre sur la toile, on en choisit une qui soit vieille, demi-usée, & bien unie; & on l'imprime de blanc ou de plâtre broyé avec de la colle de gants. On broye toutes les couleurs chacune à part avec de l'eau; & on les détrempe avec de l'eau de colle, à mesure qu'on en a besoin pour travailler. Si l'on ne veut se servir que de jaune d'œuf, on prend de l'eau parmi laquelle on aura mis un verre de vinaigre, avec le jaune, le blanc & la coquille d'un œuf; & quelques bouts de branches de figuier coupées par petits morceaux: le tout bien battu ensemble dans un pot de terre.

La Peinture a l'Huile fut mise en usage par un Peintre Flamand, au commencement du XVe siecle. Par ce moyen, les couleurs d'un tableau se conservent fort long-tems; & acquerent un lustre que les Anciens ne pouvoient donner à leurs ouvrages, de quelque vernis qu'ils se servissent pour les couvrir. Cet Art ne consiste qu'à broyer les couleurs avec de l'huile de noix, ou de l'huile de lin: ce qui fait que le travail est bien différent de celui à fresque, ou de la détrempe; à cause que l'huile ne séchant pas si-tôt, le Peintre peut retoucher son ouvrage plusieurs fois. C'est un avantage, que d'avoir plus de tems pour le finir, & de pouvoir retoucher, autant qu'on le veut, à toutes les parties de ses figures: ce qu'on ne peut faire à fresque ni à détrempe: on leur donne aussi plus de force; le noir devenant plus noir, employé avec de l'huile que quand il est employé avec de l'eau. Comme toutes les couleurs à l'huile se mêlent ensemble, elles font un coloris plus doux, plus délicat & plus agréable; & donnent une union & une tendresse à tout l'ouvrage: ce qui ne se peut faire dans les autres manieres de peindre.

On peint en huile contre les murailles; sur le bois; sur la toile; sur les pierres; & sur toute sorte de métaux. On peint aussi sur le verre, sur les jaspes, & sur d'autres pierres fines. Mais la plus belle maniere d'y travailler, est de peindre en *Verre* sous le verre, en sorte que les couleurs se voyent au travers. Pour cela on couche d'abord les rehauts & les couleurs qu'ordinairement on met pour finir quand on peint sur bois, sur toile, &c.

La Peinture sur Verre ne se fait pas seulement à l'huile, mais encore *avec les cou-*

leurs à gomme & à colle, qui paroissent avec plus d'éclat qu'à l'huile. L'ouvrage fini, à l'huile ou à la détrempe, on couvre toutes ces couleurs avec des feuilles d'argent; ce qui redouble l'éclat de celles qui sont transparentes, comme sont les lacques & les verds. *Consultez* l'article VERRE. Il y a une autre sorte de Peinture sur le verre pour *faire des Vitres* : le travail s'en fait avec la pointe du pinceau, principalement pour les carnations; & quant aux couleurs, on les couche détrempées avec de l'eau & de la gomme, comme l'on fait en miniature. Quand on peint sur le verre blanc, & que l'on veut donner des rehauts; comme pour marquer les poils de la barbe, les cheveux, & quelques autres éclats du jour, soit sur les draperies, soit ailleurs; on se sert d'une petite pointe de bois, ou du bout du manche du pinceau, ou bien d'une plume, pour enlever de dessus le verre la couleur que l'on a mise dans les endroits où l'on ne veut pas qu'il en paroisse. Les matieres nécessaires pour mettre les vitres en couleur, sont les pailles ou écailles qui tombent sous les enclumes des Maréchaux, lorsqu'ils forgent; le sablon blanc; les petits cailloux de riviere les plus transparens; la mine de plomb; le salpêtre; la rocaille, qui n'est autre chose que de petits grains de verre ronds, verds & jaunes, que les Merciers vendent; l'argent, & l'or; le périgueur; le saffre; l'ochre rouge; le gypse ou talc; & la litharge d'argent : l'on broye toutes ces couleurs chacune à part sur une platine de cuivre un peu creuse, ou dans le fond d'un bassin, avec de l'eau où l'on a mis dissoudre de la gomme arabique. *Consultez* l'article VERRE.

La PEINTURE EN ÉMAIL se fait sur les métaux, & sur la terre, avec des émaux recuits & fondus. Autrefois, tous les ouvrages d'émail, tant sur l'or que sur l'argent & le cuivre, n'étoient pour l'ordinaire que d'émaux transparens & clairs; & quand on employoit des émaux épais, on couchoit seulement chaque couleur à plat & séparément, comme l'on fait encore quelquefois, pour émailler certaines pieces de reliefs : aussi n'avoit-on pas trouvé la maniere de peindre, comme l'on fait aujourd'hui, avec des émaux épais & opaques; ni le secret d'en composer toutes les couleurs dont on se sert à présent. Pour employer ces émaux clairs, on les broye seulement avec de l'eau, à cause qu'ils ne peuvent souffrir l'huile comme les épais; on les couche à plat, bordés du métal sur lequel on les met. Toutes sortes d'émaux ne s'employent pas indifféremment sur toutes sortes de métaux : le cuivre, qui reçoit tous les émaux épais, ne sçauroit souffrir les clairs & les transparens; mais l'or reçoit parfaitement aussi-bien les clairs que les opaques. La Peinture en émail se fait sur des plaques d'or ou de cuivre émaillées de blanc par les Orfevres metteurs en œuvre; & on peint sur ces plaques avec des pinceaux, & avec toutes les couleurs d'émail qui peuvent agréablement imiter la Nature. Mais il est besoin de donner aux émaux qu'on employe, un feu propre; afin de les parfondre sur la plaque, & de leur faire prendre le poli qu'ils doivent avoir; & pour cela l'ouvrage doit aller sept ou huit fois au feu. La Peinture en émail n'est point sujette à changer: & le tems, qui fait de si grands changemens en la plûpart des choses, ne peut rien sur elle; parce que c'est une espece de vitrification.

PEL

PÉLADA. *Voyez* CHATAIGNIER, pag. 543.

PELADE. Maladie de la peau; qui fait tomber le poil; & qui est causée par une humeur séreuse qui corrode la racine des cheveux. On dit mieux *Alopécie*. Voyez *Chûte des* CHEVEUX.

PELAGE. C'est en général, la couleur des bêtes courables, & des chiens, eu égard à leur principale couleur. On dit: *Ce chien est d'un Pélage gris.*

PELARD (*Bois*). Voyez sous le mot BOIS.

PELER *des Amandes*. Voyez sous le mot AMANDIER.

PÉLICAN. Vaisseau de verre, ou de terre cuite, avec des anses creuses & percées; qui sert à faire plusieurs distillations des liqueurs par circulation, & à les réduire dans leurs plus petites parties. *Voyez* DISTILLATION, page 808.

PELLE. Instrument de bois, fait en forme de bêche; pour remuer des terres légeres & du sable. La pelle est toute d'une piece; & a le cuilleron plus long & plus large que les bêches de fer.

PELLETÉE; *ou* PELLERÉE. C'est la quantité de terre qui se peut ranger sur une pelle.

PELLITORY. *Voyez* PYRETHRE. IMPÉRATOIRE. PARIÉTAIRE.

PELOTE *de Neige*. Voyez OBIER, *n.* 2.

PELOUSE. *Voyez* TAPIS *de gazon*.

PELUCHE. Les Fleuristes nomment ainsi une houpe de feuilles étroites, ou béquillons, qui remplissent le disque des anémones. La peluche doit former un dôme; & être bien fournie de béquillons. On dit : une *Anémone Peluchée*.

PEM

PEMPHTHENPHTHAM & PEMPSEMPTE. } *Voy.* PERISTEREON.

PEN

PENCALIER. *Voyez* PANCALIER.

PENDENTIF. C'est une portion de voûte entre les arcs d'un dôme; qu'on nomme aussi *Fourche* ou *Panache*, & qu'on taille de sculpture : comme à Paris ceux du *Val de Grace*, *des Invalides*, où sont les quatre Évangélistes. La peinture les rend plus légers : comme on le peut remarquer à la plûpart de ceux des dômes de Rome. *Voyez* PANACHE.

PENDENTIF *de Valence*. Espece de voûte en maniere de cul-de-four, racheté par quatre fourches; comme il s'en voit aux Chapelles de l'Église de St. Sulpice à Paris. Cette voûte a été ainsi appellée, parce que la premiere a été faite à *Valence* en Dauphiné, où on la voit encore dans un cimetiere; & qui est portée sur quatre colonnes pour couvrir une sépulture.

PENDULE. Corps qui pend à un fil, ou à une verge. Tel est le balancier qui produit les vibrations d'une horloge.

PENDULE (*Niveau à*). Consultez l'article NIVEAU.

Les Botanistes Latins nomment *PENDULA Radix*, toute racine qui pend à un filet; comme sont celles de la Filipendule. Ils appellent aussi *Flos Pendulus*, une fleur pendante.

PÉNICULE: *Terme de Fleuriste*. C'est la même chose que Étamine. *Voyez* l'article OREILLE *d'Ours*.

PÉNIDES. *Voyez* SUCRE *d'Orge*.

PENNAGE. Consultez l'article *Maladies* des OISEAUX.

PENNY-*Royal*. Voyez MENTHE, *n.* 2.

PENSÉE; ou *Menue* Pensée. *Voyez* l'article Violette.

PENSTEMON. *Voyez* Asarina, *n.* 2.

PENTAGONION. *Voyez* Campanula, *n.* 2.

PENTAPHYLLOIDES. Ce genre de plantes porte des fleurs dont le calyce est d'une seule piece, ordinairement découpée en dix. Il y a cinq pétales arrondis, évasés, qui s'inférent dans le calyce par leur base; & une vingtaine d'étamines fort menues, dont les sommets sont allongés, mais en arc. Ces étamines accompagnent une espece de tête, formée par quantité de petits ovaires: dont les styles sont très-fins. Le calyce subsiste pour servir d'enveloppe aux semences, qui sont terminées en pointe & fort nombreuses.

Nous ne parlerons ici que d'une seule espece: qui est connue en François sous les noms d'*Argentine*, & *Aigremoine sauvage*; & en Latin, sous celui de *Pentaphylloïdes argenteum alatum*, *seu* Potentilla *officinarum* Inst. R. Herb. La racine de cette plante est roussâtre par dehors, blanche en dedans, flexible, & fibreuse. Il en sort des feuilles couchées à plat contre terre; composées de folioles qui sont recourbées en dessous; velues, d'un blanc brillant & argenté particuliérement à leur surface inférieure, profondément dentelées, longues de plus d'un pouce, larges d'environ trois lignes, attachées par paires le long d'un nerf un peu velu, creusé en gouttiere, & terminé par un foliole unique. Du bas de la plante, sortent des trainasses purpurines, par lesquelles elle se multiplie en s'enracinant à différentes distances. Vers les mois de Juin & Juillet, naît aussi une espece de tige ou péduncule cylindrique, foible, velu; dont le bas est purpurin, & le sommet terminé par une fleur jaune. Cette plante vient sur le bord des chemins, & ailleurs, toujours dans des endroits plus ou moins humides.

Usages.

L'Argentine est astringente, dessicative, utile pour le cours de ventre & la dysenterie. Elle arrête les écoulemens excessifs du sang des femmes; & leurs fleurs blanches: on dit même qu'elle opére cet effet, lorsqu'on la tient sous la plante des pieds immédiatement contre la peau; mais il est plus sûr de mêler la poudre de ses feuilles dans quatre onces de la décoction ou de l'eau distillée de cette plante. Son eau distillée est cosmétique. La décoction, mêlée avec un peu de vinaigre, affermit les dents, & en appaise la douleur: ce remede rétablit aussi la luette relâchée; si l'on y ajoûte un peu d'alun. On use intérieurement de cette plante, soit en substance, soit en forte décoction, pour dissoudre le sang caillé.

PENTAPHYLLUM. *Voyez* Quintefeuille.

PENTE. Inclinaison peu sensible; qu'on fait ordinairement pour faciliter l'écoulement des eaux. Elle est reglée à *tant* de lignes par toise, pour le pavé & les terres, pour les canaux des aqueducs & conduits, & pour les cheneaux & gouttieres des combles. On appelle en Latin cette sorte de pente, *declivitas*. On nomme *Contre-Pente*, dans un canal ou aqueduc, ou dans un ruisseau de rüe, l'interruption du niveau de pente; causée par malfaçon ou par l'affaissement du terrein, ensorte que les eaux n'ayant pas leur cours libre, s'étendent ou restent dormantes.

Pente *de Comble*. C'est l'inclinaison des côtes d'un comble; qui le rend plus ou moins roide sur sa hauteur par rapport à sa base. C'est ce que Vitrüve appelle *Stillicidium*.

PENTELADA. *Voyez* Houx, *n.* 1.

PENTURE. Morceau de fer plat, replié en rond par un bout, pour recevoir le mammelon d'un gond; & qui attaché sur le bord d'une porte ou d'un contrevent, sert à le faire mouvoir pour l'ouvrir ou le fermer. Les portes cocheres ont ordinairement trois fortes pentures.

PEO

PEONE. *Voyez* Pivoine.

L'on a aussi donné ce nom à quelques especes de renoncules. *Voyez* Renoncule, *n.* 12.

PEP

PEPIE. Maladie qui arrive aux oiseaux, surtout lorsqu'ils ont eu soif trop long-tems. Il leur survient alors une pellicule blanche & séche qui couvre la langue. On connoît qu'ils ont la Pepie, quand ils ne veulent ni boire ni manger. Ils y sont principalement sujets pendant les grandes chaleurs dans les mois de Juillet, Août & Septembre.

Pour Prévenir cette maladie.

Il faut mettre dans l'eau qu'on donne à boire aux oiseaux pendant ce tems-là, des graines de melon ou de concombre; ou du jus de poirée.

Moyen de Guérir la Pepie.

Consultez les articles Oiseau: & Poule.

Voyez encore ce qui est dit de cette maladie, dans l'article Cheval; p. 572 col. 2.

PEPIN. Semence couverte d'une enveloppe coriacée, & renfermée dans la pulpe de certains fruits: tels que les pommes, les poires, les coings, les grenades, les oranges, les citrons, les limons; que, par cette raison, l'on nomme *Fruits à Pepin*. On dit aussi un Pepin de Raisin, quoique ce nom ne convienne pas à cette semence.

Voyez Fruit, p. 145.

PEPINIERE. Terrein où l'on éleve des plantes & de jeunes arbres, en leur donnant une bonne culture. On les y greffe: & en général on les y dispose à être transplantés dans les vergers, les jardins, les quinconces, les avenues, &c.

2. Quelques-uns appellent Pépiniere, l'endroit où on seme les pepins ou graines d'arbres; en un mot ce qu'on nommoit anciennement *Seminaire*, & maintenant *Semis*.

3. On donne encore le nom de Pépiniere à un terrein où l'on plante des choux avant l'hiver; des œuilletons d'artichaux pour remplacer ceux qui peuvent manquer; &c.

Il y a des Pépinieres d'arbres forestiers; comme d'ormes, de tilleuls, de charmille, d'érable, de marroniers d'Inde; ces arbres viennent de semence, & on les transplante en Pépiniere. On fait des Pépinieres d'arbres à fruit; comme sont les poiriers, pommiers, pruniers, pêchers. Tous ces arbres viennent de pepins, ou de noyaux. D'autres Pépinieres se font d'arbrisseaux ou d'arbustes; tels que sont les lilas, les diverses sortes de lauriers, les jasmins, les chevrefeuils, les buis qui servent à orner les parterres.

Terrein qu'on doit choisir pour faire une Pépiniere.

Vous ne devez planter des Pépinieres que dans un bon fonds. S'il est bien situé & bon, vous avez tous les avantages que vous pouvez desirer pour une Pépiniere. En général le terrein d'une Pépiniere doit être plus sec qu'humide. Consultez le *Traité des Semis & Plantations*, de M. Duhamel, p. xxxv, xxxvj, 138, 140, 141. Cependant il convient de mettre dans une terre humide les arbres aquatiques.

Cet habile Maître en fait de culture avertit qu'il » n'est pas à propos de fumer les Pépinieres : » le fumier attire les vers blancs qui rongent les » racines; & d'ailleurs, les racines qui se forment » dans le fumier, ne sont jamais bien conditionnées, » (p. xxxv), 138, 140, 141.)

» Le seul moyen de tirer parti d'une terre mé» diocre, est de la fouiller à la profondeur d'un » pied & demi, pour les petits arbres destinés à » faire des palissades, des haies, & des massifs; » & de deux pieds, pour les arbres qu'on veut éle» ver en grand, & qu'on destine à former des » avenues. * *Traité des Semis*, du même Auteur, » page 141.

Il faut défoncer ainsi au moins les rayons dans lesquels vous voulez planter : & quand vous passeriez toutes les terres des rayons à la claie d'osier, vous feriez un très-bon ouvrage. Si vous manquez de bonne terre, prenez celle du dessus de votre héritage pour y suppléer; & celle que vous ne voudriez pas employer dans la Pépiniere, sera répandue pour remplacer celle-là; elle pourra mûrir & se perfectionner.

Les rayons doivent donc être fouis d'un bon fer de bêche, (& non labourés simplement à la charrue); on renverse avec la bêche le gazon ou la terre, sens dessus dessous.

Ces labours se doivent toujours faire par un beau tems : un ancien proverbe dit que, Qui fouit la terre pendant la pluie, plante des chardons.

Ces préparatifs absolument nécessaires doivent être faits & achevés en Septembre & Octobre; tems auquel les terres sont ordinairement plus faciles à remuer.

Vous laisserez reposer cette terre ainsi préparée, sans y rien semer, jusqu'au mois de Mars suivant.

En ce tems & aux plus beaux jours que vous pourrez choisir, vous lui donnerez un second labour : sur lequel vous pourrez semer & planter des pois, des feves, des laitues, du pourpier, du cerfeuil, des choux; tous ces legumes étant propres pour défricher & ameublir la terre.

Situation que doit avoir une Pépiniere.

Toutes les semences demandent un lieu frais, non étouffé d'arbres, ni rempli de racines. Elles veulent aussi être abritées du soleil de midi : à quoi peut servir le terrein labouré où est un espalier du côté du levant. On peut encore choisir un lieu plus commode qui soit séparé du jardin; parce que dans une Pépiniere on ne pratique pas ordinairement des allées, & qu'on ne peut s'y promener sans gâter le labour qu'il est nécessaire de faire pour l'entretenir. Une année seule suffira pour vous fournir amplement de toute sorte de plant; & plus que vous n'en aurez besoin.

M. Duhamel fait sentir, dans son *Traité des Semis & Plantations*, page 136 & 137, l'avantage que l'on trouve à former des Pépinieres : qui, dans un arpent de terrein, fournissent dequoi planter en peu de tems des espaces considérables.

Ce qu'on doit faire lorsqu'on met du Plant dans une Pépiniere.

Pour commencer votre Pépiniere, vous choisirez quelque partie de votre jardin, que vous ferez défoncer comme nous avons dit; & vous lui donnerez plusieurs labours, pour détruire les mauvaises herbes. L'ayant bien dressée, vous la ferez piétiner pour l'affermir : mais il faut, pour ce piétinement, que le tems soit au sec; s'il étoit fort humide, cette opération paîtriroit la terre. Vous ferez faire ensuite de petites rigoles de la hauteur & largeur d'un fer de bêche, distantes d'un pied & demi à deux pieds l'une de l'autre, en comptant depuis le milieu de chaque rigole. On doit jetter la terre toute d'un côté, sur le bord du rayon.

Cela étant fait, vous poserez votre plant dans les rayons, appuyé sur le côté opposé à celui où vous aurez mis la terre qui a été tirée. Ayant rogné le pivot, vous mettrez chaque arbre de basse tige à demi-pied, neuf pouces, ou au plus à un pied, de ses voisins, & les hautes tiges à un pied & demi ou deux pieds, toujours chaque espece à part; les poiriers avec les poiriers, les pommiers avec les pommiers, & ainsi des autres. Puis vous remplirez le rayon avec la terre; & marcherez dessus pour l'affermir, de crainte que le plant ne s'évente. Consultez le *Traité des Semis & Plant.* pag. 143, 144.

Si, dès l'année même que vous aurez planté des arbres, il s'en trouvoit d'assez forts pour être écussonnés, & qu'ils fussent en seve, ne faites aucune difficulté de les greffer.

Pépinieres de différentes sortes d'arbres à fruit.

1. Pour la Pépiniere de Poiriers, il faut planter des sauvageons pris dans les taillis & dans les forêts, ou des sauvageons venus de pepin, ou de ceux que les racines de vieux poiriers poussent d'elles-mêmes; ou enfin planter des coignassiers; & que tous paroissent bien conditionnés, tant par la racine que par la tige.

2. Pour la Pépiniere de Pommiers, si on en veut élever de tige, on plante d'assez gros sauvageons pris dans les bois & les forêts, pour les greffer en fente : ou des sauvageons venus de pepin, qu'on greffe en écusson quand ils sont de la grosseur de deux pouces, & qu'on laisse venir grands ensuite, pour être arbres de tige. Si on veut faire une Pépiniere pour buissons, il faut planter des pommiers de paradis; & les planter seulement à un bon pied l'un de l'autre dans les rangs. La raison de cette proximité est fondée sur le peu de racines que font ces sortes de petits pommiers, qui par conséquent ne tiennent pas grande place.

3. Pour faire une Pépiniere de Pruniers, il ne faut que des rejettons de certains pruniers; sçavoir S. Julien, damas noirs, cerisette. On greffe en fente ceux qui sont assez gros pour cela; & on greffe en écusson les médiocres.

4. Les bonnes Pépinieres pour les Pêchers, doivent être de pruniers de Saint Julien, & de damas noir; qu'on greffe à œuil dormant dans les mois de Juillet & Août : ou de jeunes amandiers, c'est-à-dire, d'amandiers venus d'amandes mises l'hiver en bonne terre, & devenus au mois de Septembre suivant, de la grosseur d'un demi-pou-

ce, pour être greffés à œuil dormant dans ce tems-là. Les vieux amandiers, de deux ou trois ans, sont presque toujours inutiles pour greffer.

5. Pour faire une Pépiniere de Cerises, Griottes, Bigarreaux; il n'y a pas de sujet plus propre que les mérisiers, qui se sement naturellement dans les bois. On a coutume de préférer ceux dont les mérises sont blanches, prétendant que ceux qui en portent de noires, ont ordinairement la seve si amere, que les greffes des bonnes cerises n'y prennent pas, ou languissent toujours.

Les cerisiers de pied peuvent véritablement servir pour greffer les bonnes cerises; mais on n'y greffe ordinairement que des cerises précoces.

6. Les Pépinieres de Figuiers se font de petits rejettons sortis des pieds des vieux figuiers, ou de ceux de deux ans. *Voyez* FIGUIER.

7. Pour la Pépiniere d'Aseroles, il ne faut que de l'épine-blanche; & peu de coignassier.

8. On ne fait point de Pépiniere de Vigne : ce n'est gueres que sur les vieux pieds en place qu'on s'avise de greffer. Pour les Neffliers, personne n'en fait de Pépiniere particuliere. Une douzaine au plus de neffliers sauvages; ainsi que d'épines blanches, ou de coignassiers; sont capables de faire la provision des plus grands jardins.

9. *Voyez* CHÂTAIGNIER.

Ce qu'il y a à faire lorsque le plant a pris quelque accroissement.

Il y a un tems pour ébourgeonner & arrêter les arbres durant la seve. Les bourgeons que l'on peut ôter, sont ceux qui dans leur accroissement donneroient quelque difformité à l'arbre; car pour ceux à fruit il les faut tous laisser. Pour distinguer un bourgeon à fruit, d'avec un à bois, on observera que celui à bois est menu & pointu, & que celui à fruit est plus gros, & comme arrondi.

L'on taille aussi les jeunes jets, qui poussent de trop grande force, & qui par leur vigueur pourroient attirer toute la seve d'un arbre, & feroient languir les branches qui sont déja toutes venues. Quand vous remarquerez cela, vous les arrêterez au deuxieme ou troisieme nœud; & cela après que l'arbre aura poussé sa seve.

On rogne aussi la pousse de la seve d'Août; tant parce que l'arbre s'étendroit trop sans se garnir, qu'à cause que bien souvent elle ne mûrit pas avant l'hiver, & laisse la branche affamée par le bout; qu'il faudroit nécessairement rogner à la taille de Février.

Si vous voulez faire à part quelque plant de grands arbres, il faut que les poiriers soient greffés sur franc, & non pas sur coignassiers; & les pommiers, sur sauvageons de forêt, & non sur pommiers de Paradis : autrement ils ne grandiroient pas, mais demeureroient toujours bas de tige. On greffe les pommiers à demi-tige, & nains, sur le fichet, qui est une pomme tendre.

Vous planterez les pommiers de plein vent au moins à cinq toises les uns des autres; & les poiriers, pruniers & autres, à quatre.

Vous observerez qu'ils soient plantés en *quinconce*, c'est-à-dire, en lignes qui se coupent à angles droits.

On évite, pour les arbres écussonés sur le coignassier, sur le fichet, ou sur le paradis, que la greffe soit en terre : il sortiroit immanquablement des racines du bourrelet; & l'arbre cesseroit d'être nain. Il faut que la greffe soit toujours à fleur de terre; pour l'ornement de l'arbre, qui seroit désagréable si l'on voyoit le nœud où il aura été greffé; particuliérement en quelques-uns dont la greffe surpasse en grosseur le sujet; & fait un gros bourrelet à la soudure de la greffe, ce qui est désagréable. Les arbres en plein vent s'écussonnent presque toujours au haut de la tige.

Quoique nous parlions de greffer une Pépiniere, ce n'est pas le plus avantageux; les arbres étant souvent retardés par cette opération.

Si néanmoins vous voulez greffer les poiriers, d'autant qu'ils seront toujours sauvages, vous le pouvez faire dès la troisieme année quand ils sont de la grosseur du pouce.

Quand vous les grefferez, il faut que ce soit en les coupant en pied de biche, à demi-pied de terre, & non plus bas: il en peut manquer; & si vous les coupiez tout contre terre, ce seroit autant de perdu. Au lieu que vous pourrez en cas de manque, les regreffer plus bas une autre année. Mais le meilleur & le plus assuré, est de ne les greffer que quand ils sont depuis deux ans en place, & de tels fruits qu'il vous plaît; & d'en faire une bonne note sur votre livre.

Quand vous grefferez votre Pépiniere, comme plusieurs désirent faire pour leur contentement particulier, & en propre personne; il est important d'avoir un registre, dans lequel vous écrirez tous les arbres de votre Pépiniere, pommiers, poiriers, &c. l'un après l'autre, & chacun en leur rang : par exemple, » le premier rang d'un tel côté contient tant d'arbres; le premier est un poirier; le second un pommier : & vous continuerez jusques au bout du rang; » le second rang ensuite est de même : & ainsi de tout le reste.

A mesure que l'on greffera un arbre de la Pépiniere, écrivez à son nombre le fruit duquel il sera greffé; tant pour votre satisfaction que pour celui auquel vous en pourriez faire présent ou le vendre : & ne mettez point d'ardoise à l'arbre comme l'on fait souvent; car le vent les emporte, & alors vous êtes aussi peu avancé que si vous n'aviez rien fait.

Si quelqu'un de ces arbres manque de reprendre, notez-le pareillement : & quand vous le grefferez, corrigez votre nombre sur le registre.

Si vous voulez vendre de vos arbres pour retirer vos fraix; en montrant votre livre, & garantissant le fruit tel qu'il est, & que vous le connoissez par là, vous obligez beaucoup celui qui l'achete, même en lui vendant un bon prix. *Consultez* l'article GREFFER.

Observations sur l'Achat des petits arbres pour former une Pépiniere.

La vraie saison d'arracher les petits arbres des semis ou des forêts pour les mettre en Pépiniere, est l'automne, sitôt qu'ils ont quitté leurs feuilles; pourvû néanmoins que la terre soit assez pénétrée d'eau, pour qu'on puisse arracher ces arbres, sans endommager les racines. Nous exceptons de cette regle les arbres qui conservent leurs feuilles durant toute l'année, & ceux qui craignent les fortes gelées; car il est à propos de ne les transplanter qu'au printems, & même en Avril, lorsqu'ils auront déja fait quelques nouvelles productions.

Consultez l'article ARBRE, *n.* IV : & le *Traité des Semis & Plantations*, de M. Duhamel, L. 3, ch. 1, art. 5; pp. xxxj, xxxij.

On aura toujours plus de satisfaction des arbres

qu'on tirera de ses propres Pépinieres, que de ceux qu'on achete des Jardiniers. Mais comme on se trouve souvent dans la nécessité d'avoir recours aux Pépinieres des Jardiniers, on doit tâcher alors d'en tirer le meilleur parti possible. C'est pourquoi nous avons indiqué dans l'article ARBRE les signes qui doivent guider dans le choix des arbres qu'on achete, & les précautions qu'il faut prendre pour le transport de ceux que l'on tire de Pépinieres éloignées. Ces précautions, quoique assez simples, sont importantes; & l'on voit de grandes plantations manquer entiérement, pour avoir négligé de ménager ainsi les arbres dans leur transport. Voyez le *Traité des Semis*, pp. 134, 135, 137, 138, 142, & 144.

Recommandez bien qu'on emballe les jeunes arbres, aussi-tôt qu'ils auront été tirés de terre.

Pour le bon plant de pommiers, & de poiriers: si vous êtes en pays où l'on fait le cidre, comme est la Normandie, je ne vous conseille point d'en semer; car vous en trouverez abondamment à choisir dans la Ville de Rouen, vers la fin du mois de Février, où il arrive des bateaux pleins de très-beau & bon plant, qui ne coûte ordinairement que quatre livres le millier. En plusieurs pays, il faut s'informer où on fait du cidre: en ce cas achetez le menu plant.

Mais voici un avis important: il faut que, par vous ou par une personne qui s'y connoisse bien, vous obteniez du Marchand, de pouvoir tirer de chaque botte quelque quantité du plus beau plant ou production de pepin qu'il sera possible, à vous & à lui; & au lieu de quatre livres du millier, payez lui ce qu'il vous demandera: car ce sera le moindre coût de votre Pépiniere, que le prix du plant. Ce sera néanmoins un grand profit que vous retirerez, si vous choisissez bien vos arbres. De telle sorte que, si vous avez de beau plant, bien fort, bien en écorce, de bonne couleur, vous êtes assuré que vous aurez une très-belle Pépiniere. Si au contraire, vous plantez votre plant de pepins avec sa parure, qui est la finesse du métier; vous n'en aurez que du mécontentement: vous ne pouvez connoître cette différence qu'en voyant ensemble une botte choisie, & une botte ordinaire.

Si le Marchand ne veut pas vous permettre le choix, au lieu d'un millier prenez-en trois milliers; & ainsi le triple de ce que vous en aurez affaire: de ce triple, n'en faites que votre tiers nécessaire: & faites revendre le surplus. Il y a toujours des personnes qui croyent faire une excellente journée, quand ils gagnent vingt ou trente sols sur un millier de pepins: ces gens vous en déchargeront dans le marché.

Votre pepin doit être pris, moitié poirier, moitié pommier; d'autant que le poirier est un bois mollasse & tortueux en son commencement, & ne se soutient pas comme fait le pommier; qui pousse toujours droit; ce mélange fait que le poirier est obligé de s'élever pour chercher l'air; & le pommier le soutient, & le rejoint ensuite.

De quelle maniere il faut Planter les petits arbres ou pepins.

Quand vous les aurez achetés, vous prendrez chaque brin, & lui couperez la moitié de la racine, un peu plus, ou un peu moins: & cela afin qu'il fourche en racine & chevelu. Vous mettrez chaque brin de poirier coupé, dans une mane. Quant aux bouts des racines, que vous couperez; vous ne les jetterez point: mais vous les ferez lier par petites bottes, bien soigneusement; pour les planter aussi avantageusement que votre plant même; & l'expérience vous fera voir que les bouts de ces fortes racines vous produiront d'aussi beaux arbres, & aussi prompts à s'élever, que votre pepin. On plante ces bouts de racines avec un petit bâton que l'on enfonce dans la terre bien meuble, pour faire le trou, en tenant bien ferme de la main gauche la tête de cette racine; & lorsque le tout est planté, vous en rapprochez la terre avec le bâton que vous tenez de la main droite, comme quand on plante des laitues pour pommer. Le petit bout par lequel on tenoit la racine, doit demeurer à fleur de terre.

Tous vos pepins étant parés, & distribués dans les manes pour votre plus grande facilité, vous ne ferez pas labourer de nouveau toute la piece de terre que vous voulez planter, mais seulement les rayons que vous aurez ci-devant bien préparés; ou la planche sur laquelle vous prétendez planter le pepin; d'autant que vous la piétineriez trop, & qu'il ne la faut fouir qu'après avoir planté: mais vous ferez planter en cette façon. Vous tirerez au cordeau bien tendu vos rigoles, droit au soleil de midi. Vous placerez de la main gauche, les arbres au milieu de chacune; espacés à neuf pouces ou un pied: & couvrirez les racines avec de la terre que vous ferez couler dans le fond de la rigole, avec la main droite. Vous arrangerez en même-tems les racines; contre lesquelles vous presserez la terre.

Vos manes de brins de pommiers & celles de poiriers vous suivront toujours; ensorte que vous mettiez premiérement un pommier, puis un poirier: vous continuerez tous vos rangs de la sorte, mettant un poirier entre deux pommiers, quelques avis que l'on vous donne au contraire; l'expérience devant prévaloir en ce point.

Vous n'en couperez point du tout la tige ni avant de les planter, ni après. Voyez le *Traité des Semis*, page 146, 147.

Vous donnerez à vos rangées quatre bons pieds de distance, ni plus ni moins, afin de pouvoir aller tout autour de votre plant pour le cultiver.

Tout étant mis en terre, on comble les rigoles, & on unit le terrein. Consultez le *Traité des Semis*, page 146.

Quand une Pépiniere a été plantée avec précaution, elle n'exige plus que de petits soins: qui se réduisent, pour la premiere année, à arracher l'herbe; puis à donner, chaque année, un labour un peu profond avant l'hiver, un labour léger au printems, & un semblable durant l'Été; prenant garde de ne pas endommager les racines, sur-tout quand le plant est petit. Avec ces attentions, les arbres deviennent ordinairement en état d'être replantés dans la troisieme année, soit en palissade, soit en massifs. Voyez le *Traité des Semis*, page 148.

Pour ce qui est du plant très-menu, on le plante à la cheville; fort près-à-près, dans une terre bien préparée: où il reste jusqu'à ce qu'il soit assez vigoureux pour être remis en Pépiniere comme le plant un peu gros, dont nous venons de parler.

Culture qu'on doit donner aux arbres de la Pépiniere.

Au mois d'Avril de la même année, quand la seve monte au bois & qu'elle commence à faire bourgeonner votre pepin planté au mois de Février, alors & non plus tôt vous en couperez la tige le plus bas que vous pourrez, y laissant un œil ou bourgeon hors de terre.

Il faut que la coupe se fasse nettement sans rien rompre : c'est pourquoi vous prendrez un bâton commode à la main, contre lequel vous poserez la tige de l'arbre; puis avec un couteau bien tranchant, & en appuyant ferme le taillant contre l'endroit de la tige par lequel vous voulez la couper, vous la séparerez sans aucune crainte de vous blesser les doigts. Quelques-uns disent que cet appui peut meurtrir l'arbre : mais les Anciens & les Modernes l'ont pratiqué ainsi, sans s'en être mal trouvés.

D'autres coupent la tige en la tenant ferme par le bas; ils sont en danger de se couper, & d'ébranler davantage la tige : au reste l'une & l'autre méthodes sont bonnes.

Votre pepin étant ainsi rogné ou coupé, il faut avoir un rateau à dents de fer; ratisser la terre de l'allée; & en rechausser votre pepin, ensorte néanmoins que l'œil laissé paroisse; ou, pour mieux dire, que le pepin montre sa tête.

Cette coupe & ce rechaussement doivent être faits par un beau tems : vous laisserez ensuite pousser vos pepins sans rien ôter, ni abattre jusqu'à la fin du mois de Mai : auquel tems vous les visiterez, & trouverez qu'ils auront poussé environ quatre doigts de hauteur. Alors vous choisirez le plus beau scion, pour le laisser monter; & vous abattrez les autres, avec le doigt, ou autrement, sans offenser la tige.

Il faut avoir grand soin de tenir la Pépiniere nette de mauvaises herbes : & ne pas oublier d'étendre de la fougere dessus, si vous en pouvez avoir commodément; ou au moins, de grande litiere; laquelle tiendra toujours votre terre en état : & quand l'herbe commencera à paroître, vous aurez soin de la faire doucement sarcler & nettoyer.

La même année, à la S. Martin, vous ferez déchausser proprement, & sans rien heurter ni couper, votre jeune arbre, des deux côtés jusqu'à la racine, de cinq ou six pouces de largeur de chaque côté; & laisserez la terre que vous retirerez de cette façon, sur l'allée qui sert de chemin. Cela empêche que les mulots qui sont extrêmement friands des racines de ces arbres, ne les rongent. Vous les laisserez ainsi découverts jusqu'au mois de Mars suivant : nous supposons, ainsi que nous l'avons prescrit, que le terrein de la Pépiniere n'est pas humide.

A la fin de Mars, quand la terre commencera à être bien essuyée, & par un beau tems, après que vous aurez fait une revue de tous les arbres; si vous en trouvez qui soient fourchus, comme cela arrive à plusieurs, vous les émonderez, ensorte que vous ne laissiez que le scion le plus vigoureux. Vous retrancherez tout ce qui voudroit pousser à un pié près de terre; afin que le pié soit bien uni, & capable de recevoir, sans nœuds ni fistules, la greffe que vous voudrez mettre dessus en son tems.

Il n'est pas à-propos d'émonder les scions qu'a poussés & que poussera votre plant, plus haut que la hauteur d'un pié depuis le bas de la tige; vous n'en couperez ni retrancherez rien jusqu'à la troisieme année. Voyez le *Tr. des Semis*, p. 149, &c.

En ce même mois de Mars de la seconde année, il faudra bien labourer, & rechausser soigneusement le pepin qui a resté découvert des deux côtés pendant l'hiver. Cela étant fait, vous n'aurez plus qu'à bien nettoyer d'herbes la Pépiniere jusqu'au labour de la S. Jean. Ce labour ne doit pas être aussi profond que ceux d'hiver. Pour empêcher la production des herbes, il faut, à la S. Jean, mettre de la fougere verte : & auparavant, de longue litiere : l'une & l'autre sont fort utiles aux arbres.

Au mois de Novembre de la même année, il faudra déchausser votre pepin comme l'année précédente : & au mois de Mars suivant, vous ferez une revue entiere de votre plant, & prendrez garde s'il n'y a pas de branches qui fourchent sur les plus forts : si vous y en trouvez, vous les couperez comme nous avons dit ci-dessus. Voyez le *Traité des Semis*, p. 150, 151, 152.

Si, lors de la revue, vous trouvez des arbres aussi gros que le pouce (car il y en a qui profitent toujours plus que les autres), vous y pourrez retrancher quelques-uns des plus gros scions qui auront poussé à la tige; afin de fortifier ces arbres jusqu'à la troisieme année.

Vous vous donnerez bien de garde en cette jeunesse de vos pepins, de leur rien couper de la cime pour les arrêter : il ne faut toucher à ce bout d'en haut qu'à la troisieme année.

Au mois de Mars de la troisieme année; avant de faire labourer la Pépiniere, vous pourrez élaguer généralement toutes les branches & scions qui auront crû le long des tiges, le plus haut que vous pourrez atteindre de vos mains, sans toutefois ployer l'arbre.

Tous les ans, après le labour de la S. Jean, il ne faut pas oublier de renouveller la fougere ou la longue litiere, tant pour préserver les arbres contre la grande ardeur du soleil, que pour empêcher l'herbe de croître, & leur tenir le pié souple. Quand vous voudrez, en Novembre, déchausser vos pepins, vous retirerez doucement ces couvertures avec la main, & les mettrez dans vos allées. Pour la terre que vous retirerez de dessus les racines, vous la mettrez sur la fougere : & quand vous rechausserez vos pepins, vous enfouirez cette fougere avec la terre; qu'elle entretiendra fort douce.

Il faut aussi toujours tenir la Pépiniere nette d'herbes : comme nous l'avons dit.

PÉPINIÉRISTE. Celui qui s'adonne à la culture des Pépinieres.

PEPTIQUE : *Terme de Médecine*. C'est la même chose que Digestif. *Voyez* ce mot, dans l'article GARGARISME.

PER

PERCE-FEUILLE : en Latin *Perfoliata*; & *Buplevrum* : en Anglois, *Hare's Ear*; & *Thorough-Wax*. Ce genre de plantes porte des fleurs en ombelle. Les pétales sont faits à-peu-près en cœur, & courbes. L'embryon ou ovaire porte un style fourchu. Le fruit est cannelé, arrondi & applati : les deux semences dont il est composé sont longuettes, légérement cannelées, & en partie convexes.

Especes.

1. *Buplevrum perfoliatum, rotundifolium, annuum* Inst. R. Herb. Cette plante est annuelle, & fort commune à la campagne; surtout parmi le froment dans les terres crétacées. Sa feuille est presque ronde, très-entiere, & enfilée par la tige.

2. *Buplevrum arborescens, Salicis folio* Inst. R. Herb. Dodonée l'appelle *Seseli d'Ethiopie*; & d'autres, *Seseli d'Alexandrie*. Cette plante s'éleve à la hauteur de cinq à six piés, & jette quantité de brins, qui forment un buisson considérable. Les feuilles sont assez grandes, allongées, fermes, lisses, alternes; d'un verd foncé en-dessus, bleuâtres endessous, arrondies par le bout : elles ont ordinaire-

ment une odeur d'anis très-gracieuse, & conservent leur couleur pendant toute l'année. Ses fleurs sont jaunes, & en état vers le mois d'Août.

Usages: & Culture.

Le *n.* 2 fait bien dans les bosquets d'hiver, & dans les remises. On peut en garnir le bas d'un mur d'appui, ou d'une terrasse. Cet arbrisseau se plaît dans les terreins humides; quoique d'ailleurs il s'accommode assez de toute sorte de terre. On peut le multiplier de semence, ou de marcottes. Il fournit beaucoup, du pié.

On recommande l'usage de sa graine, comme un antidote éprouvé contre les morsures venimeuses.

Le *n.* 1 est au nombre des plantes vulnéraires astringentes.

Sa décoction dans du vin, étant bûe, est bonne contre les ruptures & descentes d'intestins. On applique utilement ses feuilles macérées, sur les écrouelles. L'eau distillée, aussi-bien que les feuilles mêmes, appaisent toutes sortes d'inflammations.

PERCE-MOUSSE. *Voyez* MOUSSE, *n.* 1.

PERCE-NEIGE: en Latin, *Leucoium bulbosum trifolium minus* C. B; *Narcisso-Leucoium trifolium minus* Inst. R. H; *Galanthus* H. Cliff. Les Anglois l'appellent *Least Snow-drop.*

La fleur sort d'une gaîne oblongue, applatie, obtuse; qui s'ouvre latéralement pour lui donner passage, & se dessèche ensuite. Six pieces, qui ont l'apparence de pétales, sont un vrai calyce d'une seule piece, lequel enveloppe l'embryon & fait corps avec lui. Trois de ces divisions sont internes relativement aux autres; & sont longuettes, blanches, concaves, mousses, écartées, & égales entre elles. Les trois autres, qui sont extérieures, blanches, & rayées de verd, semblent être un nectarium: elles sont bien plus courtes que les précédentes, & échancrées en cœur. L'embryon ou ovaire, que nous avons dit faire corps avec le calyce, est arrondi, & un peu oval: le style, plus menu à la base que par le haut, est terminé en pointe verdâtre, & plus-long que les étamines. Celles-ci, au nombre de six, & opposées à chacune des divisions du calyce, sont très-fines; surmontées de sommets oblongs, terminés en pointe, & qui s'ouvrent par leur partie supérieure. Le fruit est une capsule séche, ovale, marquée de trois angles mousses, intérieurement divisée en trois loges; où sont des semences arrondies.

Cette fleur s'ouvre peu. Elle commence à paroître dès le mois de Janvier. On en voit encore en Février.

Il y en a une variété qui donne des fleurs *Doubles;* mais un peu plus tardives: c'est-à-dire, dont on ne jouit qu'en Février & Mars.

La plante est haute de quatre à six pouces. Sa racine est un petit bulbe allongé. Elle donne quatre ou cinq feuilles opposées, longues, étroites, plates, dont l'extrêmité est mousse.

Quoique originaire des pays de montagnes, elle s'est bien naturalisée à Paris & dans les environs de cette ville: ensorte qu'on l'y trouve en abondance dans le Jardin Royal des Plantes; dans quelques bois même à six ou sept lieues de Paris, tels que ceux des Abbayes de Jar & du Val; derriere le Potager de Versailles, &c.

Culture.

Quoique ces fleurs soient petites, elles font un assez joli effet quand on en voit plusieurs ensemble. C'est pourquoi, au lieu de les mettre en bordure, il vaut mieux les planter par paquets d'une vingtaine. Comme elles réussissent bien au pié des arbres ou des haies, on peut en border des allées, & en garnir des endroits écartés. En ne les déplaçant pas on leur donne lieu de se multiplier prodigieusement. Au moins faut-il être toujours trois ans sans lever de terre les racines. La vraie saison de le faire est à la fin de Juin, lorsque leurs feuilles périssent. Dans un pays humide, il est à-propos de les laisser pendant une couple de mois, hors de terre. Ailleurs on peut les replanter sans délai.

Cette plante ne commence à végéter qu'au mois de Décembre. Trop de froid arrête sa végétation. Une trop grande chaleur la desséche. Le degré de température qui lui convient, est un peu au-dessus de zéro; du thermometre de M. de Réaumur.

PERCE-OREILLE. Insecte aîlé, très-commun, dont l'extrêmité du ventre est armée de deux pinces. Cette armure lui a fait donner en Latin le nom de *Forficula.* On s'est imaginé qu'il s'introduisoit dans les oreilles; & que pénétrant dans le cerveau, il faisoit périr: opinion qui ne peut se concilier avec les connoissances anatomiques. D'ailleurs les pinces que le Perce-Oreille porte à sa queue, sont trop foibles. Cet insecte ne s'en sert pas même contre les fourmis. Voyez M. Geoffroy, *Hist. Abr. des Insect. qui se trouvent aux env. de Paris*, T. I, p. 374, 375, 376, 522; & Pl. 7, Fig. 3.

On dit que ces petits animaux rongent les fleurs des arbres.

Pour prendre les Perce-Oreilles.

Fichez des échalas ou petites baguettes aux pieds des fleurs, ou le long des buissons, & des espaliers; mettez à leurs sommités des ongles de bœuf, de mouton, ou de porc. Les Perce-Oreilles ne manqueront point de s'y retirer pendant la nuit. Allez dès le matin visiter ces ongles avec un chauderon, ou quelque autre vaisseau semblable; levez proprement ces ongles; & les frappant contre les bords, faites tomber les Perce-Oreilles dans le chauderon: où vous les écraserez aussi-tôt.

PERCEPIER *des Anglois.* Consultez l'article PIÉ-DE-LION.

PERCE-PIERRE; ou *Saxifrage.* Voyez CRISTE *Marine.*

PERCER: *Terme de Chasse.* C'est lorsqu'une bête tire de long & s'en va sans s'arrêter, étant chassée. C'est aussi quand le Piqueur perce dans le fort. On dit *le Cerf a Percé dans le bois: Il faut Percer dans ce fort, si on veut détourner le chevreuil.* Voyez BROSSER.

PERCER *une Couche.* Terme de Jardinage: qui se dit des couches, sur lesquelles on veut semer des raves, dans des trous faits exprès avec une cheville ou un *Plantoir;* morceau de bois longuet, bien rond, d'environ deux ou trois pouces de tour, & pointu par le bout qui doit entrer dans le terreau. On dit: *Il faut se mettre à Percer cette couche pour y semer des raves.*

PERCHE. Sorte de grande Mesure servant à l'arpentage. La Perche n'est pas uniforme dans tout le Royaume. Dans la Prevôté & Vicomté de Paris, elle est de dix-huit piés en longueur: en d'autres endroits elle en a 19, 22, 24, &c. Dans le Perche & Pays Chartrain, elle est de vingt-deux piés; & en son quarré, de 484: c'est encore celle dont on se sert dans les bois du Roi.

Voyez ACRE: JOURNAL: MESURE: ARPENT.

La Perche quarrée, de dix-huit piés de côté, contient trois cent vingt-quatre piés quarrés, ou neuf toises quarrées. Ainsi l'arpent qui est en usage aux environs de Paris, contenant cent

cent de ces perches, il a neuf cens toises quarrées.

PERCHE : ou *Gaule*. Long *Morceau de Bois* de fil, plus ou moins gros, qui sert à faire des treillages, à soutenir le houblon, &c. *Voyez* NAVRER. PERCHES. PERCHIS.

PERCHE. *Poisson* d'eau douce; qui est excellent. Athenée l'appelle les délices des gourmands. Quoique aisée à digérer, elle est cependant inférieure à la Truitte. On peut la prendre aux hameçons dormans.

Voyez TOURTE.

PERCHEPIER *des Anglois*. Consultez l'article PIÉ DE LION.

PERCHES : *Terme de Chasse*. Ce sont les deux grosses tiges du bois ou tête (du cerf, du daim & du chevreuil) où sont attachés les andouillers. *Voyez* CORS. TÊTE, *Terme de Chasse*.

On nomme PERCHES *dans l'Architecture* Gothique, certains piliers ronds, menus & fort hauts; qui, joints trois ou cinq ensemble, portent de fond & se courbent par le haut, pour former les arcs & les nerfs d'ogives qui retiennent les pendentifs. Ces Perches sont imitées de celles qui servoient à la construction des premieres tentes & cabanes.

PERCHIS. Clôture qui se fait avec des perches; les unes mises & fichées d'un pied avant dans la terre, & épaisses d'environ huit à neuf pouces; les autres mises en travers à la même distance, ensorte qu'elles font des mailles, & empêchent que ni les hommes ni les gros animaux puissent entrer dans l'endroit de terre ainsi clos des perches.

PERDREAU. C'est une jeune perdrix. *On l'éleve* de même que le faisandeau. *Voyez* au mot MAILLER.

Pour le Rôtir, on l'apprête de même que le faisan.

Voyez aussi à la fin de l'article PERDRIX.

Henri IV, l'un de nos Rois, trouvoit que les perdreaux n'étoient jamais si bons ni si tendres, que quand on les a pris à l'oiseau; sur-tout si on les lui a arrachés. * *Mémoires de Sully*, L. 23.

PERDRIX. Oiseau fort estimé, pour son goût, qui est très-délicat. Elle vit à terre; & se nourrit de grains, de limaçons, des sommités tendres de plusieurs herbes ou arbrisseaux. On distingue plusieurs sortes de Perdrix, qui ne different les unes des autres que par la couleur. Les unes sont grises : elles sont les plus communes. Les autres sont rouges : on les a ainsi nommées, parce qu'elles ont les pieds rouges, & quelques plumes autour du cou, de la même couleur; on en trouve dans l'Anjou, le Poitou, la Saintonge, & ailleurs : elles sont plus estimées & plus grosses, que les grises. Enfin il y en a qu'on nomme *griesches*, que quelques-uns ne distinguent point des bécasses.

Les mâles des Perdrix sont fort chauds; & dans le tems qu'ils recherchent les femelles, ils se battent les uns contre les autres, jusqu'à ce que l'un ait remporté la victoire. Ce tems arrive dans le mois de Janvier.

Ils ont le haut du poitrail roux. Le mâle de la grise a couleur de feu le côté des yeux; que l'on nomme *Crête* : le dessous de l'estomac à demi couleur minime, en fer à cheval; dont il porte aussi le nom. Une jeune femelle a ce fer plus petit de moitié que celui du mâle; & la crête un peu couleur de chair. La vieille femelle n'a point de fer, mais seulement quelques taches couleur de feuille morte. Il y a des femelles qui ont le fer plus grand que ne l'ont communément les mâles.

Le mâle & la femelle de Perdrix rouge se ressemblent en plumage. Seulement le mâle est plus gros : & il a par le milieu du derriere des jambes, un bouton nommé ergot, qui est gros comme un pois. Cet ergot n'est presque pas sensible dans les jeunes; ensorte qu'il faut être bien expérimenté pour les connoître, d'autant que l'on trouve des femelles qui ont cet ergot à une jambe.

Ce sont ces signes caractéristiques, qui font dire qu'une Perdrix *marque*, ou ne marque pas.

Les femelles pondent une grande quantité d'œufs. On prétend que le mâle les casse quand il les trouve. Les jeunes Perdrix se nomment *Perdreaux*. Ils sont bons à manger au mois d'Août.

Les Perdrix se plaisent dans les sillons de labour, & les lieux remplis de buissons.

On nourrit quelquefois des Perdrix avec les poules dans la basse-cour : les griesches s'apprivoisent plus aisément que les autres.

La Perdrix a la chair ferme, & d'un très-bon suc; elle fortifie l'estomac, & se digere aisément, sur-tout quand elle est jeune, tendre, grasse & d'un fumet agréable. Elle convient en tems froid, à toutes sortes d'âges & de tempéramens, particuliérement aux phlegmatiques & aux pituiteux. Elle est fort propre aux convalescens; parce qu'elle fortifie l'estomac, comme nous le venons de remarquer, & qu'elle produit un bon suc. Il n'en est pas ainsi de la Perdrix vieille; elle est dure, séche, de peu de goût, & difficile à digérer. Elle est bonne néanmoins dans les bouillons pour fortifier; on peut l'employer aussi pour les daubes. Si on la veut faire rôtir, il faut la laisser faisander, ou mortifier auparavant, pour la rendre plus tendre & plus friable.

Le sang, ou le fiel de Perdrix, instillé dans les yeux, est très-propre pour les ulceres qui s'y forment, & pour les cataractes. Il faut que ces liqueurs soient chaudes, quand on s'en sert; & qu'elles sortent actuellement de l'oiseau tué dans l'instant même.

La fumée de la plume de Perdrix, brûlée, est excellente contre les vapeurs. On dit que la moëlle & le cerveau de Perdrix guérissent la jaunisse.

Chasse de la Perdrix.

Cet oiseau a ses ruses particulieres; & sçait très-bien se dérober inopinément à la vûe du chasseur. Il vole bas; & son vol est de peu de durée : aussi est-il plus vîte à la course, qu'au vol.

Pour prendre des Perdrix pendant le jour avec un filet nommé Tonnelle.

Il n'est pas permis à tout le monde de tonneller : il faut ou avoir droit de chasse, ou être Seigneur de fief.

Le tonnelleur doit bien sçavoir son métier, ensorte qu'il ne manque point à de légeres circonstances, au défaut desquelles cette chasse ne peut être qu'infructueuse. Si elles sont dans un bois, une vigne, une lande, ou bien un bled déja grand, il ne s'y faut pas arrêter; parce que si vous n'y voyez la compagnie entiere, il n'en faudra qu'une, qui demeurant derriere & vous voyant s'envolera faisant un cri, lequel obligera le reste de la suivre. Il faut qu'elles soient dans un bled verd qui ne soit pas trop fort, ou dans un guéret, un pré, une terre en friche, un avanfry (qui est un champ dans lequel on aura cueilli de l'orge ou de l'aveine) ou tout autre lieu plat, où l'on puisse découvrir les compagnies entieres, sans que rien les dérobe à la vûe.

Les personnes qui chassent à la tonnelle sans crainte, vont en tout tems de la journée avec un chien couchant attaché à une longue corde; & le font chasser. Lorsqu'il a fait son arrêt, ou qu'il rencontre bien fort, on le tire derriere, & on l'attache en quelqu'endroit à l'écart: puis déployant la toile on monte une vache artificielle dont nous allons donner la description. Le chien doit être bien instruit; & ses arrêts assurés. *Voyez* CLUSER la Perdrix.

Les Paysans, & autres qui chassent en fraude, ne se servent pas de chien: mais vont dans la campagne à la pointe du jour, guetter les endroits où les Perdrix crient; vû qu'elles le font toujours à cette heure-là.

PLANCHE I.

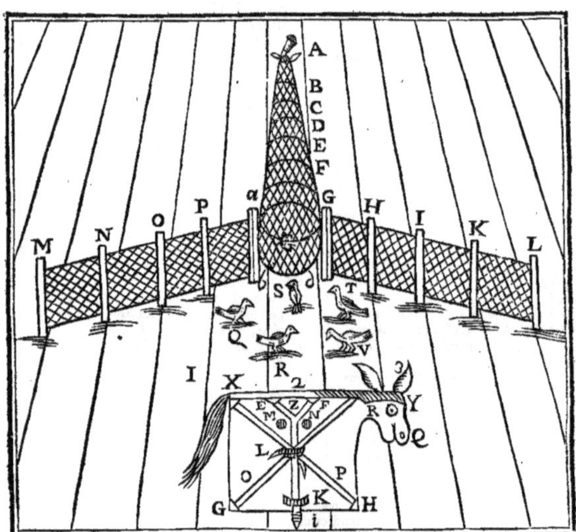

Fabrique d'une Vache artificielle pour Tonneller.

Cette vache est représentée au bas de la premiere figure. Elle doit être faite d'une piece de toile XYGH, de quatre pieds en quarré, de couleur de vache. Aux quatre coins XRHG, & au milieu d'enhaut aux endroits marqués des lettres EF, sont cousus de petits morceaux de même toile, larges de deux pouces en quarré, pour y passer & arrêter les bouts des bâtons OP, qui se croisent; & le haut de la fourchette. Les deux bâtons doivent être assez longs pour tenir la toile bien étendue & bandée, lorsqu'ils sont croisés comme vous le voyez dans la figure. La fourchette Z doit être longue de quatre pieds & demi au moins; ayant le bout *i* coupé en pointe, lequel passe dans un petit morceau de toile, K, cousu au bas du milieu de la grande toile. Cette fourchette, & les deux bâtons OP, sont liés ensemble avec une corde qui est attachée au milieu de la toile, à la lettre L. Au côté Y, est cousue une piece de toile QY, faite en façon de tête de vache, & de la même couleur que le reste de la toile, ayant un œuil & deux cornes faites de quelques morceaux de chapeau. Et par l'autre côté X, est une queue faite avec de la filasse ou autre chose plus convenable.

Il est à propos de mettre un bâton par le haut X, & Y; tant pour faire tenir la tête QY, & la queue X, en état, que pour mieux assurer les autres bâtons & tout le corps de la vache. La queue ne doit pas être attachée tout au bord de la toile; il faut qu'il y ait un peu d'espace entre deux, afin qu'en marchant, cette queue aille balançant. Faites au milieu de la toile, à un pied proche du haut, deux trous MN, pour regarder & conduire de la vûe les Perdrix ou autres oiseaux que vous voudrez approcher. Celui qui doit tonneller étant assuré du lieu où elles ont chanté la derniere fois, monte la vache. Et si-tôt qu'il peut voir clair pour les découvrir, il se met en état, comme vous verrez dans la figure premiere: que l'on suppose représenter toute une piece de bled; & les espaces d'entre les lignes marqués des chiffres 1, 2, 3, le fond des rayes ou l'entreplanche du bled, dans lesquelles les Perdrix courent sans empêchement. Le Chasseur ayant la tonnelle & ses halliers sur son épaule, prend la vache avec les deux mains par le milieu L, où sont liés tous les bâtons ensemble. Et regardant par les deux trous MN, va doucement de côté & d'autre du champ, jusqu'à ce qu'il ait découvert les Perdrix. Les ayant apperçûes, il approche & recule en tournant à l'entour. Lorsqu'il voit qu'elles sont en assurance & sans crainte, il considere de quel côté elles ont plus d'inclination d'aller.

Ce qu'ayant connu, il fait le tour bien loin; & pique sa vache à terre toute droite, pour déployer la tonnelle. Il commence par piquer le bout A dans le milieu ou le fond d'une raye de bled. Et marchant vers les Perdrix, il étend tout le filet AG: puis il plante les deux piquets *b d*, qui tiennent au cercle de l'entrée; ensorte que la tonnelle soit tendue bien roide. Ensuite repiquant la vache, il déploie les halliers; & les pique d'un bout *a*, tout contre la tonnelle, joignant le bâton *b*: & reprenant la vache, d'une main, il va de côté en piquant le reste du hallier PONM, tout de suite à côté, un peu en biaisant vers les Perdrix; comme on le voit par la figure, où les oiseaux sont marqués des lettres QRSTV. Il pique l'autre hallier *c*HIKL, de même façon. Le tout étant bien tendu, le tonnelleur s'écarte, & fait le tour par derriere les Perdrix, vers les chifres 1, 2, 3, toujours se tenant derriere la vache. Et regardant toujours par les deux trous MN, il approche peu-à-peu, non pas en droiture, mais allant de côté & d'autre. S'il voit qu'elles arrêtent & levent la tête, c'est signe qu'elles ont peur; & en ce cas il se recule de côté, & se couche à la renverse, sa toile sur lui, remuant de fois à autre comme fait une vache qui se veautre: puis se relevant il chemine doucement, comme une vache qui paît; afin d'amuser les Perdrix, en sorte qu'elles croyent que c'est une vraie vache. Si elles vont cherchant à manger, c'est une marque qu'elles sont assurées; pour lors il les approche, & peu-à-peu les mene vers les filets. S'il en voit quelqu'une qui s'écarte, il va la détourner & la ramene avec les autres. Quand elles sont proche des halliers, elles y donnent de la tête & de l'estomac. Et comme le chasseur les presse, elles veulent avancer; de sorte que suivant le hallier qui va en biaisant, elles se trouvent à l'entrée de la tonnelle: où le *bourdon*, qui est le pere de la compagnie, s'arrête, & ne veut pas les laisser entrer qu'il n'ait bien considéré. Le tonnelleur les presse toujours; il en entre quelqu'une, qui court au fond du filet; en même-tems les autres croyent que le passage est libre, & suivent la premiere qui est entrée.

Alors le tonnelleur doit jetter sa vache à bas, & courir le plus vîte qu'il pourra, pour fermer l'entrée de la tonnelle & prendre les Perdrix. Ensuite ayant replié la tonnelle, & démonté la vache, il retourne chez lui; ou va chercher une autre compagnie de Perdrix pour la prendre de même.

Consultez l'article FILET; vous y trouverez la maniere de faire la tonnelle pour prendre les Perdrix, *n.* XXII. [Nous prions aussi de lire la note qui est au bas de la page 72 du Tome I.]

Autre maniere de prendre les Perdrix avec la Tonnelle.

Choisissez un endroit où il vienne beaucoup de Perdrix. Jettez-y cinq ou six poignées de l'appât ci-dessous, à deux ou trois fois, pour les affriander. Cet *appât* est une mesure de graine de cumin; que vous faites bouillir dans deux ou trois pintes d'eau, avec une livre de sucre, & un peu de cannelle; jusqu'à ce que l'eau soit toute tarie. Les Perdrix n'en ont pas goûté une ou deux fois, qu'elles reviennent sans faute au même endroit pour y manger. Alors il est aisé de les prendre à la tonnelle.

Etant ainsi prises toutes vives, frottez-leur les extrêmités des pieds, du bec, & des aîles, avec de l'huile d'aspic: & les laissez aller après leur avoir rogné un ongle. Par ce moyen elles répandent l'odeur dans tout le canton, & attirent toutes les autres à venir manger la graine de cumin. Et ainsi l'on en prend une grande quantité. Il faut avoir soin de relâcher à chaque fois celles qui auront été frottées, & auront attiré les autres: elles sont reconnoissables par l'ongle qu'on leur a coupé.

Comment les Paysans prennent les Perdrix la nuit avec un filet nommé Traîneau.

Voici une finesse de paysan qui est très-ruineuse: aussi est-elle particuliérement défendue.

Un paysan s'en va le soir, quand le soleil se couche, dans une grande campagne, où il croit qu'il y a des Perdrix; & se cachant derriere une haye ou un buisson, sans faire de bruit; attend qu'elles chantent. Quand elles ont commencé, & qu'il conjecture l'endroit où elles sont, il s'avance pour tâcher de les remarquer. Ayant un peu chanté, elles s'envolent peut-être à cent pas de-là; & courant les unes après les autres, chantent encore, font un autre vol d'environ cinquante pas, & chantent comme auparavant: quelquefois elles font un autre petit vol de vingt ou trente pas, chantent encore deux ou trois fois, & s'arrêtent où elles ont chanté la derniere fois. Le paysan les suit toujours à chaque fois qu'elles volent, jusqu'à ce qu'elles soient bien arrêtées: il remarque l'endroit par quelque arbre ou pierre facile à distinguer, ou bien avec une petite branche, ou un piquet qu'il plante en terre; & s'en retourne à sa maison, accommoder deux perches légeres, longues de trois toises, aussi fortes d'un bout que de l'autre: Il prend son filet, ses perches, & un compagnon avec lui. Ils s'en vont, lorsqu'il fait bien noir, dans le champ où sont les Perdrix, à l'endroit qui a été marqué; & ajustent le filet en cette sorte.

La deuxieme *Planche* représente la piece de bled, où les Perdrix ont été apperchées: les planches ou sillons y sont marqués par les lignes ponctuées; le fond ou l'entre-deux de ces planches est l'espace qui se trouve entre ces lignes ponctuées. Enfin la lettre R, est le lieu où l'on suppose que les Perdrix se sont arrêtées.

Les deux hommes étendent le filet sur la terre, dans un lieu où il n'y ait ni buissons, ni autres branchages qui pourroient se mêler dans le filet, & en empêcher l'effet. Et couchant une perche AD, & BC, à chaque bout, ils y attachent le traîneau tout au long aux endroits marqués par les bouts de fil qui paroissent dans la figure. Puis ils mettent des ficelles dans le bas du filet; qu'ils attachent tout au bord, aux endroits marqués OPQ. Ces ficelles doivent avoir environ deux pieds & demi, ou trois pieds de longueur; & tenir par l'autre bout chacune une petite branche d'arbre garnie de quatre ou cinq feuilles, comme il paroît dans la figure; pour faire lever les Perdrix qui pourroient peut-être laisser passer le traineau par-dessus elles, sans le bruit de ces petites branches qui les épouvante, lorsque le filet fond sur elles; c'est une pra-

PLANCHE 2.

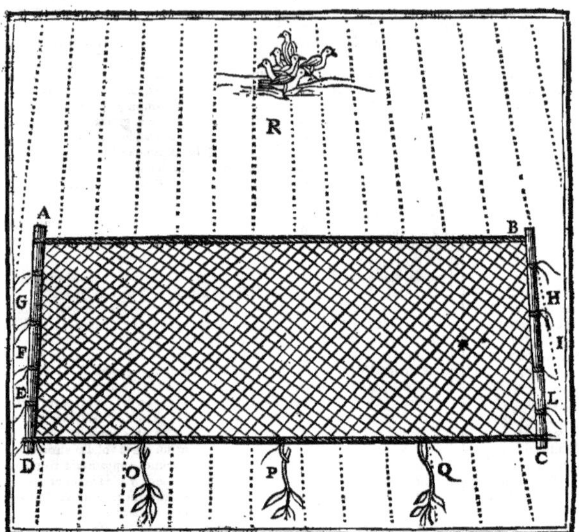

tique qu'il faut observer principalement à l'égard des rouges, qui sont plus paresseuses à partir que les grises.

Le filet étant tendu, chacun prend sa perche par le milieu; la levant en haut, non toute droite, mais inclinée; & la tire à soi, ensorte qu'il ne traîne rien contre terre que les trois petits feuillards O P Q. Le filet doit être tendu en travers des sillons de la piece; cela est essentiel. Ils marchent droit aux perdrix, d'un pas lent, & sans bruit; tenant le filet en l'air, le devant A B élevé de quatre ou cinq pieds de terre, & le derriere d'un demi pied seulement. Quand les Perdrix se levent, ou autre chose qui vaille la peine d'être pris, en ouvrant tous deux les mains ils laissent tomber le traîneau; & courent promptement prendre ce qui s'y trouve.

Si les Perdrix s'envolent avant d'être couvertes du filet, comme cela arrive souvent, les Chasseurs se reposent une heure ou deux, afin de laisser rendormir les Perdrix qui se sont écartées dans les champs: puis ils battent toute la piece de terre avec le filet, commençant d'un côté & finissant à l'autre; ils en prennent toujours quelqu'une.

Si, ayant passé le lieu où elles ont été apperchées, elles ne sont point parties, pour lors ils retournent sur leurs pas, laissant un peu toucher le filet à terre par derriere seulement, afin de les obliger de se lever si elles y sont: & si elles ne s'y rencontrent point, c'est une marque qu'elles ont couru après avoir chanté la derniere fois lorsqu'on les apperchoit. Ils rebattent de côté & d'autre, jusqu'à ce qu'ils les ayent fait lever, ou qu'elles soient prises.

Cette chasse ne se fait point quand la lune est claire, ni sur la neige.

Quelques paysans portent du feu à cette chasse pour mieux découvrir les Perdrix: lesquelles voyant cette clarté, croyent vraisemblablement que c'est le jour; on les apperçoit qui étendent les aîles, & se remuent. Pour lors celui qui tient le feu, le détourne un peu à côté, pour n'être pas vû des Perdrix; & lorsque le traîneau est dessus, on le laisse tomber, & l'on court les prendre.

Ce feu n'est autre chose qu'un boisseau à mesurer le grain; que le paysan s'attache devant l'estomac, ensorte que le derriere ou fond du boisseau est posé contre les boutons de son habit, & l'ouverture tournée du côté des Perdrix. Dans le fond de ce boisseau est attachée une lampe de fer blanc faite exprès, qui porte une mêche grosse comme le petit doigt, de sorte que cette lampe étant au fond du boisseau ne peut éclairer que par-devant, & non aux côtés. Celui qui la porte, voit tout ce qui se rencontre à vingt pas au-devant de lui, & ne peut être vû de personne; ni son compagnon aussi, parce qu'il est à côté.

On se sert encore d'une autre invention pour porter du feu au traîneau: laquelle est bien plus commode que le boisseau, & n'est pas si dangereuse pour celui qui porte le feu. Le hazard qu'il y a pour le paysan, c'est qu'une personne ayant un fusil, & qui est averti qu'on prend ses Perdrix de nuit, tire toujours au feu, & par ce moyen peut tuer ou blesser celui qui le porte; cela s'est rencontré quelquefois. Pour éviter cet inconvénient, le chasseur qui est fin, fait faire une machine de fer blanc qui ne se peut mieux faire comprendre qu'en vous faisant imaginer une hotte ou butet à porter la terre, où l'on met une lampe aussi de fer blanc; & pour le porter l'on y fait souder une anse par le milieu de la bosse : ensorte que le tout paroît comme un butet couché à terre, du côté où l'on attache la bertelle pour le porter par-dessous. La personne qui le porte, le tient d'une main par l'anse; & de l'autre elle porte le filet : ainsi un tireur ne feroit point de mal au porte-feu, quand il tireroit dans la hotte de fer.

Une lanterne sourde est plus commode, & convient aux chasseurs qui n'ont rien à craindre.

PLANCHE 3.

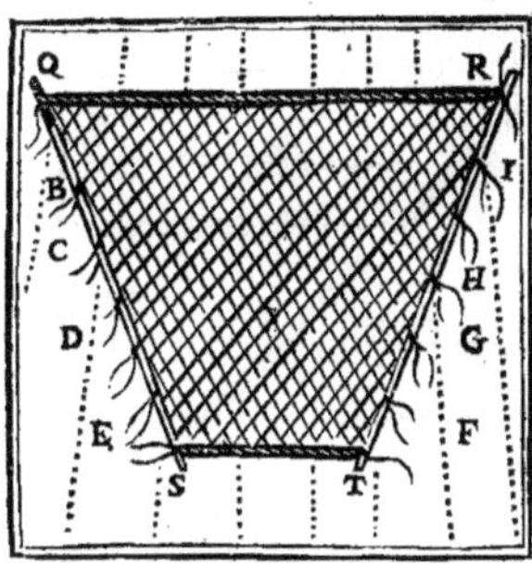

Autre moyen dont le Paysan se sert pour prendre les Perdrix la nuit, sans avoir de compagnon.

Les plus fins paysans ne demandent point de compagnons pour prendre les Perdrix la nuit; de crainte d'être découverts par un autre : ils aiment mieux avoir plus de peine, & tirer seuls tout le profit.

Celui qui veut prendre une compagnie de Perdrix sans aide de personne, après avoir observé tout ce qu'on vient de dire pour les appercher ou remarquer, étant de retour chez lui, prépare deux perches de saule ou de quelqu'autre bois, bien droites & légeres, plus grosses d'un bout que de l'autre, longues de douze ou quinze pieds. Il y attache son filet, comme vous le voyez dans la troisieme Planche.

Les perches doivent être attachées bien ferme le long des côtés QS & TR, avec des ficelles, ensorte que leur extrêmité la plus grosse soit du côté ST, le plus étroit du filet. Le traineau étant ajusté, le chasseur va sur le champ où il a remarqué les Perdrix; & porte les filets, de sorte que le bord ST, étant contre son ventre, les bouts des perches S & T, lui froissent les côtés. Et allongeant les bras, il prend des deux mains les deux perches le plus loin qu'il peut, afin que pressant la corde ST, contre son ventre, il en ait plus de force. Tenant ainsi le filet élevé de terre de quatre, cinq ou six pieds, il va tout le long d'un sillon de bled, posant contre terre à droite & à gauche, le bord QR du filet; sans le quitter, si ce n'est que les Perdrix se trouvent au dessous : auquel cas il laisse tomber les perches & le filet, & court prendre ce qui s'y rencontre.

Si les Perdrix ne sont pas levées, quand le chasseur est au bout de la raie, il rebat le reste du champ; s'écartant du lieu par où il a déja passé, de deux fois la longueur du filet, afin d'aller toujours le poser à droite & à gauche comme il a fait la premiere fois : observant toutes les regles ci-dessus.

Pour prendre une compagnie entiere de Perdrix dans un lieu appâté.

Il y a des personnes qui n'ont pas assez d'autorité pour empêcher les chasseurs de chasser, & qui seroient pourtant bien aises de conserver & multiplier le gibier sur leurs terres, soit pour avoir le contentement de le voir l'Eté en se promenant par la campagne, ou pour en donner le divertissement à leurs amis. Voici un filet qui est fort propre non-seulement pour prendre des *corneilles* durant les neiges; mais aussi pour prendre une compagnie de Perdrix; ce que vous pouvez faire facilement après les vendanges, avant de quitter la campagne, vous servant de ce filet en la maniere qui suit.

On suppose que la compagnie de Perdrix que vous désirez prendre, se retire de jour dans un clos de vigne ou une piece de terre, près de laquelle il y a une haye, ou du bois, ou bien des buissons. Il faut mettre cinq ou six poignées d'orge, d'aveine, ou de froment, en un monceau, dans un endroit de la piece de champ, ou du clos de vigne, qui soit éloigné de l'entrée ou de quelque haye, environ trente ou quarante pas; & ficher autour quatre piquets gros comme le doigt, & élevés de terre d'un pied, éloignés les uns des autres de quatre pieds en forme d'un quarré. De cet endroit il faut passer au milieu du champ, en laissant tomber continuellement quelques grains; & s'en retourner au logis.

Les Perdrix volant dans ce lieu pour manger, & rencontrant la traînée de grain, la suivront jusques au monceau : où trouvant l'appas, elles le mangeront; & le lendemain elles y retourneront dès le matin chercher à manger. Il faut y aller une ou deux fois le jour, pour voir si elles ont fienté sur le lieu appâté. Ce qu'ayant reconnu, vous êtes assuré qu'elles y ont mangé, & qu'elles y reviendront. C'est pourquoi remettez-y du grain. Piquez auprès de chaque bâton une branche de genêt; & faites une traînée comme la premiere : retournez-y encore pour voir si, nonobstant les genêts, elles y ont mangé. Pour lors ayez de la ficelle, & attachez-en au haut de chaque piquet de l'un à l'autre, & quelques autres de travers. Puis mettez par-dessus quelques brins de paille se croisant les uns sur les autres, comme si c'étoit un filet. Appâtez de rechef; & faites la traînée de grains. Si elles y mangent nonobstant la ficelle & les genêts, elles seront bien-tôt prises.

Vous pourrez donc ôter les quatre piquets, les ficelles, & la paille; & tendre le filet comme vous le voyez dans les deux figures de la quatrieme *Planche.* Vous planterez les quatre piquets qui tiennent au filet FHBE, assez avant dans terre, ensorte que les piquets soient suffisamment éloignés les uns des autres pour que le filet bande par-dessus, & soit tendu bien quarré. Après quoi vous releverez le bord FE du filet, jusqu'à la hauteur AD, des piquets; & pour tenir le bord en l'air, mettez des brins de paille ou de chaume, ou quelques petits

PLANCHE 4.

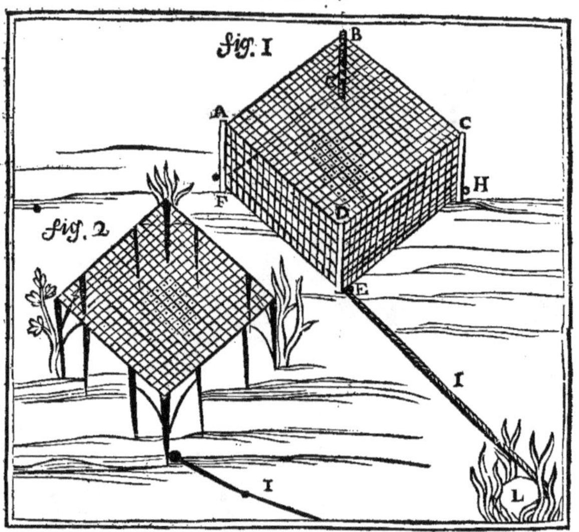

brins de bois bien foibles, dont un bout soit piqué en terre, & l'autre serve à soutenir le bord du filet; comme il est représenté dans la seconde figure.

Il faut relever les trois autres côtés de la même façon. Et pour assurer les Perdrix, il faudra mettre encore les branches de genêt aux quatre coins du filet proche des piquets, comme auparavant. Après cela ajustez bien la ficelle qui est passée dans toutes les dernieres mailles du tour du filet, & dans les quatre boucles qui sont au bas des piquets: les deux bouts de cette ficelle doivent être noués ensemble; & il faut l'attacher à une autre ficelle assez forte, au point marqué I dans les deux figures. L'autre bout de cette corde sera prolongé jusqu'à la haye ou buisson L, où vous devez vous mettre pour tirer cette ficelle & enfermer les Perdrix. Il faut que la ficelle soit lâche, afin que vous puissiez lever facilement le bord du filet: & qu'elle soit aussi toujours passée dans les boucles EFGH, figure premiere. Le filet étant tendu, mettez encore cinq ou six poignées de grain, ou plus, selon la quantité de Perdrix qu'il y a dans la compagnie. Il faudra vous trouver sur le lieu le matin à la pointe du jour, pour disposer le tout; & vous retirer derriere la haye ou le buisson L; auquel sera attaché le bout de la corde qui doit faire jouer le filet.

Aussi-tôt qu'il sera jour, les Perdrix ne manqueront pas d'aller chercher l'endroit appâté. Il faudra les laisser bien amonceler sous le filet; & pendant qu'elles seront attentives à manger, tirer promptement la ficelle IL, qui fermera le filet. Alors il faudra l'attacher bien ferme à quelque piquet ou branche, afin que les Perdrix ne fassent pas lever les bords du filet en se débattant; puis courez promptement les prendre.

Si par hazard elles n'y vont pas le matin, il faut y retourner à midi; si vous n'aimez mieux (comme le plus sûr), les attendre toute la matinée.

On a dessiné ici deux figures exprès, pour faire mieux comprendre sans confusion la forme du filet tendu & détendu. La premiere figure montre comment il doit être, détendu, les Perdrix étant dessous; & la deuxieme comment il faut qu'il soit tendu.

Des Perdrix que vous prendrez, mangez les mâles; & faites nourrir les femelles dans une chambre jusqu'au carême, que l'on ne chasse plus. En ce tems-là, remettez-les dans vos terres. Vous aurez par ce moyen autant de compagnies de Perdrix que de ces femelles: & ainsi vous repeuplerez vos terres, & conserverez l'espece.

Autre invention pour prendre une compagnie de Perdrix dans une vigne, ou un bois, avec des filets appellés Haliers.

Promenez-vous dans les champs avec un chien de chasse. S'il fait partir une compagnie de Perdrix, & que vous les voyez remettre dans quelque petite piece de bois taillis, ou dans un clos de vigne, ou une bruyere; ou bien que vous les ayez entendu chanter, ou qu'elles ayent accoutumé d'y être souvent: attachez votre chien; de crainte qu'étant obligé de lui parler, ou que n'étant pas assez bien instruit pour se tenir d'arrêt lorsque son ardeur seroit inutile, il n'allât pousser mal-à-propos

PLANCHE 5.

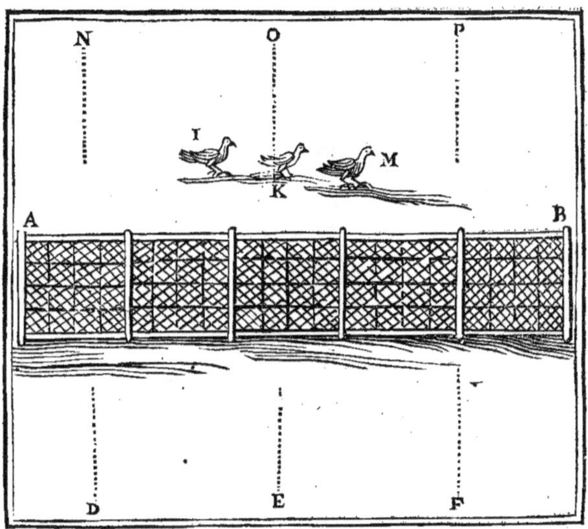

votre gibier. Supposé que l'endroit marqué des lettres IKM (*cinquieme Planche*) soit le milieu du clos de vigne où vous avez vû remettre les Perdrix; menez quelques personnes avec vous, & portez vos haliers. Tendez-les; & les piquez de travers dans la vigne, à cent ou deux cent pas du lieu où vous croyez qu'elles soient; par exemple aux lettres AB. Lorsque les filets seront tendus, faites un grand tour, allez par derriere les Perdrix, mettez vos gens en ordre, l'un à la lettre N, l'autre à la lettre P, & vous à O; & soyez éloignés les uns des autres, selon la longueur des haliers & le nombre des personnes que vous aurez. Il faut que les Perdrix se trouvent entre vous & les filets. Ayez en vos mains chacun deux pierres: & approchant peu-à-peu, frappez-les l'une contre l'autre. Allez aussi en parlant; mais il faut marcher si lentement que vous ne paroissiez pas avancer: autrement si vous les pressez, elles s'envoleront plutôt que de courir; il faut donc qu'elles courent, pour fuir doucement le bruit qu'elles entendent de loin, & non le bruit qui les presse trop, ainsi elles iront insensiblement se prendre dans les haliers.

Si vous ne les avez pas trouvées de ce côté, c'est signe qu'elles ont couru après s'être jettées dans la vigne, & qu'elles sont de l'autre côté de vos filets. En ce cas faites le tour, bien loin; & vous placez aux lettres DEF, pour marcher de la même façon que de l'autre côté; vous les prendrez infailliblement.

Si vous avez une grande longueur de haliers, & que le lieu où vous les devez tendre ait beaucoup d'étendue, ou bien que vous n'ayez pas suffisamment de monde pour chasser les Perdrix dans les filets, de telle sorte qu'on soit contraint de s'éloigner à plus de trente ou quarante pas les uns des autres: en ce cas, il faut que vous & vos gens cheminiez vers les haliers, non pas tout droit, mais en serpentant ou traversant à droite & à gauche, pour ne pas laisser un espace notable sans y passer; car il pourroit arriver que les Perdrix seroient en un tel lieu, & ne remueroient point, n'étant pas pressées du bruit.

Si les Perdrix prenoient leur vol par-dessus les haliers; il faudroit, après les avoir laissé reposer, passer fort loin par derriere les haliers, & les y rechasser comme il a été dit ci-devant.

Maniere de prendre les Perdrix au Leurre.

Après avoir remarqué une compagnie de Perdrix, on tend dans le champ un filet à trente ou quarante pas d'elles. Après quoi le chasseur se couvre de branches chargées de feuilles, ou d'autres plantes; & porte devant lui une espece de bouclier, fait de petites baguettes, au milieu duquel est un morceau de drap rouge. Il gagne le derriere des Perdrix: puis s'approchant lentement avec cet équipage, & les observant des yeux, il marche droit à elles. Loin de s'épouvanter, les Perdrix le regardent toujours fixement en reculant; & donnent ainsi dans le filet.

Ruse des Paysans pour prendre une compagnie de Perdrix appâtées avec une sorte de cage vulgairement appellée un TRÉBUCHET, *un* TOMBEREAU, *ou une* MUE.

Cette invention dispense de rester sur le lieu, pour observer les Perdrix. On tend le piége, in-

PLANCHE 6.

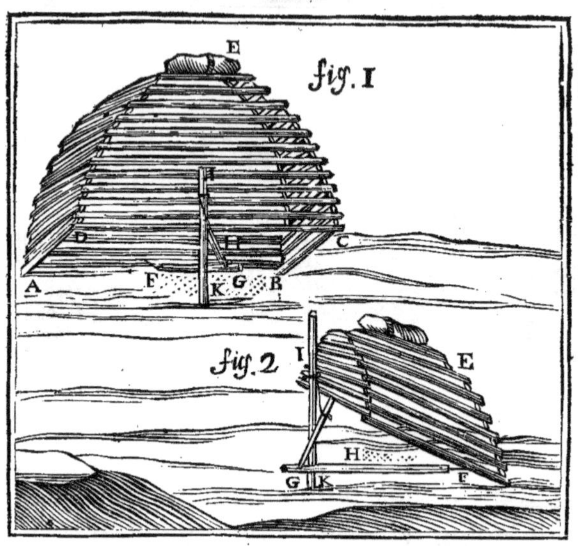

différemment dans les bois, les vignes, ou autres endroits fréquentés des Perdrix : observant néanmoins 1°. Que, si c'est dans un champ, il faut qu'il s'y trouve un buisson ou une haye pour cacher le trébuchet. 2°. Si c'est dans une vigne, on doit choisir un endroit proche d'une haye, d'un buisson, d'une souche d'ozier, ou d'autre chose semblable : afin de dérober aux yeux de tout autre le piége qu'on ne tend que pour soi; & aussi de ne pas épouvanter les Perdrix par cet objet, qu'elles n'ont pas coutume de voir.

Ce trébuchet est composé de quatre morceaux de bois, ou bâtons, AB, AD, DC, & CB; longs chacun de deux piéds & demi, ou trois pieds; percés à deux pouces proche de chaque bout, d'un trou assez grand pour y passer le doigt. Il faut les poser à terre les uns sur les autres en forme d'un quarré. Il faut aussi qu'ils soient encochés, ou entaillés au droit des trous, jusqu'à la moitié de l'épaisseur du bois; pour les faire tenir deux ensemble, ayant leur bout l'un dans l'autre, ensorte qu'ils fassent quatre angles. Et dans le coin d'un angle, où se trouve un trou, il faut mettre le bout d'une verge de bois, grosse comme le doigt, longue de quatre à cinq pieds; qui entre dedans comme une cheville, & passe d'un bout à l'autre, d'angle en angle opposés. Mettez une autre verge de même façon dans les deux angles qui restent; laquelle croisera la premiere. Après quoi il faudra avoir plusieurs autres bâtons assez droits, gros comme le doigt, & un peu plus courts les uns que les autres par degrés; & en mettre tout autour des verges ou arçons, ensorte qu'ils se croisent du bout les uns sur les autres, jusques au sommet du trébuchet : où il faut laisser une ouverture pour en tirer les Perdrix ; observant toujours en ajustant ces bâtons de poser les plus longs les premiers pour faire la cage en diminuant, & en arrondissant par le haut.

Après que les bâtons seront tous ainsi disposés, on les liera sur les arçons avec des oziers, des plombs, ou des cordes. Vous aurez une verge ou bâton FG, grosse comme le petit doigt; laquelle vous applatirez par les deux côtés, c'est-à-dire, par le dessus & par le dessous; & vous la couperez de trois pieds de longueur; l'attachant avec une ficelle, d'un bout F au milieu du bâton AB. Cette verge sera mouvante, & non arrêtée; ayant une petite coche en G, éloignée d'un pouce ou deux, du bout G.

Quand on veut tendre ce trébuchet, il faut avoir un piquet IK (*fig.* 2), long d'un pied & demi, avec une ficelle attachée au bout d'enhaut pour y mettre un petit bâton H, long d'un demi-pied, ou pour le mieux de neuf pouces, ayant le bout G coupé en façon de coin à fendre du bois. Il faut ficher en terre le bout K de ce piquet, ensorte que le trébuchet qu'il tiendra levé, le froisse en tombant. Lorsque ce piquet est fiché en terre à la hauteur convenable, on leve en haut le côté D C de la cage, & on met le bout H du petit bâton dessous, pour le soutenir; & l'autre bout, qui est fait comme un coin, se met dans la coche G, qui est au bout de la marchette F G. Ainsi laissant bien doucement peser le trébuchet, il demeure tendu & élevé en l'air d'un côté, environ un pied de haut, & la marchette

chette de trois pouces, afin que les perdrix mangeant le grain de dessous la cage, puissent se poser sur cette marchette, & fassent tomber le trébuchet; qui les enfermera.

Ayant reconnu le lieu, comme il a été dit ci-devant, on y met cinq ou six poignées d'orge ou d'aveine frite à sec, (autrement au fer de la poële) ou bien du froment, & on en jette quelques grains par-ci par-là; faisant aussi une traînée assez loin afin de guider les Perdrix au monceau. Lorsque l'on connoît par leur fiente qu'elles y sont venues, on tend le trébuchet au même lieu où elles ont mangé; le couvrant de petites branches de bois touffues, ou de genêts, ou bien de pampre, si c'est la saison; & l'on met sept à huit poignées de grain dessous, avec une longue traînée. Les Perdrix qui ne manquent pas d'y revenir, y étant affriandées, se jettent d'abord toutes dessous la cage pour manger. Et comme elles sont fort gourmandes, elles sautent les unes sur les autres pour prendre les grains: tellement qu'elles marchent sur le bâton ou marchette F G, qui tient la machine tendue; & font par ce moyen détendre le trébuchet, qui les enferme dessous.

Lorsque la compagnie est grande, il demeure souvent quelques Perdrix dehors le tombereau, quand il vient à tomber; mais on sçait fort bien les prendre une autre fois.

Si en vous promenant vous trouvez du grain en un monceau, faites le guet aux environs sans être vû de personne; vous ne manquerez pas d'y surprendre le paysan qui l'aura mis: car il ira deux fois le jour pour connoître si elles en auront mangé. La vraie heure de l'y rencontrer, est environ midi, & le soir au soleil couché.

On a dessiné les deux figures précédentes pour représenter le trébuchet en deux façons: la premiere montre le trébuchet tendu, en le regardant de front; & la deuxieme le fait voir tendu, en le regardant de côté. Il est marqué des mêmes lettres que l'autre. La lettre E vous fera remarquer, que quand la cage sera légere, la compagnie de Perdrix étant grande, il faudra mettre une grosse pierre sur le haut du trébuchet, afin que la charge empêche qu'une seule Perdrix ne le fasse détendre; autrement on n'en prendroit peut-être qu'une ou deux: c'est la ruse que le paysan sçait bien observer.

D'autres se servent simplement d'un panier ordinaire, au haut duquel ils font une ouverture, qu'ils forment de quelque chose qui leur laisse la liberté de l'ouvrir pour en tirer les Perdrix. On le tend de même que le trébuchet, & avec de pareils bâtons. A mesure qu'on en retire les Perdrix, on les met dans des cages faites exprès pour les transporter.

On peut tendre plusieurs fois de suite le tréchet ou le panier: car il arrive souvent que, quand la compagnie de Perdrix étoit trop nombreuse pour entrer toute sous le piege, celles qui ont échapé ne manquent pas d'y revenir, à cause de l'appât.

Cet expédient peut encore servir à conserver ce gibier dans une terre, en ne mangeant que les mâles, & nourrissant les femelles jusqu'au carême, qu'on les relâchera.

PLANCHE 7.

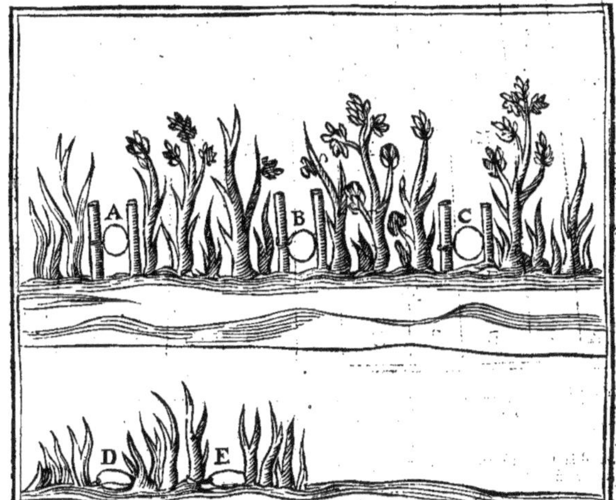

Comment les paysans prennent les Perdrix dans les bois & bruyeres, avec des Collets & Lacets.

Plusieurs paysans se mellent de colleter les Perdrix ou de les prendre avec des collets & lacets, qu'ils tendent dans les bois taillis, les vignes & les bruyeres, où ils ne perdent pas leur tems ni leur peine; car peu à peu ils prennent toute une compagnie.

Il y a certains endroits où les Perdrix se plaisent extrêmement : les paysans qui veulent les prendre, les sçavent bien connoître. Voici la maniere dont ils usent pour tendre aux Perdrix : afin que quand vous trouverez des collets, vous sçachiez quels oiseaux on veut y prendre. Jettez les yeux sur la *Planche* 7 : elle vous servira d'instruction, avec le discours suivant.

Le paysan qui veut prendre des Perdrix dans un bois, fait un grand cercle ou circuit, de vingt ou trente pas de large. Entre les souches de taillis qui forment cette enceinte, il fait de petites haies de demi-pied de haut avec des genêts & de petites branches de bois qu'il pique en terre, & ne laisse que la passée d'une perdrix dans le milieu. Ces passées se voyent marquées par les lettres ABCDE : où il plante un piquet gros comme le doigt ; auquel est attaché un collet de crin de cheval, qu'il tient ouvert, & le met à la hauteur du cou de la Perdrix. En se promenant pour chercher à manger, elle passe la tête dedans, & s'y prend, soit qu'elle se pose dans le circuit soit aux environs, car à force de se promener elle rencontre quelqu'une de ces petites haies.

Si c'est dans une bruyere que le paysan veuille prendre les Perdrix, & qu'il y ait de petits sentiers ou des clairieres par où elles courent ; il y fait, s'il est nécessaire, une petite haie comme dans les bois ; & y laisse des passées ausquelles il met des collets, & ne manque point d'y aller voir à une heure après midi & au soir, pour connoître s'il y en a quelqu'une de prise.

Quelques paysans jettent du grain en cet endroit-là, pour y attirer plus facilement les Perdrix.

Il y a aussi certains colleteurs qui mettent des collets ouverts & couchés à plate terre dans le milieu de la passée comme on les voit marqués des lettres DE (*Planche septieme*) : afin que les bécasses, si c'est la saison, puissent s'y prendre par le pied. Ce n'est pas que les Perdrix ne s'y prennent aussi-bien que les bécasses, mais il est plus facile de les prendre par le cou avec les collets.

Planche 8.

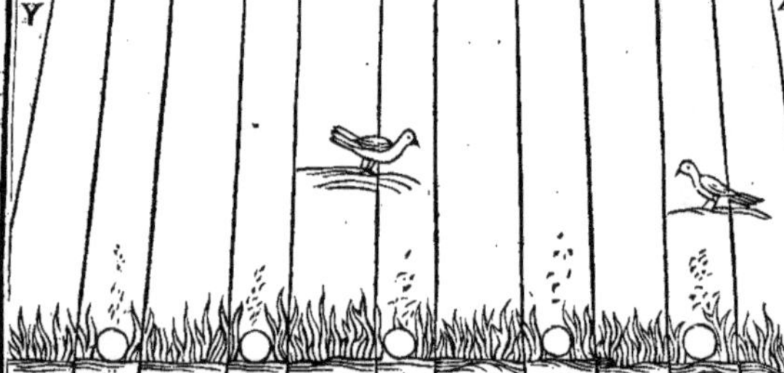

Autre maniere du paysan pour prendre les Perdrix avec des Collets, durant que la neige est sur la terre.

Quand la terre est couverte de neige, les oiseaux sont affamés, & cherchent par-tout les endroits découverts, soit aux pieds des arbres touffus, soit même au long des maisons où la neige est plus tôt fondue qu'ailleurs. Le paysan qui sçait le métier de colleter, n'oublie pas de regarder dans les pieces de bled ensemencées, s'il ne verra point de Perdrix sur la neige. S'il en voit, il ne manque pas le soir de s'en aller où il les a vûes pendant le jour ; & avec une pelle de bois il découvre une place, de trois ou quatre toises en quarré, comme vous voyez dans la *huitieme Planche*.

Supposez que l'espace qui est entre les quatre lettres Y, Z, A, F, soit l'endroit du bled découvert ; & que les espaces qui se rencontrent entre les lignes marqués des lettres ABCDEF, soient le dessus des planches de bled, les autres petits espaces marqués des chifres, 1 2 3 4 5 ; soient le fond des rayes ou sillons, autrement l'entreplanche par où la terre s'égoutte. Quand le colleteur a bien rangé la neige, il fait au milieu de la place découverte, une petite haie KLMN, haute d'un demi-pied ; qui traverse toutes les planches ; il laisse au milieu du fond de chaque raye la passée d'une

Perdrix; & y met un collet de crin à hauteur du cou de la Perdrix: ces collets se voyent représentés dans la haie. Puis il jette du grain d'un côté & d'autre de la haie, comme on le peut voir dans la figure; pour obliger les Perdrix de passer. Le matin, lorsqu'elles voyent cet endroit découvert, elles ne manquent pas d'y aller & de s'y prendre. Il est aisé de voir dans la figure, que les Perdrix qui auront mangé le grain qui se trouve d'un côté, voulant passer pour manger l'autre qu'elles voyent au-delà de la petite haie, se prendront dans les collets qui sont tendus: car ces oiseaux ne volent point en mangeant, s'ils n'y sont forcés; ils courent toujours comme font les poules domestiques.

Le colléteur sçait encore prendre les Perdrix aux collets dans les bleds, & dans les chaumes, *quoiqu'il n'y ait point de neige sur la terre.* Il observe si une compagnie de Perdrix a coutume de se tenir en certaines pieces de bled, ou dans quelque champ qui a été chaumé: ce qu'ayant reconnu, si c'est dans un bled verd, il fait une petite haie de genêts couchés qui traversent toutes les planches; & laisse de petites passées avec des collets, comme pendant les neiges. Si c'est dans un chaume, il pique quantité de collets confusément de côté & d'autre, & jette du bled parmi tous les collets: de sorte qu'une compagnie de Perdrix venant à se poser dans le champ, à force de se promener elles rencontrent le grain; & pour le manger, sont obligées de chercher & de se mêler parmi les collets: où il s'en prend toujours quelqu'une.

Planche 9.

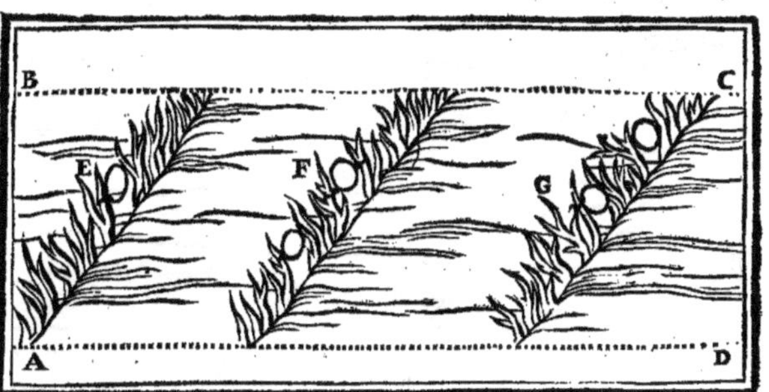

Comment les paysans prennent les Perdrix aux Collets dans les champs, lorsqu'elles s'adouent ou s'accouplent.

Dans le premier dégel qui vient après la fête des Rois, les Perdrix grises s'adouent ou s'accouplent; on les voit courir les unes après les autres le soir & le matin, principalement quand il a fait une gelée blanche, & que la terre est un peu ferme. Afin de courir plus vîte pour s'entrebattre, elles suivent les chemins ou sentiers qui se rencontrent autour des bleds verds. Le Paysan, qui se leve du matin, & va dès le point du jour à son travail, les voit souvent: c'est pourquoi il tend des collets, comme vous le voyez dans la *Planche 9.*

Supposé que la ligne ponctuée AD, soit le bord du bled; l'autre ligne ponctuée BC, le bord de la haie; & l'entre-deux de ces lignes le chemin ou sentier par lequel courent les Perdrix. Le paysan y va le soir: & fait, de vingt pas en vingt pas, de petites haies, hautes d'environ un demi-pied; dans le milieu desquelles il laisse une passée de cinq ou six pouces: & pique un collet, comme on le voit par les lettres EFG, non pas tout droit comme ceux dont on a parlé ci-devant, mais ensorte que le bout d'en-haut panche à moitié sur la passée. Autrement il ne s'y prendroit rien, parce que courant les unes après les autres, elles vont la tête levée, & en passant elles rangeroient le collet avec l'estomac: mais le piquet avançant dans la passée elles sont obligées de baisser la tête, pour passer par dessous; & ainsi elles se prennent au collet & s'étranglent.

Le paysan ne manque point de visiter les collets le matin au soleil levant, pour prendre les Perdrix qu'il y a trouvé étranglées; & emporter avec elles les collets, afin qu'il ne soit pas découvert.

Maniere divertissante pour prendre les mâles des Perdrix grises avec une Chanterelle & des Haliers.

1. *Remarque.* Il y a quantité de personnes qui croyent que l'on dépeuple un pays de Perdrix avec une chanterelle; mais elles s'abusent, puis qu'il ne s'y prend que des mâles; qui font plus de mal aux femelles qui sont accouplées, que de bien, les empêchant de couver quand ils les peuvent attraper, & cassant leurs œufs s'ils les trouvent; d'où vient qu'on rencontre souvent des compagnies de Perdreaux qui sont en petit nombre; & cela arrive lorsque le mâle ayant été trop chaud, & ayant poursuivi trop assiduement la femelle qui vouloit pondre, elle n'a pû se dérober de lui pour aller à son nid, & a perdu son œuf plûtôt que d'y aller à la vûe du mâle, qui lui auroit cassé tous les autres. Car la Perdrix, & sur-tout le mâle, est un oiseau très-lascif; il ne cesse pas d'être en amour; & poursuit toujours les femelles. Lorsqu'elles se dérobent aux yeux des mâles pour couver, ceux-ci font beaucoup de bruit, crient, & s'entrebattent. Quand ils sont appariés, ils battent leurs femelles si elles s'abandonnent à quel-

PLANCHE 10.

qu'autre. Et pour peu qu'ils en soient absens, on les voit se donner beaucoup de mouvement pour les retrouver; & courir d'abord à la voix de la premiere femelle qui chante. C'est ce qui a fait imaginer une chanterelle pour les prendre.

2. *Remarque.* Rarement un mâle sçait-il le nid de sa femelle: c'est pourquoi il est bien aisé de prendre le mâle quand la femelle couve; car il croit qu'elle est perdue, & va à la premiere qu'il rencontre.

3. *Remarque.* Il y a des personnes qui disent que les femelles vont aussi par jalousie au reclame des chanterelles pour les battre: ce qui montre que telles gens ne sçavent pas discerner les mâles d'avec les femelles; car il y a des mâles qui chantent comme des femelles, & qui ne marquent pas davantage qu'elles.

Cette chasse ne se fait qu'au soleil couchant jusqu'à la nuit; & depuis la pointe du jour jusqu'au soleil levé. Pour apprendre la maniere de vous servir de la chanterelle, & des haliers, jettez les yeux sur la figure représentée dans la *dixieme Planche*.

Il faut avoir dans une cage une Perdrix femelle: qui appelle les mâles, & les fait approcher par son chant.

La saison de prendre les mâles est, depuis le premier dégel qui arrive après la fête des Rois, que les Perdrix commencent à s'adouer, apparier, ou accoupler; jusques au mois d'Août.

Les pieces de bled verd, & les chaumes, sont les endroits les plus propres pour cette chasse, & ceux où l'on trouve le plus de Perdrix. Il faut qu'il y ait une haie, ou quelque lisiere de bois, derriere laquelle le chasseur puisse se retirer.

Supposé que l'espace depuis la lettre H jusqu'à la lettre I, soit la haie d'une piece de bled, de dix, vingt ou trente arpens: posez votre chanterelle VXY, proche de cette haie; & piquez vos haliers tout autour, comme ils se voyent par les lettres KLM, de sorte qu'ils soient éloignés de trois toises tout autour de la cage: si vous en avez beaucoup, mettez votre cage à cinq ou six toises avant dedans le champ: & piquez vos filets tout autour: puis vous vous retirerez derriere la haie. Votre Perdrix entendant chanter un mâle, ne manquera pas de l'appeller, & lui de venir. Quelquefois ils viennent quatre ou cinq ensemble; qui s'entrebattent autour des haliers, à qui aura la femelle qu'ils ont entendu chanter. Le plus pressé se prend le premier: ne vous hâtez point de courir pour l'ôter du filet; mais attendez que quelque autre donne dedans. Il est certain que vous en aurez plus d'un, si vous ne vous impatientez pas.

Pour éviter un inconvénient qui arrive ordinairement lorsque l'on tend avant que le mâle ait chanté, il est bon d'attendre que vous l'ayez entendu chanter avant de piquer vos haliers; afin d'approcher, & tendre à cinquante pas près de lui, & que la femelle & le mâle puissent entendre pour se répondre l'un l'autre; ce qu'ils ne pourroient pas autrement à cause de l'éloignement, & du vent contraire. Il arrive aussi quelquefois que les mâles qui ont été furés, à cause qu'ils vous ont vû en prendre d'autres, ne veulent pas approcher de plus de vingt pas de la cage, qu'ils ont vûe une autre fois; c'est pourquoi il faut en avoir de plusieurs sortes. Le discours suivant vous apprendra la maniere de les faire.

Fabrique de plusieurs sortes de Cages à mettre & transporter des Perdrix femelles, qui servent de Chanterelles pour faire approcher les mâles.

La cage dont on s'est servi dans la dixieme Planche, est fort jolie, n'occupe presque point de place, est fort portative, & ne fait guere de montre. Elle est faite d'un vieux chapeau, dont le bord est coupé : le dessous est de bois, qui se ferme & ouvre pour mettre & ôter la Perdrix : & par le dessus du fond du chapeau on doit faire un trou par où elle passe la tête pour chanter. Il y a aussi un crochet Y, de gros fil de fer, pour pendre la cage à la ceinture : & au lieu marqué de la lettre V, il faut faire une ou deux ouvertures, afin qu'elle puisse boire & manger par-là. On mettra à la porte qui est par-dessous un morceau de bois attaché, ou pour le mieux cloué, long d'un demi-pied ; pointu par le bout X, pour le ficher en terre, afin que la cage se tienne en l'état qu'on la veut mettre. Cette cage est fort propre pour les chanterelles apprivoisées ; on ne les y met que pour les porter ; & pendant le jour elles sont dans une grande cage, ou dans une chambre.

Les figures suivantes représentent plusieurs sortes de cages. La plus commune est celle de la *Planche onzieme*, elle servira de modele pour en faire d'autres.

Planche II.

Cette cage est composée de deux morceaux de fond de tonneau, marqués des lettres A H C, & B G D, taillés en rond par le haut A B Ils doivent avoir neuf pouces de haut, & un pied de large. On les attache par le bas à un autre morceau de bois, de même largeur, & long de quinze ou dix-huit pouces. Il y a par le dessus une tringle ou petite bande de bois marquée des lettres A B, longue de quinze ou dix-huit pouces, large & épaisse d'un demi-pouce, clouée aux deux ais ronds, pour les tenir en état. Il faut couvrir le vuide de cette cage avec de la toile verte, ou de quelqu'autre couleur grisâtre, tirant sur le brun ; l'attacher avec de petits cloux, & laisser un, deux ou trois trous par le dessus, pour passer la tête de la Perdrix quand elle voudra chanter ou écouter. On fera une petite porte F à un des ais du bout ; par exemple, à celui marqué de la lettre G ; pour pouvoir mettre ou retirer la Perdrix quand on voudra. Il faut faire à l'autre ais deux ouvertures, comme vous les voyez cotées de la lettre H, longues & étroites, pour que la Perdrix puisse boire & manger. Vous attacherez aux deux bouts A B, une courroie, sangle ou corde, pour pendre la cage au cou, lorsqu'on voudra la transporter. La figure 2 dit le reste.

Voici une autre sorte de cage qui est fort utile, quand la chanterelle est sauvage, parce qu'elle se débat en la portant ; & lorsqu'elle est sur le lieu, elle est si fatiguée, qu'elle ne daigne pas chanter, ainsi qu'on l'a souvent expérimenté : desorte qu'on seroit contraint de la laisser coucher dans le champ, pour s'en servir le lendemain matin. Mais à cause que le renard, ou quelqu'autre animal, la pourroit tuer, voici une façon de cage représentée par deux figures dans la douzieme *Planche*. La seconde, vous en fait voir les parties en détail : elle n'est pas encore couverte de fil de fer, comme elle doit être, lorsqu'elle est dans sa perfection. Prenez donc modele dessus.

Il faut prendre deux ais, E G A D, & F H Y C, qui aient environ quinze pouces en quarré ; avoir aussi deux arçons de gros fil de fer, qui soient faits comme une porte, ou plûtôt comme les deux ais des bouts de la cage précédente. Vous clouerez ces deux arçons aux deux ais quarrés ; & attacherez un ais par-dessus, de même largeur que les deux autres, & long d'un pied & demi, ensorte que le côté des arçons qui est quarré, soit au niveau du grand ais. Après quoi vous coudrez une toile par-dessus les deux arçons, pour former entre les deux ais A K, B Y, une cage toute de même que la seconde des précédentes ; de maniere que les trois ais débordent tout à l'entour, d'environ trois ou quatre doigts. Ayant mis à tous les coins des morceaux de bois G H E F, pour tenir les côtés en état, & faire bander la toile du milieu : vous couvrirez le tout avec du fil de leton, ou de fer, gros comme une petite épingle commune. Pour donner à manger à la chanterelle, il y a une petite tirette ou auget, avec un abreuvoir & une mangeoire, qui se met par le côté C, entre la cage & le fil de fer, à la petite lettre *a*. C'est pourquoi il faut que le côté de la cage de toile qui joint cette mangeoire, soit ouvert avec des barreaux espacés entr'eux, de façon que la Perdrix puisse facilement passer la tête entre deux pour boire & manger.

Si vous voulez faire autrement, ayez une grande cage de fil de fer, qui soit de grandeur convenable pour renfermer celle ci-dessus, dans laquelle sera la Perdrix ; & laissez-la coucher dans le champ,

PLANCHE 12.

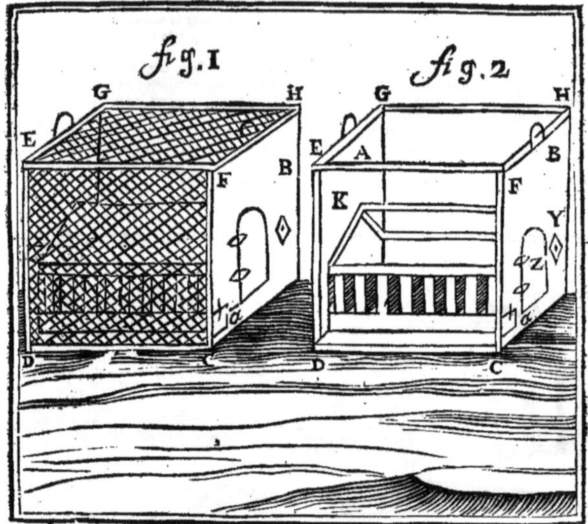

ſans crainte des animaux : le matin elle chantera. On ne ſpécifie point la forme de cette grande cage ; il n'importe de quelle grandeur elle ſoit, pourvû qu'elle puiſſe empêcher qu'aucun animal ne touche la chanterelle. Vous ferez, ſi vous voulez, comme une mûe à mettre des poulets.

PLANCHE 13.

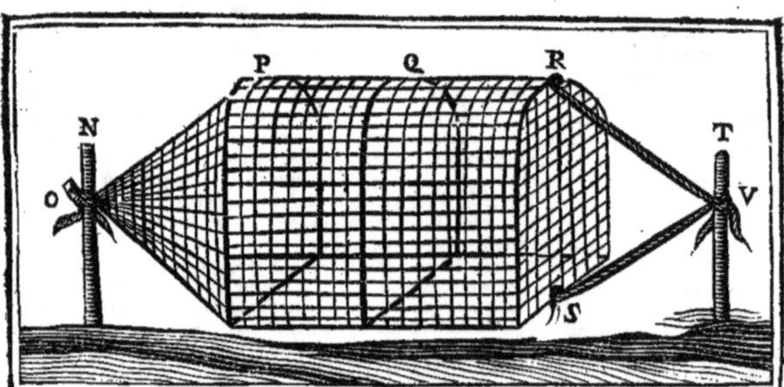

La treizieme *Planche* repréſente une autre ſorte de cage de ficelle, compoſée de trois arçons P Q R, de gros fil de fer, faits en façon de porte ronde, haute d'un pied, & large de neuf pouces. Ces arçons doivent être éloignés les uns des autres, de huit ou neuf pouces, & couverts d'un filet aſſez fort, & fait à grandes mailles. La cage eſt fermée par le bout marqué des lettres V S R. Il doit y avoir une ficelle attachée au haut R, & au milieu du bas S de l'arçon, pour la faire tenir au piquet T. Le bout O de la cage doit être fait enſorte qu'on puiſſe l'ouvrir & fermer avec une ficelle qui paſſera dans les dernieres mailles, pour mettre & ôter la Perdrix quand on voudra, & pour la fermer comme une bourſe, & l'attacher au piquet N. ; de façon que la cage ſoit tendue bien roide ſur le haut d'une planche de bled. Les mâles viennent, qui ne voyant plus de cage, en approchent facilement ; & se mettent dans les filets. Cette cage se doit faire pour le mieux en mailles quarrées.

Il faut pourtant vous avertir qu'une chanterelle trop sauvage peut quelquefois se blesser dans ces sortes de cages de ficelle.

Si votre Perdrix est bien privée, vous pouvez vous servir de cette autre belle invention pour les chanterelles. Un mâle viendra hardiment couvrir votre femelle en votre présence, si vous le voulez laisser faire. *Voyez* la Planche 14.

PLANCHE 14.

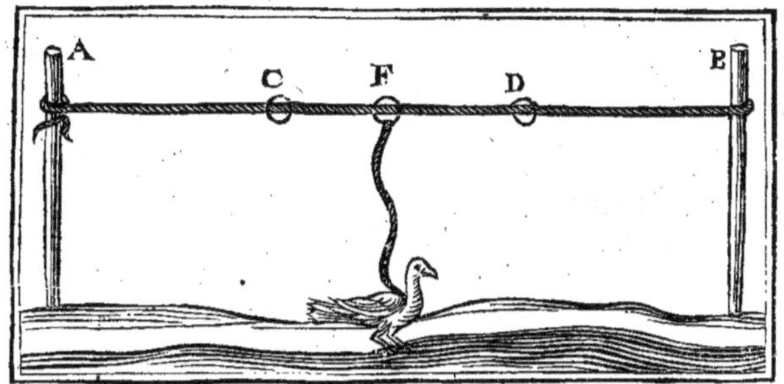

Il faut attacher sur le dos de la Perdrix une boucle de rideau, avec un ruban de soie étroit, ou bien quelque cordon ou tresse mollette ; lui en passant deux brins dessous les aîles, & deux par les côtés du cou, qu'il faut joindre ensemble sous le ventre. Vous attacherez à cette boucle une ficelle longue d'environ deux pieds, qui à son autre bout aura encore une semblable boucle F, dans laquelle passera une autre ficelle AB, longue d'une ou deux toises, liée à deux piquets élevés de terre d'un pied ou d'un pied & demi. Vous attacherez à cette ficelle deux petites boucles C & D, qui seront arrêtées à deux pieds près de chaque piquet A & B : après avoir fait passer la boucle F entre les deux bouclettes, afin que la Perdrix puisse se promener tout au long de la ficelle, sans pouvoir tourner autour des piquets A & B, ce qu'elle feroit si les boucles C & D ne l'arrêtoient point. Votre Perdrix étant ainsi disposée, jugez s'il y aura un mâle si sûré qui n'approche.

Maniere divertissante de prendre les Mâles des Perdrix rouges avec un appeau artificiel, & un petit filet nommé Pochette.

L'appeau des Perdrix rouges est bien différent de celui des grises : sa forme est représentée par les deux figures qui sont dans la *Planche quinzieme.* La deuxieme le fait voir par dedans, afin qu'on en puisse mieux connoître les particularités. Reglez-vous donc dessus pour en faire un semblable. Il est fait de buis, ou de bois de cormier, ou bien de noyer ; en forme de navette, & gros comme un œuf de poule.

Imaginez-vous un œuf commun, qui ait comme deux queues AB ; qui soit percé de bout en bout ; & qui ait en son ventre DC, une ouverture grande comme un écu. Il doit être creux par le dedans, jusques au fond. Il faut avoir un os de pied de chat, qui soit ouvert par un bout : que vous ferez entrer dans le trou PA, par l'ouverture intérieure P. Vous le pousserez jusqu'à ce

PLANCHE 15.

Figures qui représentent l'Appeau des Perdrix rouges.

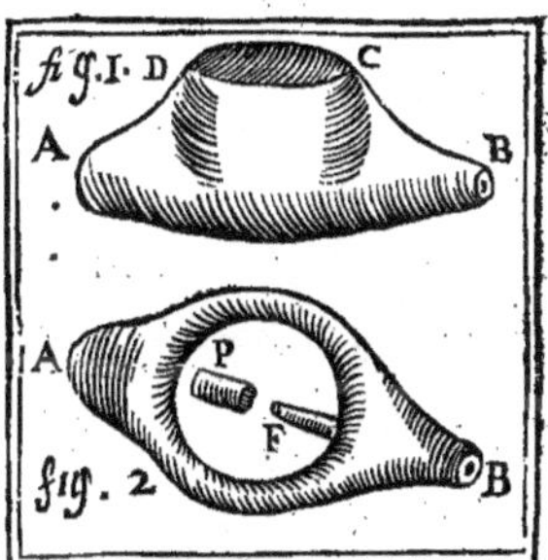

qu'il soit environ au milieu de l'ouverture P dans le fond ; l'autre bout A de l'os doit être bouché. Ayez ensuite un tuyau de plume à écrire, percé par les deux bouts ; que vous ficherez par le trou B, jusqu'à ce que le bout F soit près du bout P de l'os, & que soufflant par le bout B, cela fasse un ton de Perdrix rouge. Vous approcherez & reculerez le bout F de la plume, du bout P de l'os, jusqu'à ce que vous ayez trouvé le vrai ton.

Outre l'appeau il faut avoir un petit filet & une petite verge de bois souple, longue de quatre ou cinq pieds.

Le matin à la pointe du jour, ou bien le soir après le soleil couché, & quelquefois en plein midi ; lorsque vous entendrez chanter le mâle dans une vigne, ou dans quelque bois taillis, ou dans une bruyere, mettez-vous proche de quelque petit chemin ou sentier, auquel il y ait un endroit propre pour vous cacher couché sur le ventre.

PLANCHE 16.

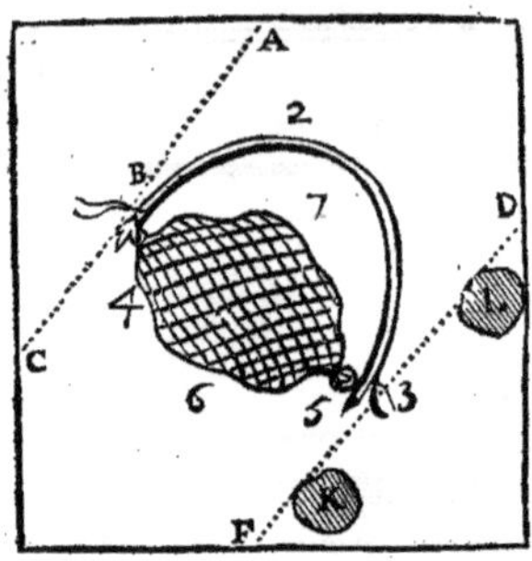

Supposé que ce chemin soit (*Planche 16.*) l'entre-deux des lignes ponctuées ACDF; & le lieu pour vous cacher, l'endroit marqué de la lettre K, à une ou deux toises de là : attachez la ficelle qui passe dans la boucle 4 du filet, au bout de la verge; que vous piquerez en terre sur le bord du chemin. Et la ployant en arc, vous piquerez pareillement l'autre bout à l'autre bord du chemin, & y attacherez aussi la ficelle 3 qui passe dans la boucle 5; ensorte que les deux boucles 4 & 5 ayent la liberté de pouvoir s'approcher l'une de l'autre. Prenez l'un des bouts de la bouclette 6 ou 7 : levez-le, & le posez sur le haut de l'arc 2, de façon qu'il s'y tienne de lui-même; laissant l'autre bord à terre : ainsi le chemin sera fermé; & rien ne pourra passer sans donner dans le filet. Placez-vous ensuite un peu à côté, couché sur le ventre, à l'endroit marqué K, la tête sur le bord du chemin, à une ou deux toises du filet, & de l'autre côté que celui par où doit venir la Perdrix. Par exemple, supposé que l'oiseau chante vers la lettre D, vous serez couché à la lettre K; mais s'il étoit du côté F, il faudroit vous placer au lieu marqué L. Soyez si bien caché, sans remuer, que la Perdrix ne vous puisse voir. Lorsqu'elle chantera, donnez-lui deux ou trois coups d'appeau assez lentement, & non pas trop forts, mais seulement qu'elle vous puisse entendre; elle volera tout d'un coup à vingt pas de vous, & se jettera dans le chemin pour écouter; puis elle chantera un peu; répondez-lui d'un petit coup d'appeau, & non davantage. Aussi-tôt qu'elle l'aura entendu, vous la verrez accourir le long du chemin, jusques auprès du filet, qu'elle considérera; chantera une fois; puis donnant dans le milieu du filet, en fera tomber le bord 2 qui sera sur l'arçon; & s'enfermera d'elle-même comme dans une bourse, d'où vous la retirerez, pour retendre s'il y en a d'autres.

Cette chasse ne se fait qu'aux mois d'Avril, Mai, Juin & Juillet, lorsque les femelles s'accouplent, ou couvent; car on ne prend que les mâles, qui sont sans compagnie, en contrefaisant la femelle avec l'appeau artificiel.

On pourroit bien prendre des Perdrix grises de cette façon : mais elles ne se jettent gueres dans les chemins, car elles sont accoutumées à traverser les planches de bled; & tout au contraire les rouges n'aiment pas à courir dans les lieux mal unis; c'est pourquoi leurs mâles se posent toujours dans le premier sentier, afin de courir plus vîte vers la femelle qu'ils entendent.

Pour faire une Pochette ou Poche, à Faisans & Perdrix.

On a donné, sous le mot FILET, le moyen de faire des pochettes ou poches à lapins : on fera celles pour les Faisans & Perdrix, de la même sorte; elles n'en different qu'en la longueur, qui doit être de quatre ou cinq pieds entre les deux boucles. Il faut faire ces poches, de fil bien délié, & cependant fort, & retors bien rondement. On ne les fait jamais que de mailles à lozanges, larges de deux pouces chacune. Il faudra faire la levûre, de vingt mailles : & quand elle sera faite, passer une ficelle bien unie & assez déliée tout à l'entour, comme aux pochettes pour les lapins; puis teindre le tout en verd, ou autre couleur, selon qu'il est enseigné dans l'article FILET.

Si ces filets ne doivent servir qu'aux Faisans, faites-les plus forts; c'est-à-dire que le fil en soit retors en trois brins. Pour les Perdrix, il suffira qu'il le soit en deux.

Pour prendre les Perdrix à la main.

Faites une pâte de farine d'orge avec de la graine de jusquiame; mettez-la en petits morceaux, comme une lentille ou un pois. Jettez-les où les Perdrix fréquentent : ils les étourdiront si fort, que vous les pourrez prendre avec la main.

Pour Peupler une terre de Perdrix.

Pour peupler une terre de Perdrix, il ne suffit pas d'épargner les Perdreaux dans la saison, il faut tâcher lorsqu'elles font leurs œufs, de les prendre tous, & de les faire couver à des poules, qui les feront éclorre, & éleveront aussi-bien les petits, que leurs propres meres; & ensuite il faut les abandonner tous dans la campagne. Il faut, autant qu'il est possible, aller prendre ces œufs dans des terres éloignées de celle que vous voudrez peupler, & prendre garde de ne pas mêler une couvée avec une autre, afin que les œufs d'une même Perdrix puissent éclorre tous en même-tems. Si vous voulez élever des Perdreaux privés dans votre cour, ou dans vos jardins, il faut avoir soin de prendre au loin les œufs qui les produisent; car s'ils provenoient des Perdrix du voisinage, ces perdreaux s'envoleroient par un instinct naturel, aussi-tôt qu'ils entendroient le chant de leurs meres, & l'on seroit par-là privé d'un fort grand plaisir.

Un des meilleurs moyens de peupler une terre de Perdrix, est d'en exterminer les mâles autant que l'on peut. Ils portent trop de préjudice aux femelles quand ils sont appariés : car ils les empêchent de couver, ou cassent les œufs lorsqu'ils trouvent les femelles dessus. C'est ce qui fait que souvent on trouve des compagnies très-peu nombreuses.

Perdrix à la Daube.

Lardez-les de moyens lardons; assaisonnez-les de sel, poivre, clous de gérofle, muscade, laurier, ciboules & orange; enveloppez-les dans une serviette, faites-les cuire dans un pot avec du bouillon & du vin blanc; & lorsque vous connoîtrez que cette daube sera suffisamment tarie, laissez-les refroidir à demi dans leur bouillon : puis servez-les avec un jus de citron.

Perdrix en Hachis.

Les Perdrix étant cuites à la broche, vous levez les aîles & les cuisses, & en tirez toute la chair; que vous hachez bien. Pilez bien les carcasses, & les mettez dans une casserole avec un peu d'essence de jambon : faites-les chauffer un moment; & les passez à l'étamine. Mettez le hachis dans une petite casserole; avec de ce coulis que vous venez de passer, la quantité que vous jugerez convenable. Étant près de servir, faites-les chauffer, ensorte qu'elles ne bouillent pas : mettez-y une petite rocambole bien écrasée, & un jus de citron ou d'orange; & servez chaudement, pour entrée.

On peut y mettre du blanc de poularde : le hachis en est plus délicat.

Perdrix Rôties.

On les apprête de la même maniere que les Faisans.

Perdrix en Marinade.

On les coupe par quartiers; on les met dans du verjus & du vinaigre, afin de les faire mariner pendant trois heures seulement, le tout assaisonné de sel, poivre, clous de gérofle, ciboules & laurier. Cela fait, on les trempe dans une pâte claire, composée de farine, vin blanc & jaunes d'œufs; puis on les frit dans du lard fondu, dans du beurre, ou du sain-doux : étant bien frites, on les garnit de persil frit, & de tranches de citron, & on les sert ensuite.

Perdrix en Casserole.

Faites rôtir à la broche deux ou trois Perdrix, dont vous pilerez une dans un mortier; puis vous la passerez à l'étamine avec un bon jus de bœuf, & de la croute de pain trempée dans le jus. Vous pilerez encore les foies des Perdrix avec quelques morceaux de truffes. Le tout étant bien passé, vous le mettrez dans une casserole, dans laquelle vous verserez deux verres de bon vin; vous y ajoûterez une pointe d'échalote ou de rocambole, quelques tranches d'oignon, du sel & des clous de gérofle. Mettez tout cela sur le feu, & faites-le bouillir.

Quand la sausse sera réduite à moitié, vous la passerez au tamis, & vous la remettrez dans la casserole avec le coulis. Vous n'oublierez point d'y mettre un peu d'essence de jambon, si vous en avez la commodité : puis vous ferez cuire le tout ensemble. Enfin après avoir dépecé les Perdrix, vous les mettrez dans la sausse, où vous leur laisserez jetter un bouillon. Alors vous dresserez les Perdrix dans un plat, & vous les servirez chaudement pour entrée.

Perdrix en filets au Jambon.

Mettez des Perdrix rôties, en filets; passez-les avec du lard fondu & du jambon crud; ajoûtez-y des ciboules, du persil haché menu, du sel & du poivre autant qu'il en faut à cause du jambon, avec un bon jus. Laissez mitonner un peu le tout, & servez-le chaudement pour hors d'œuvre d'entrée.

Perdrix au Bœuf.

Épluchez les Perdrix; vuidez-les, & troussez les cuisses en dedans le corps. Ayez des tranches de bœuf bien minces, mais assez grandes pour qu'elles puissent faire le tour des Perdrix. Ensuite piquez-les de gros lardons de lard, & de jambon, & les mettez cuire dans une braise. Étant cuites, tirez-les pour les faire égoutter, & les dressez bien dans le plat. Mettez une essence de jambon pardessus. Et servez chaudement pour entrée.

La *Braise* se fait dans une braisiere, ou à son défaut, dans une marmite, que l'on garnit de bardes de lard & de tranches de bœuf; sur lesquelles on met les Perdrix, avec un assaisonnement de sel, poivre, basilic, thim, oignons. On acheve de les couvrir; on les mouille d'une cuillerée de bouillon, & on fait cuire tout doucement, feu dessus & dessous.

Les PERDREAUX se servent pour l'ordinaire rôtis; & on les pique de lard, ou bien on les barde.

Perdreaux à l'Achia.

Épluchez-les, flambez-les, & les vuidez; détachez la peau de dessus l'estomac, & ôtez la chair; que vous mettrez avec quelques blancs de poulet, un petit morceau de lard blanchi, un morceau de tetine de veau, persil, ciboule, fines herbes, épices, sel, poivre, un jaune d'œuf crud. Hachez bien le tout ensemble, & en remplissez les estomacs de vos Perdreaux : & si vous avez de la farce de reste, mettez-la dans leur ventre. Ensuite vous les mettrez à la broche, enveloppés de bardes de lard & de papier. Tandis qu'ils cuiront, coupez de l'achia par tranches, que vous ferez blanchir à l'eau bouillante : puis mettez l'achia dans une casserole avec un peu d'essence de Jambon; un peu de coulis ordinaire, un peu de jus. Le tout ayant cuit un moment, & les Perdreaux étant cuits, tirez-les & les débardez : mettez-les dans un plat, & versez par-dessus votre ragoût d'achia, que vous ferez sûr auparavant qu'il sera de bon goût. Servez chaudement pour entrée.

En les vuidant, on doit prendre garde de ne pas couper le bouton.

Perdreaux à la Moscovite.

Après les avoir flambés, épluchés, & vuidés, coupez-les comme les poulets qu'on veut fricasser. Vous les mettrez dans une casserole avec un peu de lard fondu au lieu d'eau : puis vous les passerez quelques tours sur le feu bien allumé; ensuite vous les mouillerez d'un bon verre d'eau-de-vie, & les tiendrez toujours sur le feu, tant que l'eau-de-vie brûlera. Le feu étant éteint, vous mettrez quelques champignons & truffes, & mouillerez de bon jus & bon coulis. Après quoi vous les ferez cuire à petit feu; & aurez soin de les bien dégraisser. Lorsque vous serez près de servir, mettez-y un morceau de beurre frais ou un peu d'huile, &

au jus de citron. Et servez chaudement pour entrée.

On peut aussi les apprêter de même, en les laissant entieres.

Perdreaux aux Fines Herbes.

Il faut avoir des Perdreaux qui ayent du fumet; les bien éplucher, & les vuider: puis ôter le fiel; & hacher les foyes avec du lard rapé, du persil, de la ciboule, du sel, du poivre, fines herbes, fines épices, un morceau de beurre, quelques champignons. Le tout étant haché, & mis dans le corps des Perdreaux; on en arrête les deux bouts. On les refait dans une casserole; puis on les met à la broche, enveloppés de papier & de bardes de lard. Les Perdreaux étant cuits, on les tire & les débarde; on les dresse dans leur plat avec une essence de jambon par-dessus: & on les sert chaudement pour entrée.

Perdreaux à la Polonoise, (qu'on nomme aussi Bigoche, & Galimafrée.)

Les Perdreaux étant flambés, épluchés, vuidés, puis cuits à la broche avec un morceau de beurre dans le corps & enveloppés de bardes de lard & de papier: on les dépéce comme pour une fricassée de poulets. Puis on les met dans une casserole avec un peu de bouillon, une pincée de ciboule hachée, une pincée d'échalotes, une pincée de persil, du sel, du poivre, une rocambole bien hachée, une petite poignée de mie de pain, des zestes d'orange avec le jus. On les laisse chauffer un moment sur le feu: on les tourne ensuite deux ou trois tours sans qu'ils bouillent: après quoi on les dresse dans leur plat, & on les sert chaudement pour entrée ou pour hors d'œuvre.

PERDRIX (*Poitrine de*). Espece d'aloës. *Voyez* ALOES, *n.* 13.

PERDU (*Bois*). *Buche* PERDUE. *Voyez* BOIS FLOTTÉ, page 349.

Tête PERDUE. *Voyez* au mot TÊTE.

PEREBECENUS: & PEREBENNUC. *Voyez* TABAC.

PEREXIL. *Voyez* AMARANTHOÏDES.

PERFOLIATA. *Voyez* PERCE-FEUILLE.

PERFOLIÉES (*Plantes*). Voyez CHEVRE-FEUILLE, *n.* 2.

PERFORATA. *Voyez* MILLEPERTUIS.

PERIANTHIUM. *Voyez* CALICE.

PÉRICARDE. Le Péricarde est une double membrane, épaisse, & ressemblant à une bourse; qui sert à contenir le cœur dans sa cavité. Le Péricarde contient une espece de sérosité, mais en petite quantité. Son usage est d'affermir la situation du cœur, ensorte qu'il soit toujours soutenu par le diaphragme.

PÉRICARDIAIRES (*Vers*). C'est une des douze especes de vers qui s'engendrent dans le corps humain. Ceux-ci existent dans le Péricarde. Ils causent quelquefois des convulsions extraordinaires; dont les accès durent peu, mais recommencent sans cesse, & sont accompagnés d'une extrême pâleur du visage, d'un abattement de tout le corps, & de violentes douleurs d'estomac & de poitrine. M. Andry qui a fait un curieux Traité *De la Génération des Vers dans le Corps de l'homme*, assure (art. 1, ch. 3.) que les vers Péricardiaires causent quelquefois des morts subites. C'est souvent de cette cause étonnante & cachée, que proviennent des points & piqûres qui surprennent tout-à-coup, & mettent plusieurs personnes délicates en danger de perdre la respiration.

PERICLYMENUM. *Voyez* CHEVRE-FEUILLE.

PÉRIODIQUE (*Maladie*). Retour réglé d'accès, ou de mal, après une remarquable cessation ou intermission. *Voyez* FIEVRE.

PÉRIPNEUMONIE. Inflammation des poûmons avec une fievre aiguë & continue; la respiration difficile, fréquente, & ardente; la toux; la pesanteur des hypocondres & de toute la poitrine; accompagnée de tension, sans douleur sensible, à moins que les membranes conjointes ne soient enflammées: les joues sont rouges; les urines rouges ou rousses, crasseuses ou écumeuses; la voix forte; les narines élevées; les yeux ardens & enfoncés; la langue séche, d'abord d'un rouge jaune, & ensuite épaisse & noire dans l'accroissement de la maladie. On sent quelque douleur au milieu des épaules; avec un grand dégoût; & un violent desir de boire froid, & de respirer un air frais. Le pouls est ondulant, mou, grand & vif, & souvent intermittent.

Cette maladie provient quelquefois d'un sang bouillant ou bilieux, qui est poussé avec violence de la veine artérielle du cœur dans les poûmons. Souvent aussi la cause est une fluxion âcre, & si brûlante, qu'elle cause la difficulté de respirer, la fievre & la toux. La Péripneumonie succede quelquefois à la pleuresie; à la squinancie; à l'asthme. Quand l'inflammation vient d'un phlegmon, on crache le sang tout pur. Quand elle est érysipélateuse, le crachat est jaune. Ce sont les mêmes signes dans la Péripneumonie, que dans la pleuresie: si ce n'est que dans celle-là ils sont plus modérés, & plus pernicieux en même-tems.

La Péripneumonie est plus dangereuse, que douloureuse. Le saignement du nés n'y est pas tout-à-fait de si bon augure, qu'à la pleuresie; d'autant que la matiere de celle-ci étant plus subtile monte (dit-on), & que l'autre plus épaisse descend. Si l'hémorrhagie étoit abondante; ou qu'il survînt un cours de ventre bilieux, mêlé de mousse ou d'écume; ou un flux de ventre; ou abscès, soit autour des oreilles, soit à d'autres endroits; l'on pourra tout espérer. Si la phrénesie survient, ou que l'on crache du pus en toussant; ou que l'on éternue: ce sont souvent des signes funestes. Le mal est moins dangereux, lorsque la poitrine se dégage par des crachats de bonne qualité. On peut aussi recouvrer la santé, si les crachats, quoique purulens, soulagent la douleur; que la respiration se dégage; que l'expectoration soit prompte; & qu'avec des forces supérieures à la maladie, on la supporte aisément. Si ce crachement n'arrive pas, & que le pus n'affecte aucune issue; il arrive nécessairement que le poûmon s'ulcere, & produit la phthisie; ou que l'amas du pus se dégorge subitement dans les organes immédiats de la respiration, & suffoque le malade: alors il ne peut éviter de périr; la respiration devenant de jour en jour plus embarrassée, & faisant du bruit dans la gorge; & l'abondance de la matiere qui s'épanche sur les bronches, fermant enfin absolument à l'air l'entrée des poûmons.

Le mal est regardé comme mortel, si avec un cours de ventre, l'on ne dort point. Si les extrêmités deviennent froides, les ongles livides & courbés; pour l'ordinaire on ne passe pas le quatre ou le cinq.

Il est plus dangereux dans la Péripneumonie &

la pleuresie, que dans toute autre maladie aiguë, de ne pouvoir demeurer couché de quelque maniere que ce soit; les malades voulant toujours être assis.

La Péripneumonie est particuliérement funeste aux jeunes gens au-dessous de vingt-cinq ans. Les personnes du sexe, au-dessous de cet âge, en sont rarement attaquées, & aisément guéries. Cette maladie est pernicieuse aux atrabilaires.

Remedes.

Pour prévenir le désordre que produiroit ce mal, on pratiquera le régime & les mêmes remedes qu'à la pleuresie; excepté qu'il ne faudra pas user de grands breuvages, quoique les malades ne demandent qu'à boire.

L'on fera très-bien de purger dès le premier ou le second jour avec de la casse, ou du catholicon, ou de la manne; & tirer promptement du sang, autant que les forces du malade le permettront. Si non, l'on appliquera des ventouses ou vésicatoires au-dessous des mammelles, & aux côtés; & l'on donnera des lavemens composés d'une décoction de violettes, mauves, laitues, ozeille, chicorée, dans laquelle on fera dissoudre une once de catholicon simple, ou une once de diaprun simple, ou de lénitif, avec une once de miel rosat ou de sucre rouge. L'on frottera la poitrine, d'huile de camomille; ou d'huile de rue; ou de moëlle de cerf; ou de beurre frais.

2. La décoction de lierre terrestre est fort bonne contre cette maladie. On fait bouillir cette plante avec de l'eau ou de la petite bierre, (c'est-à-dire de la bierre où l'on aura fait bouillir de l'orge ou du gruau): & on en donne à boire au malade. Si on veut que la décoction soit meilleure, on met parties égales d'eau & de lierre; on y mêle un peu de miel en forme d'extrait; & on fait bouillir la plante dans de l'eau. On peut encore exprimer le suc du lierre terrestre, pour le couler, l'épaissir, & l'assaisonner de sucre.

3. Le bain tiede sera très-utile.

4. Quoique les Péripneumoniques paroissent foibles, & qu'ils tombent souvent en lipothymie; on ne risque rien de les saigner souvent, mais peu à chaque fois: cela diminue l'ardeur du sang, & ralentit le progrès du mal.

5. L'eau-de-vie avec le sucre, prise de demi-heure en demi-heure à la quantité d'une cuillerée, sauve souvent le malade. C'est ce qui est confirmé par les Journaux de Leipsic: qui rapportent que plusieurs paysans attaqués de cette maladie, se guérirent en avalant cette liqueur sucrée. Mais ce remede seroit dangereux dans les cas où il y auroit une fievre violente accompagnée de sécheresse dans la peau; en un mot, lorsqu'il y auroit de l'éréthisme.

6. Procurez les sueurs tant que vous pourrez: c'est un remede spécifique de cette maladie.

7. On peut donner l'antimoine diaphorétique & la poudre de vipere, ensemble, un demi-gros de chacun, dans un verre d'eau de chardon bénit ou de mélisse.

8. Donnez des eaux de coquelico, de chardon bénit, de scabieuse, de pimprenelle. On pile quelques-unes de ces plantes; on en tire le suc en les exprimant; & on en donne à boire au malade.

9. Le soufre, donné jusqu'à une demi-dragme, est un excellent remede.

10. La fiente d'un cheval entier tout fraîchement rendue, infusée dans un verre de vin blanc, qu'on fait prendre au malade, est un des remedes spécifiques des Anglois. D'autres se contentent d'exprimer quelques crottes de cheval fraîches; & donnent au malade la liqueur qui en sort.

11. La fiente blanche d'une poule, donnée dans du vin, passe pour être spécifique dans cette maladie.

12. Lindanus, selon le rapport de M. Le Clerc, prenoit dix ou douze crottes de brebis; les piloit dans un mortier avec l'eau de coquelico, ou de chardon bénit, ou de scabieuse; & faisoit avaler ce mêlange dès le commencement de la maladie.

13. Prenez trois ou quatre onces d'huile de lin nouvellement exprimée; mêlez-la dans cinq ou six onces d'eau d'hysope; & donnez le tout au malade.

14. Le malade boira dans tout le cours de sa maladie, une décoction d'orge & de réglisse.

Sudorifique excellent pour les Pleuresies & Péripneumonies.

15. Faites bouillir quatre onces de miel pur, à petit feu, dans un poëlon, avec deux verres de vin, sans l'écumer; jusqu'à ce que le tout soit réduit à un verre: que vous donnerez chaudement au malade que vous voudrez faire suer; & le couvrirez un peu plus qu'à l'ordinaire.

Notez qu'il ne faut rien donner à boire jusqu'à ce que la sueur soit passée.

PERIPTERE. C'est, dans l'Architecture antique, un bâtiment environné en son pourtour extérieur, de colonnes isolées: comme étoient le Portique de Pompée, la Basilique d'Antonin, la Septizone de Severe, &c.

PERISTEREON, Mot Grec; dérivé de celui de περιστερὰ, qui signifie Pigeon. Plusieurs anciens Naturalistes parlent de *Peristereas*, *Peristereon*, ou *Peristerion*, & *Peristeron*, comme d'une plante fort aimée des pigeons, & que l'on peut employer pour les attacher à un colombier; mais il n'est pas facile de décider quelle est cette plante.

Anguillara prétend que Cratevas a ainsi nommé l'ivette vulgaire, à fleurs jaunes, & dont la feuille est à trois découpures. Ce Cratevas est très-estimé pour la connoissance des plantes. Voyez M. Tournefort, *Isagoge in Rem Herbariam*: où il témoigne aussi qu'il fait cas d'Anguillara. L'odeur de cette plante, & la salure qui l'accompagne, pourroient effectivement plaire aux pigeons. On lit, dans la Maison Rustique, que le Peristereon est nommé en François *Vermine*: ce qui reviendroit au nom Latin *Vermiculata*, qu'on a quelquefois donné à certaines especes d'Ivette, à cause de leur rapport extérieur avec divers *Sedum*. Voyez Dioscoride, L. 3. ch. 157. édit. de Matthiole: & *Penæ & Lobel. Stirp. Adversar. nova*, pag. 163.

D'un autre côté, la verveine commune, à fleur bleue, est aussi nommée Peristereon par des Anciens; & Mentzelius, dans son Index des plantes, fait observer que les Italiens l'appellent *Verminacula*. C'est à elle que Jonston (*Notitia Regni Vegetabilis*) attribue la propriété de plaire aux pigeons: ajoûtant que quelques-uns l'appellent aussi Τρυγόνιον, parce qu'elle est recherchée des tourterelles. Différentes éditions d'Albert le Grand, conseillent de mettre la verveine dans un colombier, pour y attirer tous les pigeons du voisinage.

On trouve cependant les Naturalistes peu d'accord entre-eux sur l'espece de verveine à laquelle convient proprement cette dénomination. Jonston dit que c'est celle qui se tient droite, & qui a les feuilles de Chêne avec deux découpures profondes à leur base. Pline & Galien donnent en général ce nom à la verveine, sans déterminer d'espece particuliere. Dioscoride (L. 4. ch. 60. & 61.) applique aussi le nom de Péristereon, comme une appellation générique à l'espece droite, & à celle qui est couchée. On a lieu d'être surpris de lire après cela dans Matthiole, que Dioscoride n'a appellé Peristereon, que la verveine droite; & que même la description qu'en donne cet Ancien, ne ressemble à aucune plante connue de Matthiole; ensorte que quelques Auteurs ont cru que ce pouvoit être la *Sideritis Heraclea*, laquelle est la premiere *Sideritis* de ce Commentateur.

Au reste, la propriété de plaire aux pigeons ne se trouve attribuée à la plante, que comme une probabilité éthymologique dans les éditions Grecques de Dioscoride, que nous avons consultées: sçavoir, celle de Wechel, imprimée en 1598 *in-folio*, avec la traduction Latine de Sarrazin; & une toute Grecque, plus ample, donnée à Venise en 1599 *in-folio*, par Alde Manuce.

Robert Constantin, Médecin, qui a donné un excellent Dictionnaire Grec, y dit que la Bugle est proprement le Peristereon de Dioscoride [Nous avons observé, dans l'article Ive, que les ives confinent avec les bugles.]

Pena & De Lobel (*Stirp. Adv. nova*, page 231.) rapportent qu'on a donné le nom de Peristereon, à beaucoup d'autres plantes; & nommément au teucrium des prés; & à une plante qui ressemble à la bugle par sa fleur, & que les Italiens nomment *Columbina*. Ces Auteurs ne la désignent pas autrement. Peut-être est-ce la bugle de Robert Constantin.

Ægineте observe que le Peristereon vient dans des lieux humides: & il le nomme *Columbaria dodrantalis*.

Voici la traduction du texte de Dioscoride, d'après les deux éditions que nous avons citées. » Le » *Peristereon Droit* (aussi nommé *Peristerion*, *Trigonion*, *Bunion*, *Hierabotane*, *Philtrodotes*; par les » Prophètes, *Heras Dacrion*, *Hamagales*, *Hama-* » *Ermu*; chez les Romains, *Crista Gallinacea*, *Pheria*, *Trixalis*, *Exupera*, *Herba santinalis*); vient » dans les endroits humides. Cette plante semble avoir été nommée Peristereon, de ce que » les Pigeons se plaisent dans les endroits où il y » en a. Cette plante a un palme de haut, ou même » davantage. Ses feuilles sont découpées, blanchâtres, & sortent immédiatement de la tige. Ordinairement elle n'a qu'une seule tige; & une racine unique.

» Le *Peristereon Couché*, nommé *Hierabotane*, » de même que l'autre, est encore appellé *Herigenion*, *Chamælycon*, *Sideritis*, *Curitis*, *Phersephonion*, *Dios Helacatè*, *Dichromon*, *Callesis*, » *Hipparison*, *Demetrias*. Pythagore le nomme » *Erysisceptou*; les Égyptiens, *Pemphthenphtham*; » les Romains, *Cincinallis*. Il jette des rameaux » anguleux [peut-être triangulaires] qui ont plus » d'une coudée de long; assez loin les uns des autres. Autour des rameaux sont des feuilles qui » ressemblent à celles du chêne, mais plus petites » & plus étroites, dentelées sur leurs bords, & » d'une couleur approchante du verd de mer. La » racine de cette plante est longue & menue. Les » fleurs sont petites & purpurines.

Le texte ajoûte, que le Peristereon Droit a été nommé *Pempsempte*, par les Égyptiens (ce qui approche beaucoup du *Pemphthenphtham*, qu'on a vû ci-dessus.)

Apulée substitue le nom de *Thiophenges*, à celui de *Pempsempte*, dont nous venons de parler. Il rapporte aussi quelques autres noms à ces deux plantes. Mais cet Auteur est si peu exact dans son Traité *De virtutibus herbarum*, que nous ne tenons aucun compte de rien alléguer sur son autorité. Son inattention va même jusqu'à confondre les deux plantes dont il s'agit; à en parler dans le troisieme chapitre & dans le soixante-cinquieme, sous deux noms différens, sans paroître s'appercevoir de ce défaut d'ordre.

Pena & De Lobel (*Stirp. Adv. nova*) citent Rondelet, qui assure que les pigeons n'aiment pas la verveine; dont même ils ne mangent jamais. Ce Naturaliste prétendoit que le nom de Peristereon, venoit de ce que la plante en question étoit très-commune dans la fiente qui environnoit les colombiers. Enfin son avis étoit, que cette dénomination devoit être particuliérement affectée à une plante, dont on se servoit à Montpellier, au défaut de la grande scabieuse, pour mondifier les ulceres, dégager les poûmons embarrassés de pituite, & déterger toutes sortes d'affections de la peau: il nomme cette plante *Scabiosa minima*. Voici comme il la décrit. » Elle a les feuilles de ver- » veine. Celles d'en haut sont plus profondément » découpées, & comme laciniées, & blanches en » dessous. Celles d'en bas sont plus larges, & légerement dentelées. Ordinairement la tige est droite, haute d'un pied ou d'une coudée, menue, & » branchue au sommet. Les fleurs sont arrondies, » velues, & d'un bleu plus ou moins azuré, d'ailleurs semblables à celles du Remors. Les semences sont plates; la racine, grosse comme le petit » doigt, & accompagnée de quelques fibres. On en trouve beaucoup à Montpellier, au bord du ruisseau qui est près de la porte S. Gilles; à Narbonne, le long des champs; sur l'Apennin, près de Bologne; & ailleurs.

Dans l'espece de Commentaire que Beroald a donné sur Columelle, il dit que le Peristereon est une herbe dont la tige est haute, & le sommet garni de feuilles (*Foliato cacumine*); & qu'elle est fort aimée des pigeons. On tient, ajoûte-t-il, que les chiens n'aboyent pas contre une personne qui porte de cette herbe sur elle.

En consultant l'*Onomasticon* de Brunfelsius, nous avons reconnu qu'il a exactement copié cet endroit de Beroald; jusqu'à insérer mal-à-propos, comme une citation de Columelle, ce que Beroald n'a mis que pour indiquer l'endroit où cet Auteur s'est servi du mot de Peristereon; mais en ne lui donnant point d'autre signification que celle de *colombier*.

Dioscoride, L. 4, chap. 110, dans l'édition Grecque de Manuce, donne à la *fumeterre* le nom de Peristerion.

Nous n'avons insisté sur cette discussion de critique, que pour essayer de répandre quelque lumiere sur un point assez intéressant pour l'œconomie rurale. Mais nos recherches se terminent à une obscurité qui tient un peu du cahos. Le grand nombre d'Auteurs qui donnent à la verveine le nom & la propriété du Peristereon, par rapport aux pigeons, pourroit faire pancher la balance; si l'on n'étoit pas accoutumé à voir les Anciens & les Modernes se copier successivement sans examen, & multiplier ainsi les erreurs. Notre travail servira, au moins, à épargner la peine & la perte de tems, de ceux qui voulant faire les mêmes recherches, auroient pû consulter les Auteurs dont nous nous sommes servi.

PÉRISTYLE. Ce mot, qui vient du Grec, se

dit d'un lieu environné de colonnes isolées, en son pourtour intérieur; ce qui le fait différer du Périptere. Tel est le Temple Hypetre de Vitruve. Tels sont encore aujourd'hui quelques Basiliques de Rome, plusieurs Palais d'Italie, & la plûpart des Cloîtres un peu anciens. Cependant Péristyle se dit encore indifféremment d'un rang de colonnes, tant au-dedans qu'au-dehors d'un édifice: comme, le Péristyle Corinthien du Portail du *Louvre*; & l'Ionique du Château de *Trianon*.

PÉRIWINCLE. *Voyez* PERVENCHE.

PERLE. Substance brillante, opaque, & nuée de diverses couleurs. *Voyez* NACRE.

Les Perles sont une maladie des huitres; une espece de gravelle, selon les *Mémoires de l'Académie Royale des Sciences*, année 1717. Il y a un si grand rapport entre la couleur de la Perle, & celle de l'écaille, qu'il y a lieu de présumer que l'une & l'autre proviennent originairement d'une même matiere. Consultez le *Spectacle de la Nature*, Tome I. page 251. &c.

On observe que l'air est mal sain sur plusieurs côtes où se fait la pêche des Perles. Les Espagnols paroissent effectivement avoir abandonné cette pêche en Amérique. Dans le Golfe Persique, l'Isle de Baharen, sur les bancs de laquelle les plongeurs vont arracher les nâcres, contient un air & des eaux que ceux qui font le trafic de Perles, ne peuvent soutenir. Les Paysans même ne veulent pas manger l'huître où ils les trouvent: tant la chair leur en paroît mauvaise. Au reste on lit dans l'*Histoire des Découvertes des Portugais*, de Lafitau, Tome II. page 303, que l'Isle de Ceylan jouit d'un air très-sain; on y pêche néanmoins de très-belles Perles. La grande propreté des habitans peut aussi contribuer à empêcher les mauvais effets de cette pêche. Consultez l'*Histoire de l'Isle de Ceylan*, traduite de Ribeyro; Trévoux 1701, *in-12*, page 171.

La grosseur des Perles est différente; aussi-bien que leur figure. On met un haut prix à celles qui sont les plus grosses, les plus parfaitement rondes, polies, blanches, luisantes. Quand elles ont toutes ces conditions, on dit que ce sont des Perles d'une *belle Eau*, ou qui ont un *bel Orient*. On les emploie à faire des colliers, des bracelets, &c.

On distingue les Perles Orientales, les Occidentales, & celles qu'on pêche dans le Nord; par leur eau, qui est accompagnée de différentes couleurs. Celles qu'on pêche en Orient, ont une eau qui tire sur l'incarnat. L'eau de celles qu'on pêche en Amérique, tire sur le verd. Enfin les Perles qui viennent du Nord, ont une eau qui tire sur le gris de lin. Mais il faut convenir que ces différentes couleurs se passent quand les Perles ont été portées.

On pêche les Perles, ou plutôt les huitres qui renferment les Perles, par le moyen de plongeurs, qui en rapportent dans un filet autant qu'ils en ont pû amasser pendant le tems qu'ils sont restés au fond de la mer. Pour retirer les Perles, on attend que ces huitres s'ouvrent d'elles-mêmes: & quand on n'a pas soin de les retirer à propos, elles jaunissent.

Vertus des Perles.

On dit qu'elles sont cordiales; bonnes pour empêcher l'effet du venin, fortifier les esprits, & réparer les forces dans les syncopes. Leur principale vertu est la même que celle des yeux d'écrevisse, du corail, de la nacre, & des autres matieres alcalines; qui est de détruire, ou émousser, les acides. C'est ce qui fait qu'elles sont astringentes; & propres pour le flux de sang, la faim canine, les âcretés de l'estomac, le dévoyement: la dose est depuis six grains jusqu'à une demi-dragme. Enfin on s'en sert pour nettoyer les dents. On ne se sert ordinairement en Médecine que des petites, qu'on appelle *Semence* de Perles: elles ont autant de vertu que les grosses: & coûtent moins.

Pour Blanchir les Perles.

1. Mettez dans un pot de terre vernissé, une quantité suffisante de sel ammoniac & de salpêtre en poudre subtile; puis les ayant arrosé d'huile de tartre, mettez-y tremper les Perles, jusqu'à ce qu'elles ayent acquis la blancheur que vous souhaitez.

2. Faites tremper vos Perles dans de l'huile de vitriol; ensuite mettez-les dans l'huile de tartre, pendant environ un quart d'heure: enfin lavez-les dans l'eau fraîche.

Dissolution des Perles.

Lavez-les toutes entieres; passez-les, trois ou quatre fois, dans du suc de limon; puis mettez-les dedans, & les exposez au soleil. Elles se fondent en cinq ou six jours, de sorte qu'elles ressemblent au miel, quant à la substance.

On les peut aussi faire fondre dans du vinaigre distillé. * Cardan.

Magistere de Perles.

Prenez quelques Perles Orientales; que vous mettrez pilées grossiérement dans un matras; jettez par-dessus du vinaigre distillé, ou du jus de citron, (qui est encore meilleur, d'autant qu'il n'a pas tant d'acrimonie): la liqueur doit surmonter la poudre, de trois travers de doigts. Après cela fermez le vaisseau avec de bonne cire d'Espagne; & mettez-le en digestion sur les cendres chaudes, le remuant deux ou trois fois par jour, jusqu'à ce que vous voyiez les Perles au fond du vaisseau converties en boue liquide. Alors vous verserez doucement le suc de citron, par inclination; & ferez évaporer le reste à feu lent, jusqu'à ce que les Perles restent au fond du vaisseau en poudre blanche: laquelle vous laverez cinq ou six fois avec de l'eau de pluie distillée, jusqu'à ce qu'elles ayent perdu toute leur aigreur. Alors faites bien sécher la poudre.

Nota. Il faut jetter quelques gouttes d'huile de tartre, faite par défaillance: ce qui fait précipiter le magistere au fond du vase.

Les Spagyriques lui attribuent les vertus suivantes, admirables, approchantes de celles de l'or potable. Ils disent qu'il est bon pour conserver le corps en santé; pour chasser toute indisposition, & particuliérement la phrenesie, le vertige, l'apoplexie, l'épilepsie, & autres affections du cerveau. Ils en font aussi un puissant cardiaque, qui a de grands effets pour ceux qui sont sujets aux syncopes, & à la palpitation de cœur, ou qui sont atteints de quelque fievre pestilentielle. En un mot ils l'appliquent à la guérison de toutes les parties principales. La dose est de douze grains, ou un scrupule, dans les juleps ou autres liqueurs convenables.

Quelque estime que les Spagyriques suggerent pour le magistere de Perles, on ne sçauroit se dispenser de dire que toute la vertu des Perles est détruite par ces préparations; car les Perles ayant été rassasiées par les acides dont on s'est servi pour les dissoudre, elles ne sont plus capables d'absorber les acides qu'elles pourroient rencontrer dans les premieres voyes; & alors elles n'agiroient que comme une maniere de chaux, qui incommode plus qu'elle n'apporte de soulagement. Il faut donc se contenter de les donner crûes, en poudre, pour détruire l'acide d'un certain genre; & particuliérement celui des femmes grosses, qui cause l'avortement.

Lait de Perles.

M. De Lorme déguisoit sous ce nom une infusion de jalap & de séné en poudre, mêlés avec du foie d'antimoine : lesquelles poudres il qualifioit de PERLES *Préparées.*

Pour Contrefaire les Perles.

1. Prenez ces especes de petites pierres blanches qui se trouvent dans des têtes & yeux de poissons cuits. Vous les nettoyerez, & ferez sécher. Puis les ayant pulvérisées, & mêlées de blancs d'œufs fouettés, agitez-les jusqu'à ce qu'ils soient assez épais pour en faire une masse : de laquelle vous formerez de petites Perles. Tandis que la matiere est fraîche, récente, & souple, passez par le milieu, pour y faire un trou, un fil de soye de porc. Enfin, quand vous les aurez fait sécher, vous les ferez cuire dans du lait de vache; & encore sécher à l'abri du soleil & de la poussiere, jusqu'à ce qu'elles soient parfaitement endurcies. [Mais ces boules n'ont pas la couleur & l'Orient des vraies Perles.]

Maniere ordinaire de faire les Perles fausses.

2. La matiere propre à colorer les Perles, que les ouvriers appellent *Essence Orientale*, ou *d'Orient*, se prépare avec les écailles d'un petit poisson, qu'on nomme able. *Voyez* ABLE.

3. Au lieu d'Able, on employeroit peut-être avec succès, d'autres animaux; tels que sont les insectes qui se logent dans les livres rarement feuilletés; certains papillons argentés; &c. En effet, ces deux sortes d'animaux fournissent des matieres qui paroissent analogues à l'Essence Orientale dont nous venons de parler. * *Mémoires de l'Académie Royale des Sciences*, Année 1716.

4. Il faut (dit-on) amasser de la rosée de Mai, autant qu'on pourra, avec des éponges bien lavées, lorsque le tems sera bien sec, clair & serain. On la distillera trois fois de suite dans un alembic de verre. Ensuite il faut avoir du talc de Venise; le calciner; le mettre dans une retorte, la tenir environ quinze jours dans du fumier de cheval; & passer la poudre par un tamis fort fin. Vous mettrez de cette poudre dans un plat bien propre : & y verserez de ladite eau distillée; pour en faire une pâte, proportionnée à la quantité que vous voudrez faire de Perles. Il faut avoir des moules d'argent, de la grosseur que vous voudrez donner à vos Perles; & les travailler le matin au mois de Mai, quand il fait beau soleil, depuis huit heures jusqu'à midi; les humectant avec des plumes fines, chargées de ladite eau de rosée distillée, pendant trois matins : le soir vous les mettrez sur une table dans quelque vase bien net, au milieu d'un jardin; afin qu'elles prennent le serain : & les en tirerez avant que le soleil soit levé. Il faut les humecter de ladite eau distillée, tous les matins, jusqu'à ce qu'elles soient dans leur perfection (qui, au reste, sera peu de chose).

5. Consultez l'article PIERRES PRÉCIEUSES ARTIFICIELLES.

PERLÉ (*Aloes*). Voyez ALOES, *nn.* 10, 16.

PERLÉ (*Sucre*). Consultez l'article *Compote* d'ABRICOTS *verds*, *n.* 3.

On dit que du sucre est cuit *à Perlé*, lorsqu'étant pris avec un doigt qu'on applique ensuite contre le pouce, on ne peut los désunir, sans que ce sucre forme une espece de fil grenu & brillant. Le *Grand Perlé* est, quand ce fil suit toute l'étendue de l'écartement des deux doigts. S'il se casse plus tôt, on le nomme *Petit Perlé.*

Ce degré de cuisson se connoît aussi à des especes de perles rondes & élevées, que forme le sucre en bouillant. Et selon qu'elles sont plus ou moins grosses, on dit que le syrop est en *Perle grosse*, ou en *menue Perle.*

PERLURES. Grumeaux qui sont le long des perches & des andouillers de la tête d'un cerf, d'un daim, & d'un chevreuil; mais qui ne vont pas jusqu'au bout des andouillers. *Voyez* TÊTE, *terme de Chasse.*

PÉROT. *Voyez* BALIVEAU.

PERPENDICULAIRE. Qui ne penche d'aucun côté. Les tiges des arbres sont perpendiculaires : celles des plantes sarmenteuses ne le sont pas. Les racines qui sortent des semences, & qu'on nomme le *pivot*, sont perpendiculaires.

PERPÉTRES. Terres communes, qui ne sont en la possession d'aucun Particulier. Ce terme n'est gueres d'usage.

PERPÉTUELLE. *Voyez* IMMORTELLE.

PERROQUET. Oiseau dont le plumage est communément de différentes couleurs éclatantes. Celle qui domine est le verd; nué de rouge, de jaune, & de noir. Il a le bec gros, fort; divisé en deux parties, dont l'inférieure est courte, mais la supérieure est longue, recourbée en crochet, & mobile.

Consultez l'*Ornithologie* de M. Brisson, Tome IV. où cet Académicien a décrit quatre-vingt-quinze especes ou variétés; & donné vingt-trois belles figures de ces oiseaux. Le Supplément, qui fait partie du Tome VI, en traite encore depuis la page 124, jusqu'à 132.

C'est la couleur ou la grosseur qui forment les différentes especes des Perroquets. On nous les apporte des Indes, de Malabar, d'Éthiopie & d'autres pays chauds. On les nourrit ici de fruits, de grains, de pain trempé dans du vin, & de plusieurs autres choses : mais il faut (dit-on) prendre garde de ne leur point donner du persil; que l'on prétend être un poison pour ces oiseaux. Quand on se donne la peine de les instruire, ils apprennent à parler, chanter, & contrefaire la voix de plusieurs animaux. Cet oiseau aime beaucoup toutes sortes de noix, particuliérement celles qui sont tendres, & les plus ameres. *Voyez* LAURIER-TULIPIER.

Vertus Médicinales du Perroquet.

Sa chair cuite, & le bouillon qu'on en fait, sont réputés bons pour les épileptiques. Sa fiente, desséchée & prise en poudre, est (dit-on) propre pour fortifier les nerfs, dans les convulsions : la dose est depuis un demi-scrupule jusqu'à une demi-dragme.

PERROQUET (*Aloes*). Voyez ALOES, *n.* 13.

PERROQUET : espece de *Concombre.* Voyez CONCOMBRE, *n.* 2.

PERSEA. *Voyez* LAURIER, *n.* 4.

PERSET. On nomme ainsi, dans plusieurs de nos Provinces méridionales, toute pêche qui ne quitte pas le noyau, & en même-tems dont la chair est ou entiérement blanche, ou mêlée de rouge & de blanc; soit que la peau ait un semblable mêlange, soit que l'on n'y remarque que du rouge: mais il faut que cette peau ne soit pas lisse. Car alors ce sont des *Brugnons*.

PERSICA. *Voyez* Pêcher.

PERSICAIRE: en Latin *PERSICARIA*; nommée en Anglois *Arse-smart*. Ce genre de plantes porte des fleurs dépourvues de pétales. Le calyce est coloré; découpé en quatre ou cinq. Il y a, de quatre à huit étamines. L'embryon ou ovaire est arrondi; & porte communément un style fourchu. Le calyce subsiste pour servir d'enveloppe à une seule semence, qui est applatie, terminée en pointe, tantôt ovale, tantôt triangulaire.

Especes.

1. *Persicaria Orientalis; Nicotianæ folio, calyce florum purpureo.* Cor. Inst. R. Herb. M. Tournefort a apporté cette plante, du Levant. Elle est annuelle. Sa tige, haute de six à sept pieds, a environ un pouce & demi de diametre, & est garnie de nœuds, dont chacun a une espece de feuille qui l'entoure en forme de collet. Ses feuilles sont longues de huit à dix pouces, larges d'environ six pouces à leur partie moyenne, faites en ovale allongée, terminées en pointe, enfin très-ressemblantes à celles du tabac, mais moins épaisses & moins velues. Le haut de la plante jette des rameaux garnis de longs épis pendans, composés de fleurs, dont le calyce est d'un beau rouge incarnat, ou pourpre, depuis la fin de Juillet jusques assez avant dans l'automne.

2. *Persicaria mitis* J. B. Celle-ci vient parmi nous fort communément, surtout dans des endroits aquatiques. Elle jette plusieurs tiges nerveuses, qui sont en partie couchées, & en partie droites. Ses feuilles imitent celles du pêcher; & ont assez souvent une tache noirâtre, tantôt simple, tantôt fourchue, & à-peu-près en fer de cheval; leur saveur est moyennement âcre. On attribue le nom de *curage* aux plantes, dont les feuilles sont tachetées. Il y a de ces Persicaires, dont la fleur est purpurine: d'autres l'ont d'un rouge plus ou moins clair; & on en trouve qui fleurissent blanc.

3. *Persicaria urens, seu Hydropiper* C. B. Celle-ci est plus généralement nommée *Curage; Poivre d'eau; Poivre aquatique.* On la nomme aussi *Herbe à Charbon; Herbe à bon Homme.* Les Anglois qui lui donnent une dénomination, laquelle correspond à celle de poivre d'eau (*Water Pepper*), l'appellent encore *Lake-Weed.* Elle vient dans des endroits aquatiques. Sa racine est vivace, & trace beaucoup. Toute la plante est fort âcre.

Usages.

Le *n.* 2 est au nombre des plantes vulnéraires résolutives. Cette Persicaire est utile dans les maladies du bas-ventre, causées par inflammation. On en donne la décoction en lavement, pour le cours de ventre, & la dysenterie, sur-tout lorsqu'on soupçonne quelque ulcere aux intestins. Son application est utile dans les maladies de la peau, parce qu'elle est déterfive & astringente. On donne cette plante en tisanne pour la galle, la gratelle, & autres indispositions semblables.

Le *n.* 2 & le 3, sont propres pour arrêter la gangrene, nettoyer la pourriture & les vers, & pour manger la chair baveuse des vieux ulceres.

La troisieme espece a plus de vertu que la seconde. M. Boyle assuroit que l'eau distillée de cette plante est spécifique pour la gravelle, & pour les glaires des urines: la dose de cette eau est de deux ou trois onces. On use encore du poivre d'eau en lavement, pour le tenême & la dysenterie; mais il faut prendre en même-tems, un gros de sa poudre, délayée avec de gros vin réduit en syrop avec du sucre. On fait bouillir une poignée de feuilles de cette plante, un bouillon seulement, dans une chopine d'eau de veau; pour lever les obstructions des visceres, & guérir l'hydropisie & la jaunisse. Comme cette plante est un bon fondant, on l'applique sur la goutte, pour dissiper l'humeur; & sur les enflures œdemateuses. On applique un peu chaudement l'herbe bouillie, ou des linges imbibés de sa décoction, sur les jambes, les cuisses, & autres parties enflées.

On *cultive dans les jardins* le *n.* 1, à cause de la beauté de son port, & de la durée de ses fleurs. Cette plante vient mieux de graine semée sans notre participation, que quand nous prenons soin de la semer; peut-être parce qu'elle doit être semée aussi-tôt qu'elle est mûre. Il faut toujours la semer en automne: rarement leve-t-elle bien quand on a différé jusqu'au printems. On doit mettre ces plantes dans des endroits où elles figurent bien, sans nuire par leur ombre aux plantes plus basses. Il faut aussi les espacer convenablement. Après les avoir semé en automne, on peut les transplanter à demeure, au printems. Elles ne demandent que médiocrement de soleil; plus elles sont dans une terre substantieuse, mieux elles profitent. On les élague volontiers jusqu'à la hauteur de quatre ou cinq pieds, pour qu'elles portent moins d'ombrage. Du reste elles ne demandent pas de soins particuliers.

PERSICOT. C'est du Ratafia d'Abricots.

PERSICUS. & *Malus* PERSICUS. } *Voyez* Pêcher.

PERSIL *de Jardin*: en Latin *Apium Hortense; & Petroselinum*: le *Parsley* des Anglois. C'est une espece d'Ache. Son caractere générique ne differe point de celui que nous avons décrit au mot Ache. Ses fleurs sont blanches; ses semences, menues, & chargées d'une saveur qui approche de celle de la térébenthine. Sa racine est pivotante, & assez grosse. Toute la plante a une odeur particuliere, médiocrement vive, & qui plaît à presque tout le monde. Ses feuilles, portées par de longs pédicules, & empennées, sont fermes, assez luisantes, d'un verd obscur; leurs folioles, larges de quatre à six lignes, ou même davantage, & à-peu-près en fer de pique, sont découpées en lobes inégaux. Vers le haut de la plante, les feuilles sont entieres, longues, & étroites. La tige est fort branchue, & s'éleve à la hauteur de quatre à cinq pieds. Les fleurs paroissent vers le mois de Juin.

On en distingue de *gros*, & de *petit*.

Il y en a une espece dont les feuilles sont *frisées*: d'autres sont *panachées*.

Usages.

Le Persil appaise les chaleurs de l'estomac; & résout les duretés de mammelle, causées par le lait. Si on le mange, crud ou cuit, il provoque l'urine. Sa graine est bonne pour faire uriner. Le suc de la plante, purifié, & pris avec un peu d'esprit de vitriol, guérit la rétention d'urine.

Un cataplasme de feuilles de Persil avec de la mie de pain blanc, guérit les dartres, résout les tumeurs des mammelles, & fait perdre le lait aux femmes accouchées.

Le suc exprimé de la plante macérée dans du vinaigre, & mêlé avec très-peu de sel, aide à faire accoucher les femmes qui sont en travail. L'usage du Persil ôte la puanteur d'haleine : c'est pourquoi ceux qui ont l'haleine mauvaise, doivent être munis de feuilles récentes de Persil, pour mâcher ou retenir en leur bouche.

La racine de Persil s'emploie dans les bouillons & dans les tisannes apéritives. Les feuilles, broyées entre les doigts, ou pilées, s'appliquent avec succès sur les blessures & les contusions ; il faut y ajoûter un peu d'eau-de-vie. La décoction de la racine est utile dans la petite vérole, & dans les fievres malignes. La semence de Persil, est une des semences chaudes majeures.

On met la racine dans les potages, & dans quelques ragoûts. Les feuilles, soit en bouquet, soit hachées, sont d'un fréquent usage dans l'apprêt des alimens. Elles font spécialement très-bien avec la citrouille : dont elles relevent le goût, & qu'elles rendent plus facile à digérer.

M. Mills (*Practic. Husbandry*, vol. III.) observe que le Persil est également salutaire au bétail, sur-tout aux moutons, à qui le trop grand usage du trefle & des navets pourroit nuire ; le Persil corrige l'humidité superflue de cette nourriture. Il conseille aussi d'en planter dans les pâturages bas & humides ; à l'effet de corriger l'inconvénient que le bétail y trouve en broutant les herbes qui y sont naturelles. Cet Auteur insinue, d'après M. Worlidge, que le mouton nourri de Persil, auroit bien meilleur goût. C'est assez d'en donner à ce bétail deux fois par semaine, pendant deux ou trois heures à chaque fois.

Les lapins & les lievres sont très-avides de Persil, & y accourent de fort loin. Cette plante est donc très-propre à peupler une terre de ces deux gibiers. Mais on doit en avoir toujours en réserve un enclos assez considérable pour leur en jetter les feuilles à propos : sans quoi toutes les plantes seroient bien-tôt entiérement dévorées.

Maniere de Frire le Persil pour les alimens.

Voyez dans l'article des ARTICHAUX *Frits.*

Culture.

Les gelées étant passées, vous semerez le gros & le petit Persil, le panaché & le frisé, en terre labourée profondément & bien amendée ; afin qu'il produise de longues & grosses racines. Il se seme par rayons sur des planches, quatre rayons à chaque planche : puis, la terre étant rabattue dans les rayons, & le guéret bien redressé, on peut semer de l'oignon par dessus ; que l'on enterre avec les dents du râteau, en frappant doucement sur la planche. Tout étant bien redressé de nouveau, & les sentiers nettoyés, vous mettrez sur chaque planche environ la hauteur de deux doigts de petit fumier de vieille couche ; tant pour amender la terre, que pour empêcher que la pluie ou les arrosemens ne l'abattent, & ne la fassent crevasser.

D'autant que la graine de Persil est assez souvent un mois dans terre sans lever, l'oignon aura le loisir de croître, & de prendre assez de force pour être replanté : quand vous l'arracherez pour le replanter, cette opération servira de labour & de sarclement au Persil ; & par ce même moyen, comme il sera déja fort, vous pourrez l'éclaircir où vous verrez qu'il profitera mieux.

Pour que le Persil leve bien promptement : Mettez pendant quelque tems, de la terre à potier dans un four de Boulanger : ensuite retirez-la, & semez (dit-on) du Persil dessus.

Pour qu'il leve en deux ou trois heures : on conseille de mettre tremper la graine bien nouvelle pendant une heure, dans de l'eau-de-vie : elle y germe. On jette cette graine, comme épuisée, & ayant jetté toute sa force dans l'eau de-vie. Mais on verse cette même eau sur des cendres criblées ou tamisées. [Le succès dépend, vraisemblablement de quelque circonstance qui n'est pas exprimée ici. J'en ai fait inutilement l'expérience ; & d'ailleurs cette assertion ne paroît point d'accord avec les notions de la Physique.]

ON coupe les feuilles, comme celles du cerfeuil, à mesure que l'on en a besoin ; sans que la plante en souffre de dommage. On ne retire de terre les racines que quand on veut les employer ; elles y profitent toujours, même durant l'hiver. Vous en leverez néanmoins avant les fortes gelées votre provision pour l'hiver ; de crainte que la terre se trouvant scellée par la gelée, vous n'en puissiez plus jouir : vous les tiendrez dans du sable.

Pour avoir de la graine, vous laisserez monter quelque bout de planche ; & ne l'arracherez point, que tout ne soit mûr : la laissant sécher comme les autres.

C'est ordinairement vers le milieu ou la fin de Février, que l'on seme du Persil dans les champs pour le bétail. Cette plante y réussit, semée en plaine. Mais les cultures que la nouvelle méthode de M. Tull prescrit pour les plantes élevées par rangées, deviennent extrêmement avantageuses ici : le Persil devient alors d'un produit immense ; & ses racines acquierent presque le volume de belles carottes, sans cesser d'être tendres & délicates.

Le PERSIL DE MACÉDOINE (*Apium Macedonicum* C. B.) differe du Persil de jardin. M. Linnæus l'a mis sous le genre qu'il nomme en Latin *Bubon*, & qui renferme plusieurs plantes férulacées. Les premieres feuilles qui sortent de la racine s'étendent presque à plat sur la terre : elles sont larges, surcomposées, & ont une odeur aromatique agréable. Leurs folioles sont à-peu-près faites en rhombe, velues, d'un verd pâle, découpées assez réguliérement en lobes arrondis & fort près les uns des autres. Le pédicule est couvert d'un duvet blanc. Du milieu des feuilles s'éleve une tige haute d'environ deux pieds, branchue, terminée par des ombelles de fleurs blanchâtres, auxquelles succedent des semences cannelées, ovales, velues, bombées sur une de leurs faces, de couleur cendrée, & d'une saveur forte, presque sans odeur. Ces fleurs sont en état vers le mois de Juillet.

Cette plante est bisannuelle dans les pays chauds. Elle peut passer pour vivace, dans les climats tempérés : M. Miller dit qu'en Angleterre, elle ne périt qu'au bout de trois ou quatre ans ; attendant jusqu'alors à fleurir & à porter graine.

Usages.

Le Persil de Macédoine est apéritif ; il provoque l'urine, & excite les mois aux femmes. Il chasse les vents, & empêche l'effet des venins. Sa semence entre dans la composition de la thériaque d'Andromaque.

Ce Persil a été, & est encore quelquefois, une de

nos fournitures de salade d'hiver : qu'il faut faire blanchir, de même que la chicorée sauvage. C'est-à-dire qu'à la fin de l'automne on en coupe toutes les feuilles ; & ensuite on couvre de grand fumier sec, ou de paillassons, ou de pots de grès, la planche où il est, ensorte que la gelée n'y puisse pas pénétrer ; par ce moyen ce qui repousse est blanc, jaunâtre, & tendre.

Culture.

On le seme au printems, assez clair. On en recueille la graine à la fin de l'Été. C'est une plante assez robuste, & qui se défend bien de la sécheresse, sans demander de grands arrosemens, pour que la graine leve promptement. Sa culture est la même que celle du cerfeuil.

Salades de ce Persil crud, & *cuit*. Voyez sous le mot SALADE.

Gros PERSIL *de Macédoine*, ou PERSIL *d'Alexandrie*. Voyez MACERON.

PERSIL *d'Ane*. Voyez CERFEUIL, *n. 6.*

PERSIL *des Foux*, ou *des Sots*. Voyez CIGUE, *n.* 1.

PERSIL *de Marais*. C'est l'Ache. *Voyez* ACHE.

PERSIQUE. *Voyez* PÊCHER, *n.* 10.

PERSONATA. *Voyez* BARDANE.

PERSONATUS (*Flos*). Voyez MASQUE. PETALE.

PERSONNEL (*Bien*). Consultez l'article BIENS.

PERTUIS. Passage étroit ; pratiqué dans une riviere, aux endroits où elle est basse ; pour en hausser l'eau, de trois ou quatre pieds, & faciliter ainsi la navigation des bateaux qui montent ou qui descendent : ce qui se fait en laissant entre deux batardeaux une ouverture qu'on ferme avec des aiguilles, comme sur la riviere d'*Yonne* ; ou avec des planches en travers, comme sur la riviere de *Loin* ; ou enfin avec des portes à vannes, ainsi qu'au pertuis de Nogent-sur-Seine. On l'appelle en Latin *Cataracta* ; qui signifie aussi *Écluse*.

2. On appelle ainsi généralement tous les ouvrages de Maçonnerie & de Charpenterie, qu'on fait pour soutenir & élever les eaux. Les digues qu'on construit dans les rivieres pour les empêcher de suivre leur pente naturelle, ou pour les détourner, sont appellées de même en plusieurs pays.

Néanmoins le terme d'Ecluse signifie plus particuliérement une espece de Canal enfermé entre deux portes ; l'une supérieure, que les ouvriers nomment *Porte de Tête* ; & l'autre inférieure, qu'ils nomment *Porte de Mouille* : servant, dans les navigations artificielles, à conserver l'eau & rendre le passage des bateaux également aisé en montant & en descendant : à la différence des Pertuis, qui n'étant que de simples ouvertures laissées dans une digue fermée par des aiguilles, perdent beaucoup d'eau, & rendent le passage difficile en montant, & dangereux en descendant.

PERTUIS *de Bassin*. Trou par où se perd l'eau d'un bassin de fontaine, ou d'un réservoir, lorsque le plomb, le ciment, ou le corroi est fendu en quelque endroit : ce que les Fontainiers nomment aussi *Renard*. En Latin Vitruve l'appelle *Rima*. Voyez RENARD.

PERVENCHE : en Latin, *PERVINCA* ; *Clematis Daphnoïdes* ; ou simplement *Daphnoïdes* ; & *Vinca* : en Anglois *Periwincle*. Dans ce genre de plantes la fleur est formée par un tuyau allongé, dont l'extrémité est fort ouverte & divisée en cinq parties : au milieu de chaque division, est une profonde gouttiere qui decoupe le disque comme une étoile à cinq pointes ; ces gouttieres paroissent en relief au-dessous de chaque échancrure, & y forment une espece de godron relevé en bosse & assez obtus. le calyce est d'une seule piece, très-profondément divisée en cinq découpures étroites & presque filamenteuses : il subsiste jusqu'à la maturité du fruit. Dans l'intérieur de la fleur il y a cinq étamines terminées par des sommets obtus, lesquelles prennent naissance du pétale. Le pistil est formé de deux embryons ou ovaires arrondis, accompagnés de deux corps glanduleux aussi arrondis ; & d'un style dont le stigmate représente un anneau saillant, d'où partent deux cornes qui laissent un vuide entr'elles. Ces embryons deviennent deux siliques longues, un peu recourbées en sens contraire ; où sont renfermées des semences presque cylindriques, sillonnées, & lisses : en quoi elles different de celles de l'apocyn, qui sont velues.

Les Botanistes placent la Pervenche dans la famille des *Nerion* ou des Apocyns.

Il y en a deux especes principales. La seconde ne differe de la premiere que nous allons décrire, qu'en ce qu'elle a toutes ses parties moins considérables.

Cette premiere espece (*Pervinca vulgaris latifolia, flore cæruleo* Inst. R. Herb.) produit des especes de sarmens menus, de la grosseur du jonc : des nœuds desquels sortent par paires, des feuilles ovales, larges d'environ un pouce sur deux de long, fermes, lisses en dessus & en dessous, d'un verd obscur, mais jaunâtre à la face inférieure, garnies de quelques nervures sensibles qui sortent latéralement du nerf longitudinal. Ces feuilles subsistent pendant l'hiver. Leur pédicule est court ; & quelquefois purpurin. Il y a des individus où l'on voit en quelques nœuds quatre feuilles opposées alternativement deux à deux. Ces nœuds produisent des filamens, au moyen desquels la plante s'attache contre terre comme le fraisier.

Aux pieds des tiges, au commencement du printems, naissent des fleurs bleues, quelquefois blanches, sans odeur.

La Pervenche à feuilles étroites ou *Petite* Pervenche, & la premiere nommée *Grande* Pervenche, sont communes dans les bois, en des endroits ombragés ; dont la terre est grasse.

Il y a une Pervenche dont les feuilles sont panachées. Ce n'est qu'une variété.

Usages.

La Pervenche est astringente, & fort amere. Ses feuilles, tant en décoction qu'autrement, arrêtent la dysenterie & toutes sortes de flux de ventre. le crachement de sang, les pertes des femmes ; suppriment les fleurs blanches, après les avoir purgées, nettoyées & évacuées. On arrête le flux de sang par le nez, en broyant les feuilles de cette plante, & les mettant dans le nez, ou en faisant comme un collier ou espece de chapeau ; ou si l'on en enveloppe la langue. Ses feuilles, mâchées, appaisent la douleur de dents. La plante, mise dans un tonneau pendant quelques jours, clarifie le vin.

La grande Pervenche est vulnéraire. On l'emploie pour les maux de gorge.

PES

PES *Leonis*. Voyez MOUSSE, *n. 6.* PIED *de Lion*.

PES *Lupi*. Voyez MOUSSE, *n. 6.*

PESANTEUR *d'Estomac*. Voyez sous le mot ESTOMAC.

PESAT; ou PÉSET. C'est la paille de pois; qui étant séche, sert à envelopper des arbres & autres plantes.

PESER *beaucoup* : Terme de Venerie. C'est quand une bête enfonce beaucoup de ses pieds dans la terre : c'est ordinairement une marque qu'elle a un grand corsage.

PESSAIRE. Topique solide, de figure à-peu-près pyramidale, & long d'environ un doigt; qu'on introduit dans le vagin. Il faut attacher un petit ruban à un bout du Pessaire, pour le retirer quand on le juge à propos.

On fait des Pessaires avec des racines, ou avec du bois léger, comme le liege, ou autres semblables. Avant de les introduire, on les oint avec un liniment composé de drogues appropriées à la maladie.

Liniment des Pessaires pour procurer les Regles.

Prenez un gros de myrrhe, autant d'aloës, huit grains de camphre, quatre grains de castoreum, un scrupule de safran. Ayant réduit le tout en poudre, faites-lui prendre corps avec une once & demie d'onguent d'althea. Ensuite vous y ajoûterez deux gros de blanc de baleine, & six gouttes de succin pour chaque liniment. *Voyez* MOLE, *n.* 5.

Liniment des Pessaires pour abbattre les Vapeurs de la matrice.

Mêlez ensemble onguent *martiatum* trois dragmes, autant d'huile de câpres, huile laurin deux gros, huile de jayet une dragme & demie : oignez le Pessaire avec ce liniment; introduisez-le dans la matrice : il produira en peu de tems un bon effet.

On pourroit ajoûter encore un grain d'ambre, de musc, ou de civette; parce que ces aromates étant remplis de soufre, & de sels volatils, ils peuvent lever les obstructions de la matrice, qui causent les vapeurs.

Liniment pour les Pessaires astringens, qu'on emploie pour arrêter le flux trop abondant des Regles.

Réduisez en poudre subtile, corail rouge préparé, pierre hématite, & terre sigillée, de chacun deux dragmes; myrtilles, roses rouges, & balaustes, de chacun une dragme. Incorporez le tout avec trois onces de cérat de Galien; ou, à son défaut, avec deux onces de cire blanche, & demi-once de suc de morelle. Ajoûtez-y autant de cotton qu'il est nécessaire, pour faire un mêlange dur, & propre à mettre dans de petits fourreaux de linge, ou de taffetas, bien fins.

Ces petits *Fourreaux* sont une autre sorte de Pessaires dont l'usage est fort fréquent, parce qu'ils doivent avoir plus de vertu que les premiers, étant remplis de matieres qui peuvent agir plus longtems & avec plus de force que les linimens, qu'on applique seulement sur la superficie des autres Pessaires. Quand on fait ces petits fourreaux, il faut avoir soin que la couture soit bien unie & bien aplatie, afin qu'elle ne blesse pas le vagin quand on les introduit; & presser le médicament dont on les remplit, de maniere qu'ils soient assez solides pour être facilement introduits.

PESSE. *Consultez* l'article SAPIN.

PESSEAU & PESSELER. } *Voyez* CHANVRE, *p.* 518.

PESTE. Maladie contagieuse qui enleve en très-peu de tems une infinité de monde.

Nous n'entreprendrons pas de décrire ici les ravages que fait la Peste. Ses symptômes & ses effets varient. Les circonstances de l'atmosphere y contribuent souvent. Il n'est pas rare de voir que les différentes constitutions des corps des animaux rendent inutiles les traitemens antipestilentiels qui ont réussi, ou qui semblent devoir être suivis de succès. On doit convenir que nous n'avons encore que des vûes très-courtes sur ces objets, malgré le soin que d'habiles Observateurs ont pris pour y répandre du jour, soit en cherchant à pénétrer jusqu'aux causes du mal, soit en décrivant avec exactitude les faits propres à tracer une histoire des diverses Pestes; soit enfin en rapportant la maniere dont on a tâché de s'opposer aux terribles effets de ces maladies.

Les remedes dont on peut se servir en tems de Peste, sont de deux sortes : les uns propres pour ceux qui ne sont point attaqués de cette maladie, & qui veulent s'en préserver; on les appelle *préservatifs*, dont il y en a d'externes & d'internes. Les autres remedes, qu'on nomme *spécifiques*, sont pour ceux qui sont atteints de la Peste : on en peut faire aussi deux classes, que l'on distingue de même en internes & externes.

Nous allons rapporter différens Préservatifs. Nous traiterons ensuite des Remedes Spécifiques. Enfin nous donnerons quelques moyens pour purifier les lieux où la Peste a fait du ravage.

Préservatifs Externes contre la Peste.

1. En tems de Peste il y en a qui portent sur eux de la poudre de crapaud, ou un crapaud, ou une araignée en vie, (enfermée dans quelque vaisseau commode) ou de l'arsenic, ou quelque semblable substance venimeuse ou réputée telle; qui (disent-ils) attire à soi l'infection de l'air, lequel autrement pourroit infecter la personne qui le porte : on prétend que cette même poudre de crapaud attire à soi tout le venin d'un charbon pestilentiel.

Pour faire la Poudre de Crapaud.

Prenez jusqu'à trois ou quatre gros crapauds, sept ou huit araignées, & autant de scorpions : mettez-les ensemble dans un creuset couvert, où vous les laisserez quelque tems. Ajoûtez-y ensuite de la cire vierge; & rebouchez bien ce pot. Faites un feu de roue jusqu'à ce que tout soit en liqueur : alors il faudra bien mêler le tout avec une spatule, & en faire un onguent, qu'on mettra dans une boëte d'argent bien bouchée, pour la porter habituellement sur soi. [Au reste, *Voyez* ce que nous avons dit dans l'article CRAPAUD.]

2 On choisit de grosses araignées noirâtres, marquetées de taches jaunes. Il faut en enfermer trois ou quatre toutes en vie dans un nouet, & les suspendre au cou. Elles se conserveroient mieux, si elles étoient renfermées dans une boëte d'or, d'argent ou de fer blanc, percée à jour de tous côtés.

3. Prenez parties égales de mercure crud, de sublimé corrosif, & d'arsenic. Incorporez bien toutes ces choses dans un mortier, & emplissez-en des tuyaux de plumes, que vous boucherez par les deux bouts avec de la cire. Vous les envelopperez dans du taffetas ou du linge fin, & vous les porterez entre l'habit & la chemise, des deux côtés de la poitrine.

4. Prenez quatre crapauds séchés, appliquez-les sur les aînes, & sous les aisselles.

[*Voyez* nos articles AMULETTE, & CRAPAUD.]

5. On a observé dans la derniere Peste de Marseille, que toute personne dont les habits ne toucherent point ceux des pestiférés, demeura exempte de mal, quoique fréquemment exposée à l'haleine de ces cadavres ambulans. Voyez la *Relat. de la Peste de Toulon* en 1721, par M. d'Antrechaus (Paris, Estienne 1756 in-12.) ch. 14, 17, 18, & presque tout l'Ouvrage.

6. Tant que l'on demeure dans la sphere des émanations du corps d'un malade, il faut ne pas avaler sa salive; mais la cracher continuellement. C'est elle qui s'imbibe le plus aisément de tout ce qui s'appelle venin: & quand on l'avale, elle lui sert de véhicule.

7. Le Docteur Alpunus, Médecin de l'Impératrice Eléonore, se préserva lui-même, & plusieurs autres, lors de la Peste de Prague en 1680, au moyen de sétons placés aux deux aînes: il se faisoit un écoulement habituel par cette voie; & cet écoulement devenoit plus considérable, lorsqu'Alpunus se trouvoit dans une atmosphere chargée d'émanations pestilentielles. Les alexipharmaques s'étoient montrés insuffisans contre la violence de cette contagion. V. la *Relation de la Peste de Toulon*, ch. 32

8. Varron (*De re rusticâ*, lib. 1. c. 4), assure qu'un de ses parens fit cesser la Peste & les maladies de l'Isle de Corcyre, en changeant seulement l'exposition des ouvertures par lesquelles le jour & l'air entroient dans les maisons. Il ajoûte qu'Hippocrate délivra de la Peste plusieurs Villes qui en étoient attaquées, en faisant allumer des feux publics qui corrigerent la malignité de l'air. Au reste, Voyez la *Relat. de Toulon*, ch. 22.

9. Plusieurs Médecins assurent que le vif-argent a une vertu singuliere contre la Peste, la rougeole, la petite vérole, & autres maladies contagieuses: observant qu'au village d'Ydria, en Esclavonie, où il y a une mine abondante de mercure, les habitans n'ont jamais la Peste, quoique leurs voisins en soient attaqués presque tous les ans.

10. Le soufre, brûlé, purifie très-bien l'air.

Préservatifs internes.

1. En tems de contagion, avant de sortir de chez vous le matin, vous vous laverez la bouche avec de l'eau & du vinaigre mêlés ensemble; puis vous mettrez dans votre bouche la quatrieme partie d'une cuillerée de la susdite liqueur; & resserrerez les narines, afin que le cerveau libre de toute qualité extérieure, se puisse plus aisément arroser de la vapeur détenue dans la bouche. Il sera bon aussi d'en laver quelquefois les émonctoires des membres principaux, comme les tempes & les aînes, parties rares & lâches, & en conséquence fort susceptibles des impressions de l'air infecté. Afin qu'elles soient encore mieux préservées de Peste, on pourra porter habituellement une petite boëte d'argent percée de plusieurs trous, dans laquelle sera un morceau d'éponge toujours imbibée de cette liqueur.

2. Prenez trois onces de sucre, dissout dans de l'eau thériacale faite par infusion, & parfaitement cuit; & une dragme de teinture de soufre: il faut en faire des tablettes.

3. Prenez un ou plusieurs crapauds, des plus gros que vous pourrez trouver; que vous mettrez dans un pot de terre non verni, lequel vous luterez bien, & mettrez dans un four jusqu'à ce que le crapaud soit réduit en cendre; de laquelle vous donnerez le poids d'une dragme dans un verre de vin. Ce remede est bon avant & après la Peste.

4. Prenez un quarteron de noix, dont vous ôterez les coquilles & les zestes: prenez encore un quarteron de figues, le quart d'une poignée de feuilles de rue, un demi-gros de sel marin. Broyez le tout ensemble, en forme d'opiate, que vous conserverez dans un pot de grais. Prenez-en à jeûn la grosseur d'une noisette.

5. Prenez quatre vieilles noix, deux figues grasses, vingt-huit ou trentes feuilles de rue, un peu de myrrhe-blanche ou d'aloës, un peu de safran: pilez le tout avec de bon vinaigre; faites-en des pilules grosses comme des pois, pour en prendre deux ou trois fois la semaine, avant le repas.

6. Prenez de la rue, de l'absinthe, des baies de genievre mondé de ses pepins, de l'angelique mondée de son écorce & de son bois, des clous de gérofle, des noix muscades; une once de chaque. Concassez le tout grossiérement dans un mortier; puis mêlez-les dans une pinte du meilleur vinaigre, & faites bouillir dans un pot neuf jusqu'à diminution d'un tiers: puis passez la liqueur, & la laissez refroidir. Etant froide, vous la mettrez dans une bouteille de verre, & vous en userez de la maniere suivante. Il faut en mouiller un linge, que vous porterez à la main, en le flairant de tems à autre; en prendre tous les matins une demi-cuillerée à jeûn; & étant parmi les pestiférés, vous en frotter les jointures & les endroits où le mal prend ordinairement. Si on est attaqué du mal, il faut en prendre un verre.

7. Prenez de la plante nommée reine des prés: faites-la tremper dans du vin blanc pendant six heures; tirez-la ensuite, & mettez-la sécher entre deux linges, en frappant de la main dessus; & à l'instant mettez-la distiller au bain-marie. Prenez de cette eau à jeûn, la hauteur de trois doigts dans un verre. Ce remede préservatif fait encore sortir sans danger le venin de la Peste.

8. VINAIGRE D'ERNEST. Prenez feuilles d'absinthe & de petite sauge, de chacune une once & demie; & six onces & demie de feuilles de rue. Ayant bien lavé ces herbes dans de l'eau de fontaine, il faut les couper en petits morceaux fort minces, les bien piler dans un mortier, puis les mettre dans un pot de terre neuf, & verser pardessus une chopine de vinaigre le plus fort que vous pourrez trouver. Fermez le pot avec son couvercle, & bouchez bien les joints; laissez-le ainsi pendant vingt-quatre heures, après lesquelles vous séparerez le vinaigre des herbes, par une forte expression; puis l'ayant remis dans le pot, vous ajoûterez une once de bon turbith en poudre, & fermerez bien le pot pour le laisser macérer pendant vingt-quatre heures. Vous le coulerez encore une fois, & le garderez dans un vaisseau de verre bien bouché. En tems de Peste, il en faut prendre tous les matins une cuillerée, avec la grosseur d'un pois de thériaque. Si on se sentoit attaqué de la Peste, il faudroit en prendre quatre cuillerées, & la grosseur de quatre pois de thériaque; demeurer ensuite quatre heures sans manger, & se promener lentement.

Quelques-uns font les infusions au soleil, ou au bain-marie, pendant trois ou quatre jours; & dans la derniere ajoûtent au turbith deux onces de poudre de vipere, avec une suffisante quantité de thériaque: la dose est alors la même pour l'usage.

Il est à propos d'avoir ces remedes tout prêts, pour les trouver promptement dans le besoin.

9 Prenez une petite poignée d'ache, & autant de feuilles de rue; exprimez-en les jus séparément: puis les ayant mêlés avec trois ou quatre cuillerées de votre urine, prenez ce remede le ma-

vin à jeûn. On prétend que cette espece d'antidote est infaillible contre la Peste.

10. Mangez un peu de rue avec du beurre, sur votre pain; ou avec du fromage d'un goût piquant, & d'une odeur forte; & bûvez ensuite un bon verre de vin clairet.

11. Le Docteur Wenceslas Dobrzensky, fondé sur ce que la salive s'impregne aisément du venin, conseille de tenir longtems dans la bouche des choses âcres, & de les mâcher pour exciter la salivation.

12. Voyez *Préservatifs*, dans l'article Bétail.

Remedes Curatifs.

Lorsqu'il y a beaucoup de fievre, sur-tout interne; que le visage est livide, que l'on a des maux de cœur & de grandes douleurs de tête, enfin que le malade tombe dans des rêveries & des assoupissemens; il est à propos de saigner promptement au bras, puis au pied: & s'il paroît quelque tumeur ou bubon il faut donner gros comme une noisette d'opiate, de thériaque ou d'orviétan, dans du bouillon ou dans quelqu'autre liqueur.

Lorsque le bubon sera entiérement formé, appliquez-y du vieux levain; ou un oignon cuit sous la cendre; ou de l'oseille cuite sous la cendre avec de vieux oing de pourceau; ou encore du pain chaud trempé dans de l'eau-de-vie. On peut aussi se servir de vésicatoires pour attirer l'humeur.

Ce qu'il y a de principal à faire dans cette occasion, c'est de procurer la sortie de la matiere qui est renfermée dans le bubon. C'est pourquoi il y a des personnes qui conseillent de l'ouvrir avec une lancette, lorsqu'on voit qu'il a de la peine à suppurer; & ne pas tenter cette suppuration par des cataplasmes & autres suppuratifs; attendu que pendant qu'on s'amuse à tous ces remedes, la matiere pestilentielle peut rentrer, & causer la mort. Mais après l'ouverture du bubon, il faut employer un digestif, pour faire suppurer, nettoyer & adoucir.

Digestif qui doit être employé après l'ouverture du bubon.

Prenez térébenthine, jaune d'œuf, esprit de vin, & huile rosat, ce que vous jugerez à propos. Mêlez tout cela ensemble, & faites-en un cataplasme que vous appliquerez sur le bubon, où vous le laisserez pendant vingt-quatre heures. Ensuite vous continuerez de mettre un semblable cataplasme soir & matin, jusqu'à ce que la tumeur ait suffisamment suppuré. Prenez garde de ne laisser pas fermer la plaie, avant que les impuretés venimeuses soient entiérement évacuées. Lorsqu'elles le seront, vous y appliquerez l'emplâtre suivant.

Emplâtre pour fermer la plaie du bubon.

Prenez ce que vous jugerez à propos de térébenthine, de miel rosat, de farine d'orge, de sarcocolle, d'encens, & de myrrhe: mêlez toutes ces drogues ensemble, pour en faire un emplâtre.

2. Pour faire percer le bubon: prenez un gros limaçon rouge; fendez-le en long; & appliquez-le sur le bubon.

3. *Voyez* Emplâtre *de Suye*. Tumeur.

4. Dès que l'on croit être attaqué de la Peste, il faut se mettre au lit bien chaudement, une tuile ou caillou chaud aux pieds; en même-tems prendre huit cuillerées de la *drogue*, indiquée entre les REMEDES Pastoraux; sans regarder si depuis peu on a mangé ou non; en même-tems prendre un lavement d'une chopine de cette drogue tiede, & y mettre trente-six grains de la pâte jaune; deux heures après, on avalera un bouillon de huit cuillerées, ou de l'eau tiede.

Après le lavement & la médecine, on prendra trois prises de la même drogue, de quatre cuillerées chaque prise, de trois en trois heures; deux heures après chaque prise, on prendra un bouillon de huit cuillerées, ou autant d'eau tiede.

Après que l'opération des remedes aura cessé, on prendra deux œufs frais, & du vin; ou bien un biscuit au sucre.

Si le malade a soif pendant l'opération de la médecine, on lui donnera de l'eau & du vin.

S'il lui prend envie de dormir; qu'il dorme: le remede n'en opérera que mieux.

La fievre cessera, ainsi que le mal de tête, en vingt-quatre heures pour l'ordinaire. Si le tout ne passe pas en ce tems, on prendra tous les matins quatre cuillerées de la même drogue, & un bouillon deux heures après, jusqu'à parfaite guérison: qui ne tardera pas; particuliérement si on fait suer le malade, en la maniere qu'il sera dit ci-après. On peut prendre, au lieu de ces quatre cuillerées, deux cuillerées de la drogue dans un bouillon de demi-setier, ou dans de l'eau tiede, ou même dans un verre d'eau froide.

Si la Peste doit sortir, elle sortira d'ordinaire en vingt-quatre heures après la médecine. A la plûpart elle ne sortira pas; le remede dissipera l'humeur. Si le bubon paroît, ou les charbons, on les ouvrira promptement avec un coup de rasoir, en croix, sans attendre qu'ils viennent à suppuration: on appliquera dessus, un emplâtre d'onguent divin, & au milieu de la croix, une tente trempée dans cet onguent fondu dans une cuiller d'argent, ou de cuivre.

Si la fievre, le mal de tête, ou quelque autre douleur, revenoit; on prendra un lavement comme ci-dessus, deux cuillerées de ladite drogue en même-tems, & deux heures après un bouillon: toutes les douleurs cesseront dès que le remede aura opéré.

La plûpart, comme on a dit, dès la premiere médecine se trouveront sans fievre & sans douleur. Si la Peste sort, elle ne sera ni douloureuse, ni vénimeuse; non plus que les cloux des enfans.

Pendant tout le mal, si on est altéré, on mettra quatre cuillerées de la drogue dans une pinte de breuvage; si on n'est pas altéré, on en mettra trois, & plus on boira, plus tôt on sera guéri. On peut mettre cette drogue dans de l'eau, ou dans de la tisanne, ou même dans de l'eau & du vin; sans craindre qu'elle donne au breuvage aucune couleur, odeur, ou saveur.

Il ne faut donner aux enfans que le quart des doses ci-dessus.

Pour guérir sûrement & promptement: qu'on se *fasse suer* le lendemain de la premiere médecine, dans un tonneau ou barrique couverte; qu'on y entre tout nud, couvert d'un drap; qu'on prenne quatre onces d'eau-de-vie dans une écuelle de terre, où soi-même on mettra le feu, & l'entretiendra en remuant avec un bâton l'eau-de-vie enflammée. Ou bien, que le malade, s'il est foible, se tienne au lit; qu'on prenne deux pains tout chauds, d'une livre chacun; qu'on les coupe en travers, par la moitié; qu'on jette sur la mie de chaque pain huit onces d'eau-de-vie, qu'on applique une portion de ce pain sur l'estomac, deux autres à la plante de chaque pied, & la quatrieme séparée en deux, sous les deux aisselles, le tout enveloppé dans des linges: Qu'on tienne le malade bien couvert, & son visage aussi.

Si on eſt dans un lieu ſi pauvre qu'on ne puiſſe avoir de l'eau-de-vie : qu'on mette des bouteilles de terre pleines d'eau chaude, aux pieds & ſous les aiſſelles : ſi on ne peut avoir des bouteilles, qu'on mette des tuiles, ou des cailloux chauds, ou bien des écuelles de bois bouillies dans de l'eau; que l'on changera quand elles ſe refroidiront.

Pour exciter la ſueur aux pauvres gens, leur fortifier le cœur, & les garantir de tout venin : on peut donner un verre de tiſanne au malade, avant de le faire ſuer; cette tiſanne ſera de ſix onces d'eau où auront bouilli trois onces de buis pulvériſé, qui produit les mêmes effets que le gayac pour les maux vénériens : quand on n'en donneroit pas, le malade guérira toujours par la ſueur & par les autres remedes paſtoraux.

Ces remedes ſeroient excellens pour l'Italie, Marſeille, & ailleurs, où on fait faire quarantaine aux hommes & vaiſſeaux qui viennent du Levant; qui ſont toujours ſoupçonnés de Peſte. Faiſant purger les hommes avec ce remede, la Peſte paroîtra en vingt-quatre heures, ſi elle a à ſe déclarer. Après quoi il n'y aura plus rien à craindre.

Vers 1680, l'uſage de ces remedes fit ceſſer très-promptement la Peſte, en Lorraine.

Pour la campagne, & pour les pauvres gens qui n'ont point de ſeringue, au lieu de lavement, on peut uſer de *ſuppoſitoire*, fait d'un morceau de bougie, long d'un doigt; que l'on aura trempé dans du fiel de bœuf ſéché à la fumée d'une cheminée, puis mêlé avec du ſel & du vinaigre : ce ſuppoſitoire opérera preſque comme un lavement. On peut également ſe ſervir des ſuppoſitoires communs : & quand on ne s'en ſerviroit point, ni des lavemens, on ne laiſſera pas de guérir; mais un jour ou deux plus tard.

Enfin il n'en mourra peut-être pas un ſeul de Peſte, de pourpre, d'apoplexie, ni de paralyſie; ſi on lui donne les remedes paſtoraux dès qu'il ſe trouvera malade. Il guérira bien plus tôt, ſi outre cela on le fait ſuer, & qu'on lui donne les lavemens ou ſuppoſitoires dont on vient de parler.

5. M. Tournefort, dans ſon *Voyage au Levant*, Tome I. page 470 *in*-4°. nous apprend la maniere dont il ſe ſeroit traité lui-même, ou auroit traité ſes amis, s'ils s'étoient apperçus du moindre bubon. « Nous nous étions bien précautionnés, dit-il; » nous avions fait en partant de Marſeille, proviſion de pierres à cautere, & certainement ſi le » moindre bubon eût paru ſur notre corps, nous » n'euſſions pas manqué de le cerner avec une lancette, de le ſcarifier & de le couvrir de cette » pierre pilée, afin de conſumer au plus tôt une » partie où il ſemble que ſe décharge la plus grande force du poiſon, tandis que d'ailleurs nous » euſſions mis en uſage la thériaque, l'orvietan, » les gouttes d'Angleterre, & les autres remedes » cordiaux & ſpiritueux, dont nous avions des boëtes pleines. Il faut que le tartre émétique précede l'uſage de ces remedes, & qu'on le réitere » ſuivant le beſoin, ſans différer de le donner dès » le moment que la tête eſt menacée, ou qu'on » ſent la moindre nauſée. »

6. Prenez une cuillerée d'eau thériacale dans quatre onces de bon vin ou dans de l'eau de chardon bénit. Le malade doit ſupporter la ſueur pendant deux heures; prendre enſuite un grand bouillon, & changer de linge. Les robuſtes en prendront une cuillerée; & les foibles, une demi-cuillerée.

Ce remede eſt encore employé pour les fievres violentes & pourprées, qui ſont accompagnées de venin & corruptions d'humeurs, & dans d'autres maladies déſeſpérées, comme fauſſes pleureſies, péripneumonies, &c.

7. Prenez un poulet, ou un pigeon; ouvrez-le par le milieu; & mettez-le tout chaud ſur la tumeur qui paroît. C'eſt un ſouverain remede.

Emplâtre pour les Bubons de Peſte, & le Charbon.

8. Prenez ſix jaunes d'œufs, un quarteron de miel, & une once de farine de froment : détrempez & mêlez tout enſemble; faites-en un emplâtre, que vous mettrez ſur le mal : ayez ſoin de changer, de ſix en ſix heures.

9. Prenez deux dragmes de très-bon vinaigre; ſuc d'ail, deux dragmes; thériaque d'Alexandrie, une dragme : mêlez-les bien enſemble : le malade l'ayant bû auſſi-tôt, couvrez-le afin qu'il ſue bien.

Pour les Fievres Peſtilentielles.

10. Pilez une livre de petite ozeille environ l'eſpace d'une demi-heure; enſuite mêlez-y trois livres de ſucre fin en poudre ſubtile; ajoûtez-y encore quatre onces de thériaque, ou d'orvietan. Le tout étant bien incorporé enſemble, vous le garderez dans un pot de fayance, pour vous en ſervir dans le beſoin. La doſe eſt de la groſſeur d'une noix; qu'on fait prendre au malade le matin à jeun dans un bouillon, ou en pilules. Il faut que le malade ſe tienne au lit, bien couvert.

11. Réduiſez en poudre une demi-once de cryſtal minéral, & une demi-dragme de camphre. Les ayant bien mêlés, partagez cette poudre en quatre parties : & faites-les prendre, de trois heures en trois heures.

Le camphre eſt d'un grand ſecours en tems de Peſte. Minderérus dit que, donné à propos, il a plus d'efficace même que certains remedes bézoardiques fort chers. C'eſt en effet un très-grand antiſeptique. Voyez le *Traité*, de M. Pringle, *ſur les Septiques & Antiſeptiques*, expériences 7 & 10; & ſes *Obſervations ſur les Maladies des Armées*, Tome I, page 106; Tome II, page 86 & 101, de la traduction Françoiſe. Au reſte, quand il y a de grandes douleurs à la tête ou à l'eſtomac, on ne doit ſe ſervir du camphre qu'avec beaucoup de précaution : & même il peut être mieux de s'en abſtenir tout-à-fait alors. Dans les cas où le camphre ne pourroit pas incommoder les malades, on n'en donnera pas plus de deux ou trois grains à la fois.

Contre la Peſte, les Fievres malignes, & la Petite Vérole.

12. Or fulminant : la doſe eſt depuis deux grains juſqu'à ſix.

Teinture de Lune : la doſe eſt depuis ſix gouttes juſqu'à ſeize.

Eſprit ardent de Saturne : la doſe eſt depuis huit gouttes juſqu'à ſeize.

Teinture de Mars, tirée par le ſel ammoniac : la doſe eſt depuis quatre gouttes juſqu'à vingt.

Antimoine Diaphorétique : la doſe eſt depuis ſix grains juſqu'à trente.

Bézoard Minéral : la doſe eſt depuis ſix grains juſqu'à vingt.

Ens Veneris : la doſe eſt depuis ſix grains juſqu'à un ſcrupule.

Stomachique de Poterius : la doſe eſt depuis ſix grains juſqu'à trente.

Esprit de Tête humaine : la dose est depuis quatre gouttes jusqu'à vingt-quatre.

Sel Ammoniac ; & Sel de Tartre ; donnés séparément immédiatement l'un après l'autre : la dose est depuis quatre grains jusqu'à dix, de chacun.

Fleurs de Sel Ammoniac : la dose est depuis quatre grains jusqu'à quinze.

Esprit volatil de Sel Ammoniac : la dose est depuis six gouttes jusqu'à vingt.

Esprit de Sel Ammoniac, dulcifié : la dose est depuis douze gouttes jusqu'à trente.

Esprit acide de Sel Ammoniac : la dose est depuis quatre gouttes jusqu'à dix.

Ambre gris : la dose est depuis un demi-grain jusqu'à quatre grains.

Essence d'Ambre gris : la dose est depuis deux gouttes jusqu'à douze.

Rapure de corne de cerf ; en tisanne.

Gelée de corne de cerf.

Eau de tête de cerf : la dose est depuis une once jusqu'à quatre.

Teinture d'Antimoine : la dose est depuis quatre gouttes jusqu'à vingt.

Eau spiritueuse de Cannelle ; la dose est depuis une dragme jusqu'à trois.

Huile, ou essence, de Cannelle : la dose est une goutte.

Teinture de Cannelle : la dose est depuis demi-dragme jusqu'à deux dragmes.

Gérofle, mâché.

Huile ou essence de Gérofle : la dose est depuis une goutte jusqu'à trois.

Huile de Muscade ; la dose est depuis quatre grains jusqu'à dix.

Eaux de chardon bénit, & de mélisse : la dose est depuis deux onces jusqu'à six.

Extraits de mélisse, & de chardon bénit : la dose est un scrupule jusqu'à une dragme.

Oliban : la dose est depuis un scrupule jusqu'à une dragme.

Eau de mélisse composée, ou magistrale : la dose est depuis une dragme jusqu'à une once.

Sels de chardon bénit, & de mélisse : la dose est depuis dix grains jusqu'à un scrupule.

Vinaigre distillé : la dose est d'une demi-cuillerée.

Teinture de sel de tartre : la dose est depuis dix gouttes jusqu'à trente.

Sel volatil de tartre : la dose est depuis six grains jusqu'à quinze.

Elixir de propriété : la dose est depuis sept gouttes jusqu'à douze.

Fleurs de benjoin : la dose est depuis deux grains jusqu'à cinq.

Myrrhe : la dose est depuis dix grains jusqu'à un scrupule.

Teinture de myrrhe : la dose est depuis six gouttes jusqu'à quinze.

Poudre de vipere : la dose est depuis huit grains jusqu'à trente.

Bezoard animal : la dose est depuis quatre grains jusqu'à vingt.

Antihectique de Poterius : la dose est depuis dix grains jusqu'à deux scrupules.

Huile de vitriol dulcifiée : la dose est depuis quatre gouttes jusqu'à dix.

Eau de noix : la dose est depuis une once jusqu'à sept.

Extrait de noix : la dose est depuis un scrupule jusqu'à trois.

13. Dans une maladie très-contagieuse qui régnoit à Prague en 1736, & qui éludoit l'art de tous les Médecins ; un grand Praticien de cette Ville, qui jusqu'alors n'y avoit pas plus remédié que les autres, s'avisa de considérer avec attention les vésicules qui s'élevoient sur la peau, & dont quelques-unes étoient grosses comme des noisettes. Leur ressemblance avec celles que forment les vésicatoires, lui fit conjecturer que le ferment âcre qui dominoit dans les humeurs, pouvoit être du même caractere que celui que fournissent les mouches cantharides. D'après ce soupçon il donna le *vinaigre bézoardique* à ses malades, & les sauva tous ; tandis qu'il n'en échapoit presque aucun entre les mains des autres Médecins.

14. Prenez quatre onces d'huile d'ambre, & autant de celles de térébenthine & d'aspic. Mettez ces trois huiles dans un matras bouché légerement, & exposé à feu de roue ou petit feu, pendant cinq heures, pour que ce mêlange bouillonne tant soit peu, jusqu'à ce que l'huile soit fort rouge. Pour lors versez votre huile ou essence dans une bouteille bien fermée ; pour le besoin.

L'on en donne depuis quinze gouttes jusqu'à vingt aux plus robustes dans du vin blanc ou clairet. On aura soin de bien couvrir le malade : qui suera prodigieusement. Étant bien en sueur, il faut l'essuyer avec du linge chaud. Pour les moins robustes & pour les femmes, c'est assez de quinze gouttes : & pour les enfans, depuis cinq jusqu'à dix gouttes : en douze heures de tems la Peste se déclarera ; ou bien elle se dissipera par les sueurs ou par une forte transpiration. Pour empêcher qu'elle ne vienne, il ne faut que se frotter le nés & les oreilles avec cette essence : qui a encore d'autres vertus. Par exemple, si un cheval devient fourbu, il faut lui en faire prendre une bonne cuillerée dans une pinte de vin blanc, & le couvrir : il guérira. Cette essence est encore bonne pour toutes sortes de playes.

15. Dans deux livres d'eau faites dissoudre trois dragmes de gilla de Paracelse : faites prendre un grand verre de cette liqueur au malade, aussi-tôt qu'il se sentira frappé de la Peste : réitérez la même chose, sept ou huit heures après : faites ensuite prendre les cordiaux ordinaires, & une légere nourriture.

Composition du Gilla de Paracelse.

Faites dissoudre dans de l'eau de fontaine, telle quantité de vitriol blanc que vous voudrez ; filtrez cette solution par le papier gris : & après l'avoir fait évaporer jusqu'à pellicule, mettez-la dans un lieu froid pour la faire crystalliser.

Quand les crystaux seront formés, vous verserez l'eau par inclination, pour la séparer des crystaux ; vous la ferez ensuite évaporer une seconde fois jusqu'à pellicule ; & vous la mettrez dans un lieu froid. Vous continuerez la même opération, jusqu'à ce que tout le vitriol soit réduit en crystaux.

Pour bien purifier le vitriol, faites jusqu'à trois fois les mêmes opérations qu'on vient d'enseigner. Enfin vous réitérerez encore par trois fois les dissolutions & crystallisations dans de l'eau de scabieuse, ou de chardon bénit. Ensuite vous ferez dessécher fort lentement les crystaux ; & vous les réduirez en poudre : que vous garderez dans un vaisseau de verre.

Autres Vertus du Gilla de Paracelse.

C'est un puissant remede pour résister à la corruption. Il fait évacuer doucement par le vomissement, toutes les mauvaises humeurs de l'estomac,

& des parties voisines. Il tue les vers; & est fort bon contre l'épilepsie, les douleurs de tête, les catarrhes, & contre toutes les maladies d'estomac qui viennent de l'abondance ou de la corruption des humeurs. On peut encore l'employer utilement dans les fievres tierces & quartes; le donnant dans un bouillon au commencement de l'accès. Si on le donnoit dans une petite infusion de sené, il feroit fort doucement son opération par bas.

La dose est depuis vingt grains jusqu'à soixante.

16. *Voyez* CARDIAQUE : ÉLIXIR *de Citron*: ÉLIXIR *de Santé*: *Peste*, entre les Maladies des BREBIS.

Parfum pour les habits ou maisons infectées de la Peste.

17. Prenez une livre d'encens, deux livres de poix-résine, une demi-livre de bitume, une livre de cire, une demi-livre de salpêtre, quatre onces de soufre, quatre onces d'huile de genievre, & une once de styrax. Faites fondre toutes ces drogues ensemble: & quand elles seront bien incorporées, vous en formerez des boulettes; que vous jetterez dans un réchaud plein de feu, pour le transporter par-tout le lieu qui aura été infecté : ce que vous réitérerez plusieurs fois, après avoir donné de l'air à la chambre, en ayant laissé les fenêtres ouvertes pendant plusieurs jours.

Autre parfum, très-efficace.

18. Prenez trois onces d'ambre commun; genêt rapé, & cloux de gérofle, deux onces de chaque; une once & demie de fleurs de soufre; une once de labdanum; une demi-once de camphre; deux onces & demie de benjoin. Le tout étant bien pulvérisé, incorporez-le avec du styrax liquide; & en faites des pastilles. La vapeur de ce parfum brûlé étant bien répandue, ouvrez les fenêtres du côté du septentrion ou de l'orient. Il faut aussi tenir la maison très-nette.

Autre Parfum, pour les Pauvres.

19. Prenez quatre livres de cette suie de cheminée qui est luisante : pulvérisez-la le mieux qu'il sera possible : prenez encore deux livres de poix-résine, deux livres de soufre, une livre de salpêtre, & une demi-livre d'huile commune : faites fondre ces drogues sur le feu, en les remuant avec un bâton. Quand elles seront fondues, vous y mêlerez le plus que vous pourrez de votre suie. Après quoi, vous laisserez refroidir. On jette ensuite ce mêlange, par petits morceaux sur des charbons allumés, ou dans un réchaud. L'odeur en est fort mauvaise; mais elle n'en est pas moins bonne pour chasser le mauvais air.

20. M. Thierry, qui trouve une sorte d'analogie entre la Peste, & le poison que l'on met aux armes dans le Royaume de Macaçar; croit que la fumée ayant la propriété de détruire la force de ce poison, l'on pourroit de même faire passer hommes & meubles par une fumée très-épaisse : qu'il regarde comme devant être pour le moins aussi efficace, que les parfums & drogues aromatiques qu'on a coutume de brûler dans les lazarets.

PET

PET-D'ÂNE. Espece de Bignet. Consultez la *Maniere de faire des* BIGNETS.

PÉTALE : en Latin *Petalum* ; & *Corolla*. *Voyez* COROLLA.

Ce qu'on nomme pétale est, dans les fleurs, cette partie mince, colorée de jaune, de rouge, de blanc, &c.; qui environne les étamines, & le pistil. Cette partie n'est pas essentielle pour la fructification, puisqu'il y a des fleurs fécondes qui n'ont point de pétales, & que par cette raison l'on qualifie d'*incompletes*, ou *apétales* : Voyez le mot ÉTAMINE. Mais la plûpart des fleurs ont des pétales; & sont dites PÉTALÉES : en Latin *Flos Petalus*, ou *Petalodes*. Entre celles-ci, les unes n'ont qu'un pétale, & sont dites *Monopétales* : d'autres, en qui on en observe plusieurs, portent le titre de *Bipétales*, *Tripétales*, *Tétrapétales*, & en général *Polypétales*. Quelques fleurs semblent avoir plusieurs Pétales, & n'ont cependant qu'une surabondance monstrueuse jointe au pétale unique qui leur convient. Ainsi le stramonium à fleur double est proprement une fleur monopétale double. Au contraire la fleur du poirier est une vraie polypétale, parce qu'elle a cinq pétales dans son état naturel : dans le cas où elle en contient un plus grand nombre, elle est *semi-double*; & *double*, lorsque le disque se trouve rempli de pétales.

Dans les fleurs monopétales on distingue le Tuyau, en Latin *Tubus*; & le Limbe; en Latin *Limbus*, qui est la partie évasée. Ces fleurs sont tantôt *régulieres*, & ont un contour régulier & symmétrique; tantôt *irrégulieres* ou *anomales*, & ont un contour bizarre. On a coutume de désigner la forme de celles qui sont régulieres, en la comparant à quelque chose très-connue : *Voyez* CLOCHE. CLOCHETTE. ENTONNOIR. GRELOT. MOLETTE. BASSIN. Entre les monopétales irrégulieres, les unes ressemblent à un casque, à un masque, ou à un musle; ce qui leur a fait donner en Latin le nom de *Personatus* ou *Galeatus*. Elles sont essentiellement distinguées des *Labiées*, en ce que leurs semences sont renfermées dans une capsule qui n'est point le calyce. Quelques-unes portent un cornet ou un capuchon : & on les appelle *Flos Auritus*, ou *Cucullatus*. D'autres sont en tuyau irrégulierement découpé. Plusieurs sont terminées par une languette; comme dans l'aristoloche : tels sont aussi les demi-fleurons. *Voyez* LANGUE. DEMI-FLEURON. Il y a des tuyaux ouverts par les deux bouts. On en voit dont le bas se termine en anneau. En d'autres, la partie supérieure forme un muffle à deux mâchoires. *Voyez* ce que nous avons dit sous le mot GUEULE.

A l'égard des fleurs polypétales, on considere, 1°. la figure de chaque pétale; 2°. leur nombre; 3°. La forme qu'ils donnent aux fleurs par leur assemblage. Quant à la figure de chaque pétale, on distingue l'*Onglet* (en Latin *Unguis*) & l'*Épanouissement*, ou la Lame, en Latin *Lamina*, ce que signifie le mot Πέταλον; laquelle a différentes formes, & est, ou dentelée, ou crénelée, ou frangée, ou échancrée, &c. *Voyez* ONGLET. FEUILLE. Nous avons déja dit que le nombre des pétales s'exprime par *Tripetalus*, *Tetrapetalus*, *Pentapetalus*, *Polypetalus*. Pour ce qui est de la forme que leur assemblage donne aux fleurs, on les distingue en Régulieres & Irrégulieres. Les Polypétales *régulieres* se soudivisent en fleurs en croix; *Voyez* CRUCIFORMES : 2°. Fleurs *en Rose* (*Flos Rosaceus*) dont les pétales sont disposés en rond, soit à l'extrêmité du calyce, soit à la base de l'embryon, à-peu-près comme le sont les pétales des fleurs de rosier. Quelques fleurs de cette classe n'ont que quatre pétales; mais leur fruit, qui n'est pas en silique, les fait aisément distinguer des fleurs en croix : entre celles-ci sont comprises les fleurs en ombelle. D'autres polypétales sont disposées en *Œillet*. Voyez CARYOPHYLLÆUS. La derniere famille des polypétales régulieres, est celle des fleurs *en Lys*. Voyez LILIACÉES.

Les polypétales irrégulieres sont proprement des fleurs formées d'un nombre de pétales, de figure irréguliere, & rangées sans ordre, de sorte qu'on ne peut point en donner une idée en les comparant à quelque chose d'un usage familier. La plûpart des fleurs de cette classe sont de celles qu'on nomme papilionacées, ou légumineuses. *Voyez* LÉGUMINEUSE.

Nous invitons à consulter, sur ces différens objets, la *Physique des Arbres*, de M. Duhamel, Tome I., page 207 & suivantes.

PÉTASITE; en Latin *PETASITES major*. Plante usuelle, à laquelle on donne aussi le nom *d'Herbe aux Teigneux*, de même qu'à la Bardane : à qui elle ressemble un peu par les feuilles. Comme ces feuilles sont assez larges pour qu'on puisse s'en couvrir la tête, on croit que c'est ce qui l'a fait appeller Pétasites, à l'imitation des Grecs.

Cette plante vient dans les endroits humides.

M. Tournefort ne dit pas en avoir trouvé aux environs de Paris. Mais M. Vaillant en a observé près du Moulin de Chamontel, à un quart de lieue de Lusarche.

Au premier printemps, avant que le Pétasite pousse de nouvelles feuilles, il sort immédiatement de sa racine un épi membraneux, velu, strié, blanc mêlé de pourpre, gros comme le doigt, & qui renferme une tige forte surmontée de la fleur. Chaque membrane est terminée par une petite feuille, semblable à celles qui appartiennent à la plante, mais qui n'a qu'environ trois lignes, tant en large qu'en long, & se séche bien-tôt à l'air. A ces étages de membranes, succede une pyramide longue d'un pouce & demi, & à-peu-près de même largeur à sa base. Elle est de couleur pourpre. Les fleurs y sont placées de maniere à représenter une espece de meure. Ce sont des fleurs à fleurons, non radiées. Les fleurons sont purpurins, ordinairement découpés en quatre ou cinq pointes peu sensibles à la vûe; posés sur un embryon aigretté, dont l'aigrette demeure attachée à la semence. Le calyce qui les renferme est pourpré, cylindrique, & découpé en plusieurs parties. La racine est grosse, rougeâtre en dehors, blanche en dedans; on y remarque beaucoup de traits orbiculaires & profonds, assez semblables à ceux que fait le tour: elle est garnie de quantité de fibres assez considérables. Peu après la fleur, paroissent les feuilles. Elles sortent, de même que la tige des fleurs, enveloppées de membranes très-épaisses, qui s'écartant facilitent la sortie & le prolongement des côtes & des feuilles. Leur issue est collatérale aux tiges, en des parties de la racine très-distinctes de celles où les tiges ont pris naissance.

PÉTREAU. *Voyez* DRAGEON.

PÉTRIFIER le Bois, ou autres matieres poreuses. Voyez ce mot dans l'article BOIS, page 353.

PÉTRIR, ou *Paitrir*. Voyez PAIN.

PETROSELINUM. *Voyez* PERSIL *de Jardin*.

PÉTUN. *Voyez* TABAC.

PEU

PEUCE. *Voyez* PIN.

PEUCEDANE. & PEUCEDANUM. } *Voyez* QUEUE *de Cochon*.

PEUPLER *une Terre de Perdrix*; *Lapins & Lievres*. Consultez les articles PERDRIX : PERSIL *de Jardin*.

PEUPLIER : en Latin *Populus* : & *Poplar*, en Anglois. Ce genre de plantes a beaucoup de rapport avec le saule. Il y a des Peupliers qui ne portent que des fleurs mâles; ceux qui en portent de femelles, donnent du fruit. Les fleurs *mâles*, attachées sur un filet commun, forment ensemble un chaton écailleux. Entre ces petites écailles sont environ huit étamines, renfermées dans une espece de pétale ou de coëffe, que M. Linnæus appelle Nectarium, fait en godet. Les fleurs *femelles*, pareillement disposées en chatons écailleux, n'ont point d'étamines; & à leur place est un pistil formé par un embryon, dont le style est terminé par un stigmate divisé en quatre. Cet embryon devient une capsule à deux loges, dans lesquelles on trouve des semences aigrettées.

Les feuilles de la plûpart des Peupliers sont orbiculaires, ou rhomboïdales, attachées à de longs pédicules, & posées alternativement sur les branches.

Especes.

1. *Populus alba*, *majoribus foliis* C. B. La *Grisaille* de Hollande; le *Franc Picard* à grandes feuilles, nommé par quelques-uns *Hypreau*, ou *Ypreau*, & *Orme blanc*: *l'Abele Tree*, des Anglois. Ce Peuplier blanc est un très-grand & bel arbre, dont les feuilles sont velues, extrêmement blanches, & cotoneuses en dessous, d'abord d'un verd jaunâtre en dessus, puis très-luisantes & noirâtres, figurées comme en cœur, coupées plus ou moins profondément en quatre ou cinq lobes, & bordées de dentelures aiguës. Le pédicule est cotoneux, creusé en gouttiere : & accompagné à son origine, de deux stipules courtes & fort étroites. Cet arbre vient sans culture en Europe dans les climats tempérés; l'écorce du jeune bois est pourpre, & revêtue d'un duvet blanc : les autres parties de l'arbre ont une écorce grisâtre. Les fleurs mâles, dont les chatons ont environ trois pouces de longueur, paroissent de bonne heure au mois d'Avril : les femelles, six ou huit jours après; & les chatons mâles ne tardent pas à tomber. Au bout de cinq ou six semaines, la graine est mûre, & le vent l'emporte fort loin.

2. *Populus alba minoribus foliis* Lob. Icon. Cet autre Peuplier blanc ressemble beaucoup à celui que nous venons de décrire. Mais la tige est moins unie, moins blanche, moins forte. Ses feuilles sont plus arrondies, de moitié plus petites, moins blanches en dessous, & d'un verd plus clair à leur face supérieure. Les chatons sont plus longs; & les semences ont l'aigrette plus longue & plus blanche. Les Anglois ont coutume de ne donner qu'à cette espece le nom de Peuplier blanc (*White Poplar.*)

Il y en a une variété dont les feuilles sont *panachées*.

3. *Populus Nigra* C. B. Le Peuplier Noir. Ses feuilles sont larges, ovales, sans découpures, légérement dentelées, terminées en pointe, d'un verd assez clair, & lisses des deux côtés. Les chatons des fleurs sont courts. La tige se courbe quand l'arbre devient un peu grand.

4. Quel-

4. Quelques-uns appellent *Ozier blanc*, un Peuplier noir, dont les feuilles sont ondées par les bords, & assez profondément dentelées.

5. *Populus Tremula* C. B. le *Tremble* : que les Anglois nomment *Aspen Tree*. Cet arbre porte des feuilles ondées, & comme godronnées sur les bords, assez cotonneuses dans leur jeunesse, ensuite glabres, d'un verd obscur des deux côtés, & attachées à des pédicules très-menus & très-souples, ensorte que le moindre vent les agite & les fait paroître comme tremblantes continuellement. L'écorce de cet arbre est bien unie, & grisâtre.

6. *Populus Nigra, folio maximo, gemmis balsamum odoratissimum fundentibus*; Catesby. Le *Baumier*; ou *Peuplier Odorant* : que plusieurs Auteurs croyent être le *Tacamahaca*. C'est un grand arbre, originaire *de la Caroline*. Ses feuilles sont ovales, fort larges, terminées en pointe dentelées en scie, d'un verd clair, veinées de rouge, fermes à-peu-près comme du parchemin : elles subsistent jusqu'aux gelées. La tige est ordinairement anguleuse; son bois, cassant; & son écorce, d'un verd clair, comme dans quelques saules. A mesure que l'arbre vieillit, l'écorce brunit: elle est brodée comme un melon; & il semble qu'elle soit ficelée comme un bout de tabac. Les sommets des étamines sont de couleur pourpre. Comme ce Peuplier pousse tous les ans avec force, les jets de l'année sont sujets à périr, quand l'hiver est rigoureux.

M. Miller distingue de cet arbre le *Tacamahaca*; & il le décrit *Populus foliis subcordatis, infernè incanis, supernè atroviridibus*. Il dit que c'est un arbre, de moyenne taille, qui vient naturellement en Canada & ailleurs, dans l'Amérique septentrionale. Les branches, grosses, courtes, & nombreuses, ont l'écorce médiocrement brune. La grandeur & la forme des feuilles varie beaucoup; étant la plûpart faites à-peu-près en cœur, mais d'autres soit ovales, soit comme en fer de pique : leur face supérieure est d'un verd obscur; & l'opposée, blanchâtre. Les chatons ressemblent à ceux du Peuplier noir. Cependant on trouve dix-huit à vingt-deux étamines dans les fleurs mâles : différence bien sensible, qui autoriseroit à ne pas mettre cet arbre dans le genre des Peupliers; d'autant que M. Miller dit n'avoir point vû les chatons femelles.

7. Nous ne sommes pas en état de faire connoître le *Peuplier* nommé *Liard*, ou *Liart*, à la Louisiane. M. Le Page (*Histoire de la Louisiane*, Tome III, page 215.) dit simplement que cet arbre a les branches souples.

Le *Liart de Canada*, ou *Peuplier Odorant*, ressemble beaucoup au Peuplier de la Caroline. Ses feuilles, au lieu d'être ovales, sont comme une palette; plus larges du côté de la queue, que vers la pointe. Il fait un plus grand arbre, que le Peuplier de la Caroline.

8. Nous cultivons ici, sous le nom de *Peuplier Noir du Canada*, un arbre qui s'éleve fort haut, & dont les pousses sont anguleuses durant leur jeunesse. Ses feuilles, portées par de très-longs pédicules, ressemblent beaucoup à celles du Peuplier de la Caroline, mais sont de moitié plus petites : on y observe encore d'autres différences; telles que la base presque en ligne droite, la nervure principale lavée de rouge seulement vers le bas de la feuille, les pédicules plus ou moins lavés de rouge, le verd des feuilles plus gai, leur tissu moins ferme & moins épais. D'ailleurs l'arbre se garnit tard de feuilles, & s'en dépouille de très-bonne heure. Son bois n'est pas cassant, comme celui du Peuplier de la Caroline.

9. Il y a en Lombardie un Peuplier Noir, dont les branches, en se rapprochant du tronc, forment de belles pyramides. Ses feuilles ressemblent à celles du *n.* 4.

10. Depuis quelques années il nous est venu d'Angleterre deux nouveaux Peupliers, qui y sont encore bien rares. L'un est nommé *Populus Heterophyllus*, parce que l'on y voit mêlées ensemble des feuilles entieres & des feuilles découpées. L'autre est le *Populus Attensis*, ou *Populus Tubulus* : qui n'existe parmi nous qu'à Trianon; où il ne présente pas des différences bien marquées.

Usages.

Les Peupliers blancs, des *nn.* 1 & 2, croissent avec beaucoup de vivacité dans les terreins humides. Ils viennent cependant bien dans des terreins assez secs. On peut donc s'en servir pour garnir les parties basses des parcs & des bosquets d'Eté. Soit seuls, soit mêlés avec des ormes, ils garnissent avantageusement des places vuides dans des plantations de grands arbres. On en peut faire des avenues, des ceintures d'héritages, &c. Cet arbre convient particuliérement dans une terre presque marécageuse; où le pin, le châtaignier, ni le hêtre, ne réussiroient pas.

Le *n.* 3 devient assez grand dans les terreins humides : il se plaît singuliérement sur les berges des fossés remplis d'eau.

On cultive volontiers dans des vignobles le *n.* 4, pour l'employer comme l'ozier. C'est pour cette raison qu'on l'appelle ozier blanc.

En Lombardie on fait de superbes avenues avec le *n.* 9, dans des terres fort humides.

Le bois de Peuplier est blanc & tendre. On en fait de la charpente pour les bâtimens de peu de conséquence. Les Sculpteurs l'employent, au lieu de tilleul. On en fait des sabots. Débité en planches, il se conserve assez bien quand il est à couvert. Ces planches ont ordinairement trois à cinq lignes d'épais, sur dix pouces de large, & six pieds de long; pour les menus ouvrages. On en scie encore, d'un pouce d'épais, sur onze ou douze de large, pour faire des portes ou des fenêtres, à la Campagne, des tablettes, des enfonçures d'armoires.

Le Tremble (*n.* 5) fournit d'assez mauvais sabots, des talons de soulier, des barres & chevilles pour les futailles, & du palisson pour garnir les entrevoux sous le carreau des planchers.

Les Peupliers Noirs ont leurs yeux, ou boutons de feuilles, chargés d'un suc jaune & balsamique, dont l'odeur est assez agréable. C'est pourquoi on fait entrer ces boutons dans l'onguent *Populeum*, & dans quelques baumes composés. Le Baumier sur-tout répand une odeur forte, de drogue, qui n'est pas trop disgracieuse; aussi le préfere-t-on aux autres, autant que l'on peut, pour les médicamens.

Voyez TACAMAQUE.

Le bois de Liart est blanc, léger, très-liant, & difficile à fendre. En conséquence on en fait de grandes pirogues, à la Louisiane.

On attribue aux Peupliers une vertu détersive. Leur écorce, prise en breuvage, au poids d'une once, soulage la sciatique, & fait du bien à ceux qui n'urinent que goutte à goutte. Le suc de ces arbres, insinué tiede dans les oreilles, en guérit la douleur.

Les feuilles de Peuplier noir, appliquées avec

du vinaigre, sont bonnes pour calmer les douleurs de la goutte. Sa semence, bûe avec du vin blanc, soulage le haut mal. La liqueur qui sort du tronc de cet arbre, par la térébration, ôte les verrues, & efface les meurtrissures. Ses fleurs sont chaudes, & ont plus de vertu que ses feuilles. On rend les cheveux fort beaux, si après les avoir lavés, l'on se sert de cette pommade : Prenez autant de boutons de Peuplier, que de beurre frais; battez-les bien ensemble dans un mortier; & les laissez quelques jours au soleil : ensuite frottez-en les cheveux.

Culture.

Tous les Peupliers se plaisent dans les lieux humides & même glaiseux, sur les chaussées, au bord des rivieres, & en général dans tous les endroits où ils ont le pied humide. Les blancs viennent encore bien sur les hauteurs où les noirs languissent presque toujours. Le Tremble, à petites feuilles, réussit aussi dans des terreins assez secs, & il s'y éleve à une moyenne hauteur : celui à grandes feuilles demande absolument un terrein très-humide. On fera bien de ne planter jamais de Peupliers trop près des prairies; à cause que la racine de ces arbres en absorbe la meilleure substance, & que leur ombrage ne permet à l'herbe d'y venir que languissamment & en petite quantité. Ou, si l'on ne se met gueres en peine du tort que les racines des Peupliers peuvent faire au fond des prairies, & qu'on veuille seulement éviter le second inconvénient, on doit les planter du côté du couchant sur le bord des prés qu'on souhaitera garnir de ce bois : par ce moyen les Peupliers ne porteront aucun ombrage à l'herbe qui naîtra auprès d'eux. Pour mieux faire encore, ensorte que ni les racines ni l'ombre de ces arbres n'endommagent un pré, faites un bon fossé tout du long, & plantez vos Peupliers du côté du couchant : vous serez sûr d'avoir pour lors du foin & du bois.

Heureux sont ceux à qui les ruisseaux ayant leur pente naturelle de ce même côté, épargnent la peine & la dépense de creuser des fossés. Ils peuvent planter des Peupliers à coup sûr & dans l'espérance d'en tirer en peu de tems du profit, sans que les prairies voisines s'en trouvent endommagées; à cause du ruisseau qui séparera les uns d'avec les autres.

Les Peupliers tracent beaucoup; & se multiplient facilement par les rejets qui poussent sur les racines. Ils reprennent encore assez bien de bouture. Pour cela on choisit les branches les plus unies, hautes de trois à quatre pieds, & aussi droites que l'on peut : les ayant aiguisés par le bas, on les fiche en terre. Pour peu de bon fond qu'elles trouvent, elles viennent fort bien; pourvû qu'on ne leur coupe point la tige.

On les multiplie encore quelquefois par des marcottes.

Les Peupliers ne veulent jamais être étêtés. On se contente de les émonder; & on laisse la tige principale s'élever en futaye. C'est pourquoi il faut que le terrein où on les plante, soit un peu solide; afin que, s'élevant fort haut comme ils font, ils se trouvent moins en danger d'être renversés par le vent. Consultez la page 22 des *Additions* de M. Duhamel *pour son Traité des Arbr. & Arbust.* à la fin du Traité *Des Semis & Plantations.*

On espace les Peupliers à une toise & demie ou deux toises.

PHA

PHAGUS. *Voyez* Chêne, *n.* 15.

PHAISAN. *Voyez* Faisan.

PHALARIS. *Voyez* Graine de Canarie.

PHANA : φᾶνα. Espece de Bruyere. *Voyez* Bruyere, *n.* 5.

PHARINX. *Consultez* ce mot, dans l'article Gorge.

PHARMACIE. Art qui consiste à connoître, choisir, préparer, & mêler, les médicamens.

PHARMACITIS. *Voyez* PIERRE Noire.

PHASEOLE: & *Phaseolus.* Voyez Haricot.

PHE

PHEHUAMA. *Voyez* PEHUAMA.

PHELLANDRIUM. *Voyez* Philandrie.

PHERIA. *Voyez* Peristereon.

PHERSEPHONION. *Voyez* Peristereon.

PHI

PHILADELPHOS. *Voyez* Grateron, *n.* 1.

PHILAHU. *Voyez* sous le mot Angelique.

PHILANDRIE; ou *Ciguë d'Eau* : en Latin *Phellandrium* Dodonæi; *Cicutaria aquatica; Cicutaria palustris.* Cette plante ombellifere vient dans des fossés & autres endroits habituellement humides. Ses feuilles sont découpées à-peu-près comme le cerfeuil ou le persil, en lobes étroits, qui sont terminés par une partie épaisse & blanche : leur saveur, quoique un peu âcre, n'est pas désagréable. Sa tige, haute d'environ trois pieds, fort grosse, cannelée, creuse en dedans, noueuse, & branchue; porte de petites ombelles de fleurs blanches un peu tachées de rouge. Il leur succede de petites graines longuettes, ondées, douces au toucher. Les feuilles qui trempent dans l'eau, sont communément plus larges que les autres.

Cette plante est regardée comme très-dangereuse.

PHILANTHROPOS. *Voyez* Grateron, *n.* 1.

PHILONIUM *Romain.* Opiate où il entre plusieurs aromates chauds. En voici la composition.

Poivre blanc, & graine de jusquiame blanche, de chacun cinq gros; opium, deux gros & demi; fenouil, & *daucus* de Crete, de chacun deux scrupules & cinq grains; un scrupule & demi de saffran; nard, pyrethre, & zédoaire, quinze grains de chaque; un gros & demi de cannelle; myrrhe, & castoreum, de chacun un gros. On y met du syrop de pavots blancs, en quantité suffisante.

PHILTRODOTES. *Voyez* Peristereon.

PHILYCA. Ce genre de plantes, selon M. Linnæus, porte ses fleurs rassemblées en nombre sur un disque : le calyce propre de chacune est composé de trois petites feuilles oblongues, & étroites. Ce calyce ne tombe point. Le pétale de chaque fleur est un tuyau de la même longueur que le calyce : ses bords sont divisés en quatre. Il y a cinq étamines, fort menues, qui s'inserent sous les pointes écailleuses du calyce. L'embryon, placé au fond de la fleur, supporte un style simple, surmonté d'un stigmate obtus. Le fruit est une capsule à-peu-près ronde, composée de trois lobes, & intérieurement séparée en autant de loges, séparées les unes des autres par des cloisons. Chaque loge contient une seule semence arrondie, bombée d'un côté, anguleuse de l'autre.

Voyez Bruyere *du Cap.*

PHE

PHLEGME. *Voyez* FLEGME.

PHLEGMON. *Voyez* INFLAMMATION. RATE. TUMEUR.

PHLOGISTIQUE. *Consultez* les articles ACIER. FEU.

PHLOGOSE. *Voyez* INFLAMMATION.

PHLYCTAINES. *Consultez* l'article ŒDEME.

PHO

PHŒNIX : Plante. *Voyez* GRAMEN, *n.* 34.

PHOSPHORE ; ou *Pyrophore*. Matiere si intimement pénétrée de feu, que cet élément s'y manifeste dès qu'elle est exposée à l'air, ou légérement froissée.

Il y a des Phosphores naturels ; & d'artificiels. Les uns luisent simplement : d'autres brûlent ; ou fument : & quelques-uns ont toutes ces propriétés ensemble.

Ceux que la nature produit, se trouvent dans les Mines. Ceux que la chymie a inventés, sont composés de nitre, de divers sels, & d'autres matieres analogues aux effets qui doivent résulter des Phosphores.

Consultez les *Opuscules chymiques de M. Margraaf*, Dissert. 1.

Un des plus communs Phosphores est celui que les Artistes nomment la *Pierre de Bologne* : qui se trouve en Italie, au pied du mont Paterno, à environ trois milles de Bologne. Ce sont de petites pierres inégales, & intérieurement brillantes. Les meilleures sont les plus petites & les plus luisantes. Ces pierres ne deviennent vrai Phosphore, qu'après avoir été calcinées.

Voyez le *Spectacle de la Nature*, Tome IV. page 248. Poliniere, *Exp. de Phys.* Tome II, page 347. &c. *Voyage en France, en Italie, & aux Isles de l'Archipel* (Paris 1763. *in-12.*) Tome 3. page 311, &c., jusqu'à 340. *Opuscules chymiques de M. Margraaf*, Tome I. Dissert. 12.

La deuxieme de ces Dissertations contient une maniere de *Perfectionner le Phosphore* d'Urine, & quelques autres, dans les §§. XXIII, XXVII, & suivans.

Phosphore tiré des excrémens humains.

Prenez quatre onces de matiere fécale nouvellement rendue ; mêlez-y autant pesant d'alun de roche pilé grossiérement : mêlez le tout dans une poële de fer sous une cheminée, sur un petit feu de charbon, le mêlange deviendra liquide comme de l'eau ; laissez-le bouillir à petit feu en le remuant toujours avec une spatule de fer, jusqu'à ce que la matiere se séche ; il faut continuer en écrasant & la divisant en petites miettes. Il faut ôter de tems en tems la poële du feu, pour qu'elle ne rougisse pas, & que la matiere ne s'attache point. Lorsque la matiere sera desséchée, laissez-la refroidir, & la mettez en poudre ; remettez cette poudre jusqu'à trois fois rôtir, & sécher entiérement. Après quoi il la faut broyer en poudre fort menue, & la garder dans un lieu sec. C'est la matiere du Phosphore.

Prenez deux à trois gros de cette poudre : mettez-la dans un petit matras qui ait le col de sept à huit pouces de long, & que la matiere n'occupe qu'un tiers du vaisseau ; bouchez-le avec du papier ; placez-le dans un creuset & le couvrez de sable, desorte qu'il ne touche point les parois ni le fond du creuset ; placez votre creuset au milieu d'un petit fourneau de terre ; mettez tout autour du creuset des charbons allumés jusqu'au milieu de sa hauteur ; entretenez ce feu égal pendant demi-heure ; augmentez-le ensuite, & mettez des charbons jusqu'au haut du creuset ; soutenez ce feu pendant une heure & demie, ou plûtôt jusqu'à ce que le matras commence à rougir : alors augmentez le feu, mettez du charbon pardessus les bords du creuset, entretenez ce grand feu pendant une heure, & laissez refroidir le tout.

Dans cette derniere augmentation du feu, il sort des fumées par le col du matras : & alors il n'y a aucune crainte de gâter l'opération.

Quand le creuset est assez refroidi pour qu'on puisse le tenir avec la main, il faut élever un peu le matras hors du sable, & le laisser encore un peu refroidir, de peur qu'il ne se casse. Alors substituez promptement au papier un bouchon de liége, qui close exactement le matras, pour éviter que l'air n'y entre. Ce vaisseau casseroit, si on le bouchoit ainsi avant qu'il fût froid ; la vapeur raréfiée n'ayant plus d'issue.

Si la matiere se met facilement en poudre en remuant le matras, l'opération a bien réussi.

Si on verse un peu de cette poudre sur un morceau de papier, d'abord elle fumera, & s'allumera ensuite, & mettra le feu au papier & à toutes autres matieres combustibles.

Ce Phosphore est *de M. Homberg* : qui l'a donné dans les *Mémoires de l'Académie Royale des Sciences*, en 1711.

Il n'est pas nécessaire de continuer le feu pendant un aussi long tems que le demande M. Homberg ; il suffit de faire rougir le mêlange : cinq quarts d'heure de feu bien gradué, sont tout le tems qu'il faut.

La réussite dépend d'avoir d'abord bien desséché les matieres, & de boucher exactement le matras avec un bouchon de liége.

Si on ajoûte à ce Phosphore fait, & à la plûpart des autres, un peu de salpêtre bien sec & en poudre fine, & qu'on le mêle exactement dans le matras, après l'avoir bien bouché ; lorsqu'on le verse sur le papier, il brûle beaucoup plus fort qu'auparavant.

Les cornes, les ongles, les graisses, les os, les chairs, le sang, & toutes les fientes des animaux ; ainsi que les jaunes d'œufs ; donnent un Phosphore avec l'alun. Les farines de seigle, de froment, d'orge, & de plusieurs autres semences, donnent aussi toutes avec l'alun un Phosphore.

Il faut mettre trois parties d'alun sur une partie de ces matieres : on peut même en mettre jusqu'à cinq. Le Phosphore qui en résulte brûle beaucoup plus vivement quand on met les parties égales.

Les huiles d'olives, d'amandes douces, de gayac, de corne de cerf, avec dix parties d'alun, donnent un Phosphore.

Un peu d'alun & de miel recuit, suffisent pour donner un Phosphore des plus commodes : lequel, sans blesser l'odorat dans l'opération, se conserve ensuite cinq ou six mois dans une phiole bien bouchée : & c'est assez d'en jetter un grain sur de l'amadou, pour pouvoir aussi-tôt allumer une bougie.

Kunckel & Kraft sont devenus célebres par leur *Phosphore Fulgurant*. On le conserve dans une phiole pleine d'eau commune, & bien bouchée. Un grain de ce Phosphore, mis entre deux papiers, sur lesquels on passe légérement l'ongle pour écraser ce grain, enflamme aussi-tôt les papiers. Mais si on le mamie trop rudement, ou qu'on le frotte avec violence, il s'enflamme, & brûle très-vivement surtout en Été. Dès qu'on secoue dans l'obscurité la phiole où est conservé ce Phosphore, il en sort des éclairs. On le voit fumer, quand on le tire de la phiole. Si l'on s'en sert pour écrire sur le papier, sur la main, &c. les lettres brillent avec éclat dans l'obscurité. Voyez les *Mémoires de l'Académie des Sciences*: le *Spectacle de la Nature*, Tome IV. page 249 & 250: la premiere Dissertation de M. Margraaf, pages 14, 15, 16.: Poliniere, *Expér. de Physiq.* T. II. pag. 52. &c. 369 & suivantes.

Dans l'*Histoire de l'Académie des Sciences*, année 1728, il y a la description d'un Phosphore singulier, avec le fer & le soufre: dont le procédé est long & assez délicat.

Toutes les pierres talkeuses & les especes de gypses ou pierres à plâtre, par la calcination, deviennent lumineuses comme la Pierre de Bologne & le Phosphore de Balduinus. Voyez la neuvieme Dissertation de M. Margraaf, page 152.

Les pierres à chaux, les marbres, les albâtres, la bélemnite, les coquilles pétrifiées tendres, & toutes les pierres qui peuvent se dissoudre par les acides, deviennent lumineuses par la calcination. Pour parvenir à rendre ces pierres lumineuses, il faut les mettre dans un creuset, le couvrir & le placer dans un fourneau, l'entourer de charbons, donner le feu par degrés en l'augmentant comme pour fondre un métal, le soutenir en cet état environ trois quarts d'heure, & laisser refroidir: l'opération étant faite, si la pierre n'étoit point lumineuse, il faudroit la recalciner.

Phosphore de Balduinus, ou Baudouin, Saxon.

Faites dissoudre dans l'esprit de nitre, de la craye, en la jettant peu-à-peu, & par intervalles, afin que l'ébullition ne soit point trop violente; & jusqu'à ce qu'il ne se fasse plus d'effervescence. Ensuite versez la dissolution par inclination, & la faites évaporer par degrés jusqu'à ce que votre matiere soit desséchée. Mettez de cette matiere dans un creuset, & qu'elle n'en remplisse que la moitié, placez-le dans les charbons ardens, la matiere bouillonnera, & se desséchera. Alors laissez refroidir le creuset, exposez-le à la lumiere, & le transportez dans un lieu obscur.

La marne, les bols, la craye, les moëllons, les pierres de taille & de liais, sont toutes matieres propres pour le Phosphore de Balduinus; la pierre de taille & les bélemnites, font le plus bel effet.

Voyez les *Mémoires de l'Académie des Sciences*, 1730.

Pierre qui s'enflamme à l'eau.

Réduisez en poudre subtile, du salpêtre rafiné, de la tuthie d'Alexandrie, de la chaux vive, & de la pierre calaminaire, de chacune une partie; camphre, & soufre vif, de chacun deux parties: mêlez le tout ensemble, après l'avoir passé séparément par un tamis fin. Ensuite l'ayant enveloppé dans un linge neuf, & bien serré, mettez-le dans un creuset, que vous couvrirez d'un autre creuset, ayant soin de luter bien exactement la jointure avec de l'argile. Faites chauffer & sécher le lut & la matiere au soleil, ou à l'étuve, ou dans quelque autre lieu chaud. Enfin mettez les creusets au four où l'on cuit la brique; laquelle étant cuite, votre pierre sera formée. On prétend qu'une seule goutte d'eau ou de salive est capable de l'enflammer: vous y pourrez allumer une allumette. Et lorsque vous voudrez éteindre la pierre, vous n'aurez qu'à soufler dessus.

PHR

PHRENES: mot Grec. *Voyez* DIAPHRAGMA.

PHRENESIE; ou *Frenesie*. Rêverie continuelle & furieuse, accompagnée d'une fievre aiguë & violente, avec insomnie, & inflammation du cerveau & de ses membranes.

La Phrénésie se déclare d'abord par des insomnies presque continuelles, un sommeil inquiet & troublé par des idées phantastiques: on a des douleurs aiguës & constantes au sommet & derriere la tête, une grande chaleur sans soif, la respiration grande & profonde, le poulx petit & lent, puis par alternatives vif & fréquent: l'urine cesse de couler: on oublie tout ce que l'on vient de dire & faire.

Les signes de la Phrénésie décidée, sont que les vaisseaux de la tête se gonflent, & on sent un battement considérable aux tempes & au cou: les yeux deviennent brillans & furieux: tout ce que le malade dit est dépourvû de raison; il est prêt à se mettre en colère à chaque instant; il grince des dents, & veut s'élancer avec violence sur les personnes qui sont à côté de lui, ce qui revient par accès: la langue est séche, âpre, jaunâtre & noire: les extrêmités sont froides: l'urine est claire & limpide: avec ses mains tremblantes le malade tache de ramasser autour de lui tout ce qui est à sa portée: dans ces momens, il est d'une force & d'une violence inexprimables: il change, à tout moment, de posture dans son lit; & sa tête est dans une agitation continuelle.

La cause prochaine de cette maladie est l'irritation excitée dans les membranes du cerveau, par l'engorgement du sang, ou par une matiere âcre & mordicante.

Les causes éloignées sont le trop grand usage des liqueurs échauffantes; les veilles excessives; l'exposition à un air chaud & sec, ou au soleil, durant un trop long tems; l'inconstance naturelle de l'esprit, la colere, les exercices violens, la foiblesse occasionnée dans le cerveau par les épuisemens de l'étude ou de la jeunesse, les passions trop vives; la suppression d'écoulemens, soit habituels, soit nécessaires; les blessures ou contusions à la tête, un régime trop échauffant dans les fievres malignes, les bains pris mal-à-propos, les purgatifs trop forts.

Lorsque la Phrénésie vient d'une abondance de sang, elle n'excite qu'une simple inflammation: mais lorsqu'elle provient d'une bile jaune ou brûlée, elle échauffe & enflamme tout le cerveau.

Dans la Phrénésie sanguine on a une fievre continue, le visage & le tour des yeux rouges, le pouls élevé, la respiration difficile: on saigne de nés; on rit plus qu'on ne pleure; on a de la peine à parler; & ce qu'on regarde, paroît rouge; l'inquiétude fait que tantôt on est assis, & tantôt couché. La Phrénésie de bile jaune présente à-peu-près les mêmes symptômes: mais tout paroît jaune à la vûe; la langue est de la même couleur, & quelquefois un peu noire, séche & rude.

Les signes de Phrénésie causée par un abscès dans le cerveau, ou dans ses membranes; sont une douleur de tête qui devient lourde & pesante, les yeux rouges, ou jaunes, ainsi qu'ils paroissent dans l'ophthalmie ; & le pouls ondulant.

Il n'y a pas une de ces Phrénésies qui ne soit très-dangereuse : la plus à craindre est celle qui vient de bile aduste.

Les vieillards ne sont pas beaucoup sujets à la Phrénésie ; mais lorsqu'ils y tombent, ils n'en échappent point.

La Phrénésie qui vient de la dure-mere, est dangereuse : & encore plus celle de la pie-mere ; comme elle dérive de la substance du cerveau, elle est mortelle.

Pleurer & rire tout ensemble, est un signe aussi mauvais que quand on tombe dans la convulsion. S'il arrive quelque vomissement, jaune, ou rouge, ou verdâtre, & dont on ne soit point soulagé, c'est un présage funeste ; ainsi que les selles, lorsqu'elles sont blanches. Si un Phrénétique demande à boire, qu'il ait de la peine à avaler, ou qu'il suffoque en avalant, que sa voix soit changée, que sa respiration soit entrecoupée ; il approche de sa fin.

Toute Phrénésie se termine par la suppuration ; ou par la résolution ; ou par les crises ; ou par le changement en une autre maladie, comme en léthargie ou phthisie. Celle où il arrive une crise parfaite est la plus avantageuse.

La Crise dans la Phrénésie arrive par une sueur, par un flux de sang par le nés, par l'ouverture des hémorrhoïdes, ou par des tumeurs qui aboutissent autour des oreilles.

Le Dr Mead (*Discourse concerning the action of the Sun and Moon on animal bodies*) observe que les accès de Phrénésie ausquels les maniaques sont sujets, suivent sensiblement les périodes de la lune. Il ajoûte qu'on ne peut contester qu'en général ces accès tiennent de l'épilepsie.

Remedes.

1. Les personnes qui ont quelque disposition à la Phrénésie, doivent éviter de retenir leurs excrémens, & de se tenir la tête trop couverte après le repas. Ces précautions sont également importantes dans la Phrénésie actuelle.

2. Pour la Phrénésie, soit sanguine, soit bilieuse ; l'on ne doit pas épargner au commencement les saignées. Après avoir tiré du sang trois ou quatre fois du bras, si le malade ne se trouve pas soulagé, on le saignera du pied ; on réitérera même quelques jours après, en cas qu'il eût assez de force pour le supporter. Ceux qui sont avancés en âge, & ceux qui habitent vers le Nord, seront moins saignés que les autres. En tirant du sang, l'on fera de petites ouvertures ; & de crainte que la veine ne s'ouvre, l'on y appliquera un peu d'aloës en poudre, ou du poil de lievre brûlé, ou du mastic, ou du plâtre.

3. On avertit sur toutes choses de ne point se servir de vessicatoires, ni de caustiques : mais l'on a vû qu'une ventouse sur la suture coronale, a guéri quantité de personnes.

4. Si la Phrénésie vient plus de la bile que du sang, il faudra purger dès le commencement avec une once & demie de casse mondée, mêlée dans deux verres de petit lait ; ou dans une décoction de deux onces de tamarins. Après le septieme jour, dans la même purgation, on ajoûtera demi-once de catholicon double. Les autres fois on l'augmentera de deux dragmes de diaprunis composé, ou d'une once de syrop de roses pâles.

On voit qu'il faut augmenter la purgation de jour à autre ; & ne pas la donner si forte au commencement, afin de ne pas remuer les humeurs.

5. Dans la Phrénésie bilieuse, on se gardera bien d'appliquer rien de froid sur la tête : d'autant qu'en repoussant le mal au-dedans du cerveau, l'on jetteroit le malade dans un très-grand danger ; mais l'on y pourra mettre un pigeon, ou un poulet, ou un petit chat, qui soient vivans ; qu'on fendra par le milieu.

6. Dans le même cas, on usera d'une *tisanne* faite avec du chiendent ; des racines de fraisier, d'ozeille, de réglisse ; & de la laitue ; ou avec des pommes de renette, ou avec du pourpier. La même tisanne servira à faire des *lavemens*, en y ajoûtant du miel commun, ou trois onces de miel de nénufar, & deux cuillerées de vinaigre. On trempera en même-tems des linges dans une décoction de camomille, de mélilot, de pariétaire, de guimauve, cuites dans autant de vin que d'eau ; que l'on appliquera sur le ventre & sur les reins. Pour le *régime* de vie, on donnera de deux heures en deux heures des bouillons de veau & de volaille, dans lesquels on pressera quelques jus d'orange ou de citron ; ou l'on y mettra du verjus, ou deux à trois gouttes d'esprit de soufre.

Vers le cinquieme jour, l'on commencera à donner des *émulsions* composées d'une once de semences froides, & de deux onces d'amandes douces, battues dans une pinte de décoction de nénufar, ou de laitues, ou de pourpier, ou d'eau d'orge, ou de son. Après que l'on aura coulé ce mêlange, l'on y ajoûtera quatre onces de sucre ; & entre les bouillons, l'on en fera prendre un verre : on ajoûtera dans celui du soir, une once de syrop de pavot.

L'on n'ordonne ce syrop, qu'afin de rabattre les fumées, & de procurer un sommeil doux & paisible. Si quelque personne conseilloit de donner, soit l'opium, soit le philonium, ou autre narcotique & somnifere ; qu'on ne le fasse pas sans de grandes précautions. Par exemple, si les veilles sont si immodérées qu'elles épuisent les forces du malade, vous pourrez recourir au laudanum ; dont vous userez sobrement & par degrés, depuis trois grains jusqu'à six, de peur que par une dose disproportionnée le malade ne tombe en léthargie.

Comme il est aussi de nécessité que le malade soit soulagé par les urines, on lui frottera le nombril & le conduit de l'urine, avec un peu d'huile de scorpion.

7. Pour guérir la Phrénésie qui procede de fievre chaude, il faut appliquer sur la tête du malade le poulmon, ou la fressure entiere, d'un mouton fraîchement tué ; ou un poulet ou pigeon ouvert par le milieu du dos : ou frotter le front & toute la tête, d'huile rosat, vinaigre & populeum ; ou avec jus de morelle, huile rosat & vinaigre.

Vous donnerez souvent aussi des *lavemens* avec du lait clair & des herbes rafraîchissantes : vous en donnerez encore avec l'oxycrat.

8. Vous presserez le malade de boire souvent. On oublie une chose si nécessaire dans le délire.

Frontaux pour la Phrénésie.

9. Il faut broyer ensemble six ou huit têtes de pavots blancs avec leur graine, & deux pincées de fleurs de *nymphea* ; mêlez-y suffisante quantité d'eau rose & d'eau de laitue, pour en faire un cataplasme ; que vous mettrez entre deux linges, & appliquerez sur le devant de la tête.

Ou prenez une poignée & demie de feuilles de laitue, demi-poignée de roses rouges, & demi-once de graine de pavot blanc; faites bouillir le tout ensemble dans de l'eau commune: & lorsque la matiere sera réduite en pâte, broyez-la dans un mortier; y ajoûtant demi-once de farine d'orge, autant de lait de femme, & un peu de syrop violat. Enveloppez ce cataplasme comme le précédent; & appliquez-le de même.

Ou remplissez un pot de terre vernissée, de lierre terrestre: versez par-dessus du meilleur vin blanc, jusqu'à ce que le pot soit plein. Laissez infuser à froid, pendant cinq ou six heures; passez ensuite la liqueur avec forte expression; & servez-vous-en pour bassiner & humecter les tempes & le front du malade. Prenez aussi le marc; & après l'avoir broyé dans un mortier avec de l'huile, faites-le cuire encore sous les cendres chaudes; & faites-en un cataplasme, que vous appliquerez comme ci-dessus.

Voyez *Cataplasme pour la* FIEVRE CHAUDE *& Frénétique*, Tome II. page 58.

Il y a encore des personnes qui font un liniment sur le front avec l'huile de pavot blanc, ou celle de mandragore.

10. Vous ne devez point penser à la purgation durant la fureur de l'humeur, si ce n'est que le délire soit produit par une bile dominante dans l'estomac: en ce cas vous aurez raison de purger par les remedes qui purgent la bile au premier degré; puisque l'expérience fait connoître que la diarrhée survenant, guérit un tel délire.

PHT

PHTHISIE; *Ethisie;* ou *Hétisie*: que l'on nomme encore *Fievre Hétique*; *Consomption*; &c. Nous avons parlé des progrès de la fievre hétique, ci-dessus page 54; & des moyens de la modérer. La Phthisie est un état avancé; où le malade, sensiblement aigri, tousse fréquemment; & la fievre lente mine peu-à-peu toute l'habitude du corps.

Plusieurs Médecins disent que ce mal se communique. On assure qu'il est héréditaire & endémique, en Portugal. En 1755, on fit en Toscane une Ordonnance pour défendre de se servir des hardes qui auront été à l'usage de personnes mortes d'Éthisie.

Hippocrate, Willis, & Morton, ont constamment trouvé des tubercules qui occupoient la substance & les lobes du poumon, dans les personnes mortes de Phthisie.

Hippocrate (*Epidem.* l. 1.) reconnoît une Phthisie non accompagnée d'ulcere au poumon: & il observe que, dans celles où il y a ulcere, la maigreur a toujours précédé la naissance de l'ulcere: qui ne survient que quand la maladie est fort avancée.

Dans le premier degré de la Phthisie, le malade est fatigué d'une toux séche, qui devient ensuite humide. Il a une fievre lente, accompagnée de difficulté de respirer, & de maigreur. On remarque dans le foie une obstruction, qui est bien marquée, soit par dureté, soit par la douleur que le malade ressent quand on le touche en cet endroit.

Dans le second degré, le malade crache du pus; la toux est plus vive, & la maigreur très-considérable.

On peut regarder le chagrin comme une cause des plus puissantes, pour produire la Phthisie. L'attention continuelle à l'objet affligeant, arrête les esprits dans le cerveau, & suspend leur circulation. L'appétit disparoît; la digestion devient imparfaite; le chyle visqueux & mal digéré, cause des obstructions dans les vaisseaux sanguins, dans le poumon, & dans le foye.

Par cette même raison, les gens de Lettres deviennent aussi sujets à la Phthisie.

En général on remarque dans les Phthisiques, beaucoup de raison & de pénétration, quelquefois même au-dessus de leur âge: * *Boerhaave*, Aphorisme 1198. M. Tauvry, l'un de ces Génies prématurés, mourut de Phthisie à l'âge de 31 ans; la disposition naturelle à l'asthme ayant augmenté peu auparavant: selon M. de Fontenelle, dans son éloge.

M. Desault a publié en 1734, une Dissertation sur cette maladie: où il la compare aux écrouelles; & la nomme *l'Ecrouelle du Poumon*. Il ajoûte que la cause antécédente de la Phthisie, consiste dans des sucs acides & coagulans, qui donnent naissance aux tubercules. En conséquence il prétend qu'on doit chercher les remedes antiphthisiques dans la classe des fondans: tels seront le mercure, le mars, les cloportes, les bouillons composés de plantes apéritives. Selon lui, les syrops sont pour le moins des remedes suspects dans cette maladie; à raison de leur qualité incrassante. Le grand usage du cresson d'eau a suffi seul pour guérir une Phthisie confirmée: au rapport de Bonet, Tome II, *Observation* 23.

[Quoique le sentiment de M. Desault, sur la qualification de cette maladie, ait de la vraisemblance; on doit cependant observer que les écrouelles ne parviennent jamais à une vraie suppuration, & qu'il n'en sort que de la sanie: au lieu que la Phthisie avancée suppure réellement.]

Remedes.

I. Pour la maladie qui est encore au premier degré, M. Desault fait appliquer sur la région du foie, un grand emplâtre de *diabotanum*, dans lequel est incorporé le mercure révivifié du cinnabre: tous les soirs il fait relever l'emplâtre, & oindre la tumeur avec une dragme d'onguent de mercure; puis remettre l'emplâtre, qui y reste la nuit & le jour suivant. En même-tems il fait user intérieurement de *pastilles*, dont voici la composition. Prenez du mars, des cloportes, du benjoin, du corail, des yeux d'écrevisses; demi-once de chaque: trois dragmes de cannelle fine: & une demi-livre de sucre royal. Mêlez bien le tout: & avec le mucilage, de gomme adraganth, fait avec l'eau de fleurs d'orange, formez-en des pastilles, dont chacune pese deux dragmes. Le malade en prend une le matin; & une autre le soir. Par-dessus chaque pastille, il faut prendre de la *tisanne*; composée de racines d'ortie, deux onces de suc de cresson d'eau, & autant de suc de cerfeuil.

Ce Médecin regarde comme un remede souverain, l'exercice que l'on prend à cheval. Il conseille de le faire soir & matin, si on peut le soutenir: & il assure qu'en le continuant assez long-tems, on sera parfaitement guéri; que l'on s'en appercevra par degrés; & qu'il a là-dessus grand nombre d'expériences.

Au défaut de cet exercice; le balancement, ou quelque chose d'équivalent, lui semble propre à favoriser le cours du sang & des esprits, & lever les obstructions du poumon, qui viennent de ce que le sang est rallenti dans ce viscere.

II. Il faut commencer par purger le malade : ensuite lui faire prendre le lait d'ânesse pendant quinze jours ; & l'ayant purgé une seconde fois, lui faire prendre le lait de vache pendant quinze jours : enfin l'ayant purgé une troisieme fois, on lui fera prendre le lait de chevre pendant quinze jours. Au reste, pendant tout le tems de la curation, il ne faut prendre que des bouillons au veau & au mouton, & s'abstenir de tout ce qui est âcre & salé : au lieu de sel, on peut se servir de fleur de soufre. Les œufs frais sont d'un bon usage pendant tout le tems du regime.

M. Bayle, de Toulouse, a fait en Latin un Traité sur l'usage du lait, pour rétablir les personnes éthiques.

Bouillon.

III. Percez une feuille de papier en plusieurs endroits, avec la pointe d'une aiguille. Posez cette feuille sur une écuelle, dans laquelle vous aurez préparé un bouillon ; ensorte que le papier y touche : répandez-y de la fleur de soufre ; mettez-y le feu : quand le soufre sera brûlé, ôtez le papier ; coulez le bouillon ; & faites-le prendre au malade.

IV. Prenez du lait de beurre : laissez-le à l'air la nuit pendant six heures ; puis battez-le fortement, ôtez-en l'écume, & ajoûtez-y deux gros de bol d'Armenie en poudre subtile ; semence d'orties, cannelle, le tout en poudre, de chacun un demi-gros ; sucre rosat demi-once : mêlez bien le tout, & donnez de cette mixtion toutes les huit heures, remuant bien la drogue auparavant.

V. Pilez des feuilles de tussilage dans un mortier, & en exprimez le jus : dont on battra, plein une cuiller à bouche, avec un œuf. On en fera une omelette, que le malade mangera soir & matin. En moins d'un mois, il reprendra son embonpoint.

VI. Un malade désespéré eut pour dernier conseil, de vivre uniquement de cresson de fontaine. Il en mangea de toutes manieres, & particuliérement le coupa avec du lait. Au bout d'un an il reparut pour remercier celui qui lui avoit donné cet avis : & jouissoit alors d'une santé parfaite, accompagnée d'embonpoint. Son bienfaiteur, étonné d'un si merveilleux changement, crut qu'il importoit au bien Public de s'assurer des effets que ce remede avoit produits. Pour cela il tua (dit-on) sur le champ le malade guéri ; l'ouvrit promptement ; & trouva dans ses poumons beaucoup d'ulceres cautérisés. La date de ce fait passe pour être encore récente en Angleterre.

VII. *Voyez* Amandé. Antihectique. *Peau tenant*, entre les maladies du Bœuf. Poitrine. *Chartre*, dans l'article Enfant.

VIII. Prenez, pendant huit ou dix jours de suite, à jeun, un demi-verre d'*eau d'écrevisses* : que l'on fait en distillant la liqueur que rendent des écrevisses pilées vivantes dans un mortier de marbre.

IX. *Syrop pour la Phthisie & autres affections du poumon.* Prenez deux tortues en vie. Faitez-les bouillir dans de l'eau commune, jusqu'à ce que vous puissiez séparer la chair d'avec l'écaille. Lavez cette chair dans plusieurs eaux ; & mettez-la sur un plat bien net. Faites bouillir de même cinquante escargots. Quand vous les aurez tirés de leurs coquilles, ôtez le limon & autres ordures qui se trouvent vers l'extrêmité du corps ; & lavez bien la chair. Après quoi vous la ferez bouillir avec celle des tortues dans quatre pintes d'eau, à feu modéré, jusqu'à réduction de deux pintes. Ajoûtez-y alors une poignée de fleurs de pas-d'âne, autant de fleurs de pied-de-chat, & une demi-poignée d'hysope séche. Faites bouillir le tout ensemble jusqu'à ce qu'il ne reste qu'environ une chopine de liqueur. Passez-la ensuite par un linge blanc, avec légere expression. Ajoûtez-y deux livres de sucre clarifié : & réduisez en syrop, par l'ébullition. Le malade en prendra une cuillerée, à jeun ; une autre, environ deux heures après chaque repas ; & une encore en se mettant au lit, le soir.

Pour la Phthisie, & la Toux invétérée.

X. Prenez sel de tartre bien dépuré, la quantité qu'il vous plaira : mettez-le dans un matras ; & jettez-y de bonne eau-de-vie, pour le dissoudre parfaitement. Bouchez bien le matras ; & mettez-le au bain-marie ou dans du fumier de cheval, pendant trois jours. Puis distillez-le au bain : l'huile restera au fond. Sa dose est de deux ou trois gouttes, dans du vin, ou dans quelque autre liqueur convenable, soir & matin, loin du repas.

XI M. Bianghi, dans sa Dissertation Italienne sur le Régime Pythagoricien (édition de Venise 1752), assure que les Phthisiques ne peuvent que se trouver bien de manger des huitres, des écrevisses, & autres testacés ; de même que des grenouilles, & des tortues.

PHTORA. *Voyez* Thora, dans l'article Renoncule.

PHY.

PHYGETHLON. C'est un tubercule rouge & enflammé, ou plûtôt une tumeur érysipélateuse des glandes cutanées ; qui ne suppure point ; avec une chaleur brûlante & une douleur piquante ; produite par une lymphe acre, arrêtée dans les glandes de la peau. *Voyez* Erysipele.

PHYLLON. *Voyez* Mercuriale, *n.* 3.

PHYMA. Petite tumeur aux glandes, qui ne differe du phygethlon, que parce qu'elle suppure facilement. Cette derniere tumeur vient de la fermentation du suc nourricier avec la lymphe acide ; la tumeur est plus petite, moins douloureuse, & la chaleur & la rougeur n'y sont pas si grandes, que dans le Phygethlon.

PHYRAMA. *Voyez* Ammoniac (*Gomme.*)

PHYSALIS. *Voyez* Alkekengi.

PHYSTIQUES. On nomme ainsi les pistaches, lorsqu'on leur a ôté l'écorce.

PHYTEUMA. *Voyez* Reseda. Mufle *de Veau*, *n.* 2.

Fin du Tome Second.

www.ingramcontent.com/pod-product-compliance
Lightning Source LLC
Chambersburg PA
CBHW060714220326
41598CB00020B/2084

* 9 7 8 2 0 1 4 4 9 7 5 1 9 *